电线电缆手册

第1册

第3版

上海电缆研究所
中国电器工业协会电线电缆分会　　组　编
中国电工技术学会电线电缆专业委员会

毛庆传　　主　编

机械工业出版社

《电线电缆手册》第 3 版共分四册，汇集了电线电缆产品设计、生产和使用中所需的有关技术资料。

本书为第 1 册，内容包括：裸电线与导体制品、绕组线、通信电缆与电子线缆以及光纤光缆四大类产品的品种、用途、规格、设计计算、技术指标、试验方法及测试设备等。

本书可供电线电缆的生产、科研、设计、商贸以及应用部门与机构的工程技术人员使用，也可供大专院校相关专业的师生参考。

图书在版编目(CIP)数据

电线电缆手册．第 1 册/毛庆传 主编．—3 版．—北京：机械工业出版社，2017.8（2024.5 重印）

ISBN 978-7-111-57408-8

Ⅰ. ①电… Ⅱ. ①毛… Ⅲ. ①电线-手册②电缆-手册 Ⅳ. ①TM246-62

中国版本图书馆 CIP 数据核字（2017）第 151710 号

机械工业出版社（北京市百万庄大街 22 号　邮政编码 100037）
策划编辑：付承桂　　责任编辑：闾洪庆　任　鑫
责任校对：杜雨霏　刘雅娜　张　征　封面设计：鞠　杨
责任印制：邓　博
北京盛通数码印刷有限公司印刷
2024 年 5 月第 3 版第 2 次印刷
184mm×260mm · 62.25 印张 · 3 插页 · 2049 千字
标准书号：ISBN 978-7-111-57408-8
定价：280.00 元

凡购本书，如有缺页、倒页、脱页，由本社发行部调换

电话服务
服务咨询热线：010-88361066
读者购书热线：010-68326294
010-88379203

网络服务
机 工 官 网：www.cmpbook.com
机 工 官 博：weibo.com/cmp1952
金 书 网：www.golden-book.com
教育服务网：www.cmpedu.com

《电线电缆手册》第3版　编写委员会

总前言

《电线电缆手册》是我国电线电缆行业和众多材料、设备及用户行业的长期技术创新、技术积累及经验总结的提炼、集成与系统汇总，更是几代电缆人的智慧与知识的结晶。本手册自问世以来，为促进我国电线电缆工业发展、服务国家经济建设产生了重要影响，也为指导行业技术进步和培养行业技术人才发挥了重要作用。本手册已经成为电线电缆制造行业及其用户系统广大科技人员的一部重要的专业工具书。

《电线电缆手册》第2版自定稿投入印刷至今已近20年了。近20年来，随着时代的进步、科学技术的飞速发展以及全球经济一体化的快速推进，世界电线电缆工业的产品制造及其应用发生了很大变化，我国的线缆工业更是发生了翻天覆地的变化，新技术迅猛发展、新材料层出不穷、新产品不断开发、新应用遍地开花、新标准持续涌现、新需求强劲牵引……在电线电缆制造与应用方面，我国已成为全球制造和应用大国，在工业技术及应用上与发达国家的距离也大大缩小，在一些技术和产品领域已经跻身于国际先进行列。

为了总结、汇集和展示线缆新技术、新产品、新应用和新标准，同时为了方便和服务于线缆制造业及用户系统广大科技人员的查阅、学习、参考及应用，由上海电缆研究所、中国电器工业协会电线电缆分会、中国电工技术学会电线电缆专业委员会联合组成编写委员会，在《电线电缆手册》第2版基础上进行修订编写，形成《电线电缆手册》第3版。新版内容主要是以新技术为引导，以方便实用为目的，增加新技术、新产品和新应用介绍，同时适当删除过时、落后的技术及产品。这是一项服务行业、惠及社会的公益性工作，也是一项工作量繁杂浩大的系统工程。

为了更好地编写新版《电线电缆手册》，由上海电缆研究所作为主要负责方，联合行业协会及专业学会共同组织，邀请行业主要企业及用户的相关专家组成编写委员会，汇集行业之智慧、知识、经验等各项技术资源，在组编方的统一组织策划下，在各相关企业及广大科技人员的大力支持下，经过编委会成员的共同努力，胜利完成了手册第3版的编写工作。在此，谨向为本手册编写做出贡献的各位专家及科技人员以及所在的企业、机构表示深深的谢意。同时，特别感谢上海电缆研究所及其各级领导和科技人员给予的人力、智力、物力及财力的大力支持。可以说，本手册的编写成功是线缆行业共同努力的结果，行业的发展是不会忘记众多参与者为手册编写做出的贡献的。

《电线电缆手册》第2版分为三册，即电线电缆产品、线缆材料和附件与安装各为一册。鉴于近20年线缆产品发展迅速，品种增加很多，因而，将第1册的线缆产品分为两册，从而使《电线电缆手册》第3版共分成四册出版，具体内容包括：

第1册：裸电线与导体制品、绕组线、通信电缆与电子线缆以及光纤光缆四大类产品的品种、用途、规格、设计计算、技术指标、试验方法及测试设备等。

第2册：电力电缆和电气装备用线缆产品的品种、规格、性能与技术指标、设计计算、性能试验与测试设备等。

第3册：电线电缆和光缆所用材料的品种、组成、用途、性能、技术要求以及有关性能的检测方法。材料包括金属、纸、纤维、带材、电磁线漆、油料、涂料、塑料、橡胶和橡皮等。

第4册：电力用裸线、电力电缆、通信电缆与光缆以及电气装备用电线电缆的附件、安装敷设及运行维护。

今天，《电线电缆手册》第3版将以新的面貌出现在读者面前，相信新的手册定将会在我国线缆行业转型升级的新一轮发展中发挥更加重要的作用。

限于编者的知识、能力和水平，手册中难免有不合时宜的内容和谬误之处，诚恳期待读者的批评和指正。

同时，科学技术的不断发展与进步，相关标准的持续更新与修订，也将使手册相关内容与届时不完全相符，请读者查询并参考使用。

《电线电缆手册》第3版编写委员会

总 论

1. 电线电缆的分类

电线电缆的广义定义为：用以传输电（磁）能、信息和实现电磁能转换的线材产品。广义的电线电缆亦简称为电缆，狭义的电缆是指绝缘电缆。它可定义为由下列部分组成的集合体：一根或多根导体线芯，以及它们各自可能具有的包覆层、总保护层及外护层。电缆亦可有附加的没有绝缘的导体。

为便于选用及提高产品的适用性，我国的电线电缆产品按其用途分成下列五大类。

(1) 裸电线与导体制品 指仅有导体而无绝缘层的产品，其中包括铜、铝等各种金属导体和复合金属圆单线、各种结构的架空输电线以及软接线、型线和型材等。

(2) 绕组线 以绕组的形式在磁场中切割磁力线感应产生电流，或通以电流产生磁场所用的电线，故又称电磁线，其中包括具有各种特性的漆包线、绕包线、无机绝缘线等。

(3) 通信电缆与通信光缆 用于各种信号传输及远距离通信传输的线缆产品，主要包括通信电缆、射频电缆、通信光缆、电子线缆等。

通信电缆是传输电话、电报、电视、广播、传真、数据和其他电信信息的电缆，其中包括市内通信电缆、数字通信对称电缆和同轴（干线）通信电缆，传输频率为音频～几千兆赫。

与通信电缆相比较，射频电缆是适用于无线电通信、广播和有关电子设备中传输射频（无线电）信号的电缆，又称为“无线电电缆”。其使用频率为几兆赫到几十吉赫，是高频、甚高频（VHF）和超高频（UHF）的无线电频率范围。射频电缆绝大多数采用同轴型结构，有时也采用对称型和带型结构，它还包括波导、介质波导及表面波传输线。

通信光缆是以光导纤维（光纤）作为光波传输介质进行信息传输，因此又称为纤维光缆。由于其传输衰减小、频带宽、重量轻、外径小，又不受电磁场干扰，因此通信光缆已逐渐替代了部分通信电缆。按光纤传输模式来分，有单模和多模两种。按光缆结构来分，有层绞式、骨架式、中心管式、层绞单位式、骨架单位式等多种形式。按其不同的使用环境，光缆可分为直埋光缆、管道光缆、架空光缆、水下或海底光缆等多种形式。

电子线缆在本手册中将其归类在通信线缆大类中。该类线缆产品主要用于电子电器设备内部、内部与外部设备之间的连接，通常其长度较短，尺寸较小。主要用于600V及以下的各类家用电器设备、电子通信设备、音视频设备、信息技术设备及电信终端设备等。由于这些设备种类繁多、要求各异，因此，对该类线缆要求具备不尽相同的耐热性、绝缘性、特殊性能、机械性能以及外观结构等。

(4) 电力电缆 在电力系统的主干（及支线）线路中用以传输和分配大功率电能的电缆产品，其中包括1～500kV的各种电压等级、各种绝缘形式的电力电缆，包括超导电缆、海底电缆等。

(5) 电气装备用电线电缆 从电力系统的配电点把电能直接传送到各种用电设备、器具的电源连接线路用电线电缆，各种工农业装备、军用装备、航空航天装备等使用的电气安装线和控制信号用的电线电缆均属于这一大类产品。这类产品使用面广，品种多，而且大多要结合所用装备的特性和使用环境条件来确定产品的结构、性能。因此，除大量的通用产品外，还有许多专用和特种产品，统称为“特种电缆”。

为了便于产品设计和制造的工程技术人员查阅，本手册将电气装备用电线电缆简单分为两大类：电气装备用绝缘电线和绝缘电缆，并按产品类别和名称直接分类。

本手册将按上述分类法介绍各类电缆产品，在第1册及第2册中分别叙述。在其他场合，例如专利登记、查阅、图书资料分类等，也有按电缆的材料、结构特征、耐环境特性等其他方式分类的。

2. 电线电缆的基本特性

电线电缆最基本的性能是有效地传播电磁波（场）。就其本质而言，电线电缆是一种导波传输线，电磁波在电缆中按规定的导向传播，并在沿线缆的传播过程中实现电磁场能量的转换。

通常在绝缘介质中传播的电磁波损耗较小，而在金属中传播的那部分电磁波往往因导体不完善而损耗变成热量。表征电磁波沿电缆回路传输的特性参数称为传输参数，通常用复数形式的传播常数和特性阻抗两个参数来表示。

电缆的另一个十分关键的基本特性是它对使用环境的适应性。不同的使用条件和环境对电线电缆的耐高温、耐低温、耐电晕、耐辐照、耐气压、耐水压、耐油、耐臭氧、耐大气环境、耐振动、耐溶剂、耐磨、抗弯、抗扭转、抗拉、抗压、阻燃、防火、防雷和防生物侵袭等性能均有相应的要求。在电缆的标准和技术要求中，均应对环境要求提出十分具体的测试或试验方法，以及相应的考核指标和检验办法。对一些特殊使用条件工作的电缆，其适用性还要按增列的使用要求项目考核，以确保电缆工程系统的整体可靠性。

正因为电线电缆产品应用于不同的场合，因此性能要求是多方面的，且非常广泛。从整体来看，其主要性能可综合为下列各项：

(1) 电性能 包括导电性能、电气绝缘性能和传输性能等。

导电性能——大多数产品要求有良好的导电性能，有的产品要求有一定的电阻范围。

电气绝缘性能——绝缘电阻、介电常数、介质损耗、耐电压特性等。

传输特性——指高频传输特性、抗干扰特性、电磁兼容特性等。

(2) 力学性能 指抗拉强度、伸长率、弯曲性、弹性、柔软性、耐疲劳性、耐磨性以及耐冲击性等。

(3) 热性能 指产品的耐热等级、工作温度、电力电缆的发热和散热特性、载流量、短路和过载能力、合成材料的热变形和耐热冲击能力、材料的热膨胀性及浸渍或涂层材料的滴落性能等。

(4) 耐腐蚀和耐气候性能 指耐电化腐蚀、耐生物和细菌侵蚀、耐化学药品（油、酸、碱、化学溶剂等）侵蚀、耐盐雾、耐日光、耐寒、防霉以及防潮性能等。

(5) 耐老化性能 指在机械（力）应力、电应力、热应力以及其他各种外加因素的作用下，或外界气候条件下，产品及其组成材料保持其原有性能的能力。

(6) 其他性能 包括部分材料的特性（如金属材料的硬度、蠕变，高分子材料的相容性等）以及产品的某些特殊使用特性（如阻燃、耐火、耐原子辐射、防虫咬、延时传输以及能量阻尼等）。

产品的性能要求，主要是从各个具体产品的用途、使用条件以及配套装备的配合关系等方面提出的。在一个产品的各项性能要求中，必然有一些主要的、起决定作用的，应该严格要求；而有些则是从属的、一般的。达到这些性能的综合要求与原材料的选用、产品的结构设计和生产过程中的工艺控制均有密切关系，各种因素又是相互制约的，因此必须进行全面的研究和分析。

电线电缆产品的使用面极为广泛，必须深入调查研究使用环境和使用要求，以便正确地进行产品设计和选择工艺条件。同时，必须配置各种试验设备，以考核和验证产品的各项性能。这些试验设备，有的是通用的，如测定电阻率、抗拉强度、伸长率、绝缘电阻和进行耐电压试验等所用的设备、仪表；有的是某些产品专用的，如漆包线刮漆试验机等；有的是按使用环境的要求专门设计的，如矿用电缆耐机械力冲击和弯曲的试验设备等，种类很多，要求各异。因此，在电线电缆产品的设计、研究、生产和性能考核中，对试验项目、方法、设备的研究设计和改进同样是十分重要的。

3. 电线电缆生产的工艺特点

电线电缆的制造工艺有别于其他结构复杂的电气产品的制造工艺。它不能用车、钻、刨、铣等通用机床加工，甚至连现代化的柔性机械加工中心对它的加工亦无能为力。电线电缆加工方法可简洁地归纳为“拉—包—绞”三大少物耗、低能耗的专用工艺。

通常用拉制工艺将粗的导体拉成细的；包是绕包、挤包、涂包、编包、纵包等多种工艺的总称，往往用于绝缘层的加工和护套的制作；绞是导线扭绞和绝缘线芯绞合成缆，目的是保证足够的柔软性。

实际的电线电缆专用生产设备与流水线分为拉线、绞线、成缆、挤塑、漆包、编织六大类。在 JB/T 5812～5820—2008 中，对上述设备的型式、尺寸、技术要求及基本参数都做了详细的规定。而在这些设备中大量采用的通用辅助部件，主要是放线、收线、牵引和绕包四大基本辅助部件，在 JB/T 4015—2013、

JB/T 4032—2013 及 JB/T 4033—2013 中也对这些设备的型式、尺寸、技术要求及基本参数都做了相应的规定。

电线电缆盘具是一种最通用的电缆专用设备部件，也是电线电缆产品不可缺少的包装用具。在我国已对电线电缆的机用线盘（PNS 型）、大孔径机用线盘（PND 型）和交货盘（PL 型）分别制定了 JB/T 7600—2008、JB/T 8997—2013 和 JB/T 8137—2013 标准；在 JB/T 8135—2013 中，还对绕组线成品的各种交货盘（PC、PCZ 型等）以及检测试验方法做出了具体规定。

实用的现代化电线电缆专用设备是将上述六类设备尽可能合理组合而成的流水线。

本手册中，尚未包括电线电缆生产工艺设备及其技术要求。

在改进产品质量和发展新品种时，必须充分考虑电线电缆产品的生产特点，这些生产特点主要如下：

（1）原材料的用量大、种类多、要求高 电线电缆产品性能的提高和新产品的发展，与选择适用的原材料以及原材料的发展、开发和改进有着密切的关系。

（2）工艺范围广，专用设备多 电线电缆产品在生产中要涉及多种专业的工艺，而生产设备大多是专用的。在各个生产环节中，采用合适的装备和工艺条件，严格进行工艺控制，对产品质量和产量的提高，起着至关重要的作用。

（3）生产过程连续性强 电线电缆产品的生产过程大多是连续的。因此，设计合理的生产流程和工艺布置，使各工序生产有序协调，并在各工序中加强半制品的中间质量控制，这对于确保产品质量、减少浪费、提高生产率等都是十分重要的。

4. 电线电缆材料及其特点

电线电缆所用材料主要包括：金属材料、光导纤维（光纤）、绝缘及护套材料以及各种各样的辅助材料。在本手册第 3 册中具体叙述。

（1）金属材料 电线电缆产品所用金属材料以有色金属为主，其绝大部分为铜、铝、铅及其合金，主要用作导体、屏蔽和护层。银、锡、镍主要用于导体的镀层，以提高导体金属的耐热性和抗氧化性。黑色金属在线缆产品中以钢丝和钢带为主体，主要用作电缆护层中的铠装层，以及作为架空输电线的加强芯或复合导体的加强部分。

（2）塑料 电缆工业用的塑料，几乎都是以合成树脂为基本成分，辅以配合剂如防老剂、增塑剂、填充剂、润滑剂、着色剂、阻燃剂以及其他特种用途的药剂而制成。由于塑料具有优良的电气性能、物理力学性能和化学稳定性能，并且加工工艺简单、生产效率较高、料源丰富，因此，无论是作为绝缘材料还是护套材料，在电线电缆中都得到了广泛的应用。

（3）橡胶和橡皮 橡胶和橡皮具有良好的物理力学性能，抗拉强度高，伸长率大，柔软而富有弹性，电气绝缘性能良好，有足够的密封性，加工性能好以及某些橡胶品种的各种特殊性能（如耐油和耐溶剂、耐臭氧、耐高温、不延燃等），因而在各类电线电缆产品中广泛地用作绝缘和护套材料。

（4）电磁线漆 电磁线漆是用于制造漆包线和胶粘纤维绕包线绝缘层的一种专用绝缘漆料。用于电磁线的绝缘材料还有纸带、玻璃丝带、复合带等。

（5）光纤 光纤主要用作光波传输介质进行信息传输。光纤的主要材质可分为石英玻璃光纤和塑料光纤。石英玻璃光纤主要是由二氧化硅（SiO_2）或硅酸盐材质制成，已经开发出多种可用的石英玻璃光纤（如特种光纤等）。塑料光纤（POF）主要是由高透光聚合物制成的一类光纤。光纤由中心部分的纤芯和环绕在纤芯周围的包层组成，不同的材料和结构使其具有不同的使用性能。

（6）各种辅助材料 包括纸、纤维、带材、油料、涂料、填充材料、复合材料等，满足电线电缆各种性能的需求。

5. 电线电缆选用及敷设

由于电线电缆品种规格很多，性能各不相同，因此对广大使用部门来说，在选用电线电缆产品时应该注意以下几个基本要求。

（1）选择产品要合理 在选择产品时应充分了解电线电缆产品的品种规格、结构与性能特点，以保证产品的使用性能和延长使用寿命。例如，选用高温的漆包线，将可提高电机、电器的工作温度，减小结构尺寸；又如在绝缘电线中，有耐高温的、有耐寒的、有屏蔽特性的，以及不同柔软度的各种品种，必须根据使用条件合理选择。

（2）线路设计要正确 在电线电缆线路设计的线路路径选择中，应尽量避免各种外来的破坏与干扰因素（机械、热、雷、电、各种腐蚀因素等）或采用相应的防护措施，对于敷设中的距离、位差、固定的方式和间距、接头附件的结构形式和性能、配置方式、与其他线路设备的配合等，都必须进行周密的调查研究，做出正确的设计，以保证电线电缆的可靠使用。

（3）安装敷设要认真 电线电缆本体仅是电磁波传输系统或工程中的一个部件，它必须进行端头处理、中间连接或采取其他措施，才与电缆附件及终端设备组成一个完整的工程系统。整个系统的安装质量及可靠运行不仅取决于电线电缆本身的产品质量，而且与电线电缆线路的施工敷设的质量息息相关。在实际电线电缆线路故障率统计分析中，由于施工、安装、接续等因素所造成的故障率往往要比电缆本身的缺陷所造成的大得多，因此，必须对施工安装工艺严格把关，并在选用电缆时应特别注意电缆与电缆附件的配套。对光缆亦如此。

（4）维护管理要加强 电线电缆线路往往要长距离穿越不同的环境（田野、河底、隧道、桥梁等），因此容易受到外界因素影响，特别是各种外力或腐蚀因素的破坏。所以，加强电缆线路的维护和管理，经常进行线路巡视和预防测试，采取各种有效的防护措施，建立必要的自动报警系统，以及在发生事故的情况下，及时有效地测定故障部位、便于快速检修等，这些都是保证电线电缆线路可靠运行的重要条件。

电线电缆制造部门，应在广大使用部门密切配合下，不断改进接头附件的设计。电线电缆的接头附件包括电线电缆终端或中间连接用各种终端头、连接盒，安装固定用的金具和夹具以及充油电缆的压力供油箱等。它们是电缆线路中必不可少的组成部分。由于接头附件处于与电缆完全相同的使用条件下，同时接头附件又必须解决既要引出电能，又要对周围环境绝缘、密封等一系列问题。因此，它的性能要求和结构设计往往比电缆产品本身更为复杂。同时，接头附件基本上是在现场装配，安装条件必然相对工厂的生产条件差，这给保证电缆接头附件的质量带来了一些不利因素。因此，研究改进接头附件的材料、结构、安装工艺等工作应引起制造和使用部门的极大重视。

电线电缆的附件及安装敷设技术要求在本手册的第4册中叙述。

本册前言

本册为《电线电缆手册》第3版第1册，共分四篇，主要包括：裸电线与导体制品、绕组线、通信电缆与电子线缆以及光纤光缆四大类产品的品种、用途、规格、设计计算、技术指标、试验方法及测试设备等。

本册由毛庆传担任主编并统稿。

第1篇　裸电线与导体制品。由毛庆传负责主编。主要包括：概述与分类、裸单线及其技术指标、裸绞线技术性能计算、架空绞线及其技术性能、其他绞线、裸电线性能检测与试验共六章，以及国内外架空导线相关标准目录。

第2篇　绕组线。由鲍煜昭、郑立桥负责主编。主要包括：漆包线、绕包线、特种绕组线、绕组线性能测试、绕组线交付及使用共五章。

第3篇　通信电缆与电子线缆。由高欢、江斌负责主编。主要包括：通信电缆的品种规格及技术指标、射频同轴通信电缆的品种规格及技术指标、电器设备内部及外部连接线缆（电子线缆）品种及技术指标、通信电缆的电性能与设计计算、对称通信电缆电气性能的测试、射频同轴电缆电气性能测试、高速电子线缆传输性能测试、通信电缆电磁兼容性能测试、通信电缆机械物理及环境性能试验方法共九章。

第4篇　光纤光缆。由谢书鸿、江斌负责主编。主要包括：光纤通信简述、光纤预制棒、光纤、光缆、光纤测试方法和试验程序、光缆测试方法和试验程序共六章。

参与本册编写或提供相关资料并做出贡献的科技人员还有(按篇章顺序，排名不分先后)：徐睿、党朋、蔡西川、黄国飞、于晶、郑秋、尤伟任、吴明埝、冯祝华、徐拥军、王钢、徐静、李福、刘涛、周彬、辛秀东、姚文讯、王念立、王甫柱、尹 莹、沈奶连、李明珠、宣维刚、姜正权、张立永、曹姗姗、缪斌、缪威玮、栗雪松、许军、涂建坤。

在此，一并致以诚挚谢意，并对其所在的企业及部门给予的大力支持表示感谢。

目录

第 2 篇 绕组线

第3篇 通信电缆与电子线缆

第4篇 光纤光缆

第 1 篇

裸电线与导体制品

第1章 概述与分类

1.1 概述

裸电线与导体制品是指没有绝缘、没有护层的导电线材及型材，主要包括裸单线、裸绞线和型线型材三个系列产品，是电线电缆产品中最基本的一大类产品。

裸单线系列产品主要包括铜单线、铝单线、铝合金线、铜合金线、铜包钢线、铝包钢线、铜包铝线、镀层线材以及加强单元线材等，主要用作各种电线电缆的半制品，少量用于通信线材和电机电器的制造。导体的质量对各种绝缘电线电缆产品的质量起着决定性作用。进入21世纪以来，我国在导体线材生产和科研方面进行了大量的工作。软铝线及型线制造技术的发展、各种铝合金线材（包括高强度、中强度、耐热、超耐热及高强耐热等）制造技术的快速进步和以“Conform”铝连续挤压工艺生产高强度高导电率铝包钢线、以铜带包覆焊接－拉制工艺生产铜包钢线、以铜带包覆焊接－拉制工艺生产铜包铝线、特高强度镀锌钢线以及纤维复合加强芯等制造工艺技术的发展，裸单线系列产品品种不断扩大，满足了各种电线电缆产品对导体线材及加强单元的需求。

裸绞线系列产品主要包括各种绞线和软接线等，主要产品是架空绞线。架空绞线系列产品在本大类产品中的产量占比约达80%以上。我国电力建设的迅速发展，对架空输电用绞线的品种和数量提出了更多、更新、更高的要求，也是电力工业的快速发展，极大地促进了我国架空输电线制造业技术水平快速提升和产业规模的急剧扩大。自从20世纪50年代后期我国首次研制并应用架空导线以来，至今已走过50多年的发展历程。这50多年的发展可主要分为四个阶段：①以20世纪70年代我国架空导线的第一个国家标准（即GB 1179—1974）诞生为代表，标志着我国已经初步形成较为完整的架空输电线产业规模；②以80年代GB 1179—1983标准建立和稀土优化处理电工铝导体技术的成熟应用为代表，标志着我国架空导线行业制造水平与质量达到IEC标准要求水平；③21世纪初，依托三峡电站送出工程以及“西电东送、南北互供、全国联网”工程的全面建设，经过制造行业通力协作，在大截面导线（以ACSR－720/50为代表）、铝合金及铝包钢绞线、大跨越导线、光纤复合架空地线等技术研究与制造能力方面，提高到一个新水平，已经使我国架空输电线跻身于世界先进行列；④2010年前后，随着国民经济和电网建设的进一步发展，大容量、远距离、特高压输电工程建设以及电网改造工程建设的加快，极大地促进了更大截面导线（以JL1/G3A－1250/70和JL1/G2A－1250/100为代表）以及特种架空输电线（以碳纤维复合芯导线、增容型导线、扩径导线、节能型导线等为代表）的大量制造与应用，从架空输电线品种、规格、生产能力及应用总量等方面来衡量，我国已经位于世界前列。

型线型材系列产品主要包括铜/铝杆材、铜/铝母线、电车线和异形铜排等，主要用于电机电器产品的制造、电力机车牵引和工矿企业的配电线路等。

在裸电线的性能检测试验技术及条件建设方面，近十余年来也获得快速发展，包括国内外各种标准要求的性能试验、工程及用户要求的试验以及诸如架空导线的高温蠕变、应力迁移点温度、风洞试验、耐覆冰试验、自阻尼及耐振性能试验等研究性试验，在我国都可以完成。可以说我国在架空输电线等裸电线检测试验技术领域也处于国际先进水平。

相较于《电线电缆手册》（第2版），裸电线技术与应用在其后的近20年间获得了大幅度进步和迅速发展，特别是铝合金、铝包钢以及复合材料加强单元等为代表的材料技术以及大截面导线和特种架空输电线制造、试验及应用技术的快速发展，使得这些新型材料及架空输电线新产品获得了广泛的工程应用。因此，本次《电线电缆手册》（第3版）的编写，更新或增加了许多对新技术及新产品的介绍，特别是对特种架空输电线的介绍。同时也删除了第2版中一些已经淘汰或很少制造及应用的产品。对于一些制造及应用不多、但考虑维护使用和技术查询需要，仍予以保留并修订。

1.2 裸电线及导体制品的分类

裸电线及导体制品按其外观形态和结构可分为三个系列产品：裸单线、裸绞线和型线与型材。

1.2.1 裸单线

包括圆铜线、圆铝线、铝合金线、铜合金线、型铝线、铜包钢线、铜包铝线、铝包钢线及镀层铜线等。按线材的韧炼状态，又分为硬态、半硬态和软态。铝合金线又分为铝－镁－硅合金线、铝－镁合金线、耐热铝合金线、高强耐热铝合金线以及中强度铝合金线等。还包括架空绞线加强单元用镀锌钢线、铝包殷钢线、复合材料芯等。

1.2.2 裸绞线

1. 按其结构形式分类

（1）简单绞线 由材质相同、线径相等的线材绞制而成，如铝绞线、铝合金绞线、铝包钢绞线、钢绞线等。

（2）组合绞线 由导电线材和加强线材组合绞制而成，如钢芯铝绞线、钢芯铝合金绞线、铝包钢芯铝绞线、碳纤维复合芯铝合金绞线等。

（3）特种绞线 由不同材质不同外形的线材，用特种组合方式绞制而成，如扩径导线、间隙式导线等。

（4）复绞线 由材质相同的束（绞）股线绞制而成，如软铜绞线、裸铜天线、铜电刷线等。

（5）编织铜带 用编织方式制成的软接铜带，有斜纹编织铜带和直纹编织铜带两种。

2. 按其使用用途分类

（1）架空导线 主要用于架空输电或配电工程传输电能。架空导线系列产品在本大类产品中占绝大多数，主要包括常规架空导线（主要指圆线同心绞架空导线）和特种架空导线。

（2）架空地线 主要用于架空输电工程接地线，有的还兼具传输信号功能，主要包括镀锌钢绞线、铝包钢绞线、光纤复合架空地线（OPGW）等。

（3）加强单元绞线 主要用于架空导线的绞合结构的加强单元，如镀锌钢绞线、铝包钢（或殷钢）绞线、绞合复合芯单元等。

（4）其他绞线 主要包括不同使用场合和条件下的各种普通绞线、硬铜绞线、软接线、接触网用绞线、特种绞线等。

1.2.3 型线与型材

外形为非圆形的特殊外形或大截面的导体线材以及带材，有铜扁线、铝扁线、铜母线、铝母线、梯形铜排、电车接触线及带材等。

1.3 架空绞线

1.3.1 常规架空导线

架空导线现行主要标准是国际标准IEC 61089—1997和国家标准GB/T 1179—2008。这两个标准中规定了八种圆线同心绞结构的架空导线性能及其技术指标，主要包括铝绞线（AAC）、钢芯铝绞线（ACSR）、铝合金绞线（AAAC）、钢芯铝合金绞线（AACSR）、铝合金芯铝绞线（ACAR）、铝包钢芯铝绞线（ACSR/AS）、铝包钢芯铝合金绞线（AAAC/AS）以及铝包钢绞线（AS）。

1.3.2 特种架空输电线

特种架空输电线主要是相对于具有完整标准化系列产品的常规输电线而言，特别是相较GB/T 1179—2008和IEC 61089—1997中的“圆线同心绞架空导线”系列产品而言。具备除需要满足常规输电线性能之外的某些特种性能及特点的输电线产品，如降低线路电阻损耗的节能型导线、兼具输电和通信控制的光电复合型输电线、满足输电线路地理环境要求的跨越江河海湾水域等的大跨越导线、用于高原地区超高压线路的扩径导线等。

在本手册编写定稿之际，GB/T 1179《圆线同心绞架空导线》、GB/T 20141《型线同心绞架空导线》等国家和行业标准正在组织修订，相关内容会有一些变化或调整，在使用中可以新标准为准。

1.3.3 架空地线

架空地线主要包括镀锌钢绞线、铝包钢绞线、良导体地线（钢芯铝绞线）以及光纤复合架空地线等，主要用于架空输电线的接地线（又称避雷线），也用于系统传输线。

1.4 其他绞线

主要包括硬铜绞线、软接线、接触网用绞线、电站用母线、铁路贯通地线等用于不同领域、不同用途、不同使用条件的绞线。

第2章

裸单线及其技术指标

2.1 导体单线

导体单线的品种、型号及规格范围，见表1-2-1。

表1-2-1　导体单线的品种、型号及规格范围汇总表

产品品种	产品型号	规格范围/mm	标准号
软圆铜线	TR	0.020～14.00	GB/T 3953—2009
硬圆铜线	TY	0.020～14.00	
特硬圆铜线	TYT	1.50～5.00	
软圆铝线	LR	0.30～10.00	GB/T 3955—2009
硬圆铝线	LY	0.30～10.00	
架空绞线用铝-镁-硅合金圆线	LHA1	1.50～4.50	GB/T 23308—2009
	LHA2	1.50～4.50	
架空绞线用中强度铝合金线	LHA3	2.00～5.00	NB/T 42042—2014
	LHA4	2.00～5.00	
耐热铝合金线	NRLH1、NRLH2	2.60～4.50	GB/T 30551—2014
	NRLH3、NRLH4	2.30～4.50	
电缆屏蔽用铝-镁合金线	LHP-Y、LHP-R	0.10～0.26	GB/T 23309—2009
电缆导体用铝合金线	DLH1、DLH2、DLH3、DLH4、DLH5、DLH6	0.30～5.00	GB/T 30552—2014
铝包钢线	LB14、LB20、LB23、LB27、LB30、LB35、LB40	2.8～4.4 3.8～4.4	GB/T 17937—2009
铜包钢线	GT	1.20～6.00	JB/T 11868—2014
镀锡软圆铜线	TXR	0.05～4.00	GB/T 4910—2009
镀银软圆铜线	TRY	0.05～2.00	JB/T 3135—2011
镀镍圆铜线	TRN	0.05～2.00	GB/T 11019—2009
可焊镀锡软圆铜线	TXRH	0.20～1.20	GB/T 4910—2009
软铜扁线	TBR	0.8×2.0～7.1×16.0	GB/T 5584.2—2009
硬铜扁线	TBY	0.8×2.0～7.1×16.0	GB/T 5584.2—2009
软铝扁线	LBR	0.8×2.0～7.1×16.0	GB/T 5584.3—2009
硬铝扁线	LBY	0.8×2.0～7.1×16.0	GB/T 5584.3—2009

2.1.1 圆铜线

圆铜线按其韧炼程度分为软圆铜线（TR）、硬圆铜线（TY）及特硬圆铜线（TYT）三种。软圆铜线及硬圆铜线主要供各种绝缘电线电缆和绕组线作导电线芯用，特硬圆铜线主要用作架空通信及特殊情况下的电力架空导线的线材。

圆铜线采用符合 GB/T 3952—2016《电工用铜线坯》规定的圆铜杆制造。制造绕组线用的细铜线和特细铜线，应选用优质铜杆。

1. 标称线径及其偏差范围

圆铜线的标称线径及其偏差范围见表 1-2-2。

表 1-2-2 圆铜线的规格及线径偏差

（单位：mm）

标称线径	允许偏差
0.020 ~ 0.025	±0.002
0.026 ~ 0.125	±0.003
0.126 ~ 0.400	±0.004
0.401 ~ 14.00	±1%d

2. 主要技术指标

1）抗拉强度硬圆铜线的抗拉强度可按式（1-2-1）计算，特硬的圆铜线按式（1-2-2）计算，软圆铜线不考核抗拉强度。圆铜线的机械性能见表 1-2-3。

$$\text{硬圆铜线}\ \sigma_b \geqslant 421.7 - 0.8d \qquad (1\text{-}2\text{-}1)$$

$$\text{特硬圆铜线}\ \sigma_b \geqslant 461.9 - 10.8d \qquad (1\text{-}2\text{-}2)$$

式中 σ_b——抗拉强度（MPa）；

d——标称线径（mm）。

2）硬及特硬圆铜线的伸长率，可按式（1-2-3）计算。

$$\delta = 0.24(1 + d) \qquad (1\text{-}2\text{-}3)$$

式中 δ——伸长率（%）；

d——标称线径（mm）。

表 1-2-3 圆铜线的抗拉强度及伸长率

标称直径/mm	TR	TY		TYT	
	伸长率（%）	抗拉强度/MPa	伸长率（%）	抗拉强度/MPa	伸长率（%）
	不小于				
0.020	10	421	—	—	—
0.100	10	421	—	—	—
0.200	15	420	—	—	—
0.290	15	419	—	—	—
0.300	15	419	—	—	—
0.380	20	418	—	—	—
0.480	20	417	—	—	—
0.570	20	416	—	—	—
0.660	25	415	—	—	—
0.750	25	414	—	—	—
0.850	25	413	—	—	—
0.940	25	412	0.5	—	—
1.030	25	411	0.5	—	—
1.120	25	410	0.5	—	—
1.220	25	409	0.5	—	—
1.310	25	408	0.6	—	—
1.410	25	407	0.6	—	—
1.500	25	407	0.6	446	0.6
1.560	25	405	0.6	445	0.6
1.600	25	404	0.6	445	0.6
1.700	25	403	0.6	444	0.6
1.760	25	403	0.7	443	0.7
1.830	25	402	0.7	442	0.7
1.900	25	401	0.7	441	0.7
2.000	25	400	0.7	440	0.7
2.120	25	399	0.7	439	0.7
2.240	25	398	0.8	438	0.8
2.360	25	396	0.8	436	0.8
2.500	25	395	0.8	435	0.8
2.620	25	393	0.9	434	0.9
2.650	25	393	0.9	433	0.9

（续）

标称直径/mm	TR	TY		TYT	
	伸长率（%）	抗拉强度/MPa	伸长率（%）	抗拉强度/MPa	伸长率（%）
	不小于				
2.730	25	392	0.9	432	0.9
2.800	25	391	0.9	432	0.9
2.850	25	391	0.9	431	0.9
3.000	25	389	1.0	430	1.0
3.150	30	388	1.0	428	1.0
3.350	30	386	1.0	426	1.0
3.550	30	383	1.1	423	1.1
3.750	30	381	1.1	421	1.1
4.000	30	379	1.2	419	1.2
4.250	30	376	1.3	416	1.3
4.500	30	373	1.3	413	1.3
4.750	30	370	1.4	411	1.4
5.000	30	368	1.4	408	1.4
5.300	30	365	1.5	—	—
5.600	30	361	1.6	—	—
6.000	30	357	1.7	—	—
6.300	30	354	1.8	—	—
6.700	30	349	1.8	—	—
7.100	30	345	1.9	—	—
7.500	30	341	2.0	—	—
8.000	30	335	2.2	—	—
8.500	35	330	2.3	—	—
9.000	35	325	2.4	—	—
9.500	35	319	2.5	—	—
10.00	35	314	2.6	—	—
10.60	35	307	2.8	—	—
11.20	35	301	2.9	—	—
11.80	35	294	3.1	—	—
12.50	35	287	3.2	—	—
13.20	35	279	3.4	—	—
14.00	35	271	3.6	—	—

3）圆铜线20℃时的电阻率及电阻温度系数见表1-2-4。

表1-2-4　圆铜线20℃时的电阻率及电阻温度系数

型号	ρ_{20}电阻率/($\Omega\cdot mm^2/m$)≤		电阻温度系数/℃$^{-1}$	
	2.00mm以下	2.00mm及以上	2.00mm以下	2.00mm及以上
TR	17.241	17.241	0.00393	0.00393
TY	17.960	17.770	0.00377	0.00381
TYT	17.960	17.770	0.00377	0.00381

4）计算用物理参数：密度为8.89g/cm^3；线膨胀系数为17×10^{-6}/℃。

2.1.2　单晶圆铜线

单晶圆铜线主要用于信号传输。采用热型连铸技术生产的圆形横截面线坯，且任一圆形横截面内所含有的晶粒数不超过10个的铜线坯。采用单晶铜线坯，根据具体技术要求进一步深加工即制成单晶圆铜线材。

1. 规格及线径偏差（见表1-2-5）

表1-2-5　单晶圆铜线的规格及线径偏差

（单位：mm）

标称直径 d	允许偏差
0.070～0.125	±0.003
>0.125～0.400	±0.004
>0.40～3.00	±1.0%d
>3.00～8.00	±0.035
>8.00～12.00	±0.050

2. 技术指标

(1) 力学性能　见表1-2-6。

表 1-2-6　单晶圆铜线力学性能

标称直径/mm	伸长率（%）	抗拉强度/MPa	伸长率（%）
	软（R）	硬（Y）	
	≥	≥	
0.070～0.125	12	412	1.0
>0.125～0.200	15	411	1.0
>0.200～0.650	17	407	1.0
>0.650～1.000	25	403	1.0
>1.00～1.45	25	398	1.1
>1.45～1.85	25	393	1.1
>1.85～2.75	25	383	1.2
>2.75～3.00	25	375	1.3
>3.00～5.00	—	360	1.8
>5.00～7.00	—	340	2.0
>7.00～8.00	—	330	2.4
>8.00～10.00	—	310	2.8
>10.00～12.00	—	280	3.5

(2) 电性能　单晶圆铜线的电阻率应符合表1-2-7的规定。

表 1-2-7　单晶圆铜线电阻率

名称	牌号	状态	20℃时电阻率/(Ω·mm²/m)	
			标称直径<2.00mm	标称直径≥2.00mm
单晶圆铜线	TU1	R	0.017100	0.017100
		Y	0.017800	0.017700
	TU2	R	0.017170	0.017170
		Y	0.017890	0.017760

(3) 表面质量　单晶圆铜线表面应光洁，不得有影响使用的任何缺陷。

2.1.3　圆铝线

圆铝线按其韧炼程度，分为软圆铝线（LR）和各种硬态的 LY4、LY6、LY8 及 LY9 型圆铝线，适用于不同的使用场合。其中 LY9 按照导电率的不同可以分为 61.0% IACS、61.5% IACS、62.0% IACS、62.5% IACS 及 63.0% IACS 等不同级别。具体技术参数见表 1-2-8～表 1-2-11。

圆铝线采用符合 GB/T 3954—2014《电工圆铝杆》规定的圆铝杆制造。

1. 型号、规格范围和主要用途

圆铝线的型号、规格范围和主要用途见表1-2-8。

表 1-2-8　圆铝线的型号、规格范围和主要用途

产品名称	型号	状态代号	规格范围/mm	主要用途
软圆铝线	LR	0	0.30～10.00	架空导线以及各种绝缘电线电缆的导电线芯
H4 硬态圆铝线	LY4	H4	0.30～6.00	
H6 硬态圆铝线	LY6	H6	0.30～10.00	
H8 硬态圆铝线	LY8	H8	0.30～5.00	
H9 硬圆铝线	LY9	H9	1.25～5.00	

注：状态代号是根据国际标准化组织的 ISO 150/TC79《轻金属及其合金》的规定制定的。

2. 标称线径及其偏差范围

圆铝线的线径及其偏差见表 1-2-9。圆铝线在同一截面上的最大和最小直径之差，应不超过标称线径偏差的绝对值。

表 1-2-9　圆铝线的线径及其偏差

（单位：mm）

标称线径 d	允许偏差
0.300～0.900	±0.013
0.910～2.490	±0.025
2.50 及以上	±1% d

3. 主要技术指标

1）抗拉强度及伸长率见表 1-2-10。

2）直径 6.00mm 及以下的 LY4、LY6、LY8 及 LY9 型圆铝线，经受卷绕试验后应不裂断，但允许出现轻微的裂纹。卷绕试验方法及要求见本篇 6.1.6 节。

3）电阻率及电阻温度系数见表 1-2-11。

4）计算用物理参数：密度为 2.703g/cm³；线膨胀系数为 23×10^{-6}/℃。

表1-2-10 圆铝线的抗拉强度及伸长率

型号	线径/mm	抗拉强度/MPa		伸长率(%)
		≥	≤	≥
LR	0.30~1.00	—	98	15
	1.01~10.00	—	98	20
LY4	0.30~6.00	95	125	—
LY6	0.30~6.00	125	165	—
	6.01~10.00	125	165	3
LY8	0.30~5.00	160	205	—
LY9	1.25	200	—	—
	1.26~1.50	193	—	—
	1.51~1.75	188	—	—
	1.76~2.00	184	—	—
	2.01~2.25	180	—	—
	2.26~2.50	176	—	—
	2.51~2.75	173	—	—
	2.76~3.00	169	—	—
	3.01~3.25	166	—	—
	3.26~3.50	164	—	—
	3.51~3.75	162	—	—
	3.76~4.25	160	—	—
	4.26~50.00	159	—	—

表1-2-11 圆铝线的电阻率及电阻温度系数

型号	ρ_{20}电阻率≤ /(Ω·mm²/m)	对应导电率 (%IACS)	电阻温度系数 /℃⁻¹
LR	28.000	63.0	0.00407
LY4、LY6、LY8	28.264	61.0	0.00403
LY9	28.264	61.0	0.00403
LY9	28.034	61.5	0.00405
LY9	27.808	62.0	0.00413
LY9	27.586	62.5	0.00415
LY9	27.367	63.0	0.00418

2.1.4 铝合金圆线

铝合金圆线在电线电缆行业中的应用主要分为以下三类：一是架空绞线应用的高强度铝-镁-硅合金线、中强度铝-镁-硅合金线以及添加锆(Zr)元素的耐热铝合金线系列；二是应用在电缆导体的铝合金线，以添加Fe元素为主；三是电缆用屏蔽编织铝合金线，以铝-镁合金为主。分别对应国家及行业标准GB/T 23308—2009、NB/T 42042—2014、GB/T 30551—2014、GB/T 30552—2014和GB/T 23309—2009。

1. 型号、规格及线径偏差（见表1-2-12）

表1-2-12 铝合金圆线的型号、规格及线径偏差

名称	铝-镁-硅合金线(高强度)		铝-镁-硅合金线(中强度)		耐热铝合金线		电缆导体用铝合金线		电缆屏蔽用铝镁合金线	
型号	LHA1、LHA2		LHA3、LHA4		NRLH1、NRLH2、NRLH3、NRLH4		DLH1、DLH2、DLH3、DLH4、DLH5、DLH6		LHP-Y LHP-R	
规格范围/mm	1.50~4.50		2.00~5.00		2.30~4.50		0.30~5.00		0.10~0.26	
线径偏差/mm	d≤3.00	+0.03	2.00≤d<3.00	+0.03	d≤3.00	+0.03	0.300≤d<0.900	±0.013	0.10≤d≤0.16	±0.003
	d>3.00	±1%d	3.00≤d<5.00	±1%d	d>3.00	±1%d	0.900≤d<2.500	±0.025	0.16<d≤0.26	±0.003
	—	—	—	—	—	—	2.500≤d≤5.000	±1%d	—	—

2. 机械性能

(1) 高强度铝-镁-硅合金线的机械性能 按照其机械及导电性能和GB/T 23308—2009《架空绞线用铝-镁-硅系合金圆线》标准，分为LHA1和LHA2两档，其机械性能见表1-2-13，导电性能见表1-2-18。

表1-2-13 高强度铝-镁-硅合金线的机械性能

标称直径/mm	LHA1		LHA2	
	抗拉强度/MPa	伸长率(%)	抗拉强度/MPa	伸长率(%)
d≤3.00	≥325	≥3.0	≥295	≥3.5
d>3.00	≥315			

高强度铝－镁－硅合金线一般用于钢芯铝合金绞线、铝合金绞线和铝合金芯铝绞线。

（2）中强度铝－镁－硅合金线的机械性能 按照其机械及导电性能和 NB/T 42042—2014《架空绞线用中强度铝合金线》标准，分为 LHA3 和 LHA4 两档，其机械性能见表 1-2-14，导电性能见表 1-2-18。

（3）耐热铝合金线的机械性能 按照其机械及导电性能和 GB/T 30551—2014《架空绞线用耐热铝合金线》标准，分为 NRLH1、NRLH2、NRLH3 和 NRLH4 四档，其机械性能见表 1-2-15，导电性能见表 1-2-18。

表 1-2-14 中强度铝－镁－硅合金线的机械性能

标称直径/mm	LHA3		LHA4	
	抗拉强度/MPa	伸长率（%）	抗拉强度/MPa	伸长率（%）
2.00≤d<3.00	≥250	≥3.5	≥290	≥3.0
3.00≤d<3.50	≥240		≥275	
3.50≤d<4.00	≥240		≥265	
4.00≤d≤5.00	≥230		≥255	

表 1-2-15 耐热铝合金线的机械性能

型号	标称直径/mm		抗拉强度/MPa	伸长率（%）
	>	≤	≥	≥
NRLH1	—	2.60	169	1.5
	2.60	2.90	166	1.6
	2.90	3.50	162	1.7
	3.50	3.80		1.8
	3.80	4.00	159	1.9
	4.00	4.50		2.0
NRLH2	—	2.60	248	1.5
	2.60	2.90	245	1.6
	2.90	3.50	241	1.7
	3.50	3.80		1.8
	3.80	4.00	238	1.9
	4.00	4.50	225	2.0
NRLH3	—	2.30	176	1.5
	2.30	2.60	169	
	2.60	2.90	166	1.6
	2.90	3.50	162	1.7
	3.50	3.80		1.8
	3.80	4.00	159	1.9
	4.00	4.50		2.0
NRLH4	—	2.60	169	1.5
	2.60	2.90	165	1.6
	2.90	3.50	162	1.7
	3.50	3.80		1.8
	3.80	4.00	159	1.9
	4.00	4.50		2.0

（4）电缆导体用铝合金线的机械性能 按照其机械及导电性能和 GB/T 30552—2014《电缆导体用铝合金线》标准，分为 DLH1、DLH2、DLH3、DLH4、DLH5、DLH6 六档，其机械性能见表 1-2-16，导电

性能见表1-2-18。

(5) 电缆屏蔽用铝镁合金线的机械性能 按照其机械及导电性能和GB/T 23309—2009《电缆屏蔽用铝镁合金线》标准，分为LHP-Y和LHP-R两档，其机械性能见表1-2-17，导电性能见表1-2-18。

表1-2-16 电缆导体用铝合金线的机械性能

型号	状态	抗拉强度/MPa	伸长率（%）
DLH1、DLH2、DLH3、DLH4、DLH5、DLH6	R	98~159	≥10
	Y	≥185	>1.0

表1-2-17 电缆屏蔽用铝镁合金线的机械性能

型号状态	标称直径/mm	抗拉强度/MPa	断时伸长率（%）
LHP-Y	0.10~0.15	300	4
	0.16~0.26	310	
LHP-R	0.10~0.15	220	7
	0.16~0.26	230	

3. 电阻率及导电率（见表1-2-18）

表1-2-18 铝合金圆线的电阻率及导电率

名称	型号		最大电阻率/(Ω·mm²/m)	最小导电率（%IACS）
高强度铝-镁-硅合金线	LHA1		0.032840	52.5
	LHA2		0.032530	53.0
中强度铝-镁-硅合金线	LHA3		0.029472	58.5
	LHA4		0.030247	57.0
耐热铝合金线	NRLH1		0.028735	60.0
	NRLH2		0.031347	55.0
	NRLH3		0.028735	60.0
	NRLH4		0.029726	58.0
电缆导体用铝合金线	DLH1、DLH2、DLH3、DLH4、DLH5、DLH6	R	0.028264	61.0
		Y	0.028976	59.5
电缆屏蔽用铝镁合金线	LHP-Y、LHP-R		0.052000	33.2

4. 物理参数（见表1-2-19）

表1-2-19 铝合金圆线的物理参数

名称	型号		密度/(g/cm³)	电阻温度系数/℃⁻¹
高强度铝-镁-硅合金线	LHA1		2.703	0.0036
	LHA2		2.703	0.0036
中强度铝-镁-硅合金线	LHA3		2.703	0.0039
	LHA4		2.703	0.0038
耐热铝合金线	NRLH1		2.703	0.0040
	NRLH2		2.703	0.0036
	NRLH3		2.703	0.0040
	NRLH4		2.703	0.0038
电缆导体用铝合金线	DLH1、DLH2、DLH3、DLH4、DLH5、DLH6	R	2.703	0.00403
		Y	2.703	0.00393
电缆屏蔽用铝镁合金线	LHP-Y、LHP-R		2.660	0.0020

5. 耐热铝合金线的耐热性能

耐热性能是指材料在不退火的状态下，经加热保温后，其抗拉强度的变化值。架空导线中通常使用的铝合金线的耐热性能由热容积（温度×持续时间）决定，其等效于经加热后再恢复到室温下的抗拉强度能够维持在初始值的90%及以上。

铝合金线耐热性能是指其在高温下保持1h或400h后冷却到室温时的抗拉强度至少能够维持在加热前初始抗拉强度的90%以上。对几种典型铝合金线的耐热特性可由Arrhenius曲线描述，如图1-2-1所示。

按表1-2-20所列持续时间及温度加热后的抗拉强度保持率应不小于室温时初始测量值的90%。

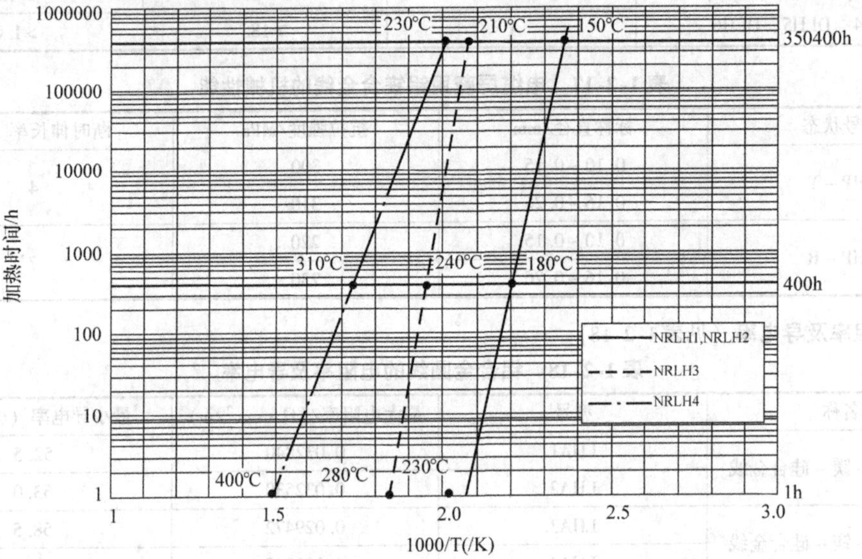

图1-2-1 耐热铝合金线Arrhenius曲线（90%抗拉强度保持率）

注：Arrhenius曲线含义：按Arrhenius曲线加热到一定温度并保持一定时间（分别为1h，400h，350400h），每种铝合金线材料能维持初始抗拉强度的90%以上，即400h的耐热性能可通过较高温度在短时间内得到证实（Arrhenius曲线中1h的定义）。同理，若上述的直线被延伸到更低的温度，可以推算出使用40年时初始抗拉强度能维持在90%的温度。

表1-2-20 确认耐热性能的加热持续时间及温度

持续时间	温度	NRLH1	NRLH2	NRLH3	NRLH4
1h	加热温度/℃	230	230	280	400
	温度公差/℃	+5 −3	+5 −3	+5 −3	+10 −6
400h	加热温度/℃	180	180	240	310
	温度公差/℃	+10 −6	+10 −6	+10 −6	+10 −6

2.1.5 铝包钢线

铝包钢线主要用于制造铝包钢绞线、铝包钢芯铝（或铝合金）绞线的加强芯、OPGW导体、大跨越导线和良导体地线等。用“Conform”连续挤压工艺生产的铝包钢线，具有优良的性能。国家标准GB/T 17937—2009《电工用铝包钢线》中分为LB14、LB20（包括LB20A、LB20B）、LB23、LB27、LB30、LB35、LB40七个等级，其对应的导电率为14% IACS、20.3% IACS、23% IACS、27% IACS、30% IACS、35% IACS和40% IACS。

1. 型号及规格范围（见表1-2-21）

表1-2-21 铝包钢线的型号及规格范围

标准号	GB/T 17937—2009							
型号	LB14	LB20A	LB20B	LB23	LB27	LB30	LB35	LB40
规格范围/mm	2.25~5.50	1.24~5.50	1.24~5.50	2.50~5.00	2.50~5.00	2.50~5.00	2.50~5.00	2.50~5.00

2. 线径偏差（见表 1-2-22）

表 1-2-22　铝包钢线的线径偏差　（单位：mm）

标称线径 d	线径偏差
2.67 以下	±0.04
2.67～3.20	±1.5%d
3.21～3.80	±1.5%d
3.81～4.20	±1.5%d
4.21～4.40	±1.5%d

3. 技术指标

1）铝层厚度、抗拉强度、伸长 1% 时的应力及伸长率见表 1-2-23。

表 1-2-23　铝包钢线的铝层厚度、抗拉强度、伸长 1% 时的应力及伸长率

级别	铝层厚度/mm		抗拉强度/MPa	伸长 1% 时的应力/MPa	伸长率（%）（试件标准长 250mm）
	平均	最小			
LB14	3.35%d	2.5%d	1500～1590	1270～1410	1.0（断后）
LB20 $d<1.80$	6.7%d	4%d	1100～1340	1000～1200	
$d \geqslant 1.80$	6.7%d	5%d	1320	1100	
LB23	8.15%d	5.5%d	1220	980	
LB27	10.25%d	7%d	1080	800	1.5（断时）
LB30	12.25%d	7.5%d	880	650	
LB35	15.35 %d	10%d	810	590	
LB40	19.2%d	12.5%d	680	500	

注：铝包钢绞线用的铝包钢线，不要求进行伸长 1% 时的应力试验。

2）扭转试验：铝包钢线应能经受不少于 20 次的扭转而不断裂或不出现铝钢分裂现象。试件长度为 100 倍的标称线径。

3）导电率及电阻温度系数，见表 1-2-24。

表 1-2-24　铝包钢线的导电率及电阻温度系数

级别	导电率（%IACS）≥		电阻温度系数/℃$^{-1}$
	包括铝、钢	不包括钢	
LB14	14	7.9	0.0034
LB20	20.3	15.3	0.0036
LB23	23	18.3	0.0036
LB27	27	22.6	0.0036
LB30	30	26.2	0.0038
LB35	35	31.7	0.0039
LB40	40	37.8	0.0040

4）计算用物理参数，见表 1-2-25。

表 1-2-25　铝包钢线的计算用物理参数

级别	密度/(g/cm^3)	线膨胀系数/(×10^{-6}/℃)	弹性模量/GPa
LB14	7.14	12.0	170
LB20 A 型	6.59	13.0	162
B 型	6.53	12.6	155
LB23	6.27	12.9	149
LB27	5.91	13.4	140
LB30	5.61	13.8	132
LB35	5.15	14.5	122
LB40	4.64	15.5	109

2.1.6　铜包钢线

铜包钢线是以钢丝为芯、外覆铜层的双金属线材，高频电阻较小，强度较大，主要用于架空通信线路，也可用于要求导电性能好且抗腐蚀能力强的特殊使用场合。主要对应标准为 JB/T 11868—2014《电工用铜包钢线》。铜包钢线按状态分为硬态和软态，其代号为 TG。其中硬态铜包钢线按相对导电率的大小（用国际退火铜标准 IACS 的百分数表示）和强度等级将分为以下 5 个类别：

21Y：标称导电率为 21% IACS 的硬态铜包钢线；

30Y：标称导电率为 30% IACS 的硬态铜包钢线；

30TY：标称导电率为 30% IACS 的特硬态铜包钢线；

40Y：标称导电率为 40% IACS 的硬态铜包钢线；

40TY：标称导电率为 40% IACS 的特硬态铜包钢线。

软态铜包钢线按相对导电率的大小（用国际退火铜标准 IACS 的百分数表示）将分为以下 3 个类别：

21R：标称导电率为 21% IACS 的软态铜包钢线；

30R：标称导电率为 30% IACS 的软态铜包钢线；

40R：标称导电率为 40% IACS 的软态铜包钢线。

1. 型号、规格及线径偏差（见表 1-2-26）

表 1-2-26 铜包钢线的型号、规格及线径偏差

（单位：mm）

型号	标称线径	线径偏差
TG	$0.080 \leqslant d < 0.300$	±0.003
	$0.300 \leqslant d < 0.500$	±0.005
	$0.500 \leqslant d < 3.000$	$\pm 1\% d$
	$3.000 \leqslant d \leqslant 10.000$	$\pm 1.5\% d$

2. 主要技术指标

1）抗拉强度和伸长率见表 1-2-27。

表 1-2-27 铜包钢线的抗拉强度和伸长率

直径范围/mm	抗拉强度/MPa								伸长率（%）	
	21Y	30Y	30TY	40Y	40TY	21R	30R	40R	21Y、30Y、30TY、40Y、40TY	21R、30R、40R
$0.080 \leqslant d < 1.000$	825	895	1085	845	1075	379	345	310	1.0	15
$1.000 \leqslant d < 2.000$	825	875	980	790	980					
$2.000 \leqslant d < 4.000$	725	820	900	745	900					
$4.000 \leqslant d \leqslant 10.000$	650	550	800	530	780					

2）扭转试验：铜包钢线应能经受不少于 20 次的扭转而不断裂。试样继续扭转至断裂，表面不应有任何裂缝或凹坑等缺陷，铜层和钢芯不应分离。

3）直流电阻率：铜包钢线 20℃时的直流电阻率见表 1-2-28。20℃时的电阻温度系数采用 0.0038/℃。

表 1-2-28 铜包钢线的直流电阻率

类别	20℃时的直流电阻率 /$(\Omega \cdot mm^2/m)$	20℃时的导电率（%IACS）
21Y	0.086205	20
30Y、30TY	0.059452	29
40Y、40TY	0.044208	39
21R	0.084102	20.5
30R	0.058444	29.5
40R	0.043648	39.5

4）铜层厚度：铜包钢线最薄处的铜层厚度应符合表 1-2-29 的规定。

表 1-2-29 铜包钢线铜层厚度

类别	最薄处铜层厚度
21Y、21R	不小于线材标称直径的 1.5%
30Y、30TY、30R	不小于线材标称直径的 3.0%
40Y、40TY、40R	不小于线材标称直径的 5.0%

3. 物理参数（见表 1-2-30）

表 1-2-30 铜包钢线的物理参数

类别	21Y、21R	30Y、30TY、30R	40Y、40TY、40R
标称密度/(g/cm^3)	7.94	8.05	8.17
理论铜层平均厚度	3.35% 铜包钢线标称直径	6.12% 铜包钢线标称直径	9.38% 铜包钢线标称直径
弹性模量/GPa	180	175	165
线膨胀系数 /$(\times 10^{-6}/℃)$	12.0	12.4	12.9

2.1.7 铜包铝（或铝合金）线

铜包铝（或铝合金）线主要应用于同轴电缆内导体、音视频线导体、屏蔽编织软导线或漆包绕组线基材等。铜包铝线按铜层体积比分为 10% 和 15% 两个级别，按状态分为软态（A）和硬态（H），型号为 CCA。铜包铝合金线按铜层体积比分为 10%、15% 和 30% 三个级别，均为软态，型号为 CCAA。镀锡铜包铝合金线按铜层体积比也分为

10%、15%和 30% 三个级别，均为软态，型号为 CCAAT。

1. 型号、规格及线径偏差（见表 1-2-31）

表 1-2-31 铜包铝（或铝合金）线的型号、规格及线径偏差

（单位：mm）

型号	标称线径	线径偏差
CCA（10A、10H、15A、15H）	<0.300	±0.003
	≥0.030	±1%d
CCAA（10A）	0.150～0.200	±0.003
	0.200～0.600	±0.005
CCAA（15A、20A）	0.080～0.200	±0.003
	0.200～0.600	±0.005
CCAAT（10A）	0.150～0.200	±0.003
	0.200～0.600	±0.005
CCAAT（15A、20A）	0.080～0.200	±0.003
	0.200～0.600	±0.005

2. 主要技术指标

1）铜层厚度及体积比见表 1-2-32。

表 1-2-32 铜包铝（或铝合金）线铜层厚度及体积比

型号	类别	厚度最薄点	体积比
CCA	10A、10H	≥1.75%d	不小于 8%且不大于 12%
	15A、15H	≥2.50%d	不小于 13%且不大于 17%
CCAA/CCAAT	10A	≥2.00%d	不小于 10%且不大于 12%
	15A	≥3.25%d	不小于 15%且不大于 17%
	20A	≥4.50%d	不小于 20%且不大于 22%

2）铜包铝（或铝合金）线在 20℃时的直流电阻率应符合表 1-2-33 的规定值。

表 1-2-33 铜包铝（或铝合金）线的直流电阻率

型号	类别	最大电阻率/(Ω·mm²/m)
CCA	10A、10H	0.02743
	15A、15H	0.02676
CCAA	10A	0.02790
	15A	0.02700
	20A	0.02620
CCAAT	10A	0.02840
	15A	0.02750
	20A	0.02670

3）抗拉强度及伸长率如下：

① 铜包铝线的抗拉强度及伸长率应符合表 1-2-34的规定值。

表 1-2-34 抗拉强度和断裂时伸长率

标称直径/mm	抗拉强度/MPa		伸长率（%）	
	H 类别（最小值）	A 类别（最大值）	H 类别（最小值）	A 类别（最小值）
0.080～0.120	205	172	1.0	5
0.121～0.360	207	172	1.0	5
0.361～0.574	207	172	1.0	10
0.575～0.642	207	138	1.0	10
0.643～2.05	207	138	1.0	15
2.06～2.30	200	138	1.0	15
2.31～2.59	193	138	1.0	15
2.60～2.91	186	138	1.0	15
2.92～3.26	179	138	1.0	15
3.27～3.67	172	138	1.5	15
3.68～4.12	166	138	1.5	15
4.13～4.62	159	138	1.5	15
4.63～5.19	152	138	1.5	15
5.20～5.83	138	138	1.5	15
5.84～6.54	124	138	1.5	15
6.55～8.25	110	138	1.5	15

② 铜包铝合金线的抗拉强度及伸长率应符合表 1-2-35 的规定值。

表 1-2-35 铜包铝合金线的抗拉强度和伸长率

型号	类别	标称直径/mm	抗拉强度/MPa	伸长率（%）
CCAA/CCAAT	10A、15A、20A	0.080≤d≤0.100	185	9
		0.100<d≤0.200	180	10
		0.200<d≤0.400	175	12
		0.400<d≤0.600	170	13

4）铜包铝（或铝合金）线在 20℃时的标称密度应符合表 1-2-36 的规定值。

表 1-2-36 铜包铝（或铝合金）线的标称密度

类别	型号	标称密度/(g/cm³)	偏差值
CCA	10A、10H	3.32	±3%
	15A、15H	3.63	±3%
CCAA/CCAAT	10A	3.32	0～0.13
	15A	3.63	0～0.13
	20A	3.94	0～0.13

2.1.8 镀层圆铜线

镀层圆铜线包括镀锡铜线、镀银铜线及镀镍铜线，主要用于制造电线电缆及电器制品。

1. 型号及级别

1）镀锡铜线：根据 GB/T 4910—2009《镀锡圆铜线》标准，分为 TXR 镀锡软圆铜线和 TXRH

可焊镀锡软圆铜线两种。

2）镀银铜线（TRY）：按其含银量的不同，分为A、B、C、D、E五个级别，其对应的银含量分别为1.25%、2.50%、4.00%、6.00%和10.00%。银层厚度应符合表1-2-37的规定（银层厚度应符合JB/T 3135—2011的规定）。

表1-2-37 镀银铜线的规格、银层级别及银层厚度

级别	A级	B级	C级	D级	E级
银含量≥(%)	1.25	2.50	4.00	6.00	10.00
标称直径 d/mm	最小镀层厚度/μm				
0.030	(0.1)	(0.2)	(0.3)	(0.4)	(0.6)
0.050	(0.1)	(0.3)	(0.4)	(0.6)	1.1
0.070	(0.2)	(0.4)	(0.6)	(0.9)	1.5
0.080	(0.2)	(0.4)	(0.7)	1.0	1.7
0.100	(0.3)	(0.5)	(0.8)	1.3	2.1
0.120	(0.3)	(0.6)	1.0	1.5	2.5
0.140	(0.4)	(0.7)	1.2	1.8	3.0
0.150	(0.4)	(0.8)	1.3	1.9	3.2
0.160	(0.4)	(0.8)	1.4	2.0	3.4
0.180	(0.5)	1.0	1.5	2.3	3.8
0.200	(0.5)	1.1	1.7	2.5	4.2
0.230	(0.6)	1.2	1.9	2.9	4.9
0.260	(0.7)	1.4	2.2	3.3	5.5
0.280	(0.7)	1.5	2.4	3.6	5.9
0.300	(0.8)	1.6	2.5	3.8	6.4
0.320	(0.8)	1.7	2.7	4.1	6.8
0.350	(0.9)	1.9	3.0	4.4	7.4
0.370	1.0	2.0	3.1	4.7	7.8
0.390	1.0	2.1	3.3	5.0	8.3
0.410	1.1	2.2	3.5	5.2	8.7
0.450	1.2	2.4	3.8	5.7	9.5
0.500	1.3	2.6	4.2	6.4	10.6
0.530	1.4	2.8	4.5	6.7	11.2
0.560	1.5	3.0	4.7	7.1	11.9
0.600	1.6	3.2	5.1	7.6	12.7
0.630	1.7	3.3	5.3	8.0	13.3
0.670	1.8	3.5	5.7	8.5	14.2
0.710	1.9	3.8	6.0	9.0	15.0
0.750	2.0	4.0	6.4	9.5	15.9
0.800	2.1	4.2	6.8	10.2	16.9
0.850	2.2	4.5	7.2	10.8	18.0
0.900	2.4	4.8	7.6	11.4	19.1
0.950	2.5	5.0	8.0	12.1	20.1
1.00	2.6	5.3	8.5	12.7	21.2
1.05	2.8	5.6	8.9	13.3	22.2
1.10	2.9	5.8	9.3	14.0	23.3
1.15	3.0	6.1	9.7	14.6	24.3
1.20	3.2	6.4	10.2	15.2	25.4
1.30	3.4	6.9	11.0	16.5	27.5
1.40	3.7	7.4	11.9	17.8	29.6
1.50	4.0	7.9	12.7	19.1	31.8
1.60	4.2	8.5	13.5	20.3	33.9
1.70	4.5	9.0	14.4	21.6	36.0
1.80	4.8	9.5	15.2	22.9	38.1
1.90	5.0	10.1	16.1	24.1	40.2
2.00	5.3	10.6	16.9	25.4	42.3
2.30	6.1	12.2	19.5	29.2	48.7
2.60	6.9	13.8	22.0	33.0	55.0
2.90	7.7	15.3	24.6	36.8	61.4
3.20	8.5	16.9	27.1	40.6	67.7

注：带括号的数据仅供参考。

3）镀镍铜线（TRN）：按其含镍量的不同，分为2、4、7、10及27等五个级别。镍层厚度应符合GB/T 11019—2009的规定，具体数据见表1-2-38。

表1-2-38 镍含量等级与镍层厚度关系

级别	2 级	4 级	7 级	10 级	27 级
镍含量（%）	2	4	7	10	27
标称直径 d/mm	镍层厚度（仅供参考）/mm				
0.05	—	—	—	0.0013	0.0034
0.07	—	—	—	0.0018	0.0048
0.08	—	—	0.0014	0.0020	0.0055
0.10	—	—	0.0018	0.0025	0.0068
0.12	—	—	0.0021	0.0030	0.0082
0.14	—	0.0014	0.0025	0.0036	0.0095
0.15	—	0.0015	0.0026	0.0038	0.0102
0.16	—	0.0016	0.0028	0.0041	0.0117
0.18	—	0.0018	0.0033	0.0046	0.0132
0.20	—	0.0021	0.0036	0.0051	0.0147
0.23	—	0.0023	0.0041	0.0058	0.0165
0.26	0.0013	0.0025	0.0046	0.0066	0.0185
0.28	0.0014	0.0028	0.0051	0.0074	0.0208
0.32	0.0016	0.0033	0.0056	0.0081	0.0234
0.35	0.0017	0.0035	0.0062	0.0088	0.0239
0.37	0.0019	0.0037	0.0065	0.0093	0.0252
0.39	0.0020	0.0039	0.0069	0.0098	0.0266
0.41	0.0021	0.0041	0.0072	0.0104	0.0280
0.45	0.0023	0.0046	0.0081	0.0117	0.0330
0.50	0.0025	0.0051	0.0088	0.0126	0.0341
0.53	0.0027	0.0054	0.0094	0.0134	0.0361
0.56	0.0028	0.0057	0.0099	0.0141	0.0382
0.60	0.0030	0.0061	0.0106	0.0152	0.0409
0.63	0.0032	0.0064	0.0111	0.0159	0.0430
0.67	0.0034	0.0068	0.0118	0.0169	0.0457
0.71	0.0036	0.0072	0.0126	0.0179	0.0484
0.75	0.0038	0.0076	0.0133	0.0189	0.0511
0.80	0.0040	0.0081	0.0141	0.0202	0.0545
0.85	0.0043	0.0086	0.0150	0.0215	0.0580
0.90	0.0045	0.0091	0.0159	0.0227	0.0614
1.00	0.0051	0.0101	0.0177	0.0253	0.0682
1.05	0.0053	0.0106	0.0186	0.0265	0.0716
1.10	0.0056	0.0111	0.0194	0.0277	0.0750
1.15	0.0058	0.0116	0.0203	0.0290	0.0784
1.20	0.0061	0.0121	0.0212	0.0303	0.0818
1.30	0.0066	0.0131	0.0230	0.0328	0.0886
1.40	0.0071	0.0141	0.0247	0.0354	0.0955
1.50	0.0076	0.0152	0.0265	0.0379	0.1023
1.60	0.0081	0.0162	0.0283	0.0404	0.1091
1.70	0.0086	0.0172	0.0301	0.0429	0.1159
1.80	0.0091	0.0182	0.0318	0.0454	0.1227
1.90	0.0096	0.0192	0.0336	0.0480	0.1295
2.00	0.0101	0.0202	0.0354	0.0550	0.1364
2.30	0.0117	0.0234	0.0411	0.0592	0.1679
2.60	0.0129	0.0264	0.0462	0.0665	0.1885
2.90	0.0145	0.0295	0.0518	0.0747	0.2116
3.26	0.0165	0.0330	0.0582	0.0838	0.2375

2. 线径偏差（见表1-2-39）

表1-2-39 镀层铜线的线径偏差 （单位：mm）

线径范围 d	线径偏差		
	TXR	TRY	TRN
0.050～0.100	+0.006；-0.003	±0.003	+0.008；-0.003
0.101～0.125	+0.006；-0.003	±0.005	+0.008；-0.003
0.126～0.250	+0.010；-0.004	±0.005	+0.008；-0.003
0.251～0.400	+0.010；-0.004	±0.010	+0.03d；-0.01d
0.401～0.700	+0.02d；-0.01d	±0.010	+0.03d；-0.01d
0.701～1.000	+0.02d；-0.01d	±0.015	+0.03d；-0.01d
1.001～1.300	+0.02d；-0.01d	±0.020	+0.03d；-0.01d
1.301～2.000	+0.02d；-0.01d	±0.020	+0.038；-0.013
2.001～4.000	+0.02d；-0.01d	—	—

3. 主要技术要求

1）抗拉强度及伸长率见表1-2-40。

表1-2-40 镀层铜线的抗拉强度及伸长率

线径范围 d/mm	TRY 抗拉强度/MPa	伸长率（%）			
		TXR	TRY	TRN	
				2、4、7、10级	27级
0.050～0.090	196	6	5.5	12	6
0.091～0.100	196	12	5.5	12	6
0.101～0.150	196	12	10	12	8
0.151～0.230	196	12	15	12	8
0.231～0.250	196	12	15	16	12
0.251～0.500	196	15	20	16	12
0.501～2.000	196	20	25	20	16
2.001～4.000	196	25	—	—	—

2）电阻率见表1-2-41。

表1-2-41 镀层铜线的电阻率

线径范围 d/mm	电阻率/nΩ·m							
	TXR	RXRN	TRY	TRN				
				2级	4级	7级	10级	27级
0.050～0.090	18.51	—	17.241	17.96	18.342	18.947	19.592	24.284
0.091～0.250	18.02	18.31	17.241	17.96	18.342	18.947	19.592	24.284
0.251～0.500	17.70	17.93	17.241	17.96	18.342	18.947	19.592	24.284
0.501～4.000	17.60	17.75	17.241	17.96	18.342	18.947	19.592	24.284

3）表面质量：镀层铜线的表面应光亮、光滑连续，不得有与良好工业产品不相称的缺陷。TXRH型镀锡铜线应具有可焊性，焊接时间不大于2s。

2.2 加强单元用单线

2.2.1 镀锌钢线

镀锌钢线主要用于架空导线的加强芯或架空地线，镀锌钢线按照抗拉强度分为五个等级，分别为G1、G2、G3、G4和G5级。镀锌层分为A级和B级两个级别。对应国家标准为GB/T 3428—2012《架空绞线用镀锌钢线》。

1. 线径及线径偏差

镀锌钢线的线径及线径偏差见表1-2-42～表1-2-46。

2. 技术要求

1）镀锌钢线的抗拉强度、1%伸长时的应力、伸长率、卷绕试验芯轴直径、扭转次数见表1-2-42～表1-2-46。

表 1-2-42　G1 级强度镀锌钢线的机械性能、扭转要求和卷绕试验芯轴直径

标称直径 D/mm		直径偏差 /mm	1%伸长时的应力最小值/MPa	抗拉强度最小值 /MPa	伸长率最小值①（%）	卷绕试验芯轴直径 /mm	扭转试验扭转次数②最小值
大于	小于及等于						
			A 级镀锌层				
1.24	2.25	±0.03	1170	1340	3.0	1D	18
2.25	2.75	±0.04	1140	1310	3.0	1D	16
2.75	3.00	±0.05	1140	1310	3.5	1D	16
3.00	3.50	±0.05	1100	1290	3.5	1D	14
3.50	4.25	±0.06	1100	1290	4.0	1D	12
4.25	4.75	±0.06	1100	1290	4.0	1D	12
4.75	5.50	±0.07	1100	1290	4.0	1D	12
			B 级镀锌层				
1.24	2.25	±0.05	1100	1240	4.0	1D	
2.25	2.75	±0.06	1070	1210	4.0	1D	
2.75	3.00	±0.06	1070	1210	4.0	1D	
3.00	3.50	±0.07	1000	1190	4.0	1D	
3.50	4.25	±0.09	1000	1190	4.0	1D	
4.25	4.75	±0.10	1000	1190	4.0	1D	
4.75	5.50	±0.11	1000	1190	4.0	1D	

① 伸长率的最小值是对 250mm 标距而言。如采用其他标距，则这些数值应使用 650/（标距 +400）这个系数进行校正。

② 扭转试验试样长度：钢线标称直径的 100 倍。

表 1-2-43　G2 级强度镀锌钢线的机械性能、扭转要求和卷绕试验芯轴直径

标称直径 D/mm		直径偏差 /mm	1%伸长时的应力最小值/MPa	抗拉强度最小值 /MPa	伸长率最小值①（%）	卷绕试验芯轴直径 /mm	扭转试验扭转次数②最小值
大于	小于及等于						
			A 级镀锌层				
1.24	2.25	±0.03	1310	1450	2.5	3D	16
2.25	2.75	±0.04	1280	1410	2.5	3D	16
2.75	3.00	±0.05	1280	1410	3.0	4D	16
3.00	3.50	±0.05	1240	1410	3.0	4D	14
3.50	4.25	±0.06	1170	1380	3.0	4D	12
4.25	4.75	±0.06	1170	1380	3.0	4D	12
4.75	5.50	±0.07	1170	1380	3.0	4D	12
			B 级镀锌层				
1.24	2.25	±0.05	1240	1380	2.5	3D	
2.25	2.75	±0.06	1210	1340	2.5	3D	
2.75	3.00	±0.06	1210	1340	3.0	4D	
3.00	3.50	±0.07	1170	1340	3.0	4D	
3.50	4.25	±0.09	1100	1280	3.0	4D	
4.25	4.75	±0.10	1100	1280	3.0	4D	
4.75	5.50	±0.11	1100	1280	3.0	4D	

① 伸长率的最小值是对 250mm 标距而言。如采用其他标距，则这些数值应使用 650/（标距 +400）这个系数进行校正。

② 扭转试验试样长度：钢线标称直径的 100 倍。

表 1-2-44　G3 级强度镀锌钢线的机械性能、扭转要求和卷绕试验芯轴直径

标称直径 D/mm		直径偏差 /mm	1%伸长时的应力最小值/MPa	抗拉强度最小值 /MPa	伸长率最小值① (%)	卷绕试验芯轴直径 /mm	扭转试验扭转次数② 最小值
大于	小于及等于						
			A 级镀锌层				
1.24	2.25	±0.03	1450	1620	2.0	4D	14
2.25	2.75	±0.04	1410	1590	2.0	4D	14
2.75	3.00	±0.05	1410	1590	2.5	4D	12
3.00	3.50	±0.05	1380	1550	2.5	4D	12
3.50	4.25	±0.06	1340	1520	2.5	4D	10
4.25	4.75	±0.06	1340	1520	2.5	4D	10
4.75	5.50	±0.07	1270	1500	2.5	4D	10

① 伸长率的最小值是对 250mm 标距而言。如采用其他标距，则这些数值应使用 650/(标距 + 400) 这个系数进行校正。

② 扭转试验试样长度：钢线标称直径的 100 倍。

表 1-2-45　G4 级强度镀锌钢线的机械性能、扭转要求和卷绕试验芯轴直径

标称直径 D/mm		直径偏差 /mm	1%伸长时的应力最小值/MPa	抗拉强度最小值 /MPa	伸长率最小值① (%)	卷绕试验芯轴直径 /mm	扭转试验扭转次数② 最小值
大于	小于及等于						
			A 级镀锌层				
1.24	2.25	±0.03	1580	1870	3.0	4D	12
2.25	2.75	±0.05	1580	1820	3.0	4D	12
2.75	3.00	±0.05	1550	1820	3.5	4D	12
3.00	3.50	±0.05	1550	1770	3.5	4D	12
3.50	4.25	±0.06	1500	1720	3.5	4D	10
4.25	4.75	±0.06	1480	1720	3.5	4D	8

① 伸长率的最小值是对 250mm 标距而言。如采用其他标距，则这些数值应使用 650/(标距 + 400) 这个系数进行校正。

② 扭转试验试样长度：钢线标称直径的 100 倍。

表 1-2-46　G5 级强度镀锌钢线的机械性能、扭转要求和卷绕试验芯轴直径

标称直径 D/mm		直径偏差/mm	1%伸长时的应力最小值 /MPa	抗拉强度最小值 /MPa	伸长率最小值① (%)	卷绕试验芯轴直径 /mm	扭转试验扭转次数② 最小值
大于	小于及等于						
			A 级镀锌层				
1.24	2.25	±0.03	1600	1960	3.0	4D	12
2.25	2.75	±0.05	1600	1910	3.0	4D	12
2.75	3.00	±0.05	1580	1910	3.5	4D	12
3.00	3.50	±0.05	1580	1870	3.5	4D	12
3.50	4.25	±0.06	1550	1820	3.5	4D	10
4.25	4.75	±0.06	1500	1820	3.5	4D	8

① 伸长率的最小值是对 250mm 标距而言。如采用其他标距，则这些数值应使用 650/(标距 + 400) 这个系数进行校正。

② 扭转试验试样长度：钢线标称直径的 100 倍。

2）镀锌层质量应不小于表 1-2-47 的规定。

表 1-2-47　镀锌层质量要求

标称直径 D/mm		镀锌层单位面积质量最小值/(g/m^2)	
大于	小于及等于	A 级	B 级
1.24	1.50	185	370
1.50	1.75	200	400
1.75	2.25	215	430
2.25	3.00	230	460
3.00	3.50	245	490
3.50	4.25	260	520
4.25	4.75	275	550
4.75	5.50	290	580

2.2.2　锌 –5%铝 –混合稀土合金镀层钢线

锌 –5%铝 –混合稀土合金镀层钢线主要用于架空导线加强芯和架空电力地线、通信电缆、吊架、悬挂、栓系及固定物件的绞合体单元。钢线按抗拉强度分为普通强度、高强度和特高强度三级。按镀层重量分为 A、B、C 三级。对应国家标准为 GB/T 20492—2006。

1. 线径及线径偏差

钢线的标称直径及允许偏差应符合表 1-2-48 的规定。

表 1-2-48　钢线标称直径及允许偏差

（单位：mm）

标称直径	允许偏差
>1.24 ~ 2.25	±0.03
>2.25 ~ 3.00	±0.04
>3.00 ~ 3.50	±0.05
>3.50 ~ 5.50	±0.06

2. 技术要求

1）钢线强度，见表 1-2-49。

2）钢线 1% 伸长时应力，见表 1-2-49。

3）断后伸长率，见表 1-2-49。

4）钢线扭转次数，见表 1-2-49。

5）缠绕试验芯棒直径（D 为钢线标称直径），见表 1-2-49。

表 1-2-49　钢线力学性能

强度级别	标称直径/mm	抗拉强度/MPa			1%伸长时应力/MPa			断后伸长率（%）			扭转次数/(次/360°)			缠绕试验芯棒直径
		A 级镀层	B 级镀层	C 级镀层	A 级镀层	B 级镀层	C 级镀层	A 级镀层	B 级镀层	C 级镀层	A 级镀层	B 级镀层	C 级镀层	
普通强度	>1.24 ~ 2.25	1340	1240	—	1170	1100	—	3.0	3.0	—	6	—	—	1D
	>2.25 ~ 2.75	1310	1210	—	1140	1070	—	3.0	3.5	—	6	—	—	1D
	>2.75 ~ 3.00	1310	1210	—	1140	1070	—	3.5	3.5	—	6	—	—	1D
	>3.00 ~ 3.50	1290	1190	—	1100	1000	—	3.5	3.5	—	4	—	—	1D
	>3.50 ~ 4.25	1290	1190	—	1100	1000	—	4.0	4.0	—	2	—	—	1D
	>4.25 ~ 4.75	1290	1190	—	1100	1000	—	4.0	4.0	—	2	—	—	1D
	>4.75 ~ 5.50	1290	1190	—	1100	1000	—	4.0	4.0	—	2	—	—	1D
高强度	>1.24 ~ 2.25	1450	1380	1310	1310	1240	1170	2.5	2.5	2.5	6	—	—	3D
	>2.25 ~ 2.75	1410	1340	1280	1280	1210	1140	2.5	2.5	2.5	6	—	—	3D
	>2.75 ~ 3.00	1410	1340	1280	1280	1210	1140	3.0	3.0	3.0	6	—	—	4D
	>3.00 ~ 3.50	1410	1340	1280	1240	1170	1100	3.0	3.0	3.0	4	—	—	4D
	>3.50 ~ 4.25	1380	1280	1240	1170	1100	1070	3.0	3.0	3.0	2	—	—	4D
	>4.25 ~ 4.75	1380	1280	1240	1170	1100	1070	3.0	3.0	3.0	2	—	—	4D
	>4.75 ~ 5.50	1380	1280	1240	1170	1100	1070	3.0	3.0	3.0	2	—	—	4D
特高强度	>1.24 ~ 2.25	1620	—	—	1450	—	—	2.0	—	—	4	—	—	4D
	>2.25 ~ 2.75	1590	—	—	1410	—	—	2.0	—	—	4	—	—	4D
	>2.75 ~ 3.00	1590	—	—	1410	—	—	2.5	—	—	2	—	—	5D
	>3.00 ~ 3.50	1550	—	—	1380	—	—	2.5	—	—	2	—	—	5D
	>3.50 ~ 4.25	1520	—	—	1340	—	—	2.5	—	—	0	—	—	5D
	>4.25 ~ 4.75	1520	—	—	1340	—	—	2.5	—	—	0	—	—	5D
	>4.75 ~ 5.50	1500	—	—	1270	—	—	0.5	—	—	0	—	—	5D

注：伸长率的最小值是对 250mm 标距而言。如采用其他标距，则这些数值应使用 650/（标距 +400）这个系数进行校正。

6）钢线镀层重量应符合表1-2-50的规定。

表1-2-50 钢线镀层重量

钢线标称直径/mm	镀层重量/(g/m²) 不小于		
	A级	B级	C级
>1.24~1.50	185	370	555
>1.50~1.75	200	400	600
>1.75~2.25	215	430	645
>2.25~3.00	230	460	690
>3.00~3.50	245	490	735
>3.50~4.25	260	520	780
>4.25~4.75	275	550	825
>4.75~5.50	290	580	870

7）表面质量：钢丝镀层应连续、均匀，不应有影响使用的表面缺陷。其色泽在空气中暴露后可呈青灰色。

2.2.3 铝包殷钢线

殷钢线采用铁－镍（镍约占36%～40%）合金材料制成，外层包覆铝层即为铝包殷钢线。铝包殷钢线的线膨胀系数约为普通钢线的1/3，其长度随温度变化很小，因此主要用作架空导线的加强芯，以抑制在变化温度下导线的弧垂变化。

铝包殷钢线分为LBY10和LBY14两种型号，对应的导电率分别为10% IACS和14% IACS。

1. 直径及偏差

铝包殷钢线的标称直径及偏差应符合表1-2-51的规定。

表1-2-51 铝包殷钢线的标称直径及偏差

标称直径 d/mm	直径偏差/mm
$d<2.67$	±0.04
$d\geqslant2.67$	±1.5%d

2. 力学性能

铝包殷钢线的力学性能应符合表1-2-52的规定。

表1-2-52 铝包殷钢线的力学性能

标称直径 d /mm	抗拉强度最小值/MPa		1%伸长时的应力最小值/MPa		断时伸长率最小值（%）
	LBY10	LBY14	LBY10	LBY14	
$1.24<d\leqslant3.00$	1100	1050	950	920	1.5
$3.00<d\leqslant3.50$	1060	1010	920	880	
$3.50<d\leqslant4.25$	1010	950	880	830	
$4.25<d\leqslant5.50$	950	910	800	700	

3. 物理性能

铝包殷钢线的物理性能见表1-2-53。

表1-2-53 铝包殷钢线的物理性能

型号	20℃时密度/(g/cm³)	20℃时最大电阻率/(Ω·mm²/m)	弹性模量/GPa	线膨胀系数/(×10⁻⁶/℃)	电阻温度系数/(1/℃)	最小铝层厚度
LBY10	7.44	0.017241 相当于10% IACS	170	3.7	0.0034	5%铝包殷钢线标称半径
LBY14	7.10	0.012315 相当于14% IACS	155	3.7	0.0034	10%铝包殷钢线标称半径

2.2.4 碳－玻璃纤维复合加强芯

碳－玻璃纤维复合加强芯主要分为两种结构：单根的复合材料芯棒和多股绞合型碳纤维复合材料加强芯。

以碳纤维为中心，玻璃纤维和环氧树脂包覆制成的纤维增强树脂基复合材料芯棒，是将碳纤维与玻璃纤维进行预拉伸后，用环氧树脂浸渍，然后在模具中高温固化成型为复合材料芯棒，主要用作架空导线的加强芯。纤维增强树脂基复合材料芯棒具有抗拉强度大、耐高温、线膨胀系数小、重量轻的特点，有利于改善架空导线弧垂特性，采用纤维增强树脂基复合材料芯棒制造的复合加强芯导线与同结构钢芯铝绞线相比，能大幅提高线路的输送能力，近年来得到大量使用。

复合材料芯棒主要参考GB/T 29324—2012《架空导线用纤维增强树脂基复合材料芯棒》。

多股绞合型碳纤维复合材料加强芯是由多根（一般为7根）碳纤维复合芯绞制而成，与复合材料芯棒相比，主要是为提高加强芯的柔软性能和减低微小的裂痕导致整个加强芯断裂的可能。同时，金具连接方式及架线方式与普通导线类似，有助于架线施工方便。但截至目前，这种结构加强芯用于架空输电线还是很少。

由于多股绞合型碳纤维复合材料加强芯的用途及使用条件与复合材料芯棒完全一致，因此，其各项性能技术要求均应与复合材料芯棒完全相同。

复合材料芯棒按照强度分为 1 和 2 两种等级，按耐热温度分为 A 和 B 两种级别。

1. 复合材料芯棒规格（见表 1-2-54）

表 1-2-54　复合材料芯棒推荐规格参数表

规格	标称直径 D/mm
5.00、5.50、6.00、6.50、7.00、7.50、8.00、8.50、9.00、9.50、10.00、10.50、11.00	

2. 复合材料芯棒的直径偏差和 f 值（见表 1-2-55）

表 1-2-55　复合材料芯棒直径偏差和 f 值

型号	规格范围/mm	直径偏差/mm	f 值/mm
F1A、F1B、F2A、F2B	$5.00 \leqslant d < 8.00$	±0.03	≤0.03
	$8.00 \leqslant d \leqslant 11.00$	±0.05	≤0.05

注：f 值为垂直于轴线的同一圆截面上测得的最大和最小直径之差。

3. 复合材料芯棒的抗拉强度（见表 1-2-56）

表 1-2-56　复合材料芯棒的抗拉强度

等级	最小抗拉强度/MPa
1 级	2100
2 级	2400

4. 复合材料芯棒的长期允许使用温度（见表 1-2-57）

表 1-2-57　复合材料芯棒的长期允许使用温度

级别	长期允许使用温度/℃
A 级	120
B 级	160

5. 线膨胀系数

复合材料芯棒在 40℃到长期允许使用温度区间内的平均线膨胀系数应不大于 2.0×10^{-6}/℃，理论计算中复合材料芯棒平均线膨胀系数取值 2.0×10^{-6}/℃。

6. 密度

复合材料芯棒的密度应不大于 2.0kg/dm³，单位长度质量理论计算中，复合材料芯棒密度取值 2.0kg/dm³。

7. 复合材料芯棒玻璃化转变温度 DMA T_g（见表 1-2-58）

表 1-2-58　复合材料芯棒的玻璃化转变温度 DMA T_g

级别	玻璃化转变温度 DMA T_g/℃　不小于
A 级	150
B 级	190

8. 复合材料芯棒的弹性模量（见表 1-2-59）

表 1-2-59　复合材料芯棒的弹性模量

等级	弹性模量/GPa　不小于
1 级	110
2 级	120

2.2.5　铝基－陶瓷纤维复合加强芯

铝基－陶瓷纤维复合加强芯是由多根复合单线束合并用铝箔带整体绕包而成，用来作为架空导线的加强芯，其复合单线是由万余根极细的高强度陶瓷纤维与高纯度铝复合而成。截至目前，铝基－陶瓷纤维复合加强芯的架空导线在我国使用很少，复合加强芯的制造企业极少，尚未设计系列产品及确定技术条件，在此只根据相关资料列出复合单线主要技术条件以供参考选用。

1. 尺寸及偏差（见表 1-2-60）

表 1-2-60　铝基－陶瓷纤维复合单线尺寸及偏差

标称直径/mm	直径公差/mm
$1.80 < d \leqslant 3.10$	±0.065

2. 力学性能（见表 1-2-61）

表 1-2-61　铝基－陶瓷纤维复合单线力学性能

最小抗拉强度/MPa	断后伸长率（%）
1330	0.6

3. 物理性能（见表 1-2-62）

表 1-2-62　铝基－陶瓷纤维复合单线物理性能

20℃最大电阻率/(Ω·mm²/m)	弹性模量/GPa	线膨胀系数/($\times 10^{-6}$/°C)	密度/(g/cm³)
0.07337（最小导电率 23.5%IACS）	216	6.3	3.370

2.3　型线及型材

型线与型材主要包括铜线坯（圆铜杆）、圆铝杆、铜/铝扁线、铜接触线、钢铝复合接触线、铜铝母线、铜带、空心铜导线、异形铜排等品种，其型号和规格范围见表 1-2-63。

表 1-2-63 型线的品种、型号及规格范围

产品名称	型号	规格范围		标准号
		尺寸范围/mm	截面积/mm^2	
电工铜线坯（圆铜杆）	T1（M20）	直径 6.0~35.0	—	GB/T 3952—2016
	T2（M20）	直径 6.0~35.0		
	T3（M20）	直径 6.0~35.0		
	TU1（M07）	直径 6.0~35.0		
	TU1（H80）	直径 6.0~12.0		
	TU2（M07）	直径 6.0~35.0		
	TU2（H80）	直径 6.0~12.0		
电工圆铝杆	1B90、1B93 1B95、1B97 1A60、1R50 1350、1370 6101、6201 8A07、8030	典型直径 7.5 9.5 12.0 15.0 19.0 24.0	—	GB/T 3954—2014
软铜扁线	TBR	0.8×2~7.1×16	—	GB/T 5584.2—2009
H1、H2 状态硬铜扁线	TBY1、TBY2	0.8×2~7.1×16	—	
软铝扁线	LBR	0.8×2~7.1×16	—	GB/T 5584.3—2009
H2、H4、H8 状态硬铝扁线	LBY2、LBY4、LBY8	0.8×2~7.1×16	—	
圆形铜接触线	CTY	—	50，65，85，100，110	GB/T 12971.1—2008
双沟形铜接触线	CT	—	65，85，100，110，120，150	
铜－银合金接触线	CTA	—		
铜－镁合金接触线	CTM	—		
高强度铜－镁合金接触线	CTMH	—		
铜－锡合金接触线	CTS	—		
内包梯形钢，钢、铝复合接触线	CGLN	—	195、250	GB/T 12971.2—2008
外露异形钢，钢、铝复合接触线	CGLW	—	173、215	
铜母线	TMRTMY	厚度 2.24~50.00 宽度 16.00~400.00	—	GB/T 5585.1—2005
一类铜－银合金母线	TH11M		—	
二类铜－银合金母线	TH12M		—	
铝母线	LMRLMY	厚度 2.24~31.50 宽度 16.00~200.00	—	GB/T 5585.2—2005
铝合金母线	LHM		—	
梯形铜排	TPT	大边 24.0 及以下 高度 10.0~150.0	—	JB/T 9612.2—2013
一类梯形铜－银合金排	TH11PT		—	
二类梯形铜－银合金排	TH12PT		—	
七边形铜排	TPQ	厚度 6.0~16.0， 总宽 47.0~84.0	—	JB/T 9612.3—2013
凹形铜排	TPA	厚度 8.0~9.6， 宽度 28.0~30.5	—	JB/T 9612.4—2013
凹形铜－银合金排	TH12PA		—	
哑铃形铜排	TPY	厚度 6.0， 总宽 18.0~36.0	—	JB/T 9612.5—2014
拉制无氧退火状态 T2 空心导线	T2ML	—	—	JB/T 10415.1—2016
拉制无氧退火状态 TU2 空心导线	TU2ML	—	—	
软铜带	TDR	厚度 0.8~3.55 宽度 9.0~100.0	—	GB/T 5584.4—2009
H1 状态硬铜带	TDY1		—	
H2 状态硬铜带	TDY2		—	

2.3.1 电工铜线坯（圆铜杆）

电工用铜线坯主要用于制作电线电缆用圆铜线或型线。采用符合GB/T 468—1997《电工用铜线锭》或符合GB/T 467—2010《阴极铜》制造、供进一步拉制线材或其他电工用铜导体的圆形截面铜线坯。

1. 型号及规格范围

根据铜线坯的牌号、状态的不同，分为两个品种、五个型号。规格用圆铜线坯的直径表示，见表1-2-64。

表1-2-64 铜线坯的型号和规格范围

牌号	状态	直径/mm
T1、T2、T3	热（R）	6.0~35.0
TU1、TU2	热（R）	6.0~35.0
TU1、TU2	硬（Y）	6.0~12.0

2. 直径及偏差

铜线坯的直径及偏差规定，见表1-2-65。

表1-2-65 铜线坯的直径及偏差

（单位：mm）

标称直径	偏差
6.0~6.35	+0.5 −0.25
>6.35~12.0	±0.4
>12.0~19.0	±0.5
>19.0~25.0	±0.6
>25.0~35.0	±0.8

3. 机械性能

铜线坯的机械性能规定，见表1-2-66。

表1-2-66 铜线坯的机械性能

牌号	状态	直径/mm	抗拉强度/MPa	伸长率(%)	正转转数 n	反转至断裂的转数 n
T1、TU1	R	6.0~35	—	40	25	25
T2、TU2	R	6.0~35	—	37	25	20
T3	R	6.0~35	—	35	25	17
TU1 TU2	Y	6.0~7.0	370	2.0	—	—
		>7.0~8.0	345	2.2	—	—
		>8.0~9.0	335	2.4	—	—
		>9.0~10.0	325	2.8	—	—
		>10.0~11.0	315	3.2	—	—
		>11.0~12.0	290	3.6	—	—

4. 电性能

铜线坯的电阻率应符合表1-2-67的要求。

表1-2-67 铜线坯的电阻率

牌号	状态	20℃时的电阻率/(Ω·mm²/m)
T1、TU1	R	0.01707
T2、TU2、T3	R	0.01724
TU1	Y	0.01750
TU2	Y	0.01777

5. 其他技术要求

1）铜线坯应圆整，尺寸均匀，并且不需经酸洗和扒皮，直接使用。

2）铜线坯表面不应有皱边、飞边、裂纹、夹杂物及其他影响使用的缺陷。

2.3.2 单晶铜圆线坯

单晶铜圆线坯是采用热型连铸技术生产的圆形横截面线坯，且任一圆形横截面内所含有的晶粒数不超过10个的铜线坯。采用单晶铜线坯进一步深加工即制成单晶圆铜线材。

1. 规格及线径偏差（见表1-2-68）

表1-2-68 单晶铜圆线坯的规格及线径偏差

（单位：mm）

标称直径	允许偏差
>3.0~8.0	±0.35
>8.0~12.0	±0.50
>12.0~22.0	±0.75
>22.0~30.0	±1.00

2. 技术指标

(1) 力学性能　见表1-2-69。

表 1-2-69　单晶铜圆线坯的力学性能

牌号	状态	标称直径/mm	伸长率（%）
TU1	铸（Z）	>3.0~30.0	≥55
TU2			≥50

(2) 扭转性能　单晶铜圆线坯应进行扭转试验，扭转次数应符合表1-2-70的规定，扭转断裂后表面不应出现皱边，断口不应有夹杂缺陷。

表 1-2-70　单晶铜圆线坯的扭转性能

牌号	状态	标称直径/mm	扭转次数 n
TU1 TU2	铸（Z）	>3.0~5.0	≥20
		>5.0~8.0	≥30
		>8.0~12.0	≥35
		>12.0~22.0	≥40
		>22.0~30.0	≥45

(3) 电性能　单晶铜圆线坯的电阻率应符合表1-2-71的规定。

表 1-2-71　单晶铜圆线坯的电阻率

名称	牌号	状态	20℃时电阻率/（Ω·mm²/m）	
			标称直径<2.00mm	标称直径≥2.00mm
单晶铜圆线坯	TU1	Z	0.017000	
	TU2	Z	0.017170	

(4) 晶粒数　单晶铜圆线坯任意横断面的宏观组织中所含晶粒个数应符合表1-2-72的规定。

表 1-2-72　单晶铜圆线坯晶粒数量等级

牌号	状态	任意横断面的宏观组织晶粒数	
		级别	晶粒个数
TU1、TU2	Z	A级	1~3
		B级	4~6
		C级	7~10

(5) 表面质量　单晶铜圆线坯应圆整，尺寸均匀，无红色、黑色氧化现象。

2.3.3 电工圆铝杆

电工圆铝杆主要用作拉制电线电缆用的圆铝线或型线及其他电工用铝导体。采用符合GB/T 1196—2008《重熔用铝锭》标准的线锭并由连铸连轧工艺制造的铝杆，且符合GB/T 3954—2014《电工圆铝杆》标准。

1. 牌号、型号及典型规格

按不同的材料牌号，可制成不同型号的圆铝杆，见表1-2-73。

表 1-2-73　圆铝杆型号及典型规格

材料牌号	型号	规格直径/mm
1B97	B	7.5 9.5 12.0 15.0 19.0 24.0
1B95 1B93 1B90	B2	
1A60	A	
	A2、A4、A6、A8	
1R50	RE－A	
	RE－A2、RE－A4、RE－A6、RE－A8	
1350	—	
1370	—	
6101	C	
6201	D	
8A07	—	
8030	—	

2. 规格及尺寸偏差

圆铝杆的规格用标称直径表示，允许的直径偏差及同一截面上最大与最小的直径之差（f值）的规定，见表1-2-74。

表 1-2-74　圆铝杆的规格及尺寸偏差

（单位：mm）

标称直径/mm	偏差、标称直径（%）	f值≤
7.0~9.0	±5	0.5
>9.0~11.0	±5	0.8
>11.0~14.0	±5	0.8
>14.0~17.0	±5	0.9
>17.0~22.0	±5	0.9
>22.0~25.0	±5	1.1

3. 机电性能

圆铝杆的机械性能及电阻率的规定见表1-2-75。

表 1-2-75　圆铝杆的机电性能

材料牌号	型号	状态	抗拉强度/MPa	伸长率（%）	20℃时电阻率/(Ω·mm²/m)
1B97 1B95 1B93 1B90	B	O	35～65	35	0.02715
	B2	H14	60～90	15	0.02725
1A60	A	O	60～90	25	0.02755
	A2	H12	80～110	13	0.02785
	A4	H13	95～115	11	0.02801
	A6		110～130	8	0.02801
	A8	H16	120～150	6	0.02801
1R50	RE－A	O	60～90	25	0.02755
	RE－A2	H12	80～110	13	0.02785
	RE－A4	H13	95～115	11	0.02801
	RE－A6	H14	110～130	8	0.02801
	RE－A8	H16	120～150	6	0.02801
1350	—	O	60～95	25	0.02790
		H12	85～115	12	0.02803
		H14	105～135	10	0.02808
		H16	120～150	8	0.02812
1370	—	O	60～95	25	0.02790
		H12	85～115	11	0.02801
		H13	105～135	8	0.02803
		H14	115～150	6	0.02805
		H16	130～160	5	0.02808
6101	C①	T4	150～200	10	0.03450
6201	D①	T4	160～220	10	0.03450
8A07	—	H15	95～135	7	0.02864
		H17	120～160	6	0.03125
8030	—	H14	105～155	10	0.02973

① 自然时效 7 天以上检测。

4. 表面质量

圆铝杆表面应清洁，不应有褶边、错圆、裂纹、夹杂物、扭结等缺陷及其他影响使用的缺陷，允许有轻微的机械擦伤、斑疤、麻坑、起皮或飞边等。

2.3.4　铜/铝扁线

铜/铝扁线主要用于制造电机、电器设备绕组和安装配电设备及其他电工装备作为连接线之用。按加工条件的不同，又分为软态及各种不同硬态的铜、铝扁线。规格大小用标称尺寸 $a \times b$ 表示。截面图如图 1-2-2 所示。

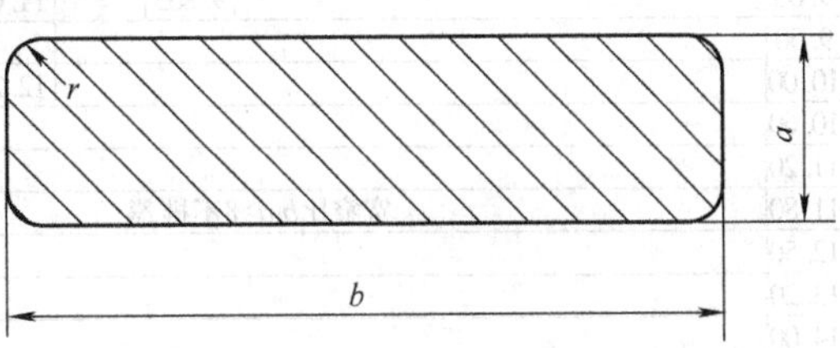

图 1-2-2　铜/铝扁线截面图

1. 型号及规格范围（见表1-2-76）

表1-2-76 扁线的型号及规格范围

线别	型号	名称	规格范围 a/mm × b/mm
铜扁线	TBR	软铜扁线	0.8×2~7.1×16
	TBY1	H1状态硬铜扁绒	0.8×2~7.1×16
	TBY2	H2状态硬铜扁线	0.8×2~7.1×16
铝扁线	LBR	软铝扁线	0.8×2~7.1×16
	LBY2	H2状态硬铝扁线	0.8×2~7.1×16
	LBY4	H4状态硬铝扁线	0.8×2~7.1×16
	LBY8	H8状态硬铝扁线	0.8×2~7.1×16

2. 规格尺寸及截面计算

标称尺寸 a 和 b 的系列采用GB/T 321—2005中的R20和R40优先数系。扁线尺寸的宽窄比，应符合式（1-2-4）的规定：

$$1.4 \leqslant \frac{b}{a} \leqslant 8 \tag{1-2-4}$$

a 与 b 两数值均为按R20系列所选的规格，为优先规格。

a 与 b 两数值中，一个按R20系列而另一个按R40系列所选的规格，则为中间规格。

a 与 b 两数值均按R40系列所选的规格，则为不推荐规格，应避免采用。

扁线的标称截面积 S 按式（1-2-5）计算：

$$S = a \times b - 0.858r^2 \tag{1-2-5}$$

式中 r——圆角半径，见表1-2-80。

铜/铝扁线的规格尺寸及标称截面积，见表1-2-77。

表1-2-77 铜/铝扁线的规格尺寸及标称截面积 （单位：mm²）

b边/mm	a边/mm																		
	0.80	0.85	0.90	0.95	1.00	1.06	1.12	1.18	1.25	1.32	11.40	1.50	1.60	1.70	1.80	1.90	2.00	2.12	2.24
	$r=\frac{1}{2}a$					$r=0.5$mm								$r=0.65$mm					
2.00	1.463		1.626		1.785		2.025		2.285		2.585								
2.12		—		—		—		—		—									
2.24	1.655		1.842		2.025		2.294		2.585		2.921		3.069						
2.36		—		—		—		—		—		—							
2.50	1.863		2.076		2.285		2.585		2.910		3.285		3.785		4.137				
2.65		—		—		—		—		—		—		—					
2.80	2.103		2.346		2.585		2.921		3.285		3.705		4.265		4.677		5.237		
3.00		—		—		—		—		—		—		—		—			
3.15	2.383		2.661		2.935		3.313		3.723		4.195		4.825		5.307		5.937		6.693
3.35		—		—		—		—		—		—		—		—		—	
3.55	2.702		3.021		3.335		3.761		4.223		4.755		5.465		6.027		6.737		7.589
3.75		—		—		—		—		—		—		—		—		—	
4.00	3.063		3.426		3.785		4.265		4.785		5.385		6.185		6.837		7.637		8.597
4.25		—		—		—		—		—		—		—		—		—	
4.50	3.463		3.876		4.285		4.825		5.410		6.085		6.985		7.737		8.637		9.717
4.75		—		—		—		—		—		—		—		—		—	
5.00	3.863		4.326		4.785		5.385		6.035		6.785		7.785		8.637		9.637		10.84
5.30		—		—		—		—		—		—		—		—		—	
5.60	4.343		4.866		5.385		6.057		6.785		7.625		8.745		9.717		10.84		12.18
6.00		—		—		—		—		—		—		—		—		—	
6.30	4.903		5.496		6.085		6.841		6.660		8.605		9.865		10.98		12.24		13.75
6.70				—		—		—		—		—		—		—		—	
7.10			6.216		6.885		7.737		8.660		9.725		11.15		12.42		13.85		15.54
7.50						—		—		—		—		—		—		—	
8.00					7.785		8.745		9.785		10.99		12.59		14.04		15.64		17.56
8.50										—		—		—		—		—	
9.00							9.865		11.04		12.39		14.19		15.84		17.64		19.80
9.50										—		—		—		—		—	
10.00									12.29		13.79		15.79		17.64		19.64		22.04
10.60												—		—		—		—	
11.20											15.47		17.71		19.80		22.04		24.73
11.80	宽窄比 $b/a>8$ 不推荐													—				—	
12.50													19.79		22.14		24.64		27.64
13.20																—		—	
14.00															24.64		27.64		31.00
15.00																		—	
16.00																	31.64	—	35.48

（续）

b边/mm	a边/mm 2.36	2.50	2.65	2.80	3.00	3.15	3.35	3.55	3.75	4.00	4.25	4.50	4.75	5.00	5.30	5.60				
	r=0.8mm								r=1.0mm											
2.00																				
2.12																				
2.36																				
2.50																				
2.65																				
2.80																				
3.00																				
3.15																				
3.35																				
3.55		8.36																		
3.75	—																			
4.00		9.451		10.65																
4.25	—		—																	
4.50		10.70		12.50		13.63														
4.75	—		—		—															
5.00		11.95		13.45		15.20		17.20												
5.30	—		—		—		—													
5.60		13.45		15.13		17.09		19.33		21.54										
6.00	—		—		—		—		—											
6.30		15.20		17.09		19.30		21.82		24.34		27.49								
6.70	—		—								—									
7.10		17.20		19.33		21.82		24.66		22.54		31.09		34.64						
7.50	—		—		—		—		—		—		—							
8.00		19.45		21.85		24.65		27.85		31.14		35.14		39.14		43.94				
8.50	—				—		—		—		—		—		—					
9.00		21.95		24.65		27.80		31.40		35.14		39.64		44.14		49.54				
9.50	—		—		—		—		—		—		—		—					
10.00		24.45		27.45		30.95		34.95		39.14		44.14		49.14		55.14				
10.60	—		—		—		—				—		—		—					
11.20		27.45		30.81		34.73		39.21		43.94		49.54		55.14		61.86				
11.80	—		—		—				—				—		—					
12.50		30.70		34.45		38.83		43.83		49.54		55.39		61.64		69.14		77.89		87.89
13.20	—		—		—		—		—		—		—		—		—		—	
14.00		34.45		38.65		43.55		49.15		55.14		62.14		69.14		77.54		87.34		98.54
15.00	—		—		—		—		—		—		—		—				—	
16.00		39.45		44.25		49.85		56.25		63.14		74.14		79.14		88.74	—	99.94		112.74

宽窄比b/a>1.4不推荐

[0.95] R40系列

[1.00] R20系列

[1.785] a×b为R20×R40优先规格的标称截面积

[ ] a×b为R20×R40或R20×R40的中间规格标称截面积

[—] a×b为R20×R40的不推荐规格

3. 铜/铝扁线的标称尺寸及偏差

1）a边尺寸偏差，见表1-2-78。b边尺寸偏差，见表1-2-79。

2）圆角半径及偏差，见表1-2-80。

表1-2-78　a边尺寸偏差

（单位：mm）

标称尺寸a	偏差
a≤3.15	±0.03
3.35＜a≤5.60	±0.05

表1-2-79　b边尺寸偏差

（单位：mm）

标称尺寸b	偏差
b≤3.15	±0.03
3.35＜b≤6.30	±0.05
6.70＜b≤12.50	±0.07
12.50＜b≤16.0	±0.10

表1-2-80　扁线的圆角半径及偏差

（单位：mm）

标称尺寸a	圆角半径 标称	偏差
a≤1.00	a/2	±25%
1.00＜a≤1.60	0.5	
1.60＜a≤2.44	0.65	
2.44＜a≤3.55	0.80	
3.55＜a≤5.60	1.00	

4. 主要技术要求

1）抗拉强度及伸长率，见表1-2-81及表1-2-82。

表 1-2-81 铜扁线的抗拉强度及伸长率

标称尺寸 a/mm	TBR		TBY1		TBY2	
	抗拉强度/MPa	伸长率（%）	抗拉强度/MPa	伸长率（%）	抗拉强度/MPa	伸长率（%）
$0.80 \leqslant a \leqslant 2.00$	275	30.0	275～373	1.5	373	0.4
$2.00 < a \leqslant 4.00$	255	34.0	255～333	2.0	333	0.7
$4.00 < a \leqslant 6.00$	245	36.0	245～304	3.0	304	1.7

表 1-2-82 铝扁线的抗拉强度及伸长率

型号	抗拉强度/MPa		伸长率（%）
LBR	60.0	95.0	20
LBY2	75.0	115	6
LBY4	95.0	140	4
LBY8	130	—	3

2）弯曲：软铜扁线、软铝扁线的 a 边，在根据 b 边尺寸并按表 1-2-83 规定弯曲直径的圆柱上弯曲 90°，表面应不出现裂纹。

表 1-2-83 *a* 边弯曲的弯曲直径

（单位：mm）

标称尺寸 b	弯曲直径	
	TBR	LBR
0.80～4.00	2	4
4.25～8.00	4	8
8.50～16.00	8	16

硬态铜扁线的 b 边，在根据 a 边尺寸并按表 1-2-84规定弯曲直径的圆柱上弯曲 90°，表面应不出现裂纹。

表 1-2-84 *b* 边弯曲的弯曲直径

（单位：mm）

标称尺寸 a	弯曲直径 TBY1、TBY2
0.80～4.00	2
4.25～8.00	4

3）电阻率及电阻温度系数见表 1-2-85。

表 1-2-85 铜、铝扁线的电阻率及电阻温度系数

型号	电阻率（20℃）/（Ω·mm²/m）	电阻温度系数/℃⁻¹
TBR	17.241	0.00393
TBY1、TBY2	17.770	0.00381
LBR	28.000	0.00407
LBY2、LBY4、LBY8	28.264	0.00403

4）计算用物理参数，见表 1-2-86。

表 1-2-86 铜、铝扁线的计算用物理参数

型号	密度（20℃）/（kg/dm³）	线膨胀系数/（×10⁻⁶℃⁻¹）
TB	8.89	17.0
LB	2.703	23.0

2.3.5 软铝型线

软铝型线主要应用在复合材料芯导线及钢芯软铝绞线上。这两种导线一方面充分利用软铝的高导电性能，另一方面利用型线结构的填充系数高的特点，在相同铝导体截面积情况下，相对于圆线，大大减小导线直径。同时在电晕、风载及施工方面型线结构具有优势。对于截面形状，X1 型为梯形线，X2 型为 S/Z 形线。

1. 型号、规格及线径偏差（见表 1-2-87）

表 1-2-87 软铝型线的型号、规格及线径偏差

型号	等效单线直径范围/mm	偏差
LRX1、LRX2	2.00～6.00	±2%d

2. 机械性能

软铝型线的机械性能应符合表 1-2-88 的规定。

表 1-2-88 软铝型线的机械性能

型号	标称等效单线直径/mm	抗拉强度/MPa	
		最小	最大
LRX1、LRX2	2.00～6.00	60	95

3. 电性能

软铝型线的电性能应符合表 1-2-89 的规定。

表 1-2-89 软铝型线的电性能

型号	20℃时直流电阻率 ρ_{20}/（Ω·mm²/m）
LRX1、LRX2	≤0.02737

4. 计算物理参数

计算时，软铝型线 20℃时的物理参数应取下列数值：密度为 2.703g/cm³；线膨胀系数为 23.0×10^{-6}/℃；电阻温度系数为 0.00416/℃。

2.3.6 铜及铜合金接触线

铜及铜合金接触线主要用于铁路、工矿、城市交通等电气运输及起重设备。铜接触线主要有圆形

铜接触线（CTY）和双沟形铜接触线（CT）两种。采用符合 GB/T 3952—2016 规定的电工圆铜杆制造。铜合金接触线主要应用于高速电气化铁道，主要有双沟形铜－银合金接触线（CTA）、双沟形铜－镁合金接触线（CTM）、双沟形高强度铜－镁合金接触线（CTMH）和双沟形铜－锡合金接触线（CTS），主要参考标准为 GB/T 12971.1—2008《电力牵引用接触线　第 1 部分：铜及铜合金接触线》。

1. 规格及尺寸偏差

(1) 圆形铜接触线的规格及尺寸偏差　见表 1-2-90。

表 1-2-90　圆形铜接触线的规格及尺寸偏差

标称截面积 /mm^2	计算截面积 /mm^2	标称直径 /mm	允许偏差 /mm	标称重量 /(kg/km)
50	50.2	8.00	±0.06	449.0
65	63.6	9.00	±0.06	568.0
85	86.6	10.50	±0.06	773.0
100	100.3	11.30	±0.06	895.0
110	113.1	12.00	±0.06	1009.0

(2) 双沟形铜接触线的规格及尺寸偏差　见表 1-2-91，其截面如图 1-2-3 所示。

表 1-2-91　双沟形铜及铜合金接触线的规格及尺寸偏差

标称截面积 /mm^2	计算截面积 /mm^2	尺寸及允许偏差/mm^2							角度及偏差		单位质量 /(kg/km)
		A (±1%)	B (±2%)	C (±2%)	D (+4%, −2%)	E	K	R	G (±1°)	H (±1°)	
65	65	9.30	10.19	8.05	5.70	5.32	2.15	0.60	35°	50°	582.0
85	85	10.80	11.76	8.05	5.70	5.32	2.90	0.60	35°	50°	763.0
85 (T)	86	11.80	10.76	9.40	7.24	6.80	4.60	0.40	27°	51°	768.0
100	100	11.80	12.81	8.05	5.70	5.32	3.40	0.60	35°	50°	893.0
110	111	12.34	12.34	9.73	7.24	6.80	4.67	0.40	27°	51°	990.0
120	121	12.90	12.90	9.76	7.24	6.80	4.35	0.40	27°	51°	1080.0
150	151	14.40	14.40	9.71	7.24	6.85	4.00	0.40	27°	51°	1347.0

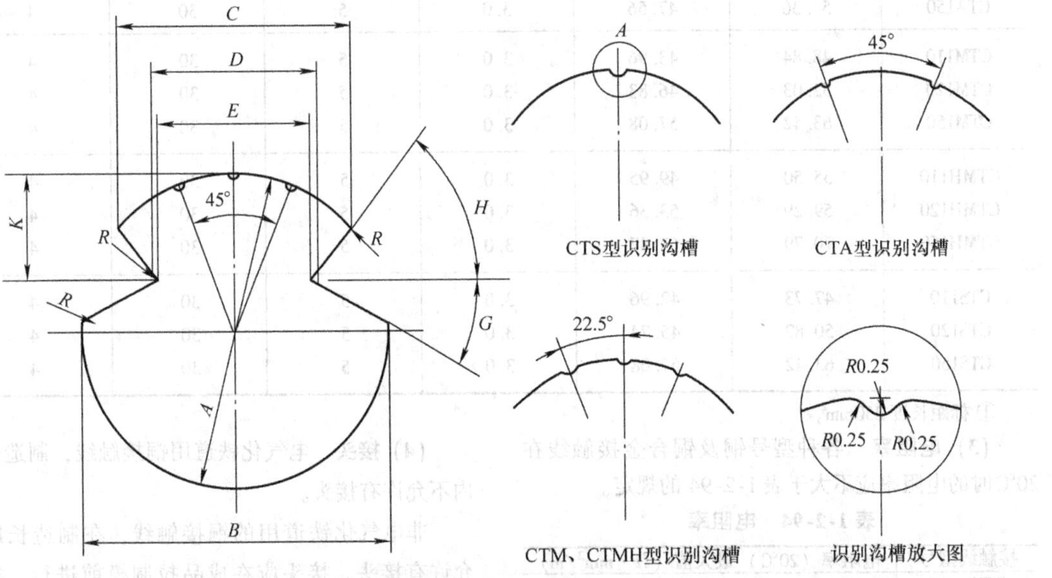

图 1-2-3　双沟形铜接触线

A—截面直径　B—截面宽度　C—头部宽度　D—（沟）槽底间距　E—（沟）槽尖间距
K—头部高度　R—圆角半径　H—上斜角　G—下斜角

2. 技术要求

(1) 圆形铜接触线的机械性能 见表1-2-92。

表1-2-92 圆形铜接触线的机械性能

型号	拉断力/kN	伸长率①（%）	扭转/次 ≥	反复弯曲	
				弯曲半径/mm	次数≥
CTY50	18.88	2.2	9	20	4
CTY65	23.21	2.4	9	20	4
CTY85	30.48	2.6	9	20	4
CTY100	34.50	3.0	9	20	4
CTY110	37.60	3.8	9	20	4
CT65	24.20	3.0	5	30	4
CT85	29.75	3.0	5	30	4
CT85（T）	32.25	3.0	5	30	4
CT100	34.61	3.0	5	30	4
CT110	39.96	3.0	5	30	4
CT120	43.56	3.0	5	30	4
CT150	54.36	3.0	5	30	4

① 标距长度250mm。

(2) 双沟形铜接触线的机械性能 见表1-2-93。

表1-2-93 双沟形铜接触线的机械性能

型号	拉断力/kN	高温保持拉断力/kN	伸长率①（%）	扭转圈数/次	反复弯曲	
					弯曲半径/mm	次数≥
CTA85	32.25	28.25	3.0	5	30	4
CTA110	39.96	34.96	3.0	5	30	4
CTA120	43.56	38.12	3.0	5	30	4
CTA150	54.36	47.56	3.0	5	30	4
CTM110	48.84	43.96	3.0	5	30	4
CTM120	52.03	46.83	3.0	5	30	4
CTM150	63.42	57.08	3.0	5	30	4
CTMH110	55.50	49.95	3.0	5	30	4
CTMH120	59.29	53.36	3.0	5	30	4
CTMH150	70.79	63.87	3.0	5	30	4
CTS110	47.73	42.96	3.0	5	30	4
CTS120	50.82	45.74	3.0	5	30	4
CTS150	63.42	57.08	3.0	5	30	4

① 标距长度250mm。

(3) 电阻率 各种型号铜及铜合金接触线在20℃时的电阻率应不大于表1-2-94的规定。

表1-2-94 电阻率

接触线型号	电阻率（20℃）最大值/（$\Omega \cdot mm^2/m$）
CTY、CT	0.01768
CTA	0.01777
CTM	0.02240
CTMH	0.02778
CTS	0.02395

(4) 接头 电气化铁道用铜接触线，制造长度内不允许有接头。

非电气化铁道用的铜接触线，在制造长度内允许有接头。接头应在成品拉制模前进行，接头数不得超过5个。两接头间接触线的重量应不小于100kg，接头处的抗拉强度应不小于规定值的95%。

2.3.7　钢铝复合接触线

钢铝复合接触线可代替铜接触线，用于铁路、工矿、城市交通等电气运输及起重系统的电力牵引用接触线。由钢型材和铝型材复合加工制造而成。主要有内包梯形钢的钢铝复合接触线（CGLN）和外露异形钢的钢铝复合接触线（CGLW）两种。其截面如图 1-2-4 及图 1-2-5 所示。主要参考标准为 GB/T 12971.2—2008《电力牵引用接触线 第 2 部分：钢、铝复合接触线》。

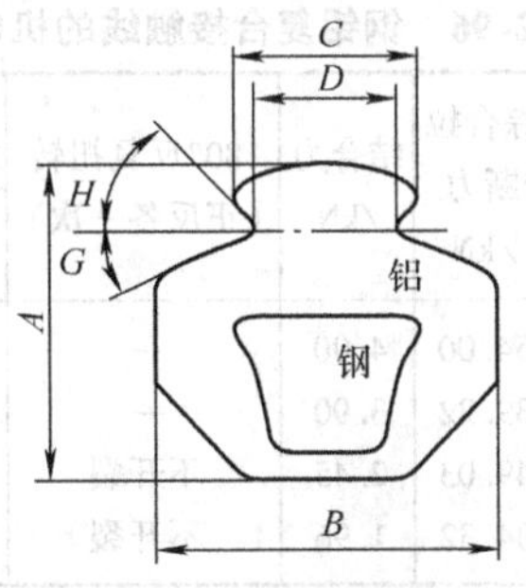

图 1-2-4　CGLN 型内包钢铝复合接触线

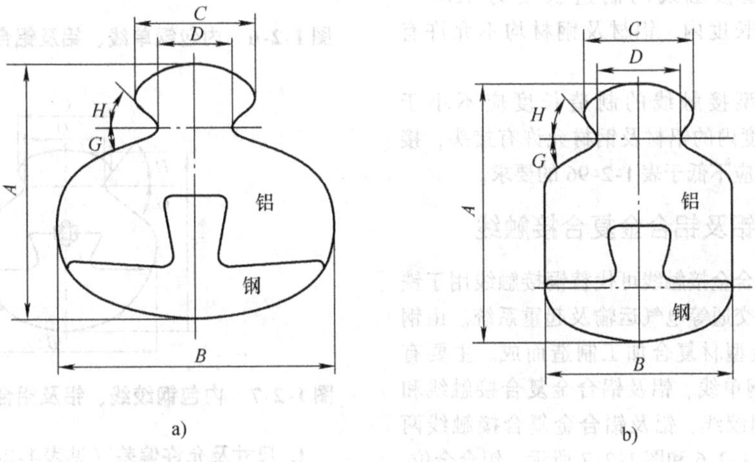

图 1-2-5　CGLW 型外露钢铝复合接触线

a）外露异形钢截面形状及尺寸图　b）外露异形钢截面形状及尺寸图

1. 尺寸及允许偏差（见表 1-2-95）

表 1-2-95　钢铝复合接触线的尺寸及允许偏差

型号	标称截面积 /mm²			等效铜截面积 /mm²	尺寸及偏差/mm						标称重量 /(kg/km)	截面图形
	钢	铝	总		A	B	C	D	G	H		
									±2°			
CGLN	62	188	250	120	$18.5^{+0.65}_{-0.30}$	$18.00^{+0.80}_{-0.40}$	$9.55^{+0.40}_{-0.20}$	$7.30^{+0.40}_{-0.20}$	27°	51°	994	图 1-2-4
	55	140	195	85	$16.2^{+0.55}_{-0.30}$	$16.0^{+0.55}_{-0.30}$	$9.55^{+0.40}_{-0.20}$	$7.30^{+0.40}_{-0.20}$	27°	51°	807	
CGLW	67	148	215	100	$16.50^{+0.66}_{-0.0}$	$19.60^{+0.78}_{-0}$	$8.40^{+0.40}_{-0.20}$	$5.80^{+0.40}_{-0.20}$	27°	51°	965	图 1-2-5a
	54	119	173	80	$16.70^{+0.66}_{-0.0}$	$13.20^{+0.52}_{-0}$	$8.05^{+0.2}_{-0.4}$	5.70±0.40	35°	50°	785	图 1-2-5b

2. 材料

1）钢型材的抗拉强度应不小于 540MPa。伸长率应不小于 5%。并具有高耐大气腐蚀的性能。在规定的制造长度内不允许有接头。

2）铝型材应用符合 GB/T 1196—2008 中的“特一级铝”制造。铝型材的抗拉强度应不小于 103MPa。伸长率不小于 6%。20℃时的电阻率不大于 28.264nΩ · m。铝型材焊接处的抗拉强度应不小于 93MPa。

3. 主要技术要求

钢铝复合接触线的机电性能见表 1-2-96，综合拉断力及扭转试样的标距长度为 250mm。结合力试样的有效长度为100mm。

表 1-2-96 钢铝复合接触线的机电性能

型号规格	综合拉断力/kN	结合力/kN	180°反复扭转（正反各一次）	20℃直流电阻/(Ω/km)
CGLN250	54.00	4.90	—	0.149
CGLN195	39.22	3.90	—	0.198
CGLW215	49.03	2.45	不开裂	0.184
CGLW173	34.32	1.96	不开裂	0.230

4. 制造长度及接头

1）CGLN 型接触线的制造长度为 1800 ~ 3850m。在制造长度内，铝材及钢材均不允许有接头。

2）CGLW 型接触线的制造长度应不小于 1000m。制造长度内的铝材及钢材允许有接头，接头处的性能指标应不低于表 1-2-96 的要求。

2.3.8 钢、铝及铝合金复合接触线

钢、铝及铝合金接触线可代替铜接触线用于铁路、工矿、城市交通等电气运输及起重系统。由钢线与铝及铝合金型材复合加工制造而成。主要有 CGLHD 型内包钢单线、铝及铝合金复合接触线和 CGLHJ 型内包钢绞线、铝及铝合金复合接触线两种。其截面如图 1-2-6 和图 1-2-7 所示。铝合金位于接触线的下面。主要参考标准为 GB/T 12971.2—2008《电力牵引用接触线 第2部分：钢、铝复合接触线》。

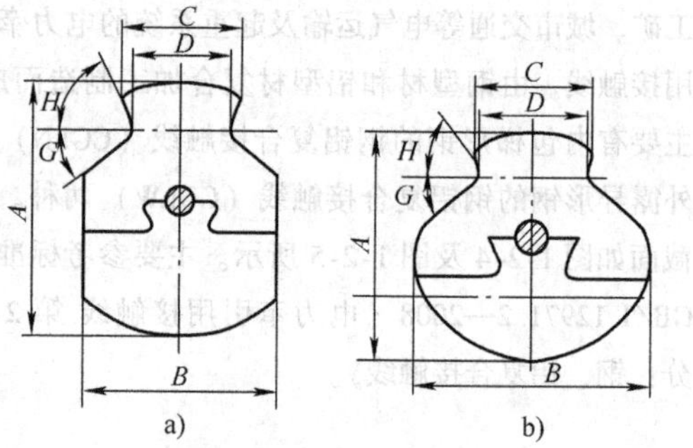

图 1-2-6 内包钢单线、铝及铝合金复合接触线

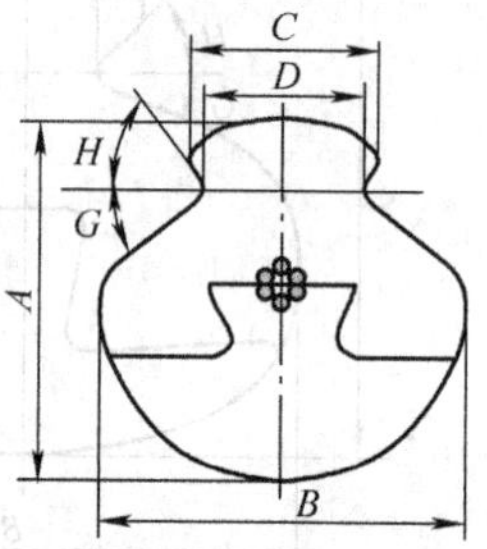

图 1-2-7 内包钢绞线、铝及铝合金复合接触线

1. 尺寸及允许偏差（见表 1-2-97）

表 1-2-97 钢、铝及铝合金接触线的尺寸及允许偏差

型号	标称总截面积/mm²	原件截面积/mm²			等效铜截面积/mm²	尺寸及允许偏差/mm						标称重量/(kg/km)	截面图号
		钢	铝	铝合金		A	B	C	D	G ±2°	H ±2°		
CGLHD	195	4.9	87.8	101.7	85	18.0 ±0.2	$13.5^{+0.35}_{-0.2}$	8.0 ±0.2	6.1 ±0.2	35°	50°	538	图 1-2-6a
CGLHD	260	10.0	134.0	116.0	150	18.6 +0.2	18.4 +0.2	9.1 ±0.2	7.3 ±0.2	27°	51°	753	图 1-2-6b
CGLHJ	260	9.3	134.0	116.0	150	18.6 ±0.2	18.4 ±0.2	9.1 ±0.2	7.3 ±0.2	27°	51°	749	图 1-2-7

2. 材料

（1）铝型材 冷加工铝型材：抗拉强度不小于 127MPa；伸长率不小于6%。

热加工铝型材：抗拉强度不小于 78MPa；伸长率不小于27%。

（2）铝合金型材 冷加工：抗拉强度不小于 147MPa；伸长率不小于4%。

热加工：抗拉强度不小于 127MPa；伸长率不小于21%。

（3）钢单线 应符合 YB/T 5032—2006《重要用途低碳钢丝》的规定。

（4）钢绞线 应符合 GB/T 20118—2006《一般用途钢丝绳》和 GB 8918—2006《重要用途钢丝绳》的规定。

3. 主要技术要求

钢、铝及铝合金复合接触线的机电性能见表 1-2-98。拉断力试样的标距长度为 250mm。结合力试样的有效长度为 100mm。

表 1-2-98 钢、铝及铝合金复合接触线的机电性能

型号规格	综合拉断力/kN	结合力/kN	20℃直流电阻/(Ω/km)
CGLND195	29.40	1.96	0.20
CGLND260	39.20	2.96	0.12
CGLNJ260	49.00	4.90	0.12

4. 制造长度及接头

1）钢、铝及铝合金复合接触线的制造长度应不小于 1800m。

2）在制造长度内，钢芯（单线或绞线）和铝合金型材均不允许有接头。铝型材允许有接头，接

头间的距离应不小于5m。接头处的机械性能，仍应符合表1-2-98的要求。

2.3.9 铝合金接触线

铝合金接触线在新标准中已经取消。考虑到原有工程使用的维修维护以及技术比较，参照原标准及原手册，暂保留本部分。

铝合金接触线可代替一部分铜接触线，用于铁路、工矿、城市交通等电气运输及起重系统，采用稀土铝合金制造，其型号为CLHA。全称为“热处理型铝－镁－硅稀土合金接触线”，其截面如图1-2-8所示。

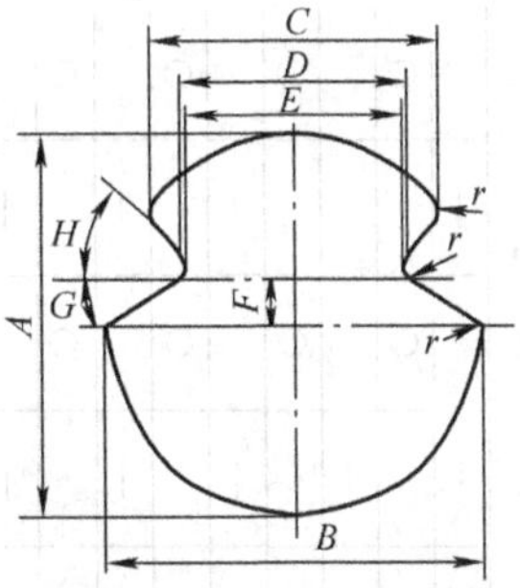

图1-2-8 CLHA型铝合金接触线

1. 规格尺寸及允许偏差（见表1-2-99）

表1-2-99 铝合金接触线的规格尺寸及允许偏差

标称截面积/mm²	计算截面积/mm²	等效铜截面积/mm²	尺寸及允许偏差/mm							G	H	标称重量/(kg/km)
			A(±2%)	B(±1%)	C(±2%)	D(+4%,-2%)	E ±2%	F	r	±2°		
130	130.1	70	13.48	13.48	9.55	7.27	6.78	2.67	0.38	270	51°	350
170	171.1	90	15.40	15.40	9.55	7.27	6.78	3.97	0.38	270	51°	460
200	200.5	110	16.64	16.64	9.55	7.27	6.78	4.93	0.38	270	51°	540

2. 材料

1）铝应符合GB/T 1196—2008《重熔用铝锭》的规定。

2）镁应符合GB/T 3499—2011《原生镁锭》的规定。

3）稀土应符合GB/T 4153—2008《混合稀土金属》中的规定。

3. 主要技术要求

1）铝合金接触线的机电性能见表1-2-100。

2）制造长度：铝合金接触线的制造长度应不小于1800m。在制造长度内不允许有接头。根据双方协议允许以任何长度的线段交货。

表1-2-100 铝合金接触线的机电性能

标称截面积/mm²	拉断力kN	伸长率①(%)	180°反复扭转(各一次)	20℃时电阻率/nΩ·m
130	33.13	4	无折断和开裂	32.80
170	43.31	4	无折断和开裂	32.80
200	50.96	4	无折断和开裂	32.80

① 试验时标距长度为250mm。

2.3.10 铜和铜合金母线

铜和铜合金母线主要用作工业配电线路和电器设备的绕组导线，或用作其他大电流工业装备的连接导线之用。规格尺寸用厚度和宽度的标称尺寸$a \times b$表示。铜母线采用符合GB/T 468—1997《电工用铜线锭》制造。主要参考标准为GB/T 5585.1—2005《电工用铜、铝及其合金母线 第1部分：铜和铜合金母线》。

1. 型号及规格

1）铜和铜合金母线的型号见表1-2-101。

2）铜和铜合金母线的规格见表1-2-102。

3）标称尺寸a与b均为R20系列的规格为优选规格。a与b中有一个为R20系列而另一个为R40系列的为中间规格，应避免采用。a与b均为R40系列的，为不推荐规格。

4）用于绕组线有圆角的铜母线，其截面积按式（1-2-5）计算。

表1-2-101 铜和铜合金母线型号

型号	状态	名称
TMR	O	软铜母线
TMY	H	硬铜母线
TH11M	—	一类银铜合金母线
TH12M	—	二类银铜合金母线

2. 标称尺寸及允许偏差

1）铜和铜合金母线的截面尺寸偏差范围：2.24mm≤a≤50.00mm；16.00mm≤b≤400.00mm。

2）铜和铜合金母线厚度a的偏差由其宽度b决定，应符合表1-2-103的规定。

3）铜和铜合金母线宽度b的偏差应符合表1-2-104的规定。

4）成品铜和铜合金母线当厚度a≤6.30mm时，可有半径不大于1.5mm的圆角，当厚度a≥6.70mm时，可有半径不大于2.0mm的圆角。如特殊需要，铜和铜合金母线可有半径r符合表1-2-105规定的圆角。

5）铜和铜合金母线可有半径r符合表1-2-106规定的圆边。

3. 技术要求

1）铜和铜合金母线的机械性能应符合表1-2-107的规定。

表 1-2-102　铜和铜合金母线的规格及截面

b/mm \ a/mm	2.24*	2.36	2.50*	2.65	2.80*	3.00	3.15*	3.35	3.55*	3.75	4.00*	4.25	4.50*	4.75	5.00*	5.30	5.60*	6.00	6.30*	6.70	7.10*
16.00*																					
17.00		—		—		—		—		—		—		—		—		—		—	
18.00*	○		○		○		○		○		○		○		○		○		○		○
19.00				—		—		—		—		—		—		—		—		—	
20.00*			○		○		○		○		○		○		○		○		○		○
21.20				—		—		—		—		—		—		—		—		—	
22.40*			○		○		○		○		○		○		○		○		○		○
23.60						—		—		—		—		—		—		—		—	
25.00*					○		○		○		○		○		○		○		○		○
26.50								—		—		—		—		—		—		—	
28.00*									○		○		○		○		○		○		○
30.00										—		—		—		—		—		—	
31.50*											○		○		○		○		○		○
33.50										—		—		—		—		—		—	
35.50*											○		○		○		○		○		○
40.00*											○		○		○		○		○		○
45.00*											○		○		○		○		○		○
50.00*											○		○		○		○		○		○
56.00*											○		○		○		○		○		○
63.00*											○		○		○		○		○		○
71.00*											○		○		○		○		○		○
80.00*											○		○		○		○		○		○
90.00*											○		○		○		○		○		○
100.00*											○		○		○		○		○		○
112.00*																			○		○
125.00*																			○		○
140.00*																			○		○
160.00*																			○		○
180.00*																			○		○
200.00*																			○		○
250.00*																			○		
315.00*																					
400.00*																					

例：

2.24*	R20系列
2.36	R40系列
○	$a\times b$为R20×R20优先规格
（空格）	$a\times b$为R20×R40或R40×R20的中间规格
—	$a\times b$为R40×R40不推荐规格

（续）

a/mm b/mm	8.00*	9.00*	10.00*	11.20*	12.50*	14.00*	16.00*	18.00*	20.00*	22.40*	25.00*	28.00*	31.50*	35.50*	40.00*	45.00*	50.00*
16.00*	○	○	○	○	○	○	○										
17.00	—	—	—	—	—	—	—										
18.00*	○	○	○	○	○	○	○	○									
19.00	—	—	—	—	—	—	—	—									
20.00*	○	○	○	○	○	○	○	○	○								
21.20	—	—	—	—	—	—	—	—	—								
22.40*			○	○	○	○	○	○	○	○							
23.60	—	—	—	—	—	—	—	—	—	—							
25.00*	○	○	○	○	○	○	○	○	○	○	○						
26.50	—	—	—	—	—	—	—	—	—	—	—						
28.00*	○	○	○	○	○	○	○	○	○	○	○	○					
30.00	—	—	—	—	—	—	—	—	—	—	—	—					
31.50*	○	○	○	○	○	○	○	○	○	○	○	○	○				
33.50	—	—	—	—	—	—	—	—	—	—	—	—	—				
35.50*	○	○	○	○	○	○	○	○	○	○	○	○	○	○			
40.00*	○	○	○	○	○	○	○	○	○	○	○	○	○	○	○	○	
45.00*	○	○	○	○	○	○	○	○	○	○	○	○	○	○	○	○	○
50.00*	○	○	○	○	○	○	○	○	○	○	○	○	○	○	○	○	○
56.00*	○	○	○	○	○	○	○	○	○	○	○	○	○	○	○	○	○
63.00*	○	○	○	○	○	○	○	○	○	○	○	○	○	○	○	○	○
71.00*	○	○	○	○	○	○	○	○	○	○	○	○	○	○	○	○	○
80.00*	○	○	○	○	○	○	○	○	○	○	○	○	○	○	○	○	○
90.00*	○	○	○	○	○	○	○	○	○	○	○	○	○	○	○	○	○
100.00*	○	○	○	○	○	○	○	○	○	○	○	○	○	○	○	○	○
112.00*	○	○	○	○	○	○	○	○	○	○	○	○	○	○	○	○	○
125.00*	○	○	○	○	○	○	○	○	○	○	○	○	○	○	○	○	○
140.00*	○	○	○	○	○	○	○	○	○	○	○	○	○	○	○	○	○
160.00*	○	○	○	○	○	○	○	○	○	○	○	○	○	○	○	○	○
180.00*	○	○	○	○	○	○	○	○	○								
200.00*	○	○	○	○	○		○		○								
250.00*			○		○												
315.00*									○								
400.00*																	

表 1-2-103　铜和铜合金母线厚度偏差　　(单位：mm)

厚度 a	宽度 b			
	$b \leqslant 35.50$	$35.50 < b \leqslant 100.00$	$100.00 < b \leqslant 200.00$	$200.0 < b$
$a \leqslant 2.80$	±0.03	—	—	—
$2.80 < a \leqslant 4.75$	±0.05	±0.08	—	—
$4.75 < a \leqslant 12.50$	±0.07	±0.09	±0.12	±0.15
$12.50 < a \leqslant 25.00$	±0.10	±0.11	±0.13	±0.15
$25.00 < a$	±0.15	±0.15	±0.15	—

表 1-2-104　铜和铜合金母线的宽度偏差

(单位：mm)

宽度 b	偏差
$b \leqslant 25.00$	±0.13
$25.00 < b \leqslant 35.50$	±0.15
$35.50 < b \leqslant 100.00$	±0.30
$100.00 < b$	±0.3%b

表 1-2-105　铜和铜合金母线圆角半径

(单位：mm)

厚度 a	圆角半径 r	
	标称	偏差
$a \leqslant 2.80$	0.5a	±25%r
$2.80 < a \leqslant 4.75$	0.8	
$4.75 < a \leqslant 12.50$	1.2	
$12.50 < a \leqslant 25.00$	1.6	
$25.00 < a$	3.2	

表 1-2-106　铜和铜合金母线圆边半径

(单位：mm)

厚度 a	圆边半径 r	
	标称	偏差
$a \leqslant 4.75$	1.25a	±50%a
$a \geqslant 5.00$	1.25a	±25%a

表 1-2-107　铜和铜合金母线抗拉强度、伸长率和硬度

型号	铜和铜合金母线全部规格		
	抗拉强度 /(N/mm²)	伸长率 (%)	布氏硬度 (HB)
TMR、THMR	≥206	≥35	—
TMY、THMY	—	—	≥65

2）铜和铜合金母线 20℃时的电阻率应符合表 1-2-108 的规定。

表 1-2-108　铜和铜合金母线电阻率

型号	20℃直流电阻率 /(Ω·mm²/m)	导电率 (%IACS)
TMR、THMR	≤0.017241	≥100
TMY、THMY	≤0.01777	≥97

3）铜母线的 b 边弯曲 90°，表面应不出现裂纹。弯曲圆柱的直径按 a 边尺寸选定，见 1-2-109。

表 1-2-109　宽边弯曲直径

(单位：mm)

厚度 a	弯曲直径
$a \leqslant 2.80$	4
$2.80 < a \leqslant 4.75$	8
$4.75 < a \leqslant 10.00$	16
$10.00 < a \leqslant 25.00$	32
$25.00 < a$	64

4）硬铜和铜合金母线在 1m 长度内的直度（即 1m 长度内的弧形高度）应不超过表 1-2-110 的规定。

表 1-2-110　铜和铜合金母线窄边平直度

(单位：mm)

铜和铜合金母线	平直度
$2.80 < a \leqslant 16.00$ $50.00 < b \leqslant 150.00$	2
其他规格	4

5）铜母线的表面应光洁、平整、不应有与良好工业产品不相称的任何缺陷。

4. 物理参数（见表 1-2-111）

表 1-2-111　铜母线的物理参数

型号	密度（20℃）/(g/cm³)	线膨胀系数 /10⁻⁶℃⁻¹	电阻温度系数 /℃⁻¹
TMR、THMR	8.89	17.0	0.00393
TMY、THMY	8.89	17.0	0.00381

2.3.11　铝和铝合金母线

铝和铝合金母线可代替部分铜及铜合金母线用作工业配电线路和电器设备的绕组导线，或用作其他电工装备的连接导线。规格尺寸用厚度和宽度的标称尺寸 $a \times b$ 表示。铝母线采用符合电工用铝锭标准的块锭或线锭制造。主要参考标准为 GB/T 5585.2—2005《电工用铜、铝及其合金母线 第 2 部分：铝和铝合金母线》。

1. 型号及规格

1）铝和铝合金母线的型号见表 1-2-112。

表 1-2-112　铝和铝合金母线的型号

型号	状态	名称
LMR	O	软铝母线
LMY	H	硬铝母线
LHMR	O	软铝合金母线
LHMY	H	硬铝合金母线

2）铝和铝合金母线的规格见表 1-2-113。

3）标称尺寸 a 与 b 均为 R20 系列的规格为优选规格。a 与 b 中有一个为 R20 系列，另一个为 R40 系列的为中间规格，应避免采用。a 与 b 均为 R40 系列的，为不推荐规格。

4）用于绕组线有圆角的铝母线，其截面积按式（1-2-5）计算。

表 1-2-113　铝和铝合金母线规格

b/mm \ a/mm	2.24*	2.36	2.50*	2.65	2.80*	3.00	3.15*	3.35	3.55*	3.75	4.00*	4.25	4.50*	4.75	5.00*	5.30	5.60*
16.00*																	
17.00		—		—		—		—		—		—		—		—	
18.00*	○		○		○		○		○		○		○		○		○
19.00				—		—		—		—		—		—		—	
20.00*			○		○		○		○		○		○		○		○
21.20				—		—		—		—		—		—		—	
22.40*			○		○		○		○		○		○		○		○
23.60						—		—		—		—		—		—	
25.00*					○		○		○		○		○		○		○
26.50								—		—		—		—		—	
28.00*									○		○		○		○		○
30.00										—		—		—		—	
31.50*											○		○		○		○
33.50										—		—		—		—	
35.50*											○		○		○		○
40.00*											○		○		○		○
45.00*											○		○		○		○
50.00*											○		○		○		○
56.00*											○		○		○		○
63.00*											○		○		○		○
71.00*											○		○		○		○
80.00*											○		○		○		○
90.00*											○		○		○		○
100.00*											○		○		○		○
112.00*																	
125.00*																	
140.00*																	
160.00*																	
180.00*																	
200.00*																	

例：

- [2.24*] R20系列
- [2.36] R40系列
- [○] $a\times b$为R20×R20优先规格
- [ ] $a\times b$为R20×R40或R40×R20的中间规格
- [—] $a\times b$为R40×R40不推荐规格

（续）

b/mm \ a/mm	6.00	6.30 *	6.70	7.10 *	8.00 *	9.00 *	10.00 *	11.20 *	12.50 *	14.00 *	16.00 *	18.00 *	20.00 *	22.40 *	25.00 *	28.00 *	31.50 *
16.00 *					○	○	○	○	○	○	○						
17.00	—		—		—	—	—	—	—	—	—						
18.00 *		○		○	○	○	○	○	○	○	○	○					
19.00	—		—		—	—	—	—	—	—	—	—					
20.00 *		○		○	○	○	○	○	○	○	○	○	○				
21.20	—		—		—	—	—	—	—	—	—	—	—				
22.40 *		○		○	○	○	○	○	○	○	○	○	○	○			
23.60	—		—		—	—	—	—	—	—	—	—	—	—			
25.00 *		○		○	○	○	○	○	○	○	○	○	○	○	○		
26.50	—		—		—	—	—	—	—	—	—	—	—	—	—		
28.00 *		○		○	○	○	○	○	○	○	○	○	○	○	○	○	
30.00	—		—		—	—	—	—	—	—	—	—	—	—	—	—	
31.50 *		○		○	○	○	○	○	○	○	○	○	○	○	○	○	○
33.50	—		—		—	—	—	—	—	—	—	—	—	—	—	—	—
35.50 *		○		○	○	○	○	○	○	○	○	○	○	○	○	○	○
40.00 *		○		○	○	○	○	○	○	○	○	○	○	○	○	○	○
45.00 *		○		○	○	○	○	○	○	○	○	○	○	○	○	○	○
50.00 *		○		○	○	○	○	○	○	○	○	○	○	○	○	○	○
56.00 *		○		○	○	○	○	○	○	○	○	○	○	○	○	○	○
63.00 *		○		○	○	○	○	○	○	○	○	○	○	○	○	○	○
71.00 *		○		○	○	○	○	○	○	○	○	○	○	○	○	○	○
80.00 *		○		○	○	○	○	○	○	○	○	○	○	○	○	○	○
90.00 *		○		○	○	○	○	○	○	○	○	○	○	○	○	○	○
100.00 *		○		○	○	○	○	○	○	○	○	○	○	○	○	○	○
112.00 *		○		○	○	○	○	○	○	○	○	○	○	○	○	○	○
125.00 *		○		○	○	○	○	○	○	○	○	○	○	○	○	○	○
140.00 *		○		○	○	○	○	○	○	○	○	○	○	○	○	○	○
160.00 *		○		○	○	○	○	○	○	○	○	○	○	○	○	○	○
180.00 *		○		○	○	○	○	○	○	○	○	○	○	○			
200.00 *		○		○	○	○	○	○	○	○	○	○	○	○			

2. 标称尺寸及允许偏差

1）铝和铝合金母线的截面尺寸范围：2.24mm≤a≤31.50mm；16.00mm≤b≤200.00mm。

2）铝和铝合金母线厚度 a 的偏差由其宽度 b 决定，应符合表 1-2-114 的规定。

表 1-2-114　铝和铝合金母线的厚度偏差

（单位：mm）

厚度 a	偏差
a≤6.30	±0.15
6.30 < a≤12.50	±0.20
12.50 < a	±0.30

3）铝和铝合金母线宽度 b 的偏差应符合表 1-2-115的规定。

表 1-2-115　铝和铝合金母线的宽度偏差

（单位：mm）

宽度 b	偏差
b≤35.50	±0.40
35.50 < b≤100.00	±0.80
100.00 < b	±1.20

4）铝和铝合金母线的圆角半径 r 应符合表 1-2-116 的规定。

表 1-2-116　铝和铝合金母线的圆角半径

（单位：mm）

厚度 a	圆角半径 r	
	标称	偏差
a≤5	1.0	±0.5
a > 5	2.0	

3. 技术要求

1）铝和铝合金母线的力学性能应符合表 1-2-117 的规定。

表 1-2-117　铝和铝合金母线抗拉强度和伸长率

型号	铝和铝合金母线全部规格	
	抗拉强度/（N/mm²）	伸长率（%）
LMR、LHMR	≥68.6	≥20
LMY、LHMY	≥118	≥3

2）铝母线的 b 边弯曲 90°，表面应不出现裂纹。弯曲圆柱的直径按 a 边尺寸选定，见表 1-2-118。

表 1-2-118　宽边弯曲直径

（单位：mm）

厚度 a	弯曲直径
a≤2.50	10
2.50 < a≤4.00	16
4.00 < a≤8.00	32
8.00 < a≤16.00	64
16.00 < a	126

3）铝和铝合金母线的电阻率应符合表 1-2-119 的规定。

表 1-2-119　铝和铝合金母线电阻率

型号	20℃直流电阻率 /（Ω·mm²/m）	导电率（%IACS）
LMR、LHMR	≤0.028264	≥61.0
LMY、LHMY	≤0.0290	≥59.5

4）硬铝母线在 1m 长度内的直度（即弧形高度）应不超过 2mm。

5）铝母线的表面应光洁、平整，不应有与良好工业产品不相称的任何缺陷。

4. 物理参数（见表 1-2-120）

表 1-2-120　铝母线的物理参数

型号	密度（20℃）/（g/cm³）	线胀系数 /×10⁻⁶℃⁻¹	电阻温度系数/℃⁻¹
LMR、LHMR	2.703	23.0	0.00403
LMY、LHMY	2.703	23.0	0.00393

2.3.12　铜包铝母线

铜包铝母线是一种可以部分替代铜铝母线的新型双金属复合材料，主要应用在母线槽、高低压开关柜、电气控制装置、变电站接地网、箱式变电站等领域。铜包铝母线截面形状如图 1-2-9 所示。主要参考标准为 NB/T 42002—2012《电工用铜包铝母线》。

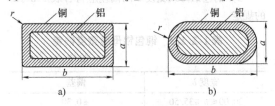

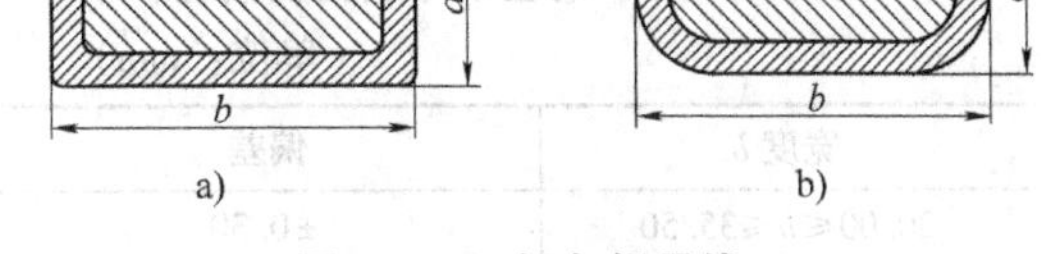

图 1-2-9　铜包铝母线

a）圆角　b）全圆边

1. 规格及尺寸

铜包铝母线的截面尺寸范围为 3.00mm≤a≤30.00mm；30.00mm≤b≤300.00mm。铜包铝母线推荐规格见表 1-2-121。

表 1-2-121　铜包铝母线的推荐规格　　（单位：mm）

宽度 b	厚度 a										
	3	4	5	6	8	10	12	14	16	20	30
30	○	○	○	○							
40	○	○	○	○							
50	○	○	○	○							
60	○	○	○	○	○	○					
80	○			○	○	○	○				
100	○			○	○	○	○	○			
120	○	○		○	○	○	○	○			
140	○			○	○	○	○				
160	○	○		○	○	○	○		○		
175				○	○						
180	○			○	○	○	○		○		
200		○		○	○	○	○		○		
240		○		○	○	○	○		○		
280		○		○	○	○	○		○		
300				○	○	○	○		○	○	○

注：表中带“○”标记的为常用规格。经供需双方协商，可供应其他规格铜包铝母线。

2. 尺寸偏差

1）铜包铝母线厚度 a 的偏差与其宽度 b 有关，应符合表 1-2-122 的规定。

表 1-2-122　铜包铝母线厚度偏差　　（单位：mm）

厚度 a	宽度 b		
	30.00≤b≤50.00	50.00＜b≤100.00	100.00＜b≤300.00
3.00≤a≤4.75	±0.08	±0.10	±0.12
4.75＜a≤12.50	±0.10	±0.12	±0.15
12.50＜a≤20.00	±0.12	±0.15	±0.20
20.00＜a≤30.00	±0.15	±0.20	±0.30

2）铜包铝母线宽度 b 的偏差应符合表 1-2-123 的规定。

表 1-2-123　铜包铝母线宽度偏差　　（单位：mm）

宽度 b	偏差
30.00≤b≤35.50	±0.30
35.50＜b≤100.00	±0.50
100.00＜b≤200.00	±0.80
200.00＜b≤300.00	±1.20

3. 圆角及全圆边半径

1）铜包铝母线的圆角半径应符合表 1-2-124 的规定。

表 1-2-124　铜包铝母线圆角半径　　（单位：mm）

厚度 a	圆角半径 r 不大于
3.00≤a≤6.00	1.50
6.00＜a≤30.00	2.00

2）全圆边铜包铝母线的半径 r 应为铜包铝母线厚度 a 的一半，全圆边半径偏差应为（0～12.5%）a。

4. 截面积

1）圆角铜包铝母线截面积 S 按 $S=a\times b-0.858\times r^2$ 计算。

2）全圆边铜包铝母线截面积 S 按 $S=a\times b-0.214\times a^2$ 计算。

5. 平直度

1）铜包铝母线在 1m 长度内窄边平直度应符合表 1-2-125 的规定。

表 1-2-125　铜包铝母线窄边平直度　　（单位：mm）

铜包铝母线	平直度
3.00≤a≤16.00 50.00≤b≤150.00	≤2.00
其他规格	≤4.00

2）铜包铝母线在 1.00m 内宽边平直度应不超

过 5.00mm。

6. 主要技术要求

1）铜包铝母线的铜层体积比应不低于 18%。

2）铜包铝母线窄边最薄处的铜层厚度应不小于宽边平均铜层厚度；宽边最薄处的铜层厚度不应小于宽边平均铜层厚度的 70%。

3）铜包铝母线的抗拉强度应不低于 90MPa，伸长率应不小于 8%。

4）铜包铝母线的宽边 90°弯曲后，铜层应不出现裂纹，铜层与铝芯不应出现分离现象。

5）铜包铝母线在 20℃时的直流电阻率应不大于 $0.02534\ \Omega \cdot mm^2/m$，即导电率相当于 68% IACS。

6）铜包铝母线的界面结合强度应不低于 30MPa。

7）铜包铝母线表面应光洁、平整，不应有凹凸、裂纹等与良好工业产品不相称的任何缺陷。

2.3.13　梯形铜及铜合金排

梯形排主要用于制造直流电机的换向器片。用冷轧和冷拉法制造，一般为梯形铜排。梯形银铜合金排可提高电机的使用寿命。主要参考标准为 JB/T 9612.2—2013《电工用异形铜及铜合金排　第 2 部分：梯形排》。梯形排的截面如图 1-2-10 所示。

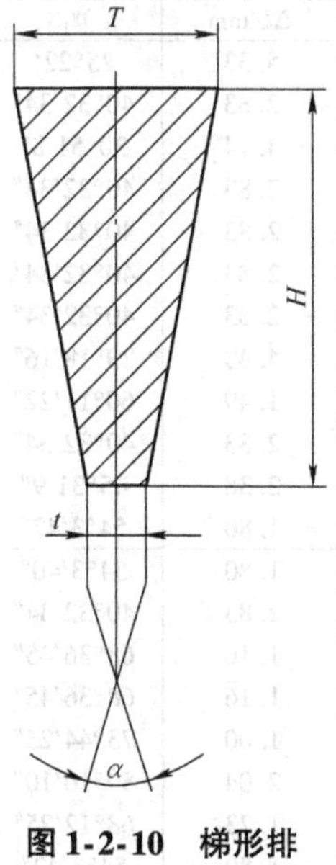

图 1-2-10　梯形排

1. 型号

梯形排的型号有三种，见表 1-2-126。

2. 规格

1）梯形排用大底边宽度 T、高度 H 和夹角 α 表示，即 $T/H/\alpha$。

表 1-2-126　梯形排型号

型号	名称	材料化学成分（%）	
		铜加银 ≥	其中银
TPT	梯形铜排	99.90	—
TH11PT	一级梯形银铜合金排	99.90	0.08 ~ 0.15
TH12PT	二级梯形银铜合金排	99.90	0.16 ~ 0.25

2）梯形排的高度 H（mm）标称值推荐如下：10，11.2，12.5，14，16，18，20，22.4，25，28，31.5，35.5，40，45，50，56，63，71，80，90，100，112，125，132，140，150。

3）尺寸范围：$T \leqslant 24$mm，$H \leqslant 150$mm。

3. 尺寸偏差

1）高度 H 的允许偏差见表 1-2-127。

表 1-2-127　梯形排高度偏差

（单位：mm）

标称尺寸 H	偏差
10 及以下	-0.10
$10.0 < H \leqslant 18.0$	-0.20
$18.0 < H \leqslant 30.0$	-0.30
$30.0 < H \leqslant 50.0$	-0.60
$50.0 < H \leqslant 80.0$	-0.80
$80.0 < H \leqslant 150.0$	-1.00

2）大底边 T 的允许偏差见表 1-2-128。

3）梯形排两侧面之间的夹角 α，用样板测量。近小底边的两侧面应紧密地贴在样板两边，其余部分和样板之间允许有间隙，但不能插入表 1-2-129 所示的塞尺。

表 1-2-128　梯形排 T 边偏差

（单位：mm）

标称尺寸 T	偏差
3.00 及以下	-0.04
$3.00 < T \leqslant 6.00$	-0.05
$6.00 < T \leqslant 10.00$	-0.06
$10.00 < T \leqslant 18.00$	-0.07
$18.00 < T \leqslant 24.00$	-0.08

表 1-2-129　梯形排夹角的允许塞尺

（单位：mm）

H 标称值	塞尺
30.0 及以下	0.03 × 3
$30.0 < H \leqslant 80$	0.05 × 7
$80 < H \leqslant 100$	0.08 × 10
$100 < H \leqslant 150$	0.10 × 10

4. 技术要求

1）梯形排在500mm长度内的侧面扭度应不超过2.5mm。

2）梯形排两底边在1m长度内的直度（弧形高度）规定如下：$\alpha>2°$，$H<50mm$者，应不超过2mm；$\alpha\leqslant2°$，$H\geqslant50mm$者，应不超过3mm。

3）硬度梯形铜排的表面硬度应为80～105HB；梯形银铜合金排的表面硬度应为85～105HB。

4）梯形排的表面不应有与良好工业产品不相称的任何缺陷。

5. 材料

1）梯形铜排应采用符合GB/T 468—1997《电工用铜线锭》要求的铜线锭制造。

2）梯形铜银合金排应采用铜银合金锭制造。其杂质含量应符合GB/T 467—2010《阴极铜》中标准铜的规定。

2.3.14 七边形铜排

七边形铜排用于制造大型水轮发电机磁极线圈的绕组，其型号为TPQ。主要参考标准为JB/T 9612.3—2013《电工用异形铜及铜合金排 第3部分：七边形排》。截面如图1-2-11所示。

1. 规格尺寸

1）七边形铜排的规格用下列尺寸表示：$H_1(H_2)/L(a+b+c)$。

2）规格尺寸，见表1-2-130，图1-2-11中的R为1.5mm。

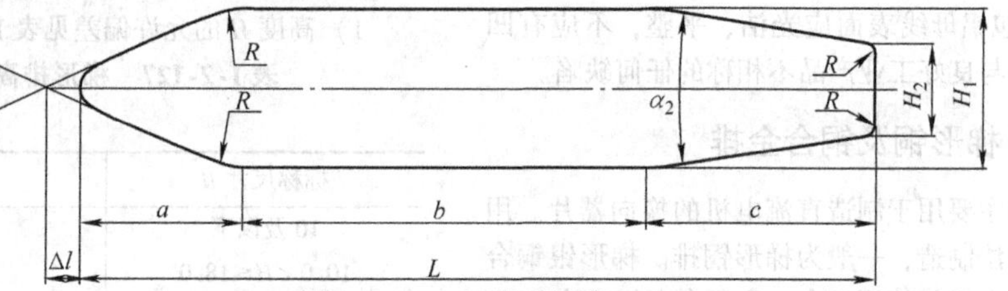

图1-2-11 七边形铜排

表1-2-130 七边形铜排的规格尺寸

规格/mm	计算截面积	计算重量	参考数据		
$H_1(H_2)/L(a+b+c)$	mm^2	(kg/m)	Δl/mm	α_1	α_2
6(5)/58(8+26+24)	320	2.84	5.33	25°22′	2°23′13″
8(6)/50(8+22+20)	355	3.16	2.83	40°32′34″	2°43′20″
6.7(5.4)/60(8+28+24)	367	3.26	4.14	30°51′8″	3°6′10″
8(6.7)/55(8+25+22)	401	3.56	2.83	40°32′34″	3°23′4″
8(7.1)/58(8+27+23)	429	3.81	2.83	40°32′34″	2°14′30″
8(7.2)/58(8+27+23)	430	3.82	2.83	40°32′34″	1°59′34″
8(6.7)/60(8+28+24)	439	3.90	2.83	40°32′34″	3°6′10″
6.5(5.5)/75(8+37+30)	454	4.04	4.43	29°18′16″	1°54′35″
11(10)/47(8+20+19)	469	4.17	1.49	60°11′22″	3°6′49″
8(6.7)/64(8+31+25)	471	4.19	2.83	40°32′34″	2°58′44″
8.7(7.0)/60(8+28+24)	474	4.21	2.38	45°31′9″	2°0′59″
10(9)/55(8+25+22)	505	4.49	1.80	54°3′42″	2°35′14″
10(8.5)/60(8+27+25)	548	4.87	1.80	54°3′40″	3°26′12″
8(6.5)/76(8+38+30)	561	4.99	2.83	40°32′34″	2°51′52″
12.5(11.3)/52(8+24+20)	593	5.27	1.16	68°36′45″	3°26′12″
12.5(10.8)/56(8+25.6+22.4)	636	5.65	1.16	68°36′45″	4°32′54″
13.5(11.9)/52(8+24+20)	637	5.66	1.00	73°44′23″	4°52′2″
9.4(8.0)/74(8+36+30)	643	5.72	2.04	50°10′10″	2°40′24″
12.5(10.8)/60(8+27+25)	684	6.08	1.23	68°12′25″	3°53′41″
10.0(8.2)/76(8+35+33)	696	6.19	1.80	54°3′42″	2°56′46″
10.0(8.2)/76(8+38+30)	699	6.21	1.80	54°3′40″	3°26′12″
10.0(8.5)/76(8+38+30)	704	6.26	1.80	54°3′40″	2°51′51″
9.5(8.0)/80(8+40+32)	704	6.26	1.99	50°51′36″	2°41′6″
10.0(8.5)/84(8+42+34)	781	6.94	1.80	54°3′42″	2°3′42″
16.0(13.9)/60(8+28+24)	875	7.78	0.72	85°4′10″	5°0′36″

2. 尺寸偏差（见表 1-2-131）

表 1-2-131 七边形铜排的尺寸偏差

尺寸代号	H_1	L		a	b
		≤60	>60		
偏差/mm	±0.1	±0.3	±0.4	±0.5	±0.2

3. 技术要求

1）抗拉强度应不小于 206MPa。

2）伸长率应不小于 35%。

3）20℃ 时的电阻率应不大于 0.017241Ω·mm²/m。

4）弯曲试验窄边 H_2 沿直径等于 2 倍 L 尺寸的光滑圆柱弯曲 90°，表面应不出现裂纹。

2.3.15 凹形排

适用于制造气内冷发电机转子的绕组线圈。有凹形铜排（TPA）和凹形银铜合金排（TH12PA）两种。银铜合金的银含量为 0.16% ~0.25%，其截面如图 1-2-12 所示。规格用 $A\times B/a\times b$ 表示。主要参考标准为 JB/T 9612.4—2013《电工用异形铜及铜合金排 第 4 部分：凹形排》。

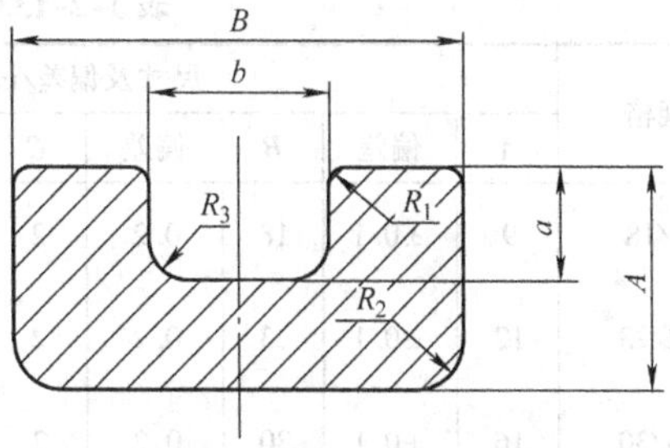

图 1-2-12 凹形排

1. 规格尺寸及允许偏差（见表 1-2-132）

2. 技术要求

1）抗拉强度应不小于 250MPa。

2）20℃ 时的电阻率应不大于 0.01777Ω·mm²/m。

3）两窄边在 1m 长度内的直度应不超过 3mm。

4）单根长度应不小于 8m。

2.3.16 哑铃形铜排

适用于制造熔断器的触头。其型号为 TPY。其截面形状有如图 1-2-13 所示的两种。规格用 A/B 表示。本产品主要参考标准为 JB/T 9612.5—2013《电工用异形铜及铜合金排 第 5 部分：哑铃形排》。

表 1-2-132 凹形排的规格尺寸

标称截面积 /mm²	规格尺寸/mm							允许偏差/mm					参考重量 /(kg/m)
	A	B	a	b	R_1	R_2	R_3	A	B	a	b	R	
150	8	28	5	16	1	3	5	±0.07	±0.20	±0.10	+0.02	±25%	1.334
200	9.6	30.5	6	16.5	1	4	5	±0.07	±0.10	±0.07	±0.10	±25%	1.823

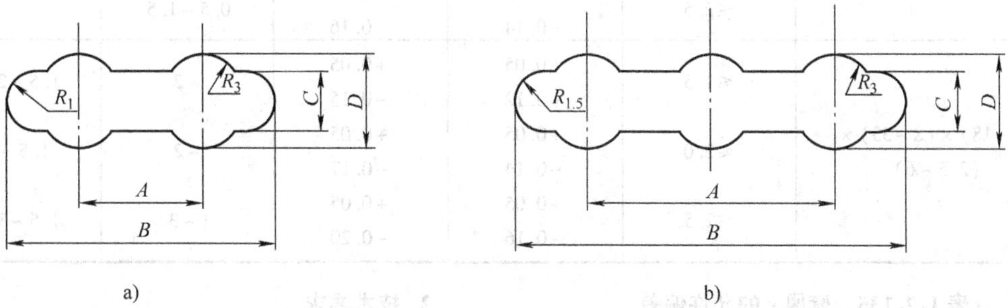

图 1-2-13 哑铃形铜排

a）Ⅰ类哑铃形排 b）Ⅱ类哑铃形排

1. 规格尺寸及允许偏差（见表 1-2-133）

表 1-2-133 哑铃形铜排的规格尺寸

规格	尺寸及偏差/mm								熔断电流/A	参考重量/(kg/m)	形状
	A	偏差	B	偏差	C	偏差	D	偏差			
9/18	9	±0.1	18	0.2	2	0.2	6	+0.10 −0.16	100	0.60	
12/23	12	±0.1	23	0.2	2	0.2	6	+0.10 −0.16	200	0.69	图 1-2-13a
16/30	16	±0.1	30	0.2	2	0.2	6	+0.10 −0.16	400	0.83	
24/36	24	±0.1	36	0.2	3	0.2	6	+0.10 −0.16	600	1.22	图 1-2-13b

2. 技术要求

1）20℃时的电阻率应不大于 0.01777Ω·mm²/m。

2）硬度应不小于65HB。

3）直度窄边在 1m 长度内的直度应不超过 4mm。

4）熔断电流见表 1-2-133。

2.3.17 空心铜导线

适用于制造水内冷电机、变压器及感应电炉的绕组线圈。有硬态的（TKY）和软态的（TKR）两种型号。其截面如图 1-2-14 所示。规格用 $A \times B \times s$ 表示。供货形式有直条和盘条两种。

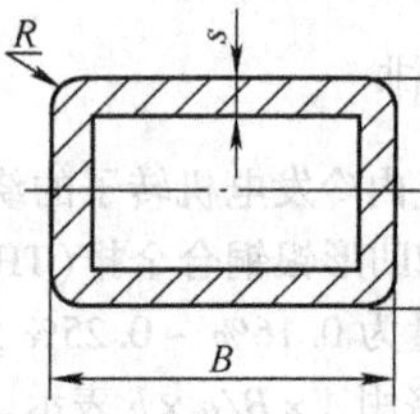

图 1-2-14 空心导线截面

1. 规格尺寸及允许偏差（见表 1-2-134）、**壁厚 s 的偏差**（见表 1-2-135）

表 1-2-134 空心铜导线的规格尺寸及偏差 （单位：mm）

规格尺寸 $A \times B \times s$	宽厚比 B/A	A 及 B 的允许偏差		外圆角 R	
		直条	盘条	s=1~3.5	s=3.6~6
(4~7)×(6~13)×(1~2)	≤1.5	+0.05 −0.10	+0.05 −0.13	0.5~1.5	
	≤2.0	+0.05 −0.12	+0.05 −0.14	0.5~1.5	
	≤2.5	+0.05 −0.14	+0.05 −0.16	0.5~1.5	
(8~18)×(8~35)×(2.5~6)	≤1.5	+0.05 −0.12	+0.05 −0.15	~2	1.5~2.5
	≤2.0	+0.05 −0.14	+0.05 −0.17	~2	1.5~3
	≤2.5	+0.05 −0.16	+0.05 −0.20	1~3	1.5~3.5

表 1-2-135 壁厚 s 的允许偏差

（单位：mm）

	不同壁厚 s 的允许偏差				
	1~1.5	2~2.5	3~3.5	4~4.5	5~6
直条	±0.04	±0.06	±0.08	±0.10	±0.12
盘条	±0.05	±0.07	±0.09	±0.12	±0.14

2. 技术要求

1）内外表面应光洁。外表面粗糙度 R_a 不大于 1.6μm。内表面粗糙度 R_a 不大于 6.3μm。

2）机电性能。应符合表 1-2-136 的规定。

3）软铜空心导线（TKR）弯曲 90°时，表面应不裂开。

表 1-2-136　空心铜导线的机电性能

状态	抗拉强度/MPa	伸长率(%)	电阻率/nΩ·m
硬态的(TKY)	294	—	17.77
软态的(TKR)	206	35	17.37

4）壁厚小于 2mm 的空心导线应逐根进行探伤检查。

5）空心铜导线应进行水压试验。在供需双方协商确定的水压下保持 15min，应不出现渗漏或产生局部的塑性变形。

2.3.18　铜带

适用于电工产品的制造或作为电器设备的连接导体，有 TDR 软铜带、TDY1 硬铜带及 TDY2 硬铜带三个型号。规格大小用厚度(a)×宽度(b)表示。主要参考标准为 GB/T 5584.4—2009《电工用铜、铝及其合金扁线　第 4 部分：铜带》。

1. 规格尺寸

1）铜带的规格尺寸，见表 1-2-137。宽度 b 与厚度 d 之比一般为 $9 < b/d \leq 100$，圆角半径的规定见表 1-2-137。

表 1-2-137　铜带的规格尺寸及截面　（单位：mm^2）

b 边/mm	a 边/mm							
	0.80	1.00	1.06	1.12	1.18	1.25	1.32	1.40
	r = 0.50mm							
9.00	6.984	8.786	9.326					
10.00		9.786		10.986	11.586			
11.20	8.744	10.986	11.658	12.330		13.786		
12.50		12.286		13.786	14.536	15.411	16.286	17.286
14.00	10.984	13.786	14.626	15.466		17.286		19.386
16.00	—	15.786		17.706	18.666	19.786	20.906	22.186
18.00	14.184	17.786	18.866	19.946		22.286		24.986
20.00		19.786		22.186	23.386	24.786	26.186	27.786
22.40	17.704	22.186	23.530	24.874		27.786		31.146
25.00		24.786		27.786	29.286	31.036	32.786	34.786
28.00	22.184	27.786	29.466	31.146		34.786		38.986
31.50		31.286		35.066	36.956	39.161	41.366	43.886
35.50	28.184	35.286	37.416	39.546		44.161		49.486
40.00		39.786		44.586	46.986	49.786	52.586	55.786
45.00	35.784	44.786	47.486	50.186		56.036		67.786
50.00		49.786		55.786	58.786	62.286	65.786	69.786
56.00	44.584	55.786	59.146	62.506		69.786		78.186
63.00		62.786		70.346	74.126	78.536	82.946	87.986
71.00		70.786						
80.00		79.786						
90.00		89.786						
100.00		99.786						

（续）

b边/mm	a边/mm							
	1.50	1.60	1.70	1.80	1.90	2.00	2.12	2.24
	r=0.50mm			r=0.65mm				
9.00								
10.00								
11.20								
12.50	18.536							
14.00		22.186						
16.00	23.786	25.386	26.837	28.437	30.037			
18.00		28.586		32.037		35.637		39.957
20.00	29.786	31.786	33.637	35.637	37.637	39.637	42.037	44.437
22.40		35.626		39.957		44.437		49.813
25.00	37.286	39.786	42.137	44.637	47.137	49.637	52.637	55.637
28.00		44.586		50.037		55.637		62.357
31.50	47.036	50.186	53.187	56.337	59.487	63.637	66.417	70.197
35.50		56.586		63.537		70.637		79.157
40.00	59.786	63.786	67.637	71.637	75.637	79.637	84.437	89.237
45.00		71.786		80.637		89.637		100.437
50.00	74.786	79.786	84.637	89.637	94.637	99.637	105.637	111.637
56.00		88.386		100.437		111.637		
63.00	94.286	100.586	106.737	113.037	119.337	125.637	133.197	
71.00		113.386				141.637		
80.00		127.786				159.637		
90.00		143.786				179.637		
100.00		158.786				199.637		

b边/mm	a边/mm							
	2.36	2.50	2.65	2.80	3.00	3.15	3.35	3.55
	r=0.80mm							
9.00								
10.00								
11.20								
12.50								
14.00								
16.00								
18.00								
20.00	46.651							
22.40								
25.00	58.451	61.951	65.701	69.451				
28.00		69.451		77.851				

（续）

b 边/mm	a 边/mm							
	2.36	2.50	2.65	2.80	3.00	3.15	3.35	3.55
	r = 0.80mm							
31.50	73.791	78.201	82.926	87.651	93.951	98.676	104.976	111.276
35.50		88.201		98.851		111.276		125.476
40.00	93.851	99.451	105.451	111.451	119.451	125.451	133.451	141.451
45.00		111.951		125.451		141.201		159.201
50.00	117.451	124.451	131.951	139.451	149.451	156.951	166.951	176.951
56.00		139.451		156.251		175.831		198.251
63.00	148.131	156.951	166.401	175.851	188.451	197.901	201.501	223.101
71.00		176.951						
80.00		199.451						
90.00		224.451						
100.00		249.451						

2）铜带 a 边及 b 边的尺寸偏差，见表 1-2-138。

3）圆角半径的偏差为表 1-2-137 规定值的 ±25%。

表 1-2-138　铜带 a 边及 b 边的尺寸偏差

（单位：mm）

标称尺寸	a 边允许偏差	标称尺寸 b	b 边允许偏差
0.8 ≤ a ≤ 1.25	±0.03	b ≤ 25.00	±0.10
1.25 < a ≤ 1.80	±0.04	25.00 < b ≤ 50.00	±0.12
1.80 < a ≤ 3.55	±0.05	50.00 < b ≤ 100.00	±0.25

2. 技术要求

1）铜带的抗拉强度及伸长率，应符合表 1-2-139 的规定。

表 1-2-139　铜带的抗拉强度及伸长率

标称尺寸 a/mm	抗拉强度/MPa		伸长率（%）	
	TDY1	TDY2	TDR	TDY1
0.80 ≤ a < 1.32	250	309	35	10
1.32 < a ≤ 3.55	250	289	35	15

2）b 边为 30.00mm 及以下的铜带应进行 a 边的弯曲试验。弯曲圆柱的直径应符合表 1-2-140 的规定。试验后表面应不出现裂纹。

表 1-2-140　弯曲直径

（单位：mm）

标称尺寸 b	弯曲直径
9 ~ 16	16
18 ~ 30	32

3）铜带的电阻率应符合表 1-2-141 的规定。

表 1-2-141　铜带的电阻率

型号	电阻率（20℃）/nΩ · m	电阻温度系数/℃$^{-1}$
TDR	17.37	0.00393
TDY1、TDY2	17.77	0.00381

第3章

裸绞线技术性能计算

3.1 裸绞线的系列截面

裸绞线产品系列截面的改变，牵涉到产品具体结构的变更，又影响到连接金具配套、线路设计、电气设备等一系列的调整，影响面很大。因此，我国国家标准及行业标准等同采用IEC相关标准所规定的系列截面，在全球经济趋于一体化的今天，对于我国技术及产品参与国际市场竞争具有重要技术和经济意义。

裸绞线产品的系列截面按优先数系R5、R10、R20或R40制订；每相邻截面有一公比数。例如，我国GB/T 1179—2008《圆线同心绞架空导线》标准的系列截面为$10mm^2$、$16mm^2$、$25mm^2$、$40mm^2$、$63mm^2$、$100mm^2$、$125mm^2$、$160mm^2$、$200mm^2$、$250mm^2$、$315mm^2$、$400mm^2$、$450mm^2$、$500mm^2$、$560mm^2$、$630mm^2$、$710mm^2$、$800mm^2$、$900mm^2$、$1000mm^2$、$1120mm^2$、$1250mm^2$、$1400mm^2$、$1500mm^2$。但鉴于国内已经长期大量使用的系列截面，在该标准附录E中仍保留了GB 1179—1983标准规定的系列截面：$10mm^2$、$16mm^2$、$25mm^2$、$35mm^2$、$50mm^2$、$70mm^2$、$95mm^2$、$120mm^2$、$150mm^2$、$185mm^2$、$210mm^2$、$240mm^2$、$300mm^2$、$400mm^2$、$500mm^2$、$630mm^2$、$800mm^2$，供用户选用。

国际电工委员会标准IEC 61089—1997《圆线同心绞架空导线》标准规定的架空导线的系列截面为$10mm^2$、$16mm^2$、$25mm^2$、$40mm^2$、$63mm^2$、$100mm^2$，符合优先数系R5，公比为1.6；$125mm^2$、$160mm^2$、$200mm^2$、$250mm^2$、$315mm^2$、$400mm^2$，符合优先数系R10，公比为1.25；$450mm^2$、$500mm^2$、$630mm^2$、$710mm^2$、$800mm^2$、$900mm^2$、$1000mm^2$、$1120mm^2$、$1250mm^2$、$1400mm^2$、$1500mm^2$、$1600mm^2$，符合优先数系R20，公比为1.12。

GB/T 12970.1～.4—2009《电工软铜绞线》标准的系列截面规定为标称截面积在$80mm^2$及以下者优先系数采用R5；标称截面积在$80mm^2$以上者则采用R10。

3.2 裸绞线的结构计算

3.2.1 简单绞线的结构计算

按绞线截面积的大小，当中心为一根单线时，绞线结构可由7、19、37、61或91根等直径线材构成，由内至外每层递增6根单线，相邻层的绞向应相反，最外层为右向。绞线的截面积F（mm^2）按式（1-3-1）计算。绞线中单线的总根数N按式（1-3-2）计算。外径D按式（1-3-3）计算。

$$F = N\pi d^2/4 \tag{1-3-1}$$

$$N = 1 + 3m(m+1) \tag{1-3-2}$$

$$D = (2m+1)d \tag{1-3-3}$$

式中 D——外径（mm）；

d——单线直径（mm）；

m——单线层数。

若中心线大于1根时，单线总根数N及外径D，按表1-3-1求得。应尽量避免采用中心根数为2、4、5的结构。

表1-3-1 单线总根数及外径计算表

中心线根数/根	单线总根数 N/根	外径 D/mm
2	$(m+1)(3m+2)$	$(2m+2)d$
3	$(m+1)(3m+3)$	$(2m+2.155)d$
4	$(m+1)(3m+4)$	$(2m+2.414)d$
5	$(m+1)(3m+5)$	$(2m+2.70)d$

3.2.2 组合绞线的结构计算

组合绞线由导电线材和加强线材组合绞制而成。其结构形式如图1-3-1所示。钢芯铝绞线为最常见的组合绞线，其结构参数见表1-3-2。铝单线的直径可根据总的导线截面积和单线根数按式（1-3-4）计算。铝线直径与钢线直径比可按式（1-3-5）计算。由此可算出钢线直径。导线的外径可按式（1-3-6）计算。

$$d_1=\sqrt{\frac{4F}{\pi N}} \quad (1\text{-}3\text{-}4)$$

$$\frac{d_1}{d_g}=\frac{3+6m_g}{n_1-3} \quad (1\text{-}3\text{-}5)$$

$$D=(1+2m_g)d_g+2m_1d_1 \quad (1\text{-}3\text{-}6)$$

式中　d_1——铝单线直径（mm）；

d_g——钢单线直径（mm）；

F——铝线总截面积（mm^2）；

N——铝线总根数；

m_1——铝线层数；

m_g——钢线层数（中心线除外）；

n_1——第一层的铝线根数；

D——导线的外径（mm）。

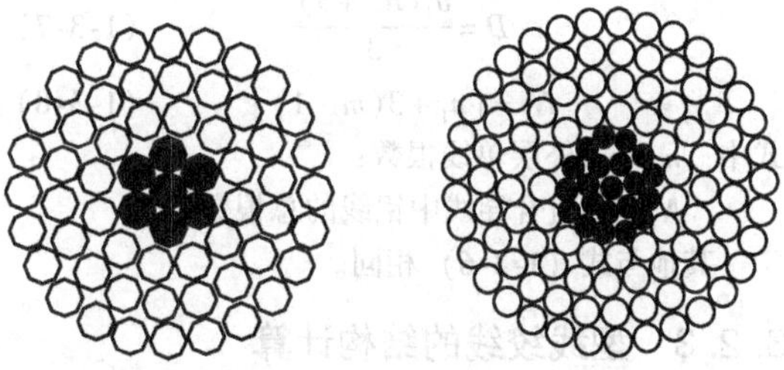

a)　　b)

图1-3-1　组合绞线典型结构图

a）54根铝线+7根钢线组合绞线

b）84根铝线+12根钢线组合绞线

按式（1-3-5）计算的不同结构钢芯铝绞线的铝、钢单线直径比，见表1-3-2。

表1-3-2　钢芯铝绞线结构参数表

结构		不同层次的铝线根数				不同层次的钢线根数			铝、钢单线直径比 d_1/d_g
铝	钢	第1层	第2层	第3层	第4层	中心线	第1层	第2层	
6	1	6				1			1.000
7	7	7				1	6		2.250
12	7	12				1	6		1.000
18	1	6	12			1	6		1.000
24	7	9	15			1	6		1.500
26	7	10	16			1	6		1.286
30	7	12	18			1	6		1.000
30	19	12	18			1	6	12	1.666
42	7	8	14	20		1	6		1.800
45	7	9	15	21		1	6		1.500
48	7	10	16	22		1	6		1.286
54	7	12	18	24		1	6		1.000
54	19	12	18	24		1	6	12	1.666
72	7	9	15	21	27	1	6		1.500
72	19	9	15	21	27	1	6	12	2.500
84	7	12	18	24	30	1	6		1.000
84	19	12	18	24	30	1	6	12	1.666

举例：采用26根铝线和7根钢线的结构，求$400mm^2$钢芯铝绞线的铝、钢单线直径。

解：按式（1-3-4）计算铝单线直径：

$$d_1=\sqrt{\frac{4F}{\pi N}}\sqrt{\frac{4\times400mm^2}{\pi\times26}}=4.42mm$$

按式（1-3-5），钢线直径计算如下：

$$d_g=\frac{d_1(n_1-3)}{3+6m_g}=\frac{4.42\times(10-3)}{3+6}mm=3.44mm$$

按式（1-3-6）计算导线外径：

$$\begin{aligned}D&=(1+2m_g)d_g+2m_1d_1\\&=(1+2)\times3.44mm+2\times2\times4.42mm\\&=28.0mm\end{aligned}$$

导线外径、外层单线直径和根数的相互关系如式（1-3-7）所示。组合导线中铝线的总根数可按式（1-3-8）计算。

$$D=\frac{d_1(n_w+3)}{3} \quad (1\text{-}3\text{-}7)$$

$$N_1=[n_1+3(m-1)] \quad (1\text{-}3\text{-}8)$$

式中 n_w——外层单线根数；

N_1——组合导线中铝线的总根数。

其他与式（1-3-6）相同。

3.2.3 型线绞线的结构计算

型线绞线是由非圆导电线材和加强单元的线材或棒材组合绞制而成。其典型结构形式如图 1-3-2 所示。钢芯软铝型线绞线为最常见的型线绞线，其结构参数见表 1-3-3。GB/T 20141—2006《型线同心绞架空导线》规定引入了型号代码概念，通过型号代码来确定型线绞线的结构参数。

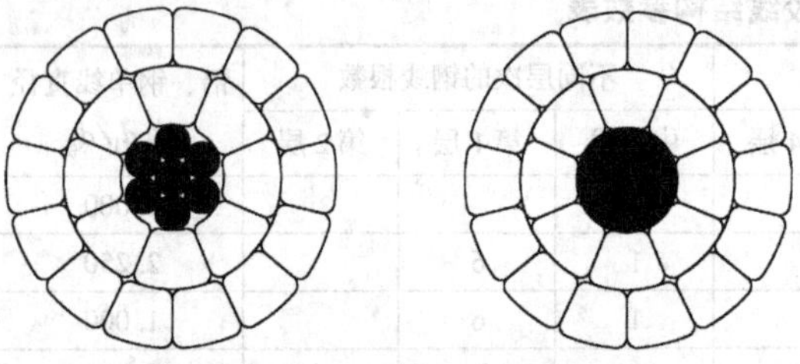

图 1-3-2 型线绞线典型结构示意图

表 1-3-3 型线绞线结构参数表

结构			增量①（增加）（%）	
铝绞层数②	钢线数	绞层数	铝③	钢
1	0	—	1.5	—
	1	—	1.5	—
2	0	—	2.0	—
	1	—	2.0	—
	7	1	2.0	0.43
3	0	—	2.0	—
	7	1	2.5	0.43
	19	2	2.5	0.77
4	0	—	3.0	—
	19	2	3.0	0.77

① 这些增量系采用各相应的铝绞层或钢绞层的平均节径比计算。

② 每种单线型号的绞层数不包括中心线。

③ 每层的单线数目都没有规定，故这些增量是典型的修约值。

铝线的总截面积 A_1 可根据型号代码和导体电阻率按式（1-3-9）计算，铝单线直径 d_1 可按式（1-3-10）计算，已知芯部面积（A_c），按 GB/T 23308—2009 和 GB/T 17048—2009 中规定的最大和最小的单线尺寸可确定在芯中的单线根数，钢单线直径 d_g 可按式（1-3-11）计算，导线的外径 D 可按式（1-3-12）计算。

$$A_1=\text{代码}\times\frac{\text{铝线的电阻率}}{\text{LY9 的电阻率}} \quad (1\text{-}3\text{-}9)$$

$$d_1=\sqrt{\frac{4}{\pi}\times\frac{A_1}{N_1}} \quad (1\text{-}3\text{-}10)$$

$$d_g=\sqrt{\frac{4}{\pi}\times\frac{A_c}{N_g}} \quad (1\text{-}3\text{-}11)$$

$$D=(1+2m_g)d_g+2\sum h_1 \quad (1\text{-}3\text{-}12)$$

式中 A_1——铝线总截面积（mm^2）；

N_1——组合导线中铝线的总根数；

N_g——钢线总根数；

d_1——铝单线直径（mm）；

d_g——钢单线直径（mm）；

h_1——铝线各层厚度；

m_g——钢线层数（中心线除外）；

D——导线的外径（mm）。

3.2.4 碳 - 玻璃纤维复合材料芯铝（或铝合金）绞线的结构计算

碳 - 玻璃纤维复合材料芯铝（或铝合金）绞线一般是由非圆导电铝（铝合金）线和纤维增强碳 - 玻璃纤维复合芯棒组合绞制而成，其加强芯一般采用一根实心的碳 - 玻璃纤维复合芯棒，其结构参数见表 1-3-4。

表 1-3-4 碳 - 玻璃纤维复合材料芯铝（或铝合金）型线绞线结构参数表

结构		增量①（增加）（%）	
铝绞层数②	复合芯数	铝③	复合芯
1	1	1.5	0
2	1	2.0	0
3	1	2.5	0
4	1	3.0	0

① 这些增量系采用各相应的铝绞层的平均节径比计算。

② 每种单线型号的绞层数不包括中心线。

③ 每层的单线数目都没有规定，故这些增量是典型的修约值。

复合材料加强芯也有采用绞合结构的，这两种结构的典型结构形式如图 1-3-2 所示。其余结构尺寸计算与型线绞线基本一致。

3.2.5 铝基－陶瓷纤维复合材料芯铝合金绞线的结构计算

铝基－陶瓷纤维复合芯铝合金绞线是由导电铝合金线材（一般采用NRLH3耐热铝合金，导电率为60%IACS）和加强用铝基－陶瓷纤维复合芯组合绞制而成。其结构中的铝基－陶瓷纤维复合芯由多根单线束合，用铝箔带整体绕包，复合芯外有两层或多层耐热铝合金线同心绞合。与常规架空导线用组合绞线的区别在于其加强芯中的铝基－陶瓷纤维复合单线为平行排列，而非绞合体。因此，结构计算时其加强芯无绞合增量。导体部分一般为耐热铝合金圆线绞合，其结构计算参照3.2.2节。

3.2.6 光纤复合架空地线（OPGW）的结构计算

由于OPGW的结构各有不同，分为层绞式和中心管式，但在结构计算时，均参照3.2.2节的组合绞线进行。

3.2.7 光纤复合架空导线（OPPC）的结构计算

对OPPC，在其结构计算时将光纤单元作为绞合单线对待，因此，参照3.2.2节的组合绞线进行。

3.3 单线及绞线单位长度质量计算

3.3.1 单线单位长度质量计算

单线的单位长度质量应由材料的密度及截面积按式（1-3-13）计算得出，其中圆形线采用单线直径计算，型线采用等效直径计算：

$$w=\frac{\pi d^2}{4}g\delta(1\text{ 根单线 }1\text{km 的质量})\tag{1-3-13}$$

式中 w——单位长度质量（kg/km）；

d——单线直径或等效直径（mm）；

g——质量系数，单线时为1.0；

δ——密度（铝为2.703kg/dm³，钢为7.80kg/dm³，铜为8.89kg/dm³，碳纤维复合芯为2.0kg/dm³，铝基－陶瓷纤维芯为2.6kg/dm³）。

3.3.2 绞线单位长度质量计算

绞线质量的计算，与绞线的绞入系数有关。所以必须首先计算绞线的绞合增量。型线组合绞线与圆线组合绞线计算方法一致，采用等效直径进行计算。

1. 绞合增量

绞线中每层的任何一根单线，都是按一定的绞制角度环绕一中心线作螺旋状绞合的。在绞线轴线方向的一个完整的螺旋线间距 h，叫作“节距长度”，如图1-3-3所示。节距长度 h 与绞线外径 D 之比，称为“节径比”。节径比的大小，关系到绞线的紧密程度、绞线重量和绞线电阻的大小。在导线的产品标准中，对节径比均有所规定。在一个节距中，展开的单线长度 l 与节距长度 h 之比，称为绞入系数，见式（1-3-14）。绞入系数便于计算绞线的单位长度质量和直流电阻。

$$\lambda=\frac{l}{h}\tag{1-3-14}$$

式中 l——一个节距中单线的展开长度；

h——节距长度。

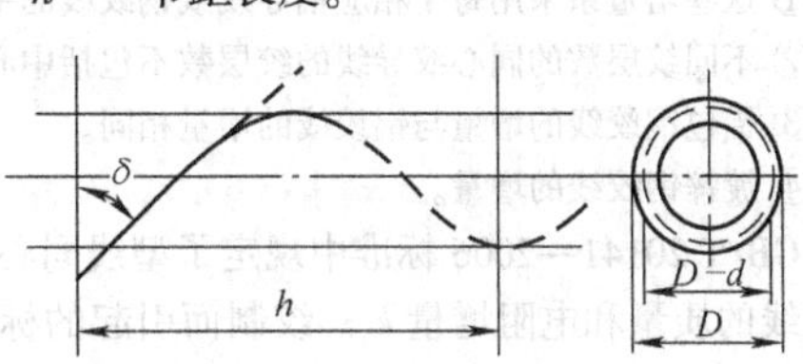

图1-3-3 绞线节距

绞入系数与绞层的单线根数和节径比的大小有关。第 i 层的绞入系数可按式（1-3-15）计算。

$$\lambda_i=\sqrt{1+\frac{\pi n_i}{P_i(n_i+3)}}\tag{1-3-15}$$

式中 n_i——第 i 层的单线根数；

P_i——第 i 层的节径比。

对于多层的绞线，应将每层的绞入系数分别求出，并按式（1-3-16）求出绞线的综合平均绞入系数。若为简单绞线，其中心线绞入系数按1.0计算，碳纤维芯棒及铝基陶瓷纤维芯棒组合绞线加强芯的绞入系数按1.0进行计算。

$$\lambda_m=\frac{n_1\lambda_1+n_2\lambda_2+\cdots+n_i\lambda_i}{n_1+n_2+\cdots+n_i}\tag{1-3-16}$$

式中 λ_m——综合平均绞入系数；

n_1、n_2、…、n_i——第1层、第2层、…、第 i 层的单线根数；

λ_1、λ_2、…、λ_i——第1层、第2层、…、第 i 层的绞入系数。

GB/T 1179—2008标准中规定了圆线同心绞组合绞线的质量和电阻增量 k_z，绞制而引起的标准增量，见表1-3-5。

表 1-3-5　圆线同心绞组合绞线由绞制引起的标准增量①

铝		钢		质量		电阻	铝		钢		质量		电阻
绞制结构				增量 k_z（增加）（%）			绞制结构				增量 k_z（增加）（%）		
单线根数	绞层数②	单线根数	绞层数②	铝	钢		单线根数	绞层数②	单线根数	绞层数②	铝	钢	
6	1	1	—	1.52	—	1.52	7	1	—	—	1.31③	—	1.31③
18	2	1	—	1.90	—	1.90	19	2	—	—	1.80③	—	1.80③
22	2	7	1	2.04	0.43	2.04	37	3	—	—	2.04③	—	2.04③
26	2	7	1	2.16	0.43	2.16	61	4	—	—	2.19③	—	2.19③
45	3	7	1	2.23	0.43	2.23	91	5	—	—	2.30		2.30
54	3	7	1	2.33	0.43	2.33							
72	4	7	1	2.32	0.43	2.32							
84	4	7	1	2.40	0.43	2.40							
54	3	19	2	2.33	0.77	2.33	—	—	7	1	—	1.11④	1.11④
72	4	19	2	2.32	0.77	2.32	—	—	19	2	—	1.58④	1.58④
84	4	19	2	2.40	0.77	2.40	—	—	37	3	—	1.84④	1.84④

① 这些增量系采用每个相应铝导线或钢绞线的平均节径比计算，绞线平均绞入系数 $\lambda_m = 1.0 + k_z$。

② 不同绞层数的同心绞导线的绞层数不包括中心线。

③ 铝包钢绞线的增量与铝绞线的增量相同。

④ 镀锌钢绞线的增量。

GB/T 20141—2006 标准中规定了型线同心绞组合绞线的质量和电阻增量 k_z。绞制而引起的标准增量，见表 1-3-6。

表 1-3-6　型线同心绞组合绞线由绞合引起的标准增量

结构			增量 k_z(增加)(%)①	
铝绞层数②	钢线数	绞层数	铝③	钢
1	0	—	1.5	—
	1	—	1.5	—
2	0	—	2.0	—
	1	—	2.0	—
	7	1	2.0	0.43
3	0	—	2.0	—
	7	1	2.5	0.43
	19	2	2.5	0.77
4	0	—	3.0	—
	19	2	3.0	0.77

① 这些增量系采用各相应的铝绞层或钢绞层的平均节径比计算，绞线平均绞入系数 $\lambda_m = 1.0 + k_z$。

② 不同绞层数的同心绞导线的绞层数不包括中心线。

③ 每层的单线数目都没有规定，故这些增量是典型的修约值。

2. 绞线重量

绞线重量一般按每千米的重量来计算，称为单位重量（W）。单位重量是电线生产和电力线路设计所需的重要参数。

1）对于单一材料绞线，可按式（1-3-17）计算：

$$W = \frac{\pi d^2}{4} N \lambda_m \delta \tag{1-3-17}$$

式中　W——单位重量（kg/km）；

d——单线直径（mm）；

N——单线根数；

λ_m——平均绞入系数；

δ——密度（铝为 2.703kg/dm³，钢为 7.80kg/dm³，铜为 8.89kg/dm³等）。

设 $N\lambda_m = g$（重量系数），$\frac{\pi d^2}{4}\delta = w$（1 根单线 1km 的重量），则式（1-3-17）可简化为

$$W = gw \tag{1-3-18}$$

即每千米绞线的重量 W 等于相应的重量系数 g 乘以 1 根单线 1km 的重量 w。

2）对于不同材料组合绞线的单位重量，可分别将导电线材部分的单位重量和加强线材部分的单位重量求出，然后将两者加在一起即可，见式（1-3-19）。

$$W = g_1 w_1 + g_{jqx} w_{jqx} \tag{1-3-19}$$

式中　g_1、g_{jqx}——铝或加强芯（钢、碳纤维、陶瓷纤维等）的重量系数；

w_1、w_{jqx}——1 根铝或加强芯（钢、碳纤维、陶瓷纤维等）1km 的重量。

3.4 绞线直径计算

请参见3.2节中绞线外径计算相关内容。

3.5 单线及绞线截面积计算

3.5.1 单线截面积计算

单线截面积的计算，已知单线直径可按式(1-3-20)计算得到，对于型线单线，其直径无法直接测量得到时，可采用重量法按式(1-3-21)计算得到。

$$S_d = \frac{\pi}{4}d^2 \quad (1\text{-}3\text{-}20)$$

$$S_d = \frac{g_d}{\delta L} \quad (1\text{-}3\text{-}21)$$

式中 S_d——单线截面积(mm^2)；

d——单线直径(mm)；

g_d——所称单线重量(g)；

L——所称单线长度(m)；

δ——密度(铝为2.703kg/dm^3，钢为7.80kg/dm^3，铜为8.89kg/dm^3，碳纤维复合芯为2.0kg/dm^3，铝基-陶瓷纤维芯为2.6kg/dm^3等)。

3.5.2 绞线截面积计算

绞线截面积一般为导体截面积F_1、加强芯截面积F_{jqx}及总截面积F_z，分别通过各材料单线截面积乘以单线总根数按式(1-3-22)得到。

$$F_z = F_1 + F_{jqx} = f_1N_1 + f_{jqx}N_{jqx} \quad (1\text{-}3\text{-}22)$$

3.6 绞线额定抗拉力计算

3.6.1 单一绞线

单一绞线(铝绞线、铝合金绞线、镀锌钢绞线和铝包钢绞线等)的额定抗拉力P_B应为所有单线最小抗拉力的总和。任何单线的抗拉力为其标称截面积与相关标准中相应的最小抗拉强度的乘积，可按式(1-3-23)计算：

$$P_B = n\sigma f \quad (1\text{-}3\text{-}23)$$

式中 n——股线根数；

σ——某材料股线绞前抗拉强度最小标准值(MPa)；

f——某材料股线标称截面积(mm^2)。

3.6.2 钢(或铝包钢)芯铝(或铝合金)绞线

钢(或铝包钢)芯铝(或铝合金)绞线的额定抗拉力为铝(或铝合金)部分的抗拉力P_1与对应铝(或铝合金)部分在断裂负荷下钢(或铝包钢)部分伸长时的应力P_{jqx}的总和，可按式(1-3-24)计算。为规范及实用起见，钢及铝包钢部分的抗拉力计算规定为：按250mm标距，1%伸长时的应力来确定。

$$P_B = P_1 + P_{jqx} = n_1\sigma_1 f_1 + n_{jqx}\sigma_{1\%}f_{jqx} \quad (1\text{-}3\text{-}24)$$

式中 P_1——导体部分的抗拉力；

P_{jqx}——加强芯部分的抗拉力；

n_1、n_{jqx}——导体、加强芯单线根数；

f_1、f_{jqx}——导体、加强芯单线截面积(mm^2)；

σ_1——绞前铝或铝合金线抗拉强度最小标准值(MPa)；

$\sigma_{1\%}$——加强芯中的钢线(铝包钢线)伸长1%时的应力(MPa)。

3.6.3 钢(或铝包钢)芯软铝绞线

钢(或铝包钢)芯软铝绞线的额定抗拉力为软铝部分的96%抗拉力与钢(或铝包钢)部分的抗拉力总和，可按式(1-3-25)计算。

$$P_B = 0.96P_1 + P_{jqx} = 0.96n_1\sigma_1 f_1 + n_{jqx}\sigma_{jqx}f_{jqx} \quad (1\text{-}3\text{-}25)$$

式中 σ_{jqx}——绞前钢(或铝包钢线)抗拉强度最小标准值(MPa)；

其余参数含义均与式(1-3-24)相同。

3.6.4 铝合金芯铝绞线

铝合金芯铝绞线的额定抗拉力为硬铝线部分抗拉力和铝合金线部分95%抗拉力的总和，可按式(1-3-27)计算。

$$P_B = P_1 + 0.95P_{lh} = n_1\sigma_1 f_1 + 0.95n_{lh}\sigma_{lh}f_{lh} \quad (1\text{-}3\text{-}26)$$

式中 P_1——硬铝线部分的抗拉力；

P_{lh}——铝合金线部分的抗拉力；

σ_1——绞前硬铝线抗拉强度最小标准值(MPa)；

σ_{lh}——绞前铝合金线抗拉强度最小标准值(MPa)；

n_1——硬铝线根数；

n_{lh}——铝合金线根数；

f_1——硬铝线标称截面积（mm^2）；

f_{lh}——铝合金线标称截面积（mm^2）。

3.6.5 碳纤维复合芯或铝基-陶瓷纤维复合芯铝（或铝合金）绞线

碳纤维复合芯、陶瓷纤维复合芯铝（合金）绞线额定抗拉力为铝（合金）线部分抗拉力和碳纤维复合芯、陶瓷纤维复合芯部分抗拉力的总和，可按式（1-3-27）计算。

$$P_B = P_{lx} + P_{jqx} = n_{lx}\sigma_{lx}f_{lx} + n_{jqx}\sigma_{jqx}f_{jqx} \quad (1\text{-}3\text{-}27)$$

式中 n_{lx}——铝或铝合金线的单线根数；

σ_{lx}——铝或铝合金线的抗拉强度最小标准值（MPa）；

f_{lx}——铝或铝合金线的标称截面积（mm^2）；

n_{jqx}——碳纤维芯棒、陶瓷纤维芯的根数；

σ_{jqx}——碳纤维芯棒、陶瓷纤维芯的抗拉强度最小标准值（MPa）；

f_{jqx}——碳纤维芯棒、陶瓷纤维芯的标称截面积（mm^2）。

对碳纤维复合芯铝绞线一般采用软铝作为导电材料，额定抗拉力计算时应取软铝部分的计算抗拉力的96%；若采用耐热铝合金绞线作为导体材料，则应取碳纤维芯棒部分的计算抗拉力的75%。

对铝基-陶瓷纤维复合芯铝合金绞线，由于复合芯的断后伸长率为0.6%，因此，计算其额定抗拉力时，应取耐热铝合金部分的计算抗拉力的90%。

3.6.6 应力转移型导线

由于应力转移型导线是一种特殊形式的钢芯软铝绞线，其在生产或施工过程中已经对其加强钢芯实施预加应力，因此导线设计的额定抗拉力，在温度迁移点之前的额定抗拉力为钢芯部分的抗拉力与导体部分抗拉力总和的95%，而温度迁移点之后的额定抗拉力则全部为钢芯的抗拉力。对该种导线的弹性模量及线膨胀系数计算，也要区分温度迁移点前后的相应计算数值。

3.6.7 光纤复合架空地线（OPGW）及光纤复合架空导线（OPPC）

对OPGW，若其金属绞线是GB/T 1179—2008规定的绞线，则其额定抗拉力应按GB/T 1179—2008的规定计算；若负荷承载元件是单一钢线或铝包钢线，则其额定抗拉力应是各单线总抗拉力的90%。光纤单元的抗拉力不计算在内。

对OPPC，按相应结构绞线计算，光纤单元的抗拉力不计算在内。

3.7 绞线弹性模量计算

1）单一绞线的弹性模量取值可引用本体材料弹性模量。

2）组合绞线的弹性模量按式（1-3-28）近似计算：

$$E = \frac{E_{jqx} + KE_1}{1 + K} \quad (1\text{-}3\text{-}28)$$

式中 E_{jqx}——加强芯材料的弹性模量（MPa），计算时，钢线弹性模量取190000MPa，碳纤维芯棒的弹性模量取110000或120000MPa，铝基-陶瓷纤维加强芯的弹性模量取216000MPa等；

E_1——铝线的弹性模量（MPa）；计算时，铝及铝合金线弹性模量取55000 MPa；

K——导体与加强芯截面比，$K = \frac{F_1}{F_{jqx}}$，F_1为铝线总截面积，F_{jqx}为加强芯总截面积。

说明：铝及铝合金线弹性模量取55000MPa，系参照IEC 61089—1997在计算组合绞线弹性模量时所取的修正建议值。

3.8 绞线线膨胀系数计算

1）单一绞线的线膨胀系数取值可引用本体材料线膨胀系数。

2）组合绞线的线膨胀系数，可按式（1-3-29）进行近似计算。

$$\alpha = \frac{\alpha_{jqx}E_{jqx} + K\alpha_1 E_1}{E_{jqx} + KE_1} \quad (1\text{-}3\text{-}29)$$

式中 α_{jqx}、α_1——加强芯、导体铝单线的线膨胀系数（1/℃）；计算时，铝和铝合金导体的线膨胀系数α_1均采用23.0×10^{-6}/℃。当加强芯为钢线时，线膨胀系数采用11.5×10^{-6}/℃；为碳纤维复合芯时，线膨胀系数取2.0×10^{-6}/℃；为陶瓷纤维复合芯时，线膨胀系数取6.3×10^{-6}/℃；为铝包钢时，取值请参见本篇2.1.5节。

3.9　绞线耐振疲劳性能计算

架空导线在稳流风（或微风）的吹动下，将会引起振动，即"微风振动"。微风振动破坏是导线破坏的最重要表现形式之一。导线的振动与风向、风速、导线外径、档距大小、离地高低和地形条件等因素有关。一般在平坦地区、风速为 0.5 ~ 8.0m/s、迎风角大于45°的稳流风，特别容易引起导线振动。当导线承受的动、静应力超过其疲劳极限，经过一定时期后将会发生断股，造成送电线路事故，所以架空导线的耐振试验是非常重要，并以实际试验考核其耐微风振动疲劳性能。架空导线受外界条件引起的振动频率与风速和导线外径等因素有关。可按经验式（1-3-30）计算。

$$f = S\frac{V}{D}\ \text{(Hz)} \tag{1-3-30}$$

式中　V——风速（m/s）；

D——导线外径（mm）；

S——系数，一般采用 185 ~ 210，与雷诺数 $R = VD/E$ 有关，E 为空气动粘滞系数。

导线的固有振动频率 f_c 与其自重、承受的张力和档距大小有关。可按式（1-3-31）计算。当由外界条件引起的振动频率 f 与导线的固有振动频率 f_c 相吻合时，才能形成稳定的振动。

$$f_c = \frac{n}{2L}\sqrt{\frac{Fg}{W}} \tag{1-3-31}$$

式中　L——档距长度（m）；

n——档距内的半波个数；

F——导线承受的张力（kgf[⊖]）；

g——重力加速度（m/s²）；

W——导线单位长度的重量（kg/m）。

导线的振动疲劳断股主要发生在线路导线悬垂线夹的出口处。振动角越大，线股所受的动弯曲应变量也越大，越容易引起疲劳断股。导线的实际危险振动角一般不大于 20′。为严格起见，我国按振动角为 25′ ~ 30′进行疲劳耐振试验。

导线的振动角、振幅和波长的关系如图 1-3-4 所示。振动角可按式（1-3-32）计算，并且在振动角很小情况下 $\tan\alpha = \alpha$。为便于测量起见，用双振幅 $A_0 = 2A$ 来观察和计算振动角，见式（1-3-33）。

$$\alpha = \frac{2\pi A}{\lambda} \tag{1-3-32}$$

式中　α——振动角（′）；

A——最大振幅（m）；

λ——波长（m）。

$$\alpha = 10.8\frac{A_0}{\lambda} \tag{1-3-33}$$

式中　α——振动角（′）；

A_0——最大双振幅（mm）；

λ——波长（m）。

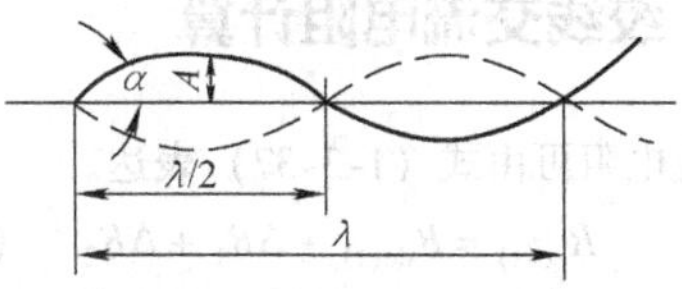

图 1-3-4　振动角、振幅和波长示意图

3.10　绞线 20℃时直流电阻计算

3.10.1　单线直流电阻计算

单线在 20℃时的直流电阻可根据式（1-3-34）进行计算：

$$R_{20} = \frac{R_t}{[1+\alpha_{20}(t-20)]} = \rho_{20}\frac{L}{S} \tag{1-3-34}$$

式中　R_t——温度 t（℃）时的电阻；

α_{20}——材料 20℃时的电阻温度系数；

t——温度（℃）；

L——长度（m）；

ρ_{20}——材料的电阻率；

S——单线截面积（mm²）。

3.10.2　组合绞线直流电阻计算

组合绞线的直流电阻可以看作是由组成绞线的各单线电阻的并联而成。架空绞线在20℃时的直流电阻 R_{20}（Ω/km），可简单地用式（1-3-35）计算。因绞线各层单线由于绞合其长度增长量是不相同的，故其电阻增加量也随着不相同。架空绞线由绞制引起的电阻增量与长度增量是相同的，电阻标准增量见本篇 3.3 节。镀锌钢线作为加强芯的组合绞线在直流电阻计算时，忽略钢线的导电性，但铝包钢线作加强芯时，铝包钢线的导电性仍计算在内。

$$R_{20} = \frac{\rho_{20}}{F_1}\times(1+K_z)\times 1000 \tag{1-3-35}$$

在 GB/T 1179—2008 及 GB/T 20141—2006 标

⊖ 1kgf = 9.80665N，后同。

准中，相同规格号的导线具有几乎相同的直流电阻，仅在尾数上略有不同。组合绞线的直流电阻也可用简单的式（1-3-36）计算。

$$R_{20}=\frac{0.028264}{N_0}\times(1+K_z)\times1000 \tag{1-3-36}$$

式中 N_0——规格号；

K_z——绞合增量。

3.11 绞线交流电阻计算

交流电阻可由式（1-3-37）表达。

$$R_{ac(t)}=R_{dc(t)}+\Delta R_1+\Delta R_2 \tag{1-3-37}$$

式中 $R_{ac(t)}$——t（℃）时的交流电阻（Ω/m）；

$R_{dc(t)}$——t（℃）时的直流电阻（Ω/m），可用20℃时直流电阻按式（1-3-34）计算得到；

ΔR_1——由磁滞和涡流引起的电阻增量（Ω/m），见式（1-3-38）；

ΔR_2——由趋肤效应和邻近效应引起的电阻增量（Ω/m），见式（1-3-41）。

3.11.1 由磁滞和涡流引起的电阻增量 ΔR_1

按电流全部经由导线中铝股线的螺旋形方向流动产生的交变磁场强度，并由此而引起的电阻增量 ΔR_1（Ω/m）可按式（1-3-38）计算。

$$\Delta R_1=8\pi^2 fA_g[\sum_1^m(-1)m^{-1}\cdot N_m]^2\times\mu\cdot\tan\delta\times10^{-7}/N^2 \tag{1-3-38}$$

式中 f——频率（Hz）；

A_g——钢芯总截面积（cm^2）；

m——铝线的层次；

μ——钢芯的综合磁导率；

$\tan\delta$——磁损耗角正切；

N——导线中铝线的总根数；

N_m——第 m 层铝线的总匝数（1/cm），按式（1-3-39）计算

$$N_m=\frac{n_m}{l_m} \tag{1-3-39}$$

式中 n_m——第 m 层的铝线根数；

l_m——第 m 层铝线的节距长度（cm）。

式（1-3-38）中（-1）m^{-1}项为考虑到导线中相邻层铝线的绞向相反，而形成不同方向的磁通。μ 及 $\tan\delta$ 两项是由相应的磁场强度 H 决定的。磁场强度 H（Oe）可按式（1-3-40）计算。

$$H=\frac{4\pi I\sum_1^m(-1)^{m-1}\cdot N_m}{10N} \tag{1-3-40}$$

注：Oe 为非法定计量单位，1Oe = 79.5775A/m。

式中 I——载流量（A）；其他的见式（1-3-38）。

计算时先设定一近似的载流值 I'，计算出磁场强度 H，然后从钢丝的 μ、$\tan\delta$ 与磁场强度 H 的关系曲线中查出相应的 μ 和 $\tan\delta$ 值；或由表 1-3-7 中根据不同钢丝直径 d_s 查出相应的 $\mu\cdot\tan\delta$ 之积，中间值用二次曲线插值法求得，然后计算出 ΔR_1。

表 1-3-7 $\mu\cdot\tan\delta$ 值

钢丝直径	不同磁场强度（Oe）下的 $\mu\cdot\tan\delta$ 值						
d_s/mm	0	5	10	15	20	25	30
1.50～2.89	1.00	7.13	35.84	183.6	345.6	325.8	267.2
2.90～3.09	1.15	10.8	46.20	173.3	326.7	306.7	247.2
3.10～3.80	1.30	14.4	56.55	162.9	307.8	287.5	227.2

3.11.2 由趋肤效应和邻近效应引起的电阻增量 ΔR_2

若钢芯的导电性忽略不计，则所有铝股线可看作一导电的管体。其趋肤效应和邻近效应引起的相对电阻增量可按式（1-3-41）计算：

$$\Delta R_2/R_{dc}=Y(1-\phi)^{-1/2}-1 \tag{1-3-41}$$

$$Y=1+a(z)\left[1-\frac{\beta}{2}-\beta^2 b(z)\right] \tag{1-3-42}$$

$$\phi=\lambda\left(\frac{D}{S}\right)^2\left[\frac{z^2(2-\beta)^2}{z^2(2-\beta)^2+16\beta^2}\right] \tag{1-3-43}$$

$$\lambda=1-\beta\left(1+\frac{z^2}{4}\right)^{-1/4}+\frac{10\beta^2}{20+z^2} \tag{1-3-44}$$

$$a(z)=7z^2/(315+3z^2) \tag{1-3-45}$$

$$b(z)=56/(211+z^2) \tag{1-3-46}$$

$$z=8\pi^2[(D-D_s)/2]^2 fr \tag{1-3-47}$$

当 $0<z\leqslant5$ 时

$$\beta=(D-D_s)/D$$

$$r=1/(AR_{dc(t)}\times10^4)$$

$$A=\pi(D^2-D_s^2)/4$$

式中 Y——由趋肤效应引起的电阻增量，按式（1-3-42）计算；

ϕ——由邻近效应引起的电阻增量，按式（1-3-43）计算；

D——导线外径（cm）；

D_s——钢芯外径（cm）；

S——导线间距离（cm）；

$R_{dc(t)}$——t（℃）时直流电阻（Ω/km）。

当导线间距 S 大于5倍导线外径时，邻近效应的影响甚小，可忽略不计。

钢芯铝绞线、钢芯铝合金绞线、铝包钢芯铝绞线等采用磁性材料作为加强芯的组合绞线的交流电阻计算时应考虑由磁滞和涡流引起的电阻增量 ΔR_1 及由趋肤效应和邻近效应引起的电阻增量 ΔR_2，IEC和美国的计算仅考虑趋肤效应而忽略铁损磁滞的影响而不够准确；碳纤维复合材料芯铝绞线、陶瓷－纤维芯铝绞线及铝绞线、铝合金绞线、铝合金芯铝绞线的交流电阻计算时只需考虑由趋肤效应和邻近效应引起的电阻增量 ΔR_2。

3.12 绞线载流量计算

架空导线的载流量是电力线路计算传输容量的重要参数。导线载流量设计值太高，则导线发热严重，导致导线的强度损失较大，降低了导线的使用寿命。若载流量取值太小，则不能充分发挥线路的经济效益。故应综合考虑，采用合理的载流量数值。

3.12.1 原理

根据热力学中热平衡的原理，当导体在发热、吸热与散热最终达到平衡时，存在如下公式：

$$I^2R_{ac(t)}+W_S=W_R+W_N(\text{或}W_F) \tag{1-3-48}$$

式中 W_N——导线单位长度的自然对流散热功率（W/m），见式（1-3-52）及式（1-3-53）；

W_R——导线单位长度的辐射散热功率（W/m），见式（1-3-54）；

W_F——导线单位长度的有风对流散热功率（W/m），见式（1-3-55）；

W_S——导线单位长度的日照吸热功率（W/m），见式（1-3-56）；

$R_{ac(t)}$——导线 t（℃）时的交流电阻（Ω/m），见式（1-3-37）；

I——导线 t（℃）时的载流量（A）。

3.12.2 载流量计算

架空导线载流量的大小，主要与导线本身的电阻、外径、允许使用温度、环境温度、风速、日照强度等因素以及导线的结构、表面状态有关。例如，相等截面积的钢芯铝绞线，偶数层铝线的结构就比奇数层铝线的载流量大些，因为偶数层铝线结构的交流电阻相对较小。

1. 几种条件下的载流量计算

导线的载流情况有三种：一是无风无日照的载流量；二是无风有日照的载流量；三是有风有日照的载流量。交流电阻测试中，在相对密封的环境中测得的电流和温升数值，绘成电流－温升曲线，就为无风无日照的载流量试验结果。有日照和风速的载流试验条件目前尚难实现，故一般在参考试验测得的载流量试验结果基础上，采用相关的条件因素计算的办法实现。以下计算都是根据导线交流电阻计算或测试的结果进行。

1）无风无日照的载流量，按式（1-3-49）计算：

$$I=\sqrt{\frac{W_R+W_N}{R_{ac(t)}}} \tag{1-3-49}$$

2）无风有日照的载流量，按式（1-3-50）计算：

$$I=\sqrt{\frac{W_R+W_N-W_S}{R_{ac(t)}}} \tag{1-3-50}$$

3）有风有日照的载流量，按式（1-3-51）计算：

$$I=\sqrt{\frac{W_R+W_F-W_S}{R_{ac(t)}}} \tag{1-3-51}$$

式中 W_N——导线单位长度的自然对流散热功率（W/m），见式（1-3-52）及式（1-3-53）；

W_R——导线单位长度的辐射散热功率（W/m），见式（1-3-54）；

W_F——导线单位长度的有风对流散热功率（W/m），见式（1-3-55）；

W_S——导线单位长度的日照吸热功率（W/m），见式（1-3-56）；

$R_{ac(t)}$——导线 t（℃）时的交流电阻（Ω/m），见式（1-3-37）。

4）导线自然对流散热功率 W_N 的计算，当 $10^{-4}\leqslant D^3\theta\leqslant10^{-2}$ 时，按式（1-3-52）计算：

$$W_N=4.585\theta(D^3\theta)^{0.27} \tag{1-3-52}$$

当 $10^{-6}\leqslant D^3\theta<10^{-4}$ 时，按式（1-3-53）计算：

$$W_N=3.165\theta(D^3\theta)^{0.23} \tag{1-3-53}$$

式中 D——导线外径（m）；

θ——导线表面的平均温升（℃）。

5）导线辐射散热功率 W_R 按式（1-3-54）计算：

$$W_R=\pi\varepsilon SD[(\theta+t_a+273)^4-(t_a+273)^4] \tag{1-3-54}$$

式中 ε——导线表面的辐射系数（光亮新线为0.23～0.43，涂黑或旧线为0.90～0.95）；

S——斯蒂芬-包尔茨曼常数为5.67×10^{-8}W/m；

t_a—环境温度（℃）；

D、θ——见式（1-3-53）。

6）导线有风时的对流散热功率 W_F，按式（1-3-55）计算：

$$W_F=9.92\theta(VD)^{0.485} \quad (1\text{-}3\text{-}55)$$

式中 V——垂直导线的风速（m/s）；

D——导线外径（m）。

7）导线的日照吸热功率 W_S 按式（1-3-56）计算：

$$W_S=\alpha_S I_S D \quad (1\text{-}3\text{-}56)$$

式中 α_S——导线表面的吸热系数（光亮新线为0.23～0.46，涂黑或旧线为0.90～0.95）；

I_S——日照强度为850～1050W/m²。

2. 目前国内外对于导线载流量计算的条件因素选值

1）国际上通常的载流量计算参数如下：

风速 $V=1$m/s

日照强度 $I_S=900$W/m²

吸热系数 $\alpha_S=0.5$

辐射系数 $\varepsilon=0.6$

环境温度 $t_a=293$K（相当于20℃）

导线温升 $\theta=60$K 和 80K（相当于导线工作温度80℃和100℃）

按上述参数计算的钢芯铝绞线在80℃和100℃温度下的计算载流量参考值见表1-3-8。

2）国内载流量常用计算参数如下：

风速 $V=0.5$m/s（大跨越工程计算时取0.6m/s）

日照强度 $I_S=1000$W/ m²

吸热系数 $\alpha_S=0.9$

辐射系数 $\varepsilon=0.9$

环境温度 $t_a=313$K（相当于40℃）

导线温升 $\theta=50$K 和 70K（相当于导线工作温度70℃和90℃）

按国内载流量常用计算参数时，因参数中风速小、导线温度低、环境温度高等，使钢芯铝绞线的计算载流量明显低于按国际上通常的载流量计算参数得出的表1-3-8中的数值。

表1-3-8 钢芯铝绞线 JL/G1A、JL/G1B、JL/G2A、JL/G2B、JL/G3A 载流量计算值

规格号	绞合结构 钢/铝	直径 /mm	80℃时电阻 /(Ω/km)	100℃时电阻 /(Ω/km)	载流量/A	
					$\theta=60$K	$\theta=80$K
16	6/1	5.53	2.2293	2.3740	149	166
25	6/1	6.91	1.4268	1.5194	198	221
40	6/1	8.74	0.8918	0.9496	267	299
63	6/1	11.0	0.5662	0.6030	358	401
100	6/1	13.8	0.3566	0.3798	481	540
125	18/1	14.9	0.2867	0.3053	549	617
125	26/7	15.7	0.2873	0.3059	557	626
160	18/1	16.8	0.2241	0.2387	643	723
160	26/7	17.7	0.2246	0.2391	652	734
200	18/1	18.8	0.1794	0.1910	743	836
200	26/7	19.8	0.1797	0.1914	754	848
250	22/7	21.6	0.1437	0.1531	865	974
250	26/7	22.2	0.1438	0.1531	872	982
315	45/7	23.9	0.1145	0.1218	998	1126
315	26/7	24.9	0.1143	0.1217	1012	1141
400	45/7	26.9	0.0904	0.0962	1164	1314
400	54/7	27.6	0.0904	0.0962	1173	1325
450	45/7	28.5	0.0805	0.0857	1255	1418
450	54/7	29.3	0.0805	0.0857	1266	1430
500	45/7	30.1	0.0727	0.0773	1343	1518

（续）

规格号	绞合结构 钢/铝	直径 /mm	80℃时电阻 /(Ω/km)	100℃时电阻 /(Ω/km)	载流量/A	
					$\theta=60K$	$\theta=80K$
500	54/7	30.9	0.0725	0.0771	1355	1533
560	45/7	31.8	0.0650	0.0692	1444	1632
560	54/19	32.7	0.0648	0.0690	1458	1649
630	45/7	33.8	0.0580	0.0617	1557	1762
630	54/19	34.7	0.0578	0.0615	1572	1779
710	45/7	35.9	0.0517	0.0549	1680	1903
710	54/19	36.8	0.0515	0.0547	1696	1922
800	72/7	37.6	0.0463	0.0491	1800	2042
800	84/7	38.3	0.0462	0.0491	1812	2054
800	54/19	39.1	0.0460	0.0489	1828	2072
900	72/7	39.9	0.0415	0.0440	1936	2198
900	84/7	40.6	0.0414	0.0439	2025	2303
1000	72/7	42.1	0.0377	0.0400	2065	2345
1120	72/19	44.5	0.0341	0.0360	2209	2516
1120	84/19	45.3	0.0338	0.0358	2231	2537
1250	72/19	47.0	0.0309	0.0326	2360	2690
1250	84/19	47.9	0.0307	0.0325	2362	2711

3.13 绞线电晕性能计算

高压输电线路上的导线，当其外表面的电场强度大于某一数值时，可使大气中的气体分子发生电离而产生电晕，电晕放电的同时，还将伴生高频噪声、无线电干扰，甚至发生导线舞动，并导致电能损耗。电晕大小还与线路电压、分裂导线的根数、导线直径以及气象条件等因素有关。因此导线表面的电场强度必须加以限制。一般应使导线表面的最大工作场强，不超过全面电晕场强的90%，以避免产生可见电晕。导线的全面电晕场强 E_0（kV/cm）可按式（1-3-57）计算。

$$E_0=30.3m\delta\left(1+\frac{0.298}{\sqrt{\delta r}}\right) \qquad (1\text{-}3\text{-}57)$$

式中 m——导线表面系数，对多股导线 $m=0.82\sim0.9$；

δ——相对空气密度，$\delta=2.90P/(273+t)$（$P=101$kPa，当 $t=20$℃时，$\delta=1$）；

P——大气压（kPa）；

t——气温（℃）；

r——导线半径（cm）。

式（1-3-57）的最大缺点是没有考虑到湿度对电晕放电的影响，所以必须进行包括湿度条件在内的电晕试验。在一般情况下阴雨天气容易引起电晕放电，但在某种情况下也有逆变现象。

海拔不同，相对空气密度 δ 取不同数值，其与海拔的关系曲线，如图1-3-5所示。

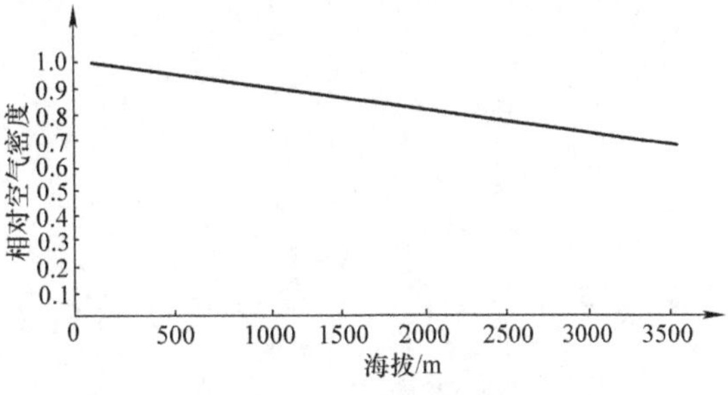

图1-3-5 相对空气密度与海拔的关系曲线

3.14 绞线短路电流及容量计算

电力系统发生单相接地时，架空地线，包括光纤复合架空地线（OPGW）应能承受通过的瞬时短路电流，其温升不应超过允许值，以免机械强度明显下降，或烧坏光纤，影响通信。钢芯铝绞线、铝包钢绞线和铝合金线可作为良导体使用，其相应的短路电流可简单地用式（1-3-58）计算，单位为kA，其允许短路电流容量可简单地用式（1-3-60）

计算，单位为 kA^2s。对于 OPGW 和 OPPC 的短路电流按式（1-3-59）计算，相应的允许短路电流容量按式（1-3-61）计算。

1. 短路电流 *I*（kA）

$$I=\sqrt{\frac{C\ln\dfrac{\gamma\theta+1}{\gamma\theta_0+1}}{t\gamma R_{dc}10^{-5}}} \tag{1-3-58}$$

式中 C——绞线的热容量（J/cm℃）；

γ——导体温度系数（1/℃）；

θ——允许上升的温度差（℃）；

θ_0——允许上升的温度差（℃）；

t——允许短路电流时间（s）；

R_{dc}——导体直流电阻。

对于 OPGW 和 OPPC 的短路电流，按下式计算：

$$I_{thr}=S_{thrst}A_{st}+S_{strAL}A_{AL}+S_{strAA}A_{AA} \tag{1-3-59}$$

式中 I_{thr}——1s 内额定承截电流（A）；

S_{thrst}——1s 内钢截面的额定承载电流密度（A/m^2）；

S_{strAL}——1s 内铝截面的额定承载电流密度（A/m^2）；

S_{strAA}——1s 内铝合金截面的额定承载电流密度（A/m^2）；

A_{st}——铝包钢线中钢的截面积（m^2）；

A_{AL}——铝包钢线中铝的截面积（m^2）；

A_{AA}——铝合金线的截面积（m^2）。

额定承载电流密度 S_{thr} 由下式给出：

$$S_{thr}=\frac{K}{\sqrt{T_K}}$$

式中

$$K=\sqrt{\frac{K_{20}c\rho}{\alpha_{20}}\ln\frac{1+\alpha_{20}(\theta_e-20)}{1+\alpha_{20}(\theta_b-20)}}$$

K_{20}——20℃时的导电率[1/(Ωm)]；

c——比热[J/(kg℃)]；

ρ——质量密度（kg/m^3）；

α_{20}——电阻温度系数（1/℃）；

θ_b——短路时初始温度（℃）；

θ_e——短路时最终温度（℃）；

T_K——短路电流持续时间（s）。

2. 允许短路电流容量 I^2t（kA^2s）

$$I^2t=\frac{C\ln\dfrac{\gamma\theta+1}{\gamma\theta_0+1}}{\gamma R_{dc}10^{-5}} \tag{1-3-60}$$

对于 OPGW 和 OPPC 的允许短路电流容量（I^2t）按下式计算：

$$I^2t=I_{thr}^2T_K \tag{1-3-61}$$

第4章 架空绞线及其技术性能

4.1 圆线同心绞架空导线

圆线同心绞架空导线，即"常规架空导线"，现行国家标准为GB/T 1179—2008《圆线同心绞架空导线》，是等效采用国际电工委员会IEC 61089—1997《圆线同心绞架空导线》标准制定的，包括架空导线的多种产品，并从导线的绞合结构表示法中，可以查到各种架空绞线产品之间的相互关系。同时鉴于国内已经长期大量使用的架空导线系列截面及技术参数，该标准中在2008年修订时，作为附录补充了GB 1179—1983标准规定的相关结构导线，以方便工程设计选用。

因此，在本章中完全按照现行GB/T 1179—2008《圆线同心绞架空导线》国家标准，列出各种圆线同心绞架空导线的性能，给出了按照IEC 61089—1997推荐的导线尺寸及导线性能表，标注为（1）；同时列出了GB/T 1179—2008标准附录中国内常用规格的同种导线尺寸及性能表，标注为（2）。

在本手册完成定稿时，GB/T 1179—2008《圆线同心绞架空导线》标准正在组织修订。本章内容若与修订后标准有差异之处，使用中应以最新版本标准为准。

4.1.1 型号分类

1. 单线型号分类

为了便于各种圆线同心绞架空导线的对应查找使用，表1-4-1列出我国国家标准中相应各种单线代号及IEC标准代号。

2. 圆线同心绞架空导线型号分类

在GB/T 1179—2008国家标准中，圆线同心绞架空导线的代号完全按我国的型号编写，其具体型号及与IEC标准代号对照，见表1-4-2。

表1-4-1 圆线同心绞架空导线用各种单线代号

单线名称	国家标准代号（型号）	IEC标准代号
圆铝线	LY、LR	A1
铝-镁-硅合金圆线	LHA1、LHA2	A2、A3
耐热铝合金线	NRLH1、NRLH2、NRLH3、NRLH4、	AT1、AT2、AT3、AT4
铝包钢线	LB14、LB20、LB23、LB27、LB30、LB35、LB40	SA1A、SA1B、SA2
镀锌钢线	G1A、G2A、G3A、G4A、G5A、G1B、G2B、G3B	S1A、S1B、S2A、S2B、S3A

表1-4-2 圆线同心绞架空导线名称、型号及与IEC代号对照表

产品名称	国家标准型号	IEC标准代号
铝绞线	JL	A1
铝合金绞线	JLHA2、JLHA1	A2、A3
钢芯铝绞线	JL/G1A、JL/G1B、JL/G2A、JL/G2B、JL/G3A	A1/S1A、A1/S1B、A1/S2A、A1/S2B、A1/S3A
防腐型钢芯铝绞线	JL/G1AF、JL/G2AF、JL/G3AF	—
钢芯铝合金绞线	JLHA2/G1A、JLHA2/G1B、JLHA2/G2A、JLHA2/G2B、JLHA2/G3A	A2/S1A、A2/S1B、A2/S2A、A2/S2B、A2/S3A
	JLHA1/G1A、JLHA1/G1B、JLHA1/G2A、JLHA1/G2B、JLHA1/G3A	A3/S1A、A3/S1B、A3/S2A、A3/S2B、A3/S3A

（续）

产品名称	国家标准型号	IEC 标准代号
铝合金芯铝绞线	JL/LHA2、JL/LHA1	A1/A2、A1/A3
铝包钢芯铝绞线	JL/LB1A	A1/SA1A
铝包钢芯铝合金绞线	JLHA2/LB1A、JLHA1/LB1A	A2/SA1A、A3/SA1A
钢绞线	JG1A、JG1B、JG2A、JG3A	S1A、S1B、S2A、S2B、S3A
铝包钢绞线	JLB1A、JLB1B、JLB2	SA1A、SA1B、SA2

为了便于圆线同心绞架空导线的对应查找，特别是出口国外市场及工程的对应查找，绞线名称的英文缩写代号对照表见表 1-4-3。

表 1-4-3　圆线同心绞架空导线名称、型号及与英文缩写代号对照表

序号	产品名称	国家标准型号	对应英文缩写代号
1	铝绞线	JL	AAC
2	钢芯铝绞线	JL/G1A－G3A	ACSR
3	铝合金绞线	JLHA1、JLHA2	AAAC
4	钢芯铝合金绞线	JLHA1/G1A、JLHA1/G2A、JLHA1/G3A	AACSR
5	铝合金芯铝绞线	JL/LHA1、JL/LHA2	ACAR
6	铝包钢芯铝绞线	JL/LB1A	ACSR/AS
7	铝包钢芯铝合金绞线	JLHA2/LB1A、JLHA1/LB1A	AAAC/AS
8	铝包钢绞线	JLB1A、JLB1B、JLB2	AS

4.1.2　通用技术要求

1. 绞合节径比

绞合节径比为绞合节距与绞线外径之比。各种绞线节径比规定，见表 1-4-4。同时，任一绞层的节径比应不大于相邻内层的节径比，相邻层的绞向应相反，最外层为右向。

表 1-4-4　导线绞合节径比

结构元件	绞层	节径比
钢及铝包钢加强芯	6 根层	16～26
	12 根层	14～22
铝及铝合金绞层	外层	10～14
	内层	10～16
钢及铝包钢绞线	所有绞层	10～16

2. 接头

1）单根或多根镀锌钢线或铝包钢线均不应有任何接头。

2）铝或铝合金线绞层的单线接头不应超过表 1-4-5 规定值。同一根单线上或整根绞线中任何两个接头间的距离应不小于 15m。

3）接头应采用电阻对焊、冷镦焊或冷压焊。电阻对焊的接头应做退火处理，接头两侧退火距离各约为 250mm，接头处应光滑圆整，接头处的抗拉强度应不小于 75MPa。铝线的冷压及冷镦焊接头的抗拉强度应不小于 130MPa，铝合金线接头的抗拉强度一般应不小于其本体抗拉强度的 80%。

表 1-4-5　铝及铝合金导线允许的接头数量

铝及铝合金绞层数目	制造长度允许的接头数	铝及铝合金绞层数目	制造长度允许的接头数
1	2	3	4
2	3	4	5

3. 计算用的物理参数（见表 1-4-6）

表 1-4-6　铝绞线及铝合金绞线的物理参数

单线根数	弹性模量/MPa	线膨胀系数/$(\times10^{-6}\cdot℃^{-1})$	电阻温度系数/$℃^{-1}$	
			JL	JLH
7	55000	23.0	参照不同单线型号选取相应数值	参照不同单线型号选取相应数值
19	55000	23.0		
37	55000	23.0		
61	55000	23.0		

注：对不同单线根数的铝及铝合金绞线弹性模量计算，在我国或其他国家曾按不同单线根数取不同单线弹性模量数值。现在参照 IEC 61089—1997 在计算组合绞线弹性模量时所取的修正建议值，铝及铝合金单线弹性模量均取 55000MPa。

4.1.3　铝绞线

铝绞线由符合 GB/T 17048—2009《架空绞线用硬铝线》中的圆铝线绞制而成。

铝绞线的抗拉强度较小，不能承受较大的工程荷载，主要用于档距不大、受力较小的配电线路。铝绞线的规格范围为 10～1500mm^2。铝绞线的规格尺寸、力学和电性能见表 1-4-7 和表 1-4-8。铝绞线的长期使用温度应不超过 80℃。

表1-4-7 JL铝绞线性能(1)

标称铝截面	规格号	计算面积/mm^2	单线根数 n	直径/mm		单位长度质量/(kg/km)	额定拉断力/kN	20℃直流电阻/(Ω/km)
				单线	绞线			
10	10	10	7	1.35	4.05	27.4	1.95	2.8633
16	16	16	7	1.71	5.12	43.8	3.04	1.7896
25	25	25	7	2.13	6.40	68.4	4.50	1.1453
40	40	40	7	2.70	8.09	109.4	6.80	0.7158
63	63	63	7	3.39	10.2	172.3	10.39	0.4545
100	100	100	19	2.59	12.9	274.8	17.00	0.2877
125	125	125	19	2.89	14.5	343.6	21.25	0.2302
160	160	160	19	3.27	16.4	439.8	26.40	0.1798
200	200	200	19	3.66	18.3	549.7	32.00	0.1439
250	250	250	19	4.09	20.5	687.1	40.00	0.1151
315	315	315	37	3.29	23.0	867.9	51.97	0.0916
400	400	400	37	3.71	26.0	1102.0	64.00	0.0721
450	450	450	37	3.94	27.5	1239.8	72.00	0.0641
500	500	500	37	4.15	29.0	1377.6	80.00	0.0577
560	560	560	37	4.39	30.7	1542.9	89.60	0.0515
630	630	630	61	3.63	32.6	1738.3	100.80	0.0458
710	710	710	61	3.85	34.6	1959.1	113.60	0.0407
800	800	800	61	4.09	36.8	2207.4	128.00	0.0361
900	900	900	61	4.33	39.0	2483.3	144.00	0.0321
1000	1000	1000	61	4.57	41.1	2759.2	160.00	0.0289
1120	1120	1120	91	3.96	43.5	3093.5	179.20	0.0258
1250	1250	1250	91	4.18	46.0	3452.6	200.00	0.0231
1400	1400	1400	91	4.43	48.7	3866.9	224.00	0.0207
1500	1500	1500	91	4.58	50.4	4143.1	240.00	0.0193

表1-4-8 JL铝绞线性能(2)

标称铝截面	面积/mm^2	单线根数 n	直径/mm		单位长度质量/(kg/km)	额定抗拉力/kN	20℃直流电阻/(Ω/km)
			单线	绞线			
35	34.36	7	2.50	7.50	94.0	6.01	0.8333
50	49.48	7	3.00	9.00	135.3	8.41	0.5787
70	71.25	7	3.60	10.8	194.9	11.40	0.4019
95	95.14	7	4.16	12.5	260.2	15.22	0.3010
120	121.21	19	2.85	14.3	333.2	20.61	0.2374
150	148.07	19	3.15	15.8	407.0	24.43	0.1943
185	182.80	19	3.50	17.5	502.4	30.16	0.1574
210	209.85	19	3.75	18.8	576.8	33.58	0.1371
240	238.76	19	4.00	20.0	656.3	38.20	0.1205
300	297.57	37	3.20	22.4	819.8	49.10	0.0969
500	502.90	37	4.16	29.1	1385.5	80.46	0.0573

4.1.4 钢芯铝绞线

钢芯铝绞线由符合GB/T 17048—2009的架空绞线用硬(圆)铝线与符合GB/T 3428—2012的镀锌钢线(或符合GB/T 20492—2006的锌-5%铝-混合稀土合金镀层钢线)组合绞制而成。规格尺寸用标称铝截面积/标称钢截面积表示。钢芯铝绞线是输配电线路上最常用也是使用量最大的一种导线,其各项性能指标见表1-4-9以及表1-4-10。

钢芯铝绞线中钢截面积与铝截面积之比的百分数,称为钢比(Steel Ratio)。钢比越大,导线的抗拉强度越高,它可用在线路的大档距上或用作线路的架空地线。另外,钢芯铝绞线的结构还对导线的电性能产生影响。单层铝线的交流电阻最大,三层铝线的次之。偶数层铝线的交流电阻最小。所以钢芯铝绞线的结构设计,要全面地综合考虑。

GB/T 17048—2009的架空绞线用硬(圆)铝线导电率为61.0%IACS,由此计算出表1-4-9和表1-4-10所列各项性能指标。随着技术进步及工程需求,硬铝线导电率可提高至61.5% IACS、62.0% IACS或更高,在将要新修订的标准中会予以确定。由此使钢芯铝绞线提高的导电性能可按相应公式计算,本节中不再列出。

为了选用查找和对比方便,表1-4-11列出常用规格钢芯铝绞线的物理参数及载流量计算值。

表 1-4-9　JL/G1A、JL/G1B、JL/G2A、JL/G2B、JL/G3A 钢芯铝绞线性能（1）

标称截面（铝/钢）	规格号	钢比（%）	面积/mm^2			单线根数 n		单线直径/mm		直径/mm		单位长度质量/(kg/km)	额定拉断力/kN					20℃直流电阻/(Ω/km)
			铝	钢	总和	铝	钢	铝	钢	钢芯	绞线		JL/G1A	JL/G1B	JL/G2A	JL/G2B	JL/G3A	
16/3	16	17	16	2.67	18.7	6	1	1.84	1.84	1.84	5.53	64.6	6.08	5.89	6.45	6.27	6.83	1.7934
25/4	25	17	25	4.17	29.2	6	1	2.30	2.30	2.30	6.91	100.9	9.13	8.83	9.71	9.42	10.25	1.1478
40/6	40	17	40	6.67	46.7	6	1	2.91	2.91	2.91	8.74	161.5	14.40	13.93	15.33	14.87	16.20	0.7174
65/10	63	17	63	10.5	73.5	6	1	3.66	3.66	3.66	11.0	254.4	21.63	20.58	22.37	21.63	24.15	0.4555
100/17	100	17	100	16.7	117	6	1	4.61	4.61	4.61	13.8	403.8	34.33	32.67	35.50	34.33	38.33	0.2869
125/7	125	6	125	6.94	132	18	1	2.97	2.97	2.97	14.9	397.9	29.17	28.68	30.14	29.65	31.04	0.2304
125/20	125	16	125	20.4	145	26	7	2.47	1.92	5.77	15.7	503.9	45.69	44.27	48.54	47.12	51.39	0.2310
160/9	160	6	160	8.89	169	18	1	3.36	3.36	3.36	16.8	509.3	36.18	35.29	37.42	36.80	38.67	0.1800
160/26	160	16	160	26.1	186	26	7	2.80	2.18	6.53	17.7	644.9	57.69	55.86	61.34	59.51	64.99	0.1805
200/11	200	6	200	11.1	211	18	1	3.76	3.76	3.76	18.8	636.7	44.22	43.11	45.00	44.22	46.89	0.1440
200/32	200	16	200	32.6	233	26	7	3.13	2.43	7.30	19.8	806.2	70.13	67.85	74.69	72.41	78.93	0.1444
250/25	250	10	250	24.6	275	22	7	3.80	2.11	6.34	21.6	880.6	68.72	67.01	72.16	70.44	75.60	0.1154
250/40	250	16	250	40.7	291	26	7	3.50	2.72	8.16	22.2	1007.7	87.67	84.82	93.37	90.52	98.66	0.1155
315/22	315	7	315	21.8	337	45	7	2.99	1.99	5.97	23.9	1039.6	79.03	77.51	82.08	80.55	85.13	0.0917
315/50	315	16	315	51.3	366	26	7	3.93	3.05	9.16	24.9	1269.7	106.83	101.70	114.02	110.43	121.20	0.0917
400/28	400	7	400	27.7	428	45	7	3.36	2.24	6.73	26.9	1320.1	98.36	96.42	102.23	100.29	106.10	0.0722
400/50	400	13	400	51.9	452	54	7	3.07	3.07	9.21	27.6	1510.3	123.04	117.85	130.30	126.67	137.56	0.0723
450/30	450	7	450	31.1	481	45	7	3.57	2.38	7.14	28.5	1485.2	107.47	105.29	111.82	109.64	115.87	0.0642
450/60	450	13	450	58.3	508	54	7	3.26	3.26	9.77	29.3	1699.1	138.42	132.58	146.58	142.50	154.75	0.0643
500/35	500	7	500	34.6	535	45	7	3.76	2.51	7.52	30.1	1650.2	119.41	116.99	124.25	121.83	128.74	0.0578
500/65	500	13	500	64.8	565	54	7	3.43	3.43	10.3	30.9	1887.9	153.80	147.31	162.87	158.33	171.94	0.0578
560/40	560	7	560	38.7	599	45	7	3.98	2.65	7.96	31.8	1848.2	133.74	131.03	139.16	136.45	144.19	0.0516
560/70	560	13	560	70.9	631	54	19	3.63	2.18	10.9	32.7	2103.4	172.59	167.63	182.52	177.56	192.45	0.0516
630/45	630	7	630	43.6	674	45	7	4.22	2.81	8.44	33.8	2079.2	150.45	147.40	156.55	153.50	162.21	0.0459
630/80	630	13	630	79.8	710	54	19	3.85	2.31	11.6	34.7	2366.3	191.77	186.19	202.94	197.36	213.32	0.0459
710/50	710	7	710	49.1	759	45	7	4.48	2.99	8.96	35.9	2343.2	169.56	166.12	176.43	172.99	282.81	0.0407
710/90	710	13	710	89.9	800	54	19	4.09	2.45	12.3	36.8	2666.8	216.12	209.83	228.71	222.42	240.41	0.0407
800/35	800	4	800	34.6	835	72	7	3.76	2.51	7.52	37.6	2480.2	167.41	164.99	172.25	169.83	176.74	0.0361
800/65	800	8	800	66.7	867	84	7	3.48	3.48	10.4	38.3	2732.7	205.33	198.67	214.67	210.00	224.00	0.0362
800/100	800	13	800	101	901	54	19	4.34	2.61	13.0	39.1	3004.2	243.52	236.43	257.71	250.61	270.88	0.0362
900/40	900	4	900	38.9	939	72	7	3.99	2.66	7.98	39.9	2790.2	188.33	185.61	193.78	191.06	198.83	0.0321
900/75	900	8	900	75.0	975	84	7	3.69	3.69	11.1	40.6	3074.2	226.50	219.00	231.75	226.50	244.50	0.0322
1000/45	1000	4	1000	43.2	1043	72	7	4.21	2.80	8.41	42.1	3100.3	209.26	206.23	215.31	212.28	220.93	0.0289
1120/50	1120	4	1120	47.3	1167	72	19	4.45	1.78	8.90	44.5	3464.9	234.53	231.22	241.15	237.84	247.77	0.0258
1120/90	1120	8	1120	91.2	1211	84	19	4.12	2.47	12.4	45.3	3811.5	283.17	276.78	295.94	289.55	307.79	0.0258
1250/50	1250	4	1250	52.8	1303	72	19	4.70	1.88	9.40	47.0	3867.1	261.75	258.06	269.14	265.44	267.53	0.0231
1250/100	1250	8	1250	102	1352	84	19	4.35	2.61	13.1	47.9	4253.9	316.04	308.91	330.29	323.16	343.52	0.0232

注：表中性能同样适用于 JL/G1AF、JL/G2AF、JL/G3AF 防腐型钢芯铝绞线，但单位长度质量应按 4.1.5 节介绍的计算方法计算。

表1-4-10 JL/G1A钢芯铝绞线性能（2）

标称截面（铝/钢）	钢比（%）	面积/mm²			单线根数 n		单线直径/mm		直径/mm		单位长度质量/（kg/km）	额定抗拉力/kN	20℃直流电阻/（Ω/km）
		铝	钢	总和	铝	钢	铝	钢	钢芯	绞线			
10/2	17	10.60	1.77	12.37	6	1	1.50	1.50	1.50	4.50	42.8	4.14	2.7062
16/3	17	16.13	2.69	18.82	6	1	1.85	1.85	1.85	5.55	65.1	6.13	1.7791
35/6	17	34.86	5.81	40.67	6	1	2.72	2.72	2.72	8.16	140.8	12.55	0.8230
50/8	17	48.25	8.04	56.30	6	1	3.20	3.20	3.20	9.60	194.8	16.81	0.5946
50/30	58	50.73	29.59	80.32	12	7	2.32	2.32	6.96	11.6	371.1	42.61	0.5693
70/10	17	68.05	11.34	79.39	6	1	3.80	3.80	3.80	11.4	274.8	23.36	0.4217
70/40	58	69.73	40.67	110.40	12	7	2.72	2.72	8.16	13.6	510.2	58.22	0.4141
95/15	16	94.39	15.33	109.73	26	7	2.15	1.67	5.01	13.6	380.2	34.93	0.3059
95/20	20	95.14	18.82	113.96	7	7	4.16	1.85	5.55	13.9	408.2	37.24	0.3020
95/55	58	96.51	56.30	152.81	12	7	3.20	3.20	9.60	16.0	706.1	77.85	0.2992
120/7	6	118.89	6.61	125.50	18	1	2.90	2.90	2.90	14.5	378.5	27.74	0.2422
120/20	16	115.67	18.82	134.49	26	7	2.38	1.85	5.55	15.1	466.1	42.26	0.2496
120/25	20	122.48	24.25	146.73	7	7	4.72	2.10	6.30	15.7	525.7	47.96	0.2346
120/70	58	122.15	71.25	193.40	12	7	3.60	3.60	10.8	18.0	893.7	97.92	0.2364
150/8	6	144.76	8.04	152.80	18	1	3.20	3.20	3.20	16.0	460.9	32.73	0.1990
150/20	13	145.68	18.82	164.50	24	7	2.78	1.85	5.55	16.7	548.5	46.78	0.1981
150/25	16	148.86	24.25	173.11	26	7	2.70	2.10	6.30	17.1	600.1	53.67	0.1940
150/35	23	147.26	34.36	181.62	30	7	2.50	2.50	7.50	17.5	675.0	64.94	0.1962
185/10	6	183.22	10.18	193.40	18	1	3.60	3.60	3.60	18.0	583.3	40.51	0.1572
185/25	13	187.03	24.25	211.28	24	7	3.15	2.10	6.30	18.9	704.9	59.23	0.1543
185/30	16	181.34	29.59	210.93	26	7	2.98	2.32	6.96	18.9	731.4	64.56	0.1592
185/45	23	184.73	43.10	227.83	30	7	2.80	2.80	8.40	19.6	846.7	80.54	0.1564
210/10	6	204.14	11.34	215.48	18	1	3.80	3.80	3.80	19.0	649.9	45.14	0.1411
210/25	13	209.02	27.10	236.12	24	7	3.33	2.22	6.66	20.0	787.8	66.19	0.1380
210/35	16	211.73	34.36	246.09	26	7	3.22	2.50	7.50	20.4	852.5	74.11	0.1364
210/50	23	209.24	48.82	258.06	30	7	2.98	2.98	8.94	20.9	959.0	91.23	0.1381
240/30	13	244.29	31.67	275.96	24	7	3.60	2.40	7.20	21.6	920.7	75.19	0.1181
240/40	16	238.84	38.90	277.74	26	7	3.42	2.66	7.98	21.7	962.8	83.76	0.1209
240/55	23	241.27	56.30	297.57	30	7	3.20	3.20	9.60	22.4	1105.8	101.74	0.1198
300/15	5	296.88	15.33	312.21	42	7	3.00	1.67	5.01	23.0	938.7	68.41	0.0973
300/20	7	303.42	20.91	324.32	45	7	2.93	1.95	5.85	23.4	1000.8	76.04	0.0952
300/25	9	306.21	27.10	333.31	48	7	2.85	2.22	6.66	23.8	1057.0	83.76	0.0944
300/40	13	300.09	38.90	338.99	24	7	3.99	2.66	7.98	23.9	1131.0	92.36	0.0961
300/50	16	299.54	48.82	348.37	26	7	3.83	2.98	8.94	24.3	1207.7	103.58	0.0964
300/70	23	305.36	71.25	376.61	30	7	3.60	3.60	10.8	25.2	1399.6	127.23	0.0946
400/20	5	406.40	20.91	427.31	42	7	3.51	1.95	5.85	26.9	1284.3	89.48	0.0710
400/25	7	391.91	27.10	419.01	45	7	3.33	2.22	6.66	26.6	1293.5	96.37	0.0737
400/35	9	390.88	34.36	425.24	48	7	3.22	2.50	7.50	26.8	1347.5	103.67	0.0739
400/65	16	398.94	65.06	464.00	26	7	4.42	3.44	10.3	28.0	1608.7	135.39	0.0724
400/95	23	407.75	93.27	501.02	30	19	4.16	2.50	12.5	29.1	1856.7	171.56	0.0709
500/45	9	488.58	43.10	531.68	48	7	3.60	2.80	8.40	30.0	1685.5	127.31	0.0591
630/55	9	639.92	56.30	696.22	48	7	4.12	3.20	9.60	34.3	2206.4	164.31	0.0452
800/55	7	814.30	56.30	870.60	45	7	4.80	3.20	9.60	38.4	2687.5	192.22	0.0355
800/70	9	808.15	71.25	879.40	48	7	4.63	3.60	10.8	38.6	2787.6	207.68	0.0358

表 1-4-11 常用规格钢芯铝绞线的物理参数及载流量计算值

标称截面（铝/钢）	弹性模量/GPa	线膨胀系数/(×10^{-6}℃$^{-1}$)	计算载流量①/A		
			70℃	80℃	90℃
10/2	79.0	19.0	66	78	87
16/3	79.0	19.1	85	100	113
25/4	79.0	19.1	111	131	149
35/6	79.0	19.1	134	158	180
50/8	79.0	19.1	161	191	218
50/30	105.0	15.3	166	195	218
70/10	79.0	19.1	194	232	266
70/40	105.0	15.3	196	230	257
95/15	76.0	18.9	252	306	351
95/20	76.0	18.5	233	277	319
95/55	105.0	15.3	230	270	301
120/7	66.0	21.2	287	350	401
120/20	76.0	18.9	285	348	399
120/25	76.0	18.5	265	315	365
120/70	105.0	15.3	258	301	335
150/8	66.0	21.2	323	395	454
150/20	73.0	19.6	326	400	461
150/25	76.0	18.9	331	407	469
150/35	80.0	17.8	331	407	469
185/10	66.0	21.2	372	458	528
185/25	73.0	19.6	379	468	540
185/30	76.0	18.9	373	460	531
185/45	80.0	17.8	379	469	541
210/10	66.0	21.2	397	490	565
210/25	73.0	19.6	405	501	579
210/35	76.0	18.9	409	507	586
210/50	80.0	17.8	409	507	586
240/30	73.0	19.6	445	552	639
240/40	76.0	18.9	440	546	633
240/55	80.0	17.8	445	554	641
300/15	61.0	21.4	495	615	711
300/20	63.0	20.9	502	624	722
300/25	65.0	20.5	505	628	726
300/40	73.0	19.6	503	628	728
300/50	76.0	18.9	504	629	730
300/70	80.0	17.8	512	641	745
400/20	61.0	21.4	595	746	864
400/25	63.0	20.9	584	730	845
400/35	65.0	20.5	583	729	844
400/50	69.0	19.3	592	741	857
400/65	76.0	18.9	597	752	876
400/95	80.0	17.8	608	767	895
500/35	63.0	20.9	670	842	977
500/45	65.0	20.5	664	834	967
500/65	69.0	19.3	667	850	983
630/45	63.0	20.9	763	964	1120
630/55	65.0	20.5	775	979	1136
630/80	67.0	19.4	774	977	1131
800/55	63.0	20.9	887	1126	1310
800/70	65.0	20.5	884	1121	1301
800/100	67.0	19.4	878	1113	1288

① 载流量计算条件：环境温度40℃，风速0.5m/s，辐射系数0.9，吸热系数0.9，日照强度1000W/m^2。

4.1.5　防腐型钢芯铝绞线

为提高钢芯铝绞线的防腐蚀性能，通常做法是对其进行涂覆防腐涂料，形成防腐型钢芯铝绞线。防腐型钢芯铝绞线的各项结构及技术性能与表1-4-9及表1-4-10所列相应钢芯铝绞线性能完全相同，但其单位长度质量是按无涂料计算的。对于不同形式涂料的防腐型钢芯铝绞线的单位长度质量，应再加上相应防腐涂料的重量［可根据不同的导线结构，按式（1-4-1）计算］。

假设涂料完全填满单线间的空隙，绞线的任一指定绞层（见图1-4-1）涂料的体积可按下式计算：

$$W_c = \pi(D_e^2 - D_i^2)/4 - n\pi d^2/4 \quad (1\text{-}4\text{-}1)$$

式中　D_e——该绞层的外径；

D_i——该绞层的内径；

d——该绞层单线的直径；

n——该绞层的单线根数；

W_c——该绞层涂料的体积。

对于多绞层导线，涂料的总重量可将每个绞层的涂料重量相加得到。

由于式（1-4-1）的所有参数之间存在几何关系，则可用下式来表示导线中涂料的总重量：

$$M_q = kd_a^2 \quad (1\text{-}4\text{-}2)$$

式中　k——取决于绞线结构、涂料密度和填充系数（理论体积的百分比）的系数，见表1-4-12。

d_a——单线直径（mm）；

M_q——涂料重量（kg/km）。

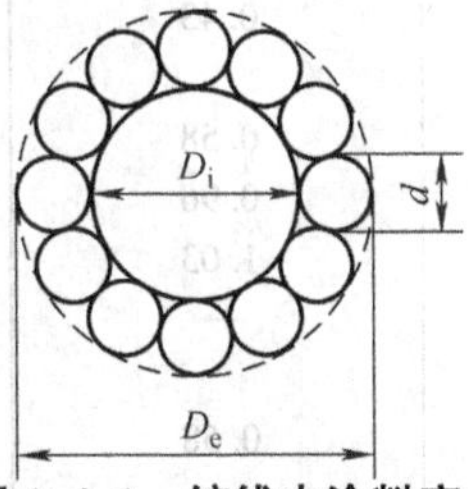

图1-4-1　绞线中涂料完全填满单线间空隙的示意图

防腐涂料应呈中性，滴点应不低于110℃，且具有耐气候性能。

四种涂覆情况下的k值见表1-4-12，涂料密度取0.87g/cm³，最小填充系数取0.70。

情况1：仅对钢芯涂涂料（图1-4-2a）。

情况2：除了外层外所有线均涂涂料图（图1-4-2b）。

情况3：除了外层单线的外表面外，所有线均涂涂料（图1-4-2c）。

情况4：包括外层的所有线均涂涂料（图1-4-2d）。

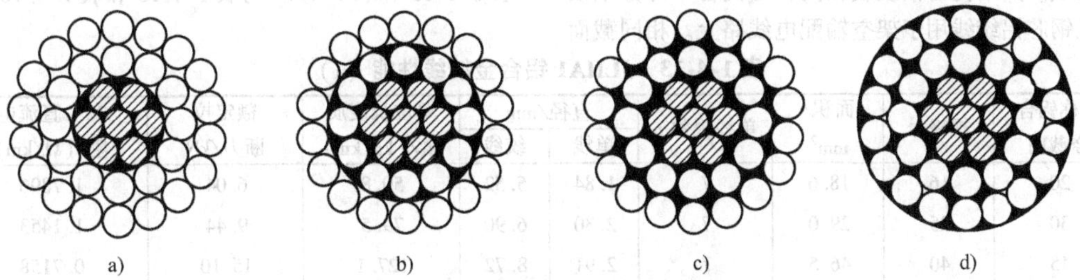

图1-4-2　防腐型钢芯铝绞线涂层示意图

表1-4-12　计算涂料重量的系数 k

绞线结构		k_1	k_2	k_3	k_4
铝	钢	钢芯涂涂料（情况1）	除了外层外，所有线均涂涂料（情况2）	除了外层单线的外表面外，所有线均涂涂料（情况3）	包括外层的所有线均涂涂料（情况4）
6	1	—	—	0.15	0.96
7	—	—	—	0.15	0.96
7	7	0.19	—	0.41	1.31
12	7	0.96	—	1.57	2.87
18	1	—	0.96	1.57	2.87
19	—	—	0.96	1.57	2.87

（续）

绞线结构		k_1	k_2	k_3	k_4
铝	钢	钢芯涂涂料（情况1）	除了外层外，所有线均涂涂料（情况2）	除了外层单线的外表面外，所有线均涂涂料（情况3）	包括外层的所有线均涂涂料（情况4）
22	7	0.30	1.57	2.34	3.80
24	7	0.43	1.86	2.71	4.25
26	7	0.58	2.17	3.10	4.72
30	7	0.96	2.87	3.96	5.74
30	19	1.03	2.95	4.03	5.82
37	—	—	2.87	3.96	5.74
48	7	0.58	4.72	6.13	8.23
61	—	—	5.74	7.30	9.57
45	7	0.43	4.25	5.58	7.60
54	7	0.96	5.74	7.30	9.57
54	19	1.03	5.82	7.38	9.64
72	7	0.43	7.60	9.40	11.90
72	19	0.46	7.63	9.44	11.94
84	7	0.96	9.57	11.61	14.35
84	19	1.03	9.64	11.69	14.43
91	—	—	9.57	11.61	14.35

4.1.6 铝合金绞线

铝合金绞线由符合 GB/T 23308—2009 标准的铝－镁－硅合金圆线（分 LHA1 和 LHA2 两档）绞制而成。其结构与铝绞线相同，可代替一部分铝绞线或钢芯铝绞线用于架空输配电线路上。相同截面积的铝合金绞线与单层铝线的钢芯铝绞线相比，其交流电阻较小，故尤其适合于农村电力网上的架空导线。铝合金绞线分为 JLHA1 和 JLHA2 两种热处理型铝－镁－硅合金绞线，其主要技术性能参数见表 1-4-13 和表 1-4-14 与表 1-4-15 和表 1-4-16。

表 1-4-13 JLHA1 铝合金绞线性能（1）

标称铝合金截面	规格号	面积/mm^2	单线根数 n	直径/mm		单位长度质量/(kg/km)	额定拉断力/kN	20℃直流电阻/(Ω/km)
				单线	绞线			
20	16	18.6	7	1.84	5.52	50.8	6.04	1.7896
30	25	29.0	7	2.30	6.90	79.5	9.44	1.1453
45	40	46.5	7	2.91	8.72	127.1	15.10	0.7158
75	63	73.2	7	3.65	10.9	200.2	23.06	0.4545
120	100	116	19	2.79	14.0	319.3	37.76	0.2877
145	125	145	19	3.12	15.6	399.2	47.20	0.2302
185	160	186	19	3.53	17.6	511.0	58.56	0.1798
230	200	232	19	3.95	19.7	638.7	73.20	0.1439
300	250	290	19	4.41	22.1	798.4	91.50	0.1151
360	315	366	37	3.55	24.8	1008.4	115.29	0.0916
465	400	465	37	4.00	28.0	1280.5	146.40	0.0721
520	450	523	37	4.24	29.7	1440.5	164.70	0.0641
580	500	581	37	4.47	31.3	1600.6	183.00	0.0577
650	560	651	61	3.69	33.2	1795.3	204.96	0.0516

（续）

标称铝合金截面	规格号	面积/mm²	单线根数 n	直径/mm		单位长度质量/(kg/km)	额定拉断力/kN	20℃直流电阻/(Ω/km)
				单线	绞线			
720	630	732	61	3.91	35.2	2019.8	230.58	0.0458
825	710	825	61	4.15	37.3	2276.2	259.86	0.0407
930	800	930	61	4.40	39.6	2564.8	292.80	0.0361
1050	900	1046	91	3.83	42.1	2888.3	329.40	0.0321
1150	1000	1162	91	4.03	44.4	3209.3	366.00	0.0289
1300	1120	1301	91	4.27	46.9	3594.4	409.92	0.0258

表1-4-14 JLHA2 铝合金绞线性能（1）

标称铝合金截面	规格号	面积/mm²	单线根数 n	直径/mm		单位长度质量/(kg/km)	额定拉断力/kN	20℃直流电阻/(Ω/km)
				单线	绞线			
20	16	18.4	7	1.83	5.49	50.4	5.43	1.7896
30	25	28.8	7	2.29	6.86	78.7	8.49	1.1453
45	40	46.0	7	2.89	8.68	125.9	13.58	0.7158
75	63	72.5	7	3.63	10.9	198.3	21.39	0.4545
120	100	115	19	2.78	13.9	316.3	33.95	0.2877
145	125	144	19	3.10	15.5	395.4	42.44	0.2302
185	160	184	19	3.51	17.6	506.1	54.32	0.1798
230	200	230	19	3.93	19.6	632.7	67.91	0.1439
300	250	288	19	4.39	22.0	790.8	84.88	0.1151
360	315	363	37	3.53	24.7	998.9	106.95	0.0916
465	400	460	37	3.98	27.9	1268.4	135.81	0.0721
520	450	518	37	4.22	29.6	1426.9	152.79	0.0641
580	500	575	37	4.45	31.2	1585.5	169.76	0.0577
650	560	645	61	3.67	33.0	1778.4	190.14	0.0516
720	630	725	61	3.89	35.0	2000.7	213.90	0.0458
825	710	817	61	4.13	37.2	2254.8	241.07	0.0407
930	800	921	61	4.38	39.5	2540.6	271.62	0.0361
1050	900	1036	91	3.81	41.8	2861.1	305.58	0.0321
1150	1000	1151	91	4.01	44.1	3179.0	339.53	0.0289
1300	1120	1289	91	4.25	46.7	3560.5	380.27	0.0258
1450	1250	1439	91	4.49	49.4	3973.7	424.41	0.0231

表1-4-15 JLHA1 铝合金绞线性能（2）

标称铝合金截面	面积/mm²	单线根数 n	直径/mm		单位长度质量/(kg/km)	额定抗拉力/kN	20℃直流电阻/(Ω/km)
			单线	绞线			
10	10.02	7	1.35	4.05	27.4	3.26	3.3205
16	16.08	7	1.71	5.13	44.0	5.22	2.0695
25	24.94	7	2.13	6.39	68.2	8.11	1.3339
35	34.91	7	2.52	7.56	95.5	11.35	0.9529
50	50.14	7	3.02	9.06	137.2	16.30	0.6635

（续）

标称铝合金截面	面积/mm²	单线根数 n	直径/mm		单位长度质量/(kg/km)	额定抗拉力/kN	20℃直流电阻/(Ω/km)
			单线	绞线			
70	70.07	7	3.57	10.7	191.7	22.07	0.4748
95	95.14	7	4.16	12.5	261.5	29.97	0.3514
150	149.96	19	3.17	15.9	412.2	48.74	0.2229
210	209.85	19	3.75	18.8	576.8	66.10	0.1593
240	239.96	19	4.01	20.1	661.1	75.59	0.1397
300	299.43	37	3.21	22.5	825.0	97.32	0.1119
400	399.98	37	3.71	26.0	1102.0	125.99	0.0838
500	500.48	37	4.15	29.1	1380.9	157.65	0.0671
630	631.30	61	3.63	32.7	1741.8	198.86	0.0532
800	801.43	61	4.09	36.8	2211.3	252.45	0.0419
1000	1000.58	61	4.57	41.1	2760.7	315.18	0.0335

表 1-4-16　JLHA2 铝合金绞线性能（2）

标称铝合金截面	面积/mm²	单线根数 n	直径/mm		单位长度质量/(kg/km)	额定抗拉力/kN	20℃直流电阻/(Ω/km)
			单线	绞线			
10	10.02	7	1.35	4.05	27.4	2.96	3.2891
16	16.08	7	1.71	5.13	44.0	4.74	2.0500
25	24.94	7	2.13	6.39	68.2	7.36	1.3213
35	34.91	7	2.52	7.56	95.5	10.30	0.9439
50	50.14	7	3.02	9.06	137.2	14.79	0.6573
70	70.07	7	3.57	10.7	191.7	20.67	0.4703
95	95.14	7	4.16	12.5	261.5	28.07	0.3481
120	120.36	19	2.84	14.2	330.8	35.51	0.2751
150	149.96	19	3.17	15.9	412.2	44.24	0.2208
210	209.85	19	3.75	18.8	576.8	61.91	0.1578
240	239.96	19	4.01	20.1	661.1	70.79	0.1383
300	299.43	37	3.21	22.5	825.0	88.33	0.1109
400	399.98	37	3.71	26.0	1102.0	117.99	0.0830
500	500.48	37	4.15	29.1	1380.9	147.64	0.0664
630	631.30	61	3.63	32.7	1741.8	186.23	0.0527
800	801.43	61	4.09	36.8	2211.3	236.42	0.0415
1000	1000.58	61	4.57	41.1	2760.7	295.17	0.0332

4.1.7　钢芯铝合金绞线

钢芯铝合金绞线由符合 GB/T 23308—2009 的铝-镁-硅合金圆线（分 LHA1 和 LHA2 两档）和镀锌钢线组合绞制而成。由于铝合金线的强度较高，伸长率较大，所以其机械过载能力也较大。它可用作大档距导线、重冰区的导线或架空地线，连续使用温度可达 90℃。

钢芯耐热铝合金绞线作为特种导线见本章 4.4.2 节。

钢芯铝合金绞线规格尺寸及主要技术参数，见表 1-4-17 和表 1-4-18 与表 1-4-19 和表 1-4-20。

表 1-4-17 JLHA2/G1A、JLHA2/G1B、JLHA2/G3A 钢芯铝合金绞线性能（1）

标称截面（铝合金/钢）	规格号	钢比（%）	面积/mm²			单线根数		单线直径/mm		直径/mm		单位长度质量/(kg/km)	额定拉断力/kN			20℃直流电阻/(Ω/km)
			铝	钢	总和	铝	钢	铝	钢	钢芯	绞线		JLHA2/G1A	JLHA2/G1B	JLHA2/G3A	
18/3	16	17	18.4	3.07	21.5	6	1	1.98	1.98	1.98	5.93	74.4	9.02	8.81	9.88	1.793
30/5	25	17	28.8	4.80	33.6	6	1	2.47	2.47	2.47	7.41	116.2	13.96	13.62	15.25	1.147
40/7	40	17	46.0	7.67	53.7	6	1	3.13	3.13	3.13	9.38	185.9	22.02	21.25	24.17	0.717
70/12	63	17	72.5	12.1	84.6	6	1	3.92	3.92	3.92	11.8	292.8	34.68	33.48	37.58	0.455
115/6	100	6	115	6.39	121	18	1	2.85	2.85	2.85	14.3	366.4	41.24	40.79	42.97	0.2880
145/8	125	6	144	7.99	152	18	1	3.19	3.19	3.19	16.0	458.0	51.23	50.43	53.47	0.230
145/23	125	16	144	23.4	167	26	7	2.65	2.06	6.19	16.8	579.9	69.86	68.22	76.42	0.231
185/10	160	6	184	10.2	194	18	1	3.61	3.61	3.61	18.0	586.2	65.58	64.56	68.03	0.180
185/30	160	16	184	30.0	214	26	7	3.00	2.34	7.01	19.0	742.3	88.52	86.42	96.61	0.180
230/13	200	6	230	12.8	243	18	1	4.04	4.04	4.04	20.2	732.8	81.97	80.69	85.04	0.144
230/38	200	16	230	37.5	268	26	7	3.36	2.61	7.83	21.3	927.9	110.64	108.02	120.77	0.144
290/28	250	10	288	28.3	316	22	7	4.08	2.27	6.80	23.1	1013.5	117.09	115.12	124.72	0.115
290/45	250	16	288	46.9	335	26	7	3.75	2.92	8.76	23.8	1159.8	138.31	135.03	150.96	0.115
365/25	315	7	363	25.1	388	45	7	3.20	2.14	6.41	25.6	1196.5	136.28	134.52	143.30	0.091
365/60	315	16	363	59.0	422	26	7	4.21	3.28	9.83	26.7	1461.4	171.90	166.00	188.44	0.091
460/30	400	7	460	31.8	492	45	7	3.61	2.41	7.22	28.9	1519.4	172.10	169.87	180.69	0.072
460/60	400	13	460	59.7	520	54	7	3.29	3.29	9.88	29.7	1738.3	201.46	195.49	218.17	0.072
520/35	450	7	518	35.8	554	45	7	3.83	2.55	7.66	30.6	1709.3	193.61	191.10	203.28	0.064
520/67	450	13	518	67.1	585	54	7	3.49	3.49	10.5	31.5	1955.6	226.64	219.93	245.44	0.064
575/40	500	7	575	39.8	615	45	7	4.04	2.69	8.07	32.3	1899.3	215.12	212.33	225.86	0.057
575/75	500	13	575	74.6	650	54	7	3.68	3.68	11.1	33.2	2172.9	251.82	244.36	269.73	0.057
645/45	560	7	645	44.6	689	45	7	4.27	2.85	8.54	34.2	2127.2	240.93	237.82	252.97	0.051
645/80	560	13	645	81.6	726	54	19	3.90	2.34	11.7	35.1	2420.9	283.21	277.49	305.25	0.051
725/30	630	4	725	31.3	756	72	7	3.58	2.39	7.16	35.8	2248.0	249.62	247.43	258.08	0.045
725/90	630	13	725	91.8	817	54	19	4.13	2.48	12.4	37.2	2723.5	318.61	312.18	343.4	0.045
820/35	710	4	817	35.3	852	72	7	3.80	2.53	7.60	38.0	2533.4	281.32	278.85	290.85	0.040
820/100	710	13	817	104	921	54	19	4.39	2.63	13.2	39.5	3069.4	359.06	351.82	387.01	0.040
920/40	800	4	921	39.8	961	72	7	4.04	2.69	8.07	40.4	2854.6	316.98	314.19	327.72	0.036
920/75	800	8	921	76.7	997	84	7	3.74	3.74	11.2	41.1	3145.1	356.03	348.35	374.44	0.036
1040/45	900	4	1036	44.8	1081	72	7	4.28	2.85	8.6	42.8	3211.4	356.60	353.47	368.69	0.032
1040/85	900	8	1036	86.3	1122	84	7	3.96	3.96	11.9	43.6	3538.3	400.53	391.90	421.25	0.032
1150/95	1000	8	1151	93.7	1245	84	19	4.18	2.51	12.5	45.9	3916.8	446.37	439.81	471.67	0.028
1300/105	1120	8	1289	105	1391	84	19	4.42	2.65	13.3	48.6	4386.8	499.93	492.59	528.27	0.025

表 1-4-18 JLHA1/G1A、JLHA1/G1B、JLHA1/G3A 钢芯铝合金绞线性能（1）

标称截面（铝合金/钢）	规格号	钢比（%）	面积/mm²			单线根数		单线直径/mm		直径/mm		单位长度质量/(kg/km)	额定拉断力/kN			20℃直流电阻/(Ω/km)
			铝	钢	总和	铝	钢	铝	钢	钢芯	绞线		JLHA1/G1A	JLHA1/G1B	JLHA1/G3A	
18/3	16	17	18.6	3.10	21.7	6	1	1.99	1.99	1.99	5.96	75.1	9.67	9.45	10.53	1.7934
30/5	25	17	29.0	4.84	33.9	6	1	2.48	2.48	2.48	7.45	117.3	14.96	14.62	16.27	1.1478
35/7	40	17	46.5	7.75	54.2	6	1	3.14	3.14	3.14	9.42	187.7	23.63	22.85	25.79	0.7174
70/12	63	17	73.2	12.2	85.4	6	1	3.94	3.94	3.94	11.8	295.6	36.48	35.26	39.41	0.4555
115/6	100	6	116	6.46	123	18	1	2.87	2.87	2.87	14.3	369.9	45.12	44.67	46.86	0.2880
145/8	125	6	145	8.07	153	18	1	3.21	3.21	3.21	16.0	462.3	56.08	55.27	58.34	0.2304
145/23	125	16	145	23.7	169	26	7	2.67	2.07	6.22	16.9	585.4	74.88	73.22	81.50	0.2310
185/10	160	6	186	10.3	196	18	1	3.63	3.63	3.63	18.1	591.8	69.92	68.89	72.40	0.1800
185/30	160	16	186	30.3	216	26	7	3.02	2.35	7.04	19.1	749.4	94.94	92.82	103.11	0.1805
230/13	200	6	232	12.9	245	18	1	4.05	4.05	4.05	20.3	739.8	87.40	86.11	90.50	0.1444
230/38	200	16	232	37.8	270	26	7	3.37	2.62	7.87	21.4	936.7	118.67	116.02	128.89	0.1444
290/28	250	10	290	28.5	319	22	7	4.10	2.28	6.83	23.2	1023.2	124.02	122.02	131.72	0.1154
290/45	250	16	290	47.3	338	26	7	3.77	2.93	8.80	23.9	1170.9	145.43	142.12	158.21	0.1155
365/25	315	7	366	25.3	391	45	7	3.22	2.15	6.44	25.7	1207.9	148.56	146.78	155.64	0.0917
365/60	315	16	366	59.6	426	26	7	4.23	3.29	9.88	26.8	1475.3	180.86	174.90	197.55	0.0917
460/30	400	7	465	32.1	497	45	7	3.63	2.42	7.25	29.0	1533.9	183.03	180.78	191.71	0.0722
460/60	400	13	465	60.2	525	54	7	3.31	3.31	9.93	29.8	1754.9	217.32	211.29	234.19	0.0723
520/35	450	7	523	36.1	559	45	7	3.85	2.56	7.69	30.8	1725.6	205.91	203.38	215.67	0.0642
520/67	450	13	523	67.8	591	54	7	3.51	3.51	10.5	31.6	1974.2	239.26	232.48	255.52	0.0643
575/40	500	7	581	40.2	621	45	7	4.05	2.70	8.11	32.4	1917.3	228.79	225.98	239.63	0.0578
575/75	500	13	581	75.3	656	54	7	3.70	3.70	11.1	33.3	2193.6	265.84	258.31	283.91	0.0578
645/45	560	7	651	45.0	696	45	7	4.29	2.86	8.58	34.3	2147.4	256.24	253.09	268.39	0.0516
645/80	560	13	651	82.4	733	54	19	3.92	2.35	11.8	35.3	2444.0	298.92	293.15	321.17	0.0516
725/30	630	4	732	31.6	764	72	7	3.60	2.40	7.20	36.0	2269.4	266.64	264.42	275.18	0.0459
725/90	630	13	732	92.7	825	54	19	4.15	2.49	12.5	37.4	2749.5	336.28	329.79	361.32	0.0459
820/35	710	4	825	35.6	861	72	7	3.82	2.55	7.64	38.2	2557.6	300.50	298.00	310.12	0.0407
820/100	710	13	825	104	929	54	19	4.41	2.65	13.2	39.7	3098.6	378.98	371.67	407.20	0.0407
920/40	800	4	930	40.2	970	72	7	4.05	2.70	8.11	40.5	2881.8	338.59	335.78	349.43	0.0361
920/75	800	8	930	77.5	1007	84	7	3.75	3.75	11.3	41.3	3175.1	378.01	370.26	396.60	0.0362
1040/45	900	4	1046	45.2	1091	72	7	4.30	2.87	8.60	43.0	3242.0	380.91	377.75	393.11	0.0321
1040/85	900	8	1046	87.1	1133	84	7	3.98	3.98	11.9	43.8	3572.0	425.26	416.54	446.17	0.0322
1150/95	1000	8	1162	94.6	1257	84	19	4.20	2.52	12.6	46.2	3954.1	473.86	467.24	499.40	0.0289
1300/105	1120	8	1301	106	1407	84	19	4.44	2.66	13.3	48.9	4428.6	530.72	523.30	559.33	0.0258

表1-4-19　JLHA1/G1A 钢芯铝合金绞线性能（2）

标称截面（铝合金/钢）	钢比（%）	面积/mm^2			单线根数 n		单线直径/mm		直径/mm		单位长度质量/（kg/km）	额定抗拉力/kN	20℃直流电阻/（Ω/km）
		铝	钢	总和	铝	钢	铝	钢	钢芯	绞线			
10/2	17	10.60	1.77	12.37	6	1	1.50	1.50	1.50	4.50	42.8	5.51	3.1444
16/3	17	16.13	2.69	18.82	6	1	1.85	1.85	1.85	5.55	65.1	8.39	2.0671
25/4	17	25.36	4.23	29.59	6	1	2.32	2.32	2.32	6.96	102.4	13.06	1.3144
35/6	17	34.86	5.81	40.67	6	1	2.72	2.72	2.72	8.16	140.8	17.96	0.9563
50/8	17	48.25	8.04	56.30	6	1	3.20	3.20	3.20	9.60	194.8	24.53	0.6909
50/30	58	50.73	29.59	80.32	12	7	2.32	2.32	6.96	11.6	371.1	50.22	0.6614
70/10	17	68.05	11.34	79.39	6	1	3.80	3.80	3.80	11.4	274.8	33.91	0.4899
70/40	58	69.73	40.67	110.40	12	7	2.72	2.72	8.16	13.6	510.2	69.03	0.4812
95/15	16	94.39	15.33	109.73	26	7	2.15	1.67	5.01	13.6	380.2	48.62	0.3554
95/55	58	96.51	56.30	152.81	12	7	3.20	3.20	9.60	16.0	706.1	93.29	0.3477
120/7	6	118.89	6.61	125.50	18	1	2.90	2.90	8.70	14.5	378.5	46.17	0.2815
120/20	16	115.67	18.82	134.49	26	7	2.38	1.85	5.55	15.1	466.1	59.61	0.2900
120/70	58	122.15	71.25	193.40	12	7	3.60	3.60	10.8	18.0	893.7	116.85	0.2747
150/8	6	144.76	8.04	152.81	18	1	3.20	3.20	3.20	16.0	460.9	55.90	0.2312
150/25	16	148.86	24.25	173.11	26	7	2.70	2.10	6.30	17.1	600.1	76.75	0.2254
185/10	6	183.22	10.18	193.40	18	1	3.60	3.60	3.60	18.0	583.3	68.91	0.1826
210/10	6	204.14	11.34	215.48	18	1	3.80	3.80	3.80	19.0	649.9	76.78	0.1639
210/35	16	211.73	34.36	246.09	26	7	3.22	2.50	7.50	20.4	852.5	107.98	0.1585
240/30	13	244.29	31.67	275.96	24	7	3.60	2.40	7.20	21.6	920.7	113.05	0.1372
240/40	16	238.84	38.90	277.74	26	7	3.42	2.66	7.98	21.7	962.8	121.97	0.1405
300/20	7	303.42	20.91	324.32	45	7	2.93	1.95	5.85	23.4	1000.8	123.07	0.1106
300/50	16	299.54	48.82	348.37	26	7	3.83	2.98	8.94	24.3	1207.7	150.01	0.1120
300/70	23	305.36	71.25	376.61	30	7	3.60	3.60	10.8	25.2	1399.6	174.57	0.1099
400/25	7	391.91	27.10	419.01	45	7	3.33	2.22	6.66	26.6	1293.5	159.07	0.0857
400/50	13	399.72	51.82	451.54	54	7	3.07	3.07	9.21	27.6	1509.3	186.91	0.0841
400/95	23	407.75	93.27	501.02	30	19	4.16	2.50	12.5	29.1	1856.7	234.77	0.0823
500/35	7	497.01	34.36	531.37	45	7	3.75	2.50	7.50	30.0	1640.3	195.73	0.0675
500/65	13	501.88	65.06	566.94	54	7	3.44	3.44	10.3	31.0	1895.0	234.68	0.0670
630/45	7	623.45	43.10	666.55	45	7	4.20	2.80	8.40	33.6	2057.6	245.52	0.0538
630/80	13	635.19	80.32	715.51	54	19	3.87	2.32	11.6	34.8	2384.7	291.65	0.0529
800/55	7	814.30	56.30	870.60	45	7	4.80	3.20	9.60	38.4	2687.5	318.43	0.0412
800/100	13	795.17	100.88	896.05	54	19	4.33	2.60	13.0	39.0	2987.8	365.48	0.0423
1000/45	4	1002.27	43.10	1045.38	72	7	4.21	2.80	8.40	42.1	3106.8	364.85	0.0335
1000/125	13	993.51	125.50	1119.01	54	19	4.84	2.90	14.5	43.5	3728.9	456.03	0.0338

表1-4-20　JLHA2/G1A 钢芯铝合金绞线性能（2）

标称截面（铝合金/钢）	钢比（%）	面积/mm^2			单线根数 n		单线直径/mm		直径/mm		单位长度质量/（kg/km）	额定抗拉力/kN	20℃直流电阻/（Ω/km）
		铝	钢	总和	铝	钢	铝	钢	钢芯	绞线			
10/2	17	10.60	1.77	12.37	6	1	1.50	1.50	1.50	4.50	42.8	5.20	3.1147
16/3	17	16.13	2.69	18.82	6	1	1.85	1.85	1.85	5.55	65.1	7.90	2.0476
25/4	17	25.36	4.23	29.59	6	1	2.32	2.32	2.32	6.96	102.4	12.30	1.3020
35/6	17	34.86	5.81	40.67	6	1	2.72	2.72	2.72	8.16	140.8	16.91	0.9472
50/30	58	50.73	29.59	80.32	12	7	2.32	2.32	6.96	11.6	371.1	48.70	0.6552
70/10	17	68.05	11.34	79.39	6	1	3.80	3.80	3.80	11.4	274.8	32.55	0.4853
70/40	58	69.73	40.67	110.40	12	7	2.72	2.72	8.16	13.6	510.2	66.94	0.4766
95/15	16	94.39	15.33	109.73	26	7	2.15	1.67	5.01	13.6	380.2	45.79	0.3521
95/55	58	96.51	56.30	152.81	12	7	3.20	3.20	9.60	16.0	706.1	90.40	0.3444
120/7	6	118.89	6.61	125.50	18	1	2.90	2.90	8.70	14.5	378.5	42.60	0.2788

（续）

标称截面（铝合金/钢）	钢比（%）	面积/mm²			单线根数 n		单线直径/mm		直径/mm		单位长度质量/（kg/km）	额定抗拉力/kN	20℃直流电阻/（Ω/km）
		铝	钢	总和	铝	钢	铝	钢	钢芯	绞线			
120/20	16	115.67	18.82	134.49	26	7	2.38	1.85	5.55	15.1	466.1	56.14	0.2873
120/70	58	122.15	71.25	193.40	12	7	3.60	3.60	10.8	18.0	893.7	114.41	0.2721
150/8	6	144.76	8.04	152.81	18	1	3.20	3.20	3.20	16.0	460.9	51.55	0.2290
150/25	16	148.86	24.25	173.11	26	7	2.70	2.10	6.30	17.1	600.1	72.28	0.2232
210/10	6	204.14	11.34	215.48	18	1	3.80	3.80	3.80	19.0	649.9	72.70	0.1624
210/35	16	211.73	34.36	246.09	26	7	3.22	2.50	7.50	20.4	852.5	101.63	0.1570
240/30	13	244.29	31.67	275.96	24	7	3.60	2.40	7.20	21.6	920.7	108.17	0.1359
240/40	16	238.84	38.90	277.74	26	7	3.42	2.66	7.98	21.7	962.8	114.81	0.1391
300/20	7	303.42	20.91	324.32	45	7	2.93	1.95	5.85	23.4	1000.8	113.97	0.1096
300/50	16	299.54	48.82	348.37	26	7	3.83	2.98	8.94	24.3	1207.7	144.02	0.1109
300/70	23	305.36	71.25	376.61	30	7	3.60	3.60	10.8	25.2	1399.6	168.46	0.1089
400/25	7	391.91	27.10	419.01	45	7	3.33	2.22	6.66	26.6	1293.5	147.32	0.0849
400/50	13	399.72	51.82	451.54	54	7	3.07	3.07	9.21	27.6	1509.3	174.92	0.0833
400/95	23	407.75	93.27	501.02	30	19	4.16	2.50	12.5	29.1	1856.7	226.61	0.0816
500/35	7	497.01	34.36	531.37	45	7	3.75	2.50	7.50	30.0	1640.3	185.79	0.0669
500/65	13	501.88	65.06	566.94	54	7	3.44	3.44	10.3	31.0	1895.0	219.62	0.0663
630/45	7	623.45	43.10	666.55	45	7	4.20	2.80	8.40	33.6	2057.6	233.05	0.0533
630/80	13	635.19	80.32	715.51	54	19	3.87	2.32	11.6	34.8	2384.7	278.95	0.0524
800/55	7	814.30	56.30	870.60	45	7	4.80	3.20	9.60	38.4	2687.5	302.15	0.0408
800/100	13	795.17	100.88	896.05	54	19	4.33	2.60	13.0	39.0	2987.8	349.57	0.0419
1000/45	4	1002.27	43.10	1045.38	72	7	4.21	2.80	8.40	42.1	3106.8	344.81	0.0332
1000/125	13	993.51	125.50	1119.01	54	19	4.84	2.90	14.5	43.5	3728.9	436.16	0.0335

4.1.8 铝合金芯铝绞线

铝合金芯铝绞线是由符合 GB/T 23308—2009 的铝－镁－硅合金圆线（分 LHA1 和 LHA2 两档）与电工圆铝线绞合而成，由于其加强芯是采用具有 53.0% IACS（或 52.5% IACS）导电率的高强度铝－镁－硅合金线芯，与截面积及直径相等或相近的钢芯铝绞线相比，电阻率明显降低，其载流量比普通导线的载流量要高。因此，铝合金芯铝绞线具有电阻损耗小、无磁滞损耗、重量轻等特点，适合用于机械荷载不高、覆冰荷载较小、输送容量较大（降低导线电能损耗明显）的线路。两种铝合金芯铝绞线性能参数见表 1-4-21 和表 1-4-22。

表 1-4-21 JL/LHA1 铝合金芯铝绞线性能（1）

标称截面（铝/铝合金）	规格号	直径/mm		单线根数 n		面积/mm²			单位长度质量/（kg/km）	额定拉断力/kN	20℃直流电阻/（Ω/km）
		单线	导体	铝	铝合金	铝	铝合金	总和			
10/7	16	1.76	5.29	4	3	9.78	7.33	17.1	46.8	4.07	1.7896
15/10	25	2.21	6.62	4	3	15.3	11.5	26.7	73.1	6.29	1.1453
24/20	40	2.79	8.37	4	3	24.4	18.3	42.8	117.0	9.82	0.7158
40/30	63	3.50	10.5	4	3	38.5	28.9	67.4	184.3	14.80	0.4545
60/45	100	4.41	13.2	4	3	61.1	45.8	107	292.5	23.49	0.2863
80/50	125	2.98	14.9	12	7	84	48.8	132	364.1	29.49	0.2302
105/60	160	3.37	16.9	12	7	107	62.5	170	466.0	36.95	0.1798
135/80	200	3.77	18.8	12	7	134	78.1	212	582.5	44.78	0.1439
170/95	250	4.21	21.1	12	7	167	97.6	265	728.1	55.98	0.1151
130/140	250	3.05	21.4	18	19	132	139	271	746	64.67	0.1154
265/60	315	3.34	23.4	30	7	263	61.4	325	894.4	62.40	0.0916
165/175	315	3.43	24.0	18	19	166	175	341	940.0	81.48	0.0916
335/80	400	3.77	26.4	30	7	334	78	412	1135.8	76.82	0.0721
210/220	400	3.86	27.0	18	19	211	222	433	1193.7	100.30	0.0721

（续）

标称截面（铝/铝合金）	规格号	直径/mm		单线根数 n		面积/mm²			单位长度质量/(kg/km)	额定拉断力/kN	20℃直流电阻/(Ω/km)
		单线	导体	铝	铝合金	铝	铝合金	总和			
375/85	450	3.99	28.0	30	7	376	87.7	464	1277.8	86.42	0.0641
235/250	450	4.10	28.7	18	19	237	250	487	1342.9	112.84	0.0641
415/95	500	4.21	29.5	30	7	418	97.5	515	1419.8	96.03	0.0577
260/275	500	4.32	30.2	18	19	263	278	542	1492.1	125.38	0.0577
465/110	560	4.46	31.2	30	7	468	109	577	1590.1	107.55	0.0515
505/65	560	3.45	31.1	54	7	505	65.5	570	1573.9	103.53	0.0516
455/205	630	3.72	33.4	42	19	456	206	662	1826.0	134.59	0.0458
270/420	630	3.80	34.2	24	37	272	420	692	1909.0	169.14	0.0458
514/230	710	3.95	35.5	42	19	514	232	746	2057.8	151.68	0.0407
307/470	710	4.03	36.3	24	37	307	473	780	2151.4	190.61	0.0407
580/260	800	4.19	37.7	42	19	579	262	840	2318.7	170.9	0.0361
345/530	800	4.28	38.5	24	37	346	533	879	2424.2	214.78	0.0361
650/295	900	4.44	40.0	42	19	651	294	945	2608.5	192.27	0.0321
570/390	900	3.66	40.3	54	37	569	390	959	2649.5	207.79	0.0321
820/215	1000	3.80	41.8	72	19	818	216	1034	2855.4	195.47	0.0289
630/430	1000	3.86	42.5	54	37	632	433	1066	2943.9	230.88	0.0289
915/240	1120	4.02	44.3	72	19	916	242	1158	3198.1	218.92	0.0258
705/485	1120	4.09	45.0	54	37	708	485	1194	3297.2	258.58	0.0258
1020/270	1250	4.25	46.8	72	19	1022	270	1292	3569.3	244.33	0.0231
790/540	1250	4.32	47.5	54	37	791	542	1332	3679.9	288.6	0.0231
1145/300	1400	4.50	49.5	72	19	1145	302	1447	3997.6	273.65	0.0207

表 1-4-22　JL/LHA2 铝合金芯铝绞线性能（1）

标称截面（铝/铝合金）	规格号	直径/mm		单线根数 n		面积/mm²			单位长度质量/(kg/km)	额定拉断力/kN	20℃直流电阻/(Ω/km)
		单线	导体	铝	铝合金	铝	铝合金	总和			
10/7	16	1.76	5.28	4	3	9.73	7.30	17.0	46.6	3.85	1.7896
15/10	25	2.20	6.60	4	3	15.2	11.4	26.6	72.8	5.93	1.1453
24/20	40	2.78	8.35	4	3	24.3	18.3	42.6	116.5	9.25	0.7158
40/30	63	3.49	10.5	4	3	38.3	28.7	67.1	183.5	14.38	0.4545
60/45	100	4.40	13.2	4	3	60.8	45.6	106	291.2	22.52	0.2863
80/50	125	2.97	14.9	12	7	83.3	48.6	132	362.7	27.79	0.2302
105/60	160	3.36	16.8	12	7	107	62.2	169	464.2	35.04	0.1798
135/80	200	3.76	18.8	12	7	133	77.8	211	580.3	43.13	0.1439
170/95	250	4.21	21.0	12	7	167	97.2	264	725.3	53.92	0.1151
130/140	250	3.04	21.3	18	19	131	138	269	742.2	60.39	0.1154
265/60	315	3.34	23.4	30	7	263	61.3	324	892.6	60.52	0.0916
165/175	315	3.42	23.9	18	19	165	174	339	935.1	76.09	0.0916
335/80	400	3.76	26.3	30	7	334	77.8	411	1133.5	75.19	0.0721
210/220	400	3.85	27.0	18	19	210	221	431	1187.5	95.58	0.0721
375/85	450	3.99	27.9	30	7	375	87.6	463	1275.2	84.59	0.0641
235/250	450	4.08	28.6	18	19	236	249	485	1335.9	107.52	0.0641
415/95	500	4.21	29.4	30	7	417	97.3	514	1416.9	93.98	0.0577
260/275	500	4.31	30.1	18	19	262	277	539	1484.3	119.47	0.0577
465/110	560	4.45	31.2	30	7	467	109	576	1586.9	105.26	0.0515
505/65	560	3.45	31.0	54	7	504	65.4	570	1571.9	101.54	0.0516
455/205	630	3.71	33.4	42	19	454	205	660	1820.0	130.25	0.0458
270/420	630	3.79	34.1	24	37	271	417	688	1897.5	160.19	0.0458
514/230	710	3.94	35.5	42	19	512	232	743	2051.2	146.78	0.0407

（续）

标称截面（铝/铝合金）	规格号	直径/mm		单线根数 n		面积/mm²			单位长度质量/(kg/km)	额定拉断力/kN	20℃直流电阻/(Ω/km)
		单线	导体	铝	铝合金	铝	铝合金	总和			
307/470	710	4.02	36.2	24	37	305	470	775	2138.4	180.53	0.0407
580/260	800	4.18	37.6	42	19	577	261	838	2311.2	165.39	0.0361
345/530	800	4.27	38.4	24	37	344	530	873	2409.5	203.41	0.0361
650/295	900	4.43	39.9	42	19	649	294	942	2600.1	186.06	0.0321
570/390	900	3.66	40.2	54	37	567	388	955	2638.4	199.54	0.0321
820/215	1000	3.80	41.8	72	19	816	215	1032	2849.1	190.94	0.0289
630/430	1000	3.85	42.4	54	37	630	432	1061	2931.6	221.71	0.0289
915/240	1120	4.02	44.2	72	19	914	241	1155	3191.0	213.85	0.0258
705/485	1120	4.08	44.9	54	37	705	483	1189	3283.4	248.32	0.0258
1020/270	1250	4.25	46.7	72	19	1020	269	1289	3561.4	238.68	0.0231
790/540	1250	4.31	47.4	54	37	787	539	1327	3664.5	277.14	0.0231
1145/300	1400	4.50	49.4	72	19	1143	302	1444	3988.8	267.32	0.0207

4.1.9 铝包钢芯铝绞线

铝包钢芯铝绞线由符合 GB/T 17937—2009 标准的铝包钢线为加强芯与电工圆铝线绞制而成。由于铝包钢线具有一定的导电率（如 JL/LB1A 为 20.3%IACS）以及铝包层具有较好耐腐蚀性，因此与相同规格钢芯铝绞线相比具有更好的导电性能及耐腐蚀性能。表 1-4-23 列出 JL/LB1A 铝包钢芯铝绞线性能。

4.1.10 铝包钢芯铝合金绞线

铝包钢芯铝合金绞线由符合 GB/T 17937—2009 标准要求的铝包钢线为加强芯与符合 GB/T 23308—2009 标准的铝合金线绞合而成。具有耐腐蚀性能好、机械性能优良以及导电性能好等特点。

表 1-4-24 和表 1-4-25 分别列出 JLHA2/LB1A 铝包钢芯铝合金绞线和 JLHA1/LB1A 铝包钢芯铝合金绞线的性能参数。

4.1.11 铝包钢绞线

铝包钢绞线由符合 GB/T 17937—2009 标准要求的铝包钢线单线绞制而成，其机械强度较高，耐腐蚀性能好，又具有一定的良好导电性能，可用作机械强度高的大跨越导线、良导体架空地线以及电气化铁路用导线等。也可用于化工、沿海等各种高腐蚀区域架空线路，替代镀锌钢绞线用作架空地线。

表 1-4-26 和表 1-4-27 列出 JLB1A、JLB1B 铝包钢绞线和 JLB2 铝包钢绞线性能参数。

4.1.12 镀锌钢绞线

本节镀锌钢绞线主要是指符合 GB/T 1179—2008 标准的架空线用镀锌钢绞线，其使用的镀锌钢线应符合 GB/T 3428—2012《架空绞线用镀锌钢线》的性能要求。

表 1-4-28 列出 JG1A、JG1B、JG2A、JG3A 钢绞线技术性能参数。

表 1-4-23 JL/LB1A 铝包钢芯铝绞线性能

标称截面（铝/铝包钢）	规格号	钢比（%）	面积/mm²			单线根数 n		单线直径/mm		直径/mm		单位长度质量/(kg/km)	额定拉断力/kN	20℃直流电阻/(Ω/km)
			铝	铝包钢	总和	铝	铝包钢	铝	铝包钢	铝包钢芯	绞线			
15/3	16	16.7	15	2.56	17.9	6	1	1.81	1.81	1.81	5.43	59.0	5.91	1.7923
24/4	25	16.7	24	4.00	28.0	6	1	2.26	2.62	2.26	6.78	92.1	9.00	1.1471
38/5	40	16.7	38	6.40	44.8	6	1	2.85	2.85	2.85	8.55	147.4	14.21	0.7169
60/10	63	16.7	60	10.08	70.6	6	1	3.58	3.58	3.58	10.7	232.2	21.17	0.4552
95/15	100	16.7	96	16.00	112	6	1	4.51	4.51	4.51	13.5	368.6	31.84	0.2868
125/5	125	5.6	123	6.85	130	18	1	2.95	2.95	2.95	14.8	384.3	29.18	0.2304
120/20	125	16.3	120	19.6	140	26	7	2.43	1.89	5.66	15.4	460.8	44.49	0.2308
160/10	160	5.6	158	8.77	167	18	1	3.34	3.34	3.34	16.7	491.9	36.38	0.1800
155/25	160	16.3	154	25.00	179	26	7	2.74	2.13	6.40	17.4	589.8	56.18	0.1803
200/10	200	5.6	197	10.96	208	18	1	3.74	3.74	3.74	18.7	614.9	43.62	0.1440

（续）

标称截面（铝/铝包钢）	规格号	钢比（%）	面积/mm²			单线根数 n		单线直径/mm		直径/mm		单位长度质量/(kg/km)	额定拉断力/kN	20℃直流电阻/(Ω/km)
			铝	铝包钢	总和	铝	铝包钢	铝	铝包钢	铝包钢芯	绞线			
200/30	200	16.3	192	31.3	223	26	7	3.07	2.39	7.16	19.4	737.2	69.27	0.1443
250/25	250	9.8	244	24.0	268	22	7	3.76	2.09	6.26	21.3	830.9	67.80	0.1153
250/40	250	16.3	240	39.1	279	26	7	3.43	2.67	8.00	21.7	921.5	86.58	0.1154
310/20	315	6.9	310	21.4	331	45	7	2.96	1.97	5.92	23.7	996.4	78.33	0.0917
300/50	315	16.3	303	49.3	352	26	7	3.85	2.99	8.98	24.4	1161.1	107.58	0.0916
395/25	400	6.9	393	27.2	420	45	7	3.34	2.22	6.67	26.7	1265.3	97.50	0.0722
387/50	400	13.0	387	50.2	438	54	7	3.02	3.02	9.07	27.2	1402.9	124.20	0.0723
440/30	450	6.9	442	30.6	473	45	7	3.54	2.36	7.08	28.3	1423.4	107.48	0.0642
435/35	450	13.0	436	36.5	492	54	7	3.21	3.21	9.62	28.9	1578.2	139.7	0.0642
490/35	500	6.9	492	34.0	525	45	7	3.73	2.49	7.46	29.8	1581.6	119.4	0.0578
485/60	500	13.0	484	62.8	547	54	7	3.38	3.38	10.14	30.4	1753.6	153.9	0.0578
550/40	560	6.9	550	38.1	589	45	7	3.95	2.63	7.89	31.6	1771.4	133.7	0.0516
545/70	560	12.7	543	68.8	612	54	19	3.58	2.15	10.73	32.2	1956.3	169.3	0.0516
620/40	630	6.9	619	42.8	662	45	7	4.19	2.79	8.37	33.5	1992.8	150.47	0.0458
610/75	630	12.7	611	77.3	688	54	19	3.79	2.28	11.38	34.2	2200.9	190.5	0.0459
700/50	710	6.9	698	48.3	746	45	7	4.44	2.96	8.89	35.6	2245.8	169.5	0.0407
700/85	710	12.7	688	87.2	775	54	19	4.03	2.42	12.08	36.3	2480.3	214.7	0.0407
790/35	800	4.3	791	34.2	826	72	7	3.74	2.49	7.48	37.4	2412.8	167.6	0.0631
785/65	800	8.3	784	65.3	849	84	7	3.45	3.45	10.34	37.9	2598.9	206.3	0.0362
775/100	800	12.7	775	98.2	874	54	19	4.28	2.57	12.83	38.5	2794.7	241.9	0.0361
900/40	900	4.3	890	38.5	929	72	7	3.97	2.65	7.94	39.7	2714.4	188.63	0.0321
880/75	900	8.3	882	73.5	955	84	7	3.66	3.66	10.97	40.2	2923.8	224.8	0.0321
990/45	1000	4.3	989	42.7	1032	72	7	4.18	2.79	8.37	41.8	3016.0	209.5	0.0289
1110/45	1120	4.2	1108	46.8	1155	72	19	4.43	1.77	8.85	44.3	3372.6	233.4	0.0258
1100/90	1120	8.1	1098	89.4	1187	84	19	4.08	2.45	12.24	44.9	3628.4	282.8	0.0258
1235/50	1250	4.2	1237	52.2	1289	72	19	4.68	1.87	9.35	46.8	3764.1	260.5	0.0231
1225/100	1250	8.1	1225	99.8	1325	84	19	4.31	2.59	12.93	47.4	4049.5	315.7	0.0231

表 1-4-24　JLHA2/LB1A 铝包钢芯铝合金绞线性能

标称截面（铝/铝包钢）	规格号	钢比（%）	面积/mm²			单线根数 n		单线直径/mm		直径/mm		单位长度质量/(kg/km)	额定拉断力/kN	20℃直流电阻/(Ω/km)
			铝	铝包钢	总和	铝	铝包钢	铝	铝包钢	铝包钢芯	绞线			
15/5	16	16.7	17.6	2.93	20.5	6	1	1.93	1.93	1.93	5.79	67.5	8.7	1.7694
25/5	25	16.7	27.5	4.58	32.0	6	1	2.41	2.41	2.41	7.23	105.4	13.59	1.1324
45/10	40	16.7	43.9	7.32	51.2	6	1	3.05	3.05	3.05	9.15	168.7	21.74	0.7077
70/10	63	16.7	69.2	11.5	80.7	6	1	3.83	3.83	3.83	11.5	265.6	33.09	0.4494
110/20	100	16.7	110	18.3	128	6	1	4.83	4.83	4.83	14.5	421.6	50.70	0.2831
140/10	125	5.6	142	7.87	149	18	1	3.16	3.16	6.16	15.8	441.4	51.21	0.2293
135/20	125	16.3	137	22.4	160	26	7	2.59	2.02	6.05	16.4	527.2	67.40	0.2279
180/10	160	5.6	181	10.1	191	18	1	3.58	3.58	3.58	17.9	565.0	64.94	0.1792
175/30	160	16.3	176	28.6	205	26	7	2.93	2.28	6.85	18.6	674.8	86.27	0.1781
227/10	200	5.6	227	12.6	239	18	1	4.00	4.00	4.00	20.0	706.2	80.67	0.1433
220/35	200	16.3	220	35.8	256	26	7	3.28	2.55	7.66	20.8	843.5	107.8	0.1425
280/30	250	9.8	280	27.5	307	22	7	4.02	2.24	6.71	22.8	952.9	115.53	0.1144
275/45	250	16.3	275	44.8	320	26	7	3.67	2.85	8.56	23.2	1054.4	134.7	0.1140
355/25	315	6.9	355	24.6	380	45	7	3.17	2.11	6.34	25.4	1143.9	134.3	0.0912
345/55	315	16.3	346	56.4	403	26	7	4.12	3.20	9.61	26.1	1328.5	169.84	0.0904

（续）

标称截面（铝/铝包钢）	规格号	钢比（%）	面积/mm²			单线根数 n		单线直径/mm		直径/mm		单位长度质量/（kg/km）	额定拉断力/kN	20℃直流电阻/（Ω/km）
			铝	铝包钢	总和	铝	铝包钢	铝	铝包钢	铝包钢芯	绞线			
450/30	400	6.9	451	31.2	483	45	7	3.57	2.38	7.15	28.6	1452.5	170.62	0.0718
445/60	400	13.0	444	57.5	501	54	7	3.23	3.23	9.70	29.1	1606.8	199.94	0.0715
560/35	450	6.9	508	35.1	543	45	7	3.79	2.53	7.58	30.3	1634.1	191.94	0.0638
500/65	450	13.0	499	64.7	564	54	7	3.43	3.43	10.3	30.9	1807.7	223.6	0.0636
565/40	500	6.9	564	39.0	603	45	7	4.00	2.66	7.99	32.0	1815.7	213.2	0.0574
555/70	500	13.0	555	71.9	627	54	7	3.62	3.62	10.8	32.6	2008.5	245.6	0.0572
630/45	560	6.9	632	43.7	676	45	7	4.23	2.82	8.46	33.8	2033.6	238.8	0.0513
630/75	560	12.7	622	78.8	701	54	19	3.83	2.30	11.5	34.5	2241.0	277.9	0.0511
710/50	630	6.9	711	49.2	760	45	7	4.49	2.99	8.97	35.9	2287.8	268.72	0.0456
700/90	630	12.7	700	88.6	788	54	19	4.06	2.44	12.2	36.5	2521.1	312.6	0.0454
800/55	710	6.9	801	55.4	857	45	7	4.76	3.17	9.52	38.1	2578.3	302.8	0.0405
790/100	710	12.7	788	99.9	888	54	19	4.31	2.59	12.9	38.8	2841.3	352.3	0.0403
910/40	800	4.3	909	39.3	949	72	7	4.01	2.67	8.02	40.1	2772.7	315.4	0.0360
900/75	800	8.3	899	74.9	974	84	7	3.69	3.69	11.1	40.6	2982.3	347.7	0.0359
890/115	800	12.7	888	113	1001	54	19	4.58	2.75	13.7	41.2	3201.5	397.0	0.0358
1025/45	900	4.3	1023	44.2	1067	72	7	4.25	2.84	8.51	42.5	3119.3	354.89	0.0320
1015/85	900	8.3	1012	84.3	1096	84	7	3.92	3.92	11.7	43.1	3355.1	391.1	0.0319
1140/50	1000	4.3	1137	49.1	1186	72	7	4.48	2.99	8.97	44.8	3465.9	394.3	0.0288
1275/55	1120	4.2	1274	53.8	1327	72	19	4.75	1.90	9.49	47.5	3875.8	440.2	0.0257
1260/100	1120	8.1	1260	103	1362	84	19	4.37	2.62	13.1	48.1	4164.0	494.7	0.0257
1420/60	1250	4.2	1421	60.0	1482	72	19	5.01	2.01	10.0	50.1	4325.6	491.3	0.0231
1405/115	1250	8.1	1406	114	1520	84	19	4.62	2.77	13.8	50.8	4647.3	552.1	0.0230

表 1-4-25 JLHA1/LB1A 铝包钢芯铝合金绞线性能

标称截面（铝/铝包钢）	规格号	钢比（%）	面积/mm²			单线根数 n		单线直径/mm		直径/mm		单位长度质量/（kg/km）	额定拉断力/kN	20℃直流电阻/（Ω/km）
			铝	铝包钢	总和	铝	铝包钢	铝	铝包钢	铝包钢芯	绞线			
15/5	16	16.7	17.7	2.96	20.7	6	1	1.94	1.94	1.94	5.82	68.1	9.31	1.7691
25/5	25	16.7	27.7	4.62	32.3	6	1	2.42	2.42	2.41	7.26	106.4	14.54	1.1323
45/5	40	16.7	44.3	7.39	51.7	6	1	3.07	3.07	3.07	9.21	170.2	23.27	0.7077
70/10	63	16.7	69.8	11.6	81.4	6	1	3.85	3.85	3.85	11.6	268.0	34.79	0.4493
110/20	100	16.7	110	18.5	129	6	1	4.85	4.85	4.85	14.6	425.5	53.38	0.2831
143/5	125	5.6	143	7.94	151	18	1	3.18	3.18	3.18	15.9	445.5	55.97	0.2293
140/20	125	16.3	139	22.6	161	26	7	2.61	2.03	6.08	16.5	532.0	72.17	0.2279
185/10	160	5.6	183	10.2	193	18	1	3.60	3.60	3.60	18.0	570.3	69.21	0.1792
180/30	160	16.3	178	28.9	206	26	7	2.95	2.29	6.88	18.7	680.9	92.38	0.1781
230/15	200	5.6	229	12.7	241	18	1	4.02	4.02	4.02	20.1	712.8	86.00	0.1433
220/36	200	16.3	222	36.1	358	26	7	3.30	2.56	7.69	20.9	851.2	115.4	0.1424
282/30	250	9.8	282	27.7	310	22	7	4.04	2.25	6.74	22.9	961.7	122.25	0.1144
275/45	250	16.3	277	45.2	323	26	7	3.69	2.87	8.60	23.4	1064.0	141.5	0.1140
360/25	315	6.9	359	24.8	384	45	7	3.19	2.12	6.37	25.5	1154.6	146.3	0.0912
350/55	315	16.3	349	56.9	406	26	7	4.14	3.22	9.65	26.2	1340.6	178.38	0.0904
455/30	400	6.9	456	31.5	487	45	7	3.59	2.39	7.18	28.7	1466.1	181.32	0.0718
450/60	400	13.0	448	58.1	506	54	7	3.25	3.25	9.75	29.3	1621.6	215.22	0.0715
515/35	450	6.9	513	35.4	548	45	7	3.81	2.54	7.62	30.5	1649.4	203.99	0.0638
505/65	450	13.0	504	65.3	569	54	7	3.45	3.45	10.3	31.0	1824.3	240.8	0.0636
570/40	500	6.9	570	39.4	609	45	7	4.01	2.68	8.03	32.1	1832.6	226.6	0.0574

（续）

标称截面（铝/铝包钢）	规格号	钢比（%）	面积/mm²			单线根数 n		单线直径/mm		直径/mm		单位长度质量/（kg/km）	额定拉断力/kN	20℃直流电阻/（Ω/km）
			铝	铝包钢	总和	铝	铝包钢	铝	铝包钢	铝包钢钢芯	绞线			
560/70	500	13.0	560	72.6	632	54	7	3.63	3.63	10.9	32.7	2027.0	259.0	0.0572
640/45	560	6.9	638	44.1	682	45	7	4.25	2.83	8.50	34.0	2052.6	253.8	0.0513
630/80	560	12.7	628	79.5	707	54	19	3.85	2.31	11.5	34.6	2261.6	293.0	0.0511
715/50	630	6.9	718	49.6	767	45	7	4.51	3.00	9.01	36.1	2309.1	285.58	0.0456
705/90	630	12.7	706	89.4	795	54	19	4.08	2.45	12.2	36.7	2544.3	329.6	0.0454
810/55	710	6.9	809	55.9	865	45	7	4.78	3.19	9.57	38.3	2602.3	321.8	0.0405
800/100	710	12.7	796	101	896	54	19	4.33	2.60	13.0	39.0	2867.4	371.5	0.0403
920/40	800	4.3	918	39.7	958	72	7	4.03	2.69	8.06	40.3	2798.8	336.7	0.0360
910/75	800	8.3	908	75.6	983	84	7	3.71	3.71	11.1	40.8	3010.0	369.1	0.0359
900/115	800	12.7	896	114	1010	54	19	4.60	2.76	13.8	41.4	3230.9	418.6	0.0358
1035/45	900	4.3	1033	44.6	1077	72	7	4.27	2.85	8.55	42.7	3148.6	378.9	0.0320
1020/85	900	8.3	1021	85.1	1106	84	7	3.9	3.93	11.8	43.2	3386.3	415.2	0.0319
1150/50	1000	4.3	1148	49.6	1197	72	7	4.50	3.00	9.01	45.0	3498.5	420.9	0.0288
1290/55	1120	4.2	1286	54.3	1340	72	19	4.77	1.91	9.54	47.7	3912.3	470.1	0.0257
1270/105	1120	8.1	1271	104	1375	84	19	4.39	2.63	13.2	48.3	4202.7	524.73	0.0257
1435/60	1250	4.2	1435	60.6	1495	72	19	5.04	2.01	10.1	50.4	4366.4	524.6	0.0231
1420/115	1250	8.1	1419	116	1535	84	19	4.64	2.78	13.9	51.0	4690.5	585.6	0.0230

表 1-4-26　JLB1A、JLB1B 铝包钢绞线性能

标称截面（铝包钢）	规格号	面积/mm²	单线根数 n	直径/mm		单位长度质量/（kg/km）		额定拉断力/kN		20℃直流电阻/（Ω/km）
				单线	绞线	JLB1A	JLB1B	JLB1A	JLB1B	
15	4	12	7	1.48	4.43	80.1	79.4	16.08	15.84	7.1592
20	6.3	18.9	7	1.85	5.56	126.2	125.0	25.33	24.95	4.5455
30	10	30	7	2.34	7.01	200.3	198.5	40.20	39.60	2.8637
35	12.5	37.5	7	2.61	7.84	250.4	248.1	50.25	49.50	2.2910
50	16	48	7	2.95	8.86	320.5	317.5	64.32	63.36	1.7898
75	25	75	7	3.69	11.08	500.7	496.2	93.75	99.00	1.1455
120	40	120	7	4.67	14.02	801.2	793.9	132.00	158.40	0.7159
120	40	120	19	2.84	14.18	805.0	797.7	160.80	158.40	0.7194
200	63	189	19	3.56	17.79	1267.9	1256.4	240.03	249.48	0.4568
300	100	300	37	3.21	22.49	2017.3	1999.0	402.00	396.00	0.2884
350	125	375	37	3.59	25.15	2521.7	2498.3	476.25	495.00	0.2307
450	160	480	37	4.06	28.45	3227.7	3198.3	580.80	633.60	0.1803
600	200	600	37	4.54	31.81	4034.7	3997.9	684.00	792.00	0.1442
600	200	600	61	3.54	31.85	4040.6	4003.8	762.00	792.00	0.1444

表 1-4-27　JLB2 铝包钢绞线性能

标称截面（铝包钢）	规格号	面积/mm²	单线根数 n	直径/mm		单位长度质量/（kg/km）	额定拉断力/kN	20℃直流电阻/（Ω/km）
				单线	绞线			
35	16	36.2	7	2.56	7.69	216.4	39.04	1.7896
55	25	56.5	7	3.21	9.62	338.2	61.00	1.1454
100	40	90.4	7	4.05	12.2	541.1	97.61	0.7159
100	40	90.4	19	2.46	12.3	543.7	97.61	0.7193
150	63	142	19	3.09	15.4	856.4	153.73	0.4567
220	100	226	37	2.79	19.5	1362.6	244.02	0.2884
300	125	282	37	3.12	21.8	1703.2	305.02	0.2307
350	160	362	37	3.53	24.7	2180.1	390.43	0.1803
450	200	452	37	3.94	27.6	2725.1	488.03	0.1442
450	200	452	61	3.07	27.6	2729.1	488.03	0.1444

表 1-4-28 JG1A、JG1B、JG2A、JG3A 钢绞线技术性能

标称截面（钢）	规格号	面积/mm^2	单线根数 n	直径/mm		单位长度质量/（kg/km）	额定拉断力/kN				20℃直流电阻/（Ω/km）
				单线	绞线		JG1A	JG1B	JG2A	JG3A	
30	4	27.1	7	2.22	6.66	213.3	36.3	33.6	39.3	43.9	7.1445
40	6.3	42.7	7	2.79	8.36	335.9	55.9	51.7	60.2	67.9	4.5362
65	10	67.8	7	3.51	10.53	533.2	87.4	80.7	93.5	103.0	2.8578
85	12.5	84.7	7	3.93	11.78	666.5	109.3	100.8	116.9	128.8	2.2862
100	16	108.4	7	4.44	13.32	853.1	139.9	129.0	199.7	164.8	1.7861
100	16	108.4	19	2.70	13.48	857.0	142.1	131.2	152.9	172.4	1.7944
150	25	169.4	19	3.37	16.85	1339.1	218.6	201.6	238.9	262.6	1.1484
250	40	271.1	19	4.26	21.31	2142.6	349.7	322.6	374.1	412.1	0.7177
250	40	271.1	37	3.05	21.38	2148.1	349.7	322.6	382.3	420.2	0.7196
400	63	427.0	37	3.83	26.83	3383.2	550.8	508.1	589.3	649.0	0.4569

注：钢绞线直流电阻是根据 9% IACS 的导电率计算的。

4.2 型线同心绞架空导线

4.2.1 结构特点

型线同心绞架空导线由梯形（或 S/Z 形）硬铝线（或铝合金线）与镀锌钢线（或铝包钢线或棒材）组合绞制而成，其典型结构截面如图 1-4-3 所示。与相应代表规格的普通钢芯铝绞线相比，在外径相同情况下，一般能增大铝截面积 20% 左右，直流电阻降低 15% 左右，交流电阻也较小，提高了载流量。另一方面，在型线同心绞导线与普通钢芯铝绞线相等截面积情况下，导线外径一般可减小约 10%，且表面光滑，运行中风压负荷较小，表面不易结冰，能减小舞动的发生概率。又由于型线绞线的股线与股线是面接触，在风激振动时能消耗较多的振动能量，即提高了自阻尼性能。

主要参照标准为 GB/T 20141—2006《型线同心绞架空导线》。该标准等同采用国际电工委员会标准 IEC 62219—2002。产品型号与 IEC 代号对照表见表 1-4-29。

型线同心绞架空导线有钢芯硬铝型线绞线和钢芯软铝型线绞线之分，本节中叙述的系列参数参照 GB/T 20141—2006 为钢芯硬铝型线绞线。钢芯软铝型线绞线将在本章 4.4 节特种架空导线的“钢芯软铝绞线”中叙述。

由于其结构的特殊性，对于型线同心绞架空导线产品的系列设计参数，目前尚无统一标准系列参数，制造及设计使用大都比照圆线同心绞架空导线的相应设计参数，采用等截面积（即等电阻）的设计原则，铝单线采用等效圆单线直径计算，根据线路输送容量等工程应用条件要求确定工程所需要的型线同心绞架空导线的导体截面积、外径、抗拉力等主要技术参数。国内已有“型线同心绞架空导线设计系统”软件，可根据工程应用条件，用户只需输入设计参数条件，系统就可以进行导线结构、性能指标的计算，对组成导线的加强单元及导体型线单元的设计进行自动匹配，并完成满足线路设计要求的型线同心绞架空导线的单位重量、额定拉断力、弹性模量、拉重比等技术参数的校验。同时，系统可提出该导线产品所需要的导体单元型单线的组合方式，各层型线单线的形状、规格、角度等工艺指标，可进行精确计算，极大简化了型线同心绞架空导线的设计。

为方便制造和工程设计选用参考，本节中列出一些型线同心绞架空导线特性参数举例，见表 1-4-30和表 1-4-31。

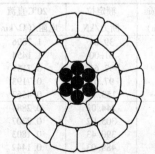

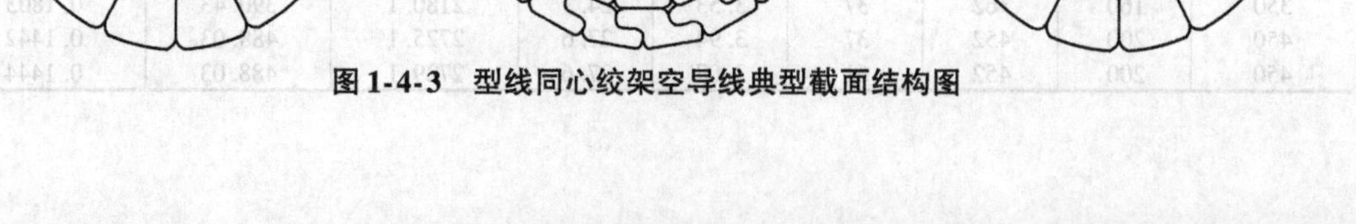

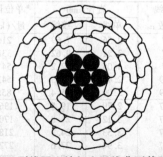

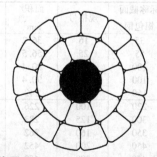

图 1-4-3 型线同心绞架空导线典型截面结构图

4.2.2　产品型号

型线同心绞架空导线产品型号及与IEC代号对照见表1-4-29。其单线型号与4.1.1节中完全相同。

表1-4-29　型线同心绞架空导线产品型号与IEC代号对照表

产品名称	国家标准型号	IEC代号
型线铝绞线	JLX	A1F
型线铝合金绞线	JLHA2X、JLHA1X	A2F、A3F
钢芯型线铝绞线	JLX/G1A、JLX/G1B、JLX/G2A、JLX/G2B	A1F/S1A、A1F/S1B、A1F/S2A、A1F/S2B
钢芯型线铝合金绞线	JLHA2X/G1A、JLHA2X/G1B、JLHA2X/G2A、JLHA2X/G2B、JLHA1X/G1A、JLHA1X/G1B、JLHA1X/G2A、JLHA1X/G2B	A2F/S1A、A2F/S1B、A2F/S2A、A2F/S2B、A3F/S1A、A3F/S1B、A3F/S2A、A3F/S2B
铝芯型线铝绞线	JLX/L	A1F/A1
铝合金芯型线铝绞线	JLX/LHA2、JLX/LHA1	A1F/A2、A1F/A3
铝包钢芯型线铝绞线	JLX/LB	A1F/SA
铝包钢芯型线铝合金绞线	JLHA2X/LB、JLHA1X/LB	A2F/SA、A3F/SA

4.2.3　典型产品设计参数

表1-4-30和表1-4-31中列出了典型的型线同心绞架空导线的技术参数。表中代码表示相当于硬铝线的等效导电截面积；相同代码的导线具有相同的直流电阻，而与其种类、型号或绞合结构无关。因此，当根据工程系统确定了导电性能（或载流量）时，下面给出的导线结构及技术参数为较优选择。

表1-4-30　一些JLX型线铝绞线的特性举例

代码	面积/mm^2	直径/mm	单位长度质量/(kg/km)	额定拉断力/kN	20℃直流电阻/(Ω/km)
100	100	12.16	0.275	17.5	0.2873
125	125	13.42	0.344	21.3	0.2299
160	160	15.01	0.439	27.2	0.1796
200	200	16.65	0.550	33	0.1437
250	250	18.49	0.688	41.3	0.1149
315	315	20.65	0.866	52	0.0912
400	400	23.57	1.105	66	0.0722
450	450	24.91	1.244	74.3	0.0642
500	500	26.20	1.383	82.5	0.0578
560	560	27.62	1.548	92.4	0.0516
630	630	29.23	1.742	100.8	0.0459
710	710	31.11	1.964	115.5	0.0407
800	800	32.97	2.212	128	0.0361
900	900	35.06	2.495	148.5	0.0322
1000	1000	36.87	2.772	160	0.0290

表1-4-31　一些JLX/G1A钢芯型线铝绞线的特性举例

代码	面积/mm^2	钢线		导线直径/mm	单位长度质量/(kg/km)			额定拉断力/kN	20℃直流电阻/(Ω/km)
		根数n	直径/mm		铝	钢	总和		
100/17	100	1	4.61	12.0	274	130	404	34.8	0.2855
125/7.5	125	1	3.09	13.5	342	59	401	28.9	0.2284
160/10	160	1	3.49	15.3	441	75	516	37	0.1798
208/28	208	7	2.25	18.3	576	217	793	66.9	0.1383
250/32	250	7	2.43	19.9	690	255	945	78.3	0.1153
300/39	300.5	7	2.67	21.8	831	307	1139	94.4	0.0961
370/48	370.9	7	2.96	24.1	1026	377	1403	114	0.0777
400/52	400	7	3.07	25.1	1104	407	1511	121	0.0721
456/59	456	7	3.28	26.7	1259	463	1722	138	0.0632
505/65	505.3	7	3.45	28.1	1395	513	1908	153	0.0571
593/77	593.5	7	3.74	31.2	1646	602	2248	185	0.0488
622/153	622.5	19	3.20	34.0	1834	1198	3032	276	0.0437
710/114	710	19	2.76	34.1	1976	894	2870	246	0.0410
731/77	731.5	19	2.27	34.0	2032	603	2635	210	0.0367
800/128	800	19	2.93	36.2	2226	1007	3233	275	0.0363
902/74	901.9	19	2.22	36.1	2518	579	3097	235	0.0323
975/167	974.9	19	3.34	40.6	2728	1308	4036	345	0.0300
1000/130	1000	19	2.95	39.8	2779	1023	3802	308	0.0290
1092/89	1092.5	19	2.44	40.6	3046	701	3747	280	0.0267

4.3 典型大截面架空导线技术条件

自2000年以来，我国的三峡电站送出工程、“西电东送、南北互供、全国联网”工程以及特高压输电工程的建设，使用了诸多高于GB/T 1179—2008及IEC 61089—1997标准要求的大截面钢芯铝绞线、钢芯铝型线绞线、铝合金芯铝型线绞线等架空导线，并且作为专项工程技术条件用于工程建设，同时也被后续相关工程设计所采用，为此列入本章中便于查阅参考。

4.3.1 ACSR-720/50钢芯铝绞线及ACSR/AS-720/50铝包钢芯铝绞线

ACSR-720/50钢芯铝绞线首先应用于三峡电站送出的三峡至常州±500kV直流输电工程龙泉至政平直流线路，该线路是三峡电站送往华东的第一回直流输电线路，输送容量为300万kW，输送电流为3000A，工程设计采用4×ACSR-720/50钢芯铝绞线。依托本工程建设也研究制定了ACSR/AS-720/50铝包钢芯铝绞线技术条件。当时为配合工程设计总体要求，导线型号确定为ACSR-720/50和ACSR/AS-720/50，也因此在后续工程延续使用。

ACSR-720/50和ACSR/AS-720/50以及其铝线、镀锌钢线及铝包钢线技术条件见表1-4-32、表1-4-33和表1-4-34。

表1-4-32 ACSR-720/50钢芯铝绞线及ACSR/AS-720/50铝包钢芯铝绞线技术条件

项目		工程设计及考核技术条件	
型号		ACSR-720/50	ACSR/AS-720/50
结构根数/直径/mm		45/4.53+7/3.02	45/4.53+7/3.02
计算截面积/mm^2	铝	725	725
	钢(或铝包钢)	50.1	50.1
	总和	775±2.0%	775±2.0%
铝钢比		14	14
外径/mm		36.2±1%	36.2±1%
计算重量/(kg/km)		2397.7±2%	2337±2%
计算拉断力/kN		≥170.6（保证值）	≥167
拉力重量比		≥7.27	≥7.3
弹性模量/($\times 10^3$MPa)		63.7±3	61.4±3
线膨胀系数/($\times 10^{-6}$/℃)		20.8	21.5
20℃直流电阻/(Ω/km)		≤0.03984	≤0.03905
外层绞向		右向	
接头	铝线接头间距/m	≥15	
	铝线接头数量	每根制造长度导线不多于4处	
	镀锌钢线	不允许	
交货长度		每盘装1根导线，线长2500m+1%，允许有占总量5%数量的短段交货，但短段也不得短于1250m	

表1-4-33 铝线技术条件

项目	工程设计及考核技术条件
直径/mm	4.53±1%
截面积/mm^2	16.12±2%
单重/(g/m)	43.56
抗拉强度/MPa	绞前≥165（45根平均值） ≥160（45根中的最小值）
	绞后≥157（45根平均值） ≥152（45根中的最小值）
抗拉强度均匀度(极差)/MPa	≤20
电阻率/(Ω·mm^2/m)	≤0.028264
卷绕性能	1D绕8圈，退6圈，再绕6圈，不断不裂
接头抗拉强度/MPa	冷压焊≥130

表1-4-34 高强度镀锌钢线及铝包钢线技术条件

项目	工程设计及考核技术条件	
	镀锌钢线	铝包钢线
线径/mm	3.02±0.05	3.02±0.05
截面积/mm^2	7.16±0.24	7.16±0.24
单重/(g/m)	55.73	47.18
抗拉强度/MPa	≥1410	≥1340
抗拉强度均匀度(极差)/MPa	≤150	≤150
1%伸长应力/MPa	≥1280	1200
延伸率（%）（标距250mm）	≥3.0	≥1.0
扭转次数（$L=100D$）	≥18（绞前） 16（绞后）	≥20（绞前）
自身缠绕	8圈不断裂	—
导电率（%IACS）	—	20.3%
镀层重量/(g/m^2)	≥245	—
2D缠绕	镀层不开裂或起皮	—
镀（铝包）层均匀性	用肉眼观察镀层应没有孔隙，镀层光滑，厚度均匀	

4.3.2　JL/G3A－900/40－72/7 和 JL/G2A－900/75－84/7 钢芯铝绞线

在我国，JL/G3A－900/40－72/7 和 JL/G2A－900/75－84/7 钢芯铝绞线首先应用于锦屏－苏南±800kV特高压直流输电工程。该工程西起四川凉山彝族自治州的西昌换流站，东至苏州市吴江换流站。线路工程为新建±800kV 直流单回路，输送容量720万kW，额定输送电流4500A。线路途经四川、云南、重庆、湖南、湖北、安徽、浙江、江苏等8个省市，路径全长2095.5km。本工程海拔在30～3650m，2000m海拔以上路径长度约140km。

锦屏－苏南±800kV 特高压直流输电工程一般线路采用6×JL/G3A－900/40－72/7 和6×JL/G2A－900/75－84/7 钢芯铝绞线，其技术条件见表1-4-35，其截面结构如图1-4-4所示。所用铝线及镀锌钢线技术条件见表1-4-36和表1-4-37。

表1-4-35　JL/G3A－900/40－72/7 和 JL/G2A－900/75－84/7 钢芯铝绞线技术条件

项目			工程设计及考核技术要求	
型号			JL/G3A－900/40－72/7	JL/G2A－900/75－84/7
结构根数/直径/mm			铝72/3.99，钢7/2.66	铝84/3.69，钢7/3.69
计算截面积/mm²	铝		900.26	898.30
	钢		38.90	74.86
	总和		939.16+2%	$973.16^{+2\%}_{0}$
钢比			4	8
外径/mm			39.90+1%	$40.6^{+1\%}_{0}$
单位长度重量/(kg/km)			2790.20+2%	$3074.0^{+2\%}_{0}$
额定拉断力/kN			≥203.39	≥235.80
弹性模量/GPa			60.8±3.0	65.8±3.0
线膨胀系数/(1/℃)			21.5×10^{-6}	20.5×10^{-6}
20℃直流电阻/(Ω/km)			≤0.0319	≤0.0320
绞向	外层		右向	
	其他层		相邻层绞向相反	
节径比	铝层	外层	10～12	
		邻外层	11～13	
		邻内层	12～14	
		内层	14～16	
	钢芯		16～22	
每盘线长/m			$2500^{+0.5\%}_{0}$	

注：节径比为参考值。镀锌钢线不应有任何接头，外层铝线不允许有接头，其他层应满足 GB/T 1179—2008 的要求。

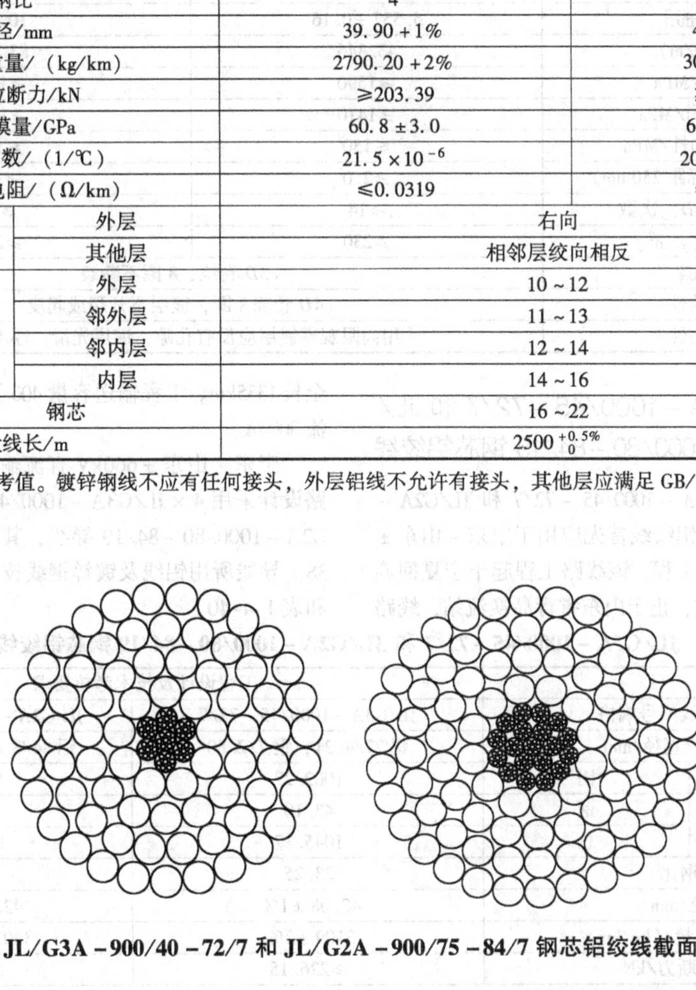

图1-4-4　JL/G3A－900/40－72/7 和 JL/G2A－900/75－84/7 钢芯铝绞线截面结构示意图

表 1-4-36 JL/G3A－900/40－72/7 和 JL/G2A－900/75－84/7 钢芯铝绞线用铝线技术条件

项　目	工程实际考核值	
钢芯铝绞线型号规格	JL/G3A－900/40－72/7	JL/G2A－900/75－84/7
外径/mm	$3.99^{+0.040}_{0}$	3.69 ±1%
计算截面积/mm²	$12.504^{+2\%}_{0}$	10.69 ±2%
单重/（g/m）	$33.760^{+2\%}_{0}$	28.90 ±2%
抗拉强度（绞前）/MPa	≥165（72 或 84 根平均值）；≥160（72 或 84 根中的最小值）	
抗拉强度（绞后）/MPa	≥157（72 或 84 根平均值）；≥152（72 或 84 根中的最小值）	
强度均匀性/MPa	≤25（72 或 84 根强度差值）	
导电率（%IACS）	≥61.5	
电阻率/（Ω·mm²/m）	≤0.028034	
卷绕性能	1D 绕 8 圈，退 6 圈，再绕 6 圈，不断不裂	
接头抗拉强度/MPa	冷压焊　≥130	

表 1-4-37 JL/G3A－900/40－72/7 和 JL/G2A－900/75－84/7 钢芯铝绞线用镀锌钢线技术条件

项　目	工程实际考核值	
钢芯铝绞线型号规格	JL/G3A－900/40－72/7	JL/G2A－900/75－84/7
镀锌钢线型号	G3A	G2A
线径/mm	2.66 ±0.04	3.69 ±0.06
截面积/mm²	5.557 ±0.16	10.694
单重/（g/m）	43.346	83.414
抗拉强度/MPa	≥1590	≥1380
1%伸长应力/MPa	≥1410	≥1170
钢线强度均匀性/MPa	≤150	≤150
延伸率（%）（标距 250mm）	≥2.0	≥3.0
扭转（L=100D）次数	≥14	≥12
镀层重量/（g/m²）	≥230	≥260
卷绕试验	3D 卷绕，8 圈不断裂	
镀层附着性	4D 卷绕 8 圈，镀层不开裂或起皮	
镀层均匀性	用肉眼观察镀层应没有孔隙，镀层光滑，厚度均匀	

4.3.3 JL/G3A－1000/45－72/7 和 JL/G2A－1000/80－84/19 钢芯铝绞线

在我国，JL/G3A－1000/45－72/7 和 JL/G2A－1000/80－84/19 钢芯铝绞线首先应用于宁东－山东 ±660kV 直流输电线路工程。该线路工程起于宁夏回族自治区银川东换流站，止于山东省青岛换流站，线路全长 1335km。工程输送容量 400 万 kW，额定输送电流 3000A。

宁东－山东 ±660kV 直流输电线路工程一般线路设计采用 4×JL/G3A－1000/45－72/7 和 4×JL/G2A－1000/80－84/19 导线，其技术条件见表 1-4-38。导线所用铝线及镀锌钢线技术条件见表 1-4-39 和表 1-4-40。

表 1-4-38 JL/G3A－1000/45－72/7 和 JL/G2A－1000/80－84/19 钢芯铝绞线技术条件

项　目		工程设计及技术考核要求	
钢芯铝绞线型号规格		JL/G3A－1000/45－72/7	JL/G2A－1000/80－84/19
结构根数/直径/mm		铝 72/4.21，钢 7/2.80	铝 84/3.89，钢 19/2.34
计算截面积/mm²	铝	1002.27	998.32
	钢	43.10	81.71
	总	1045.37	1080.03
铝钢比		23.25	12.22
外径/mm		42.08 ±1%	42.82 +1%
单位长度重量/(kg/km)		3109 ±2%	3403.80 +2%
额定拉断力/kN		≥226.15	≥264.3

（续）

项　目			工程设计及技术考核要求	
钢芯铝绞线型号规格			JL/G3A－1000/45－72/7	JL/G2A－1000/80－84/19
弹性模量/GPa			60.6±3.0	65.2±3
线膨胀系数/(1/℃)			21.5×10^{-6}	20.5×10^{-6}
20℃直流电阻/(Ω/km)			≤0.02862	≤0.02876
绞向	外层		右向	
	其他层		相邻层绞向相反	
节径比	铝层	外层	10～12	
		邻外层	11～14	
		邻内层	12～15	
		内层	13～16	
	钢芯		16～22	
每盘线长/m			$2500^{+0.5\%}_{0}$	

注：节径比为参考值。镀锌钢线不应有任何接头，外层铝线不允许有接头，其他层应满足 GB/T 1179—2008 的要求。

表 1-4-39　JL/G3A－1000/45－72/7 和 JL/G2A－1000/80－84/19 钢芯铝绞线用铝线技术条件

项　目		工程实际考核值	
钢芯铝绞线型号规格		JL/G3A－1000/45－72/7	JL/G2A－1000/80－84/19
铝线直径/mm		4.21	3.89
直径允许偏差	正	0.04	0.039
	负	0.04	0.039
抗拉强度/MPa	绞前最小值	160	160
	绞前平均值	165	165
	绞后最小值	152	152
	绞后平均值	157	157
	绞后极差	≤25	≤25
计算截面积/mm²		13.92±2%	11.89±2%
单位长度重量/(kg/km)		37.58±2%	32.10±2%
导电率(%IACS)		≥61.5	
电阻率/(Ω·mm²/m)		≤0.028034	
接头抗拉强度（冷压焊）/MPa		≥130	
卷绕性能		1*D* 绕 8 圈，退 6 圈，重新紧密卷绕，铝线应不断裂	

表 1-4-40　JL/G3A－1000/45－72/7 和 JL/G2A－1000/80－84/19 钢芯铝绞线用镀锌钢线技术条件

项　目	工程实际考核值	
钢芯铝绞线型号规格	JL/G3A－1000/45－72/7	JL/G2A－1000/80－84/19
镀锌钢线型号	G3A	G2A
直径/mm	2.80±0.05	2.34±0.04
截面积/mm²	6.16	4.40
单位长度重量/(kg/km)	47.92	33.45
抗拉强度/MPa	≥1590	≥1410
1%伸长应力/MPa	≥1410	≥1280
绞后抗拉强度极差/MPa	≤150	≤150
伸长率(%)(标距 250mm)	≥2.5	≥2.5
扭转次数	≥12	≥16
镀锌层重量/(g/m²)	≥230	≥230
卷绕试验	4 倍钢丝直径芯轴上卷绕 8 圈，钢丝不断裂	3 倍钢丝直径芯轴上卷绕 8 圈，钢丝不断裂
镀锌层附着性	5 倍钢丝直径芯轴上卷绕 8 圈，锌层不得开裂或起皮	4 倍钢丝直径芯轴上卷绕 8 圈，锌层不得开裂或起皮
镀锌层均匀性	用肉眼观察镀层应没有孔隙，镀层光滑，厚度均匀	

4.3.4 JL/G3A－1250/70－76/7 和 JL/G2A－1250/100－84/19 钢芯铝绞线

在我国，JL/G3A－1250/70－76/7 和 JL/G2A－1250/100－84/19 钢芯铝绞线首先应用于宁夏－绍兴±800kV特高压直流线路，工程设计输送容量 800 万 kW，额定输送电流 5000A。该线路工程起于宁夏回族自治区银川东换流站，止于浙江省绍兴诸暨换流站，线路全长 1720km，全线单回架设。工程设计采用 6×JL/G3A－1250/70－76/7 和 6×JL/G2A－1250/100－84/19 作为一般线路导线。导线及其所用铝线及镀锌钢线技术条件分别见表 1-4-41、表 1-4-42 和表 1-4-43。其截面结构如图 1-4-5 所示。

表 1-4-41 JL/G3A－1250/70－76/7 和 JL/G2A－1250/100－84/19 钢芯铝绞线技术条件

项目			工程设计及技术考核要求	
钢芯铝绞线型号规格			JL/G3A－1250/70－76/7	JL/G2A－1250/100－84/19
结构根数/直径/mm			铝 76/4.58，钢 7/3.57	铝 84/4.35，钢 19/2.61
计算截面积/mm^2		铝	1252.09	1248.38
		钢	70.07	101.65
		总和	1322.16	1350.03
铝钢比			17.87	12.28
外径/mm			$47.35^{+1\%}_{0}$	$47.85^{+1\%}_{0}$
单位长度重量/(kg/km)			$4011.1^{+2\%}_{0}$	$4252.3^{+2\%}_{0}$
额定拉断力/kN			≥294.23	≥329.85
弹性模量/GPa			62.2±3.0	65.2±3.0
线膨胀系数/(1/℃)			21.1×10^{-6}	20.5×10^{-6}
20℃直流电阻/(Ω/km)			≤0.02291	≤0.02300
绞向		外层	右向	
		其他层	相邻层绞向相反	
节径比	铝层	外层	10～12	
		邻外层	11～14	
		邻内层	12～15	
		内层	13～16	
	钢芯		16～22	
每盘线长/m			$2500^{+0.5\%}_{0}$	

注：节径比为参考值。镀锌钢线不应有任何接头，外层铝线不允许有接头，其他层应满足 GB/T 1179—2008 的要求。

表 1-4-42 JL/G3A－1250/70－76/7 和 JL/G2A－1250/100－84/19 钢芯铝绞线用铝线技术条件

项目		工程实际考核值	
钢芯铝绞线型号规格		JL/G3A－1250/70－76/7	JL/G2A－1250/100－84/19
铝线直径/mm		4.58	4.35
直径允许偏差/mm	正	0.046	0.044
	负	0	0
抗拉强度/MPa	绞前最小值	165	165
	绞前平均值	170	170
	绞后最小值	157	157
	绞后平均值	162	162
	绞后极差	≤25	≤25
计算截面积/mm^2		16.47	14.86
单位长度重量/(kg/km)		44.52	40.17
导电率(%IACS)		≥61.5	
电阻率/(Ω·mm^2/m)		≤0.028034	
接头抗拉强度(冷压焊)/MPa		≥130	
卷绕性能		1*D* 绕 8 圈，退 6 圈，重新紧密卷绕，铝线应不断裂	

表 1-4-43 JL/G3A-1250/70-76/7 和 JL/G2A-1250/100-84/19 钢芯铝绞线用镀锌钢线技术条件

项 目	工程实际考核值	
钢芯铝绞线型号规格	JL/G3A-1250/70-76/7	JL/G2A-1250/100-84/19
镀锌钢线型号	G3A	G2A
直径/mm	3.57±0.06	2.61±0.04
截面积/mm^2	10.01	10.01
单位长度重量/(kg/km)	77.88	41.62
抗拉强度/MPa	≥1520	≥1410
1%伸长应力/MPa	≥1340	≥1280
绞后抗拉强度极差/MPa	≤150	≤150
伸长率（%）（标距 250mm）	≥2.5	≥2.5
扭转次数	≥10	≥16
镀锌层重量/(g/m^2)	≥260	≥230
卷绕试验	4 倍钢丝直径芯轴上卷绕 8 圈，钢丝不断裂	3 倍钢丝直径芯轴上卷绕 8 圈，钢丝不断裂
镀锌层附着性	5 倍钢丝直径芯轴上卷绕 8 圈，锌层不得开裂或起皮	4 倍钢丝直径芯轴上卷绕 8 圈，锌层不得开裂或起皮
镀锌层均匀性	用肉眼观察镀层应没有孔隙，镀层光滑，厚度均匀	

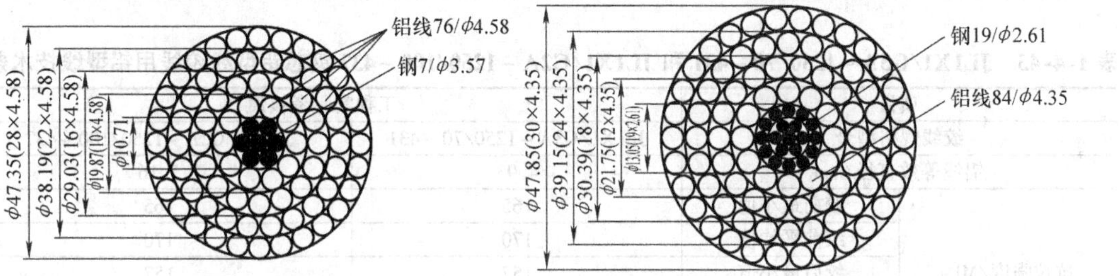

图 1-4-5 JL/G3A-1250/70-76/7 和 JL/G2A-1250/100-84/19 钢芯铝绞线结构示意图

4.3.5 JL1X1/G3A-1250/70-431 和 JL1X1/G2A-1250/100-437 钢芯铝型线绞线

宁夏-绍兴±800kV 特高压直流线路也有部分路段采用 6×JL1X1/G3A-1250/70-431 和 6×JL1X1/G2A-1250/100-437 钢芯铝型线绞线，其技术条件见表 1-4-44，所用铝型线及镀锌钢线见表 1-4-45和表 1-4-46。其截面结构如图 1-4-6 所示。

表 1-4-44 JL1X1/G3A-1250/70-431 和 JL1X1/G2A-1250/100-437 钢芯铝型线绞线技术条件

项 目		工程设计及考核技术条件	
绞线规格型号		JL1X1/G3A-1250/70-431	JL1X1/G2A-1250/100-437
结构根数/等效直径/mm	铝型线	24/4.93（外） 19/4.93（邻外层） 14/4.93（邻内层） 9/4.93（内层）	21/5.16（外层） 17/5.16（邻外层） 13/5.16（邻内层） 9/5.16（内层）
	镀锌钢线	7/3.57	19/2.61
计算截面积/mm^2	铝	1259.88	1254.70
	钢	70.07	101.65
	总	1329.95	1356.35
铝钢比		18.0	12.3
外径/mm		43.11±0.4	43.67±0.4

（续）

项　目			工程设计及考核技术条件	
绞线规格型号			JL1X1/G3A－1250/70－431	JL1X1/G2A－1250/100－437
单位长度重量/（kg/km）			4055.1±81	4290.1±86
额定拉断力/kN			289.18	324.59
弹性模量/GPa			62.1±3	65.1±3
线膨胀系数/(1/℃)			21.1×10^{-6}	20.5×10^{-6}
20℃直流电阻/（Ω/km）			≤0.02292	≤0.02301
绞向		外层	右向	
		其他层	相邻层绞向相反	
节径比	铝层	外层	10～12	
		邻外层	11～14	
		邻内层	12～15	
		内层	13～16	
	钢芯		16～22	
每盘线长/m			$2500^{+0.5\%}_{0}$	
外观及表面质量			绞线表面无肉眼可见的缺陷，如明显的压痕、划痕等，无与良好工业产品不相称的任何缺陷	

注：节径比为参考值。镀锌钢线不应有任何接头，外层铝线不允许有接头，其他层应满足 GB/T 1179—2008 的要求。

表 1-4-45　JL1X1/G3A－1250/70－431 和 JL1X1/G2A－1250/100－437 钢芯铝型线绞线用铝型线技术条件

项目		工程实际考核值	
绞线规格型号		JL1X1/G3A－1250/70－431	JL1X1/G2A－1250/100－437
铝线等效直径/mm		4.93	5.16
抗拉强度/MPa	绞前最小值	165	165
	绞前平均值	170	170
	绞后最小值	157	157
	绞后平均值	162	162
	绞后极差	≤25	≤25
计算截面积/mm²		19.09	20.91
单位长度重量/（kg/km）		51.60	56.52
导电率（%IACS）		≥61.5	
电阻率/（Ω·mm²/m）		≤0.028034	
接头抗拉强度（冷压焊）/MPa		≥130	
卷绕性能		1*D* 绕 8 圈，退 6 圈，重新紧密卷绕，铝线应不断裂	
外观及表面质量		表面应光洁，并不得有与良好的商品不相称的任何缺陷	

表 1-4-46　JL1X1/G3A－1250/70－431 和 JL1X1/G2A－1250/100－437 钢芯铝型线绞线用镀锌钢线技术条件

项目	工程实际考核值	
钢芯铝绞线规格型号	JL1X1/G3A－1250/70－431	JL1X1/G2A－1250/100－437
镀锌钢线型号	G3A	G2A
直径/mm	3.57±0.06	2.61±0.04
截面积/mm²	10.01	10.01
单位长度重量/(kg/km)	77.88	41.62
抗拉强度/MPa	≥1520	≥1410
1%伸长应力/MPa	≥1340	≥1280
绞后抗拉强度极差/MPa	≤150	≤150
伸长率（%）(标距 250mm)	≥2.5	≥2.5
扭转次数	≥10	≥16
镀锌层重量/(g/m²)	≥260	≥230

（续）

项目	工程实际考核值	
钢芯铝绞线规格型号	JL1X1/G3A－1250/70－431	JL1X1/G2A－1250/100－437
卷绕试验	4 倍钢丝直径芯轴上卷绕 8 圈，钢丝不断裂	3 倍钢丝直径芯轴上卷绕 8 圈，钢丝不断裂
镀锌层附着性	5 倍钢丝直径芯轴上卷绕 8 圈，锌层不得开裂或起皮	4 倍钢丝直径芯轴上卷绕 8 圈锌层不得开裂或起皮
镀锌层均匀性	用肉眼观察镀层应没有孔隙，镀层光滑，厚度均匀	

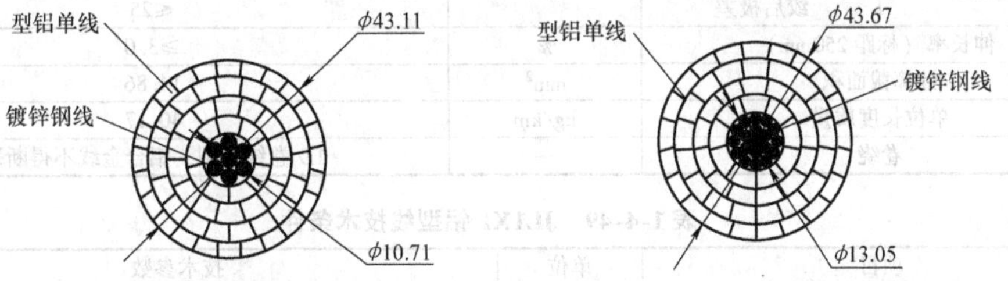

图 1-4-6 JL1X1/G3A－1250/70－431 和 JL1X1/G2A－1250/100－437 钢芯铝型线绞线结构示意图

4.3.6 JL1X1/LHA1－800/550－452 铝合金芯铝型线绞线

宁夏－绍兴 ±800kV 特高压直流线路也有部分路段采用 6×JL1X1/LHA1－800/550－452 铝合金芯铝型线绞线，其主要技术条件见表 1-4-47，所用铝合金线及型铝线的技术条件分别见表 1-4-48 和表 1-4-49。绞线截面示意图如图 1-4-7 所示。

表 1-4-47 JL1X1/LHA1－800/550－452 铝合金芯铝型线绞线技术条件

项 目			单位	技术参数
产品型号规格				JL1X1/LHA1－800/550－452
结构	铝	外层	根/等效直径（mm）	24/4.82
		内层	根/等效直径（mm）	20/4.82
	铝合金	外层	根/直径（mm）	18/4.35
		邻外层	根/直径（mm）	12/4.35
		邻内层	根/直径（mm）	6/4.35
		内层	根/直径（mm）	1/4.35
计算截面积		合计	mm^2	1352.74
		铝	mm^2	802.86
		铝合金	mm^2	549.88
外径			mm	45.15±0.4
单位长度质量			kg/km	3737.6±74
20℃时直流电阻			Ω/km	≤0.02253
额定拉断力			kN	289.00
弹性模量			GPa	55±3
线膨胀系数			$\times10^{-6}$/℃	23
节径比	铝	外层	—	10～12
		内层	—	11～14
	铝合金	18 根层	—	12～14
		12 根层	—	13～15
		6 根层	—	14～16
绞向		外层	—	右向
		其他层	—	相邻层绞向相反
每盘线长			m	2500
线长偏差		正	%	0.5%
		负	%	0

注：节径比是参考值。外层铝线不允许有接头，其他层应满足 Q/GDW 1815—2012 的要求。

表 1-4-48　LHA1 铝合金线技术条件

项　目		单位	技术参数
外观及表面质量		—	表面应光洁，并不得有与良好的商品不相称的任何缺陷
直径		mm	4.35
直径允许偏差	正	mm	0.04
	负	mm	0
20℃时的电阻率		nΩ · m	≤32.840（52.5% IACS）
抗拉强度	绞后最小值	MPa	305
	绞后极差		≤25
伸长率（标距 250mm）		%	≥3.0
计算截面积		mm^2	14.86
单位长度质量		kg/km	40.17
卷绕		—	1*D* 卷绕 8 圈，铝合金线不得断裂

表 1-4-49　JL1X1 铝型线技术条件

项目		单位	技术参数
外观及表面质量		—	表面应光洁，并不得有与良好的商品不相称的任何缺陷
等效直径		mm	4.82
直径允许偏差	正	mm	0.04
	负	mm	0.04
20℃时的电阻率		nΩ · m	≤28.034（61.5% IACS）
抗拉强度	绞前最小值	MPa	165
	绞前平均值		170
	绞后最小值	MPa	157
	绞后平均值		162
	绞后极差		≤25
计算截面积		mm^2	18.25
单位长度质量		kg/km	49.33
卷绕		—	1*D*（1 倍等效直径）卷绕 8 圈，退 6 圈，重新紧密卷绕，铝线不得断裂

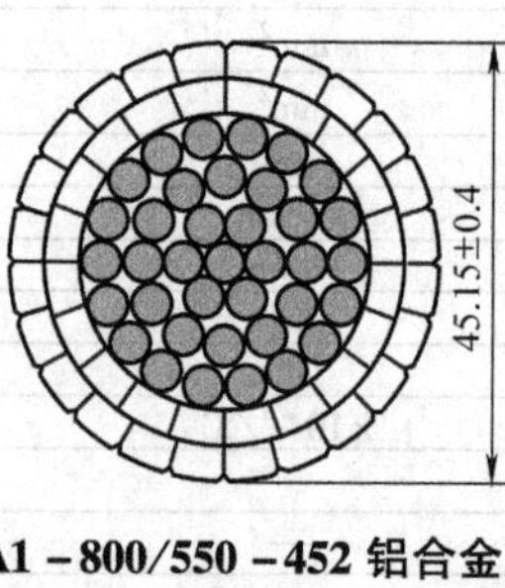

图 1-4-7　JL1X1/LHA1 - 800/550 - 452 铝合金芯铝型线绞线截面示意图

4.3.7　JL/LHA1 - 745/335 - 42/37 铝合金芯铝绞线

在我国，JL/LHA1 - 745/335 - 42/37 铝合金芯铝绞线首先应用于哈密 - 郑州 ±800kV 特高压直流输电线路，工程设计输送容量 800 万 kW，额定输送电流 5000A。该线路工程起于新疆维吾尔自治区哈密换流站，止于河南省中牟县大孟换流站，线路全长 2207km。全线单回架设，有部分路段设计采用 6 × JL/LHA1 - 745/335 - 42/37 铝合金芯铝绞线作为一般线路导线，其主要技术参数见表 1-4-50，绞线所用铝合金线及铝线技术条件见表 1-4-51 和表 1-4-52。

表 1-4-50 JL/LHA1－745/335－42/37 铝合金芯铝绞线技术条件

产品型号规格				JL/LHA1－745/335－42/37
结构	铝	外层	根/mm	24/4.76
		邻外层	根/mm	18/4.76
	铝合金	18 根层	根/mm	18/3.40
		12 根层	根/mm	12/3.40
		6 根层	根/mm	6/3.40
		中心根	根/mm	1/3.40
计算截面积		铝	mm^2	747.4
		铝合金	mm^2	335.93
		合计	mm^2	1083.33
外径			mm	42.84
单位长度质量			kg/km	2294.32
20℃时直流电阻			Ω/km	≤0.02773
额定拉断力			kN	≥223.30
弹性模量			GPa	55.0±3.0
线膨胀系数			$\times 10^{-6}$/℃	23.0
节径比	铝	外层	—	10～12
		邻外层	—	12～14
	铝合金	18 根层	—	12～14
		12 根层	—	13～15
		6 根层	—	14～16
绞向	外层			最外层绞向为右向，相邻层绞向相反
外观及表面质量	绞线无肉眼可见的缺陷，如明显的压痕、划痕等，无与良好产品不相称的任何缺陷			
每盘线长			m	2500＋0.5%

表 1-4-51 ϕ3.40（52.5% IACS）铝合金线技术条件

项目		单位	要求
直径		mm	3.40
直径允许偏差	正	mm	0.03
	负	mm	0
20℃时直流电阻率		nΩ·m	≤32.840
抗拉强度	绞前	MPa	≥325
	绞后	MPa	≥309
	绞后均匀性	MPa	≤40
伸长率（标距 250mm）		%	3.0
接头抗拉强度（冷压焊）		MPa	≥240
计算截面积		mm^2	9.08±2%
单位长度质量		kg/km	24.51±2%
卷绕试验		1*D* 卷绕 8 圈，铝合金线不得断裂	
反复弯曲		按 GB/T 4909.5—2009 所示方法弯曲 6 次不断裂	

表 1-4-52 ϕ4.76（61.5% IACS）铝线技术条件

项目		单位	技术要求
直径		mm	4.76
直径允许偏差	正	mm	0.04
	负	mm	0
20℃时直流电阻率		nΩ·m	≤28.034
抗拉强度	绞前最小值	MPa	≥160
	绞前平均值		≥165
	绞后最小值		≥155
	绞后平均值		≥160
	绞后偏差		≤20

（续）

项目	单位	技术要求
接头抗拉强度（冷压焊）	MPa	≥130
计算截面积	mm^2	17.80 +2%
单位长度质量	kg/km	48.05 +2%
卷绕	1*D* 卷绕 8 圈，退 6 圈，重新紧密卷绕，铝线不得断裂	
外观及表面质量	表面应光洁，并不得有与良好的商品不相称的任何缺陷	

4.4 特种架空导线

本节中列出的特种架空导线，主要是指在本篇第 1 章 1.3.2 节中所定义的具备特殊性能的各种特种架空输电线，特别是相较 GB/T 1179—2008 和 IEC 61089—1997 的“圆线同心绞架空导线”系列的常规输电导线产品而言，具备满足常规输电导线性能之外的某些特种性能及特点的输电导线产品，包括为满足提高架空线路输送容量的增容型导线、为降低线路电能损耗的节能型导线、为适应不同自然环境条件（如高海拔、大跨越、防振、防冰雪等）的耐自然环境型导线、兼具输电和通信等性能的光纤复合型输电线等。为此，国内外相继研究开发并应用了许多特种架空输电线，如钢芯软铝绞线、钢芯耐热铝合金绞线、铝包殷钢芯耐热铝合金绞线、碳纤维复合芯铝绞线、扩径型钢芯铝绞线、自阻尼导线、防冰雪导线、亚光导线、大跨越导线、光纤复合架空输电线等。

表 1-4-53 列出典型特种架空导线的名称、型号及英文缩写代号汇总。

表 1-4-53　典型特种架空输电线名称、型号及英文缩写代号汇总表

特种架空输电线名称	国内相关标准型号	英文缩写代号
钢芯软铝圆线绞线	JLR/G3A、JLR/G4A、JLR/G5A	ACSS
钢芯软铝型线绞线	JLRX1/G3A、JLRX1/G4A、JLRX1/G5A、JLRX2/G3A、JLRX2/G4A、JLRX2/G5A	ACSS/TW
钢芯耐热铝合金绞线	JNRLH1/G1A、JNRLH1/G2A、JNRLH1/G3A	TACSR
钢芯超耐热铝合金绞线	—	ZTACSR
钢芯耐热铝合金型线绞线	JNRLH1X1/G1A、JNRLH1X1/G2A、JNRLH1X1/G3A	TACSR/TW
钢芯高强度耐热铝合金绞线	JNRLH2/G3A、JNRLH2/G4A、JNRLH2/G5A	KTACSR
铝包钢芯耐热铝合金绞线	JNRLH1/LB20A、JNRLH1/LB14	TACSR/AS
铝包钢芯高强耐热铝合金绞线	—	KTACSR/AS
铝包殷钢芯耐热铝合金绞线	—	TACIR
碳纤维复合芯耐热铝合金绞线	JNRLH1/F1A、JNRLH1/F1B、JNRLH1/F2A、JNRLH1/F2B	TACCC
复合材料芯耐热铝合金型线绞线	JNRLH1X1/F1A、JNRLH1X1/F1B、JNRLH1X1/F2A、JNRLH1X1/F2B	—
碳纤维复合芯软铝型线绞线	JLRX1/F1A、JLRX1/F1B、JLRX1/F2A、JLRX1/F2B、JLRX2/F1A、JLRX2/F1B、JLRX2/F2B、JLRX2/F2B	ACCC/TW
铝基－陶瓷复合芯耐热铝合金绞线	—	ACCR
中强度铝合金绞线	JLHA3、JLHA4	AAAC
扩径型钢芯铝绞线	JLK/G1A、JLK/G2A、JLK/G3A、JLKX1/G1A、JLKX1/G2A、JLKX1/G3A	—
间隙型导线	参见 GB/T 30550—2014	GST ACSR
自阻尼导线	LGJ/Z	ACSR/SDC
亚光导线	—	—
光纤复合架空地线	OPGW	OPGW
光纤复合架空导（相）线	OPPC	OPPC
全介质自承式架空光缆	ADSS	ADSS
金属自承式架空光缆	MASS	MASS

4.4.1 钢芯软铝绞线

1. 结构特点

钢芯软铝绞线是一种以软态铝型（或圆）单线绞合作为导体的架空输电导线。铝线经全软化（退火或热挤压）处理，导线运行的工作温度不会由于铝的软化特性而受到限制，却完全由钢的软化特性所决定，而钢的再结晶温度较高，可以在较高的温度下保持正常的机械性能。因此，该导线的允许运行温度比普通导线更高。另一方面，对于铝型线绞线，由于铝股是由一种梯形（或 S/Z 形）截面的铝单线绞合而成的，结构紧凑，表面光滑。

2. 主要技术性能

钢芯软铝绞线的特点是软铝线的导电率可达 63% IACS，在运行中导线机械负荷基本上可以全由钢芯承担。正常运行温度可提高到 160℃，因此载流量可提高近一倍。又由于钢芯的弹性模量较大，线膨胀系数较小，与一般的钢芯铝绞线相比，在档距相同的情况下，钢芯软铝绞线的弧垂较小。铝线呈松弛状态，能吸收较多的激振能量，所以钢芯软铝绞线具有良好的自阻尼减振性能。实践证明，一般电力线路上用的金具、附件及紧线装置等，对钢芯软铝绞线也是适用的。架线滑轮的槽底直径一般不小于导线外径的 16 倍，同时架线施工应加强预防铝线表面擦伤的措施。

表 1-4-54 和表 1-4-55 列出了钢芯软铝（圆）线绞线和钢芯软铝型线绞线的推荐规格及性能参数。

表 1-4-54 钢芯软铝（圆）线绞线推荐规格及性能参数

标称截面（铝/钢）	钢比（%）	软铝线 根数	软铝线 直径/mm	软铝线 面积/mm²	钢芯 根数	钢芯 直径/mm	钢芯 面积/mm²	导线外径/mm	额定拉断力/kN JLR/G3A	额定拉断力/kN JLR/G4A	额定拉断力/kN JLR/G5A	单位重量/(kg/km)	20℃直流电阻/(Ω/km)
150/25	16	24	2.70	148.86	7	2.10	24.25	17.1	47.86	53.92	56.10	600.2	0.1877
150/35	23	30	2.50	147.26	7	2.50	34.36	17.5	63.11	71.02	74.11	675.4	0.1900
185/30	16	26	2.98	181.34	7	2.32	29.59	18.9	57.49	64.30	66.96	731.9	0.1542
185/45	23	30	2.80	184.73	7	2.80	43.10	19.6	79.17	89.08	92.96	847.2	0.1514
240/40	16	24	3.42	238.84	7	2.66	38.90	21.7	75.61	84.56	88.06	963.0	0.1170
240/55	23	30	3.20	241.27	7	3.20	56.30	22.4	101.2	113.6	119.2	1106.6	0.1160
300/50	16	26	3.83	299.54	7	2.98	48.82	24.3	94.88	106.1	110.5	1208.6	0.0933
300/70	23	30	3.60	305.36	7	3.60	71.25	25.2	125.9	140.1	147.3	1400.5	0.0916
400/50	13	54	3.07	399.72	7	3.07	51.82	27.6	103.3	114.8	119.9	1510.5	0.0701
400/65	16	26	4.42	398.94	7	3.44	65.06	28.0	123.8	138.1	144.6	1610.0	0.0701
500/65	13	54	3.44	501.88	7	3.44	65.06	31.0	129.8	144.1	150.6	1896.5	0.0558
630/80	13	54	3.45	628.64	19	2.31	79.62	34.7	162.8	181.1	188.3	2363.0	0.0445
800/100	13	54	4.34	798.85	19	2.61	101.65	39.1	207.6	231.0	240.2	3006.5	0.0351

表 1-4-55 钢芯软铝型线绞线推荐规格及性能

标称截面（铝/钢）	钢比（%）	软铝线 根数	软铝线 层数	软铝线 面积/mm²	钢芯 根数	钢芯 直径/mm	钢芯 面积/mm²	导线外径/mm	额定拉断力/kN JLRX1/G3A、JLRX2/G3A	额定拉断力/kN JLRX1/G4A、JLRX2/G4A	额定拉断力/kN JLRX1/G5A、JLRX2/G5A	单位重量/(kg/km)	20℃直流电阻/(Ω/km)
150/25	15	16	2	150.0	7	2.10	24.25	15.7	47.92	53.98	56.16	603.0	0.1861
185/30	14	16	2	185.0	7	2.32	29.59	17.5	57.71	64.51	67.18	741.3	0.1509
240/30	12	16	2	240.0	7	2.40	31.67	19.6	64.17	71.46	74.31	909.1	0.1163
240/40	14	16	2	240.0	7	2.66	38.90	19.9	75.68	84.62	88.12	965.6	0.1163
300/40	12	16	2	300.0	7	2.66	38.90	21.9	79.13	88.08	91.58	1131.1	0.0930
300/45	13	16	2	300.0	7	2.80	43.10	22.0	85.81	95.73	99.61	1163.9	0.0930
400/45	10	22	2	400.0	7	2.80	43.10	25.0	91.57	101.5	105.4	1439.6	0.0698
400/50	11	22	2	400.0	7	3.07	51.82	25.3	103.4	114.8	119.9	1507.7	0.0698

（续）

标称截面（铝/钢）	钢比（%）	软铝线			钢芯			导线外径/mm	额定拉断力/kN			单位重量/(kg/km)	20℃直流电阻/(Ω/km)
		根数	层数	面积/mm²	根数	直径/mm	面积/mm²		JLRX1/G3A、JLRX2/G3A	JLRX1/G4A、JLRX2/G4A	JLRX1/G5A、JLRX2/G5A		
500/50	9	22	2	500.0	7	3.07	51.82	27.9	109.1	120.5	125.7	1783.4	0.0558
500/55	10	22	2	500.0	7	3.20	56.30	28.0	116.1	128.4	134.1	1818.4	0.0558
630/65	9	36	3	630.0	7	3.43	64.68	31.3	136.5	150.8	157.2	2250.8	0.0445
630/70	10	36	3	630.0	19	2.18	70.92	31.5	151.2	168.9	175.3	2301.5	0.0445
720/70	9	36	3	720.0	19	2.18	70.92	33.4	156.4	174.1	180.5	2550.8	0.0390
720/80	10	36	3	720.0	19	2.31	79.63	33.6	168.1	186.4	193.6	2619.1	0.0390

4.4.2 钢（铝包钢）芯耐热铝合金导线

1. 结构特点

耐热铝合金属于铝－锆（Al－Zr）系列合金。在铝中添加不同含量的金属锆（Zr）及特种合金钇（Y），一方面，少量固溶于铝基体的锆提高了材料的再结晶温度；另一方面，时效析出的介稳 Al_3Zr 粒子可以有效钉扎晶界，阻碍晶界迁移，提高材料的抗蠕变性能。两方面综合作用从而获得不同耐温等级的铝合金线用于导体单元，从而实现输电导线增容能力。

耐热铝合金导线的高导电率和高耐热性，可以用于新建线路上，线路的建设成本增加不大，但输送容量（或容量设计裕度）增加许多，对于节约资源有重要意义；也可以作为改造线路用线，在不改变铁塔、不增加线路走廊的情况下，可增加输送容量约50%以上。

按照 IEC 62004—2007《架空导线用耐热铝合金线》和国家标准 GB/T 30551—2014《架空绞线用耐热铝合金线》规定，耐热铝合金线分为四种：NRLH1—普通耐热铝合金线（长期工作温度为150℃）、NRLH2—高强度耐热铝合金（长期工作温度为150℃，抗拉强度为225～248MPa）、NRLH3—超耐热铝合金（长期工作温度为210℃）和NRLH4—特耐热铝合金（长期工作温度为230℃）。其分类及各项机械电气性能指标参见本篇第2章2.1.4节铝合金圆线。

不同类型铝合金线导体单元与不同加强芯单元组合成各种钢（铝包钢）芯耐热铝合金绞线。铝合金线导体单元可以由圆单线绞合，也可以由型单线绞合。

钢（铝包钢）芯耐热铝合金型线绞线，主要结构形式有两种：一种是梯形铝合金型线绞线，另一种是S/Z形型线绞线，其截面结构图如图1-4-8所示。

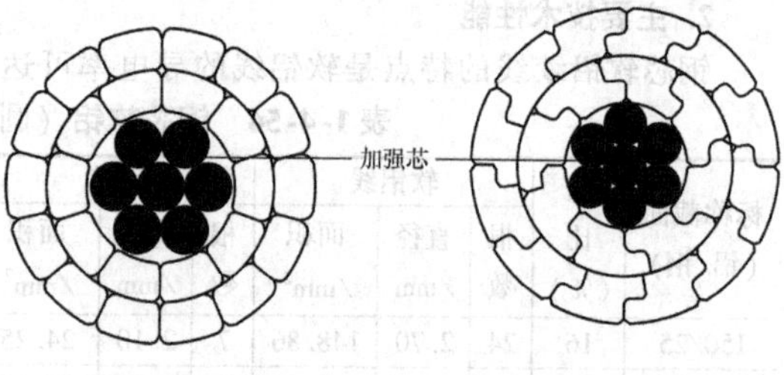

图1-4-8 钢（铝包钢）芯耐热铝合金型线绞线截面结构示意图

2. 主要技术性能

钢（铝包钢）芯耐热铝合金导线由不同加强芯和不同耐热等级铝合金导体组合形成系列绞线，其各种绞线名称与型号见表1-4-56。

表1-4-56 钢（铝包钢）芯耐热铝合金导线的名称与型号

名称	型号
钢芯耐热铝合金绞线	JNRLH1/G1A、JNRLH1/G2A、JNRLH1/G3A
铝包钢芯耐热铝合金绞线	JNRLH1/LB20A、JNRLH1/LB14
钢芯耐热铝合金型线绞线	JNRLH1X1/G1A、JNRLH1X1/G2A、JNRLH1X1/G3A
铝包钢芯耐热铝合金型线绞线	JNRLH1X1/LB20A、JNRLH1X1/LB14
钢芯高强度耐热铝合金绞线	JNRLH2/G3A、JNRLH2/G4A、JNRLH2/G5A

注：各种钢（铝包钢）芯耐热铝合金绞线均可涂有防腐涂料，形成防腐型绞线。其相关计算及型号标注可参考本章4.1.5节防腐型钢芯铝绞线。

各种钢（铝包钢）芯耐热铝合金绞线技术性能参数分别见表1-4-57～表1-4-64。

表 1-4-57 JNRLH1/G1A、JNRLH1/G2A、JNRLH1/G3A 钢芯耐热铝合金绞线推荐规格及性能

标称截面（铝合金/钢）	单线根数		单线直径/mm		截面积/mm²			直径/mm	单位长度质量/（kg/km）	额定拉断力/kN			20℃直流电阻/（Ω/km）
	耐热铝合金	钢	耐热铝合金	钢	耐热铝合金	钢	总和			JNRLH1/G1A	JNRLH1/G2A	JNRLH1/G3A	
150/20	24	7	2.78	1.85	145.7	18.8	164.5	16.7	549.0	46.20	48.83	51.47	0.2014
185/30	26	7	2.98	2.32	181.3	29.6	210.9	18.9	732.0	63.11	67.25	71.10	0.1619
240/30	24	7	3.60	2.40	244.3	31.7	276.0	21.6	921.5	75.68	80.11	84.23	0.1201
240/40	26	7	3.42	2.66	238.8	38.9	277.7	21.7	963.5	83.04	88.49	93.54	0.1229
300/25	48	7	2.85	2.22	306.2	27.1	333.3	23.8	1057.9	82.53	86.33	90.12	0.0959
300/40	24	7	3.99	2.66	300.1	38.9	339.0	23.9	1132.0	92.06	97.51	102.6	0.0977
300/50	26	7	3.83	2.98	299.5	48.8	348.4	24.3	1208.6	103.3	110.1	116.5	0.0980
400/25	45	7	3.33	2.22	391.9	27.1	419.0	26.6	1294.7	95.19	98.98	102.8	0.0750
400/35	48	7	3.22	2.50	390.9	34.4	425.2	26.8	1348.7	102.5	107.3	111.8	0.0752
400/50	54	7	3.07	3.07	399.7	51.8	451.5	27.6	1510.5	121.8	129.0	136.3	0.0736
400/65	26	7	4.42	3.44	398.9	65.1	464.0	28.0	1610.0	135.0	144.1	153.2	0.0736
400/95	30	19	4.16	2.50	407.8	93.3	501.0	29.1	1857.9	171.2	184.2	196.3	0.0720
500/35	45	7	3.76	2.51	499.7	34.6	534.3	30.1	1651.3	120.4	125.3	129.8	0.0588
500/45	48	7	3.60	2.80	488.6	43.1	531.7	30.0	1687.0	128.3	134.3	139.9	0.0601
500/65	54	7	3.44	3.44	501.9	65.1	566.9	31.0	1896.5	152.9	162.0	171.1	0.0586
630/45	45	7	4.22	2.81	629.4	43.4	672.8	33.8	2078.4	149.6	155.6	161.3	0.0467
630/55	48	7	4.12	3.20	639.9	56.3	696.2	34.3	2208.3	163.7	171.6	179.4	0.0459
630/80	54	19	3.85	2.31	628.6	79.6	708.3	34.7	2363.1	190.7	201.9	212.2	0.0468
720/50	45	7	4.53	3.02	725.3	50.1	775.4	36.2	2395.9	170.5	177.5	184.5	0.0405
800/55	45	7	4.80	3.20	814.3	56.3	870.6	38.4	2690.0	191.4	199.3	207.2	0.0361
800/70	48	7	4.63	3.60	808.2	71.3	879.4	38.6	2790.1	206.9	211.9	224.0	0.0364
900/75	84	7	3.69	3.69	898.3	74.9	973.2	40.6	3071.3	227.9	233.1	245.8	0.0328
1400/135	88	19	4.50	3.00	1399.6	134.3	1533.9	51.0	4926.4	375.6	394.4	411.9	0.0210
1440/120	84	19	4.67	2.80	1438.8	117.0	1555.8	51.4	4899.7	362.1	378.5	393.7	0.0205

表 1-4-58　JNRLH1/LB20A 铝包钢芯耐热铝合金绞线推荐规格及性能

标称截面（铝合金/铝包钢）	单线根数		单线直径/mm		截面积/mm²			直径/mm	单位长度质量/(kg/km)	额定拉断力/kN	20℃直流电阻/(Ω/km)
	耐热铝合金	铝包钢	耐热铝合金	铝包钢	耐热铝合金	铝包钢	总和			JNRLH1/LB20A	
300/40	24	7	3.99	2.66	300.1	38.9	339.0	23.9	1085.5	94.39	0.0936
300/50	26	7	3.83	2.98	299.5	48.8	348.4	24.3	1150.3	106.2	0.0928
400/35	48	7	3.22	2.50	390.9	34.4	425.2	26.8	1307.6	104.6	0.0729
400/50	54	7	3.07	3.07	399.7	51.8	451.5	27.6	1448.6	126.9	0.0704
400/65	26	7	4.42	3.44	398.9	65.1	464.0	28.0	1532.2	140.2	0.0697
500/35	45	7	3.76	2.51	499.7	34.6	534.3	30.1	1609.9	122.5	0.0574
500/45	48	7	3.60	2.80	488.6	43.1	531.7	30.0	1635.5	130.9	0.0584
630/45	45	7	4.22	2.81	629.4	43.4	672.8	33.8	2026.5	152.2	0.0456
630/55	48	7	4.12	3.20	639.9	56.3	696.2	34.3	2141.0	169.3	0.0446
720/50	45	7	4.53	3.02	725.3	50.1	775.4	36.2	2336.0	175.5	0.0396
800/55	45	7	4.80	3.20	814.3	56.3	870.6	38.4	2622.7	197.0	0.0352

表 1-4-59　JNRLH1/LB14 铝包钢芯耐热铝合金绞线推荐规格及性能

标称截面（铝合金/铝包钢）	单线根数		单线直径/mm		截面积/mm²			直径/mm	单位长度质量/(kg/km)	额定拉断力/kN	20℃直流电阻/(Ω/km)
	耐热铝合金	铝包钢	耐热铝合金	铝包钢	耐热铝合金	铝包钢	总和			JNRLH1/LB14A	
300/40	24	7	3.99	2.66	300.1	38.9	339.0	23.9	1106.9	102.6	0.0948
300/50	26	7	3.83	2.98	299.5	48.8	348.4	24.3	1177.2	116.5	0.0944
400/35	48	7	3.22	2.50	390.9	34.4	425.2	26.8	1326.6	111.8	0.0736
400/50	54	7	3.07	3.07	399.7	51.8	451.5	27.6	1477.2	136.3	0.0714
400/65	26	7	4.42	3.44	398.9	65.1	464.0	28.0	1568.1	153.2	0.0708
500/35	45	7	3.76	2.51	499.7	34.6	534.3	30.1	1629.1	129.8	0.0578
500/45	48	7	3.60	2.80	488.6	43.1	531.7	30.0	1659.3	139.9	0.0589
630/45	45	7	4.22	2.81	629.4	43.4	672.8	33.8	2050.5	161.3	0.0459
630/55	48	7	4.12	3.20	639.9	56.3	696.2	34.3	2172.1	179.4	0.0450
720/50	45	7	4.53	3.02	725.3	50.1	775.4	36.2	2363.7	184.5	0.0398
800/55	45	7	4.80	3.20	814.3	56.3	870.6	38.4	2653.8	207.2	0.0355

表1-4-60　JNRLH1X1/G1A、JNRLH1X1/G2A、JNRLH1X1/G3A 钢芯耐热铝合金型线绞线推荐规格及性能

标称截面（铝合金/钢）	耐热铝合金线			钢芯			总面积/mm²	直径/mm	单位长度质量/(kg/km)	额定拉断力/kN			20℃直流电阻/(Ω/km)
	最小根数	层数	面积/mm²	根数	直径/mm	面积/mm²				JNRLH1X1/G1A	JNRLH1X1/G2A	JNRLH1X1/G3A	
210/35	20	2	210.0	7	2.50	34.4	244.4	18.6	847.5	73.19	78.00	82.47	0.1396
210/45	20	2	210.0	7	2.85	44.7	254.7	19.1	927.9	84.93	91.18	96.98	0.1396
240/35	20	2	240.0	7	2.50	34.4	274.4	19.7	930.2	77.33	82.14	86.61	0.1221
240/45	20	2	240.0	7	2.85	44.7	284.7	20.1	1010.6	89.07	95.32	101.1	0.1221
280/30	18	2	280.0	7	2.40	31.7	311.7	21.0	1019.4	80.62	85.05	89.17	0.1047
280/45	20	2	280.0	7	2.85	44.7	324.7	21.5	1120.9	95.43	101.7	107.5	0.1047
300/35	18	2	300.0	7	2.50	34.4	334.4	21.7	1095.6	86.87	91.68	96.15	0.0977
300/40	18	2	300.0	7	2.70	40.1	340.1	21.9	1140.3	93.39	99.00	104.2	0.0977
300/45	20	2	300.0	7	2.85	44.7	344.7	22.1	1176.0	98.61	104.9	110.7	0.0977
300/50	20	2	300.0	7	3.00	49.5	349.5	22.3	1213.7	104.1	111.0	117.5	0.0977
350/35	19	2	350.0	7	2.50	34.4	384.4	23.3	1233.5	94.82	99.63	104.1	0.0837
350/45	19	2	350.0	7	2.85	44.7	394.7	23.6	1313.9	106.6	112.8	118.6	0.0837
350/55	20	2	350.0	7	3.20	56.3	406.3	24.0	1404.8	117.6	125.5	133.3	0.0837
380/40	19	2	380.0	7	2.70	40.1	420.1	24.3	1360.8	106.1	111.7	116.9	0.0771
380/55	21	2	380.0	7	3.20	56.3	436.3	24.9	1487.6	122.3	130.2	138.1	0.0771
400/40	19	2	400.0	7	2.70	40.1	440.1	24.9	1416.0	109.3	114.9	120.1	0.0733
400/55	21	2	400.0	7	3.20	56.3	456.3	25.4	1542.7	125.5	133.4	141.3	0.0733
450/50	36	3	450.0	7	3.00	49.5	499.5	26.5	1633.4	128.0	134.9	141.3	0.0655
480/50	36	3	480.0	7	3.00	49.5	529.5	27.3	1716.5	132.7	139.7	146.1	0.0614
500/45	36	3	500.0	7	2.85	44.7	544.7	27.7	1734.2	130.4	136.7	142.5	0.0589
500/55	36	3	500.0	7	3.20	56.3	556.3	28.0	1825.2	141.4	149.3	157.2	0.0589
580/50	36	3	580.0	7	3.00	49.5	629.5	29.7	1993.5	148.6	155.6	162.0	0.0508
630/55	36	3	630.0	7	3.20	56.3	686.3	31.0	2185.3	162.1	170.0	177.9	0.0468
630/65	36	3	630.0	7	3.45	65.4	695.4	31.3	2256.8	172.2	181.3	190.5	0.0468
720/50	46	4	720.0	7	3.00	49.5	769.5	32.8	2391.2	170.9	177.8	184.2	0.0411
720/90	50	4	720.0	19	2.45	89.6	809.6	33.9	2706.8	216.6	229.1	240.8	0.0411
800/55	56	4	800.0	7	3.20	56.3	856.3	34.6	2667.1	189.1	197.0	204.9	0.0370
800/70	53	4	800.0	19	2.18	70.9	870.9	35.0	2783.3	210.2	220.1	230.0	0.0370

注：计算型线绞线的直径时，填充系数取0.92。

表 1-4-61 JNRLH1X1/LB20A 铝包钢芯耐热铝合金型线绞线推荐规格及性能

标称截面（铝合金/铝包钢）	耐热铝合金线			铝包钢芯			总面积/mm²	直径/mm	单位长度质量/(kg/km)	额定拉断力/kN	20℃直流电阻/(Ω/km)
	最小根数	层数	面积/mm²	根数	直径	面积/mm²					
210/35	20	2	210.0	7	2.50	34.4	244.4	18.6	806.4	75.25	0.1321
210/45	20	2	210.0	7	2.85	44.7	254.7	19.1	874.5	87.61	0.1301
240/35	20	2	240.0	7	2.50	34.4	274.4	19.7	889.1	79.39	0.1164
240/45	20	2	240.0	7	2.85	44.7	284.7	20.1	957.2	91.75	0.1148
280/30	18	2	280.0	7	2.40	31.7	311.7	21.0	981.6	82.52	0.1008
280/45	20	2	280.0	7	2.85	44.7	324.7	21.5	1067.5	98.11	0.0992
300/35	18	2	300.0	7	2.50	34.4	334.4	21.7	1054.5	88.93	0.0940
300/40	18	2	300.0	7	2.70	40.1	340.1	21.9	1092.4	95.79	0.0934
300/45	20	2	300.0	7	2.85	44.7	344.7	22.1	1122.7	101.3	0.0929
300/50	20	2	300.0	7	3.00	49.5	349.5	22.3	1154.6	107.1	0.0925
350/35	19	2	350.0	7	2.50	34.4	384.4	23.3	1192.4	96.88	0.0810
350/45	19	2	350.0	7	2.85	44.7	394.7	23.6	1260.5	109.2	0.0802
350/55	20	2	350.0	7	3.20	56.3	406.3	24.0	1337.6	123.2	0.0793
380/40	19	2	380.0	7	2.70	40.1	420.1	24.3	1312.9	108.5	0.0744
380/55	21	2	380.0	7	3.20	56.3	436.3	24.9	1420.3	128.0	0.0734
400/40	19	2	400.0	7	2.70	40.1	440.1	24.9	1368.1	111.7	0.0708
400/55	21	2	400.0	7	3.20	56.3	456.3	25.4	1475.4	131.2	0.0699
450/50	36	3	450.0	7	3.00	49.5	499.5	26.5	1574.2	130.9	0.0631
480/50	36	3	480.0	7	3.00	49.5	529.5	27.3	1657.4	135.7	0.0592
500/45	36	3	500.0	7	2.85	44.7	544.7	27.7	1680.8	133.1	0.0571
500/55	36	3	500.0	7	3.20	56.3	556.3	28.0	1757.9	147.1	0.0567
580/50	36	3	580.0	7	3.00	49.5	629.5	29.7	1934.4	151.6	0.0493
630/55	36	3	630.0	7	3.20	56.3	686.3	31.0	2118.1	167.7	0.0453
630/65	36	3	630.0	7	3.45	65.4	695.4	31.3	2178.5	177.4	0.0451
720/50	46	4	720.0	7	3.00	49.5	769.5	32.8	2332.0	173.9	0.0401
720/90	50	4	720.0	19	2.45	89.6	809.6	33.9	2599.4	222.0	0.0394
800/55	56	4	800.0	7	3.20	56.3	856.3	34.6	2599.9	194.8	0.0361
800/70	53	4	800.0	19	2.18	70.9	870.9	35.0	2698.2	212.3	0.0359

注：计算型线绞线的直径时，填充系数取 0.92。

表 1-4-62　JNRLH1X1/LB14 铝包钢芯耐热铝合金型线绞线推荐规格及性能

标称截面（铝合金/铝包钢）	耐热铝合金线			铝包钢芯			总面积/mm²	直径/mm	单位长度质量/(kg/km)	额定拉断力/kN	20℃直流电阻/(Ω/km)
	最小根数	层数	面积/mm²	根数	直径	面积/mm²					
210/35	20	2	210.0	7	2.50	34.4	244.4	18.6	825.4	82.47	0.1344
210/45	20	2	210.0	7	2.85	44.7	254.7	19.1	899.2	96.98	0.1329
240/35	20	2	240.0	7	2.50	34.4	274.4	19.7	908.1	86.61	0.1181
240/45	20	2	240.0	7	2.85	44.7	284.7	20.1	981.9	101.1	0.1170
280/30	18	2	280.0	7	2.40	31.7	311.7	21.0	999.1	89.17	0.1019
280/45	20	2	280.0	7	2.85	44.7	324.7	21.5	1092.2	107.5	0.1009
300/35	18	2	300.0	7	2.50	34.4	334.4	21.7	1073.5	96.15	0.0951
300/40	18	2	300.0	7	2.70	40.1	340.1	21.9	1114.5	104.2	0.0947
300/45	20	2	300.0	7	2.85	44.7	344.7	22.1	1147.3	110.7	0.0944
300/50	20	2	300.0	7	3.00	49.5	349.5	22.3	1181.9	117.5	0.0940
350/35	19	2	350.0	7	2.50	34.4	384.4	23.3	1211.4	104.1	0.0818
350/45	19	2	350.0	7	2.85	44.7	394.7	23.6	1285.2	118.6	0.0813
350/55	20	2	350.0	7	3.20	56.3	406.3	24.0	1368.7	133.3	0.0807
380/40	19	2	380.0	7	2.70	40.1	420.1	24.3	1335.1	116.9	0.0752
380/55	21	2	380.0	7	3.20	56.3	436.3	24.9	1451.4	138.1	0.0745
400/40	19	2	400.0	7	2.70	40.1	440.1	24.9	1390.2	120.1	0.0716
400/55	21	2	400.0	7	3.20	56.3	456.3	25.4	1506.5	141.3	0.0709
450/50	36	3	450.0	7	3.00	49.5	499.5	26.5	1601.6	141.3	0.0638
480/50	36	3	480.0	7	3.00	49.5	529.5	27.3	1684.7	146.1	0.0599
500/45	36	3	500.0	7	2.85	44.7	544.7	27.7	1705.5	142.5	0.0577
500/55	36	3	500.0	7	3.20	56.3	556.3	28.0	1789.0	157.2	0.0574
580/50	36	3	580.0	7	3.00	49.5	629.5	29.7	1961.7	162.0	0.0498
630/55	36	3	630.0	7	3.20	56.3	686.3	31.0	2149.2	177.9	0.0458
630/65	36	3	630.0	7	3.45	65.4	695.4	31.3	2214.7	190.5	0.0456
720/50	46	4	720.0	7	3.00	49.5	769.5	32.8	2359.4	184.2	0.0404
720/90	50	4	720.0	19	2.45	89.6	809.6	33.9	2649.0	240.8	0.0399
800/55	56	4	800.0	7	3.20	56.3	856.3	34.6	2631.0	204.9	0.0364
800/70	53	4	800.0	19	2.18	70.9	870.9	35.0	2737.5	227.2	0.0362

注：计算型线绞线的直径时，填充系数取 0.92。

表 1-4-63 JNRLH2/G3A、JNRLH2/G4A、JNRLH2/G5A 钢芯高强度耐热铝合金绞线推荐规格及性能

标称截面（铝合金/钢）	单线根数		单线直径/mm		截面积/mm²			直径/mm	单位长度质量/(kg/km)	额定拉断力/kN			20℃直流电阻/(Ω/km)
	耐热铝合金	钢	耐热铝合金	钢	耐热铝合金	钢	总和			JNRLH2/G3A	JNRLH2/G4A	JNRLH2/G5A	
300/50	26	7	3.83	2.98	299.5	48.8	348.4	24.3	1208.6	140.1	147.0	148.4	0.1069
300/70	30	7	3.60	3.60	305.4	71.3	376.6	25.2	1400.5	169.1	180.5	184.0	0.1049
400/50	54	7	3.07	3.07	399.7	51.8	451.5	27.6	1510.5	167.8	176.6	178.2	0.0802
500/45	48	7	3.60	2.80	488.6	43.1	531.7	30.0	1687.0	178.5	184.6	185.9	0.0656
500/65	54	7	3.43	3.43	499.0	64.7	563.6	30.9	1885.5	209.5	220.5	222.4	0.0643
630/45	45	7	4.22	2.81	629.4	43.4	672.8	33.8	2078.4	202.8	208.9	210.2	0.0509
630/55	48	7	4.12	3.20	639.9	56.3	696.2	34.3	2208.3	221.7	231.2	232.9	0.0501
720/50	45	7	4.53	3.02	725.3	50.1	775.4	36.2	2395.9	232.4	240.9	242.4	0.0442
800/55	45	7	4.80	3.20	814.3	56.3	870.6	38.4	2690.0	260.9	270.5	272.2	0.0394
800/65	84	7	3.48	3.48	799.0	66.6	865.5	38.3	2731.7	284.4	295.8	297.7	0.0402
900/40	72	7	3.99	2.66	900.3	38.9	939.2	39.9	2793.8	269.1	275.7	276.5	0.0356
900/75	84	7	3.69	3.69	898.3	74.9	973.2	40.6	3071.3	316.8	328.8	332.5	0.0357
1000/45	72	7	4.21	2.80	1002.3	43.1	1045.4	42.1	3108.8	286.3	292.3	293.6	0.0320
1000/80	84	19	3.90	2.34	1003.5	81.7	1085.2	42.9	3418.0	354.0	367.9	369.6	0.0320
1120/50	72	19	4.45	1.78	1119.8	47.3	1167.1	44.5	3467.7	320.5	326.7	327.6	0.0286
1120/90	84	19	4.12	2.47	1119.9	91.0	1210.9	45.3	3813.4	380.3	395.8	397.6	0.0287
1250/50	72	19	4.70	1.88	1249.2	52.7	1301.9	47.0	3868.3	357.5	364.4	365.4	0.0257
1250/100	84	19	4.35	2.61	1248.4	101.7	1350.0	47.9	4252.3	424.2	441.5	443.5	0.0257

表 1-4-64 JNRLH2/G3A、JNRLH2/G4A、JNRLH2/G5A 钢芯高强度耐热铝合金绞线推荐规格及性能（推荐用于大跨越导线）

标称截面（铝合金/钢）	单线根数		单线直径/mm		截面积/mm^2			直径/mm	单位长度质量/(kg/km)	额定拉断力/kN			20℃直流电阻/(Ω/km)
	耐热铝合金	钢	耐热铝合金	钢	耐热铝合金	钢	总和			JNRLH2/G3A	JNRLH2/G4A	JNRLH2/G5A	
300/135	42	19	3.00	3.00	296.9	134.3	431.2	27.0	1875.0	260.9	279.7	283.7	0.1082
400/180	42	19	3.50	3.50	404.1	182.8	586.9	31.5	2552.0	349.7	380.7	386.2	0.0795
	42	37	3.50	2.50	404.1	181.6	585.7	31.5	2545.2	353.5	384.3	388.0	0.0795
410/150	38	19	3.70	3.20	408.6	152.8	561.4	30.8	2328.7	309.3	335.3	339.9	0.0785
450/200	42	19	3.70	3.70	451.6	204.3	655.9	33.3	2852.0	382.6	415.3	425.5	0.0711
	42	37	3.70	2.64	451.6	202.5	654.1	33.3	2841.0	394.4	428.8	432.9	0.0711
500/230	42	19	3.90	3.90	501.7	227.0	728.7	35.1	3168.7	423.6	459.9	471.2	0.0640
	42	37	3.90	2.80	501.7	227.8	729.6	35.2	3178.4	440.6	472.5	479.4	0.0640
500/280	48	37	3.64	3.12	499.5	282.9	782.4	36.4	3605.5	510.8	558.8	567.3	0.0643
530/240	42	19	4.00	4.00	527.8	238.8	766.5	36.0	3333.3	445.6	483.8	495.7	0.0608
	42	37	4.00	2.86	527.8	237.7	765.5	36.0	3328.1	460.8	494.0	501.2	0.0608
580/260	42	37	4.20	3.00	581.9	261.5	843.4	37.8	3665.1	499.7	536.3	544.2	0.0552
610/270	42	37	4.30	3.07	609.9	273.9	883.8	38.7	3839.7	515.2	561.8	570.0	0.0526
630/360	48	37	4.09	3.51	630.6	358.0	988.7	40.9	4559.0	621.6	678.9	696.8	0.0510
640/290	42	37	4.40	3.14	638.6	286.5	925.1	39.6	4018.4	539.1	587.8	596.4	0.0503
720/270	38	37	4.90	3.03	716.6	266.8	983.4	40.8	4078.2	529.4	574.8	582.8	0.0448
720/300	40	37	4.80	3.20	723.8	297.6	1021.4	41.6	4340.5	573.5	624.1	633.0	0.0444
720/320	42	37	4.66	3.33	716.3	322.2	1038.6	42.0	4514.1	605.9	660.6	670.3	0.0448
760/340	42	37	4.80	3.43	760.0	341.9	1101.9	43.2	4789.3	642.8	700.9	711.2	0.0423
800/210	72	37	3.76	2.69	799.5	210.3	1009.7	41.4	3865.2	489.2	524.9	529.1	0.0402
900/240	72	37	4.00	2.86	904.8	237.7	1142.5	44.0	4372.2	550.5	583.8	590.9	0.0355
1000/260	72	37	4.20	3.00	997.5	261.5	1259.1	46.2	4816.2	593.2	629.8	637.7	0.0322

注：本表推荐的钢芯高强度耐热铝合金绞线规格及技术性能，主要是针对大跨越导线设计选型参考。

4.4.3 铝包殷钢芯耐热铝合金绞线

1. 结构特点

铝包殷钢芯耐热铝合金绞线是由耐热或超耐热铝合金圆线或型线与铝包殷瓦（Invar）钢线组合绞制而成。其长期工作温度可达150℃（或210℃）。与普通钢芯铝绞线在外径、单位重量及档距弧垂大致相同的情况下，其载流能力约为普通钢芯铝绞线的2倍，特别适合于在改建线路上需要增大负荷时使用。铝包殷钢线技术性能参数见本篇2.2.3节中表1-2-52和表1-2-53。铝包殷钢线的线膨胀系数一般为3.7×10^{-6}/℃，比普通镀锌钢线的线膨胀系数小得多，以保证导线在高温下的弧垂可以大大减小。铝包殷钢芯耐热铝合金绞线的典型结构如图1-4-9所示。

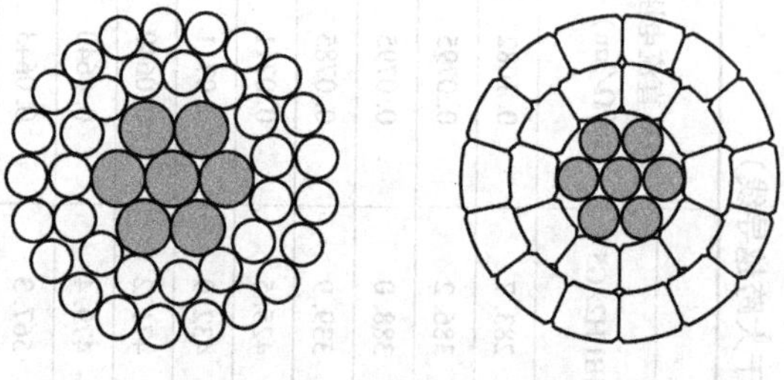

图1-4-9 铝包殷钢芯耐热铝合金绞线结构示意图

2. 主要技术性能

该导线载流以后，当导线升温到某一温度时，由于耐热铝合金线的线膨胀系数远大于铝包殷钢芯而使其热膨胀而松弛。这时导线的全部张力载荷转移到钢芯上来。此温度称为迁移温度。在迁移温度以上，导线的线膨胀量很小，从而使其弧垂增加很小。为方便设计选用参考，表1-4-65和表1-4-66分别列出部分规格的14%IACS铝包殷钢芯耐热铝合金圆线及型线绞线技术性能参数，供设计选型参考。

表1-4-65 14%IACS铝包殷钢芯耐热铝合金绞线性能

标称截面（铝/钢）	结构，根数/直径/mm		计算截面积/mm²			外径/mm	直流电阻不大于/(Ω/km)		计算拉断力/kN		计算重量/(kg/km)	计算载流量/A	
	铝	钢	铝	钢	合计		NRLH1	NRLH3	NRLH1	NRLH3		NRLH1	NRLH3
135/30	30/2.38	7/2.38	133.46	31.14	164.61	16.66	0.2085	0.2085	53.97	53.97	588.0	703	873
160/35	30/2.60	7/2.60	159.28	37.17	196.44	18.20	0.1747	0.1747	64.41	64.41	701.8	790	982
210/40	28/3.07	7/2.70	207.26	40.08	247.34	20.38	0.1355	0.1355	73.78	73.78	854.7	930	1159
200/45	30/2.90	7/2.90	198.16	46.24	244.39	20.30	0.1405	0.1405	78.81	78.81	873.1	912	1137
230/45	28/3.24	7/2.85	230.85	44.66	275.51	21.51	0.1216	0.1216	82.19	82.19	952.0	998	1246
255/40	26/3.54	7/2.75	255.90	41.58	297.48	22.41	0.1105	0.1105	82.83	82.83	999.3	1061	1326
240/55	30/3.20	7/3.20	241.27	56.30	297.57	22.40	0.1154	0.1154	93.82	93.82	1063.1	1038	1297
220/50	30/3.05	7/3.05	219.19	51.14	270.33	21.35	0.1270	0.1270	85.23	85.23	965.7	974	1216
290/55	28/3.64	7/3.20	291.37	56.30	347.67	24.16	0.0964	0.0964	101.53	101.53	1201.2	1163	1456
300/50	26/3.85	7/3.00	302.68	49.48	352.16	24.40	0.0934	0.0934	97.43	97.43	1184.2	1185	1485
340/65	28/3.92	7/3.45	337.93	65.44	403.36	26.03	0.0831	0.0831	116.94	116.94	1394.1	1283	1609
345/55	26/4.11	7/3.20	344.94	56.30	401.24	26.04	0.0819	0.0819	108.80	108.80	1348.9	1292	1621

表1-4-66 14%IACS铝包殷钢芯耐热铝合金型线绞线性能

标称截面（铝/钢）	结构，根数/直径/mm		计算截面积/mm²			外径/mm	直流电阻不大于/(Ω/km)		计算拉断力/kN		计算重量/(kg/km)	计算载流量/A	
	铝	钢	铝	钢	合计		NRLH1	NRLH3	NRLH1	NRLH3		NRLH1	NRLH3
160/40	18/3.37	7/2.65	160.55	38.61	199.16	17.04	0.1727	0.1727	65.06	65.06	714.5	778	966
200/45	17/3.87	7/2.85	199.97	44.66	244.62	18.87	0.1392	0.1392	76.87	76.87	865.7	895	1114
200/50	17/3.87	7/2.95	199.97	47.84	247.81	19.01	0.1387	0.1387	80.20	80.20	888.2	899	1119
250/45	18/4.20	7/2.85	249.38	44.66	294.04	20.64	0.1127	0.1127	84.33	84.33	1001.9	1023	1276
250/40	18/4.20	7/2.75	249.38	41.58	290.96	20.51	0.1131	0.1131	81.12	81.12	980.3	1019	1271
240/55	18/4.13	7/3.20	241.14	56.30	297.43	20.82	0.1152	0.1152	92.58	92.58	1061.2	1015	1266
240/50	18/4.13	7/3.00	241.14	49.48	290.62	20.55	0.1159	0.1159	88.13	88.13	1013.2	1007	1256
315/55	18/4.71	7/3.20	313.62	56.30	369.92	23.15	0.0896	0.0896	103.53	103.53	1261.0	1189	1488
315/50	18/4.71	7/3.00	313.62	49.48	363.10	22.91	0.0901	0.0901	99.08	99.08	1213.0	1182	1479
330/60	18/4.81	7/3.30	327.08	59.87	386.95	23.68	0.0859	0.0859	109.13	109.13	1323.3	1224	1532
350/55	20/4.71	7/3.20	348.47	56.30	404.77	24.19	0.0810	0.0810	108.79	108.79	1357.1	1269	1589

4.4.4 中强度铝合金绞线

1. 结构特点

中强度铝合金单线主要分为非热处理型和热处理型两种，也有诸多不同的合金配方体系。国外多半为非热处理型，主要优点是生产工艺简便，成本低，导电性能较好（导电率为57.0%～59.0%IACS），抗拉强度为240～255MPa，延伸率为1.5%～2.5%。也有热处理型的，如日本住友公司的型号SI－26铝合金，导电率为58.5%IACS，最小抗拉强度为255MPa，最小断裂伸长率为3%，运行温度为90℃。总体上讲，非热处理型铝合金线的断裂伸长率较低，一般在2.5%及以下，而热处理型的则在3%以上。

我国研究的中强度铝合金也有非热处理型合金，如Al－Cu－Mg等。但更多的是Al－Mg－Si系列热处理型铝合金，并且已投入大量工程应用。

作为架空导线，主要利用中强度铝合金线的介于硬铝线和高强度铝合金线之间的良好综合的机械电气性能。与普通钢芯铝绞线相比，中强度铝合金绞线省去了钢芯，从而也减少了由钢芯引起的磁滞和涡流而产生的功率损耗，由此也降低了线路输电损耗。

2. 主要技术性能

我国已经制定了中强度铝合金线标准NB/T 42042—2014《架空绞线用中强度铝合金线》，并将单线型号和技术性能确定为LHA3和LHA4两个级别。国家电网公司制定了中强度铝合金绞线标准Q/GDW 1816—2012。根据该标准，将中强度全铝合金绞线的技术性能列于表1-4-67和表1-4-68。

表1-4-67 JLHA3系列中强度铝合金绞线性能

绞线型号	标称截面	截面积/mm²	单线根数	直径/mm		单位长度质量/(kg/km)	额定拉断力/kN	20℃直流电阻/(Ω/km)	弹性模量/GPa	线膨胀系数/(×10⁻⁶/℃)	备注：对应钢芯铝绞线截面
				单线	绞线						
JLHA3－275	275	275.67	37	3.08	21.6	759.5	66.16	0.1091	55	23	240/30
JLHA3－280	280	279.26	37	3.10	21.7	769.4	67.02	0.1077	55	23	240/40
JLHA3－335	335	335.93	37	3.40	23.8	925.5	80.62	0.0895	55	23	300/25
JLHA3－340	340	339.90	37	3.42	23.9	936.4	81.57	0.0885	55	23	300/40
JLHA3－425	425	426.28	37	3.83	26.8	1174.4	102.31	0.0705	55	23	400/35
JLHA3－450	450	451.11	37	3.94	27.6	1246.1	108.27	0.0668	55	23	400/50
JLHA3－530	530	531.26	61	3.33	30.0	1467.5	127.50	0.0567	55	23	500/45
JLHA3－675	675	673.73	61	3.75	33.8	1861.0	161.69	0.0447	55	23	630/45
JLHA3－775	775	773.61	91	3.29	36.2	2139.2	185.67	0.0390	55	23	720/50

表1-4-68 JLHA4系列中强度铝合金绞线性能

绞线型号	标称截面	截面积/mm²	单线根数	直径/mm		单位长度质量/(kg/km)	额定拉断力/kN	20℃直流电阻/(Ω/km)	弹性模量/GPa	线膨胀系数/(×10⁻⁶/℃)	备注：对应钢芯铝绞线截面
				单线	绞线						
JLHA4－275	275	275.67	37	3.08	21.6	759.5	64.78	0.1082	55	23	240/30
JLHA4－280	280	279.26	37	3.10	21.7	769.4	65.63	0.1068	55	23	240/40
JLHA4－335	335	335.93	37	3.40	23.8	925.5	78.94	0.0888	55	23	300/25
JLHA4－340	340	339.90	37	3.42	23.9	936.4	79.88	0.0877	55	23	300/40
JLHA4－425	425	426.28	37	3.83	26.8	1174.4	100.17	0.0699	55	23	400/35
JLHA4－450	450	451.11	37	3.94	27.6	1246.1	106.01	0.0661	55	23	400/50
JLHA4－530	530	531.26	61	3.33	30.0	1467.5	124.85	0.0562	55	23	500/45
JLHA4－675	675	673.73	61	3.75	33.8	1861.0	158.33	0.0443	55	23	630/45
JLHA4－775	775	773.61	91	3.29	36.2	2139.2	181.80	0.0386	55	23	720/50

4.4.5 铝合金芯高导电率铝绞线

铝合金芯高导电率铝绞线，包括铝合金芯的铝圆线和铝型线绞线两种结构。铝合金芯是由符合GB/T 23308—2009的铝－镁－硅合金圆线（分LHA1和LHA2两档）绞制而成，而对铝圆线和铝型线，在此仅列出常用的导电率为 61.5% IACS（L1 级）和 62.5% IACS（L3 级）的两种技术性能参数的绞线。由于其加强芯是采用具有 53.0% IACS（或 52.5% IACS）导电率的高强度铝－镁－硅合金线芯，因此与本章 4.1.8 节中所列的铝合金芯铝绞线相比，绞线的直流电阻明显降低，同样设计运行温度下的载流量会更高，具有明显的节能降耗效能。

铝合金芯高导电率铝绞线和铝型线绞线技术性能参数分别见表 1-4-69 ~ 表 1-4-73，为国家电网公司企业标准 Q/GDW 1815—2012 推荐的主要技术参数。

表 1-4-69 JL1/LHA1 铝合金芯高导电率铝绞线技术性能

标称截面	截面积/mm^2 高导电率铝	铝合金	总和	单线根数 高导铝	铝合金	高导电率铝单线直径/mm	铝合金单线直径/mm	绞线外径/mm	线密度/(kg/km)	额定拉断力/kN	直流电阻(20℃)/(Ω/km)	绞线弹性模量/GPa	绞线热胀系数/(10^{-6}/℃)	备注：等外径钢芯铝绞线截面
JL1/LHA1－135/140－18/19	134.11	141.56	275.67	18	19	3.08	3.08	21.56	761.9	65.83	0.1125	55	23	240/30
JL1/LHA1－135/145－18/19	135.86	143.41	279.27	18	19	3.10	3.10	21.70	771.8	66.69	0.1110	55	23	240/40
JL1/LHA1－165/170－18/19	163.43	172.51	335.94	18	19	3.40	3.40	23.80	928.4	80.23	0.0923	55	23	300/25
JL1/LHA1－165/175－18/19	165.35	174.54	339.89	18	19	3.42	3.42	23.94	939.4	81.17	0.0912	55	23	300/40
JL1/LHA1－210/220－18/19	207.38	218.90	426.28	18	19	3.83	3.83	26.81	1178.1	98.69	0.0727	55	23	400/35
JL1/LHA1－220/230－18/19	219.46	231.65	451.11	18	19	3.94	3.94	27.58	1246.7	104.43	0.0687	55	23	400/50
JL1/LHA1－365/165－42/19	365.79	165.48	531.27	42	19	3.33	3.33	29.97	1470.0	111.45	0.0566	55	23	500/45
JL1/LHA1－465/210－42/19	463.88	209.85	673.73	42	19	3.75	3.75	33.75	1864.2	137.02	0.0446	55	23	630/45
JL1/LHA1－535/240－42/37	533.08	239.36	772.44	42	37	4.02	2.87	36.17	2138.8	159.20	0.0390	55	23	720/50
JL1/LHA1－665/300－42/37	667.98	301.30	969.28	42	37	4.50	3.22	40.54	2683.8	199.90	0.0310	55	23	900/75
JL1/LHA1－745/335－42/37	747.40	335.93	1083.33	42	37	4.76	3.40	42.84	2999.6	223.30	0.0278	55	23	1000/80
JL1/LHA1－800/550－54/37	802.53	549.88	1352.41	54	37	4.35	4.35	47.85	3744.5	292.96	0.0226	55	23	1250/100

表 1-4-70 JL1/LHA2 铝合金芯高导电率铝绞线技术性能

标称截面	截面积/mm^2 高导电率铝	铝合金	总和	单线根数 高导铝	铝合金	高导电率铝单线直径/mm	铝合金单线直径/mm	绞线外径/mm	线密度/(kg/km)	额定拉断力/kN	直流电阻(20℃)/(Ω/km)	绞线弹性模量/GPa	绞线热胀系数/(10^{-6}/℃)	备注：等外径钢芯铝绞线截面
JL1/LHA2－135/140－18/19	134.11	141.56	275.67	18	19	3.08	3.08	21.56	761.9	61.80	0.1120	55	23	240/30
JL1/LHA2－135/145－18/19	135.86	143.41	279.27	18	19	3.10	3.10	21.70	771.8	62.61	0.1105	55	23	240/40

（续）

标称截面	截面积/mm² 高导电率铝	截面积/mm² 铝合金	截面积/mm² 总和	单线根数 高导铝	单线根数 铝合金	高导电率铝单线直径/mm	铝合金单线直径/mm	绞线外径/mm	线密度/(kg/km)	额定拉断力/kN	直流电阻(20℃)/(Ω/km)	绞线弹性模量/GPa	绞线热胀系数/(10^{-6}/℃)	备注：等外径钢芯铝绞线截面
JL1/LHA2－165/170－18/19	163.43	172.51	335.94	18	19	3.40	3.40	23.80	928.4	75.31	0.0919	55	23	300/25
JL1/LHA2－165/175－18/19	165.35	174.54	339.89	18	19	3.42	3.42	23.94	939.4	76.20	0.0908	55	23	300/40
JL1/LHA2－210/220－18/19	207.38	218.90	426.28	18	19	3.83	3.83	26.81	1178.1	94.53	0.0724	55	23	400/35
JL1/LHA2－220/230－18/19	219.46	231.65	451.11	18	19	3.94	3.94	27.58	1246.7	100.03	0.0684	55	23	400/50
JL1/LHA2－365/165－42/19	365.79	165.48	531.27	42	19	3.33	3.33	29.97	1470.0	106.73	0.0565	55	23	500/45
JL1/LHA2－465/210－42/19	463.88	209.85	673.73	42	19	3.75	3.75	33.75	1864.2	133.03	0.0445	55	23	630/45
JL1/LHA2－535/240－42/37	533.08	239.36	772.44	42	37	4.02	2.87	36.17	2138.8	152.37	0.0389	55	23	720/50
JL1/LHA2－665/300－42/37	667.98	301.30	969.28	42	37	4.50	3.22	40.54	2683.8	191.32	0.0310	55	23	900/75
JL1/LHA2－745/335－42/37	747.40	335.93	1083.33	42	37	4.76	3.40	42.84	2999.6	213.73	0.0277	55	23	1000/80
JL1/LHA2－800/550－54/37	802.53	549.88	1352.41	54	37	4.35	4.35	47.85	3744.5	282.51	0.0225	55	23	1250/100

表1-4-71 JL3/LHA1铝合金芯高导电率铝绞线技术性能

标称截面	截面积/mm² 高导电率铝	截面积/mm² 铝合金	截面积/mm² 总和	单线根数 高导铝	单线根数 铝合金	高导电率铝单线直径/mm	铝合金单线直径/mm	绞线外径/mm	线密度/(kg/km)	额定拉断力/kN	直流电阻(20℃)/(Ω/km)	绞线弹性模量/GPa	绞线热胀系数/(10^{-6}/℃)	备注：等外径钢芯铝绞线截面
JL3/LHA1－135/140－18/19	134.11	141.56	275.67	18	19	3.08	3.08	21.56	761.9	65.83	0.1115	55	23	240/30
JL3/LHA1－135/145－18/19	135.86	143.41	279.27	18	19	3.10	3.10	21.70	771.8	66.69	0.1101	55	23	240/40
JL3/LHA1－165/170－18/19	163.43	172.51	335.94	18	19	3.40	3.40	23.80	928.4	80.23	0.0915	55	23	300/25
JL3/LHA1－165/175－18/19	165.35	174.54	339.89	18	19	3.42	3.42	23.94	939.4	81.17	0.0905	55	23	300/40
JL3/LHA1－210/220－18/19	207.38	218.90	426.28	18	19	3.83	3.83	26.81	1178.1	98.69	0.0721	55	23	400/35
JL3/LHA1－220/230－18/19	219.46	231.65	451.11	18	19	3.94	3.94	27.58	1246.7	104.43	0.0682	55	23	400/50

（续）

标称截面	截面积/mm²			单线根数		高导电率铝单线直径/mm	铝合金单线直径/mm	绞线外径/mm	线密度/(kg/km)	额定拉断力/kN	直流电阻(20℃)/(Ω/km)	绞线弹性模量/GPa	绞线热胀系数/(10⁻⁶/℃)	备注：等外径钢芯铝绞线截面
	高导电率铝	铝合金	总和	高导铝	铝合金									
JL3/LHA1-365/165-42/19	365.79	165.48	531.27	42	19	3.33	3.33	29.97	1470.0	111.45	0.0560	55	23	500/45
JL3/LHA1-465/210-42/19	463.88	209.85	673.73	42	19	3.75	3.75	33.75	1864.2	137.02	0.0441	55	23	630/45
JL3/LHA1-535/240-42/37	533.08	239.36	772.44	42	37	4.02	2.87	36.17	2138.8	159.20	0.0385	55	23	720/50
JL3/LHA1-665/300-42/37	667.98	301.30	969.28	42	37	4.50	3.22	40.54	2683.8	199.90	0.0307	55	23	900/75
JL3/LHA1-745/335-42/37	747.40	335.93	1083.33	42	37	4.76	3.40	42.84	2999.6	223.30	0.0275	55	23	1000/80
JL3/LHA1-800/550-54/37	802.53	549.88	1352.41	54	37	4.35	4.35	47.85	3744.5	292.96	0.0224	55	23	1250/100

表 1-4-72 JL3/LHA2 铝合金芯高导电率铝绞线技术性能

标称截面	截面积/mm²			单线根数		高导电率铝单线直径/mm	铝合金单线直径/mm	绞线外径/mm	线密度/(kg/km)	额定拉断力/kN	直流电阻(20℃)/(Ω/km)	绞线弹性模量/GPa	绞线热胀系数/(10⁻⁶/℃)	备注：等外径钢芯铝绞线截面
	高导电率铝	铝合金	总和	高导铝	铝合金									
JL3/LHA2-135/140-18/19	134.11	141.56	275.67	18	19	3.08	3.08	21.56	761.9	61.80	0.1110	55	23	240/30
JL3/LHA2-135/145-18/19	135.86	143.41	279.27	18	19	3.10	3.10	21.70	771.8	62.61	0.1096	55	23	240/40
JL3/LHA2-165/170-18/19	163.43	172.51	335.94	18	19	3.40	3.40	23.80	928.4	75.31	0.0911	55	23	300/25
JL3/LHA2-165/175-18/19	165.35	174.54	339.89	18	19	3.42	3.42	23.94	939.4	76.20	0.0901	55	23	300/40
JL3/LHA2-210/220-18/19	207.38	218.90	426.28	18	19	3.83	3.83	26.81	1178.1	94.53	0.0718	55	23	400/35
JL3/LHA2-220/230-18/19	219.46	231.65	451.11	18	19	3.94	3.94	27.58	1246.7	100.03	0.0679	55	23	400/50
JL3/LHA2-365/165-42/19	365.79	165.48	531.27	42	19	3.33	3.33	29.97	1470.0	106.73	0.0558	55	23	500/45
JL3/LHA2-465/210-42/19	463.88	209.85	673.73	42	19	3.75	3.75	33.75	1864.2	133.03	0.0440	55	23	630/45
JL3/LHA2-535/240-42/37	533.08	239.36	772.44	42	37	4.02	2.87	36.17	2138.8	152.37	0.0384	55	23	720/50
JL3/LHA2-665/300-42/37	667.98	301.30	969.28	42	37	4.50	3.22	40.54	2683.8	191.32	0.0306	55	23	900/75
JL3/LHA2-745/335-42/37	747.40	335.93	1083.33	42	37	4.76	3.40	42.84	2999.6	213.73	0.0274	55	23	1000/80
JL3/LHA2-800/550-54/37	802.53	549.88	1352.41	54	37	4.35	4.35	47.85	3744.5	282.51	0.0223	55	23	1250/100

表1-4-73　JL1X1/LHA1 铝合金芯高导电率铝型线绞线技术性能

标称截面	截面积/mm² 高导电率铝	截面积/mm² 铝合金	截面积/mm² 总和	高导电率铝层数	铝合金单线根数	铝合金单线直径/mm	型线外径/mm	线密度/(kg/km)	额定拉断力/kN	直流电阻(20℃)/(Ω/km)	绞线弹性模量/GPa	绞线热胀系数/(10⁻⁶/℃)	备注：等外径钢芯铝绞线截面
JL1X1/LHA1－165/140	164.51	141.56	306.07	1	19	3.08	21.56	842.2	70.03	0.1000	55	23	240/30
JL1X1/LHA1－165/145	166.65	143.41	310.06	1	19	3.10	21.70	853.2	70.94	0.0987	55	23	240/40
JL1X1/LHA1－200/175	200.47	172.51	372.98	1	19	3.40	23.80	1026.4	84.34	0.0821	55	23	300/25
JL1X1/LHA1－205/175	202.83	174.54	377.37	1	19	3.42	23.94	1038.5	85.33	0.0811	55	23	300/40
JL1X1/LHA1－255/220	254.38	218.90	473.28	1	19	3.83	26.81	1302.4	104.93	0.0647	55	23	400/35
JL1X1/LHA1－270/230	269.20	231.65	500.85	1	19	3.94	27.58	1378.2	111.05	0.0611	55	23	400/50
JL1X1/LHA1－450/165	448.70	165.48	614.18	2	19	3.33	29.97	1697.5	120.64	0.0486	55	23	500/45
JL1X1/LHA1－570/210	569.02	209.85	778.87	2	19	3.75	33.75	2152.7	151.00	0.0383	55	23	630/45
JL1X1/LHA1－655/240	653.68	239.36	893.04	2	37	2.87	36.17	2469.8	175.22	0.0334	55	23	720/50
JL1X1/LHA1－805/550	803.00	549.88	1352.88	2	37	4.35	45.15	3738.0	289.02	0.0225	55	23	1120/90
JL1X1/LHA1－820/300	820.43	301.30	1121.73	3	37	3.22	40.54	3102.2	220.19	0.0266	55	23	900/75
JL1X1/LHA1－915/335	916.81	335.93	1252.74	3	37	3.40	42.84	3464.5	245.82	0.0238	55	23	1000/80
JL1X1/LHA1－985/550	984.44	549.88	1534.32	3	37	4.35	47.85	4240.7	317.14	0.0197	55	23	1250/100
JL1X1/LHA1－1045/550	1043.04	549.88	1592.92	2	37	4.35	48.69	4403.0	326.22	0.0190	55	23	1300/105

4.4.6　碳纤维复合芯铝（或耐热铝合金）绞线

1. 结构特点

碳纤维复合芯铝绞线是一种不同于传统钢芯铝绞线的全新结构的增容型架空导线，是由碳纤维复合芯单元与软铝（或耐热铝合金）绞线为导体单元组成，其加强芯由高强度碳纤维、玻璃纤维以及树脂在特殊工艺条件下复合而成。碳纤维复合芯铝绞线具有重量轻、抗拉强度大、耐热性能好、热膨胀系数小、高温弧垂小、导电率高、耐腐蚀性能好等一系列优点。用于输电线路工程，与普通钢芯铝绞线相比，具有弧垂小、载流大、线损低、重量轻、耐高温、耐腐蚀等特点，可广泛用于老线路增容改造以及新线路建设，具有良好的推广应用前景。

碳纤维复合芯铝绞线按加强单元结构分有单根复合材料芯棒和多股绞合型碳纤维复合材料加强芯两种；按导体单元结构分也有软铝型线绞线结构和耐热铝合金绞线结构两种，如图1-4-10所示。

2. 主要技术性能

常用的碳纤维复合芯绞线多为加强单元是单根的复合材料芯棒结构，表 1-4-74、表 1-4-75 和表 1-4-76 分别列出复合芯棒软铝型线绞线结构和耐热铝合金圆线及型线结构绞线的推荐规格及技术性能参数。

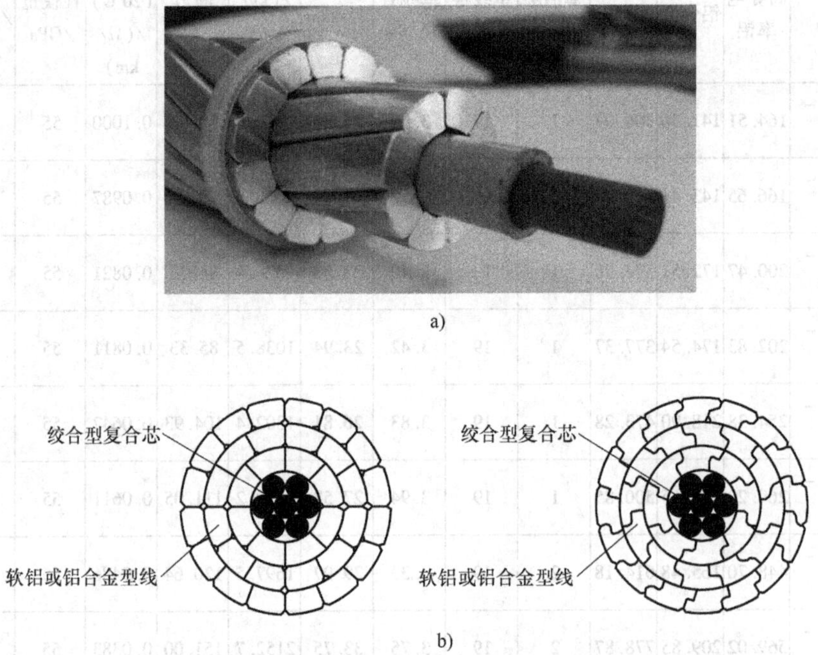

图 1-4-10　碳纤维复合芯架空绞线结构示意图

a）碳纤维复合芯棒结构导线示意图　b）绞合型碳纤维复合芯导线结构示意图

表 1-4-74　碳纤维复合芯软铝型线绞线推荐规格及性能

标称截面（铝/复合芯）	计算面积/mm²			绞线结构		直径/mm		线密度/（kg/km）	计算拉断力/kN		20℃直流电阻/（Ω/km）
	铝	复合芯	总和	层数	铝线根数	复合芯	绞线		F1A F1B	F2A F2B	
150/20	150.0	19.6	169.6	2	15	5.00	15.3	452.8	49.87	55.76	0.1861
185/25	185.0	23.8	208.8	2	16	5.50	16.9	557.6	60.55	67.68	0.1509
185/30	185.0	28.3	213.3	2	16	6.00	17.1	566.6	70.03	78.51	0.1509
240/30	240.0	28.3	268.3	2	16	6.00	19.2	718.2	73.20	81.68	0.1163
240/40	240.0	38.5	278.5	2	16	7.00	19.5	738.7	94.64	106.2	0.1163
300/30	300.0	28.3	328.3	2	16	6.00	21.2	883.7	76.66	85.14	0.0931
300/35	300.0	33.2	333.2	2	16	6.50	21.4	893.5	86.96	96.92	0.0931
300/40	300.0	38.5	338.5	2	16	7.00	21.5	904.1	98.10	109.6	0.0931
300/50	300.0	50.3	350.3	2	16	8.00	21.9	927.6	122.8	137.9	0.0931
400/35	400.0	33.2	433.2	2	19	6.50	24.4	1169.2	92.72	102.7	0.0698
400/40	400.0	38.5	438.5	2	19	7.00	24.5	1179.8	103.9	115.4	0.0698
400/45	400.0	44.2	444.2	2	19	7.50	24.7	1191.2	115.8	129.1	0.0698
400/50	400.0	50.3	450.3	2	19	8.00	24.9	1203.4	128.6	143.7	0.0698
450/45	450.0	44.2	494.2	2	21	7.50	26.1	1329.0	118.7	131.9	0.0620
450/50	450.0	50.3	500.3	2	21	8.00	26.2	1341.2	131.5	146.6	0.0620

（续）

标称截面（铝/复合芯）	计算面积/mm²			绞线结构		直径/mm		线密度/(kg/km)	计算拉断力/kN		20℃直流电阻/(Ω/km)
	铝	复合芯	总和	层数	铝线根数	复合芯	绞线		F1A F1B	F2A F2B	
450/55	450.0	56.7	506.7	2	21	8.50	26.4	1354.2	145.1	162.1	0.0620
500/40	500.0	38.5	538.5	3	36	7.00	27.2	1455.5	109.6	121.2	0.0558
500/45	500.0	44.2	544.2	3	36	7.50	27.4	1466.9	121.6	134.8	0.0558
500/50	500.0	50.3	550.3	3	36	8.00	27.5	1479.1	134.4	149.4	0.0558
500/55	500.0	56.7	556.7	3	36	8.50	27.6	1492.0	148.0	165.0	0.0558
500/65	500.0	63.6	563.6	3	36	9.00	27.8	1505.8	162.4	181.5	0.0558
570/65	570.0	63.6	633.6	3	36	9.00	29.5	1698.8	166.4	185.5	0.0492
570/70	570.0	70.9	640.9	3	36	9.50	29.7	1713.3	181.7	203.0	0.0492
630/45	630.0	44.2	674.2	3	36	7.50	30.5	1825.3	129.1	142.3	0.0445
630/55	630.0	56.7	686.7	3	36	8.50	30.7	1850.4	155.5	172.5	0.0445
630/65	630.0	63.6	693.6	3	36	9.00	30.9	1864.2	169.9	189.0	0.0445
710/55	710.0	56.7	766.7	3	36	8.50	32.5	2071.0	160.1	177.1	0.0395
710/70	710.0	70.9	780.9	3	36	9.50	32.8	2099.3	189.7	211.0	0.0395
800/65	800.0	63.6	863.6	3	36	9.00	34.5	2332.9	179.7	198.8	0.0351
800/80	800.0	78.5	878.5	3	36	10.00	34.7	2362.7	211.0	234.6	0.0351
800/95	800.0	95.0	895.0	3	36	11.00	35.0	2395.7	245.7	274.2	0.0351

注：计算型线绞线的外径时，填充系数取0.92。

表1-4-75　碳纤维复合芯耐热铝合金（圆线）绞线推荐规格及性能

标称截面（铝/复合芯）	计算面积/mm²			绞线结构		直径/mm		线密度/(kg/km)	计算拉断力/kN		20℃直流电阻/(Ω/km)
	铝	复合芯	总和	铝数根数	铝合金单线直径/mm	复合芯	绞线		F1A F1B	F2A F2B	
150/35	148.86	33.18	182.0	26	2.70	6.50	17.30	477.4	76.97	84.44	0.1972
185/35	187.03	33.18	220.2	24	3.15	6.50	19.10	582.4	82.56	90.03	0.1568
185/40	181.34	38.48	219.8	26	2.98	7.00	18.92	577.7	89.99	98.65	0.1619
185/55	184.73	56.75	241.5	30	2.80	8.50	19.70	623.9	120.0	132.8	0.1590
240/50	238.84	50.27	289.1	26	3.42	8.00	21.68	760.1	117.9	129.2	0.1229
240/70	241.27	70.88	312.2	30	3.20	9.50	22.30	808.5	150.7	166.7	0.1218
300/35	306.21	33.18	339.4	48	2.85	6.50	23.60	912.6	103.1	110.6	0.0959
300/50	300.09	50.27	350.4	24	3.99	8.00	23.96	928.5	126.9	138.2	0.0977
300/65	299.54	63.62	363.2	26	3.83	9.00	24.32	954.4	147.8	162.1	0.0980
400/45	390.88	44.18	435.1	48	3.22	7.50	26.82	1168.6	132.9	142.8	0.0752
400/65	399.72	63.62	463.3	54	3.07	9.00	27.42	1232.9	165.0	179.3	0.0736
400/80	398.94	78.54	477.5	26	4.42	10.00	27.68	1258.7	187.1	204.8	0.0736
500/45	497.01	44.18	541.2	45	3.75	7.50	30.00	1461.7	150.1	160.0	0.0591
500/55	488.58	56.75	545.3	48	3.60	8.50	30.10	1463.7	168.5	181.3	0.0601
500/80	501.88	78.54	580.4	54	3.44	10.00	30.64	1545.3	205.0	222.7	0.0586
630/55	623.45	56.75	680.2	45	4.20	8.50	33.70	1836.3	188.5	201.3	0.0471

表1-4-76　碳纤维复合芯耐热铝合金型线绞线推荐规格及性能

标称截面（铝/复合芯）	计算面积/mm²			绞线结构		直径/mm		线密度/(kg/km)	计算拉断力/kN		20℃直流电阻/(Ω/km)
	铝	复合芯	总和	层数	铝线根数	复合芯	绞线		F1A F1B	F2A F2B	
150/20	150.0	19.6	169.6	2	15	5.00	15.3	452.8	55.23	59.64	0.1954
185/20	185.0	19.6	204.6	2	16	5.00	16.8	549.3	60.34	64.76	0.1584
185/25	185.0	23.8	208.8	2	16	5.50	16.9	557.6	66.83	72.18	0.1584
185/30	185.0	28.3	213.3	2	16	6.00	17.1	566.6	73.95	80.31	0.1584

（续）

标称截面（铝/复合芯）	计算面积/mm²			绞线结构		直径/mm		线密度/(kg/km)	计算拉断力/kN		20℃直流电阻/(Ω/km)
	铝	复合芯	总和	层数	铝线根数	复合芯	绞线		F1A F1B	F2A F2B	
240/25	240.0	23.8	263.8	2	16	5.50	19.0	709.2	75.58	80.93	0.1221
240/30	240.0	28.3	268.3	2	16	6.00	19.2	718.2	82.69	89.05	0.1221
240/40	240.0	38.5	278.5	2	16	7.00	19.5	738.7	98.77	107.4	0.1221
300/30	300.0	28.3	328.3	2	16	6.00	21.2	883.7	92.23	98.59	0.0977
300/35	300.0	33.2	333.2	2	16	6.50	21.4	893.5	99.96	107.4	0.0977
300/40	300.0	38.5	338.5	2	16	7.00	21.5	904.1	108.3	117.0	0.0977
300/50	300.0	50.3	350.3	2	16	8.00	21.9	927.6	126.9	138.2	0.0977
400/35	400.0	33.2	433.2	2	19	6.50	24.4	1169.2	115.9	123.3	0.0733
400/40	400.0	38.5	438.5	2	19	7.00	24.5	1179.8	124.2	132.9	0.0733
400/45	400.0	44.2	444.2	2	19	7.50	24.7	1191.2	133.2	143.1	0.0733
400/50	400.0	50.3	450.3	2	19	8.00	24.9	1203.4	142.8	154.1	0.0733
450/45	450.0	44.2	494.2	2	21	7.50	26.1	1329.0	141.1	151.1	0.0651
450/50	450.0	50.3	500.3	2	21	8.00	26.2	1341.2	150.7	162.0	0.0651
450/55	450.0	56.7	506.7	2	21	8.50	26.4	1354.2	160.9	173.7	0.0651
500/40	500.0	38.5	538.5	3	36	7.00	27.2	1455.5	140.1	148.8	0.0586
500/45	500.0	44.2	544.2	3	36	7.50	27.4	1466.9	149.1	159.0	0.0586
500/50	500.0	50.3	550.3	3	36	8.00	27.5	1479.1	158.7	170.0	0.0586
500/55	500.0	56.7	556.7	3	36	8.50	27.6	1492.0	168.9	181.6	0.0586
500/65	500.0	63.6	563.6	3	36	9.00	27.8	1505.8	179.7	194.0	0.0586
570/65	570.0	63.6	633.6	3	36	9.00	29.5	1698.8	190.8	205.1	0.0517
570/70	570.0	70.9	640.9	3	36	9.50	29.7	1713.3	202.3	218.2	0.0492
630/45	630.0	44.2	674.2	3	36	7.50	30.5	1825.3	169.8	179.7	0.0445
630/55	630.0	56.7	686.7	3	36	8.50	30.7	1850.4	189.5	202.3	0.0445
630/65	630.0	63.6	693.6	3	36	9.00	30.9	1864.2	200.4	214.7	0.0445
710/55	710.0	56.7	766.7	3	36	8.50	32.5	2071.0	202.3	215.0	0.0395
710/70	710.0	70.9	780.9	3	36	9.50	32.8	2099.3	224.5	240.5	0.0395
800/65	800.0	63.6	863.6	3	36	9.00	34.5	2332.9	227.4	241.7	0.0351
800/80	800.0	78.5	878.5	3	36	10.00	34.7	2362.7	250.9	268.6	0.0351
800/95	800.0	95.0	895.0	3	36	11.00	35.0	2395.7	276.9	298.3	0.0351

注：计算型线绞线的外径时，填充系数取0.92。

4.4.7 碳纤维－热塑性材料复合芯铝（耐热铝合金）绞线

1. 结构特点

美国南方线材公司新近发明了一种碳纤维－热塑性材料复合芯架空绞线（型号为C7）。绞线的加强芯是由采用Celstran CFR－TPR复合材料技术将碳素纤维与耐高温Fortron PPS（聚苯硫醚）基体相复合并以高性能PEEK（聚醚醚酮）层包覆的多股线材绞合而成。

导体可以为软铝或耐热铝合金型线。绞线结构示意图如图1-4-11所示。

相对于热固性材料，碳纤维与热塑性材料复合有利于提高复合成型速度，提高生产效率。热塑性材料也有助于回收再利用。

2. 主要技术性能

加强芯的耐高温性能优良，长期工作温度可达180℃，可使导线提高载流量一倍以上；其较小的

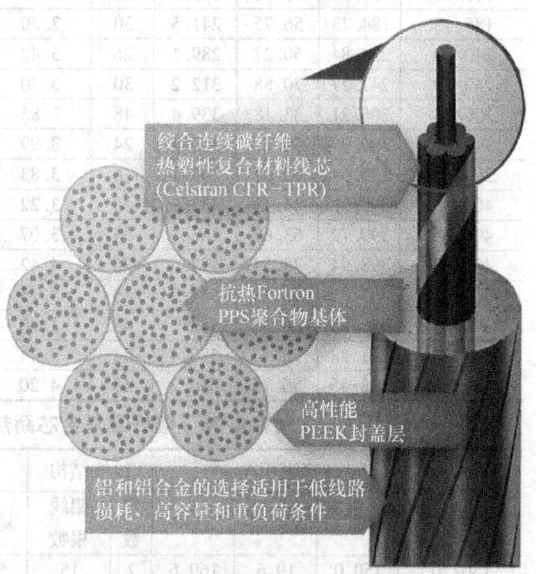

图1-4-11 碳纤维－热塑性材料复合芯绞线结构示意图

热膨胀系数，使导线在高温运行条件下的弧垂变化量较小；多股绞合结构的加强芯可以用传统方式连接进行压接，便于施工操作。加强芯的主要技术参数为抗拉强度：2029MPa；线膨胀系数：$1.73\times10^{-6}/℃$；弹性模量：103GPa；密度：$1.500g/cm^3$；连续工作温度：180℃；短时工作温度：225℃。

4.4.8 铝基-陶瓷纤维复合芯铝（或耐热合金）绞线

1. 结构特点

铝基-陶瓷纤维复合芯铝（铝合金）绞线（ACCR）的加强芯是由多根（每根中约有20000余根极细的、连续的高强度陶瓷纤维）由陶瓷纤维与高纯度铝复合而成的单芯经铝箔带绕包扎紧而成，导体单元为软铝或耐热铝合金线绞合形成。由于陶瓷纤维材料具有高耐热性、高机械强度、低线膨胀率和重量轻的特性，所以复合芯的抗拉强度与钢相当，但其单位重量约为同等体积钢芯的40%，线膨胀系数约为钢芯的50%。在高温下，复合芯仍能保持其原有的机械强度，并且复合芯具有约30% IACS的导电率。该种导线可以用于改建线路来增加输送容量。铝基-陶瓷纤维复合芯铝（铝合金）绞线结构示意图如图1-4-12所示。

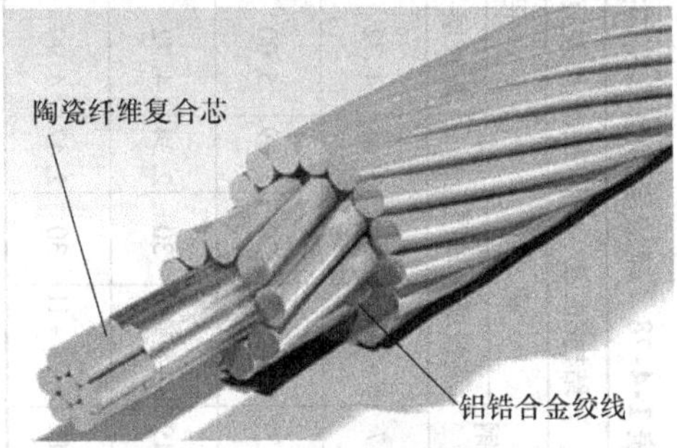

图1-4-12 铝基-陶瓷复合芯铝合金绞线结构示意图

2. 主要技术性能

铝基-陶瓷纤维复合芯的抗拉强度较高，线膨胀系数较低，但是其断裂伸长率偏低（一般为0.6%），因此在其与耐热铝合金等为导体配合，计算导线的总拉断力时，就要考虑以铝合金线在断裂伸长率为0.6%以内的应力作为其计算抗拉强度。与碳-玻璃纤维复合芯相比较，其抗拉强度、断裂伸长率相对较低而线膨胀系数相对较大，只是铝基-陶瓷纤维复合芯具有约30% IACS的导电率，因此在计算导线技术参数时应予注意。

4.4.9 扩径型钢芯铝绞线

1. 结构特点

扩径型钢芯铝绞线是以钢芯为加强单元、用疏绞的铝线层（或有机材料）作为扩径支撑层，将导线外径扩大，以减小导线表面的电场强度，降低电晕放电及减小对无线电干扰的影响，从而降低电能损耗、工程建设成本以及对环境影响等。该导线既满足了高压输电线路对电晕的要求，节约了导线材料，又减少了在铁塔及基础设施上的投资费用，适合于高原地区的超高压输电工程应用。

扩径型钢芯铝绞线按扩径支撑结构可分为圆线疏绞支撑型、高密度聚乙烯（HDPE）支撑型、型线疏绞支撑型等。典型结构扩径型钢芯铝绞线的截面结构图如图1-4-13所示。

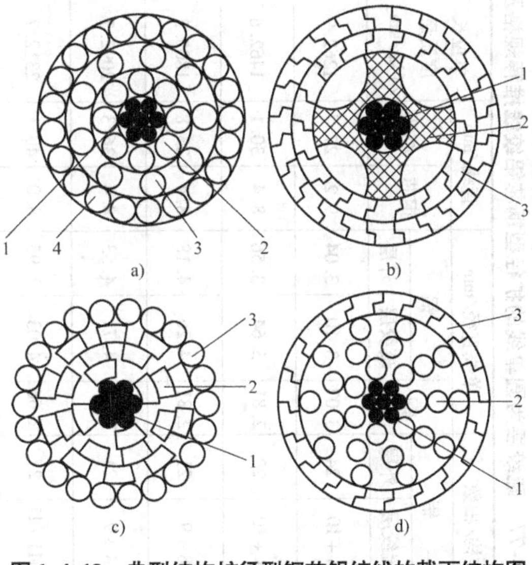

图1-4-13 典型结构扩径型钢芯铝绞线的截面结构图

a）圆线疏绞支撑型扩径导线
1—加强芯 2—内层 3—疏绞层 4—外层
b）高密度聚乙烯支撑型扩径导线
1—加强芯 2—聚烯烃 3—导电单元
c）型线疏绞支撑型扩径导线
1—加强芯 2—型线支撑层 3—外层圆线
d）圆线疏绞支撑外层型绞线扩径导线
1—加强芯 2—均匀疏绕的圆线 3—型线

2. 主要技术性能

目前我国投入工程应用的扩径导线主要集中在西北高原地区的750kV超高压输电线路，主要应用疏绞支撑层为圆单线结构的扩径型钢芯铝绞线（见图1-4-13a）。疏绞层为型单线的扩径导线具有结构相对稳定的特点，因此表1-4-77和表1-4-78分别列出疏绞支撑层为圆单线结构和型单线结构的扩径型钢芯铝绞线结构性能参数。

表 1-4-77　疏绞层为圆单线的扩径型钢芯铝绞线推荐规格及性能

标称截面（铝/钢）	扩径系数	面积/mm²			结构/根数			单线直径/mm			直线/mm		单位长度质量/(kg/km)	额定拉断力 /kN			20℃直流电阻/(Ω/km)	具有相同或相近外径的代表导线型号规格
		钢	铝	总和	钢	铝 疏绞层	铝 外层	钢	铝 疏绞层	铝 外层	钢芯	绞线		JLK/G1A	JLK/G2A	JLK/G3A		
310/50	1.29	51.8	310.1	361.9	7	8+10	24	3.07	3.10	3.04	9.2	27.7	1262.9	108.2	115.4	122.7	0.0933	JL/G1A-400/50
400/45	1.25	43.4	406.3	449.7	7	8+10	22	2.81	3.64	3.56	8.4	30.1	1462.6	114.5	120.6	126.2	0.0712	JL/G1A-500/45
530/45	1.19	43.4	530.5	573.9	7	8+9	21	2.81	4.26	4.18	8.4	33.8	1805.3	134.4	140.4	146.1	0.0545	JL/G1A-630/45
630/45	1.14	43.4	634.7	678.1	7	8+9	21	2.81	4.71	4.53	8.4	36.3	2092.7	151.0	157.1	162.8	0.0455	JL/G1A-720/50
725/40	1.24	38.9	726.3	765.2	7	9+11+11	27	2.66	4.03	3.95	8.0	40.1	2312.7	160.6	166.0	171.1	0.0398	JL/G1A-900/40

表 1-4-78　疏绞层为型单线的扩径型钢芯铝绞线推荐规格及性能

标称截面（铝/钢）	扩径系数	面积/mm²			结构/根数			（等效）单线直径/mm			直线/mm		单位长度质量/(kg/km)	额定拉断力 /kN			20℃直流电阻/(Ω/km)	具有相同或相近外径的代表导线型号规格
		钢	铝	总和	钢	铝 疏绞层	铝 外层	钢	铝 疏绞层	铝 外层	钢芯	绞线		JLK/G1A	JLK/G2A	JLK/G3A		
630/65	1.27	66.6	632.0	698.6	7	6+6+8	30	3.48	4.72	3.46	10.4	38.3	2273.0	175.8	185.1	194.4	0.0459	JL/G1A-800/65
720/75	1.25	74.9	729.7	804.6	7	6+7+8	30	3.69	5.00	3.67	11.1	40.6	2608.5	199.1	204.3	217.1	0.0397	JL/G1A-900/75
800/80	1.25	81.7	807.8	889.5	19	8+8+10	30	2.34	4.72	3.87	11.7	42.8	2880.9	222.4	233.8	244.5	0.0359	JL/G1A-1000/80
920/90	1.22	91.0	924.1	1015.1	19	8+8+11	30	2.47	4.99	4.10	12.4	45.3	3276.5	251.6	264.4	276.2	0.0314	JL/G1A-1120/90

4.4.10　间隙式导线

1. 结构特点

间隙式导线是由加强单元和导体单元两部分组成，并且在绞层间留有一个或多个间隙，因此称作间隙式导线。留有间隙有两个目的：一是在间隙中填充润滑油脂，使导线在架设过程中采取特殊张紧措施使加强单元承担更多的工程载荷，改变工程导线的应力分布和机械物理性能，从而实现提高导线的载流能力和抗弧垂特性；二是留有层间间隙的导线，在运行中受到风力作用而产生内部层间碰撞，消耗了风力带给导线的动能，从而提高了导线自身自阻尼性能和耐振疲劳性能，该种导线又称作自阻尼导线，其性能将在本章 4.4.11 节中另行叙述。两者在结构上具有相同之处，主要差异是在施工中对牵引张力处理的不同。间隙式导线有些条件下可以兼具提高输送容量和自阻尼的性能。

本节主要叙述提高间隙式导线的载流能力和抗弧垂特性。

间隙式导线的加强单元是采用圆形高（或特高）强度钢芯，导体单元采用铝或耐热合金绞线，但与钢芯相邻的导体层需采用梯形绞层而形成径向间隙，而其他层则可采用常规圆形线或梯形线绞层。间隙式导线结构截面如图 1-4-14 所示。在钢芯与导体层的间隙中，采用能在高温中长期使用而不致丧失防腐和润滑性能的硅润滑脂，它便于在施工中张紧钢芯减少摩擦阻力，又能减少因振动引起的冲击磨损，对钢芯的镀锌层有保护作用。导线的长期连续使用温度可达 150℃或更高。

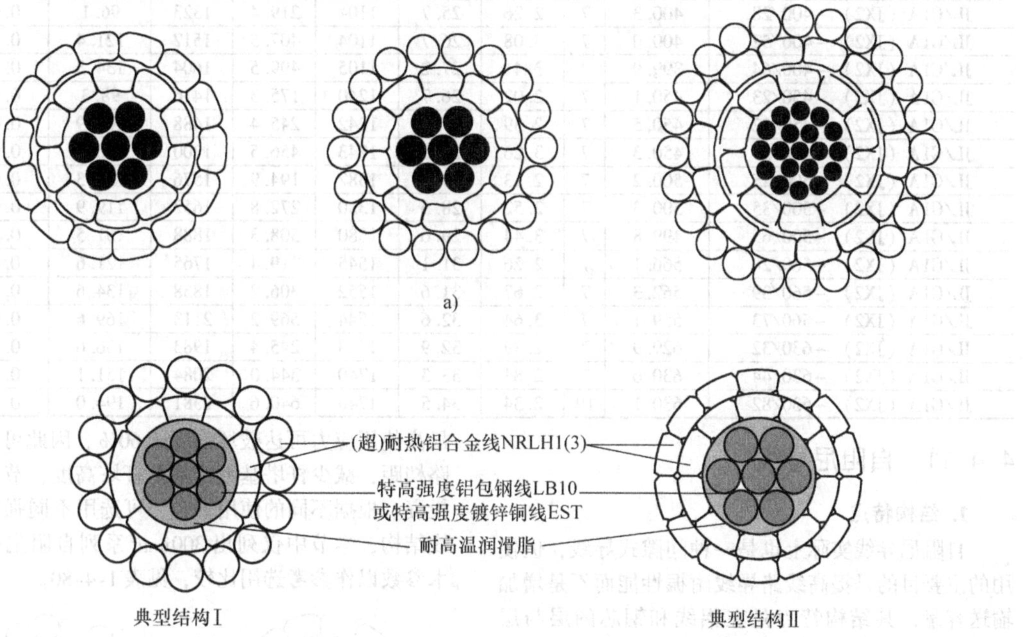

图 1-4-14　间隙式钢芯铝（或耐热铝合金）绞线典型结构图

a）多层结构间隙式导线　b）涂润滑油脂的间隙式导线

2. 主要技术性能

间隙式导线在架设及运行过程中，全部或大部分工程负荷由钢芯承担，导体单元可以基本上不受力，导线的载流能力及弧垂大小取决于架线施工中预先张紧钢芯的处理程度，其弹性模量和线膨胀系数主要由钢芯决定。钢的线膨胀系数较小，所以间隙式导线在高温下的弧垂，比普通钢芯铝绞线要小得多，有着优异的低弧垂特性。在 150℃运行温度情况下，载流量可大幅提高。间隙式导线对振动能量的吸收也较大，也有较好的自阻尼特性。

间隙式导线主要技术性能参照 GB/T 30550—2014《含有一个或多个间隙的同心绞架空导线》标准。按优先系数 R5、R10 和 R20 推荐了部分钢芯铝绞线的结构与尺寸，见表 1-4-79。

表 1-4-79 典型结构含有间隙的 JL/G1A（JX□）导线性能

标称截面（铝/钢）	铝截面积	G1A 钢线		导线直径	线密度			额定拉断力	20℃时直流直阻
		n	直径		铝	G1A	总密度		
	mm^2	—	mm	mm	kg/km	kg/km	kg/km	kN	Ω/km
JL/G1A（JX1）-125/20	125.2	7	1.91	14.9	342.6	156.7	499.3	43.5	0.2285
JL/G1A（JX2）-160/8	160.0	1	3.19	16.2	440.8	62.2	502.9	35.2	0.1801
JL/G1A（JX1）-160/26	160.2	7	2.16	16.6	438.3	200.4	638.7	55.6	0.1786
JL/G1A（JX2）-160/26	160.4	7	2.16	17.7	443.1	200.4	643.5	57.3	0.1800
JL/G1A（JX2）-200/10	200.1	1	3.57	18.4	551.3	77.9	629.2	43.0	0.1439
JL/G1A（JX2）-200/32	200.1	7	2.41	20.1	552.5	249.5	802.0	69.4	0.1443
JL/G1A（JX2）-250/13	250.2	1	3.99	20.3	689.3	97.3	786.6	53.8	0.1151
JL/G1A（JX2）-250/25	250.5	7	2.13	21.3	691.1	194.9	886.0	69.3	0.1152
JL/G1A（JX2）-250/33	250.2	7	2.43	21.7	690.6	253.7	944.2	77.0	0.1154
JL/G1A（JX2）-250/40	250.6	7	2.70	22.1	692.0	313.2	1005	85.8	0.1152
JL/G1A（JX2）-315/16	315.1	1	4.48	22.5	868.0	122.6	990.7	67.7	0.0914
JL/G1A（JX2）-315/32	315.2	7	2.39	23.6	869.7	245.4	1115	86.2	0.0915
JL/G1A（JX2）-315/41	314.8	7	2.73	24.0	869.0	320.2	1189	97.1	0.0917
JL/G1A（JX2）-315/50	315.0	7	3.03	24.5	869.9	394.4	1264	105.9	0.0917
JL/G1A（JX2）-400/20	400.5	7	1.91	25.3	1104	156.7	1261	87.6	0.0720
JL/G1A（JX2）-400/28	400.3	7	2.26	25.7	1104	219.4	1323	96.1	0.0720
JL/G1A（JX2）-400/52	400.0	7	3.08	26.7	1104	407.5	1512	121.4	0.0722
JL/G1A（JX2）-400/64	399.9	7	3.41	27.2	1105	499.5	1604	134.3	0.0722
JL/G1A（JX2）-450/23	450.1	7	2.02	26.7	1240	175.3	1416	98.3	0.0640
JL/G1A（JX2）-450/32	450.5	7	2.39	27.1	1242	245.4	1488	107.9	0.0640
JL/G1A（JX2）-450/59	450.3	7	3.26	28.2	1243	456.5	1700	136.3	0.0641
JL/G1A（JX2）-500/25	500.2	7	2.13	29.6	1382	194.9	1576	109.3	0.0576
JL/G1A（JX2）-500/35	500.3	7	2.52	28.5	1380	272.8	1652	119.9	0.0576
JL/G1A（JX2）-500/65	499.8	7	3.44	29.6	1380	508.3	1888	151.5	0.0576
JL/G1A（JX2）-560/28	566.1	7	2.26	31.1	1545	219.4	1765	121.6	0.0515
JL/G1A（JX2）-560/39	562.3	7	2.67	31.6	1552	306.2	1858	134.6	0.0513
JL/G1A（JX2）-560/73	559.1	7	3.64	32.6	1544	569.2	2113	169.6	0.0517
JL/G1A（JX2）-630/32	629.9	7	2.39	32.9	1738	245.4	1983	136.6	0.0458
JL/G1A（JX2）-630/44	630.6	7	2.83	33.3	1740	344.0	2084	151.1	0.0458
JL/G1A（JX2）-630/82	630.1	19	2.34	34.5	1740	640.6	2381	194.0	0.0458

4.4.11 自阻尼导线

1. 结构特点

自阻尼导线实际上也是一种间隙式导线，但使用的主要目的是提高线路导线耐振性能而不是增加输送容量，其结构特点是在铝线和钢芯的层与层间，均留有一定的间隙，使导线在受力状态下风激振动时，由于各层铝线和钢芯的固有振动频率各不相同而相互干扰，能自动消耗风激振动的能量，达到减振的效果。为了使层与层间形成间隙，一般将铝线制成梯形，如图 1-4-15 所示。

2. 主要技术性能

自阻尼导线的优点：可减少导线的疲劳断股，最高使用应力可达破坏强度的 60%，因此可加大线路档距，减少杆塔基数或降低杆塔高度，节约线路投资。根据不同的使用场合，可选用不同强度的导线结构，本节中仅列出 $300mm^2$ 系列自阻尼导线技术参数以作参考选用比较，见表 1-4-80。

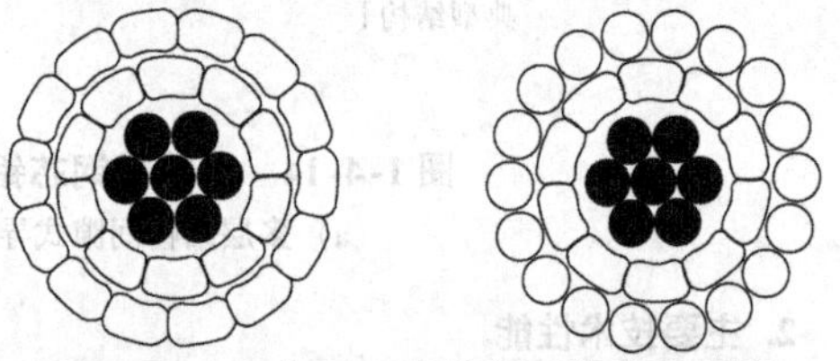

图 1-4-15 自阻尼导线截面结构示意图

表 1-4-80 $300mm^2$ 系列自阻尼导线技术参数

项目	单位	LGJ/Z-300/15	LGJ/Z-300/21	LGJ/Z-300/39	LGJ/Z-300/48
截面积：铝	mm^2	302.43	301.92	300.06	310.05
钢	mm^2	14.97	21.99	38.61	49.48
钢铝截面比	%	4.95	7.28	12.87	15.96

（续）

项目	单位	LGJ/Z-300/15	LGJ/Z -300/21	LGJ/Z -300/39	LGJ/Z -300/48
外径	mm	22.6	23.0	23.8	24.6
拉断力	kN	53.4	61.0	79.3	92.7
弹性模量	GPa	64.7	67.2	72.6	75.5
线膨胀系数	$\times10^{-6}/℃$	21.5	20.9	19.8	19.2
直流电阻（20℃）	Ω/km	0.0955	0.0956	0.0962	0.0913
单位长度质量	kg/km	952	1006	1131	1244

4.4.12 应力转移型导线

1. 结构特点

“应力转移型导线”实质上也是一种特殊结构的钢芯软铝绞线，是由铝线和钢芯构成并经应力转移预处理的组合导线，是在导线制造过程中预先把应由铝线承担（工程运行状态下）的应力，部分或全部转移给钢芯，从而使得导线在架设使用状态下，钢芯能承担大部或全部工程载荷的一种增容型导线。导线的“迁移点温度”将提前（即迁移点温度向较低的温度转移）至 60℃、50℃或 40℃。导线“迁移点温度”取决于导线制造过程中对钢芯的预张力。经应力转移处理的导线在低于迁移点温度（迁移点前）下的综合线膨胀系数小于相同规格及钢比的常规导线的线膨胀系数，在高于迁移点温度（迁移点后）的线膨胀系数就只取决于加强单元本身的线膨胀系数。

应力转移的结果改善了导线在运行状态下的机械力学性能，因此，在增加输送容量的情况下，导线运行温度提高，其弧垂变化较小，既达到了增容效果又满足了线路弧垂要求。

典型结构的应力转移型导线的截面形状如图 1-4-16所示。

2. 主要技术性能

应力转移型导线在我国已有诸多 110～500kV 的各电压等级线路工程选用，主要用于改造线路以提高输送容量。导线选型及结构设计均根据原有线路要求而定，尚无确定的系列技术参数。为了设计选型参考，表 1-4-81 列出 $300mm^2$ 的应力转移型导线与相应的钢芯铝绞线设计参数比较。

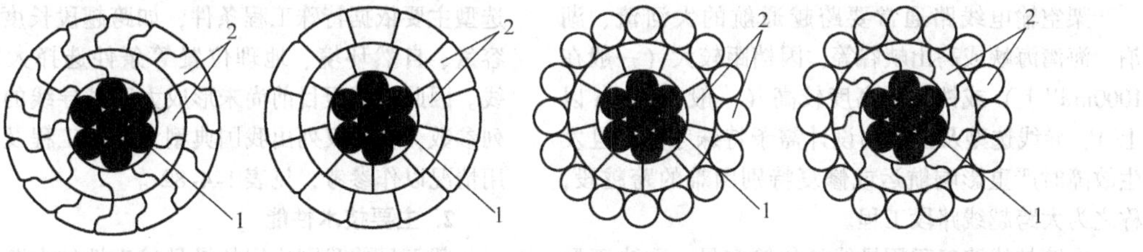

图 1-4-16　应力转移型导线的典型截面结构图

1—钢芯　2—软铝绞线层

表 1-4-81　$300mm^2$ 的应力转移型导线与相应的钢芯铝绞线设计参数比较

导线名称及规格型号		钢芯铝绞线 LGJ-300/40	应力转移型导线 等截面积设计 AF（SZ）+S4A+300+40	应力转移型导线 等外径设计 AF（SZ）+S4A-370+40
截面积/mm^2	铝导体	300.09	300.0	370.7
	钢芯	38.90	40.0	40.0
	总和	338.99	340.0	410.7
钢比（%）		13	13	11
导线外径/mm		23.94	21.9	23.94
20℃直流电阻/（Ω/km）		0.09614	0.09410	0.0764
拉断力/kN	导线	92.22	94.0	100.5
	钢芯	—	70.8	70.8

（续）

导线名称及规格型号		钢芯铝绞线 LGJ－300/40	应力转移型导线	
			等截面积设计	等外径设计
			AF（SZ）＋S4A＋300＋40	AF（SZ）＋S4A－370＋40
单位长度质量/（kg/km）		1133	1138	1331.5
拉力重量比/km		8.3	8.4	7.7
迁移点温度/℃		—	~60	~60
弹性模量/GPa	迁移点前	73.0	70.6	68.1
	迁移点后	—	190.0	190.0
热膨胀系数/（$\times10^{-6}$/℃）	迁移点前	19.6	15.5	16.0
	迁移点后	—	11.5	11.5
载流量计算条件		风速：0.5m/s　环境温度：40℃　日照强度：1000W/m^2 表面吸收系数：0.9　辐射系数：0.9　工作温度：70～150℃		
导线温度/℃		导线载流量/A/增容百分比（%）		
70		503/100.0	497/98.8	563/111.9
80		628/124.8	614/122.1	698/138.8
90		—	707/140.1	805/160.0
100		—	786/156.3	896/178.1
110		—	854/170.0	976/194.0
120		—	916/182.1	1047/208.1
130		—	972/193.2	1111/220.9
140		—	1024/203.6	1171/232.8
150		—	1072/213.1	1227/243.9

4.4.13　大跨越工程用导线

1. 导线特点

架空输电线路通常要跨越通航的大河流、湖泊、海湾海峡或高山峡谷等，因档距较大（一般在1000m以上）或铁塔的高度较高（一般在100m以上），导线选型及铁塔的设计需予特殊考虑，且发生故障时严重影响航运或修复特别困难的跨越段，称之为大跨越线路段工程。

大跨越线路工程用导线的传输容量，取决于导线材料的导电率、导体截面积和导线的允许长期运行温度；而导线自身的耐振性能则取决于导线的材料、结构、制造工艺等。

目前国内外大跨越导线结构的研究、设计和应用，主要分为两种。一种为铝包钢绞线，在1000m级大跨越工程应用较多，但拉力单重比仍然偏小，且因铝层较薄，载流量偏低，因而在输送容量较大或1500m及以上的大跨越工程中，则主要以另一种的高（或特高）强度镀锌钢芯高强度铝合金（或耐热铝合金、高强度耐热铝合金）绞线作为大跨越导线。

在2000年以前，我国的大跨越导线进口居多。由三峡输电工程建设拉动，大力促进技术创新和产业能力提升，现在已经全部实现了国产化。我国自主研发和应用的大跨越导线及其工程建设已经跨入世界先进行列。

由于大跨越线路工程的特殊性，使得导线设计选型主要依据特殊工程条件，如跨越段长度、输送容量、自然环境、地理位置等条件选择大跨越导线。因此，截至目前尚未形成大跨越导线的标准系列参数，在此仅列出我国典型大跨越工程及导线使用情况以作参考，见表1-4-82。

2. 主要技术性能

截至目前我国应用的最具代表性的大跨越工程用导线，一是特高强度钢芯高强度耐热铝合金绞线；二是特高强度钢芯高强度铝合金绞线；三是全铝包钢绞线。表1-4-83列出具有代表性大跨越工程用导线技术条件与参数，分别为AACSR/EST－640/290特高强度钢芯高强度铝合金绞线、KTACSR/EST－1000/260特高强度钢芯高强度耐热铝合金绞线和JLHA1/G6A－500/400特高强度钢芯高强度铝合金绞线，表1-4-84及表1-4-85列出这些大跨越导线所用高强度（或高强度耐热）铝合金线和特高强度镀锌钢线技术条件。对于特高压北环（淮—宁—沪）线苏通长江跨越工程用导线JLHA1/G6A－500/400特高强度钢芯高强度铝合金绞线，在此只作为研制试验技术条件，工程具体最终采用的输电方式有待后续确定。

表 1-4-82　我国输电线路典型跨越工程导线使用情况汇总表

序号	大跨越工程名称	电压等级/kV	建设年份	主跨距/m	主塔高/m	导线名称	导线分列根数及型号	导线结构（铝线根数×直径/钢线根数×直径）
1	南京热燕线长江跨越（南跨）	220	1976	1933	193.5	加强型钢芯铝包钢绞线	1×GLGJJ-410/153	38×3.70/19×3.20
			2014（改建）			特高强度钢芯高强度耐热铝合金绞线	1×KTACSR/EST-400/180	42×3.44/19×3.44
2	南京热燕线长江跨越（北跨）	220	1976	1107	164.0	加强型钢芯铝绞线	1×LGJJ-300	30×3.55/19×2.20
			2014（改建）			碳纤维复合芯耐热铝合金型线绞线	1×JNRLH2X1/F1B-400/50	8×4.92+14×4.84/1×8.00
3	平武线中山口汉江跨越	500	1981	1279	120.5	加强型钢芯铝合金绞线	3×LHGJT-440/200	42×3.64/37×2.60
4	平武线金口长江跨越	500	1981	1411	135.5	加强型钢芯铝合金绞线	3×LHGJT-440/200	42×3.64/37×2.60
5	淮上线荻港长江跨越	500	1985	1221	160.0	加强型钢芯铝绞线	4×LGJJ-400	30×4.12/19×2.50
6	楚都—油江线公安长江跨越	220	1985	1360	140.5	铝包钢绞线	1×LBGJ-465	37×4.00
7	葛上直流线沱盘溪长江（沙洋汉江）跨越	±500	1987	1229（965）	99.5	加强型钢芯铝合金绞线	3×LHGJT-440/200	42×3.64/37×2.60
8	葛上、荆枫直流线共塔吉阳长江跨越	±500	1987	1605	181.5	加强型钢芯铝合金绞线	3×LHGJT-440/200	42×3.64/37×2.60
			2010（改建）			特高强度钢芯高强度耐热铝合金绞线	2×KTACSR/EST-630/360	48×4.10/37×3.50
9	徐上线镇江五峰山长江跨越	500	1988	1820	179.8	特高强度钢芯高强度铝合金绞线	4×AACSR/EST-410/150	38×3.693/37×2.286
10	平洛线洛河电厂淮河跨越	500	1988	1478	202.0	加强型钢芯铝合金绞线	4×LHGJJ-400	30×4.16/19×2.50
11	沙江线狮子洋珠江跨越	500	1988	1547	235.7	特高强度钢芯高强度耐热铝合金绞线	2×KTACSR/EST-720/300	40×4.80/37×3.20
12	南京大胜关长江跨越	500	1992	2053	257.0	特高强度钢芯高强度铝合金绞线	4×AACSR/EST-410/150	38×3.7/37×2.29
13	罗江线古劳西江跨越	500	1993	1144	142.0	钢芯铝合金绞线	2×AACSR-720/300	40×4.80/37×3.20
14	汕头港湾跨越	220	1997	1279	165.0	特高强度钢芯高强度耐热铝合金绞线	1×KTACSR/EST-720/300	40×4.80/37×3.20
15	天广直流线丰平洲北江跨越	±500	2000	1255	147.0	钢芯铝合金绞线	4×LHGJ-400/95	30×4.16/19×2.50
16	岱山舟山联网线灌门海峡跨越	110	2001	1720	175.0	铝包钢绞线（27% IACS）	1×JLB2-420	37×3.80
17	杭兰线钱塘江大跨越	500	2003	1150	128.0	钢芯铝合金绞线	4×LHGJ-500/65	54×3.44/7×3.44
18	龙政直流线芜湖长江大跨越	±500	2003	1919	229.0	特高强度钢芯高强度铝合金绞线	4×AACSR/EST-450/200	42×3.70/19×3.70
19	龙政直流线王家滩汉江跨越	±500	2003	1201	119.0	铝包钢（30% IACS）绞线	4×JLB30-512	37×4.20
20	荆益线李埠长江跨越	500	2003	1490	163.9	特高强度钢芯高强度铝合金绞线	2×AACSR/EST-640/290	42×4.40/37×3.14
21	荆益线康家吉沅水大跨越	500	2003	1023	108.0	特高强度钢芯高强度铝合金绞线	2×AACSR/EST-640/290	42×4.40/37×3.14
22	三广直流线大埠街长江跨越	±500	2004	1533	175.0	特高强度钢芯高强度铝合金绞线	4×AACSR/EST-450/200	42×3.70/19×3.70
23	三广直流线康家吉沅水跨越	±500	2004	1166	132.0	特高强度钢芯高强度铝合金绞线	4×AACSR/EST-450/200	42×3.70/19×3.70

（续）

序号	大跨越工程名称	电压等级/kV	建设年份	主跨距/m	主塔高/m	导线名称	导线分列根数及型号	导线结构（铝线根数×直径/钢线根数×直径）
24	杨斗线江阴长江跨越	500	2004	2303	346.5	特高强度钢芯高强度铝合金绞线	4×AACSR/EST－500/230	42×3.90/19×3.90
25	荆孝线马良汉江跨越	500	2004	1170	122.0	铝包钢（30%IACS）绞线	4×JLB30－420	37×3.80
26	肇西线富湾西江跨越	500	2004	1481	140.0	特高强度钢芯高强度耐热铝合金绞线	2×KTACSR/EST－720/300	40×4.80/37×3.20
27	三万Ⅱ线巴东长江跨越	500	2004	1840	42.5	铝包钢绞线（27%IACS）	4×JLB2－510	37×4.20
28	台香线崖门珠江口跨越	500	2005	1425	215.5	特高强度钢芯高强度耐热铝合金绞线	2×KTACSR/EST－720/300	40×4.80/37×3.20
29	三沪直流线荻岗长江大跨越	±500	2006	1755	202.0	特高强度钢芯高强度铝合金绞线	4×AACSR/EST－450/200	42×3.70/19×3.70
30	三沪直流线塔坪桥长江跨越	±500	2006	1514	155.5	特高强度钢芯高强度铝合金绞线	4×AACSR/EST－450/200	42×3.70/19×3.70
31	潜咸线石矶头长江跨越	500	2006	1660	202.5	特高强度钢芯高强度铝合金绞线	4×AACSR/EST－500/230	42×3.90/37×2.79
32	滁马线马鞍山长江跨越	500	2006	1960	257.0	特高强度钢芯高强度铝合金绞线	4×AACSR/EST－500/230	42×3.90/19×3.90
33	襄樊电厂线刘集汉江跨越	500	2007	1251	108.0	特高强度钢芯高强度铝合金绞线	2×AACSR/EST－640/290	42×4.40/37×3.14
34	襄十线章家咀汉江跨越	500	2007	1328	139.0	特高强度钢芯高强度铝合金绞线	2×AACSR/EST－640/290	42×4.40/37×3.14
35	潜咸Ⅲ回线赤壁长江跨越	500	2007	1644	202.5	特高强度钢芯高强度铝合金绞线	4×AACSR/EST－500/230	42×3.90/37×2.79
36	水潜线观音寺长江跨越	500	2007	1555	191.5	特高强度钢芯高强度铝合金绞线	4×AACSR/EST－500/230	42×3.90/37×2.79
37	肇花线大塘北江跨越	500	2007	1417	157.0	特高强度钢芯高强度耐热铝合金绞线	4×KTACSR/EST－450/200	42×3.70/19×3.70
38	贤花线石角北江跨越	500	2007	1468	162.5	特高强度钢芯高强度耐热铝合金绞线	2×KTACSR/EST－720/300	40×4.80/37×3.20
39	江北—龙潭线三江口长江跨越	500	2007	1770	249.5	特高强度钢芯高强度铝合金绞线	4×AACSR/EST－500/230	42×3.90/19×3.90
40	黄黄线刘家渡长江跨越	500	2008	1450	181.5	特高强度钢芯高强度铝合金绞线	4×AACSR/EST－500/230	42×3.90/37×2.79
41	特高压晋南线西化工黄河跨越	1000	2009	1220+995	123.8	特高强度钢芯高强度铝合金绞线	6×AACSR/EST－500/230	42×3.90/37×2.79
42	特高压南荆线沿山头汉江跨越	1000	2009	1650	181.8	特高强度钢芯高强度铝合金绞线	6×AACSR/EST－500/230	42×3.90/37×2.79
43	狮桂线横门珠江跨越	500	2009	1083	161.3	特高强度钢芯高强度耐热铝合金绞线	2×KTACSR/EST－1000/260	72×4.20/37×3.00
44	狮桂线奇沥珠江跨越	500	2009	1076	141.3	特高强度钢芯高强度耐热铝合金绞线	2×KTACSR/EST－1000/260	72×4.20/37×3.00
45	舟山联网大猫山螺头水道跨越	500	2010	2772	370.0	铝包钢（23%IACS）绞线	4×JLB23－380	37×3.60
46	舟山联网盘峙港海峡跨越	500	2010	614+1117	139.0	铝包钢（40%IACS）绞线	4×JLB40－800	61×4.10
47	舟山联网和尚山海峡跨越	500	2010	493+784	135.5	铝包钢（40%IACS）绞线	4×JLB40－800	61×4.10
48	向上直流线杨家场长江跨越	±800	2010	1610	191.0	特高强度钢芯高强度铝合金绞线	4×AACSR/EST－640/290	42×4.40/37×3.14
49	向上直流线胡家滩长江跨越	±800	2010	1705	198.5	特高强度钢芯高强度铝合金绞线	4×AACSR/EST－640/290	42×4.40/37×3.14
50	向上直流线扎营港长江跨越	±800	2010	1639	204.4	特高强度钢芯高强度铝合金绞线	4×AACSR/EST－640/290	42×4.40/37×3.14
51	向上直流线新吉阳长江跨越	±800	2010	2052	245.5	特高强度钢芯高强度铝合金绞线	4×AACSR/EST－640/290	42×4.40/37×3.14
52	锦苏直流线杨家场长江跨越	±800	2010	1580	195.0	特高强度钢芯高强度铝合金绞线	4×AACSR/EST－720/320	42×4.66/37×3.33
53	锦苏直流线胡家滩长江跨越	±800	2010	1719	194.0	特高强度钢芯高强度铝合金绞线	4×AACSR/EST－720/320	42×4.66/37×3.33

（续）

序号	大跨越工程名称	电压等级/kV	建设年份	主跨距/m	主塔高/m	导线名称	导线分列根数及型号	导线结构（铝线根数×直径/钢线根数×直径）
54	锦苏直流线扎营港长江跨越	±800	2010	1680	214.0	特高强度钢芯高强度铝合金绞线	4×AACSR/EST－720/320	42×4.66/37×3.33
55	锦苏直流线新吉阳长江跨越	±800	2010	1931	223.0	特高强度钢芯高强度铝合金绞线	4×AACSR/EST－720/320	42×4.66/37×3.33
56	宁东～山东直流线郭纸黄河跨越	±660	2010	1260＋1102	120.0	特高强度钢芯高强度铝合金绞线	4×AACSR/EST－500/230	42×3.90/19×3.90
57	狮五线马山西江跨越Ⅰ（Ⅱ）	500	2011	1230	211.5	特高强度钢芯高强度耐热铝合金绞线	2×KTACSR/EST－1000/260	72×4.20/37×3.00
58	三荆Ⅱ、Ⅲ回线黑岩子长江跨越	500	2011	1600	120.9	特高强度钢芯高强度铝合金绞线	4×AACSR/EST－400/180	42×3.50/37×2.50
59	六铜线铜陵长江跨越	500	2012	1583	200.0	特高强度钢芯高强度铝合金绞线	4×AACSR/EST－500/230	42×3.90/19×3.90
60	特高压南环（淮—沪）线淮河跨越	1000	2013	1300	198.0	特高强度钢芯高强度铝合金绞线	6×AACSR/EST－640/290	42×4.40/37×3.14
61	特高压南环（淮—沪）线荻岗长江跨越	1000	2013	1817	277.5	特高强度钢芯高强度铝合金绞线	6×AACSR/EST－640/290	42×4.40/37×3.14
62	溪浙直流线洪家洲湘江跨越	±800	2013	871＋982	117.0	特高强度钢芯高强度铝合金绞线	4×AACSR/EST－900/240	72×4.00/37×2.86
63	溪浙直流线金家赣江跨越	±800	2013	1476	175.0	特高强度钢芯高强度铝合金绞线	4×AACSR/EST－900/240	72×4.00/37×2.86
64	哈郑直流线赵口黄河跨越	±800	2014	1200＋1350	140.6	特高强度钢芯高强度铝合金绞线	4×AACSR/EST－900/240	72×4.00/37×2.86
65	灵绍直流线枞阳长江跨越	±800	建设中	2269	280.0	特高强度钢芯高强度铝合金绞线	6×AACSR/EST－640/290	42×4.40/37×3.14
66	特高压北环（淮—宁—沪）线洛河洼淮河跨越	1000	建设中	1503	254.5	特高强度钢芯高强度铝合金绞线	6×AACSR/EST－500/230	42×3.90/37×2.79
67	特高压北环（淮—宁—沪）线苏通长江跨越	1000	建设中	2600	455.0	特高强度钢芯高强度铝合金绞线	4×JLHA1/G6A－500/400	60×3.26/61×2.90

表 1-4-83 AACSR/EST—640/290、KTACSR/EST－1000/260 和 JLHA1/G6A－500/400 导线主要技术条件

序号	项目		技术要求		
1	导线型号规格		AACSR/EST－640/290	KTACSR/EST－1000/260	JLHA1/G6A①－500/400
2	结构：根数/直径/mm	铝合金线	42×4.40	72×4.20	60×3.26
		镀锌钢线	37×3.14	37×3.00	61×2.90
3	计算截面积/mm^2	铝合金	638.62	997.5	500.82
		钢	286.52	261.5	402.92
		总	925.14	1259.0	903.74
4	铝钢比		2.23	3.85	1.24
5	外径/mm		39.58±0.40	46.2	39.14
6	额定拉断力/kN		645.0	629.83	905.5
7	弹性模量/GPa		96.8	83.0	115.2
8	单位长度质量/(kg/km)		4053	4816.3	4574.8
9	拉力重量比		16.24	13.34	20.20
10	20℃直流电阻/(Ω/km)		≤0.05255	≤0.0322	≤0.06750
11	线膨胀系数/($\times10^{-6}$/℃)		16.2	17.5	14.54
12	外层绞向		右向		
13	单线接头		镀锌钢线和铝合金线均不允许接头		

表 1-4-84 大跨越导线用高强度及高强度耐热铝合金线技术条件

项目	工程实际考核值		
导线型号规格	AACSR/EST－640/290	KTACSR/EST－1000/260	JLHA1/G6A－500/400
铝合金线直径/mm	4.40±1%	4.20±0.04	3.26±0.03
计算截面积/mm^2	15.20±2%	13.85±2%	8.35±2%
绞前抗拉强度/MPa	≥315	≥225	≥325
单位长度质量/(kg/km)	41.09	37.45	22.56
导电率(%IACS)	≥52.5%IACS	≥55.0%IAC	≥52.5%IAC
20℃电阻率/(Ω·mm^2/m)	≤0.03284	≤0.03135	≤0.03284
断裂伸长率(标距 250mm)(%)	≥3.0	≥2.0	≥3.0
卷绕性能	1*D* 绕 8 圈，不断裂		

表 1-4-85 大跨越导线用特高强度镀锌钢线技术条件

项目	工程实际考核值		
导线型号规格	AACSR/EST－640/290	KTACSR/EST－1000/260	JLHA1/G6A①－500/400
镀锌钢线型号	G4A	G4A	G6A
直径/mm	3.14±0.05	3.00±0.04	2.90±0.05
计算截面积/mm^2	7.74	7.07	6.61
单位长度质量/(kg/km)	60.37	54.99	51.38
抗拉强度/MPa	1770	1770	1960
1%伸长应力/MPa	1550	1550	1860(2%伸长应力)
伸长率(标距 250mm)(%)	≥3.5	≥3.5	≥3.5
扭转次数	绞前≥12，绞后≥10	绞前≥12	绞前≥12
镀锌层重量/(g/m^2)	≥245	≥230	≥230
卷绕试验	4 倍钢丝直径芯轴上卷绕 8 圈，钢丝不断裂		
镀锌层附着性	4 倍钢丝直径芯轴上卷绕 8 圈，锌层不得开裂或起皮		
镀锌层均匀性	用肉眼观察镀层应没有孔隙，镀层光滑，厚度均匀		

① 已超出 GB/T 3428—2012 的 G5 级，只是抗拉强度级别的延伸。

4.4.14 防冰雪导线

在重冰区使用的输电线路上，往往由于导线上覆冰过重或集雪过多，而发生断线倒塔的停电事故，造成巨大的经济损失，也容易引起导线舞动，损坏线路，所以研究开发了防冰雪导线。防冰雪导

线有防雪环式的、带翼状股线的或嵌绞居里合金式的难积雪导线等多种形式。

防雪环由聚碳酸酯塑料制成，状如指环，在架设后夹装在导线上，间距约为股线节距的两倍。它可使积雪在沿导线滑动时受阻而脱落。其安装如图1-4-17所示。

带翼状股线的难积雪导线，也可使积雪在导线上滑动时受阻而脱落。其截面如图1-4-18所示。

图1-4-17 防雪环及其安装图

图1-4-18 带翼状股线的难积雪导线结构示意图

低居里点合金是一种镍－铬－硅－铁四元合金，缠绕在导线上，在低温时能产生磁性，导致涡流发热而融冰。防雪化学憎水性涂料也能减小冰对导线的附着力，使易于脱冰。

4.4.15 亚光导线

随着城市的发展和公共设施的完善，光污染已经成为一些特殊场合周边环境的重要影响因素。传统的架空导线表面呈光亮的镜面，而对于机场、高速公路等附近，有必要采用表面反射度低的亚光架空导线。在不影响输电线路正常运行的前提下，以最大限度地减少导线表面反射的太阳光，从而降低光污染。

亚光导线即对导线外表面进行表面处理，使导线表面呈现亚光状态，减少导线表面反射度。标准AA AAC7.69—1996《Non－Specular Surface Finish on Bare Overhead Aluminum Conductors》中规定亚光导线表面漫反射系数≤32%。亚光导线与常规钢芯铝绞线的外表面对比如图1-4-19所示。

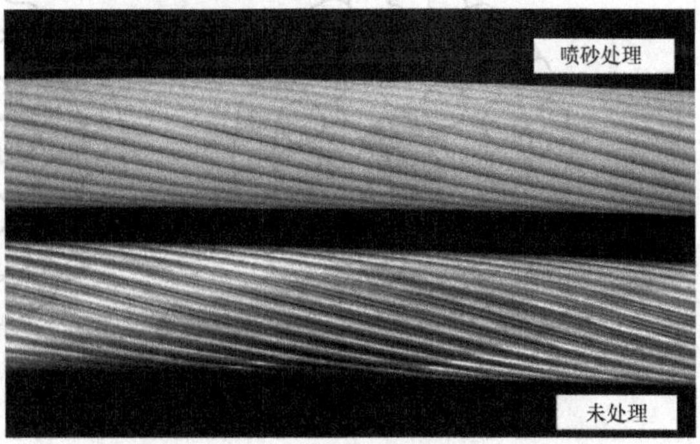

图1-4-19 亚光处理与未经处理的导线外观

4.4.16 低风压低风音导线

架空输电线路低风压导线是架空输电线路用的一种特种导线，是在导线直径相同情况下，相对于传统的钢芯铝绞线具有更小的风阻力系数的导线，由于这种导线在风的作用下比传统的钢芯铝绞线受到的风压更小，常将这种导线称为低风压导线。

导线的风阻力系数与导线表面的形状或“粗糙度”有关系，为了最大限度地降低导线的阻力系数，必须合理选择导线的最佳表面形状或“粗糙度”。几种常用的低风压导线结构示意图，如图1-4-20所示。

根据风洞试验和现场验证试验，试验结果表明低风压导线在风速为30～50m/s范围内，其阻力系数和风压将比普通导线明显降低。

导线风噪音是指风吹过导线后，气流从导线表面剥离形成卡门涡流，引起压力变化所产生的一种空气振动。导线风噪音的性质与导线的材质、振动特性无关，与导线的外表面形状、直径以及风速有关。低噪音导线是在导线制造过程中，直接在导线外层绞制上若干股凸出线股（见图1-4-20）。这种异形线股不会增加导线的电晕噪音和无线电干扰水平，而具有降低导线风噪音的效果。因此，低噪音导线是一种兼顾降低风噪音和电晕噪音的特种导线。

4.4.17 低蠕变量导线

低蠕变量导线完全是一种钢芯铝绞线，只是钢芯采用低松弛预应力镀锌钢绞线，这种钢绞线在制造过程中经过了低松弛预应力工艺处理，使其具有低松弛率（约为普通镀锌钢绞线的1/3），因此导线的蠕变量比普通钢芯铝绞线的明显降低。

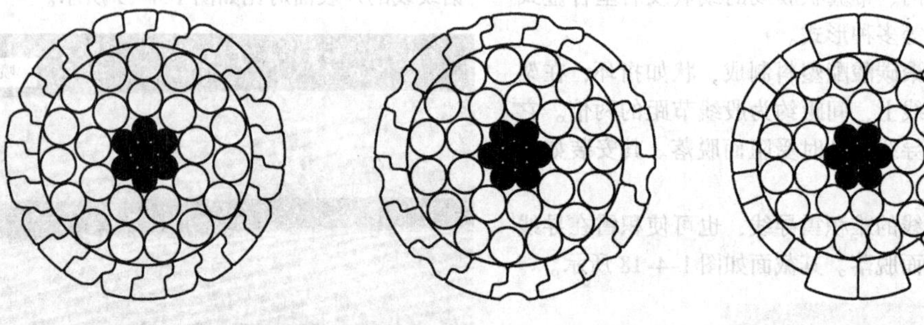

a)　　b)　　c)

图 1-4-20　低风压低风音导线典型结构

4.5　架空地线

4.5.1　镀锌钢绞线

本节镀锌钢绞线主要是指符合 YB/T 5004—2012 标准的架空地线用镀锌钢绞线，目前电力用户设计及采购多使用本标准，其主要性能参数见表 1-4-86。

表 1-4-86　架空地线用镀锌钢绞线主要技术性能参数

结构	钢绞线用钢丝标称直径/mm	钢绞线标称直径/mm	钢绞线标称截面积/mm^2	标称抗拉强度/MPa					参考重量/（kg/km）
				1270	1370	1470	1570	1670	
				钢绞线最小破断拉力/kN，不小于					
1×3	2.90	6.20	19.82	23.16	24.98	26.80	28.63	30.45	160.00
	3.20	6.40	24.13	28.19	30.41	32.63	34.85	37.07	195.00
	3.50	7.50	28.86	33.72	36.38	39.03	41.69	44.34	233.00
	4.00	8.60	37.70	44.05	47.52	50.99	54.45	57.92	304.00
1×7	1.00	3.00	5.50	6.43	6.93	7.44	7.94	8.45	43.70
	1.20	3.60	7.92	9.25	9.98	10.71	11.44	12.17	62.90
	1.40	4.20	10.78	12.60	13.59	14.58	15.57	16.56	85.60
	1.60	4.80	14.07	16.44	17.73	19.03	20.32	21.62	112.00
	1.80	5.40	17.81	20.81	22.45	24.09	25.72	27.36	141.00
	2.00	6.00	21.99	25.69	27.72	29.74	31.76	33.79	175.00
	2.20	6.60	26.61	31.10	33.55	36.00	38.45	40.88	210.00
	2.60	7.80	37.17	43.43	46.85	50.27	53.69	57.11	295.00
	3.00	9.00	49.50	57.86	62.42	66.98	71.54	76.05	411.90
	3.20	9.60	56.30	65.78	70.96	76.14	81.32	86.50	447.00
	3.50	10.50	67.35	78.69	84.89	91.08	97.28	103.48	535.00
	3.80	11.40	79.39	92.76	100.10	107.40	114.70	121.97	630.00
	4.00	12.00	87.96	102.8	110.90	119.00	127.00	135.14	698.00
1×19	1.60	8.00	38.20	43.66	47.10	50.54	53.98	57.41	304.00
	1.80	9.00	48.35	55.26	59.62	63.97	68.32	72.67	385.00
	2.00	10.00	59.69	68.23	73.60	78.97	84.34	89.71	475.00
	2.20	11.00	72.20	82.58	89.00	95.58	102.09	108.52	569.00
	2.30	11.50	78.94	90.23	97.33	104.40	111.50	118.65	628.00
	2.60	13.00	100.90	115.30	124.40	133.50	142.60	151.65	803.00
	2.90	14.50	125.50	143.40	154.70	166.00	177.30	188.63	999.00
	3.20	16.00	152.80	174.70	188.40	202.20	215.90	229.66	1220.00
	3.50	17.50	182.80	208.90	225.40	241.80	258.30	274.75	1460.00
	4.00	20.00	238.80	272.90	294.40	315.90	337.40	358.92	1900.00

（续）

结构	钢绞线用钢丝标称直径/mm	钢绞线标称直径/mm	钢绞线标称截面积/mm²	标称抗拉强度/MPa					参考重量/（kg/km）
				1270	1370	1470	1570	1670	
				钢绞线最小破断拉力/kN，不小于					
1×37	1.60	11.20	74.39	80.30	86.63	92.95	99.27	105.60	595.00
	1.80	12.60	94.15	101.60	109.60	117.60	125.60	133.65	753.00
	2.00	14.00	116.20	125.40	135.30	145.20	155.10	164.95	930.00
	2.30	16.10	153.70	165.90	179.00	192.00	205.10	218.18	1230.00
	2.60	18.20	196.40	212.00	228.70	245.40	262.10	278.79	1570.00
	2.90	20.30	244.40	263.80	284.60	305.40	326.20	346.93	1950.00
	3.20	22.40	297.60	321.30	346.60	371.90	397.10	422.44	2380.00
	3.50	24.50	356.00	384.30	414.60	444.80	475.10	505.34	2050.00
	4.00	28.00	465.00	502.00	541.50	581.00	620.50	660.07	3720.00

注：镀锌钢丝的密度按7.78g/cm³计算。

4.5.2 铝包钢绞线

本节中的铝包钢绞线由符合GB/T 17937—2009标准要求的铝包钢线单线绞制而成，且符合GB/T 1179—2008标准要求。铝包钢绞线机械强度较高，耐腐蚀性能好，又具有一定的良好导电性能，可用作良导体架空地线，也可用于化工、沿海等各种高腐蚀区域的架空线路，替代镀锌钢绞线用作架空地线。其主要技术性能参照4.1.11节中表1-4-26和表1-4-27，列出的JLB1A、JLB1B铝包钢绞线和JLB2铝包钢绞线性能。

4.5.3 锌-5%铝-混合稀土合金镀层钢绞线

锌-5%铝-混合稀土合金镀层钢线，由于其良好的耐腐蚀性能，多用于化工、沿海等各种高腐蚀区域的电力架空线路，替代镀锌钢绞线用作架空地线，也多用于架空导线加强芯。该绞线应符合GB/T 20492—2006《锌-5%铝-混合稀土合金镀层钢丝、钢绞线》标准。钢绞线按结构分为1×3、1×7、1×19、1×37四个级别，按标称抗拉强度分为420MPa、670MPa、750MPa、1170MPa、1270MPa、1370MPa、1470MPa、1570MPa八个级别，其主要技术性能参数见表1-4-87。

表1-4-87 合金镀层钢绞线主要技术性能参数

结构	钢绞线用钢丝标称直径/mm	钢绞线标称直径/mm	钢绞线截面积/mm²	标称抗拉强度/MPa								参考重量/（kg/km）
				420	670	750	1170	1270	1370	1470	1570	
				钢绞线最小破断拉力/kN								
1×3	2.9	6.2	19.82	7.66	12.22	13.68	21.33	23.16	24.98	26.80	28.63	160
	3.2	6.4	24.13	9.32	14.87	16.65	25.97	28.19	30.41	32.63	34.85	195
	3.5	7.5	28.86	11.15	17.79	19.91	31.06	33.72	36.38	39.03	41.69	233
	4.0	8.6	37.70	14.57	23.24	26.01	40.58	44.05	47.52	50.99	54.45	304
1×7	1.0	3	5.50	2.13	3.39	3.80	5.92	6.43	6.93	7.44	7.94	43.7
	1.2	3.6	7.92	3.06	4.88	5.46	8.53	9.25	9.98	10.71	11.44	62.9
	1.4	4.2	10.78	4.17	6.64	7.44	11.60	12.60	13.59	14.58	15.57	85.6
	1.6	4.8	14.07	5.44	8.67	9.71	15.14	16.44	17.73	19.03	20.32	112
	1.8	5.4	17.81	6.88	10.98	12.29	19.17	20.81	22.45	24.09	25.72	141
	2.0	6	21.99	8.50	13.55	15.17	23.67	25.69	27.72	29.74	31.76	175
	2.2	6.6	26.61	10.28	16.40	18.36	28.65	31.10	33.55	36.00	38.45	210
	2.6	7.8	37.17	14.36	22.91	25.65	40.01	43.43	46.85	50.27	53.69	295
	3.0	9	49.50	19.14	30.53	34.17	53.31	57.86	62.42	66.98	71.54	390
	3.2	9.6	56.30	21.75	34.70	38.85	60.60	65.78	70.96	76.14	81.32	447
	3.5	10.5	67.35	26.02	41.51	46.47	72.50	78.69	84.89	91.08	97.28	535
	3.8	11.4	79.39	30.68	48.94	54.78	85.46	92.76	100.1	107.4	114.7	630
	4.0	12	87.96	33.99	54.22	60.69	94.68	102.8	110.9	119.0	127.0	698

（续）

结构	钢绞线用钢丝标称直径/mm	钢绞线标称直径/mm	钢绞线截面积/mm²	标称抗拉强度/MPa								参考重量/（kg/km）
				420	670	750	1170	1270	1370	1470	1570	
				钢绞线最小破断拉力/kN								
1×19	1.6	8	38.20	14.44	23.03	25.78	40.22	43.66	47.10	50.54	53.98	304
	1.8	9	48.35	18.28	29.16	32.64	50.91	55.26	59.62	63.97	68.32	385
	2.0	10	59.69	22.56	35.99	40.29	62.85	68.23	73.60	78.97	84.34	475
	2.2	11	72.20	27.31	43.57	48.77	76.08	82.58	89.00	95.58	102.09	569
	2.3	11.5	78.94	29.84	47.60	53.28	83.12	90.23	97.33	104.4	111.5	628
	2.6	13	100.9	38.14	60.84	68.11	106.2	115.3	124.4	133.5	142.6	803
	2.9	14.5	125.5	47.44	75.68	84.71	132.2	143.4	154.7	166.0	177.3	999
	3.2	16	152.8	57.76	92.14	103.1	160.9	174.7	188.4	202.2	215.9	1220
	3.5	17.5	182.8	69.10	110.2	123.4	192.5	208.9	225.4	241.8	258.3	1460
	4.0	20	238.8	90.27	144.0	161.2	251.5	272.9	294.4	315.9	337.4	1900
1×37	1.6	11.2	74.39	26.56	42.37	47.42	73.98	80.30	86.63	92.95	99.27	595
	1.8	12.6	94.15	33.61	53.62	60.02	93.63	101.6	109.6	117.6	125.6	753
	2.0	14	116.2	41.48	66.18	74.08	115.6	125.4	135.3	145.2	155.1	930
	2.3	16.1	153.7	54.87	87.53	97.98	152.9	165.9	179.0	192.0	205.1	1230
	2.6	18.2	196.4	70.11	111.8	125.2	195.3	212.0	228.7	245.4	262.1	1570
	2.9	20.3	244.4	87.25	139.2	155.8	243.1	263.8	284.6	305.4	326.2	1950
	3.2	22.4	297.6	106.2	169.5	189.7	296.0	321.3	346.6	371.9	397.1	2380
	3.5	24.5	356.0	127.1	202.7	227.0	354.0	384.3	414.6	444.8	475.1	2050
	4.0	28	465.0	166.0	264.8	296.4	462.4	502.0	541.5	581.0	620.5	3720

注：根据用户需求，可生产表中未列入的中间规格钢绞线，技术要求可在相邻规格的基础上由供需双方商定。

4.5.4 光纤复合架空地线（OPGW）

光纤复合架空地线（OPGW）也是一种兼有输电和通信传输性能的架空地线，详见4.6节。

4.6 光纤复合架空线

4.6.1 光纤复合架空地线（OPGW）

1. 结构特点

光纤复合架空地线（Optical Fiber Composite Overhead Ground Wire，OPGW）作为地线架设于输电线路上，同时利用OPGW形成的光纤通信线路，除了能满足电力生产调度、电力系统自动化对通道的需求外，还可面向社会提供通信服务，光纤复合架空地线与输电线架设在同一铁塔上，节省了一般光缆的敷设费用，而且性能可靠、稳定。

OPGW是集光纤通信及电力架空地线（避雷线）功能于一体的复合架空地线。其结构主要由外层地线和内层光单元两部分组成。外层地线通常由镀锌钢线、铝包钢线和铝合金线的一种或几种绞合而成，具有线路地线功能，同时对内层光单元起到保护作用。光纤单元包括光纤、二次被覆层、隔热层和保护管，保护管一般为无缝铝（或铝合金）管或不锈钢管等。光单元的核心为光纤，是通信传输的通道。按照输电线路的电压等级及传输容量的不同，对OPGW而言，应在抗拉强度、短路电流容量上满足要求，可以绞一层或两层等导体层。

OPGW结构的变化主要集中在由光纤和保护管组成的光单元上。从光纤的保护形式分，有不锈钢管式、铝管式及骨架式；从光单元的绞合结构形式分，有层绞结构和中心管结构；从地线材料选用上分，有混绞结构和全钢结构。几种典型OPGW主要结构示意图，如图1-4-21所示。

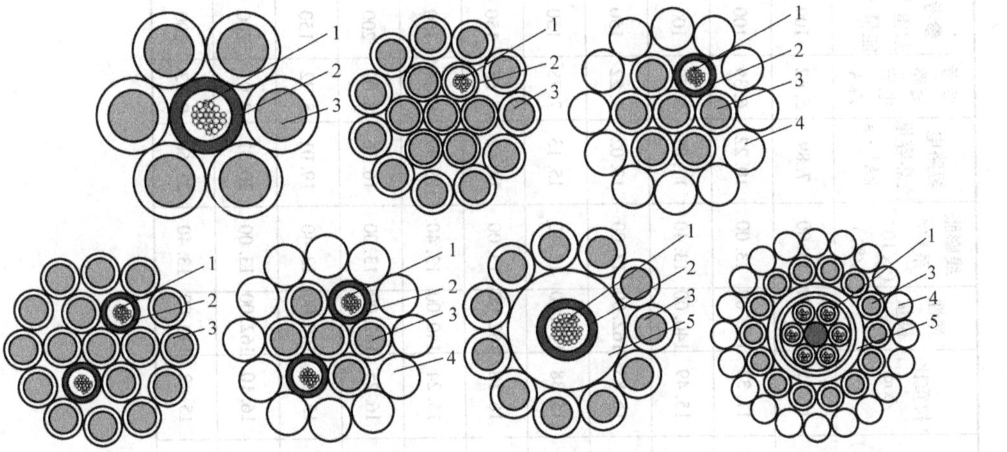

图 1-4-21　几种典型 OPGW 主要结构示意图

1—光纤　2—不锈钢管　3—铝包钢线　4—铝合金线　5—铝管

2. 主要技术性能

选择几种常用结构 OPGW，并列出其技术性能，主要有：

中心管式不锈钢管光单元结构，其系列规格及技术指标，见表 1-4-88。

层绞式单不锈钢管光单元 OPGW 标准产品系列规格，见表 1-4-89。

层绞式双不锈钢管光单元 OPGW 标准产品系列规格，见表 1-4-90。

中心管式（铝管）结构 OPGW 的主要技术参数，见表 1-4-91 。

3. 满足特殊工程及性能要求的 OPGW

（1）典型大跨越工程用 OPGW　特高压北环线（淮南—南京—上海）1000kV 特高压交流输电工程苏通长江大跨越区段，主跨 2600m，主塔高 455.0m。导线计划采用 4×LHA1/G6A－500/400 特高强度钢芯高强度铝合金绞线，地线计划采用 OPGW－48B1－350［560.2；402.3］，OPGW 的主要技术条件见表 1-4-92。该技术条件只是作为配合本工程研究试制使用，实际工程的具体输电方式有待后续确定。

（2）超耐低温 OPGW　青海－西藏 ±400kV 超高压直流联网工程，线路长度 1031km，海拔 4600～5290m，线路环境最低气温－40℃，最高气温＋40℃，年平均气温－10℃。该工程配套光纤通信工程用OPGW也是截至目前国内外输电线路工程使用 OPGW 的最严苛温度要求：－60～＋80℃，其技术条件见表 1-4-93。

4.6.2　光纤复合架空导（相）线（OPPC）

1. 结构特点

光纤复合架空导（相）线（Optical Fiber Composite Phase Conductor，OPPC），又称光纤复合架空导线，一种含有光纤单元的架空输电导线，具有输电和光通信的双重功能。在我国现行电网中，交流输电线路都采用三相电力系统传输，如果用 OPPC 替代三相中的一相，形成由两根导线和一根 OPPC 组合而成的三相电力系统，不需要另外架设通信线路就可以解决电网的自动化、调度、保护等问题，并可大大提高传输的质量和速度。

OPPC 特别适合应用于无法架设或没有架空地线的输电线路而实现光通信传输，如 35kV 及以下的架空输电线路，当然也有用于更高电压等级线路的导线。也有应用 OPPC 作为架空线路中导线兼具其运行状态监控功能，即其光纤单元中含有测量功能的光纤，如测量应力、温度、载流量测量等。

OPPC 由一个或多个光单元和一层或多层绞合单线同心绞合组成，按光单元在 OPPC 横截面中的位置，分为中心管式和层绞管式两大类结构。典型结构如图 1-4-22 所示。

2. 主要技术性能

OPPC 的技术性能需要同相邻的常规架空导线配合，通常按具体工程条件及用户要求设计选型。为了设计参考方便，在此列出用于 220kV 架空输电线路的典型 OPPC 技术参数，见表 1-4-94。

表 1-4-88　中心管式不锈钢管光单元 OPGW 技术性能参数

规格号	型号（对应规格）	结构组成						直径/mm	截面积			单位长度质量/(kg/km)	额定拉断力(RTS)/kN	20℃时直流电阻/(Ω/km)	拉重比/km	弹性模量/GPa	线膨胀系数/(×10⁻⁶/℃)	短路电流热容量/kA²·s	参考短路电流/kA	参考耐雷击能量/C
		中心			外层				铝包钢线/mm²	铝合金线/mm²	承载/mm²									
		根数	直径/mm	最大芯数/B1	根数	直径/mm	材料													
40	OPGW-24B1-42 [51; 7.9]	1	3.0	24B1	6	3.0	LB20	9.00	42.41	—	42.41	303.64	51.15	2.028	17.19	162.00	13.00	7.89	5.62	100
50	OPGW-30B1-48 [58; 10.2]	1	3.2	30B1	6	3.2	LB20	9.60	48.25	—	48.25	342.71	58.20	1.782	17.33	162.00	13.00	10.22	6.39	100
	OPGW-30B1-48 [47; 11.9]	1	3.2	30B1	6	3.2	LB27	9.60	48.25	—	48.25	309.07	46.90	1.342	15.49	140.00	13.40	11.87	6.89	100
55	OPGW-36B1-54 [64; 13.0]	1	3.4	36B1	6	3.4	LB20	10.20	54.48	—	54.48	384.31	64.23	1.579	16.83	162.00	13.00	13.02	7.22	150
	OPGW-36B1-54 [53; 15.1]	1	3.4	36B1	6	3.4	LB27	10.20	54.48	—	54.48	346.34	52.95	1.189	15.38	140.00	13.40	15.13	7.78	150
60	OPGW-40B1-58 [66; 14.6]	1	3.5	40B1	6	3.5	LB20	10.50	57.73	—	57.73	411.06	65.98	1.490	16.18	162.00	13.00	14.62	7.65	150
	OPGW-40B1-58 [56; 17.0]	1	3.5	40B1	6	3.5	LB27	10.50	57.73	—	57.73	370.81	56.11	1.122	15.24	140.00	13.40	16.99	8.24	150
	OPGW-40B1-61 [70; 16.4]	1	3.6	40B1	6	3.6	LB20	10.80	61.07	—	61.07	433.44	69.81	1.408	16.25	162.00	13.00	16.36	8.09	200
	OPGW-40B1-61 [59; 19.0]	1	3.6	40B1	6	3.6	LB27	10.80	61.07	—	61.07	390.86	59.36	1.060	15.30	140.00	13.40	19.01	8.72	150
70	OPGW-48B1-68 [77; 20.3]	1	3.8	48B1	6	3.8	LB20	11.40	68.05	—	68.05	480.08	76.55	1.264	16.10	162.00	13.00	20.31	9.01	200
	OPGW-48B1-68 [66; 23.6]	1	3.8	48B1	6	3.8	LB27	11.40	68.05	—	68.05	432.64	66.14	0.952	15.42	140.00	13.40	23.60	9.72	200

注：1. 型号中光纤芯数为光单元所承受的最大芯数，可根据工程实际情况减少。
2. 光纤类型以 B1 类举例。
3. 短路电流热容量：温度范围取 40 ~ 200℃。
4. 参考短路电流：短路电流持续时间取 0.25s，温度范围取 40 ~ 200℃。
5. 参考耐雷击能量是根据近年试验数据所得，仅供参考使用。

表 1-4-89 层绞式单不锈钢管光单元 OPGW 技术性能参数

规格号	型号（对应规格）	结构组成												直径/mm	截面积			单位长度质量/(kg/km)	额定拉断力(RTS)/kN	20℃时直流电阻/(Ω/km)	拉重比/km	弹性模量/GPa	线膨胀系数/(×10⁻⁶/℃)	短路电流热容量/kA²·s	计算短路电流/kA	参考耐雷击能量/C
		中心			内层（第1层）			外层（第2层）			不锈钢管光单元				铝包钢线/mm^2	铝合金线/mm^2	承载/mm^2									
		根数	直径/mm	材料	根数	直径/mm	材料	根数	直径/mm	材料	根数	直径/mm	最大芯数B1													
90	OPGW－24B1－89[107;34.6]	1	2.6	LB20	5	2.5	LB20	12	2.5	LB20	1	2.5	24B1	12.60	88.76	—	88.76	615.43	107.04	0.9718	17.75	162.00	13.00	34.56	11.76	100
	OPGW－24B1－89[86;40.2]	1	2.6	LB27	5	2.5	LB27	12	2.5	LB27	1	2.5	24B1	12.60	88.76	—	88.76	553.36	86.27	0.7318	15.91	140.00	13.40	40.16	12.67	50
100	OPGW－24B1－100［121；44.0］	1	2.6	LB20	5	2.5	LB20	11	2.85	LB20	1	2.5	24B1	13.30	100.03	—	100.03	691.23	120.63	0.8626	17.81	162.00	13.00	43.89	13.25	100
	OPGW－24B1－100［97；51］	1	2.6	LB27	5	2.5	LB27	11	2.85	LB27	1	2.5	24B1	13.30	100.03	—	100.03	621.26	97.23	0.6496	15.97	140.00	13.40	51.00	14.28	100
110	OPGW－24B1－113［136；55.8］	1	2.6	LB20	5	2.5	LB20	10	3.25	LB20	1	2.5	24B1	14.10	112.81	—	112.81	777.24	136.05	0.7650	17.86	162.00	13.00	55.83	14.94	200
	OPGW－24B1－113［110；64.9］	1	2.6	LB27	5	2.5	LB27	10	3.25	LB27	1	2.5	24B1	14.10	112.81	—	112.81	698.30	109.65	0.5761	16.02	140.00	13.40	64.87	16.11	150
	OPGW－24B1－113［60；96.7］	1	2.6	LB20	5	2.5	LB20	10	3.25	LHA2	1	2.5	24B1	14.10	29.85	82.96	112.81	447.56	60.48	0.3511	13.79	90.67	18.27	96.74	19.67	—
120	OPGW－30B1－119［144；62.2］	1	2.85	LB20	5	2.75	LB20	11	3.1	LB20	1	2.7	30B1	14.55	119.10	—	119.10	819.21	143.64	0.7244	17.89	162.00	13.00	62.23	15.78	150
	OPGW－30B1－119［11672.3］	1	2.85	LB27	5	2.75	LB27	11	3.1	LB27	1	2.7	30B1	14.55	119.10	—	119.10	735.90	115.77	0.5455	16.05	140.00	13.40	72.31	17.01	150
	OPGW－30B1－119［68；105.0］	1	2.85	LB20	5	2.75	LB20	11	3.1	LHA2	1	2.7	30B1	14.55	36.08	83.02	119.10	489.27	68.00	0.3421	14.18	94.38	17.80	105.04	20.50	—
135	OPGW－36B1－136［164；81.6］	1	3.2	LB20	5	3.1	LB20	12	3.1	LB20	1	3.0	36B1	15.60	136.35	—	136.35	934.73	164.44	0.6326	17.95	162.00	13.00	81.57	18.06	150
	OPGW－36B1－135［133；94.8］	1	3.2	LB27	5	3.1	LB27	12	3.1	LB27	1	3.0	36B1	15.60	136.35	—	136.35	839.37	132.54	0.4764	16.11	140.00	13.40	94.77	19.47	150
	OPGW－36B1－136［108；101.7］	1	3.2	LB30	5	3.1	LB30	12	3.1	LB30	1	3.0	36B1	15.60	136.35	—	136.35	798.76	107.99	0.4287	13.80	132.00	13.80	101.74	20.17	100
	OPGW－36B1－136［83；125.5］	1	3.2	LB40	5	3.1	LB40	12	3.1	LB40	1	3.0	36B1	15.60	136.35	—	136.35	662.78	83.45	0.3215	12.85	109.00	15.50	125.45	22.40	50

（续）

规格号	型号（对应规格）	结构组成 中心			内层（第1层）			外层（第2层）			不锈钢管光单元			直径/mm	截面积 铝包钢线/mm²	铝合金线/mm²	承载/mm²	单位长度质量/（kg/km）	额定拉断力（RTS）/kN	20℃时直流电阻/（Ω/km）	拉重比/km	弹性模量/GPa	线膨胀系数/（×10⁻⁶/℃）	短路电流热容量/kA²·s	计算短路电流/kA	参考耐雷击能量/C
		根数	直径/mm	材料	根数	直径/mm	材料	根数	直径/mm	材料	根数	直径/mm	最大芯数B1													
145	OPGW-36B1-145［175；92.6］	1	3.3	LB20	5	3.2	LB20	12	3.2	LB20	1	3.1	36B1	16.10	145.28	—	145.28	994.59	174.97	0.5937	17.95	162.00	13.00	92.59	19.24	200
	OPGW-36B1-145［141；107.6］	1	3.3	LB27	5	3.2	LB27	12	3.2	LB27	1	3.1	36B1	16.10	145.28	—	145.28	892.99	141.21	0.4471	16.14	140.00	13.40	107.58	20.74	150
	OPGW-36B1-145［115；115.5］	1	3.3	LB30	5	3.2	LB30	12	3.2	LB30	1	3.1	36B1	16.10	145.28	—	145.28	849.72	115.06	0.4024	13.82	132.00	13.80	115.49	21.49	150
	OPGW-36B1-145［89；142.4］	1	3.3	LB40	5	3.2	LB40	12	3.2	LB40	1	3.1	36B1	16.10	145.28	—	145.28	704.85	88.91	0.3018	12.87	109.00	15.50	142.41	23.87	100
165	OPGW-48B1-164［193；118.0］	1	3.5	LB20	5	3.4	LB20	12	3.4	LB20	1	3.3	48B1	17.10	163.97	—	163.97	1124.99	193.32	0.5260	17.46	162.00	13.00	117.95	21.72	200
	OPGW-48B1-164［159；137］	1	3.5	LB27	5	3.4	LB27	12	3.4	LB27	1	3.3	48B1	17.10	163.97	—	163.97	1010.32	159.38	0.3961	16.02	140.00	13.40	137.04	23.41	150
	OPGW-48B1-164［100；181.4］	1	3.5	LB40	5	3.4	LB40	12	3.4	LB40	1	3.3	48B1	17.10	163.97	—	163.97	797.97	100.35	0.2674	12.75	109.00	15.50	181.41	26.94	100
185	OPGW-48B1-184［211；149.1］	1	3.8	LB20	5	3.6	LB20	12	3.6	LB20	1	3.4	48B1	18.20	184.38	—	184.38	1261.87	211.15	0.4678	17.01	162.00	13.00	149.15	24.43	200
	OPGW-48B1-184［179；173.3］	1	3.8	LB27	5	3.6	LB27	12	3.6	LB27	1	3.4	48B1	18.20	184.38	—	184.38	1132.93	179.22	0.3523	16.07	140.00	13.40	173.29	26.33	150
	OPGW-48B1-184［113；229.4］	1	3.8	LB40	5	3.6	LB40	12	3.6	LB40	1	3.4	48B1	18.20	184.38	—	184.38	894.15	112.84	0.2378	12.81	109.00	15.50	229.40	30.29	100

注：同表1-4-88。

表1-4-90 层绞式双不锈钢管光单元 OPGW 技术性能参数

规格号	型号（对应规格）	结构组成 中心 根数	中心 直径/mm	中心 材料	内层（第1层） 根数	内层 直径/mm	内层 材料	外层（第2层） 根数	外层 直径/mm	外层 材料	不锈钢管光单元 根数	不锈钢管光单元 直径/mm	不锈钢管光单元 最大芯数 B1	直径/mm	截面积 铝包钢线/mm²	截面积 铝合金线/mm²	截面积 承载/mm²	单位长度质量/（kg/km）	额定拉断力（RTS）/kN	20℃时直流电阻/（Ω/km）	拉重比/km	弹性模量/GPa	线膨胀系数/（×10⁻⁶/℃）	短路电流热容量/kA²·s	计算短路电流/kA	参考耐雷击能量/C
85	OPGW－48B1－84［101；30.8］	1	2.6	LB20	4	2.5	LB20	12	2.5	LB20	2	2.5	48B1	12.60	83.85	—	83.85	602.60	101.12	1.0288	17.12	162.00	13.00	30.84	11.11	100
85	OPGW－48B1－84［82；35.8］	1	2.6	LB27	4	2.5	LB27	12	2.5	LB27	2	2.5	48B1	12.60	83.85	—	83.85	543.95	81.50	0.7748	15.29	140.00	13.40	35.84	11.97	50
95	OPGW－48B1－95［115；39.7］	1	2.6	LB20	4	2.5	LB20	11	2.85	LB20	2	2.5	48B1	13.30	95.12	—	95.12	678.41	114.71	0.9072	17.25	162.00	13.00	39.69	12.60	100
95	OPGW－48B1－95［92；46.1］	1	2.6	LB27	4	2.5	LB27	11	2.85	LB27	2	2.5	48B1	13.30	95.12	—	95.12	611.85	92.45	0.6832	15.42	140.00	13.40	46.12	13.58	100
110	OPGW－48B1－108［130；51.1］	1	2.6	LB20	4	2.5	LB20	10	3.25	LB20	2	2.5	48B1	14.10	107.90	—	107.90	764.41	130.13	0.8000	17.37	162.00	13.00	51.08	14.29	200
110	OPGW－48B1－108［105；59.4］	1	2.6	LB27	4	2.5	LB27	10	3.25	LB27	2	2.5	48B1	14.10	107.90	—	107.90	688.89	104.88	0.6024	15.54	140.00	13.40	59.35	15.41	150
110	OPGW－48B1－108［55；90.5］	1	2.6	LB20	4	2.5	LB20	10	3.25	LHA2	2	2.5	48B1	14.10	24.94	82.96	107.90	434.73	54.56	0.3583	12.81	87.42	18.72	90.53	19.03	—
115	OPGW－60B1－113［136；56.2］	1	2.85	LB20	4	2.75	LB20	11	3.1	LB20	2	2.7	60B1	14.55	113.16	—	113.16	799.49	136.47	0.7625	17.42	162.00	13.00	56.18	14.99	150
115	OPGW－60B1－113［110；65.3］	1	2.85	LB27	4	2.75	LB27	11	3.1	LB27	2	2.7	60B1	14.55	113.16	—	113.16	720.32	109.99	0.5742	15.58	140.00	13.40	65.27	16.16	150
115	OPGW－60B1－113［61；97.2］	1	2.85	LB20	4	2.75	LB20	11	3.1	LHA2	2	2.7	60B1	14.55	30.14	83.02	113.16	469.55	60.84	0.3504	13.22	90.83	18.25	97.24	19.72	—
130	OPGW－72B1－129［155；72.8］	1	3.2	LB20	4	3.1	LB20	12	3.1	LB20	2	3.0	72B1	15.60	128.81	—	128.81	904.25	155.34	0.6698	17.53	162.00	13.00	72.79	17.06	150
130	OPGW－72B1－129［125；84.6］	1	3.2	LB27	4	3.1	LB27	12	3.1	LB27	2	3.0	72B1	15.60	128.81	—	128.81	814.16	125.20	0.5044	15.69	140.00	13.40	84.57	18.39	150
130	OPGW－72B1－129［102；90.8］	1	3.2	LB30	4	3.1	LB30	12	3.1	LB30	2	3.0	72B1	15.60	128.81	—	128.81	775.78	102.01	0.4539	13.42	132.00	13.80	90.79	19.06	100
130	OPGW－72B1－129［79；112.0］	1	3.2	LB40	4	3.1	LB40	12	3.1	LB40	2	3.0	72B1	15.60	128.81	—	128.81	647.31	78.83	0.3404	12.43	109.00	15.50	111.95	21.16	100

（续）

规格号	型号（对应规格）	结构组成 中心 根数	中心 直径/mm	中心 材料	内层（第1层）根数	内层 直径/mm	内层 材料	外层（第2层）根数	外层 直径/mm	外层 材料	不锈钢管光单元 根数	不锈钢管光单元 直径/mm	不锈钢管光单元 最大芯数 B1	直径/mm	截面积 铝包钢线/mm²	截面积 铝合金线/mm²	截面积 承载/mm²	单位长度质量/（kg/km）	额定拉断力（RTS）/kN	20℃时直流电阻/（Ω/km）	拉重比/km	弹性模量/GPa	线膨胀系数/（×10⁻⁶/℃）	短路电流热容量/kA²·s	计算短路电流/kA	参考耐雷击能量/C
140	OPGW－72B1－137［165；82.6］	1	3.3	LB20	4	3.2	LB20	12	3.2	LB20	2	3.1	72B1	16.10	137.23	—	137.23	960.80	165.27	0.6286	17.55	162.00	13.00	82.62	18.18	200
	OPGW－72B1－137［133；96.0］	1	3.3	LB27	4	3.2	LB27	12	3.2	LB27	2	3.1	72B1	16.10	137.23	—	137.23	864.81	133.39	0.4734	15.74	140.00	13.40	96.00	19.60	150
	OPGW－72B1－137［109；103.1］	1	3.3	LB30	4	3.2	LB30	12	3.2	LB30	2	3.1	72B1	16.10	137.23	—	137.23	823.93	108.69	0.4260	13.46	132.00	13.80	103.06	20.30	150
	OPGW－72B1－137［84；127.1］	1	3.3	LB40	4	3.2	LB40	12	3.2	LB40	2	3.1	72B1	16.10	137.23	—	137.23	687.05	83.99	0.3195	12.47	109.00	15.50	127.08	22.55	100
155	OPGW－96B1－155［183；105.2］	1	3.5	LB20	4	3.4	LB20	12	3.4	LB20	2	3.3	96B1	17.10	154.89	—	154.89	1089.27	182.61	0.5570	16.95	162.00	13.00	105.25	20.52	200
	OPGW－96B1－155［151；122.3］	1	3.5	LB27	4	3.4	LB27	12	3.4	LB27	2	3.3	96B1	17.10	154.89	—	154.89	980.93	150.55	0.4194	15.50	140.00	13.40	122.29	22.12	150
	OPGW－96B1－155［95；161.9］	1	3.5	LB40	4	3.4	LB40	12	3.4	LB40	2	3.3	96B1	17.10	154.89	—	154.89	780.30	94.79	0.2831	12.24	109.00	15.50	161.88	25.45	100
175	OPGW－96B1－174［200；133.1］	1	3.8	LB20	4	3.6	LB20	12	3.6	LB20	2	3.4	96B1	18.20	174.20	—	174.20	1218.80	199.52	0.4952	16.57	162.00	13.00	133.13	23.08	200
	OPGW－96B1－174［169；154.7］	1	3.8	LB27	4	3.6	LB27	12	3.6	LB27	2	3.4	96B1	18.20	174.20	—	174.20	1096.95	169.32	0.3729	15.61	140.00	13.40	154.68	24.87	150
	OPGW－96B1－174［107；204.8］	1	3.8	LB40	4	3.6	LB40	12	3.6	LB40	2	3.4	96B1	18.20	174.20	—	174.20	871.32	106.61	0.2517	12.78	109.00	15.50	204.77	28.62	100

注：同表1-4-88。

表1-4-91　中心管式OPGW的主要技术参数

项目		单位	OPGW-65	OPGW-75	OPGW-85	OPGW-100	OPGW-100A
结构	铝包钢线	根/mm	14/2.05	12/2.50	12/2.60	12/2.90	12/2.90
	无缝铝管①		7.4/5.8	7.5/5.8	7.8/5.8	8.7/6.8	8.7/6.8
外径		mm	11.50	12.50	13.00	14.50	14.50
截面积	铝包钢线	mm²	46.21	58.90	6371	79.26	79.26
	无缝铝管		16.59	17.76	21.36	23.13	23.13
	总面积		62.80	76.66	85.07	102.39	102.39
单位重量		kg/km	381	470	512	625	568
弹性模量		GPa	120	122	122	125	110
线膨胀系数		$\times10^{-6}$/℃	14.1	14.0	14.0	13.9	14.8
总拉断力		kN	57.0	72.5	78.5	97.5	78.8
直流电阻（20℃）		Ω/km	0.882	0.754	0.663	0.571	0.486
允许使用温度	长期	℃	80	80	80	80	80
	短期	℃	250	250	250	250	250
铝包钢线导电率		%IACS	20.3	20.3	20.3	20.3	27
最大光纤数		芯	8	8	8	16	16

① 指无缝铝管结构尺寸的内外直径。

表1-4-92　淮南－南京－上海特高压交流工程苏通大跨越段OPGW技术条件

名称	淮南－南京－上海特高压交流工程苏通大跨越段OPGW						
型号规格	OPGW-48B1-350［560.2；402.3］						
结构图	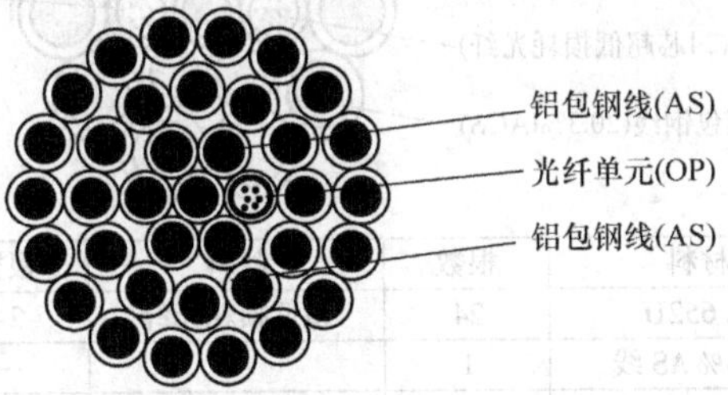						
结构参数		材料	根数	材料	根数	原材料直径	
						单位	参数
	光纤	G.652D	48	G.655	0		
	中心层	14% AS线	1			线直径 mm	3.70
	第1层	14% AS线	5	AA线	0	线直径 mm	3.50
		不锈钢管	1	光纤芯数	48	管直径 mm	3.40
	第2层	14% AS线	12	AA线	0	线直径 mm	3.50
	第3层	14% AS线	18	AA线	0	线直径 mm	3.50
技术参数	参照IEC、IEEE、DL/T 832—2016、GB/T 7424.4—2003标准						
	最外层绞合方向为右向						
	技术参数	单位	参数值				
	光缆直径	mm	24.70				
	光缆重量	kg/km	2553.3				
	总截面积	mm²	356.6				
	AS面积	mm²	347.49				
	不锈钢管面积	mm²	9.08				
	标称抗张强度（RTS）	kN	137.4				
	额定拉断力（RTS）	kN	589.66				
	保证拉断力（95% RTS）	kN	560.18				
	弹性模量	kN/mm²	170.1				

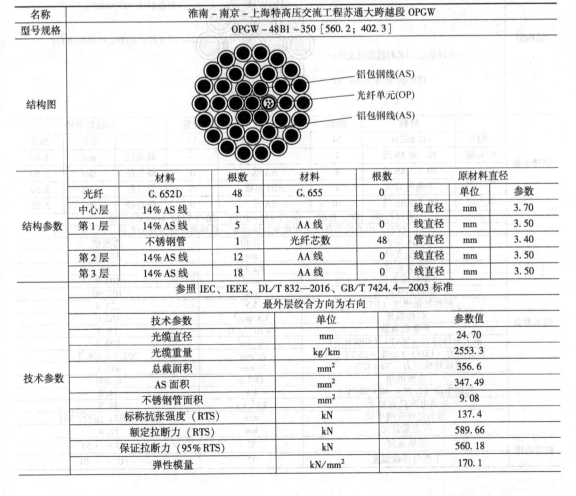

（续）

参照 IEC、IEEE、DL/T 832—2016、GB/T 7424.4—2003 标准			
最外层绞合方向为右向			
技术参数	技术参数	单位	参数值
	热膨胀系数	$\times 10^{-6}$/℃	12.0
	最大允许工作应力（MAT）（40% RTS）	N/mm²	644.8
	每日应力（EDS）（16% ~25% RTS）	N/mm²	~403
	极限特殊应力（70% RTS）	N/mm²	1128.4
	直流电阻	Ω/km	0.3618
	短路电流	kA	40.1
	短路电流容量 I^2t	kA²·s	402.3
	最小弯曲半径	mm	施工：494；运行：370
	拉重比	km	23.57
温度范围	安装温度	℃	-10 ~ +50
	运输和运行温度	℃	-40 ~ +80

表 1-4-93 青藏直流“三高”包段 OPGW 技术条件

名称	青藏直流“三高”包段 OPGW
型号规格	OPGW - 2S 2/（24B1（ULL）+24B1）（0/108 - 54.5）
结构图	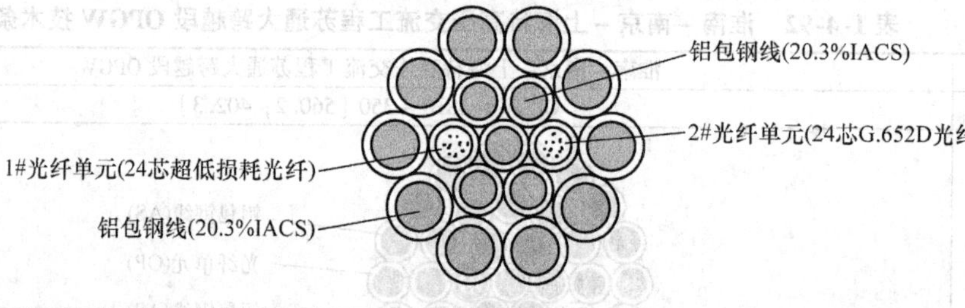

		材料	根数	材料	根数	原材料直径		
结构参数	光纤	G.652D	24	超低损耗光纤	24		单位	参数
	中心层	20.3% AS 线	1	—	—	线直径	mm	2.60
	第一层	20.3% AS 线	4	AA 线	0	线直径	mm	2.50
		不锈钢套管	2	光纤芯数	48	管直径	mm	2.50
	第二层	20.3% AS 线	10	AA 线	0	线直径	mm	3.25

	参照标准：IEC、IEEE 、DL/T 832—2016、GB/T 7424.4—2003 标准		
	绞合：中心线与各层之间填充防蚀油膏，最外层绞合方向为右向		
技术参数	技术参数	单位	参数值
	光缆直径	mm	14.10
	光缆重量	kg/km	764
	承载截面积	mm²	107.9
	铝包钢线面积	mm²	107.90
	标称抗张强度（RTS）	kN	137.4
	弹性模量	kN/mm²	162.0
	热膨胀系数	$\times 10^{-6}$/℃	13.0
	最大允许应力（MAT）（40% RTS）	N/mm²	509.2
	每日应力（EDS）（16% ~25% RTS）	N/mm²	203.7 ~ 318.3
	极限特殊应力（70% RTS）	N/mm²	891.1
	直流电阻	Ω/km	0.800
	短路电流（0.25s，40 ~ 200℃）	kA	14.8
	短路电流热容量 I^2t	kA²·s	54.5
	最小允许弯曲半径	mm	施工：282；运行：211
	拉力重量比	km	18.4
温度范围	安装温度	℃	-10 ~ +50
	工作与运输温度	℃	-60 ~ +80

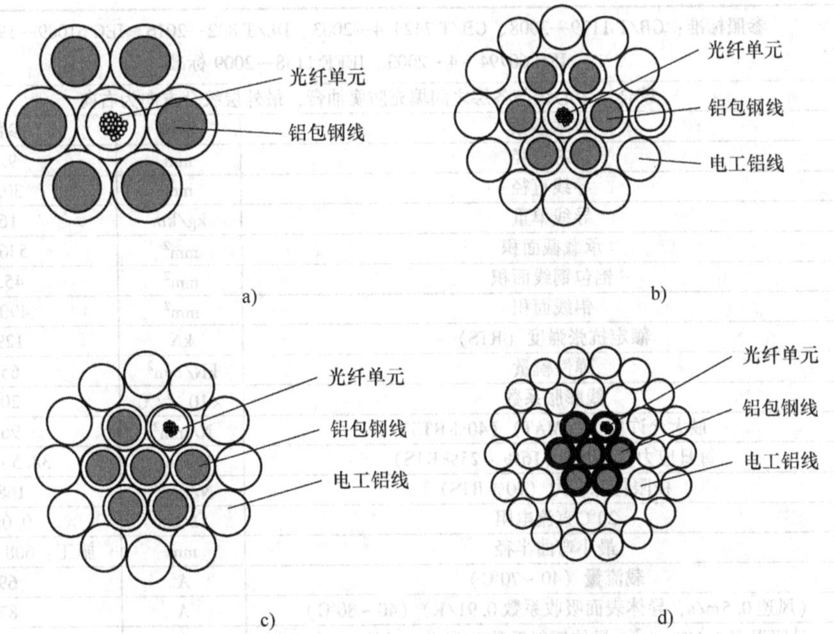

图 1-4-22　光纤复合架空导线典型结构示意图

a）单层的中心管式结构　b）2 层的中心管式结构
c）2 层的层绞式结构　d）3 层的层绞式结构

表 1-4-94　用于 220kV 架空输电线路的典型 OPPC 技术参数

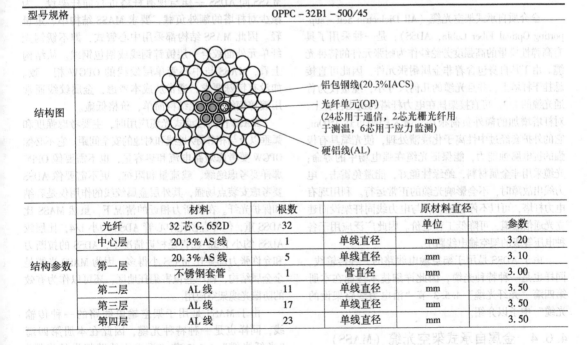

型号规格	OPPC－32B1－500/45					
结构图	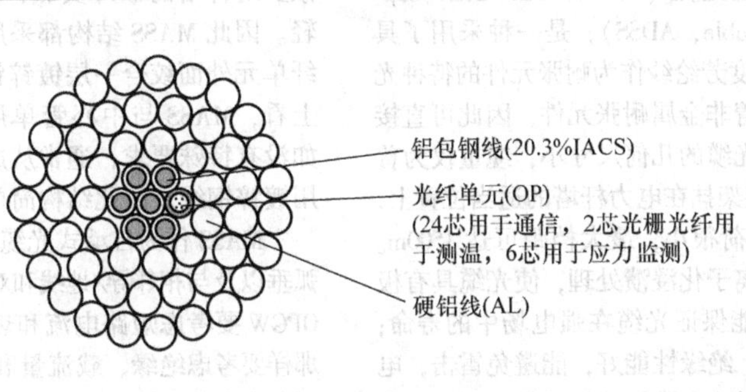					
结构参数		材料	根数	原材料直径		
	光纤	32 芯 G. 652D	32		单位	参数
	中心层	20. 3% AS 线	1	单线直径	mm	3. 20
	第一层	20. 3% AS 线	5	单线直径	mm	3. 10
		不锈钢套管	1	管直径	mm	3. 00
	第二层	AL 线	11	单线直径	mm	3. 50
	第三层	AL 线	17	单线直径	mm	3. 50
	第四层	AL 线	23	单线直径	mm	3. 50

（续）

	参照标准：GB/T 1179—2008、GB/T 7424.4—2003、DL/T 832—2016、IEC 61089—1997、IEC 60794-4—2003、IEEE 1138—2009 标准		
	绞合：中心线与各层之间填充防腐油膏，最外层绞合方向为右向		
技术参数	技术参数	单位	参数值
	钢芯直径	mm	9.40
	导线直径	mm	30.40
	导线单重	kg/km	1680
	承载截面积	mm^2	536.46
	铝包钢线面积	mm^2	45.78
	铝线面积	mm^2	490.68
	额定抗张强度（RTS）	kN	129.1
	弹性模量	kN/mm^2	65.0
	线膨胀系数	$\times10^{-6}$/℃	20.9
	最大允许应力（MAT）（40% RTS）	N/mm^2	96.3
	每日应力（EDS）（16%～25% RTS）	N/mm^2	38.5～60.2
	极限特殊应力（70% RTS）	N/mm^2	168.5
	20℃直流电阻	Ω/km	0.0571
	最小弯曲半径	mm	施工：608 运行：456
	载流量（40～70℃）	A	696
	（风速 0.5m/s，导体表面吸收系数 0.91/K）（40～80℃）	A	879
	（日照强度 0.1W/cm^2，导体辐射系数 0.91/K）（40～90℃）	A	1026
	拉重比	km	7.8
温度范围	安装温度	℃	-10～+50
	工作与运输温度	℃	-40～+80

4.6.3 全介质自承式架空光缆（ADSS）

全介质自承式架空光缆（All Dielectric Self-supporting Optical Fiber Cable，ADSS），是一种采用了具有高弹性模量的高强度芳纶纱作为耐张元件的特种光缆。由于其自身包含着非金属耐张元件，因此可直接悬挂于杆塔上，并且光缆的几何尺寸小，缆重仅为普通光缆的1/3。可直接架挂在电力杆塔的适当位置上，对杆塔增加的额外负荷很小，最大档距可达1500m。它的外护套经过中性离子化浸渍处理，使光缆具有极强的抗电腐蚀能力，能保证光缆在强电场中的寿命；光缆采用非金属材料，绝缘性能好，能避免雷击，电力线出故障时，不会影响光缆的正常运行。利用现有电力杆塔，可以不停电施工，与电力线同杆架设而建立光通信通道，可降低工程造价。因此广泛应用于各种电压等级的架空输电线路中。

由于 ADSS 是用于架空输电线路的一种传输线，同样也是一种特种光缆，因此详细技术性能在本册第四篇“光纤光缆”4.5.3 节“沿电力线路架设的光缆”中予以介绍。

4.6.4 金属自承式架空光缆（MASS）

金属自承式架空光缆（Metal Aerial Self-supporting Optical Fiber Cable，MASS）是一种两点间无支撑直接悬挂于电力杆塔上的金属光缆。考虑 MASS 同 ADSS 一样与现有杆塔进行同杆架设，为减少对杆塔的额外负载，要求 MASS 结构小、重量轻。因此 MASS 结构都采用中心管式，即不锈钢光纤单元外面绞合一层镀锌钢线或铝包钢线。从结构上看，MASS 与中心管单层绞线的 OPGW 相一致。如没有特殊要求，通常从成本考虑，金属绞线通常用镀锌钢线，因此结构简单，价格低廉。

MASS 作为自承式光缆应用时，主要考虑强度和弧垂以及与相邻导/地线和对地的安全间距。它不必像 OPGW 要考虑短路电流和热容量，也不需要像 OPPC 那样要考虑绝缘、载流量和阻抗，更不需要像 ADSS 要考虑安装点场强，其外层金属绞线的作用仅是容纳和保护光纤。在拉断力相近的情况下，虽然 MASS 比 ADSS 重，但外直径比中心管 ADSS 约小 1/4，比层绞 ADSS 约小 1/3。在直径相近情况下，ADSS 的拉断力和允许张力却要比 MASS 小得多。因为 MASS 光缆是全金属结构，在一些鼠害猖狂地区，还可以作为有效的防鼠光缆架空应用。

由于 MASS 是用于架空输电线路的一种传输线，同样也是一种特种光缆，因此在本册第四篇“光纤光缆”4.5.3 节“沿电力线路架设的光缆”中予以介绍。

第5章

其他绞线

5.1 硬铜绞线

硬铜绞线由符合 GB/T 3953—2009 的硬圆铜线绞制而成，其载流能力及机械强度均较好。硬铜绞线的规格范围为 16～400mm²。

1）规格尺寸及主要技术参数见表 1-5-1。

2）绞制节径比。相邻层的绞向应相反，最外层为右向。相邻层的外层节径比应小于内层的。节径比规定如下：内层为 11～17 倍；最外层为 10～13 倍。

表 1-5-1　TJ 型硬铜绞线的规格尺寸及主要技术参数

标称截面积 /mm²	结构与直径 /（根/mm）	计算截面积 /mm²	外径 /mm	20℃直流电阻 /（Ω/km）	计算拉断力 /kN	单位长度重量 /（kg/km）	制造长度 /m
16	7/1.70	15.89	5.10	1.146	5.76	143.3	4000
25	7/2.12	24.71	6.36	0.7293	8.87	222.8	3000
35	7/2.50	34.36	7.50	0.5245	12.22	309.8	2500
50	7/3.00	49.48	9.00	0.3642	17.32	446.1	2000
70	19/2.12	67.07	10.60	0.2706	24.08	604.7	1500
95	19/2.50	93.27	12.50	0.1943	33.16	840.9	1200
120	19/2.80	116.99	14.00	0.1549	41.17	1055	1000
150	19/3.15	148.07	15.75	0.1224	51.71	1335	800
185	37/2.50	181.62	17.50	0.1000	64.57	1651	800
240	37/2.85	236.04	19.95	0.0770	83.06	2145	800
300	37/3.15	288.35	22.05	0.0630	100.7	2621	600
400	61/2.85	389.14	25.65	0.0467	136.9	3541	600

3）焊接。绞线中的圆铜单线允许焊接，焊接处应圆整。焊接区的抗拉强度应不小于 196MPa；任何两个接头间的距离，外层不小于 15m，内层不小于 5m。同一根上两个接头的距离应不小于 15m。

5.2 软接线

软接线主要包括软铜绞线、软铜天线、铜电刷线和铜编织线四类产品。其品种型号和规格范围见表 1-5-2。

表 1-5-2　软接线的品种、型号及规格范围

类别	产品名称	型号	规格范围/mm²	标准号
软铜绞线	1 型软铜绞线	TJR1	0.10～1000	GB/T 12970.2—2009
	2 型软铜绞线	TJR2	2.50～63	
	3 型软铜绞线	TJR3	0.025～500	
	1 型镀锡软铜绞线	TJRX1	0.10～2.50	
	2 型镀锡软铜绞线	TJRX2	2.50～63	
	3 型镀锡软铜绞线	TJRX3	0.025～500	

（续）

类别	产品名称	型号	规格范围/mm²	标准号
软铜天线	软铜天线	TTR	1.0～25	GB/T 12970.3—2009
铜电刷线	铜电刷线	TS	0.25～16	GB/T 12970.4—2009
	镀锡铜电刷线	TSX	0.25～16	
	软铜电刷线	TSR	0.063～6.3	
铜编织线	斜纹铜编织线	TZ－20	16～800	JB/T 6313.2—2011
	斜纹铜编织线	TZ－15	4～120	
	斜纹铜编织线	TZ－10	4～35	
	扬声器用铜编织线	TZQ	0.03～0.3	
	斜纹镀锡铜编织线	TZX－15	4～120	
	斜纹镀锡铜编织线	TZX－10	4～35	
	扬声器用镀锡铜编织线	TZXQ	0.03～0.3	
	镀锡铜编织套	TZXP	ϕ1.0～60mm	
	15 型直纹铜编织线	TZZ－15	6～50	JB/T 6313.3—2011
	10 型直纹铜编织线	TZZ－10	4～35	
	07 型直纹铜编织线	T22－07	4～16	

5.2.1 软铜绞线

软铜绞线主要用于电气装备及电子电器或元件的连接用。按绞线的柔软程度，分为 TJR1、TJR2、TJR3 三个品种。镀锡软铜绞线分为 TJRX1、TJRX2 和 TJRX3 三个品种。

1. 规格、结构及技术参数

1）TJR1、TJRX1 型软铜绞线的结构及技术参数见表 1-5-3。

2）TJR2、TJRX2 型软铜绞线的结构及技术参数见表 1-5-4。

3）TJR3、TJRX3 型软铜绞线的结构及技术参数见表 1-5-5。

表 1-5-3　TJR1、TJRX1 型软铜绞线的结构及技术参数

标称截面积/mm²	计算截面积/mm²	结构 单线总数/根	结构 股数×根数/单线直径/mm	计算外径/mm	20℃直流电阻/（Ω/km） TJR1	20℃直流电阻/（Ω/km） TJRX1	单位长度重量/（kg/km）
1	2	3	4	5	6	7	8
0.10	0.102	9	9/0.12	0.44	176	179	0.94
(0.12)	0.124	7	7/0.15	0.45	145	147	1.15
0.16	0.159	9	9/0.15	0.56	113	115	1.47
(0.20)	0.194	11	1110.15	0.60	92.9	94.4	1.80
0.25	0.247	14	14/0.15	0.68	72.9	74.1	2.29
(0.30)	0.300	17	17/0.15	0.74	60.3	61.3	2.80
0.40	0.408	13	13/0.20	0.86	44.2	44.9	3.79
(0.50)	0.503	16	16/0.20	0.96	36.0	36.6	4.70
0.63	0.628	20	20/0.20	1.05	28.8	29.3	5.86
(0.75)	0.754	24	24/0.20	1.14	2.40	24.4	7.04
1.00	1.01	32	32/0.20	1.30	17.9	18.2	9.43
1.60	1.57	32	32/0.25	1.63	11.5	11.7	14.7
(2.00)	1.96	40	40/0.25	1.82	9.24	9.39	18.3
2.5	2.41	49	7×7/0.25	2.25	7.58	7.92	22.7
4.0	3.94	49	7×7/0.32	2.88	4.64		37.1
6.3	6.16	49	7×7/0.40	3.60	2.97		58.0

（续）

标称截面积 /mm²	计算截面积 /mm²	结构		计算外径 /mm	20℃直流电阻/（Ω/km）		单位长度重量 /（kg/km）
		单线总数 /根	股数×根数/单线直径/mm		TJR1	TJRX1	
1	2	3	4	5	6	7	8
10	10.01	49	7×7/0.51	4.59	1.83		94.3
16	15.84	84	7×12/0.49	6.17	1.16		150
25	25.08	137	19×7/0.49	7.35	0.736		239
（35）	35.14	133	19×7/0.58	8.70	0.525		334
40	40.15	133	19×7/0.62	9.30	0.459		382
（50）	48.30	133	19×7/0.68	10.20	0.382		459
63	62.72	189	27×7/0.65	12.00	0.294		597
（70）	68.64	189	27×7/0.68	12.53	0.269		653
80	78.20	259	37×7/0.62	13.02	0.236		744
（95）	94.06	259	37×7/0.68	14.28	0.196		895
100	99.68	259	37×7/0.70	14.70	0.185		948
（120）	117.67	324	27×12/0.68	17.39	0.157		1119
125	124.69	324	27×12/0.70	17.90	0.148		1186
160	162.86	324	27×12/0.80	20.20	0.113		1549
（185）	183.85	324	27×12/0.85	21.74	0.100		1749
200	196.15	444	37×12/0.75	21.80	0.0940		1866
250	251.95	444	37×12/0.85	24.72	0.0732		2397
315	310.58	703	37×19/0.75	26.25	0.0594		2954
400	398.92	703	37×19/0.85	29.75	0.0462		3795
500	498.30	703	37×19/0.95	33.25	0.0370		4740
630	627.1	1159	61×19/0.83	37.35	0.0294		5965
800	804.3	1159	61×19/0.94	42.30	0.0229		7651
1000	1003.6	1159	61×19/1.05	47.25	0.0184		9547

注：表中有括号的规格，不推荐采用。

表 1-5-4　TJR2、TJRX2 型软铜绞线的结构及技术参数

标称截面积/mm²	计算截面积/mm²	结构		计算外径 /mm	20℃直流电阻 /（Ω/km）		单位长度重量 /（kg/km）
		单线总数/根	股数×根数/单线直径/mm		TJR2	TJRX2	
2.5	2.47	140	7×20/0.15	2.36	7.40	7.73	23.3
4.0	3.96	126	7×18/0.20	3.00	4.62	4.82	37.3
6.3	6.16	196	7×28/0.20	3.72	2.97	3.10	58.0
10	9.90	315	7×45/0.20	4.62	1.85	1.93	93.3
16	15.83	504	12×42/0.20	6.18	1.16	1.23	150
25	25.07	798	19×42/0.20	7.45	0.736	0.781	238
（35）	35.41	1127	7×7×23/0.20	10.57	0.521	0.545	337
40	40.02	1274	7×7×26/0.20	10.62	0.461	0.482	381
（50）	49.26	1568	7×7×32/0.20	11.70	0.375	0.392	469
63	63.11	2009	7×7×41/0.20	13.32	0.292	0.305	600

注：表中有括号的规格不推荐采用。

表 1-5-5 TJR3、TJRX3 型软铜绞线的结构及技术参数

标称截面积/mm²	计算截面积/mm²	结构		计算外径/mm	20℃直流电阻/(Ω/km)		单位长度重量/(kg/km)
		单线总数/根	股数×根数/单线直径/mm		TJR3	TJRX3	
1	2	3	4	5	6	7	8
0.025	0.0255	13	13/0.05	0.22	707	759	0.24
0.04	0.0385	10	10/0.07	0.27	466	500	0.36
0.063	0.0616	16	16/0.07	0.34	294	316	0.58
0.10	0.100	26	26/0.07	0.42	181	194	0.93
0.16	0.158	41	41/0.07	0.52	115	123	1.47
0.25	0.250	65	65/0.07	0.62	72.4	77.7	2.33
(0.30)	0.296	77	7×11/0.07	0.84	61.7	64.5	2.79
0.40	0.404	105	7×15/0.07	0.97	45.2	48.5	3.81
(0.50)	0.512	133	7×19/0.07	1.05	35.7	38.3	4.82
0.63	0.620	161	7×23/0.07	1.18	29.5	31.7	5.84
(0.75)	0.754	196	7×28/0.07	1.28	24.2	26.0	7.11
1.0	0.997	259	7×37/0.07	1.47	18.3	19.6	9.40
1.6	1.57	408	12×34/0.07	1.97	11.70	12.6	14.8
2.5	2.49	646	19×34/0.07	2.35	7.41	7.96	23.7
4	4.03	513	19×27/0.10	3.08	4.58	4.79	38.3
6.3	6.27	798	19×42/0.10	3.73	2.94	3.07	59.6
10	10.00	1273	19×67/0.10	4.73	1.85	1.93	95.1
16	15.83	2016	12×7×24/0.10	7.18	1.16	1.21	150
25	25.07	3192	19×7×24/0.10	8.55	0.736	0.769	238
(35)	34.47	4389	19×7×33/0.10	9.90	0.535	0.559	328
40	39.96	2261	19×7×17/0.15	11.03	0.462	0.483	380
(50)	49.36	2793	19×7×21/0.15	12.15	0.374	0.391	470
63	63.46	3591	19×7×27/0.15	13.50	0.291	0.304	604
(70)	70.51	3990	19×7×30/0.15	14.18	0.262	0.274	671
80	79.91	4522	19×7×34/0.15	15.08	0.231	0.241	760
(95)	94.01	5320	19×7×40/0.15	16.43	0.196	0.205	894
100	100.73	5700	19×12×25/0.15	18.27	0.183	0.191	958
(120)	120.87	6840	19×12×30/0.15	20.24	0.153	0.160	1150
125	127.59	7220	19×19×20/0.15	20.29	0.145	0.152	1214
160	159.49	9025	19×19×25/0.15	21.75	0.116	0.121	1517
(185)	185.00	10469	19×19×29/0.15	23.25	0.0997	0.104	1760
200	196.15	11100	37×12×25/0.15	25.58	0.0940	0.0982	1866
250	251.08	14208	37×12×32/0.15	28.67	0.0735	0.0768	2388
315	310.58	17575	37×19×25/0.15	30.45	0.0594	0.0621	2954
400	397.54	22496	37×19×32/0.15	34.13	0.0464	0.0485	3782
500	496.92	28120	37×19×40/0.15	38.06	0.0371	0.0388	4727

注：表中有括号的规格，不推荐采用。

2. 绞合

1）软铜绞线外层的绞向为右向。相邻层的绞向应相反。绞合应紧密整齐，不得有断股和缺股。任何一绞层的节径比，应不大于相邻内层的节

径比。

2）股线可采用正规绞合或束制。绞合及束制方向由制造厂自定。

3）绞合及束制节径比，见表1-5-6。

表1-5-6 软铜绞线的绞合、束制节径比

线别		节径比≤
股线		30
成品绞线	一次绞合、束制	14
	内层	20
	外层	15

3. 伸长率

1）绞后单线的平均伸长率应大于 GB/T 3953—2009、GB/T 4910—2009 所规定的绞前单线的伸长率减去5%，且至少应大于5%。

2）绞后任一单线的最小伸长率应大于 GB/T 3953—2009、GB/T 4910—2009 所规定的绞前单线的伸长率减去15%，且至少应大于5%。

4. 接头

1）绞线或束线中的单线允许焊接。但直径在0.20mm及以下者，允许扭结。任何两接头间的距离应不小于300m。

2）复绞线中的股线可整股钎焊或熔焊。但任何两个接头间的距离，应不小于1m，且应不影响绞线的外径和柔软性。

5.2.2 软铜天线

软铜天线（TTR）主要用作通信用的架空天线。

1. 规格、结构及技术参数（见表1-5-7）

表1-5-7 软铜天线的规格、结构及技术参数

标称截面积 /mm²	计算截面积 /mm²	结构 股数×根数/单线直径/mm	计算外径 /mm	单位长度重量 /（kg/km）	拉断力 /kN	20℃直流电阻 /（Ω/km）
1.0	0.958	7×7/0.16	1.44	9.0	0.16	18.0
1.6	1.54	7×7/0.20	1.80	14.1	0.26	11.5
2.5	2.41	7×7/0.25	2.25	22.1	0.40	7.37
4.0	3.94	7×7/0.32	2.88	36.1	0.66	4.51
6.3	6.16	7×7/0.40	3.60	56.4	1.03	2.88
10	10.01	7×7/0.51	4.59	91.7	1.67	1.77
16	16.26	7×7/0.65	5.85	149	2.71	1.09
25	24.63	7×7/0.80	7.20	226	4.11	0.72

2. 绞合

1）成品软铜天线的绞向为右向。股线的绞向为左向。绞合应紧密整齐，不得有缺线或跳线。

2）股线的节径比不得大于20倍。成品软铜天线的节径比为8～12倍。

3. 接头

1）单线允许焊接。但直径在0.20mm及以下者，允许扭结。任何两个接头间的距离应不小于300m。

2）股线不允许整股焊接。

5.2.3 铜电刷线

铜电刷线主要用作电机电刷上的连接线，也可用作其他电器或仪表线路上的连接线。共有TS型铜电刷线、TSR型软铜电刷线和TSX型镀锡铜电刷线三个品种。要求铜电刷线的结构稳定，应具有良好的柔软性和耐弯曲性。

1. 规格、结构及技术参数

1）TS、TSX型铜电刷线见表1-5-8。

2）TSR型软铜电刷线见表1-5-9。

2. 绞合

1）电刷线最外层的绞向为右向。相邻层的绞向应相反。股线的绞向由制造厂自定。

2）股线的节径比应不大于25倍。内层节径比不大于12倍。外层节径比为8～10倍。

表 1-5-8 TS、TSX 型铜电刷线的规格、结构及技术参数

标称截面积 /mm²	计算截面积 /mm²	结构		外径/mm ≤	20℃直流电阻/（Ω/km）		单位长度重量 /（kg/km）
		单线总数 /根	股数×根数/单线标称直径/mm		TS	TSX	
0.25	0.242	63	7×9/0.07	1.0	75.5	81.1	2.28
0.315	0.323	84	7×12/0.07	1.1	56.6	60.7	3.04
0.40	0.404	105	7×15/0.07	1.2	45.2	48.6	3.81
0.50	0.512	133	7×19/0.07	1.3	35.7	38.3	4.82
0.63	0.620	161	7×23/0.07	1.5	29.5	31.6	5.84
0.80	0.808	210	7×30/0.07	1.6	22.6	24.3	7.61
1.00	0.990	126	7×18/0.10	1.8	18.5	19.3	9.33
1.25	1.264	161	7×23/0.10	2.0	14.5	15.1	11.9
1.6	1.594	203	7×29/0.10	2.2	11.5	12.0	15.0
2.0	1.979	252	7×36/0.10	2.4	9.23	9.65	18.6
2.5	2.474	315	7×45/0.10	2.7	7.39	7.72	23.3
3.15	3.134	399	7×57/0.10	3.0	5.83	6.09	29.5
4.0	3.958	504	7×72/0.10	3.3	4.62	4.83	37.3
5.0	4.948	630	7×90/0.10	3.8	3.69	3.86	46.6
6.3	6.243	552	12×46/0.12	4.3	2.94	3.07	59.1
8	7.872	696	12×58/0.12	4.8	2.33	2.44	74.5
10	10.04	888	12×74/0.12	5.3	1.83	1.91	95.1
12.5	12.46	1102	19×58/0.12	5.9	1.48	1.55	118.5
16	15.90	1406	19×74/0.12	6.7	1.16	1.21	151.2

表 1-5-9 TSR 型软铜电刷线的规格、结构及技术参数

标称截面积 /mm²	计算截面积 /mm²	结构		外径 /mm	20℃直流电阻 /（Ω/km）	单位长度重量（g/m）
		单线总数/根	单线×根数/单线标称直径/mm			
0.063	0.0628	32	32/0.05	0.5	288	0.586
0.08	0.0785	40	40/0.05	0.55	231	0.733
0.10	0.0982	50	50/0.05	0.60	184	0.917
0.125	0.124	63	63/0.05	0.65	146	1.16
0.16	0.165	84	7×12/0.05	0.7	111	1.55
0.20	0.206	105	7×15/0.05	0.8	88.7	1.92
0.25	0.247	126	7×18/0.05	1.0	74.0	2.33
0.315	0.316	160	7×23/0.05	1.1	57.8	2.95
0.40	0.399	203	7×29/0.05	1.2	45.8	3.76
0.50	0.495	252	12×21/0.05	1.3	37.0	4.69
0.63	0.636	324	12×27/0.05	1.5	28.9	6.02
0.80	0.801	408	12×34/0.05	1.6	22.9	7.58
1.00	0.990	504	12×42/0.05	1.8	18.6	9.37
1.25	1.268	646	19×34/0.05	2.0	14.5	12.1
1.6	1.567	798	19×42/0.05	2.2	11.8	14.9
2.0	2.015	1026	19×54/0.05	2.4	9.16	19.2
2.5	2.500	1273	19×67/0.05	2.7	7.38	23.8
3.15	3.144	817	19×43/0.07	3.0	5.87	29.9
4.0	4.022	1045	19×55/0.07	3.3	4.59	38.6
5.0	4.972	1292	19×68/0.07	3.8	3.71	47.3
6.3	6.288	1634	19×86/0.07	4.3	2.93	59.8

3. 其他技术要求

1）电刷线不应有缺股、断股或股线损伤现象。股线不允许整股焊接。个别股中的缺线应不超过股线中单线总数的3%。

2）电刷线表面应光洁，不得有毛刺。因软化处理引起的金黄色或淡红色的表面氧化变色，仍可作为合格品。

3）TS型铜电刷线的伸长率应不小于18%，TSX型镀锡铜电刷线的伸长率应不小于15%，TSR型软铜电刷线的伸长率应不小于15%。

4）将7股的电刷线剪成50mm的线段，或将12股及以上的电刷线剪成150mm的线段，从200mm的高度水平自由落到平板上应不散开。

4. 铜电刷线的载流量（见表1-5-10）

表1-5-10 铜电刷线载流量

标称截面积/mm^2	载流量/A	标称截面积/mm^2	载流量/A
0.063	2.0	1.00	15
0.08	2.5	1.25	17.5
0.10	3.0	1.6	21
0.125	3.5	2.0	24.5
0.16	4.2	2.5	28
0.20	4.9	3.15	33
0.25	5.6	4.0	39
0.315	6.7	5.0	45
0.40	7.9	6.3	52
0.50	9.3	8	62
0.63	10.8	10	72
0.80	12.7	12.5	85
		16	100

注：载流量的允许偏差为$^{+15\%}_{-10\%}$。

5.2.4 铜编织线

铜编织线主要用作可动电气设备耐弯曲的连接线。主要有斜纹铜编织线和直纹铜编织线两个系列。直纹铜编织线因为其纬线是平直的，在受到外力作用时，其宽度尺寸变化不大，更适合于小型精密的电器设备。

1. 型号及规格范围

根据铜编织线的结构、表面状态和使用特征，分为两个系列14个型号，见表1-5-11。

铜编织线的标记示例如下：

标称截面积为25mm^2，36锭15型斜纹铜编织线，表示为

TZ－15（36）25　　JB/T 6313.2—2009

标称截面积为35mm^2，10型直纹铜编织线，表示为

TZZ－10 35　　JB/T 6313.3—2009

标称截面积为0.2mm^2的扬声器音圈用铜编织线，表示为

TZQ－0.2　　JB/T 6313.2—2009

直径范围为16～24mm的屏蔽保护用镀锡铜编织套，表示为

TZXP－16～24　　JB/T 6313.2—2009

2. 规格结构及技术参数

1）TZ－20型、TZX－20型斜纹铜编线的结构及技术参数见表1-5-12。

表1-5-11 铜编织线的型号及规格范围

品种	型号	名称	规格范围 标称截面积/mm^2	规格范围 直径/mm
斜纹	TZ－20	20型斜纹铜编织线	16～800	—
	TZX－20	20型斜纹镀锡铜编织线		
	TZ－15	15型斜纹铜编织线	4～120	—
	TZX－15	15型斜纹镀锡铜编织线		
	TZ－10	10型斜纹铜编织线	4～35	—
	TZX－10	10型斜纹镀锡铜编织线		
	TZ－07	07型斜纹铜编织线	4～10	—
	TZX－07	07型斜纹镀锡铜编织线		
	TZQ	扬声器音圈用斜纹铜编织线	0.03～0.3	—
	TZXQ	扬声器音圈用镀锡斜纹铜编织线		
	TZXP	屏蔽保护用镀锡斜纹铜编织套	—	1～60
直纹	TZZ－15	15型直纹铜编织线	6～50	—
	TZZ－10	10型直纹铜编织线	4～35	
	TZZ－07	07型直纹铜编织线	4～16	

表1-5-12　TZ－20型、TZX－20型的结构及技术参数

截面积/mm²		结构	外形尺寸/mm		直流电阻20℃时/(Ω/km)		单位长度重量/(kg/km)
标称	计算	股数×根数×套数/单线直径/mm	宽度≤	厚度参考值	TZ－20	TZX－20	
16	16.59	24×22×1/0.20	16	3.0	1.30	1.36	166
25	24.88	24×33×1/0.20	18	3.5	0.87	0.91	249
35	33.18	24×44×1/0.20	20	4.0	0.65	0.68	331
50	49.77	24×33×2/0.20	22	5.0	0.43	0.45	498
70	66.36	24×44×2/0.20	24	6.5	0.32	0.33	664
95	90.49	24×40×3/0.20	20		0.24	0.25	905
120	120.65	24×40×4/0.20	22		0.18	0.19	1207
150	150.82	24×40×5/0.20	24		0.14	0.15	1508
185	180.98	24×40×6/0.20	26		0.12	0.13	1810
240	241.31	24×40×8/0.20	30		0.089	0.093	2413
300	301.63	24×40×10/0.20	35		0.071	0.075	3016
400	401.17	24×40×10/0.20 +36×44×2/0.20	40		0.054	0.056	4004
500	500.65	24×40×10/0.20 +48×44×3/0.20	45		0.043	0.045	5007
630	633.43	24×40×10/0.20 +48×44×5/0.20	50		0.034	0.036	6334
800	766.15	24×40×10/0.20 +48×44×7/0.20	55		0.028	0.029	7661

2）TZ－15型、TZX－15型斜纹铜编织线的结构及技术参数见表1-5-13。

表1-5-13　TZ－15型、TZX－15型的结构及技术参数

截面积/mm²		结构	外形尺寸/mm²		直流电阻20℃时/(Ω/km)		单位长度重量/(kg/km)
标称	计算	股数×根数×套数/单线直径/mm	宽度≤	厚度参考值	TZ－15	TZX－15	
4	3.39	48×4×1/0.15	9	1.0	6.36	6.65	34
4	3.82	36×6×1/0.15	9	1.5	5.64	5.89	38
6	5.09	48×6×1/0.15	12	1.2	4.23	4.42	51
10	10.18	48×12×1/0.15	20	1.4	2.12	2.22	102
10	10.18	36×16×1/0.15	16	2.0	2.12	2.22	102
16	16.96	48×20×1/0.15	22	2.0	1.27	1.33	170
16	16.54	36×26×1/0.15	20	2.5	1.30	1.35	166
20	20.36	36×32×1/0.15	22	3.0	1.06	1.10	204
25	25.44	48×30×1/0.15	22	3.0	0.85	0.89	254
25	25.44	36×40×1/0.15	26	3.0	0.85	0.89	254
35	33.93	48×20×2/0.15	26	3.2	0.64	0.67	340
35	35.62	36×56×1/0.15	32	3.0	0.61	0.64	357
50	50.89	48×20×3/0.15	28	4.8	0.42	0.44	510
50	50.89	36×40×2/0.15	28	5.0	0.42	0.44	510
70	71.25	48×28×3/0.15	36	5.0	0.30	0.31	714
70	71.25	36×56×2/0.15	35	6.0	0.30	0.31	714
75	76.33	36×40×3/0.15	30	7.0	0.28	0.29	765
95	95.00	48×28×4/0.15	40	6.0	0.23	0.24	950
120	118.74	48×28×5/0.15	42	7.0	0.18	0.19	1187

3）TZ－10型、TZX－10型斜纹铜编织线的结构及技术参数见表1-5-14。

4）TZ－07型、TZX－07型斜纹铜编织线的结构及技术参数见表1-5-15。

表1-5-14 TZ－10、TZX－10型斜纹铜编织线

截面积/mm²		结构	外形尺寸/mm		直流电阻20℃时/(Ω/km)		单位长度重量/(kg/km)
标称	计算	股数×根数×套数/单线直径/mm	宽度≤	厚度参考值	TZ－10	TZX－10	
4	3.96	36×14×1/0.10	8	1.0	5.44	5.69	40
6	5.93	36×21×1/0.10	10	1.2	3.63	3.79	59
10	10.17	36×36×1/0.10	14	2.0	2.12	2.22	102
16	15.83	36×56×1/0.10	16	2.5	1.36	1.42	158
25	23.74	36×42×2/0.10	18	3.5	0.91	0.95	237
35	35.61	36×42×3/0.10	20	4.5	0.60	0.63	356

表1-5-15 TZ－07、TZX－07型斜纹铜编织线

截面积/mm²		结构	外形尺寸/mm		20℃时直流电阻/(Ω/km)		单位长度重量/(kg/km)
标称	计算	股数×根数×套数/单根直径/mm	宽度≤	厚度参考值	TZ－07	TZX－07	
4	3.88	48×21/0.07	7	1.0	5.40	5.64	39
5	4.62	24×50/0.07	9	1.3	4.67	4.88	46
5	4.99	48×27/0.07	11	1.6	4.33	4.52	50
6	6.09	48×33/0.07	12	1.6	3.54	3.70	61
10	9.97	48×27×2/0.07	14	3.2	2.16	2.26	100

5）TZQ型及TZXQ型扬声器音圈用斜纹编织线的结构及技术参数见表1-5-16。

6）TZXP型屏蔽保护用斜纹镀锡铜编织套的结构及计算重量见表1-5-17。

表1-5-16 TZQ型、TZXQ型编织线的结构及技术参数

截面积/mm²		结构	计算外径/mm	直流电阻20℃时/(Ω/km)		单位长度重量/(kg/km)
标称	计算	股数×根数×套数/单线直径/mm	≤	TZQ	TZXQ	
0.05	0.047	8×3/0.05	0.50	458.5	492.2	0.47
0.06	0.063	8×4/0.05	0.55	342.1	367.2	0.63
0.12	0.092	8×3/0.07	0.65	234.3	251.5	0.92
0.2	0.185	16×3/0.07	0.95	116.5	125.0	1.85
0.3	0.308	16×5/0.07	1.30	70.0	75.1	3.08

表1-5-17 TZXP型屏蔽保护用铜编织套的结构及计算重量

套径范围/mm	结构 股数×根数×单线直径/mm	单位长度重量/(kg/km)
1～2	16×3/0.10	3.77
2～4	16×5/0.10	6.28
3～6	24×4/0.15	16.96
6～10	24×8/0.15	33.93
10～16	24×8/0.20	60.32
16～24	24×8/0.30 36×6/0.30	135.7

7）直纹铜编织线的结构及技术参数见表1-5-18。

表1-5-18 直纹铜编织线的结构及技术参数

型号	截面积/mm²		结构(经线+纬线)	外形尺寸/mm		直流电阻 20℃时/(Ω/km)	单位长度重量/(kg/km)
	标称	计算	股数×根数/单线直径/mm +根数/单线直径/mm	宽度 ≤	厚度 参考值		
TZZ-15	6	5.94	21×16/0.15+18/0.10	13	3.5	3.20	60
	10	9.90	35×16/0.15+18/0.10	23	3.5	1.92	99
	16	15.83	32×28/0.15+18/0.10	23	4.5	1.20	156
	25	24.74	50×28/0.15+18/0.10	24	4.5	0.75	240
	35	34.88	47×42/0.15+18/0.10	26	5.0	0.55	336
	50	50.89	60×48/0.15+18/0.10	28	5.0	0.38	466
TZZ-10	4	3.96	28×18/0.10+30/0.07	11	3.2	4.94	40
	6	5.94	42×18/0.10+30/0.07	13	3.2	3.30	59
	10	9.90	35×36/0.10+30/0.07	16	3.5	1.98	97
	16	16.11	57×36/0.10+30/0.07	18	3.5	1.21	156
	25	24.88	44×72/0.10+30/0.07	22	4.5	0.79	240
	35	35.16	62×72/0.10+30/0.07	22	4.5	0.56	336
TZZ-07	4	4.04	35×30/0.07+30/0.07	10	2.5	4.84	40
	6	6.00	26×60/0.07+30/0.07	13	3.0	3.26	59
	10	9.93	43×60/0.07+30/0.07	15	3.0	1.97	97
	16	13.93	69×60/0.07+30/0.07	18	3.0	1.23	155

3. 其他技术要求

1）铜编织线有厚度要求者，均应轧成扁带。

2）TZO型及TZXQ型扬声器音圈用斜纹编织线的中心应加放一整根丝线。

3）TZXP型铜编织套，其编织密度应符合下列要求：直径4mm及以下者，不小于70%；直径4mm以上者，不小于80%。

4）各编织层不得有缺股、跳股或漏编。股线的接头应平整。产品表面应平整无油污。不应有与良好工业产品不相称的各种缺陷。

4. 铜编织套密度的计算方法

编织套的密度是指编织线中单线的覆盖面积与编织套总面积之比。纺织密度可按式（1-5-1）计算：

$$P=(2P_0-P_0^2)\times100\%$$

$$P_0=\frac{and}{h\cos\alpha}$$

$$\cos\alpha=\frac{\pi(D+2d)}{\sqrt{h^2+\pi^2\ (D+2d)^2}} \qquad (1\text{-}5\text{-}1)$$

式中 P——编织密度（%）；

P_0——单向排列密度系数；

a——编织层股数（锭数）的一半；

n——每股中单线的根数；

d——单线直径（mm）；

α——编织角；

h——编织节距（mm）；

D——检查用的芯棒直径（mm）。

5.3 电气化铁（轨）道系统用绞线

电气化铁（轨）道系统包括铁道、矿山以及轨道交通等，在其供电接触网中，根据绞线使用的部位和功能的不同，包括承力索、辅助承力索、横向承力索、上部定位绳、下部定位绳、中心锚结绳、弹性吊索、吊弦等。这些绞线的材料及结构主要包括铜及铜合金绞线、铝包钢芯铝绞线和铝包钢绞线三大类。在高速电气化铁路接触网中，主要采用铜合金绞线。

5.3.1 铜及铜合金绞线

电气化铁（轨）道系统用铜及铜合金绞线包括铜绞线（JT）、铜镁合金绞线（JTM）、高强度铜镁合金绞线（JTMH）三大类。

铜绞线用单线应采用GB/T 3953—2009中的TYT型特硬圆铜线制造。

铜合金绞线所用铜合金化学主成分范围见表1-5-19。

表1-5-19 铜合金化学主成分

材料代号	Cu(%)	Mg(%)	其他杂质总和，不大于(%)
TM	余量	0.1~0.3	0.30
TMH	余量	0.3~0.5	0.30

1. 规格、结构及技术参数（见表1-5-20）

表1-5-20 铜及铜合金绞线的规格、结构及技术参数

型号	截面积/mm²		计算外径/mm	结构	单线直径/mm	单线			绞线(计算值)		
						抗拉强度/MPa		伸长率(%)	拉断力/kN	直流电阻20℃时≤/(Ω/km)	单位质量/(kg/km)
	标称	计算				绞前	绞后				
JT	70	65.81	10.5	1×19	2.10	439	417	0.7	27.45	0.275	599
JT	95	93.27	12.5	1×19	2.50	435	413	0.8	38.54	0.194	849
JT	120	116.99	14.0	1×19	2.80	432	410	0.9	48.01	0.155	1065
JT	150	148.07	15.8	1×19	3.15	428	407	1.0	60.21	0.122	1347
JT	150	147.11	15.8	1×37	2.25	438	416	0.8	61.21	0.123	1342
JTM	10	9.62	4.5	7×7	0.50	520	494	—	4.75	2.437	90
JTM	16	16.26	5.9	7×7	0.65	520	494	—	8.03	1.442	152
JTM	16	16.49	6.2	(3+9)×7	0.50	520	494	—	8.15	1.433	156
JTM	25	24.25	6.3	1×7	2.10	520	494	—	11.98	0.936	220
JTM	35	34.36	7.5	1×7	2.50	520	494	—	16.97	0.660	311
JTM	50	49.48	9.0	1×7	3.00	520	494	—	24.44	0.459	448
JTM	50	48.35	9.0	1×19	1.80	520	494	—	23.88	0.472	440
JTM	70	65.81	10.5	1×19	2.10	520	494	—	32.51	0.346	599
JTM	95	93.27	12.5	1×19	2.50	520	494	—	46.08	0.244	849
JTM	120	116.99	14.0	1×19	2.80	520	494	—	57.79	0.195	1065
JTM	150	147.11	15.8	1×37	2.25	520	494	—	72.67	0.155	1342
JTMH	10	9.62	4.5	7×7	0.50	620	589	—	5.67	3.023	90
JTMH	16	16.26	5.9	7×7	0.65	620	589	—	9.58	1.788	152
JTMH	16	16.49	6.2	(3+9)×7	0.50	620	589	—	9.71	1.778	156
JTMH	25	24.25	6.3	1×7	2.10	618	587	—	14.24	1.161	220
JTMH	35	34.36	7.5	1×7	2.50	618	587	—	20.17	0.819	311
JTMH	50	49.48	9.0	1×7	3.00	608	578	—	28.58	0.569	448
JTMH	50	48.35	9.0	1×19	1.80	618	587	—	28.39	0.585	440
JTMH	70	65.81	10.5	1×19	2.10	618	587	—	38.64	0.430	599
JTMH	95	93.27	12.5	1×19	2.50	618	587	—	54.76	0.303	849
JTMH	120	116.99	14.0	1×19	2.80	608	578	—	67.57	0.242	1065
JTMH	150	147.11	15.8	1×37	2.25	618	587	—	86.37	0.193	1342

注：1. 单线直径偏差对于JT型为±1%单线直径，JTM10、JTMH10、JTM16、JTMH16型为±0.03mm，JTM25～JTM150型、JTMH25～JTMH150型为±0.05mm；

2. 拉伸试验试样标距：单线为250mm，绞线为不小于5m，试验时，夹具移动速度为20～30mm/min。

2. 绞制

1）各种型号绞线的典型结构见表1-5-21。

2）绞线各相邻层的绞向应相反，最外层绞向为右向。

3）绞线的绞合节径比应符合表1-5-22的规定。任一绞层的节径比应不大于相邻内层的节径比。

4）每层单线或股线应均匀紧密地绞合在下层中心线芯或内绞层上，不得有断股、缺股和跳线。绞合后所有单线或股线应自然地处于各自位置，当切断时，各单线或股线端部应保持在原位或容易用手复位。

表1-5-21 各种绞线的典型结构

序号	断面图	结构
1	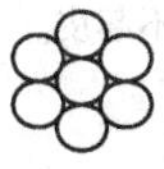	1×7

（续）

序号	断面图	结构
2	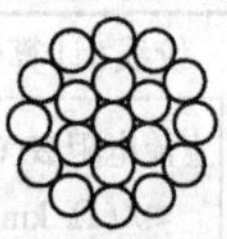	1×19
3	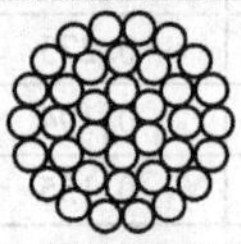	1×37
4	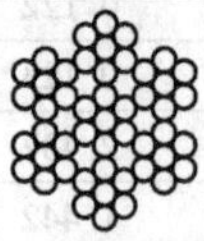	7×7
5		(3+9)×7

表 1-5-22 绞合节径比

类型			节径比
复绞	股线的单线根数 7	6 根层	8~10
	股线数 7	6 股层	8~14
	股线数 12	3 股层	10~16
		9 股层	10~14

（续）

类型			节径比
同心层绞	单线根数 7	6 根层	10~14
	单线根数 19	6 根层	10~16
		12 根层	10~14
	单线根数 37	6 根层	10~17
		12 根层	10~16
		18 根层	10~14

3. 接头

1）绞制过程中，单线根数为 7 根的绞线，单线不允许有接头。

2）绞制过程中，单线根数大于或等于 19 根的绞线，单线允许有接头。在同一单线或整根绞线中，任何两个接头间的距离，各内层不小于 15m，最外层不小于 200m，但接头总数不应超过 3 个。

3）绞制过程中，单线的接头应采用冷压焊。焊后接头处应修磨圆整，使其直径等于原单线直径，而且不应弯折。

5.3.2 铝包钢芯铝绞线

电气化铁（轨）道系统用铝包钢芯铝绞线主要用于承力索、定位绳以及吊索等。

1. 铝包钢单线的技术参数（见表 1-5-23）

表 1-5-23 铝包钢单线的技术参数

标称直径/mm	允许偏差/mm	标称截面积/mm^2			铝层单面厚/mm		最小抗拉强度/MPa	1%伸长时应力①/MPa	最小伸长率②(%)	360°扭转③/次	20℃直流电阻≤/(Ω/m)
		钢	铝	总和	标称	最小					
2.1	±0.04	2.59	0.87	3.46	0.14	0.11	1340	1200	1.0	20	0.02451
2.22	±0.04	2.89	0.98	3.87	0.15	0.11	1340	1200	1.0	20	0.02191
2.41	±0.04	3.39	1.18	4.57	0.17	0.12	1340	1200	1.0	20	0.01856
2.46	±0.04	3.56	1.19	4.75	0.17	0.12	1340	1200	1.0	20	0.01785
2.83	±0.04	4.72	1.57	6.29	0.19	0.14	1340	1200	1.0	20	0.0135
2.89	±0.04	4.87	1.69	6.56	0.20	0.14	1340	1200	1.0	20	0.01293
3.2	±0.05	6.03	2.01	8.04	0.21	0.16	1340	1200	1.0	20	0.01055
3.6	±0.05	7.63	2.54	10.17	0.24	0.18	1270	1140	1.0	20	0.00834
3.8	±0.06	8.51	2.83	11.34	0.25	0.19	1250	1100	1.0	20	0.00748

① 1%伸长时应力测试时，$L=250mm$。

② 最小伸长率测试时，$L=250mm$，断裂后。

③ $L=100d$，扭转不断裂，不起皮。

2. 铝包钢芯铝绞线规格、结构及技术参数（见表1-5-24）

表1-5-24 铝包钢芯铝绞线的规格、结构及技术参数

型号		LBGLJ 70/10 (6/1)	LBGLJ 95/15 (28/3)	LBGLJ 120/20 (28/3)	LBGLJ 120/35 (8/7)	LBGLJ 150/8 (18/1)	LBGLJ 150/20 (26/3)	LBGLJ 185/10 (18/1)	LBGLJ 185/25 (24/7)	LBGLJ 210/25 (24/7)	LBGLJ 240/30 (24/7)
结构根数及直径/mm	铝	6/3.8	28/2.06	28/2.29	8/4.43	18/3.2	26/2.67	18/3.6	24/3.15	24/3.33	24/3.6
	铝包钢	1/3.8	3/2.55	3/2.83	7/2.46	1/3.2	3/2.89	1/3.6	7/2.1	7/2.22	7/2.41
外径/mm		11.4	13.73	15.26	16.24	16	16.9	18	18.9	19.98	21.6
计算截面积/mm^2	铝	68.05	93.27	115.27	123.24	144.76	145.5	183.22	187.04	209.02	244.29
	铝包钢	11.34	15.31	18.86	33.25	8.04	19.67	10.18	24.25	27.10	31.67
	总和	79.39	108.58	134.13	156.49	152.8	165.17	193.4	211.29	236.12	275.96
综合拉断力/kN		22.92	33.25	40.59	57.11	31.99	46.07	39.20	56.81	63.09	73.28
弹性模量±3000*/MPa		71400	71200	71200	77400	63600	69300	63600	69000	69000	69000
线膨胀系数*/($\times10^{-6}$/℃)		20	20	20	18.9	21.7	20.4	21.7	20.4	20.4	20.4
20℃直流电阻*/(Ω/km)		0.3991	0.2942	0.2382	0.2143	0.1955	0.1904	0.1544	0.1453	0.1327	0.1136
持续电流*/A		265	375	418	438	456	473	504	545	578	630
20分钟过载电流*/A		286	405	451	473	492	510	544	588	624	680
允许温度/℃		80	80	80	80	80	80	80	80	80	80
参考重量/(kg/km)		261.3	360.38	445.52	559.77	452.1	534.68	571.7	678.1	757.8	885.6

注：1. *号标记的行是计算值，仅供设计参考。

2. 环境温度为20℃、钢芯铝绞线工作温度为80℃时的计算载流量。

3. 绞制

1）绞线的节径比，见表1-5-25。

表1-5-25 绞线节径比

结构元件	绞层	节径比 最小	节径比 最大
铝包钢线	3、6根层	13	28
铝线	内层	10	16
	外层	10	14

2）任一绞层节径比应小于相邻内层的节径比。

3）相邻两层绞向应相反，最外层绞向应为右向。

4. 接头

1）绞线中的铝包钢单线不允许有接头。

2）单根铝线允许接头，但两接头间距离应不小于15m。铝线接头采用电阻对焊、冷压对焊或电阻冷墩焊，电阻对焊应退火处理。

5.3.3 铝包钢绞线

电气化轨道系统用铝包钢绞线主要用于承力索、定位绳以及吊索等。

1. 铝包钢单线的技术参数（见表1-5-26）

表1-5-26 铝包钢单线的技术参数

标称直径/mm	允许偏差/mm	标称截面积/mm^2 钢	铝	总和	铝层单面厚度/mm 标称值	最小	最小抗拉强度/MPa	最小伸长率 $L=250$mm 断裂后(%)	360°$L=100d$ 扭转不断裂，不起皮圈数	20℃直流电阻/(Ω/m)
2.05	±0.04	2.46	0.84	3.30	0.14	0.10	1340	1.0	20	0.02570
2.41	±0.04	3.39	1.18	4.57	0.17	0.12	1340	1.0	20	0.01856
2.89	±0.04	4.87	1.69	6.56	0.20	0.14	1340	1.0	20	0.01293
3.45	±0.05	6.93	2.42	9.35	0.24	0.17	1310	1.0	20	0.00907
3.97	±0.06	9.13	3.25	12.38	0.28	0.20	1210	1.0	20	0.00685

2. 铝包钢绞线规格、结构及技术参数（见表 1-5-27）

表 1-5-27 铝包钢绞线的规格、结构及技术参数

型号		LBGJ70(19)	LBGJ90(19)	LBGJ50(7)	LBGJ70(7)	LBGJ90(7)
断面根数及直径/mm		19/2.05	19/2.41	7/2.89	7/3.45	7/3.97
外径/mm		10.25	12.05	8.67	10.35	11.91
计算截面积/mm²	铝	15.96	22.80	11.83	16.94	22.75
	钢	46.74	64.03	34.09	48.51	63.91
	总和	62.70	86.83	45.92	65.45	86.66
计算拉断力*/kN		75.62	104.72	55.38	77.17	94.37
弹性模量 ±3000*/MPa		154519	153519	154218	153987	153527
线性膨胀系数*/(1/℃)		12.64×10^{-6}	12.64×10^{-6}	12.64×10^{-6}	12.64×10^{-6}	12.64×10^{-6}
20℃直流电阻*/(Ω/km)		1.393	1.006	1.893	1.326	1.003
持续载流量*/A		150	180	120	155	178
20min 过载载流量*/A		159	191	127	159	189
允许温度/℃		100	100	100	100	100
参考重量/(kg/km)		419.06	579.16	305.60	435.54	576.73

注：1. *号标记的行是计算值，仅供设计参考。
2. 环境温度为35℃、绞线工作温度为100℃时的计算载流量。
3. 成品绞线的计算拉断力系按表 1-5-26 规定铝包钢单线标称直径的最小抗拉强度计算拉断力总和的90%取值。

3. 绞制

1）绞线各相邻层的绞向应相反，最外层绞向为右向。

2）节径比应不小于 10 且不大于 16，任一绞层的节径比应不大于相邻内层的节径比。

5.4 特种绞线

5.4.1 变电站用母线

1. 铝管支撑型耐热铝合金扩径母线

变电站用铝管支撑型扩径母线国内最早是为西北电网 750kV 高海拔地区变电站研制，其结构特点是用轧纹铝管作为支撑，外层采用耐热铝合金单线绞制。通过铝管支撑，母线外径扩大，可有效降低母线表面的电场强度，从而有效减小电晕放电，降低无线电干扰水平。与传统的金属软管支撑结构扩径母线相比，其结构更加稳定，电性能、耐腐蚀性能和降低损耗更加优越。该产品经过多年的使用运行表现优越，已经广泛应用于330kV 及 500kV 变电站软母线和设备母线，1000kV 特高压交流变电站和 ±800kV 直流换流站也全面应用该产品。

铝管支撑型耐热铝合金扩径母线由耐热铝合金单线在轧纹铝管上绞制而成，绞合前的所有耐热铝合金单线性能应符合 GB/T 30551—2014 要求。扩径母线的典型结构如图 1-5-1 所示，轧纹铝管结构尺寸见表 1-5-28。扩径母线分为耐热铝合金圆线绞合和型线绞合两种结构，其主要技术参数分别见表 1-5-29 和表 1-5-30。

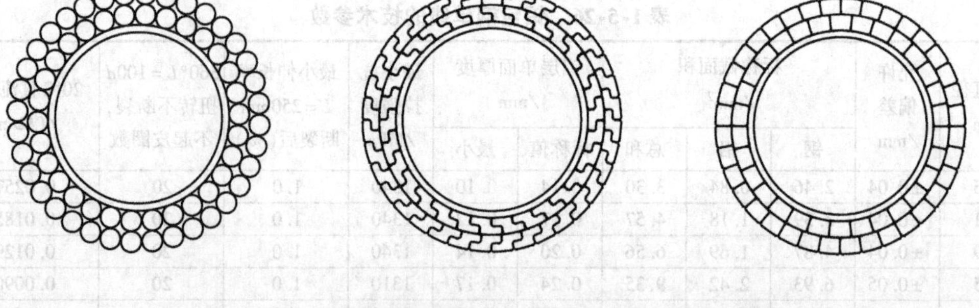

图 1-5-1 铝管支撑型耐热铝合金扩径母线结构示意图

表 1-5-28 轧纹铝管结构尺寸

铝管外径/mm	铝管壁厚/mm	厚度偏差/mm	轧纹节距/mm	轧纹深度/mm
≤45	1.5	±0.02	17~19	3.5±0.5
>45	2.0	±0.03	20~25	3.5±0.5

表 1-5-29 铝管支撑型扩径母线（圆线）技术参数

规格	铝管		直径/mm	导线结构根数/等效直径/mm		计算截面积/mm^2			单位重量/(kg/km)	计算拉断力/kN		20℃时最大直流电阻/(Ω/km)	
	直径/mm	壁厚/mm		内层	外层	铝管	铝合金单线	总和		NRLH1	NRLH2	NRLH1	NRLH2
600	33.0	1.5	43.4	41/2.60	47/2.60	148.4	467.2	615.6	1754.8	84.90	121.81	0.0490	0.0523
700	33.0	1.5	45.0	36/3.00	42/3.00	148.4	551.4	699.8	1991.3	95.26	138.81	0.0431	0.0461
900	35.0	1.5	50.0	31/3.75	37/3.75	157.9	751.0	908.9	2580.6	127.98	187.31	0.0331	0.0356
1200	42.5	1.5	59.5	33/4.25	39/4.25	193.2	1021.4	1214.6	3445.8	170.13	237.55	0.0248	0.0266
1400	49.5	2.0	66.0	39/4.13	45/4.13	298.5	1125.3	1423.8	4042.7	190.86	265.13	0.0211	0.0226
1600	52.5	2.0	70.0	39/4.38	45/4.38	317.3	1265.7	1583.0	4492.8	213.93	297.47	0.0190	0.0204

表 1-5-30 铝管支撑型扩径母线（型线）技术参数

规格	铝管		直径/mm	导线结构		计算截面积/mm^2			单位重量/(kg/km)	计算拉断力/kN		20℃时最大直流电阻/(Ω/km)	
	直径/mm	壁厚/mm		根数	单线面积/mm^2	铝管	铝合金单线	总和		NRLH1	NRLH2	NRLH1	NRLH2
700	43.7	1.5	51.0	30	16.70	198.9	501.1	700.0	1993.3	87.64	120.71	0.0430	0.0458
900	44.2	1.5	54.0	68	10.28	201.2	698.8	900.0	2562.6	121.25	176.46	0.0335	0.0358
1200	49.8	2.0	61.0	76	11.84	300.3	899.7	1200.0	3413.9	155.06	226.14	0.0251	0.0268
1400	56.2	2.0	68.0	84	12.61	340.6	1059.4	1400.0	3981.6	182.07	251.99	0.0215	0.0230
1600	62.8	2.0	75.0	84	14.50	382.0	1218.0	1600.0	4549.4	208.94	289.33	0.0188	0.0201

2. 其他母线

(1) 扩径空心导线 它主要用作330kV及以上变电站中的软母线。用金属软管支撑将导线外径扩大，目的是不产生可见电晕和减小对无线电的干扰，主要有标称截面积600mm^2、900mm^2及1400mm^2的三种规格。其结构及主要技术参数见表1-5-31。扩径空心导线的优点是，扩大直径的效果较好；但支撑的金属软管不耐腐蚀，T形接头的连接质量较差，目前已较少使用。

表 1-5-31 扩径空心导线的结构及主要技术参数

项目		单位	LGKK-600	LGKK-900	LGKK-1400
结构	铝线	mm	83/3.00	18/3.00+62/4.00	15/3.00+102/4.00
	钢线	mm	7/3.00	12/3.00	15/3.00
	金属软管	mm	φ39.0	427.0	427.0
截面积	铝线	mm^2	587.0	906.4	1387.8
	钢线	mm^2	49.5	84.83	106.0
外径		mm	51.0	49.0	57.0
计算拉断力		kN	149.0	205.0	289.0
弹性模量		GPa	71.6	58.7	58.1
线膨胀系数		$\times10^{-6}$/℃	19.9	20.4	20.8
直流电阻（20℃）		Ω/km	0.0506	0.03317	0.02163
载流量①（80℃）		A	1025	1270	1620
单位重量		kg/km	2690	3620	5129

① 计算载流量条件：环境温度为40℃，风速为0.5m/s，日照强度为1000W/m^2，辐射系数为0.5，吸热系数为0.5。

(2) 钢芯耐热铝合金绞线 也有采用钢芯耐热铝合金绞线作为变电站连接母线，最大导体截面积为1400mm²，具体参见4.4.2节，在此不再赘述。

5.4.2 铁路贯通地线

铁路贯通地线是一种用于将铁路系统全线统一接地的电缆，它可以使大范围的铁路电气系统各个工作点接地电位基本保持一致，使系统设备接地安全可靠，消除了由于不同设备之间的电位差引起的不平衡电流，实现了对人员和设备的有效可靠防护。

1. 结构及组成

铁路贯通地线包含中心绞合铜导体和外护套，其典型结构如图1-5-2所示。以铜导体截面积和外护套材料类型表示其型号规格，目前常用的是35mm²、70mm²。如DH 70表示规格为70mm²的合金护套铁路贯通地线。

(1) 绞合铜导体 绞合铜导体由GB/T 3953—2009中规定的TR型软铜线绞合而成。铜导体应符合GB/T 3956—2008中第2种导体，紧压或非紧压结构均可。

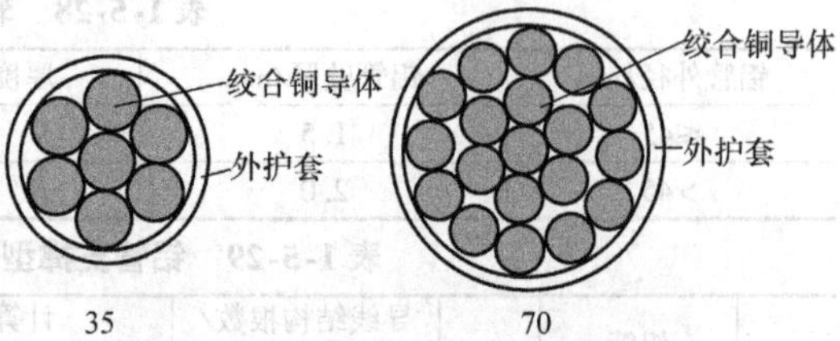

图1-5-2 铁路贯通地线截面结构图

(2) 外护套 外护套主要是保护铜导体隔绝外界土壤腐蚀，也有一定导流作用。曾经外护套采用环保型半导电塑料或防腐铝合金，因耐土壤腐蚀性能和长期使用寿命不理想，目前外护套基本都采用环保型金属或铜合金材料。

外护套应为非轧纹结构，整体均匀紧密包覆在导体外，护套表面应光洁，颜色一致，无氧化变色现象。无任何目力可见的裂纹、凹坑、翘皮等表面缺陷。外护套的机械物理性能应符合表1-5-32的规定，外护套厚度及电缆的外径应符合表1-5-33的规定。外护套中的有害物质含量应满足RoHS指令要求。

表1-5-32 外护套的机械物理性能

序号	项目	单位	性能要求	试验方法
1	体积电阻率20℃	Ω·mm²/m	≤0.09	GB/T 3048.2—2007
2	抗拉强度	MPa	≥260	GB/T 4909.3—2009
3	断裂伸长率	%	≥30	GB/T 4909.3—2009

表1-5-33 外护套厚度及电缆外径

序号	规格	平均厚度/mm	最小厚度/mm	参考外径/mm	试验方法
1	35	≥1.0	≥0.95	8.3	GB/T 2951.11—2008
2	70			11.4	

2. 性能要求

(1) 耐腐蚀性 贯通地线外护套的耐腐蚀性能应符合表1-5-34的规定。

表1-5-34 外护套的耐腐蚀性能

序号	项目	性能要求
1	人造气氛腐蚀试验盐雾试验	≥7
2	通常凝露条件下的二氧化硫腐蚀试验	≥7
3	金属材料试验室均匀腐蚀试验 酸溶液：HCl　pH值：1.9~2.0 盐溶液：5% NaCl　pH值：6.9~7.1 碱溶液：NaOH　pH值：11.0~11.1	≤0.05mm/年

1）人造气氛腐蚀试验。盐雾试验方法应符合GB/T 10125—2012中性盐雾（NSS）试验的规定，试验周期为24h。试验结果的判定原则应符合GB/T 6461—2002的规定。

2）通常凝露条件下的二氧化硫腐蚀试验方法。二氧化硫腐蚀试验方法应符合GB/T 9789—2008的规定，试验温度为35℃、试验周期为24h。试验结果的判定原则应符合GB/T 6461—2002的规定。

3）金属材料试验室均匀腐蚀试验方法。均匀腐蚀试验方法应符合JB/T 7901—2001的规定，试验温度为70℃，试验周期为168h。

(2) 弯曲性能 贯通地线的弯曲性能试验方法应符合JB/T 10696.3—2007的规定。试验用圆柱体直径应为15倍的电缆外径，均速弯曲三次，贯通地线护套表面应无目力可见断裂和裂纹。

第6章

裸电线性能检测与试验

6.1 裸单线性能检测与试验

6.1.1 尺寸测量

各种裸电线及圆形、矩形和异形导体的外形尺寸、圆角半径、节径比和截面等，均需进行尺寸测量。

1. 测量工具

测量所用的千分尺应符合 GB/T 1216—2004《外径千分尺》的规定。杠杆千分尺应符合 GB/T 8061—2004《杠杆千分尺》的规定。游标卡尺应符合 GB/T 21389—2008《游标、带表和数显卡尺》的规定。投影仪或放大镜的放大倍数为 10～20 倍。必要时还应采用特制样板及塞尺。称量范围为 0～200g 的天平感量为 0.1mg。称量范围为 1kg 的天平感量为 1mg。

2. 试样制备

实心圆导体及非圆导体的试样长度一般不小于 1m。绞线的试样长度约为 3～5m。取样时应将切割处的两侧扎紧，以免松散。在成圈或成盘上直接测量时，应离开端头至少 1m。在成捆试样上测量时，应离开端部至少 200mm。每个试样测量三处，各测点间的间隔距离应不少于 200mm。

3. 测量方法

1）量具。测量各种尺寸所用的量具应符合表 1-6-1的规定。

表 1-6-1　量具要求　（单位：mm）

标称尺寸	量具名称	示值误差
0.020～0.100	杠杆千分尺	±0.002
0.101～0.250	外径千分尺	±0.002
0.25 及以上	外径千分尺	±0.004
10.00 及以上	游标卡尺	±0.005

2）直径。在垂直于试样轴线的同一截面上，在相互垂直的方向上测量。至少在试样的两端和中部各测量一次。

3）矩形尺寸。宽度（b 边）在平直试样的两端和中部各测量一次。厚度（a 边）宽度在 4.00mm 及以下者，在平直试样的两端和中部各测量一次。宽度在 4.00mm 以上者，适当增加测点。取算术平均值为测量结果。

4）直度（侧面弯度或镰刀弯）。取平直试样 1～3m，在测试平台上将 1m 长的钢尺紧靠在试样 a 边向内弯曲的一侧，然后测量 a 边与直尺间的最大距离。

5）圆角半径及夹角。用特制样板测量。或切取与试样轴线垂直的断面，抛光后用 20 倍的放大镜或投影仪与特制样板比较测量。

6）截面积。简单截面的试样，可在计量长度上大约相等的间距点至少测量三次。按算术平均值计算出截面积。平均值的标准偏差与平均值自身的比值，应不超过 ±0.5%。

复杂截面的试样，或实测截面积平均值的标准偏差与计算出的平均值自身的比值超过 0.5% 时，应采用称重法测量。称重法按 GB/T 3084.2—2007《电线电缆电性能试验方法 第 2 部分：金属材料电阻率试验》第 6.4.2 条的规定进行。

7）绞合节距。一般采用纸带法测量。即将试样拉直平放，用宽度约与试样直径相等的纸带，沿纸带中心划一中线。使纸带中线与试样轴线平行紧贴在试样表面。用平放的铅笔在中线上划出绞合股线的印痕。用钢皮尺在中线上测量 n（表层单线根数）个印痕间距之和，即为节距长度。

4. 测量结果及计算

1）平均值$\overline{X}$的计算。测量结果按式（1-6-1）计算：

$$\overline{X} = \frac{\sum_{i=1}^{n} X_i}{n} \qquad (1\text{-}6\text{-}1)$$

式中　$\overline{X}$——第 i 次的测量数值（mm）；

n——测量次数。

计算时尺寸为 0.020～1.000mm 者，修正到三位小数。大于 1.000mm 者，修正到两位小数。修正方法参见 GB/T 1.1—2009《标准化工作导则　第 1 部分：标准的结构和编写》。

2）复杂截面积 S（mm^2）的测量结果按式（1-6-2）计算：

$$S = \frac{m}{Ld_s} \times 10^3 \quad (1\text{-}6\text{-}2)$$

式中　m——称量测量试样的视在质量（g），精确到 ±0.10%；

L——试样长度（mm），精确到 ±0.20%；

d_s——试样密度（g/cm^3），精确到 ±0.45%。

6.1.2　抗拉强度及伸长率

抗拉强度及伸长率是裸电线和裸导体制品的重要机械性能指标，是关系产品优劣和能承受外力大小的重要标志。抗拉强度及伸长率的大小与材料性质、加工方法和热处理条件有关。

1. 试样制备

1）试件数量一般不少于 3 根。试件长度为标距长度加两端钳口夹持长度之和。

2）用手工和木制工具将试件矫直。尽量避免使试件受到拉伸、扭曲等机械损伤。

3）兼作伸长率试验的试件，应在试件中央标出标距长度（如 200mm）。标距线应细而清晰。标距长度的误差：硬线为 ±0.20mm；软线为 ±0.50mm。

4）宽度较大的非圆截面试件，也可加工宽度较小的试件。试件的尺寸参见 GB/T 228.1—2010《金属材料　拉伸试验　第 1 部分：室温试验方法》的规定。

2. 试验方法

1）拉力试验机的示值误差应不大于 ±1%。

2）将试件垂直夹持在试验机的钳口中。标距线应露出钳口，且试件的轴线应与钳口的中心重合。

3）拉伸速度：软态试件不大于 300mm/min；硬态试件不大于 100mm/min。

4）加载速度必须均匀平稳无冲击。

5）试件拉断后，记录最大负荷，取三位有效数。

6）将试件的断口对齐靠紧，测量并记录拉伸后的标距长度。若断口离标志线小于 20mm，或发生在标距长度以外且伸长率未达到要求时，应另取试件重新试验。

3. 试验结果及计算

1）抗拉强度。按式（1-6-3）计算，精确到 1MPa：

$$\sigma_b = \frac{F_m}{S} \quad (1\text{-}6\text{-}3)$$

式中　F_m——拉断时的负荷（N）；

S——实测试件截面积（mm^2）。

2）伸长率。按式（1-6-4）计算：

$$\delta = \frac{L_u - L_o}{L_o} \times 100\% \quad (1\text{-}6\text{-}4)$$

式中　L_u——拉断后的标距长度（mm）；

L_o——拉伸前的标距长度（mm）。

计算时，伸长率小于 5% 者，精确到 0.1%；大于和等于 5% 者，精确到 1%。

3）取不少于 3 个试件计算数据的算术平均值，作为试验结果。

6.1.3　扭转试验

扭转试验主要检验金属线材的韧性。韧性越好，能承受的扭转次数越多。同时还可根据扭断后的断口和表面裂纹，检查铜、铝杆材的内在质量和轧制工艺条件的优劣。韧性较好的材料，断口齐平。韧性较差的材料，断口不平整。

1. 试样制备

1）试件的标距长度为 100d（直径）。最大不超过 500mm。试件长度为标距长度加两端钳口的夹持长度。

2）试件数量，每批不少于 5 根。

3）用手工和木制工具在木垫上将试件矫直。

2. 试验方法

1）扭转试验机的原理，如图 1-6-1 所示。定位夹头和旋转夹头的轴线与试件的扭转轴线应重合。夹具的硬度应不小于 HRC61。

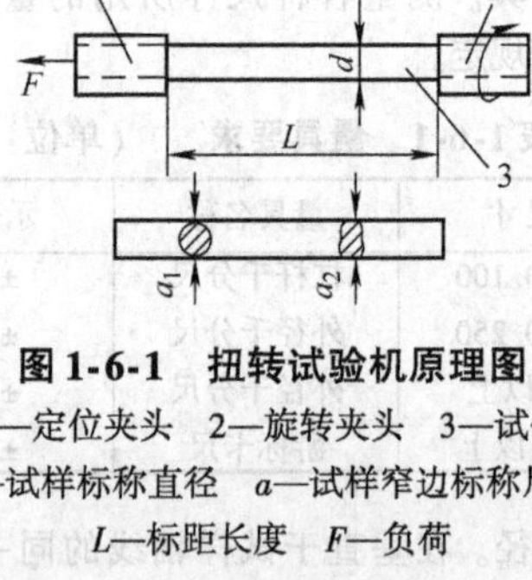

图 1-6-1　扭转试验机原理图

1—定位夹头　2—旋转夹头　3—试件

d—试样标称直径　a—试样窄边标称尺寸

L—标距长度　F—负荷

2）将试件放入两夹头内。调整定位夹头的位置，使两夹头间的距离等于标距长度。

3）在定位夹头上悬挂不大于试件拉断力2%的砝码，将试件拉直。

4）确信试件的轴线与夹具的轴线重合后，夹紧夹具。

5）选定扭转速度：试件尺寸<3mm时，转速≤60r/min；试件尺寸≥3mm时，转速≤30r/min。

6）试件每旋转360°为扭转一次。试验进行到试件扭断或达到规定的扭转次数时为止。

7）扭转方式。可以为单向或正反两个方向。按产品标准的规定进行。

3. 试验结果

1）试验记录中应注明：试件尺寸、标距长度、施加的负荷、扭转速度、达到的扭转数等。

2）记录外观检查：断口形状及表面裂纹的描述。

3）当扭转次数达到规定值时，即认为试验有效。但若扭转断口在钳口内或距钳口的距离小于2d，且扭转次数未达到规定值时，应另取试样重新试验。

6.1.4　弯曲试验

弯曲试验主要检验金属线材的抗弯曲性能。材质不均或性脆的材料，抗弯曲性能较差。下述弯曲试验适用于标称尺寸20mm以下的圆截面及非圆截面的线材。

1. 试样制备

1）取样。从外观合格的试样上截取长约300mm的试件5根。取样时应避免试件受到拉伸、扭曲或其他机械损伤。

2）矫直。用手工和木制工具将试件矫直。

2. 试验方法

1）弯曲试验机的结构，如图1-6-2及图1-6-3所示。

2）根据试件的标称尺寸，按表1-6-2的规定选用弯曲圆柱并调节拨杆距离h。

3）将试件穿过拨杆孔，使试件垂直并夹紧。拨杆孔大于试件尺寸约0.5～1.0mm。

4）在拨杆孔外试件上端的轴线方向，施加一不超过试件拉断力2%的张力拉紧试件，以免在试件弯曲时发生拱曲。

5）试件从起始的垂直位置，沿圆柱向右弯曲90°返回到原来的位置，作为第1次弯曲。再以相反的方向，沿另一个弯曲圆柱向左弯曲90°再回到原来的位置，作为第2次弯曲。依次重复进行，直到试件折断时为止。试件折断时的最后一次弯曲，不应计入弯曲次数内。

6）弯曲试验的速度，一般为每秒弯曲一次。试验过程应连续，不要间断。

3. 试验结果

以5根试件弯曲次数的平均值，作为试验

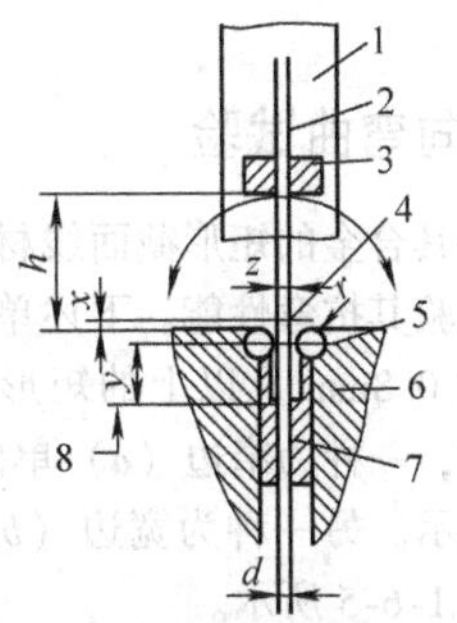

图1-6-2　圆截面线材反复弯曲试验机

1—拨杆　2—试件　3—拨杆孔　4—拨杆转动轴线　5—弯曲圆柱　6—支座　7—支座夹持面　8—试件接触点　d—试件直径　r—弯曲半径　h—拨杆距离　y—弯曲圆柱轴线的平面试件接触点的距离　x—拨杆转动轴线到弯曲圆柱顶部平面的距离　z—试件与弯曲圆柱间的间隙

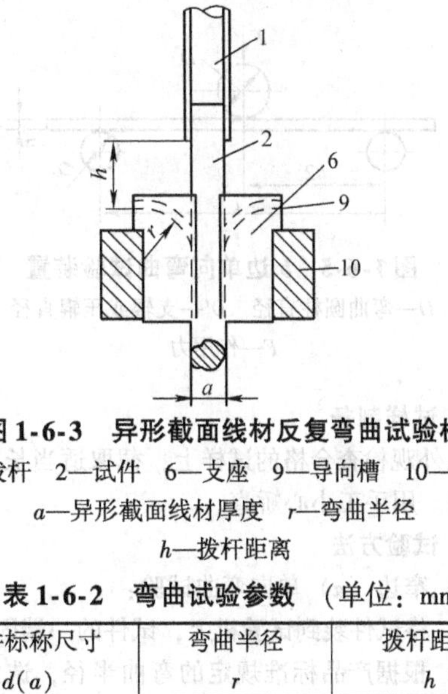

图1-6-3　异形截面线材反复弯曲试验机

1—拨杆　2—试件　6—支座　9—导向槽　10—台钳　a—异形截面线材厚度　r—弯曲半径　h—拨杆距离

表1-6-2　弯曲试验参数　（单位：mm）

试件标称尺寸 $d(a)$	弯曲半径 r	拨杆距离 h
0.8～1.00	2.5±0.1	15
1.01～1.50	3.75±0.1	20
1.51～2.00	5.0±0.1	20
2.01～3.00	7.5±0.1	25
3.01～4.00	10.0±0.1	25
4.01～6.00	15.0+0.1	35
6.01～8.00	20.0±0.1	40
8.00以上	2.5d±0.2	50

结果。

6.1.5 单向弯曲试验

铜、铝及其合金的矩形截面线材须进行单向弯曲试验，以检验其抗弯性能。下述单向弯曲试验适用于标称尺寸 0.8mm 及以上的矩形截面线材。有两种设备型式，一种为窄边（a）单向弯曲试验机，如图 1-6-4 所示。另一种为宽边（b）单向弯曲试验装置，如图 1-6-5 所示。

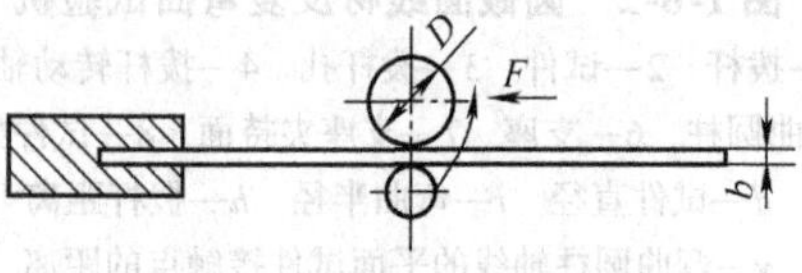

图 1-6-4 a 边单向弯曲试验机

D—弯曲圆柱直径 F—作用力

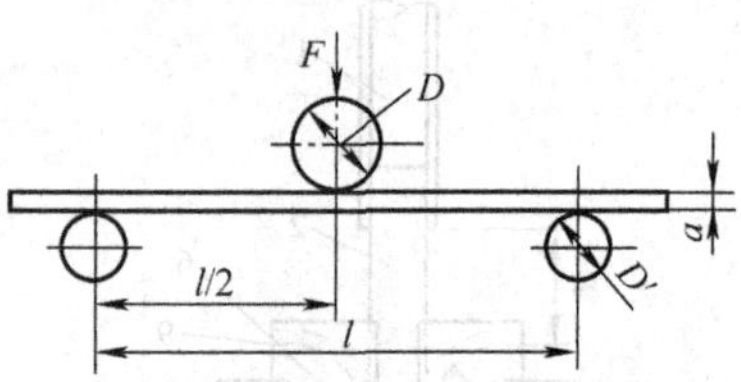

图 1-6-5 b 边单向弯曲试验装置

D—弯曲圆柱直径 D'—支辊或压辊直径

F—作用力

1. 试样制备

从外观检查合格的试样上，截取适当长度的试件 2 根。用手工小心矫直。

2. 试验方法

1）窄边（a）单向弯曲试验：

a）将试件装到试验机上，试件的一端固定。

b）根据产品标准规定的弯曲半径，选定弯曲圆柱。调整压辊的位置，使试件弯曲时与弯曲圆柱面保持良好的接触和不产生拱曲。

c）起动试验机后，使试件平稳而缓慢地弯曲直至要求的角度。

2）宽边（b）单向弯曲试验：

a）按图 1-6-5，将试件放在两个水平的支辊上。支辊间的距离按式（1-6-5）计算：

$$l = D + D' + 2.1a \tag{1-6-5}$$

式中 D——弯曲圆柱直径（mm）；

a——试件 a 边的标称尺寸（mm）；

D'——支辊直径（mm）。

b）根据产品标准弯曲半径的规定，选定弯曲圆柱的直径。调整弯曲圆柱或两个支辊的相对位置，使作用力 F 垂直于两个支辊中心的连线，并位于中点。

c）起动试验机后，使作用力平稳而缓慢地弯曲试件直至要求的角度。

3）用正常视力检查并记录弯曲后试件表面的状况。

3. 试验结果

按产品标准的规定，判定试验结果是否合格。

6.1.6 卷绕试验

标称直径 0.8～20.0mm 的铜、铝及其合金圆线和标称尺寸不大于 20mm 的非圆形线材，须进行卷绕试验，以检验其抗弯性能。卷绕试验有重复卷绕和一次卷绕两种方式。卷绕试验装置原理如图 1-6-6所示。

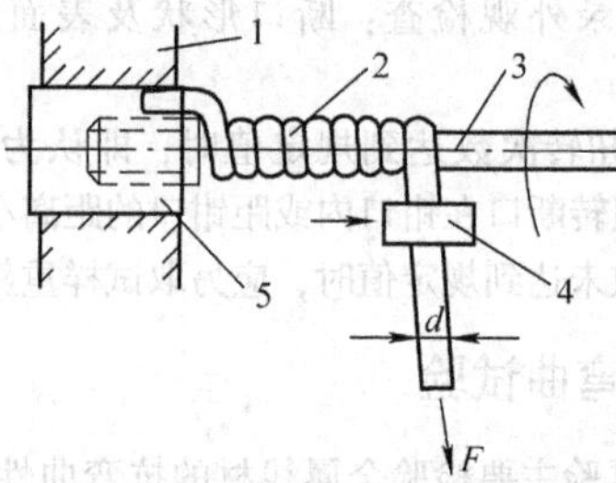

图 1-6-6 卷绕试验装置原理图

1—夹具 2—试件 3—试棒 4—导块

5—试棒座 d—试件直径

1. 试样制备

从外观检查后合格的试样上，截取能满足卷绕圈数和操作要求的试件 2 根。

2. 试验方法

1）根据产品标准规定的卷绕直径选定试棒，试棒的轴线应与夹具中心重合，并在座上旋紧。

2）装上试件，并在自由端施加一不超过其拉断力 5% 的负荷，以避免试件在卷绕时发生拱曲。

3）根据产品标准的规定，选择卷绕方式：

a）一次卷绕。将试件在规定直径的试棒上，紧密卷绕 8 圈。

b）重复卷绕。将试件在规定直径的试棒上，紧密卷绕 8 圈。然后退绕 6 圈。退绕下来的部分应理直，然后再重新紧密地卷绕在试棒上。

4）卷绕速度应均匀，并且不超过 10r/min。

5）卷绕线匝应紧密并紧箍在试棒上，不得重叠。

6）用正常视力检查卷绕部分的表面，并记录。

7）当试棒直径等于试件的标称直径时，允许用手工卷绕。先将试件弯成 U 形，并夹紧成“r”扣，然后用手工将试件的一端，紧密地绕在另一端上，如图 1-6-7 所示。

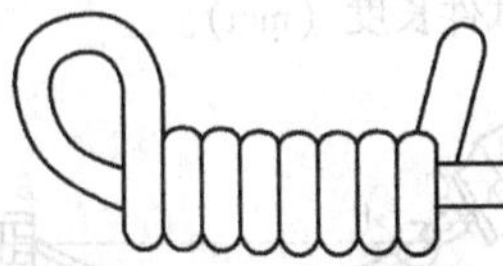

图 1-6-7　自身卷绕

3. 试验结果

按产品标准的规定，判定试验结果是否合格。

6.1.7　伸长 1% 时的应力试验

组合绞线中镀锌钢线伸长 1% 时的应力，是计算组合绞线拉断力的一个重要参数。伸长 1% 时的应力越大，组合绞线的强度越高。

1. 试样制备

1）从外观检查合格的样品上，截取不少于 3 根的试件。最好从未受扭曲的芯线上取样。

2）试件长度为标距长度加两端钳口的夹持长度，并必须留有安装操作延伸仪的必要长度。

3）用手工及木制工具小心矫直。

2. 试验方法

1）在试件的中段，标出标距长度 250mm。允许采用其他的标距长度，但须加以调整。

2）将试件垂直夹持在拉力试验机的钳口内。试件的轴线应与钳口的中心线重合。

3）按表 1-6-3 的规定，对不同直径的试件施加相应的起始拉应力。

4）在试件的 250mm 标距线上，小心地安装延伸仪。并按表 1-6-3 的规定，按不同的线径调整延伸仪到相应的起始伸长读数。

如果采用 L（100mm 或 200mm）的标距长度，则起始伸长读数应乘以系数 $L/250$。

表 1-6-3　测伸长 1% 应力的起始应力和起始伸长读数

实测线径 /mm	起始应力 /MPa	起始伸长读数/mm（标距长度 250mm）①
1.24～2.25	100	0.125
2.26～3.00	200	0.250
3.01～4.75	300	0.375

① 对于其他标距长度 L，应乘以系数 $L/2500$。

5）均匀并连续地施加负荷，直至延伸仪达到原标距长度的 1% 时为止。记录此时的拉力 P_1。

6）小心地卸下延伸仪和试件。

3. 试验结果和计算

1）伸长 1% 时的应力，由拉力 P_1 除以试件的实测截面积求得。

2）以不少于 3 个试件计算数据的算术平均值，作为试验结果。

3）试验结果以不小于 GB/T 3428—2012 的规定值为合格。

6.1.8　弹性模量测试

1. 试样制备

1）单线试件。试件总长约 300mm。用手工小心矫直。试件数应不少于 3 根。

2）绞线试件。试件的有效长度不小于 5m。试件数量不少于 3 根。试件的终端夹心可采用低熔点合金浇铸、环氧树脂浇铸或压接式的夹头。制作夹头前，单线应去油和清洗，并应保证在试件的有效长度内不松股和受损。

2. 试验方法

1）标距长度。单线不小于 100mm；绞线不小于 2000mm。

2）负荷范围。初负荷：标称拉断力的 10%；循环负荷：标称拉断力的 15%～45%。

3）将试件加载到 10% 的初负荷时，在标距长度的两端安装测量伸长的装置，精度不低于 0.01mm，并调整到零位。

4）将试件连续均匀地加载到 45% 标称拉断力。然后卸载到 15% 标称拉断力。每升高或降低约 2.5% 的拉断力时，记录一次相应负荷点下的伸长读数。

5）如第 4）项所述，连续作 5 个负荷循环，如图 1-6-8 所示。

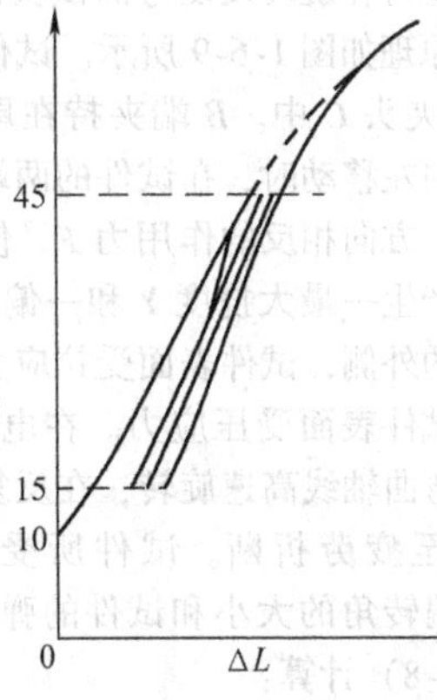

图 1-6-8　绞线拉伸曲线图

P_b—拉断力　ΔL—伸长

6）最后卸载到初负荷并卸下测量伸长的装置。可用此试件继续进行拉断力试验。

3. 试验结果及计算

1）用第 1 个负荷循环或 30% 额定拉断力（RTS）应力－应变的加载曲线的直线部分，计算试件的起始弹性模量。

2）用第 3、4 及 5 个负荷循环或 70% RTS 应力－应变卸载曲线的直线部分，计算试件的最终弹性模量，并取其算术平均值作为试验结果。

3）按式（1-6-6）计算弹性模量：

$$E = \frac{L}{A} \cdot \frac{n\Sigma L_i P_i - \Sigma \Delta L_i \Sigma P_i}{m\Sigma \Delta L_i^2 - (\Sigma \Delta L_i)^2} \quad (1\text{-}6\text{-}6)$$

式中 L——标距长度（mm）；

A——试件总截面积（mm^2）；

n——采值次数；

P_i——测试拉力（kN）；

ΔL_i——在 P_i 下相应的伸长（mm）。

4）组合绞线的弹性模量也可按式（1-6-7）近似计算：

$$E = \frac{E_s + 0.85KE_a}{1 + K} \quad (1\text{-}6\text{-}7)$$

式中 E_s——钢线的弹性模量（MPa）；

E_a——铝线的弹性模量（MPa）；

K——铝、钢截面比。

6.1.9 线材疲劳试验

当金属线材所受的应力超过某一极限值时，在长期的交变应力作用下，将发生疲劳断股。这一应力值被称为该线材的疲劳极限。架空导线在发生振动或舞动时，即处在交变应力作用之下。故架空导线采用新的线材或工艺条件有所改变时，应进行疲劳试验。

疲劳试验可在旋转反复弯曲试验机上进行。试验机的工作原理如图 1-6-9 所示。试件的 A 端夹持在电机 M 的夹头 C 中。B 端夹持在尾座球头线夹中。当尾座向左移动时，在试件的两端就产生了两个大小相等、方向相反的作用力 F，使试件在水平面内弯曲，产生一最大挠度 Y 和一偏转角 θ。在试件中心轴线的外侧，试件表面受拉应力。在试件轴线的内侧，试件表面受压应力。在电机的带动下，使试件按其弯曲轴线高速旋转，在反复弯曲应力的作用下，直至疲劳折断。试件所受的弯曲应力（MPa），与偏转角的大小和试件的弹性模量有关，可按式（1-6-8）计算：

$$\sigma_B = \frac{d\theta E}{357.7L} \quad (1\text{-}6\text{-}8)$$

式中 d——试件直径（mm）；

θ——偏转角（°）；

E——弹性模量（MPa）；

L——试件长度（mm）。

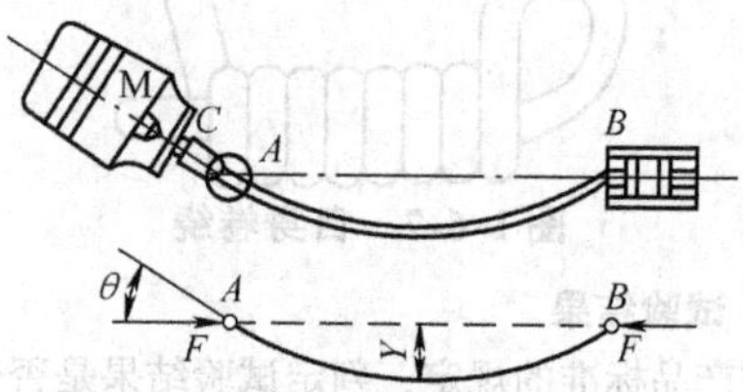

图 1-6-9 线材疲劳试验机原理图

一般钢线材反复弯曲疲劳极限相应的应力交变次数应不少于 1000 万次。有色金属线材应力交变次数应不少于 3000 万～5000 万次。直径 3.38mm 的硬铝线与铝镁合金（5005）线的疲劳极限对比试验的结果见表 1-6-4，其应力交变次数为 5000 万次。

表 1-6-4 几种导体线材疲劳极限

试样	疲劳极限/MPa		疲劳极限/抗拉强度（%）	
系列	硬铝线	铝镁合金（5005）	硬铝线	铝镁合金（5005）
A	62.1	96.6	32.0	37.4
B	72.4	96.6	37.3	37.4
C	46.9	75.8	24.2	29.4
平均	60.4	89.6	31.2	34.7

1. 试样制备

1）试件的表面应光洁无缺陷，尽量排除一切可变的因素，以减少试验的分散性。

2）试件的有效长度为本身直径的 150 倍。对于直径较大或材质较软的线材，有效长度可适当小一些。有效长度系指图 1-6-9 中 A、B 两点之间的试件长度。

3）试件应用手工小心校直，避免受伤，并在一端装上球头线夹备用。线夹的轴线应与试件轴线重合。

2. 试验方法

1）线材反复弯曲试验机，应能适应直径 1.20～5.50mm 的线材疲劳试验。

2）将试件不装球头线夹的一端夹入电机的钳口内。电机可在以钳口端面中心点 A 为中心的水平面内转动。调整试件的轴线应与电机的轴线相重合，测量 A、B 两点之间的有效长度应符合要求，

然后旋紧 A 端的钳口。

3）将试件 B 端的球头线夹插入尾座的滚珠式止推轴承内。推动尾座使试件弯曲，使其产生一个与计算的弯曲应力相应的偏转角 θ。设备的量角指示，应精确到 0.1°。

4）转动调速器，使电机缓缓起动，带动试件旋转，使其产生交变弯曲应力，到试件稳定运行时为止。电机有附加的计数器，可累计转动的次数。

5）当试件疲劳折断或发生意外故障时，设备应有自动停车装置。

3. 试验结果

1）将不同的反复弯曲应力与相应的应力交变次数绘成曲线。对于有色金属试件至少 3000 万次后不出现折断，这一反复弯曲应力称为该试件在此条件下的“疲劳极限”，其值应为不少于 5 个试件的平均值。

2）求出疲劳极限与抗拉强度之比的百分数。

6.1.10　硬度测量

铜、铝及其合金的硬度，采用布氏硬度进行测试。即用一钢球在负荷作用下，压入试件表面。持续 30s 后，测量压痕直径 d，然后按式（1-6-9）求出布氏硬度。压痕情况如图 1-6-10 所示。

1. 试样制备

1）从试样上截取长度约 100mm 的试件 1 个。

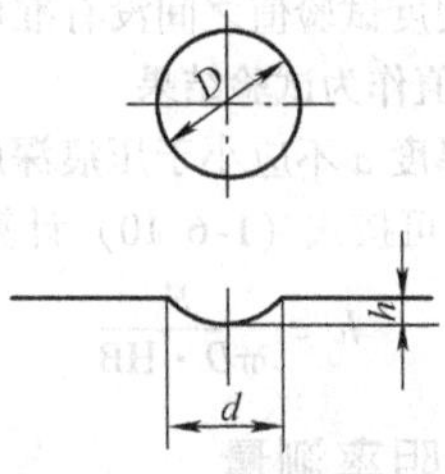

图 1-6-10　硬度试验

2）试件的表面应平整光洁。必要时应用金相砂纸抛光。

2. 试验方法

1）将试件放在载样平台上。试件的表面应与负荷作用力相垂直。偏斜度应不超过 0.2/100。

2）根据表 1-6-5 的规定，选定钢球直径 D 和试验负荷 F。钢球的硬度应不低于 850HV。钢球的允许偏差见表 1-6-5。

3）将选定钢球放在离试件边缘不小于 $2.5d$ 的合适位置，且两相邻压痕的中心距应不小于 $4d$。

4）每个试件应在中部和两侧三处各测量一次。

5）起动试验机，按表 1-6-5 规定的施加负荷时间，平稳地施加负荷。应避免冲击和振动。

6）达到规定试验负荷后，开始计时。到 30s 时，立即卸除负荷。

表 1-6-5　布氏硬度试验参数

试件厚度 a /mm	F/D^2 值	钢球直径		试验负荷 /kgf①	施加负荷时间 /s	负荷持续时间 /s
		D/mm	允许偏差/mm			
$a \leqslant 3$	10	2.5	±0.0035	62.5	1～2	30
$3 < a \leqslant 6$	10	5	±0.0040	250	2～4	30
$6 < a$	10	10	±0.0045	1000	5～7	30

① 因布氏硬度定义负荷应用 kgf，1kgf = 9.8N，下同。

7）从相互垂直的两个方向测量压痕直径。取两个测量值的算术平均值，作为测量的压痕直径。每次测量压痕直径的精度为试验用钢球直径的 ±0.25%。

3. 试验结果及计算

1）取三个试验点的硬度算术平均值，作为试验结果。试验点的硬度按式（1-6-9）计算：

$$\mathrm{HB} = \frac{2F}{\pi D(D - \sqrt{D^2 - d^2})} \quad (1\text{-}6\text{-}9)$$

式中　HB——布氏硬度（$\mathrm{kgf/mm^2}$）；

F——试验负荷（kgf）；

D——钢球直径（mm）；

d——实测平均压痕直径（mm）。

计算的结果在 100 及以上时取整数。小于 100 时，修正到一位小数。

2）试验结果的表示方法示例。如钢球直径为 5mm，负荷为 250kgf，负荷持续时间为 30s，测得平均压痕直径，代入式（1-6-9）后，计算结果为 100（$\mathrm{kgf/mm^2}$），则试验结果表示为 HB5/250/30 = 100。

4. 注意事项

1）当钢球使用后产生残余变形超过了允许偏差或破损后，应立即更换。每次换钢球后的第一次试验结果，不能采用。

2）铜及铜合金的布氏硬度试验值，随钢球的直径和试验负荷的大小不同略有变化。

3）各种硬度试验值之间没有准确的换算关系，不宜采用换算值作为试验结果。

4）试件厚度 a 不应小于压痕深度的10倍，压痕深度 h(mm)可按式（1-6-10）计算：

$$h = \frac{F}{\pi D \cdot \mathrm{HB}} \qquad (1\text{-}6\text{-}10)$$

6.1.11 电阻率测量

电阻率有体积电阻率和质量电阻率两种形式。体积电阻率为单位长度和单位截面积的导体电阻。其值由式（1-6-11）表示。

质量电阻率为单位长度和单位质量的导体电阻，其值由式（1-6-12）表示。

体积电阻率为

$$\rho_{20} = \frac{A_{20}}{l_{20}} \cdot R_{20} \qquad (1\text{-}6\text{-}11)$$

质量电阻率为

$$\delta_{20} = \frac{m}{L_{20}} \cdot \frac{R_{20}}{l_{20}} \qquad (1\text{-}6\text{-}12)$$

式中 A_{20}——标准温度20℃时的试件截面积；

l_{20}——温度20℃的试件标距长度；

R_{20}——温度20℃的试件电阻；

m——试件的质量；

L_{20}——温度20℃的试件总长。

电导率与电阻率成反比，用百分数表示。以国际退火铜的体积电阻率17.241nΩ·m，作为导电率100% IACS。其他导体的导电率（η）可按式（1-6-13）计算：

$$\eta = \frac{17.241}{\rho_{20}} \times 100\% \qquad (1\text{-}6\text{-}13)$$

式中 ρ_{20}——20℃时的体积电阻率。

1. 试件制备

1）试件的表面应光洁，截面要求均匀一致，没有接头。

2）沿试件的标距长度约等分5处，测量其横断截面积，取算术平均值，作为计算的依据。测量值的标准偏差应不超过±0.5%。例行试验允许不超过±2%。

3）标距长度应不小于0.3m，允许误差应不大于±0.1%。

2. 试验方法

1）采用双臂电桥测量电阻。试件电阻在10Ω及以下者应采用四点法。电阻大于10Ω者可采用两点法。

2）标准电阻及试件电阻均应处于15～25℃的条件下进行试验。由温度引起的总误差应不大于±0.25%。

3）电位接点之间标距长度上的电阻应不小于0.00001Ω。

4）尽量选择最小的测试电流，以免引起温升而增大误差。

5）标准电阻与试件之间的跨线电阻应明显地小于标准电阻及试件电阻。

6）电位接点应采用刀刃状夹具，相互平行，并垂直于试件轴线。

7）每组电位接点与相应的电位接点之间的距离，应不小于试件断面周长的1.5倍。

8）可采用电流换向法。取正向与反向读数的算术平均值。以消除接触电势和热电势引起的误差。

3. 试验结果及计算

将实测电阻按式（1-6-14），换算到标准温度20℃时的电阻。体积电阻率按式（1-6-11）计算。质量电阻率按式（1-6-12）计算。导电率按式（1-6-13）计算。

直流电阻为

$$R_{20} = \frac{R_t}{1 + \alpha_{20}(t - 20)} \qquad (1\text{-}6\text{-}14)$$

式中 R_{20}——温度20℃时的试件电阻（Ω）；

R_t——温度 t 时的电阻（Ω）；

α_{20}——温度20℃时的电阻温度系数（$℃^{-1}$）；

t——测试温度（℃）。

6.1.12 镀层连续性试验

金属的镀锡、镀银、镀镍层等的连续性试验。可采用多硫化钠法试验。若采用过硫酸铵法进行试验，同样有效。

1. 试样制备

1）由每批产品中，抽取8根试件。试件长度约为150mm。

2）将试件浸入苯、乙醚或三氯乙烯等的适当的有机溶剂中清洗至少3min。取出后用清洁的软布擦干。

3）将预处理后的试件放在清洁的盛器中待用。注意不要用手触摸浸过溶液的部分。

2. 试验方法

1）用蒸馏水稀释化学纯（C.P.）的盐酸。配制成在16℃时密度为1.088g/mL的盐酸溶液。

2）用于试验镀锡铜线的盐酸溶液（180mL），经过表1-6-6规定数量的试件浸渍2个周期后，即作失效处理。

表 1-6-6 浸渍镀锡铜线试件的极限根数

试件标称直径 d/mm	极限根数	试件标称直径 d/mm	极限根数
0.07～0.74	14	1.25～2.11	6
0.75～0.99	12	2.12～3.54	4
1.00～1.24	10	3.55～10.00	2

3）用于镀银铜线试验的盐酸溶液（180mL），若在 15s 内不能使浸过多硫化钠的银层褪色，应作失效处理。

4）将化学纯（C.P.）的硫化钠晶体溶解在蒸馏水中，使其在 20℃时达到饱和。再加入足量的硫黄（250g/L 以上），加热搅拌使之完全饱和。静置 24h 后过滤。制成多硫化钠的浓溶液。

5）用蒸馏水稀释多硫化钠浓溶液，使在 16℃时的密度为 1.142g/mL 待用。使用中的多硫化钠溶液，应能使裸铜线在 5s 内完全变黑，否则作失效处理。

6）在 250mL 的量筒内装入 180mL 的试验溶液。试验时的溶液温度应为 16～21℃。浸入溶液的试样长度应不小于 120mm。

7）试验程序 A（适用于镀锡铜线）：

a）将试件浸入盐酸试验溶液中 1min 后取出。用清水冲洗，并用清洁软布擦干。

b）立即将试件浸入多硫化钠试验溶液中 30s 后取出，并用清洁软布擦干。

c）完成上述两条规定程序后为一个浸渍周期。完成产品标准中规定的浸渍周期后，用目力检查每个试件浸渍部分镀层表面的变化情况。

8）试验程序 B（适用于镀银铜线）：

a）将试件浸入多硫化钠试验溶液中 30s 后取出。用清水冲洗并擦干。

b）立即将试件浸入盐酸试验溶液中 15s 后取出。用清水冲洗并擦干。

c）完成上述两条规定程序后为一个浸渍周期。完成产品标准中规定的浸渍周期后，用目力检查每个试件浸渍部分镀层表面的变化情况。

9）试验程序 C（适用于镀镍铜线）：

a）将试样浸入多硫化钠试验溶液中 30s 后取出。用清水冲洗并擦干。

b）完成上条规定程序后为一个浸渍周期。完成产品标准中规定的浸渍周期后，用目力检查每个试件浸渍部分镀层表面的变化情况。

3. 试验结果及计算

1）试件浸渍部分的镀层表面应不变黑。但在试件切割端 12mm 内的变黑，不作考核。

2）8 个试件全部合格，则该批产品的镀层连续性判为合格。如有 2 个以上的试件不合格时，则该批产品镀层连续性判为不合格。如果有 2 个及以下的试件不合格时，应从该批的其余包装件中再随机抽取 8 个试件重新试验，第二次试验的全部试件均应符合要求。

6.1.13 镀层附着性试验

本试验方法适用于检查电线电缆导体的金属镀层的附着性。

1. 试样制备

1）从每批产品中抽取 8 根试件，试件长度约为 300mm。

2）将试件浸入苯、乙醚或三氯乙烯等的适当有机溶剂中清洗至少 3min。取出后用清洁软布擦干。

3）将预处理后的试件放在清洁的盛器中待用。注意手不要触摸浸过溶液的部分。

2. 试验方法

1）多硫化钠溶液的制备与上节镀层连续性试验所用多硫化钠溶液的制备完全相同。

2）在 250mL 的量筒内装入 180mL 的试验溶液。试验时的溶液温度应为 16～21℃。

3）按试件直径根据产品标准的规定选取卷绕用的试棒。

4）按表 1-6-7 的规定，用手缓慢而均匀地将试件螺旋形地卷绕在试棒上。相邻匝间的距离约等于试件的直径。卷绕时应注意不得拉伸试件。

表 1-6-7 标称直径和卷绕匝数

标称直径 d/mm	卷绕匝数
0.50 及以下	6
0.50 以上	3

5）从试棒上取下试件，把卷绕部分完全浸入多硫化钠溶液中，历时 30s。

6）将试件从多硫化钠溶液中取出，立即用清水冲洗。然后甩掉表面的水滴。

7）按表 1-6-8 的规定，检查试件螺旋卷绕部分的外周表面。

表 1-6-8　检查方法

镀层类别	标称直径 d/mm	检查方法
镀锡层	0.50 及以下	用不超过 3 倍的放大镜
	0.50 以上	目力
镀镍层	所有规格	用不超过 7 倍的放大镜

3. 试验结果及计算

1）试件螺旋卷绕部分的外周表面应不变黑，镀层应无裂纹。

2）若 8 个试件全部合格，则该批产品的镀层附着性判为合格。如有 3 个及以上的试件不合格，则该批产品应逐件检查。如果有 2 个及以下试件不合格时，应从该批试件中再随机抽取 8 个试件重新试验。若第二次试验仍有不合格试件时，则应逐件检查。

6.1.14　铝包钢线铝层厚度试验

1. 试样制备

1）从样品上截取不小于 100mm 平直的试样。

2）试样一端做磨平处理。

3）将试样垂直镶嵌在树脂浇筑体中，试样磨平一端朝下放置到浇注体底部。

4）将树脂浇筑体底部磨平，并在金相抛光设备上做抛光处理。

2. 试验方法

1）将处理好的试件置于放大倍数为 100 倍的显微镜下测量铝层厚度。

2）铝层厚度测量应读取小数点后三位小数，然后修约至小数点后两位。

3. 试验结果和计算

1）平均铝层厚度应读取铝包钢线同一截面上相互垂直的四个位置的读数取平均值。

2）最小铝层厚度应选取铝层最薄点的读数作为测量结果。

6.1.15　铜包铝母线铜层厚度试验

1. 试样制备

1）从试样上截取一小段平直试样。

2）将两端磨平。

2. 试验方法

1）将处理好的试件置于放大倍数为 100 倍的显微镜下进行测量，测量位置如图 1-6-11 所示。

2）从四个不同方向分别测量窄边和宽边铜层厚度，每个方向至少测量三次。

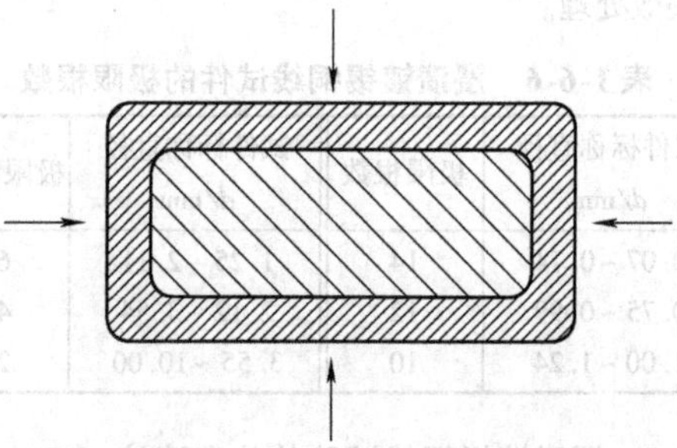

图 1-6-11　铜层厚度测量方法

3. 试验结果和计算

1）取窄边和宽边的测量最小值分别作为铜包铝母线窄边和宽边方向的最薄处铜层厚度值。

2）根据宽边方向的测量值计算宽边平均铜层厚度。

6.1.16　碳－玻璃纤维复合芯棒特殊试验

1. 抗拉强度试验

（1）试样制备　取合适长度试样，试样有效拉伸长度应不小于 70*D*，两端做好专用夹持端头；处理好的端头能牢固地固定在试验设备上，确保在轴向拉伸试验中试样不滑落。

（2）试验方法

1）保证试样的纵轴线与拉伸的中线重合。

2）拉伸速度应取为 1～6mm/min，仲裁试验拉伸速度应取为 2mm/min。

3）每批次至少测试 5 组试样。

（3）试验结果和计算　复合芯棒的抗拉强度应符合表 1-6-9 的规定。

表 1-6-9　复合芯棒的抗拉强度

等级	最小抗拉强度/MPa
1	2100
2	2400

2. 卷绕试验

（1）试样制备　取长度不少于 200*D* 的复合芯棒试样。

（2）试验方法

1）选择 55*D* 的卷盘。

2）将试样端头固定在设备卷盘的专用卡具中，如图 1-6-12 所示。

3）以不大于 3 r/min 的卷绕速度卷绕 1 圈，保持 2min；

4）每批次至少测试 3 组试样。

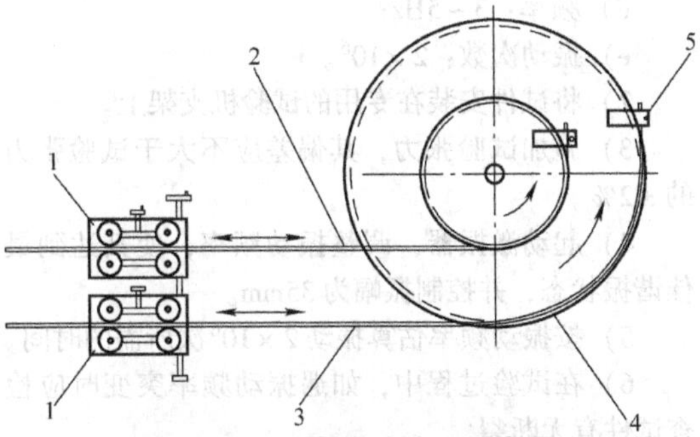

图 1-6-12 卷绕试验机示意图

1—复合芯棒双向牵引装置 2—ϕ5.00mm 复合芯棒试样 3—ϕ11.00mm 复合芯棒试样 4—卷绕盘 5—复合芯棒固定装置

(3) 试验结果和计算 复合芯棒应不开裂、不断裂。

3. 扭转试验

(1) 试样制备 截取经卷绕试验的 170D 长度复合芯棒；一端固定在试验设备旋转夹头中，另一端固定在试验设备定位夹头中。

(2) 试验方法 定位夹头加载 40kg 砝码；试样以不大于 2r/min 的扭转速度在导轮上完成 360°的扭转，保持 2min，再将复合芯棒展直；观察表面开裂情况，如未见开裂着进行下阶段测试内容；测试试样的抗拉强度；每批次至少测试 3 组试样。试验原理如图 1-6-13 所示。

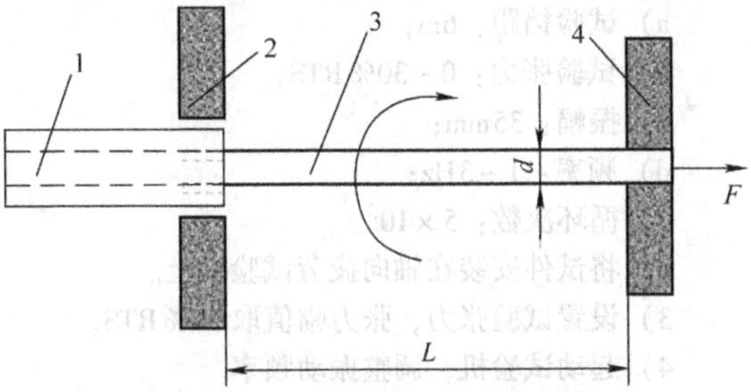

图 1-6-13 扭转试验原理示意图

1—电机轴 2—旋转夹头 3—复合芯棒试样 4—定位夹头 d—试样的标称直径 L—标距长度 F—负荷

(3) 试验结果和计算 扭转后复合芯棒的抗拉强度应符合表 1-6-10 的规定。

表 1-6-10 扭转后复合芯棒的抗拉强度

等级	最小抗拉强度/MPa
1	2100
2	2400

4. 径向耐压试验

(1) 试样制备 截取长度不小于 100mm 的复合芯棒。

(2) 试验方法 选取直径为 100mm 的平板压盘，并按照要求安装在材料试验机上；将试样置放于压盘的中心位置，并保证试样长度中心点与压盘中心对齐；设定速度为 1~2mm/min 加载速度平稳加载直至破坏，其他试验条件应符合 GB/T 1446—2005 的规定，记录最大压力值并目测试样端部开裂情况。每批次至少测试 5 组试样。

(3) 试验结果和计算 每组的复合芯棒均应承受不小于 30kN 的压力，其端部应不开裂和脱皮。

5. 玻璃化转变温度 DMA Tg 试验

(1) 试样制备 截取长度为 60mm ± 2mm 的外观良好的复合芯棒；将试样两端打磨平整；将试样打磨成需要的尺寸，推荐尺寸为 2mm × D × 60mm。

(2) 试验方法 测量制备后的试样尺寸，精度控制在 1% 以内；调整设备参数，频率为 1Hz，温升为 5K/min；选择三点弯曲夹具，并将试样安装在夹具中；启动设备检测。

(3) 试验结果和计算 按 GB/T 22567—2008 附录 A 规定的方法计算 DMA Tg，即选择存储模量曲线为计算依据。

复合芯棒玻璃化转变温度 DMA Tg 应符合表 1-6-11的规定。

表 1-6-11 复合芯棒的玻璃化转变温度 DMA Tg

级别	玻璃化转变温度 DMA Tg/℃ （不小于）
A	150
B	190

6. 耐荧光紫外老化试验

(1) 试样制备 采用电锯截取长度约为 300mm 的外观良好复合芯棒；将试样两端打磨平整。

(2) 试验方法 将试样安装在设备挂点上；选择紫外波长为 340nm、强度为 0.76W/(m^2 · nm)对应的灯管，并安装在设备中；设定暴露方式 1，每循环辐照暴露时间为 4h，试验时间为 1008h；启动设备开始测试。（说明：暴露方式是指 GB/T 16422.3—1997《塑料实验室光源暴露试验方法 第3 部分：荧光紫外灯》7.2 中所描述的暴露方式。）

(3) 试验结果和计算 复合芯棒暴露 1008h 后，其表面应不发黏，无纤维裸露、裂纹或龟裂现象。

7. 盐雾试验

(1) 试样制备 采用电锯截取长度约为300mm的外观良好的复合芯棒6组；将样品放置在100℃的烘箱内1h，取出后自然冷却至室温。

(2) 试验方法 将做完预处理的芯棒称重并记录，称量设备精度要求不低于0.01mg；称量后的样品端头用蜡或硅胶进行封堵；将封堵后的样品悬挂于盐雾试验箱内；采用蒸馏水和分析纯NaCl配置浓度为5%的NaCl溶液，pH控制在6.5~7.2之间，装入盐雾试验箱喷淋装置的容器内；设定试验温度为35℃±2℃，时间为240h；启动设备开始测试；试验完毕后取出6组试样，清理干净端头封堵材料；将试样放置在100℃的烘箱内1h，取出后自然冷却至室温；对样品进行称量并记录。

(3) 试验结果和计算 表面不应出现腐蚀产物和缺陷；计算复合芯棒的失重率。

6.2 型线及型材性能检测与试验

6.2.1 接触线

1. 振动试验

(1) 试样制备

1) 取试件长度为6m，试件数量应不少于3根。

2) 试件的两端采用合适的加持方式保证试验过程中不打滑。在制作夹头、搬运和安装试件过程中，应保证试件不受损伤。

(2) 试验方法

1) 试验条件：

a) 试验档距：6m；

b) 试验张力：规定的张力条件，如下所示：

8.4kN适用的接触线型号为CT85、CTA85、CTAH85；

10kN适用的接触线型号为CT110、CT120、CTA110、CTAH110；

15kN适用的接触线型号为CT150、CTA120、CTAH120、CTM110、CTMH110、CTSH110；

20kN适用的接触线型号为CTA150、CTAH150、CTM120、CTM150、CTMH120、CTS120、CTS150；

25kN适用的接触线型号为CTAH150。

试验时应考虑接触网张力的增量系数：对于8.4kN、10kN、15kN为1.10，对于20kN、25kN为1.05。

c) 振幅：35mm；

d) 频率：3~5Hz；

e) 振动次数：2×10^6。

2) 将试件安装在专用的试验机支架上。

3) 施加试验张力，其偏差应不大于试验张力的±2%。

4) 起动激振器，调整振动频率，使其达到最佳谐振状态，并控制振幅为35mm。

5) 按振动频率估算振动2×10^6次所需的时间。

6) 在试验过程中，如遇振动频率突变时应检查试件有无断裂。

(3) 试验结果

1) 未振满2×10^6次而发现断裂应判为不合格。

2) 振满2×10^6次后未发现断裂，应判为振动试验合格。

3) 如3根试件中有1根不合格者，应另取2根试件进行试验，如补做的两根均合格，则认为该批振动试验合格。若仍有一根不合格时，则认为该批产品的振动试验不合格。

2. 轴向疲劳试验

(1) 试样制备

1) 取试件长度为6m，试件数量1根。

2) 试件的两端采用合适的夹持方式保证试验过程中不打滑。在制作夹头、搬运和安装试件过程中，应保证试件不受损伤。

(2) 试验方法

1) 试验条件：

a) 试验档距：6m；

b) 试验张力：0~30%RTS；

c) 振幅：35mm；

d) 频率：1~3Hz；

e) 循环次数：5×10^5。

2) 将试件安装在轴向疲劳试验机上。

3) 设置试验张力，张力幅值取30%RTS。

4) 起动试验机，调整振动频率。

5) 经5×10^5次张力循环后停止试验。

6) 取经过5×10^5次轴向疲劳的试样，截取三个标准试验进行拉断力试验。

(3) 试验结果

1) 三个标准试样的拉断力试验结果均不小于95%RTS，应判为轴向疲劳试验合格。

2) 三个标准试样中的任一拉断力试验结果小于95%RTS，应判为轴向疲劳试验不合格。

6.2.2 母线排平直度试验

1. 试样制备

1) 从试样上截取1.00m长试样。

2）取样过程中应保持试样平直不发生弯曲。

2. 试验方法

1）将 1.00m 长的试样宽边被测面置于基准平板上。

2）用塞尺直接测量被测面和基准平面间最大间隙距离。

3. 试验结果和计算 1.00m 试样宽边平直度测量结果应不大于 5.0mm。

6.3 架空导（地）线常规试验

6.3.1 各层节径比测量

1. 试样制备

1）在绞线机与收线牵引轮之间的导线上直接测量或从外观检查合格的试样上截去至少 1m 的长度。

2）截取的试样两端应扎牢，防止试件松散。

2. 试验方法

1）直接法：将绞线试样平放并拉直，用钢皮直尺沿试样轴向紧靠在试样上，测量（$n+1$）股的距离。n 为该层的股数。

2）纸带法：在平放拉直的试样上，用薄纸带沿试样轴向紧贴在试样表面，用铅笔或其他适当的方法复制出该层股线的绞合条纹，然后用钢皮尺测量（$n+1$）股的距离。

3）平均法：用钢皮尺平行于试样轴线测量 10、20 或 50 个节距的长度 L，按 $l=L/n$ 求得节距平均值。n 为被测节距的个数。

6.3.2 拉断力试验

1. 试样制备

1）从外观检查合格的试样上截去至少 1m 的长度，然后按所需长度截取不少于 3 根试件。

2）有效长度：试样有效长度应不小于样品外径的 400 倍或不小于 10m；试件的总长等于有效长度加必要的夹持长度。

3）试件的两端应在有效长度标志线以外扎牢，防止试件松散。对应力转移型导线应制作专用端头夹紧以防止钢芯应力变化。然后将端部线股拆散，并将每股单线弯折。清洗后用低熔点合金或树脂浇铸成锥体夹头，也可用压接法制作夹头，要避免夹头偏心。

2. 试验方法

1）将试件的夹头夹持在试验机的钳口内。试件的轴线应与钳口的中心线重合。

2）试验时钳口的移动速度应不大于 100mm/min。加载应平稳无冲击。

3）连续均匀加载到 30% 的标称拉断力的时间约为 1～2min，然后按此速率直至拉断。记录最大负荷，取 3 位有效数。也可利用应力－应变试验后的试件，继续加载直至拉断，同样有效。

4）拉断后断口应发生在钳口之外。若断口发生在钳口之内，且最大负荷小于 90% 的标称值时，应另取试件重新进行试验。

3. 高温拉断力试验

（1）试样制备

1）从外观检查合格的试样上按所需长度截取不少于 3 根试件。

2）有效长度：试样有效长度应不小于样品外径的 400 倍或不小于 10m；试件的总长等于有效长度加必要的夹持长度。

3）试件的两端应在有效长度标志线以外扎牢，防止试件松散。然后将端部线股拆散，并将每股单线弯折。清洗后用树脂浇铸成锥体夹头，也可用压接法制作夹头，要避免夹头偏心。

（2）试验方法

1）将试件的夹头夹持在试验机的钳口内。试件的轴线应与钳口的中心线重合。

2）采用通电加热的方式将样品加热至指定温度，除特殊要求外，试验温度应为产品长期最高允许运行温度。

3）通电加热到指定温度后开始保温并计时，除特殊要求外，保温时间为 1h。

4）保温结束后，设定试验时钳口的移动速度应不大于 100mm/min。加载应平稳无冲击。

5）连续均匀加载到 30% 的标称拉断力的时间约为 1～2min，然后按此速率直至拉断。记录最大负荷，取 3 位有效数。也可利用应力－应变试验后的试件，继续加载直至拉断，同样有效。

6）拉断后断口应发生在钳口之外。若断口发生在钳口之内，且最大负荷小于 90% 的标称值时，应另取试件重新进行试验。

4. 试验结果及计算

取不少于 3 个试件拉断力的算术平均值，作为试验结果。

6.3.3 应力－应变试验

应力－应变试验主要用于测定电力架空线在受力条件下的伸长变形情况。

1. 试样制备

1）试件的长度应不小于400倍的导线直径，但不小于10m。

2）取样前应在离端部5m±1m处安装一螺栓轧头（抱箍），应施加足够的压力以防线股相对移动。

3）将试样从线盘上小心地退绕出来，从第1个轧头起量取需要的长度，然后安装另一个螺栓轧头，留出足够的制备夹头的长度，然后切断。

4）在移动和制备夹头的过程中应防止损伤试件。试件的弯曲直径应不小于试件直径的50倍。

5）试件的终端夹头可采用压接式或环氧树脂浇铸夹头。制作夹头前，单线应去油和清洗，并应保证在试件的有效长度内不松股和受损。

2. 试验方法

1）将试件安装在试验机的一特制槽内。将槽的高度调整到试件在张力作用下，试件离槽底的距离不超过10mm。

2）试验时应记录环境温度，其波动应不超过±2℃。

3）将试件施加2%的拉断力作为初负荷，把试件拉直。

4）在两夹头间确定一标距长度。在标距长度的两端安装附有测量伸长的夹具。此装置应与导线垂直，并调整到零点。

5）连续均匀加载，每升降约2.5%的标称拉断力（修约成kN整数），记录一次相应拉力下的伸长读数。

6）用1~2min的时间，将试件加载到30%的拉断力，保持0.5h，并在5min、10min、15min及30min时，各记录伸长读数一次。然后卸载到初负荷，并记录相应负荷点下的伸长读数。

7）再加载到50%的标称拉断力，保持1h，并在5min、10min、15min、30min、45min及60min时，各记录伸长读数一次，然后卸载到初负荷，并记录相应负荷点下的伸长读数。

8）再加载到70%的标称拉断力，保持1h，并在5min、10min、15min、30min、45min及60min时，各记录伸长读数一次，然后卸载到初负荷，并记录相应负荷点下的伸长读数。

9）再加载到85%的标称拉断力，保持1h，并在5min、10min、15min、30min、45min及60min时，各记录伸长读数一次，然后卸载到初负荷，并记录相应负荷点下的伸长读数。

10）再均匀加载并记录相应的伸长读数到90%拉断力，然后保持同样的拉伸速率直至导线发生断股时为止，并记录此时的最大负荷和伸长读数。

11）对于铝及铝合金绞线只试验到70%拉断力的伸长。

12）对于组合绞线钢芯的应力－应变试验，与导线试验的程序相同。但是其负荷循环，只加载到相应导线的30%、50%、70%及85%拉断力时所对应的伸长作为其变形量。

3. 试验结果及计算

1）将30%、50%、70%及85%拉断力的负荷循环的各负荷点的拉力计算成相应的应力（即拉力P_i/总截面A)，作为纵坐标。

2）将各负荷点相应的伸长读数计算成应变值（即伸长ΔL_i/标距长度L_0）和保持0.5h及1h的应变值作为横坐标。

3）将各应力值和应变值，通过坐标位移的换算使曲线通过零点，即可得到试验的应力－应变曲线。

金属材料在弹性极限内，应力与应变的大小成正比。其比例常数即为弹性模量（σ/ε），为架空输电线路计算导、地线受力状态的一个重要参数。

典型的导线应力-应变曲线如图1-6-14所示。

6.3.4 线膨胀系数测量

单位长度的金属导体每升高1℃时的长度变化值，称为该导体的线膨胀系数，是架空输电线路设计中，计算导线伸长和受力状态的一个重要参数。

导线受热后的长度增量，可按式（1-6-15）计算：

$$\Delta L = \alpha(\Delta t) \cdot L \qquad (1\text{-}6\text{-}15)$$

式中 α——线膨胀系数（1/℃）；

Δt——温升（℃）；

L——导线长度（m）。

1. 试样制备

1）试件的有效长度应不小于5m。标距长度应不小于2m。试件数量不少于3根。

2）试件的终端夹头，可采用环氧树脂浇铸或压接式的夹头。制作夹头前，单线应去油和清洗，并应保证在标距长度内不松股和受损。

2. 试验方法

1）将试件预先在拉力试验机上，在负荷为15%~40%拉断力的范围内进行加载及卸载三个负荷循环，以消除导线初伸长的影响，使测量更接近实际并提高线膨胀系数的测试精度。

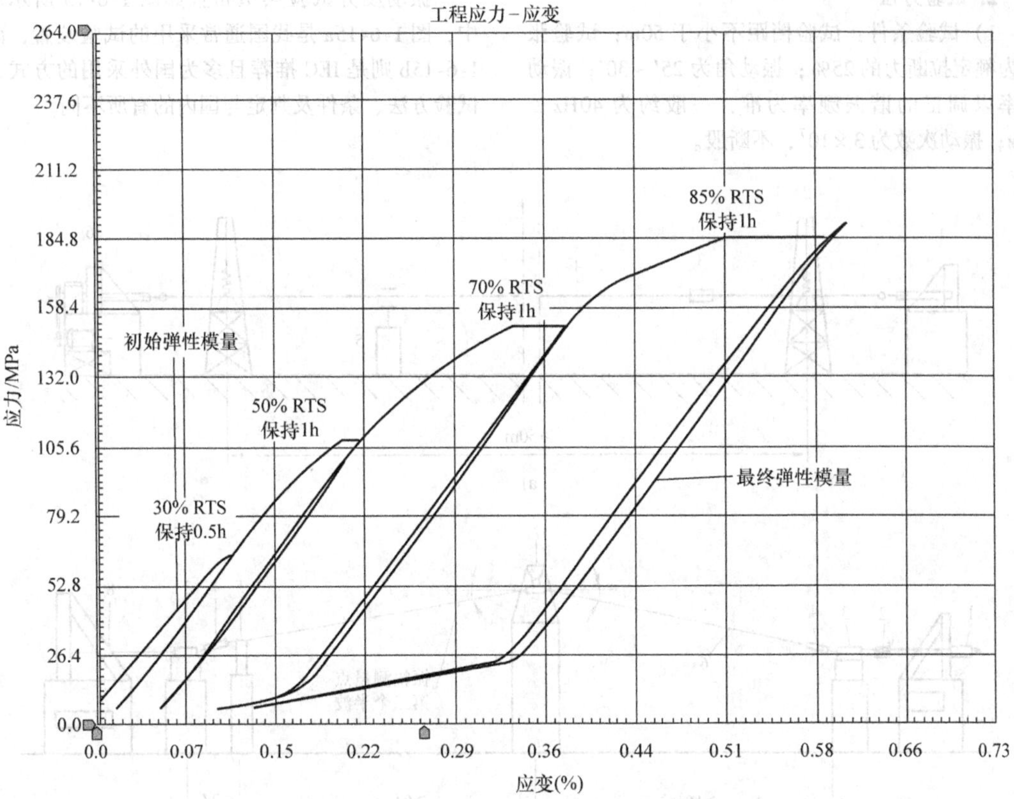

图 1-6-14　典型导线应力-应变曲线

2）将试件夹持在有保温装置的专用试验机中。试件的中心线应与设备施加张力的夹具中心线相重合。然后施加拉断力 2% 的负荷，将试件拉直。

3）在标距长度的两端安装精度不低于 0.01mm 的测量伸长的装置，并在标距长度内至少安装三个测量导线温度的热电偶。

4）将试件通电加热，每升高 10℃，保温时间不少于 15min。待热伸长稳定不变后，记录试件温度下的热伸长。直至将试验温度加热到导线的最高允许使用温度时为止。

3. 试验结果及计算

1）用测试的数据作出温度-伸长曲线。曲线的直线部分的斜率，即为所求线膨胀系数。可按式（1-6-16）计算：

$$\alpha = \left(\frac{\Delta L}{L \cdot \Delta t} \times 10^6 + C\right) \times 10^{-6} \qquad (1\text{-}6\text{-}16)$$

式中　L——标距长度（mm）；

Δt——温度增长（℃）；

ΔL——温度增长 Δt 时的热伸长（mm）；

C——设备校正系数。

2）为精确起见，也可用试验数据按线性回归系数方程计算热膨胀系数，见式（1-6-17）：

$$\alpha = \frac{1}{L} \cdot \frac{n\Sigma t_i l_i - \Sigma t_i \cdot \Sigma l_i}{n\Sigma t_i^2 - (\Sigma t_i)^2} + C \qquad (1\text{-}6\text{-}17)$$

式中　L——标距长度（mm）；

t_i——试件温度（℃）；

l_i——t_i 温度下相应的伸长（mm）；

n——采值次数；

C——设备校正系数。

3）以三根试件线膨胀系数计算值的算术平均值作为线膨胀系数的测试结果。

6.3.5　振动疲劳试验

1. 试样制备

1）试件的有效长度应不小于 50m，试件数量应不少于三根。

2）试件的两端可采用低熔点合金浇铸、环氧树脂浇铸或压接式的夹头。在制作夹头、搬运和安装试件过程中，应保证试件不受损伤。

2. 试验方法

1）试验条件：试验档距不小于 50m；试验张力为额定拉断力的 25%；振动角为 25′～30′；振动频率以调正的谐振频率为准，一般约为 40Hz ± 5Hz；振动次数为 3×10^7，不断股。

振动疲劳试验典型布置如图 1-6-15 所示。其中，图 1-6-15a 是我国通常采用的试验装置，而图 1-6-15b 则是 IEC 推荐且多为国外采用的方式，但试验方法、条件及判定与国内的有所不同。

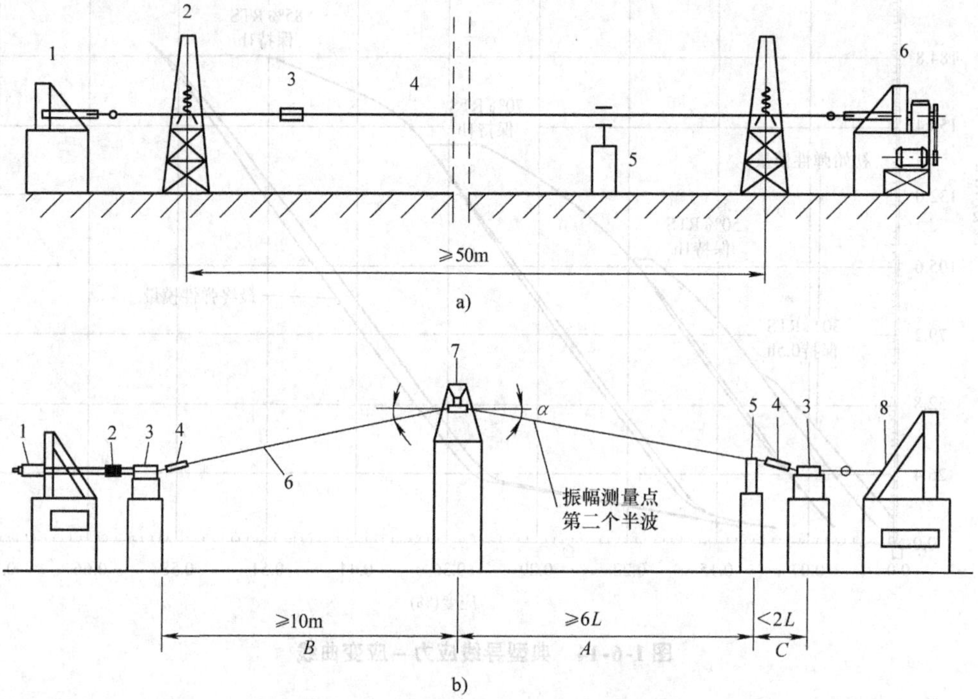

图 1-6-15　微风振动试验装置示意图

a）国内通常采用的微风振动试验装置示意图

1—固定装置　2—试验塔架　3—振幅测量仪　4—被测绞线试样　5—激振器　6—加载装置

b）国外通常采用的微风振动试验装置示意图

1—张力加载系统　2—张力传感器　3—固定线夹　4—绞线端头连接件

5—合适的激振器　6—被测绞线　7—悬垂线夹　8—耐张构架　L—半波长

2）将试件用悬垂线夹悬挂在专用的试验机支架上。档距不小于 50m。

3）施加试验张力，其偏差应不大于试验张力的 ±2%。

4）起动电磁激振器，调整振动频率，使其达到最佳谐振状态。

5）按最佳谐振状态下的频率、波长和要求的振动角，根据式（1-3-33）求出双振幅 A_0。

6）停机。将可以观测振幅的振幅板安装在线夹外第一个波峰上。

7）再起动激振器，调节输出功率，使双振幅达到按振动角要求的数值。

8）按振动频率估算振动 3×10^7 次所需的时间。

9）在试验过程中，如遇振动频率突变时应检查试件有无断股。

3. 试验结果及其判定

1）未振满 3×10^7 次而发现断股者，应判为不合格。

2）振满 3×10^7 次后未发现断股者，应判为振动试验合格。

3）如三根试件中有一根不合格者，应另取两根试件进行试验，如补做的两根均合格，则认为该批产品的振动试验合格。若仍有一根不合格时，则认为该批产品的振动试验不合格。

6.3.6 蠕变试验

金属在温度、外力和自重的作用下，随着时间的推移，将缓慢地产生不能复原的永久变形，由此产生的伸长称为蠕变。蠕变伸长与金属的材质、加工方式、所受应力和温度等因素有关。架空导线在风压、冰载、气温变化和张力及自重等情况下长期使用，也必将产生蠕变伸长，使弧垂增大。有可能导致对地距离不足，造成送电事故。因此研究、试验架空导线的蠕变特性，以便合理地设计电力线路的杆塔高度和档距，避免各种送电事故是非常必要的。

架空导线的蠕变伸长与导线的材质、结构、架线方式、初期的预应力大小、架线后的应力、负荷情况和线路的气象条件等因素有关。试验室的蠕变试验条件，应尽量满足工程使用要求。蠕变试验的结果应有一定的重复性和可比性。

架空导线的蠕变过程，大致分三个阶段。第一阶段蠕变伸长很快，大约只有几小时，称为起始蠕变阶段。第二阶段蠕变速率渐趋稳定，并达到一个稳定值，称为稳定蠕变阶段。第三阶段蠕变伸长又迅速增大直至断裂，称为快速蠕变阶段。由此获得的导线蠕变伸长特性，提供给线路设计，采用降温法修正导线在长期运行下的弧垂特性曲线。

1. 试样制备

1）采用正常工艺生产的无缺陷样品。

2）试样的标距长度，最小为 1.5m，最大为 15m。标距两侧离固定夹具的长度，应不小于 2m。

3）试件的终端宜采用环氧树脂浇铸，也可采用其他机械连接的紧固金具，但均应具有 90% 以上拉断力的握力。

4）在制作终端或移动试件时，应扎紧端头，防止松动或层间滑动。

2. 试验方法

架空导线蠕变试验系统布置，如图 1-6-16 所示。

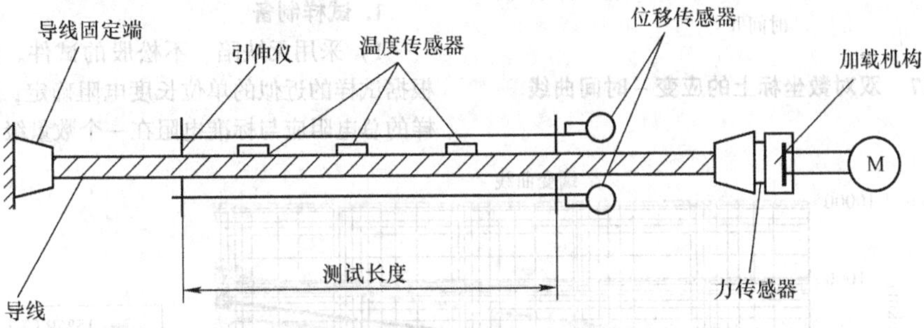

(常用试验条件：试验温度：20℃，或导线长期允许运行温度，如150℃；
试验张力：15%RTS、25%RTS、35%RTS或40%RTS；
试验周期：不小于1000h。)

图 1-6-16 导线蠕变试验系统布置示意图

1）蠕变试验机可以是立式的或卧式的。卧式的试验机应具有支撑试件保持水平的设施。

2）在试件标距长度内的外层与邻外层股线间，嵌入细的热电偶，均匀分布至少 3 只。对于长标距的试件，至少每隔 3m 嵌入一只。

3）试验张力一般为额定拉断力的 25%～40%，视试验要求而定。加载方式有两种：①在 30s 内加完满载；②在 5min ±10s 内恒速加完满载。

4）试验周期可定为 1000h 或 2000h。

5）试件温度和环境温度视试验要求而定。室温蠕变温度偏差均应控制在 ±1.0℃以内。高温蠕变温度偏差均应控制在 ±2.5℃以内。

6）蠕变伸长的测量装置，应能测出 2mm/km 的应变。引伸计应包含一个基准杆，以补偿试件扭曲或热膨胀的影响。

7）在作高温蠕变试验时，用交流低压大电流加热试件，可附加热保护罩。但不能阻塞试件轴向的空气自由流动，以保持试件中热的径向梯度。

8）在加载到 75% 载荷时，可调整引伸仪的零位。当加载到 100% 载荷时，开始测长记录。

9）测长记录的时间顺序为 1min、2min、3min、4min、5min、10min、15min、30min，然后为 1h、2h、3h、4h、5h、6h、7h、24h、40h、80h、150h、300h、600h、1000h、1500h、2000h。可根据需要在上述时间中适当增加记录次数。

10）温度记录与测长记录同时进行。

3. 试验结果

1）读取蠕变伸长时的温度与规定温度有偏差

时，应将伸长读数用热膨胀系数加以校正。

2）在直角坐标纸上绘出最初 10min 的应变－时间曲线、确定前 6min 的应变值。然后从所有的应变值中减去前 6min 的应变值。以便使快速加载和慢速加载得到的试验结果相一致。

3）将修正后的数据在双对数坐标纸上绘出最佳应变－时间图形，如图 1-6-17 所示。确定出从试验开始到建立直线定律为止的时间 t_s。对超过直线值 2% 或大于 20mm/km 的应变点应在分析中剔除。

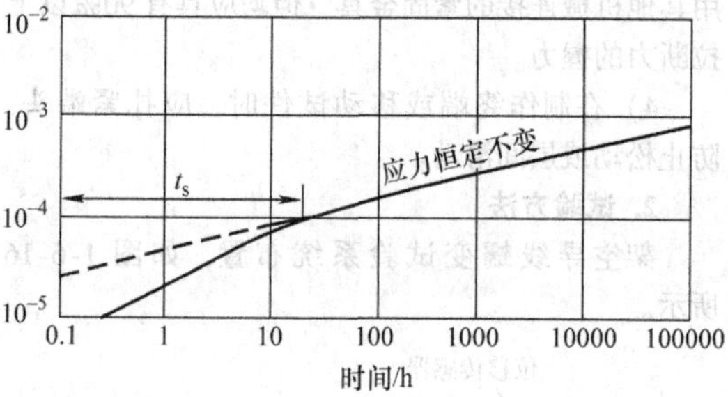

图 1-6-17　双对数坐标上的应变－时间曲线

4）剔除上述试验疑点后，对超过 t_s 的试验值用回归方程进行处理。

5）试验温度按记录温度的算术平均值计算。

6）蠕变伸长是关系到材质、温度、应力和时间的函数。按试验的应变－时间曲线，用数学方程表达，称为蠕变方程式，如式（1-6-18）所示。

$$\varepsilon_t = \alpha t^{\mu} \qquad (1\text{-}6\text{-}18)$$

式中 ε_t——t（h）的蠕变伸长（mm/km）；

t——蠕变时间（h）；

α——随材质、温度、应力而定的系数；

μ——由试验确定的系数。

4. 典型结构钢芯铝绞线蠕变特性曲线图

对于架空绞线，多数情况下为钢铝绞合型试件，以钢芯铝绞线为代表，在图 1-6-18 中给出在对数坐标中典型结构钢芯铝绞线在 15%、25% 及 40% RTS 试验载荷下（扣除初伸长变形）的蠕变特性曲线。

6.3.7　直流电阻测量

1. 试样制备

1）采用无缺陷、不松股的试件。试样长度可根据试样的近似的单位长度电阻确定，要求被测试样的总电阻应与标准电阻在一个数量级上。

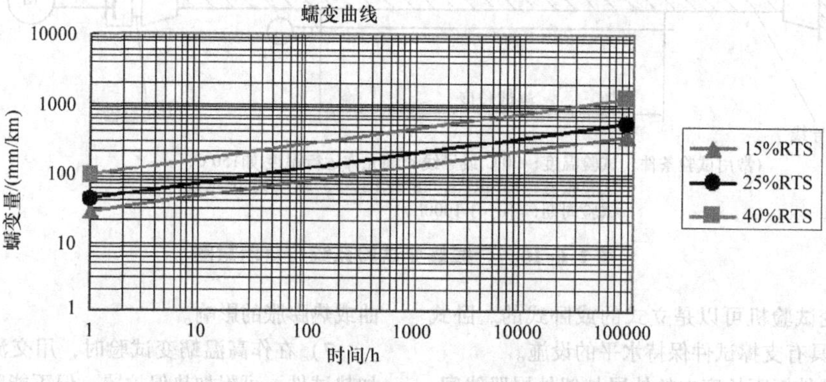

图 1-6-18　典型结构钢芯铝绞线蠕变特性曲线图

2）试件两端应浇注低熔点合金或者采用线鼻子压接，以便通电引流。为降低接触电阻可在压接前涂抹导电油脂。

2. 试验方法

1）试验应在恒温室中进行，室温控制在 15～25℃之间，尽可能接近 20℃，测试过程中控制温度偏差在 ±1℃以内。

2）试验开始前，试样应在恒温环境中放置足够的时间（如 24h），以保证试样温度与室温一致。

3）采用双臂电桥测量电阻。

4）在保证检流计灵敏度的前提下尽量选择最小的测试电流，以免引起温升而增大误差。一般而言，电流密度一般可选择约 0.1A/mm²。

5）标准电阻与试件之间的跨线电阻应明显地小于标准电阻及试件电阻。

6）电位接点应采用刀刃状夹具，相互平行，并垂直于试件轴线。

7）每组电位接点与相应的电位接点之间的距离，应不小于试件断面周长的 1.5 倍。

8）可采用电流换向法。取正向与反向读数的算术平均值，以消除接触电势和热电势引起的误差。

3. 试验结果及计算

将实测电阻按式（1-6-14），换算到标准温度20℃时的电阻。

$$R_{20} = \frac{R_t}{1 + \alpha_{20}(t - 20)} \cdot \frac{1000}{L} \qquad (1\text{-}6\text{-}19)$$

式中 R_{20}——温度20℃时的试件电阻（Ω）；

R_t——温度 t 时的电阻（Ω）；

α_{20}——温度20℃时的电阻温度系数（$℃^{-1}$）；

t——测试温度（℃）；

L——试件测量长度（m）。

6.3.8 交流电阻测量

导线的交流电阻是计算载流量的一个必要参数。交流电阻是在电流方向交变的情况下，由于磁场效应、趋肤效应和邻近效应的影响，使电阻增大而产生的。导线的铝股线表面具有绝缘性的氧化铝膜，所以导线中的电流是沿着铝线股作螺旋方向流动的，从而在导线轴线方向形成磁场。虽然导线中相邻层的铝线绞制方向相反，可抵消部分磁化力，但剩余的交变磁场强度，仍可使钢芯产生磁滞和涡流，导致功率损耗。又因趋肤效应和邻近效应能使导线中的电流分布发生变化，使导线电阻增大。本试验的目的，在于求得导线单位长度的交流电阻。

1. 试样制备

1）采用无缺陷、不松股的试件。标距长度可采用8~10m。

2）试件的两端应用线夹轧牢，以便通电引流。

2. 试验方法

1）试验可在大型恒温箱中进行。箱内温度可以调节。控制温度偏差在±2℃以内。

2）两根试件水平平行放置在绝缘支架上。试件的水平中心距及离箱壁的距离不小于0.6m。

3）在试件的外层与邻外层股线间，嵌入热电偶，用以测量试件的温度。嵌入位置，应在均匀分布不少于三处的上下表面各放一只。

4）交流电阻测试的线路图，如图1-6-19所示。图中AB及$A'B'$为两根串联在一起的试件。端部与大电流变压器的二次侧相连供电。

5）复查全部接线无误后，将恒温箱密封。

6）起动恒温箱的保温系统，使其达到要求的环境温度。

7）试验电流由小变大。在每一固定电流情况下，待试件升温至温度稳定0.5h后，调节交流电

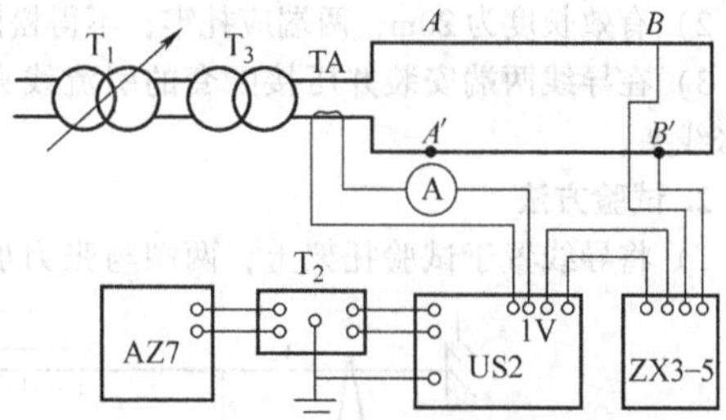

图1-6-19 交流电阻测试线路图

T_1—感应调压器 T_2—输入变压器

T_3—大电流变压器 TA—电流互感器

A—交流电流表 US2—交流电位差计

AZ7—电子平衡指示器 ZX3-5—高周波电阻箱

位差计的量程旋钮，由电子平衡器指示平衡后，相继测出$A-A'$和$B-B'$端的交流电阻R_A和R_B。同时记录电流值、试件温度和环境温度。按测点的平均温度计算。

8）然后加大电流，循序进行另一测量点的试验。

9）如果导线在应用时表面有防腐涂料，应在试件上涂上涂料后再进行试验。

3. 试验结果

单位长度试件的交流电阻，按式（1-6-20）计算：

$$R_{ac} = (R_A - R_B)/2L \qquad (1\text{-}6\text{-}20)$$

式中 R_A——$A-A'$端的测试交流电阻（Ω）；

R_B——$B-B'$端的测试交流电阻（Ω）；

L——AB及$A'B'$的标距长度（m）。

必要时，可根据测试结果，绘出交流电阻与试件温度的关系曲线和交直流电阻比与电流的关系曲线，以便于计算不同情况下的载流量。

6.3.9 载流量试验

架空线的载流量是电力线路计算传输容量的重要参数。导线的载流量取值太高，则导线发热严重，导致导线强度损失较大，降低了导线的使用寿命且电阻损耗增大。若导线的载流量取值太低，则不能发挥线路的经济效益。所以应综合考虑，采用合理的载流量数值。工程设计的参数主要来源于理论计算和试验的测试值。试验室主要模拟无风无日照的环境下导线的载流量，同时根据试验室测试的数据用理论计算出国内常用参数下和IEC 61597—1995推荐的计算参数下的载流量数值。

1. 试样制备

1）采用合格的试件，表面股线应紧密、平整和清洁。

2）有效长度为20m，两端应扎牢，不得松散。

3）在导线两端安装并压接配套的引流线夹或耐张线夹。

2. 试验方法

1）将导线置于试验托架上，两端与张力加载系统连接，并接入外部大电流引线，如图1-6-20所示。

2）布置热电偶。热电偶与导体需可靠接触。热电偶设置需满足测温点之间距离不小于1.5m，测温点与电源输入端之间距离不小于2m。

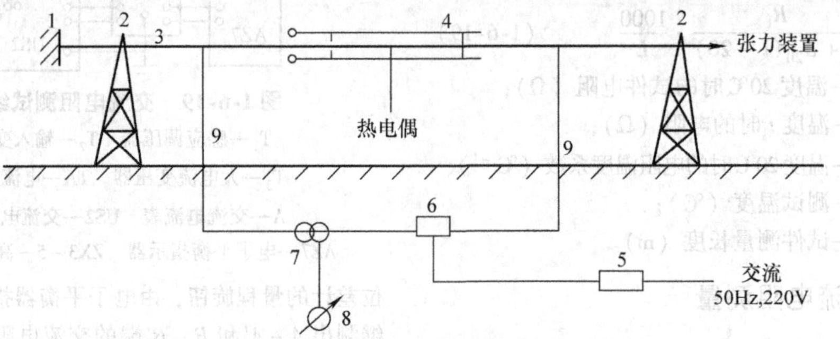

图1-6-20　载流量试验布置图

1—固定端　2—铁塔　3—被测试导线　4—伸长仪　5—调压器
6—大电流低压变压器　7—电流互感器　8—电流表　9—连接铜排

3）启动张力加载系统给被测试样加载张力，张力要求一般为试样额定拉断力的25%。

4）按导线允许的长期运行温度，施加估算试验电流，达到稳态后逐步调整试验电流使得导体温度趋近导线允许的长期运行温度。

5）当2h内温度变化在±2%时，记录温度和电流参数。

3. 试验结果

环境温度40℃时的载流量按照式（1-6-21）计算：

$$I_0 = \sqrt{\frac{T_c - T_0}{T_{ca} - T_a}} \times I_a \qquad (1\text{-}6\text{-}21)$$

式中　I_0——理论推算环境温度T_0及导体温度T_c时的载流量（A）；

I_a——测量环境温度T_a及导体温度T_{ca}时的载流量（A）；

T_c——理论推算导体温度（℃）；

T_0——理论推算环境温度（℃）；

T_{ca}——测量导体温度（℃）；

T_a——测量环境温度（℃）。

6.3.10　可见电晕及无线电干扰电压试验

1. 试样制备

1）采用合格的试件，表面股线应紧密、平整和清洁。

2）有效长度为7m，两端应扎牢，不得松散。

3）试件表面应进行去尘和去油处理。

2. 试验方法

1）电晕试验在人工气候筒（室）内进行。筒（室）内的空气密度、湿度和温度可按试验要求调节。

2）试件水平放置，对地高度不小于5m，最大弧垂不超过5cm；试样布置如图1-6-21所示。

3）将工频试验变压器的输出端接到试件两端。

4）根据试验要求可进行相对空气密度为1.0～0.69（相当于海拔0～3500m）、相对湿度为30%～80%等各种条件下的全面电晕试验。试验电压由小变大，逐步升高，直至试件表面开始全面出现电晕放电时为止。

5）对于分裂导线，可将试件按规定的排列方式和线间距离，平行放置于筒内进行试验。

3. 试验结果

1）将试验用的相对空气密度值，按图1-6-22的曲线，查出相应的海拔。

2）根据试验要求和试验的数据，计算分析试件表面的全面电晕场强与海拔、湿度和试件直径的关系曲线。

3）评估试件最大工作电压时的表面场强是否小于或等于试验的全面电晕场强的90%。

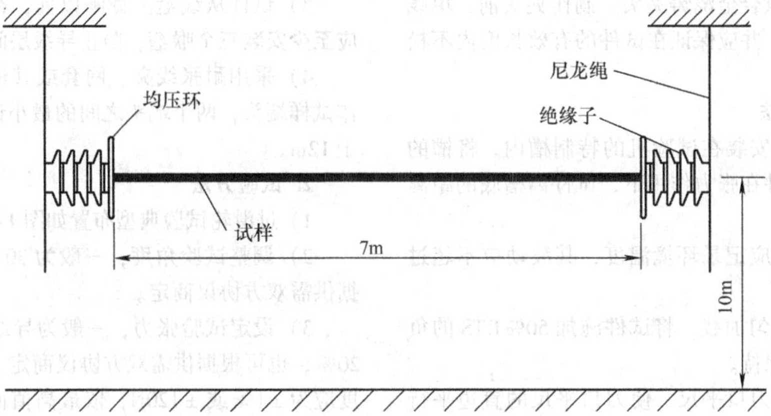

图 1-6-21　电晕及无线电干扰电压布置图

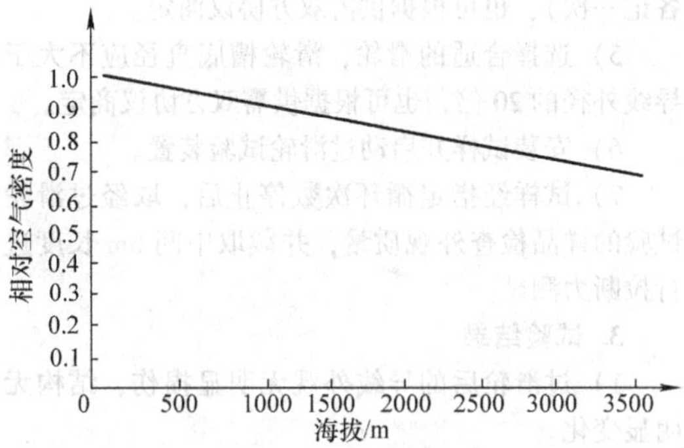

图 1-6-22　相对空气密度与海拔的关系曲线

6.3.11　紧密度试验

1. 试样制备

1）试件的长度应不小于 400 倍的导线直径。但最小为 10m。

2）取样前应在离端部 5m ± 1m 处安装一螺栓轧头（抱箍），应施加足够的压力以防线股相对移动。

3）将试样从线盘上小心地退绕出来，从第 1 个轧头起量取需要的长度，然后安装另一个螺栓轧头，留出足够的制备夹头的长度，然后切断。

4）在移动和制备夹头的过程中应防止损伤试件。试件的弯曲直径应不小于试件直径的 50 倍。

5）试件的终端夹头可采用压接式的、环氧树脂夹头或低熔点合金浇铸夹头。制作夹头前，单线应去油和清洗，并应保证在试件的有效长度内不松股和受损。

2. 试验方法

1）将试件安装在试验机的特制槽内。将槽的高度调整到试件在张力作用下，试件离槽底的距离不超过 10mm。

2）试验时应记录环境温度，其波动应不超过 ±2℃。

3）将试件施加 2% 的拉断力作为初负荷，把试件拉直。

4）采用纸带法或其他合适的方法标记均匀三点位置并测量绞线周长，取平均值 C_0。

5）连续均匀加载，将试件施加 30% RTS 的负荷，并恒张力保持。

6）采用纸带法或其他合适的方法测量已标记三点位置的绞线周长，取平均值 C_1。

3. 试验结果及计算

1）采用如下公式计算导线周长的变化率：

$$\Delta C = (C_0 - C_1)/C_0/100 \qquad (1\text{-}6\text{-}22)$$

2）导线周长的变化率不大于 2% 判为合格；大于 2% 判为不合格。

6.3.12　平整度试验

1. 试样制备

1）试件的长度应不小于 400 倍的导线直径。但最小为 10m。

2）取样前应在离端部 5m ± 1m 处安装一螺栓轧头（抱箍），应施加足够的压力以防线股相对移动。

3）将试样从线盘上小心地退绕出来，从第 1 个轧头起量取需要的长度，然后安装另一个螺栓轧头，留出足够的制备夹头的长度，然后切断。

4）在移动和制备夹头的过程中应防止损伤试件。试件的弯曲直径应不小于试件直径的 50 倍。

5）试件的终端夹头可采用压接式的、环氧树脂夹头或低熔点合金浇铸夹头。制作夹头前，单线应去油和清洗，并应保证在试件的有效长度内不松股和受损。

2. 试验方法

1）将试件安装在试验机的特制槽内。将槽的高度调整到试件在张力作用下，试件离槽底的距离不超过10mm。

2）试验时应记录环境温度，其波动应不超过±2℃。

3）连续均匀加载，将试件施加50% RTS的负荷，并恒张力保持。

4）采用一刀口平尺，使刀口平尺的直边平行地靠在导线上，刀口平尺长度至少应为导线外层节距的2倍。

5）以塞尺测量导线与刀口平尺之间的距离。

3. 试验结果及判定

1）测量结果不大于0.5mm判为合格。

2）测量结果大于0.5mm判为不合格。

6.4 架空导线特殊性能试验

6.4.1 过滑轮试验

1. 试样制备

1）试样应从线盘上距离端头不少于20m的位置上截取。

2）在截取和制备过程中，试样不能受损伤。

3）试样从线盘上截断以前，在样品两个端头应至少安装三个喉箍，防止导线层间滑移。

4）采用耐张线夹、网套或其他合适的方法制作试样端头，两个端头之间的最小试样长度应不小于12m。

2. 试验方法

1）过滑轮试验典型布置如图1-6-23所示。

2）调整试验角度，一般为30°±2°，也可根据供需双方协议商定。

3）设定试验张力，一般为导线额定拉断力的20%，也可根据供需双方协议商定。试验负荷的精度应为±1%或±120N，依最高值而定，并应选择精度高的那个负荷持续整个试验过程。

4）设定循环次数，一般为20次（正向和反向各记一次），也可根据供需双方协议商定。

5）选择合适的滑轮，滑轮槽底直径应不大于导线外径的20倍，也可根据供需双方协议商定。

6）安装试样并启动过滑轮试验装置。

7）试样经指定循环次数停止后，取经过滑轮试验的样品检查外观质量，并截取中间6m长度进行拉断力测试。

3. 试验结果

1）过滑轮后的导线外观无明显损伤，结构无明显变化。

2）过滑轮后的导线拉断力应不小于额定拉断力的95%。

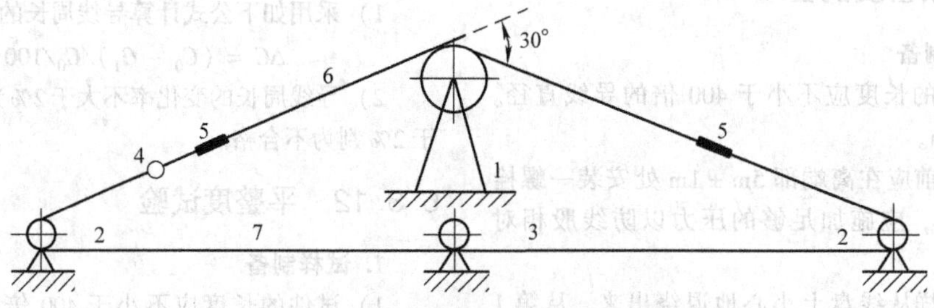

图1-6-23 过滑轮试验典型布置图

1—滑轮 2—支座滑轮（位置可调节） 3—牵引机 4—测力计 5—网套 6—被测试绞线 7—连接钢丝绳

6.4.2 温度-弧垂特性试验

由于大量新材料、新技术、新工艺的应用，对于新型增容导线其弧垂特性明显有别于常规钢芯铝绞线，因此研究新型增容导线的弧垂特性对于线路的合理设计和安全运行具有重要意义。

1. 试样制备

1）采用合格的试件，表面股线应紧密、平整和清洁。

2）有效长度不小于60m，两端应扎牢，不得松散。

3）在导线两端安装并压接配套的耐张线夹。

2. 试验方法

1）将导线置于试验托架上，两端与张力加载系统连接，并接入外部大电流引线，如图 1-6-24 所示。

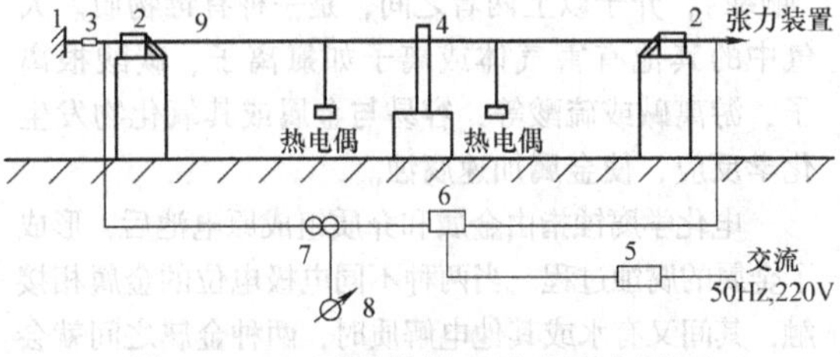

图 1-6-24　弧垂特性试验典型布置图

1—固定端　2—阻尼墩　3—张力传感器　4—弧垂测量仪　5—调压器　6—大电流低压变压器　7—电流互感器　8—电流表　9—被测试导线

2）布置热电偶，热电偶与导体需可靠接触。热电偶设置需满足测温点之间距离不小于 1.5m，测温点与电源输入端之间距离不小于 2m。

3）启动张力加载系统给被测试样加载张力，张力要求一般为试样额定拉断力的 25%。

4）按导线允许的长期运行温度，施加估算试验电流，达到稳态后逐步调整试验电流使得导体温度趋近导线允许的长期运行温度。

5）连续监测试样温度的变化，每间隔 10℃ 记录当前的导线温度读数、导线张力和最低点的弧垂数据。

3. 试验结果

根据温度和弧垂数据绘制导线的弧垂特性曲线。不同类型的导线典型弧垂特性曲线如图 1-6-25 所示。

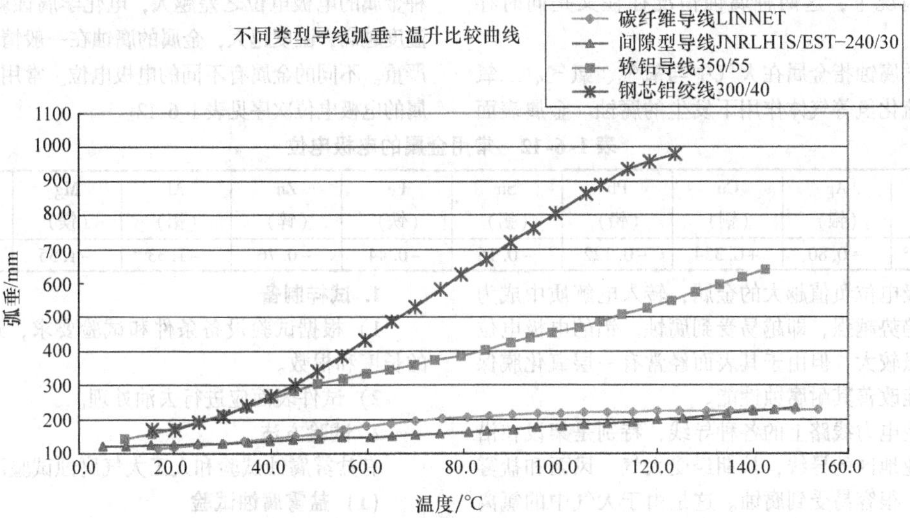

图 1-6-25　导线典型弧垂特性曲线

6.4.3　导线长期耐热性试验

1. 试样制备

1）从外观检查合格的试样按所需长度截取不少于 3 根试件。

2）有效长度：试样有效长度应不小于样品外径的 400 倍，但不小于 10m；试件的总长等于有效长度加必要的夹持长度。

3）试件的两端应在有效长度标志线以外扎牢，防止试件松散。

2. 试验方法

1）将试样成圈后用铝单线包扎后放置在烘箱内，烘箱温度应与导线的最高长期允许运行温度一致，温度偏差满足（－3℃，＋5℃），加温至指定温度并保温 400h，然后取出试样自然冷却至室温。

2）将端部线股拆散，并将每股单线弯折。清洗后用低熔点合金或树脂浇铸成锥体夹头。也可用压接法制作夹头。应避免夹头偏心。

3）然后将试件的夹头夹持在试验机的钳口内。试件的轴线应与钳口的中心线重合。

4）试验时钳口的移动速度应不大于 100mm/min。加载应平稳无冲击。

5）连续均匀加载到 30% 的标称拉断力的时间约为 1～2min，然后按此速率直至拉断。记录最大负荷，取 3 位有效数。

6）拉断后断口应发生在钳口之外。若断口发生在钳口之内，且最大负荷小于90%的标称值时，应另取试件重新进行试验。

6.4.4 腐蚀性试验

金属表面如有能与其发生化学反应的媒介，或与不同的其他金属或盐类接触，同时又存在水分或其他电解质时，就将发生金属腐蚀，甚至使金属构件破坏，造成严重的经济损失。如电力线路在工业地区或沿海架设的架空导线，腐蚀现象就很严重，多则十几年，少则几年就得换线。除换线的直接经济损失外，因停电造成工业减产的间接经济损失更是十分惊人的。腐蚀试验的目的主要是作为一种手段，为研究消除产生腐蚀的各种因素或尽量减缓腐蚀过程创造条件。

金属腐蚀主要有化学腐蚀和电化学腐蚀两种。在多数情况下，这两种腐蚀情况往往又是同时存在的。

化学腐蚀指金属在大气中与氧气、氯气、二氧化硫、硫化氢等气体作用下发生的腐蚀。金属表面与氧气发生作用后，生成不同的金属氧化物。铝的氧化物能构成致密的有一定硬度的表面保护膜。铁的氧化物结构疏松，易于脱落，并继续不断地向金属内部渗入、扩散，使材料破坏。铜的氧化物俗称“铜绿”，介于以上两者之间，是一种有毒物质。大气中的其他有害气体或离子如氯离子、碳酸根离子、游离碱或硫酸等，容易与金属或其氧化物发生化学反应，使金属加速腐蚀。

电化学腐蚀指由金属和介质组成原电池后，形成了金属的腐蚀过程。当两种不同电极电位的金属相接触，其间又有水或其他电解质时，两种金属之间就会产生电流，形成一个原电池，其中一种金属处于正电位，另一种处于负电位。处于负电位的金属就不断地以离子状态经电解液向处于正电位的金属聚积，使处于负电位的金属逐渐损失破坏，形成电化学腐蚀。两种金属的电极电位之差越大，电化学腐蚀就越强烈。温度越高，湿度越大，金属的腐蚀在一般情况下也越严重。不同的金属有不同的电极电位。常用的几种金属的电极电位次序见表1-6-12。

表1-6-12 常用金属的电极电位

金属	Ag（银）	Cu（铜）	Pb（铅）	Sn（锡）	Fe（铁）	Zn（锌）	Al（铝）	Mg（镁）	Na（钠）
电位/V	+0.80	+0.334	-0.122	-0.16	-0.44	-0.76	-1.33	-1.55	-2.76

电极电位负值越大的金属，转入电解质中成为离子的趋势越强，即越易受到腐蚀。铝的电极电位的负值虽较大，但由于其表面经常有一层氧化膜保护层，能改善其耐腐蚀性能。

架空电力线路上的各种导线，特别是架设在沿海和工业地区的导线，长期经受大气、风雨和盐雾的侵蚀，很容易受到腐蚀。这是由于大气中的氯离子半径很小，能自由地穿透金属表面的水膜和钝化膜（金属化合物，结构紧密，覆盖在金属表面），排挤氧离子并取而代之，成为可溶性氯化物，使金属加速腐蚀。大气中的SO_2、H_2S、NH_3和NO_2以及其他悬浮粒子和灰尘也都能促进金属的腐蚀。腐蚀后使金属表面产生缺陷，导致应力集中。应力又会促进腐蚀，腐蚀又加速了表面缺陷的扩展，使抗疲劳能力下降，从而大大降低了导线的使用寿命。

为了防止导线的腐蚀，目前采取的主要方法是在钢芯的钢线上镀锌或镀铝。或在导线绞制过程中，在股线上涂以防腐涂料，制成防腐钢芯铝绞线，有轻防腐、中防腐和重防腐三种，可分别用于不同的腐蚀性区域，以提高其使用寿命。防腐涂料应具有良好的化学稳定性及粘附性，滴点应不小于180℃。另外提高铝导线的化学品位和导线的表面质量也是提高导线耐腐蚀性能的有效途径。

1. 试样制备

1）根据试验设备条件和试验要求，选取试件的长度和根数。

2）试件表面应进行去油处理。

2. 试验方法

有盐雾腐蚀试验和人工大气腐蚀试验两种。

（1）盐雾腐蚀试验

1）试验设备。盐雾腐蚀试验箱。

2）试验条件：

① 喷雾溶液：3%氯化钠（NaCl）溶液；

② 试验温度：35℃以下；

③ 相对湿度：90%以上；

④ 喷雾时间：喷雾30min，并加热30min，或其他按规定的间隔时间，根据试验要求而定；

⑤ 样品放置：水平或呈一定角度15°~30°；

⑥ 试验周期：一般试验持续时间为500~1000h，也可根据试验的目的和要求而定。

（2）人工大气腐蚀试验 可在人工大气腐蚀试验箱内，模拟一定的工业性气体，在一定的温度湿度条件下，进行金属材料的大气腐蚀试验。常用的工业性气体有二氧化硫、一氧化氮及氯气等，也可充以一种混合气体进行试验。二氧化硫是污染空气中腐蚀性最强的具有代表性的有害气体。

1）试验设备。人工大气腐蚀试验箱。

2）试验条件：

① 二氧化硫浓度：1%体积比（范围为0.5%~2.0%）；

② 试验温度：25℃ ±2℃；

③ 相对湿度：95%以上；

④ 试验时间：24h。

3. 试验结果

1）进行外观检查。记录腐蚀产物的颜色、状态、结合程度、腐蚀类型及腐蚀物分布特征等。

2）重量测定。测定试件腐蚀后的失重或增重，并加以分析和说明。

3）腐蚀后机械性能及电阻的测定。对比腐蚀前后机电性能的影响。

6.4.5 自阻尼特性试验

自阻尼特性是导线的物理性能，它定义了导线振动时内部消散能量的能力。对于一般绞线而言，一部分能量可以通过导线自身的非弹性效应（分子迟滞）吸收，而大多能量由摩擦阻尼耗散，摩擦阻尼是导线随着振动波形状弯曲时，由各根单线间重叠部分细微的相对运动产生的。

自阻尼能力是架空导线的一个重要性能。此参数是确定风引起架空导线交变力响应的主要因子。但导线制造厂家一般不规定导线的自阻尼特性，因此需要在实验室通过测试跨距上的试样来得到。也可以运用半经验法大致估算传统绞线的自阻尼性能参数。另外，不断有大量新型导线在输电线路上投入使用，其中相当部分导线的自阻尼特性和作用机理与传统绞线不同。

1. 试验准备

1）根据试验设备条件和试验要求，选取试件的长度和根数。试验布置如图1-6-26所示。

2）一般在无风的室内进行导线的自阻尼测试，环境温度变化不超过0.2℃/h。

3）净跨距L应不小于半波长的10倍。为了使结果一致，推荐跨距大于50m。

4）应采用刚性非铰接的方形夹具将导线与阻尼墩进行可靠连接。

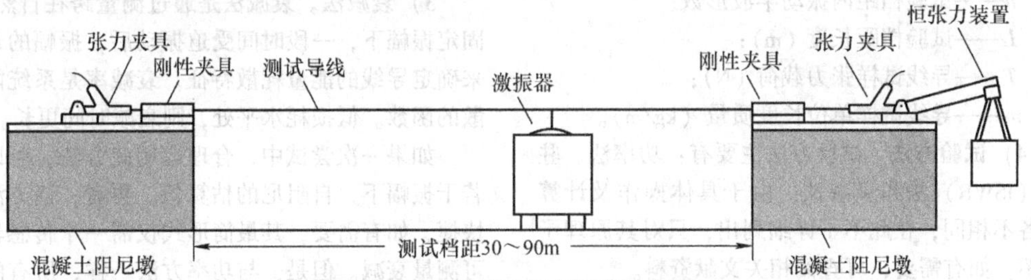

图1-6-26 导线自阻尼测试布置图

5）激振器通常为电动力式振动台，也有使用液压致动器。激振器应能在测试跨中提供合适的正弦波。振幅和频率应控制在±2%的精度范围内，频率应在0.001Hz内保持稳定。

6）测试数据采集系统按照图1-6-27布置。

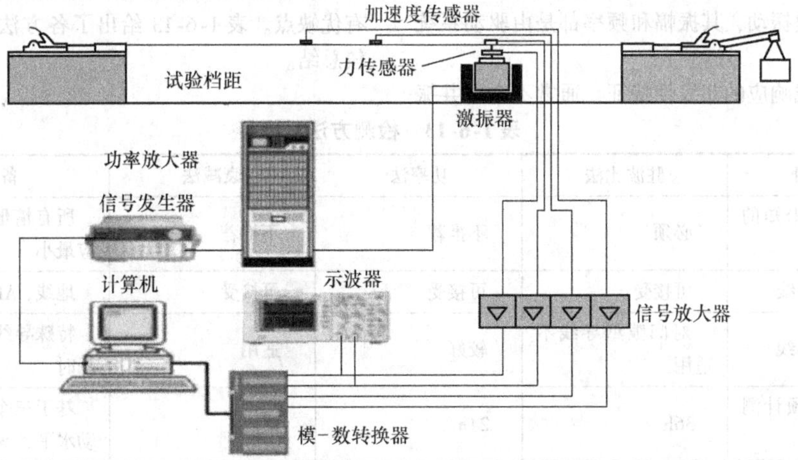

图1-6-27 导线自阻尼测量系统布置图

2. 试验步骤

(1) 试车　在刚开始的30～60min时间内，测试值变化会达到20%～40%。有必要进行试车以稳定导线的自阻尼。试车是指在固定频率上振动导线，或在有限频率范围内扫频，在最大振幅处进行自阻尼测试。每15min应进行一次功率测试，当两次连续测量的差值不超过3%～4%，认为试车完成。

(2) 共振点确定　为了找到系统的共振点，激振器应在试验电源设备上运行，应调整频率控制到在波腹位置提供最大的导线位移。然后，调整激振器功率控制到在波腹位置产生准确的循环峰/速度。微调频率使循环振幅最大。如有需要，重新调整振动功率以得到所要的循环振幅。当调整控制频率不再增加循环振幅时，就找到了系统的共振点。

(3) 估算固有频率　使用下列公式估算试验跨上导线试样的固有频率。

$$f = \frac{n}{2L} \cdot \sqrt{\frac{T}{m}} \tag{1-6-23}$$

式中　n——试验档距内振动半波形数；

L——试验档距长度（m）；

T——导线试样张力载荷（N）；

m——导线试样单位长度质量（kg/m）。

(4) 试验方法　试验方法主要有：功率法、驻波比（ISWR）法和衰减法。由于具体操作及计算方法各不相同，在此不予详细列出，只对其原理予以介绍。如有需要，可查阅相关文献资料。

1）功率法。功率方法是通过测量能量经激振器连接处传送到待测导线跨上的力和振动等级，确定能量耗散特征。

在试验跨上对导线施加张力，使其在某一共振频率下作受迫振动，其振幅和频率都是由驱动系统控制。

由于导线响应的非线性特征，通常不会在共振点产生纯正弦信号。应过滤除去基波分量后信号的频率分量。如果使用模拟滤波器，力和振动等级传感器的信号都应过滤出来，滤波器应与相位和增益相匹配。也可使用适当的双通道快速傅里叶变换分析仪或等效软件。

2）驻波比法。驻波比（Inverse Standing Wave Radio，ISWR）法是通过测量跨上各可调谐波处的波节和波腹振幅，确定导线的能量耗散特性。其基本原理是，当在跨端反射时，需要追踪离开激振器的波。为此，假定激振器是连在其中一个跨端附近，激振器引发的脉冲将运动到跨的另一端，并以反射波返回。如果系统中没有损耗，人射波和反射波应相等。在两波交汇经过处会形成完美的节点，即节点处不会有运动。而波腹处的振幅将等于人射波和反射波之和。但是，如果系统有损耗，节点处会有运动，其运动振幅等于人射波和反射波的差值。节点振幅与波腹振幅的比值代表了系统内的损耗。低的跨损耗存在的地方，确定节点振幅所必须的细微测试将成为难点。

3）衰减法。衰减法是通过测量跨在自然频率、固定振幅下，一段时间受迫振动后，振幅的衰减率来确定导线的能量耗散特征。衰减率是系统能量耗散的函数。低损耗水平处，则衰减时间更长。

如果一次尝试中，合理运用此方法，可以给出若干振幅下，自阻尼的估算值。再者，该方法简单快捷，如有需要，其最简形式仅需一个传感器，即可测量衰减。但是，与功率方法一样，所有的外部损耗是导线自阻尼总损耗计算的一部分。因此，需要尽可能减少外部损耗源，或对其做出解释。当不可能做到这一点时，推荐使用驻波比法。

(5) 测试方法的对比　描述的三种试验方法各有优缺点。表1-6-13给出了各方法一般特征的比较总结。

表1-6-13　检测方法对比

一般特征	驻波比法	功率法	衰减法	备　注
端部损耗未知的测试跨	必须	不推荐	不推荐	所有情形下，端部损耗应最小
低自阻尼导线	可接受	可接受	可接受	地线，ADSS，OPGW
高自阻尼导线	对间隙型导线不适用	较好	适用	特殊导线和导线张力较低时
每个试样预计测试时间	36h	24h	12h	基于三个张力、三个振动水平、>10个频率

（续）

一般特征	驻波比法	功率法	衰减法	备　注
主要优点	对跨端和驱动点损耗不敏感	采集分析数据简便	一次试验中，测试振幅范围广	
主要缺点	难以测试节点振幅	由于端部和驱动点处的损耗，可能会发生较大误差	由于端部和驱动点处的损耗，可能会发生较大误差	

驻波比和功率法运用更广泛，但其安装费用高，且操作复杂。而衰减法直观、易于理解，相对容易操作，需要的设备最少。当阻尼小时，阻尼测试有很好的精确度和分辨率，因此，衰减测试是对这些方法的有益补充。但是，当导线阻尼很小，而其他阻尼源相对较大时，认为驻波比法更有优势。

3. 测试报告

测试结果报告应尽可能地完善，以满足测试重复性要求。如测试跨描述、测量仪器特点、使用的试验程序和方法、测试中的环境温度及测试导线的描述也应在报告中体现。

1）需表述常见的导线信息（制造商、生产日期、绞合状态、单位长度重量、RTS等），如有使用润滑油和润滑脂等，也应提供其类型信息。再者，应说明导线之前的历史，比如是新出厂的，还是仓库里未使用过的，或是从线路中截取的等。应简要说明测试跨的布置，用类似图1-6-26的示意图表示。还应说明自由跨长度L和跨上激振器的位置。应当明确从导线自由长度到跨终端无能量传输和使导线松动最小的评定方法。另外，也应明确说明用于测量此能量的方法。

2）应明确说明用于纠正气动阻尼数据的方法，应当提供更多的信息：如拉伸荷载测量方法的准确度、测试中的拉伸荷载的变化、使用的激振器类型和激振器与导线间的机械连接类型、用于驱动导线共振的方法、用于评估共振条件的方法、为得到能量耗散所测得的参数及测量的精确度。

IEEE 563—1978建议测量结果以图表形式表示，依据波腹处振幅位移Y_0对导线直径比值，表示每个循环长度$\lambda/2$、特征频率f与拉伸荷载T下，单位长度导线的能量耗散。在同一个图表中，使用不同的符号，可以表示不同循环长度和频率时的数据。除非特殊目的另有需要，最好用不同的图表表示每个拉伸荷载的测量结果。

图表应能清晰地表示每个T、$\lambda/2$、f、Y_0的值和所有的测量结果P_c。此种图表的一个实例如图1-6-28所示。将结果绘制成不同拉力下，驱动点处的导线速率对不同频率和相关循环长度的图表也很实用。通过简单的计算，可以通过这种方法确定功率耗散、驱动点处的导线振幅及导线的机械阻抗，即各种条件下，力对导线速度的比值。

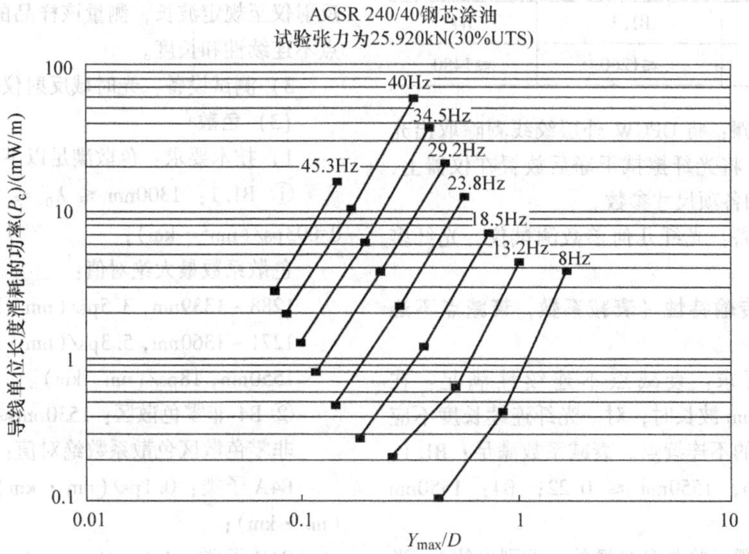

图1-6-28　导线功率损耗特征的实例

如果把结果表示为不同振幅或速率、不同导线张力下，功率损耗对振动频率的一组曲线，如图1-6-29所示。

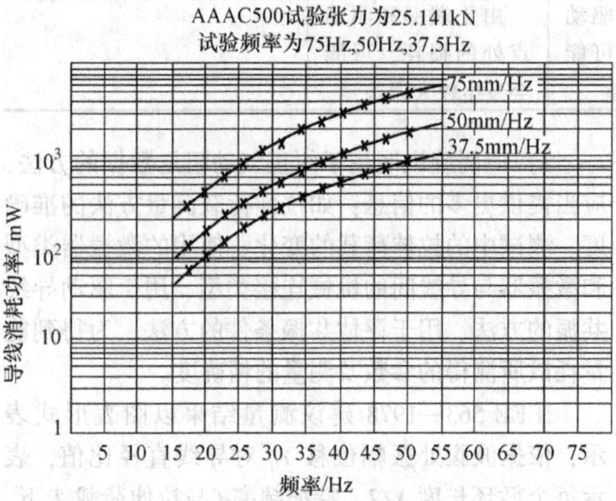

图1-6-29 导线功率耗散特征实例图

6.5 光纤复合架空线特殊性能试验

光纤复合架空线特殊试验主要包括对光纤复合架空地线（OPGW）、光纤复合架空导线（OPPC）和自承式全介质光缆的特殊试验。主要有光纤性能检测、抗拉试验、应力-应变试验、舞动试验、抗压试验、扭转试验、滴流试验、渗水试验、温度循环试验、OPGW 盐雾试验、OPGW 短路电流试验、OPGW 雷击试验以及 ADSS 的耐电痕试验、紫外老化试验、热老化试验等。

其他试验如滑轮试验、蠕变试验等，主要试验方法与架空导线试验基本相同。

6.5.1 光纤性能检测

1. OPGW 光纤性能检测

(1) 光纤模场直径和尺寸参数，截止波长性能

1）技术要求：模场直径和尺寸参数技术要求见表1-6-14 。截止波长技术要求见表1-6-15。

表1-6-14 光纤模场直径和尺寸参数技术要求

标准号	光纤型式	模场直径/μm		包层直径/μm		包层不圆度（%）	芯/包层同心度误差/μm	涂覆层直径（未着色）/μm		着色层直径/μm		包层/涂覆层同心度误差/μm
		标称值	容差	标称值	容差			标称值	容差	标称值	容差	
DL/T 832—2003	B1.1	8.6~9.5	±0.7	125.0	±1	≤2.0	≤0.8	245	±10	250	±15	≤12.5
	B4	8~11										

表1-6-15 光纤截止波长技术要求

光纤类别	B1.1	B4
λ_{cc}/nm	≤1260	≤1480

2）测试步骤：将 OPGW 外层绞线剥除取出光单元中的光纤。将光纤擦拭干净后放置在仪器上，测试模场直径和各项尺寸参数。

3）测试设备：光纤几何参数测试仪，光纤多参数测试仪。

(2) 光纤传输特性（衰减系数，衰减点不连续性）

1）技术要求：衰减点不连续性满足：在1310nm 和1550nm 波长时，对一光纤连续长度不应有超过0.10dB 的不连续点。衰减系数满足：B1.1：1310nm ≤ 0.36，1550nm ≤ 0.22；B4：1550nm ≤0.22。

2）测试步骤：将整盘光缆的一端剥出约1m 光纤，与光时域反射仪相连的尾纤耦合，调整光时域反射仪至规定波长，测量该样品的衰减系数、衰减点不连续性和长度。

3）测试设备：光时域反射仪。

(3) 色散

1）技术要求：色散满足以下要求：

① B1.1：1300nm ≤ λ_0 ≤ 1324nm；$S_{0\max}$ 为0.093ps/(nm^2·km)；

色散系数最大绝对值：

1288~1339nm，3.5ps/(nm·km)；

1271~1360nm，5.3ps/(nm·km)；

1550nm，18ps/(nm·km)。

② B4 非零色散区：1530nm≤λ≤1565nm；

非零色散区色散系数绝对值：

B4A 子类：0.1ps/(nm·km)≤|D|≤6.0ps/(nm·km)；

B4B 子类：1.0ps/(nm·km)≤|D|≤10ps/

(nm·km)；$D_{max}-D_{min}\leqslant 5ps/(nm\cdot km)$。

2）测试步骤：对整盘 OPGW 进行传输特性测试。将整盘光缆的两端各剥出约 1.5m 光纤，与尾纤熔接。将尾纤接到仪器上，测量其色散特性。

3）测试设备：色散应力测试系统 CD500。

2. ADSS 光纤性能检测

（1）光纤模场直径和尺寸参数

1）技术要求：见表 1-6-16。

表 1-6-16　光纤模场直径和尺寸参数

光纤型式	标准	模场直径 波长/nm	模场直径 标称值/μm	模场直径 容差/μm	包层直径 标称值/μm	包层直径 容差/μm	包层不圆度公差(%)	芯/包层同心度误差/μm	涂覆层直径(未着色)/μm 标称值	涂覆层直径(未着色)/μm 容差	着色层直径/μm 标称值	着色层直径/μm 容差	包层/涂覆层同心度公差/μm
B1.1	DL/T 788—2001	1310	8.6~9.5	±0.7	125.0	±1.0	≤2.0	≤0.8	245	±10	250	±15	≤12.5
B4		1550	8~11										

2）测试步骤：从送检样品中取出光纤。将光纤擦拭干净后放置到光纤多参数测试仪上，测试模场直径；再将同一光纤擦拭干净后放置到光纤几何参数测试仪上测试各项光纤尺寸参数。

3）测试设备：光纤多参数测试仪，光纤几何参数测试仪。

（2）截止波长

1）技术要求：见表 1-6-17。

表 1-6-17　光纤截止波长技术要求

光纤类别	B1.1	B4
λ_{cc}/nm	≤1260	≤1480

2）测试步骤：从送检样品中取 22m 长光缆，两端各剥出约 1m 长的光纤。将光纤擦拭干净后放置到光纤多参数测试仪上，测试截止波长。

3）测试设备：光纤多参数测试仪。

（3）衰减系数

1）技术要求：见表 1-6-18。

表 1-6-18　光纤衰减系数技术要求

光纤类别		B1.1				B4
使用波长/nm		1310		1550		1550
		光纤束	光纤带	光纤束	光纤带	光纤束
最大衰减系数/(dB/km)	Ⅰ级	0.36	0.40	0.22	0.25	0.22
	Ⅱ级	0.40	0.45	0.25	0.30	0.25
	Ⅲ级	0.45	0.50	0.30	0.35	0.30

2）测试步骤：对送检样品进行传输特性测试。将整盘光缆的两端各剥出约 1m 光纤，与光时域反射仪相连的尾纤耦合，调整光时域反射仪至规定波长，测量该样品的衰减系数。测试后，取两端衰减系数实测值的平均值作为判定依据。

3）测试设备：光时域反射仪。

（4）衰减点不连续性

1）技术要求：在 1310nm 和 1550nm 波长时，对一光纤连续长度不应有超过 0.10dB 的不连续点。

2）测试步骤：对送检样品进行传输特性测试。将整盘光缆的两端各剥出约 1m 光纤，与光时域反射仪相连的尾纤耦合，调整光时域反射仪至规定波长，测量该样品的衰减点不均匀性。

3）测试设备：光时域反射仪。

（5）衰减波长特性

1）技术要求：对于 B1.1 光纤，在 1285~1330nm 波长范围内的衰减值，相对于 1310nm 波长的衰减值，应不超过 0.05dB/km；在 1525~1575nm 波长范围内的衰减值，相对于 1550nm 波长的衰减值，应不超过 0.05dB/km。

对于 B4 光纤，在 1525~1575nm 波长范围内的衰减值，相对于 1550nm 波长的衰减值，应不超过 0.05dB/km。

2）测试步骤：从送检样品中取出光纤。将光纤擦拭干净后放置到光纤多参数测试仪上，按仪器提示步骤操作，测试波长附加衰减。

3）测试设备：光纤多参数测试仪。

（6）色散特性

1）技术要求：色散特性满足以下要求：

① B1.1：$1300nm\leqslant\lambda_0\leqslant 1324nm$；$S_{0max}$ 为 $0.093ps/(nm^2\cdot km)$；

色散系数最大绝对值：

1288~1339nm，3.5ps/(nm·km)；

1271~1360nm，5.3ps/(nm·km)；

1550nm，18ps/(nm·km)。

② B4 非零色散区：1530nm≤λ≤1565nm；

零色散区色散系数绝对值：

G.655A：0.1ps/(nm·km)≤|D|≤6.0ps/(nm·km)；

G.655B：1.0ps/(nm·km)≤|D|≤10ps/(nm·km)。

2）测试步骤：对整盘 ADSS 进行传输特性测试。将整盘光缆的两端各剥出约 1.5m 光纤，与尾纤熔接。将尾纤接到仪器上，测量其色散特性。

3）测试设备：光纤色散/应力测试系统 CD500。

6.5.2 抗拉性能试验

1. ADSS 拉断试验

（1）技术要求

1）受试长度：受试有效长度不小于 10m，且断点应在有效长度内。

2）拉伸速率：当拉力大于 50% RTS 时，每分钟均匀增加 10% RTS 的拉力。

3）验收要求：当光缆的任何组件发生断裂时，该拉力即为光缆的拉断力，受试光缆的拉断力应不小于 95% RTS。

（2）测试步骤 将送检样品安装到光缆机械性能试验设备上，在两端用夹持装置把光缆均匀地紧固，防止光缆的各元构件相互滑移，然后连续对其加载力值，直至拉断。试验后，记录下受试光缆拉断力值。

（3）测试设备 光缆机械性能试验设备。

2. ADSS 应力-应变试验

（1）技术要求

1）受试长度：不小于 25mm。

2）拉伸速率：20mm/min。

3）拉伸负载：见表 1-6-19。

表 1-6-19 ADSS 应力-应变试验技术要求

测试项目	拉伸力	光纤应变（%）		光纤附加衰减/dB	
		中心管式	层绞式	中心管式	层绞式
光缆额定抗拉强度（RTS）	≥95% RTS	—	—	—	—
光缆最大允许使用张力（MAT）	40% RTS	≤0.1	≤0.05	无附加衰减	无附加衰减
光缆年平均运行张力（EDS）	25% RTS	无应变	无应变	无附加衰减	无附加衰减
光缆极限运行张力（UOS）	60% RTS	≤0.5（暂定）	≤0.35（暂定）	该拉力取消后，光纤无明显残余附加衰减	

4）持续时间：1min。

5）验收要求：护套应无目力可见开裂，且能够满足表 1-6-19 的规定。

（2）测试步骤 将送检样品安装到光缆机械性能试验设备上，在两端用夹持装置把光缆均匀地紧固，防止光缆的各元构件相互滑移。再把送检样品两端光纤连接到单模光纤测试系统。拉伸力应连续地增加到规定的各值。然后逐渐卸去负载。加载过程中，记录 1550nm 波长下的衰减变化、光纤应变和光缆应变。试验后，对光缆表面进行检查。

（3）测试设备 单模光纤测试系统，光缆机械性能试验设备。

3. OPGW 抗拉试验

（1）技术要求

1）试样长度不小于 10m。

2）验收条件：在承受不小于 95% RTS 时无任何单线断裂。

（2）测试步骤 将 OPGW 样品安装在卧式拉力机上。耐张线夹间光缆长度大于 10m。连续施加荷载直至 OPGW 破断。张力通过拉力机测控系统进行监测和连续记录。

（3）测试设备 微机控制卧式拉力机。

4. OPGW 应力-应变试验

（1）技术要求

1）试样长度不小于 10m，光纤长度不小于 100m。

2）负荷要求：符合表 1-6-20 的规定。

3）验收要求：符合表 1-6-20 的规定。

表 1-6-20 OPGW 应力-应变试验技术要求

拉伸力	光纤应变（%）	光纤附加衰减/dB
40% RTS	无	无附加衰减
60% RTS①	≤0.25	≤0.05（该拉力取消后，光纤无明显残余附加衰减）

① 特殊需求由用户和制造厂商协商。

（2）测试步骤 将 OPGW 样品安装在卧式拉

力机上。耐张线夹间光缆长度大于10m。在光缆上安装位移传感器用来测量光缆应变。将多根光纤熔接在一起，使得测试的光纤总长度（即在终端装置之间的长度）不小于100m，至少每管或每束光纤中有一根光纤被监测。试样两侧有效固定，防止光纤与OPGW之间发生相对移动。单模光纤在1550nm波长进行光学测试。试验中使用CD500连续自动测量和记录光纤附加衰减和光纤应变。伸长和张力通过拉力机测控系统进行监测和连续记录。

（3）测试设备 色散应力测试系统CD500，微机控制卧式拉力机，单模光纤测试系统。

6.5.3 舞动试验

对ADSS及OPGW舞动试验方法及试验布置基本相同，其试验布置如图1-6-30所示。

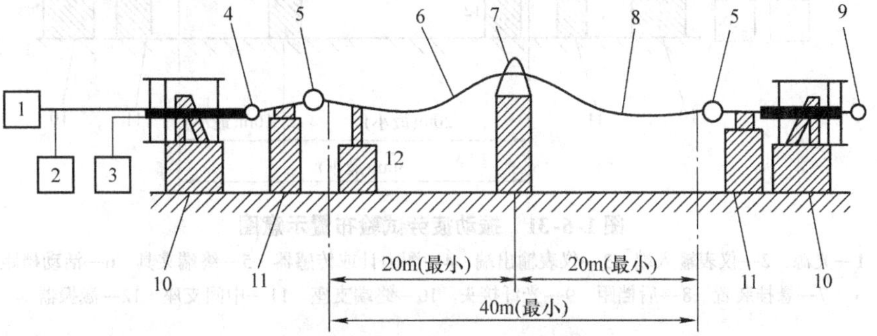

图1-6-30 舞动试验布置示意图

1—光源 2—仪表输入端 3—仪表输出端 4—测力计或传感器 5—终端装置 6—活动档距 7—悬挂装置 8—后档距 9—光纤接头 10—终端支座 11—中间支座 12—激振器

1. ADSS舞动试验

（1）技术要求

1）频率和幅值：激振频率调整至共振频率，最大峰对峰幅值与舞动环长比不小于1/25。

2）试验张力：不小于光缆年平均运行张力的50%，但不大于5000N。

3）舞动周期：不小于10^5次。

4）验收要求：试验过程中单模光纤的附加衰减不超过1.0dB/km（1550nm），多模光纤的附加衰减不超过1.0dB/km（1310nm），试验后光缆护套无裂纹及组件无缺陷。

（2）测试步骤 将送检样品安装到舞动试验设备上，在两端用夹持装置把光缆均匀地紧固，防止光缆的各元构件相互滑移，同时在约位于两个固定线夹中间处安装一个悬垂线夹，该悬垂线夹使ADSS光缆对于水平面的静态弧垂角不超过1°的高度。试样安装总跨距不小于35m，试验段有效跨距不小于20m，试验光纤长度最小100m。然后连续对其加载力值至试验张力，设定频率，开启舞动装置，使ADSS光缆承受至少10^5次舞动。约每2000个周期或每112min测试和记录一次机械和光学参数。光功率计在试验前至少1h至试验后至少2h间进行连续测量。最终的光功率测量在振动完成至少2h后进行。

（3）测试设备 舞动试验设备。

2. OPGW舞动试验

（1）技术要求

1）频率和幅值：测试频率为1～4Hz，也可以是引起单个或两个环的共振频率，波峰至波谷的振幅与环长之比应与活动跨度中所测的一致，维持在1/25左右。

2）试验张力：至少2% RTS。

3）舞动周期：不小于10^5次。

4）验收要求：试验过程中单模光纤在1550nm波长下和多模光纤在1300波长下的附加衰减不大于1.0 dB/km。试验后OPGW无机械损伤，如松股呈鸟笼状或断线则视为不合格。无残余附加衰减。

（2）测试步骤 将送检样品安装到舞动试验设备上，在两端用夹持装置把光缆均匀地紧固，防止光缆的各元构件相互滑移，同时在约位于两个固定线夹的中间网址一个悬垂线夹，该悬垂线夹使OPGW光缆对于水平面的静态弧垂角不超过1°的高度。试样安装总跨距不小于40m，试验段有效跨距不小于20m，试验光纤长度最小100m。然后连续对其加载力值至试验张力，设定频率，开启舞动装置，使OPGW光缆承受至少10^5次舞动。约每隔500次循环或每15min测试和记录一次机械和光学参数。光功率计在试验前至少1h至试验后至少2h间进行连续测量。最终的光功率测量在振动完成至少2h后进行。

（3）测试设备 舞动试验设备。

6.5.4 振动疲劳试验

对ADSS及OPGW/OPPC振动疲劳试验方法及试验布置基本相同，如图1-6-31所示。

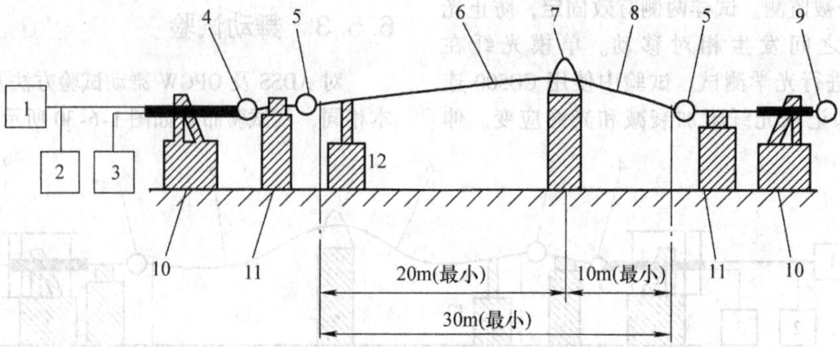

图1-6-31 振动疲劳试验布置示意图

1—光源 2—仪表输入端 3—仪表输出端 4—测力计或传感器 5—终端夹具 6—活动档距 7—悬挂装置 8—后档距 9—光纤接头 10—终端支座 11—中间支座 12—激振器

1. ADSS振动疲劳试验

（1）技术要求

1）测试拉力负荷为25%RTS。

2）在测试档距中安装悬垂线夹，形成主动段和被动段；主动段档距不小于20m，被动段档距不小于10m。

3）振动角（主动段悬垂处试样与水平面在静置状态下的夹角）应为1.75°±0.75°。

4）振动频率为82.92/缆径（cm）Hz；振幅约为缆径的1/2。

5）振动次数为不小于10^8次。

6）光纤测试长度不小于100m，测试波长为1550nm（单模光纤）或1300nm（多模光纤）。

（2）测试步骤 使用耐张线夹将不少于50m的试样安装在拉力试验线上，并安装悬垂线夹，调整悬垂线夹高度，形成所要求的振动角；将光纤测试回路连接到光学测试系统，至少每15min记录一次衰减变化情况；启动激振器，调整频率和振幅达到测试要求；连续测试直至达到所要求的测试次数；停止激振后持续监测光纤衰减2h，即完成测试。

（3）测试设备 拉力测试装置、电动激振台、光纤衰减监测系统。

2. OPGW/OPPC振动疲劳试验

（1）技术要求

1）测试拉力负荷在15%~25%RTS之间。

2）在测试档距中安装悬垂线夹，形成主动段和被动段；主动段档距不小于20m，被动段档距不小于10m。

3）振动角（主动段悬垂处试件与水平面在静置状态下的夹角）应为1.5°±0.5°。

4）振动频率为40Hz±10Hz；振幅约为缆径的1/3。

5）振动次数不小于3×10^7次。

6）光纤测试长度不小于100m，测试波长为1550nm（单模光纤）或1300nm（多模光纤）。

（2）测试步骤 使用耐张线夹将不少于50m的试件安装在拉力试验线上，并安装悬垂线夹，调整悬垂线夹高度，形成所要求的振动角。将光纤测试回路连接到光学测试系统，至少每15min记录一次衰减变化情况；启动激振器，调整频率和振幅达到测试要求；连续测试直至达到所要求的测试次数；停止激振后持续监测光纤衰减2h，即完成测试。

（3）测试设备 拉力测试装置、电动激振台、光纤衰减监测系统。

6.5.5 抗压试验

1. ADSS抗压试验

（1）技术要求

1）允许压扁力：见表1-6-21。

2）持续时间：1min。

表1-6-21　ADSS压扁力技术要求

结构	技术要求	
	允许压扁力/(N/100mm)	光纤附加衰减/dB
含内垫层	2200	≤0.1
不含内垫层	1000	≤0.1

3）验收要求：护套应无目力可见开裂，在允许压扁力下，光纤附加衰减应不大于0.1dB；在压力去除后，光纤无明显残余附加衰减。

（2）测试步骤　将送检样品安放在两块钢板之间，防止横向移动，再把送检样品两端光纤连接到单模光纤测试系统，然后，逐渐地而无任何突然变化地施加压扁力至规定的力值，并在保持时间1min后进行监测，然后逐渐卸去压扁力，5min后再进行最终监测光纤衰减变化和光缆表面检查。试验应施行3次，把力加在试样上间距不小于500mm的3个不同地方。

（3）测试设备　单模光纤测试系统，光缆机械性能试验设备。

2. OPGW抗压试验

（1）技术要求

1）压扁力：应符合厂商要求。

2）保持时间：10min。

3）压扁次数：3次。

4）压扁点间隔：约1m。

5）验收要求：应无目力可见开裂；试验过程中，在1550nm波长下光纤附加衰减应不大于0.05dB/km；试验后，光单元不圆度应不超过10%。

（2）测试步骤　将送检样品安装到微机控制卧式拉力机上，按要求加装负载，调整扭转角度，再把送检样品两端光纤连接到单模光纤测试系统，然后按规定的扭转次数进行试验。试验期间，监测并记录光纤衰减变化。试验后，对光缆表面进行检查，并进行解剖，测量其光单元的不圆度。

（3）测试设备　单模光纤测试系统，微机控制卧式拉力机。

6.5.6　扭转试验

1. ADSS扭转试验

（1）技术要求

1）轴向张力：150N。

2）受扭长度：1m。

3）扭转角度：±180°。

4）扭转次数：10次。

5）验收要求：护套应无目力可见开裂；在光缆扭转到极限位置下，光纤应无明显附加衰减；光缆回复到起始位置下，光纤应无明显残余附加衰减。

（2）测试步骤　将送检样品安装到微机控制光缆机械性能试验成套设备上，按要求加装负载，调整扭转角度，再把送检样品两端光纤连接到单模光纤测试系统，然后按规定的扭转次数进行试验。试验期间，监测并记录光纤衰减变化。试验后，对光缆表面进行检查。

（3）测试设备　单模光纤测试系统，微机控制光缆机械性能试验成套设备。

2. OPGW扭转试验

（1）技术要求

1）轴向张力：20% RTS。

2）有效长度：至少10m。

3）扭转角度：±90°。

4）扭转次数：2次。

5）验收要求：应无目力可见开裂；试验过程中，在1550nm波长下光纤附加衰减应不大于0.1dB/km。

（2）测试步骤　将送检样品安装到微机控制卧式拉力机上，按要求加装负载，调整扭转角度，再把送检样品两端光纤连接到单模光纤测试系统，然后按规定的扭转次数进行试验。试验期间，监测并记录光纤衰减变化。试验后，对光缆表面进行检查。

（3）测试设备　单模光纤测试系统，微机控制卧式拉力机。

6.5.7　滴流试验

1. ADSS滴流试验

（1）技术要求

1）试验方法：按GB/T 7424.1－F8“光缆环境性能试验方法　填充复合物滴流”。

2）试验设备：电热老化箱或烘箱，有效工作区的温度偏差应不大于±2℃；锋利的冲刀。

3）试样要求：用锋利的冲刀（或其他工具），从填充式光缆上截取三段长约300mm±5mm的试样，将试样一端的护套剥去约130.0mm±2.5mm，然后再将内垫层或包带层剥去约80.0mm±2.5mm。暴露出缆芯。轻微抖动缆芯，均匀散开缆线。

4）试验条件：恒温时间24h，试验温度

70.0℃ ±1℃。

5）验收要求：试验期满后，用目力检查是否有填充复合物从缆芯或缆芯与护套的界面流出或滴出。

（2）测试步骤 准备5根ADSS样品，长度为300mm ±5mm。将其一端去除一段130mm ±2.5mm的外护套材料，并在同一端去除一段80mm ±2.5mm的非填隙光缆构件。将样品垂直悬挂在温度箱的有效区域，每根样品的正下方放置1只烧杯用于收集光单元滴下的物质。在70.0℃保持24h后，观察是否有填充复合物从光单元中流出或滴出。

（3）测试设备 热老化试验箱。

2. OPGW滴流试验

（1）技术要求

1）试验方法：按GB/T 7424.1－F8“光缆环境性能试验方法 填充复合物滴流”。

2）试验设备：电热老化箱或烘箱，有效工作区的温度偏差应不大于±2℃；锋利的冲刀。

3）试样要求：用锋利的冲刀（或其他工具），从填充式光缆上截取三段长约300mm ±5mm的试样。

4）试验条件：试验温度70.0℃ ±1℃，恒温时间24h。

5）验收要求：试验期满后，用目力检查是否有填充复合物从缆芯或缆芯与护套的界面流出或滴出。

（2）测试步骤 准备3根OPGW样品，长度为300mm ±5mm。将光单元外层绞丝全部剥除。确保样品两端未封死。将样品垂直悬挂在热老化试验箱的有效区域，每根样品的正下方放置1只烧杯用于收集光单元滴下的物质。在70℃ ±1℃保持24h后，观察是否有填充复合物从光单元中滴落。

（3）测试设备 热老化试验箱。

6.5.8 渗水试验

1. ADSS渗水试验

（1）技术要求

1）按GB/T 7424.1－F5“光缆环境性能试验方法 渗水”中L型方法对缆芯进行测试。

2）试样长度：从成品光缆端部取一段1m长的光缆试样。

3）试验条件：荧光染料水溶液应对试样中心形成1m高的水头。含水溶性荧光染料的水溶液：荧光材料通常用荧光素钠盐，其浓度为0.2g/L。

4）试验温度：20℃ ±5℃，气压：86～100kPa。

5）试验时间：1h，必要时试样应在试验温度下预处理适当的时间，以达到均衡。

6）验收要求：试验完毕，在试样1m长的远处一端用紫外灯检查是否有荧光染料，如无水渗出，则判定为合格。若第一个样品失败，则取光缆临近的另外一端重做试验，如测试合格，则判定为合格；如失败，则判定为不合格。

（2）测试步骤 从送检样品上截取一段1m长的试样。将样品安装在渗水试验设备上。打开1m高水柱开关，保持1h。

（3）测试设备 渗水试验装置。

2. OPGW渗水试验

（1）技术要求

1）试验方法：按GB/T 7424.1－F5“光缆环境性能试验方法 渗水”中L型方法。

2）试验长度：从成品OPGW端部取一段1m长的光单元试样。

3）试验条件：荧光染料水溶液应对试样中心形成1m高的水头。

4）试验温度：20℃ ±5℃。

5）试验时间：1h，必要时试样应在试验温度下预处理适当的时间，以达到均衡。

6）验收要求：试验完毕，在试样1m长的远处一端用紫外灯检查是否有荧光染料，如无水渗出，则判定为合格。若第一个样品失败，则取光缆临近的另外一端重做试验，如测试合格，则判定为合格；如失败，则判定为不合格。

（2）测试步骤 从成品光缆端部取一段1m样长的光单元试样。将样品水平安装在设备上。打开开关，保持1h。

（3）测试设备 渗水试验装置。

6.5.9 温度循环试验

1. ADSS温度循环试验

（1）技术要求

1）试验方法：按GB/T 7424.1－F1“光缆环境性能试验方法 温度循环”。

2）试样长度：应足以获得衰减测量所需的精度，宜不小于1.5km。

3）温度范围：试验温度范围的低限 T_A 和高限 T_B 应符合表1-6-22规定。

4）保持时间 t_1：应足以使试样温度达到稳定，应不少于24h。

5）测试光纤数：至少10根光纤，当光纤数小于10根时，应全部测试。

表 1-6-22　试验温度范围

分级代号	适用温度范围 /℃		单模光缆允许光纤附加衰减 /(dB/km)			多模光缆允许光纤附加衰减/(dB/km)
A	低限 T_A	高限 T_B	1 级	2 级	3 级	
B	-40	+65				≤0.50
C	-30	+65	≤0.05	≤0.10	≤0.15	≤0.30
D	-20	+65				≤0.20

注：光缆温度附加衰减为适用温度下相对于 20℃下的光纤衰减差。

6）循环次数：2 次。

7）衰减监测：宜按 YD/T 629.2—1993 规定的测试方法测试，在试验期间，监测仪表的重复性引起的监测结果的不确定性应优于 0.02dB/km。试验中光纤衰减变化量的绝对值不超过 0.02dB/km 时，可判为衰减无明显变化。允许衰减有某数值的变化时，应理解为该数值已包括不确定性在内。多模光纤衰减变化监测在 1300nm 波长上进行；B4 单模光纤衰减变化监测 1550nm 波长上进行；B1.1 单模光纤衰减变化监测应在 1300nm 和 1550nm 两个波长上进行，以两者中较差的监测结果来评定温度附加衰减等级。

8）验收要求：应符合表 1-6-22 规定。

（2）测试步骤　将整盘送检样品放入光缆环境温度试验箱。在 20℃ ±5℃下预处理 24h；然后以适当的冷却速率把温度降低到适当的低温 T_A，温度达到稳定后，样品暴露于该低温条件下适当时间 t_1；再以适当的加热速率把温度升高到适当的高温 T_A，温度达到稳定后，样品暴露于该高温条件下适当时间 t_1，再以适当的冷却速率把温度降低到环境温度值。这个程序构成一个循环，循环 2 次。试验期间，应持续监测光纤衰减，每一个温度转折点应记录光纤衰减。试验后，对光缆表面进行检查。

（3）测试设备　光时域反射仪，光缆环境温度试验箱。

2. OPGW 温度循环试验

（1）技术要求

1）试验方法：按 GB/T 7424.1－F1 “光缆环境性能试验方法 温度循环”。

2）试样长度：应足以获得衰减测量所需的精度，宜不小于 500m。

3）温度范围：低限 T_A 为 －40℃；高限 T_B 为 65℃。

4）保持时间 t_1：应不少于 12h。

5）循环次数：2 次（除非另有规定）。

6）衰减监测：宜按 YD/T 629.2—1993 规定的测试方法测试，在试验期间，监测仪表的重复性引起的监测结果的不确定性应优于 0.02dB/km。光纤衰减变化监测应在 1300nm 和 1550nm 两个波长上进行，以两者中较差的监测结果来评定温度附加衰减等级。

7）验收要求：相对于 20℃时的附加衰减应不大于 0.1dB/km。

（2）测试步骤　将整盘送检样品放入光缆环境温度试验箱。在 20℃ ±5℃下预处理 24h；然后以适当的冷却速率把温度降低到适当的低温 T_A，温度达到稳定后，样品暴露于该低温条件下适当时间 t_1；再以适当的加热速率把温度升高到适当的高温 T_A，温度达到稳定后，样品暴露于该高温条件下适当时间 t_1，再以适当的冷却速率把温度降低到环境温度值。这个程序构成一个循环，循环 2 次。试验期间，应持续监测光纤衰减，每一个温度转折点应记录光纤衰减。试验后，对光缆表面进行检查。

（3）测试设备　光时域反射仪，光缆环境温度试验箱。

6.5.10　OPGW 盐雾试验

1. 技术要求

1）试样长度：75cm ±5cm。

2）热缩套管长度：7.5cm ±0.5cm。

3）保持时间：1000h。

4）盐雾配置：浓度为 50g/L ±5g/L，导电率不超过 20μS/cm，pH 不超出 6.0～7.0 范围。

2. 测试步骤

取 3 根符合要求长度的 OPGW 样品安装在盐雾试验装置上，按要求配制溶液，检查 pH 和电导率，记录时间及各参数，开启盐雾试验装置，开始试验。1000h 后，取出试验样品，对样品进行检查。

3. 测试设备

盐雾试验装置。

6.5.11 OPGW雷击试验

1. 技术要求

1）试验方法：按 DL/T 832—2003 中附录 F。

2）验收要求：试验完成后，单模光纤在1550nm 波长下和多模光纤在 1300 波长下的附加衰减不大于1.0dB；如果发现任何单线断裂，应计算OPGW 其余未断股线的残余抗拉力，若其残余抗拉力小于75%RTS，应判为不合格。

2. 测试步骤

将 OPGW 样品安装在试验架上，施加 15%RTS试验张力。将多根光纤熔接在一起，使得测试的光纤总长度（即在终端装置之间的长度）不小于100m，至少每管或每束光纤中有一根光纤被监测。试样两侧有效固定，防止光纤与 OPGW之间发生相对移动。单模光纤在 1550nm 波长进行光学测试。试验中使用光源、光功率计测量光纤衰减。以要求的转移电荷对试样进行模拟雷击。在同一试样的不同点上模拟试验 5 次。如发现单丝断裂，应计算残余抗拉力。

3. 测试设备

雷击试验装置，单模光纤测试系统。

6.5.12 OPGW 短路电流试验

1. 技术要求

1）试验方法：按 DL/T 832—2003 中附录 E；

2）验收要求：试验完成后，单模光纤在1550nm 波长下和多模光纤在 1300 波长下的附加衰减不大于1.0dB；OPGW 在规定的最高温度下其性能应不受影响。试样经受拉力试验后，应能承受不小于75%RTS 的拉力而无任何构件损伤或断裂。

2. 测试步骤

将多根光纤熔接在一起，并将光纤固定于接头盒中。将 OPGW 样品安装在试验架上，施加 15%RTS 试验张力。试样两侧有效固定，防止光纤与OPGW 之间发生相对移动。按试验要求放置温度传感器，检查各装置后，开始试验。单模光纤在1550nm 波长进行光学测试。试验中使用光源、光功率计测量光纤衰减。

3. 测试设备

短路试验装置，单模光纤测试系。

6.5.13 ADSS 耐电痕试验

1. 技术要求

1）试验方法：按照 DL/T 788—2001 附录 D：耐电痕试验，试验所用光缆应完成抗紫外线性能的测试。

2）张力负荷：25%RTS。

3）试验时间：1000h。

4）试验电压：30kV（推荐适用于空间电位不大于20kV 的情况，当空间电位大于20kV时，试验电压由用户和厂家协商）。

5）频率：50Hz。

6）验收要求：试验结束后，光缆表面任一点的痕迹或蚀点不得超过外护套厚度的50%。

2. 测试步骤

截取合适长度的送检样品置于耐电痕试验装置上，根据要求施加张力负荷，调配溶液和水，调整喷雾装置，开始喷雾后，施加试验电压，试验中电压应保持不变。试验后，对光缆表面进行检查。

3. 测试设备

耐电痕试验装置。

6.5.14 ADSS 紫外老化试验

1. 技术要求

1）参照 IEC 60068-2-5—2010《环境试验 第2-5部分：试验 试验Sa：地面上的模拟太阳辐射和太阳辐射测试指南》的试验方法。

2）试验温度：对于低密度和中密度的聚乙烯材料，温度不能超过80℃；高密度聚乙烯材料，温度不能超过85℃；交联的聚乙烯材料，温度不能超过90℃。但所有温度均不能低于50℃。

3）试验时间：1000h。

4）验收要求：外护套无目力可见开裂。

2. 测试步骤

截取合适长度的送检样品置于紫外老化箱中，再调整至规定温度，恒温 1000h。试验后对光缆表面进行检查。

3. 测试设备

紫外老化箱。

6.5.15 ADSS 热老化试验

1. 技术要求

1）试验方法：按 GB/T 7424.1-F1“光缆环境性能试验方法 温度循环”。在完成温度循环试验后，将光缆置于 85℃ ±2℃ 的环境中，120h 后取出，检查光缆各部分结构的完整性并测试光纤衰减。

2）验收要求：光缆外护套无目力可见开裂，

各部分标记完好，光纤附加衰减不大于 0.20dB/km。

2. 测试步骤

将整盘送检样品放入光缆环境温度试验箱。在 20℃ ±5℃下预处理 24h；然后以适当的加热速率把温度升高到适当的 85℃左右，温度达到稳定后，样品暴露于该高温条件下 120h。试验期间，应持续监测光纤衰减。试验后，应记录光纤衰减，对光缆表面进行检查。

3. 测试设备

光时域反射仪，光缆环境温度试验。

附　录

国内外架空导线相关标准目录

附录 A　现行中国国家及行业标准

1. GB/T 1179—2008　圆线同心绞架空导线
2. GB/T 20141—2006　型线同心绞架空导线
3. GB/T 30550—2014　含有一个或多个间隙的同心绞架空导线
4. GB/T 17048—2009　架空绞线用硬铝线
5. GB/T 23308—2009　架空绞线用铝 - 镁 - 硅系合金圆线
6. GB/T 29324—2012　架空导线用纤维增强树脂基复合材料芯棒
7. GB/T 29325—2012　架空绞线用软铝型线
8. GB/T 30551—2014　架空绞线用耐热铝合金线
9. NB/T 42042—2014　架空绞线用中强度铝合金线
10. GB/T 3428—2012　架空绞线用镀锌钢线
11. GB/T 22077—2008　架空导线蠕变试验方法

附录 B　现行 IEC 标准

1. IEC 60104—1987

Aluminium - magnesium - silicon alloy wire for overhead line conductors

架空导线用铝镁硅合金导线

2. IEC 60121—1960

Recommendation for commercial annealed aluminium electrical conductor wires

工业用电工退火铝线的建议

3. IEC 60888—1987

Zinc - coated steel wires for stranded conductors

绞线用镀锌钢线

4. IEC 60889—1987

Hard - drawn aluminium wire for overhead line conductors

架空导线用硬铝线

5. IEC 61089—1991

Round wire concentric lay overhead electrical stranded conductors

圆线同心绞架空导线

6. IEC 61089 AMD 1—1997

Round wire concentric lay overhead electrical stranded conductors; Amendment 1

修订 1：圆线同心绞架空导线

7. IEC 61232—1993

Aluminium - clad steel wires for electrical purposes

电工用铝包钢线

8. IEC 61284—1997

Overhead lines - Requirements and tests for fitting

架空导线 配件的要求和测试

9. IEC 61284 Corrigendum 1—1998

Overhead lines - Requirements and tests for fitting

勘误 1：架空导线 配件的要求和测试

10. IEC 61394—2011

Overhead lines - Requirements for greases for aluminium, aluminium alloy and steel bare conductors

架空导线用铝，铝合金和钢裸导线用润滑脂的要求

11. IEC 61394 Corrigendum 1—2012

Overhead lines - Requirements for greases for aluminium, aluminium alloy and steel bare conductors

勘误 1：架空导线用铝、铝合金和钢裸导线用润滑脂的要求

12. IEC 61395—1998

Overhead electrical conductors - Creep test procedures for stranded conductors

架空导线蠕变试验方法

13. IEC/TR3 61597—1995

Overhead electrical conductors – Calculation methods for stranded bare conductors; Technical Report Type 3

架空导线的计算方法（Ⅲ型技术报告）

14. IEC 61854—1998

Overhead lines – Requirements and tests for spacers

架空输电线路用间隔棒的要求和试验

15. IEC 62004—2007

Thermal resistant aluminium alloy wire for overhead line conductor

架空导线用耐热铝合金导线

16. IEC 62219—2002

Overhead electrical conductors – Formed wire, concentric lay, stranded conductors

型线同心绞架空导线

17. IEC 62420—2008

Concentric lay stranded overhead electrical conductors containing one or more gap (s)

含一个或多个间隙的同心绞架空导线

18. IEC 62567—2013

Overhead lines – Methods for testing self – damping characteristics of conductors

架空导线自阻尼特性试验方法

附录 C 欧盟标准

1. EN 50182—2001

Conductors for overhead lines – Round wire concentric lay stranded conductors Incorporates Corrigendum April 2004

圆线同心绞架空线导线（合并勘误表 2004 年 4 月）

2. EN 50183—2000

Conductors for Overhead Lines Aluminium – Magnesium – Silicon Alloy Wires

架空导线用铝镁硅合金线

3. EN 50189—2000

Conductors for Overhead Lines Zinc Coated Steel Wires

架空导线用镀锌钢线

4. EN 50326—2002

Conductors for overhead lines – Characteristics of greases

架空导线用润滑脂特性

5. EN 50540—2010

Conductors for overhead lines – Aluminium Conductors Steel Supported (ACSS)

钢芯软铝绞线（ACSS）

6. EN 60889—1997

Hard – Drawn Aluminium Wire for Overhead Line Conductors [Superseded: CENELEC HD 532 S1]

架空导线用硬铝线（替代：CENELEC HD 532 S1）

7. EN 61232—1995

Aluminium – Clad Steel Wires for Electrical Purposes (Incorporates Amendment A11: 2000)

电工用铝包钢线（包含修改单 A11 - 2000）

8. EN 61395—1998

Overhead Electrical Conductors Creep Test Procedures for Stranded Conductors

架空导线蠕变试验方法

9. EN 62004—2009

Thermal – resistant aluminium alloy wire for overhead line conductor

架空导线用耐热铝合金线

10. EN 62219—2002

Overhead electrical conductors Formed wire, concentric lay, stranded conductors (IEC 62219: 2002)

型线同心绞架空线导线（IEC 62219: 2002）

11. EN 62420—2008

Concentric lay stranded overhead electrical conductors containing one or more gap (s)

含一个或多个间隙的同心绞架空导线

12. EN 62567—2013

Overhead lines – Methods for testing self – damping characteristics of conductors.

架空导线自阻尼特性试验方法

附录 D 德国标准

1. DIN EN 50182—2001

Conductors for overhead lines – Round wire concentric lay stranded conductors; German version EN 50182: 2001

圆线同心绞架空线导线（德文版本 EN 50182: 2001）

2. DIN EN 50182 Berichtigung 1—2006

Conductors for overhead lines – Round wire concentric lay stranded conductors – German version EN 50182：2001，Corrigenda to DIN EN 50182：2001－12；CENELEC – Corrigendum June 2005 zu EN 50182：2001

圆线同心绞架空线导线（修改单）

3. DIN EN 50183—2000

Conductors for overhead lines – Aluminium – magnesium – silicon alloy wires；German version EN 50183：2000

架空导线用铝镁硅合金线（德文版本 EN 50183：2000）

4. DIN EN 50189—2000

Conductors for overhead lines – Zinc coated steel wires；German version EN 50189：2000

架空导线用镀锌钢线（德文版本 EN 50189：2000）

5. DIN EN 50326—2003

Conductors for overhead lines – Characteristics of greases；German version EN 50326：2002

空导线用润滑脂特性（德文版本 EN 50326：2002）

6. DIN EN 50540—2011

Conductors for overhead lines – Aluminium Conductors Steel Supported（ACSS）；German version EN 50540：2010

钢芯软铝绞线（ACSS）（德文版本 EN 50540：2010）

7. DIN EN 60889—1997

Hard – drawn aluminium wire for overhead line conductors（IEC 60889：1987）；German version EN 60889：1997

架空导线用硬铝线（德文版本 EN 60889：1987）

8. DIN EN 61395—1998

Overhead electrical conductors – Creep test procedures for stranded conductors（IEC 61395：1998）；German version EN 61395：1998

架空导线蠕变试验方法（德文版本 EN 61395：1998）

9. DIN EN 61854—1999

Overhead lines – Requirements and tests for spacers（IEC 61854：1998）；German version EN 61854：1998

架空输电线路用间隔棒的要求和试验（德文版本 EN 61854：1998）

10. DIN EN 62004—2010

Thermal – resistant aluminium alloy wire for overhead line conductor（IEC 62004：2007，modified）；German version EN 62004：2009

架空导线用耐热铝合金线（IEC 62004：2007，修改采用）（德文版本 EN 62004：2009）

11. DIN EN 62219—2003

Overhead electrical conductors – Formed wire，concentric lay，stranded conductors（IEC 62219：2002）；German version EN 62219：2002

型线同心绞架空线导线（IEC 62219：2002）（德文版本 EN 62219：2002）

12. DIN EN 62420—2009

Concentric lay stranded overhead electrical conductors containing one or more gap（s）（IEC 62420：2008）；German version EN 62420：2008

含一个或多个间隙的同心绞架空导线（德文版本 EN 62420：2008）

13. DIN EN 62567—2013

Overhead lines – Methods for testing self – damping characteristics of conductors（IEC 62567：2013）；German version EN 62567：2013

架空导线自阻尼特性试验方法（德文版本 EN 62567：2013）

附录 E 法国标准

1. NF C34－110－4—2009

Thermal – resistant aluminium alloy wire for overhead line conductor.

架空导线用耐热铝合金线

2. NF C34－111—1998

Hard – drawn aluminium wire for overhead line conductors.

架空导线用硬铝线

3. NF C34－112—2001

Conductors for overhead lines – Aluminium – magnesium – silicon alloy wires.

架空导线用铝镁硅合金线

4. NF C34－113—2001

Conductors for overhead lines – Zinc coated steel wires.

架空导线用镀锌钢线

5. NF C34－119—2004

Overhead electrical conductors – Formed wire,

concentric lay, stranded conductors.

型线同心绞架空线导线

6. NF C34 -125—2001

Conductors for overhead lines - Round wire concentric lay stranded conductors.

圆线同心绞架空线导线

7. NF C34 -140—2001

Overhead electrical conductors - Creep test procedures for standard conductors.

架空导线蠕变试验方法

8. NF C34 -200—2003

Conductors for overhead lines - Characteristics of greases.

架空导线用润滑脂特性

9. NF C34 -420—2011

Concentric lay stranded overhead electrical conductors containing one or more gap (s).

含一个或多个间隙的同心绞架空导线

10. NF C34 -540—2011

Conductors for overhead lines - Aluminium Conductors Steel Supported (ACSS).

钢芯软铝绞线

11. NF C34 -567—2014

Overhead lines - Methods for testing self - damping characteristics of conductors.

架空导线自阻尼特性试验方法

附录 F　美国标准

1. ANSI/IEEE 563—1991

Guide for Conductor Self - Damping Measurements

导线自阻尼测量指南

2. ANSI/IEEE 738—2006

Standard for Calculating the Current - Temperature of Bare Overhead Conductors

架空导线瞬时温度的计算标准

3. ANSI/IEEE 1368—2006

Guide for Aeolian Vibration Field Measurements of Overhead Conductors

架空导线微风振动现场测量指南

4. ANSI/IEEE 524—2003

Guide to the Installation of Overhead Transmission Line Conductors

架空导线安装指南

附录 G　加拿大标准

1. CSA CAN/CSA - C60888: 03—2003

Zinc - coated steel wires for stranded conductors First Edition; Update No. 1: May 2008

绞线用镀锌钢线

2. CSA CAN/CSA - C60889: 03—2003

Hard - drawn aluminium wire for overhead line conductors First Edition

架空导线用硬铝线

3. CSA C49. 2 -10—2010

Compact round aluminum conductors steel reinforced (ACSR) Second Edition

钢芯铝绞线（ACSR）. 第 2 版

4. CSA C49. 5 -10—2010

Compact round aluminum stranded conductors (compact round ASC) Second Edition

紧压圆铝绞线. 第 2 版

附录 H　日本标准

1. JIS E2220—2001

Electric traction overhead lines - Connecting sleeves of stranded conductors

电力牵引架空线. 绞合导线的连接套管

2. JIS C3109—1994

Hard - drawn aluminium stranded conductors

硬铝绞线

3. JIS C3110—1994

Aluminium conductors steel reinforced

钢芯铝绞线

4. JIS G3537—2011

Zinc - coated steel wire strands

镀锌钢绞线

5. JIS G3548—2011

Zinc - coated steel wires

镀锌钢线

6. JIS H4040—2006

Aluminium and aluminium alloy rods, bars and wires

铝和铝合金杆材、棒材和线材

7. JIS C3108—1994

Hard - drawn aluminium wires for electric purposes

电工用硬铝线

附录I 澳大利亚标准

1. AS 1222.1—1992

Steel conductors and stays – Bare overhead – Galvanized (SC/GZ)

架空导线用镀锌钢线和镀锌钢绞线（SC/GZ）

2. AS 1222.2—1992

Steel conductors and stays – Bare overhead – Aluminium clad (SC/AC)

架空导线用铝包钢线和铝包钢绞线（SC/AC）

3. AS 1531—1991

Conductors – Bare overhead – Aluminium and aluminium alloy

架空导线用铝和铝合金线

4. AS 3607—1989

Conductors – Bare overhead, aluminium and aluminium alloy – Steel reinforced

钢芯铝绞线和钢芯铝合金绞线

5. AS 3822—2002

Test methods for bare overhead conductors

架空导线试验方法

6. ENA C (b) 1—2006

Guidelines for design and maintenance of overhead distribution and transmission lines

架空输配电线路的设计和维护导则

附录J 英国标准

1. BS 215-1—1970

Specification for aluminium conductors and aluminium conductors, steel-reinforced for overhead power transmission – Aluminium stranded conductors

架空电力传输用铝绞线和钢芯铝绞线规范．第1部分：铝绞线

2. BS 215-2—1970

Specification for aluminium conductors and aluminium conductors, steel-reinforced for overhead power transmission – Aluminium conductors, steel-reinforced

架空电力传输用铝绞线和钢芯铝绞线规范．第2部分：钢芯铝绞线

3. BS EN 50182—2001

Conductors for overhead lines – Round wire concentric lay stranded conductors

圆线同心绞架空线导线

4. BS EN 50183—2000

Conductors for overhead lines – Aluminium-magnesium-silicon alloy wires

架空导线用铝镁硅合金线

5. BS EN 50189—2000

Conductors for overhead lines – Zinc coated steel wires

架空导线用镀锌钢线

6. BS EN 50326—2002

Conductors for overhead lines – Characteristics of greases

架空导线用润滑脂特性

7. BS EN 50540—2010

Conductors for overhead lines – Aluminium conductors steel supported (ACSS)

钢芯软铝绞线

8. BS EN 60889—1997

Hard drawn aluminium wire for overhead line conductors

架空导线用硬铝线

9. BS EN 61394—2012

Overhead lines. Requirements for greases for aluminium, aluminium alloy and steel bare conductors

架空导线用铝、铝合金和裸钢绞线用润滑脂的要求

10. BS EN 61395—1998

Overhead electrical conductors – Creep test procedures for stranded conductors

架空导线蠕变试验方法

11. BS EN 62004—2009

Thermal-resistant aluminium alloy wire for overhead line conductor

架空导线用耐热铝合金线

12. BS EN 62219—2002

Overhead electrical conductors – Formed wire, concentric lay, stranded conductors

型线同心绞架空导线

13. BS EN 62420—2008

Concentric lay stranded overhead electrical conductors containing one or more gap (s)

含一个或多个间隙的同心绞架空导线

14. BS EN 62567—2013

Overhead lines. Methods for testing self-damping characteristics of conductors

架空导线自阻尼特性试验方法

参考文献

[1] 毛庆传．我国架空输电线制造业现状与发展．特种架空导线技术研讨会论文［C］．2008.

[2] Aluminum Electrical Conductor Handbook. the Aluminum Association. 1989.

[3] IEC/TR3 61597 - 1995. Overhead electrical conductors - Calculation methods for stranded bare conductors.

[4] 刘士璋．铝绞线钢芯铝绞线交直流电阻及载流量的计算［J］．电线电缆，1988（12），6-12.

[5] 叶鸿声，钱广忠．钢芯铝绞线交流电阻计算方法的探讨．新型架空输电线技术与应用研讨会论文集［C］．2010，130-154.

[6] 沈建华，徐睿．圆线同心绞架空导线参数、机械和物理性能计算．中国电器工业协会电线电缆六届一次输电导地线学术年会论文集［C］．2006，226-250.

[7] 国家质量监督检验检疫总局，中国国家标准化管理委员会．GB/T 1179—2008 圆线同心绞架空导线［S］．北京：中国标准出版社，2008.

[8] 中国电器工业协会．GB/T 20141—2006 型线同心绞架空导线［S］．北京：中国标准出版社，2006.

[9] 毛庆传．铜铝导体及其线材应用与发展．2010 电线电缆论坛—十年回顾与展望．

[10] 国家电力公司电网建设分公司．三峡至常州±500kV 直流输电工程 龙泉至政平直流线路用钢芯铝绞线（ACSR-720/50）工程招投标技术要求，2001.

[11] 国家电网公司．锦屏—苏南±800kV 特高压直流线路钢芯铝绞线 JL/G3A-900/40-72/7、JL/G3A-900/75-84/7 技术条件，2009.

[12] 国家电网公司．钢芯铝绞线 JL/G3A-1000/45 JL/G2A-1000/80 技术条件，2012.

[13] 国家电网公司．钢芯铝绞线 JL1/G3A-1250/70-76/7 JL1/G2A-1250/100-84/19 钢芯成型铝绞线 JL1X1/G3A-1250/70-431 JL1X1/G2A-1250/100-437 铝合金芯成型铝绞线 JL1X1/LHA1-800/550-452 技术条件，2013.

[14] 国家电网公司企业标准．Q GDW 1815—2012 铝合金芯高导电率铝绞线．

[15] 黄豪士．应力转移型特强钢芯软铝型线绞线的特性和应用［J］．电世界，2012 增刊．

[16] 温作铭，叶鸿声，等．1000kV 苏通长江大跨越输电线路导线选择．中国电机工程学会输电线路专委会，特种导线及电力金具研讨会论文集［C］．2013.

[17] IEC 62567：2013 Overhead Lines—Methods for testing self-damping characteristics of conductors.

第2篇

绕组线

绕组线是一种具有绝缘层的导电金属电线，用以绕制电工产品的线圈或绕组。其作用是通过电流产生磁场，或切割磁力线产生感应电流，实现电能和磁能的相互转换，故又称为电磁线。

绕组线的导电线芯有圆线、扁线、带、箔等，目前多数采用铜线，也有部分采用铝线，为提高铝绕组线的抗拉强度，可采用高导电、高强度铝合金；250℃以上高温绕组线的导电线芯须采用抗氧化的复合金属，如镍包铜线等。

绕组线的绝缘层目前除部分采用天然材料（如绝缘纸、植物油、天然丝等）外，主要采用有机合成高分子化合物（如聚酯、缩醛、聚氨酯、聚酯亚胺、聚酰亚胺、聚酰胺酰亚胺树脂等）和无机材料（如玻璃丝、氧化铝膜等）。由于用单一材料构成的绝缘层在性能上有一定的局限性，因此，有的绕组线采用复合绝缘或组合绝缘。复合绝缘用两种或两种以上材料组合在一起，取长补短，以提高绝缘层的综合性能。如在聚酯亚胺、聚氨酯等漆包线表面再用尼龙或聚酰胺酰亚胺作为外涂层，可显著提高其耐刮性和耐化学性能。组合绝缘，如玻璃丝包线由玻璃丝和胶粘绝缘漆组成绝缘层，又如纸包线一般浸在绝缘油中使用，实际上是油纸组合绝缘。

绕组线按照绝缘层的特点和用途，可分为漆包线、绕包绝缘线、特种绝缘绕组线等三大类。本章按上述分类方式进行论述。绕组线型号编制方法见表 2-0-1。

表 2-0-1　绕组线型号编制方法

漆包线	绕包绝缘线	特种绝缘绕组线
Q　油性漆包线	S　单丝包线	S　潜水电机绕组线
QA　聚氨酯漆包线	SE　双丝包线	Y　聚乙烯绝缘耐水线
QQ　缩醛漆包线	D　涤纶丝包线	V　聚氯乙烯绝缘耐水线
QZ　聚酯漆包线	Z　纸包绕组线	YJ　交联聚乙烯绝缘耐水线
QZY　聚酯亚胺漆包线	SB　玻璃丝包线	N　尼龙护套
QY　聚酰亚胺漆包线	SBE　双玻璃丝包线	YM　氧化膜
QY（F）　芳族聚酰亚胺漆包线	SBQ　玻璃丝包漆包线	C　涂层
QXY　聚酰胺酰亚胺漆包线	M　薄膜绕包线	BM　玻璃膜
QZXY　聚酯－酰胺－亚胺漆包线	YF　聚酰亚胺－氟46复合薄膜绕包线	Q＊J　漆包绞线
Q（A/X）　聚酰胺复合聚氨酯漆包线	H　换位导线	
Q（Z/X）　聚酰胺复合聚酯漆包线		
Q（ZY/X）　聚酰胺复合聚酯亚胺漆包线		
Q（Z/XY）　聚酰胺酰亚胺复合聚酯漆包线		
Q（ZY/XY）　聚酰胺酰亚胺复合聚酯亚胺漆包线		
N　自粘性漆包线		
H　直焊漆包线		
ZH　自润滑漆包线		
BP　抗电晕漆包线		

导体		其他	
导体材料	导体特征	耐热等级	漆膜厚度
T　铜（省略）	B　扁线	×××－＊/120　120 级	漆包线
L　铝	D　带（箔）	×××－＊/130　130 级	1　级薄漆膜
TWC　无磁性铜	J　绞制	×××－＊/155　155 级	2　级厚漆膜
A　合金导体	R　柔软	×××－＊/180　180 级	3　级特厚漆膜
M　锰铜	BK　空心扁线	×××－＊/200　200 级	自粘层漆包线
NG　镍铬		×××－＊/220　220 级	1B　薄漆膜
Y　银		×××－＊/240　240 级	2B　厚漆膜

绕组线型号组成

系列代号	绝缘层		导体		其他	
	绝缘性质	绝缘特征	导体性质	导体特征	漆膜厚度	耐热等级

举例说明：QZYHN－1B/180　0.16 GB/T 6109.17—2008 表示 180 级自粘性直焊聚酯亚胺漆包铜圆线薄漆膜标称直径 0.16mm。

Q（ZY/XY）－2/200 0.25 GB/T 6109.20—2008 表示 200 级聚酰胺酰亚胺复合聚酯亚胺漆包铜圆线厚漆膜标称直径 0.25mm。

SBQ－25/130　4.0　GB/T 7672.3—2008 表示 130 级单玻璃丝包漆包圆铜线绝缘厚度 0.25mm 标称直径 4.0mm。

SBEQB－40/180 2.00×5.00 GB/T 7672.5—2008 表示 180 级双玻璃丝包漆包扁铜线绝缘厚度 0.40mm 标称尺寸 a 边 2.00mm b 边 5.00mm。

SBEQLB－40/130 2.00×5.00　GB/T 7672.5—2008 表示 130 级双玻璃丝包漆包扁铝线绝缘厚度 0.40mm 标称尺寸 a 边 2.00mm b 边 5.00mm。

第1章

漆包线

漆包线是绕组线的一个主要种类，其由金属导体作导电芯，外表涂覆高分子绝缘层等两部分组成；是电磁能转化为机械能、热能、声能及光能，或是机械、化学、热、声及光等能量转化为电磁能的功能型材料；是工业电机（包括电动机和发电机）、变压器、电工仪表、电力及电子元器件、电动工具、家用电器、汽车电器等用来绕制电磁线圈的主要材料。其特点是，漆膜均匀、光滑，有利于线圈的绕制成型；漆膜比较薄，有利于提高空间因数。

1.1 漆包线的品种、规格、特点和用途

漆包线的品种、规格范围、特点和用途见表2-1-1。

表2-1-1 漆包线的品种、规格、特点和主要用途

类别	产品名称	型号	规格范围①/mm	特点 耐热等级	特点 优点	特点 局限性	主要用途	标准号
1	2	3	4	5	6	7	8	9
聚酯漆包线	130L级聚酯漆包铜圆线	QZ-1/130L QZ-2/130L	0.050～3.150 0.050～5.000	130	1. 在干燥和潮湿条件下，耐电压击穿性能优 2. 软化击穿性能优 3. 抗过载能力佳 4. QZX型漆包线降低了漆膜表面摩擦系数，提高了漆膜弹性和耐刮伤能力，适合自动化高速绕线和机械嵌线	1. 耐水解性差（用于密闭的电机、电器时须注意） 2. 热冲击性不佳，漆膜弹性较差 3. 与聚氯乙烯、氯丁橡胶等含氯高分子化合物不相容 4. 与聚苯乙烯不相容 5. 易被强酸腐蚀 6. 130L级聚酯漆包线（含聚酰胺复合）在欧洲和北美国家已禁止使用 7. 130级和155级聚酯漆包铝圆线（含聚酰胺复合）不适合在高效电机中使用	通用中小电机的绕组，干式变压器和电器仪表的线圈，家用电器风扇电机	GB/T 6109.7—2008 IEC 60317-34—1997
	155级聚酯漆包铜圆线	QZ-1/155 QZ-2/155	0.020～3.150 0.020～5.000	155				GB/T 6109.2—2008 IEC 60317-3—2004
	130级聚酯漆包铝圆线	QZL-1/130 QZL-2/130	0.250～1.600 0.250～5.000	130				GB/T 23312.3—2009 IEC 60317-0-3—2008
	155级聚酯漆包铝圆线	QZL-1/155 QZL-2/155	0.250～1.600 0.250～5.000	155				GB/T 23312.4—2009 IEC 60317-0-3—2008
	130级聚酰胺复合聚酯漆包铜圆线	Q(Z/X)-1/130 Q(Z/X)-2/130	0.050～3.150 0.050～5.000	130				GB/T 6109.7—2008②
	155级聚酰胺复合聚酯漆包铜圆线	Q(Z/X)-1/155 Q(Z/X)-2/155	0.020～3.150 0.020～5.000	155				GB/T 6109.2—2008②
	130级聚酰胺复合聚酯漆包铝圆线	Q(Z/X)L-1/130 Q(Z/X)L-2/130	0.250～1.600 0.250～5.000	130				IEC 60317-0-3—2008②
	155级聚酰胺复合聚酯漆包铝圆线	Q(Z/X)L-1/155 Q(Z/X)L-2/155	0.250～1.600 0.250～5.000	155				IEC 60317-0-3—2008②
	130级聚酯漆包铜扁线	QZB-1/130 QZB-2/130	*a*边为0.80～5.60 *b*边为2.00～16.00	130				GB/T 7095.7—2008
	155级聚酯漆包铜扁线	QZB-1/155 QZB-2/155		155				GB/T 7095.3—2008 IEC 60317-16—1990

（续）

类别	产品名称	型号	规格范围①/mm	特点			主要用途	标准号
				耐热等级	优点	局限性		
1	2	3	4	5	6	7	8	9
缩醛漆包线	120级缩醛漆包铜圆线	QQ－1/120 QQ－2/120 QQ－3/120	0.040～2.500 0.040～5.000 0.080～5.000	120	1. 热冲击性优 2. 耐刮性优 3. 附着性能优异 4. 耐水解性能良 5. 耐变压器油性能优	1. 漆膜经受卷绕应力，易产生裂纹（浸渍前须在120℃左右加热1h以上处理，以消除应力） 2. 软化击穿温度低，耐热性能差	温升不高的中小电机，微电机绕组和油浸变压器的线圈，电器仪表用线圈，中大型充油电机线圈	GB/T 6109.3—2008 IEC 60317－12—2010
	120级缩醛漆包铝圆线	QQL－1/120 QQL－2/120	0.250～1.600 0.250～5.000					GB/T 23312.2—2009 IEC 60317－0－3—2008
	120级缩醛漆包铜扁线	QQB－1/120 QQB－2/120	*a*边0.80～5.60 *b*边2.00～16.00					GB/T 7095.2—2008 IEC 60317－18—2004
聚氨酯漆包线	130级直焊聚氨酯漆包铜圆线	QA－1/130 QA－2/130	0.018～2.000 0.020～2.000	130	1. 在高频条件下，介质损耗值小 2. 可以直接焊接，不需刮去漆膜 3. 着色性好，可制成不同颜色的漆包线，在接头时便于识别 4. 与聚苯乙烯相容性好 5. 漆膜韧性良，不易弯曲开裂	1. 堵转抗过载性能差 2. 热冲击及耐刮性能一般 3. 软化击穿低 4. 耐酸碱性能差	1. 要求*Q*值稳定的高频线圈、电视线圈和仪器仪表用的线圈 2. 微电机，塑封电机，小型及微型直流电机 3. 电子变压器，电感线圈 4. 音频线圈	GB/T 6109.4—2008 IEC 60317－4—2015
	155级直焊聚氨酯漆包铜圆线	QA－1/155 QA－2/155	0.0180～1.600 0.020～1.600	155				GB/T 6109.10—2008 IEC 60317—2013
	180级直焊聚氨酯漆包铜圆线	QA－1/180 QA－2/180	0.018～1.000 0.020～1.000	180				GB/T 6109.23—2008 IEC 60317－51—2014
	130级聚酰胺复合直焊聚氨酯漆包铜圆线	Q(A/X)－1/130 Q(A/X)－2/130	0.050～2.000 0.050～2.000	130	1. 具有聚氨酯所有的优点 2. 聚酰胺降低了漆膜表面摩擦系数 3. 提高了漆膜耐刮性能，适合高速绕线和自动嵌线 4. 漆膜韧性进一步提高。改善拉伸盐水针孔性能	除耐刮性能改善外，其他性能没有改善。软化击穿有少许降低		GB/T 6109.9—2008 IEC 60317－19—1990
	155级聚酰胺复合直焊聚氨酯漆包铜圆线	Q(A/X)－1/155 Q(A/X)－2/155	0.050～1.600	155				GB/T 6109.11—2008 IEC 60317－21—2013
	180级聚酰胺复合直焊聚氨酯漆包铜圆线	Q(A/X)－1/180 Q(A/X)－2/180	0.018～1.000 0.020～1.000	180				GB/T 6109.23—2008②

（续）

类别	产品名称	型号	规格范围①/mm	特点 耐热等级	特点 优点	特点 局限性	主要用途	标准号
1	2	3	4	5	6	7	8	9
聚酯亚胺漆包线	180级聚酯亚胺漆包铜圆线	QZY-1/180 QZY-2/180 QZY-3/180	0.018~3.150 0.020~5.000 0.250~1.600	180	1. 具有良好的漆膜韧性和耐刮性能，适合自动绕线嵌线 2. 具有良好的热冲击和优异的软化击穿性能，适合高温、过载、大负荷电机电器产品使用 3. 除强酸和含氯离子盐及有机化合物外，其具有良好的耐酸碱和绝大多数有机溶剂的性能 4. 直焊性聚酯亚胺漆包线不需去漆膜直接焊接，焊接温度450~500℃ 5. 聚酰胺外层复合涂层一般为2~5μm，进一步提高漆膜的弹性、耐刮性能，也可以降低盐水针孔	1. 在含水密封系统中易水解（用于密封电机、电器时须注意） 2. 与聚氯乙烯氯丁橡胶等含氯高分子化合物不相容 3. 漆膜附着性稍差 4. 在含氯离子水中，产生明显的电压降，漆膜脆性增大 5. 铝线导电性较差	各种工业电机，特别适合高温重载工业电机线圈 电动工具，非密封性家用电器电机，干式变压器，电子变压器及电源，高温环境下的仪器仪表线圈 铝漆包线只适应于小微电机，仪器仪表线圈，镇流器线圈等	GB/T 6109.5—2008 IEC 60317-8—2010
	180级直焊聚酯亚胺漆包铜圆线	QZYH-1/180 QZYH-2/180	0.020~1.600	180				GB/T 6109.13—2008 IEC 60317-23—2013
	180级聚酯亚胺漆包铝圆线	QZYL-1/180 QZYL-2/180	0.250~1.600 0.250~5.000	180				GB/T 23312.5—2009 IEC 60317-15—2014
	180级聚酰胺复合聚酯漆包铜圆线	Q(Z/X)-1/180 Q(Z/X)-2/180 Q(Z/X)-3/180	0.050~3.150 0.050~5.000 0.250~1.600	180				GB/T 6109.12—2008 IEC 60317-22—2004
	180级聚酰胺复合聚酯亚胺漆包铜圆线	Q(ZY/X)-1/180 Q(ZY/X)-2/180 Q(ZY/X)-3/180	0.050~3.150 0.050~5.000 0.250~1.600	180				
	180级聚酰胺复合直焊聚酯亚胺漆包铜圆线	Q(ZY/X)H-1/180 Q(ZY/X)H-2/180	0.020~1.600	180				GB/T 6109.13—2008②
	180级聚酰胺复合聚酯亚胺漆包铝圆线	Q(ZY/X)L-1/180 Q(ZY/X)L-2/180	0.250~1.600 0.250~5.000	180				IEC 60317-15—2004②
	180级聚酯亚胺漆包铜扁线	QZYB-1/180 QZYB-2/180	*a*边0.80~5.60 *b*边2.00~16.00	180				GB/T 7095.4—2008 IEC 60317-28—2013
聚酰胺酰亚胺漆包线	200级聚酰胺酰亚胺漆包铜圆线	QXY-1/200 QXY-2/200	0.071~1.600 0.071~0.500	200	1. 漆膜韧性及耐刮性能佳 2. 软化击穿高，耐热老化性能佳 3. 具有优异的耐溶剂和化学药品性能 4. 优异的抗过载性能	1. 附着性差，不适合大线规 2. 耐热冲击性能一般	汽车点火线圈，高温环境下的仪器仪表线圈，电气元器件线圈	GB/T 6109.14—2008 IEC 60317-26—1990

（续）

类别	产品名称	型号	规格范围①/mm	特点			主要用途	标准号
				耐热等级	优点	局限性		
1	2	3	4	5	6	7	8	9
聚酯-酰胺-亚胺漆包线	200级聚酯-酰胺-亚胺漆包铜圆线	QZXY-1/200 QZXY-2/200	0.018~1.600 0.025~5.000	200	1. 漆膜韧性及耐刮性能佳，附着性良 2. 耐热冲击、热老化性能佳 3. 具有优异的耐溶剂和化学药品性能 4. 优异的抗过载性能	1. 软化击穿性能一般 2. 在含水密封系统中易水解（用于密封电机、电器时须注意）	各种工业电机，特别适合高温重载工业电机线圈 电动工具，制冷密封性家用电器电机，干式变压器，电子变压器及电源，高温环境下的仪器仪表线圈	GB/T 6109.21—2008 IEC 60317-42—1997
聚酰亚胺漆包线	220级聚酰亚胺漆包铜圆线	QY-1/220 QY-2/220	0.020~2.000 0.020~5.000	220	1. 软化击穿温度特别高，热冲性和热老化性能优 2. 耐低温性能优 3. 抗辐射性能优 4. 耐溶剂及化学药品腐蚀性优 5. 具有优异的抗过载、过热能力 6. 具有优异的各种浸责漆化学相容性	1. 耐刮性较差 2. 附着性一般 3. 耐碱性差 4. 在含水密封系统中易水解 5. 漆膜经受卷绕应力容易产生裂纹（浸渍前，须在150℃左右加热1h以上，以消除应力）	耐高温电机绕组，干式变压器，汽车点火线圈，密封式继电器及电子元件，辐射环境下的电工器件线圈	GB/T 6109.6—2008 IEC 60317-7—1990
	240级芳族聚酰亚胺漆包铜圆线	QY(F)-1/240 QY(F)-2/240	0.020~2.000 0.020~5.000	240				GB/T 6109.22—2008 IEC 60317-46—2013
	240级芳族聚酰亚胺漆包铜扁线	QY(F)B-1/240 QY(F)B-2/240	*a*边0.80~5.60 *b*边2.00~16.00	240				GB/T 7095.5—2008 IEC 60317-47—2013
聚酰胺酰亚胺双复合层漆包线	200级聚酰胺酰亚胺复合聚酯漆包铜圆线	Q(Z/XY)-1/200 Q(Z/XY)-2/200 Q(Z/XY)-3/200	0.050~2.000 0.050~5.000 0.250~2.000	200	1. 在干燥和潮湿条件下，耐电压击穿性能优 2. 软化击穿和热冲击性能优 3. 漆膜韧性和耐刮性能优 4. 耐冷冻剂，化学药品腐蚀性能优 5. 聚酯底漆包线有更加优异的附着性和软化击穿性能	1. 在含水密封系统中易水解（用于密封电机、电器时须注意） 2. 与聚氯乙烯氯丁橡胶等，含氯高分子化合物不相容，与含氯离子盐不相容 3. 铝芯漆包线导电性能较差，不适合大功率、短时过载、长期运行的电机电气绕组	用于致冷装置的电机和高温电机的绕组，干式变压器；高温电器仪表的线圈；各种工业电机，特别是频繁起动电机和已过载的电机绕组；电动工具电机绕组；汽车启动和发电电机绕组。电子镇流器和整流电源绕组	GB/T 6109.20—2008 IEC 60317-13—2010
	200级聚酰胺酰亚胺复合聚酯亚胺漆包铜圆线	Q(ZY/XY)-1/200 Q(ZY/XY)-2/200 Q(Z/XY)-3/200	0.050~2.000 0.050~5.000 0.250~2.000					

（续）

类别	产品名称	型号	规格范围①/mm	特点			主要用途	标准号
				耐热等级	优点	局限性		
1	2	3	4	5	6	7	8	9
聚酰胺酰亚胺双复合层漆包线	200级聚酯/聚酰胺酰亚胺复合漆包铝圆线	Q(Z/XY)L-1/200 Q(Z/XY)L-2/200	0.250~3.150 0.250~5.000	200	6. 聚酯亚胺底漆包线有更加优异的抗过载、热老化和耐高温制冷剂发泡性能 7. 与绝大多数的浸渍漆相容	4. 铝芯漆包线用于制冷压缩机电机的工作温度不宜超过130℃ 5. 聚酯作底的漆包线用于制冷压缩机电机工作温度不宜超过130℃ 6. 聚酯作底的漆包线浸漆处理时容易产生裂纹（浸渍前，须在150℃左右加热1h以上，以消除应力）	用于制冷装置的电机和高温电机的绕组，干式变压器；高温电器仪表的线圈；各种工业电机，特别是频繁起动电机和已过载的电机绕组；电动工具电机绕组；汽车启动和发电电机绕组。电子镇流器和整流电源绕组	GB/T 23312.7—2009 IEC 60317-25—2010
	200级聚酯亚胺/聚酰胺酰亚胺复合漆包铝圆线	Q(ZY/XY)L-1/200 Q(ZY/XY)L-2/200	0.250~3.150 0.250~5.000					
	200级聚酯/聚酰胺酰亚胺复合漆包铜扁线	Q(Z/XY)B-1/200 Q(Z/XY)B-2/200	*a*边0.80~5.60 *b*边2.00~16.00					GB/T 7095.6—2008 IEC 60317-29—1990
	200级聚酯亚胺/聚酰胺酰亚胺复合漆包铜扁线	Q(ZY/XY)B-1/200 Q(ZY/XY)B-2/200	*a*边0.80~5.60 *b*边2.00~16.00					
自粘性漆包线	130级自粘性直焊聚氨酯漆包铜圆线	QAN-1B/130 QAN-2B/130	0.020~2.000	130	1. 在高频条件下，介质损耗值小 2. 可以直接焊接，不需刮去漆膜 3. 与聚苯乙烯相容性好 4. 漆膜韧性良，不易弯曲开裂	1. 堵转抗过载性能差 2. 热冲击及耐刮性能一般 3. 软化击穿低 4. 耐酸碱性能差	电机异形绕组线圈，电器异形绕组线圈；高品质音响线圈。电子控制线圈，汽车电气控制线圈	GB/T 6109.15—2008 IEC 60317-2—2012
	155级自粘性直焊聚氨酯漆包铜圆线	QAN-1B/155 QAN-2B/155	0.020~0.800	155				GB/T 6109.16—2008 IEC 60317-35—2013
	180级自粘性直焊聚氨酯漆包铜圆线	QAN-1B/180 QAN-2B/180	0.020~0.800	180				企标
	180级自粘性聚酯亚胺漆包铜圆线	QZYN-1B/180 QZYN-2B/180	0.020~1.600	180	1. 具有聚酯亚胺或直焊聚酯亚胺漆包线的一切性能 2. 不需浸漆，加热或溶剂溶解后线圈自行粘接	1. 具有聚酯亚胺或直焊聚酯亚胺漆包线同样的缺点 2. 线圈间的粘接强度不如浸渍漆	小型及微型工业电机绕组，高载荷电气线圈绕组。电动工具电机绕组，汽车控制电机绕组和异形线圈绕组	GB/T 6109.18—2008 IEC 60317-37—2013
	180级自粘性直焊聚酯亚胺漆包铜圆线	QZYHN-1B/180 QZYHN-2B/180	0.020~1.600	180				GB/T 6109.17—2008 IEC 60317-36—2013
	200级自粘性聚酰胺酰亚胺复合聚酯亚胺漆包铜圆线	Q(ZY/XY)N-1B/200 Q(ZY/XY)N-2B/200	0.050~1.600	200	1. 不需浸漆，加热或溶剂溶解后线圈自行粘接 2. 具有聚酰胺酰亚胺复合聚酯或聚酯亚胺漆包线除耐冷冻剂性能外其他一切性能	1. 具有聚酰胺酰亚胺复合聚酯或聚酯亚胺漆包线同样的缺点 2. 线圈间的粘接强度不如浸渍漆 3. 不具有耐冷冻剂性能	小型及微型工业电机绕组，高载荷电气线圈绕组，电动工具电机绕组，汽车控制电机绕组和异形线圈绕组	GB/T 6109.19—2008 IEC 60317-38—2013
	200级自粘性聚酰胺酰亚胺复合聚酯漆包铜圆线	Q(Z/XY)N-1B/200 Q(Z/XY)N-2B/200	0.050~1.600	200				

（续）

类别	产品名称	型号	规格范围①/mm	耐热等级	特点		主要用途	标准号
					优点	局限性		
1	2	3	4	5	6	7	8	9
自粘性漆包线	200级自滑性聚酰胺酰亚胺复合聚酯亚胺漆包铜圆线	Q(ZY/XY)ZH-2/200 Q(ZY/XY)ZH-3/200	0.200~2.000	200	1. 具有聚酰胺酰亚胺复合聚酯亚胺漆包线一切性能 2. 静摩擦系数特别低，适合高速自动化绕线嵌线。特别适合槽满率高的高效电机线圈	具有聚酰胺酰亚胺复合聚酯亚胺漆包线一切不足	应用范围同聚酰胺酰亚胺复合聚酯亚胺漆包线	GB/T 6109.20—2008②
耐电晕漆包线	200级耐电晕漆包铜圆线	Q(ZY/XYBP/XY)-2/200 Q(ZY/XYBP/XY)-3/200	0.200~2.500	200	具有优异的抗电晕性能，高的抗过载能力和高温耐久性能	1. 漆膜弹性稍差，漆膜较脆 2. 漆膜偏硬，成型性较差	专用于交流变频调速工业电机的绕组	JB/T 10930—2010
		Q(ZY/XYBP)-2/200 Q(ZY/XYBP)-3/200 Q(ZYBP/XY)-2/200 Q(ZYBP/XY)-3/200			1. 具有良好的抗电晕性能，高的抗过载能力和高温耐久性能 2. 漆膜韧性好，不易开裂	漆膜附着性稍差		
		Q(Z/XYBP)2/200 Q(Z/XYBP)-3/200			1. 具有优异的抗电晕性能，高的抗过载能力 2. 漆膜附着性优，软化击穿温度高	1. 漆膜高温耐久性稍差 2. 浸漆易产生卷绕裂纹，需退火处理		
其他漆包线	105级油性漆包铜圆线	Q-1/105 Q-2/105	—	105	1. 漆膜均匀 2. 介质损耗角正切小	1. 耐刮性差 2. 耐溶剂性差（对使用的浸渍漆应注意）	中、高频线圈及仪表、电器的线圈 目前已无厂家生产，可以用130级聚氨酯漆包铜圆线代替	
	130级无磁性聚氨酯漆包铜圆线	QATWC-1/130 QATWC-2/130	0.020~0.200	130	1. 漆包线中的铜芯含铁磁性物质量极低，降低感应磁场中的铁磁性干扰作用 2. 在高频条件下，介质损耗角正切小 3. 不需剥去漆膜即可直接焊接	耐刮性差，过载能力差，易被酸碱及有机溶剂腐蚀	精密仪表和电器的线圈，如直流镜式检流计、磁通表、测震仪的线圈	企标

① 圆线规格以线芯标称直径表示，扁线以线芯窄边（a）及宽边（b）标称长度表示。
② 此技术标准不是该产品的技术要求，而是等效采用。

1.2 漆包线的性能要求

1.2.1 漆包线尺寸

1. 漆包铜圆线尺寸

漆包铜圆线分非自粘性漆包线和自粘性漆包线。

(1) 导体直径 导体标称直径的优先尺寸应符合 ISO 3—1973 的 R20 数系。实际值及其公差，非自粘性漆包铜圆线见表 2-1-2，自粘性漆包铜圆线见表 2-1-3。

当因技术原因需要时，用户选择的导体标称直径中间尺寸应符合 ISO 3—1973 的 R40 数系。实际值及其公差，非自粘性漆包铜圆线见表 2-1-4，自粘性漆包铜圆线见表 2-1-5。

(2) 导体不圆度（导体标称直径 0.0630mm 以上） 任一点上最小直径和最大直径之差应不大于表2-1-2、表2-1-3、表2-1-4 和表2-1-5 第2列的绝对值。

(3) 最小漆膜厚度和最小自粘层厚度（导体标称直径 0.0630mm 以上） 非自粘性漆包线，最小漆膜厚度应不小于表 2-1-2 和表 2-1-4 的规定值；自粘性漆包线，包括自粘层厚度在内的最小漆膜厚度应不小于表 2-1-3 和表 2-1-5 的规定值。

(4) 最大外径 应不超过表 2-1-2、表 2-1-3、表 2-1-4 和表 2-1-5 的规定值。

(5) 漆层偏心度 对于 0.100mm 及以上的线规，漆膜偏心会使漆包圆线的性能分散性增大，不利于产品质量的稳定，因此漆膜尺寸还需要用偏心度规定。漆膜偏心度定义为在同一截面上，单边最大漆膜厚度与最小漆膜厚度的比值，见图 2-1-1。

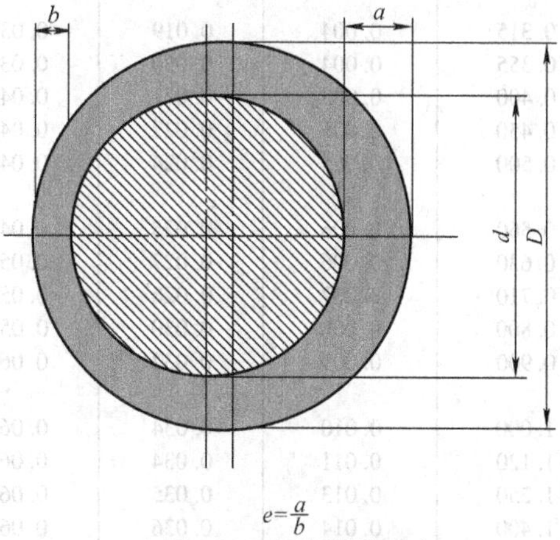

图 2-1-1 漆膜偏心度

无论是单层结构还是多层结构的绝缘层，其漆膜偏心度最大不得大于 2.0。对于复合层结构的，每层绝缘层的偏心度不作要求，若有特殊需要可以由供需双方协商制定。

表 2-1-2 非自粘性漆包铜圆线尺寸要求（R20） （单位：mm）

导体标称直径	导体公差（±）	最小漆膜厚度			最大外径		
		1 级	2 级	3 级	1 级	2 级	3 级
0.018		0.002	0.004		0.022	0.024	
0.020		0.002	0.004		0.024	0.027	
0.022		0.002	0.005		0.027	0.030	
0.025		0.003	0.005		0.031	0.034	
0.028		0.003	0.006		0.034	0.038	
0.032		0.003	0.007		0.039	0.043	
0.036		0.004	0.008		0.044	0.049	
0.040		0.004	0.008		0.049	0.054	
0.045		0.005	0.010		0.055	0.061	
0.050		0.005	0.010		0.060	0.066	
0.056		0.006	0.011		0.067	0.074	
0.063		0.006	0.012		0.076	0.083	
0.071	0.003	0.007	0.012	0.018	0.084	0.091	0.097
0.080	0.003	0.007	0.014	0.020	0.094	0.101	0.108
0.090	0.003	0.008	0.015	0.022	0.105	0.113	0.120
0.100	0.003	0.008	0.016	0.023	0.117	0.125	0.132
0.112	0.003	0.009	0.017	0.026	0.130	0.139	0.147
0.125	0.003	0.010	0.019	0.028	0.144	0.154	0.163
0.140	0.003	0.011	0.021	0.030	0.160	0.171	0.181
0.160	0.003	0.012	0.023	0.033	0.182	0.194	0.205

（续）

导体标称直径	导体公差（±）	最小漆膜厚度			最大外径		
		1 级	2 级	3 级	1 级	2 级	3 级
0.180	0.003	0.013	0.025	0.036	0.204	0.217	0.229
0.200	0.003	0.014	0.027	0.039	0.226	0.239	0.252
0.224	0.003	0.015	0.029	0.043	0.252	0.266	0.280
0.250	0.004	0.017	0.032	0.048	0.281	0.297	0.312
0.280	0.004	0.018	0.033	0.050	0.312	0.329	0.345
0.315	0.004	0.019	0.035	0.053	0.349	0.367	0.384
0.355	0.004	0.020	0.038	0.057	0.392	0.411	0.428
0.400	0.005	0.021	0.040	0.060	0.439	0.459	0.478
0.450	0.005	0.022	0.042	0.064	0.491	0.513	0.533
0.500	0.005	0.024	0.045	0.067	0.544	0.566	0.587
0.560	0.006	0.025	0.047	0.071	0.606	0.630	0.653
0.630	0.006	0.027	0.050	0.075	0.679	0.704	0.728
0.710	0.007	0.028	0.053	0.080	0.762	0.789	0.814
0.800	0.008	0.030	0.056	0.085	0.855	0.884	0.911
0.900	0.009	0.032	0.060	0.090	0.959	0.989	1.018
1.000	0.010	0.034	0.063	0.095	1.062	1.094	1.124
1.120	0.011	0.034	0.065	0.098	1.184	1.217	1.248
1.250	0.013	0.035	0.067	0.100	1.316	1.349	1.381
1.400	0.014	0.036	0.069	0.103	1.466	1.502	1.535
1.600	0.016	0.038	0.071	0.107	1.670	1.706	1.740
1.800	0.018	0.039	0.073	0.110	1.872	1.909	1.944
2.000	0.020	0.040	0.075	0.113	2.074	2.112	2.148
2.240	0.022	0.041	0.077	0.116	2.316	2.355	2.392
2.500	0.025	0.042	0.079	0.119	2.578	2.618	2.656
2.800	0.028	0.043	0.081	0.123	2.880	2.922	2.961
3.150	0.032	0.045	0.084	0.127	3.233	3.276	3.316
3.550	0.036	0.046	0.086	0.130	3.635	3.679	3.721
4.000	0.040	0.047	0.089	0.134	4.088	4.133	4.176
4.500	0.045	0.049	0.092	0.138	4.591	4.637	4.681
5.000	0.050	0.050	0.094	0.142	5.093	5.141	5.186

注：1. 对于导体标称直径的中间尺寸，应取下一个较大导体标称直径对应的最小漆膜厚度。

2. 0.063mm 及以下规格的最小外径，按表 2-1-3 测量的导体直径 + 内漆层最小厚度 + 自粘层最小厚度计算。

表 2-1-3　自粘性漆包铜圆线尺寸要求（R20）　（单位：mm）

导体标称直径	导体公差（±）	内漆层最小厚度		自粘层最小厚度	最大外径	
		1B 级	2B 级		1B 级	2B 级
0.020		0.002	0.004	0.001	0.026	0.029
0.022		0.002	0.004	0.002	0.030	0.033
0.025		0.003	0.005	0.002	0.034	0.037
0.028		0.003	0.006	0.003	0.038	0.042
0.030		0.003	0.006	0.003	0.044	0.048
0.036		0.004	0.007	0.004	0.050	0.055
0.040		0.004	0.008	0.004	0.055	0.060
0.045		0.005	0.009	0.004	0.062	0.068
0.050		0.005	0.010	0.005	0.068	0.074
0.056		0.006	0.011	0.005	0.075	0.082

（续）

导体标称直径	导体公差（±）	内漆层最小厚度		自粘层最小厚度	最大外径	
		1B 级	2B 级		1B 级	2B 级
0.063		0.006	0.012	0.005	0.85	0.092
0.071	0.003	0.007	0.012	0.006	0.094	0.101
0.080	0.003	0.007	0.014	0.007	0.105	0.112
0.090	0.003	0.008	0.015	0.007	0.117	0.125
0.010	0.003	0.008	0.016	0.007	0.129	0.137
0.112	0.003	0.009	0.017	0.008	0.143	0.152
0.125	0.003	0.010	0.019	0.009	0.158	0.168
0.140	0.003	0.011	0.021	0.010	0.175	0.186
0.160	0.003	0.012	0.023	0.010	0.197	0.209
0.180	0.003	0.013	0.025	0.010	0.220	0.233
0.200	0.003	0.014	0.027	0.011	0.243	0.256
0.224	0.003	0.015	0.029	0.012	0.270	0.284
0.250	0.004	0.017	0.032	0.013	0.300	0.316
0.280	0.004	0.018	0.033	0.013	0.331	0.348
0.315	0.004	0.019	0.035	0.014	0.369	0.387
0.355	0.004	0.020	0.038	0.015	0.413	0.432
0.400	0.005	0.021	0.040	0.016	0.461	0.481
0.450	0.005	0.022	0.042	0.016	0.514	0.536
0.500	0.005	0.024	0.045	0.017	0.568	0.590
0.560	0.006	0.025	0.047	0.017	0.630	0.654
0.630	0.006	0.027	0.050	0.018	0.704	0.729
0.710	0.007	0.028	0.053	0.019	0.788	0.815
0.800	0.008	0.030	0.056	0.020	0.882	0.911
0.900	0.009	0.032	0.060	0.020	0.987	1.017
1.000	0.010	0.034	0.063	0.021	1.091	1.123
1.120	0.011	0.034	0.065	0.022	1.214	1.247
1.250	0.013	0.035	0.067	0.022	1.346	1.379
1.400	0.014	0.036	0.069	0.023	1.499	1.533
1.600	0.016	0.038	0.071	0.023	1.702	1.738
1.800	0.018	0.039	0.073	0.024	1.905	1.942
2.000	0.020	0.040	0.075	0.025	2.108	2.146

注：1. 对于导体标称直径的中间尺寸，应取下一个较大导体标称直径对应的最小漆膜厚度。

2. 0.063mm 及以下规格的最小外径，按表 2-1-3 测量的导体直径 + 内漆层最小厚度 + 自粘层最小厚度计算。

表 2-1-4　非自粘性漆包铜圆线尺寸要求（R40）　　（单位：mm）

导体标称直径	导体公差（±）	最小漆膜厚度			最大外径		
		1 级	2 级	3 级	1 级	2 级	3 级
0.019		0.002	0.004		0.023	0.026	
0.021		0.002	0.004		0.026	0.028	
0.024		0.002	0.005		0.029	0.032	
0.027		0.003	0.005		0.033	0.036	
0.030		0.003	0.006		0.037	0.041	
0.034		0.003	0.006		0.041	0.046	
0.038		0.004	0.008		0.046	0.051	
0.043		0.004	0.009		0.052	0.058	
0.048		0.005	0.010		0.059	0.065	
0.053		0.005	0.011		0.064	0.070	

（续）

导体标称直径	导体公差（±）	最小漆膜厚度			最大外径		
		1级	2级	3级	1级	2级	3级
0.060		0.006	0.012		0.072	0.079	
0.067	0.003	0.007	0.012	0.018	0.080	0.088	0.095
0.075	0.003	0.007	0.014	0.020	0.089	0.095	0.102
0.085	0.003	0.008	0.015	0.022	0.100	0.107	0.114
0.095	0.003	0.008	0.016	0.023	0.111	0.119	0.126
0.106	0.003	0.009	0.017	0.026	0.123	0.132	0.140
0.118	0.003	0.010	0.019	0.028	0.136	0.145	0.154
0.132	0.003	0.011	0.021	0.030	0.152	0.162	0.171
0.150	0.003	0.012	0.023	0.033	0.171	0.182	0.193
0.170	0.003	0.013	0.025	0.036	0.194	0.205	0.217
0.190	0.003	0.014	0.027	0.039	0.216	0.228	0.240
0.212	0.003	0.015	0.029	0.043	0.240	0.254	0.268
0.236	0.004	0.017	0.032	0.048	0.267	0.283	0.298
0.265	0.004	0.018	0.033	0.050	0.297	0.314	0.330
0.300	0.004	0.019	0.035	0.053	0.334	0.352	0.360
0.335	0.004	0.020	0.038	0.057	0.372	0.391	0.408
0.375	0.005	0.021	0.040	0.060	0.414	0.434	0.453
0.425	0.005	0.022	0.042	0.064	0.466	0.488	0.508
0.475	0.005	0.024	0.045	0.067	0.519	0.541	0.562
0.530	0.006	0.025	0.047	0.071	0.576	0.600	0.623
0.600	0.006	0.027	0.050	0.075	0.649	0.674	0.698
0.670	0.007	0.028	0.053	0.080	0.722	0.749	0.774
0.750	0.008	0.030	0.056	0.085	0.805	0.834	0.861
0.850	0.009	0.032	0.060	0.090	0.909	0.939	0.968
0.950	0.010	0.034	0.063	0.095	1.012	1.044	1.074
1.060	0.011	0.034	0.065	0.098	1.124	1.157	1.188
1.180	0.012	0.035	0.067	0.100	1.246	1.279	1.311
1.320	0.013	0.036	0.069	0.103	1.388	1.422	1.455
1.500	0.015	0.038	0.071	0.107	1.570	1.606	1.640
1.700	0.017	0.039	0.073	0.110	1.772	1.809	1.844
1.900	0.019	0.040	0.075	0.113	1.974	2.012	2.048
2.120	0.021	0.041	0.077	0.116	2.196	2.235	2.272
2.360	0.024	0.042	0.079	0.119	2.438	2.478	2.516
2.650	0.027	0.043	0.081	0.123	2.730	2.772	2.811
3.000	0.030	0.045	0.084	0.127	3.083	3.126	3.166
3.350	0.034	0.046	0.086	0.130	3.435	3.479	3.521
3.750	0.038	0.047	0.089	0.134	3.838	4.883	3.926
4.250	0.043	0.049	0.092	0.138	4.341	4.387	4.431
4.750	0.048	0.050	0.094	0.142	4.843	4.891	4.936

注：1. 对于导体标称直径的中间尺寸，应取下一个较大导体标称直径对应的最小漆膜厚度。

2. 0.063mm及以下规格的最小外径，按表2-1-3测量的导体直径+内漆层最小厚度+自粘层最小厚度计算。

表2-1-5 自粘性漆包铜圆线尺寸要求（R40） （单位：mm）

导体标称直径	导体公差（±）	内漆层最小厚度		自粘层最小厚度	最大外径	
		1B级	2B级		1B级	2B级
0.021		0.002	0.004	0.001	0.029	0031
0.024		0.002	0.005	0.002	0.032	0.035
0.027		0.003	0.005	0.002	0.037	0.040
0.030		0.003	0.006	0.003	0.042	0.046
0.034		0.003	0.007	0.003	0.047	0.052
0.038		0.004	0.008	0.004	0.052	0.057
0.043		0.004	0.009	0.004	0.059	0.065
0.048		0.005	0.010	0.005	0.067	0.073
0.053		0.005	0.011	0.005	0.072	0.078
0.060		0.006	0.012	0.005	0.081	0.088
0.067	0.003	0.007	0.012	0.006	0.090	0.098
0.075	0.003	0.007	0.014	0.007	0.100	0.106
0.085	0.003	0.008	0.015	0.007	0.112	0.119
0.095	0.003	0.008	0.016	0.007	0.123	0.131
0.106	0.003	0.008	0.017	0.008	0.136	0.145
0.118	0.003	0.010	0.019	0.009	0.150	0.159
0.132	0.003	0.011	0.021	0.010	0.167	0.177
0.150	0.003	0.012	0.023	0.010	0.186	0.197
0.170	0.003	0.013	0.025	0.010	0.210	0.221
0.190	0.003	0.014	0.027	0.011	0.233	0.245
0.212	0.003	0.015	0.029	0.012	0.258	0.272
0.236	0.004	0.017	0.032	0.013	0.286	0.302
0.265	0.004	0.018	0.033	0.013	0.316	0.333
0.300	0.004	0.019	0.035	0.014	0.354	0.372
0.335	0.004	0.020	0.038	0.015	0.393	0.412
0.375	0.005	0.021	0.040	0.016	0.436	0.456
0.425	0.005	0.022	0.042	0.016	0.489	0.511
0.475	0.005	0.024	0.045	0.017	0.543	0.565
0.530	0.006	0.025	0.047	0.017	0.600	0.624
0.600	0.006	0.027	0.050	0.018	0.674	0.699
0.670	0.007	0.028	0.053	0.019	0.748	0.775
0.750	0.008	0.030	0.056	0.020	0.832	0.861
0.850	0.009	0.032	0.060	0.020	0.937	0.967
0.950	0.010	0.034	0.063	0.021	1.041	1.073
1.060	0.011	0.034	0.065	0.022	1.154	1.187
1.180	0.012	0.035	0.067	0.022	1.276	1.309
1.320	0.013	0.036	0.069	0.023	1.419	1.453
1.500	0.015	0.038	0.071	0.023	1.602	1.638
1.700	0.017	0.039	0.073	0.024	1.805	1.842
1.900	0.019	0.040	0.075	0.025	2.008	2.046

注：1. 对于导体标称直径的中间尺寸，应取下一个较大导体标称直径对应的最小漆膜厚度。

2. 0.063mm 及以下规格的最小外径，按表2-1-3 测量的导体直径＋内漆层最小厚度＋自粘层最小厚度计算。

2. 漆包铝圆线尺寸

漆包铝圆线分非自粘性漆包线和自粘性漆包线。

（1）导体直径 导体标称直径的优先尺寸应符合 GB/T 321—2005 中的 R20 数系。实际值及其公差，非自粘性漆包铝圆线见表 2-1-6，自粘性漆包铝圆线见表 2-1-7。

当因技术原因需要时，用户选择的导体标称直径中间尺寸应符合 GB/T 321—2005 中的 R40 数系。实际值及其公差，非自粘性漆包铝圆线见表 2-1-8，自粘性漆包铝圆线见表 2-1-9。

（2）导体不圆度 任一点上最小直径和最大直径之差应不大于表 2-1-6、表 2-1-7、表 2-1-8 或表 2-1-9第 2 列的绝对值。

（3）最小漆膜厚度和最小自粘层厚度 非自粘性漆包线，最小漆膜厚度应不小于表 2-1-6 和表 2-1-8的规定值；自粘性漆包线，包括自粘层厚度在内的最小漆膜厚度应不小于表 2-1-7 和表 2-1-9 的规定值。

（4）最大外径 应不超过表 2-1-6、表 2-1-7、表 2-1-8 或表 2-1-9 的规定值。

表 2-1-6 非自粘性漆包铝圆线尺寸要求（R20） （单位：mm）

导体标称直径	导体公差（±）	最小漆膜厚度			最大外径		
		1 级	2 级	3 级	1 级	2 级	3 级
0. 250	0. 004	0. 017	0. 032	0. 048	0. 281	0. 297	0. 312
0. 280	0. 004	0. 018	0. 033	0. 050	0. 312	0. 329	0. 345
0. 315	0. 004	0. 019	0. 035	0. 053	0. 349	0. 367	0. 384
0. 355	0. 004	0. 020	0. 038	0. 057	0. 392	0. 411	0. 428
0. 400	0. 005	0. 021	0. 040	0. 060	0. 439	0. 459	0. 478
0. 450	0. 005	0. 022	0. 042	0. 064	0. 491	0. 513	0. 533
0. 500	0. 005	0. 024	0. 045	0. 067	0. 544	0. 566	0. 587
0. 560	0. 006	0. 025	0. 0147	0. 071	0. 606	0. 630	0. 653
0. 630	0. 006	0. 027	0. 050	0. 075	0. 679	0. 704	0. 728
0. 710	0. 007	0. 028	0. 053	0. 080	0. 762	0. 789	0. 814
0. 800	0. 008	0. 030	0. 056	0. 085	0. 855	0. 884	0. 911
0. 900	0. 009	0. 032	0. 060	0. 090	0. 959	0. 989	1. 018
1. 000	0. 010	0. 034	0. 063	0. 095	1. 062	1. 094	1. 124
1. 120	0. 011	0. 034	0. 065	0. 098	1. 184	1. 217	1. 248
1. 250	0. 013	0. 035	0. 067	0. 100	1. 316	1. 349	1. 381
1. 400	0. 014	0. 036	0. 069	0. 103	1. 468	1. 502	1. 535
1. 600	0. 016	0. 038	0. 071	0. 107	1. 670	1. 706	1. 740
1. 800	0. 018	0. 039	0. 073	0. 110	1. 872	1. 909	1. 944
2. 000	0. 020	0. 040	0. 075	0. 113	2. 074	2. 112	2. 148
2. 240	0. 022	0. 041	0. 077	0. 116	2. 316	2. 355	2. 392
2. 500	0. 025	0. 042	0. 079	0. 119	2. 578	2. 618	2. 656
2. 800	0. 028	0. 043	0. 081	0. 123	2. 880	2. 922	2. 961
3. 150	0. 032	0. 045	0. 084	0. 127	3. 233	3. 276	3. 316
3. 550	0. 036	0. 046	0. 086	0. 130	3. 635	3. 679	3. 721
4. 000	0. 040	0. 047	0. 089	0. 134	4. 088	4. 133	4. 176
4. 500	0. 045	0. 049	0. 092	0. 138	4. 591	4. 637	4. 681
5. 000	0. 050	0. 050	0. 094	0. 142	5. 093	5. 141	5. 186

注：1. 需要规定最小外径时以最小漆膜厚度来计算。

2. 对于导体标称直径的中间尺寸，应取下一个较大导体标称直径对应的最小漆膜厚度。

表2-1-7 自粘性漆包铝圆线尺寸要求（R20） （单位：mm）

导体标称直径	导体公差（±）	内漆层最小厚度		自粘层最小厚度	最大外径	
		1B级	2B级		1B级	2B级
0.250	0.004	0.017	0.032	0.013	0.300	0.316
0.280	0.004	0.018	0.033	0.013	0.331	0.348
0.315	0.004	0.019	0.035	0.014	0.369	0.387
0.355	0.004	0.020	0.038	0.015	0.413	0.432
0.400	0.005	0.021	0.040	0.016	0.461	0.481
0.450	0.002	0.022	0.042	0.016	0.514	0.536
0.500	0.005	0.024	0.045	0.017	0.568	0.590
0.560	0.006	0.025	0.047	0.017	0.630	0.654
0.630	0.006	0.027	0.050	0.018	0.704	0.729
0.710	0.007	0.028	0.053	0.019	0.788	0.815
0.800	0.008	0.030	0.056	0.020	0.882	0.911
0.900	0.009	0.032	0.060	0.020	0.987	1.017
1.000	0.010	0.034	0.063	0.021	1.091	1.123
1.120	0.011	0.034	0.065	0.022	1.214	1.247
1.250	0.013	0.035	0.067	0.022	1.346	1.379
1.400	0.014	0.036	0.069	0.023	1.499	1.533
1.600	0.016	0.038	0.071	0.023	1.702	1.738
1.800	0.018	0.039	0.073	0.024	1.905	1.942
2.000	0.020	0.040	0.075	0.025	2.108	2.146

注：1. 需要规定最小外径时以最小漆膜厚度来计算。

2. 对于导体标称直径的中间尺寸，应取下一个较大导体标称直径对应的最小漆膜厚度。

表2-1-8 非自粘性漆包铝圆线尺寸要求（R40系列） （单位：mm）

导体标称直径	导体公差（±）	最小漆膜厚度			最大外径		
		1级	2级	3级	1级	2级	3级
0.265	0.004	0.018	0.033	0.050	0.297	0.314	0.330
0.300	0.004	0.019	0.035	0.053	0.334	0.352	0.369
0.335	0.004	0.020	0.038	0.057	0.372	0.391	0.408
0.375	0.005	0.021	0.040	0.060	0.414	0.434	0.453
0.425	0.005	0.022	0.042	0.064	0.466	0.488	0.508
0.475	0.005	0.024	0.045	0.067	0.519	0.541	0.562
0.530	0.006	0.025	0.047	0.071	0.576	0.600	0.623
0.600	0.006	0.027	0.050	0.075	0.649	0.674	0.698
0.670	0.007	0.028	0.053	0.080	0.722	0.719	0.774
0.750	0.008	0.030	0.056	0.085	0.805	0.834	0.861
0.850	0.009	0.032	0.060	0.090	0.909	0.939	0.968
0.950	0.010	0.034	0.063	0.095	1.012	1.044	1.074
1.060	0.011	0.034	0.065	0.098	1.124	1.157	1.188
1.180	0.012	0.035	0.067	0.100	1.246	1.279	1.311
1.320	0.013	0.036	0.069	0.103	1.388	1.422	1.455
1.500	0.015	0.038	0.071	0.107	1.570	1.606	1.640
1.700	0.017	0.039	0.073	0.110	1.752	1.809	1.844
1.900	0.019	0.040	0.075	0.113	1.974	2.012	2.048
2.120	0.021	0.041	0.077	0.006	2.196	2.235	2.272
2.360	0.024	0.042	0.079	0.119	2.438	2.478	2.516
2.650	0.027	0.043	0.081	0.123	2.730	2.772	2.811
3.000	0.030	0.045	0.084	0.127	3.083	3.126	3.166
3.350	0.034	0.046	0.086	0.130	3.435	3.479	3.521
3.750	0.038	0.047	0.089	0.134	3.838	3.883	3.926
4.250	0.043	0.049	0.092	0.138	3.341	4.387	4.431
4.750	0.048	0.050	0.094	0.142	4.843	4.891	4.936

注：需要规定最小外径时以最小漆膜厚度来计算。

表 2-1-9 自粘性漆包铝圆线尺寸要求（R40 系列） （单位：mm）

导体标称直径	导体公差	内漆层最小厚度		自粘层	最大外径	
	（±）	1B 级	2B 级	最小厚度	1B 级	2B 级
0.265	0.004	0.018	0.033	0.013	0.316	0.333
0.300	0.004	0.019	0.035	0.014	0.354	0.372
0.335	0.004	0.020	0.038	0.015	0.393	0.412
0.375	0.005	0.021	0.040	0.016	0.436	0.456
0.425	0.005	0.022	0.042	0.016	0.489	0.511
0.475	0.005	0.024	0.045	0.017	0.543	0.565
0.530	0.006	0.025	0.047	0.017	0.600	0.624
0.600	0.006	0.027	0.050	0.018	0.674	0.699
0.670	0.007	0.028	0.053	0.019	0.748	0.775
0.750	0.008	0.030	0.056	0.020	0.832	0.861
0.850	0.009	0.032	0.060	0.020	0.937	0.967
0.950	0.010	0.034	0.063	0.021	1.041	1.073
1.060	0.011	0.034	0.065	0.022	1.154	1.187
1.180	0.012	0.035	0.067	0.022	1.276	1.309
1.320	0.013	0.036	0.069	0.023	1.419	1.453
1.500	0.015	0.038	0.071	0.023	1.602	1.638
1.700	0.017	0.039	0.073	0.024	1.805	1.842
1.900	0.019	0.040	0.075	0.025	2.008	2.046

注：需要规定最小外径时以最小漆膜厚度来计算。

为了标准化生产，降低成本，方便维修和维护，电机电气产品设计时应优先选用 R20 尺寸系列，其次选用 R40 尺寸系列。尽量不要选用非 R20 和 R40 系列的线规。

若技术因素必须采用非标规格，则非标准系列线规的最大外径应按式（2-1-1）计算确定，取小数点后三位有效数字。

$$D_{\text{非标}} = D_{n-1} + \frac{D_{n+1} - D_{n-1}}{d_{n+1} - d_{n-1}}(d_{\text{非标}} - d_{n-1}) \tag{2-1-1}$$

式中 $D_{\text{非标}}$——非标规格的最大外径（mm）；

D_{n+1}——非标规格相邻的大规格最大外径（mm）；

D_{n-1}——非标规格相邻的小规格最大外径（mm）；

$d_{\text{非标}}$——非标规格的导体标称直径（mm）；

d_{n+1}——非标规格相邻大规格的导体标称直径（mm）；

d_{n-1}——非标规格相邻小规格的导体标称直径（mm）；

0.063mm 及以下的漆包铜圆线的导体尺寸用千分尺测量很困难，测量误差大。通常用直流电阻来控制导体的尺寸。此要求见本章 1.2.4 节中的“1. 电阻”。

（5）漆层偏心度 对于 0.250mm 及以上的铝圆线也需要漆层偏心度控制，无论是单层结构还是多层结构的绝缘层，其漆膜偏心度最大不得大于 2.0。对于复合层结构的每层绝缘层的偏心度不作要求，若有特殊需要可以由供需双方协商制定。

3. 漆包扁线尺寸

扁线一般使用在大功率的电工产品绕组中，由于铝线导电性能比较差，应用很少。扁线绝大多数使用铜材作导体材料。

漆包铜扁线的导体尺寸及圆角半径见表 2-1-10，导体公差见表 2-1-11，漆膜厚度见表 2-1-12，漆包扁线外形尺寸见表 2-1-13。

漆包扁线的标称尺寸以导体的窄边尺寸×宽边尺寸表示（通常表示 $a \times b$）。$a \times b$ 优先选用 R20×R20 系列，其次选用 R20×R40 和 R40×R20 系列。不建议选用 R40×R40 及其他非标准系列。另外其 $b:a$ 应大于或等于 1.4:1，但应不超过 8:1。导体公差不超过对应圆角半径的 25%。

表 2-1-10 扁线优先尺寸和中间尺寸标称截面

宽边尺寸 *b*	窄边尺寸 *a*																
	0.80	0.85*	0.90	0.95*	1.00	1.06*	1.12	1.18*	1.25	1.32*	1.40	1.50*	1.60	1.70*	1.80	1.90*	2.00
	圆角半径 =(1/2)窄边标称尺寸					圆角半径 0.5mm								圆角半径 0.65mm			
2.00	1.463	1.545	1.626	1.706	1.785	1.905	2.025	2.145	2.285	2.425	2.585						
2.12*	1.559	—	1.734	—	1.905	—	2.160	—	2.435	—	2.753	—					
2.24	1.655	1.749	1.842	1.934	2.025	2.160	2.294	2.429	2.585	2.742	2.921	3.145	3.369				
2.36*	1.751	—	1.950	—	2.145	—	2.429	—	2.735	—	3.089	—	3.561	—			
2.50	1.863	1.970	2.076	2.181	2.285	2.435	2.585	2.736	2.910	3.085	3.285	3.535	3.785	3.887	4.137		
2.65*	1.983		2.211		2.435	—	2.753	—	3.098	—	3.495	—	4.025	—	4.407	—	
2.80	2.103	2.225	2.346	2.466	2.585	2.753	2.921	3.089	3.285	3.481	3.705	3.985	4.265	4.397	4.677	4.957	5.237
3.00*	2.263	—	2.526	—	2.785	—	3.145	—	3.535	—	3.985	—	4.585	—	5.037	—	5.637
3.15	2.383	2.522	2.661	2.799	2.935	3.124	3.313	3.502	3.723	3.943	4.195	4.510	4.825	4.992	5.307	5.622	5.937
3.35*	2.543	—	2.841	—	3.135	—	3.537	—	3.973	—	4.475	—	5.145	—	5.667	—	6.337
3.55	2.703	2.862	3.021	3.179	3.335	3.548	3.761	3.974	4.223	4.471	4.755	5.110	5.465	5.672	6.027	6.382	6.737
3.75*	2.863	—	3.201	—	3.535	—	3.985	—	4.473	—	5.035	—	5.785	—	6.387	—	7.137
4.00	3.063	3.245	3.426	3.606	3.785	4.025	4.265	4.505	4.785	5.065	5.385	5.785	6.185	6.437	6.837	7.237	7.637
4.25*	3.263	—	3.651	—	4.035	—	4.545	—	5.098	—	5.735	—	6.585	—	7.287	—	8.137
4.50	3.463	3.670	3.876	4.081	4.285	4.555	4.825	5.095	5.410	5.725	6.085	6.535	6.985	7.287	7.737	8.187	8.637
4.75*	3.663	—	4.101	—	4.535	—	5.105	—	5.723	—	6.435	—	7.385	—	8.188	—	9.137
5.00	3.863	4.095	4.326	4.556	4.785	5.085	5.385	5.685	6.035	6.385	6.785	7.285	7.785	8.137	8.637	9.137	9.637
5.30*	4.103	—	4.596	—	5.085	—	5.721	—	6.410	—	7.205	—	8.265	—	9.177	—	10.24
5.60	4.343	4.605	4.866	5.126	5.385	5.721	6.057	6.393	6.785	7.177	7.625	8.185	8.745	9.157	9.717	10.28	10.84
6.00*	4.663	—	5.226	—	5.785	—	6.505	—	7.285	—	8.185	—	9.385	—	10.44	—	11.64
6.30	4.903	5.200	5.496	5.791	6.085	6.463	6.841	7.219	7.660	8.101	8.605	9.235	9.865	10.35	10.98	11.61	12.24
6.70*		—	5.856	—	6.485	—	7.289	—	8.160	—	9.165	—	10.51	—	11.70	—	13.04
7.10			6.216	6.551	6.885	7.311	7.737	8.163	8.660	9.157	9.725	10.44	11.15	11.71	12.42	13.13	13.84
7.50*				—	7.285	—	8.185	—	9.160	—	10.29	—	11.79	—	13.14	—	14.64
8.00					7.785	8.265	8.745	9.225	9.785	10.35	10.99	11.79	12.59	13.24	14.04	14.84	15.64
8.50*						—	9.305	—	10.41	—	11.69	—	13.39	—	14.94	—	16.64
9.00							9.865	10.41	11.04	11.67	12.39	13.29	14.19	14.94	15.84	16.74	17.64
9.50*								—	11.66	—	13.09	—	14.99	—	16.74	—	18.64
10.00									12.29	12.99	13.79	14.79	15.79	16.64	17.64	18.64	19.64
10.60*										—	14.63	—	16.75	—	18.72	—	20.84
11.20											15.47	16.59	17.71	18.68	19.80	20.92	22.04
11.80*			宽窄比 $b/a>8$ 不推荐									—	18.67	—	20.88	—	23.34
12.50													19.79	20.89	22.14	23.39	24.64
13.20*														—	23.40	—	26.04
14.00															24.84	26.24	27.64
15.00*																—	29.64
16.00																	31.64

（续）

宽边尺寸 *a*	窄边尺寸 *b* 2.12*	2.24	2.36*	2.50	2.65*	2.80	3.00*	3.15	3.35*	3.55	3.75*	4.00	4.25*	4.50	4.75*	5.00	5.30*	5.60
	圆角半径 0.65mm		圆角半径 0.8mm								圆角半径 1.0mm							
2.00																		
2.12*																		
2.24																		
2.36*																		
2.50																		
2.65*																		
2.80																		
3.00*	—																	
3.15	6.315	6.693																
3.35*	—	7.141	—															
3.55	7.163	7.589	7.829	8.33														
3.75*	—	8.037	—	8.83	—													
4.00	8.117	8.597	8.891	9.45	10.05	10.65												
4.25*	—	9.157	—	10.08	—	11.35	—											
4.50	9.177	9.717	10.07	10.70	11.38	12.05	12.95	13.63										
4.75*	—	10.28	—	11.33	—	12.75	—	14.41	—									
5.00	10.24	10.84	11.25	11.95	12.70	13.45	14.45	15.20	16.20	17.20								
5.30*	—	11.51	—	12.70	—	14.29	—	16.15	—	18.27	—							
5.60	11.51	12.18	12.67	13.45	14.29	15.13	16.25	17.09	18.21	19.33	20.14	21.54						
6.00*	—	13.08	—	14.45	—	16.25	—	18.35	—	20.75	—	23.14	—					
6.30	12.99	13.75	14.32	15.20	16.15	17.09	18.35	19.30	20.56	21.82	22.77	24.34	25.92	27.49				
6.70*	—	14.65	—	16.20	—	18.21	—	20.56	—	23.24	—	25.94	—	29.29	—			
7.10	14.69	15.54	16.21	17.20	18.27	19.33	20.75	21.82	23.24	24.66	25.77	27.54	29.32	31.09	32.87	34.64		
7.50*	—	16.44	—	18.20	—	20.45	—	23.08	—	26.08	—	29.14	—	32.89	—	36.64	—	
8.00	16.60	17.56	18.33	19.45	20.65	21.85	23.45	24.65	26.25	27.85	29.14	31.14	33.14	35.14	37.14	39.14	41.54	43.94
8.50*	—	18.68	—	20.70	—	23.25	—	26.23	—	29.63	—	33.14	—	37.39	—	41.64	—	46.74
9.00	18.72	19.80	20.69	21.95	23.30	24.65	26.45	27.80	29.60	31.40	32.89	35.14	37.39	39.64	41.89	44.14	46.84	49.54
9.50*	—	20.92	—	23.20	—	26.05	—	29.38	—	33.18	—	37.14	—	41.89	—	46.64	—	52.34
10.00	20.84	22.04	23.05	24.45	25.95	27.45	29.45	30.95	32.95	34.95	36.64	39.14	41.64	44.14	46.64	49.14	52.14	55.14
10.60*	—	23.38	—	25.95	—	29.13	—	32.84	—	37.08	—	41.54	—	46.84	—	52.14	—	58.50
11.20	23.38	24.73	25.88	27.45	29.13	30.81	33.05	34.73	36.97	39.21	41.14	43.94	46.74	49.54	52.34	55.14	58.50	61.86
11.80*	—	26.07	—	28.95	—	32.49	—	36.62	—	41.34	—	46.34	—	52.24	—	58.14	—	65.22
12.50	26.14	27.64	28.95	30.70	32.58	34.45	36.95	38.83	41.33	43.83	46.02	49.14	52.27	55.39	58.52	61.64	65.39	69.14
13.20*	—	29.21	—	32.45	—	36.41	—	41.03	—	46.31	—	51.94	—	58.54	—	65.14	—	73.06
14.00	29.32	31.00	32.49	34.45	36.55	38.65	41.45	43.55	46.35	49.15	51.64	55.14	58.64	62.14	65.64	69.14	73.34	77.54
15.00*	—	33.24	—	36.95	—	41.45	—	46.70	—	52.70	—	59.14	—	66.64	—	74.14	—	83.14
16.00	33.56	35.48	37.21	39.45	41.85	44.25	47.45	49.85	53.05	56.25	59.14	63.14	67.14	71.14	75.14	79.14	83.94	88.74

宽窄比 b/a<1.4不推荐

说明：
宽边和窄边尺寸中带*的为R20系列，其他为R40系列
$a \times b$为R20×R20、R20×R40和R40×R20等规格的标称截面积(mm^2)
$a \times b$中的"—"表示R40×R40系列，此组合系列不推荐使用

表2-1-11 导体公差 (单位：mm)

标称宽边尺寸和标称窄边尺寸		公差（±）
大于	小于或等于	
—	3.15	0.030
3.15	6.30	0.050
6.30	12.50	0.070
12.50	16.00	0.010

表2-1-12 漆膜厚度 (单位：mm)

级	漆膜厚度		
	最小值	标称值	最大值
1	0.060	0.085	0.110
2	0.120	0.145	0.170

表2-1-13 漆包扁线外形尺寸（单位：mm）

级	外形尺寸		
	最小外形尺寸	标称外形尺寸	最大外形尺寸
1	导体最小尺寸+0.060	导体标称尺寸+0.085	导体最大尺寸+0.110
2	导体最小尺寸+0.120	导体标称尺寸+0.145	导体最大尺寸+0.170

由于技术要求，漆包扁线的宽边尺寸须大于16mm，或窄边尺寸要大于5.6mm时，也应优选R20尺寸系列，其次选择R40系列。但必须遵守：R40×R40不能组合，其宽边与窄边的尺寸比不得小于1.4，且不得大于8。导体尺寸公差、圆角尺寸和公差、漆膜厚度以及外形尺寸的控制范围由供需双方协商确定。

1.2.2 漆包线的外观性能要求

无论是漆包圆线还是漆包扁线，其外观手感不应有粒子（漆膜凸起和杂质）和气泡出现，若手感不平整，检查其尺寸、机械、电气、耐热及化学性能，不得出现这些性能不合格。若其他各项性能合格，手感不平整可允许接受。现代技术已经发展了在线粒子检测技术，对于在线粒子检测，不允许有大粒子出现，小粒子允许的数量由供需双方协商确定。

无论是漆包圆线还是漆包扁线，其外观目测不得有严重的斑纹和闪光点，不得有明显的色差，不允许有异物色差和异常色差。轻微的斑纹、闪光点及色差要保证其他性能合格。同一线盘或同一批次漆包线的色差应均匀一致，必要时，供需双方制定色差样本控制。

擦拭漆包线表面，除允许的润滑油脂和蜡之外，不允许有其他异物出现。

用放大镜（显微镜）或盐水针孔法检查漆包线，其漆膜连续，不得出现裂纹和其他露金属的损伤点，盐水针孔数由供需双方协商确定。

若供需双方同意，对标称直径小于0.10mm的漆包线，应使用6~8倍的放大镜检查。

1.2.3 漆包线的机械性能要求

1. 断裂伸长率和抗张强度

1）漆包铜圆线的断裂伸长率，应符合表2-1-14的规定，抗张强度不作考核。

表2-1-14 漆包铜圆线断裂伸长率

导体标称直径/mm	最小伸长率（%）	导体标称直径/mm	最小伸长率（%）
0.018	5	0.315	23
0.020	6	0.355	23
0.022	6	0.400	24
0.025	7	0.450	25
0.028	7	0.500	25
0.032	8	0.560	26
0.036	8	0.630	27
0.040	9	0.710	28
0.045	9	0.800	28
0.050	10	0.900	29
0.056	10	1.000	30
0.063	12	1.120	30
0.071	13	1.250	31
0.080	14	1.400	32
0.090	15	1.600	32
0.100	16	1.800	32
0.112	17	2.000	33
0.125	17	2.240	33
0.140	18	2.500	33
0.160	19	2.800	34
0.180	20	3.150	34
0.200	21	3.550	35
0.224	21	4.000	35
0.250	22	4.500	36
0.280	22	5.000	36

注：对于导体标称直径的中间尺寸，应取下一个较大导线标称直径对应的伸长率数值。

2）漆包铝圆线的断裂伸长率和抗张强度，应符合表2-1-15的规定。

表 2-1-15 漆包铝圆线断裂伸长率和抗张强度

导体标称直径/mm	最小伸长率(%)	最小抗张强度/(N/mm²)	导体标称直径/mm	最小伸长率(%)	最小抗张强度/(N/mm²)
0.250	10	90	1.250	15	80
0.280	10	90	1.400	15	80
0.315	10	90	1.600	15	80
0.355	10	90	1.800	15	80
0.400	10	90	2.000	15	80
0.450	12	90	2.240	15	70
0.500	12	90	2.500	15	70
0.560	12	90	2.800	15	70
0.630	12	90	3.150	15	70
0.710	12	90	3.550	15	70
0.800	12	90	4.000	15	70
0.900	12	90	4.500	15	70
1.000	12	90	5.000	15	70
1.120	15	80			

注：对于导体标称直径的中间尺寸，应取下一个较大导体标称直径对应的伸长率和抗张强度数值。

3）漆包铜扁线的断裂伸长率，应符合表 2-1-16的规定，抗张强度不作考核。

表 2-1-16 漆包铜扁线断裂伸长率

导体窄边标称尺寸/mm		最小伸长率(%)
大于	小于或等于	
—	2.50	30
2.50	5.60	32

2. 回弹性

漆包线的回弹性是由其导体材料性能和漆包线几何尺寸决定。

1）标称直径≤1.600mm 的漆包铜圆线回弹角，应符合表 2-1-17 的规定。

表 2-1-17 漆包铜圆线回弹性

导体标称直径/mm	圆棒直径/mm	负荷/N	最大回弹角(°)		
			1 级	2 级及1B 级	3 级及2B 级
0.080 以下	不要求				
0.080	5	0.25	70	80	100
0.090			67	77	94
0.100			64	73	90
0.112	7	0.50	64	73	88
0.125			62	70	84
0.140			59	67	79

表 2-1-17 （续）

导体标称直径/mm	圆棒直径/mm	负荷/N	最大回弹角(°)		
			1 级	2 级及1B 级	3 级及2B 级
0.160	10	1.0	59	67	78
0.180			57	65	75
0.200			54	62	72
0.224	12.5	2.0	51	59	68
0.250			49	56	65
0.280			47	53	61
0.315	19	4.0	50	55	62
0.355			48	53	59
0.400			45	50	55
0.450	25	8.0	44	48	53
0.500			43	47	51
0.560			41	44	48
0.630	37.5	12.0	46	50	53
0.710			44	47	50
0.800			41	43	46
0.900	50	15.0	45	48	51
1.000			42	45	47
1.120			39	41	43
1.250			35	37	39
1.400			32	34	36
1.600			28	30	32
1.600 以上	折弯法		5		

注：对于导体标称直径的中间尺寸，应取下一个较大导体标称直径对应的回弹角数值。

2）标称直径＞1.600mm 的漆包铜圆线和漆包铜扁线的回弹角用折弯法测量，其最大回弹角不超过5°。

3）漆包铝圆线的回弹角由供需双方协商确定。

3. 柔韧性和附着性

(1) 漆包圆线的柔韧性和附着性

1）圆棒卷绕试验：导体标称直径 1.600mm 及以下的漆包铜圆线，按表 2-1-18 的规定拉伸并在规定的圆棒上卷绕后漆膜应不开裂。

导体标称直径 1.600mm 及以下的漆包铝圆线，在表 2-1-19 规定的圆棒上卷绕后，漆膜应不开裂。

表 2-1-18 漆包铜圆线的圆棒卷绕

导体标称直径/mm		圆棒卷绕前的伸长率（%）	圆棒直径/mm
以上	及以下		
—	0.050	20①	0.150
0.050	0.063	15①	0.150
0.063	0.080	10	0.150
0.080	0.112	5	0.150
0.112	0.140	0	0.150
0.140	1.600	0	d②
1.600	5.000	直接拉伸 32%	

① 或者拉伸至铜的断裂点，取较小值。

② d 为漆包线的导体标称直径。

表 2-1-19 漆包铝圆线的圆棒卷绕

（单位：mm）

导体标称直径		圆棒直径
大于	小于或等于	
—	1.600	$3d$①

① d 为漆包线的导体标称直径。

2）拉伸试验：导体标称直径 1.600mm 以上的漆包铜圆线，拉伸 32% 后，漆膜应不开裂。导体标称直径 1.600mm 以上的漆包铝圆线，拉伸 15% 后，漆膜应不开裂。

3）急拉断试验：导体标称直径 1.000mm 及以下的漆包铜（或铝）圆线，急拉断后漆膜应不开裂。断口处缩漆露铜距离不大于 2mm。

4）剥离试验：导体标称直径 1.000mm 以上的漆包铜（或铝）圆线，试样经受规定转数 R 后，漆膜应不失去附着性。不同线径的转数 R，按式（2-1-2）计算。漆包铝圆线适用但未规定要求。

$$R = \frac{K}{d} \tag{2-1-2}$$

式中 R——最小剥离扭绞转数，取整数。

K——常数；与漆膜的材料性质有关，在对应的漆包铜（或铝）圆线产品中规定。

d——漆包线线规的导体标称直径（mm）。

（2）漆包扁线的柔韧性和附着性

1）圆棒弯曲试验：漆包铜扁线，在表 2-1-20 规定的圆棒直径上进行宽边和窄边弯曲试验后，漆膜应不开裂。

表 2-1-20 圆棒弯曲 （单位：mm）

扁线弯曲		卷绕圆棒直径
导体宽边尺寸	≤10	4×导体宽边尺寸
	>10	5×导体宽边尺寸
导体窄边尺寸	全部尺寸	4×导体窄边尺寸

2）附着性试验：漆包铜扁线的附着性试验采用拉伸法。应将漆包扁线试样拉伸 15% 后，漆膜失去附着的距离应小于 1×导体宽边尺寸。

4. 耐刮（适用于漆包圆线）

耐刮性能与漆层材料的性质和漆层厚度有关。技术要求在对应的漆包产品中规定。

5. 漆包线静摩擦系数（适用于 ϕ 0.050 ~ 1.600mm 的漆包圆线）

线规小于 ϕ 0.200mm 的漆包线静摩擦系数值不大于 0.15，线规大于或等于 ϕ 0.200mm 的漆包线静摩擦系数值不大于 0.10。

6. 热粘合

对于自粘性漆包圆线，热粘结力使用螺旋线圈法测试。试样制备温度见表 2-1-21。

在室温下，对试样施加表 2-1-22 规定的负荷作用后，已粘接的线圈不得出现分离，试样两端的第一圈可能出现分离不作考虑。

在表 2-1-21 规定的高温试验温度下，对试样施加表 2-1-22 规定的负荷作用后，已粘接的线圈不得出现分离，试样两端的第一圈可能出现分离不作考虑。

表 2-1-21 自粘漆包圆线试样制备温度和高温试验温度

自粘层油漆材料	试样制备温度①/℃	高温试验温度①/℃
聚酰胺	200±2	155±2
芳族聚酰胺	230±2	170±2
聚乙烯醇缩丁醛	170±2	90±2
其他自粘漆	供需双方协商	供需双方协商

① 表中温度为推荐值，也可以由供需双方协商规定。

表 2-1-22 自粘漆包圆线施加负荷

导体标称直径/mm		室温负荷	高温负荷
以上	及以下	/N	/N
—	0.050	—①	—①
0.050	0.071	0.05	0.04
0.071	0.100	0.08	0.06
0.100	0.160	0.12	0.08
0.160	0.200	0.25	0.19
0.200	0.315	0.35	0.25
0.315	0.400	0.70	0.55
0.400	0.500	1.10	0.80
0.500	0.630	1.60	1.20
0.630	0.710	2.20	1.70
0.710	0.800	2.80	2.10
0.800	0.900	3.40	2.6
0.900	1.000	4.20	3.20
1.000	1.120	5.00	3.80
1.120	1.250	5.80	4.40
1.250	1.400	6.50	4.90
1.400	1.600	8.50	6.40
1.600	1.800	10.0	7.90
1.800	2.000	12.0	7.90

① 对于导体标称直径 0.050mm 及以下的漆包线，试验方法及技术要求由供需双方协商确定。

1.2.4 漆包线的电气性能要求

1. 电阻

(1) 漆包铜圆线 漆包铜圆线的直流电阻的标称值作为电工产品线圈设计的参考值，而最大值和最小值是电工产品线圈制造的控制值。20℃时直流电阻的标称值（$\Omega \cdot m^{-1}$）、最大值（$\Omega \cdot m^{-1}$）和最小值（$\Omega \cdot m^{-1}$）按下列公式计算。

若导体标称直径在 0.063mm 及以下，按式(2-1-3)、式(2-1-4)、式(2-1-5)计算。

$$R_{标称} = \rho_{标称} q_{标称}^{-1} \tag{2-1-3}$$

$$R_{最小} = K_{最小} \rho_{标称} q_{标称}^{-1} \tag{2-1-4}$$

$$R_{最大} = K_{最大} \rho_{标称} q_{标称}^{-1} \tag{2-1-5}$$

式中 $K_{最小}$ 和 $K_{最大}$——比电阻系数，其值见表2-1-23；

$\rho_{标称}$——导体电阻率（$\Omega \cdot mm^2 \cdot m^{-1}$），取 $1/58.5\Omega \cdot mm^2 \cdot m^{-1}$；

$q_{标称}$——导体截面积（mm^2），按式（2-1-6）计算：

$$q_{标称} = \frac{\pi}{4} d_{标称}^2 \tag{2-1-6}$$

$d_{标称}$——导体标称直径（mm）。

表 2-1-23 比电阻系数

$d_{标称}$/mm	$K_{最小}$	$K_{最大}$
0.018	0.900	1.100
0.020	0.900	1.100
0.022	0.900	1.100
0.025	0.900	1.100
0.028	0.900	1.100
0.032	0.900	1.100
0.036	0.903	1.097
0.040	0.903	1.097
0.045	0.903	1.097
0.050	0.910	1.090
0.056	0.910	1.090
0.063	0.920	1.080

若导体标称直径在 0.063mm 以上，但小于或等于 1.000mm 时，其标称电阻按式（2-1-3）计算，最小电阻和最大电阻按式（2-1-7）和式（2-1-8）计算。

$$R_{最小} = \rho_{最小} q_{最大}^{-1} \tag{2-1-7}$$

$$R_{最大} = \rho_{最大} q_{最小}^{-1} \tag{2-1-8}$$

式中 $\rho_{最小}$——取 $1/59\Omega \cdot mm^2 \cdot m^{-1}$；

$\rho_{最大}$——取 $1/58\Omega \cdot mm^2 \cdot m^{-1}$；

$q_{最大}$和$q_{最小}$——导体截面积（mm^2）。按式（2-1-6）计算，其中的导体直径取对应公差的上限和下限直径值。

若导体标称直径大于 1.000mm，其直流电阻的标称值可以按式（2-1-3）计算，而最大值和最小值则由供需双方协商确定。

R20 和 R40 系列的漆包铜圆线直流电阻见表 2-1-24。

表 2-1-24 漆包铜圆线直流电阻

导体标称直径 /mm	电阻/（Ω/m）			导体标称直径 /mm	电阻/（Ω/m）		
	最小值	标称值	最大值		最小值	标称值	最大值
0.018	60.46	67.18	73.89	0.315	0.2121	0.2194	0.2270
0.019	54.26	60.29	66.32	0.335	0.1878	0.1939	0.2004
0.020	48.97	54.41	59.85	0.355	0.1674	0.1727	0.1782
0.021	44.42	49.35	54.29	0.375	0.1495	0.1548	0.1604
0.022	40.47	44.97	49.47	0.400	0.1316	0.1360	0.1407
0.024	34.01	37.79	41.57	0.425	0.1167	0.1205	0.1244
0.025	31.34	34.82	38.31	0.450	0.1042	0.1075	0.1109
0.027	26.87	29.86	32.84	0.475	0.09367	0.09647	0.09938
0.028	24.99	27.76	30.54	0.500	0.08462	0.08706	0.08959
0.030	21.77	24.18	26.60	0.530	0.07512	0.07748	0.07995
0.032	19.13	21.26	23.38	0.560	0.06736	0.06940	0.07153
0.034	17.00	18.83	20.65	0.600	0.05877	0.06046	0.06222
0.036	15.17	16.79	18.42	0.630	0.05335	0.05484	0.05638
0.038	13.61	15.07	16.54	0.670	0.04709	0.04849	0.04994
0.040	12.28	13.60	10.92	0.710	0.04198	0.04318	0.04442
0.043	10.63	11.77	12.91	0.750	0.03133	0.03869	0.04890
0.045	9.706	10.75	11.79	0.800	0.03306	0.03401	0.03500
0.048	8.597	9.447	10.30	0.850	0.02442	0.03013	0.03801
0.050	7.923	7.706	9.490	0.900	0.02612	0.02687	0.002765
0.053	7.051	7.748	8.446	0.950	0.02342	0.02412	0.002484
0.056	6.316	6.940	7.565	1.000	0.02116	0.02177	0.002240
0.060	5.502	6.046	6.530	1.060	0.01881	0.01937	0.01995
0.063	5.045	5.484	5.923	1.120	0.01687	0.01735	0.01785
0.067	4.404	4.849	5.360	1.180	0.01504	0.01563	0.01626
0.071	3.941	4.318	4.748	1.250	0.01353	0.01393	0.01435
0.075	3.547	3.869	4.235	1.320	0.01215	0.01249	0.01285
0.080	3.133	3.401	3.703	1.400	0.01079	0.01110	0.01143
0.085	2.787	3.013	3.265	1.500	0.009402	0.009674	0.009955
0.090	2.495	2.687	2.900	1.600	0.008264	0.008502	0.008749
0.095	2.247	2.413	2.594	1.700	0.007320	0.007531	0.007750
0.100	2.034	2.177	2.333	1.800	0.006529	0.006718	0.006913
0.106	1.816	1.937	2.069	1.900	0.005860	0.006029	0.006205
0.112	1.632	1.735	1.848	2.000	0.005289	0.005441	0.005600
0.118	1.474	1.563	1.660	2.120	0.004708	0.004843	0.004983
0.125	1.317	1.393	1.475	2.240	0.004218	0.004338	0.004462
0.132	1.184	1.249	1.319	2.360	0.003797	0.003908	0.004023
0.140	1.055	1.110	1.170	2.500	0.003385	0.003842	0.003584
0.150	0.922	0.967	1.016	2.650	0.003011	0.003099	0.003191
0.160	0.8123	0.8502	0.8906	2.800	0.002698	0.002776	0.002857
0.170	0.7211	0.7531	0.7871	3.000	0.002351	0.002418	0.002489
0.180	0.6444	0.6718	0.7007	3.150	0.002131	0.002194	0.002258
0.190	0.5794	0.6029	0.6278	3.350	0.001885	0.001939	0.001996
0.200	0.5237	0.5441	0.5657	3.550	0.001678	0.001727	0.001778
0.212	0.4669	0.4843	0.5026	3.750	0.001504	0.001548	0.001593
0.224	0.4188	0.4338	0.4495	4.000	0.001322	0.001360	0.001400
0.236	0.3747	0.3908	0.4079	4.250	0.001171	0.001205	0.001240
0.250	0.3345	0.3482	0.3628	4.500	0.001045	0.001075	0.001106
0.265	0.2982	0.3099	0.3223	4.750	0.0009374	0.0009647	0.009929
0.280	0.2676	0.2776	0.2882	5.000	0.0008462	0.0008706	0.008959
0.300	0.2335	0.2148	0.2506				

(2) 漆包铝圆线

漆包铝圆线的直流电阻与漆包铜圆线一样，其标称值作为电工产品线圈设计的参考值，而最大值和最小值是电工产品线圈制造的控制值。对于线规小于或等于1.000mm，20℃时直流电阻的标称值按式（2-1-3）计算，最小值和最大值按式（2-1-7）和式（2-1-8）计算。但电阻率的值取：$\rho_{标称}=1/35.85\Omega\cdot mm^2\cdot m^{-1}$，$\rho_{最小}=1/36.2\Omega\cdot mm^2\cdot m^{-1}$，$\rho_{最大}=1/35.5\Omega\cdot mm^2\cdot m^{-1}$。

对于大于1.000mm的线规，电阻标称值可以按式（2-1-3）计算确定（取铝线标称电阻率），其电阻最大值和最小值由供需双方协商确定。

R20和R40系列的漆包铝圆线直流电阻，见表2-1-25。

表 2-1-25 漆包铝圆线直流电阻

导体标称直径 /mm	电阻/(Ω/m)			导体标称直径 /mm	电阻/(Ω/m)		
	最小值	标称值	最大值		最小值	标称值	最大值
0.250	0.5452	0.5683	0.5927	1.180	0.02475	0.02551	0.02629
0.265	0.4861	0.5058	0.5265	1.250	0.02205	0.02273	0.02344
0.280	0.4361	0.4530	0.4708	1.320	0.01979	0.02038	0.02100
0.300	0.3806	0.3946	0.4094	1.400	0.01759	0.01812	0.01867
0.315	0.3456	0.3579	0.3708	1.500	0.01532	0.01579	0.01626
0.335	0.3061	0.3165	0.3274	1.600	0.01347	0.01387	0.01429
0.355	0.2729	0.2818	0.2911	1.700	0.01193	0.01229	0.01266
0.375	0.2436	0.2526	0.2620	1.800	0.01064	0.01096	0.01129
0.400	0.2144	0.2220	0.2299	1.900	0.009551	0.009838	0.01014
0.425	0.1902	0.1966	0.2033	2.000	0.008620	0.008879	0.009149
0.450	0.1699	0.1754	0.1811	2.120	0.007673	0.007902	0.008141
0.475	0.1527	0.1574	0.1624	2.240	0.006874	0.007078	0.007291
0.500	0.1397	0.1421	0.1464	2.360	0.006189	0.006377	0.006573
0.530	0.1224	0.1264	0.1306	2.500	0.005517	0.005683	0.005855
0.560	0.1098	0.1133	0.1169	2.650	0.004908	0.005058	0.005213
0.600	0.09578	0.09866	0.1017	2.800	0.004398	0.004530	0.004668
0.630	0.08695	0.08949	0.09211	3.000	0.003831	0.003946	0.004066
0.670	0.07674	0.07912	0.08160	3.150	0.003474	0.003579	0.003689
0.710	0.06842	0.07046	0.07257	3.350	0.003071	0.003165	0.003262
0.750	0.06122	0.06314	0.06515	3.550	0.002735	0.002818	0.002905
0.800	0.05387	0.05549	0.05718	3.750	0.002451	0.002526	0.002603
0.850	0.04767	0.04916	0.05071	4.000	0.002155	0.002220	0.002287
0.900	0.04257	0.04385	0.04518	4.250	0.001908	0.001966	0.002027
0.950	0.03816	0.03935	0.04059	4.500	0.001703	0.001754	0.001807
1.000	0.03448	0.03552	0.03660	4.750	0.001528	0.001574	0.001622
1.060	0.03066	0.03161	0.03259	5.000	0.001397	0.001421	0.001464
1.120	0.02750	0.02831	0.02916				

(3) 漆包铜扁线

漆包铜扁线导体单位长度电阻应用20℃时的直流电阻表示。采用的测量方法准确度应为0.5%。

电阻最大值应不大于按最小导体截面积和电阻系数$1/58\Omega\cdot mm^2\cdot m^{-1}$计算出来的值，其中最小导体截面积按最小窄边、最小宽边尺寸和最大圆角半径计算。按式（2-1-9）计算。

$$R_{20}=\frac{\rho_{20}}{S_{min}} \qquad (2\text{-}1\text{-}9)$$

式中 R_{20}——20℃时导体电阻率（$\Omega\cdot mm^2\cdot m^{-1}$）；

S_{min}——导体最小截面积（mm^2），按式（2-1-10）计算；

对于铜导体，$\rho_{20}=1/58\Omega\cdot mm^2\cdot m^{-1}$；

对于铝导体，$\rho_{20}=1/35.7\Omega\cdot mm^2\cdot m^{-1}$。

$$S_{min}=a_{min}b_{min}-0.8584r_{max}^2 \qquad (2\text{-}1\text{-}10)$$

2. 击穿电压

漆包线的击穿电压是由漆层厚度决定的，高温会使击穿电压下降，若需方要求时，供方应进行高温击穿电压测试，测试的温度在对应的漆包线品种中规定。

漆包圆线的击穿电压值，不得低于表2-1-26的规定值。

表2-1-26 最小击穿电压值

导体标称直径/mm		最小击穿电压（有效值）/V					
		1级和1B级		2级和2B级		3级	
以上	及以下	室温	高温④	室温	高温④	室温	高温④
—①	0.018	110	—	225	—	—	—
0.018①	0.020	120	—	250	—	—	—
0.020①	0.022	130	—	275	—	—	—
0.022①	0.025	150	—	300	—	—	—
0.025①	0.028	170	—	325	—	—	—
0.028①	0.032	190	—	375	—	—	—
0.032①	0.036	225	—	425	—	—	—
0.036①	0.040	250	—	475	—	—	—
0.040①	0.045	275	—	550	—	—	—
0.045①	0.050	300	—	600	—	—	—
0.050①	0.056	325	—	650	—	—	—
0.056①	0.063	375	—	700	—	—	—
0.063①	0.071	425	—	700	—	1100	—
0.071①	0.080	425	—	850	—	1200	—
0.080①	0.090	500	—	900	—	1300	—
0.090①	0.100	500	—	950	—	1400	—
0.100②	0.112	1300	1000	2700	2000	3900	2900
0.112②	0.125	1500	1100	2800	2100	4100	3100
0.125②	0.140	1600	1200	3000	2300	4200	3200
0.140②	0.160	1700	1300	3200	2400	4400	3300
0.160②	0.180	1700	1300	3300	2500	4700	3500
0.180②	0.200	1800	1400	3500	2600	5100	3800
0.200②	0.224	1900	1400	3700	2800	5200	3900
0.224②	0.250	2100	1600	3900	2900	5500	4100
0.250②	0.280	2200	1700	4000	3000	5800	4400
0.280②	0.315	2200	1700	4100	3100	6100	4600
0.315②	0.355	2300	1700	4300	3200	6400	4800
0.355②	0.400	2300	1700	4400	3300	6600	5000
0.400②	0.450	2300	1700	4400	3300	6800	5100
0.450②	0.500	2400	1800	4600	3500	7000	5300
0.500②	0.560	2500	1900	4600	3500	7100	5300
0.560②	0.630	2600	2000	4800	3600	7100	5300
0.630②	0.710	2600	2000	4800	3600	7200	5400
0.710②	0.800	2600	2000	4900	3700	7400	5600
0.800②	2.500	2700	2000	5000	3800	7600	5700
2.500③	5.000	1300	1000	2500	1900	3800	2900

① 此线规范围的击穿电压用圆棒法测试。
② 此线规范围的击穿电压用扭绞对法测试。
③ 此线规范围的击穿电压用钢珠法测试。
④ "—"表示高温击穿电压不要求，高温试验温度在对应的产品中规定。

漆包铜扁线的击穿电压值应符合表 2-1-27 的规定。

表 2-1-27 最小击穿电压值

级	最小击穿电压（有效值）/V	
	室温	高温①
1	1000	750
2	2000	1500

① 高温试验由供需双方协商确定，试验温度在对应的产品中确定。

3. 漆膜连续性

漆膜连续性是漆包线漆膜内点状绝缘缺陷状态的反映，只适用导体标称直径小于或等于 1.600mm 的漆包圆线。漆包铜圆线每 30m 长的针孔数不得超过表 2-1-28 的规定值。漆包铝圆线每 30m 长的针孔数不得超过表 2-1-29 的规定值。

表 2-1-28 漆包铜圆线漆膜连续性

导体标称直径/mm		每 30m 最大针孔数		
以上	及以下	1 级和 1B 级	2 级和 2B 级	3 级
—	0.050	60	24	—
0.050	0.080	60	24	3
0.080	0.125	40	15	3
0.125	1.600	25	5	3

表 2-1-29 漆包铝圆线漆膜连续性

导体标称直径/mm		每 30m 最大针孔数		
以上	及以下	1 级和 1B 级	2 级和 2B 级	3 级
—	1.600	25	10	5

4. 介质损耗系数

介质损耗是漆包线工作在高频下漆膜内电能损耗的反映，只适合于制作高频线圈的漆包线。介质损耗系数要求在对应的漆包线品种中规定。

1.2.5 漆包线的热性能要求

1. 热冲击

热冲击是漆包线在高温下抵抗漆膜开裂能力的反映，与漆膜的材料特性和漆包线弯曲程度有关。

（1）漆包铜圆线 漆包铜圆线试样按表2-1-30 的规定卷绕或拉伸，在规定温度下处理 30min 后，漆膜应不开裂。最小热冲击温度在对应的产品标准中规定。

表 2-1-30 漆包铜圆线热冲击试验伸长率和卷绕圆棒直径

导体标称直径/mm		圆棒卷绕前的伸长率（%）	卷绕圆棒直径/mm
以上	及以下		
—	0.050	20	0.150
0.050	0.063	15	0.150
0.063	0.080	10	0.150
0.080	0.112	5	0.150
0.112	0.140	0	0.150
0.140	0.160	0	0.250
0.160	0.180	0	0.280
0.180	0.200	0	0.315
0.200	0.224	0	0.355
0.224	0.250	0	0.400
0.250	0.280	0	0.630
0.280	0.315	0	0.710
0.315	0.355	0	0.800
0.355	0.400	0	0.900
0.400	0.450	0	1.000
0.450	0.500	0	1.120
0.500	0.560	0	1.250
0.560	0.630	0	1.400
0.630	0.710	0	1.600
0.710	0.800	0	1.800
0.800	0.900	0	2.000
0.900	1.000	0	2.240
1.000	1.120	0	3.550
1.120	1.250	0	4.000
1.250	1.400	0	4.500
1.400	1.600	0	5.000
1.600	5.000	拉伸 25%	

（2）漆包铝圆线 按表 2-1-31 规定卷绕或拉伸的试样，在规定温度下处理 30min 后，漆膜应不开裂。最小热冲击温度在对应的产品标准中规定。

表 2-1-31 漆包铝圆线热冲击试验伸长率和卷绕圆棒直径

导体标称直径/mm		圆棒卷绕前的伸长率（%）	卷绕圆棒直径/mm
以上	及以下		
—	1.600	0	$3d$①
1.600	—	拉伸 15%	

① d 为漆包线的导体标称直径。

（3）漆包扁线 在直径为 $6a$ 的试棒上进行宽边弯曲的试样，在规定温度下处理 30min 后，漆膜应不开裂。最小热冲击温度在对应的产品标准中规定。

2. 软化击穿（适用于漆包圆线）

漆包圆线，在规定的温度下 2min 内不发生击穿。试验温度在对应的产品标准中规定。

漆包扁线，试验正在考虑中。

3. 热老化

漆包线的热老化是反映漆膜在高温老化后绝缘性能的保持能力，与漆膜材料特性有关。漆包铜圆线和铝圆线的软化击穿性能必须满足：在规定的温度下保持 168h 老化后，其电压值不低于室温电压值的 50%。老化前后的试样不少于 5 个，取电压算术平均值。规定的温度在对应的产品标准中确定。

4. 温度指数

漆包扁线、漆包圆试样均应按 IEC 60172—2015，在导体标称直径为 1.000mm、2 级漆膜厚度的未浸漆圆线试样上进行。除非供需双方另有协议。

试验时，20000 h 外推寿命的相应温度应不低于对应产品标准的规定值，并且在最低试验温度下的失效时间应不小于 5000h。

1.2.6 漆包线的化学性能要求

1. 直焊性（适合于直焊性漆包铜圆线）

最长浸入时间（s）应符合表 2-1-32 规定的时间，最少为 2s。镀锡线表面光滑，无针孔和漆膜残渣。焊锡槽的温度由对应产品标准规定。

表 2-1-32 浸入锡槽最长时间

导体标称直径/mm		最长浸入时间/s	
以上	及以下	1 级	2 级
—	0.050	2	2
0.050	0.100	2	2
0.100mm 以上，非自粘直焊性漆包圆线		$d^{①} \times 8s/mm$	$d^{①} \times 12s/mm$
0.100mm 以上，自粘直焊性漆包圆线		$d^{①} \times 12s/mm$	$d^{①} \times 16s/mm$

① d 为导体标称直径。

2. 耐溶剂

漆包线在化学溶剂中浸泡后，漆膜不得出现溶解、起泡和裂纹，漆膜硬度或硬度变化符合对应的产品标准规定。

3. 耐冷冻剂（仅适合于应用于制冷系统的漆包线）

试验用的制冷工质及组分可以由供需双方协商确定，若未规定则使用 R22 制冷剂。

漆包线在制冷工质中试验后，不得出现起泡和裂纹，萃取物的百分比应不超过 0.5%。最小击穿电压应为规定值的 75%。

4. 耐变压器油

只适用于工作在变压器油中的漆包线，技术要求在对应的产品标准中规定。

1.3 各种漆包线的性能

1.3.1 105 级油性漆包铜圆线

这个品种的漆包线已经被淘汰，国内已经没有工厂提供。维修时可以用 130 级直焊性聚氨酯漆包铜圆线代替。

1.3.2 120 级缩醛漆包铜圆线

此产品是以 120 级缩醛树脂为基的单一涂层漆包铜圆线，耐热等级为 120。缩醛树脂可以改性，但改性后的性能不得低于表 2-1-34 规定的要求。

1. 型号、名称及规格（见表 2-1-33）

表 2-1-33 120 级缩醛漆包铜圆线型号、名称及规格

型号	名称	规格范围/mm	执行标准
QQ-1/120	120 级薄漆膜缩醛漆包铜圆线	0.040 ~ 2.500	GB/T 6109.3—2008 IEC 60317-12—2010
QQ-2/120	120 级厚漆膜缩醛漆包铜圆线	0.040 ~ 5.000	
QQ-3/120	120 级特厚漆膜缩醛漆包铜圆线	0.080 ~ 5.000	

2. 技术性能要求

此产品的各项性能必须符合表 2-1-34 的规定。

表 2-1-34 技术性能要求

序号	项目	特定试验条件	性能要求
1	外观		符合 1.2.2 节
2	尺寸		
2.1	导体直径		符合 1.2.1 节第 1 条第 1 款
2.2	导体不圆度		符合 1.2.1 节第 1 条第 2 款
2.3	最小漆膜厚度		符合 1.2.1 节第 1 条第 3 款
2.4	最大外径		符合 1.2.1 节第 1 条第 4 款
2.5	漆层偏心度		符合 1.2.1 节第 1 条第 5 款
3	伸长率和抗张强度		符合 1.2.3 节第 1 条第 1 款
4	回弹角		符合 1.2.3 节第 2 条
5	柔韧性和附着性		
5.1	圆棒卷绕试验		符合 1.2.3 节第 3 条第 1 款
5.2	拉伸试验		符合 1.2.3 节第 3 条第 1 款
5.3	急拉断试验		符合 1.2.3 节第 3 条第 1 款
5.4	剥离试验	$K=175$mm	符合 1.2.3 节第 3 条第 1 款
6	耐刮		符合表 2-1-35
7	静摩擦系数		符合 1.2.3 节第 5 条
8	热粘合		不适用
9	电阻	20℃时	符合 1.2.4 节第 1 条第 1 款
10	击穿电压		
10.1	室温下		符合 1.2.4 节第 2 条
10.2	高温下	最高试验温度为 120℃	符合 1.2.4 节第 2 条
11	漆膜连续性		符合 1.2.4 节第 3 条
12	介质损耗系数（$\tan\delta$）		不适用
13	热冲击	最小试验温度为 155℃	符合 1.2.5 节第 1 条第 1 款
14	软化击穿	170℃	符合 1.2.5 节第 2 条
15	热老化	试验温度为 160℃	符合 1.2.5 节第 3 条
16	温度指数	最小温度指数为 120	符合 1.2.5 节第 4 条
17	直焊性		不适用
18	耐溶剂		符合 1.2.6 节第 2 条
19	耐冷冻剂		不适用
20	耐变压器油		供需双方协商

表 2-1-35 缩醛漆包铜圆线漆膜耐刮

导体标称直径/mm	1 级		2 级		3 级	
	最小平均刮破力/N	每次试验中最小刮破力/N	最小平均刮破力/N	每次试验中最小刮破力/N	最小平均刮破力/N	每次试验中最小刮破力/N
0.250	3.00	2.55	4.90	4.15	5.80	4.90
0.280	3.25	2.75	5.25	4.45	6.25	5.30
0.315	3.50	2.95	5.65	4.80	6.70	5.70
0.355	3.75	3.20	6.05	5.15	7.20	6.10
0.400	4.05	3.45	6.50	5.50	7.70	6.50
0.450	4.35	3.70	7.00	5.90	8.25	7.00
0.500	4.65	3.95	7.50	6.35	8.85	7.50
0.560	5.00	4.25	8.00	6.80	9.50	8.05
0.630	5.35	4.55	8.60	7.30	10.2	8.65
0.710	5.70	4.85	9.20	7.80	10.9	9.25

（续）

导体标称直径/mm	1级		2级		3级	
	最小平均刮破力/N	每次试验中最小刮破力/N	最小平均刮破力/N	每次试验中最小刮破力/N	最小平均刮破力/N	每次试验中最小刮破力/N
0.800	6.10	5.15	9.90	8.40	11.7	9.90
0.900	6.55	5.55	10.6	9.00	12.5	10.6
1.000	7.05	5.95	11.3	9.60	13.3	11.3
1.120	7.60	6.45	12.1	10.2	14.2	12.0
1.250	8.20	6.95	12.9	11.0	15.2	12.9
1.400	8.80	7.45	13.9	11.8	16.4	13.9
1.600	9.45	8.00	14.9	12.6	17.6	14.9
1.800	10.1	8.60	16.0	13.5	18.8	16.0
2.000	10.9	9.20	17.1	14.4	20.2	17.1
2.240	11.7	9.90	18.2	15.4	21.6	18.3
2.500	12.5	10.6	19.4	16.4	23.0	19.5

注：对于导体标称直径的中间尺寸，应取下一个较大导体标称直径的数值。

1.3.3 120级缩醛漆包铝圆线

此产品是以120级缩醛树脂为基的单一涂层漆包铝圆线，耐热等级为120。缩醛树脂可以改性，但改性后的性能不得低于表2-1-37规定的要求。

1. 型号、名称及规格（见表2-1-36）

表2-1-36 120级缩醛漆包铝圆线型号、名称及规格

型号	名称	规格范围/mm	执行标准
QQL－1/120	120级薄漆膜缩醛漆包铝圆线	0.400～1.600	GB/T 23312.2—2009
QQL－2/120	120级厚漆膜缩醛漆包铝圆线	0.400～5.000	IEC 60317－0－3—2008

2. 技术性能要求

此产品的各项性能必须符合表2-1-37的规定。

表2-1-37 技术性能要求

序号	项目	特定试验条件	性能要求
1	外观		符合1.2.2节
2	尺寸		
2.1	导体直径		符合1.2.1节第2条第1款
2.2	导体不圆度		符合1.2.1节第2条第2款
2.3	最小漆膜厚度		符合1.2.1节第2条第3款
2.4	最大外径		符合1.2.1节第2条第4款
2.5	漆层偏心度		符合1.2.1节第2条第5款
3	伸长率和抗张强度		符合1.2.3节第1条第2款
4	回弹角		符合1.2.3节第2条
5	柔韧性和附着性		
5.1	圆棒卷绕试验		符合1.2.3节第3条第1款
5.2	拉伸试验		符合1.2.3节第3条第1款
5.3	急拉断试验		符合1.2.3节第3条第1款
5.4	剥离试验		供需双方协商
6	耐刮		符合表2-1-38
7	静摩擦系数		供需双方协商
8	热粘合		不适用

（续）

序号	项目	特定试验条件	性能要求
9	电阻	20℃时	符合 1.2.4 节第 2 条
10	击穿电压		符合 1.2.4 节第 2 条
10.1	室温下		
10.2	高温下	最高试验温度为 120℃	
11	漆膜连续性		符合 1.2.4 节第 3 条
12	介质损耗系数（tanδ）		不适用
13	热冲击	最小试验温度为 155℃	符合 1.2.5 节第 1 条第 2 款
14	软化击穿	170℃	符合 1.2.5 节第 2 条
15	热老化	试验温度为 160℃	符合 1.2.5 节第 1 条第 3 款
16	温度指数	最小温度指数为 120	符合 1.2.5 节第 4 条
17	直焊性		不适用
18	耐溶剂		符合 1.2.6 节第 2 条
19	耐冷冻剂		不适用
20	耐变压器油		符合 1.2.6 节第 4 条

表 2-1-38 缩醛漆包铝圆线漆膜耐刮

导体标称直径 /mm	1 级		2 级	
	最小平均刮破力 /N	每次试验中最小刮破力 /N	最小平均刮破力 /N	每次试验中最小刮破力 /N
0.400	2.05	1.75	3.25	2.75
0.450	2.20	1.85	3.50	2.95
0.500	2.35	2.00	3.75	3.20
0.560	2.50	2.15	4.00	3.40
0.630	2.70	2.30	4.30	3.65
0.710	2.85	2.45	4.60	3.90
0.800	3.05	2.60	4.95	4.20
0.900	3.30	2.80	5.30	4.50
1.000	3.55	3.00	5.65	4.80
1.120	3.80	3.25	6.05	5.10
1.250	4.10	3.50	6.45	5.50
1.400	4.40	3.75	6.95	5.90
1.600	4.75	4.00	7.45	6.30
1.800	—	—	8.00	6.75
2.000	—	—	8.50	7.20
2.240	—	—	9.10	7.70
2.500	—	—	9.70	8.20

注：对于导体标称直径的中间尺寸，应取下一个较大导体标称直径的数值。

1.3.4 130L 级聚酯漆包铜圆线

此产品是以 130 级聚酯树脂为基的单一涂层漆包铜圆线，耐热等级为 130。聚酯树脂可以改性，但改性后的性能不得低于表 2-1-40 规定的要求。

1. 型号、名称及规格（见表 2-1-39）

表 2-1-39 130L 级聚酯漆包铜圆线型号、名称及规格

型号	名　称	规格范围/mm	执行标准
QZ-1/130L	130L 级薄漆膜聚酯漆包铜圆线	0.050~3.150	GB/T 6109.7—2008
QZ-2/130L	130L 级厚漆膜聚酯漆包铜圆线	0.050~5.000	IEC 60317-34—1997

2. 技术性能要求

此产品的各项性能必须符合表 2-1-40 的规定。

表 2-1-40 技术性能要求

序号	项目	特定试验条件	性能要求
1	外观		符合 1.2.2 节
2	尺寸		
2.1	导体直径		符合 1.2.1 节第 1 条第 1 款
2.2	导体不圆度		符合 1.2.1 节第 1 条第 2 款
2.3	最小漆膜厚度		符合 1.2.1 节第 1 条第 3 款
2.4	最大外径		符合 1.2.1 节第 1 条第 4 款
2.5	漆层偏心度		符合 1.2.1 节第 1 条第 5 款
3	伸长率和抗张强度		符合 1.2.3 节第 1 条第 1 款
4	回弹角		符合 1.2.3 节第 2 条
5	柔韧性和附着性		
5.1	圆棒卷绕试验		符合 1.2.3 节第 3 条第 1 款
5.2	拉伸试验		符合 1.2.3 节第 3 条第 1 款
5.3	急拉断试验		符合 1.2.3 节第 3 条第 1 款
5.4	剥离试验	$K=130$mm	符合 1.2.3 节第 3 条第 1 款
6	耐刮		符合表 2-1-42
7	静摩擦系数		符合 1.2.3 节第 5 条
8	热粘合		不适用
9	电阻	20℃时	符合 1.2.4 节第 1 条第 1 款
10	击穿电压		
10.1	室温下		符合 1.2.4 节第 2 条
10.2	高温下	最高试验温度为 130℃	符合 1.2.4 节第 2 条
11	漆膜连续性		符合 1.2.4 节第 3 条
12	介质损耗系数（$\tan\delta$）		不适用
13	热冲击	最小试验温度为 155℃	符合表 2-1-41
14	软化击穿	240℃	符合 1.2.5 节第 2 条
15	热老化	试验温度为 180℃	符合 1.2.5 节第 1 条第 3 款
16	温度指数	最小温度指数为 130	符合 1.2.5 节第 4 条
17	直焊性		不适用
18	耐溶剂		符合 1.2.6 节第 2 条
19	耐冷冻剂		不适用
20	耐变压器油		不适用

表 2-1-41 热冲击试验

导体标称直径/mm		圆棒直径/mm
以上	及以下	
—	0.050	0.150
0.050	0.160	3*D*①
0.160	0.250	4*D*①
0.250	1.000	6*D*①
1.000	1.600	7*D*①
1.600	5.000	拉伸 10%

① *D* 为漆包线外径。

表 2-1-42 聚酯漆包铜圆线漆膜耐刮

导体标称直径/mm	1 级		2 级	
	最小平均刮破力/N	每次试验中最小刮破力/N	最小平均刮破力/N	每次试验中最小刮破力/N
0.250	2.70	2.30	4.50	3.80
0.280	2.90	2.45	4.80	4.10
0.315	3.15	2.65	5.20	4.40
0.355	3.40	2.85	5.60	4.75
0.400	3.65	3.05	6.00	5.10

（续）

导体标称直径/mm	1级		2级	
	最小平均刮破力/N	每次试验中最小刮破力/N	最小平均刮破力/N	每次试验中最小刮破力/N
0.450	3.90	3.30	6.45	5.45
0.500	4.20	3.55	6.90	5.85
0.560	4.50	3.80	7.40	6.25
0.630	4.85	4.10	7.90	6.70
0.710	5.20	4.40	8.50	7.20
0.800	5.60	4.70	9.10	7.70
0.900	6.05	5.10	9.70	8.20
1.000	6.55	5.50	10.4	8.80
1.120	7.05	5.95	11.1	9.40
1.250	7.60	6.45	11.9	10.0
1.400	8.20	6.95	12.7	10.8
1.600	8.90	7.55	13.7	11.6
1.800	9.60	8.15	14.7	12.4
2.000	10.30	8.75	15.7	13.3
2.240	11.1	9.40	16.7	14.2
2.500	11.9	10.1	17.8	15.1

注：对于导体标称直径的中间尺寸，应取下一个较大导体标称直径的数值。

1.3.5 155级聚酯漆包铜圆线

此产品是以155级聚酯树脂为基的单一涂层漆包铜圆线，耐热等级为155。聚酯树脂可以改性，但改性后的性能不得低于表2-1-44规定的要求。

1. 型号、名称及规格（见表2-1-43）

表2-1-43 155级聚酯漆包铜圆线型号、名称及规格

型号	名 称	规格范围/mm	执行标准
QZ-1/155	155级薄漆膜聚酯漆包铜圆线	0.020～3.150	GB/T 6109.2—2008 IEC 60317-3—2004
QZ-2/155	155级厚漆膜聚酯漆包铜圆线	0.020～5.000	

2. 技术性能要求

此产品的各项性能必须符合表2-1-44的规定。

表2-1-44 技术性能要求

序号	项目	特定试验条件	性能要求
1	外观		符合1.2.2节
2	尺寸		
2.1	导体直径		符合1.2.1节第1条第1款
2.2	导体不圆度		符合1.2.1节第1条第2款
2.3	最小漆膜厚度		符合1.2.1节第1条第3款
2.4	最大外径		符合1.2.1节第1条第4款
2.5	漆层偏心度		符合1.2.1节第1条第5款
3	伸长率和抗张强度		符合1.2.3节第1条第1款
4	回弹角		符合1.2.3节第2条
5	柔韧性和附着性		
5.1	圆棒卷绕试验		符合1.2.3节第3条第1款
5.2	拉伸试验		符合1.2.3节第3条第1款
5.3	急拉断试验		符合1.2.3节第3条第1款
5.4	剥离试验	$K=150$mm	符合1.2.3节第3条第1款
6	耐刮		符合表2-1-42
7	静摩擦系数		符合1.2.3节第5条
8	热粘合		不适用
9	电阻	20℃时	符合1.2.4节第1条第1款
10	击穿电压		
10.1	室温下		符合1.2.4节第2条
10.2	高温下	最高试验温度为155℃	符合1.2.4节第2条
11	漆膜连续性		符合1.2.4节第3条
12	介质损耗系数（$\tan\delta$）		不适用
13	热冲击	最小试验温度为175℃	符合1.2.5节第1条第1款
14	软化击穿	270℃	符合1.2.5节第2条
15	热老化	试验温度为200℃	符合1.2.5节第3条
16	温度指数	最小温度指数为155	符合1.2.5节第4条
17	直焊性		不适用
18	耐溶剂		符合1.2.6节第2条
19	耐冷冻剂		不适用
20	耐变压器油		不适用

1.3.6　130 级聚酯漆包铝圆线

此产品是以 130 级聚酯树脂为基的单一涂层漆包铝圆线，耐热等级为 130。聚酯树脂可以改性，但改性后的性能不得低于表 2-1-46 规定的要求。

1. 型号、名称及规格（见表 2-1-45）

表 2-1-45　130 级聚酯漆包铝圆线型号、名称及规格

型号	名称	规格范围/mm	执行标准
QZL－1/130	130 级薄漆膜聚酯漆包铝圆线	0.250～1.600	GB/T 23312.3—2009
QZL－2/130	130 级厚漆膜聚酯漆包铝圆线	0.250～5.000	IEC 60317－0－3—2008

2. 技术性能要求

此产品的各项性能必须符合表 2-1-46 的规定。

表 2-1-46　技术性能要求

序号	项目	特定试验条件	性能要求
1	外观		符合 1.2.2 节
2	尺寸		
2.1	导体直径		符合 1.2.1 节第 2 条第 1 款
2.2	导体不圆度		符合 1.2.1 节第 2 条第 2 款
2.3	最小漆膜厚度		符合 1.2.1 节第 2 条第 3 款
2.4	最大外径		符合 1.2.1 节第 2 条第 4 款
2.5	漆层偏心度		符合 1.2.1 节第 2 条第 5 款
3	伸长率和抗张强度		符合 1.2.3 节第 1 条第 2 款
4	回弹角		供需双方协商
5	柔韧性和附着性		
5.1	圆棒卷绕试验		符合 1.2.3 节第 3 条第 1 款
5.2	拉伸试验		符合 1.2.3 节第 3 条第 1 款
5.3	急拉断试验		符合 1.2.3 节第 3 条第 1 款
5.4	剥离试验		供需双方协商
6	耐刮		符合表 2-1-47
7	静摩擦系数		符合 1.2.3 节第 5 条
8	热粘合		不适用
9	电阻	20℃时	符合 1.2.4 节第 2 条
10	击穿电压		符合 1.2.4 节第 2 条
10.1	室温下		
10.2	高温下	最高试验温度为 130℃	
11	漆膜连续性		符合 1.2.4 节第 3 条
12	介质损耗系数（$\tan\delta$）		不适用
13	热冲击	最小试验温度为 155℃	符合 1.2.5 节第 1 条第 2 款
14	软化击穿	240℃	符合 1.2.5 节第 2 条
15	热老化	试验温度为 180℃	符合 1.2.5 节第 3 条
16	温度指数	最小温度指数为 130	符合 1.2.5 节第 4 条
17	直焊性		不适用
18	耐溶剂		符合 1.2.6 节第 2 条
19	耐冷冻剂		不适用
20	耐变压器油		供需双方协商

表 2-1-47 聚酯漆包铝圆线漆膜耐刮

导体标称直径/mm	1 级		2 级	
	最小平均刮破力/N	每次试验中最小刮破力/N	最小平均刮破力/N	每次试验中最小刮破力/N
0.400	1.95	1.65	3.15	2.65
0.450	2.10	1.75	3.40	2.85
0.500	2.25	1.90	3.60	3.05
0.560	2.40	2.05	3.85	3.25
0.630	2.55	2.20	4.15	3.50
0.710	2.75	2.35	4.45	3.75
0.800	2.95	2.50	4.75	4.05
0.900	3.15	2.70	5.10	4.30
1.000	3.40	2.90	5.45	4.60
1.120	3.70	3.10	5.80	4.90
1.250	3.95	3.35	6.25	5.25
1.400	4.25	3.60	6.65	5.45
1.600	4.60	3.90	7.15	5.85
1.800	5.00	4.20	7.70	6.50
2.000	5.30	4.50	8.20	6.95
2.240	5.75	4.85	8.75	7.40
2.500	6.15	5.20	9.30	7.90

注：对于导体标称直径的中间尺寸，应取下一个较大导体标称直径的数值。

1.3.7 155 级聚酯漆包铝圆线

此产品是以 155 级聚酯树脂为基的单一涂层漆包铝圆线，耐热等级为 155。聚酯树脂可以改性，但改性后的性能不得低于表 2-1-49 规定的要求。

1. 型号、名称及规格（见表 2-1-48）

表 2-1-48 155 级聚酯漆包铝圆线型号、名称及规格

型号	名称	规格范围/mm	执行标准
QZL-1/155	155 级薄漆膜聚酯漆包铝圆线	0.250~1.600	GB/T 23312.4—2009
QZL-2/155	155 级厚漆膜聚酯漆包铝圆线	0.250~5.000	IEC 60317-0-3—2008

2. 技术性能要求

此产品的各项性能必须符合表 2-1-49 的规定。

表 2-1-49 技术性能要求

序号	项目	特定试验条件	性能要求
1	外观		符合 1.2.2 节
2	尺寸		
2.1	导体直径		符合 1.2.1 节第 2 条第 1 款
2.2	导体不圆度		符合 1.2.1 节第 2 条第 2 款
2.3	最小漆膜厚度		符合 1.2.1 节第 2 条第 3 款
2.4	最大外径		符合 1.2.1 节第 2 条第 4 款
2.5	漆层偏心度		符合 1.2.1 节第 2 条第 5 款
3	伸长率和抗张强度		符合 1.2.3 节第 1 条第 2 款
4	回弹角		符合 1.2.3 节第 2 条

（续）

序号	项目	特定试验条件	性能要求
5	柔韧性和附着性		
5.1	圆棒卷绕试验		符合1.2.3节第3条第1款
5.2	拉伸试验		符合1.2.3节第3条第1款
5.3	急拉断试验		符合1.2.3节第3条第1款
5.4	剥离试验		供需双方协商
6	耐刮		符合表2-1-47
7	静摩擦系数		符合1.2.3节第5条
8	热粘合		不适用
9	电阻	20℃时	符合1.2.4节第2条
10	击穿电压		符合1.2.4节第2条
10.1	室温下		符合1.2.4节第2条
10.2	高温下	最高试验温度为155℃	
11	漆膜连续性		符合1.2.4节第3条
12	介质损耗系数（tanδ）		不适用
13	热冲击	最小试验温度为175℃	符合1.2.5节第1条第2款
14	软化击穿	270℃	符合1.2.5节第2条
15	热老化	试验温度为200℃	符合1.2.5节第3条
16	温度指数	最小温度指数为155	符合1.2.5节第4条
17	直焊性		不适用
18	耐溶剂		符合1.2.6节第2条
19	耐冷冻剂		不适用
20	耐变压器油		供需双方协商

1.3.8 130级直焊聚氨酯漆包铜圆线

此产品是以聚氨酯树脂为基的单一漆层直焊漆包铜圆线，耐热等级为130。聚氨酯树脂可以改性，但改性后的性能不得低于表2-1-51规定的要求。

1. 型号、名称及规格（见表2-1-50）

表2-1-50 130级直焊聚氨酯漆包铜圆线型号、名称及规格

型号	名称	规格范围/mm	执行标准
QA-1/130	130级薄漆膜直焊聚氨酯漆包铜圆线	0.018~2.000	GB/T 6109.4—2008
QA-2/130	130级厚漆膜直焊聚氨酯漆包铜圆线	0.020~2.000	IEC 60317-4—2015

2. 技术性能要求

此产品的各项性能必须符合表2-1-51的规定。

表 2-1-51 技术性能要求

序号	项目	特定试验条件	性能要求
1	外观		符合 1.2.2 节
2	尺寸		
2.1	导体直径		符合 1.2.1 节第 1 条第 1 款
2.2	导体不圆度		符合 1.2.1 节第 1 条第 2 款
2.3	最小漆膜厚度		符合 1.2.1 节第 1 条第 3 款
2.4	最大外径		符合 1.2.1 节第 1 条第 4 款
2.5	漆层偏心度		符合 1.2.1 节第 1 条第 5 款
3	伸长率和抗张强度		符合 1.2.3 节第 1 条第 1 款
4	回弹角		符合 1.2.3 节第 2 条
5	柔韧性和附着性		
5.1	圆棒卷绕试验		符合 1.2.3 节第 3 条第 1 款
5.2	拉伸试验		符合 1.2.3 节第 3 条第 1 款
5.3	急拉断试验		符合 1.2.3 节第 3 条第 1 款
5.4	剥离试验	$K = 150\text{mm}$	符合 1.2.3 节第 3 条第 1 款
6	耐刮		符合表 2-1-52
7	静摩擦系数		符合 1.2.3 节第 5 条
8	热粘合		不适用
9	电阻	20℃时	符合 1.2.4 节第 1 条第 1 款
10	击穿电压		
10.1	室温下		符合 1.2.4 节第 2 条
10.2	高温下	最高试验温度为 130℃	符合 1.2.4 节第 2 条
11	漆膜连续性		符合 1.2.4 节第 3 条
12	介质损耗系数（tanδ）	测试频率 1MHz	不大于 300×10^{-4}
13	热冲击	最小试验温度为 155℃	符合 1.2.5 节第 1 条第 1 款符
14	软化击穿	170℃	合 1.2.5 节第 2 条
15	热老化		不适用
16	温度指数	最小温度指数为 130	符合 1.2.5 节第 4 条
17	直焊性	试验温度（375 ±5）℃	符合 1.2.6 第 1 条
18	耐溶剂		符合 1.2.6 节第 2 条
19	耐冷冻剂		不适用
20	耐变压器油		不适用

表 2-1-52 直焊聚氨酯漆包铜圆线漆膜耐刮

导体标称直径/mm	1级		2级	
	最小平均刮破力/N	每次试验中最小刮破力/N	最小平均刮破力/N	每次试验中最小刮破力/N
0.250	2.30	1.95	4.10	3.50
0.280	2.50	2.10	4.40	3.70
0.315	2.70	2.30	4.75	4.00
0.355	2.90	2.50	5.10	4.30
0.400	3.15	2.70	5.45	4.60
0.450	3.40	2.90	5.80	4.90
0.500	3.65	3.10	6.20	5.25
0.560	3.90	3.30	6.65	5.60
0.630	4.20	3.55	7.10	6.00
0.710	4.50	3.80	7.60	6.45
0.800	4.80	4.10	8.10	6.90
0.900	5.20	4.40	8.70	7.40
1.000	5.60	4.75	9.30	7.90
1.120	6.00	5.15	10.0	8.50
1.250	6.50	5.55	10.7	9.10
1.400	7.00	5.95	11.4	9.70
1.600	7.50	6.35	12.2	10.4
1.800	8.00	6.80	13.1	11.1
2.000	8.60	7.30	14.0	11.9

注：对于导体标称直径的中间尺寸，应取下一个较大导体标称直径的数值。

1.3.9 155级直焊聚氨酯漆包铜圆线

此产品是以聚氨酯树脂为基的单一漆层直焊漆包铜圆线，耐热等级为155。聚氨酯树脂可以改性，但改性后的性能不得低于表2-1-54规定的要求。

1. 型号、名称及规格（见表2-1-53）

2. 技术性能要求

此产品的各项性能必须符合表2-1-54的规定。

1.3.10 180级直焊聚氨酯漆包铜圆线

此产品是以聚氨酯树脂为基的单一漆层直焊漆包铜圆线，耐热等级为180。聚氨酯树脂可以改性，但改性后的性能不得低于表2-1-56规定的要求。

1. 型号、名称及规格（见表2-1-55）

表 2-1-53 155级直焊聚氨酯漆包铜圆线型号、名称及规格

型号	名称	规格范围/mm	执行标准
QA-1/155	155级薄漆膜直焊聚氨酯漆包铜圆线	0.018~1.600	GB/T 6109.10—2008
QA-2/155	155级厚漆膜直焊聚氨酯漆包铜圆线	0.020~1.600	IEC 60317-20—2013

表 2-1-54 技术性能要求

序号	项目	特定试验条件	性能要求
1	外观		符合 1.2.2 节
2	尺寸		
2.1	导体直径		符合 1.2.1 节第 1 条第 1 款
2.2	导体不圆度		符合 1.2.1 节第 1 条第 2 款
2.3	最小漆膜厚度		符合 1.2.1 节第 1 条第 3 款
2.4	最大外径		符合 1.2.1 节第 1 条第 4 款
2.5	漆层偏心度		符合 1.2.1 节第 1 条第 5 款
3	伸长率和抗张强度		符合 1.2.3 节第 1 条第 1 款
4	回弹角		符合 1.2.3 节第 2 条
5	柔韧性和附着性		
5.1	圆棒卷绕试验		符合 1.2.3 节第 3 条第 1 款
5.2	拉伸试验		符合 1.2.3 节第 3 条第 1 款
5.3	急拉断试验		符合 1.2.3 节第 3 条第 1 款
5.4	剥离试验		不要求
6	耐刮		符合表 2-1-52
7	静摩擦系数		符合 1.2.3 节第 5 条
8	热粘合		不适用
9	电阻	20℃时	符合 1.2.4 节第 1 条第 1 款
10	击穿电压		
10.1	室温下		符合 1.2.4 节第 2 条
10.2	高温下	最高试验温度为 155℃	符合 1.2.4 节第 2 条
11	漆膜连续性		符合 1.2.4 节第 3 条
12	介质损耗系数（tanδ）	测试频率 1MHz	不大于 300×10^{-4}
13	热冲击	最小试验温度为 175℃	符合 1.2.5 节第 1 条第 1 款
14	软化击穿	200℃温度下	符合 1.2.5 节第 2 条
15	温度指数	最小温度指数为 155	符合 1.2.5 节第 4 条
16	直焊性	试验温度（390±5）℃	符合 1.2.6 第 1 条
17	耐溶剂		符合 1.2.6 节第 2 条
18	耐冷冻剂		不适用
19	耐变压器油		不适用

表 2-1-55 180 级直焊聚氨酯漆包铜圆线型号、名称及规格

型号	名称	规格范围/mm	执行标准
QA－1/180	180 级薄漆膜直焊聚氨酯漆包铜圆线	0.018～1.000	GB/T 6109.23—2008
QA－2/180	180 级厚漆膜直焊聚氨酯漆包铜圆线	0.020～1.000	IEC 60317－51—2014

2. 技术性能要求

此产品的各项性能必须符合表2-1-56的规定。

表2-1-56 技术性能要求

序号	项目	特定试验条件	性能要求
1	外观		符合1.2.2节
2	尺寸		
2.1	导体直径		符合1.2.1节第1条第1款
2.2	导体不圆度		符合1.2.1节第1条第2款
2.3	最小漆膜厚度		符合1.2.1节第1条第3款
2.4	最大外径		符合1.2.1节第1条第4款
2.5	漆层偏心度		符合1.2.1节第1条第5款
3	伸长率和抗张强度		符合1.2.3节第1条第1款
4	回弹角		符合1.2.3节第2条
5	柔韧性和附着性		
5.1	圆棒卷绕试验		符合1.2.3节第3条第1款
5.2	拉伸试验		符合1.2.3节第3条第1款
5.3	急拉断试验		符合1.2.3节第3条第1款
5.4	剥离试验		不要求
6	耐刮		符合表2-1-52
7	静摩擦系数		符合1.2.3节第5条
8	热粘合		不适用
9	电阻	20℃时	符合1.2.4节第1条第1款
10	击穿电压		
10.1	室温下		符合1.2.4节第2条
10.2	高温下	最高试验温度为180℃	符合1.2.4节第2条
11	漆膜连续性		符合1.2.4节第3条
12	介质损耗系数（tanδ）		供需双方协商
13	热冲击	最小试验温度为200℃	符合1.2.5节第1条第1款
14	软化击穿	230℃温度下	符合1.2.5节第2条
15	温度指数	最小温度指数为180	符合1.2.5节第4条
16	直焊性	试验温度（390±5）℃	符合1.2.6第1条
17	耐溶剂		符合1.2.6节第2条
18	耐冷冻剂		不适用
19	耐变压器油		不适用

1.3.11 130级无磁性聚氨酯漆包铜圆线

此产品是以130级聚氨酯树脂为基的单一涂层漆包铜圆线，耐热等级为130。聚氨酯树脂可以改性，但改性后的性能不得低于表2-1-58规定的要求。漆包线用铜导体要使用含铁磁性杂质少的工业纯铜制造。

1. 型号、名称及规格（见表2-1-57）

表 2-1-57 130 级无磁性聚氨酯漆包铜圆线型号、名称及规格

型号	名称	规格范围/(mm)	执行标准
QATWC - 1/130	130 级薄漆膜无磁性聚氨酯漆包铜圆线	0.020 ~ 0.200	企标
QATWC - 2/130	30 级厚漆膜无磁性聚氨酯漆包铜圆线	0.020 ~ 0.200	

2. 技术性能要求

此产品的各项性能必须符合表 2-1-58 的规定。

表 2-1-58 技术性能要求

序号	项目	特定试验条件	性能要求
1	外观		符合 1.2.2 节
2	尺寸		
2.1	导体直径		符合 1.2.1 节第 1 条第 1 款
2.2	导体不圆度		符合 1.2.1 节第 1 条第 2 款
2.3	最小漆膜厚度		符合 1.2.1 节第 1 条第 3 款
2.4	最大外径		符合 1.2.1 节第 1 条第 4 款
3	伸长率和抗张强度		符合 1.2.3 节第 1 条第 1 款
4	回弹角		符合 1.2.3 节第 2 条
5	柔韧性和附着性		
5.1	圆棒卷绕试验		符合 1.2.3 节第 3 条第 1 款
5.2	拉伸试验		符合 1.2.3 节第 3 条第 1 款
5.3	急拉断试验		符合 1.2.3 节第 3 条第 1 款
5.4	剥离试验		不要求
6	耐刮		不要求
7	静摩擦系数		不要求
8	热粘合		不适用
9	电阻	20℃时	不适用
10	击穿电压		符合 1.2.4 节第 1 条第 1 款
10.1	室温下		
10.2	高温下	最高试验温度为 130℃	符合 1.2.4 节第 2 条
11	漆膜连续性		符合 1.2.4 节第 2 条
12	介质损耗系数 (tanδ)	测试频率 1MHz	不大于 300×10^{-4}
13	磁性	密度磁化率	在 $-0.12 \times 10^{-6} \sim 0$ 绝对电磁单位
14	热冲击	最小试验温度为 155℃	符合 1.2.5 节第 1 条第 1 款
15	软化击穿	170℃温度下	符合 1.2.5 节第 2 条
16	温度指数	最小温度指数为 130	符合 1.2.5 节第 4 条
17	直焊性	试验温度 (375 ±5)℃	符合 1.2.6 第 1 条
18	耐溶剂		符合 1.2.6 节第 2 条
19	耐冷冻剂		不适用
20	耐变压器油		不适用
21	盐水针孔		供需双方协商

1.3.12 180 级聚酯亚胺漆包铜圆线

此产品是以 180 级聚酯亚胺树脂为基的单一涂层漆包铜圆线，耐热等级为 180。聚酯亚胺树脂可以改性，但改性后的性能不得低于表 2-1-60 规定的要求。

1. 型号、名称及规格（见表 2-1-59）

表 2-1-59 180 级聚酯亚胺漆包铜圆线型号、名称及规格

型号	名称	规格范围/mm	执行标准
QZY-1/180	180 级薄漆膜聚酯亚胺漆包铜圆线	0.018~3.150	GB/T 6109.5—2008 IEC 60317-8—2010
QZY-2/180	180 级厚漆膜聚酯亚胺漆包铜圆线	0.020~5.000	
QZY-3/180	180 级特厚漆膜聚酯亚胺漆包铜圆线	0.250~1.600	

2. 技术性能要求

此产品的各项性能必须符合表 2-1-60 的规定。

表 2-1-60 技术性能要求

序号	项目	特定试验条件	性能要求
1	外观		符合 1.2.2 节
2	尺寸		
2.1	导体直径		符合 1.2.1 节第 1 条第 1 款
2.2	导体不圆度		符合 1.2.1 节第 1 条第 2 款
2.3	最小漆膜厚度		符合 1.2.1 节第 1 条第 3 款
2.4	最大外径		符合 1.2.1 节第 1 条第 4 款
2.5	漆层偏心度		符合 1.2.1 节第 1 条第 5 款
3	伸长率和抗张强度		符合 1.2.3 节第 1 条第 1 款
4	回弹角		符合 1.2.3 节第 2 条
5	柔韧性和附着性		
5.1	圆棒卷绕试验		符合 1.2.3 节第 3 条第 1 款
5.2	拉伸试验		符合 1.2.3 节第 3 条第 1 款
5.3	急拉断试验		符合 1.2.3 节第 3 条第 1 款
5.4	剥离试验	$K=110$mm	符合 1.2.3 节第 3 条第 1 款
6	耐刮		符合表 2-1-61
7	静摩擦系数		符合 1.2.3 节第 5 条
8	热粘合		不适用
9	电阻	20℃时	符合 1.2.4 节第 1 条第 1 款
10	击穿电压		
10.1	室温下		符合 1.2.4 节第 2 条
10.2	高温下	最高试验温度为 180℃	符合 1.2.4 节第 2 条
11	漆膜连续性		符合 1.2.4 节第 3 条
12	介质损耗系数（$\tan\delta$）		不适用
13	热冲击	最小试验温度为 200℃	符合 1.2.5 节第 1 条第 1 款
14	软化击穿	300℃	符合 1.2.5 节第 2 条
15	热老化	试验温度为 220℃	符合 1.2.5 节第 3 条
16	温度指数	最小温度指数为 180	符合 1.2.5 节第 4 条
17	直焊性		不适用
18	耐溶剂		符合 1.2.6 节第 2 条，漆膜硬度变化不超过三级
19	耐冷冻剂		符合 1.2.6 节第 3 条
20	耐变压器油		供需双方协商

表 2-1-61 聚酯亚胺漆包铜圆线漆膜耐刮

导体标称直径/mm	1级		2级		3级	
	最小平均刮破力/N	每次试验中最小刮破力/N	最小平均刮破力/N	每次试验中最小刮破力/N	最小平均刮破力/N	每次试验中最小刮破力/N
0.250	2.85	2.45	4.70	4.00	5.80	4.90
0.280	3.10	2.60	5.05	4.30	6.25	5.30
0.315	3.35	2.80	5.45	4.60	6.70	5.70
0.355	3.60	3.05	5.85	4.95	7.20	6.10
0.400	3.85	3.25	6.25	5.30	7.70	6.50
0.450	4.15	3.50	6.75	5.70	8.25	7.00
0.500	4.45	3.75	7.20	6.10	8.85	7.50
0.560	4.75	4.05	7.70	6.50	9.50	8.05
0.630	5.10	4.35	8.25	7.00	10.2	8.65
0.710	5.45	4.65	8.85	7.50	10.9	9.25
0.800	5.85	4.95	9.50	8.05	11.7	9.90
0.900	6.30	5.35	10.2	8.60	12.5	10.6
1.000	6.75	5.75	10.9	9.20	13.3	11.3
1.120	7.35	6.20	11.6	9.80	14.2	12.0
1.250	7.90	6.70	12.5	10.5	15.2	12.9
1.400	8.50	7.20	13.3	11.3	16.4	13.9
1.600	9.20	7.80	14.3	12.1	17.6	14.9
1.800	9.95	8.40	15.4	13.0	—	—
2.000	10.6	9.00	16.4	13.9	—	—
2.240	11.7	9.90	17.5	14.8	—	—
2.500	12.8	10.8	18.6	15.8	—	—

注：对于导体标称直径的中间尺寸，应取下一个较大导体标称直径的数值。

1.3.13 180级直焊聚酯亚胺漆包铜圆线

此产品是以180级直焊性聚酯亚胺树脂为基的单一涂层漆包铜圆线，耐热等级为180。聚酯亚胺树脂可以改性，但改性后的性能不得低于表2-1-63规定的要求。

1. 型号、名称及规格（见表2-1-62）

表 2-1-62 180级直焊性聚酯亚胺漆包铜圆线型号、名称及规格

型号	名称	规格范围/mm	执行标准
QZYH-1/180	180级薄漆膜直焊性聚酯亚胺漆包铜圆线	0.020~1.600	GB/T 6109.13—2008
QZYH-2/180	180级厚漆膜直焊性聚酯亚胺漆包铜圆线	0.020~1.600	IEC 60317-23—2013

2. 技术性能要求

此产品的各项性能必须符合表2-1-63的规定。

表2-1-63 技术性能要求

序号	项目	特定试验条件	性能要求
1	外观		符合1.2.2节
2	尺寸		
2.1	导体直径		符合1.2.1节第1条第1款
2.2	导体不圆度		符合1.2.1节第1条第2款
2.3	最小漆膜厚度		符合1.2.1节第1条第3款
2.4	最大外径		符合1.2.1节第1条第4款
2.5	漆层偏心度		符合1.2.1节第1条第5款
3	伸长率和抗张强度		符合1.2.3节第1条第1款
4	回弹角		符合1.2.3节第2条
5	柔韧性和附着性		
5.1	圆棒卷绕试验		符合1.2.3节第3条第1款
5.2	拉伸试验		符合1.2.3节第3条第1款
5.3	急拉断试验		符合1.2.3节第3条第1款
5.4	剥离试验	$K=110$mm	符合1.2.3节第3条第1款
6	耐刮		符合表2-1-61
7	静摩擦系数		符合1.2.3节第5条
8	热粘合		不适用
9	电阻	20℃时	符合1.2.4节第1条第1款
10	击穿电压		
10.1	室温下		符合1.2.4节第2条
10.2	高温下	最高试验温度为180℃	符合1.2.4节第2条
11	漆膜连续性		符合1.2.4节第3条
12	介质损耗系数（$\tan\delta$）		不适用
13	热冲击	最小试验温度为200℃	符合1.2.5节第1条第1款
14	软化击穿	265℃温度下	符合1.2.5节第2条
15	热老化	试验温度为220℃	符合1.2.5节第3条
16	温度指数	最小温度指数为180	符合1.2.5节第4条
17	直焊性	试验温度（470±5）℃	符合1.2.6节第1条
18	耐溶剂		符合1.2.6节第2条，漆膜硬度不低于H型铅笔
19	耐冷冻剂		不适用
20	耐变压器油		不适用

1.3.14 180级聚酯亚胺漆包铝圆线

此产品是以180级聚酯亚胺树脂为基的单一涂层漆包铝圆线，耐热等级为180。聚酯亚胺树脂可以改性，但改性后的性能不得低于表2-1-65规定的要求。

1. 型号、名称及规格（见表2-1-64）

表 2-1-64　180 级聚酯亚胺漆包铝圆线型号、名称及规格

型号	名称	规格范围/mm	执行标准
QZYL-1/180	180 级薄漆膜聚酯亚胺漆包铝圆线	0.250~1.600	GB/T 23312.5—2009
QZYL-2/180	180 级厚漆膜聚酯亚胺漆包铝圆线	0.250~5.000	IEC 60317-15—2014

2. 技术性能要求

此产品的各项性能必须符合表 2-1-65 的规定。

表 2-1-65　技术性能要求

序号	项目	特定试验条件	性能要求
1	外观		符合 1.2.2 节
2	尺寸		
2.1	导体直径		符合 1.2.1 节第 2 条第 1 款
2.2	导体不圆度		符合 1.2.1 节第 2 条第 2 款
2.3	最小漆膜厚度		符合 1.2.1 节第 2 条第 3 款
2.4	最大外径		符合 1.2.1 节第 2 条第 4 款
2.5	漆层偏心度		符合 1.2.1 节第 2 条第 5 款
3	伸长率和抗张强度		符合 1.2.3 节第 1 条第 2 款
4	回弹角		符合 1.2.3 节第 2 条
5	柔韧性和附着性		
5.1	圆棒卷绕试验		符合 1.2.3 节第 3 条第 1 款
5.2	拉伸试验		符合 1.2.3 节第 3 条第 1 款
5.3	急拉断试验		符合 1.2.3 节第 3 条第 1 款
5.4	剥离试验		供需双方协商
6	耐刮		符合表 2-1-66
7	静摩擦系数		符合 1.2.3 节第 5 条
8	热粘合		不适用
9	电阻	20℃时	符合 1.2.4 节第 2 条
10	击穿电压		符合 1.2.4 节第 2 条
10.1	室温下		
10.2	高温下	最高试验温度为 180℃	
11	漆膜连续性		符合 1.2.4 节第 3 条
12	介质损耗系数（tanδ）		不适用
13	热冲击	最小试验温度为 200℃	符合 1.2.5 节第 1 条第 2 款
14	软化击穿	300℃	符合 1.2.5 节第 2 条
15	热老化	试验温度为 220℃	符合 1.2.5 节第 3 条
16	温度指数	最小温度指数为 180	符合 1.2.5 节第 4 条
17	直焊性		不适用
18	耐溶剂		符合 1.2.6 节第 2 条
19	耐冷冻剂		不适用
20	耐变压器油		供需双方协商

表 2-1-66　聚酯亚胺漆包铝圆线漆膜耐刮

导体标称直径/mm	1级		2级	
	最小平均刮破力/N	每次试验中最小刮破力/N	最小平均刮破力/N	每次试验中最小刮破力/N
0.400	1.95	1.65	3.15	2.65
0.450	2.10	1.75	3.40	2.85
0.500	2.25	1.90	3.60	3.05
0.560	2.40	2.05	3.85	3.25
0.630	2.55	2.20	4.15	3.50
0.710	2.75	2.35	4.45	3.75
0.800	2.95	2.50	4.75	4.05
0.900	3.15	2.70	5.10	4.30
1.000	3.40	2.90	5.45	4.60
1.120	3.70	3.10	5.80	4.90
1.250	3.95	3.35	6.25	5.25
1.400	4.25	3.60	6.65	5.45
1.600	4.60	3.90	7.15	5.85
1.800	—	—	7.70	6.50
2.000	—	—	8.20	6.95
2.240	—	—	8.75	7.40
2.500	—	—	9.30	7.90

注：对于导体标称直径的中间尺寸，应取下一个较大导体标称直径的数值。

1.3.15　220 级聚酰亚胺漆包铜圆线

此产品是以 220 级聚酰亚胺树脂为基的单一涂层漆包铜圆线，耐热等级为 220。

1. 型号、名称及规格（见表 2-1-67）

表 2-1-67　220 级聚酰亚胺漆包铜圆线型号、名称及规格

型号	名称	规格范围/mm	执行标准
QY-1/220	220 级薄漆膜聚酰亚胺漆包铜圆线	0.020~2.000	GB/T 6109.6—2008
QY-2/220	220 级厚漆膜聚酰亚胺漆包铜圆线	0.020~5.000	IEC 60317-7—1990

2. 技术性能要求

此产品的各项性能必须符合表 2-1-68 的规定。

表 2-1-68　技术性能要求

序号	项目	特定试验条件	性能要求
1	外观		符合 1.2.2 节
2	尺寸		
2.1	导体直径		符合 1.2.1 节第 1 条第 1 款
2.2	导体不圆度		符合 1.2.1 节第 1 条第 2 款
2.3	最小漆膜厚度		符合 1.2.1 节第 1 条第 3 款
2.4	最大外径		符合 1.2.1 节第 1 条第 4 款
2.5	漆层偏心度		符合 1.2.1 节第 1 条第 5 款
3	伸长率和抗张强度		符合 1.2.3 节第 1 条第 1 款

（续）

序号	项目	特定试验条件	性能要求
4	回弹角		符合 1.2.3 节第 2 条
5	柔韧性和附着性		
5.1	圆棒卷绕试验		符合 1.2.3 节第 3 条第 1 款
5.2	拉伸试验		符合 1.2.3 节第 3 条第 1 款
5.3	急拉断试验		符合 1.2.3 节第 3 条第 1 款
5.4	剥离试验	$K=90$mm	符合 1.2.3 节第 3 条第 1 款
6	耐刮		符合表 2-1-69
7	静摩擦系数		符合 1.2.3 节第 5 条
8	热粘合		不适用
9	电阻	20℃时	符合 1.2.4 节第 1 条第 1 款
10	击穿电压		
10.1	室温下		符合 1.2.4 节第 2 条
10.2	高温下	最高试验温度为 220℃	符合 1.2.4 节第 2 条
11	漆膜连续性		符合 1.2.4 节第 3 条
12	介质损耗系数（$\tan\delta$）	1000Hz	不大于 60×10^{-4}
13	热冲击	最小试验温度为 240℃	符合 1.2.5 节第 1 条第 1 款
14	软化击穿	400℃	符合 1.2.5 节第 2 条
15	热老化	试验温度为 260℃	符合 1.2.5 节第 3 条
16	温度指数	最小温度指数为 220	符合 1.2.5 节第 4 条
17	直焊性		不适用
18	耐溶剂		符合 1.2.6 节第 2 条，漆膜硬度变化不超过一级
19	耐冷冻剂		符合 1.2.6 节第 3 条
20	耐变压器油		不适用

表 2-1-69　聚酰亚胺漆包铜圆线漆膜耐刮

导体标称直径/mm	1 级		2 级	
	最小平均刮破力/N	每次试验中最小刮破力/N	最小平均刮破力/N	每次试验中最小刮破力/N
0.250	2.00	1.70	3.35	2.85
0.280	2.15	1.85	3.60	3.05
0.315	2.30	2.00	3.90	3.30
0.355	2.50	2.15	4.20	3.55
0.400	2.70	2.30	4.50	3.80
0.450	2.90	2.45	4.80	4.05
0.500	3.10	2.65	5.15	4.35
0.560	3.35	2.85	5.50	4.65
0.630	3.60	3.05	5.90	5.00
0.710	3.90	3.30	6.35	5.40

（续）

导体标称直径/mm	1级		2级	
	最小平均刮破力/N	每次试验中最小刮破力/N	最小平均刮破力/N	每次试验中最小刮破力/N
0.800	4.20	3.60	6.80	5.80
0.900	4.50	3.90	7.30	6.20
1.000	4.90	4.20	7.80	6.60
1.120	5.30	4.50	8.35	7.10
1.250	5.70	4.80	8.95	7.60
1.400	6.15	5.20	9.60	8.15
1.600	6.65	5.60	10.3	8.75
1.800	7.15	6.05	11.0	9.35
2.000	7.70	6.55	11.8	10.0
2.240	—	—	12.6	10.7
2.500	—	—	13.4	11.4

注：对于导体标称直径的中间尺寸，应取下一个较大导体标称直径的数值。

1.3.16 240级芳族聚酰亚胺漆包铜圆线

此产品是以240级芳族聚酰亚胺树脂为基的单一涂层漆包铜圆线，耐热等级为240。

1. 型号、名称及规格（见表2-1-70）

表2-1-70 240级芳族聚酰亚胺漆包铜圆线型号、名称及规格

型号	名称	规格范围/mm	执行标准
QY（F）-1/240	240级薄漆膜芳族聚酰亚胺漆包铜圆线	0.020～2.000	GB/T 6109.22—2008
QY（F）-2/240	240级厚漆膜芳族聚酰亚胺漆包铜圆线	0.020～5.000	IEC 60317-46—2013

2. 技术性能要求

此产品的各项性能必须符合表2-1-71的规定。

表2-1-71 技术性能要求

序号	项目	特定试验条件	性能要求
1	外观		符合1.2.2节
2	尺寸		
2.1	导体直径		符合1.2.1节第1条第1款
2.2	导体不圆度		符合1.2.1节第1条第2款
2.3	最小漆膜厚度		符合1.2.1节第1条第3款
2.4	最大外径		符合1.2.1节第1条第4款
2.5	漆层偏心度		符合1.2.1节第1条第5款
3	伸长率和抗张强度		符合1.2.3节第1条第1款
4	回弹角		符合1.2.3节第2条
5	柔韧性和附着性		
5.1	圆棒卷绕试验		符合1.2.3节第3条第1款
5.2	拉伸试验		符合1.2.3节第3条第1款
5.3	急拉断试验		符合1.2.3节第3条第1款

（续）

序号	项目	特定试验条件	性能要求
5.4	剥离试验	$K=90$mm	符合1.2.3节第3条第1款
6	耐刮		符合表2-1-69
7	静摩擦系数		符合1.2.3节第5条
8	热粘合	20℃时	不适用
9	电阻		符合1.2.4节第1条第1款
10	击穿电压		
10.1	室温下		符合1.2.4节第2条
10.2	高温下	最高试验温度为240℃	符合1.2.4节第2条
11	漆膜连续性		符合1.2.4节第3条
12	介质损耗系数（$\tan\delta$）	1000Hz	不大于60×10^{-4}
13	热冲击	最小试验温度为260℃	符合1.2.5节第1条第1款
14	软化击穿	450℃	符合1.2.5节第2条
15	热老化	试验温度为280℃	符合1.2.5节第3条
16	温度指数	最小温度指数为220	符合1.2.5节第4条
17	直焊性		不适用
18	耐溶剂		符合1.2.6节第2条，漆膜硬度变化不超过一级
19	耐冷冻剂		符合1.2.6节第3条
20	耐变压器油		不适用

1.3.17 200级聚酰胺酰亚胺漆包铜圆线

此产品是以200级聚酰胺酰亚胺树脂为基的单一涂层漆包铜圆线，耐热等级为200。

1. 型号、名称及规格（见表2-1-72）

表2-1-72 200级聚酰胺酰亚胺漆包铜圆线型号、名称及规格

型号	名称	规格范围/mm	执行标准
QXY-1/200	200级薄漆膜聚酰胺酰亚胺漆包铜圆线	0.071~1.600	GB/T 6109.14—2008
QXY-2/200	200级厚漆膜聚酰胺酰亚胺漆包铜圆线	0.071~0.500	IEC 60317-26—1990

2. 技术性能要求

此产品的各项性能必须符合表2-1-73的规定。

表2-1-73 技术性能要求

序号	项目	特定试验条件	性能要求
1	外观		符合1.2.2节
2	尺寸		
2.1	导体直径		符合1.2.1节第1条第1款
2.2	导体不圆度		符合1.2.1节第1条第2款
2.3	最小漆膜厚度		符合1.2.1节第1条第3款

（续）

序号	项目	特定试验条件	性能要求
2.4	最大外径		符合1.2.1节第1条第4款
2.5	漆层偏心度		符合1.2.1节第1条第5款
3	伸长率和抗张强度		符合1.2.3节第1条第1款
4	回弹角		符合1.2.3节第2条
5	柔韧性和附着性		
5.1	圆棒卷绕试验		符合1.2.3节第3条第1款
5.2	拉伸试验		符合1.2.3节第3条第1款
5.3	急拉断试验		符合1.2.3节第3条第1款
5.4	剥离试验	$K=75mm$	符合1.2.3节第3条第1款
6	耐刮		符合表2-1-74
7	静摩擦系数		符合1.2.3节第5条
8	热粘合		不适用
9	电阻	20℃时	符合1.2.4节第1条第1款
10	击穿电压		
10.1	室温下		符合1.2.4节第2条
10.2	高温下	最高试验温度为200℃	符合1.2.4节第2条
11	漆膜连续性		符合1.2.4节第3条
12	介质损耗系数（$\tan\delta$）		不适用
13	热冲击	最小试验温度为220℃	符合1.2.5节第1条第1款
14	软化击穿	350℃	符合1.2.5节第2条
15	热老化	试验温度为240℃	符合1.2.5节第3条
16	温度指数	最小温度指数为200，在导体直径为0.500mm，2级漆膜厚度的漆包线上进行	符合1.2.5节第4条
17	直焊性		不适用
18	耐溶剂		符合1.2.6节第2条，漆膜硬度变化不超过三级
19	耐冷冻剂		供需双方协商
20	耐变压器油		供需双方协商

1.3.18 200级聚酯－酰胺－亚胺漆包铜圆线

此产品是以200级聚酯－酰胺－亚胺树脂为基的单一涂层漆包铜圆线，耐热等级为200。聚酯－酰胺－亚胺树脂可以改性，但改性后的性能不得低于表2-1-76规定的要求。

1. 型号、名称及规格（见表2-1-75）

表 2-1-74 聚酰胺酰亚胺漆包铜圆线漆膜耐刮

导体标称直径/mm	1级		2级	
	最小平均刮破力/N	每次试验中最小刮破力/N	最小平均刮破力/N	每次试验中最小刮破力/N
0.250	3.00	2.55	4.90	4.15
0.280	3.25	2.75	5.25	4.45
0.315	3.50	2.95	5.65	4.80
0.355	3.75	3.20	6.05	5.15
0.400	4.05	3.45	6.50	5.50
0.450	4.35	3.70	7.00	5.90
0.500	4.65	3.95	7.50	6.35
0.560	5.00	4.25	—	—
0.630	5.35	4.55	—	—
0.710	5.70	4.85	—	—
0.800	6.10	5.15	—	—
0.900	6.55	5.55	—	—
1.000	7.05	5.95	—	—
1.120	7.60	6.45	—	—
1.250	8.20	6.95	—	—
1.400	8.80	7.45	—	—
1.600	9.45	8.00	—	—

注：对于导体标称直径的中间尺寸，应取下一个较大导体标称直径的数值。

表 2-1-75 200 级聚酯－酰胺－亚胺漆包铜圆线型号、名称及规格

型号	名称	规格范围/mm	执行标准
QZXY－1/200	200 级薄漆膜聚酯－酰胺－亚胺漆包铜圆线	0.018～1.600	GB/T 6109.21—2008
QZXY－2/200	200 级厚漆膜聚酯－酰胺－亚胺漆包铜圆线	0.025～5.000	IEC 60317－42—1997

2. 技术性能要求

此产品的各项性能必须符合表 2-1-76 的规定。

表 2-1-76 技术性能要求

序号	项目	特定试验条件	性能要求
1	外观		符合 1.2.2 节
2	尺寸		
2.1	导体直径		符合 1.2.1 节第 1 条第 1 款
2.2	导体不圆度		符合 1.2.1 节第 1 条第 2 款
2.3	最小漆膜厚度		符合 1.2.1 节第 1 条第 3 款
2.4	最大外径		符合 1.2.1 节第 1 条第 4 款
2.5	漆层偏心度		符合 1.2.1 节第 1 条第 5 款
3	伸长率和抗张强度		符合 1.2.3 节第 1 条第 1 款
4	回弹角		符合 1.2.3 节第 2 条
5	柔韧性和附着性		
5.1	圆棒卷绕试验		符合 1.2.3 节第 3 条第 1 款

（续）

序号	项目	特定试验条件	性能要求
5.2	拉伸试验		符合1.2.3节第3条第1款
5.3	急拉断试验		符合1.2.3节第3条第1款
5.4	剥离试验	$K=110$mm	符合1.2.3节第3条第1款
6	耐刮		符合表2-1-77
7	静摩擦系数		符合1.2.3节第5条
8	热粘合		不适用
9	电阻	20℃时	符合1.2.4节第1条第1款
10	击穿电压		
10.1	室温下		符合1.2.4节第2条
10.2	高温下	最高试验温度为200℃	符合1.2.4节第2条
11	漆膜连续性		符合1.2.4节第3条
12	介质损耗系数（tanδ）		不适用
13	热冲击	最小试验温度为220℃	符合1.2.5节第1条第1款
14	软化击穿	300℃	符合1.2.5节第2条
15	热老化	试验温度为240℃	符合1.2.5节第3条
16	温度指数	最小温度指数为200	符合1.2.5节第4条
17	直焊性		不适用
18	耐溶剂		符合1.2.6节第2条，漆膜硬度变化不超过三级，
19	耐冷冻剂		不适用
20	耐变压器油		不适用

表2-1-77 聚酯－酰胺－亚胺漆包铜圆线耐刮

导体标称直径/mm	1级		2级	
	最小平均刮破力/N	每次试验中最小刮破力/N	最小平均刮破力/N	每次试验中最小刮破力/N
0.250	3.00	2.55	4.90	4.15
0.280	3.25	2.75	5.25	4.45
0.315	3.50	2.95	5.65	4.80
0.355	3.75	3.20	6.05	5.15
0.400	4.05	3.45	6.50	5.50
0.450	4.35	3.70	7.00	5.90
0.500	4.65	3.95	7.50	6.35
0.560	5.00	4.25	8.00	6.80
0.630	5.35	4.55	8.60	7.30
0.710	5.70	4.85	9.20	7.80

（续）

导体标称直径/mm	1级		2级	
	最小平均刮破力/N	每次试验中最小刮破力/N	最小平均刮破力/N	每次试验中最小刮破力/N
0.800	6.10	5.15	9.90	8.40
0.900	6.55	5.55	10.6	9.00
1.000	7.05	5.95	11.3	9.60
1.120	7.60	6.45	12.1	10.2
1.250	8.20	6.95	12.9	11.0
1.400	8.80	7.45	13.9	11.8
1.600	9.45	8.00	14.9	12.5
1.800	—	—	16.0	13.5
2.000	—	—	17.1	14.4
2.240	—	—	18.2	15.4
2.500	—	—	19.4	16.4

注：对于导体标称直径的中间尺寸，应取下一个较大导体标称直径的数值。

1.3.19 130级聚酰胺复合聚酯漆包铜圆线

此产品是以130级聚酯树脂为底层，外覆盖聚酰胺树脂的双涂层漆包铜圆线，耐热等级为130。聚酯树脂和聚酰胺树脂均可以改性，但改性后的性能不得低于表2-1-79规定的要求。

1. 型号、名称及规格（见表2-1-78）

表2-1-78 130级聚酰胺复合聚酯漆包铜圆线型号、名称及规格

型号	名称	规格范围/mm	执行标准
Q(Z/X)-1/130	130级薄漆膜聚酰胺复合聚酯漆包铜圆线	0.050~3.150	GB/T 6109.7—2008①
Q(Z/X)-2/130	130级厚漆膜聚酰胺复合聚酯漆包铜圆线	0.050~5.000	

① 此产品没有国家和国际电工委员会对应标准，此为等效采用。

2. 技术性能要求

此产品的各项性能必须符合表2-1-79的规定。

表2-1-79 技术性能要求

序号	项目	特定试验条件	性能要求
1	外观		符合1.2.2节
2	尺寸		
2.1	导体直径		符合1.2.1节第1条第1款
2.2	导体不圆度		符合1.2.1节第1条第2款
2.3	最小漆膜厚度①		符合1.2.1节第1条第3款
2.4	最大外径		符合1.2.1节第1条第4款
2.5	漆层偏心度		符合1.2.1节第1条第5款
3	伸长率和抗张强度		符合1.2.3节第1条第1款
4	回弹角		符合1.2.3节第2条

（续）

序号	项目	特定试验条件	性能要求
5	柔韧性和附着性		
5.1	圆棒卷绕试验		符合1.2.3节第3条第1款
5.2	拉伸试验		符合1.2.3节第3条第1款
5.3	急拉断试验		符合1.2.3节第3条第1款
5.4	剥离试验	$K=130$mm	符合1.2.3节第3条第1款
6	耐刮		符合表2-1-42
7	静摩擦系数		符合1.2.3节第5条
8	热粘合		不适用
9	电阻	20℃时	符合1.2.4节第1条第1款
10	击穿电压		
10.1	室温下		符合1.2.4节第2条
10.2	高温下	最高试验温度为130℃	符合1.2.4节第2条
11	漆膜连续性		符合1.2.4节第3条
12	介质损耗系数（$\tan\delta$）		不适用
13	热冲击	最小试验温度为155℃	符合表2-1-41
14	软化击穿	240℃温度下	符合1.2.5节第2条
15	热老化	试验温度为180℃	符合1.2.5节第3条
16	温度指数	最小温度指数为130	符合1.2.5节第4条
17	直焊性		不适用
18	耐溶剂		符合1.2.6节第2条
19	耐冷冻剂		不适用
20	耐变压器油		不适用

① 包含聚酰胺层，聚酰胺厚度为2～5μm。

1.3.20 155级聚酰胺复合聚酯漆包铜圆线

此产品是以155级聚酯树脂为底层，外覆盖聚酰胺树脂的双涂层漆包铜圆线，耐热等级为155。聚酯树脂和聚酰胺树脂均可以改性，但改性后的性能不得低于表2-1-81规定的要求。

1. 型号、名称及规格（见表2-1-80）

表2-1-80 155级聚酰胺复合聚酯漆包铜圆线型号、名称及规格

型号	名称	规格范围/mm	执行标准
Q(Z/X)-1/155	155级薄漆膜聚酰胺复合聚酯漆包铜圆线	0.020～3.150	GB/T 6109.2—2008①
Q(Z/X)-2/155	155级厚漆膜聚酰胺复合聚酯漆包铜圆线	0.020～5.000	

① 此产品没有国家和国际电工委员会对应标准，此为等效采用。

2. 技术性能要求

此产品的各项性能必须符合表2-1-81的规定。

表 2-1-81 技术性能要求

序号	项目	特定试验条件	性能要求
1	外观		符合 1.2.2 节
2	尺寸		
2.1	导体直径		符合 1.2.1 节第 1 条第 1 款
2.2	导体不圆度		符合 1.2.1 节第 1 条第 2 款
2.3	最小漆膜厚度①		符合 1.2.1 节第 1 条第 3 款
2.4	最大外径		符合 1.2.1 节第 1 条第 4 款
2.5	漆层偏心度		符合 1.2.1 节第 1 条第 5 款
3	伸长率和抗张强度		符合 1.2.3 节第 1 条第 1 款
4	回弹角		符合 1.2.3 节第 2 条
5	柔韧性和附着性		
5.1	圆棒卷绕试验		符合 1.2.3 节第 3 条第 1 款
5.2	拉伸试验		符合 1.2.3 节第 3 条第 1 款
5.3	急拉断试验		符合 1.2.3 节第 3 条第 1 款
5.4	剥离试验	$K=150\text{mm}$	符合 1.2.3 节第 3 条第 1 款
6	耐刮		符合表 2-1-42
7	静摩擦系数		符合 1.2.3 节第 5 条
8	热粘合		不适用
9	电阻	20℃时	符合 1.2.4 节第 1 条第 1 款
10	击穿电压		
10.1	室温下		符合 1.2.4 节第 2 条
10.2	高温下	最高试验温度为 155℃	符合 1.2.4 节第 2 条
11	漆膜连续性		符合 1.2.4 节第 3 条
12	介质损耗系数（$\tan\delta$）		不适用
13	热冲击	最小试验温度为 175℃	符合 1.2.5 节第 1 条第 1 款
14	软化击穿	270℃温度下	符合 1.2.5 节第 2 条
15	热老化	试验温度为 200℃	符合 1.2.5 节第 3 条
16	温度指数	最小温度指数为 155	符合 1.2.5 节第 4 条
17	直焊性		不适用
18	耐溶剂		符合 1.2.6 节第 2 条
19	耐冷冻剂		不适用
20	耐变压器油		不适用

① 包含聚酰胺层，聚酰胺厚度为 2 ~ 5μm。

1.3.21 130 级聚酰胺复合直焊聚氨酯漆包铜圆线

此产品是以 130 级聚氨酯树脂为底层，外覆盖聚酰胺树脂的双涂层直焊漆包铜圆线，耐热等级为 130。聚氨酯树脂和聚酰胺树脂均可以改性，但改性后的性能不得低于表 2-1-83 规定的要求。

1. 型号、名称及规格（见表 2-1-82）

表 2-1-82 130 级聚酰胺复合直焊聚氨酯漆包铜圆线型号、名称及规格

型号	名称	规格范围/mm	执行标准
Q（A/X）-1/130	130 级薄漆膜聚酰胺复合直焊聚氨酯漆包铜圆线	0.050~2.000	GB/T 6109.9—2008
Q（A/X）-2/130	130 级厚漆膜聚酰胺复合直焊聚氨酯漆包铜圆线	0.050~2.000	IEC 60317-19—1990

2. 技术性能要求

此产品的各项性能必须符合表 2-1-83 的规定。

表 2-1-83 技术性能要求

序号	项目	特定试验条件	性能要求
1	外观		符合 1.2.2 节
2	尺寸		
2.1	导体直径		符合 1.2.1 节第 1 条第 1 款
2.2	导体不圆度		符合 1.2.1 节第 1 条第 2 款
2.3	最小漆膜厚度①		符合 1.2.1 节第 1 条第 3 款
2.4	最大外径		符合 1.2.1 节第 1 条第 4 款
2.5	漆层偏心度		符合 1.2.1 节第 1 条第 5 款
3	伸长率和抗张强度		符合 1.2.3 节第 1 条第 1 款
4	回弹角		符合 1.2.3 节第 2 条
5	柔韧性和附着性		
5.1	圆棒卷绕试验		符合 1.2.3 节第 3 条第 1 款
5.2	拉伸试验		符合 1.2.3 节第 3 条第 1 款
5.3	急拉断试验		符合 1.2.3 节第 3 条第 1 款
5.4	剥离试验	$K=150$mm	符合 1.2.3 节第 3 条第 1 款
6	耐刮		符合表 2-1-52
7	静摩擦系数		符合 1.2.3 节第 5 条
8	热粘合		不适用
9	电阻	20℃时	符合 1.2.4 节第 1 条第 1 款
10	击穿电压		
10.1	室温下		符合表 2-1-84 规定
10.2	高温下	最高试验温度为 130℃	符合表 2-1-84 规定
11	漆膜连续性		符合 1.2.4 节第 3 条
12	介质损耗系数（$\tan\delta$）	测试频率 1MHz	不大于 300×10^{-4}
13	热冲击	最小试验温度为 155℃	符合 1.2.5 节第 1 条第 1 款
14	软化击穿	170℃温度下	符合 1.2.5 节第 2 条
15	温度指数	最小温度指数为 130	符合 1.2.5 节第 3 条
16	直焊性	试验温度（375±5）℃	符合 1.2.6 节第 1 条
17	耐溶剂		符合 1.2.6 节第 2 条
18	耐冷冻剂		不适用
19	耐变压器油		不适用

① 包含聚酰胺层，聚酰胺厚度为 2~5μm。

表 2-1-84 最小击穿电压

导体标称直径/mm	最小击穿电压（有效值）/V			
	1 级		2 级	
	室温	高温	室温	高温
0.050①	275		550	
0.056①	300	—	600	—
0.063①	350	—	650	—
0.071①	375	—	650	—
0.080①	375	—	750	—
0.090①	450	—	800	—
0.100②	450	—	850	—
0.112②	1200	900	2400	1800
0.125②	1300	1000	2500	1900
0.140②	1400	1100	2700	2000
0.160②	1500	1100	2900	2200
0.180②	1500	1100	3000	2300
0.200②	1600	1200	3100	2300
0.224②	1700	1300	3300	2500
0.250②	1900	1400	3500	2600
0.280②	2000	1500	3600	2700
0.315②	2000	1500	3700	2800
0.355②	2100	1600	3900	2900
0.400②	2100	1600	4000	3000
0.450②	2100	1600	4000	3000
0.500②	2200	1700	4100	3100
0.560②	2200	1700	4100	3100
0.630②	2300	1700	4300	3200
0.710②	2300	1700	4300	3200
0.800②	2300	1700	4400	3300
0.900 以上②	2400	1800	4500	3400

① 此线规范围的击穿电压用圆棒法测试。

② 此线规范围的击穿电压用扭绞对法测试。

注：对于导体标称直径的中间尺寸，应取下一个较大导体标称直径的对应的最小击穿电压。

1.3.22 155级聚酰胺复合直焊聚氨酯漆包铜圆线

此产品是以155级聚氨酯树脂为底层，外覆盖聚酰胺树脂的双涂层直焊漆包铜圆线，耐热等级为155。聚氨酯树脂和聚酰胺树脂均可以改性，但改性后的性能不得低于表2-1-86规定的要求。

1. 型号、名称及规格（见表2-1-85）

表2-1-85 155级聚酰胺复合直焊聚氨酯漆包铜圆线型号、名称及规格

型号	名称	规格范围/mm	执行标准
Q(A/X)-1/155	155级薄漆膜聚酰胺复合直焊聚氨酯漆包铜圆线	0.050~1.600	GB/T 6109.11—2008
Q(A/X)-2/155	155级厚漆膜聚酰胺复合直焊聚氨酯漆包铜圆线	0.050~1.600	IEC 60317-21—2013

2. 技术性能要求

此产品的各项性能必须符合表2-1-86的规定。

表2-1-86 技术性能要求

序号	项目	特定试验条件	性能要求
1	外观		符合1.2.2节
2	尺寸		
2.1	导体直径		符合1.2.1节第1条第1款
2.2	导体不圆度		符合1.2.1节第1条第2款
2.3	最小漆膜厚度①		符合1.2.1节第1条第3款
2.4	最大外径		符合1.2.1节第1条第4款
2.5	漆层偏心度		符合1.2.1节第1条第5款
3	伸长率和抗张强度		符合1.2.3节第1条第1款
4	回弹角		符合1.2.3节第2条
5	柔韧性和附着性		
5.1	圆棒卷绕试验		符合1.2.3节第3条第1款
5.2	拉伸试验		符合1.2.3节第3条第1款
5.3	急拉断试验		符合1.2.3节第3条第1款
5.4	剥离试验	$K=150$mm	符合1.2.3节第3条第1款
6	耐刮		符合表2-1-52
7	静摩擦系数		符合1.2.3节第5条
8	热粘合		不适用
9	电阻	20℃时	符合1.2.4节第1条第1款
10	击穿电压		
10.1	室温下		符合表2-1-84规定
10.2	高温下	最高试验温度为155℃	符合表2-1-84规定
11	漆膜连续性		符合1.2.4节第3条
12	介质损耗系数（$\tan\delta$）	测试频率1MHz	不大于300×10^{-4}
13	热冲击	最小试验温度为175℃	符合1.2.5节第1条第1款
14	软化击穿	200℃温度下	符合1.2.5节第2条
15	温度指数	最小温度指数为155	符合1.2.5节第3条
16	直焊性	试验温度（390±5）℃	符合1.2.6节第1条
17	耐溶剂		符合1.2.6节第2条
18	耐冷冻剂		不适用
19	耐变压器油		不适用

① 包含聚酰胺层，聚酰胺厚度为2~5μm。

1.3.23 180级聚酰胺复合直焊聚氨酯漆包铜圆线

此产品是以180级聚氨酯树脂为底层，外覆盖聚酰胺树脂的双涂层漆包铜圆线，耐热等级为180。聚氨酯树脂和聚酰胺树脂均可以改性，但改性后的性能不得低于表2-1-88规定的要求。

1. 型号、名称及规格（见表2-1-87）

2. 技术性能要求

此产品的各项性能必须符合表2-1-88的规定。

表2-1-87 180级聚酰胺复合直焊聚氨酯漆包铜圆线型号、名称及规格

型号	名称	规格范围/mm	执行标准
Q(A/X)-1/180	180级薄漆膜聚酰胺复合直焊聚氨酯漆包铜圆线	0.018~1.000	GB/T 6109.23—2008①
Q(A/X)-2/180	180级厚漆膜聚酰胺复合直焊聚氨酯漆包铜圆线	0.020~1.000	

① 此产品没有国家和国际电工委员会对应标准，此为等效采用。

表2-1-88 技术性能要求

序号	项目	特定试验条件	性能要求
1	外观		符合1.2.2节
2	尺寸		
2.1	导体直径		符合1.2.1节第1条第1款
2.2	导体不圆度		符合1.2.1节第1条第2款
2.3	最小漆膜厚度①		符合1.2.1节第1条第3款
2.4	最大外径		符合1.2.1节第1条第4款
2.5	漆层偏心度		符合1.2.1节第1条第5款
3	伸长率和抗张强度		符合1.2.3节第1条第1款
4	回弹角		符合1.2.3节第2条
5	柔韧性和附着性		
5.1	圆棒卷绕试验		符合1.2.3节第3条第1款
5.2	拉伸试验		符合1.2.3节第3条第1款
5.3	急拉断试验		符合1.2.3节第3条第1款
5.4	剥离试验		不要求
6	耐刮		符合表2-1-52
7	静摩擦系数		符合1.2.3节第5条
8	热粘合		不适用
9	电阻	20℃时	符合1.2.4节第1条第1款
10	击穿电压		
10.1	室温下		符合1.2.4节第2条
10.2	高温下	最高试验温度为180℃	符合1.2.4节第2条
11	漆膜连续性		符合1.2.4节第3条
12	介质损耗系数（tanδ）		供需双方协商
13	热冲击	最小试验温度为200℃	符合1.2.5节第1条第1款
14	软化击穿	230℃温度下	符合1.2.5节第2条
15	温度指数	最小温度指数为180	符合1.2.5节第3条
16	直焊性	试验温度（390±5）℃	符合1.2.6第1条
17	耐溶剂		符合1.2.6节第2条
18	耐冷冻剂		不适用
19	耐变压器油		不适用

① 包含聚酰胺层，聚酰胺厚度为2~5μm。

1.3.24 180级聚酰胺复合聚酯或聚酯亚胺漆包铜圆线

此产品是以聚酯或聚酯亚胺树脂为底层，外覆盖聚酰胺树脂的双涂层复合漆包铜圆线，耐热等级为180。聚酯亚胺树脂和聚酰胺树脂均可以改性，但改性后的性能不得低于表2-1-90规定的要求。

1. 型号、名称及规格（见表2-1-89）

2. 技术性能要求

此产品的各项性能必须符合表2-1-90的规定。

表2-1-89 180级聚酰胺复合聚酯或聚酯亚胺漆包铜圆线型号、名称及规格

型号	名称	规格范围/mm	执行标准
Q(Z/X)-1/180或 Q(ZY/X)-1/180	180级薄漆膜聚酰胺复合聚酯或聚酯亚胺漆包铜圆线	0.050~3.150	GB/T 6109.12—2008 IEC 60317-22—2004
Q(Z/X)-2/180或 Q(ZY/X)-2/180	180级厚漆膜聚酰胺复合聚酯或聚酯亚胺漆包铜圆线	0.050~5.000	
Q(Z/X)-3/180或 Q(ZY/X)-3/180	180级特厚漆膜聚酰胺复合聚酯或聚酯亚胺漆包铜圆线	0.250~1.600	

表2-1-90 技术性能要求

序号	项目	特定试验条件	性能要求
1	外观		符合1.2.2节
2	尺寸		
2.1	导体直径		符合1.2.1节第1条第1款
2.2	导体不圆度		符合1.2.1节第1条第2款
2.3	最小漆膜厚度①		符合1.2.1节第1条第3款
2.4	最大外径		符合1.2.1节第1条第4款
2.5	漆层偏心度		符合1.2.1节第1条第5款
3	伸长率和抗张强度		符合1.2.3节第1条第1款
4	回弹角		符合1.2.3节第2条
5	柔韧性和附着性		
5.1	圆棒卷绕试验		符合1.2.3节第3条第1款
5.2	拉伸试验		符合1.2.3节第3条第1款
5.3	急拉断试验		符合1.2.3节第3条第1款
5.4	剥离试验	$K=110\text{mm}$	符合1.2.3节第3条第1款
6	耐刮		符合表2-1-61
7	静摩擦系数		符合1.2.3节第5条
8	热粘合		不适用
9	电阻	20℃时	符合1.2.4节第1条第1款
10	击穿电压		
10.1	室温下		符合1.2.4节第2条
10.2	高温下	最高试验温度为180℃	符合1.2.4节第2条
11	漆膜连续性		符合1.2.4节第3条
12	介质损耗系数（$\tan\delta$）		不适用
13	热冲击	最小试验温度为200℃	符合1.2.5节第1条第1款
14	软化击穿	265℃温度下	符合1.2.5节第2条
15	热老化	试验温度为220℃	符合1.2.5节第3条
16	温度指数	最小温度指数为180	符合1.2.5节第4条
17	直焊性		不适用
18	耐溶剂		符合1.2.6节第2条
19	耐冷冻剂		不适用
20	耐变压器油		不适用

① 包含聚酰胺层，聚酰胺厚度为2~5μm。

1.3.25 180 级聚酰胺复合直焊聚酯亚胺漆包铜圆线

此产品是以 180 级直焊性聚酯亚胺树脂为底层，外覆盖聚酰胺树脂的双涂层漆包铜圆线，耐热等级为 180。直焊性聚酯亚胺树脂和聚酰胺树脂均可以改性，但改性后的性能不得低于表 2-1-92 规定的要求。

1. 型号、名称及规格（见表 2-1-91）

2. 技术性能要求

此产品的各项性能必须符合表 2-1-92 的规定。

表 2-1-91 180 级聚酰胺复合直焊聚酯亚胺漆包铜圆线型号、名称及规格

型号	名称	规格范围/mm	执行标准
Q(ZY/X)H-1/180	180 级薄漆膜聚酰胺复合直焊聚酯亚胺漆包铜圆线	0.020~1.600	GB/T 6109.13—2008①
Q(ZY/X)H-2/180	180 级厚漆膜聚酰胺复合直焊聚酯亚胺漆包铜圆线	0.020~1.600	

① 此产品没有国家和国际电工委员会对应标准，此为等效采用。

表 2-1-92 技术性能要求

序号	项目	特定试验条件	性能要求
1	外观		符合 1.2.2 节
2	尺寸		
2.1	导体直径		符合 1.2.1 节第 1 条第 1 款
2.2	导体不圆度		符合 1.2.1 节第 1 条第 2 款
2.3	最小漆膜厚度①		符合 1.2.1 节第 1 条第 3 款
2.4	最大外径		符合 1.2.1 节第 1 条第 4 款
2.5	漆层偏心度		符合 1.2.1 节第 1 条第 5 款
3	伸长率和抗张强度		符合 1.2.3 节第 1 条第 1 款
4	回弹角		符合 1.2.3 节第 2 条
5	柔韧性和附着性		
5.1	圆棒卷绕试验		符合 1.2.3 节第 3 条第 1 款
5.2	拉伸试验		符合 1.2.3 节第 3 条第 1 款
5.3	急拉断试验		符合 1.2.3 节第 3 条第 1 款
5.4	剥离试验	$K=110$mm	符合 1.2.3 节第 3 条第 1 款
6	耐刮		符合表 2-1-61
7	静摩擦系数		符合 1.2.3 节第 5 条
8	热粘合		不适用
9	电阻	20℃时	符合 1.2.4 节第 1 条第 1 款
10	击穿电压		
10.1	室温下		符合 1.2.4 节第 2 条
10.2	高温下	最高试验温度为 180℃	符合 1.2.4 节第 2 条
11	漆膜连续性		符合 1.2.4 节第 3 条
12	介质损耗系数（$\tan\delta$）		不适用
13	热冲击	最小试验温度为 200℃	符合 1.2.5 节第 1 条第 1 款
14	软化击穿	265℃温度下	符合 1.2.5 节第 2 条
15	热老化	试验温度为 220℃	符合 1.2.5 节第 3 条
16	温度指数	最小温度指数为 180	符合 1.2.5 节第 4 条
17	直焊性	试验温度（470±5）℃	符合 1.2.6 节第 1 条
18	耐溶剂		符合 1.2.6 节第 2 条
19	耐冷冻剂		不适用
20	耐变压器油		不适用

① 包含聚酰胺层，聚酰胺厚度为 2~5μm。

1.3.26 130 级聚酰胺复合聚酯漆包铝圆线

此产品是以130级聚酯树脂为底层，外覆盖聚酰胺树脂的双涂层漆包铝圆线，耐热等级为130。聚酯树脂和聚酰胺树脂均可以改性，但改性后的性能不得低于表2-1-94规定的要求。

1. 型号、名称及规格（见表2-1-93）

2. 技术性能要求

此产品的各项性能必须符合表2-1-94的规定。

表2-1-93 130级聚酰胺复合聚酯漆包铝圆线型号、名称及规格

型号	名称	规格范围/mm	执行标准
Q(Z/X)L-1/130	130级薄漆膜聚酰胺复合聚酯漆包铝圆线	0.250~1.600	IEC 60317-0-3—2008①
Q(Z/X)L-2/130	130级厚漆膜聚酰胺复合聚酯漆包铝圆线	0.250~5.000	

① 此产品没有国家和国际电工委员会对应标准，此为等效采用。

表2-1-94 技术性能要求

序号	项目	特定试验条件	性能要求
1	外观		符合1.2.2节
2	尺寸		
2.1	导体直径		符合1.2.1节第2条第1款
2.2	导体不圆度		符合1.2.1节第2条第2款
2.3	最小漆膜厚度①		符合1.2.1节第2条第3款
2.4	最大外径		符合1.2.1节第2条第4款
2.5	漆层偏心度		符合1.2.1节第2条第5款
3	伸长率和抗张强度		符合1.2.3节第1条第2款
4	回弹角		供需双方协商
5	柔韧性和附着性		
5.1	圆棒卷绕试验		符合1.2.3节第3条第1款
5.2	拉伸试验		符合1.2.3节第3条第1款
5.3	急拉断试验		符合1.2.3节第3条第1款
5.4	剥离试验		供需双方协商
6	耐刮		符合表2-1-47
7	静摩擦系数		符合1.2.3节第5条
8	热粘合		不适用
9	电阻	20℃时	符合1.2.4节第2条
10	击穿电压		符合1.2.4节第2条
10.1	室温下		
10.2	高温下	最高试验温度为130℃	
11	漆膜连续性		符合1.2.4节第3条
12	介质损耗系数（tanδ）		不适用
13	热冲击	最小试验温度为155℃	符合1.2.5节第1条第2款
14	软化击穿	240℃温度下	符合1.2.5节第2条
15	热老化	试验温度为180℃	符合1.2.5节第3条
16	温度指数	最小温度指数为130	符合1.2.5节第4条
17	直焊性		不适用
18	耐溶剂		符合1.2.6节第2条
19	耐冷冻剂		不适用
20	耐变压器油		供需双方协商

① 包含聚酰胺层，聚酰胺厚度为2~5μm。

1.3.27 155级聚酰胺复合聚酯漆包铝圆线

此产品是以155级聚酯树脂为底层，外覆盖聚酰胺树脂的双涂层漆包铝圆线，耐热等级为155。聚酯树脂和聚酰胺树脂均可以改性，但改性后的性能不得低于表2-1-96规定的要求。

1. 型号、名称及规格（见表2-1-95）

2. 技术性能要求

此产品的各项性能必须符合表2-1-96的规定。

表2-1-95 155级聚酰胺复合聚酯漆包铝圆线型号、名称及规格

型号	名称	规格范围/mm	执行标准
Q(Z/X)L-2/155	155级薄漆膜聚酰胺复合聚酯漆包铝圆线	0.250~1.600	IEC 60317-0-3—2008①
Q(Z/X)L-2/155	155级厚漆膜聚酰胺复合聚酯漆包铝圆线	0.250~5.000	

① 此产品没有国家和国际电工委员会对应标准，此为等效采用。

表2-1-96 技术性能要求

序号	项目	特定试验条件	性能要求
1	外观		符合1.2.2节
2	尺寸		
2.1	导体直径		符合1.2.1节第2条第1款
2.2	导体不圆度		符合1.2.1节第2条第2款
2.3	最小漆膜厚度①		符合1.2.1节第2条第3款
2.4	最大外径		符合1.2.1节第2条第4款
2.5	漆层偏心度		符合1.2.1节第2条第5款
3	伸长率和抗张强度		符合1.2.3节第1条第2款
4	回弹角		供需双方协商
5	柔韧性和附着性		
5.1	圆棒卷绕试验		符合1.2.3节第3条第1款
5.2	拉伸试验		符合1.2.3节第3条第1款
5.3	急拉断试验		符合1.2.3节第3条第1款
5.4	剥离试验		供需双方协商
6	耐刮		符合表2-1-47
7	静摩擦系数		符合1.2.3节第5条
8	热粘合		不适用
9	电阻	20℃时	符合1.2.4节第2条
10	击穿电压		符合1.2.4节第2条
10.1	室温下		
10.2	高温下	最高试验温度为155℃	
11	漆膜连续性		符合1.2.4节第3条
12	介质损耗系数（tanδ）		不适用
13	热冲击	最小试验温度为175℃	符合1.2.5节第1条第2款
14	软化击穿	270℃	符合1.2.5节第2条
15	热老化	试验温度为200℃	符合1.2.5节第3条
16	温度指数	最小温度指数为155	符合1.2.5节第4条
17	直焊性		不适用
18	耐溶剂		符合1.2.6节第2条
19	耐冷冻剂		不适用
20	耐变压器油		供需双方协商

① 包含聚酰胺层，聚酰胺厚度为2~5μm。

1.3.28 180级聚酰胺复合聚酯亚胺漆包铝圆线

此产品是以180级聚酯亚胺树脂为底层，外覆盖聚酰胺树脂的双涂层漆包铝圆线，耐热等级为180。聚酯亚胺树脂和聚酰胺树脂均可以改性，但改性后的性能不得低于表2-1-98规定的要求。

1. 型号、名称及规格（见表2-1-97）

2. 技术性能要求

此产品的各项性能必须符合表2-1-98的规定。

表2-1-97 180级聚酰胺复合聚酯亚胺漆包铝圆线型号、名称及规格

型号	名称	规格范围/mm	执行标准
Q(ZY/X)L-1/180	180级薄漆膜聚酰胺复合聚酯亚胺漆包铝圆线	0.250~1.600	IEC 60317-15—2004①
Q(ZY/X)L-2/180	180级厚漆膜聚酰胺复合聚酯亚胺漆包铝圆线	0.250~5.000	

① 此产品没有国家和国际电工委员会对应标准，此为等效采用。

表2-1-98 技术性能要求

序号	项目	特定试验条件	性能要求
1	外观		符合1.2.2节
2	尺寸		
2.1	导体直径		符合1.2.1节第2条第1款
2.2	导体不圆度		符合1.2.1节第2条第2款
2.3	最小漆膜厚度①		符合1.2.1节第2条第3款
2.4	最大外径		符合1.2.1节第2条第4款
2.5	漆层偏心度		符合1.2.1节第2条第5款
3	伸长率和抗张强度		符合1.2.3节第1条第2款
4	回弹角		供需双方协商
5	柔韧性和附着性		
5.1	圆棒卷绕试验		符合1.2.3节第3条第1款
5.2	拉伸试验		符合1.2.3节第3条第1款
5.3	急拉断试验		符合1.2.3节第3条第1款
5.4	剥离试验		供需双方协商
6	耐刮		符合表2-1-66
7	静摩擦系数		符合1.2.3节第5条
8	热粘合		不适用
9	电阻	20℃时	符合1.2.4节第2条
10	击穿电压		符合1.2.4节第2条
10.1	室温下		
10.2	高温下	最高试验温度为180℃	
11	漆膜连续性		符合1.2.4节第3条
12	介质损耗系数（tanδ）		不适用
13	热冲击	最小试验温度为200℃	符合1.2.5节第1条第2款
14	软化击穿	300℃	符合1.2.5节第2条
15	热老化	试验温度为220℃	符合1.2.5节第3条
16	温度指数	最小温度指数为180	符合1.2.5节第4条
17	直焊性		不适用
18	耐溶剂		符合1.2.6节第2条
19	耐冷冻剂		不适用
20	耐变压器油		供需双方协商

① 包含聚酰胺层，聚酰胺厚度为2~5μm。

1.3.29 130级自粘性直焊聚氨酯漆包铜圆线

此产品是以130级聚氨酯树脂为底层，外覆盖自粘性树脂的双涂层漆包铜圆线，耐热等级为130。自粘性树脂品种可由供需双方协商确定。聚氨酯树脂和自粘性树脂均可以改性，但改性后的性能不得低于表2-1-100规定的要求。

1. 型号、名称及规格（见表2-1-99）

2. 技术性能要求

此产品的各项性能必须符合表2-1-100的规定。

表2-1-99 130级自粘性直焊聚氨酯漆包铜圆线型号、名称及规格

型号	名称	规格范围/mm	执行标准
QAN-1B/130	130级薄漆膜自粘性直焊聚氨酯漆包铜圆线	0.020~2.000	GB/T 6109.15—2008
QAN-2B/130	130级厚漆膜自粘性直焊聚氨酯漆包铜圆线	0.020~2.000	IEC 60317-2—2012

表2-1-100 技术性能要求

序号	项目	特定试验条件	性能要求
1	外观		符合1.2.2节
2	尺寸		
2.1	导体直径		符合1.2.1节第1条第1款
2.2	导体不圆度		符合1.2.1节第1条第2款
2.3	最小漆膜厚度		符合1.2.1节第1条第3款
2.4	最大外径		符合1.2.1节第1条第4款
2.5	漆层偏心度		符合1.2.1节第1条第5款
3	伸长率和抗张强度		符合1.2.3节第1条第1款
4	回弹角		符合1.2.3节第2条
5	柔韧性和附着性		
5.1	圆棒卷绕试验		符合1.2.3节第3条第1款
5.2	拉伸试验		符合1.2.3节第3条第1款
5.3	急拉断试验		符合1.2.3节第3条第1款
5.4	剥离试验	$K=150$mm	符合1.2.3节第3条第1款
6	耐刮		符合表2-1-52
7	静摩擦系数		符合1.2.3节第5条
8	热粘合		符合1.2.3节第6条
9	电阻	20℃时	符合1.2.4节第1条第1款
10	击穿电压		
10.1	室温下		符合1.2.4节第2条
10.2	高温下	最高试验温度为130℃	符合1.2.4节第2条
11	漆膜连续性		符合1.2.4节第3条
12	介质损耗系数（$\tan\delta$）		不适用
13	热冲击	最小试验温度为155℃	符合1.2.5节第1条第1款
14	软化击穿	170℃温度下	符合1.2.5节第2条
15	温度指数	最小温度指数为130	符合1.2.5节第3条
16	直焊性	试验温度（375±5）℃	符合1.2.6节第1条
17	耐溶剂		不适用
18	耐冷冻剂		不适用
19	耐变压器油		不适用

1.3.30 155级自粘性直焊聚氨酯漆包铜圆线

此产品是以155级聚氨酯树脂为底层，外覆盖自粘性树脂的双涂层漆包铜圆线，耐热等级为155。自粘性树脂品种可由供需双方协商确定。聚氨酯树脂和自粘性树脂均可以改性，但改性后的性能不得低于表2-1-102规定的要求。

1. 型号、名称及规格（见表2-1-101）

2. 技术性能要求

此产品的各项性能必须符合表2-1-102的规定。

表2-1-101 155级自粘性直焊聚氨酯漆包铜圆线型号、名称及规格

型号	名称	规格范围/mm	执行标准
QAN-1B/155	155级薄漆膜自粘性直焊聚氨酯漆包铜圆线	0.020~0.800	GB/T 6109.16—2008
QAN-2B/155	155级厚漆膜自粘性直焊聚氨酯漆包铜圆线	0.020~0.800	IEC 60317-35—2013

表2-1-102 技术性能要求

序号	项目	特定试验条件	性能要求
1	外观		符合1.2.2节
2	尺寸		
2.1	导体直径		符合1.2.1节第1条第1款
2.2	导体不圆度		符合1.2.1节第1条第2款
2.3	最小漆膜厚度		符合1.2.1节第1条第3款
2.4	最大外径		符合1.2.1节第1条第4款
2.5	漆层偏心度		符合1.2.1节第1条第5款
3	伸长率和抗张强度		符合1.2.3节第1条第1款
4	回弹角		符合1.2.3节第2条
5	柔韧性和附着性		
5.1	圆棒卷绕试验		符合1.2.3节第3条第1款
5.2	拉伸试验		符合1.2.3节第3条第1款
5.3	急拉断试验		符合1.2.3节第3条第1款
5.4	剥离试验	$K=150$mm	符合1.2.3节第3条第1款
6	耐刮		符合表2-1-52
7	静摩擦系数		符合1.2.3节第5条
8	热粘合		符合1.2.3节第6条
9	电阻	20℃时	符合1.2.4节第1条第1款
10	击穿电压		
10.1	室温下		符合1.2.4节第2条
10.2	高温下	最高试验温度为155℃	符合1.2.4节第2条
11	漆膜连续性		符合1.2.4节第3条
12	介质损耗系数（tanδ）		不适用
13	热冲击	最小试验温度为175℃	符合1.2.5节第1条第1款
14	软化击穿	200℃温度下	符合1.2.5节第2条
15	温度指数	最小温度指数为155	符合1.2.5节第3条
16	直焊性	试验温度（390±5）℃	符合1.2.6节第1条
17	耐溶剂		不适用
18	耐冷冻剂		不适用
19	耐变压器油		不适用

1.3.31 180级自粘性直焊聚氨酯漆包铜圆线

此产品是以180级聚氨酯树脂为底层，外覆盖自粘性树脂的双涂层漆包铜圆线，耐热等级为180。自粘性树脂品种可由供需双方协商确定。聚氨酯树脂和自粘性树脂均可以改性，但改性后的性能不得低于表2-1-104规定的要求。

1. 型号、名称及规格（见表2-1-103）

2. 技术性能要求

此产品的各项性能必须符合表2-1-104的规定。

表2-1-103 180级自粘性直焊聚氨酯漆包铜圆线型号、名称及规格

型号	名称	规格范围/mm	执行标准
QAN-1B/180	180级薄漆膜自粘性直焊聚氨酯漆包铜圆线	0.020~0.800	企标
QAN-2B/180	180级厚漆膜自粘性直焊聚氨酯漆包铜圆线	0.020~0.800	

表2-1-104 技术性能要求

序号	项目	特定试验条件	性能要求
1	外观		符合1.2.2节
2	尺寸		
2.1	导体直径		符合1.2.1节第1条第1款
2.2	导体不圆度		符合1.2.1节第1条第2款
2.3	最小漆膜厚度		符合1.2.1节第1条第3款
2.4	最大外径		符合1.2.1节第1条第4款
2.5	漆层偏心度		符合1.2.1节第1条第5款
3	伸长率和抗张强度		符合1.2.3节第1条第1款
4	回弹角		符合1.2.3节第2条
5	柔韧性和附着性		
5.1	圆棒卷绕试验		符合1.2.3节第3条第1款
5.2	拉伸试验		符合1.2.3节第3条第1款
5.3	急拉断试验		符合1.2.3节第3条第1款
5.4	剥离试验	$K=150$mm	符合1.2.3节第3条第1款
6	耐刮		符合表2-1-52
7	静摩擦系数		符合1.2.3节第5条
8	热粘合		符合1.2.3节第6条
9	电阻	20℃时	符合1.2.4节第1条第1款
10	击穿电压		
10.1	室温下		符合1.2.4节第2条
10.2	高温下	最高试验温度为180℃	符合1.2.4节第2条
11	漆膜连续性		符合1.2.4节第3条
12	介质损耗系数（tanδ）		不适用
13	热冲击	最小试验温度为200℃	符合1.2.5节第1条第1款
14	软化击穿	230℃温度下	符合1.2.5节第2条
15	温度指数	最小温度指数为180	符合1.2.5节第3条
16	直焊性	试验温度（390±5）℃	符合1.2.6节第1条
17	耐溶剂		不适用
18	耐冷冻剂		不适用
19	耐变压器油		不适用

1.3.32 180 级自粘性聚酯亚胺漆包铜圆线

此产品是以 180 级聚酯亚胺树脂为底层，外覆盖自粘性树脂的双涂层漆包铜圆线，耐热等级为 180。自粘性树脂品种可由供需双方协商确定。聚酯亚胺树脂和自粘性树脂均可以改性，但改性后的性能不得低于表 2-1-106 规定的要求。

1. 型号、名称及规格（见表 2-1-105）

2. 技术性能要求

此产品的各项性能必须符合表 2-1-106 的规定。

表 2-1-105 180 级自粘性聚酯亚胺漆包铜圆线型号、名称及规格

型号	名称	规格范围/mm	执行标准
QZYN-1B/180	180 级薄漆膜自粘性聚酯亚胺漆包铜圆线	0.020~1.600	GB/T 6109.18—2008
QZYN-2B/180	180 级厚漆膜自粘性聚酯亚胺漆包铜圆线	0.020~1.600	IEC 60317-37—2013

表 2-1-106 技术性能要求

序号	项目	特定试验条件	性能要求
1	外观		符合 1.2.2 节
2	尺寸		
2.1	导体直径		符合 1.2.1 节第 1 条第 1 款
2.2	导体不圆度		符合 1.2.1 节第 1 条第 2 款
2.3	最小漆膜厚度		符合 1.2.1 节第 1 条第 3 款
2.4	最大外径		符合 1.2.1 节第 1 条第 4 款
2.5	漆层偏心度		符合 1.2.1 节第 1 条第 5 款
3	伸长率和抗张强度		符合 1.2.3 节第 1 条第 1 款
4	回弹角		符合 1.2.3 节第 2 条
5	柔韧性和附着性		
5.1	圆棒卷绕试验		符合 1.2.3 节第 3 条第 1 款
5.2	拉伸试验		符合 1.2.3 节第 3 条第 1 款
5.3	急拉断试验		符合 1.2.3 节第 3 条第 1 款
5.4	剥离试验	$K = 110\text{mm}$	符合 1.2.3 节第 3 条第 1 款
6	耐刮		符合表 2-1-61
7	静摩擦系数		符合 1.2.3 节第 5 条
8	热粘合		符合 1.2.3 节第 6 条
9	电阻	20℃时	符合 1.2.4 节第 1 条第 1 款
10	击穿电压		
10.1	室温下		符合 1.2.4 节第 2 条
10.2	高温下	最高试验温度为 180℃	符合 1.2.4 节第 2 条
11	漆膜连续性		符合 1.2.4 节第 3 条
12	介质损耗系数（$\tan\delta$）		不适用
13	热冲击	最小试验温度为 200℃	符合 1.2.5 节第 1 条第 1 款
14	软化击穿	300℃温度下	符合 1.2.5 节第 2 条
15	热老化	试验温度为 220℃	符合 1.2.5 节第 3 条
	温度指数	最小温度指数为 180	符合 1.2.5 节第 4 条
16	直焊性		不适用
17	耐溶剂		不适用
18	耐冷冻剂		不适用
19	耐变压器油		不适用

1.3.33 180级自粘性直焊聚酯亚胺漆包铜圆线

此产品是以180级直焊聚酯亚胺树脂为底层，外覆盖自粘性树脂的双涂层漆包铜圆线，耐热等级为180。自粘性树脂品种可由供需双方协商确定。直焊聚酯亚胺树脂和自粘性树脂均可以改性，但改性后的性能不得低于表2-1-108规定的要求。

1. 型号、名称及规格（见表2-1-107）

2. 技术性能要求

此产品的各项性能必须符合表2-1-108的规定。

表2-1-107 180级自粘性直焊聚酯亚胺漆包铜圆线型号、名称及规格

型号	名称	规格范围/mm	执行标准
QZYHN－1B/180	180级薄漆膜自粘性直焊聚酯亚胺漆包铜圆线	0.020～1.600	GB/T 6109.17—2008
QZYHN－2B/180	180级厚漆膜自粘性直焊聚酯亚胺漆包铜圆线	0.020～1.600	IEC 60317－36—2013

表2-1-108 技术性能要求

序号	项目	特定试验条件	性能要求
1	外观		符合1.2.2节
2	尺寸		
2.1	导体直径		符合1.2.1节第1条第1款
2.2	导体不圆度		符合1.2.1节第1条第2款
2.3	最小漆膜厚度		符合1.2.1节第1条第3款
2.4	最大外径		符合1.2.1节第1条第4款
2.5	漆层偏心度		符合1.2.1节第1条第5款
3	伸长率和抗张强度		符合1.2.3节第1条第1款
4	回弹角		符合1.2.3节第2条
5	柔韧性和附着性		
5.1	圆棒卷绕试验		符合1.2.3节第3条第1款
5.2	拉伸试验		符合1.2.3节第3条第1款
5.3	急拉断试验		符合1.2.3节第3条第1款
5.4	剥离试验	$K=110$mm	符合1.2.3节第3条第1款
6	耐刮		符合表2-1-61
7	静摩擦系数		符合1.2.3节第5条
8	热粘合		符合1.2.3节第6条
9	电阻	20℃时	符合1.2.4节第1条第1款
10	击穿电压		
10.1	室温下		符合1.2.4节第2条
10.2	高温下	最高试验温度为180℃	符合1.2.4节第2条
11	漆膜连续性		符合1.2.4节第3条
12	介质损耗系数（$\tan\delta$）		不适用
13	热冲击	最小试验温度为200℃	符合1.2.5节第1条第1款
14	软化击穿	300℃温度下	符合1.2.5节第2条
15	热老化	试验温度为220℃	符合1.2.5节第3条
16	温度指数	最小温度指数为180	符合1.2.5节第4条
17	直焊性	试验温度（470±5）℃	符合1.2.6节第1条
18	耐溶剂		不适用
19	耐冷冻剂		不适用
20	耐变压器油		

1.3.34 200级聚酰胺酰亚胺复合聚酯或聚酯亚胺漆包铜圆线

此产品是以180级聚酯亚胺树脂或耐热聚酯为底层，外覆盖200级聚酰胺酰亚胺的双涂层漆包铜圆线，耐热等级为200。聚酯亚胺树脂、耐热聚酯和聚酰胺酰亚胺树脂均可以改性，但改性后的性能不得低于表2-1-110规定的要求。

1. 型号、名称及规格（见表2-1-109）

2. 技术性能要求

此产品的各项性能必须符合表2-1-110的规定。

表2-1-109 200级聚酰胺酰亚胺复合聚酯或聚酯亚胺漆包铜圆线型号、名称及规格

型号	名称	规格范围/mm	执行标准
Q(Z/XY)-1/200或Q(ZY/XY)-1/200	200级薄漆膜聚酰胺酰亚胺复合聚酯或聚酯亚胺漆包铜圆线	0.050~2.000	GB/T 6109.20—2008 IEC 60317-13—2010
Q(Z/XY)-2/200或Q(ZY/XY)-2/200	200级厚漆膜聚酰胺酰亚胺复合聚酯或聚酯亚胺漆包铜圆线	0.050~5.000	
Q(Z/XY)-3/200或Q(ZY/XY)-3/200	200级特厚漆膜聚酰胺酰亚胺复合聚酯或聚酯亚胺漆包铜圆线	0.250~2.000	

表2-1-110 技术性能要求

序号	项目	特定试验条件	性能要求
1	外观		符合1.2.2节
2	尺寸		
2.1	导体直径		符合1.2.1节第1条第1款
2.2	导体不圆度		符合1.2.1节第1条第2款
2.3	最小漆膜厚度①		符合1.2.1节第1条第3款
2.4	最大外径		符合1.2.1节第1条第4款
2.5	漆层偏心度		符合1.2.1节第1条第5款
3	伸长率和抗张强度		符合1.2.3节第1条第1款
4	回弹角		符合1.2.3节第2条
5	柔韧性和附着性		
5.1	圆棒卷绕试验		符合1.2.3节第3条第1款
5.2	拉伸试验		符合1.2.3节第3条第1款
5.3	急拉断试验		符合1.2.3节第3条第1款
5.4	剥离试验	$K=110$mm	符合1.2.3节第3条第1款
6	耐刮		符合表2-1-111
7	静摩擦系数		符合1.2.3节第5条
8	热粘合		不适用
9	电阻	20℃时	符合1.2.4节第1条第1款
10	击穿电压		
10.1	室温下		符合1.2.4节第2条
10.2	高温下	最高试验温度为200℃	符合1.2.4节第2条
11	漆膜连续性		符合1.2.4节第3条
12	介质损耗系数（tanδ）		不适用
13	热冲击	最小试验温度为220℃	符合1.2.5节第1条第1款
14	软化击穿	320℃温度下	符合1.2.5节第2条
15	热老化	试验温度为240℃	符合1.2.5节第3条
16	温度指数	最小温度指数为200	符合1.2.5节第4条
17	直焊性		不适用
18	耐溶剂		符合1.2.6节第2条，漆膜硬度变化不超过一级
19	耐冷冻剂		符合1.2.6节第3条
20	耐变压器油		供需双方协商

① 底漆和面漆的厚度比例由供需双方确定，若需方未要求，则由供方在保证其他性能要求的前提下自行确定。

表 2-1-111 聚酰胺酰亚胺复合聚酯或聚酯亚胺漆包铜圆线耐刮

导体标称直径/mm	1级		2级		3级	
	最小平均刮破力/N	每次试验中最小刮破力/N	最小平均刮破力/N	每次试验中最小刮破力/N	最小平均刮破力/N	每次试验中最小刮破力/N
0.250	3.00	2.55	4.90	4.15	6.05	5.10
0.280	3.25	2.75	5.25	4.45	6.50	5.50
0.315	3.50	2.95	5.65	4.80	7.00	5.95
0.355	3.75	3.20	6.05	5.15	7.50	6.35
0.400	4.05	3.45	6.50	5.50	8.00	6.75
0.450	4.35	3.70	7.00	5.90	8.60	7.30
0.500	4.65	3.95	7.50	6.35	9.20	7.80
0.560	5.00	4.25	8.00	6.80	9.90	8.40
0.630	5.35	4.55	8.60	7.30	10.6	9.00
0.710	5.70	4.85	9.20	7.80	11.4	9.65
0.800	6.10	5.15	9.90	8.40	12.2	10.3
0.900	6.55	5.55	10.6	9.00	13.0	11.0
1.000	7.05	5.95	11.3	9.60	13.9	11.8
1.120	7.60	6.45	12.1	10.2	14.8	12.5
1.250	8.20	6.95	12.9	11.0	15.8	13.4
1.400	8.80	7.45	13.9	11.8	17.1	14.5
1.600	9.45	8.00	14.9	12.5	18.3	15.5
1.800	10.1	8.60	16.0	13.5	19.7	16.6
2.000	10.9	9.20	17.1	14.4	21.0	17.7
2.240	—	—	18.2	15.4	22.4	18.9
2.500	—	—	19.4	16.4	23.9	20.1

注：对于导体标称直径的中间尺寸，应取下一个较大导体标称直径的对应的数值。

1.3.35 200 级聚酰胺酰亚胺复合聚酯或聚酯亚胺漆包铝圆线

此产品是以 180 级聚酯亚胺树脂或耐热聚酯为底层，外覆盖 200 级聚酰胺酰亚胺的双涂层漆包铝圆线，耐热等级为 200。聚酯亚胺树脂、耐热聚酯和聚酰胺酰亚胺树脂均可以改性，但改性后的性能不得低于表 2-1-113 规定的要求。

1. 型号、名称及规格（见表 2-1-112）

表 2-1-112 200 级聚酰胺酰亚胺复合聚酯或聚酯亚胺漆包铝圆线型号、名称及规格

型号	名称	规格范围/mm	执行标准
Q(Z/XY)L-1/200 或 Q(ZY/XY)L-1/200	200 级薄漆膜聚酰胺酰亚胺复合聚酯或聚酯亚胺漆包铝圆线	0.400~3.150	GB/T 23312.7—2009 IEC 60317-25—2010
Q(Z/XY)L-2/200 或 Q(ZY/XY)L-2/200	200 级厚漆膜聚酰胺酰亚胺复合聚酯或聚酯亚胺漆包铝圆线	0.400~5.000	

2. 技术性能要求

此产品的各项性能必须符合表 2-1-113 的规定。

表2-1-113 技术性能要求

序号	项目	特定试验条件	性能要求
1	外观		符合1.2.2节
2	尺寸		
2.1	导体直径		符合1.2.1节第2条第1款
2.2	导体不圆度		符合1.2.1节第2条第2款
2.3	最小漆膜厚度①		符合1.2.1节第2条第3款
2.4	最大外径		符合1.2.1节第2条第4款
2.5	漆层偏心度		符合1.2.1节第2条第5款
3	伸长率和抗张强度		符合1.2.3节第1条第2款
4	回弹角		供需双方协商
5	柔韧性和附着性		
5.1	圆棒卷绕试验		符合1.2.3节第3条第1款
5.2	拉伸试验		符合1.2.3节第3条第1款
5.3	急拉断试验		符合1.2.3节第3条第1款
5.4	剥离试验		供需双方协商
6	耐刮		符合表2-1-114
7	静摩擦系数		符合1.2.3节第5条
8	热粘合		不适用
9	电阻	20℃时	符合1.2.4节第2条
10	击穿电压		符合1.2.4节第2条
10.1	室温下		
10.2	高温下	最高试验温度为200℃	
11	漆膜连续性		符合1.2.4节第3条
12	介质损耗系数（tanδ）		不适用
13	热冲击	最小试验温度为220℃	符合1.2.5节第1条第2款
14	软化击穿	320℃温度下	符合1.2.5节第2条
15	热老化	试验温度为240℃	符合1.2.5节第3条
16	温度指数	最小温度指数为200	符合1.2.5节第4条
17	直焊性		不适用
18	耐溶剂		符合1.2.6节第2条
19	耐冷冻剂		符合1.2.6节第3条
20	耐变压器油		供需双方协商

① 底漆和面漆的厚度比例由供需双方确定，若需方未要求，则由供方在保证其他性能要求的前提下自行确定。

1.3.36 200级自粘性聚酰胺酰亚胺复合聚酯或聚酯亚胺漆包铜圆线

此产品是以180级聚酯亚胺树脂或耐热聚酯为底层，中间覆盖200级聚酰胺酰亚胺，外层覆盖自粘性树脂的三涂层漆包铜圆线，耐热等级为200。自粘性树脂品种由供需双方协商确定，聚酯亚胺树脂、耐热聚酯、聚酰胺酰亚胺树脂和自粘性树脂均可以改性，但改性后的性能不得低于表2-1-116规定的要求。

1. 型号、名称及规格（见表2-1-115）

表 2-1-114 聚酰胺酰亚胺复合聚酯或聚酯亚胺漆包铝圆线耐刮

导体标称直径/mm	1级		2级	
	最小平均刮破力/N	每次试验中最小刮破力/N	最小平均刮破力/N	每次试验中最小刮破力/N
0.400	1.95	1.65	3.15	2.65
0.450	2.10	1.75	3.40	2.85
0.500	2.25	1.90	3.60	3.05
0.560	2.40	2.05	3.85	3.25
0.630	2.55	2.20	4.15	3.50
0.710	2.75	2.35	4.45	3.75
0.800	2.95	2.50	4.75	4.05
0.900	3.15	2.70	5.10	4.30
1.000	3.40	2.90	4.45	4.60
1.120	3.70	3.10	5.80	4.90
1.250	3.95	3.35	6.25	5.25
1.400	4.25	3.60	6.65	5.45
1.600	4.60	3.90	7.15	5.85
1.800	5.00	4.20	7.70	6.50
2.000	5.30	4.50	8.20	6.95
2.240	5.70	4.80	8.75	7.40
2.500	6.10	5.15	9.30	7.90

注：对于导体标称直径的中间尺寸，应取下一个较大导体标称直径的对应的数值。

表 2-1-115 200 级自粘性聚酰胺酰亚胺复合聚酯或聚酯亚胺漆包铜圆线型号、名称及规格

型号	名称	规格范围/mm	执行标准
Q(Z/XY)N－1B/200 或 Q(ZY/XY)N－1B/200	200 级薄漆膜自粘性聚酰胺酰亚胺复合聚酯或聚酯亚胺漆包铜圆线	0.050～1.600	GB/T 6109.19—2008 IEC 60317－38—2013
Q(Z/XY)N－2B/200 或 Q(ZY/XY)N－2B/200	200 级厚漆膜自粘性聚酰胺酰亚胺复合聚酯或聚酯亚胺漆包铜圆线	0.050～1.600	

2. 技术性能要求

此产品的各项性能必须符合表 2-1-116 的规定。

表 2-1-116 技术性能要求

序号	项目	特定试验条件	性能要求
1	外观		符合 1.2.2 节
2	尺寸		
2.1	导体直径		符合 1.2.1 节第 1 条第 1 款
2.2	导体不圆度		符合 1.2.1 节第 1 条第 2 款
2.3	最小漆膜厚度①		符合 1.2.1 节第 1 条第 3 款
2.4	最大外径		符合 1.2.1 节第 1 条第 4 款
2.5	漆层偏心度		符合 1.2.1 节第 1 条第 5 款
3	伸长率和抗张强度		符合 1.2.3 节第 1 条第 1 款
4	回弹角		符合 1.2.3 节第 2 条

(续)

序号	项目	特定试验条件	性能要求
5	柔韧性和附着性		
5.1	圆棒卷绕试验		符合1.2.3节第3条第1款
5.2	拉伸试验		符合1.2.3节第3条第1款
5.3	急拉断试验		符合1.2.3节第3条第1款
5.4	剥离试验	$K=110$mm	符合1.2.3节第3条第1款
6	耐刮		符合表2-1-111
7	静摩擦系数		符合1.2.3节第5条
8	热粘合		符合1.2.3节第6条
9	电阻	20℃时	符合1.2.4节第1条第1款
10	击穿电压		
10.1	室温下		符合1.2.4节第2条
10.2	高温下	最高试验温度为200℃	符合1.2.4节第2条
11	漆膜连续性		符合1.2.4节第3条
12	介质损耗系数（$\tan\delta$）		不适用
13	热冲击	最小试验温度为220℃	符合1.2.5节第1条第1款
14	软化击穿	320℃温度下	符合1.2.5节第2条
15	热老化	试验温度为240℃	符合1.2.5节第3条
16	温度指数	最小温度指数为200	符合1.2.5节第4条
17	直焊性		不适用
18	耐溶剂		不适用
19	耐冷冻剂		不适用
20	耐变压器油		供需双方协商

① 底漆和面漆的厚度比例由供需双方确定，若需方未要求，则由供方在保证其他性能要求的前提下自行确定。

1.3.37 200级自滑性聚酰胺酰亚胺复合聚酯或聚酯亚胺漆包铜圆线

此产品是以180级聚酯亚胺树脂或耐热聚酯为底层，中间涂200级聚酰胺酰亚胺，外层覆盖自润滑聚酰胺酰亚胺的三涂层漆包铜圆线，耐热等级为200。聚酯亚胺树脂、耐热聚酯、聚酰胺酰亚胺和自滑性聚酰胺酰亚胺树脂均可以改性，但改性后的性能不得低于表2-1-118规定的要求。

1. 型号、名称及规格（见表2-1-117）

表2-1-117 200级自滑性聚酰胺酰亚胺复合聚酯或聚酯亚胺漆包铜圆线型号、名称及规格

型号	名称	规格范围/mm	执行标准
Q(Z/XY)ZH-1/200或 Q(ZY/XY)ZH-1/200	200级薄漆膜自滑性聚酰胺酰亚胺复合聚酯或聚酯亚胺漆包铜圆线	0.200~2.000	GB/T 6109.20—2008①
Q(Z/XY)ZH-2/200或 Q(ZY/XY)ZH-2/200	200级厚漆膜自滑性聚酰胺酰亚胺复合聚酯或聚酯亚胺漆包铜圆线	0.200~2.000	
Q(Z/XY)ZH-3/200或 Q(ZY/XY)ZH-3/200	200级特厚漆膜自滑性聚酰胺酰亚胺复合聚酯或聚酯亚胺漆包铜圆线	0.200~2.000	

① 此产品没有国家和国际电工委员会对应标准，此为等效采用。

2. 技术性能要求

此产品的各项性能必须符合表 2-1-118 的规定。

表 2-1-118　技术性能要求

序号	项目	特定试验条件	性能要求
1	外观		符合 1.2.2 节
2	尺寸		
2.1	导体直径		符合 1.2.1 节第 1 条第 1 款
2.2	导体不圆度		符合 1.2.1 节第 1 条第 2 款
2.3	最小漆膜厚度①		符合 1.2.1 节第 1 条第 3 款
2.4	最大外径		符合 1.2.1 节第 1 条第 4 款
2.5	漆层偏心度		符合 1.2.1 节第 1 条第 5 款
3	伸长率和抗张强度		符合 1.2.3 节第 1 条第 1 款
4	回弹角		符合 1.2.3 节第 2 条
5	柔韧性和附着性		
5.1	圆棒卷绕试验		符合 1.2.3 节第 3 条第 1 款
5.2	拉伸试验		符合 1.2.3 节第 3 条第 1 款
5.3	急拉断试验		符合 1.2.3 节第 3 条第 1 款
5.4	剥离试验	$K=110\text{mm}$	符合 1.2.3 节第 3 条第 1 款
6	耐刮		符合表 2-1-111
7	静摩擦系数		符合 1.2.3 节第 5 条
8	热粘合		不适用
9	电阻	20℃时	符合 1.2.4 节第 1 条第 1 款
10	击穿电压		
10.1	室温下		符合 1.2.4 节第 2 条
10.2	高温下	最高试验温度为 200℃	符合 1.2.4 节第 2 条
11	漆膜连续性		符合 1.2.4 节第 3 条
12	介质损耗系数（tanδ）		不适用
13	热冲击	最小试验温度为 220℃	符合 1.2.5 节第 1 条第 1 款
14	软化击穿	320℃温度下	符合 1.2.5 节第 2 条
15	热老化	试验温度为 240℃	符合 1.2.5 节第 3 条
16	温度指数	最小温度指数为 200	符合 1.2.5 节第 4 条
17	直焊性		不适用
18	耐溶剂		符合 1.2.6 节第 2 条，漆膜硬度变化不超过一级
19	耐冷冻剂		符合 1.2.6 节第 3 条
20	耐变压器油		供需双方协商

① 底漆和中间层的厚度比例由供需双方确定，若需方未要求，则由供方在保证其他性能要求的前提下自行确定。表面自滑层厚度为 2～5μm。

1.3.38 200级耐电晕漆包铜圆线

此产品是以表2-1-119中任一组合的复合漆包铜圆线，耐热等级为200。所有的油漆树脂均可以改性，但改性后的性能不得低于表2-1-121规定的要求。

表2-1-119 耐电晕漆包铜圆线漆层结构组合

组合序号	底层	中间层	面层
1	180级聚酯亚胺或耐热聚酯	200级抗电晕陶瓷粉聚酰胺酰亚胺	200级聚酰胺酰亚胺
2	180级聚酯亚胺或耐热聚酯	—	200级抗电晕聚酰胺酰亚胺
3	180级抗电晕聚酯亚胺	—	200级聚酰胺酰亚胺

1. 型号、名称及规格（见表2-1-120）

表2-1-120 200级抗电晕漆包铜圆线型号、名称及规格

型号	名称	规格范围/mm	执行标准
Q(ZY/XYBP/XY)-2/200	200级厚漆膜聚酰胺酰亚胺复合中间层抗电晕聚酰胺酰亚胺复合聚酯亚胺漆包铜圆线	0.200~2.500	JB/T 10930—2010
Q(ZY/XYBP/XY)-3/200	200级特厚漆膜聚酰胺酰亚胺复合中间层抗电晕聚酰胺酰亚胺复合聚酯亚胺漆包铜圆线	0.200~2.500	
Q(ZY/XYBP)-2/200	200级厚漆膜抗电晕聚酰胺酰亚胺复合聚酯亚胺漆包铜圆线	0.200~2.500	
Q(ZY/XYBP)-3/200	200级特厚漆膜抗电晕聚酰胺酰亚胺复合聚酯亚胺漆包铜圆线	0.200~2.500	
Q(ZYBP/XY)-2/200	200级厚漆膜聚酰胺酰亚胺复合抗电晕聚酯亚胺漆包铜圆线	0.200~2.500	
Q(ZYBP/XY)-3/200	200级特厚漆膜聚酰胺酰亚胺复合抗电晕聚酯亚胺漆包铜圆线	0.200~2.500	

2. 技术性能要求

此产品的各项性能必须符合表2-1-121的规定。

表2-1-121 技术性能要求

序号	项目	特定试验条件	性能要求
1	外观		符合1.2.2节
2	尺寸		
2.1	导体直径		符合1.2.1节第1条第1款
2.2	导体不圆度		符合1.2.1节第1条第2款
2.3	最小漆膜厚度①		符合1.2.1节第1条第3款
2.4	最大外径		符合1.2.1节第1条第4款
2.5	漆层偏心度		符合1.2.1节第1条第5款
3	伸长率和抗张强度		符合1.2.3节第1条第1款
4	回弹角		符合1.2.3节第2条
5	柔韧性和附着性		

（续）

序号	项目	特定试验条件	性能要求
5.1	圆棒卷绕试验		符合1.2.3节第3条第1款
5.2	拉伸试验		符合1.2.3节第3条第1款
5.3	急拉断试验		符合1.2.3节第3条第1款
5.4	剥离试验	$K=110$mm	符合1.2.3节第3条第1款
6	耐刮		符合表2-1-111
7	静摩擦系数		符合1.2.3节第5条
8	热粘合		不适用
9	电阻	20℃时	符合1.2.4节第1条第1款
10	击穿电压		
10.1	室温下		符合1.2.4节第2条
10.2	高温下	最高试验温度为200℃	符合1.2.4节第2条
11	漆膜连续性		符合1.2.4节第3条
12	介质损耗系数（$\tan\delta$）		不适用
13	热冲击	最小试验温度为220℃	符合1.2.5节第1条第1款
14	软化击穿	320℃温度下	符合1.2.5节第2条
15	热老化	试验温度为240℃	符合1.2.5节第3条
16	温度指数	最小温度指数为200	符合1.2.5节第4条
17	直焊性		不适用
18	耐溶剂		符合1.2.6节第2条，漆膜硬度变化不超过一级
19	耐冷冻剂		不适用
20	耐变压器油		供需双方协商
21	抗电晕	试验温度（90±3）℃，上升沿时间100ns	五个试样中至少四个抗脉冲时间不低于200min

① 抗电晕层厚度和其他层厚度比例由供需双方确定，若需方未要求，则由供方在保证其他性能要求的前提下自行确定。

1.3.39 120级缩醛漆包铜扁线

此产品是以120级聚乙烯醇缩醛树脂为基的单一涂层漆包铜扁线，耐热等级为120。聚乙烯醇缩醛树脂可以改性，但改性后的性能不得低于表2-1-123规定的要求。

1. 型号、名称及规格（见表2-1-122）

表2-1-122 120级缩醛漆包铜扁线型号、名称及规格

型号	名称	规格范围/mm	执行标准
QQB-1/120 QQB-2/120	120级薄漆膜缩醛漆包铜扁线 120级厚漆膜缩醛漆包铜扁线	a边：0.80~5.60 b边：2.00~16.00	GB/T 7095.2—2008 IEC 60317-18—2004

2. 技术性能要求

此产品的各项性能必须符合表2-1-123的规定。

表 2-1-123 技术性能要求

序号	项目	特定试验条件	性能要求
1	外观		符合 1.2.2 节
2	尺寸		
2.1	导体尺寸		符合 1.2.1 节第 3 条
2.2	导体尺寸公差		符合 1.2.1 节第 3 条
2.3	圆角		符合 1.2.1 节第 3 条
2.4	漆膜厚度		符合 1.2.1 节第 3 条
2.5	外形尺寸		符合 1.2.1 节第 3 条
3	伸长率		符合 1.2.3 节第 1 条第 3 款
4	回弹角		符合 1.2.3 节第 2 条
5	柔韧性和附着性		
5.1	圆棒弯曲试验		符合表 2-1-124 规定
5.2	附着性	拉伸 20%	符合 1.2.3 节第 3 条第 2 款
6	耐刮		不适用
7	电阻	20℃时	符合 1.2.4 节第 1 条第 3 款
8	击穿电压		
8.1	室温下		符合 1.2.4 节第 2 条
8.2	高温下	高温试验温度为 120℃	符合 1.2.4 节第 2 条
9	介质损耗系数（$\tan\delta$）		不适用
10	热冲击	最小试验温度为 155℃	符合 1.2.5 节第 1 条第 3 款
11	温度指数	最小温度指数为 120	符合 1.2.5 节第 3 条
12	直焊性		不适用
13	耐溶剂		符合 1.2.6 节第 2 条
14	耐冷冻剂		不适用
15	耐变压器油		供需双方协商

表 2-1-124 缩醛漆包铜扁线的圆棒弯曲

扁线弯曲		卷绕圆棒直径/mm	卷绕后的漆膜
导体宽边尺寸	≤10mm	2×导体宽边尺寸	不开裂
	>10mm	3×导体宽边尺寸	
导体窄边尺寸	全部尺寸	2×导体窄边尺寸	

1.3.40 130 级聚酯漆包铜扁线

此产品是以 130 级聚酯树脂为基的单一涂层漆包铜扁线，耐热等级为 130。聚酯树脂可以改性，但改性后的性能不得低于表 2-1-126 规定的要求。

1. 型号、名称及规格（见表 2-1-125）

表 2-1-125　130 级聚酯漆包铜扁线型号、名称及规格

型号	名称	规格范围/mm	执行标准
QZB－1/130 QZB－2/130	130 级薄漆膜聚酯漆包铜扁线 130 级厚漆膜聚酯漆包铜扁线	*a* 边：0.80～5.60 *b* 边：2.00～16.00	GB/T 7095.7—2008

2. 技术性能要求

此产品的各项性能必须符合表 2-1-126 的规定。

表 2-1-126　技术性能要求

序号	项目	特定试验条件	性能要求
1	外观		符合 1.2.2 节
2	尺寸		
2.1	导体尺寸		符合 1.2.1 节第 3 条
2.2	导体尺寸公差		符合 1.2.1 节第 3 条
2.3	圆角		符合 1.2.1 节第 3 条
2.4	漆膜厚度		符合 1.2.1 节第 3 条
2.5	外形尺寸		符合 1.2.1 节第 3 条
3	伸长率		符合 1.2.3 节第 1 条第 3 款
4	回弹角		符合 1.2.3 节第 2 条
5	柔韧性和附着性		
5.1	圆棒弯曲试验		符合 1.2.3 节第 3 条第 2 款
5.2	附着性	拉伸 20%	符合 1.2.3 节第 3 条第 2 款
6	耐刮		不适用
7	电阻	20℃时	符合 1.2.4 节第 1 条第 3 款
8	击穿电压		
8.1	室温下		符合 1.2.4 节第 2 条
8.2	高温下	高温试验温度为 130℃	符合 1.2.4 节第 2 条
9	介质损耗系数（$\tan\delta$）		不适用
10	热冲击	最小试验温度为 155℃	符合 1.2.5 节第 1 条第 3 款
11	温度指数	最小温度指数为 130	符合 1.2.5 节第 3 条
12	直焊性		不适用
13	耐溶剂		符合 1.2.6 节第 2 条
14	耐冷冻剂		不适用
15	耐变压器油		供需双方协商

1.3.41　155 级聚酯漆包铜扁线

此产品是以 155 级聚酯树脂为基的单一涂层漆包铜扁线，耐热等级为 155。聚酯树脂可以改性，但改性后的性能不得低于表 2-1-128 规定的要求。

1. 型号、名称及规格（见表 2-1-127）

表 2-1-127 155 级聚酯漆包铜扁线型号、名称及规格

型号	名称	规格范围/mm	执行标准
QZB－1/155 QZB－2/155	155 级薄漆膜聚酯漆包铜扁线 155 级厚漆膜聚酯漆包铜扁线	*a* 边：0.80～5.60 *b* 边：2.00～16.00	GB/T 7095.3—2008 IEC 60317－16—1990

2. 技术性能要求

此产品的各项性能必须符合表 2-1-128 的规定。

表 2-1-128 技术性能要求

序号	项目	特定试验条件	性能要求
1	外观		符合 1.2.2 节
2	尺寸		
2.1	导体尺寸		符合 1.2.1 节第 3 条
2.2	导体尺寸公差		符合 1.2.1 节第 3 条
2.3	圆角		符合 1.2.1 节第 3 条
2.4	漆膜厚度		符合 1.2.1 节第 3 条
2.5	外形尺寸		符合 1.2.1 节第 3 条
3	伸长率		符合 1.2.3 节第 1 条第 3 款
4	回弹角		符合 1.2.3 节第 2 条
5	柔韧性和附着性		
5.1	圆棒弯曲试验		符合 1.2.3 节第 3 条第 2 款
5.2	附着性		符合 1.2.3 节第 3 条第 2 款
6	耐刮		不适用
7	电阻	20℃时	符合 1.2.4 节第 1 条第 3 款
8	击穿电压		
8.1	室温下		符合 1.2.4 节第 2 条
8.2	高温下	高温试验温度为 155℃	符合 1.2.4 节第 2 条
9	介质损耗系数（tanδ）		不适用
10	热冲击	最小试验温度为 175℃	符合 1.2.5 节第 1 条第 3 款
11	温度指数	最小温度指数为 155	符合 1.2.5 节第 3 条
12	直焊性		不适用
13	耐溶剂		符合 1.2.6 节第 2 条
14	耐冷冻剂		不适用
15	耐变压器油		供需双方协商

1.3.42 180 级聚酯亚胺漆包铜扁线

此产品是以 180 级聚酯亚胺树脂为基的单一涂层漆包铜扁线，耐热等级为 180。聚酯亚胺树脂可以改性，但改性后的性能不得低于表 2-1-130 规定的要求。

1. 型号、名称及规格（见表 2-1-129）

表 2-1-129 180 级聚酯漆包铜扁线型号、名称及规格

型号	名称	规格范围/mm	执行标准
QZYB－1/180 QZYB－2/180	180 级薄漆膜聚酯亚胺漆包铜扁线 180 级厚漆膜聚酯亚胺漆包铜扁线	*a* 边：0.80～5.60 *b* 边：2.00～16.00	GB/T 7095.4—2008 IEC 60317－28—2013

2. 技术性能要求

此产品的各项性能必须符合表 2-1-130 的规定。

表 2-1-130 技术性能要求

序号	项目	特定试验条件	性能要求
1	外观		符合 1.2.2 节
2	尺寸		
2.1	导体尺寸		符合 1.2.1 节第 3 条
2.2	导体尺寸公差		符合 1.2.1 节第 3 条
2.3	圆角		符合 1.2.1 节第 3 条
2.4	漆膜厚度		符合 1.2.1 节第 3 条
2.5	外形尺寸		符合 1.2.1 节第 3 条
3	伸长率		符合 1.2.3 节第 1 条第 3 款
4	回弹角		符合 1.2.3 节第 2 条
5	柔韧性和附着性		
5.1	圆棒弯曲试验		符合 1.2.3 节第 3 条第 2 款
5.2	附着性		符合 1.2.3 节第 3 条第 2 款
6	耐刮		不适用
7	电阻	20℃时	符合 1.2.4 节第 1 条第 3 款
8	击穿电压		
8.1	室温下		符合 1.2.4 节第 2 条
8.2	高温下	高温试验温度为 180℃	符合 1.2.4 节第 2 条
9	介质损耗系数（tanδ）		不适用
10	热冲击	最小试验温度为 200℃	符合 1.2.5 节第 1 条第 3 款
11	温度指数	最小温度指数为 180	符合 1.2.5 节第 3 条
12	直焊性		不适用
13	耐溶剂		符合 1.2.6 节第 2 条
14	耐冷冻剂		不适用
15	耐变压器油		供需双方协商

1.3.43 240 级芳族聚酰亚胺漆包铜扁线

此产品是以 240 级芳族聚酰亚胺树脂为基的单一涂层漆包铜扁线，耐热等级为 240。

1. 型号、名称及规格（见表 2-1-131）

表 2-1-131 240 级芳族聚酰亚胺漆包铜扁线型号、名称及规格

型号	名称	规格范围/mm	执行标准
QY(F)B－1/240 QY(F)B－2/240	240 级薄漆膜芳族聚酰亚胺漆包铜扁线 240 级厚漆膜芳族聚酰亚胺漆包铜扁线	*a* 边：0.80～5.60 *b* 边：2.00～16.00	GB/T 7095.5—2008 IEC 60317－47—2013

2. 技术性能要求

此产品的各项性能必须符合表2-1-132的规定。

表2-1-132 技术性能要求

序号	项目	特定试验条件	性能要求
1	外观		符合1.2.2节
2	尺寸		
2.1	导体尺寸		符合1.2.1节第3条
2.2	导体尺寸公差		符合1.2.1节第3条
2.3	圆角		符合1.2.1节第3条
2.4	漆膜厚度		符合1.2.1节第3条
2.5	外形尺寸		符合1.2.1节第3条
3	伸长率		符合1.2.3节第1条第3款
4	回弹角		符合1.2.3节第2条
5	柔韧性和附着性		
5.1	圆棒弯曲试验		符合1.2.3节第3条第2款
5.2	附着性	拉伸10%	符合1.2.3节第3条第2款
6	耐刮		不适用
7	电阻	20℃时	符合1.2.4节第1条第3款
8	击穿电压		
8.1	室温下		符合1.2.4节第2条
8.2	高温下	高温试验温度为240℃	符合1.2.4节第2条
9	介质损耗系数（$\tan\delta$）	测试频率为1000Hz	不大于600×10^{-4}
10	热冲击	最小试验温度为200℃	符合1.2.5节第1条第3款
11	温度指数	最小温度指数为180	符合1.2.5节第3条
12	直焊性		不适用
13	耐溶剂		符合1.2.6节第2条
14	耐冷冻剂		不适用
15	耐变压器油		供需双方协商

1.3.44 200级聚酯或聚酯亚胺/聚酰胺酰亚胺复合漆包铜扁线

此产品是以180级聚酯亚胺或耐热聚酯树脂为底层，外覆盖200级聚酰胺酰亚胺的双涂层漆包铜扁线，耐热等级为200。聚酯亚胺树脂、耐热聚酯和聚酰胺酰亚胺均可以改性，但改性后的性能不得低于表2-1-134规定的要求。

1. 型号、名称及规格（见表2-1-133）

表2-1-133 200级聚酯或聚酯亚胺/聚酰胺酰亚胺复合漆包铜扁线型号、名称及规格

型号	名称	规格范围/mm	执行标准
Q(Z/XY)B-1/200或 Q(ZY/XY)B-1/200	200级薄漆膜聚酰胺酰亚胺复合聚酯或聚酯亚胺漆包铜扁线	*a*边：0.80~5.60	GB/T 7095.6—2008
Q(Z/XY)B-2/200或 Q(ZY/XY)B-2/200	200级厚漆膜聚酰胺酰亚胺复合聚酯或聚酯亚胺漆包铜扁线	*b*边：2.00~16.00	

2. 技术性能要求

此产品的各项性能必须符合表2-1-134的规定。

表2-1-134 技术性能要求

序号	项目	特定试验条件	性能要求
1	外观		符合1.2.2节
2	尺寸		
2.1	导体尺寸		符合1.2.1节第3条
2.2	导体尺寸公差		符合1.2.1节第3条
2.3	圆角		符合1.2.1节第3条
2.4	漆膜厚度[①]		符合1.2.1节第3条
2.5	外形尺寸		符合1.2.1节第3条
3	伸长率		符合1.2.3节第1条第3款
4	回弹角		符合1.2.3节第2条
5	柔韧性和附着性		
5.1	圆棒弯曲试验		符合1.2.3节第3条第2款
5.2	附着性		符合1.2.3节第3条第2款
6	耐刮		不适用
7	电阻	20℃时	符合1.2.4节第1条第3款
8	击穿电压		
8.1	室温下		符合1.2.4节第2条
8.2	高温下	高温试验温度为200℃	符合1.2.4节第2条
9	介质损耗系数（$\tan\delta$）		不适用
10	热冲击	最小试验温度为220℃	符合1.2.5节第1条第3款
11	温度指数	最小温度指数为200	符合1.2.5节第3条
12	直焊性		不适用
13	耐溶剂		符合1.2.6节第2条
14	耐冷冻剂		不适用
15	耐变压器油		供需双方协商

① 底漆和面漆的厚度比例由供需双方确定，若需方未要求，则由供方在保证其他性能要求的前提下自行确定。

第2章

绕 包 线

绕包线是用天然丝、涤纶丝、玻璃丝、绝缘纸、云母带或合成树脂薄膜等纤维或带状绝缘材料紧密绕包在导电线芯上，形成绝缘层。如玻璃丝等需经胶粘绝缘漆的浸渍处理，以提高其电性能、机械性能和防潮性能，也有在漆包线上再绕包绝缘层的，在薄膜上再绕包云母带的等，这些实际上是组合绝缘。用2根或2根以上的绕组线沿长度方向按一定规则排列组合后再外包绝缘层的导线是组合导线。除绝缘纸和少数天然丝绕包线外，一般绕包线的特点是，绝缘层较漆包线厚，组合绝缘的电性能较高，能较好地承受过电压及过载负荷，一般应用于大中型电工产品中。薄膜绕包线具有耐辐射性、更高的机械性能和电性能，用于特种电机，效果更好。薄膜补强云母带绕包线耐电晕性和耐电压性优异，是风力发电机及高频电器、变流器绕组的良好选择。

2.1 绕包线的品种、规格、特点和用途

绕包线的品种、规格、特点和主要用途，见表2-2-1。

表2-2-1 绕包线的品种、规格、特点和主要用途

类别	产品名称	型号	规格/mm	特点			主要用途	标准号
				耐热等级	优点	局限性		
1	2	3	4	5	6	7	8	9
纸包线	纸包铜圆线	Z	1.000～5.000	105①	1. 在油浸变压器中作线圈耐电压击穿性优 2. 芳香族聚酰胺纸包线能经受严格的加工工艺；与干式湿式变压器、牵引变压器通常使用的原材料能相容；无工艺污染	1. 绝缘纸容易破裂 2. 电力变压器一般用木浆纸包铜线	1. 用于油浸电力变压器、大容量电抗器及其他类似电器设备绕组用线 2. 芳香族聚酰胺纸包线用于高温干式变压器、牵引变压器和中型高温电机绕组用线	铜圆线为GB/T 7673.2—2008；铝圆线为企标
	纸包半硬铜圆线	ZC_1		105①				
		ZC_2						
		ZC_3						
	高伸率纤维纸或皱纹纸包铜圆线	ZD		105①				
	芳香族聚酰胺纸包铜圆线	ZX		220				
	匝间绝缘高密度纸包铜圆线	ZM		105①				
	纸包铝圆线	ZL		105①				
	高伸率纤维纸或皱纹纸包铝圆线	ZDL		105①				
	芳香族聚酰胺纸包铝圆线	ZXL		220				
	匝间绝缘高密度纸包铝圆线	ZML		105①				
纸包线	纸包铜扁线	ZB	窄边 a：0.80≤a≤5.60 宽边 b：2.00≤b≤16.00	105①				铜扁线为GB/T 7673.3—2008；铝扁线为企标
	纸包半硬铜扁线	ZBC_1		105①				
		ZBC_2						
		ZBC_3						
	高伸率纤维纸或皱纹纸包铜扁线	ZDB		105①				
	芳香族聚酰胺纸包铜扁线	ZXB		220				
	匝间绝缘高密度纸包铜扁线	ZMB		105①				
	纸包铝扁线	ZLB		105①				
	高伸率纤维纸或皱纹纸包铝扁线	ZDLB		105①				
	芳香族聚酰胺纸包铝扁线	ZXLB		220				
	匝间绝缘高密度纸包铝扁线	ZMLB		105①				

（续）

类别	产品名称	型号	规格/mm	特点			主要用途	标准号
				耐热等级	优点	局限性		
1	2	3	4	5	6	7	8	9
纸包线	电力电缆纸绝缘组合导线	ZZ	窄边 a：0.80≤a≤5.60 宽边 b：2.00≤b≤16.00 组合根数 n：2~12根	105①	1. 在大容量变压器中能减少损耗，节约绝缘材料	1. 绕线工艺性差，容易开裂擦破	用于电力变压器、牵引变压器等电器绕组用线	GB/T 7673.4—2008
	电力电缆纸绝缘组合半硬铜导线	ZZC_1 ZZC_2 ZZC_3						
	高伸率纤维纸绝缘组合导线	ZZD						
	高伸率纤维纸绝缘组合半硬铜导线	$ZZDC_1$ $ZZDC_2$ $ZZDC_3$						
	匝间绝缘高密度纸绝缘组合导线	ZZM						
	匝间绝缘高密度纸绝缘组合半硬铜导线	$ZZMC_1$ $ZZMC_2$ $ZZMC_3$						
纸包线	电力电缆纸绝缘多股绞合导线		10~500mm²	105①	1. 耐高压强度优 2. 导线柔软，弯曲性能优		用于变压器或高压电器设备的绕组引线	GB/T 7673.5—2008
	（Ⅰ种软铜绞线）	ZJ Ⅰ						
	（Ⅱ种软铜绞线）	ZJ Ⅱ						
	皱纹纸绝缘多股绞合导线							
	（Ⅰ种软铜绞线）	ZJ Ⅰ						
	（Ⅱ种软铜绞线）	ZJ Ⅱ						
	高密度纸绝缘多股绞合导线（Ⅰ种软铜绞线）	ZJM Ⅰ						
	（Ⅱ种软铜绞线）	ZJM Ⅱ						
玻璃丝包线	130级浸漆双玻璃丝包铜圆线②	GLE－130	0.500~5.000	130	1. 抗高温性优 2. 耐磨性优	1. 弯曲性较差 2. 耐潮性较差	中型、大型电机；干式变压器的绕组用线	企标 GB/T 7672.22—2008 GB/T 7672.23—2008 GB/T 7672.24—2008
	130级浸漆双玻璃丝包铝圆线②	GLEL－130		130				
	155级浸漆单玻璃丝包铜圆线	GL－155		155				
	155级浸漆双玻璃丝包铜圆线	GLE－155		155				
	155级浸漆双玻璃丝包铝圆线②	GLEL－155		155				
	180级浸漆单玻璃丝包铜圆线	GL－180		180				
	180级浸漆双玻璃丝包铜圆线	GLE－180		180				
	180级浸漆双玻璃丝包铝圆线②	GLEL－180		180				
	200级浸漆单玻璃丝包铜圆线	GL－200		200				
	200级浸漆双玻璃丝包铜圆线	GLE－200		200				
	200级浸漆双玻璃丝包铝圆线②	GLEL－200		200				

（续）

类别	产品名称	型号	规格/mm	耐热等级	特点：优点	特点：局限性	主要用途	标准号
1	2	3	4	5	6	7	8	9
玻璃丝包线	130 级单玻璃丝包 1 级漆膜漆包铜圆线	GLQ1－130	0.500～5.000	130	1. 过负载性优 2. 机械强度优 3. 耐电压性优 4. 绝缘层较薄		大型发电机、中型电机的绕组用线	企标 GB/T 7672.22—2008 GB/T 7672.23—2008 GB/T 7672.24—2008
	130 级单玻璃丝包 2 级漆膜漆包铜圆线	GLQ2－130		130				
	130 级双玻璃丝包 1 级漆膜漆包铜圆线	GLEQ1－130		130				
	130 级双玻璃丝包 2 级漆膜漆包铜圆线	GLEQ2－130		130				
	155 级单玻璃丝包 1 级漆膜漆包铜圆线	GLQ1－155		155				
	155 级单玻璃丝包 2 级漆膜漆包铜圆线	GLQ2－155		155				
	155 级双玻璃丝包 1 级漆膜漆包铜圆线	GLEQ1－155		155				
	155 级双玻璃丝包 2 级漆膜漆包铜圆线	GLEQ2－155		155				
	180 级单玻璃丝包 1 级漆膜漆包铜圆线	GLQ1－180		180				
	180 级单玻璃丝包 2 级漆膜漆包铜圆线	GLQ2－180		180				
	180 级双玻璃丝包 1 级漆膜漆包铜圆线	GLEQ1－180		180				
	180 级双玻璃丝包 2 级漆膜漆包铜圆线	GLEQ2－180		180				
	200 级单玻璃丝包 1 级漆膜漆包铜圆线	GLQ1－200		200				
	200 级单玻璃丝包 2 级漆膜漆包铜圆线	GLQ2－200		200				
	200 级双玻璃丝包 1 级漆膜漆包铜圆线	GLEQ1－200		200				
	200 级双玻璃丝包 2 级漆膜漆包铜圆线	GLEQ2－200		200				
玻璃丝包线	130 级浸漆单玻璃丝包铜扁线	GLB－130	窄边 a：$0.80 \leq a \leq 5.60$ 宽边 b：$2.00 \leq b \leq 16.00$	130	1. 耐电压性优 2. 耐磨性优	1. 弯曲性较差 2. 耐潮性较差	中型、大型电机；干式变压器的绕组用线	GB/T 7672.2—2008 GB/T 7672.3—2008 GB/T 7672.4—2008 GB/T 7672.5—2008
	130 级浸漆双玻璃丝包铜扁线	GLEB－130		130				
	130 级浸漆双玻璃丝包铝扁线②	GLELB－130		130				
	155 级浸漆单玻璃丝包铜扁线	GLB－155		155				
	155 级浸漆双玻璃丝包铜扁线	GLEB－155		155				
	180 级浸漆单玻璃丝包铜扁线	GLB－180		180				
	180 级浸漆双玻璃丝包铜扁线	GLEB－180		180				
	200 级浸漆单玻璃丝包铜扁线	GLB－200		200				
	200 级浸漆双玻璃丝包铜扁线	GLEB－200		200				

（续）

类别	产品名称	型号	规格/mm	耐热等级	特点		主要用途	标准号
					优点	局限性		
1	2	3	4	5	6	7	8	9
玻璃丝包线	130级单玻璃丝包1级漆膜漆包铜扁线	GLQ1B-130	窄边 a：0.80≤a≤5.60 宽边 b：2.00≤b≤16.00	130	1. 过负载性优 2. 机械强度优 3. 耐电压性优	1. 弯曲性较差	大型发电机、中型电机的绕组用线	GB/T 7672.2—2008 GB/T 7672.3—2008 GB/T 7672.4—2008 GB/T 7672.5—2008
	130级单玻璃丝包2级漆膜漆包铜扁线	GLQ2B-130		130				
	130级双玻璃丝包1级漆膜漆包铜扁线	GLEQ1B-130		130				
	130级双玻璃丝包2级漆膜漆包铜扁线	GLEQ2B-130		130				
	130级单玻璃丝包漆包铝扁线②	GLQLB-130		130				
	130级双玻璃丝包漆包铝扁线②	GLEQLB-130		130				
	155级单玻璃丝包1级漆膜漆包铜扁线	GLQ1B-155		155				
	155级单玻璃丝包2级漆膜漆包铜扁线	GLQ2B-155		155				
	155级双玻璃丝包1级漆膜漆包铜扁线	GLEQ1B-155		155				
	155级双玻璃丝包2级漆膜漆包铜扁线	GLEQ2B-155		155				
	180级单玻璃丝包1级漆膜漆包铜扁线	GLQ1B-180		180				
	180级单玻璃丝包2级漆膜漆包铜扁线	GLQ2B-180		180				
	180级双玻璃丝包1级漆膜漆包铜扁线	GLEQ1B-180		180				
	180级双玻璃丝包2级漆膜漆包铜扁线	GLEQ2B-180		180				
	200级单玻璃丝包1级漆膜漆包铜扁线	GLQ1B-200		200				
	200级单玻璃丝包2级漆膜漆包铜扁线	GLQ2B-200		200				
	200级双玻璃丝包1级漆膜漆包铜扁线	GLEQ1B-200		200				
	200级双玻璃丝包2级漆膜漆包铜扁线	GLEQ2B-200		200				

（续）

类别	产品名称	型号	规格/mm	特点			主要用途	标准号
				耐热等级	优点	局限性		
1	2	3	4	5	6	7	8	9
玻璃丝包线	温度指数130单玻璃丝包薄膜绕包铜扁线	GLMB－130	窄边 a：0.80≤a≤5.60 宽边 b：2.00≤b≤16.00	130	1. 过负载性优 2. 耐电压性优 3. 机械强度高	1. 绝缘层较厚	可用于较严酷工艺条件下，中型、大型电机的绕组用线	GB/T 7672.6—2008
	温度指数130双玻璃丝包薄膜绕包铜扁线	GLEMB－130		130				
	温度指数155单玻璃丝包薄膜绕包铜扁线	GLMB－155		155				
	温度指数155双玻璃丝包薄膜绕包铜扁线	GLEMB－155		155				
	温度指数180单玻璃丝包薄膜绕包铜扁线	GLMB－180		180				
	温度指数180双玻璃丝包薄膜绕包铜扁线	GLEMB－180		180				
	温度指数200单玻璃丝包薄膜绕包铜扁线	GLMB－200		200				
	温度指数200双玻璃丝包薄膜绕包铜扁线	GLEMB－200		200				
薄膜绕包线	240级单层芳族聚酰亚胺薄膜绕包铜圆线	MYFA③	1.600～5.000	240	1. 耐电压性优 2. 耐高、低温性优 3. 耐辐射性优		1. 高温轧钢机，牵引电机绕组用线 2. 耐辐射特种电机绕组用线	GB/T 23311—2009 GB/T 23310—2009
	240级双层芳族聚酰亚胺薄膜绕包铜圆线	MYFB③						
	240级单层芳族聚酰亚胺薄膜绕包铜扁线	MYFBA③	窄边 a：0.80≤a≤5.60 宽边 b：2.00≤b≤16.00					
	240级双层芳族聚酰亚胺薄膜绕包铜扁线	MYFBB③						
潜油电机用特种绕包线	绝缘厚度为1级双层聚酰亚胺薄膜绕包铜圆线	MYF－E1	1.500～5.000	200	1. 耐油性优 2. 在密封条件下耐油水性优		1. 潜油电机及充油型特殊电机绕组线 2. 潜油泵电缆绝缘线芯	JB/T 5331—2011
	绝缘厚度为1级三层聚酰亚胺薄膜绕包铜圆线	MYF－S1						
	绝缘厚度为2级三层聚酰亚胺薄膜绕包铜圆线	MYF－S2						
	绝缘厚度为3级三层聚酰亚胺薄膜绕包铜圆线	MYF－S3						
风力发电机用绕组线	芳族聚酰亚胺薄膜绕包烧结铜扁线	WYFB	窄边 a：0.80≤a≤5.00 宽边 b：2.00≤b≤12.00	240	1. 耐电晕性优 2. 耐电压性优 3. 耐辐射性优		1. 风力发电机绕组用线 2. 高频电器、变流器绕组用线	NB/T 31048.2—2014
	芳族耐电晕聚酰亚胺薄膜绕包烧结铜扁线	WYFBP						
风力发电机用绕组线	聚酯薄膜补强云母带绕包铜扁线	WZMB	窄边 a：0.80≤a≤5.60 宽边 b：2.00≤b≤16.00		1. 耐电晕性优 2. 耐电压性优	1. 耐潮性差		NB/T 31048.3—2014
	聚酯薄膜绕包层外包聚酯薄膜补强云母带绕包铜扁线	WZMZB						
	聚酰亚胺薄膜绕包层外包聚酯薄膜补强云母带绕包铜扁线	WZMYB						
	聚酰亚胺薄膜烧结绕包层外包聚酯薄膜补强云母带绕包铜扁线	WZMYFB						

（续）

类别	产品名称	型号	规格/mm	耐热等级	特点		主要用途	标准号
					优点	局限性		
1	2	3	4	5	6	7	8	9
风力发电机用绕组线	单玻璃丝包聚酯薄膜绕包铜扁线	WGLZB	窄边 a：0.80≤a≤5.60 宽边 b：2.00≤b≤16.00		1. 耐电压性优 2. 耐辐射性优 3. 耐拖磨性优		1. 风力发电机绕组用线。 2. 高频电器、变流器绕组用线	NB/T 31048.4—2014
	双玻璃丝包聚酯薄膜绕包铜扁线	WGLEZB						
	单玻璃丝包聚酰亚胺薄膜绕包铜扁线	WGLYB						
	双玻璃丝包聚酰亚胺薄膜绕包铜扁线	WGLEYB						
	单玻璃丝包聚酰亚胺薄膜烧结绕包铜扁线	WGLYFB						
	双玻璃丝包聚酰亚胺薄膜烧结绕包铜扁线	WGLEYFB						
	单玻璃丝包聚酯薄膜补强云母带绕包铜扁线	WGLZMB						
	双玻璃丝包聚酯薄膜补强云母带绕包铜扁线	WGLEZMB						
	单玻璃丝包聚酰亚胺薄膜补强云母带绕包铜扁线	WGLYMB						
	双玻璃丝包聚酰亚胺薄膜补强云母带绕包铜扁线	WGLEYMB						
风力发电机用绕组线	180 级浸漆单玻璃丝包聚酯亚胺漆包铜扁线	WGLQB－180		180	1. 耐电压性优 2. 耐辐射性优 3. 耐拖磨性优			NB/T 31048.5—2014
	180 级浸漆双玻璃丝包聚酯亚胺漆包铜扁线	WGLEQB－180		180				
	200 级浸漆单玻璃丝包聚酯或聚酯亚胺/聚酰胺酰亚胺复合漆包铜扁线	WGLQB－200		200				
	200 级浸漆双玻璃丝包聚酯或聚酯亚胺/聚酰胺酰亚胺复合漆包铜扁线	WGLEQB－200		200				
风力发电机用绕组线	聚酰亚胺薄膜补强云母带绕包铜扁线	WYMB		240	1. 耐电晕性优 2. 耐电压性优 3. 耐辐射性优 4. 耐热性优			NB/T 31048.6—2014
	聚酰亚胺薄膜绕包层外包聚酰亚胺薄膜补强云母带绕包铜扁线	WYMYB						
	聚酰亚胺薄膜烧结绕包层外包聚酰亚胺薄膜补强云母带绕包铜扁线	WYMYFB						

（续）

类别	产品名称	型号	规格/mm	耐热等级	特点		主要用途	标准号
					优点	局限性		
1	2	3	4	5	6	7	8	9
丝包单线	单天然丝包聚酯漆包铜圆单线	SQZ	0.050～2.500	—	1. 品质因数 Q 值大 2. 环保性好	耐潮性较差	用于各种频率下的电子仪表及电器设备的线圈	GB/T 11018.1—2008
	单涤纶丝包聚酯漆包铜圆单线	SDQZ						
	双天然丝包聚酯漆包铜圆单线	SEQZ						
	双涤纶丝包聚酯漆包铜圆单线	SEDQZ						
	单天然丝包缩醛漆包铜圆单线	SQQ						
	双天然丝包缩醛漆包铜圆单线	SEQQ						
	单天然丝包聚氨酯漆包铜圆单线	SQA						
	单涤纶丝包聚氨酯漆包铜圆单线	SDQA						
	双天然丝包聚氨酯漆包铜圆单线	SEQA						
	双涤纶丝包聚氨酯漆包铜圆单线	SEDQA						
丝包束线	单天然丝包漆包铜束线	SJ	单线直径 0.025～0.400 单线根数 3～400	130	1. 品质因数 Q 值大 2. 柔软性较好，且能降低趋肤效用 3. 介质损耗角小，且有直焊性		可用于中频、变频电机的绕组用线	GB/T 11018.2—2008
	双天然丝包漆包铜束线	SEJ						
	单涤纶丝包漆包铜束线	SDJ						
	双涤纶丝包漆包铜束线	SEDJ						
换位导线	纸绝缘缩醛漆包换位导线	H	单线根数 5～83根； 窄边 a：1.00≤a≤2.50 宽边 b：4.00≤b≤14.0	120	1. 无循环电流，线圈内涡流损耗小，可提高电流密度 2. 简化绕制线圈工艺 3. 比纸包线槽满率高	弯曲性能差，其线盘盘芯直径和使用时的弯曲直径不宜小于6nH[4]	各种油浸式变压器或电抗器的绕组线圈	JB/T 6758.2—2007
	纸绝缘缩醛漆包换位半硬导线	HC_1、HC_2、HC_3		120				
	纸绝缘自粘缩醛漆包换位导线	HN		120				
	纸绝缘自粘缩醛漆包换位半硬导线	HNC_1、HNC_2、HNC_3		120				

（续）

类别	产品名称	型号	规格/mm	耐热等级	特点		主要用途	标准号
					优点	局限性		
1	2	3	4	5	6	7	8	9
换位导线	网状绳捆型自粘缩醛漆包换位导线	HKN	单线根数11~67根；窄边 a：1.00≤ a≤2.50 宽边 b：4.00≤ b≤12.0	120	1. 无循环电流，线圈内涡流损耗小，可提高电流密度 2. 简化绕制线圈工艺 3. 比纸包线槽满率高	弯曲性能差，其线盘盘芯直径和使用时的弯曲直径不宜小于6nH④	各种油浸式变压器、电抗器等电器绕组用线	JB/T 6758.3—2007
	网状绳捆型自粘缩醛漆包换位半硬导线	HKNC$_1$、HKNC$_2$、HKNC$_3$		120				
	网格捆绑型自粘缩醛漆包换位导线	HWN		120				
	网格捆绑型自粘缩醛漆包换位半硬导线	HWNC$_1$、HWNC$_2$、HWNC$_3$		120				
	带油道捆绑型自粘缩醛漆包换位半硬导线	HUKNC$_1$、HUKNC$_2$、HUKNC$_3$		120				
	聚酯纤维非织布带绝缘155级改性聚酯漆包换位导线	HFZG	单线根数5~67根；窄边 a：1.00≤ a≤2.50 宽边 b：4.00≤ b≤12.0	155			各种干式变压器、电抗器等电器绕组用线	JB/T 6758.4—2007
	聚酯纤维非织布带绝缘155级改性聚酯漆包换位半硬导线	HFZGC$_1$、HFZGC$_2$、HFZGC$_3$		155				
	芳香族聚酰胺纸绝缘180级聚酯亚胺漆包换位导线	HXZY		180				
	芳香族聚酰胺纸绝缘180级聚酯亚胺漆包换位半硬导线	HXZYC$_1$、HXZYC$_2$、HXZYC$_3$		180				
	芳香族聚酰胺纸绝缘200级聚酯亚胺/聚酰胺酰亚胺复合漆包换位导线	HX（ZY/XY）		200				
	芳香族聚酰胺纸绝缘200级聚酯亚胺/聚酰胺酰亚胺复合漆包换位半硬导线	HX(ZY/XY)C$_1$、HX(ZY/XY)C$_2$、HX(ZY/XY)C$_3$		200				

注：1. 圆线规格以线芯直径（d）表示，扁线以线芯窄边（a）及宽边（b）长度表示。
2. GB/T 33597—2017《换位导线》将于2017年12月1日实施。

① 系指在油中或用浸渍漆处理后的耐热等级。
② 130级浸漆和玻璃丝包铝线现有国标都不覆盖，若需使用由供需双方协商规定。
③ 由于现行国标等同IEC，在标准中未注明产品型号，此型号是行业中常用型号。
④ n 为换位漆色扁线根数，H_1 为换位导线高度（mm），见图2-2-1。

2.2 各种绕包线及性能

2.2.1 纸包圆线

该产品是以铜圆导线或铝圆导线为线芯，用各种电缆纸、高伸率纤维纸或皱纹纸、芳香族聚酰胺纸、各种匝间绝缘高密度纸等，经多层绕包而成。在变压器油浸渍条件下，其耐热等级为105。

1. 型号、名称和规格（见表2-2-2）

表 2-2-2 纸包圆线型号、名称、规格

型号	名称	规格 范围/mm	标准
Z	各种电力电缆纸包铜圆线 纸包半硬铜圆线	1.000~5.000	GB/T 7673.2—2008①
ZC_1	$R_{P0.2}$：100~180N/mm²		
ZC_2	$R_{P0.2}$：181~220N/mm²		
ZC_3	$R_{P0.2}$：221~260N/mm²		
ZL	各种电力电缆纸包铝圆线		
ZD	高伸率纤维纸或皱纹纸包铜圆线		
ZDL	高伸率纤维纸或皱纹纸包铝圆线		
ZX	芳香族聚酰胺纸包铜圆线		
ZXL	芳香族聚酰胺纸包铝圆线		
ZM	匝间绝缘高密度纸包铜圆线		
ZML	匝间绝缘高密度纸包铝圆线		

① 现有国标不覆盖铝圆线，若需使用由供需双方协商确定。

2. 性能要求

（1）圆导体标称直径、偏差和电阻见表 2-2-3

（2）导体表面 铜、铝圆导体表面应光滑、清洁，不应有擦伤、毛刺、油污、金属粉末及其他杂质等缺陷，铜导体表面不应有氧化层。

（3）纸绝缘厚度 纸包圆线的绝缘厚度见表 2-2-4，也可由供需双方协商规定其他绝缘厚度。当最大外径在规定值范围内，允许纸绝缘厚度超过表 2-2-4 的范围。

（4）最大外径 纸包圆线最大外径为最大导体尺寸和绝缘厚度最大值之和。

（5）电阻 铜圆线电阻见表 2-2-3，铝圆线电阻由供需双方协商规定。

（6）伸长率 应不小于表 2-2-5 中的规定值。

（7）半硬铜导体性能 应不小于表 2-2-6 中的规定值。

（8）柔韧性和附着性 纸包圆线按表 2-2-7 规定的试棒直径卷绕，绕包层不应开裂露缝，并无明显翘边。

表 2-2-3 纸包圆导体标称直径、偏差和电阻

导体直径/mm			f值/mm	20℃时铜导体电阻/(Ω/m)		导体直径/mm			f值/mm	20℃时铜导体电阻/(Ω/m)	
标称值	最小值	最大值		最小值	最大值	标称值	最小值	最大值		最小值	最大值
1.000	0.990	1.010	0.010	0.02116	0.02240	2.360	2.336	2.384	0.024	0.003797	0.004023
1.060	1.049	1.071	0.011	0.01881	0.01995	2.500	2.475	2.525	0.025	0.003385	0.003584
1.120	1.109	1.131	0.011	0.01687	0.01785	2.650	2.623	2.677	0.027	0.003014	0.003190
1.180	1.168	1.192	0.012	0.01519	0.01609	2.800	2.772	2.828	0.028	0.002698	0.002857
1.250	1.237	1.263	0.013	0.01353	0.01435	3.000	2.970	3.030	0.030	0.002351	0.002488
1.320	1.307	1.333	0.013	0.01214	0.01285	3.150	3.118	3.182	0.032	0.002131	0.002258
1.400	1.386	1.414	0.014	0.01079	0.01143	3.350	3.316	3.384	0.034	0.001885	0.001996
1.500	1.485	1.515	0.015	0.009402	0.009955	3.550	3.514	3.586	0.036	0.001678	0.001778
1.600	1.584	1.616	0.016	0.008237	0.008749	3.750	3.712	3.788	0.038	0.001504	0.001593
1.700	1.683	1.717	0.017	0.007320	0.007750	4.000	3.960	4.040	0.040	0.001322	0.001400
1.800	1.782	1.818	0.018	0.006529	0.006913	4.250	4.207	4.293	0.043	0.001171	0.001240
1.900	1.881	1.919	0.019	0.005860	0.006204	4.500	4.455	4.545	0.045	0.001045	0.001106
2.000	1.980	2.020	0.020	0.005289	0.005600	4.750	4.702	4.798	0.048	0.0009375	0.0009928
2.120	2.099	2.141	0.021	0.004708	0.004983	5.000	4.950	5.050	0.050	0.0008462	0.0008958
2.240	2.218	2.262	0.022	0.004218	0.004462						

表 2-2-4 纸包圆线绝缘厚度

(单位：mm)

导体标称直径	$1.000 \leqslant d \leqslant 5.000$					
标称绝缘厚度	0.30	0.45	0.80	1.20	1.80	4.25
偏差	±0.05	±0.05	±0.10	±0.12	±0.15	±0.30

表 2-2-5 纸包圆线伸长率

导体种类	标称直径/mm	伸长率 (%)
铜导体	$1.000 \leqslant d \leqslant 5.000$	25
铝导体	$1.000 \leqslant d \leqslant 5.000$	15

表 2-2-6 半硬铜导体性能

型号	规定塑性延伸强度 $R_{P0.2}$ ①/(N/mm²)	伸长率 (%)	20℃时最大电阻率/(Ω · mm²/m)
C_1	$100 < R_{P0.2} \leqslant 180$	20	1/58.0
C_2	$180 < R_{P0.2} \leqslant 200$	20	1/57.5
	$200 < R_{P0.2} \leqslant 220$	15	1/57.5
C_3	$220 < R_{P0.2} \leqslant 260$	15	1/57.0

①“规定塑性延伸强度 $R_{P0.2}$” 在 2010 年前的标准版本上称“规定非比例延伸强度 $R_{P0.2}$”。

表 2-2-7 纸包圆线卷绕性能

(单位：mm)

纸绝缘标称厚度 δ	试棒直径
$0.30 \leqslant \delta \leqslant 0.80$	100
$1.20 \leqslant \delta \leqslant 4.25$	150

(9) 绕包层外观质量 纸带应紧密适度、均匀、平整地绕包在线芯上，纸带不应缺层、有污染和伤痕，不应有起皱和开裂等缺陷，纸带重叠处不得露缝。

(10) 绕包方式、方向

1) 纸绝缘层应由两层及以上纸带绕包而成，如可以全部是电力电缆纸或高伸率纤维纸或高密度皱纹纸或芳香族聚酰胺纸或变压器匝间绝缘高密度纸。也可以最内层或最外层为高伸率纤维纸，中间为电力电缆纸或变压器匝间绝缘高密度纸。

2) 三层及以下绝缘纸采用同方向重叠绕包，纸带重叠宽度应不小于 2mm，相邻两层纸的绕包重叠处应均匀错开，纸带宽度（一般不超过 35mm）、推荐绕包节距，见表 2-2-8。

3) 超过三层绝缘纸时，最内和最外层纸带应重叠绕包，中间可用部分或全部采用间隙绕包。间隙绕包时的间隙宽度应不大于 2mm，绕包间隙处应均匀错开，间隙重叠次数 4 ~ 6 层不大于 1 次；7 ~ 16 层不大于 2 次；17 层以上不大于 3 次。

4) 间隙绕包时，纸层数不超过 8 层时应采用同方向绕包，超过 8 层时应改变绕包方向，此时应注意避免绕包间隙连续重叠。

5) 允许纸带接头或修补，各接头处应错开。

表 2-2-8 纸包圆线绕包节距

(单位：mm)

导体标称直径	绕包节距≤
$d \leqslant 3.500$	20
$d > 3.500$	30

(11) 焊接 纸包线导体允许焊接，焊接点应牢固可靠。焊接处应经过修理，修理后的尺寸应不大于最大直径，焊接点处要涂覆合适的绝缘胶，并采用与产品性能相适应的绝缘带重叠绕包一层后，用粘合剂粘住，其重叠宽度为 40% ~55%。若供需双方协商同意，也可以采用对接焊。焊接处应采用对性能无影响的方式作明显标记。若用户需要焊接点裸露或需要无焊接点的产品，应在订货时由供需双方约定。

2.2.2 纸包扁线

该产品是以铜扁导线或铝扁导线为线芯，用各种电缆纸、高伸率纤维纸或皱纹纸、芳香族聚酰胺纸、各种匝间绝缘高密度纸等，经多层绕包而成。在变压器油浸渍条件下，其耐热等级为105。

1. 型号、名称、规格（见表2-2-9）

表2-2-9 纸包扁线型号、名称、规格

型号	名称	规格范围/mm	标准
ZB	各种电力电缆纸包铜扁线	a边0.80～5.60 b边2.00～16.00	GB/T 7673.3—2008①
	纸包半硬铜扁线		
ZBC_1	$R_{P0.2}$：100～180N/mm²		
ZBC_2	$R_{P0.2}$：181～220N/mm²		
ZBC_3	$R_{P0.2}$：221～260N/mm²		
ZLB	各种电力电缆纸包铝扁线		
ZDB	高伸率纤维纸或皱纹纸包铜扁线		
ZDLB	高伸率纤维纸或皱纹纸包铝扁线		
ZXB	芳香族聚酰胺纸包铜扁线		
ZXLB	芳香族聚酰胺纸包铝扁线		
ZMB	匝间绝缘高密度纸包铜扁线		
ZMLB	匝间绝缘高密度纸包铝扁线		

① 现有国标不覆盖铝扁线，若需使用由供需双方协商确定。

2. 性能要求

（1）导体尺寸 扁导体优先尺寸标称截面积，见表2-1-10。

（2）导体尺寸公差 见表2-2-10。

（3）导体圆角半径及偏差范围 见表2-2-11。

（4）导体表面 铜、铝扁线表面应光滑、清洁，不应有擦伤、毛刺、油污、金属粉末及其他杂质等缺陷，铜导体表面不应有氧化层。扁导线圆弧与平面的连接处应光滑，不允许有突起和尖角。

（5）纸绝缘厚度 纸包扁线的纸绝缘厚度及纸带宽度由供需双方协商规定，其偏差见表2-2-12。若最大外形尺寸不超过导体最大尺寸加上最大绝缘厚度，允许绝缘厚度超过规定值。

（6）最大外形尺寸 纸包扁线最大外形尺寸为导体最大尺寸与2倍于规定的绝缘厚度最大值之和。

（7）电阻 导体在20℃时的单位长度直流电阻值R_{20}应不大于按式（2-2-1）计算的值。导体最小截面积S_{min}按式（2-2-2）计算。

$$R_{20}=\rho_{20}/S_{min} \quad (2\text{-}2\text{-}1)$$

式中 ρ_{20}——20℃时导体的电阻率（$\Omega\cdot mm^2/m$）；对铜导体，$\rho_{20}=1/58\Omega\cdot mm^2/m$；对铝导体，$\rho_{20}=1/35.7\Omega\cdot mm^2/m$；

S_{min}——导体最小截面积（mm^2）。

$$S_{min}=a_{min}b_{min}-0.8584r_{max}^2 \quad (2\text{-}2\text{-}2)$$

（8）伸长率 应不小于表2-2-13中的规定值。

（9）半硬铜导体性能 应不小于表2-2-6中的规定值。

（10）回弹性 导体的回弹角应不大于5°。半硬铜导体不考核。

（11）柔韧性和附着性 由于绝缘层的层数和厚度存在差异，弯曲性能要求在订货时由供需双方协商规定。行业常用的弯曲性能见表2-2-14，绕包层不应开裂、露缝，并无明显翘边。

表2-2-10 扁导体尺寸公差

（单位：mm）

导体标称尺寸（a或b）	偏差
$a(b)\leq3.15$	±0.030
$3.15<a(b)\leq6.30$	±0.050
$6.30<b\leq12.50$	±0.070
$12.50<b\leq16.00$	±0.100

表2-2-11 扁导体圆角半径及偏差范围

导体标称尺寸a/mm	圆角半径	
	标称值/mm	偏差（%）
$a\leq1.00$	(1/2)a	—
$1.00<a\leq1.60$	0.50①	±25
$1.60<a\leq2.24$	0.65②	±25
$2.24<a\leq3.55$	0.80	±25
$a>3.55$	1.00	±25

① 当b>4.75mm时，圆角半径可为（1/2）a。

② 当b>4.75mm时，圆角半径可为0.80mm。

表 2-2-12　纸包扁线纸绝缘厚度及偏差

纸绝缘厚度 δ/mm	偏差（%）
$\delta \leqslant 0.50$	-10 0
$0.50 < \delta \leqslant 1.25$	-7.5 0
$\delta > 1.25$	-5 0

表 2-2-13　伸长率

导体种类	导体标称尺寸 a/mm	伸长率（%）
铜导体	$a \leqslant 2.50$	30
	$2.50 < a \leqslant 5.60$	32
铝导体	$0.80 \leqslant a \leqslant 5.60$	17

表 2-2-14　纸包扁线弯曲性能

（单位：mm）

标称绝缘厚度 δ	试验方式	试棒直径
$0.45 \leqslant \delta \leqslant 1.35$	宽边弯曲	150
$1.35 \leqslant \delta \leqslant 2.95$		200

（12）绕包层外观质量　与本章 2.2.1 节中的“绕包层外观质量”相同。

（13）绕包方式、方向　与本章 2.2.1 节中的“绕包方式、方向”相同。其中推荐绕包节距，见表 2-2-15。

表 2-2-15　纸包扁线绕包节距

导体标称截面积/mm^2	绕包节距/mm $\leqslant$
$S \leqslant 50$	30
$S > 50$	35

（14）焊接　纸包线导体允许焊接，焊接点应牢固可靠。焊接处应经过修理，修理后的尺寸 a 边应不大于标称尺寸 $+0.3$mm，焊接点处要涂覆合适的绝缘胶，并采用与产品性能相适应的绝缘带重叠绕包一层后，用粘合剂粘住，其重叠宽度为 40% ~ 55%。若供需双方协商同意，也可以采用对接焊。焊接处应采用对性能无影响的方式作明显标记。若用户需要焊接点裸露或需要无焊接点的产品，应在订货时由供需双方约定。

2.2.3　纸绝缘组合导线

该产品的线芯是由 2 根及 2 根以上的扁绕组线（如纸包铜扁线）沿长度方向按一定规则组成宽面或窄面重叠的排列，其绝缘层是由 3 层及以上的绝缘纸带作重叠或间隙绕包而成。在变压器油浸渍条件下，其耐热等级为 105。

1. 型号、名称、规格（见表 2-2-16）

表 2-2-16　组合导线型号、名称、规格

型号	名称	规格范围/mm	标准
ZZ	电力电缆纸绝缘组合导线	线芯：$0.80 \leqslant a \leqslant 5.60$，$2.00 \leqslant b \leqslant 16.00$ 组合根数 n：2 ~ 12 根同规格同材质扁绕组线	GB/T 7673.4—2008
	电力电缆纸绝缘组合半硬铜导线		
ZZC_1	$R_{P0.2}$：100 ~ 180N/mm^2		
ZZC_2	$R_{P0.2}$：181 ~ 220N/mm^2		
ZZC_3	$R_{P0.2}$：221 ~ 260N/mm^2		
ZZD	高伸率纤维纸绝缘组合导线		
	高伸率纤维纸绝缘组合半硬铜导线		
$ZZDC_1$	$R_{P0.2}$：100 ~ 180N/mm^2		
$ZZDC_2$	$R_{P0.2}$：181 ~ 220N/mm^2		
$ZZDC_3$	$R_{P0.2}$：221 ~ 260N/mm^2		
ZZM	匝间绝缘高密度纸绝缘组合导线		
	匝间绝缘高密度纸绝缘组合半硬铜导线		
$ZZMC_1$	$R_{P0.2}$：100 ~ 180N/mm^2		
$ZZMC_2$	$R_{P0.2}$：181 ~ 220N/mm^2		
$ZZMC_3$	$R_{P0.2}$：221 ~ 260N/mm^2		

2. 性能要求

(1) 导体 扁导体优先尺寸标称截面积应符合表2-1-10的规定；导体尺寸公差，应符合表2-2-10的规定；导体圆角半径及偏差范围，应符合表2-2-11的规定。

(2) 纸绝缘厚度及偏差 见表2-2-17。当最大外形尺寸在规定值范围内时，允许绝缘厚度超差。

表2-2-17 纸绝缘厚度及偏差

（单位：mm）

组合导线标称绝缘厚度 δ	偏差
$\delta \leqslant 0.60$	±0.06
$0.60 < \delta \leqslant 0.90$	±0.08
$0.90 < \delta \leqslant 1.50$	±0.10
$\delta > 1.50$	±0.12

(3) 外形尺寸 组合导线最大外形尺寸的计算，最大高度 H_{max} 按式（2-2-3）计算，最大宽度 W_{max} 按式（2-2-4）计算。

$$H_{max} = (a + \varepsilon + \delta + k_1)n + \Delta + k_2 \quad (2\text{-}2\text{-}3)$$

$$W_{max} = (b + \varepsilon + \delta + k_1)n_1 + \Delta + k_2 \quad (2\text{-}2\text{-}4)$$

式中 a——扁绕组线导体窄边标称尺寸（mm）；

b——扁绕组线导体宽边标称尺寸（mm）；

ε——扁绕组线导体尺寸最大允许偏差（mm）；

δ——扁绕组线纸绝缘层（两侧）标称厚度（mm）；

k_1——扁绕组线纸绝缘层（两侧）最大厚度偏差（mm）；

Δ——组合导线纸绝缘层（两侧）标称厚度（mm）；

k_2——组合导线纸绝缘层（两侧）最大厚度偏差（mm）；

n——组合导线线芯根数，2～12；

n_1——组合导线排列列数，1～2。

(4) 绕包层外观质量 与本章2.2.1节中的“绕包层外观质量”相同。

(5) 绕包方式、方向 与本章2.2.1节中的“绕包方式、方向”相同。其中绕包节距由供需双方协商确定。

(6) 焊接 与本章2.2.2节中的“焊接”相同。

(7) 电阻 导体电阻与本章2.2.2节中的“电阻”相同。半硬铜导体的电阻率，见表2-2-6。

(8) 短路和通路 组合导线中的扁线不允许断路，扁绕组线绝缘层之间不允许有短路点。

(9) 伸长率 组合导线中的扁绕组线伸长率，与本章2.2.2节中的“伸长率”相同，见表2-2-13。半硬铜导体的伸长率，见表2-2-6。

2.2.4 纸绝缘多股绞合导线

该产品的线芯是符合GB/T 12970.1～.4—2009的电工软铜绞线，绝缘层是由3层及以上的绝缘纸带作重叠或间隙绕包而成。

1. 型号、名称、规格（见表2-2-18）

表2-2-18 多股绞合导线型号、名称、规格

型号	名称	截面积范围/mm²	标准
ZJ Ⅰ	电力电缆纸绝缘多股绞合导线Ⅰ种软铜绞线	10～500	GB/T 7673.5—2008
ZJ Ⅱ	电力电缆纸绝缘多股绞合导线Ⅱ种软铜绞线		
ZJD Ⅰ	皱纹纸绝缘多股绞合导线Ⅰ种软铜绞线		
ZJD Ⅱ	皱纹纸绝缘多股绞合导线Ⅱ种软铜绞线		
ZJM Ⅰ	高密度纸绝缘多股绞合导线Ⅰ种软铜绞线		
ZJM Ⅱ	高密度纸绝缘多股绞合导线Ⅱ种软铜绞线		

2. 性能要求

(1) 绞合线芯结构尺寸 Ⅰ种软铜绞线结构尺寸见表2-2-19；Ⅱ种软铜绞线结构尺寸见表2-2-20。

表 2-2-19　Ⅰ种软铜绞线结构尺寸

标称截面积/mm²	绞线线芯结构 股线×根线/单线标称直径/mm	线芯标称外径/mm	绝缘标称厚度/mm	外径尺寸 D/mm	20℃直流电阻不大于/(Ω/km)	计算质(重)量(参考值)/(kg/km)		
						ZJ Ⅰ	ZJM Ⅰ	ZJD Ⅰ
10	12×7/0.39	4.86	1	6.9±0.3	1.83	110	112	102
			2	8.9±0.4		132	137	116
			3	10.9±0.5		162	170	133
			4	12.9±0.6		195	207	153
			5	14.9±0.7		234	250	176
			6	16.9±0.8		280	302	204
16	12×7/0.49	6.17	2	10.2±0.4	1.16	194	200	174
			3	12.2±0.5		227	237	194
			4	142±0.6		264	278	216
			5	16.2±0.7		306	325	241
			6	18.2±0.8		357	381	271
			8	22.2±1.0		469	507	338
25	19×7/0.49	7.35	2	11.4±0.4	0.736	289	295	266
			3	13.4±0.5		325	335	288
			4	15.4±0.6		365	380	311
			5	17.4±0.7		411	431	339
			6	19.4±0.8		464	491	371
			8	23.4±1.0		584	624	442
			10	27.4±1.2		728	785	529
35	19×7/0.58	8.70	2	12.7±0.4	0.525	386	394	361
			3	14.7±0.5		426	438	384
			4	16.7±0.6		470	487	411
			5	18.7±0.7		519	542	440
			6	20.7±0.8		577	606	474
			8	24.7±1.0		703	747	550
			10	28.7±1.2		855	917	641
50	19×7/0.68	10.20	2	14.2±0.4	0.382	516	524	489
			3	16.2±0.5		558	572	516
			4	18.2±0.6		606	625	546
			5	20.2±0.7		659	684	572
			6	22.2±0.8		721	753	619
			8	26.2±1.0		856	903	704
			10	30.2±1.2		1016	1082	805
70	27×7/0.68	12.53	2	16.5±0.5	0.269	720	731	686
			3	18.5±0.6		771	788	718
			4	20.5±0.7		825	848	753
			5	22.5±0.8		885	914	790
			6	24.5±0.9		953	991	834
			8	28.5±1.1		1100	1155	927
			10	32.5±1.3		1274	1348	1036

（续）

标称截面积/mm²	绞线线芯结构股线×根线/单线标称直径/mm	线芯标称外径/mm	绝缘标称厚度/mm	外径尺寸 D/mm	20℃直流电阻不大于/(Ω/km)	计算质(重)量(参考值)/(kg/km)		
						ZJ Ⅰ	ZJM Ⅰ	ZJD Ⅰ
80	37×7/0.62	13.02	2	17±0.5	0.236	806	817	773
			3	19±0.6		859	875	806
			4	21±0.7		914	937	841
			5	23±0.8		975	1005	880
			6	25±0.9		1045	1083	924
			8	29±1.1		1195	1250	1019
			10	33±1.3		1371	1446	1130
95	37×7/0.68	14.28	2	18.3±0.5	0.196	961	972	924
			3	20.3±0.6		1017	1035	960
			4	22.3±0.7		1076	1101	997
			5	24.3±0.8		1141	1173	1038
			6	26.3±0.9		1214	1255	1084
			8	30.3±1.1		1371	1430	1183
			10	34.3±1.3		1555	1634	1300
100	37×7/0.70	14.70	2	18.7±0.6	0.185	1014	1026	977
			3	20.7±0.7		1072	1090	1013
			4	22.7±0.8		1132	1157	1051
			5	24.7±0.9		1197	1230	1092
			6	26.7±1.0		1272	1314	1140
			8	30.7±1.2		1431	1491	1240
			10	34.7±1.4		1617	1698	1358
120	27×7/0.68	17.39	2	21.4±0.6	0.157	1216	1233	1165
			3	23.4±0.7		1281	1305	1206
			4	25.4±0.8		1349	1380	1249
			5	27.4±0.9		1422	1462	1295
			6	29.4±1.0		1504	1554	1347
			8	33.4±1.2		1678	1747	1457
			10	37.4±1.4		1879	1971	1584
125	27×12/0.70	17.90	2	21.9±0.6	0.148	1284	1301	1232
			3	23.9±0.7		1351	1375	1274
			4	25.9±0.8		1419	1451	1317
			5	27.9±0.9		1494	1534	1364
			6	29.9±1.0		1578	1628	1417
			8	33.9±1.2		1754	1825	1529
			10	37.9±1.4		1958	2052	1657
150	14×19/0.85	18.76	2	22.8±0.6	0.126	1529	1545	1478
			3	24.8±0.7		1598	1622	1521
			4	26.8±0.8		1669	1702	1566
			5	28.8±0.9		1746	1787	1615
			6	30.8±1.0		1833	1884	1670
			8	34.8±1.2		2014	2086	1784
			10	38.8±1.4		2223	2319	1916

（续）

标称截面积/mm²	绞线线芯结构 股线×根线/单线标称直径/mm	线芯标称外径/mm	绝缘标称厚度/mm	外径尺寸 D/mm	20℃直流电阻不大于/(Ω/km)	计算质(重)量(参考值)/(kg/km)		
						ZJ Ⅰ	ZJM Ⅰ	ZJD Ⅰ
			2	24.2±0.6		1650	1669	1591
			3	26.2±0.7		1723	1750	1637
			4	28.2±0.8		1798	1834	1685
160	27×12/0.80	20.20	5	30.2±0.9	0.113	1879	1924	1736
			6	32.2±1.0		1970	2025	1793
			8	36.2±1.2		2159	2236	1913
			10	40.2±1.4		2375	2477	2050
			2	25.7±0.6		1868	1888	1803
			3	27.7±0.7		1945	1974	1852
			4	29.7±0.8		2024	2063	1902
185	27×12/0.85	21.74	5	31.7±0.9	0.100	2109	2157	1955
			6	33.7±1.0		2204	2263	2015
			8	37.7±1.2		2401	2483	2140
			10	41.7±1.4		2626	2734	2282
			2	28.5±0.6		1974	1994	1912
			3	27.8±0.7		2052	2080	1961
			4	29.8±0.8		2131	2169	2011
200	31×12/0.75	21.80	5	31.8±0.9	0.0940	2216	2264	2065
			6	33.8±1.0		2311	2370	2125
			8	37.8±1.2		2509	2590	2250
			10	41.8±1.4		2735	2842	2393
			2	28.7±0.7		2508	2530	2438
			3	30.7±0.8		2594	2626	2493
			4	32.7±0.9		2682	2723	2548
250 (240)	37×12/0.85	24.72	5	34.7±1.0	0.0732	2774	2827	2607
			6	36.7±1.1		2878	2942	2672
			8	40.7±1.3		3092	3181	2807
			10	44.7±1.5		3333	3450	2960
			2	30.2±0.7		2897	2921	2822
			3	32.2±0.8		2988	3022	2879
			4	34.2±0.9		3079	3124	2937
300	27×19/0.85	26.15	5	36.2±1.0	0.0616	3176	3232	2999
			6	38.2±1.1		3284	3352	3067
			8	42.2±1.3		3506	3599	3207
			10	46.2±1.5		3756	3878	3365
			2	30.3±0.7		3076	3097	3007
			3	32.3±0.8		3166	9198	3064
			4	34.3±0.9		3258	3301	3122
315	37×19/0.75	26.25	5	36.3±1.0	0.0594	3356	3409	3184
			6	38.3±1.1		3464	3530	3252
			8	42.3±1.3		3686	3778	3393
			10	46.3±1.5		3937	4057	3551

（续）

标称截面积/mm^2	绞线线芯结构股线×根线/单线标称直径/mm	线芯标称外径/mm	绝缘标称厚度/mm	外径尺寸 D/mm	20℃直流电阻不大于/(Ω/km)	计算质(重)量(参考值)/(kg/km)		
						ZJ Ⅰ	ZJM Ⅰ	ZJD Ⅰ
400	37×19/0.85	29.75	2	33.8±0.7	0.0462	3925	3950	3846
			3	35.8±0.8		4026	4062	3910
			4	37.8±0.9		4127	4175	3974
			5	39.8±1.0		4234	4294	4041
			6	41.8±1.1		4352	4426	4116
			8	45.8±1.3		4594	4695	4269
			10	48.8±1.5		4864	4997	4440
500	37×19/0.95	33.25	2	37.3±0.8	0.0370	4898	4926	4810
			3	39.3±0.9		5009	5049	4880
			4	41.3±1.0		5120	5173	4950
			5	43.3±1.1		5236	5303	5024
			6	45.3±1.2		5364	5445	5105
			8	49.3±1.3		5625	5736	5270
			10	53.3±1.5		5915	6059	5453

表2-2-20 Ⅱ种软铜绞线结构尺寸

标称截面积/mm^2	绞线线芯结构股线×根线/单线标称直径/mm	线芯标称外径/mm	绝缘标称厚度/mm	外径尺寸 D/mm	20℃直流电阻不大于/(Ω/km)	计算质(重)量(参考值)/(kg/km)		
						ZJ Ⅱ	ZJM Ⅱ	ZJD Ⅱ
14	7×13/0.45	5.6	1	7.6±0.3	1.27	154	156	145
			2	9.6±0.4		178	183	159
			3	11.6±0.5		209	218	178
			4	13.6±0.6		244	257	199
			5	15.6±0.7		285	302	223
			6	17.6±0.8		333	357	252
20	7×18/0.45	6.6	2	10.6±0.4	0.921	234	240	213
			3	12.6±0.5		268	278	233
			4	14.6±0.6		306	320	256
			5	16.6±0.7		349	368	282
			6	18.6±0.8		401	426	313
			8	22.6±1.0		515	554	382
22	7×20/0.45	6.9	2	10.9±0.4	0.828	257	263	235
			3	12.9±0.5		291	302	256
			4	14.9±0.6		330	345	279
			5	16.9±0.7		374	394	305
			6	18.9±0.8		427	453	337
			8	22.9±1.0		543	582	406
			10	26.9±1.2		685	741	491

（续）

标称截面积/mm²	绞线线芯结构 股线×根线/单线标称直径/mm	线芯标称外径/mm	绝缘标称厚度/mm	外径尺寸 *D*/mm	20℃直流电阻不大于/(Ω/km)	计算质(重)量(参考值)/(kg/km)		
						ZJ Ⅱ	ZJM Ⅱ	ZJD Ⅱ
30	19×10/0.45	8.1	2	12.1±0.4	0.610	337	344	312
			3	14.1±0.5		375	387	335
			4	16.1±0.6		417	434	360
			5	18.1±0.7		465	487	388
			6	20.1±0.8		521	549	422
			8	24.1±1.0		644	686	495
			10	28.1±1.2		792	852	584
38	19×13/0.45	9.5	2	13.5±0.4	0.470	429	437	400
			3	15.5±0.5		471	484	425
			4	17.5±0.6		517	535	453
			5	19.5±0.7		568	593	483
			6	21.5±0.8		628	659	519
			8	25.5±1.0		759	805	597
			10	29.5±1.2		915	980	691
50	19×17/0.45	10.3	2	14.3±0.4	0.359	541	549	514
			3	16.3±0.5		586	599	542
			4	18.3±0.6		634	653	572
			5	20.3±0.7		687	713	608
			6	22.3±0.8		749	782	646
			8	26.3±1.0		884	932	731
			10	30.3±1.2		1045	1112	833
60	19×20/0.45	11.5	2	15.5±0.5	0.305	633	642	602
			3	17.5±0.6		681	696	633
			4	19.5±0.7		732	753	665
			5	21.5±0.8		789	816	701
			6	23.5±0.9		855	890	743
			8	27.5±1.1		996	1047	832
			10	31.5±1.3		1164	1235	938
80	19×27/0.45	13.5	2	17.5±0.5	0.226	845	856	808
			3	19.5±0.6		898	916	842
			4	21.5±0.7		955	979	878
			5	23.5±0.8		1018	1049	918
			6	25.5±0.9		1089	1128	963
			8	29.5±1.1		1241	1298	1059
			10	33.5±1.3		1420	1498	1172
95	19×32/0.45	14.3	2	18.3±0.6	0.191	989	1001	951
			3	20.3±0.7		1045	1063	986
			4	22.3±0.8		1104	1129	1023
			5	24.3±0.9		1168	1201	1064
			6	26.3±1.0		1242	1283	1111
			8	30.3±1.2		1399	1458	1210
			10	34.3±1.4		1582	1663	1326

（续）

标称截面积/mm^2	绞线线芯结构股线×根线/单线标称直径/mm	线芯标称外径/mm	绝缘标称厚度/mm	外径尺寸 *D*/mm	20℃直流电阻不大于/(Ω/km)	计算质(重)量(参考值)/(kg/km)		
						ZJ Ⅱ	ZJM Ⅱ	ZJD Ⅱ
100	19×34/0.45	14.8	2	18.8±0.6	0.180	1041	1053	1004
			3	20.8±0.7		1099	1117	1040
			4	22.8±0.8		1159	1184	1078
			5	24.8±0.9		1225	1258	1120
			6	26.8±1.0		1300	1341	1168
			8	30.8±1.2		1459	1519	1268
			10	34.8±1.4		1646	1727	1386
150	27×34/0.45	18.5	2	22.5±0.6	0.126	1479	1494	1429
			3	24.5±0.7		1547	1570	1472
			4	26.5±0.8		1617	1649	1516
			5	28.5±0.9		1693	1734	1564
			6	30.5±1.0		1779	1829	1619
			8	34.5±1.2		1959	2030	1732
			10	38.5±1.4		2166	2260	1863
185	27×43/0.45	20.7	2	24.7±0.6	0.0999	1849	1867	1794
			3	26.7±0.7		1924	1950	1841
			4	28.7±0.8		2000	2035	1899
			5	30.7±0.9		2082	2126	1941
			6	32.7±1.0		2174	2229	1999
			8	36.7±1.2		2366	2443	2121
			10	40.7±1.4		2586	2687	2259
200	37×34/0.45	21.1	2	25.1±0.7	0.0922	1991	2008	1936
			3	27.1±0.8		2067	2093	1984
			4	29.1±0.9		2144	2179	2033
			5	31.1±1.0		2228	2272	2085
			6	33.1±1.1		2321	2376	2144
			8	37.1±1.3		2515	2592	2267
			10	41.1±1.5		2736	2839	2407
250	37×42/0.45	23.5	2	27.5±0.7	0.0746	2446	2464	2387
			3	29.5±0.8		2528	2556	2439
			4	31.5±0.9		2612	2650	2492
			5	33.5±1.0		2702	2750	2549
			6	35.5±1.1		2802	2861	2612
			8	39.5±1.3		3009	3092	2743
			10	43.9±1.5		3244	3354	2892
325	37×55/0.45	26.9	2	30.9±0.7	0.0570	3200	3220	3136
			3	32.9±0.8		3292	3323	3194
			4	34.9±0.9		3386	3427	3253
			5	36.9±1.0		3484	3537	3316
			6	38.9±1.1		3594	3660	3385
			8	42.9±1.3		3820	3911	3528
			10	46.9±1.5		4070	4195	3689

（续）

标称截面积/mm²	绞线线芯结构股线×根线/单线标称直径/mm	线芯标称外径/mm	绝缘标称厚度/mm	外径尺寸D/mm	20℃直流电阻不大于/(Ω/km)	计算质(重)量(参考值)/(kg/km)		
						ZJ Ⅱ	ZJM Ⅱ	ZJD Ⅱ
400	61×42/0.45	30.2	2	34.2±0.7	0.0453	4000	4021	3930
			3	36.2±0.8		4101	4135	3994
			4	38.2±0.9		4204	4249	4059
			5	40.2±1.0		4312	4369	4127
			6	42.2±1.1		4431	4502	4203
			8	46.2±1.3		4675	4774	4357
			10	50.2±1.5		4947	5078	4529
500	61×52/0.45	33.7	2	37.7±0.8	0.0366	4970	4997	4886
			3	39.7±0.9		5082	5121	4957
			4	41.7±1.0		5194	5246	5028
			5	43.7±1.1		5312	5377	5102
			6	45.7±1.2		5441	5521	5184
			8	49.7±1.3		5704	5814	5350
			10	53.7±1.5		5996	6140	5535

（2）绝缘厚度和纸层数 绝缘厚度应符合表2-2-19和表2-2-20的规定，纸层数由供需双方协商规定。

（3）导线外形尺寸 应符合表2-2-19和表2-2-20的规定，若需要其他结构、绝缘厚度、尺寸时可由供需双方协商规定。

（4）绕包层外观质量 与本章2.2.1节中的“绕包层外观质量”相同。

（5）绕包方式

1）对于ZJ、ZJM型绞合导线除最内层和最外层应重叠绕包外其余各层采用间隙绕包，其中重叠宽度最内层为1~3mm，最外层为3~6mm，间隙宽度为0.5~2mm。

2）ZJD型绞合导线标称截面积在50mm²以下规格应全部采用重叠绕包，重叠宽度为纸带宽度的40%~50%。标称截面积在50mm²及以上规格，除最内层和最外层两层应重叠绕包外，其余纸层可采用间隙绕包，重叠宽度最内层为1~3mm、最外两层或两层以上为纸带宽度的40%~50%，间隙宽度为0.5~2mm；标称截面积在50mm²及以上规格，也可按照客户要求全部采用重叠绕包，重叠宽度为纸带宽度的40%~50%。

3）间隙重叠数不作规定。纸层数、绕包方向、节距可由供需双方协商规定。

（6）焊接 与本章2.2.2节中的“焊接”相同。

（7）电阻 型号ZJⅠ、ZJDⅠ及ZJMⅠ应符合表2-2-19的规定；型号ZJⅡ、ZJDⅡ、ZJMⅡ应符合表2-2-20的规定。

（8）柔韧性和附着性 纸绝缘多股绞合导线在规定外径倍率的圆棒上弯曲180°后绝缘层应不开裂或无局部突起。规定的外径倍率：ZJ、ZJM为10~11倍；ZJD为6~7倍。

2.2.5 玻璃丝包圆绕组线

该产品是以不同耐热等级的浸渍漆粘结无碱玻璃纤维纱作为绝缘层粘着铜（铝）圆导线；或以不同耐热等级的浸渍漆粘结不同耐热等级的漆包铜（铝）圆导线而成。耐热等级分别有130、155、180、200。

1. 型号、名称、规格（见表2-2-21）

表 2-2-21 玻璃丝包圆绕组线型号、名称、规格

型号	名称	规格范围/mm	标准
GLE-130	130 级浸漆双玻璃丝包铜圆线	0.50~5.00	企标
GLEL-130	130 级浸漆双玻璃丝包铝圆线		
GLQ1-130	130 级单玻璃丝包 1 级漆膜漆包铜圆线		
GLQ2-130	130 级单玻璃丝包 2 级漆膜漆包铜圆线		
GLEQ1-130	130 级双玻璃丝包 1 级漆膜漆包铜圆线		
GLEQ2-130	130 级双玻璃丝包 2 级漆膜漆包铜圆线		
GL-155	155 级浸漆单玻璃丝包铜圆线		GB/T 7672.22—2008 IEC 60317-48—2012
GLE-155	155 级浸漆双玻璃丝包铜圆线		
GLEL-155	155 级浸漆双玻璃丝包铝圆线		
GLQ1-155	155 级单玻璃丝包 1 级漆膜漆包铜圆线		
GLQ2-155	155 级单玻璃丝包 2 级漆膜漆包铜圆线		
GLEQ1-155	155 级双玻璃丝包 1 级漆膜漆包铜圆线		
GLEQ2-155	155 级双玻璃丝包 2 级漆膜漆包铜圆线		
GL-180	180 级浸漆单玻璃丝包铜圆线		GB/T 7672.23—2008 IEC 60317-49—2012
GLE-180	180 级浸漆双玻璃丝包铜圆线		
GLEL-180	180 级浸漆双玻璃丝包铝圆线		
GLQ1-180	180 级单玻璃丝包 1 级漆膜漆包铜圆线		
GLQ2-180	180 级单玻璃丝包 2 级漆膜漆包铜圆线		
GLEQ1-180	180 级双玻璃丝包 1 级漆膜漆包铜圆线		
GLEQ2-180	180 级双玻璃丝包 2 级漆膜漆包铜圆线		
GL-200	200 级浸漆单玻璃丝包铜圆线		GB/T 7672.24—2008 IEC 60317-50—2012
GLE-200	200 级浸漆双玻璃丝包铜圆线		
GLEL-200	200 级浸漆双玻璃丝包铝圆线		
GLQ1-200	200 级单玻璃丝包 1 级漆膜漆包铜圆线		
GLQ2-200	200 级单玻璃丝包 2 级漆膜漆包铜圆线		
GLEQ1-200	200 级双玻璃丝包 1 级漆膜漆包铜圆线		
GLEQ2-200	200 级双玻璃丝包 2 级漆膜漆包铜圆线		

2. 性能要求

(1) 外观 浸渍漆涂层应均匀、色泽基本一致，玻璃丝绕包层应平滑、连续、无气泡和杂质，没有物理损伤，表面不应有影响性能的缺陷。

(2) 尺寸

1) 单玻璃丝包导体直径、绝缘层厚度和最大外径，见表 2-2-22。

表 2-2-22 单玻璃丝包导体直径、绝缘层厚度和最大外径 （单位：mm）

导体标称直径	偏差	最小绝缘厚度	最大外径	
	±		Grade 1 GL1	Grade 2 GL1
0.500*	0.005	0.064	0.665	0.685
0.530	0.006	0.102	0.746	0.765
0.560*	0.006	0.102	0.776	0.795
0.600	0.006	0.102	0.809	0.834
0.630*	0.006	0.102	0.839	0.864

（续）

导体标称直径	偏差	最小绝缘厚度	最大外径	
	±		Grade 1 GL1	Grade 2 GL1
0.670	0.007	0.102	0.882	0.909
0.710*	0.007	0.102	0.922	0.949
0.750	0.008	0.102	0.970	0.997
0.800*	0.008	0.102	1.020	1.047
0.850	0.009	0.102	1.075	1.105
0.900*	0.009	0.102	1.125	1.155
0.950	0.010	0.102	1.170	1.210
1.000*	0.010	0.102	1.230	1.260
1.060	0.011	0.102	1.290	1.325
1.120*	0.011	0.102	1.352	1.385
1.180	0.012	0.102	1.412	1.448
1.250*	0.013	0.102	1.485	1.518
1.320	0.013	0.102	1.560	1.596
1.400*	0.014	0.102	1.640	1.676
1.500	0.015	0.102	1.741	1.780
1.600*	0.016	0.102	1.841	1.880
1.700	0.017	0.102		1.985
1.800*	0.018	0.102		2.085
1.900	0.019	0.102		2.185
2.000*	0.020	0.102		2.285
2.120	0.021	0.102		2.415
2.240*	0.022	0.102		2.535
2.360	0.024	0.102		2.660
2.500*	0.025	0.102		2.800
2.650	0.027	0.114		2.990
2.800*	0.028	0.114		3.130
3.000	0.030	0.114		3.342
3.150*	0.032	0.114		3.492
3.350	0.034	0.114		3.696
3.550*	0.036	0.114		3.896
3.750	0.038	0.114		4.103
4.000*	0.040	0.114		4.353
4.250	0.043	0.114		4.611
4.500*	0.045	0.114		4.861
4.750	0.048	0.114		5.120
5.000*	0.050	0.114		5.370

注：1. 带*号的导体标称尺寸为优先尺寸 R20 数系，其余为 R40 数系。

2. 对导体标称直径的中间尺寸，应取相邻的较大导体标称直径的最小绝缘厚度。

3. Grade 1 GL1 是单玻璃丝绕包于 1 级漆膜厚度的漆包线上。Grade 2 GL1 是单玻璃丝绕包于 2 级漆膜厚度的漆包线上。

2）双玻璃丝包导体直径、绝缘层厚度和最大外径，见表 2-2-23。

表 2-2-23 双玻璃丝包导体直径、绝缘层厚度和最大外径 （单位：mm）

导体标称直径	偏差	最小绝缘厚度	最大外径		
	±		GL2	Grade 1 GL2	Grade 2 GL2
0.500 *	0.005	0.115	0.670	0.723	0.745
0.530	0.006	0.150	0.772	0.823	0.847
0.560 *	0.006	0.150	0.802	0.853	0.877
0.600	0.006	0.150	0.843	0.895	0.921
0.630 *	0.006	0.150	0.873	0.925	0.951
0.670	0.007	0.150	0.918	0.970	0.997
0.710 *	0.007	0.150	0.958	1.010	1.037
0.750	0.008	0.150	0.998	1.053	1.082
0.800 *	0.008	0.150	1.048	1.103	1.132
0.850	0.009	0.150	1.099	1.158	1.190
0.900 *	0.009	0.150	1.149	1.208	1.240
0.950	0.010	0.150	1.199	1.261	1.298
1.000 *	0.010	0.150	1.249	1.311	1.348
1.060	0.011	0.150	1.310	1.374	1.407
1.120 *	0.011	0.150	1.370	1.434	1.467
1.180	0.012	0.150	1.441	1.506	1.540
1.250 *	0.013	0.150	1.511	1.576	1.610
1.320	0.013	0.150	1.582	1.650	1.684
1.400 *	0.014	0.150	1.662	1.730	1.764
1.500	0.015	0.150	1.767	1.837	1.873
					1.973
1.600 *	0.016	0.150	1.867	1.937	2.077
1.700	0.017	0.150	1.968		2.177
1.800 *	0.018	0.150	2.068		2.281
1.900	0.019	0.150	2.169		2.381
2.000 *	0.020	0.150	2.269		2.512
2.120	0.021	0.150	2.396		2.632
2.240 *	0.022	0.150	2.516		2.760
2.360	0.024	0.150	2.642		2.900
2.500 *	0.025	0.150	2.782		3.096
2.650	0.027	0.180	2.973		3.246
2.800 *	0.028	0.180	3.123		3.456
3.000	0.030	0.180	3.331		3.606
3.150 *	0.032	0.180	3.481		3.800
3.350	0.034	0.180	3.665		4.012
3.550 *	0.036	0.180	3.883		4.233
3.750	0.038	0.180	4.085		4.483
4.000 *	0.040	0.180	4.335		4.730
4.250	0.043	0.180	4.593		4.980
4.500 *	0.045	0.180	4.843		5.236
4.750	0.048	0.180	5.095		5.486
5.000 *	0.050	0.180	5.345		

注：1. 带 * 号的导体标称尺寸为优先尺寸 R20 数系，其余为 R40 数系。

2. 对导体标称直径的中间尺寸，应取相邻的较大导体标称直径的最小绝缘厚度。

3. GL2 是双玻璃丝包裸导线。Grade 1 GL2 是双玻璃丝绕包于 1 级漆膜厚度的漆包线上。Grade 2 GL2 是双玻璃丝绕包于 2 级漆膜厚度的漆包线上。

(3) 导体不圆度 任一处最小和最大直径之差应不大于表 2-2-22 或表 2-2-23 中第 2 列绝对值。

(4) 玻璃丝包层的最小绝缘厚度 应不小于表 2-2-22 或表 2-2-23 中的规定值。

(5) 最大外径 应不超过表 2-2-22 或表 2-2-23中的规定值。

(6) 电阻 铜圆线电阻是根据导体标称直径和标称电阻率 1/58.5Ω · mm^2/m 计算的；铝圆线电阻是根据导体标称直径和标称电阻率1/35.7Ω · mm^2/m 计算的。铜圆线标称值电阻，见表 2-2-24。

表 2-2-24 铜圆线标称值电阻

导体标称直径/mm	标称电阻/(Ω/m)
0.500	0.08706
0.560	0.06940
0.630	0.05484
0.710	0.04318
0.800	0.03401
0.900	0.02687
1.000	0.02176
1.120	0.01735
1.250	0.01393
1.400	0.01110
1.600	0.008502
1.800	0.006718
2.000	0.005441
2.240	0.004338
2.500	0.003482
2.800	0.002776
3.150	0.002193
3.550	0.001727
4.000	0.001360
4.500	0.001075
5.000	0.0008706

(7) 伸长率 最小伸长率应不小于表 2-2-25 中的规定值。但用硅油机树脂浸渍的玻璃丝包铜圆绕组线，其伸长率应不小于表 2-2-26 中的规定值。

表 2-2-25 玻璃丝包圆绕组线伸长率

导体种类	导体标称直径/mm	伸长率(%)
铜导体	$d \leqslant 0.630$	
	$0.630 < d \leqslant 1.250$	15
	$1.250 < d \leqslant 2.800$	20
	$2.800 < d \leqslant 5.000$	30
铝导体	$0.50 \leqslant d \leqslant 1.00$	15
	$1.00 < d \leqslant 5.00$	20

表 2-2-26 硅油机树脂浸渍的玻璃丝包铜圆绕组线伸长率

导体种类	导体标称直径/mm	伸长率(%)
铜导体	$0.50 < d \leqslant 1.250$	10
	$1.250 < d \leqslant 2.800$	15
	$2.800 < d \leqslant 5.000$	20

(8) 回弹角 当导体标称直径大于 1.600mm 时，玻璃丝包裸铜圆线的最大回弹角应不超过 5°；玻璃丝包漆包铜圆线的最大回弹角应不超过 5°。当导体标称直径为 1.600mm 及以下时，可由供需双方协商规定。

(9) 柔韧性和附着性 在 10 倍于导体标称直径的圆棒上弯曲后，玻璃丝包层应不开裂而露出裸铜线或漆包线。

(10) 击穿电压 玻璃丝包铜圆线的击穿电压见表 2-2-27；玻璃丝包漆包铜圆线的击穿电压见表 2-2-28。

表 2-2-27 玻璃丝包铜圆线的击穿电压

导体标称直径/mm	圆棒直径/mm	最小击穿电压/V	
		GL1 单玻璃丝包	GL2 双玻璃丝包
$d \leqslant 0.500$	25	—	200
$0.500 < d \leqslant 2.500$	25	—	260
$2.500 < d \leqslant 5.000$	50	—	300

表 2-2-28 玻璃丝包漆包铜圆线的击穿电压

导体标称直径/mm	圆棒直径/mm	最小击穿电压/V			
		Grade1 GL1 单玻璃丝包	Grade1 GL2 双玻璃丝包	Grade1 GL1 单玻璃丝包	Grade1 GL2 双玻璃丝包
$0.500 < d \leqslant 1.000$	25	750	1000	1000	1200
$1.000 < d \leqslant 2.500$	25	1000	1200	1260	150
$2.500 < d$	50	1200	1500	1600	1800

(11) 耐热等级 耐热等级取决于使用的浸渍漆的种类。试验方法应由供需双方协商确定。

2.2.6 玻璃丝包扁绕组线

该产品是以不同耐热等级的浸渍漆粘结无碱玻璃纤维纱作为绝缘层粘着铜（铝）扁线；或以不同耐热等级的浸渍漆粘结不同耐热等级的漆包铜（铝）扁线而成。耐热等级分别有130、155、180、200。

1. 型号、名称、规格（见表2-2-29）

表2-2-29 玻璃丝包扁绕组线型号、名称、规格

型号	名称	规格范围/mm	标准
GLB-130	130级浸漆单玻璃丝包铜扁线		GB/T 7672.2—2008
GLEB-130	130级浸漆双玻璃丝包铜扁线		
GLELB-130	130级浸漆双玻璃丝包铝扁线		
GLQ1B-130	130级单玻璃丝包1级漆膜漆包铜扁线		
GLQ2B-130	130级单玻璃丝包2级漆膜漆包铜扁线		
GLEQ1B-130	130级双玻璃丝包1级漆膜漆包铜扁线		
GLEQ2B-130	130级双玻璃丝包2级漆膜漆包铜扁线		
GLQLB-130	130级单玻璃丝包漆包铝扁线		
GLEQLB-130	130级双玻璃丝包漆包铝扁线		
GLB-155	155级浸漆单玻璃丝包铜扁线		GB/T 7672.3—2008
GLEB-155	155级浸漆双玻璃丝包铜扁线		IEC 60317-32—2015
GLQ1B-155	155级单玻璃丝包1级漆膜漆包铜扁线		
GLQ2B-155	155级单玻璃丝包2级漆膜漆包铜扁线	窄边尺寸 a: $0.80 \leqslant a \leqslant 5.60$ 宽边尺寸 b: $2.00 \leqslant b \leqslant 16.00$	
GLEQ1B-155	155级双玻璃丝包1级漆膜漆包铜扁线		
GLEQ2B-155	155级双玻璃丝包2级漆膜漆包铜扁线		
GLB-180	180级浸漆单玻璃丝包铜扁线		GB/T 7672.4—2008
GLEB-180	180级浸漆双玻璃丝包铜扁线		IEC 60317-31—2015
GLQ1B-180	180级单玻璃丝包1级漆膜漆包铜扁线		
GLQ2B-180	180级单玻璃丝包2级漆膜漆包铜扁线		
GLEQ1B-180	180级双玻璃丝包1级漆膜漆包铜扁线		
GLEQ2B-180	180级双玻璃丝包2级漆膜漆包铜扁线		
GLB-200	200级浸漆单玻璃丝包铜扁线		GB/T 7672.5—2008
GLEB-200	200级浸漆双玻璃丝包铜扁线		IEC 60317-33—2015
GLQ1B-200	200级单玻璃丝包1级漆膜漆包铜扁线		
GLQ2B-200	200级单玻璃丝包2级漆膜漆包铜扁线		
GLEQ1B-200	200级双玻璃丝包1级漆膜漆包铜扁线		
GLEQ2B-200	200级双玻璃丝包2级漆膜漆包铜扁线		

2. 性能要求

(1) 外观 浸渍漆涂层应均匀、色泽基本一致，玻璃丝绕包层应平滑、连续、无气泡和杂质，没有物理损伤，表面不应有影响性能的缺陷。

(2) 尺寸 扁导体优先尺寸标称截面积应符合表2-1-10的规定；导体尺寸公差，应符合表2-2-10的规定；导体圆角半径及偏差范围，应符合表2-2-11的规定。

(3) 绝缘厚度 宽边绝缘厚度和窄边绝缘厚度，见表2-2-30。

表 2-2-30 玻璃丝包扁绕组线绝缘厚度 （单位：mm）

标称尺寸 b	绝缘厚度											
	玻璃丝包裸导体						玻璃丝包2级漆膜厚度漆包线					
	单玻璃丝包 GL1			双玻璃丝包 GL2			单玻璃丝包 Grade 2 GL1			双玻璃丝包 Grade 2 GL2		
	最小	标称	最大	最小	标称	最大	最小	标称	最大	最小	标称	最大
$b≤3.15$	0.10	0.14	0.18	0.21	0.27	0.33	0.23	0.29	0.35	0.35	0.42	0.49
$3.15<b≤6.30$	0.12	0.16	0.20	0.23	0.30	0.37	0.25	0.31	0.37	0.38	0.45	0.52
$6.30<b≤12.50$	0.14	0.19	0.24	0.27	0.35	0.43	0.27	0.34	0.41	0.43	0.50	0.57
$12.50<b≤16.00$	0.17	0.23	0.29	0.31	0.39	0.47	0.30	0.38	0.46	0.45	0.54	0.62

注：1. 如果绕包线外形尺寸不超过裸导体最大窄边尺寸与最大2级漆膜厚度及玻璃丝绕包层厚度之和，则玻璃丝绕包层最大厚度可以超过规定值。

2. 玻璃丝绕包层宽边绝缘厚度应等于或小于本表规定的最大绝缘厚度。注1适用于宽边绝缘厚度，也适用于窄边绝缘厚度。

(4) 外形尺寸

1）标称外形尺寸，应以裸导体的标称尺寸与标称绝缘厚度的和计算。

2）最小外形尺寸，应以裸导体的最小尺寸与最小绝缘厚度的和计算。

3）最大外形尺寸，应以裸导体的最大尺寸与最大绝缘厚度的和计算。当供需双方同意，表2-2-31中规定的特殊公差可以用来计算。

表 2-2-31 标称外形尺寸的特殊公差 （单位：mm）

导体标称尺寸（a 或 b）	玻璃丝包2级漆膜厚度漆包线标称外形尺寸公差 ±			
	单玻璃丝包 Grade 2 GL1		双玻璃丝包 Grade 2 GL2	
	宽边	窄边	宽边	窄边
$a(b)≤3.15$	0.030	0.020	0.045	0.030
$3.15<a(b)≤6.30$	0.045	0.030	0.060	0.040.
$6.30<b≤12.50$	0.060	0.040	0.075	0.050
$12.50<b≤16.00$	0.075	0.050	0.090	0.060

(5) 电阻 与本章2.2.2节中的“电阻”相同。

(6) 伸长率 与本章2.2.2节中的“伸长率”相同，见表2-2-13。

(7) 回弹性 玻璃丝包扁绕组线最大回弹角应不超过5.5°。

(8) 柔韧性和附着性

1）圆棒卷绕试验，玻璃丝包扁绕组线在直径如表2-2-32规定的圆棒上分别进行宽边弯曲和窄边弯曲后，绕包层应无开裂。

表 2-2-32 圆棒卷绕

（单位：mm）

玻璃丝包扁绕组线弯曲	圆棒直径
$b≤8$	$10b$
$b>8$	$15b$
$0.80≤a≤5.60$	$10a$

2）附着性试验：

① 玻璃丝包扁线，试样拉伸10%后，玻璃丝绕包层应不失去附着性。

② 玻璃丝包漆包扁线，试样拉伸10%后，玻璃丝绕包层和漆膜都应不失去附着性。

注：对于200级浸漆玻璃丝包扁线和玻璃丝包漆包扁线，试样应拉伸5%。

(9) 击穿电压 玻璃丝包扁绕组线的击穿电压应符合表2-2-33的规定。

表 2-2-33 击穿电压

绝缘类型		最小击穿电压/V
裸导体和	单玻璃丝包 GL1	350
	双玻璃丝包 GL2	560
2级漆膜厚度漆包线和	单玻璃丝包 Grade 2 GL1	1500
	双玻璃丝包 Grade 2 GL2	2000

(10) 耐热等级 耐热等级取决于使用的浸渍漆的种类。试验方法应由供需双方协商确定。

2.2.7 玻璃丝包薄膜绕包扁线

该产品是以不同耐热等级的绝缘漆粘结着玻璃丝包铜扁线，并绕包绝缘薄膜而成。耐热等级分别有130、155、180、200。

1. 型号、名称、规格（见表2-2-34）

表2-2-34 玻璃丝包薄膜绕包铜扁线型号、名称、规格

型号	名称	规格范围/mm	标准
GLMB-130	温度指数130单玻璃丝包薄膜绕包铜扁线	窄边尺寸 a：$0.80 \leqslant a \leqslant 5.60$ 宽边尺寸 b：$2.00 \leqslant b \leqslant 16.00$	GB/T 7672.6—2008
GLEMB-130	温度指数130双玻璃丝包薄膜绕包铜扁线		
GLMB-155	温度指数155单玻璃丝包薄膜绕包铜扁线		
GLEMB-155	温度指数155双玻璃丝包薄膜绕包铜扁线		
GLMB-180	温度指数180单玻璃丝包薄膜绕包铜扁线		
GLEMB-180	温度指数180双玻璃丝包薄膜绕包铜扁线		
GLMB-200	温度指数200单玻璃丝包薄膜绕包铜扁线		
GLEMB-200	温度指数200双玻璃丝包薄膜绕包铜扁线		

2. 性能要求

(1) 外观 浸渍漆涂层应色泽基本一致，玻璃丝绕包层应平滑、连续、无气泡和杂质，没有物理损伤，表面不应有影响性能的缺陷。

(2) 尺寸 扁导体优先尺寸标称截面积应符合表2-1-10的规定；导体尺寸公差，应符合表2-2-10的规定；导体圆角半径及偏差范围，应符合表2-2-11的规定。

(3) 薄膜绕包

1）薄膜应紧密地、均匀平整地绕包在铜导体上，薄膜不应缺层、不应有起皱和开裂等缺陷。

2）薄膜应采用重叠绕包，重叠宽度应不少于带宽的2/3，薄膜厚度、绕包层数及其他重叠宽度由供需双方协商确定。

(4) 浸渍玻璃丝绕包 浸渍玻璃丝层的结构和厚度应符合表2-2-30的规定或由供需双方协商确定。

(5) 绝缘厚度 应符合表2-2-35的规定，窄边上的绝缘厚度不作考核。绝缘厚度为浸渍玻璃丝包线厚度和薄膜绕包层厚度的总和。因接丝、修补所造成的绝缘粗大部分最大厚度应不超过绝缘厚度规定值的一倍，长度应不超过150mm。

(6) 外形尺寸

1）标称外形尺寸，应以裸导体的标称尺寸与标称绝缘厚度的和计算。

2）最小外形尺寸，应以裸导体的最小尺寸与最小绝缘厚度的和计算。

表2-2-35 玻璃丝包薄膜绕包铜扁线绝缘厚度

绝缘标称厚度/mm	偏差（%）
0.20	±15
0.30	-15
0.40	
0.50	
0.60	
0.70	
0.80	
0.90	

3）最大外形尺寸，应以裸导体的最大尺寸与最大绝缘厚度的和计算。

(7) 电阻 与本章2.2.2节中的“电阻”相同。

(8) 伸长率 与本章2.2.2节中的“伸长率”相同，见表2-2-13。

(9) 回弹性 玻璃丝包薄膜绕包铜扁线最大回弹角应不超过5.5°。

(10) 柔韧性 圆棒卷绕试验，玻璃丝包薄膜绕包铜扁线在直径如表2-2-36规定的圆棒上分别进行宽边弯曲和窄边弯曲后，绝缘层应无开裂至露薄膜。

表 2-2-36　圆棒卷绕

（单位：mm）

玻璃丝包薄膜绕包铜扁线	圆棒直径
$b≤8$	$10b$
$b>8$	$15b$
$0.80≤a≤5.60$	$10a$

（11）击穿电压　试样按表 2-2-36 规定的圆棒弯曲后进行击穿电压试验，五个试样的击穿电压值应符合表 2-2-37 的规定。

表 2-2-37　击穿电压

绝缘标称厚度/mm	最小击穿电压/V
0.20 0.30 0.40	2500
0.50 0.60	5000
0.70 0.80 0.90	6000

（12）耐热等级　耐热等级取决于使用的浸渍漆和薄膜种类。试验方法应由供需双方协商确定。

2.2.8　240 级芳族聚酰亚胺薄膜绕包铜圆线

该产品是由一层或两层、单面或双面涂有合适粘结胶的聚酰亚胺薄膜绕包在铜圆线上，通过烧结形成连续、粘结的绝缘层而成。耐热等级为 240。

注：有些国家，如加拿大、俄罗斯和美国，该产品为 220 级。

1. 型号、名称、规格（见表 2-2-38）

表 2-2-38　240 级芳族聚酰亚胺薄膜绕包铜圆线型号、名称、规格

型号	名称	规格范围/mm	标准
MYFA1～5	240 级单层芳族聚酰亚胺薄膜绕包铜圆线	1.600～5.000	GB/T 23311—2009 IEC 60317－43—1997
MYFB1～5	240 级双层芳族聚酰亚胺薄膜绕包铜圆线		

2. 性能要求

（1）尺寸

1）导体尺寸：导体直径与导体标称直径之差，应符合表 2-2-39 的规定。

表 2-2-39　导体标称直径及公差　（单位：mm）

导体标称直径	导体公差	导体标称直径	导体公差
1.600	±0.016	3.000	±0.030
1.700	±0.017	3.150	±0.032
1.800	±0.018	3.350	±0.034
1.900	±0.019	3.550	±0.036
2.000	±0.020	3.750	±0.038
2.120	±0.021	4.000	±0.040
2.240	±0.022	4.250	±0.043
2.360	±0.024	4.500	±0.045
2.500	±0.025	4.750	±0.048
2.650	±0.027	5.000	±0.050
2.800	±0.028		

2）导体不圆度：导体任何一点的最大与最小直径的差值不超过表 2-2-39 中第 2 列的绝对值。

3）最小绝缘厚度：最小绝缘厚度应不小于表 2-2-40 中的规定值。

表2-2-40 最小绝缘厚度 （单位：mm）

单层薄膜		双层薄膜	
级	最小绝缘厚度	级	最小绝缘厚度
A1	0.100	B1	0.200
A2	0.130	B2	0.260
A3	0.170	B3	0.340
A4	0.210	B4	0.430
A5	0.260	B5	0.510

表2-2-41 最大绝缘厚度 （单位：mm）

单层薄膜		双层薄膜	
级	最大绝缘厚度	级	最大绝缘厚度
A1	0.140	B1	0.280
A2	0.180	B2	0.360
A3	0.240	B3	0.480
A4	0.300	B4	0.600
A5	0.340	B5	0.680

4）最大外径：最大外径应不大于表2-2-39中的最大导体直径和表2-2-41中的最大绝缘厚度之和。

（2）薄膜绕包和外观

1）绕包前，铜导体表面应清洁、光滑，不应有毛刺擦伤、氧化层和油污，不应含有杂质及其他不相关的物质。可采用单层或双层薄膜绕包，厚度和搭接程度应由供需双方协商确定。

2）薄膜应通过内层的粘结胶紧密、均匀平整地绕包在铜导体上，薄膜不应缺层，不应有起皱和开裂等缺陷。

3）绕包后，薄膜可通过合适的烧结方式形成粘结的、连续的绝缘层，表面应光滑，不应有气泡、分层和薄膜翘起等缺陷。

（3）电阻 在20℃时的标称电阻值由导体标称直径和标称电阻率1/58.5Ω·mm^2/m计算得出，见表2-2-42。

表2-2-42 标称电阻

导体标称直径/mm	标称电阻/(Ω/m)	导体标称直径/mm	标称电阻/(Ω/m)
1.600	0.008502	3.000	0.002418
1.700	0.007531	3.150	0.002193
1.800	0.006718	3.350	0.001939
1.900	0.006029	3.550	0.001727
2.000	0.005441	3.750	0.001548
2.120	0.004843	4.000	0.001360
2.240	0.004388	4.250	0.001205
2.360	0.003908	4.500	0.001075
2.500	0.003482	4.750	0.000965
2.650	0.003099	5.000	0.0008706
2.800	0.002776		

（4）伸长率 应不小于表2-2-43的规定值。

表2-2-43 伸长率

导体标称直径 d/mm	伸长率（%）
$d \leq 2.500$	30
$2.500 < d \leq 5.000$	33

（5）回弹性

1）导体标称直径1.600mm：试样在直径为50mm卷绕圆棒上用15N张力进行试验，绕包线最大回弹角应不大于下列规定值：A级为28°，B级为30°。

2）导体标称直径大于 1.600mm：绕包线回弹角应不大于5°。

（6）柔韧性和附着性

1）圆棒卷绕试验：试样在 4 倍于导体标称直径的圆棒上卷绕后，绕包层应不出现开裂或分层。

2）附着性试验：将单层薄膜绕包线拉伸 15%或双层薄膜绕包线拉伸 10%，绕包线失去附着性距离应小于 5 倍导体直径（导体标称直径小于或等于 3.000mm）或 3 倍导体直径（导体标称直径大于 3.000mm）。

（7）热冲击

1）导体标称直径 1.600mm：试样在直径为 5.000mm 的圆棒上卷绕，并在至少 260℃的热冲击温度下试验后，绝缘应不开裂。

2）导体标称直径大于 1.600mm：将单层薄膜绕包线拉伸 15%或双层薄膜绕包线拉伸 10%，在热冲击温度至少为 260℃下试验后，绝缘应不开裂。

（8）软化击穿 试样在 450℃下 2min 内应不击穿。

（9）击穿电压 五个试样中应至少有四个试样在小于或等于表 2-2-44 规定的电压下不发生击穿。

表 2-2-44 击穿电压

导体标称直径/mm	最小击穿电压			
	单层薄膜		双层薄膜	
	级	电压/V	级	电压/V
1.600≤d≤5.000	A1	1500	B1	2500
	A2	2000	B2	3000
	A3	2300	B3	3500
	A4	2600	B4	4200
	A5	3000	B5	5000

（10）耐热等级 用导体标称直径 1.600mm 的聚酰亚胺薄膜绕包铜圆线按规定方法进行试验。最小耐热等级应为 240，在最低温度下失效时间应不低于 5000h。

2.2.9 240 级芳族聚酰亚胺薄膜绕包铜扁线

该产品是由一层或两层、单面或双面涂有合适粘结胶的聚酰亚胺薄膜绕包在铜扁线上，通过烧结形成连续、粘结的绝缘层而成。耐热等级为 240。

1. 型号、名称、规格（见表 2-2-45）

2. 性能要求

（1）尺寸

1）导体尺寸：扁导体优先尺寸标称截面积应符合表 2-1-10 的规定；导体尺寸公差，应符合表 2-2-10 的规定；导体圆角半径及偏差范围，应符合表 2-2-11 的规定。

表 2-2-45 240 级芳族聚酰亚胺薄膜绕包铜扁线型号、名称、规格

型号	名称	规格范围/mm	标准
MYFBA1～5	240 级单层芳族聚酰亚胺薄膜绕包铜扁线	窄边尺寸 a：0.80≤a≤5.60	GB/T 23310—2009
MYFBB1～5	240 级双层芳族聚酰亚胺薄膜绕包铜扁线	宽边尺寸 b：2.00≤b≤16.00	IEC 60317－44—1997

2）最小绝缘厚度：与本章 2.2.8 节中的“最小绝缘厚度”相同，见表 2-2-40。

3）最大外形尺寸：最大外形尺寸应不大于表 2-2-10 规定的导体最大尺寸和表 2-2-46 规定的最大绝缘厚度之和。

表 2-2-46 最大绝缘厚度 （单位：mm）

单层薄膜		双层薄膜	
级	最大绝缘厚度	级	最大绝缘厚度
A1	0.140	B1	0.280
A2	0.180	B2	0.360
A3	0.240	B3	0.480
A4	0.300	B4	0.600
A5	0.340	B5	0.680

（2）薄膜绕包和外观

1）绕包前，铜导体表面应清洁、光滑，不应有毛刺擦伤、氧化层和油污，不应含有杂质及其他不相关的物质。可采用单层或双层薄膜绕包，厚度和搭接程度应由供需双方协商确定。

2）薄膜应通过内层的粘结胶紧密、均匀平整地绕包在铜导体上，薄膜不应缺层，不应有起皱和开裂等缺陷。

3）绕包后，薄膜可通过合适的烧结方式形成粘结的、连续的绝缘层，表面应光滑，不应有气泡、分层和薄膜翘起等缺陷。

（3）电阻 用20℃时直流电阻来表示聚酰亚胺薄膜绕包铜扁线的电阻，采用的测量方法准确度应在0.5%以内。最大电阻值应不大于由最小导体截面积（根据最小窄边尺寸、最小宽边尺寸和最大圆角半径计算得出）和电阻率1/58Ω·mm²/m计算出来的数值。

（4）伸长率 应不小于表2-2-47的规定值。

表2-2-47 伸长率

导体标称尺寸 a/mm	伸长率（%）
$a \leqslant 2.500$	30
$2.500 < a \leqslant 5.000$	33

（5）回弹性 最大回弹角应不大于5.5°。

（6）柔韧性和附着性

1）圆棒卷绕试验：分别在直径为薄膜绕包线的宽度和厚度4倍的圆棒上，沿薄膜绕包线宽度和厚度方向弯曲，绕包层应不出现开裂或分层。

2）附着性试验：将单层薄膜绕包线拉伸15%或双层薄膜绕包线拉伸10%，绕包线失去粘附距离应小于导体宽度。

（7）热冲击 将单层薄膜绕包线拉伸15%或双层薄膜绕包线拉伸10%，在热冲击温度至少为260℃下试验后，绝缘应不开裂。

（8）击穿电压 五个试样中应至少有四个试样在小于或等于表2-2-48规定的电压下不发生击穿。

表2-2-48 击穿电压

导体标称尺寸 a/mm	最小击穿电压（方均根值）			
	单层薄膜		双层薄膜	
	级	电压/V	级	电压/V
$0.800 \leqslant a \leqslant 5.600$	A1	1500	B1	2500
	A2	2000	B2	3000
	A3	2300	B3	3500
	A4	2600	B4	4200
	A5	3000	B5	5000

（9）耐热等级 试样按规定试验，可采用规定截面积的聚酰亚胺薄膜绕包铜扁线，也可用标称直径1.600mm的聚酰亚胺薄膜绕包铜圆线。最小耐热等级应为240，在最低温度下失效时间应不低于5000h。

2.2.10 潜油电机用特种聚酰亚胺薄膜绕包铜圆线

该产品是单面或双面涂有粘结胶的聚酰亚胺薄膜绕包在铜圆线上，通过烧结形成连续、粘结的绝缘层而成。耐热等级为200。

1. 型号、名称、规格（见表2-2-49）

2. 性能要求

（1）尺寸

1）导体尺寸：薄膜绕包线导体规格、尺寸应符合表2-2-50的规定。对于按供需双方协议生产的非表2-2-50规定的标称直径的绕包线导体，其偏差值应不超过标称直径的1%。

表2-2-49 聚酰亚胺薄膜绕包铜圆线型号、名称、规格

型号	名称	规格范围/mm	标准
MYF-E1	绝缘厚度为1级双层聚酰亚胺薄膜绕包铜圆线	1.500～5.000	JB/T 5331—2011
MYF-S1	绝缘厚度为1级三层聚酰亚胺薄膜绕包铜圆线		
MYF-S2	绝缘厚度为2级三层聚酰亚胺薄膜绕包铜圆线		
MYF-S3	绝缘厚度为3级三层聚酰亚胺薄膜绕包铜圆线		

表 2-2-50 导体标称直径及直流电阻

导体标称直径/mm	导体公差/mm	直流电阻/(Ω/m)	
		最小值	最大值
1.500	±0.015	0.009402	0.009955
1.600	±0.016	0.008237	0.008747
1.700	±0.017	0.007320	0.007750
1.800	±0.018	0.006529	0.006913
1.900	±0.019	0.005860	0.006204
2.000	±0.020	0.005289	0.005600
2.120	±0.021	0.004708	0.004983
2.240	±0.022	0.004218	0.004462
2.360	±0.024	0.003797	0.004023
2.500	±0.025	0.003385	0.003584
2.650	±0.027	0.003012	0.003190
2.800	±0.028	0.002699	0.002876
3.000	±0.030	0.002351	0.002489
3.150	±0.032	0.002132	0.002258
3.350	±0.034	0.001885	0.001996
3.550	±0.036	0.001678	0.001778
3.750	±0.038	0.001504	0.001593
4.000	±0.040	0.001322	0.001400
4.250	±0.043	0.001171	0.001240
4.500	±0.045	0.001045	0.001106
4.750	±0.048	0.000937	0.000993
5.000	±0.050	0.000846	0.000896

2）导体不圆度：导体任何一点的最大与最小直径的差值不超过表 2-2-50 中第 2 列的绝对值。

3）绝缘厚度：绝缘厚度及偏差应符合表 2-2-51的规定，薄膜接头处允许局部绝缘厚度增加 0.100mm。

4）最大外径：最大外径应不超过表 2-2-50 中的导体最大外径和表 2-2-51 中的最大绝缘厚度之和，当最大外径在规定值范围内，允许绝缘厚度超过表 2-2-51 的规定值。

表 2-2-51 绝缘标称厚度及偏差 （单位：mm）

双层薄膜			三层薄膜		
级	绝缘标称厚度	偏差	级	绝缘标称厚度	偏差
1	0.360	±0.060	1	0.540	±0.060
			2	0.630	±0.060
			3	0.720	±0.060

(2) 薄膜绕包和外观

1）绕包前，铜导体表面应清洁、光滑，不应有毛刺擦伤、氧化层和油污，不应含有杂质及其他不相关的物质。可采用双层或三层薄膜绕包，绕包方式可由供需双方协商确定。

2）薄膜应通过单面或双面的粘结胶紧密连续、均匀平整地绕包在铜导体上，薄膜不应有缺层、起皱和开裂等缺陷。

3）绕包线需经高温烧结使绕包层粘结成为整体，绝缘层表面应光滑，不应有气泡、分层和薄膜翘起等缺陷。

(3) 电阻 在20℃时的导体直流电阻应符合表2-2-50的规定值。

(4) 伸长率 应不小于表2-2-52的规定值。

表2-2-52 伸长率

导体标称直径/mm	伸长率（%）
d≤3.000	25
3.000＜d≤5.000	30

(5) 柔韧性和附着性

1）圆棒卷绕试验：试样在表2-2-53规定直径的圆棒上卷绕后，绝缘层应无开裂或分层。

表2-2-53 柔韧性试验用圆棒直径

（单位：mm）

导体标称直径	圆棒直径
d≤3.000	4d
3.000＜d≤5.000	5d

2）附着性试验：拉伸10%后，绝缘层切割处单向失去附着性的最大距离应符合表2-2-54的规定值。

3）扭绞试验：在规定的试验条件下按表2-2-54规定的扭绞次数作与绕包方向反向的扭绞后，绝缘层薄膜间分离部分的最大深度应不超过绕包线圆周长的1/2。

表2-2-54 附着性

导体标称直径/mm	单向失去附着性的距离/mm	扭绞次数/次
d≤2.500	≤4d	25
2.500＜d≤3.000	≤4d	20
3.000＜d≤4.000	≤3d	15
4.000＜d≤5.000	≤3d	10

(6) 热冲击 试样在直径按表2-2-53规定的圆棒上卷绕，在（200±5）℃条件下处理后，绝缘层应无开裂或分层。

(7) 耐电压 绕包线应在规定的试验条件下，按表2-2-55规定的电压值经受交流耐电压试验。

表2-2-55 耐电压

型号	耐电压/V	击穿电压/V
MYF－E1	4000	10000
MYF－S1	7250	15000
MYF－S2	8700	18000
MYF－S3	10000	21000

(8) 击穿电压试验 在规定的试验条件下绕包线的击穿电压应不小于表2-2-55的规定值。

(9) 耐油水 在规定的试验条件下绕包线经油水试验后，绝缘层表面不应开裂、起层，击穿电压应不低于表2-2-55规定值的80%。

2.2.11 风力发电机用240级芳族聚酰亚胺薄膜绕包烧结铜扁线

该产品是由一层或两层、单面或双面涂有合适粘结胶的聚酰亚胺薄膜或耐电晕聚酰亚胺薄膜绕包在铜扁线上，通过烧结形成连续、粘结的绝缘层而成。满足风力发电机用绕组线的特殊要求。耐热等级为240。

1. 型号、名称、规格（见表2-2-56）

表2-2-56 芳族聚酰亚胺薄膜绕包铜扁线型号、名称、规格

型号	名称	规格范围/mm	标准
WYFB WYFBP	芳族聚酰亚胺薄膜绕包烧结铜扁线 芳族耐电晕聚酰亚胺薄膜绕包烧结铜扁线	窄边尺寸 a：0.80≤a≤5.00 宽边尺寸 b：2.00≤b≤12.00	NB/T 31048.2—2014

2. 性能要求

(1) 尺寸

1）导体尺寸：扁导体优先尺寸标称截面积应符合表2-1-10的规定。

2）导体尺寸公差：导体尺寸和标称尺寸之差应不大于表2-2-57规定的公差。

表2-2-57 导体公差

（单位：mm）

导体标称尺寸 a 或 b	公差
$a(b)$≤3.15	−0.03～+0.03
3.15＜$a(b)$≤6.30	−0.05～+0.05
6.30＜b≤12.50	−0.07～+0.07
12.50＜b≤16.00	−0.10～+0.10

注：如有特殊要求，可由供需双方协商确定。

3）圆角半径：圆角与导体扁平表面的连接应平滑，并且扁线应无锐边、毛边和突棱。导体圆角半径应符合表2-2-58的规定。规定的半径应保持在±25%范围内。

表2-2-58 圆角半径

（单位：mm）

导体标称尺寸 a 或 b	圆角半径
$a(b) \leqslant 1.00$	$0.5a$
$1.00 < a(b) \leqslant 1.60$	0.05*
$1.60 < a(b) \leqslant 2.24$	0.65**
$2.24 < a(b) \leqslant 3.55$	0.80
$3.55 < a(b) \leqslant 5.60$	1.00

注：如供需双方协商同意，b 大于4.80mm的铜扁线圆角半径可以是，*为 $0.5a$，**为0.80mm。

4）绝缘厚度和偏差，见表2-2-59。

表2-2-59 绝缘厚度和偏差

（单位：mm）

标称绝缘厚度	偏差值
0.15	−0.03～+0.01
0.19	
0.22	
0.25	
0.28	
0.30	
0.35	

注：其他范围的绝缘厚度及偏差，可由供需双方协商确定。

5）外形尺寸：

标称外形尺寸，应以裸导体的标称尺寸与标称绝缘厚度的和计算。

最小外形尺寸，应以裸导体的最小尺寸与最小绝缘厚度的和计算。

最大外形尺寸，应不超过裸导体的最大外形尺寸与规定的最大绝缘厚度之和。若最大外形尺寸不超过本规定，允许绝缘厚度超过相应的规定值。

（2）外观

1）导体：铜导体表面应清洁、光滑，不应有毛刺、擦伤、铜粉、氧化层及油污等缺陷。

2）绝缘：绝缘绕包层应连续、紧密适度、均匀、平整地绕包在铜导体上。薄膜不应有缺层、起皱和开裂等缺陷。薄膜需经高温烧结使绕包层粘结成为整体。

3）绝缘层表面不能有划伤、松弛、剥离、褶皱、气泡、针孔和翘起等缺陷，外观表面颜色基本保持一致。

（3）电阻 与本章2.2.9节中的"电阻"相同。

（4）伸长率 应不小于表2-2-60的规定值。

表2-2-60 伸长率

导体标称尺寸 a/mm	伸长率（%）
$a \leqslant 2.50$	30
$2.50 < a \leqslant 5.00$	33

（5）回弹性 最大回弹角应不大于4.5°。

（6）柔韧性和附着性

1）柔韧性：应分别在直径为薄膜绕包线的宽度和厚度4倍的圆棒上，沿薄膜绕包线宽边和窄边方向进行弯曲，绕包层应不出现开裂或分层。

2）附着性：将单层薄膜绕包线拉伸15%或双层薄膜绕包线拉伸10%，绕包线失去粘附距离应小于导体宽度。

（7）热冲击 将单层薄膜绕包线拉伸15%或双层薄膜绕包线拉伸10%，最小热冲击温度应为260℃，绕包层应不开裂。

（8）击穿电压 试样在直径为薄膜绕包线厚度4倍的圆棒上弯曲后，五个试样在表2-2-61规定的最小击穿电压下不发生击穿。

表2-2-61 击穿电压

标称绝缘厚度/mm	最小击穿电压/V
0.15	3000
0.19	3800
0.22	4400
0.25	5000
0.28	5600
0.30	6000
0.35	7000

注：对于标称绝缘厚度的中间厚度，应取下一个较大标称绝缘厚度对应的最小击穿电压；其他绝缘厚度的最小击穿电压可由供需双方协商确定。

（9）耐热等级 最小耐热等级应为240，在最低试验温度下的失效时间应不低于5000h。

（10）耐高频脉冲电压寿命 适用于芳族耐电晕聚酰亚胺薄膜绕包烧结铜扁线。其他型号不适用。

在规定的试验条件下，绕组线的耐高频脉冲电压寿命值应不小于表2-2-62中的平均值。

表 2-2-62 耐高频脉冲电压寿命

绝缘厚度/mm	耐高频脉冲电压寿命平均值/h
0.15～0.22	50
0.25～0.35	100

2.2.12 风力发电机用聚酯薄膜补强云母带绕包铜扁线

该产品是由薄膜补强云母带绕包铜扁线或薄膜绕包层外包薄膜补强云母带绕包铜扁线而成。耐热等级根据云母带耐温等级而定。

1. 型号、名称、规格（见表 2-2-63）

表 2-2-63 聚酯薄膜补强云母带绕包铜扁线型号、名称、规格

型号	名称	规格范围/mm	标准
WZMB	聚酯薄膜补强云母带绕包铜扁线	窄边尺寸 a： $0.80 \leqslant a \leqslant 5.60$ 宽边尺寸 b： $2.00 \leqslant b \leqslant 16.00$	NB/T 31048.3—2014
WZMZB	聚酯薄膜绕包层外包聚酯薄膜补强云母带绕包铜扁线		
WZMYB	聚酰亚胺薄膜绕包层外包聚酯薄膜补强云母带绕包铜扁线		
WZMYFB	聚酰亚胺薄膜烧结绕包层外包聚酯薄膜补强云母带绕包铜扁线		

2. 性能要求

（1）尺寸

1）导体尺寸、导体尺寸公差及圆角半径，与本章 2.2.11 节中的“导体尺寸、导体尺寸公差及圆角半径”相同。

2）绝缘厚度和偏差，见表 2-2-64。

表 2-2-64 绝缘厚度和偏差

（单位：mm）

标称绝缘厚度	偏差值
0.30	-0.03～+0.02
0.35	-0.04～+0.02
0.40	-0.04～+0.02
0.45	-0.04～+0.02
0.50	-0.05～+0.03
0.55	-0.05～+0.03
0.60	-0.06～+0.04
0.65	-0.06～+0.04
0.70	-0.07～+0.04

注：其他范围的绝缘厚度及偏差，可由供需双方协商确定。带自粘层的标称绝缘厚度可增加 0.02mm。

3）外形尺寸，与本章 2.2.11 节中的“外形尺寸”相同。

（2）外观

1）导体表面应清洁、光滑，不应有毛刺擦伤、氧化层和油污等缺陷，不应含有杂质及其他不相关的物质。

2）绝缘绕包层应连续、紧密适度、均匀、平整地绕包在线芯上，绝缘层表面不能有划伤、松弛、剥离、褶皱、气泡、针孔、翘起等缺陷，外观表面颜色基本保持一致。

（3）电阻 与本章 2.2.9 节中的“电阻”相同。

（4）伸长率 断裂伸长率应不小于 35%。

（5）回弹性 最大回弹角应不大于 4.5°。

（6）柔韧性和附着性

1）柔韧性：试样在表 2-2-65 规定直径的圆棒上分别进行宽边和窄边弯曲后，绕包层应符合表 2-2-65中的要求。

表 2-2-65 圆棒卷绕

绕组线型号	弯曲方式	圆棒直径	要求
WZMZB WZMYB WZMYFB	宽边	$10a$	不开裂至露出里层薄膜
	窄边	$10b$	
WZMB	宽边	$10a$	不开裂至露出导体
	窄边	$10b$	
WZMYFB	宽边	$4a$	除去云母带，进行圆棒弯曲后，不开裂至露出导体
	窄边	$4b$	

注：适用全部尺寸。

2）附着性：聚酰亚胺薄膜绕包烧结层外包聚酯薄膜补强云母带绕包铜扁线应除去云母带后薄膜绕包线拉伸15%，绕包线失去附着性应小于导体宽度。

(7) 击穿电压 试样按表2-2-65规定的10a圆棒弯曲后，五个试样在表2-2-66规定的最小击穿电压下不发生击穿。

表2-2-66 击穿电压

标称绝缘厚度/mm	最小击穿电压/V	
	WZMB	WZMZB WZMYB WZMYFB
0.30	2000	2500
0.35	2500	3000
0.40	3000	3500
0.45	3500	4000
0.50	4000	4500
0.55	4500	5000
0.60	5000	5500
0.65	5500	6000
0.70	6000	6500

注：对于标称绝缘厚度的中间厚度，应取下一个较大标称绝缘厚度对应的最小击穿电压；其他绝缘厚度的最小击穿电压可由供需双方协商确定。

(8) 热粘合 将带有自粘层的云母带绕包铜扁线按散开法进行试验，测试结果为样品相互之间应粘结、不开裂和松散。

(9) 耐高频脉冲电压寿命 与本章2.2.11节中的“耐高频脉冲电压寿命”相同。

2.2.13 风力发电机用玻璃丝包薄膜绕包铜扁线

该产品是玻璃丝包及薄膜绕包铜扁线、玻璃丝包、薄膜及云母带或薄膜粉云母带绕包铜扁线而成。耐热等级取决于使用的浸渍漆和薄膜种类及其相容性。

1. 型号、名称、规格（见表2-2-67）

2. 性能要求

(1) 尺寸

1）导体尺寸、导体尺寸公差及圆角半径，与本章2.2.11节中的“导体尺寸、导体尺寸公差及圆角半径”相同。

2）绝缘厚度和偏差，见表2-2-68。

表2-2-67 玻璃丝包薄膜绕包铜扁线型号、名称、规格

型号	名称	规格范围/mm	标准
WGLZB	单玻璃丝包聚酯薄膜绕包铜扁线	窄边尺寸 a： $0.80 \leqslant a \leqslant 5.60$ 宽边尺寸 b： $2.00 \leqslant b \leqslant 16.00$	NB/T 31048.4—2014
WGLEZB	双玻璃丝包聚酯薄膜绕包铜扁线		
WGLYB	单玻璃丝包聚酰亚胺薄膜绕包铜扁线		
WGLEYB	双玻璃丝包聚酰亚胺薄膜绕包铜扁线		
WGLYFB	单玻璃丝包聚酰亚胺薄膜烧结绕包铜扁线		
WGLEYFB	双玻璃丝包聚酰亚胺薄膜烧结绕包铜扁线		
WGLZMB	单玻璃丝包聚酯薄膜补强云母带绕包铜扁线		
WGLEZMB	双玻璃丝包聚酯薄膜补强云母带绕包铜扁线		
WGLYMB	单玻璃丝包聚酰亚胺薄膜补强云母带绕包铜扁线		
WGLEYMB	双玻璃丝包聚酰亚胺薄膜补强云母带绕包铜扁线		

表2-2-68 绝缘厚度和偏差 （单位：mm）

玻璃丝包云母带绕包铜扁线 WGLZMB、WGLEZMB、WGLYMB、WGLEYMB		玻璃丝包薄膜绕包铜扁线 WGLZB、WGLEZB、WGLYB、WGLEYB、WGLYFB、WGLEYFB	
标称绝缘厚度	偏差值	标称绝缘厚度	偏差值
—	—	0.30	−0.03 ~ +0
—	—	0.35	−0.03 ~ +0
0.40	−0.04 ~ +0	0.40	−0.04 ~ +0
0.50	−0.05 ~ +0	0.50	−0.05 ~ +0
0.55	−0.05 ~ +0	0.55	−0.05 ~ +0
0.60	−0.06 ~ +0	0.60	−0.06 ~ +0

注：其他范围的绝缘厚度及偏差，可由供需双方协商确定。带自粘层的标称绝缘厚度可增加0.02mm。

3）外形尺寸，与本章2.2.11节中的“外形尺寸”相同。

（2）外观 与本章2.2.12节中的“外观”相同。

（3）电阻 与本章2.2.9节中的“电阻”相同。

（4）伸长率 断裂伸长率应符合表2-2-69的规定。

表2-2-69 伸长率

导体标称尺寸 a/mm	伸长率（%）
$a \leqslant 2.50$	32
$2.50 < a \leqslant 5.60$	35

（5）回弹性 最大回弹角应不大于4.5°。

（6）柔韧性和附着性

1）柔韧性：绕组线应在表2-2-70规定直径的圆棒上分别进行宽边和窄边弯曲后，绕包层应符合表2-2-70中的要求。

2）附着性：玻璃丝包聚酰亚胺薄膜绕包烧结铜扁线WGLYFB和WGLEYFB应拉伸15%，绕包线失去附着性应小于导体宽度。

（7）击穿电压 试样按表2-2-70规定的10a圆棒弯曲后，五个试样在表2-2-71规定的最小击穿电压下不发生击穿。

表2-2-70 圆棒卷绕

绕组线型号	弯曲方式	圆棒直径	要求
WGLEZB WGLEYB WGLEZMB WGLEYMB	宽边	10a	不开裂至露出里层薄膜
	窄边	10b	
WGLEYFB	宽边	4a	不开裂至露出导体
	窄边	4b	

注：适用全部尺寸。

表2-2-71 击穿电压

WGLYMB WGLZMB		WGLEYMB WGLEZMB		WGLYB WGLZB WGLYFB		WGLEYB WGLEZB WGLEYFB	
标称绝缘厚度/mm	最小击穿电压/V	标称绝缘厚度/mm	最小击穿电压/V	标称绝缘厚度/mm	最小击穿电压/V	标称绝缘厚度/mm	最小击穿电压/V
—	—	—	—	0.30	4000	—	—
—	—	—	—	0.35	5000	0.35	3000
0.40	2500	—	—	0.40	6000	0.40	4000
0.50	3000	0.50	2500	0.50	8000	0.50	6000
0.55	3500	0.55	3000	0.55	9000	0.55	7000
0.60	4000	0.60	3500	0.60	10000	0.60	8000

注：对于标称绝缘厚度的中间厚度，应取下一个较大标称绝缘厚度对应的最小击穿电压；其他范围绝缘厚度的最小击穿电压可由供需双方协商确定。

（8）热粘合 将带有自粘层的玻璃丝包薄膜绕包铜扁线在规定的试验条件下进行试验。按散开法进行试验时，测试结果为样品相互之间应粘结、不开裂和松散。按粘结力法进行试验时，性能指标由供需双方协商确定。

（9）耐电晕寿命 适用于玻璃丝包聚酯薄膜补强云母带绕包铜扁线和玻璃丝包聚酰亚胺薄膜补强云母带绕包铜扁线。其他型号不适用。在规定的试验条件下进行试验，绕组线的耐电晕寿命值应小于表2-2-72的平均值。

表2-2-72 绕组线的耐电晕寿命

绝缘厚度/mm	耐电晕寿命平均值/h
0.30～0.35	50
0.40～0.60	100

2.2.14 180级及以上浸漆玻璃丝包漆包铜扁线

该产品是180级及以上浸漆玻璃丝绕包在漆包铜扁线或180级及以上浸漆玻璃丝绕包在复合漆包

铜扁线而成。耐热等级除取决于漆包扁线耐热等级外，还取决于使用的浸渍漆种类和它们之间的相容性。

1. 型号、名称、规格（见表2-2-73）

表2-2-73 180级及以上浸漆玻璃丝包漆包铜扁线型号、名称、规格

型号	名称	规格范围/mm	标准
WGLQB-180	180级浸漆单玻璃丝包聚酯亚胺漆包铜扁线	窄边尺寸 a：$0.80 \leqslant a \leqslant 5.60$ 宽边尺寸 b：$2.00 \leqslant b \leqslant 16.00$	NB/T 31048.5—2014
WGLEQB-180	180级浸漆双玻璃丝包聚酯亚胺漆包铜扁线		
WGLQB-200	200级浸漆单玻璃丝包聚酯或聚酯亚胺/聚酰胺酰亚胺复合漆包铜扁线		
WGLEQB-200	200级浸漆双玻璃丝包聚酯或聚酯亚胺/聚酰胺酰亚胺复合漆包铜扁线		

2. 性能要求

(1) 尺寸

1）导体尺寸、导体尺寸公差及圆角半径，与本章2.2.11节中的“导体尺寸、导体尺寸公差及圆角半径”相同。

2）绝缘厚度和偏差，见表2-2-74。

表2-2-74 绝缘厚度和偏差 （单位：mm）

单玻璃丝包		双玻璃丝包	
标称绝缘厚度	偏差值	标称绝缘厚度	偏差值
0.29	-0.05 ~ +0.03	0.42	-0.07 ~ +0.04
0.31	-0.06 ~ +0.03	0.45	-0.07 ~ +0.04
0.34	-0.07 ~ +0.04	0.50	-0.07 ~ +0.04
0.38	-0.08 ~ +0.04	0.54	-0.08 ~ +0.04

注：其他范围的绝缘厚度及偏差，可由供需双方协商确定。带自粘层的标称绝缘厚度可增加0.02mm。

3）外形尺寸，与本章2.2.11节中的“外形尺寸”相同。

(2) 外观 与本章2.2.12节中的“外观”相同。

(3) 电阻 与本章2.2.9节中的“电阻”相同。

(4) 伸长率 与本章2.2.13节中的“伸长率”相同。

(5) 回弹性 最大回弹角应不大于4.5°。

(6) 柔韧性和附着性

1）柔韧性：绕组线应在表2-2-75规定直径的圆棒上分别进行宽边和窄边弯曲后，绕包层应无开裂。

表2-2-75 圆棒卷绕

绕组线弯曲		圆棒直径
宽边	全部尺寸	$10a$
窄边		$10b$

2）附着性：试样拉伸10%后，玻璃丝包绕包层和漆膜都应不失去附着性。

(7) 击穿电压 试样按表2-2-75规定的 $10a$ 圆棒弯曲后，五个试样在表2-2-76规定的最小击穿电压下不发生击穿。

表2-2-76 击穿电压

单玻璃丝包标称绝缘厚度/mm	最小击穿电压/V	双玻璃丝包标称绝缘厚度/mm	最小击穿电压/V
0.29	2000	0.42	2500
0.31		0.45	
0.34		0.50	
0.38		0.54	

注：对于标称绝缘厚度的中间厚度，应取下一个较大标称绝缘厚度对应的最小击穿电压；其他范围绝缘厚度的最小击穿电压可由供需双方协商确定。

(8) 热粘合 将带有自粘层的玻璃丝包漆包铜扁线按粘结力法进行试验，性能指标由供需双方协商确定。

2.2.15 聚酰亚胺薄膜补强云母带绕包铜扁线

该产品是由聚酰亚胺薄膜补强云母带绕包铜扁线、聚酰亚胺薄膜绕包层外包聚酰亚胺薄膜补强云母带绕包铜扁线和聚酰亚胺薄膜烧结绕包层外包聚酰亚胺薄膜补强云母带绕包铜扁线而成。耐热等级根据云母带耐温等级而定。

1. 型号、名称、规格（见表2-2-77）

2. 性能要求

(1) 尺寸

1）导体尺寸、导体圆角半径及偏差范围、导体偏差，与本章2.2.11节中的“尺寸”相同。

表2-2-77 聚酰亚胺薄膜补强云母带绕包铜扁线型号、名称、规格

型号	名称	规格范围/mm	标准
WYMB	聚酰亚胺薄膜补强云母带绕包铜扁线	窄边尺寸 a：0.80≤a≤5.60 宽边尺寸 b：2.00≤b≤16.00	NB/T 31048.6—2014
WYMYB	聚酰亚胺薄膜绕包层外包聚酰亚胺薄膜补强云母带绕包铜扁线		
WYMYFB	聚酰亚胺薄膜烧结绕包层外包聚酰亚胺薄膜补强云母带绕包铜扁线		

2）绝缘厚度和偏差，与本章2.2.12节中的“绝缘厚度和偏差”相同。

3）外形尺寸，与本章2.2.12节中的“外形尺寸”相同。

(2) 外观 与本章2.2.12节中的“外观”相同。

(3) 电阻 与本章2.2.10节中的“电阻”相同。

(4) 伸长率 断裂伸长率应不小于35%。

(5) 回弹性 与本章2.2.12节中的“回弹性”相同。

(6) 柔韧性和附着性

1）柔韧性：绕组线应在表2-2-78规定直径的圆棒上分别进行宽边和窄边弯曲后，绕包层应符合表2-2-78中的要求。

表2-2-78 圆棒卷绕

绕组线型号	弯曲方式	圆棒直径	要求
WYMYB WYMYFB	宽边	10a	不开裂至露出里层薄膜
	窄边	10b	
WYMB	宽边	10a	不开裂至露出导体
	窄边	10b	
WYMYFB	宽边	4a	除去云母带，进行圆棒弯曲后，不开裂至露出导体
	窄边	4b	

注：适用全部尺寸。

2）附着性：聚酰亚胺薄膜烧结绕包层外包聚酰亚胺薄膜补强云母带绕包铜扁线应除去云母带后薄膜绕包线拉伸15%，绕包线失去附着性应小于导体宽度。

(7) 击穿电压 试样按表2-2-78规定的10a圆棒弯曲后，五个试样在表2-2-79规定的最小击穿电压下不发生击穿。

(8) 热粘合 与本章2.2.12节中的“热粘合”相同。

(9) 耐高频脉冲电压寿命 与本章2.2.11节中的“耐高频脉冲电压寿命”相同。

表2-2-79 击穿电压

标称绝缘厚度/mm	最小击穿电压/V	
	WYMB	WYMYB WYMYFB
0.30	2000	2500
0.35	2500	3000
0.40	3000	3500
0.45	3500	4000
0.50	4000	4500
0.55	4500	5000
0.60	5000	5500
0.65	5500	6000
0.70	6000	6500

注：对于标称绝缘厚度的中间厚度，应取下一个较大标称绝缘厚度对应的最小击穿电压；其他绝缘厚度的最小击穿电压可由供需双方协商确定。

2.2.16 丝包铜绕组线

该产品是以天然丝或涤纶丝绕包在单根漆包铜圆线上而成，简称丝包单线。

1. 型号、名称、规格（见表2-2-80）

表2-2-80 丝包单线型号、名称、规格

型号	名称	规格范围/mm	标准
SQZ	单天然丝包聚酯漆包铜圆单线	0.050～2.500	GB/T 11018.1—2008
SDQZ	单涤纶丝包聚酯漆包铜圆单线		
SEQZ	双天然丝包聚酯漆包铜圆单线		
SEDQZ	双涤纶丝包聚酯漆包铜圆单线		
SQQ	单天然丝包缩醛漆包铜圆单线		
SEQQ	双天然丝包缩醛漆包铜圆单线		
SQA	单天然丝包聚氨酯漆包铜圆单线		
SDQA	单涤纶丝包聚氨酯漆包铜圆单线		
SEQA	双天然丝包聚氨酯漆包铜圆单线		
SEDQA	双涤纶丝包聚氨酯漆包铜圆单线		

2. 性能要求

(1) 尺寸 丝包单线的结构尺寸、最大外径，应符合表2-2-81的规定。

表2-2-81 丝包单线的结构尺寸、最大外径和电阻

漆包线导体标称直径 d/mm	丝包线最大外径 D/mm		20℃时单位长度直流电阻值/(Ω/m)	
	单丝包	双丝包	最小值	最大值
1	2	3	4	5
0.050	0.14	0.18	7.922	9.489
0.063	0.15	0.19	5.045	5.922
0.071	0.16	0.20	3.994	4.641
0.080	0.17	0.21	3.166	3.635
0.090	0.18	0.22	2.515	2.859
0.100	0.19	0.23	2.046	2.307
0.112	0.20	0.24	1.632	1.848
0.125	0.21	0.25	1.317	1.475
0.140	0.23	0.27	1.055	1.170
0.160	0.26	0.30	0.8122	0.8906
0.180	0.28	0.32	0.6444	0.7007
0.200	0.30	0.35	0.5237	0.5657
0.224	0.33	0.37	0.4188	0.4495
0.250	0.37	0.42	0.3345	0.3628
0.280	0.40	0.45	0.2676	0.2882
0.315	0.43	0.48	0.2121	0.2270
0.355	0.48	0.53	0.1674	0.1782
0.400	0.53	0.58	0.1316	0.1407
0.450	0.58	0.63	0.1042	0.1109
0.500	0.63	0.68	0.08462	0.08959
0.530	0.67	0.72	0.07539	0.07965

（续）

漆包线导体标称直径 d/mm	丝包线最大外径 D/mm		20℃时单位长度直流电阻值/(Ω/m)	
	单丝包	双丝包	最小值	最大值
1	2	3	4	5
0.560	0.70	0.75	0.06736	0.07153
0.600	0.74	0.79	0.05876	0.06222
0.630	0.77	0.83	0.05335	0.05638
0.670	0.82	0.87	0.04722	0.04979
0.710	0.86	0.91	0.04198	0.04442
0.750	0.91	0.97	0.03756	0.03987
0.800	0.96	1.02	0.03305	0.03500
0.850	1.01	1.07	0.02925	0.03104
0.900	1.06	1.12	0.02612	0.02765
0.950	1.11	1.17	0.02342	0.02484
1.000	1.18	1.24	0.02116	0.02240
1.060	1.25	1.31	0.01881	0.01995
1.120	1.31	1.37	0.01687	0.01785
1.180	1.37	1.43	0.01519	0.01609
1.250	1.44	1.50	0.01353	0.01435
1.320	1.49	1.55	0.01214	0.01285
1.400	1.59	1.65	0.01079	0.01143
1.500	1.69	1.75	0.009402	0.009955
1.600	1.80	1.87	0.008237	0.008749
1.700	1.90	1.97	0.007320	0.007750
1.800	2.00	2.07	0.006529	0.006913
1.900	2.10	2.17	0.005860	0.006204
2.000	2.20	2.27	0.005289	0.005600
2.120	2.32	2.39	0.004708	0.004983
2.240	2.44	2.51	0.004218	0.004462
2.360	2.56	2.63	0.003797	0.004023
2.500	2.70	2.77	0.003385	0.003584

(2) 材料

1）漆包线：丝包单线用漆包线应符合下列标准中漆包铜圆线的要求。

① GB/T 6109.3—2008 中 2 级漆膜厚度的 120 级缩醛漆包铜圆线；

② GB/T 6109.4—2008 中 1 级漆膜厚度的 130 级直焊聚氨酯漆包铜圆线；

③ GB/T 6109.7—2008 中 1 级漆膜厚度的 130L 级聚酯漆包铜圆线。

若用户不提出漆包线的品种要求时，制造厂可采用 GB/T 6109.4—2008 中 1 级漆膜厚度的 130 级直焊聚氨酯漆包铜圆线进行生产。

2）天然丝：丝包铜绕组线用天然丝的规格、要求在订货时由供需双方协商确定。

3）涤纶丝：丝包铜绕组线用涤纶丝的规格、要求在订货时由供需双方协商确定。

(3) 绕包 绝缘丝应紧密、均匀、平整地绕包在漆包线上，双丝包线两层丝的绕包方向应相反。允许丝包工艺接头所引起的尺寸局部超差，但局部超差长度应不超过 50mm。

(4) 电阻　丝包单线的导体直流电阻应符合表2-2-81的规定。

(5) 柔韧性和附着性　丝包单线按规定试验时，试棒直径、卷绕圈数见表2-2-82。丝包单线按规定卷绕后，绕包层应不开裂至露漆膜。

表 2-2-82　试棒直径和卷绕圈数

型号	试棒直径	卷绕圈数
SQZ、SQQ、SQA、SDQZ、SDQA	10*D*，最小 4mm	10
SEQZ、SEQQ、SEQA、SEDQZ、SEDQA	5*D*，最小 3mm	

注：*D* 为试样外径。

(6) 直焊性　SQA、SDQA、SEQA、SEDQA 丝包单线，应具有直焊性。

试样先除去丝包层，然后浸入温度为375℃±5℃的焊锡槽中，经表2-2-83规定的时间后，镀锡线表面应光滑，无针孔及漆膜残渣。

表 2-2-83　丝包漆包铜圆线焊锡性能

漆包线导体标称直径/mm	浸入时间/s
$d \leqslant 0.100$	2
$0.100 < d \leqslant 0.300$	3
$d > 0.300$	10

2.2.17　丝包漆包铜束线

该产品是以天然丝或人造丝绕包在多根聚氨酯漆包铜圆线的束绞线上而成，简称丝包束线。

1. 型号、名称、规格（见表2-2-84）

2. 性能要求

(1) 尺寸

1) 单线最大外径，应符合表2-2-85的规定。

表 2-2-84　丝包单线型号、名称、规格

型号	名称	规格范围/mm	标准
SJ SEJ SDJ SEDJ	单天然丝包漆包铜束线 双天然丝包漆包铜束线 单涤纶丝包漆包铜束线 双涤纶丝包漆包铜束线	单线直径 0.025～0.400 单线根数 3～400	GB/T 11018.2—2008 IEC 60317－11—1999

表 2-2-85　单线最大外径

（单位：mm）

导体标称直径	最大外径
0.025	0.031
0.032	0.039
0.040	0.049
0.050	0.060
0.063	0.076
0.071	0.084
0.100	0.117
0.125	0.144
0.200	0.226
0.315	0.349
0.400	0.439

注：导体直径和最大外径与 GB/T 6109.1—2008 中 1 级漆膜厚度漆包线的导体直径和最大外径相一致。

2) 束线外径：单线根数和标称外径应符合表2-2-86的规定。表2-2-86中的数值与在锥棒上的测量有关，用显微镜测得的实际值比表2-2-86中的数值约小8%。用锥棒测得的最大外径不超过表2-2-86规定值的10%。

束线的标称外径按式（2-2-5）计算。

$$D = \rho\sqrt{n}d + \text{丝包层厚度} \qquad (2\text{-}2\text{-}5)$$

式中　D——束线标称外径（mm）；

ρ——束绞系数，见表2-2-87；

n——单线根数；

d——单线标称外径，见表2-2-88。

注：单线标称外径是导体标称直径加上 GB/T 6109.1—2008 规定的 1 级最大漆膜厚度的 2/3。丝包漆包束线的标称外径是漆包束线的标称外径 d_1 加上丝包层的厚度。丝包层的厚度，见表 2-2-89。

表 2-2-86 标称外径 （单位：mm）

单线根数	单线导体的标称直径										
	0.025	0.032	0.040	0.050	0.063	0.071	0.100	0.125	0.200	0.315	0.400
	标称外径										
3	0.095	0.115	0.130	0.155	0.190	0.205	0.250	0.305	0.465	0.745	0.930
4	0.105	0.125	0.150	0.175	0.251	0.235	0.285	0.345	0.540	0.855	1.065
5	0.115	0.135	0.160	0.190	0.235	0.255	0.315	0.380	0.595	0.945	1.195
6	0.120	0.145	0.175	0.205	0.255	0.275	0.340	0.415	0.675	1.030	1.300
8	0.135	0.165	0.195	0.235	0.285	0.315	0.385	0.475	0.770	1.190	1.490
9	0.140	0.170	0.205	0.245	0.305	0.335	0.410	0.505	0.518	1.255	1.575
10	0.145	0.180	0.215	0.260	0.315	0.350	0.430	0.530	0.855	1.320	1.655
12	0.165	0.195	0.230	0.280	0.345	0.380	0.465	0.580	0.930	1.440	1.805
16	0.180	0.220	0.265	0.320	0.395	0.435	0.540	0.695	1.085	1.665	2.090
20	0.195	0.245	0.295	0.355	0.440	0.490	0.605	0.775	1.210	1.865	2.345
25	0.220	0.270	0.325	0.395	0.500	0.550	0.705	0.865	1.355	2.090	2.635
27	0.225	0.280	0.340	0.410	0.515	0.570	0.730	0.895	1.405	2.170	2.735
32	0.240	0.300	0.365	0.445	0.560	0.615	0.790	0.970	1.525	2.355	2.970
40	0.265	0.330	0.405	0.500	0.620	0.715	0.875	1.085	1.695	2.625	3.315
50	0.295	0.365	0.450	0.555	0.715	0.790	0.970	1.205	1.885	2.925	3.695
60	0.320	0.400	0.495	0.605	0.780	0.860	1.055	1.315	2.060	3.200	4.040
63	0.325	0.410	0.505	0.615	0.795	0.880	1.090	1.345	2.105	3.270	4.140
80	0.365	0.455	0.565	0.720	0.890	0.980	1.220	1.505	2.365	3.680	4.655
81	0.365	0.460	0.565	0.720	0.895	0.985	1.225	1.515	2.380	3.705	4.685
100	0.405	0.510	0.625	0.795	0.985	1.100	1.355	1.675	2.635	4.105	5.195
120	0.440	0.555	0.710	0.865	1.085	1.195	1.475	1.830	2.880	4.490	5.685
160	0.505	0.635	0.810	0.990	1.240	1.370	1.695	2.100	3.315	5.175	6.550
200	0.560	0.735	0.900	1.105	1.380	1.525	1.885	2.340	3.695	5.775	7.315
250	0.625	0.815	0.995	1.230	1.530	1.695	2.100	2.605	4.125	6.450	8.170
320	0.730	0.910	1.130	1.380	1.725	1.905	—	—	—	—	—
400	0.805	1.010	1.255	1.535	1.920	2.125	—	—	—	—	—

注：1. 单线根数取自 R 数系，因技术原因经过圆整。

2. 通常横线以上用单丝层，横线以下用双丝层。

3. 外径按式（2-2-5）的计算，按 GB/T 4074.2—2008 进行测量。

4. 如果由于技术原因，表 2-2-86 中的组合不能满足要求时，其他组合可由供需双方协商确定，但单线应符合 GB/T 6109.1—2008 的规定。

表 2-2-87 束绞系数

单线根数	束绞系数
3～12	1.25
16	1.26
20	1.27
25～400	1.28

3）束线节距：束线节距应不超过 60mm，束丝方向为左向（逆时针）。

表 2-2-88 单线标称外径

（单位：mm）

导体标称直径	标称外径	导体标称直径	标称外径
0.025	0.029	0.100	0.111
0.032	0.037	0.125	0.138
0.040	0.046	0.200	0.217
0.050	0.057	0.315	0.338
0.063	0.072	0.400	0.426
0.071	0.080		

表 2-2-89 丝包层的厚度

（单位：mm）

丝包方式	漆包束线的标称外径	丝包层的厚度
单层丝包	$d_1 \leqslant 0.450$	0.030～0.035
	$0.450 < d_1 \leqslant 0.600$	0.035～0.040
双层丝包	$0.600 < d_1 \leqslant 1.000$	0.060～0.070
	$d_1 > 1.000$	0.070～0.080

注：外径在 0.600mm 及以下的漆包束线推荐采用单层丝包。

(2) 绕包 漆包铜束线应有单层丝包或双层丝包组成的绕包层。第一层绕包方向应与束线束绞的方向相反，若有第二层，则第二层的绕包方向应与第一层相反。

丝包层在质量上应均匀，每层绕包层应平整、均匀。

(3) 柔韧性和附着性 圆棒试验按 GB/T 4074.3—2008 规定的试验方法进行试验时，丝包层不应开裂以致明显露出漆包线。圆棒直径应为约 10 倍于表 2-2-86 中给出的试样外径。

(4) 直焊性 应除去丝包层，然后浸入温度为 375℃ ±5℃ 的焊锡槽中，浸入时间见表 2-2-90 的规定。

表 2-2-90 浸入时间

束线标称截面积/mm^2	浸入时间/s
$S \leqslant 0.080$	3
$0.080 < S \leqslant 0.125$	4
$0.125 < S \leqslant 0.200$	5
$0.200 < S \leqslant 0.300$	6
$0.300 < S \leqslant 0.500$	8
$0.500 < S \leqslant 0.800$	10
$S > 0.800$	供需双方协商确定

焊锡应渗入整个束丝内部，其外层应是光滑的锡焊层，无针孔和残渣。

(5) 电阻 20℃时的电阻应在表 2-2-91 规定的范围内。

1）电阻的计算：计算电阻时，单线的电阻值，见表 2-2-92。

2）标称电阻按式（2-2-6）计算。

$$标称电阻 = \frac{单线标称电阻}{单线根数} \times K_1 \quad (2\text{-}2\text{-}6)$$

式中 系数 K_1——考虑束丝后长度的减小，为 1.02。

3）最小电阻按式（2-2-7）计算。

$$最小电阻 = \frac{单线的最小电阻}{单线根数} \quad (2\text{-}2\text{-}7)$$

4）最大电阻：

① 单线根数为 25 根及以下时，按式（2-2-8）计算。

$$最大电阻 = \frac{单线最大电阻}{单线根数} \times K_1 \quad (2\text{-}2\text{-}8)$$

式中 系数 K_1——考虑束丝后长度的减小，为 1.02。

② 单线根数为 25 根以上时，按式（2-2-9）计算。

$$最大电阻 = \frac{单线最大电阻}{单线根数} \times K_1 \times K_2 \quad (2\text{-}2\text{-}9)$$

式中 系数 K_1——考虑束丝后长度的减小，其数值为 1×束：1.02；2×束：1.04；3×束或更多的束：1.06；

系数 K_2——考虑可能发生的断股，为 1.03。

2.2.18 纸绝缘缩醛漆包换位导线

该产品是用一定根数的缩醛漆包扁线，或在其外面再涂以热固性环氧树脂自粘性缩醛漆包扁线组合成宽面相互接触的两列，按要求在两列漆包扁线的上面和下面沿窄面作同一转向的换位，并用电工绝缘纸作连续绕包而成。铜导体可以是普通软铜线，也可以是半硬铜线。其耐热等级为 120。

1. 型号、名称、规格（见表 2-2-93）

表 2-2-91 电阻

单线根数	单线导体的标称直径/mm																					
	0.025		0.032		0.040		0.050		0.063		0.071		0.100		0.125		0.200		0.315		0.400	
	电阻/（Ω/m）																					
	最小值	最大值	最小值	最大值	最小值	最大值	最小值	最大值	最小值	最大值	最小值	最大值	最小值	最大值	最小值	最大值	最小值	最大值	最小值	最大值	最小值	最大值
3	10.45	13.03	6.377	7.949	4.093	5.073	2.641	3.226	1.682	2.013	1.314	1.614	0.678	0.793	0.439	0.5020	0.175	0.192	0.0707	0.0772	0.0439	0.0500
4	7.835	9.769	4.783	5.962	3.070	3.805	1.981	2.420	1.261	1.510	0.985	1.210	0.509	0.505	0.329	0.376	0.131	0.144	0.0630	0.0579	0.0329	0.0375
5	6.268	7.815	3.826	4.770	2.456	3.044	1.584	1.936	1.000	1.208	0.788	0.968	0.407	0.476	0.263	0.301	0.106	0.115	0.0424	0.0463	0.0263	0.0300
6	5.223	6.513	3.188	3.975	2.047	2.536	1.320	1.613	0.841	1.007	0.657	0.807	0.339	0.397	0.220	0.251	0.0873	0.0962	0.0354	0.0386	0.0219	0.0250
8	3.918	4.885	2.391	2.981	1.535	1.902	0.990	1.210	0.631	0.755	0.493	0.605	0.254	0.297	0.165	0.188	0.0655	0.0721	0.0265	0.0289	0.0165	0.0187
9	3.482	4.342	2.216	2.650	1.364	1.691	0.880	1.075	0.561	0.671	0.438	0.538	0.226	0.264	0.146	0.167	0.0582	0.0641	0.0236	0.0257	0.0146	0.0167
10	3.134	3.908	1.913	2.385	1.228	1.522	0.792	0.968	0.506	0.604	0.394	0.484	0.203	0.238	0.132	0.150	0.0524	0.0577	0.0212	0.0232	0.0132	0.0150
12	2.612	3.256	1.594	1.987	1.023	1.268	0.660	0.807	0.420	0.503	0.328	0.403	0.170	0.198	0.110	0.125	0.0436	0.0481	0.0177	0.0193	0.0110	0.0125
16	1.959	2.442	1.196	1.490	0.768	0.951	0.495	0.605	0.315	0.378	0.246	0.303	0.127	0.149	0.0832	0.0940	0.0327	0.0361	0.0133	0.0145	0.00823	0.00937
20	1.567	1.954	1.957	1.192	0.614	0.761	0.396	0.484	0.252	0.302	0.197	0.242	0.102	0.119	0.0659	0.0752	0.0262	0.0289	0.0106	0.0116	0.00658	0.00750
25	1.254	1.563	0.765	0.954	0.491	0.609	0.317	0.387	0.202	0.242	0.158	0.194	0.0814	0.0952	0.0527	0.0602	0.0209	0.0231	0.00848	0.00926	0.00526	0.00600
27	1.161	1.491	0.709	0.910	0.455	0.581	0.293	0.396	0.187	0.230	0.146	0.185	0.0753	0.0908	0.0488	0.0574	0.0194	0.0220	0.00786	0.00883	0.00487	0.00572
32	0.979	1.258	0.598	0.768	0.384	0.490	0.248	0.312	0.158	0.194	0.1213	0.156	0.0636	0.0766	0.0412	0.0484	0.0164	0.0186	0.00663	0.00745	0.00411	0.00483
40	0.784	1.006	0.478	0.614	0.307	0.392	0.198	0.249	0.126	0.156	0.0985	0.125	0.0609	0.0613	0.0329	0.0387	0.0131	0.0149	0.00530	0.00596	0.00329	0.00386
50	0.627	0.821	0.383	0.501	0.246	0.320	0.158	0.203	0.101	0.127	0.0788	0.102	0.0407	0.0500	0.0263	0.0316	0.0105	0.0121	0.00424	0.00486	0.00263	0.00315
60	0.522	0.684	0.319	0.417	0.205	0.266	0.132	0.169	0.0841	0.106	0.0657	0.0847	0.0339	0.0417	0.0220	0.0263	0.00873	0.0101	0.00354	0.00405	0.00219	0.00262
63	0.497	0.651	0.304	0.398	0.195	0.254	0.126	0.161	0.0801	0.101	0.0626	0.0807	0.0323	0.0397	0.0209	0.0251	0.00831	0.00962	0.00337	0.00386	0.00209	0.00250
80	0.392	0.513	0.239	0.313	0.154	0.200	0.0990	0.127	0.0631	0.0793	0.0493	0.0636	0.0254	0.0312	0.0165	0.0198	0.00655	0.00757	0.00265	0.00304	0.00165	0.00197
81	0.387	0.507	0.236	0.309	0.152	0.197	0.0978	0.125	0.0623	0.0783	0.0487	0.0628	0.0251	0.0309	0.0163	0.0195	0.00647	0.00748	0.00262	0.00300	0.00162	0.00194
100	0.313	0.410	0.191	0.250	0.123	0.160	0.0792	0.102	0.0505	0.0634	0.0394	0.0508	0.0203	0.0250	0.0132	0.0158	0.00524	0.00606	0.00212	0.00243	0.00132	0.00157
120	0.261	0.349	0.159	0.213	0.102	0.136	0.0660	0.0863	0.0420	0.0539	0.0328	0.0432	0.0170	0.0212	0.0110	0.0134	0.00436	0.00515	0.00177	0.00207	0.00110	0.00134
160	0.196	0.261	0.120	0.160	0.0768	0.102	0.0495	0.0648	0.0315	0.0404	0.0246	0.0324	0.0127	0.0159	0.00823	0.0101	0.00327	0.00386	0.00133	0.00155	0.000823	0.00100
200	0.157	0.209	0.0957	0.128	0.0614	0.0814	0.0396	0.0518	0.0252	0.0323	0.0197	0.0259	0.0102	0.0127	0.00659	0.00805	0.00262	0.00309	0.00106	0.00124	0.000658	0.000802
250	0.125	0.167	0.0765	0.102	0.0491	0.0652	0.0317	0.0414	0.0202	0.0259	0.0158	0.00207	0.00814	0.0102	0.00527	0.00644	0.00209	0.00247	0.000848	0.000991	0.000526	0.000642
320	0.0979	0.131	0.0598	0.0798	0.0384	0.0509	0.0248	0.0324	0.0158	0.0202	0.0123	0.0162	—	—	—	—	—	—	—	—	—	—
400	0.0784	0.105	0.0478	0.0638	0.0307	0.0407	0.0198	0.0259	0.0126	0.0162	0.00985	0.0130	—	—	—	—	—	—	—	—	—	—

注：- - -线以上最大电阻按 1×束计算；- - -和—线之间按 2×束计算；—线以下按 3×束计算。

表 2-2-92　单线的电阻值

导体标称直径/mm	电阻/(Ω/m)			导体标称直径/mm	电阻/(Ω/m)		
	最小值	标称值	最大值		最小值	标称值	最大值
0.025	31.34	34.82	38.31	0.100	2.034	2.176	2.333
0.032	19.13	21.25	23.38	0.125	1.317	1.393	1.475
0.040	12.28	13.60	14.92	0.200	0.5237	0.5441	0.5657
0.050	7.922	8.706	9.489	0.3151	0.2121	0.2193	0.2270
0.063	5.045	5.484	5.922	0.400	0.1316	0.1360	0.1470
0.071	3.941	4.318	4.747				

2. 换位导线的尺寸符号

换位导线结构及尺寸标注，如图 2-2-1 所示。

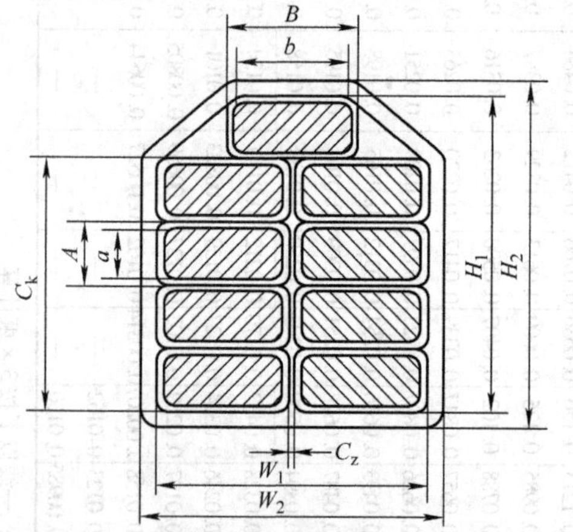

图 2-2-1　换位导线端面结构及尺寸标注图

H_2——换位导线高度，单位：mm。

W_2——换位导线宽度，单位：mm。

H_{2max}——换位导线最大高度，单位：mm。

W_{2max}——换位导线最大宽度，单位：mm。

H_1——换位线芯高度，单位：mm。

W_1——换位线芯宽度，单位：mm。

H_{1max}——换位线芯最大高度，单位：mm。

W_{1max}——换位线芯最大宽度，单位：mm。

A——漆包扁线窄边尺寸，单位：mm。

B——漆包扁线宽边尺寸，单位：mm。

A_{max}——漆包扁线窄边最大外形尺寸，单位：mm。

B_{max}——漆包扁线宽边最大外形尺寸，单位：mm。

a——漆包扁线导体窄边标称尺寸，单位：mm。

b——漆包扁线导体宽边标称尺寸，单位：mm。

ε——漆包扁线导体尺寸允许偏差，单位：mm。

δ——漆包扁线漆膜厚度，单位：mm。

δ_n——漆包扁线自粘漆层厚度，单位：mm。

C_z——中间衬纸厚度，单位：mm。

C_k——中间衬纸宽度，单位：mm。

另外，一般常用下列符号来标注换位导线结构的其余尺寸：

Δ——换位导线纸绝缘层（两侧）标称厚度（或捆绳及垫纸厚度），单位：mm。

Δ_{max}——换位导线纸绝缘层（两侧）最大厚度，单位：mm。

K_h——换位导线高度修正值，单位：mm。

K_w——换位导线宽度修正值，单位：mm。

n——换位漆包扁线根数。

S——换位节距，单位：mm。

k_1——换位导线高度成型系数。

k_2——换位导线宽度成型系数。

表 2-2-93　换位导线型号、名称、规格

型号	名称	规格范围/mm	标准
H	纸绝缘缩醛漆包换位导线	单线根数：5~83 根；窄边 a：$1.00 \leqslant a \leqslant 2.50$ 宽边 b：$4.00 \leqslant b \leqslant 14.00$	JB/T 6758.2—2007
	纸绝缘缩醛漆包换位半硬导线		
HC_1	$R_{P0.2}$：100~180N/mm^2		
HC_2	$R_{P0.2}$：181~220N/mm^2		
HC_3	$R_{P0.2}$：221~260N/mm^2		
HN	纸绝缘自粘缩醛漆包换位导线		
	纸绝缘自粘缩醛漆包换位半硬导线		
HNC_1	$R_{P0.2}$：100~180N/mm^2		
HNC_2	$R_{P0.2}$：181~220N/mm^2		
HNC_3	$R_{P0.2}$：221~260N/mm^2		

3. 性能要求

(1) 换位线芯

1) 换位线芯结构：换位导线中漆包扁线的根数为5~83根奇数列。

2) 换位线芯外形尺寸范围：$H_{1max} \leq 80mm$；$W_{1max} \leq 28mm$；高宽比$H/W \leq 6$。

3) 漆包扁线规格：a边为1.00~2.50mm；b边为4.00~14.00mm；宽厚比$b/a = 2 \sim 7$。

4) 中间衬纸：当换位线芯尺寸$H_1 \geq 10mm$时，应在两列漆包扁线中间加一层中间衬纸；中间衬纸推荐采用标称厚度为0.13mm的电力电缆纸或变压器匝间绝缘纸。

(2) 尺寸

1) 漆包扁线尺寸：漆膜厚度为1级或2级，由供需双方订货时决定。自粘层漆膜厚度为0.03~0.05mm。120级缩醛漆包铜扁线应符合GB/T 7095.2—2008的规定。自粘性漆包扁线、各种半硬漆包扁线性能要求由供需双方协商规定。

2) 绝缘厚度、层数：换位导线纸绝缘层应由三层及以上纸带绕包而成，换位导线纸绝缘标称厚度及允许偏差应符合表2-2-94的规定。当换位导线最大外形尺寸在规定值范围内，允许绝缘厚度超过表2-2-94的规定。

3) 中间衬纸宽度C_k按式(2-2-10)计算，向下取偶整数值，偏差为-1mm。

$$C_k = 1/2(n-1)A_{max} \quad (2\text{-}2\text{-}10)$$

表2-2-94 换位导线纸绝缘厚度及偏差

(单位：mm)

标称绝缘厚度Δ	偏差
$0.45 \leq \delta \leq 0.60$	±0.06
$0.61 \leq \delta \leq 1.05$	±0.08
$1.06 \leq \delta \leq 2.00$	±0.10
$\delta \geq 2.01$	±0.12

4) 换位线芯外形尺寸按式(2-2-11)、式(2-2-12)计算。

$$H_1 = 1/2(n+1)(a+\varepsilon+\delta_{max}+\delta_n) = 1/2(n+1)A_{max} \quad (2\text{-}2\text{-}11)$$

$$W_1 = 2(b+\varepsilon+\delta_{max}+\delta_n)+C_z = 2B_{max}+C_z \quad (2\text{-}2\text{-}12)$$

5) 换位导线最大外形尺寸H_{2max}、W_{2max}应不大于式(2-2-13)和式(2-2-14)计算的值。

$$H_{2max} = 1/2k_1(n+1)(a+\varepsilon+\delta_{max}+\delta_n)+\Delta_{max}+K_h = 1/2k_1(n+1)A_{max}+\Delta_{max}+K_h \quad (2\text{-}2\text{-}13)$$

$$W_{2max} = 2k_2(b+\varepsilon+\delta_{max}+\delta_n)+\Delta_{max}+C_k+K_w = 2k_2 B_{max}+\Delta_{max}+C_k+K_w \quad (2\text{-}2\text{-}14)$$

式中 $k_1 = 1$；

$k_2 = 1$；

K_h应符合表2-2-95的规定；

$K_w = 0.10 \sim 0.20mm$；

$S/b < 8$为不推荐范围，用户若需要其他特殊尺寸要求，由供需双方协商确定。

表2-2-95 K_h (单位：mm)

换位线芯根数n	$8 \leq S/b < 12$，$a \leq 2.00$	$8 \leq S/b < 12$，$a > 2.00$	$S/b \geq 12$，$a \leq 2.00$	$S/b \geq 12$，$a > 2.00$
≤21	0.30	0.50	0.05	0.25
23~27	0.15	0.30	0.05	0.20
29~35	0.12	0.25	0.05	0.15
>35	0.10	0.15	0.05	0.10

注：1. C_1半硬线，K_h增加0.10mm。

2. C_2、C_3半硬线，K_h增加0.15~0.40mm或由供需双方协商决定。

(3) 换位节距　换位节距应不超过线圈绕制最小直径D_{min}的π/n倍，即$S \leq \pi D_{min}/n$。一般为$8b \leq S \leq 18b$，用户应在订货时提出S值和允许偏差。

(4) 换位线芯外观　换位线芯在换位后不应有影响性能的任何缺陷。

(5) 绕包质量

1）纸带应紧密适度、均匀平整地绕包在换位线芯上，纸带不应缺层，不应有起皱及开裂等缺陷，重叠绕包的纸带不得露缝。

2）允许纸带接头或修补，各接头处应错开。

（6）绕包方式

1）各层纸缘纸一般采用重叠绕包，纸带重叠宽度应不小于2mm，相邻两层纸的绕包重叠处应均匀错开，纸带宽度不得超过换位线芯 H_1 和 W_1 之和的1.5倍，其最大宽度为35mm。绕包节距可由供需双方协商确定。

2）中间可用部分或全部间隙绕包代替重叠绕包，间隙绕包时的间隙宽度应不大于2mm，绕包间隙处应均匀错开，间隙重叠处每八层不超过一次。

（7）绕包方向 重叠绕包时，一般采用同方向绕包，但也允许不同方向绕包；间隙绕包时，纸带层数不超过八层应采用同方向绕包，超过八层时应改变绕包方向，此时应注意避免绕包间隙连续重叠。

（8）焊接 换位导线中的漆包扁线允许焊接，焊接点应牢固可靠。两根相邻漆包扁线的焊接点距离应不少于500mm。焊接点应经过修理，修理后的尺寸不得大于 a 边尺寸的1.5倍，焊接处长度应不小于 b 边尺寸的1.5倍。焊接点和无漆膜导体处要涂上耐热电工乳白胶或其他绝缘胶，并用厚度不小于0.075mm的高伸率纤维纸或与产品性能相适应的其他绝缘带重叠绕包一层后，用乳白胶或其他粘合剂粘住，重叠宽度为40%～55%。若供需双方协商同意，也可以采用对接焊。焊接处应采用对性能无影响的方式作明显标记。

（9）耐直流电压 换位导线中相邻漆包扁线之间应经受直流500V电压试验，试验时应不击穿。

（10）导线通路 用万用表测量换位导线中的每根漆包扁线，应无断路现象。

（11）粘结强度

1）自粘性漆包换位导线中的漆包扁线的热粘结强度应不低于5N/mm²。

2）自粘性漆包换位导线经热粘合后，应能承受规定的弯曲试验。

2.2.19 无纸捆绑型缩醛漆包换位导线

该产品是采用120级自粘性缩醛漆包铜扁线（热固性环氧树脂自粘层），网状绳捆型采用聚酯纤维绳捆绑，网格捆绑型采用聚酯纤维非织布带、环氧树脂玻璃纤维布带或带孔型的绝缘纸带绕包而成。铜导体可以是普通软铜线，也可以是半硬铜线。其耐热等级为120。

1. 型号、名称、规格（见表2-2-96）

表2-2-96 换位导线型号、名称、规格

型号	名称	规格范围/mm	标准
HKN	网状绳捆型自粘缩醛漆包换位导线		
	网状绳捆型自粘缩醛漆包换位半硬导线		
$HKNC_1$	$R_{P0.2}$：100～180N/mm²		
$HKNC_2$	$R_{P0.2}$：181～220N/mm²		
$HKNC_3$	$R_{P0.2}$：221～260N/mm²		
HWN	网格捆绑型自粘缩醛漆包换位导线	单线根数：11～67根	
	网格捆绑型自粘缩醛漆包换位半硬导线	窄边 a：	
$HWNC_1$	$R_{P0.2}$：100～180N/mm²	$1.00 \leq a \leq 2.50$	JB/T 6758.3—2007
$HWNC_2$	$R_{P0.2}$：181～220N/mm²	宽边 b：$4.00 \leq b \leq 12.00$	
$HWNC_3$	$R_{P0.2}$：221～260N/mm²		
	带油道捆绑型自粘缩醛漆包换位半硬导线		
$HUKNC_1$	$R_{P0.2}$：100～180N/mm²		
$HUKNC_2$	$R_{P0.2}$：181～220N/mm²		
$HUKNC_3$	$R_{P0.2}$：221～260N/mm²		

2. 换位导线的尺寸符号

与本章2.2.18节中的“换位导线的尺寸符号”相同。

3. 性能要求

(1) 换位线芯

1) 换位线芯结构：换位导线中漆包扁线的根数为11~57根奇数列。

2) 换位线芯外形尺寸范围，与本章2.2.18节中的“换位线芯外形尺寸范围”相同。

3) 漆包扁线规格：a边为1.00~2.50mm；b边为4.00~12.00mm；宽厚比$b/a=2\sim6.5$。

4) 中间衬纸，与本章2.2.18节中的“中间衬纸”相同。

(2) 尺寸

1) 漆包扁线尺寸，与本章2.2.18节中的“漆包扁线尺寸”相同。

2) 绝缘厚度、层数：无纸捆绑型换位导线的Δ_{max}即为捆绑层厚度Δ_h和Δ_w。

Δ_h为捆绳直径（双面0.45mm）或网格绕包带所占厚度与顶部和底部垫纸厚度（如两张0.075mm高密度纸共0.15mm）之和。若底部需粘贴芳香族聚酰胺粘胶带（0.13mm），则纸的厚度为0.13mm+0.15mm。

Δ_w为捆绳直径（双面0.45mm）或网格绕包带所占厚度与侧面垫纸厚度（如两张0.075mm高密度纸共0.15mm）之和。

带油道换位导线的油道尺寸和外形尺寸可由供需双方协商确定。

捆绳绕包根数、绕包方向、垫纸部位、垫纸层数和厚度由供需双方协商确定。

3) 中间衬纸宽度，与本章2.2.18节中的“中间衬纸宽度”相同。

4) 换位线芯外形尺寸，与本章2.2.18节中的“换位线芯外形尺寸”相同。

5) 换位导线最大外形尺寸：换位导线最大外形尺寸H_{2max}、W_{2max}应不大于式(2-2-13)和式(2-2-14)计算的值。

其中，$K_h=0.15$mm；$K_w=0.15$mm；k_1应符合表2-2-97的规定。$k_2=1.01$，当$a\geqslant2.10$时，$b\geqslant9.30$时，$k_2=1.02$。

表2-2-97 k_1

换位漆包扁线根数n	k_1
11~21	1.04
23~27	1.035
29~37	1.03
39~49	1.025
51~67	1.015

(3) 换位节距 与本章2.2.18节中的“换位节距”相同。

(4) 换位线芯外观 与本章2.2.18节中的“换位线芯外观”相同。

(5) 绕包方式 绕包带绕包方式和网格大小尺寸由供需双方协商确定。

(6) 焊接 与本章2.2.18节中的“焊接”相同。

(7) 耐直流电压 与本章2.2.18节中的“耐直流电压”相同。

(8) 导线通路 与本章2.2.18节中的“导线通路”相同。

(9) 粘结强度 与本章2.2.18节中的“粘结强度”相同。

2.2.20 耐热型漆包换位导线

该产品是用155级改性聚酯漆包铜扁线、180级聚酯亚胺或200级聚酯亚胺/聚酰胺酰亚胺复合漆包铜扁线，外层用聚酯纤维非织布带、芳香族聚酰胺纸绝缘带等绕包而成。铜导体可以是普通软铜线，也可以是半硬铜线。其耐热等级为155、180、200。

1. 型号、名称、规格（见表2-2-98）

2. 换位导线的尺寸符号

与本章2.2.18节中的“换位导线的尺寸符号”相同。

3. 性能要求

(1) 换位线芯结构

1) 换位线芯根数：换位导线中漆包扁线的根数为5~95根奇数列。

2) 换位线芯外形尺寸范围，与本章2.2.18节中的“换位线芯外形尺寸范围”相同。

3) 漆包扁线规格：a边为1.00~2.50mm；b边为4.00~12.00mm；宽厚比$b/a=2\sim6.5$。

4) 中间衬纸：当换位线芯尺寸$H_1\geqslant10$mm时，应在两列漆包扁线中间加一层中间衬纸。

155级聚酯漆包换位导线中间衬纸推荐采用标称厚度0.10mm的聚酯纤维非织布。

180级聚酯亚胺漆包换位导线和200级聚酯亚胺/聚酰胺酰亚胺复合漆包线换位导线中间衬纸推荐采用标称厚度0.05mm的芳香族聚酰胺纸。

也可采用根据双方协商的其他种类和其他厚度的中间衬纸。

(2) 尺寸

表 2-2-98 换位导线型号、名称、规格

型号	名称	规格范围	标准
HFZG	聚酯纤维非织布带绝缘 155 级改性聚酯漆包换位导线	单线根数：5 ~67 根 窄边 a： $1.00\leqslant a\leqslant 2.50$ 宽边 b： $4.00\leqslant b\leqslant 12.00$	JB/T 6758.4—2007
	聚酯纤维非织布带绝缘 155 级改性聚酯漆包换位半硬导线		
HFZGC$_1$	$R_{P0.2}$：100 ~180N/mm^2		
HFZGC$_2$	$R_{P0.2}$：181 ~220N/mm^2		
HFZGC$_3$	$R_{P0.2}$：221 ~260N/mm^2		
HXZY	芳香族聚酰胺纸绝缘 180 级聚酯亚胺漆包换位导线		
	芳香族聚酰胺纸绝缘 180 级聚酯亚胺漆包换位半硬导线		
HXZYC$_1$	$R_{P0.2}$：100 ~180N/mm^2		
HXZYC$_2$	$R_{P0.2}$：181 ~220N/mm^2		
HXZYC$_3$	$R_{P0.2}$：221 ~260N/mm^2		
HX（ZY/XY）	芳香族聚酰胺纸绝缘 200 级聚酯亚胺/聚酰胺酰亚胺复合漆包换位导线		
	芳香族聚酰胺纸绝缘 200 级聚酯亚胺/聚酰胺酰亚胺复合漆包换位半硬导线		
HX（ZY/XY）C$_1$	$R_{P0.2}$：100 ~180N/mm^2		
HX（ZY/XY）C$_2$	$R_{P0.2}$：181 ~220N/mm^2		
HX（ZY/XY）C$_3$	$R_{P0.2}$：221 ~260N/mm^2		

1）漆包扁线尺寸：漆膜厚度为 1 级或 2 级，由供需双方订货时决定。

155 级改性聚酯漆包铜扁线应符合 GB/T 7095.3—2008 的规定。

180 级聚酯亚胺漆包铜扁线应符合 GB/T 7095.4—2008 的规定。

200 级聚酯亚胺/聚酰胺酰亚胺复合漆包铜扁线应符合 GB/T 7095.6—2008 的规定。

各种半硬漆包扁线性能要求由供需双方协商规定。

2）绝缘厚度、层数，与本章 2.2.18 节中的“绝缘厚度、层数”相同。

3）中间衬纸宽度，与本章 2.2.18 节中的“中间衬纸宽度”相同。

4）换位线芯外形尺寸，与本章 2.2.18 节中的“换位线芯外形尺寸”相同。

5）换位导线最大外形尺寸：换位导线最大外形尺寸 $H_{2\max}$、$W_{2\max}$ 应不大于式（2-2-13）和式（2-2-14）计算的值。

其中，$k_1=1$；$k_2=1$；$\Delta_{\max}$ 为绕包绝缘层最大厚度，其数值和偏差见表 2-2-94 的规定；K_h 应符合表 2-2-95 的规定；$K_w=0.15$mm；当 $W_{2\max}$、$H_{2\max}$ 在规定范围内时，允许 $\Delta_{\max}$ 超差。

（3）换位节距 与本章 2.2.18 节中的“换位节距”相同。

（4）换位线芯外观 与本章 2.2.18 节中的“换位线芯外观”相同。

（5）绕包质量 与本章 2.2.18 节中的“绕包质量”相同。

（6）绕包方式 与本章 2.2.18 节中的“绕包方式”相同。

（7）绕包方向 与本章 2.2.18 节中的“绕包方向”相同。

（8）焊接 与本章 2.2.18 节中的“焊接”相同。

（9）耐直流电压 与本章 2.2.18 节中的“耐直流电压”相同。

（10）导线通路 与本章 2.2.18 节中的“导线通路”相同。

第 3 章

特种绕组线

特种绕组线是指适用于特殊场合或具有特殊性能要求的绕组线。例如，漆包绞线、三层绝缘线、耐水绕组线、300MW 发电机组用绝缘空心扁铜线、氧化膜铝带、玻璃膜绝缘线以及陶瓷绝缘线等。

漆包绞线又称多芯绞合漆包线，即“利兹线(Litz Wire)”，是20 世纪90 年代发展起来的漆包线品种，广泛应用于高质量、高频率的电子设备，如高频开关电源变压器、微波炉电源变压器、电磁灶线圈、扬声器和耳机线圈、高频发电机及风力发电机等。其是将七根漆包线按束绞或同心绞的方式绞合在一起的绕组线。这主要是解决高频环境下绕组的趋肤效应和邻近效应。

三层绝缘线是一种高性能绝缘导线，这种导线有三个绝缘层，中间是导体芯线（可以是单芯，也可以是多根绞合），外面绝缘层有三层，内部第一层和第二层均为绝缘加强层，提高绝缘强度，最外层是机械强化层，保证绕制加工时绝缘层不被损伤。内部第一层和第二层的材料可以相同，也可以不同，通常使用聚酯、聚四氟乙烯等材料。外层通常使用聚酰胺或聚四氟乙烯等。三层绝缘线大大提高了绝缘强度和运行可靠性，大量应用在数码产品的适配器和充电器上。

耐水绕组线根据不同耐电压级，在漆包线或铜绞线外，挤包各种不同的绝缘：聚乙烯、改性聚氯乙烯、交联聚乙烯等。然后，再挤包尼龙护套。充水式电机所用的耐水绕组线要求其防水性能好，在长期浸水加压条件下，绝缘电阻稳定，耐电压性能、耐化学腐蚀性能，以及机械性能良好。低密度聚乙烯的防水性能是较好的，但由于在高温挤塑过程中，导体的铜离子会扩散到聚乙烯绝缘中，且聚乙烯绝缘层中也可能有水分、气泡或其他杂质，因此在水中使用时，因水和电压的作用，会引起局部电场集中，形成“水树枝”现象，以致使整个绝缘损坏击穿。故在铜导体外涂覆封闭层，即采用漆包线，可有效地降低铜离子对绝缘层的扩散。绝缘层外加尼龙保护层，对绝缘层起机械保护和增强作用。

300MW 发电机组用绝缘空心扁铜线是用于发电机组定子的绕组，空心扁线是作为高压下氢冷却用的导线。故对空心扁铜线质量要求高，除铜的成分应不少于99.92%，电导率为100% IACS 外，在制造工艺方面有严格要求，使空心扁铜线内外表面光滑、平整；同时进行严格的水压试验、探伤试验，便于发现内部质量的缺陷。在绝缘层和空心扁铜线粘合强度方面，也采用了一些措施，如在玻璃丝中掺和一定数量的涤纶丝，经热熔后形成了紧密的绝缘层。

氧化膜铝带（箔）是用阳极氧化法在铝带（箔）表面生成一层致密的三氧化二铝（Al_2O_3）膜而成。用氧化膜铝带（箔）绕制线圈可提高空间因素和线圈的热传导性能。由于铝箔线圈层间电压梯度小，可简化绝缘结构，并可简化绕制工艺，有利于自动绕制，又可省去线圈骨架或支撑物。无机绝缘绕组线的绝缘层是用无机材料如氧化铝膜、陶瓷、玻璃膜等组成。单一的无机绝缘层常有微孔存在，一般需用有机绝缘漆浸渍后烘干填充。无机绝缘绕组线的特点是耐高温、耐辐射，主要用于高温、辐射的场合。

玻璃膜绝缘微细线是在锰铜或镍铬导电线芯上浸涂玻璃瓷浆经烘炉烧结而成。采用锰铜、镍铬线芯目的在于求得电阻性能的稳定。

陶瓷绝缘线是在导线上浸涂玻璃瓷浆后经烘炉烧结而成。长期使用温度可达500℃左右，如采用铜线为导体，在此温度下，铜线将氧化，故一般采用镀镍铜线、镍包铜线或不锈钢包铜线为导体。

镍包层较薄的镍包铜线（10% Ni）可在400℃以下使用；较厚的（20% Ni）可在500℃以下使用，但在400℃以上使用时，铜镍原子在铜、镍界面上互相扩散。如在铜的表面上镀铁，则可加以防止。

3.1 特种绕组线的品种、规格、特点和用途

特种绕组线的品种、规格、特点和用途见表2-3-1。

表 2-3-1 特种绕组线的品种、规格、特点和主要用途

类别	产品名称	型号	规格①/mm	特点			主要用途	标准号
				耐热等级	优点	局限性		
漆包绞线	130 级聚氨酯漆包绞线	QAJ	0.020 ~ 0.500	130	1. 大幅度降低趋肤效应和邻近效应，降低高频电阻和大电流涡流发热 2. 可以直焊	1. 工时成本高 2. 槽满率低	偏转线圈，荧光灯电子镇流器，助听器，身份识别系统，感应加热元件，磁力装载线圈，接近开关，声呐信号测量线圈，电子高频变压器和扼流线圈，超声波发生器	企标
	155 级聚氨酯漆包绞线	QAJ	0.020 ~ 0.500	155				
	155 级自粘性聚氨酯漆包绞线	QANJ	0.020 ~ 0.500	155				
	180 级直焊聚酯亚胺漆包绞线	QZYHJ	0.050 ~ 0.500	180	1. 大幅度降低趋肤效应和邻近效应，降低高频电阻和大电流涡流发热 2. 耐热等级高，漆膜耐加工损伤能力高 3. 可以直焊	1. 工时成本高 2. 槽满率低		
三层绝缘线	单一或复合增强挤出绝缘型圆绕组线		0.050 ~ 2.500	130	自身绝缘强度高，应用中可减少辅助绝缘的使用；生产效率高，相对漆包线生产过程中污染少	绝缘相对漆包线偏厚、受挤出材料影响品种不多、耐热等级偏低，应用范围不广	液晶/等离子显示器、打印机、传真机、存储器、计算机、逆变器和游戏机等的开关电源；数码相机、移动电话和 8mm VCR 用的充电器；交流电适配器，个人计算机、DVD 等	
	自粘性单一或复合增强挤出绝缘型圆绕组线							
耐水绕组线	聚乙烯绝缘尼龙护套耐水绕组线	SQYN SJYN	1/0.60 ~ 1/2.50 7/0.80 ~ 19/1.40	70	1. 有良好的耐水性能，在水中长期工作，具有稳定的绝缘电阻 2. 尼龙护套可加强机械保护性能 3. 交联聚乙烯有优异的耐水性能	槽满率很低	用于各种形式的充水式电机的绕组	JB/T 4014.2—2013
	聚氯乙烯绝缘耐水绕组线	SV SJV	1/0.60 ~ 1/4.00 7/0.80 ~ 19/1.25	70				JB/T 4014.3—2013
	交联聚乙烯绝缘尼龙护套耐水绕组线	SYJN SJYJN	1/0.80 ~ 1/4.00 7/0.80 ~ 19/1.40	90				JB/T 4014.4—2013

（续）

类别	产品名称	型号	规格①/mm	特点			主要用途	标准号
				耐热等级	优点	局限性		
空心扁铜线	300MW发电机组用绝缘空心扁铜线	—	4.7×10×1.35（壁厚）	155	1. 空心扁铜线作为氢冷用，故对材质要求高 2. 绝缘机械强度和粘合性能高	绝缘线硬度大，施工较困难	专用于300MW发电机组定子中的绕组	企标
氧化膜线	氧化膜圆铝线	YML② YMLC	0.05～5.00		1. 不用绝缘漆封闭的氧化膜，耐温可达250℃。用绝缘漆封闭的氧化膜，其耐热性取决于绝缘漆的耐热等级 2. 槽满率高 3. 重量轻 4. 耐辐射性好	1. 弯曲性能差 2. 击穿电压低 3. 氧化膜刮漆性差 4. 耐酸、碱性能差 5. 不用绝缘漆封闭的氧化膜耐潮性差	起重电磁铁，高温制动器，干式变压器线圈，并用于耐辐射场合	企标
	氧化膜扁铝线	YMLB YMLBC②	*a*边1.00～4.00 *b*边2.50～6.30					
	氧化膜铝带（箔）	YMLD	厚0.08～1.00 宽20～900					
陶瓷绝缘线	陶瓷绝缘线	TC	0.06～0.50		1. 耐高温性能优，长期工作温度可达500℃ 2. 耐化学腐蚀性优 3. 耐辐射性优	1. 弯曲性能差 2. 耐电压性能差 3. 耐潮性能差。如果没有封闭层，不推荐在高湿度环境中使用	用于高温及有辐射的场合	企标
玻璃绝缘微细线	玻璃膜绝缘微细锰铜线	BMTM－1 BMTM－2 BMTM－3	6～8μm	－40～100℃	1. 导体电阻的热稳定性好 2. 玻璃膜绝缘能适应高低温的变化	弯曲性能差	用于高灵敏度、高稳定度和小型的电工仪器仪表中	企标
	玻璃膜绝缘微细镍铬线	BMNG	2～5μm	－40～100℃				

① 圆线规格以线芯直径表示、扁线以线芯窄边（*a*）、宽边（*b*）长度表示，带（箔）以导体厚、宽表示。

② 在氧化膜层，再涂以绝缘漆，使其密封。

3.2 各种特种绕组线性能

3.2.1 130级直焊聚氨酯漆包绞线

该产品是以单根直焊聚氨酯漆包线绞合而成，绞合可以是一次绞合，也可以进行二次和三次绞合。其耐热等级依据单根漆包线的绝缘层而定，为130级。

1. 型号、名称、规格（见表2-3-2）

2. 性能要求

(1) 绞线根数、次数及导体截面积（见表2-3-3）

表 2-3-2　130 级直焊聚氨酯漆包绞线型号、名称、规格

型号	名称	规格范围/(根/mm)	标准
QAJ－1/130 QAJ－2/130 QAJ－3/130	130 级薄漆膜直焊聚氨酯漆包绞线 130 级厚漆膜直焊聚氨酯漆包绞线 130 级特厚漆膜直焊聚氨酯漆包绞线	(3～3000)/0.020～ (3～50)/0.500①	企标

① 规格范围中的根数可以由供需双方协商确定。

表 2-3-3　漆包绞线结构、尺寸及电阻

标称直径/mm	总绞线根数	各次绞线根数①			导体总截面积/mm²	导体 20℃时电阻			绞线外径范围					
									1 级		2 级		3 级	
		三次绞	二次绞	一次绞		最小/(Ω/m)	标准/(Ω/m)	最大/(Ω/m)	最小/mm	最大/mm	最小/mm	最大/mm	最小/mm	最大/mm
0.020	10	0	0	10	0.0031	4.9950	5.5500	6.1050	0.087	0.095	0.099	0.107	0.111	0.119
0.020	12	0	0	12	0.0038	4.1625	4.6250	5.0875	0.095	0.104	0.108	0.117	0.121	0.130
0.030	10	0	0	10	0.0071	2.1765	2.4667	2.7133	0.130	0.146	0.150	0.162	0.166	0.182
0.030	16	0	0	16	0.0113	1.3603	1.5417	1.6958	0.166	0.186	0.192	0.207	0.212	0.232
0.030	60	0	3	20	0.0424	0.3627	0.4111	0.4749	0.327	0.367	0.377	0.407	0.416	0.456
0.030	108	3	3	12	0.0763	0.2015	0.2284	0.2689	0.439	0.492	0.505	0.545	0.559	0.612
0.032	6	0	0	6	0.0048	3.1882	3.6133	3.9746	0.107	0.119	0.122	0.132	0.135	0.147
0.040	5	0	0	5	0.0063	2.4485	2.7750	3.0525	0.123	0.137	0.140	0.151	0.154	0.165
0.040	7	0	0	7	0.0088	1.7490	1.9821	2.1804	0.146	0.162	0.165	0.179	0.182	0.195
0.040	8	0	0	8	0.0101	1.5303	1.7344	1.9078	0.156	0.173	0.177	0.191	0.194	0.209
0.040	10	0	0	10	0.0126	1.2243	1.3875	1.5263	0.174	0.194	0.198	0.213	0.217	0.233
0.040	12	0	0	12	0.0151	1.0202	1.1563	1.2719	0.191	0.212	0.217	0.234	0.238	0.255
0.040	15	0	0	15	0.0188	0.8162	0.9250	1.0175	0.215	0.239	0.244	0.264	0.268	0.288
0.040	20	0	0	20	0.0251	0.6121	0.6938	0.7631	0.250	0.278	0.284	0.307	0.312	0.335
0.040	25	0	0	25	0.0314	0.4897	0.5550	0.6105	0.282	0.314	0.320	0.346	0.352	0.378
0.040	30	0	0	30	0.0377	0.4081	0.4625	0.5240	0.308	0.344	0.351	0.379	0.386	0.414
0.040	35	0	0	35	0.0440	0.3498	0.3964	0.4492	0.333	0.371	0.379	0.409	0.416	0.447
0.040	45	0	0	45	0.0565	0.2721	0.3083	0.3493	0.378	0.421	0.429	0.464	0.472	0.507
0.040	60	0	3	20	0.0754	0.2040	0.2313	0.2671	0.436	0.486	0.496	0.535	0.545	0.585
0.040	75	0	3	25	0.0942	0.1632	0.1850	0.2137	0.488	0.543	0.554	0.599	0.610	0.654
0.040	90	0	3	30	0.1131	0.1360	0.1542	0.1781	0.534	0.595	0.607	0.656	0.668	0.716
0.040	105	0	3	35	0.1319	0.1166	0.1321	0.1527	0.577	0.643	0.656	0.708	0.721	0.774
0.040	135	0	3	45	0.1696	0.0907	0.1028	0.1187	0.654	0.729	0.744	0.803	0.818	0.877
0.040	180	3	3	20	0.2262	0.0680	0.0771	0.0908	0.756	0.841	0.859	0.927	0.945	1.013
0.040	225	3	3	25	0.2827	0.0544	0.0617	0.0726	0.845	0.941	0.960	1.037	1.056	1.133
0.040	270	3	3	30	0.3393	0.0453	0.0514	0.0605	0.925	1.031	1.052	1.136	1.157	1.241
0.040	800	4	4	50	1.0053	0.0153	0.0173	0.0204	1.593	1.774	1.810	1.955	1.991	2.136
0.045	45	0	0	45	0.0716	0.2150	0.2436	0.2760	0.429	0.472	0.481	0.524	0.532	0.575
0.045	60	0	3	20	0.0954	0.1612	0.1827	0.2111	0.496	0.545	0.555	0.605	0.615	0.664
0.050	3	0	0	3	0.0059	2.6118	2.9600	3.2560	0.119	0.130	0.132	0.143	0.145	0.156
0.050	5	0	0	5	0.0098	1.5671	1.7760	1.9536	0.154	0.168	0.171	0.184	0.187	0.201

（续）

标称直径/mm	总绞线根数	各次绞线根数①			导体总截面积/mm²	导体20℃时电阻			绞线外径范围					
		三次绞	二次绞	一次绞		最小/(Ω/m)	标准/(Ω/m)	最大/(Ω/m)	1级		2级		3级	
									最小/mm	最大/mm	最小/mm	最大/mm	最小/mm	最大/mm
0.050	6	0	0	6	0.0118	1.3059	1.4800	1.6280	0.168	0.184	0.187	0.202	0.205	0.220
0.050	8	0	0	8	0.0157	0.9794	1.1100	1.2210	0.194	0.212	0.216	0.233	0.237	0.255
0.050	10	0	0	10	0.0196	0.7835	0.8880	0.9768	0.217	0.237	0.241	0.261	0.265	0.285
0.050	12	0	0	12	0.0236	0.6529	0.7400	0.8140	0.238	0.260	0.264	0.286	0.290	0.312
0.050	15	0	0	15	0.0295	0.5224	0.5920	0.6512	0.268	0.293	0.298	0.322	0.327	0.351
0.050	17	0	0	17	0.0334	0.4609	0.5224	0.5746	0.286	0.312	0.317	0.343	0.348	0.374
0.050	20	0	0	20	0.0393	0.3918	0.4440	0.4884	0.312	0.341	0.346	0.375	0.381	0.409
0.050	25	0	0	25	0.0491	0.3134	0.3552	0.3907	0.352	0.384	0.390	0.422	0.429	0.461
0.050	30	0	0	30	0.0589	0.2612	0.2960	0.3354	0.386	0.421	0.428	0.463	0.470	0.505
0.050	35	0	0	35	0.0687	0.2239	0.2537	0.2875	0.416	0.454	0.462	0.500	0.507	0.545
0.050	45	0	0	45	0.0884	0.1741	0.1973	0.2236	0.472	0.515	0.524	0.567	0.575	0.618
0.050	60	0	3	20	0.1178	0.1306	0.1480	0.1710	0.545	0.595	0.605	0.654	0.664	0.714
0.050	75	0	3	25	0.1473	0.1045	0.1184	0.1368	0.610	0.665	0.676	0.732	0.743	0.798
0.050	90	0	3	30	0.1767	0.0871	0.0987	0.1140	0.668	0.729	0.741	0.801	0.814	0.874
0.050	105	0	3	35	0.2062	0.0746	0.0846	0.0977	0.721	0.787	0.800	0.866	0.879	0.944
0.050	120	0	3	40	0.2356	0.0653	0.0740	0.0855	0.771	0.841	0.855	0.925	0.939	1.010
0.050	135	0	3	45	0.2651	0.0580	0.0658	0.0760	0.818	0.892	0.907	0.982	0.996	1.071
0.050	160	0	4	40	0.3142	0.0490	0.0555	0.0641	0.890	0.971	0.988	1.069	1.085	1.166
0.050	180	3	3	20	0.3534	0.0435	0.0493	0.0581	0.945	1.030	1.048	1.133	1.151	1.236
0.050	225	3	3	25	0.4418	0.0348	0.0395	0.0465	1.056	1.152	1.171	1.267	1.286	1.382
0.050	270	3	3	30	0.5301	0.0290	0.0329	0.0387	1.157	1.262	1.283	1.388	1.409	1.514
0.071	3	0	0	3	0.0119	1.2953	1.4680	1.6148	0.169	0.182	0.184	0.197	0.199	0.210
0.071	5	0	0	5	0.0198	0.7772	0.8808	0.9689	0.218	0.235	0.238	0.254	0.257	0.271
0.071	6	0	0	6	0.0238	0.6476	0.7340	0.8074	0.239	0.257	0.260	0.279	0.282	0.297
0.071	8	0	0	8	0.0317	0.4857	0.5505	0.6055	0.276	0.297	0.301	0.322	0.325	0.343
0.071	10	0	0	10	0.0396	0.3886	0.4404	0.4844	0.308	0.332	0.336	0.360	0.364	0.383
0.071	12	0	0	12	0.0475	0.3238	0.3670	0.4037	0.338	0.364	0.368	0.394	0.398	0.420
0.071	15	0	0	15	0.0594	0.2591	0.2936	0.3230	0.381	0.410	0.415	0.444	0.449	0.473
0.071	20	0	0	20	0.0792	0.1943	0.2202	0.2422	0.443	0.477	0.483	0.517	0.523	0.551
0.071	25	0	0	25	0.0990	0.1554	0.1762	0.1938	0.499	0.538	0.544	0.582	0.589	0.621
0.071	30	0	0	30	0.1188	0.1295	0.1468	0.1663	0.547	0.589	0.596	0.638	0.645	0.680
0.071	35	0	0	35	0.1386	0.1110	0.1258	0.1426	0.591	0.636	0.644	0.689	0.697	0.735
0.071	45	0	0	45	0.1782	0.0864	0.0979	0.1109	0.670	0.721	0.730	0.781	0.790	0.833
0.071	60	0	3	20	0.2376	0.0648	0.0734	0.0848	0.773	0.833	0.843	0.902	0.912	0.962
0.071	75	0	3	25	0.2969	0.0518	0.0587	0.0678	0.865	0.931	0.942	1.009	1.020	1.075
0.071	90	0	3	30	0.3563	0.0432	0.0489	0.0565	0.947	1.020	1.032	1.105	1.117	1.178
0.071	105	0	3	35	0.4157	0.0370	0.0419	0.0485	1.023	1.102	1.115	1.194	1.207	1.272
0.071	120	0	3	40	0.4751	0.0324	0.0367	0.0424	1.094	1.178	1.192	1.276	1.290	1.360
0.071	135	0	3	45	0.5345	0.0288	0.0326	0.0377	1.160	1.249	1.264	1.353	1.368	1.443
0.071	180	3	3	20	0.7127	0.0216	0.0245	0.0288	1.339	1.443	1.460	1.563	1.580	1.666
0.071	225	3	3	25	0.8908	0.0173	0.0196	0.0230	1.498	1.613	1.632	1.747	1.766	1.862
0.071	270	3	3	30	1.0690	0.0144	0.0163	0.0192	1.641	1.767	1.788	1.914	1.935	2.040
0.071	600	5	3	40	2.3755	0.0065	0.0073	0.0086	2.446	2.634	2.665	2.853	2.885	3.041
0.080	4	0	0	4	0.0201	0.7652	0.8672	0.9539	0.218	0.235	0.238	0.253	0.255	0.270

（续）

标称直径/mm	总绞线根数	各次绞线根数①			导体总截面积/mm²	导体20℃时电阻			绞线外径范围					
		三次绞	二次绞	一次绞		最小/(Ω/m)	标准/(Ω/m)	最大/(Ω/m)	1级		2级		3级	
									最小/mm	最大/mm	最小/mm	最大/mm	最小/mm	最大/mm
0.080	45	0	0	45	0.2262	0.0680	0.0771	0.0873	0.747	0.807	0.816	0.867	0.876	0.927
0.080	100	0	5	20	0.5027	0.0306	0.0347	0.0401	1.114	1.203	1.216	1.293	1.306	1.382
0.100	4	0	0	4	0.0314	0.4897	0.5550	0.6105	0.270	0.293	0.295	0.313	0.315	0.330
0.100	5	0	0	5	0.0393	0.3918	0.4440	0.4884	0.302	0.327	0.330	0.349	0.352	0.369
0.100	10	0	0	10	0.0785	0.1959	0.2220	0.2442	0.427	0.462	0.466	0.494	0.498	0.522
0.100	12	0	0	12	0.0942	0.1632	0.1850	0.2035	0.468	0.507	0.511	0.541	0.546	0.572
0.100	15	0	0	15	0.1178	0.1306	0.1480	0.1628	0.527	0.571	0.576	0.610	0.615	0.644
0.100	20	0	0	20	0.1571	0.0979	0.1110	0.1221	0.613	0.665	0.670	0.710	0.716	0.750
0.100	25	0	0	25	0.1963	0.0784	0.0888	0.0977	0.691	0.749	0.755	0.800	0.806	0.845
0.100	30	0	0	30	0.2356	0.0653	0.0740	0.0838	0.757	0.820	0.827	0.876	0.883	0.925
0.100	35	0	0	35	0.2749	0.0560	0.0634	0.0719	0.818	0.886	0.894	0.947	0.954	1.000
0.100	40	0	0	40	0.3142	0.0490	0.0555	0.0629	0.874	0.947	0.955	1.012	1.020	1.069
0.100	45	0	0	45	0.3534	0.0435	0.0493	0.0559	0.927	1.005	1.013	1.073	1.082	1.133
0.100	60	0	3	20	0.4712	0.0326	0.0370	0.0427	1.071	1.160	1.170	1.239	1.249	1.309
0.100	75	0	3	25	0.5890	0.0261	0.0296	0.0342	1.197	1.297	1.308	1.386	1.397	1.463
0.100	90	0	3	30	0.7069	0.0218	0.0247	0.0285	1.311	1.421	1.433	1.518	1.530	1.603
0.100	105	0	3	35	0.8247	0.0187	0.0211	0.0244	1.417	1.535	1.548	1.640	1.653	1.731
0.100	120	0	3	40	0.9425	0.0163	0.0185	0.0214	1.514	1.641	1.655	1.753	1.767	1.851
0.100	135	0	3	45	1.0603	0.0145	0.0164	0.0190	1.606	1.740	1.755	1.859	1.874	1.963
0.100	160	0	4	40	1.2566	0.0122	0.0139	0.0160	1.749	1.894	1.911	2.024	2.040	2.137
0.100	180	3	3	20	1.4137	0.0109	0.0123	0.0145	1.855	2.009	2.026	2.147	2.164	2.267
0.100	198	3	3	22	1.5551	0.0099	0.0112	0.0132	1.945	2.107	2.125	2.251	2.269	2.377
0.100	200	0	5	40	1.5708	0.0098	0.0111	0.0128	1.955	2.118	2.136	2.263	2.281	2.389
0.100	225	3	3	25	1.7671	0.0087	0.0099	0.0116	2.074	2.246	2.266	2.400	2.419	2.534
0.100	270	3	3	30	2.1206	0.0073	0.0082	0.0097	2.272	2.461	2.482	2.629	2.650	2.776
0.120	5	0	0	5	0.0565	0.2721	0.3083	0.3392	0.363	0.386	0.389	0.414	0.416	0.439
0.120	10	0	0	10	0.1131	0.1360	0.1542	0.1696	0.514	0.545	0.549	0.585	0.589	0.621
0.120	12	0	0	12	0.1357	0.1134	0.1285	0.1413	0.563	0.598	0.602	0.641	0.645	0.680
0.120	15	0	0	15	0.1696	0.0907	0.1028	0.1131	0.634	0.673	0.678	0.722	0.727	0.766
0.120	20	0	0	20	0.2262	0.0680	0.0771	0.0848	0.738	0.784	0.789	0.841	0.846	0.892
0.120	25	0	0	25	0.2827	0.0544	0.0617	0.0678	0.832	0.883	0.890	0.947	0.954	1.005
0.120	30	0	0	30	0.3393	0.0453	0.0514	0.0582	0.911	0.967	0.975	1.038	1.045	1.101
0.120	35	0	0	35	0.3958	0.0389	0.0440	0.0499	0.984	1.045	1.053	1.121	1.128	1.189
0.120	45	0	0	45	0.5089	0.0302	0.0343	0.0388	1.116	1.185	1.194	1.271	1.279	1.348
0.120	60	0	3	20	0.6786	0.0227	0.0257	0.0297	1.289	1.368	1.378	1.467	1.477	1.557
0.120	75	0	3	25	0.8482	0.0181	0.0206	0.0237	1.441	1.530	1.541	1.641	1.652	1.740
0.120	90	0	3	30	1.0179	0.0151	0.0171	0.0198	1.579	1.676	1.688	1.797	1.809	1.906
0.120	105	0	3	35	1.1875	0.0130	0.0147	0.0170	1.705	1.810	1.823	1.941	1.954	2.059
0.120	120	0	3	40	1.3572	0.0113	0.0128	0.0148	1.823	1.935	1.949	2.075	2.089	2.201
0.120	135	0	3	45	1.5268	0.0101	0.0114	0.0132	1.933	2.052	2.067	2.201	2.216	2.335
0.120	180	3	3	20	2.0358	0.0076	0.0086	0.0101	2.232	2.370	2.387	2.542	2.559	2.696
0.120	225	3	3	25	2.5447	0.0060	0.0069	0.0081	2.496	2.650	2.669	2.842	2.861	3.014
0.125	3	0	0	3	0.0368	0.4179	0.4736	0.5210	0.292	0.312	0.314	0.333	0.336	0.353

（续）

标称直径/mm	总绞线根数	各次绞线根数①			导体总截面积/mm²	导体20℃时电阻			绞线外径范围					
		三次绞	二次绞	一次绞		最小/(Ω/m)	标准/(Ω/m)	最大/(Ω/m)	1级		2级		3级	
									最小/mm	最大/mm	最小/mm	最大/mm	最小/mm	最大/mm
0.140	4	0	0	4	0.0616	0.2499	0.2832	0.3115	0.378	0.400	0.403	0.428	0.430	0.453
0.150	4	0	0	4	0.0707	0.2176	0.2467	0.2713	0.405	0.428	0.430	0.455	0.458	0.483
0.150	10	0	0	10	0.1767	0.0871	0.0987	0.1085	0.640	0.676	0.680	0.719	0.723	0.763
0.150	20	0	0	20	0.3534	0.0435	0.0493	0.0543	0.920	0.971	0.977	1.034	1.039	1.096
0.150	30	0	0	30	0.5301	0.0290	0.0329	0.0373	1.136	1.199	1.206	1.276	1.283	1.353
0.150	45	1	0	45	0.7952	0.0193	0.0219	0.0248	1.391	1.468	1.477	1.563	1.571	1.657
0.150	75	0	3	25	1.3254	0.0116	0.0132	0.0152	1.796	1.896	1.907	2.017	2.029	2.139
0.150	105	0	3	35	1.8555	0.0083	0.0094	0.0109	2.125	2.243	2.256	2.387	2.400	2.531
0.160	4	0	0	4	0.0804	0.1913	0.2168	0.2385	0.430	0.455	0.458	0.485	0.488	0.513
0.180	4	0	0	4	0.1018	0.1511	0.1713	0.1884	0.483	0.510	0.513	0.543	0.545	0.573
0.180	5	0	0	5	0.1272	0.1209	0.1370	0.1507	0.539	0.570	0.573	0.607	0.609	0.640
0.200	6	0	0	6	0.1885	0.0816	0.0925	0.1018	0.655	0.692	0.695	0.732	0.735	0.772
0.200	7	0	0	7	0.2199	0.0700	0.0793	0.0872	0.708	0.747	0.751	0.790	0.794	0.833
0.200	10	0	0	10	0.3142	0.0490	0.0555	0.0611	0.846	0.893	0.897	0.945	0.949	0.996
0.200	15	0	0	15	0.4712	0.0326	0.0370	0.0407	1.044	1.103	1.108	1.166	1.171	1.230
0.200	20	0	0	20	0.6283	0.0245	0.0278	0.0305	1.215	1.284	1.289	1.357	1.363	1.431
0.200	25	0	0	25	0.7854	0.0196	0.0222	0.0244	1.370	1.446	1.453	1.530	1.536	1.613
0.200	30	0	0	30	0.9425	0.0163	0.0185	0.0210	1.500	1.584	1.591	1.676	1.683	1.767
0.200	45	0	0	45	1.4137	0.0109	0.0123	0.0140	1.838	1.941	1.949	2.052	2.061	2.164
0.200	75	0	3	25	2.3562	0.0065	0.0074	0.0085	2.372	2.505	2.516	2.649	2.660	2.793
0.200	200	0	4	50	6.2832	0.0024	0.0028	0.0032	3.874	4.091	4.109	4.326	4.344	4.562
0.250	7	0	0	7	0.3436	0.0448	0.0507	0.0558	0.883	0.929	0.933	0.982	0.986	1.032
0.250	10	0	0	10	0.4909	0.0313	0.0355	0.0391	1.055	1.111	1.115	1.174	1.178	1.233
0.300	10	0	0	10	0.7069	0.0218	0.0247	0.0271	1.261	1.320	1.324	1.391	1.395	1.459
0.300	15	0	0	15	1.0603	0.0145	0.0164	0.0181	1.557	1.630	1.635	1.718	1.723	1.801
0.300	20	0	0	20	1.4137	0.0109	0.0123	0.0136	1.812	1.897	1.903	1.999	2.005	2.096
0.300	30	0	0	30	2.1206	0.0073	0.0082	0.0093	2.236	2.342	2.349	2.468	2.475	2.587
0.315	10	0	0	10	0.7793	0.0197	0.0224	0.0246	1.320	1.380	1.383	1.451	1.455	1.518
0.355	45	0	0	45	4.4541	0.0035	0.0039	0.0044	3.220	3.366	3.374	3.529	3.538	3.675
0.400	20	0	0	20	2.5133	0.0061	0.0069	0.0076	2.391	2.493	2.499	2.607	2.613	2.715
0.450	4	0	0	4	0.6362	0.0242	0.0274	0.0301	1.180	1.228	1.230	1.283	1.285	1.333
0.500	35	0	0	35	6.8722	0.0022	0.0025	0.0029	3.968	4.119	4.127	4.286	4.294	4.445

① 绞合根数可以从3根至3000根。

(2) 单根漆包线的性能 应符合表2-3-3规定的要求。

(3) 绞合线的性能 应复合下列要求：

1) 绞合线的外径应符合表2-3-3的规定。若不是表中的绞线规格，可以按式（2-3-1）计算：

$$D=\rho d\sqrt{n} \quad (2\text{-}3\text{-}1)$$

式中 D——绞线外径（mm）；

ρ——束绞系数，见表2-3-4；

d——单线标称外径（含漆膜厚度）（mm），

$$d=\frac{(\text{最小完成外径}+\text{最大完成外径})}{2}=\frac{[(\text{导体直径}+\text{最小漆膜厚度})+\text{最大直径}]}{2}$$

n——股数。

表2-3-4 束绞系数ρ

单线根数	束绞系数
3～12	1.25
16	1.26
20	1.27
25～400	1.28

注：其他单线根数根据供需双方协商确定。

2) 绞线绞数应符合表2-3-5的规定。

3) 绞合方向可以为左旋，也可以为右旋，由供需双方协商确定。

4) 绞合后的直流电阻应符合表2-3-3的规定。若不是表中的绞线规格，可以按式（2-3-2）、式（2-3-3）、式（2-3-4）、式（2-3-5）计算。

表2-3-5 绞线绞数

绞线最大完成外径/mm	绞数①/(圈/200mm)
0.50以下	17±2
0.501～0.96	15±2
0.97～1.18	13±2
1.19～1.34	12±2
1.35～1.55	9±1
1.56～1.81	8±1
1.82～2.10	7±1
2.11～2.50	6±1
2.51～2.90	5±0.5
2.91～3.70	4.5±0.5
3.71～4.10	4±0.5
4.11～5.00	3±0.5

① 绞数当客户另有要求时，按供需双方协议商定。

最小电阻：

$$R_{\min}=\frac{r_{\min}}{n} \quad (2\text{-}3\text{-}2)$$

标称电阻：

$$R_{\text{nom}}=\frac{r_{\text{nom}}}{n}k_1 \quad (2\text{-}3\text{-}3)$$

最大电阻：绞合根数为25根及以下：

$$R_{\max}=\frac{r_{\max}}{n}k_1 \quad (2\text{-}3\text{-}4)$$

绞合根数为25根以上：

$$R_{\max}=\frac{r_{\max}}{n}k_1k_2 \quad (2\text{-}3\text{-}5)$$

绞线针孔应符合表2-3-6的规定。

表2-3-6 最大允许的盐水针孔

1级漆层	绞线股数	100股及以下	101～500股	501～1000股	1001～2000股
	允许针孔数/(个/6m)	≤0.4×股数	≤40	≤50	≤60
2级及1B漆层	绞线股数	10股及以下	11～200股	201～1000股	1001～2000股
	允许针孔数/(个/6m)	≤1	≤0.1×股数	≤25	≤30
3级及2B漆层	绞线股数	100股及以下	101～500股	501～1000股	1001～2000股
	允许针孔数/(个/6m)	≤1	≤0.01×股数	≤12	≤15

3.2.2 155级直焊聚氨酯漆包绞线

该产品是以单根直焊聚氨酯漆包线绞合而成，绞合可以是一次绞合，也可以进行二次和三次绞合。其耐热等级依据单根漆包线的绝缘层而定，为155级。

1. 型号、名称、规格（见表2-3-7）

表2-3-7 155级直焊聚氨酯漆包绞线型号、名称、规格

型号	名称	规格范围/（根/mm）	标准
QAJ－1/155	155级薄漆膜直焊聚氨酯漆包绞线	(3～3000)/0.020～(3～50)/0.500①	企标
QAJ－2/155	155级厚漆膜直焊聚氨酯漆包绞线		
QAJ－3/155	155级特厚漆膜直焊聚氨酯漆包绞线		

① 规格范围中的根数可以由供需双方协商确定。

2. 性能要求

(1) 绞线根数、次数及导体截面积（见表2-3-3）

(2) 单根漆包线的性能 应符合表2-3-3规定的要求。

(3) 绞合线的性能 应复合下列要求：

1）绞合线的最大和最小外径应可以按式(2-3-1)计算。

2）绞线绞数应符合表2-3-5的规定。

3）绞合方向可以为左旋，也可以为右旋，由供需双方协商确定。

4）绞合后的直流电阻应符合表2-3-3的规定。若不是表中的绞线规格，可以按式（2-3-2）、式(2-3-3）和式（2-3-4）计算出最大、最小和标称直流电阻。

3.2.3 155级自粘直焊聚氨酯漆包绞线

该产品是以单根自粘直焊聚氨酯漆包线绞合而成，绞合可以是一次绞合，也可以进行二次和三次绞合。其耐热等级依据单根漆包线的绝缘层而定，为155级。

1. 型号、名称、规格（见表2-3-8）

表2-3-8 155级自粘直焊聚氨酯漆包绞线型号、名称、规格

型号	名称	规格范围/(根/mm)	标准
QANJ－1B/155	155级薄漆膜自粘直焊聚氨酯漆包绞线	(3～3000)/0.020～(3～50)/0.500①	企标
QANJ－2B/155	155级厚漆膜自粘直焊聚氨酯漆包绞线		

① 规格范围中的根数可以由供需双方协商确定。

2. 性能要求

(1) 绞线根数、次数及导体截面积（见表2-3-3）

(2) 单根漆包线的性能 应符合表2-3-3规定的要求。

(3) 绞合线的性能 应复合下列要求：

1）绞合线的最大和最小外径应可以按式(2-3-1)计算。

2）绞线绞数应符合表2-3-5的规定。

3）绞合方向可以为左旋，也可以为右旋，由供需双方协商确定。

4）绞合后的直流电阻应符合表2-3-3的规定。若不是表中的绞线规格，可以按式（2-3-2）、式(2-3-3）和式（2-3-4）计算出最大、最小和标称直流电阻。

3.2.4 180级直焊聚酯亚胺漆包绞线

该产品是以单根直焊聚酯亚胺漆包线绞合而成，绞合可以是一次绞合，也可以进行二次和三次绞合。其耐热等级依据单根漆包线的绝缘层而定，为180级。

1. 型号、名称、规格（见表2-3-9）

表2-3-9 180级直焊聚酯亚胺漆包绞线型号、名称、规格

型号	名称	规格范围/(根/mm)	标准
QZYHJ－1/180	180级薄漆膜直焊聚酯亚胺漆包绞线	(3～3000)/0.020～(3～50)/0.500①	企标
QZYHJ－2/180	180级厚漆膜直焊聚酯亚胺漆包绞线		
QZYHJ－3/180	180级特厚漆膜直焊聚酯亚胺漆包绞线		

① 规格范围中的根数可以由供需双方协商确定。

2. 性能要求

(1) 绞线根数、次数及导体截面积（见表2-3-3）

(2) 单根漆包线的性能 应符合表2-3-3规定的要求。

(3) 绞合线的性能 应复合下列要求：

1）绞合线的最大和最小外径应可以按式(2-3-1)计算。

2）绞线绞数应符合表2-3-5的规定。

3）绞合方向可以为左旋，也可以为右旋，由

供需双方协商确定。

4）绞合后的直流电阻应符合表2-3-3的规定。若不是表中的绞线规格，可以按式（2-3-2）、式（2-3-3）和式（2-3-4）计算出最大、最小和标称直流电阻。

3.2.5 三层绝缘线

三层绝缘线是在导体表面挤出三层绝缘的绕组线，相对应还有一层绝缘的基础绝缘型、两层绝缘的附加绝缘型绕组线。产品耐热等级有：105级、120级、130级、155级、180级、200级、220级和250级等。目前生产的产品主要为120级和130级产品。

1. 型号、名称、规格（见表2-3-10）

表2-3-10 三层绝缘线型号、名称、规格

名称	规格范围/mm
单一或复合增强挤出绝缘型圆绕组线	0.050～2.500
自粘性单一或复合增强挤出绝缘型圆绕组线	0.050～2.500

2. 性能要求

（1）结构和尺寸（见图2-3-1）

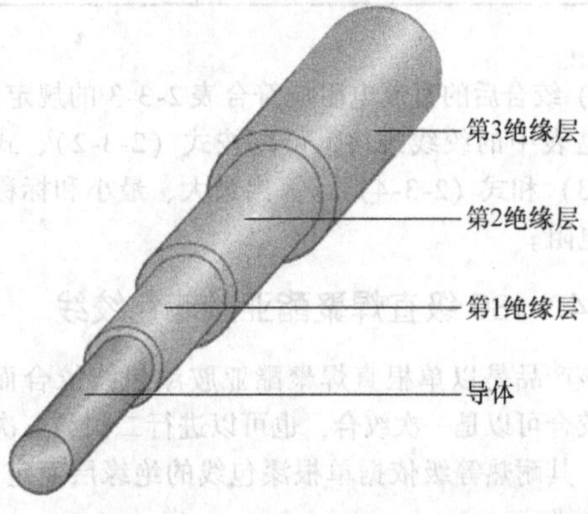

图2-3-1 三层挤出绝缘绕组线结构

（2）尺寸 符合表2-3-11和表2-3-12的规定。

表2-3-11 非自粘型三层绝缘线尺寸（单位：mm）

导体标称直径	导体公差（±）	最小绝缘厚度①			最大外径②
		最强绝缘（三层）	附加绝缘（二层）	基础绝缘（一层）	
0.050		0.120	0.030	0.030	
0.056		0.120	0.030	0.030	
0.063		0.120	0.030	0.030	
0.071		0.120	0.030	0.030	
0.080		0.120	0.030	0.030	
0.090		0.120	0.030	0.030	
0.100	0.008	0.120	0.030	0.030	
0.110	0.008	0.120	0.030	0.030	
0.120	0.008	0.120	0.030	0.030	
0.130	0.008	0.120	0.030	0.030	
0.140	0.008	0.120	0.030	0.030	
0.150	0.008	0.120	0.030	0.030	
0.160	0.008	0.120	0.030	0.030	
0.170	0.008	0.120	0.030	0.030	
0.180	0.008	0.120	0.030	0.030	
0.190	0.008	0.120	0.030	0.030	
0.200	0.008	0.120	0.030	0.030	
0.210	0.008	0.120	0.030	0.030	
0.220	0.008	0.120	0.030	0.030	
0.230	0.008	0.120	0.030	0.030	
0.240	0.008	0.120	0.030	0.030	
0.250	0.008	0.120	0.030	0.030	
0.260	0.010	0.120	0.030	0.030	
0.270	0.010	0.120	0.030	0.030	
0.280	0.010	0.120	0.030	0.030	
0.290	0.010	0.120	0.030	0.030	
0.300	0.010	0.120	0.030	0.030	
0.320	0.010	0.120			
0.350	0.010	0.120			
0.370	0.010	0.120			
0.400	0.010	0.120			
0.450	0.010	0.120			
0.500	0.010	0.120			
0.550	0.020	0.120			
0.600	0.020	0.120			
0.650	0.020	0.120			
0.700	0.020	0.120			
0.750	0.020	0.120			
0.800	0.020	0.120			
0.850	0.020	0.120			
0.900	0.020	0.120			
0.950	0.020	0.120			
1.000	0.030	0.120			
1.100	0.030	0.120			
1.200	0.030	0.120			
1.400	0.030	0.120			
1.600	0.030	0.120			
1.800	0.030	0.120			
2.000	0.030	0.120			
2.240	0.030	0.120			
2.500	0.030	0.120			

① 中间尺寸最小绝缘厚度参照相邻较大规格的要求。

② 最大外径未定，由供需双方协商确定。

表 2-3-12 自粘型三层绝缘线尺寸（单位：mm）

导体标称直径	导体公差（±）	最小绝缘厚度①			自粘层最小厚度	最大外径②
		最强绝缘（三层）	附加绝缘（二层）	基础绝缘（一层）		
0.050		0.120	0.030	0.030	0.020	
0.056		0.120	0.030	0.030	0.020	
0.063		0.120	0.030	0.030	0.020	
0.071		0.120	0.030	0.030	0.020	
0.080		0.120	0.030	0.030	0.020	
0.090		0.120	0.030	0.030	0.020	
0.100	0.008	0.120	0.030	0.030	0.020	
0.110	0.008	0.120	0.030	0.030	0.020	
0.120	0.008	0.120	0.030	0.030	0.020	
0.130	0.008	0.120	0.030	0.030	0.020	
0.140	0.008	0.120	0.030	0.030	0.020	
0.150	0.008	0.120	0.030	0.030	0.020	
0.160	0.008	0.120	0.030	0.030	0.020	
0.170	0.008	0.120	0.030	0.030	0.020	
0.180	0.008	0.120	0.030	0.030	0.020	
0.190	0.008	0.120	0.030	0.030	0.020	
0.200	0.008	0.120	0.030	0.030	0.020	
0.210	0.008	0.120	0.030	0.030	0.020	
0.220	0.008	0.120	0.030	0.030	0.020	
0.230	0.008	0.120	0.030	0.030	0.020	
0.240	0.008	0.120	0.030	0.030	0.020	
0.250	0.008	0.120	0.030	0.030	0.020	
0.260	0.010	0.120	0.030	0.030	0.020	
0.270	0.010	0.120	0.030	0.030	0.020	
0.280	0.010	0.120	0.030	0.030	0.020	
0.290	0.010	0.120	0.030	0.030	0.020	
0.300	0.010	0.120	0.030	0.030	0.020	
0.320	0.010	0.120			0.020	
0.350	0.010	0.120			0.020	
0.370	0.010	0.120			0.020	
0.400	0.010	0.120			0.020	
0.450	0.010	0.120			0.020	
0.500	0.010	0.120			0.020	
0.550	0.020	0.120			0.020	
0.600	0.020	0.120			0.020	
0.650	0.020	0.120			0.020	
0.700	0.020	0.120			0.020	
0.750	0.020	0.120			0.020	
0.800	0.020	0.120			0.020	
0.850	0.020	0.120			0.020	
0.900	0.020	0.120			0.020	
0.950	0.020	0.120			0.020	
1.000	0.030	0.120			0.020	
1.100	0.030	0.120			0.020	
1.200	0.030	0.120			0.020	
1.400	0.030	0.120			0.020	
1.600	0.030	0.120			0.020	
1.800	0.030	0.120			0.020	
2.000	0.030	0.120			0.020	
2.240	0.030	0.120			0.020	
2.500	0.030	0.120			0.020	

（续）

① 中间尺寸最小绝缘厚度参照相邻较大规格的要求。

② 最大外径未定，由供需双方协商确定。

（3）导体电阻 应符合本篇第1章1.2.4节“1. 电阻”中的“（1）漆包铜圆线”的要求。

（4）柔韧性和附着性 按本篇第4章4.2.4节“1. 圆棒卷绕试验”进行卷绕试验，所用圆棒直径按表2-3-13的规定，然后按本篇第4章4.4.3节进行击穿电压试验。产品卷绕时所施加的压力按118MPa±10%（118N/mm^2±10%）计算。

产品在以下电压下不应被击穿：

1）增强绝缘：3.0kV（有效值）或4.2kV（峰值）。

2）基础绝缘或辅助绝缘：1.5kV（有效值）或2.1kV（峰值）。

试验时电压施加在产品导体和圆棒上，持续1min。

表 2-3-13 圆棒直径（单位：mm）

导体标称直径	圆棒直径
<0.35	4.0±0.2
<0.50	6.0±0.2
<0.75	8.0±0.2
<2.50	10.0±0.2

（5）热冲击 产品在以下电压下不应被击穿：

1）增强绝缘：3.0kV（有效值）或4.2kV（峰值）。

2）基础绝缘或辅助绝缘：1.5kV（有效值）或2.1kV（峰值）。

试验时电压施加在产品导体和圆棒上，持续1min。

试验温度按表2-3-14的规定，样品卷绕时圆棒直径应符合表2-3-13的规定。样品从烘箱内取出后冷却至室温再进行耐电压试验。

表 2-3-14 热冲击试验温度

耐温等级	105	120	130	155	180	200	220	250
试验温度/℃	200 ± 5	215 ± 5	225 ± 5	250 ± 5	275 ± 5	295 ± 5	315 ± 5	345 ± 5

(6) 耐电压性 采用绝缘耐电压试验代替击穿电压试验。

导体标称直径 0.10 ~ 2.50mm 采用绞线对法，其在以下电压下不应被击穿：

1）增强绝缘：6.0kV（有效值）或 8.4kV（峰值）。

2）基础绝缘或辅助绝缘：3.0kV（有效值）或 4.2kV（峰值）。

导体标称直径 0.05 ~ 0.10mm 采用圆棒法进行试验，试验电压减半。

试验时电压施加在样品导体和圆棒上，持续 1min。

(7) 绝缘连续性 在产品生产过程中应进行绝缘连续性试验，失效部分不应混入成品中。

绝缘连续性试验参照 IEC 62230—2006。

产品在以下电压下不应被击穿：

1）增强绝缘：3.0kV（有效值）。

2）基础绝缘或辅助绝缘：1.5kV（有效值）。

(8) 直焊性 要求由供需双方协商确定。

(9) 热粘合 对于自粘性产品，要求由供需双方协商确定。

(10) 外观 绝缘层应光滑连续，样品在收线盘上，用正常视力检查，无气泡、斑点和杂质。

薄膜绕包绝缘上的凹凸可以接受。

在供需双方协商确定后，导体标称直径 0.10mm 以下的产品可使用 6 ~ 10 倍的放大镜检查。

3.2.6 额定电压 450/750V 及以下聚乙烯绝缘尼龙护套耐水绕组线

该产品是以低密度聚乙烯为绝缘，尼龙为护套，挤压在漆包铜圆单线（或铜圆绞线）上而成。适用于交流额定电压为 450/750V 的充水式潜水电机的耐水绕组线，简称为 PE 耐水线。

PE 耐水线适应于在水中长期工作，水的 pH 值为 6.5 ~ 8.5，水压一般不超过 1MPa。PE 耐水线的长期工作温度应不超过 70℃。

1. 型号、名称、规格（见表 2-3-15）

2. 性能要求

1）结构和尺寸见表 2-3-16、表 2-3-17。

表 2-3-15 PE 耐水线型号、名称、规格

型号	名称	规格范围/mm	标准
SQYN	漆包铜导体聚乙烯绝缘尼龙护套耐水绕组线	1/0.60 ~ 1/2.50	JB/T 4014.2—2013
SJYN	绞合铜导体聚乙烯绝缘尼龙护套耐水绕组线	7/0.80 ~ 19/1.40	

表 2-3-16 SQYN 型耐水线结构与参数

结构与标称直径/(根/mm)	导体直径偏差(±)/mm	漆包线最大外径/mm	导体标称截面积/mm²	聚乙烯绝缘标称厚度/mm	尼龙护套标称厚度/mm	绕组线平均外径上限/mm	导体直流电阻/(Ω/m) 最小值	最大值
1/0.60	0.006	0.674	0.28	0.30	0.10	1.60	0.05876	0.06222
1/0.63	0.006	0.704	0.31	0.30	0.10	1.65	0.05335	0.05638
1/0.67	0.007	0.749	0.35	0.30	0.10	1.70	0.04722	0.04979
1/0.71	0.007	0.789	0.40	0.30	0.10	1.75	0.04198	0.04442
1/0.75	0.008	0.834	0.45	0.30	0.10	1.80	0.03756	0.03987
1/0.80	0.008	0.884	0.50	0.30	0.10	1.85	0.03305	0.03500
1/0.85	0.009	0.939	0.56	0.30	0.10	1.90	0.02925	0.03104
1/0.90	0.009	0.989	0.63	0.30	0.10	1.95	0.02612	0.02765
1/0.95	0.010	1.044	0.71	0.30	0.10	2.00	0.02342	0.02484
1/1.00	0.010	1.094	0.80	0.30	0.10	2.05	0.02116	0.02240
1/1.06	0.011	1.157	0.90	0.30	0.10	2.10	0.01881	0.01995
1/1.12	0.011	1.217	1.00	0.30	0.12	2.20	0.01687	0.01785
1/1.18	0.012	1.279	1.12	0.30	0.12	2.25	0.01519	0.01609

（续）

结构与标称直径/(根/mm)	导体直径偏差(±)/mm	漆包线最大外径/mm	导体标称截面积/mm^2	聚乙烯绝缘标称厚度/mm	尼龙护套标称厚度/mm	绕组线平均外径上限/mm	导体直流电阻/(Ω/m)	
							最小值	最大值
1/1.25	0.013	1.349	1.25	0.30	0.12	2.30	0.01353	0.01435
1/1.30	0.013	1.402	1.32	0.30	0.12	2.40	0.01252	0.01325
1/1.32	0.013	1.422	1.40	0.30	0.12	2.40	0.01214	0.01285
1/1.40	0.014	1.502	1.60	0.30	0.12	2.45	0.01079	0.01143
1/1.50	0.015	1.606	1.80	0.35	0.12	2.65	0.009402	0.009955
1/1.60	0.016	1.706	2.00	0.35	0.12	2.75	0.008237	0.008749
1/1.70	0.017	1.809	2.24	0.40	0.15	3.00	0.007320	0.007750
1/1.80	0.018	1.909	2.50	0.45	0.15	3.20	0.006529	0.006913
1/1.90	0.019	2.012	2.80	0.45	0.15	3.30	0.005860	0.006204
1/2.00	0.020	2.112	3.15	0.45	0.15	3.40	0.005289	0.005600
1/2.12	0.021	2.235	3.55	0.50	0.15	3.65	0.004708	0.004983
1/2.24	0.022	2.355	4.00	0.50	0.15	3.75	0.004218	0.004462
1/2.36	0.024	2.478	4.50	0.55	0.15	4.00	0.003797	0.004023
1/2.50	0.025	2.618	5.00	0.55	0.15	4.10	0.003385	0.003584

表 2-3-17 SJYN 型耐水线结构和尺寸

结构与标称直径/(根/mm)	绞合导体标称直径/mm	标称截面积/mm^2	聚乙烯绝缘标称厚度/mm	尼龙护套标称厚度/mm	绕组线平均外径上限/mm	导体直流电阻≤/(Ω/m)
7/0.80	2.40	3.55	0.55	0.15	3.90	0.005098
7/0.90	2.70	4.5	0.55	0.15	4.20	0.004028
7/1.00	3.00	5.6	0.60	0.15	4.60	0.003263
7/1.12	3.36	7.1	0.60	0.15	4.95	0.002601
19/0.63	3.15	6	0.65	0.15	4.85	0.003028
19/0.71	3.55	7.5	0.65	0.15	5.25	0.002384
19/0.75	3.75	8.5	0.65	0.15	5.45	0.002137
19/0.80	4.00	9.5	0.65	0.15	5.70	0.001878
19/0.85	4.25	10.6	0.65	0.15	5.95	0.001664
19/0.90	4.50	11.8	0.65	0.15	6.20	0.001484
19/0.95	4.75	13.2	0.65	0.15	6.45	0.001332
19/1.00	5.00	15	0.70	0.15	6.85	0.001202
19/1.06	5.30	17	0.70	0.15	7.15	0.001070
19/1.12	5.60	19	0.75	0.15	7.50	0.0009582
19/1.18	5.90	21.2	0.75	0.15	7.80	0.0008633
19/1.25	6.25	23.6	0.75	0.15	8.20	0.0007693
19/1.32	6.60	26.5	0.80	0.15	8.70	0.0006899
19/1.40	7.00	30	0.80	0.15	9.10	0.0006133

2）聚乙烯绝缘厚度应符合表 2-3-16、表 2-3-17的规定，绝缘厚度平均值应不小于标称值的 90%。同一截面绝缘层的偏心度 E 按式（2-3-6）计算，其值应不大于15%。同一截面绝缘层的偏心度如图 2-3-2 所示。

$$E = \frac{\delta_{\max} - \delta_{\min}}{\delta_{\max} + \delta_{\min}} \tag{2-3-6}$$

3）尼龙护套厚度见表 2-3-16、表 2-3-17。其

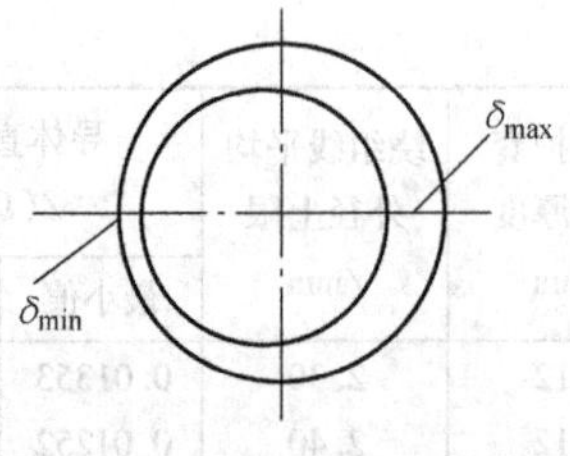

图 2-3-2 耐水线绝缘偏心度

最薄处的厚度应不小于标称值减去 0.05mm。

护套表面应光滑、平整，无气泡、杂质和机械损伤。

4）外径应符合表 2-3-16、表 2-3-17 的规定。

5）直流电阻应符合表 2-3-16、表 2-3-17 的规定。

6）聚乙烯绝缘层（包括尼龙护套）的机械物理性能：20℃断裂伸长率≥150%；20℃抗张强度≥10MPa。

7）耐电压性能整圈或整盘耐水线，浸在室温水中至少 24h 后，应经受下述公式规定交流试验电压 U_T，历时 1min 的试验。

$U_T = 2U_0 + 1000V$，但最低不得小于 3000V。

8）绝缘电阻耐水线的绝缘电阻符合表 2-3-18 的规定。

表 2-3-18 耐水线的绝缘电阻

（单位：MΩ · km）

型号	绝缘电阻（20℃）≥
SQYN SJYN	1000
SV SJV	500
SYJN SJYJN	1000

9）耐压绝缘性能耐水线在表 2-3-19 规定的水压力下，保持 24h 后，耐电压符合第 7）项的规定。

表 2-3-19 耐水线水压试验

（单位：MPa）

型号	试验压力 ≥
SQYN SJYN SV SJV	1
SYJN SJYJN	1.5

注：保持时间应不少于 24h，取出进行耐电压试验，不击穿。

10）中值寿命在常压工频加速试验后，试验温度和中值寿命应符合表 2-3-20 的规定。

表 2-3-20 耐水线中值寿命值

型号	试验温度/℃	绝缘标称厚度/mm	中值寿命≥/h
SQYN SJYN	60 ± 2	δ≤0.35	700
		0.35 < δ≤0.45	900
		0.45 < δ	1000
SV SJV	60 ± 2	δ≤0.35	800
		0.35 < δ	1000
SYJN SJYJN	90 ± 2	0.35≤δ	1000

3.2.7 额定电压 600/1000V 及以下聚氯乙烯绝缘耐水绕组线

该产品是以改性聚氯乙烯为绝缘挤压在实心铜导体（或绞合铜导体）上而成。适用于交流额定电压为 600/1000V 充水式电机的耐水绕组线，简称 PVC 耐水线。

PVC 耐水线适用于水中长期工作，水的 pH 值应为 6.5 ~ 8.5，水压一般不超过 1MPa。

1. 型号、名称、规格（见表 2-3-21）

表 2-3-21 PVC 耐水线型号、名称、规格

型号	名称	规格范围/mm	长期工作温度≤/℃	标准
SV	实心铜导体聚氯乙烯绝缘耐水绕组线	1/0.60 ~ 1/4.00	70	JB/T 4014.3—2013
SJV	绞合铜导体聚氯乙烯绝缘耐水绕组线	7/0.80 ~ 19/1.25		

2. 性能要求

1）结构和尺寸见表 2-3-22、表 2-3-23。

2）聚氯乙烯绝缘厚度应符合表 2-3-22、表 2-3-23 的规定。绝缘厚度平均值应不小于标称值的

90%；同一截面绝缘的偏心度 E 按式（2-3-6）计算，其值应不大于15%。

3）外径见表2-3-22、表2-3-23。

4）直流电阻见表2-3-22、表2-3-23。

表 2-3-22　SV 型耐水线结构和尺寸

实心铜导体结构			聚氯乙烯绝缘	绕组线平均	导体直流电阻/(Ω/m)	
结构与导体标称直径/(根/mm)	导体直径偏差(±)/mm	标称截面积/mm²	标称厚度/mm	外径上限/mm	最小值	最大值
1/0.60	0.006	0.28	0.35	1.40	0.05876	0.06222
1/0.63	0.006	0.31	0.35	1.45	0.05335	0.05638
1/0.67	0.007	0.35	0.35	1.50	0.04722	0.04979
1/0.71	0.007	0.40	0.35	1.55	0.04198	0.04442
1/0.75	0.008	0.45	0.35	1.60	0.03756	0.03987
1/0.80	0.008	0.50	0.35	1.65	0.03305	0.03500
1/0.85	0.009	0.56	0.35	1.70	0.02925	0.03104
1/0.90	0.009	0.63	0.35	1.75	0.02612	0.02765
1/0.95	0.010	0.71	0.35	1.80	0.02342	0.02484
1/1.00	0.010	0.80	0.35	1.85	0.02116	0.02240
1/1.06	0.011	0.90	0.35	1.90	0.01881	0.01995
1/1.12	0.011	1.00	0.35	1.95	0.01687	0.01785
1/1.18	0.012	1.12	0.35	2.05	0.01519	0.01609
1/1.25	0.013	1.25	0.40	2.20	0.01353	0.01435
1/1.30	0.013	1.32	0.40	2.25	0.01252	0.01325
1/1.32	0.013	1.40	0.40	2.25	0.01214	0.01285
1/1.40	0.014	1.60	0.40	2.35	0.01079	0.01143
1/1.50	0.015	1.80	0.40	2.45	0.009402	0.009955
1/1.60	0.016	2.00	0.40	2.55	0.008237	0.008749
1/1.70	0.017	2.24	0.40	2.65	0.007320	0.007750
1/1.80	0.018	2.50	0.45	2.85	0.006529	0.006913
1/1.90	0.019	2.80	0.45	2.95	0.005860	0.006204
1/2.00	0.020	3.15	0.45	3.10	0.005289	0.005600
1/2.12	0.021	3.55	0.45	3.21	0.004708	0.004983
1/2.24	0.022	4.00	0.50	3.45	0.004218	0.004462
1/2.36	0.024	4.50	0.50	3.55	0.003797	0.004023
1/2.50	0.025	5.00	0.50	3.70	0.003385	0.003584
1/2.65	0.027	5.50	0.60	4.05	0.003014	0.003190
1/2.80	0.028	6.18	0.60	4.20	0.002698	0.002857
1/3.00	0.030	7.10	0.60	4.40	0.002351	0.002488
1/3.15	0.032	7.80	0.80	5.00	0.002131	0.002258
1/3.35	0.034	9.00	0.80	5.20	0.001885	0.001996
1/3.55	0.036	10.00	0.80	5.45	0.001678	0.001778
1/3.75	0.038	11.20	0.80	5.60	0.001504	0.001593
1/4.00	0.040	12.50	0.80	5.85	0.001322	0.001400

表 2-3-23　SJV 型耐水线结构和尺寸

绞合铜导体结构尺寸			聚氯乙烯绝缘标称厚度/mm	绕组线平均外径上限/mm	导体直流电阻≤/(Ω/m)
结构与单线标称直径/(根/mm)	绞合导体标称直径/mm	标称截面积/mm²			
7/0.80	2.40	3.55	0.60	3.70	0.005098
7/0.85	2.55	4.00	0.60	3.85	0.004427
7/0.90	2.70	4.50	0.60	4.00	0.004028
7/0.95	2.85	5.00	0.60	4.15	0.003544
7/1.00	3.00	5.60	0.65	4.45	0.003263
7/1.12	3.36	7.10	0.65	4.80	0.002601
19/0.63	3.15	6.00	0.65	4.60	0.003028
19/0.71	3.55	7.50	0.65	5.00	0.002384
19/0.75	3.75	8.50	0.70	5.30	0.002137
19/0.80	4.00	9.50	0.70	5.55	0.001878
19/0.85	4.25	10.60	0.75	5.90	0.001664
19/0.90	4.50	11.80	0.75	6.15	0.001484
19/0.95	4.75	13.20	0.75	6.40	0.001332
19/1.00	5.00	15.00	0.75	6.65	0.001202
19/1.06	5.30	17.00	0.80	7.05	0.001070
19/1.12	5.60	19.00	0.80	7.35	0.0009582
19/1.18	5.90	21.20	0.80	7.65	0.0008633
19/1.25	6.25	23.60	0.80	8.00	0.0007693

5）聚氯乙烯绝缘的机械物理性能：20℃断裂伸长率≥150%；20℃抗张强度≥15MPa。

6）耐电压性能整圈或整盘耐水线，浸在室温水中至少24h后，应经受下述公式规定交流试验电压 U_T（V），历时1min的试验。

$U_T = 2U_0 + 1000$，但最低不得小于3000V。

7）绝缘电阻符合表2-3-18规定。

8）耐水压性能耐水线置于密封容器内，调节水压至表2-3-19规定的工作水压后，保持时间应不小于24h，取出进行第6）项耐电压试验，不击穿。

9）中值寿命在常压工频加速试验后，试验温度和中值寿命应符合表2-3-20的规定。

3.2.8　额定电压600/1000V及以下交联聚乙烯绝缘尼龙护套耐水绕组线

该产品是以交联聚乙烯为绝缘，尼龙为护套挤压在实心铜导体（或绞合铜导体）上而成。适用于交流额定电压为600/1000V充水式电机的耐水绕组线，简称为XLPE耐水线。

XLPE耐水线适用于工作温度为90℃的水中长

期工作。水的 pH 应为 6.5 ~ 8.5，水压一般不超过 1.5MPa。

1. 型号、名称、规格（见表 2-3-24）

2. 性能要求

1）结构和尺寸见表 2-3-25、表 2-3-26。

2）交联聚乙烯绝缘厚度应符合表 2-3-25、表 2-3-26 的规定。绝缘厚度平均值应不小于标称值的 90%；同一截面绝缘层的偏心度 E 按式（2-3-6）计算，其值应不大于 15%。

3）尼龙护套厚度见表 2-3-26、表 2-3-27。其最薄处的厚度应不小于标称值减去 0.05mm。

护套表面应光滑、平整，无气泡、杂质和机械损伤。

4）外径应符合表 2-3-25、表 2-3-26 的规定。

5）直流电阻应符合表 2-3-25、表 2-3-26 的规定。

表 2-3-24　交联聚乙烯尼龙护套耐水线型号、名称、规格

型号	名称	规格范围/mm	标准
SYJN	实心铜导体交联聚乙烯绝缘尼龙护套耐水绕组线	1/0.80 ~ 1/4.00	JB/T 4014.4—2013
SJYJN	绞合铜导体交联聚乙烯绝缘尼龙护套耐水绕组线	7/0.80 ~ 19/1.40	

表 2-3-25　SYJN 型耐水线结构和尺寸

实心铜导体结构			交联聚乙烯绝缘标称厚度 /mm	尼龙护套标称厚度 /mm	绕组线平均外径上限 /mm	导体直流电阻 /(Ω/m)	
结构与导体标称直径 /（根/mm）	导体直径偏差（±） /mm	标称截面积 /mm^2				最小值	最大值
1/0.80	0.008	0.50	0.35	0.10	1.80	0.03305	0.03500
1/0.85	0.009	0.56	0.35	0.10	1.85	0.02925	0.03104
1/0.90	0.009	0.63	0.35	0.10	1.90	0.02612	0.02765
1/0.95	0.010	0.71	0.35	0.10	1.95	0.02342	0.02484
1/1.00	0.010	0.80	0.35	0.10	2.00	0.02116	0.02240
1/1.06	0.011	0.90	0.35	0.10	2.10	0.01881	0.01995
1/1.12	0.011	1.00	0.35	0.10	2.15	0.01687	0.01785
1/1.18	0.012	1.12	0.35	0.10	2.30	0.01519	0.01609
1/1.25	0.013	1.25	0.40	0.10	2.40	0.01353	0.01435
1/1.30	0.013	1.32	0.40	0.10	2.45	0.01252	0.01325
1/1.32	0.013	1.40	0.40	0.10	2.45	0.01214	0.01285
1/1.40	0.014	1.60	0.40	0.10	2.55	0.01079	0.01143
1/1.50	0.015	1.80	0.40	0.10	2.65	0.009402	0.009955
1/1.60	0.016	2.00	0.40	0.10	2.75	0.008237	0.008749
1/1.70	0.017	2.24	0.40	0.10	2.85	0.007320	0.007750
1/1.80	0.018	2.50	0.45	0.10	3.05	0.006529	0.006913
1/1.90	0.019	2.80	0.45	0.10	3.15	0.005860	0.006204
1/2.00	0.020	3.15	0.45	0.15	3.35	0.005289	0.005600
1/2.12	0.021	3.55	0.45	0.15	3.45	0.004708	0.004983
1/2.24	0.022	4.00	0.50	0.15	3.70	0.004218	0.004462
1/2.36	0.024	4.50	0.50	0.15	3.80	0.003797	0.004023
1/2.50	0.025	5.00	0.50	0.15	3.95	0.003385	0.003584
1/2.65	0.027	5.50	0.60	0.15	4.30	0.003014	0.003190
1/2.80	0.028	6.30	0.60	0.15	4.45	0.002698	0.002857
1/3.00	0.030	7.10	0.60	0.15	4.85	0.002351	0.002488
1/3.15	0.032	7.80	0.80	0.15	5.00	0.002131	0.002258
1/3.35	0.034	9.00	0.80	0.15	5.40	0.001885	0.001996
1/3.55	0.036	10.00	0.80	0.15	5.60	0.001678	0.001778
1/3.75	0.038	11.20	0.80	0.15	5.80	0.001504	0.001593
1/4.00	0.040	12.50	0.80	0.15	6.05	0.001322	0.001400

表 2-3-26 SJYJN 型耐水线结构和尺寸

绞合铜导体结构尺寸			交联聚乙烯绝缘标称厚度/mm	尼龙护套标称厚度/mm	绕组线平均外径上限/mm	导体直流电阻≤/(Ω/m)
结构与单线标称直径/(根/mm)	绞合导体标称直径/mm	标称截面积/mm²				
7/0.80	2.40	3.55	0.55	0.15	3.90	0.005098
7/0.90	2.70	4.5	0.55	0.15	4.20	0.004028
7/1.00	3.00	5.6	0.60	0.15	4.60	0.003263
7/1.12	3.36	7.1	0.60	0.15	4.95	0.002601
19/0.63	3.15	6	0.65	0.15	4.85	0.003028
19/0.71	3.55	7.5	0.65	0.15	5.25	0.002384
19/0.75	3.75	8.5	0.65	0.15	5.45	0.002137
19/0.80	4.00	9.5	0.65	0.15	5.70	0.001878
19/0.85	4.25	10.6	0.65	0.15	5.95	0.001664
19/0.90	4.50	11.8	0.65	0.15	6.20	0.001484
19/0.95	4.75	13.2	0.65	0.15	6.45	0.001332
19/1.00	5.00	15	0.70	0.15	6.85	0.001202
19/1.06	5.30	17	0.70	0.15	7.15	0.001070
19/1.12	5.60	19	0.75	0.15	7.50	0.0009582
19/1.18	5.90	21.2	0.75	0.15	7.80	0.0008633
19/1.25	6.25	23.6	0.75	0.15	8.20	0.0007693
19/1.32	6.60	26.5	0.80	0.15	8.70	0.0006899
19/1.40	7.00	30	0.80	0.15	9.10	0.0006133

6）交联聚乙烯绝缘层的机械物理性能应符合表 2-3-27 的规定。

表 2-3-27 交联聚乙烯绝缘层的机械物理性能

试验项目	单位	性能要求
抗张强度：		
老化前≥	MPa	15.0
90℃28 天老化后变化率≤	%	±25
断裂伸长率：		
老化前≥	%	200
90℃ 28 天老化后变化率≤	%	±25

7）交联度用萃取法测得的交联聚乙烯绝缘的交联度应不小于 70%。

8）耐电压性能整圈或整盘耐水线，浸在室温水中至少 24h 后，应经受下述公式规定交流试验电压 U_T，历时 1min 的试验不击穿。

$U_T = 2U_0 + 1000V$，但最低不得小于 3000V。

9）绝缘电阻符合表 2-3-18 的规定。

10）水压试验耐水线置于密封容器内，调节水压至表 2-3-19 规定的工作水压后，保持时间应不小于 24h，取出按第 8）项进行耐电压试验，不击穿。

11）中值寿命在常压工频加速试验后，试验温度和中值寿命应符合表 2-3-20 的规定。

3.2.9 300MW 发电机组用绝缘空心扁铜线

该产品是以玻璃丝、涤纶丝混合绕包在空心矩形铜导线上，再用 F 级环氧型漆粘结后经热熔处理形成紧密绝缘层，用于 300MW 发电机组定子的绕组线。耐热等级为 155。

1. 名称、规格（见表 2-3-28）

表 2-3-28 300WM 发电机组用绝缘空心扁铜线名称、规格

名称	规格范围 $(a \times b \times c)$^①^/mm	标准
300MW 发电机组用绝缘空心扁铜线	4.7×10.0×1.35	企标

① a 为偏导体侧面，b 为平面，c 为壁厚。

2. 性能要求

（1）空心扁铜线

1）化学成分：含铜（包括银）不少于 99.92%，氧含量不大于 3000ppm。

2）直流电阻：20℃时直流电阻，最大为 0.15328Ω/m。

3）力学性能：抗拉强度不小于 220MPa，伸长

率不小于 30%，洛氏 15T 表面硬度最大为 75。

4）侧面弯曲试验：将导线侧面在芯棒上弯曲 90°。芯棒直径等于导线的宽度，但不能小于 6.4mm。导线不产生目力可见的裂纹或缺陷。

5）平面弯曲试验：将导线平面在芯棒上弯曲 90°。芯棒直径等于导线的厚度。在导线弯曲部分外侧不产生目力可见的裂纹或缺陷。

6）脆性：将试样放在有一个大气压的氢气炉中加热至 800～875℃，经 20min 后，试样不得有气泡或粗大晶粒组织。

7）涡流试验：允许伤痕深度不大于壁厚的 15%。

8）水压试验：能经受水压 3.0MPa、20min 的试验。

9）标称尺寸及偏差：4.7mm×10mm×1.35mm（壁厚），外形尺寸允许公差 +0.08mm、-0.03mm，单面壁厚偏差不大于壁厚的 10%，相对两面的平均壁厚偏差不大于 0.04mm。

10）导线表面：导线表面的凹陷不大于 0.08mm。表面应清洁、光滑，没有氧化皮裂纹、分层和其他损伤。

11）长度：定长为 9.5m。

（2）绝缘空心扁铜线

1）表面质量：玻璃丝涤纶丝应紧密、牢固地绕包在导体上，成品线表面光滑、均匀，两层反向绕包。

2）漏缝：包装盘上任何部位每 800mm 成品线上最多允许有一个漏缝组，其长度应不大于 38mm。

3）接头：绕包绝缘时可以接头。接头处用接近空心导线内孔截面的导线封焊堵塞 80% 以上，但接头处应光滑，并作出明显标志。

4）击穿电压：用铝箔法不小于 400V。

5）固化试验：线样室温下浸入工业丙酮中 1min，取出后绝缘层不应发粘。

6）色泽：整盘线表面色泽应均匀，不应有明显的深浅变化。

7）耐刮：刮针直径为 0.78～0.80mm，每毫米导线厚度加 200g 负荷，其耐刮次数平均不低于 50 次，最少不低于 30 次。

8）绝缘粘着性：将线剪断后，绝缘层不应散开或与导体分离，用手指挑剔断端时，绝缘层不应被拆开。

9）拉伸试验：线样经 20% 拉伸（不切割）以后，绝缘层不应散开或擦断。

10）弯曲试验：用宽边在 15 倍窄边尺寸的圆棒上弯曲 90°和用窄边在 15 倍宽边尺寸的圆棒上弯曲 90°，绝缘层均不应开裂。

11）耐热试验：线样在 150℃ 加热 24h 后冷却至室温，应满足击穿电压和弯曲试验的要求。

12）涡流探伤试验：每根线均要进行探伤试验。

13）温度指数不低于 155。

14）最大外形尺寸不超过 5.20mm×10.40mm。

3.2.10 氧化膜铝线（带、箔）

该产品是用阳极氧化法在铝线（带、箔）表面上生成一层致密的三氧化二铝（Al_2O_3）膜而成。

1. 型号、名称、规格（见表 2-3-29）

表 2-3-29 氧化膜铝线（带、箔）**的型号、名称、规格**

型号	名称	规格范围 /mm	标准
YML YMLC	氧化膜圆铝线 用绝缘漆封闭的氧化膜圆铝线	0.050～5.000	企标
YMLB YMLBC	氧化膜扁铝线 用绝缘漆封闭的氧化膜扁铝线	*a* 边 1.00～4.00 *b* 边 2.50～6.30	
YMLD	氧化膜铝带（箔）	厚 0.08～1.00 宽 20～900	

2. 性能要求

1）规格尺寸：氧化膜圆铝线规格尺寸可参照表 2-1-6 和表 2-1-8，扁线可根据表 2-1-10 有关范围生产。铝带（箔）在表 2-3-29 规定范围内，由供需双方协商确定。

2）氧化膜圆（扁）线弹性，见表 2-3-30、表 2-3-31。

表 2-3-30 氧化膜圆铝线的弹性

铝线直径 /mm	圆棒直径为铝线直径（*d*）的倍数		要求
	YML	YMLC	
0.530～0.670	12*d*	16*d*	在表列条件的光滑圆棒上卷绕，氧化膜不发皱或破裂
0.710～0.950	14*d*	18*d*	
1.000～1.250	16*d*	20*d*	
1.300～1.500	18*d*	22*d*	
≥1.600	20*d*	24*d*	

表 2-3-31　氯化膜扁铝线的弹性

铝扁线截面积/mm²	圆棒直径/mm		要求
	YMLB	YMLBC	
≤10	100	150	在表列条件的光滑圆棒上弯曲 180°，氧化膜不发皱或破裂
10.01～20	180	250	
20.01～30	250	300	
30.01～40	300	350	
40.01～50	350	400	

3）耐刮性，见表 2-3-32。

4）室温击穿电压应符合表 2-3-33 的规定。

5）氧化膜圆铝线耐折断性能应符合表 2-3-34 的规定。

6）耐溶剂性能：在 20℃ ±2℃ 的工业汽油、苯、变压器油、松节油、酒精、乙醚等溶剂中，经 4h，其击穿电压性能不能低于原有规定的 90%。氧化膜不耐酸、碱。

7）氧化膜铝带（箔）的技术性能应符合表 2-3-35的规定。

表 2-3-32　氧化膜圆铝线、扁铝线的耐刮性能

圆线				扁线						
导线直径/mm	负荷/g	耐刮次数	钢针直径/mm	扁导线截面积/mm²	负荷/g	耐刮次数		钢针直径/mm	部位	要求
						YMLB	YMLBC			
0.530～0.670	250	10	1.2	5 及以下	250	8	10	1.5	刮宽边	按规定试验后，氧化膜不刮穿，不露铝
0.710～0.950	280			5.01～10	280					
1.000～1.250	350			10.01～20	350					
				20.01～30	400					
1.300～1.500	450		1.5	30.01～40	500				刮窄边	
≥1.600	500			40.01～50	700					

表 2-3-33　氧化膜圆铝线、扁铝线击穿电压值

类别	铝线直径/mm	在 200mm 长度的扭绞对数	最小击穿电压/V		要求
			YML	YMLC	
氧化膜圆线	0.530～0.670	10	250	400	试样均匀扭绞进行耐电压试验，击穿电压应不低于表中规定值
	0.710～0.950	8			
	1.000～1.250	7			
	1.300～1.500	6			
	≥1.60	6	250	1000	
氧化膜扁线	YMBL	最小击穿电压：250V			
	YMBLC	最小击穿电压：500V			

表 2-3-34　氧化膜圆铝线的耐折断次数

铝线直径/mm	夹具半径/mm	最少折断次数
0.530～0.670	5	10
0.710～0.950		12
≥1.000		14

表 2-3-35　氧化膜铝带（箔）的技术性能

试验项目	性能要求
弹性	在直径 90mm 的圆棒上弯曲，膜层不发皱或脱落
耐电压性能	每 0.01mm 的膜厚，耐电压击穿值不小于 250V
耐溶剂性能	在 20℃ ±2℃ 的工业汽油、苯、变压器油、松节油、酒精、乙醚中，经 6h，其耐电压性能不低于原有规定的 90%
多孔吸附性能	对绕组线所用的各种绝缘漆，有良好的吸附能力

3.2.11　陶瓷绝缘绕组线

该产品是在铜导线（或镀镍铜线，或镍包铜线，或不锈钢包铜线）上浸涂玻璃瓷浆后经烘炉烧结而成。长期使用温度可达 500℃左右。

1. 型号、名称、规格（见表 2-3-36）

表 2-3-36　陶瓷绝缘绕组线型号、名称、规格

型号	名称	规格范围/mm	标准
TC	陶瓷绝缘绕组线	0.06～0.50	企标

2. 性能要求

1）规格尺寸：可参照表2-1-2和表2-1-4相关规格范围制造。

2）线芯电导率：根据镍层所占导体截面积百分比不同、加热到500℃后线芯导电率随时间的变化如图2-3-3所示。

3）弯曲性能：陶瓷绝缘层的卷绕不裂倍径为30d。

4）耐电压击穿性能：在直径4mm的圆棒上卷绕3圈，以陶瓷绝缘线为一极，圆棒为另一极，击电压不低于220V。

5）耐潮湿性能：在75%湿度条件下的击穿电压为170～190V；在100%湿度条件下的击穿电压为90～100V。由于单一陶瓷绝缘绕组线在高湿度条件下击穿电压下降较大，因此不推荐在高湿条件下使用。

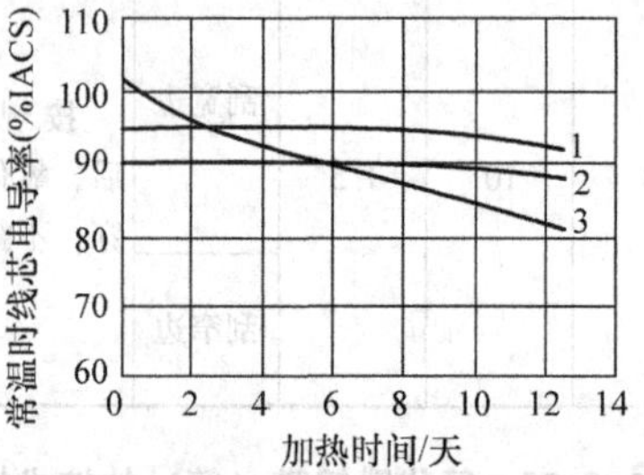

图2-3-3 不同镍层的铜线加热到500℃后，线芯电导率的变化

1—5%镍层铜线 2—10%镍层铜线 3—铜线

3.2.12 玻璃膜绝缘微细绕组线

该产品是在锰铜导线上或镍铬导线上浸涂玻璃瓷浆后经烘炉烧结而成。

1. 型号、名称、规格（见表2-3-37）

表2-3-37 玻璃膜绝缘微细绕组线型号、名称、规格

型号	名称	规格范围/μm	标准
BMTM－1	玻璃膜绝缘微细锰铜线	6～8	企标
BMTM－2	玻璃膜绝缘微细锰铜线	6～8	
BMTM－3	玻璃膜绝缘微细锰铜线	6～8	
BMNG	玻璃膜绝缘微细镍铬线	2～5	

2. 性能要求

1）规格尺寸，见表2-3-38。

表2-3-38 玻璃膜绝缘微细线规格尺寸

型号	导线平均直径/μm	允许公差（%）	绝缘线平均外径/μm
BMTM－1	6	±20	16～20
BMTM－2	7～8	±20	16～20
BMTM－3	不规定	不规定	不规定
BMNG	2～5	—	12～16

2）技术性能应符合表2-3-39的规定。

表2-3-39 玻璃膜绝缘微细线技术性能

试验项目	电性能				膜的弹性	线的拉断力≥/N	针孔试验
型号	BMTM－1	BMTM－2	BMTM－3	BMNG			
电阻温度系数：					在承受0.05N拉力下，缠绕于半径1.0mm的轴上，玻璃膜不应破裂	0.12	无针孔
α| 10^{-5}	2	3	5	<2.5			
| β| 10^{-6}	<1	<1	<1	≤0.6			
每轴微细线的电阻值/MΩ	>2	>2	>10	>50			
耐电压（交流50Hz）/V	>1000	>1000	>1000	>1000			

第4章

绕组线性能测试

绕组线性能的测试，可分以下几个方面：

1）尺寸测量包括：圆线、扁线、组合导线、换位导线和束线。

2）机械性能包括：伸长率、抗拉强度、回弹性、柔韧性和附着性、耐刮、热粘合、摩擦系数、规定塑性延伸强度、粘结强度、粘结弯曲强度。

3）化学性能包括：耐溶剂、耐冷冻剂、直焊性、耐水解和耐变压器油试验。

4）电性能包括：电阻、击穿电压漆膜连续性、介质损耗系数 $\tan\delta$、盐水针孔、通路和短路、耐直流电压。

5）热性能包括：热冲击、软化击穿、热老化、失重、高温失效、温度指数（包括常规法和快速法）、耐水线的常压工频加速寿命试验。

6）密封管试验（相容性试验）。

7）玻璃膜微细线性能试验。

8）无磁性漆包线的密度磁化率。

上述性能中尺寸测量是基本的，为保证产品结构和其他性能一致性的基础。其他性能基本均由各种使用条件所决定，例如机械性能、电性能、热性能等是产品的主要性能，而有些性能，例如热粘合、直焊性、规定塑性延伸强度、密度磁化率等则是特殊性能，正是因某些产品具有的特殊性能，而适用于某些特殊场合使用。对一种产品而言，多种性能要求是一个综合体，受到各种因素包括材料、工艺、设备、环境等影响，各种性能之间也互相关联与制约，因此应仔细进行产品性能分析，以达到对绕组线有较全面的认识和使用质量的把控。

4.1 尺寸测量

4.1.1 测试目的

确保产品质量，使绕组线尺寸的测量标准化，有利于电机电器的设计。

4.1.2 量具

1. 钢直尺

测量精度为1mm。一般用于测量绕组线的伸长率；换位导线的换位节距；绕包线的重叠宽度、间隙宽度、绕包节距、绝缘带宽度等长度尺寸；束线外形等检测项目。

2. 游标卡尺

测量精度为0.02mm，测力约为100N/cm²。主要用于测量换位导线的宽度、高度尺寸等检测项目。

3. 外径千分尺

测量精度为0.01mm。一般用于测量漆包扁线、纸包扁线、组合导线、玻璃丝包扁线、薄膜绕包扁线等扁绕组线尺寸的检测项目。

4. 微米千分尺

当导线尺寸≤0.200mm时，测量精度应高于1μm；当导线尺寸>0.200mm时，测量精度应高于2μm。一般用于测量漆包圆线、纸包圆线、薄膜绕包圆线、玻璃丝包圆线等圆绕组线的检测项目。

5. 千分尺测力

千分尺测杆和测座直径及测力，见表2-4-1。

表2-4-1 千分尺测杆和测座直径及测力

绕组线种类	导体标称直径 d/mm	测杆和测座直径/mm	测力/N
漆包圆线	≤0.100	2~8	0.02~1.28
	0.100<d≤0.450	5~8	0.80~2.56
	>0.450	5~8	1.60~6.40
薄膜绕包圆线	≥0.100	5~8	1~8
薄膜绕包扁线	—	5~8	2~4
漆包扁线	—	5~8	2~4
纸包扁线	—	5~8	8~14
组合导线	—	5~8	8~14

（续）

绕组线种类	导体标称直径 d/mm	测杆和测座直径/mm	测力/N
玻璃丝包圆线	≥0.500	5～8	2～4
玻璃丝包扁线	—	5～8	2～4
换位导线（纸套）	—	5～8	8～14

6. 束线

外径用抛光锥轴测量，锥轴尺寸如图 2-4-1 所示。锥棒张力（N）为束线各导体标称截面积（mm^2）之和的 65 倍。

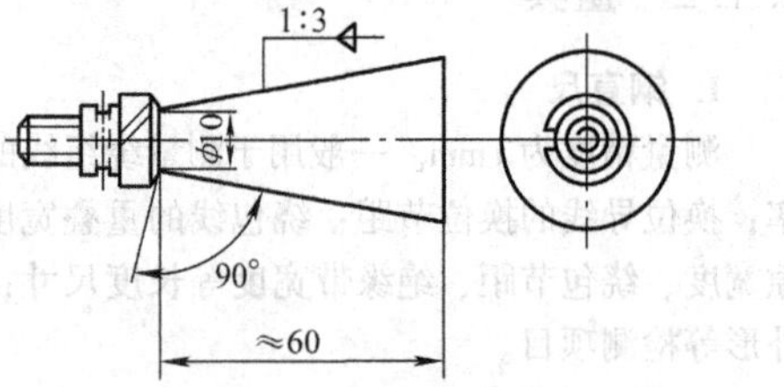

图 2-4-1 锥轴

4.1.3 外形尺寸测量

1. 圆线

当导体标称直径 $d \leqslant 0.200$mm 时，在相距 1m 的三个位置上，各测量一次外径，取三个测量值的平均值作为导线外径。当导体标称直径 $d>0.200$mm 时，在相距 1m 的两个位置上，在每个位置沿导线圆周均分测量三次外径。取六个测量值的平均值作为导线外径。

2. 扁线

在校直试样相距至少 100mm 的三个位置上，各测量一次宽边和窄边的外形尺寸。若试样外形尺寸比千分尺测杆直径大，则应在试样表面中间和边缘各测一次；若两个测量值不同，则取较大值作为测量值。取三个窄边和宽边测量值的平均值，分别作为宽边和窄边的外形尺寸。

3. 组合导线

在校直试样相距至少 100mm 的三个位置上，各测量一次高度和宽度的外形尺寸，若试样外形尺寸比千分尺测杆直径大，则应在试样表面中间和边缘各测一次；若两个测量值不同，则取较大值作为测量值。取三个高度和宽度测量值的平均值，分别作为组合导线高度和宽度的外形尺寸。

4. 换位导线

在测量换位导线外形尺寸时，要包括测量单根漆包线芯、换位节距。

1）换位导线单根漆包线芯：去除换位导线外层绝缘，检测单根漆包扁线根数。逐根检测单根漆包扁线的外形尺寸。

2）换位节距：如图 2-4-2 所示，在整轴换位导线的一端去掉足够长度的绝缘层，然后用精度为 1mm 的钢直尺测量，连续测量五个换位节距，取其平均值，精确到 1mm。

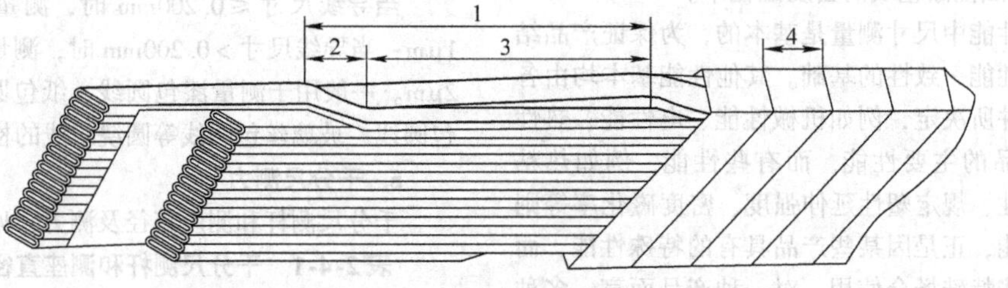

图 2-4-2 换位导线换位节距

1—换位节距 2—交叉段 3—直线段 4—外层绝缘绕包节距

3）在平直试样中间的一个完整的节距内至少测量三处，取其平均值作为 H_{2max}、W_{2max} 外形尺寸测量结果。

5. 束线

将在拉力作用下的束线紧密卷绕于锥轴上，测量其外径。施加的拉力等于 65 倍各导体标称截面积（mm^2）之和。

1）束线外形尺寸为卷绕在锥棒上的束线层宽度除以卷绕圈数。

2）外径小于或等于 0.5mm 的束线的卷绕宽度应不小于 10mm，外径大于 0.5mm 以上的束线的卷绕宽度应不小于 20mm，测量精度应为 0.5mm。

3）测量一次，保留一位小数。

4.1.4 导体尺寸测量

1. 圆导体

主要包括导体直径（d），导体偏差（Δd），导体不圆度（f）。

（1）导体直径（d）

1）当导体标称直径 0.063mm < d ≤0.200mm 时，在试样相距 1m 的三个位置上，各测量一次裸导体直径，取三个测量值的平均值作为导体直径。

2）当导体标称直径 d >0.200mm，在试样沿导体圆周均分的三个位置上各测量一次裸导体直径，取三个测量值的平均值作为导体直径。

3）当导体标称直径 d 为 0.063mm 及以下时，使用电阻测量法测量导体直径，用直流电阻值来判定导体直径是否合格。

（2）导体偏差（Δd）　按式（2-4-1）计算。

$$\Delta d = d_{实测} - d_{标称} \qquad (2\text{-}4\text{-}1)$$

（3）导体不圆度（f）　在1根校直试样上，沿导体圆周均分的三个位置上各测量一次裸导体直径，取同截面上测量的最大读数和最小读数的最大差值，按式（2-4-2）计算。

$$f = d_{最大} - d_{最小} \qquad (2\text{-}4\text{-}2)$$

2. 扁导体

主要包括导体窄边尺寸（a）和宽边尺寸（b），指去除绝缘层后的金属扁导体尺寸；导体偏差（Δa、Δb），指导体窄边或宽边的实测值与标称值之间的差；扁线圆角半径（r），指导体窄边和宽边的连接圆弧。

（1）导体尺寸（a、b）　用不损伤导体的任何方法在校直试样相距至少 100mm 的三个位置上去除绝缘层，在每个位置各测量一次窄边和宽边的裸导体尺寸。若试样尺寸比千分尺测杆直径大，则应在试样表面中间和边缘各测一次；若两个测量值不同，则取较大值作为测量值。取三个窄边和宽边尺寸测量值的平均值分别作为导体窄边和宽边尺寸。

（2）导体偏差（Δa、Δb）　按式（2-4-3）、式（2-4-4）计算。

$$\Delta a = a_{实测} - a_{标称} \qquad (2\text{-}4\text{-}3)$$

$$\Delta b = b_{实测} - b_{标称} \qquad (2\text{-}4\text{-}4)$$

（3）扁线圆角半径（r）

1）模具投影法，选用适宜的有放大倍数的影像测量仪，直接对拉拔模具通过影像投影来检测模具的圆角半径。

2）样板比较法，用金属板材按产品标准中扁线标称圆角半径要求，制作圆角量块样板，通过与试样的比对，测量试样的圆角半径。

3）浇注法，将试样用树脂直接浇注，使树脂的颜色与绝缘的颜色呈明显反差，将浇注试样放于显微镜下，观察试样圆角半径的质量状况。

4.1.5　绝缘厚度测量

1. 圆线

按4.1.3节“1. 圆线”测定的绝缘线外径与按4.1.4节“圆导体”测定的导体直径之差即为“绝缘厚度”。

2. 扁线

按4.1.3节“2. 扁线”测定的绝缘线窄边尺寸和宽边尺寸与按4.1.4节“扁导体”测定的导体窄边尺寸和宽边尺寸之差即为“绝缘厚度”。

3. 组合导线

组合导线如图2-4-3所示。

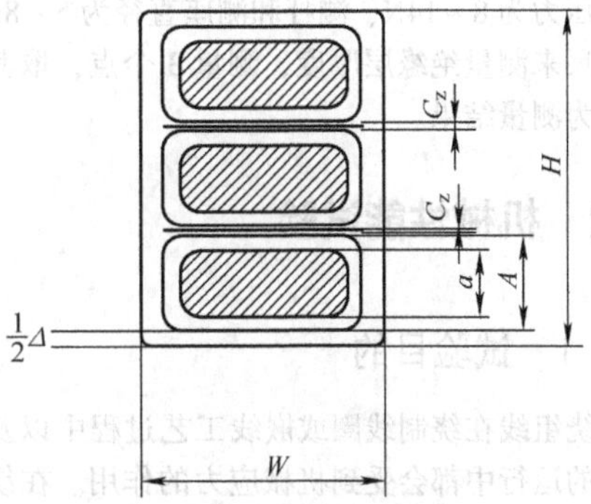

图2-4-3　组合导线

H—组合导线高度　W—组合导线宽度

a—单根扁纸包线导体窄边标称尺寸

A—单根纸包线窄边外形尺寸

Δ—组合导线的绝缘厚度

C_z—组合导线相邻线芯之间的衬纸

组合导线绝缘厚度按式（2-4-5）计算：

$$\Delta = H - An - C_z(n-1) \qquad (2\text{-}4\text{-}5)$$

4. 换位导线

理论绝缘厚度（Δ）是，按规定测量换位导线的外形尺寸与相对应的换位线芯尺寸，两者之差即为换位导线的绝缘厚度。由于换位导线的外形是不规则外形，换位线芯之间存有空隙，无法获得准确的绝缘厚度，所以实际检测中一般采用制作绝缘纸套的方式进行测量。

取长度不小于 100mm 的试样一根，两端端部 10～20mm 处，用胶带将导线缠紧，防止绝缘层纸层之间相互移位，如图2-4-4所示。

换位根数少的换位导线可在不破坏绝缘层的条件下直接取出导体线芯形成纸套。换位根数多的换位导线，因不易直接取出导线线芯，使用锋利刀片

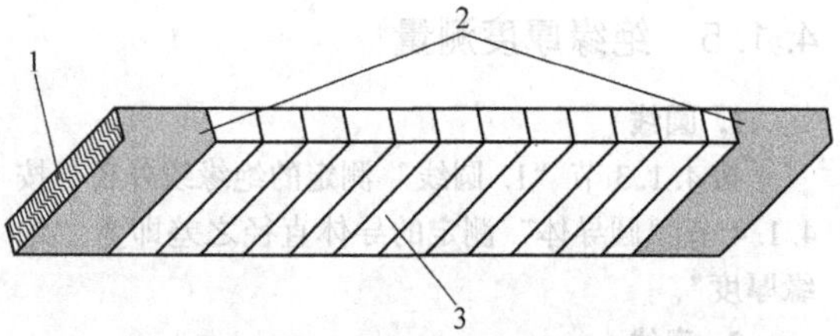

图 2-4-4 换位导线试样图

1—换位线芯 2—胶带 3—绝缘层

切开试样的绝缘层，在不影响绝缘层层间相互位置的条件下除去换位线芯形成纸套。

把绝缘纸套管压扁，用精度不小于 0.01mm、测量压力为 8 ~ 14N、测杆和测座直径为 5 ~ 8mm 的千分尺来测量绝缘层厚度，测量 3 个点，取其平均值作为测量结果。

4.2 机械性能试验

4.2.1 试验目的

绕组线在绕制线圈或嵌线工艺过程中以及电器产品的运行中都会受到机械应力的作用。在绕制线圈时有拉力、摩擦力和弯曲力矩；在嵌线工艺中有拉伸、摩擦和锤击力；在运转中要经受因振动而引起在匝间摩擦、冲击负载、低温收缩力和电磁场应力等。根据电机电器的设计，要求导体极度柔软、或半硬、或刚性；要求绝缘层有抵抗能力、抗磨损、抗开裂。因此在模拟使用要求的基础上，建立各项机械性能试验是十分必要的。

4.2.2 伸长率试验

伸长率反映材料的塑性变形能力，用其来考核绕组线导体的延展性。导线脆则伸长率小，导线柔韧则伸长率大。在绕组线试验中，伸长率试验包括断裂伸长率和抗张强度两个试验项目。

1. 断裂伸长率

(1) 试验原理 在拉力的作用下，拉断时绕组线的绝对伸长与其未拉伸前长度比，用百分数表示。

(2) 试验设备

1）标称直径为 $\phi0.020 \sim \phi1.600$mm 的圆线用伸长试验仪测量，如图 2-4-5 所示；标称直径大于 1.600mm 的圆线及扁线用拉力试验机测量，如图 2-4-6所示。

2）伸长试验仪或拉力试验机设备主要参数

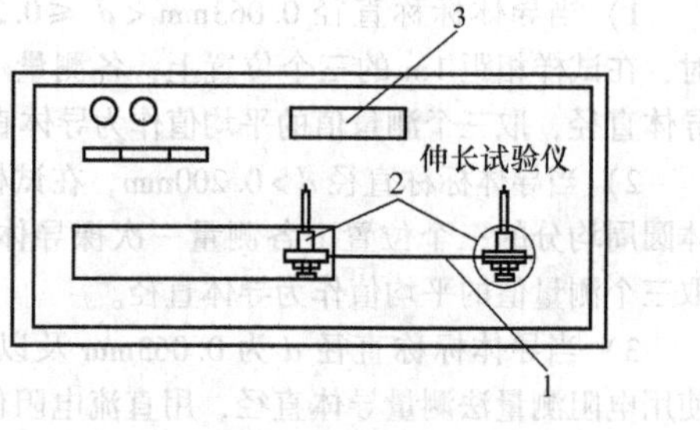

图 2-4-5 伸长试验仪

1—试样 2—夹具 3—显示器

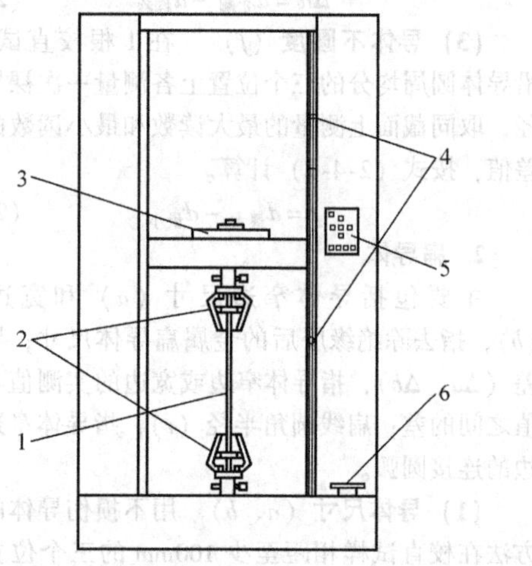

图 2-4-6 拉力试验机

1—试样 2—夹具 3—传感器

4—限位装置 5—操纵按钮 6—急停按钮

如下：

① 两夹具间的起始距离 L，应为（200 ± 1）mm。

② 活动夹具可移动的距离，应在 100mm 以上。

③ 活动夹具的移动速度应为（5 ±1） mm/s。

④ 夹具应能夹紧试样，在拉伸过程中试样单侧移动打滑应不超过 1mm。

⑤ 试样拉断时伸长试验仪或拉力试验机的活动夹具应自动停止移动。伸长率数字显示值（%）应不超过实际伸长率 ±1%。

3）钢直尺，测量范围为 0 ~ 300mm。

(3) 试验步骤

1）取长度约 300mm 的试样三根。去除表面绝缘层。避免试样受到拉伸、扭转或其他机械损伤。

2）根据试样形状和尺寸选定试验仪和夹具。

3）把试样平行并紧贴于钢直尺，用记号笔在试样的平直部分标出原始标距长度 L_0，标志线应细而清晰。

4）将试样的一端夹紧在试验设备的固定夹具内，使试样保持平直状态。将试样的另一端夹紧在移动夹具内。两夹具间的距离约等于试样标距长度 L_0，标志线应能清晰地观察到。

5）启动试验机，以（5±1）mm/s 的速率将试样拉伸至导线断裂。

6）取下试样将断口对齐靠拢，用钢直尺测量断裂后的标距长度 L_1。

7）测量三根试样，记录三个测量值。

(4) 试验结果计算

断裂伸长率按式（2-4-6）计算，取其平均值。

$$\delta = \frac{L_1 - L_0}{L_0} \times 100\% \qquad (2\text{-}4\text{-}6)$$

2. 抗张强度

(1) 试验原理　抗张强度是导体断裂时拉断力与其原始截面积之比。

(2) 试验设备

1）拉力试验机。

2）千分尺，圆绕组线用 0～25mm 的微米千分尺；扁绕组线用 0～25mm 的外径千分尺。

3）钢直尺，测量范围为 0～300mm。

(3) 试验步骤

1）取长度约 300mm 的试样三根，去除表面绝缘层。

2）测量导体尺寸，并做好测量值的记录。

3）根据试样形状和尺寸选定夹具。

4）把试样平行并紧贴于钢直尺，用记号笔在试样的平直部分标出原始标距长度 L_0，标志线应细而清晰。

5）将试样的一端夹紧在试验设备的固定夹具内，使试样保持平直状态。将试样的另一端夹紧在移动夹具内。两夹具间的距离约等于试样标距长度 L_0。

6）启动试验设备，以（5±1）mm/s 的速率将试样拉伸至断裂。

7）读取试样被拉断时的最大拉力值 F，并做好记录。

8）测量三根试样，记录三个测量值。

(4) 试验结果计算

1）抗张强度 P（N/mm^2）按式（2-4-7）计算：

$$P = \frac{F}{S} \qquad (2\text{-}4\text{-}7)$$

式中　F——最大拉力值（N）；

S——试样原始截面积（mm^2）。

2）试验结果取三根试样测量值的平均值。

4.2.3　回弹性试验

绕组线的回弹性是表示绕组线用导体的柔软性能。回弹性反映材料的弹性变形，用其来考核漆包线的柔软度。导线柔软则回弹角小，导线脆硬则回弹角大。回弹性是卷绕成螺旋线圈或弯曲成一个角度的试验回弹后所测得的角度。根据导线形状及截面的不同，采用不同的回弹性试验方法。

1. 导体标称直径 0.080mm≤d≤1.600mm 的圆线

(1) 试验原理　将一根校直试样在圆棒上卷绕五圈，圆棒直径和卷绕时张力应符合有关产品标准的规定。回弹性测量即是第五圈试样末端回弹的角度读数。

(2) 试验设备

1）回弹性试验仪 A，如图 2-4-7 所示。

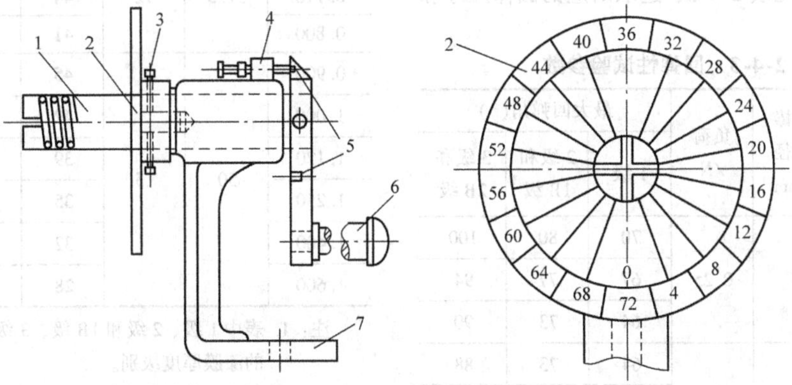

图 2-4-7　回弹性试验仪 A

1—圆棒　2—刻度盘　3—圆棒固定螺钉　4、5—锁紧装置　6—手柄　7—底座

2）圆棒，有螺旋槽和光滑圆棒两种形状，为便于卷绕，一般常用螺旋槽圆棒，如图 2-4-8 所示的圆棒结构和尺寸符号。设备中尺寸，见表 2-4-2。

3）刻度盘，应有 72 等分的刻度，可以直接读出回弹角。

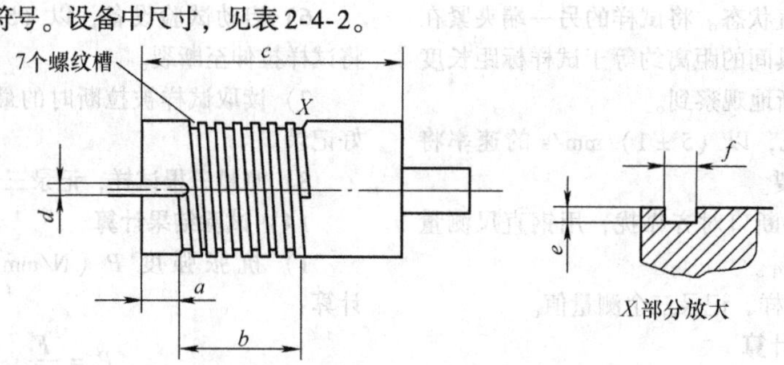

图 2-4-8　圆棒结构和尺寸符号

表 2-4-2　试验用圆棒尺寸

（单位：mm）

圆棒直径	尺寸			槽深	槽宽
	a	b	c	d	e	f

圆棒直径	a	b	c	d	槽深 e	槽宽 f
5	6.0	7.5	32	0.30	0.05	0.13
7	6.0	9.0	34	0.40	0.07	0.18
10	6.0	9.0	34	0.60	0.10	0.25
12.5	6.0	9.0	40	0.80	0.14	0.35
19	10.0	11.0	45	1.20	0.20	0.50
25	12.5	12.5	45	2.00	0.28	0.70
37.5	12.5	14.5	47	2.40	0.40	1.00
50	12.5	17.5	50	3.00	0.80	2.00

注：如果是螺旋槽圆棒，即圆棒直径为槽底直径。

（3）试验步骤

1）取长度约 1m 的试样三根，小心地用手工校直，或用机械方法校直，但其伸长率应小于 1%。

2）根据被测试样导体标称直径的大小，按产品标准规定，见表 2-4-3，选取对应的圆棒尺寸和负荷。

表 2-4-3　回弹性试验参数

导体标称直径 /mm	圆棒直径 /mm	负荷 /N	最大回弹角(°) 1 级	2 级和 1B 级	3 级和 2B 级
0.080	5	0.25	70	80	100
0.090			67	77	94
0.100			64	73	90
0.112	7	0.50	64	73	88
0.125			62	70	84
0.140			59	67	79
0.160	10	1.0	59	67	78
0.180			57	65	75
0.200			54	62	42
0.224	12.5	2.0	51	59	68
0.250			49	56	65
0.280			47	53	61
0.315	19	4.0	50	55	62
0.355			48	53	59
0.400			45	50	55
0.450	25	8.0	44	48	53
0.500			43	47	51
0.560			41	44	48
0.63	37.5	12	46	50	53
0.710			44	47	50
0.800			41	43	46
0.900	50	15	45	48	51
1.000			42	45	47
1.120			39	41	43
1.250			35	37	39
1.400			32	34	36
1.600			28	30	32

注：1. 表中 1 级、2 级和 1B 级、3 级和 2B 级为不同的漆膜厚度级别。
2. 对于导体标称直径的中间尺寸，应取下一个较大导体标称直径对应的回弹角数值。
3. 表中所述参数依据为 GB/T 6109.1—2008。

3）将选定的圆棒装在回弹性试验仪A上，并锁定在与其轴线成水平的位置上，固定圆棒上插入试样的槽或孔，调整刻度盘，将圆棒上插入试样的槽或孔对准刻度盘的零位。

4）按试验仪复位键，使刻度盘零位和固定槽或固定孔垂直向下。

5）在装好的圆棒上抹上滑石粉，避免试验过程中漆包线粘在圆棒上，影响试验结果。

6）将试样的一端插入圆棒的固定槽或固定孔中，另一端则挂上相应的负荷，使试样自由下挂。

7）慢慢放下负荷，使试样受到张力，垂直悬挂在圆棒下面。让足够长度的试样伸出圆棒的另一侧，紧贴在圆棒上。

8）启动试验仪，同时用手压住试样的自由端，使试样绕在圆棒的槽或孔内，逆时针旋转圆棒五整圈及以上（看刻度盘）直至刻度盘零位垂直向上。

9）旋转停止锁住手柄，保持试样在圆棒上的位置，除去负荷。

10）在第五圈端部以外约25mm处剪断试样。然后将该端部弯成垂直位置以与刻度盘零位重合，作为指针。

11）在试样该端部的左边放一支铅笔或类似的工具，以防止试样突然回弹。

12）松开圆棒和刻度盘的锁紧装置，启动回弹按钮，顺时针旋转，试样无跳动地缓慢松开，直到停止回弹。

13）为确保完全回弹，允许用手轻拨试样1~2次，指针指示的刻度盘读数即为回弹角。

14）若绕组线弹性很大，指针回弹一整圈以上。在这种情况下，每回弹一整圈，刻度盘读数加72。

15）测量三根试样。

（4）试验结果计算

1）如果回弹未超过一周，刻度盘读数即为试样的回弹角。

2）如果回弹超过一周，即当回弹角大于72°时，测量值A按式（2-4-8）计算：

$$A = B + 72°N \quad (2\text{-}4\text{-}8)$$

式中 B——读数；

N——回弹一整圈的次数。

3）试验结果取三根试样测量值的平均值。

2. 导体标称直径$d>1.600$mm的圆线和扁线

（1）试验原理 将一根校直试样弯成30°，除去力后绕组线回弹的角度读数即是回弹角。

（2）试验设备 回弹性试验仪B，如图2-4-9所示。扇形刻度尺上标有0°~30°的等分刻度，可以直接读出回弹角的度数。

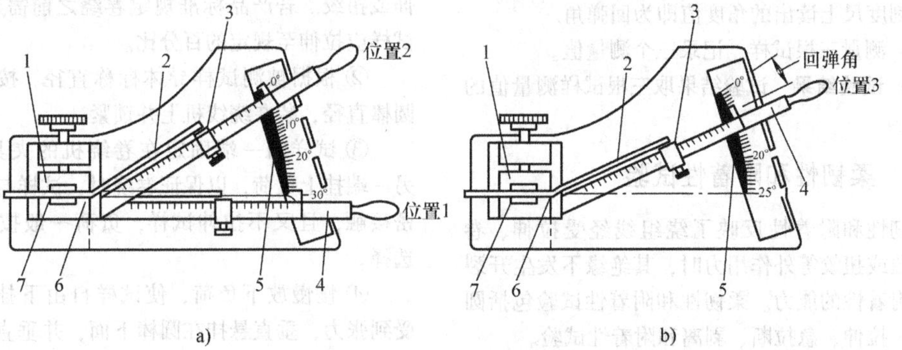

图2-4-9 回弹性试验仪B

1—活动夹钳 2—试样 3—滑块 4—手柄 5—扇形刻度盘 6—刻度盘中心 7—固定夹钳

1）基本组件：一个固定夹钳；一个活动夹钳；一个扇形刻度盘。

2）扇形刻度盘为圆弧形，置于与夹钳面成90°的平面，刻度以0.5°为增量。

3）手柄长度约305mm，具有毫米刻度，手柄应有指针和标记。可以在垂直平面上的扇形刻度盘上移动，起点在弧形刻度盘中心，手柄上应有一个带刀口的滑块。

（3）试验步骤

1）取校直试样三根，长度约为400mm。

2）先计算滑块在手柄上的位置，即滑块与刻度盘中心的距离L。

①漆包圆线试样是导体标称直径d的40倍，按式（2-4-9）计算：

$$L = 40d \quad (2\text{-}4\text{-}9)$$

②漆包扁线试样是导体窄边尺寸a的40倍，

按式（2-4-10）计算：

$$L=40a \qquad (2\text{-}4\text{-}10)$$

3）按上述计算值，移动手柄上的滑块与刻度盘中心的距离位置，并锁紧滑块。

4）将手柄放置于起始点30°刻度位置——手柄位置1，如图2-4-9a所示。

5）打开活动钳夹，将试样一端平行紧靠于固定钳夹内侧面，若试样是扁线，则用宽面紧靠于固定钳夹内侧面。闭合活动钳夹，夹紧试样，防止试样滑动。试样的自由端应伸出滑块刀口（12±2）mm。

6）手柄从起始点位置向0°刻度位置移动，手柄弯曲时间控制在2～5s内。使试样随手柄弯曲30°，至0°刻度位置——到达手柄位置2，如图2-4-9a所示。

7）让试样在0°刻度位置停留的时间最多保持2s。

8）将手柄以相同速度反方向退回直到滑块刀口滑离试样，使试样自由回弹，稳定在一个位置。

9）再次移动手柄直到滑块刀口刚好接触试样——到达手柄位置3，如图2-4-9b所示，而不弯曲试样。

10）此时，读取手柄指针与扇形刻度尺上对准的刻度线数值；读数时视线要与扇形刻度尺垂直。在扇形刻度尺上读出的角度值即为回弹角。

11）测量三根试样，记录三个测量值。

（4）试验结果 试验结果取三根试样测量值的平均值。

4.2.4 柔韧性和附着性试验

柔韧性和附着性反映了绕组线经受拉伸、卷绕、弯曲或扭绞等外作用力时，其绝缘不发生开裂或失去附着性的能力。柔韧性和附着性试验包括圆棒卷绕、拉伸、急拉断、剥离和附着性试验。

1. 圆棒卷绕试验

（1）导体标称直径 $d \leqslant 1.600$mm 的漆包圆线、纤维绝缘圆线、薄膜绕包和粘结性薄膜绕包圆线

1）试验原理：将一根校直试样在抛光圆棒上连续紧密卷绕10圈，其绝缘不发生开裂。

2）试验设备：

① 圆棒，表面须抛光处理，材质是黄铜或钢制成，按产品标准选取圆棒直径。

② 卷绕试验机（机动或手动），如图2-4-10所示。卷绕机速度应具备1～3r/s的速度。

③ 放大镜，根据被测试样导体标称直径的大小，见表2-4-4，选取对应的放大镜倍数。

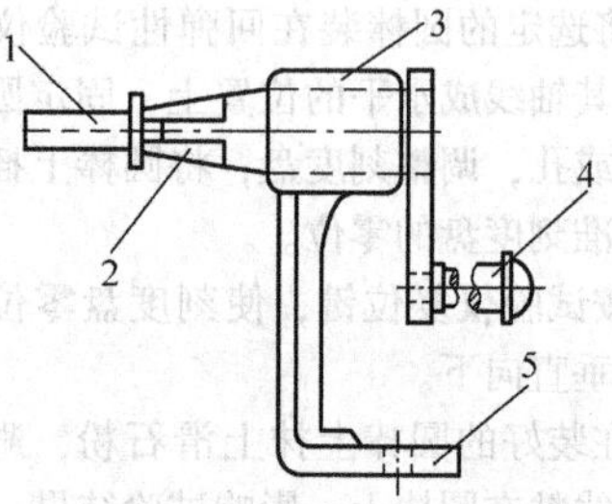

图2-4-10 卷绕试验机

1—试棒 2—楔形夹具 3—卷绕机 4—手柄 5—底座

表2-4-4 检查绝缘层开裂的放大镜倍数

导体标称直径/mm	放大镜倍数
$d \leqslant 0.040$	10～15倍
$0.040 < d \leqslant 0.500$	6～10倍
$0.500 < d \leqslant 1.600$	1～6倍
$d > 1.600$	1～6倍

注：1倍表示用正常视力。

3）试验步骤：

① 取长度约800mm的试样三根，卷绕时线所承受的张力恰好使线与圆棒紧密接触，避免线被拉伸或扭绞。若产品标准规定卷绕之前需预先拉伸，试样应拉伸至规定的百分比。

② 根据被测试样导体标称直径，按规定选取圆棒直径，装在绕线机上并锁紧。

③ 试样的一端固定在卷绕机的夹具端上后，另一端挂上负荷，以保证卷绕时，试样与圆棒能紧密接触，且又不拉伸试样，负荷一般按10N/mm²选择。

④ 慢慢放下负荷，使试样自由下挂，使试样受到张力，垂直悬挂在圆棒下面，并垂直于圆棒的轴线。然后以1～3r/s的速度旋转圆棒，让试样均匀、紧密地排列绕在圆棒上，匝间不应重叠，如图2-4-11所示。

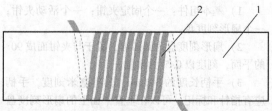

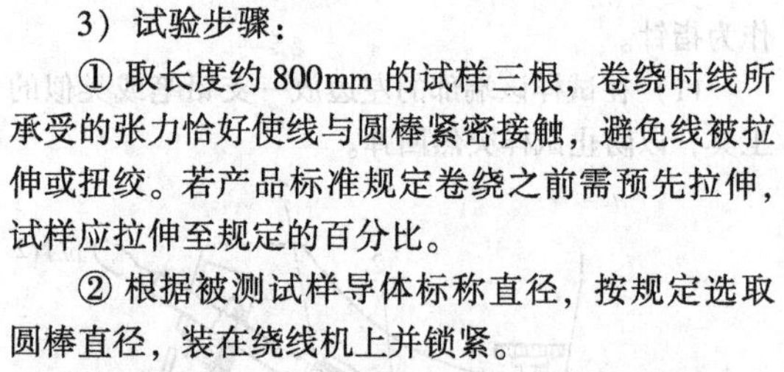

图2-4-11 圆棒卷绕

1—圆棒 2—卷绕线圈

⑤ 试样在圆棒上的有效圈数应为10圈，不包括可能有任何损坏的第一圈和最后一圈。

⑥ 按表2-4-4的规定选择放大镜倍数，检查绝缘层是否开裂。

注：“开裂”是绝缘的一种裂口，在规定放大倍数下观察可看到裸导体。

⑦ 测量三根试样，记录三个测量值。

4）试验结果判定：三根试样卷绕后，绝缘层应均不开裂。

（2）扁线

1）试验原理：对扁线进行宽边和窄边的弯曲，检测其绝缘的弹性和柔韧性。

2）试验设备：

① 扁线弯曲试验机，如图2-4-12所示。

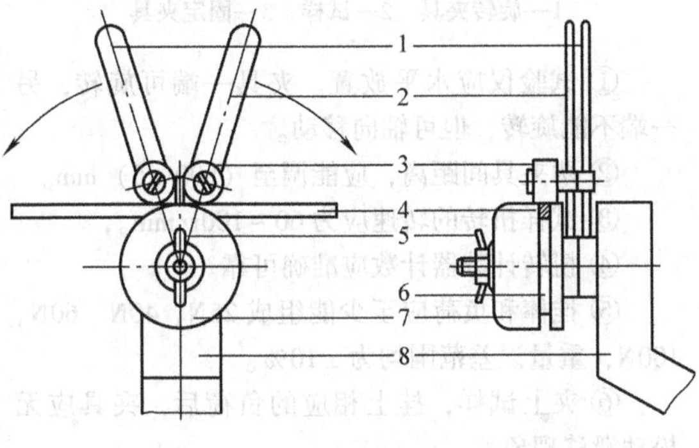

图2-4-12　扁线弯曲试验机

1、2—手柄　3—滚珠轴承　4—试样　5—翼形夹紧螺母　6—圆棒　7—圆棒夹板　8—支架

② 圆棒。

③ 放大镜，放大镜的放大倍数为6~10倍。

3）试验步骤：

① 取长度约400mm的校直试样六根。

② 根据被测试样导体宽边或窄边尺寸，按规定选取圆棒，装在扁线弯曲试验机上并锁定好。

③ 根据宽边弯曲（沿窄边尺寸）、窄边弯曲（沿宽边尺寸），将试样按窄边面或宽边面，牢固地固定在试验机上。

④ 扳动扳手，将试样在圆棒上沿正反两个方向各弯曲180°形成一个伸长的S形，如图2-4-13所示，U形弯头之间的直线部分至少为150mm。

⑤ 弯曲时，速度应均匀，保证试样不翘曲，两个弯头应保持平整。

⑥ 弯曲后，用6~10倍放大镜检查试样弯曲部位的漆膜是否开裂。

⑦ 弯曲六根试样，三根宽边弯曲和三根窄边弯曲。

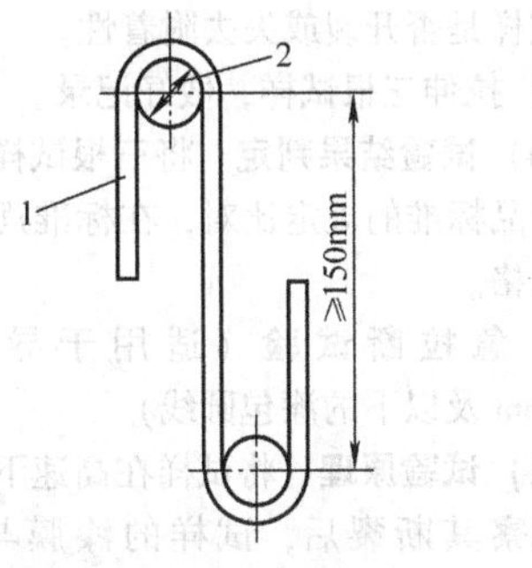

图2-4-13　S形弯曲试样

1—试样　2—圆棒直径

4）试验结果判定：六根试样的试验结果绝缘层应均不开裂（露出导体）。

（3）束线（包覆层）

1）束线应在有关产品标准中规定直径的圆棒上，按4.1.3节第5条规定的张力下进行卷绕。

2）束线在圆棒上卷绕时，应注意，不要每绕一圈束线转扭一次。

3）然后在漫射光线下用目力检查包覆层的紧密度。

4）试验一次。

2. 拉伸试验（适用于漆包圆线）

（1）试验原理　将一根校直试样拉伸至相应产品标准规定的百分比，再检查漆膜与导体的附着状况。

（2）试验设备

1）拉力试验机，如图2-4-6所示。

2）钢直尺，测量范围为0~300mm。

3）放大镜，正常视力或6倍以下放大镜。

（3）试验步骤

1）取长度约300mm的试样三根。

2）根据试样形状和尺寸选定夹具。

3）把试样平行并紧贴于钢直尺，用记号笔在试样的平直部分标出原始标距长度L_0。

4）将试样的一端夹紧在试验设备的固定夹具内，使试样保持平直状态。将试样的另一端夹紧在移动夹具内。两夹具间的距离约等于标距长度L_0，标志线应能清晰地观察到。

5）用0~150mm的钢直尺紧靠试样，将整数0或1的起始刻度线与试样下端的标志线对齐。

6）启动拉力试验机，以（5±1）mm/s的速率将试样拉伸，若标志线延伸的长度达到产品标准所规定的百分比，即停止拉伸。

7）取下试样，用正常视力或6倍以下放大镜检查试样是否开裂或失去附着性。

8）拉伸三根试样，做好记录。

（4）试验结果判定 将三根试样的试验结果与相应产品标准的规定比对，在标准规定范围内，判定为合格。

3. 急拉断试验（适用于导体标称直径1.000mm及以下的漆包圆线）

（1）试验原理 将试样在高速下骤然拉伸至断裂，观察其断裂后，试样的漆膜与导体的附着状况。

（2）试验设备

1）急拉断试验仪，如图2-4-14所示。可采用机动或气动装置。

① 两夹具的起始距离应为（250±1）mm。

② 急拉试样时，试样不应有打滑移动现象。

③ 急拉速度应不小于3m/s。

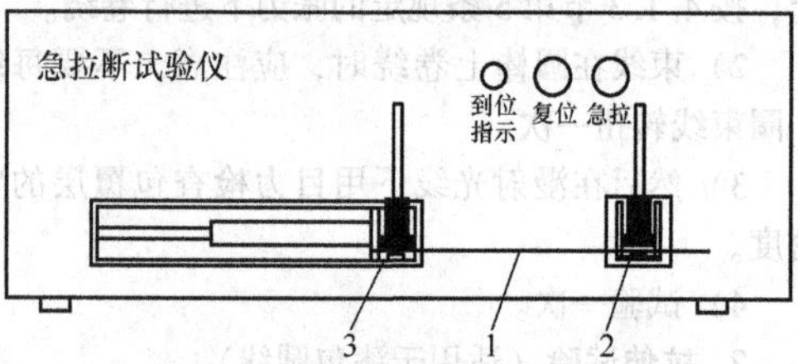

图2-4-14 急拉断试验仪

1—试样 2—固定夹具 3—移动夹具

2）放大镜，根据被测试样导体标称直径的大小，见表2-4-4，选取对应的放大镜倍数。

（3）试验步骤

1）取长度约300mm的校直试样三根。

2）打开设备电源开关，电源指示灯亮。

3）按复位按钮，将移动夹具复位到试验起始位置，复位完毕指示灯亮。

4）把试样一端放进固定夹具内，并锁紧夹具。

5）拉紧另一端试样，放入移动夹具内，并锁紧夹具。确保两夹具间的有效距离为200～250mm。

6）按急拉按钮，移动夹具快速移动，将试样急速拉伸至断裂。

7）取下试样，按表2-4-4选择放大镜，检查试样是否开裂或失去附着性，距断头处2mm内的开裂或失去附着性不做考核。

8）测试三根试样，试样开裂或失去附着性都应做好记录。

（4）试验结果判定 将三根试样的试验结果与相应产品标准的规定比对，在标准规定范围内，判定为合格。

4. 剥离试验（适用于导体标称直径1.000mm以上的漆包圆线）

（1）试验原理 沿漆包圆线试样轴向对称的两个侧面上的漆膜刮去至露导体，然后在一定负荷和速度下将试样进行转动扭绞，当试样扭绞到规定转数后，观察其漆膜与导体的附着状况。

（2）试验设备

1）剥离扭绞试验仪，如图2-4-15所示。

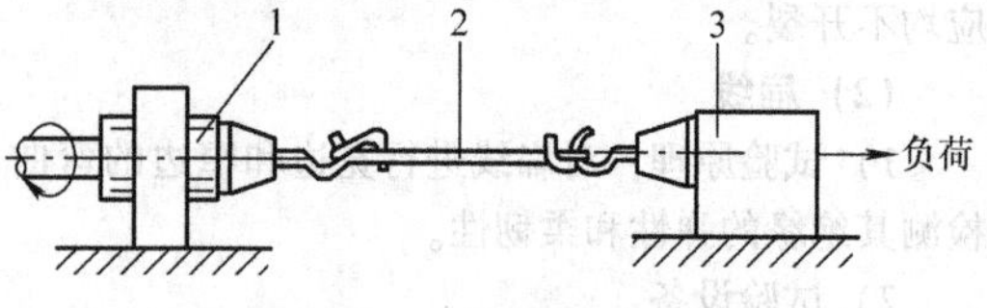

图2-4-15 剥离扭绞试验仪

1—旋转夹具 2—试样 3—固定夹具

① 试验仪应水平放置。夹具一端可旋转，另一端不能旋转，但可轴向移动。

② 两夹具间距离，应能调至（500±5）mm。

③ 试样扭转的转速应为60～100r/min。

④ 扭转计数器计数应准确可靠。

⑤ 挂棒和负荷应至少能组成25N、40N、60N、100N，重量误差范围均为±10%。

⑥ 夹上试样，挂上相应的负荷后，夹具应无松动滑移现象。

2）刮刀，如图2-4-16所示。应锋利，两刀刃平行，没有缺口。

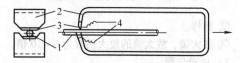

图2-4-16 刮刀

1—试样 2—刮刀 3—刮刀刀刃 4—刮出漆膜

3）砝码，剥离试验用负荷，见表2-4-5。

表2-4-5 剥离试验用负荷

导体标称直径/mm	负荷/N
$1.000 < d \leqslant 1.400$	25
$1.400 < d \leqslant 1.800$	40
$1.800 < d \leqslant 2.240$	60
$2.240 < d \leqslant 2.800$	100
$2.800 < d \leqslant 3.550$	160
$3.550 < d \leqslant 4.500$	250
$4.500 < d \leqslant 5.000$	400

注：表中所述参数依据为GB/T 6109.1—2008。

(3) 试验步骤

1) 取长度约600mm的校直试样一根。

2) 将试样一端插入可旋转的夹具内并锁紧试样，拉紧试样另一端，锁紧于固定夹具上。如图2-4-15所示，两个夹具间相距500mm。试样和两个夹具位于同一轴线上。

3) 依据被测试样导体标称直径和表2-4-5，选择负荷挂在固定夹具的一端，使试样受到一定张力。

4) 用图2-4-16所示的刮刀，将试样对称的两个侧面上的漆膜刮去至露导体。施加在刮刀上的力能使试样漆膜刮除，并在漆膜和导体界面留下清洁光滑的刮痕，而不宜刮去过多的铜导体，如图2-4-17所示。从距离夹具10mm的两端剥离漆膜。

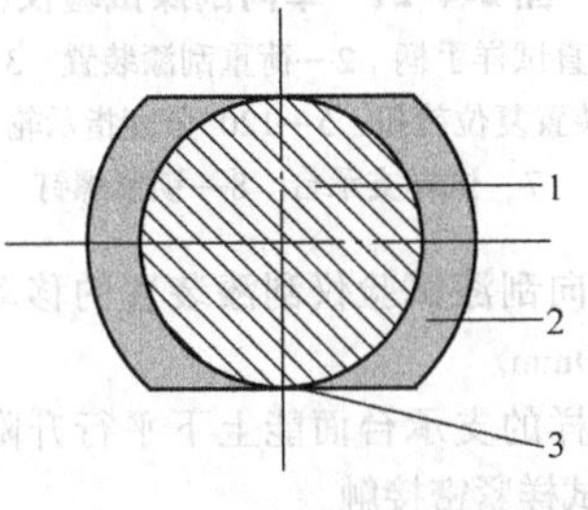

图2-4-17 刮去漆膜后漆包线截面

1—导体 2—漆膜 3—刮去漆膜界面

5) 一切准备工作就绪后，接通电源，把计数器置于零位上。

6) 启动仪器操作按钮，旋转夹头带动试样以60~100r/min的扭转速度开始试验，达到被测试样规定转数 R 后或漆膜已认为失去附着时关闭操作按钮。

7) 检查试样漆膜是否失去附着性。

8) 测试一根试样，做好记录。

(4) 试验结果计算和判定

1) 被测试样扭转转数 R，按式（2-4-11）计算：

$$R=\frac{K}{d} \tag{2-4-11}$$

式中 R——试样扭转数，取整数；

K——常数，按产品标准规定；

d——试样标称直径。

2) 用正常视力检查试样漆膜是否与导体分离，若是有分离，判定为试样漆膜失去附着性。如果能毫无困难地将漆膜从试样上剥去（例如用指甲），即使不能完全分离，也应认为失去附着性。

5. 附着性试验

(1) 试验原理 将试样在外力作用下拉伸至规定长度，检查绝缘是否破裂失去附着。

(2) 试验设备

1) 拉力试验机，如图2-4-6所示。

2) 钢直尺。

(3) 试验步骤

1) 取长度约300mm的校直试样一根。

2) 根据试样形状和尺寸选定夹具。

3) 将0~300mm钢直尺平放置于工作台上，把试样平行并紧贴于钢直尺。

① 漆包扁线和粘结性薄膜绕包线，在试样平直的部分取长度200mm，用记号笔标出原始标距，标志线应细而清晰。然后，在此标距长度的正中部，用刀沿试样四周将绝缘切割一圈至露导体，如图2-4-18所示。

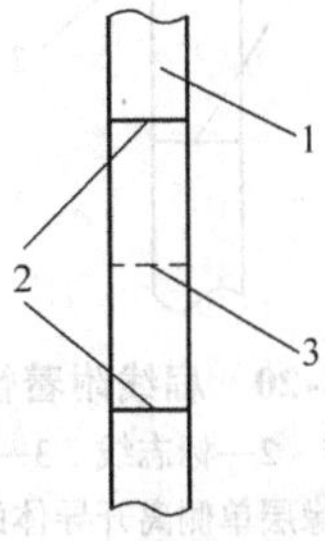

图2-4-18 扁线附着性制备试样

1—试样 2—标志线 3—切割线

② 玻璃丝包线在试样平直的正中间部分量取100mm，用记号笔标出标距长度100mm，标志线应细而清晰。然后，用刀去除标志线外两端的绝缘，保留100mm长的绝缘层，如图2-4-19所示。

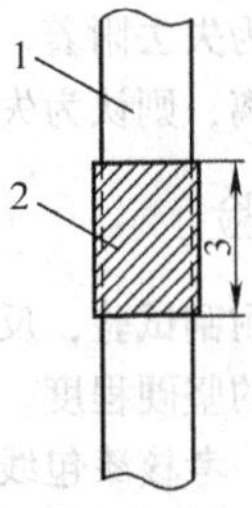

图2-4-19 玻璃丝包扁线附着性制备试样

1—导体 2—玻璃丝包绝缘层 3—标距长度

4) 将试样的一端夹紧在试验设备的固定夹具内，使试样保持平直状态。将试样的另一端锁紧在移动夹具内。

5) 用0~150mm的钢直尺紧靠试样，将整数0或1的起始刻度线与试样下端的标志线对齐。

6) 启动拉力试验机，以（5±1）mm/s的速率将试样拉伸，若切割线与标志线之间延伸的长度达到产品标准所规定的百分比，即停止拉伸。

7）取下试样，若是漆包扁线和粘结性薄膜绕包线，用钢直尺测量绝缘自切割线起沿纵向试样每侧上脱离导体失去附着的距离，如图2-4-20所示。若是玻璃丝包线，用手轻轻推动绝缘，检查绝缘层与导体之间的附着性。

8）测试一根试样。

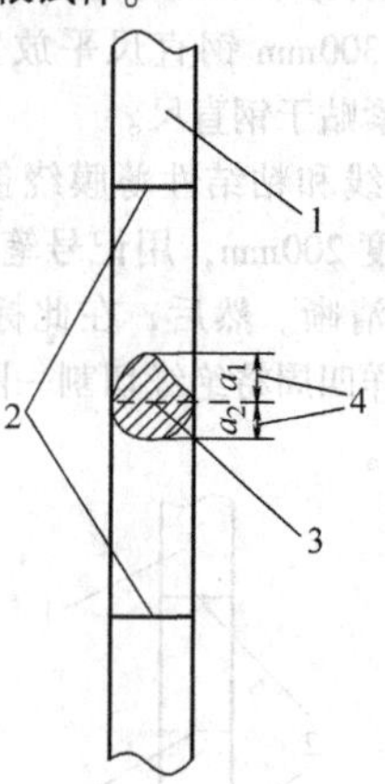

图2-4-20 扁线附着性测量

1—试样 2—标志线 3—切割线

4—绝缘层单侧离开导体的距离

（4）试验结果判定

1）漆包扁线和粘结性薄膜绕包线。用钢直尺测量漆膜自切割线起沿纵向试样每侧上脱离导体失去附着的距离，试验结果取绝缘脱离导体失去附着距离的最大测量值。

2）玻璃丝包线。对于圆线，若玻璃丝包层在导体上滑动，则认为失去附着。对于扁线，若玻璃丝包层在试样上分离，则认为失去附着。

4.2.5 耐刮试验

漆包线漆膜的耐刮试验，反映漆膜抗机械刮伤的能力，考核漆膜的坚硬程度。用不断增加压力的刮针在漆膜上磨刮，考核漆包线所能承受的最大刮破力。漆膜的刚性大，耐刮性好，产品使用寿命长；漆膜的刚性小，耐刮性差，绕制线圈的作用力就会使漆膜损伤，甚至线圈在运转中会发生短路现象。因此耐刮性能是漆包线机械性能的一个重要指标。根据导线的形状，耐刮试验有单向刮漆和往复刮漆两个试验项目。

1. 单向刮漆（适用于漆包圆线）

（1）试验原理 用一根金属针在不断增加负荷的作用下，在试样表面即在漆膜表面以一定的速度磨刮。若漆膜刮破，金属刮针和导体电气接通，试验同时停止，此时的负荷作用力即为刮破力。若当金属针磨刮至试样终端，漆膜仍未刮破，此时的负荷作用力也为刮破力。

（2）试验设备

1）单向刮漆试验仪，如图2-4-21所示。

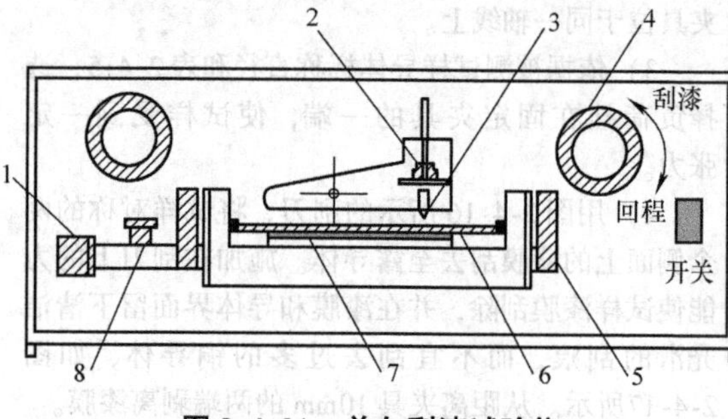

图2-4-21 单向刮漆试验仪

1—校直试样手柄 2—荷重刮漆装置 3—刮针

4—刮漆装置复位旋扭 5—120°分度指示轮 6—试样

7—试样支承台 8—锁紧螺钉

① 单向刮漆试验仪刮漆装置的移动距离，应不小于100mm。

② 试样的支承台面能上下平行升降，使整个平面能与试样紧密接触。

③ 刮针应光滑，可用抛光的钢琴丝或直径为（0.23±0.01）mm的金属针。刮针安装于刮针夹持架上使用，如图2-4-22所示。刮针夹持架下端放刮针的槽宽为0.1mm，底槽圆弧R为0.115mm。

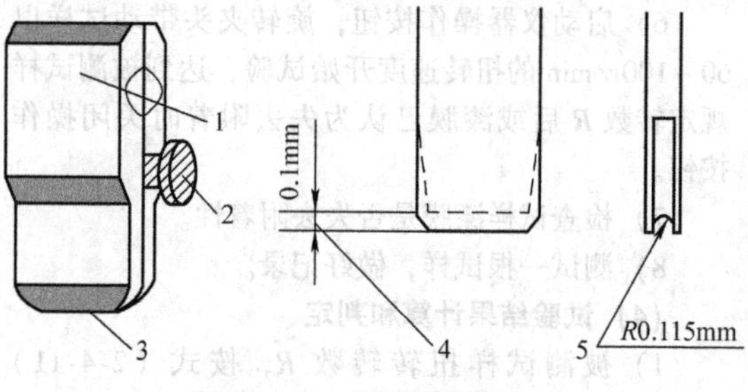

图2-4-22 刮针夹持架一

1—刮针夹持架 2—调节螺钉 3—刮针

4—安装刮针的槽宽 5—安装刮针底槽的圆弧

④ 刮漆装置的移动速度，应为（400±40）mm/min。

⑤ 试验电压应为直流（6.5±0.5）V，短路电流应为直流（20±0.5）mA。可用串联电阻或继电器实现。

⑥ 当漆膜被刮除，刮针接触导体，应能自动停止刮漆动作。

⑦ 刮漆装置在移动过程中不得有明显的跳动

现象，刮破力允许误差为 ±5%。

2）负荷：试验负荷及允许误差，见表 2-4-6。

表 2-4-6　负荷及允许误差

（单位：N）

负荷	允许误差	负荷	允许误差
$N<0.2$	±0.005	$2.0\leqslant N<5.0$	±0.05
$0.2\leqslant N<1.0$	±0.01	$5.0\leqslant N<10.0$	±0.10
$1.0\leqslant N<2.0$	±0.02	$10.0\leqslant N$	±0.20

注：表中所述参数依据为 GB/T 6019.1—2008。

（3）试验步骤

1）取长度约 400mm 的校直试样一根，一端去掉漆膜露出导体。

2）装上与试样线径相适应的穿线轮，将试样通过穿线轮置于两夹具内，锁紧试样。

3）转动校直手柄，校直试样，试样伸长率应小于 1%。

4）调整支承台面，使其与试样平行接触。

5）将试样一端去掉漆膜接上试验电压，测试电路接通。

6）将刮针装在刮针夹持架两夹头之间，并牢固地夹住刮针，使其不下垂或弯曲，并与刮漆方向垂直。刮漆方向应为漆包线的轴线方向。

7）在刮漆装置的负荷架上施加负荷作为起始作用力（N_0）。施加的起始作用力应不大于相关产品标准中规定的最小刮破力的 90%。

8）打开“电源”按钮，在刮针和导体之间施加（6.5±0.5）V 的直流电压；将短路电流限制在 20mA 以内；漆膜刮破时，能使刮针与导体之间产生短路。

9）将操作旋钮缓慢地旋下，使负重的刮漆装置慢慢下降至试样表面，防止试样表面因突然受到撞击，漆膜受到损伤，导致短路使试验失败。

10）刮漆装置落到位后，开始作第一次单向刮漆运动。刮漆装置的有效行程应为 150～200mm。刮针移动速度，应为（400±40）mm/min。

11）随着刮漆装置的移动，试样所受的负重逐渐增加，直到刮破漆膜裸露导体或刮漆装置移动至有效行程末端，刮漆装置停止运动。

12）刮针停止刮漆后，读取试验仪刻度尺上此时的系数（K）。记录起始作用力（N_0）和刻度尺上的系数（K）。

13）试验需在同一试样上再重复进行两次，第二次试验的位置距离原位置旋转 120°，第三次试验的位置距离原位置旋转 240°。分别记录起始作用力和刻度尺上的系数。

（4）试验结果计算和判定

1）刮破力计算：刮破力 N 按式（2-4-12）计算，刻度尺上读出的系数 K 和起始作用力（N_0）的乘积即为刮破力（N）。

$$N=N_0K \tag{2-4-12}$$

2）试验结果取三个试验值的平均值作为平均刮破力，三次试验中最小值为最小刮破力。

2. 往复刮漆（适用于 $d>2.500$mm 的漆包圆线和漆包扁线）

（1）试验原理　试验时刮针以一定压力对试样往复磨刮，计数电路开始对磨刮次数进行计数，同时对试样施加直流试验电压。当试样绝缘层刮破，刮针与导体接触时，刮针即自动停止磨刮。此时计数电路显示的数值即为试样往复刮漆的次数。

（2）试验设备

1）往复刮漆试验仪，如图 2-4-23 所示。

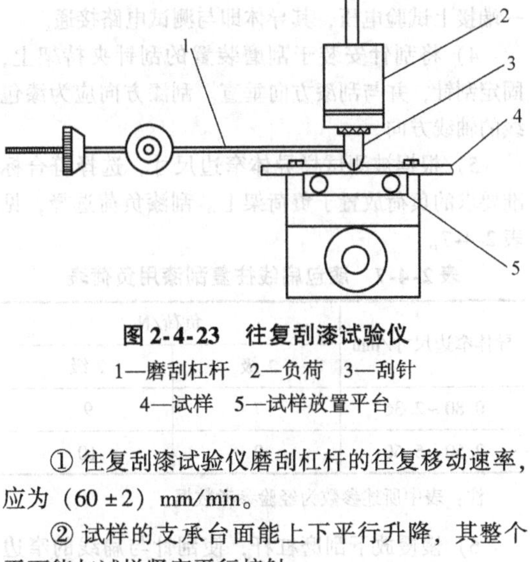

图 2-4-23　往复刮漆试验仪

1—磨刮杠杆　2—负荷　3—刮针
4—试样　5—试样放置平台

① 往复刮漆试验仪磨刮杠杆的往复移动速率，应为（60±2）mm/min。

② 试样的支承台面能上下平行升降，其整个平面能与试样紧密平行接触。

③ 刮针应光滑圆整，用 10 倍放大镜选取。钢针直径为（0.45±0.01）mm 用于圆截面试样，钢针直径为（0.55±0.01）mm 用于扁截面试样。刮针与刮漆方向垂直，刮漆方向应为漆包线的轴线方向。刮针安装于刮针夹持架上使用，如图 2-4-24 所示。刮针夹持架下端放刮针的槽宽为 0.2mm，底槽圆度 R 为 0.225mm。

④ 试验电压应为直流（6.5±0.5）V。

⑤ 当漆膜被刮除，短路电流 ≥5mA 时，应能自动停止刮漆动作。

⑥ 安装计数器，能正确显示往复刮漆的次数。

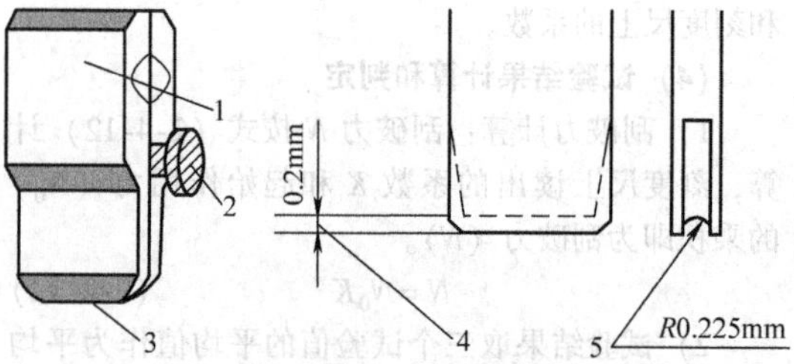

图 2-4-24　刮针夹持架二

1—刮针夹持架　2—调节螺钉　3—刮针

4—安装刮针的槽宽　5—安装刮针底槽的圆弧

2）负荷，往复刮漆试验仪的负荷及允许误差，见表 2-4-6。

（3）试验步骤

1）取长度约 20mm 的校直试样一根，一端去掉漆膜露出导体。

2）将试样宽面平放于平台面上，用夹头固定。

3）旋转旋钮使平台上升，将试样去掉漆膜的一端接上试验电压，其导体即与测试电路接通。

4）将刮针安装于刮磨装置的刮针夹持架上，固定刮针，并与刮漆方向垂直。刮漆方向应为漆包线的轴线方向。

5）根据被测试样导体窄边尺寸，选择符合标准要求的负荷放置于负荷架上。刮漆负荷选择，见表 2-4-7。

表 2-4-7　漆包扁线往复刮漆用负荷表

导体窄边尺寸/mm	负荷/N	
	1 级	2 级
0.80 ~ 2.36	7	9
2.50 ~ 5.60	9	10

注：表中所述参数为经验参考数据。

6）慢慢放下刮磨杠杆，使刮针与扁线的窄边和宽边连接的 R 角接触。

7）启动“电源”按钮，电压调整至 6 ~ 12V 之间，按复位键使原始记数表设为零，可设定预置刮漆次数或设定无限制刮漆次数。

8）按试验按钮，负重的刮磨杠杆在圆角表面开始往复刮磨。

9）当试样漆膜被刮破或至预置的刮漆次数，刮磨杠杆停止动作，记录记数表上的刮漆次数。

10）在同一试样上的另一 R 角上，再重复上述 1）~7）的操作步骤，以此分别在四个 R 角上进行刮漆试验。

11）分别记录四次刮漆的试验值。

注：若是圆线试样，下一次试验的位置距离原位置旋转 90°进行刮漆试验。分别记录四次刮漆的试验值。

（4）试验结果判定　试验结果取四次刮漆的平均值和最小值。

4.2.6　热粘合试验

热粘合反映了自粘漆包圆线绕组成线圈后在热作用下粘合在一起的能力。热粘合有垂直螺旋线圈粘结力和扭绞线圈粘结强度两种试验方法，适用于 0.050mm < d ≤ 2.000mm 的自粘漆包圆线。

1. 垂直螺旋线圈粘结力试验

（1）试验原理　将漆包线在圆棒上卷绕成螺旋线圈，然后加负荷压紧，并在热作用下使线圈粘合。经受一定的温度和经过一定的时间后，从圆棒上取下粘合线圈试样，并垂直悬挂，在其下端挂上分离负荷来测定试样是否能承受规定的负荷力。可在常温和高温两种不同的环境条件进行粘结力的试验。

（2）试验设备

1）螺旋线圈的粘结力试验装置，如图 2-4-25 所示。

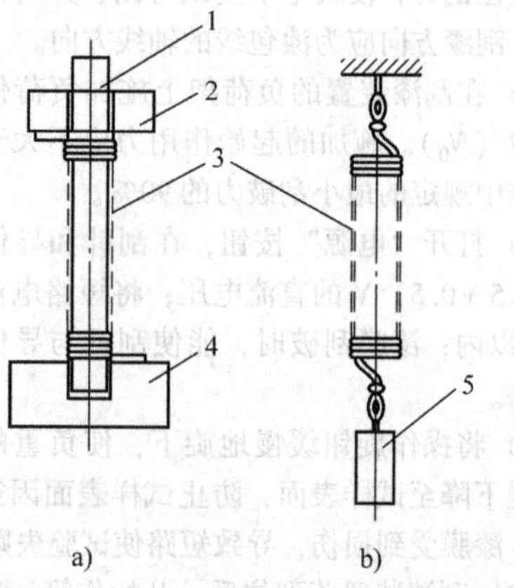

图 2-4-25　螺旋线圈粘结力试验装置

1—圆棒　2—压紧负荷　3—线圈

4—圆棒底座　5—分离负荷

① 在圆棒上应能卷绕最小长度 20mm 的螺旋线圈。

② 圆棒能垂直紧嵌于底座。

③ 压紧负荷能平稳地施加在螺旋线圈上。

2）强迫通风烘箱，温度范围为 0 ~ 300℃。

3）压紧砝码、分离砝码以及圆棒。

螺旋线圈制备试样时圆棒直径、张力及负荷，见表 2-4-8。

表 2-4-8　螺旋线圈制备圆棒直径、张力及负荷

导体标称直径/mm	圆棒直径/mm	卷绕时最大张力/N	粘合时加在线圈上的负荷/N
0.050 < d≤0.710	1	0.05	0.05
0.071 < d≤0.100	1	0.05	0.05
0.100 < d≤0.160	1	0.12	0.15
0.160 < d≤0.200	1	0.30	0.25
0.200 < d≤0.315	2	0.80	0.35
0.315 < d≤0.400	3	0.80	0.50
0.400 < d≤0.500	4	2.00	0.75
0.500 < d≤0.630	5	2.00	1.25
0.630 < d≤0.710	6	5.00	1.75
0.710 < d≤0.800	7	5.00	2.00
0.800 < d≤0.900	8	5.00	2.50
0.900 < d≤1.000	9	5.00	3.25
1.000 < d≤1.120	10	12.00	4.00
1.120 < d≤1.250	11	12.00	4.50
1.250 < d≤1.400	12	12.00	5.50
1.400 < d≤1.600	14	12.00	6.50
1.600 < d≤1.800	16	30.00	8.00
1.800 < d≤2.000	18	30.00	10.00

注：表中所述参数依据为 GB/ T 4074.3—2008。

（3）试验步骤

1）取适当长度的校直试样三根。

2）根据试样标称直径，按表 2-4-8 的规定，对应选取相应圆棒直径。

3）将每个试样卷绕在圆棒上，线圈最小长度为 20mm。卷绕时的张力不超过表 2-4-8 规定值，卷绕速率控制在 1～3r/s 之间。

4）为方便线圈自由松开，试样末端不固定。圆棒上的线圈应如图 2-4-25a 所示垂直放置，并按表 2-4-8 的规定施加负荷。负荷不粘着圆棒，其间应有间隙。

5）将强迫通风烘箱预热至有关产品标准规定的试验温度。

6）将试样装置放入已预热好的强迫通风的烘箱中，放置时间如下：

导体标称直径≤0.710mm 的漆包线，放置时间 30min；

导体标称直径 0.710mm < d≤2.000mm 的漆包线，放置时间 60min；

试样放置时间也可由供需双方协议决定。

7）试样达到试验规定时间后，关闭烘箱电源，打开烘箱门，将试样冷却至室温。从圆棒上小心地取下线圈备用，防止线圈受损。

8）制备好的线圈，有两种不同的环境条件进行粘结力的试验。一是在室温条件下的粘结力试验，二是在高温条件下的粘结力试验。可根据产品标准或客户要求选择相应的试验条件。

9）室温下的试验步骤：

① 将线圈试样的一端悬挂起来，另一端施加有关产品标准规定的分离负荷，如图 2-4-25b 所示。

② 施加分离负荷的方式应避免任何附加的冲击。

③ 试样在挂上分离负荷后保持一定的时间（一般 5min 左右），检查线圈有无分离现象（第一圈和最后一圈除外）。

④ 测试三个试样，并做好记录，粘合线圈的温度也应记录。

10）高温下的试验步骤：

① 将线圈试样的一端悬挂起来，另一端按表 2-4-9 的规定施加分离负荷，如图 2-4-25b 所示。

表 2-4-9　高温下的测量粘结力分离负荷

导体标称直径/mm	负荷/N	导体标称直径/mm	负荷/N
0.050 < d≤0.071	0.04	0.710 < d≤0.800	2.10
0.071 < d≤0.100	0.06	0.800 < d≤0.900	2.60
0.100 < d≤0.160	0.08	0.900 < d≤1.000	3.20
0.160 < d≤0.200	0.19	1.000 < d≤1.120	3.80
0.200 < d≤0.315	0.25	1.120 < d≤1.250	4.40
0.315 < d≤0.400	0.55	1.250 < d≤1.400	4.90
0.400 < d≤0.500	0.80	1.400 < d≤1.600	6.40
0.500 < d≤0.630	1.20	1.600 < d≤1.800	7.90
0.630 < d≤0.710	1.70	1.800 < d≤2.000	7.90

② 施加分离负荷的方式应能避免任何附加的冲击。

③ 强迫通风烘箱预热至相应产品标准规定的试验温度。

④ 负荷的试样放入到预热好的强迫通风烘箱内 15min。

⑤ 检查线圈有无分离现象（第一圈和最后一圈除外）。

⑥ 测试三个试样，并做好记录，粘合线圈的温度和在高温下测量粘结力的温度均要做好记录。

(4) 试验结果判定 如果线圈不分离（第一圈和最后一圈除外），判定为产品该项性能合格，反之则不合格。

2. 扭绞线圈粘结强度试验

(1) 试验原理 将漆包线在卷绕机上随机卷绕线圈形成椭圆形，扭绞后通直流电流使之粘结并制成棒状试样。将棒状试样水平放置在拉力试验机上，测量破坏该棒状试样所需的最大弯力。形成线圈后可在常温和高温两种不同的环境条件下进行粘结强度的试验。

(2) 试验设备

1）线圈卷绕机，如图2-4-26所示。

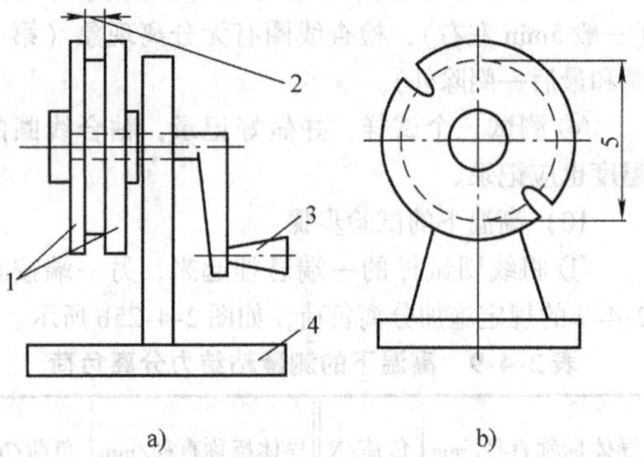

图2-4-26 线圈卷绕机

1—线圈夹板 2—线圈绕制槽 3—卷绕手柄 4—卷绕机底座 5—线圈卷绕直径

① 线圈卷绕直径：(57±1) mm。

② 卷绕机上槽口的槽宽：(5±0.5) mm。

2）线圈扭绞机及直流电源，如图2-4-27所示。

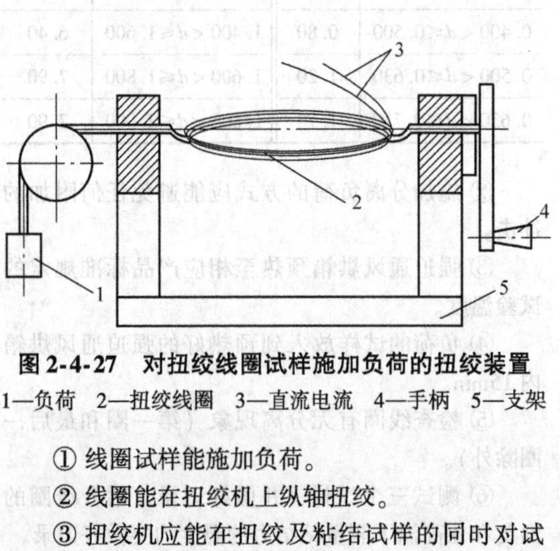

图2-4-27 对扭绞线圈试样施加负荷的扭绞装置

1—负荷 2—扭绞线圈 3—直流电流 4—手柄 5—支架

① 线圈试样能施加负荷。

② 线圈能在扭绞机上纵轴扭绞。

③ 扭绞机应能在扭绞及粘结试样的同时对试样施加机械负荷。

④ 在试样上能通上恒定的直流电流。直流电压最小值为50V；直流电流最小值为15A。

3）测力试验支架，如图2-4-28所示。

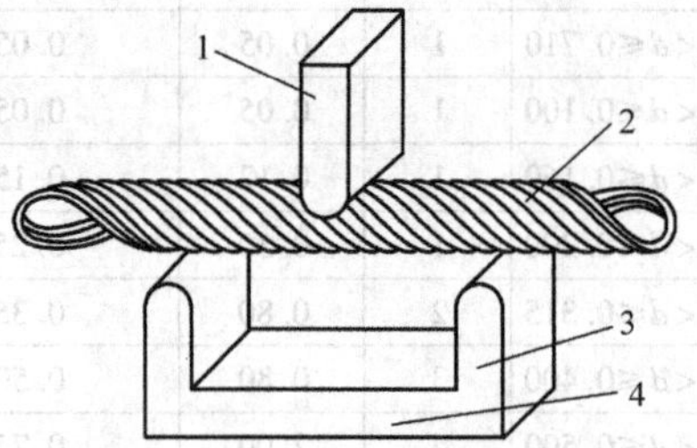

图2-4-28 测力试验支架

1—压指负荷 2—线圈 3—支架侧板 4—支架底座

① 支架底座：长度为 (50.0±0.5) mm；宽度为 (15±1.0) mm。

② 支架侧板：内侧高度为 (15.0±1.0) mm；侧板上边为圆角，R为 (5.0±0.1) mm。

③ 测力压指负荷：高度为 (25.0±1.0) mm；长度为 (15.0±1.0) mm；宽度为 (1.0±0.2) mm；R为 (5.0±0.1) mm。

4）扭绞线圈粘结强度的拉力试验机。

① 最大负荷：2kN或5kN。

② 速度范围：1~500mm/min可调。

③ 速度允许误差范围：示值±1.0%以内。

④ 有效拉伸距离：0~900mm。

⑤ 超载保护：试验力超过最大测力10%时机器自动停机。

5）强迫通风烘箱，温度范围为0~300℃。

(3) 试验步骤

1）取整轴线1轴。

2）在线盘表面去掉足够的线样后，使用如图2-4-26所示的线圈卷绕机，将漆包线试样随机卷绕成一个线圈。卷绕圈数应按式 (2-4-13) 计算：

$$N=\frac{100\times 0.315^2}{d^2} \qquad (2\text{-}4\text{-}13)$$

式中 d——漆包线试样导体标称直径 (mm)。

3）卷绕圈数绕满后，用一小段的漆包线从槽口将线圈相对的两处绕2~3圈后扎紧，防止线圈从卷绕机上取下时松开。

4）从卷绕机上取下线圈，然后制成椭圆形。

5）将椭圆形线圈置于扭绞机上，线圈试样施加负荷在扭绞机上沿其纵轴扭绞。负荷应为100N。线圈应先扭绞2.5圈，然后在相反方向回扭半圈。

6）在扭绞好的试样上，通上恒定的直流电流，使导线发热粘结，电流的大小应能使线圈试样在30~60s的时间内粘合。

7）等试样冷却后，卸下负荷及线圈。

8）此时试样线圈，形成直径约7mm，长度85~90mm的圆棒。绕制好五个试样线圈准备做粘结强度试验。

9）粘结强度试验：

① 室温下：将试样正确放在支架上，调节压指负荷的下压速度，使之在1min内达到最大弯力，测量试样的粘结强度。

② 高温下：将试样放入预热到规定温度的烘箱中，在试样达到烘箱温度，但放入烘箱时间不超过15min之内测量试样的粘结强度。

10）每个温度下测五个试样。

(4) 试验结果判定 取五个试样平均值作为粘结强度。

4.2.7 摩擦系数试验

摩擦系数反映了漆包线在高速绕制线圈过程中，能迅速完全嵌入电机线槽中的嵌入成型能力。它与漆包线表面的润滑和光洁程度有较显著的关系。摩擦系数试验方法有静摩擦系数、动摩擦系数、摩擦力（扭绞对法）等三种试验方法。仅适用于漆包圆线的检测。

1. 静摩擦系数试验方法（适用于导体标称直径0.050mm以上、1.600mm及以下的漆包圆线）

(1) 试验原理 静摩擦系数（μ_s）为一块滑块从漆包线试样做成的轨道上开始滑下的瞬间所测得的滑板的倾斜角（α）。

(2) 试验设备 静摩擦系数试验仪，如图2-4-29所示。

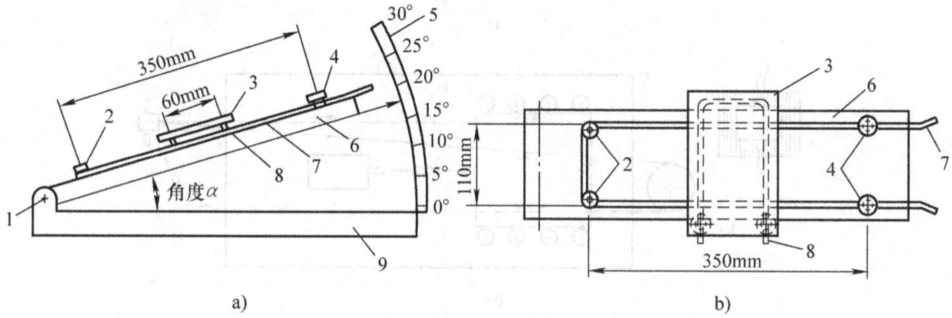

图2-4-29 静摩擦系数试验仪

1—轴心 2—接线柱 3—滑块 4—夹头 5—刻度尺 6—滑板 7—试样1 8—试样2 9—支架

1）放置试样的基板（滑板）应平整，可绕轴心旋转倾斜成一个角度。支架上连着标有倾斜角（α）或摩擦系数（μ_s）的刻度尺。长度不小于300mm，宽度不小于110mm，用两个线柱和两个夹头固定漆包线试样。漆包线试样的平行部分应间隔110mm，并在刻度尺一端和滑板轴心之间组成滑轨。

2）放置试样的动板（滑块）应平整，长度不小于110mm，宽度不小于60mm，并且可固定漆包线试样。

3）由角度显示静摩擦系数的，其角速度应为（1°±0.5°）/s；由改变静止力显示静摩擦系数的，其改变力的速度应为0~0.1N/s。

4）试验时，试样的动板（滑块）在基板（滑板）上滑动时，试验仪的基板（滑板）应停止动作，并显示出角度或静摩擦系数。倾斜角度10°时的角度误差应小于20′；倾斜角度10°时的静摩擦系数的误差应小于0.005。

5）试验仪的放置试样的动板（滑块）的重量，应由基本动板（滑块）和负荷动板（滑块）组成。基本动板（滑块）的重量为（50±5）g；负荷动板（滑块）的重量可由多个负荷动板（滑块）组成，为（500±50）g。导体标称直径$d \leqslant 0.150$mm时滑块重量约为50g；$d > 0.150$mm时滑块重量约为500g。

6）滑块上的夹头和接线柱可用来固定第二个漆包线试样。试样平行部分应间隔60mm。滑块的尺寸必须使其夹头和接线柱不接触滑板以避免附加的摩擦力。

(3) 试验步骤

1）取适当长度的漆包线试样1段。漆包线表面不应有灰尘或被脏物污染。

2）用长度约400mm的试样1根，校直试样，分别用两个接线柱和两个夹头固定在倾斜滑板上。

3）用长度约100mm的试样1根，校直试样，平整地装在滑块上。

4）将带有试样的滑块放在带有试样的滑板的轨道中间。使滑块上的漆包线和滑板上的漆包线相互良好接触，成直角交叉。

5）然后缓慢匀速地倾斜滑板（约1°/s），直到滑块从滑轨上开始下滑。此时刻度尺上的读数即为倾斜角（α）。也可以从指示盘上读出$\tan\alpha$，即静摩擦系数μ_s。

注：滑块的重量并不是很严格，因为它会随着第二个漆包线试样重量的改变而改变。

（4）试验结果计算和判定 静摩擦系数，按式（2-4-14）计算：

$$\mu_s = \tan\alpha \tag{2-4-14}$$

若μ_s小于产品标准规定，则静摩擦系数合格。

2. 动摩擦系数试验方法

（1）试验原理 摩擦系数可通过测量漆包线在已知重量的压块的压力下移动时产生的摩擦力获得。

（2）试验设备 动摩擦系数试验仪，如图2-4-30所示。

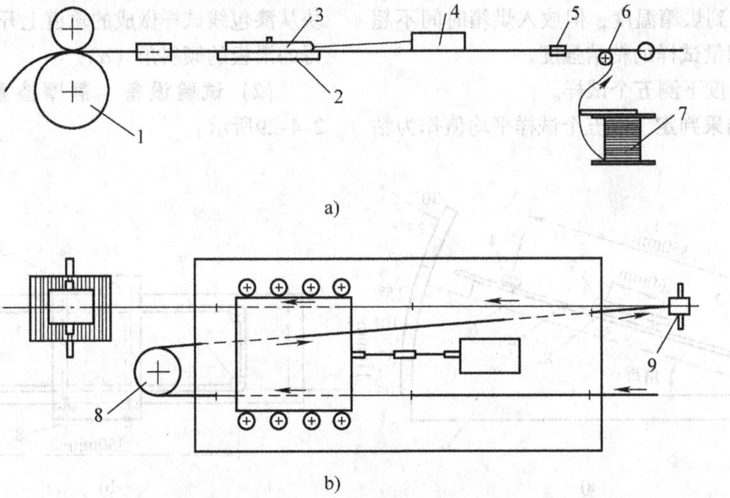

图2-4-30 动摩擦系数试验仪

1—牵引轮 2—金属板 3—负荷板 4—测力表 5—制动器 6—导轮a 7—试样 8—导轮b 9—导轮c

漆包线经导轮a和制动器通过金属板，经过导轮b，与第一道线平行再次在金属板上反向通过，然后经过导轮c通向牵引轮，用牵引轮控制漆包线牵引速度为0.25m/s。将负荷板放在金属板的漆包线上，并与测力表连接。

测力表与线性记录仪（测量范围为1～250mV）连接。该线性记录仪可指示漆包线长距离上的光滑度的分布和水平。

1）试验仪放置试样的试验台（金属板）的材料应用不锈钢板或其他耐腐蚀不易变质的材料，并淬硬到（60±2）HR。试验台（金属板）的表面应平整，且长度不小于负荷板的长度，宽度不小于负荷板的宽度。

2）负荷板为不锈钢板或其他耐腐蚀不易变质的材料，并淬硬到（60±2）HR。负荷板的机械尺寸为（80±1）mm×（80±1）mm。负荷板与试样接触的面，其表面粗糙度R_a为0.5μm。

3）试验仪负荷板的标称力值的误差应≤1%。

4）试验仪的测力装置的力值显示误差应≤1%。

5）试验仪试验速度应为（15±0.5）mm/min。

（3）试验步骤

1）取成轴漆包线1轴，漆包线表面不应有灰尘或被脏物污染。

2）将漆包线经导轮和制动器通过金属板。经另一个导轮，漆包线被牵引至金属板下，然后与第一道线平行再次在金属板上反向通过。

3）用牵引轮控制漆包线牵引速度为0.25m/s。加有重量的负荷板放在金属板的漆包线上，并与测力表连接。

4）测力表与线性记录仪（测量范围为1～250mV）连接。

5）从线性记录仪上读出试样在压力下移动时产生的摩擦力 C，并做好记录。

（4）试验结果计算和判定

动摩擦系数 μ_d，按式（2-4-15）计算：

$$\mu_d = \frac{C}{9.81E} \tag{2-4-15}$$

式中　C——摩擦力（N）；

E——重量（kg）。

3. 扭绞线对法测摩擦力（适合导体标称直径 0.100mm 以上、1.500mm 及以下的漆包圆线）

（1）试验原理　将两根漆包线制成扭绞对后，将一根绞合漆包线上端固定在锁紧装置上，将另一根绞合漆包线下端施加拉力，使之自由滑动。分离两根绞合漆包线的力即为滑动力。

（2）试验设备

1）扭绞装置应满足扭绞的线对长度为 125mm，如图 2-4-48 所示。

2）测力仪，如图 2-4-31 所示，测力仪高度为 400mm 以上。

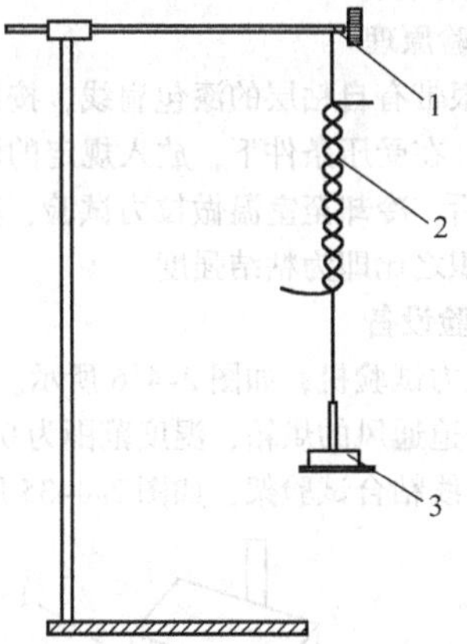

图 2-4-31　扭绞线对法摩擦力测试装置

1—试样锁紧装置　2—扭绞对试样　3—拉力（重量）

3）负荷。

（3）试验步骤

1）取长度约 400mm 的试样三根。

2）将试样中间对折后在扭绞机上扭绞成 125mm 的扭绞线对，如图 2-4-32 所示。扭绞三个扭绞线对。

3）扭绞时，根据导体标称直径，按表 2-4-10 的规定选取施加在线对上的力（负荷）和所需的扭绞数。

4）剪断环形端部，使剪开的两端间距尽可能大。

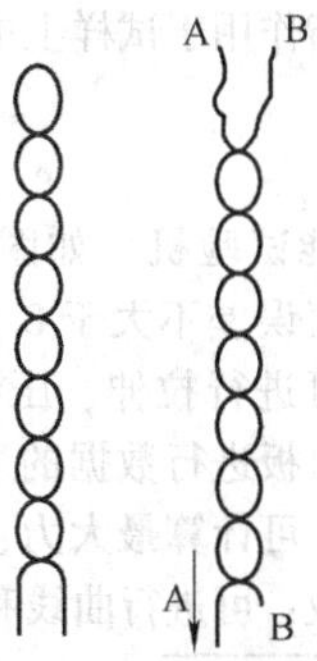

图 2-4-32　扭绞线对试样

表 2-4-10　扭绞线对

导体标称直径/mm	施加在线对上的力/N	每 125mm 的扭绞数
0.100 < d ≤ 0.250	0.85	17
0.250 < d ≤ 0.315	1.40	15
0.315 < d ≤ 0.400	2.40	13
0.400 < d ≤ 0.500	3.40	12
0.500 < d ≤ 0.710	6.00	11
0.710 < d ≤ 0.800	8.50	10
0.800 < d ≤ 0.900	10.00	9
0.900 < d ≤ 1.000	12.50	8
1.000 < d ≤ 1.120	15.00	7
1.120 < d ≤ 1.250	20.00	6
1.250 < d ≤ 1.500	27.00	5

5）将绞合线对中的一根漆包线的一端固定在锁紧装置上，在另一根绞合漆包线的另一端施加拉力（重量），如图 2-4-32 所示。将漆包线向下牵拉，使之自由滑动但不旋转，分离两根绞合漆包线。测试三个试样，并记录试样分离时的拉力（重量）。

（4）试验结果判定　分离两根绞合漆包线的拉力（重量）即为滑动力。

4.2.8　规定塑性延伸强度试验

规定塑性延伸强度又称非比例延伸强度 $R_{P0.2}$。塑性延伸率等于规定的引伸计标距百分率时对应的应力。符号的下脚标说明所规定的塑性延伸率。

规定塑性延伸强度又是判别是否属于半硬铜线的一个指标，一般规定塑性延伸强度 $R_{P0.2}$ 在 100 ~ 260N/mm^2 之间的铜导体就称为半硬铜线。

1. 试验原理

用拉力机拉伸试样，测量试样在 0.2% 伸长时的应力。应力是指作用于试样上的力除以试样原始截面积的商。

2. 试验设备

(1) 电子万能试验机 如图 2-4-33 所示，一般现在都使用示值误差不大于 0.5% 的微机控制电子万能试验机，可进行拉伸、压缩和弯曲等试验；采用计算机和接口板进行数据的采集、保存、处理和打印试验结果；可计算最大力、屈服力、最大变形和屈服点等参数；可进行曲线和数据处理。

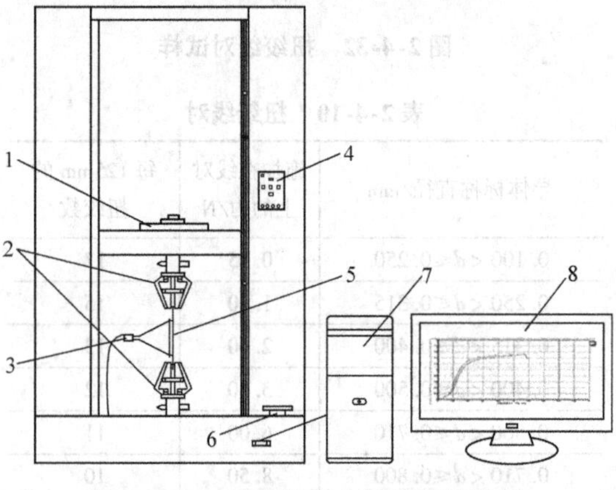

图 2-4-33 微机控制电子万能试验机

1—传感器 2—夹具 3—引伸计 4—操纵按钮 5—试样 6—急停按钮 7—计算机主机 8—计算机显示屏

(2) 引伸计（见图 2-4-34）

1）标距：100mm。

2）最大变形量：25mm。

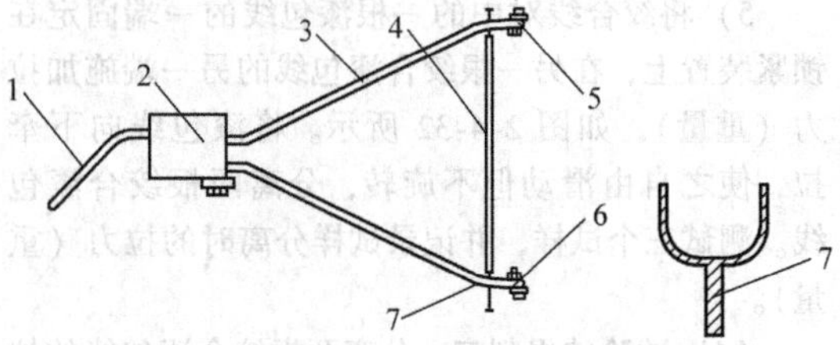

图 2-4-34 引伸计

1—数据连接线 2—传感器 3—引伸计力臂 4—标距杆 5—上刀口 6—下刀口 7—标距片

(3) 千分尺 0～25mm 的微米千分尺、0～25mm 的外径千分尺

3. 试验步骤

1）取 200～250mm 的试样三个，试样长度为原始标距长度加两倍钳口夹持长度。若是绕包线，应去除表面绕包层。

2）测量导体尺寸。

3）在计算机中输入被测试样的基本参数和信息（如试样规格、试样根数、试样尺寸、位移速度等）。

4）将试样两端分别夹紧在拉力试验机的上下钳口中，使试样与钳口保持垂直。

5）用两手指轻轻捏住引伸计两力臂，使标距杆与力臂接触，将附带的标距片开口插在其中一力臂与标杆之间。轻微向内夹紧两力臂，用橡皮筋将引伸计固定在试样中间，如图 2-4-33 所示。

6）按仪器操作规程步骤，开始试验。

7）试样在拉伸了约 2%～5% 后，显示屏出现曲线弧度后，停止拉伸，卸下引伸计，取下试样。

8）进行数据处理，计算机界面上直接读取 $R_{P0.2}$ 试验数据。

9）测试三个试样。

4. 试验结果判定

取三个试样的 $R_{P0.2}$ 值的平均值作为检验结果。

4.2.9 粘结强度试验

粘结强度是指自粘性漆包换位导线中的漆包扁线的热粘结强度。

1. 试验原理

将两根带有自粘层的漆包扁线，按规定长度将宽边叠合，在受压条件下，放入规定的温度下进行加热处理后，冷却至室温做拉力试验，其拉伸力与试样截面积之比即为粘结强度。

2. 试验设备

1）拉力试验机，如图 2-4-6 所示。

2）强迫通风的烘箱，温度范围为 0～300℃。

3）单线粘合试验架，如图 2-4-35 所示。

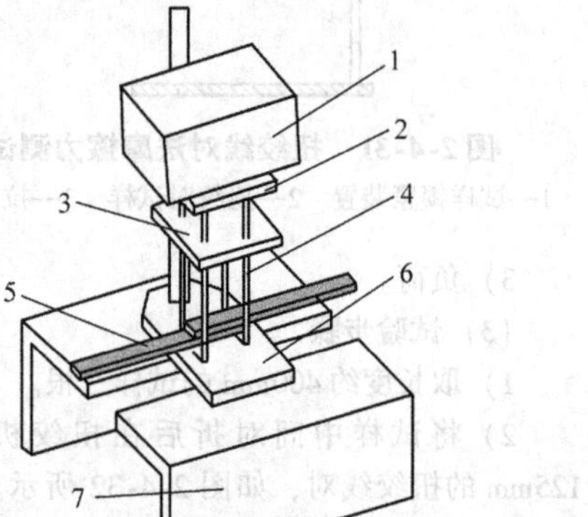

图 2-4-35 单线粘合试验架

1—砝码 2—砝码座 3—控线柱 4—夹线柱 5—试样 6—底座 7—支架

① 每次至少放五组单根线芯试样。

② 试样粘结区能完全受到负荷压力的作用。

4）砝码。

3. 试验步骤

1）在换位导线试样中，取单根线芯长度约为110mm的平直漆包扁线试样10根，分五组，每根试样端面处理平整。

2）试样粘合状态按图2-4-36所示，将两根试样宽边重叠，重叠长度L为25mm，放入如图2-4-35所示的单线粘合试验架内。同理重叠加放五组试样，每组间用纸隔开。

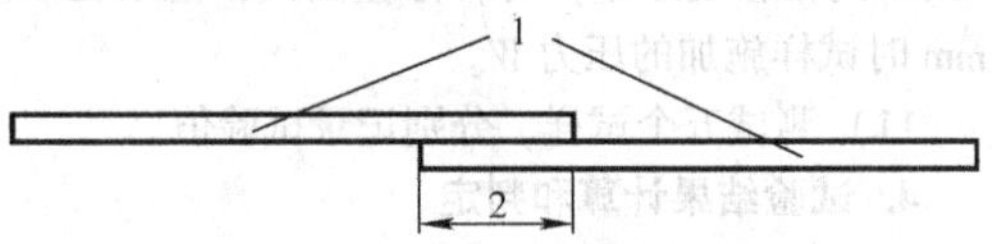

图2-4-36 试样粘合状态

1—试样 2—粘合区

3）在试样重叠粘合区加上1MPa的压力，即试样粘合区加1N/mm²的负荷。施加在试样粘合区的负荷N按式（2-4-16）计算，如图2-4-35所示在试样粘合区施加负荷。

$$N = SP \tag{2-4-16}$$

式中 S——试样粘合区面积（mm²）；

P——试样粘合区压力，1MPa。

粘合区面积S，按式（2-4-17）计算：

$$S = (b-2r)L \tag{2-4-17}$$

式中 b——试样宽边尺寸（mm）；

r——试样圆角半径（mm）；

L——粘合区长度（mm），为25mm。

4）将受压的试样放在预热至（120±3）℃的烘箱内，进行热处理24h。

5）24h后关闭烘箱电源，使试样冷却至室温，卸下负荷，取出试样。

6）根据试样形状选定夹具。

7）将试样的一端夹紧在拉力机的固定夹具内，使试样保持平直状态，将试样的另一端夹紧在移动夹具内。

8）启动试验设备，以不大于20mm/min的速度将试样拉伸至两粘合试样脱离，记录试样脱离时的最大拉力值F。

9）测试五组试样，取每组试验的最大拉力值。

4. 试验结果计算和判定

1）粘结强度（M），按式（2-4-18）计算：

$$M = \frac{F}{S} \tag{2-4-18}$$

式中 F——两粘合试样拉脱后的最大拉力值（N）；

S——试样粘合区面积（mm²）。

2）试验结果，取五个试样的平均值。

4.2.10 粘结弯曲强度试验

自粘性漆包换位导线经加热后粘合，应能承受规定的弯曲强度试验，用其来考核产品的刚性程度。

1. 试验原理

将整股自粘性换位导线试样加热粘合，冷却后让其承受规定的压力，使其弯曲变形。当弯曲变形量达到一定的位移时，按获得的弯曲力大小来计算换位导线的粘结弯曲强度。

2. 试验设备

（1）带有弯曲装置的电子万能试验机（见图2-4-37）

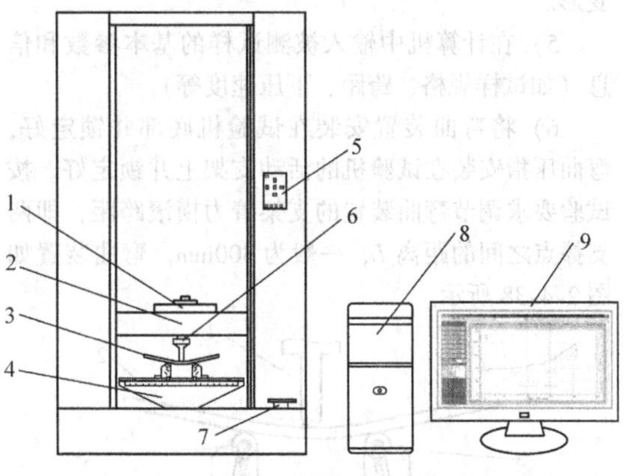

图2-4-37 带有弯曲装置的电子万能试验机

1—传感器 2—活动支架 3—试样 4—弯曲装置 5—操纵按钮 6—弯曲压指 7—急停按钮 8—计算机主机 9—计算机显示屏

1）最大负荷：50kN。

2）有效测力范围：0.4%～100%。

3）测力精度：示值的±1%以内/示值的±0.5%以内。

4）测力分辨率：最大负荷/250000码，且全程分辨率不变。

5）试验速度：0.001～500mm/min。

6）速度精度：示值的±1%以内。

7）变形测量精度：示值的±1%以内/示值的±0.5%以内。

8）位移测量精度：示值的±1%以内/示值的±0.5%以内。

9）有效拉伸空间：650mm。

10）有效试验宽度：540mm。

11）保护功能：电子限位保护功能/超过最大负荷的10%时自动保护功能。

12）电源：AC 220V ±10%。

（2）强迫通风烘箱 温度范围为0～300℃。

（3）夹具

1）能放入长度约为400mm的换位导线试样五个以上。

2）有校直固定试样与压紧试样的功能。

3. 试验步骤

1）取长度约350mm的换位导线试样五根。

2）将试样放入夹具内，校直压紧。

3）当烘箱温度达到设定温度后，将装有试样的夹具放入烘箱内，加热处理24h。

4）加热处理后，将试样冷却至室温。将试样的纸绝缘层去除，试样不允许受任何外力的影响而变形。

5）在计算机中输入被测试样的基本参数和信息（如试样规格、跨距、下压速度等）。

6）将弯曲装置安装在试验机底部并锁定好，弯曲压指安装在试验机的活动支架上并锁定好。按试验要求调节弯曲装置的支架着力横滚跨距，即两支撑点之间的距离 L，一般为300mm。弯曲装置如图2-4-38所示。

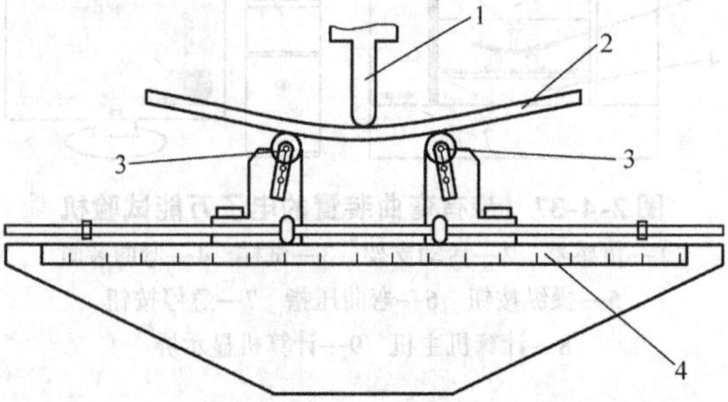

图2-4-38 弯曲装置

1—弯曲压指 2—试样 3—支架着力横滚 4—跨距标尺

7）将试样平放于弯曲装置上，试样高度方向与弯曲装置垂直，试样两端放于支架着力横滚的中间，如图2-4-39所示。

8）按住试验机“向下”键，将弯曲压指缓慢下降至接近试样时停止，微微移动试样，调整加压位置在试样的节距（S弯）中间，如图2-4-39所示。

9）按向下移动的控制键，弯曲压指开始向下移动。

10）当弯曲压指位移变形量 δ 达到1mm（或客户要求的位移变形量）时，停止测试，记录变形量1mm时试样施加的压力 W。

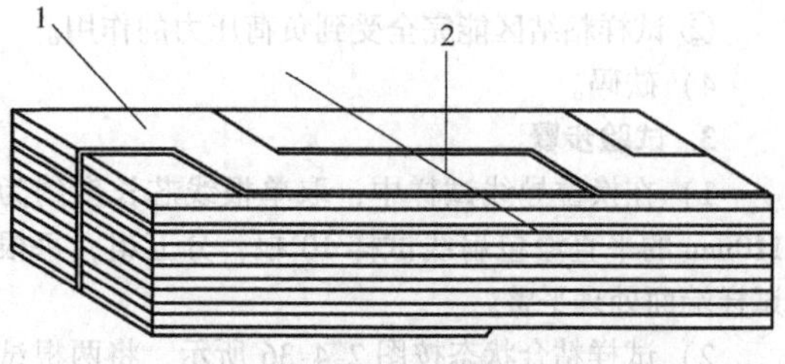

图2-4-39 试样加压位置

1—试样 2—加压位置

11）测试五个试样，分别记录试验值。

4. 试验结果计算和判定

目前，自粘性换位导线粘结弯曲强度试验结果有多种判定的方法，可根据产品技术规范的具体要求判定，较为常用的判定方法有计算法和比较法。

1）计算法是将粘结弯曲强度试验结果与通过公式计算的粘结弯曲强度结果相比较，判定抗弯效果。粘结弯曲强度的计算公式一般包含单线的厚度、单线的宽度、单线的根数等要素。计算五根试样的粘结弯曲强度测量值，取五根试样的平均值作为试验结果。

2）比较法是将粘结弯曲强度试验结果与未加热固化试样的粘结弯曲强度试验结果相比较，判定抗弯效果。

4.3 化学性能试验

4.3.1 试验目的

绕组线的耐化学性能仅对漆包线而言。

在电机电器的加工过程中，漆包线被绕制成线圈后，要经历浸漆和浇注等工艺环节。漆膜要能忍受浸渍漆中甲苯、二甲苯、石油溶剂和油等溶剂的侵蚀；要能忍受浇注过程中环氧树脂内固化剂、稀释剂和酸酐等化学物的侵蚀，加上漆包线在长期使用环境下往往处于化学环境，这些对绝缘层的化学稳定性均有影响。因此对漆膜的耐化学性能要进行相应的考核测试。

4.3.2 耐溶剂试验

漆膜的耐溶剂是考核漆包线在溶剂的作用下，抵抗溶剂软化的能力。电机电器绕制线圈后，都要经过浸渍工艺处理过程，浸渍漆中的溶剂对漆膜有不同程度的溶胀作用，在较高的温度下更甚。如果漆包线缺乏抵抗溶剂腐蚀的能力，漆膜在浸漆过程中被浸渍的溶剂所破坏，就会使线圈因短路而报废。鉴于漆膜耐溶剂性能主要取决于漆膜本身的特性，在工艺成熟、原材料不变的情况下，耐溶剂试验作为型式试验项目。

1. 试验原理

在经过溶剂处理后的漆包线表面，用硬度铅笔以一定的角度进行推移，以刚好不能将漆膜除去的铅笔硬度作为漆包线表面的硬度，因此耐溶剂测试值就用铅笔硬度来表示。本试验适用于导体标称直径大于0.250mm的漆包圆线和漆包扁线。

2. 试验设备

（1）耐溶剂试验仪

1）溶剂恒温器，如图2-4-40所示。

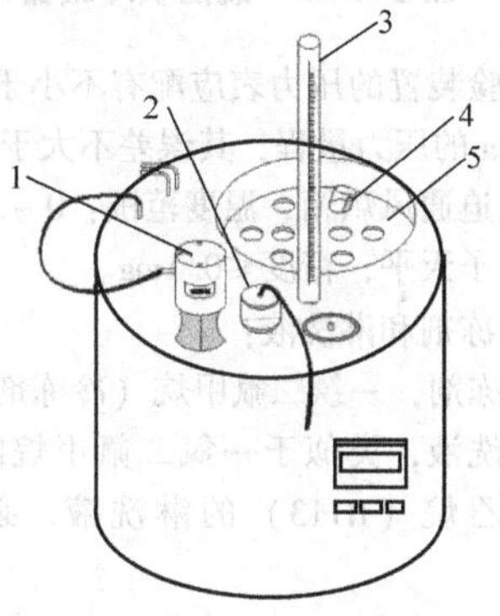

图2-4-40 溶剂恒温器

1—水循环装置 2—电热管 3—控温仪
4—玻璃试管 5—试管托架

① 温度调节范围：5~95℃。

② 恒温波动度：≤±5℃。

③ 水泵流量：≥6L/min。

2）铅笔推移机，如图2-4-41所示。

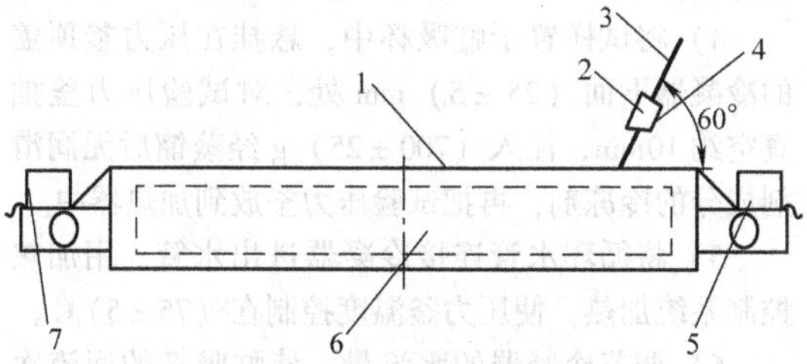

图2-4-41 铅笔推移机

1—试样 2—铅笔架 3—铅笔
4—紧锁螺钉 5—压线螺母1
6—试样托线架 7—压线螺母2

① 铅笔推移速度：(400±40) mm/min。

② 铅笔推移距离：≥150mm。

③ 铅笔与试样平面的夹角：60°±5°。

④ 沿铅笔方向对试样的压力为5N，允许误差为±5%。

（2）强迫通风烘箱 温度范围：0~300℃。

（3）铅笔 系列为H、2H、3H、4H、5H、6H，铅笔笔芯磨成对称于铅笔轴心的60°角。

（4）标准溶剂 按体积比60%石油溶剂∶30%二甲苯∶10%丁醇。

3. 试验步骤

1）取长度约150mm的漆包线试样三个，试样表面应无损伤。

2）配制试验用标准溶剂。

3）将溶剂恒温器温度调置于(60±3)℃。把配制好的标准溶剂倒入玻璃试管中，并将玻璃试管置于恒温器试验桶内的试管托架上。

4）将试样放入(130±3)℃烘箱中预处理(10±1) min。

5）将试样浸入盛有标准溶剂的玻璃管中，在恒温的标准溶剂中浸泡(30±3) min；试样浸入溶剂中有效长度约120mm。

6）按产品标准的硬度选取硬度铅笔，在铅笔推移机上使铅笔压在试样上，铅笔与试样的夹角定位成60°±5°，如图2-4-41所示。

① 如果是圆线，铅笔直接置于圆线试样上，如图2-4-42所示。

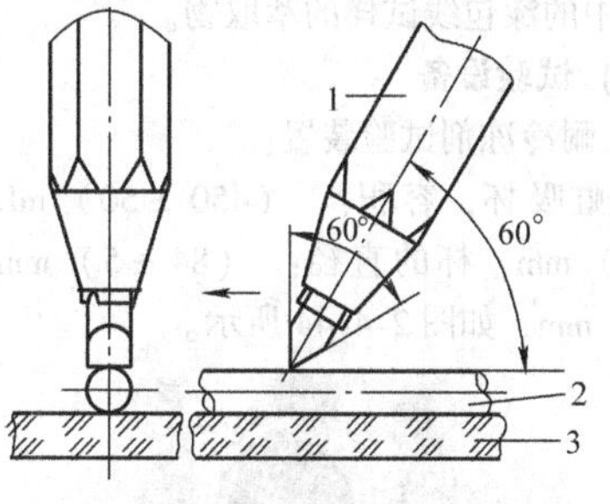

图2-4-42 圆线试样和铅笔位置

1—铅笔 2—圆线试样 3—试样托线架

② 如果是扁线，铅笔置于试样的宽边上，如图2-4-43所示。

7）在铅笔推移机上，铅笔尖以(5±0.5) N的压力和保持在60°倾斜角的条件下，沿着试样的表面缓慢推移。

8）当铅笔推移距离大于30mm时，自动停止推移。

注：试样从溶剂中取出后到试验结束，应不超过30s。

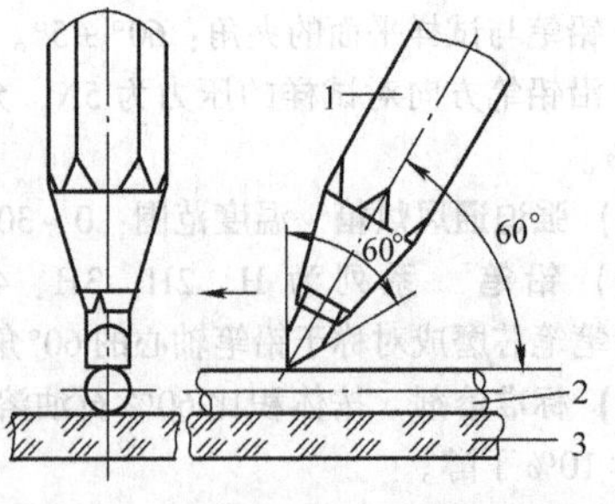

图 2-4-43　扁线试样和铅笔位置
1—铅笔　2—扁线试样　3—试样托线架

9）测试三次。记录刮磨状态（如漆膜被刮掉的程度，是否露出导体）铅笔的硬度值。

4. 试验结果判定

1）漆膜硬度是以刚好不能将导体表面的绝缘除去的铅笔硬度来表示。

2）测试中若无任何一个试样的漆膜被规定硬度等级的铅笔从导体表面上刮破，该试验试样被判定为合格。

4.3.3　耐冷冻剂试验

漆包线的耐冷冻剂性能是指漆膜抵抗制冷剂腐蚀破坏的能力。

1. 萃取检测

（1）试验原理　测量置于高温和压力作用下的冷冻剂中的漆包线试样的萃取物。

（2）试验设备

1）耐冷冻剂试验装置：

① 虹吸杯，容积：（450 ± 50）mL，杯高：（82 ± 5）mm，杯的直径：（84 ± 5）mm，管径：（5 ± 1）mm，如图 2-4-44 所示。

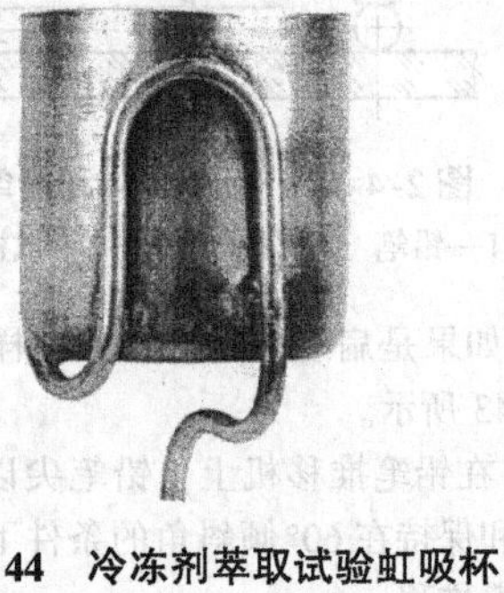

图 2-4-44　冷冻剂萃取试验虹吸杯

② 压力釜，尺寸：内容积不小于 2000mL，内径为 100mm，耐压：不小于 20MPa，有完好的密封，并有压力的安全保护装置。最好是无焊缝结构，并带有加热控制系统。

③ 压力釜顶盖需带冷凝器，如图 2-4-45 所示。

图 2-4-45　线圈状冷凝器

④ 试验装置的压力表应配有不小于 6MPa 和不大于 10MPa 的压力量程，其误差不大于 2.5%。

2）强迫通风烘箱，温度范围：0 ~ 300℃。

3）电子天平，精度≤0.1mg。

4）冷冻剂和淋洗液：

① 冷冻剂，一氯二氟甲烷（冷冻剂 R22）。

② 淋洗液，类似于一氯二氟甲烷的冷冻剂和三氯三氟乙烷（R113）的淋洗液，必须蒸馏后使用。

（3）试验步骤

1）将含有（0.6 ± 0.1）g 漆膜的漆包线试样卷绕成 70 圈，共绕制 8 个试样。

2）将线圈放入（150 ± 3）℃ 烘箱中热处理 15min。

3）将试样冷却 30min 后，用电子天平称重 8 个试样，精确至 0.0001g，记录 8 个试样的起始总重量 M_1。

4）将试样置于虹吸杯中，悬挂在压力釜顶盖的冷凝器下面（25 ± 5）mm 处，对试验压力釜抽真空约 10min，注入（700 ± 25）g 经蒸馏后无润滑剂成分的冷冻剂，再把试验压力釜放到加热器中。

5）将循环水管连接冷凝器进出水管，用加热控制系统加热，使压力釜温度控制在（75 ± 5）℃。

6）调节冷凝器的水流量，使虹吸杯的回流次数保持在 20 ~ 25 次/h，萃取时间应为 6h。

7）萃取结束后，将萃取液倒入预先干燥并称重的铝质称量皿中，用 15mL 淋洗液冲洗压力釜，并将淋洗液倒入铝质称量皿中，然后放入（150 ± 3）℃强迫通风烘箱中干燥蒸发 60 ~ 65min。

8）干燥时间到后取出称量皿，放入封闭的干燥器皿中冷却至室温。

9）称重盛有残留萃取物的称量皿，精确至0.0001g，所称得的重量减去同一只称量皿的最初重量，其差值即为8个试样的萃取物总重量M_2。

10）用不损伤导体的适当的化学方法除去线圈试样上的绝缘。将裸导体放入（150±3）℃强迫通风烘箱中干燥（15±1）min，然后取出放在封闭的干燥器皿中冷却至室温。称重并精确至0.0001g，获得8个导体试样的总重量为M_3。

11）记录8个样品的M_1、M_2、M_3，同时记录冷冻剂、淋洗液、温度、压力釜的压力并计算萃取物。

（4）试验结果计算和判定

1）萃取物含量，按式（2-4-19）计算：

$$萃取物含量=\frac{M_2}{M_1-M_3}\times 100\% \quad (2\text{-}4\text{-}19)$$

式中 M_1——8个漆包线试样萃取前总重量（g）；

M_2——8个漆包线试样萃取物总重量（g）；

M_3——8个导体总重量（g）。

2）萃取物的百分比按产品标准要求应不超过0.5%。

2. 耐冷冻剂后续击穿电压试验

（1）试验原理 将扭绞试样经过高温、压力作用下的冷冻剂和再高温处理后，测量试样的击穿电压。

（2）试验步骤 耐冷冻剂的萃取试验过程按本节要求，后续击穿电压试验按4.4.3节第2条要求。测量五个试样。记录五个击穿电压值。

（3）试验结果判定 最小击穿电压值应为产品标准规定值的75%。

3. 一氯二氟甲烷（冷冻剂R22）发泡试验（仅适用于冷冻剂R22中使用的漆包线）

（1）试验原理 试样在压力和温度作用下，冷冻剂分子将被扩散到漆包线漆膜中。当将含有冷媒的漆包线放入高温烘箱中，漆膜中的冷媒急速汽化，体积膨胀，若漆膜附着性不好或强度不足，这个膨胀将使漆膜产生气泡，失去绝缘性能。

（2）试验步骤 从同一卷线筒中取3根长为200mm的试样，在（125±3）℃的高压釜中加热1h后冷却至室温，在温度为（90±5）℃的冷媒和冷冻机油混合液中（冷媒：冷冻机油=6:4容积比，高压釜容积的1/2量）浸24h，当高压釜温度降至常温下将试样取出，尽可能迅速地放入（120±5）℃的恒温槽中，加热10min后取出，等试样的温度回到常温后，目视检查皮膜有无气泡。

（3）试验结果判定 如果未产生气泡，就可以判定为合格。

4.3.4 直焊性试验

漆膜的直焊性是指漆包线在焊锡溶液内，在一定温度下，漆膜受热裂解挥发并能直接焊锡的能力。也就是在使用直焊性漆包线时，无需事先去除漆膜，直接可焊接，能简化绕制线圈端头处理工艺，提高劳动生产率。适用于直焊性漆包线和束线。

1. 试验原理

直焊性是用试样浸入有一定温度的焊锡缸中除去漆膜并镀上锡层所需的时间来表示。

2. 试验设备

（1）焊锡试验仪 主要由可控温焊锡缸和夹持装置组成，如图2-4-46所示。

1）焊锡缸内容积不小于500mL。当试样在有关产品标准规定的温度下浸入时，焊锡缸容积应足以保持恒定的焊锡温度。

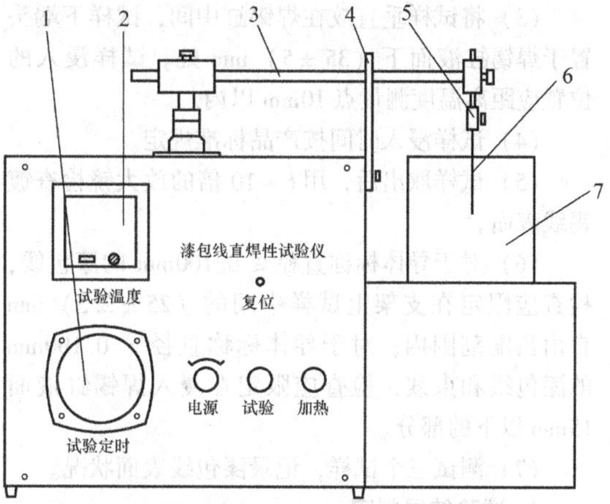

图2-4-46 焊锡试验仪

1—试验时间定时器 2—温度控制仪 3—试验摆杆 4—试验摆杆拨叉 5—试样夹持器 6—试样 7—焊锡缸

2）试样夹持器用于浸入焊锡缸时夹持试样，并在夹持点之间至少有（35±5）mm自由长度。试样夹持器的垂直位置距温度测量点在10mm以内，其行程应不小于25mm。

3）试验仪应有计时装置，且计时装置的误差应小于1s。

（2）焊锡组分

1）重量比为60:40的锡和铅。

2）焊锡液面距焊锡缸的上边沿应不大于5mm。

（3）放大镜 放大倍数为6~10倍。

3. 试验步骤

（1）试样制备，根据导体标称直径来制备不同的试样。

1）直焊性漆包线：

① 导体标称直径 $d \leqslant 0.050$mm，将 8 根校直漆包线试样绞合在一起，然后绕在试样夹持器上。

② 导体标称直径 $0.050\text{mm} < d \leqslant 0.100$mm，将 1 根校直漆包线试样绕在试样夹持器上。

③ 导体标称直径 $d > 0.100$mm，准备 1 根 200mm 校直漆包线试样。

2）束线：

① 外径≤0.250mm 的束线，将 1 根束线在 1 根导体标称直径为 0.800mm、长为 200mm 的干净校直镀锡铜线的一端，卷绕 15～20mm 的长度，圈数为 5～10 圈，每圈之间稍有间隙。

② 外径 >0.25mm 的束线，准备 1 根约 200mm 长的校直束线。

（2）将焊锡缸温度调节至产品标准规定温度的 ±5℃范围内。

（3）将试样垂直放在焊锡缸中间，试样下端头置于焊锡缸液面下（35±5）mm 处。试样浸入的位置应距离温度测量点 10mm 以内。

（4）试样浸入时间按产品标准规定。

（5）试样取出后，用 6～10 倍的放大镜检查镀锡线表面。

（6）对于导体标称直径≤0.100mm 的漆包线，检查应限定在支架上试样中间的（25±2.5）mm 自由长度范围内；对于导体标称直径 >0.100mm 的漆包线和束线，检查应限定在浸入焊锡缸液面 15mm 以下的部分。

（7）测试三个试样，记录漆包线表面状况。

4. 试验结果判定

用放大镜检验三个试样的锡层表面。锡层表面均光滑、无针孔及漆膜残渣，试样被判定为合格。

4.3.5 耐水解和耐变压器油试验

电机电器中的绕组线在使用时经常要和机械油接触，油浸式电力变压器则是长期浸泡于变压器油中。因为油类皆具有一定的溶胀和溶解力，因此考核各种漆膜的耐水解性及耐油性能，对油浸变压器选用漆包线具有现实意义。耐水解和耐变压器油试验适用于漆包圆、扁线。

1. 耐水解试验

（1）试验原理 耐水解是用置于高温和压力下含水变压器油中试样的外观和附着性的变化来表示。

（2）试验设备

1）不锈钢压力釜 2 个，内容积为 400～500mL 的不锈钢压力釜。耐压不小于 6MPa，最好是无焊缝结构，并带有加热控制系统。

2）变压器油：

① 40℃时的黏度：最大 12mm²/s。

② -30℃时的黏度：最大 1800mm²/s。

③ 水分：最大 30mg/kg。

④ 击穿电压：最小 30kV。

⑤ 密度（20℃时）：最大 0.895g/mL。

⑥ 酸性：最大 0.01mg（KOH）/g。

⑦ 外观：干净，无沉淀或其他可疑物质。

3）正常视力，放大倍数为 1 倍的放大镜。

（3）试验步骤

1）试样制备：

① 漆包圆线，取 12 根长度约为压力釜内部高度 2/3 的校直试样。

② 漆包扁线，取 10 根长度约为压力釜内部高度 2/3 的校直试样。

2）将所制备的试样分成 2 组。被测试样若是圆线，每组为 6 根，若是扁线，每组为 5 根。

3）将 2 组试样分别放入压力釜中，并往压力釜中注入（52.5±2.5）%压力釜容积的脱气干燥变压器油。在其中一个压力釜内加入变压器油体积（0.3±0.1）%的水。盖上压力釜盖将压力釜密封好。

4）打开压力釜加热控制系统，将温度调至 150℃。试样在（150±3）℃的条件下加热（24±1）h。

5）加热结束后，将压力釜冷却至室温取出试样，用正常视力检查试样表面。

（4）试验结果判定 漆包线表面无裂纹，漆膜不起鼓、脱落、失去附着，判定为合格。

2. 耐变压器油试验

（1）试验原理 耐变压器油是用置于高温和压力下的变压器油中的试样的击穿电压和柔韧性来表示。

（2）试验设备

1）不锈钢压力釜。

2）变压器油。

3）Ⅰ型的纸，采用 100% 优质本色硫酸盐木浆制造的电缆纸。

4）圆线扭绞装置，确保扭绞机上扭绞的线对长度为 125mm。

5）扁线弯曲装置。

6）击穿电压测试仪。

7）热态电压试验仪。

8）强迫通风烘箱，温度范围为0~300℃。

9）圆棒（扁线弯曲用），圆棒直径按产品标准规定选取。

10）放大镜，检查圆线的放大镜倍数，如表2-4-4检查漆膜开裂的放大镜倍数所示。检查扁线，用放大倍数为6~10倍的放大镜。

（3）试样制备

1）漆包圆线。漆包圆线根据导体标称直径制备试样。试验时，按导体标称直径制备2组试样。第一组是10个试样，用扭绞线对法或弯曲法；第二组是3个试样，用圆棒卷绕法或拉伸法。

① 第一组10个试样：导体标称直径 $d \leqslant 2.500$mm 的漆包圆线，用扭绞法制备线样。导体标称直径 $d > 2.500$mm 时，用弯曲法制备线样成U形。

② 第二组3个试样：导体标称直径 $d \leqslant 1.600$mm 时，用圆棒卷绕法制备试样。导体标称直径 $d > 1.600$mm 时，用拉伸法制备校直试样。

2）漆包扁线。试验时需制备两组试样。

① 第一组是4个试样在圆棒上进行宽边弯曲，成U形。标称窄边尺寸 $a \leqslant 2.500$mm 时，圆棒直径为（25±1）mm。标称窄边尺寸 $a > 2.500$mm 时，圆棒直径为（50±2）mm。

② 第二组是2个试样在圆棒上沿窄边或宽边的两个方向各弯曲180°，形成伸长的S形。弯曲后用6~10倍放大镜检查漆膜是否开裂。宽边、窄边弯曲各一个试样。

（4）试验步骤

1）耐变压器油混合物质组分，按表2-4-11的要求配置。数量按容积配置，并全部放入压力釜内。

表2-4-11 混合物质组分

组分	占压力釜容积（%）
变压器油	65±5
纸	4±1
漆膜	0.275±0.075
钢	供需双方协商决定

其中漆膜含量，达到规定的漆膜量所需的漆包线总重量 M（单位：g），漆包圆线按式（2-4-20）计算：

$$M = \frac{YV}{600\delta D} \tag{2-4-20}$$

式中 Y——1m漆包线重量（g）；

V——压力容器的容积（mL）；

δ——漆膜厚度（mm）；

D——漆包线外径（mm）。

漆包扁线按式（2-4-21）计算：

$$M = \frac{YV}{385\delta(B+A)} \tag{2-4-21}$$

式中 Y——1m漆包线质量（g）；

V——压力釜的容积（mL）；

δ——漆膜厚度（mm）；

B——漆包扁线宽边外形尺寸（mm）；

A——漆包扁线窄边外形尺寸（mm）。

2）混合物质配制前将变压器油和纸进行烘干处理，试验条件是在2kPa压力和（90±3）℃温度下干燥（16±1）h或在（105±3）℃的温度下干燥（4±0.30）h。

3）将制备的试样，放置于压力釜中。

4）将封闭的压力釜加热到相应漆包线耐热等级的温度±3℃，在此温度下保持（1000±10）h。

5）加热时间达到后，将封闭的压力釜冷却至室温，取出所有的试样。

6）检查漆膜是否开裂，进行击穿电压试验。

① 漆包圆线：3个圆棒卷绕或拉伸的试样，在规定的放大镜倍数下检查漆膜是否开裂，并做好记录。

10个扭绞线对或弯曲U形试样，按4.4.3节第2条或第3条进行击穿电压试验，记录电压击穿值。

② 漆包扁线：对于S形弯曲试样，在规定的放大镜倍数下检查漆膜是否开裂，并做好记录。

对于U形试样，按4.4.3节第3条进行击穿电压试验，记录电压击穿值。

7）用规定放大倍数的放大镜检查试样漆膜是否开裂，记录每个击穿电压值。

（5）试验结果判定 试样的漆膜应均不开裂。

4.4 电性能试验

4.4.1 试验目的

绕组线线圈在加工和运行过程中，都要经受一定的电压，同时还会遭受各种冲击负载和热态影响，在短路电流产生的强大电动力作用下，其绝缘层必须承受设计需要的绝缘强度。如果漆膜的介电性能不够，便会造成线圈短路，严重影响电机电器的安全运行，甚至使电机电器报废。因此，绕组线的电性能测试是衡量产品能否使用的关键手段。

4.4.2 电阻试验

导线的电阻值过大或过小都会引起绕制线圈总阻值的变化。如果总阻值的变化范围超过了设计中的允许公差，就会影响到电机电器三相电压的平衡和电机电器的温升，因此控制导线的电阻值具有现实意义。

1. 试验原理

测量导线导体单位长度内（即1m长度）20℃时导体的直流电阻。导体的电阻与其长度成正比，与截面积成反比。

2. 试验设备

（1）单臂电桥或双臂电桥

1）单臂电桥一般用于测量10Ω以上的电阻。测量范围为1～100Ω及以上，测量精度应不低于0.5级。

2）双臂电桥一般用于测量小于10Ω的电阻。测量范围为2×10^{-5}～99.9Ω，读数应不少于四位有效数字，精度应不低于0.2级。

（2）温度计 测量范围为0～50℃，最小刻度值为0.1℃。

3. 试验步骤

1）取长度约1.3m的单线试样1个。小心去除试样两端与测量装置相连接部位的绝缘露出导体。去除附着物、污秽、油垢和表面的氧化层等。束线试样应在10m以下，并在测量前将两端头焊锡。若用测量电阻来检查束线断股时，应采用10m长的束线。

2）试验时，试样应在温度为15～25℃和空气湿度不大于85%的试验环境中放置足够长的时间，使之达到温度平衡。例行试验时，一般应放置2h以上。

3）单臂电桥测量时，用两个夹头连接被测试样。双臂电桥或用数字微欧表等其他电阻仪器测量时，用四个夹头连接被测试样。

4）将试样一端放入电桥的固定夹具内，锁紧。将试样另一端穿过电桥的活动夹具，固定在校直装置上，将试样校直后锁紧试样。

5）根据被测试样截面积大小，估算电阻值的大小，选择适当倍率位置。一般铝导体不大于0.5A/mm^2，铜导体不大于1.0A/mm^2。

6）闭合直流电源开关，先按电桥粗调按钮，再按电桥细调按钮，平衡电桥，读取电桥读数R，至少取四位有效数字，并做好记录。

7）此时，读取温度计上的温度，即是被测试样环境温度t。

8）当试样的电阻小于0.1Ω时，应消除由于接触电动势和热电动势引起的测量误差，应采用电流换向法，读取一个正方向读数和一个反方向读数，取算术平均值。

9）电阻测量误差，型式试验时电阻测量误差应不超过±0.5%；例行试验时电阻测量误差应不超过±2%。

4. 试验结果计算和判定

1）采用数字式直流电阻测试仪测量时，仪器显示值读数R即是环境温度t条件下实测直流电阻值R_x。

2）用单臂电桥测量时，试样电阻R_x，按式（2-4-22）计算：

$$R_x = R_3\frac{R_1}{R_2} \tag{2-4-22}$$

式中 R_x——试样被测电阻值（Ω）；

R_1、R_2、R_3——电桥平衡时桥臂电阻值（Ω）。

3）用双臂电桥测量时，试样电阻R_x，按式（2-4-23）计算：

$$R_x = R_N\frac{R_1}{R_2} \tag{2-4-23}$$

式中 R_x——试样被测电阻值（Ω）；

R_1、R_2——电桥平衡时桥臂电阻值（Ω）；

R_N——标准电阻值（Ω）。

4）导体直流电阻与温度之间的关系，按式（2-4-24）计算：

$$R_x = R_{20}[1+\alpha_{20℃}(t-20)] \tag{2-4-24}$$

式中 R_x——温度为t时电阻值（Ω）；

R_{20}——温度为20℃时电阻值（Ω）；

$\alpha_{20℃}$——20℃时的温度系数（1/℃）。

换算到20℃时的电阻，按式（2-4-25）计算：

$$R_{20} = \frac{R_x}{1+\alpha_{20℃}(t-20)} \tag{2-4-25}$$

5）所使用的温度系数：

① 铜：$\alpha_{20℃}=3.96\times10^{-3}$/℃；

② 铝：$\alpha_{20℃}=4.07\times10^{-3}$/℃。

4.4.3 击穿电压试验

绕组线在电压作用下的耐电压击穿能力。以起始击穿时的电压作为指标。

绕组线作为电机电器等电工设备的绕组，必然长期受到电压的作用。一般而言，绕组线的耐电压能力远远高于电机电器设计所需的匝间电压。但在制造和安装过程中，绝缘层受弯曲、拉伸、摩擦等机械外力的作用，受到热冲击、溶剂的影响，在运行过程中，电工设备温升造成的热老化、环境温度、湿度均会对耐电压能力产生影响，因此保持绕组线耐电压击穿能力是十分重要的。根据导线的不同形状和尺寸，有圆棒法、扭绞法和钢珠法三种试验方法。

1. 圆棒法（适用于导体标称直径小于或等于0.100mm及以下的漆包圆线）

(1) 试验原理 将试样卷绕在金属圆棒的电极上作击穿电压试验。试验电压是标称频率为50Hz的交流电压。从零开始施加试验电压，升压速率见表2-4-12。

表2-4-12 试验电压升压速率

击穿电压 V/V	升压速率/（V/s）
$V \leqslant 500$	20
$500 < V \leqslant 2500$	100
$V > 2500$	500

(2) 试验设备

1）击穿电压试验仪：

① 试验变压器的额定容量应不小于500VA。

② 试验电压为标称频率50Hz、波形近似正弦波的交流电压，峰值系数在$\sqrt{2}$（1±5%）（1.34～1.48）范围内。

③ 当有（5±0.5）mA电流通过高压回路时，试验仪应发出高压击穿信号。

④ 试验电源供出（5±0.5）mA电流时，试验电压的电压降应不大于2%。

2）电极，应为直径（25±0.5）mm的金属圆棒，表面须抛光，其表面粗糙度 R_a 为0.8μm。

(3) 试验步骤

1）取长度约400mm的试样五根。分别将试样的一端除去绝缘，露出导体约3～5mm。

2）将试样去除绝缘的一端接到接线柱上，如图2-4-47所示，然后在电极上绕一圈。

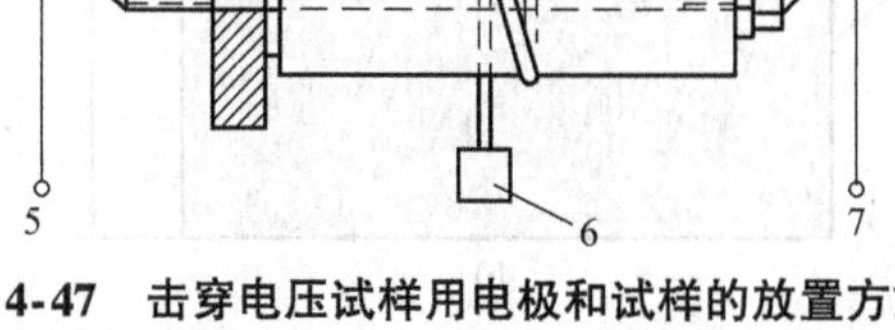

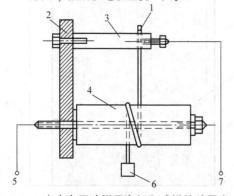

图2-4-47 击穿电压试样用电极和试样的放置方式

1—试样 2—绝缘体 3—接线柱 4—电极（金属圆棒） 5—试验电压 6—负荷 7—试验电压

3）根据被测试样的导体标称直径，按表2-4-13选取相应的负荷施加在试样下端，确保试样与电极（金属圆棒）紧密接触。

表2-4-13 施加在漆包线上的负荷

导体标称直径/mm	负荷/N	导体标称直径/mm	负荷/N
$d \leqslant 0.018$	0.013	$0.040 < d \leqslant 0.045$	0.080
$0.018 < d \leqslant 0.020$	0.015	$0.045 < d \leqslant 0.050$	0.100
$0.020 < d \leqslant 0.022$	0.020	$0.050 < d \leqslant 0.056$	0.120
$0.022 < d \leqslant 0.025$	0.025	$0.056 < d \leqslant 0.063$	0.150
$0.025 < d \leqslant 0.028$	0.030	$0.063 < d \leqslant 0.071$	0.200
$0.028 < d \leqslant 0.032$	0.040	$0.071 < d \leqslant 0.080$	0.250
$0.032 < d \leqslant 0.036$	0.050	$0.080 < d \leqslant 0.090$	0.300
$0.036 < d \leqslant 0.040$	0.060	$0.090 < d \leqslant 0.100$	0.400

4）按表2-4-12选择试验电压，在试样的导体和金属圆棒之间从零开始施加试验电压。当试样被击穿或高压回路达到（5±0.5）mA电流时，仪器停止升压并发出报警信号。此时数字电压表显示出该试样的击穿电压值。记录击穿电压值。

5）测试五个试样。

(4) 试验结果判定 试验结果按产品标准的规定进行判定合格与否。

2. 扭绞法（适用于导体标称直径大于0.100mm、小于或等于2.500mm的漆包圆线；导体标称直径大于1.600mm、小于或等于2.500mm的粘结性薄膜圆线）

(1) 试验原理 将试样扭绞成线对连接电极作击穿电压试验。

(2) 试验设备

1）击穿电压试验仪。

2）扭绞装置，如图2-4-48所示，能扭绞125mm长的扭绞线对试样。

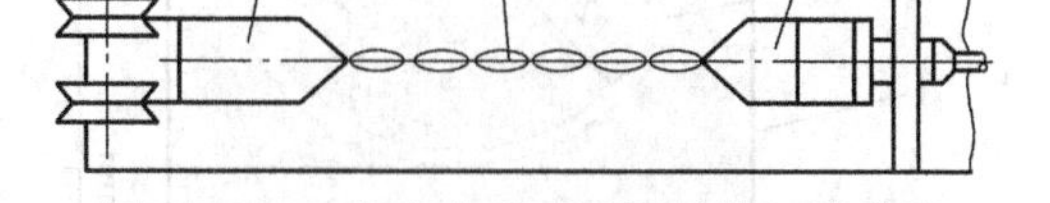

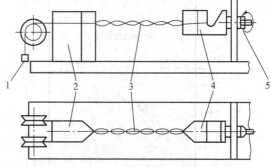

图2-4-48 击穿电压试验用试样扭绞装置

1—负荷 2—分隔器 3—试样 4—旋转钩 5—手柄

3）与击穿电压试验仪配套的热态电压试验仪。

（3）试验步骤

1）取长度约400mm的试样五根，去除试样两端的绝缘，露出导体约5~10mm。

2）把单根试样对折，在图2-4-48所示击穿电压试验用试样扭绞装置上，扭绞成（125±5）mm的线对。扭绞时将两端并紧，挂上标准规定的负荷力，施加的力和扭绞数应符合表2-4-14的规定。

表2-4-14 施加在线对上的力和扭绞数

导体标称直径/mm	负荷/N	扭绞数
0.100＜d≤0.250	0.85	33
0.250＜d≤0.355	1.70	23
0.355＜d≤0.500	3.40	16
0.500＜d≤0.710	7.00	12
0.710＜d≤1.060	13.50	8
1.060＜d≤1.400	27.00	6
1.400＜d≤2.000	54.00	4
2.000＜d≤2.500	108.00	3

3）将扭绞试样的端环剪断，并使剪断处端头间距最大。

4）室温下试验，按规定选择试验电压（升压速率），在扭绞试样的导体间，从零开始施加试验电压。记录击穿电压值。

5）高温下试验，按前述准备的试样放入预热到规定温度的强迫通风的烘箱中。按规定选择试验电压（升压速率）。试样至少加温15min后，在扭绞试样的导体间，从零开始施加试验电压。记录击穿电压值。试验应在30min内完成。

6）测试五个试样。

（4）试验结果判定 试验结果按产品标准的规定进行判定合格与否。

3. 钢珠法（适用于导体标称直径大于2.500mm的绕组圆线及扁线）

（1）试验原理 将试样在圆棒上卷绕10圈或弯曲成U形插入金属珠连接电极作击穿电压试验。

（2）试验设备

1）击穿电压试验仪。

2）圆棒，直径为（25±1）mm或（50±2）mm。

3）金属珠及放置金属珠的容器：

① 金属珠直径应不超过2mm。

② 金属珠为不锈钢珠、镍珠或镀镍铁珠。

4）与击穿电压试验仪配套的热态电压试验仪。

（3）试验步骤

1）取长度约350~400mm的校直试样五根。每个试样一端除去绝缘露出导体约5~10mm。

2）根据试样形状选择弯曲圆棒，将试样在圆棒上弯曲成U形。

① 圆线试样圆棒直径取50mm，弯曲成U形，如图2-4-49a所示。

② 扁线试样，是将试样沿宽边在圆棒上进行弯曲。标称窄边尺寸小于或等于2.500mm，圆棒直径取25mm；标称窄边尺寸大于2.500mm，圆棒直径取50mm。弯曲成U形，如图2-4-49a所示。

③ 玻璃丝包线圆线，是将试样在圆棒上卷绕10圈，如图2-4-49b所示。

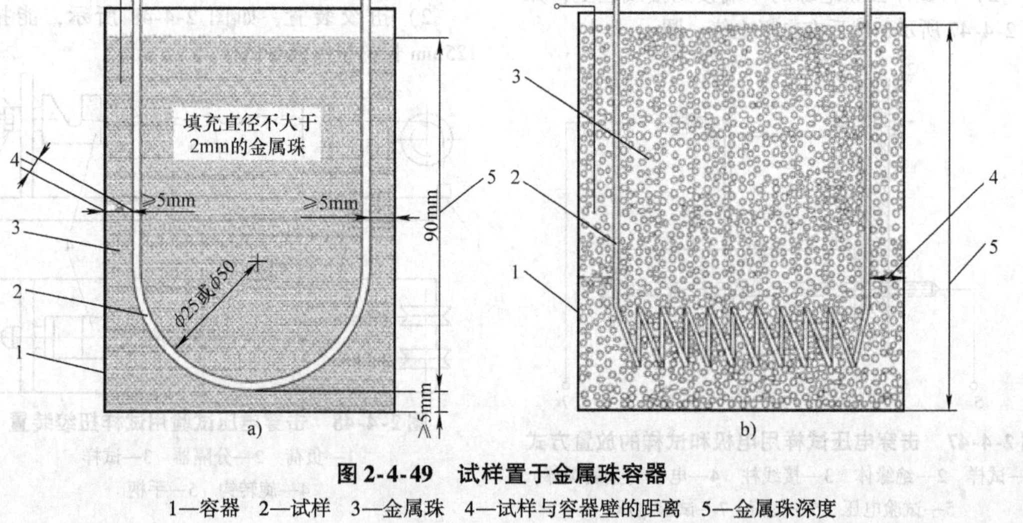

图2-4-49 试样置于金属珠容器

1—容器 2—试样 3—金属珠 4—试样与容器壁的距离 5—金属珠深度

3）室温下试验：

① 将弯曲好的试样放在容器中，将金属珠轻轻地倒入容器，直至试样至少覆盖 90mm 深的金属珠，周围至少应保持有 5mm 厚的金属珠填充。试样端部伸出足够长的距离以避免闪络，如图 2-4-49 所示。

② 用夹具连接试样导体与试验电极。

③ 按规定选择试验电压升压速率，在弯曲试样和金属珠之间，从零开始施加试验电压。记录击穿电压值。

4）高温下试验：按 4.4.3 节第 3 条第 3 款所述准备的试样和此试验所用的容器以及金属珠，将金属珠和容器放入热态电压试验仪试验箱内。当试验箱内的温度恒定在设定温度后，将弯曲好的试样置于金属珠容器内，进行击穿电压试验。试验在试样达到规定温度 15min 内进行。试样处于烘箱内的全部时间应不超过 30min。

5）室温下与高温下试验，均测试五个试样。记录五个击穿电压值。

（4）试验结果判定　试验结果按产品标准的规定进行判定合格与否。

4.4.4　漆膜连续性试验

漆膜连续性试验就是检测漆膜的绝缘性能是否有缺陷，是否保持连续完好的一种方法。漆膜连续性是用单位长度漆包线通过电气试验回路检测出的针孔数来表示的。漆膜连续性试验包括低压漆膜连续性和高压漆膜连续性两种试验方法。

1. 低压漆膜连续性试验（适用于导体标称直径小于或等于 0.050mm 的漆包圆线）

（1）试验原理　将试样以恒定速度，在两块浓度为 30g/L 的硫酸钠电解质溶液中浸泡的毛毡之间通过，检测漆膜的缺陷，用计数器来计数试样的针孔数。

（2）试验设备

1）低压漆膜连续性试验仪，试验电压应为（50±3）V，试验仪应具有单独连续缺陷检出电路及连续缺陷显示。当试样的绝缘电阻小于 10kΩ 时，计数器在 0.04s 内动作，计数器自动记录针孔数。当试样的绝缘电阻等于 15kΩ 或更大时，计数器不动作。

2）毛毡，浸透在电解质溶液中成为电极，有效长度为（20±2）mm。

3）电解质溶液，成分为硫酸钠，浓度为 30g/L。

（3）试验步骤

1）取 1 轴完好的漆包圆线试样，每次试验的试样长度为 30m。

2）将试样通过两毛毡电极，通过速度为（275±25）mm/s，施加于线的张力应不超过 0.03N。

3）从试验仪器上读取 30m 长试样的针孔数。

（4）试验结果判定　试验结果用 30m 长试样的针孔数表示。

2. 高压漆膜连续性试验（适用于导体标称直径大于 0.050mm、小于或等于 1.600mm 的漆包圆线）

（1）试验原理　将试样以恒定速度，通过一个 V 形槽电极（导轮）。在电极和接地之间施加直流试验电压。检测漆膜的缺陷，用计数器来计数针孔数。

（2）试验设备　高压漆膜连续性试验仪。

1）驱动电机应采用无刷型电机，高压接线应不用屏蔽线，导轮应与收线轮等电位。

2）高压电极、导轮由不锈钢制成。高压电极对地绝缘，能承受 3000V 的长期连续电压作用。

3）对于试样导体标称直径 0.050mm 以上、0.250mm 及以下漆包圆线，每个电极与试样的接触长度为 $25_{-2.5}^{\ 0}$mm。

4）对于试样导体标称直径 0.250mm 以上、1.600mm 及以下漆包圆线，高压电极与试样的接触长度为 25～30mm。

5）试验电压应包含 350V、500V、750V、1000V、1500V、2000V、2500V 及 3000V 八档，电压允许误差为 ±5%。

6）任一档试验电压，其稳态短路电流应为（25±5）μA。任何电压下，50MΩ 缺陷电阻引起的接触轮（电极轮）上的电压降不超过 75%。

7）缺陷检测电路的灵敏度，应符合表 2-4-15 的规定，其允许误差为 ±10%。其缺陷检测电路的响应时间为（5±1）ms。

表 2-4-15　检测电路灵敏度误差

试验电压／V	350	500	750	1000	1500	2000	2500	3000
缺陷电流阈值/μA	5	6	7	8	10	12	14	16
允许误差／μA	0.5	0.6	0.7	0.8	1.0	1.2	1.4	1.6

8）当裸线和高压电极接触时，缺陷计数电路的重复计数频率为（500±25）次/min。

9）试样通过高压电极的速度应为（275±25）mm/s。

（3）试验步骤

1）取 1 轴完好的漆包圆线试样，每次试验的试样长度为30m。

2）用适当方法把试样线头漆膜去除，试样在高压漆膜连续性试验仪经过过线轮和导轮a，通过高压电极，再经过导轮b，将试样导体端头固定地连接在收线轮上，其中0.25mm及以下的试样通过两个高压电极；而0.250mm以上的通过一个高压电极。试样导体和电极接入电气回路。

3）根据被测试样标称导体直径，将开路直流试验电压调节到表2-4-16所示试验电压规定值，允许公差为±5%。试样的接地导体应接正极。

表2-4-16 试验电压

导体类型	导体标称直径/mm	直流电压/V		
		1级	2级	3级
铜	$0.050<d\leqslant0.125$	350	500	750
	$0.125<d\leqslant0.250$	500	750	1000
	$0.250<d\leqslant0.500$	750	1000	1500
	$0.500<d\leqslant1.600$	1000	1500	2000
铝	$0.400<d\leqslant1.600$	500	1500	—

4）设置试样检测长度为30m。

5）试样以（275±25）mm/s的速度从高压电极上通过。

6）从试验仪上读取30m长试样的针孔数。

（4）试验结果判定 试验结果用30m长试样的针孔数表示。

4.4.5 介质损耗系数（tanδ）试验（适用于漆包圆线和束线）

在电压作用下，漆膜材料中会消耗一部分电能而使介质发热称为介质损耗。在工频、低电压下，这部分损失极为微小，可以忽略不计。但绕组在高频、高压条件下工作所产生的介质损耗就不能忽视，是引起漆膜发热而加速破坏的因素。介质损耗系数tanδ试验包括金属槽电极和导电悬浮液电极两种试验方法。

1. 金属槽电极试验

（1）试验原理 将试样弯曲成U形，置于盛有液态金属（合金）的金属槽内，在规定频率下测得介质损耗系数tanδ。

（2）试验设备

1）阻抗测试仪，电容的测量精度为±1%。

2）频率发生器，频率：1kHz、1MkHz，分辨率：0.00001。

3）金属容器，如介质损耗系数tanδ试验用电极的安装，如图2-4-50所示。

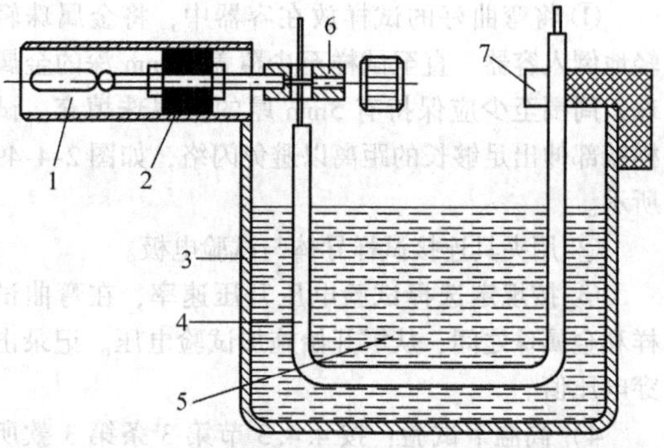

图2-4-50 介质损耗系数tanδ试验用电极的安装

1—电插头 2—绝缘材料 3—金属容器 4—试样 5—电极（液态金属） 6—接线柱 7—绝缘夹头

① 盛有合适的液态金属（合金）。

② 带有温度可控制在±1℃以内的加热系统。

（3）试验步骤

1）取长度约300mm的校直试样1根。

2）试样距两端各约100mm处弯曲成U形，用适当的方法，将一端去除约25mm的漆膜。

3）将弯曲好的U形试样，浸入盛有合适的液态金属（合金）的金属槽内。

4）试样浸入的深度以保证试样和液态金属间的电容在50~100μF。然后将试样固定在接线柱上，如图2-4-50所示。

5）将试样与阻抗测试仪连接，并使其达到规定的试验温度。

6）1min后直接从阻抗测试仪读出介质损耗系数。

7）记录介质损耗系数、试验频率和试验温度。

（4）试验结果判定 从阻抗测试仪直接读出的读数即为介质损耗系数。

2. 导电悬浮液电极试验

（1）试验原理 将试样四周涂上导电悬浮液，置于两块金属块内，在规定频率下测得介质损耗系数tanδ。

（2）试验设备

1）阻抗测试仪。

2）频率发生器。

3）金属块两块，带有温度可控制在±1℃以内的加热系统。

4）导电悬浮液，一般为含水石墨的分散液。

5）强迫通风烘箱，温度范围：0~300℃。

（3）试验步骤

1）试样制备：导体标称直径小于或等于

0.100mm 的漆包圆线，取长度约（100±5）mm 的校直试样 1 根；导体标称直径大于 0.100mm 的漆包圆线和漆包扁线，取长度约 150mm 的校直试样 1 根。

2）导体标称直径小于或等于 0.100mm 的漆包圆线的试样，卷绕在一根直径为 1~2mm 的校直裸铜线上，涂上导电悬浮液，放置于已预热到 100℃ 的强迫通风烘箱中干燥 30min 后，取出冷却至室温。

导体标称直径大于 0.100mm 的漆包圆线和漆包扁线的试样，在试样中间的四周涂上导电悬浮液，涂层长度为（100±5）mm，放置于已预热到 100℃ 的强迫通风烘箱中干燥 30min 后，取出冷却至室温。

3）将试样放在两块金属块之间，试样一端接在电极上。

4）将试样与阻抗测试仪连接，并使其达到规定的试验温度。

5）1min 后直接从阻抗测试仪读出介质损耗系数。

6）记录介质损耗系数、试验频率和试验温度。

（4）试验结果判定 从阻抗测试仪直接读出的读数即为介质损耗系数。

4.4.6 盐水针孔试验

盐水针孔是检测漆膜缺陷的一种试验方法，试验过程简单快捷，检验结果直观明了，类似于高压漆膜连续性试验。

1. 试验原理

漆包线进行热处理后，浸入盐水溶液，将试样导体和电解质溶液接入电气回路，在溶液中观察试样绝缘的缺陷，记录针孔数。

2. 试验设备

（1）盐水针孔试验仪

1）试验电压：DC 3~24V±0.5V 可调。

2）短路电流：<150mA。

3）输入电源：AC 200（1±10%）V；50Hz。

4）消耗功率：≤50W。

5）盐水槽容积：2500mL。

6）试样浸入时间：1s~99min 59s 任意设置。

（2）强迫通风烘箱 温度范围：0~300℃，热滞后时间（时间常数）不超过 600s。

（3）盐水溶液

1）浓度为 2g/L 的氯化缘化钠溶液。

2）浓度为 30g/L 的酚酞乙醇溶液。

3. 试验步骤

1）试样制备：直径小于 0.07mm，取 1 根长约 1.5m 的试样；若导体标称直径大于或等于 0.07mm，取 1 根长约 6m 的试样。

2）导体标称直径小于 0.07mm，将试样弯曲成直径为（100±50）mm 的圆环；导体标称直径大于或等于 0.07mm，将试样弯曲成直径为（300±100）mm 的圆环。

3）将绕制好的圆环试样放在已预热至（125±3）℃ 的强迫通风烘箱中热处理 10min。

4）热处理后，在不弯曲或拉伸试样的情况下将试样冷却至室温。

5）将配制好的盐水溶液注入盐水槽中。盐水溶液大约为 4500mL。

6）将试样放入盐水溶液中，试样一端的导体和盐水溶液接入电气回路，试样的另一端不能浸入在盐水溶液中。将试验电压设定为（12±2）V。

7）将试验时间继电器设置至试验时间为 1min。按一下“试验”按钮，仪器则开始对浸入盐水溶液中的试样施加试验电压并开始计时。为防止试样过度发热，短路电流应不大于 500mA。

8）用正常视力观察试样表面在溶液中出现的淡红色流束个数，并做好统计。

4. 试验结果判定

试样表面在溶液中出现的淡红色流束个数即为针孔数。记录的针孔数就是试验结果。

4.4.7 通路试验（适用于纸包组合导线和换位导线）

在纸包组合导线和换位导线中，需要进行通路试验。单根绕组线不允许断路。

1. 试验原理

利用万用表蜂鸣器鸣叫的功能，依次测试组合导线中的单根绕组线两端，直至全部测试完毕。测试时，蜂鸣器鸣叫表示单根绕组线通路，反之，蜂鸣器不鸣叫，表示单根绕组线断路。

2. 试验设备

试验设备为带有蜂鸣器功能的数字万用表。

1）蜂鸣通断测试分辨力：电阻≤50Ω 时机内蜂鸣器响，显示电阻近似值，单位为“kΩ”。

2）测试条件：开路电压约为 3.0V。

3. 试验步骤

1）取整轴的绕组线（组合导线、换位导线）。

2）将整轴绕组线两端头的绝缘去除，露出单根绕组线约 100mm，再将绕组线两端头的单根线之间完全分开，每两根单线之间分开夹角约60°，并去除各单根绕组线绝缘，露出导体约10mm。

3）将数字万用表的黑色表笔插入COM插孔，红表笔插入VΩ插孔，将功能开关置于"·))"档。

4）按电源开关，将两表笔金属端搭接自测检查，内置蜂鸣器发出声响，则具备合格的测试条件。

5）将两表笔金属端分别连接到试样中同一根绕组线的两端导体上，如图2-4-51所示。

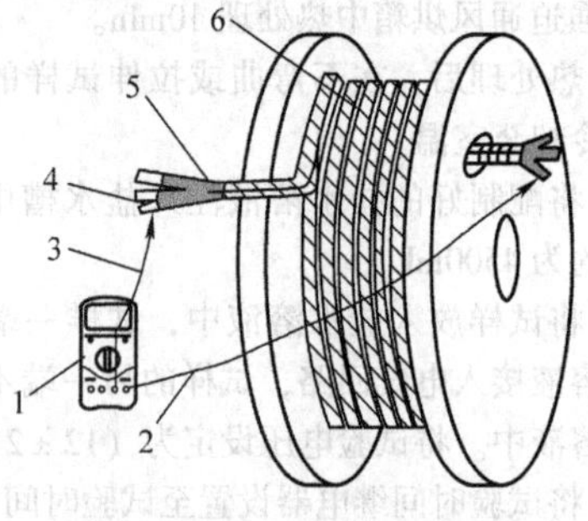

图2-4-51 导线通路测试

1—数字万用表 2—黑色表笔 3—红色表笔
4—单根导体 5—单根导线 6—整轴组合导线

6）按步骤5）依次测试试样中的各单根绕组线的两端，直至全部测试完毕。

4. 试验结果判定

测量组合导线中的各单根绕组线，若蜂鸣器鸣叫，则被测导线无断路，判定为合格；若蜂鸣器没有鸣叫，则被测导线断路，判定为不合格。

4.4.8 短路试验（适用于纸包组合导线）

在纸包组合导线中，需要进行短路试验。每两根相邻导线之间不允许有短路。

1. 试验原理

短路试验是检测每两根导线之间的绝缘电阻是否符合要求。在绕组线中相邻的单线之间施加36V工频交流电进行耐电压试验，检测是否有绝缘击穿。

2. 试验设备

试验设备为交流耐压试验仪。

1）试验电压为频率49～61Hz的工频交流电压。

2）试验电压的波形为两个半波相同的近似正弦波，且峰值与方均根（有效）值之比应为$\sqrt{2}\pm0.070$。

3）在整个试验过程中，试验电压的测量值应保持为36（1±3%）V。

4）测试仪应有接地保护，装有接地线。

3. 试验步骤

1）试样制备：取整轴的成品绕组线。

2）将试样两端头的单根绕组线之间完全分开，去除一端的各单根导线的绝缘，露出导体约10mm。

3）接通交流耐压试验仪电源，将电压调到36V。将交流耐压试验仪的试验电压夹具连接在组合导线两相邻的两根扁导线上，并设定耐压时间为1min。

4）在相邻两根导线之间施加36V试验电压，并开始计时。

5）测试过程中，若短路指示灯亮，则为短路发生，若直至达到设置的时间后，短路指示灯不亮，则表示被测导线间无短路发生。

6）依次对相邻两根导线进行耐压试验。

4. 试验结果判定

单根导线间在施加所规定的试验电压和持续时间内无任何短路发生，则该试样通过了耐压试验。

4.4.9 耐直流电压试验（适用于换位导线）

在换位导线中，需要进行耐直流电压试验。每两根相邻导线之间不允许有击穿。

1. 试验原理

对换位导线中的两相邻导线之间用500V直流电压进行耐电压试验，检测是否有绝缘击穿。

2. 试验设备

试验设备为500V直流耐压试验仪，由变压器、整流组件、滤波电容器、电压表、击穿指示器等组件和连接线组成。

1）仪器输入电压为频率49～61Hz的工频交流电压。

2）试验电压的波形为两个半波相同的近似正弦波，且峰值与方均根（有效）值之比应为$\sqrt{2}\pm0.070$。

3）在整个试验过程中，试验电压的测量值应保持在规定电压值的±3%以内。

4）当击穿电流大于或等于20mA时，试验仪应指示击穿。

5）测试仪应有接地保护，装有接地线。

3. 试验步骤

1）试样制备：取整轴的成品换位导线。

2）将整盘的换位导线两端头的外绝缘去除，露出单根导线约200mm，再用适当的方法去除单根导线两端头的绝缘，露出导体约 10mm。

3）按换位导线单根导线相位次序，将线头两端单根导线之间分开足够的距离。

4）打开直流耐压试验仪电源，将电压调到 500V 直流。

5）在换位导线一端，将直流耐压试验仪的试验电压夹具连接在换位导线相邻的两根导线的导体上，即在两根导线之间施加 500V 直流电压，如图 2-4-52 所示。试验时间不少于 5s，检测线间是否产生击穿。

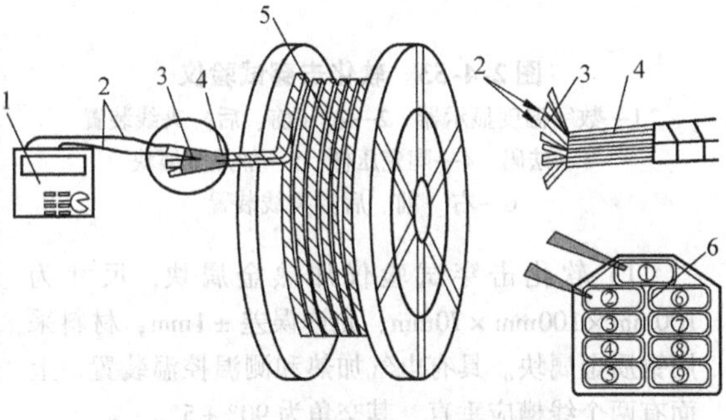

图 2-4-52　换位导线耐直流电压测试

1—耐压试验仪　2—试验电压夹具
3—单根导体　4—单根导线　5—整轴换位导线
6—换位导线相位次序

6）按上述步骤 5）依次对相邻两根绕组线进行耐压试验，直至全部测量完毕。

4. 试验结果计算和判定

整盘换位导线一端，所有相邻的导线之间施加 500V 直流电压，若在试验时间 5s 内保持升压现象，则表明线间未发生击穿，判定为合格；若在试验时间 5s 内部出现了停止升压的现象，则表明线间已发生击穿，判定为不合格。

4.5　热性能试验

4.5.1　试验目的

温度通常是对绝缘材料或含有绝缘材料组成的绝缘结构老化起支配作用的因素。因此绕组线的耐热性能是一项重要的指标，特别是对电机及有温升要求的组件或绕组来说具有较大的意义。它直接影响电气设备的设计和使用，电气设备的温升受到所使用的绕组线和其他绝缘材料的限制。如能使用耐热性能较高的绕组线和配套的材料，就可以在结构不变的条件下获得更大的功率，或在保持功率不变的条件下达到缩小外形尺寸、减轻重量、减少导体以及其他材料的消耗。随着电机电器向小型、高速、提高温升的方向发展，绕组线的热性能显得更为重要。

4.5.2　热冲击试验（适用于漆包线和粘结性薄膜绕包线）

绕组线被绕制成电机、电器及其他电气组件的线圈时，都有应力的作用。尤其在绕组端部的地方，由于是用很小的角度弯曲成形的，外缘漆膜受到拉伸应力的作用，内缘漆膜受到挤压应力的作用，在浸渍处理时，在预烘和干燥的时候，这个受到应力的绕组端部还要承受温度的剧烈变化。由于导体和漆膜线性膨胀系数不同，就容易使漆膜破裂，造成短路。耐热冲击就是测试漆包线的漆膜在机械应力作用下和热作用下的忍受能力的试验，是绕组线一个重要的热性能项目。按其产品种类不同，其热冲击试验方法也略有不同。

1. 圆线

(1) 试验原理　根据试样的不同尺寸，或在圆棒上卷绕或被拉伸；根据试样不同的耐热等级，在规定的时间内经受相应温度，观察绝缘不致破裂的承受能力。

(2) 试验设备

1）强迫通风烘箱。

2）卷绕试验机，如图 2-4-10 所示。

3）圆棒，按产品标准要求规定选取。

4）拉力试验机，如图 2-4-6 所示。

5）放大镜。

(3) 试验步骤

1）试样制备：导体标称直径小于或等于 1.600mm 的圆线，按 4.2.4 节第 1 条制备；导体标称直径大于 1.600mm 的圆线，按 4.2.4 节第 2 条制备。

2）试样放入已加热的强迫通风烘箱中，在相应产品标准规定的温度下放置 30min。

3）试样从烘箱中取出后，冷却到室温，然后按表 2-4-4 的规定选择放大镜倍数，检查绝缘层是否开裂。

4）试验三个试样。

(4) 试验结果判定　每个试样的绝缘层均应不开裂。

注："开裂"是绝缘的一种裂口，在规定放大倍数下观察可看到裸导体。

2. 扁线

(1) 试验原理　根据试样的不同尺寸，选取圆棒，在窄边进行宽边弯曲，根据试样不同的耐温等级，在规定的时间内经受相应温度，观察绝缘不致破裂的承受能力。

（2）试验设备

1）强迫通风烘箱。

2）扁线弯曲试验机，如图 2-4-12 所示。

3）圆棒，按产品标准要求规定选取。

4）放大镜。

（3）试验步骤

1）试样制备：将试样在相应产品标准规定直径圆棒上，沿正反两个方向弯曲宽边（在窄边上）180°，形成一个伸长的 S 形，如图 2-4-13 所示，U 形弯头之间的直线部分至少为 150mm。

2）试样放入已加热的强迫通风烘箱中，在相应产品标准规定的温度下放置 30min。

3）试样从烘箱中取出后，冷却到室温，然后用 6～10 倍放大镜检查试样弯曲部位的绝缘层是否开裂。

4）漆包扁线试验两个试样，粘结性薄膜绕包线试验三个试样。

（4）试验结果判定 每个试样的弯曲部位绝缘层均应不开裂。

4.5.3 软化击穿试验（适用于漆包圆线）

软化击穿是反映漆膜在一定压力条件下，由于温度上升，漆膜软化变形而引起电击穿的一种试验方法。因软化而发生电压击穿时的温度高，说明漆膜的热塑性小；反之漆膜的热塑性大。

绕组在嵌线时，漆膜经受一定的机械应力，绕组在浸渍时，又受到温度的作用，电机在运行的过程中，由于离心力所产生的压力和振动，以及温升等因素对漆膜造成影响。特别在过负载情况下，由于温度的急剧上升，漆膜会出现蠕变，造成短路事故。漆包线的软化击穿性能就是衡量漆包线的漆膜在机械力作用下忍受热变形的能力，即受压力的漆膜在高温下抵抗蠕变的能力。这项试验是热、电、力三者结合的试验。

1. 试验原理

在热状态下，将两根漆包线线样垂直相交，在交点上施加规定的负荷，并在试样间施加交流电压，漆膜在规定温度及时间内，应不发生因蠕变造成的电压击穿。

2. 试验设备

（1）软化击穿试验仪（见图 2-4-53）

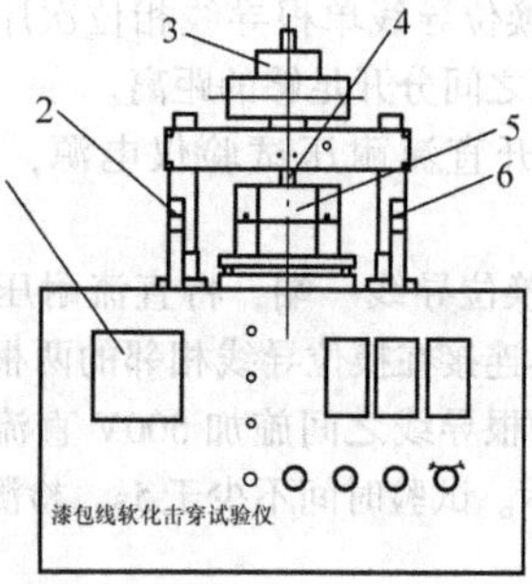

图 2-4-53 软化击穿试验仪

1—数字温度显示器 2—左（前、后）夹线装置 3—砝码 4—陶瓷压杆 5—加热金属块 6—右（前、后）夹线装置

1）软化击穿试验仪加热金属块，尺寸为 100mm × 100mm × 70mm，允许误差 ±1mm，材料采用铜质金属块。具有电气加热和测温控温装置，上面有两个线槽应垂直，其交角为 90° ±5°。

2）有一个陶瓷压杆，能在试样交点上施加负荷，如图 2-4-54 所示。

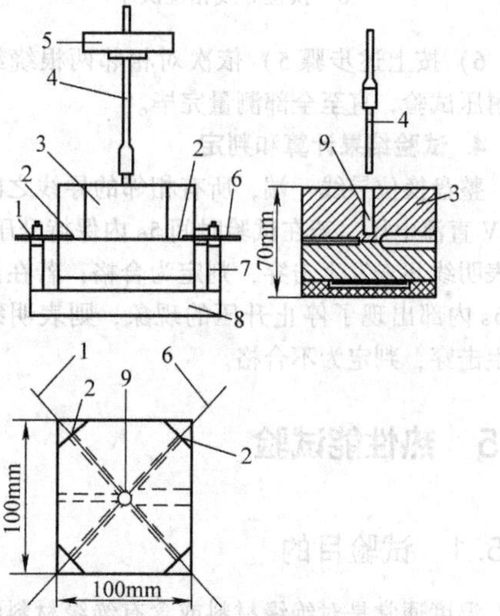

图 2-4-54 试样穿入加热金属块示意图

1—试样 1 2—试样插孔 3—加热金属块 4—陶瓷压杆 5—负荷 6—试样 2 7—与试样接触的绝缘材料 8—绝缘底板 9—负荷压杆插入孔

3）两试样间的试验电压，应为交流（100 ± 10）V。

4）两试样间通过（5 ±0.5）mA 电流时，试验仪应发出软化击穿信号。

5）试样间短路电流，应不大于50mA。

6）软化击穿试验仪的指示温度与试样交叉点的实际温度之差，应不大于2℃。

7）软化击穿试验仪计时装置120s的允许误差为±5 s。

(2) 负荷 软化击穿试验用负荷组成及允许误差，应符合表2-4-17的规定。

表2-4-17 软化击穿试验用负荷

（单位：N）

负荷	1.25	2.20	4.50	9.00	18.00	36.00
误差(±)	0.05	0.05	0.10	0.20	0.50	1.00

3. 试验步骤

1）试样制备：导体标称直径小于0.200mm的试样，取长度约500mm的试样9根，分成3组；导体标称直径大于或等于0.200mm的试样，取长度约500mm的试样6根，分成3组。

2）两个试样互相垂直交叉置于预热到规定温度的试验仪预热板上。根据被测试样导体标称直径选择插入方式。

① 导体标称直径小于0.200mm的试样，将两个试样先平行插入加热金属块插孔，相互连接。将第三个试样垂直放在前两根试样上，其交叉点应对称于陶瓷压杆轴线。交叉点应在陶瓷压杆下的中心位置。

② 导体标称直径大于或等于0.200mm的试样，一个试样应先平行插入加热金属块插孔，第二个试样垂直放在前一根试样上，其交叉点应对称于陶瓷压杆轴线。交叉点应在陶瓷压杆下的中心位置。

3）试样在试验仪中按表2-4-18的规定进行处理。

表2-4-18 加热时间

导体标称直径/mm	从插入试样到施加负荷的时间间隔/min
$d \leq 1.000$	1
$1.000 < d \leq 2.000$	2
$2.000 < d \leq 3.000$	3
$d > 3.000$	5

4）根据被测试样导体标称直径，在陶瓷压杆上按表2-4-19的规定施加负荷。

表2-4-19 在交叉点上施加的负荷

导体标称直径/mm	负荷/N	导体标称直径/mm	负荷/N
$0.020 < d \leq 0.032$	0.25	$0.315 < d \leq 0.050$	4.50
$0.320 < d \leq 0.050$	0.40	$0.500 < d \leq 0.800$	9.00
$0.050 < d \leq 0.080$	0.70	$0.080 < d \leq 1.250$	10.00
$0.080 < d \leq 0.125$	1.25	$1.250 < d \leq 2.000$	36.00
$0.125 < d \leq 0.200$	2.20	$d > 2.000$	70.00
$0.200 < d \leq 0.315$	2.20		

5）在上下两个试样之间施加试验电压，试验开始。

6）测试三个试样。

4. 试验结果判定

试样在产品标准规定的温度下2min内均应不击穿。

4.5.4 热老化（适用于0.100mm以上的漆包圆线）

因过载等原因漆包线在高温下长期运行，漆膜的分子链可能会发生断裂和部分分解，导致漆膜绝缘性能下降。随着过载时间的延续，分子链的断裂和分解持续发生，绝缘性能进一步下降，最终会导致失效。电气元件过载运行，就可能因工作在耐热等级以上的温度，而发生此类失效。

1. 试验原理

将漆包线在高于耐热等级40～50℃的烘箱中长时间老化，然后检测其击穿电压，将其与室温下的击穿电压比较，用其电压保持率来评价漆包线耐高温时效的能力。

2. 试验设备

1）击穿电压仪、电极、扭绞装置等，按4.4.3节试验设备要求。

2）强迫通风烘箱，温度范围为0～300℃。

3. 试验步骤

1）在同一盘漆包线上，取足够长的漆包线，按4.4.3节击穿电压试验要求制备10个试样。

2）将其中5个试样在室温下按4.4.3节击穿电压试验步骤要求进行试验，记录5个试样的击穿电压数值V_r。

3）将另5个试样悬挂在预热到规定温度的强迫通风的烘箱中，在规定的温度下保持168h；试验温度在对应的产品标准中确定。

4）加热至规定时间后，将试样取出，冷却至室温。然后分别按4.4.3节击穿电压试验步骤进行击穿电压试验，记录5个试样的击穿电压数据V_t。

注意：试样自烘箱中取出，室内降温和电压试验等过程中不要弯折漆包线，不得损伤漆包线的漆膜，以免数据误差很大。

4. 试验结果计算和判定

1）将试验得到的室温和热老化后的各5个击穿电压数据进行算术平均处理，分别得到 V_{ra} 和 V_{ta}。在进行算术平均处理前，若有个别数据异常，应剔除后再算术平均。若达到两个及以上的样品数据异常，试验应重新进行。

2）电压保持率应按式（2-4-26）计算。

$$K = \frac{V_{ta}}{V_{ra}} \times 100\% \qquad (2\text{-}4\text{-}26)$$

3）电压保持率不低于50%则判为合格。试验只进行一次。

4.5.5 失重试验（适用于漆包圆线）

温度指数不同的漆包线，由于绝缘漆树脂分子结构不同，其热失重的程度是有差别的，故热失重性能的检测可初步判别漆包线的耐热性能。失重是与漆包线漆膜的固化度有关的性能指标，故本试验适用于漆包圆线。

1. 试验原理

将漆包线试样经干燥处理后先称重，经过高温处理后再称重。然后用适当的方法去除漆膜，对导体干燥处理后再次进行称重。经比对计算漆膜的失重值。

2. 试验设备

1）分析天平，精度≤0.1mg。

2）强迫通风烘箱，温度范围为0~300℃，热滞后时间（时间常数）不超过600s。

3）干燥器，内置足够的干燥剂，并定期更换，防止干燥剂失效。

4）坩埚，坩埚容积为50mL，具有长时间耐高温功能。

3. 试验步骤

1）取漆膜含量不小于0.5g的漆包圆线试样2根，用不影响漆膜的方法将试样表面擦洗干净。去除油污后，对试样处理时应使用经化学洁净的镊子。

2）试样在（130±3）℃下加热1h，从烘箱中取出后立即放入干燥器内，在室温下至少放置30min，称重得 M_1，精确到0.1mg。

3）将坩埚在（150±3）℃烘箱中加热2h。然后将试样放入坩埚内，并放入按相关产品标准规定预热好的烘箱中在加热2h。从烘箱中取出试样立即放入干燥器内，在室温下至少放置30min，获得老化后漆包线重量 M_2，精确至0.1mg。

4）用不损伤导体的方法，去除漆包线表面的漆膜。可将漆包线试样浸入沸腾的10%氢氧化钾水溶液中，从导体上除去漆层，直到用软布擦拭，漆膜能完全去除为止。

5）将去除漆膜的裸导体，在（150±3）℃烘箱中加热（15±1）min，再从烘箱中取出试样，置于干燥器中冷却至室温，冷却时间至少30min，获得裸导体重量 M_3，精确至0.1mg。

6）每次称重所得的测量数据都应做好记录。

7）测试两个试样，两次试验结果之差应在±0.1%范围内。

4. 试验结果计算和判定

1）失重 ΔM 以经处理的原漆膜质量的百分比表示，由经处理试样的质量（M_1），此试样经热处理后的质量（M_2）以及裸导线质量（M_3）按式（2-4-27）计算：

$$\Delta M = \frac{M_2 - M_3}{M_1 - M_3} \times 100\% \qquad (2\text{-}4\text{-}27)$$

2）二次试验结果的平均值即为失重。

4.5.6 高温失效试验

电机电器在运行过程中，由于短路和制动情况，使线圈在短时间内发生高温，影响运行，以致烧毁，因此对耐高温漆包线进行高温失效性能的检测是十分必要的。高温失效适用于漆包圆线。

1. 试验原理

高温失效性能是指试样在高温下承受试验电压的失效时间，考核漆包线在450℃及以下过载时承受电压的能力。本试验要求的最小失效时间为15min，如果需要考核短时间失效性能，应采用其他试验方法。

2. 试验设备

（1）烘箱 温度范围为0~450℃，应能使试样在3min内达到设定的温度。烘箱配有合适的接线柱，可以按表2-4-20的规定施加试验电压。

表2-4-20 试验电压

绝缘厚度/mm	试验电压（交流）/V
0.024 < d≤0.035	65
0.035 < d≤0.050	85
0.050 < d≤0.070	115
0.070 < d≤0.090	165
0.090 < d≤0.130	200

（2）变压器 容量至少为100VA，能输出符合

表 2-4-20 所示试验电压规定的 50Hz 或 60Hz 交流试验电压，并与过电流为（10±5）mA 时动作的过电流装置连接。在变压器的二次侧接线柱上并联一个 1～2μF 的电容器，避免过电压冲击。过电流装置能指示失效并断开相应的计时器。

(3) 扭绞装置　能扭绞 125mm 长的扭绞线对试样，如图 2-4-48 所示。

3. 试验步骤

1）试样按 4.4.3 节第 2 条进行制备。

2）烘箱调整到规定温度 ±1%。烘箱内温度稳定后，将试样置于烘箱中，并接到接线柱上。根据试样绝缘厚度，按表 2-4-20 的规定立刻施加试验电压并开始计时。试样击穿时，记录计时器的示值，即为高温失效时间。如果失效时间少于 15min，则是试验温度过高的缘故，应认为试验无效。

3）测试五个试样。记录五个高温失效时间。

4. 试验结果判定

试样击穿时所记录的计时器示值。

4.5.7　温度指数试验

通常情况下，温度是作用于电气绝缘材料的主要老化因子。绝缘材料经受高温作用时逐渐老化，由于各种材料的热老化速率不同，需要有一个能说明材料相对耐热能力的参数，为绝缘结构或绝缘系统设计、评定和恰当地选用材料并提供最基本的设计数据。这个参数就是温度指数。温度指数是表征绝缘材料相对热寿命的一个参数。

漆包线温度指数的试验方法是在通过空气和大气压力下电气强度的变化来确定的。试样可以是未浸渍的或经浸渍剂浸渍的，对于浸渍试样，该试验可同时评定漆包线绝缘和浸渍漆的相容性。

目前，国内温度指数的试验方法有常规法和快速法两种。由于影响温度指数的因素主要取决于绝缘材料，一旦工艺参数确定，原材料不变更时，其特征不会发生变化，故温度指数试验项目为型式试验。

1. 常规法试验

(1) 试验原理　根据热老化试验温度点的个数，制作相应组数的试样，每组试样依据试验方法标准规定有若干个试件，在每个温度点下进行老化的试件，在不等的老化时间取出后进行室温耐电压试验。一般情况下试样在特定的三个或更多的温度点下进行老化试验，获取试样失效时间，计算回归线，在热寿命图样上按老化温度的函数关系绘出失效时间值。回归线与纵坐标 20000h 寿命线的交点所对应的温度即代表漆包线试样的温度指数。

常规法温度指数的试验和推算方法与 IEC 60216－1—2013 相一致，是指漆包线的回归寿命线和 20000h 外推寿命线交点处的温度数值。快速法是国内针对常规法试验周期太长而设计制定的试验方法，一般适用于绝缘材料耐温性能的比对和筛选，为工艺试验和工艺验证服务。当对试样测得的结果提出合理性异议时，应以常规法为准。

(2) 试验设备

1）强迫通风烘箱。

2）击穿电压试验仪。

3）扭绞装置，如图 2-4-48 所示。

4）圆线试样架与电气连接架，如图 2-4-55 所示。试样架至少能放置 11 个试样，并保证试样的下端露在架外和保护试样免受机械损伤。

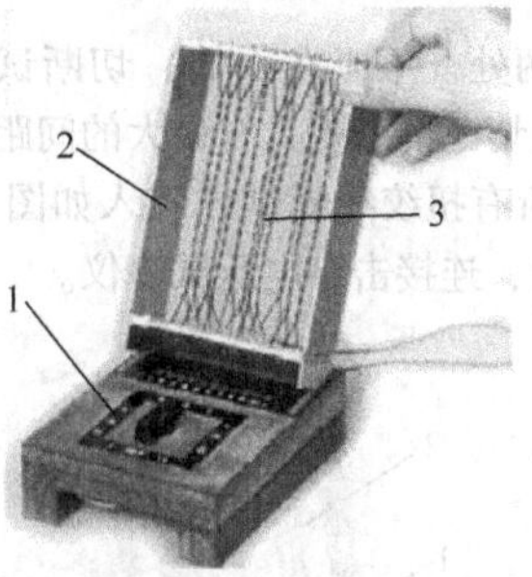

图 2-4-55　圆线试样架与电气连接架

1—耐压试验电气连接架　2—圆线试样架　3—扭绞对试样

5）弯曲成型夹具，如图 2-4-56 所示。材料为酚醛浸渍纤维板，坯料厚 12.5mm。

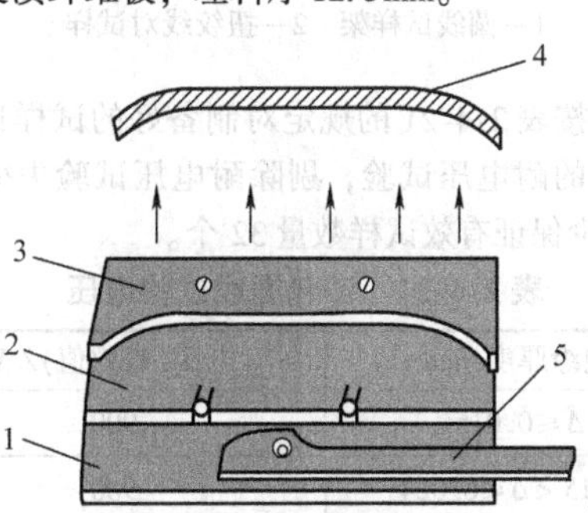

图 2-4-56　弯曲成型夹具

1—底座　2—活动夹板　3—固定夹板
4—弯曲后的试样　5—夹具手柄

(3) 试验步骤

1）导体标称直径 0.800mm＜d≤1.500mm 漆包圆线试样制备：

① 取长度约400mm的试样，至少32根，按4.4.3节第2条第3款制备试样。

② 将一试样放入成型架，在扭绞对平行的两线端放上隔片，再将其推到成型架端面，如图2-4-57所示。将两线端弯成平行以使隔片固定在正确的位置上。

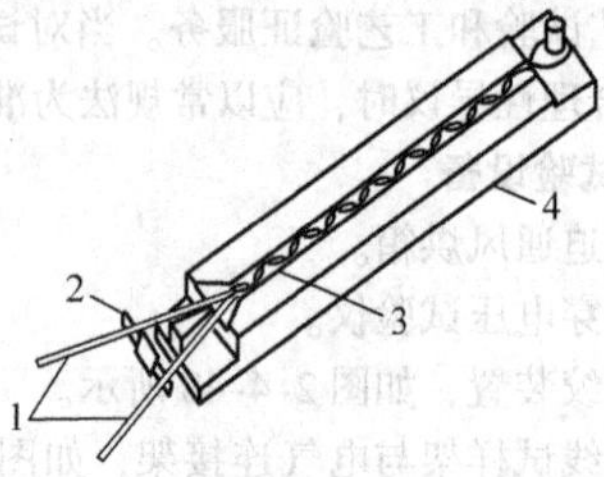

图2-4-57 安装在成型线架内的试样

1—试样两端 2—隔片 3—试样扭绞对 4—成型线架

③ 在两处（不应在一处）切断试样扭绞端的端环，以使切开的两端具有最大的间距。

④ 将所有扭绞线对试样装入如图2-4-58所示的试样架内，连接击穿电压试验仪。

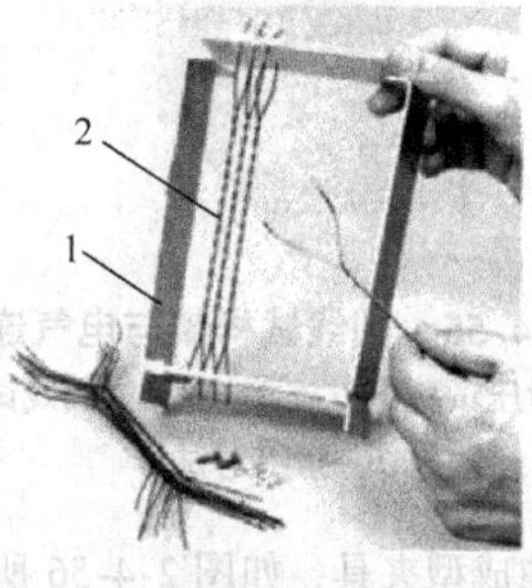

图2-4-58 漆包圆线扭绞线对试样架

1—圆线试样架 2—扭绞线对试样

⑤ 按表2-4-21的规定对制备好的试样进行持续约1s的耐电压试验，剔除耐电压试验失效的试样，至少保证有效试样数量32个。

表2-4-21 漆包圆线试验电压

绝缘厚度/mm	电压(有效值)/V
$\Delta \leqslant 0.015$	900
$0.015 < \Delta \leqslant 0.024$	900
$0.024 < \Delta \leqslant 0.035$	1200
$0.035 < \Delta \leqslant 0.050$	1500
$0.050 < \Delta \leqslant 0.070$	2100
$0.070 < \Delta \leqslant 0.090$	3000
$0.090 < \Delta \leqslant 0.130$	3600

2）漆包扁线试样制备：

① 取长度约250mm的校直试样，至少64根。

② 在每个试样的一端除去约15mm的绝缘层作为电极。

③ 将试样侧放于如图2-4-56所示弯曲成型夹具的线槽中，推动夹具手柄，使活动夹板向固定夹板移动，使试样随其形成两端均张开的线样，直线部分约150mm，如图2-4-59所示。

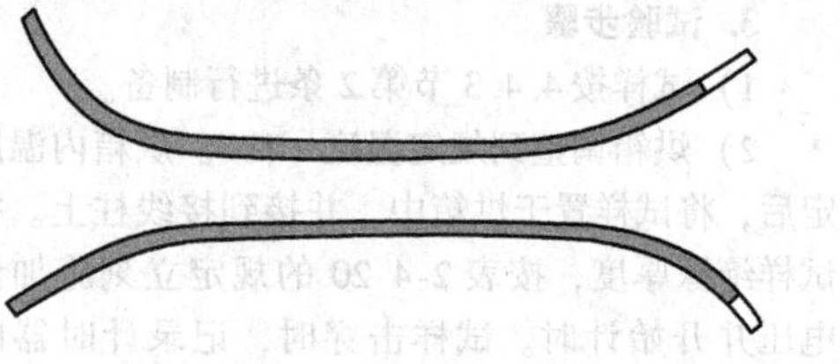

图2-4-59 两端张开的单根试样

④ 将两根成型的扁线试样背靠背放置，然后用玻璃丝紧密地绕在试样的中心直线部分，如图2-4-60所示。仔细检查两个试样的中心部分是否紧密接触，捆绑后远离端部的弯曲部分是分开的。

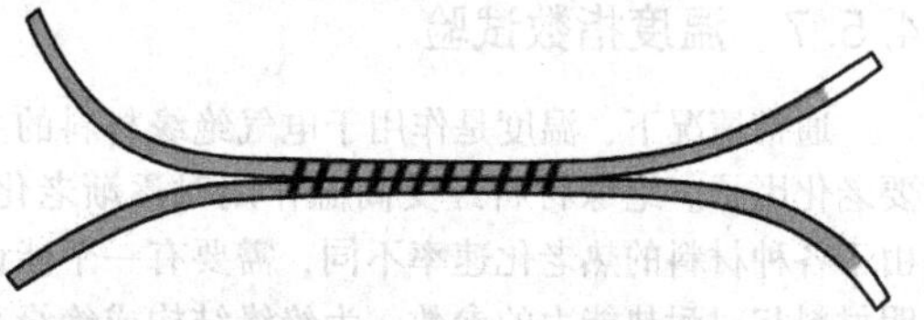

图2-4-60 试验试样

⑤ 对所有试样进行交流1000V的耐电压试验。剔除耐电压试验失效的试样，至少保证有效试样数量32个。

3）试样浸渍处理：

① 如需浸渍处理，应将试样垂直浸泡在浸渍漆中（60±10）s，然后以大约1mm/s的匀速从浸渍漆中取出，横放滴干10～15min，而后按要求进行固化。

② 如需浸渍多于1次，则浸渍、滴干和固化试样需垂直颠倒方向连续处理。至少浸渍11个试样。

4）老化温度：

① 根据试样要求，将强迫通风烘箱预热到选定的温度，温度波动小于2℃。

② 将试样放入已预热的烘箱内。圆线试样在装入试样架后放入烘箱。扁线试样悬挂在烘箱内，无需托架。

③ 试样推荐的每周期老化温度和时间，按表2-4-22的规定。一个试验周期包括一个老化期和室温20～30℃的耐电压试验。试样直接放入已加热到选定温度的老化箱内或从箱中取出，不必控制加热

或冷却的速度。

表 2-4-22　推荐的每周期老化温度和时间

（单位：天/周期）

老化温度/℃	预估温度指数						
	105 ~ 109	120 ~ 130	150 ~ 159	180 ~ 189	200 ~ 209	220 ~ 229	240 ~ 249
320							1
310							2
300						1	4
290						2	7
280					1	4	14
270					2	7	28
260				1	4	14	49
250				2	7	28	
240				4	14	49	
230			1	7	28		
220			2	14	49		
210			4	28			
200		1	7	49			
190		2	14				
180	1	4	28				
170	2	7	49				
160	4	14					
150	7	28					
140	14	49					
130	28						
120	49						

④ 选定老化时间，使试样在每个温度达到失效时间之前经受约 10 个周期的老化。若试样得到的热寿命值的平均老化周期数少于 8 个或多于 20 个，对某个老化温度，可选择比表中规定的长些或短些的老化时间。试样也可按某个特定的周期老化后，适当增加或减少周期时间以控制达到失效时间所要求的周期数。

⑤ 试样至少取三个老化温度，最好四个温度。各老化温度之间相差不宜超过 20℃。最低老化温度不应比漆包线预估温度指数高 25℃。最低的老化温度宜能产生大于 5000h 失效时间。产生小于 100h 失效时间的老化温度一般认为太高。

5）试验电压及其施加方法：

① 从烘箱中取出试样，冷却至室温。

② 将试样连接在电压试验仪的电极上，根据绝缘厚度，漆包圆线按表 2-4-21 所示试验电压的 1/3 经受电压试验。漆包扁线按表 2-4-23 的规定经受电压试验。未试验失效的试样放回烘箱，进行下一周期老化。

表 2-4-23　漆包扁线试验电压

绝缘厚度/mm	电压(有效值)/ V
$0.035 < \Delta \leqslant 0.050$	300
$0.050 < \Delta \leqslant 0.065$	375
$0.065 < \Delta \leqslant 0.080$	450
$0.080 < \Delta \leqslant 0.090$	550
$0.090 < \Delta \leqslant 0.100$	650
$0.100 < \Delta \leqslant 0.115$	700
$0.115 < \Delta \leqslant 0.130$	750
$0.130 < \Delta \leqslant 0.140$	800
$0.140 < \Delta \leqslant 0.150$	850

6）试验记录：

① 应记录浸渍漆的品种或型号及浸渍工艺。

② 应记录每个老化温度下每组试样的失效时间。

（4）试验结果计算和判定

1）试样失效时间：取试样到耐电压试验失效时的老化总小时数和失效前一周期老化总小时数的中间点作为一个老化温度下某个试样的失效时间。这是假设试样可能在最后一个老化周期进行到一半时失效。因此，试样失效时间即为失效时的总小时数减去最后一个老化周期小时数的 1/2。

2）失效时间：可通过中位数值或对数平均值来计算一个老化温度一组试样的失效时间。对很多材料，中位数值在统计上是有效的。多数情况下，使用中位数值会大大缩短试验时间，因为一旦得到了中位数值就可以停止试验了。

当使用中位数值时，按如下方法计算失效时间。

如果一组试样总数为 n，则该组试样的失效时间为

① 如果 n 为奇数，等于第（$n+1$）/2 个试样的失效时间。

② 如果 n 为偶数，等于第 $n/2$ 个试样和第（$n+2$）/2 个试样失效时间的平均值。

例如，如果 $n=12$，则该组试样的失效时间等于第六个和第七个试样失效时间的平均值。如果采用中位数值计算失效时间，为方便起见，建议试样总数为奇数，这样可简化计算。

当使用对数平均值时，则该组试样的失效时间等于各试样失效时间对数之和除以试样总数 n 所得平均值的反对数。

3）数据的线性：为避免不准确的外推，应计

算相关系数 r，以衡量线性度。

相关系数 r 是变量间线性相关程度的量度。当 $r=1.0$ 时，变量间完全线性相关；当 $r=0$ 时变量间线性不相关。相关系数按式（2-4-28）计算：

$$r=\frac{N\sum XY-(\sum X)(\sum Y)}{\sqrt{[N\sum X^2-(\sum X)^2][N\sum Y^2-(\sum Y)^2]}} \tag{2-4-28}$$

式中 X——试验温度的倒数，$X=1/T$，其中 T 是绝对温度（K）；

N——失效时间个数；

Y——失效时间的对数，$Y=\lg L$，其中 L 是绝缘寿命（h）；

$\sum$——N 个值的和。

如果相关系数 r 等于或大于 0.95，则有充分根据认为数据是线性的，试验结果的数据点接近于一条直线。若相关系数 r 小于 0.95，认为是非线性的，宜在比之前的最低试验温度还低的温度下进行一个附加试验。

新的温度点可以比之前的最低试验温度低10℃，在重新计算温度指数和相关系数时，可从最高的试验温度开始，删除一个温度点，使新的温度点参与计算。

如果漆包线、浸渍后的漆包线热老化过程为一种化学反应，则数据是线性的。非线性可能表明：

① 在试验期间不同温度上有两种或两种以上具有不同活化能（斜率）的化学反应起支配作用。

② 取样方式和（或）试验过程引入误差。

非线性数据不宜用来外推。

4）计算及绘制热寿命图和温度指数：

① 在纵坐标标有时间的对数、横坐标标有绝对温度的倒数的图纸上绘制失效时间 - 老化温度图，即为热寿命图。按回归计算法估算 2000h 和 20000h 的老化温度，在坐标图上通过这两点绘出回归线。这条回归线则表示漆包扁线的热寿命，如图 2-4-61 所示。

② 计算回归线的方法。快速绘制寿命数据回归线的方法，可用于各种试验温度下的任何数目的试验结果。

已经公认，许多绝缘以一种符合式（2-4-29）的方式老化。

$$L=Ae^{B/T} \tag{2-4-29}$$

式中 L——绝缘寿命（h）；

T——绝对温度（K）；

A，B——每种绝缘所固有的常数；

e——自然对数之底。

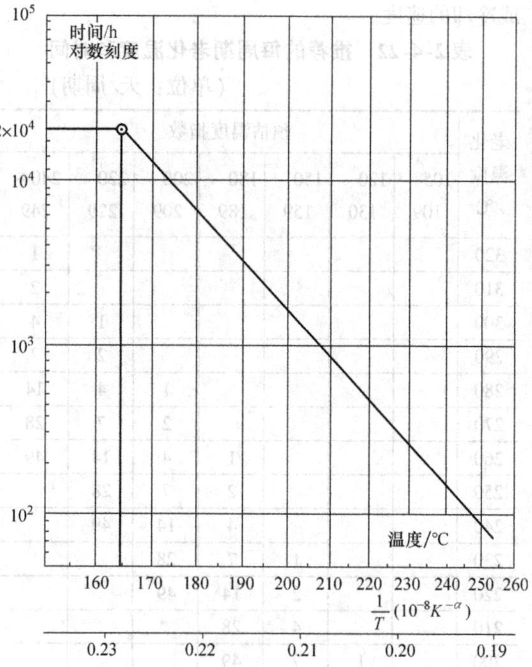

图 2-4-61 热寿命图温度指数

通过取对数，使式（2-4-29）表示成一线性方程，如式（2-4-30）所示。

$$\lg L=\lg A+(\lg e)\cdot\frac{B}{T} \tag{2-4-30}$$

设 $Y=\lg L$，$a=\lg A$，$x=\frac{1}{T}$，$b=(\lg e)\cdot B$，则 Y 按式（2-4-31）计算。

$$Y=a+bx \tag{2-4-31}$$

因此，把通过高温试验得到的数据，绘制在 $\lg L$ 对 $1/T$ 的坐标图纸上，就得到一条直线，再外推这条直线到低温。然而，由于对数图的特性，通过试验结果得到的坐标点画一最佳表现直线的方法无法得到准确的外推。所以，为得到更好的准确性和一致性，应采用更严格的方法。使用最小二乘法，可从得到的试验数据求出常数 a 和斜率 b，按式（2-4-32）、式（2-4-33）计算：

$$a=\frac{\sum Y-b\sum X}{N} \tag{2-4-32}$$

$$b=\frac{N\sum XY-\sum X\sum Y}{N\sum X^2-(\sum X)^2} \tag{2-4-33}$$

式中 a——常数；

b——斜率；

$X=1/T$——试验温度的倒数，K^{-1}（$(\theta℃+273)^{-1}$）；

N——失效时间个数；

Y——失效时间的对数，$Y=\lg L$；

Σ——N个值的和。

若已知回归线的常数a和斜率b，任何要求的寿命值所对应的温度可按式（2-4-34a）、式（2-4-34b）、式（2-4-35）、式（2-4-36）计算：

$$Y=a+bX \quad (2\text{-}4\text{-}34a)$$

$$T=\frac{1}{X}=\frac{b}{Y-a} \quad (2\text{-}4\text{-}34b)$$

20000h所对应的温度（℃）（温度指数）=

$$\frac{b}{4.3010-a}-273 \quad (2\text{-}4\text{-}35)$$

2000h所对应的温度（℃）（温度指数）=

$$\frac{b}{3.3010-a}-273 \quad (2\text{-}4\text{-}36)$$

③ 温度指数是回归线与20000 h线交点所对应的摄氏温度的数值。温度指数无需标明摄氏度。

2. 快速法试验

（1）试验原理 将扭绞对试样经受一个试验周期的试验。这个试验周期包括老化期和其后的室温耐电压试验。重复这样的试验周期直到足够数量的试样失效为止。计算失效时间，称重并记录每个试样的初始质量、失效后的质量和失效试样裸导体总质量。

（2）试验设备

1）老化试验烘箱。

2）分析天平，精度≤0.1mg。

3）耐电压试验仪。

4）扭绞装置。

5）干燥器。

6）热天平，天平精度≤0.1mg；质量量程≤25mg；质量定值误差在±0.15mg范围内、质量基线漂移在±15mg范围内；电炉最高工作温度800℃以上；温度定值误差在±2℃范围内；升温速度恒定并等级可调，升温速度偏差≤5%。

（3）试验步骤

1）导体标称直径1.000mm厚漆膜漆包圆线试样制备：

① 取长度约400mm的试样，至少20根，按4.4.3节第2条第3款制备试样。

② 按表2-4-21的规定对制备好的试样进行持续约1s的耐电压试验，剔除耐电压试验失效的试样，至少保证有效试样数量20个。

③ 将所有扭绞线对试样，放于已预热至（125±5）℃老化试验烘箱内预烘2h后存放在干燥皿内，冷却至室温。

2）在分析天平上称量预烘后的试样，记录每个试样的初始质量W_0（以mg为单位计，下同）。

3）根据被测试样预估温度指数，设置老化试验烘箱温度，将试样放入已预热好的老化试验烘箱内，按表2-4-24规定的温度和时间进行老化。

表2-4-24 老化温度和周期时间

预估温度指数	老化温度/℃	周期时间/h
105	175~185	24
120	185~195	24
130	195~205	24
155	225~235	24
180	245~255	24
200	265~275	24
220	280~295	24
240及以上	305及以上	24

4）选择的老化温度应使试样的平均老化周期数在8~20个范围内。小于100h就失效的试样不应用于计算平均寿命。

5）每个老化周期后，从烘箱中取出试样，按表2-4-21规定的试验电压的1/3经受电压试验，检查试样是否失效。

6）记录失效试样的老化周期数m，在分析天平上称重并记录每个失效试样质量W_n，将未失效的试样放入烘箱继续下一周期的老化。

7）除去失效试样的漆膜，在分析天平上称重并记录失效试样裸导体总质量ΣW_c。

8）动态热重试验：

① 用适当的方法在与做恒温寿命试验相同的漆包线上取下漆膜，制成细度为40目的碎片。制备时应防止掺入任何杂质，确保试样纯度。

② 每次试验前，把试样装在浅盘内平铺开，在（125±5）℃的老化试验烘箱内预烘2h后存放在干燥器内。

③ 检查并调试热天平。

④ 在分析天平上称取三份试样，每份约15mg。试样称好后分别装入铂坩埚，放入热天平，以小于6℃/min的三个不同升温速度，在空气气氛内进行热重试验。

（4）试验结果计算和判定

1）恒温寿命试验的数据处理。

① 试样平均寿命计算：取试样到失效时的老化总小时数和失效前一周期老化总小时数的中间点作为某个试样的失效时间。这是假设试样大概在最后一个老化周期进行到一半时失效。因此，某个试样的失效时间即为试样失效时的老化总小时数减去

最后一个老化周期小时数的1/2（12h）。然后将各试样失效时间对数之和除以试样总数 n，该平均值的反对数则等于试样的平均寿命。

对应于老化温度 T_h，试样平均寿命 L_h 按式（2-4-37）计算：

$$L_h = \lg\left[\frac{\sum_{i=1}^{n}\lg L_i}{n}\right] \quad (2\text{-}4\text{-}37)$$

式中 L_h——试样平均寿命（h）；

L_i——第 i 个试样失效时的老化总小时数减去12h（h）；

n——试样个数；

$\lg^{-1}$——反常用对数。

② 试样失重百分数 C_f 的计算：试样失重百分数 C_f 按式（2-4-38）计算：

$$C_f = \frac{\sum W_0 - \sum W_n}{\sum W_0 - \sum W_c} \times 100\% \quad (2\text{-}4\text{-}38)$$

式中 C_f——试样失重百分数；

$\sum W_0$——试样初始质量之和（mg）；

$\sum W_n$——失效试样质量之和（mg）；

$\sum W_c$——试样裸导体质量之和（mg）。

2）动态热重试验的数据处理。对三个不同升温速度的热重曲线，选择失重百分比为 $0.5C_f$（以失重量5%为进位单位）时，按式（2-4-39）计算活化能 E_f。

$$E_f = -4.348\,\frac{d(\lg\beta)}{d\left(\frac{1}{\theta}\right)} \quad (2\text{-}4\text{-}39)$$

式中 E_f——活化能（cal/mol）；

β——升温速度（℃/h）；

θ——动态温度（K）。

3）温度指数的计算方法。以符合式（2-4-29）的方式老化。通过取对数，使式（2-4-29）表示成一线性方程，如式（2-4-30）所示。

将恒温寿命试验的老化温度（T_h）、平均老化时间（L_h）代入式（2-4-29），再将20000h代入式（2-4-30），两式相减就可以得出20000h所对应的温度（T）。

20000h对应的温度（℃），按式（2-4-40）计算。

$$t_{20000} = \frac{0.218\,E_f}{\lg 20000 - \lg L_h + \dfrac{0.218\,E_f}{T_h}} - 273 \quad (2\text{-}4\text{-}40)$$

将恒温寿命试验的老化温度（T_h）、平均老化时间（L_h）代入式（2-4-30），再将5000h代入式（2-4-30）。两式相减就可以得出5000h所对应的温度（T）。

5000h对应的温度（℃）按式（2-4-41）计算。

$$t_{5000} = \frac{0.218\,E_f}{\lg 5000 - \lg L_h + \dfrac{0.218\,E_f}{T_h}} - 273 \quad (2\text{-}4\text{-}41)$$

4.6 密封管试验（相容性试验）

密封管试验主要为组合绝缘材料结构进行相容性试验，同时对前已评定的绝缘结构进行少数绝缘组分替代的研究。

相容性是指物质相互共存的能力。绝缘材料之间的相容性是指两种及其以上的材料组合使用时，由于物理、化学作用对性能产生的影响。材料组合后的性能与组合前的单一材料进行比较，处于同一水平或有所提高，表示组合材料之间的相容性是好的，反之就意味着存在相容性问题。

根据UL 1446—2007《绝缘材料标准总则》中密封管试验方法叙述如下：

1. 试验设备

1）强迫通风烘箱。

2）T形玻璃管：内径为23.8mm或更大；长为305mm；将大约406.4mm长的开口玻璃管端部进行熔融密封；或采用带有螺纹端盖的N0303不锈钢管；管子内径不大于50.8mm。

3）玻璃管和不锈钢管的密封衬垫材料：六氟丙烯-偏二氟乙烯。对于155℃或更高的绝缘结构则用四氟乙烯（TFE）、氟橡胶（FEF）、硅橡胶或铅。

4）力矩扳手最大容量为11.3N·m。

2. 试验步骤

（1）试样制备

1）每根管子内的绕组线，绞线对通常用两根 ϕ1.00mm厚层漆包线均匀扭绞8次而成。扭绞部分为121mm长，扭绞时应力为13.3N。绞线对两端各留出50.8mm不扭绞部分。如果是用纤维材料作绝缘的绕包线，则以直线试样试验。

2）每个基准试样与替代样品组均用5个试样作评定。诸如绝缘漆或粘合漆，引接线、槽绝缘、层间绝缘或对地绝缘绑扎绳，带或管等组分的尺寸及数量要近似于绝缘结构中所用各组分的比例。如果绝缘漆或粘合漆用于结构，则绕组线试样应根据制造工艺进行固化。

(2) 管子准备

1) 基准管——为安放评定过的绝缘结构中所使用的材料。如果原来的材料不再适用，则只要其他材料有与原来材料等效的功能，就可以此材料替代。

2) 替代组分管——每个替代组分管用来安放新材料或附加的替代材料，并包括所有能与它们在绝缘结构中共同使用的材料和替代材料。通常不应该也不能把几种替代材料放在一个管子内。例如几种替代漆中每一个都必须按上述要求制备试样后在分开的管子中做试验。评定新的或替代组分的管子组表示在绝缘结构中各种材料组合的所有可能性。

(3) 试样组装管子

1) 管子要求，充以有效溶剂浸24h或更长时间；用试管刷和清洁剂刷管壁；彻底清洗用自来水冲两次，再用蒸馏水清洗；用干净的纱布擦干。

2) 管子、密封衬垫、旋塞、螺母及螺栓在105℃烘箱内烘1h，然后取出冷却。

3) 绞线对插入管子在老化试验中不发生粘连，其他组分材料定位在管内，尽可能避免和绕组线接触，开口玻璃管在装料前一端先封口。

4) 管子装料后，管子、密封衬垫、旋塞、螺母及螺栓应在105℃烘箱内干燥1h。如用开口玻璃管，则烘箱温度应达135℃。由于在105℃下材料不会充分干燥，故在放入管子前在调节到结构温度的烘箱中干燥1h。

5) 螺栓和顶盖的下侧在放入烘箱前要薄薄涂上一层硅脂，且这些零件应与衬垫材料和管子分开。

6) 从烘箱里一拿出来，就把衬垫材料和接线夹装入有防护套的管子。管子的端部即被密封，如果采用开口玻璃管则把开口熔封。

7) 用扳手以顺时针方向以0.56～3.4N·m力矩旋紧。

8) 除了用开口玻璃管外，装配好的样品要立即放在热水中以减少冲击和破损的可能性。组合件放在水中至少5min，在冷却过程中管内形成真空。如果漏气，管子里就会吸进水，如果用开口玻璃管，则把管子再放回烘箱，然后可冷却到室温。

9) 取出管子，冷却到室温并检查内壁的冷凝水以证明可能的泄漏。

10) 在管子放进烘箱前，烘箱冷却到室温。管子放进烘箱后，烘箱升温。以后就不得打开，以免打开热烘箱时由于热冲击造成管子的损伤。

11) 试样在绝缘结构等级温度再加25℃的温度下经受336h。例如，130℃级加25℃，即为155℃。

(4) 试样启封

1) 按上述加热后，冷却烘箱到室温，然后取出管子。如果试样不能马上作评定则管子要保持密封。但试样保留不得超过三天。试样按下列步骤取出。

2) 直接在评定前把试样从管子中取出。

3) 小心分离开试样作目测检查，尽量减少机械损伤。

3. 试样评定

(1) 漆包线评定

1) 绞线对要作击穿试验。以每秒500V的升压速度升压，直到击穿。比较替代试样与基准试样的试验结果。

2) 纤维绕包线试验电压加在导体与绕包于直线部分中间的金属箔之间。

3) 比较替代试样与基准试样的柔软性，并作记录。

4) 观察比较替代试样与基准试样的色泽及全貌，并作记录。

(2) 组分材料评定

1) 测量介电强度、柔软性及各主要性能。

2) 管和绝缘导线作介电击穿试验。

3) 观察比较替代试样及基准试样的色泽和全貌，并作记录。

4.7 耐水线的常压工频加速寿命试验

本试验方法适用于耐水线的加速寿命试验。

1. 试验设备

1) 光电检流计（灵敏度为10－10A/格）高阻计。

2) 试验电压。试验电压应为标称频率50Hz近似正弦波形的交流电压。试验电压为1000V，峰值系数在$\sqrt{2}\pm5\%$范围内。当高压回路通过20mA或更大的电流时，过电流装置应动作，并指示击穿。

3) 水溶液。试验用水溶液按下列组成配置（重量比）：

自来水	100
洗衣粉	0.75
碳酸钠	0.50
碳酸氢钠（实验用）	0.50

2. 试验步骤

1) 线圈的绕制：

① 标称截面积$3mm^2$及以下耐水线的试样长度不得小于250m。绕制线圈芯子尺寸的有效长度应为20m。

② 标称截面积$3mm^2$以上耐水线的试样长度不得小于150m。按直径为ϕ220mm的线圈芯子尺寸绕制。有效长度为10m。

2）每次试验用10只线圈同时进行试验。

3）将试验用水溶液倒入容器中，容器中水溶液的高度应超过线圈。升温至规定试验温度后加入适量石蜡，线圈两端的引线必须伸出容器之外。液面以上的引线长度应不小于500mm。

4）在10只线圈离端部约50mm处的绝缘层表面上分别用细铜丝结扎并接地。

5）在线圈上施加试验电压进行浸水通电试验。每天用光电检流计或高阻计测定绝缘电阻R，测定电压为直流1000V。测得的电阻换算为MΩ·km。整个试验过程中水溶液温度应不超过试样的允许温度。

6）当试样的泄漏电流达到或大于20mA时，施加试验电压的时间（h）为该试样的寿命值。

3. 试验结果计算和评定

寿命以h为单位。

中值寿命为将获得10个线圈的寿命值以递增或递减次序排列，中间两个寿命值（即第5、6个）的算术平均值（h）。

4.8 玻璃膜绝缘微细线的性能测试

4.8.1 试验目的

玻璃膜绝缘微细线（包括锰铜和镍铬合金微细线），主要用于高灵敏度、高稳定度和小型的电工仪器仪表中，因此对其电阻性能和电阻稳定性的测定非常重要。

4.8.2 玻璃膜绝缘微细线线径和线芯的测量

微细线线径和线芯用平均线径和平均线芯表示，因为微细线线芯一般皆在10μm以下，且由于制造工艺的原因，其公差范围较大，仪表的绕组一般皆控制其电阻值，故测定微细线的平均线径和平均线芯很有必要。玻璃膜绝缘微细线线径的测量方法有用杠杆千分尺测量外径法、电阻法测量线芯、显微镜法测量线芯和线径三种。

1. 用杠杆千分尺测量外径法

1）用精密杠杆千分尺，其分度值为1μm。

2）从线轴上取下试样。从线轴上取下试样要轻而慢；测量应在空气不太流通的地方进行。用杠杆千分尺在试样同一截面两个相互垂直的方向进行，每个试样测量三次。

3）取其算术平均值。

2. 电阻法测量线芯

电阻法测量线芯，按式（2-4-42）计算。

$$R = \rho \frac{L}{S} \tag{2-4-42}$$

式中 R——导线电阻（Ω）；

L——导线长度（m）；

S——导线截面积（mm^2）；

ρ——材料电阻率（$\Omega \cdot mm^2/m$）。锰铜线的ρ为0.266~0.276$\Omega \cdot mm^2/m$；镍铬线的ρ为0.965~1.115$\Omega \cdot mm^2/m$。

当L为1m时，按式（2-4-43）计算。

$$d = 1.125\sqrt{\frac{\rho}{R}} \tag{2-4-43}$$

式中 d——线芯直径（mm）；

R——1m的电阻（Ω）。

在知道材料的电阻率和1m长度的电阻后，即可求得线芯的直径。

玻璃膜绝缘微细锰铜线每米的电阻值，见表2-4-25。

表2-4-25 玻璃膜绝缘微细锰铜线每米电阻值

（锰铜线成分：Mn—9.03%，Ni—2.94%，Cu—余量）

线芯直径/μm	ρ为0.266$\Omega \cdot mm^2/m$时每米电阻下限/Ω	ρ为0.276$\Omega \cdot mm^2/m$时每米电阻上限/Ω	每米电阻平均值/Ω
3.0	37631.2	39045.9	38338.6
3.1	35260.7	36586.3	35923.5
3.2	33091.2	34335.2	33713.2
3.3	31115.8	32285.6	31700.7
3.4	29312.6	30414.6	29863.6
3.5	27661.4	28701.3	28181.4
3.6	26145.1	27127.9	26636.5
3.7	24751.1	25681.6	25216.4
3.8	23467.1	24349.4	23908.3
3.9	22279.9	23117.5	22698.7
4.0	21168.2	21964.0	21566.1
4.1	20157.6	20915.4	20536.5
4.2	19209.9	19932.1	19571.0
4.3	18325.8	19014.8	18670.3

（续）

线芯直径/μm	ρ 为0.266Ω·mm²/m时每米电阻下限/Ω	ρ 为0.276Ω·mm²/m时每米电阻上限/Ω	每米电阻平均值/Ω
4.4	17502.9	18160.3	17831.3
4.5	16733.8	17362.9	17048.4
4.6	16013.5	16615.5	16314.5
4.7	15340.3	15916.9	15628.6
4.8	14707.5	15260.4	14983.9
4.9	14112.9	14643.5	14378.2
5.0	13547.2	14056.5	13801.9
5.1	13027.7	13517.5	13272.6
5.2	12531.8	13002.9	12767.4
5.3	12062.6	12516.4	12289.7
5.4	11620.8	12057.7	11839.3
5.5	11201.9	11623.0	11412.5
5.6	10805.1	11211.3	11068.2
5.7	10397.5	10788.4	10592.9
5.8	10073.0	10451.8	10262.4
5.9	9734.3	10100.3	9917.3
6.0	9407.9	9761.6	9584.8
6.1	9106.8	9449.1	9277.9
6.2	8815.2	9146.6	8980.9
6.3	8537.4	8858.4	8697.9
6.4	8272.7	8583.7	8428.2
6.5	8020.3	8321.8	8171.1
6.6	7778.9	8071.4	7925.2
6.7	7548.5	7832.2	7690.4
6.8	7328.2	7603.7	7465.9
6.9	7117.2	7384.8	7251.0
7.0	6911.8	7171.6	7041.7

3. 显微镜法测量线芯和线径

1）测量仪器：光学生物显微镜，放大倍数为10×100或15×100。

2）测量步骤：将试样放在生物显微镜下观察线芯和线径。

3）注意事项：因放大倍数较大，又因微细线包覆透明的玻璃膜，因此观察时可能出现干涉条纹，影响测量读数，故可将微细线浸入（或滴上）与玻璃具有折光指数相近的香柏油来消除干涉条纹的影响。

4.8.3 玻璃膜绝缘微细线的电性能测试

微细线的电气性能包括：米电阻、电阻温度系数、玻璃膜的耐电压等，其中电阻温度系数对于保证仪表、仪器的质量，性能的稳定有直接的影响。

1. 米电阻的测量

（1）试验设备 用“定长线段焊接法”较为简便，所用装置及测量线路如图2-4-62所示。

（2）试验步骤 将微细线两端放在涂满锡的焊片上，微细线经拉直后，用烙铁熔化焊锡，使微细线全部浸没在焊片的焊锡中。冷却后，微细线连同玻璃膜都粘在焊片上，将焊片外的两线头沿焊片边缘拉断，此时微细线长为（200±1）mm。

微细线拉断时已露出线芯，故不必进行剥头，在微细线两端头滴上少许松香酒精溶液焊剂，进行线芯和线路的焊接，焊通后用电桥测出0.2m线段的电阻值。

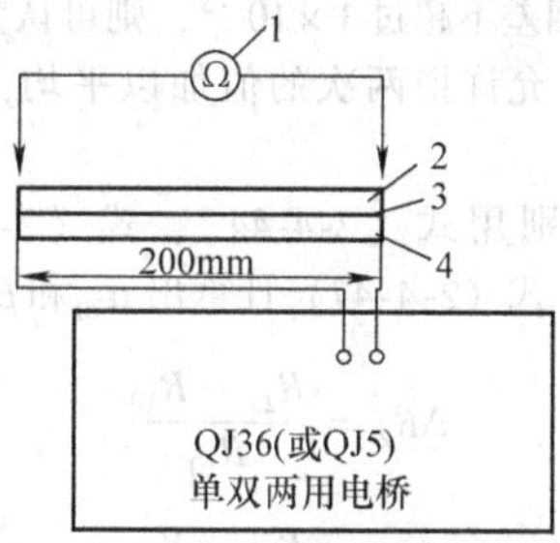

图2-4-62 定长米电阻的测量

1—欧姆表 2—绝缘板
3—被测微细线 4—焊锡和铜片

2. 电阻温度系数 α、β 的测量方法

由于微细线是用于高精度、高灵敏度、高稳定性的仪器仪表元件中，因此在一定的温度范围内，温度系数必须极小，应不随时间而改变其数值，并且在与铜接触时产生的电动势很小。温度范围要求为10～40℃。

（1）试验设备

1）三个超级恒温油槽（油槽应保证试样和温度计之间的温度差均匀达到0.1℃以下。油槽温度的自动控制幅度应小于±0.05℃），分别把试样保持在10℃、25℃、40℃。

把标准电阻（比较法用）保持在25℃（也可用两个恒温槽，一个保持试样的温度，并把它依次调整至10℃、25℃、40℃；另一个保持标准电阻的温度）。

2）测量油槽温度的温度计（必须能指示0.1℃以下温度变化）。

3）电桥和检流计，可用五位或六位电桥和检流计配合。

(2) 试验步骤

1）将测量样品绕于高频瓷骨架上，每个样品的电阻值约为$1\times10^5\Omega$，将绕好的试样——电阻线圈焊入金属保护外壳的绝缘板两接线柱上。为了消除绕制时的应力和焊接产生的影响，必须将样品进行热处理。其方法是将试样放在130℃±5℃温度下处理48h，处理共分四个周期，每次保温12h，然后冷却到室温。

2）将热处理过的线圈放在恒温油槽内，分别在10℃、25℃，及40℃三个温度下，用电桥或电位差计测定其相应的电阻值R_{10}、R_{25}、R_{40}。

3）恒温槽的自动温度控制幅度为±0.05℃，测定程序应先从40℃开始，温度逐点下降，测完10℃这一点以后，再把温度逐点上升，重复测定25℃及40℃两点；若升温、降温两次测得的ΔR_{25}及ΔR_{40}值相差不超过1×10^{-5}，则可认为测定精度可达要求，允许把两次的值加以平均，作为试验结果。

4）分别用式（2-4-44）、式（2-4-45）、式（2-4-46）、式（2-4-47）计算出α_{20}和β_{20}值。

$$\Delta R_2=\frac{R_{25}-R_{10}}{R_{10}} \quad (2\text{-}4\text{-}44)$$

$$\Delta R_3=\frac{R_{40}-R_{10}}{R_{10}} \quad (2\text{-}4\text{-}45)$$

$$\alpha_{20}=\frac{4\Delta R_2+\Delta R_3}{90} \quad (2\text{-}4\text{-}46)$$

$$\beta_{20}=\frac{2\Delta R_2-\Delta R_3}{450} \quad (2\text{-}4\text{-}47)$$

3. 耐电压性能

玻璃膜绝缘微细线的耐电压性能是在施加电压时，玻璃膜耐电压击穿的能力。微细线在制成元件或绕组后，玻璃膜绝缘仍应具有可靠的电性能。其试验方法如下：

(1) 试验设备 用0～6000V的交流耐压试验装置，其原理电路如图2-4-63所示。它用自耦变压器来调整电压，因此电压变化可看成是连续升高的。

(2) 试验步骤

1）每轴微细线取首末各一段（约5m长），每段测量不少于2次，每次试验长度约1m。

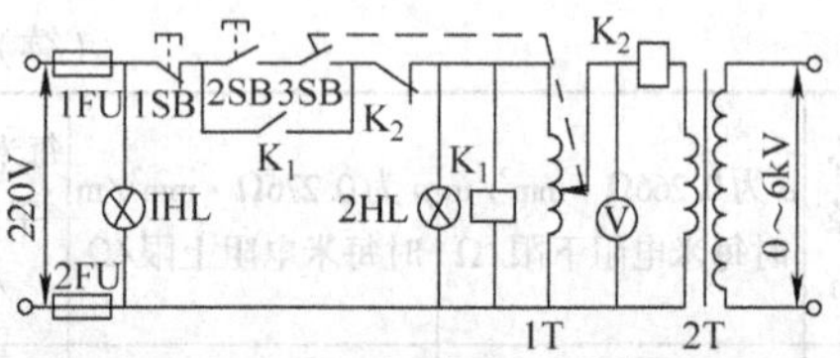

图2-4-63 交流击穿电压试验装置原理电路图

2）微细线的一端用凡士林粘在金属棒上的一端（金属棒直径约为10～20mm，长100mm），微细线的另一端，用松香焊在一焊片上，焊片上挂5g的砝码W，使微细线在承受5g的拉力下均匀地绕于金属棒上。共绕15圈左右，如图2-4-64所示。卷绕完后把粘在棒上的一端解下5圈左右，接于耐压试验装置的一电极上（可用焊接法或在线头端部滴上一些导电液），在金属棒上留下10圈微细线（解头时必须注意不要使这10圈微细线松开）。

3）在线芯和金属棒间加上50Hz的交流电压，电压平稳地自零上升至击穿，电压升高速度不超过每秒100V。

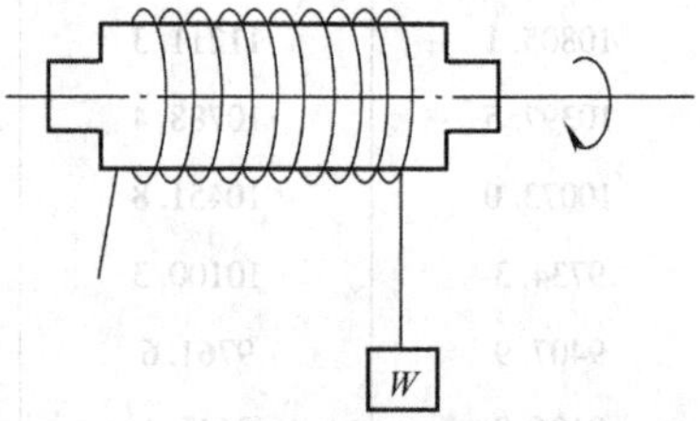

图2-4-64 玻璃膜绝缘微细线耐电压试验的样品示意图

4）用4次击穿电压的算术平均值作为该轴微细线的击穿电压。

4.8.4 玻璃膜绝缘微细线的力学性能测试

由于微细线线径非常微小，因此微细线必须具有一定的拉力强度，才不致在制造和加工过程中，因轻微拉力而裂断；同时微细线在制成绕组过程中，玻璃膜受到弯曲和卷绕，因而要求玻璃膜须有一定的弹性，不因卷绕而使玻璃膜开裂，损坏绝缘性能。

1. 微细线的拉力

微细线的拉力是微细线在经受一定的张力作用而不断裂的能力。微细线拉力测定方法有三种。

(1) 直接测定法 在微细线下端直接挂一砝码，然后缓慢提起微细线所能提起的砝码，即表示微细线已承受了砝码重量的拉力。所提起的最大重量即表示微细线的抗断能力。

另一测定方法是先把微细线焊在拉力纸片上，纸片的上孔穿入支架的挂钩上，下孔挂上一砝码盘，如图2-4-65所示。然后剪去图中剖面线部分，并在砝码盘中逐一加入小砝码（可用小铁珠等物代用），直到微细线拉断为止。砝码盘与砝码的总重量即表示微细线的拉断力。

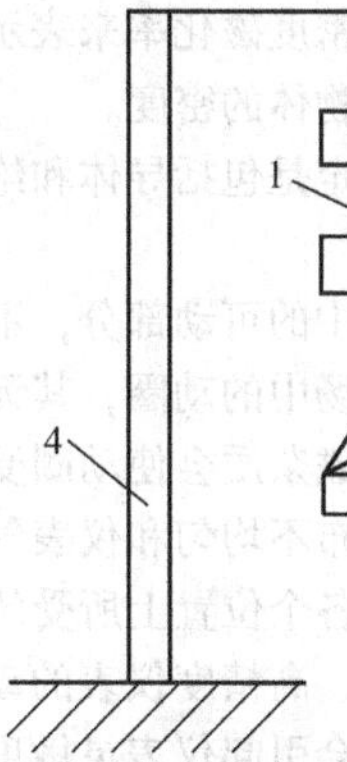

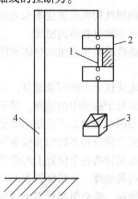

图2-4-65　玻璃膜绝缘微细线拉力试验示意图

1—样品　2—拉力纸片　3—砝码盘　4—支架

（2）浮力拉力法　利用物体在水中的浮力与重力的差来代替砝码，以达到连续加力的目的。如图2-4-66所示，浮力筒为100g，筒高为100mm，总体积为$100mm^3$，采用铝质空心圆柱体，因此筒上每一刻度即代表0.01N拉力，这样使浮筒高度数和它的重量数相等，因此当浮筒全部浸没在水中时，浮筒的合力为零，即微细线不受力；而当浮筒逐渐露出水面时，浮力不断减少，使微细线的拉力不断增加，力的大小等于浮筒重量减去浮筒的浮力。此力直接可由浮筒上的刻度读出。增加拉力的速度可用控制放水的快慢来调整。

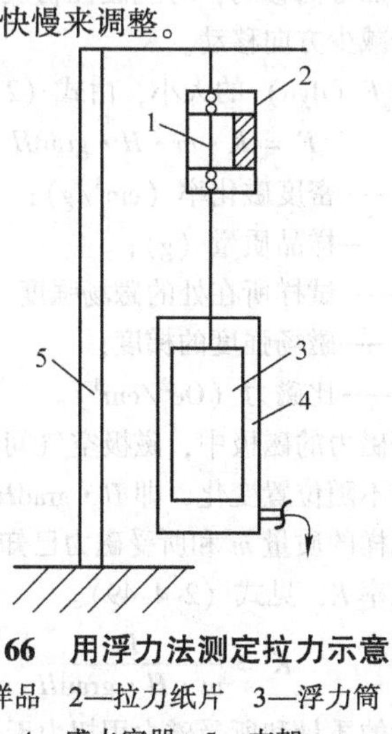

图2-4-66　用浮力法测定拉力示意图

1—样品　2—拉力纸片　3—浮力筒　4—盛水容器　5—支架

（3）单纤维强力机测定法　由于Y161型纤维拉力机，只能测量棉毛一类的纤维拉力，对于硬而脆的玻璃膜绝缘微细线不能夹入拉力机的拉力夹头中，因而无法直接使用，故采用拉力纸片方法。

拉力纸片用牛皮纸或电缆纸均可。将纸剪成槽形，中间为10mm（作为拉力标距）。然后将微细线用松香焊于（烙铁不宜过热）纸片的中心线，如图2-4-67所示，这样便成了拉力试样。

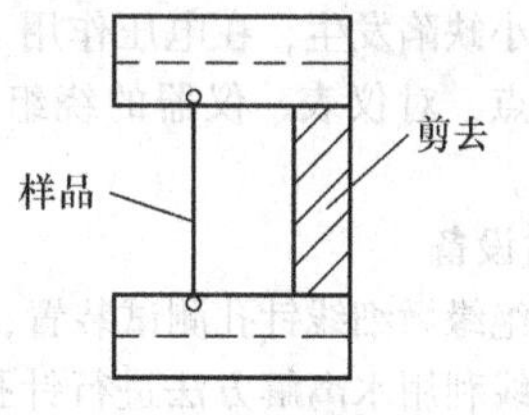

图2-4-67　纤维拉力机夹头示意图

将纸片上端夹入拉力机的上夹头中，纸片下端夹上一纤维夹子（1g），然后剪去纸片中间的带剖面线部分，此时微细线受0.01N的力将线拉直，再将下端纸片夹牢在下夹持器上。而后即按拉力机操作规程进行拉力测定。

加力速度一般以断裂所需时间在2s为标准。

每盘线需测量五次（拉断在纸片边缘者不计算），五次结果的算术平均值即为微细线的拉力。

2. 玻璃膜绝缘的弹性

玻璃膜的弹性是指玻璃膜所能承受最小弯曲半径而不破损的能力。

玻璃膜微细线在制成绕组或元件时，玻璃膜都要经受弯曲作用，如果因弯曲而开裂，将无法使用，因此玻璃膜须有一定的弹性，保证工艺上的需要，其试验方法如下：

（1）试验设备　卷绕锥形棒，如图2-4-68所示。

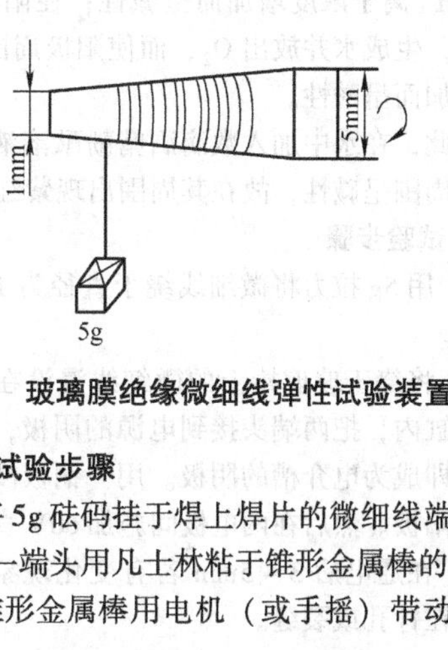

图2-4-68　玻璃膜绝缘微细线弹性试验装置示意图

（2）试验步骤

1）将5g砝码挂于焊上焊片的微细线端头，微细线的另一端头用凡士林粘于锥形金属棒的粗端。

2）锥形金属棒用电机（或手摇）带动时，微细线就以恒定的5g拉力绕于棒上。

3）因金属棒有锥度，故微细线从粗的一端逐步卷绕到细的一端，当用目力观察到玻璃膜发生开裂的部位，即为玻璃膜开裂的最小弯曲半径。

4.8.5 玻璃膜绝缘的针孔试验（玻璃膜绝缘的连续性）

由于微细线工艺上的原因，玻璃膜绝缘个别地方可能有微小缺陷发生，在电压作用下，这些地方会出现破坏点，对仪表、仪器的绕组或元件质量，将发生影响。

1. 试验设备

玻璃膜绝缘微细线针孔测试装置，如图2-4-69所示。微细线利用水离解方法进行针孔检查，因为水是极弱的电介质，可以离解，生成H^+与OH^-离子，H^+呈酸性，OH^-呈碱性。对于纯水来说，H^+离子浓度等于OH^-浓度，故呈中性。

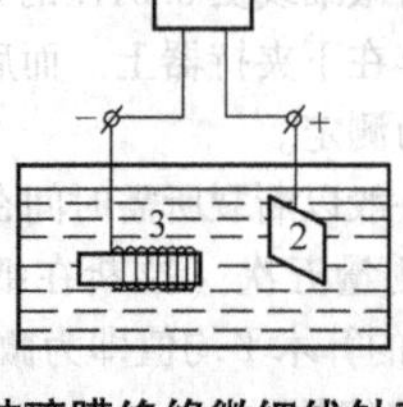

图2-4-69 玻璃膜绝缘微细线针孔测试装置图

1—整流器（60V直流） 2—阳极铜板 3—微细线试样

当电极间施加一直流电压后，便使H^+、OH^-定向运动，H^+移向阴极，OH^-移向阳极，两极产生如下反应：阴极 $2H^+ + 2e \longrightarrow H_2\uparrow$；阳极 $4OH^- - 4e \longrightarrow 2H_2O + O_2\uparrow$。

在阴极板上H^+得到电子，放出H_2，而使阴极周围OH^-离子浓度增加而呈碱性；在阳极OH^-失去电子，生成水并放出O_2，而使阳极周围H^+离子浓度增加而呈酸性。

因此，在水中加入数滴酒精酚酞溶液之后，由于阴极周围呈碱性，故在其周围出现紫红色。

2. 试验步骤

1）用5g拉力将微细线绕于直径为10mm的玻璃棒上。

2）将绕于玻璃棒上的微细线浸没在盛有清水的玻璃缸内，把两端头接到电源的阴极，此时微细线线芯即成为电介槽的阴极。用一铜板浸于缸的底部作为阳极。然后在两电极间施加60V直流电压。

3）在通电后3~5min若有变化现象，即在变化处存在针孔或裂缝。

4.9 无磁性漆包线密度磁化率的测定

4.9.1 试验目的

漆包线的磁性用密度磁化率来表示。密度磁化率即体积磁化率除以物体的密度。

漆包线磁性的测定是包括导体和绝缘漆中弱磁物质的总和。

由于磁电式仪表中的可动部分，不能含有铁磁性物质，故对处于磁场中的动圈，其无磁性的要求更高；由于动圈中铁磁杂质会使动圈受到磁力的作用，又因铁磁杂质分布不均匀和仪表气隙磁场的不均匀，动圈在偏转的各个位置上所受的磁力是不相等的，故在高灵敏度、高精度仪表的动圈中，如有微量的铁磁物质，就会引起仪表灵敏度的变化，阻尼状态的不一致，以及刻度特性变劣等。所以目前高灵敏度、高精度磁电式仪表的动圈，多采用无磁性漆包铜线，以提高产品质量。

4.9.2 试验原理

密度磁化率是用以测量弱磁性物质在磁场中所受的力来进行测量。在有外来磁场作用时，材料两端显示出符号相反的磁荷。若试样处于均匀磁场中，它的两端受到大小相等而方向相反的力，因而不可能发生移动；若试样处于不均匀磁场中，试样受到磁力F。对于铁磁性和顺磁性的物质来说，磁力F指向磁场强度增加的方向；这个力将使样品沿着磁场增加方向移动；对抗磁性物质，则力使样品沿着磁场减少方向移动。

磁力F（dyn）的大小，由式（2-4-48）决定：

$$F = K \cdot m \cdot H \cdot \mathrm{grad}H \qquad (2\text{-}4\text{-}48)$$

式中 K——密度磁化率（cm^3/g）；

m——样品质量（g）；

H——试样所在处的磁场强度（Oe）；

$\mathrm{grad}H$——磁场强度的梯度；

$H \cdot \mathrm{grad}H$——比磁力（Oe^2/cm^3）。

在等磁力的磁极中，磁极空气间隙中一定区域内比磁力不随位置变化，即$H \cdot \mathrm{grad}H$为常数。

当试样的质量m和所受磁力已知时，即可求出密度磁化率K，见式（2-4-49）。

$$K = \frac{F}{m \cdot H \cdot \mathrm{grad}H} \qquad (2\text{-}4\text{-}49)$$

样品的质量和所受磁力用扭力天平测定。

比磁力 $H \cdot \mathrm{grad}H$ 可根据励磁电流值，从磁场检定结果查出，如图2-4-70所示。磁场强度和电流的关系，如图2-4-71所示。

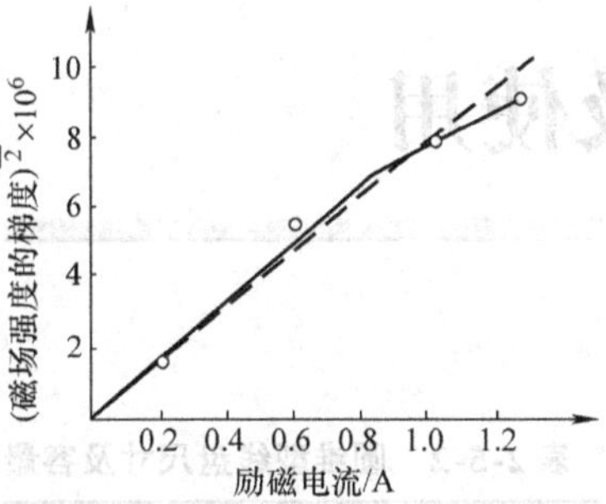

图2-4-70 比磁力和励磁电流的关系

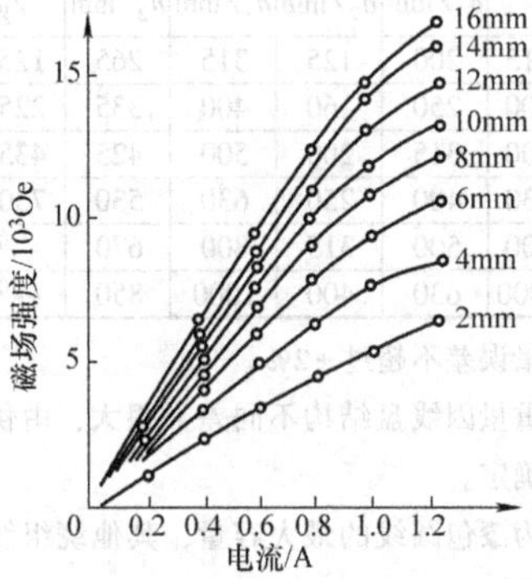

图2-4-71 磁场强度和电流的关系

注：1Oe = 79.5775A/m。

4.9.3 试验设备

WCFZ－65型多用磁性分析仪，仪器的主要装置有两部分，即特殊形状的磁极（等磁力磁极）和扭力天平，其示意图分别如图2-4-72和图2-4-73所示。

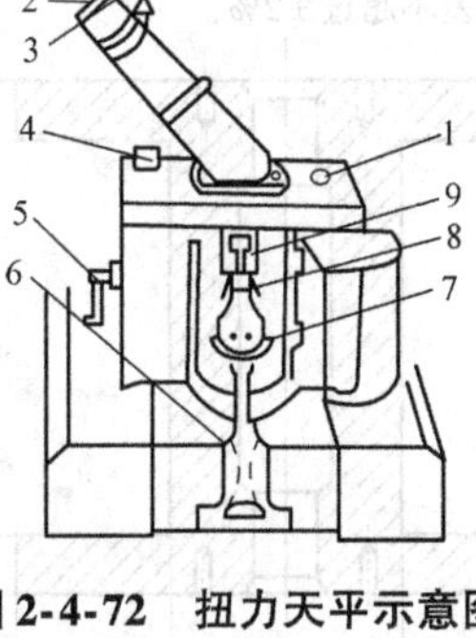

图2-4-72 扭力天平示意图

1—水平指示器 2—观测目镜 3—反光镜
4—扭转轮调节旋钮 5—开关 6—样品盒
7—砝码盘 8—天平盘顶柱 9—天平臂

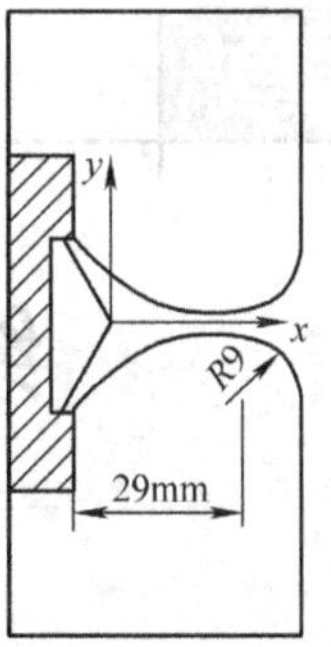

图2-4-73 等磁力磁极

4.9.4 试验步骤

1）把无磁性漆包线卷绕成圈，取下扎成棒状，装在样品盒内，棒状的直径不能太粗，以直径3～4mm，长15～25mm为宜；样品重量以0.5g左右为宜。

2）将装有试样的样品盒，固定在扭力天平秤盘下，置于磁极中间，离三角体磁极4～6mm，平衡样品重量，记下砝码数和中间刻线所指读数。通电励磁，在不同电流下（即在不同磁场强度下），调整平衡点，记录下样品所受磁力。测量前还须对空样品盒进行测定，包括空盒的重量，及不同励磁电流下测定空样品盒所受的磁力。

3）在未加磁场时，先在天平盘上加砝码以平衡样品重量，加上磁场作用后，由于力的作用平衡破坏，须增加或减少砝码以达到新的平衡。

4.9.5 影响密度磁化率的因素

1）无磁性漆在制备时，必须控制其含铁量不超过1×10^{-4}%。因此，所用的原材料必须再精制提纯，不能暴露在空气中，漆的制备须在玻璃器皿中进行，不能接触铁的器皿等。

2）无磁性铜线必须采用特殊工艺制造，其含铁量不应超过2×10^{-4}%。

3）涂漆工艺也不能接触铁磁物质。

第5章

绕组线交付及使用

5.1 绕组线的盛装、贮存及运输要求

绕组线由供方交到需方使用，需要经过包装、装卸及运输、贮存、再到现场使用的过程。这个过程无论在空间还是时间上，都可能存在一个很广、很长的过程。所以，供需双方就包装、装卸、运输、贮存等进行规范处理，才能保证绕组线的质量满足线圈性能要求。

5.1.1 绕组线盛装盘具种类及适用范围

绕组线是缠绕在线盘上交付给客户使用的。线盘的形状和大小直接影响使用的质量和效率。常用的线盘有圆柱型、圆锥型、侧板锥形圆柱型等三种。其形状及结构尺寸见表2-5-1、表2-5-2和表2-5-3，以及图2-5-1、图2-5-2和图2-5-3。

表2-5-1 圆柱型线盘尺寸及容量

线盘型号	侧板直径 d_1/mm	筒体直径 d_2/mm	线盘高度 h_1/mm	筒体高度 h_2/mm	线盘重量①/g	最大容量③/kg
PC80	80	50	80	64	70	1.0
PC100	100	63	100	80	125	1.6
PC125	125	80	125	100	200	3.0
PC160	160	100	160	128	350	5.0
PC200	200	125	200	160	600	14.0
PC250	250	160	200	160	1050	22.0
PC355	355	224	200	160	1850	45.0
PC500	500	315	250	180	7650	90.0
PC710	710	500	250	180	15600	—
PC1000	1000	800	250	180	—②	—

① 重量误差不超过±2%。

② 此重量因线盘结构不同差异很大，由供需双方协商确定。

③ 其为漆包圆线的最大容量，其他绕组线向制造商索取。

表2-5-2 圆锥型线盘尺寸及容量

线盘型号	侧板直径 d_1/mm	筒体直径 d_2/mm	线盘高度 h_1/mm	筒体高度 h_2/mm	线盘重量①/g	最大容量③/kg
PCZ200/315	200	125	315	265	1250	25
PCZ250/400	250	160	400	335	2250	45
PCZ315/500	315	200	500	425	4350	90
PCZ400/630	400	250	630	530	7300	180
PCZ500/800	500	315	800	670	—②	250
PCZ630/1000	630	400	1000	850	—②	400

① 重量误差不超过±2%。

② 此重量因线盘结构不同差异很大，由供需双方协商确定。

③ 其为漆包圆线的最大容量，其他绕组线向制造商索取。

表2-5-3 锥形侧板圆柱型线盘尺寸及容量

线盘型号	侧板直径 d_1/mm	筒体直径 d_2/mm	线盘高度 h_1/mm	筒体高度 h_2/mm	线盘重量①/g	最大容量/kg
PCZ100	100	56	100	49	130	1.5
PCZ125	125	71	125	65	160	3.0
PCZ160	160	90	160	85	315	6.0
PCZ200	200	112	200	106	575	12.0
PCZ250	250	140	250	133	975	25.0

① 重量误差不超过±2%。

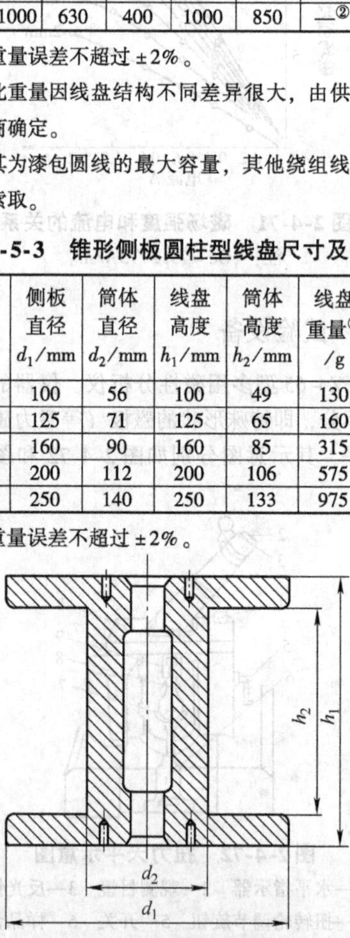

图2-5-1 圆柱型线盘

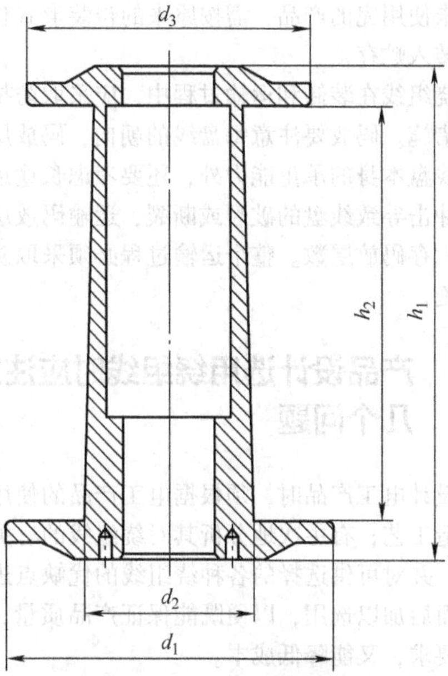

图 2-5-2 圆锥型线盘

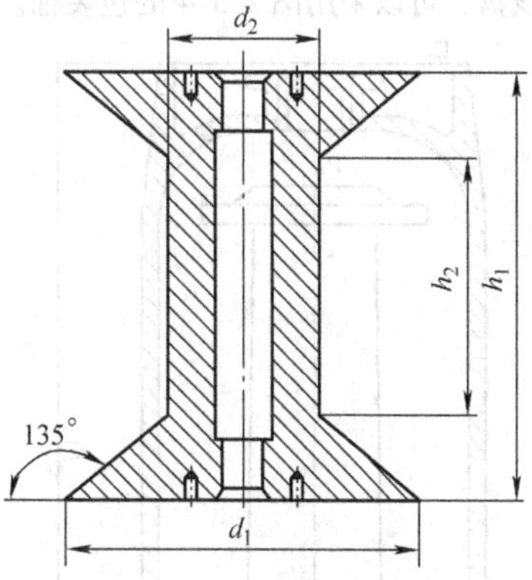

图 2-5-3 锥形侧板圆柱型线盘

圆柱型、圆锥型和锥形侧板圆柱型线盘允许使用的材料、适用绕制的线规范围、使用方式，见表2-5-4。

表 2-5-4 各种线盘的使用及适用范围

线盘型号	圆柱型	圆锥型	锥形侧板圆柱型
制造用材料	木材、塑料（ABS，聚苯乙烯）	塑料（ABS，聚苯乙烯）	塑料（ABS，聚苯乙烯）
可绕制的绕组线种类	绕包线、漆包圆线、漆包扁线、其他绝缘线	漆包圆线、其他绝缘线	漆包圆线
适用线规范围	绕包线：全部规格 漆包扁线：全部规格 漆包圆线：0.100mm及以上规格 绝缘线：全部规格	漆包圆线：0.100mm以上，1.600mm以下所有规格 绝缘线：全部规格	0.100mm及以下所有规格
使用放线方式	卧式动盘放线	立式静盘放线	立式静盘放线
放线有无退扭	有退扭	无退扭	无退扭
允许放线绕制根数	扁线为一根，圆线可以多根	1.000mm以下允许多根，1.000mm以上只允许一根	允许多根
是否适合高速绕线	不适合	适合	适合
放线张力	放线张力大，而且易变化，绕制线径尺寸有变化	放线张力小，尺寸稳定	放线张力小，尺寸稳定

每个线盘绕制的绕组线只允许一个线段，若供需双方协商允许多个线段，则在线段连接处设明显的标记。

每个线盘必须使用标签标识，标识内容由供需双方确定。若未规定，标识内容必须包括：绕制产品的型号、规格、毛重、净重（或长度）、生产日期、批号。

每个线盘应有外包装，保护产品不被碰伤、防潮湿和防尘。外包装除加贴产品标签标识外，还需标明防碰撞、防潮湿、防阳光照射、允许码垛层数、码垛搬运方向等。其他标识内容以及包装型式、可使用的包装材料等由供需双方协商确定。对于锥型线盘，可以采用图2-5-4的包装桶。

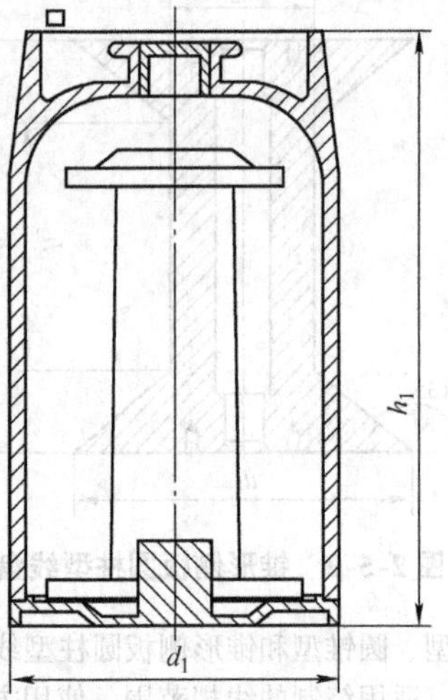

图2-5-4 锥型盘包装桶

锥型盘包装桶的几何尺寸，见表2-5-5。

表2-5-5 包装桶几何尺寸

线盘型号	d_1/mm	h_1/mm
PCZ200/315	265	400
PCZ250/400	315	500
PCZ315/500	400	630
PCZ400/630	500	800
PCZ500/800	580	1000

5.1.2 绕组线的贮存及运输要求

绕组线贮存的环境要求，温度不高于50℃，湿度不大于70%。若湿度大于70%，可以对仓库采取降湿处理，或对每盘线采取塑料袋密封处理。绕组线堆放不得受到阳光长期直接照射，周边不得有放射性辐照源。若仓储区域是化工区或海洋气候区域，每盘绕组线必须采取塑料袋密封包装贮存。

绕组线贮存按品种、规格分区码垛存放，码垛层数不得超过允许的最大层数，并按先进先出原则排放管理。

除特殊产品、特殊规定外，绕组线的贮存期不得超过一年，贮存超过一年的产品，应按对应的产品技术标准重新检验评审。性能没有显著变化的产品可以继续使用，若有显著变化或出现不合格，应报废处理。

未使用完的产品，需按原来的包装形式包装完好后转入贮存。

绕组线在装卸和运输过程中，应采取防挤压和碰撞措施。码放要注意每盘线的朝向，码放层数除考虑线盘本身的承重能力外，还要考虑长途运输的颠簸冲击导致线盘的破裂或断裂，运输码放层数要低于贮存码放层数。整个运输过程必须采取防雨防潮措施。

5.2 产品设计选用绕组线时应注意的几个问题

设计电工产品时，须根据电工产品的使用条件和制造工艺，有主次地分析其对绕组线的有关性能要求，并对可供选择的各种绕组线的优缺点进行比较，而后加以选用，以便既能保证产品质量，满足使用要求，又能降低成本。

5.2.1 耐热等级与其他热性能

设计电工产品时，一般根据产品的允许温升，或其线圈、绕组中可能出现的最高温度点，选用相应耐热等级的绕组线，并考虑适当的裕度。对要求使用寿命长，运行可靠性高，以及使用条件苛刻（如经常过负荷，频繁起动等）的电工设备，裕度要放大些，见表2-5-6。

表2-5-6 绝缘系统耐热等级及允许的绕组线耐热等级

绝缘系统耐热等级	推荐使用的绕组线耐热等级
A	120，130，155
E	120，130，155
B	130，155，180
F	155，180，200，220
H	180，200，220，240
C	200，220，240

根据耐热等级选择绕组线时，要结合其他绝缘材料的综合性能来考虑。例如线圈、绕组的绝缘浸渍漆或封装胶的耐热等级，一般应与所选用的绕组线相近，并考虑绝缘浸渍漆中某些溶剂或稀释剂、封装胶中某些硬化剂等可能降低绕组线的温度指数。

有时为了利用绕组线的某一特殊性能，也采用具备耐热等级较高的绕组线。例如牵引电机、轧钢电机可靠性要求高，采用综合性能良好的聚酰亚胺薄膜绕包线。振动较大、起动频繁的电机，其绕组匝间的压力较大，要考虑选用软化击穿温度较高的漆包线。

经常过载的中小型电工产品，宜选用热冲击及软化温度较高的漆包线。

5.2.2 空间因数

线圈中导体总截面积与该线圈的截面积之比称为空间因数。

在电机产品上，槽中绕组线总截面积与单个线槽截面积之比称为槽满率。

为了缩小电工产品体积，提高绕组的空间因数，是选用绕组线必须考虑的问题。空间因数与导体的形状（如圆线、扁线和带、箔等）有关，导体截面积相同的绕组线以带、箔的空间因数最高，扁线次之，圆线最小。

空间因数还与绕组线的绝缘层厚度以及线圈绕制的排列方式有关。绝缘层越薄，空间因数越高。漆包线及氧化膜铝线的空间因数最高，合成树脂薄膜次之，玻璃丝和绝缘纸最低。

高温条件下使用的电工设备，要求有较高的空间因数，以抵消因高温降低导电率的影响。微型电机及电动工具电机等体积小的电工产品，要求有较高的槽满率。

为提高空间因数，要求绕组线线芯和绝缘层的公差控制在较小范围内，空间因数要求越高，对公差的要求也越高。

高效电机不但提高了空间因数，也提高了槽满率。设计选用时，不但要考虑绕组线的形状，还要考虑绝缘层的几何尺寸控制和其他性能的提高。

5.2.3 机械性能

设计线圈绕组时，要根据其形状和内径，选用适当柔软的绕组线。绕组线太硬时，卷绕不易紧密；太软时，容易拉伸过度，以致线径变细，电阻增大。

绕组线在卷绕、嵌线、整形时，绝缘层要承受磨刮、扭绞、弯曲以及拉伸压缩，为避免损伤绝缘层，须根据卷绕速度、弯曲半径，以及嵌线松紧等不同情况，选用具备适当耐刮性、抗弯曲性的绕组线。在设计重大电工设备、高效电机电器以及采用机械嵌线、高速自动绕线工艺时应优先考虑。必要时可选用具有韧性和耐磨性的薄膜绕包线，或有良好的韧性及高耐刮性的复合绝缘层的漆包线。

经常过载、起动频繁、转速较高以及振动较大的电工设备，线圈、绕组承受的应力较大，应优先选择耐高温、抗过载的漆包线。

5.2.4 电性能

绕组线用的线芯应具有良好的电导率，其绝缘层应有足够的、稳定的耐电压击穿能力和绝缘电阻。

承受较大过电压的电机电器，应选用耐电压能力高的绕组线，如薄膜绕包线、玻璃丝包漆包线等。

在中、高频条件下使用的电信仪表，须选用介质损耗角正切小，Q 值大的绕组线，如高频绕组线，聚氨酯、油性漆包线等。

精密仪表要求选用导体电阻和漆膜绝缘电阻长期稳定的漆包线。为降低磁场的干扰作用，可选用无磁性漆包线。

在高电压、高真空、高海拔或变频环境下使用的电工设备，应选择抗电晕的绕组线。

对于高效电机，应选用高导电率的绕组线，并且要求导体电阻一致性好，尺寸公差变化范围小，绝缘层的绝缘强度高。

5.2.5 相容性

选用绕组线时，要考虑它与有关组合绝缘材料的相容性。组合绝缘材料的化学组成及耐热等级与所用绕组线相似或相同时，其相容性一般较好。但影响相容性的因素很复杂，必要时将有关组合绝缘材料与采用的绕组线一起，进行密封管功能性试验。

绝缘浸渍漆及封装胶对绕组线的相容性影响最大，除可能降低温度指数外，还可能由于溶胀作用影响机械性能和电性能。例如亚胺浸渍漆因含有溶剂二甲基乙酰胺，对聚酯亚胺、聚酰亚胺和聚酰胺酰亚胺等种类漆包线有溶胀作用；319、EIU 浸渍漆因含有苯乙烯对聚酯漆包线起溶胀作用等。

所有组合绝缘材料如槽绝缘、层压板、绝缘油、绑扎带、套管、胶粘剂以及制造过程中使用的剩余焊剂、脱漆剂、润滑油蜡等对绕组线都可能有溶解、溶胀作用，选用时，须加以考虑。例如聚氯乙烯或氯丁橡胶套管在高温处理、高温运行、长期老化时会产生氯化氢，这将损伤聚酯、聚酯亚胺、聚酰胺酰亚胺漆膜；又如绑扎带、绝缘纸、层压板、绝缘油在长期使用中能产生水分，在一定温度的密封系统中，会使聚酯、聚酯亚胺、聚酰亚胺绝缘层水解，使用时须注意。

对于盘式电机、塑封电机的塑料和电器的塑料骨架，在加工、长期运行中，可能出现与部分绝缘材料不相容的物质，导致绝缘层的破坏。

对于工作在介质环境下的绕组线，要考虑绕组线与介质的相容性。如油浸式变压器的绕组绝缘膜不能在变压器油中溶解溶胀，制冷封闭压缩机电机的绕组绝缘层不但要求不能溶解溶胀，而且微量的析出物也要控制。

5.2.6 环境条件及其他因素

选用绕组线时，还须考虑电工产品在制造过程中的特殊性能要求和使用的特殊环境条件。例如用于高能物理、原子能工业及宇宙空间的绕组线须考虑其耐辐照性，可选用无机绝缘类绕组线。用于海洋、地质、油井勘探设备的绕组线须考虑其耐深水压力、耐盐卤及耐油等性能。

农用潜水电机用的绕组线须考虑其耐水性，可选用聚乙烯或聚氯乙烯绝缘耐水绕组线，高温给水用潜水泵电机绕组线，可考虑耐热性能较好地交联聚乙烯绝缘绕组线。

用于化学工业的各种电工产品，须针对可能接触到的不同化学药物，考虑绕组线的耐化学腐蚀性能，例如耐酸、耐碱等。要注意某种绕组线对某些化学药品的耐腐蚀性能差，例如聚酰亚胺不耐碱，聚氨酯、聚酯不耐制冷剂，聚酯亚胺和聚酰胺酰亚胺不耐含氯离子的盐及酸。

为简化和改进制造工艺，可使用便于加工的绕组线，如自粘、直焊漆包线，以及自粘直焊漆包线。采用自粘漆包线可不用线圈骨架，不需要浸漆处理，这有利于改进产品结构、降低成本。

5.2.7 绕组线的加工性

加工性包括绕制性（Windability）、成型性（Formability）、嵌入性（Insertability）。

绕制性即指在绕制线圈过程中，绕组线抗拒机械损伤和电气性能下降的能力。通常以因匝间击穿和电阻超标而报废的下线率来评判。绕制性好的绕组线制成的线圈最紧密、最服帖。

成型性即指绕组线弯曲成型后，撤去外力约束而保持成型形状的能力。成型性好的绕组线绕成的线圈能保持线圈的形状基本不变，从绕线机上取下后，线圈能保持各种角度，长方形的线圈不会鼓成椭圆形，单根线不会跳出。绕组线导体材料、退火工艺、几何尺寸、绝缘层材料、厚度及固化程度都影响成型性。

嵌入性即指绕制成的线圈嵌入线槽的难易程度。嵌入性好的绕组线不需要很大的力量就嵌入线槽中。绝缘层表面平整度、摩擦系数以及线圈的成型性直接决定了嵌入性。

不需要嵌线的电工产品重点考虑绕组线的成型性，而电机不但要考虑成型性，还要考虑嵌入性。如高速绕线自动嵌线的电机生产，必须选用成型性和嵌入性都好的绕组线。高效电机更加注重绕组线的嵌入性。

5.2.8 价格问题

价格是设计人员和客户所关心的问题。根据不同绕组线和不同品种的电机，绕组线的成本约占整个电机成本总成本的1/10～1/7。这一概算仅能作为参考。

绕组线因材料成本和制造工艺的不同，其价格差异很大，这是从电工产品的材料成本考虑。但因绕组线加工性能的差异，导致加工报废量增大，使质量成本大幅度增加。所以，在绕组线选用时要考虑综合成本。

5.3 常用漆包线主要性能的比较

常用漆包线主要性能比较，见表2-5-7和图2-5-5。

表 2-5-7 常用漆包线主要性能比较①

漆包线种类	耐热等级	机械性能			电性能			热性能			耐有机溶剂性能				耐化学药品性能					抗辐射性能
		耐刮性	弹性	附着性	击穿电压	介质损耗	抗电晕	软化击穿	热老化	热冲击	混合溶剂②	混合溶剂③	二甲苯	苯乙烯	5%硫酸	5%盐酸	5%氢氧化钠	5%氯化钠	耐制冷剂（R12，R22，R32，R134a，R407C，R410A等）性能	
油性漆包线	105	差	好	良	良	优	差	差	良	可	差	差	差	差	良	良	好	良	—	差
缩醛漆包线	120	优	优	优	良	好	差	可	良	优	良	差	良	可	良	差	差	良	差	差

（续）

漆包线种类	耐热等级	机械性能			电性能			热性能			耐有机溶剂性能				耐化学药品性能					抗辐射性能
		耐刮性	弹性	附着性	击穿电压	介质损耗	抗电晕	软化击穿	热老化	热冲击	混合溶剂②	混合溶剂③	二甲苯	苯乙烯	5%硫酸	5%盐酸	5%氢氧化钠	5%氯化钠	耐制冷剂（R12，R22，R32，R134a，R407C，R410A 等）性能	
聚氨酯漆包线	130，155，180	可	良	优	良	优	差	可	良	可	优	优	优	优	优	优	良	优	—	差
聚酰胺复合聚氨酯漆包线	130，155，180	可	良	优	良	可	差	可	良	可	优	优	优	优	优	优	良	优	—	差
聚酯漆包线	130，155	良	良	优	优	可	差	优	良	可	良	好	良	差	良	良	差	良	差	差
聚酰胺复合聚酯漆包线	130，155，180	良	良	优	优	可	差	优	良	可	良	好	良	差	良	良	差	良	—	差
聚酯亚胺漆包线	180	良	优	良	优	可	差	优	优	优	优	优	优	优	良	差	差	差	良	良
聚酰胺复合聚酯亚胺漆包线	180	优	优	良	优	可	差	优	优	优	优	优	优	优	优	可	优	可	—	良
聚酯 - 酰胺 - 亚胺漆包线	200	优	优	良	优	可	差	良	优	优	优	优	优	优	优	优	优	优	优	优
聚酰胺酰亚胺漆包线	200	优	优	差	优	可	差	优	优	优	优	优	优	优	优	优	优	优	优	优
聚酰亚胺漆包线	220，240	可	优	可	优	良	差	优	优	优	优	优	优	优	优	优	差	优	可	优
聚酰胺酰亚胺复合聚酯或聚酯亚胺漆包线	200	优	优	良	优	可	差	优	优	优	优	优	优	优	优	优	优	优	优	优
抗电晕漆包线	200	优	优	良	优	可	优	优	优	优	优	优	优	优	优	优	优	优	优	优

① 性能比较次序为优—良—好—可—差。“可”以下的性能状态，在设计选用时要尽可能避免。

② 混合溶剂为溶剂油：二甲苯：正丁醇 =6∶3∶1。

③ 混合溶剂为二甲苯：正丁醇 =1∶1。

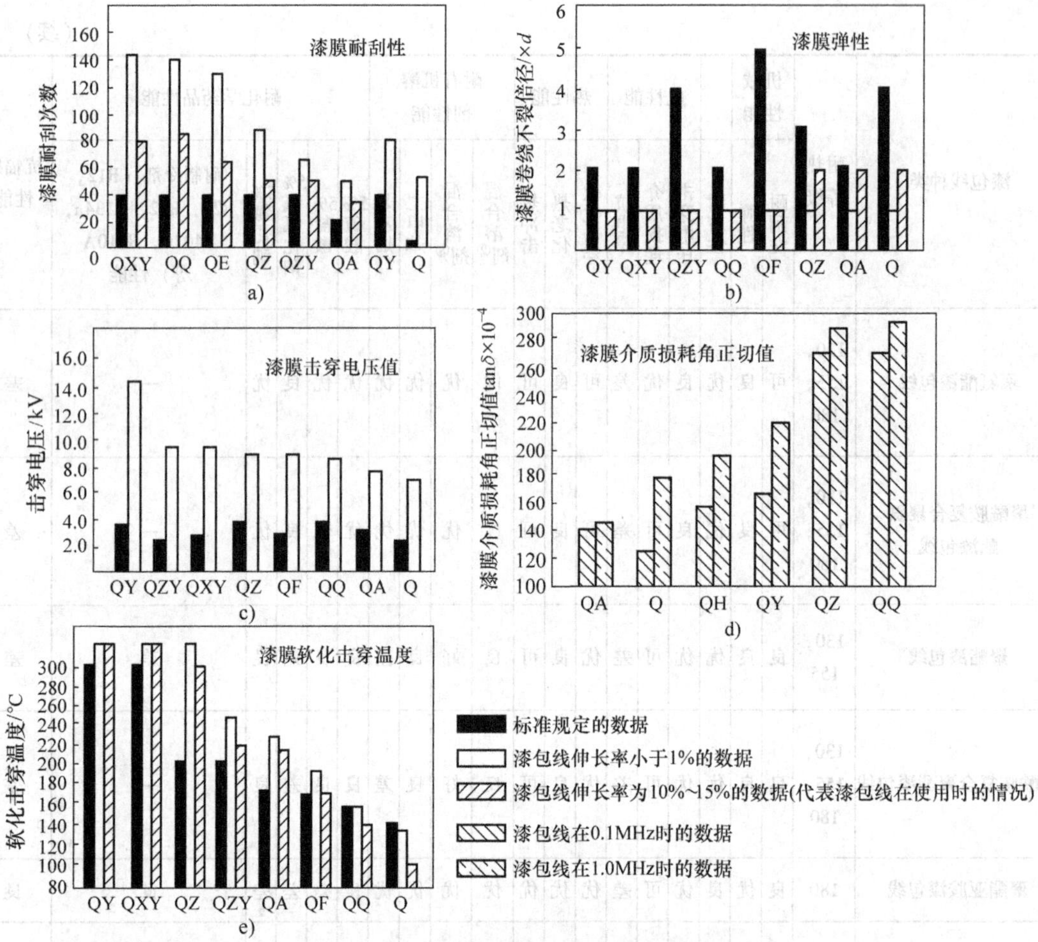

图 2-5-5 常用漆包线性能比较

（试样直径 1.00mm，漆膜耐刮性试验采用多次刮漆试验方法，其他条件按标准的规定）

Q—油性漆包线 QH—环氧漆包线 QA—聚氨酯漆包线 QZY—聚酯亚胺漆包线 QZ—聚酯漆包线 QY—聚酰亚胺漆包线 QXY—聚酰胺酰亚胺漆包线 QF—耐制冷剂漆包线 QQ—缩醛漆包线

5.4 绕包线的一些特性

5.4.1 玻璃丝包线的一些特性

玻璃丝包线的一些特性，如图 2-5-6 ~ 图 2-5-10所示。

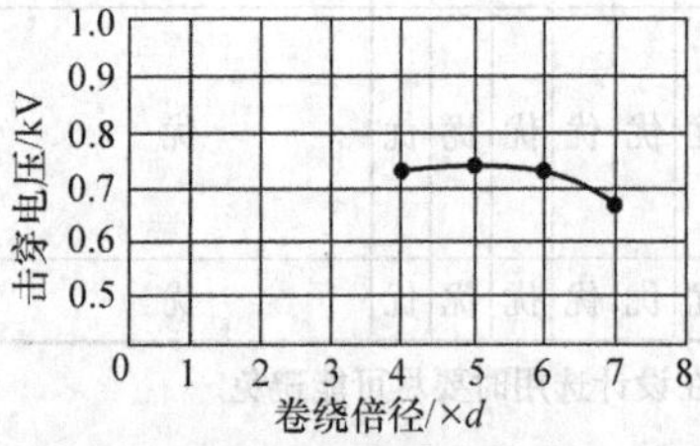

图 2-5-6 直径 3.53mm 双玻璃丝包线卷绕倍径与击穿电压的关系

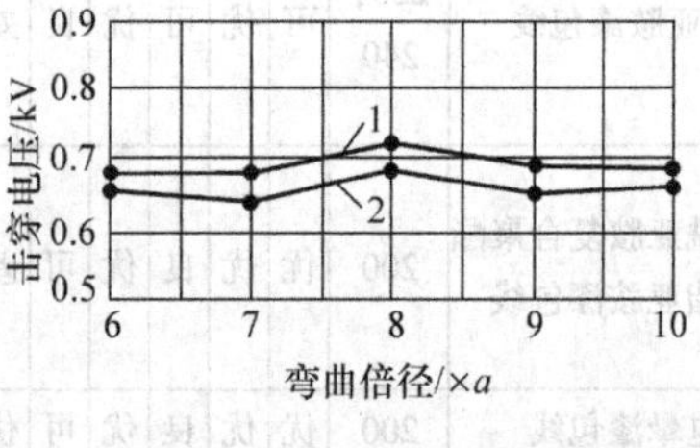

图 2-5-7 1.25mm×5.9mm 双玻璃丝包扁线，弯曲倍径与击穿电压的关系

1—老化前 2—在 160℃±3℃，老化 24h 后

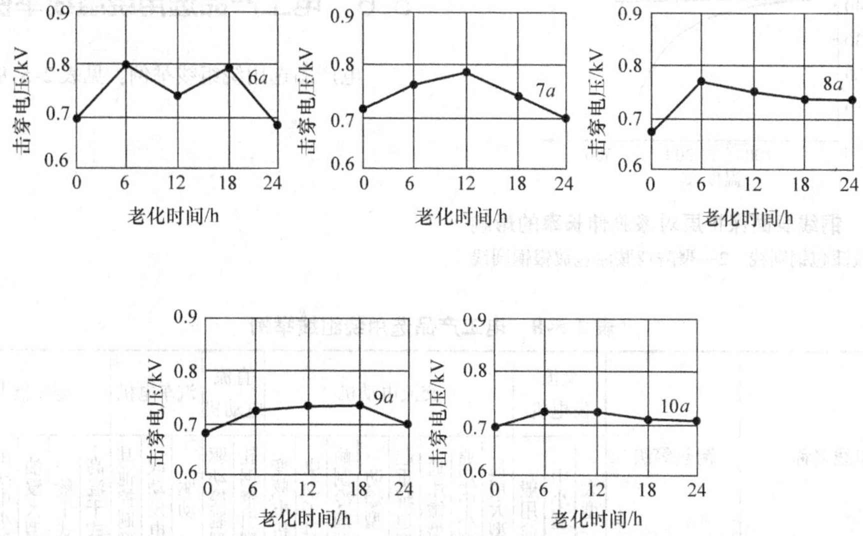

图 2-5-8 1.0mm×5.1mm 双玻璃丝包线，当弯曲倍径 *a* 不同时，老化时间与击穿电压的关系

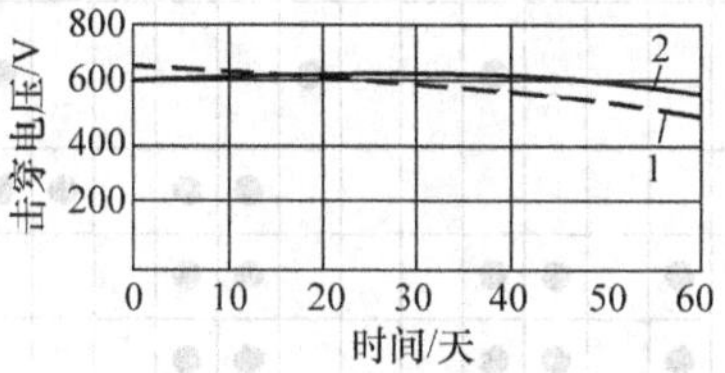

图 2-5-9 玻璃丝包线击穿电压和热老化时间的关系

（热老化温度 200℃ ±5℃）

1—醇酸漆玻璃丝包线 2—硅有机漆玻璃丝包线

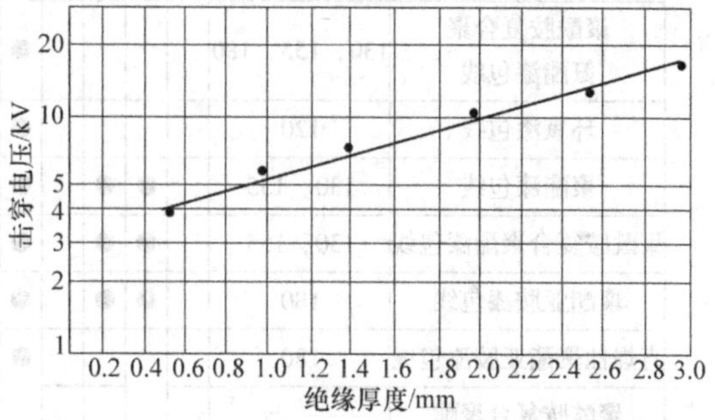

图 2-5-11 纸包线击穿电压与绝缘厚度的关系

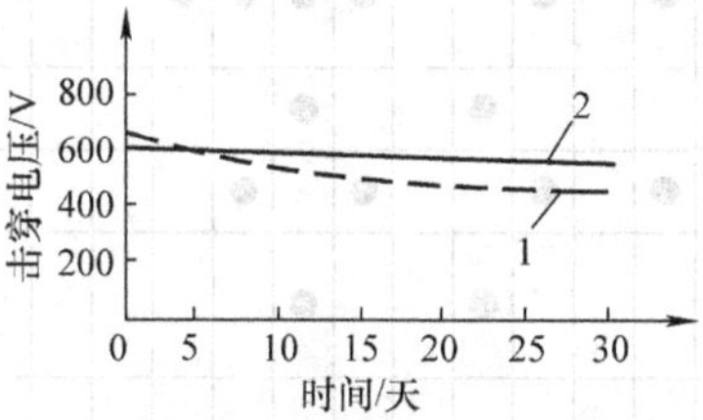

图 2-5-10 玻璃丝包线击穿电压与受潮时间的关系（相对湿度 100%）

1—醇酸漆玻璃丝包线 2—硅有机漆玻璃丝包线

5.4.2 纸包线绝缘厚度特性

纸绝缘厚度和击穿电压关系，如图 2-5-11 所示。

5.5 高温绕组线导体保护层的一些特性

高温导线用导体保护层的一些特性，如图 2-5-12和图 2-5-13 所示。

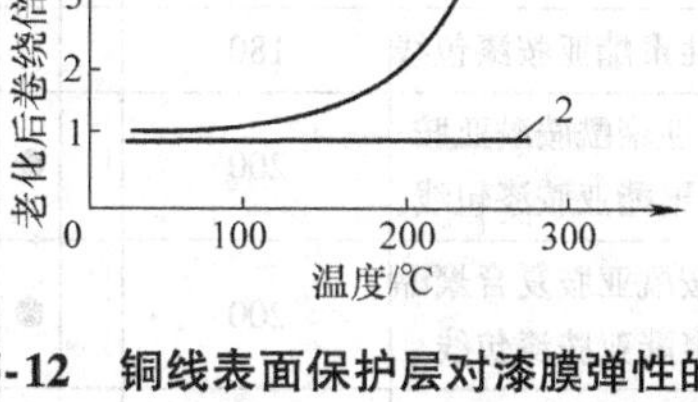

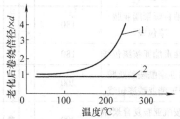

图 2-5-12 铜线表面保护层对漆膜弹性的影响

1—聚酰亚胺漆包铜圆线 2—聚酰亚胺漆包镀银铜圆线

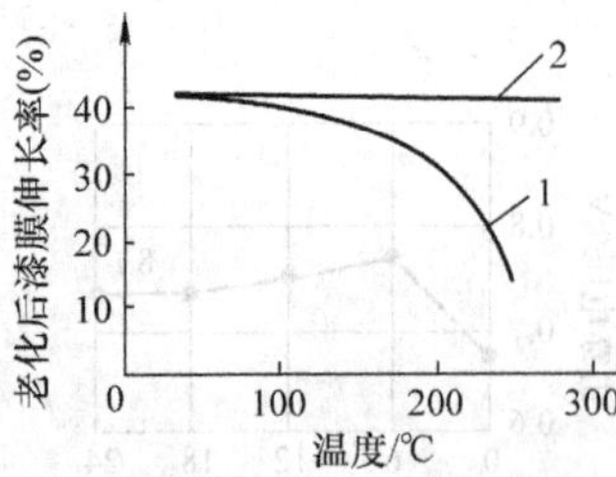

图 2-5-13 铜线表面保护层对漆膜伸长率的影响

1—聚酰亚胺漆包铜圆线 2—聚酰亚胺漆包镀银铜圆线

5.6 电工产品选用绕组线举例

电产品选用绕组线举例，见表 2-5-8。

表 2-5-8 电工产品选用绕组线举例

种类	绕组线名称	耐热等级	交流发电机			交流电动机								直流电动机		汽车电机			变压器①					仪表电信设备用线圈	电力系统控制用线圈
			大型	中小型	一般用途	通用大型	通用中小型	通用微型	起重辊道型	防爆型	耐制冷剂型	电动工具	变频电机	轧钢牵引型	驱动控制型	驱动	起动发电	其他控制型	高温干式	一般干式	油浸大型	由浸中小型	高频		
漆包线	油性漆包线	105																					●	●	
	缩醛漆包线	120			●②		●	●													●	●	●	●	●
	聚氨酯漆包线	130，155，180					●	●							●			●					●	●	●
	聚酰胺复合聚氨酯漆包线	130，155，180					●	●							●			●					●	●	●
	环氧漆包线	120					●	●											●	●		●	●		●
	聚酯漆包线	130，155		●	●		●	●				●		●	●				●	●				●	●
	聚酰胺复合聚酯漆包线	130，155		●	●		●	●				●		●	●				●	●				●	●
	聚酯亚胺漆包线	180		●	●		●	●	●	●	●	●		●	●		●	●	●	●				●	●
	直焊性聚酯亚胺漆包线	180					●	●				●			●			●						●	●
	聚酰胺复合聚酯亚胺漆包线	180		●	●		●	●	●	●		●		●	●		●	●	●	●					
	聚酯－酰胺－亚胺漆包线	200		●	●		●		●	●	●	●		●			●	●	●	●					
	聚酰胺酰亚胺漆包线	200													●			●							●
	聚酰亚胺漆包线	220，240										●		●			●		●						●
	自粘直焊聚氨酯漆包线	130，155，180					●	●							●			●						●	●
	自粘直焊聚酯亚胺漆包线	180					●	●				●			●			●	●	●				●	●
	自粘性聚酯亚胺漆包线	180			●		●	●				●			●			●	●	●				●	●
	自粘性聚酰胺酰亚胺复合聚酯亚胺漆包线	200		●	●		●	●				●		●	●		●	●	●	●				●	●
	聚酰胺酰亚胺复合聚酯或聚酯亚胺漆包线	200		●	●		●	●	●	●	●	●		●	●	●	●	●	●	●				●	●
	变频漆包线	200		●	●		●		●	●	●	●	●			●									

（续）

种类	绕组线名称	耐热等级	交流发电机			交流电动机								直流电动机		汽车电机			变压器①					仪表电信设备用线圈	电力系统控制用线圈
			大型	中小型	一般用途	通用大型	通用中小型	通用微型	起重辊道型	防爆型	耐制冷剂型	电动工具	变频电机	轧钢牵引型	驱动控制型	驱动	起动发电	其他控制型	高温干式	一般干式	油浸大型	由浸中小型	高频		
绕包线	纸包线	105																			●	●			
	玻璃丝包线	130，155，180		●	●	●	●		●	●				●					●	●					●
	玻璃丝包漆包线	130，155，180	●	●		●			●	●				●					●	●					●
	丝包线	—																						●	
	丝包漆包线	—																						●	
	聚酰亚胺—氟 46 复合薄膜绕包线	200	●			●								●					●						
	玻璃丝包薄膜绕包线	130，155，180	●	●		●	●		●	●															
其他绕组线	氧化膜铝带（箔）	—																	●	●					
	丝包漆包束线	—																						●	
	换位导线	105、120、180、200																			●				

① 包括互感器、调压器、电抗器等。

② 表中注有“●”者，表示可供选用的绕组线。

5.7 漆包线与浸渍漆的相容性

5.7.1 用密封试管方法进行相容性试验

UL 1446—2007《绝缘材料标准总则》用密封试管方法进行相容性试验，F 级绝缘结构相容性试验结果，见表 2-5-9。

表 2-5-9 漆包线与 F 级浸渍漆的相容性试验

槽绝缘	漆包线	浸渍漆							
		319－2	EIU	112	155－1	9101－1	F130	D021	1142
SMS	QZ－2/155	良	良	良	良	差	良	良	良
NMN		良	优	优	良	差	良	良	良
NMN－D		可	良	优	可	差	可	差	良
SMS	QZY－2/180	优	优	优	良	优	优	优	良
NMN		优	优	优	优	优	优	优	优
NMN－D		优	优	优	优	优	优	可	优
SMS	Q(ZY/X)－2/180	良	良	优	差	良	优	良	差
NMN		差	良	优	差	良	良	差	良
NMN－D		差	差	优	差	可	差	差	差

注：表中槽绝缘 SMS 为聚砜纤维纸聚酯薄膜；NMN 为聚芳纤维纸聚酯薄膜；NMN－D 为聚芳聚酯纤维复合纸聚酯薄膜。

5.7.2 用漆包线与两种F级浸渍漆进行相容性试验

用155级聚酯漆包线与6895 F级环氧无溶剂浸渍漆和SD1148环氧聚酯无溶剂浸渍漆分别进行相容性试验。即用ϕ1.00mm 155级聚酯漆包圆铜线按规定制成扭绞对，分别浸渍两种F级浸渍漆，经烘焙固化后放入不锈钢的密封试管内；然后将密封管置于比该漆包线耐热等级温度高25℃（即180℃）的烘箱内热老化336h（14天），待冷却至室温后，对漆包线扭绞对作击穿试验。按标准规定若被试漆包线的击穿电压大于基准试样击穿电压的50%，则评定该漆包线对浸渍漆相容性合格，见表2-5-10。

表2-5-10 155级聚酯漆包线与两种F级浸渍漆相容性试验

F级浸渍漆	改性聚酯漆包线				
	外观		击穿电压		
	试验前	试验后	试验前/kV	试验后/kV	保持率(%)
6895	棕黑	黑色光亮	12.2	9.0	73
SD1148	棕黑	黑色光亮	14.4	10.7	74
结论	相容		相容		

5.8 使用漆包线时应注意的事项

5.8.1 漆膜去除方法

漆包线的漆膜非常坚韧地附着于导体上，使用时可根据漆包线的品种及操作条件，从下列方法中选择最合适的漆膜去除方法：

1）使用刀具的刃部刮去漆膜，或用砂纸打去漆膜。

2）使用机械刮漆装置去除漆膜，注意刀具孔径与线规范围要匹配，并定期及时更换刀头。

3）浸入去漆剂去除漆膜，注意去漆剂是强酸混合物，具有强烈的腐蚀性，对人及其他部件有伤害。操作要精细并采取必要的保护措施。

4）使用酒精灯或煤气喷灯烧去漆膜。为防止被烧部分以外处的过热及导体表面的氧化，应将燃烧部分浸入浓度约50%的乙醇中，使之急速冷却降温。

5）浸入苛性钠或苛性钾的醇溶液中，取出后将漆膜擦去。碱溶液的浓度及温度越高，去除漆膜的时间越短。注意苛性钠具有强烈的腐蚀性，对人及其他部件有伤害。操作要精细并采取必要的保护措施。

在现代的生产中，3）和5）的去漆方法由于存在环境污染，对产品质量控制有风险，建议不要采用。

5.8.2 加热处理

一般来说，漆包线受弯曲或伸长后，漆膜内部会存在应力。在此状态下，当漆包线与潮气、水、溶剂、化学药品等接触后，漆膜上会出现微细的裂纹，从而产生针孔及漆膜的脱落。这种现象称为湿裂（Wet Crack），而且大多数合成树脂漆包线都存在这种现象。但是，通过加热处理可以消除漆膜产生的应力、防止龟裂，这称之为热处理效应或熟成效应，其加热温度与时间是成比例的。

为了更好地提高漆包线的稳定性，充分发挥其特性，在线圈成型后及浸渍处理前，推荐采用加热处理法。加热处理的条件随线圈的大小及形状而不同，一般为100～120℃、10～30min，仪器及器械为100～120℃、1～2h，但耐热等级180以上的漆包线处理温度则为150℃。

5.8.3 浸渍处理

电机电器中漆包线绕组，在加热处理后推荐进行浸渍处理。浸渍处理有以下重要作用：

1）使绕组固定于机器的本体，能耐振动与冲击。

2）使绕组完全封闭，能防止大气中水分、尘埃、气体及其他有害物质的侵入。

3）浸渍纤维质材料，使其具有耐水性能。

4）提高线圈的耐热性及寿命。

5）能防止金属的腐蚀。

浸渍漆一般使用油性醇酸漆、苯酚体系、环氧体系及其他合成树脂漆，应尽量避免使用含有醇、酮作为溶剂的浸渍漆。浸渍漆选用一定要进行与绕组线、槽绝缘的相容性试验评价，确定相容后要将浸渍漆的组分和工艺固化，不得变更。若必须变更则要继续进行相容性试验评价。

浸渍处理工艺温度对绕组线的性能可能产生不利的影响，若温度过高，可能产生热冲击或热老化破坏，导致漆膜脆性开裂。所以，浸渍工艺温度不得超过绕组线耐热等级值。

浸渍处理后，绕组线会被浸渍漆粘接在一起。其粘接强度大，漆膜脆性增加。若因工艺需要再进行绕组线分离，可能将漆膜撕开脱落；多次弯折也可能导致漆膜开裂。因此，在浸渍前要将绕组线进行定型定位，或包覆隔离处理。

漆包线为了降低嵌线的难度，在漆膜表面会涂覆润滑物质。若润滑物质选择不当，或者改变，可能降低浸渍漆对漆包线漆膜的粘结力。也可能因与浸渍漆不相容而产生不湿润，也可能起化学反应。所以，绕组线的润滑剂改变也要进行浸渍相容性试验评价。

5.8.4　线圈匝间短路产生的原因分析

线圈的匝间短路是电工产品绕组常见的质量问题，产生的根本原因是绕组线的绝缘性能下降或失去。而导致绝缘性能的下降或失去的原因如下：

1）绕组线漆膜连续性不好，高压针孔过多。

2）绕组线绕制加工时，或因漆膜弹性不好弯曲开裂，或因绕制张力过大、拉伸变形过大而产生弯曲开裂。

3）嵌线加工时，或因绕组线偏硬，或因润滑不好而松散，或因槽满率设计过高，或因线槽或嵌线工具毛刺、有机械锋口等将漆膜划伤、刮伤和挤伤。

4）整形加工时，因整形模具的磨损产生锋口、或因模具不适挤压、或因局部敲打过度而产生机械性损伤。

因产生原因复杂，分析解决要逐次针对进行。首先对同批未使用的绕组线进行高压漆膜连续性检验，确定其高压针孔数是否合格。排除1）项原因。其次对绕线、嵌线和整形的线圈取样，使用低压盐水针孔试验法查出漆膜的损伤开裂点。截取这段样品，在放大50～200倍的显微镜下观察损伤点的形态，判断其是开裂、划伤、刮伤还是挤伤。再根据损伤的形态判断是绕组线的问题还是作业工具或工装的问题。

绕线张力是否过大而产生漆膜开裂损伤，可以依据以下方法分析：

首先测量绕制前后漆包线的导体直径 d_0、d_1，依据式（2-5-1）计算拉伸率 λ：

$$\lambda = \frac{d_0^2 - d_1^2}{d_0^2} \tag{2-5-1}$$

然后，根据漆包线的品种，依据表2-5-11判定其张力是否过大。

绕制后的导体直径因线圈不同部位的张力变化不同，其尺寸是不同的，测量时，可以选择一圈线的不同点位测量，以最小的点位尺寸计算判定。

表2-5-11　不同漆包线品种的最大允许拉伸率

漆包线品种	最大允许拉伸率 λ_{max}（%）
缩醛	8
聚氨酯、聚酰胺复合聚氨酯	5
聚酯、聚酰胺复合聚酯	5
聚酯亚胺、聚酰胺复合聚酯亚胺	8
聚酰胺酰亚胺	5
聚酯－酰胺－亚胺	10
聚酰亚胺	5
聚酰胺酰亚胺复合聚酯或聚酯亚胺	10
纳米陶瓷粉变频漆包线	5
有机化变频漆包线	10

若需要更加准确地判断绕线张力是否过大，可以采取电阻法判定，方法如下：

取绕制前3根1m长的漆包线，分别测量出20℃电阻，计算数学平均值 R_0，将取样的这盘线在设定张力下绕制线圈，然后将线圈无拉伸松开，取3段1m长的线样，测量出20℃电阻，计算数学平均值 R_1，将绕制前后的 R_0 和 R_1 代入式（2-5-2）计算出平均拉伸率 λ。

$$\lambda = \left(1 - \frac{R_0}{R_1}\right) \times 100\% \tag{2-5-2}$$

计算的拉伸率与表2-5-11比较大小，确定绕线张力调整的方向和调整的程度。

式（2-5-1）常用于匝间易产生短路的分析，而式（2-5-2）则用于生产开始时绕线张力的调节。

当设计电工产品，如高效电机，拉伸率必须要超过表2-5-11的极限时，使用者必须向绕组线制造厂提出，并给出最大工艺拉伸率要求。

5.8.5　“线圈硬”产生的原因分析

在电机线圈生产中，经常出现使用者反映嵌线时“线圈硬”的质量问题。“线圈硬”会导致制造效率下降、漆膜易损伤等问题。产生线圈硬的原因如下：

1）漆包线外径过大，导致线圈的槽满率升高。

2）漆包线导体退火不足或不充分，拉伸、弯曲变形后回弹大。此时线圈一般呈“桶形”，弯折处棱角不分明。

3）漆包线润滑不佳，表面摩擦阻力大。此时线圈表面“干涩”，线圈呈松散状态。

4）对于大线规，漆层厚度大，漆膜固化“过老”（漆膜颜色偏深），硬度增大。或者漆膜材料改性，导致硬度增大。如纳米陶瓷粉变频漆包线就是如此。

对于不同的“线圈硬”的原因，采取解决的措施是不同的。如上述第3条原因可以在绕线时增加润滑就可以解决。第1条则可能是局部批量问题，需要更换批次的漆包线解决。而第2、4条则可能是制造厂家的生产工艺和材料问题，需要制造厂家调整工艺，或改变材料才能解决。

5.8.6 漆包线表面质量问题的处理

漆包线是连续大长度生产的产品，因多种偶发因素及难以在线连续监控，不可避免要有表面质量问题的产品流出。漆包线表面质量问题只是一个表观问题，其有的对产品性能产生影响，有的则不影响产品性能。不影响产品性能的表观质量问题的漆包线是允许接受的。

漆包线表观质量问题可以分为两大类：颜色异常和手感不光滑。这些质量问题因产生的因素不同，有的是局部的出现，有的是大长度成批的出现。对此可以区别对待处理：

1）不同批次的色差、不同机台的色差，这是由油漆批次、烘烤固化或漆层厚度（大小和偏心）差异而产生，一般是大长度成批出现。检查其性能无异常可以接受使用。

2）斑点和斑纹色差，其多数出现在导体表面，少部分出现在漆膜表面。一般是大长度成批出现。若高压漆膜连续性合格，则产品允许接受。

3）导体氧化、锈蚀色差，氧化一般为整体深色，锈蚀为局部斑状深色。出现长度较大，应整批隔离不得使用。

4）局部块状色差，如聚氨酯的黑色斑纹，聚酯亚胺漆包线，或以聚酯亚胺为底的复合漆包线的黑斑。此时漆膜弹性可能下降，击穿电压大幅度下降。一般是大长度成批出现，应整批隔离报废。

5）气泡，手感不光滑。一般是局部或一定长度间断出现。对产品性能可能有影响。气泡属于偶发原因产生，不会是成批的。去除有气泡的部分或隔离有气泡的线盘，同批其他产品可以继续使用。

6）粒子，手感不光滑，像多余物粘附在漆膜上。可能对产品性能有影响。属于偶发原因产生，去除有粒子的部分或隔离有粒子的线盘，同批其他产品可以继续使用。

7）局部机械碰伤，对产品性能有影响，去除碰伤的部分，或整盘隔离，其他的可以使用。

5.8.7 使用中其他注意事项

1）一般注意事项：工作场所应无尘、干燥，室温为5~30℃；操作者的服装应清洁，手上不应沾有油污及灰尘；操作前应检查所使用机械的各部位，如不正常则应修理。核对所使用绕组线的名称、型号及规格。

2）线圈卷绕嵌线时的注意事项：检查所用金属或木模的尺寸、形状，不得有尖角及凸起部分；漆包线自线轴放出时，应防止由于乱线、扭结而损伤绕组线；在有张力放线情况下，应调节好张力，避免绕组线过分伸长，类似金属等硬物不应接触漆包线表面；用自动绕线机高速绕制线圈时，由于张力大，与金属面接触机会较多，需特别注意；当需要敲打线圈时，禁止使用铁锤，以使用木制、塑料制的锤子为佳。

3）成型时的注意事项：线圈成型时，由于漆包线受到弯曲、扭转、张力、冲击等机械应力，所以有必要在成型后进行加热处理。但是聚酯漆包线的加热温度如果达到150℃以上，它就会受到热冲击的影响，因此必须注意。

4）成型后的注意事项：成型后的线圈在搬运或作其他处理时，应注意不使线圈产生变形或损伤漆膜。因此应考虑线圈的排列及放置方法问题。此外，在保管时应避免尘埃，特别是金属粉；保存处的湿度不得大于70%。

5）线圈装配时的注意事项：用小竹片擦、用木锤敲打或弯曲时，应特别留心铁心上是否有尖角或凸出部分，并在槽口出口处应防止因摩擦而损伤漆膜。缩醛、耐热性漆包线的耐磨性好，而聚酯为缩醛的60%，聚氨酯、油性漆包线较差，考虑到这些因素，故铁心不应有尖角或突起部分，槽的出口处，不应使漆包线产生过分的摩擦。

6）与引出线连接时注意事项：在连接时，不要反复过度弯折绕组线，以免折断和漆膜开裂损伤；锡焊焊接时应快速果断，避免长时间焊接过热，导致接近连接处的漆膜开裂。

7）性能检验注意事项：使用耐压仪检验应将电极探针打磨光滑，不得有毛刺、尖角和电弧坑；匝间耐压检验应一次进行，不得多次反复进行，以免降低绕组匝间绝缘性能；进行盐水试验的绕组线应报废，不得再次使用。

8）浸漆后作业注意事项：绕组浸漆后再连接引出线时，不得过度弯折漆包线，此时容易导致漆膜开裂；浸漆后不得进行整形作业，此时漆膜极易损伤开裂。匝间检查若不合格则报废处理，不能再进行修补使用，因修补作业极易损伤附近的漆膜。

5.9 绕组线性能的研讨和应用

5.9.1 复合涂层漆包线

1. 复合涂层漆包线是发展的方向

复合涂层漆包线是绕组线重要产品之一，是当前发展的方向。复合层漆包线从其绝缘结构来说，是由两种或两种以上漆膜组成的漆包线。与单一涂层漆包线相比有如下优点：

1）能满足特殊使用要求，例如自粘性漆包线、自粘直焊漆包线及耐制冷剂漆包线等均可通过复合涂层结构来满足。

2）利用两种及以上绝缘漆层各自不同的特性，从中可以取长补短，以改善和提高漆包线的使用性能。如聚酯/尼龙的结合，可使漆包线漆膜具有良好的耐热冲击性能和优良的卷绕性能，用这种复合漆包线制作的线圈可采用热浸渍工艺，并可应用于存在有瞬间过热的电机绕组。

3）可以降低某些漆包线的生产成本，例如200级以上的漆包线，若采用聚酯亚胺/聚酰胺酰亚胺复合层漆包线替代单一涂层的聚酰胺酰亚胺漆包线，就能较大幅度降低成本。

4）节约能源，如自粘性复合层漆包线在电机线圈中的使用，其直接通电热粘合的能耗，只有浸渍工艺的1/10。

近年来随着电机、电器产品迅猛发展和对漆包线质量要求的日益提高，复合涂层漆包线已广泛应用于密封电机、制冷压缩机、电视机、继电器、变压器、步进电机、伺服电机、变频电机、汽车电机等产品的绕组中。

聚酰胺酰亚胺和聚酰胺（尼龙）这两种材料，在发展复合涂层漆包线中，占有特殊的地位和有其重要的作用，是当今国内外绝缘漆行业和漆包线行业研究和发展的主流。三涂层及以上的漆包线也在迅速发展和应用中。

2. 复合涂层漆包线的一些特性

复合层漆包线的底漆和面漆怎样搭配，以及两个漆层的厚度比例对产品性能影响的研究，国内外都做了一定的试验研究工作。表2-5-12列出了不同品种面漆和底漆搭配对提高漆包线产品同一项性能的影响比较。图2-5-14、图2-5-15、图2-5-16分别表示面漆层和底漆漆层厚度比例对圆棒卷绕、热冲击和软化击穿性能的影响。图中试验用标称线径为0.71mm，漆层总厚度为0.071mm，每种涂线试验工艺条件各保持相同。从这些曲线可以看出，漆层厚度的比例对漆包线性能有明显的影响。因此，在复合漆包线制造时，应从性能要求和经济性方面综合决定其结构。

表2-5-12 面漆和底漆层的搭配对性能的影响

项目	对提高同项性能的相对比较			
	聚酯亚胺/聚酰胺酰亚胺	改性聚酯/聚酰胺酰亚胺	聚酯亚胺/聚酰胺	改性聚酯/聚酰胺
圆棒卷绕	可	良	优	优
铅笔硬度	优	优	良	良
往复耐刮	差	良	可	优
摩擦系数	可	可	良	优
热冲击	优	优	良	良
软化击穿	良	优	良	优

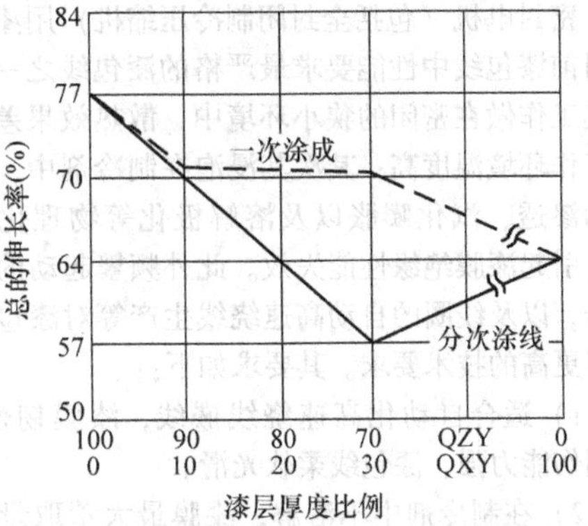

图2-5-14 聚酯亚胺（QZY）/聚酰胺酰亚胺（QXY）复合漆包线预拉伸后的圆棒卷绕试验

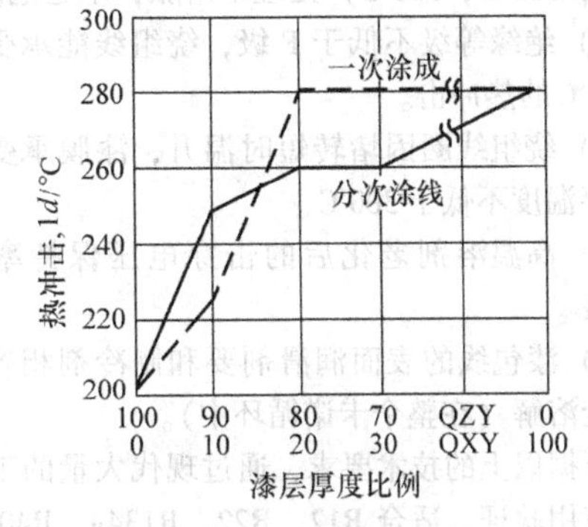

图2-5-15 QZY/QXY复合漆包线的热冲击试验

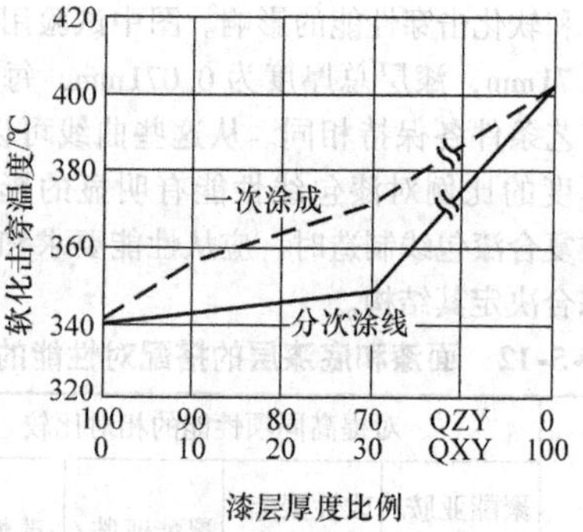

图 2-5-16 QZY/QXY 复合漆包线的软化击穿试验

从图 2-5-14 ~ 图 2-5-16 可以看出，采用一次涂成的方法和分次涂线的方法生产的复合漆包线，两者的性能是有显著差别。

5.9.2 密封电机用漆包线的选择

密封电机（包括全封闭制冷压缩机）用漆包线是目前漆包线中性能要求最严格的漆包线之一，由于其工作做在密闭的狭小环境中，散热效果差，导致工作环境温度高；其次其浸泡在制冷剂中，制冷剂的渗透、汽化膨胀以及溶解极化等物理化学作用，引起漆膜绝缘性能失效。此外频繁起动的电磁冲击，以及线圈的自动高速绕线生产等对漆包线都有着更高的技术要求。其要求如下：

1）适合自动化高速绕线嵌线，漆膜韧性好，耐刮伤能力强，漆包线柔软光滑。

2）在制冷剂中不溶解，漆膜最大萃取量不得超过 0.5%。

3）在制冷剂中浸泡后，高温（125℃，140℃，150℃，160℃，180℃）处理不溶胀，不起泡。

4）绝缘等级不低于 F 级，绕组线能承受不低于 200℃的热冲击。

5）绕组线圈因堵转短时温升，漆膜承受的软化击穿温度不低于 300℃。

6）高温溶剂老化后的击穿电压保持率不低于 75%。

7）漆包线的表面润滑剂要和制冷剂相容，并且完全溶解（在整个卡诺循环中）。

根据以上的技术要求，通过现代大量的工程试验及应用验证，适合 R12、R22、R134a、R407C 和 R410A 等制冷剂的漆包线及应用产品范围见表2-5-13。

表 2-5-13 各种漆包线可用的制冷剂及产品范围

漆包线品种	最高发泡温度①/℃	适合的压缩机品种
180 级聚酯亚胺漆包铜圆线	130	小型冰箱压缩机
200 级聚酰胺酰亚胺复合聚酯漆包铜圆线	140	各种冰箱压缩机
200 级聚酰胺酰亚胺复合聚酯漆包铝圆线	140	各种冰箱压缩机
200 级聚酰胺酰亚胺复合聚酯亚胺漆包铝圆线	140	各种冰箱压缩机
200 级聚酰胺酰亚胺复合聚酯亚胺漆包铜圆线	150	各种冰箱压缩机，亚热带及温带空调压缩机
200 级聚酰胺酰亚胺复合改性聚酯亚胺漆包铜圆线	160	各种冰箱压缩机，热带、亚热带及温带空调压缩机
200 级聚酰胺酰亚胺复合改性聚酯亚胺漆包铜圆线	180	热带空调压缩机、大型柜式压缩机
200 级聚酯－酰胺－亚胺漆包铜圆线	180	热带空调压缩机、大型柜式压缩机

① 与制冷剂品种和最高工作压力有关。

要注意，耐热聚酯作底层的复合漆包线的发泡性能不如聚酯亚胺，对于高温环境工作的压缩机尽量不要使用。大型柜式空调、热带气候的空调以及适合沙漠气候的空调压缩机，工作温度高，发泡温度也高。常规的聚酰胺酰亚胺复合聚酯亚胺漆包线已经不能适应，需要进一步改性的聚酯亚胺作底层才能满足。

由于环保和节能的要求，含氟的制冷剂已经禁止使用，新型的制冷剂也逐渐大量开发采用。由于新型的制冷剂的化学特性、组分的变化，其对漆包线的性能影响也会改变。如 R134a 溶解性差，蜡类润滑剂就不能使用。而甲烷类的制冷剂更加容易使漆膜发泡，降低漆包线最高发泡温度。特别是制冷循环的变化导致工作压力明显增加，漆包线的最高发泡温度也会明显下降。所以，采用新型的制冷剂时，必须重新进行漆包线的耐制冷剂性能试验评价。

在直流变频空调压缩机电机线圈生产中，因线圈是直接绕制到定子槽骨架上，不需要嵌线。这种绕线方式的改变，对漆包线加工性的要求也改变。因直绕张力大，拉伸率大，漆膜刮伤和弯曲开裂的程度也大幅度增加，这就需要漆包线具有更加高的韧性和耐刮伤能力。所以，使用工艺的改变也要考虑漆包线的性能要求的改变，不能简单地以一个品种结构的漆包线来代替。

5.9.3　自粘性漆包线的性能及应用

自粘性漆包线用于电工产品的制造，可以简化绕组的制造工艺、节约能源、消除污染、降低劳动强度。

用自粘性漆包线绕制的线圈可以通过烘焙或线圈直接通电或借助适当的溶剂使自粘涂层相互融流粘结，进行物理化学作用，冷却后自行固定成形。

自粘性漆包线可用于特殊形状或无骨架线圈，如电视机偏转线圈，线绕盘式微特电机的电枢等。

1. 自粘性漆包线的品种和技术参数

自粘性漆包线的品种有 105 级、120 级、130 级、155 级型，其性能特点分别见表 2-5-14、表2-5-15。

表 2-5-14　自粘性漆的主要参数及漆包线特性

项目		105 级、120 级	130 级	155 级
线漆	漆基类型	缩丁醛树脂	高分子量环氧或酚氧树脂	聚酰胺树脂
	固体含量	(11±2)%	(14±3)%	(10±1)%
	黏度	50~120s	15~25s	1000~2000CP
漆包线	特性	直焊型	耐热型	耐热型
	使用方法	溶剂活化，外热	外热，通电	外热，通电
	线圈应用例	音响，仪表，偏转线圈	微电机，电视偏转线圈	电机，电器

表 2-5-15　自粘性漆包线主要技术参数

项目	105 级、120 级	130 级	155 级
产品标准	GB/T 6109.9—2008	GB/T 6109.8—2008	
型号	QAN	QZN	QZYN
圆棒卷绕 d	1	1	1
热冲击试验 0.5h	125~130℃，2 天	155~160℃，1 天	175℃ 2 天
击穿电压/kV	>1.5	>2.2	>4.1
粘合温度/℃	170	170	200
热粘合力/N	>0.35	>0.35	0.7
直焊温度/℃	275±5	—	—

注：各型漆包线的技术参数均为 ϕ0.31mm 规格的数值。

F 级 QZYN 自粘性漆包线已应用于 YZR112 型冶金及起重电机的绕组，其绝缘规范见表 2-5-16。

表 2-5-16　YZR112 型电机的绝缘规范

项目	名称
槽绝缘	自粘性 NMN，0.25mm
	自粘性聚酰亚胺薄膜，0.05mm
相绝缘	自粘性 NMN，0.25mm
漆包线	QZYN-0.85
	QZYN-0.90
槽楔	自粘性 3240 层压板
套管	自粘性硅橡胶套管
扎带	自粘性无纺布扎带
引出线	乙丙橡胶电缆

YZR 112 型电机由于采用了自粘性箔片软绝缘结构，解决了绕组与槽绝缘及铁心间的粘结问题，使自粘性绕组的优点充分发挥。原来定子和转子需经白坯干燥—浸渍—干燥，现在只需一次性干燥固化，把原干燥浸渍固化所花的时间缩短了 13h。这种新工艺具有工艺简单、节能、无污染、劳动强度低等优点，这对外观要求较高的电机尤其方便。

且从表 2-5-16 得知，目前自粘性槽绝缘、自粘性绑扎带、自粘性槽楔绝缘等已经生产配套，为自粘性漆包线扩大生产应用创造了良好条件。

2. 自粘性漆包线应用性能的研讨

（1）再软化温度　再软化温度是指在一定烘焙条件下，对处理过的具有一定粘结力的线圈，失去粘结力时的温度。它对于考核自粘性漆包线的粘结层耐热性能，是有实际意义的。参照 DIN 46453—6—1986，对三种不同耐热级别的自粘性漆包线的再软化温度测定，其结果见表 2-5-17。由表可以看出，再软化温度均高于相应的耐热级别温度。

表 2-5-17　三种自粘性漆包线的再软化温度

项目	QAN	QZN	QZYN
测定规格/mm	0.31	0.31	0.31
再软化温度/℃	125~130	135~140	178~188

（2）高温区域的粘结力　是研究自粘性线圈粘结力随环境温度的变化而变化的规律。由图 2-5-17 可以看出：三种耐热级别的自粘性线的粘结力，均随温度升高而呈下降趋势。但在耐热级别的温度下，粘结力均超过标准规定的数值。ϕ0.31mm 自粘性漆包线的粘结力标准值为 0.35N，而在耐热级别温度下这三种的粘结力分别达到 0.8N、0.75N

和1.5N。

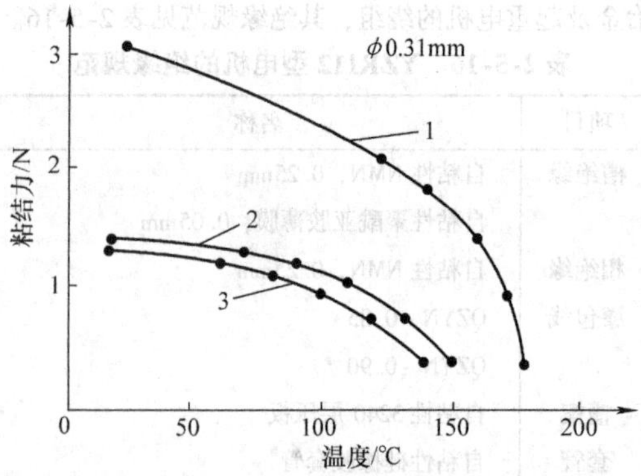

图2-5-17 自粘性漆包线高温区域的粘结力
1—F级QZYN自粘线 2—B级QZN自粘线
3—自粘直焊漆包线

3. 自粘直焊漆包线的直焊性能

自粘直焊漆包线的有关性能分别如图2-5-18和图2-5-19所示。

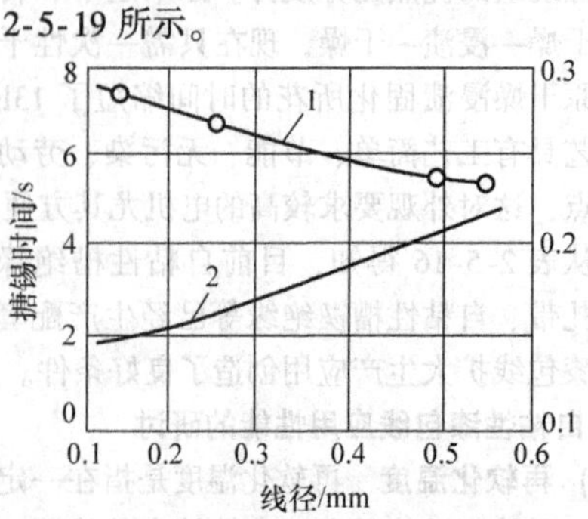

图2-5-18 线径与自粘直焊性能的关系
(粘合条件：175℃，烘干1h；搪锡条件：375℃)
1—粘合强度曲线 2—搪锡时间曲线

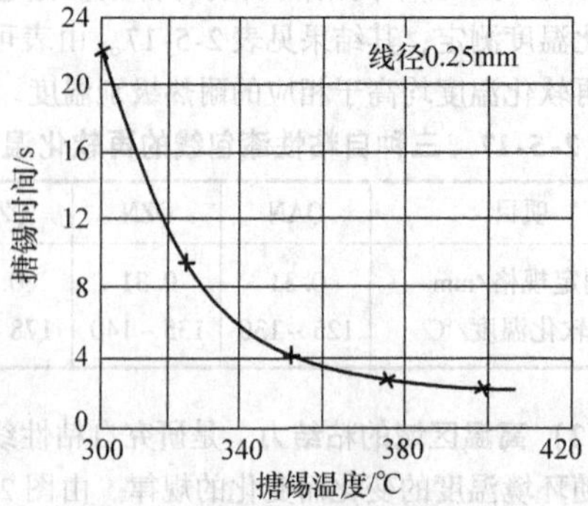

图2-5-19 搪锡时间与搪锡温度的关系

5.9.4 变频漆包线的性能及应用

电机变频调速是20世纪80年代发展起来的日趋成熟的调速技术，并得到电机行业越来越广泛的应用。20世纪90年代初，变频电机绝缘过早损坏(许多电机寿命只有1~2年，甚至更短)，引起了美国和欧洲一些国家专业研究人员的重视，并开展了对其所使用的电磁线的研究。研究的结果认为绝缘系统的损坏，是由变频器产生的高次谐波的大振幅脉冲电压使线圈局部放电、局部高介质损耗发热和空间电荷的形成等因素造成的。

如何使漆包线能够耐电晕呢？美国Phelps Dodge公司于1995年首次推出了聚酯亚胺/耐电晕聚酰胺酰亚胺/聚酰胺酰亚胺三涂层漆包线，中间屏蔽层是掺有钛、锑、铬等固体纳米金属氧化物的均相有机高分子涂层。这种带屏蔽层的复合漆包线具有抗电晕的作用。1998年德国Herberts公司推出了能改善局部放电性能的耐高温漆包线漆。这种漆与美国Phelps Dodge公司的耐电晕聚酰胺酰亚胺不同，其是将钛、硅等物质键合到高分子链上。因此其漆层不但具有抗电晕性能，还克服了掺杂抗电晕漆膜韧性大幅度下降的问题。由于这种键合技术不但可用于聚酰胺酰亚胺的抗电晕改性，也可以用于聚酯亚胺的抗电晕改性，聚酯亚胺的抗电晕改性后的附着性基本不变。因此其抗电晕漆包线的漆层结构可以为两层，并且不但可以制成面层抗电晕，也可以制成底层抗电晕漆包线。1999年美国P. D. George公司利用纳米技术对金属氧化物进行细化处理，使其漆膜韧性大幅改善，并应用于两层复合漆包线的面层。这些抗电晕漆包线的推广应用，大大提高了变频电机的使用寿命。目前，该品种漆包线已在我国风电电机、电动和混合动力汽车的驱动电机、防爆电机、起重电机及其他变频电机中得到了广泛的应用。

虽然变频电机运行时导致漆包线绝缘损坏的原因是多种的，但促使漆膜过早损坏的直接原因仍然是在热应力影响下漆膜高分子链发生断裂，使其绝缘性能迅速丧失导致被击穿；此外频繁的脉冲波产生的电磁振荡也会使漆膜高分子结构因疲劳而加速破坏。因此耐电晕漆包线的绝缘层就要求有一层具备高介电性能作屏障作用的耐电晕漆涂层。

由于无机物粉末接近中性，对高分子油漆和导体不产生有害影响，同时电阻高，分子结构牢固，所以能提供优良的耐电冲击、耐局部放电性能和热稳定性。因此在漆包线漆中加入这类粉末能制成具有耐电晕效果的漆包线漆。

目前，耐电晕漆包线漆有添加型及反应型两大类。添加型是通过物理方法在漆包线漆中加入极细(纳米级)的无机物粉末，例如钛、铬、硅和铝等金属的氧化物而制成的耐电晕漆。将无机物粉末加入漆包线漆中，经充分搅拌使其均匀地分散到漆基树脂中形成均匀的液体，就成为了耐电晕的漆包线漆。这些无机物粉末分布在漆包线漆高分子链之间，当溶剂蒸发漆包线漆完成交联固化形成漆膜后便被固定地“镶嵌”在漆膜聚合物的分子空隙中。

反应型是通过化学改性的方法制成的耐电晕漆，即通过化学反应将纳米级粉末分子连接到有漆基树脂的分子链中。这类耐电晕漆完全是均相态的溶液，它在漆包炉内固化后形成有机－无机聚合体。反应型耐电晕漆改善了添加型的各种不足之处，获得了优良的耐电晕性并保证各项性能均衡良好，成为很有推广前途的耐电晕漆新品种。

相关种类的漆包线的抗电晕性能见表 2-5-18。

表 2-5-18　标称直径 1.000mm 的漆包线的抗电晕及其他性能

漆包线种类		Q(ZY/XY) -2/200	Q(ZY/XYBP/XY) -2/200 添加型	Q(ZY/XYBP/XY) -2/200 添加型	Q(ZY/XYBP) -2/200 反应型	Q(ZYBP/XY) -2/200 反应型
总漆层厚度①/mm		0.091	0.088	0.090	0.090	0.093
抗电晕层厚度①/mm		0.000	0.025	0.047	0.041	0.065
抗电晕性能②/min	90℃，100ns	14.2	843	2167	1341	2538
	155℃，400ns	5.6	325	852	396	744
	155℃，100ns	1.3	117	421	187	403
击穿电压/kV		13.2	12.6	13.5	12.9	14.1
室温卷绕		伸长 20%，1*d* 卷绕不开裂	1*d* 卷绕不开裂	1*d* 卷绕不开裂	伸长 20%，2*d* 卷绕不开裂	伸长 20%，2*d* 卷绕不开裂
回弹角（°）		37	40	41	38	40

① 厚度为双层厚度。

② 电晕试验电压为 ±1500V，频率为 20000Hz，表中时间为 5 个样的平均值。

1）普通结构的聚酰胺酰亚胺复合聚酯亚胺漆包线的抗电晕性能很差，采取抗电晕处理的漆包线是其寿命的 50 倍以上，长的达 300 倍。

2）无论是添加型还是反应型抗电晕漆包线，试验温度和脉冲陡升时间对寿命影响很大。温度越高，陡升时间越小，其寿命也越短。

3）抗电晕层厚度对寿命也有很大影响，厚度越大，其寿命也越高，所以大线规具有更好的抗电晕性能。

4）抗电晕漆包线漆膜偏硬，回弹角大；漆膜韧性下降。因此，在绕线嵌线加工时，漆膜容易损伤开裂；而反应型的漆膜韧性比添加型要好。

所以，抗电晕漆包线在设计选用时，要特别注意抗电晕的漆膜结构类型和抗电晕层厚度的要求。特别是在小线规漆包线的选择使用上，要注意采用加厚漆膜结构，这有利于提高抗电晕的寿命。

5.9.5　C 级复合薄膜及单玻璃丝包扁铜线的生产与应用

C 级聚酰亚胺－F46 复合薄膜绕包单玻璃丝包铜扁线是在扁铜导体上先搭盖绕包聚酰亚胺－F46 复合薄膜，再绕包单层高支数无碱玻璃丝，然后浸渍 H 级 1152 号有机硅漆粘结并绕结而成。它具有耐热、耐油、耐辐射、耐磨等特点而应用于海洋石油开采的驱动直流电机和干式变压器中，有着良好而广阔的应用前景。

1. 绕组线的性能、特点与应用

（1）性能（见表 2-5-19）

表 2-5-19　C 级复合薄膜绕组线的性能

绕组线规格 /mm	击穿电压 /kV		伸长率 (%)		20℃电阻率 /($\times10^{-2}\Omega\cdot mm^2\cdot m^{-1}$)		浸水 24h 绝缘电阻/MΩ	
	标准	实测	标准	实测	标准	实测	标准	实测
2.65×11.80	4.5	最大 8.0，最小 7.4	32	37.5	1.7241	1.69	500	远大于标准值
2.12×9.00	4.5	最大 8.1，最小 7.1	30	38	1.7241	1.71	500	
2.50×7.10	2.50	最大 5.8，最小 4.0	30	36	1.7241	1.69	500	
4.20×4.20	0.80	最大 1.5，最小 1.3	32	36	1.7241	1.724	500	
5.30×7.50	2.50	最大 6.2，最小 6.0	32	38	1.7241	1.7024	500	

（2）特点

1）优良的耐热性。根据寿命试验，外推长期工作温度为230~250℃，外推短期工作温度达400℃。

2）可减薄绕组绝缘结构。电机电器采用这种绕组后，整个绕组的绝缘结构可减薄20%~50%。

3）制造工艺方便。由于耐刮性好，表面光滑，绕组制作时嵌槽方便。

4）耐油、耐化学稳定性好。用这种绕组线制成的钻井电机，可在150℃、外压力为13.7MPa的4500m以上的井下使用。

（3）应用　用于海洋石油开采驱动直流电机、有载调压干式变压器的绕组，H级直流电机、牵引电机、高压交流电机、核电站配套电机等。

2. 聚酰亚胺－F46薄膜的耐水、耐油性能

从图2-5-20、图2-5-21中表明的聚酰亚胺－F46薄膜在经过高温油和水介质老化后延伸率的变化，可以看出薄膜具有高的耐油性，用作充油式潜水电机绕组线，其绝缘效果很好；但在水中老化会导致薄膜的主要性能指标迅速下降。考虑到后一种因素，应采用防止水对绝缘层作用的一些办法来保证绕包线在潜水电机中能长期工作的措施，如采用了液体介质及其他作防水隔离层等办法，以保证绕组密封区工作的可靠性。

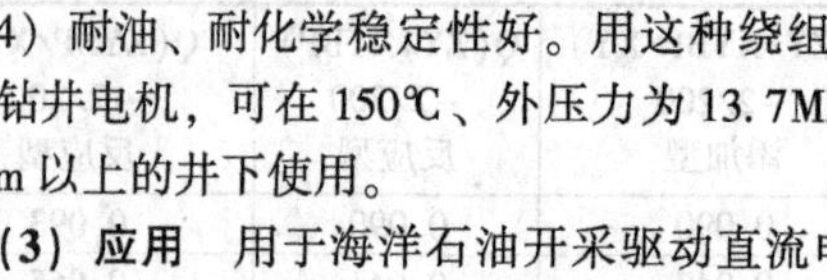

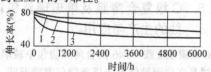

图2-5-20　厚40μm聚酰亚胺薄膜在变压器油中老化时伸长率的降低

1—油温120℃　2—油温150℃　3—油温180℃

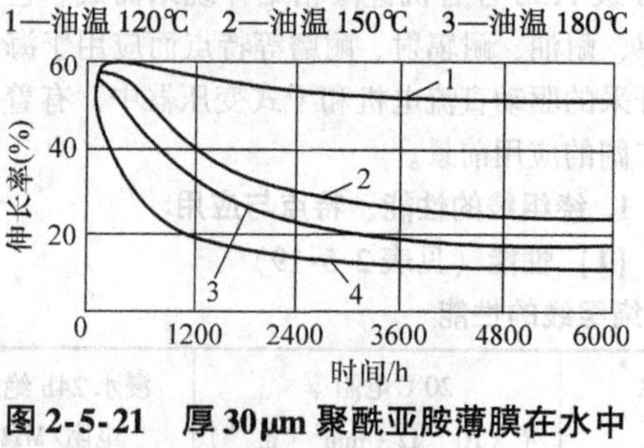

图2-5-21　厚30μm聚酰亚胺薄膜在水中老化时伸长率的降低

1—水温20℃　2—水温50℃
3—水温70℃　4—水温90℃

5.9.6　芳香聚酰胺纤维绕组线在H级干式变压器中的应用

芳香聚酰胺纤维纸的英文商名叫Nomex®，这种纤维纸是一种耐高温的高分子聚合物，由碳、氢、氧、氮四种元素化合而成。温度指数为200~220。

1. 干式变压器的特征及运行条件

干式变压器是一种以空气为绝缘和冷却介质的电器，其铁心和绕组都不浸在任何绝缘液中，因此它对绝缘材料要求如下：

1）耐潮性能好。要求绝缘材料在高温下吸湿后介电性能下降很少，能在相对湿度95%±3%（25℃时）的条件下长期工作。

2）耐高温性能好。要求绝缘材料在高温（B级130℃，F级155℃，H级180℃）条件下不老化，且保持良好的绝缘性能。

3）难燃性好。当发生故障时，变压器因强大的短路电流而导致火灾，这时变压器的绝缘材料不应燃烧。

4）对火焰的自熄性好。当火灾发生后，绝缘材料应能很快自行熄灭。

5）机械强度高。它应能承受一定外物损伤和绕组电动力的损伤。

6）工艺性能好。在绝缘加工和线圈绕制过程中应能承受碰撞，适应冲剪、弯边、曲折的考验。

2. 芳香聚酰胺纤维纸的特性

1）在一般大气中不熔融、不挥发、不能蒸馏、不助燃，对火焰有较强的自熄性。

2）耐高温性能好，温度指数一般在220左右。在高温条件下能长期保持良好的机械性能和电气特性。

3）由于分子链的柔顺性，弹性模量（抗变形能力）高，具有良好的机械强度。

4）不溶于一般溶剂，抗化学及抗辐射能力强，能与工业油和漆相容。

3. 芳香聚酰胺纤维纸绕组线在H级干式变压器的应用

用Nomex纸制成的绕组线进行工频耐压、感应耐压、雷电冲击试验、温升试验、交变湿热试验等，各项技术指标均达到或超过规定的技术指标。用这种干式变压器，运行情况良好。如安装在坑道中，虽然上有淋水、下有积水、相对湿度90%左右、坑道中空气流通不好、散热条件差、使用环境十分恶劣，但干式变压器仍长期在额定负荷条件下运行；又如在移动变电站的干式变压器，在一次意外事故中，造成在变压器二次出口端短路，短路电流达数千安，而变压器却安然无恙。

5.9.7　介质损耗分析在漆包线使用中的应用

介质损耗值是高分子内分子运动的内部能量损耗。温度升高，这个损耗值也升高。内部含有极性的有机物质也使介质损耗值升高。基团振荡、链节转动也使介质损耗值升高并生成对应的能量峰。所以曲线的形态和能量峰的位置都表达了内部分子的变化特征。利用这些特征可以分析漆包线漆膜的质量状态。

在实际分析中，不但要看介损能量峰的拐点温度，还要看曲线的形态。这一点非常重要，因材料改性，引入其他的基团和链节，也增加了次级峰的数量。漆膜的结构是复合结构时，底层的介损值和面层的介损值会叠加反映，构成的曲线形态不同于单层的介损曲线形态，如自粘性漆包线就是一个典型的复合叠加形态。另外，漆膜固化不足，交联基团的结构有差异，也产生了不一样的能量峰形态。如图2-5-22所示，图a是130聚酯漆包线漆膜固化良好的曲线，而图b则是漆膜固化不完全的曲线。图a有两个能量峰，而图b只有一个能量峰。

介质损耗温度曲线在漆包线质量控制中可以进行以下方面的应用。

1. 用于油漆品种和油漆改性的监控

不同的油漆品种，是具有不同的介质损耗温度曲线形态和拐点温度的。但不同的厂家配方不同，其介损温度曲线的形态及特征温度点可能存在差异。在开始使用时，需要油漆厂家提供标准的曲线形态，如图2-5-23～图2-5-26所示。

若油漆经过改性，按正常的生产工艺生产，介损温度曲线的能量峰形态，或拐点温度发生比较大的变化。图2-5-27所示就是油漆厂家对130聚酯漆进行了配方变更，能量峰形态已不同于图2-5-23。

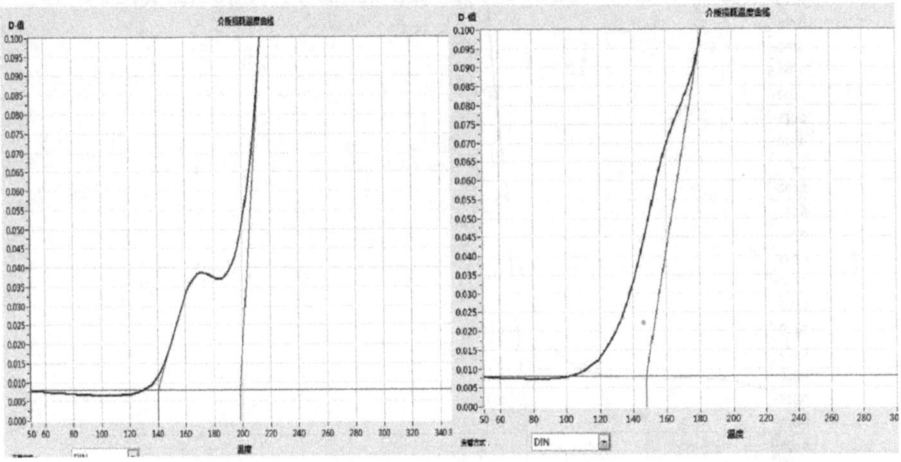

a)　　b)

图2-5-22　130聚酯漆膜固化不同的介损温度曲线

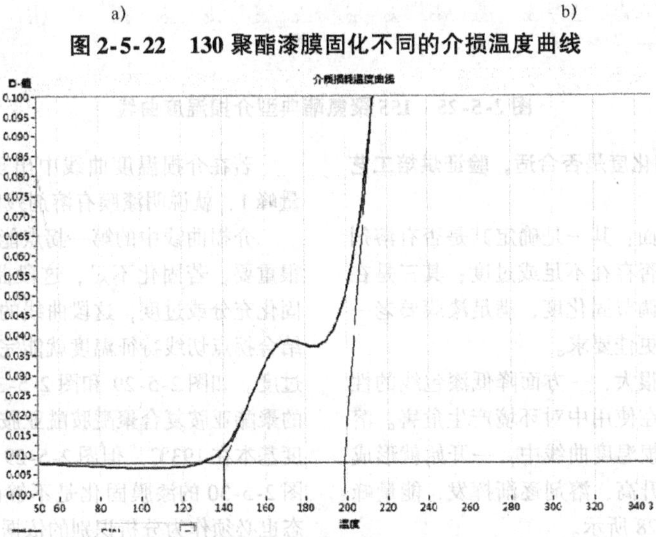

图2-5-23　130聚酯典型介损温度曲线

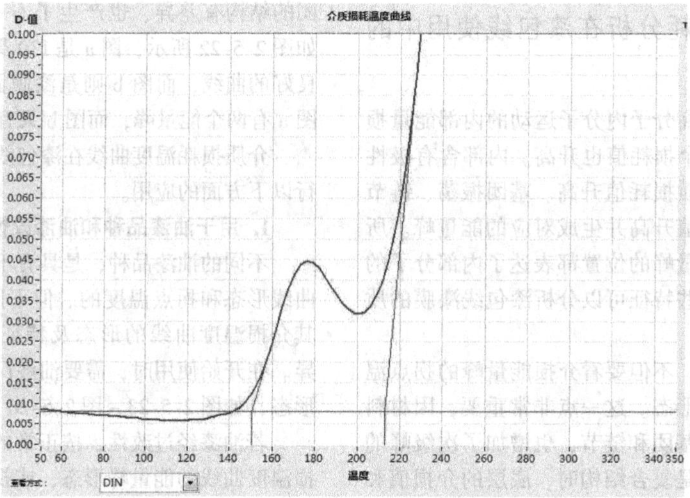

图 2-5-24　155 改性聚酯典型介损温度曲线

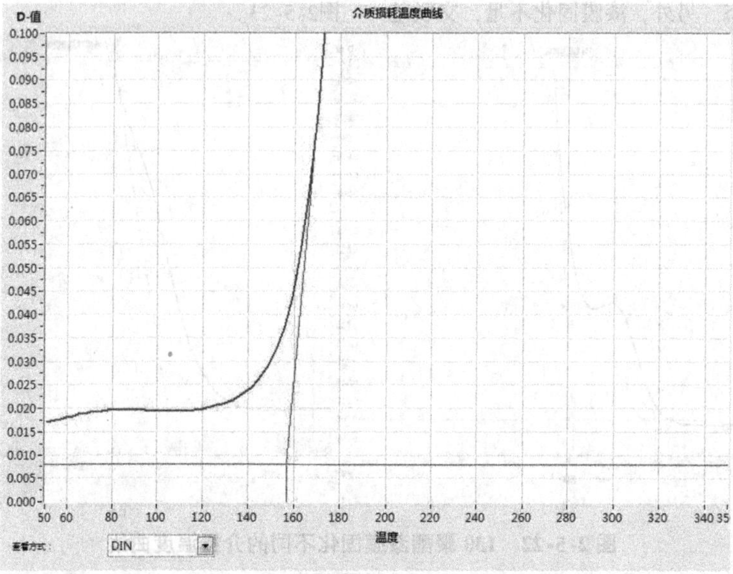

图 2-5-25　155 聚氨酯典型介损温度曲线

2. 检查漆膜的固化度是否合适，验证烘焙工艺的正确性

其应用有三个方面：其一是确定其是否有溶剂残留；其二是固化是否存在不足或过度；其三是在固化适合的范围内，调节固化度，满足漆膜要老一点还是嫩一点的性能更佳要求。

溶剂残留危害性很大，一方面降低漆包线的性能，另一方面也可能在使用中对环境产生危害。溶剂是极性分子，在介损温度曲线中，一开始就形成能量峰，随着温度的升高，溶剂逐渐挥发，能量峰逐渐消失，如图 2-5-28 所示。

若在介损温度曲线中出现如图 2-5-28 中的能量峰 1，就说明漆膜有溶剂残留。

介损曲线中的第一拐点能量峰的起始曲线形态很重要，若固化不足，这段曲线的曲率半径很大。固化充分或过度，这段曲线的曲率半径则很小。再结合拐点切线特征温度就能完整地判断固化不足或过度。如图 2-5-29 和图 2-5-30 所示，均为 200 级的聚酯亚胺复合聚酰胺酰亚胺漆膜，其第一拐点温度基本在 193℃。但图 2-5-29 的漆膜固化充分，而图 2-5-30 的漆膜固化是不够的。所以，曲线的形态也必须作为分析识别的依据。

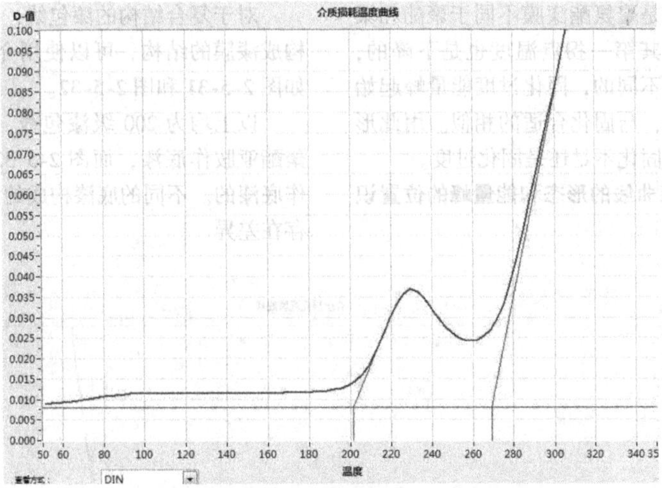

图 2-5-26　180 级聚酯亚胺典型介损温度曲线

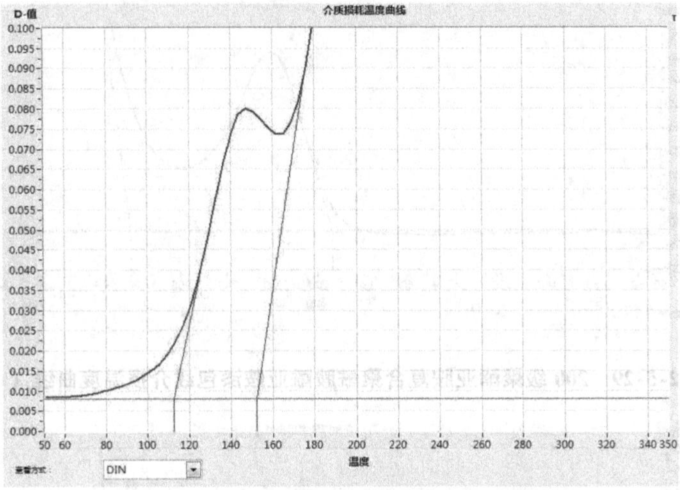

图 2-5-27　130 级聚酯改性的介损温度曲线

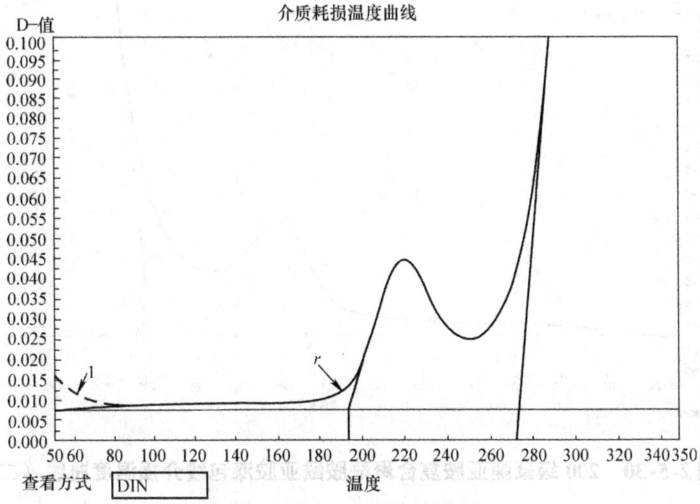

图 2-5-28　介损温度曲线

1—残留溶剂的能量峰　*r*—漆膜第一拐点能量峰的起始曲线的曲率半径

需要特别注意的是聚氨酯漆膜不同于聚酯和聚酯亚胺，固化过度，其第一拐点温度也是下降的，但形态与固化不足是不同的，固化过度能量峰起始曲线的曲率半径很小，与固化合适的相似。用此形态可以识别聚氨酯是固化不足还是固化过度。

3. 利用介质损耗曲线的形态和能量峰的位置识别漆膜结构

对于复合结构的漆包线，到底是使用何种材料构成漆膜的结构，可以使用介质损耗曲线来判断，如图 2-5-31 和图 2-5-32。

以上均为 200 级漆包线，但图 2-5-31 则是用聚酯亚胺作底漆，而图 2-5-32 则是使用耐热聚酯作底漆的。不同的底漆构成的漆包线漆膜性能肯定存在差异。

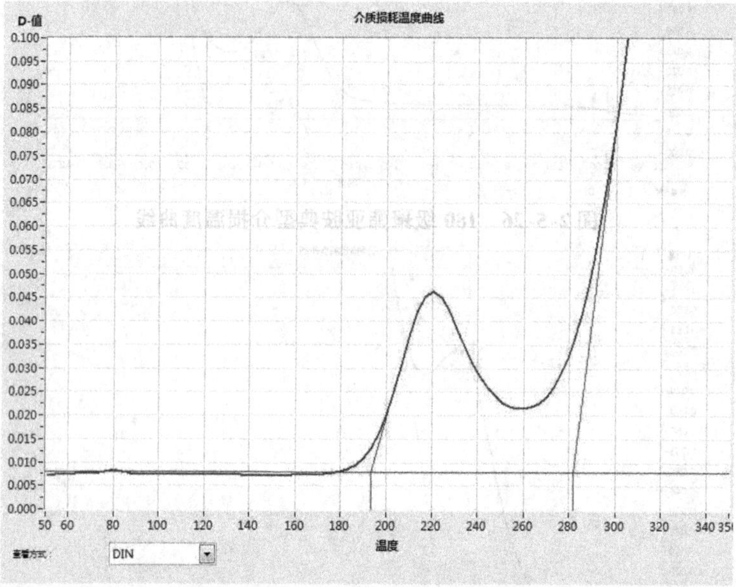

图 2-5-29　200 级聚酯亚胺复合聚酰胺酰亚胺漆包线介损温度曲线（一）

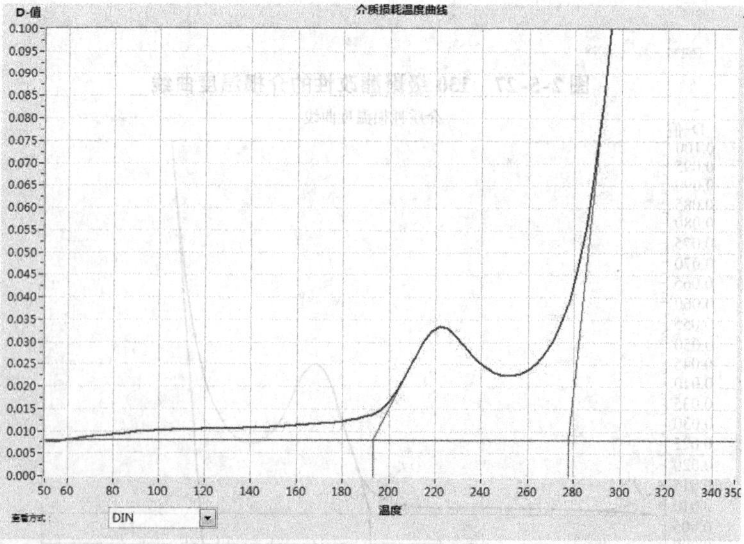

图 2-5-30　200 级聚酯亚胺复合聚酰胺酰亚胺漆包线介损温度曲线（二）

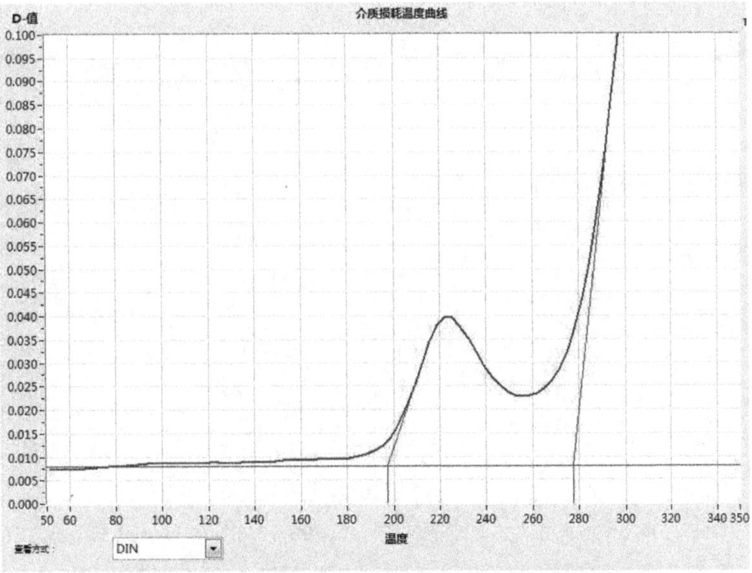

图 2-5-31　200 级聚酯亚胺复合聚酰胺酰亚胺漆膜

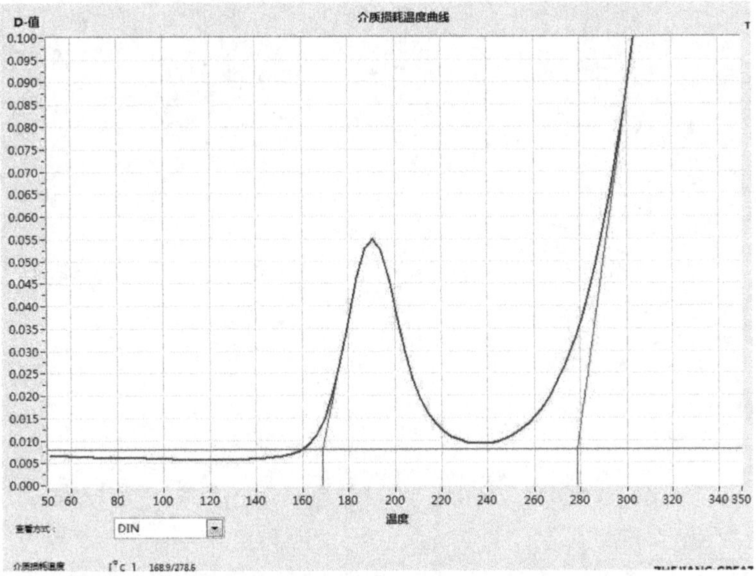

图 2-5-32　200 级耐热聚酯复合聚酰胺酰亚胺漆膜

第3篇

通信电缆与电子线缆

通信系统按所用传输媒介的不同可分为两类：①利用金属导体为传输媒介，如常用的通信线缆等，这种以线缆为传输媒介的通信系统称为有线电通信系统；②利用无线电波在大气、空间、水或岩、土等传输媒介中传播而进行通信，这种通信系统称为无线电通信系统。光通信系统也有“有线”和“无线”之分，它们所用的传输媒介分别为光学纤维和大气、空间或水。

通信系统按通信业务（即所传输的信息种类）的不同可分为电话、电报、传真、数据通信系统等。在时间上是连续变化的信号称为模拟信号；在时间上离散、其幅度取值也是离散的信号称为数字信号。模拟信号通过模拟－数字变换（包括采样、量化和编码过程）也可变成数字信号。通信系统中传输的基带信号为模拟信号时，这种系统称为模拟通信系统；传输的基带信号为数字信号的通信系统称为数字通信系统。常用的传输媒介及用途见表3-1。

表3-1　常用的传输媒介及用途

频率范围	波长范围	表示符号	传输媒介	主要用途及场合
3Hz～30kHz	10^8～10^4m	VLF（甚低频）	有线线对（超波长）	音频、电话、数据终端
30～300kHz	10^4～10^3m	LF（低频）	有线线对（长波）	导航、信标、电力通信
300kHz～3MHz	10^3～10^2m	MF（中频）	同轴（中波）	AM广播、业余无线电
3～30MHz	10^2～10m	HF（高频）	同轴（短波）	移动电话、短波广播、业余无线电
30～300MHz	10～1m	VHF（甚高频）	同轴（米波）	FM广播、TV、导航移动通信
300MHz～3GHz	100～10cm	UHF（特高频）	同轴、波导（分米波）	TV、遥控遥测、雷达、移动通信
3～30GHz	10～1cm	SHF（超高频）	波导（厘米波）	微波通信、卫星通信、雷达
30～300GHz	10～1mm	EHF（极高频）	波导（毫米波）	微波通信、雷达、射电天文学
10^5～10^7GHz	3×10^{-4}～3×10^{-6}cm	紫外，红外可见光	光纤（激光）	光通信

目前电子产品的发展无论是种类还是数量都空前的，几乎应用到了所有领域。随着物联网、大数据、智能化等越来越成为科技发展的焦点，用于智能终端、电子产品内部和外部的连接线更是种类繁多，可谓日新月异。在电子产品及设备用线缆（简称电子线缆）中，用于通信和信号传输的线缆的比重较大，为了便于查找、对比，将该部分线缆归入本篇。

第1章

通信电缆的品种规格及技术指标

通信电缆使用在通信系统的各级线路上，其品种规格很多，分类方法也很多，按敷设和运行条件可分为架空电缆、自承式电缆、直埋电缆、管道电缆、水底电缆；按传输频谱可分为低频电缆、高频电缆、射频电缆；按电缆结构可分为对称电缆和同轴电缆；按电缆中元件的组合可分为单一电缆和综合电缆；按电缆的绝缘材料和绝缘结构可分为空气纸绝缘电缆、实心绝缘电缆、泡沫绝缘电缆等；按绝缘线芯绞合及成缆方式可分为对绞电缆、星绞电缆、层绞电缆、单位绞电缆、平行电缆等；按护层的种类可分为铅包电缆、橡套电缆、塑套电缆、综合护层电缆、钢带铠装电缆、钢丝铠装电缆等。

在本手册中，通信电缆按电缆用途分为八个系列：市内通信电缆、铁路通信电缆、电话设备用通信电缆、数字通信电缆、一般通信线、海底通信电缆、电器设备内部及外部连接线缆（电子线缆）、射频同轴电缆。具体品种、标准号及主要用途见表3-1-1。

由于近几年我国通信事业飞速发展，通信电缆产品的更新日新月异，以前大量生产和使用的纸绝缘铅包市话电缆、中小同轴电缆等，现在已很少生产，甚至生产设备已经封存，有的仅作线路维修用，生产量很少。因此，在表3-1-1中尽量按系列将现有国标、部标、行标的产品品种名称、标准号、主要用途列出。在后面分节陈述各系列品种时，对上述生产较少的产品仅介绍其型号规格。

表3-1-1　通信电缆品种表

系列名称	品种名称	标准号	主要用途
1. 市内通信电缆	聚烯烃绝缘聚烯烃护套市内通信电缆	GB/T 13849.1—2013 GB/T 13849.2～13849.5	可用于传输音频信号和综合业务数字网的2B+D速率及以下的数字信号，也可用于传输2048kbit/s的数字信号或150kHz以下的模拟信号。在一定条件下，也可用于传输2048kbit/s以上的数字信号
	铜芯聚烯烃绝缘铝塑综合护层市内通信电缆	YD/T 322—2013	
	纸绝缘铅套市内通信电缆	GB/T 14134—1993	适用于本地通信网中的城镇通信线路
	聚烯烃绝缘铝/聚烯烃粘结护套高频农村通信电缆	GB 11326—1989	市内、近郊和局部地区的通信线路，地区通信网内的县内和县间及用户通信线路。传输最高频率为123kHz、156kHz及252kHz
2. 长途通信电缆	铜芯星绞铅套高频对称通信电缆	GB/T 14135—1993	载波多路通信线路，传输频率分别为123kHz、156kHz和252kHz，长途高频载波通信和低频通信用
	泡沫聚乙烯绝缘铝护套高低频综合通信电缆		
	1.2/4.4mm同轴综合通信电缆	GB/T 4011—2013	长途通信干线线路。同轴对用于22MHz及以下模拟通信系统或34Mbit/s及以下数字通信系统；高频四线组和对绞组用于156kHz及以下模拟通信系统；低频四线组和对绞组用于音频通信系统
	2.6/9.5mm同轴综合通信电缆	GB/T 4012—2013	长途通信干线线路。同轴对用于24MHz及以下模拟通信系统或高速数据、图像传真、电视等数字或模拟宽带信息传输通信系统；高频四线组和对绞组用于123kHz及以下模拟通信系统；低频四线组用于音频通信系统
3. 电信设备用通信电缆	聚氯乙烯绝缘聚氯乙烯护套低频通信局用电缆（对线组式三线组式四线组或五线组的）	GB/T 11327.2—1999	交换机及其他传输设备、电话和电报设备、数据处理设备的相互连接；一级配线、二级配线并与分线设备相连；引入建筑物墙壁敷设的屋内配线；沿建筑物墙壁敷设的墙壁配线；程控交换局内总配线架与交换局用户电路板之间的音频连接，也可用于其他通信设备之间的音频连接；数字交换设备内部或数字交换设备之间的短段连接，最高频率为30MHz。也可用于其他数字设备内部或设备之间的短段连接
	聚氯乙烯绝缘聚氯乙烯护套低频通信终端电缆（对线组的）	GB/T 11327.3—1999	
	通信电缆——局用对称电缆	YD/T 1820—2008	

（续）

系列名称	品种名称	标准号	主要用途
4. 数字通信对称电缆	数字通信用对绞或星绞多芯对称电缆	GB/T 18015—2007	数字通信系统，如综合业务数字网（ISDN）、局域网（LAN）和数据通信系统
	数字通信用聚烯烃绝缘水平对绞电缆	YD/T 1019—2013	用于大楼通信综合布线系统中工作区通信引出端与交接间配线架之间的布线，以及综合布线系统中用户通信引出端到配线架之间的布线
5. 海底通信电缆	浅海海底用对称通信电缆 浅海海底同轴通信电缆	Q/JB 2089—1985	大陆与近海岛屿之间的通信，允许最大敷设深度为50m 联络大陆与岛屿以及岛屿之间的载波通信线路，允许最大敷设深度为200m
	7/25、4/15 型浅海干线同轴电缆	Q/JB 2090—1985	120 路海底干线通信系统，作为沿海大城市间、岛屿间的通信线路。系统采用单电缆制双向开通 120 话路，传输频率 50～1300kHz
6. 一般通信线	聚烯烃绝缘聚氯乙烯护套平行双芯铜包钢电话用户通信线	YD/T 722—1994	通信用户终端设备到电缆分线箱（盒）之间的用户通信线
	电话网用户铜芯室内线	YD/T 840—1996	电话网用室内线
	塑料绝缘和橡皮绝缘电话软线	GB/T 11016—2009	连接电话机与送话器或接线盒，连接交换机与插塞

1.1 市内通信电缆

市内通信电缆用于市内、近郊和局部地区的电话线路中，广泛采用聚烯烃作为绝缘材料。聚烯烃绝缘聚烯烃护套市内通信电缆可把语音和数据两种业务综合传输，在用户普通电话线上同时传输语音、计算机数据和图像等，满足了数据通信迅速增长的需要，以及电话局间中继电缆采用脉冲编码调制（PCM）的多路通话。纸绝缘铅套市内通信电缆一般都使用音频传输，每一对线只能通一个话路，目前几乎不再生产。

在光进铜退的形势下，市内通信电缆在市场上的份额大大减少，尤其是大对数市内通信电缆，但市内通信电缆在较长一段时间内还会存在并被应用于各个工程领域。特别是在轨道交通和高速公路等通信系统中还会有其独特的使用价值，如紧急电话系统、电信电话系统等。

目前，绝大多数电缆（特别是对于轨道交通和出口的电缆产品）广泛要求具有燃烧特性及环保要求，无卤低烟阻燃电缆被越来越多地应用于轨道、电站、化工厂、船舰、高层建筑、智能楼宇、设备密集场所。在最新的国家标准和行业标准中，市内通信电缆都增加了燃烧特性的要求。

1.1.1 市内通信电缆的型号、规格

1. 铜芯、实心或泡沫（带皮泡沫）聚烯烃绝缘、非填充式、挡潮层聚乙烯护套市内通信电缆

（1）电缆型号 见表 3-1-2。

（2）电缆规格 见表 3-1-3。

表 3-1-2 HYA 型电缆型号

型 号	名 称	主要使用场合
HYA	铜芯实心聚烯烃绝缘挡潮层聚乙烯护套市内通信电缆	管道
HYFA	铜芯泡沫聚烯烃绝缘挡潮层聚乙烯护套市内通信电缆	管道
HYPA	铜芯泡沫皮聚烯烃绝缘挡潮层聚乙烯护套市内通信电缆	管道
HYA23	铜芯实心聚烯烃绝缘挡潮层聚乙烯护套双钢带铠装聚乙烯套市内通信电缆	直埋
HYA53	铜芯实心聚烯烃绝缘挡潮层聚乙烯护套单层纵包轧纹钢带铠装聚乙烯套市通信电缆	直埋
HYA553	铜芯实心聚烃绝缘挡潮层聚乙烯护套双层纵包轧纹钢带铠装聚乙烯套市内通信电缆	直埋

注：1. 表中所列电缆，建议使用时用气压维护。
2. 小容量 HYA、HYFA、HYPA 电缆可架空安装于悬挂线上。
3. HYA23、HYA53、HYA553 型号电缆只限于特殊情况下使用，使用时必须进行气压维护。
4. 当电缆有无卤低烟阻燃性能要求时，电缆的符号、代号应按 GB/T 19666—2005 中的相关规定执行。

表 3-1-3 HYA 型电缆规格

型号 \ 导体标称直径	标称对数				
	0.32mm	0.4mm	0.5mm	0.6mm	0.7mm、0.8mm、0.9mm
全部型号	2000～3600	10～2400	10～1600	10～1000	10～600

(3) 电缆标称对数系列 10、20、30、50、100、200、300、400、600、800、900、1000、1200、1600、1800、2000、2400、2700、3000、3300、3600。

2. 铜芯、实心或泡沫（带皮泡沫）聚烯烃绝缘、填充式、挡潮层聚乙烯护套市内通信电缆

(1) 电缆型号 见表3-1-4。

(2) 电缆规格 见表3-1-5。

表 3-1-4 HYAT 型电缆型号

型 号	名 称	主要使用场合
HYAT	铜芯实心聚烯烃绝缘填充式挡潮层聚乙烯护套内通信电缆	管道
HYFAT	铜芯泡沫聚烯烃绝缘填充式挡潮层聚乙烯护套内通信电缆	管道
HYPAT	铜芯带皮泡沫聚烃绝级填充式挡潮层聚乙烯护套市内通信电缆	管道
HYAT23	铜芯实心聚烯烃绝缘填充式挡潮层聚乙烯护套双钢带铠装聚乙烯套市内通信电缆	直埋
HYFAT23	铜芯泡沫聚烯烃绝缘填充式挡潮层聚乙烯护套双钢带铠装聚乙烯套市内通信电缆	直埋
HYPAT23	铜芯带皮泡沫聚烯烃绝缘填充式挡潮层聚乙烯护套双钢带铠装聚乙烯套市内通信电缆	直埋
HYAT53	铜芯实心聚烯烃绝缘填充式挡潮层聚乙烯护套单层纵包轧纹钢带铠装聚乙烯套市内通信电缆	直埋
HYFAT53	铜芯泡沫聚烯烃绝缘填充式挡潮层聚乙烯护套单层纵包轧纹钢带铠装聚乙烯套市内通信电缆	直埋
HYPAT53	铜芯带以泡沫聚烯烃绝缘填充式挡潮层聚乙烯护套单层纵包轧纹钢带铠装聚乙烯套市内通信电缆	直埋
HYAT553	铜芯实心聚烯烃绝缘填充式挡潮层聚乙烯护套双层纵包轧纹钢带铠装聚乙烯套市内通信电缆	直埋
HYFAT553	铜芯泡沫聚烯烃绝缘填充式挡潮层聚乙烯护套双层纵包轧纹钢带铠装聚乙烯套市内通信电缆	直埋
HYATF553	铜芯泡沫聚烯烃绝缘填充式挡潮层聚乙烯护套双层纵包轧纹钢带铠装聚乙烯套市内通信电缆	直埋
HYPAT553	铜芯带皮泡沫聚烯烃绝缘填充式挡潮层聚乙烯护套双层纵包轧纹钢带铠装聚乙烯套市内通信电缆	直埋
HYAT33	铜芯实心聚烯烃绝缘填充式挡潮层聚乙烯护套单细钢丝铠装聚乙烯套市内通信电缆	水下
HYAT43	铜芯实心聚烯烃绝缘填充式挡潮层聚乙烯护套单粗钢丝铠装聚乙烯套市内通信电缆	水下

注：1. 小容量 HYAT、HYFAT、HYPAT 电缆可架空安装于悬挂线上。

2. 当电缆有无卤低烟阻燃性能要求时，电缆的符号、代号应按 GB/T 19666—2005 中的相关规定执行。

表 3-1-5 HYAT 型电缆规格

型号 \ 导体标称直径	标称对数				
	0.32mm	0.4mm	0.5mm	0.6mm	0.7mm、0.8mm、0.9mm
实心绝缘	2000～3000	10～1600	10～1000	10～800	10～400
泡沫（泡沫皮）绝缘	2000～3300	10～2000	10～1600	10～1000	10～600

(3) 电缆标称对数系列 10、20、30、50、100、200、300、400、600、800、900、1000、1200、1600、1800、2000、2400、2700、3000、3300。

3. 铜芯、实心聚烯烃绝缘（非填充）、自承式、挡潮层聚乙烯护套市内通信电缆

(1) 电缆型号 见表3-1-6。

(2) 电缆规格 见表3-1-7。

表3-1-6 HYAC型电缆型号

型号	名称	主要使用场合
HYAC	铜芯、实心聚烯烃绝缘（非填充）、自承式、挡层聚乙烯护套市通信电缆	架空

注：当电缆有无卤低烟阻燃性能要求时，电缆的符号、代号应按 GB/T 19666—2005 中的相关规定执行。

表3-1-7 HYAC型电缆规格

导体标称直径 / 型号	标称对数			
	0.40mm	0.50mm	0.60mm	0.80mm
HYAC	10～300	10～300	10～200	10～100

(3) 电缆标称对数系列 10、20、30、50、100、200、300。

4. 铜芯、实心或泡沫（带皮泡沫）聚烯烃绝缘、隔离式（内屏蔽）、挡潮层聚乙烯护套市内通信电缆

(1) 电缆型号 见表3-1-8。

(2) 电缆规格 见表3-1-9。

(3) 电缆标称对数系列 10、20、30、40、50、100、200。

表3-1-8 HYAG型电缆型号

型号	名称	主要使用场合
HYAGC	铜芯实心聚烯烃绝缘隔离式（内屏蔽）挡潮层聚乙烯护套自承式市内通信电缆	架空
HYAG	铜芯实心聚烯烃绝缘隔离式（内屏蔽）挡潮层聚乙烯护套市内通信电缆	管道
HYFAG	铜芯泡沫聚烯烃绝缘隔离式（内屏蔽）挡潮层聚乙烯护套市内通信电缆	管道
HYPAG	铜芯泡沫皮聚烯烃绝缘隔离式（内屏蔽）挡潮层聚乙烯护套市内通信电缆	管道
HYATG	铜芯实心聚烯烃绝缘隔离式（内屏蔽）填充式挡潮层聚乙烯护套市内通信电缆	管道
HYFATG	铜芯泡沫聚烯烃绝缘隔离式（内屏蔽）填充式挡潮层聚乙烯护套市内通信电缆	管道
HYPATG	铜芯泡沫皮聚烯烃绝缘隔离式（内屏蔽）填充式挡潮层聚乙烯护套市内通信电缆	管道
HYATH23	铜芯实心聚烯烃绝缘隔离式（内屏蔽）填充式挡潮层聚乙烯护套双钢带铠装聚乙烯套市内通信电缆	直埋
HYFATG23	铜芯泡沫聚烯烃绝缘隔离式（内屏蔽）填充式挡潮层聚乙烯护套双钢带铠装聚乙烯套市内通信电缆	直埋
HYPATG23	铜芯泡沫皮聚烯烃绝缘隔离式（内屏蔽）填充式挡潮层聚乙烯护套双钢带铠装聚乙烯套市内通信电缆	直埋
HYATG53	铜芯实心聚烯烃绝缘隔离式（内屏蔽）填充式挡潮层聚乙烯护套单层纵包轧纹钢带铠装聚乙烯套市内通信电缆	直埋
HYFATG53	铜芯泡沫聚烯烃绝缘隔离式（内屏蔽）填充式挡潮层聚乙烯护套单层纵包轧纹钢带铠装聚乙烯套市内通信电缆	直埋
HYPATG53	铜芯泡沫皮聚烯烃绝缘隔离式（内屏蔽）填充式挡潮层聚乙烯护套单层纵包轧纹钢带铠装聚乙烯套市内通信电缆	直埋
HYATG553	铜芯实心聚烯烃绝缘隔离式（内屏蔽）填充式挡潮层聚乙烯护套双层纵包轧纹带铠装聚乙烯套市内通信电缆	直埋
HYFATG553	铜芯泡沫聚烯烃绝缘隔离式（内屏蔽）填充式挡潮层聚乙烯护套双层纵包轧纹带铠装聚乙烯套市内通信电缆	直埋
HYPATG553	铜芯泡沫皮聚烯烃绝缘隔离式（内屏蔽）填充式挡潮层聚乙烯护套双层纵包轧纹带铠装聚乙烯套市内通信电缆	直埋
HYATG33	铜芯实心聚烯烃绝缘隔离式（内屏蔽）填充式挡潮层聚乙烯护套单细钢丝铠装聚乙烯套市内通信电缆	水下
HYATG43	铜芯实心聚烯烃绝缘隔离式（内屏蔽）填充式挡潮层聚乙烯护套单粗钢丝铠装聚乙烯套市内通信电缆	水下

注：1. 小容量 HYAG、HYFAG、HYPAG、HYATG、HYFATG、HYPATG 电缆可架空安装在悬挂线上。

2. 阻燃结构通信电缆的符号、代号应按 GB/T 19666—2005 中的相关规定执行。

表 3-1-9　HYAG 型电缆规格

型　　号	标　称　对　数
	导体标称直径 0.5mm、0.6mm、0.8mm
全部型号	10、20、30、40、50、100、200

1.1.2　市内通信电缆的结构

1. 导体

导体应采用符合 GB/T 3953—2009《电工圆铜线》规定的 TR 型软圆铜线，其标称直径为 0.32mm、0.4mm、0.5mm、0.6mm、0.7mm、0.8mm、0.9mm。导体接续处的抗拉强度应不低于相邻无接续处抗拉强度的 90%。成品电缆上导体的断裂伸长率应符合下列规定：

1）标称直径 0.4mm 及以下，不小于 10%；

2）标称直径 0.4mm 以上，不小于 15%。

2. 绝缘

绝缘料应采用纯净的低密度、中密度或高密度聚乙烯或加入适量稳定剂的聚丙烯，其密度应符合表 3-1-10 的规定。

表 3-1-10　绝缘材料密度

材料名称	密度/(g/cm³)
低密度聚乙烯	0.925 及以下
中密度聚乙烯	0.926 ~ 0.940
高密度聚乙烯	0.941 及以上
聚丙烯	0.895 ~ 0.915

绝缘结构应是实心聚烯烃或泡沫聚烯烃或带皮泡沫聚烯烃，采用泡沫聚烯烃或带皮泡沫聚烯烃绝缘时，由发泡工艺产生的气泡应沿圆周均匀分布，气泡间应互不连通。绝缘应连续地挤包在导体上，其厚度应使成品电缆符合规定的电气要求，绝缘能经受直流火花试验机检验，对于实心聚烯烃绝缘芯线的试验电压应为 2.0 ~ 6.0kV，对于泡沫聚烯烃绝缘和带皮泡沫聚烯烃绝缘单线的试验电压应为 1.0 ~ 3.0kV。当针孔或缺陷超过规定时，允许修复，修复后的绝缘线芯应满足规定要求。绝缘线芯应采用颜色识别标志，颜色应符合 GB/T 6995.2—2008 或美国 REA PE－39 的规定，绝缘线芯颜色应不迁移。

3. 线对

由分别称作 a 线和 b 线的两根不同颜色的绝缘线芯均匀地绞合成线对，成品电缆中任意线对的绞合节距在 3m 长度上测得的算术平均值应不大于 150mm。

4. 缆芯

缆芯由若干超单位绞合而成，或者由若干基本单位或子单位直接绞合而成。超单位分为 3 种：50 对超单位、100 对超单位和 200 对超单位。50 对超单位由 2 个基本单位［2×(12+13)］组成，100 对超单位由 4 个基本单位组成，200 对超单位由 8 个基本单位组成。200 对超单位仅适用于标称对数为 3600 对的电缆。基本单位由 25 个线对通过同心式或交叉式绞合而成，基本单位中所有线对的绞合节距应不相同。必要时，可将若干线对绞合成等效于一个基本单位的若干子单位，扎带颜色均应与所代替的基本单位相同，再将这些子单位绞合成超单位或缆芯。20 对及以下电缆应采用同心式或交叉式结构，所有线对的绞合节距应各不相同。缆芯应包覆非吸湿性的绝缘带，并可在外面用非吸湿性丝（带）扎紧，对于填充式电缆，绝缘带应与填充混合物相容。各种缆芯的推荐结构见表 3-1-11。

表 3-1-11　推荐的缆芯结构排列

标称对数	非隔离式电缆	隔离式电缆
10	同心式或交叉式	5+5
20	同心式或交叉式	10+10
30	(8+9+8)+5	(7+8)+(10+5)
50	2×(12+13)	(12+13)+(12+13)
100	4×25　　1×25+3×(12+13)	(2×25)+(2×25)
200	(1×50)+6×25　　(2+6)×25 (1+7)×25　　4×50	(1×25+3×25)+(1×25+3×25)
300	(3+9)×25　(1+5)×50　3×100	—
400	(1+5+10)×25　　1×100+6×50 4×100	—

（续）

标称对数	非隔离式电缆		隔离式电缆
600	(3+9)×50	(1+5)×100	—
800	(1+5+10)×50	(1+7)×100	—
900	(1+6+11)×50	4×50+7×100	—
1000	(1+7+12)×50	(2+8)×100	—
1200	(3+8+13)×50	(3+9)×100	—
1600	(1+5+10)×100		—
1800	(1+6+11)×100		—
2000	(1+7+12)×100		—
2400	(3+8+13)×100		—
2700	(3+9+15)×100		—
3000	(1+5+10+14)×100		—
3300	(1+6+11+14)×100		—
3600	(1+6+12+17)×100	(1+6+11)×200	—

5. 基本单位内绝缘线芯的色谱

基本单位绝缘线芯色谱见表3-1-12，同心式绞合基本单位线对的排列应顺层顺序，第一个线对应在最内层。

表3-1-12　基本单位绝缘线芯色谱

线对序号		1	2	3	4	5	6	7	8	9	10	11	12	13
绝缘线芯颜色	a线	白	白	白	白	白	红	红	红	红	红	黑	黑	黑
	b线	蓝	橘	绿	棕	灰	蓝	橘	绿	棕	灰	蓝	橘	绿
线对序号		14	15	16	17	18	19	20	21	22	23	24	25	
绝缘线芯颜色	a线	黑	黑	黄	黄	黄	黄	黄	紫	紫	紫	紫	紫	
	b线	棕	灰	蓝	橘	绿	棕	灰	蓝	橘	绿	棕	灰	

6. 基本单位、超单位的扎丝（带）及色谱

基本单位和超单位应螺旋疏绕不同颜色的非吸湿性扎丝（带），其色谱见表3-1-13，其颜色应符合GB/T 6995.2—2008中的规定。超单位或基本单位的排列应顺层顺序，第1个超单位或基本单位应在最内层，顺绞方向应与基本单位内绝缘线芯的顺绞方向一致。

7. 铝－聚乙烯粘结护套（挡潮层聚乙烯护套）

铝－聚乙烯粘结护套由纵包成形的双面铝塑复合带与挤包在其上的聚乙烯套粘结而成，填充式电缆可采用其他形式的挡潮层。铝塑复合带的铝带标称厚度应不小于0.15mm，铝带应双面复合塑性聚合物薄膜，铝塑复合带可以轧纹也可以不轧纹。铝塑复合带纵包重叠部分宽度应不小于6mm，缆芯直径9.5mm及以下的小直径电缆的纵包重叠部分宽度应不小于铝带中心线圆周长的20%。铝塑复合带可以接续，接续时，应先去除塑性聚合物，并净化金属表面，使铝带接头的机械、电气性能良好，其抗拉强度应不小于相邻段同样长度无接续铝塑复合带抗张强度的80%，接续后应恢复接续处的塑性聚合物层。

聚乙烯套应采用表3-1-10规定的低密度或中密度聚乙烯，聚乙烯中应含有(2.6±0.25)%的炭黑，炭黑分布应均匀。特殊要求的电缆，可采用高密度聚乙烯或线性低密度聚乙烯。聚乙烯套应粘附在铝塑复合带上，两者之间的剥离强度应不小于0.8N/mm。对非填充式电缆及有内护套的填充式电缆的铝塑复合带重叠部分的热封强度应不小于0.8N/mm。

聚乙烯套表面应光滑平整，不应有孔洞、裂缝、凹陷等缺陷。特殊要求的电缆，可采用高密度聚乙烯或线性低密度聚乙烯或无卤阻燃材料。

8. 外护层

外护层应符合GB/T 2952—2008中的规定。

9. 预备线对

电缆允许增加预备线对，100对及以上的非隔离式电缆预备线对数量应不超过电缆标称线对数的1%，并不超过6对，导体标称直径0.32mm的电缆可最多不超过10对，预备线对应置于缆芯空隙中，预备线对可以单独放置，也可绞合后放置，但不允许放置在超单位内。

预备线对的各项要求与标称线对相同，其色谱见表3-1-14。

表 3-1-13　基本单位和超单位的扎丝（带）色谱

单位		超单位扎丝（带）色谱																							
		白				红				黑				黄				紫				蓝			
序号	扎丝（带）色谱	超单位序号			线对序号	超单位序号			线对序号	超单位序号			线对序号	超单位序号			线对序号	超单位序号			线对序号	超单位序号			线对序号
		200	100	50		200	100	50		200	100	50		200	100	50		200	100	50		200	100	50	
		对	对	对		对	对	对		对	对	对		对	对	对		对	对	对		对	对	对	
1	白蓝	1	1	1	1～25	4	7	13	601～625	7	13	25	1201～1225	10	19	37	1801～1825	13	25	49	2401～2425	16	31	61	3001～3025
2	白橙				26～50				626～650				1226～1250				1826～1850				2426～2450				3026～3050
3	白绿			2	51～75			14	651～675			26	1251～1275			38	1851～1875			50	2451～2475			62	3030～3075
4	白棕				76～100				676～700				1276～1300				1876～1900				2476～2500				3076～3100
5	白灰		2	3	101～125		8	15	701～725		14	27	1301～1325		20	39	1901～1925		26	51	2501～2525		32	63	3101～3125
6	红蓝				126～150				726～750				1326～1350				1926～1950				2526～2550				3126～3150
7	红橙			4	151～175			16	751～775			28	1351～1375			40	1951～1975			52	2551～2575			64	3151～3175
8	红绿				176～200				776～800				1376～1400				1976～2000				2575～2600				3176～3200
9	红棕	2	3	5	201～225	5	9	17	801～825	8	15	29	1401～1425	11	21	41	2001～2025	14	27	53	2601～2625	17	33	65	3201～3225
10	红灰				226～250				826～850				1426～1450				2026～2050				2626～2650				3226～3250
11	黑蓝			6	251～275			18	851～875			30	1451～1475			42	2051～2075			54	2651～2675			66	3251～3275
12	黑橙				276～300				876～900				1476～1500				2076～2100				2676～2700				3276～3300
13	黑绿		4	7	301～325		10	19	901～925		16	31	1501～1525		22	43	2101～2125		28	55	2701～2725		34	67	3301～3325
14	黑棕				326～350				926～950				1525～1550				2126～2150				2726～2750				3326～3325
15	黑灰			8	351～375			20	951～975			32	1551～1575			44	2151～2175			56	2751～2775			68	3351～3375
16	黄蓝				376～400				976～1000				1576～1600				2176～2200				2776～2800				3376～3400
17	黄橙	3	5	9	401～425	6	11	21	1001～1025	9	17	33	1601～1625	12	23	45	2201～2225	15	29	57	2801～2825	18	35	69	3401～3425
18	黄绿				426～450				1026～1050				1626～1650				2226～2250				2826～2850				3426～3450
19	黄棕			10	451～475			22	1051～1075			34	1651～1675			46	2251～2275			58	2851～2875			70	3451～3475
20	黄灰				476～500				1076～1100				1676～1700				2276～2300				2876～2900				3476～3500
21	紫蓝		6	11	501～525		12	23	1101～1125		18	35	1701～1725		24	47	2301～2325		30	59	2901～2925		36	71	3501～3525
22	紫橙				526～550				1126～1150				1726～1750				2326～2350				2926～2950				3526～3550
23	紫绿			12	551～575			24	1151～1175			36	1751～1775			48	2351～2375			60	2951～2975			72	3551～3575
24	紫棕				576～600				1176～1200				1176～1800				2376～2400				2976～3000				3575～3600

表 3-1-14 预备线对的色谱

线对序号		预备线对									
		1	2	3	4	5	6	7	8	9	10
绝缘线芯颜色	a线	白	白	白	白	红	红	红	黑	黑	黄
	b线	红	黑	黄	紫	黑	黄	紫	黄	紫	紫

10. 电缆端别

除20对及以下电缆外，电缆应分端别。面向电缆端头，如组成缆芯的超单位或基本单位的色谱为顺时针方向，则此端为电缆A端，端头应为红色标志，另一端为B端，端头应为绿色标志。

11. 自承式市内通信电缆

自承式市内通信电缆是把吊索与电缆在结构上结合在一起的架空通信电缆，形状像一个8字，又名“8字形电缆”。自承式电缆结构如图3-1-1所示。

电缆架空敷设垂弧重力全部由上方的悬挂钢绞线承受，一般采用7根镀锌钢丝正规绞合，绞合后钢线有两种规格，外径为6.0mm的钢线其拉力不小于25.84kN，外径为4.8mm钢线其拉力不小于16.53kN。悬挂绞线护套最小厚度为1.0mm。颈脖高h为(3.1±0.5)mm，颈脖宽b为(2.5±0.6)mm。电缆规格、对数及电缆尺寸、悬挂线拉力见表3-1-15。

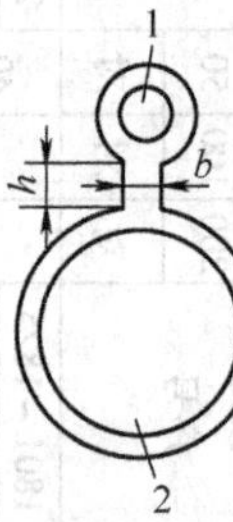

图3-1-1 自承式电缆结构截面图

1—悬挂线 2—电缆

h—颈脖高 b—颈脖宽

表 3-1-15 电缆规格、对数及电缆尺寸、悬挂线拉力

标称	对数		10	20	30	50	100	200	300
导体标称直径	0.4	缆芯外的最小护套厚度/mm	1.4	1.4	1.4	1.4	1.4	1.6	1.6
		有护套缆芯外径最大/mm	11.5	13.5	15	17.5	22.5	28.5	32.5
		悬挂绞线拉断力最小/kN	16	16	16	16	16	25	25
	0.5	缆芯外的最小护套厚度/mm	1.4	1.4	1.4	1.4	1.4	1.6	1.6
		有护套缆芯外径最大/mm	12.5	15	17	20	25.5	32	38
		悬挂绞线拉断力最小/kN	16	16	16	16	16	25	25
	0.6	缆芯外的最小护套厚度/mm	1.4	1.4	1.4	1.4	1.6	1.8	—
		有护套缆芯外径最大/mm	14	17	19.5	23	29	38.5	—
		悬挂绞线拉断力最小/kN	16	16	16	16	25	25	—
	0.8	缆芯外的最小护套厚度/mm	1.4	1.4	1.4	1.6	1.8	—	—
		有护套缆芯外径最大/mm	17.5	21	24.5	29	38.5	—	—
		悬挂绞线拉断最小/kN	16	16	16	25	25	—	—

12. 隔离式市内通信电缆

隔离式市内通信电缆是为了达到双向脉码调制（PCM）传输通信而设计的电话电缆，这种电缆在较高频率（如1024kHz）下进行测试，与其他电缆相比有较好的近端串音衰减。隔离带将电缆缆芯分为两部分，可使电缆所有线对开通PCM传输通信。隔离带采用0.1mm厚双面涂塑铝带，在缆芯内放置隔离带将全部线芯一分为二，使隔离带两边的线对数目相等。隔离型式有“C”型、“Z”型和“D”型。“C”型隔离PCM电缆缆芯结构如图3-1-2所示。

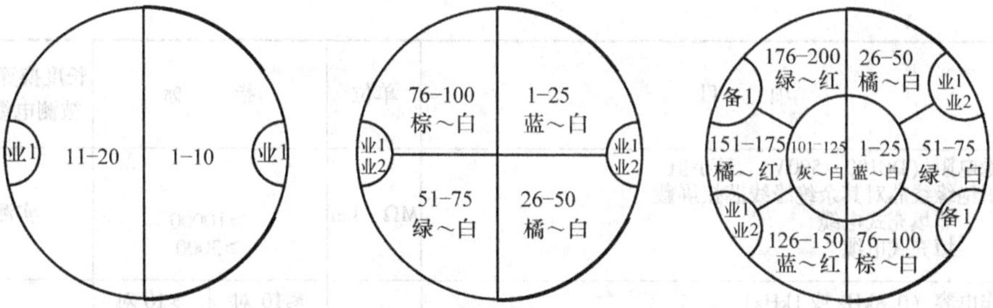

a)　　b)　　c)

图 3-1-2　隔离式电缆缆芯结构示意图

a) 20 对 +2 业务线对　b) 100 对 +4 业务线对　c) 200 对 +4 业务线对 +2 预备对

1.1.3　市内通信电缆的电气性能（见表 3-1-16）

表 3-1-16　市内通信电缆的电气性能

序号	项　目	单位	指　标		长度换算关系（L 为被测电缆长度/km）
1	单根导体直流电阻（+20℃），最大值 导体标称直径/mm 0.32 0.4 0.5 0.6 0.7 0.8 0.9	Ω/km	 ≤236.0 ≤148.0 ≤95.0 ≤65.8 ≤48.0 ≤36.6 ≤29.5		实测值 ×1/L
2	导体电阻不平衡 导体标称直径/mm 0.32 0.4 0.5 0.6 0.7 0.8 0.9	%	最大值 ≤6.0 ≤5.0 ≤5.0 ≤4.0 ≤4.0 ≤4.0 ≤4.0	平均值 ≤2.5 ≤2.0 ≤1.5 ≤1.5 ≤1.5 ≤1.5 ≤1.5	—
3	绝缘电气强度① 1）实心聚烯烃绝缘 导体之间 （3s，DC 2000V）或（1min，DC 1000V） 导体对隔离带（隔离式电缆） （3s，DC 5000V）或（1min，DC 2500V） 导体对屏蔽 （3s，DC 6000V）或（1min，DC 3000V） 2）泡沫、带皮泡沫聚烯烃绝缘 导体之间 （3s，DC 1500V）或（1min，DC 750V） 导体对隔离带（隔离式电缆） （3s，DC 5000V）或（1min，DC 2500V） 导体对屏蔽 （3s，DC 6000V）或（1min，DC 3000V）	—	 不击穿 不击穿 不击穿 不击穿 不击穿 不击穿		—

（续）

序号	项　　目	单位	指　　标		长度换算关系（L为被测电缆长度/km）
4	绝缘电阻（DC100～500V），最小值 每根绝缘线芯对其余绝缘线芯接屏蔽 非填充式电缆 填充式电缆	MΩ·km	≥10000 ≥3000		实测值×L
5	工作电容（0.8kHz或1kHz） 平均值 最大值	nF/km	≤10对 52.0±4.0 ≤58.0	>10对 52.0±2.0 ≤57.0	实测值×1/L
6	电容不平衡 1）线对间电容不平衡　最大值 导体标称值/mm：0.32，0.4，0.5 0.6，0.7，0.8，0.9 2）线对对地最大值	pF/km	 ≤250 ≤200 ≤2630		$\dfrac{\text{实测值}}{0.5(L+\sqrt{L})}$
	3）线对对地（>10对）　平均值 导体标称值/mm：0.32，0.4，0.5 0.6，0.7，0.8，0.9		 ≤570 ≤490（570）		实测值×1/L
7	固有衰减（+20℃）	dB/km	150kHz	1024kHz	实测值×1/L
	1）实心聚烯烃绝缘非填充式电缆　平均值 大于10对的电缆，导体标称直径/mm				
	0.32		≤16.8	≤33.5	
	0.4		≤12.1	≤27.3	
	0.5		≤9.0	≤22.5	
	0.6		≤7.2	≤18.5	
	0.7		≤6.3	≤15.8	
	0.8		≤5.7	≤13.7	
	0.9		≤5.4	≤12.0	
	2）实心聚烯烃绝缘填充式电缆　平均值 大于10对的电缆，导体标称直径/mm				
	0.32		≤16.0	≤31.1	
	0.4		≤11.7	≤23.6	
	0.5		≤8.2	≤18.6	
	0.6		≤6.7	≤15.8	
	0.7		≤5.5	≤13.8	
	0.8		≤4.7	≤12.3	
	0.9		≤4.1	≤11.1	
	3）泡沫、带皮泡沫聚烯烃绝缘非填充式电缆　平均值 大于10对的电缆，导体标称直径/mm				
	0.32		≤17.3	≤36.0	
	0.4		≤12.6	≤29.3	
	0.5		≤9.3	≤24.1	
	0.6		≤7.4	≤19.8	
	0.7		≤6.4	≤16.9	
	0.8		≤5.8	≤14.6	
	0.9		≤5.5	≤12.8	
	4）泡沫、带皮泡沫聚烯烃绝缘填充式电缆　平均值 大于10对的电缆，导体标称直径/mm				
	0.32		≤17.0	≤32.9	
	0.4		≤12.1	≤26.5	
	0.5		≤9.0	≤21.8	
	0.6		≤7.2	≤18.0	
	0.7		≤6.3	≤15.3	
	0.8		≤5.7	≤13.3	
	0.9		≤5.4	≤11.7	
	5）小于等于10对的电缆		平均值不大于10对以上同一型式电缆最大平均值的110%		

（续）

序号	项　目	单位	指　标		长度换算关系（L 为被测电缆长度/km）
8	近端串音衰减（1024kHz）	dB	M—S		当电缆长度小于 0.3km 时按照下式计算： 实测值 + 10lg $\frac{1-10^{-(\alpha\times L/5)}}{1-10^{-(\alpha\times 0.3/5)}}$ 式中，α 为线对衰减，dB/km
	1）非隔离式电缆　长度≥0.3km				
	10 对电缆内线对间全部组合		M—S≥53		
	12 对、13 对子单位内线对间全部组合		M—S≥54		
	20 对、30 对电缆或基本单位内线对间全部组合		M—S≥58		
	相邻 12 对、13 对子单位间全部线对组合		M—S≥63		
	相邻基本单位间全部线对组合		M—S≥64		
	超单位内两个相对基本单位或子单位间线对全部组合		M—S≥70		
	不同超单位内基本单位间线对全部组合		M—S≥79		
	不同超单位内子单位间线对全部组合		M—S≥77		
	2）隔离式电缆　长度≥0.3km 高频隔离带两侧的线对间全部组合				
	电缆内线对总数　10		M—S≥70		
	20		M—S≥77		
	30		M—S≥80		
	50 及以上		M—S≥84		
9	远端串音防卫度	dB/km	非隔离式电缆（150kHz）	隔离式电缆（1024kHz）	实测值 + 10lg$L$
	1）12、13 对子单位内或 10 对（或小于 10 对）或 20 对电缆内线对间的全部组合 功率平均值		≥68	≥51	
	2）基本单位内或 30 对及以上电缆内线对间的全部组合 功率平均值		≥68	≥52	
	3）任意线对组合串音防卫度最小值		≥58	≥41	
10	屏蔽铝带和高频隔离带的连续性	—	电气连续		—
11	线芯混线、断线	—	无混线，无断线		—

注：1. 在所有情况中，小于 100m 的电缆应看作等于 100m。
2. 括号内为泡沫及带皮泡沫聚烯烃绝缘电缆指标。
3. 如在 1 个基本单位（子单位）内或 10 对或 20 对电缆内，同一线对对其他线对组合的远端串音防卫度出现两个或两个以上的数值在 52dB（含 52dB）与 58dB 之间时，则计算的电气特性变异线对为 1 对。

① 绝缘强度检验时，也可以采用交流电压，其测试电压的有效值 $V_{AC}=V_{DC}/\sqrt{2}$。

1.1.4　市内通信电缆的机械物理性能与环境性能（见表 3-1-17）

表 3-1-17　电缆的机械物理性能和环境性能

序号	项目	试验条件和指标
1	填充式电缆渗水性能 试验温度、水高度、试验时间	试验后，应无水渗出（23、33、43 型的铠装层可不检验） （20±5）℃，1m 高度，24h
2	填充式电缆的滴流性能 处理温度、时间	应无填充复合物从缆芯与护套的界面上流出 （65±1）℃，24h
3	电缆低温弯曲性能[（−25±2）℃，4h] 电缆外径<40mm 电缆外径≥40mm	试验后，护套弯曲处应无目力可见的裂纹，铝带裂纹 轴心直径 = 电缆外径的 15 倍 轴心直径 = 电缆外径的 20 倍

（续）

序号	项目	试验条件和指标
4	阻燃电缆的燃烧特性	阻燃特性：应通过单根垂直燃烧试验 低烟特性：燃烧烟雾不应使透光率小于50% 当用于进局或隧道时，还应符合 无卤特性：燃烧气体的 pH 值应≥4.3，电导率≤10μS/mm

1.1.5 市内通信电缆的环保性能

随着世界各国对环境问题的日益关注，生产和制造环保无公害产品成为全球性的发展趋势，电线电缆行业对环保方面的要求越来越高。当用户有要求时，电缆组成材料应按照 SJ/T 11363—2006 中的规定进行分类，电缆用均一材料（EIP－A 类）中禁用的有毒有害物质限量应符合表 3-1-18 中的规定。

表 3-1-18 电缆的有毒有害物质限量

种类	物质	含量限值（$\times10^{-6}$）
重金属	铅及其化合物	≤800
	镉及其化合物	≤70
	汞及其化合物	≤100
	6 价铬的化合物	≤800
有机溴化物	多溴联苯（PBB）	≤800
	多溴二苯醚（PBDE）	≤800

1.1.6 交货长度

电缆交货长度见表 3-1-19。允许以 100m 以上的短段交货，其数量应不超过交货总长度的 10%。根据协议，允许按协议规定的长度及偏差交货。

表 3-1-19 电缆的交货长度

电缆标称外径 D/mm	交货长度/m	允许偏差（%）
D≤35.0	1000，1500，2000	－5～＋10
35.5＜D≤45.0	1000	
45.0＜D≤70.0	500	
70.0＜D	250	

1.1.7 规格与重量

HYA 型电缆规格与重量见表 3-1-20，HYFA 型电缆规格与重量见表 3-1-21，HYPAT 型电缆规格与重量见表 3-1-22，HYAC 型电缆规格与重量见表 3-1-23，铠装电缆外径与重量的增加量见表 3-1-24。

表 3-1-20 HYA 型电缆规格与重量

标称对数	导线直径/mm									
	0.32		0.40		0.50		0.60		0.80	
	电缆外径/mm	参考重量/(kg/km)	电缆外径/mm	参考重量/(kg/km)	电缆外径/mm	参考重量/(kg/km)	电缆外径/mm	参考重量/(kg/km)	电缆外径/mm	参考重量/(kg/km)
10			8.5	95	9.5	115	11	140	14	210
20			10.5	130	12	180	14	220	18	350
30			12	170	14	230	16	300	21	490
50			14	230	17	340	20	450	26	760
100			19	430	22	610	26	840	35	1440
200			25	770	29	1130	35	1590	49	2730
300			29	1125	35	1660	43	2300	59	4000
400			33	1410	40	2110	49	3030	67	6400
600			39	2020	48	3110	59	4450	79	7650
800			45	2650	55	4100	67	5850		
900			47	2950	58	4500	71	6500		
1000			49	3280	61	5020	74	7200		
1200			53	3920	66	5990	81	8600		
1600			61	5150	75	7850				
1800			64	5750	78	8800				
2000	56	4280	67	6350	83	9700				
2400	61	5100	72	7550						
2700	64	5700								
3000	67	6300								
3300	69									
3600	72									

表 3-1-21　HYFA 型电缆规格与重量

标称对数	导线直径/mm									
	0.32		0.40		0.50		0.60		0.80	
	电缆外径/mm	参考重量/(kg/km)	电缆外径/mm	参考重量/(kg/km)	电缆外径/mm	参考重量/(kg/km)	电缆外径/mm	参考重量/(kg/km)	电缆外径/mm	参考重量/(kg/km)
10			8.5		9.5		10		12	
20			10		11.5		12		16	
30			11		13		14		18	
50			13	215	16	300	17	400	22	660
100			18	370	21	530	23	750	31	1260
200			22	680	27	1000	31	1380	42	2400
300			26	970	33	1480	38	2030	51	3530
400			29	1250	37	1920	43	2650	58	4680
600			35	1850	45	2800	52	3910	70	6910
800			40	2450	51	3660	59	5160		
900			43	2700	54	4120	62	5760		
1000			45	2980	57	4550	65	6450		
1200			48	3550	61	5400	71	7670		
1600			55	4680	70	7150				
1800			58	5200	74	8000				
2000	49		61	5800	77	8820				
2400	53		67	6900						
2700	57									
3000	60									
3300	62									
3600	65									

表 3-1-22　HYPAT 型电缆规格与重量

标称对数	导线直径/mm									
	0.32		0.40		0.50		0.60		0.80	
	电缆外径/mm	参考重量/(kg/km)	电缆外径/mm	参考重量/(kg/km)	电缆外径/mm	参考重量/(kg/km)	电缆外径/mm	参考重量/(kg/km)	电缆外径/mm	参考重量/(kg/km)
10			9	100	10	130	11	160	14	240
20			11	150	12	200	14	260	17	400
30			13	200	14	270	16	350	21	560
50			15	280	17	400	20	530	25	870
100			20	480	22	690	26	1010	35	1670
200			25	880	30	1300	36	1880	48	3210
300			31	1300	36	1900	43	2780	58	4740
400			35	1690	42	2500	50	3640	66	6220
600			42	2480	50	3690	60	5310	79	9100
800			48	3260	57	4840	68	6940		
900			51	3600	60	5400	72	7740		
1000			53	4000	63	5960	75	8540		
1200			57	4720	68	7160	82	10100		
1600			65	6230	78	9400				
1800			68	6980	83	10400				
2000	57		71	7700						
2400	62		78	9100						
2700	66									
3000	69									
3300	72									

表 3-1-23 HYAC 型电缆规格与重量

标称对数	导线直径/mm									
	0.32		0.40		0.50		0.60		0.80	
	电缆外径/mm	参考重量/(kg/km)	电缆外径/mm	参考重量/(kg/km)	电缆外径/mm	参考重量/(kg/km)	电缆外径/mm	参考重量/(kg/km)	电缆外径/mm	参考重量/(kg/km)
10			8.5	300	9.5	320	11	350	13	410
20			10.5	340	12	380	14	430	17	550
30			12	380	14	440	16	510	21	710
50			14	450	17	550	20	680	25	970
100			19	630	22	820	26	1050	35	1640
200			25	970	29	1330	35	1790		
300			29	1320	35	1850				

表 3-1-24 铠装电缆外径与重量的增加量

单层钢带铠装型电缆			双层钢带铠装型电缆		
基本电缆外径/mm	近似重量增加量/(kg/km)	近似外径增加量/mm	基本电缆外径/mm	近似重量增加量/(kg/km)	近似外径增加量/mm
10	113	4	11	183	6
13	139	4	13	228	6
15	163	4	16	267	6
18	188	4	18	307	6
20	208	4	21	343	6
23	260	5	23	400	7
25	286	5	26	437	7

1.2 铁路用通信、信号电缆

随着铁路的飞速发展，铁路信号技术发生了重大变化，车站、区间和列车控制一体化、铁路通信信号技术的相互融合、行车调度指挥自动化等技术，冲破了功能单一、控制分散、通信信号相对独立的传统技术理念，推动了铁路信号技术向数字化、智能化、网络化和综合化的方向发展。为此，新技术的进步，旧产品的淘汰及市场的不同需求，产生了一大批新用途及新结构的铁路用通信及信号电缆，包括铁路信号电缆、铁路数字信号电缆、铁路长途对称通信电缆、应答器数据传输电缆、铜线编织屏蔽应答器数据传输电缆、铁路长途对称光电综合缆、铁路计轴电缆等一系列产品。下面介绍铁路用通信电缆及信号电缆的型号规格、用途、性能指标、敷设方式、技术特点等内容。

1.2.1 铁路长途对称通信电缆

1. 适用范围

适用于长途干线通信线路和区间通信，其中0.9mm低频四线组用于音频通信，0.6mm、0.7mm对绞组用于音频通信，0.6mm、0.7mm绝缘单线用于信号传递、报警、遥控。屏蔽性能优良，适宜于电气化区段或其他强电干扰的地区敷设。

2. 使用特性

1）电缆的使用环境温度为-40~60℃，敷设的环境温度不应低于-10℃。

2）电缆的长期工作温度应不超过70℃。

3）铝护套电缆的允许弯曲半径应不小于电缆外径的20倍。

4）铝护套电缆具有良好的屏蔽性能，可用于铁路电气化区段。

3. 技术特点

1）屏蔽系数不大于0.1，具有优越的屏蔽性能，提高了电缆的安全可靠性。

2）油膏填充型电缆具有优越的横纵向阻水功能。

3）采用“皮-泡-皮”物理发泡聚烯烃绝缘结构，降低了电缆传输衰耗。

4. 铁路长途对称通信电缆型号、名称及敷设方式

铁路长途对称通信电缆型号、名称及敷设方式见表3-1-25。

表3-1-25 铁路长途对称通信电缆型号、名称及敷设方式

分类	型号	名称	敷设方式
长途对称低频通信电缆	HEYFL03	皮-泡-皮聚乙烯绝缘、铝护套、聚乙烯外护套长途对称低频通信电缆	直埋、沟槽、管道
	HEYFL02	皮-泡-皮聚乙烯绝缘、铝护套、聚氯乙烯外护套长途对称低频通信电缆	直埋、沟槽、管道
	HEYFL23	皮-泡-皮聚乙烯绝缘、铝护套、钢带铠装、聚乙烯外护套长途对称低频通信电缆	直埋、沟槽、管道
	HEYFL22	皮-泡-皮聚乙烯绝缘、铝护套、钢带铠装、聚氯乙烯外护套长途对称低频通信电缆	直埋、沟槽、管道
阻水油膏填充长途对称低频通信电缆	HEYFLT03	皮-泡-皮物理发泡聚乙烯绝缘、阻水油膏填充、铝护套、聚乙烯外护套长途对称低频通信电缆	直埋、沟槽、管道
	HEYFLT02	皮-泡-皮物理发泡聚乙烯绝缘、阻水油膏填充、铝护套、聚氯乙烯外护套长途对称低频通信电缆	直埋、沟槽、管道
	HEYFLT23	皮-泡-皮物理发泡聚乙烯绝缘、阻水油膏填充、铝护套、钢带铠装、聚乙烯外护套长途对称低频通信电缆	直埋、沟槽、管道
	HEYFLT22	皮-泡-皮物理发泡聚乙烯绝缘、阻水油膏填充、铝护套、钢带铠装、聚氯乙烯外护套长途对称低频通信电缆	直埋、沟槽、管道
长途对称高、低频综合通信电缆	HEYFL03-156	皮-泡-皮物理发泡聚乙烯绝缘、铝护套、聚乙烯外护套长途对称高、低频综合通信电缆	直埋、沟槽、管道
	HEYFL02-156	皮-泡-皮物理发泡聚乙烯绝缘、铝护套、聚氯乙烯外护套长途对称高、低频综合通信电缆	直埋、沟槽、管道
	HEYFL23-156	皮-泡-皮物理发泡聚乙烯绝缘、铝护套、钢带铠装、聚乙烯外护套长途对称高、低频综合通信电缆	直埋、沟槽、管道
	HEYFL22-156	皮-泡-皮物理发泡聚乙烯绝缘、铝护套、钢带铠装、聚氯乙烯外护套长途对称高、低频综合通信电缆	直埋、沟槽、管道

5. 铁路长途对称通信电缆规格

电缆的规格以缆芯的组数表示，一组为一个星形四线组。其规格为1组、3组、4组、7组、12组、14组等。另外，根据需求，可在缆芯中任意添加信号对绞线或信号单根绝缘线芯。

6. 铁路长途对称通信电缆结构

（1）绝缘单线

1）导体应采用符合GB/T 3953—2009规定的TR型软圆铜线，其试验方法应符合GB/T 4909.2—2009中的规定。

2）通信导体线芯的标称直径为0.90mm，信号线芯导体的标称直径为0.70mm或0.60mm。在制造长度内，允许导体一次接头，导体接头处的抗拉强度不得小于无接头导体抗拉强度的90%。

3）绝缘为“皮-泡-皮”三层共挤物理发泡的绝缘结构；信号绝缘线芯绝缘为实心聚乙烯挤包的绝缘结构。

4）绝缘采用的绝缘材料应满足其各项性能指标的要求，绝缘厚度及绝缘外观应满足对其产品的质量要求，中间发泡层的气泡分布应均匀。

5）绝缘应具有完整性，其试验方法符合GB/T 3048.9—2007中的规定，并制成红、绿、白、蓝四种颜色。

（2）线组

1）信号对线组由两根不同颜色的绝缘线芯绞合而成。

2）星形四线组由四根不同颜色的绝缘线芯绞合而成，不同绞合节距的星形四线组应疏绕不同颜色的非吸湿性丝或带。

3）信号对线组和四线组均应为左向绞合。

（3）缆芯

1）除四芯电缆外，其他规格的缆芯最外层绞合方向为右向，相邻层绞向相反。

2）填充型电缆应在缆芯间隙内连续填充电缆阻水油膏或其他防潮材料。

3）缆芯外应重叠绕包非吸湿性绝缘材料带和具有良好隔热性能的包带。

（4）隔热层

1）缆度应能芯外允许包覆非吸湿性带或挤包聚乙烯套，隔热层的厚满足电缆对其绝缘性能的要求。

2）阻水油膏填充长途对称低频通信电缆隔热

层外应绕包适当厚度的阻水带材，以提高缆芯与铝护套之间的纵向防水性。

(5) 铝护套

1) 铝护套采用厚度为1.2mm±0.1mm的铝板用氩弧焊连续焊接工艺进行焊接，铝护套外涂敷一层厚度为0.2mm的防腐层。铝护套应密封、不漏气。其试验方法为在铝护套内充入压力不低于0.4MPa的干燥空气或氮气，气压稳定后6h内压力应不降低。填充型电缆铝护套与缆芯外挤包层之间的阻水带应进行渗水试验。

2) 铝护套外应均匀涂覆热熔胶或其他防腐材料，并挤包最小厚度为1.0mm的塑料套作为电缆的内垫层，允许采用其他满足性能的非吸湿性材料包覆。

(6) 铠装 采用镀锌钢带在内衬层外双钢带左向间隙绕包，绕包间隙应不大于钢带宽度的50%，且内层钢带的间隙应被外层钢带靠近中间部分所覆盖，搭盖率应不小于带宽的15%。

(7) 外护套 外护套采用无卤低烟阻燃护套料或聚乙烯等材料生产，护套标称厚度及要求符合GB/T 2952.2—2008中的规定，阻燃护套的性能应符合GB/T 19666—2005中的规定。

7. 铁路长途对称通信电缆主要电气性能（见表3-1-26）

表3-1-26 铁路长途对称通信电缆主要电气性能

序号	项目	指标	换算公式	试验方法
1	导电线芯直流电阻/(20℃Ω/km) 四线组 0.9mm 对线组 0.7mm 对线组 0.6mm	 ≤28.5 ≤48.0 ≤65.8	L/1000	GB/T 3048.4—2007
2	工作对导体直流电阻不平衡[①] 四线组 对线组	 ≤1% ≤2%	—	GB/T 3048.4—2007
3	绝缘电阻/MΩ·km 每根线芯对其他线芯（与屏蔽金属套连接） 四线组 填充型四线组 对线组	 ≥10000 ≥5000 ≥5000	1000/L	GB/T 3048.5—2007
4	绝缘介质强度/(2min，50Hz) 芯对地（所有线芯连接对屏蔽与金属套） 芯对芯	 1800V不击穿 1000V不击穿		GB/T 3048.8—2007
5	工作电容/(nF/km)(0.8~1.0kHz) 低频四线组 0.9mm 标准值 最大值 对线组 0.7mm 标准值 最大值 0.6mm 标准值 最大值 高频四线组 0.9mm 平均值 允许偏差 填充型电缆 四线组 0.9mm 标准值 最大值 对线组 0.7mm、0.6mm 标准值 最大值	 24.4 27.0 44.0 50.0 41 48 24.4 ±1.6 29.0 34.0 50.0 55.0	L/1000	GB/T 5441—2016

（续）

序号	项目	指标	换算公式	试验方法
6	电容耦合系数/(pF/km)(0.8～1.0kHz)			GB/T 5441—2016
	低频四线组　K_1　平均值	≤81	$\sqrt{L/500}$	
	最大值	330	$L/500$	
	K_9～K_{12}　平均值	≤168	$\sqrt{L/500}$	
	最大值	236	$L/500$	
	高频四线组　K_2 K_3	≤600	$L/500$	
7	对地电容不平衡系数/(pF/km)(0.8～1.0kHz)			GB/T 5441—2016
	$e_1 e_2$　平均值	≤330	$L/500$	
	最大值（其中允许有 10% 盘数的 $e_1 e_2$ 值≤1294pF/km）	800		
8	高频组 回路间远端串音防卫度/(dB/500m)(6～150kHz)		−10lg（$L/500$）	GB/T 5441—2016
	组内	≥71		
	组间	≥76		
	其中允许四个高频组的电缆有三个数据，三个高频组的电缆有两个数据	≥71		
	回路间远端串音防卫度/(dB/500m)(6～1.0kHz)	≥61		
	组内	≥65		
	组间			
9	高频组 绝对特性阻抗/Ω (150kHz)		—	GB/T 5441—2016
	标称值	175		
10	高频组 绝对衰减常数②/(dB/km)(20℃,150kHz)		$L/1000$	GB/T 5441—2016
	标称值	2.6		
	允许偏差	±0.2		

① 导体电阻不平衡，即工作线对两根导体的电阻之差与其电阻之和的比值。

② 20℃衰减温度系数推荐为 0.0021/℃。

1.2.2 铁路长途对称光电综合缆

1. 适用范围

可在电气化铁路区段、电力牵引供电系统或强电干扰条件下正常使用，另外这种综合缆也可传输光信息。

2. 使用特性

1）电缆的使用环境温度为 −40～60℃，敷设的环境温度不低于 −10℃。

2）电缆的长期工作温度应不超过 70℃。

3）允许弯曲半径应不小于电缆外径的 20 倍。

3. 技术特点

1）屏蔽系数不大于 0.1，具有良好的屏蔽性能，提高了电缆的安全可靠性。

2）采用“皮 - 泡 - 皮”物理发泡聚烯烃绝缘结构，降低了电缆传输衰耗。

3）光电综合缆在长途对称通信电缆的基础上，增加了光通信，拓宽了电缆的性能，可以较好地适应铁路跨域式、高速度的发展。

4）电缆具有良好的屏蔽性能，可用于需要传输光信息的铁路电气化区段。

4. 铁路长途对称光电综合缆型号、规格、名称及敷设方式（见表 3-1-27）

表 3-1-27　铁路长途对称光电综合缆型号、规格、名称及敷设方式

序号	型号	规格	名称	敷设方式	备　注
1	GDL23	nB + 7 × 4 × 0.9 + 9 × 2 × 0.7	皮 - 泡 - 皮聚乙烯绝缘、铝护套、钢带铠装、聚乙烯外护套长途对称低频通信光电综合缆	直埋、管道、悬挂	“n”表示光纤芯数，根据客户需求可更改
2		nB + 5 × 4 × 0.9 + 5 × 2 × 0.7			
3	GDLT23	nB + 7 × 4 × 0.9 + 9 × 2 × 0.7			阻水油膏填充型，具有阻水功能
4		nB + 5 × 4 × 0.9 + 5 × 2 × 0.7			

5. 铁路长途对称光电综合缆结构

（1）绝缘单线

1）导体应采用符合 GB/T 3953—2009 中规定的 TR 型软圆铜线，其试验方法应符合 GB/T 4909.2 中的规定。

2）通信导体线芯的标称直径为 0.90mm，信号线芯导体的标称直径为 0.70mm 或 0.60mm。在制造长度内，允许导体一次接头，导体接头处的抗拉强度不得小于无接头导体抗拉强度的 90%。

3）绝缘为“皮－泡－皮”三层共挤物理发泡的绝缘结构；信号绝缘线芯绝缘为实心聚乙烯挤包的绝缘结构。

4）绝缘采用的绝缘材料应满足其各项性能指标的要求，绝缘厚度及绝缘外观应满足对其产品的质量要求，中间发泡层的气泡分布应均匀。

5）绝缘应具有完整性，其试验方法符合 GB/T 3048.9—2007 中的规定，并制成红、绿、白、蓝四种颜色。

（2）线组

1）信号对线组由两根不同颜色的绝缘线芯绞合而成。

2）星形四线组由四根不同颜色的绝缘线芯绞合而成，不同绞合节距的星形四线组应疏绕不同颜色的非吸湿性丝或带。

3）信号对线组和四线组均为左向绞合。

（3）缆芯

1）缆芯最外层绞合方向为右向，相邻层绞向相反。

2）填充型电缆应在缆芯间隙内连续填充电缆阻水油膏或其他防潮材料。

3）缆芯外应重叠绕包或挤包非吸湿性绝缘材料带和具有良好隔热性能的包带。

（4）隔热层

1）缆度应能芯外允许包覆非吸湿性带或挤包聚乙烯套，隔热层的厚满足电缆对其绝缘性能的要求。

2）阻水油膏填充长途对称低频通信电缆隔热层外应绕包适当厚度的阻水带材，以提高缆芯与铝护套之间的纵向防水性。

（5）铝护套

1）铝护套采用厚度为 1.5mm ± 0.1mm 的铝板用氩弧焊连续焊接工艺进行焊接，铝护套外涂敷一层厚度为 0.2mm 的防腐层。铝护套应密封、不漏气。其试验方法为在铝护套内充入压力不低于 0.4MPa 的干燥空气或氮气，气压稳定后 6h 内压力不降低。填充型电缆铝护套与缆芯外挤包层之间的阻水带应进行渗水试验。

2）铝护套外应均匀涂覆热熔胶或其他防腐材料，并挤包最小厚度为 1.0mm 的塑料套作为电缆的内垫层，允许采用其他满足性能的非吸湿性材料包覆。

（6）铠装 采用镀锌钢带在内衬层外双钢带左向间隙绕包，绕包间隙应不大于钢带宽度的 50%，且内层钢带的间隙应被外层钢带靠近中间部分所覆盖，搭盖率应不小于带宽的 15%。

（7）外护套 外护套采用无卤低烟阻燃护套料或聚乙烯等材料生产，护套标称厚度及要求符合 GB/T 2952.2—2008 的规定，阻燃护套的性能应符合 GB/T 19666—2005 的规定。

（8）光单元结构

1）光纤。综合缆中应由有涂覆层的同类单模光纤组成，其芯数应符合综合缆规格的要求。同批综合缆产品应使用同一设计、相同材料和相同工艺制造出来的光纤。

光纤涂覆层表面应有全色色标，其颜色应符合 GB/T 6995.2—2008 中的规定，并且应保证不褪色、不迁移。

2）用于成缆的单模光纤的涂覆层结构及剥除力、光纤强度筛选水平及其动态疲劳参数值、模场直径和尺寸参数、截止波长、宏弯损耗和色散等应符合 GB/T 9771 中的有关规定。

3）松套管及其阻水材料。综合缆中涂覆光纤应放置在热塑性材料构成的松套管中，光纤在松套管中的余长应均匀稳定，每一松套管中的光纤数应不超过 12 芯。

松套管的尺寸应规定管外径和管壁厚度，其中外径标称直径应为 1.8～3.0mm，容差应不小于 ±0.1mm，厚度应随外径增大，其标称值应为 0.30～0.50mm，容差应不劣于 ±0.05mm，松套管标称尺寸可随管中的光纤芯数改变，但在同一综合缆中应相同。

松套管内各涂覆光纤的颜色不相同，其颜色应选自表 3-1-28 中规定的各种颜色，在不影响识别的情况下，允许使用本色代替表 3-1-28 中的某一种颜色。

表3-1-28　识别用全色谱

序号	1	2	3	4	5	6	7	8	9	10	11	12
颜色	蓝	橙	绿	棕	灰	白	红	黑	黄	紫	粉红	青绿

松套管应有识别色标，其颜色应符合GB/T 6995.2—2008中的规定，并且不褪色不迁移。这些色标宜为全色，也可为环状或条状的色标。

松套管材料可用聚对苯二甲酸丁二醇酯（简称PBT）塑料或其他合适的材料，PBT应符合YD/T 1118.1—2001中的规定。

在半干式综合缆中，松套管内的间隙应连续填充一种触变型的膏状复合物；在全干式综合缆中，松套管内的间隙中应放置一种固态阻水材料。

填充复合材料和阻水材料（含吸水后）应与其相邻的其他综合缆材料相容，应不损害光纤传输特性和使用寿命。填充复合材料应符合YD/T 839.3—2014中的规定。

4）填充绳。填充绳用于在松套管光纤绞层中填补空位，其外径应使缆芯圆整。填充绳应是圆形塑料绳，它的表面应圆整光滑，允许用阻水纱做填充绳。

5）加强构件。加强构件应在光单元的中心位置，它可以是金属的或非金属的，依综合缆型式而定。必要时，允许在缆芯四周适当的位置放置非金属辅助加强构件。这些加强构件应具有足够的截面积、杨氏模量和弹性应变范围，用以增强综合缆拉伸性能。

金属加强构件用高强度单圆钢丝，也可用由高强度钢丝构成的1×7单股钢丝绳。高强度钢丝是不锈钢丝，也可以是磷化钢丝，其表面应圆整光滑。单钢丝的杨氏模量应不低于190GPa，钢丝绳的有效杨氏模量应不低于170GPa。在光缆制造长度内金属加强构件不允许接头。

非金属中心加强构件宜用纤维增强塑料（简称FRP）圆杆，其杨氏模量值应不低于50GPa。非金属辅助加强构件宜用芳纶丝束，但也可采用对人体无害的其他高强度纤维束。在光缆制造长度内，FRP不允许接头，芳纶丝每束允许有1个接头，但在任意200m光缆长度内只允许1个丝束接头。

当采用钢丝绳时，应在其表面上挤包一层适当厚度的塑料垫层，并在垫层下采用适当的阻水措施，以防止钢丝绳间隙纵向渗水。当在半干式和全式结构中采用磷化钢丝时，应注意防止钢丝锈蚀和可能引起的光纤氢损问题，宜在其上挤包一层适当厚度的塑料垫层或采取其他有效方法；当采用单钢丝时，在其表面上也可挤包一层适当厚度的塑料垫层。垫层表面应圆整光滑，外径应适当，其材料应与填充复合物相容。

6. 铁路长途对称光电综合缆低频组主要电气性能（见表3-1-29）

表3-1-29　铁路长途对称光电综合缆低频组主要电气性能

序号	项　目	单位	指标	换算公式	试验方法
1	导电线芯直流电阻20℃ 四线组　0.9mm 对线组　0.7mm	Ω/km	 ≤28.5 ≤48.0	L/1000	GB/T 3048.4—2007
2	工作对导体直流电阻不平衡 四线组 对线组	%	 ≤1 ≤2	—	GB/T 3048.4—2007
3	绝缘电阻　DC　500V 四线组 填充型四线组 对线组	MΩ·km	 ≥10000 ≥5000 ≥5000	1000/L	GB/T 3048.5—2007
4	绝缘介质强度　50Hz　2min 芯对地　1800V 芯对芯　1000V	—	 不击穿 不击穿	—	GB/T 3048.5—2007

（续）

序号	项目	单位	指标	换算公式	试验方法
5	工作电容 0.8～1.0kHz 四线组 0.9mm 对线组 0.7mm 标准值 最大值 填充型光电综合缆 四线组 0.9mm 对线组 0.7mm 标准值 最大值	nF/km	 ≤27.0 ≤44.0 ≤50.0 ≤34 ≤50.0 ≤55.0	$L/1000$	GB/T 5441—2016
6	电容耦合系数 0.8～1.0kHz K_1 平均值 最大值 $K_9 \sim K_{12}$ 平均值 最大值	pF/km	 ≤81 ≤330 ≤168 ≤236	 $\sqrt{L/500}$ $L/500$ $\sqrt{L/500}$ $L/500$	GB/T 5441—2016
7	对地电容不平衡 0.8～1.0kHz e_1 e_2 平均值 最大值（其中允许有 10% 盘数的 e_1 e_2 值≤1294pF/km）	pF/km	 ≤330 ≤800	$L/500$	GB/T 5441.3—2016

7. 铁路长途对称光电综合缆光单元的主要性能（见表 3-1-30）

表 3-1-30 铁路长途对称光电综合缆光单元的主要性能

序号	项目	指标	试验方法
1	光单元结构尺寸		
1.1	松套管外径/mm	1.8～3.0	GB/T 2951.11—2008
1.2	松套管壁厚/mm	0.30～0.50	GB/T 2951.11—2008
2	光纤特性		
2.1	包层直径/μm	125.0±1.0	GB/T 15972.20—2008
2.2	涂覆层直径 /μm	245±10	GB/T 15972.20—2008
2.3	模场直径 /μm	8.6 ～ 9.5	GB/T 15972.45—2008
2.4	截止波长/nm	≤1260	GB/T 15972.44—2008
2.5	衰减系数 dB/km（@1310nm）	≤0.38（国家标准≤0.40）	GB/T 15972.40—2008
2.6	波长附加衰减/dB	≤0.05	GB/T 15972.40—2008
2.7	衰减不均匀性/dB（500m）	≤0.05	GB/T 15972.40—2008
	色散/(ps/(nm·km))（@1550nm）	≤18	GB/T 15972.42—2008

1.2.3 铁路信号电缆

1. 适用范围

适用于额定电压交流 500V 或直流 1000V 及以下传输铁路信号、音频信号或自动信号装置的控制电路，其中综合护套、铝护套铁路信号电缆具有一定的屏蔽性能，适宜于电气化区段或其他有强电干扰的地区敷设。

2. 使用特性

1）电缆的使用环境温度为 -40 ～ +60℃，敷设的环境温度不低于 -10℃。

2）电缆的长期工作温度应不超过 70℃。

3）电缆的允许弯曲半径，非铠装电缆应不小于电缆外径的 10 倍；铠装电缆应不小于电缆外径的15倍。

3. 技术特点

1）绝缘单线采用实心聚乙烯绝缘结构，物理性能优越，且耐压强度高。

2）本产品结构稳定，信息传输性能稳定。

4. 铁路信号电缆型号、规格、缆芯结构、名称及敷设方式（见表3-1-31和表3-1-32）

表3-1-31　铁路信号电缆型号、名称及敷设方式

型号	名　称	敷设方式
PTY03	聚乙烯绝缘聚乙烯护套铁路信号电缆	管道、悬挂
PTY23	聚乙烯绝缘钢带铠装聚乙烯外护套铁路信号电缆	直埋、管道、悬挂
PTYA23	聚乙烯绝缘综合护套钢带铠装聚乙烯外护套铁路信号电缆	直埋、管道、悬挂
PTYL23	聚乙烯绝缘铝护套双钢带铠装聚乙烯外护套铁路信号电缆	直埋、管道、悬挂

表3-1-32　铁路信号电缆规格及缆芯结构

规格		缆芯结构			规格		缆芯结构		
		四线组	对线组	绝缘线芯			四线组	对线组	绝缘线芯
4	1×4	1	—	—	28	7×4	7	—	—
6	3×2	—	3	—	30	7×4+2	7	—	2
8	4×2	—	4	—	33	7×4+5	7	—	5
9	4×2+1	—	4	1	37	7×4+3×2+3	7	3	3
12	3×4	3	—		42	7×4+4×2+6	7	4	6
14	3×4+2	3	—	2	44	7×4+4×2+8	7	4	8
16	4×4	4	—	—	48	12×4	12	—	—
19	4×4+3	4	—	3	52	12×4+4	12	—	4
21	4×4+5	4	—	5	56	14×4	14	—	—
24	5×4+1×2+2	5	1	2	61	14×4+5	14	—	5

5. 铁路信号电缆结构

（1）绝缘单线　导体应采用符合GB/T 3953—2009中规定的TR型软圆铜线，其标称直径为1.0mm，试验方法应符合GB/T 4909.2—2009中的规定。导体允许接头，每根芯线接头数量不大于2个/km，电缆所有芯线相邻接头间的距离大于300mm，接头的抗拉强度不小于相邻段相同长度无接头导体的90%。试验方法应符合GB/T 4909.3—2009中的规定。绝缘应采用聚乙烯塑料，并制成红、绿、白、蓝四种颜色。绝缘标称厚度为0.6mm，允许偏差为±0.1mm，试验方法应符合GB/T 2951.11—2008中的规定。

（2）线组

1）对线组由两根不同颜色的绝缘线芯绞合而成。

2）星形四线组由四根不同颜色的绝缘线芯绞合而成，不同绞合节距的星形四线组应疏绕不同颜色的非吸湿性丝或带。

3）对线组和星形四线组均为左向绞合。其绞合节距应不大于300mm。

（3）缆芯

1）除四芯电缆外，其他规格的缆芯外层绞合方向为右向，相邻层绞向相反。

2）缆芯外应包覆非吸湿性塑料带或其他绝缘材料带。

（4）综合护套

1）综合护套由纵包的铝塑复合带和挤包聚乙烯套组成。

2）综合护套用铝带的标称厚度为0.2mm。铝带至少有一面涂覆聚合物薄膜，铝带纵包重叠部分宽度应不小于6mm，直径9.5mm及以下电缆的纵包重叠部分宽度应不小于铝带圆周的20%。

3）铝带应连续。铝带连续性的试验方法采用电铃或指示灯进行导通试验。

4）聚乙烯套应粘附在铝带的聚合物薄膜上，铝带与聚乙烯套之间的剥离强度应不小于0.8N/mm。

5）聚乙烯套应具备完整性，其试验方法应符合GB/T 3048.10—2007中的规定，电压有效值至少为8kV/或直流12kV，试验可在挤塑工序上进行。

6）允许聚乙烯套与铠装钢带的内衬层一次性挤出，其标称厚度为1.8mm，最小厚度为1.5mm。其试验方法应符合GB/T 2951.11—2008中的规定。

（5）铝护套

1）铝护套采用标称厚度为1.3mm，允许偏差为±10%的铝板用氩弧焊连续焊接工艺进行焊接，铝护套外涂敷一层厚度为0.2mm的防腐层。铝护套应密封、不漏气。其试验方法为在铝护套内充入压力不低于0.4MPa的干燥空气或氮气，气压稳定后6h内压力不降低。

2）铝护套外应均匀涂覆热熔胶或其他防腐材料，并挤包最小厚度为1.0mm的塑料套作为电缆的内垫层，允许采用其他满足性能的非吸湿性材料包覆。

（6）铠装 采用镀锌钢带在内衬层外双钢带左向间隙绕包，绕包间隙不大于钢带宽度的50%，且内层钢带的间隙应被外层钢带靠近中间部分所覆盖，搭盖率应不小于带宽的15%。

（7）外护套 外护套采用无卤低烟阻燃护套料或聚乙烯等材料生产，护套标称厚度及要求符合GB/T 2952.2—2008中的规定，阻燃护套的性能应符合GB/T 19666—2005中的规定。

6. 铁路信号电缆主要电气性能（见表3-1-33）

表3-1-33 铁路信号电缆主要电气性能

序号	项目	单位	指标	试验方法	换算公式
1	导体直流电阻20℃ 每根导体直流电阻 工作对导体电阻不平衡	Ω/km %	≤23.5 ≤2	GB/T 3048.4—2007	$L/1000$
2	绝缘电阻	MΩ·km	≥3000	GB/T 3048.5—2007	$1000/L$
3	绝缘耐压 50Hz 2min 线芯间 1000V 线芯对其余线芯接地 1800V	—	不击穿 不击穿	GB/T 3048.8—2007	—
4	电容 0.8~1.0kHz 四线组工作电容 对线组工作电容 任一绝缘线芯对连接到地的其他绝缘线芯间电容	nF/km	≤50 ≤70 ≤100	GB/T 5441—2016	$L/1000$
5	电容耦合 K_1 平均值 最大值 $K_9 \sim K_{12}$ 平均值 最大值 四芯电缆 K_1 指标为最大值	pF/km	≤100 ≤330 ≤120 ≤230	GB/T 5441—2016	$\sqrt{L/500}$ $L/500$ $\sqrt{L/500}$ $L/500$
6	对外来地电容不平衡 e_{a1}、e_{a2} 平均值 最大值 四芯电缆 e_{a1}、e_{a2} 指标为最大值	pF/km	≤330 ≤1300	GB/T 5441—2016	$L/500$

注：工作线对导体电阻不平衡，即星形四线组工作线的对两根导体的电阻之差与其电阻之和的比值。

1.2.4　铁路数字信号电缆

近年来，国内铁路建设特别是高速铁路发展迅速，为铁路信号自动闭塞系统、车站电码化、计算机联锁、微机监测、调度集中、调度监督、大功率电动转辙机等信号设备和控制装置之间传输控制信息、监测信息和电能传输的铁路数字信号电缆提供了广阔的市场空间。

铁路数字信号电缆具有传输模拟信号（1MHz）、数字信号（2Mbit/s）、额定电压交流750V或直流1100V及以下系统控制信息及电能的传输功能，用于与ZPW－2000系列（包括ZPW－2000、ZPW－2000A）无绝缘轨道电路自动闭塞区段及列车超速防护系统相配套，目前为铁路信号系统的唯一制式，并已广泛应用于铁路有线电气化改造、新建铁路和高速客运专线建设之中。

1. 适用范围

铁路数字信号电缆适用于铁路信号中ZPW－2000A无绝缘轨道电路自动闭塞系统，可满足10km传输距离要求。用于列控自动装置和超速防护系统地面设备，微机联锁、微机监测系统、大功率电动转辙机等有关信号设备和控制装置之间传输控制信息、监测信息和电能。可作为DMIS基层信息，业务电话和区域通信的传输通道，并可替代“铁路信号电缆（PTY缆）”用于其他制式的信号系统中。

2. 使用特性

1）电缆的使用环境温度为－40～60℃，敷设的环境温度不低于－10℃。

2）电缆的长期工作温度应不超过70℃。

3）电缆的允许弯曲半径：非铠装电缆应不小于电缆外径的10倍；铠装电缆应不小于电缆外径的15倍；内屏蔽电缆应不小于电缆外径的20倍。

3. 技术特点

铁路数字信号电缆绝缘单线采用“皮－泡－皮”三层共挤物理发泡聚烯烃绝缘结构，在满足TB/T 2476—1993《铁路信号电缆》中规定的基础上，综合电气性能进一步优化，其中交流额定电压提高了1.5倍，导电线芯绝缘电阻提高了2倍，工作电容下降40%，降低了传输衰耗，提高了电缆的安全可靠性，增加了传输衰减、阻抗、串音等项通信传输指标，具有传输模拟信号（1MHz）、数字信号（2Mbit/s），及交流750V或直流1100V电力的功能。其中内屏蔽铁路数字信号电缆可以传输相同或不相同频率的信号在同一根电缆内传输，解决了铁路数字信号电缆“同频不同缆”的缺点，提高了铁路系统中信息的传输效率。

4. 铁路数字信号电缆型号、规格、缆芯结构、名称及敷设方式（见表3-1-34、表3-1-35、表3-1-36）。

表3-1-34　铁路数字信号电缆型号、名称及敷设方式

型号	名称	敷设方式
SPTYW03	皮－泡－皮物理发泡聚烯烃绝缘聚乙烯外护套铁路数字信号电缆	管道、悬挂
SPTYW23	皮－泡－皮物理发泡聚烯烃绝缘双钢带铠装聚乙烯外护套铁路数字信号电缆	直埋、管道、悬挂
SPTYWA23	皮－泡－皮物理发泡聚烯烃绝缘综合护套双钢带铠装聚乙烯外护套铁路数字信号电缆	直埋、管道、悬挂
SPTYWL23	皮－泡－皮物理发泡聚烯烃绝缘铝护套双钢带铠装聚乙烯外护套铁路数字信号电缆	直埋、管道、悬挂
SPTYWP03	皮－泡－皮物理发泡聚烯烃绝缘聚乙烯外护套内屏蔽铁路数字信号电缆	管道、悬挂
SPTYWP23	皮－泡－皮物理发泡聚烯烃绝缘双钢带铠装聚乙烯外护套内屏蔽铁路数字信号电缆	直埋、管道、悬挂
SPTYWPA23	皮－泡－皮物理发泡聚烯烃绝缘综合护套双钢带铠装聚乙烯外护套内屏蔽铁路数字信号电缆	直埋、管道、悬挂
SPTYWPL23	皮－泡－皮物理发泡聚烯烃绝缘铝护套双钢带铠装聚乙烯外护套内屏蔽铁路数字信号电缆	直埋、管道、悬挂

表 3-1-35 铁路数字信号电缆规格及缆芯结构

规格		缆芯结构			规格		缆芯结构		
		四线组	对线组	绝缘线芯			四线组	对线组	绝缘线芯
4	1×4	1	—	—	28	7×4	7	—	—
6	3×2	—	3	—	30	7×4+2	7	—	2
8	2×4	2	—	—	33	7×4+5	7	—	5
9	2×4+1	2	—	1	37	7×4+3×2+3	7	3	3
12	3×4	3	—	—	42	7×4+4×2+6	7	4	6
14	3×4+2	3	—	2	44	7×4+4×2+8	7	4	8
16	4×4	4	—	—	48	12×4	12	—	—
19	4×4+3	4	—	3	52	12×4+4	12	—	4
21	5×4+1	5	—	1	56	14×4	14	—	—
24	6×4	6	—	—	61	14×4+5	14	—	5

表 3-1-36 内屏蔽铁路数字信号电缆规格及缆芯结构

规 格		结构			规 格		结构		
		屏蔽四线组	非屏蔽四线组	绝缘单线			屏蔽四线组	非屏蔽四线组	绝缘单线
8B	2×4 (P)	2	—	—	24A	4×4 (P) +2×4	4	2	—
12A	2×4 (P) +1×4	2	1	—	24B	6×4 (P)	6	—	—
12B	3×4 (P)	3	—	—	28A	4×4 (P) +3×4	4	3	—
14A	2×4 (P) +1×4+2	2	1	2	28B	7×4 (P)	7	—	—
14B	3×4 (P) +2×1	3	—	2	30A	4×4 (P) +3×4+2×1	4	3	2
16A	2×4 (P) +2×4	2	2	—	30B	7×4 (P) +2×1	7	—	2
16B	4×4 (P)	4	—	—	33A	4×4 (P) +4×4+1	4	4	1
19A	3×4 (P) +1×4+3×1	3	1	3	37A	4×4 (P) +5×4+1	4	5	1
19B	4×4 (P) +3×1	4	—	3	42A	5×4 (P) +5×4+2	5	5	2
21A	3×4 (P) +2×4+1	3	2	1	44A	6×4 (P) +5×4	6	5	—
21B	5×4 (P) +1×1	5	—	1	48A	6×4 (P) +6×4	6	6	—

5. 铁路数字信号电缆结构

(1) 绝缘单线

1) 导体应采用符合 GB/T 3953—2009 中规定的 TR 型软圆铜线。导体的标称直径为 1.0mm，试验方法应符合 GB/T 4909.2—2009 中的规定。导体允许接头，每根芯线接头数量不大于 2 个/km，电缆所有芯线相邻接头间的距离大于 300mm，接头的抗拉强度应不小于相邻段相同长度无接头导体的 90%，试验方法应符合 GB/T 4909.3—2009 中的规定。无接头导体的断裂伸长率应不小于 20%，有接头导体的断裂伸长率应不小于 15%，试验方法应符合 GB/T 4909.3—2009 中的规定。导体的卷绕试验，卷绕试验方法为一次卷绕，试棒直径等于试件的标称直径。每个试件的试验结果，试件试验部分表面无裂纹，试验方法应符合 GB/T 4909.7—2009 中的规定。

2) 铁路数字信号电缆绝缘为"皮-泡-皮"三层共挤物理发泡聚烯烃绝缘结构。气泡应均匀分布，气泡间应互不连通，绝缘厚度为 $0.88^{+0.10}_{-0.05}$mm（屏蔽组）、$0.63^{+0.10}_{-0.05}$mm（非屏蔽组）、试验方法应符合 GB/T 2951.11—2008 中的规定。绝缘应具有完整性，其试验方法符合 GB/T 3048.9—2007 的规定，试验电压不低于交流 2500V。绝缘线芯应制成红、绿、白、蓝四种颜色。

(2) 线组

1) 对线组由两根不同颜色的绝缘线芯绞合

而成。

2）星形四线组由四根不同颜色的绝缘线芯绞合而成，不同绞合节距的星形四线组应疏绕不同颜色的非吸湿性丝或带，绞合节距应不大于 300mm。

3）对线组和四线组均为左向绞合。

4）屏蔽四线组由星形四线组和屏蔽层组成，屏蔽层采用厚度不小于 0.09mm 的软铜带，铜带应符合 GB/T 11091—2014 中的规定。

5）屏蔽四线组的铜带纵包或绕包重叠量应不小于带宽的 10%。紧贴铜带应放置一根直径不小于 0.4mm 的细铜线作为泄流线，泄流线与铜带之间的接触电阻应符合表 3-1-37 的规定。铜带外应挤包或绕包一层非吸湿性非金属材料将铜带紧密包覆。

6）屏蔽四线组铜带应导通，试验方法采用电铃或指示灯。

（3）缆芯

1）除四芯电缆外，其他规格的缆芯外层绞合方向均为右向，相邻层绞向相反。

2）缆芯外应包覆非吸湿性绝缘材料带。

3）对于内屏蔽铁路数字信号电缆，部分规格的缆芯宜采用非吸湿性非金属材料填充，以保证缆芯圆整。

（4）综合护套

1）综合护套用铝带的厚度应不小于 0.18mm。铝带应双面涂复聚合物薄膜，铝带纵包重叠部分宽度应不小于 6mm，小直径（10mm 及以下）电缆的纵包重叠部分宽度应不小于铝带圆周的 20%。

2）铝带应接续。铝带连续性的应采用电铃或指示灯进行导通试验验证。

3）聚乙烯套应粘附在铝带的聚合物薄膜上，铝带与聚乙烯套之间的剥离强度应不小于 0.8N/mm。

4）聚乙烯套应具备完整性，其试验方法应符合 GB/T 3048.10—2007 中的规定。

5）允许聚乙烯套与铠装钢带的内衬层一次挤出，其标称厚度为 1.5mm，最薄处厚度应不小于 1.0mm。其试验方法应符合 GB/T 2951.11—2008 中的规定。

（5）铝护套

1）铝护套铁路数字信号电缆缆芯外允许包覆非吸湿性带或挤包聚乙烯套作为隔热层，隔热层的厚度应能满足电缆对地绝缘性能的要求。

2）铝护套厚度应不小于 1.1mm。试验方法为采用精度不低于 0.02mm 的卡尺测量。

3）铝护套应密封，不漏气，其试验方法为在铝护套内充入压力不低于 0.4MPa 的干燥空气或氮气，气压稳定后压力不低于 0.24MPa，气压稳定后同一温度下 6h 内压力不降低。测量压力的气压表精度不低于 0.024MPa。

4）铝护套外应均匀涂覆热熔胶或其他防腐材料，并挤包最小厚度为 1.0mm 的塑料套作为电缆内垫层，允许采用其他满足性能的非吸湿性材料包覆。

（6）铠装　采用镀锌钢带在内衬层外双钢带左向间隙绕包，绕包间隙不大于钢带宽度的 50%，且内层钢带的间隙应被外层钢带靠近中间部分所覆盖，搭盖率应不小于带宽的 15%。

（7）外护套　外护套采用无卤低烟阻燃护套料或聚乙烯等材料生产，护套标称厚度及要求符合 GB/T 2952.2—2008 中的规定，阻燃护套的性能完全符合 GB/T 19666—2005 中的规定。

6. 铁路数字信号电缆主要电气性能

铁路数字信号电缆主要电气性能见表 3-1-37。

表 3-1-37　铁路数字信号电缆主要电气性能

序号	项　目	指标		试验方法	换算公式
		屏蔽	非屏蔽		
1	直流电阻　（20℃）/(Ω/km) 每根导体直流电阻 工作对导体直流电阻不平衡　（%）	22.5 ±1.0 ≤1		GB/T 3048.4—2007	$L/1000$
2	绝缘电阻　DC 500V　20℃/MΩ · km 每根绝缘线芯对其他绝缘线芯接屏蔽及金属套	≥10000		GB/T 3048.5—2007	$1000/L$
3	绝缘介质强度　50Hz　2min 线芯间　1000V 线芯对屏蔽与金属套　2000V	不击穿 不击穿		GB/T 3048.8—2007	—

（续）

序号	项　　目	指标 屏蔽	 非屏蔽	试验方法	换算公式
4	电容　0.8～1.0kHz/(nF/km) 非屏蔽四线组工作电容 非屏蔽对线组工作电容 屏蔽四线组工作电容 每根绝缘线芯对连接到地的其他绝缘线芯间电容	 28±3 35±4 28±2 ≤70		GB/T 5441—2016	$L/1000$
5	电容耦合系数　0.8～1.0kHz/(pF/km) K_1　　平均值 最大值 $K_9 \sim K_{12}$　　平均值 最大值 四芯电缆 K_1 值指标为最大值	 ≤81 ≤330 ≤119 ≤230		GB/T 5441—2016	 $\sqrt{L/1000}$ $L/1000$ $\sqrt{L/1000}$ $L/1000$
6	对地电容不平衡 0.8～1.0kHz/(pF/km) e_{a1}、e_{a2}　平均值 最大值 四芯电缆 e_{a1}、e_{a2} 指标为最大值 允许有 10% 盘数的 e_{a1}、e_{a2} ≤1294/(pF/km)	 ≤330 ≤800		GB/T 5441—2016	$L/1000$
7	回路间近端串音衰减[①]/(dB/km)(300m 及以上) 1000Hz　　组内 组间	 ≥37 ≥54	 ≥37 ≥42	GB/T 5441—2016	$-10\lg(L/1000)$
8	回路间远端串音防卫度/(dB/km) 1000kHz　　组内 组间	 ≥39 ≥59	 ≥39 ≥49		
9	特性阻抗[②]　20℃/Ω 1.7kHz 2.0kHz 2.3kHz 2.6kHz 1000kHz	 396±16 367±15 343±14 325±13 155±16	 396±24 367±22 343±21 325±20 155±16	GB/T 5441—2016	
10	线对衰减[③]　20℃/(dB/km) 1.7kHz 2.0kHz 2.3kHz 2.6kHz 1000kHz	—	 ≤0.70 ≤0.75 ≤0.80 ≤0.83 ≤9.0	GB/T 5441—2016	$L/1000$
11	相角（°） 1.7kHz 2.0kHz 2.3kHz 2.6kHz	 −39±1.2 −38±1.1 −37±1.1 −36±1.1	 −39±3.9 −38±3.8 −37±3.7 −36±3.6	GB/T 5441—2016	—

（续）

序号	项　目	指　标		试验方法	换算公式
		屏蔽	非屏蔽		
12	屏蔽组间线芯接地近端串音衰减2.6kHz最小300m（近端阻抗55Ω，远端阻抗325Ω）两屏蔽四线组内，各有一线对的一线芯接地，此两线对间的近端串音衰减/dB	≥89		TB/T 3100.5—2004附录B	
13	屏蔽铜带与泄流线间直流电阻20℃/Ω	≤0.01		GB/T 3048.4—2009	—

① 当长度小于300m时，近端串音换算公式为 $-10\lg\{[1-10^{-(\alpha\times L/5)}]/[1-10^{-(\alpha\times 0.3/5)}]\}$，式中，α为线对衰减。

② 20℃时的特性阻抗温度系数在1.7～2.6kHz时为0.002，1/℃。

③ 20℃时的衰减温度系数为0.002，1/℃。

1.2.5　铁路计轴电缆

1. 适用范围

适用于额定电压交流500V/直流1500V及以下的信号设备用固定敷设列车计轴。其中低频通信四线组可作为计轴数据传输通道，适用于音频信息（数据信号、模拟信号）的传输。信号四线组适用于工频或直流供电传输，也可用于音频范围内信息的传输。

2. 使用特性

1）电缆的使用环境温度为 -40～60℃，敷设的环境温度不低于 -10℃。

2）电缆的长期工作温度应不超过70℃。

3）电缆的允许弯曲半径：铝护套电缆应不小于电缆外径的20倍；综合护套电缆与铜屏蔽电缆应不小于电缆外径的15倍。

4）综合护套电缆具有屏蔽性能，可用于需要屏蔽电缆的区段。

5）铜屏蔽电缆比综合护套电缆具有更强的屏蔽性能，可用于需要屏蔽电缆的地铁线路。

6）铝护套电缆具有良好的屏蔽性能，可用于铁路电气化区段。

7）阻燃型电缆可用于有阻燃要求的场合。

3. 技术特点

1）可同时满足传输音频信号与信号的要求。

2）传输信号性能稳定。

4. 铁路计轴电缆型号、规格、名称及敷设方式（见表3-1-38）

表3-1-38　铁路计轴电缆型号、规格、名称及敷设方式

型号	名称	敷设方式
PJZA23	聚乙烯绝缘综合护套双钢带铠装聚乙烯外护套铁路计轴综合电缆	直埋、管道、悬挂
PJZL23	聚乙烯绝缘铝护套双钢带铠装聚乙烯外护套铁路计轴电缆	直埋、管道、悬挂
PJZYT23	聚乙烯绝缘铜带屏蔽钢带铠装聚乙烯外护套铁路计轴电缆	直埋、管道、悬挂
电缆规格	12芯、14芯、16芯、22芯、24芯、26芯、28芯、30芯、32芯、34芯、36芯、38芯、40芯、42芯、44芯、46芯、48芯、50芯、56芯（根据用户需求，可添加其他电缆规格）	

5. 铁路计轴电缆结构

（1）绝缘单线

1）导体应采用符合GB/T 3953—2009中规定的TR型软圆铜线，试验方法应符合GB/T 4909.2—2009中的规定。

2）低频四线组导电线芯的标称直径为0.9mm，信号四线组、对绞组及绝缘单线的导体标称直径为1.0mm。

3）导体允许接头，接头处的抗拉强度应不低于相邻导体无接头处抗拉强度的90%。

4）低频四线组的绝缘线芯采用皮泡皮物理发泡聚乙烯绝缘，信号四线组的绝缘线芯采用实心聚乙烯绝缘，绝缘线芯应制成红、绿、白、蓝四种颜色。

5）低频四线组的绝缘单线的绝缘标称厚度为0.75mm，信号四线组和对线组的绝缘单线的绝缘标称厚度为0.6mm，允许偏差为±0.1mm，试验方法应符合GB/T 2951.11—2008中的规定。

（2）线组

1）对线组由两根不同颜色的绝缘线芯绞合而成。

2）星形四线组由四根不同颜色的绝缘线芯绞合而成，不同绞合节距的星形四线组应疏绕不同颜色的非吸湿性丝或带，绞合节距应不大于300mm。

3）对线组和四线组均为左向绞合。

（3）缆芯

1）除四芯电缆外，其他规格的缆芯外层绞合方向均为右向，相邻层绞向相反。

2）缆芯外应包覆非吸湿性绝缘材料带。

（4）综合护套

1）综合护套由纵包的铝塑复合带和挤包聚乙烯套组成。

2）综合护套用铝带的厚度应不小于0.18mm。铝带应双面涂覆聚合物薄膜，铝带纵包重叠部分宽度不小于6mm，直径9.5mm及以下电缆的纵包重叠部分宽度应不小于铝带圆周的20%。

3）铝带应连续。铝带连续性的试验方法采用电铃或指示灯进行导通试验。

4）聚乙烯套应粘附在铝带的聚合物薄膜上，铝带与聚乙烯套之间的剥离强度应不小于0.8N/mm。其试验方法应符合GB/T 13849.1—2013中的规定。

5）聚乙烯套应具备完整性，其试验方法应符合GB/T 3048.10—2007中的规定。

6）允许聚乙烯套作为铠装钢带的内衬层，其标称厚度为1.5mm，最薄处厚度应不小于1.0mm。其试验方法应符合GB/T 2951.11—2008中的规定。

（5）铝护套

1）铝护套采用厚度为1.2mm±0.1mm的铝板用氩弧焊连续焊接工艺进行焊接，铝护套外涂敷一层厚度为0.2mm的防腐层。铝护套应密封、不漏气。其试验方法为在铝护套内充入压力不低于0.4MPa的干燥空气或氮气，气压稳定后6h内压力不降低。

2）铝护套外应均匀涂覆热熔胶或其他防腐材料，并挤包最小厚度为1.0mm的塑料套作为电缆的内垫层，允许采用其他满足性能的非吸湿性材料包覆。

（6）铜带屏蔽

1）铜带屏蔽电缆的屏蔽层由纵包的铜带和挤包聚乙烯组成。

2）铜带屏蔽应采用厚度不小于0.09mm的软铜带作为屏蔽层，铜带应符合GB/T 11091—2014《电缆用铜带》中的规定。

3）铜带纵包或绕包重叠量不小于带宽的10%，紧贴铜带应顺放一根直径不小于0.4mm的细铜线作为泄流线，泄流线与铜带间200C时的接触电阻应不大于0.01Ω，其试验方法应符合GB/T 3048.4—2007中的规定。

4）铜带外应挤包一层标称厚度为1.5mm的聚乙烯套，最薄处厚度应不小于1.0mm。其试验方法应符合GB/T 2951.11—2008中的规定。

5）铜带应连续。铜带连续性的试验方法采用电铃或指示灯进行导通试验。

6）铜带与聚乙烯套之间的剥离强度应不小于0.8N/mm。

7）聚乙烯套应具备完整性，其试验方法应符合GB/T 3048.10—2007的规定。

（7）铠装 采用镀锌钢带在内衬层外双钢带左向间隙绕包，绕包间隙不大于钢带宽度的50%，且内层钢带的间隙应被外层钢带靠近中间部分所覆盖，搭盖率应不小于带宽的15%。

（8）外护套 外护套采用无卤低烟阻燃护套料或聚乙烯等材料生产，护套标称厚度及要求符合GB/T 2952.2—2008中的规定，阻燃护套的性能应符合GB/T 19666—2005中的规定。

6. 铁路计轴电缆主要电气性能（见表3-1-39）

表3-1-39 铁路计轴电缆主要电气性能

序号	项目	指标		试验方法	换算公式
		低频四线组	信号四线组 对线组 绝缘单线		
1	直流电阻 20℃/(Ω/km) 每根导体直流电阻 工作对导体直流电阻不平衡%	 ≤28.5 ≤1	 ≤23.5 ≤1	GB/T 3048.4—2007	 L/1000 —
2	绝缘电阻 DC 500V 20℃/(MΩ/km) 每根绝缘线芯对其他绝缘线芯（与屏蔽及金属套连接）	≥10000	≥10000	GB/T 3048.5—2007	1000/L
3	绝缘介质强度 /V（50Hz，2min） 线芯间 线芯对其余线芯接地	 1000 1800	 1000 1800	GB/T 3048.8—2007	

（续）

序号	项　目	指标		试验方法	换算公式
		低频四线组	信号四线组 对线组 绝缘单线		
4	电容　0.8～1.0kHz/（nF/km） 四线组工作电容 对线组工作电容 每根绝缘线芯对连接到地的其他绝缘线芯间电容	≤40	≤50 ≤70 ≤100	GB/T 5441—2016	$L/1000$
5	电容耦合系数　0.8～1.0kHz/(pF/km) K_1　平均值 最大值 K_9～K_{12}　平均值 最大值 四芯电缆 K_1 指标为最大值	 ≤330 ≤168 ≤230	 ≤141 ≤660 ≤170 ≤460	GB/T 5441—2016	 $\sqrt{L/1000}$ $L/1000$ $\sqrt{L/1000}$ $L/1000$
6	对地电容不平衡系数　0.8～1.0kHz/(pF/km) e_{a1}、e_{a2}　平均值 最大值 信号组四芯电缆 e_{a1}、e_{a2} 指标为最大值 低频四线组允许有10%盘数的电缆 e_{a1}、e_{a2}≤1294pF/km	≤800	≤660 ≤2600	GB/T 5441—2016	$L/1000$
7	绝缘线芯断线、混线	不断线、不混线	不断线、不混线	万用表或电池灯	—

注：导体电阻不平衡，即工作线对两根导体的电阻之差与其电阻之和的比值。

1.2.6　应答器数据传输电缆

1. 适用范围

适用于传输地面电子单元（LEU）与应答器间传输报文数据信息及电能的电缆。电缆可在铁路电气化和非电气化的不同区段使用。

2. 使用特性

1）电缆的使用环境温度为 -40～60℃，敷设的环境温度不低于 -10℃。

2）电缆的长期工作温度应不超过70℃。

3）电缆的允许弯曲半径：铝护套电缆应不小于电缆外径的20倍；综合护套电缆应不小于电缆外径的15倍；编制屏蔽电缆应不小于电缆外径的10倍。

4）综合护套电缆具有屏蔽性能，可用于需要屏蔽电缆的区段。

5）铝护套电缆具有良好的屏蔽性能，可用于铁路电气化区段。

6）阻燃型电缆可用于有阻燃要求的场合。

7）编制屏蔽电缆具有柔软性，可用于室内分线柜与LEU设备的连接或室外电缆终端盒与应答器设备的连接。编制屏蔽电缆用于室内时应具有阻燃性能。

3. 技术特点

1）应答器数据传输电缆绝缘电阻高、绝缘耐压强度高，具有在高频下传输（最高传输频率可达1.8MHz）信号不失真、不畸变的特性，产品采用铝护套结构，具有优良的电磁屏蔽性能，可用于电气化铁路或电磁干扰较强区段。

2）电缆的传输衰减较小，可增大传输距离，系统信号传输安全可靠。

3）屏蔽性能优越，具有防强电干扰能力，保障线路的安全运行。

4. 应答器数据传输电缆型号、规格、名称及敷设方式（见表3-1-40）

表 3-1-40　应答器数据传输电缆型号、规格、名称及敷设方式

型号	名称	规格	敷设方式
LEU · BSYL23	聚烯烃绝缘铝护套双钢带铠装聚乙烯外护套应答器数据传输电缆	1×2×1.53 1×4×1.53	直埋、管道、悬挂
LEU · BSYA23	聚烯烃绝缘综合护套双钢带铠装聚乙烯外护套应答器数据传输电缆	1×2×1.53 1×4×1.53	直埋、管道、悬挂
LEU · BSYYP	聚烯烃绝缘铜线编织屏蔽聚烯烃外护套应答器数据传输电缆	1×2×1.14 1×4×1.14	管道、走线槽、悬挂

5. 应答器数据传输电缆的结构示意图（见图 3-1-3）

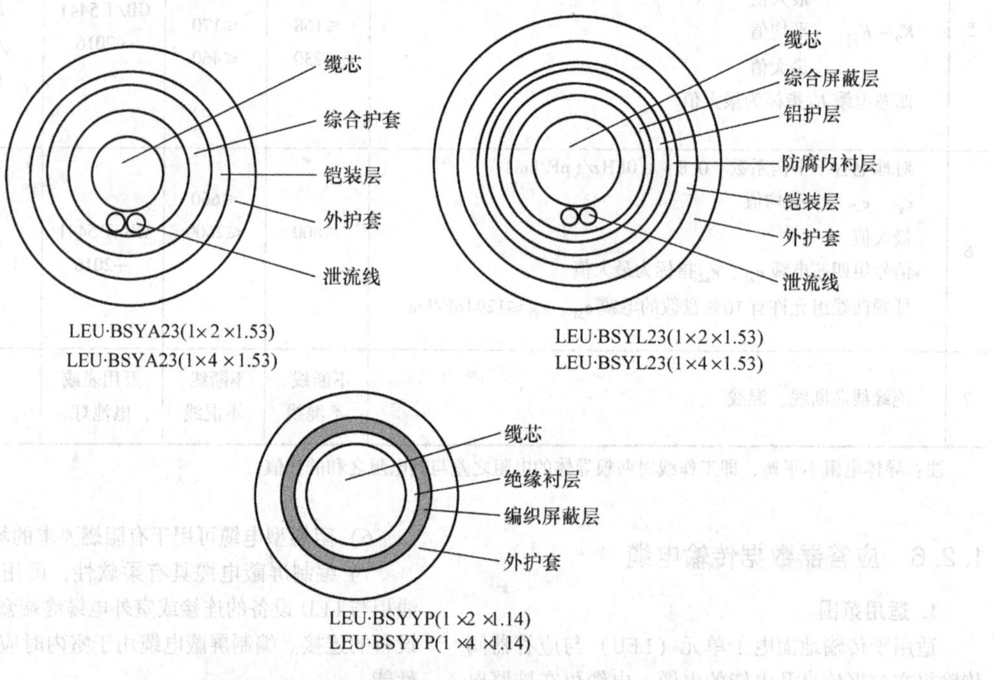

图 3-1-3　应答器数据传输电缆的结构示意图

6. 应答器数据传输电缆结构

（1）导体　综合护套和铝护套电缆的导体应采用符合 GB/T 3953—2009 中规定的 TR 型软圆铜线，标称直径为 1.53mm。试验方法应符合 GB/T 4909.2—2009 中的规定。

编织屏蔽电缆的导体应采用绞合结构，导体的标称截面积为 0.75mm²，绞合导体的参考外径为 1.14mm。绞合导体的技术要求应符合 GB/T 3956—2008 第 5 种软导体的规定。

标称直径为 1.53mm 的导体允许接头，接头宜采用冷压焊接，每根芯线接头数量不大于 2 个/km，电缆所有芯线相邻接头间的距离应不小于 300mm，接头的抗拉强度应不小于相邻段相同长度无接头导体的 90%，试验方法应符合 GB/T 4909.3—2009 中的规定。

（2）绝缘　绝缘应采用聚烯烃绝缘，绝缘外径应满足电缆对电性能的要求。

绝缘线芯应制成红、绿、白、蓝四种颜色；2 芯电缆的绝缘线芯颜色为红、白两种颜色。

绝缘应具有完整性，其试验方法应符合 GB/T 3048.9—2007 中的规定。

（3）缆芯　综合护套和铝护套电缆的缆芯由 2 根绝缘线芯和 2 根非吸湿性填充绳或 4 根绝缘线芯星形绞合而成，缆芯外允许扎非吸湿性非金属带，绞合的绞合节距应不大于 300mm。

编织屏蔽电缆的缆芯由两根绝缘线芯对绞或 4 根绝缘线芯星绞而成，其绞合节距应不大于 260mm，允许绝缘线芯在对绞时采用填充材料。

缆芯的绞合方向为右向，综合护套和铝护套电缆缆芯外允许绕包或挤包非吸湿性绝缘衬层，编织屏蔽电缆缆芯外应采用非吸湿性绝缘衬层保护。

缆芯 A 端线芯排列顺序应符合图 3-1-4 的规定。

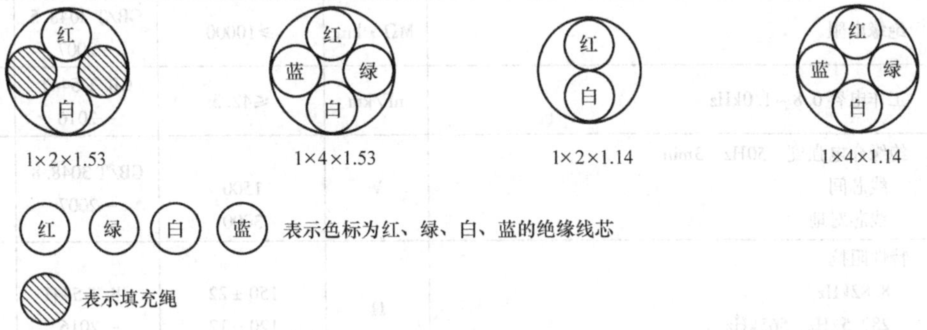

图 3-1-4　缆芯结构示意图

(4) 泄流线　综合护套和铝护套中应具有泄流线。泄流线为两根直径不小于 0.4mm，性能符合 GB/T 3953—2009 中规定的 TR 型软圆铜线。泄流线直径试验方法应符合 GB/T 4909.2—2009 中的规定。

泄流线应纵向放置在屏蔽层与缆芯之间，泄流线应连续并与屏蔽层形成电气接触。

(5) 屏蔽层　电缆的屏蔽层采用综合护套、铝护套或铜线编织。

(6) 综合护套　综合护套由纵包的单面铝塑复合带和挤包聚乙烯套组成。

单面铝塑复合带中铝带的厚度应不小于 0.15mm。纵包重叠率部分宽度应不小于 5mm。单面铝塑复合带纵包时铝面应向内与两根泄流线接触。铝带应连续，铝带连续性的试验方法采用电铃或指示灯进行导通试验。

聚乙烯套应粘附在铝带的聚合物薄膜上，铝带与聚乙烯套之间的剥离强度应不小于 0.8N/mm。其试验方法应符合 TB/T 3100.3—2004 附录 B 中的规定。

聚乙烯套应具备完整性，其试验方法应符合 GB/T 3048.10—2007 中的规定。

允许聚乙烯套作为钢带铠装的内衬层，其标称厚度为 1.2mm，最小厚度应不小于 1.0mm。其试验方法应符合 GB/T 2951.11—2008 中的规定。

(7) 铝护套　铝护套电缆的屏蔽层由综合屏蔽层加铝护层组成。

综合屏蔽层由单面铝塑复合带及其外的绝缘衬层组成。

铝护套采用厚度为 1.2mm ± 0.1mm 的铝板用氩弧焊连续焊接工艺进行焊接，铝护套外涂敷一层厚度为 0.2mm 的防腐层。铝护套应密封、不漏气。其试验方法为在铝护套内充入压力不低于 0.4MPa 的干燥空气或氮气，气压稳定后 6h 内压力不降低。

铝护套外应均匀涂覆热熔胶或其他防腐材料，并挤包最小厚度为 1.0mm 的塑料套。

(8) 铜线编织　编织屏蔽采用单层铜线编织，编织铜线的最小直径为 0.1mm，其性能符合 GB/T 3953—2009 中 TR 型软圆铜线的规定，铜线的编织密度应不小于 85%，允许铜线编织层外包绕一层柔软的保护材料。

(9) 铠装　采用镀锌钢带在内衬层外双钢带左向间隙绕包，绕包间隙不大于钢带宽度的 50%，且内层钢带的间隙应被外层钢带靠近中间部分所覆盖，搭盖率应不小于带宽的 15%。

(10) 外护套　外护套采用无卤低烟阻燃护套料或聚乙烯等材料生产，护套标称厚度及要求符合 GB/T 2952.2—2008 中的规定，阻燃护套的性能应符合 GB/T 19666—2005 中的规定。

7. 应答器数据传输电缆主要电气性能

综合护套电缆和铝护套电缆的主要电气性能见表 3-1-41，编织屏蔽电缆电气性能见表 3-1-42。

表 3-1-41 综合护套电缆和铝护套电缆的主要电气性能

序号	项目	单位	指标	试验方法	换算公式
1	直流电阻 20℃ 每根导体直流电阻	Ω/km	≤9.9	GB/T 3048.4—2007	L/1000
	工作线对导体电阻不平衡①	—	≤1%	GB/T 3048.4—2007	—
2	绝缘电阻	MΩ · km	≥10000	GB/T 3048.5—2007	1000/L
3	工作电容 0.8 ~ 1.0kHz	nF/km	≤42.3	GB/T 5441—2016	L/1000
4	绝缘介电强度 50Hz 3min 线芯间 线芯对地	V	1500 3000	GB/T 3048.8—2007	—
5	特性阻抗 8.82kHz 282.5kHz、565kHz 1800kHz	Ω	150 ± 22 120 ± 12 120 ± 5	GB/T 5441—2016	—
6	线对衰减②20℃ 8.82kHz 282.5kHz、565kHz 1800kHz	dB/km	≤0.8 ≤5.0 ≤8.0	GB/T 5441—2016	L/1000
7	理想屏蔽系数 50Hz 电缆金属护套上的感应电压为 50 ~ 200V/km	—	≤0.2（铝护套） ≤0.8（综合护套）	GB/T 5441—2016	—
8	屏蔽层的连续性		电气导通	电铃或指示灯	—

① 导体电阻不平衡，即工作线对两根导体的电阻之差与其电阻之和的比值。

② 20℃时电缆的衰减温度系数为 0.002，1/℃。

表 3-1-42 编织屏蔽电缆电气性能

序号	项目	单位	指标	试验方法	换算公式
1	每根导体直流电阻 20℃	Ω/km	≤26.0	GB/T 3048.4—2007	L/1000
2	绝缘电阻	MΩ · km	≥10000	GB/T 3048.5—2007	1000/L
3	工作电容 0.8 ~ 1.0kHz	nF/km	≤45.3	GB/T 5441—2016	L/1000
4	绝缘介电强度 50Hz 2min 线芯间 线芯对地	V	1000 2000	GB/T 3048.8—2007	—
5	特性阻抗 1800kHz	Ω	120 ± 5	GB/T 5441—2016	—

1.3 电信设备装置用通信电缆

电信设备装置用通信电缆有两大类：各种电信设备内部或设备之间的相互连接用的局用电缆；通信线路的始、终端至分线箱或配线架的配线电缆。

1.3.1 局用对称通信电缆

局用对称通信电缆主要用于程控交换设备之间、交换局内的总配线架与交换局用户电路板之间的连接，也可用作其他通信设备内部或设备之间的短段连接。

局用对称通信电缆过去主要有以下两种产品：

1）聚氯乙烯绝缘聚氯乙烯护套程控交换局用电缆：电缆主要用于程控交换局内的总配线架与交换局用户电路板之间的音频连接，也可用于其他通信设备之间的音频连接。

2）聚氯乙烯绝缘聚氯乙烯护套低频通信局用

电缆：电信、电话局内部安装用对线组、三线组、四线组、五线组电缆。主要用于交换机及其他传输设备、电话和电报设备、数据处理设备的互相连接。

目前，局用对称通信电缆越来越多的应用于轨道、电站、化工厂、船舰、高层建筑、智能楼宇、设备密集场所的水平布线上。虽然PVC材料价格低廉、容易加工，但是燃烧时产生的烟密度大，并且传统的PVC护套材料虽然阻燃性能好，但由于燃烧时会放出大量的卤化氢气体和浓烟，对人体健康及环境损害很大。因此，随着生产技术的进步和使用环境的需要，新增了聚酰胺绝缘、实心聚烯烃绝缘、泡沫皮聚烯烃绝缘、无卤阻燃聚烯烃绝缘和无卤阻燃聚烯烃护套结构的局用对称通信电缆，而且电缆传输性能也得到了显著地提高。

1. 局用对称通信电缆分类

聚酰胺绝缘的局用对称通信电缆不分类，其最高传输频率为1MHz。对标称阻抗120Ω的局用对称通信电缆不分类，其最高传输频率为4MHz。对标称特性阻抗100Ω的局用对称通信电缆按其最高传输频率分为A类（1MHz）、B类（16MHz）、C类（30MHz）三类。

2. 电缆型式代号及含义（见表3-1-43）

表3-1-43　电缆型式代号及含义

分类	绝缘材料		护套材料		总屏蔽		派生代号			
							最高传输频率		标称特性阻抗	
代号	代号	含义	代号	含义	代号	含义	代号	含义	代号	含义
HJ	PA V Y YP YZ	聚酰胺 聚氯乙烯 实心聚烯烃 泡沫皮聚烯烃 无卤阻燃聚烯烃	V YZ	聚氯乙烯 无卤阻燃聚烯烃	省略P	无	A（类） B（类） C（类）	1MHz 16MHz 30MHz	省略120	100Ω 120Ω

注：1. 实心铜导体代号省略。

2. 聚烯烃包含聚丙烯（PP）、线性低密度聚乙烯（LLDPE）、中密度聚乙烯（MDPE）、高密度聚乙烯（HDPE）。

3. 聚酰胺材料可选用聚酰胺11或聚酰胺12。

4. 聚酰胺绝缘电缆其特性阻抗随温度、湿度变化大且使用时对特性阻抗没有严格要求，因此该类电缆不需派生代号。

5. 标称特性阻抗为120Ω电缆省略最高传输频率代码。

6. 标称特性阻抗为120Ω电缆的绝缘材料宜选用Y、YP、YZ绝缘。

3. 局用对称通信电缆规格（见表3-1-44）

表3-1-44　局用对称通信电缆规格

导体标称直径	标称线对数		
	标称特性阻抗100Ω电缆		聚酰胺绝缘电缆、120Ω电缆
	系列一	系列二	
0.25mm	4、6、8、12、16、32	—	—
0.32mm	4、6、8、12、16、32	25、50、75、100、150、200	—
0.40mm	2、4、8、16、24、32、48、64、65、128	25、50、75、100、150、200	2、4、8、16、24、32、48、64、65、128
0.50mm	2、4、8、16、24、32、48、64、65	25、50、75、100、150、200	2、4、8、16、24、32、48、64、65

4. 局用对称通信电缆主要型式及使用场合（见表 3-1-45）

表 3-1-45 电缆主要型式及使用场合

<table>
<tr><th colspan="2">电缆类别</th><th>导体标称直径</th><th>绝缘材料</th><th>护套材料</th><th>主要使用场合</th></tr>
<tr><td colspan="2" rowspan="2">聚酰胺绝缘电缆</td><td>0.40mm</td><td rowspan="2">PA</td><td rowspan="2">V、YZ</td><td rowspan="4">主要用于设备间、设备与配线架以及配线架与配线架的连接</td></tr>
<tr><td>0.50mm</td></tr>
<tr><td colspan="2" rowspan="2">120Ω 电缆</td><td>0.40mm</td><td rowspan="2">Y、YP、YZ</td><td rowspan="2">V、YZ</td></tr>
<tr><td>0.50mm</td></tr>
<tr><td rowspan="8">100Ω 电缆</td><td rowspan="4">A 类</td><td>0.25mm</td><td rowspan="2">Y</td><td rowspan="2">V、YZ</td><td rowspan="4">主要用于设备内部连接</td></tr>
<tr><td>0.32mm</td></tr>
<tr><td>0.40mm</td><td rowspan="2">V、Y、YP、YZ</td><td rowspan="2">V、YZ</td></tr>
<tr><td>0.50mm</td></tr>
<tr><td rowspan="2">B 类</td><td>0.40mm</td><td rowspan="4">Y、YP、YZ</td><td rowspan="4">V、YZ</td><td rowspan="4">主要用于设备间、设备与配线架以及配线架与配线架的连接</td></tr>
<tr><td>0.50mm</td></tr>
<tr><td rowspan="2">C 类</td><td>0.40mm</td></tr>
<tr><td>0.50mm</td></tr>
</table>

5. 局用对称通信电缆结构

（1）导体 电缆导体采用符合 GB/T 3953—2009 中规定的直径为 0.25mm、0.32mm、0.40mm、0.50mm 的单根 TR 型软圆铜线。用户有特殊要求时也可采用符合 GB/T 4910—2009 中规定的 TXRH 型镀锡铜线。

导体标称直径小于 0.40mm 时，从成品电缆上取下的导体其断裂伸长率应不小于 10%。导体标称直径为 0.40mm 和 0.50mm 时，从成品电缆上取下的导体其断裂伸长率应不小于 15%。

（2）绝缘 绝缘材料可采用聚氯乙烯、聚烯烃、聚酰胺或无卤阻燃聚烯烃塑料。

绝缘层应完整连续、表面光滑圆整、厚度均匀。绝缘的最薄点厚度和最大外径应满足表 3-1-46 中的规定。绝缘偏心度应不大于 8%。

绝缘颜色应不迁移。采用色环（条）标志时色环（条）颜色应牢固且不迁移。从成品电缆上取下的绝缘应符合表 3-1-47 中的规定。

表 3-1-46 绝缘最薄点厚度和绝缘最大外径

导体标称直径/mm	绝缘最薄点厚度/绝缘最大外径/mm				
	聚酰胺绝缘	聚氯乙烯绝缘	实心聚烯烃绝缘	泡沫皮聚烯烃绝缘	无卤阻燃聚烯烃绝缘
0.25	—	—	0.10/0.50	—	—
0.32	—	—	0.10/0.70	—	—
0.40	0.06/0.65	0.18/0.92	0.12/0.75	0.10/0.71	0.15/0.8
0.50	0.08/0.82	0.18/1.2	0.16/0.95	0.12/0.86	0.16/1.0

注：聚酰胺绝缘时，导体直径为 0.40mm 和 0.50mm 的绝缘芯线其绝缘平均厚度应分别不小于 0.08mm 和 0.10mm。

表 3-1-47 绝缘要求

序号	项目名称	单位	指标
1	绝缘颜色迁移试验 处理温度 处理时间	— ℃ h	应不迁移 80 ±2 24
2	色环（条）牢固性	—	色环（条）不脱落

（续）

序号	项目名称	单位	指标
3	绝缘剥离力	N	
	PA（0.40mm、0.50mm）		1～6
	V（0.40mm、0.50mm）		2～13
	Y、YZ、YP（0.25mm、0.32mm）		1～6
	Y、YZ、YP（0.40mm、0.50mm）		2～13
4	绝缘抗拉强度中值	MPa	
	热老化前		
	PA		≥30.0
	V、Y		≥15.0
	YP、YZ		≥10.0
	热老化后	MPa	
	PA		≥30.0
	V		≥15.0
	热老化温度	℃	
	PA		90±2
	V		80±2
	热老化时间	h	
	PA		14×24
	V		7×24
5	绝缘断裂伸长率中值	%	
	热老化前		
	PA、V、YZ		≥125
	Y		≥300
	YP		≥200
	热老化后		
	PA、V	℃	≥125
	热老化温度		
	PA		90±2
	V	h	80±2
	热老化时间		
	PA		14×24
	V		7×24
6	绝缘热收缩率	%	≤5
	处理温度	℃	100±2
	处理时间	min	15
7	Y、YP、YZ 绝缘热老化后的卷绕试验	—	不开裂 100±2
	热老化处理温度	℃ h	14×24
	热老化处理时间	℃ h	70±2
	再次老化处理温度		24
	处理时间		
8	绝缘低温卷绕试验	失效数/试样数	0/10
	处理温度	℃	-20±2
	圆棒直径	—	芯线外径的 3 倍
	处理时间	h	1

（续）

序号	项目名称	单位	指标
9	泡沫皮聚烯烃绝缘抗压缩性能 施加压力 加压时间	— N min	导线间无碰触 67 ≥1
10	聚氯乙烯绝缘导体耐腐蚀性	—	无孔蚀或腐蚀迹象

注：第4、5项中Y、YP和YZ绝缘不做老化试验。

(3) 线对 由分别称作a线和b线的两根不同颜色的绝缘线芯均匀地绞合成线对，绞对节距不大于75mm。

(4) 缆芯 电缆的缆芯采用单位式绞合方式，标称对数系列一的电缆除聚酰胺绝缘电缆外，线对数在65对及以下时也可采用层绞式绞合方式。

1）对于单位式绞合方式的电缆：标称线对数系列一的电缆，由16个线对绞合而成，基本单位内线对序号和色谱应符合表3-1-48、表3-1-49或表3-1-50中的规定。聚酰胺绝缘电缆不宜选用表3-1-48中规定的色谱可采用表3-1-49或表3-1-50中的色谱。标称线对数系列二的电缆（YD/T 1820—2008规定）由25个线对绞合而成，基本单位内线对序号和色谱应符合表3-1-50中的规定。单位扎带（丝）颜色见表3-1-51。

表3-1-48 基本单位内线对优先采用颜色色序

线对序号	线对颜色		线对序号	线对颜色		线对序号	线对颜色		线对序号	线对颜色	
	a线	b线		a线	b线		a线	b线		a线	b线
1	白	蓝	5	白	灰	9	红	棕	13	黑	绿
2	白	橙	6	红	蓝	10	红	灰	14	黑	棕
3	白	绿	7	红	橙	11	黑	蓝	15	黑	灰
4	白	棕	8	红	绿	12	黑	橙	16	黄	蓝

表3-1-49 基本单位内线对代用颜色色序

线对序号	线对颜色		线对序号	线对颜色		线对序号	线对颜色		线对序号	线对颜色	
	a线	b线		a线	b线		a线	b线		a线	b线
1	白	蓝	5	红	蓝	9	黑	蓝	13	黄	蓝
2	白	橙	6	红	橙	10	黑	橙	14	黄	橙
3	白	绿	7	红	绿	11	黑	绿	15	黄	绿
4	白	棕	8	红	棕	12	黑	棕	16	黄	棕

表3-1-49a 基本单位内线对代用颜色色序

线对序号	线对颜色		线对序号	线对颜色		线对序号	线对颜色		线对序号	线对颜色	
	a线	b线		a线	b线		a线	b线		a线	b线
1	白（蓝）	蓝	5	红（蓝）	蓝	9	黑（蓝）	蓝	13	黄（蓝）	蓝
2	白（橙）	橙	6	红（橙）	橙	10	黑（橙）	橙	14	黄（橙）	橙
3	白（绿）	绿	7	红（绿）	绿	11	黑（绿）	绿	15	黄（绿）	绿
4	白（棕）	棕	8	红（棕）	棕	12	黑（棕）	棕	16	黄（棕）	棕

注：表中（ ）为色环或色条的颜色。

表3-1-49b　基本单位内线对代用颜色色序

线对序号	线对颜色		线对序号	线对颜色		线对序号	线对颜色		线对序号	线对颜色	
	a线	b线		a线	b线		a线	b线		a线	b线
1	白（蓝）	蓝（白）	5	红（蓝）	蓝（红）	9	黑（蓝）	蓝（黑）	13	黄（蓝）	蓝（黄）
2	白（橙）	橙（白）	6	红（橙）	橙（红）	10	黑（橙）	橙（黑）	14	黄（橙）	橙（黄）
3	白（绿）	绿（白）	7	红（绿）	绿（红）	11	黑（绿）	绿（黑）	15	黄（绿）	绿（黄）
4	白（棕）	棕（白）	8	红（棕）	棕（红）	12	黑（棕）	棕（黑）	16	黄（棕）	棕（黄）

注：表中（　）为色环或色条的颜色。

表3-1-50　基本单位内线对颜色色序

线对序号	线对颜色		线对序号	线对颜色		线对序号	线对颜色		线对序号	线对颜色		线对序号	线对颜色	
	a线	b线		a线	b线		a线	b线		a线	b线		a线	b线
1	白	蓝	6	红	蓝	11	黑	蓝	16	黄	蓝	21	紫	蓝
2	白	橙	7	红	橙	12	黑	橙	17	黄	橙	22	紫	橙
3	白	绿	8	红	绿	13	黑	绿	18	黄	绿	23	紫	绿
4	白	棕	9	红	棕	14	黑	棕	19	黄	棕	24	紫	棕
5	白	灰	10	红	灰	15	黑	灰	20	黄	灰	25	紫	灰

表3-1-51　基本单位扎带（纱）颜色

基本单位序号	1	2	3	4	5	6	7	8
颜色	蓝	橙	绿	棕	灰	白	红	黑

2）对于同心层绞合方式的电缆：缆芯中线对按表3-1-52中规定的线对序号，由小到大从缆芯内层排列到外层，各层线对排列方向应一致。根据用户需要也可采用表3-1-50中规定的色谱，当线对数超过25对时应在缆芯的适当位置绕扎扎带（纱）以区分线对。

表3-1-52　同心层绞式缆芯内线对色序

线对序号	线对颜色		线对序号	线对颜色		线对序号	线对颜色		线对序号	线对颜色		线对序号	线对颜色	
	a线	b线		a线	b线		a线	b线		a线	b线		a线	b线
1	白	蓝	14	黄	橙	27	蓝（黑）	绿	40	橙（红）	棕	53	绿（红）	蓝
2	白	橙	15	黄	绿	28	蓝（黑）	棕	41	橙（黑）	蓝	54	绿（红）	橙
3	白	绿	16	黄	棕	29	黄（蓝）	蓝	42	橙（黑）	橙	55	绿（红）	绿
4	白	棕	17	白（蓝）	蓝	30	黄（蓝）	橙	43	橙（黑）	绿	56	绿（红）	棕
5	红	蓝	18	白（蓝）	橙	31	黄（蓝）	绿	44	橙（黑）	棕	57	绿（黑）	蓝
6	红	橙	19	白（蓝）	绿	32	黄（蓝）	棕	45	黄（橙）	蓝	58	绿（黑）	橙
7	红	绿	20	白（蓝）	棕	33	白（橙）	蓝	46	黄（橙）	橙	59	绿（黑）	绿
8	红	棕	21	红（蓝）	蓝	34	白（橙）	橙	47	黄（橙）	绿	60	绿（黑）	棕
9	黑	蓝	22	红（蓝）	橙	35	白（橙）	绿	48	黄（橙）	棕	61	黄（绿）	蓝
10	黑	橙	23	红（蓝）	绿	36	白（橙）	棕	49	白（绿）	蓝	62	黄（绿）	橙
11	黑	绿	24	红（蓝）	棕	37	橙（红）	蓝	50	白（绿）	橙	63	黄（绿）	绿
12	黑	棕	25	蓝（黑）	蓝	38	橙（红）	橙	51	白（绿）	绿	64	黄（绿）	棕
13	黄	蓝	26	蓝（黑）	橙	39	橙（红）	绿	52	白（绿）	棕	65	白	红

注：表中（　）为色环或色条颜色。

(5) **缆芯包带** 缆芯外重叠绕包1~2层聚酯薄膜，绕包重叠率应不小于25%且重叠宽度应不小于3mm。

(6) **屏蔽** 屏蔽型电缆的屏蔽可选用表3-1-53中的任一结构。其中标称特性阻抗为120Ω的电缆宜采用屏蔽结构。根据用户需要，允许在电缆基本单位或子单位外使用屏蔽结构。

表3-1-53 屏蔽型电缆的屏蔽结构

屏蔽层由一层复合铝箔和一根屏蔽连通线组成	屏蔽层由一层复合铝箔和一层编织层组成
1）缆芯直径在8mm以下时，应选用铝层厚度不小于0.012mm的单面复合铝箔。缆芯直径在8mm及以上时，应选用铝层厚度不小于0.04mm的单面复合铝箔，也可选用铝层厚度之和不小于0.04mm的双面复合铝箔 2）复合铝箔应绕包，绕包重叠率应不小于25%，且重叠宽度应不小于3mm 3）在缆芯包带与复合铝箔间纵放一根屏蔽连通线，并与复合铝箔金属面连通接触 4）屏蔽连通线应选用实心裸铜线或镀锡铜线，其标称直径不小于导体标称直径	1）复合铝箔应选用铝层厚度不小于0.03mm的单面复合铝箔或铝层厚度之和不小于0.03mm的双面复合铝箔 2）复合铝箔可绕包或纵包，重叠率应不小于25%且重叠宽度不小于3mm。采用单面铝箔时金属面应朝向缆芯外侧 3）编织材料选用直径为0.10~0.20mm的单一软圆铜线或镀锡圆铜线 4）单一软圆铜线应符合GB/T 3953—2009中TR型的要求，镀锡圆铜线应符合GB/T 4910—2009中TXRH型的要求 5）编织层允许单向单股断线长度不大于150mm，断线端头应修剪整齐。编织密度不小于40% 6）根据用户需要，允许在复合铝箔与编织层之间纵放一根实心裸铜线或镀锡铜线，其标称直径不小于导体标称直径

(7) **护套** 护套采用聚氯乙烯或无卤阻燃聚烯烃护套料。护套厚度应均匀。护套任一截面平均厚度及最薄点厚度应符合表3-1-54中的规定。从成品电缆上取下的护套应满足表3-1-55中的要求。

表3-1-54 电缆护套厚度

护套前缆芯直径 D/mm	平均厚度/mm	最薄点厚度/mm
$D<4.0$	≥0.60	≥0.50
$4.0 \leqslant D<10.0$	≥0.80	≥0.60
$D \geqslant 10.0$	≥1.0	≥0.80

表3-1-55 护套的机械物理性能、环境性能

序号	项目	单位	指标
1	抗拉强度中值 热老化前抗拉强度 V YZ 热老化后抗拉强度 V YZ 热老化温度 热老化时间	MPa MPa ℃ h	≥12.5 ≥10.0 ≥12.5 ≥8.0 100±2 7×24
2	老化前后断裂伸长率中值 V YZ	% %	≥125 ≥100
3	无卤阻燃聚烯烃护套热收缩率 处理温度 处理时间	% ℃ h	≤5 100±2 4
4	抗热冲击性	—	无裂纹
5	聚氯乙烯护套热稳定时间	min	≥40
6	聚氯乙烯护套组分相容性（M+S）	%	≤7

6. 局用对称通信电缆电性能

聚酰胺绝缘电缆的电气性能应符合表3-1-56中的规定，其他材料绝缘电缆的电气性能应符合表3-1-57中的规定。

表3-1-56 聚酰胺绝缘电缆的电气性能

序号	项目	单位	技术指标		长度换算关系 L/km
			0.40mm	0.50mm	
1	单根导体直流电阻（+20℃），最大值	Ω/km	≤148.0	≤95.0	实测值/L
2	线对直流电阻不平衡 最大值 平均值	%	 ≤2.5 ≤1.5		—
3	单芯-其余芯线及屏蔽间的绝缘电阻（DC 100~500V） 20℃相对湿度50% 40℃相对湿度95%	MΩ·km	 ≥10 ≥0.1		实测值×L
4	绝缘介电强度（DC，3s） 芯-芯 0.75kV 芯-屏（屏蔽型电缆）0.75kV	—	 不击穿 不击穿		—
5	工作电容（800Hz或1kHz） +20℃相对湿度20% 非屏蔽型电缆 屏蔽型电缆 +20℃相对湿度65% 非屏蔽型电缆 屏蔽型电缆	nF/km	 ≤85 ≤120 ≤100 ≤140		实测值/L
6	线对间电容不平衡（+20℃，800Hz）	pF/km	≤300		实测值 $/[0.5(L+\sqrt{L})]$
7	转移阻抗（屏蔽型电缆，0.1~30MHz）	mΩ/m	待定		0.001×实测值×L
8	屏蔽通断、芯线断线、混线	—	电气上连通、无断线、混线		

表3-1-57 其他材料绝缘电缆的电气性能

序号	项目	单位	技术指标				长度换算关系 L/km
			0.25mm	0.32mm	0.40mm	0.50mm	
1	单根导体直流电阻（+20℃）最大值	Ω/km	≤393.0	≤236.0	≤148.0	≤97.8	实测值/L
2	线对直流电阻不平衡 最大值 平均值	%	 ≤3.0 ≤2.0	 ≤3.0 ≤2.0	 ≤2.5 ≤1.5	 ≤2.5 ≤1.5	—
3	单芯-其余芯线及屏蔽间的绝缘电阻 （DC 100~500V） +20℃ V、YZ +20℃ Y、YP +70℃ V	MΩ·km	 ≥500 ≥10000 ≥1				实测值×L
4	绝缘介电强度（DC，3s） 0.25mm、0.32mm 芯-芯1.5 kV 芯-屏（屏蔽型电缆）2.0kV	—	 不击穿 不击穿	 不击穿 不击穿	 不击穿 不击穿	 不击穿 不击穿	—
	0.40mm、0.50mm 芯-芯2.0 kV 芯-屏（屏蔽型电缆）3.0kV	—	 不击穿 不击穿	 不击穿 不击穿	 不击穿 不击穿	 不击穿 不击穿	

（续）

序号	项目		单位	技术指标 0.25mm	0.32mm	0.40mm	0.50mm	长度换算关系 L/km
5	工作电容（800Hz 或 1kHz）		nF/km					实测值/L
	120Ω 电缆			—	≤52	≤52	≤52	
	+20℃，V、Y			≤100	≤100	≤100	≤100	
	YP			≤56	≤56	≤56	≤56	
	YZ			≤100	≤100	≤100	≤100	
6	线对间电容不平衡		pF/km					实测值/[0.5(L+√L)]
	Y、YP、YZ			≤250	≤250	≤250		
	V			≤500	≤500	≤500		
	线对对地电容不平衡（屏蔽型电缆）							实测值/L
	V			—	—	80%数据≤1500 100%数据≤3000		
	YZ（平均值/最大值）			—	—	570/2630		
	YP（平均值/最大值）			—	—	570/2630		
	Y（平均值/最大值）			570/2630	570/2630	570/2630		
7	特性阻抗	120Ω 电缆（1~4MHz）	Ω	120±15				—
		A 类（1~2MHz）		100±15				
		B 类（1~16MHz） C 类（1~30MHz）						
8	拟合阻抗	B 类（1~16MHz） C 类（1~30MHz）	Ω	下限 95　上限 $105+8\sqrt{f}$				—
9	结构回波损耗	B 类（1~16MHz）	Ω	≥23				—
		C 类 1~20MHz		≥23				
		20~30MHz		$\geqslant 23-10\lg(f/20)$				
10	+20℃固有衰减	120Ω 电缆最大值	dB/100m					0.1×实测值/L
		1MHz		—	3.2	2.8	2.2	
		3.156MHz		—	—	4.7	3.8	
		A 类 150kHz/1024kHz V（最大平均值）		—	—/—	—/3.5	—/3.2	
		Y、YZ（最大平均值）		—/6.0	1.7/3.4	1.2/2.7	0.9/2.3	
		YP（最大平均值）		—	1.7/3.6	1.3/2.9	0.9/2.4	
		B 类 1~16MHz C 类 1~30MHz		$\leqslant k_1\sqrt{f}+k_2f+k_3/\sqrt{f}$				
11	近端串音衰减	A 类	dB	≥42				见本表注
		120Ω 电缆（1MHz）		≥53				
		B 类（1~16MHz）		$\geqslant 56.3-15\times\lg f$				
		C 类（1~30MHz）		$\geqslant 62.3-15\times\lg f$				
12	等电平远端串音衰减	A 类、120Ω 电缆（1MHz）	dB/100m	≥39		≥41		0.1×实测值/L
		B 类（1~16MHz）		$\geqslant 53-20\times\lg f$				
		C 类（1~30MHz）		$\geqslant 59-20\times\lg f$				
13	相时延		μs/km					实测值/L
	1MHz（B 类，C 类）			—	—	≤5.74		
	16MHz（B 类，C 类）			—	—	≤5.43		
	30MHz（C 类）			—	—	≤5.40		

（续）

序号	项目	单位	技术指标				长度换算关系 L/km
			0.25mm	0.32mm	0.40mm	0.50mm	
14	转移阻抗（0.1～30MHz，屏蔽型电缆）	mΩ/m	待定				—
15	屏蔽衰减（30～1000MHz，屏蔽型电缆）	dB	待定				—
16	缆芯-屏蔽间电容（屏蔽型电缆）	nF/km	≥50				实测值/L
17	复合铝箔屏蔽层直流电阻（+20℃）	Ω/km	≤393.0	≤236.0	≤148.0	≤95.0	实测值/L
18	屏蔽通断、芯线断线、混线	—	电气上连通、无断线、混线				—

注：1. 表中 f 为频率，单位为 MHz。

2. 表中第 4 项，绝缘介电强度可采用交流电压试验，其值为直流电压值除以 1.5。

3. 表中第 10 项，k_1、k_2、k_3 的值见表 3-1-58。

4. 表中第 8、9 项仅在第 7 项不合格时才考核，如果这两项合格可以不考核第 7 项。

5. 近端串音衰减长度换算关系：实测值 $+10\times\lg[(1-10^{-(\alpha\times L/5)})/(1-10^{-(\alpha\times 0.3/5)})]$，式中 α 为被测线对在测试频率下的固有衰减，单位为 dB/km。

6. 近端串音衰减的测试应对电缆两端进行测试。

7. 对 B 类和 C 类电缆，特性阻抗不合格时，如果拟合阻抗和结构回波损耗两项指标均合格则可不考核特性阻抗。

表 3-1-58　衰减公式中的 k 值

导体标称直径	绝缘材料	k_1	k_2	k_3
0.40mm	Y、YP	2.560	0.054	0.068
	YZ	2.688	0.057	0.071
0.50mm	Y、YP	2.050	0.043	0.057
	YZ	2.153	0.045	0.058

7. 局用对称通信电缆的环境性能（见表 3-1-59）

表 3-1-59　电缆的环境性能

序号	项　目	单位	指　标
1	高温下的压力试验 （电缆外径≤6.0mm 时压力为 2.5N，否则压力为 3.0N）	%	变形率≤40
2	电缆低温弯曲性能（-15℃±2℃，4h） 聚氯乙烯护套 电缆，芯轴直径为电缆外径的 4～5 倍 YZ 护套电缆，芯轴直径为电缆外径的 15 倍	—	电缆在芯轴上卷绕后无明显裂纹
3	电缆阻燃特性单根电缆垂直燃烧 成束电缆垂直燃烧（用户选用）	—	满足 GB/T 18380.11—2001 中的要求 满足 GB/T 18380.31—2001 中的要求

8. 交货长度

电缆制造长度宜为 500m、1000m 或 2000m，允许最大偏差为 ±20%。根据制造厂和用户协议，允许按协议规定的长度及偏差交货。

1.3.2　聚氯乙烯绝缘聚氯乙烯护套低频通信局用电缆

电信、电话局内部安装用对线组、三线组、

四线组、五线组电缆，主要用于交换机及其他传输设备、电话和电报设备、数据处理设备的互相连接。

1. 型号、规格（见表3-1-60和表3-1-61）

表3-1-60 低频通信局用电缆型号

单位序号	名　称
HJVV	铜芯聚氯乙烯绝缘聚氯乙烯护套局用电缆
HJVVP	铜芯聚氯乙烯绝缘聚氯乙烯护套屏蔽型局用电缆

表3-1-61 低频通信局用电缆规格

电缆型号	导体标称直径/mm															
	0.4				0.5				0.6				0.8			
	对线组	线组	四线组	五线组	对线组	线组	四线组	五线组	对线组	线组	四线组	五线组	对线组	线组	四线组	五线组
	标称成缆元件（线组）数															
模拟交换用	5、10、15、20、25、30、40、50、60、80、100、120、140、160、180、200				5、10、15、20、25、30、40、50、60、80、100、120、140、160、180、200				5、10、15、20、25、30、40、50、60、80、100、120、140、160、180、200				5、10、15、20、25、30、40、50、60、80、100、120、140、160			
数字交换用	2、4、8、12、16、24、32、48、64、128（仅用对线组）				2、4、8、12、16、24、32、64（仅用对线组）				—				—			

2. 结构

（1）导线　导线标称直径为0.4mm、0.5mm、0.6mm、0.8mm。

（2）绝缘　聚氯乙烯绝缘，导线直径为0.4mm、0.5mm、0.6mm的绝缘厚度不小于0.15mm；导线直径为0.8mm的绝缘厚度不小于0.25mm。

（3）缆芯　缆芯按需要分为同心层绞和单位式绞合两种。同心层式缆芯按正规绞合，单位式缆芯绞合结构见表3-1-62，成缆元件和绝缘色谱见表3-1-63。

表3-1-62 单位式缆芯绞合结构

标称成缆元件数	实际成缆元件数	缆芯结构	适用的导体标称直径/mm
15	15	3×（5）	0.4、0.5
20	20	4×（5）；1×（20）	
25	25	1×（5）+4×（5）	
30	30	1×（5）+5×（5）；3×（10）	0.6、0.8
40	40	4×（10）	
50	50	1×（10）+4×（10）	
60	60	1×（10）+5（10）	
80	80	4×（20）；2×（10）+6×（10）	
100	101	1×（10）+8×（10）+1个备线组	
100	101	1×（20）+4×（20）+1个备线组	
120	121	1×（20）+5×（20）+1个备线组	
140	141	1×（20）+6×（20）+1个备线组	
160	161	1×（20）+7×（20）+1个备线组	
180	181	2×（20）+7×（20）+1个备线组	0.4、0.5
200	201	2×（20）+8×（20）+1个备线组	0.6

注：括号内的数字为单位的成缆元件数。

表 3-1-63　成缆元件和绝缘色谱

计数组	颜色组	成缆元件序号	绝缘的颜色		计数组	颜色组	成缆元件序号	绝缘的颜色	
			a线	b线				a线	b线
1	1	1	白	蓝	3	9	41	白-橙	蓝
		2	白	橙			42	白-橙	橙
		3	白	绿			43	白-橙	绿
		4	白	棕			44	白-橙	棕
		5	白	灰			45	白-橙	灰
	2	6	红	蓝		10	46	红-橙	蓝
		7	红	橙			47	红-橙	橙
		8	红	绿			48	红-橙	绿
		9	红	棕			49	红-橙	棕
		10	红	灰			50	红-橙	灰
	3	11	黑	蓝		11	51	黑-橙	蓝
		12	黑	橙			52	黑-橙	橙
		13	黑	绿			53	黑-橙	绿
		14	黑	棕			54	黑-橙	棕
		15	黑	灰			55	黑-橙	灰
	4	16	黄	蓝		12	56	黄-橙	蓝
		17	黄	橙			57	黄-橙	橙
		18	黄	绿			58	黄-橙	绿
		19	黄	棕			59	黄-橙	棕
		20	黄	灰			60	黄-橙	灰
2	5	21	白-蓝	蓝	4	13	61	白-绿	蓝
		22	白-蓝	橙			62	白-绿	橙
		23	白-篮	绿			63	白-绿	绿
		24	白-蓝	棕			64	白-绿	棕
		25	白-蓝	灰			65	白-绿	灰
	6	26	红-蓝	蓝		14	66	红-绿	蓝
		27	红-蓝	橙			67	红-绿	橙
		28	红-蓝	绿			68	红-绿	绿
		29	红-蓝	棕			69	红-绿	棕
		30	红-蓝	灰			70	红-绿	灰
	7	31	黑-蓝	蓝		15	71	黑-绿	蓝
		32	黑-蓝	橙			72	黑-绿	橙
		33	黑-蓝	绿			73	黑-绿	绿
		34	黑-蓝	棕			74	黑-绿	棕
		35	黑-蓝	灰			75	黑-绿	灰
	8	36	黄-蓝	蓝		16	76	黄-绿	蓝
		37	黄-蓝	橙			77	黄-绿	橙
		38	黄-蓝	绿			78	黄-绿	绿
		39	黄-蓝	棕			79	黄-绿	棕
		40	黄-蓝	灰			80	黄-绿	灰

（续）

计数组	颜色组	成缆元件序号	绝缘的颜色 a线	绝缘的颜色 b线	计数组	颜色组	成缆元件序号	绝缘的颜色 a线	绝缘的颜色 b线
5	17	81	白-棕	蓝	6	21	101	白-灰	蓝
		82	白-棕	橙			102	白-灰	橙
		83	白-棕	绿			103	白-灰	绿
		84	白-棕	棕			104	白-灰	棕
		85	白-棕	灰			105	白-灰	灰
	18	86	红-棕	蓝		22	106	红-灰	蓝
		87	红-棕	橙			107	红-灰	橙
		88	红-棕	绿			108	红-灰	绿
		89	红-棕	棕			109	红-灰	棕
		90	红-棕	灰			110	红-灰	灰
	19	91	黑-棕	蓝		23	111	黑-灰	蓝
		92	黑-棕	橙			112	黑-灰	橙
		93	黑-棕	绿			113	黑-灰	绿
		94	黑-棕	棕			114	燕-灰	棕
		95	黑-棕	灰			115	黑-灰	灰
	20	96	黄-棕	蓝		24	116	黄-灰	蓝
		97	黄-棕	橙			117	黄-灰	橙
		98	黄-棕	绿			118	黄-灰	绿
		99	黄-棕	棕			119	黄-灰	棕
		100	黄-棕	灰			120	黄-灰	灰

注：1. 如果有c线、d线和e线，则在所有成缆元件里应着同样颜色，c线对应青绿色，d线对应紫色，e线对应橙-绿色。

2. 除双色挤出外，以黑体字表示的颜色为“基色”，黑体字后面小字表示的颜色为绝缘导体上环或螺旋线的颜色。

（4）屏蔽 由厚度0.04mm铜带或铝带制作，也可用铜带或铝带的平面塑料复合带制作（金属层最小厚度为0.008mm），屏蔽带应螺旋绕包或纵包在包带层上，搭盖宽度至少为带宽的20%或6mm，应放置一根或几根镀锡铜线与金属带表面接触，铜线截面积应不小于0.125mm^2。在屏蔽层外面再绕包一层非吸湿性材料的带子。

（5）护套 护套用聚氯乙烯护套料，颜色应为灰色。

3. 电缆的电性能（见表3-1-64）

表3-1-64 低频通信局用电缆电性能

序号	项目	性能指标	
1	20℃时导体的直流电阻/(Ω/km)	最大值	平均值
2	0.4mm	≤150.0	≤144.0
	0.5mm	≤95.9	≤92.1
	0.6mm	≤66.6	≤63.9
	0.8mm	≤36.8	≤35.3

（续）

序号	项目	性能指标
3	绝缘的介电强度 0.4mm、0.5mm、0.6mm 0.8mm	AC 1000V或DC 1500V 1min不击穿 AC 1500V或DC 2250V 1min不击穿
4	绝缘电阻/MΩ·km	≥200
5	工作电容/(nF/km)	≤120
6	电容不平衡/(pF/km)	≤800

4. 电缆的机械性能（见表3-1-65）

表3-1-65 低频通信局用电缆的机械性能

序号	项目	性能指标
1	导体的断裂伸长率 ——0.4mm导体 ——0.4mm以上导体	 ≥10% ≥15%
2	镀锡导体的可焊接性	光滑明亮的焊锡层
3	绝缘的抗拉强度（中值） ——老化前 ——老化后|TS|	 ≥12.5MPa ≤20%

（续）

序号	项目	性能指标
4	绝缘的断裂伸长率（中值） ——老化前 ——老化后 |EB|	 ≥125%（单色） ≥100%(挤出双色) ≤20%
5	护套的抗拉强度（中值） ——老化前 ——老化后 |TS|	 ≥12.5MPa ≤20%
6	护套的断裂伸长率（中值） ——老化前 ——老化后 |EB|	 ≥125% ≤20%
7	绝缘的可剥离性	不损伤绝缘、导体或镀锡层

5. 电缆的热稳定性和耐气候性能（见表 3-1-66）

表 3-1-66　低频通信局用电缆的热稳定性和耐气候性能

序号	项目	性能指标
1	导体过热后绝缘的收缩率	≤4%
2	绝缘的冷弯曲	不开裂
3	绝缘的抗热冲击	不开裂
4	护套在高温下的压力试验	压痕点的厚度≥护套平均厚度的 40%
5	护套的冷弯曲	不开裂
6	护套的低温拉伸断裂伸长率（对于 $D \geq$ 12.5mm 电缆）	≥20%
7	护套的热冲击	不开裂
8	电缆的不延燃性	护套炭化部分起始点至上夹具下缘的距离应不小于 50mm

6. 交货长度

电缆交货长度应是 250m 的整数倍 ±10%。允许 100m 及以上的短段电缆交货，但其数量不得超过交货总长度的 20%。根据双方协议，允许以任何长度的电缆交货。

1.3.3　聚氯乙烯绝缘聚氯乙烯护套低频通信配线电缆

电缆用于以下场合作短距离配线：一级配线、二级配线，并与分线设备相连；引入建筑物内的各分支电缆，即屋内配线电缆；沿建筑物墙壁敷设的电缆，即墙壁配线电缆、架空用配线电缆。

1. 型号、规格（见表 3-1-67）

表 3-1-67　低频通信配线电缆的型号、规格

型号	导体标称直径/mm	
	0.4、0.5、0.6	0.8
	电缆标称对数	
HPVV	10～600	10～400

电缆对数系列为 10、20、30、50、100、200、300、400、600。

2. 结构

（1）导线绝缘厚度　与本篇第 1 章 1.3.2 节 2 相同。

（2）缆芯　缆芯由若干单位或若干基本单位绞合而成，亦可将若干对线组绞合成等效于一个基本单位的若干子单位，再将这些子单位绞合成单位或缆芯。基本单位由若干对线组绞合而成，有 10 对基本单位和 25 对基本单位两种。单位由若干基本单位或子单位绞合而成，有 50 对单位和 100 对单位两种。缆芯的推荐结构见表 3-1-68。

表 3-1-68　低频通信配线电缆的线芯结构

标称对线组数	25 对基本单位缆芯结构	10 对基本单位缆芯结构	适用的导体标称直径/mm
10	同心层式	同心层式	0.8、0.6、0.5、0.4
20	同心层式	(4)×(5)*；同心层式	0.8、0.6、0.5、0.4
30	(8+9+8+5)*	(3)×(10)*	0.8、0.6、0.5、0.4
50	(12+13)*+(12+13)*	(5)×(10)*	0.8、0.6、0.5、0.4
100	(1)×(25)*+(3)×(12+13)*	(2+8)×(10)*	0.8、0.6、0.5、0.4
100	(4)×(25)*	—	0.5、0.4
200	(2)×(12+13)*+(6)×(25)*	(4)×(50)*	0.8、0.6、0.5、0.4
200	(4)×(50)*	—	0.5、0.4
300	(3+9)×(25)*	—	0.8
300	(1+5)×(50)*	(1+5)×(50)*	0.8、0.6、0.5、0.4
400	(1)×(100)*+(6)×(50)*	(1)×(100)*+(6)×(50)*	0.8、0.6、0.5、0.4
600	(3+9)×(50)*	(3+9)×(50)*	0.6、0.5、0.4
600	(1+5)×(100)*	(1+5)×(100)*	0.5、0.4

注：1. 带 * 的括号内的数字表示对线组的数量。
2. 未带 * 的括号内的数字表示基本单位、单位或子单位的数量。

20 对及以下的缆芯采用同心层式结构。100 对及以上缆芯允许使用备线组。备线组的数量可按缆芯标称对线组数的 1% 计算，但不得多于 4 个。

备线组应置于缆芯的间隙中，可单独提供，也可绞合在一起构成一个子单位提供。交货时，电缆中合格的对线组数不得少于电缆标称对线组数。

(3) 基本单位色谱

1) 10 对基本单位绝缘线芯色谱见表 3-1-69。基本单位的扎带（丝）的色谱，100 对以下单位的色谱见表 3-1-70。100 对以上缆芯由 50 对单位或 100 对单位组成，单位的扎带（丝）色谱见表3-1-71。

表 3-1-69 10 对基本单位色谱

对线组序号	绝缘导体颜色	
	a 线	b 线
1	白	蓝
2	白	橙
3	白	绿
4	白	棕
5	白	灰
6	红	蓝
7	红	橙
8	红	绿
9	红	檬
10	红	灰

表 3-1-70 基本单位扎带的色谱

基本单位序号	1	2	3	4	5	6	7	8	9	10
扎带（丝）颜色	蓝	橙	绿	棕	灰	白	红	黑	黄	紫

注：50 对单位或缆芯用前面五种颜色，即蓝、橙、绿、棕、灰。

表 3-1-71 单位扎带的色谱

100 对单位符号	1		2		3		4		5		6	
50 对单位序号	1	2	3	4	5	6	7	8	9	10	11	12
扎带（丝）颜色	蓝		橙		绿		棕		灰		白	

注：当电缆内既有 100 对又有 50 对单位时，若用 100 对单位序号计数，则两个 50 对单位用同一序号；若用 50 对单位序号计数，则 100 对单位用两个序号。

2) 25 对基本单位绝缘线芯的色谱及基本单位、单位的扎带（丝）色谱见本篇第 1 章 1.1.2 节。预备线组色谱见表3-1-14 中的序号 1～4。

(4) 屏蔽 与本篇第 1 章 1.3.2 节中的 2 相同

(5) 护套 由聚氯乙烯制成，架空和墙壁配线电缆护套为黑色，屋内用配线电缆护套最好是灰色。

3. 电性能（见表 3-1-72）

表 3-1-72 低频通信配线电缆电性能

序号	项目	性能指标	
1	20℃时导体的直流电阻/(Ω/km)	最大值	平均值
	0.4mm	<150.0	≤144.0
	0.5mm	<95.9	≤92.1
	0.6mm	<66.6	≤63.9
	0.8mm	≤36.8	<35.3
2	绝缘的介电强度 0.4mm、0.5mm、0.6mm	AC 1000V 或 DC 1500V，1min 不击穿	
	0.8mm	AC 1500V 或 DC 2250V 1min 不击穿	
3	(20±5)℃时导体的绝缘电阻/MΩ·km	≥200	
4	工作电容/(F/km)	≤0.12	
5	电容不平衡/(pF/km)	≤800	

4. 电缆的机械性能（见表 3-1-73）

表 3-1-73 低频通信局用电缆机械性能

序号	项目	性能指标
1	导体的断裂伸长率	
	——0.4mm 导体	≥10%
	——0.5mm 导体	≥15%
	——0.6mm 导体	≥15%
2	导体的可焊接性	光滑明亮的镀锡层
3	绝缘的抗拉强度（中值）	
	——老化前	≥12.5MPa
	——老化后 |TS|	≤20%
4	绝缘的断裂伸长率（中值）	
	——老化前	≥125%
	——老化后 |EB|	≤20%
5	护套的抗拉强度（中值）	
	——老化前	≥12.5MPa
	——老化后 |TS|	≤20%
6	护套的断裂伸长率（中值）	
	——老化前	≥125%
	——老化后 |EB|	≤20%
7	绝缘的可剥离性	不损伤绝缘、导体或镀锡层

5. 电缆的热稳定性和耐气候性能（见表3-1-74）

表3-1-74 低频通信局用电缆的热稳定性和耐气候性能

序号	项目	性能指标
1	导体过热后绝缘收缩率	≤4%
2	绝缘的冷弯曲	不开裂
3	绝缘的抗热冲击	不开裂
4	护套在高温下的压力试验	压痕点的厚度≥护套平均厚度的40%
5	护套的冷弯曲	不开裂
6	护套的低温拉伸断裂伸长率（对于直径大于12.5mm的电缆）	≥20%
7	护套的抗热冲击	不开裂
8	电缆的不延燃性	护套炭化部分起始点至上夹具下缘的距离应不小于50mm

6. 交货长度

电缆交货长度应是250m的整数倍±10%。允许100m及以上的短段电缆交货，但其数量不得超过交货总长度的20%。根据双方协议，允许以任何长度的电缆交货。

1.4 数字通信对称电缆

自20世纪80年代数字通信对称电缆首次应用在结构化综合布线系统以来，到目前作为主要宽带接入方式，其频率和带宽仍在不断增加和突破。作为有效的用户配线电缆，数字电缆所构建的高速、快捷和灵活的宽带实现方式，成为信息化建设中不可或缺的重要产业。

在千兆1000Base－T及以下以太网的传输介质中，Cat5e、Cat6等铜缆双绞线具有很大的优势。基于铜缆双绞线作为传输介质的10GB（万兆）以太网IEEE 802.3an 10GBASE－T规范于2006年6月正式批准发布，该规范支持传统的双绞线电缆，端口采用标准RJ45连接器进行连接，可以向下兼容1000Base－T及以下以太网的应用。Cat6A铜缆双绞线可以支持的10GBase－T传输距离达到100m，Cat6双绞线则可支持37m的10GBase－T传输，使新装用户可沿用原有的双绞线电缆。

信息技术的发展日新月异，云计算以及3G、4G以及5G技术的应用需求，推动了以太网网速的提升和升级。以太网标准自诞生以来，网络传输速率一直在提升，目前国际IEEE802.3ba小组已经批准了40G、100G标准。伴随着以太网的提速，数字通信对称电缆也围绕着带宽在不断升级，从最初的三类电缆发展到目前的超六类、七类和超七类电缆。传输带宽也不断刷新，从最初的1MHz提升到250MHz、600MHz和1000MHz甚至1200MHz，目前IEC正在制定8类线标准，带宽达到2000MHz。

进入21世纪以来，随着制造设备、检验设备技术突破以及生产厂在对绞电缆的制造技术上有了突破性的进展，已制造可以用到1200kHz下的对绞电缆，万兆以太网（10Gbit/s）将逐步取代千兆以太网（1000Mbit/s）成为市场主流的发展趋势，使用范围扩展到以往同轴电缆或光缆占领的高数据传输频率应用的场合。由于对绞电缆具有结构简单、连接方便、成本低、使用灵活等显著优点，因此成为高速局域网布线中的首选。

对绞电缆目前已扩展到使用在HDBaseT网络，这是一个不同于以太网的网络，2011年在美国才有行业标准，使用的是现有以太网所用的线缆及配件，即CAT5E、CAT6、CAT6A甚至CAT7等。HDBaseT技术是唯一能够使未经压缩的全高清多媒体内容，在额定功率小于100W的情况下，通过一个信号线缆来实现长达100m距离传输的技术。HDBaseT可以使得视频应用最优化，通过一个5 PLAY的转换，可以连接家里所有的娱乐设备。同时也可连接3D及未来的2K、4K甚至更高的超高清格式的设备。全面支持3D、2K/4K、CEC、EDID、HDCP等。

随着工业自动化及自动化控制需求，数字通信对称电缆已大量应用于自动化和现场总线技术中以保证工业数据安全传输。此类线缆多采用多股绞合导体，采用组合屏蔽层（如铝箔＋编织），护套材料要求耐温、耐磨、耐油、耐溶剂等，通常包括工业以太网电缆、电缆总线、传感器电缆等。

1.4.1 局域网用线

局域网数字通信对称电缆安装使用场所如图3-1-5所示，并对五种场所遇到的安装条件分述如下：

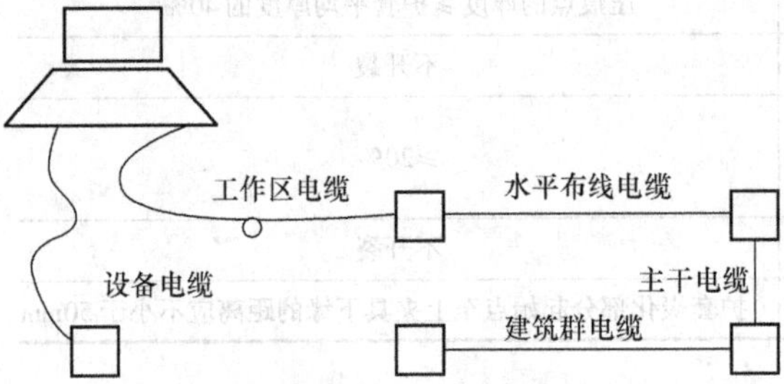

图3-1-5 电缆的布置图

1）设备电缆适用于工作站与外部设备（如打印机）之间。电缆应柔软，并符合数字设备连接所要求的传输特性。

2）工作区电缆适用于工作站与通信输出端之间。电缆应柔软、重量轻、直径小，并符合所要求的传输特性及机械特性。

3）水平层布线电缆适用于工作区通信输出端与通信机房之间。电缆可以安装在管道、线槽中及地板与天花板的空隙中。这种电缆在着火危险条件下应具有合格性能。

4）楼层间敷设电缆和大楼干线电缆适用于水平安装或各楼层之间的垂直安装，因而应设计得具有足够的机械强度，并在着火危险条件下应具有合格性能。

5）大楼间电缆用于大楼之间互连并应适用于室外安装。这种电缆的护套和外护套应符合IEC 60708—2005中的规定。

1. 型号、规格

(1) 型号、名称 由于数字通信对称电缆品种型式较多，按其使用环境分有水平层布线、工作区布线及楼层间布线；按其结构分有无屏蔽及有屏蔽两种；按其燃烧特性又分为阻燃电缆、低烟阻燃电缆、低烟无卤阻燃电缆；按其特性阻抗分有100Ω及150Ω两种；电缆类别按最高传输频率分为8类，7A类频率可达1000MHz甚至1200MHz，IEC计划修订IEC61156-5，分类到8类，最高传输频率可达2000MHz。因此不能将其型号、名称一一列出，现将数字通信对称电缆型号介绍如下：

1）产品型号组成。产品型号的组成和排列如下：

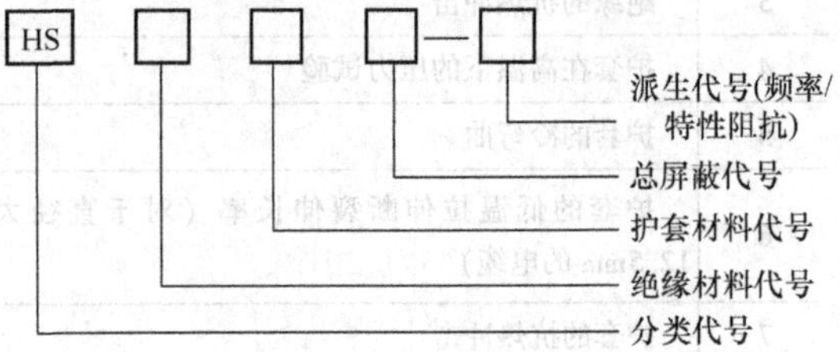

2）代号。系列代号：数字通信用对绞或星绞多芯对称电缆系列……HS

使用环境特征代号如下：

水平层布线……………………………………S

工作区布线……………………………………G

垂直布线………………………………………C

屏蔽代号如下：

无屏蔽 …………………………………省略

线对（四线组）单独屏蔽 …………………P1

统包屏蔽………………………………………P

燃烧性能代号如下：

通过成束燃烧试验的阻燃电缆 ……………SA

通过成束燃烧试验的低烟阻燃电缆 ………SB

通过成束燃烧试验的低烟无卤阻燃电缆 …SC

特性阻抗代号：用电缆特性阻抗的阿拉伯数字表示，有100Ω和150Ω两种。

电缆类别代号用电缆类别的阿拉伯数字表示。类别及最高传输频率如下：

3类电缆	16MHz
4类电缆	20MHz
5类电缆	100MHz
5e类电缆	100MHz
6类电缆	250MHz
6A类电缆	500MHz
7类电缆	600MHz
7A类电缆	1000MHz
8类电缆	2000MHz

以5类电缆为例，其型号、名称及敷设场所见表3-1-75。

表 3-1-75　5 类电缆型号、名称

序号	型号	名　称	敷设场所			
			工作站与外围设备	工作站与工作区	水平层布线区（管道、线槽、地板与天花板夹层）	室内（楼层间）
1	HSG/SA－100－5	聚烯烃绝缘聚氯乙烯护套 100Ω 无屏蔽 5 类数字通信用对绞多芯对称工作区布线电缩	√	△	√	
2	HSS/SA－100－5	聚烯烃绝缘聚氯乙烯护套 100Ω 无屏蔽 5 类数字通信用对绞对称水平层布线电缆	√	√	△	
3	HSS/SC－100－5	氟塑料绝缘氟塑料护套 100Ω 无屏蔽 5 类数字通信用对绞多芯对称水平层布线电缩	√	√	△	
4	HSCP/SC－100－5	氟塑料绝缘氟塑料护套 100Ω 屏蔽 5 类数字通信用对绞多芯对称主干布线电缆			√	△
5	HSSP/SC－100－5	氟塑料绝缘氟塑料护套 100Ω 屏蔽 5 类数字通信用对绞多芯对称水平层布线电缆			√	△
6	HSC/SC－100－5	氟塑料绝缘氟塑料护套 100Ω 无屏蔽 5 类数字通信用对绞多芯对称主干布线电缆			√	△
7	HSSP/SA－100－5	聚烯烃绝缘聚氯乙烯护套 100Ω 屏蔽 5 类数字通信用对绞多芯对称水平层布线电缆	√	√	△	
8	HSSP/SA－150－5	聚烯烃绝缘聚氯乙烯护套 150Ω 屏蔽 5 类数字通信用对绞多芯对称水平层布线电缆	√	√	△	
9	HSSP/SC－150－5	氟塑料绝缘氟塑料护套 150Ω 屏蔽 5 类数字通信用对绞多芯对称水平层布线电缆	√	√	△	
10	HSCP/SC－150－5	氟塑料绝缘氟塑料护套 150Ω 屏蔽 5 类数字通信用对绞多芯对称主干布线电缆			√	△

注：表中“△”表示适用，“√”表示可用。

（2）电缆规格（见表 3-1-76）

表 3-1-76 数字通信对称电缆规格

使用环境	阻抗/Ω	导线直径/mm	对数
水平层布线	100	0.40～0.65	4/8/16/20/25
	150	0.60～0.65	2
工作区布线	100	0.40～0.60	2.4
垂直布线	100	0.50～0.65	≥8
	150	0.60～0.65	$2n$①

① n=1、2、3、…。

产品表示方法举例：

导线直径为0.5mm、线芯为8对、特性阻抗为100Ω，要求通过成束燃烧试验采用低烟无卤的聚乙烯绝缘聚氯乙烯护套阻燃5类水平层布线屏蔽电缆表示为

HSSP/SC－100－5 8×2×0.5

2. 结构

(1) 导线 导线可以是实心的或绞合的，可以镀金属或不镀金属。工作区电缆的导线可由一根或多根螺旋绕在纤维线上的薄铜或铜合金带构成，铜的性能应符合 GB/T 3953—2009 的要求。实心导体通常应是整根拉制而成，实心导体允许有接头，只要接头处的抗拉强度不低于无接头实心导体的85%，同一根导体相邻接头处最小间隔不能小于1m。

(2) 绝缘 导线应由热塑性材料绝缘，如聚烯烃、聚氯乙烯、含氟聚合物、低烟无卤等热塑性材料。绝缘可以是实心、泡沫或带皮泡沫。

(3) 绝缘色谱 推荐优先采用色谱见表3-1-77及表3-1-78。

(4) 缆芯 缆芯可以采用同心层绞或单位式结构成缆。缆芯外可包包带，缆芯内也可以填充阻水材料。

表 3-1-77 8 对及以下电缆优先采用色谱

线对序号		绝缘颜色	线对序号		绝缘颜色	线对序号		绝缘颜色	线对序号		绝缘颜色
1	a	白（蓝）	3	a	白（绿）	5	a	白（灰）	7	a	橙（红）
	b	蓝		b	绿		b	灰		b	橙
2	a	白（橙）	4	a	白（棕）	6	a	红（蓝）	8	a	绿（红）
	b	橙		b	棕		b	蓝		b	绿

注：表中（ ）内的颜色为色环或色条的颜色。

表 3-1-78 25 对及以下电缆优先采用色谱

线对序号		绝缘颜色	线对序号		绝缘颜色	线对序号		绝缘颜色	线对序号		绝缘颜色
1	a	白（蓝）	8	a	绿（红）	15	a	灰（黑）	22	a	橙（紫）
	b	蓝		b	绿		b	灰		b	橙
2	a	白（橙）	9	a	红（棕）	16	a	黄（蓝）	23	a	绿（紫）
	b	橙		b	棕		b	蓝		b	绿
3	a	白（绿）	10	a	灰（红）	17	a	黄（橙）	24	a	棕（紫）
	b	绿		b	灰		b	橙		b	棕
4	a	白（棕）	11	a	蓝（黑）	18	a	黄（绿）	25	a	灰（紫）
	b	棕		b	蓝		b	绿		b	灰
5	a	白（灰）	12	a	橙（黑）	19	a	黄（棕）			
	b	灰		b	橙		b	棕			
6	a	红（蓝）	13	a	绿（黑）	20	a	黄（灰）			
	b	蓝		b	绿		b	灰			
7	a	橙（红）	14	a	棕（黑）	21	a	蓝（紫）			
	b	橙		b	棕		b	蓝			

注：表中（ ）内的颜色为色条或色环的颜色。

1）2对电缆采用第1对和第2对的色谱。

2）电缆线对少于25对时，按序号选用色谱。

（5）屏蔽　线对及缆芯均可采用下列方式的屏蔽。

1）线对可采用一层铝塑复合带屏蔽。

2）缆芯可采用一层铝塑复合带，一层金属编织或一层铝塑复合带和一层金属编织等屏蔽结构，在编织层与复合铝箔间允许纵放一根符合GB/T 4910—2009中TXRH型要求的镀锡软圆铜线，铜线直径推荐和导体直径相同，在编织屏蔽之外可采用非湿性包带保护。

（6）护套　护套材料应为热塑性材料，如聚烯烃、聚氯乙烯、弹性材料（如TPU、TPR）、含氟聚合物、低烟无卤等热塑性材料，特殊环境（如油井电缆）甚至可采用铠装钢丝后再被覆交联护套材料等。

3. 电缆的电气特性（见表3-1-79～表3-1-89）

表3-1-79　电缆的电气特性

序号	项目名称		单位	指标		长度换算
1	单根导体直流电阻，最大值，+20℃		Ω/100m	≤9.5		实测值①/L
2	直流电阻不平衡最大值，+20℃	线对内两导体间	%	≤2		—
		线对与线对间		≤4		
3	介电强度②，DC，1min或2s		—	1min	2s	—
	导体间		kV	1.0	2.5	
	导体与屏蔽间③		kV	2.5	6.3	
4	绝缘电阻，最小值，DC 100～500V		—	—	—	—
	每根导线与其余芯线间或每根导线与其余芯线接屏蔽后的绝缘电阻		MΩ·km	≥5000		实测值×L×0.1
5	工作电容，最大值，0.8kHz或1kHz		—	—		—
	电缆类别	3类	nF/100m	≤6.6		实测值/L
		5、5e类		≤5.6		
		6、6A、7、7A类				
6	线对对地电容不平衡，最大值，0.8kHz或1kHz		pF/100m	≤160		实测值/L
7	转移阻抗c，最大值		—	—		—
	频率1MHz（3、5、5e、6、6A、7、7A类）		mΩ/m	≤50		
	频率10MHz（3、5、5e、6、6A、7、7A类）			≤100		
	频率30MHz（5、5e、6、6A、7、7A类）			≤300		
	频率100MHz（5、5e、6、6A、7、7A类）			≤1000		
8	耦合衰减③，最小值		—	—		—
	电缆类别	频率范围	—	—		—
	3类、5类	—	dB	不要求		—
	5e类	30～100MHz		≥55		
	6类	30～100MHz		≥55		
		100～250MHz		≥55－20×lg（f/100）		
	6A类	30～100MHz		≥55		
		100～500MHz		≥55－20×lg（f/100）		
	7类	30～100MHz		≥55		
		100～600MHz		≥55－20×lg（f/100）		
	7A类	30～100MHz		≥55		
		30～1000MHz		≥55－20×lg（f/100）		
9	绝缘线芯断线、混线		—	不断线、不混线		—
10	屏蔽连续性④		—	电气上连续		—

① 表中L为电缆的实际长度，单位为100m。

② 可以使用交流电压进行试验，其值为直流电压值除以1.5。

③ 转移阻抗、耦合衰减和屏蔽连续性的项目测试只针对屏蔽电缆。

④ 当电缆不具有屏蔽时，不进行该项测试。

表 3-1-80 电缆的电气特性（3 类电缆传输性能）

频率/MHz	特性阻抗/Ω	回波损耗（RL）（≥dB）	衰减（ATT）≤dB/100m	近端串音（NEXT）（≥dB/100m）	近端串间功率和（PS NEXT）（≥dB/100m）
1	100 ± 5	12.0	2.6	41.3	41.3
4		12.0	5.6	32.3	32.3
8		12.0	8.5	27.8	27.8
10		12.0	9.7	26.3	26.3
16		10.0	13.1	23.3	23.3

表 3-1-81 电缆的电气特性（5 类电缆传输性能）

频率/MHz	特性阻抗/Ω	回波损耗(RL)(≥dB)	衰减(ATT) ≤dB/100m	近端串音（NEXT）(≥dB/100m)	远端串间（ELFEXT）(≥dB/100m)	近端串间功率和（PS NEXT）(≥dB/100m)	远端串间功率和（PS ELFEXT）(≥dB/100m)
1	100 ± 15	17.0	2.0	62.3	61	62.3	61
4		18.8	4.1	53.3	49	53.3	49
10		20.0	6.5	47.3	41	47.3	41
16		20.0	8.2	44.2	37	44.2	37
20		20.0	9.3	42.8	35	42.8	35
31.25		18.6	11.7	39.9	31	39.9	31
62.5		16.5	17.0	35.4	25	35.4	25
100		15.1	22.0	32.3	21	32.3	21

注：近端串音功率和、远端串音功率和只适用于 4 对以上电缆测试。

表 3-1-82 电缆的电气特性（5e 类非屏蔽电缆传输性能）

频率/MHz	特性阻抗/Ω	回波损耗（RL）（≥dB）	衰减（ATT）≤dB/100m	近端串音（NEXT）(≥dB/100m)	远端串间（ELFEXT）(≥dB/100m)	近端串间功率和（PS NEXT）(≥dB/100m)	远端串间功率和（PS ELFEXT）(≥dB/100m)	传播速度（NVP）
1	100 ± 15	20.0	2.0	65.3	63.8	62.3	60.8	68%
4		23.0	4.1	56.3	51.7	53.3	48.7	
10		25.0	6.5	50.3	43.8	47.3	40.8	
16		25.0	8.2	47.3	39.7	44.2	36.7	
20		25.0	9.3	48.5	37.7	42.8	34.7	
31.25		23.6	11.6	42.9	33.9	39.9	30.9	
62.5		21.5	17.0	38.4	27.8	35.4	24.8	
100		20.1	22.0	35.3	23.8	32.3	20.8	

表 3-1-83 电缆的电气特性（5e 类总屏蔽电缆传输性能）

频率/MHz	特性阻抗/Ω	回波损耗（RL）（≥dB）	衰减（ATT）≤dB/100m	近端串音（NEXT）(≥dB/100m)	远端串间（ELFEXT）(≥dB/100m)	近端串间功率和（PS NEXT）(≥dB/100m)	远端串间功率和（PS ELFEXT）(≥dB/100m)
1	100 ± 15	17.0	2.0	62.3	61	62.3	61
4		18.8	4.1	53.3	49	53.3	49
10		20.0	6.5	47.3	41	47.3	41
16		20.0	8.2	44.2	37	44.2	37
20		20.0	9.3	42.8	35	42.8	35
31.25		18.6	11.7	39.9	31	39.9	31
62.5		16.5	17.0	35.4	25	35.4	25
100		15.1	22.0	32.3	21	32.3	21

注：近端串音功率和、远端串音功率和只适用于 4 对以上电缆测试。

表3-1-84 电缆的电气特性（6类非屏蔽电缆传输性能）

频率/MHz	特性阻抗/Ω	回波损耗（RL）（≥dB）	衰减（ATT）≤dB/100m	近端串音（NEXT）（≥dB/100m）	远端串间（ELFEXT）（≥dB/100m）	近端串间功率和（PS NEXT）（≥dB/100m）	远端串间功率和（PS ELFEXT）（≥dB/100m）	传播速度（NVP）	时延差/（ns/100m）
1		20.0	1.9	74.3	67.8	72.3	64.8		
4		23.0	3.7	65.3	55.8	63.3	57.7		
10		25.0	5.9	59.3	47.8	57.3	44.8		
16		25.0	7.5	56.3	43.7	54.3	40.7		
20		25.0	8.4	54.8	41.8	52.8	38.7		
31.25	100±15	23.6	10.6	51.9	37.9	49.9	34.9	68%	≤45
62.5		21.5	15.4	47.4	31.9	45.4	28.8		
100		20.1	19.8	44.3	27.8	42.3	24.8		
155		18.8	25.1	41.4	23.9	39.4	20.9		
200		18.0	29.0	39.8	21.8	37.8	18.7		
250		17.3	32.8	38.3	19.8	36.3	16.8		

表3-1-85 电缆的电气特性（6类总屏蔽电缆传输性能）

频率/MHz	特性阻抗/Ω	回波损耗（RL）（≥dB）	衰减（ATT）≤dB/100m	近端串音（NEXT）（≥dB/100m）	远端串间（ELFEXT）（≥dB/100m）	近端串间功率和（PS NEXT）（≥dB/100m）	远端串间功率和（PS ELFEXT）（≥dB/100m）	传播速度（NVP）	时延差/（ns/100m）
1		20.0	1.9	74.3	67.8	72.3	64.8		
4		23.0	3.7	65.3	61.8	63.3	52.8		
8		24.5	5.3	60.3	55.7	58.8	46.7		
10		25.0	5.9	59.3	53.8	57.3	44.8		
16		25.0	7.5	56.3	49.7	54.3	40.7		
20		25.0	8.4	54.8	47.8	52.8	38.7		
25	100±15	24.3	9.5	53.4	45.8	51.4	36.8	68%	≤45
31.25		23.6	10.6	51.9	43.9	49.9	34.9		
62.5		21.5	15.4	47.4	37.9	45.4	28.8		
100		20.1	19.8	44.3	33.8	42.3	24.8		
155		18.8	25.1	41.4	27.8	39.4	20.9		
200		18.0	29.0	39.8	25.8	37.8	18.7		
250		17.3	32.8	38.3	24.3	36.3	16.8		

表 3-1-86　电缆的电气特性（6A 类电缆传输性能）

频率 /MHz	特性阻抗 /Ω	回波损耗 (RL) (≥dB)	衰减 (ATT) ≤dB/100m	近端串音 (NEXT) (≥dB/100m)	远端串间 (ELFEXT) (≥dB/100m)	近端串间功率和 (PS NEXT) (≥dB/100m)	远端串间功率和 (PS ELFEXT) (≥dB/100m)	传播速度 (NVP)	时延差 /(ns/100m)
1		20.0	1.9	74.3	68.0	72.3	65.0		
4		23.0	3.7	65.0	56.0	63.3	53.0		
8		24.5	5.3	60.7	49.9	48.8	46.9		
10		25.0	5.9	59.0	48.0	57.3	45.0		
16		25.0	7.5	56.0	43.9	54.2	40.9		
20		25.0	8.4	55.0	42.0	52.8	39.0		
25	100±15	24.3	9.5	53.3	40.0	41.3	37.0		
31.25		23.6	10.6	52.0	38.1	49.9	35.1	76%	≤45
62.5		21.5	15.4	47.0	32.1	45.4	29.1		
100		20.1	19.8	44.0	28.0	42.3	25.0		
200		18.0	29.0	40.0	22.0	37.8	19.0		
250		17.3	32.8	38.3	20.0	36.3	17.0		
300		16.8	36.4	37.1	18.5	34.1	15.5		
500	100±22	15.2	48.9	33.8	14.0	30.8	11.0		

表 3-1-87　电缆的电气特性（7 类电缆传输性能）

频率 /MHz	特性阻抗 /Ω	回波损耗 (RL) (≥dB)	衰减 (ATT) ≤dB/100m	近端串音 (NEXT) (≥dB/100m)	远端串间 (ELFEXT) (≥dB/100m)	近端串间功率和(PS NEXT) (≥dB/100m)	远端串间功率和 (PS ELFEXT) (≥dB/100m)	传播速度 (NVP)	时延差 /(ns/100m)
1		20.0	—	78.0	78.0	75.0	75.0		
4		23.0	3.74	78.0	78.0	75.0	75.0		
8		24.5	5.24	78.0	75.9	75.0	72.9		
10		25.0	5.86	78.0	74.0	75.0	71.0		
16		25.0	7.41	78.0	69.9	75.0	66.9		
20	100±15	25.0	8.29	78.0	68.0	75.0	65.0		
25		24.3	9.29	78.0	66.0	75.0	63.0		
31.25		23.6	10.41	78.0	64.1	75.0	61.1	76%	≤25
62.5		21.5	14.88	75.5	58.1	72.4	55.1		
100		20.1	19.02	72.4	54.0	69.4	51.0		
150		18.9	23.56	69.8	50.2	66.8	47.2		
200	100±22	18.0	27.74	67.8	48.0	64.9	45.0		
250		17.3	30.97	66.4	46.0	63.4	43.0		
300	100±25	17.3	34.19	65.2	44.5	62.2	41.5		
600		17.3	50.10	60.7	38.4	57.7	35.4		

表3-1-88　电缆的电气特性（7A类电缆传输性能）

频率/MHz	特性阻抗/Ω	回波损耗（RL）（≥dB）	衰减（ATT）≤dB/100m	近端串音（NEXT）（≥dB/100m）	远端串间（ELFEXT）（≥dB/100m）	近端串间功率和（PS NEXT）（≥dB/100m）	远端串间功率和（PS ELFEXT）（≥dB/100m）	传播速度（NVP）	时延差/（ns/100m）
4	100±15	23.0	3.74	78.0	78.0	75.0	75.0	76%	≤25
8		24.5	5.22	78.0	72.2	75.0	74.2		
10		25.0	5.82	78.0	75.3	75.0	72.3		
16		25.0	7.34	78.0	71.2	75.0	68.2		
20		25.0	8.21	78.0	69.3	75.0	66.3		
25		24.3	9.18	78.0	67.3	75.0	64.3		
31.25		23.6	10.26	78.0	65.4	75.0	62.4		
62.5		21.5	14.57	78.0	59.4	75.0	56.4		
100		20.1	18.53	75.4	55.3	72.4	52.3		
150		18.9	22.82	72.8	51.8	69.8	48.8		
200	100±22	18.0	26.47	70.9	49.3	67.9	46.3		
250		17.3	29.73	69.4	47.3	66.4	44.3		
300	100±25	17.3	32.69	68.2	45.8	65.2	42.8		
600		17.3	47.10	63.7	39.7	60.7	36.7		
1000		17.3	61.93	60.4	35.3	57.4	32.3		

表3-1-89　电缆的电气特性（8类电缆传输性能）

频率/MHz	特性阻抗/Ω	回波损耗（RL）（≥dB）	衰减（ATT）≤dB/100m	近端串音（NEXT）（≥dB/100m）	相时延（PHASE DELAY）/ns	传播速度（NVP）	时延差/（ns/100m）
4	100±15	23.0	3.75	78.0	552.0	72%	≤45
10		25.0	5.82	78.0	545.4		
16		25.0	7.34	78.0	543.0		
20		25.0	8.21	78.0	542.0		
31.25		25.0	10.26	78.0	540.4		
40		25.0	11.62	78.0	539.7		
62.5		23.64	14.57	78.0	538.6		
100		22.21	18.53	75.4	537.6		
200	100±22	20.11	26.47	70.9	536.5		
250		19.43	29.73	69.4	536.3		
300	100±25	17.32	32.69	68.2	536.1		
600		16.77	47.10	63.7	535.5		
700		16.30	51.13	62.7	535.4		
800		15.89	54.92	61.8	535.3		
900		15.53	58.51	61.1	535.2		
1000		15.21	61.93	60.4	535.1		
1100		14.92	65.21	59.8	535.1		
1200		14.66	68.36	59.2	535.0		
1300		14.42	71.41	58.7	535.0		
1400		14.19	74.36	58.2	535.0		
1500		13.98	77.22	57.8	534.9		
1600		13.79	80.01	57.3	534.9		
1700		13.60	82.72	56.9	534.9		
1800		13.43	85.37	56.6	534.8		
1900		13.26	87.97	56.2	534.8		
2000		13.11	90.50	55.9	534.8		

1.4.2 工业以太网用线

工业以太网是应用于工业控制领域的以太网技术，在技术上与商用以太网（即 IEEE 802.3 标准）兼容，但是其实际产品和应用却又完全不同。这主要表现在普通商用以太网的产品设计时，在材质的选用、产品的强度、适用性以及实时性、可互操作性、可靠性、抗干扰性、本质安全性等方面不能满足工业现场的需要。故在工业现场控制应用的是与商用以太网不同的工业以太网。工业以太网的优势有

1. 应用广泛

以太网是应用最广泛的计算机网络技术，几乎所有的编程语言（如 Visual C + +、Java、Visual Basic 等）都支持以太网的应用开发。

2. 通信速率高

10Mbit/s、100Mbit/s 的快速以太网已开始广泛应用，1Gbit/s 以太网技术也逐渐成熟，而传统的现场总线最高速率只有 12Mbit/s（如西门子 PROFIBUS－DP）。显然，以太网的速率要比传统现场总线要快得多，完全可以满足工业控制网络不断增长的带宽要求。

3. 资源共享能力强

随着 Internet/Intranet 的发展，以太网已渗透到各个角落，网络上的用户已解除了资源地理位置上的束缚，在联入互联网的任何一台计算机上就能浏览工业控制现场的数据，实现“控管一体化”，这是其他任何一种现场总线都无法比拟的。

4. 可持续发展潜力大

以太网的引入将为控制系统的后续发展提供可能性，用户在技术升级方面无须独自的研发投入。对于这一点，任何现有的现场总线技术都是无法比拟的。同时，机器人技术、智能技术的发展都要求通信网络具有更高的带宽和性能，通信协议有更高的灵活性，这些要求工业以太网都能很好地满足。

工业以太网的通信介质可采用电缆和光纤，工业以太网电缆分为普通双绞线电缆和屏蔽双绞线电缆，实际多采用屏蔽双绞线网络电缆。电缆根据不同的场合需要，除了具备的优异的电气性能以外，工业以太网电缆由于应用在复杂的工业环境中，还必须满足耐高低温、耐油、高阻燃、柔韧、防水、抗电磁干扰等严苛要求。其护套一般采用 TPE、FRNC、PUR、LSZH、PVC 等。

1.4.3 现场总线

现场总线是一种工业数据总线，是指以工厂内的测量和控制机器间的数字通信为主的网络，也称现场网络。也就是将传感器、各种操作终端和控制器间的通信及控制器之间的通信进行特化的网络，是自动化领域中底层数据通信网络。

按照 IEC 的解释，现场总线是指安装在制造或过程区域的现场装置与控制室内的自动装置之间的数字式、串行、多点通信的数据总线。现场总线的发展趋势如下：

1. 寻求统一的现场总线国际标准

目前世界上存在着大约四十余种现场总线，这些现场总线大都用于过程自动化、医药领域、加工制造、交通运输、国防、航天、农业和楼宇等领域，但大概不到 10 种的主流总线占有 80% 左右的市场。

早在 1984 年国际电工技术委员会/国际标准协会（IEC/ISA）就开始着手制定现场总线的标准，到 2003 年 IEC 61158 ED.3 中规定了 10 种类型的现场总线，但由于各个国家各个公司的利益之争，标准一直都在不断地修订中。2005 年，IEC 61158 ED.4 中采纳了经过时间考验的 20 种主要类型的现场总线。

2. Industrial Ethernet 走向工业控制网络

由于现场总线互连、互通与互操作性问题很难解决，于是现场总线开始转向以太网。经过近几年的努力，以太网技术已经被工业自动化系统广泛接受，为了满足高实时性能应用的需要，各大公司纷纷提出各种提升工业以太网实时性的技术解决方案，从而产生了实时以太网 RTE（Real Time Ethernet）。

主流现场总线包括 PROFIBUS、CAN（Controller Area Network 控制器局域网）、INTERBUS、DeviceNet、CC－Link、ASI、PROFINET、基金会现场总线（FF 总线）、LonWorks。

主流现场总线规格、结构、应用见表3-1-90。

表 3-1-90　主流现场总线规格、结构、应用

类型	规格/mm 或 mm²	护套	外径/mm	应用
PROFIBUS	1×2×0.64	PUR/PVC/PE	8.0	静态应用
	1×2×0.64+3G0.75	PVC	9.5	静态应用
	1×2×0.64	PUR	8.0	动态应用
	1×2×0.64	PVC+PE	10.2	直接埋地
	1×2×0.64+3G0.75	PUR	9.5	动态应用
INTERBUS	3×2×0.22	PVC	7.0	静态应用
	3×2×0.22	PVC+PE	9.0	直接埋地
	3×2×0.25	PUR	8.0	动态应用
	3×2×0.25+3G1	PVC	8.1	静态应用
	3×2×0.25+3G1	PVC+PE	9.4	直接埋地
	3×2×0.25+3G1	PUR	8.1	动态应用
CAN	1~2×2 (0.22/0.34/0.50)	PVC	—	静态应用
	1~2×2 (0.22/0.34/0.50)	PUR	—	动态应用
DeviceNet	1×2×22AWG+1×2×24AWG	PVC	7.0	静态应用
	1×2×15AWG+1×2×18AWG	PVC	11.8	静态应用
	1×2×22AWG+1×2×24AWG	PUR	7.0	动态应用
	1×2×15AWG+1×2×18AWG	PUR	11.8	动态应用
CC-Link	3×1×20AWG	PVC	7.7	静态应用

1.4.4　过程现场总线（PROFIBUS）

PROFIBUS 是过程现场总线（Process Field Bus）英文的缩写，是德国标准（DIN19245）和欧洲标准（EN50170）的现场总线标准。PROFIBUS 由三个兼容部分组成，即 PROFIBUS-DP（设备级控制系统与分散式 I/O 之间的通信）、PROFIBUS-PA（用于过程自动化）、PROFIBUS-FMS（用于车间级监控网络）。

PROFIBUS 的传输速率为 9.6kbit/s~12Mbit/s，最大传输距离在 9.6kbit/s 下为 1200m，在 12Mbit/s 下为 200m，可采用中继器延长至 10km，传输介质为双绞线或者光缆，最多可挂接 127 个站点。其结构示意图如图 3-1-6 所示。

典型代表：1×2×0.64+3G0.75。

图 3-1-6　PROFIBUS 结构示意图及组件

1.4.5　控域网总线（CAN 总线）

CAN 是控制器局域网络（Controller Area Network，CAN）英文缩写，是由以研发和生产汽车电子产品著称的德国 BOSCH 公司开发的，并最终成为国际标准（ISO 11898），是国际上应用最广泛的现场总线之一。在北美和西欧，CAN 总线协议已经成为汽车计算机控制系统和嵌入式工业控制局域网的标准总线，并且拥有以 CAN 为底层协议专为大型货车和重工机械车辆设计的 J1939 协议。

CAN 通信距离最远是 10km（速率为 5kbit/s），或最大通信速率为 1Mbit/s（通信距离为 40m）。

CAN 总线上的节点数可达 110 个。通信介质可在双绞线，同轴电缆，光纤中选择。其截面图如图 3-1-7所示。

典型代表：1~2×2 (0.22/0.34/0.50) mm²。

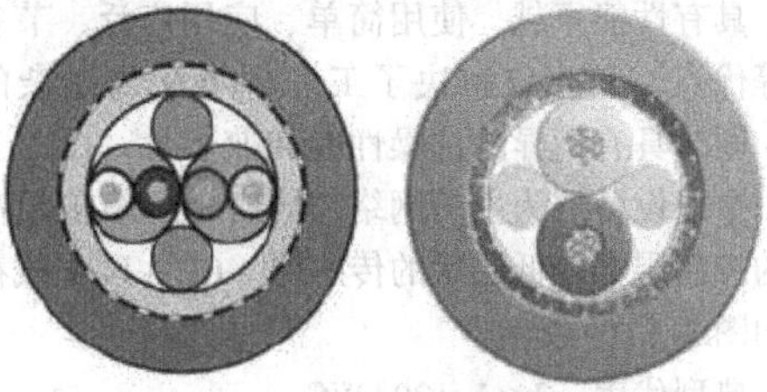

图 3-1-7　CAN 总线截面图

1.4.6 工业控制总线（INTERBUS）

INTERBUS 是德国 Phoenix 公司推出的较早的现场总线。INTERBUS 采用国际标准化组织（ISO）的开放系统互联（OSI）的简化模型，即物理层、数据链路层、应用层，具有强大的可靠性、可诊断性和易维护性。其采用集总帧型的数据环通信，具有低速度、高效率的特点，并严格保证了数据传输的同步性和周期性。该总线的实时性、抗干扰性和可维护性也非常出色。INTERBUS 广泛地应用到汽车、烟草、仓储、造纸、包装、食品等工业。

INTERBUS 总线通信速率固定为 500kbit/s。其截面图如图 3-1-8 所示。

典型代表：3×2×0.22，3×2×0.25+3G1。

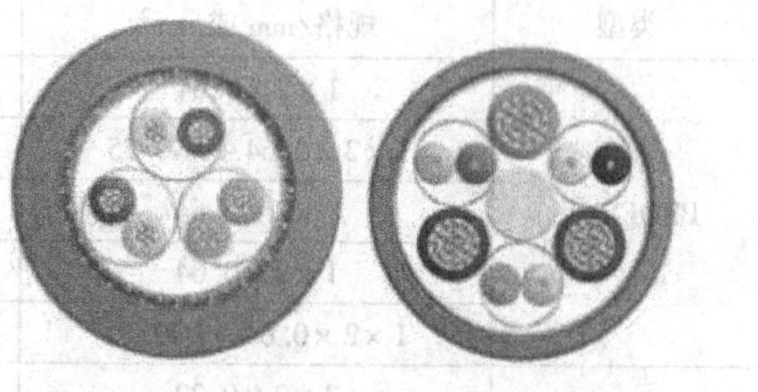

图 3-1-8 INTERBUS 总线截面图

1.4.7 设备现场总线（DeviceNet）

DeviceNet 是一种低成本的通信连接，也是一种简单的网络解决方案，有着开放的网络标准。DeviceNet 所具有的直接互联性不仅改善了设备间的通信，而且提供了相当重要的设备级诊断功能。DeviceNet 基于 CAN 技术，传输速率为 125～500kbit/s，每个网络的最大节点为 64 个，采用多信道广播信息发送方式。位于 DeviceNet 网络上的设备可以自由连接或断开，不影响网上的其他设备，而且其设备的安装布线成本也较低。DeviceNet 线截面图如图 3-1-9 所示。

图 3-1-9 DeviceNet 线截面图

典型代表：干线 1×2×18AWG+1×2×15AWG，支线 1×2×24AWG+1×2×22AWG。

1.4.8 控制与通信链路系统现场总线（CC－Link）

CC－Link 是 Control&Communication Link（控制与通信链路系统）英文的缩写，在 1996 年 11 月，由三菱电机为主导的多家公司推出，其增长势头迅猛，在亚洲占有较大份额。在其系统中，可以将控制和信息数据同时以 10Mbit/s 高速传送至现场网络，具有性能卓越、使用简单、应用广泛、节省成本等优点。其不仅解决了工业现场配线复杂的问题，同时具有优异的抗噪性能和兼容性。CC－Link 是一个以设备层为主的网络，同时也可覆盖较高层次的控制层和较低层次的传感层。CC－Link 线截面图如图 3-1-10 所示。

典型代表：3×1×20AWG。

图 3-1-10 CC－Link 线截面图

1.4.9 基金会现场总线（FF 总线）

基金会现场总线（Foundation Field Bus）是以 ISP 协议和 WorldFIP 协议于 1994 年 9 月合并的。该总线在过程自动化领域得到了广泛的应用，具有良好的发展前景，主要支持的公司是 EMERSON 公司。

基金会现场总线采用国际标准化组织（ISO）的开放系统互联（OSI）的简化模型，即物理层、数据链路层、应用层，另外增加了用户层。FF分低速H1和高速HSE两种通信速率，前者传输速率为31.25kbit/s，通信距离可达1900m。后者传输速率为1Mbit/s和2.5Mbit/s，通信距离为750m和500m，支持双绞线、光缆和无线发射。FF的物理媒介的传输信号采用曼彻斯特编码。

1.4.10 传感器电缆

传感器是一种检测装置，能感受到被测量的信息，并能将感受到的信息，按一定规律变换成电信号或其他所需形式的信息输出，以满足信息的传输、处理、存储、显示、记录和控制等要求。它是实现自动检测和自动控制的首要环节。目前，传感器早已渗透到诸如工业生产、宇宙开发、海洋探测、环境保护、资源调查、医学诊断、生物工程、甚至文物保护等极其广泛的领域。

传感器电缆是协助传感器实现对生产过程中的各个参数进行监视和控制，使设备工作在正常状态或最佳状态，从而使产品达到最好质量的有效媒介。

部分常用传感器电缆规格及结构尺寸见表3-1-91。

表3-1-91 部分常用传感器电缆规格及结构尺寸

规格	护套	外径	应用
4×23AWG/16	PVC/PUR/PE	6.0mm	静态或者动态应用
4×24AWG/12	PVC/PUR/PE	5.0mm	静态或者动态应用
4×26AWG/7	PVC/PUR/PE	4.4mm	静态或者动态应用
6×26AWG/7	PVC/PUR/PE	4.8mm	静态或者动态应用

1.5 通信线

1.5.1 电话网用户铜芯室内线

1. 型号、名称及使用环境

型号、名称及使用环境见表3-1-92。电线规格以导体标称直径来表示，分别为2×0.50mm、2×0.60mm、2×0.80mm。

2. 电性能（见表3-1-93）

1.5.2 聚烯烃绝缘聚氯乙烯护套平行双芯铜包钢电话用户通信线

用于通信用户终端设备到电缆分线箱之间的室外引入线及室内敷设的用户通信线。其型号及规格见表3-1-94，电气性能见表3-1-95。

表3-1-92 电话网用户铜芯室内线型号、名称

型号	名 称	使用环境
HBV	聚氯乙烯绝缘平行线对室内线	一般环境
HBV-J	聚氯乙烯绝缘绞合线对室内线	
HBZR	阻燃聚乙烯绝缘平行线对室内线	
HBZR-J	阻燃聚乙烯绝缘绞合线对室内线	
HBVV	聚氯乙烯绝缘聚氯乙烯护套平行线对室内线	较严酷环境
HBVV-J	聚氯乙烯绝缘聚氯乙烯护套绞合线对室内线	
HBYV	聚乙烯绝缘聚氯乙烯护套平行线对室内线	
HBYV-J	聚乙烯绝缘聚氯乙烯护套绞合线对室内线	

表 3-1-93 电话网用户铜芯室内线电性能

序号	项目	性能指标	
1	20℃时导体直流电阻/(Ω/km) ——0.50mm ——0.60mm ——0.80mm	 ≤95.0 ≤65.8 ≤36.6	
2	线对直流电阻不平衡（%）	≤5	
3	绝缘介电强度	AC 1500V 或 DC 2250V，1min，不击穿	
4	绝缘电阻/MΩ · km	阻燃聚乙烯、聚乙烯	聚氯乙烯
		≥5000	≥200
5	导体断线及混线	不断线、不混线	

表 3-1-94 双芯铜包钢电话用户通信线型号及规格

规格	芯线直径/mm	导电率（%IACS）	断裂负荷等级
HBGTYV2 ×1/1.0 – 20 – Ⅰ（Ⅱ，Ⅲ）	1.0	20	Ⅰ（Ⅱ，Ⅲ）
HBGTYV2 ×1/1.0 – 30 – Ⅰ（Ⅱ，Ⅲ）	1.0	30	Ⅰ（Ⅱ，Ⅲ）
HBGTYV2 ×1/1.0 – 40 – Ⅰ（Ⅱ，Ⅲ）	1.0	40	Ⅰ（Ⅱ，Ⅲ）
HBGTYV2 ×1/1.2 – 20 – Ⅰ（Ⅱ，Ⅲ）	1.2	20	Ⅰ（Ⅱ，Ⅲ）
HBGTYV2 ×1/1.2 – 30 – Ⅰ（Ⅱ，Ⅲ）	1.2	30	Ⅰ（Ⅱ，Ⅲ）
HBGTYV2 ×1/1.2 – 40 – Ⅰ（Ⅱ，Ⅲ）	1.2	40	Ⅰ（Ⅱ，Ⅲ）

注：导电率指相同线径的铜导线电阻与铜包钢导线电阻的比率。

表 3-1-95 双芯铜包钢电话用户通信线电气性能

规格	直流电阻/(Ω/km)(20℃)	绝缘电阻/(MΩ · km)(直流 100 ~ 500V)	工作电容/(nF/km)	导线电阻不平衡①(%)	介电强度
HBGTYV2 ×1/1.0 – 20	≤107	≥10000	43 ±2	≤4.5	直流 1500V 或交流 50Hz，1000V，60s 不击穿
HBGTYV2 ×1/1.0 – 30	≤72	≥10000	43 ±2	≤4.5	
HBGTYV2 ×1/1.0 – 40	≤54	≥10000	43 ±2	≤4.5	
HBGTYV2 ×1/1.2 – 20	≤63	≥10000	46 ±2	≤4.5	
HBGTYV2 ×1/1.2 – 30	≤51	≥10000	46 ±2	≤4.5	
HBGTYV2 ×1/1.2 – 40	≤38	≥10000	46 ±2	≤4.5	

① 导线电阻不平衡 =（两根芯线的电阻差 ×2）×100/（两根芯线的电阻和）×100%。

1.5.3 塑料绝缘和橡皮绝缘电话软线

塑料绝缘和橡皮绝缘电话软线（见图 3-1-11 和图 3-1-12）广泛用于电话机机座与电话机手柄或接线盒之间的连接，也可用于交换机与插塞之间的连接。

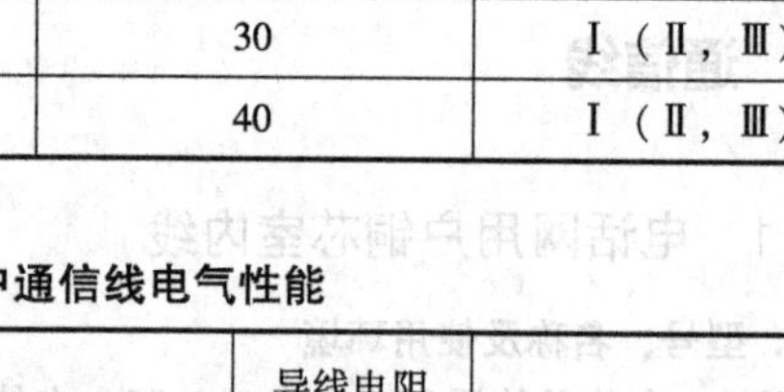

图 3-1-11 连接电话机机座与接线盒的电话软线

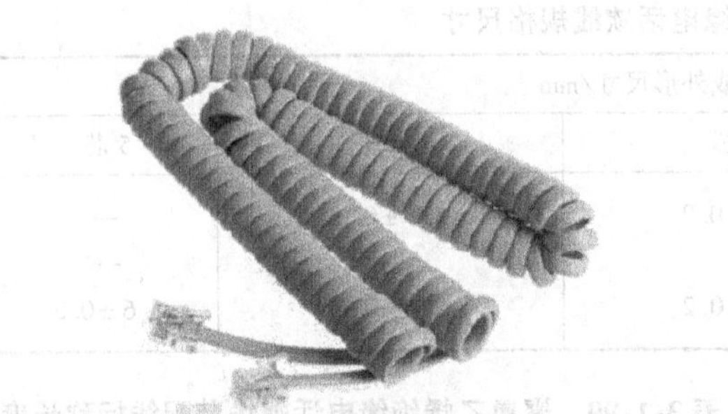

图3-1-12　连接电话机机座与话机手柄的电话软线

1. 导体

电话软线导体为铜皮线，由标称直径不大于0.127mm的TY型圆铜线轧成薄铜带，然后将一根或若干根薄铜带螺旋绕包在纤维芯上组成元件，再由一个或若干个元件绞合成导体。元件绞合节径比应不大于25。

2. 绝缘

绝缘应紧密挤包在导体周围，且容易剥离并不损伤导体或绝缘。绝缘表面应平整，色泽均匀。

3. 护套

护套应紧密挤包在绞合的绝缘线芯外或平行放置的绝缘线芯外，且应容易剥离并不损伤绝缘或护套。护套表面应平整，色泽均匀。

护套平均厚度应不小于护套标称厚度，其最薄点的厚度应不小于其标称厚度的80%。

4. 成品软线主要性能（见表3-1-96）

表3-1-96　成品软线主要性能

序号	项目	性能要求
1	+20℃直流电阻	应不大于1.40Ω/m
2	电压试验	经受交流50Hz、1kV的电压试验，施加电压时间不少于5min
3	绝缘线芯间的绝缘电阻 聚氯乙烯绝缘 聚丙烯绝缘 橡皮绝缘	 不小于200MΩ·m 不小于1000MΩ·m 不小于100MΩ·m
4	绝缘线芯混断线	应电气连续，应无断线，线芯间导体应不接触
5	弹簧型塑料绝缘电话软线伸缩性能	20000次伸缩周期试验后，绝缘线芯应电气连续，应无断线，线芯间导体应不接触
6	塑料绝缘成品装配软线护线管或限位紧固件与软线间的载荷试验	将终端夹或绝缘线芯的一端固定，另一端挂上1.8kg的重物，试验持续时间应不少于2s。试验过程中，终端夹与绝缘线芯之间应不脱开
7	塑料绝缘成品装配软线护线管或限位紧固件与软线间的载荷试验	将电话软线固定，在护线管或限位紧固件上挂5kg的重物。持续时间为2s时，电话软线与护线管或限位紧固件的相对位移应不大于7mm

5. 产品分类

根据结缘的不同，分为三种电话软线，即聚氯乙烯绝缘电话软线、聚丙烯绝缘电话软线和橡皮绝缘电话软线。

(1) 聚氯乙烯绝缘电话软线　型号、名称及用途见表3-1-97，规格尺寸见表3-1-98。

表3-1-97　聚氯乙烯绝缘电话软线型号、名称及用途

型号	名称	用途
HRV	聚氯乙烯绝缘聚氯乙烯护套电话软线	连接电话机机座与接线盒
HRVB	聚氯乙烯绝缘聚氯乙烯护套扁形电话软线	连接电话机机座与接线盒
HRVT	聚氯乙烯绝缘聚氯乙烯护套弹簧形电话软	连接电话机机座与电话机手柄

表 3-1-98　聚氯乙烯绝缘电话软线规格尺寸

型号	外径或外形尺寸/mm			
	2 芯	3 芯	4 芯	5 芯
HRV	4.3 ±0.2	4.5 ±0.2	5.1 ±0.3	—
HRVB	(3.0 ±0.2) × (4.3 ±0.2)	—	—	—
HRVT	—	4.5 ±0.2	5.1 ±0.3	5.6 ±0.3

交货长度要求如下：

1）电话软线成圈交货时，交货长度为 100m。允许长度不小于 5m 的短段交货，其数量应不超过交货总长度的 20%。长度计量误差应不超过 ±0.5%。电话软线也可按表 3-1-99 装配线长度交货。

2）根据双方协议允许任何长度的电话软线（包括装配线）交货。

表 3-1-99　聚氯乙烯绝缘电话软线装配线标称长度

型号	标称长度/mm
HRV-216	1600
HRV-315	1500
HRV-415	1500
HRVT-325①	2500
HRVT-425①	2500
HRVT-525①	2500

① 标称长度为伸直长度。

（2）聚丙烯绝缘电话软线　型号、名称及用途见表 3-1-100，规格尺寸见表 3-1-101。

表 3-1-100　聚丙烯绝缘电话软线型号、名称及用途

型号	名称	用途
HRBBT	聚丙烯绝缘聚氯乙烯护套扁形弹簧形电话软线	连接电话机机座与电话机手柄
HRBB	聚丙烯绝缘聚氯乙烯护套扁形电话软线	连接电话机机座与接线盒（或盒式插座）

表 3-1-101　聚丙烯绝缘电话软线规格尺寸

芯数	外形尺寸/mm
2	(2.60 ±0.20) × (4.00 ±0.20)；(2.50 ±0.20) × (5.00 ±0.20)
4	(2.50 ±0.15) × (5.00 ±0.20)
6	(2.70 ±0.15) × (6.80 ±0.20)

交货长度要求如下：

1）交货长度为 100m，允许长度不小于 5m 的短段交货，其数量不超过交货总长度的 20%，或按表 3-1-102 装配线长度交货。计量误差应不超过 ±0.5%。

2）根据双方协议，允许任何长度的电话线交货。

（3）橡皮绝缘电话软线　型号、名称及用途见表 3-1-103，规格尺寸见表 3-1-104。

交货长度要求如下：

1）交货长度为 100m，允许长度不小于 5m 的短段交货，其数量不超过交货总长度的 20%。或按表 3-1-105 规定的装配线长度交货。

2）按双方协议，可以任何长度的成品线交货。

表 3-1-102　聚丙烯绝缘电话软线装配线标称长度

型号	标称长度/mm
HRBB-216	1600
HRBB-219	1900
HRBB-222	2200
HRBB-316	1600
HRBBT-325①	2500
HRBBT-425①	2500

① 标称长度为伸直长度。

表 3-1-103　橡皮绝缘电话软线型号、名称及用途

型号	名称	用途
HR	橡皮绝缘纤维编织电话软线	连接电话机机座与电话机手柄或连接盒
HRH	橡皮绝缘橡皮护套电话软线	连接电话机机座与电话机手柄、防水防爆
HRE	橡皮绝缘纤维编织耳机软线	连接话务员耳机
HRJ	橡皮绝缘纤维编织交换机插塞软线	连接交换机与插塞

表 3-1-104　橡皮绝缘电话软线规格尺寸

型号	外径/mm≤			
	2 芯	3 芯	4 芯	5 芯
HR	5.8	6.1	6.7	7.4
HRH	7.4	7.8	8.3	—
HRE	5.8		6.7	—
HRJ	5.8	6.1	—	—

表 3-1-105　橡皮绝缘电话软线装配线标称长度

型号	标称长度/mm	型号	标称长度/mm
HR-216	1600	HRH-414	1400
HR-314	1400	HRH-416	1600
HR-415	1500	HRE-215	1500
HR-416	1600	HRE-416	1600
HR-521	2100	HRJ-217	1700
HRH-214	1400	HRJ-220	2200
HRH-216	1600	HRJ-317	1700
HRH-314	1400	HRJ-322	2200
HRH-316	1600	—	—

1.6　海底通信电缆

海底通信电缆线路是一种宽频带、低噪声的传输线路，可以实现大陆与岛屿、岛屿与岛屿、与海洋彼岸的有线通信，是有线通信网的重要组成部分。

根据敷设和维护运用条件，海底电缆分为深海、中海和浅海三种。深海电缆敷设在水深超过1000m的海域中，中海电缆一般指敷设于500～1000m深海域的电缆，浅海电缆则是在水深低于500m的海域中使用。海底通信电缆按电缆的结构来分，有对称海底电缆、有铠同轴电缆及无铠同轴电缆三种，深海电缆目前都采用无铠同轴电缆。

1.6.1　浅海海底对称通信电缆

浅海海底对称通信电缆用于大陆与近海岛屿之间的通信联络允许最大敷设深度为50m。

电缆敷设时的弯曲半径不应小于电缆外径的30倍。电缆允许在环境温度为0～10℃时使用，允许在-20～10℃的环境中存放，但应避免日光的直接曝晒。

1. 型号、名称及用途

型号、名称及用途见表3-1-106。电缆护层的代号、名称及用途见表3-1-107。

表 3-1-106　浅海海底对称通信电缆型号、名称及用途

型号	名称	用途
HH-1-2	浅海用两对海底对称载波通信电缆	供浅海单路载波通信之用
HH-0-8	浅海用8对海底对称音频通信电缆	供浅海近距离音频通信之用

表 3-1-107　浅海海底对称通信电缆护层代号、名称及用途

护层代号	名称	用途
41（4）	单层 4.0 镀锌钢丝铠装护层	可用于主要为污泥的区段
41（6）	单层 6.0 镀锌钢丝铠装护层	可用于主要为污泥区段
441（4、6）	双层 4.0/6.0 镀锌钢丝铠装护层	可用于海底情况较为复杂的区段或海滩区段
441（6、6）	双层 6.0/6.0 镀锌钢丝铠装护层	可用于海底情况较为复杂的区段或海滩区段

2. 电气性能（见表 3-1-108）

表 3-1-108　浅海海底对称通信电缆电气性能

<table>
<tr><th colspan="2">性能项目</th><th>HH－1－2 型</th><th>HH－0－8 型</th></tr>
<tr><td colspan="2">20℃时线对回路直流电阻</td><td colspan="2">≤22.8Ω</td></tr>
<tr><td colspan="2">线对不平衡电阻及换算公式（限于出厂长度大于 3600m 的电缆）</td><td colspan="2">每 10km 不大于 1Ω，对于其他长度按下式换算
$R_L=0.316\sqrt{\frac{L}{100}}$
式中　R_L——出厂长度电缆线对不平衡电阻；
L——出厂长度，单位为 m</td></tr>
<tr><td rowspan="3">绝缘电阻</td><td>线对之间</td><td colspan="2">≥10000MΩ·km</td></tr>
<tr><td>线芯对地</td><td colspan="2">≥10000MΩ·km</td></tr>
<tr><td>信号线对地</td><td>—</td><td>≥5000MΩ·km</td></tr>
<tr><td colspan="2">线对固有衰耗
3kHz
8.5kHz</td><td>≤1.13dB</td><td>≤0.87dB</td></tr>
<tr><td colspan="2" rowspan="2">近端串音衰耗及远端串音防卫度标准 B_0
3kHz
8.5kHz
按长度换算公式</td><td>73.83dB</td><td>78.17dB</td></tr>
<tr><td colspan="2">$B_0+10\lg L$
式中　B_0——远端串音防卫度（dB）；
L——出厂长度（km）</td></tr>
<tr><td colspan="2">电压试验 50Hz 交流
线对之间
线芯对地
信号线对地</td><td colspan="2">2000V，5min 不击穿</td></tr>
</table>

1.6.2　浅海海底同轴通信电缆

浅海用海底同轴通信电缆敷设于海底，用作连接大陆与岛屿以及岛屿之间的载波通信线路，允许最大敷设深度为 200m。

电缆允许在环境温度为 0～40℃时运输和敷设。允许在环境温度为 −20～10℃时贮存电缆，贮存时应防止阳光的直接曝晒。电缆应尽量减少弯曲，弯曲时弯曲半径不应小于电缆外径的 30 倍。

1. 型号、名称及用途（见表 3-1-109）

表 3-1-109　浅海海底同轴通信电缆型号、名称及用途

型号	名称	用途
HHO	2.7/9.8 浅海用海底同轴通信电缆	用于载波频率为 150kHz 以下的载波通信
	5/18 浅海用海底同轴通信电缆	用于载波频率为 150kHz 以下的载波通信
	1.25/15.3 浅海用海底同轴通信电缆	开通 24 路载波电话

2. 电缆护层代号和名称（见表3-1-110）

表3-1-110 浅海海底同轴通信电缆护层代号、名称

护层代号	名称	敷设环境
41（4）	单层 ϕ4.0mm 镀锌钢丝铠装护层	可用于海底主要为污泥的区段
41（6）	单层 ϕ6.0mm 镀锌钢丝铠装护层	可用于海底主要为污泥的区段
441（4.6）	双层 ϕ4.0mm/ϕ6.0mm 镀锌钢丝铠装护层	可用于海底情况较为复杂的区段或海滩区段
441（6.6）	双层 ϕ6.0mm/ϕ6.0mm 镀锌钢丝铠装护层	可用于海底情况较为复杂的区段或海滩区段

3. 电气性能（见表3-1-111）

表3-1-111 浅海海底同轴通信电缆电气性能

项目名称	型号		
	HHQ－2.7/9.8	HHQ－5/18	HHQ－1.25/15.3
内导体直流电阻20℃/(Ω/km)	<3.9	<1.1	<1.3
外导体直流电阻20℃/(Ω/km)	<1.25	<0.50	<0.85
绝缘电阻/(MΩ·km)	>50000	>50000	>50000
工作电容/(μF/km)	<0.10	<0.10	<0.105
电压试验/V 交流50Hz 6min 直流5min	 5000 10000	 5000 10000	 5000 10000
固有衰减/(dB/km) 60kHz 228kHz	<1.042	<0.539	<0.999±0.13
特性阻抗/Ω 60kHz 228kHz	55±5.5	55±5.5	32±3

1.6.3 7/25、4/15型浅海干线同轴电缆

7/25、4/15型浅海干线同轴电缆主要适用于120路海底干线通信系统（浅海），作为沿海大城市间、岛屿间的通信线路。系统采用单电缆制，双向开通120个话路，传输频率为50～1300kHz。

有两种规格的干线同轴电缆可供用户选择。当增音机增益为51dB（1300kHz）时，其增音段长度及最大直通通信距离见表3-1-112。

表3-1-112 浅海干线同轴电缆标准增音段长度及最大直通通信距离

规格	标准增音段长度/km	最大直通通信距离/km
7/25	34.0	1200
4/15	20.5	700

电缆最大敷设深度为500m。

电缆敷设时环境温度为0～40℃；电缆运输和贮存时应避免阳光直晒。

7/25型电缆弯曲半径应不小于1m；4/15型电缆弯曲半径应不小于0.5m；HHD型弯曲半径应不小于0.5m；HHY型电缆弯曲半径应不小于65mm（经热定型）。

1. 型号、规格

型号、名称及主要用途见表3-1-113。

表 3-1-113 浅海干线同轴电缆型号、名称及主要用途

型号	名称	适用范围	主要用途
HHO41	单层粗钢丝铠装浅海同轴电缆	一般浅海海区	传输高频载波信号
HHO441	双层粗钢丝铠装浅海同轴电缆	较为复杂的浅海海区	
HHOP41	单层粗钢丝铠装岸边屏蔽同轴电缆	有较强电磁干扰	
HHOP441	双层粗钢丝铠装岸边屏蔽同轴电缆	有较强电磁干扰的复杂浅海海区	
HHOP21	钢带铠装岸边屏蔽同轴电缆	岸边陆地直埋	
HHD441	单层钢丝铠装接地电缆	一般海区	端局载波设备、供电设备之接地部分和海洋接地电极的连接
HHD441T	双层钢丝铠装接地电缆	复杂海区	
HHD21	钢带铠装接地电缆	岸上直埋	
HHY	一般型引出电缆	一般海区	浅海干线同轴电缆和增音机电气连接
HHYL	防硫化引出电缆	硫化氢较多的特殊海区	

2. 电气性能

1）HHO41、HHO441、HHOP441 和 HHOP21 型浅海干线同轴电缆主要电气性能见表 3-1-114。

2）HHD41、HHD441T 和 HHD21 型接地电缆主要电气性能见表 3-1-115。

表 3-1-114 浅海干线同轴电缆主要电气性能

性能项目	规格	
	7/25	4/25
+20℃时内导体直流电阻/(Ω/km)	0.4306 ±0.0117	1.177 ±0.038
+20℃时外导体直流电阻/(Ω/km)	0.7931 ±0.0531	0.310 ±0.113
+20℃时频率 21Hz 时工作电容/(μF/km)	0.10045 ±0.00131	0.1012 ±0.0020
+20℃时 100kHz 特性阻抗/Ω	50.0 ±1.5	50.8 ±1.5
1000kHz 特性阻抗/Ω	50.0 ±1.5	50.0 ±1.5
内外导体绝缘电阻/(MΩ · km)	$\geqslant 1.85 \times 10^4$	$\geqslant 1.5 \times 10^4$
外导体对地绝缘电阻/(MΩ · km)	$\geqslant 2.78 \times 10^2$	$\geqslant 2.5 \times 10^2$
标准制造长度与增音段一致的电缆电气长度调整后，其固有衰减 - 频率特性（$al-f$）与标准（al标 $-f$）相比，除 1300kHz 外偏差绝对值/dB	≤0.17	≤0.25
其他标准制造长度及非标准制造长度电缆，其固有衰减 - 频率特性（$a-f$）与标准（a标 $-f$）相比百分率偏差绝对值（%）	≥1.5	≥1.5
波阻抗内部不均匀性/dB	48	48
60kHz 屏蔽耦合阻抗/(μΩ/km)	≤10	≤10

注：7/25 型包括 1300kHz 频率点，4/15 型 1300kHz 点应不大于 ±0.02dB。

表 3-1-115 接地电缆主要电气性能

性能项目	指标
+20℃时导体直流电阻/(Ω/km)	≤6
线芯间及线芯对地间的绝缘电阻/(MΩ · km)	$\geqslant 1 \times 10^5$
耐电压试验/直流 10kV；1min	不击穿

3）HY 和 HHYL 引出电缆主要电气性能见表 3-1-116。

表 3-1-116　引出电缆主要电气性能

性能项目	指标
+20℃时内导体直流电阻/(Ω/km)	≤6
内外导体间绝缘电阻/(MΩ·km)	≥1×10^5
特性阻抗(1000kHz)/Ω	50±2.5
内外导体间耐电压试验/直流 10kV(1min)	不击穿

3. 电缆的规格与重量（见表 3-1-117）

表 3-1-117　浅海干线同轴电缆的规格与重量

型号	7/25		4/15	
	外径/mm	重量/(kg/km)	外径/mm	重量/(kg/km)
HHO4J	58.9	6647	45.6	4631
HHO441	77.1	14499	62.6	10286
HHOP41	65.9	9346	51.2	5957
HHOP441	84.1	18179	67.6	12446
HHOP21	54.3	4300	41.2	2304
HHD41	43.9	3999		
HHD441	62.1	9412		
HHD21	32.2	1190		
HHY	10.7	148		
HHYL	10.7	154		

第2章

射频同轴通信电缆的品种规格及技术指标

射频同轴电缆是无线电频率范围内传输电信号或能量的电缆总称。无线电频率一般指 15kHz ~ 300GHz 之间的频率，但射频同轴电缆则由于其结构、材料以及制造工艺上的限制，目前其最高使用频率达到 100GHz 以上。

射频同轴电缆主要用作无线电发射或接收设备的天线馈电线以及各种通信、电子设备的机内连线或相互连接线，其用途遍及通信、广播、电视、微波中继、雷达、导航、遥控、遥测、仪表、能源、笔记本电脑、手机、医疗、军事、航空航天等领域，是整机设备必不可少的传输元件。

为了满足各种整机的要求，射频同轴电缆的结构形式多种多样，品种和规格也十分繁多。根据结构、尺寸、传输功率、绝缘形式以及电缆的柔软程度，对射频进行了分类，当然也可从使用角度上来分类，将其分成一般用途的射频同轴电缆以及低衰减、大功率、高屏蔽、低电感、高稳相、高阻抗、低电容等特种射频同轴电缆。射频同轴电缆的分类见表 3-2-1。

表 3-2-1　射频同轴电缆的分类

分类方法	种类	说明
结构	同轴电缆 对称电缆 螺旋电缆	两导体同轴布置 两导体相互平行或扭绞 导体为螺旋线圈状
尺寸	微型 小型 中型 大型	绝缘外径为 1mm 以下 绝缘外径为 1.5 ~ 3mm 绝缘外径为 3.7 ~ 11.5mm 绝缘外径为 11.5mm 以上
功率	小功率 中功率 大功率	0.5kW 以下 0.5 ~ 5kW 5kW 以上
绝缘形式	实心绝缘 空气绝缘 半空气绝缘	绝缘层全部是固体介质 绝缘层大部分是空气 介于上述两者之间
柔软程度	柔软 半柔软 半硬	移动使用或承受反复弯曲 可承受多次弯曲 固定使用，只能承受一次弯曲

按照不同的用途，射频同轴电缆一般可分为 CATV 电缆、半柔射频同轴电缆、低损射频同轴电缆、轧纹射频同轴电缆、微细同轴射频同轴电缆和稳相射频同轴电缆。其中 CATV 电缆主要用于有线

电视的信号传输，半柔、低损和轧纹射频同轴电缆多用于移动通信领域；微细同轴射频同轴电缆多用于笔记本和手机内部；稳相射频同轴电缆用于军事、航空航天等。

射频同轴电缆的结构形式如图 3-2-1 所示，其中同轴射频同轴电缆应用最广泛。在同轴电缆中，两个导体相互同轴布置，其中传输的信号完全限制在外导体内，从而具有传输损耗低、屏蔽及抗干扰性能好、使用频带宽等一系列优点，是射频同轴电缆最主要的结构形式。

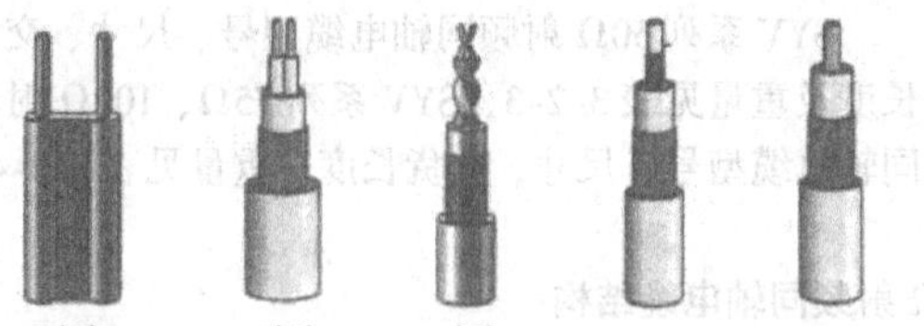

图 3-2-1　射频同轴电缆的结构形式

对称射频同轴电缆则和同轴结构不同，其电磁场是开放型的，因而具有衰减大、屏蔽性差、电气性能易受环境和气候条件的影响等缺点，使用范围受到限制，一般用在低的射频或者和对称天线相配合使用。

现代电缆制造技术的进步可使扭绞型对称电缆的结构有高度的对称性，并且通过采用高精度、小节距扭绞，改善了线对的抗干扰能力，将其使用频段推进高达 600MHz 的射频频段，适应了高速数据通信和计算机局域网的传输需求。

螺旋射频电缆则是一种较特殊的结构形式，由于其导体制成螺旋线圈状，从而具有高电感、大延时、高阻抗等特点，一般用于较特殊的场合，如作为延迟线用。

十几年来，无线移动通信技术迅速地成为通信领域中的前沿技术。未来通信业的快速发展，对射频同轴电缆的需求将保持增长，同轴电缆产业仍将紧附移动互联网的建设而发展，对信号传输质量的要求也不断提高。半柔同轴电缆、微细同轴电缆、低损耗稳相电缆等高端产品的需求增长将更为明显。为了达到无盲区覆盖，利用漏泄同轴电缆行使天线与传输双重功能进行电磁波的发射与接收，满足了地下隐蔽工程的无缝覆盖；以氟塑料作为绝缘和护套的同轴电缆在航空航天、天线雷达、大功率、恶劣环境中更显现出了它特定的功能优势；高速率、低衰减、小尺寸、短距离的极细同轴电缆及其组件在笔记本电脑、手机、移动终端、精密医疗仪器等作为内部链接载体中更是不可替代的关键元件。

射频同轴电缆主要由导体、绝缘、护套以及铠装等部分组成，其中导体起着电信号的引导作用，绝缘则是电信号赖以传输的媒介质，护套和铠装则对于导体和绝缘提供必要的保护，使电缆成品承受各种使用环境的作用。射频同轴电缆的质量优劣，完全取决于上述结构组成部分的质量情况。电缆的设计和制造者，应该根据电缆的使用要求来选择合适的导体、绝缘、护套及铠装的材料和结构形式，而作为电缆的使用者，也必须对上述结构部分的功能有所了解，从而能经济而合理地选用电缆以满足自己的需要。

有关射频同轴电缆的结构详细介绍见本篇第 4 章 4.8.3 节中的叙述，在此只是简要介绍一下。

1. 射频同轴电缆内导体

1）内导体的典型结构形式：实心内导体、绞线内导体、管状内导体、皱纹管内导体。

2）内导体的主要材料：裸铜线、铝线、铜包钢线、铜包铝（管）线、铜合金线、镀银铜线、镀锡铜线、镀镍铜线、高阻线。

2. 射频同轴电缆绝缘型式

绝缘是射频信号传输的介质，要求其材料和结构要能保证电缆有尽可能低的损耗，而且还必须具有足够的机械强度，以保持内、外导体处于同轴位置。射频同轴电缆绝缘可分成实心、空气以及半空气绝缘。

3. 射频同轴电缆外导体型式

同轴电缆的外导体同时起着导体和屏蔽作用，其机械、物理性能以及密封性能对于电缆成品的质量有很大影响，因此外导体的结构形式以及制造工艺的控制者十分重要。外导体形式主要有编织外导体、铜管或铝管外导体、皱纹管外导体、皱纹带纵包外导体、铝（铜）箔纵包及编织外导体、镀银铜箔小节距绕包及镀银铜线编织外导体、编织浸锡外导体等。

4. 射频同轴电缆护套

护套材料必须根据电缆的使用环境条件来选择。一般说来，射频同轴电缆的护套应柔软、坚固、表面光滑圆整、不透潮气，并能抵抗环境污染、化学试剂、辐照、高低温、腐蚀以及霉菌等的作用，有时还能具备阻燃性。主要材料和型式有聚氯乙烯护套、聚乙烯护套、聚氨酯护套、氟塑料护套、玻璃丝编织护套等。

2.1 实心聚乙烯绝缘柔软射频同轴电缆

实心聚乙烯绝缘射频同轴电缆有同轴电缆及对称电缆两大系列，其系列及名称见表3-2-2。

表3-2-2 实心聚乙烯绝缘射频同轴电缆系列及名称

系列	名 称
SYV	实心聚乙烯绝缘聚氯乙烯护套同轴电缆
SEYV	实心聚乙烯绝缘聚氯乙烯护套对称电缆

2.1.1 实心聚乙烯绝缘聚氯乙烯护套同轴电缆

该系列电缆按其阻抗值来区分，有50Ω、75Ω及100Ω三种。

1. 电缆型号、尺寸、交货长度及重量

SYV系列50Ω射频同轴电缆型号、尺寸、交货长度及重量见表3-2-3，SYV系列75Ω、100Ω射频同轴电缆型号、尺寸、交货长度、重量见表3-2-4。

表3-2-3 SYV系列50Ω射频同轴电缆结构

序号	型号	内导体		绝缘外径 /mm	电缆外径 /mm	交货长度 /m	重量 /(g/m)	短线段	
		根数×直径/mm	外径 /mm					长度/m ≥	(%) ≤
1	SYV-50-2-1	7×0.16	0.48	1.50±0.10	2.8±0.2	50~200	15		
2	SYV-50-2-7	7×0.16	0.48	1.50±0.10	2.8±0.2	50~200	15		
3	SYV-50-2-8	7×0.16	0.48	1.50±0.10	2.8±0.2	50~200	15		
4	SYV-50-2-41	1×0.68	0.68	2.20±0.10	4.0±0.2	100~200	31		
5	SYV-50-3-1	7×0.32	0.96	2.95±0.13	5.0±0.2	100~200	40		
6	SYV-50-3-3	1×0.90	0.90	2.95±0.13	5.0±0.2	100~200	40		
7	SYV-50-3-4	1×0.90	0.90	2.95±0.13	5.0±0.2	100~200	40		
8	SYV-50-3-5	1×0.90	0.90	2.95±0.13	5.8±0.2	100~200	60		
9	SYV-50-3-41	1×0.90	0.90	2.95±0.13	5.8±0.2	100~200	60		
10	SYV-50-5-1	1×1.40	1.40	4.80±0.20	7.2±0.3	100~200	72	10	
11	SYV-50-5-3	1×1.40	1.40	4.80±0.20	7.2±0.3	100~200	72		10
12	SYV-50-5-4	1×1.40	1.40	4.80±0.20	7.9±0.3	100~200	104		
13	SYV-50-5-41	1×1.40	1.40	4.80±0.20	7.9±0.3	100~200	104		
14	SYV-50-7-1	7×0.75	2.25	7.25±0.25	10.3±0.3	50~100	160		
15	SYV-50-7-2	7×0.75	2.25	7.25±0.25	10.3±0.3	50~100	160		
16	SYV-50-7-3	7×0.75	2.25	7.25±0.25	11.0±0.3	50~100	210		
17	SYV-50-7-4	7×0.75	2.25	7.25±0.15	10.3±0.3	50~200	150		
18	SYV-50-7-6	7×0.75	2.25	7.25±0.15	11.0±0.3	50~200	210		
19	SYV-50-7-41	7×0.75	2.25	7.25±0.25	11.0±0.3	50~200	160		
20	SYV-50-9-41	7×0.95	2.82	9.0±0.30	12.2±0.4	50~200	237		
21	SYV-50-12-1	7×1.15	3.45	11.5±0.30	15.0±0.4	100~200	280	20	
22	SYV-50-12-41	7×1.15	3.45	11.5±0.30	15.0±0.4	100~200	280		

（续）

序号	型号	内导体		绝缘外径 /mm	电缆外径 /mm	交货长度 /m	重量 /(g/m)	短线段	
		根数×直径/mm	外径 /mm					长度/m ≥	(%) ≤
23	SYV－50－15－41	7×1.54	4.62	15.0±0.40	19.0±0.5	100～200	487		
24	SYV－50－17－1	1×5.00	5.00	17.3±0.40	22.0±0.5	100～200	690		
25	SYV－50－17－2	1×5.00	5.00	17.3±0.40	22.0±0.5	100～200	690	20	10
26	SYV－50－17－3	1×5.00	5.00	17.3±0.40	22.7±0.5	100～200	750		
27	SYV－50－17－41	19×1.04	5.20	17.3±0.40	22.0±0.5	100～200	690		

表 3-2-4　SYV 系列 75Ω、100Ω 射频同轴电缆结构

序号	型号	内导体		绝缘外径 /mm	电缆外径 /mm	交货长度 /m	重量 /(g/m)	短线段	
		根数×直径/mm	标称外径 /mm					长度/m ≥	(%) ≤
1	SYV－75－3－41	7×0.17	0.51	3.00±0.13	5.0±0.25	50～200	42		
2	SYV－75－4－1	7×0.21	0.63	3.70±0.13	6.0±0.20	100～200	60		
3	SYV－75－4－2	7×0.21	0.63	3.70±0.10	6.7±0.20	100～200	75		
4	SYV－75－4－3	1×0.59	0.59	3.70±0.13	6.0±0.20	100～200	66		
5	SYV－75－4－4	1×0.59	0.59	5.70±0.13	6.0±0.20	100～200	66		
6	SYV－75－5－4	1×0.75	0.75	4.80±0.20	7.2±0.30	100～200	63		
7	SYV－75－5－5	1×0.75	0.75	4.80±0.20	7.9±0.30	100～200	95		
8	SYV－75－5－41	1×0.75	0.75	4.80±0.20	7.2±0.30	100～200	63	10	
9	SYV－75－5－42	1×0.75	0.75	4.80±0.20	7.9±0.30	100～200	95		
10	SYV－75－7－1	7×0.40	1.20	7.25±0.25	10.3±0.30	50～200	150		
11	SYV－75－7－2	7×0.40	1.20	7.25±0.25	10.3±0.30	50～200	150		
12	SYV－75－7－3	7×0.40	1.20	7.25±0.15	11.0±0.30	50～200	200		10
13	SYV－75－7－4	1×1.15	1.15	7.25±0.15	10.3±0.30	50～200	150		
14	SYV－75－7－8	1×1.15	1.15	7.25±0.25	10.3±0.3	50～200	150		
15	SYV－75－7－41	7×0.40	1.20	7.25±0.25	11.0±0.3	50～200	150		
16	SYV－75－9－41	1×1.37	1.37	9.0±0.30	12.2±0.4	50～200	213		
17	SYV－75－12－2	7×0.63	1.89	11.5±0.30	15.0±0.4	100～200	240		
18	SYV－75－12－41	7×0.63	1.89	11.5±0.30	15.0±0.4	100～200	240		
19	SYV－75－15－41	7×0.82	2.46	15.0±0.40	19.0±0.5	100～200	445	20	
20	SYV－75－17－1	1×2.70	2.70	17.3±0.40	22.0±0.5	100～200	580		
21	SYV－75－17－2	1×2.70	2.70	17.3±0.40	22.0±0.5	100～200	580		
22	SYV－75－17－4	1×2.70	2.70	17.3±0.40	22.7±0.5	100～200	640		
23	SYV－75－17－41	7×0.95	2.85	17.3±0.40	22.0±0.5	100～200	640		
24	SYV－100－7－41	1×0.60	0.60	7.25±0.25	10.3±0.3	50～100	144	10	

2. 电气性能（见表3-2-5和表3-2-6）

表3-2-5 SYV系列50Ω射频同轴电缆电气性能

序号	型　　号	缆芯介电强度/kV	绝缘电阻/(MΩ·km) ≥	护套介电强度/kV		灭晕电压/kV ≥	特性阻抗/Ω	衰减常数（20℃）	
				火花电压	浸水电压			频率/MHz	衰减/(dB/m) ≤
1	SYV－50－2－1	2.0		—	—	1.0			0.450
2	SYV－50－2－7	2.0		—	—	1.0			0.450
3	SYV－50－2－8	2.0		—	—	1.0			0.450
4	SYV－50－2－41	3.0		3.0	2.0	1.5			0.310
5	SYV－50－3－1	4.0		3.0	2.0	2.0			0.240
6	SYV－50－3－3	4.0		3.0	2.0	2.0			0.220
7	SYV－50－3－4	4.0		3.0	2.0	2.0			0.220
8	SYV－50－3－5	4.2	5000	3.0	2.0	2.0	50 ±2	200	0.220
9	SYV－50－3－41	4.2		3.0	2.0	2.0			0.220
10	SYV－50－5－1	6.5		5.0	3.0	3.3			0.150
11	SYV－50－5－3	6.5		5.0	3.0	3.3			0.150
12	SYV－50－5－4	6.5		5.0	3.0	3.3			0.150
13	SYV－50－5－41	6.5		5.0	3.0	3.3			0.150
14	SYV－50－7－1	10		8.0	5.0	5.0			0.110
15	SYV－50－7－2	10				5.0	50 ±2	200	0.110
16	SYV－50－7－3	10				5.0	50 ±2	200	0.110
17	SYV－50－7－4	10				5.0	50 ±1	3000	0.620
18	SYV－50－7－6	10				5.0	50 ±1	3000	0.620
19	SYV－50－7－41	10				5.0	50 ±2	200	0.110
20	SYV－50－9－41	12				6.0	50 ±2	200	0.095
21	SYV－50－12－1	15	5000	8.0	5.0	7.5	50 ±2	200	0.080
22	SYV－50－12－41	15				7.5	50 ±2	200	0.080
23	SYV－50－15－41	20				10.0	50 ±2	200	0.065
24	SYV－50－17－1	22				11.0	50 ±2	200	0.056
25	SYV－50－17－2	22				11.0	50 ±2	200	0.056
26	SYV－50－17－3	22				11.0	50 ±2	200	0.060
27	SYV－50－17－41	22				11.0	50 ±2	200	0.060

表 3-2-6　SYV 系列 75Ω、100Ω 射频同轴电缆电气性能

序号	型　号	缆芯介电强度/kV	绝缘电阻/(MΩ·km) ≥	护套介电强度/kV		灭晕电压/kV ≥	特性阻抗/Ω	衰减常数（20℃）	
				火花电压	浸水电压			频率/MHz	衰减/(dB/m) ≤
1	SYV-75-3-41	2.0		3.0	2.0	1.5	75±30	200	0.280
2	SYV-75-4-1	4.2		3.0	2.0	2.0	75±30	200	0.220
3	SYV-75-4-2	4.0		5.0	3.0	2.0	75±1.5	3000	0.950
4	SYV-75-4-3	4.2		3.0	2.0	2.0	75±30	200	0.190
5	SYV-75-4-4	4.2		3.0	2.0	2.0	75±30	200	0.190
6	SYV-75-5-4	5.5		5.0	3.0	2.7	75±30	200	0.150
7	SYV-75-5-5	5.5	5000	5.0	3.0	2.7	75±30	200	0.150
8	SYV-75-5-41	5.5		5.0	3.0	2.7	75±30	200	0.150
9	SYV-75-5-42	5.5		5.0	3.0	2.7	75±30	200	0.150
10	SYV-75-7-1	8.0		5.0	5.0	4.0	75±30	200	0.120
11	SYV-75-7-2	8.0		8.0	5.0	4.0	75±30	200	0.120
12	SYV-75-7-3	8.0		8.0	5.0	4.0	75±1.5	3000	0.600
13	SYV-75-7-4	10.0		8.0	5.0	5.0	75±1.5	3000	0.520
14	SYV-75-7-8	8.0				4.0			0.110
15	SYV-75-7-41	8.0				4.0			0.120
16	SYV-75-9-41	10.0				5.0			0.088
17	SYV-75-12-2	12.5				6.0			0.080
18	SYV-75-12-41	12.5				6.0	75±3		0.080
19	SYV-75-15-41	16.0	5000	8.0	5.0	8.0		200	0.066
20	SYV-75-17-1	18.0				9.0			0.056
21	SYV-75-17-2	18.0				9.0			0.056
22	SYV-75-17-4	19.5				10.0			0.053
23	SYV-75-17-41	18.5				11.0			0.059
24	SYV-100-7-41	5.5				2.5	100±5		0.124

2.1.2　实心聚乙烯绝缘聚氯乙烯护套射频对称电缆

该系列电缆按其阻抗来区分，有 75Ω、100Ω、150Ω 及 200Ω 四种，但其规格品种较少，总共仅有六个型号产品。SEYV 系列射频对称电缆型号、尺寸、交货长度、重量见表 3-2-7。其电气性能见表 3-2-8。

表 3-2-7　SEYV 系列射频对称电缆结构

序号	型号	内导体		绝缘外径/mm	填充外径/mm	外径/mm	重量/(g/m)	交货长度/m	短线段	
		根数×直径/mm	标称外径/mm						长度/m ≥	(%) ≤
1	SEYV-75-2	7×0.31	0.93	1.6±0.10	4.0±0.20	7.3±0.30	101			
2	SEYV-100-2	1×0.79	0.79	1.6±0.10	4.0±0.20	6.0±0.25	39			

（续）

序号	型号	内导体		绝缘外径/mm	填充外径/mm	外径/mm	重量/(g/m)	交货长度/m	短线段	
		根数×直径/mm	标称外径/mm						长度/m ≥	(%) ≤
3	SEYV-100-6-1	7×0.79	2.37	6.3±0.20	13.2±0.50	15.8±0.50	212			
4	SEYV-100-6-2	7×0.79	2.37	6.3±0.20	13.2±0.50	16.6±0.50	314			
5	SEYV-150-7	7×0.40	1.20	7.25±0.25		11.5±0.40 19.7±0.50	347	50~200	10	10
6	SEYV-200-7	1×0.60	0.60	7.25±0.25		11.5±0.40 19.7±0.50	357			

表 3-2-8　SEYV 系列射频对称电缆电气性能

序号	型号	缆芯介电强度/kV	绝缘电阻/(MΩ·km) ≥	护套介电强度/kV		衰减常数 20℃		灭晕电压/kV ≥	特性阻抗/Ω	电容不平衡系数(%) ≤
				火花电压	浸水电压	频率/MHz	衰减/(dB/m) ≤			
1	SEYV-75-2	3		5	3	200	0.32	1.0	75±5	
2	SEYV-100-2	4		—	—	—	—	—	—	
3	SEYV-100-6-1	10		—	—	—	—	—	—	
4	SEYV-100-6-2	10	5000	8	5	200	0.10	4.5	100±5	10
5	SEYV-150-7	9		8	5	200	0.13	4.0	150±6	
6	SEYV-200-7	9		8	5	200	0.14	4.0	200±10	

2.2 电缆分配系统用同轴电缆

有线电视网、闭路电视、共用天线电视系统作分支线和用户线，以及其他电子装置的分配线，其使用频率为 5~960MHz，以其绝缘型式分有纵孔聚乙烯绝缘及泡沫聚乙烯绝缘两种，泡沫聚乙烯绝缘有化学发泡及物理发泡两种。

2.2.1 电缆分配系统用纵孔聚乙烯绝缘同轴电缆

电缆特性阻抗为 75Ω，以其绝缘外径来分有四种规格。

1. 型号及名称（见表 3-2-9）

表 3-2-9　纵孔聚乙烯绝缘同轴电缆型号及名称

型号	名称
SYKV-75-5	电缆分配系统用纵孔聚乙烯绝缘聚氯乙烯护套同轴电缆
SYKV-75-7	电缆分配系统用纵孔聚乙烯绝缘聚氯乙烯护套同轴电缆
SYKY-75-7	电缆分配系统用纵孔聚乙烯绝缘聚乙烯护套同轴电缆
SYKY-75-9	电缆分配系统用纵孔聚乙烯绝缘聚乙烯护套同轴电缆
SYKGY-75-9	电缆分配系统用纵孔聚乙烯绝缘钢带聚乙烯护套同轴电缆
SYKY-75-12	电缆分配系统用纵孔聚乙烯绝缘聚乙烯护套同轴电缆
SYKGY-75-12	电缆分配系统用纵孔聚乙烯绝缘钢带聚乙烯护套同轴电缆

2. 结构

1）内导体用单根裸软圆铜线。

2）绝缘采用纵孔聚乙烯。

3）铝塑复合带和镀锡软铜线编织。

4）有聚乙烯及聚氯乙烯两种。

5）铠装用两层厚度为 0.15mm 镀锡钢带绕包后挤聚乙烯外护套。

3. 电气性能

电缆的电气性能见表 3-2-10，其中电缆回波损耗频段为 VHF，UHF，频率范围见表 3-2-11。

表 3-2-10　纵孔聚乙烯绝缘同轴电缆电气性能

试验项目	试验条件	单位	SYKV－75－5		SYKV－75－7 SYKY－75－7		SYKY－75－9 SYKGY－75－9		SYKY－75－12 SYKGY－75－12	
			最小	最大	最小	最大	最小	最大	最小	最大
线芯介电强度	40～60Hz	kV	1.6		1.6		1.6		1.6	
绝缘电阻	1min	MΩ·km	5000		5000		5000		5000	
护套介电强度	500V 直流									
浸水试验		kV	2.0		3.0		5.0		5.0	
火花试验	40～60Hz	kV	3.0		5.0		8.0		8.0	
特性阻抗	40～60Hz	Ω	72.0	78.0	72.5	77.5	72.5	77.5	72.5	77.5
衰减常数	50MHz	dB/100m		5.3		3.4		2.8		2.2
	200MHz	dB/100m		10.8		7.1		5.7		4.5
	800MHz	dB/100m		22.9		15.2		12.5		10.0
回波损耗	VHF	dB	20		20		20		20	
	UHF	dB	18		18		18		18	

表 3-2-11　频段范围

段号	频段名称	频段范围
1	极低频（ELF）	3～30Hz
2	超低频（SLF）	30～300Hz
3	特低频（ULF）	300～3000Hz
4	甚低频（VLF）	3～30kHz
5	低频（LF）	30～300kHz
6	中频（MF）	300～3000kHz
7	高频（HF）	3～30MHz
8	甚高频（VHF）	30～300MHz
9	特高频（UHF）	300～3000MHz
10	超高频（SHF）	3～30GHz
11	极高频（EHF）	30～300GHz
12	至高频（THF）	300～3000GHz

4. 交货长度（见表 3-2-12）

表 3-2-12　交货长度　（单位：m）

交货要求	SYKV－75－5	SYKV－75－7 SYKY－75－7	SYKY－75－9 SYKGY－75－9	SYKY－75－12 SYKGY－75－12
变货长度≥	100	100	200	200
短段长度≥	20	20	50	50

注：短段交货数量不超过交货总长度的 10%。

5. 规格尺寸（见表3-2-13）

表3-2-13 电缆规格尺寸

型号	内导体直径/mm	绝缘外径/mm	电缆最大外径/mm
SYKV-75-5	1.00	4.80	7.5
SYKV-75-7 SYKY-75-7	1.60	7.25	10.6
SYKY-75-9	2.00	9.00	12.6
SYKGY-75-9	2.00	9.00	15.6
SYKY-75-12	2.60	11.5	15.4
SYKGY-12	2.60	11.5	18.4

纵孔聚乙烯绝缘同轴电缆属半空气绝缘，与实心聚乙烯绝缘同轴电缆相比，具有较小的衰减常数，因此曾经得到广泛的应用。但因其自身的缺陷，如绝缘加工的圆整性、均匀性难以保证，使其性能变差。又如纵孔结构容易进水或潮气会影响整根电缆的性能。因此随着技术的进步，该类电缆已被更为先进的泡沫聚乙烯绝缘同轴电缆所替代。

2.2.2 电缆分配系统用泡沫聚乙烯绝缘同轴电缆

1. 型号及名称（见表3-2-14）

表3-2-14 电缆分配系统用物理发泡聚乙烯绝缘同轴电缆型号及名称

型号	名称
SYWV-75-5	电缆分配系统用物理发泡聚乙烯绝缘聚氯乙烯护套同轴电缆
SYWV-75-7 SYWY-75-7	电缆分配系统用物理发泡聚乙烯绝缘聚氯乙烯护套同轴电缆 电缆分配系统用物理发泡聚乙烯绝缘聚乙烯护套同轴电缆
SYWV-75-9 SYWY-75-9 SYWLY-75-9	电缆分配系统用物理发泡聚乙烯绝缘聚氯乙烯护套同轴电缆 电缆分配系统用物理发泡聚乙烯绝缘聚乙烯护套同轴电缆 电缆分配系统用物理发泡聚乙烯绝缘铝管外导体聚乙烯护套同轴电缆
SYWLY-75-12	电缆分配系统用物理发泡聚乙烯绝缘铝管外导体聚乙烯护套同轴电缆

2. 结构

1）内导体用单根圆铜线或铜包钢线。

2）绝缘用物理发泡聚乙烯。

3）外导体为铝塑复合带和镀锡圆铜线或铝合金线编织。铝管为外导体的，管壁厚度应不小于0.30mm。

4）护套分为聚乙烯及聚氯乙烯两种。

3. 电气性能（见表3-2-15）

表3-2-15 电缆分配系统用物理发泡聚乙烯绝缘同轴电缆电气性能

试验项目	试验条件	单位	SYWV-75-5		SYWV-75-7 SYWY-75-7		SYWV-75-9 SYWY-75-9 SYWLY-75-9		SYWLY-75-12	
			≥	≤	≥	≤	≥	≤	≥	≤
导体连续性	25V（直流）		应连续		应连续		应连续		应连续	
缆芯介电强度	40～60Hz，1min	kV	1.6		1.6		1.6		1.6	
绝缘电阻	500V（直流）	MΩ·km	5000		5000		5000		5000	

（续）

试验项目	试验条件	单位	SYWV－75－5		SYWV－75－7 SYWY－75－7		SYWV－75－9 SYWY－75－9 SYWLY－75－9		SYWLY－75－12	
			≥	≤	≥	≤	≥	≤	≥	≤
护套介电强度 浸水试验	40～60Hz	kV	2.0		3.0		5.0		5.0	
火花试验	40～60Hz	kV	3.0		5.0		8.0		8.0	
特性阻抗	200MHz	Ω	72.0	78.0	72.5	77.5	72.5	77.5	73.0	77.0
衰减常数	50MHz	dB/100m		4.8		3.2		2.4		1.9
	200MHz	dB/100m		9.7		6.4		5.0		3.9
	550MHz	dB/100m		16.8		10.7		8.5		6.7
	800MHz	dB/100m		20.3		13.3		10.4		8.2
回波损耗	VHF	dB	20.0		20		20		20	
	UHF	dB	18.0		18		18		18	
屏蔽衰减	50MHz	dB	60		60		60		60	
	200MHz	dB	70		70		70		70	
	800MHz	dB	70		70		70		70	

4. 交货长度

交货长度与纵孔聚乙烯绝缘同轴电缆相同，见表3-2-12。

5. 规格尺寸（见表3-2-16）

表3-2-16 电缆规格尺寸 （单位：mm）

型号	内导体直径	绝缘外径	电缆最大外径
SYWV－75－5	1.00	4.80	7.5
SYWV－75－7 SYWY－75－7	1.66	7.25	10.6
SYWV－75－9 SYWY－75－9 SYWLY－75－9	2.15	9.00	12.6
SYWLY－75－12	2.77	11.50	15.4

2.3 无线通信用射频同轴电缆

用于连接无线通信设备至天线以及射频电子设备之间的相互连接，其工作频率范围为100～5800MHz，特性阻抗为50Ω。

无线通信用射频同轴电缆有50Ω编织外导体射频同轴电缆、50Ω皱纹铜（铝）管外导体射频同轴电缆和50Ω光滑铜（铝）管外导体射频同轴电缆三大系列。

2.3.1 50Ω编织外导体射频同轴电缆

1. 型号及名称（见表3-2-17）

表 3-2-17 50Ω 编织外导体射频同轴电缆型号及名称

型号	名　称
HCAFBY-50	无线通信用50Ω铜包铝内导体泡沫聚烯烃绝缘编织外导体聚乙烯护套射频同轴电缆
HCAFBV-50	无线通信用50Ω铜包铝内导体泡沫聚烯烃绝缘编织外导体聚氯乙烯护套射频同轴电缆
HCAFBYZ-50	无线通信用50Ω铜包铝内导体泡沫聚烯烃绝缘编织外导体阻燃聚烯烃护套射频同轴电缆

2. 结构

1）内导体用单根铜包铝线或实心铜线。

2）绝缘用物理发泡聚乙烯。

3）外导体由铝塑复合屏蔽带和编织金属线组成。

4）护套有聚乙烯、聚氯乙烯及阻燃聚烯烃三种。

3. 规格尺寸（见表3-2-18）

表 3-2-18 50Ω 编织外导体射频同轴电缆规格尺寸

型号	内导体直径/mm	绝缘直径/mm	外导体直径/mm	护套最大外径/mm
HCAFBY-50-3	1.10	3.00	3.60	5.80
HCAFBY-50-3S	1.20	3.20	3.60	5.10
HCAFBY-50-4	1.40	3.80	4.50	6.70
HCAFBY-50-5	1.80	4.80	5.50	7.70
HCAFBY-50-5S	1.78	4.83	5.40	7.80
HCAFBY-50-7	2.75	7.25	8.00	10.0
HCAFBY-50-7S	2.74	7.24	7.90	10.5
HCAFBY-50-8S	2.80	7.80	8.80	10.6
HCAFBY-50-9	3.10	8.50	9.40	10.6
HCAFBY-50-10	3.60	9.60	10.5	13.2
HCAFBY-50-12	4.45	11.70	12.6	15.8

4. 电气性能（见表3-2-19）

表 3-2-19 50Ω 编织外导体射频同轴电缆电气性能

试验项目	试验条件	单位	HCAFBY-50-3	HCAFBY-50-3S	HCAFBY-50-4	HCAFBY-50-5
绝缘介电强度	40~60Hz，1min	kV	1.0	1.0	1.5	2.0
绝缘电阻	500V直流	MΩ·km	>5000	>5000	>5000	>5000
护套火花试验	AC，有效值	kV	3.0	2.1	3.0	3.5
特性阻抗	—	Ω	50±2	50±2	50±2	50±2
衰减常数	100MHz	dB/100m	11.1	11.3	8.5	6.6
20℃，最大值	450MHz	dB/100m	24.1	24.4	18.2	14.2
	900MHz	dB/100m	34.2	34.9	26.0	20.5
	1800MHz	dB/100m	48.9	50.1	37.4	29.6
	2000MHz	dB/100m	51.7	52.9	39.6	31.2
	2200MHz	dB/100m	54.4	55.7	41.6	32.9
	2500MHz	dB/100m	58.1	59.6	44.5	35.2
电压驻波比	320~480MHz	—	≤1.25	≤1.20	≤1.25	≤1.25

（续）

试验项目	试验条件	单位	HCAFBY－50－3	HCAFBY－50－3S	HCAFBY－50－4	HCAFBY－50－5
电压驻波比	820～960MHz	—	≤1.30	≤1.20	≤1.30	≤1.30
	1700～1900MHz	—	≤1.30	≤1.25	≤1.30	≤1.30
	1860～2100MHz	—	≤1.35	≤1.25	≤1.35	≤1.35
	2100～2300MHz	—	≤1.35	≤1.25	≤1.35	≤1.35
	2300～2500MHz	—	≤1.35	≤1.25	≤1.35	≤1.35

试验项目	试验条件	单位	HCAFBY－50－5S	HCAFBY－50－7	HCAFBY－50－7S	HCAFBY－50－8S
绝缘介电强度	40～60Hz，1min	kV	2.0	2.5	2.5	2.5
绝缘电阻	500V 直流	MΩ·km	>5000	>5000	>5000	>5000
护套火花试验	AC，有效值	kV	3.5	3.5	3.5	3.5
特性阻抗	—	Ω	50±2	50±2	50±2	50±2
衰减常数 20℃，最大值	100MHz	dB/100m	7.0	4.3	4.7	4.6
	450MHz	dB/100m	15.1	9.4	10.3	10.0
	900MHz	dB/100m	21.8	13.4	14.9	14.5
	1800MHz	dB/100m	31.5	19.5	21.8	21.1
	2000MHz	dB/100m	33.4	20.6	23.1	22.4
	2200MHz	dB/100m	35.1	21.7	24.3	23.6
	2500MHz	dB/100m	37.7	23.3	26.1	25.4
电压驻波比	320～480MHz	—	≤1.20	≤1.25	≤1.20	≤1.20
	820～960MHz	—	≤1.20	≤1.30	≤1.20	≤1.20
	1700～1900MHz	—	≤1.25	≤1.30	≤1.20	≤1.20
	1860～2100MHz	—	≤1.25	≤1.35	≤1.20	≤1.20
	2100～2300MHz	—	≤1.25	≤1.35	≤1.25	≤1.25
	2300～2500MHz	—	≤1.25	≤1.35	≤1.25	≤1.25

5. 交货长度

电缆标称交货长度宜为 100m 或 100m 的整数倍，或供需双方协商下的其他长度。

2.3.2　50Ω 皱纹铜（铝）管外导体射频同轴电缆

1. 型号及名称（见表 3-2-20）

表 3-2-20　50Ω 皱纹铜（铝）管外导体射频同轴电缆型号及名称

型号	名　称
HCAAY－50	无线通信用 50Ω 铜包铝内导体泡沫聚烯烃绝缘环形皱纹铜管外导体聚乙烯护套射频同轴电缆
HCAAYZ－50	无线通信用 50Ω 铜包铝内导体泡沫聚烯烃绝缘环形皱纹铜管外导体阻燃聚烯烃护套射频同轴电缆
HCAHY－50	无线通信用 50Ω 铜包铝内导体泡沫聚烯烃绝缘螺旋形皱纹铜管外导体聚乙烯护套射频同轴电缆
HCAHYZ－50	无线通信用 50Ω 铜包铝内导体泡沫聚烯烃绝缘螺旋形皱纹铜管外导体阻燃聚烯烃护套射频同轴电缆

（续）

型号	名　称
HCTAY－50	无线通信用50Ω光滑铜管内导体泡沫聚烯烃绝缘环形皱纹铜管外导体聚乙烯护套射频同轴电缆
HCTAYZ－50	无线通信用50Ω光滑铜管内导体泡沫聚烯烃绝缘环形皱纹铜管外导体阻燃聚烯烃护套射频同轴电缆
HHTAY－50	无线通信用50Ω螺旋形皱纹铜管内导体泡沫聚烯烃绝缘环形皱纹铜管外导体聚乙烯护套射频同轴电缆
HHTAYZ－50	无线通信用50Ω螺旋形皱纹铜管内导体泡沫聚烯烃绝缘环形皱纹铜管外导体阻燃聚烯烃护套射频同轴电缆
HCATAY－50	无线通信用50Ω铜包铝管内导体泡沫聚烯烃绝缘环形皱纹铜管外导体聚乙烯护套射频同轴电缆
HCATAYZ－50	无线通信用50Ω铜包铝管内导体泡沫聚烯烃绝缘环形皱纹铜管外导体阻燃聚烯烃护套射频同轴电缆
HCATALY－50	无线通信用50Ω铜包铝管内导体泡沫聚烯烃绝缘环形皱纹铝管外导体聚乙烯护套射频同轴电缆
HCATALYZ－50	无线通信用50Ω铜包铝管内导体泡沫聚烯烃绝缘环形皱纹铝管外导体阻燃聚烯烃护套射频同轴电缆

2. 结构

1）内导体分为铜包铝线、光滑铜管、铜包铝管、螺旋形皱纹铜管四种。

2）绝缘用物理发泡聚乙烯。

3）外导体由环形皱纹铜（铝）管或螺旋形皱纹铜（铝）管构成。

4）护套有聚乙烯及阻燃聚烯烃两种。

3. 规格尺寸（见表3-2-21）

表3-2-21　50Ω皱纹铜（铝）管外导体射频同轴电缆规格尺寸

型号	内导体外径/mm	绝缘外径/mm	外导体直径/mm	护套最大外径/mm
HCAHY－50－5	1.90	5	6.40	8.20
HCAAY－50－6	2.60	6	7.70	9.80
HCAHY－50－7	2.60	7	9.00	10.80
HCAAY－50－8	3.10	8	9.50	11.50
CAHY－50－9	3.55	9	12.00	13.90
HCAAY－50－12	4.80	12	13.90	16.40
HCTAY－50－17	7.00	17	19.70	22.50
HHTAY－50－21	9.40	21	24.90	28.30
HCTAY－50－22	9.00	22	24.90	28.80
HCTAY－50－23	9.45	23	25.40	29.30
HCTAY－50－32	13.10	32	35.80	40.00
HHTAY－50－42	17.30	42	46.50	51.00
HCATAY－50－22	9.00	22	24.90	28.80
HCATAY－50－23	9.45	23	25.40	29.30
HCATAY－50－32	13.10	42	35.80	40.00
HCATALY－50－12	4.80	12	14.10	16.40
HCATALY－50－22	9.00	22	25.20	28.80
HCATALY－50－23	9.45	23	25.70	29.00
HCATALY－50－32	13.10	32	36.10	40.00

4. 电气性能（见表 3-2-22）

5. 交货长度

根据供需双方的协议，以协议长度作为电缆制造长度，也可以是制造厂的标准长度。

表 3-2-22　50Ω 皱纹铜（铝）管外导体射频同轴电缆电气性能

试验项目	试验条件	单位	HCAHY－50－5	HCAAY－50－6	HCAHY－50－7	HCAAY－50－8
绝缘介电强度	40～60Hz，1min	kV	2.0	2.0	2.5	2.5
绝缘电阻	500V 直流	MΩ·km	>5000	>5000	>5000	>5000
护套火花试验	AC，有效值	kV	3.0	3.0	3.0	5.0
特性阻抗	—	Ω	50±2	50±2	50±2	50±2
衰减常数	150MHz	dB/100m	8.07	5.50	5.40	4.58
20℃，最大值	450MHz	dB/100m	14.22	9.88	9.70	8.16
	900MHz	dB/100m	20.45	14.47	14.19	11.86
	1800MHz	dB/100m	29.60	21.45	21.03	17.41
	2000MHz	dB/100m	31.33	22.80	22.35	18.48
	2200MHz	dB/100m	32.99	24.10	23.63	19.51
	2500MHz	dB/100m	35.37	25.99	25.47	20.98
电压驻波比	320～480MHz	—	≤1.20	≤1.20	≤1.20	≤1.20
	820～960MHz	—	≤1.20	≤1.20	≤1.20	≤1.20
	1700～1880MHz	—	≤1.20	≤1.20	≤1.20	≤1.20
	1880～2180MHz	—	≤1.25	≤1.25	≤1.25	≤1.20
	2300～2500MHz	—	≤1.25	≤1.25	≤1.25	≤1.20
	2500～2700MHz	—	≤1.25	≤1.25	≤1.25	≤1.20

试验项目	试验条件	单位	HCAHY－50－9	HCAAY－50－12	HCAHY－50－17	HCAAY－50－21
绝缘介电强度	40～60Hz，1min	kV	2.5	6.0	6.0	6.0
绝缘电阻	500V 直流	MΩ·km	>10000	>10000	>10000	>10000
护套火花试验	AC，有效值	kV	5.0	8.0	8.0	8.0
特性阻抗	—	Ω	50±2	50±2	50±2	50±2
衰减常数	150MHz	dB/100m	4.35	3.00	2.02	1.69
20℃，最大值	450MHz	dB/100m	7.83	5.32	3.64	3.03
	900MHz	dB/100m	11.47	7.70	5.33	4.42
	1800MHz	dB/100m	17.02	11.23	7.92	6.51
	2000MHz	dB/100m	18.10	11.90	8.42	6.92
	2200MHz	dB/100m	19.14	12.55	8.91	7.31
	2500MHz	dB/100m	20.64	13.48	9.60	7.87
电压驻波比	320～480MHz	—	≤1.20	≤1.20	≤1.20	≤1.20
	820～960MHz	—	≤1.20	≤1.20	≤1.20	≤1.20
	1700～1880MHz	—	≤1.20	≤1.20	≤1.20	≤1.20
	1880～2180MHz	—	≤1.20	≤1.20	≤1.20	≤1.20
	2300～2500MHz	—	≤1.20	≤1.20	≤1.20	≤1.20
	2500～2700MHz	—	≤1.20	≤1.20	≤1.20	≤1.20

(续)

试验项目	试验条件	单位	HCAHY－50－22	HCAAY－50－23	HCAHY－50－32	HCAAY－50－42
绝缘介电强度	40～60Hz，1min	kV	10.0	10.0	10.0	15.0
绝缘电阻	500V 直流	MΩ·km	>10000	>10000	>10000	>10000
护套火花试验	AC，有效值	kV	8.0	8.0	10.0	10.0
特性阻抗	—	Ω	50±2	50±2	50±2	50±2
衰减常数	150MHz	dB/100m	1.54	1.45	1.23	1.01
20℃，最大值	450MHz	dB/100m	2.77	2.60	2.23	1.86
	900MHz	dB/100m	4.08	3.81	3.29	2.78
	1800MHz	dB/100m	6.08	5.65	4.93	4.22
	2000MHz	dB/100m	6.47	6.00	5.25	4.51
	2200MHz	dB/100m	6.85	6.34	5.56	4.79
	2500MHz	dB/100m	7.39	6.84	6.01	5.19
电压驻波比	320～480MHz	—	≤1.15	≤1.20	≤1.20	≤1.20
	820～960MHz	—	≤1.15	≤1.20	≤1.20	≤1.20
	1700～1880MHz	—	≤1.15	≤1.20	≤1.20	≤1.20
	1880～2180MHz	—	≤1.20	≤1.20	≤1.20	≤1.20
	2300～2500MHz	—	≤1.20	≤1.20	≤1.20	≤1.20
	2500～2700MHz	—	≤1.20	≤1.20	≤1.20	—

试验项目	试验条件	单位	HCATAY－50－22	HCATAY－50－23	HCATAY－50－32
绝缘介电强度	40～60Hz，1min	kV	10.0	10.0	10.0
绝缘电阻	500V 直流	MΩ·km	>5000	>5000	>5000
护套火花试验	AC，有效值	kV	8.0	8.0	10.0
特性阻抗	—	Ω	50±2	50±2	50±2
衰减常数	150MHz	dB/100m	1.54	1.45	1.23
20℃，最大值	450MHz	dB/100m	2.77	2.60	2.23
	900MHz	dB/100m	4.08	3.81	3.29
	1800MHz	dB/100m	6.08	5.65	4.93
	2000MHz	dB/100m	6.47	6.00	5.25
	2200MHz	dB/100m	6.85	6.34	5.56
	2500MHz	dB/100m	7.39	6.84	6.01
电压驻波比	320～480MHz	—	≤1.15	≤1.20	≤1.20
	820～960MHz	—	≤1.15	≤1.20	≤1.20
	1700～1900MHz	—	≤1.15	≤1.20	≤1.20
	1860～2100MHz	—	≤1.15	≤1.20	≤1.20
	2100～2250MHz	—	≤1.20	≤1.20	≤1.20
	2300～2500MHz	—	≤1.20	≤1.20	≤1.20

（续）

试验项目	试验条件	单位	HCATALY－50－12	HCATALY－50－22	HCATALY－50－23	HCATALY－50－32
绝缘介电强度	40～60Hz，1min	kV	6.0	10.0	10.0	10.0
绝缘电阻	500V 直流	MΩ·km	>5000	>5000	>5000	>5000
护套火花试验	AC，有效值	kV	8.0	8.0	8.0	10.0
特性阻抗	—	Ω	50±2	50±2	50±2	50±2
衰减常数	150MHz	dB/100m	3.24	1.69	1.57	1.33
20℃，最大值	450MHz	dB/100m	5.75	3.05	2.81	2.41
	900MHz	dB/100m	8.32	4.49	4.11	3.55
	1800MHz	dB/100m	12.13	6.69	6.10	5.32
	2000MHz	dB/100m	12.85	7.12	6.48	5.67
	2200MHz	dB/100m	13.54	7.52	6.84	6.00
	2500MHz	dB/100m	14.56	8.13	7.40	6.49
电压驻波比	320～480MHz	—	≤1.20	≤1.15	≤1.20	≤1.20
	820～960MHz	—	≤1.20	≤1.15	≤1.20	≤1.20
	1700～1900MHz	—	≤1.20	≤1.15	≤1.20	≤1.20
	1860～2100MHz	—	≤1.20	≤1.15	≤1.20	≤1.20
	2100～2250MHz	—	≤1.20	≤1.20	≤1.20	≤1.20
	2300～2500MHz	—	≤1.20	≤1.20	≤1.20	≤1.20

2.3.3　50Ω 光滑铜（铝）管外导体射频同轴电缆

1. 型号及名称（见表 3-2-23）

表 3-2-23　50Ω 光滑铜（铝）管外导体射频同轴电缆型号及名称

型号	名　　称
HCAY－50	无线通信用 50Ω 铜包铝内导体泡沫聚烯烃绝缘光滑铜管外导体聚乙烯护套射频同轴电缆
HCAYZ－50	无线通信用 50Ω 铜包铝内导体泡沫聚烯烃绝缘光滑铜管外导体阻燃聚烯烃护套射频同轴电缆
HCTY－50	无线通信用 50Ω 光滑铜管内导体泡沫聚烯烃绝缘光滑铜管外导体聚乙烯护套射频同轴电缆
HCTYZ－50	无线通信用 50Ω 光滑铜管内导体泡沫聚烯烃绝缘光滑铜管外导体阻燃聚烯烃护套射频同轴电缆
HCALY－50	无线通信用 50Ω 铜包铝内导体泡沫聚烯烃绝缘光滑铝管外导体聚乙烯护套射频同轴电缆
HCALYZ－50	无线通信用 50Ω 铜包铝内导体泡沫聚烯烃绝缘光滑铝管外导体阻燃聚烯烃护套射频同轴电缆
HCTLY－50	无线通信用 50Ω 光滑铜管内导体泡沫聚烯烃绝缘光滑铝管外导体聚乙烯护套射频同轴电缆
HCTLYZ－50	无线通信用 50Ω 光滑铜管内导体泡沫聚烯烃绝缘光滑铝管外导体阻燃聚烯烃护套射频同轴电缆

2. 结构

1）内导体分为铜包铝线、光滑铜管两种。

2）绝缘用物理发泡聚乙烯。

3）外导体由光滑铜管或铝管构成。

4）护套有聚乙烯及阻燃聚烯烃两种。

3. 规格尺寸（见表 3-2-24）

表 3-2-24　50Ω 光滑铜（铝）管外导体射频同轴电缆尺寸

型号	内导体外径/mm	绝缘外径/mm	外导体直径/mm	护套最大外径/mm
HCAY－50－7	2.60	7.00	7.50	9.20
HCAY－50－8	3.10	8.20	8.70	10.50
HCAY－50－10	3.55	9.60	10.10	12.00

（续）

型号	内导体外径/mm	绝缘外径/mm	外导体直径/mm	护套最大外径/mm
HCAY-50-13	5.00	13.20	13.70	16.00
HCTY-50-17	6.50	17.00	17.50	20.20
HCTY-50-24	9.00	23.80	24.30	27.00
HCTY-50-27	10.10	26.70	27.20	31.00
HCTY-50-34	13.10	34.20	34.70	37.00
HCALY-50-10	3.55	9.60	10.30	12.00
HCALY-50-13	5.00	13.20	13.90	16.00
HCTLY-50-27	10.10	26.70	27.40	31.00

4. 电气性能（见表3-2-25）

表3-2-25　50Ω光滑铜（铝）管外导体射频同轴电缆电气性能

试验项目	试验条件	单位	HCAY-50-7	HCAY-50-8	HCAY-50-10	HCAY-50-13
绝缘介电强度	40~60Hz，1min	kV	2.5	2.5	2.5	3.5
绝缘电阻	500V直流	MΩ·km	>10000	>10000	>10000	>10000
护套火花试验	AC，有效值	kV	2.5	2.5	2.5	2.5
特性阻抗	—	Ω	50±2	50±2	50±2	50±2
衰减常数	150MHz	dB/100m	5.13	4.37	3.79	2.78
20℃，最大值	450MHz	dB/100m	8.94	7.62	6.62	4.84
	900MHz	dB/100m	12.71	10.84	9.43	6.86
	1800MHz	dB/100m	18.12	15.46	13.48	9.76
	2000MHz	dB/100m	19.13	16.32	14.24	10.30
	2200MHz	dB/100m	20.09	17.14	14.96	10.81
	2500MHz	dB/100m	21.46	18.31	15.99	11.54
电压驻波比	320~480MHz	—	≤1.15	≤1.15	≤1.15	≤1.15
	820~960MHz	—	≤1.15	≤1.15	≤1.15	≤1.15
	1700~1900MHz	—	≤1.20	≤1.20	≤1.20	≤1.20
	1860~2100MHz	—	≤1.20	≤1.20	≤1.20	≤1.20
	2100~2300MHz	—	≤1.25	≤1.25	≤1.20	≤1.20
	2300~2500MHz	—	≤1.25	≤1.25	≤1.20	≤1.20
试验项目	试验条件	单位	HCTY-50-17	HCTY-50-24	HCTY-50-27	HCTY-50-34
绝缘介电强度	40~60Hz，1min	kV	5.0	10.0	10.0	10.0
绝缘电阻	500V直流	MΩ·km	>10000	>10000	>10000	>10000
护套火花试验	AC，有效值	kV	5.0	5.0	8.0	8.0
特性阻抗	—	Ω	50±2	50±2	50±2	50±2
衰减常数	150MHz	dB/100m	2.10	1.52	1.36	1.06
20℃，最大值	450MHz	dB/100m	3.68	2.68	2.41	1.88

（续）

试验项目	试验条件	单位	HCTY－50－17	HCTY－50－24	HCTY－50－27	HCTY－50－34
	900MHz	dB/100m	5.26	3.86	3.47	2.72
	1800MHz	dB/100m	7.56	5.59	5.04	3.97
	2000MHz	dB/100m	7.99	5.92	5.34	4.21
	2200MHz	dB/100m	8.40	6.24	5.63	4.44
	2500MHz	dB/100m	8.99	6.69	6.04	4.77
电压驻波比	320～480MHz	—	≤1.15	≤1.15	≤1.15	≤1.15
	820～960MHz	—	≤1.15	≤1.15	≤1.15	≤1.15
	1700～1900MHz	—	≤1.20	≤1.20	≤1.20	≤1.20
	1860～2100MHz	—	≤1.20	≤1.20	≤1.20	≤1.20
	2100～2300MHz	—	≤1.20	≤1.20	≤1.20	≤1.20
	2300～2500MHz	—	≤1.20	≤1.20	≤1.20	≤1.20

试验项目	试验条件	单位	HCALY－50－10	HCALY－50－13	HCALY－50－27
绝缘介电强度	40～60Hz，1min	kV	2.5	3.5	10.0
绝缘电阻	500V 直流	MΩ·km	>10000	>10000	>10000
护套火花试验	AC，有效值	kV	2.5	2.5	8.0
特性阻抗	—	Ω	50±2	50±2	50±2
衰减常数	150MHz	dB/100m	4.01	2.95	1.44
20℃，最大值	450MHz	dB/100m	7.00	5.13	2.55
	900MHz	dB/100m	9.99	7.28	3.68
	1800MHz	dB/100m	14.29	10.35	5.34
	2000MHz	dB/100m	15.09	10.92	5.66
	2200MHz	dB/100m	15.86	11.46	5.97
	2500MHz	dB/100m	16.95	12.24	6.40
电压驻波比	320～480MHz	—	≤1.15	≤1.15	≤1.15
	820～960MHz	—	≤1.15	≤1.15	≤1.15
	1700～1900MHz	—	≤1.20	≤1.20	≤1.20
	1860～2100MHz	—	≤1.20	≤1.20	≤1.20
	2100～2300MHz	—	≤1.25	≤1.25	≤1.25
	2300～2500MHz	—	≤1.25	≤1.25	≤1.25

5. 交货长度

根据供需双方的协议，以协议长度作为电缆制造长度。也可以是制造厂的标准长度。

2.4 实心聚四氟乙烯绝缘同轴电缆

用于无线通信基站设备、天线内部及各种射频模块中用来传输信号的射频同轴电缆，其工作频率范围为 100～6000MHz，特性阻抗有 35Ω、41Ω、50Ω、75Ω、100Ω。

1. 型号及名称（见表 3-2-26）

2. 结构

1）内导体有镀银铜线、镀银铜包钢线两种。

表 3-2-26 实心聚四氟乙烯绝缘同轴电缆型号及名称

型号	名 称
HSCF	镀银铜线内导体实心聚四氟乙烯绝缘镀锡铜线编织浸锡外导体射频同轴电缆
HSCFF	镀银铜线内导体实心聚四氟乙烯绝缘镀锡铜线编织浸锡外导体聚全氟乙丙烯护套射频同轴电缆
HSCFYZ	镀银铜线内导体实心聚四氟乙烯绝缘镀锡铜线编织浸锡外导体阻燃聚烯烃护套射频同轴电缆
HSCCSF	镀银铜包钢线内导体实心聚四氟乙烯绝缘镀锡铜线编织浸锡外导体射频同轴电缆
HSCCSFF	镀银铜包钢线内导体实心聚四氟乙烯绝缘镀锡铜线编织浸锡外导体聚全氟乙丙烯护套射频同轴电缆
HSCCSFYZ	镀银铜包钢线内导体实心聚四氟乙烯绝缘镀锡铜线编织浸锡外导体阻燃聚烯烃护套射频同轴电缆

2）绝缘用实心聚四氟乙烯。

3）外导体由镀锡铜丝编织外导体并整体浸锡组成。

4）护套有聚全氟乙丙烯、阻燃聚烯烃两种。

3. 规格尺寸（见表 3-2-27）

表 3-2-27 实心聚四氟乙烯绝缘同轴电缆规格尺寸

型号	内导体直径/mm	绝缘直径/mm	外导体外径/mm	护套外径/mm
HSCF-50-1	0.29	0.94	1.19	—
HSCF-50-2	0.53	1.65	2.10	—
HSCF-35-3	1.28	3.00	3.52	—
HSCF-41-3	1.13	3.00	3.52	—
HSCF-50-3	0.93	3.00	3.52	—
HSCF-75-3	0.52	3.00	3.52	—
HSCF-100-3	0.29	3.00	3.52	—
HSCF-50-3.5	1.08	3.50	4.10	—
HSCF-50-5	1.65	5.27	6.10	—
HSCF-75-5	0.93	5.27	6.10	—
HSCFF-50-1	0.29	0.94	1.19	1.60
HSCFF-50-2	0.53	1.65	2.10	2.50
SCFF-35-3	1.28	3.00	3.52	4.10
HSCFF-41-3	1.13	3.00	3.52	4.10
HSCFF-50-3	0.93	3.00	3.52	4.10
HSCFF-75-3	0.52	3.00	3.52	4.10
HSCFF-100-3	0.29	3.00	3.52	4.10
HSCFF-50-3.5	1.08	3.50	4.10	4.70
HSCFF-50-5	1.65	5.27	6.10	7.00
HSCFF-75-5	0.93	5.27	6.10	7.00
HSCFYZ-50-1	0.29	0.94	1.19	1.75
HSCFYZ-50-2	0.53	1.65	2.10	2.65

（续）

型号	内导体直径/mm	绝缘直径/mm	外导体外径/mm	护套外径/mm
HSCFYZ-35-3	1.28	3.00	3.52	4.25
HSCFYZ-41-3	1.13	3.00	3.52	4.25
HSCFYZ-50-3	0.93	3.00	3.52	4.25
HSCFYZ-75-3	0.52	3.00	3.52	4.25
HSCFYZ-100-3	0.29	3.00	3.52	4.25
HSCFYZ-50-3.5	1.08	3.50	4.10	4.90
HSCFYZ-50-5	1.65	5.27	6.10	7.20
HSCFYZ-75-5	0.93	5.27	6.10	7.20

4. 电气性能（见表 3-2-28）

表 3-2-28　实心聚四氟乙烯绝缘同轴电缆电气性能

试验项目	试验条件	单位	HSCFF-50-1	HSCFF-50-2	HSCFF-35-3
绝缘介电强度	40~60Hz，1min	kV	2.0	5.0	5.0
绝缘电阻	500V 直流	MΩ·km	>15000	>15000	>15000
护套火花试验	AC，有效值	kV	1.5	1.5	2.0
特性阻抗		Ω	50±2	50±2	35±2
衰减常数	100MHz	dB/m	0.55	0.22	0.15
20℃，最大值	450MHz	dB/m	0.95	0.48	0.32
	800MHz	dB/m	1.10	0.65	0.42
	1000MHz	dB/m	1.23	0.74	0.53
	1800MHz	dB/m	1.67	1.01	0.74
	2000MHz	dB/m	1.76	1.07	0.79
	2200MHz	dB/m	1.85	1.12	0.84
	2400MHz	dB/m	1.94	1.18	0.91
	3000MHz	dB/m	2.18	1.33	1.01
	3800MHz	dB/m	2.46	1.51	1.14
	6000MHz	dB/m	3.15	1.96	1.47
回波损耗	790~960MHz	dB	≥26	≥26	≥26
	1710~2170MHz	dB	≥26	≥26	≥26
	2300~2700MHz	dB	≥24	≥24	≥24
	3300~3400MHz	dB	≥22	≥22	≥22
	5700~5900MHz	dB	≥20	≥20	≥20

（续）

试验项目	试验条件	单位	HSCFF－41－3	HSCFF－50－3	HSCFF－75－3
绝缘介电强度	40～60Hz，1min	kV	5.0	5.0	5.0
绝缘电阻	500V 直流	MΩ·km	>15000	>15000	>15000
护套火花试验	AC，有效值	kV	2.0	2.0	2.0
特性阻抗		Ω	41±2	50±2	75±2
衰减常数	100MHz	dB/m	0.15	0.13	0.14
20℃，最大值	450MHz	dB/m	0.31	0.28	0.30
	800MHz	dB/m	0.40	0.37	0.41
	1000MHz	dB/m	0.44	0.41	0.46
	1800MHz	dB/m	0.65	0.58	0.62
	2000MHz	dB/m	0.68	0.61	0.65
	2200MHz	dB/m	0.71	0.65	0.68
	2400MHz	dB/m	0.77	0.68	0.72
	3000MHz	dB/m	0.84	0.78	0.80
	3800MHz	dB/m	0.96	0.88	0.92
	6000MHz	dB/m	1.24	1.15	1.18
回波损耗	790～960MHz	dB	≥26	≥26	≥26
	1710～2170MHz	dB	≥26	≥26	≥26
	2300～2700MHz	dB	≥24	≥24	≥24
	3300～3400MHz	dB	≥22	≥22	≥22
	5700～5900MHz	dB	≥20	≥20	≥20

试验项目	试验条件	单位	HSCFF－100－3	HSCFF－50－3.5	HSCFF－50－5	HSCFF－75－5
绝缘介电强度	40～60Hz，1min	kV	5.0	5.0	7.5	7.5
绝缘电阻	500V 直流	MΩ·km	>15000	>15000	>15000	>15000
护套火花试验	AC，有效值	kV	2.0	2.5	3.5	3.5
特性阻抗		Ω	100±2	50±2	50±2	75±2
衰减常数	100MHz	dB/m	0.18	0.12	0.10	0.11
20℃，最大值	450MHz	dB/m	0.36	0.25	0.20	0.21
	800MHz	dB/m	0.47	0.32	0.25	0.28
	1000MHz	dB/m	0.53	0.36	0.28	0.31
	1800MHz	dB/m	0.71	0.49	0.39	0.42
	2000MHz	dB/m	0.75	0.53	0.41	0.44
	2200MHz	dB/m	0.79	0.56	0.44	0.46
	2400MHz	dB/m	0.83	0.59	0.46	0.49
	3000MHz	dB/m	0.93	0.66	0.53	0.54
	3800MHz	dB/m	1.05	0.77	0.61	0.64
	6000MHz	dB/m	1.34	1.01	0.81	0.83
回波损耗	790～960MHz	dB	≥26	≥26	≥26	≥26
	1710～2170MHz	dB	≥26	≥26	≥26	≥26
	2300～2700MHz	dB	≥24	≥24	≥24	≥24
	3300～3400MHz	dB	≥22	≥22	≥22	≥22
	5700～5900MHz	dB	≥20	≥20	≥20	≥20

5. 交货长度

电缆交货长度应是制造厂的标准制造长度，也可按供需双方协议长度作为制造长度。

2.5 局域网用同轴电缆

用于通信系统机房内通信设备内部、通信设备之间、通信设备与配线架之间的连接，其工作频率范围为 1 ~ 200MHz，特性阻抗为 75Ω。

局用同轴电缆根据其绝缘型式，可分为实心聚乙烯绝缘局用同轴电缆、内层实心聚全氟乙烯 + 外层实心聚乙烯绝缘局用同轴电缆、泡沫聚乙烯绝缘局用同轴电缆三大系列。

2.5.1 实心聚乙烯绝缘局用同轴电缆

1. 型号及名称（见表 3-2-29）

表 3-2-29　实心聚乙烯绝缘局用同轴电缆型号及名称

型号	名　称
HJYV - 75	75Ω 铜内导体实心聚乙烯绝缘编织外导体聚氯乙烯护套局用同轴电缆
HJYYZ - 75	75Ω 铜内导体实心聚乙烯绝缘编织外导体阻燃聚烯烃护套局用同轴电缆
HJTCYV - 75	75Ω 镀锡铜线内导体实心聚乙烯绝缘编织外导体聚氯乙烯护套局用同轴电缆
HJTCYYZ - 75	75Ω 镀锡铜线内导体实心聚乙烯绝缘编织外导体阻燃聚烯烃护套局用同轴电缆

2. 结构

1）内导体有实心铜线、镀锡铜线两种。

2）绝缘用实心聚乙烯。

3）外导体有铝塑复合屏蔽带 + 编织金属线方式、单层或双层编织金属线方式。

4）护套有聚氯乙烯、阻燃聚烯烃两种。

3. 规格尺寸（见表 3-2-30）

4. 电气性能（见表 3-2-31）

表 3-2-30　实心聚乙烯绝缘局用同轴电缆规格尺寸

型号	内导体直径/mm	绝缘直径/mm	外导体外径/mm	护套最大外径/mm
HJYV - 75 - 1.5 - 1	0.25	1.50	1.80	2.50
HJYV - 75 - 1.5 - 2	0.25	1.50	2.30	3.00
HJTCYV - 75 - 1.5 - 1	0.25	1.50	1.80	2.80
HJYV - 75 - 1.9 - 1	0.31	1.90	2.40	3.20
HJYV - 75 - 2.0 - 1	0.34	2.00	2.60	3.40
HJYV - 75 - 2.0 - 2	0.34	2.00	2.90	3.80
HJYV - 75 - 2.5 - 1	0.40	2.50	3.20	4.40
HJYV - 75 - 3.2 - 2	0.50	3.20	3.90	5.00
HJYV - 75 - 3.8 - 2	0.60	3.80	4.40	5.60
HJYV - 75 - 5.1 - 2	0.80	5.10	5.80	7.00

注：表中型号最后一位为 1 表示“单层编织”，为 2 表示“双层编织”。

表 3-2-31　实心聚乙烯绝缘局用同轴电缆电气性能

试验项目	试验条件	单位	HJYV - 75 - 1.5 - 1 HJYV - 75 - 1.5 - 2	HJTCYV - 75 - 1.5 - 1	HJYV - 75 - 1.9 - 1
绝缘介电强度	40 ~ 60Hz，1min	kV	1.5	1.5	1.5
绝缘电阻	500V 直流	MΩ · km	>5000	>5000	>5000
护套火花试验	AC，有效值	kV	2.0	2.0	2.0
特性阻抗	1 ~ 4MHz	Ω	75 ± 5	75 ± 5	75 ± 5
	5 ~ 200MHz	Ω	75 ± 3	75 ± 3	75 ± 3

（续）

试验项目	试验条件	单位	HJYV－75－1.5－1 HJYV－75－1.5－2	HJTCYV－75－1.5－1	HJYV－75－1.9－1
衰减常数	1MHz	dB/100m	2.56	2.35	1.86
20℃，最大值	4MHz	dB/100m	5.13	4.71	3.72
	10MHz	dB/100m	8.11	7.45	5.89
	17MHz	dB/100m	10.60	9.72	7.68
	23MHz	dB/100m	12.30	11.30	8.93
	50MHz	dB/100m	18.20	16.70	13.20
	78MHz	dB/100m	12.30	11.30	16.50
	100MHz	dB/100m	25.70	23.60	18.72
	200MHz	dB/100m	36.40	33.40	26.65
结构回波损耗	1～78MHz	dB	≥21	≥21	≥21
	79～200MHz	dB	≥18	≥18	≥18

试验项目	试验条件	单位	HJYV－75－2.0－1 HJYV－75－2.0－2	HJTCYV－75－2.5－1	HJYV－75－3.2－2
绝缘介电强度	40～60Hz，1min	kV	1.5	1.5	1.5
绝缘电阻	500V 直流	MΩ · km	>5000	>5000	>5000
护套火花试验	AC，有效值	kV	2.0	2.0	2.0
特性阻抗	1～4MHz	Ω	75±5	75±5	75±5
	5～200MHz	Ω	75±3	75±3	75±3
衰减常数	1MHz	dB/100m	1.83	1.52	1.45
20℃，最大值	4MHz	dB/100m	3.67	3.04	2.80
	10MHz	dB/100m	5.80	4.81	4.50
	17MHz	dB/100m	7.57	6.27	5.85
	23MHz	dB/100m	8.80	7.30	6.80
	50MHz	dB/100m	13.00	10.80	10.15
	78MHz	dB/100m	16.20	13.50	12.74
	100MHz	dB/100m	18.42	15.30	14.40
	200MHz	dB/100m	26.11	21.60	20.22
结构回波损耗	1～78MHz	dB	≥21	≥21	≥21
	79～200MHz	dB	≥18	≥18	≥18

试验项目	试验条件	单位	HJYV－75－3.8－2	HJYV－75－5.1－2
绝缘介电强度	40～60Hz，1min	kV	1.5	1.5
绝缘电阻	500V 直流	MΩ · km	>5000	>5000
护套火花试验	AC，有效值	kV	2.0	2.0
特性阻抗	1～4MHz	Ω	75±5	75±5
	5～20MHz	Ω	75±3	75±3

（续）

试验项目	试验条件	单位	HJYV－75－3.8－2	HJYV－75－5.1－2
衰减常数	1MHz	dB/100m	1.10	0.75
20℃，最大值	4MHz	dB/100m	2.09	1.50
	10MHz	dB/100m	3.20	2.38
	17MHz	dB/100m	4.15	3.10
	23MHz	dB/100m	4.90	3.61
	50MHz	dB/100m	7.25	5.53
	78MHz	dB/100m	9.24	7.10
	100MHz	dB/100m	10.40	8.20
	200MHz	dB/100m	14.40	11.50
结构回波损耗	1～78MHz	dB	≥21	≥21
	79～200MHz	dB	≥18	≥18

5. 交货长度

电缆交货长度为 50m 的整数倍。根据供需双方协议，可以任意长度的电缆交货。

2.5.2 内层实心聚全氟乙烯＋外层实心聚乙烯绝缘局用同轴电缆

1. 型号及名称（见表 3-2-32）

表 3-2-32 内层实心聚全氟乙烯＋外层实心聚乙烯绝缘局用同轴电缆型号及名称

型号	名称
HJSCFYV－75	75Ω 镀银铜线内导体（内层实心聚全氟乙烯＋外层实心聚乙烯）绝缘编织外导体聚氯乙烯护套局用同轴电缆
HJSCFYZ－75	75Ω 镀银铜线内导体（内层实心聚全氟乙烯＋外层实心聚乙烯）绝缘编织外导体阻燃聚烯烃护套局用同轴电缆

2. 结构

1）内导体为镀银铜线。

2）绝缘为内层实心聚全氟乙烯＋外层实心聚乙烯绝缘。

3）外导体由铝塑复合屏蔽带＋编织金属线方式、单层或双层编织金属线方式组成。

4）护套有聚氯乙烯、阻燃聚烯烃两种。

3. 规格尺寸（见表 3-2-33）

表 3-2-33 内层实心聚全氟乙烯＋外层实心聚乙烯绝缘局用同轴电缆规格尺寸

型号	内导体直径/mm	绝缘直径/mm	外导体外径/mm	护套最大外径/mm
HJSCFYV－75－1.5－1	0.25	1.50	1.80	2.80
HJSCFYV－75－2.0－1	0.34	2.00	2.40	3.40
HJSCFYV－75－2.5－1	0.40	2.50	3.20	4.40
HJSCFYV－75－2.5－2	0.40	2.50	3.50	4.80

注：表中型号最后一位为 1 表示“单层编织”，为 2 表示“双层编织”。

4. 电气性能（见表3-2-34）

表3-2-34　内层实心聚全氟乙烯+外层实心聚乙烯绝缘局用同轴电缆电气性能

试验项目	试验条件	单位	HJSCFYV-75-1.5-1	HJSCFYV-75-2.0-1	HJSCFYV-75-2.5-1 HJSCFYV-75-2.5-2
绝缘介电强度	40~60Hz，1min	kV	1.5	1.5	1.5
绝缘电阻	500V直流	kΩ·km	>5000	>5000	>5000
护套火花试验	AC，有效值	kV	2.0	2.0	2.0
特性阻抗	1~4MHz	Ω	75±5	75±5	75±5
	5~200MHz	Ω	75±3	75±3	75±3
衰减常数	1MHz	dB/100m	2.30	1.68	1.39
20℃，最大值	4MHz	dB/100m	4.60	3.37	2.79
	10MHz	dB/100m	7.30	5.33	4.41
	17MHz	dB/100m	9.50	6.95	5.76
	23MHz	dB/100m	11.10	8.08	6.70
	50MHz	dB/100m	16.30	11.90	9.88
	78MHz	dB/100m	20.50	14.90	12.40
	100MHz	dB/100m	23.42	16.90	14.00
	200MHz	dB/100m	32.10	23.90	19.80
结构回波损耗	1~78MHz	dB	≥21	≥21	≥21
	79~200MHz	dB	≥18	≥18	≥18

5. 交货长度

电缆交货长度为50m的整数倍。根据供需双方协议，可以任意长度的电缆交货。

2.5.3　泡沫聚乙烯绝缘局用同轴电缆

1. 型号、名称（见表3-2-35）

表3-2-35　泡沫聚乙烯绝缘局用同轴电缆型号及名称

型号	名　称
HJYFV-75	75Ω铜内导体泡沫聚乙烯绝缘编织外导体聚氯乙烯护套局用同轴电缆
HJYFYZ-75	75Ω铜内导体泡沫聚乙烯绝缘编织外导体阻燃聚烯烃护套局用同轴电缆

2. 结构

1）内导体为铜线。

2）绝缘用泡沫聚乙烯。

3）外导体由铝塑复合屏蔽带+编织金属线方式、单层或双层编织金属线方式组成。

4）护套有聚氯乙烯、阻燃聚烯烃两种。

3. 规格尺寸（见表3-2-36）

表3-2-36　泡沫聚乙烯绝缘局用同轴电缆规格尺寸

型号	内导体直径/mm	绝缘直径/mm	外导体外径/mm	护套最大外径/mm
HJYFV-75-1.2	0.25	1.20	1.60	2.50
HJYFV-75-1.2-1	0.25	1.20	1.50	2.50
HJYFV-75-1.5	0.31	1.50	2.00	2.80
HJYFV-75-2.0	0.40	2.00	2.60	3.40
HJYFV-75-2.5	0.50	2.50	3.20	4.40

（续）

型号	内导体直径/mm	绝缘直径/mm	外导体外径/mm	护套最大外径/mm
HJYFV－75－3.0	0.60	3.00	3.60	4.80
HJYFV－75－3.0－1	0.60	3.00	3.40	4.80
HJYFV－75－4.0	0.80	4.00	4.50	5.80

注：表中型号的最后一位为1表示“单层编织”，无后缀的为“标准屏蔽”。

4. 电气性能（见表3-2-37）

表3-2-37　泡沫聚乙烯绝缘局用同轴电缆电气性能

试验项目	试验条件	单位	HJYFV－75－1.2	HJYFV－75－1.2－1	HJYFV－75－1.5
绝缘介电强度	40～60Hz，1min	kV	1.5	1.5	1.5
绝缘电阻	500V直流	MΩ·km	>5000	>5000	>5000
护套火花试验	AC，有效值	kV	2.0	2.0	2.0
特性阻抗	1～4MHz	Ω	75±5	75±5	75±5
	5～200MHz	Ω	75±3	75±3	75±3
衰减常数	1MHz	dB/100m	2.77	2.96	2.88
20℃，最大值	4MHz	dB/100m	5.54	5.86	5.75
	10MHz	dB/100m	8.75	8.90	9.10
	17MHz	dB/100m	11.40	11.84	11.90
	23MHz	dB/100m	13.30	13.68	13.80
	50MHz	dB/100m	19.60	19.90	20.40
	78MHz	dB/100m	24.50	24.84	25.52
	100MHz	dB/100m	27.70	28.10	28.84
	200MHz	dB/100m	39.20	39.54	40.83
结构回波损耗	1～78MHz	dB	≥21	≥21	≥21
	79～200MHz	dB	≥18	≥18	≥18

试验项目	试验条件	单位	HJYFV－75－2.0	HJYFV－75－2.5	HJYFV－75－3.0
绝缘介电强度	40～60Hz，1min	kV	1.5	1.5	1.5
绝缘电阻	500V直流	MΩ·km	>5000	>5000	>5000
护套火花试验	AC，有效值	kV	2.0	2.0	2.0
特性阻抗	1～4MHz	Ω	75±5	75±5	75±5
	5～200MHz	Ω	75±3	75±3	75±3
衰减常数	1MHz	dB/100m	1.64	1.30	1.06
20℃，最大值	4MHz	dB/100m	3.27	2.60	2.12
	10MHz	dB/100m	5.18	4.11	3.36
	17MHz	dB/100m	6.75	5.73	4.38
	23MHz	dB/100m	7.85	6.24	5.09
	50MHz	dB/100m	11.60	9.21	7.52
	78MHz	dB/100m	14.50	11.50	9.40

（续）

试验项目	试验条件	单位	HJYFV-75-2.0	HJYFV-75-2.5	HJYFV-75-3.0
结构回波损耗	100MHz	dB/100m	16.40	13.00	10.60
	200MHz	dB/100m	23.20	18.50	15.10
	1~78MHz	dB	≥21	≥21	≥21
	79~200MHz	dB	≥18	≥18	≥18

试验项目	试验条件	单位	HJYFV-75-3.0-1	HJYFV-75-4.0
绝缘介电强度	40~60Hz，1min	kV	1.5	1.5
绝缘电阻	500V 直流	MΩ·km	>5000	>5000
护套火花试验	AC，有效值	kV	2.0	2.0
特性阻抗	1~4MHz	Ω	75±5	75±5
	5~200MHz	Ω	75±3	75±3
衰减常数 20℃，最大值	1MHz	dB/100m	1.18	0.85
	4MHz	dB/100m	2.32	1.65
	10MHz	dB/100m	3.74	2.58
	17MHz	dB/100m	4.75	3.69
	23MHz	dB/100m	5.38	4.20
	50MHz	dB/100m	7.88	5.98
	78MHz	dB/100m	9.75	7.80
	100MHz	dB/100m	10.90	8.70
	200MHz	dB/100m	16.20	12.20
结构回波损耗	1~78MHz	dB	≥21	≥21
	79~200MHz	dB	≥18	≥18

5. 交货长度

电缆交货长度为50m的整数倍。根据供需双方协议，可以任意长度的电缆交货。

2.6 漏泄同轴电缆

漏泄同轴电缆可用于无线移动通信、无线遥控、无线报警等系统无线电波不能直接传播或传播不良的隧道、坑道、地下铁道、地下建筑等环境中，既可传输射频信号，又可作为发送、接收天线。

漏泄同轴电缆是一种新型的天馈线，具有低衰减、耦合损耗波动小、辐射场强均匀等优点，既有传输信号的作用，又有天线的功效。其通过对外导体开槽的工艺，可将受控的电磁波信号沿线路均匀地辐射出去及接收进来，实现对电磁场强弱区和盲区的覆盖。

漏泄同轴电缆特别适用在移动通信系统中分立天线无法提供足够的场强覆盖的区域，主要应用在山洞、隧道、矿井处的通信、电视监控，公路、大楼（电梯）移动通信与监控，防盗导波雷达，高铁、城市轨道交通等，并可广泛应用于广播电视、微波通信、蜂窝状移动通信、航天、船舶、国防军事等领域。国内无论高铁或城市地铁、城际轨道交通都在飞速发展，特别是随着中国高铁“走出去”战略的实施，对漏泄电缆的需求将持续增加。

漏泄同轴电缆有皱纹铜管外导体耦合型、纵包铜带外导体辐射型两大系列。

2.6.1 皱纹铜管外导体耦合型漏泄同轴电缆

1. 型号及名称（见表3-2-38）

表3-2-38 皱纹铜管外导体耦合型漏泄同轴电缆型号及名称

型号	名称
HLCAAY-50	50Ω 铜包铝内导体泡沫聚烯烃绝缘皱纹铜管外导体聚乙烯护套耦合型漏泄同轴电缆
HLCAAYZ-50	50Ω 铜包铝内导体泡沫聚烯烃绝缘皱纹铜管外导体阻燃聚烯烃护套耦合型漏泄同轴电缆
HLCTAY-50	50Ω 光滑铜管内导体泡沫聚烯烃绝缘皱纹铜管外导体聚乙烯护套耦合型漏泄同轴电缆
HLCTAYZ-50	50Ω 光滑铜管内导体泡沫聚烯烃绝缘皱纹铜管外导体阻燃聚烯烃护套耦合型漏泄同轴电缆
HLHTAY-50	50Ω 螺旋形皱纹铜管内导体泡沫聚烯烃绝缘皱纹铜管外导体聚乙烯护套耦合型漏泄同轴电缆
HLHTAYZ-50	50Ω 螺旋形皱纹铜管内导体泡沫聚烯烃绝缘皱纹铜管外导体阻燃聚烯烃护套耦合型漏泄同轴电缆

2. 结构

1）内导体分为铜包铝线、光滑铜管、螺旋形皱纹铜管三种。

2）绝缘用物理发泡聚乙烯。

3）外导体由连续铣孔环形皱纹铜管构成。

4）护套有聚乙烯及阻燃聚烯烃两种。

3. 规格尺寸（见表 3-2-39）

表 3-2-39 皱纹铜管外导体耦合型漏泄同轴电缆规格尺寸

型号	内导体外径/mm	绝缘外径/mm	外导体直径/mm	护套最大外径/mm
HLCAAY-50-12	4.80	12	13.90	16.40
HLCTAY-50-17	7.00	17	19.70	22.50
HLCTAY-50-22	9.00	22	24.90	28.80
HLCTAY-50-23	9.45	23	25.40	29.30
HLCTAY-50-32	13.10	32	35.80	40.00
HLHTAY-50-42	17.30	42	46.50	51.00

4. 电气性能（见表 3-2-40）

表 3-2-40 皱纹铜管外导体耦合型漏泄同轴电缆电气性能

试验项目	试验条件	单位	HLCAAY-50-12	HLCTAY-50-17	HLCTAY-50-22
绝缘介电强度	40~60Hz，1min	kV	6.0	6.0	10.0
绝缘电阻	5000V 直流	MΩ·km	>10000	>10000	>10000
护套火花试验	AC，有效值	kV	8.0	8.0	8.0
特性阻抗	—	Ω	50±2	50±2	50±2
衰减常数	150MHz	dB/100m	3.3	2.4	1.8
20℃，最大值	450MHz	dB/100m	6.0	4.3	3.3
	900MHz	dB/100m	8.8	6.4	4.9
	1800MHz	dB/100m	13.1	9.6	7.5
	2000MHz	dB/100m	14.0	10.2	8.0
	2200MHz	dB/100m	14.9	10.9	8.5
	2400MHz	dB/100m	15.7	11.4	9.0
耦合损耗	150MHz	±10dB	62/78	70/80	68/78
（50%/95%）	450MHz	±10dB	70/80	74/83	74/86
2m	900MHz	±10dB	71/82	72/83	74/85
	1800MHz	±10dB	77/88	68/79	75/85
	2000MHz	±10dB	73/84	71/81	72/83
	2200MHz	±10dB	76/85	73/82	73/83
	2400MHz	±10dB	77/87	73/82	74/84
电压驻波比	260~480MHz	—	≤1.25	≤1.25	≤1.25
	690~810MHz	—	≤1.25	≤1.25	≤1.25
	820~960MHz	—	≤1.25	≤1.25	≤1.25
	1700~1860MHz	—	≤1.25	≤1.25	≤1.25
	1900~2200MHz	—	≤1.30	≤1.30	≤1.30
	2300~2500MHz	—	≤1.30	≤1.30	≤1.30

试验项目	试验条件	单位	HLCTAY-50-23	HLCTAY-50-32	HLHTAY-50-42
绝缘介电强度	40~60Hz，1min	kV	10.0	10.0	15.0
绝缘电阻	500V 直流	MΩ·km	>10000	>10000	>10000
护套火花试验	AC，有效值	kV	8.0	10.0	10.0
特性阻抗	—	Ω	50±2	50±2	50±2
衰减常数	150MHz	dB/100m	1.7	1.4	1.1
20℃，最大值	450MHz	dB/100m	3.1	2.5	2.0
	900MHz	dB/100m	4.7	3.7	3.1
	1800MHz	dB/100m	7.1	5.6	4.6
	2000MHz	dB/100m	7.6	6.0	5.0
	2200MHz	dB/100m	8.1	6.4	5.3

（续）

试验项目	试验条件	单位	HLCTAY－50－23	HLCTAY－50－32	HLHTAY－50－42
	2400MHz	dB/100m	8.6	6.8	5.6
耦合损耗	150MHz	±10dB	66/75	70/80	72/84
（50%/95%）	450MHz	±10dB	72/80	77/87	79/88
2m	900MHz	±10dB	72/82	77/89	78/88
	1800MHz	±10dB	70/81	77/88	79/89
	2000MHz	±10dB	71/81	78/88	78/89
	2200MHz	±10dB	70/81	77/88	79/89
	2400MHz	±10dB	69/80	78/88	81/88
电压驻波比	260～480MHz	—	≤1.25	≤1.25	≤1.25
	690～810MHz	—	≤1.25	≤1.25	≤1.25
	820～960MHz	—	≤1.25	≤1.25	≤1.25
	1700～1860MHz	—	≤1.25	≤1.25	≤1.25
	1900～2200MHz	—	≤1.30	≤1.30	≤1.30
	2300～2500MHz	—	≤1.30	≤1.30	≤1.30

5. 交货长度

电缆标称制造长度宜为100m的整数倍。根据供需双方协议，也可以任何长度的电缆交货。

2.6.2 纵包铜带外导体辐射型漏泄同轴电缆

1. 型号及名称（见表3-2-41）

表3-2-41 纵包铜带外导体辐射型漏泄同轴电缆型号及名称

型号	名称
HLRCTCY－50	50Ω光滑铜管内导体泡沫聚烯烃绝缘纵包辊纹铜带外导体聚乙烯护套辐射型漏泄同轴电缆
HLRCTCYZ－50	50Ω光滑铜管内导体泡沫聚烯烃绝缘纵包辊纹铜带外导体阻燃聚烯烃护套辐射型漏泄同轴电缆
HLRHTCY－50	50Ω螺旋形皱纹铜管内导体泡沫聚烯烃绝缘纵包辊纹铜带外导体聚乙烯护套辐射型漏泄同轴电缆
HLRHTCYZ－50	50Ω螺旋形皱纹铜管内导体泡沫聚烯烃绝缘纵包辊纹铜带外导体阻燃聚烯烃护套辐射型漏泄同轴电缆
HLRCTY－50	50Ω光滑铜管内导体泡沫聚烯烃绝缘纵包光滑铜带外导体聚乙烯护套辐射型漏泄同轴电缆
HLRCTYZ－50	50Ω光滑铜管内导体泡沫聚烯烃绝缘纵包光滑铜带外导体阻燃聚烯烃护套辐射型漏泄同轴电缆
HLRHTY－50	50Ω螺旋形皱纹铜管内导体泡沫聚烯烃绝缘纵包光滑铜带外导体聚乙烯护套辐射型漏泄同轴电缆
HLRHTYZ－50	50Ω螺旋形皱纹铜管内导体泡沫聚烯烃绝缘纵包光滑铜带外导体阻燃聚烯烃护套辐射型漏泄同轴电缆

2. 结构

1）内导体分为光滑铜管、螺旋形皱纹铜管两种。

2）绝缘用物理发泡聚乙烯。

3）外导体由周期性开槽铜带纵包搭接构成。

4）护套有聚乙烯及阻燃聚烯烃两种。

3. 规格尺寸（见表3-2-42）

表 3-2-42　纵包铜带外导体辐射型漏泄同轴电缆规格尺寸

型号	内导体外径/mm	绝缘外径/mm	外导体最大外径/mm	护套最大外径/mm
HLRCTCY－50－22 HLRCTY－50－22	9.00	22	24.50	28.50
HLRCTCY－50－32 HLRCTY－50－32	13.10	33	34.50	38.50
HLRHTCY－50－42 HLRHTY－50－42	17.30	43	44.50	49.00

4. 电气性能（见表 3-2-43 和表 3-2-44）

表 3-2-43　纵包铜带外导体辐射型漏泄同轴电缆电气性能（“M”频段）

试验项目	试验条件	单位	HLRCTCY－50－22M HLRCTY－50－22M	HLRCTCY－50－32M HLRCTY－50－32M	HLRHTCY－50－42M HLRHTY－50－42M
绝缘介电强度	40～60Hz，1min	kV	10.0	10.0	15.0
绝缘电阻	500V 直流	MΩ·km	>5000	>5000	>5000
护套火花试验	AC，有效值	kV	8.0	10.0	10.0
特性阻抗	—	Ω	50±2	50±2	50±2
衰减常数	75MHz	dB/100m	1.4	0.7	0.6
20℃，最大值	150MHz	dB/100m	1.7	1.1	1.0
	350MHz	dB/100m	3.0	1.8	1.6
	450MHz	dB/100m	3.3	2.1	1.8
	700MHz	dB/100m	4.1	2.7	2.1
	800MHz	dB/100m	4.7	3.0	2.7
	900MHz	dB/100m	5.2	3.3	2.9
	960MHz	dB/100m	5.3	3.4	3.0
耦合损耗	75MHz	dB	69/75	61/69	72/80
（50%/95%）	150MHz	dB	69/78	70/79	76/82
2m，最大值	350MHz	dB	63/72	74/82	72/80
	450MHz	dB	65/74	71/78	73/80
	700MHz	dB	68/74	72/80	69/74
	800MHz	dB	67/75	64/68	68/76
	900MHz	dB	67/75	64/69	70/77
	960MHz	dB	66/73	72/80	65/71
电压驻波比	100～200MHz	—	≤1.30	≤1.30	≤1.30
	320～480MHz	—	≤1.30	≤1.30	≤1.30
	680～700MHz	—	≤1.30	≤1.30	≤1.30
	790～960MHz	—	≤1.30	≤1.30	≤1.30

表 3-2-44 纵包铜带外导体辐射型漏泄同轴电缆电气性能（“H”频段）

试验项目	试验条件	单位	HLRCTCY-50-22H HLRCTY-50-22H	HLRCTCY-50-32H HLRCTY-50-32H	HLRHTCY-50-42H HLRHTY-50-42H
绝缘介电强度	40~60Hz，1min	kV	10.0	10.0	15.0
绝缘电阻	500V 直流	MΩ·km	>5000	>5000	>5000
护套火花试验	AC，有效值	kV	8.0	10.0	10.0
特性阻抗	—	Ω	50±2	50±2	50±2
衰减常数	700MHz	dB/100m	3.7	2.6	2.3
20℃，最大值	800MHz	dB/100m	4.3	2.7	2.4
	900MHz	dB/100m	4.7	3.1	2.6
	960MHz	dB/100m	4.8	3.2	2.7
	1800MHz	dB/100m	8.8	5.0	4.3
	2000MHz	dB/100m	10.0	5.8	4.9
	2200MHz	dB/100m	11.5	6.2	5.5
	2400MHz	dB/100m	13.3	7.8	6.3
耦合损耗	700MHz	dB	77/85	76/82	78/83
(50%/95%)	800MHz	dB	75/80	71/78	70/75
2m，最大值	900MHz	dB	74/80	69/73	70/74
	960MHz	dB	69/77	65/68	70/74
	1800MHz	dB	68/75	66/72	66/72
	2000MHz	dB	67/73	67/72	67/71
	2200MHz	dB	69/75	66/72	66/71
	2400MHz	dB	67/73	64/71	64/70
电压驻波比	790~960MHz	—	≤1.30	≤1.30	≤1.30
	1700~1900MHz	—	≤1.30	≤1.30	≤1.30
	1920~2025MHz	—	≤1.40	≤1.40	≤1.40
	2110~2200MHz	—	≤1.40	≤1.40	≤1.40
	2300~2500MHz	—	≤1.40	≤1.40	≤1.40

5. 交货长度

电缆的交货长度应为 100m 的整数倍，也可根据供需双方协议长度交货。

2.7 低损耗同轴电缆

随着我国国民经济的快速发展，电子通信技术的日新月异，以及我国航空航天事业和国防工业等方面实力的不断增强，对与此相配套的电子元器件的要求也相应提高，因此对机载通信设备重要元器件之一的同轴电缆也提出了更高的要求。由于布线时机载通信同轴电缆距离发动机较近，需承受180~200℃的高温，因而要求其应具有耐高温、传输损耗低、屏蔽性能好（尽量减少电磁干扰）、使用频带宽（截止频率一般在 3GHz 以上）、相对重量轻等特性。

2.7.1 SFCFK、SFCF46 型新型特种柔软低损耗电缆

1. 产品应用

该系列电缆可作为通信、跟踪、警戒、导航等系统中各种无线电设备的传输线，特别适合作需要

移动部位的传输线。

2. 产品特点

1）频带宽、损耗低、均匀性好、柔软性好。

2）安装敷设温度应不低于 -15℃。

3）相对湿度为 90% ~95%（40℃，装配插件后）。

4）以一定长度电缆装好连接器的形式提供，其组件的驻波比及衰减值可经协商确定。

3. 产品结构

SFCFK 典型产品结构如图 3-2-2 所示。

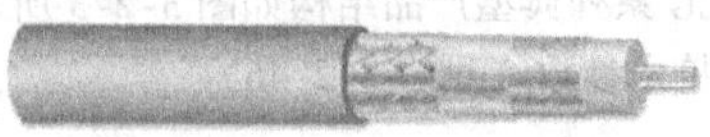

图 3-2-2　SFCFK 电缆

4. 技术参数（见表 3-2-45）

表 3-2-45　SFCFK、SFCF46 型新型特种柔软低损耗电缆技术参数

项目			SFCFK-50-2-51	SFCF46-50-4-51	SFCF46-50-6-52	SFCFK-50-5-51
结构重量	内导体外径/mm		0.8	1.4	2.2	1.8
	绝缘外径/mm		2.2	3.7	6.6	4.8
	外导体外径/mm		2.7	4.8	7.2	5.6
	电缆外径（最大）/mm		3	5.5	7.7	6.6
	重量/(g/m)		50	75	135	100
机械性能	最小弯曲半径/mm		30	30	85	35
电气性能	绝缘阻抗/MΩ·km		1000	1000	5000	1000
	电容/(pF/m)		95	88	85	88
	特性阻抗/Ω		50.0±2.0	50.0±2.0	50.0±2.0	50.0±2.0
	速比（%）		80	80	83	80
	最高工作频率/GHz		18	18	18	18
	衰减（20℃）典型值/(dB/m)	1GHz	0.69	0.30	—	0.19
		3GHz	1.22	0.55	—	0.36
		6GHz	1.68	0.80	0.55	0.53
		10GHz	—	1.05	0.72	0.71
		15GHz	—	1.25	—	0.92
		18GHz	3.65	1.60	1.15	1.15
环境性能	工作温度/℃		-55~150	-55~150	-55~150	-55~150
配接连接器	配接连接器		SMA-J806	SMA-J8132 N-J8132 L16-J8132 TNC-J8132	SMA-J843 N-J843 TNC-J843	N-J853 SMA-J853 TNC-J853

2.7.2　SFCG 型低损耗柔软射频同轴电缆

1. 产品应用

该系列电缆可作通信、跟踪、警戒、导航等系统中各种无线电设备的传输线，特别适合用作需要移动部位的传输线。

2. 产品特点

1）频带宽、损耗低、均匀性好、柔软性好。

2）工作温度为 -55~125℃。

3）安装敷设温度应不低于 -15℃。

4）相对湿度为 90% ~95%（40℃，装配插件后）。

5）可以以一定长度电缆装好连接器的组件形式

提供，其组件的驻波比及衰减值可以经协商确定。

3. 产品结构

SFCG 系列典型产品结构如图 3-2-3 所示。

图 3-2-3 SFCG 电缆

4. 技术参数（见表 3-2-46）

表 3-2-46 SFCG 型低损耗柔软射频同轴电缆技术参数

项目			SFCG－50－3－51	SFCG－50－3－54	SFCG－50－5－51	SFCG－50－17－51
结构重量	内导体外径/mm		1.15	1.0	1.8	6.25
	绝缘外径/mm		3.0	2.7	4.8	17.3
	外导体外径/mm		3.6	3.8	5.6	21
	电缆外径/mm		4.9	5.0	8.0	22.5
	重量/(g/m)		48	60	120	800
机械性能	最小弯曲半径/mm		50	12	50	200
电气性能	绝缘电阻/MΩ · km		5000	5000	1000	1000
	电容/(pF/m)		84	84	88	80
	特性阻抗/Ω		50.0 ± 2.5	50.0 ± 2.0	50.0 ± 2.0	50.0 ± 2.0
	速比（%）		82	82	80	80
	最高工作频率/GHz		18	40	18	3.4
	衰减（20℃）典型值/(dB/m)	1GHz	—	0.45	0.19	0.13
		3GHz	—	—	0.36	0.36
		6GHz	—	1.1	0.53	0.70
		10GHz	—	1.5	0.71	—
		15GHz	3	—	—	—
		18GHz	—	2.0	1.15	—
环境性能	工作温度/℃		－55～125	－55～125	－55～125	－55～125
配接连接器	配接连接器		SMA－J301 SMA－JW301 SMA－J817	SMA－J856 SMA－JW856	N－J835 N－J（K）302 SMA－J835 TNC－J835	N L36 L27

2.7.3 SFCJ 型特种柔软低损耗射频同轴电缆

1. 产品应用

该系列电缆具有使用频带宽、损耗低、均匀性好、柔软等特点，广泛应用于通信、跟踪、警戒、导航等电子系统中，特别适合用作需要移动部位的传输线。

2. 产品特点

1）具有频带宽、损耗低、均匀性好、柔软的特点。

2）工作温度为－55～85℃。

3）可成圈提供电缆，也可按电缆组件形式提供。组件驻波比及衰减值可经协商确定。

3. 产品结构

SFCJ 系列典型产品结构如图 3-2-4 所示。

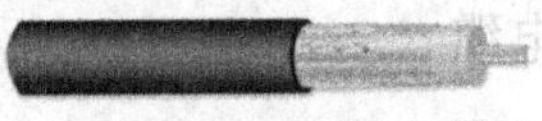

图 3-2-4 SFCJ 电缆

4. 技术参数（见表 3-2-47）

表 3-2-47　SFCJ 型特种柔软低损耗射频同轴电缆技术参数

项目			SFCJ-50-3-51	SFCJ-50-4-51	SFCJ-50-5-52	SFCJ-50-6-51
结构重量	内导体外径/mm		1.17	1.36	1.80	2.25
	绝缘外径/mm		3.0	3.7	4.7	6.0
	外导体外径/mm		3.6	4.6	6.0	7.3
	电缆外径/mm		5.0	5.8	7.3	9.0
	电缆重量/(g/m)		50	65	100	168
机械性能	最小弯曲半径/mm		50	58	73	90
电气性能	绝缘电阻/MΩ·km		5000	5000	5000	5000
	电容/(pF/m)		87	87	87	82.5
	特性阻抗/Ω		50.0±2.0	50.0±2.0	50.0±2.0	50.0±2.0
	速比(%)		82	82	82	83
	最高工作频率/GHz		33	26	20	18
	衰减(20℃)典型值/(dB/m)	1GHz	0.50	0.35	0.34	0.24
		2GHz	0.60	0.46	0.39	0.33
		3GHz	0.74	0.56	0.53	0.39
		6GHz	1.08	0.80	0.78	—
		10GHz	1.43	1.09	1.05	—
		15GHz	1.80	1.48	1.34	1.24
		18GHz	1.99	1.7	1.5	1.42
环境性能	工作温度/℃		-55~85	-55~85	-55~85	-55~85
配接连接器	配接连接器		SMA-J301	SMA-J830 L16-J830	N-J302 N-J835 L16-J302	N-J(K)836

项目			SFCJ-50-7-51	SFCJP-50-7-52	SFCJ-50-9-51
结构重量	内导体外径/mm		2.65	2.65	3.35
	绝缘外径/mm		7.0	7.0	9.0
	外导体外径/mm		8.3	8.5	11.0
	电缆外径/mm		10.5	10.8	13.3
	重量/(g/m)		158	185	310
机械性能	最小弯曲半径/mm		105	105	130
电气性能	绝缘电阻/MΩ·km		5000	5000	5000
	电容/(pF/m)		82	85	87
	特性阻抗/Ω		50.0±2.0	50.0±2.0	50.0±2.0
	速比(%)		83	83	83
	最高工作频率/GHz		15	15	10
	衰减(20℃)典型值/(dB/m)	1GHz	0.18	0.18	0.17
		2GHz	0.29	0.29	0.24
		3GHz	0.34	0.34	0.31
		6GHz	—	—	0.51
		8GHz	0.58	0.58	—
		10GHz	0.72	0.72	0.66
		15GHz	0.94	0.94	—
		18GHz	—	—	—
环境性能	工作温度/℃		-55~85	-55~85	-55~85
配接连接器	配接连接器		N-J303	N-J837 L16-J837	N-J839 L16-J839

2.7.4 SCA 系列超低损耗高性能射频同轴电缆

1. 产品应用

雷达设备、大功率设备、航空电子设备、射频器件测试、医疗设备。

2. 产品特点

内导体为镀银铜丝；绝缘层为 PTFE；外导体为镀银铜带；中间层为高温铝箔；屏蔽层为镀银铜丝编织；外护套为 FEP。

工作频率为 0.3 ~ 26.5GHz；电缆安装温度为 -55 ~ 200℃；最小弯曲半径在静态时应不小于 5D，在动态时应不小于 10D。

3. 产品结构

产品结构如图 3-2-5 和表 3-2-48 所示。

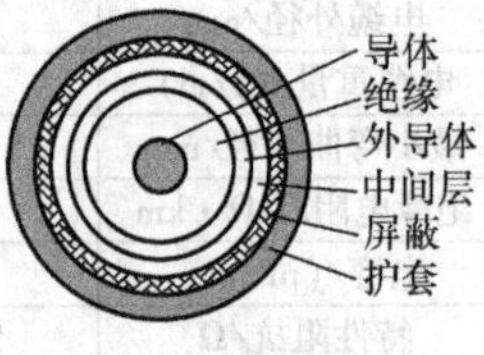

图 3-2-5 SCA 系列超低损耗高性能射频同轴电缆

表 3-2-48 SCA 系列超低损耗高性能射频同轴电缆结构

线缆型号	内导体标称直径/mm	绝缘标称线径/mm	外导体外径/mm	中间层外径/mm	屏蔽层外径/mm	成品标称线径/mm
SCA - 460	1.02	3.05	3.25	3.43	4.00	4.60
SCA - 520	1.29	3.91	4.15	4.28	4.85	5.2
SCA - 630	1.57	4.72	4.96	5.10	5.70	6.20

4. 技术参数（见表 3-2-49）

表 3-2-49 SCA 系列超低损耗高性能射频同轴电缆技术参数

项目						要求					
特性阻抗/Ω						50 ± 3					
传播速率（%）						≥76					
屏蔽衰减/dB						≥100					
耐压 3min 不击穿/V						DC 1000					
SCA - 460 型号衰减值（温度为 25℃时的典型值）与传输功率值（温度为 40℃典型值）											
频率/MHz	300	500	1000	2400	3000	6000	8000	10000	12400	18000	26500
dB/100m	19.2	24.9	35.4	55.3	62.0	88.8	103.2	116.0	129.9	158.3	194.9
平均功率/kW	1.047	0.809	0.569	0.364	0.324	0.227	0.195	0.174	0.155	0.127	0.103
计算公式	衰减值 = $K_1\sqrt{f}+K_2f$，f 单位为 MHz，$K_1=1.0994853$，$K_2=0.0006019$										

2.7.5 SCB 系列超低损耗高性能射频同轴电缆

1. 产品应用

雷达设备、大功率设备、航空电子设备、射频器件测试、医疗设备。

2. 产品特点

内导体为镀银铜丝；绝缘层为 PTFE；外导体为镀银铜带；屏蔽层为镀银铜丝编；外护套为 FEP。

工作频率为 0.3 ~ 26.5GHz；电缆安装温度为 -55 ~ 200℃；最小弯曲半径在静态时应不小于 5D，在动态时应不小于 10D。

3. 产品结构

产品结构如图 3-2-6 和表 3-2-50 所示。

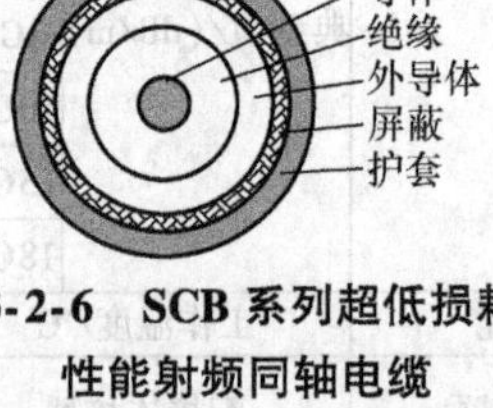

图 3-2-6 SCB 系列超低损耗高性能射频同轴电缆

表 3-2-50　SCB 系列超低损耗高性能射频同轴电缆结构

线缆型号	内导体标称直径/mm	绝缘标称线径/mm	外导体外径/mm	屏蔽层外径/mm	成品标称线径/mm
SCB－360	0.91	2.50	2.60	3.15	3.60
SCB－500	1.45	4.00	4.20	4.80	5.20
SCB－800	2.30	6.30	6.58	7.20	8.00

4. 技术参数（见表 3-2-51）

表 3-2-51　SCB 系列超低损耗高性能射频同轴电缆技术参数

项目	要求
特性阻抗/Ω	50±3
传播速率（%）	≥82
屏蔽衰减/dB	≥90
耐压（3min 不击穿）/V	DC 1000

SCB－360 型号衰减值（温度为 25℃时的典型值）与传输功率值（温度为 40℃典型值）

频率/MHz	300	1000	2000	4000	6000	8000	10000	12000	14000	16000	18000	26500
dB/100m	20.4	37.5	53.4	76.1	93.8	108.9	122.3	134.6	146.0	156.6	166.7	204.8
平均功率/kW	0.940	0.511	0.359	0.252	0.204	0.176	0.157	0.142	0.131	0.122	0.115	0.094
计算公式	衰减值 $=K_1\sqrt{f}+K_2f$，f 单位为 MHz，$K_1=1.1684700$，$K_2=0.0005500$											

2.7.6　SCC 系列超低损耗高性能射频同轴电缆

1. 产品应用

雷达设备、大功率设备、航空电子设备、射频器件测试、医疗设备。

2. 产品特点

内导体为镀银铜丝；绝缘层为 PTFE；外导体为镀银铜带；屏蔽层为镀银铜丝编织；外护套为 FEP。

工作频率为 0.3～26.5GHz；电缆安装温度为 －55～＋150℃；最小弯曲半径在静态时应不小于 $5D$，在动态时应不小于 $10D$。

3. 产品结构

产品结构如图 3-2-7 和表 3-2-52 所示。

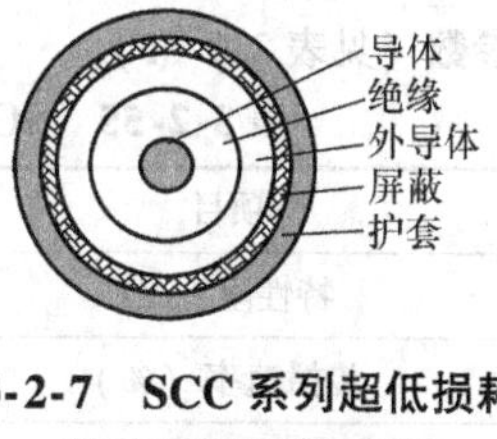

图 3-2-7　SCC 系列超低损耗高性能射频同轴电缆

表 3-2-52　SCC 系列超低损耗高性能射频同轴电缆结构

线缆型号	内导体标称直径/mm	绝缘标称线径/mm	外导体外径/mm	屏蔽层外径/mm	成品标称线径/mm
SCC－280	0.51	1.63	1.79	2.30	2.80
SCC－400	0.91	3.00	3.20	3.70	4.00

4. 技术参数（见表3-2-53）

表3-2-53 SCC系列超低损耗高性能射频同轴电缆技术参数

项目	要求
特性阻抗/Ω	50±3
传播速率（%）	≥70
屏蔽衰减/dB	≥90
耐压（3min不击穿）/V	DC 1000

SCC-280型号衰减值（温度为25℃时的典型值）与传输功率值（温度为40℃典型值）

频率/MHz	300	1000	2000	4000	6000	8000	10000	12000	14000	16000	18000	26500
dB/100m	37.0	69.3	100.3	146.5	183.7	216.4	246.1	273.7	299.7	324.4	348.2	440.8
平均功率/kW	0.187	0.100	0.069	0.047	0.038	0.032	0.028	0.025	0.023	0.021	0.020	0.016
计算公式	衰减值 $=K_1\sqrt{f}+K_2f$，f 单位为MHz，$K_1=2.0669291$，$K_2=0.0039370$											

2.7.7 SCF系列超低损耗高性能射频同轴电缆

1. 产品应用

雷达设备、大功率设备、航空电子设备、射频器件测试、医疗设备。

2. 产品特点

内导体为铜包铝；绝缘层为发泡聚乙烯；外导体为双面铝箔；屏蔽层为镀锡铜丝编织；外护套为PE。

工作频率为0.3~5.8GHz；电缆安装温度为-45~85℃；最小弯曲半径在静态时应不小于5D，在动态时应不小于10D（动态）。

3. 产品结构

产品结构如图3-2-8和表3-2-54所示。

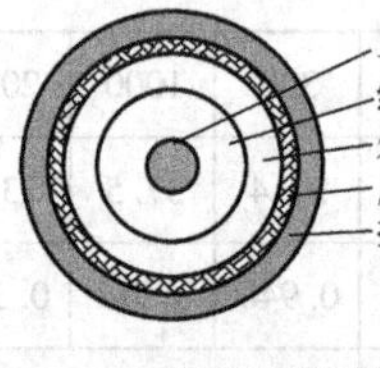

图3-2-8 SCF系列超低损耗高性能射频同轴电缆

表3-2-54 SCF系列超低损耗高性能射频同轴电缆结构

线缆型号	内导体标称直径/mm	绝缘标称线径/mm	外导体外径/mm	屏蔽层外径/mm	成品标称线径/mm
SCF-1000	2.74	7.24	4.96	8.13	10.3

4. 技术参数（见表3-2-55）

表3-2-55 SCF系列超低损耗高性能射频同轴电缆技术参数

项目	要求
特性阻抗/Ω	50±3
传播速率（%）	≥82
屏蔽衰减/dB	≥90
耐压（3min不击穿）/V	DC 2500

SCF-1000型号衰减值（温度为25℃时的典型值）与传输功率值（温度为40℃典型值）

频率/MHz	30	50	150	220	450	900	1500	1800	2000	2500	5800
dB/100m	2.23	2.89	5.06	6.16	8.92	12.84	16.87	18.61	19.71	22.26	36.62
平均功率/kW	3.33	2.57	1.47	1.20	0.83	0.58	0.44	0.40	0.37	0.33	0.21
计算公式	衰减值 $=K_1\sqrt{f}+K_2f$，f 单位为MHz，$K_1=0.4022310$，$K_2=0.0008596$										

2.7.8 SCT系列超低损耗高性能射频同轴电缆

1. 产品应用

雷达设备、大功率设备、航空电子设备、射频器件测试、医疗设备。

2. 产品特点：

内导体为镀银铜丝；绝缘层为 PTFE；外导体为镀银铜带；中间层为高温铝箔；屏蔽层为镀银铜丝编织；外护套为 FEP。

工作频率为 0.3～26.5GHz；电缆安装温度为 -55～+200℃；最小弯曲半径在静态时应不小于 5D，在动态时应不小于 10D。

3. 产品结构

产品结构如图 3-2-9 和表 3-2-56 所示。

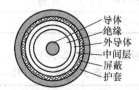

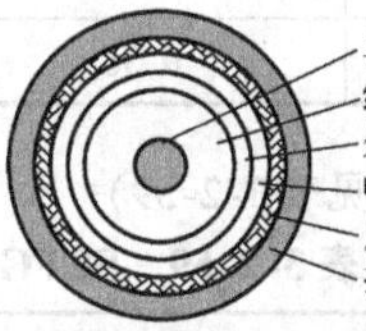

图 3-2-9 SCT 系列超低损耗高性能射频同轴电缆

表 3-2-56 SCT 系列超低损耗高性能射频同轴电缆结构

线缆型号	内导体标称直径/mm	绝缘标称线径/mm	外导体外径/mm	中间层外径/mm	屏蔽层外径/mm	成品标称线径/mm
SCT	0.94	2.97	3.17	3.33	3.90	4.90

4. 技术参数（见表 3-2-57）

表 3-2-57 SCT 系列超低损耗高性能射频同轴电缆技术参数

项目	要求
特性阻抗/Ω	50±3
传播速率（%）	≥70
屏蔽衰减/dB	≥100
耐压（3min 不击穿）/V	DC 1500

SCT 型号衰减值（温度为 25℃时的典型值）与传输功率值（温度为 40℃典型值）

频率/MHz	300	500	1000	2400	3000	6000	8000	10000	12400	18000	26500
dB/100m	21.0	27.5	40.0	65.4	74.3	112.0	133.6	153.5	175.9	224.0	290.1
平均功率/kW	0.997	0.760	0.522	0.320	0.281	0.187	0.156	0.136	0.119	0.093	0.072
计算公式	衰减值 $=K_1\sqrt{f}+K_2 f$，f 单位为 MHz，$K_1=1.1414400$，$K_2=0.0039360$										

2.7.9 SCFG-086系列超低损耗半硬高性能射频同轴电缆

1. 产品应用

雷达设备、大功率设备、航空电子设备、射频器件测试、医疗设备。

2. 产品特点

内导体为镀银铜丝；绝缘层为 PTFE；外导体为无缝铜管。

工作频率为 0.3～26.5GHz；缆安装温度为 -55～250℃；最小弯曲半径在静态时应不小于 3.5D，在动态时应不小于 7.0D。

3. 产品结构

产品结构如图 3-2-10 和表 3-2-58 所示。

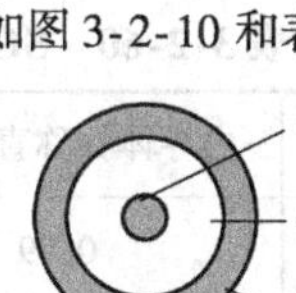

图 3-2-10 SCFG-086 系列超低损耗高性能射频同轴电缆

表 3-2-58　SCFG－086 系列超低损耗高性能射频同轴电缆结构

线缆型号	内导体标称直径/mm	绝缘标称线径/mm	屏蔽	外导体外径/mm
SCFG－086	0.56	1.68	无缝铜管	2.18
SCFG－086－TP	0.56	1.68	镀锡无缝铜管	2.18
SCFG－086－TM	0.56	1.68	镀三元合金无缝铜管	2.18

4. 技术参数（见表 3-2-59）

表 3-2-59　SCFG－086 系列超低损耗高性能射频同轴电缆技术参数

项目	要求
特性阻抗/Ω	50±3
传播速率（%）	≥76
屏蔽衰减/dB	≥165
耐压（3min 不击穿）/V	DC 600

SCFG－086 型号衰减值（温度为 25℃时的典型值）与传输功率值（温度为 40℃典型值）

频率/MHz	300	1000	2000	4000	6000	8000	10000	12000	14000	16000	18000	26500
dB/100m	30.0	55.0	78.2	111.3	136.9	158.7	178.1	195.7	212.0	227.3	241.7	296.0
平均功率/kW	0.476	0.259	0.183	0.128	0.104	0.090	0.080	0.073	0.067	0.063	0.059	0.048
计算公式	衰减值 $=K_1\sqrt{f}+K_2 f$，f 单位为 MHz，$K_1=1.7220000$，$K_2=0.0005900$											

2.7.10　SCFG－141 系列超低损耗半硬高性能射频同轴电缆

1. 产品应用

雷达设备、大功率设备、航空电子设备、射频器件测试、医疗设备。

2. 产品特点

内导体为镀银铜丝；绝缘层为 PTFE；外导体为无缝铜管。

工作频率为 0.3～26.5GHz；电缆安装温度为 －55～250℃；最小弯曲半径在静态时应不小于 3.5D，在动态时应不小于 7.0D。

3. 产品结构

产品结构如图 3-2-11 和表 3-2-60 所示。

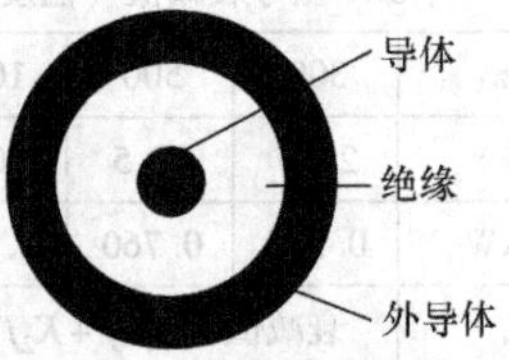

图 3-2-11　SCFG－141 系列超低损耗高性能射频同轴电缆

表 3-2-60　SCFG－141 系列超低损耗高性能射频同轴电缆结构

线缆型号	内导体标称直径/mm	绝缘标称线径/mm	屏蔽	外导体外径/mm
SCFG－141	0.99	3.00	无缝铜管	3.58
SCFG－141－TP	0.99	3.00	镀锡无缝铜管	3.58
SCFG－141－TM	0.99	3.00	镀三元合金无缝铜管	3.58

4. 技术参数（见表 3-2-61）

表 3-2-61 SCFG－141 系列超低损耗高性能射频同轴电缆技术参数

<table>
<tr><td colspan="6">项目</td><td colspan="7">要求</td></tr>
<tr><td colspan="6">特性阻抗/Ω</td><td colspan="7">50 ±3</td></tr>
<tr><td colspan="6">传播速率（%）</td><td colspan="7">≥76</td></tr>
<tr><td colspan="6">屏蔽衰减/dB</td><td colspan="7">≥165</td></tr>
<tr><td colspan="6">耐压（3min 不击穿）/V</td><td colspan="7">DC 1300</td></tr>
<tr><td colspan="13">SCFG－141 型号衰减值（温度为25℃时的典型值）与传输功率值（温度为40℃典型值）</td></tr>
<tr><td>频率/MHz</td><td>300</td><td>1000</td><td>2000</td><td>4000</td><td>6000</td><td>8000</td><td>10000</td><td>12000</td><td>14000</td><td>16000</td><td>18000</td><td>26500</td></tr>
<tr><td>dB/100m</td><td>16.8</td><td>31.0</td><td>44.2</td><td>63.1</td><td>78.0</td><td>90.7</td><td>102.0</td><td>112.4</td><td>122.0</td><td>131.0</td><td>139.6</td><td>172.1</td></tr>
<tr><td>平均功率/kW</td><td>1.086</td><td>0.590</td><td>0.414</td><td>0.289</td><td>0.234</td><td>0.201</td><td>0.179</td><td>0.163</td><td>0.150</td><td>0.139</td><td>0.131</td><td>0.106</td></tr>
<tr><td>计算公式</td><td colspan="12">衰减值 $=K_1\sqrt{f}+K_2f$，f 单位为 MHz，$K_1=0.961044$，$K_2=0.0005904$</td></tr>
</table>

2.8 稳相射频同轴电缆

同轴电缆在各行各业应用甚广，在某些领域尤其是高端领域，对同轴电缆的要求除了应具有低衰减及低驻波比外，还要求由温度变化和机械应力作用变化所引起的电缆相移常数的变化较小。根据这些要求以及功能和结构的特点，从射频同轴电缆中分出一种独立的电缆，即稳相同轴电缆。

我国军用电子装备大量使用低损耗稳相同轴电缆（微孔聚四氟乙烯绝缘镀银铜宿绕包外导体的结构形式），低损耗稳相同轴电缆为技术难度大的高端产品。经近几年的攻关，国内产品性能得到较大提高，已接近国外产品水平。

稳相同轴电缆对主要应用于以下几方面：

1）相控雷达阵、射电望远镜、卫星跟踪站等要求相位稳定度较高的环境。

2）作为通信、警戒、制导、导航、电子对抗等通信设备中各种无线电设备的传输线，特别是需要移动的部位的传输线。

3）矢量网络分析仪等电子设备的射频连接馈线。

4）微波、能源、医疗及计算机等领域。

稳相同轴电缆相位稳定性包括温度和机械两个方面的相位稳定性。稳相同轴电缆在不同的温度环境下，内外导体金属的线伸胀不同和绝缘材料的等效介电常数 ε 变化是引起相移常数 β 变化的两种因素，从而导致相移变化；同轴电缆在受到弯曲或扭转等机械力的作用时，引起同轴电缆各部件（内导体、外导体、绝缘等）的尺寸变化及结构变异错位，导致电气长度变化，从而导致相位变化。所以，稳相同轴电缆的相位变化取决于其材料及结构两个因素。

2.8.1 SWFCJ 型低损耗高稳相射频同轴电缆

1. 产品应用

可作为通信、电子跟踪、警戒、电子对抗、导航以及要求电缆柔软并具有较好稳定性能的电子设备用电缆。

2. 产品特点

小体积、低损耗、低驻波、柔软等特性。

3. 产品结构

SWFCJ 系列典型产品结构如图 3-2-12 所示。

图 3-2-12 SWFCJ 型低损耗高稳相射频同轴电缆

4. 技术参数（见表 3-2-62）

表 3-2-62 SWFCJ 型低损耗高稳相射频同轴电缆技术参数

		SWFCJ－50－4－52
结构重量	内导体外径/mm	1.4
	绝缘外径/mm	3.7
	电缆外径/mm	5.4

(续)

		SWFCJ-50-4-52
机械性能	最小弯曲半径	10D
电气性能	绝缘电阻/MΩ·km	5000
	电容/(pF/m)	—
	特性阻抗/Ω	50
	速比(%)	
	电压驻波比(0.50~4GHz)	≤1.22
	最高工作频率/GHz	4
	衰减(3GHz,典型值)/(dB/m)	0.6
环境性能	工作温度/℃	-55~85
配接连接器	配接连接器	SMA-J830

2.8.2 SWFCF型低损耗高稳相射频同轴电缆

1. 产品应用

该系列电缆可作为雷达、矢量网络分析仪等电子设备中的连接馈线。

2. 产品特点

电缆采用微孔聚四氟乙烯绝缘,镀银铜箔绕包加编织外导体结构,具有低损耗高相位稳定性。

3. 产品结构

SWFCF系列典型产品结构如图3-2-13所示。

图3-2-13 SWFCF型低损耗高稳相射频同轴电缆

4. 技术参数(见表3-2-63)

表3-2-63 SWFCF型低损耗高稳相射频同轴电缆技术参数

项目			SWFCF-50-6.5-51	SWFCF-50-4.6-51
结构重量	内导体外径/mm		2.5	1.8
	绝缘外径/mm		6.6	4.6
	外导体外径/mm		7.7	5.7
	电缆外径/mm		8.1	6.1
	重量/(g/m)		140	85
机械性能	最小弯曲半径/mm		35	15
电气性能	绝缘电阻/MΩ·km		5000	5000
	电容/(pF/m)		85	87
	特性阻抗/Ω		50.0±2.0	50.0±2.5
	速比(%)		85	85
	额定功率(5GHz)/W		490	280
	最高使用频率/GHz		18	25
	屏蔽衰减/dB		≥-100	≥-100
	衰减(20℃)典型值/(dB/m)	1GHz	—	—
		1.6GHz	0.19	0.28
		2GHz	0.21	0.31
		6GHz	0.41	0.56
		10GHz	—	—
		18GHz	0.75	0.98

（续）

项目		SWFCF－50－6.5－51	SWFCF－50－4.6－51
相位稳定性	弯曲相位稳定性	75 mm 盘径一周，≤3°/10GHz	50 mm 盘径一周，≤1°/10GHz
	温度相位稳定性（－55～71℃）	最大与最小变化系数差 $\|\Delta\eta\| \leq 500 \times 10^{-6}$	
环境性能	工作温度/℃	－55～＋150	－55～＋150
配接连接器	配接连接器	SMA－J（K）712 N－J（K）712	SMA－J（K）711 N－J（K）711

2.8.3　SYFY 型皱纹导体泡沫聚乙烯绝缘高稳相小同轴电缆

1. 产品应用

该系列电缆具有稳定的相位－温度变化特性及弯曲相位稳定特性，主要使用于雷达等电子设备传输馈线。

2. 产品特点

具有稳定的相位－温度变化特性及弯曲相位稳定特性。

3. 产品结构

SYFY 系列典型产品结构如图 3-2-14 所示。

图 3-2-14　SYFY 型皱纹导体泡沫聚乙烯绝缘高稳相小同轴电缆

4. 技术参数（见表 3-2-64）

表 3-2-64　SYFY 型皱纹导体泡沫聚乙烯绝缘高稳相小同轴电缆技术参数

型号		SYFY－50－5－51	SYFY－50－7－51
内导体		铜线	
内导体直径/mm		1.90	2.50
绝缘		聚乙烯发泡	
外导体		皱纹铜管	
外导体直径/mm		6.35	8.10
护套		PE	PE
护套直径/mm		7.3	9.8
最小弯曲半径/mm		25	一次弯：30 多次弯：60
电缆重量/(kg/m)		0.08	0.14
工作温度/℃		－55～85	－55～85
特性阻抗/Ω		50 ±2	50 ±2
传输速比（%）		84	84
峰值电压/kV		1.1	2.1
衰减典型值/(dB/100m)	30MHz	3.5	2.6
	500MHz	13	9.8
	2000MHz	30	23
	4000MHz	43	34
	10000MHz	—	59
	14000MHz	89	—
相位－温度系数（－30～40℃）		－0.20‰～＋0.20‰	－0.20‰～＋0.30‰
相位弯曲稳定性（弯曲一周）		r＝25mm≤0.5°/GHz	r＝30mm≤0.7°/GHz
配接连接器		N－J601 SMA601	N－J603 SMA603

2.8.4 SWFCFK 系列稳相低损耗射频电缆

1. 产品应用

该系列产品应用于相控雷达芯相敏系统袭击矢量网络分析仪芯电子设备中作为连接馈线。

2. 产品特点

高稳相、低损耗、低驻波、柔软。

3. 产品结构

典型产品结构如图 3-2-15 所示。

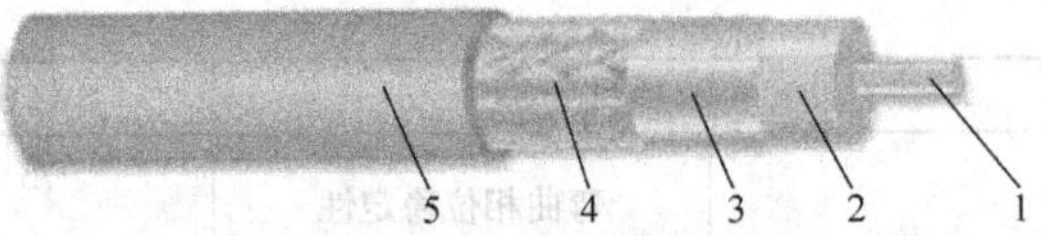

图 3-2-15 SWFCFK 系列稳相低损耗射频电缆结构

1—镀银铜单线内导体 2—微孔聚四氟乙烯绝缘
3—镀银铜带绕包外导体 4—镀银铜线编织屏蔽
5—PFA 护套

4. 技术参数（见表 3-2-65）

表 3-2-65 SWFCFK 系列稳相低损耗射频电缆技术参数

产品型号		SWFCFK-50-1.5-51	SWFCFK-50-3-51	SWFCFK-50-4-51	SWFCFK-50-6-51	SWFCFK-50-6-52
结构	内导体外径/mm	0.52	1.02	1.45	2.30	2.26
	绝缘外径/mm	1.50	2.74	3.90	6.30	5.90
	外导体外径/mm	2.30	3.50	4.70	7.60	7.50
	电缆外径/mm	2.40	4.00	5.20	8.00	8.00
重量	重量/(g/m)	30（最大值）	40（最大值）	68（最大值）	140（最大值）	140（最大值）
机械性能	最小弯曲半径/mm	25	20	13	40	40
电气性能	绝缘电阻/MΩ·km	10	5000	5000	5000	5000
	电容/(pF/m)	95	95	87	87	87
	特性阻抗（Ω）	50	50	50	50	50
	速比（%）	77	83	83	83	83
	额定功率/(W，6GHz)	50（参考值）	100（参考值）	250（参考值）	350（参考值）	200（参考值）
	最高使用频率/GHz	18	40	26.5	18	18
	屏蔽衰减/dB	≥-90	≥-100	≥-90	≥-100	≥-100
	衰减(20℃)/(dB/m)					
	1GHz	0.90	0.40	0.28	0.20	0.20
	2GHz	—	0.57	0.41	0.29	0.29
	6GHz	2.3	1.10	0.64	0.50	0.55
	10GHz	2.5	1.30	0.93	0.66	0.75
	18GHz	4.0	1.65	1.10	0.90	1.08
	26.5GHz	—	2.06	1.34	—	—
	40GHz	—	2.54	—	—	—
相位稳定性	弯曲相位稳定性	50mm 盘径一周≤3°/10GHz		75mm 盘径一周≤0.5°/GHz		
	温度相位稳定性（-40~100℃）	$\leqslant 1800\times10^{-6}$	$\leqslant 800\times10^{-6}$	$\leqslant 750\times10^{-6}$	$\leqslant 750\times10^{-6}$	$\leqslant 750\times10^{-6}$
环境性能	工作温度/℃	-55~+150				
配接连接器		SMA-J620	2.92-J714 2.92-J714A TNC-J714T	SMA-J726 SMA-JW726 L8-J726 TNC-J726T	SMA-J727(T) TNC-J727(T)	SMA-J728 TNC-J728T
备注	衰减值为标称值，最大衰减值将不大于标称值的 1.15 倍					

2.9　大功率低损耗射频电缆

在射频电缆中该类产品的尺寸最大，并兼用空气介质绝缘和皱纹钢带导体，因而电缆损耗低，传输功率大，广泛应用于广播电视的发射和差转系统以及各种大功率雷达的反馈系统。

2.9.1　SD 系列皱纹同轴电缆

1. 产品的应用

该系列电缆主要用作广播电视和雷达的反馈线。

2. 产品的特性

传输功率大、低损耗、驻波电缆。

3. 技术参数（见表 3-2-66）

表 3-2-66　SD 系列皱纹同轴电缆技术参数

产品型号		SD-50-16-3	SD-50-22-3	SD-50-40-3	SD-50-80-3
内导体直径/mm		6.25	9.5	18.5	35
内导体		铜包铝/铜线	铜管	皱纹铜管	皱纹铜管
绝缘		螺旋 PE	螺旋 PE	螺旋 PE	螺旋 PE
外导体		皱纹铜管	皱纹铜管	皱纹铜管	皱纹铜管
护套直径/mm		23	30	51	94
单次弯曲半径/mm		345	450	1200	1800
工作温度/℃		-40~70	-40~70	-40~70	-40~70
电缆重量/(kg/km)		640	900	1932	4500
特性阻抗/Ω		50	50	50	50
绝缘电阻/(MΩ·km)		≥1000	≥1000	≥1000	≥1000
绝缘电气强度（DC 1min）/V		250	3000	7000	8000
工作电压/kV		2.8	4.2	7.0	12.0
截止频率/MHz		4900	4600	3000	1600
驻波比（VSWR）	470~600MHz	≤1.1	≤1.1	≤1.1	≤1.1
	600~1000MHz	≤1.13	≤1.13	≤1.13	≤1.13
衰减/(dB/100m)	200MHz	2.81	1.98	1.13	0.63
	500MHz	4.51	3.23	1.93	1.02
	1000MHz	6.50	4.72	2.93	1.48
平均功率/kW	200MHz	3.43	4.20	10.6	28.7
	500MHz	1.20	2.50	6.3	17.7
	1000MHz	1.43	1.69	4.2	12.2
配接连接器		L29Q-J（K）134 L27Q-J（K）134	IF45Q-K135 IF45M-K135 IF45P-K135 IF45-K135	IF70Q-J（K）136 IF70P-J（K）136 IF70M-J（K）136 IF70-J（K）136 IF45Q-J（K）136	IF110Q-J（K）137 IF110P-J（K）137

2.9.2　SDY 系列聚乙烯螺旋绝缘皱纹外导体同轴电缆

1. 产品的应用

电缆主要用作电视发射机，卫星地面，雷达系统的馈线。

2. 产品的特点

传输功率大、损耗低。

3. 技术参数（见表 3-2-67、表 3-2-68 和表 3-2-69）

表 3-2-67 SDY 系列聚乙烯螺旋绝缘皱纹外导体同轴电缆技术参数（一）

产品型号		SDY-50-7-3	SDY-50-9-3	SDY-50-15-3	SDY-50-17-3
内导体直径/mm		2.86	3.50	6.0	7.10
内导体		铜线	铜线	铜管	铜管
绝缘		螺旋 PE	螺旋 PE	螺旋 PE	螺旋 PE
外导体		皱纹铜管	皱纹铜管	皱纹铜管	皱纹铜管
护套直径/mm		10.2	12.4	18.0	24.0
单次弯曲半径/mm		150	190	300	330
工作温度/℃		-40~70	-40~70	-40~70	-40~70
电缆重量/(kg/km)		180	290	420	570
特性阻抗/Ω		50	50	50	50
绝缘电阻/MΩ·km		—	—	—	1000
工作电压/kV		1.3	1.7	1.9	2.0
截止频率/MHz		9000	9000	6000	4500
衰减/(dB/100m)	30MHz	2.5	2.0	1.18	1.0
	200MHz	6.5	5.4	3.15	2.7
	1000MHz	15.4	12.9	7.49	6.7
	2000MHz	22.7	19.2	11.1	10.2
	3000MHz	28.6	24.2	14.0	13.2
平均功率/kW	30MHz	—	—	6.10	7.5
	200MHz	—	—	2.30	3.0
	500MHz	—	—	1.39	1.79
	1000MHz	—	—	0.94	1.20
配接连接器		N-J123 N-K123	N-J124 N-K124	N-J125 L27Q-J（K）125	L27Q-J（K）130 L29Q-J130

表 3-2-68 SDY 系列聚乙烯螺旋绝缘皱纹外导体同轴电缆技术参数（二）

产品型号		SDY-50-23-3	SDY-50-37-3	SDY-50-52-3
内导体直径/mm		9.50	16.5	22.0
内导体		铜管	皱纹铜管	皱纹铜管
绝缘		螺旋 PE	螺旋 PE	螺旋 PE
外导体		皱纹铜管	皱纹铜管	皱纹铜管
护套直径/mm		30.0	45.0	61.0
单次弯曲半径/mm		450	675	900
工作温度/℃		-40~70	-40~70	-40~70
电缆重量/(kg/km)		820	1170	1980
特性阻抗/Ω		50	50	50
绝缘电阻/MΩ·km		≥1000	≥1000	≥1000
工作电压/kV		3.0	4.8	6.7
截止频率/MHz		4600	2900	2400
衰减/(dB/100m)	30MHz	0.76	0.52	0.38
	200MHz	2.08	1.42	1.07
	1000MHz	5.22	3.54	2.80
	2000MHz	7.99	5.40	4.49
	3000MHz	10.30	—	—

（续）

产品型号		SDY-50-23-3	SDY-50-37-3	SDY-50-52-3
平均功率/kW	30MHz	9.8	20.0	27.6
	200MHz	3.6	7.30	9.90
	500MHz	2.2	4.43	5.88
	1000MHz	1.5	3.0	3.90
配接连接器		NQ-J（K）135 L36Q-J（K）135	L52Q-J（K）127 L45Q-J（K）127	F90Q-J（K）128 H61Q-J（K）127

表 3-2-69　SDY 系列聚乙烯螺旋绝缘皱纹外导体同轴电缆技术参数（三）

产品型号		SDY-75-15-3	SDY-75-23-3	SDY-75-37-3
内导体直径/mm		3.8	6.0	10.0
内导体		铜线	皱纹铜管	皱纹铜管
绝缘		螺旋 PE	螺旋 PE	螺旋 PE
外导体		皱纹铜管	皱纹铜管	皱纹铜管
护套直径/mm		20.0	30.0	45.0
单次弯曲半径/mm		300	450	675
工作温度/℃		-40~70	-40~70	-40~70
电缆重量/(kg/km)		440	710	1210
特性阻抗/Ω		75	75	75
绝缘电阻/MΩ·km		≥1000	≥1000	≥1000
工作电压/kV		1.79	2.86	4.62
截止频率/MHz		6500	4600	3000
衰减/(dB/100m)	30MHz	1.09	0.71	0.43
	200MHz	2.93	1.95	1.19
	900MHz	6.63	4.61	2.83
	1000MHz	7.03	4.91	3.01
	2000MHz	10.45	7.53	4.63
	3000MHz	13.40	9.73	6.02
平均功率/kW	30MHz	5.0	8.7	18.0
	200MHz	1.90	3.20	6.70
	900MHz	0.85	1.28	2.87
	1000MHz	0.80	1.20	2.70
配接连接器		L27Q-J（K）145 L36Q-L（K）145	L36Q-L（K）146	L52Q-L（K）147

2.10　极细同轴电缆

1. 定义

极细同轴电缆是针对通信终端产品（如手机天线、笔记本电脑、LED 显示器、数码相机、CCD 摄像机、掌上游戏机等）的微型化要求，开发出的微型数据传输同轴电缆及线束产品。适用于通信设备或类似电子装置内部模块间或设备之间的短距离连接及由此类电缆与连接器组成的组件。

2. 用途

近年来，以手机、笔记本电脑为代表的消费类电子产品和通信、医疗、军事类电子产品微型化发展趋势加快，性能要求不断提高，这些产品内传输各种频率信号的带状电缆、柔性电路板（FPC）等传统布线元器件迅速被传输速率高、频带宽且抗电磁干扰强的极细同轴电缆取代。顾名思义，极细同轴电缆为适应通信产品的微型化而生。其导体采用镀银铜合金线或镀锡铜合金线，提高了其导电率和抗弯曲、抗拉能力。绝缘材料采用耐高温的的“铁氟龙”树脂，具有介电常数小、损耗低、抗拉强度好，抗腐蚀、耐高温等优点。

20世纪90年代中期移动通信的普及，极大地促进了极细同轴电缆的研发和规模化生产。这类电缆具有以下几个特点：

1）电缆尺寸几乎达到了目前的加工极限，常见的单芯同轴电缆外径在0.15~1.4mm之间，已有直径为0.0096mm的导体单丝。

2）电缆使用频率在10~6000MHz之间，使用场合不同的电缆的传输特性各有侧重。

3）电缆具备良好的机械物理性能，尤其是用于连接活动模块的电缆具有很强的抗弯曲和扭转能力。

4）电缆工作电压通常较低，但由于其绝缘很薄，因此要求绝缘层应能耐受较高的击穿场强。

5）多数情况下，电缆使用空间狭窄，散热条件较差，电缆应具备较高的耐温等。

3. 产品结构

（1）电缆结构分类 极细同轴电缆可按芯数多少分为单芯和多芯两大类，多芯电缆又可分为圆形电缆和带状电缆两类。构成多芯电缆的每一根同轴缆与单芯电缆具有相同的结构。电缆典型结构如图3-2-16~图3-2-18所示。

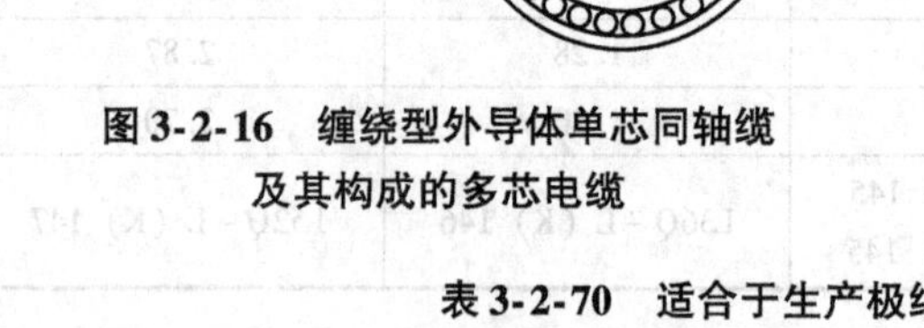

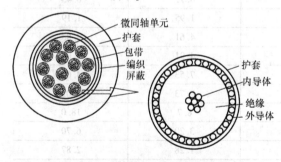

图3-2-16 缠绕型外导体单芯同轴缆及其构成的多芯电缆

图3-2-17 编织型极细同轴缆

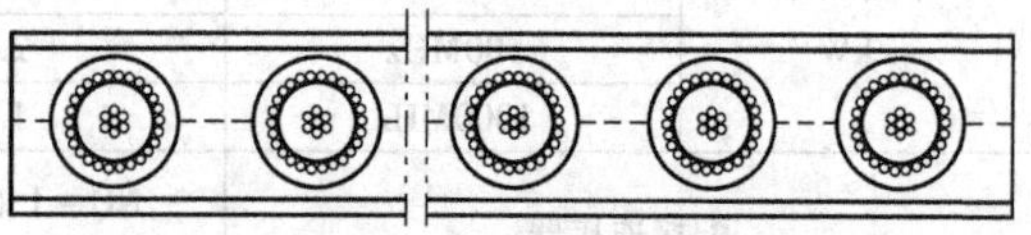

图3-2-18 带状多芯电缆

（2）内导体 内导体分为实心内导体和绞合内导体两类。内导体材料通常使用镀银或镀锡铜（合金）线，在一些特殊使用场合还可能用到镀银铜包钢线。

1）实心内导体：由一根圆形截面的镀银铜线或镀银铜合金线、镀锡铜线或镀锡铜合金线、镀银铜包钢线等5种材料之一制成；外径细、使用中很少经历弯曲的电缆偶尔也采用实心导体结构。

2）绞合内导体：由7根相同材质和直径的圆形截面金属丝绞合而成，金属丝的材质为镀银铜线或镀银铜合金线、镀锡铜线或镀锡铜合金线、镀银铜包钢线等5种材料之一制成，内导体多采用“1+6”的绞合结构。为了进一步提高电缆的柔软性，也可采用“1+6+12”的绞合结构，但这增加了保证电缆阻抗均匀性的难度。构成绞合导体的单丝直径从0.0098~0.102mm不等；绞合实用节径比应小于15；成品电缆中内导体不允许有接头和缺股。

（3）绝缘 通常情况下，绝缘材料多选用具有优异的机械物理性能、耐高低温性能、电气性能和阻燃性能的氟塑料，如可熔性聚四氟乙烯（PFA）、聚全氟乙丙烯（FEP）。表3-2-70列出了适合于生产极细同轴电缆的氟塑料技术指标。其中PFA主要用于柔软性要求高或绝缘外径小于0.3mm的极细同轴电缆，FEP主要用于柔软性要求低或绝缘外径大于0.3mm的极细同轴电缆。

表3-2-70 适合于生产极细同轴电缆的氟塑料技术指标

序号	项目		单位	技术指标	
				FEP	PFA
1	介电常数	100kHz	—	≤2.02	≤2.02
		1MHz		≤2.01	≤2.01
		600MHz		≤2.01	≤2.01
		1GHz		≤2.01	≤2.01
		2GHz		≤2.01	≤2.01
		5GHz		≤2.01	≤2.01
		10GHz		≤2.01	≤2.01

（续）

序号	项目		单位	技术指标	
				FEP	PFA
2	介质损耗角正切值	100kHz	—	$\leqslant 7.0\times10^{-5}$	$\leqslant 7.0\times10^{-5}$
		1MHz		$\leqslant 7.0\times10^{-5}$	$\leqslant 7.0\times10^{-5}$
		600MHz		$\leqslant 4.0\times10^{-4}$	$\leqslant 4.0\times10^{-4}$
		1GHz		$\leqslant 4.0\times10^{-4}$	$\leqslant 4.0\times10^{-4}$
		2GHz		$\leqslant 3.5\times10^{-4}$	$\leqslant 3.5\times10^{-4}$
		5GHz		$\leqslant 3.5\times10^{-4}$	$\leqslant 3.5\times10^{-4}$
		10GHz		$\leqslant 3.0\times10^{-4}$	$\leqslant 3.0\times10^{-4}$
3	熔融指数（5kg，372℃）		g/10min	20~40	25~70
4	压缩强度		MPa	≥15	≥17
5	弯曲模量（23℃）		MPa	520~630	≥490
6	体积电阻率		Ω·cm	$\geqslant 10^{18}$	$\geqslant 10^{18}$
7	抗拉强度（23℃）		MPa	≥20	≥25
	热老化后抗拉强度变化率		%	-15~15	-15~15
8	断裂伸长率（23℃）		%	≥300	≥300
	热老化后断裂伸长率变化率		%	-15~15	-15~15
9	密度		g/cm³	2.13~2.18	2.13~2.18
10	击穿场强（试样厚度0.25mm）		kV/mm	≥80	≥80
11	熔点		℃	260	305
12	最高连续工作温度（20000h）		℃	200	260

注：老化条件 PFA：(260±2)℃，7×24h；FEP：(200±2)℃，7×24h。

（4）外导体 电缆的外导体通常采用镀锡铜合金线或镀银铜合金线缠绕或编织。对于电磁屏蔽要求较高的电缆，还会在缠绕或编织层外绕包一层几微米厚的单面复合铜箔。

1）缠绕外导体：外导体采用圆形截面的镀银铜（合金）丝或镀锡铜（合金）丝螺旋缠绕而成。缠绕外导体分单层缠绕和双层缠绕两类，双层缠绕时两层的缠绕方向宜相反。单层缠绕的覆盖率应不小于90%；双层缠绕时内外层的覆盖率均应不小于80%。

2）编织外导体：外导体采用圆形截面的镀银铜（合金）丝或镀锡铜（合金）丝编织而成。编织外导体分单层编织和双层编织两类。单层编织时编织密度应不小于90%；双层编织时各层编织密度均应不小于80%。

（5）单芯电缆护套 根据实际需要，护套层的颜色可为白、红、黑、黄、紫、蓝、橙、绿、棕、灰等颜色。单芯电缆的护套形式有以下两种：

1）挤包型：常用的塑料为FEP、PFA、ETFE（乙烯-四氟乙烯共聚物）和PVC（聚氯乙烯），用户有特殊要求时允许选用其他氟聚合物材料。护套材料可熔性全氟烷氧基共聚物（PFA）或聚全氟乙丙烯（FEP）塑料主要性能见表3-2-71。

表3-2-71 极细同轴电缆用护套材料FEP、PFA主要技术指标

序号	项目	单位	技术指标	
			FEP	PFA
1	击穿场强（试样厚度0.25mm）	kV/mm	≥80	≥80
2	熔融指数（5kg，372℃）	g/10min	20~40	2
3	体积电阻率	Ω·cm	$\geqslant 10^{18}$	$\geqslant 10^{18}$
4	抗拉强度23℃	MPa	≥20	≥25
	热老化后抗拉强度变化率	%	-15~15	-1
5	断裂伸长率23℃	%	≥300	≥300
	热老化后断裂伸长率变化率		-15~15	-15~15
6	密度	g/cm³	2.13~2.18	2.13~2.18
7	极限氧指数	%	≥95	≥95

注：老化条件 PFA：(260±2)℃，7×24h；FEP：(200±2)℃，7×24h。

2）绕包型：采用重叠绕包方式，绕包材料为氟塑料薄膜、聚对苯二甲酸乙二醇酯薄膜或镀层厚度为0.004～0.006mm的镀铜聚对苯二甲酸乙二醇酯薄膜。用户有特殊要求时允许选用其他材料。采用镀铜聚对苯二甲酸乙二醇酯薄膜时，金属面应向电缆内侧（即与外导体材料接触）。绕包层应通过高温烧结或其他方法使绕包搭接处能粘结在一起并具有一定的防潮能力。薄膜应连续地绕包在外导体上，绕包层应紧包屏蔽层但不粘着，易于剥离。绕包层应进行火花试验，所用电压为直流150～450V或交流100～300V。交付用户的电缆上不允许有火花击穿点。

（6）多芯电缆缆芯

1）带状电缆：将多根单芯同轴电缆并列地排列成一行并用PET薄膜或镀铜PET薄膜粘成带状，其结构如图3-2-19所示。薄膜外表面应有明显的永久性线序识别标识。也允许通过单芯护套颜色来识别线序，从左至右单芯电缆护套颜色依次为黑、灰、蓝；当芯数超过3芯时，则按上述顺序重复使用。带状电缆厚度：标称厚度（T）±0.05mm。带状电缆中单芯电缆中心距：中心距标称值（P）±0.05mm。单芯电缆应互相平行。薄膜应牢固地粘贴在单芯电缆上，表面光滑平整、无孔洞等缺陷。

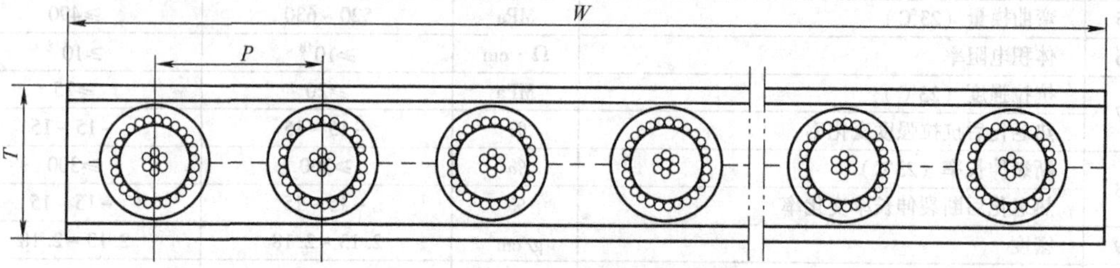

图3-2-19 带状电缆结构示意图

2）多芯圆形电缆：16芯及以下电缆缆芯宜直接由多根单芯同轴电缆同心式绞合而成。16芯以上的电缆缆芯宜先将若干根电缆绞合成单位，然后将若干单位绞合成缆芯。用户无特殊要求时，每个单位内单芯同轴电缆数量应尽可能相等且不宜超过16根。

缆芯单位或16芯及以下电缆缆芯中，单芯电缆护套色谱及序号见表3-2-72。缆芯单位外应螺旋绕扎非吸湿性扎纱，绕扎节距不大于20mm。扎纱色谱及单位序号见表3-3-72。

16芯以上的多芯圆形电缆缆芯应先将若干根电缆依序号从小至大，从内至外顺（逆）时针方向排列绞合成单位，然后将若干单位按单位序号大小从小至大，从内至外顺（逆）时针方向排列绞合成缆芯。

缆芯外允许绕包一层厚度小于0.03mm的PET薄膜或铝塑复合箔，必要时还可在薄膜外用ϕ0.05mm～ϕ0.10mm的镀锡铜（合金）线进行编织，编织密度应大于90%。

表3-2-72 单芯电缆护套色谱/单位扎纱色谱及序号

单芯电缆/单位序号	护套/扎纱颜色	单芯电缆/单位序号	护套/扎纱颜色
1	蓝	9	黄
2	橙	10	紫
3	绿	11	浅蓝
4	棕	12	浅绿
5	灰	13	浅红
6	白	14	浅黄
7	红	15	浅紫
8	黑	16	浅灰

注：同一电缆中各种颜色间应有明显的差异。

（7）多芯圆形电缆护套 在缆芯外挤包一层可熔性全氟烷氧基共聚物（PFA）或聚全氟乙丙烯（FEP）或符合GB/T 8815—2008中规定的HR-70型PVC护套，有特殊要求时允许选用其他材料。外护套应光滑圆整，无针孔、裂纹、气泡等缺陷，外护套应紧包缆芯但能较容易地去除护套层。护套颜色宜为灰色，用户有特殊要求时允许选用其他颜色，颜色应符合GB/T 6995.2—2008中的规定。外护套应经受挤塑生产线上的火花试验，所用电压为直流 150 ~ 450V 或交流 100 ~ 300V。

4. 品名规格

由于极细同轴电缆的应用面广，因此性能要求差异也比较大，电缆的结构和所用的材料变化也比较多。为了能较准确地区分电缆的结构，不得不采取了较复杂的命名方法。电缆型号由型式代号、规格代号两部分组成。型式代号及含义见表 3-2-73，规格代号及含义见表 3-2-74，常用电缆型号及主要标称结构尺寸见表 3-2-75。

表 3-2-73 电缆型式代号及含义

分类		绝缘		护套		标称特性阻抗	
代号	含义	代号	含义	代号	含义	代号	含义
		F1	实心可熔性全氟烷氧基共聚物	F1	可熔性全氟烷氧基共聚物	-42	42Ω
		F2	实心聚全氟乙丙烯	F2	聚全氟乙丙烯	-45	45Ω
		F3	泡沫可熔性全氟烷氧基共聚物	F7	乙烯-四氟乙烯共聚物	-50	50Ω
UC	绝缘外径在1mm以下的同轴电缆	F4	泡沫聚全氟乙丙烯	A	镀铜聚对苯二甲酸乙二醇酯薄膜	-75	75Ω
		F5	泡沫皮可熔性全氟烷氧基共聚物	PET	聚对苯二甲酸乙二醇酯薄膜		
		F6	泡沫皮聚全氟乙丙烯	V	柔软型聚氯乙烯		
		F0	氟塑料薄膜绕包烧结	F0	氟塑料薄膜绕包烧结		

表 3-2-74 电缆规格代号及含义

绝缘标称直径		内导体材料及结构		外导体材料及结构		电缆芯数及补充说明	
代号	含义	代号	含义	代号	含义	代号	含义
		-1	镀银铜或镀银铜合金绞线	1	镀银铜或镀银铜合金线单层缠绕	省略	单芯
		-2	镀银铜或镀银铜合金单线	2	镀银铜或镀银铜合金线双层缠绕		
		-3	镀锡铜或镀锡铜合金绞线	3	镀银铜或镀银铜合金线单层编织	×N	N为芯数，圆形电缆
-X.XX	绝缘直径标称值，单位为mm	-4	镀锡铜或镀锡铜合金单线	4	镀银铜或镀银铜合金线双层编织	×NP	N为芯数，P表示带总屏蔽的多芯圆形电缆
		-5	镀银铜包钢绞线	5	镀锡铜或镀锡铜合金线单层缠绕		
		-6	镀银铜包钢单线	6	镀锡铜或镀锡铜合金线双层缠绕		
				7	镀锡铜或镀锡铜合金线单层编织	×NF	N为芯数，F表示带状电缆
				8	镀锡铜或镀锡铜合金线双层编织		

注：当外导体为镀层或金属箔绕（纵包）+金属丝编织或缠绕时，在上述外导体代号前加字母“P”。

表 3-2-75　常用电缆型号及主要标称结构尺寸

电缆标称尺寸	外导体材料及结构	电缆型号	内导体结构尺寸	绝缘尺寸
ϕ0.21	ϕ0.02 金属丝缠绕	UCF1F1－50－0.12－11	7/ϕ0.016	0.12
ϕ0.30	ϕ0.025 金属丝缠绕	UCF1F1－45－0.18－11	7/ϕ0.025	0.18
ϕ0.34	ϕ0.025 金属丝缠绕	UCF1F1－50－0.20－15	7/ϕ0.025	0.20
ϕ0.38	ϕ0.03 金属丝缠绕	UCF1F1－50－0.25－15	7/ϕ0.030	0.25
ϕ0.50	ϕ0.04 金属丝缠绕	UCF1F1－50－0.32－11	7/ϕ0.040	0.32
ϕ0.81	ϕ0.05 金属丝编织	UCF1F2－50－0.40－13	7/ϕ0.050	0.40
ϕ1.13	ϕ0.05 金属丝编织	UCF2F2－50－0.69－13	7/ϕ0.080	0.69
ϕ1.37	ϕ0.05 金属丝编织	UCF2F2－50－0.89－13	7/ϕ0.102	0.89
ϕ1.25	ϕ0.05 金属丝编织	UCF2F1－50－0.80－63	ϕ0.26	0.80
ϕ1.48	ϕ0.05 金属丝编织	UCF2F1－75－0.84－63	ϕ0.16	0.84
ϕ1.32	ϕ0.05 金属丝编织	UCF2F1－75－0.66－63	ϕ0.12	0.66
ϕ0.29/ϕ2.50	ϕ0.03 金属丝缠绕	UCF1F1F1－42－0.17－15×40	7/ϕ0.025	0.17
ϕ0.29/ϕ2.90	ϕ0.03 金属丝缠绕	UCF1F1F1－42－0.17－15×60	7/ϕ0.025	0.17
ϕ0.29/ϕ3.80	ϕ0.03 金属丝缠绕	UCF1F1F1－42－0.17－15×100	7/ϕ0.025	0.17
ϕ0.34/ϕ2.90	ϕ0.03 金属丝缠绕	UCF1F1F1－50－0.20－15×40	7/ϕ0.025	0.20
ϕ0.34/ϕ3.40	ϕ0.03 金属丝缠绕	UCF1F1F1－50－0.20－15×60	7/ϕ0.025	0.20
ϕ0.34/ϕ4.30	ϕ0.03 金属丝缠绕	UCF1F1F1－50－0.20－15×100	7/ϕ0.025	0.20
ϕ0.35/ϕ2.90	ϕ0.03 金属丝缠绕	UCF1F1F1－50－0.24－15×40	7/ϕ0.030	0.24
ϕ0.35/ϕ3.50	ϕ0.03 金属丝缠绕	UCF1F1F1－50－0.24－15×60	7/ϕ0.030	0.24
ϕ0.35/ϕ4.50	ϕ0.03 金属丝缠绕	UCF1F1F1－50－0.24－15×100	7/ϕ0.030	0.24
ϕ0.205/ϕ4.40	ϕ0.02 金属丝缠绕	UCF1F1V－50－0.12－11×196P	7/ϕ0.016	0.12
单芯电缆护套外径：0.31 相邻单芯电缆中心距（P）：0.50 电缆总宽度（W）：（芯数＋1）×P 电缆厚度（T）：0.5	ϕ0.03 金属丝缠绕	UCF1F1PET－50－0.25－11×20F	7/ϕ0.030	0.24
		UCF1F1PET－50－0.25－11×30F		
		UCF1F1PET－50－0.25－11×40F		
		UCF1F1PET－50－0.25－11×60F		

注：1. 内导体结构中“/”前的数字表示绞合导体中单丝根数，“/”后的数字表示单丝直径。

2. 电缆标称尺寸中“/”前的数字表示单芯电缆直径，“/”后的数字表示电缆直径。

5. 行标准

GB/T 28509—2012《绝缘外径在 1mm 以下的极细同轴电缆及组件》。

6. 电缆主要性能

（1）结构尺寸　电缆结构尺寸测试项目主要有导体尺寸、绞合节距、编织或缠绕节距、绝缘最小厚度、护套最小厚度、绝缘和护套的同心度、电缆外径等。由于电缆尺寸较小，进行上述指标测试时通常采用测量显微镜进行测量。

（2）机械物理性能和环境性能

1）电缆拉断力：目前，极细同轴电缆在使用过程中受到外力拉伸时，通常内导体先断裂。据此，规定单芯电缆或多芯电缆中的每根单芯电缆在拉伸试验时，内导体断裂时的拉力即为电缆“拉断力”。考虑到使用场合的多样性，此指标由电缆制造商与用户协商确定。

2）弯折和扭转寿命：考虑到不同的使用场合对电缆的弯折和扭转寿命要求各不相同，对此指标进行了分级处理。具体规定为单芯电缆或多芯电缆中的每根单芯电缆的弯折和扭转寿命达到以下水平：普通场合使用的电缆：3000 次以上；频繁弯折场合使用的电缆：100000 次以上；弯折和扭转时电缆上所承受的拉力由用户和制造商协商确定。

弯折寿命试验：将长约 500mm 的试样如图

3-2-20所示垂直悬挂，在试样下端挂一砝码，其重量不小于电缆拉断力的 10% ，然后按①→②→③→④的步骤对试样进行弯折，每个步骤弯折角度为 90°，弯折半径为 12.7mm，以上 4 个步骤完成后为一次循环。每分钟循环次数不少于 15 次。试验时应将指示灯或蜂鸣器接在试样两端的内导体上以指示内导体的通断情况。当内导体出现断裂时终止试验，并记录此前已完成的循环次数。

寿命试验：将长约 600mm 的试样夹到工作原理如图 3-2-21 所示的扭转机上，夹具间隔 300mm，在试样一端挂一砝码，其重量不小于电缆拉断力的 10% 。然后按①→②→③→④的步骤对试样进行扭转，每个步骤扭转角度为 180°，完成以上四个步骤为一个循环，每分钟循环次数不少于 30 次。试验时应将指示灯或蜂鸣器接在试样两端的内导体上以指示内导体的通断情况。当内导体出现断裂时终止试验，并记录此前已完成的循环次数。

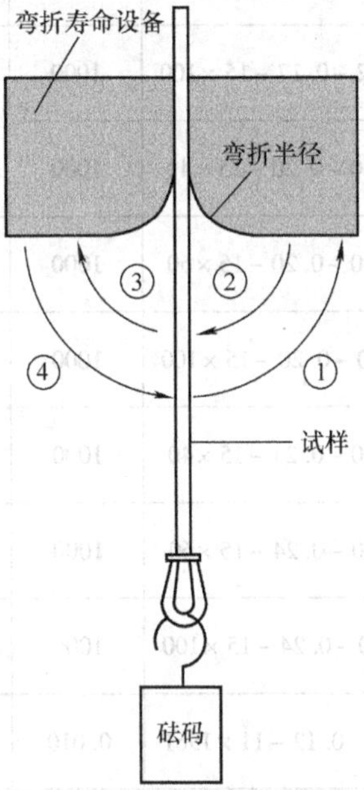

图 3-2-20　弯折寿命

绝缘收缩：从成品电缆上取下的绝缘芯线，应无明显的常温收缩现象，且热收缩率不超过 3%。绝缘热收缩按 GB/T 2951.13—2008 第 10 章中的规定进行试验，试样长度 L 取 40mm。将制取的试样放在循环通风烘箱中在（255 ± 2）℃下保持 1h，然后在室温下放置 2h 后再进行测量。切割绝缘试样时引起的收缩量应计入总收缩量中。

3）环保性能：电缆的环保性能应满足 SJ/T 11363—2006 规定。

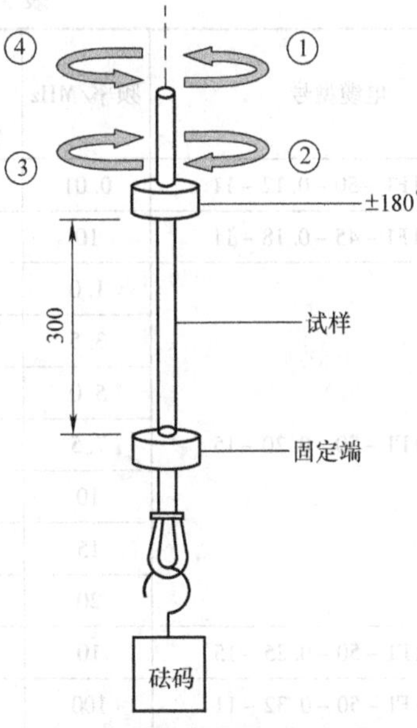

图 3-2-21　扭转寿命试验

4）电气性能：内导体直流电阻：20℃时铜及铜合金内导体直流电阻 R（Ω/m）应满足公式（3-3-1）或式（3-3-2）要求，铜包钢线最大电阻值为式（3-3-1）或式（3-3-2）计算值的 2.2 倍。

实心内导体：$R^{0.0274}/d_1$　　(3-2-1)

绞合内导体：$R^{0.00392}/d_7$　　(3-2-2)

式中　d_1——单根导体直径，单位为 mm；

d_7——绞合导体中单丝直径，单位为 mm。

由 19 根单线绞合成的导体，其直流电阻由电缆制造商与用户协商确定。

绝缘介电强度：内导体直径在 0.13mm 以下的电缆，在内外导体间施加交流 200V 或直流 300V 电压，施加电压 3s 内不发生击穿。内导体直径在 0.13mm 及以上的电缆，在内外导体间施加交流 300V 或直流 450V 电压，施加电压 3s 内不发生击穿。

绝缘电阻：内外导体间绝缘电阻应大于 1000MΩ · m，测试电压为直流 100V，施加电压 60s 后读数。

特性阻抗：在 10MHz 频率下，标称特性阻抗在 75Ω 以下时，其波动范围为 ±2Ω；标称特性阻抗在 75Ω 及以上时，其波动范围为 ±3Ω。

驻波比（VSWR）：由电缆构成的组件用于传输高频信号且组件长度大于 0.4m 时，驻波比 VSWR 应满足：500 ~ 3000MHz 时，VSWR ≤ 1.3；3001 ~ 6000MHz 时，VSWR≤1.5。

衰减常数：常用电缆衰减常数见表 3-2-76。

表 3-2-76 常用电缆衰减常数

电缆型号	频率/MHz	衰减常数，20℃最大值/(dB/m)
UCF1F1-50-0.12-11	0.01	7.10
UCF1F1-45-0.18-11	10	1.50
UCF1F1-50-0.20-15	1.0	0.39
	3.5	0.52
	5.0	0.55
	7.5	0.59
	10	0.63
	15	0.69
	20	0.72
UCF1F1-50-0.25-15	10	0.60
UCF1F1-50-0.32-11	100	1.40
UCF1F2-50-0.40-13	100	0.88
	900	2.78
	2000	4.70
	3000	5.80
UCF2F2-50-0.69-13	900	2.09
	1500	2.73
	1900	3.11
	2400	3.51
	3000	3.94
	4000	4.53
	5000	5.12
	5800	5.62
	6000	5.93
UCF2F2-50-0.89-13	1000	1.5
	2000	2.2
	2400	2.6
	3000	2.8
	4000	3.4
	5000	3.8
	6000	4.3

电缆型号	频率/MHz	衰减常数，20℃最大值/(dB/m)
UCF2F1-50-0.80-63	100	0.57
	900	1.61
	2000	2.46
	3000	3.10
UCF2F1-75-0.84-63	100	0.52
	900	1.62
UCF2F1-75-0.66-63	100	0.55
	900	1.91
UCF1F1F1-42-0.17-15×40	1000	7.1
UCF1F1F1-42-0.17-15×60	1000	7.1
UCF1F1F1-42-0.17-15×100	1000	7.1
UCF1F1F1-50-0.20-15×40	1000	6.0
UCF1F1F1-50-0.20-15×60	1000	6.0
UCF1F1F1-50-0.20-15×100	1000	6.0
UCF1F1F1-50-0.24-15×40	1000	5.5
UCF1F1F1-50-0.24-15×60	1000	5.5
UCF1F1F1-50-0.24-15×100	1000	5.5
UCF1F1V-50-0.12-11×196P	0.010	8.6
UCF1F5-50-0.25-11×20F	10	0.5
UCF1F5-50-0.25-11×30F	100	1.7
UCF1F5-50-0.25-11×40F	1000	5.7
UCF1F5-50-0.25-11×50F		
UCF1F5-50-0.25-11×60F		

第3章

电器设备内部及外部连接线缆（电子线缆）品种及技术指标

电子线缆是小型电器设备内部、内部与外部或电器与外设之间连线的一种简称，通常长度较短，尺寸较小，主要是以弱电为主。电子线缆用途广泛、种类繁多，很难用单一种类分类方式分类，主要有以下几种分类方式：

1）按标准系列分：主要以符合 UL、3C 和 VDE 三个系列标准的产品分类，以 AWG 为单位的一般为 UL 标准，以平方为单位的一般为 3C 标准或 VDE 标准，国内电子线缆生产商主要以 3C 和 UL 这两种标准为主。

2）按结构分：单绝缘电子线、多绝缘电子线、软排线、屏蔽线等。

3）按导体规格分：常用导体规格为 42～18AWG。

4）按绝缘材料分：PVC 电子线、XLPE 电子线、MPPE 电子线、硅胶电子线及氟塑料电子线等。

5）按温度等级分：80℃电子线、105℃电子线、125℃电子线、150℃电子线、200℃电子线等，常规最高可到 550℃。

6）按电压等级分：30V 电子线、300V 电子线、600V 电子线等，常规最高可到 60000V。

7）按用途分：机内电子线和机外电子线，比较笼统。

8）按线缆种类分：电子导线、高频电子线等。

本章将按照电子导线、电子电器设备内部连接线缆、高频对称电子线、特殊结构和特殊用途电子线的顺序来阐述本章的内容。需要说明的是，电子电器设备内部连接线缆主要是中国质量认证中心（CQC）标准的内容，与 UL 标准规定有所不同，所以放在 3.2 节以供参考；为了方便查找，高频电子线中的微细同轴部分见第 2 章 2.9 节；其他不便归类的线缆归到特殊结构和特殊用途电子线里。

3.1 电子导线

3.1.1 30V 以下电子导线

1. 定义

30V 以下电子导线主要是用于电子产品内部或外部、在电器/设备内部或电器/设备之间传输信号或低电压的电子线。

2. 用途

30V 以下电子导线多用于台式计算机、手机、平板电脑、笔记本电脑内部信号传输、电子产品充电线、DC 电源线等。30V 以下电子导线的工作电压，除少量产品外，均用于 30V 以下的线路中。产品的结构设计以微、小、细为原则。30V 以下的电子导线多采用实心或发泡聚烯烃、聚氯乙烯、四氟乙烯、乙烯丙烯共聚物、乙烯四氟乙烯共聚物、聚氨酯涂层等聚合物材料做绝缘，有时这些材料也可交联后使用。导电线芯多以裸铜、镀锡铜、镀银铜、铜合金等为主。

30V 以下电子导线的型号及技术要求依据 UL758 标准中线型活页（Style Page）的相关说明，由于产品的特殊性，目前国内暂未全部形成国家标准。

3. 产品结构

DC 30V 以下电子导线的产品结构及用途见表 3-3-1。

4. 测试项目及要求

30V 以下电子导线的产品测试项目及要求见表 3-3-2。

3.1.2 电源软线

电源软线通常是指一个插头与软电线连接的组合，通过插头与供电设备或电源连接后可以对电器设备或电器提供电能，以保证电器正常工作。

表 3-3-1　电子导线的规格及用途

UL 型号	产品名称	导体规格/AWG	导体材料及结构	绝缘材料	绝缘厚度/mm	屏蔽	护套材料	护套厚度/mm	被覆	温度等级℃	用途
1434	聚乙烯绝缘同轴电子线	30～20	单芯或多芯绞合	聚乙烯	0.33	无	聚氯乙烯	0.23		60	电子计算机内部或电子商务机器用电子线
1454	聚乙烯绝缘聚氯乙烯护套带屏蔽电缆	30～20	单芯或多芯绞合	聚乙烯	1.33	无	聚氯乙烯	1.23		60	适用于温度为60℃以下电压为30V以下的电子设备内部
1478	聚氯乙烯绝缘聚氯乙烯护套电子线		单支导体	符合AWM和细则的线材	—	无	聚氯乙烯	按芯线的外径不同进行设计	可选	60	电子设备的外部连接
1481	聚四氟乙烯电子线	36～28	单芯或多芯绞合	铁氟龙	0.08	无	无	无		90	适用于电子计算机的电子包、背板等无移动或机构损伤的商业机器内
1487	商务机器用热缩性（聚乙烯）绝缘电子引线	30～22	单芯或多芯绞合	阻燃聚乙烯	0.25	无	无	无		60	电子记账本，计数器或计时器内部温度不高于60℃的场所
1496	商务机器用热缩性（聚乙烯）绝缘电子引线	30～24	单芯或多芯绞合	阻燃聚乙烯	0.23	无	无	无	可选	80	电子记账本，计数器或计时器内部温度不高于60℃的场所
1508	14mm 乙烯与铁氟龙混合物绝缘电子线	30～20	单芯或多芯绞合	铁氟龙混合物	14.00	无	无	无	无	105	用于无移动或机构损伤的电子计算机或商业机器的背板内
1515	改性氯化烃聚合物绝缘电线	30～22	单芯或多芯绞合	改性氯化烃聚合物	0.13	无	无	无	无	90	适用于温度不超过90℃无移动或机构损伤的电子计算机的电子包、背板或商业机器内
1524	带屏蔽TFE或氟化乙丙烯绝缘TFE或氟化乙丙烯护套电缆	32～20	单芯或多芯绞合	TFE或氟化乙丙烯	0.25	裸铜或镀银铜	TFE或氟化乙丙烯	0.20	无	105	用于温度不超过105℃的电子设备内部
1559	带屏蔽挤出型聚四氟乙烯绝缘和护套电缆	29～22	单芯或多芯绞合镀银或镀镍铜导体	挤出型聚四氟乙烯	0.33	可选	挤出型聚四氟乙烯	0.18	无	105	电子设备内部

（续）

UL 型号	产品名称	导体规格 /AWG	导体材料及结构	绝缘材料	绝缘厚度 /mm	屏蔽	护套材料	护套厚度 /mm	被覆	温度等级℃	用途
1550	聚乙烯绝缘同轴电缆	最小36	不要求	实心或发泡聚乙烯或交联聚乙烯	0.18	可选	聚氯乙烯	0.18	可选	80	2类电子设备的内部用线
1585	带屏蔽辐照阻燃聚乙烯或无烟阻燃聚乙烯绝聚氯乙烯护套电缆	32～20	具有最小导电率为39%IACS的铜，铜包钢，铜合金、镀银或镀锡绞合铜	辐照阻燃聚乙烯或无烟阻燃聚乙烯	0.38	裸或镀锡铜编织或铝箔麦拉	聚氯乙烯	0.23	无	60	2类电子设备的内部用线
1594	聚乙烯绝缘同轴电子线	最小30	铜、铜包钢，铜合金、镀银或镀锡绞合铜	聚乙烯	0.18～25.4		非铁金属纺织或缠绕；带有非绝缘电线的铝箔和聚乙烯组合包带	无	聚氯乙烯，0.18～1.17mm	60	2类电子设备的内部用线
1596	聚乙烯绝缘同轴电子线	最小30	铜、铜包钢，铜合金、镀银或镀锡绞合铜	实心或发泡聚乙烯或阻燃辐照料或非辐照聚乙烯	0.18～25.4	内屏蔽采用非铁金属纺织或缠绕；带有非绝缘电线的铝箔和聚乙烯组合包带，外屏蔽可选，有的话与内屏蔽相同材料	内护套采用聚氯乙烯；外护套采用聚氯乙烯	内：0.41 外：0.41	无	60	2类电子设备的内部用线
1611	聚氯乙烯绝缘带屏蔽护套电缆	最小40	不要求	实心或发泡聚氯乙烯可交联	0.18	可选	聚氯乙烯	0.25	无	60	2类电子设备的内部或外部用线
1630	胶带包覆聚四氟乙烯绝缘电子线	36～20	单根铜、绞合铜、镀银或镀镍铜等	聚四氟乙烯	0.25	可选	带状 milene	最小0.0254	无	90	适用于温度不超过90℃无移动或机构损伤的电子计算机的背板或商业机器内
1633	聚四氟乙烯和聚酰亚胺胶带复合绝缘电子线	36～24	单根铜、绞合铜、镀银或镀镍铜等	最小厚度为0.05mm的聚四氟乙烯和聚酰亚胺胶带复合材料再包覆0.05mm的由FEP组成的聚酰亚胺胶带	0.05+0.05	无	无	无	无	90	适用于无移动或机构损伤的电子计算机背板或商业机器内

（续）

UL 型号	产品名称	导体规格/AWG	导体材料及结构	绝缘材料	绝缘厚度/mm	屏蔽	护套材料	护套厚度/mm	被覆	温度等级℃	用途
1637	同轴电子线	40～18	不要求	1）0.076mm厚的实心或发泡型PTFE或FEP或实心聚四氟乙烯绕包带。绕包带可以是一个或多层，但重叠率至少30% 2）挤出型PTFE，FEP或聚四氟乙烯，最小厚度0.076mm 3）可以是以上一种或两种包带的组合，带子的最小厚度不要求	最小0.076	FE	1）挤出型厚度为0.02mm的FEP,PTFE,PVA，聚氯乙烯或乙烯与四氟乙烯共聚物 2）采用聚氯乙烯或聚酯胶带缠绕0.02mm厚的PETP		可选 1）挤出型PTFE，PFA，FEP，ETPE或带状PTFE 2）聚氯乙烯或聚酯胶带缠绕PETP	90	适用于无移动或机构损伤的2类设备内部
1677	取向的聚乙烯对苯二甲酸乙二醇酯和聚酯或PVC胶粘剂复合带绝缘电子线	最小40	不要求	取向的聚乙烯对苯二甲酸乙二醇酯和聚酯或PVC胶粘剂复合带	0.05	无	无		无	90	仅用于2类电子设备内部用线
1678	聚苯乙烯（麦拉）绝缘电子线	最小40	不要求	由聚氟乙烯粘贴聚苯乙烯的复合带	0.02	无	无		无	60	仅用于2类电子设备内部用线
1682	聚氯乙烯绝缘电子线	最小50	不要求	聚氯乙烯	0.05	可选	可选	0.05	无	60	2类电子部件中的跳线内部用线
1683	聚氯乙烯绝缘电子线	26～4/0	40～20AWG镀锡铜或裸铜绞合铜	聚氯乙烯	0.89	无	无		无	80	计算机及电子设备内部用线
1684	聚四氟乙烯绝缘电子线	最小40	不要求	实心或发泡聚四氟乙烯	0.30	无	无	无	无	105	2类电子设备内部用线
1685	聚氯乙烯绝缘电子线	最小40	不要求	实心或发泡聚氯乙烯可交联	0.05～2.54	可选	可选；聚氯乙烯	0.05～2.54	无	105	仅用于2类电子设备内部用线

（续）

UL 型号	产品名称	导体规格 /AWG	导体材料及结构	绝缘材料	绝缘厚度 /mm	屏蔽	护套材料	护套厚度 /mm	被覆	温度等级℃	用途
1696	聚氯乙烯绝缘电子线	最小 40	不要求	聚氯乙烯	0.08 ~ 0.76	无	无	无	无	60	用于音频和视频设备低能耗的非危险电路
1697	聚乙烯绝缘聚氯乙烯护套电子线	最小 40	不要求	实心或发泡聚乙烯或交联	0.18 ~ 2.54	可选	无	无	聚氯乙烯，0.18 ~ 2.54mm	60	2 类电子设备内部用线
1699	聚氯乙烯绝缘带屏蔽护套电缆	最小 40	不要求	聚氯乙烯	0.30	可选	聚氯乙烯	0.30	无	60	2 类电子设备内部用线
1703	聚乙烯绝缘同轴电缆	最小 40	不要求	实心或发泡交联或非交联聚乙烯或 FRPE	0.18	可选	聚氯乙烯、聚酯、聚酰胺，聚偏二氟乙烯，乙烯 - 四氟乙烯共聚物或漆带	0.05	无	60	用于音频和视频设备低能耗的非危险电路
1707	聚四氟乙烯绝缘电子线	32 ~ 20	实心或绞合导体	聚四氟乙烯	0.13	无	无	无	无	200	仅用于 2 类电子设备内部用线
1719	聚乙烯绝缘同轴电缆	最小 40	不要求	实心或发泡聚乙烯、FRPE 或聚氯乙烯，可交联	0.18 ~ 2.54	无	聚氯乙烯	0.20 ~ 2.54	无	60	用于音频和视频设备低能量的非危险电路
1721	同轴电缆	最小 40	不要求	TFE，FEP，聚偏二氟乙烯或乙烯 - 四氟乙烯共聚物	0.08 ~ 1.0	可选	无		可选	80	2 类电子设备内部用线
1732	聚氯乙烯绝缘电子线	最小 40	不要求	聚氯乙烯	0.05	可选	聚氯乙烯	0.13 ~ 2.54	无	80	1）用于音频和视频设备低能耗的非危险电路 2）2 类电子设备内部用线
1741	聚乙烯绝缘聚氯乙烯护套电子线	最小 40	不要求	实心或发泡聚乙烯或 FRPE，可交联	0.18 ~ 3.8	可选	聚氯乙烯	0.60 ~ 2.54 或 0.76 ~ 2.54	可选	60	Ⅰ类用于 2 类电子设备内部用线；Ⅱ用于 2 类电子设备的内部或外部用线
1747	聚氯乙烯绝缘电子线	最小 40	镀锡铜或裸铜	聚氯乙烯	0.25	无	无	无	无	60 或 80	用于防止底盘或受机械损伤的电子设备和商业机器内部用线

（续）

UL 型号	产品名称	导体规格/AWG	导体材料及结构	绝缘材料	绝缘厚度/mm	屏蔽	护套材料	护套厚度/mm	被覆	温度等级℃	用途
1748	聚氯乙烯绝缘电子线	40～18	镀锡铜或裸铜	聚氯乙烯	0.25	可选	可选，聚氯乙烯	0.30	无	60 或 80	2 类电子设备或商业机器内部用线
1763	聚乙烯绝缘电子线	最小 40	不要求，每个导体绞合是聚氨酯涂层	实心或发泡交联或不交联聚乙烯	0.18	可选，材料使用金属或织带	无	无	无	80	仅用于 2 类电子设备内部用线
1788	聚氯乙烯绝缘护套电子线	40～18	镀锡铜或裸铜	聚氯乙烯	0.25	可选	聚氯乙烯	0.41	无	60 或 80	用于防止底盘或受机械损伤的电子设备和商业机器内部用线
1789	绝缘接地线	40～18	不要求	实心或发泡聚氯乙烯、聚乙烯或 FRPE	0.05～1.27	无	无	无	无	60 或 80	2 类电子设备或商业机器内部用线
1797	聚四氟乙烯绝缘电缆 TEFZEL 护套同轴电缆	40～20	不要求	由一条或多条实心或发泡聚四氟乙烯缠绕	0.13	可选	乙烯和四氟乙烯共聚物	0.04	无	90	2 类电子设备内部用线
1819	聚乙烯绝缘同轴电缆	最小 40	不要求	实心或发泡聚乙烯，可交联	0.10	可选			聚氯乙烯，聚酯带、乙烯－四氟乙烯共聚物聚酰胺、Kynar，黄金漆不锈钢编织	80	用于使用时无重复摇摆的、低能耗无危险的视频或音频设备
1830	聚乙烯绝缘同轴电缆	最小 40	不要求	交联或非交联的实心或发泡聚乙烯或 FRPE	0.13～3.17	可选	无	无	1）铝聚酯带不要求 2）在屏蔽外层。挤出型聚氯乙烯或热封胶带，尼龙，聚酯，聚偏二氟乙烯，TEFZEL，XLPE，交联 PVC 或漆编织带	60	2 类电子设备外部连接用绝缘信号线

（续）

UL型号	产品名称	导体规格/AWG	导体材料及结构	绝缘材料	绝缘厚度/mm	屏蔽	护套材料	护套厚度/mm	被覆	温度等级℃	用途
1832	同轴电缆	最小40	不要求	TFE，FEP，聚偏二氟乙烯或乙烯-四氟乙烯共聚物	0.13～1.0	可选	无	无	可选	80	电子设备内部或外部绝缘信号线
1837	氟化乙烯丙烯共聚物绝缘同轴电缆	最小40	不要求	实心或发泡氟化乙烯丙烯共聚物	0.18～3.17	可选	无		氟化乙烯丙烯共聚物，0.05	60	2类电子设备内部用线
1840	聚氯乙烯绝缘护套电缆	26～16	不要求	聚氯乙烯	0.38	可选	聚氯乙烯	0.38	无	80	电子设备及音、视频设备内部或外部用线
1847	氟化乙烯丙烯共聚物绝缘电子线	最小40	不要求	氟化乙烯丙烯共聚物	0.04	无	无	无	无	105	2类电子设备内部用线
1867	乙烯四氟乙烯绝缘电子线	最小50	不要求	挤出型乙烯四氟乙烯	0.03～2.54	可选	可选；乙烯四氟乙烯或聚氟乙烯	0.13～2.54	无	80	2类电子设备内部用线
1868	乙烯四氟乙烯绝缘电子线	最小40	不要求	挤出型乙烯四氟乙烯	0.05～2.54	可选	可选；乙烯四氟乙烯或聚氟乙烯	0.13～2.55	无	60	仅用于2类电子设备内部用线
1875	发泡聚四氟乙烯绝缘电子线	32～20	实心或绞合铜，镀银或镀镍铜，或135号镀银合金	挤出型发泡聚四氟乙烯	0.13	无	无	无	无	105	适用于无移动或机构损伤的2类电子设备内部
1894	铁氟龙绝缘护套电缆	最小40	不	挤出型乙烯丙烯共聚物、PFA或铁氟龙	0.08	可选	可选，挤出型氟化乙烯丙烯共聚物或铁氟龙	0.08	无	200	2类电子设备内部用线
1959	热塑性（聚氯乙烯）绝缘电子线	最小36	实心或绞合导体	两层热塑性绝缘的混合物	0.10	无	无	无	无	60	电子设备内部或外部绝缘信号线
1960	铁氟龙绝缘氟化乙丙烯共聚物护套带屏蔽电子线	28～22	实心或绞合导体	挤出型铁氟龙	0.13	可选	挤出型乙丙烯	0.13	无	105	电子设备内部用线

（续）

UL型号	产品名称	导体规格/AWG	导体材料及结构	绝缘材料	绝缘厚度/mm	屏蔽	护套材料	护套厚度/mm	被覆	温度等级℃	用途
1972	热塑性（聚氯乙烯）绝缘电子线	最小36	实心或绞合导体	两层热塑性绝缘的混合物	0.10	无	无	无	无	80	电子设备内部或外部绝缘信号线
10011	PFA 绝缘电子线	最小40	不要求	挤出型PFA	0.03～2.54	可选	可选，使用乙烯四氟乙烯共聚物或聚氯乙烯	0.13～2.54	无	80	仅用于2类电子设备内部用线
10036	热塑性（尼龙）绝缘电子线	最小42	铜，铜包钢或铜合金，裸铜或镀锡、镀银铜。实心或绞合	热塑性尼龙	0.13	无	无	无	无	80，90或105	2类电子设备内部用线
10054	聚乙烯绝缘同轴电缆	最小50	不要求	实心或发泡FRPE	0.23	可选	聚氯乙烯	0.15	无	80	2类电子设备内部用线
10158	聚氯乙烯护套电缆	最小40	不要求	1类用途不要求，2类用途按制造商标签至少要80℃材料	按用途	可选	聚氯乙烯	厚度按不同导体号数进行区分		60	电子、电器及设备仪器内部连接线，大型变压器和灯具以及电机引出线等连接线材
10171	平行绝缘线	14～6平行导体	0.25～0.30mm厚，10.0～40mm宽			可选	无		可选	80	2类电子设备内部用线
10231	铁氟龙、氟化乙丙烯、乙烯四氟乙烯绝缘电子线	44～22	不要求	挤出型铁氟龙、氟化乙丙烯、乙烯四氟乙烯	0.04	可选	无		可选	90	2类电子设备内部用线或多导体护套电缆中的信号线
10248	氟化乙烯丙烯共聚物绝缘电子线	最小40	不要求	氟化乙烯丙烯共聚物、PFA/聚四氟乙烯或乙烯四氟乙烯共聚物	0.10	无	无	无	无	105	2类电子设备内部用线
10255	护套电缆的TPE绝缘芯线	最小36	不要求	TPE	0.50	无	无	无	无	60或80	用于护套电缆的芯线
10395	聚氯乙烯护套电子线	符合AWM要求或细则的线材	符合AWM要求或细则的线材	符合AWM要求或细则的线材	符合AWM要求或细则的线材	可选	聚氯乙烯	按不同导体规格	可选	105	电子设备内部用线或外部连接用线

（续）

UL型号	产品名称	导体规格/AWG	导体材料及结构	绝缘材料	绝缘厚度/mm	屏蔽	护套材料	护套厚度/mm	被覆	温度等级℃	用途
10445	氟化乙烯丙烯共聚物绝缘电子线	最小40	不要求	氟化乙烯丙烯共聚物	0.04	无	无	无	无	125	2类电子设备内部用线
10448	聚乙烯绝缘电子线	最小40	不要求	实心或发泡交联聚乙烯或交联FRPE	0.04～2.54	可选	挤出型交联聚乙烯	0.13	可选	105	电子设备内部用线
10453	单支导体同轴电缆	28～12	镀锡铜或裸铜，单支或绞合铜	聚氯乙烯	0.13	可选	聚氯乙烯	0.38	无	60	电子设备内部用线或外部连接用线
10461	交联FRPE绝缘护套电子线	40～10	镀银、镀锡或裸铜	交联FRPE	最小0.10	可选	交联FRPE	0.25	无	105	2类电子设备内部用线
2385	低压计算机电缆	最小40	符合AWM要求或细则的线材	符合AWM要求或细则的线材	符合AWM要求或细则的线材	可选	聚氯乙烯	1.52	可选，聚氯乙烯0.15mm	60	2类电路计算机或电子设备内部或外部连接用线
2386	低压计算机电缆	最小40	符合AWM要求或细则的线材	符合AWM要求或细则的线材	符合AWM要求或细则的线材	可选	聚氯乙烯	2.00	可选，聚氯乙烯0.15mm	60	2类电路计算机或电子设备内部或外部连接用线
2388	低压计算机电缆	最小40	符合AWM要求或细则的线材	符合AWM要求或细则的线材	符合AWM要求或细则的线材	可选	聚氯乙烯	3.56	可选，聚氯乙烯0.15mm	60	2类电路计算机或电子设备内部或外部连接用线
2448	低压计算机电缆	最小40	符合AWM要求或细则的线材	符合AWM要求或细则的线材	符合AWM要求或细则的线材	可选	聚氯乙烯	按不同导体规格设计	可选	60或80	2类电路计算机或电子设备内部或外部连接用线
2493	热塑性（聚氯乙烯）绝缘电子线	30～16	符合AWM要求或细则的线材	符合AWM要求或细则的线材	符合AWM要求或细则的线材	可选	聚氯乙烯	按不同导体规格设计	可选	60	电子设备的外部连接
2532	电子缆	最小40	不要求	符合AWM要求或细则的线材	符合AWM要求或细则的线材	可选	聚氯乙烯	0.76	可选，0.38	80	电子设备内部或外部连接用线
2559	聚乙烯绝缘热塑性（聚氯乙烯）护套复合导体带屏蔽电缆	29～20	铜，铜包钢或铜合金，裸铜或镀锡、镀银铜，最小导电率为40% IACS	导体周围用阻燃聚乙烯缠绕。再用阻燃聚乙烯套管包围	0.38	铝箔麦拉	聚氯乙烯	1.19	无	60	电子设备内部用线

（续）

UL 型号	产品名称	导体规格 /AWG	导体材料及结构	绝缘材料	绝缘厚度 /mm	屏蔽	护套材料	护套厚度 /mm	被覆	温度等级℃	用途
2560	聚氯乙烯护套电缆	符合 AWM 要求或细则的线材	符合 AWM 要求或细则的线材	符合 AWM 要求或细则的线材	符合 AWM 要求或细则的线材	可选	聚氯乙烯	按不同导体规格设计	无	60	仅用于 2 类电路 EDP 设备与终端及外部设备的连接
2574	低压计算机电缆	最小 40	符合 AWM 要求或细则的线材	符合 AWM 要求或细则的线材	符合 AWM 要求或细则的线材	可选	聚氯乙烯	不同导体规格设计		105	仅用于 2 类电路数据机器与终端及外部设备的连接
2577	两芯或三芯交联聚乙烯绝缘电缆	30～16	单支或绞合镀锡铜或裸铜	交联实心或发泡聚乙烯或 FRPE	0.20	可选	聚氯乙烯	0.30	无	80	2 类电子设备内部用线
2588	挤出型聚氯乙烯绝缘聚氨酯护套电缆	3 根 7×0.16＋4 根 10×0.25＋2 根 16×0.25	绞合镀锡铜	聚氯乙烯	0.25	可选	聚氨酯	0.63	无	60	由 UL 来确定
2589	聚氯乙烯护套电子缆	符合 AWM 要求或细则的线材	符合 AWM 要求或细则的线材	符合 AWM 要求或细则的线材	符合 AWM 要求或细则的线材	可选	聚氯乙烯	按不同导体规格设计	无	105	电子设备内部或外部连接用线
2614	聚氯乙烯护套电子线缆	符合 AWM 要求或细则的线材	符合 AWM 要求或细则的线材	符合 AWM 要求或细则的线材	符合 AWM 要求或细则的线材	可选	聚氯乙烯	按不同导体规格设计	无	105	电子设备外部连接用线
2616	护套不可分离式带屏蔽平行电线	最小 40	两芯	交联的实心或发泡聚乙烯	0.2	可选	聚氯乙烯	按不同导体规格设计	无	80	2 类电子设备内部用线
2623	聚乙烯绝缘同轴电缆	最小 40	两芯至五芯	实心或发泡聚乙烯或 FRPE	0.08	可选	聚氯乙烯	0.13	无	80	2 类电子设备用线
2637	低压电缆	最小 40	符合 AWM 要求或细则的线材	符合 AWM 要求或细则的线材	符合 AWM 要求或细则的线材	可选	聚氯乙烯	按不同导体规格设计	无	90	2 类电路计算机或电子设备内部或外部连接用线
2644	绝缘平行线	32～12	不要求	聚氯乙烯	0.09	无	无	无	无	60	2 类电子设备内部用线

（续）

UL 型号	产品名称	导体规格/AWG	导体材料及结构	绝缘材料	绝缘厚度/mm	屏蔽	护套材料	护套厚度/mm	被覆	温度等级℃	用途
2666	复合导体氟化乙烯丙烯共聚物铁氟龙绝缘平行线	27，30或33	两芯或三芯圆形镀镍、镀银铜导体	氟化乙烯丙烯共聚物铁氟龙	0.08	无	无	无	可选	105	电子设备内部布线
2668	电子缆	最小40	符合AWM要求或细则的线材	符合AWM要求或细则的线材	符合AWM要求或细则的线材	可选	聚氯乙烯	按不同导体规格设计	无	60	电子设备内部或外部布线
2671	弹簧线	30～22	绞合裸铜、镀锡铜或镀银铜	聚丙烯	0.02	可选	聚氯乙烯	0.94	无	60	计算机内部布线
2676	聚氯乙烯绝缘带屏蔽护套电缆	最小40	两芯，三芯或四芯电子线	聚氯乙烯	0.18	右导体或芯线外	聚氯乙烯	0.25	无	80	2类电子设备内部用线或外部跳线
2687	热缩性绝缘护套医疗设备用15芯电缆		绞合铜导体	聚氯乙烯（1061）或聚丙烯（1589）	按1061或1589	无	聚氯乙烯	0.08	无	60	医疗设备内部连接电缆
2688	聚酰亚胺绝缘连接线	40～24	单支或绞合镀锡铜或裸铜等	聚酰亚胺漆	40～30AWG，0.13；29～24，0.20	无	无	无	无	105	2类电子设备内部用线
2700	低压计算机电缆	36～20	2～100芯，圆形或三角形，单支或绞合铜，镀银或镀镍铜导体	聚对苯二甲酸乙二醇酯、聚氯乙烯	顶层：0.02mm聚对苯二甲酸乙二醇酯+0.02mm聚氯乙烯；底层：最小0.15mm聚氯乙烯。绝缘宽至少0.58，导体间距0.33mm	无	无	无	无	60	电子设备内部用线

（续）

UL 型号	产品名称	导体规格/AWG	导体材料及结构	绝缘材料	绝缘厚度/mm	屏蔽	护套材料	护套厚度/mm	被覆	温度等级℃	用途
2709	电子缆	最小 40	符合 AWM 要求或细则的线材	符合 AWM 要求或细则的线材	符合 AWM 要求或细则的线材	无	无	无	可选，最小 0.15mm 厚的聚氯乙烯	60	2 类电子设备的内部和外部连接用线
2718	层压平行缆	最小 40	2 层	聚氯乙烯	0.13	无	无	无	无	80	2 类电子设备的内部用线
2719	铁氟龙绝缘平行线	最小 40	2～30 芯，材料不要求，不同导体不能混用	四氟乙烯	0.23，导体间距及边缘厚度最小为 0.58	无	无	无	无	80	2 类电子设备内部用线
2731	复合导体平行线	2402，2412，2445，2466，2480，2651 或 2678 线材规格	2402，2412，2445，2466，2480，2651 或 2678 线材导体	2402，2412，2445，2466，2480，2651 或 2678 线材绝缘	2402，2412，2445，2466，2480，2651 或 2678	可选	聚氯乙烯	按芯线的直径进行设计，芯线直径小于 0.057mm 时，厚度为 0.76mm；芯线直径为 0.057～0.1mm；厚度为 1.14mm	无	60	电子设备的外部连接，2 类或 3 类电路中防止机械误用
2735	复合平行线	同 2445 线材	同 2445 线材	同 2445 线材	同 2445 线材	可选	聚氯乙烯	按芯线的直径进行设计，芯线直径小于 0.057mm 时，厚度为 0.76mm；芯线直径 0.057～0.1mm 时，厚度为 1.14mm	无	60	电子设备的外部连接，2 类或 3 类电路中防止机械误用
2746	层压平行缆	1 系列的单支线	1 系列的单支线	1 系列的单支线	1 系列的单支线	无	聚氯乙烯	0.13	无	105	仅用于 2 类电子设备内部用线
2760	层压平行缆	最小 40	无要求	聚氯乙烯	0.15	无	无	无	无	80	2 类电子设备内部用线
2791	聚乙烯绝缘同轴电缆	最小 40	2～10 芯	实心或发泡聚乙烯或阻燃聚乙烯，可交联或化学交联	0.10～2.54	单根屏蔽或全部屏蔽	聚氯乙烯	0.13	可选	80	音视频设备用低能耗无害电路接线

（续）

UL型号	产品名称	导体规格/AWG	导体材料及结构	绝缘材料	绝缘厚度/mm	屏蔽	护套材料	护套厚度/mm	被覆	温度等级℃	用途
2792	非整体式SPT类型电缆	32～16	单支铜或绞合铜，镀锡或裸铜或铜合金。可以包括非绝缘接地导体	实心或发泡聚乙烯或阻燃聚乙烯，可以辐照或化学交联	0.45～2.54	绝缘导体外	聚氯乙烯	0.25	无	60	音视频设备用低能耗无害电路接线
2794	平行并排线	同1692线	同1692线	2～50芯单支或绞线	—	—	—	—	—	80	仅用于2类电子设备内部用线
2797	平行电缆	最小40	2～4芯，不要求，可包括非绝缘地线	实心或发泡聚乙烯，阻燃聚乙烯，FEPT，FRFETP或聚氯乙烯，可交联	0.13～2.54	在导体外	聚氯乙烯	0.02～0.1平行线需要撕裂后测量	无	60	音视频设备用低能耗无害电路接线
2803	电子缆	同1605线	同1605线	同1605线	同1605线	可选	聚氯乙烯	0.76	无	60	2类电子设备内部或外部用线
2805	两芯导体非整体式SPT型电线	最小40	不要求	实心或发泡聚乙烯或阻燃聚乙烯，可交联	0.18～2.54	可选	聚氯乙烯	0.38	无	60	音视频设备用低能耗无害电路接线
2814	平行并排线	符合AWM要求或细则的线材	符合AWM要求或细则的线材	符合AWM要求或细则的线材	符合AWM要求或细则的线材	无	无	无	无	80	仅用于2类电子设备内部用线
2831	并行线	最小40	2芯	聚氯乙烯	0.33	无	无	无	无	80	音视频设备用低能耗无害电路接线
2836	平行并排线	32～16	2～150芯，镀锡铜、裸铜、单支或绞合铜，导体需要平行放置，不同规格可以混用	聚氯乙烯	0.20	无	无	无	无	80	2类电子设备的内部用线
2840	聚氯乙烯护套电缆	最小40	2～4芯，材料不要求	实心或发泡聚乙烯或阻燃聚乙烯；可交联	0.08～2.54	单芯线或绞缆外	聚氯乙烯	0.13	无	105	2类电子设备的内部用线

（续）

UL 型号	产品名称	导体规格/AWG	导体材料及结构	绝缘材料	绝缘厚度/mm	屏蔽	护套材料	护套厚度/mm	被覆	温度等级℃	用途
2841	聚氯乙烯护套电缆	最小 40	不要求	不要求	不要求	可选	聚氯乙烯	按芯线直径设计	无	80	2 类电子设备的内部用线
2842	聚氯乙烯护套电缆	最小 40	符合 AWM 要求或细则的线材	符合 AWM 要求或细则的线材	符合 AWM 要求或细则的线材	可选	聚氯乙烯	按芯线直径设计	无	80	用于终端使用连接器的 2 类电子设备外部用线
2843	平行并排线	最小 40	2～150 芯，不同规格可以混用	层压或挤出氟化乙烯丙烯共聚物或四氟乙烯	任意点 0.06mm。有对绞平行导体时导体间距 0.76mm。绝缘边缘为 0.18	无	无	无	无	60	2 类电子设备的内部用线
2848	聚氯乙烯绝缘护套电线	最小 40	2～30 芯	实心或发泡聚氯乙烯，可交联	0.10 最小	可选	聚氯乙烯	0.13	可选	80	2 类电子设备内部用线
2852	平行同轴线	最小 40	2 芯或 3 芯	实心或发泡聚乙烯、阻燃聚乙烯或聚氯乙烯，可交联	0.18	可选	聚氯乙烯	最小 0.13	无	80	2 类电路立体声器件的跳线
2854	电子缆	最小 40	符合 AWM 要求或细则的线材	符合 AWM 要求或细则的线材	符合 AWM 要求或细则的线材	可选	聚氯乙烯	0.13	无	80	仅用于 2 类电子设备内部用线
2863	平行同轴线	最小 40	不要求	实心或发泡聚乙烯、聚氯乙烯、阻燃聚乙烯	0.10～2.54	可选	聚氯乙烯	0.08	可选	80	用于 2 类电子设备内部接线
2864	平行同轴线	最小 40	2～4 芯，材料不要求	实心或发泡聚乙烯、阻燃聚乙烯	0.10～2.54	单根绝缘包部	聚氯乙烯	0.18	无	80	音视频设备用低能耗无害电路接线
2879	电子缆	40～20	材料不要求，不同规格可以混用	不要求	不要求	可选	聚氯乙烯	0.13	无	60、80、90 或 105	仅用于 2 类电子设备内部用线
2896	平行绝缘线	40～12	2～150 芯，材料不要求	按标准要求	按标准要求	可选	无	—	可选	80	2 类电子设备内部用线

（续）

UL型号	产品名称	导体规格/AWG	导体材料及结构	绝缘材料	绝缘厚度/mm	屏蔽	护套材料	护套厚度/mm	被覆	温度等级℃	用途
2898	平行编织线	最小等级为80℃30V的单支线，限制于2类电路的除外	不同导体可以混用	2~100芯的绝缘单支线单根或绞合后平行放置，外部缠绕尼龙	—	—	—	—	—	80	器具内部用线
2904	平行同轴线	最小40	3芯，材料不要求	符合要求的1系列电线，最小等级为80℃30V	—	可选	聚氯乙烯	撕裂后最小0.30	无	80	音视频设备用低能耗无害电路接线
2916	平行并排线	最小40	2~150芯	层压或挤出氟化乙烯丙烯共聚物或四氟乙烯	0.13	无	无	无	无	80	2类电子设备内部用线
2918	同轴平行线	32	两芯绞合金属箔导体	聚氯乙烯	0.38	无	无	无	无	60	2类电路的电子热电偶探头电线
2919	低压计算机电缆	最小40	符合AWM要求或细则的线材	—	—	可选	聚氯乙烯	按要求	无	80	2类电子计算机或商业机器内部和外部用线
2921	电子缆	最小40	符合AWM要求或细则的线材	—	—	可选	聚氯乙烯	按要求	无	60	仅用于2类电子设备内部或外部连接用线
2932	聚氯乙烯护套电缆	符合AWM要求或细则的线材	符合AWM要求或细则的线材	—	—	可选	聚氯乙烯	0.76	无	60	音视频设备的内部或外部用线
2933	聚氯乙烯护套电线	符合AWM要求或细则的线材	符合AWM要求或细则的线材	—	—	可选	聚氯乙烯	0.38	无	60	音视频设备的内部用线
2938	复合导体电缆	最小40	符合AWM要求或细则的线材	—	—	无	聚氯乙烯	按芯线的直径进行设计	无	90	器具与电子设备的内部用线
2941	聚氯乙烯绝缘护套电缆	40~16	2~30芯，材料不要求	实心或发泡聚氯乙烯，可交联	0.10	可选	聚氯乙烯	0.23	无	105	2类电子设备内部用线
2942	平等编织线	符合AWM要求或细则的线材	2~100支芯线单支或绞合平行放置，外部缠绕尼龙、玻纤、涤纶线、TPE或FEP形成平行电缆。不同导体可以混用	—	—	—	—	—	—	80	2类电子设备内部用线

（续）

UL型号	产品名称	导体规格/AWG	导体材料及结构	绝缘材料	绝缘厚度/mm	屏蔽	护套材料	护套厚度/mm	被覆	温度等级℃	用途
2949	麦拉绝缘电子线	最小40	材料不要求	符合要求的1690线材	—	—	—	—	—	90	2类电子设备的内部用线
2960	复合导体电缆	最小32	单支或绞合导体	聚丙烯	0.09～0.76	可选	聚氯乙烯	按芯线的直径进行设计	—	60	计算机或商业机器的内部或外部用线
2962	平行电缆	最小40	2～100芯，材料不要求	聚氯乙烯	0.10，撕裂后最小厚度	可选	无屏蔽时使用聚氯乙烯护套	0.10	无	60、80、90或105	2类电子设备内部用线
2963	非整体式SPT类型电缆	30～16	单支或绞合，镀锡或裸铜、铜或铜合金导体，不同导体可以混用	实心或发泡聚氯乙烯	0.46～2.54	可选	聚氯乙烯	0.25，撕裂后最小0.20	无	60	音视频设备用低能耗无害电路接线
2969	电子缆	最小40	符合AWM要求或细则的线材	—	—	可选	聚氯乙烯	按芯线的外径设计和选择	可选	60	2类音视频设备或电子设备的内部用线
2970	聚氯乙烯绝缘电缆	最小40	2～6芯，相同或混合导体，材料不要求	实心或发泡聚氯乙烯，可交联	0.05～2.54	可选	挤出型聚氯乙烯、聚酰胺或聚酯漆	不要求	可选	80	2类电子设备内部用线
2971	带有非整体式护套的复合导体平行线	32～20	单支或绞合铜，镀锡铜、裸铜或铜合金	实心或发泡聚乙烯或阻燃聚乙烯，可交联	0.13～2.54	可选	挤出型聚氯乙烯	0.08～1.14	无	60	仅用于2类电子设备内部用线
2973	非整体式SPT类型电缆	最小40	2～4芯，材料不要求	实心或发泡聚乙烯、阻燃聚乙烯，可交联	0.13～1.14	可选	挤出型聚氯乙烯	0.25	无	60	2类电子设备内部用线
2981	带有非整体式护套的复合导体平行线	最小40	2～10芯，材料不要求	实心或发泡聚乙烯、阻燃聚乙烯，可交联	0.13～2.54	可选	挤出型聚氯乙烯	平均0.38	无	60	仅用于2类电子设备的内部用线
2982	带有非整体式护套的复合导体平行线	最小40	2～10芯，材料不要求	实心或发泡聚乙烯或阻燃聚乙烯	0.13～2.54	可选	挤出型聚氯乙烯	平均0.76	无	60	仅用于2类电子设备的内部或外部连接用线

表 3-3-2　产品测试项目及要求

试验类型 \ 检验项目			单 位	测试标准要求	测试方法
结构检验	导体	根数/单线直径	根/mm	UL758	UL1581 及 UL2556
		绞距	mm	UL758	UL1581 及 UL2556
		标称截面积	mm^2	UL758	UL1581 及 UL2556
	绝缘	平均厚度	mm	UL758	UL1581 及 UL2556
		最小厚度	mm	UL758	UL1581 及 UL2556
		外径	mm	UL758	UL1581 及 UL2556
		最小厚度	mm	UL758	UL1581 及 UL2556
		外径	mm	UL758	UL1581 及 UL2556
物理机械性能	绝缘	老化前抗拉强度	N/mm^2	UL758	UL1581 及 UL2556
		老化前伸长率	%	UL758	UL1581 及 UL2556
		老化后抗拉强度	%	UL758	UL1581 及 UL2556
		老化后伸长率	%	UL758	UL1581 及 UL2556
	护套	老化前抗拉强度	N/mm^2	UL758	UL1581 及 UL2556
		老化前伸长率	%	UL758	UL1581 及 UL2556
		老化后抗拉强度	N/mm^2	UL758	UL1581 及 UL2556
		老化后伸长率	%	UL758	UL1581 及 UL2556
直流电阻上限（20℃）			Ω/km	UL758	UL1581 及 UL2556
绝缘电阻			MΩ · km	UL758	UL1581 及 UL2556
耐压试验			kV	UL758	UL1581 及 UL2556
火花试验（生产线试验）			kV	UL758	UL1581 及 UL2556
热冲击试验				UL758	UL1581 及 UL2556
低温弯曲试验				UL758	UL1581 及 UL2556
耐燃试验　VW-1				UL758	UL1581 及 UL2556

注：1. 绝缘材料和厚度，护套材料和厚度，请参考 Style Page 的描述，且必须达到 Facing Page 里描述特定的厚度要求。

2. 针对 UL 电子线，表面印字一般不做要求；AWM 线表面如印字则至少包含 AWM 和 AWM 认证公司名或文本号（如工厂区别代号）等相关内容，同时也可以印其他标识（如线径、芯线数、温度、电压等）应满足标准的要求而不会误导客户。

3. UL 标签由 Tag 和 Lable 组成，Lable 由制造商或生产工厂根据自己的实际情况向 UL 订购；电线的最小包装必须附有 UL 标签，标签 Lable 总面额等于电线总长度，误差不超过 ±5%。

通常要求电源软线具有良好的耐老化、耐热、耐寒、耐油、防水等性能。电源软线所配用的软线除北美标准部分产品外，大部分都要求软线带有外护套，且要求软线足够柔软以满足正常使用中卷绕及拖拽等要求。这一类软线通常需要符合 IEC 60227、IEC 60245、UL62 等标准的要求。对于电源软线本身则需要符合 IEC 60884-1、UL817 等安全标准规定的性能要求。对于不同国家的插头型式及尺寸则需参考 IEC 60083 进行选择和设计。

电源软线在我国属强制认证产品，除需要符合 GB/T 2099.1—2008、IEC 60884-1 外，还需要同时考虑家用和类似用途插头、插座电气电子产品类强制性认证实施规则的要求来取得和维持产品的 CCC 认证。

除了机械性能和电性能以外，随着人们生活水平的提高及对有毒有害物质认识的提高，欧盟 RoHS、REACH、California 65 proposal 等对于环境有害物质的要求也被加入到电源软线中。近年来关于低烟无卤材料的选用也被很多设计开发人员关注，但是由于成本等多方面的原因，电源软线在低烟无卤方面的使用并不广泛。

1. 电源软线的用途

电源软线一般用于电器与电源插座或供电设备之前的连接，使设备通电并正常工作。

2. 电源软线的结构

电源软线一般由符合相应标准要求的插头附带一条符合相应标准要求的软线组成，产品要求具有足够的柔软度和良好的机械性能、阻燃性能，以满足产品在使用过程中的卷曲和老化等环境的要求。

3. 电源软线的分类

1）按标准分：由于北美地区电压与国际其他地区电压系统的不同，通用的电源软线按安全标准来分主要有两大系列，即IEC标准系列及北美标准系列。

2）按电流分：通常有2.5A、3A、5A、6A、7A、10A、12A、13A、15A、16A、20A。

3）按材料所分：有PVC、TPE、低烟无卤TPE、低烟无卤PPO等。

4）按连接方式分：按插头与软线的连接方式来分，通常有可拆线式和不可拆线式。可拆线式是指使用专业工具便可以将插头与软线分离；不可拆线式是指除非将插头破坏否则不能将插头与软线分离。

4. 通用电源软线执行标准（见表3-3-3）

表3-3-3 国际通用电源软线标准

序号	标准编号	标准名称
1	GB/T 5023—2008、JB/T 8734—2016	额定电压450/750V及以下聚氯乙烯绝缘电缆、电线和软线
2	GB 2099.1—2008	家用和类似用途插头插座 第1部分：通用要求
3	GB 1002—2008	家用和类似用途单相插头插座型式、基本参数和尺寸
4	GB 1003—2008	家用和类似用途三相插头插座型式、基本参数和尺寸
5	GB/T 5013—2008	额定电压450/750V及以下橡皮绝缘电缆
6	UL 62—2010	软线和电缆
7	UL817—2012	软线组件与电源软线
8	UL498—2012	插头插座
9	IEC 60083—2009	IEC成员国中的标准化的家用和类似用途插头插座
10	ICE 60884－1：2002	家用和类似用途插头插座第1部分：通用要求
11	DIN VDE 0620－1：2013	家用和类似用途插头插座第1部分：一般要求
12	DIN 49406－1—1981	插头尺寸图
13	EN 50075—1991	家用和类似用途Ⅱ类器具连接用的2.5A、250V非金属丝双极扁平插销规范
14	DIN 49441－2—1989	带接地接触点的防溅型二极插头
15	DIN 49406－2—1989	Ⅱ类电器用防溅型二极插头
16	BS EN50525－1—2011	额定电压450/750V及以下电线电缆 第1部分：通用要求
17	BS EN50525－2－11—2011	额定电压450/750V及以下电线电缆 第2－11部分：热塑性聚氯乙烯绝缘软线
18	BS EN50525－2－21—2011	额定电压450/750V及以下电线电缆 第2－21部分：交联橡胶绝缘软线
19	BS EN50525－3－11—2011	额定电压450/750V及以下电线电缆 第3－11部分：低烟无卤绝缘软线
20	JIS C 8303—2007	家用和类似用途插头和插座
21	AS/NZS 3112—2011	澳大利亚插头插座认证及测试说明
22	BS1363－1：1995＋A4：2012	13A插头插座，适配器和连接器 第1部分 可拆式不可拆式13A带保险管插头
23	IRAM Standard 2063/2073	插头和插座标准
24	SABS 164－0：2006	南非家用和类似用途插头插座 第0部分 通用安全要求
25	SABS 164－1：1997	按国家修改的南非家用和类似用途插头插座 第1部分 传统系统 交流16A 250V

（续）

序号	标准编号	标准名称
26	SABS 164-2：1997	按国家修改的南非家用和类似用途插头插座 第2部分 IEC系统16A 250V
27	SABS 164-3：2007	按国家修改的南非家用和类似用途插头插座 第3部分 传统系统 交流6A 250V
28	SABS 164-4：2007	按国家修改的南非家用和类似用途插头插座 第4部会 专注系统 交流16A 250V
29	SABS 164-5：2007	按国家修改的南非家用和类似用途插头插座 第5部分 二类系统用不可拆线扁平两插插头 交流2.5A 250V
30	SABS 164-6：2008	按国家修改的南非家用和类似用途插头插座 第6部分 二类系统用圆形插头10A 250V或16A 250V
31	TIS 166-2549：2006	家用和类似用途插头插座：250V以下插头插座
32	NBR 14136：2002	巴西插头和插座标准
33	KSC 8305：2002	韩国插头和插座标准
34	CEI23-50：2007	意大利插头和插座标准
35	SNI 04-3892.1.1：2003	印尼插头和插座标准
36	SNI 04-6629.1/6629.2：2006	印尼PVC电线标准
37	IS：6538-1971	印度弹性插头
38	IS 1293：2005	印度插头和插座标准
39	SVE 1011：2009	瑞士插头和插座标准

3.1.3 硅橡胶电子线

硅橡胶电线采用硅胶材料和导体加工而成，具有优良的高温耐低温性能，具有优良的电绝缘性能和化学稳定性能，且耐高电压、耐老化、使用寿命长、柔软便于安装。

该电缆可长期在允许工作温度为200℃以下和不低于-60℃环境温度范围内使用，广泛应用于照明灯具、家用电器、电热电器、仪表仪器、电机引接线、灯具、燃具等高温环境，也应用于电力安装、重工机械、工业机器、冶金工业、化工工业、医疗设备等环境。

1. 硅橡胶电子线主要型号

1）按加工工艺来分：光伸线（绝缘线）和绝缘编织线。

2）按温度等级来分：75℃、105℃、150℃、180℃、200℃。

3）按电压等级来分：中、高、压电线。

4）按医疗等来分：医疗、常规。

5）按安规来分：UL、VDE、TUV、GB。

2. 硅橡胶电子线型号执行标准

（1）光伸线

1）UL758系列：UL3099、UL3123、UL3130、UL3132、UL3133、UL3134、UL3135、UL3136、UL3137、UL3138、UL3139、UL3140、UL3141、UL3142、UL3143、UL3211、UL3212、UL3133、UL3214、UL3215、UL3216、UL3219、UL3222、UL3223、UL3239、UL3240、UL3241、UL3243、UL3262、UL3326、UL3350、UL3353、UL3367、UL3407、UL3408、UL3512、UL3529、UL3530、UL3536、UL3566、UL3580、UL3585、UL3640等。

2）VDE系列：【DIN EN 50525-2-41（VDE 0285-525-2-41）：2012-01；EN 50525-2-41：2011】：H05S-K、H05SJ-K、FG4G4；

【DIN EN 50525-2-83（VDE 0285-525-2-83）：2012-01；EN 50525-2-83：2011】：（H）05SS-F；

【DIN VDE 0250 Teil 813：1985-05 DIN EN 50525-2-41（VDE 0285-525-2-41）：2012-01；EN 50525-2-41：2011】：SVT-S 1kV，3kV，6kV，10kV，20kV；

【DIN VDE 0250 Teil 502：1985-03】：N2GFAF。

3）TUV系列：NM 274：2002。

4）GB系列：GB/T 5013.3—2008、JB/T6213.4—2006、Q/IRMV2—2008。

（2）绝缘编织线

1）UL758系列：UL3068、UL3069、UL3070、

UL3071、UL3074、UL3075、UL3101、UL3122、UL3125、UL3126、UL3127、UL3128、UL3172、UL3144、UL3231、UL3239、UL3304、UL3434、UL3640、UL3641、UL3642、UL3643。

2）VDE 系列：【DIN VDE 0282 - 3（VDE 0282 Teil 3）：2006 - 12；HD 22.3 S4：2004 + A1：2006】：1185 等。

3.1.4 氟塑料高温线

氟塑料电线电缆具有优良的耐候性、耐热性，摩擦系数较小，化学性能稳定，具有较好的电绝缘性能。因此氟塑料电缆在石油、冶金、化工、电力、航天等环境恶劣的行业有着重要用途。常见的氟塑材料的特性见表3-3-4。

表3-3-4 常见氟塑材料的特性表

材料名称	绝缘耐力/(kV/mm)	ρ_v/(Ω·cm)	ε	tanδ（%）	抗拉强度/MPa	伸长率（%）	比重	软化温度/℃	额定温度/℃
PVDF	20～35	$\geqslant 10^{14}$	3.5～8	5～25	7～8	350～450	1.77	149	105
FEP	15～30	$\geqslant 10^{14}$	2.1	0.03	6～7	100～300	2.2	285	200
PFA	20～35	$\geqslant 10^{16}$	2.1	0.02	1.5～3.0	100～300	2.2	305	250
PTFE	20～30	$\geqslant 10^{17}$	2.1	0.02	1.5～3.0	100～300	2.2	327	250
ETFE	20～35	$\geqslant 10^{14}$	2.6	0.2	6～7	200～300	1.7	270	150
材料名称	难燃性	耐老化性	耐热变形性	耐寒性	耐候性	耐臭氧老化	耐油性	耐酸性	耐碱性
PVDF	优	优	优	优	优	优	优	优	优
FEP	优	优	优	优	优	优	极优	极优	极优
PFA	优	优	优	优	优	优	极优	优	优
PTFE	优	优	优	优	优	优	极优	极优	极优
ETFE	优	优	优	优	优	优	极优	优	优

1. 氟塑料电线电缆特性

（1）阻燃性能 氟塑料的氧指数高，燃烧时火焰扩散范围小，产生的烟雾量少。用其制作的电缆适合对阻燃性要求严格的地方，例如计算机网络、地铁、车辆、高层建筑等公共场合，一旦发生火灾，人们可以有一定的时间疏离，而不被浓烟熏倒，争取到宝贵的救援时间。

（2）电气性能 相对聚乙烯而言，氟塑料的介电常数更低，因此，与同结构的同轴电缆相比较，氟塑料电缆的衰减更小，更适合于高频信号传输。现阶段电缆的使用频率越来越高，由于氟塑料耐高温，所以常用作通信设备的内部接线、无线发射馈线与发射机之间的跳线和音视频线。此外，氟塑料电缆的介电强度高、绝缘电阻好，适合作为重要仪器仪表的控制电缆。

（3）耐高温性能 氟塑料有着超乎寻常的热稳定性，使得氟塑料电缆能适应150～200℃的高温环境，而聚乙烯、聚氯乙烯电缆只适用于70～90℃的工作环境。另外，在相同截面积导体的条件下，氟塑料电缆可以传输更大的许用电流，大大提高了电缆的使用范围，由于这种独特的性能，氟塑料电缆常用于飞机、舰艇、高温炉以及电子设备的内部布线、引接线等。

（4）机械化学性能 氟塑料的化学键能高，具有高度的稳定性，几乎不受温度变化的影响，有着优良的耐气候老化性能和机械强度；而且不受各种酸、碱和有机溶剂物的影响，适用于环境气候变化大、有腐蚀性场合，如石化、炼油、油井仪器控制等。

（5）焊接连线 在电子仪器中，有不少接线是采用焊接方法进行连接，由于一般塑料的熔融温度低，在高温时容易熔化，需要熟练的焊接技术，而有些焊点必须要有一定的焊接时间，这也成为氟塑料电缆受到欢迎的原因，如通信设备和电子仪器的内部接线。

（6）价格高、生产难度大 生产成本高，销售价格自然也高，这也限制了其的应用。然而，也正因为如此，使得竞争厂家少，需要使用氟塑料电缆的客户也就不会过于计较价格因素。

2. 氟塑料高温线用途、型号、主要技术参数和生产工艺

（1）用途 在电线电缆的生产中，常用的氟塑料有聚四氟乙烯、聚全氟乙丙烯、聚偏氟乙烯、四氟乙烯和乙烯共聚物等，用以制造各种耐热、耐高温绝缘电线、测（油）井电缆、地质探测电缆、加热电缆，F级和H级电机引接线，耐辐照电线，电磁线，射频同轴电缆，煤矿用阻燃电缆的A型电缆等。

1）汽车工业：PTFE聚四氟乙烯塑料在苛刻环境下用作连接线，最高使用温度为250℃。PTFE聚四氟乙烯塑料绝缘电缆可通过UL标准80℃耐油试验，轿车中有许多地方使用PTFE聚四氟乙烯塑料绝缘电线，如耐油用自动传动装置的电缆、汽油油面传感器、制动摩擦传感器等。

2）建筑行业：随着我国城市化加速，高层建筑增多，人们对电线电缆火灾事故认识的加强，各领域对电缆防火的要求也越来越高，加上受设空间的限制，要求电线电缆线径要小、载流量要大。PTFE聚四氟乙烯塑料的高热稳定性、高阻燃性、低损耗已经成为人们关注的热点，采用PTFE聚四氟乙烯塑料绝缘用于特殊场合的连接线，可满足上述要求。建筑行业是PTFE聚四氟乙烯塑料绝缘电线电缆有待拓展的一个领域。

3）石油行业：由于需要注入的蒸汽温度高达300℃，压力也可达到20MPa，油井内部常年处于一种高温高压的环境，因此对于工作在这种高温高压环境的电缆来说，如何克服严苛的环境，把井下测井数据传输到井上成为一个重要的问题。氟塑料电缆拥有耐高温的特性，在300℃的高温下可以保持工作，耐压性能同样优秀，因此在石油行业也有越来越广泛的应用。

4）电力行业：电力行业的电线电缆应用环境非常复杂，如高温（定子、转子、空冷器入口）、浸泡液体（油槽、油管路、水管路及变压器）、容易遭到机械损坏（机坑、风洞），对电缆的要求十分苛刻。氟塑料电缆可以有效地克服这些恶劣环境，是适合的使用电缆。

5）航天航空：飞机内部环境复杂，电线电缆的应用除了考虑其电气性能、机械性能和化学性能外，还应综合考虑电网络匹配关系、抗干扰能力、载流量大小、使用环境、机械强度、电缆保护等因素。氟塑料电缆具有轻量化、抗干扰，以及优异的物理化学性能，在航空航天中正在发挥越来越重要的作用。

6）其他行业：在其他行业方面，PTFE聚四氟乙烯塑料绝缘电线电缆主要用于，家用电器加热导线、化工设备用电探测用的自控电缆、卤素灯泡固定架引接线、热电偶电线、特殊油井钻井设备数据记录电缆、工程机械电缆等，其应用领域在不断扩大。

（2）主要种类 氟塑料电缆可以制成实心和发泡两种形式，其中物理发泡氟塑料电缆在国外已有生产和使用，在国内尚在研制过程中，平时我们所说的氟塑料电缆通常指实心氟塑料电缆。绝缘的三种常见形式，即单芯电缆、同轴电缆、多芯电缆。

1）单芯电缆：也称作高温电线，其结构是内导体为单根或多股铜线（镀锡铜线、镀银铜线），导体外径为0.4～2.0mm，绝缘为氟塑料，绝缘层厚度为0.3～0.5mm，常用作航空导线、电子和电气设备布线以及特殊场合的照明线。

2）同轴电缆：内导体为单根或多股铜线（镀锡铜线、镀银铜线），直径为1.25～1.6mm，有三种绝缘形式：氟塑料绝缘，厚度为0.5～0.7mm；氟塑料发泡绝缘，厚度为2.5～3.0mm；氟塑料与聚乙烯组合绝缘，即内层用氟塑料绝缘，外层用聚乙烯绝缘，其中氟塑料的厚度为0.04～0.07mm。这类电缆常用作射频同轴电缆和电子设备的连接线。

3）多芯电缆：将单芯电线或同轴电缆绞合在一起，便为多芯电缆。其中有对绞的，也有非对绞的，分别用作工业计算机控制和自动化仪表仪器控制，对于特殊场合的五类、超五类电缆，数据传输、音频视频传输等，也采用这种氟塑料电缆。

（3）氟塑料高温线型号及执行标准 UL758系列：PTFE系列339项；FEP系列371项；PFA系列194项；ETFE系列249项；PVDF系列38项；ECTFE系列26项；XLETFE系列16项。

VDE相关标准：DIN 57250 Teil 106（VDE 0250 Teil 106）：1982－10。

（4）氟塑料生产工艺 氟塑料在生产挤出时产生的气体可能对导体具有腐蚀作用，因此氟塑料电线电缆几乎都使用镀银、镀锡、镀镍等镀金导体。用作氟塑料绝缘电线的绝缘材料主要有聚四氟乙烯PTFE、聚全氟乙丙烯FEP以及其他氟塑料。根据不同氟塑料的加工特点，一般采用以下三种加工工艺：

1）热挤工艺：当挤出机内部机筒温度达到350～390℃时，把F46型、F40型等氟塑料加入料斗，利用螺杆旋转的推力，通过成型模具均匀连续的包覆在导电线芯上，冷却后定型。此方法用ϕ30mm、ϕ60mm、ϕ90mm等高温塑料挤出机，常生产F46型、F40型等氟塑料绝缘产品。

2）推挤工艺：把粉状的聚四氟乙烯塑料预压成筒型，放入机筒，利用活塞推力，通过成型模具均匀连续的包覆在导电线芯上，然后进行380℃的高温烧结，冷却后定型。此方法用F4推压机生产F4（PTFE）型产品。

3）绕包工艺：用切成一定宽度的聚四氟乙烯薄膜带绕包到线芯上，然后进行烧结定型。此方法用绕包机及烧结炉，通常生产AFR型、FSFB型等电线。

3. 氟塑料挤出设备

除PVDF允许用一般挤出机挤出电线外，其他各种氟塑料都要用高温挤出机生产电线电缆。熔融氟树脂用高温挤出机的要求：有足够的加热功率，确保高温（例如450℃左右）条件下树脂能够熔融挤出；与熔体接触的部件（如螺杆、螺膛、机头及其组件、模具等）都要用高温耐腐蚀合金，如镍基合金（包括国内的新三号钢），这主要是由于挤出过程中可能产生的HF等含氟气体具有很强的腐蚀性。

3.1.5 UL AWM电子线

1. 定义

AWM是英文Appliance Wiring Material缩写，AWM电子线是依照美国UL758标准设计和生产的电子线缆。

2. 用途

用于电子电器产品的内部和外部连接，提供电源和信号传输，种类繁多，与我们的衣食住行紧密关联。日常接触的产品都有AWM电子线的使用，如汽车，平板电视机、洗衣机、电冰箱、微波炉、电烤箱、LED照明灯、手机、平板电脑、台式计算机、打印机、传真机、电动玩具等。

3. 产品结构

(1) 按照结构分类 因AWM电子线用途广泛，所以产品结构比较繁杂。通常所说的单绝缘电子线、双绝缘电子线、多芯电子线、软排线、斜包线、屏蔽线等都是按照结构进行分类的。常见的结构如下：

1）单芯单绝缘：单芯单绝缘的典型结构如图3-3-1所示。

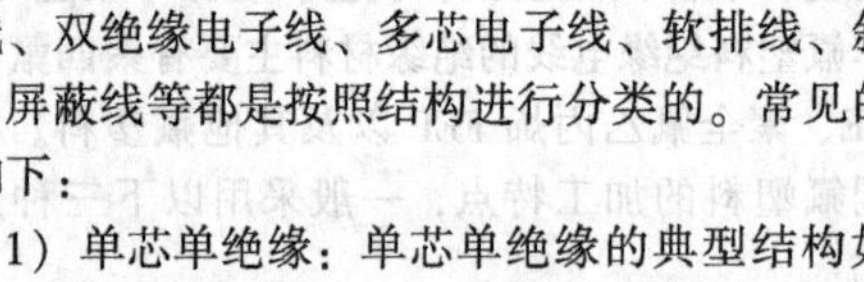

图3-3-1 单芯单绝缘

2）单芯双绝缘：单芯双绝缘的典型结构如图3-3-2所示。

图3-3-2 单芯双绝缘

3）并排线（俗称软排线、彩虹线）：并排线的典型结构如图3-3-3所示。

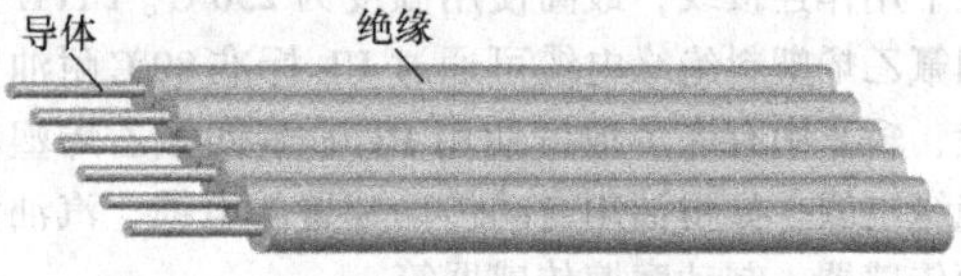

图3-3-3 并排线

4）多芯线/复合线：多芯线/复合线的典型结构如图3-3-4所示。

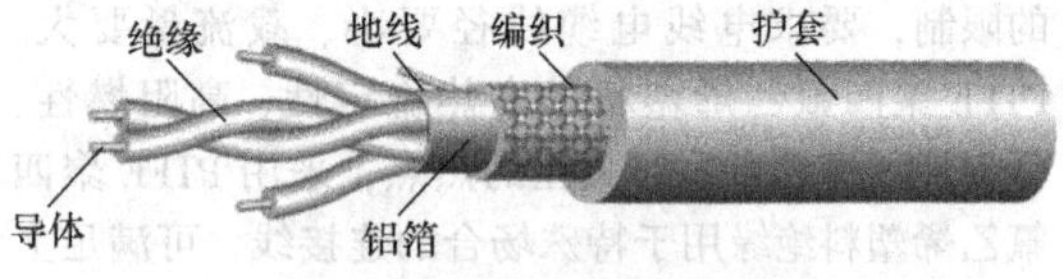

图3-3-4 多芯线/复合线

5）缠绕屏蔽线（俗称斜包线，司劳线）：缠绕屏蔽线的典型结构如图3-3-5所示。

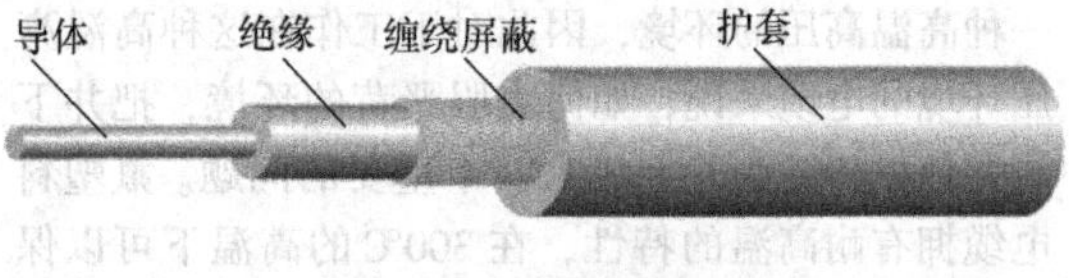

图3-3-5 缠绕屏蔽线

6）编织屏蔽线：编织屏蔽线的典型结构如图3-3-6所示。

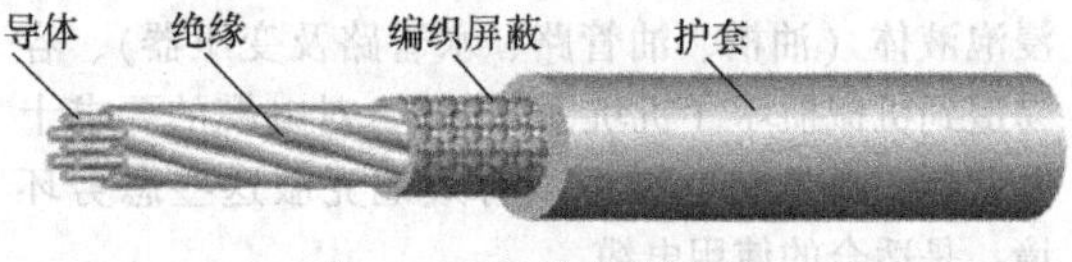

图3-3-6 编织屏蔽线

除了采用产品结构进行分类外，行业内通常采用另外5种主要的方法对其进行分类，分别为按导体大小、绝缘材料、温度等级、电压等级、用途进行分类。

(2) 按导体大小分类 通常所说的20AWG电子线、18AWG电子线、32AWG等电子线都是按导体截面积大小分类的。

导体以铜材为主，范围大，50AWG～2000kcmil，常用的范围及结构见表3-3-5。

表 3-3-5　导体常用的范围及结构

规格/AWG	构成	外径	面积	单位重量	最大直流电阻 20℃
	根/mm	mm	mm^2	kg/km	Ω/ft①
	线数/线径	绞后径	截面积	约略重量	最大导体电阻
32	7/0.079	0.237	0.0343	0.3049	171.700
30	7/0.102	0.306	0.0572	0.5085	114.400
28	7/0.127	0.381	0.0887	0.7885	72.000
	19/0.079	0.398	0.0931	0.8276	72.000
27	7/0.142	0.426	0.1109	0.9859	
26	7/0.160	0.480	0.1407	1.2508	45.2
	10/0.127	0.464	0.1267	1.1264	
	19/0.102	0.514	0.1553	1.3806	
24	7/0.203	0.609	0.2266	2.0141	28.3
	11/0.160	0.613	0.2212	1.9662	
	19/0.127	0.639	0.2407	2.1397	
	42/0.079	0.591	0.2059	1.8302	
22	7/0.254	0.762	0.3547	3.1532	16.7
	17/0.160	0.762	0.3418	3.0387	
	26/0.127	0.748	0.3294	2.928	
20	7/0.320	0.960	0.563	5.0048	10.5
	10/0.254	0.928	0.5067	4.5046	
	19/0.203	1.022	0.6149	5.4669	
	21/0.180	0.953	0.5344	4.7507	
	26/0.160	0.942	0.5228	4.6474	
	42/0.127	0.951	0.532	4.7299	
18	7/0.404	1.212	0.8973	7.9773	6.64
	16/0.254	1.173	0.8107	7.2074	
	19/0.254	1.278	0.9627	8.5588	
	34/0.180	1.212	0.8652	7.6916	
	41/0.160	1.198	0.8445	7.5073	
	65/0.127	1.183	0.8234	7.320	
16	7/0.511	1.533	1.4356	12.762	4.18
	19/0.287	1.445	1.2292	10.927	
	26/0.254	1.496	1.3174	11.712	
	65/0.160	1.490	1.3069	11.618	
	105/0.127	1.503	1.3301	11.825	
14	7/0.643	1.929	2.2731	20.208	2.62
	19/0.404	2.034	2.4356	21.653	
	41/0.254	1.878	2.0775	18.469	
	105/0.16	1.894	2.1112	18.768	
12	7/0.813	2.439	3.6339	32.305	1.65
	19/0.455	2.291	3.0894	27.464	
	65/0.254	2.365	3.2936	29.280	
	165/0.160	2.374	3.3175	29.493	
10	37/0.404	2.838	4.743	42.165	1.04
	65/0.320	2.980	5.2276	46.474	
	105/0.254	3.006	5.3204	47.299	

① 1ft = 0.3048m。

(3) 按绝缘材料分类 通常所说的 PVC 电子线、XLPE 电子线、mPPE 电子线、硅胶电子线、氟塑料电子线等都是按绝缘材料分类的。

绝缘材料范围极广，约有 70 种绝缘材料应用于 AWM 电子线，常用的绝缘材料有 PVC（约 1600 个型号）、SRPVC（约 70 个型号）、XLPVC（约 160 个型号）、XLPE（约 600 个型号）、FRPE（约 300 个型号）、TPE（约 200 个型号）、TPU（约 30 个型号）、FEP（约 380 个型号）、ETFE（约 250 个型号）、PFA（约 200 个型号）、SR（约 310 个型号）、mPPE（约 20 个型号）等。

(4) 按温度等级分类 通常所说的 105℃电子线、125℃电子线、150℃电子线、200℃电子线等都是按温度等级分类的。

温度等级分布在 50～550℃之间，常用的温度等级有 60℃（约 1300 个型号）、80℃（约 2000 个型号）、105℃（约 1600 个型号）、125℃（约 300 个型号）、150℃（约 600 个型号）、200℃（约个 500 型号）。

(5) 按电压等级分类 通常所说的 30V 电子线、300V 电子线、600V 电子线等都是按电压等级分类的。

电压等级分布在 30～60000V 之间，常用的电压等级有 30V（约 1000 个型号）、300V（约 2700 个型号）、600V（约 1700 个型号）、1000V（约 320 个型号）。

(6) 按用途分类 通常所说的机内电子线、机外电子线等都是按用途分类的。

按用途分类比较笼统，种类也不多，常用的分类有机内电子线（约 4600 个型号）、机外电子线（约 1100 个型号）、特殊用途（约 1000 个型号）、TV 用（4 个型号）等。

4. 品名规格

品名规格完全按照 UL758 标准中的型号列举一些，见表 3-3-6。

表 3-3-6 电子线型号一览表（按照 UL758 标准）

UL 型号	绝缘	厚度/mil	护套	温度/℃	电压（AC）/V
1004	PVC	8	—	80	0
1005	PVC	8	—	90	0
1006	PVC	8	—	105	300
1007	PVC	15	—	80	300
1008	PVC	15	—	80	300
1009	PVC	15	—	90	300
1010	PVC	15	—	105	300
1012	PVC	31	—	80	600
1014	PVC	31	—	90	600
1015	PVC	30	—	105, 90, 80	750, 600
1016	PVC	31	—	105	600
1018	PVC	45	—	80	600
1061	SRPVC	9	—	80	300
1185	PVC	15	PVC	80	300
1313	PVC	30	—	90	250
1315	PVC	30	—	60	115
1316	PVC	15	—	105, 90	600
1317	PVC	20	—	105, 90	600
1318	PVC	30	—	105, 90	600
1319	PVC	40	—	105, 90	600
1330	FEP	20	—	200	600
1332	FEP	13	—	200	300
1430	XLPVC	15	—	105	300
1452	PVC	15	—	90	1000
1453	PVC	20	—	90	1000
1533	SRPVC	9	PVC	80	0
1569	PVC	15	—	105, 90, 80	300

（续）

UL 型号	绝缘	厚度/mil	护套	温度/℃	电压（AC）/V
1617	Labeled	—	—	105	600
1618	Labeled	—	—	80	300
1672	Labeled	0	—	105	300
10002	SRPVC	9	—	105	300
10272	PVC	6	—	80	150
10368	XLPE	9	—	105	300
10369	XLPE	20	—	105	600
10602	FRPE	9	—	80	300
10702	FRPE	15	—	80	300
10800	Labeled	—	FRPE	80	300
10938	Labeled	0	XLPE	105	600
10981	mPPE - PE	9	—	80	300
10982	mPPE - PE	15	—	80	300
10983	Labeled	—	mPPE - PE	80	300
11027	mPPE	8	—	105	300
11028	mPPE	8	—	105	600
11045	Labeled	—	mPPE	105	300
11047	Labeled	—	mPPE	105	600
2095	Labeled	—	PVC	80	300
2096	PVC	15	PVC	80	300
2405	PVC	15	PVC	80	300
2464	Labeled	0	PVC	80	300
2468	PVC	15	—	80	300
2517	Labeled	—	PVC	105	300
2547	SRPVC	9	PVC	80	0
2562	PVC	15	PVC	80	300
2651	PVC	9	—	105	300
2725	Labeled	—	PVC	80, 60	30
2835	Labeled	—	PVC	60	30
2851	PVC, XLPVC	4	PVC	80	30
2854	Labeled	—	PVC	80	30
2877	PVC	15	—	80	300
2919	Labeled	—	PVC	80	30
2960	PP, PE	4	PVC	60	30
2969	Labeled	3	PVC	80	30
2990	Labeled	—	PVC	80	30
20251	PP	7	PVC	60	150
20276	Labeled	—	PVC	80, 60	30
20379	Labeled	—	PVC	80	30
21016	XLPE	9	—	105	300
21088	Labeled	—	FRPE	80, 60	30
21100	Labeled	—	FRPE	80	30
21118	Labeled	0	FRPE	80	30
21149	Labeled	—	PVC	60, 80, 90, 105	30
21271	Labeled	0	TPE	80	30

（续）

UL 型号	绝缘	厚度/mil	护套	温度/℃	电压（AC）/V
21296	Labeled	0	TPE	105	300
21307	Labeled	0	FRPE	80	300
21311	FRPE	15	—	80	300
21439	Labeled	—	TPE	105	300
21445	Labeled	—	TPE	80	30
21451	Labeled	—	mPPE－PE	80	30
21455	Labeled	—	mPPE－PE	80	30
21456	Labeled	—	mPPE－PE	80	30
21457	mPPE－PE	9	mPPE－PE	80	0
21458	mPPE－PE	15	—	80	300
21469	Labeled	—	mPPE－PE	80	30
21473	Labeled	—	mPPE－PE	80	30
21476	Labeled	—	mPPE－PE	80	30
21503	Labeled	—	mPPE	105	30
21504	Labeled	—	mPPE	105	30
21515	mPPE	9	—	105	300
21520	Labeled	—	XLPE	105	300
21572	Labeled	—	TPE	80	30
21706	Labeled	—	mPPE－PE	80	30
3135	SR	30	—	200	600
3173	XLPE	30	—	125	600
3265	XLPE	10	—	125	150
3266	XLPE	15	—	125	300
3271	XLPE	30	—	125	750，600
3302	XLPE	5	PVC，XLPVC	105	30
3321	XLPE	30	—	150	750，600
3363	XLPE	15	—	125	300
3364	Labeled	30	—	125	600
3385	XLPE	15	PVC	105	300
3386	XLPE	30	PVC	105	600
3398	XLPE	15	—	150	300
3443	XLPVC	10	—	105	300
3619	XLPE	5	—	105，80	150
3688	XLPE	12	—	105	3000
3691	XLPE	20	—	105	6000
3737	XLPE	20	XLPE	105	600
3750	SR	15	—	150	4000
4478	XLPE	9	—	105	300

5. 执行标准

UL AWM 电子线执行标准如下：

UL 758 Appliance Wiring Material；

UL 1581 Reference Standard For Electrical Wires，Cables，And Flexible Cords；

UL 2556 Wire and Cable Test Methods；

CAN/CSA C22. 2 No. 210. 2Appliance Wiring Material Products（需要 CUL 认证的产品才需要按照此标准）。

6. 测试项目及要求

UL AWM 电子线主要按照 UL 758、UL 1581、UL 2556 标准规定进行产品的检验，产品种类繁多，产品性能也各不相同。表 3-3-7 是 UL1015［20AWG（1/0. 813mm）］测试项目和要求。

表 3-3-7　UL1015［20AWG（1/0.813mm）］测试项目及要求

序号	项目	标准要求	标准
1	导体标称直径	0.813mm	UL1581
2	导体直流电阻	35.2Ω/km（镀锡）	UL758
3	绝缘平均厚度	0.76mm	UL758、UL1581
4	绝缘最薄厚度	0.68mm	UL758、UL1581
5	抗拉强度	≥10.3MPa	UL758、UL1581
6	断裂伸长率	≥100%	UL758、UL1581
7	热变形（121±1）℃，1h，250g	≤50%	UL1581
8	耐电压	不击穿	UL1581
9	冷弯（-10℃，1h）	无裂纹	UL1581
10	老化（136±1）℃，168h 抗拉强度 断裂伸长率	 未老化试样试验结果的 70% 未老化试样试验结果的 45%	UL1581
11	热冲击（121+/-10℃ 1hr 250g）	无裂纹	UL1581
12	阻燃 VW-1 或 FT2	通过	UL1581

3.1.6　XLPE 电子线、无卤电子线及无卤排线

1. 定义

XLPE 电子线是绝缘材料采用 XLPE 的 AWM 电子线。

无卤电子线是绝缘材料采用无卤 XLPE、mPPE、TPE 等不含卤素的绝缘生产的 AWM 电子线。

无卤排线是绝缘材料采用无卤材料（如 XLPE、mPPE、TPE）等不含卤素的绝缘生产的 AWM 电子线，其外形为带状结构。

2. 特点

XLPE 电子线使用的 XLPE 材料目前约有 600 多个型号。XLPE 有温水交联、辐照交联、紫外光交联多种加工方式。其优点是机械强度好、耐电压等级高、温度等级高，现已广泛用于各种电子电器产品，比如 LED 灯、LED/LCD 平板电视、计算机、打印机等各种家用商用设备。

无卤电子线一般指绝缘及护套材料中不含 Cl、Br 等卤素，无卤产品是电线的发展趋势。无卤电子线有很多种。

无卤排线就是无卤线的一种。其典型结构如图 3-3-7 所示。

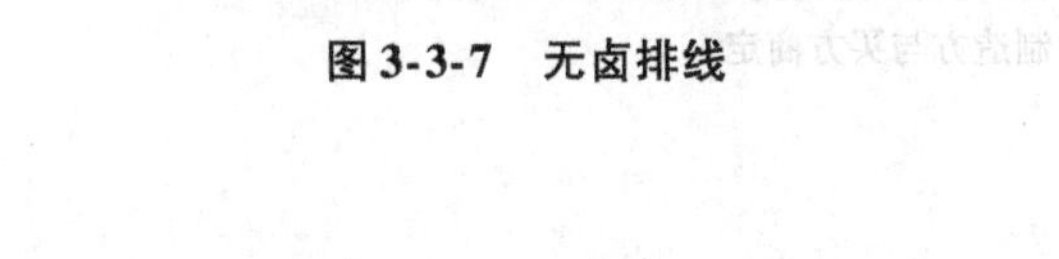

图 3-3-7　无卤排线

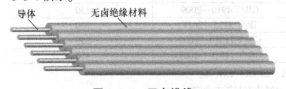

除了上述定义及说明外，其用途、产品结构、品名规格、工艺流程、工艺控制重点、执行标准、测试项目及要求与 3.1.5 节相同。

3.2　电子电器设备内部连接线缆

3.2.1　电子电器设备内部连接线缆一般规定

1. 概述

电子电器设备内部连接线缆，主要指交流额定电压为 600V 及以下，各类家用和类似用途设备、信息技术设备、音视频设备及电信终端设备内部用电线电缆，也被称为电子电器行业的“血管”和“神经”。随着电子信息和家电行业的进一步发展，作为重要配套产业的电器设备内部连接线缆在电线电缆行业中占有愈加重要的地位。

电子线根据应用场合应满足安全和环保两方面的基本要求。从安全方面来看，需要保证产品在使用时的用电安全，这要求产品具备一定的耐热性、绝缘性和良好的机械性能。从环保角度来看，在制造、使用和废弃的整个生命周期内，应避免对环境造成污染和对人体造成危害。其质量的优劣直接影响了上游整机产品如家用电器、手机、计算机、音视频产品等的安全和性能。

由于适用的整机包括电子通信设备、音视频设备及家用电器等参数和功能各异的设备，因此其种类繁多，按照绝缘材料、护套材料、耐温等级、特殊性能、线芯截面积、芯数和外观结构又可进一步分为多种类别。目前，该类产品在国内还没有对应

的国家标准或行业标准，缺乏相应的评价依据，导致了国内市场对这类产品的检验质控和有关监管的不足，产品质量参差不齐，影响上游产品性能的同时也给消费者带来安全隐患。而有关家用电子电器类商品的质量投诉一直是各类消费品的申诉热点，目前电子电器整机产品检验已逐步关注该产品的安全性能，并已将该类产品列为整机产品检测的关键零部件。

我国从2002年5月1日起实行3C强制认证制度，并颁布了“第一批3C认证产品目录”，对列入该目录的产品实行强制认证。但对于未列入该目录的产品，若因需要进行认证，可采用自愿认证的方式，就是CQC认证。CQC认证是中国质量认证中心开展的自愿性产品认证业务之一，以表明产品符合相关的质量、安全、性能、电磁兼容等认证要求，认证范围涉及机械设备、电力设备、电器、电子产品、纺织品、建材等500多种产品。

根据CQC认证的电子电器设备内部连接线缆产品分为以下7类：

1）热塑性绝缘挤包单芯无护套电缆。
2）热塑性绝缘热塑性护套挤包电缆。
3）热固性绝缘挤包单芯无护套电缆。
4）热固性绝缘热固性护套挤包电缆。
5）非挤包绝缘高温电缆。
6）无护套挤包绝缘扁平带状电缆。
7）XLPE挤包绝缘直流高压电缆。

2. 产品型号、产品名称及产品表示方法

（1）产品型号 产品型号采用“类别代号—额定温度、导体材料代号、绝缘材料代号、护套材料代号、屏蔽结构代号”表示。类别代号、屏蔽结构代号及含义见表3-3-8，导体材料代号规定见表3-3-9，绝缘材料代号和护套材料代号规定见表3-3-12。

绝缘材料和护套材料的额定温度应与电缆的额定温度相同。

表3-3-8 类别代号、屏蔽代号及含义

类别代号	含义	屏蔽代号	含义
E	电器设备内部连接用电缆	P	金属丝编织屏蔽
ED	电器设备内部连接用扁平带状电缆	P1	金属丝缠绕屏蔽
E（NY）	电器设备内部连接用耐油电缆	P2	金属带屏蔽
E（Wd）	电器设备内部连接用无卤低烟电缆	P3	金属复合带屏蔽

（2）产品表示方法 产品应用型号、规格和产品规范编号表示。规格包括额定电压、芯数和导体标称截面积。电缆包装上应附有表示产品型号、规格、产品规范编号、厂名和产地的标签或标志。

产品规格应符合本部分的要求和产品规范的规定。

产品表示方法举例：

名称：80℃镀锡铜导体聚氯乙烯绝缘聚氯乙烯护套电器内部连接用耐油电缆。

产品表示：E（NY）-80 TX PVC/I-80 PVC/S-80 600V 2×1.00。

3. 电缆结构的一般要求

（1）导体 除非特别规定，导体应由不镀金属或镀金属的退火圆铜线或铜合金线组成，可以是实心导体，也可以是绞合导体。

当接触铜导体的绝缘经测试腐蚀未经保护的铜，且未使用保护性的隔离层时，实心导体和绞合导体的每根单线应覆盖合适的金属或合金镀层。

绞合导体上的镀层仅为防止绝缘层粘附在铜导体上而不是防腐蚀所必需的情况下，允许仅在最外层金属丝上涂覆镀层。

实心或绞合导体不应超出表3-3-9中金属允许温度上限的场合。

导体的尺寸用标称截面积表示，单位为mm^2。实心导体的直流电阻应符合表3-3-10的规定，束绞后导体的直流电阻应符合表3-3-11的规定。铜合金导体的直流电阻不大于同等截面无镀层铜导体电阻的1.25倍。

表3-3-9 导体用金属

导体金属	代号	适用标准	允许温度上限/℃
铜，无镀层	T	GB/T 3953—2009	105
铜，镀锡	TX	GB/T 4910—2009	150
铜，镀银	TY	JB/T 3135—2011	200
铜，镀镍（27级以下）	TN	GB/T 11019—2009	250
铜，镀镍（27级及以上）	TN（27）	GB/T 11019—2009	450

注：1. 铜合金线的代号为TH。绞合导体在原代号后加R，如TR、TXR等。
2. 对于本表未涉及的其他金属导体，其适用的标准由制造方与买方商定。

表3-3-10 实心导体的直流电阻

标称截面积/mm^2	20℃导体最大电阻/（Ω/m）		标称截面积/mm^2	20℃导体最大电阻/（Ω/m）	
	不镀金属	镀金属		不镀金属	镀金属
0.051	347	361	1.00	17.6	18.3
0.08	218	227	1.31	13.5	14.0
0.13	138	143	1.50	11.7	12.1
0.21	85.9	89.3	2.08	8.45	8.78
0.32	54.3	56.4	2.50	7.04	7.33
0.40	44.0	45.7	3.31	5.31	5.53
0.52	33.9	35.2	4.00	4.40	4.58
0.75	23.4	24.3	5.26	3.34	3.48
0.82	21.4	22.2	6.00	2.93	3.05

表3-3-11 束绞后导体的直流电阻

标称截面积/mm^2	导体中单线最大直径/mm	20℃导体最大电阻/（Ω/m）		标称截面积/mm^2	导体中单线最大直径/mm	20℃导体最大电阻/（Ω/m）	
		不镀金属	镀金属			不镀金属	镀金属
0.051	0.13	354	381	1.50	0.26	12.0	12.5
0.08	0.13	223	239	2.08	0.26	8.62	9.25
0.13	0.16	140	150	2.50	0.26	7.17	7.47
0.21	0.16	87.6	94.2	3.31	0.26	5.43	5.75
0.32	0.16	55.4	59.4	4.00	0.31	4.48	4.68
0.40	0.16	44.9	46.6	5.26	0.31	3.41	3.62
0.52	0.21	34.6	37.4	6.00	0.31	2.99	3.12
0.75	0.21	23.9	24.8	8.37	0.41	2.14	2.23
0.82	0.21	21.8	23.5	10.0	0.41	1.79	1.87
1.00	0.21	18.0	18.7	13.3	0.41	1.35	1.41
1.31	0.21	13.7	14.7				

（2）绝缘 可采用挤包绝缘，也可采用非挤包绝缘。两芯及以上圆形电缆的绝缘线芯应绞合成缆。缆芯外根据需要可以绕包一层或多层非吸湿性材料。

扁平带状电缆的导体平行放置并挤包绝缘，线芯根数为2～150根。绝缘间应有隔离筋。

（3）屏蔽 如果需要，产品可采用金属屏蔽。金属屏蔽可以包覆单根绝缘线芯，一个或数个线芯组或整个缆芯。一根电线电缆中也可使用数层屏蔽。

金属屏蔽可由金属丝（铜丝或镀锡铜丝）编织（或缠绕，下同，特别说明的除外）、金属带或金属复合带搭盖绕包或是搭盖纵包组成，可附带加地线。金属丝编织（不含缠绕）组成的屏蔽可以不要求护套或护层，其余屏蔽方式应具有护套或护层。

采用单层金属丝编织屏蔽时，导体标称截面积为0.13mm^2及以下的单芯屏蔽电线，其编织密度应不小于60%；其余单层金属丝编织屏蔽电线，其编织密度应不小于80%。其他屏蔽结构电线，其编织层的编织密度应不小于60%。

采用金属带或金属复合带屏蔽时，金属带或金属复合带的搭盖率至少应为宽度的15%。

（4）护套 护套应使用固体材料挤包在缆芯外面。不可层间分离且同一基材化合物（仅颜色不同）的护套可以多颜色/多层同时挤包，每一单层厚度不做规定。

根据需要护套下可放置一根撕裂线，撕裂线应由不吸湿、不吸油且有足够强度的非金属材料制成。

4. 绝缘和护套材料

（1）材料的定义 定义如下：

1）聚氯乙烯（PVC）：一种特定组分是聚氯乙

烯或它的一种共聚物的热塑性塑料。

2）聚乙烯（PE）：一种特定组分是聚乙烯的热塑性塑料。

3）阻燃聚乙烯（FRPE）：一种特定组分是聚乙烯的热塑性塑料（根据配方设计，具有特定阻燃性）。

4）交联聚烯烃（XLPO）：一种特定组分是交联聚乙烯（XLPe）或交联醋酸乙烯乙酯（XLEVa）的热固性塑料。

5）无卤低烟交联聚烯烃（WDXL）：一种特定组分是交联聚乙烯（XLPE 或交联醋酸乙烯乙酯）XLEVA 的热固性塑料（根据配方设计，具有特定无卤低烟阻燃性）。

6）聚四氟乙烯（PTFE，F4）：一种特定组分是四氟乙烯均聚物或四氟乙烯共聚物的热塑性塑料。

7）乙烯－四氟乙烯共聚物（ETFE，F40）：一种特定组分是乙烯和四氟乙烯共聚物的热塑性塑料。

8）聚全氟乙丙烯（FEP，F46）：一种特定组分是四氟乙烯和六氟丙烯共聚物的热塑性塑料。

9）可溶性聚四氟乙烯（PFA）：一种特定组分是四氟乙烯－全氟烷氧基乙烯基醚共聚物的可熔融加工的热塑性塑料。

10）柔软氟塑料（THV）：一种特定组分是四氟乙烯、六氟丙烯和偏二氟乙烯三元共聚物的热塑性塑料。

11）热塑性弹性体（TPE）：热塑性弹性体包含聚合物和聚合物混合物，其使用温度下的性能与硫化橡胶相似，同时也可像热塑性塑料一样通过提高温度进行加工和再加工。

12）苯乙烯类热塑性弹性体（TPES）：一种特定组分是苯乙烯类共混物的热塑性弹性体。

13）热塑性聚氨酯弹性体（TPU）：一种特定组分是聚氨酯共混物的热塑性弹性体。

14）硅橡胶（SR）：一种特定组分是聚有机物硅烷的热固性混合物。

15）改性聚苯醚（mPPO、mPPE、mPPE－PE）：一种特定组分是用聚苯乙烯或其他聚合物改性的聚苯醚的热塑性塑料。

16）半硬聚氯乙烯（SRPVC）：一种特定组分是聚氯乙烯或它的一种共聚物的热塑性塑料（相对于 PVC，抗拉强度要求较高）。

17）云母（MICA）：一种复硅酸盐晶体。含有适量胶粘剂的柔软云母（或云母复合物）材料可用于电缆的非挤包（绕包）绝缘。

（2）绝缘材料和护套材料代号 电器设备内部连接线缆用绝缘材料和护套材料的代号见表 3-3-12。

表 3-3-12 绝缘材料和护套材料代号

材料	额定温度/℃	绝缘	护套	材料	额定温度/℃	绝缘	护套
PVC	60	PVC/I－60	PVC/S－60	PFA	200	PFA/I－200	—
	80	PVC/I－80	PVC/S－80		250	PFA/I－250	—
	105	PVC/I－105	PVC/S－105	THV	80	—	THV/S－80
HDPE	80	HDPE/I－80		TPE	90	TPE/I－90	TPE/S－90
FRPE	90	FRPE/I－90	FRPE/S－90		105	TPE/I－105	TPE/S－105
XLPO	105	XLPO/I－105	XLPO/S－105	TPES	60	TPES/I－60	TPES/S－60
	125	XLPO/I－125	—		80	TPES/I－80	TPES/S－80
	150	XLPO/I－150		TPU	60	TPU/I－60	TPU/S－60
WDXL	105	WDXL/I－105	WDXL/S－105		80	TPU/I－80	TPU/S－80
	125	WDXL/I－125	—	SR	150	SR/I－150	—
	150	WDXL/I－150	—		200	SR/I－200	—
PTFE	250	PTFE/I－250	—	mPPE	90	mPPE/I－90	mPPE/S－90
ETFE	150	ETFE/I－150	—		105	mPPE/I－105	mPPE/S－105
	200	ETFE/I－200	—	mPPE－PE	80	mPPE－PE/I－80	mPPE－PE/S－80
FEP	150	FEP/I－150	—	SRPVC	60	SRPVC/I－60	—
	200	FEP/I－200	—	MICA	450	MICA/I－450	—

（3）绝缘材料物理性能 各型号绝缘材料的物理性能见表 3-3-13。

表3-3-13 各型号绝缘材料的物理性能

试样状态		单位	聚氯乙烯			聚乙烯		交联聚烯烃		
			PVC/I－60	PVC/I－80	PVC/I－105	HDPE/I－80	FRPE/I－90	XLPO/I－105	XLPO/I－125	XLPO/I－150
抗张强度（≥）		N/mm²	10	10	10	16.5	9.0	13.5	13.5	13.5
断裂伸长率（≥）		%	100	100	100	300	110	300	300	300
空气烘箱老化后性能	温度	℃	100±2	113±2	135±2	100±2	121±2	135±2	158±2	180±2
	处理时间	h	7×24	7×24	7×24	2×24	7×24	7×24	7×24	7×24
抗张强度保留率（≥）		%	70	70	70	75	85	85	80	80
断裂伸长率保留率（≥）		%	65	65	65	75	50	70	80	80

试样状态		单位	无卤低烟交联聚烯烃			聚四氟乙烯	乙烯－四氟乙烯共聚物		聚全氟乙丙烯	
			WDXL/I－105	WDXL/I－125	WDXL/I－150	PTFE/I－250	ETFE/I－150	ETFE/I－200	FEP/I－150	FEP/I－200
抗张强度（≥）		N/mm²	10.0	10.0	10.0	27.5	34	13.5	17	17
断裂伸长率（≥）		%	150	150	150	170	100	200	200	200
空气烘箱老化后性能	温度	℃	135±2	158±2	180±2	260±2	180±2	232±2	232±2	232±2
	处理时间	h	7×24	7×24	7×24	60×24	7×24	7×24	4×24	7×24
抗张强度保留率（≥）		%	75	75	75	85	85	80	75	75
断裂伸长率保留率（≥）		%	70	70	70	85	75	85	75	75

试样状态		单位	可溶性聚四氟乙烯		热塑性弹性体		苯乙烯类热塑性弹性体		热塑性聚氨酯弹性体	
			PFA/I－200	PFA/I－250	TPE/I－90	TPE/I－105	TPES/I－60	TPES/I－80	TPU/I－60	TPU/I－80
抗张强度（≥）		N/mm²	17	17	5.5	5.5	10	10	10	10
断裂伸长率（≥）		%	200	200	200	200	100	100	100	100
空气烘箱老化后性能	温度	℃	260±2	287±2	121±2	136±2	100±2	113±2	100±2	113±2
	处理时间	h	4×24	7×24	7×24	7×24	7×24	7×24	7×24	7×24
抗张强度保留率（≥）		%	85	85	75	75	70	70	70	70
断裂伸长率保留率（≥）		%	85	85	75	75	65	65	65	65

（续）

试样状态		单位	硅橡胶		改性聚苯醚			半硬聚氯乙烯		
			SR/I-150	SR/I-200	mPPE/I-90	mPPE/I-105	mPPE-PE/I-80	SRPVC/I-60	SRPVC/I-80	SRPVC/I-105
抗张强度（≥）		N/mm²	3.4	3.4	21	21	13.5	20.5	20.5	20.5
断裂伸长率（≥）		%	100	100	175	175	125	100	100	100
空气烘箱老化后性能	温度	℃	158±2	210±2	121±2	136±2	113±2	100±2	113±2	136±2
	处理时间	h	60×24	60×24	7×24	7×24	7×24	7×24	7×24	7×24
抗张强度保留率（≥）		%	3.4	3.4	85	85	80	70	70	70
断裂伸长率保留率（≥）		%	50	50	65	50	65	70	70	70

（4）护套材料物理性能 各型号护套材料的物理性能见表 3-3-14。

表 3-3-14 各型号护套材料的物理性能

试样状态		单位	聚氯乙烯			阻燃聚乙烯	交联聚烯烃	无卤低烟交联聚烯烃	热塑性弹性体混合物	
			PVC/S-60	PVC/S-80	PVC/S-105	FRPE/S-90	XLPO/S-105	WDXL/S-105	TPE/S-90	TPE/S-105
抗张强度（≥）		N/mm²	10	10	10	9.0	13.5	9.0	8.5	8.5
断裂伸长率（≥）		%	100	100	100	110	300	150	200	200
空气烘箱老化后性能	温度	℃	100±2	113±2	135±2	121±2	135±2	135±2	121±2	136±2
	处理时间	h	7×24	7×24	7×24	7×24	7×24	7×24	7×24	7×24
抗张强度保留率（≥）		%	70	70	70	85	85	75	75	75
断裂伸长率保留率（≥）		%	65	65	65	50	70	70	75	75
试样状态		单位	柔软氟塑料	苯乙烯类热塑性弹性体		热塑性聚氨酯弹性体		改性聚苯醚		
			THV/S-80	TPES/S-60	TPES/S-80	TPU/S-60	TPU/S-80	mPPE/S-90	mPPE/S-105	mPPE-PE/S-80
抗张强度（≥）		N/mm²	22	10	10	10	10	21	21	21
断裂伸长率（≥）		%	350	100	100	100	100	170	170	170
空气烘箱老化后性能	温度	℃	113±2	100±2	113±2	100±2	113±2	121±2	136±2	113±2
	处理时间	h	7×24	7×24	7×24	7×24	7×24	7×24	7×24	7×24
抗张强度保留率（≥）		%	75	70	70	70	70	85	85	80
断裂伸长率保留率（≥）		%	80	65	65	65	65	65	50	65

（5）特殊材料物理性能（见表3-3-15）

表3-3-15　绝缘和护套的老化条件

额定温度/℃	空气烘箱老化条件		额定温度/℃	空气烘箱老化条件	
	老化温度/℃（±2℃）	老化时间/天		老化温度/℃（±2℃）	老化时间/天
60	100	7	150	180	7
80	113	7	180	213	7
105	136	7	450	488	7
125	158	7			

3.2.2　热塑性绝缘挤包单芯无护套电缆

热塑性绝缘挤包单芯无护套电缆适用于交流额定电压30V、60V、90V、125V、150V、300V、600V。

1. 导体

芯数：1芯。导体为满足3.2.1节中相关规定的要求。

2. 绝缘

绝缘为满足3.2.1节中相关规定的热塑性材料，并挤包在导体或者隔离层上。

非氟热塑性绝缘平均厚度应不小于表3-3-16规定的标称厚度，含氟热塑性绝缘平均厚度应不小于表3-3-17规定的标称厚度。最薄处厚度应不小于标称厚度的90%。

表3-3-16　非氟热塑性绝缘标称厚度　（单位：mm）

导体标称截面积/mm²	额定电压				导体标称截面积/mm²	额定电压			
	30V	60V，90V，125V，150V	300V	600V		30V	60V，90V，125V，150V	300V	600V
0.051	0.15	0.30	0.30	0.76	1.31	0.15	0.38	0.38	0.76
0.08	0.15	0.30	0.30	0.76	1.50	0.15	0.38	0.38	0.76
0.13	0.15	0.30	0.30	0.76	2.08	0.15	0.51	0.51	0.76
0.21	0.15	0.30	0.30	0.76	2.50	0.15	0.51	0.51	0.76
0.32	0.15	0.30	0.30	0.76	3.31	0.15	0.51	0.51	0.76
0.40	0.15	0.30	0.30	0.76	4.00	0.15	0.76	0.76	0.76
0.50	0.15	0.30	0.30	0.76	5.26	0.15	0.76	0.76	0.76
0.52	0.15	0.30	0.30	0.76	6.0	—	—	0.76	1.14
0.75	0.15	0.38	0.38	0.76	8.37	—	—	0.76	1.14
0.82	0.15	0.38	0.38	0.76	10.0	—	—	1.14	1.52
1.00	0.15	0.38	0.38	0.76	13.3	—	—	1.14	1.52

表3-3-17　含氟热塑性绝缘标称厚度　（单位：mm）

导体标称截面积/mm²	额定电压				导体标称截面积/mm²	额定电压			
	30V	60V，90V，125V，150V	300V	600V		30V	60V，90V，125V，150V	300V	600V
0.051	0.13	0.15	0.23	0.51	1.31	0.13	0.30	0.38	0.51
0.08	0.13	0.15	0.23	0.51	1.50	0.13	0.30	0.38	0.51
0.13	0.13	0.15	0.23	0.51	2.08	0.13	0.30	0.38	0.51
0.21	0.13	0.15	0.23	0.51	2.50	0.13	0.30	0.38	0.51
0.32	0.13	0.15	0.23	0.51	3.31	0.13	0.30	0.38	0.51
0.40	0.13	0.15	0.23	0.51	4.00	0.13	0.30	0.38	0.76
0.50	0.13	0.15	0.23	0.51	5.26	0.13	0.30	0.38	0.76
0.52	0.13	0.15	0.23	0.51	6.0	—	—	0.38	0.76
0.75	0.13	0.23	0.23	0.51	8.37	—	—	—	0.76
0.82	0.13	0.30	0.38	0.51	10.0	—	—	—	0.76
1.00	0.13	0.30	0.38	0.51	13.3	—	—	—	0.76

3. 产品试验项目

热塑性绝缘挤包单芯电缆的试验项目见表3-3-18～表3-3-21，其他性能及试验方法应满足产品规范或CQC产品认证相应的技术规范中的规定。

4. 使用导则

使用场合按电缆结构和额定电压选择，使用温度按绝缘额定温度选择。

表3-3-18 水中工频电压试验的试验电压

额定电压/V	试验电压/V	额定电压/V	试验电压/V
30	AC 500，1min，不击穿	125，150	AC 1500，1min，不击穿
60，90	AC 1000，1min，不击穿	300，600	AC 2000，1min，不击穿

表3-3-19 非氟热塑性绝缘室温绝缘电阻 （单位：MΩ·km）

导体标称截面积/mm²	额定电压				导体标称截面积/mm²	额定电压			
	30V	60V，90V，125V，150V	300V	600V		30V	60V，90V，125V，150V	300V	600V
0.051	0.0124	0.0193	0.0193	0.0309	1.31	0.0033	0.0074	0.0074	0.0124
0.08	0.0106	0.0168	0.0168	0.0279	1.50	0.0031	0.0070	0.0070	0.0118
0.13	0.0088	0.0144	0.0144	0.0248	2.08	0.0027	0.0077	0.0077	0.0105
0.21	0.0073	0.0123	0.0123	0.0218	2.50	0.0025	0.0072	0.0072	0.0098
0.32	0.0061	0.0106	0.0106	0.0194	3.31	0.0022	0.0064	0.0064	0.0088
0.40	0.0056	0.0097	0.0097	0.0182	4.00	0.0020	0.0082	0.0082	0.0082
0.50	0.0051	0.0089	0.0089	0.0170	5.26	0.0017	0.0074	0.0074	0.0074
0.52	0.0050	0.0088	0.0088	0.0168	6.0	—	—	0.0070	0.0096
0.75	0.0043	0.0092	0.0092	0.0149	8.37	—	—	0.0061	0.0084
0.82	0.0041	0.0089	0.0089	0.0145	10.0	—	—	0.0079	0.0098
1.00	0.0038	0.0082	0.0082	0.0136	13.3	—	—	0.0070	0.0088

表3-3-20 含氟热塑性绝缘室温绝缘电阻 （单位：MΩ·km）

导体标称截面积/mm²	额定电压				导体标称截面积/mm²	额定电压			
	30V	60V，90V，125V，150V	300V	600V		30V	60V，90V，125V，150V	300V	600V
0.051	0.0112	0.0124	0.0164	0.0256	1.31	0.0029	0.0061	0.0074	0.0093
0.08	0.0095	0.0106	0.0142	0.0228	1.50	0.0027	0.0057	0.0070	0.0088
0.13	0.0079	0.0088	0.0120	0.0200	2.08	0.0024	0.0050	0.0061	0.0077
0.21	0.0065	0.0073	0.0101	0.0173	2.50	0.0022	0.0046	0.0056	0.0072
0.32	0.0054	0.0061	0.0086	0.0152	3.31	0.0019	0.0041	0.0050	0.0064
0.40	0.0049	0.0056	0.0079	0.0141	4.00	0.0017	0.0038	0.0046	0.0082
0.50	0.0045	0.0051	0.0072	0.0131	5.26	0.0015	0.0033	0.0041	0.0074
0.52	0.0044	0.0050	0.0071	0.0129	6.0	—	—	0.0039	0.0070
0.75	0.0038	0.0061	0.0061	0.0114	8.37	—	—	—	0.0061
0.82	0.0036	0.0074	0.0089	0.0110	10.0	—	—	—	0.0056
1.00	0.0033	0.0068	0.0082	0.0103	13.3	—	—	—	0.0050

表3-3-21 热冲击试验的空气烘箱温度

材料	电缆的额定温度/℃	烘箱温度/℃（±2℃）
FRPE－阻燃聚乙烯或PE－聚乙烯	60、80	100
TPE－热塑性弹性体	60、80、105	150
所有其他材料	60、80、90	120
	105	135
	125	158
	150	180
	200	232
	250	280

3.2.3 热塑性绝缘热塑性护套挤包电缆

热塑性绝缘热塑性护套挤包电缆适用于交流额定电压30V、60V、90V、125V、150V、300V、600V，可以是单芯电缆也可以是多芯电缆。

1. 导体

芯数：1芯或多芯。导体见3.2.1节中的要求。

2. 绝缘

绝缘性能见3.2.1节中热塑性材料的介绍，并挤包在导体或者隔离层上。绝缘线芯应符合3.2.1

节中的要求。

3. 护套

护套性能见 3.2.1 节中的热塑性材料的介绍，并挤包在缆芯上。

非氟热塑性护套平均厚度应不小于表 3-3-22 规定的标称厚度，最薄处厚度应不小于标称厚度的 85%。

含氟热塑性护套平均厚度应不小于表 3-3-23 规定的标称厚度，最薄处厚度应不小于标称厚度的 85%。

表 3-3-22　非氟热塑性护套标称厚度

导体标称截面积/mm^2	额定电压	
	30V，60V，90V	125V，150V，300V，600V
0.051 ~ 13.3	0.61mm	0.76mm

表 3-3-23　含氟热塑性护套厚度

导体标称截面积/mm^2	额定电压
	30V，60V，90V，125V，150V，300V，600V
0.051 ~ 13.3	0.20mm

4. 产品试验

成品护套电缆热冲击试验的温度遵照表 3-3-24 中的规定。其他性能及试验方法应满足产品规范或 CQC 产品认证相应的技术规范的规定。

5. 使用导则

使用场合按电缆结构和额定电压选择，使用温度按绝缘额定温度选择。

表 3-3-24　热冲击试验的空气烘箱温度

材料	电缆的额定温度/℃	烘箱温度/℃（±2℃）
FRPE－阻燃聚乙烯或 PE－聚乙烯	60、80	100
TPE－热塑性弹性体	60、80、105	150
所有其他材料	60、80、90	121
	105	136
	125	158
	150	180
	200	232
	250	280

3.2.4　热固性绝缘挤包单芯无护套电缆

热固性绝缘挤包单芯无护套电缆适用于交流额定电压 30V、60V、90V、125V、150V、300V、600V。

1. 导体

芯数：1 芯。导体应符合 3.2.1 节中规定的要求。

2. 绝缘

绝缘应为 3.2.1 节中规定的热固性材料，并挤包在导体或者隔离层上。绝缘平均厚度应不小于表 3-3-25 规定的标称厚度。最薄处厚度应不小于标称厚度的 90%。

表 3-3-25　热固性绝缘标称厚度　（单位：mm）

导体标称截面积/mm^2	额定电压				导体标称截面积/mm^2	额定电压			
	30V	60V，90V，125V，150V	300V	600V		30V	60V，90V，125V，150V	300V	600V
0.051	0.15	0.30	0.30	0.76	1.31	0.15	0.38	0.38	0.76
0.08	0.15	0.30	0.30	0.76	1.50	0.15	0.38	0.38	0.76
0.13	0.15	0.30	0.30	0.76	2.08	0.15	0.51	0.51	0.76
0.21	0.15	0.30	0.30	0.76	2.50	0.15	0.51	0.51	0.76
0.32	0.15	0.30	0.30	0.76	3.31	0.15	0.51	0.51	0.76
0.40	0.15	0.30	0.30	0.76	4.00	0.15	0.76	0.76	0.76
0.50	0.15	0.30	0.30	0.76	5.26	0.15	0.76	0.76	0.76
0.52	0.15	0.30	0.30	0.76	6.0	—	—	0.76	1.14
0.75	0.15	0.38	0.38	0.76	8.37	—	—	0.76	1.14
0.82	0.15	0.38	0.38	0.76	10.0	—	—	1.14	1.52
1.00	0.15	0.38	0.38	0.76	13.30	—	—	1.14	1.52

3. 产品试验

绝缘应能耐受表3-3-26规定的水中工频电压试验1min不击穿。室温绝缘电阻应不小于表3-3-27中的规定值。热固性绝缘挤包单芯无护套电缆的其他性能及试验方法应满足产品规范或CQC产品认证相应的技术规范中的规定。

4. 使用导则

使用场合按电缆结构和额定电压选择，使用温度按绝缘额定温度选择。

表3-3-26 水中工频电压试验的试验电压

额定电压/V	试验电压/V
30	500
60，90	1000
125，150	1500
300，600	2000

表3-3-27 热固性绝缘室温绝缘电阻 （单位：MΩ·km）

导体标称截面积/mm^2	额定电压				导体标称截面积/mm^2	额定电压			
	30V	60V，90V，125V，150V	300V	600V		30V	60V，90V，125V，150V	300V	600V
0.051	0.0124	0.0193	0.0193	0.0309	1.31	0.0033	0.0074	0.0074	0.0124
0.08	0.0106	0.0168	0.0168	0.0279	1.50	0.0031	0.0070	0.0070	0.0118
0.13	0.0088	0.0144	0.0144	0.0248	2.08	0.0027	0.0077	0.0077	0.0105
0.21	0.0073	0.0123	0.0123	0.0218	2.50	0.0025	0.0072	0.0072	0.0098
0.32	0.0061	0.0106	0.0106	0.0194	3.31	0.0022	0.0064	0.0064	0.0088
0.40	0.0056	0.0097	0.0097	0.0182	4.00	0.0020	0.0082	0.0082	0.0082
0.50	0.0051	0.0089	0.0089	0.0170	5.26	0.0017	0.0074	0.0074	0.0074
0.52	0.0050	0.0088	0.0088	0.0168	6.0	—	—	0.0070	0.0096
0.75	0.0043	0.0092	0.0092	0.0149	8.37	—	—	0.0061	0.0084
0.82	0.0041	0.0089	0.0089	0.0145	10.0	—	—	0.0079	0.0098
1.00	0.0038	0.0082	0.0082	0.0136	13.3	—	—	0.0070	0.0088

3.2.5 热固性绝缘热固性护套挤包电缆

热固性绝缘热固性护套挤包电缆适用于交流额定电压30V、60V、90V、125V、150V、300V、600V。

1. 导体

芯数：1芯或多芯。导体应符合3.2.1节中的要求。

2. 绝缘

绝缘为3.2.1节中规定的热固性材料，并挤包在导体或者隔离层上。绝缘线芯应符合3.2.4节中表3-3-25的要求。

3. 护套

护套应为3.2.1节规定的热固性材料，并挤包在绝缘上。

热固性护套平均厚度应不小于表3-3-28中规定的标称厚度，最薄处厚度应不小于标称厚度的85%－0.1mm。

4. 试验项目

电缆和护套的性能及试验方法应满足产品规范或CQC产品认证相应的技术规范中的规定。

5. 使用导则

使用场合按电缆结构和额定电压选择，使用温度按绝缘额定温度选择。

表3-3-28 热固性护套标称厚度

导体标称截面积/mm^2	额定电压	
	30V，60V，90V	125V，150V，300V，600V
0.051～13.30	0.61mm	0.76mm

3.2.6 非挤包绝缘高温电缆

非挤包绝缘高温电缆是适用于额定温度450℃，交流额定电压300V或600V的玻璃丝编织云母带或云母复合物带绕包绝缘的电缆。

1. 导体

芯数：1芯或多芯。导体应符合3.2.1节中的要求，或符合GB/T 11019—2009要求的镀镍（27级及以上）铜线。最小导体标称截面积为0.32mm^2，最大导体标称截面积为13.3mm^2。

2. 绝缘

绝缘应采用云母带或云母复合物带绕包在全部导体上，绕包方式应由供需双方协商确定。

绝缘层平均厚度不小于表3-3-29中规定的标称厚度。

表3-3-29 绝缘层和编织层标称厚度

导体标称截面积/mm²	绝缘层 额定电压		编织层 额定电压	
	300V	600V	300V	600V
0.32～3.31	0.38mm	0.63mm	0.18mm	0.18mm
4.00～13.3	0.51mm	0.76mm	0.38mm	0.38mm

3. 成缆

2芯及以上绝缘线芯应绞合成缆。

4. 编织层

电缆应具有玻璃丝编织层并经涂敷处理以防止织物磨损，涂敷材料的耐温等级不低于绝缘工作温度。

玻璃丝编织层平均厚度不小于表3-3-29中规定的标称厚度。

5. 试验项目

非挤包绝缘高温电缆的性能及试验方法应满足产品规范或CQC产品认证相应的技术规范的规定。

6. 使用导则

使用场合按电缆结构和额定电压选择，使用温度按绝缘额定温度选择。

3.2.7 无护套挤包绝缘扁平带状电缆

无护套挤包绝缘扁平带状电缆适用于交流额定电压300V和600V的电缆。

1. 导体

芯数：最少2芯，最多150芯。导体应符合3.2.1节中的要求。最小导体标称截面积为$0.051mm^2$，最大导体标称截面积为$5.26mm^2$。

2. 绝缘

绝缘应为3.2.1节中规定的FRPE、XLPE或PVC，并挤包在导体上。

FRPE和XLPE绝缘平均厚度应不小于表3-3-30中规定的标称厚度，最薄处厚度应不小于标称厚度的90%。

PVC绝缘平均厚度应不小于表3-3-31中规定的标称厚度，最薄处厚度应不小于标称厚度的90%。

表3-3-30 FRPE和XLPE绝缘标称厚度

绝缘材料种类	额定电压300V
FRPE	0.13mm
XLPE	0.23mm

表3-3-31 PVC绝缘标称厚度

绝缘材料种类	额定电压600V
PVC	0.76mm

绝缘线芯在一个平面上平行放置并通过隔离筋相互连接，形成并排的扁平带状无护套电缆。

绝缘线芯之间的隔离筋宽度不超过13mm。隔离筋宽度为图3-3-8中的d。绝缘线芯可以分离成包含一芯或多芯的部分，也可以不分离。

图3-3-8 无护套挤包绝缘扁平带状电缆

3. 试验项目

不可分离的绝缘线芯，应将电缆作为一个整体进行检查。

可分离的绝缘线芯，可将电缆作为一个整体进行检查，也可将绝缘线芯从电缆上撕裂下来检查，三芯以上的电缆任检三芯。对单根绝缘线芯的试验结果有疑问时，应采用整根电缆进行检验。

绝缘应能耐受表3-3-32中规定的水中工频电压试验1min不击穿。

室温绝缘电阻应不小于表3-3-33中的规定值。

绝缘的热冲击试验的温度按表3-3-34中的规定进行。

其他性能及试验方法应满足产品规范或CQC产品认证相应的技术规范的规定。

4. 使用导则

使用场合按电缆结构和额定电压选择，使用温度按绝缘额定温度选择。

表3-3-32 水中工频电压试验的试验电压

额定电压/V	试验电压/V
300和600	2000

表3-3-33 室温绝缘电阻（MΩ·km）

导体标称截面积/mm²	额定电压	
	300V	600V
0.051	0.0193	0.0309
0.08	0.0168	0.0279
0.13	0.0144	0.0248
0.21	0.0123	0.0218
0.32	0.0106	0.0194
0.40	0.0097	0.0182
0.50	0.0089	0.0170
0.52	0.0088	0.0168

（续）

导体标称截面积/mm²	额定电压	
	300V	600V
0.75	0.0092	0.0149
0.82	0.0089	0.0145
1.00	0.0082	0.0136
1.31	0.0074	0.0124
1.50	0.0070	0.0118
2.08	0.0077	0.0105
2.50	0.0072	0.0098
3.31	0.0064	0.0088
4.00	0.0082	0.0082
5.26	0.0074	0.0074

表 3-3-34　热冲击试验的空气烘箱温度

材料	电缆的额定温度/℃	烘箱温度/℃（±2.0℃）
FRPE－阻燃聚乙烯或 PE－聚乙烯	60、80	100.0
所有其他材料	60、80	121.0
	105	136.0
	125	158.0
	150	180.0
	200	232.0
	250	280.0

3.2.8　XLPE 挤包绝缘直流高压电缆

除非特别说明，XLPE 挤包绝缘直流高压电缆的最高额定温度为 105℃，最高直流额定电压为 50kV。

1. 导体

芯数：1 芯。导体应符合 3.2.1 节中的要求。

2. 绝缘

除非特别说明，绝缘应为 3.2.1 节中规定的 XLPE 材料，挤包在导体上，并在型号中明确。

除非特别说明，绝缘平均厚度应不小于表 3-3-35 规定的标称厚度，最薄处厚度应不小于标称厚度的 90%。

环境温度下的绝缘电阻常数 K_i 应不小于 3670MΩ·km。

3. 护套

除非特别说明，护套应为 3.2.1 节中规定的材料，挤包在绝缘上，并在型号中明确。

除非特别说明，护套平均厚度应不小于表 3-3-36 中规定的标称厚度，最薄处厚度应不小于标称厚度的 85%－0.1mm。

表 3-3-35　绝缘标称厚度

导体标称截面积/mm²	直流额定电压				
	10kV	20kV	30kV	40kV	50kV
0.32～0.52	0.31mm	0.56mm	0.65mm	0.76mm	1.10mm

表 3-3-36　护套标称厚度

导体标称截面积/mm²	直流额定电压				
	10kV	20kV	30kV	40kV	50kV
0.32～0.52	0.40mm	0.65mm	0.66mm	0.95mm	1.11mm

4. 试验项目

挤包绝缘直流高压电缆的性能及试验方法应满足产品规范或 CQC 产品认证相应的技术规范中的规定。

5. 使用导则

使用场合按电缆结构和额定电压选择，使用温度按绝缘额定温度选择。

3.3　高速传输对称电缆

3.3.1　数字通信用高速平行电缆

1. SFP、SFP＋、SFP28、QSFP、QSFP＋、QSFP28、XFP、CXP

（1）定义　数字通信用平行双轴电缆，英文名称为 Twinax Cable 或 Twinax，是由两根平行的绝缘单线和包覆屏蔽及排流线组成一个对单元，再由两对及以上的对单元成缆，外包总屏蔽和护套而成。SFP（Small Form－factor Pluggables 小型封装接口）可以理解为升级版的比特接口转换器（GBIC）。引入了光纤和铜芯两个版本。以铜芯 SFP 为基础发展为 SFP＋、SFP28、QSFP、QSFP＋、QSFP28、CXP 等大类。单通道 SFP＋速率可达 25Gbit/s 及以上。目前应用的多为 10Gbit/s，4 通道 SFP 形成 QSFP，12 通道（24 对）形成 CXP 速可达 120Gbit/s。XFP 为 SFP 前身，传输速率 10Gbit/s，起初为光纤版本。对于光学 SFP 部分主要通过不同波长的光纤来控制频率及传播长度，在此不做叙述。

（2）用途　用于光电转换模块，高速、大容量、高智能国家干线传输网络及路由器/交换机、服务器、存储系统。

（3）产品结构　常规导体规格有 24AWG、26AWG、28AWG、30AWG（对应 0.51mm、0.40mm、0.32mm、0.25mm）如图 3-3-9 和图 3-3-10 所示。根据客户需求的不同也会有其他规格。常用芯数为 2～24 对。

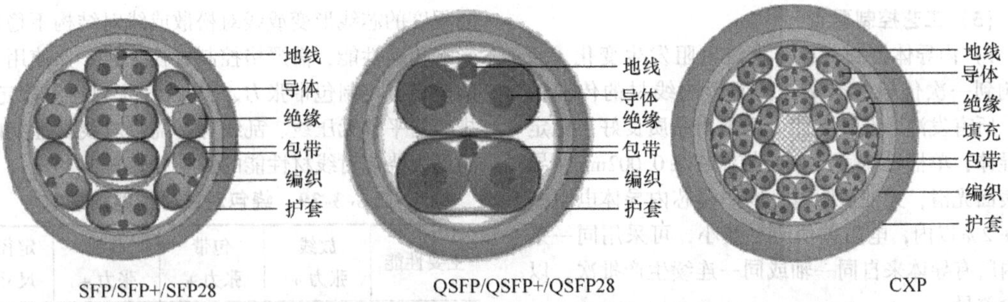

图 3-3-9　典型高速平行电缆结构示意图

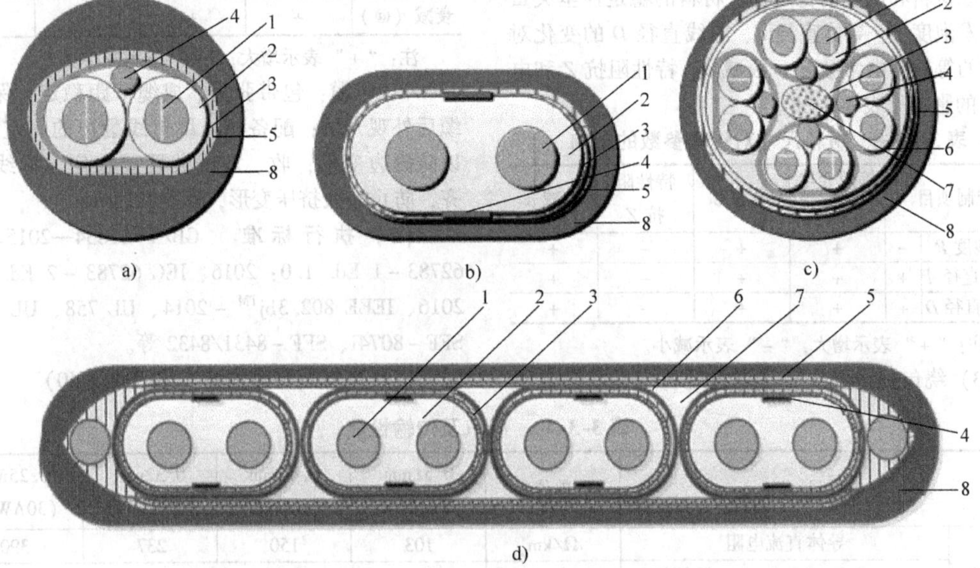

图 3-3-10　圆形及带状电缆典型结构示意图（单线对和 4 线对）

a）电缆单线对圆形电缆　b）单线对带状电缆　c）4 线对圆形电缆　d）4 线对带状电缆

1—导体　2—绝缘层　3—复合铝（铜）箔线对屏蔽层　4—排流线（扁线）

5—镀锡铜线编织缆芯屏蔽层　6—线对　7—非吸湿性填充材料（可选项）　8—护套

（4）物理性能（见表 3-3-37）

表 3-3-37　物理性能

产品名称	导体规格 /AWG	最高频率	对数	外径 /mm	产品名称	导体规格 /AWG	最高频率	对数	外径 /mm
SFP	30	5GHz	2	4.30	QSFP +	30	40GHz	8	7.10
	28	5GHz	2	4.70		28	40GHz	8	8.20
	26	5GHz	2	6.00		26	40GHz	8	9.30
	24	5GHz	2	6.20		24	40GHz	8	10.30
SFP +	30	10GHz	2	4.30	QSFP28	30	25GHz	8	7.10
	28	10GHz	2	4.70		28	25GHz	8	8.20
	26	10GHz	2	6.00		26	25GHz	8	9.30
	24	10GHz	2	6.20		24	25GHz	8	10.30
SFP28	30	25GHz	2	4.30	CXP	30	120GHz	24	12.50
	28	25GHz	2	4.70		28	120GHz	24	15.40
	26	25GHz	2	6.00		26	120GHz	24	17.00
	24	25GHz	2	6.20		24	120GHz	24	20.00

(5) 工艺控制要点

1）内导体控制：导体直流电阻发生变化，会影响到一次传输参数 R，从而影响线材的传输性能。所有发泡芯线的导体全部采用品质良好且稳定的导体；单根导体直径公差控制在 ±0.002mm；导体表面光滑，无油质附着；同一缆芯内导体电阻差应在 2% 以内，电阻差值应尽量小，可采用同一条缆内所有导体来自同一轴或同一连续生产批次，以减少差异。

2）芯线挤出：芯线挤出的影响因素主要有两种：原材料和制程的稳定性。材料的稳定性至关重要，发泡度 P、导体直径 d、芯线直径 D 的变化对线材的等效介电常数 ε_e、衰减 α、特性阻抗 Z 和电容 C 的影响见表 3-3-38。

表 3-3-38 材料尺寸对传输参数的影响

控制项目		等效介电常数 ε_e	电容 C	特性阻抗 Z	衰减 α
发泡度 P	−	+	+	−	+
导体直径 d	+	+	+	−	+
芯线直径 D	+	+	+	−	+

注：“+”表示增大，“−”表示减小。

3）绕包：平行线对在绕包过程中可能发生不同程度的芯线形变或线对松散或线对结构不稳定而影响传输性能，需严格控制过程工艺，如使用合适的模具，控制包带张力、收/放线张力连续稳定等，排线需平整无压线、乱线等。绕包对线材性能的影响见表绕包对线材性能的影响见表 3-3-39。

表 3-3-39 绕包对线材性能的影响

主要性能	放线张力 +	包带张力 +	收线张力 +	定径模尺寸 +
特性阻抗（Z）	−	−	−	+
衰减（@）	+	+	+	−

注：“+”表示增大，“−”表示减小。

4）成缆：包带张力、成缆节距稳定，保证成缆后外观光洁；配备防止绕包线翻边的固定装置，以防翻边变形；收、放线装置要稳定，排线要整齐，防止芯线挤压变形，影响性能。

(6) 执行标准 GB/T 31834—2015、IEC 62783−1 Ed. 1.0：2016、IEC 62783−2 Ed. 1.0：2016、IEEE 802.3bj™ −2014、UL 758、UL 1581、SFF−8074i、SFF−8431/8432 等。

(7) 电气及传输性能（见表 3-3-40）

表 3-3-40 电气及传输性能

项目			单位	0.51mm (24AWG)	0.40mm (26AWG)	0.32mm (28AWG)	0.25mm (30AWG)
电气性能参数	导体直流电阻		Ω/km	103	150	237	390
	绝缘耐压 DC，1s	导体间	kV	0.30			
		导体与屏蔽		0.50			
	绝缘电阻		MΩ · km	≥100			
传输性能参数	差模阻抗		Ω	100 ±5			
	延时	发泡	ns/m	≤4.8			
		实心		≤5.2			
	延时差	对间	ps/m	≤50			
		对内		≤10			
	衰减常数	0.20GHz	dB/m	≤0.43	≤0.52	≤0.61	≤0.77
		0.60GHz		≤0.76	≤0.92	≤1.07	≤1.14
		1.25GHz		≤1.12	≤1.35	≤1.58	≤1.98
		2.50GHz		≤1.63	≤1.97	≤2.31	≤2.88
		3.25GHz		≤1.89	≤2.28	≤2.67	≤3.33
		5.00GHz		≤2.43	≤2.92	≤3.44	≤4.26
		7.50GHz		≤3.10	≤3.73	≤4.41	≤5.43
		10.0GHz		≤3.72	≤4.49	≤5.34	≤6.53
		12.89GHz		≤4.41	≤5.33	≤6.38	≤7.77
		15.00GHz		≤4.91	≤6.94	≤7.14	≤9.67
		18.00GHz		≤5.61	≤6.81	≤8.25	≤9.96
		20.00GHz		≤6.08	≤7.39	≤9.00	≤10.83
		22.00GHz		≤6.56	≤7.98	≤9.77	≤11.72
		25.00GHz		≤7.28	≤8.89	≤10.96	≤13.09

2. Infiniband cable

（1）定义 长期以来，伴随着在更大带宽和更强处理能力方面的竞争日趋激烈，各种I/O标准相继登场。2000年9月，Infiniband贸易协会（Infiniband Trade Association，IBTA）发布了以该协会名称命名的I/O规范的1.0版本，这个拥有180名组员的组织包括所有业界的主要系统、半导体和外设制造商。

1）传输架构：Infiniband架构主要针对服务器端的连接，应用于服务器与服务器（比如复制，分布式工作等）、服务器和存储设备（比如SAN和直接存储附件）以及服务器和网络之间（比如LAN，WANs和Internet）的通信。它是一种交换结构I/O技术，其设计思路是通过一套中心机构（中心Infiniband交换机）在远程存储器、网络以及服务器等设备之间建立一个单一的连接链路，并由中心Infiniband交换机来指挥流量。它的结构设计得非常紧密，大大提高了系统的性能、可靠性和有效性，能缓解各硬件设备之间的数据流量拥塞。而这是许多共享总线式技术没有解决好的问题，例如这是基于PCI的机器最头疼的问题，甚至最新的PCI-X也存在这个问题，因为在共享总线环境中，设备之间的连接都必须通过指定的端口建立单独的链路。

2）传输速度：Infiniband架构是一种支持多并发链接的“转换线缆”技术，在这种技术中，每种链接都可以达到2.5Gbit/s的运行速度。这种架构在一个链接的时候速度是500Mbit/s，四个链接的时候速度是2Gbit/s，12个链接的时候速度可以达到6Gbit/s，见表3-3-41。

表3-3-41 Infiniband cable 传输速率

模式 / 通道数	SDR	DDR	QDR
1X	2.5Gbit/s	5Gbit/s	10Gbit/s
4X	10Gbit/s	20Gbit/s	40Gbit/s
12X	30Gbit/s	60Gbit/s	120Gbit/s

需要提醒的是，这只是原生总传量（Raw Rate），由于IBA实行8B10B编码法，每10bit中有2bit为频率同步位，频率同步位纯粹表示频率，无法用于传携数据，真正可用仅8bit（命令控制+实质数据），所以上述的传量组态还必须按8折计算，如2.5Gbit/s中有0.5Gbit/s为频率，控制与数据的实传仅为2Gbit/s。

（2）用途 InfiniBand电缆将主要用于取代服务器上的“外围部件互连局部总线（PCI）”，提供了PCI所不具备的更多的功能和性能。尽管PCI的可靠性和高速度已经得到证明，并且随着PCI-X的发布，它的速度将会继续提高（达到1Gbit/s），但是它仍落后于InfiniBand的通道设计。

（3）产品结构 典型InfiniBand电缆结构示意图如图3-3-11所示。

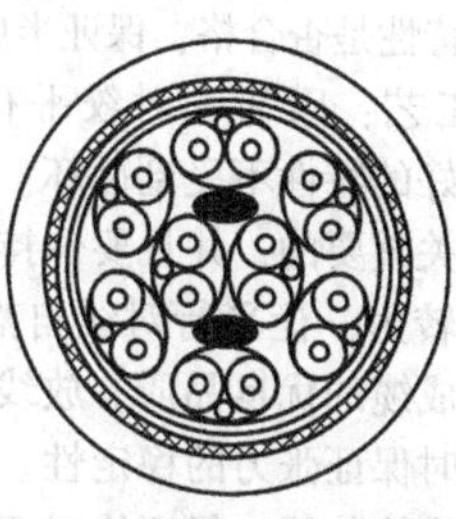

图3-3-11 典型InfiniBand电缆结构示意图

（4）品名规格 线缆包含了多对数TMDS信号线，如1X、2X、4X、8X、16X等，导体一般采用单根导体，可为镀锡铜、裸铜、镀银铜等材质，大小一般为24~32AWG，铝箔加编织双层总屏蔽，规格参数见表3-3-42。

（5）工艺控制重点

1）导体工艺：内导体是电线电缆的核心组成部分，体电阻是传输线缆中的一次传输参数之一，对线缆的传输有着至关重要的影响。传输TMDS信号的根导体直径公差控制在±0.002mm范围内；单根导体表面光滑，无油质、杂质附着；单根导体电阻控制一个很小的范围以内，建议不要超过3mΩ/5m。

表3-3-42 规格参数

型号	线规 /AWG	导体结构	绝缘材质	绝缘外径 /mm	水中静电容 /(pF/m)	编织规格	外径 /mm
4X	30	1/0.254	FMPE	0.65	108	16×10/0.10mmTC	6.0
4X	28	1/0.32	FMPE	0.85	108	16×11/0.10mmTC	7.0
4X	26	1/0.404	FMPE	1.10	95	24×9/0.10mmTC	8.5

2）绝缘挤出：一般来说，传输信号的绝缘材料基本是用发泡料（PE、PP、特氟龙等），也有用实心材料的。绝缘外径1.00mm及以下的最好在±0.01mm范围；1.00~1.80mm的尽量在±0.02mm范围；1.80~3.00mm的在±0.05mm范围。水中电容量应在±1pF的范围内，在±0.5pF范围内效果更佳。

绝缘间的附着力不可太小，不能松芯。绝缘要保证一定的同心度，建议同心度达到85%以上为佳。绝缘表面要求平滑，无杂质，无麻点。收轴排线平整、有序，最好不要形成交叉或产生堆积，以免绝缘线受到挤压而变形。

3）平行绕包：平行绕包工艺对于 Infiniband cable 传输信号来说是非常关键的。首先要确保两芯线的放线和收线张力适中、一致、稳定。包带张力恒定，最好装备可以自动调节张力的控制设备，以保证始终如一的张力大小。各张力调节不可太大，以免导致两芯线对绞因张力过大而挤压变形。绕包节距稳定，重叠率在25%以上，包缠需紧凑，并且无折边。模具太大容易导致对绞包缠不够紧凑，太小容易挤压到芯线。收轴排线平整、有序，不可形成交叉或产生堆积，破坏特性。建议每轴作首件测试检验，以评估特性是否合格，保证半成品的品质。

4）成缆工艺：因为非对绞平行 TMDS 线对，要保持原有良好的特性不受到破坏，其中防止平行对线翻转是至关重要的，并且要保持成缆过程中不受到太大的扭转力，让平行对线自然的螺旋成型，从而才能保证成缆的优良品质。放线、收线张力应合理调整，同时保证张力的稳定性。使用专用制作平行线的成缆排线装置，保证线对不翻转。模具的合理选用，太大结构松散，太小则会导致挤压严重，从而使特性变异。排线板与模具之间的距离要适中，以成缆成型良好为标准。包带张力合理、稳定、无折边，重叠率在25%以上，力求包缠成缆圆整、紧凑。成缆节距设计合理、稳定，保证成缆后圆整，结构紧凑。建议采用1000型机器成缆，增大各处弯曲半径，以利于保证特性不受到破坏。收轴排线应平整、有序，不可形成交叉或产生堆积，破坏特性。

5）编织屏蔽：编织屏蔽需应注意以下几点：张力调整适中，同时需保证稳定性；模具的选用需合理，以保证编织紧密、平整；编织的压线轮可以改用软质材料，以免压力太大，过度挤压线缆，进而破坏特性；收轴排线平整、有序，不可形成交叉或产生堆积，破坏特性。

6）护套挤出：护套挤出需注意以下几点：张力调整适中，同时需保证稳定性；所有过线轮，尽量要求大一些，避免弯曲半径太小；内模的选用需合理，尽量不影响到线缆内部结构的完整性，保证特性；有印字要求时，调整合适的压力，以免太大导致过度的挤压线缆；收轴排线平整、有序，不可形成交叉或产生堆积，破坏特性。

(6) 执行标准 执行标准参考 Infiniband V1.2，UL758，UL1581，UL2556，GB 4910—2009，GB/T 3953—2009 等。

(7) 测试项目及要求

1）可靠性测试项目见表 3-3-43。

表 3-3-43 可靠性测试项目

测试项目	标准描述	参考标准
导体电阻	测试20℃下每千米导体直流电阻	UL758，UL1581，UL2556
导体拉伸强度及延伸率	TXR，TR	GB/T 4910—2009 GB/T 3953—2009
水中绝缘阻抗	≥0.75MΩ·km	UL758，UL1581，UL2556
耐电压	DC 500V	UL758，UL1581，UL2556
老化前后抗拉强度及延伸率	发泡 PE，实心 PE，发泡 PP，实心 PP，发泡 FEP，FEP	UL758，UL1581，UL2556
热变形测试	≤50%	UL758，UL1581，UL2556
冷弯测试	2 倍线缆 OD 铁棒绕 6 圈，放置 -10℃ 环境中 4h 后，线缆无损伤。	UL758，UL1581，UL2556
阻燃测试	电缆火焰试验或 VW-1	UL758，UL1581，UL2556

2）高频测试项目及要求见表 3-3-44。

表 3-3-44 高频测试项目及典型值

序号	量测参数	典型值
1	差分阻抗（Impedance）	100Ω±5Ω
2	差分衰减（Insertion Loss）	≤10dB（1.25GHz）
3	近端串音（Near End Crosstalk）	NEN≤4%
4	对内延时差（Intra pair skew）	≤120ps
5	对间延时差（Inter pair skew）	≤500ps
6	抖动（Jitter）	0.25UI
7	眼图高度（Eye height）	19mV
8	眼图宽度（Eye width）	0.75UI

3.3.2 高清多媒体数据接口电缆

1. 概述、定义和用途

进入21世纪后，随着液晶电视、等离子电视等大尺寸数字化平板显示设备的普及，以及高清电视格式（720p/ 1080i/ 1080p/2K/4K 等）的确定，传统模拟接口的带宽已经不能满足海量数据流传输的需要，同时模拟接口不具备任何防盗版能力，给制造商造成巨大的经济损失。因此传输速度更快的全数字化接口开始出现，如HDMI，DVI等。已经推出了音视频接口，DVI接口只能传输视频信号；HDMI接口推广较快，已从高清电视，向各种多媒体产品扩展，成为全球主流音视频接口。

横跨消费电子、计算机和计算机外设的一系列设备细分市场正在越来越多地采用HDMI接口。便携式电子设备（如摄像机、数码相机和便携式多媒体播放器（PMP））将成为采用HDMI接口的新兴应用。

其他一些有关HDMI的研究数据包括：

1）2008年HDMI接口在近1/4的笔记本电脑上得到了采用。

2）IPTV机顶盒在所有付费电视机顶盒中采用HDMI接口的比例最高，增长率达到85%。

3）2012年，HDMI接口在PMP中的渗透率达到10%。

高清晰度多媒体接口（High Definition Multimedia Interface，HDMI）是一种数字化视频/音频接口技术，是适合影像传输的专用型数字化接口，其可同时传送音频和影像信号，最高数据传输速度为18Gbit/s。同时无须在信号传送前进行数-模或者模-数转换。

目前HDMI已成为数字电视的必备接口，计算机、笔记本电脑等IT产品也渐渐将此接口纳入标准，使用场合也将渗透到手机、PMP、DV摄影机、电子游戏机等。其中消费电子产品采用数量占绝对优势。

2. HDMI1.4系列

（1）型号 Category 1—Standard，常见型号为24~36AWG。

Category 2—High Speed，常见型号为24~6AWG。

Category 1 with HEAC—标准以太网，常见型号为24~36AWG。

Category 2 with HEAC—高速以太网，常见型号为24~36AWG。

Category 1 Automotive—仅用于汽车制造商，常见型号为24~36AWG。

（2）结构 常见结构总结如下：Category 1、Category 2和Category 1 Automotive三类，常见结构为4PR+1PR+5C，其结构如图3-3-12所示。

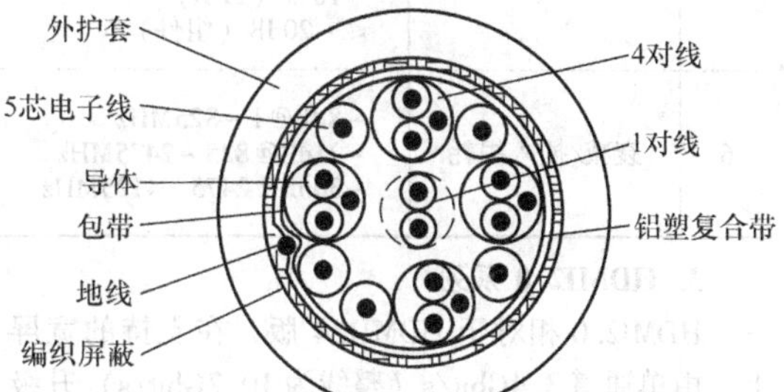

图3-3-12 HDMI1.4 4PR+1PR+5C 结构剖面图

Category 1 with HEAC和Category 2 with HEAC这两类HDMI，常见结构为5PR+4C，其结构如图3-3-13所示。

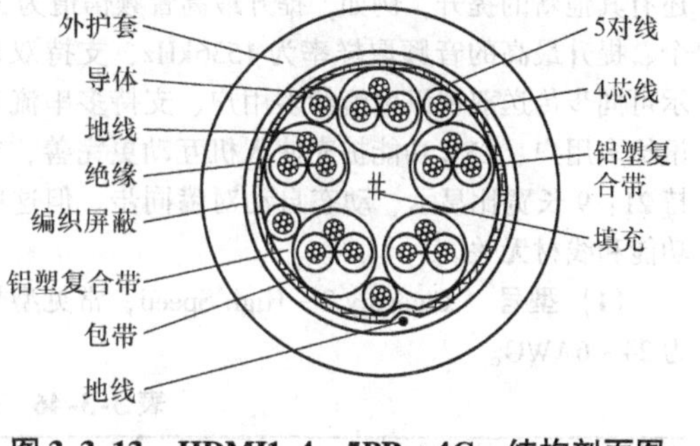

图3-3-13 HDMI1.4 5PR+4C 结构剖面图

（3）电气性能（见表3-3-45）

表3-3-45 HDMI1.4主要特性典型值

序号	测量参数	要求		试验条件
		1类	2类	
1	差分阻抗	100Ω±5Ω（电缆） 100Ω±15Ω（组件） 100Ω±15Ω（A型连接器） 100Ω±25Ω（C型连接器）	100Ω±5Ω（电缆） 100Ω±15Ω（组件） 100Ω±15Ω（A型连接器） 100Ω±25Ω（C型连接器）	200ps上升沿时间，测试区域1~2.5ns
2	差分延时	4.5ns/m（电缆） 5.05ns/m（组件）	4.5ns/m（电缆） 5.05ns/m（组件）	200ps上升沿时间
3	差分对间延时差	2.42ns	1.78ns	
4	差分对内延时差	151ps	112ps	200ps上升沿时间

（续）

序号	测量参数	要求		试验条件
		1类	2类	
5	远端串音衰减	A型连接器： -26dB（NA）@1~5GHz 5%（TDR） C型连接器： -20dB（NA）@1~5GHz 10%（TDR） ≤-20dB（组件）	A型连接器： -26dB（NA）@1 MHz~5GHz 5%（TDR） C型连接器： -20dB（NA）@1 MHz~5GHz 10%（TDR） ≤-20dB（组件）	NA S21，1601点
6	衰减/插入损耗	-8dB@1~825MHz -21dB@825~2475MHz -30dB@2475~4125MHz	0~-5dB@1 MHz~825MHz -5 dB~-12dB@825~2475MHz -12 dB~-20dB@2475~4125MHz -20 dB~-25dB@4125~5100MHz	NA S21，1601点

3. HDMI2.0系列

HDMI2.0相对于HDMI1.4版，在支持的宽屏上，由单通道3.4Gbit/s（整线为10.2Gbit/s）升级到6Gbit/s（整线为18Gbit/s），但由于HDMI2.0采用的是改进芯片性能，但使用原有的线材及连接器的方式来升级带宽，所以HDMI2.0线材的规格同HDMMI1.4的CAT2等级，即针对线材不需要改变旧有规格。当然HDMI2.0规格中除了带宽的提升还有其他新的提升，例如，提升最高音频信道为32个、提升最高的音频取样率为1536kHz、支持双显示可同步传送双视讯串流给多用户、支持多串流音讯给多用户、CEC功能扩充使人机互动更完善、支持21∶9长宽比显示、动态自动对嘴同步。但这些功能和线材无关。

（1）型号 Category 2—High Speed，常见型号为24~6AWG。Category 2 with HEAC—高速以太网，常见型号为24~36AWG。

（2）结构 常见结构为5PR+4C，其结构如图3-3-14所示

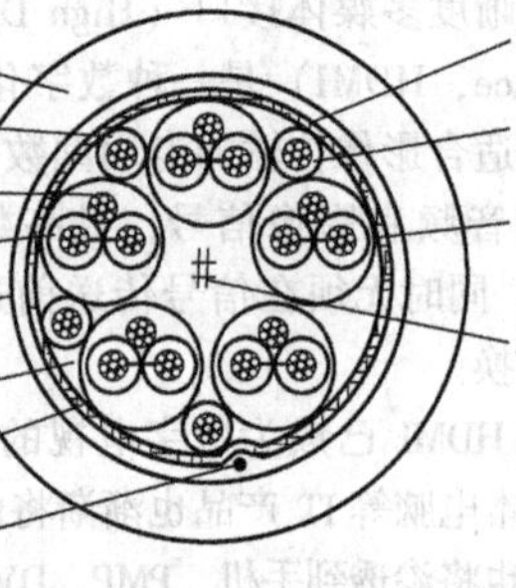

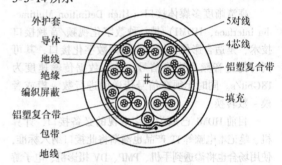

图3-3-14 HDMI2.0 5PR+4C 结构剖面图

（3）电气性能（见表3-3-46）

表3-3-46 HDMI2.0测试规格

序号	测量参数	要求	试验条件
1	差分阻抗	100Ω±5（电缆） 100Ω±15（组件） 100Ω±15（A型连接器） 100Ω±25（C型连接器）	200ps上升沿时间，测试区域1ns~2.5ns
2	差分延时	4.5ns/m（电缆） 5.05ns/m（组件）	200ps上升沿时间
3	差分对间延时差	1.78ps	
4	差分对内延时差	112ps	200ps上升沿时间
5	远端串音衰减	A型连接器： -26dB（NA）@1 MHz~5GHz 5%（TDR） C型连接器： -20dB（NA）@1 MHz~5GHz 10%（TDR） ≤-20dB@（组件）	NA S21，1601点
6	衰减/插入损耗	0~-5dB@1 MHz~825MHz ≤（-5 dB~-12dB）@825~2475MHz ≤（-12 dB~-20dB）@2475~4125MHz ≤（-20 dB~-25dB）@4125~5100MHz	NA S21，1601点

3.3.3 通用串行高速传输数据缆

1. USB线材（2.0，3.0，3.1）

（1）定义 USB是英文Universal Bus Cable的缩写，中文意思是通用串行总线。

（2）用途 USB是在1994年底由英特尔、康柏、IBM、微软等多家公司联合提出的一个外部总线标准，主要用于规范计算机与外部设备的连接和通信，是应用在PC领域的接口技术。主要适用于PC、手机、各类消费类电子产品连接等。

目前广泛使用的USB线材因发布的不同时期，依版本分为USB 1.0/1.1版，USB 2.0版，USB 3.0版，USB 3.1版等。

因USB设备产品更新日新月异，USB1.0/1.1版设备基本被淘汰，已很少使用，USB1.0/1.1线材仅作简单介绍，供查用。

（3）USB 2.0线材

1）USB 2.0线材结构：USB 2.0与USB 1.0和USB 1.1的线材结构相同，线材结构包括一对信号线（又称UTP线对）和两根电源线，总屏蔽为铝箔和编织，并有一根地线，其结构如图3-3-15所示。

信号线对（UTP线对）：导体一般选用28AWG的绞合镀锡铜，也可选用其他镀层的绞合铜导体，一般不选用裸铜。绝缘材料可选用HDPE、PP、发泡PE、发泡PP等，绝缘颜色为白、绿。

电源线导体可选择28～20AWG的绞合镀锡铜，也可选用其他镀层的绞合铜导体，一般不选用裸铜。绝缘材料可选用SRPVC、HDPE、PP等，绝缘颜色为红，黑。

屏蔽中铝箔屏蔽层非金属层一般采用PET材质，金属层一般采用铝，铝箔的金属铝面需与地线

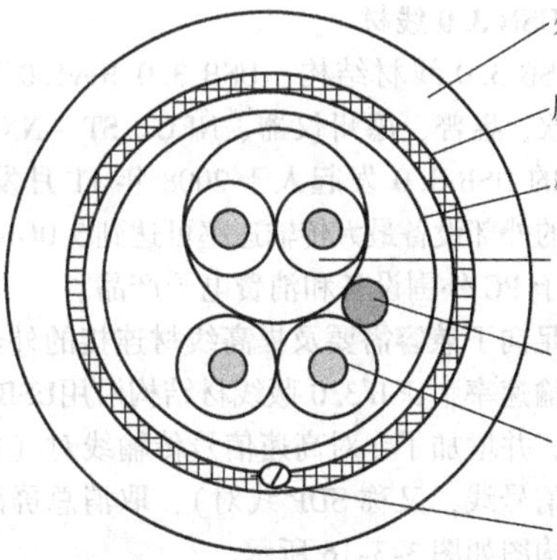

图3-3-15 USB1.1/2.0线材结构图

接触并铝箔包覆重叠率应超过25%。地线一般选用28AWG绞合镀锡铜。编织导体一般选用镀锡铜导体，也可选用其他相同屏蔽作用材料，最小编织率为65%，编织导体需与铝箔屏蔽层和地线充分接触。

护套材质一般选用PVC，也可依据客户的不同环保要求选用其他材质材料；护套颜色按不同客户要求制作，无特别要求。

USB 2.0线材典型外径见表3-3-47。

表3-3-47 USB 2.0线材外径对应表

USB线材结构/AWG	线材参考外径/mm
28/28	4.06
28/26	4.32
28/24	4.57
28/22	4.83
28/20	5.21

2）USB 2.0线材性能：USB线材主要用于信号接收与传送，线材性能主要考虑电气性能，机械性能不作介绍。援引USB协会标准要求，USB 2.0线材电气性能要求见表3-3-48。

表3-3-48 USB 2.0线材电气性能典型值

量测参数		单位	量测条件	USB 2.0规格值
差分阻抗		Ω	500ps上升沿时间	90±13.5
同模阻抗		Ω	500ps上升沿时间	30±9
传输延时		ns/m	500ps上升沿时间	5.2
		ns/缆		26
传输延时差 最大值		ps/缆	500ps上升沿时间	100
衰减	0.512MHz	dB/缆	—	0.13
	0.772MHz			0.15
	1MHz			0.20
	4MHz			0.39
	8MHz			0.57
	12MHz			0.76
	24MHz			0.95
	48MHz			1.35
	96MHz			1.90
	200MHz			3.2
	400MHz			5.8

(4) USB 3.0 线材

1) USB 3.0 线材结构：USB 3.0 Rev1.0 版由 Intel、微软、惠普、德州仪器、NEC、ST－NXP 等公司组成的 USB 3.0 发起人于 2008 年 11 月发布，线材连接的外部设备最大传输速率可达到 5.0Gbit/s，可广泛用于 PC 外围设备和消费电子产品。

为满足向下兼容需要及提高线材连接的外部设备最大传输速率，USB 3.0 版线材结构沿用USB 2.0 线材结构，并增加了 2 对高速信号传输线对（屏蔽双绞线对信号线，又称 SDP 线对），取消总屏蔽地线，其结构图如图 3-3-16 所示。

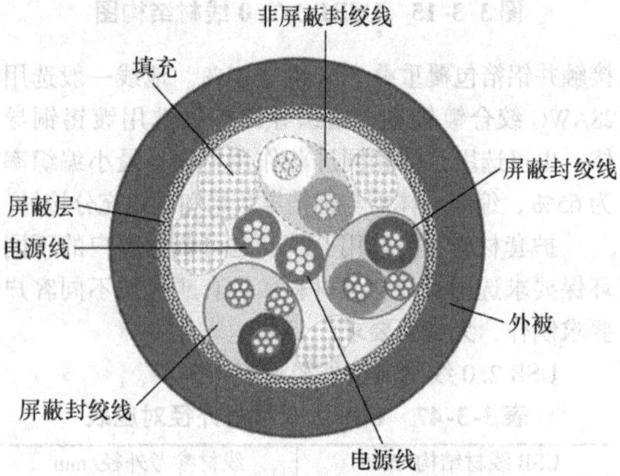

图 3-3-16　USB 3.0 线材结构图

UTP 信号线对导体一般选用 28～34AWG 的绞合镀锡铜，也可选用其他镀层的绞合铜导体，一般不选用裸铜。绝缘材料可选用 HDPE、PP、发泡 PE、发泡 PP 等，绝缘颜色为白、绿。电源线导体可选择 28～20AWG 的绞合镀锡铜，也可选用其他镀层的绞合铜导体，一般不选用裸铜。绝缘材料可选用 SRPVC、HDPE、PP 等，绝缘颜色为红、黑。

SDP 信号线对中包含 2 芯绝缘线，1 根地线及铝箔屏蔽层。SDP 线对绝缘芯线导体一般选用 26～34AWG 的绞合镀锡铜，也可选用其他镀层的绞合铜导体，一般不选用裸铜。绝缘材料可选用 HDPE、PP、发泡 PE、发泡 PP 等，绝缘颜色为蓝、黄、紫、橙。2 对 SDP 芯线为（蓝—黄）线对及（紫—橙）线对各 1 对。SDP 线对的地线一般选用 28～34AWG 的绞合镀锡铜，也可选用其他镀层的绞合铜导体，一般不选用裸铜。铝箔的金属铝面需与地线接触并铝箔包覆重叠率应超过 25%。

屏蔽中铝箔屏蔽层非金属层一般采用 PET 材质，铝箔的铝面需与地线接触，铝箔包覆重叠率应超过 25%。编织屏蔽时编织导体一般选用镀锡铜导体，也可选用其他相同作用材料，最小编织率 65%。

护套材质一般选用 PVC，也可依据客户的不同环保要求选用其他材质材料。护套颜色按不同客户要求制作，无特别要求。

典型的 USB 3.0 电缆外径的范围为 3～6mm。

2) USB 3.0 线材性能：援引 USB 协会标准要求，USB 3.0 线材电气性能要求见表 3-3-49。

表 3-3-49　USB 3.0 线材电气性能典型值

项目	量测仪器/量测条件	USB 3.0 规格值	
线材差分阻抗	200ps 上升沿时间	90Ω ±7Ω	
差分对内延时差	200ps 上升沿时间	15ps/m	
近端串音衰减 USB 2.0、USB 3.0 远端串音衰减 USB 2.0、USB 3.0	NA/传输模式 (S21 或 Sdd21)	−21dB/max (−21～−15dB)/max −15 dB/max	0.1～2.5GHz 2.5～3.0GHz 3.0～7.5GHz
近端串音衰减 USB 2.0、USB 3.0	NA/传输模式 (S21 或 Sdd21)	−27dB/max (−27～−23dB)/max −23dB/max	0.1～2.5GHz 2.5～3.0GHz 3.0～7.5GHz
衰减/插入损耗	NA/传输模式 (S21 或 Sdd21)	−27dB/缆 −5dB/缆 −27dB/缆 −23dB/缆	0.1GHz 1.25GHz 2.5GHz 7.5GHz
差分同模转换	NA/传输模式 (S21 或 Sdd21)	−20dB/max	0.1～7.5GHz

（5）USB 3.1 线材

1）USB 3.1 线材结构：USB 3.1 Rev1.0 版由 USB 3.0 Promoter Group 与 2013 年 8 月发布，线材连接的外部设备最大传输速率可达到 10.0Gbit/s，与 USB 3.0 技术相比，新 USB 技术使用一个更高效的数据编码系统，并提供一倍以上的有效数据吞吐率，并且基于原有的 USB 3.0 软件堆栈和设备级协议，因此完全向下兼容现有的 USB 3.0 接口、数据线，也依然支持 USB 2.0 产品。

USB 3.1 分为三种接口：Type－A（Standard－A）、Type－B（Micro－B）以及 Type－C（见图 3-3-17）。USB 3.1 接口下的供电最高允许标准大幅提高到了 20V/5A（仅限于 Type－A/B），能够提供达 100W 的供电输出能力。标准的 Type－A 是目前应用最广泛的接口方式，Micro－B 则主要应用于智能手机和平板电脑等。Type－C 主要面向更轻薄、更纤细的设备，最高标准为 12V/3A，36W 的充电能力已经足够一些轻薄型笔记本的使用。

图 3-3-17　USB 3.1 的 Type－A、Type－C、Type－B 接口（从左到右）

USB Type－C 简称为 USB－C，是一种新型 USB 线缆及连接器的规范，定义了包括连接器、端口、容器和线缆等在内的一整套全新的 USB 物理规格，是一种接口轻薄小巧的新型 USB 接口，可以扩展成电源/USB 传输/VGA 或 HDMI 三个接口，通过适配器，还可以兼容 USB 3.0、USB2.0 等上一代接口。其具有以下优点：

① Type－C 接口插座端的尺寸与原来的 Micro USB 规格一样小，约为 8.3mm×2.5mm。

② 可承受 1 万次反复插拔。

③ 支持从正反两面均可插入的“正反插”功能（类似苹果 Lightning 接口）。

④ 纤薄设计。

⑤ 最大数据传输速度达到 10Gbit/s。

⑥ 配备 Type－C 连接器的标准规格连接线可通过 3A 电流，同时还支持超出现有 USB 供电能力的“USB PD”，可以提供最大 100W 的电力。

⑦ 接口设计可弹性适应未来的 USB 总线性能。

⑧ 可以传输音频和视频。

USB 3.1 线材结构除可沿用 USB 3.0 结构外（见图 3-3-16），高速信号传输线对还可用屏蔽双导线或同轴线结构（见图 3-3-18）。

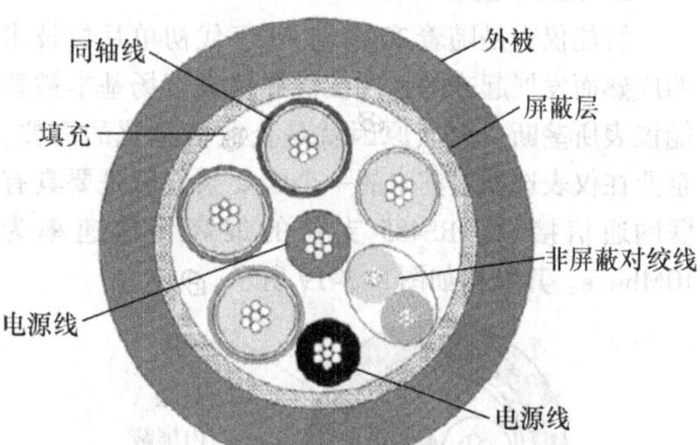

图 3-3-18　USB 3.1 同轴线版结构图

同轴线对导体一般选用 40～36AWG 的绞合镀锡铜，也可选用其他镀层的绞合铜导体，一般不选用裸铜。绝缘材料可选用 HDPE、PP、发泡 PE、发泡 PP、特氟龙等，绝缘颜色为蓝色或本色。同轴线护套颜色为蓝、黄、紫、橙。

其他线对及电源线结构要求同 USB 3.0 线材结构。

典型的 USB 3.1 电缆外径的范围为 3～6mm。

2）USB 3.1 线材性能：援引 USB 协会标准要求，USB 3.1 线材电气性能要求见表 3-3-50。

表 3-3-50　USB 3.1 线材主要电气性能要求

项目	量测仪器/量测条件	USB 3.1 规格值	备注
线材差分阻抗	TDR/TDR 模式 200ps T_r	90Ω±5Ω	若高速信号传输线对 SDP 结构则测此项
		45Ω±3Ω	若高速信号传输线对同轴线结构则测此项
差分对延时差	TDR/TDT 模式 200ps T_r	15ps/m	

（续）

项目	量测仪器/量测条件	USB 3.1 规格值	备注
通道指针	NA/传输模式 （Sdd21 或 Sdd12）	奈奎斯特频率取样测试插入损耗： ILfitatNq≥－22dB 综合反射： IMR≤60mV 综合串音： IXT≤25mV 眼图宽度： $eW = f_w(ILfitatNq, IMR, IXT) > 0$ 眼图高度： $eH = f_H(ILfitatNq, IMR, IXT) > 0$	使用插入损耗和 NEXT 1－2 量测到 10G 的数据计算得到

注：表中 T_r 为上升时间。

2. RS485 线材

智能仪表是随着 20 世纪 80 年代初单片机技术的成熟而发展起来的，现在世界仪表市场基本被智能仪表所垄断。究其原因就是企业信息化的需要，企业在仪表选型时其中的一个必要条件就是要具有联网通信接口。RS485 支持的最高传输速率为 10Mbit/s。其结构如图 3-3-19 所示。

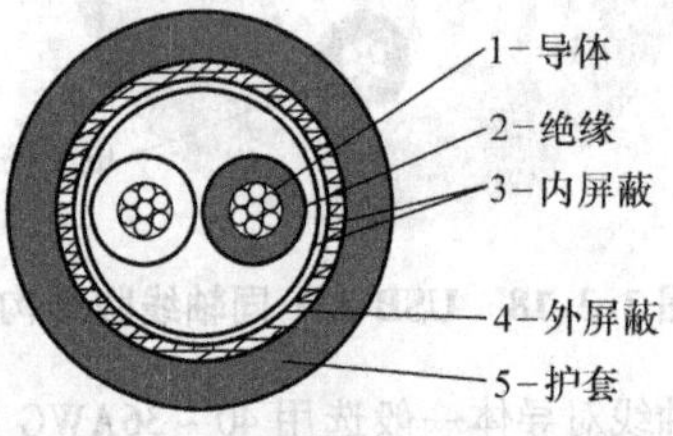

图 3-3-19　RS485 1×2×24AWG 电缆结构示意图

（1）RS485 数据电缆、RS485 通信电缆介绍

1）使用特性：RS485 数据电缆是用于多点间的通信。许多设备可以通过一条信号电缆来连接。就像早先的以太网用一条同轴线连接一样。RS485 数据电缆可以在 2.5MB/s 的速度下传送 1200m，用于复杂的楼宇自控、工业控制网络、电力自动化等通信网络。RS485 信号线，RS485 数据电缆，RS485 通信电缆，新型特种复合绝缘和外护套材料，镀锡屏蔽，抗干扰能力强；屏蔽系数小，传输距离长。

2）RS485 数据电缆产品规格型号：导体采用多股绞合镀锡铜丝，PE 绝缘护套；为适应复杂的工业噪声环境，采用铝箔/聚酯复合带 100% 屏蔽率 + 镀锡铜编织网 90% 屏蔽率共双重屏蔽，并附有独立 TC 接地导体，工业灰色 PVC 外护套，特性阻抗为 120Ω。

RS485 通信电缆在一般场合采用双绞线就可以，但在要求比较高的环境下可以采用带屏蔽层的双绞电缆。在使用 RS485 通信时，对于特定的传输线路，主机（召测设备）到仪表的 RS485 接口间的电缆长度与数据信号传输的波特率成反比；这个长度主要受信号的失真以及噪声的影响所影响。理论上 RS485 的传输距离能达到 1200m，但实际应用中传输距离要小于 1200m，具体长度受周围的环境影响。

（2）RS485 通信电缆型号一般型号

1×2×0.14	2×2×0.14	3×2×0.14	4×2×0.14
1×2×0.2	2×2×0.2	3×2×0.2	4×2×0.2
1×2×0.3	2×2×0.3	3×2×0.3	4×2×0.3
1×2×0.4	2×2×0.4	3×2×0.4	4×2×0.4
1×2×0.5	2×2×0.5	3×2×0.5	4×2×0.5
1×2×0.75	2×2×0.75	3×2×0.75	4×2×0.75
1×2×1.0	2×2×1.0	3×2×1.0	4×2×1.0
1×2×1.5	2×2×1.5	3×2×1.5	4×2×1.5
1×2×2.5	2×2×2.5	3×2×2.5	4×2×2.5

（3）RS485 通信电缆产品用途

1）用于高频信号传输。

2）抗干扰能力强。

3）衰减小。

4）线对间电容小。

5）适用于编码器、变频器等设备的信号传输。

3.3.4　显示端口电缆

1. 高清数字显示接口电缆

（1）定义　高清数字显示接口（DisplayPort，DP）是一种高清数字显示接口标准，连接计算机和显示器，可同时传输音频与视频。2006 年 5 月，视频电子标准协会（VESA）确定了 1.0 版标准，并在半年后升级到1.1版，提供了对HDCP的支持。2010年1月，版本升级到1.2版，传输带宽高达21.6Gbit/s。作为HDMI和UDI的竞争对手和DVI的潜在继任者，DP赢得了AMD、英特尔、NVIDIA、戴尔、惠普、联想、飞利浦、三星等业界巨头的支持，而且它是免费使用的。

1）高带宽：每个信道的数据传输率翻番到5.4Gbit/s，总带宽最高可达21.6Gbit/s，大大提升了显示分辨率、色深、刷新率、多显能力，支持全高清120Hz 3D立体显示、3840×2160×30分辨率、4K×2K四倍全高清分辨率、10bit高色彩范围等。

2）支持多视频流：只需一根数据线即可传输多个独立的未压缩视频和音频流，满足受保护内容播放和3D游戏等高性能应用，可配置为单链式或者中央式。举例来说，DP 1.1a只能支持一台显示器设置为2560×1600@60Hz，DP 1.2能支持两台这种显示器，或者四台1920×1200，而且都是一根线缆。

3）支持高速双向数据传输：可在标准DP数据线内传输USB 2.0或者以太网数据。AUX通道的最大数据传输率从1Mbit/s直接提升到720Mbit/s，可满足USB 2.0带宽需要，支持从/向显示器传输USB数据（Display USB），以及标准以太网数据。

4）支持Mini-DP接口：迷你微型接口，比现在的DP接口小60%左右，适合I/O空间狭窄的超轻薄便携设备；Mini-DP接口标准公布于2009年11月，现在属于DP 1.2规范的一部分。

5）增强音频技术：支持音频复制保护和类别代码；有蓝光音频格式，以及中国的DRA标准；使用全球时间码（GTC），支持音频与视频、多个音频通道、多个音频接收设备之间的同步协助。

6）全高清3D立体显示技术增强：最高帧率为240FPS，每只眼120FPS；3D立体传输格式支持：场顺序（field sequential）、并排（side by side）、像素隔行扫描（pixel interleaved）、双界面（dual interface）、堆叠（stacked）；3D立体显示兼容性：单一模式、立体模式及3D眼镜在内的3D显示能力。

7）支持菊花链连接：允许DP输入显示设备复制输入的数据，再通过另外一个DP输出到其他显示设备。

8）按传输速率分类：DP传输线缆分高速传输线HBR和低速传输线RBR两种，从1.1版的每对最高传输速率2.7Gbit/s提升到1.2版的每对5.4Gbit/s，并支援以下三种速度：

1—HBR2（bpc：5.4Gbit/s，bpp：21.6Gbit/s）

2—HBR（bpc：2.7Gbit/s，bpp：10.8Gbit/s）

3—RBR（bpc：1.62Gbit/s，bpp：6.48 Gbit/s）

HBR = High Bit Rate（高速传输） RBR = Reduced Bit Rate（低速传输）

（2）用途 连接计算机与显示器用线，可同时传输高清影音视频。

（3）产品结构（见图3-3-20）

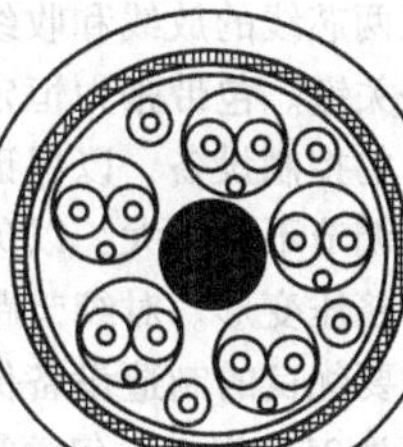

图3-3-20 DisplayPort电缆结构示意图

（4）品名规格 线缆包含5对TMDS信号线，4芯电子控制线，导体可为镀锡铜、裸铜、镀银铜等材质，大小一般为22~40AWG，铝箔加编织双层总屏蔽。规格参考见表3-3-51。

表3-3-51 DisplayPort电缆规格

线规 AWG	导体结构	STP 绝缘体	STP ID 绝缘外径 /mm	水中静电容 /(pF/m)	单芯线 绝缘材质	单芯线 绝缘外径 /mm	Braid 参考编织	参考OD /mm
32	7/0.08TC	FMPE	0.58	95	HDPE	0.50	16*8/0.10mmTC	6.00
30	7/0.10TC	FMPE	0.75	92	HDPE	0.55	16*10/0.10mmTC	6.50
28	7/0.127TC	FMPE	0.97	90	HDPE	0.70	16*10/0.12mmTC	7.30
26	7/0.16TC	FMPE	1.25	90	HDPE	0.90	24*8/0.12mmTC	8.50
24	7/0.20TC	FMPE	1.55	90	HDPE	1.00	24*10/0.12mmTC	9.50

（5）工艺控制重点

1）导体绞合：内导体是电线电缆的核心组成部分，导体电阻是传输线缆中的一次传输参数之一，对线缆的传输有着至关重要的影响。传输TMDS信号的导体的单根直径公差应控制在±0.002mm范围内；导体表面光滑，无油质、杂质附着；绞合导体时每一根导体单线张力保持一致，不能跳股，绞距要稳定；绞合导体电阻控制一个小范围以内，10m 及以上建议不要超过 5mΩ，越短要求的范围就越小。

2）绝缘挤出：传输信号的绝缘材料，基本是发泡料（PE、PP、特氟龙等），也有用实心材料的。材料自身的重要参数为介电常数 ε 和介质损耗因数 $\mathrm{tg}\delta$。绝缘外径 1.00mm 及以下的最好保证在 ±0.01mm的范围内；1.00～1.80mm 的尽量在 ±0.02mm范围内；1.80～3.00mm 的在 ±0.05mm 范围内。水电容量保证在 ±1pF 的范围内，有条件的在 ±0.5pF 范围内效果更佳。绝缘间的附着力不可太小，不能松芯。绝缘要保证一定的同心度，建议同心度达到 85% 以上为佳，越高越好。绝缘表面要求平滑、无杂质、无麻点。收轴排线平整、有序，最好不要形成交叉或产生堆积，以免绝缘线受到挤压而变形。

3）对绞绕包：对绞绕包工艺，对于 TMDS 传输信号来说，是非常关键的。对于对内 skew 参数来说，几乎直接在此工艺决定了它的优劣。

首先要确保两芯线的放线和收线张力适中、一致、稳定，这是关键。包带张力恒定，最好装备可以自动调节张力的控制设备，以保证始终如一的张力大小。各张力调节不可太大，以免导致两芯线对绞因张力过大而挤压变形。对绞节距大小稳定性需保证，这个就需要优良的制造设备保障了。绕包节距稳定，重叠率为 25% 以上，包缠需紧凑，并且无折边。模具太大容易导致对绞包缠不够紧凑，太小容易挤压到芯线。收轴排线平整、有序，不可形成交叉或产生堆积，破坏特性。建议每轴作首件测试检验，以评估特性是否合格，保证半成品的品质。

4）成缆工艺：成缆工艺需重点控制好的环节，参考如下：放线、收线张力的合理调整，同时保证张力的稳定性；模具的合理选用，太大结构松散，太小导致挤压严重，导致特性变异；包带张力合理、稳定、无折边，重叠率为 25% 以上，力求包缠成缆圆整、紧凑；成缆节距设计合理、稳定，保证成缆后圆整，结构紧凑；收轴排线平整、有序，不可形成交叉或产生堆积，破坏特性。

5）编织屏蔽：编织屏蔽需注意以下几点：张力调整适中，同时需保证稳定性；模具的选用需合理，以保证编织紧密、平整；编织的压线轮可以改用软质材料，以免压力太大，过度挤压线缆，进而破坏特性；收轴排线平整、有序，不可形成交叉或产生堆积，破坏特性。

6）护套挤出：护套挤出需注意以下重点：张力调整适中，同时需保证稳定性；所有过线轮，尽量要求大一些，避免弯曲半径太小；内模的选用需合理，尽量不影响到线缆内部结构的完整性，保证特性；有印字要求时，调整合适的压力，以免太大导致过度的挤压线缆；收轴排线平整、有序，不可形成交叉或产生堆积，破坏特性。

(6) 执行标准 执行标准参考 DP V1.2，UL758，UL1581，UL2556，GB/T 4910—2009，GB/T 3953—2009，ANSI/EIA-364-21C，ANSI/EIA-364-41 等。

(7) 测试项目及要求 可靠性测试项目见表 3-3-52。高频测试项目参考见表 3-3-53。

表 3-3-52 可靠性测试项目

测试项目	标准描述	参考标准
导体电阻	测试 20℃下每千米导体直流电阻	UL758，UL1581，UL2556
导体拉伸强度及延伸率	TXR，TR	GB/T 4910—2009、GB/T 3953—2009
水中绝缘阻抗	最小 0.75MΩ/1000m	UL758，UL1581，UL2556
耐电压	2500V 测试 1min 不击穿，最大漏电流 0.5mA	EIA-364-21C
老化前后抗拉强度及延伸率	发泡 PE，实心 PE，发泡 FEP，FEP，SR-PVC，PVC	UL758，UL1581，UL2556
热变形测试	≤50%	UL758，UL1581，UL2556
冷弯测试	2 倍线缆直径铁棒绕 6 圈，放置 -10℃环境中 4h 后，线缆无损伤	UL758，UL1581，UL2556
阻燃测试	水平燃烧试验，电缆燃烧试验，VW-1	UL758，UL1581，UL2556
线缆弯曲测试	两个面测试 100 个周期，X=3.7×OD	ANSI/EIA-364-41，Condition I

表 3-3-53　高频测试项目

<table>
<tr><th>序号</th><th>量测参数</th><th>高速</th><th>低速</th></tr>
<tr><td>1</td><td>回波损耗
（Return Loss）</td><td>$RL_{max}[dB] = -15; 0.1 < f \leqslant \frac{f_0}{2}$
$RL_{max}[dB] = -15 + 12.3\log_{10}\left(\frac{2f}{f_0}\right); \frac{f_0}{2} < f \leqslant 8.1$
f 单位 GHz；$f_0 = 1.35GHz$</td><td>$RL_{max}[dB] = -15; 0.1 < f \leqslant \frac{f_0}{2}$
$RL_{max}[dB] = -15 + 12\log_{10}\left(\frac{2f}{f_0}\right); \frac{f_0}{2} < f \leqslant 4$
f 单位 GHz；$f_0 = 0.8GHz$</td></tr>
<tr><td>2</td><td>插入损耗
（Insertion Loss）</td><td>$IL_{min}[dB] = -8.7\sqrt{\frac{f}{f_0}} - 0.072; 1 < f \leqslant \frac{f_0}{3}$
$IL_{min}[dB] = 5.6\sqrt{f} - 5.3f - 6.52; \frac{f_0}{3} < f \leqslant 8.1$
f 单位 GHz；$f_0 = 1.35GHz$</td><td>$IL_{min}[dB] = -1 - 13.5\sqrt{\frac{f}{f_0}}; 0.01 < f \leqslant \frac{f_0}{3}$
$IL_{min}[dB] = -2.1 - [12\left(\frac{3f-f_0}{3}\right) + 6.8]; \frac{f_0}{3} < f \leqslant 4$
f 单位为 GHz；$f_0 = 0.825GHz$</td></tr>
<tr><td>3</td><td>近端串音衰减
（Near End Crosstalk）</td><td>$NEN_{max}[dB] = -26; 0.1 < f \leqslant f_0$
$NEN_{max}[dB] = -26 + 15\log_{10}\left(\frac{f}{f_0}\right); f_0 < f \leqslant 8.1$
f 单位为 GHz；$f_0 = 1.35GHz$</td><td>$NEN_{max}[dB] = -26; 0.1 < f \leqslant f_0$
$NEN_{max}[dB] = -26 + 15\log_{10}\left(\frac{f}{f_0}\right); f_0 < f \leqslant 4$
f 单位为 GHz；$f_0 = 0.8GHz$</td></tr>
<tr><td>4</td><td>远端串音衰减
（Far - End Noise）</td><td>—</td><td>-26dB（100MHz ~ 4GHz）</td></tr>
<tr><td>5</td><td>等电平远端串音功率和（Power Sum Elqual Level Far - End Noise）</td><td>$-22 + 6\log_{10}\left(\frac{f}{f_0}\right); 0.1 < f \leqslant 8.1$
$-22 + 40\log_{10}\left(\frac{f}{f_0}\right); f_0 < f \leqslant 8.1$
f 单位为 GHz；$f_0 = 2.7GHz$</td><td>—</td></tr>
<tr><td>6</td><td>差分阻抗
（Impedance）</td><td colspan="2">100Ω ±5Ω</td></tr>
<tr><td>7</td><td>对内延时差
（Intra pair skew）</td><td>50ps</td><td>250ps</td></tr>
<tr><td>8</td><td>对间延时差
（Inter pair skew）</td><td>4ns</td><td>—</td></tr>
</table>

2. 移动高清影音接口电缆（MHL Cable）

（1）接口简介　移动高清影音接口（Mobile High - Definition Link，MHL），是 Silicon Image 所研发出来的新型接口，它是一种连接便携式消费电子产品的影音标准接口，仅用一条线缆，通过 HDMI 标准输入接口即可连接到 HDTV 上，传输速率达 2.25Gbit/s。它运用了现有的 Micro - USB 接口，无论手机、数码相机、数字摄影机、便携式多媒体播放器等，都可将完整内容直接传输到 HDTV 上，并且不损伤高解析度的效果。2010 年 6 月，MHL1.0 版本正式颁布，经历了 1.1、1.2 版本，到 2012 年 2 月份升级为 2.0 版本。

1）主要性能特点：MHL Cable 主要性能特点如下：只需 5 个引脚就可提供高清影音信号，其允许采用一个适合便携式设备的微型连接器来实现；具有超低的工作电流和待机功耗，可节省电池寿命；通过一条电缆，就可支持高达1080p分辨率的高质量数字高清晰视频；与今天数数字电视采用的HDMI输入接口兼容；包括了集成的CEC功能和逻辑控制。

2）技术简介：传统的HDMI具有19个引脚，其中12个引脚主要是用来传输视频和音频的信号，其中这12个引脚分成4个通道来传输音频和视频，我们把它称之为最小化传输差分信号（TMDS）；还有3个引脚是专门用来做控制用的，这些控制信号包括DDC（Display Data Channel）及消费性电子控制（Consumer Electronics Control，CEC）。其他的引脚是作其他用处的，所以仅是音频、视频和控制就占去了15个引脚，这是传统的HDMI的结构。

MHL接口只有5个pin，其中4个pin专门用来传输音频和视频，1个pin是可作为内容保护认证、A/V规格检测及控制的位来使用，它等于把TMDS和CEC或者说DDS结合起来进行控制，是一条控制总线，有了这条控制总线可以把所有的音频和视频进行全方位的控制，它使数据的存储和传输变得更加容易，接口也大大简化而且质量不变，这就是新型MHL接口的好处。

3）MHL芯片：为了要在可携式产品上配备MHL，需要在产品上配备MHL用发送IC。在支持HDMI的产品上连接支持MHL产品时，需要使用配备有将MHL信号转换为HDMI信号转换用IC的转接器等。Silicon Image所发表的IC产品包括两种：一种是在可携式产品上安装MHL的发送IC，一种是用于扩充及转接用的转换IC。

（2）用途 手机、数码相机、数字摄影机、便携式多媒体播放器等连接HDTV的连接线。

（3）产品结构 产品结构示意图如图3-3-21所示。

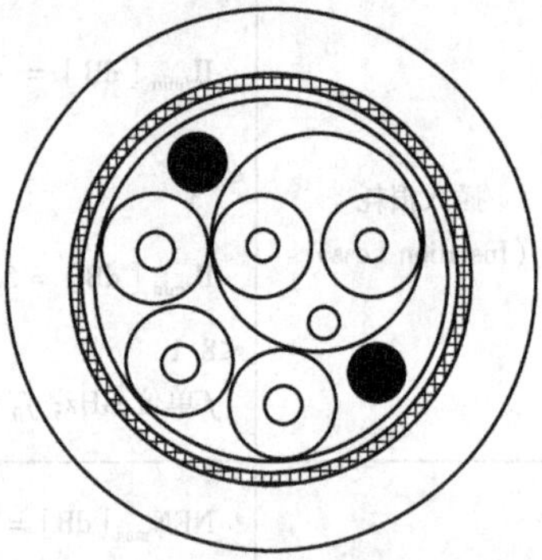

图3-3-21 MHL电缆结构示意图

（4）品名规格 线缆包含1对TMDS信号线，3芯控制线，导体可为镀锡铜、裸铜、镀银铜等材质，大小一般为28～44AWG，铝箔加编织双层总屏蔽。结构规格参考见表3-3-54。

表3-3-54 电缆结构规格

线规AWG	导体结构 根/mm	STP 绝缘体	STP ID 绝缘外径 /mm	水中静电容 /(pF/m)	单芯线 绝缘材质	单芯线 绝缘外径 /mm	Braid 参考编织	参考OD /mm
32	7/0.08	FMPE	0.58	95	HDPE	0.50	16×7/0.08mmTC	3.40
30	7/0.10	FMPE	0.75	92	HDPE	0.55	16×8/0.08mmTC	3.80
28	7/0.127	FMPE	0.97	90	HDPE	0.70	16×9/0.08mmTC	4.50

（5）工艺控制重点

1）导体绞合：内导体是电线电缆的核心组成部分，导体电阻是传输线缆中的一次传输参数之一，对线缆的传输有着至关重要的影响。传输TMDS信号的导体采用品质优等且稳定的导体；单根导体直径公差应控制在±0.002mm范围内；导体表面应光滑，无油质、杂质附着；绞合导体时每一根导体单线张力保持一致，不能跳股，绞距要稳定；绞合导体电阻控制一个小范围以内，建议不要超过3mΩ/3m。

2）绝缘挤出：传输信号的绝缘材料，基本是发泡料（PE、PP、特氟龙等），也有用实心材料的。材料自身的重要参数为介电常数ε和介质损耗因数$\mathrm{tg}\delta$。绝缘外径1.00mm及以下的最好保证在±0.01mm范围内；1.00～1.80mm的尽量保证在±0.02mm范围内。水中静电容量保证在±1pF的范围内，有条件的保证在±0.5pF范围内效果更佳。绝缘间的附着力不可太小，不能松芯。绝缘要保证一定的同心度，建议同心度达到85%以上为佳，越高越好。绝缘表面要求平滑，无杂质，无麻点。收轴排线平整、有序，最好不要形成交叉或产生堆积，以免绝缘线受到挤压而变形。

3）对绞绕包：对绞绕包工艺，对于TMDS传输信号来说，是非常关键的。对于对内skew参数来说，几乎直接在此工艺决定了它的优劣。首先要确保两芯线的放线和收线张力适中、一致、稳定，这是关键。包带张力恒定，最好装备可以自动调节张力的控制设备，以保证始终如一的张力大小。各张力调节不可太大，以免导致两芯线对绞因张力过大而挤压变形。对绞节距大小稳定性需保证，这个就需要优良的制造设备保障了。绕包节距稳定，重叠率为25%以上，包缠需紧凑，并且无折边。模具需要试验用合适的，太大容易导致对绞包缠不够紧凑，太小容易挤压到芯线。收轴排线平整、有序，不可形成交叉或产生堆积，破坏特性。建议每轴进行首件测试检验，以评估特性是否合格，保证半成品的品质。

4）成缆工艺：成缆工艺需重点控制好的环节，参考如下：放线、收线张力的合理调整，同时保证张力的稳定性；模具的合理选用，太大结构松散，太小导致挤压严重，导致特性变异；包带张力合理、稳定、无折边，重叠率为25%以上，力求包缠成缆圆整、紧凑；成缆节距设计合理、稳定，保证成缆后圆整，结构紧凑；收轴排线平整、有序，不可形成交叉或产生堆积，破坏特性。

5）编织屏蔽：编织屏蔽需注意以下重点：张力调整适中，同时需保证稳定性；模具的选用需合理，以保证编织紧密、平整；编织的压线轮可以改用软质材料，以免压力太大，过度挤压线缆，进而破坏特性；收轴排线平整、有序，不可形成交叉或产生堆积，破坏特性。

6）护套挤出：护套挤出需注意以下重点：张力调整适中，同时需保证稳定性；所有过线轮，尽量要求大一些，避免弯曲半径太小；内模的选用需合理，尽量不影响到线缆内部结构的完整性，保证特性；有印字要求时，调整合适的压力，以免太大导致过度的挤压线缆；收轴排线平整、有序，不可形成交叉或产生堆积，破坏特性。

(6) 执行标准 执行标准参考Infiniband V1.2，UL758，UL1581，UL2556，GB/T 4910—2009，GB/T 3953—2009等。

(7) 测试项目及要求 可靠性测试项目见表3-3-55。高频测试项目见表3-3-56。

表3-3-55 可靠性测试项目

测试项目	标准描述	参考标准
导体电阻	测试20℃下每千米导体直流电阻	UL758，UL1581，UL2556
导体拉伸强度及延伸率	TXR，TR	GB/T 4910—2009，GB/T 3953—2009
水中绝缘阻抗	≥0.75MΩ · km	UL758，UL1581，UL2556
耐电压	DC500V	UL758，UL1581，UL2556
老化前后抗拉强度及延伸率	SRPVC，PVC，实心PE，FEP	UL758，UL1581，UL2556
热变形测试	≤50%	UL758，UL1581，UL2556
冷弯测试	2倍线缆直径铁棒绕6圈，放置-10℃环境中4h后，线缆无损伤	UL758，UL1581，UL2556
阻燃测试	水平燃烧试验或电缆燃烧试验或VW-1	UL758，UL1581，UL2556

表3-3-56 高频测试项目及典型值

序号	量测参数	特性标准
1	差分阻抗 Z_{OD}（Differential Impedance）	100Ω±10Ω
2	共模阻抗 Z_{OC}（Common Mode Impedance）	30Ω±5Ω
3	差分对内延时差（Differential Intra pair skew）	≤93ps
4	共模对内延时差（Common-Mode Inter pair skew）	≤93ps
5	差分转共模（Differential and Common Mode Conversion）	≤35dB @0~300MHz ≤25dB @300~675MHz ≤20dB @675~1500MHz ≤15dB @1500~5100MHz
6	接地电阻 R_{GND}（Ground Resistane）	≤0.08Ω

（续）

序号	量测参数	特性标准
7	MHL 插入损耗（MHL Insertion Loss）	≤2.25dB @0MHz ≤5.5dB @825MHz ≤12.0dB @2475MHz ≤18.0dB @4125MHz ≤21.5dB @5100MHz
8	时脉共模衰减（Clock Signals Common－mode Insertion Loss）	≤0.5dB @0MHz ≤1.5dB @25MHz ≤3.0dB @125MHz ≤5.5dB @375MHz ≤12.0dB @1125MHz
9	C_{CBUS}衰减（C_{BUS} Signal Insertion ）	≤0.5dB @0MHz ≤0.5dB @1MHz ≤0.8dB @10MHz ≤2.8dB @100MHz ≤7.0dB @300MHz
10	C_{CBUS}控制线电容（C_{BUS} Line Capacitance）	30pF≤C_{BUS}≤350 pF
11	$C_{CBUS_CBL_DLY}$控制线延时（C_{BUS} Cable Delay）	≤35ns
12	MHL 对 C_{CBUS}、MHL 对 V_{CBUS} 远端串音（MHL and C_{CBUS} or V_{CBUS} Far－End Noise）	≥30dB @0～30MHz ≥20dB @30～300MHz ≥15dB @300～5100MHz
13	C_{CBUS} 对 V_{CBUS} 远端串音（C_{CBUS} to V_{CBUS} Far－End Noise）	≥25dB @0～75MHz ≥20dB @75～225MHz ≥15dB @225～375MHz ≥10dB @375～1125MHz
14	V_{CBUS}电压降（Cable V_{CBUS} Drop）	≤160mV
15	线缆接地移（Cable Ground Shift）	≤40mV
16	$I_{CABLE_VBUS_MAX}$绝对最大线缆电流（Absolute Maximum Cable Current）	≥1.8A

若 MHL 插入损耗达到以下标准，那么 MHL 对 C_{CBUS}、MHL 对 V_{CBUS} 远端串音标准，见表 3-3-57。

表 3-3-57 MHL 对 C_{CBUS}、MHL 对 V_{CBUS} 远端串音标准

MHL 插入损耗（STP Insertion Loss）	≤2.0dB @825MHz ≤8.0dB @2475MHz ≤14.5dB @4125MHz ≤18.0dB @5100MHz
MHL 对 C_{CBUS}、MHL 对 V_{CBUS} 远端串音（Far－End Noise）	≥30dB @0～30MHz ≥20dB @30～300MHz ≥15dB @300～825MHz ≥11.5dB @825～5100MHz

3. Thunderbolt

（1）用途 用于计算机与其他装置之间的通用总线，提供数据交换及电源。

（2）主要型号 Thunderbolt 是在 Min Displayport 基础上发展而来，通用的规格有 14 芯及 16 芯的线缆，16 芯电缆较 14 芯的多了 2 条电源线。能以双向 10Gbit/s 传输数据（10Gbit/s ＋ 10Gbit/s）。2013 年 2 代产品升级到双向 20Gbit/s。2020 年后有望升级到 100Gbit/s。

（3）以 16 芯通用型号的结构规格描述（见表 3-3-58）

（4）16 芯通用型号主要电气性能（Ⅱ部分，34AWG 对线）（见表 3-3-59）

表3-3-58　16芯通用型号的结构规格

<table>
<tr><th>产品名称</th><th>结构</th><th>导体AWG</th><th>导体材质</th><th>线径mm</th><th>绝缘材料</th><th>对绞</th><th>缠绕屏蔽</th><th>绕包屏蔽</th><th>内护套材质</th><th>成缆1</th><th>成缆2</th><th>成缆3</th><th>护套</th></tr>
<tr><td rowspan="4">Thunderbolt</td><td>Ⅰ:4芯</td><td>30</td><td>TC</td><td>0.125</td><td>FEP</td><td>—</td><td>—</td><td>—</td><td>—</td><td>—</td><td rowspan="3">地线,铝箔≥25%重叠率,40AWG TC单丝与12根聚酯纤维编织≥85%覆盖率</td><td rowspan="4">铝箔≥25%重叠率</td><td rowspan="4">LSZH 6.80±0.13mm</td></tr>
<tr><td>Ⅱ:4对</td><td>34</td><td>SC</td><td>0.145</td><td>FEP</td><td>填充</td><td>42AWG SC单丝≥90%重叠率</td><td>铜箔绕包≥25%重叠率</td><td>麦拉带</td><td>—</td></tr>
<tr><td>Ⅲ:2芯</td><td>36</td><td>TC</td><td>0.239</td><td>—</td><td>—</td><td>—</td><td>铜箔绕包≥25%重叠率</td><td>—</td><td>填充地线麦拉带</td></tr>
<tr><td>Ⅳ:2芯</td><td>18</td><td>TC</td><td>1.570</td><td>FEP</td><td>可选</td><td>—</td><td>—</td><td>—</td><td>—</td><td>—</td></tr>
</table>

表3-3-59　16芯通用型号主要电气性能

项目	指标	
特性阻抗/Ω	100±7	
延时差（ps/2m最大）	30	
插损（dB/2m）	12.03	@5GHz最小
	18.87	@5GHz最大
NEXT（dB/2m最大）	-50dB	@5GHz
FEXT（dB/2m最大）	-56dB	@10MHz~15GHz

注：插损值在0.1~10GHz的频率（f）范围内应符合以下曲线：最大值：$\leqslant -2.7-1.5\sqrt{f}-2.7f+0.05f^2-0.0045f^3$；最小值：$\geqslant 0.4-5.3\sqrt{f}+0.06f-0.035f^2$。

（5）工艺控制要点

1）因导体较细，所有的导体放线的张力都要极为稳定。

2）导体表面光滑，无油质附着。

3）每轴导体电阻需要测量，导体电阻控制要有范围。

4）一轴铜线限做同一批发泡芯线，减少差异。

5）高温芯线挤出机、包纸机、成缆机要求精极高，一般需要与专业厂家订制。

6）所有机台的放收线张力要求极高，均需要数字显示，以使标准化作业。

7）重点在绕包工序，确保表面平整光滑，不可变形，不翻边，不变形。

8）聚酯纤维与导体一起混合编织，需要特殊设计编织结构才可实现。

3.3.5　串行硬件驱动器接口电缆

1. 串行硬件驱动器接口电缆（SATA CABLE）

（1）用途　SATA全称是Serial Advanced Technology Attachment（串行高级技术附件，一种基于行业标准的串行硬件驱动器接口）主要用于电脑硬盘 影像及音像传输方面。结构简单，支持热插拔，传输速度快，执行效率高。

（2）主要型号　SATA产品最常见规格是26AWG（后面因成本及小型化需求，也有28AWG、30AWG、32AWG等规格）。

1）SATA 1.0规格提供的传输率就已经达到了150MB/s，不但已经高出普通IDE硬盘所提供的100MB/s（ATA100）甚至超过了133MB/s（ATA133）的最高传输速率。

2）SATA 2.0扩展规范中，3Gbit/s被提到的频率最高。由于SATA使用8bit/10bit编码，所以3Gbit/s等同于300MB/s的接口速率。

3）SATA 3.0最终规格相比SATA 2.0版本除了频宽提升一倍至6Gbit/s，同时亦多入了多项全新技术，包括新增NCQ指令以改良传输技术，并减低传输时所需功耗。

4）SATA 3.2频宽达到了8Gbit/s。

（3）具体规格（见表3-3-60）

表 3-3-60 电缆的型号规格及性能

产品名称	导体规格 AWG	导体材质	差分匹配阻抗 /Ω	对内延迟差 /ps	传输速率	带宽 /Gbit/s	对数	护套材质
SATA 1.0	30	TC	100 ±10	10	150MHz	1.5	1	PVC/LSZH
	28						2	
	26							
SATA2.0	30	TC			300MHz	3	1	
	28						2	
SATA3.0	32	TC、SC			600MHz	6	1	
	30	TC、SC					2	
	28	TC						
SATA3.2	32	SC			800MHz	8	1	
	30	SC					2	

(4) 具体结构图（见图 3-3-22 和图 3-3-23）

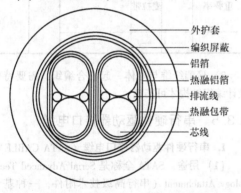

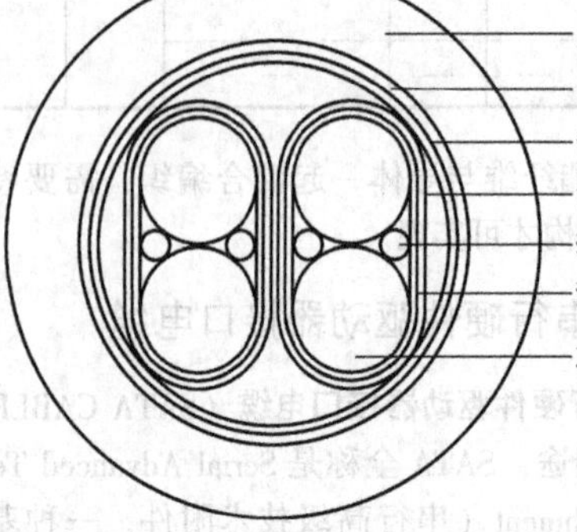

图 3-3-22 圆形 SATA 2 对结构示意图

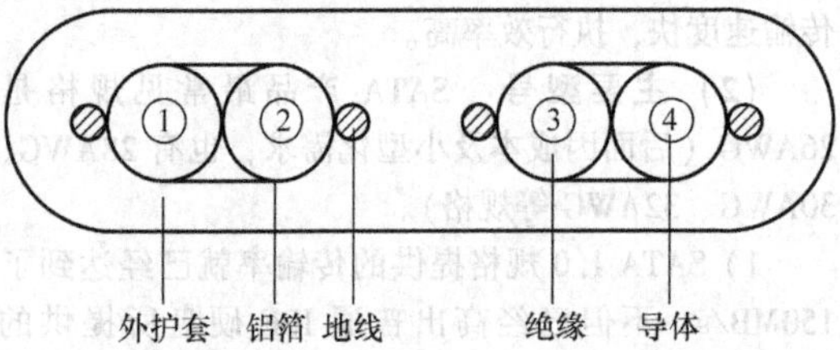

图 3-3-23 扁平 SATA 2 对结构示意图

(5) SATA 电气特性检测参数（见表 3-3-61）

表 3-3-61 SATA 电气特性

电气参数	标 准	主要关键点
连接器阻抗	100Ω ±15Ω	连接器
线缆特性阻抗	100Ω ±10Ω	电缆
线对间匹配阻抗	±5Ω	电缆
共模阻抗	25Ω ~40Ω	电缆
传输损耗	≤6dB @10MHz ~4500MHz	连接器连接电缆
近端串音	≥26dB @10MHz ~4500MHz	连接器连接电缆
上升时间或频宽	≤85ps	电缆组件
差分对内延时差	≤10ps	电缆组件

2. SAS (Serial Attached SCSI) Cable

(1) SAS 介绍 SAS 是新一代的 SCSI 技术，和现在流行的 Serial ATA（SATA）硬盘相同，都是采用串行技术以获得更高的传输速度，并通过缩短连接线改善内部空间等。SAS 是并行 SCSI 接口之后开发出的全新接口。此接口的设计是为了改善存储系统的效能、可用性和扩充性，提供与串行 ATA 硬盘的兼容性。

(2) SAS 的用途 SAS 系统的背板（Backplane）既可以连接具有双端口、高性能的 SAS 驱动器，也可以连接高容量、低成本的 SATA 驱动器。所以 SAS 驱动器和 SATA 驱动器可以同时存在于一个存储系统之中。但需要注意的是，SATA 系统并不兼容 SAS，所以 SAS 驱动器不能连接到 SATA 背板上。由于 SAS 系统的兼容性，使用户能够运用不同接口的硬盘来满足各类应用在容量上或效能上的需求，因此在扩充存储系统时拥有更多的弹性，让存储设备发挥最大的投资效益。

(3) SAS 的传输速率 在系统中，每一个 SAS 端口可以最多可以连接 16256 个外部设备，并且

SAS采取直接的点到点的串行传输方式，传输的速率高达3Gbit/s、6Gbit/s乃至12Gbit/s。

(4) SAS的具体规格　常用导体规格有30AWG和32AWG两种，常用先对有1对、4对、8对等规格。

(5) SAS电缆性能（见表3-3-62）

表3-3-62　SAS电缆性能

序号	测量参数	内部用线标准	外部用线标准
1	差分阻抗	100Ω±10Ω	100Ω±10Ω
2	匹配阻抗	≤5Ω	≤5Ω
3	差分对内延时差	≤10ps/m	≤20ps/m
4	远端串音	≥26dB/缆 @1~5000MHz	≥26dB/缆 @1~5000MHz
5	衰减	≤6dB/缆 @0~4500MHz	≤8dB/缆 @0~4500MHz
6	上升沿时间	≤85ps	≤150ps

(6) SAS电缆结构示意图　图3-3-24和图3-3-25为1对SAS电缆结构示意图。图3-3-26为4对4芯SAS电缆结构示意图。图3-3-27为8对8芯迷你SAS电缆结构示意图。

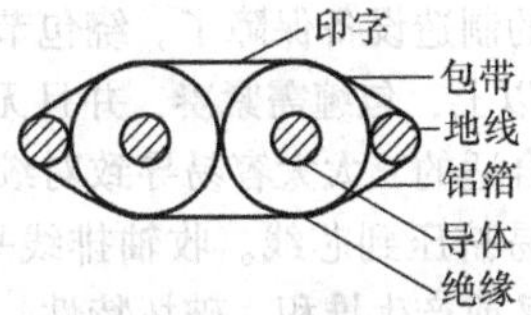

图3-3-24　1对SAS电缆结构示意图（一）

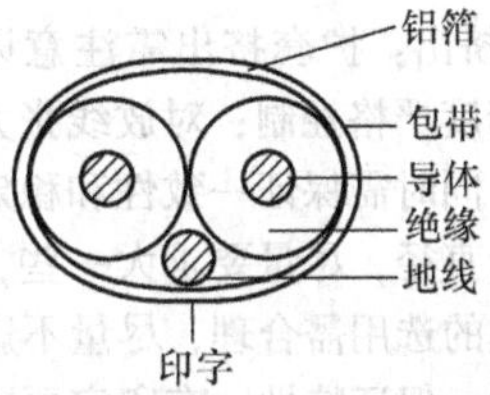

图3-3-25　1对SAS电缆结构示意图（二）

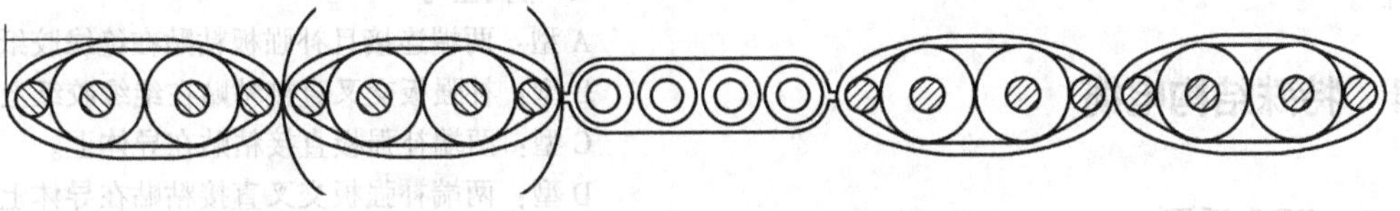

图3-3-26　4对4芯SAS电缆结构示意图

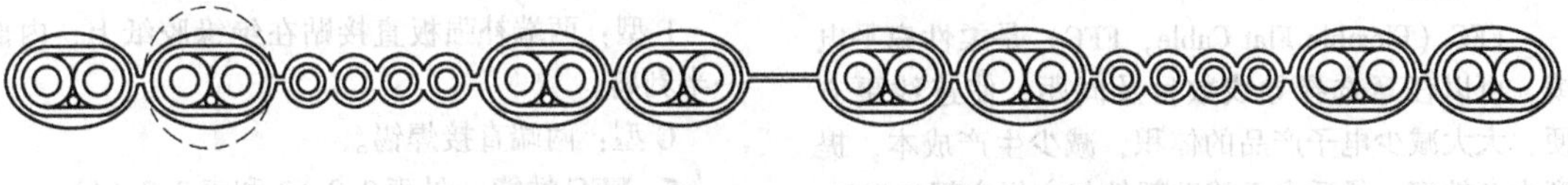

图3-3-27　8对8芯迷你SAS电缆结构示意图

(7) 工艺控制重点

1）导体绞合：内导体是电线电缆的重要组成部分，并且导体电阻是传输线缆中的一次传输参数之一，对线缆的传输有着非常重要的影响。传输TMDS信号的导体采用品质优等且稳定的导体；单根导体直径公差应控制在±0.002mm范围内；导体表面应光滑，无油质、杂质附着；绞合导体时每一根导体单线张力保持一致，不能跳股，绞距要稳定；绞合导体电阻控制一个小范围以内。

2）绝缘挤出：绝缘挤出是很重要的一个工艺，如果绝缘前端工艺控制不好，那么后续的工艺品质就无法保障。需做到以下重点控制：一般来说，传输信号的绝缘材料，基本是发泡料（PE、PP、特氟龙等），也有用实心材料的。材料自身的重要参数为介电常数 ε 和介质损耗因数 $\tg\delta$。绝缘外径1.00mm及以下在±0.01mm范围内；1.00~1.80mm的在±0.02mm范围内。水中静电容量在±1pF的范围内，有条件的保证在±0.5pF范围内效果更佳。绝缘间的附着力不可太小，不能松芯。绝缘要保证一定的同心度，建议同心度达到85%以上为佳，越高越好。绝缘表面要求平滑，无杂质、无麻点。收轴排线平整、有序，最好不要形成交叉或产生堆积，以免绝缘线受挤压而变形。

3）对绞绕包：对绞绕包工艺，对于TMDS传输信号来说，是非常关键的。对于对内skew参数来说，几乎直接在此工艺决定了它的优劣。首先要确保两芯线的放线和收线张力适中、一致、稳定，这是关键。包带张力恒定，最好装备可以自动调节张力的控制设备，以保证始终如一的张力大小。各张力调节不可太大，以免导致两芯线对绞因张力过大而挤压变形。对绞节距大小稳定性需保证，这个就需要优良的制造设备保障了。绕包节距稳定，重叠率为25%以上，包缠需紧凑，并且无折边。模具需要试验用合适的，太大容易导致对绞包缠不够紧凑，太小容易挤压到芯线。收轴排线平整、有序，不可形成交叉或产生堆积，破坏特性。建议每轴作首件测试检验，以评估特性是否合格，保证半成品的品质。

4）护套挤出：护套挤出需注意以下重点：对模具设计的精度严格控制；对放线张力和收线张力要严格管控，同时需保证一致性和稳定性；所有过线路径的导轮直径，尽量要求大一些，避免弯曲半径太小；内模的选用需合理，尽量不影响线缆内部结构的完整性，保证特性；有印字要求时，调整合适的压力，以免太大导致过度的挤压线缆；收轴排线平整、不可形成交叉压线或产生堆积，破坏其电器特性。

3.4 特殊结构电缆

3.4.1 FFC系列

1. 用途

FFC（Flexible Flat Cable，FFC）是柔性扁平电缆，可以任意选择导线数目及间距，使连线更方便，大大减少电子产品的体积，减少生产成本，提高生产效率，最适合于移动部件与主板之间、PCB对PCB之间、小型化电器设备中作数据传输线缆之用。广泛应用于各种打印机打印头与主板之间的连接，FPC排线适用于DVD、CD、VCD、车载、显示器、传真机、打印机、扫描仪、印花机、计算机、手机、电视机、复印机、汽车安全气囊、MP3、MP4、微型电机等产品的信号传输及板板连接。

2. 具体规格

常用的规格有0.5mm、0.8mm、1.0mm、1.25mm、1.27mm、1.5mm、2.0mm、2.54mm等各种间距柔性电缆线；导体：16～32AWG（0.03～1.31mm^2）的镀锡或裸铜绞线；芯数：2～180P。间距为0.5～2.54mm并排线。

3. FFC产品结构（见图3-3-28）

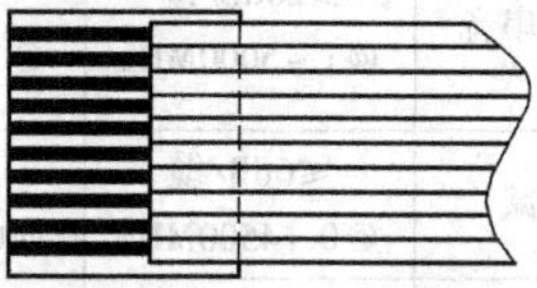

图3-3-28　FFC产品结构图

4. 常用型号

A型：两端连接且补强板粘贴在绝缘胶纸上。

B型：补强板交叉直接粘贴在绝缘胶纸上。

C型：两端补强板直接粘贴在导体上。

D型：两端补强板交叉直接粘贴在导体上。

E型：一端补强板贴在绝缘胶纸上，另一端直接焊锡。

F型：两端补强板直接贴在绝缘胶纸上，内部一半剥离。

G型：两端直接焊锡。

5. FFC性能（见表3-3-63和表3-3-64）

表3-3-63　FFC性能（一）

项目	测试条件		测试方法	标准	
老化前绝缘伸长率	常温常湿		样品取4PIN，去除导体、标距长25.4mm，在拉力机上做拉伸	PVC	≥100%
				TPE	≥200%
老化后绝缘伸长率	UL80℃	113℃，168h	样品取4PIN，去除导体、标距长25.4mm，在拉力机上做拉伸	PVC	残留率≥65%
	UL105℃	136℃，168h		TPE	残留率≥75%
老化前绝缘抗拉强度	常温常湿		样品取4PIN，去除导体、标距长25.4mm，在拉力机上做拉伸	PVC	≥10MPa
				TPE	≥8MPa
老化后绝缘抗拉强度	UL80℃	113℃，168h	样品取4PIN，去除导体、标距长25.4mm，在拉力机上做拉伸	PVC	残留率≥70%
	UL105℃	136℃，168h		TPE	残留率≥75%

表 3-3-64　FFC 性能（二）

项目	测试条件	测试方法	标准
折弯测试	常温常湿	将线材平展开从中点向左对的角度 180°	≥20 次
弯曲滑行测试	常温常湿	半径 15mm，行程 120mm，频率 12 次/min	≥20 万次
耐压测试	常温常湿	试样水中浸泡 6h，AC500V 1min	不击穿
绝缘阻抗	常温常湿	试样水中浸泡 6h，DC500V 充电 1min	≥100MΩ · m
与连接器接触阻抗	常温常湿	微欧姆测试机	≤50mΩ 以下
高温测试	85℃，96h	量测：绝缘阻抗和耐压	≥100MΩ · m，AC 500V 1min 不击穿
热冲击测试	-40℃，25min；85℃，25min	量测：绝缘阻抗和耐压	≥100MΩ · m，AC 500V 1min 不击穿

6. 主要规格 / 特殊功能

1）工作温度：80℃，105℃。

2）额定电压：300V。

3）适用于一般电子，电器内部连线，如声像设备等。

4）FFC 排线绝缘层：PET。

5）带状平行排列。

6）具有耐酸碱、耐油、耐热、耐湿、耐霉菌等特性。

3.4.2　FPC 系列

1. 定义

FPC（Flexible Printed Circuitry）为柔性印刷电路。

2. 功用

用于液晶模组显示信号的输入。

3. 基本结构

FPC 是由聚酰亚胺薄膜作基材，表面经菲林、曝光、显影、触刻等等一系列工艺过程，形成各种所需要的图案，再经电镀形成所需的电路，表层覆盖一层聚酰亚胺薄膜经加热压合而成。两端根据其连接形式不同可粘贴加强版。

FPC 常见结构如图 3-3-29 所示，一般有四种形式：①输入、输出端相同且同向；②输入、输出端相同，但方向不同；③输入、输出 Pitch 不同，但方向相同；④输入、输出 Pitch 不同，方向也不同。

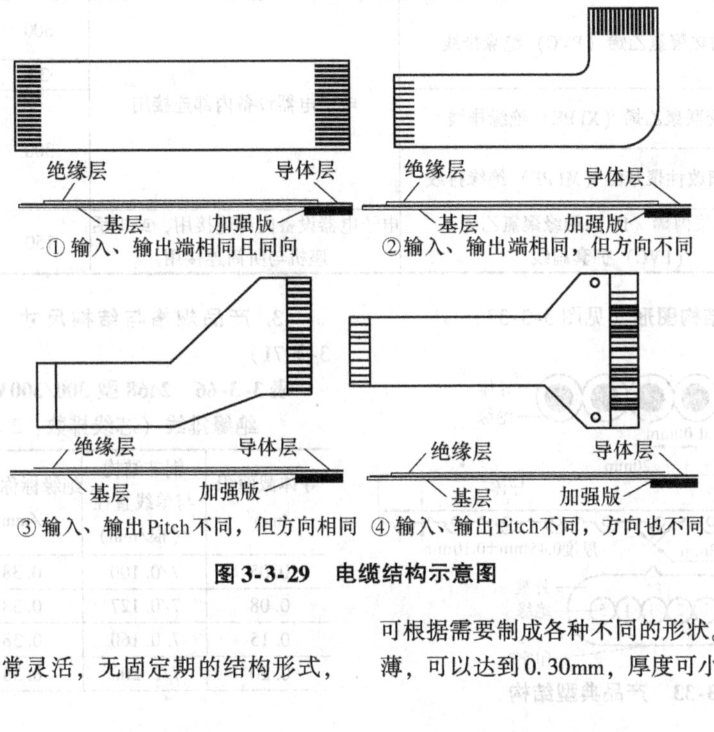

图 3-3-29　电缆结构示意图

4. 特点

FPC 的结构非常灵活，无固定期的结构形式，可根据需要制成各种不同的形状。其精度高，厚度薄，可以达到 0.30mm，厚度可小于 0.02mm。

FFC的结构与FPC类似，但制造工艺不同。FFC主要是由两层聚酯类绝缘材料以及中间一层镀锡平角铜线经加热压合而成。两端根据其连接形式不同可粘贴加强版。其常见的结构形式有以下几种：

（1）A型　两端加强版位于FFC同一侧且直接粘贴于绝缘层上（见图3-3-30）。

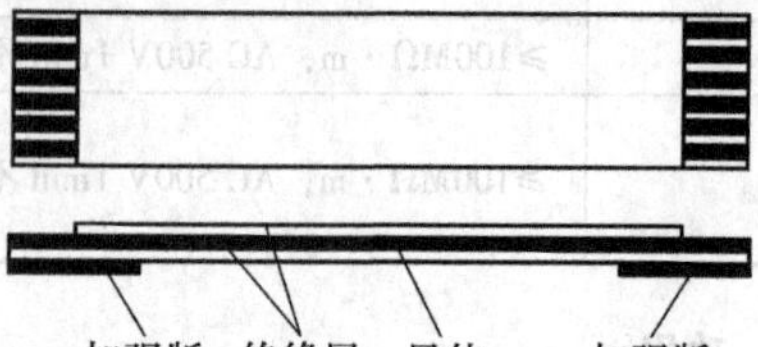

图3-3-30　A型电缆结构示意图

特点：两端均为插接型，可与FFC插接件直接相连，插接件的接触方向相同。

（2）E型　仅一端有加强版，加强版可直接粘贴于绝缘层上，也可直接粘贴于导体上（见图3-3-31）。

特点：一端为插接型，可与FFC插接件直接相连；另一端为焊接型，导体处于剥离状态，可直接焊接在电路板上。

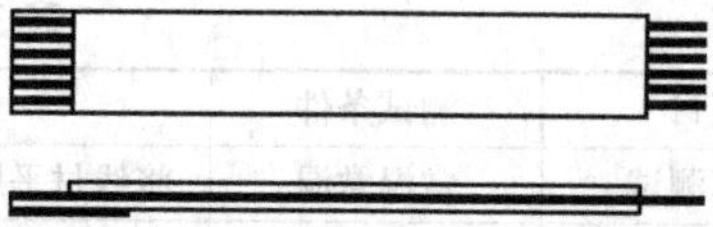

图3-3-31　E型电缆结构示意图

（3）F型　两端均无加强板（见图3-3-32）。

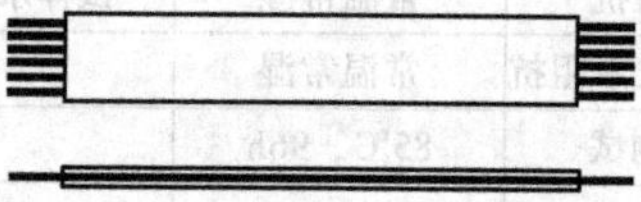

图3-3-32　F型电缆结构示意图

特点：两端均为焊接型，导体处于剥离状态，可方便地实现与连接件的焊接。

3.4.3　软排线

软排线通常使用于电子电器设备内部连接用线，通常使用于交流电压300/300V及以下开关控制，低频数据信号传输，小功率电源传输。目前我国国内还没有此系列线材的标准，主要是参考美国标准UL 758及UL 1581进行设计及使用。

1. 产品品种

此系列产品执行美国UL 758标准，产品品种见表3-3-65。

表3-3-65　塑料绝缘软排线产品品种

型号	产品名称	使用要求	交流额定电压/V	导体长期允许工作温度/℃
2468	铜芯耐热聚氯乙烯（PVC）绝缘排线	电子电器设备内部连接用	300	80
2651				105
20058			30	80
21016	铜芯交联聚乙烯（XLPE）绝缘排线		300	105
4478				
21515	铜芯无卤改性聚苯醚（MPPE）绝缘排线			
20251	铜芯聚丙烯（PP）绝缘聚氯乙烯（PVC）护套扁线	电子电器设备内部连接用，或电话座机与听筒连接用	150	60

2. 产品典型结构图形（见图3-3-33）

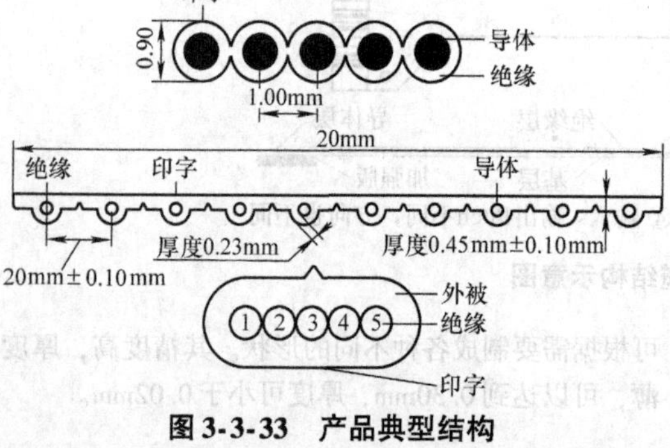

图3-3-33　产品典型结构

3. 产品规格与结构尺寸（见表3-3-66～表3-3-71）

表3-3-66　2468型300/300V耐热聚氯乙烯绝缘排线（芯线排数：2芯～150芯）

导体截面积/mm^2	铜芯结构与单线直径/（根/mm）	绝缘标称厚度/mm	绝缘最薄厚度/mm
0.05	7/0.100	0.38	≥0.33
0.08	7/0.127	0.38	≥0.33
0.15	7/0.160	0.38	≥0.33
0.20	7/0.200	0.38	≥0.33

（续）

导体截面积 /mm²	铜芯结构与单线直径 /(根/mm)	绝缘标称厚度 /mm	绝缘最薄厚度 /mm
0.30	17/0.160	0.38	≥0.33
0.50	26/0.160	0.38	≥0.33
0.80	41/0.160	0.38	≥0.33
1.30	26/0.254	0.38	≥0.33

表 3-3-67 2651 型 300/300V 耐热聚氯乙烯绝缘排线（芯线排数：2 芯～150 芯）

导体截面积 /mm²	铜芯结构与单线直径 /(根/mm)	绝缘标称厚度 /mm	绝缘最薄厚度 /mm
0.05	7/0.100	0.23	≥0.18
0.08	7/0.127	0.23	≥0.18
0.15	7/0.160	0.23	≥0.18
0.20	7/0.200	0.23	≥0.18
0.30	17/0.160	0.23	≥0.18
0.50	26/0.160	0.23	≥0.18
0.80	41/0.160	0.23	≥0.18
1.30	26/0.254	0.38	≥0.33
2.08	41/0.254	0.38	≥0.33

表 3-3-68 20058 型 300/300V 耐热聚氯乙烯绝缘排线（芯线排数：2 芯～100 芯）

导体截面积 /mm²	铜芯结构与单线直径 /(根/mm)	绝缘标称厚度 /mm	绝缘最薄厚度 /mm
0.05	7/0.100	0.20	≥0.15
0.08	7/0.127	0.20	≥0.15
0.15	7/0.160	0.20	≥0.15
0.20	7/0.200	0.20	≥0.15
0.30	17/0.160	0.20	≥0.15
0.50	26/0.160	0.20	≥0.15
0.80	41/0.160	0.20	≥0.15

表 3-3-69 21016，4478 型 300/300V 交联聚乙烯绝缘排线（芯线排数：2 芯～150 芯）

导体截面积 /mm²	铜芯结构与单线直径 /（根/mm）	绝缘标称厚度 /mm	绝缘最薄厚度 /mm
0.05	7/0.100	0.23	≥0.20
0.08	7/0.127	0.23	≥0.20
0.15	7/0.160	0.23	≥0.20
0.20	7/0.200	0.23	≥0.20
0.30	17/0.160	0.23	≥0.20
0.50	26/0.160	0.23	≥0.20
0.80	41/0.160	0.23	≥0.20

表 3-3-70 21515 型 300/300V 无卤改性聚苯醚绝缘排线（芯线排数：2 芯～100 芯）

导体截面积 /mm²	铜芯结构与单线直径 /(根/mm)	绝缘标称厚度 /mm	绝缘最薄厚度 /mm
0.05	7/0.100	0.23	≥0.20
0.08	7/0.127	0.23	≥0.20
0.15	7/0.160	0.23	≥0.20
0.20	7/0.200	0.23	≥0.20
0.30	17/0.160	0.23	≥0.20
0.50	26/0.160	0.23	≥0.20
0.80	41/0.160	0.23	≥0.20

表 3-3-71 20251 型 150V 聚丙烯绝缘/聚氯乙烯护套扁线（芯线排数：2 芯～10 芯）

导体截面积 /mm²	铜芯结构与单线直径 /(根/mm)	绝缘标称厚度 /mm	绝缘最薄厚度 /mm
0.08	7/0.127	0.23	0.51
0.15	7/0.160	0.23	0.51
0.20	7/0.200	0.23	0.51

4. 性能指标

铜导体直流电阻见表 3-3-72。

表 3-3-72 铜导体直流电阻

导体截面积 /mm²	20℃时导体电阻 ≤ /(Ω/km)	
	裸铜芯	镀锡铜芯
0.05	354	381
0.08	223	239
0.15	140	150
0.20	87.6	94.2
0.30	55.4	59.4
0.50	34.6	36.7
0.80	21.8	23.2
1.30	13.7	14.6
2.08	8.62	8.96

耐电压性能见表 3-3-73。

表 3-3-73 耐电压性能

试验项目	单位	排线额定电压		
		30V	150V	300V
成品电压试验				
试样最小长度	m	10	10	10
浸水最少时间	h	1	1	1
水温	℃	20±5	20±5	20±5
试验电压（交流）	V	500	1 500	2 000
最少施加电压时间	min	5	5	5
		不击穿	不击穿	不击穿

物理机械性能见表 3-3-74。

表 3-3-74　物理机械性能

序号	试验项目	单位	性能要求					
			PVC			PP	XLPE	MPPE
			60℃	80℃	105℃		105℃	105℃
	抗拉强度和断裂伸长率							
1	原始性能							
1.1	抗拉强度最小中间值	MPa	10.3	10.3	10.3	20.7	10.3	21.37
	断裂伸长率最小中间值	%	100	100	100	150	150	175
	空气烘箱老化后性能							
1.2	老化条件	℃	100 ±2	113 ±2	136 ±2	100 ±2	136 ±2	136 ±2
	温度	h	168	168	168	168	168	168
	时间	%						
	老化后抗拉强度保留率 ≥		70	70	70	70	70	85
	老化后断裂伸长率保留率≥	%						
	高温压力试验		70	70	70	70	45	50
	温度							
	时间	℃	121 ±2	121 ±2	121 ±2	100 ±2	121 ±2	121 ±2
	变化率 ≤	h	1	1	1	1	1	1
2	热冲击试验	%	50	50	50	50	50	50
	温度	℃	121 ±2	121 ±2	136 ±2	121 ±2	–	136 ±2
	时间	h	1	1	1	1	–	
	试验结果		无开裂	无开裂	无开裂	无开裂	–	无开裂
3	低温弯曲试验							
4	温度	℃	−10	−10	−10	−10	−10	−10
	时间	h	4	4	4	4	4	4
	试验结果		无开裂	无开裂	无开裂	无开裂	无开裂	无开裂

3.5 特殊用途线缆

3.5.1 医疗电缆（B 超线、血氧线、手术刀线）

1. B 超线

B 超线是指超音波诊断设备用探头连接线。B 超线材主要是由多芯同轴线经过绞线、集合、编织、押护套等工艺加工而成，其同轴线芯最多可达到 304 芯。现行最常用的有 84 芯、132 芯、134 芯、198 芯、262 芯等。

依据超音波诊断设备规格不同，对应的线材按照单芯同轴线静电容量主要区分为 110pF/m 高电容和 50pF/m 及 60pF/m 低电容共 3 种规格线材。

（1）B 超线结构组成

1）组成 B 超线的单芯同轴线导体一般尺寸为 36 ~ 48AWG，其对应的结构及电气性能见表 3-3-75。B 超线一般采用 16 芯或 18 芯同轴线为 1 束，多同轴线束集合组成规定的芯数。其颜色区分可按每束内各同轴线护套颜色相同，每束间颜色不同进行区分，也可每束间颜色相同，每束内各同轴线护套颜色不同区分。

表 3-3-75　单芯同轴线规格及对应电气性能

品名	内导体			绝缘		外导体		护套		静电容量 /(pF/m)	特性阻抗 /Ω	最大导体电阻 /(Ω/km)
	尺寸 /AWG	构成/ (No. /mm)	材质	材质	外径 /mm	材质	厚度 /mm	材质	外径 /mm			
1 ×36AWG	36	7/0.05	TA	PFA	0.38	TH	0.032	PFA	0.54	110	50	1569
1 ×38AWG	38	7/0.04	GA – SN	PFA	0.30	TH	0.025	PFA	0.44	110	50	3300
1 ×40AWG	40	7/0.03	GA – SN	PFA	0.23	TH – SN	0.025	PET	0.32	110	50	5000

（续）

品名	内导体			绝缘		外导体		护套		静电容量/(pF/m)	特性阻抗/Ω	最大导体电阻/(Ω/km)
	尺寸/AWG	构成/(No./mm)	材质	材质	外径/mm	材质	厚度/mm	材质	外径/mm			
1×40AWG (50PF/M)	40	7/0.03	GA-SN	发泡 PFA	0.38	TH-SN	0.025	PET	0.46	50	85	5000
1×40AWG (60PF/M)	40	7/0.03	GA-SN	发泡 PFA	0.30	TH-SN	0.025	PET	0.41	60	75	5000
1×42AWG	42	7/0.025	GA-SN	PFA	0.175	TH-SN	0.025	PET	0.29	110	50	7500
1×42AWG (50PF/M)	42	7/0.025	GA-SN	发泡 PFA	0.32	TH-SN	0.025	PET	0.41	50	85	7500
1×42AWG (60PF/M)	42	7/0.025	GA-SN	发泡 PFA	0.24	TH-SN	0.025	PET	0.35	60	75	7500
1×43AWG (60PF/M)	43	7/0.023	GA-SN	发泡 PFA	0.21	TH-SN	0.025	PET	0.31	60	75	7700
1×44AWG (60PF/M)	44	7/0.02	GA-SN	发泡 PFA	0.18	GA-SN	0.2	PET	0.27	60	75	10500
1×44AWG	44	7/0.02	GA-SN	PFA	0.156	GA-SN	0.2	PFA	0.26	110	50	11500
1×46AWG	46	7/0.016	GA-SN	PFA	0.115	GA-SN	0.2	PFA	0.21	115	50	17000
1×48AWG	48	7/0.013	GA-SN	PFA	0.093	GA-SN	0.016	PFA	0.16	120	50	23000

注：表中材质一栏中 TA 表示镀锡退火软铜，TH 表示镀锡铜，TA-SN 表示镀锡合金铜，GA-SN 表示镀银合金铜。

2）线束集合完成后需用 PTFE 包带并外编织屏蔽。

3）B 超线护套材料需符合医疗 ISO 10993-1、ISO 10993-5 和 ISO 10993-10 生物兼容性标准，护套颜色为灰白色。

4）无特殊要求，B 超线材典型外径在 7.0～8.5mm 之间。

（2）B 超线性能要求 B 超线材除了表 3-3-75 所列出的电气性能要求外，其机械性能见表3-3-76。

表 3-3-76 B 超线机械性能要求

项目	测试设备	测试条件	测试结果
摇摆测试	摇摆测试机	吊重：0.5kg 摇摆角度：±90° 摇摆速度：30 次/min 摇摆次数：250000 次	同轴线不能断开，外编织断开率不超过 20%
扭转测试	扭转测试机	吊重：0.5kg 扭转角度：±180° 摇摆速度：30 次/min 摇摆次数：250000 次	同轴线不能断开，外编织断开率不超过 20%

2. 血氧线

（1）定义 血氧线是指主要是用于血氧探头及与血氧模块连接的线材。

（2）用途 此类线材的特点是柔软舒适，耐弯折，抗干扰能力强，主要适用于成人指夹、成人指套、儿童软指套、儿童指夹、耳夹式血氧饱和探头等医疗设备。

（3）产品结构 由于医疗血氧设备规格不同，常用的血氧线材规格一般有双并血氧线系列（见图 3-3-34），2+N（N=2～6）血氧线（见图 3-3-35）等。

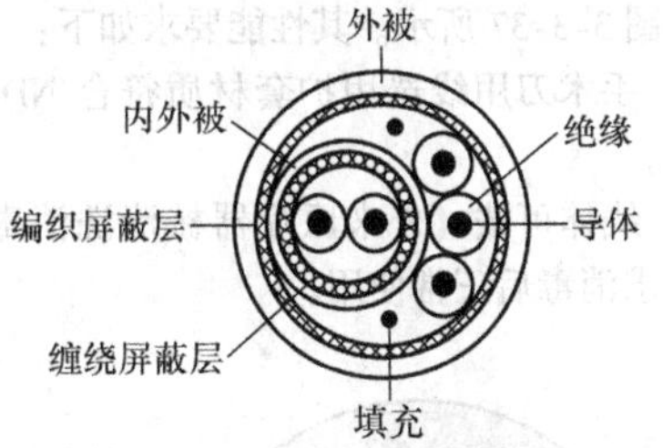

图 3-3-34 2+2 双并血氧线

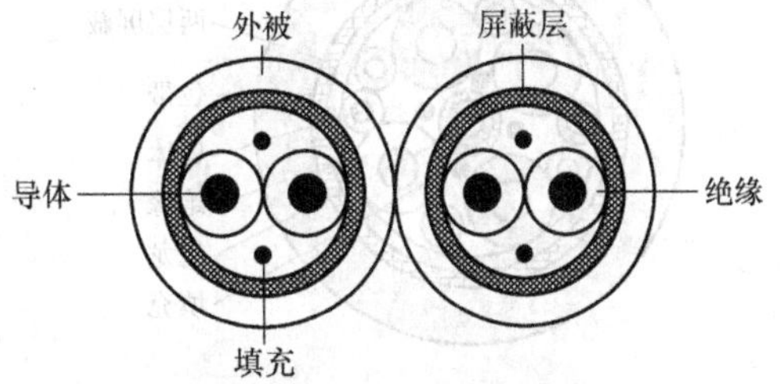

图 3-3-35 2+3 血氧线

（4）品名规格 血氧线规格见表 3-3-77。

表 3-3-77 常用的血氧线规格

规格	芯数	导体		绝缘材质	绝缘厚度	内屏蔽缠绕	内护套	外屏蔽编织	护套	外径/mm
		材料	结构							
2 芯双并血氧线	2	镀锡铜	30AWG	PP 或 HDPE	0.16	0.08 镀锡铜	—	—	TPU	2.4×4.8
2+2 双并血氧线	4	镀锡铜	30AWG	PP 或 HDPE	0.16	—	—	0.08 镀锡铜	TPU	2.5×5.0
2+2 血氧线	4	镀锡铜	30AWG	PP 或 HDPE	0.16	0.08 镀锡铜	PVC	0.08 镀锡铜	TPU	4.0
2+2 一次性血氧线	4	镀锡铜	30AWG	PP 或 HDPE	0.16	0.08 镀锡铜	PVC	0.08 镀锡铜	PVC	3.5
2+3 双并血氧线	5	镀锡铜	30AWG	PP 或 HDPE	0.16	—	—	0.08 镀锡铜	TPU	2.5×5.0
2+3 血氧线	5	镀锡铜	30AWG	PP 或 HDPE	0.16	0.08 镀锡铜	PVC	0.08 镀锡铜	TPU	4.0
2+3 血氧延长线	5	镀锡铜	32AWG+NYLON	PP 或 HDPE	0.16	0.08 镀锡铜	PVC	0.08 镀锡铜	TPU	4.0
2+4 血氧线	6	镀锡铜	30AWG	PP 或 HDPE	0.16	0.08 镀锡铜	PVC	0.08 镀锡铜	TPU	4.0

(5) 执行标准 线材需符合满足 ISO 9919：2005（医学电子仪器——医用脉冲血氧定量装置基本安全和必要性能的特殊需求）标准。

(6) 测试项目及要求 线材测试参考 ISO 9919：2005。

3. 手术刀用线

手术刀用线是指医疗用电动手术刀与电源或其他医用手术设备连接用线。其主要有以下两种：

(1) 普通手术刀用电源线 普通手术刀用电源线示意图如图 3-3-36 所示，具体结构见表 3-3-78。

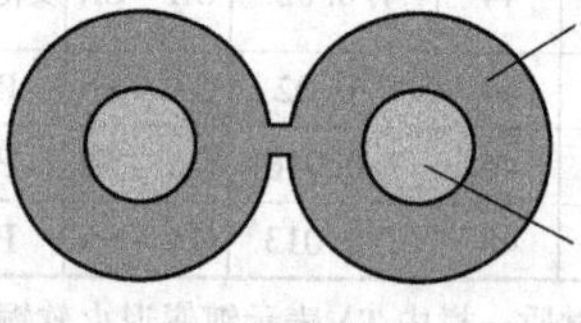

图 3-3-36 普通手术刀用电源线

表 3-3-78 手术刀用线典型结构

项目	导体	芯线			编织屏蔽	护套		
	根数/单丝直径	外径	材质	厚度	锭/根/单丝直径	材质	外径	厚度
1	18 根/0.12mm	—	—	—	—	PVC	1.9mm 或 3.8mm	0.76mm
2	25 根/0.05mm	0.69mm	PE 或 PP	0.16mm	16 锭/10 根/0.05mm	PVC	3.0mm	0.50mm

(2) 智能手术刀连接线 智能手术刀连接线示意图如图 3-3-37 所示。其性能要求如下：

1）手术刀用线选用护套材质符合 NDA USP 6 级标准。

2）线体可按《外来医疗器械清洗消毒灭菌标准》要求消毒后正常使用。

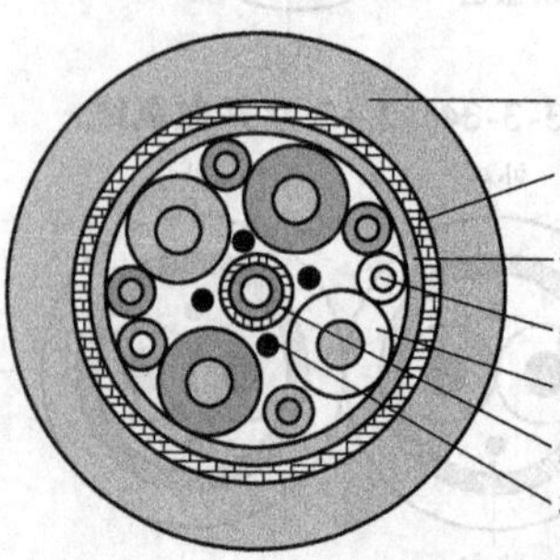

图 3-3-37 智能手术刀连接线

3.5.2 耳机线

1. 耳机的结构

耳机的组成分一般为以下四个部分：头戴、左右发声单元、耳罩（耳套）、引线。

2. 耳机引线

耳机的引线，通常称为耳机线，是耳机放大电路输出端与耳机音圈的连接线，优质耳机线常采用多支芯的无氧铜（OFC）线，进过严格的屏蔽和绝缘处理，杜绝铜内部杂质对信号的影响和外界杂波的干扰。

3. 耳机线的特点与用途

优良的绝缘性能，导电性及抗干扰性能，抗拉力强，耐高强弯折，触感柔软，舒适，方便消费者携带，规格品种较多，护套料常采用 TPE、TPO、TPR、TPU，以及环保低毒软质 PVC 系列，具有高耐热耐寒性，耐磨性和非移性。

常见用于多媒体、航空、车载、CD 播放器、移动视频视听设备和场所等。

4. 耳机线的结构

耳机线基本结构为：芯线＋屏蔽层（可选）＋护套。

5. 芯线

芯线通常是由导体和绝缘层组成。

芯线常用漆包线，或中心导体使用镀银软铜线、铜箔丝和特种合金丝等，特殊的也有用非金属材料（如碳纤维）来作为导体材料。同时常用防弹丝或尼龙丝作填充。绝缘层现大多使用 TPEE，也有部分使用氟系材料。

大多数耳机线都以铜为原料，常见的有

1）TPC（电解铜）：纯度为 99.5%。

2）OFC（无氧铜）：纯度为 99.995%。

3）LC－OFC（线形结晶无氧铜或结晶无氧铜）：纯度在 99.995% 以上。

4）OCC（单晶无氧铜）：纯度最高，在 99.996% 以上，又分为 PC－OCC 和 UP－OCC。

用显微镜观察一般铜金属的截面时，其实看到的并不是单纯的一片铜，而是包含了杂质、晶粒的组合。杂质很容易理解，就是混在铜颗粒中的其他元素，依据纯度来分有 4*N*、5*N*、6*N*、7*N*、8*N* 铜，*N* 值反映的是金属纯的高低的参数，目前音频线材普遍采用 99.99% 纯度以上的材质，比如金属纯度为 99.99% 时，习惯上称一个 9 为一个 *N*，即 99.99% 为 4*N*，99.999% 为 5*N*，依此类推。现在主流的发烧线材的金属纯度一般都为 6～7*N* 或是以上。

OFC 是 Oxygen Free Copper 的缩写，中文称之为无氧铜，这是在冶炼铜的过程中，因不加入氧化物及避免了氧化所生产出的铜线，纯度为 99.995%。一般说来，这已是质量相当不错的导线材料。

LC OFC 铜则是在制造时采用特殊的抽丝工艺，将无氧铜的结晶颗粒变大，以增加导电性能，1m 长的 LC OFC 铜线其结晶数约为 20 个，其纯度比 OFC 无氧铜略高，但仍在 4*N* 的范围内。但因 LC OFC 铜结晶体颗粒少，故导电特性要比 OFC 铜好。

PC OCC 铜是由 Pure Copper by Ohno Continuous Casting Process 缩写而来，指由以 OCC 铸造法所生产加工提炼出的高纯度结晶铜。这项由日本千叶工业大学的大野教授所研究开发的铸造技术，特点是从热溶的金属液中抽出金属丝（如将溶化的铜液抽成铜丝），经由冷却水快速冷却，同时去除杂质，整体铜纯度提升为 99.996%，导电性更为优异。Super PC OCC 则是将铜的纯度提高到 6*N*，杂质含量更低，导电性当然比 PC OCC 铜更好。

6. 护套

护套胶料常采用 TPE、TPO、TPR、TPU，以及环保低毒软质 PVC 系列，具有高耐热耐寒性，耐磨性和非移性。

PVC：广泛用于低端耳机类产品，低环保、低要求，一般硬度在 80A 左右。

TPU：广泛用于中端线耳机类产品，一般硬度在 75～85A。

TPE：广泛用于无卤高端耳机类产品，高抗拉、高摇摆要求一般硬度为 80～65A。

3.5.3 音视频线缆系列

1. 用途

主要用于家用或公共场所的音、视频产品之间的连接。

2. 主要型号

主要型号有 RVH 两芯扁平无护套音频线等。

3. 型号简介

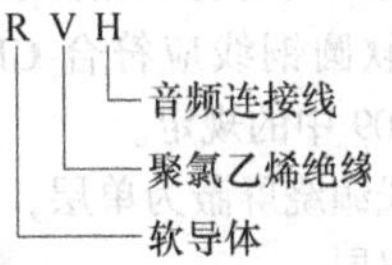

4. 结构简图（见图 3-3-38）

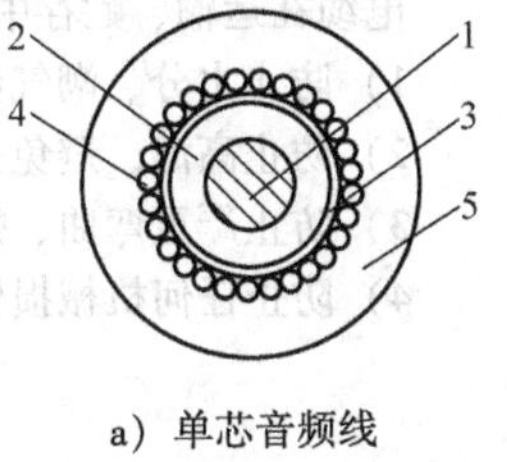

a）单芯音频线

1—内导体　2—绝缘　3—包带（选用）　4—外导体　5—护套

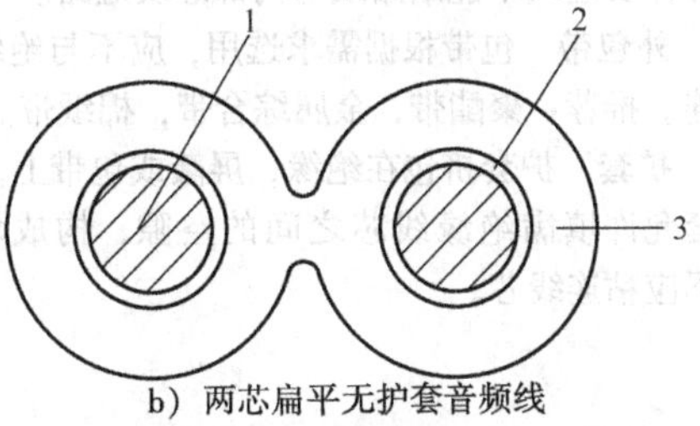

b）两芯扁平无护套音频线

1—内导体　2—绝缘（选用）　3—护套

图 3-3-38　音视频线缆结构图

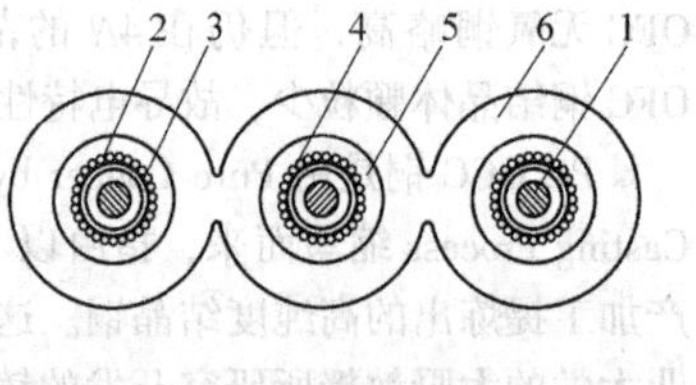

c）多芯扁平音视频线

1—内导体 2—绝缘 3—包带（选用）

4—外导体 5—中被（选用） 6—护套

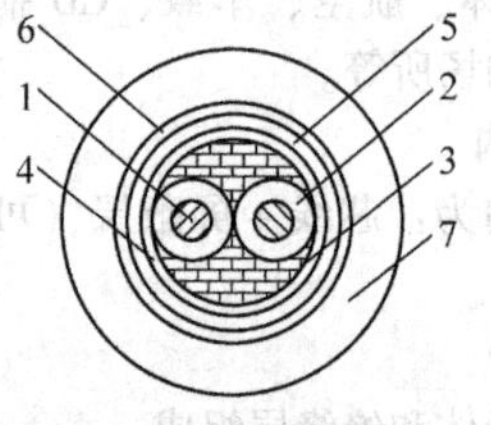

d）多芯音频线

1—内导体 2—绝缘 3—填充（选用）

4—内包带（选用） 5—外导体（选用）

6—外包带（选用） 7—护套

图3-3-38 音视频线缆结构图（续）

5. 产品结构

（1）导体 芯线：1芯或多芯。

导体应符合GB/T 3953—2009、GB/T 4910—2009、GT/T 3956—2008中第5种导体规定要求。导体可以是同种规格，也可以是不同规格或铜皮线。导体最外层绞向应为左向。

（2）绝缘 挤包在每芯导体上的绝缘应是满足要求的聚氯乙烯、聚烯烃、氟塑料或其他的代替材料。

绝缘是实心时，最低厚度应不小于0.3mm。

绝缘为发泡时，根据特性要求不作最低厚度要求，应满足绝缘连续。

绝缘应可承受AC 300V、50Hz电压1min，而不产生击穿和闪烁。

（3）填充 填充根据需求选用，应满足柔软，不与芯线粘连和影响其他组件性能，易加工。

（4）内包带 包带根据需求选用，应不与绝缘芯线粘连。推荐：聚酯带，金属综合带，棉纸带。

（5）外导体 外导体根据需求选用，电缆用软圆铜线或镀锡软圆铜线应符合GB/T 3953—2009、GB/T 4910—2009中的规定。

单芯音频线缠绕屏蔽为单层，两芯及以上的缠绕屏蔽可选用双层。

外导体要连续不能断路或与内部芯线短路。

（6）外包带 包带根据需求选用，应不与绝缘芯线粘连。推荐：聚酯带，金属综合带，棉纸带。

（7）护套 护套挤包在绝缘，屏蔽或包带上。

护套允许填满绝缘线芯之间的空隙，构成填充，但不应粘连线芯。

护套应完整连续，无缺陷，表面光滑平整，其横截面形状应尽可能匀称，护套的最小厚度为0.6mm。

护套应可承受浸在20℃±5℃水中，DC2000V，5min而不产生击穿和闪烁。

6. 标志

电缆应沿其长度在护套表面上作永久性的标志。标志内容包括：

1）电缆型号；

2）生产单位或其代号。

标志之间应有空白间隔，此间隔为：在电缆上最大间隔为550mm。应以不影响电缆任何性能的方式在电缆上作标志。

7. 包装、安装

电缆应成圈或成盘包装交货。成圈电缆应包以包扎材料，每圈电缆重量不得超过30kg。成盘时电缆的最外层与盘外缘的距离应不小于20mm。电缆两端应密封。

交货长度≥100m；短段长度≥20m。长度计量误差应在±0.5%以内。

短段交货数量不超过交货总长度的10%。根据双方约定允许任意长度交货。

包装、安装半径大于外径尺寸的15倍。

8. 运输、贮存

电缆在运输、贮存中应注意下列事项：

1）防止水分、潮气侵入电缆。

2）防止高温，避免火星接近。

3）防止严重弯曲、挤压变形。

4）防止任何机械损伤。

第 4 章

通信电缆的电性能与设计计算

4.1 通信电缆的基本概念

4.1.1 电缆通信线路的传输概念

通信的过程就是把人们需要传输的各种信号如声音（说话、音乐、广播节目等）、图像（人物像、电影、电视节目等）、数字符号（数据、电报等），在发送端通过发送机变换为电磁能，这种电磁能通过各种传输线路，送达接收端，再通过接收机（变换器）和信号接收器把电磁能变换为原来的信号（声音、图像或数字符号）的过程，如图 3-4-1 所示。

图 3-4-1　通信过程示意图

在长途通信系统中，发送端与接收端往往相距几百千米、几千千米甚至上万千米。这就需要很好地选择传输线路。传输线路一般分为无线传输与有线传输两大类。有线传输尤其是电缆线路传输，虽初次投资较大、施工和维护也比较困难，但不受大气变化直接影响，比无线传输要稳定，保密性好，且受外界的干扰也比较少，工作寿命比较长，在战争期间也不易受到破坏。故当前我国国内通信正大力发展电缆线路。

长途电缆的发展方向主要是扩展传输频带，使每一个回路可以复用更多的通路，使通信能力更强，通信更加经济，以便更好地适应国民经济迅速发展的需要。目前纸绳纸带绝缘的 HEQ－156 电缆可以在一个回路中复用到 12 个话路，频率到 156kHz；HEQ－252 电缆可以用双电缆制在两个回路中复用到 60 个话路，频率到 252kHz；小同轴电缆在两个同轴回路中可以开通 300 个话路，频率到 1.3MHz；中同轴电缆在两个同轴回路中可以开通 1800 个话路，频率到 8.5MHz。

在保证传输质量的前提下，扩展电缆线路的使用频带，以便更经济有效地复用更多的话路，传送更多的信息，必须降低线路的衰减，减少回路间的相互干扰（串音），减少在传输过程中由于不均匀性引起的失真、畸变等现象的产生。降低线路的衰减，减少相互干扰和失真等现象，必须在电缆的设计和制造过程中保证一定的技术指标。随后在电缆线路安装过程中，还需要采取一些适当的措施以保证达到整个线路的传输标准。

4.1.2 通信电缆的等效电路

通信电缆在电特性上可看成是一个四端网络。而这个四端网络又是由无数无限小的四端网络（也就是无数无限小的电缆段）串联组成的。

由于回路导线上存在着均匀分布的电阻和电感，回路导线间存在着均匀分布的电容和电导，因此这些无限小的四端网络（即无限小的电缆段）的结构型式如图 3-4-2 所示。

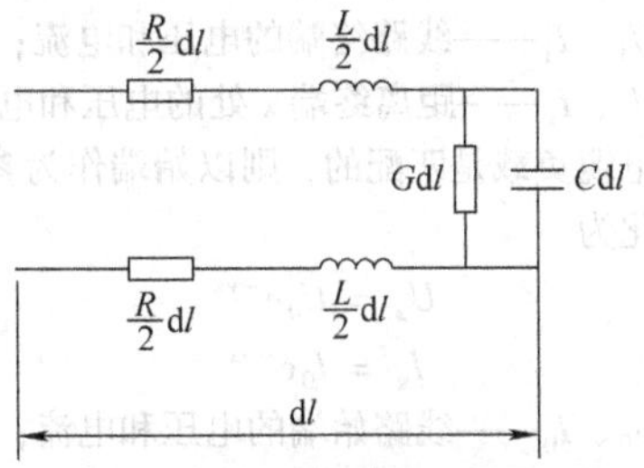

图 3-4-2　无限小电缆段等效电路图

图 3-4-2 中 R 为电缆回路每千米的有效电阻，L 为电缆回路每千米的电感，C 为电缆回路每千米的电容，G 为电缆回路每千米的绝缘电导，dl 为无限小电缆段的长度。

对同轴电缆来说，由于两根导线是不对称的，

因此 R、L 在两根导线上的分布也将不同。

对于电缆全长来说，它的等效电路就是无数这样无限小的四端网络的串联，如图 3-4-3 所示。

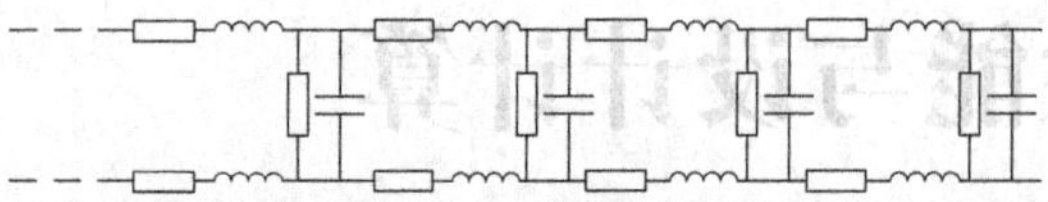

图 3-4-3 电缆的等效电路

4.1.3 均匀电缆的基本方程

根据上述等效电路，建立和解出微分方程，可得到由始端作为参考的电压和电流方程为

$$U_x = U_0 \text{ch}\gamma x - I_0 Z_c \text{sh}\gamma x \quad (3\text{-}4\text{-}1)$$

$$I_x = I_0 \text{ch}\gamma x - \frac{U_0}{Z_c}\text{sh}\gamma x \quad (3\text{-}4\text{-}2)$$

式中 U_0、I_0——线路始端的电压和电流；

U_x、I_x——距离始端 x 处的电压和电流；

Z_c——电缆波阻抗；

γ——电缆传播常数。

Z_c 和 γ 都是电缆的二次传输参数，在一定频率时，取决于电缆结构。

如果以终端作为参考，则可得

$$U_x = U_1 \text{ch}\gamma x - I_1 Z_c \text{sh}\gamma x \quad (3\text{-}4\text{-}3)$$

$$I_x = I_1 \text{ch}\gamma x - \frac{U_1}{Z_c}\text{sh}\gamma x \quad (3\text{-}4\text{-}4)$$

式中 U_1、I_1——线路终端的电压和电流；

U_x、I_x——距离终端 x 处的电压和电流。

如电缆负载是匹配的，即负载阻抗等于电缆的波阻抗，则方程式以终端作为参考时简化为

$$U_x = U_1 e^{\gamma x} \quad (3\text{-}4\text{-}5)$$

$$I_x = I_1 e^{\gamma x} \quad (3\text{-}4\text{-}6)$$

式中 U_1、I_1——线路终端的电压和电流；

U_x、I_x——距离终端 x 处的电压和电流。

如电缆负载是匹配的，则以始端作为参考时方程式简化为

$$U_x = U_0 e^{-\gamma x} \quad (3\text{-}4\text{-}7)$$

$$I_x = I_0 e^{-\gamma x} \quad (3\text{-}4\text{-}8)$$

式中 U_0、I_0——线路始端的电压和电流；

U_x、I_x——距离始端 x 处的电压和电流。

如电缆终端开路，则始端电压 U_0、电流 I_0 与终端电压 U_1、电流 I_1 的关系式为

$$U_0 = U_1 \text{ch}\gamma l \quad (3\text{-}4\text{-}9)$$

$$I_0 = \frac{U_1}{Z_c}\text{sh}\gamma l \quad (3\text{-}4\text{-}10)$$

输入阻抗为

$$Z_\infty = \frac{U_0}{I_0} = Z_c \frac{\text{ch}\gamma l}{\text{sh}\gamma l} = \frac{Z_c}{\text{th}\gamma l} \quad (3\text{-}4\text{-}11)$$

式中 l——电缆长度。

如电缆终端短路，则始端电压 U_0、电流 I_0 与终端电压 U_1、电流 I_1 的关系式为

$$U_0 = I_1 Z_c \text{sh}\gamma l \quad (3\text{-}4\text{-}12)$$

$$I_0 = I_1 \text{ch}\gamma l \quad (3\text{-}4\text{-}13)$$

输入阻抗为

$$Z_0 = \frac{U_0}{I_0} = Z_c \frac{\text{sh}\gamma l}{\text{ch}\gamma l} = Z_c \text{th}\gamma l \quad (3\text{-}4\text{-}14)$$

4.2 一次传输参数

4.2.1 有效电阻

电缆回路的有效电阻包括直流电阻和通过交流电流时的附加电阻。

直流电阻为

$$R_0 = \lambda\rho \frac{8000}{\pi d^2} \quad (3\text{-}4\text{-}15)$$

式中 R_0——直流电阻（Ω/km）；

d——导线直径（mm）；

ρ——电阻系数（$\Omega \cdot mm^2/m$），参见表3-4-1；

λ——导线的总绞入率，导线每次扭绞的绞入率见表 3-4-2，总绞入率为各次扭绞绞入率的乘积。

表 3-4-1 金属主要电特性（20℃）

金属名称	电阻温度系数 α_{20}/(1/℃)	相对磁导率 μ_r	电阻系数 ρ/(Ω·mm^2/m)	电导系数 σ/(s·m/mm^2)
软铜线	0.00395	1	0.01748	57.20
半硬及软铝线	0.00410	1	0.0283	35.33
钢	0.0046	100～200	0.200	5.00
铅	0.00411	1	0.2210	4.52

表 3-4-2 线芯绞合的绞入率

组层的直径/mm	绞入率
30 以下	1.005～1.015
30～40	1.01～1.02
40～50	1.02～1.03

从上式可见，直流电阻主要与导线材料的电阻系数ρ和直径有关。

表 3-4-1 的ρ值是温度为 20℃时的值。当温度不是 20℃而是t℃时，电缆回路的电阻R_t（Ω/km）可以用下式进行换算

$$R_t = R_{20}[1+\alpha_{20}(t-20)] \quad (3\text{-}4\text{-}16)$$

式中　R_{20}——温度为 20℃时的导线电阻；

α_{20}——电阻温度系数（20℃）。

1. 对称电缆回路有效电阻的计算

计算对称电缆回路在高频情况下的有效电阻时，应该计算由于集肤效应、邻近效应和邻近四线组及金属护层等引起的附加电阻。一般对称电缆回路的有效电阻R（Ω/km）的计算公式可以写成

$$R = R_0 + R_0F(x) = R_0\frac{PG(x)\left(\dfrac{d}{a}\right)^2}{1-H(x)\left(\dfrac{d}{a}\right)^2} + R'$$

$$= R_0\left[1+F(x)+\frac{PG(x)\left(\dfrac{d}{a}\right)^2}{1-H(x)\left(\dfrac{d}{a}\right)^2}\right] + R' \quad (3\text{-}4\text{-}17)$$

式中　R_0——回路直流电阻值（Ω/km）；

d——导线直径（mm）；

a——回路两导线中心间距离（mm）；

P——各种四线组的修正系数，见表 3-4-3；

x——$\dfrac{Kd}{2}$，K为涡流系数见表 3-4-4；

$F(x)$、$G(x)$、$H(x)$——x的特定函数，其值见表 3-4-5 和图 3-4-4。

表 3-4-3　各种四线组的修正数 P 值

四线组名称	回路型式	P值
对绞组	实路	1.0
星绞组	实路	5.0
星绞组	幻路	1.6
复对绞组	实路	2.0
复对绞组	幻路	3.5

表 3-4-4　各种常用金属的涡流系数 $K=\sqrt{\omega\mu\sigma}$①（1/mm）

f/Hz	铜	钢	铝	铅
50	0.151	0.535	0.118	0.042
10^3	0.674	2.391	0.528	0.188
10^4	2.130	7.560	1.670	0.598
6×10^4	5.218	18.519	4.091	1.464

（续）

f/Hz	铜	钢	铝	铅
10^5	6.736	23.907	5.281	1.889
1.56×10^5	8.414	29.862	6.597	2.360
2.52×10^5	10.693	37.951	8.383	2.999
5×10^5	15.061	53.458	11.809	4.225
10^6	21.300	75.600	16.700	5.975
8.5×10^6	62.098	220.404	48.687	17.420
10^7	67.357	239.070	52.810	18.895
10^8	21.300	756.000	167.000	59.750
计算公式	$21.3\times10-3\sqrt{f}$	$75.6\times10-3\sqrt{f}$	$16.7\times10-3\sqrt{f}$	$5.975\times10-3\sqrt{f}$

①μ（H/m）为磁导系数，$\mu=4\pi\times10^{-7}\mu_r$，$\mu_r$见表 3-4-1，计算钢的涡流系数时，取$\mu_r=100$。$\sigma$为电导系数，见表 3-4-1。

表 3-4-5　$F(x)$、$G(x)$、$H(x)$的函数值

x	$F(x)$	$G(x)$	$H(x)$
0	0	$\dfrac{x^3}{64}$	0.0417
0.5	0.000326	0.000975	0.042
1.0	0.00519	0.01519	0.053
1.5	0.0258	0.0691	0.092
2.0	0.0782	0.1724	0.169
2.5	0.1756	0.295	0.263
3.0	0.318	0.405	0.348
3.5	0.492	0.499	0.416
4.0	0.678	0.584	0.466
4.5	0.862	0.669	0.503
5.0	1.042	0.755	0.530
7.0	1.743	1.109	0.596
10.0	2.799	1.641	0.643
>10	$\dfrac{\sqrt{2}x-3}{4}$	$\dfrac{\sqrt{2}x-1}{8}$	$\dfrac{1}{4}\left[\dfrac{3\sqrt{2}x-5}{\sqrt{2}x-1}-\dfrac{2\sqrt{2}}{x}\right]$

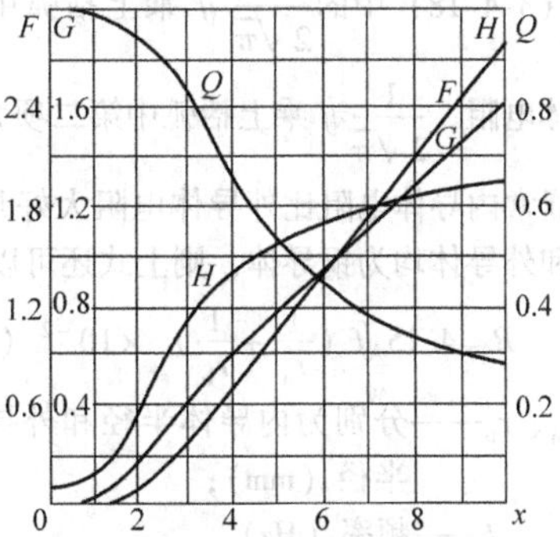

图 3-4-4　$F(x)$、$G(x)$、$H(x)$、$Q(x)$的函数值

式（3-4-17）中各式的物理意义如下：

$R_0F(x)$：由于集肤效应而产生的交流附加电阻值；

$R_0\dfrac{PG(x)\left(\dfrac{d}{a}\right)^2}{1-H(x)\left(\dfrac{d}{a}\right)^2}$：由于回路导线的邻近效应而产生的交流附加电阻值；

R'：由于邻近四线组和金属护层引起的交流附加电阻值。

因为回路周围的电磁场结构是非常复杂的，所以对这个附加电阻值 R' 不可能进行精确的计算。R' 值约为 R 的 10%～15%。

2. 同轴电缆回路有效电阻的计算

与对称电缆不同的是，同轴电缆是不对称结构，由于集肤效应和邻近效应作用的结果，同轴回路的电流分布是分别集中在内外导体的相向表面上，即电流随频率增高而向内导体外表面和外导体的内表面集中。一般同轴通信电缆传输频率的下限，对小同轴电缆规定在 60kHz 以上，对中同轴则在 300kHz 以上。当传输频率在 60kHz 以上时，同轴电缆的外磁场等于零，故不考虑周围金属护层等影响。此时同轴电缆回路有效电阻 R（Ω/km）的计算公式为

$$R=\frac{1}{2\sqrt{\pi}}\sqrt{f}\left(\sqrt{\frac{\mu_a}{\sigma_a}}\frac{1}{r_a}+\sqrt{\frac{\mu_b}{\sigma_b}}\frac{1}{r_b}\right) \tag{3-4-18}$$

式中 μ_a——内导体的磁导系数；
μ_b——外导体的磁导系数；
σ_a——内导体的电导系数；
σ_b——外导体的电导系数；
r_a——内导体半径（mm）；
r_b——外导体半径（mm）。

式（3-4-18）中的 $\frac{1}{2\sqrt{\pi}}\sqrt{f}$ 乘上括弧中第一项为内导体电阻，$\frac{1}{2\sqrt{\pi}}\sqrt{f}$ 乘上括弧中第二项为外导体电阻。通常内导体电阻比外导体电阻大好几倍。若内导体和外导体均为铜导体，则上式还可以简化成

$$R=4.15\sqrt{f}\left(\frac{1}{r_a}+\frac{1}{r_b}\right)\times10^{-2} \tag{3-4-19}$$

式中 r_a、r_b——分别为内导体半径和外导体的内半径（mm）；
f——频率（Hz）。

4.2.2 电感

在电缆回路中，磁通量 ϕ 与产生此磁通量的电流 I 之比值称为电感，即

$$L=\frac{\Phi}{I} \tag{3-4-20}$$

1. 对称电缆回路的电感计算

对称回路的电感是由两部分组成的，即外电感和内电感，其计算公式如下

$$L=\lambda\left[4\ln\frac{2a-d}{d}+Q(x)\right]\times10^{-4} \tag{3-4-21}$$

式中 L——对称回路的电感（H/km）；
λ——总的绞入率；
a——回路两导线中心间的距离（mm）；
d——导线直径（mm）；
$Q(x)$——为 x 的特定函数，其值见表 3-4-6 和图 3-4-4。

上式右边括弧内两项中，第一项为回路的外电感，第二项为两根导线的内电感之和。外电感的大小决定于电缆结构的几何尺寸（导线直径和导线间距离），与频率无关；内电感的数值与传输电流的频率有关，频率越高，集肤现象越显著，内电感越小。

表 3-4-6 $Q(x)$ 的函数值

x	$Q(x)$	x	$Q(x)$
0	1	4.0	0.686
0.5	0.9998	4.5	0.616
1.0	0.997	5.0	0.556
1.5	0.987	7.0	0.400
2.0	0.961	10.0	0.282
2.5	0.913	>10	$\frac{2\sqrt{2}}{x}$
3.0	0.845		
3.5	0.766		

对称电缆屏蔽回路以及有屏蔽的单四线组电缆回路电感 L（H/km）的计算公式为

$$L=\lambda\left[4\ln\frac{2a}{d}\frac{r_s^2-\left(\frac{c}{2}\right)^2}{r^2+\left(\frac{a}{2}\right)^2}+Q(x)-8\frac{\mu_r\sqrt{2}}{Kr_s}\frac{\left(\frac{a}{2}\right)^2r_s^2}{r_s^4-\left(\frac{a}{2}\right)^4}\right]\times10^{-4} \tag{3-4-22}$$

式中 r_s——屏蔽体的半径（mm）；
K——涡流系数，见表 3-4-4；
μ_r——屏蔽体的相对磁导率，见表 3-4-1；
其他符号见前面所列。

在一般情况下，由于屏蔽体的作用，回路外电感降低，故回路电感也将减少。

2. 同轴电缆回路的电感计算

同轴电缆的电感 L（H/m）由三部分组成，即内、外导体的内电感及内外导体间的外电感，其计算公式如下：

$$L = 2\ln\frac{r_b}{r_a}\times 10^{-7} + \frac{\sqrt{\pi}}{4\pi\sqrt{f}}\left(\sqrt{\frac{\mu_a}{\sigma_a}}\frac{1}{r_a} + \sqrt{\frac{\mu_b}{\sigma_b}}\frac{1}{r_b}\right) \tag{3-4-23}$$

若内导体和外导体均为铜导体时，上式可以写成

$$L = \left[2\ln\frac{r_b}{r_a} + \frac{66}{\sqrt{f}}\left(\frac{1}{r_a} + \frac{1}{r_b}\right)\right]\times 10^{-4} \tag{3-4-24}$$

式中　r_a——内导体半径（mm）；

r_b——外导体内半径（mm）。

4.2.3　电容

电缆回路的电容与一般电容器的电容概念相似，导线的表面相当于电容器的极板，导线间的绝缘材料相当于电容器的介质。其数值为导体的电量 Q 与两导体的电位差 U 的比值。

$$C = \frac{Q}{U} \tag{3-4-25}$$

1. 对称电缆工作电容的计算

在对称电缆上有两种电容，即工作电容和部分电容。一次传输参数中的电容即指工作电容。

工作电容为工作线对上总的电容。部分电容是电缆各芯线间的电容。部分电容是工作电容的组成部分。

对称电缆回路工作电容 C（F/km）的计算公式为

$$C = \frac{\lambda\varepsilon_D \times 10^{-9}}{36\ln\left(\frac{2a}{d}\psi\right)} \tag{3-4-26}$$

式中　a——回路（工作对）两导线中心间距离（mm）；

d——导线直径（mm）；

λ——总的绞入率；

ε_D——组合绝缘介质的等效相对介电常数；

ψ——由于接地金属护层和邻近导线产生影响而引用的修正系数，其计算公式与数值见表3-4-7与表3-4-8。

对绞组和星形四线组中上述各个参数如图3-4-5所示。

表3-4-7　工作电容的修正系数公式

绞合类型	修正系数炉的计算公式
对绞组	$\psi = \frac{(d_2 + d_1 - d)^2 - d_1^2}{(d_2 + d_1 - d)^2 - d_1^2}$
星形四线组	$\psi = \frac{(d_4 + d_1 - d)^2 - 2d_1^2}{(d_4 + d_1 - d)^2 + d_1^2}$
复对绞组	$\psi = \frac{(0.65d_{2\times2} + d_1 - d)^2 - d_1^2}{(0.65d_{2\times2} + d_1 - d)^2 + d_1^2}$
屏蔽对绞组	$\psi = \frac{D^2 - d_1^2}{D^2 + d_1^2}$
屏蔽星形四线组	$\psi = \frac{D^2 - 2d_1^2}{D^2 + 2d_1^2}$

注：表中 d 为导线直径；d_1 为绝缘线芯的直径；d_2 为对绞组的直径；d_4 为星形四线组的直径；$d_{2\times2}$ 为复对绞组的直径；D 为屏蔽体内直径。

表3-4-8　工作电容的修正系 ψ 数值

d_1/d	ψ 值	
	对绞组	星形四线组
1.6	0.706	0.588
1.8	0.712	0.611
2.0	0.725	0.619
2.2	0.736	0.630
2.4	0.739	0.647

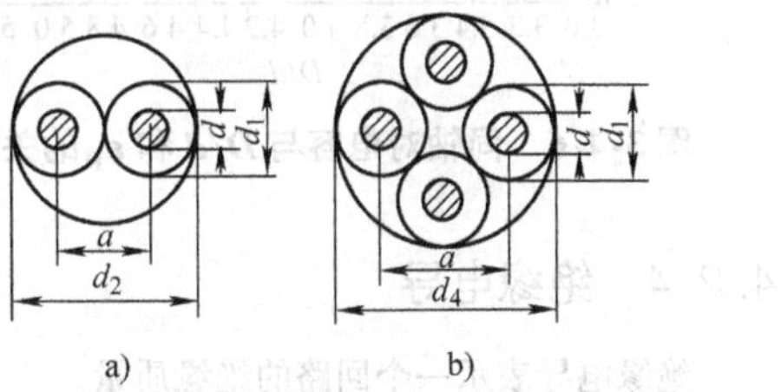

a)　　b)

图3-4-5　计算工作电容时的参数

a) 对绞组　b) 星绞组

由于通信电缆绝缘介质的介电系数一般不随频率变化而变化，因此工作电容一般也不随频率变化而变化。

从屏蔽组公式可见，导线与屏蔽体越靠近，屏蔽体的作用越强，回路的电容也越大。

有金属护层的单四线组电缆工作电容计算公式与屏蔽星形四线组工作电容的计算公式相同。

考虑埋地的无屏蔽电线的工作电容时，可将土壤看作是屏蔽层来进行计算。其实际数值与电线浸水时测得的电容数值相近。

2. 同轴电缆电容的计算

由于同轴对无外部电场，故同轴对的工作电容

就等于同轴对内外导体间的部分电容，其电容可按电工原理中圆柱形电容器的电容公式来计算

$$C=\frac{\varepsilon_D\times10^{-6}}{18\ln\frac{D}{d}} \quad (3\text{-}4\text{-}27)$$

式中 C——同轴电缆电容（F/km）；

ε_D——组合绝缘的等效介电系数；

D——外导体的内径（mm）；

d——内导体的直径（mm）。

为了迅速地求出 C 值，可以利用图 3-4-6。

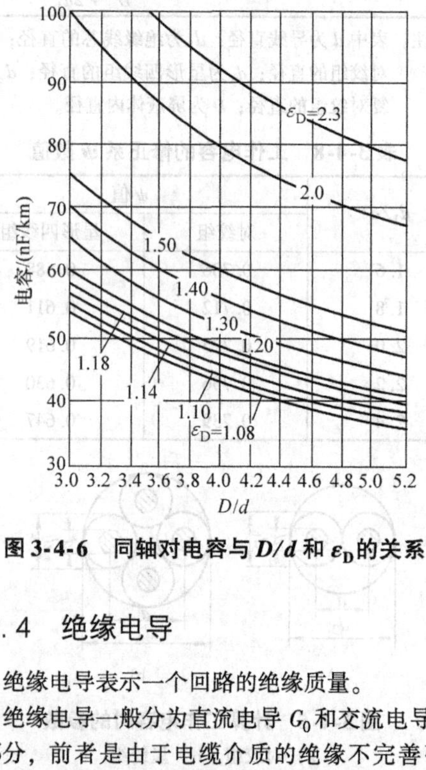

图 3-4-6 同轴对电容与 D/d 和 ε_D 的关系

4.2.4 绝缘电导

绝缘电导表示一个回路的绝缘质量。

绝缘电导一般分为直流电导 G_0 和交流电导 $G_\sim$ 两部分，前者是由于电缆介质的绝缘不完善引起的，后者是由于介质的极化作用所引起的。绝缘电导使介质发热，造成能量损耗。

对称电缆和同轴电缆回路中，交流电导的影响比直流电导的影响要大得多，故一般可以把直流电导 G_0 忽略不计。绝缘电导的计算可以用下式表示

$$G=G_0\times G_\sim\approx G_\sim=\omega C\tan\delta_D \quad (3\text{-}4\text{-}28)$$

式中 G——绝缘电导（S/km）；

G_0——直流绝缘电导（S/km）；

$G_\sim$——交流绝缘电导（S/km）；

$\tan\delta_D$——组合绝缘介质的等效介质损耗角正切值；

C——工作电容（F/km）。

4.3 二次传输参数

电缆的二次传输参数包括传播常数 γ 和波阻抗 Z_c 等。

传播常数 γ 是个复数。它的实数部分 α 称为衰减常数。它的虚数部分 β 称为相移常数。

γ 和 Z_c（Ω）与一次传输参数的关系，可以用下述公式表示

$$\gamma=\alpha+j\beta=\sqrt{(R+j\omega L)(G+j\omega C)} \quad (3\text{-}4\text{-}29)$$

$$Z_c=\sqrt{\frac{R+j\omega L}{G+j\omega C}} \quad (3\text{-}4\text{-}30)$$

式中一次传输参数决定于电缆所使用的材料、结构形式、几何尺寸以及所传输电流的频率。

4.3.1 衰减常数

衰减常数 α 表示电磁波在均匀电缆上每千米的衰减值。它由两部分组成：由于金属导体中的损耗而产生的衰减；由于介质中的损耗而产生的衰减。衰减单位为奈培（Np）或分贝（dB，1Np = 8.686dB）。

衰减常数 α（Np/km）是式（3-4-29）的实数部分，其数值的公式为

$$\alpha=\sqrt{\frac{1}{2}\left[RG-\omega^2LC+\sqrt{(R^2+\omega^2L^2)(G^2+\omega^2C^2)}\right]} \quad (3\text{-}4\text{-}31)$$

4.3.2 相移常数

相移常数 β（rad/km）表示电磁波的相位在均匀的电缆上每千米的变化值。其数值是式（3-4-29）的虚数部分，其公式为

$$\beta=\sqrt{\frac{1}{2}\left[\omega^2LC-RG+\sqrt{(R^2+\omega^2L^2)(G^2+\omega^2C^2)}\right]} \quad (3\text{-}4\text{-}32)$$

4.3.3 波阻抗

波阻抗 Z_c（Ω）表示电磁波沿着没有反射情况下的均匀回路传输时所遇到的阻抗。波阻抗与一次参数的关系为

$$Z_c=\sqrt{\frac{R+j\omega L}{G+j\omega C}} \quad (3\text{-}4\text{-}33)$$

实际上上述参数的计算，可以根据传输的频率将上述公式简化，列于表 3-4-9。

表 3-4-9　α、β、Z_c在不同频率时的公式

频率范围 参数	0	0～800Hz	800～30000Hz	30000Hz 以上
α/(Np/km)	$\sqrt{RG}$	$\sqrt{\dfrac{\omega CR}{2}}$	式(3-4-38)	$\dfrac{R}{2}\sqrt{\dfrac{C}{L}}+\dfrac{G}{2}\sqrt{\dfrac{L}{C}}\left(或\dfrac{R}{2Z_c}+\dfrac{GZ_c}{2}\right)$
β/(rad/km)	0	$\sqrt{\dfrac{\omega CR}{2}}$	式(3-4-39)	$\omega\sqrt{LC}$
Z_c/Ω	$\sqrt{\dfrac{R}{G}}$	$\sqrt{\dfrac{R}{\omega C}}\mathrm{e}^{-\mathrm{j}45°}$	式(3-4-37)	$\sqrt{\dfrac{L}{C}}$

4.3.4　电磁波波长和传播速度

电磁波波长 λ（km）为一个振荡周期内（即 1Hz）电磁波所经过的路程。在此周期内电磁波相位改变 2πrad。

电磁波传播速度 V（km/s）为电磁波 1s 所经过的路程。

它们的物理概念可用如图 3-4-7 所示。

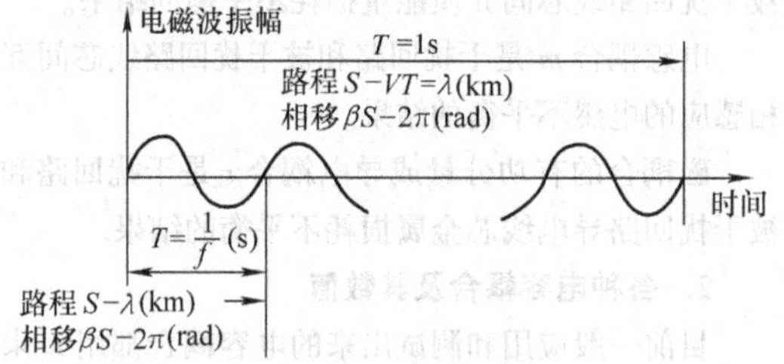

图 3-4-7　电磁波传输的物理概念

电磁波波长与相移常数的关系为

$$\lambda\beta=2\pi \tag{3-4-34}$$

电磁波波长与传播速度的关系为

$$\lambda f=V \tag{3-4-35}$$

传播速度与相移常数的关系为

$$V=\frac{\omega}{\beta}=\frac{2\pi f}{\beta} \tag{3-4-36}$$

在各频率范围中传播速度的计算公式见表3-4-10。

表 3-4-10　传播速度的计算公式

频率范围 /kHz	传播速度 V 的计算公式
0	$V=\dfrac{1}{\sqrt{LC}\left[\dfrac{1}{2}\left(\sqrt{\dfrac{LG}{RC}}+\sqrt{\dfrac{RC}{LG}}\right)\right]}$
0.8 以下	$V=\sqrt{\dfrac{4\pi f}{RC}}$
0.8 ～ 30	$V=\dfrac{2\pi f}{\sqrt{\dfrac{1}{2}\left[\omega^2LC-RG+\sqrt{(R^2+\omega^2L^2)\ (G^2+\omega^2C^2)}\ \right]}}$
30 以上	$V=\dfrac{1}{\sqrt{LC}}$

实际上，同轴电缆是在 60kHz 以上的频带下应用，这时 $R\ll\omega L$ 和 $G\ll\omega C$，因此同轴电缆的二次参数可由下列简化公式计算

$$Z_c=\sqrt{\frac{L}{C}} \tag{3-4-37}$$

$$\alpha=\frac{R}{2}\sqrt{\frac{C}{L}}+\frac{G}{2}\sqrt{\frac{L}{C}} \tag{3-4-38}$$

$$\beta=\omega\sqrt{LC} \tag{3-4-39}$$

$$V=\frac{1}{\sqrt{LC}} \tag{3-4-40}$$

同轴电缆二次传输参数可以直接用同轴对的结构尺寸（d 和 D）和绝缘特性（ε 和 $\tan\delta$）来表示。

1. 波阻抗

当频率很高时，同轴电缆的内电感很小，其电感主要决定于外电感，无限大频率时的同轴对波阻抗 Z_∞（Ω）为

$$Z_\infty=\sqrt{\frac{L}{C}}=\frac{60}{\sqrt{\varepsilon_D}}\ln\frac{D}{d} \tag{3-4-41}$$

式中　ε_D——同轴对等效相对介电常数；

D——同轴对外导体内直径（mm）；

d——同轴对内导体外直径（mm）。

当要精确地计算同轴对的波阻抗 Z_c（Ω）及其相角时，可采用如下公式计算

$$Z_c=Z_\infty+\frac{A}{\sqrt{f}}(1-\mathrm{j}) \tag{3-4-42}$$

式中　Z_∞——频率无穷大时同轴对的波阻抗（Ω）；

f——频率（MHz）；

A——与同轴对导体直径和组合绝缘的等效介电常数 ε_D 值有关的常数。

$$A=\frac{2\left(\dfrac{1}{\alpha}+\dfrac{1}{D}\right)}{\sqrt{\varepsilon_D}}=\frac{\alpha_1}{2\pi C} \tag{3-4-43}$$

式中　C——同轴对工作电容（μF/km）；

α_1——频率为 1MHz 时衰减常数（Np/km）。

同轴对 Z_∞ 值与 $\frac{D}{d}$ 和 ε_D 的关系如图 3-4-8 所示。

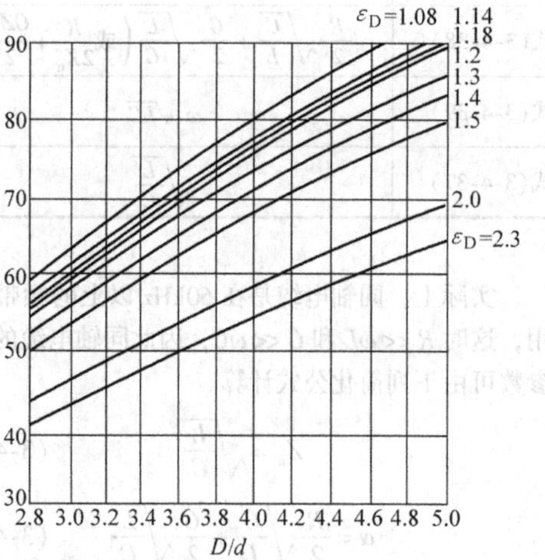

图 3-4-8 Z_∞ 值与 $\frac{D}{d}$ 和 ε_D 的关系

2. 衰减常数

采用优良绝缘介质的同轴电缆的衰减，在实际利用的频带内，介质引起的衰减很小，可以忽略不计，由于金属导体中的损耗而产生衰减的衰减常数 α（Np/km）可按下式计算

$$\alpha = \frac{8.30\sqrt{f\varepsilon_D}\left(\frac{D}{d}+1\right)}{12D\ln\frac{D}{d}} \tag{3-4-44}$$

3. 相移常数和传播速度

同轴对的相移常数 β（rad/km）为

$$\beta = \frac{2\pi f\sqrt{\varepsilon_D}}{3\times10^5} \tag{3-4-45}$$

电磁波沿同轴对传输时的传播速度 V(km/s) 为

$$V = \frac{3\times10^5}{\sqrt{\varepsilon_D}} \tag{3-4-46}$$

4.4 一次干扰参数

干扰是电磁场作用的结果。一次干扰参数在对称电缆上是指两回路间的电耦和磁耦合，在同轴电缆上是指同轴对的耦合阻抗。

4.4.1 对称电缆的电磁耦合

1. 电磁耦合的定义

两对称回路间的电耦合为第一回路在第二回路中引起的电流与第一回路工作电压的比值。两对称回路间的磁耦合为第一回路在第二回路中感应的电动势与第一回路电流的比值。

电耦合 $$C_{12} = \frac{I_2}{U_1} = g + \mathrm{j}\omega c \tag{3-4-47}$$

磁耦合 $$M_{12} = -\frac{E_2}{I_1} = r + \mathrm{j}\omega m \tag{3-4-48}$$

式中 g——电耦合的有功分量，称为“介质耦合”；

r——磁耦合的有功分量，称为“导电耦合”；

c——电容耦合；

m——电感耦合。

电容耦合 c 是干扰回路和被干扰回路间的部分电容不平衡的结果。

电耦合的有功分量或介质耦合 g 是干扰回路和被干扰回路线芯间介质能量损耗不平衡的结果。

电感耦合 m 是干扰回路和被干扰回路线芯间互相感应的电感不平衡的结果。

磁耦合的有功分量或导电耦合 r 是干扰回路和被干扰回路导电线芯金属损耗不平衡的结果。

2. 各种电容耦合及其数值

目前一般应用和测试出来的电容耦合都用 K 来表示。它们的数值不同于式（3-4-47）中的 c。

在一个星绞四线组内（见图 3-4-9），第一实回路（1 和 2 导线）对第二实回路（3 和 4 导线）的电容耦合为

$$K_1 = (C_{13}+C_{24}) - (C_{14}+C_{23}) \tag{3-4-49}$$

在一个四线组内，第一实回路和幻路间的电容耦合为

$$K_2 = (C_{13}+C_{14}) - (C_{23}+C_{24}) \tag{3-4-50}$$

在一个四线组内，第二实回路和幻路间的电耦合为

$$K_3 = (C_{13}+C_{23}) - (C_{14}+C_{24}) \tag{3-4-51}$$

在通信电缆中，除了回路之间的相互串扰以外，还可能受到外部干扰，外部干扰的能源包括电力线路，电气化铁道触线网等。这些外部干扰的电流流经接地的电缆金属外皮而产生干扰，干扰的大小决定于各芯线对地电容不平衡的程度。

电容不平衡 E 表示四线组各回路对地的部分电容不平衡值，如图 3-4-9 所示。

第一实线回路的电容不平衡为

$$E_1 = C_{10} - C_{20} \tag{3-4-52}$$

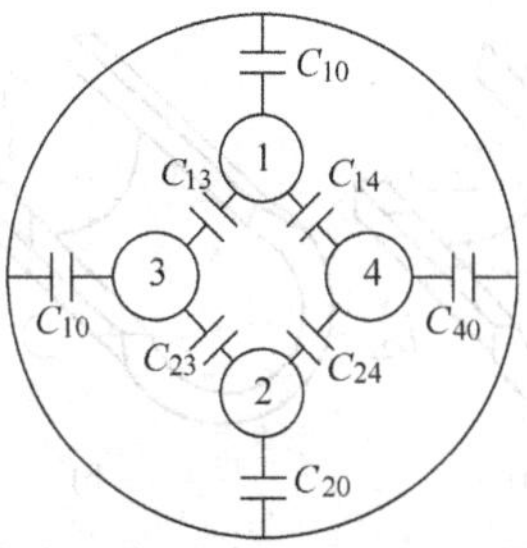

图 3-4-9　星绞四线组的部分电容

第二实线回路的电容不平衡为

$$E_2 = C_{30} - C_{40} \qquad (3\text{-}4\text{-}53)$$

幻线回路对地的电容不平衡为

$$E_3 = (C_{10} + C_{20}) - (C_{30} + C_{40}) \qquad (3\text{-}4\text{-}54)$$

表 3-4-11 列出了常用的电容耦合（电容不平衡）的符号及其与部分电容的关系。

表 3-4-11　电容耦合和电容不平衡的名称及其与部分电容的关系

电容耦合符号	耦合存在其间的两回路名称	与部分电容的关系
K_1	实路Ⅰ/实路Ⅱ	$K_1 = (C_{13} + C_{24}) - (C_{14} + C_{23})$
K_2	实路Ⅰ/幻路	$K_2 = (C_{13} + C_{14}) - (C_{23} + C_{24})$
K_3	实路Ⅱ/幻路	$K_3 = (C_{13} + C_{23})) - (C_{14} + C_{24})$
E_1	实路Ⅰ/大地	$E_1 = C_{10} - C_{20}$
E_2	实路Ⅰ/大地	$E_2 = C_{30} - C_{40}$
E_3	幻路/大地	$E_3 = (C_{10} + C_{20}) - (C_{30} + C_{40})$
K_4	四线组Ⅰ的幻路/四线组Ⅱ的幻路	$K_4 = (C_{15} + C_{16} + C_{25} + C_{26} + C_{37} + C_{38} + C_{47} + C_{48}) - (C_{17} + C_{18} + C_{27} + C_{28} + C_{35} + C_{36} + C_{45} + C_{46})$
K_5	四线组Ⅰ的实路Ⅰ/四线组Ⅱ的幻路	$K_5 = (C_{15} + C_{16} + C_{27} + C_{28}) - (C_{17} + C_{18} + C_{27} + C_{25} + C_{26})$
K_6	四线组Ⅰ的实路Ⅱ/四线组Ⅱ的幻路	$K_6 = (C_{35} + C_{36} + C_{47} + C_{48}) - (C_{37} + C_{38} + C_{45} + C_{46})$
K_7	四线组Ⅰ的幻路/四线组Ⅱ的实路Ⅰ	$K_7 = (C_{15} + C_{25} + C_{36} + C_{46}) - (C_{16} + C_{26} + C_{35} + C_{45})$
K_8	四线组Ⅰ的幻路/四线组Ⅱ的实路Ⅱ	$K_8 = (C_{17} + C_{27} + C_{38} + C_{48}) - (C_{18} + C_{28} + C_{37} + C_{47})$
K_9	四线组Ⅰ的实路Ⅰ/四线组Ⅱ的实路Ⅱ	$K_9 = (C_{15} + C_{26}) - (C_{16} + C_{25})$
K_{10}	四线组Ⅰ的实路Ⅰ/四线组Ⅱ的实路Ⅰ	$K_{10} = (C_{17} + C_{28}) - (C_{18} + C_{27})$
K_{11}	四线组Ⅰ的实路Ⅱ/四线组Ⅱ的实路Ⅰ	$K_{11} = (C_{35} + C_{46}) - (C_{36} + C_{45})$
K_{12}	四线组Ⅰ的实路Ⅱ/四线组Ⅱ的实路Ⅱ	$K_{12} = (C_{37} + C_{48}) - (C_{38} + C_{47})$

表中部分电容的数字注脚为线芯的号码，如 C_{13} 第 1 根线芯与第 3 根线芯间的部分电容。

表 3-4-11 中 K 值与式（3-4-46）中 C 值的关系如下：

$$C_1 = \frac{K_1}{4} \qquad (3\text{-}4\text{-}55)$$

$$\left.\begin{aligned} C_2 &= \frac{K_2}{2} \\ C_3 &= \frac{K_3}{2} \end{aligned}\right\} \qquad (3\text{-}4\text{-}56)$$

$$C_4 = K_4 \qquad (3\text{-}4\text{-}57)$$

$$\left.\begin{aligned} C_5 &= \frac{K_5}{2} \\ C_6 &= \frac{K_6}{2} \\ C_7 &= \frac{K_7}{2} \\ C_8 &= \frac{K_8}{2} \end{aligned}\right\} \qquad (3\text{-}4\text{-}58)$$

$$\left.\begin{aligned} C_9 &= \frac{K_9}{4} \\ C_{10} &= \frac{K_{10}}{4} \\ C_{11} &= \frac{K_{11}}{4} \\ C_{12} &= \frac{K_{12}}{4} \end{aligned}\right\} \qquad (3\text{-}4\text{-}59)$$

如果用导线间距离、导线直径等表示任意两个实回路间的电容耦合 c 和电感耦合 m（见图 3-4-10），则可得

$$c = \frac{\pi\varepsilon_d \ln\dfrac{x_{23}x_{14}}{x_{13}x_{24}}}{2\ln\dfrac{a_{12}}{r}\ln\dfrac{a_{34}}{r}} \qquad (3\text{-}4\text{-}60)$$

$$m = \frac{\mu}{2\pi}\ln\frac{x_{23}x_{14}}{x_{13}x_{24}} \qquad (3\text{-}4\text{-}61)$$

式中　x_{13}——两回路中导线 1 与导线 3 之间的距离；

x_{24}——两回路中导线 2 与导线 4 之间的距离，其他依此类推；

a_{12}——同一回路中导线 1 与导线 2 之间距离；

a_{34}——同一回路中导线 3 与导线 4 之间距离；

r——导线半径；

ε_d——等效绝对介电系数；

μ——磁导系数。

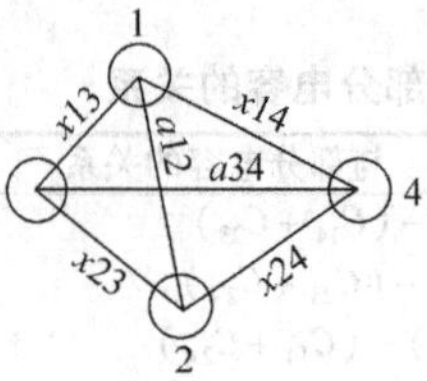

图 3-4-10 两实回路中导线间距离

从式（3-4-60）、式（3-4-61）可知，电容耦合和电感耦合决定于所用的绝缘材料和主被串回路的相互位置。对于一个四线组组内两回路来说，在理想结构时$\left(\frac{x_{23}x_{14}}{x_{13}x_{24}}\right)=1$，电容耦合、电感耦合均为零，机遇性串音也为零。当结构出现偏差时，就产生机遇性串音，偏差越大，串音越大。故在制造电缆过程中，除了选择适当的绝缘材料以外，严格工艺要求，保证一定的均匀性是十分必要的。

3. 电磁耦合与频率的关系

在低频时，电容耦合的作用远大于电感耦合的作用。在高频时，电感耦合的作用与电容耦合的作用相当。

在低频时，电耦合与磁耦合的有功分量所占的百分比都很小，而在高频时，则大大增长。

至于这些耦合的数值，在频率变化时，也是变化的。这种变化随着电缆的材料和结构的不同而不同。

4.4.2 同轴对的耦合阻抗

1. 耦合阻抗定义

同轴对之间的一次干扰参数有耦合阻抗 Z_{12} 和 Z_{21}。它们完全取决于外导体的结构和电性能。

当同轴对作为干扰源，也就是主串回路时，耦合阻抗 Z_{12} 为同轴对外导体外表面上的电压与同轴对导线上流过的电流之比。当同轴对作为被串回路时，耦合阻抗 Z_{21} 为同轴对外导体内表面上的电压与同轴对导线上流过的电流之比。图 3-4-11 表示了这两种不同的情况。

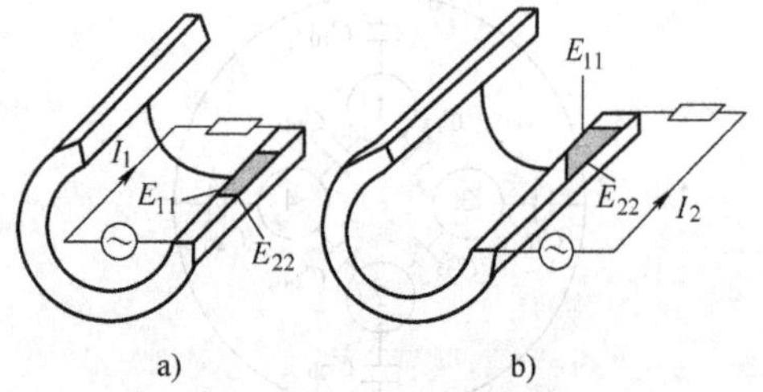

图 3-4-11 耦合阻抗的含义

a）主串同轴对 b）被串同轴对

$$Z_{12}=\frac{E_{22}}{I_1} \tag{3-4-62}$$

$$Z_{21}=\frac{E_{11}}{I_2} \tag{3-4-63}$$

耦合阻抗 Z_{12} 表征了主串回路的干扰场强度，并说明主串同轴回路Ⅰ中所传送的能量有多少串入中间回路Ⅲ（以后再由此串入被串回路Ⅱ）。耦合阻抗 Z_{21} 则表征了被串回路对干扰的敏感性。当外导体厚度及频率增大时，耦合阻抗则下降，因而干扰也下降。

2. 耦合阻抗的计算

计算同轴对单层外导体的耦合阻抗 Z_{12}（Ω/km），可以采用下列的简化公式

$$Z_{12}=Z_{21}=\frac{\sqrt{\mathrm{j}}K10^3}{2\pi\sqrt{r_br_2}\sigma\mathrm{sh}\sqrt{\mathrm{j}}Kt} \tag{3-4-64}$$

式中 r_b——外导体的内半径（mm）；

r_2——外导体的外半径（mm）；

K——外导体的涡流系数（1/mm）；

t——外导体的厚度（mm）；

σ——外导体的电导系数（S·m/mm²）。

上式系对外导体由均匀金属带制成的圆柱形管子而言的。实际上，在外导体（一般为铜）外面，一般都绕包两层螺旋状钢带，以提高同轴回路的串音防卫度。这时耦合阻抗 Z_{12}（Ω/km）的计算公式可以写成

$$Z_{12}=Z_{12}\frac{L_G}{L_G+L_n} \tag{3-4-65}$$

式中 Z_{12}——铜导体的耦合阻抗（Ω/km）；

L_G——螺旋状钢带的纵向电感；

L_n——钢带的内电感。

L_G 和 L_n 的计算公式为

$$L_G=\mu_2\frac{4\pi r_c t_2}{h^2} \tag{3-4-66}$$

$$L_n=\mu_2\ln\frac{r_c+t_2}{t_2} \tag{3-4-67}$$

式中　t_2——钢带厚度（mm）；

μ_2——钢带的相对磁导率；

r_c——屏蔽钢带内半径（mm）；

h——钢带绕包节距（mm）。

4.5　二次干扰参数

通信电缆的二次干扰参数是表示串音大小的串音衰减和串音防卫度。

4.5.1　串音的概念

1. 串音根据主被串回路位置的分类

在被串回路中，与主串回路的信号源同一端受到的串音称为近端串音，而在另一端受到的串音称为远端串音。

同一个四线组内两回路间的串音称为组内串音，不同四线组两回路间的串音称为组间串音。

2. 串音大小的表示

串音的大小通常用串音衰减（或串音防卫度）来表示。串音衰减越大，表示在串音过程中，功率衰减越大，串音的影响就越小；反之，串音影响就越严重。

串音衰减用主串回路的发送功率 P_1 串扰到被串回路的功率 P' 比的对数来表示，这个比值若取自然对数，它的单位是奈培（Np），若取常用对数，则它的单位是分贝（dB），即

$$A=\frac{1}{2}\ln\frac{P_1}{P'} \qquad (3\text{-}4\text{-}68)$$

$$A=10\lg\frac{P_1}{P'} \qquad (3\text{-}4\text{-}69)$$

串音防卫度表示有用的接收信号电平与串音电平之间的差值。

电平的概念：某一点的电平是用该点的功率、电压或电流与某一基准数值之比的对数来表示的。假使这个比值取自然对数，它的单位为奈培（Np）；若取常用对数，则它的单位为分贝（dB）。

某点 x 处的电平表示式如下：

按功率计算

$$P_x=\frac{1}{2}\ln\frac{p_x}{p'} \qquad (3\text{-}4\text{-}70)$$

$$P_x=10\lg\frac{p_x}{p_1} \qquad (3\text{-}4\text{-}71)$$

按电压计算（负载相同）

$$P_x=\ln\frac{U_x}{U_1} \qquad (3\text{-}4\text{-}72)$$

$$P_x=20\lg\frac{U_x}{U_1} \qquad (3\text{-}4\text{-}73)$$

按电流计算（负载相同）

$$P_x=\ln\frac{I_x}{I_1} \qquad (3\text{-}4\text{-}74)$$

$$P_x=20\lg\frac{I_x}{I_1} \qquad (3\text{-}4\text{-}75)$$

式中　U_x——某一点 x 的电平；

P_x、U_x、I_x——分别为 x 点的功率、电压和电流；

p_1、U_1、I_1——分别是作为比较的基准功率、电压和电流。

3. 串音衰减和串音防卫度的定义和计算公式

1）串音衰减串音衰减表示主串回路的发送功率串入被串回路后的衰减值。

2）近端串音衰减 A_0（Np）近端串音衰减为主串回路发送功率串到被串回路近端（与信号发生器同一端）后的衰减值。如图 3-4-12 所示。

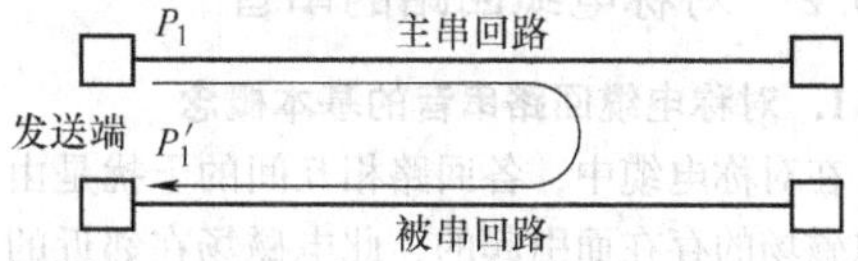

图 3-4-12　近端串音衰减

其计算公式为

$$A_0=\frac{1}{2}\ln\frac{P_1}{P'_1} \qquad (3\text{-}4\text{-}76)$$

式中　P_1——主串回路的发送功率；

P'_1——主串回路的发送功率串到被串回近端的功率。

3）远端串音衰减 A_1（Np）远端串音衰减为主串回路发送功率串到被串回路远端（信号发生器另一端）后的衰减值。如图 3-4-13 所示。

其计算公式为

$$A_1=\frac{1}{2}\ln\frac{P_1}{P'_2} \qquad (3\text{-}4\text{-}77)$$

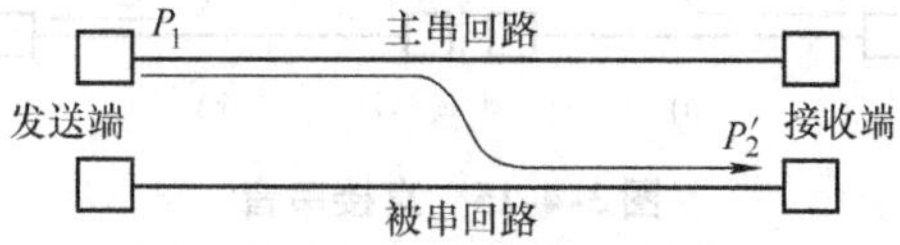

图 3-4-13　远端串音衰减

式中　P_1——主串回路的发送功率；

P'_2——主串回路的发送功率串到被串回路远端的功率。

4）远端串音防卫度 A_{12}（Np）远端串音防卫度为被串回路远端（即接收端）有用的接收信号电

平与串音电平之差。其值等于接收功率与串音功率之比的对数之半。在发送端同电平时，等于远端串音衰减与固有衰减之差，如图 3-4-14 所示。

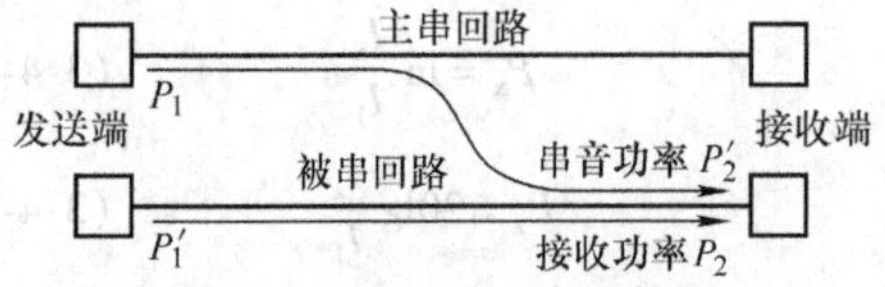

图 3-4-14 远端串音防卫度

其计算公式为

$$A_{12}=\frac{1}{2}\ln\frac{P_2}{P_0}-\frac{1}{2}\ln\frac{P'_2}{P_0}=\frac{1}{2}\ln\frac{P_2}{P'_2}$$

$$=\frac{1}{2}\left[\ln\frac{P_1}{P_2}-\ln\frac{P_1}{P_0}\right]=A_1-\alpha_1 \qquad (3\text{-}4\text{-}78)$$

式中 α_1——回路在长度 l 上的衰减值（Np）；

P_0——作为基准的功率。

4.5.2 对称电缆回路的串音

1. 对称电缆回路串音的基本概念

在对称电缆中，各回路相互间的干扰是由于横向电磁场的存在而引起的，此电磁场在邻近的回路上产生干扰电流。

根据对称电缆回路间的串音途径来分，串音可以分为直接串音和间接串音两种。

（1）直接串音 直接串音是电缆主串回路信号通过两回路间电磁耦合直接串到被串回路上而形成的串音。

如图 3-4-15 所示，在电缆线路全长上，如只有两个均匀回路，回路两端的负载都是匹配的。这样，两个回路间只存在直接串音影响。

（2）间接串音 间接串音则是主串回路信号通过较复杂的间接的途径串到被串回路上而形成的串音。

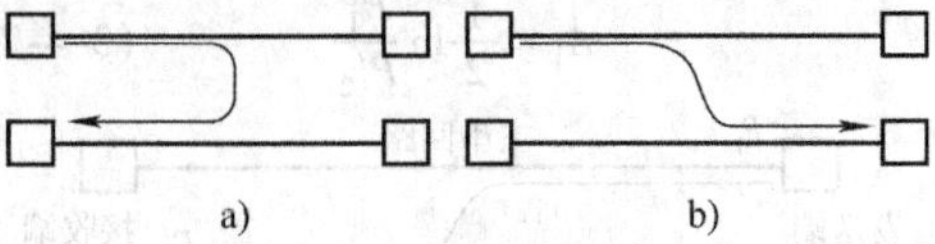

图 3-4-15 直接串音

a）直接近端串音 b）直接远端串音

由于反射引起的间接串音。如图 3-4-16 所示，若在主被串回路上，有 A、B 两个不均匀点，则电磁波在这两个不均匀点上将产生反射，在远端（以及近端）产生了附加的串音影响。如果回路的负载（机器）阻抗与回路的波阻抗不匹配，那么还应该考虑电磁波在回路终端的反射影响。

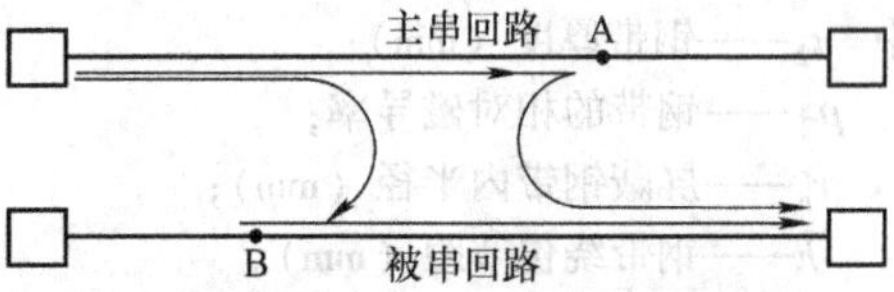

图 3-4-16 由于反射引起的间接串音

经由第三回路的间接串音。如主串回路的信号电流通过耦合串扰到第三回路，又通过耦合从第三回路串扰到被串回路，这种串音就称为经由第三回路的间接串音。

通过第三回路的串音可以有多个不同组合的串音途径，但在远端串音中，影响最大的是图 3-4-17 所示的由两次直接近端串音造成的远端串音成分。

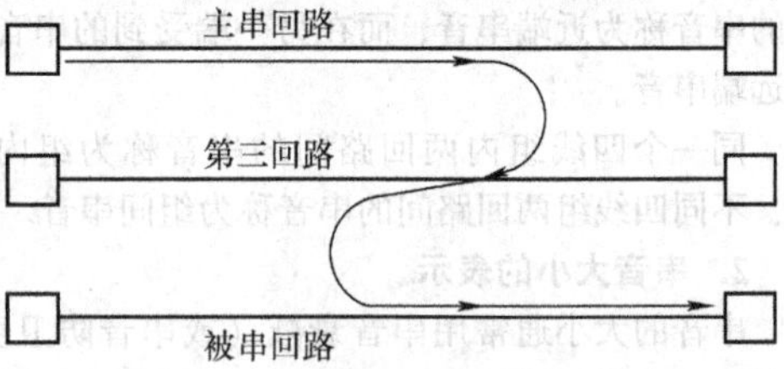

图 3-4-17 经由第三回路的间接串音

经由第三回路的间接串音，在低频时影响很小，而在高频时影响很大。

根据耦合产生的原因，对称电缆的电磁耦合可分为机遇性耦合与系统性耦合。机遇性耦合是由于电缆的原材料不均匀以及在制造过程中所造成的结构不均匀所引起的。在理想情况下，一切都是均匀的，机遇性耦合应该为零。通过严格控制原材料的质量及制造工艺可以使机遇性耦合减到很小。

系统性耦合是由于电缆固有结构造成的，比如组内系统性耦合就是通过铅皮和四线组线束所形成的第三回路而产生，不能由提高原材料和工艺的均匀性来降低，即使在电缆结构的理想情况下也是存在的。

2. 低频串音

在电缆制造长度上，低频串音由电磁耦合决定。

低频近端串音衰减的公式为

$$A_0=\ln\left|\frac{2}{\omega K_0 Z_c}\right| \qquad (3\text{-}4\text{-}79)$$

低频远端串音衰减的公式为

$$A_1=\ln\left|\frac{2}{\omega K_1 Z_c}\right| \qquad (3\text{-}4\text{-}80)$$

式中 K_0——近端电磁耦合；

K_1——远端电磁耦合。

K_0K_1均为向量，即

$$K_0 = \frac{g}{\omega} + \frac{r}{\omega Z_c^2} + j\left(C + \frac{m}{Z_c^2}\right) = \left(\frac{g}{\omega} + jc\right) + \left(\frac{r}{\omega Z_c^2} + j\frac{m}{Z_c^2}\right) \quad (3\text{-}4\text{-}81)$$

$$K_1 = \frac{g}{\omega} + \frac{r}{\omega Z_c^2} + j\left(C - \frac{m}{Z_c^2}\right) = \left(\frac{g}{\omega} + jc\right) - \left(\frac{r}{\omega Z_c^2} + j\frac{m}{Z_c^2}\right) \quad (3\text{-}4\text{-}82)$$

式中 g——电耦合的有功分量（S）；
r——磁耦合的有功分量（Ω）；
c——电容耦合（F）；
m——电感耦合（H）；
Z_c——回路的波阻抗（Ω）；
ω——角频率（rad/s）。

在一般情况下，A_1总是略大于A_0值。

在几千赫兹以下的音频，电耦合和磁耦合中的有功分量均可忽略不计。而磁耦合的作用量（m/Z_c^2）比起电容耦合c来也可忽略不计。因此电缆的串音在音频时直接决定于电容耦合c，而且近端串音衰减与远端串音防卫度也可看作相等。这时

$$A_0 \approx A_1 \approx \ln\left|\frac{2}{\omega C Z_c}\right| \quad (3\text{-}4\text{-}83)$$

式中的C与目前通用的电容耦合K_1（或K_9）之间的关系为$C = \frac{K_1}{4}$，因此

$$A_0 \approx A_1 \approx \ln\left|\frac{8}{\omega K_1 Z_c}\right| \quad (3\text{-}4\text{-}84)$$

从上式可以看出，电流的频率越高，或电容耦合K_1越大，或电缆的波阻抗Z_c越大，则近端串音衰减和远端串音防卫度愈小。

3. 高频串音

（1）串音耦合矢量的概念 在高频时，直接电磁耦合中电感耦合及电磁耦合的两个有功分量都不能忽略。另外间接耦合也不能忽略。这几个耦合总加起来成为一个总的耦合。由于每个耦合都是一个矢量，因此总的耦合是每个耦合矢量的矢量和。这个总的耦合矢量叫作串音耦合矢量。两个对称回路间的串音衰减（或防卫度）即由串音耦合矢量决定。在一般情况下，近端串音耦合矢量总是大于远端串音耦合矢量。

串音耦合矢量一般都用Y来代表，它的计量单位是姆欧。

当在两个回路的任意两根线芯间，比如1、3间，存在串音耦合矢量Y如图3-4-18所示，则由此导纳Y产生的串音衰减A_0（Np）（串音防卫度）为

$$A_0(A_1) = \ln\left|\frac{8}{YZ_c}\right| \quad (3\text{-}4\text{-}85)$$

式中 Z_c——回路波阻抗（Ω）；
Y——串音耦合矢量（S）。

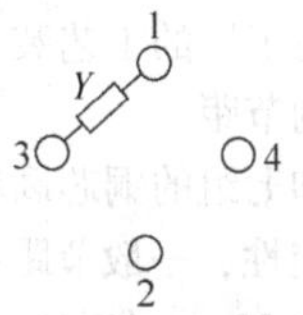

图3-4-18 串音耦合矢量

（2）组内串音 高频对称电缆的组内串音耦合矢量包含三种成分。

1）机遇性的直接电磁耦合。产生这部分耦合的原因，除了材料不均匀外，工艺操作上也有关系，比如漏包了纸绳或纸带或者泡沫聚乙烯挤得薄薄不均匀，都将产生直接的电磁耦合。

在一根电缆上这部分耦合的数值大体与频率成正比。这部分耦合在电缆敷设平衡时是比较容易消除的。

2）机遇性的间接耦合。这主要是由于机遇性的经由第三回路的耦合所造成。

由于通过第三回路的耦合是主串回路经过两次耦合才串到被串回路的，因此，这部分耦合的数值大致与频率的二次方成正比。这种耦合虽在低频时很小，可以忽略不计，而在高频时，则占相当成分。

3）系统性耦合。它是由铅皮和四线组线束所形成的第三回路产生的。它的数值与频率的二次方成正比，与电缆长度成正比。由于与频率的二次方成正比，所以系统性耦合在低频时占的比例很小，而在高频时则在整个串音耦合中占相当大的分量。

这个系统性耦合在电缆敷设平衡时经过系统交义，基本就消除了。

（3）组间串音耦合 组间串音耦合矢量也包含系统性耦合和机遇性耦合两部分。组间串音在电缆原材料和工艺比较均匀的情况下，主要是系统性耦合造成。系统性耦合的数值取决于两个四线组的扭绞节距、成缆节距和组间距离等。当电缆的结构和各组扭绞节距、成缆节距确定以后，系统性耦合即确定了。

在计算多组电缆四线组的节距时，一般采用公式

$$\frac{h_1}{h_2} = \frac{4V \pm 1}{4W} \quad (3\text{-}4\text{-}86)$$

式中 h_1、h_2——为第一组、第二组的扭绞节距；

V、W——为正整数。

但这个公式仅考虑了两个四线组间的直接电磁耦合，而高频组间串音很大程度上取决于金属护层的影响，而在利用这个公式时，完全忽略了这个重要的成分。而且在工厂的工艺装备上也不易准确的达到公式所计算的节距。

在目前四组和七组的铜芯高频对称电缆中，由于考虑结构的稳定性，一般节距都为100～300mm。如各组节距相差在20mm左右，且原材料和工艺比较均匀，则各个组间串音衰减或防卫度值一般都超过标准值。如果原材料和工艺比较不均匀，则由于机遇性耦合的增大，也将使串音增加，即串音衰减或串音防卫度降低。

4.5.3 同轴对间的串音

1. 同轴对间串音的一般概念

同轴对间产生串音的物理过程与对称电缆回路不同，因为同轴回路外面不存在横向电磁场分量 E_r、$E\phi$ 及 H_r、$H\phi$。因此，在理想结构的同轴回路Ⅰ与同轴回路Ⅱ之间，没有径向及切线方向的横向电磁场的相互影响。可是实际上两个同轴回路之间存在着相互串扰，且回路还要受到外界（如无线电台、输电线路等）干扰。

两个同轴回路间的相互串音影响和同轴回路受到外界的干扰是由于沿同轴回路外导体外表面存在着电场的纵向分量 E_z 所引起的。其物理过程如下：

同轴回路间的串音，有三个回路起作用，如图3-4-19所示。图中，Ⅰ为主串回路；Ⅱ为被串回路；Ⅲ为由同轴回路Ⅰ和Ⅱ的外导体所组成的第Ⅲ回路。

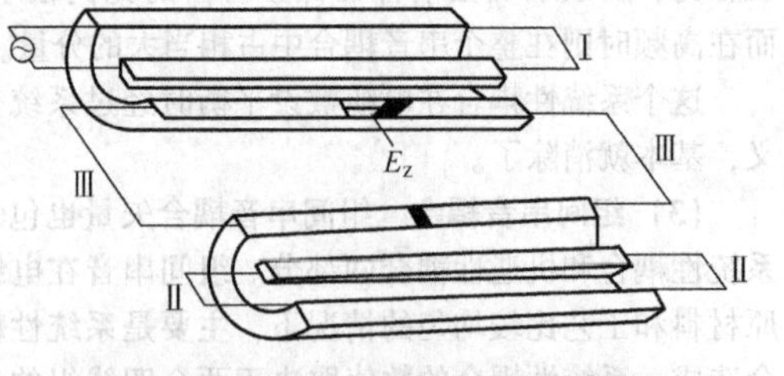

图3-4-19 同轴回路间的串扰过程

电流沿主串同轴回路Ⅰ的外导体通过，同时在它的外表面产生电压降，出现电场的纵向分量 E_z。这个分量作用在中间第Ⅲ回路上，因而产生电流。这电流流过第Ⅱ回路的外导体时同样产生电压降，这电压降便干扰第Ⅱ回路的正常通信。

归纳起来，在主串同轴回路Ⅰ中通过电流时，在回路Ⅲ内便产生电压及电流，这回路Ⅲ对于回路Ⅱ来说，成了主串回路，于是在回路Ⅱ中引起干扰电流。

回路间串扰的程度取决于主串同轴回路外导体外表面的电场纵向分量 E_z 的强度。E_z 越大，在中间回路Ⅲ的电压及电流也越大，相应地在被串回路Ⅱ内的干扰电流也越大。

在同轴回路中干扰的频率特性与对称回路中不同。在对称回路中，频率越高，电磁耦合越大，回路间相互干扰就增加。在同轴回路中，结果恰好相反，频率越高，由于邻近效应，电流集中到主串同轴对外导体的内表面，而在外表面上的电流密度减少了，因而外导体外表面的电场强度 E_z 减少了，同轴回路的自我屏蔽作用增长起来，相互间的干扰就减少了。

在很高的频率时，全部电流集中于外导体的内表面，在它外表面的电场强度 E_z 趋近于零，屏蔽作用达到最大，同轴回路间的干扰就基本上不存在。

2. 同轴对间的串音衰减

在技术条件规定的频率上，制造长度同轴对衰减 $\alpha l<0.5\text{Np}$，这时两根孤立的同轴对间（即不考虑其他第三回路）的近端串音衰减 A_0 和远端串音防卫度 A_{12} 基本相等。其值为

$$A_0=A_{12}=\ln\left|\frac{2Z_cZ_3}{Z_{12}^2l}\right| \tag{3-4-87}$$

对于长线路，$\alpha l>1.5\text{Np}$，则其值为

$$A_0=\ln\left|\frac{4Z_cZ_3\gamma}{Z_{12}^2}\right| \tag{3-4-88}$$

$$A_{12}=\ln\left|\frac{2Z_cZ_3}{Z_{12}^2l}\right| \tag{3-4-89}$$

式中 Z_c——同轴对的波阻抗（Ω）；

γ——同轴对的传播常数；

Z_{12}——同轴对的耦合阻抗（Ω/km）；

l——电缆长度（km）；

Z_3——由两个同轴回路外导体组成的中间第Ⅲ回路的纵向阻抗（Ω）。它包括有两个同轴回路外导体的阻抗 Z_Y 和导体间电感所引起的回路感抗 $j\omega L_3$。

Z_3 的公式为

$$Z_3=2Z_Y+j\omega L_3 \tag{3-4-90}$$

如果两个外导体之间是绝缘的（用塑料带或纸带绝缘），则 Z_3（H/km）为

$$Z_3\approx j\omega L_3=j4\omega\ln\frac{a-r_c}{r_c}\times10^{-4} \tag{3-4-91}$$

如果外导体用钢带屏蔽，则 Z_3（H/km）为

$$Z_3 \approx j\omega L_3 = j4\omega\mu_2 \ln\frac{r_c + t_2}{r_c} \times 10^{-4} \qquad (3\text{-}4\text{-}92)$$

式中　μ_2——钢屏蔽的相对磁导率；

t_2——钢屏蔽的厚度（mm）；

r_c——外导体的外径（mm）；

a——同轴回路间的中心距离（mm）。

在实际生产的同轴电缆中，往往还有其他的同轴对以及若干对称回路，这些都是第三回路。如果要考虑这些第三回路的影响，则进行计算时要采用更加复杂的公式。

理论计算和实践都证明，在电缆中同轴对数越多，同轴对对干扰的防卫度越高。当电缆上有金属护套时，也增加了同轴对之间的串音衰减及防卫度。

在同轴对之间的干扰中，近端串音衰减值略大于远端串音防卫度值，这是与对称回路之间的干扰不同的。

4.6　波阻抗不均匀性

4.6.1　波阻抗不均匀性的概念

当通信电缆传输频率高达兆赫兹级时，对称电缆由于高频时串音衰减和防卫度降低，已不被采用，而广泛采用同轴电缆，可是当传输频率到1MHz以上时，即使在结构比较均匀的同轴电缆回路中也存在另一个重要问题，即同轴回路波阻抗不均匀性对通信和信息传输质量的影响，从而限制了同轴回路传输频率的进一步扩展。

由于波阻抗的不均匀性引起了电磁波的反射，这些反射波回到了始端。当这些反射波返回始端过程中遇到其他不均匀点时，又将部分地被反射，这些二次反射波又传输到线路的终端。同样地，二次反射波又可以引起三次反射波的出现，而三次反射波又可引起四次反射波的出现等。

所有奇次反射波都传输到线路的始端，而偶次反射波都传输到线路的终端如图 3-4-20 所示。

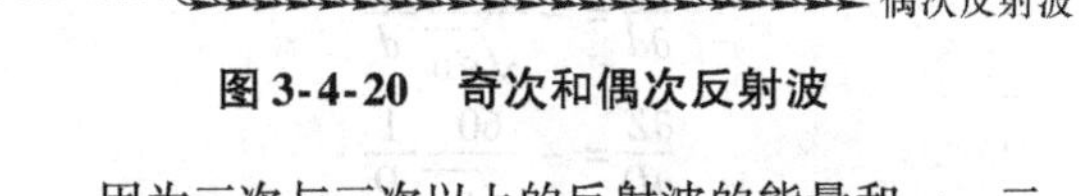

图 3-4-20　奇次和偶次反射波

因为三次与三次以上的反射波的能量和一、二次反射波的能量相比是很小的，所以可忽略不计。

上述到达线路始端的所有奇次反射波之和，称为逆流通量（或称反向能流）。逆流通量在始端引起输入阻抗的变化，因而会引起主波信号功率的变化。输入阻抗对频率不规则的变化产生了衰减频率特性的波动。

在回路上产生的所有偶次反射波之和形成了伴流通量（或称同向能流）它到达电缆终端，叠加在有用的主波信号上，但在时间上却落后于主波，这就对主波造成了干扰。在传输电视节目时，这种干扰是尤其有害的。因为传输图像时，在黑白段的分界上应该有信号的瞬时消失现象。但当存在偶次反射波时，信号的瞬时消失现象就显不出来了，于是在黑白段的分界就模糊不清，失掉了原来图像的清晰度。

对称电缆回路不传送电视节目，故一般不考虑伴流的影响。但是当利用对称电缆回路传送脉冲信号时，由于回路中波阻抗的不均匀性产生的伴流会在接收端改变原来脉冲的波形，造成信号的失真。这时伴流在对称电缆回路中的影响就必须计算和考虑。为减少伴流在对称回路中的影响，首先应改进电缆制造工厂中的工艺过程，以保证电缆的内部不均匀性小于一定的技术指标。

4.6.2　波阻抗不均匀性的种类和原因

在同轴电缆线路上不均匀性有三种，即内部（电缆制造长度内）不均匀性、接续不均匀性、机线失配不均匀性。

1. 内部不均匀性

内部不均匀性一般可分为如下两大类：

第一类是以任意幅值沿长度机遇性分布的不均匀性。在目前几十兆赫兹以下的传输频带内，主要是这一类不均匀性。

同轴对内外导体直径的偏差、它们之间的偏心、绝缘不均匀（嵌片时漏片是主要因素之一）、以及在制造电缆、运输电缆和施工过程中外导体的变形等所引起同轴回路波阻抗的变化，都是属于这一类不均匀性。

第二类是沿电缆长度均匀分布的小量值的周期性不均匀性。这是由于工艺方面的因素所造成的。这一类不均匀性所引起的反射波在某些谐振频率上按相位相加，造成在数百兆赫兹频段内个别谐振点上的传输衰耗的剧变。在目前几十兆赫兹以下的传输频带内，这一类不均匀性的影响可以不考虑。

2. 接续不均匀性

当两盘电缆的波阻抗不相同而进行接续时，也要出现不均匀性。这种在接续点上发生的不均匀性称为接续不均匀性。

3. 机线失配不均匀性

由于同轴回路和载波机增音机的输入阻抗也不是完全匹配的，这就在每个增音段的始端和终端出现不均匀性。这种不均匀性称为机线失配不均匀性。

4.6.3 波阻抗不均匀性的表示方法

波阻抗不均匀性可以用同轴回路上该点的反射系数 p 来表示

$$p=\left|\frac{Z_1-Z_2}{Z_1+Z_2}\right|=\left|\frac{\Delta Z}{2Z_c}\right| \qquad (3\text{-}4\text{-}93)$$

式中 ΔZ——$\Delta Z=Z_1-Z_2$。

在计算接续不均匀性时，ΔZ 等于两盘相邻电缆端阻抗的差值。当计算内部不均匀性时，ΔZ 等于该点阻抗值与平均额定值 Z_c 的偏差值。

当波阻抗 Z_c 值一定时，也可用 ΔZ 表示波阻抗不均匀性。

波阻抗不均匀性还可用反射衰减 b 来表示，即

$$b=\ln\frac{1}{p} \qquad (3\text{-}4\text{-}94)$$

或

$$b=20\lg\frac{1}{p} \qquad (3\text{-}4\text{-}95)$$

式（3-4-94）中 b 的单位是奈培（Np），式（3-4-95）中 b 的单位是分贝（dB）。

对于波阻抗为 75Ω 的同轴回路，其 p、ΔZ 和 b 值的关系见表 3-4-12。

表 3-4-12 反射系数、波阻抗偏差与反射衰减数值

反射系数 p (‰)	波阻抗偏差 $\Delta Z/\Omega$	反射衰减 b Np	反射衰减 b dB
1	0.15	6.9	59.9
1.5	0.225	6.5	56.4
2	0.30	6.2	53.9
2.5	0.375	5.98	52.0
3	0.45	5.8	50.4
4	0.60	5.5	47.8
5	0.75	5.3	46.1
5.5	0.825	5.2	45.2
6	0.90	5.1	44.3
7	1.05	4.95	43.0

4.6.4 反射波对输入阻抗的影响

在不均匀的电缆上，所有不均匀点的反射波将叠加在电缆输入端上。这些反射波的总和与入射波之比叫作电缆始端的等效反射系数值，并用 P 来表示。

输入阻抗偏离波阻抗的偏差值可以用下式进行计算。

输入阻抗偏差数

$$\Delta Z=Z_1-Z_c=2PZ_c \qquad (3\text{-}4\text{-}96)$$

输入阻抗

$$Z_1=Z_c(1+2P) \qquad (3\text{-}4\text{-}97)$$

式中 Z_1——输入阻抗；

Z_c——回路的波阻抗；

P——电缆始端的等效反射系数。

当电缆看成由许多长度为 ΔX 的均匀区段组成时，P 可表示如下

$$P=\sum_{K=1}^{n}\pm p_K e^{-2\gamma K\Delta X} \qquad (3\text{-}4\text{-}98)$$

式中 p_K——第 K 个区段的反射系数；

γ——传播常数。

4.6.5 波阻抗偏差与结构上偏差的关系

根据波阻抗的粗略公式 $Z_\infty=\dfrac{60}{\sqrt{\varepsilon_D}}\ln\dfrac{D}{d}$ 可知，波阻抗的数值决定于等效介电系数 ε_D、外导体的内径 D 和内导体的直径 d。当上述三个参数偏差 ΔD、Δd、$\Delta\varepsilon_d$ 甚小时，波阻抗的偏差值可用下式来表示

$$\Delta Z=\frac{60}{\sqrt{\varepsilon_D}}\left(\frac{\Delta D}{D}-\frac{\Delta d}{d}-\frac{\Delta\varepsilon_D}{2\varepsilon_D}\ln\frac{D}{d}\right) \qquad (3\text{-}4\text{-}99)$$

由于这些偏差是机遇性的，因此服从正态分布的规律

$$\sigma_z=\sqrt{\left(\frac{\partial Z}{\partial\varepsilon_D}\right)^2\sigma_\varepsilon^2+\left(\frac{\partial Z}{\partial d}\right)^2\sigma_d^2+\left(\frac{\partial Z}{\partial D}\right)^2\sigma_D^2} \qquad (3\text{-}4\text{-}100)$$

式中 σ_z——波阻抗的均方根偏差值；

σ_ε——等效介电系数的均方根偏差值；

σ_d——内导体直径的均方根偏差值；

σ_D——外导体内径的均方根偏差值。

而
$$\frac{\partial Z}{\partial\varepsilon_D}=\frac{30}{\varepsilon_D\sqrt{\varepsilon_D}}\ln\frac{D}{d}$$

$$\frac{\partial Z}{\partial d}=-\frac{60}{\sqrt{\varepsilon_D}}\frac{1}{d}$$

$$\frac{\partial Z}{\partial D}=-\frac{60}{\sqrt{\varepsilon_D}}\frac{1}{D}$$

以目前的小同轴电缆为例，若 $d=1.19$mm，$D=4.43$mm，$\varepsilon_D=1.19$，则有

$$\left(\frac{\partial Z}{\partial \varepsilon_D}\right)^2 = 924 \quad \left(\frac{\partial Z}{\partial d}\right)^2 = 2130$$

$$\left(\frac{\partial Z}{\partial D}\right)^2 = 154$$

由此可见，内导体的偏差对波阻抗偏差影响最大，故在制造过程中，必须严格保持内导体的直径公差和平直。

根据经验，在实际生产条件中，如一般内导体直径的偏差控制在能够达到的 ±0.005mm 范围之内，则相应的外导体与绝缘的公差要求根据上式计算见表 3-4-13。

表 3-4-13　小同轴电缆波阻抗偏差与结构偏差关系

波阻抗偏差 $\Delta Z/\Omega$	内导体直径偏差 Δd /mm	外导体内径偏差 ΔD /mm	鱼泡壁厚偏差 $\Delta\theta$ /mm
±2.0	±0.005	±0.15	±0.05
±1.5	±0.005	±0.11	±0.04
±1.0	±0.005	±0.075	±0.03
±0.5	±0.005	±0.035	±0.02

对于中同轴电缆，波阻抗偏差与结构元件尺寸偏差的关系见表 3-4-14。

表 3-4-14　中同轴电缆波阻抗偏差与结构偏差关系

激阻抗偏差 $\Delta Z/\Omega$	内导体直径偏差 Δd /mm	外导体内径偏差 ΔD /mm	垫片厚度偏差 Δb /mm
±0.45	±0.005	±0.05	±0.20
±0.30	±0.005	±0.03	±0.10
±0.15	±0.005	±0.015	±0.03

4.6.6　伴流通量

伴流通量在数值上等于所有偶次反射电磁波到达终端的电压（电流）值与到达终端的主波电压（电流）值的比值。

在一个增音段上，由于电缆内部结构不均匀、电缆接头两侧的阻抗偏差、电缆与机器不匹配等所引起的伴流通量 q_0。可以用下式表示

$$q_0 = \frac{U_1}{U_0 e^{-\gamma l}} \tag{3-4-101}$$

式中　U_1——偶次反射波在线路终端上电压值之和；

$U_0 e^{-\gamma l}$——到达线路终端的主波电压值。

经过推算，得出一个增音段上总伴流通量的公式为

$$|\bar{q}|^2 = \frac{\delta^4}{Z_c^4(1-e^{-4\alpha L})^2}[\alpha L' + 2n(1-e^{-4\alpha L})]$$
$$= \frac{\bar{\delta}^4}{9Z_c^4}[\alpha L' + 2n(1-e^{-4\alpha L})] \tag{3-4-102}$$

式中　δ——增音段上电缆输入阻抗偏差的均方根值的实数部分；

$\bar{\delta}$——制造长度上电缆输入阻抗偏差的均方根值的实数部分；

Z_c——回路的波阻抗；

α——衰减常数；

L'——增音段的长度；

n——制造长度电缆段的数目；

L——电缆的制造长度。

因为同轴电缆内部结构不均匀性的大小是决定于制造工艺的，所以应该在同轴电缆的生产过程中努力减少这种不均匀性。要求同轴电缆出厂时，其内部不均匀性的数值不超出允许的范围。

为了减少伴流通量的数值，通常在电缆敷设安装的过程中，采用合理地将同轴电缆配盘的办法，以降低接续不均匀性的影响。配盘的方法是把阻抗偏差最大的电缆段集中地放在增音段的中部，把阻抗偏差较小的电缆段布放在增音段的两个端部。

经过配盘以后，使接续不均匀性的数值不超过其内部不均匀性的数值，这样在一个增音段上，就可以看成是只有内部不均匀性的线路。

这时，一个增音段上伴流通量的平均容许值为

$$|\bar{q}|^2 = \frac{\bar{\delta}^4}{9Z_c^4}\alpha L = \frac{\delta^4}{Z_c^4(1-e^{-4\alpha L})^2}\alpha L' \tag{3-4-103}$$

在同轴电缆线路上，从各个增音段所产生的伴流通量在线路络端将叠加起来而成为一个总的合成伴流通量。其相对值为

$$|Q|^2 = |\bar{q}|^2 N \tag{3-4-104}$$

式中　N——增音段的数目。

为要保证正常的电视通信传输，总的合成伴流通量平均不应大于主波的 1%。由此可得到电缆的不均匀性指标。

4.7　屏蔽

4.7.1　屏蔽的一般概念

利用电缆线路进行通信时，为了减少回路间的

相互干扰和外部干扰，应用屏蔽是一个很重要的措施。屏蔽就是利用金属屏蔽体（钢、铜、铝或铅等）把主串回路和被串回路隔开，使干扰电磁场减弱的一种措施。电缆上的屏蔽体通常是圆柱形，它由单层、双层或多层重叠缠绕的金属带或细金属导线组成，有时也采用双金属或多层复合的屏蔽层。

1. 三种屏蔽体

按屏蔽的作用原理电缆的屏蔽体可分为静电屏蔽体、静磁屏蔽体及电磁屏蔽体三种。

静电屏蔽体的作用是使电场终止于屏蔽体的金属表面上并通过接地的方法把电荷传送到大地中去，如图3-4-21所示。通常静电屏蔽体是由逆磁材料如铜、铝、铅等制成的。

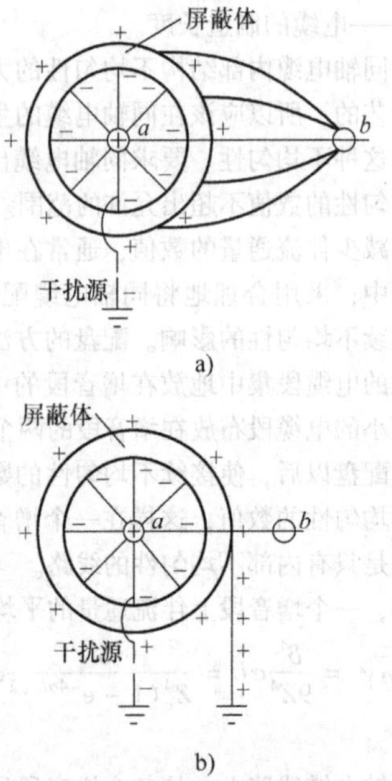

图3-4-21 静电屏蔽体

a）屏蔽体与大地不接触时，被干扰导体 b 上受到静电感应影响 b）屏蔽体与大地接触时，被干扰导体 b 上不受静电感应影响

静磁屏蔽体的作用是把磁场限制于屏蔽体内，通常用强磁材料钢制成。由于磁导系数很高，屏蔽体的磁阻很小，因而干扰源产生的磁通就大部分被限制于强磁屏蔽体中而只有少部分进入被屏蔽的空间，如图3-4-22所示。屏蔽体的磁导系数越大及屏蔽体厚度越大，则屏蔽效果越好，屏蔽体则屏蔽体的效果越差。

上述静电屏蔽体和静磁屏蔽体仅在低频时有效。

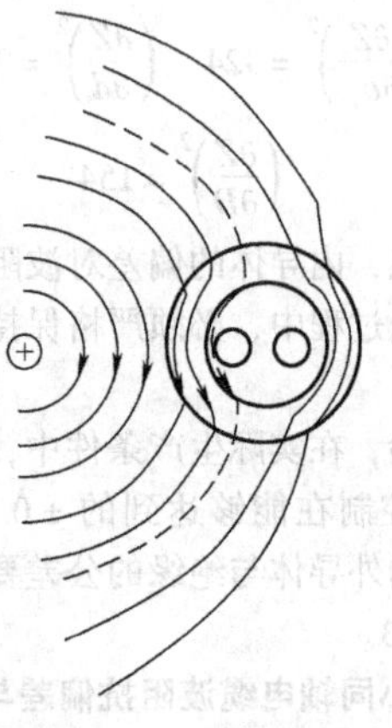

图3-4-22 静磁屏蔽体

在高频时应用电磁屏蔽体。电磁屏蔽体的屏蔽作用主要是利用屏蔽体表面的反射和屏蔽体内的高频能量衰减来达到的。屏蔽体表面的反射是由于屏蔽体的金属波阻抗和周围的介质如空气或其他绝缘介质的波阻抗不同所引起的；屏蔽体内的能量衰减则是由于金属内涡流引起的损耗所产生的。

2. 屏蔽系数和屏蔽衰减的概念

（1）屏蔽系数 屏蔽体的屏蔽系数表示屏蔽作用的大小。屏蔽系数在数值上等于有屏蔽层时，被屏蔽空间内某一点的电场强度 E_B 或磁场强度 H_B 与没有屏蔽层时该点的电场强度 E 或磁场强度 H 之比值，即

$$S=\frac{E_B}{E}=\frac{H_B}{H} \tag{3-4-105}$$

屏蔽系数是个复数，它的角度表示电磁波经过屏蔽后的相移。

屏蔽系数的绝对值可以从1变化到0。数值越小，屏蔽效果越好。当屏蔽系数为零时，说明具有最好的屏蔽效应。

（2）屏蔽衰减 在通信工程上，屏蔽作用的大小还常以干扰电磁场通过屏蔽体后的衰减值 A_s 来表示，它的单位为奈培（Np）。屏蔽衰减在数值上等于在空间某点的电场强度 E 或磁场强度 H 与该点被屏蔽后的电场强度 EB 或磁场强度 H_B 之比的自然对数，即

$$A_s=\ln\left|\frac{E}{E_B}\right|=\ln\left|\frac{H}{H_B}\right|=\ln\left|\frac{1}{S}\right| \tag{3-4-106}$$

3. 屏蔽过程与传输过程的异同

电磁能沿着屏蔽体的作用过程，与电磁能沿着线路传输的过程类似。屏蔽过程中的屏蔽吸收衰减相当于传输过程中的固有衰减，屏蔽过程中的反射

衰减相当于传输过程中由于波阻抗失配引起的反射衰减。

不同的地方在于电磁能沿着线路传输时，能量的方向是与导线的传输方向一致的，而电磁能在屏蔽体中，能量的方向是与导线的传输方向相垂直，通过介质－屏蔽体－介质的方向辐射出去。因此，电磁能除了在屏蔽体内要产生衰减以外，在介质至屏蔽体和屏蔽体至介质这两个边界上均将出现很大的反射衰减。在传输过程中，必须努力避免反射衰减的出现，而对屏蔽而言，则希望有较大的反射，以便得到较大的屏蔽效应。

4.7.2　同轴对的屏蔽

同轴回路的屏蔽作用完全决定于外导体的结构及其电特性。同轴对的外导体起着双重作用。它是回路两导体中的一根导线同时又具有屏蔽作用。

1. 单层外导体的屏蔽效果

不论是主串回路或被串回路，同轴回路单层屏蔽的屏蔽衰减 A_s（Np）计算公式为

$$A_s = \ln\left|\operatorname{ch}\sqrt{j}Kt\right| \tag{3-4-107}$$

式中　K——屏蔽的涡流系数（1/mm）；

t——屏蔽厚度（mm）。

从式（3-4-107）可以看出，屏蔽衰减随频率及屏蔽厚度的增加而增大，强磁性金属的屏蔽效果比非磁性金属要好，而非磁性金属中电导率高的屏蔽效果好。

2. 多层屏蔽的效果

同轴回路双层屏蔽和三层屏蔽的计算会式可以写成：

（1）同轴回路为主串回路时

双层

$$A_{s1} = \ln\left|\operatorname{ch}\sqrt{j}K_1t_1\operatorname{ch}\sqrt{j}K_2t_2\right| + \ln\left|1+\frac{1}{n_1}\operatorname{th}\sqrt{j}K_1t_1\operatorname{th}\sqrt{j}K_2t_2\right| \tag{3-4-108}$$

三层

$$A_{s1} = \ln\left|\operatorname{ch}\sqrt{j}K_1t_1\operatorname{ch}\sqrt{j}K_2t_2\operatorname{ch}\sqrt{j}K_3t_3\right| + \ln\left|\left(1+\frac{1}{n_1}\operatorname{th}\sqrt{j}K_1t_1\operatorname{th}\sqrt{j}K_2t_2\right)\times\left(1+\frac{1}{n_2}\operatorname{th}\sqrt{j}K_2t_2\operatorname{th}\sqrt{j}K_3t_3\right)\right| \tag{3-4-109}$$

（2）同轴回路为被串回路时

双层

$$A_{s2} = \ln\left|\operatorname{ch}\sqrt{j}K_1t_1\operatorname{ch}\sqrt{j}K_2t_2\right| + \ln\left|1+n_1\operatorname{th}\sqrt{j}K_1t_1\operatorname{th}\sqrt{j}K_2t_2\right| \tag{3-4-110}$$

三层

$$A_{s2} = \ln\left|\operatorname{ch}\sqrt{j}K_1t_1\operatorname{ch}\sqrt{j}K_2t_2\operatorname{ch}\sqrt{j}K_3t_3\right| + \ln\left|(1+n_1\operatorname{th}\sqrt{j}K_1t_1\operatorname{th}\sqrt{j}K_2t_2)\times(1+n_2\operatorname{th}\sqrt{j}K_2t_2\operatorname{th}\sqrt{j}K_3t_3)\right| \tag{3-4-111}$$

$$n_1 = \frac{Z''}{Z'} = \sqrt{\frac{\mu_2\sigma_1}{\mu_1\sigma_2}};$$

$$n_2 = \frac{Z'''}{Z''} = \sqrt{\frac{\mu_3\sigma_2}{\mu_2\sigma_3}};$$

式中　Z'——第一金属层的波阻抗，$Z' = \sqrt{j\dfrac{\omega\mu_1}{\sigma_1}}$；

Z''——第二金属层的波阻抗，$Z'' = \sqrt{j\dfrac{\omega\mu_2}{\sigma_2}}$；

Z'''——第三金属层的波阻抗，$Z''' = \sqrt{j\dfrac{\omega\mu_3}{\sigma_3}}$；

K——涡流系数（1/mm），$K = \sqrt{\omega\mu\sigma}$；

K_1、K_2、K_3——分别为第一、第二、第三金属层的涡流系数；

t——屏蔽厚度（mm）。

从上述计算公式可以看出：

1）屏蔽衰减包括在屏蔽体内的吸收衰减分量与由不同金属的屏蔽层接触面上能量的反射所引起的反射衰减分量。

在屏蔽体内的吸收衰减用 chKt 来表示，这些双曲线余弦的数目与屏蔽层的数目相当。反射衰减由 thKt 以及不同金属屏蔽层波阻抗之比来表示，其数目与层的接触面的数目相当，在三层屏蔽中有两个接触面，所以在公式中有两个表示反射的项。相互接触的不同金属间波阻抗差别越大，屏蔽效果越好。

2）同样的屏蔽结构，作为主串回路的同轴对的屏蔽性能，比作为被串回路的同轴对的屏蔽性能要差些。两者大致相差

$$A_{s2} = A_{s1} + \ln\frac{Z''}{Z'} \tag{3-4-112}$$

因为$\dfrac{Z''}{Z'} = \dfrac{\text{钢的波阻抗}}{\text{铜的波阻抗}} \approx 28$，所以被串同轴回路的屏蔽衰减要比主串同轴回路的屏蔽衰减大约高出 ln28 = 3.3Np。

3）频率越高，屏蔽层越厚，屏蔽效果越好。层数越多，屏蔽效果也越好，这是由于多层屏蔽体

在层与层接触处都出现反射衰减，因此比厚度相同的单层屏蔽体具有较大的屏蔽效果。

4.7.3 对称电缆的屏蔽

1. 主串线对在中心的单层屏蔽体的屏蔽效果

当对称线对位于圆柱屏蔽体中心（见图3-4-23），不考虑屏蔽体中纵向电流产生的反向磁场引起的屏蔽衰减影响时，屏蔽系数为

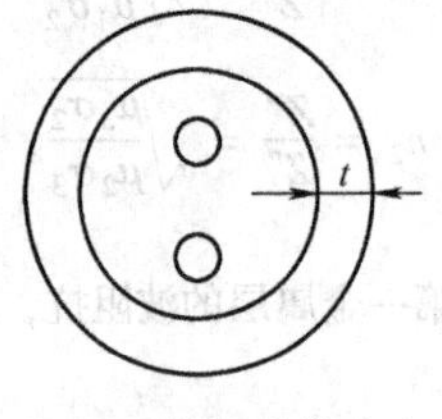

图 3-4-23 位于圆柱屏蔽体中心的对称线对

$$S = S_n S_0 \quad (3\text{-}4\text{-}113)$$

$$S_n = \frac{1}{\text{ch}\sqrt{j}Kt} \quad (3\text{-}4\text{-}114)$$

$$S_0 = \frac{1}{1 + \frac{1}{2}\left(N + \frac{1}{N}\right)\text{th}\sqrt{j}Kt} \quad (3\text{-}4\text{-}115)$$

式中 S_n——吸收屏蔽系数；

S_0——反射屏蔽系数；

K——屏蔽层金属的涡流系数，$K = \sqrt{\omega\mu\sigma}$（1/mm）；

t——屏蔽层金属的厚度（mm）；

N——空气波阻抗与屏蔽金属波阻抗之比。

如果用屏蔽衰减值 A_s（Np）来表示，则有

$$A_s = \ln\left|\frac{1}{S}\right| = \ln\left|\frac{1}{S_n S_0}\right| = A_n + A_0 \quad (3\text{-}4\text{-}116)$$

式中 A_n(Np)——吸收屏蔽衰减；

A_0(Np)——反射屏蔽衰减。

$$A_n = \ln\left|\frac{1}{S_n}\right| = \ln|\text{ch}\sqrt{j}Kt|$$

$$A_n = \ln\left|\frac{1}{S_n}\right| = \left|1 + \frac{1}{2}\left(N + \frac{1}{N}\right)\text{th}\sqrt{j}Kt\right|$$

$$\therefore A_s = \ln|\text{ch}\sqrt{j}Kt| + \ln\left|1 + \frac{1}{2}\left(N + \frac{1}{N}\right)\text{th}\sqrt{j}Kt\right| \quad (3\text{-}4\text{-}117)$$

从式（3-4-117）中可看出，对称电缆的屏蔽衰减中第一项 $\ln|\text{ch}\sqrt{j}Kt|$ 是与同轴对的屏蔽衰减一样的。而第二项则是对称电缆上存在，而在单层外导体同轴对上是没有的。这是因为屏蔽体是对称回路外的金属圆柱体，由对称回路产生的电磁波碰到屏蔽体时将产生反射，而单层外导体同轴对的屏蔽体也就是回路的组成部分，因此没有反射屏蔽衰减。

应该注意到，屏蔽体应用于不同的工作频带，屏蔽效果是不相同的。在低频范围或屏蔽体很薄时，$\text{ch}\sqrt{j}Kt$ 趋近于1。这时，可以不考虑吸收屏蔽影响，主要决定于反射屏蔽衰减。这样铜屏蔽体就比钢屏蔽体有效得多。在较高的频率范围，则主要决定于吸收衰减，这样钢屏蔽体的效果就比较好了。

2. 主串线对偏心对屏蔽效果的影响

式（3-4-117）是当主串回路位于屏蔽体中心时导出的。实际上，主串回路大都不在屏蔽体中心，而与中心轴有一定的偏移。

当屏蔽体内回路处于偏心位置时，电磁屏蔽体的屏蔽效果就要下降，而主串回路在屏蔽体中产生的涡流损耗却要增加（增大回路的传输衰减）。

这时，偏心线对的屏蔽衰减值 A_p 可以用下式计算

$$A_p = A_s + \ln\left|\frac{1}{S_P}\right| \quad (3\text{-}4\text{-}118)$$

式中 A_s——主串回路位于中心时的屏蔽衰减值；

S_P——偏心系数，

$$S_P = \frac{\sqrt{1 + 10\left(\frac{x_1}{x_2}\right)^2 + \left(\frac{x_1}{x_2}\right)^4}}{1 - \left(\frac{x_1}{x_2}\right)^2} \quad (3\text{-}4\text{-}119)$$

x_1——主串回路的偏心度（自屏蔽体中心至主扰回路中心的距离）；

x_2——被串回路中心至屏蔽体中心距离。

从上式可见，出现偏心时，S_P值总大于1，$\ln\left|\frac{1}{S_P}\right|$是负数，屏蔽效果就降低，主串回路对中心偏移越大，电磁屏蔽体的屏蔽衰减越低。

4.7.4 电缆金属套的屏蔽作用

通信电缆的金属套不仅具有一定的机械性能、密闭性能和防蚀性能，而且具有一定的防强电干扰的屏蔽性能。电缆金属套的屏蔽作用可用屏蔽系数 S 表示，它是有金属套时电缆线芯上的感应电势 E 与无金属套时同样电缆线芯上的感应电势 E'之比。

$$S = \frac{E}{E'} \quad (3\text{-}4\text{-}120)$$

在金属套接地电阻等于零时，系数称为理想屏蔽系数 S_0。

$$S \approx \frac{R_P}{P_P + j\omega L_P} \tag{3-4-121}$$

实际上，电缆敷设后可能均匀接地，也可能分布接地，接地电阻不会等于零，因此，必须使用电缆实际运用时的电缆护套的屏蔽系数。

$$S = S_0 + (1 - S_0)\frac{1 - e^{\gamma_P L}}{\gamma_P L} \tag{3-4-122}$$

式中　L——接近段平行长度（km）；

γ_P——电缆护套的传播常数，

$$\gamma_P = \sqrt{(R_P + j\omega L_P)(G_P + j\omega C_P)} \tag{3-4-123}$$

R_P、L_P、G_P、C_P——电缆金属套的有效电阻、电感、电导及电容。

因 $G_P >> \omega C_P$ 及 $G_P = \frac{1}{R_{dP}}$，故

$$\gamma_P = \sqrt{\frac{R_P + j\omega L_P}{R_{dP}}} \tag{3-4-124}$$

式中　R_{dP}——电缆护套与大地间的接触电阻($\Omega \cdot$km)。

R_{dP} 与电缆的类型及接地状态有关。由式(3-4-123)及式（3-4-124）可看出，R_{dP} 越小，则电缆的实际屏蔽 S 越接近于理想屏蔽系数 S_0。

从屏蔽系数计算公式分析可以得出以下几点：

1）同类护层结构的电缆，屏蔽系数随着电缆外护套尺寸增大而减小。

2）电缆的屏蔽效果取决于金属套（铅、铝、钢）的材料性质和结构尺寸，而与内部线芯位置及排列基本无关。

3）各种护层电缆的屏蔽系数可以相差很大。裸铅套电缆的屏蔽效果是最差的，频率为 50Hz 时的屏蔽系数在 0.8 以上，而铝套电电缆则在 0.3 ~ 0.5，在采用钢带铠装后，可以下降到 0.1 以下。频率为 800Hz 时的屏蔽系数变化规律与 50Hz 相仿，但其数值要比 50Hz 时的小得多。裸铅套电缆屏蔽系数在 0.1 ~ 0.3，铝套电缆在 0.02 ~ 0.05，在采用钢带铠装后下降到 0.01 左右。因此，为了获得良好的屏蔽效果，电缆结构往往采用铝套和高导磁钢带铠装。

对于沿交流电气化铁路敷设的干线电缆或与其他强电线接近的电缆等情况，对电缆护套的屏蔽系数均有一定要求。如对于沿交流电气化铁道敷设的干线电缆的屏蔽系数，在频率为 50Hz，电缆护套感应的纵电势为 30 ~ 50V/km 时，屏蔽系数应不大于 0.1；当频率为 800Hz 时，应不大于 0.01。

4.8　通信电缆的设计计算

4.8.1　对称电缆的设计计算

1. 对称电缆结构的选择

(1) 导电线芯的选择

1）铜导线直径的选择。在于导电线芯的直径大小，在低频时，总是线芯越粗，直流电阻（即交流有效电阻）越小，电缆衰减越小。因此目前市内电话电缆的线径有好几种，每种线径的电缆在一定频率时有一定的衰减值。由用户根据通话距离、允许线路衰减来选择电缆的线径。

但在高频时，情况就两样，由于集肤效应与邻近效应造成的高频附加电阻占了交流有效电阻的很大部分，甚至超过了一半，当导线加粗时，虽然直流电阻下降，但这两部分交流电阻上升，总的有效电阻下降是不大的。因此在目前的高频对称通信电缆中，铜导线的直径各国都是不超过 1.2 ~ 1.3mm 的。在我国主要是采用 1.2mm 直径的铜线。在中同轴、小同轴综合电缆高低频四线组中，我国则采用 0.9mm 的铜线。

2）采用铝导线的考虑以铝芯线代替铜芯线时，在同样直流电阻（亦即低频交流电阻）的条件下，铝芯线的价格比铜芯线价格便宜。但铝芯线直径为铜芯线直径的 1.29 倍，因此同样衰减铝芯电缆绝缘线芯的直径和电缆的直径都要比铜芯电缆大，所消耗的绝缘材料和护层材料都要比铜芯电缆的多，这样总的电缆价格，铝芯电缆和铜芯电缆是相差不太多的。具体的铝芯电缆与铜芯电缆那种较低廉，取决于电缆尺寸大小和护层结构，要经过具体的计算方能确定。

3）导线软硬度的考虑在对称通信电缆中，铜芯电缆的铜线都是软铜线，即经过韧炼的铜线。铝芯电缆的铝线大都采用半硬铝线。各有相应的技术标准。

为了提高铝芯线的强度，可以采用铝合金线。

(2) 绝缘结构的选择　在市内通信电缆中，已大量采用实心聚乙烯绝缘，纸绝缘电缆基本上已不生产，目前已用泡沫及带皮泡沫聚烯烃绝缘替代实心聚烯烃绝缘。泡沫聚乙烯的发泡度为 33%，它使

绝缘的介电常数由2.3降为1.8。而带皮泡沫聚乙烯绝缘的靠心线的泡沫层发泡度为45%～60%。绝缘表面包一层0.05mm的实心薄皮层，它的组合介电常数约为1.60。这种双层聚乙烯绝缘芯的特点是具有良好绝缘强度，较小的介电常数，表面机械强度大，特别当这种绝缘结构做成石油膏填充电缆，其优越性更为显著，它与实心绝缘的石油膏填充电缆相比，电缆外径减少14%。

在高频对称电缆绝缘结构方面，除了老的纸绳纸带绝缘结构外，已经生产过泡沫聚乙烯绝缘、聚乙烯绳管绝缘、聚乙烯鱼泡绝缘和聚苯乙烯绳带绝缘等新结构。其中以泡沫聚已烯绝缘的电缆最多。在中同轴综合电缆和小同轴综合电缆中，高频四线组（以及低频四线组）也是采用的泡沫聚乙烯绝缘结构。这种结构的优点是工序和设备都比较简单。

2. 对称电缆的计算

这一步一般在选择好导线材料和绝缘材料后进行。

（1）市内电话电缆的计算

1）导线直径计算导线直径用标准规定的电阻值来计算是比较方便的。计算公式如下：

$$d=\sqrt{\frac{4000K}{58\pi R_{dc}}} \tag{3-4-125}$$

式中 d——导线直径（mm）；

K——铜导电率及电缆各种绞合的系数；

R_{dc}——标准规定的直流电阻值（Ω/km）。

但由于生产中各种因素的影响，如导体材料、外径偏差、绞合节距等方面原因，使得电缆各导电线芯的直流电阻测试值有一定的分散性，这样用标准规定的电阻值来计算导线直径有一定的风险性，特别是在产品试生产阶段风险更大。因此，设计时通常给已知电阻值乘以小于1的系数，使计算的导线直径留有一定的裕度。

令 K_m 为导体直径的设计系数，则导线直径的计算公式如下

$$d=\sqrt{\frac{4000K}{58\pi R_{dc}K_m}}=\sqrt{\frac{4000K}{58\pi R_{dc}(1-m)}} \tag{3-4-126}$$

式中 m——由导线直流电阻值的统计数据 σ、$\overline{R}$ 计算得出。

$$m=\frac{4\sigma}{\overline{R}} \tag{3-4-127}$$

式中 σ——直流电阻值分布方差；

$\overline{R}$——直流电阻平均值（Ω/km）。

m 值应按不同导线直径分别统计，根据生产工艺水平的提高不断进行分析。m 值越小，表示生产工艺水平越高，见表3-4-15（供参考）。

表3-4-15 *m* 值参考表（%）

电阻值的指标类别	线径标称值/mm			
	0.4	0.5	0.6，0.63	0.7，0.8，0.9
最大平均值	3	2	2	2
个别最大值	6	5	5	5

用无氧铜的导电率1.02 IACS及对绞扭绞系数1.001、成缆扭绞系数1.012，分别代入式（3-4-125）、式（3-4-126）的计算结果见表3-4-16。

表3-4-16 导体直径计算值

标称直径/mm	成品直流电阻①/（Ω/km）		成品导线直径/mm	
	最大值	平均最大值	目标值	最小值
0.4	150.0	144.0	0.395	0.381
0.5	95.9	92.1	0.491	0.477
0.6	66.6	63.9	0.590	0.572
0.63	60.0	58.0	0.623	0.602
0.8	36.8	35.3	0.793	0.769

① 电阻值按IEC 60708标准。

在实际生产中，导线从拉线机出口模出来后，直到制成电缆成品，它的直径变化大约为10%，因此导线直径目标值及控制范围（±0.004），见表3-4-17。

表3-4-17 导线直径目标值及控制范围

（单位：mm）

标称直径	目标直径	控制范围	拉丝定径模孔径
0.4	0.399	0.395～0.403	0.403
0.5	0.495	0.491～0.499	0.499
0.6	0.594	0.590～0.598	0.598
0.63	0.627	0.623～0.631	0.631
0.8	0.797	0.793～0.801	0.801

通过计算，从表3-4-17可看出，如果我们能把导线直径在整个生产过程中的变化控制得低一些，那么全国近200条引进生产线所节约的铜材将是十分可观的。

2）绝缘厚度计算按照不同绝缘结构，实心、泡沫、泡沫/泡沫皮或填充缆芯，根据标准规定的

工作电容值计算绝缘外径，工作电容的计算公式为

$$C=\frac{k\varepsilon}{\log\frac{1.5D}{d}} \qquad (3\text{-}4\text{-}128)$$

式中　C——线对工作电容（nF/km）；

d——导线直径（mm）；

ε——绝缘的介电常数；

D——绝缘外径（mm）；

k——由不同绝缘结构及缆芯是否填充决定的系数。

由式（3-4-128）可求得绝缘外径的计算公式为

$$D=\frac{d}{1.5}10^{\frac{k\varepsilon}{c}} \qquad (3\text{-}4\text{-}129)$$

D 的数值是经过几次反复调整其尺寸，使测得的电容值符合要求后决定的。当 D 决定后，通过反算求得周围介质系数 k 值，如保持周围介质不变，k 值亦不变，这样则可计算该种周围介质不同规格的绝缘外径了。

举例：实心绝缘非填充型电缆，根据标准为 $C=52\text{nF/km}$ 低密度综乙烯绝缘 $\varepsilon=2.26$ 时，当 $d=0.5\text{mm}$ 时，经过反复试验证明，$D=0.9\text{mm}$，最合适，由此可求得 $k=9.92$。用 $k=9.92$ 代入式（3-4-129）可求得 $d=0.4\text{mm}$ 的绝缘外径 $D=0.72\text{mm}$。

3）绞对节距的计算和选用电缆中磁场的影响波及较远，磁耦合产生的干扰就会在电缆的各个线组间发生；电场的影响主要只在相邻的一些线组间存在。较远的线组电耦合比较微弱。因此，音频和低频电缆线组间的干扰主要是电容耦合影响的结果，只要在相邻线组间配合扭绞节距，即采用两个不同的扭绞节距交错排列。但是，在高频电缆中，磁耦合非常大，因而电缆中每一个线组的扭绞节距都必须注意与其他各线组扭绞节距的配合问题，一般要各不相同。

对绞节距的计算公式有

$$\frac{h_1}{h_2}=\frac{2v\pm1}{2w} \qquad (3\text{-}4\text{-}130)$$

式中　h_1、h_2——第一组、第二组的扭绞节距；

v、w——正整数。

计算时，先给定第一组某个节距，然后采用不同的 v 值和 w 值，便可计算出很多节距，因而可以为每一个线组选取一个适当的节距。如取 $v_{b1}=100\text{mm}$。当 v 值和 w 值为 1～4 时，计算结果见表3-4-18。

表 3-4-18　对绞节距计算结果

（单位：mm）

v	w			
	1	2	3	4
1	67	133	200	267
2	40	80	120	160
3	29	57	86	114
4	22	44	67	89

对于绞合节距选用，除根据上述公式计算外，尚需考虑标准中对绞合节距的规定：25 对基本单位中，所有线对绞合节距应不相同；成品电缆绞合节距应不大于 155mm。

根据标准中规定，首先要选定节距范围，节距最小值不能太小，节距小材料浪费大，生产效率低，节距最大值比规定的要小些，一般节距范围为 50～120mm。不同导线直径的电缆，选用节距范围亦不同，导线直径大的，选用节距亦要大些。选用的节距，不能全是计算出来的数值，还要根据对绞机齿轮搭配情况，再作适当修正。最后一个问题是，选好的 25 个节距，如何排列。现示例 25 对基本单位色谱和节距，见表 3-4-19。

4）缆芯绞合外径计算。100 对及以下电缆，对绞型单位式缆芯绞合外径 D（mm）的经验计算公式为

表 3-4-19　25 对基本单位色谱和节距

线组号	色谱		节距/mm
	a 线	b 线	
1	白	蓝	51
2	白	桔	85
3	白	绿	68
4	白	棕	118
5	白	灰	99
6	红	蓝	60
7	红	桔	132
8	红	绿	95
9	红	棕	56
10	红	灰	142
11	黑	蓝	82
12	黑	桔	106
13	黑	绿	65
14	黑	棕	88
15	黑	灰	123

（续）

线组号	色谱		节距/mm
	a线	b线	
16	黄	蓝	73
17	黄	桔	54
18	黄	绿	102
19	黄	棕	71
20	黄	灰	114
21	紫	蓝	63
22	紫	桔	76
23	紫	绿	58
24	紫	棕	92
25	紫	灰	127

$$D=K\cdot d\sqrt{N} \quad (3\text{-}4\text{-}131)$$

式中 K——绞缆外径系数，见表3-4-20；

d——单线绝缘外径目标值（mm）；

N——缆芯实际对数。

表3-4-20 绞缆外径系数

导线直径/mm	0.4	0.5	0.6	0.8
K值	1.83	1.86	1.86	1.91

100对以上缆芯采取单位式二次成缆，缆芯不易压缩填充系数变小，采用经验值进行修正，修正后缆芯绞合外径计算公式

$$D=K\cdot d\sqrt{N}+\psi \quad (3\text{-}4\text{-}132)$$

式中 ψ——其经验值见表3-4-21。

表3-4-21 ψ值的经验值

对数	导线直径/mm	
	0.4，0.5，0.6	0.8
150	1.0	1.5
200	1.0	2.0
300	1.5	2.0
400	1.5	2.0
600	2.0	2.0

5）电缆一、二次参数计算以HYA型0.5mm线规为例：

导线直径目标值$d=0.495$mm；

绝缘外径目标值$D=0.907$mm；

绝缘材料为低密度聚乙烯，$\varepsilon=2.26$，$\text{tg}=1\times10^{-4}$；

电缆总绞入率$\lambda=0.012$。

线对工作电容平均值$C=52\times10^{-9}$F/km。

① 有效电阻计算公式如下：

$$R=R_0+R_2$$

$$=2R_0\left[1+F(x)+\frac{PG(x)\left(\frac{d}{D}\right)^2}{1-H(x)\left(\frac{d}{D}\right)^2}\right]+R'$$

当$f=150$kHz时，有

$$R=R_0+R_2$$

$$=2\times92.1[1+0.0782+0.054]\Omega/\text{km}$$

$$=208.6\Omega/\text{km}$$

当$f=1$MHz时，有

$$R=R_0+R_{\sim}$$

$$=2\times92.1\times[1+1.045+0.267]\Omega/\text{km}$$

$$=426\Omega/\text{km}$$

② 电感的计算公式如下：

$$L=\lambda\left[4\ln\frac{2D-d}{d}+Q(x)\right]\times10^{-4}$$

当$f=150$kHz时，有

$$L=1.02\left[4\ln\frac{2\times0.907-0.495}{0.495}+0.911\right]\times10^{-4}\text{H/km}$$

$$=4.94\times10^{-4}\text{H/km}$$

当$f=1$MHz时，有

$$L=1.012\left[4\ln\frac{2\times0.907-0.495}{0.495}+0.556\right]\times10^{-4}\text{H/km}$$

$$=4.53\times10^{-4}\text{H/km}$$

③ 绝缘电导计算公式如下：

$$G=G_{\sim}=\omega\text{ctg}\delta$$

当$f=150$kHz时，有

$$G=2\pi\times150\times10^{-3}\times52\times10^{-9}\times10^{-4}\mu\text{s/km}$$

$$=4.9\mu\text{s/km}$$

当$f=1$MHz时，有

$$G=2\pi\times10^{6}\times52\times10^{-9}\times10^{-4}\mu\text{s/km}$$

$$=32.7\mu\text{s/km}$$

④ 衰减常数（Np/km）计算公式如下：

$$\alpha=\frac{R}{2}\sqrt{\frac{C}{L}}+\frac{G}{2}\sqrt{\frac{L}{C}}$$

当$f=150$kHz时，有

$$\alpha=\left(\frac{208.6}{2}\times\sqrt{\frac{52\times10^{-9}}{4.94\times10^{-4}}}+\frac{4.9}{2}\times10^{-6}\times\sqrt{\frac{4.94\times10^{-4}}{52\times10^{-9}}}\right)\text{NP/km}$$

$$=(1.07+2.3\times10^{-4})\ \text{NP/km}$$

$$=1.07\text{Np/km}$$

$= 9.28dB/km$

当 $f = 1MHz$ 时，有

$$\alpha = \left(\frac{426}{2} \times \sqrt{\frac{52 \times 10^{-9}}{4.53 \times 10^{-4}}} + \frac{32.7}{2} \times 10^{-6} \times \sqrt{\frac{4.53 \times 10^{-4}}{52 \times 10^{-9}}}\right) Np/km$$

$= (2.28 + 30.5 \times 10^{-4})\ Np/km$

$= 2.28Np/km$

$= 20.2dB/km$

⑤ 波阻抗计算公式如下：

$$Z_c = \sqrt{\frac{L}{C}}$$

当 $f = 150kHz$ 时，有

$$Z_c = \sqrt{\frac{4.94 \times 10^{-4}}{52 \times 10^{-9}}}\Omega = 97.5\Omega$$

当 $f = 1MHz$ 时，有

$$Z_c = \sqrt{\frac{4.53 \times 10^{-4}}{52 \times 10^{-9}}}\Omega = 93.3\Omega$$

(2) 高频对称电缆的计算

1）如果电缆结构元件的尺寸已经确定，则可根据有关公式，先计算出一次参数，然后即可计算出 α、β 和 Z_c 值。

但在计算一次参数时，需考虑结构尺寸在加工过程中的压缩，压缩程度由于绝缘材料和工艺的不同而不同，应根据经验来确定。

2）如果给定的条件是衰减常数 α，而需要求出电缆的结构尺寸，则是比较复杂的事情。因为计算高频对称电缆的一次参数和二次参数，公式都是比较复杂的。如果要反过来算，从二次参数来求出结构尺寸，则更是非常复杂的数学问题，一般情况下解决不了。

因此，一般都是采用凑算的办法。即是先根据已有经验确定一个导线直径和绝缘厚度，然后计算出一次参数和衰减常数。再根据这个结构的衰减常数与给定的衰减常数的差额，调整导线直径和绝缘厚度，再行计算，直至计算结构的衰减常数符合给定的衰减常数为止。

但这样的结构一般不是最佳的结构，因为满足给定的衰减常数可以有多个结构。最佳结构除了满足给定的衰减常数条件外，还应该是直径最小的或者是原材料价格最低廉的等。

如果要求某一衰减常数时直径最小的电缆结构尺寸，则要进行大量计算，画出各个不同直径四线组的衰减常数与导线直径的曲线，如图 3-4-24 所示。由图中可看出，当给定一个衰减常数时，电缆可以有多个结构，而某一曲线最低点符合给定的衰减常数，则此曲线的星绞组外径，即是最小的星绞组外径，而此最低点的横坐标，即是所求的铜线的直径。

在图 3-4-24 中，假定给定的衰减常数为 0.34Np/km，则几种结构的星绞组都能满足此要求：铜线直径 0.9mm，星纹组直径 9.0mm；铜线直径 0.95mm，星绞组直径 8.75mm；铜线直径 0.98mm，星绞组直径 8.5mm；铜线直径 1.05mm，星绞组直径 8.25mm；铜线直径 1.25mm，星绞组直径 8.0mm。而最后一个结构 0.34Np/km 值是在曲线的最低点上，因此星绞组外径是最小的。

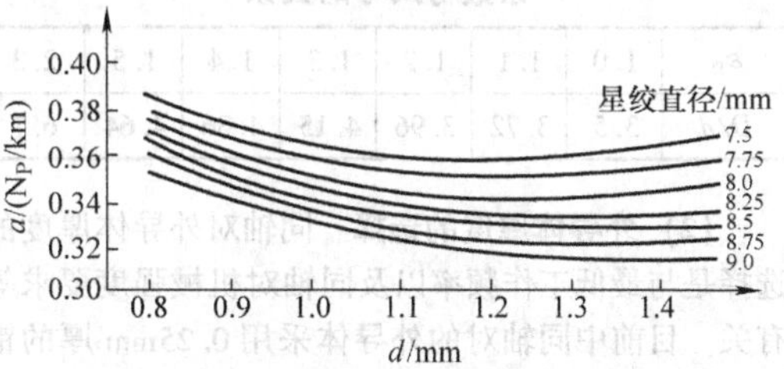

图 3-4-24　电缆衰减与铜线直径关系曲线

如果要求某一衰减常数时原材料价格最低廉的电缆结构尺寸，则也要先进行一系列结构的衰减常数的计算，画出如图 3-4-24 中的若干条曲线。然后根据给定的衰减常数值从图中确定出几种结构来。在图 3-4-24 中，假定给定的衰减常数为 0.34Np/km，则就有 5 种不同铜线直径和四线组都可以达到。然后再进行这几种结构电缆的原材料价格计算，即可求出最经济的结构。

4.8.2　同轴电缆的设计计算

1. 同轴电缆结构的选择

(1) 同轴对导体材料和尺寸的选择

1）在我国，中、小同轴电缆的同轴对内、外导体目前均采用铜导体。对一定尺寸的同轴对来说，如全部采用铝导体，则衰减比铜的同轴对要大 29%。如果采用铜内导体铝外导体的同轴对结构，则衰减仅比全铜同轴对大 6%，而可节约铜 65%。因此国外也有铝外导体同轴对的产品出现。

2）对于全部铜导体的同轴对来说，最小衰减的条件为 $\ln\frac{D}{d} = 1 + \frac{d}{D}$，即 $\frac{D}{d} = 3.6$（D 为外导体的内径，d 为内导体的外径）。

如内、外导体是由不同金属制造的，那么最小衰减时的条件为 $\ln\frac{D}{d} = 1 + \frac{d}{D}\sqrt{\frac{\sigma_d}{\sigma_D}}$（$\sigma_d$ 和 σ_D 分

别为内外导体金属的电导系数。)

目前在设计同轴对结构时，首先要保证同轴对的波阻抗数值，因此只好偏离$\frac{D}{d}$的最佳比值3.6。例如，为了保证1MHz波阻抗Z_c达到标准值75Ω，比值$\frac{D}{d}$可粗略地按公式$\frac{D}{d}=e^{\frac{Z_c}{60}\sqrt{\varepsilon_D}}$来确定。式中，$Z_c$为波阻抗（Ω）；$\varepsilon_D$为同轴对的等效介电系数。

在规定波阻抗值$Z_c=75\Omega$时，ε_D和$\frac{D}{d}$之间关系见表3-4-22中。

表3-4-22　同轴电缆在波阻抗为75Ω时介电系数与尺寸的关系

ε_D	1.0	1.1	1.2	1.3	1.4	1.5	2.3
D/d	3.5	3.72	3.96	4.15	4.36	4.64	6.7

(2) 外导体厚度的选择　同轴对外导体厚度的选择是与最低工作频率以及同轴对机械强度要求等有关。目前中同轴对的外导体采用0.25mm厚的铜带，小同轴对的外导体采用0.15mm厚的铜带。

如果采用更薄的钢带，可节约铜，但同轴对的机械稳定性将减弱，且衰减值一般将略有增加。如果采用更厚的铜带，同轴对的机械稳定性将增加，且衰减值一般略有减小，但会消耗较多的铜。

铜带的厚薄对同轴对衰减的影响，主要是在低频段。当频率高于500kHz时，外导体厚度变化0.01mm，同轴对的衰减值变化不到1mNp/km。在低频段，如小同轴对在60kHz时，当铜带厚度的偏差为0.01mm时，衰减值的偏差约为3mNp/km。中同轴对在300kHz时，铜带厚度从0.3mm变到0.25mm时，衰减值的变动约为1.1mNp/km左右，见表3-4-23。

表3-4-23　同轴对铜带厚度变化与衰减变化数值

频率/kHz	同轴对类别	厚度变化值/mm	衰减变化值/(mNp/km)
500以上	中、小同轴对	0.01	<1
60	小同轴对	0.01	3左右
300	中同轴对	0.30变到0.25	1.1左右

(3) 同轴对绝缘结构的选择　同轴对的绝缘结构目前都采用聚乙烯垫片绝缘，因为这种结构介电系数小，均匀性好，机械稳定性高。工艺是将预制的垫片由嵌片机嵌到内导体上，也可采用浇铸垫片的方法。

当选择小同轴对的绝缘结构时，由于小同轴对内导体与外导体的距离比较小，如果采用与中同轴对一样的垫片绝缘时，则当内外导体上承受电压时，空气容易游离并造成击穿。因此各国都是采用纵向连续的塑料绝缘，而不允许内外导体间仅有空气作绝缘。我国目前采用的是聚乙烯鱼泡绝缘。这种绝缘结构等效介电系数较小，且具有较高的均匀性和机械稳定性。生产效率也高，在40m/min左右。

2. 同轴电缆的计算

目前同轴对的尺寸都已标准化了，一般都不需要再去确定结构尺寸。如果根据既定的结构尺寸去计算一、二次参数，可参见有关公式进行计算。

综合同轴电缆中高频四线组的计算：高频四线组的直径是根据电缆结构的总体安排确定的，因此绝缘芯线的直径也就确定了。但是铜线直径还可变动，如果铜线粗些，则绝缘厚度就要薄些；如果铜线细些，则绝缘厚度就要厚些。

应该求出最小衰减常数的铜线直径。

方法是计算出各个铜线直径时四线组的衰减值，然后取具有最小衰减值的铜线线径。

4.8.3　射频同轴电缆的设计计算

1. 同轴射频同轴电缆结构的选择

(1) 内导体　内导体是主要的导电元件，由于其尺寸比外导体小得多，因此电缆的总损耗主要由内导体的电阻引起，通常要求其有较好的电气特性、一定的机械强度及柔软性。

1）内导体的结构形式。内导体的典型结构形式有实心内导体、绞线内导体、管状内导体、皱纹管内导体等。

实心内导体：电气性能好、结构简单、加工方便、成本低廉，因此使用十分普遍。其缺点是在机械性能方面，特别是尺寸较大时，柔软性变差，重量也大，因而不能用于柔软性要求很高的使用场合。

绞线内导体：当内导体直径在2.5mm以上时，可采用柔软性好的绞线内导体，绞线内导体能避免由金属疲劳引起的断裂，可用于要求承受振动以及反复弯曲的使用场合，其缺点是增大了电阻损耗，而且制造也麻烦，从而增大了成本。绞线内导体的绞合形式可采用同心绞合或束绞。近来国外有一种等节距同心绞合方式，以19根绞线为例，采用1+7+12绞合，7根与12根导线是一次绞合，相邻两层的绞向、节距均相同，因此线间空隙比普通的绞合方法少，成品的外径亦缩小。如果在聚四氟乙烯绝缘线中采用这种内导体，可以节省价格较贵的聚四氟乙烯材料，而且由于这种绞线方式中导体结构紧凑，弯曲时内部摩擦减少，从而提高了弯曲寿命。

管状内导体：在大功率、低衰减射频同轴电缆中，由于内导体尺寸很大，为了节省金属材料、减轻电缆重量，多采用管状内导体。在高频下，由于集肤效应，电流实际上只是沿着导体表面很薄的一层流动，只要管状内导体管壁厚度比电流的趋肤深度大得多，其射频电阻实际上是与实心导体完全一样，因此管状内导体在电气性能上也是很理想的，但是其柔软性差些，加工制造亦困难。因此在内导体直径更大一些时，则采用由薄铜带经纵包成型、焊接、轧绞而成的皱纹铜管。皱纹管内导体与直管内导体相比有较高的柔软性及较高的强度和稳定性，但因其导电同时增长，从而使其射频电阻增大，一般约增大15%。

皱纹管内导体：如果将管状内导体表面上压出螺旋形或圆环形皱纹，则可改善导体的弯曲性能以及导体的横方向上的截面稳定性，通常可采用金属带纵包成型制成光管，带子的边缘相互焊接并且在管上压纹而制成这种内导体，其加工是连续的，因此导体的制造长度不受限制，材料消耗很少，在电气性能方面也很好。但与光滑管子相比，由于皱纹的存在使电流流通的路径加长，从而使其射频电阻增大。

根据电缆的不同使用要求，还可采用其他结构形式的内导体。如某些中波广播馈线，可采用铝管之外再纵包一层铜带的双金属管状内导体。又如高压脉冲电缆，可采用多根细铜线编织在塑料芯子上制成柔软的内导体。而某些中波下使用的射频同轴电缆，为了提高内导体截面利用率，减少集肤效应，还采用高频“里茨线”制成内导体。“里茨线”的绞合方式是特殊的，它一般是用三根或几根漆包线绞合成线束，然后再逐次把线束绞合成更大的线束，而电缆“里茨线”内导体就是采用这种线束绞合在塑料芯上所制成。在这种结构的内导体中，每一根漆包线的空间位置都几乎是相同的，在射频下电流通过内导体时，电流不是只分布在表面，而是分布在整个截面上，这就消除了高频电流的集肤效应，因此电缆的有效电阻及衰减大大下降，一般可下降35%。“里茨线”只能用在几兆赫兹以下，因为在更高的频率下，漆包线间的并联电容会使电流在线间流动，失去了电流均匀的作用。

2）内导体的材料。为了减少电缆的损耗，其内导体的电阻尽可能低些，射频同轴电缆广泛采用铜作为导电材料。铜在空气中会氧化而产生黑色氧化皮，特别是当温度在80℃以上时氧化速度加快，当温度达176℃时氧化将极为迅速。黑色氧化皮的生成，将使其导电性能下降。因此铜导体最高使用温度一般限制在100℃。在使用频率上一般也只限于3GHz以下，因频率更高时铜的导电性能将随温度的上升和弯曲而出现显著的变化。为了提高电缆的耐高温能力以及机械强度，还可采用各种镀层处理以及双金属材料组合结构。

裸铜线：最普遍的导体材料，它具有导电率高、导热性好、机械强度及耐腐蚀性好、便于焊接、易于压力加工等优点。裸铜内导体一般只用于100℃以下的温度，电缆的工作频率也局限于3GHz以下。

铝线：为降低损耗，一般不采用铝线内导体，只是在损耗要求不高的场合才有所应用。

铜包钢线：铜包钢线是用铜包覆钢芯而制成的复合导体，铜包钢线既保持了铜的优良导电性能和不易锈蚀等优点，又具有钢的高强度、耐疲劳的特性，在频率高于10MHz以上的条件下，铜包钢线的电阻与实体铜线几乎一样，而机械强度则为实体铜线的三倍。因此，微小型射频同轴电缆常用铜包钢线作为内导体，铜包钢线表面镀银，还可以进一步减少射频电阻，并且提高其使用温度。

铜包铝（管）线：其高频电气性能和实心铜线完全相同，但重量大大减少，而且由于其比重小，容易和高发泡的绝缘介质相黏合。

铜合金线：在微小型射频同轴电缆中，内导体尺寸很小，除采用铜包钢线外，还经常使用高强度铜合金材料，常用的高强度铜合金有铬铜、锆铜等。这种铜合金线可使机械强度有很大增加（可达一倍），而电导率却降低不多（下降10%～20%），是小型化电缆的理想内导体材料。

镀银铜线：镀银铜线有极好的防蚀能力和极好的可焊性，再加上银的电导率比铜更高，因而可广泛用在高温和高频的条件下。在3GHz以上的频率和高温的情况下，通常都采用镀银铜线，其连续工作温度可达200℃，短时使用温度可达250℃。

镀锡铜线：镀锡铜线具有抗氧化、耐蚀及易焊等优点，一般可用到150℃，在极个别情况下也可用到200℃。因锡的电导率比铜小得多，因此使用频率不能太高，通常用于3GHz以下以及衰减要求不高的使用场合。

镀镍铜线：镀镍铜线与镀银铜线性能相似，镀镍铜线的耐热氧化性更好，最高使用温度可达260℃，主要用于耐高温射频同轴电缆，但由于镍的导电率差（仅为纯铜的18%），一般用于1GHz以下。

高阻线：在制造大衰减电缆及延时线时，使用高阻线。一般采用镍、铬或者镍铬合金线。高阻线有型号为V的镍线，型号为A的铬线，或者镍铬合金线（镍80%、铬20%）等。

在工作温度高于260℃以上时，还需采用特殊的耐高温导电材料。

(2) 绝缘 绝缘是大功率射频同轴电缆结构中的重要组成部分，它对降低电缆的衰减、提高功率容量、减小波阻抗不均匀性以及增加机械稳定性等，都有非常大的影响。

对绝缘的主要要求是介电常数ε和介质损耗角正切值$\mathrm{tg}\delta$应尽量小。如果只为保证衰减降低，则希望绝缘近似为空气形式，但射频同轴电缆是要传输大功率的，作为绝缘就应有较好的导热性和较高的耐电强度，从这一角度看，空气绝缘则较差。

综合考虑衰减、传输功率、承受电压等要求，射频同轴电缆的绝缘结构可制成实体绝缘、空气绝缘和半空气绝缘三种形式。

1）实体绝缘。实体绝缘的优点是耐电强度高，机械强度高，热阻小以及结构稳定；缺点是使用介质材料较多，介电常数大，特别是在介质中的损耗与频率成正比，当频率很高时，电缆的衰减较大。

最常用的绝缘介质是聚乙烯。低密度聚乙烯最高使用温度为85℃；高密度聚乙烯使用温度可高一些，其机械强度较好。如果将聚乙烯进行化学交联及辐射交联，其耐热性可进一步提高，耐龟裂性及耐老化性也进一步得到改善，辐射交联聚乙烯长期工作温度可达120℃。

在要求耐高温的情况下，应采用聚四氟乙烯及聚全氟乙丙烯（F4.6）。它们有较好的热稳定性和化学稳定性，其电性能也较优异。聚四氟乙烯的长期工作温度可达250℃，聚全氟乙烯的长期工作温度可达200℃。

2）空气绝缘。电缆的内外导体间，除了以一定间隔或螺旋式固定在内导体上的支撑物外，均是空气，其等效介电常数及介质损耗角正切值都较小，因此在保持同样波阻抗的条件下，电缆的内导体可以做得更大些，从而就降低了金属衰减，因此采用空气绝缘结构可使衰减大大降低。表3-4-24给出了国产聚乙烯螺旋形式的空气绝缘电缆SJDV－75－37－2的衰减与外导体尺寸相同聚乙烯实体绝缘电缆的衰减相比较的情况。从表中可以看出，空气绝缘电缆比实体绝缘电缆有低得多的衰减值，并且使用频率越高，降低衰减的效果越好。其缺点是耐电压较低，再由于外导体通常采用管状结构，因此柔软性较差，尽量避免过大的压力、弯曲、扭转等机械应力，以免电缆变形而造成电气性能的劣化。

表3-4-24 SJDV－75－37－2与相应实体绝缘电缆的衰减比较

性能 / 频率/MHz	空气绝缘电缆的衰减/(dB/km)			实体绝缘电缆的衰减/(dB/km)			空气绝缘电缆降低衰减的百分比(%)
	金属衰减	介质衰减	总衰减	金属衰减	介质衰减	总衰减	
1	0.67	0.006	0.676	1.05	0.055	1.11	39
30	3.67	0.18	3.85	5.77	1.65	7.42	48
1000	21.2	6.0	27.2	33.3	55.1	88.4	69
3000	36.7	18	54.7	57.7	165	222.7	75.5

3）半空气绝缘。这种绝缘结构介于实体绝缘与空气绝缘之间，绝缘层是由空气和介质组合而成，但内、外导体间的径向路径需要通过固体介质层。性能也介于前两种电缆之间，如衰减一般比空气绝缘电缆大，但比实体绝缘电缆小。介质材料主要有：泡沫聚乙烯、泡沫聚苯乙烯、可挤塑FEP、PFA泡沫氟塑料、微孔聚四氟乙烯等。其中，泡沫聚乙烯是射频同轴电缆最为常用的、先进的绝缘形式。

(3) 外导体 射频同轴电缆的外导体起着回路和屏蔽双重作用，有时还是护套。在外导体上的能量损耗占导体损耗的$\frac{1}{3}$左右，因此对于外导体材料的电导率要求不如对内导体要求高，可以采用电导率比铜小的铝作外导体，这对总衰减影响不大（约增加6%），但从成本及重量上综合衡量有很大好处。外导体的结构有编织、管状、绞合、镀层等型式。

1）编织外导体：编织外导体是柔软射频同轴电缆中常用的一种形式。一般用直径0.1～0.3mm的软铜线、镀银铜线、镀锡铜线编织而成，比较柔软，可用于小尺寸电缆及实体绝缘和半空气绝缘的电缆。编织外导体的缺点是电气性能较差，衰减较大，与光管外导体相比，一般情况下衰减将增大到1.5~4倍，特别是在超高频下衰减值还会急剧上升。而且，其衰减值很不稳定，会随着时间、温度的升降以及弯曲而变化。具有编织外导体的电缆，通常也有较大的驻波系数，且难于控制。另外，屏蔽性能也差，还容易引起内部噪声等。为减小衰减及改进屏蔽性能，应使编织覆盖率不小于90%。编织覆盖率，是在一个编织节距内，编织覆盖的面积与所包括的总面积之比，一般以百分数表示，即

$$N=(2n_1-n_1^2)\times100\% \tag{3-4-133}$$

$$n_1=\frac{a\cdot n\cdot d}{h\cos\varphi} \tag{3-4-134}$$

$$\mathrm{tg}\varphi=\frac{h}{\pi(D+\delta)} \tag{3-4-135}$$

式中　N——编织覆盖率；

a——一个方向的编织股数（即编织机锭数的一半）；

n——并股的根数；

d——编织单线线径（mm）；

h——编织节距（mm）；

D——电缆的绝缘外径（mm）；

δ——编织层的径向厚度（mm）；

φ——编织角，一般为45°~50°。

2）铜管或铝管外导体：铜管或铝管外导体具有衰减低、屏蔽性好、机械强度高、防潮及密封性好等优点；缺点是柔软性差，允许弯曲半径大，不宜用于需要经常移动或反复弯曲的情况下。大直径管状外导体需要轧纹，可以改善其弯曲性能，是较常用的外导体形式。

3）皱纹管外导体：铜管或铝管外导体的改进结构，通过在光铜管或铝管上压出螺旋形或环形皱纹，可以改善其弯曲性能，并且增大横向抗压强度。在射频同轴电缆上获得十分广泛的应用。采用小节距、深皱纹结构，可大大改善其柔性。

4）绞合外导体在一些实体绝缘大功率射频同轴电缆中，有时采用由多根扁铜线绞合在绝缘上而制成的外导体，再在其上重叠绕包一层铜带作为机械扎紧和附加的导电层。扁线有矩形截面或Z字形截面两种，后者可保证制成更紧密的表面和良好的接触，有利于改善电气性能，但制造工艺要复杂一些。

绞合外导体的电气性能不如密闭的管状外导体，但比编织外导体好，并且具有足够的柔软性，加工也较方便。绞合外导体是在使用频率不太高的电缆中较常采用的结构形式。

5）电镀外导体：电镀外导体是先用化学镀覆的方法在绝缘表面上镀包一层0.05μm厚的铜层，然后电镀增厚到0.025mm。电镀外导体同轴电缆柔软性好、重量轻、屏蔽性好、衰减低、噪声小、电晕电压也较高，是微小型软射频同轴电缆的一种理想外导体结构。

6）皱纹带纵包外导体：由金属带压纹后再纵包制成，机械强度、弯曲性也不如上述皱纹管外导体。但它和编织外导体相比，仍然具有加工方便、电阻低、屏蔽性能好等优点，可用于各种实心或半空气绝缘电缆。带子材料可以是铜或铝，也可采用聚乙烯－铝复合带，后者可改善电缆的密封防潮性能。

7）铝（铜）箔纵包及编织外导体：电视电缆还广泛采用铝（铜）箔纵包以及镀锡铜丝编织而成的外导体结构，具有电性能良好、成本低廉等优点。

8）镀银铜箔小节距绕包及镀银铜线编织外导体：这种结构的外导体具有损耗小、驻波低、相位稳定以及屏蔽性能好等特点。目前，柔软型稳相电缆大多采用这种结构的外导体。

9）编织浸锡外导体：这是一种典型的半柔电缆外导体结构形式。通过浸锡工艺，编织线间隙充填了锡并粘结成一体，使屏蔽性能大为改善，电缆具有优良的无源交调性能，弯曲性能优于半硬电缆，可弯曲成形，也便于外导体接地锡焊。

（4）护套　射频同轴电缆主要是要求柔软，因此不宜采用铅、铝等金属套。射频同轴电缆常用的护套形式有：聚氯乙烯护套、聚乙烯护套、聚氨酯护套、聚四氟乙烯或聚全氟乙丙烯护套、硅橡胶护套、氯丁橡胶护套、尼龙护套以及玻璃丝编织护套等。前两种护套用得较广，后几种护套主要用在要求耐高温、防潮，以及要求对有害环境有防护的特殊场合中。

（5）铠装　根据电缆的使用要求，还可以在其塑料护套外再包覆以金属铠装层。常用的铠装形式是镀锌钢丝或高强度铝合金线编织铠装。铠装层可提高电缆耐磨作用，增大电缆的抗拉强度，并且改善电缆的屏蔽特性。编织铠装一般用于柔软射频同轴电缆。对于柔软性较差的管状外导体的电缆，可采用钢带或钢丝铠装。

2. 射频同轴电缆的参数计算

射频同轴电缆传输参数计算与普通同轴电缆的传输参数计算基本相同。表3-4-25列出射频同轴电缆一次与二次参数计算公式，由于在射频下电感

表 3-4-25 射频同轴电缆一次与二次参数

参数		公式	射频简化公式	代入 μ_0，ε_0 量纲之后的射频公式	铜内外导体的射频公式 ($\rho_1=\rho_2=1724\text{n}\Omega\cdot\text{cm}$)
一次参数		电阻	$R=\sqrt{\frac{\mu\rho f}{\pi}}\left(\frac{1}{d}+\frac{1}{D}\right)$	$R=2\sqrt{f}\left(\frac{\sqrt{\rho_1}}{d}+\frac{\sqrt{\rho_2}}{D}\right)\Omega/\text{km}$	$R=83.05\sqrt{f}\left(\frac{1}{d}+\frac{1}{D}\right)\Omega/\text{km}$
	电感	内电感	$L_i=\frac{1}{2\pi}\sqrt{\frac{\rho\mu}{\pi f}}\left(\frac{1}{d}+\frac{1}{D}\right)$	$L_i=\frac{1}{x\sqrt{f}}\left(\frac{\sqrt{\rho_1}}{d}+\frac{\sqrt{\rho_2}}{D}\right)\mu\text{H/km}$	$L_i=\frac{13.22}{\sqrt{f}}\left(\frac{1}{d}+\frac{1}{D}\right)\mu\text{H/km}$
		外电感	$L_0=\frac{\mu}{2\pi}\ln\frac{D}{d}$	$L_0=2\times10^{-4}\mu_r\ln\frac{D}{d}=4.6\times10^{-4}\mu_r\ln\frac{D}{d}\text{H/km}$	$L_0=2\times10^{-4}\mu_r\ln\frac{D}{d}=4.6\times10^{-4}\mu_r\lg\frac{D}{d}\text{H/km}$
		电容	$C=\frac{2\pi\varepsilon}{\ln D/d}$	$C=\frac{1000\varepsilon_r}{18\ln D/d}=\frac{55.6\varepsilon_r}{\ln D/d}=\frac{24.13\varepsilon_r}{\lg D/d}\text{pF/m}$	$C=\frac{1000\varepsilon_r}{18\ln D/d}=\frac{55.6\varepsilon_r}{\ln D/d}=\frac{24.13\varepsilon_r}{\lg D/d}\text{pF/m}$
		电导	$G=\omega C\text{tg}\delta$	$G=\omega C\text{tg}\delta$	$G=\omega C\text{tg}\delta$
二次参数		特性阻抗	$Z_c=\frac{1}{2\pi}\sqrt{\frac{\mu}{\varepsilon}}\ln\frac{D}{d}$	$Z_c=\frac{60}{\sqrt{\varepsilon_r}}\ln\frac{D}{d}=\frac{138}{\sqrt{\varepsilon_r}}\lg\frac{D}{d}\Omega$	$Z_c=\frac{60}{\sqrt{\varepsilon_r}}\ln\frac{D}{d}=\frac{138}{\sqrt{\varepsilon_r}}\lg\frac{D}{d}\Omega$
	衰减	导体衰减	$\alpha_R=\frac{R}{2Z_c}=\frac{\sqrt{\pi\rho\varepsilon f}}{\ln D/d}\left(\frac{1}{d}+\frac{1}{D}\right)$	$\alpha_R=\frac{0.0629\sqrt{\varepsilon_r f}}{\lg D/d}\left(\frac{\sqrt{\rho_1}}{d}+\frac{\sqrt{\rho_2}}{D}\right)\text{dB/km}$	$\alpha_R=\frac{261\sqrt{\varepsilon_r f}}{\lg D/d}\left(\frac{1}{d}+\frac{1}{D}\right)\text{dB/km}$
		介质衰减	$\alpha_G=\pi f\sqrt{\mu\varepsilon}\text{tg}\delta$	$\alpha_G=\frac{\pi}{3}\sqrt{\varepsilon_r f}\times10^{-8}\text{tg}\delta\text{Np/m}$ $=91f\sqrt{\varepsilon_r}\text{tg}\delta\text{dB/km}$	$\alpha G=\frac{\pi}{3}\sqrt{\varepsilon_r}f\times10^{-8}\text{tg}\delta(\text{Np/m})=91f\sqrt{\varepsilon_r}\text{tg}\delta\text{dB/km}$
		相移	$\beta=\omega\sqrt{LC}=2\pi f\sqrt{\mu\varepsilon}$	$\beta=\frac{2}{3}\pi f\sqrt{\varepsilon_r}\times10^8\text{rad/m}=1.2f(\text{MHz})\sqrt{\varepsilon_r}(°)/\text{m}$	$\beta=\frac{2}{3}\pi f\sqrt{\varepsilon_r}\times10^{-8}(\text{rad/m})=1.2f(\text{MHz})\sqrt{\varepsilon_r}(°)/\text{m}$
		传输速度	$v=\frac{1}{\sqrt{LC}}=\frac{1}{\sqrt{\mu\varepsilon}}$	$v=\frac{3\times10^8}{\sqrt{\varepsilon_r}}\text{m/s}$	$v=\frac{3\times10^8}{\sqrt{\varepsilon_r}}\text{m/s}$
备注			μ、ε 为绝对导磁率与介电常数，内外导体为同种材料	μ_r、ε_r 为相对导磁率和介电常数 ρ 为电阻率($\text{n}\Omega\cdot\text{cm}$) f 表示以兆赫兹(MHz)为单位的频率 d、D 以毫米(mm)代入	符号意义同左

很小，通常可以忽略不计，因此表中列出的二次参数公式都相应于 $L_i=0$ 的情况。

现仅对射频同轴电缆主要参数计算中的特殊问题进行讨论。

(1) 波阻抗　表 3-4-25 所列波阻抗计算公式仅适合于同轴对内、外导体为圆柱形结构。但当内、外导体不再是理想的圆柱形结构时，必须在波阻抗计算公式中引入相应的修正系数，以考虑导体结构的影响。

1) 柔软同轴电缆的波阻抗的计算。对于由绞合内导体、编织外导体组成的柔软同轴射频同轴电缆，其波阻抗 Z_c (Ω) 的计算公式为

$$Z_c=\frac{138}{\sqrt{\varepsilon}}\lg\frac{D+1.5d_w}{K_1 d} \qquad (3\text{-}4\text{-}136)$$

式中　d_w——编织外导体中的单线直径 (mm)；

K_1——绞线内导体的有效直径系数，可由表 3-4-26 查出。

表 3-4-26　绞线内导体的有效直径系数

绞线内导体的导线根数 N	1	3	7	12	19
有效直径系数 K_1	1.0	0.871	0.939	0.957	0.970
绞线内导体的导线根数 N	27	37	50	70	90
有效直径系数 K_1	0.976	0.980	0.983	0.986	0.988

2) 皱纹同轴电缆的波阻抗计算图 3-4-25 表示皱纹同轴电缆的结构示意图。

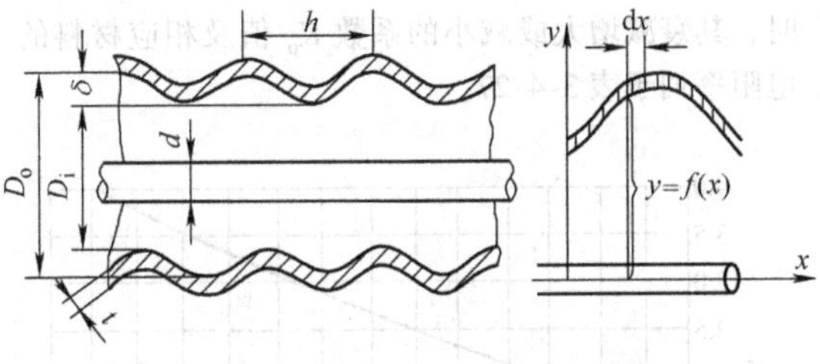

图 3-4-25　皱纹同轴电缆

① 利用电感、电容计算：皱纹同轴电缆，内导体可以是光管，也可以是皱纹管，外导体皱纹管的皱纹深度及形状多种多样，结构比较复杂，因此尚无精确的波阻抗计算公式。皱纹管外导体同轴电缆的电感 L (H/m) 可用下式计算

$$L=4.6\times10^{-7}\lg\frac{D_m}{d} \qquad (3\text{-}4\text{-}137)$$

式中　$D_m=D_i+\delta$ 表示皱纹外导体的平均直径；D_i 及 δ 的意义见图 3-4-25。

皱纹管外导体同轴电缆的电容可看成皱纹波峰处的电容 C_2 和皱纹波谷处的电容 C_1 的算术平均值，即

$$C=\frac{1}{2}(C_1+C_2) \qquad (3\text{-}4\text{-}138)$$

波谷处的电容 C_1 (μF/m) 为

$$C_1=\frac{24.13\varepsilon_D}{\lg\dfrac{D_i}{d}}\times10^{-6} \qquad (3\text{-}4\text{-}139)$$

式中　ε_D——为皱纹波谷之下部分的等效介电常数。

波峰处电容 C_2 可按下式计算

$$\frac{1}{C_2}=\frac{1}{C_1}+\frac{1}{24.13}\lg\frac{D_i+2\delta}{D_i} \qquad (3\text{-}4\text{-}140)$$

计算出电感与电容后，其波阻抗可从公式 $Z_c=\sqrt{\dfrac{L}{C}}$ 来求出。

② 利用等效直径计算：如图 3-4-25 所示，在单位长度 dx 上，电容公式为

$$C_x=\frac{55.56\varepsilon}{\ln\left(\dfrac{y}{d/2}\right)}\mathrm{d}x \qquad (3\text{-}4\text{-}141)$$

长度为 $h/2$ 的一段电缆的总电容为

$$C=\int_0^{h/2}\frac{55.56\varepsilon}{\ln(2y/d)}\mathrm{d}x=\int_0^{h/2}\frac{55.56\varepsilon}{\ln\left(\dfrac{2f(x)}{d}\right)}\mathrm{d}x \qquad (3\text{-}4\text{-}142)$$

假定用内径为 D_c 的光滑管状外导体来代替该段皱纹管外导体，则两者的电容应相等，即

$$\int_0^{h/2}\frac{55.56\varepsilon}{\ln\left(\dfrac{2f(x)}{d}\right)}\mathrm{d}x=\frac{h}{2}\cdot\frac{55.56\varepsilon}{\ln\dfrac{D_c}{d}} \qquad (3\text{-}4\text{-}143)$$

因此，电容等效直径为

$$D_c=d\cdot\exp\left[\frac{h}{2\displaystyle\int_0^{h/2}\frac{\mathrm{d}x}{\ln\dfrac{2f(x)}{d}}}\right] \qquad (3\text{-}4\text{-}144)$$

这是皱纹外导体电容等效直径的一般公式，如果皱纹的波形为正弦形，则有

$$2f(x)=\overline{D}-\delta\cos(2\pi/h) \qquad (3\text{-}4\text{-}145)$$

如果已知皱纹管的具体参数，即可用以上两公式求出电容等效直径 D_c。同理，对于电感可求出皱纹管的电感等效直径为

$$D_L = d \cdot \exp\left[\frac{2}{h}\int_0^{h/2} \ln\frac{2f(x)}{d}dx\right] \tag{3-4-146}$$

如果求出 D_c、D_L，则电容、电感不难求出，阻抗也方便地求出。

③ 利用算术平均直径来计算：工程设计中可使用算术平均直径来计算。皱纹计算直径为算术平均直径为

$$D_e = D_i + \delta \tag{3-4-147}$$

皱纹外导体电缆的阻抗为

$$Z_c = \frac{60}{\sqrt{\varepsilon_e}} \ln\frac{D_e}{d} = \frac{138}{\sqrt{\varepsilon_e}} \lg\frac{D_e}{d} \tag{3-4-148}$$

式中，等效介电常数 ε_e 可根据下式计算：

$$\varepsilon_e = k\varepsilon'_e \tag{3-4-149}$$

式中 ε'_e——皱纹波谷之下的介质的介电常数；

k——皱纹系数，可取1.05～1.15，与皱纹深度有关。

3）低频下的阻抗公式。上面已经提到，式(3-4-41）是阻抗的高频简化公式，它是忽略电阻 R 以及内电感 L_i 而得出的（绝缘电导一般总是可以忽略）。

但是在低的射频下，例如100kHz以下，导体电阻和内电感不再可以忽略。如果设计用作绝对阻抗标准的同轴线，则在几百兆赫下也不可忽略电阻及内电感对于阻抗的影响。

在这种情况下，应该用下式来计算特性阻抗：

$$Z_c = Z_{c\infty} + \Delta Z_c(1-j) \tag{3-4-150}$$

式中 $Z_{c\infty}$——无穷大频率下的阻抗，它可用式(3-4-41）来计算。而 ΔZ_c 的公式为

$$\Delta Z_c = \frac{RZ_{c\infty}}{2\omega L_0} = \frac{1.98\times 10^3}{\sqrt{\varepsilon f}}\left(\frac{K_1}{d} + \frac{K_2}{D}\right) \tag{3-4-151}$$

式中 R——同轴线的高频电阻；

L_0——同轴线内外导体之间的电感；

f——频率（Hz）；

d，D——内导体外径和外导体内径（mm）；

K_1、K_2——内、外导体的电阻系数，即 $K_1 = \sqrt{\rho_1/\rho_0}$，$K_2 = \sqrt{\rho_2/\rho_0}$；

ρ_1、ρ_2——内、外导体的电阻率；

ρ_0——标准软铜的电阻率，为 $1.724\times 10^{-6}\ \Omega\cdot\mathrm{cm}$；

ε——绝缘的等效相对介电常数。

式（3-4-150）所示特性阻抗的一般公式也可表示成如下形式：

$$Z_c = Z_{c\infty} + \frac{B}{\sqrt{f}}(1-j) \tag{3-4-152}$$

式中 $B = (18.32\alpha_1)/C$；

α_1——电缆在1MHz下的衰减（dB/km）；

C——电缆的电容（nF/km）；

f——工作频率（MHz）。

（2）衰减 与波阻抗情况相同，当内、外导体不是理想的圆柱体结构时，衰减公式必须引入相应的修正系数。

1）当内导体为绞合内导体，外导体为编织时，并且内外导体的电阻率分别为 ρ_1 和 ρ_2，则衰减公式如下：

$$\alpha = \frac{2.61\sqrt{f\varepsilon_D}\times 10^{-6}}{\lg\dfrac{D+1.5d_w}{K_1 d}}\left(\frac{K_2K_{\rho 1}}{d} + \frac{K_bK_{\rho 2}}{D}\right) + 9.10f\sqrt{\varepsilon_D}\,\mathrm{tg}\delta_D\times 10^{-8} \tag{3-4-153}$$

式中 α——衰减常数（dB/m）；

K_1——内导体有效直径系数，一般取 $K_1 = 1.25$；

K_2——内导体衰减的绞线系数（见表3-4-26）；

K_b——外导体为编织时引起射频电阻增大的编织效应系数，见图3-4-26；

$K_{\rho 1}$——内导体相对于国际标准软铜的射频电阻增大或减小的系数；

$K_{\rho 2}$——外导体相对于国际标准软铜的射频电阻增大或减小的系数；

d_w——编织用导线直径（mm）。

当内外导体不是标准软铜，而是其他金属材料时，其衰减增大或减小的系数 K_ρ 值及相应材料的电阻率列于表3-4-27。

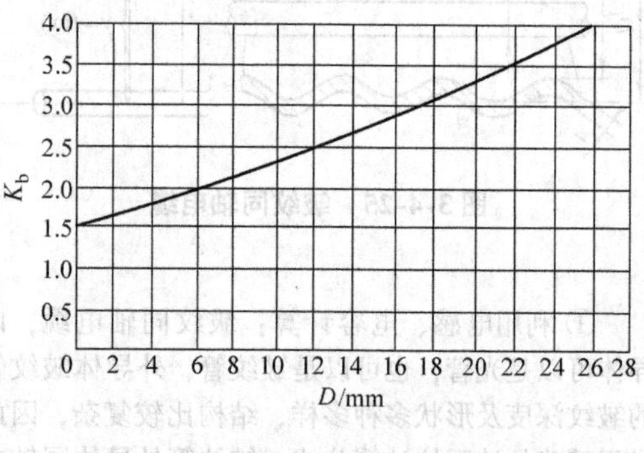

图3-4-26 编织效应系数 K_b 与电缆绝缘外径的关系曲线

表 3-4-27 常用金属材料的电阻率及系数 K_ρ

金属材料	密度/(g/cm³)	电导率百分比(%)	电阻率 ρ/μΩ·cm	$\frac{\rho}{\rho_0}$	系数 $K_\rho=\sqrt{\frac{\rho}{\rho_0}}$
银	10.50	104	1.66	0.97	0.98
铜(软)	8.89	100	1.7241	1.00	1.00
铜(硬)	8.89	96	1.79	1.04	1.02
铬铜	8.89	84	2.05	1.19	1.09
镉铜	8.94	79	2.18	1.27	1.13
铝	2.70	61	2.83	1.64	1.28
镀铜(软)	8.23	50	3.45	2.00	1.41
锌	7.05	28	6.10	3.55	1.88
镍	8.9	18	9.59	5.56	2.36
锡	7.30	15	11.5	6.67	2.58
低碳钢	7.80	15	11.5	6.67	2.58
铅	11.40	8.3	20.8	12.10	3.48
不锈钢	7.90	2.5	69	40	6.33

注：ρ_0为国际标准软铜的电阻率，即$\rho_0=1.7241\ \mu\Omega\cdot cm$。

2）当内外导体为皱纹管结构时，衰减计算公式为

$$\alpha=\frac{2.61\sqrt{f\varepsilon_D}\times10^{-6}}{\lg\frac{D_e}{d_e}}\left(\frac{K_{e1}}{d_e}+\frac{K_{e2}}{D_e}\right)+9.10\times10^{-8}f\sqrt{\varepsilon_D}\tan\delta_D \quad (3\text{-}4\text{-}154)$$

式中 α——衰减常数（dB/m）；

d_e——皱纹管内导体的等效直径，$d_e=d_0-\delta_1$；

D_e——皱纹管外导体的等效直径，$D_e=D_i-\delta_2$；

d_0——皱纹管内导体的外径（mm）；

D_i——皱纹管外导体的内径（mm）；

δ_1——皱纹管内导体的轧纹深度（mm）；

δ_2——皱纹管外导体的轧纹深度（mm）；

K_{e1}、K_{e2}——分别为皱纹管内、外导体与光管相比，其高频电阻增大的系数。对于皱纹铜管K_{e1}（或K_{e2}）=1.15～1.20，对于皱纹铝管K_{e1}（或K_{e2}）=1.47～1.54。

3）当导体是镀银、镀锡铜线或铜包钢线之类的双金属结构形式时，在很高的射频下，可以把它看成由表面层材料组成的单金属导体来处理，但是当表面层极薄时，或者使用频率太低时，表面层和内部金属层都会参与导电作用，此时双金属导体的电阻与表面层金属材料及其厚度、内部的金属材料以及使用频率都有关系。

双金属导体的材料系数可按下式计算：

$$K_\rho=\frac{1}{g_0}\cdot\frac{(S-S'+g_0)(1+g_0S)+(S+S'+g_0)S'g_0}{(1+g_0S)^2+S'^2g_0^2} \quad (3\text{-}4\text{-}155)$$

式中

$$g_0=\sqrt{\frac{\mu_1\rho_1}{\mu_2\rho_2}},\ S+jS'=\text{th}\left(\sqrt{\frac{j\omega\mu_2}{\rho_2}}t\right)$$

μ_1，ρ_1——基本金属的磁导率和电阻率

μ_2，ρ_2——材料的磁导率和电阻率

t——表面层厚度。

表 3-4-28 给出国际电工委员会推荐的镀锡铜线和铜包钢线的电阻系数 K_ρ 的计算值，计算时：铜的电导率为 58m/Ω·mm²，锡的电导率为 8.3m/Ω·mm²，钢的电导率为 8m/Ω·mm²。钢的相对磁导率为 200。表中 t 为镀锡层或铜包层的厚度(mm)，f为使用频率（MHz）。

表 3-4-28 镀锡铜线和铜包钢线的电阻系数 K_ρ

镀锡铜线		铜包钢线	
$t\sqrt{f}$	K_ρ	$t\sqrt{f}$	K_ρ
0.01	1.01	0.005	11.04
0.02	1.03	0.010	6.06
0.03	1.06	0.015	4.16
0.04	1.11	0.020	3.17
0.06	1.25	0.025	2.57
0.08	1.44	0.030	2.16
0.10	1.67	0.035	1.87
0.12	1.91	0.040	1.65
0.15	2.24	0.050	1.35
0.18	2.46	0.060	1.16
0.20	2.60	0.070	1.04
≥0.25	2.70	0.080	1.00

4）当内导体是铜绞线，外导体为扁铜线绞合时，衰减公式为

$$\alpha_R=\frac{2.61\times10^{-3}\sqrt{f\varepsilon}}{\lg\frac{D}{K_1d}}\left(\frac{K_S}{d}+\frac{K_2}{D}\right)+9.10\times10^{-8}f\sqrt{\varepsilon_D}\tan\delta_D \quad (3\text{-}4\text{-}156)$$

式中 K_2——扁线绞合引起的电阻增大系数，一般可取 1.07～1.10。

(3) 电容 当电缆的内外导体不是理想圆柱体，而且绝缘为组合形式时，电容 C（μF/m）的计算公式为

$$C=\frac{24.13\varepsilon_D}{\lg\frac{D_e}{d_e}}\times10^{-4} \quad (3\text{-}4\text{-}157)$$

式中 ε_D——绝缘的等效相对介电常数；

D_e——外导体的等效直径（mm）；

d_e——内导体的等效直径（mm）。

对于绞线内导体，$d_e = K_1 d$，K_1为有效直径系数（可查表3-4-26），d为内导体直径（mm）。对于编织外导体，$D_e = D + 1.5d_w$，D为外导体内径（mm），d_w为编织导线直径（mm）。

对于皱纹内外导体同轴电缆，电容仍可用式（3-4-157）计算，但d_e及D_e应用皱纹内外导体的电容等效直径d_c及D_c来代替。

（4）工作电压 射频同轴电缆与干线通信电缆不同，它要传输较大的功率，施加的电压也较高。在较高的电压作用下，内导体表面具有最大的电场强度，因而内导体表面附近绝缘最容易产生电晕，进而导致击穿，因此必须对射频同轴电缆进行工作电压的计算。

当同轴射频同轴电缆的内外导体为理想圆柱体时，其容许工作电压U（kV）由下式确定

$$U = \frac{E_{max} d}{2} \ln \frac{D}{d} \qquad (3\text{-}4\text{-}158)$$

式中 E_{max}——最大允许工作场强（kV/mm）；

d——内导体外径（mm）；

D——外导体内径（mm）。

如果E_{max}用kV（峰值）/mm为单位，并且用常用对数来表示，则有

$$U = 1.15 E_{max} d \lg \frac{E}{d} \qquad (3\text{-}4\text{-}159)$$

式中，U的单位为kV（峰值）。

工作电压的有效值为

$$U = 0.814 E_{max} d \lg \frac{D}{d} \qquad (3\text{-}4\text{-}160)$$

式中，U的单位为kV（有效值）。

如果电缆内导体为绞线时，上式中还必须引入适当的系数，即

$$U = \frac{1.15}{K_3} E_{max} d \lg \frac{D}{K_1 d} \qquad (3\text{-}4\text{-}161)$$

式中 U——工作电压，它的单位是kV（峰值）；

K_1——内导体的有效直径系数；

K_3——电压梯度系数，它等于在相同的外加电压下粗糙导体表面上的最大电场强度和理想圆柱导体表面的电场强度之比（见表3-4-29）。

表3-4-29 电压梯度系数

导线根数	1	3	7	12	19	27	37
电压梯度系数K_3	1	1.459	1.408	1.403	1.397	1.396	1.395

对于各种电缆结构，用聚乙烯及聚四氟乙烯为绝缘介质时，最大允许工作场强E_{max}可按表3-4-30选取，表中数据为经验数据，而且考虑了足够的裕量。

表3-4-30 最大允许工作场强E_{max}

工作条件 \ 内导体与绝缘结构		实体绝缘或内导体上包有介质层的半空气绝缘		空气、半空气绝缘及氧化镁矿物绝缘
		单线内导体	绞合内导体	
E_{max}/（kV/mm）	直流	40	56	1.0
	脉冲	10	14	1.0
	射频	5	7	1.0

从表中可以看出，对于实体绝缘或内导体上包有介质层的半空气绝缘电缆中，绞合内导体所容许的最大电场强度要比单线高40%。因在绞合的情况下，聚乙烯介质和导线之间有更紧密的接触，在导体表面和聚乙烯之间不大可能有气泡，气泡只会夹在导线之间电场强度。

（5）波阻抗不均匀性及驻波

1）射频下波阻抗不均匀性的特点。射频同轴电缆在制造时，电缆的导体直径、绝缘外径总是或多或少地存在偏差，加之可能出现的绝缘偏心及绝缘的介电常数沿长度的变化，因此在实际的电缆线路上每一点的阻抗都不相等。电缆上任意一个截面上的波阻抗称为局部波阻抗Z_x。此时，由于沿线存在波阻抗不均匀性，即使终端匹配，其输入阻抗不再等于其匹配阻抗之值，这时输入阻抗的数值与频率、电缆长度有关。对于不均匀线路，必须引入一个"有效波阻抗"的概念。

根据国际电工委员会的标准，电缆的有效波阻抗Z_e定义为

$$Z_e = \sqrt{Z_0 \cdot Z_\infty} \qquad (3\text{-}4\text{-}162)$$

式中 Z_0——电缆终端短路时的输入阻抗；

Z_∞——电缆终端开路时的输入阻抗。

有效波阻抗的概念，通常用在较高的射频频率下，而在较低的频率下，一般采用平均波阻抗Z_m的概念。

平均波阻抗Z_m是沿线的所有局部波阻抗Z_x的算术平均值。因在低频下，每个不均匀性的长度只占波长的一小部分，在一个半波长的长度内会有很多不均匀点，不均匀性引起的反射在始端的叠加是算术叠加，因此在低频下有效波阻抗Z_e实质上就是沿线分布的许多局部波阻抗Z_x的算术平均值Z_m。但是在高频下，由于波长较短，在线路始端出现的总的反射波，不仅取决于沿线各点Z_x引起许多内部

反射波的大小，而且与它们之间的相位有关。因此，在高频下线路的有效波阻抗 Z_e 是许多内部局部波阻抗 Z_x 的几何相加。有效波阻抗 Z_e 与平均波阻抗 Z_m 不同，它对于频率的变化是非常敏感的，很小的频率变化，往往会引起 Z_e 的很大变化。

2）阻抗偏差、驻波系数和反射衰减内部不均匀性的大小可用有效波阻抗 Z_e 与额定波阻抗值之偏差表示，阻抗偏差越大，则反映内部不均匀性越大。

作为射频同轴电缆的内部不均匀性的指标，国际电工委员会曾提出规定，在 2300～3300MHz 的频段内，均匀地选取 20 个测试频率，测到的有效波阻抗与额定波阻抗的偏差的均方根值不应该大于额定波阻抗值的 3%。

射频同轴电缆也常采用电缆的输入驻波系数 S 作为内部不均匀性的指标。

驻波系数又叫作驻波比。如果电缆线路上有反射波，它与行波相互作用就会产生驻波，这时线上某些点的电压振幅为最大值 U_{max}，某些点的电压振幅为最小值 U_{min}。最大振幅与最小振幅之比，即 $S=\dfrac{U_{max}}{U_{min}}$ 称为驻波系数。驻波系数越大，表示线路上反射波成分越大，也即表示线路不均匀或线路终端失配较大。为控制电缆的不均匀性，要求一定长度的终端匹配的电缆在使用频段上的输入驻波系数 S 不超过某一规定的数值。

阻抗偏差 ΔZ、驻波系数 S 与反射系数 P 之间可以相互换算，其公式为

$$S=\frac{1+P}{1-P}=\frac{2Z_c+\Delta Z}{2Z_c-\Delta Z} \tag{3-4-163}$$

式中　P——输入端反射系数。

$$S=\frac{S-P}{S+1}=\frac{\Delta Z}{Z_c+(Z_c+\Delta Z)}\approx\frac{\Delta Z}{2Z_c} \tag{3-4-164}$$

式中　ΔZ——有效波阻抗 Z_e 与额定波阻抗 Z_c 之间的偏差。

电缆中不均匀性的大小，也可用反射衰减来表示。反射系数的倒数的绝对值取对数，称为反射衰减 b_H。

$$b_H=\ln\left|\frac{1}{P}\right| \tag{3-4-165}$$

反射衰减越大，即反射系数越小，也就是驻波系数越小，即表示内部不均匀性越小。

（6）同轴电缆的相移

1）同轴电缆的相移常数公式。在射频条件下，同轴电缆的相移常数可用如下简化公式来计算：

$$\beta=\omega\sqrt{LC}=\frac{20}{3}\pi f\sqrt{\varepsilon_e}=1200f\sqrt{\varepsilon_e} \tag{3-4-166}$$

式中　f——频率（MHz）；

ε_e——则代表电缆的等效介电常数。

2）温度引起的相移变化。随着温度、压力等环境因素变化，而相位稳定不变的电缆通常称之为稳相电缆，如相控阵雷达、射电望远镜、卫星跟踪站等等特殊用途的同轴电缆。在环境因素中最主要的是温度的变化，环境温度的变化会引起电缆长度的变化及其介质材料介电常数的变化，从而引起电缆的相位变化。该变化可以是单调的，也可以是各异的。

温度引起的相位变化，可用相位温度系数变化率 $\dfrac{1}{\varphi}\dfrac{\mathrm{d}\varphi}{\mathrm{d}t}$（IEC 标准中称为 CT）来表示：

$$\frac{1}{\varphi}\frac{\mathrm{d}\varphi}{\mathrm{d}t}=\frac{1}{l}\frac{\mathrm{d}l}{\mathrm{d}t}+\frac{1}{2\varepsilon_e}\frac{\mathrm{d}\varepsilon_e}{\mathrm{d}t} \tag{3-4-167}$$

$\dfrac{1}{l}\dfrac{\mathrm{d}l}{\mathrm{d}t}$ 为电缆机械长度的热胀冷缩引起的相位变化，一般为正值，通常由金属导体的线膨胀系数决定。当电缆的内、外导体材料不同时，电缆的线胀系数可按下式确定：

$$\frac{1}{l}\frac{\mathrm{d}l}{\mathrm{d}t}=\frac{S_1E_1\alpha_1+S_2E_2\alpha_2}{S_1E_1+S_2E_2} \tag{3-4-168}$$

式中　S_1——内导体的截面积；

S_2——外导体的截面积；

E_1——内导体材料的杨氏模量；

E_2——外导体材料的杨氏模量；

α_1——内导体的线胀系数；

α_2——外导体的线胀系数。

$\dfrac{1}{2\varepsilon_e}\dfrac{\mathrm{d}\varepsilon_e}{\mathrm{d}t}$ 为介质等效介电常数的变化，一般为负值，取决于介质材料的线胀系数以及绝缘层的结构。如对于聚乙烯或聚四氟乙烯之类的非极性介质，其介电常数随温度升高而下降，其计算公式为

$$\frac{1}{\varepsilon}\frac{\mathrm{d}\varepsilon}{\mathrm{d}t}=\frac{(\varepsilon-1)(\varepsilon+2)}{\varepsilon}\alpha_\varepsilon \tag{3-4-169}$$

式中　α_ε——介质材料的线胀系数。

但对于空气绝缘电缆，其等效介电常数的变化不仅取决于介质材料的介电常数随温度的变化，而且还取决于空气的介电常数的变化以及空气绝缘电缆的具体结构形式。

电缆的温度相位稳定性也可用相位温度系数 η_T（PPM）表示。在规定的频率下，相位温度系数 η_T 为

$$PPM = \frac{\phi_t - \phi_{t0}}{\phi_{t0}} \times 10^6 \quad (3\text{-}4\text{-}170)$$

式中 ϕ_t——在规定的温度点处电缆的相位值；

ϕ_{t0}——室温 t_0（通常为25℃）时电缆的相位值。相位温度系数 η_T 为相对值，可用 PPM 来表示。PPM 的意义为百万分之一。

测量温度范围内各个温度点处电缆的相位，根据 PPM 的公式计算出 η_T（PPM），可画出 η_T（PPM）$-T$（℃）曲线。该电缆相位在该规定的温度范围内随温度变化的稳定程度表示为

$$|\Delta\eta|_{max} = |\eta_{max} - \eta_{min}| \quad (3\text{-}4\text{-}171)$$

式中 η_{max}、η_{min}——曲线图上的最大值和最小值。

$|\eta_{max} - \eta_{min}|$ 差值越小则意味着电缆相位随温度变化越小。图 3-2-27 为泡沫 PE、泡沫 TPX、微孔 F－4 三种不同绝缘 1/4″皱纹外导体电缆的 η_T（PPM）$-T$（℃）的曲线图。

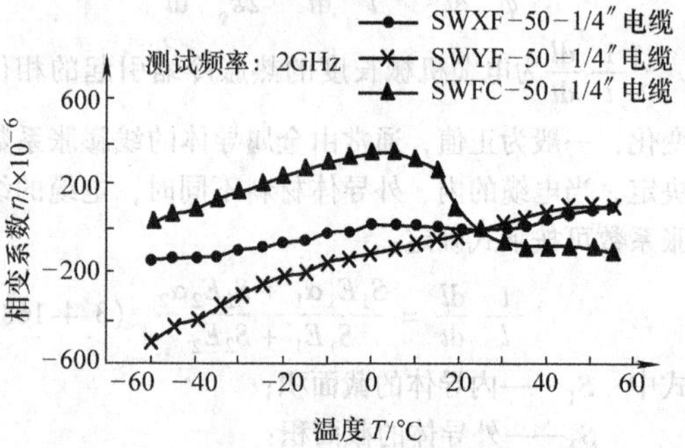

图 3-4-27 电缆的 η_T（PPM）$-T$（℃）的曲线图

3）弯曲、扭转、冲击引起的机械相位变化。受弯曲扭转力的影响，产生的相位变化为机械相移变化。它取决于电缆的结构稳定性。反复弯曲、扭转等机械应力的长期作用会造成内导体和外导本的机械硬化作用，使电缆的物理长度发生变化，从而引起相位的变化，外导体结构以及电缆分之间在弯曲等机械应力作用下发生尺寸变化或位移也会导致电缆的相位变化，因此稳相的射频同轴电缆必须采用特殊的设计和结构形式，其内导体、绝缘、外导体结构应在弯曲时保持稳定，而且相互之间能结合紧密，从而保持电缆的结构稳定性以达到相位不随弯曲、冲击、转等机械应力的变化的目的。

4）相位一致性。一组机械长度相同的电缆组件具有相同的相位（电长度）称之为相位匹配。相位匹配又可分为绝对匹配和相对匹配。绝对相位匹配是指该组电缆组件中每一根在某一规定频率下的总相位及其偏差符合规定的要求。相对相位匹配则只要求该组电缆组件在规定频率下相位的差值满足规定的要求。显然前者更为严格。可根据电缆的使用场合来选定考核指标。

电缆结构尺寸和材料差异，导致相同机械长度电缆电长度的不一致。一组机械长度相同的电缆组件，通过配相的手段达到电长度一致（在公差范围内），称为调相。

（7）同轴电缆的延迟时间 信号沿着同轴电缆传输时，其单位长度上的延迟时间可按下式计算：

$$T = \sqrt{LC} = \frac{1}{V} = \frac{\sqrt{\varepsilon_e}}{3 \times 10^8} \quad (3\text{-}4\text{-}172)$$

式中 ε_e——电缆的等效介电常数。

从上式可见，同轴电缆用作延迟线使用，其延迟时间与电缆尺寸无关，仅仅取决于介质的介电常数。表 3-4-31 列出了常用的射频同轴电缆的延迟时间。

表 3-4-31 各种电缆的延迟时间

电缆种类	等效介电常数 ε_e	延迟时间/（ns/m）
实心聚乙烯	2.28	5
聚四氟乙烯	2.10	4.8
泡沫聚乙烯	1.50	4
聚乙烯空气绝缘	1.10	3.5

（8）屏蔽特性 转移阻抗是评价射频同轴电缆屏蔽性能的一种常用指标。它又可称为耦合阻抗，转移阻抗的大小是由屏蔽层一个表面上流通的电流 I 与该电流在另一表面上引起的电压 V_T 决定，数值为

$$Z_T = \frac{V_T}{I} \quad (3\text{-}4\text{-}173)$$

转移阻抗的物理概念如图 3-4-28 所示。由于转移阻抗的大小可衡量屏蔽效率的好坏，故屏蔽质量越好，其转移阻抗 Z_T 值就越低。

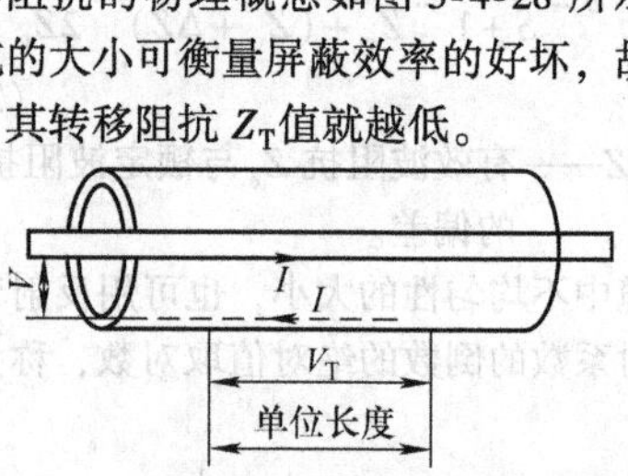

图 3-4-28 转移阻抗

转移阻抗 Z_T 与屏蔽系数 S 之间有以下关系：

$$S = \frac{Z_T}{Z_b} \quad (3\text{-}4\text{-}174)$$

式中 Z_b——$R_b + j\omega L_b$ 外导体阻抗；

R_b——外导体的高频电阻；

L_b——外导体的内电感。

1）薄壁管状导体的转移阻抗公式如下：

$$Z_T=\frac{\sqrt{j}K_\rho}{2\pi\sqrt{bc}}\frac{1}{\mathrm{sh}(\sqrt{j}Kt)} \quad (3\text{-}4\text{-}175)$$

式中　b、c——外导体管的内、外半径；

t——$t=c-b$ 代表壁厚；

ρ——管子的电阻率；

K 为涡流系数，即

$$K=\sqrt{\frac{\omega\mu}{\rho}} \quad (3\text{-}4\text{-}176)$$

式中　ρ——外导体材料的导磁率。

2）双金属管外导体的转移阻抗公式如下：

$$Z_T=\frac{\sqrt{j}K_2\rho_2}{\pi(D+t_1+t_2)}\frac{1}{\mathrm{ch}\sqrt{j}K_1t_1\cdot\mathrm{sh}\sqrt{j}K_2t_2+\sqrt{\frac{\mu_2\rho_2}{\mu_1\rho_1}}\mathrm{sh}\sqrt{j}K_1t_1\cdot\mathrm{ch}\sqrt{j}K_2t_2} \quad (3\text{-}4\text{-}177)$$

式中　涡流系数 $K_1=\sqrt{\frac{\mu_1\omega}{\rho_1}}$，$K_2=\sqrt{\frac{\mu_2\omega}{\rho_2}}$

3）螺旋绕包外导体的转移阻抗公式为

$$Z_T=Z'_T+\left(Z_b+j\frac{\omega\mu_0}{4\pi}\right)\cot^2\alpha \quad (3\text{-}4\text{-}178)$$

式中　Z_T——一层绕包带制成的管子的转移阻抗；

Z'_T——实心管子的转移阻抗；

Z_b——实心管子的本身阻抗；

α——带子绕包方向与垂直于电缆轴线的方向之间的夹角；

μ_0——$\mu_0=4\pi\times10^{-7}\mathrm{H/m}$。

一层带子螺旋绕包屏蔽，其转移阻抗一开始按均匀管子的 Z_T 规律下降，然后由于螺旋管的轴向磁场作用而急剧上升，因此在高频下这种屏蔽结构的性能是很差的。

4）编织外导体的转移阻抗。金属导线编织外导体是射频同轴电缆最常见的屏蔽形式，它具有较好的柔软性，保证电缆可用于移动或要求反复弯曲的使用条件下。

对于编织屏蔽的转移阻抗，人们已经进行了大量的实验研究工作，编织的转移阻抗随频率升高而增大的原因大体上是以下几个因素引起的：编织导线的电感；编织层孔隙引起编织层内外之间的直接耦合；通常编织层中的最低电阻路径是沿着各根导线，它与内导体之间的距离是忽近忽远地交替变化的，这一作用使电流趋向于内导体的趋肤效应受到削弱；编织导线的螺旋路径，使两个相反的编织线之间产生耦合作用。

根据文献资料介绍，编织外导体的转移阻抗可按下式计算：

$$Z_T=\frac{2}{\pi^2 gFD}\left[\frac{K}{\mathrm{sh}(Kd_w)}+K\mathrm{ch}(Kd_w)\tan^2\beta\right]+$$

$$j\frac{\omega\pi\mu_0}{6n}\left[1-2F_{eq}+F_{eq}^2\right]^{3/2}\theta_m \quad (3\text{-}4\text{-}179)$$

式中　$D=D_i+2d_w$；

$F=\frac{Nnd_w}{2\pi D\cos\beta}$；

$K=\sqrt{j\omega\mu g}=\frac{1+j}{\delta}$；

$F_{eq}=\zeta F$；

$\theta_m=0.66\beta^2-0.11\beta+1$；

D_i——编织内径；

d_w——编织单线直径；

g——电导率；

F——充满系数；

N——每锭中导线根数；

n——锭数；

β——编织角（编织线与电缆轴线之间的夹角，以弧度为单位代入）；

K——涡流系数；

δ——集肤深度；

ζ——系数取 1.0～1.2。

在一般情况下，裸铜线单层编织的屏蔽性能或许可以满足要求，但在屏蔽要求更高的场合下往往要求用单层镀银铜线编织或双层及多层裸铜线或镀银铜线编织，表 3-4-32 列出了 50～200MHz 频带内各种编织结构的屏蔽衰减。当使用频率更高时，屏蔽衰减值减小，在 10kMHz 下可达低频下的 50% 左右，单层与双层编织屏蔽之间的改善也减少 50% 左右。

表 3-4-32　网轴电缆的屏蔽衰减

外导体结构		平均屏蔽衰减/dB	比单层裸铜线之改进/dB
圆线编织	单层裸铜线	34	0
	双层裸铜线	62	28
	三层裸铜线	76	42
	单层镀银铜线	40	6
	双层镀银铜线	69	35
扁线编织	单层裸铜扁线	53	19
	双层裸铜扁线	72	38
	三层裸铜扁线	79	45
	双层镀银扁线	72	38

多层编织屏蔽可以大大改善屏蔽性能，如果各层编织相互绝缘时，其屏蔽性能还可以进一步改进。如果在双层铜线编织之间加一层钢丝编织，则其20MHz以下的低频屏蔽特性可以有显著改进。但是多层编织结构的制造成本高，因此只是在屏蔽性能要求特别高的使用场合才考虑应用。

4.8.4 对称射频电缆的设计计算

1. 对称射频电缆的结构

对称射频电缆的结构与一般对称电缆基本相似，柔软性有要求时可采用聚乙烯与聚异丁烯的混合物，耐热对称射频电缆的绝缘可采用聚四氟乙烯及聚全氟乙丙烯。绝缘可制成实体形式，也可以制成半空气绝缘形式。

两根绝缘线芯可以平行放置或相互绞合以组成电缆芯。

对称射频电缆有无屏蔽及有屏蔽两种形式，对称屏蔽电缆又制成总屏蔽形式，以及每一绝缘线芯各自屏蔽后再加总屏蔽的两种形式。后一种电缆也称为双屏蔽电缆。为了增强屏蔽效果，可采用双层屏蔽结构。

2. 对称射频电缆的参数计算

(1) 直流电阻 射频对称电缆通常有直流电阻的要求，其回路直流电阻 R_0（Ω/km）可按下式计算

$$R_0 = \frac{8000\rho}{\pi d^2} \tag{3-4-180}$$

式中 d——导电线芯的直径（mm）；

ρ——导电线芯的电阻率（$\Omega \cdot mm^2/m$）。

对于软铜线，可取 $\rho = 0.0175\Omega \cdot mm^2/m$，铝线可取 $\rho = 0.0283\Omega \cdot mm^2/m$，钢线可取 $\rho = 0.139\Omega \cdot mm^2/m$，其他材料可见表3-4-27。

绞线导体制成的对称电缆，或多对对称电缆中的对称线对，必须考虑导体绞合及线对扭绞、成缆的影响，此时 R_0（Ω/km）可用下式计算：

$$R_0 = K_\lambda \frac{8000\rho}{\pi d^2} \tag{3-4-181}$$

式中 K_λ——寻电线芯的总的绞合系数，可按下式计算

$$K_\lambda = K_{\lambda1} \cdot K_{\lambda2} \cdot K_{\lambda3} \tag{3-4-182}$$

式中 $K_{\lambda1}$——导电线芯的绞合系数；

$K_{\lambda2}$——对称线对的扭绞系数；

$K_{\lambda3}$——对称电缆的成缆系数。

$$K_{\lambda1,2,3} = \sqrt{1 + \left(\frac{\pi\overline{D}}{h}\right)^2} \tag{3-4-183}$$

式中 h——绞合节距（或扭绞节距、成缆节距）；

$\overline{D}$——绞合层平均直径（或扭绞的平均直径、成缆的平均直径）。

对于屏蔽对称电缆，有时需计算屏蔽层的直流电阻，对于金属箔纵包屏蔽结构，其直流电阻 R_{0s}（Ω/km）可按下式计算：

$$R_{0s} = \frac{1000\rho_s}{b \cdot t} \tag{3-4-184}$$

式中 ρ_s——屏蔽用金属箔的电阻率（$\Omega \cdot mm^2/m$）；

b——屏蔽用金属箔的宽度（mm）；

t——屏蔽用金属箔的厚度（mm）。

对于金属箔绕包屏蔽结构，其直流电阻 R_{0s}（Ω/km）为

$$R_{0s} = \frac{1000\rho_s}{b \cdot t} \cdot K_h \tag{3-4-185}$$

式中 K_h——绕包系数，可按下式计算：

$$K_h = \sqrt{1 + \left(\frac{\pi\overline{D}}{h}\right)^2} \tag{3-4-186}$$

式中 $\overline{D}$、h——分别为金属箔绕包层的平均直径和节距。

对于编织形式的屏蔽结构，直流电阻 R_{0B}（Ω/km)为

$$R_{0B} = \frac{4000\rho_B K_0}{mn\pi d_w^2}\sqrt{1 + \left(\frac{\pi\overline{D}}{h}\right)^2} \tag{3-4-187}$$

式中 ρ_B——编织用导线的电阻率（$\Omega \cdot mm^2/m$）；

n——编织层每锭导线根数；

m——编织锭数；

d_w——编织用导线直径；

K_0——编织的直流电阻系数，可按下式计算：

$$K_0 = \sqrt{1 + \left[\frac{\pi(D + 225d_w)}{h}\right]^2} \tag{3-4-188}$$

式中 h——编织的节距（mm）；

D——编织前的线芯直径（mm）。

(2) 电容 电容是对称电缆的重要指标，通常希望电缆有尽可能低的电容，这对于改善其高频传输特性以及数字脉冲传输特性十分有利。

无屏蔽对称电缆（UTP）的电容 C（F/m）可按下式计算

$$C = \frac{\varepsilon_e \times 10^{-9}}{36\ln\frac{2a-d}{d}} \tag{3-4-189}$$

式中 a——两导体的中心距（mm）；

d——中心导体的直径（mm）；

ε_e——绝缘的等效介电常数。

式（3-4-189）适用于两导体相互平行，并且周围无其他线对的理想情况。

对于多对结构的对称电缆，应考虑线对扭绞的影响以及邻近线对的影响等因素，其电容计算公式与式（3-4-189）相同。

(3) 特性阻抗　射频对称电缆的特性阻抗 $Z_c(\Omega)$，可按高频简化公式 $Z_c=\sqrt{L/C}$，由一次参数电感（L）和电容（C）求出。

对于无屏蔽对称电缆，有

$$Z_c=\frac{120}{\sqrt{\varepsilon_e}}\ln\frac{2a-d}{d}=\frac{276}{\sqrt{\varepsilon_e}}\lg\frac{2a-d}{d} \quad (3\text{-}4\text{-}190)$$

对于屏蔽对称电缆有

$$Z_c=\frac{120}{\sqrt{\varepsilon_e}}\ln\left(\frac{2a}{d}\cdot\frac{D_s^2-a^2}{D_s^2+a^2}\right)=\frac{276}{\sqrt{\varepsilon_e}}\lg\left(\frac{2a}{d}\cdot\frac{D_s^2-a^2}{D_s^2+a^2}\right) \quad (3\text{-}4\text{-}191)$$

式中　a，d，D 的意义见上节电容公式的讨论。

当对称电缆的中心导体是绞线结构，屏蔽为编织结构时，上两式应修正为下式

$$Z_c=\frac{276}{\sqrt{\varepsilon_e}}\lg\frac{2a-d_e}{d_e} \quad (3\text{-}4\text{-}192)$$

$$Z_c=\frac{276}{K_3\sqrt{\varepsilon_e}}\lg\left(\frac{2a}{d_e}\cdot\frac{D_s^2-a^2}{D_s^2+a^2}\right) \quad (3\text{-}4\text{-}193)$$

式中　$d_e=K_1d$，绞线系数 K_1 按表3-4-26选用，而 K_3 表示编织影响的经验修正系数，可取

$$K_3=0.98\sim0.99 \quad (3\text{-}4\text{-}194)$$

(4) 衰减常数　对称电缆在射频下的衰减常数 α（dB/m）可按高频简化公式如下计算

对于无屏蔽对称电缆，有

$$\alpha=\frac{2.6\times10^{-6}\sqrt{\varepsilon_e f}}{\lg\dfrac{2a-d_e}{d_e}}\left(\frac{K_sK_{\rho1}}{d}+\frac{d}{2a^2}\right)+9.1\times10^{-8}f\sqrt{\varepsilon_e}\tan\delta_e \quad (3\text{-}4\text{-}195)$$

对于屏蔽对称电缆，有

$$\alpha=\frac{2.6\times10^{-6}\sqrt{\varepsilon_e f}K_3}{\lg\left(\dfrac{2aD_s^2-a^2}{d_eD_s^2+a^2}\right)}\left[\frac{K_sK_{\rho1}}{d}+\frac{d}{2a^2}\times\left(1-4\frac{a^2D_s^2K_{\rho2}K_B}{D_s^4-a^4}\right)+\frac{4a^2D_sK_{\rho2}K_B}{D_s^4-a^4}\right]+9.1\times10^{-8}f\sqrt{\varepsilon_e}\tan\delta_e \quad (3\text{-}4\text{-}196)$$

式中　f——频率（Hz）；

d_e——绞线导体的电气等效直径（mm）；$d_e=K_1d$，K_1 按表3-4-26选取；

d——绞线导体的外径（mm）；

D_s——屏蔽内径（mm）；

a——对称电缆导体的中心距（mm）；

ε_e——绝缘的等效介电常数；

$\tan\delta_e$——绝缘的等效介质损耗角正切；

$K_{\rho1}$——导体的射频电阻系数，按表3-4-27选取；

$K_{\rho2}$——屏蔽的射频电阻系数，按表3-4-27选取；

K_s——绞线导体的电阻系数，$K_s=1.25$；

K_B——编织屏蔽的电阻系数，$K_B=2.0$；

K_3——编织对阻抗影响的系数，$K_3=0.98\sim0.99$。

4.8.5　漏泄同轴电缆结构设计

漏泄同轴电缆中传输的电磁波由外导体的槽孔向外漏泄，除了电缆自身的结构尺寸及使用的频率外，其外导体槽孔形状及间隔决定了漏缆传输与辐射特性。漏泄同轴电缆按辐射特性分为下列两种主要形式：

1）辐射型：槽孔按使用波长大小而定的节距排列组合。辐射方向强、精合信号好，全向场强均匀，敷设环境影响小；但有不可用（衰减及驻波峰值）频率。典型结构有“八”字槽、“1”字槽、“U”形槽等。

2）非辐射型（耦合型）：连续槽孔。辐射方向性不强，距离较近；宽频带，场强不均匀；敷设环境影响大。

漏泄同轴电缆设计计算原则：所有的使用频段内应具有有效的传输距离（衰减）及良好的辐射特性（足够的耦合损耗及均匀全向辐射场强图）。

漏泄同轴电缆主要技术参数：特性阻抗、衰减、耦合损耗、驻波、辐射场强图、不可用频率（衰减及驻波峰值）。

技术参数影响因素：使用频率；电缆尺寸、绝缘介质；外导体槽孔形状、尺寸；槽孔节距。图3-4-29为典型多“八”字槽（双“八”字）结构形式，它的槽长 l、倾角 φ、节距 P、槽宽 Q、槽数 s/组，影响其传输与辐射特性。

下面以多“八”字槽漏缆设计为例进行说明。

1. 漏缆衰减

$$\alpha=\alpha_0+\alpha_\gamma \quad (3\text{-}4\text{-}197)$$

漏缆衰减 α 由电缆自身衰减（无槽孔时电缆衰

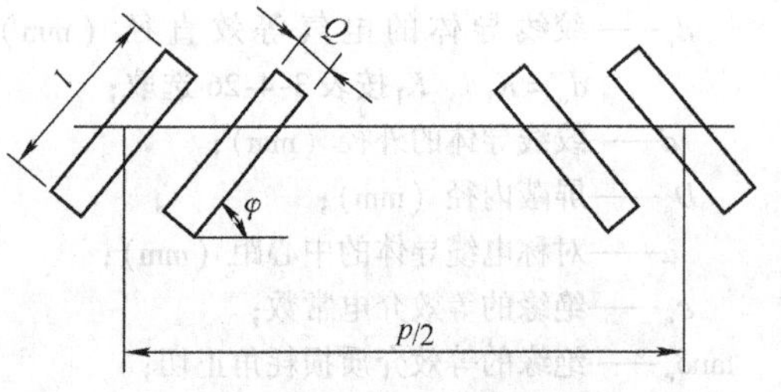

图 3-4-29 双“八”字槽漏泄同轴电缆槽孔的示意图

减）α_0及电缆辐射衰减 α_γ组成。“八”字槽漏泄同轴电缆辐射衰减 α_γ 与设定的耦合损耗 L_c、使用频率波长 λ、测试天线距离 r 有关，辐射衰减 α_γ 计算公式为

$$\lg\alpha_\gamma = [53.2 - 10\lg(\lambda^2/r) - L_c]/10 \tag{3-4-198}$$

电磁波辐射角 θ 计算式为

$$\cos\theta = \sqrt{\varepsilon} - \lambda/P \tag{3-4-199}$$

但当漏缆辐射角 θ 为 90°时，发生全辐射，衰减曲线以该频率为中心的频宽内产生一漏斗形衰减峰值，如图 3-4-30 所示。

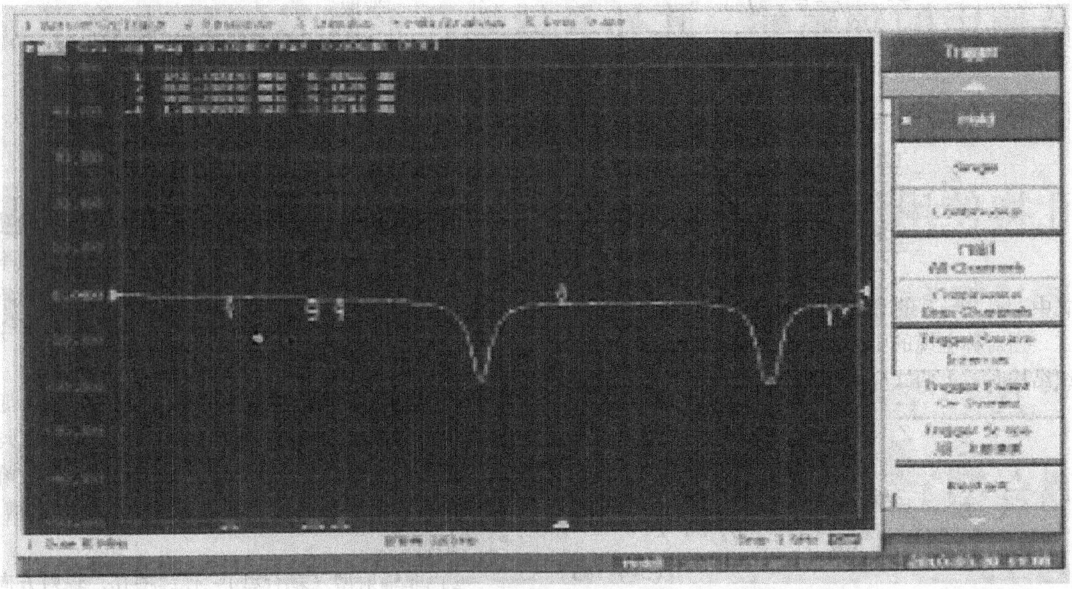

图 3-4-30 漏斗形衰减峰值

除了该中心频率外，漏泄同轴电缆漏斗形衰减峰值还有一个把相邻频率的衰减急剧拉大的频率带宽，频宽大小与“八”字槽槽孔结构中的槽孔长度 L、槽孔倾角 φ 有关。

2. 耦合损耗 L_c

漏泄同轴电缆的耦合损耗 L_c（dB）定义为

$$L_c = 10\lg(P_T/P_R) \tag{3-4-200}$$

式中 P_R——天线接受功率；

P_T——电缆输入功率。耦合损耗表征了漏缆向空间发射电磁波的辐寸特性，直接体现了无线信号强弱。L_c 与槽形、尺寸及使用频率、槽孔节距 P、辐射角 θ 有关。在单“八”字槽节距间可开多槽孔来拓宽使用频率和减小耦合损耗。

同轴电缆“八”字槽耦合损耗的计算式为

$$L_c = L_0 - 7.7 - 10\lg[(\lambda^2/P)\sin\theta] - \Delta L \tag{3-4-201}$$

式中 L_0——初始单“八”字槽孔耦合损耗，其与槽孔长度工、槽孔倾角及使用频率有关，可从工程经验数据制成的表中查得（见表 3-4-33）；

ΔL——多槽孔引起的耦合损耗减量，其与槽孔数有关，可由表 3-4-34 中查得；中间项与波长五、槽孔节距 P、辐射角 θ 有关。

由于移动物体天线与电缆槽孔方位多变及不确定和电缆敷设环境影响，单一的稿合损耗大小不能完全代表漏缆的电磁场辐射特性及移动体接受漏缆辐射场的效果。漏缆应具有均匀的类同全向天线辐射特性及对敷施环境影响不敏感的性能才有良好的使用效果。因此，捐合损耗指标还需列入沿电缆长度的 50%、95% 统计值的祸合损耗值及偶极子天线与电缆纵长成垂直、水平、径向三方向测得相合损耗及均值，垂直于电缆的圆周方向捐合损耗圆图等诸多指标，进行全面评定。

IEC 标准规定了漏泄同轴电缆稠合损耗测试方法，图 3-4-31 为通常使用的悬挂式方法的示意图。

表 3-4-33 不同频率 f 单“八”字槽孔耦合损耗 L_0 值

20lg ($L^2\sin 2Q$)	L_0/dB		
	150MHz	450MHz	860MHz
20	98	87	81
25	92	82	75
30	88	78	71
35	81	71	62
40	78	68	55
45	70	62	50

表 3-4-34 多槽孔结构参数

槽孔结构参数	多槽的槽孔数 S	
	2	3
槽孔节距 P_0	$P/6$①	$P/9$①
耦合损耗减量 ΔL/dB	5	8

① P 为单“八”字槽槽孔节距。

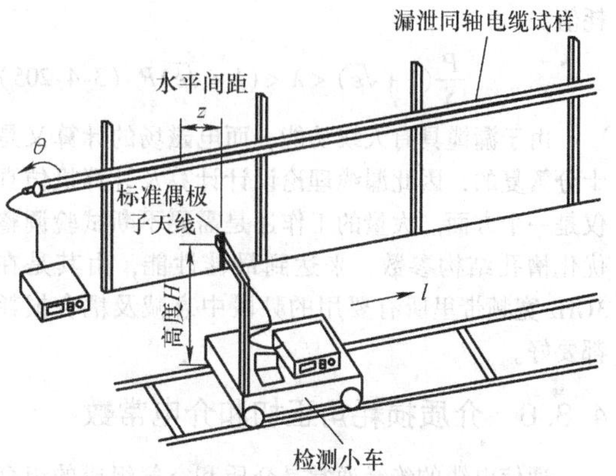

图 3-4-31 漏泄同轴电缆耦合损耗测试悬挂式方法示意图

耦合损耗均值计算式为

$$L_{均} = -10\lg\left[\frac{1}{3}\left(10^{\frac{-L_1}{10}} + 10^{\frac{-L_2}{10}} + 10^{\frac{-L_3}{10}}\right)\right] \tag{3-4-202}$$

式中 L_1、L_2、L_3——分别为检测偶极子天线与电缆垂直、水平、径向时测得的耦合损耗。图 3-4-32 两图为椭圆孔耦合型及三种辐射型槽孔漏缆圆周方向的耦合损耗圆图。

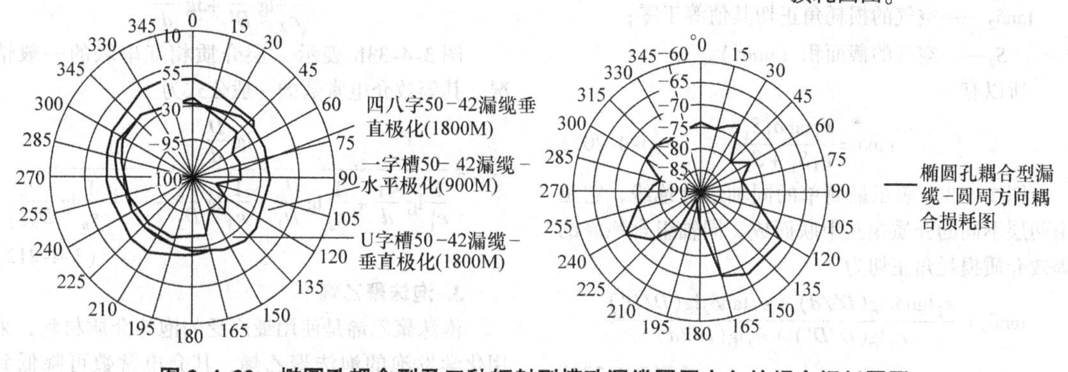

图 3-4-32 椭圆孔耦合型及三种辐射型槽孔漏缆圆周方向的耦合损耗圆图

3. 不可用频率（驻波峰值、衰减漏斗峰值）

辐射型漏缆槽孔设计原则是使所有的通信用频率范围里无驻波峰值、衰减漏斗（峰值）及合适的信号强度（祸合损耗）及衰减。多“八”字外导体槽孔节距、槽长、倾角及电缆绝缘的介电常数等参数均影响可用频率。

多“八”字槽漏缆驻波峰值频率：周期性开槽引起电缆结构尺寸的周期性不均匀产生驻波值。峰值频率为间隔频率 Δf 整数倍，Δf 计算式如下：

$$\Delta f = \frac{150}{P\sqrt{\varepsilon}} \tag{3-4-203}$$

多“八”字槽漏缆衰减峰值：当辐射角为 90° 时发生全辐射，产生衰减漏斗。其中频率 f_0 计算式为

$$f_0 = \frac{1500}{P(1+\sqrt{\varepsilon})} \tag{3-4-204}$$

多“八”字槽漏缆在式（3-4-204）所列波长 λ 频率范围内，仅辐射一种模式，得到均匀空间波，在这频率范围里均可得到理想的衰减及耦合损

耗值。

$$\frac{P}{S}(1+\sqrt{\varepsilon})<\lambda<(1+\sqrt{\varepsilon})P \quad (3\text{-}4\text{-}205)$$

由于漏缆具有天线功能，而电磁场的计算又是十分繁复的，因此漏缆理论设计计算及计算机仿真仅是一个方面。大量的工作还是需要不断试验调整优化槽孔结构参数，来达到最佳性能，由其是在3GHz宽频带里所有要用的频段中衰减及耦合损耗都要好。

4.8.6 介质损耗角正切和介电常数

通信电缆的绝缘通常是介质和空气组成的组合绝缘，上述所有通信电缆参数计算公式中的介质损耗角正切 $\tan\delta$ 和介电常数 ε 均是指组合绝缘的 $\tan\delta$ 和 ε，因此有必要介绍组合绝缘的介质损耗角和介电常数的计算方法。

1. 组合绝缘的介质损耗计算

计算公式如下：

$$\tan\delta=\frac{\varepsilon_1\tan\delta_1 S_1}{\varepsilon_1 S_1}+\frac{\varepsilon_2\tan\delta_2 S_2}{\varepsilon_2 S_2} \quad (3\text{-}4\text{-}206)$$

式中 ε_1——介质的介电常数；

$\tan\delta_1$——介质的损耗角正切；

S_1——介质的截面积（mm_2）；

ε_2——空气的介电常数等于1；

$\tan\delta_2$——空气的损耗角正切其值等于零；

S_2——空气的截面积（mm^2）。

所以有

$$\tan\delta=\frac{\varepsilon_1\tan\delta_1 S_1}{\varepsilon_1 S_1+S_2} \quad (3\text{-}4\text{-}207)$$

图3-4-33a表示最简单的同轴组合绝缘，它是由两层不同的介质相互串联而成。同轴组合绝缘的等效介质损耗角正切为

$$\tan\delta_e=\frac{\varepsilon_2\tan\delta_1\lg(D'/d)+\varepsilon_1\tan\delta_2\lg(D/D')}{\varepsilon_1\lg(D/D')+\varepsilon_2\lg(D'/d)} \quad (3\text{-}4\text{-}208)$$

图3-4-33b表示 n 层介质相互串联的一般情况，可以求出其等效介电常数的公式为

$$\tan\delta_e=\frac{\lg\frac{D_1}{d}\cdot\frac{\tan\delta_1}{\varepsilon_1}+\lg\frac{D_2}{D_1}\cdot\frac{\tan\delta_2}{\varepsilon_2}+\lg\frac{D_3}{D_2}\cdot\frac{\tan\delta_3}{\varepsilon_3}+\cdots+\lg\frac{D_n}{D_{n-1}}\cdot\frac{\tan\delta_n}{\varepsilon_n}}{\frac{1}{\varepsilon_1}\cdot\lg\frac{D_1}{d}+\frac{1}{\varepsilon_2}\cdot\lg\frac{D_2}{D_1}+\frac{1}{\varepsilon_3}\cdot\lg\frac{D_3}{D_2}+\cdots+\frac{1}{\varepsilon_n}\cdot\lg\frac{D_n}{D_{n-1}}} \quad (3\text{-}4\text{-}209)$$

2. 组合绝缘的介电常数计算

介质的介电常数都是相对空气的介电常数而言的，空气介电常数最小，其值等于1，其他介质的介电常数均大于1。一种介质和空气的组合绝缘的等效介电常数计算公式如下：

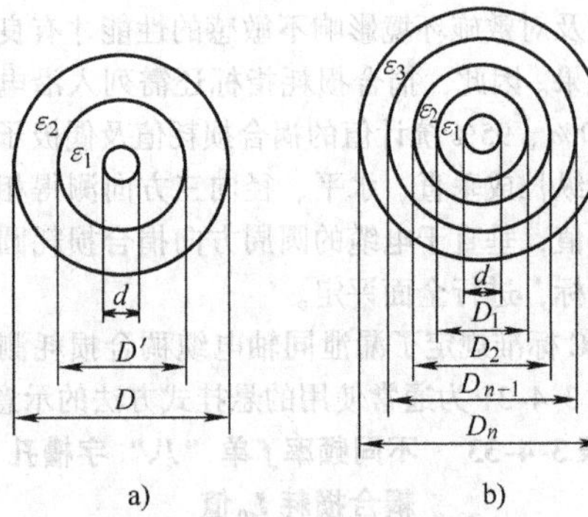

图3-4-33 同轴组合绝缘

$$\varepsilon=\frac{\varepsilon_1 S_1+\varepsilon_2 S_2}{S_1+S_2} \quad (3\text{-}4\text{-}210)$$

式中 ε_1、S_1——介质的介电常数和截面积；

ε_2、S_2——空气的介电常数和截面积。

图3-4-33a表示最简单的同轴组合绝缘，它是由两层不同的介质相互串联而成。根据电容等效的原理，可以求出其等效介电常数的公式为

$$\varepsilon_e=\frac{\varepsilon_1\lg\frac{D}{d}}{\frac{\varepsilon_1}{\varepsilon_2}\lg\frac{D}{D'}+\lg\frac{D'}{d}} \quad (3\text{-}4\text{-}211)$$

图3-4-33b表示 n 层介质相互串联的一般情况，其等效介电常数的一般公式为

$$\varepsilon_e=\frac{\lg\frac{D}{d}}{\frac{1}{\varepsilon_1}\lg\frac{D_1}{d}+\frac{1}{\varepsilon_2}\lg\frac{D_2}{D_1}+\frac{1}{\varepsilon_3}\lg\frac{D_3}{D_2}+\cdots+\frac{1}{\varepsilon_n}\lg\frac{D_n}{D_{n-1}}} \quad (3\text{-}4\text{-}212)$$

3. 泡沫聚乙烯

泡沫聚乙烯是使用最广泛的泡沫介质材料，采用化学发泡的泡沫聚乙烯，其介电常数可降低到1.55左右，如果采用气体发泡新工艺（亦称物理发泡），即在挤塑时将惰性气体注入熔化的聚乙烯来发泡，可以制得气泡尺寸极小的泡沫聚乙烯，其介电常数可低到1.20左右。由于不采用化学发泡剂，绝缘内不包含发泡剂残余，介质损耗几乎达到空气绝缘的水平，防潮密封性也很好，因此泡沫聚乙烯绝缘为先进绝缘形式。泡沫绝缘的等效介电常数计算公式如下，常用介质材料的介质耗损角正切及介电常数见表3-4-35。

泡沫绝缘是一种常用的半空气绝缘形式，其等效介电常数公式为

$$\varepsilon_e=\frac{2\varepsilon+1-2P(\varepsilon-1)}{2\varepsilon+1+P(\varepsilon-1)}\varepsilon \quad (3\text{-}4\text{-}213)$$

泡沫绝缘的等效介质损耗角正切为

$$\tan\delta_e=\tan\delta+\frac{2\varepsilon\tan\delta(1-P)}{2\varepsilon+1-2P(\varepsilon-1)}-\frac{\varepsilon\tan\delta(2+P)}{2\varepsilon+1+P(\varepsilon-1)} \quad (3\text{-}4\text{-}214)$$

式中 ε、$\tan\delta$——介质材料的介电常数；

P——发泡度，它表示泡沫介质内所有小气泡的体积与绝缘总体积之比。

发泡度 P 可以用下式确定

$$P=1-g_1/g_2 \quad (3\text{-}4\text{-}215)$$

式中 g_1——泡沫介质的密度；

g_2——介质材料的密度。

由于在发泡过程中加入了成核剂等添加物，造成了不确定因素，计算泡沫聚乙烯绝缘 $\tan\delta_e$ 时可设定为 $(0.5\sim1.0)\times10^{-4}$，微孔聚四氟乙烯可设定为 $(0.5\sim1.5)\times10^{-4}$。

表3-4-35 常用介质材料的特性

介质种类	介电常数（1MHz 下数据）	介质损耗角正切 $\tan\delta$
空气	1.00	0
物理发泡聚乙烯	1.20~1.30	<0.0001
化学发泡聚乙烯	1.50	0.0004
泡沫聚全氟乙丙烯	1.60	—
聚四氟乙烯	2.10	<0.0002
聚全氟乙丙烯	2.10	<0.0002
聚乙烯	2.28~2.35	0.0002~0.0005
丁基橡胶	2.37	—
聚苯乙烯	2.50	—
聚丙烯	2.55	0.0004
氟40	2.6	—
尼龙	3.00	—
硅橡胶	2.9~3.5	0.002~0.02
氧化镁	3.60	—
聚氯乙烯（软）	4.00	—
聚氯乙烯（硬）	4.60	—
橡胶	3.2~7.0①	0.008~0.050
聚氨酯	7.0	

① $f=1\text{kHz}$ 以下的数据。

第5章

对称通信电缆电气性能的测试

通信电缆各项电性能的测试是保证电缆产品质量极其重要的一环。因此，当电缆制成后，应对其电性能进行全面的测试。由于通信电缆的种类多，要求各异，所以须测试的项目也各有不同。随着电子技术的发展和通信电缆使用频带的加宽、使用范围的扩大，相应的通信电缆的测试方法也日益增多。

对称通信电缆主要的电性能测试项目包括：导线直流电阻、回路不平衡电阻测试；绝缘电阻和交、直流耐压测试；工作电容测试；电容耦合与电容不平衡测试；串音衰减及串音防卫度的测试；外部串扰的测试；阻抗的测试；回波及结构回波的测试；传播速度与相时延的测试；同轴对电缆电气性能的测试等。

其中导线直流电阻、绝缘电阻及耐压测试的原理及方法与其他产品相同，因此本章不再赘述。应用在较高频段（一般大于数GHz）且短段（长度为数米）使用的对称通信电缆（高速电子线，如USB、HDMI等）的电性能测试参见“第6章 高速电子线的电气性能测试”。本章只介绍应用频率较低（低于2GHz）、使用长度长的对称电缆的电性能测试。

试验的一般规定及定义：

1）型式试验 Type tests（代号T）：型式试验是制造厂在所提供的电缆的产品标准中规定的某一种电缆定型鉴定所进行的试验。型式试验的特点是，在产品型式试验做完之后一般不再重做，但在电线电缆所用材料、结构和主要工艺有了变更而影响电线电缆性能时，必须重新进行试验；在产品标准中另有规定时，如定期进行等，也应按规定重复进行。

2）例行试验 Routine tests（代号R）：例行试验是制造厂对全部成品电线电缆均要进行的试验。属于产品质量监测性的试验。

3）抽样试验 Sample tests（代号S）：抽样试验是制造厂按制造批量抽取部分完整的电线电缆并从其上切取试样或元件进行的抽查试验。

4）试验温度除有关标准另有规定外，试验都应在环境温度（即室温）下进行。

5.1 工作电容

本试验方法按照国家标准GB/T 5441—2016《通信电缆试验方法》中的“5.1 工作电容”测量制造长度通信电缆（包括同轴、对称）工作电容。

5.1.1 术语及定义

1. 平衡状态下对称电缆工作电容

平衡状态下对称电缆工作电容可通过平衡电桥直接测量获取（见图3-5-1），其定义为

$$C_m = C_{AB} + (C_{AG} \times C_{BG})/(C_{AG} + C_{BG}) \tag{3-5-1}$$

式中 C_m——线对工作电容（nF）；

C_{AB}——导体A与B间的电容（nF）；

C_{AG}——导体A与屏蔽及地间的电容（nF）；

C_{BG}——导体B与屏蔽及地间的电容（nF）。

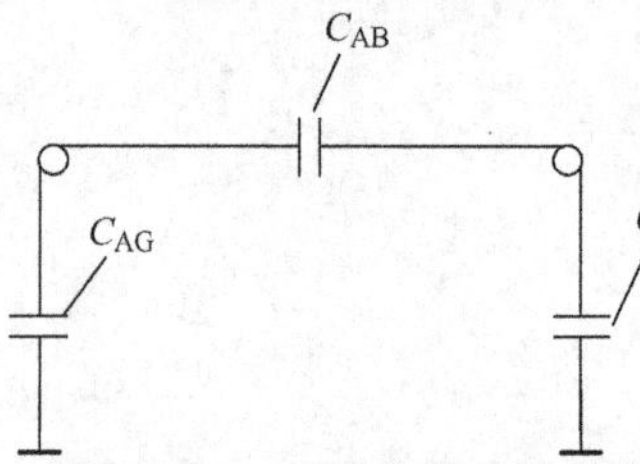

图3-5-1 对称电缆工作电容

2. 不平衡状态下对称电缆工作电容

不平衡状态下对称电缆工作电容定义为

$$C_m = \frac{C_1 + C_2}{2} - \frac{C_3}{4} - \frac{(C_1 - C_2)^2}{4C_3} \tag{3-5-2}$$

式中 C_m——线对工作电容（nF）；

C_1——导体A与B间的电容，导体B接所有其他导体及屏蔽（如果有屏蔽）

与地（nF）；

C_2——导体 B 与 A 间的电容，导体 A 接所有其他导体及屏蔽（如果有屏蔽）与地（nF）；

C_3——导体 A、B 接在一起与所有其他导体接屏蔽（如果有屏蔽）及地之间的电容（nF）。

5.1.2　试验设备

测试原理示意图如图 3-5-2 ~ 图 3-5-4 所示。

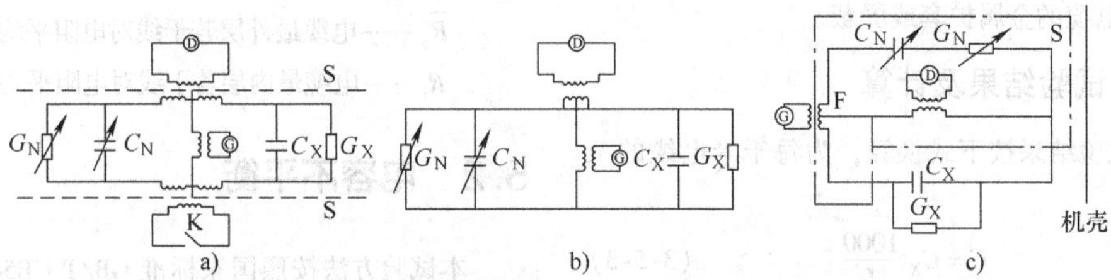

图 3-5-2　对称电缆线对间工作电容测试原理示意图

G—振荡器　D—指示器　S—电桥的屏蔽　C_X、G_X—被测电缆线对间的工作电容及电导　C_N、G_N—电桥标准电容器、标准电导　K—开关　F—变压器中点

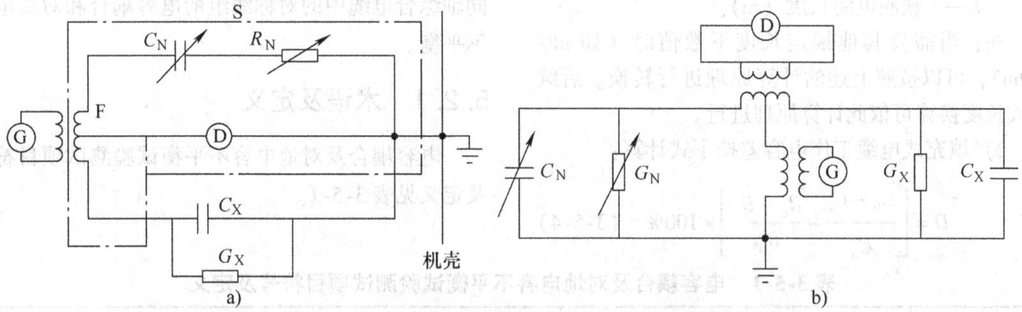

图 3-5-3　同轴对或单芯电缆工作电容测试原理示意图

G—振荡器　D—指示器　S—电桥的屏蔽　C_X、G_X—被测电缆线对间的工作电容及电导　C_N、R_N、G_N—电桥标准电容器、标准电阻及标准电导　F—变压器中点

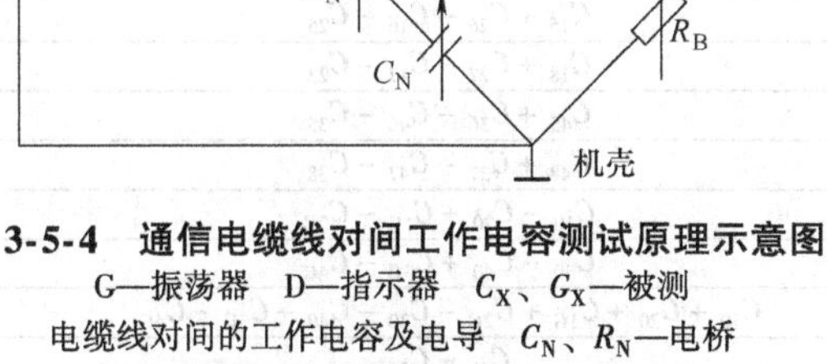

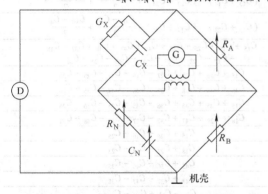

图 3-5-4　通信电缆线对间工作电容测试原理示意图

G—振荡器　D—指示器　C_X、G_X—被测电缆线对间的工作电容及电导　C_N、R_N—电桥标准电容器、标准电阻　R_A、R_B—电桥比率臂及桥臂标准电阻

测试仪器应符合下列要求：

1）振荡器频率在 500 ~ 2600Hz 范围内单频输出，频率的误差应不大于 10%，非线性失真系数应不大于 5%；若测试设备允许，也可测至更高频率范围。

2）指示器灵敏度应不低于允许测试误差的 1/3 的分辨力。

3）除另有规定外，电桥测试误差应不超过 1% 被测值 ±10pF。

5.1.3　技术要求

1）对称电缆线对间工作电容应按图 3-5-2 中的任意一种接线图测试，采用带有输入输出对称变压器的对称交流电桥。

2）同轴对或单芯电缆的工作电容应按图 3-5-3 中的任意一种接线图测试，采用一测试端钮接地的不对称电桥。

3）通信电缆线对间的工作电容允许采用图 3-5-4 接线图所示交流电桥测试。当采用图 3-5-4 所示交流电桥测试通信电缆工作电容时，不应以任何方式使其他线芯及金属护套与电桥的屏蔽机壳接通。当存在外界干扰要求电缆金属护套接地时，仪器的机壳不应接地。

4）当采用图 3-5-2 所示对称电桥测试线对工

作电容时，电缆的金属护套可接地。

5）当对测试结果有争议时，对称电缆应以图3-5-2所示电桥测试为准，同轴电缆应以图3-5-3所示电桥测试为准。所采用电桥的精度，应确保测试误差不超过0.5%被测值±10pF。电缆内其他线芯必须接电缆的金属护套或屏蔽。

5.1.4 试验结果及计算

1）试验结果按下式换算，为每千米电缆的工作电容为

$$C = C_X \frac{1000}{L} \quad (3\text{-}5\text{-}3)$$

式中 C——1km长度电缆线对工作电容（nF/km）；

C_X——被测长度电缆线对工作电容测量值（nF）；

L——被测电缆长度（m）。

注：当需要其他规定长度下数值时（如nF/100m），可以按照上述的计算原理进行转换。后续公式长度换算可依此计算原理进行。

2）填充式电缆工作电容差按下式计算：

$$D = \left[\frac{\overline{C}_o - \overline{C}_i}{\overline{C}_o} - \frac{\overline{R}_o - \overline{R}_i}{\overline{R}_o}\right] \times 100\% \quad (3\text{-}5\text{-}4)$$

式中 D——电容差（%）；

$\overline{C}_o$——电缆最外层若干线对工作电容平均值（nF）；

$\overline{C}_i$——电缆最内层若干线对工作电容平均值（nF）；

$\overline{R}_o$——电缆最外层若干线对电阻平均值（Ω）；

$\overline{R}_i$——电缆最内层若干线对电阻平均值（Ω）。

5.2 电容不平衡

本试验方法按照国家标准GB/T GB5441—2016《通信电缆试验方法》“5.2 电容耦合及电容不平衡试验”，用电容耦合电桥测量制造长度对称电缆及同轴综合电缆中的对称线组的电容耦合和对地电容不平衡。

5.2.1 术语及定义

电容耦合及对地电容不平衡试验测试项目符号及定义见表3-5-1。

表3-5-1 电容耦合及对地电容不平衡试验测试项目符号及定义

符号		定义	近似公式
组内	K_1	实路Ⅰ/实路Ⅱ	$(C_{13}+C_{24})-(C_{14}+C_{23})$
	K_2	实路Ⅰ/幻路	$(C_{13}+C_{14})-(C_{23}+C_{24})+\frac{C_{10}-C_{20}}{2}+\frac{C_{1G}-C_{2G}}{2}$
	K_3	实路Ⅱ/幻路	$(C_{13}+C_{23})-(C_{14}+C_{24})+\frac{C_{30}-C_{40}}{2}+\frac{C_{3G}-C_{4G}}{2}$
组间	K_4	幻路Ⅰ/幻路Ⅱ	$C_{15}+C_{16}+C_{25}+C_{26}+C_{48}+C_{47}+C_{38}+C_{37}-C_{18}-C_{17}-C_{28}-C_{27}-C_{45}-C_{46}-C_{35}-C_{36}$
	K_5	实路Ⅰ/幻路Ⅱ	$C_{15}+C_{16}+C_{28}+C_{27}-C_{18}-C_{17}-C_{25}-C_{26}$
	K_6	实路Ⅱ/幻路Ⅱ	$C_{45}+C_{46}+C_{38}+C_{37}-C_{48}-C_{47}-C_{35}-C_{36}$
	K_7	实路Ⅲ/幻路Ⅰ	$C_{15}+C_{25}+C_{46}+C_{36}-C_{45}-C_{35}-C_{16}-C_{26}$
	K_8	实路Ⅳ/幻路Ⅰ	$C_{18}+C_{28}+C_{47}+C_{37}-C_{17}-C_{27}-C_{48}-C_{38}$
	K_9	实路Ⅰ/实路Ⅲ	$C_{15}+C_{26}-C_{16}-C_{25}$
	K_{10}	实路Ⅰ/实路Ⅳ	$C_{18}+C_{27}-C_{17}-C_{28}$
	K_{11}	实路Ⅱ/实路Ⅲ	$C_{45}+C_{36}-C_{46}-C_{35}$
	K_{12}	实路Ⅱ/实路Ⅳ	$C_{48}+C_{37}-C_{47}-C_{38}$
对地电容不平衡	e_1	实路Ⅰ/其他芯线及金属护套和地	$C_{10}-C_{20}+C_{1G}-C_{2G}$
	e_2	实路Ⅱ/其他芯线及金属护套和地	$C_{30}-C_{40}+C_{3G}-C_{4G}$
	e_3	幻路Ⅰ/其他芯线及金属护套和地	$C_{10}+C_{20}+C_{1G}+C_{2G}-C_{30}-C_{40}-C_{3G}-C_{4G}$
对外来地电容不平衡	e_{a1}	实路Ⅰ/金属护套和地	$C_{10}-C_{20}$
	e_{a2}	实路Ⅱ/金属护套和地	$C_{30}-C_{40}$
	e_{a3}	幻路Ⅰ/金属护套和地	$C_{10}+C_{20}-C_{30}-C_{40}$

注：1. 实路Ⅰ为被测四线组的一个工作对，其线芯编号为1、2；实路Ⅱ为被测四线组的另一工作对，其线芯编号为3、4；实路Ⅲ为另一被测四线组的一个工作对，其线芯编号为5、6；实路Ⅳ为另一被测四线组的另一工作对，其线芯编号为7、8。

2. C_{13}、C_{14}、C_{23}、C_{24}为电缆线芯1、2、3、4相互间的部分电容；C_{1G}、C_{2G}、C_{3G}、C_{4G}为电缆线芯1、2、3、4对全部非被测线芯间的部分电容；C_{10}、C_{20}、C_{30}、C_{40}为电缆线芯1、2、3、4对地间的部分电容。

5.2.2 试验设备

测试原理示意图如图 3-5-5～图 3-5-8 所示。

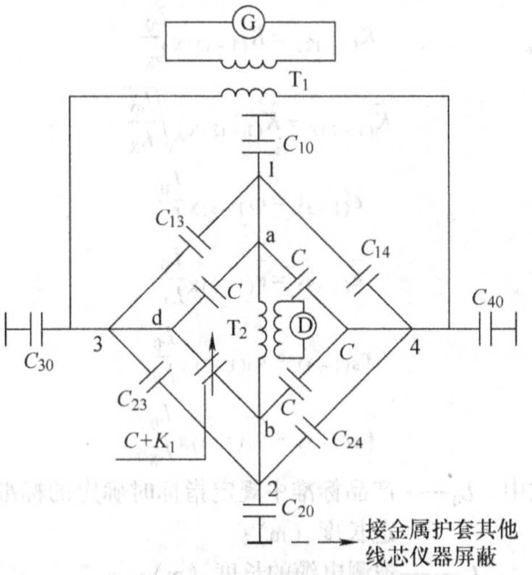

图 3-5-5　K_1 测试原理示意图

1、2、3、4—四组内两对线芯　a、b、c、d—电桥的四个顶点。C—桥臂电容　G—振荡器　D—指示器　T_1、T_2—变压器

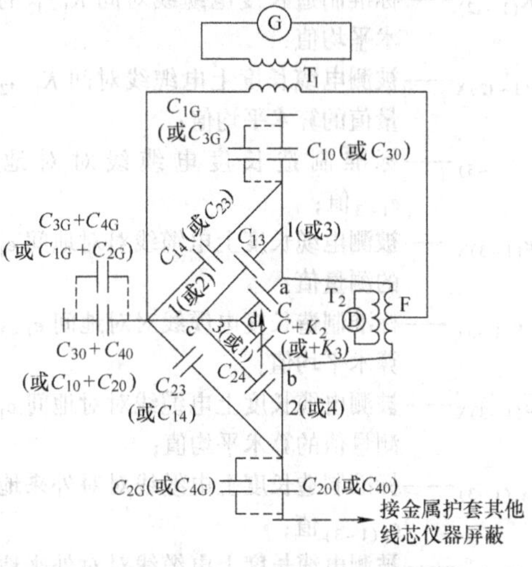

图 3-5-6　K_2 或 K_3 测试原理示意图

1、2、3、4—四组内两对线芯　a、b、c、d—电桥的四个顶点　C—桥臂电容　F—变压器中心　G—振荡器　D—指示器　T_1、T_2—变压器

测试仪器应符合下列要求：

1）振荡器：频率在 50～2000Hz 范围内单频输出，频率误差应不大于 10%，非线性失真系数应不大于 5%。

2）指示器的灵敏度应确保不低于（测试误差的 1/5 +1）pF 分辨力。

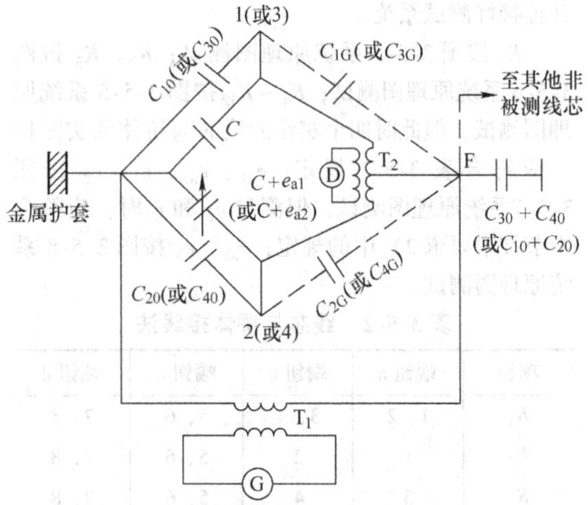

图 3-5-7　线对对外来地电容不平衡 e_{a1}、e_{a2} 测试原理示意图

1、2、3、4—四组内两对线芯　a、b、c、d—电桥的四个顶点　C—桥臂电容　F—变压器中心　G—振荡器　D—指示器　T_1、T_2—变压器

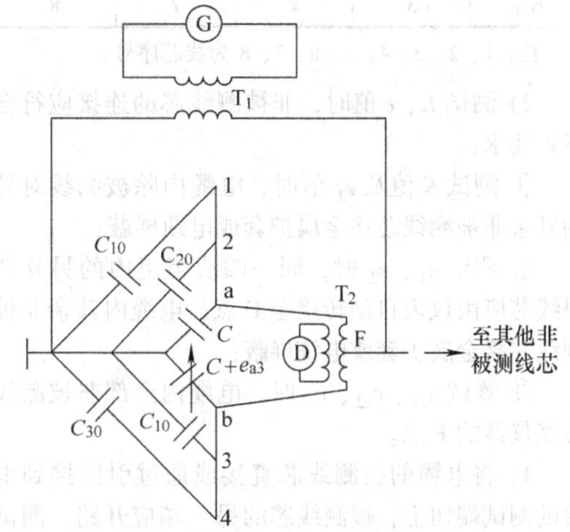

图 3-5-8　线对对外来地电容不平衡 e_{a3} 测试原理示意图

1、2、3、4—四组内两对线芯　a、b、c、d—电桥的四个顶点　C—桥臂电容　F—变压器中心　G—振荡器　D—指示器　T_1、T_2—变压器

3）电桥：测试误差应不大于 3% 被测值 ±2.5pF。应定期用标准电容器在电桥上利用 K_1 线路分别接至图 3-5-5 中 ad、bc 及 db 三个桥臂上进行校验。

5.2.3 技术要求

1）根据不同测试对象选定测试原理示意图，

并连接好测试系统。

K_1 按图 3-5-5 系统原理图测试；K_2、K_3 按图 3-5-6 系统原理图测试；$K_4 \sim K_{12}$按图 3-5-5 系统原理图测试，但此时四个实路的线芯与桥体的实际接法应符合表 3-5-2 规定；e_{a1}、e_{a2}、e_1、e_2 按图 3-5-7系统原理图测试，但测量 e_1 和 e_2时，应符合本节技术要求2）中的规定；e_{a3}、e_3 按图 3-5-8 系统原理图测试。

表 3-5-2　线芯与桥体接线法

项目	端钮 a	端钮 b	端钮 c	端钮 d
K_4	1，2	3，4	5，6	7，8
K_5	1	2	5，6	7，8
K_6	3	4	5，6	7，8
K_7	1，2	3，4	5	6
K_8	1，2	3，4	7	8
K_9	1	2	5	6
K_{10}	1	2	7	8
K_{11}	3	4	5	6
K_{12}	3	4	7	8

注：1、2、3、4、5、6、7、8 为线芯序号。

2）测试 K、e 值时，非被测线芯的连接应符合下列要求：

① 测试 K 值及 e_3 值时，电缆内除被测线对外的其余非被测线芯接金属护套或电缆屏蔽；

② 测试 e_1、e_2 时，同一四线组组内的另外两根线芯应由仪表自动转接至 F 点，电缆内其余非被测线芯接金属护套或电缆屏蔽；

③ 测试 e_{a1}、e_{a2}、e_{a3}时，电缆内全部非被测线芯接仪器的 F 点。

3）将电缆的被测线芯直接或通过引线接到电桥的测试端钮上，被测线芯的另一端应开路。测试引线应采用屏蔽软线，引线的接头端应保证有良好的电接触。引线的 K 值、e 值和 e_a 值应分别在测试结果中扣除或在电桥预平衡时平衡掉。

4）测试时应注意电容耦合值的“正”、“负”号。

5）当被测电缆测试结果超出仪器测试量程时，可采用外加标准电容方法测试，测试结果应为电桥上的读数及外加标准电容数值之代数和。

6）在一般情况下，本节技术要求 2）中列项①和列项②规定的其余非被测线芯，允许减少为被测线芯周围的非被测线芯接金属护套或电缆屏蔽。当有争议时，应按本节技术要求 2）中列项①和列项②的规定进行。

5.2.4　试验结果及计算

测量结果按下列公式换算为标准长度时的值：

$$K_{(1\sim12)} = K_{(1\sim12)X}\frac{L_0}{L_X}$$

$$\overline{K}_{(1\sim12)} = \overline{K}_{(1\sim12)X}\sqrt{\frac{L_0}{L_X}}$$

$$e_{(1\sim3)} = e_{(1\sim3)X}\frac{L_0}{L_X}$$

$$\overline{e}_{(1\sim3)} = \overline{e}_{(1\sim3)X}\frac{L_0}{L_X}$$

$$e_{a(1\sim3)} = e_{a(1\sim3)X}\frac{L_0}{L_X}$$

$$\overline{e_{a(1\sim3)}} = \overline{e_{a(1\sim3)X}}\frac{L_0}{L_X}$$

式中　L_0——产品标准中规定指标时确定的标准制造长度（m）；

L_X——被测电缆的长度（m）；

$K_{(1\sim12)}$——标准制造长度电缆线对间 $K_{1\sim12}$ 值；

$K_{(1\sim12)X}$——被测电缆长度上电缆线对间 $K_{1\sim12}$ 测量值；

$\overline{K}_{(1\sim12)}$——标准制造长度电缆线对间 $K_{1\sim12}$ 的算术平均值；

$\overline{K}_{(1\sim12)X}$——被测电缆长度上电缆线对间 $K_{1\sim12}$ 测量值的算术平均值；

$e_{(1\sim3)}$——标准制造长度电缆线对对地间 $e_{1\sim3}$ 值；

$e_{(1\sim3)X}$——被测电缆长度上电缆线对对地间 $e_{1\sim3}$ 的测量值；

$\overline{e}_{(1\sim3)}$——标准制造长度电缆线对对地间 $e_{1\sim3}$ 的算术平均值；

$\overline{e}_{(1\sim3)X}$——被测电缆长度上电缆线对对地间 $e_{1\sim3}$ 测量值的算术平均值；

$e_{a(1\sim3)}$——标准制造长度上电缆线对对外来地的 $e_{a(1\sim3)}$ 值；

$e_{a(1\sim3)X}$——被测电缆长度上电缆线对对外来地的 $e_{a(1\sim3)}$ 的测量值；

$\overline{e_{a(1\sim3)}}$——标准制造长度上电缆线对对外来地的 $e_{a(1\sim3)}$ 的算术平均值；

$\overline{e_{a(1\sim3)X}}$——被测电缆长度上电缆线对对外来地的 $e_{a(1\sim3)}$ 测量值的算术平均值。

5.3　衰减常数（开路短法）

本试验方法按照国家标准 GB/T 5441—2016《通

信电缆试验方法》中的“5.6.1 对称电缆衰减性能测试开短路法”，适用于在任意频率下用开短路法（简称任意频率法）测量制造长度高频对称通信电缆（包括综合电缆中的高频四线组和高频线对）的衰减常数和在谐振频率下用开短路法（简称谐振频率法）测量中同轴对的衰减常数。被测电缆的衰减范围应在 10dB 以内，测试频率范围为 2.5MHz 以下。如果测试条件允许，可扩大频率范围。

5.3.1　试验设备

测试原理示意图如图 3-5-9 所示。

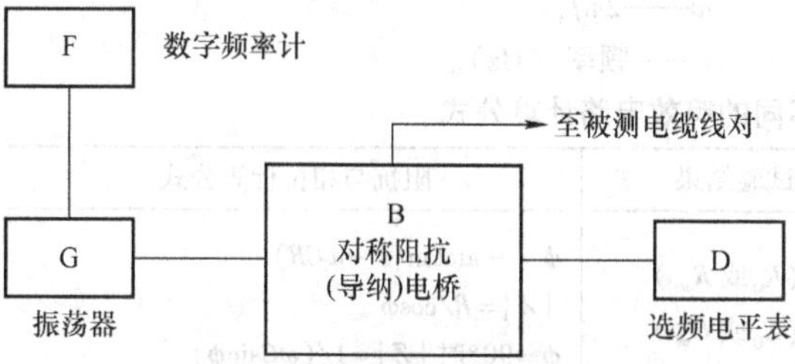

图 3-5-9　开短路法测试原理示意图

F—数字频率计　G—振荡器

B—电桥　D—选频电平表

测试仪器应符合下列要求：

1）振荡器：连续工作 4h 的频率稳定度应不超过 ±0.5%；输出电平应为 0～20dB。

2）电桥：精度应为 ±2%。测量对称电缆应采用对称的阻抗（导纳）电桥。

3）选频电平表：灵敏度应不低于 -90dB（不包括表头）。

4）数字频率计：显示数字的位数应不少于 6 位，频率稳定度应不超过 $\pm 1.5\times10^{-7}$/24h。

5.3.2　技术要求

1. 任意频率法

1）按图 3-5-9 测试原理示意图连接测试系统，在不接入试样电缆的情况下，接通电源，预热仪器，直至稳定。

2）将电桥的电导（电阻）和电容（电感）各测量档置于“零”位。“相角”选择旋钮置于“容性”（感性）位置。

3）振荡器调整到所需测试频率。指示器选频后逐渐增加灵敏度。交替调节电导（电阻）、电容（电感）零平衡旋钮，直调到电桥平衡。

如必须用引线连接被测电缆时，应带着引线进行零平衡。

4）将终端开路的被测电缆接在电桥的测试接线端子或引线上，逐渐增加指示器灵敏度，交替调节电导（电阻）、电容（电感）测量旋钮，直调到电桥平衡。然后读取 $G_\infty(R_\infty)$、$C_\infty(L_\infty)$。

5）取下电缆，保持振荡器输出频率不变，将电桥“相角”选择旋钮置于“感性”（容性）位置。各测量档置于零位，按 3）条进行零平衡。然后将终端短路的被测电缆接在电桥的测试接线端子或引线上，按本节中 4）条进行测试。读取 $G_0(R_0)$、$C_0(L_0)$。

6）在实施 4）、5）条步骤，电桥达不到平衡时，应改变“相角”选择旋钮的位置，重新进行电桥零平衡后进行测试。

7）任意频率法测试，必须在同一频率，同一测试环境下进行电桥零平衡，完成电缆“终端开路”和“终端短路”两种状态的测试。

8）任意频率法测试电缆线对的衰减频率特性时，所选择的频率应避开被测电缆的谐振频率。

9）如果被测电缆的衰减太小，以致超出电桥量程范围，则允许将同一电缆内的若干线对隔组串接。

2. 谐振频率法

1）按照 GB/T 5441—2016《通信电缆试验方法》中的“5.4.3 同轴对特性阻抗实部平均值试验谐振法”的规定，估算出谐振频率及其间隔，选定与所需测试频率最接近的 fn 值作为测试频率。

2）试样终端短路，按 GB/T 5441—2016 中第 4.1 条规定的步骤测试。然后从数字频率计上读取谐振频率 f_{nm_0}，从电桥的电阻（或电导）档上读取 R_0（或 G_0）。

3）试样终端开路，重复 GB/T 5441—2016 中 5.4.3.3 的 b）、c）的步骤，然后从数字频率计上读取谐振频率 f_{nm_∞}；从电桥的电阻（或电导）档上读取 R_∞（或 G_∞）。

4）若 f_{nm_0}（或 f_{nm_∞}）与估算的 f_n 值偏离较大时，必须使振荡器输出在 f_{nm_0}（或 f_{nm_∞}）的频率下，重复 GB/T 5441—2016 中 5.4.3.3 的 b）、c）规定的步骤进行复测。

5）谐振频率法测试，必须在同一谐振序号的频率，同一测试环境下进行电桥零平衡，完成电缆“终端开路”和“终端短路”两种状态的测试。

6）如果被测电缆的衰减太小，以致超出电桥量程范围，则允许将同一电缆内的若干线对隔组串接。

5.3.3 试验结果及计算

1. 任意频率法

$$\alpha=\frac{4.343}{l}\text{th}^{-1}\frac{2T\cos\phi_T}{1+T^2} \qquad (3\text{-}5\text{-}5)$$

式中 $T=\sqrt{\frac{Z_0}{Z_\infty}}$；

$\phi_T=\frac{\phi_0-\phi_\infty}{2}$，式中的 Z_0、Z_∞、ϕ_0、ϕ_∞ 应根据电桥平衡支路不同的等效电路按表3-5-3所列公式进行计算。

式（3-5-5）及表3-5-3中：

l——被测电缆长度（km）；

α——被测电缆衰减常数（dB/km）；

R——电桥平衡时的电阻读数（终端短路时为 R_0，开路时为 R_∞）（Ω）；

G——电桥平衡时的电导读数（终端短路时为 G_0，开路时为 G_∞）（S）；

L——电桥平衡时的电感读数（终端短路时为 L_0，开路时为 L_∞）（H）；

C——电桥平衡时的电容读数（终端短路时为 C_0，开路时为 C_∞）（F）；

Z——输入阻抗（终端短路时为 Z_0，开路时为 Z_∞）（Ω）；

ω——$2\pi f$；

f——频率（Hz）。

表3-5-3 电桥平衡支路不同的等效电路计算公式

平衡支路接法	被测支路接法	试验结果	阻抗与相位计算公式
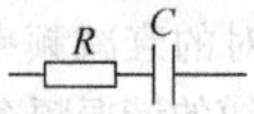	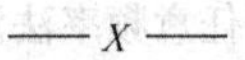	$R(R_0$或$R_\infty)$ $C(C_0$或$C_\infty)$	$\phi=-\arctan(1-\omega CR)$ $\lvert Z\rvert=R/\cos\phi$ $\phi\to90°$时 $\lvert Z\rvert=1/(\omega C\sin\phi)$
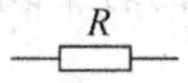	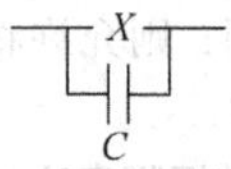	$R(R_0$或$R_\infty)$ $C(C_0$或$C_\infty)$	$\phi=\arctan(\omega CR)$ $\lvert Z\rvert=R\cos\phi$ $\phi\to90°$时 $\lvert Z\rvert=\sin\phi/(\omega C)$
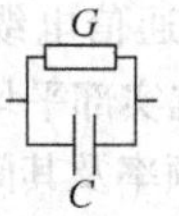	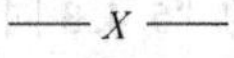	$G(G_0$或$R_\infty)$ $C(C_0$或$C_\infty)$	$\phi=\arctan(\omega C/G)$ $\lvert Z\rvert=\cos\phi/G$ $\phi\to90°$时 $\lvert Z\rvert=\sin\phi/(\omega C)$
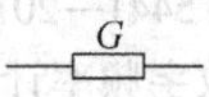	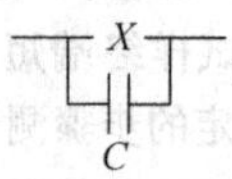	$G(G_0$或$G_\infty)$ $C(C_0$或$C_\infty)$	$\phi=\arctan(\omega C/G)$ $\lvert Z\rvert=\cos\phi/G$ $\phi\to90°$时 $\lvert Z\rvert=\sin\phi/(\omega C)$
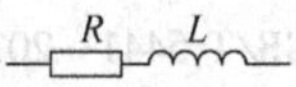	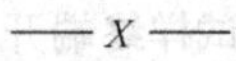	$R(R_0$或$R_\infty)$ $L(L_0$或$L_\infty)$	$\phi=\arctan(\omega L/R)$ $\lvert Z\rvert=R/\cos\phi$ $\phi\to90°$时 $\lvert Z\rvert=(\omega L)/\sin\phi$
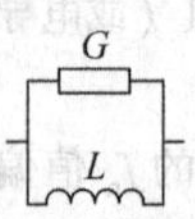	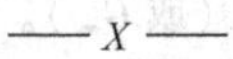	$G(G_0$或$G_\infty)$ $C(C_0$或$C_\infty)=1/\omega^2L$	$\phi=\arctan(\omega C/G)$ $\lvert Z\rvert=\cos\phi/G$ $\phi\to90°$时 $\lvert Z\rvert=\sin\phi/(\omega C)$

2. 谐振频率法

1）实际谐振频率 f_n(kHz)的计算

$$f_n=\frac{f_{nm0}+f_{nm\infty}}{2}$$

2）阻抗电桥测试时衰减常数 α(dB/km)的计算公式

$$\alpha=\frac{8.686}{l}\text{th}^{-1}\sqrt{\frac{R_0}{R_\infty}} \quad (R_0<R_\infty)$$

$$\alpha=\frac{8.686}{l}\text{th}^{-1}\sqrt{\frac{R_\infty}{R_0}} \quad (R_\infty<R_0)$$

3）导纳电桥测试时衰减常数 α(dB/km)计算公式

$$\alpha=\frac{8.686}{l}\text{th}^{-1}\sqrt{\frac{G_0}{G_\infty}} \quad (G_0<G_\infty)$$

$$\alpha=\frac{8.686}{l}\text{th}^{-1}\sqrt{\frac{G_\infty}{G_0}} \quad (G_\infty<G_0)$$

式中 l——被测电缆长度（km）；

G_0——试样终端短路谐振时电桥电导读数（S）；

G_∞——试样终端开路谐振时电桥电导读数（S）；

R_0——试样终端短路谐振时电桥电阻读数（Ω）；

R_∞——试样终端开路谐振时电桥电阻读数（Ω）。

5.4 衰减（电平差法）

本试验方法适用于测量对称通信电缆（包括综合电缆中的四线组和对称线对）的衰减（插入损耗）。

5.4.1 术语及定义

当电缆特性阻抗与试验设备阻抗匹配时，单位长度电缆的衰减常数按下式计算：

$$\alpha_0 = 10\lg(P_1/P_2) \tag{3-5-6}$$

$$\alpha = \alpha_0 \times \frac{l'}{l}$$

式中 α_0——衰减测试值（dB）；

P_1——负载阻抗等于信号源阻抗时的输入功率（mW）；

P_2——负载阻抗等于试验样品阻抗时的输出功率（mW）；

α——衰减常数（dB/km）；

l'——单位长度（km）；

l——试验样品长度（km）。

衰减换算到20℃时，按下式计算。

$$\alpha_{20} = \alpha/[1+\delta_{CABLE}(T-20)] \tag{3-5-7}$$

式中 α_{20}——换算到20℃时衰减值（dB/ km）；

δ_{CABLE}——温度系数；

T——环境温度，温度为摄氏度（℃）。

5.4.2 试验设备

电平差法测试衰减常数（插入损耗）原理示意图如图3-5-10所示。

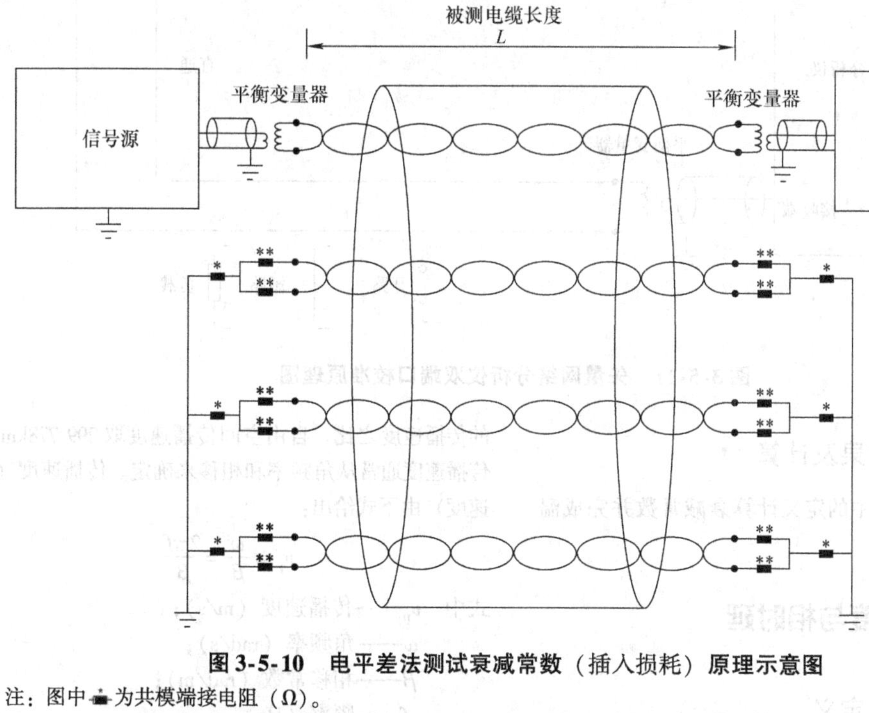

图3-5-10 电平差法测试衰减常数（插入损耗）原理示意图

注：图中▬为共模端接电阻（Ω）。

▬为用于线对匹配的差模端接电阻（Ω）。电阻值应根据不同结构的电缆进行配置。

测试仪器应符合下列要求：

1）试验设备应满足试样测试频率范围要求和精度要求，如网络分析仪或其他类型的信号源和接收机，如图3-5-10所示。

2）平衡变换器（Balun）：当测试设备测试端口不具备平衡信号处理功能时，应采用平衡变换器将测试设备的不平衡端口转化为平衡端口，同时实现平衡端口阻抗和被测电缆标称阻抗的匹配。

3）终端阻抗：其余非被测线对近端（或远端）应接入合适的共模和差模匹配阻抗。所接入的终端匹配阻抗应等于线对的标称特性阻抗模值，终端匹配阻抗与标称特性阻抗模值的偏差应不超过 ±1%。

5.4.3 技术要求

1）电缆所有的对绞组或四线组应在被测电缆（CUT）的两端测量。应在指定频率范围内和校准步骤中设定的频率点进行测量。

2）被测电缆的端头应仔细制备，保持原有的扭绞状态直到试验设备的接线端；对较高频段的试样，应按照相关测试标准或规范的要求，通过各种方式尽量释放电缆制造中应力；通过上述方式避免结构破坏引起测试误差的增加。

3）被测电缆若有屏蔽，应在电缆近端和远端分别接地。

4）测试仪器的输出端口必须具备平衡输出能力，并和被测电缆的标称阻抗一致。

5）在接入被测线对前，应先完成测量仪器的校准。校准应遵循“校准到测试平面”的原则，即在测试平面（测试夹具和电缆端头接触点）进行校准以消除测试夹具的影响 。当测试仪器采用矢量网络分析仪时，应进行双端口校准以实现高精度测试。矢量网络分析仪双端口校准原理图如图 3-5-11 所示。

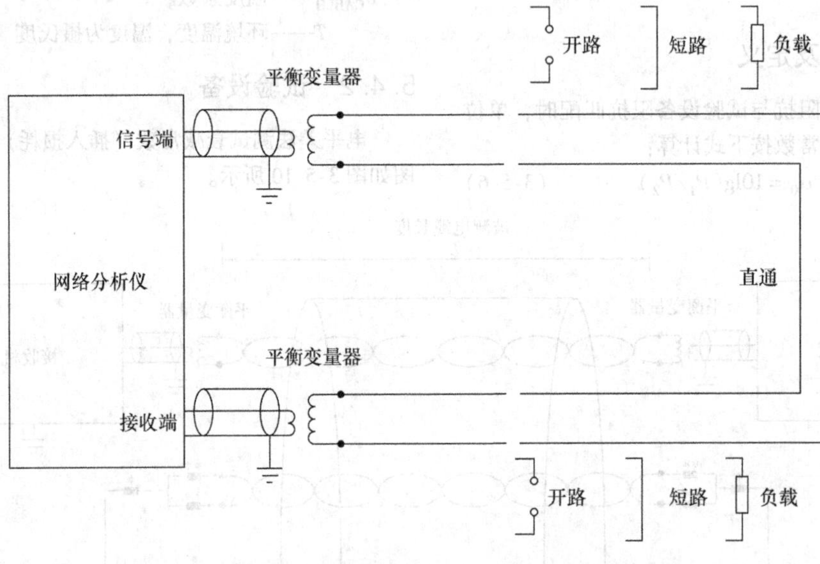

图 3-5-11 矢量网络分析仪双端口校准原理图

5.4.4 试验结果及计算

依据 5.4.1 节中的定义计算衰减常数并完成温度、长度换算。

5.5 传播速度与相时延

5.5.1 术语及定义

1. 传播速度（相速度）

传播速度定义为信号在电缆中的传播速度。传播速度的单位是 km/s，也可以由速度比来表示。速度比定义为波在自由空间的传播速度与在电缆中的传播速度之比。自由空间传播速度取 299 778km/s。传播速度通常从角频率和相移来确定。传播速度（相速度）由下式给出：

$$v_p = \frac{\omega}{\beta} = \frac{2\pi f}{\beta}$$

式中 v_p——传播速度（m/s）；

ω——角频率（rad/s）；

β——相移常数（rad/m）；

f——频率（Hz）。

2. 群传播速度

具有多个频率分量的信号沿电缆传播时，如果这些频率十分接近，它们的差值 $\Delta\omega$ 大大小于它们的中心频率 ω，则可按下式计算它们的群传播速度

v_G，即

$$v_G = \frac{d\omega}{d\beta}\Big|_{\omega=\omega_0}$$

v_G 被称为群传播速度。

3. 相时延

相时延定义为电缆长度 l 除以相速度。相时延由下式确定：

$$T = \frac{l}{v_p} \qquad (3\text{-}5\text{-}8)$$

式中　T——相时延（s）；

v_p——传播速度（m/s）；

l——电缆长度（m）。

4. 相时延差（偏斜）

相时延差定义为电缆中任意两线对间的相时延之间的差。

相时延差由下式确定：

$$\Delta T = \left| l\left(\frac{1}{v_{p1}} - \frac{1}{v_{p2}}\right) \right| \qquad (3\text{-}5\text{-}9)$$

式中　ΔT——相时延差（s）；

v_{p1}——一对线的传播速度（m/s）；

v_{p2}——另一对线的传播速度（m/s）。

l——电缆长度，单位为 m。

5.5.2　试验设备

同衰减试验（电平差法）试验设备，见5.4.2节。

5.5.3　技术要求

同衰减试验（电平差法）技术要求，见5.4.3节。

5.5.4　试验结果及计算

传播速度应在有关电缆详细规范指定的频率下测量。当未规定频率时，应使用测量特性阻抗所用的频率。测量应在平衡条件下进行，计算出使输出信号的相位与输入信号相比旋转了 2π 弧度的频率间隔 Δf 值。

传播速度表示为

$$V_f = L\Delta f$$

式中　L——被测电缆长度（m）；

Δf——频率间隔（kHz）；

V_f——群传播速度（km/s）。

为了使算出的频率间隔 Δf 具有满意的精度，可以测出旋转 n 个 2π 弧度的频率差 $\Delta f'$：

$$\Delta f = \Delta f'/n$$

式中　$n \leqslant 10$。

测量中，必须选择平衡变量器使试验仪表的阻抗在该试验频率下与电缆的标称阻抗匹配。

5.6　串音衰减（电平差法）

本试验方法用电平差法测量制造长度通信电缆近端串音衰减和远端串音防卫度。测试频率范围为 40GHz 以下。若仪表性能允许，也适用于更高的频率范围。

5.6.1　术语及定义

1. 近端串音

近端串音（NEXT）定义为

$$NEXT = 10\lg(P_{1N}/P_{2N}) \qquad (3\text{-}5\text{-}10)$$

式中　$NEXT$——近端串音（dB）；

P_{1N}——主串线对的输入功率（mW）；

P_{2N}——被串线对近端的串音输出功率（mW）。

2. 远端串音

远端串音（I. O. FEXT）定义为

$$I.\ O.\ FEXT = 10\lg(P_{1N}/P_{2F}) \qquad (3\text{-}5\text{-}11)$$

式中　$I.\ O.\ FEXT$——远端串音（dB）；

P_{1N}——主串线对近端的输入功率（mW）；

P_{2F}——被串线对远端的串音输出功率（mW）。

3. 等电平远端串音（远端串音防卫度）

等电平远端串音（EL－FEXT）定义为

$$EL - FEXT = 10\lg(P_{1F}/P_{2F}) \qquad (3\text{-}5\text{-}12)$$

式中　P_{1F}——主串线对远端的输出功率（mW）；

P_{2F}——被串线对远端的串音输出功率（mW）。

等电平远端串音（EL－FEXT）与远端串音（I. O. FEXT）相差一个主串线对的衰减。

$$EL - FEXT = I.\ O.\ FEXT - \alpha \times l \qquad (3\text{-}5\text{-}13)$$

式中　α——主测线对的衰减常数（dB/单位长度）；

$\alpha \times l$——主测线对的衰减值（dB）。

注：等电平远端串音有部分资料也称作远端串音衰减比（ACRF）。

4. 近端串音衰减比

近端串音衰减比（ACR）与近端串音（NEXT）相差一个主串线对的衰减。

$$ACR = NEXT - \alpha \times l \qquad (3\text{-}5\text{-}14)$$

式中　α——主测线对的衰减常数（dB/单位长度）；

$\alpha \times l$——主测线对的衰减值（dB）。

5.6.2 试验设备

串音测试原理示意图如图 3-5-12 所示。

测试仪器应符合 5.4.2 节中所述要求。

5.6.3 技术要求

应满足 5.4.3 节中所述要求。

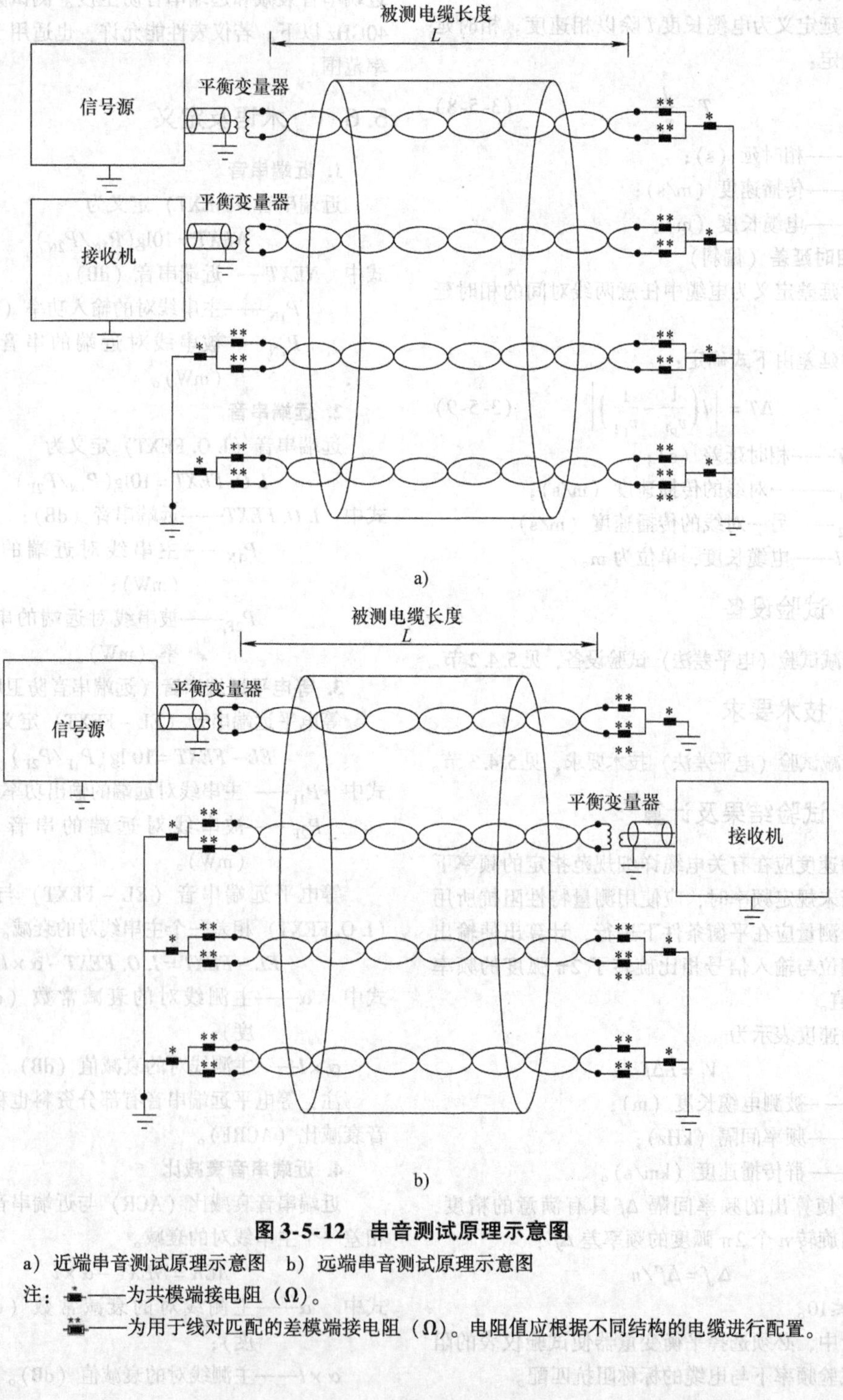

图 3-5-12 串音测试原理示意图

a）近端串音测试原理示意图 b）远端串音测试原理示意图

注：*——为共模端接电阻（Ω）。

**——为用于线对匹配的差模端接电阻（Ω）。电阻值应根据不同结构的电缆进行配置。

5.6.4 试验结果及计算

1. 近端串音平均值及标准差

近端串音平均值按下式计算：

$$M = \sum_{1}^{n} N_{ij}/n \qquad (3\text{-}5\text{-}15)$$

近端串音标准差分别按下式计算：

$$S = \sqrt{\frac{\sum_{1}^{n}(N_{ij} - M)^2}{n-1}} \qquad (3\text{-}5\text{-}16)$$

式中　M——近端串音平均值（dB）；

n——测试线对的组合数；

N_{ij}——主串线对 x 和被串线对 y 间的近端串音（dB）；

S——近端串音标准差（dB）。

2. 等电平远端串音功率平均值

等电平远端串音功率平均值按下式计算：

$$MP = -10\lg\left(\frac{\sum_{1}^{n}10^{-F_{ij}/10}}{n}\right) \qquad (3\text{-}5\text{-}17)$$

式中　MP——等电平远端串音功率平均值（dB）；

n——测试线对的组合数；

F_{ij}——主串线对 x 和被串线对 y 间的等电平远端串音（dB）。

3. 近端和远端串音衰减功率和

近端和远端串音衰减功率和（PS）定义为

$$PS_j = -10\lg\sum_{\substack{i=1\\ i\neq j}}^{n}\left(10^{-\frac{X-Talk_{ij}}{10}}\right) \qquad (3\text{-}5\text{-}18)$$

式中　n——对绞组（或四线组的一对线）数；

$X-Talk_{ij}$——第 j 对线（或四线组的一对线）与第 i 线对（或四线组的一对线）之间的串音衰减；

PS_j——第 j 对线（或四线组的一对线）的功率和。

注：上式包含了各种类型的串音衰减功率和，如近端串音衰减功率和、输入/输出串音衰减功率和、等电平远端串音衰减功率和及近端串音衰减比功率和。

5.7 串音衰减（比较法）

本试验方法按照国家标准 GB/T 5441—2016《通信电缆试验方法》“5.5.1 串音试验比较法”，用比较法测量制造长度通信电缆近端串音衰减和远端串音防卫度。

测试频率为 0.8kHz ~ 1MHz。若仪表性能允许，也适用于更高的频率范围。

5.7.1 术语及定义

同 5.6.1 节所述。

5.7.2 试验设备

测试原理示意图分为对称和不对称两种，图 3-5-13 ~ 图 3-5-20 中 a）图为对称串音测试仪的测试原理示意图，b）图为不对称串音测试仪的测试原理示意图。

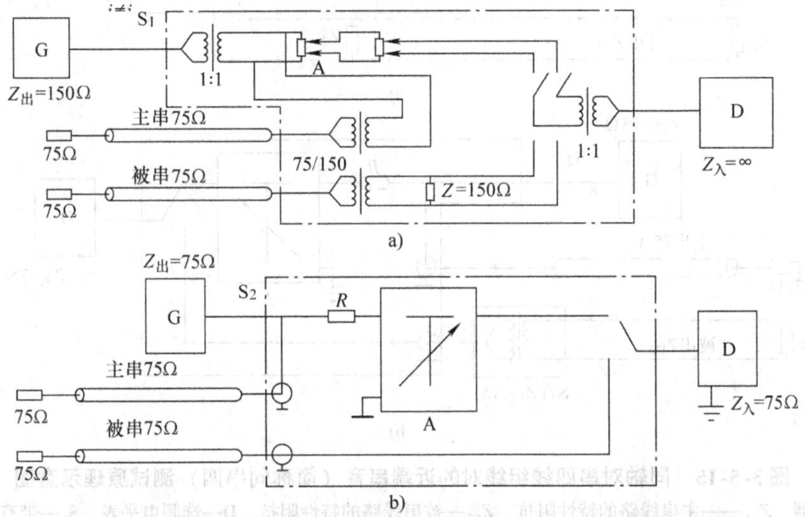

图 3-5-13　同轴对之间的近端串音（简称同串同）测试原理示意图

G—振荡器　S_1—带有对称转不对称变量器（150Ω/75Ω）的对称串音测试器

S_2—同轴串音测试器　A—可变衰减器　R—串音测试器 S_2 中可变衰减器前的固定高电阻　D—选频电平表

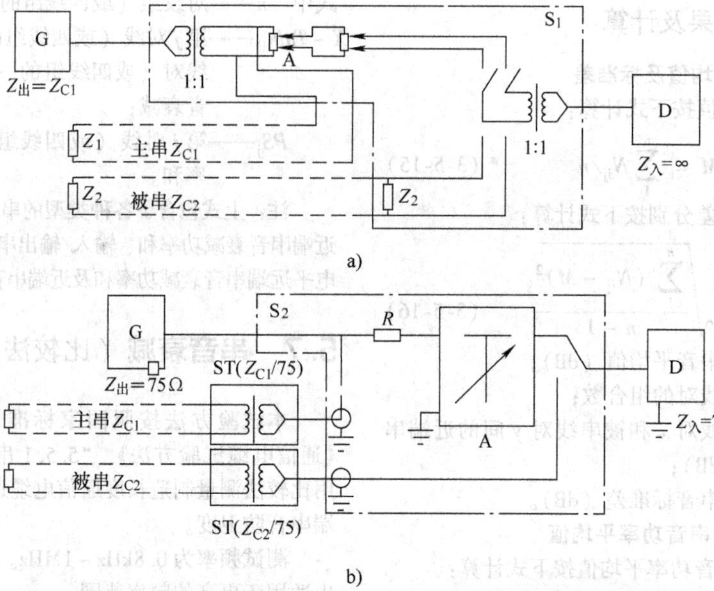

图 3-5-14 四线组线对间（或线对之间）的近端串音测试原理示意图

G—振荡器 Z_{C1}—主串线路的特性阻抗 Z_{C2}—被串线路的特性阻抗 D—选频电平表 S_1—带有对称转不对称变量器（150Ω/75Ω）的对称串音测试器 S_2—同轴串音测试器 A—可变衰减器 R—串音测试器 S_2 中可变衰减器前的固定高电阻 $Z_1=Z_{C1}$，$Z_2=Z_{C2}$—负载电阻 ST—Z_C/75Ω 对称转不对称阻抗变量器（Z_C 为被接线对的特性阻抗）

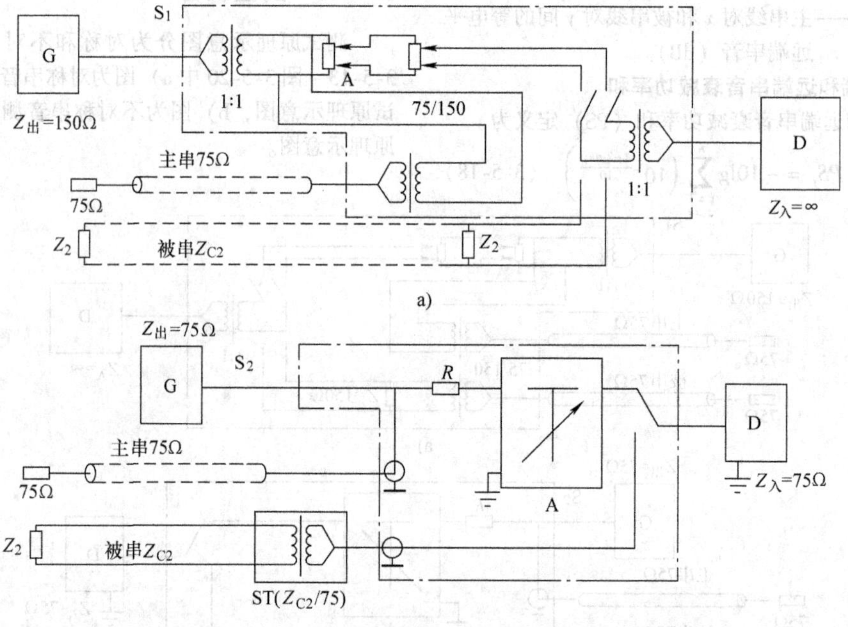

图 3-5-15 同轴对串四线组线对的近端串音（简称同串四）测试原理示意图

G—振荡器 Z_{C1}——主串线路的特性阻抗 Z_{C2}—被串线路的特性阻抗 D—选频电平表 S_1—带有对称转不对称变量器（150Ω/75Ω）的对称串音测试器 S_2—同轴串音测试器 A—可变衰减器 R—串音测试器 S_2 中可变衰减器前的固定高电阻 $Z_1=Z_{C1}$，$Z_2=Z_{C2}$—负载电阻 ST—Z_C/75Ω 对称转不对称阻抗变量器（Z_C 为被接线对的特性阻抗）

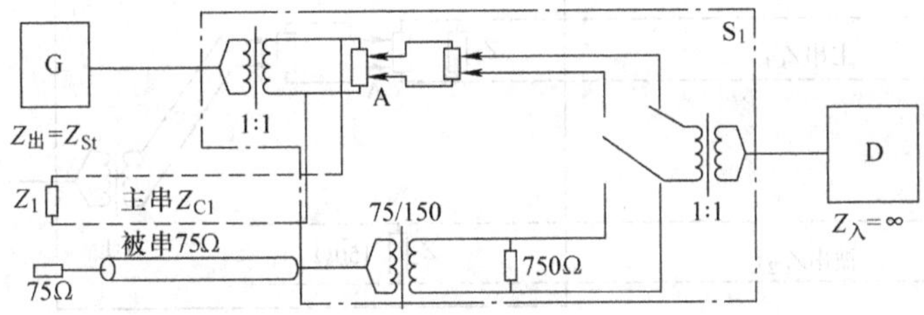

a)

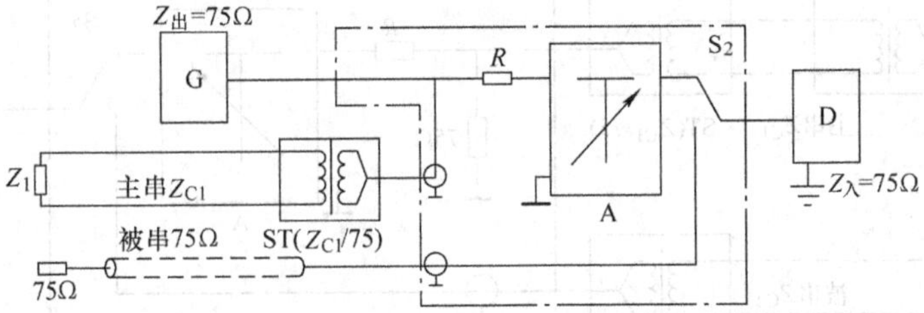

b)

图 3-5-16　四线组线对（或线对）串同轴对（简称四串同）的近端串音测试原理示意图

G—振荡器　Z_{C1}—主串线路的特性阻抗　Z_{C2}—被串线路的特性阻抗　D—选频电平表

S_1—带有对称转不对称变量器（150Ω/75Ω）的对称串音测试器　S_2—同轴串音测试器　A—可变衰减器

R—串音测试器 S_2 中可变衰减器前的固定高电阻 $Z_1=Z_{C1}$，$Z_2=Z_{C2}$—负载电阻

ST—Z_C/75Ω 对称转不对称阻抗变量器（Z_C为被接线对的特性阻抗）

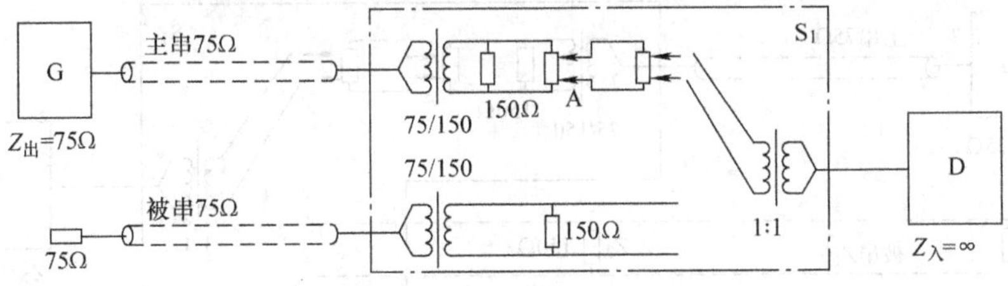

a)

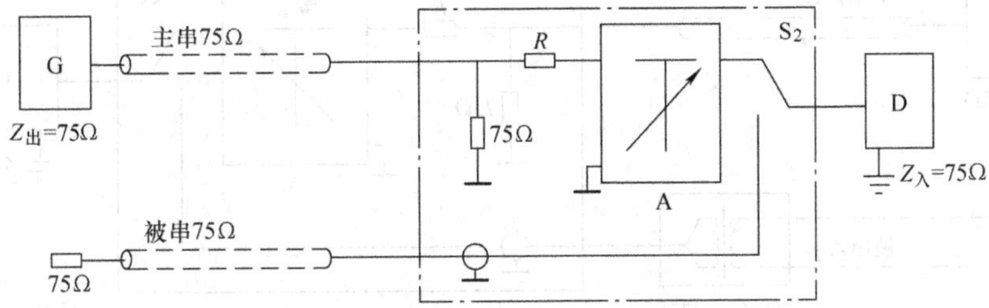

b)

图 3-5-17　同轴对之间的远端串音测试原理示意图

G—振荡器　Z_{C1}—主串线路的特性阻抗　Z_{C2}—被串线路的特性阻抗　D—选频电平表

S_1—带有对称转不对称变量器（150Ω/75Ω）的对称串音测试器　S_2—同轴串音测试器　A—可变衰减器

R—串音测试器 S_2 中可变衰减器前的固定高电阻　$Z_1=Z_{C1}$，$Z_2=Z_{C2}$—负载电阻

ST—Z_C/75Ω 对称转不对称阻抗变量器（Z_C为被接线对的特性阻抗）

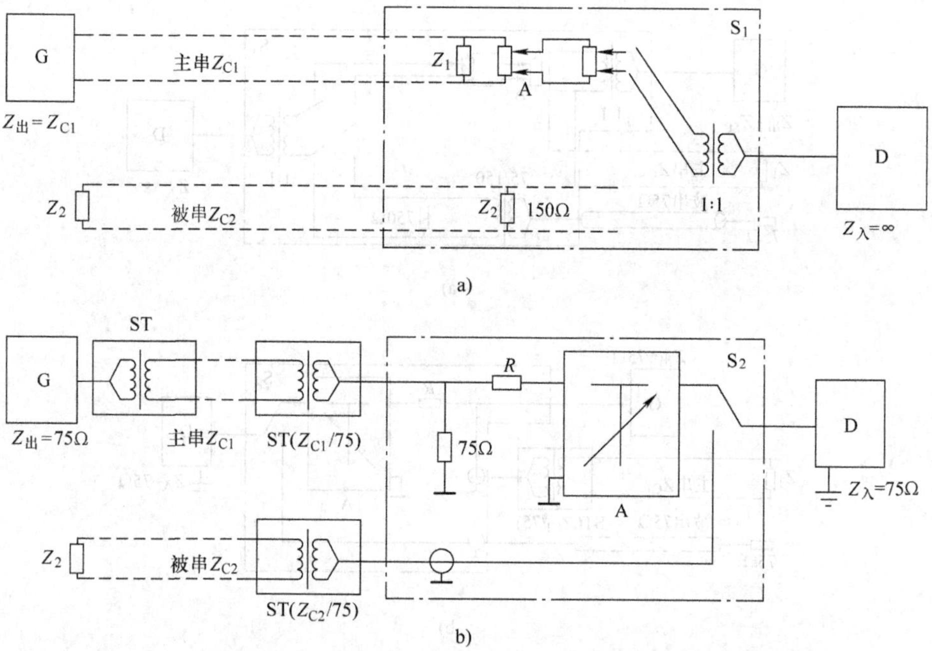

图 3-5-18 四线组线对之间（或线对之间）的远端串音测试原理示意图

G—振荡器 Z_{C1}—主串线路的特性阻抗 Z_{C2}—被串线路的特性阻抗 D—选频电平表

S_1—带有对称转不对称变量器（150Ω/75Ω）的对称串音测试器 S_2—同轴串音测试器 A—可变衰减器

R—串音测试器 S_2 中可变衰减器前的固定高电阻 $Z_1=Z_{C1}$，$Z_2=Z_{C2}$—负载电阻

ST—Z_C/75Ω 对称转不对称阻抗变量器（Z_C为被接线对的特性阻抗）

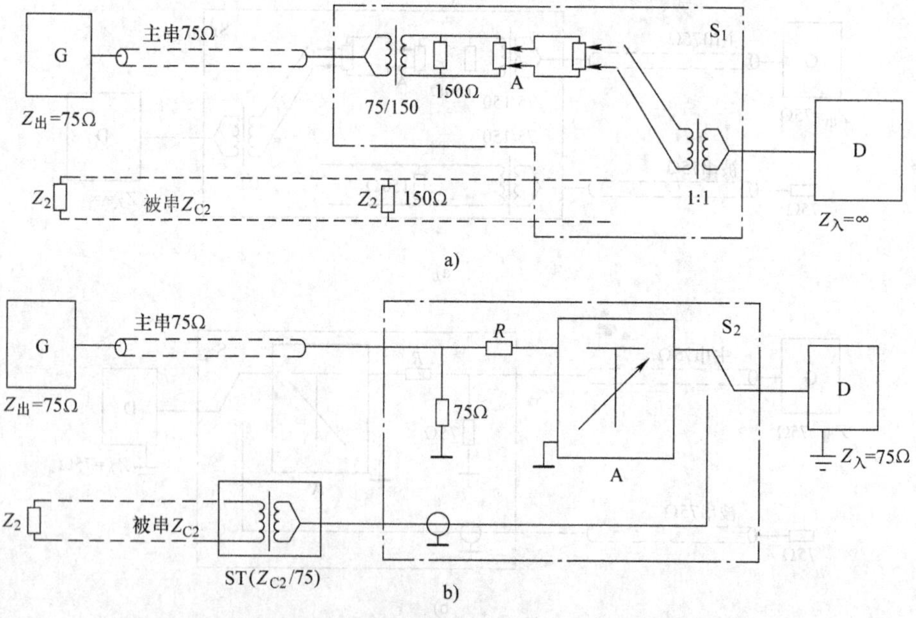

图 3-5-19 同轴对串四线组线对的远端串音测试原理示意图

G—振荡器 Z_{C1}—主串线路的特性阻抗 Z_{C2}—被串线路的特性阻抗 D—选频电平表

S_1—带有对称转不对称变量器（150Ω/75Ω）的对称串音测试器 S_2—同轴串音测试器 A—可变衰减器

R—串音测试器 S_2 中可变衰减器前的固定高电阻 $Z_1=Z_{C1}$，$Z_2=Z_{C2}$—负载电阻

ST—Z_C/75Ω 对称转不对称阻抗变量器（Z_C为被接线对的特性阻抗）

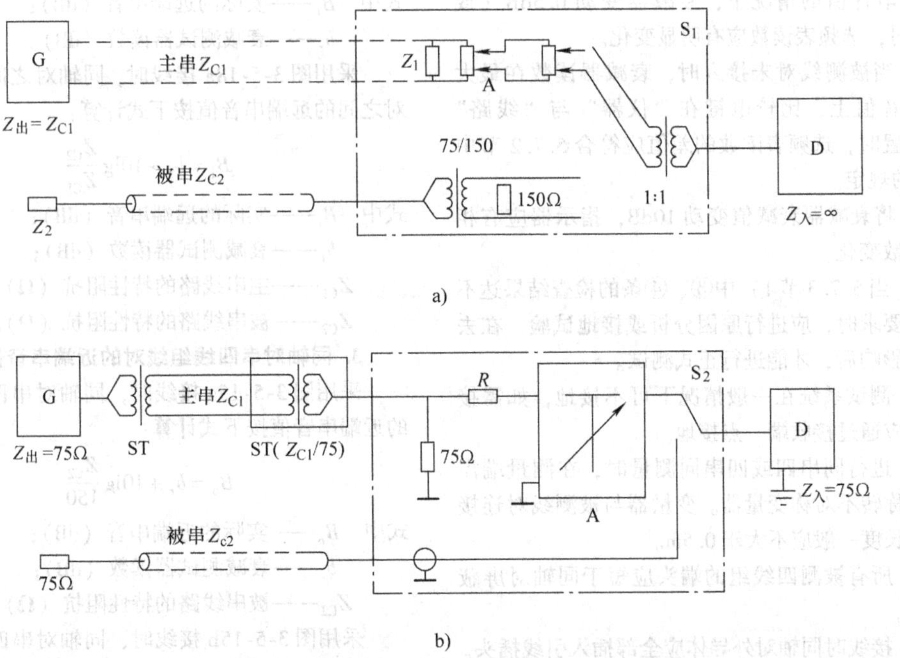

图3-5-20 四线组线对（或线对）串同轴对（简称四串同）的远端串音测试原理示意图

G—振荡器 Z_{C1}—主串线路的特性阻抗 Z_{C2}—被串线路的特性阻抗 D—选频电平表

S_1—带有对称转不对称变量器（150Ω/75Ω）的对称串音测试器 S_2—同轴串音测试器 A—可变衰减器

R—串音测试器S_2中可变衰减器前的固定高电阻 $Z_1=Z_{C1}$，$Z_2=Z_{C2}$—负载电阻

ST—Z_C/75Ω 对称转不对称阻抗变量器（Z_C为被接线对的特性阻抗）

测试仪器应符合下列要求：

1）根据对称或同轴对电缆的不同串音要求，采用相应的串音测试仪器或通用仪器。

2）衰减器的测试误差应符合表3-5-4中的规定。

3）串音测试仪输入的对称变量器及测试回路中采用的对称转不对称阻抗变量器ST的对称输出端的对称度应能满足表3-5-4中规定的测试误差要求。

4）振荡器输出电平及指示器测量电平的最小可读数值应能满足测试需要，即在最大的被测串音值时，应有明显的读数。必要时，允许加入功率放大器或前置以提高测试灵敏度。

5）仪器的比较电键、引线插头、插座、匹配电阻盒等插接件，应保持接触良好。

6）连接仪器和电缆用的全部引线应采用具有足够屏蔽性能的导线。连接同轴对的引线应用同轴引线，连接四线组对称线对的引线应用对称引线。

7）主串终端和被串线对的两端应分别接入与线路特性阻抗模数相等的负载电阻，其偏差应不超过线路特性阻抗模数的±5%。测试频率高于300kHz时，应采用带有屏蔽的负载电阻进行匹配。

8）当被测线对未接入时，整个测试系统，包括连接引线、负载电阻、阻抗变量器、开关等所引起的串音应比被测线对最大串音大20dB。

表3-5-4 衰减器的测试误差

衰减范围/dB	测试误差/dB		
	(0.8~150)kHz	(150~300)kHz	(300~1000)kHz
0~90	±0.5	±0.5	±0.8
90~120	±1.0	±1.0	±2.5
120~161	±2.0	±2.0	±3.0

5.7.3 技术要求

1）按图3-5-13~图3-5-20接线图中选定的接线方式接好测试系统，并检查下列各项：

① 检查测试系统连接的正确性及各种接插件是否接触良好。

② 检查指示器选频的正确性，并根据5.7.2节中5）条的要求检查测试系统的灵敏度。在满足最

大被测串音值的情况下，衰减器变动0.5dB（或1dB）时，选频表读数应有明显变化。

③ 当被测线对未接入时，衰减器读数在最大被测串音值上，比较电键在“仪器”与“线路”两个位置时，选频表读数的差值应符合5.7.2节中8）条的规定。

④ 将衰减器衰减值变动10dB，指示器应有相近的读数变化。

2）当5.7.3节1）中③、④条的检查结果达不到规定要求时，应进行原因分析或接地试验。在去除干扰影响后，才能进行正式测试。

3）测试系统在一般情况下可不接地，如需接地时，应通过接收端一点接地。

4）进行同串四或四串同测量时，在测量端需接入对称转不对称变量器。变量器与被测线对连接的引线长度一般应不大于0.5m。

5）所有被测四线组的端头应短于同轴对屏蔽钢带层。

6）接线时同轴对外导体应全部插入引线插头。

7）测试时，振荡器和功率放大器应尽可能远离测试系统。

5.7.4 试验结果及计算

1. 同轴对之间及对称线对之间的近端串音值计算公式

采用图3-5-13a、图3-5-13b和图3-5-14b接线时，同轴对之间及对称线对之间的近端串音值按下式计算：

$$B_o = b_r$$

式中 B_o——实际的近端串音（dB）；

b_r——衰减测试器读数（dB）。

采用图3-5-14a接线时，同轴对之间及对称线对之间的近端串音值按下式计算：

$$B_o = b_r + 10\lg\frac{Z_{C2}}{Z_{C1}} \tag{3-5-19}$$

式中 B_o——实际的近端串音（dB）；

b_r——衰减测试器读数（dB）；

Z_{C1}——主串线路的特性阻抗（Ω）；

Z_{C2}——被串线路的特性阻抗（Ω）。

2. 同轴对之间及对称线对之间的远端串音计算公式

采用图3-5-17a、图3-5-17b和图3-5-18b接线时，同轴对之间及对称线对之间的远端串音值按下式计算：

$$B_1 = b_r \tag{3-5-20}$$

式中 B_1——实际的远端串音（dB）；

b_r——衰减测试器读数（dB）。

采用图3-5-18a接线时，同轴对之间及对称线对之间的远端串音值按下式计算：

$$B_1 = b_r + 10\lg\frac{Z_{C2}}{Z_{C1}} \tag{3-5-21}$$

式中 B_1——实际的远端串音（dB）；

b_r——衰减测试器读数（dB）；

Z_{C1}——主串线路的特性阻抗（Ω）；

Z_{C2}——被串线路的特性阻抗（Ω）。

3. 同轴对串四线组线对的近端串音值计算公式

采用图3-5-15a接线时，同轴对串四线组线对的近端串音值按下式计算：

$$B_o = b_r + 10\lg\frac{Z_{C2}}{150} \tag{3-5-22}$$

式中 B_o——实际的近端串音（dB）；

b_r——衰减测试器读数（dB）；

Z_{C2}——被串线路的特性阻抗（Ω）。

采用图3-5-15b接线时，同轴对串四线组线对的近端串音值按下式计算：

$$B_o = b_r \tag{3-5-23}$$

式中 B_o——实际的近端串音（dB）；

b_r——衰减测试器读数（dB）。

4. 同轴对串四线组线对的远端串音值计算公式

采用图3-5-19a接线时，同轴对串四线组线对的远端串音值按下式计算：

$$B_1 = b_r + 10\lg\frac{Z_{C2}}{150} \tag{3-5-24}$$

式中 B_1——实际的远端串音（dB）；

b_r——衰减测试器读数（dB）；

Z_{C2}——被串线路的特性阻抗（Ω）。

采用图3-5-19b接线时，同轴对串四线组线对的远端串音值按下式计算：

$$B_1 = b_r \tag{3-5-25}$$

式中 B_1——实际的远端串音（dB）；

b_r——衰减测试器读数（dB）。

5. 四线组线对串同轴对近端串音值计算公式

采用图3-5-16a接线时，四线组线对串同轴对近端串音值按下式计算：

$$B_o = b_r + 10\lg\frac{150}{Z_{C1}} \tag{3-5-26}$$

式中 B_o——实际的近端串音（dB）；

b_r——衰减测试器读数（dB）；

Z_{C1}——主串线路的特性阻抗（Ω）。

采用图3-5-16b接线时，四线组线对串同轴对近端串音值按下式计算：

$$B_o = b_r \quad (3\text{-}5\text{-}27)$$

式中　B_o——实际的近端串音（dB）；

b_r——衰减测试器读数（dB）。

6. 四线组线对串同轴对远端串音计算公式

采用图 3-5-20a 接线时，四线组线对串同轴对远端串音值按下式计算：

$$B_1 = b_r + 10\lg\frac{150}{Z_{C1}} \quad (3\text{-}5\text{-}28)$$

式中　B_1——实际的远端串音（dB）；

b_r——衰减测试器读数（dB）；

Z_{C1}——主串线路的特性阻抗（Ω）。

采用图 3-5-20b 接线时，四线组线对串同轴对远端串音值按下式计算：

$$B_1 = b_r \quad (3\text{-}5\text{-}29)$$

式中　B_1——实际的远端串音（dB）；

b_r——衰减测试器读数（dB）。

5.8　外部串扰

外部串扰实验用于评估多根电缆密集安装时，电缆之间的防串扰能力。

5.8.1　术语及定义

1. 外部近端串音衰减

外部近端串音衰减（ANEXT）表示为分别在不同电缆中主串线对与被串线对的近端串音衰减。

$$ANEXT = 10\lg\frac{P_{1N}}{P_{2N}}$$

式中　$ANEXT$——外部近端串音衰减（dB）；

P_{1N}——主串线对近端的输入功率（mW）；

P_{2N}——被串线对近端的串音输出功率（mW）。

注：主串线对与被串线对需分布在不同的两根电缆内。

2. 外部远端串音衰减

外部远端串音衰减（AFEXT）表示为分别在不同电缆中主串线对与被串线对的远端串音衰减。

$$AFEXT = 10\lg\frac{P_{1N}}{P_{2F}}$$

式中　$AFEXT$——外部远端串音衰减（dB）；

P_{1N}——主串线对近端的输入功率（mW）；

P_{2F}——被串线对远端的串音输出功率（mW）。

3. 外部远端衰减串音比

外部远端衰减串音比（AACR－F）表示为外部远端串音衰减与主串线对衰减的差值。

$$AACR-F = AFEXT - \alpha \times l$$

式中　$AACR-F$——外部远端衰减串音比（dB）；

$AFEXT$——外部远端串音衰减（dB）；

α——主串线对的衰减常数（dB/单位长度）；

$\alpha \times l$——主串线对的衰减值（dB）。

4. 外部近端和外部远端串音衰减功率和

外部近端和外部远端串音衰减功率和表示为

$$PSAX-talk_j = -10\lg\left(\sum_{l=1}^{N}\sum_{i=1}^{n}10^{-\frac{AX-talk_{i,j,l}}{10}}\right)$$

式中　$PSAX-talk_j$——线对 j 的外部串音功率和（dB）；

$AX-talk_{i,j,l}$——指定电缆的线对 j 与相邻电缆的线对 i 之间的串音衰减（dB）；

j——被串线对的编号；

i——主串线对的编号；

l——主串电缆的编号；

n——主串线对的总数量；

N——主串电缆的总数量。

5.8.2　试验设备

外部串音与串音的测量采用同样的测试设备，但待测电缆样品的制备要求不同，外部串音的测试原理如图 3-5-21 所示。

测试仪器应符合 5.4.2 节中所述要求。

5.8.3　技术要求

1）测试前应先准备 7 根（100±1）m 长的待测电缆样品，每根电缆需预先做好标记，这些电缆应采用同一生产批次。

2）测试时，电缆样品的两端应扇出，扇出长度应不大于 1m，测量应在电缆规定的频率范围内进行。测试原则是外围 6 根电缆作为主串电缆围绕中心的 1 根被串电缆进行（以下简称为 1+6）。主串电缆依次按顺序与位于中心的被串电缆进行测试，测试总次数为 96 次（即 4×4×6=96）

3）按图 3-5-22 的组合顺序将 7 根电缆进行整个长度上的直线成束，形成 1+6 的结构。电缆在成束过程中应保持平直、不扭转，并用绝缘胶带或其他类似带材均匀的进行等间距捆扎。捆扎力度需松紧适度，不得破坏电缆的整体结构，同时又要保持缆与缆之间的适度贴合。捆扎间隔为 200mm。

4）电缆样品捆扎成束后，测试前应按规定的要求放置。成熟的样品安置方式有下述两种：

方式一：按图 3-5-23 的场景要求进行循环敷设，循环最小间距应不小于100mm，敷设场地应选择非金属地。

方式二：将成束的电缆缠绕在直径至少为1.2m 的木线盘上，如图 3-5-24 所示。这种方式需要 9 根同一生产批次的电缆。其中 V#电缆被 1# ~ 6#电缆包围，即被测串音电缆。7#，8# 电缆为测试支撑电缆。缠绕时，将 8#，5#，4#作为第一层，6#，V#，3#作为第二层，1#，2#，7#作为第三层，9 根电缆作为一个整体肩并肩缠绕。

电缆缠绕后，用包装带保持成束电缆整体结构的整齐性，如图 3-5-25 所示。在电缆两端，用绝缘胶带或其他类似带材均匀的进行等间距捆扎，捆扎间隔为 100mm。

图 3-5-26 表示“1 + 6”成束电缆的电缆终端示意图。图中 7#，8#电缆不仅仅用于测试电缆结构支撑，也用于将来可能的进一步研究。

5.8.4 试验结果及计算

依据 5.8.1 节中的定义及公式计算。

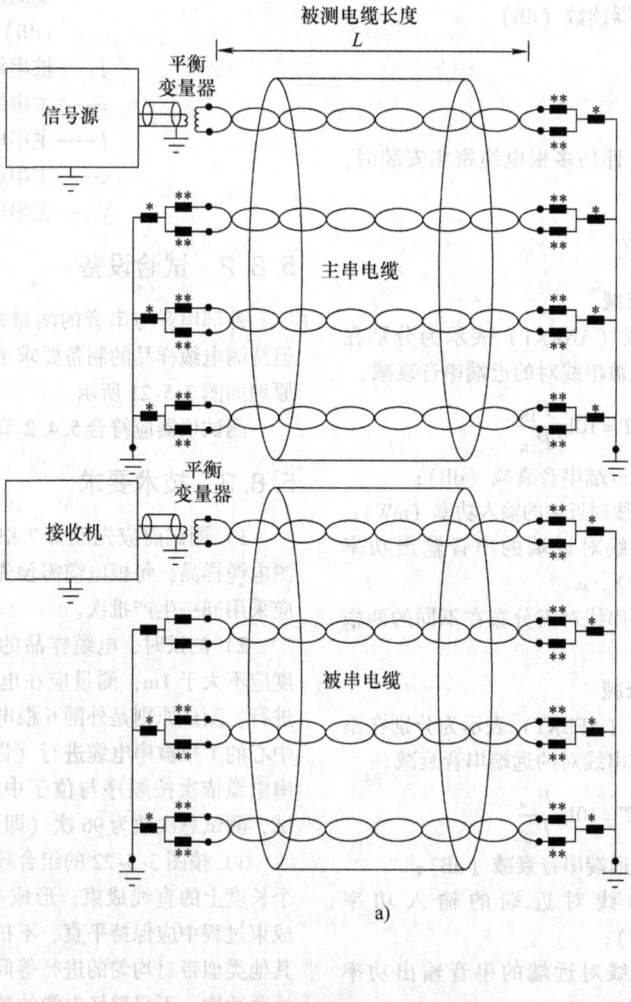

图 3-5-21 外部串音测试原理示意图

a) 外部近端串音的测试原理示意图

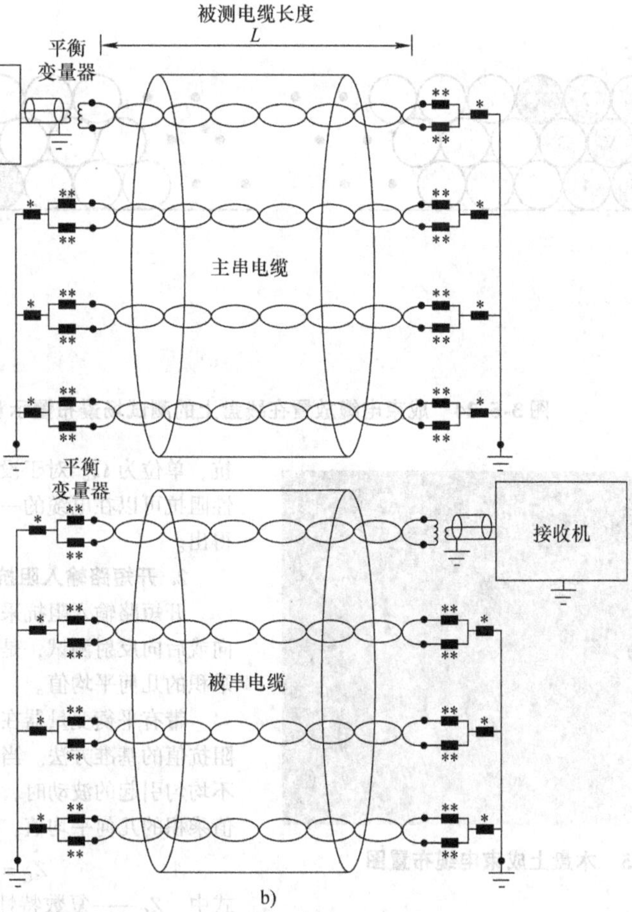

b)

图 3-5-21　外部串音测试原理示意图（续）

b）外部远端串音的测试原理示意图

注：图中 * 为共模端接电阻（Ω）。

** 为用于线对匹配的差模端接电阻（Ω）。电阻值应根据不同结构的电缆进行配置。

图 3-5-22　1 +6 成束电缆试样的截面构成示意图

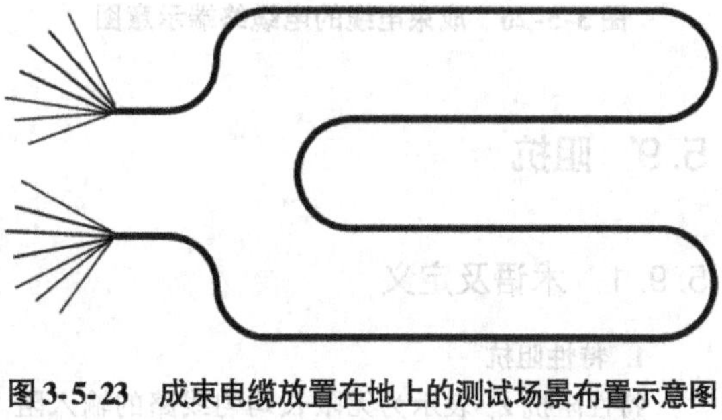

图 3-5-23　成束电缆放置在地上的测试场景布置示意图

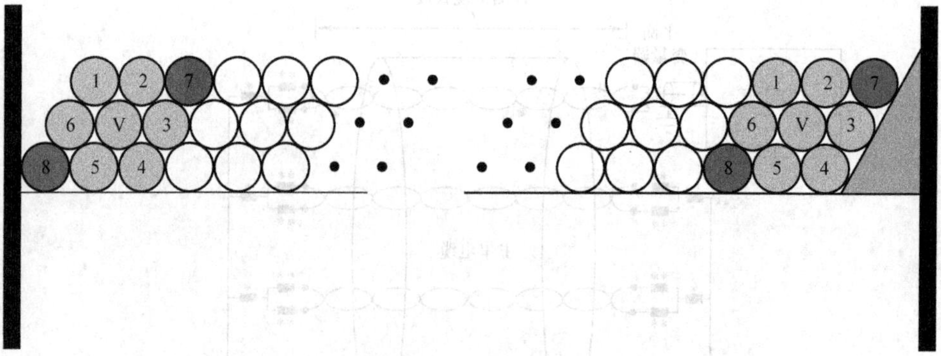

图 3-5-24 成束电缆放置在线盘上的测试场景布置示意图

图 3-5-25 木盘上成束电缆布置图

图 3-5-26 成束电缆的电缆终端示意图

5.9 阻抗

5.9.1 术语及定义

1. 特性阻抗

特性阻抗 Z_c 表示为无限长均匀线路的输入阻抗，单位为 Ω。对于没有结构变化的均匀电缆，特性阻抗可以在电缆的一端直接测量电压与电流的商得出。

2. 开短路输入阻抗

开短路输入阻抗采用基于“频域扫描法”的前向或后向反射测试，是电缆末端开路和短路测量值乘积的几何平均值。

带有平衡变量器在单端开短路测量是取得特性阻抗值的基准方法。当线对是均匀的或分离出结构不均匀引起的波动时，特性阻抗是开路和短路测量值乘积的几何平均值，由下式确定：

$$Z_C = \sqrt{Z_{OC} Z_{SC}} \tag{3-5-30}$$

式中 Z_C——复数特性阻抗（Ω），假设线对是均匀的或分离出结构影响（即阻抗以函数拟合结果表示）；

Z_{OC}——开路时测得的复数特性阻抗（Ω）；

Z_{SC}——短路时测得的复数特性阻抗（Ω）。

当电缆的结构效应很大时，测量的阻抗数据随频率会有较大的波动。对于不均匀电缆，包括结构效应的阻抗由下式确定。

$$Z_{CM} = \sqrt{Z_{OC} Z_{SC}} \tag{3-5-31}$$

式中 Z_{CM}——包括结构效应的复数特性阻抗（输入阻抗）（Ω）。

当忽略结构效应时，式（3-5-30）表示特性阻抗 Z_C。当结构效应很大时，可将开路阻抗和短路阻抗数据与特性阻抗一样作为频率的函数进行拟合，再用输入阻抗的表达式（3-5-31）计算得到特性阻抗 Z_C。式（3-5-30）和式（3-5-31）从低频（电缆长仅是波长的几分之一）到高频（电缆长是波长的几倍）都是正确的。

3. 终端输入阻抗

终端输入阻抗 Z_{in} 表示在被测电缆的末端连接

系统标称阻抗时的阻抗值，单位为Ω。

4. 拟合特性阻抗

对特性阻抗进行最小二乘法拟合后，可得到 Z_m，即拟合特性阻抗。

$$|Z_m| = \left[K_0 + \frac{K_1}{f^{\frac{1}{2}}} + \frac{K_2}{f} + \frac{K_3}{f^{\frac{3}{2}}}\right]Z(f) \tag{3-5-32}$$

式中　$|Z_m|$——拟合的特性阻抗（Ω）；

$|Z(f)|$——阻抗的实测值（Ω）（特性阻抗）；

K_0，K_1，K_2，K_3——最小二乘法拟合系数。

5. 平均特性阻抗

平均特性阻抗 Z_∞ 是特性阻抗的高频渐近值，在大于一定频率后，特性阻抗趋向一个常值 Z_∞。平均特性阻抗用下式表示：

$$Z_\infty = \tau / C$$

式中　Z_∞——平均特性阻抗（Ω）；

τ——延时时间（s）；

C——工作电容（F）。

5.9.2　试验设备

阻抗测试可以用网络分析仪（连同 S－参数单元）或其他阻抗仪表得到数据。图 3-5-27 给出阻抗测量电路的主要组成部分，其中振荡器和接收器是网络分析仪本身的部件。S－参数单元中的关键部件是反射桥，其作用是从入射信号中分离出反射信号。平衡变量器应具有适当的频率范围、阻抗与平衡度，使线对如同在平衡状态下进行测试一样。3 种终端状态，开路、短路和标称负载阻抗分别用于不同的测量（开路、短路或终端）。

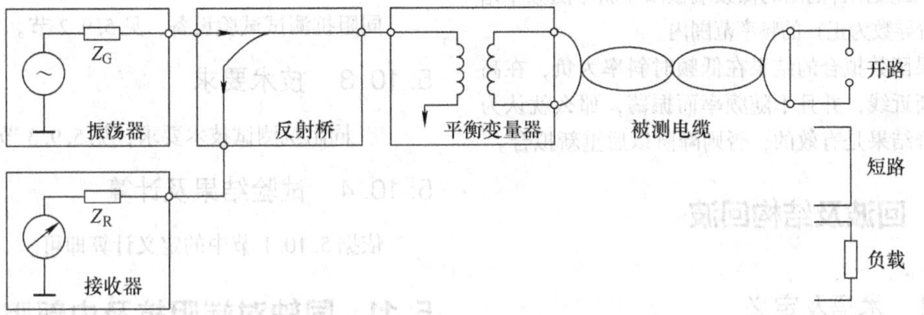

图 3-5-27　电缆线对反射参数测量电路原理

5.9.3　技术要求

1）阻抗测试前应先进行 3 步校准（开路、短路和标称负载阻抗校准）。在平衡变量器的次级完成 3 步校准操作后，网络分析仪就可以直接测量电缆线对的复数反射系数（S－参数）或复数阻抗。

2）样品制备应使端部效应最小。护套、屏蔽、绝缘的剥离长度，包括线对拆开扭绞的长度都应符合产品测试标准。

5.9.4　试验结果及计算

1. 开短路法测试阻抗（基准方法）

被测阻抗（开路或短路）由测试出的反射系数，按下式通过网络分析仪或计算机（按采集的数据）算出：

$$Z_{MEAS} = Z_R \frac{1 + S_{11}}{1 - S_{11}}$$

式中　Z_{MEAS}——被测复数阻抗（开路或短路）（Ω）；

Z_R——在校准时所用的基准阻抗（电阻）（Ω）；

S_{11}——被测复数反射系数。

然后依据定义，特性阻抗是开路和短路复数阻抗测量值乘积的几何平均值，即下式：

$$Z_C = \sqrt{Z_{OC} Z_{SC}}$$

2. 拟合特性阻抗的计算

在测量包含结构效应时，函数拟合有助于计算特性阻抗。这种技术对于从特性阻抗中分离结构回波损耗（SRL）是有用的；或者为了设计目的而应用阻抗数据得到函数关系。当所有阻抗数据都落在比 RL 或 SRL 的限制值更加严格的阻抗限制值的上下限以内时，就不需要函数拟合。

拟合不同于数据平滑，是用与特性阻抗相类似的函数（根据传输理论）去拟合测得的数据。这种函数表示如下：

$$|Z_m| = \left[K_0 + \frac{K_1}{f^{\frac{1}{2}}} + \frac{K_2}{f} + \frac{K_3}{f^{\frac{3}{2}}}\right]Z(f)$$

$Z(f)$可以选择开短路法或终端匹配法测试的阻抗幅值。当使用终端阻抗数据代替开短路数据时，被测长度的来回双程衰减应足够大。例如，当最大偏差为15Ω时，若希望的精度在1.5~5Ω范围内，则应分别在10~20dB的范围内。

将数据点按照频率对数均匀间隔，对于函数拟合是有利的，它使几个10倍频程频率扫描的上下两端有适当的权重。当担心频率的对数间隔会对高频取样太少时，在计算中可以采用线性频率间隔。公式中等号右边的各项一般是从左到右重要性依次减小。前两项有确凿的理论依据。常数项有切实的理论基础，它表示线对的空间外电感（电感主要部分）和线对的电容。第二项表示内电感产生的特性阻抗分量。最后两项用来表示次要的效应，例如使用极性绝缘材料时随频率的增加而减小的电容或屏蔽的作用等。在后一种情况下，函数拟合范围的低频端被限于斜率随频率增加（二阶导数为正）的频率范围内。

如果函数拟合的结果在低频时斜率为负，在高频时为渐近线，并且不随频率而振荡，那么就认为函数拟合结果是有效的，否则降阶以后重新拟合。

5.10 回波及结构回波

5.10.1 术语及定义

回波损耗和结构回波损耗都用来对反射信号的大小进行定量。

1. 回波损耗

回波损耗（RL）表示为在电缆线对的输入端反射功率与输入功率之比的对数值，单位为dB。回波损耗是通信电缆产品的一项重要指标，包含了标称阻抗的偏差及结构尺寸偏差（不均匀性）所引起的两种反射的影响。回波损耗既反映电缆链路（含中间和终端连接器件）的不均匀性，也反映电缆本身的结构不均匀性，主要适用于电缆链路的不均匀性评价。

测量回波损耗时，在电缆的远端用电缆标称阻抗Z_R端接。回波损耗由式下式给出：

$$RL = -20\lg\left|\frac{Z_T - Z_R}{Z_T + Z_R}\right|$$

式中 RL——回波损耗（dB）；

Z_T——测量得到的复数阻抗（电缆远端终接标称阻Z_R）（Ω）；

Z_R——基准阻抗（Ω）（按电缆标称阻抗取值）；

2. 结构回波损耗

结构回波损耗（SRL）主要反映电缆线对的结构不均匀性，适用于产品制造过程中对电缆产品线对结构均匀性的质量评价。结构回波损耗仅代表电缆介质本身相对于特性阻抗的结构效应，主要用于评价电缆产品的性能。

结构回波损耗的表达式为

$$SRL = -20\lg\left|\frac{Z_{cm} - Z_c}{Z_{cm} + Z_c}\right| \text{dB}$$

式中 SRL——结构回波损耗（dB）；

Z_{cm}——测量得到的复数阻抗（终端开短路法测量）（Ω）；

Z_c——通过函数拟合得到的拟合特性阻抗（Ω）。

5.10.2 试验设备

同阻抗测试试验设备，见5.9.2节。

5.10.3 技术要求

同阻抗测试技术要求，见5.9.3节。

5.10.4 试验结果及计算

依据5.10.1节中的定义计算即可。

5.11 同轴对端阻抗及内部阻抗不均匀性（脉冲法）

本试验方法按照GB/T 5441—2016《通信电缆试验方法》“5.3 同轴对端阻抗及内部阻抗不均匀性试验脉冲法”用脉冲法测量2.6/9.5mm、1.2/4.4mm及0.7/2.9mm制造长度的同轴电缆同轴对端阻抗和内部阻抗不均匀性。

5.11.1 术语及定义

表3-5-5表明了用脉冲法测试同轴对端阻抗及内部阻抗不均匀性时所需符号及定义。

表3-5-5 同轴对端阻抗及内部阻抗不均匀性试验脉冲法符号及定义

符号	定义
Z_A	同轴对A端端阻抗值
P_A	当脉冲从同轴对A端送入时，同轴对内部不均匀性以反射系数表示的值
A_{rA}	当脉冲从同轴对A端送入时，同轴对内部不均匀性以反射衰减表示的值

（续）

符号	定义
Z_B	同轴对 B 端端阻抗值
P_B	当脉冲从同轴对 B 端送入时，同轴对内部不均匀性以反射系数表示的值
A_{rB}	当脉冲从同轴对 B 端送入时，同轴对内部不均匀性以反射衰减表示的值

注：A 端和 B 端应按电缆产品标准规定区别。

5.11.2 试验设备

1. 测试系统接线原理图（见图 3-5-28）

2. 测试仪器要求

1）测试系统精度：端阻抗的测量误差，对于 2.6/9.5mm 型应不大于 ±0.05Ω；对于 1.2/4.4mm 型应不大于 ±0.1Ω；对于 0.7/2.9mm 型应不大于 ±0.2Ω。同轴对内部阻抗不均匀性测量误差应不大于被测值的 ±10% +0.1‰。

2）接收系统精度：由接收放大器和输入衰减器等组成，其频率特性在 0.1 ~ 1/2MHz 频率范围内的波动应不超过 ±3dB。

3）发送脉冲精度：输出的发送脉冲幅度应不低于 20V，波形应为正弦平方波，发送脉冲半幅宽度（τ）的误差应不超过表 3-5-6 选定值的 ±15‰。

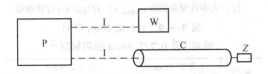

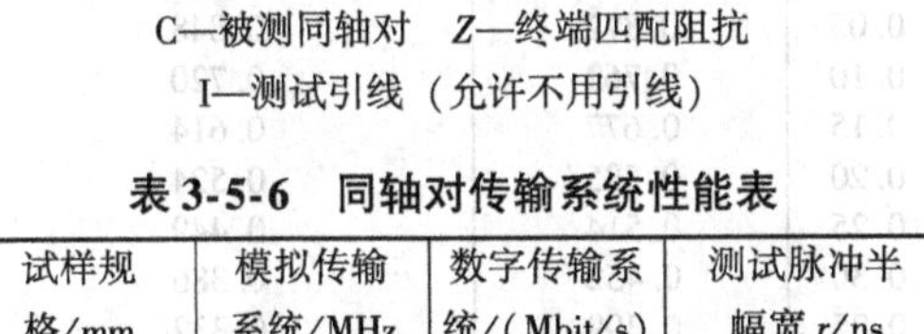

图 3-5-28　测试系统接线原理图

P—同轴电缆脉冲测试仪　W—平衡网络（脉冲仪附件）
C—被测同轴对　Z—终端匹配阻抗
I—测试引线（允许不用引线）

表 3-5-6　同轴对传输系统性能表

试样规格/mm	模拟传输系统/MHz	数字传输系统/(Mbit/s)	测试脉冲半幅宽 τ/ns
2.6/9.5	≤24	≤34	≤50
	≤70	≤140	≤10
1.2/4.4	≤24	≤34	≤50
		≤140	≤10
0.7/2.9		≤34	≤100

4）差动电桥：在满足 2）条接收系统精度要求的同时，对采用引线测试或采用标准同轴对校正网络刻度的测试仪器，其两端输出的对称度应不小于 52dB。对于引线，且以标准电阻校正网络刻度的仪器，其两端输出的对称度应不小于 78dB。

5）平衡网络阻抗频率特性应模拟被测同轴对的阻抗频率特性。网络刻度，测量 2.6/9.5mm 型同轴对时为 2.5MHz 时的阻抗实部值，测量 1.2/4.4mm 型和 0.7/2.9mm 型同轴对时为 1MHz 时的阻抗实部值。

网络的刻度在测试前应以标准同轴对进行校验，校正后刻度误差应不大于 ±0.03Ω。对于 Z_∞ 与 RC 链路可以分开的网络，也可以采用温度系数在 1×10^{-5}Ω/℃以下的标准电阻对 Z_∞ 刻度值进行校核。

6）测试引线采用 10ns 宽度的脉冲测试时，两根引线的长度应各不短于 10m；采用 50ns 宽度的脉冲测试时，两根引线的长度应各不短于 30m；采用宽度大于 50ns 的脉冲测试时，两根引线的长度应各不短于 50m。两根引线的长度差应不大于 20mm，阻抗力 75 ±2Ω，电容不大于 76pF/m。其内部阻抗不均匀性应不大于 10‰。接平衡网络的引线端阻抗和接被测同轴对的引线端阻抗应尽可能接近，其差值应不大于 0.5Ω。

7）标准同轴对制造标准同轴对的同轴对结构应与试样相同。端阻抗的定标温度为 +20℃，1MHz 时 0.7/2.9mm 型标准同轴对的定标值应在 74.0 ~ 76.0Ω 范围以内，其误差应不大于 ±0.1Ω。1MHz 时 1.2/4.4mm 型标准同轴对的定标值应在 74.5 ~ 75.5Ω 范围以内，其误差应不大于 ±0.05Ω。2.5MHz 时 2.6/9.5mm 型标准同轴对的定标值应在 74.8 ~ 75.2Ω 范围以内，其误差应不大于 ±0.02Ω。

8）标准电阻电阻的定标温度为 +20℃时的直流定标值。

对于 0.7/2.9mm 型同轴对应在 72.0 ~ 73.0Ω 范围内；对于 1.2/4.4mm 型同轴对应在 73.0 ~ 74.0Ω 范围内；对于 2.6/9.5mm 型同轴对应在 74.0 ~ 75.0Ω 范围内。

电阻值的误差应不大于 ±0.02Ω。

9）时标显示电路测试距离时的误差应不大于 1%。

10）$P-L$ 曲线板，即不均匀性 P 沿长度 L 变化的校正曲线板。该曲线应符合选定的测试脉冲在试样内传输时幅度随长度变化的特性。

5.11.3 技术要求

1）除被测电缆的技术文件有规定外，应根据同轴对所传输系统的最高频率，按表 3-5-6 规定选定测试脉冲的半幅宽度 τ，并将仪器的发送脉冲半幅宽度调整到选定的 τ 值。

2）按仪器说明书规定对发送脉冲幅度进行“定标”。

按仪器说明书规定用标准同轴对或标准电阻校正平衡网络的阻抗刻度值。

3）按图 3-5-28 所示接上被测同轴对。

4）按仪器说明书规定调节平衡网络上的高频补偿电容及“Ω”调节旋钮，以达到标准的“M”形或“W”形。

5）从平衡网络上读取端阻抗 Z_A 或 Z_B 值，从 $P-L$ 曲线上读取同轴对内部不均匀性 P_A 或 P_B 值，或采用调节输入衰减器的衰减值使不均匀点的反射脉冲幅值正好等于定标时的参考高度的方法，读取度射衰减值 A_{rA} 或 A_{rB} 值。

6）$P-L$ 校正曲线的绘制，虽然脉冲仪器出厂时已绘制好了被测同轴电缆的 $P-L$ 校正曲线。但是为了校验，或者要测试新结构同轴对的不均匀性，则必须由测试部门自行绘制 $P-L$ 校正曲线。

绘制 $P-L$ 校正曲线，通常采用“开路短路法”。绘制 $P-L$ 校正曲线的接线原理见图 3-5-29。用这个方法对某种小同轴电缆制作 $P-L$ 曲线的实例见表 3-5-7。

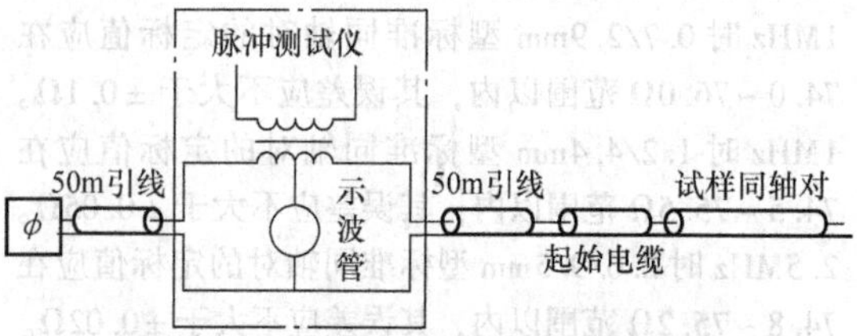

图 3-5-29 绘制 $P-L$ 校正曲线的接线

表 3-5-7 小同轴电缆 $P-L$ 校正曲线实例

电缆长度/m	0	55	135	235	357	447	547
电缆在荧光屏上长度/cm	0	1.83	4.5	7.83	11.9	14.9	18.23
开路反射脉冲高度/mm	26.5	25	19.5	15	12.8	10.3	9.2
短路反射脉冲高度/mm	−27.0	−25.5	−19.5	−15.5	−13.0	−10.9	−9.4

5.11.4 试验结果及计算

试验结果的获得有两种方法：一是用已绘制好的 $P-L$ 校正曲线板在仪表上直接读取的直读法；另一个是从衰减器上读取衰减法，然后进行计算校正的计算法。

1）直接读取法。从仪表的平衡网络上读取 Z_A 或 Z_B 值；从 $P-L$ 校正曲线板上读取不均匀性最大值 P_A 或 P_B。

$P-L$ 校正曲线板的绘制可以在不同长度的电缆上直测绘制，也可以按表 3-5-8 和表 3-5-9 给出的校正值进行绘制。

2）计算法反射衰减 A_r（dB）值可按下式求得：

$$A_r = -A_1 + A_2 - A_3$$

式中 A_1——脉冲“定标”时的输入衰减器读数（dB）；

A_2——调节不均匀点的反射脉冲达到“定标”值时输入衰减器的衰减值（dB）；

A_3——脉冲在被测同轴对中传输时的传输。

表 3-5-8 2.6/9.5mm 型同轴对

距离 L_x/km	τ = 50ns 时脉冲的幅度
0	1
0.05	0.941
0.10	0.886
0.15	0.835
0.20	0.787
0.25	0.741
0.30	0.669
0.35	0.659
0.40	0.622
0.45	0.587
0.50	0.554
0.55	0.524
0.60	0.495

注：表中数据是以取 α_{1MHz} = 2.337dB/km 计算所得。

表 3-5-9 1.2/4.4mm 型同轴对①及 0.7/2.9mm 型同轴对②

距离 L_x/km	1.2/4.4mm τ = 50ns 时脉冲幅度	0.7/2.9mm τ = 100ns 时脉冲幅度
0	1	1
0.05	0.872	0.848
0.10	0.762	0.720
0.15	0.677	0.614
0.20	0.585	0.524
0.25	0.514	0.449
0.30	0.452	0.386
0.35	0.399	0.332
0.40	0.352	0.287
0.45	0.312	0.248
0.50	0.276	0.216
0.55	0.245	0.188
0.60	0.218	0.164

① 表中数值对于 1.2/4.4mm 型同轴对是以取 α_{1MHz} = 5.3dB/km 计算所得。

② 表中数值对于 0.7/2.9mm 型同轴对是以取 α_{1MHz} = 9.068dB/km 计算所得。

A_3 按下式计算：

$$A_3 = 2a_1\sqrt{f}l_X \quad (3\text{-}5\text{-}33)$$

式中 a_1——1MHz时试样的衰减常数（dB/km），可用标称值；

l_X——试样不均匀点离始端的距离（km）；

f——脉冲等效频率（MHz）。

对于0.6km以下的制造长度同轴对，f可按下式计算：

$$f = \phi(a_1 l_X) f_\tau \tag{3-5-34}$$

式中 $f_\tau = \frac{1}{4\tau} \times 10^3$。

$$\phi(a_1 l_X) = A a_1 l_X + B$$

式中 τ——发送脉冲的半幅宽度（ns）；

A、B——函数 $\phi(a_1 l_X)$ 的系数，对于不同类型同轴对的 A、B 值见表3-5-10。

l_X按下式计算

$$l_X = \frac{V}{2} t \tag{3-5-35}$$

式中 V——脉冲在被测同轴对中的传输速度（km/μs）；

t——用时标显示装置测定的不均匀点反射脉冲滞后于发送脉冲的时间（μs）。

表3-5-10 不同类型同轴对的 A、B 值

同轴对型号	2.6/9.5mm		
脉冲半幅宽	50ns	10ns	
A	−0.0487	−0.1082	
B	1.018	1.018	
同轴对型号	1.2/4.4mm		0.7/2.9mm
脉冲半幅宽	50ns	10ns	100ns
A	−0.0484	A_S①	−0.0342
B	1.018	1.018	1.018

① 在0.5km以内，$A_S = -0.1134 l_X^2 + 0.0617 l_X - 0.1155$。

3）A_r（A_{rA}或A_{rB}）值与P（P_A或P_B）值之间的换算按下式进行

$$P = 10^{-A_r/20} \times 10^3 ‰ \tag{3-5-36}$$

4）需要不均匀点的阻抗偏差值时，按下式计算求得：

$$\Delta Z = 2ZP$$

式中 P——不均匀点的反射系数（‰）；

ΔZ——不均匀点的阻抗偏差（Ω）；

$2Z$——试样特性阻抗标称值（Ω）。

5.12 同轴对特性阻抗实部平均值（谐振法）

5.12.1 术语及定义

同轴对特性阻抗的试验方法有很多，如开短路点频法、终端阻抗匹配法、开短路谐振频率法、短路谐振法，补偿法等。对于理想的、均匀的同轴对，这些方法测得的特性阻抗是一致的，因为理想的、均匀的同轴对，其特性阻抗取决于导体的尺寸及所采用的绝缘材料的性能，同轴对任一截面上都有相同的特性阻抗 Z_C 值，而对于实际的不均匀同轴对，由于内部不均匀性的影响，上列这些方法测得的结果就不能很好的一致。因为对于实际的不均匀的同轴对，特别是在高频，其特性阻抗有三种，即局部特性阻抗（对电缆两端来说，即端阻抗）、平均特性阻抗及有效特性阻抗。

本试验方法按照GB/T 5441—2016《通信电缆试验方法》中的“5.4 同轴对特性阻抗实部平均值试验—谐振法”，只推荐同轴对特性阻抗实部平均值试验（谐振法）。用谐振法测量制造长度同轴对特性阻抗实部的平均值。测试频率范围为0.06～10MHz。在测试设备允许的条件下，可扩大测试频率范围。

5.12.2 试验设备

1. 测试原理示意图（见图3-5-30和图3-5-31）

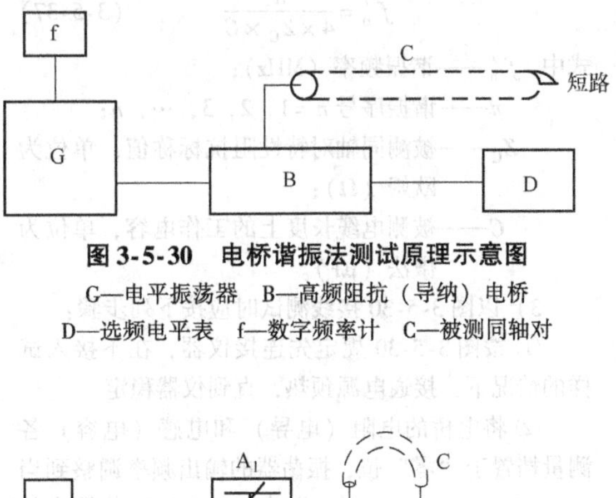

图3-5-30 电桥谐振法测试原理示意图

G—电平振荡器 B—高频阻抗（导纳）电桥
D—选频电平表 f—数字频率计 C—被测同轴对

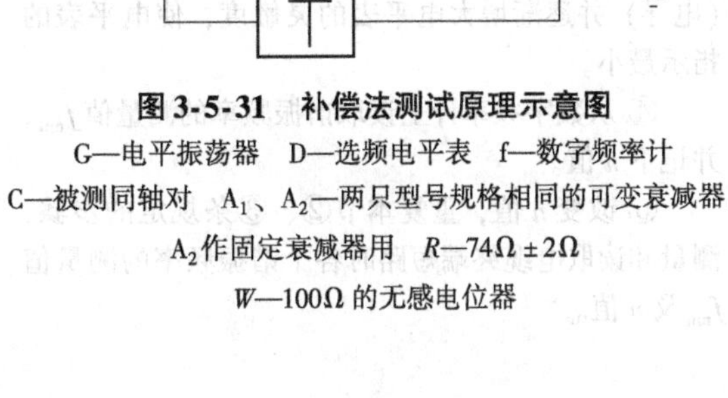

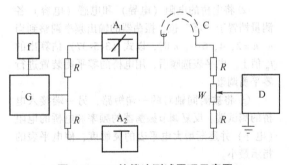

图3-5-31 补偿法测试原理示意图

G—电平振荡器 D—选频电平表 f—数字频率计
C—被测同轴对 A_1、A_2—两只型号规格相同的可变衰减器，
A_2作固定衰减器用 R—74Ω±2Ω
W—100Ω的无感电位器

2. 试验设备要求

1）电平振荡器。在规定测试频率范围内频率漂移应不大于10^{-4}（连接工作1h），输出电平为0~10dB。

2）选频电平表在规定测试频率范围内灵敏度低于-90dB（不包括表头）。

3）高频阻抗（导纳）电桥精度为被测值的±1%。

4）数字频率计显示数字的位数不少于6位，频率稳定度不低于$\pm1.5\times10^{-7}$/24h。

5）衰减器各档衰减值总和应不低于40dB。最小档的分辨力至少为0.1dB。

衰减器适用的频率范围应包括所需测试的各个频率点。

5.12.3 技术要求

1）测试同轴对的工作电容C_o时，采用电桥的精度不低于0.1%。

2）按下列公式估算被测电缆的谐振频率f_n（MHz）及间隔：

$$f'_n=\frac{n}{4\times Z_C\times C} \qquad (3\text{-}5\text{-}37)$$

式中 f'_n——谐振频率（MHz）；

n——谐振序号$n=1, 2, 3, \cdots, n$；

Z_C——被测同轴对特性阻抗标称值，单位为欧姆（Ω）；

C——被测电缆长度上的工作电容，单位为微法（μF）。

3）以图3-5-30接线测试时应按下列步骤：

① 按图3-5-30规定先连接仪器，在不接入试样的情况下，接通电源预热，直到仪器稳定。

② 将电桥的电阻（电导）和电感（电容）各测量档置于“零”位，振荡器的输出频率调整到当心$n=2, 4, 6\cdots, n$时，以式（3-5-37）估算出的f'_n值上。电平表选频后，用电桥的零平衡装置进行零平衡调整。

③ 将被测同轴对的一端短路，另一端接入电桥的测试端。反复调节振荡器的频率和电桥的电阻（电导）并逐渐增大电平表的灵敏度，使电平表的指示最小。

④ 从数字频率计上读取谐振频率的测量值f_{nm}，并记下n值。

⑤ 改变n值，重复本节②、③条规定的步骤，测量和读取电缆终端短路时各个谐振频率的测量值f_{nm}及n值。

4）以图3-5-31接线测试时应按下列步骤：

① 按图3-5-31规定接好测试系统，并使A_1支路和A_2支路连接引线的总长度相等。检查无误后接通电源。预热仪器达到稳定。

② 估计被测样品在最高测试频率下的衰减值。将固定衰减器A_2置于大于该值的任意位置上。

③ 接好被测样品，调节振荡器的输出频率，同时用选频电平表跟踪选频，在序号n为2、6、10、14…以式（3-5-37）估算出的频率附近频率点上，选择频率高于250kHz的所需测试的频率序号进行测量。反复调节可变衰减器A_1及振荡器的输出频率，使电平表的指示最低，然后调节细调电位器使电平表的灵敏度达-100dB左右，从频率计上读取频率f_{nm}，并记录序号n值。

5）如果测得的f_{nm}与式（3-5-37）估算的f'_n值偏离较大时，必须使振荡器输出在f_{nm}的频率下，重复进行复测。

6）试样短路一端的内外导体必须保持清洁，以保证短路接触良好。

7）高频测试时，谐振序号容易取错，必须逐点进行计数，取得谐振序号的真值。

5.12.4 试验结果及计算

试验结果按下式计算求得：

$$\overline{Z}_{Cr}=\frac{n}{4Cf_n} \qquad (3\text{-}5\text{-}38)$$

式中 $\overline{Z}_{Cr}$——试样特性阻抗实部平均值（Ω）；

n——谐振序号，$n=2, 4, 6, \cdots, n$；

C——被测同轴对的工作电容（μF）；

f_n——试样的实际谐振频率（MHz）。

按图3-5-30测试系统测试f_n应以下式计算求得：

$$f_n=f_{nm}\left[1-\left(\frac{a\lambda}{17.372\pi}\right)^2\right] \qquad (3\text{-}5\text{-}39)$$

式中 f_n——试样的实际谐振频率（MHz）；

f_{nm}——试样的谐振频率测试值（MHz）；

λ——试样上测试频率的波长（km）；

a——试样对应于被测频率的衰减（dB/km）。通常可以取各厂同轴对在1MHz时的标称值a_1，以$a=a_1\sqrt{f_{nm}}$换算取得。

按图3-5-31测试系统测试时，$f_n=f_{nm}$。

5.13　同轴对衰减常数频率特性（比较法）

5.13.1　术语及定义

目前世界各国在测试同轴电缆衰减中广泛采用的测试方法有直接替代法（即直接比较法）和间接替代法。后一种方法适用较高频带直至微波范围的测试。而在较低频率范围内，一般采用直接比较法比较方便和优越。直接比较法包括串联比较法、并联比较法和串并联比较法三种。

本试验方法按照 GB/T 5441—2016《通信电缆试验方法》中“5.6.2.2 同轴对衰减性能测试　比较法”测量同轴对的衰减常数频率特性。

测试频率为 0.06～70MHz，测试衰减的最大值为40dB，若仪表性能允许，也适用于更高的频率与更大的衰减值。

在测试 10dB 以上的衰减值时，测试精度优于 ±0.1%。

5.13.2　试验设备

1. 测试系统接线原理（见图 3-5-32～图 3-5-34）

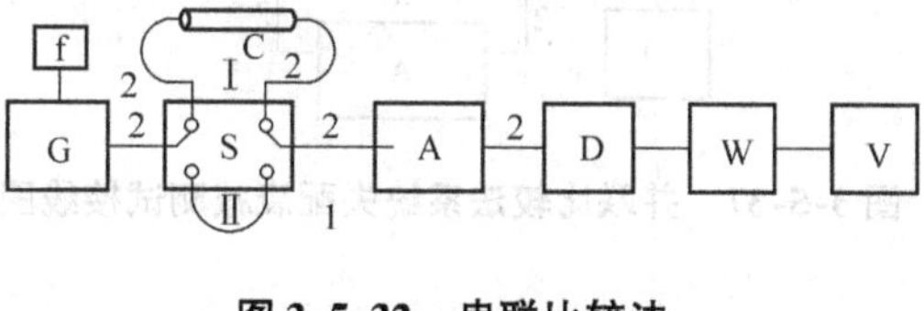

图 3-5-32　串联比较法

f—数字式频率计　G—振荡器　S—同轴开关
A—可变衰减器　D—选频电平表
W—可变分压器　V—数字电压表
C—被测同轴对　1—同轴短接线　2—75Ω 同轴引线
Ⅰ—1 支路　Ⅱ—2 支路

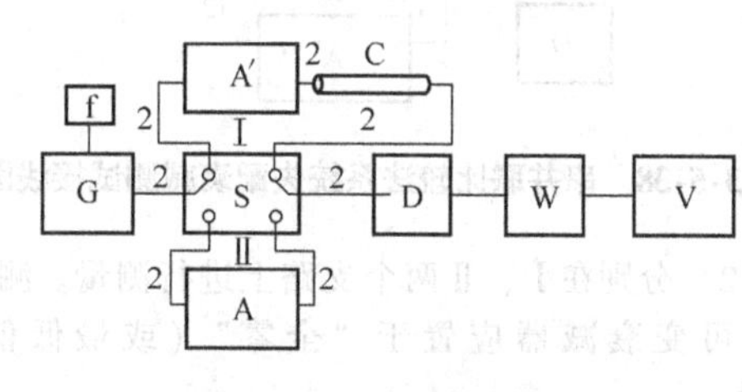

图 3-5-33　并联比较法

f—数字式频率计　G—振荡器　S—同轴开关
A—可变衰减器　A′—通常为 1dB 的固定衰减器
D—选频电平表　W—可变分压器　V—数字电压表
C—被测同轴对　2—75Ω 同轴引线
Ⅰ—1 支路　Ⅱ—2 支路

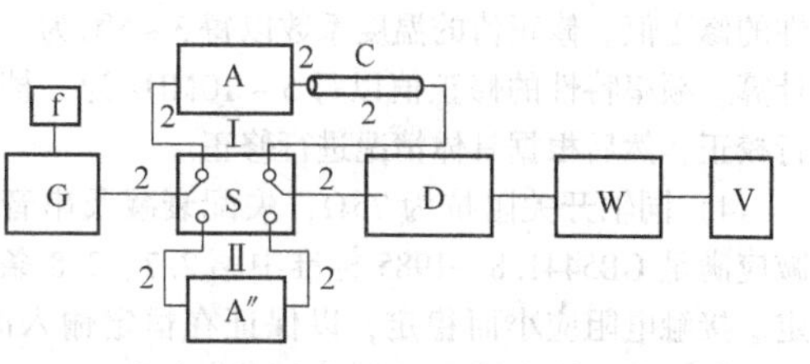

图 3-5-34　串并联比较法

f—数字式频率计　G—振荡器　S—同轴开关
A—可变衰减器　A″—与 A 同型号可变衰减器作固定衰减用
D—选频电平表　W—可变分压器
V—数字电压表　C—被测同轴对
2—75Ω 同轴引线　Ⅰ—1 支路　Ⅱ—2 支路

2. 测试仪器要求

1）振荡器输出阻抗为 75Ω，在所需使用的频带内，对 75Ω 电阻的失配衰减应不低于 32dB，并能以 0.1MHz 或更小步级锁定频率。

2）选频电平表输入阻抗为 75Ω，在所需使用的频带内，对 75Ω 电阻的失配衰减应不低于 32dB。且在恒定输入时，直流输出电平的短时间变化不大于 1×10^{-3}dB。

3）可变衰减器。

① 各档衰减值总和应不低于 40dB，最小档的分辨力至少为 0.1dB。

② 所需使用的频带应在衰减器的工作频带之内。当衰减器在所需使用的频带内，衰减值的残留频带特性（即图 3-5-32 中衰减器在一次比较测试中二次衰减读数的衰减频率特性修正值之差；图 3-5-33和图 3-5-34，两只衰减器的频率特性之差）在 $\pm1\times10^{-3}$dB 之内，可以不作频率特性修正，直接采用直流校正值，否则应进行衰减值的频率特性修正。

③ 在测试环境的最低温度和最高温度的范围内，衰减器各档的衰减值将随温度而变化。如果由于温度的变化使衰减器各档衰减值变化在 1×10^{-3} dB 之内，可以不作温度特性的修正，否则应进行衰减值的温度特性修正。

④ 当衰减器输出终端接 75Ω 纯电阻时，衰减器无论在任何档位，其对 75Ω 的失配衰减应不低于 32dB。

⑤ 衰减器应具有良好的机械结构，以保证频繁操作后仍有良好的重复性。

⑥ 应定期在测试环境温度上限和下限温度附近进行直流校正及测试频率范围内的交流校正，以取得衰减值的修正值，修正值的温度系数及频率特

性的修正值。修正值的温度系数以每3～5℃为一档计算。频率特性的修正值以每5～10MHz为一档进行校正，然后根据具体情况进行修正。

4）同轴开关阻抗为75Ω，失配衰减及串音衰减应满足GB5441.8—1985标准中第2.7、2.8条规定。接触电阻应小而稳定，以保证在恒定输入时，经频繁开关后输出没有可以观察到的变化。

在设有适当的同轴开关时，允许采用插拔方式进行测试。

5）数字电压表应有滤波装置，并能显示五位数字，其稳定性应保证在一次比较测试的时间内，最后一位数字的变化值不超过±2。

6）可变分压器。

① 可变分压器的线路如图3-5-35所示，可以自制。图中R_1、R_2、R_3值应根据所选用的选频电平表直流输出电压的大小和电阻以及数字电压表的量程选定。

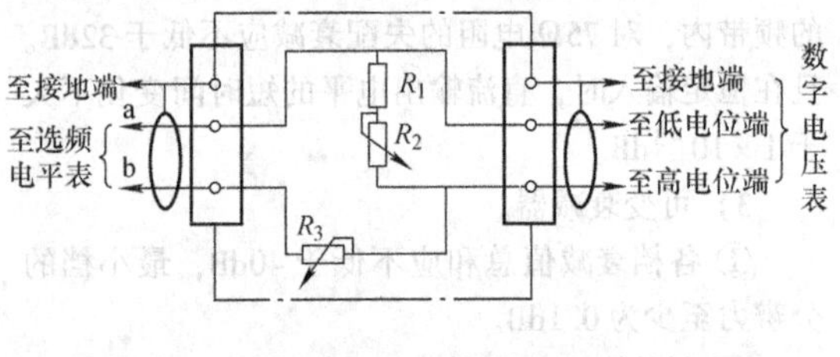

图3-5-35 可变分压器

R_1—电阻 R_2，R_3—可变电位器

② 当选频电平表的直流输出两端都不接地时，图3-5-35中a、b两端可任意连接。若一端接地，则接地端与b连接。

③ 可变分压器的元件（特别是R_2、R_3可变电位器）应接触良好，至少应保证在一次比较测试时间内，在数字电压表上设有可观察到的变化。

④ 可变分压器与选频表的连接引线应采用具有良好屏蔽的引线。

7）图3-5-32、图3-5-33和图3-5-34中从振荡器输出引线到选频电平表输入引线，整个测试系统失配衰减应不低于32dB。在24MHz以上频段可以允许为30dB。

8）测试系统中Ⅰ支路连接被测同轴对带引线的两个插头（在终接75Ω电阻时）之间的串音衰减B值，应不低于式（3-5-40）的计算值，即

$$B = X - 20\lg(0.115\times10^{-4}\times A_x) \quad (3\text{-}5\text{-}40)$$

式中 B——串音衰减值（dB）；

X——衰减测试要求值（dB）；

A_x——被测同轴对的衰减值（dB）。

5.13.3 技术要求

1. 从图3-5-32～图3-5-34中选定测试系统的接线型式

2. 测量测试系统的失配衰减

1）根据所选定的测试系统接线型式，从图3-5-36～图3-5-38中选定测量测试系统失配衰减的接线型式，并连接好系统。

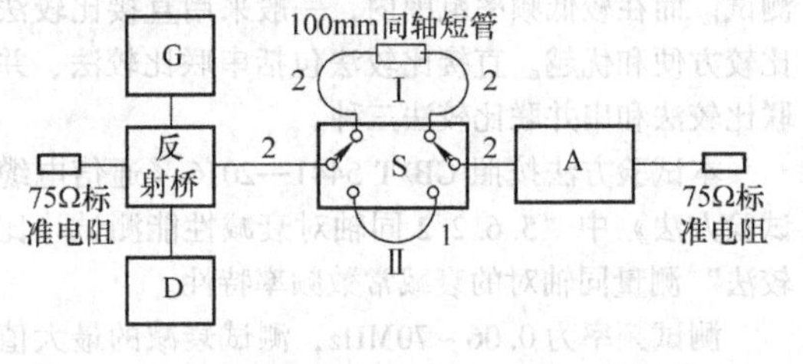

图3-5-36 串联比较法系统失配衰减测试接线图

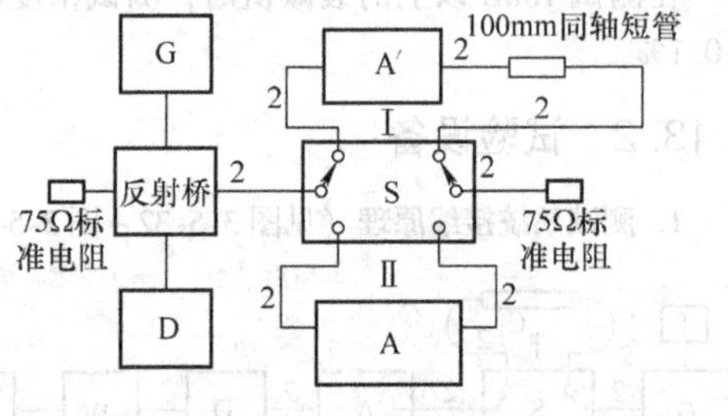

图3-5-37 并联比较法系统失配衰减测试接线图

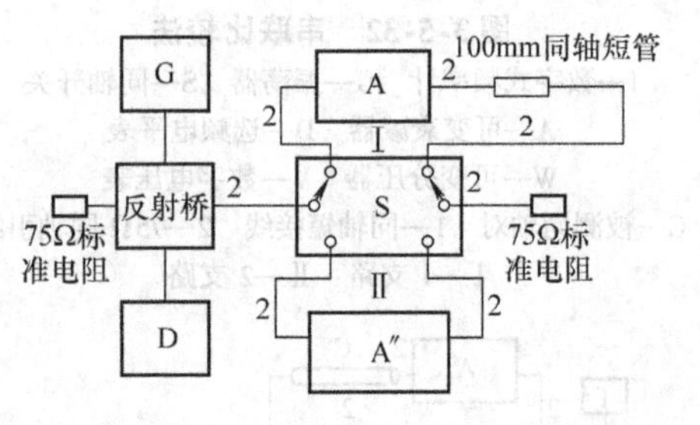

图3-5-38 串并联比较法系统失配衰减测试接线图

2）分别在Ⅰ、Ⅱ两个支路上进行测量。测量时，可变衰减器应置于“全零”（或最低值）位置。

3）当失配衰减达不到本节7中规定的32dB值时，应加放具有一定衰减值的缓冲衰减器，使失配衰减达到32dB。

3. 测量测试系统的串音衰减值

1）根据所选定的测试系统接线型式，按图

3-5-32 ~ 图 3-5-34 的要求连接好系统。

2）或在连接试样的两根引线端头上分别接上带有屏蔽的 75Ω 电阻。直接插接或通过短段的同轴对连接系统。

3）振荡器调到零电平输出，可变衰减器放在“全零”（或最低值）位置。

4）将同轴开关先放置在Ⅱ支路上，调整选频表的频率及灵敏度，使选频表指示为零电平或与衰减器最低值相应的电平值。

5）再将同轴开关放置于Ⅰ支路上，提高选频表灵敏度，读出接收电平值。两次电平的差值即为系统的串音衰减值。

4. 调试测试系统

1）根据所选定的测试系统接线型式，按图 3-5-32 ~ 图 3-5-34 要求连接好测试系统。

2）选取一根与试样结构相同，长约 100mm 的同轴对，代替试样接入测试系统。

3）接通电源，预热测试仪器，稳定后开始调试。

① 将同轴开关放置在Ⅱ支路上。

② 振荡器的输出阻抗置于 75Ω；输出电平调到 0dB 或 -10dB；输出频率调到最高测试频率；可变衰减器（见图 3-5-32 ~ 图 3-5-34 中的 A′及 A″）置于“全零”（或最低值）位置；选频电平表的输入阻抗置于 75Ω，中频带宽调到适当的位置，使数字电压表读数最稳定，在低噪声工作状态下选出振荡器频率。

③ 调节振荡器输出细调或选频电平表的灵敏度，使电平表表头指针在 0dB 或 -10dB 附近。

④ 调节可变分压器及数字电压表，使数字电压表显示五位数字。在一次比较测试时间内，当数字电压表读数的数字差值不超过相当 1×10^{-3} dB 时，即可测量系统的修正值。

5. 测量系统的修正值

1）系统修正值的测量应在试样衰减的各个频率点上进行。

2）采用图 3-5-32 的串联比较法及图 3-5-33 的并联比较法接线型式时，将可变衰减器置于零，采用图 3-5-34 串并联比较法接线型式时，估计最高测试频率时被测同轴对的衰减。将两只衰减器均放在略大于此值的位置上。

3）将同轴开关置于Ⅱ支路上，调节可变分压器使数字电压表显示适当数字，记作 $V_{\mathrm{II}y}$。再将同轴开关置于Ⅰ支路上，读取数字电压表的数值，记作 $V_{\mathrm{I}y}$。

4）系统修正值按下列公式计算如下：

采用图 3-5-32 所示型式时，有 $A_y=20\lg\dfrac{V_{\mathrm{II}y}}{V_{\mathrm{I}y}}$

$$(3\text{-}5\text{-}41)$$

采用图 3-5-33 所示型式时，有

$$A_y=A_{\mathrm{II}y}+\Delta A_{\mathrm{II}y}+20\lg\frac{V_{\mathrm{II}y}}{V_{\mathrm{I}y}} \quad (3\text{-}5\text{-}42)$$

采用图 3-5-34 所示型式时，有

$$A_y=A_{\mathrm{I}y}+\Delta A_{\mathrm{I}y}-20\lg\frac{V_{\mathrm{II}y}}{V_{\mathrm{I}y}} \quad (3\text{-}5\text{-}43)$$

式中　$A_{\mathrm{II}y}$——Ⅱ支路衰减器读数；

$A_{\mathrm{I}y}$——Ⅰ支路衰减器读数；

$\Delta A_{\mathrm{II}y}$——Ⅱ支路衰减器读数修正值；

$\Delta A_{\mathrm{I}y}$——Ⅰ支路衰减器读数修正值。

上式计算式中没有扣除 100mm 长同轴对的衰减值。此值在式（3-5-50）中处理。

6. 测量试样的实际温度

1）在有恒温室的条件下，将电缆试样放在恒温室内，直到试样护套内导体的直流电阻达到稳定，然后精确测定恒温室的温度，即为试样的实际温度。

2）在没有恒温室时，采用下列方法中的任一种测量。

① 测温线法。为充分利用电桥分辨力在试样护套内选取具有适当直流电阻值的线芯（可把 n 根导体串联）作测温线。

在试样的电缆盘上悬挂分辨力为 0.1℃ 的温度计。若试样为若干盘电缆组成时，温度计应不少于 2 只，读数取诸温度计示值的平均值。

测温线的直流电阻每隔 20 ~ 30min 测量一次。连续测量 48h，每次至少读取四位数字，并记下温度计指示的温度、测量时刻。

根据每次测量的电阻温度值绘制温度随时间和电阻随时间的变化曲线，分别从两条曲线上求出平均温度 $\bar{t}$ 及平均电阻 $\bar{R}$，并按下式计算出 20℃ 时测温线的电阻 R_{20}。

$$R_{20}=\frac{\bar{R}}{1+0.00393(\bar{t}-20)} \quad (3\text{-}5\text{-}44)$$

② 测温电缆法。在进行定期测试或大量测试的情况下应采用此法。取一盘与被测电缆的型号、规格相同，长度基本接近，并绕在同样电缆盘上的电缆作为测温电缆。测量该电缆中测温线的电阻 R_{20}。然后将测温电缆和试样电缆应尽量靠近放置至少 6h，测量测温电缆中测温线电阻和试样电缆中测温线的电阻。将测温电缆中测温线的电阻和温度

的关系移植到试样电缆的测温线上。测量和移植应在不同时间内进行多次，直到互相符合后才能被采用。

3）在测量衰减常数的环境温度下，测量试样电缆同一护套内的测温线直流电阻 R_t。

4）按下式计算公式算出试样同轴对的实际温度：

$$t_X = 20 + \frac{\overline{R}}{0.00393}\left(\frac{R_1}{R_{20}} - 1\right) \quad (3\text{-}5\text{-}45)$$

7. 测量试样同轴对的衰减

1）串联比较法。

① 将被测同轴对接入图 3-5-32 所示测试系统。同轴开关置于Ⅱ支路上，调节电平振荡器到所需测试频率。输出电平为 0dB 或 -10dB。

② 估计在最高测试频率时被测同轴对的衰减。将衰减器放在略大于此值的位置上，该数值作为起始衰减 A_0。

③ 用选频电平表选频。调节输入衰减器，使表头指针指在 0dB 附近，必要时可调节电平表灵敏度细调。

④ 调节可变分压器使数字电压表显示五位数字。读取该数字，并记作 $V_Ⅱ$。

⑤ 把同轴开关置于Ⅰ支路上。分压器不动，减小可变衰减器的衰减值。直到选频电平表的表头指于 0dB 附近。使数字电压表显示的数字与 $V_Ⅱ$ 接近，读取可变衰减器的读数为 A_1 和数字电压表的读数为 $V_Ⅰ$。

⑥ 将可变衰减器重新调回到起始衰减 A_0，然后将同轴开关置于Ⅱ支路上，此时数字电压表显示的值应回到 $V_Ⅱ$。允许数字的差值相当于 1×10^{-3}dB，如果差别超过此值时，测试应重新进行。

2）并联比较法。

① 将被测同轴对接入图 3-5-33 所示测试系统，同轴开关置于Ⅰ支路上，调节振荡器到所需测试的频率，输出电平为 0dB 或 -10dB。

② 用选频电平表选频。调节输入衰减器，使表头指针指在 0dB 附近，必要时可调节电平表的灵敏度细调。

③ 调节可变分压器，使数字电压表显示五位数字，读取该数字记作 $V_Ⅰ$。

④ 将可变衰减器调节到接近被测同轴对衰减值的档位上。然后将同轴开关置于Ⅱ支路上，进一步调节衰减器的衰减值，使选频电平表的表头指针指于 0dB 附近。数字电压显示的数字与 $V_Ⅰ$ 接近，读取可变衰减器的读数为 $A_Ⅱ$，和数字电压表读数为 $V_Ⅰ$。

⑤ 将同轴开关置于Ⅰ支路上，此时数字电压表显示的值应回到 $V_Ⅰ$。允许数字的差值相当于 1×10^{-3}dB，如果差别超过此值时，测试应重新进行。

3）串并联比较法。

① 将被测同轴对接入图 3-5-34 所示测试系统，同轴开关置于Ⅱ支路上，调节振荡器到所需测试的频率，输出电平为 0dB 或 -10dB。

② Ⅱ支路上的可变衰减器置于与测试系统衰减器同样的位置上。

③ 用选频电平表选频，调节输入衰减器，使表头指针指在 0dB 附近，必要时可调节电平表灵敏度细调。

④ 调节可变分压器使数字电压表显示五位数字，读取该数字，并记作 $V_Ⅱ$。

⑤ 将同轴开关（S）置于Ⅰ支路上，调节可变衰减器（A），使数字电压表显示的数字与 $V_Ⅱ$ 接近，读取可变衰减器的读数为 A_1 和数字电压表读数为 $V_Ⅰ$。

⑥ 将同轴开关（S）置于Ⅱ支路上，此时数字电压表应回到 $V_Ⅱ$。允许数字的差值相当于 1×10^{-3}dB。如差值超过此值时，测试应重新进行。

5.13.4 试验结果及计算

1. 被测同轴对衰减值 A_X 的计算

1）串联比较法时 A_X（dB）按下式计算：

$$A_X = [(A_0 + \Delta A_0) - (A_1 + \Delta A_1)] + A_V - A_y \quad (3\text{-}5\text{-}46)$$

式中 A_0——起始衰减（dB）；

ΔA_0——A_0 的修正值；

A_1——同轴开关置于Ⅰ支路时可变衰减器的读数；

ΔA_1——A_1 的修正值；

A_y——系统修正值，按式（3-5-41）计算；

A_V——尾数修正值 A_V（dB），按下式计算：

$$A_V = 20\lg\frac{V_Ⅱ}{V_Ⅰ} \quad (3\text{-}5\text{-}47)$$

式中 $V_Ⅰ$——同轴开关置于Ⅰ支路时数字电压表上读取的电压值（V）；

$V_Ⅱ$——同轴开关置于Ⅱ支路时数字电压表上读取的电压值（V）。

2）并联比较法时 A_X 按下式计算：

$$A_X = A_Ⅱ + \Delta A_Ⅱ + A_V - A_y \quad (3\text{-}5\text{-}48)$$

式中 $A_Ⅱ$——可变衰减器读数；

$\Delta A_Ⅱ$——可变衰减器读数的修正值；

A_y——系统修正值，按式（3-5-42）计算；

A_V——尾数修正值，按式（3-5-47）计算。

3）串并联比较法时 A_X 按下式计算：

$$A_X = A_y - (A_{\text{I}} + \Delta A_{\text{I}}) + A_V \quad (3\text{-}5\text{-}49)$$

式中　A_{I}——同轴开关置于Ⅰ支路时，可变衰减器（A''）的读数；

ΔA_{I}——A_{I} 的修正值；

A_y——系统修正值，按式（3-5-43）计算；

A_V——同轴开关置于Ⅰ支路时，尾数修正值，按式（3-5-47）计算。

2. 被测同轴对在测试环境温度下的衰减常数 a_t（dB/km）的计算

$$a_t = A_x \times \frac{1000}{L} \quad (3\text{-}5\text{-}50)$$

式中　L——扣除100mm短接同轴对长度后被测同轴对的长度（m）；

A_X——L 长度被测同轴对的衰减实测值。

3. 标准温度下的衰减常数 a_T（dB/km）的换算

$$a_T = \frac{a_t}{1 + k_T(t - T)} \quad (3\text{-}5\text{-}51)$$

式中　T——标准温度（℃）；

t——测试时同轴对的温度（℃）；

k_T——标准温度 T 时同轴对的衰减温度系数。

4. 换算到标准温度的各频率的 a_f（dB/km）值应采用最小二乘法回归出以下公式表示的衰减频率特性：

$$a_f = A\sqrt{f} + Bf + C \quad (3\text{-}5\text{-}52)$$

也可表示为

$$\frac{a_f - C}{\sqrt{f}} = A + B\sqrt{f} \quad (3\text{-}5\text{-}53)$$

$$C = 0.5429\frac{R_0}{Z_\infty}\left[2(1 - e^{-2g}) - \frac{(1 + e^{-g})^2}{g}\right] \quad (3\text{-}5\text{-}54)$$

式中　R_0——标准温度下内导体的直流电阻（Ω）；

$e^{-g} = \dfrac{d}{D}$——被测同轴对的内导体外径 d 与外导体内径 D 之比；

$Z_\infty = \dfrac{60}{\sqrt{\varepsilon_r}}\ln\dfrac{D}{d}$——被测同轴对在频率无穷大时的波阻抗（Ω）、$R_0$、$e^{-g}$、$\varepsilon_r$ 的取定按GB/T 5441.10—1985 GB/T 5441—2016《通信电缆试验方法》中“5.8 同轴对展开长度测量正弦波法”进行，其中 A、B、C、a、b 的单位均为dB/km。

$$A = a + \xi_a \times C \text{dB/(km} \times \sqrt{\text{MHz}}) \quad (3\text{-}5\text{-}55)$$

$$B = b + \xi_b \times C \quad \text{dB/(km} \times \text{MHz}) \quad (3\text{-}5\text{-}56)$$

$$a = \frac{\sum_i^n \frac{a_i}{\sqrt{f_i}} \sum_i^n f_i - \sum_i^n \sqrt{f_i} \sum_i^n a_i}{\Delta} \quad \text{dB/(km} \times \sqrt{\text{MHz}}) \quad (3\text{-}5\text{-}57)$$

$$b = \frac{n\sum_i^n a_i - \sum_i^n \frac{a_i}{\sqrt{f_i}} \sum_i^n \sqrt{f_i}}{\Delta} \quad \text{dB/(km} \times \text{MHz}) \quad (3\text{-}5\text{-}58)$$

$$\Delta = n\sum_i^n f_i - (\sum_i^n \sqrt{f_i})^2 \text{ MHz} \quad (3\text{-}5\text{-}59)$$

$$\left.\begin{aligned} \xi_a &= \frac{n\sum_i^n \sqrt{f_i} - \sum_i^n f_i \sum_i^n \frac{1}{f_i}}{\Delta} \frac{1}{\sqrt{\text{MHz}}} \\ \xi_b &= \frac{\sum_i^n \sqrt{f_i} \sum_i^n \frac{1}{\sqrt{f_i}} - n^2}{\Delta} \frac{1}{\text{MHz}} \end{aligned}\right\} \quad (3\text{-}5\text{-}60)$$

$i = 1, 2 \cdots, n$，即测试频率的序数。

衰减频率特性波动程度也可用 F_P 表示。

视在功率因数 F_P（μR）用式（3-5-61）从 B 值中求出，即

$$F_P = \frac{183.2Z_\infty}{g}B \quad (3\text{-}5\text{-}61)$$

5. 几个注意的问题

1）为计算方便，式（3-5-47）中 A_V（dB）可采用下式计算

$$A_V = \frac{1}{n}(V_{\text{I}} - V_{\text{II}}) \times 10 \quad (3\text{-}5\text{-}62)$$

式中　V_{I}——同轴开关置于Ⅰ支路时数字电压表上读取的电压值（V）；

V_{II}——同轴开关置于Ⅱ支路时数字电压表上读取的电压值（V）；

n——数字电压表读数为0.8680～0.8692V的倍数，为2或1/2；

测试时相应要求数字电压表读数在0.8630～0.8730的2，1/2倍值范围内。

2）用式（3-5-52）来表示被测同轴对的衰减频率特性，只适用于 f_A 频率以上频段，否则计算结果将有显著的误差。除非另有规定，不同规格同轴对的 f_A 值为：2.6/9.5mm 同轴对，f_A = 2.5MHz；1.2/4.4mm 同轴对，f_A = 4MHz。

3）对于阻抗非75Ω的通信电缆采用此方法进

行测试时，应在被测物两侧加阻抗变换器，相应的在测试系统修正值时应在接入阻抗变换器的状态下进行测试。

4）当对较低频率（如 1.2/4.4mm 小同轴 0.2MHz 以下）较短试样长度上进行衰减测试时，由于阻抗失配引起衰减测试误差。这时可采用下式对误差进行估计，并对测试数据进行修正。

$$\Delta = 8.6859\left[m_1 m_2 \cos(\phi_1 + \phi_2) + \frac{1}{2}(m_1 m_2)^2\right] \quad (3\text{-}5\text{-}63)$$

式中 Δ——衰减测试误差，单位为 dB。

$$m_1 \angle \phi_1 = \frac{1}{2}\left(\frac{Z_C}{Z_0} + \frac{Z_0}{Z_C}\right) - 1$$

$$m_2 \angle \phi_2 = \frac{1}{2}(1 - e^{-2rl}) \quad (3\text{-}5\text{-}64)$$

式中 Z_C——在测试频率下试样的输入阻抗（复数）；

Z_0——测试系统阻抗通常为 75Ω。

$r = \alpha + j\beta$——试样的传播常数。α、β 可取标准温度时的标称值。α 单位为 Np/km，β 单位为 rad/km。

5.14 同轴对展开长度测量（正弦波法）

5.14.1 术语及定义

本试验方法按照 GB/T 5441—2016《通信电缆试验方法》中"5.8 同轴对展开长度测量正弦波法"对同轴对展开长度测量。

本试验方法是基于用精密丈量法确定同轴对的 f_∞ 和 B_0 值，然后用测定相同电缆中同轴对的谐振频率和内导体直流电阻，计算被测同轴对展开长度，测试频率为 250kHz 以上。

根据同轴对相对介电常数的一致性，测试精度在 0.1% ~0.01% 数量级之间。

5.14.2 试验设备

测试原理示意图如图 3-5-39 和图 3-5-40 所示。

测试设备应满足的要求如下：

1）振荡器输出阻抗为 75Ω，对 75Ω 电阻的失配衰减（包括引线）应不低于 32dB，并能以 0.1MHz 或更小步级锁定频率，频率稳定度应不低于 1×10^{-3}Hz ±10Hz。

2）选频表输入阻抗为 75Ω，对 75Ω 阻抗的失配衰减（包括引线）应不低于 32dB。

3）数字频率计应有滤波装置，能显示 5 位数字，频率稳定度不低于 $\pm1.5\times10^{-7}$/24h。

4）补偿网络元件规格和接线如图 3-5-39 所示，整个网络必须良好屏蔽。

5）高频阻抗（导纳）电桥无补偿网络时，可用精度为 2% 的高频阻抗（导纳）电桥代替。这时，测试系统采用图 3-5-40 所示接线。

6）测试引线阻抗与被测同轴对相同，测试多根同结构同轴对时，必须采用同一测试引线。

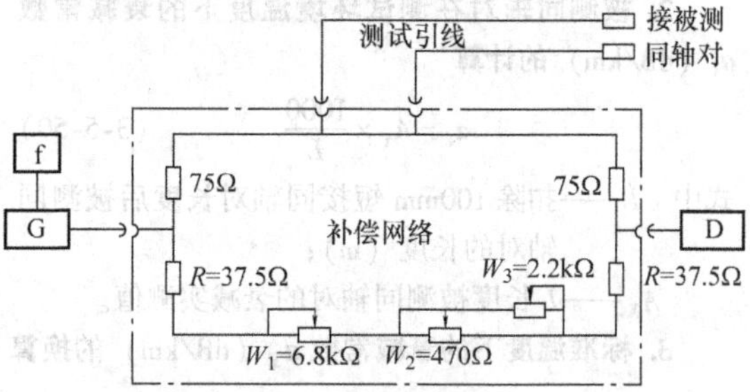

图 3-5-39 补偿法测试谐振频率测试原理示意图

G—振荡器 D—选频电平表 f—数字频率计

注：图中 R、W_1、W_2、W_3 所列数值仅为一组数值，根据被测对象的具体情况可作适当变动。

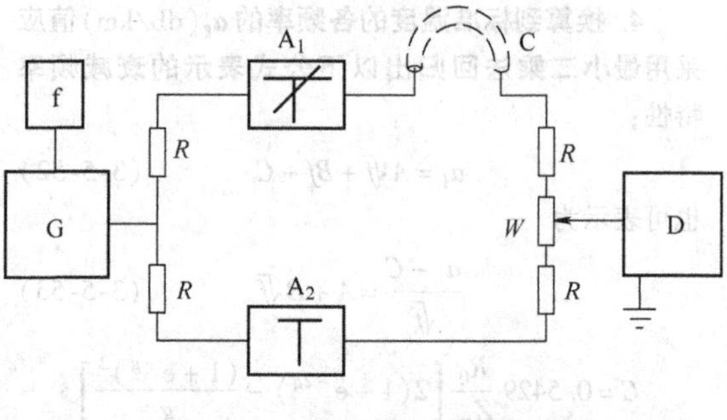

图 3-5-40 补偿法测试原理示意图

G—振荡器 D—选频电平表 f—数字频率计

C—被测同轴对 R—（74±2）Ω W—100Ω 的无感电位器

A_1、A_2—两只型号规格相同的可变衰减箱，A_2 做固定衰减器用

5.14.3 技术要求

1. 精密丈量

取 4 ~5 根成品电缆，摊平，用计量过的钢卷尺丈量。每次丈量长度不小于 30m，测量误差应不大于 1×10^{-4}。用测量结果和同轴对绞合常数计算出电缆中同轴对展开长度：

同轴对的绞合常数以下式计算

$$\lambda = 1 + \left(\frac{\pi D_0}{H}\right)^2 \qquad (3\text{-}5\text{-}65)$$

同轴对的展开长度为

$$l = l_m \lambda \qquad (3\text{-}5\text{-}66)$$

式中　l——同轴对的展开长度（km）；

l_m——电缆的丈量长度（km）；

D_0——同轴对所在缆芯层的平均直径（mm）；

H——同轴对的绞合节距（mm）；

λ——同轴对的绞合常数。

2. 计算参数 f'_∞ 及 B'_0

1）按 GB/T 3048.4—2007《电线电缆性能试验方法　第 4 部分：导体直流电阻试验》规定，测量各试样同轴对内导体的直流电阻。计算出平均值，并换算到 +20℃时每千米的平均值 $\overline{R}_0$。

2）计算同轴对内外导体直径比 D/d 值和等效相对介电常数 ε_r 值。

a）方法一：

① 根据设计要求和工艺参数估计同轴对的 D/d 值，然后将端阻抗的实测平均值 $\overline{Z}_C$ 和内导体直流电阻的平均值 $\overline{R}_0$ 代入式（3-5-67）估算出同轴对的等效相对介电常数 ε_r 的估计值。

$$\overline{Z}_C = \frac{60}{\sqrt{\varepsilon_r}} \ln\frac{D}{d}\left[1 + \frac{1}{80}\sqrt{\frac{R_0}{\pi}}\frac{1}{\sqrt{f}}\frac{1 + d/D}{\ln(D/d)}\right] \qquad (3\text{-}5\text{-}67)$$

式中　$\overline{Z}_C$——同轴对特性阻抗实部平均值的平均值（当同轴对不均匀性小于 3‰时，也可以用脉冲法测得的端阻抗实测值的平均值代替）；

D——同轴对外导体内径（mm）；

d——同轴对内导体外径（mm）；

ε_r——同轴对等效的相对介电常数；

f——产品标准中规定的特性阻抗频率值，1.2/4.4mm 型同轴对，f = 1MHz；2.6/9.5mm 型同轴对，f=2.5MHz。

② 然后将 D/d 及 ε_r 代入式（3-5-68）～式（3-5-69）计算参数 f'_∞ 及 B'_0。

$$f'_\infty = \frac{3}{40\sqrt{\varepsilon_r}} \qquad (3\text{-}5\text{-}68)$$

$$B'_0 = \frac{1}{4}\sqrt{\frac{\sqrt{\varepsilon_r}}{30\pi}} \cdot \frac{1 + \dfrac{d}{D}}{\ln\dfrac{D}{d}} \qquad (3\text{-}5\text{-}69)$$

f' 计算结果取五位有效数字，B'_0 取四位有效数字。

b）方法二：

① 按 GB/T 5441—2016《通信电缆试验方法》中“5.1 工作电容”规定，精密测量各同轴对的工作电容。计算出平均值，并换算到每千米的工作电容平均值 $\overline{C}_0$。

② 按 GB/T 5441—2016《通信电缆试验方法》中“5.4 同轴对特性阻抗实部平均值试验　谐振法”规定，测量各同轴对特性阻抗实部平均值，并求各同轴对特性阻抗实部平均值的平均值 $\overline{Z}_C$。当同轴对的阻抗不均匀性小于 3‰时，也可以用脉冲法测得的端阻抗的平均值代替。

③ 将 R_0，$\overline{C}_0$，$\overline{Z}_C$ 代入式（3-5-70），有

$$A\ln x + B\left(1 + \frac{1}{x}\right) - \overline{Z}_C\sqrt{\ln x} = 0 \qquad (3\text{-}5\text{-}70)$$

式中　$A = \dfrac{20}{\sqrt{2\overline{C}_0 \times 10^{-3}}}$

$$B = \frac{1}{4}\sqrt{\frac{10^3 R_0}{2\pi \overline{C}_0 f}}$$

$$x = \frac{D}{d}$$

求解式（3-5-70）求得 D/d，并代入式（3-5-71），有

$$\varepsilon_r = 18 \times 10^{-3} \times \overline{C}_0 \times \ln\frac{D}{d} \qquad (3\text{-}5\text{-}71)$$

式中　$\overline{Z}_C$——特性阻抗实部平均值的平均值（Ω）；

$\overline{C}_0$——同轴对工作电容平均值（nF/km）；

R_0——20℃时的内导体直流电阻平均值（Ω/km）；

f——2.6/9.5mm 同轴对为 2.5MHz；1.2/4.4mm 同轴对为 1MHz。

④ 将 D/d，ε_r 值代入式（3-5-68）～式（3-5-69）求得 f'_∞ 及 B'_0。

3. 测量被测同轴对的谐振频率

1）按下式估算谐振频率：

$$f_n = \frac{n}{4Z_C C_0(l)} \qquad (3\text{-}5\text{-}72)$$

式中　f_n——谐振频率（MHz）；

Z_C——同轴对特性阻抗实部，可以取理论值（Ω）；

$C_0(l)$——测试长度同轴对工作电容可以取理论值（nF）；

n——谐振序号，取 2，6，10，14…。

2）按图 3-5-39 所示接好测试系统，检查无误后接通电源，预热仪器达到稳定。

3）接上经精密丈量过的同轴对进行测试。从低频开始，在调整振荡器输出频率的同时，一边用选频

电平表跟踪选频。在序号 n 为 2，6，10，14…的频率点上，选频电平表的指示出现最低点。选择高于表 3-5-11 中规定的频率进行测试。适当调整补偿网络的电位器，使最低点的电平降低。反复调节频率的补偿电位器，使选频电平表指示最低（一般可达 -100dB 左右）。从频率计上读取频率 f_n，并记录序号。

表 3-5-11 同轴对测试频率表

同轴对类型/mm	1.2/2.4	2.6/9.5
频率/MHz	1	0.25

4. 测量被测同轴对内导体的直流电阻 $R_0(t)$

5. 修正按式（3-5-67）计算出的 f'_∞ 求出 f_∞ 和 B_0

1）按下式计算出经精密丈量的被测同轴对的展开长度，并计算出该试样中各同轴对的长度平均值 $\bar{l}$。

$$l = n\left(\frac{f'_\infty}{f_n}\right)\left(1 - B'_0\sqrt{\frac{R_0(l)}{n}} + \frac{1}{2}B'^2_0\frac{R_0(l)}{n}\right) \tag{3-5-73}$$

2）计算出 $\bar{l}$ 与本节 1 中精密丈量展开长度的百分数误差和 4～5 根精密丈量电缆的总的百分数误差，用此总的百分数误差修正 f'_∞ 值，求出 f_∞ 值；然后用 f_∞ 值求出 ε_r 值，计算出 B_0 值。如果算出的 B_0 值与 B'_0 值不一致，则应以 B_0 值重新代入式(3-5-72)进行计算。

5.14.4 试验结果及计算

1. 试验结果按式（3-5-74）计算

$$l_X = l_{Xy} - l_y \tag{3-5-74}$$

式中 l_{Xy}——包括测试引线电气长度在内的被测同轴对的展开长度（m）；

l_y——测试引线的电气长度（m）；

l_X——被测同轴对展开长度（m）。

2. l_{Xy} 按式（3-5-75）计算

$$l_{Xy} = n\left(\frac{f_\infty}{f_n}\right)\left(1 - B_0\sqrt{\frac{B_0(l)}{n}} + \frac{1}{2}B'^2\frac{R_0(l)}{n}\right) \tag{3-5-75}$$

3. l_y 按式（3-5-76）计算

$$l_y = l_{XA} + l_{XB} - l_{AB} + l_W \tag{3-5-76}$$

式中 l_{XA}，l_{XB}——包括同一引线电气长度在内的被测同轴对 A，B 的展开长度（m）；

l_{AB}——A，B 同轴对环接展开长度（m）；

l_W——环接用同轴对的长度（m），环接用同轴对的结构与被测同轴对相同。

当试样同轴对的长度不一致时，l_y 应取较短试样同轴对的测量值。

5.15 对称通信电缆自动测试设备

5.15.1 工业对称通信电缆自动测试设备

工业对称通信电缆是指用于传输差分信号的工业控制电缆、信号传输电缆等，常用的如铁路数字信号电缆、矿用通信电缆、PROFIBUS 总线、RS-485 通信总线等。这类电缆的测试应用频率相对较低，一般应用最高的频率在几兆赫兹至数十兆赫兹，同时一般具有较多的电缆对数。

用于工业对称通信电缆的自动测试设备需要满足一次参数（R、L、C、G）的测试，同时具备不同频率下一次参数计算二次参数的能力；由于在较高频段很难获得稳定的一次参数测试值，因此在较高频段一般采用高精度高频测试模块（如网络分析仪），以获得较高频段的精度。图 3-5-41 是典型的工业对称电缆自动测试设备的原理示意图。

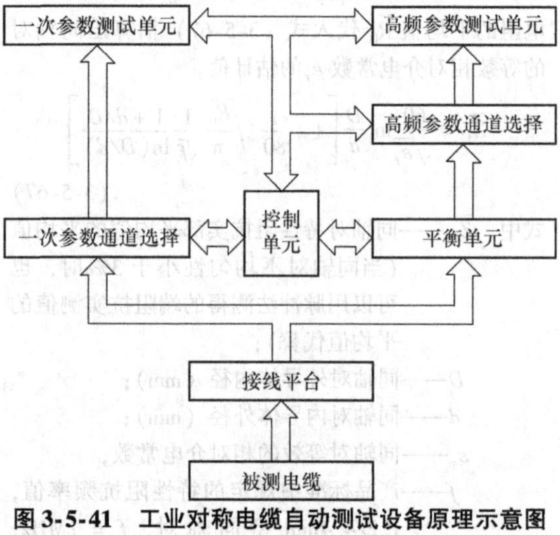

图 3-5-41 工业对称电缆自动测试设备原理示意图

工业对称通信电缆自动测试设备具备多通道测试能力，能够自动选择被测线对或线对组合实现参数的测试、计算，并能够和选定的标准参考值进行比较，最终给出测试结果及判定结论。值得注意的是，由于工业对称通信电缆的类型较多，不同类型的电缆往往具备不同的特性阻抗，因此自动测试系统应具备阻抗匹配功能以满足不同类型电缆的测试需求。

工业通信电缆测试系统典型产品为上海电缆研究所的 CTS 系列产品，其 50 线对测试系统如图 3-5-42所示。

图 3-5-42　工业对称通信电缆测试系统（50 对）典型设备图

5.15.2　高频对称通信电缆自动测试设备

高频对称通信电缆是指传输高频差分信号的对称电缆，频率范围从几兆赫兹到几千兆赫兹，如常见的网络综合布线电缆（也称 Lan Cable）等。除要求测试一次参数外，还需测试近 20 项的二次参数。

高频对称通信电缆自动测试设备主要分为两类，即工程应用仪表与检验检测设备。

工程应用仪表满足施工现场的简单测试，但其测试动态范围小，测试精度低，且只能满足部分参数的测试需求，其典型产品如 FLUKE 系列产品，如图 3-5-43 所示。

图 3-5-43　高频对称通信电缆工程应用仪表

检验检测设备满足工厂成品检验及产品质量仲裁测试。为了获得足够的精度，高性能测试应采用检验检测设备。检验检测设备测试原理框图如图 3-5-44所示。

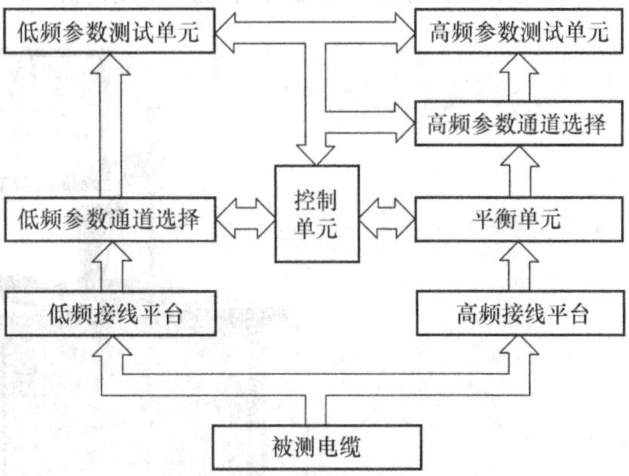

图 3-5-44　高频对称通信电缆检验检测设备原理示意图

高频对称通信电缆检验检测设备采用频域扫描法，通常采用网络分析仪作为测试的核心部件，用工控机作为主控部件，BALUN 作为平衡器件，实现高频对称通信电缆的自动测试。为满足对称电缆的测量要求，采用特殊电磁设计的高频通道选换模块，完成信号的平衡转换；为满足多线对测量的要求，采用高性能高频开关矩阵，完成通道的扩展。低频参数测量单元用于测量线对的低频参数。

检验检测设备典型产品为上海电缆研究所的 CTS 系列产品，包括：

1）高频率对称通信电缆测试系统，如 CTS650 系列产品。其典型产品如图 3-5-45 所示。

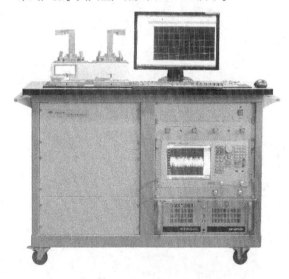

图 3-5-45　CTS650 高频对称通信电缆测试系统典型设备图

2）大对数高频对称通信电缆测试系统，如CTS350系列产品，其典型产品如图3-5-46所示。

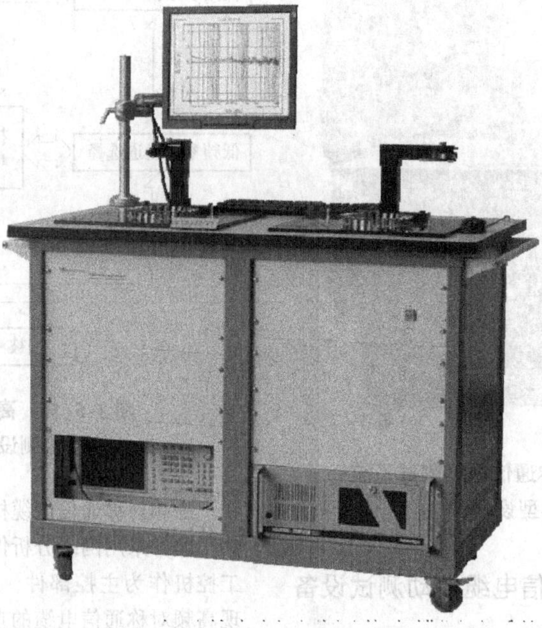

图3-5-46 CTS350大对数高频对称通信电缆测试系统典型设备图

第6章

射频同轴电缆电气性能测试

射频同轴电缆是传输射频范围内电磁能量的电缆，是各种无线电通信系统及电子设备中不可缺少的元件，在无线电通信与广播、电视、雷达、导航、计算机及仪表等方面有广泛的应用。射频同轴电缆的使用长度较短，在较小的损耗下传送高频、超高频率的能量，所以其电气性能的要求较高。因此射频同轴电缆的电气性能测试是十分重要的。

电气性能测试中包括电缆的内导体的电阻率、导体的连续性、导体的直流电阻、缆芯的介电强度、绝缘电阻、护套的介电强度、电晕试验、电容和电容不平衡、特性阻抗、传播速度、电长度、衰减常数、串音衰减、相位稳定性、屏蔽效率（见第8章）、有阻抗均匀性要求的射频同轴电缆的电压反射系数的峰值等项目。

射频同轴电缆电气性能的测试项目较多，其中电缆的内导体的电阻率、导体的连续性、导体的直流电阻、绝缘电阻、电缆的介电强度等，本章不作介绍，详见其他相关章节。

射频同轴电缆的延时和速度参数以及特性阻抗都与频率相关，在高频下达到某一渐近值。通常在200MHz以上测试，此频率已经足够高，理论上近似值是有效的。

试验的一般规定及定义可参见第3篇第5章对称通信电缆电性能测试中试验的一般规定及定义，两者相同。

6.1 射频同轴电缆电晕试验

6.1.1 适用范围

按照相关规范要求检查实心绝缘射频同轴电缆的局部放电，以确定其在工频时的灭晕电压。

试样长度约1m（两端裸露部分除外），其端接方式应使放电不发生在两端。

6.1.2 试验设备和仪表

1）测量电路为如图3-6-1所示或能得出同样结果的类似电路。测量电路的任何部分在测试时不应发生放电。

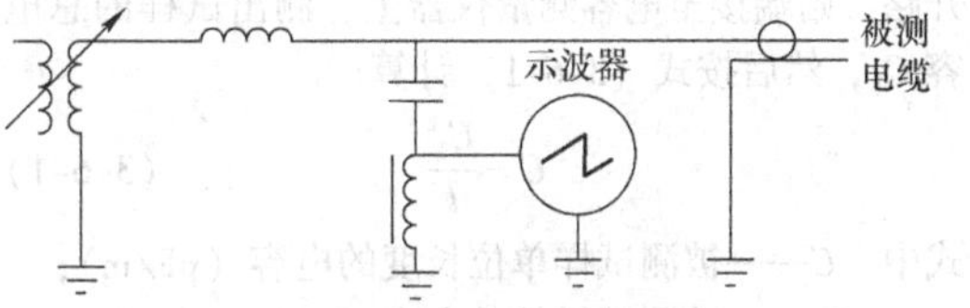

图3-6-1 测量电路图

2）由扼流圈的电感和全部电容（例如电缆的对地电容、阴极射线管的输入电容、连接线的对地电容等）构成电路的并联谐振频率应在0.1～1MHz之间，在此频率范围内从示波器的输入端测得的电路阻抗应不小于0.1MΩ。

3）扼流圈的电阻应足够低，使得阴极射线管在最大灵敏度时能避免来自40～60Hz信号的干扰。

4）在1MHz及以下，示波器的灵敏度应能清楚地分辨50μV的电晕电压而且其输入阻抗应不低于1MΩ。

6.1.3 试验中技术要求

1）将端部处理好的电缆试样接入测量电路（见图3-6-1）。

2）在试样上施加50Hz正弦波电压，并逐渐升高试验电压直到示波器上观察到起晕信号，然后逐渐降低试验电压直到电晕信号消失为止，此时的工频试验电压即为被测试样的灭晕电压，其值应不低于有关标准的规定值。

在电缆上总的加压时间不应超过5min。

6.2 射频同轴电缆电容试验

6.2.1 适用范围

按照相关规范要求测量射频同轴电缆电容。

6.2.2 电容测量

1）测量误差应不大于1%。

2）试样长度除另有规定外应不超过波长的1/40，但最短应不小于2m，长度的测量精度应不大于1%。

3）对测量仪器的要求：准确度等于或优于千分之一的电容表或电容电桥，其频率为500～2000Hz。

4）测量方法及计算。电容应在试样的内、外导体之间测量，测量时外导体应接地。将试样终端开路，始端接至电容测量仪器上，测出试样的总电容C_1，然后按式（3-6-1）计算。

$$C=\frac{C_1}{l} \tag{3-6-1}$$

式中 C——被测试样单位长度的电容（pF/m）；
C_1——被测试样的总电容（pF）；
l——被测试样的长度（m）。

5）技术要求。为了消除线芯与周围物体杂散电容的影响，试样应悬空，且与周围物体的距离不得小于1m。

6.3 射频同轴电缆特性阻抗测量方法

6.3.1 适用范围及测量误差和对测量仪器的要求

射频同轴电缆特性阻抗测量方法1和方法2根据传输线谐振的原理测量，方法3根据相位常数测量。本节中的特性阻抗是指试样的平均特性阻抗，是沿电缆长度局部特性阻抗的算术平均值。

测量误差：应不大于2%。

测量频率：方法1和方法2适用于30～200MHz范围内的任一频率；方法3（相位法）适用于200MHz以上的频率。

对测量仪器的要求：测量仪器的频率误差应不大于0.5%。

6.3.2 射频同轴电缆的测量

1. 方法1 通过测量谐振频率的方法计算特性阻抗

（1）试样长度选取 测出被测试样单位长度的电容，同时根据试样标称特性阻抗和规定的测量频率（谐振频率）按式（3-6-2）估算出试样长度。

$$l=\frac{10^6N}{4f_0CZ_0} \tag{3-6-2}$$

式中 l——被测试样的长度（m）；
f_0——被测试样的测量频率（MHz）；
C——被测试样单位长度的电容（pF/m）；
Z_0——被测试样的标称特性阻抗（Ω）；
N——谐振序数，$N=1$、2、3、4、5…。

并联谐振时：
试样终端短路，则$N=1$、3、5…
试样终端开路，则$N=2$、4、6…
串联谐振时：
试样终端短路，则$N=2$、4、6…
试样终端开路，则$N=1$、3、5…

注：当被测试样介质的等效介电常数（ε_e）已知时，可按式（3-6-3）估算试样长度。

$$l=\frac{75N}{f_0\sqrt{\varepsilon_e}} \tag{3-6-3}$$

（2）测量方法及计算 将试样终端短路或开路，测出谐振频率并测得试样的总电容，然后按式（3-6-4）计算。

$$Z_m=\frac{10^6N}{4f_0C_1} \tag{3-6-4}$$

式中 Z_m——被测试样的平均特性阻抗（Ω）；
f_0——被测试样的测量频率（MHz）；
C_1——被测试样的总电容（pF）；
N——谐振序数［取法与式（3-6-2）相同］。

2. 方法2 通过测量相邻谐振频率差的方法计算特性阻抗

（1）试样长度 试样长度的选择，应使其总衰减量能满足测量精度的要求。

（2）测量方法及计算 如图3-6-2所示，将试样通过三通连接器与网络分析仪连接或者与扫频仪、检波器连接，当试样的另一端开路或短路时，频率的改变引起电缆输入阻抗的周期性的变化，表现为检波器读数的周期性变动，对应于网络分析仪或扫频仪波形的最大值或最小值，测出两个最大值（或两个最小值）之间的频率差和测得试样的总电容代入式（3-6-5）计算。

$$Z_m=\frac{10^6}{2\Delta f C_1} \tag{3-6-5}$$

式中 Z_m——被测试样的平均特性阻抗（Ω）；
Δf——被测试样相邻谐振频率差（MHz）；
C_1——被测试样的总电容（pF）。

为了精确地求得 Δf，可测量 n 个周期变化（n 通常在 8～12 之间）的频率差 $\Delta f'$，则有

$$\Delta f = \frac{\Delta f'}{n} \tag{3-6-6}$$

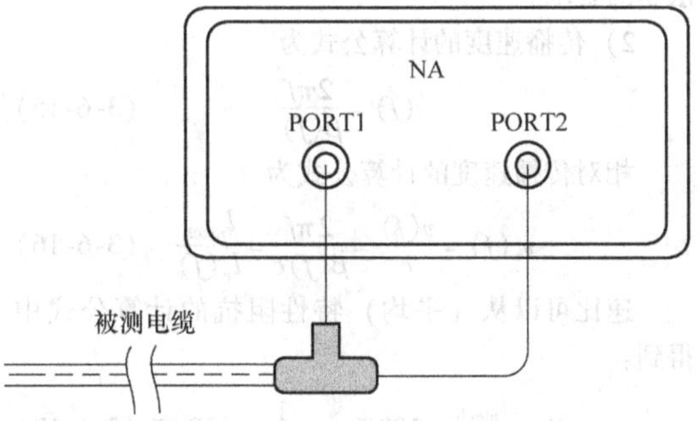

图 3-6-2　平均特性阻抗测试接线示意图

3. 方法 3　通过测量相位常数的方法计算特性阻抗

（1）试样　为了避免隐含的周期相位，试样的最大长度应满足下式：

$$l_{max} < \frac{500000}{Z_C C f} \tag{3-6-7}$$

式中　l_{max}——被测试样的最大可能长度（m）；

f——被测试样最低测量频率（MHz）；

C——被测试样单位长度的电容（pF/m）；

Z_C——被测试样的标称特性阻抗（Ω）。

按照 6.2.2 节中的方法测出被测试样单位长度的电容，同时根据试样标称特性阻抗和规定的最低测量频率得到试样的最大长度。

（2）试验设备

1）电容表或电桥，符合 6.2.2 节中的规定。

2）矢量网络分析仪，可以执行 S_{21} 或者 S_{12} 测量。

（3）测量方法及计算

1）相位常数的测量与计算。将试样接入校准后的矢量网络分析仪，矢量网络分析仪应设置足够多的扫描点数，以保证能够检测到每次的相位翻转。通过测量试样的 S_{21} 或 S_{12} 参数，按下式计算相位常数 β：

$$\beta(f) = \frac{\phi_{exp}(f)}{l} \tag{3-6-8}$$

式中　$\beta(f)$——频率为 f 时的相位常数（rad/m）；

$\phi_{exp}(f)$——频率为 f 时的扩展相位偏移（rad），其测量见技术要求；

l——被测试样的长度（m）；

2）根据相位常数 β，按照下式来计算特性阻抗。

$$Z_C = \frac{\beta(f)}{\omega C} = \frac{\tau_p}{C} \tag{3-6-9}$$

式中　$\beta(f)$——频率为 f 时的相位常数（rad/m）；

$\omega = 2\pi f$——角频率（rad/s）；

$\tau_p = \beta(f)/\omega$——相位延时（s/m）；

f——频率（Hz）；

C——被测试样单位长度的电容（pF/m）；

Z_C——特性阻抗（Ω）。

通过相位常数计算特性阻抗还可以转化为另一种表达方式，即通过速比 V_r 计算平均特性阻抗。可参照 6.5 节中的方法计算得到传播速度和相对传播速度（速比），即

$$v = \frac{1}{\tau_p} = \frac{\omega}{\beta} \tag{3-6-10}$$

$$V_r = \frac{v}{c} = \frac{1}{\tau_p \times c} \tag{3-6-11}$$

代入公式 $Z_m = \frac{\beta}{\omega C} = \frac{\tau_p}{C}$，得到

$$Z_m = \frac{1}{V_r c C} \tag{3-6-12}$$

式中　V_r——速比（%）；

c——在真空中的传播速度（m/s）；

C——被测试样单位长度的电容（pF/m）。

（4）技术要求　扩展相位偏移：通常矢量网络分析仪测量相位的范围是 $-\pi \sim +\pi$。为了计算相速度，需要完整的相位偏移信息。某些型号的矢量网络分析仪具有相位扩展（相位拼接）功能，可以得到相位的完整信息。对于没有相位扩展功能的网分，需要将测量得到的相位曲线转换为在 $-\infty \sim 0$ 范围内随频率单调下降的函数，如图 3-6-3 所示。

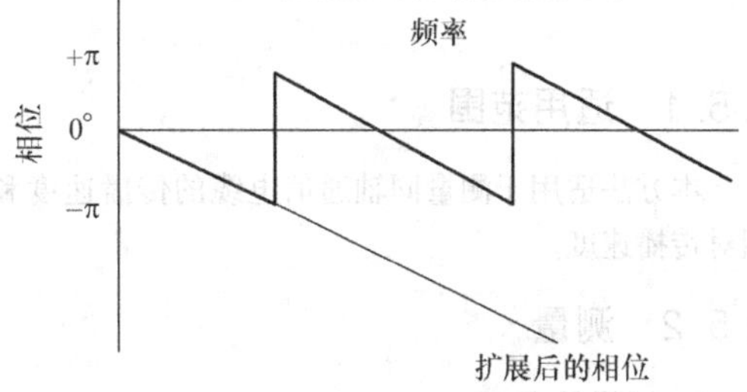

图 3-6-3　扩展后的相位图

6.4 射频同轴电缆相位延时和群延时试验方法

6.4.1 适用范围

本方法适用于测量同轴通信电缆的相位延时和群延时。

6.4.2 测量

1. 试样长度

测量相位延时参数时，同 6.3.2 节中方法 3 的要求。测量群延时参数时，不受试样长度限制。

2. 试验设备

同 6.3.2 节中方法 3 的要求。

3. 测量方法和计算

1）相位常数的测量与计算：同 6.3.2 节中方法 3 的要求。

2）根据公式计算相位延时，有

$$\tau_p(f)=\frac{\beta(f)}{2\pi f} \tag{3-6-13}$$

根据公式计算群延时，有

$$\tau_g(f)=\frac{\beta(f_2)-\beta(f_1)}{2\pi(f_2-f_1)} \tag{3-6-14}$$

$f_2=f+\dfrac{\Delta f}{2}$，如果 $f_2>f_{max}$，那么 $f_2=f_{max}$。

$f_1=f-\dfrac{\Delta f}{2}$，如果 $f_1<f_{min}$，那么 $f_1=f_{min}$。

$\Delta f\leqslant 0.05\ (f_{max}-f_{min})$

式中 $\beta(f)$——频率为 f 时的相位常数（rad/m）；

$\tau_p(f)$——频率为 f 时的相位延时（s/m）；

$\tau_g(f)$——频率为 f 时的群延时（s/m）；

f_{min}，f_{max}——最低测试频率（Hz）和最高测试频率（Hz）。

6.5 射频同轴电缆的传播速度和相对传播速度试验方法

6.5.1 适用范围

本方法适用于测量同轴通信电缆的传播速度和相对传播速度。

6.5.2 测量

1. 试样长度

同 6.3.2 节中方法 3 的要求。

2. 试验设备

同 6.3.2 节中方法 3 的要求。

3. 测量方法和计算

1）相位常数的测量与计算：同 6.3.2 节中方法 3 的要求。

2）传播速度的计算公式为

$$v(f)=\frac{2\pi f}{\beta(f)} \tag{3-6-15}$$

相对传播速度的计算公式为

$$v_r(f)=\frac{v(f)}{c}=\frac{2\pi f}{\beta(f)c}=\frac{l_{mech}}{l_e(f)} \tag{3-6-16}$$

速比可以从（平均）特性阻抗的计算公式中得到：

$$V_r=\frac{l_{mech}}{l_e}\times 100\%=\frac{1}{Z_m cC}\times 100\% \tag{3-6-17}$$

式中 $\beta(f)$——频率为 f 时的相位常数（rad/m）；

c——真空中的传播速度（m/s）；

f——频率（Hz）；

$v(f)$——频率为 f 时的传播速度（s/m）；

$v_r(f)$——频率为 f 时的相对传播速度（s/m）；

$l_e(f)$——频率为 f 时试样的电长度（m）；

l_{mech}——试样的物理长度（m）。

V_r——速比（%）。

6.6 射频同轴电缆电长度试验方法

6.6.1 适用范围

本方法适用于测试同轴通信电缆的电长度。

6.6.2 测量

1. 试样长度

同 6.3.2 节中方法 3 的要求。

2. 试验设备

同 6.3.2 节中方法 3 的要求。

3. 测量方法和计算

1）相位常数的测量与计算：同 6.3.2 节中方法 3 的要求。

2）电长度的计算公式为

$$l_e(f)=l_{mech}\frac{\beta(f)c}{2\pi f} \tag{3-6-18}$$

式中 $\beta(f)$——频率为 f 时的相位常数（rad/m）；

c——真空中的传播速度（m/s）；

f——频率（Hz）；

$l_e(f)$——频率为 f 时试样的电长度（m）；

l_{mech}——试样的物理长度（m）。

6.7　射频同轴电缆衰减常数测量方法

6.7.1　适用范围

本方法适用于测试同轴通信电缆的衰减常数，适用于 5MHz 及以上的测试频率。当同轴电缆的复数特性阻抗的幅值近似等于其归一化特性阻抗的条件下或者使用公式拟合功能，本方法也可以测试更低频率的衰减常数。

6.7.2　定义

衰减常数定义为

$$\alpha = 10\lg\left(\frac{P_1}{P_2}\right)\frac{100}{l} \tag{3-6-19}$$

式中　α——衰减常数（dB/100m）；

P_1——信号源的输出功率，信号源阻抗与试样阻抗相同（W）；

P_2——试样接入到测试系统中测量得到的输出功率，测试系统与试样具有相同的特性阻抗值（W）；

l——试样的物理长度（m）。

6.7.3　测试设备和结果计算

1. 矢量网络分析仪

可以执行 S_{21} 或 S_{12} 测量。

2. 阻抗适配器

用于试样与矢量网络分析仪的阻抗匹配（必要时）。当矢量网络分析仪阻抗与试样阻抗不一致时，应使用阻抗适配器。为了避免由于两者失配引起的反射损耗，阻抗适配器应能满足下列条件：

$$\left|\frac{Z_{\text{sample}} - Z_{\text{adapter}}}{Z_{\text{sample}} + Z_{\text{adapter}}}\right| \leqslant 0.05 \tag{3-6-20}$$

式中　Z_{sample}——待测样品的标称特性阻抗（Ω）；

Z_{adapter}——阻抗适配器在副端的标称阻抗（Ω）。

在上述情况下，由于失配引起的反射损耗的误差可以忽略不计（≤0.02dB）。

3. 试样

试样的长度应能满足测量的不确定度不超过试样衰减的 2%。试样长度本身的不确定度应不超过 1%，因此衰减的总不确定度应不超过 3%。

在低频段，如果试样的复数特性阻抗的幅值和标称特性阻抗之间的偏离不能被忽略不计，则试样的长度应满足在最低频率的衰减大于等于 20dB，这就能避免测试样品末端的多次反射的影响。当无法满足这个条件时，可以使用公式拟合。

试样的两端均应装配低反射精密连接器，连接器类型应与测试设备的端口相匹配。

4. 测试步骤

（1）校准　在规定的频率范围内，对测试装置（包括测试引线、阻抗适配器、连接器等）进行传输校准或双端口校准。校准数据应保存并用于衰减测试结果的修正。

（2）测量　如图 3-6-4 所示，将试样连接到测试设备的端口，在规定的频段内进行 S_{21} 或 S_{12} 测量，测量和校准应使用相同的测试频点，并记录环境温度。

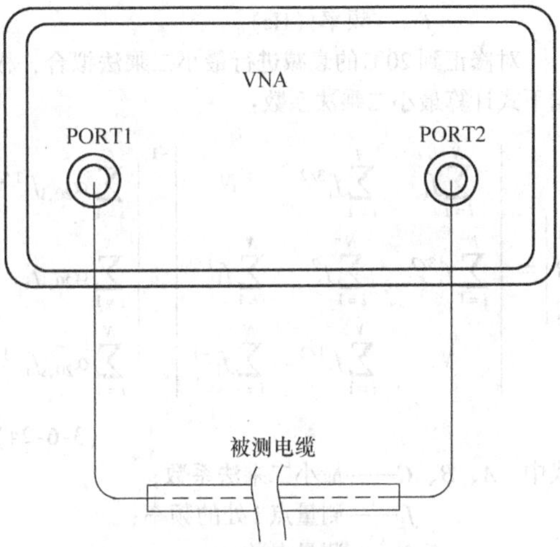

图 3-6-4　衰减测试接线示意图

5. 测试结果的表达

$$\alpha(f) = [\alpha_{\text{meas}}(f) - \alpha_{\text{cal}}(f)]\frac{100}{l} \tag{3-6-21}$$

式中　$\alpha(f)$——衰减常数（dB/100m）；

$\alpha_{\text{meas}}(f)$——测量的衰减值（dB）；

$\alpha_{\text{cal}}(f)$——校准的衰减值（dB）；

l——被测试样的物理长度（m）。

当需要温度修正时，衰减常数应按照下式修正到 20℃。

$$\alpha_{20}(f) = \frac{\alpha_T(f)}{1 + \frac{K}{100}(T - 20)} \tag{3-6-22}$$

式中　K——校准因子，根据相关电缆规范的规定确定 K 的数据（例如非极性绝缘的同轴电缆的铜导体，K = 0.2%/℃）；

T——测量时的温度（℃）；

$\alpha_T(f)$——环境温度为 T 时的测量得到的衰减值（dB/100m）；

$\alpha_{20}(f)$——温度修正到 20℃ 时的衰减值（dB/100m）。

如果试样与测试设备之间存在失配，在低频段会发生多重反射，因此衰减曲线会出现毛刺或抖动，可以通过拟合来光滑曲线。按照下式对测量的衰减进行拟合：

$$\alpha_{fit}(f) = A\sqrt{f} + Bf + \frac{C}{\sqrt{f}} \quad (3\text{-}6\text{-}23)$$

式中 $\alpha_{fit}(f)$——温度修正到 20°C 时的衰减拟合数据值（dB/100m）；

A、B、C——最小二乘法系数；

f——频率（Hz）。

对修正到 20℃ 的衰减进行最小二乘法拟合，根据下式计算最小二乘法系数：

$$\begin{vmatrix} A \\ B \\ C \end{vmatrix} = \begin{vmatrix} \sum_{i=1}^{N} f_i & \sum_{i=1}^{N} f_i^{3/2} & N \\ \sum_{i=1}^{N} f_i^{3/2} & \sum_{i=1}^{N} f_i^2 & \sum_{i=1}^{N} f_i^{1/2} \\ N & \sum_{i=1}^{N} f_i^{1/2} & \sum_{i=1}^{N} f_i^{-1} \end{vmatrix}^{-1} \begin{vmatrix} \sum_{i=1}^{N} \alpha_{20,i} f_i^{1/2} \\ \sum_{i=1}^{N} \alpha_{20,i} f_i \\ \sum_{i=1}^{N} \alpha_{20,i} f_i^{-1} \end{vmatrix} \quad (3\text{-}6\text{-}24)$$

式中 A、B、C——最小二乘法系数；

f_i——测量点 i 处的频率；

N——测量点数；

$\alpha_{20,i}$——测量点 i 修正到 20℃ 时的衰减值（dB/100m）。

6.8 同轴电缆间串音衰减测量方法

6.8.1 适用范围

本部分适用于测量同轴通信电缆之间的串音，适用的同轴电缆类型可以是相同类型的同轴电缆，也可以是不同类型（如不同的外形尺寸、阻抗、传播速度等）的同轴电缆，还适用于多芯同轴或者混合电缆。

6.8.2 定义

近端串音定义为

$$NEXT = 10\lg\left(\frac{P_{1N}}{P_{2N}}\right) \quad (3\text{-}6\text{-}25)$$

式中 $NEXT$——近端串音（dB）；

P_{1N}——主串线对近端的输入功率（W）；

P_{2N}——被串线对近端的串音输出功率（W）。

远端串音定义为

$$FEXT = 10\lg\left(\frac{P_{1F}}{P_{2F}}\right) \quad (3\text{-}6\text{-}26)$$

式中 $FEXT$——远端串音（dB）；

P_{1F}——主串线对远端的输入功率（W）；

P_{2F}——被串线对远端的串音输出功率（W）。

6.8.3 测试设备和结果计算

1. 试样长度

试样长度为 650cm ± 10cm。

2. 试验设备

测试设备如图 3-6-5 所示，由以下几部分组成：

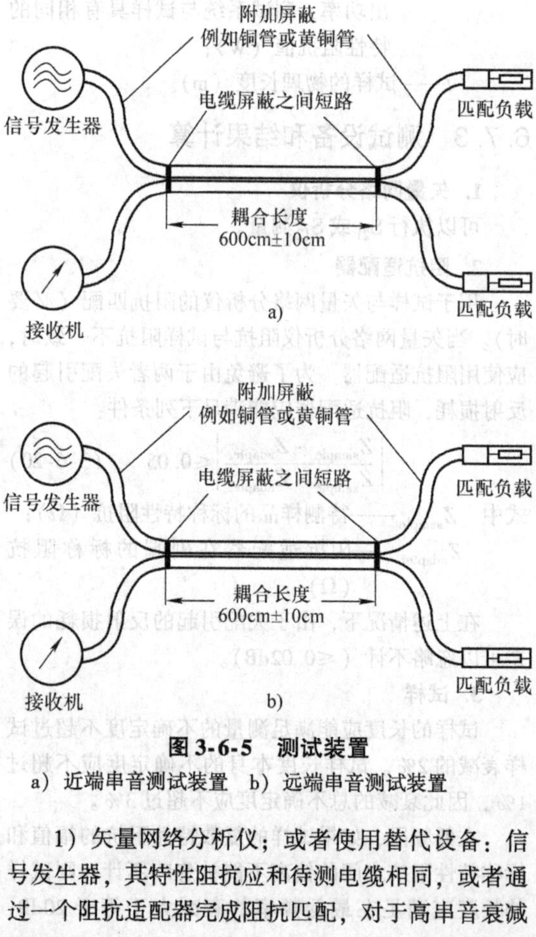

图 3-6-5 测试装置

a）近端串音测试装置 b）远端串音测试装置

1）矢量网络分析仪；或者使用替代设备：信号发生器，其特性阻抗应和待测电缆相同，或者通过一个阻抗适配器完成阻抗匹配，对于高串音衰减的测试，必要时可使用功率放大器；接收机，带有校准过的步进衰减器。

2）匹配负载，阻值等于待测电缆的标称阻抗。

3. 试样的准备

1）试样为两根独立的电缆时：两根长度为650cm±10cm的试样放在一起，其中有600cm±10cm的长度通过胶带捆扎等方式紧密固定在一起，相邻捆扎点的最大距离应不超过10cm。外导体在近端和远端均应短路。两个短路点之间的距离600cm±10cm即为耦合长度。每个短路点距离电缆终端的长度大约为25cm。为了避免耦合区外的信号耦合，在电缆的两个终端和短路的部位可以增加附加屏蔽，例如可以使用铜管/黄铜管。试样两端装配连接器时应小心，连接器应具有低转移阻抗。参与测试的电缆的末端应端接匹配负载。有要求时，未参与测试的电缆应端接匹配负载。

2）试样为多芯或混合电缆时：样品长度为650cm±10cm，样品的两端各剥去约25cm的外护套，露出里面的各单芯或单根电缆。所有的单芯或单根电缆的外导体/屏蔽层在近端和远端都应短路。两个短路点之间的距离600cm±10cm即为耦合长度。为了避免耦合区外的信号耦合，在电缆的两个终端和短路的部位可以增加附加屏蔽，例如可以使用铜管/黄铜管。试样两端装配连接器时应小心，连接器应具有低转移阻抗。参与测试的单芯/单根电缆的末端应端接匹配负载。有要求时，未参与测试的单芯/单根电缆的末端应端接匹配负载。

4. 测试步骤

1）校准：在规定的频率范围内，对测试装置（包括测试引线、阻抗适配器、连接器等）进行传输校准。校准数据应保存并用于串音衰减测试结果的修正。

2）测量：按照图3-6-5所示装置连接试样和测试设备，在规定的频率范围内进行S_{21}或S_{12}测量，试样的近端串音和远端串音均应双向测试，测量和校准应使用相同的测试频点并记录环境温度。

5. 测量结果的表达式

$$\alpha_x = \alpha_{meas} - \alpha_z + amp \tag{3-6-27}$$

式中 α_x——串音衰减（dB）；

α_{meas}——S_{21}或S_{12}测量得到的衰减（dB）；

α_z——不能通过校准消除时的阻抗适配器的衰减（dB）；

amp——用于测量的功率或放大器的放大值（当使用时）。

6.9 射频同轴电缆阻抗均匀性测量方法（回波损耗）

6.9.1 适用范围

本部分规定了同轴通信电缆阻抗均匀性的测量方法，包括频域法和时域法。频域法反映电缆的回波损耗和频率特性，时域法反映电缆沿长度的阻抗不均匀性等特性。时域法分为脉冲回波损耗测试和阶跃函数回波损耗测试。

6.9.2 频域法

1. 适用范围

本方法适用于同轴通信电缆回波损耗（阻抗均匀性）的测试。回波损耗用于定量地分析同轴电缆反射信号的水平（总量），包括由于待测电缆的阻抗与标称特性阻抗（如50Ω或75Ω）的偏离所引起的反射以及结构效应引起的反射的影响。回波用于表征系统的性能。

2. 定义

当使用带S参数的矢量网络分析仪（试样阻抗与矢量网络分析仪阻抗相同）进行校准和测试时，回波损耗定义为

$$RL = -20\lg|S_{11}| \tag{3-6-28}$$

$$S_{11} = \frac{\sqrt{P_r}}{\sqrt{P_i}} \tag{3-6-29}$$

式中 RL——回波损耗（dB）；

P_r——反射功率（mW）；

P_i——入射功率（mW）。

如果用阻抗表示，则回波损耗定义为

$$RL = -20\lg\left|\frac{Z_T - Z_R}{Z_T + Z_R}\right| \tag{3-6-30}$$

式中 RL——回波损耗（dB）；

Z_T——当待测电缆的远端端接一个阻值为Z_R的电阻时，测量得到的复数阻抗（Ω）；

Z_R——基准阻抗（Ω），通常为50Ω或75Ω，也可以是其他适用的阻抗。

3. 测试设备

1）矢量网络分析仪，带有S_{11}/S_{22}测试功能。

2）校准件，包括开路件、短路件、负载件。

3）试样准备。待测样品的两端应装配精密连接器，连接器应具有较小的固有反射。必要时可使用时域反射计检查连接器与电缆之间的装配质量。

4）测量步骤。

① 测试设备的校准：在测试平面（即被测电缆与测试端口接触的平面）用已知参数的校准件（开路件、短路件、负载件）进行单端口校准。

② 在规定的频率范围内，用矢量网络分析仪测量试样的回波（S_{11}或S_{22}）。测量点数应足够多，两个相邻的频率点的间隔见技术要求。

4. 技术要求

在测试中，为得到高精度的数据，设定测试点数时，应确保两个测量点之间的频率间隔Δf满足下列条件：

$$\Delta f \leqslant 1.4 \times \frac{300v_r}{868.6\pi}\alpha(f)\sqrt{10^{\frac{\Delta\alpha_{r,f}}{10}}-1} \qquad (3\text{-}6\text{-}31)$$

式中 Δf——两个相邻测量点之间允许的最大频率间隔（MHz）；

$\alpha(f)$——试样在频率f时的衰减值（dB/100m）；

v_r——相对速度；

$\Delta\alpha_{r,f}$——因频率间隔引起的最大允许误差（dB）；如果没有其他规定，因频率间隔引起的最大允许误差应满足：$\Delta\alpha_{r,f} \leqslant 1\text{dB}$。

1.4——修正系数。

由于射频同轴电缆的衰减随频率的增加而增加，因此，两测量点之间的最大允许频率间隔也随着测量频率的增加而增加。

注意，如果矢量网络分析仪的测量点数是有限点数，当频率间隔达不到技术要求的规定时，则应设置其允许的最大点数。

6.9.3 脉冲回波损耗测试

1. 适用范围

本方法规定了在时域下用脉冲信号确定同轴通信电缆回波损耗的试验方法。脉冲回波损耗在时间轴上显示待测样品特性阻抗的局部不均匀性。通常，本试验方法要求待测样品相对于脉冲宽度来说是长电缆。

2. 定义

脉冲回波损耗定义为

$$\alpha_p = 20\lg\left|\frac{u_s}{u_{rx}}\right| \qquad (3\text{-}6\text{-}32)$$

式中 u_s——在待测电缆的输入端，发射脉冲的电压（V）；

u_{rx}——距离电缆输入端x处，由于电缆阻抗的不规律性所引起的反射脉冲的电压（V）。

修正后的脉冲回波损耗α_{pc}定义为：在电缆的输入端测量到的回波损耗减去两倍的脉冲衰减乘以传播距离x，即

$$\alpha_{pc} = \alpha_p - \frac{2\alpha x}{100} \qquad (3\text{-}6\text{-}33)$$

式中 α——衰减常数，按照本章6.7节中定义的方法测量（dB/100m），在频率f_e的附近集中了脉冲能量的主要部分。f_e的定义见式（3-6-35）；

x——测量距离（m）。

解析度δ_1是回波损耗曲线上可以区分的两个缺陷点之间的最小距离，脉冲宽度t_p是用脉冲高度一半处的脉冲宽度值来表示。

3. 测试设备

测试设备如图3-6-6所示。

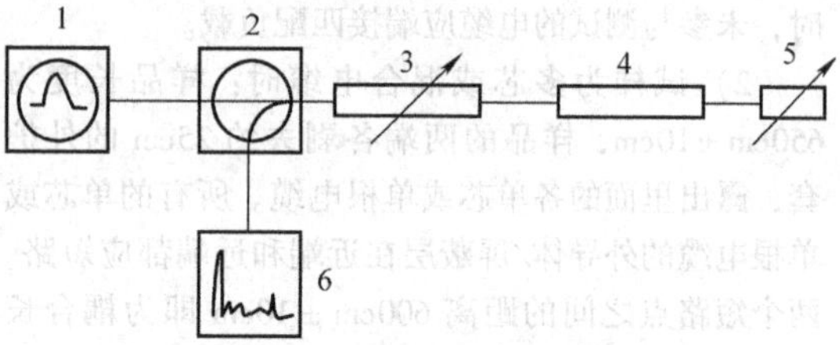

图3-6-6 脉冲回波损耗测试设备

1—脉冲发生器 2—混合方向耦合器
3—可调整的参考标准件 4—待测样品
5—可调整的匹配负载 6—显示设备

脉冲是近似正弦方波脉冲。除非另有规定，脉宽幅度的一半应不大于10ns。

解析度δ_1定义为

$$\delta_1 = \frac{1}{2}t_p v_p \qquad (3\text{-}6\text{-}34)$$

式中 t_p——上升沿时间（脉宽幅值的一半）；

v_p——传播速度。

频率f_e由下式决定：

$$f_e = 250/t_p \qquad (3\text{-}6\text{-}35)$$

式中 f_e——脉冲能量最大时的频率（MHz）。

4. 测量程序与结果

按照图3-6-6连接设备，应调整图中的设备5，使设备6显示的反射至最小值，并记录脉冲回波。

6.9.4 阶跃函数回波损耗测试

1. 原理

本方法适用于在时域下使用阶跃函数信号来测试同轴通信电缆的回波损耗。本方法使用时域反射计（TDR）对被测电缆输入阶跃脉冲，通过空气传

输线作为参考阻抗，将被测电缆的输入脉冲及其沿线的反射脉冲一起显示在示波器上，根据示波器显示出来的反射信号的大小和形状可以判断被测电缆沿线阻抗不均匀性和局部的缺陷的位置、性质、大小。当精度满足测试要求时，也可以使用一个由频域到时域的转换系统。

阶跃反射系数表达为

$$r_s = \frac{u_{rx}}{u_s} \times 100\% \qquad (3\text{-}6\text{-}36)$$

式中　r_s——脉冲反射系数（%）；

u_{rx}——距离待测电缆的近端为 x 处，由于阻抗不规律性引起的反射脉冲电压（mV）；

u_s——施加在待测样品上的脉冲电压（mV）。

对于阶跃功能，上升沿时间 t_r定义为阶跃电压的幅值从 10% 上升到 90% 所需要的时间。上升沿时间会影响解析度。解析度的公式为

$$\delta_1 = \frac{1}{2} t_r v_p \qquad (3\text{-}6\text{-}37)$$

式中　t_r——上升沿时间（ps）；

v_p——传播速度（m/s）。

2. 试验设备

试验设备包括以下部件，如图 3-6-7 所示。

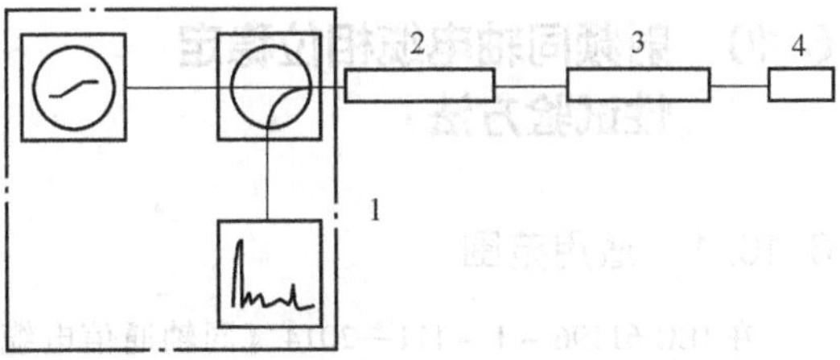

图 3-6-7　试验设备

1—时域反射计　2—标准线（可选件）
3—待测样品　4—匹配负载

3. 测量程序与结果

如图 3-6-7 所示连接测试设备与待测样品。向待测试样施加脉冲，上升沿时间应不大于 5ns，并记录反射系数。

6.9.5　回波损耗、驻波系数和反射系数换算

回波损耗（RL）、驻波系数（S）和反射系数（ρ）三者关系式如下

$$\rho = 10^{-(RL/20)} \qquad (3\text{-}6\text{-}38)$$

$$RL = 20\lg\rho^{-1} \qquad (3\text{-}6\text{-}39)$$

$$S = (1+\rho)/(1-\rho) \qquad (3\text{-}6\text{-}40)$$

三者换算见表 3-6-1。

表 3-6-1　三者的换算

回波损耗 RL/dB	驻波系数 S	反射系数 ρ	回波损耗 RL/dB	驻波系数 S	反射系数 ρ
0	∞	1	18.0	1.288	0.126
0.5	34.777	0.944	18.5	1.270	0.119
1.0	17.391	0.891	19.0	1.253	0.112
1.5	11.61	0.841	19.5	1.237	0.106
2.0	8.724	0.794	20.0	1.222	0.100
2.5	6.996	0.745	20.5	1.208	0.094
3.0	5.848	0.708	21.0	1.196	0.089
3.5	5.038	0.668	21.5	1.184	0.084
4.0	4.419	0.631	22.0	1.173	0.079
4.5	3.946	0.598	22.5	1.162	0.075
5.0	3.570	0.562	23.0	1.152	0.071
5.5	3.263	0.531	23.5	1.143	0.067
6.0	3.010	0.501	24.0	1.135	0.063
6.5	2.796	0.473	24.5	1.127	0.060
7.0	2.615	0.447	25.0	1.119	0.056
7.5	2.468	0.422	25.5	1.112	0.053
8.0	2.323	0.398	26.0	1.106	0.050
8.5	2.204	0.376	26.5	1.099	0.047
9.0	2.100	0.355	27.0	1.094	0.045
9.5	2.007	0.335	28.0	1.083	0.0398
10.0	1.925	0.316	29.0	1.074	0.035
10.5	1.851	0.299	30.0	1.065	0.032
11.0	1.785	0.282	31.0	1.058	0.028
11.5	1.725	0.266	32.0	1.052	0.025
12.0	1.671	0.251	33.0	1.046	0.022
12.5	1.622	0.237	34.0	1.041	0.020
13.0	1.577	0.224	35.0	1.036	0.018
13.5	1.536	0.211	36.0	1.032	0.016
14.0	1.499	0.200	37.0	1.029	0.014
14.5	1.464	0.188	38.0	1.026	0.013
15.0	1.433	0.178	39.0	1.023	0.011
15.5	1.404	0.168	40.0	1.020	0.010
16.0	1.377	0.158	45.0	1.010	0.005
16.5	1.352	0.150	50.0	1.006	0.003
17.0	1.329	0.141	60.0	1.002	0.001
17.5	1.308	0.133	∞	1.001	0.080

6.10 射频同轴电缆相位稳定性试验方法

6.10.1 适用范围

在 IEC 61196-1-111—2014《同轴通信电缆第1-111部分：电性能测试方法-相位稳定性试验方法》标准中，规定了相位稳定性的测试方法，包括相位随温度的变化；相位常数随温度的变化，相位随弯曲的稳定性，相位随扭绞的稳定性；这些参数的详细测试方法和步骤可参见该标准，此处不再详述。

IEC61196-1-111—2014 适用于同轴电缆在温度变化时，相位和温度呈线性关系的情况。但是实际应用中，大部分的同轴电缆在温度变化时，相位和温度成非线性的关系，本部分介绍在这种情况下相位稳定性的测试方法。

相位稳定性可以分为温度相位稳定性和机械相位稳定性，这两项稳相的指标均与电缆的材料和结构有关系。

本方法同样适用于同轴电缆组件。

6.10.2 定义

1. 温度相位稳定性

温度相位稳定性是指电缆所处环境温度发生变化或因传输信号产生热量发生温变时，电缆或电缆组件相位发生变化的量。

（1）相位温度系数 频率为f的相位温度系数是指在基准温度时的电缆总相位与温度为t时的电缆总相位的差值与基准总相位的比值，公式为

$$\eta_{t,f}=\frac{\phi_{base,f}-\phi_{t,f}}{\phi_{base,f}}=\frac{\Delta\phi_{t,f}}{\phi_{base,f}} \tag{3-6-41}$$

$$ppm_f=\eta_{t,f}\times10^6 \tag{3-6-42}$$

式中 $\phi_{t,f}$——频率为f、温度为t时的总相位（°）；

$\phi_{base,f}$——频率为f、温度为基准温度时的总相位（°），基准温度通常选择25℃或相关规范中指定的温度；

$\Delta\phi_{t,f}$——$\phi_{base,f}$与$\phi_{t,f}$的相位差（°）。

（2）相位温度系数的最大变化 相位温度系数的最大值减去相位温度系数的最小值，称为相位温度系数的最大变化，即

$$|\Delta\eta|_{max}=|\eta_{max}-\eta_{min}| \tag{3-6-43}$$

2. 机械相位稳定性

机械相位稳定性是指射频同轴电缆在规定的机械弯曲、扭曲或振动等状态下电缆总相位的变化情况。

在电缆机械弯曲过程中，介质层和外导体层均会发生形变，内部电场分布会随之改变，电缆的传输特性也会随之改变。

6.10.3 测试设备和测试环境要求

1. 测试环境

实验室室温的变化应在±2℃以内，推荐的环境温度为25℃，特殊规定除外。

2. 测试设备

1）具有足够精度、温度区间和体积的温度箱，能符合相关详细规范的要求；

2）推荐使用具有足够精度的矢量网络分析仪（VNA）；

3）用于固定样品的测试夹具应满足精度的要求（必要时）。

3. 试样

1）试样为同轴电缆组件时，不需特殊处理；试样为同轴电缆时，电缆两端应接合适的连接器，以便于连接矢量网络分析仪以及提供更高的精度。样品的长度应遵循相关规范的要求。

2）试样的预处理。在进行电缆的相位温度稳定性试验前，应进行试样的预处理。

将试样放入温度箱，电缆保持成圈的松散状态，直径应不小于电缆最小静止弯曲半径的10倍。试样的两端从标记处伸出温度箱，温度箱与试样伸出的空隙处应用绝缘封头密封住。按照相关规范中规定的温度范围区间和温度循环次数，对试样进行预处理。

6.10.4 温度相位稳定性测量及结果计算

1. 测试步骤

1）VNA预热后，在规定的频段内对VNA进行S_{21}或者S_{12}校准，扫描点数应不小于801点。

2）将温度箱设置成25℃并保持足够长的时间，使待测试样的温度达到同样温度。然后将待测试样连接到VNA，读取指定频率f处的总相位值，记为$\phi_{base,f}$。

当VNA只能读取$-\pi\sim+\pi$的相位值，即不具备相位拼接功能时，应将相位拼接成［0，$-\infty$］区间内随频率单调下降的函数，得到在频率f处的总相位。可参见6.3.2节中的技术要求。

3）将温度箱的温度调到最低值t_{min}，并保持足够长的时间，直到试样的温度也达到t_{min}。记录在

温度 t_{min} 时频率 f 的总相位值 $\varphi_{tmin,f}$。

4）每次将温度箱的温度调高一点到 t_i，直至最后调到最高温度 t_{max}，测试并记录在温度 t_i 时频率 f 的相位值 $\varphi_{ti,f}$。

2. 测试结果

根据式（3-6-41）和式（3-6-42）计算出指定频率 f 下，电缆使用温度范围内的 ppm 值，绘制出 $\eta_{t,f}-T$ 的关系曲线。在曲线中，根据相位随温度变化的最大值与最小值，按照式（3-6-43），计算出随温度的最大相位变化值 $|\eta_{max}-\eta_{min}|$。

通常用最大相位变化值来表示电缆的相位稳定性，在同轴电缆的使用温度范围内，温度相位系数的最大变化应小于规范中规定的值。

6.10.5　机械相位稳定性测量及结果计算

电缆U形弯曲或扭绞后的相位稳定性试验，可参照 IEC 61196-1-111—2014 中的方法。本部分描述的是电缆随振动后的相位稳定性测量及结果计算。

1. 试验目的

确定射频同轴电缆组件在现场使用的环境下可能经受到的主要振动的适应性和结构完好性。电缆受到振动后会导致电缆组件的结构或电气性能发生变化，从而引起相位的改变。本方法可测量在规定的频率，电缆由于振动引起的相位变化。其他性能参数，如衰减、驻波、绝缘电阻、耐电压、导通性等，可参照本章中的相关方法进行。本方法同样适用于电缆组件。

2. 测试设备与试样要求

（1）测试设备

1）振动台：根据工作原理可以分为电动台、机械台、液压台三种。根据试验条件选取合适的振动台。

2）矢量网络分析仪：频率范围与测试精度可满足试验要求。

（2）试样　试样要求参照 6.10.3 节中的要求。

3. 试验步骤与结果

1）预热后，VNA 设置为 S_{21} 或 S_{12} 扫描，扫描点数应不小于 801，在规定的频段内进行校准。

2）将试样以适合的方式放置在振动台上，通过测试引线连接到 VNA，尽量避免测试引线及辅助装置受到振动影响，测量试样在试验前的相位并执行归一化等操作使相位归零。

3）根据电缆的实际使用环境或者按照相关规范（如 GB/T 2423.48—1997、GB/T 2423.49—1997、GJB 360B—2009 等）的要求，选取合适的振动试验条件（例如可参考 GJB 360B—2009 中的低频、高频、随机三种振动方式），设置振动的频率范围、振动方向（X、Y、Z 三向振动或者单向振动）、位移幅值以及振动的持续时间。

4）设置好试验条件后，开启振动台进行试验，在试验过程中记录电缆组件的相位变化情况或电缆组件的外观状况，观察电缆是否正常工作。

5）振动结束后，测量待测试样的相位值，以及检查试样是否存在目力可见的机械损伤。

4. 测试结果

在频率 f 处，相位随频率变化值按下式计算：

$$\eta_f=\frac{\phi_{2,f}-\phi_{1,f}}{\phi_{1,f}}=\frac{\Delta\phi_{1,f}}{\phi_{1,f}} \tag{3-6-44}$$

式中　η_f——在频率 f 处的相位系数；

$\phi_{1,f}$——振动前在频率 f 处的相位值；

$\phi_{2,f}$——振动后在频率 f 处的相位值；

$\Delta\phi_{1,f}$——在频率 f 处振动前后的相位差。

可根据式（3-6-42）计算出频率 f 出相位随频率变化的 ppm 值。测试结果应符合相关规范中的要求。

第7章

高速电子线缆传输性能测试

本章所述的测试方法适用于传输差分信号的对称高速电子线缆（以下简称高速电子线）传输性能的测试。高速电子线测试频率高（可达数十 GHz 及以上），其电性能的测试方法和第 3 篇第 5 章所述的《对称通信电缆电气性能的测试》有较大的区别。

高速电子线传输性能参数包括衰减、回波、近端串音、远端串音、差分共模转换、差分阻抗、共模阻抗、差分延时、对内延时差、对间延时差等项目。根据测试条件的不同，这些参数又可以分为频域参数和时域参数，其测试必须具备以下测试设备及附件：

1）四端口矢量网络分析仪（4 Port Vector Network Analyzer）及校准件。用于频域参数的测试，其频率范围应满足被测高速电子线的测试要求。也可以使用满足测试要求的其他替代设备，如配置了平衡不平衡变换器（BALUN）的两端口矢量网络分析仪，或者是配置了平衡不平衡变换器（BALUN）的信号发生器/信号接收机设备等；部分时域反射仪具备将时域测试数据转换为频域测试数据的功能，当这种转换结果能满足测试精度要求时，也可以用于频域参数的测试。当采用四端口矢量网络分析仪时，应将 4 个单端的测试端口组合成 1 对（2 个）平衡测试端口模式（“BAL－BAL”模式）。

2）具备差分测试功能的时域反射仪（Time Domain Reflectrometry，TDR）及校准件。用于时域参数的测试，其带宽应能满足被测高速电子线的测试要求。部分四端口矢量网络分析仪具备将频域测试数据转换成时域测试数据的功能，当这种转换结果能满足测试的精度要求时，也可以用于时域参数的测试。

3）测试引线与测试夹具。用于被测高速电子线与测试设备的连接。测试引线为高性能的同轴电缆，频率范围应满足测试要求，其特性阻抗应等于测试设备端口的特性阻抗，通常为 50Ω。测试引线应具有相同的电长度，在满足应用的条件下应尽可能短，最长不应超过 1m。测试夹具的性能应符合相关标准或测试规范的要求，并能够通过校准技术或去嵌技术，在最终测试结果中消除测试夹具引入的测试误差。

7.1 设备的校准及测试夹具误差的消除

在执行测试前，应对测试设备进行校准，并采用合适的方法消除由测试夹具引入的误差。

7.1.1 四端口矢量网络分析仪的校准

1. SOLT 校准方法

也就是短路（Short）－开路（Open）－负载（Load）－直通（Through）校准，是矢量网络分析仪（以下简称 VNA）最常用的校准方式之一。设定好 VNA 的测试频率、扫描点数、扫描方式、中频带宽等参数后，采用机械校准件或电子校准件执行全四端口校准。

采用 SOLT 方法，仅完成对 VNA 的校准，此时没有考虑测试夹具引起的误差，所以实际测试中应参考 7.1.3 节中所述的方法消除这部分误差。

2. TRL 校准方法

也就是直通（Through）－反射（Reflect）－延迟线（Line）校准，比传统的 SOLT 校准精度更高，适用于非同轴器件的校准，但是相应的校准件需要专业设计。通常在设计测试夹具的同时进行 TRL 校准件的设计，根据测试夹具的材料以及物理尺寸和应用频率等条件，设计制造出相应的 TRL 校准件。

采用这种校准方法时，在校准的时候已经考虑测试夹具的误差，实际测试中，不必执行 7.1.3 节中所述的夹具误差消除的步骤。

完成四端口矢量网络分析仪的校准后，应将测试端口设置成“BAL－BAL”测试模式，即平衡测试模式。

7.1.2　TDR 的校准

TDR 的校准方法和步骤应遵循设备厂商的要求进行，校准时应将 TDR 设置为差分测量模式。当需要获得足够的精度时，可使用空气阻抗线对 TDR 进行定标。

7.1.3　测试夹具的误差消除

测试夹具用于测试设备和被测的高速电子线的连接。测试夹具的频率响应特性在整个测试频宽内应满足测试要求，同时应在最终测试结果中能够消除由其引入的误差。当测试夹具电路设计采用最常用的微带线或带状线时，可以用以下的方法消除测试夹具引起的误差。

1. 与矢量网络分析仪连接时，夹具误差的消除

（1）方法 1　示意图如图 3-7-1a 所示。采用两倍于单个测试夹具微带线/带状线长度的同性能微带线/带状线形成“直通校准件（2xTHRU，即近端夹具 A 和远端夹具 B 的性能一致，可互易）”，其性能相当于一对测试夹具“背对背”连接时的频率响应。在完成 VNA 校准后，测试记录“直通校准件”的测试数据。在后继的测试中，将“直通校准件”测试数据作为测试夹具的误差数据，通过归一化等计算方式予以消除。

这种方法易于实现，校准步骤简单 。在进行衰减测试时，该应用较为普遍。

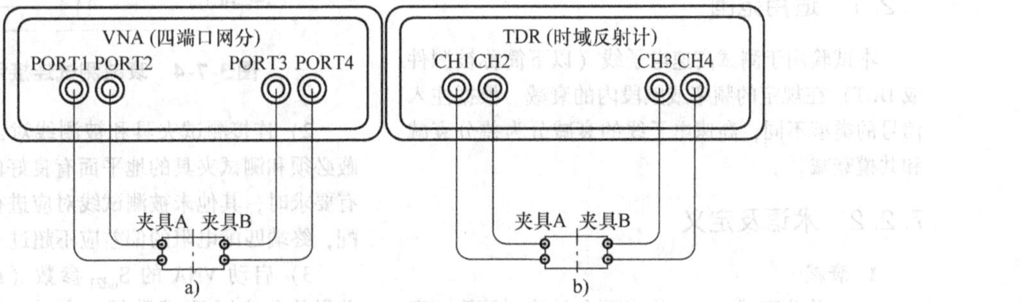

图 3-7-1　连接示意图

a）直通件 VNA 测试连接　b）直通件 TDR 测试连接

（2）方法 2　在设计测试夹具的电路时，通过仿真软件生成与测试夹具对应的特征数据文件，或者通过测试软件直接测试夹具电路得到特征数据文件，该文件用于表征夹具电路的特性。可以将此文件输入到具备去嵌入功能的 VNA 中，并启动去嵌入功能，VNA 将自动形成消除夹具误差的最终测试结果。这种方法在测试被测件的反射性能参数（如回波损耗）时，能够保证较好的测试精度。

测试夹具自身的性能将直接影响最终测试结果的准确性，因此其衰减、回波损耗等参数必须得到严格的控制。

2. 与 TDR 连接时，夹具误差的消除

按照图 3-7-1b 连接两倍于单个测试夹具微带线/带状线长度的同性能微带线/带状线构成的“直通校准件（2xTHRU）”。将测试设备设置成时域传输测试模式（TDT），调整接收机两个测试通道的接收时延差在 ±1ps 以内，并记录时间轴数据 T_1。该数据用于修正被测高速电子线的传播延时。

在完成 TDR 校准后，按照图 3-7-2 所示连接测试夹具，测试夹具的末端保持开路。将测试设备设置成时域反射测试模式（TDR），调整信号源的信号输出，保证两个测试通道的时延差在 ±1ps 以内；记录此时开路位置时间轴数据 T_0，作为测试的起始位置。图 3-7-3 是基于微带线设计的测试夹具及校准件的实物示意图。

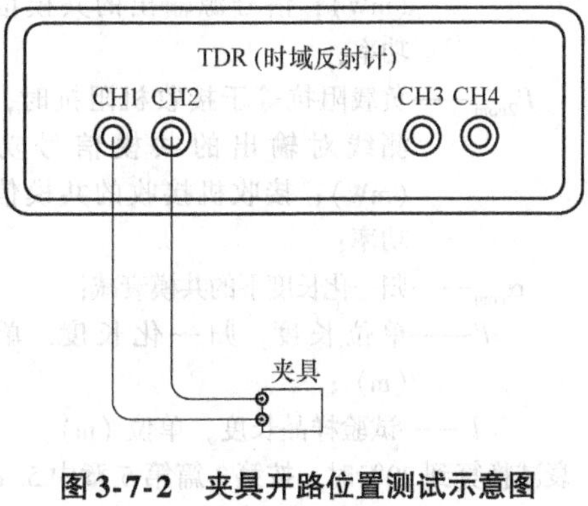

图 3-7-2　夹具开路位置测试示意图

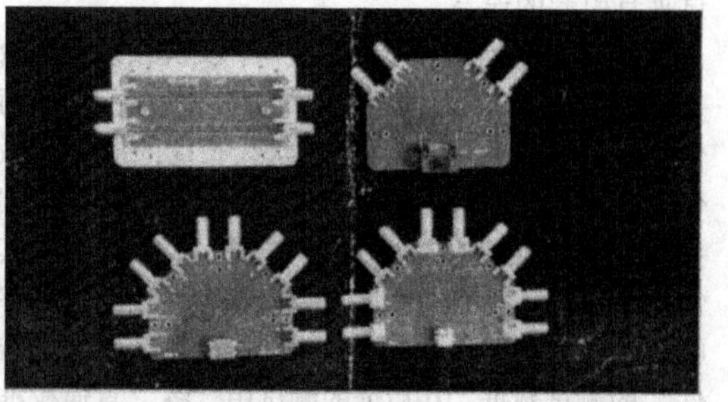

图 3-7-3 测试夹具及校准件的实物示意图

7.2 衰减试验

7.2.1 适用范围

本试验用于测试高速电子线（以下简称被测件或 DUT）在规定的频率或频段内的衰减。根据注入信号的类型不同，高速电子线的衰减分为差分衰减和共模衰减。

7.2.2 术语及定义

1. 衰减

（1）差分衰减 α_{diff} 定义可参见第 3 篇第 5 章中 5.4 节中衰减的定义。

（2）共模衰减 α_{com}

$$\alpha_{0com}=10\lg\left(\frac{P_{1com}}{P_{2com}}\right) \quad (3\text{-}7\text{-}1)$$

$$\alpha_{com}=\alpha_{0com}\times\frac{l'}{l} \quad (3\text{-}7\text{-}2)$$

式中 α_{0com}——共模衰减测试值，单位为分贝（dB）；

P_{1com}——负载阻抗等于信号源阻抗时，输入被测线对的共模信号功率（mW）；信号源输出的共模信号功率；

P_{2com}——负载阻抗等于接收机阻抗时，被测线对输出的共模信号功率（mW）；接收机接收的共模信号功率；

α_{com}——归一化长度下的共模衰减；

l'——单位长度，归一化长度，单位（m）；

l——试验样品长度，单位（m）。

衰减换算到 20℃时，按第 3 篇第 5 章中 5.4 节中的公式进行计算。

7.2.3 测试步骤

1）采用四端口矢量网络分析仪进行高速电子线衰减测试时，连接示意图如图 3-7-4 所示。

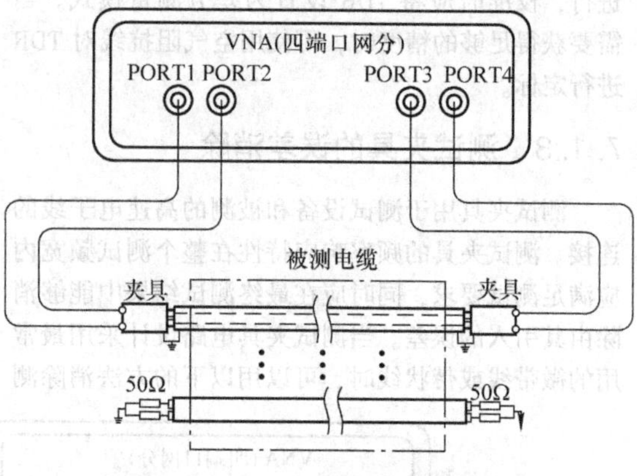

图 3-7-4 衰减测试连接示意图

2）连接测试夹具和被测线对，被测线对的屏蔽必须和测试夹具的地平面有良好的射频接触。当有要求时，其他未被测试线对应进行良好的终端匹配，终端匹配电阻的偏差应不超过 ±1%。

3）启动 VNA 的 S_{dd21} 参数（或 S_{dd12}）测试，获得差分衰减测试数据；启动 VNA 的 S_{cc21} 参数（或 S_{cc12} 测试），获得共模衰减测试数据。

在衰减测试中，建议 VNA 采用线性扫描方式；试样的归一化的长度为 10m（或其他规范指定的长度）。

4）对所有的线对组合完成测试后，依据定义进行必要的长度和温度换算。

7.3 串音试验

7.3.1 适用范围

本试验用于测试高速电子线在规定频段内的串音。串音分为近端串音与远端串音。

7.3.2 术语及定义

近端串音（NEXT）、远端串音（FEXT，I. O. FEXT）定义参见第 3 篇第 5 章 5.6 节。

7.3.3 测试步骤

1）采用四端口矢量网络分析仪或者 TDR 设备进行高速电子线串音测试时，连线示意图如图 3-7-5 所示。

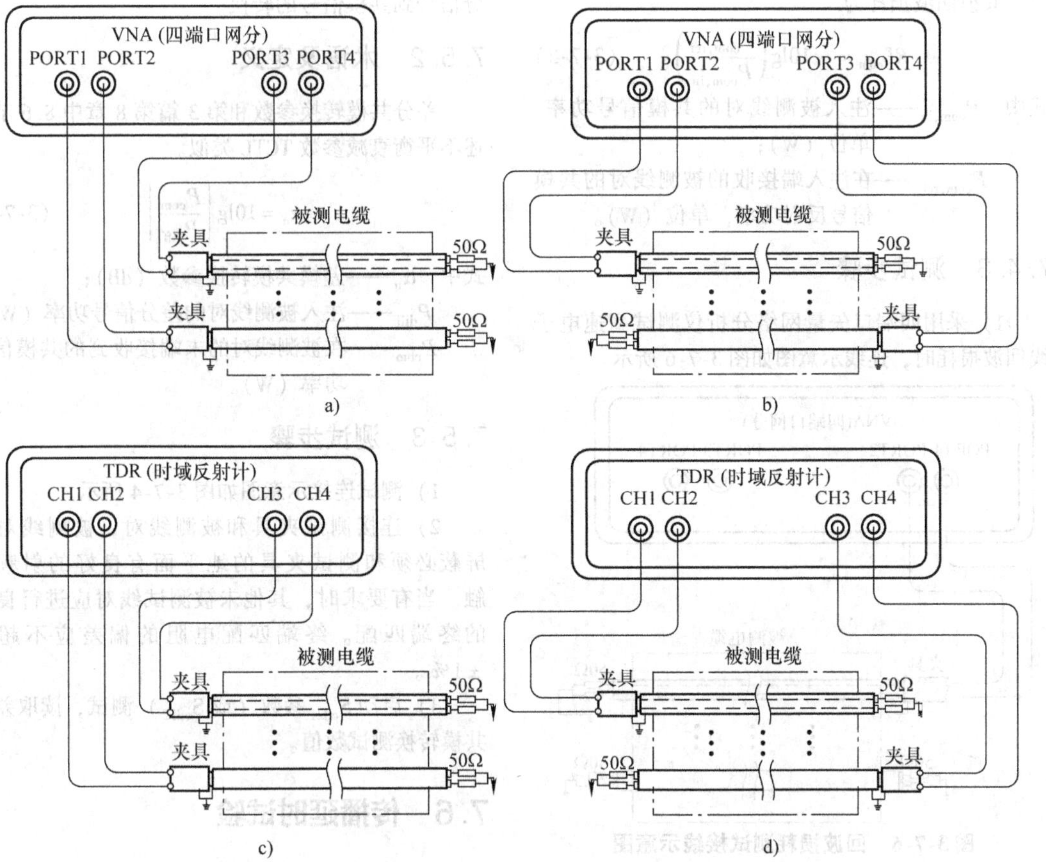

图 3-7-5　串音测试

a）近端串音测试 VNA 接线示意图　b）远端串音测试 VNA 接线示意图
c）近端串音测试 TDR 接线示意图　d）远端串音测试 TDR 接线示意图

2）连接测试夹具和被测线对，被测线对的屏蔽必须和测试夹具的地平面有良好的射频接触。当有要求时，其他未被测试线对应进行良好的终端匹配，终端匹配电阻的偏差应不超过 ±1%。

3）启动 VNA 的 S_{dd21} 参数（或 S_{dd12}）测试，获得串音参数数值。或者启动 TDR 的幅值测量，测量耦合电压与输出电压的比值，获得串音测试的百分比数据。

4）依次完成所有线对组合的串音测试。

5）当需要测试串音功率和时，按照第 3 篇第 5 章中的内容进行换算。

7.3.4　技术要求

为防止被测件末端的耦合效应，应保持测试线对的屏蔽不被破坏；测试夹具的不同测试通道之间应采用良好的屏蔽措施。某些特定的场合，串音的测试也可使用 TDR 时域的方法。当使用 TDR 方法时，一般有两种数据表达方式：一是将时域参数变换为频域参数，其单位为 dB；二是直接表达为发送端输出时域信号和接收端输入时域信号的电压比值，常以百分数表示。

7.4　回波损耗试验

7.4.1　适用范围

本试验用于测试高速电子线在规定频段内的回波损耗。

7.4.2　术语及定义

回波损耗可分为差分回波损耗RL_{diff}和共模回波损耗RL_{com}。

差分回波损耗RL_{diff}定义可参见第 3 篇第 5 章 5.10 节。

共模回波损耗为

$$RL_{com} = -10\lg\left(\frac{P_{com,ref}}{P_{com,in}}\right) \quad (3\text{-}7\text{-}3)$$

式中 $P_{com,in}$——注入被测线对的共模信号功率，单位（W）；

$P_{com,ref}$——在注入端接收的被测线对的共模信号反射功率，单位（W）。

7.4.3 测试步骤

1）采用四端口矢量网络分析仪测试高速电子线回波损耗时，连线示意图如图 3-7-6 所示。

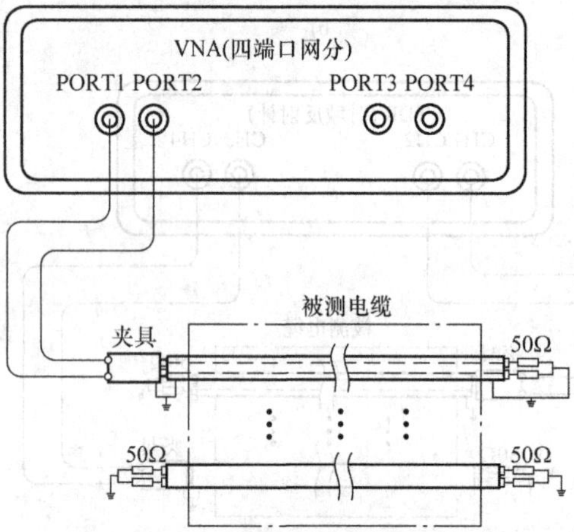

图 3-7-6 回波损耗测试接线示意图

2）连接测试夹具和被测线对，被测线对的屏蔽必须和测试夹具的地平面有良好的射频接触。被测线对的末端应用基准阻抗进行精密匹配，基准阻抗的偏差应不超过 ±0.1%。当有要求时，其他未被测试线对应进行良好的终端匹配。终端匹配电阻的偏差应不超过 ±1%。

3）启动 S_{dd11} 参数（或 S_{dd22}）测试获得差分回波损耗测试数值；启动 S_{cc11} 参数（或 S_{cc22}）测试获得共模回波损耗的数值。

7.4.4 技术要求

在回波损耗的参数测试中，为获得足够的精度，建议采用 7.1.1 节中所述 TRL 校准方法；当使用 7.1.1 节中的 SOLT 校准方法时，应采用 7.1.3 节中所述的方法二实现夹具误差的消除。

7.5 差分共模转换试验

7.5.1 适用范围

本试验用于测试高速电子线在规定频段内的差分信号到共模信号的转换。

7.5.2 术语及定义

差分共模转换参数和第 3 篇第 8 章中 8.6 节所述不平衡衰减参数 TCTL 类似。

$$\alpha_u = 10\lg\left|\frac{P_{com}}{P_{diff}}\right| \quad (3\text{-}7\text{-}4)$$

式中 α_u——差模共模转换参数（dB）；

P_{diff}——注入被测线对的差分信号功率（W）；

P_{com}——在被测线对的末端接收到的共模信号功率（W）。

7.5.3 测试步骤

1）测试连接示意图如图 3-7-4 所示。

2）连接测试夹具和被测线对，被测线对的屏蔽必须和测试夹具的地平面有良好的射频接触。当有要求时，其他未被测试线对应进行良好的终端匹配。终端匹配电阻的偏差应不超过 ±1%。

3）启动 S_{cd21} 参数（或 S_{cd12}）测试，读取差分共模转换测试数值。

7.6 传播延时试验

7.6.1 适用范围

本试验规定了高速电子线传播延时的测量方法。

7.6.2 术语及定义

传播延时是指规定上升沿时间的脉冲信号在被测样品单位长度传输所需要的时间，单位为 ns/m 或 ns。

7.6.3 测试步骤

1）根据被测件的测试要求，设定测试设备输出信号脉冲的上升沿的值，并按照 7.1.3 节所述方法消除夹具误差。

2）按照时域反射测试模式（见图 3-7-7a）或时域传输测试模式（见图 3-7-7b）连接被测件。

3）启动“Delay”参数测试，记录传输时间 T_2。

4）按照下列公式计算传播延时 T：

当采用 TDR 模式时：

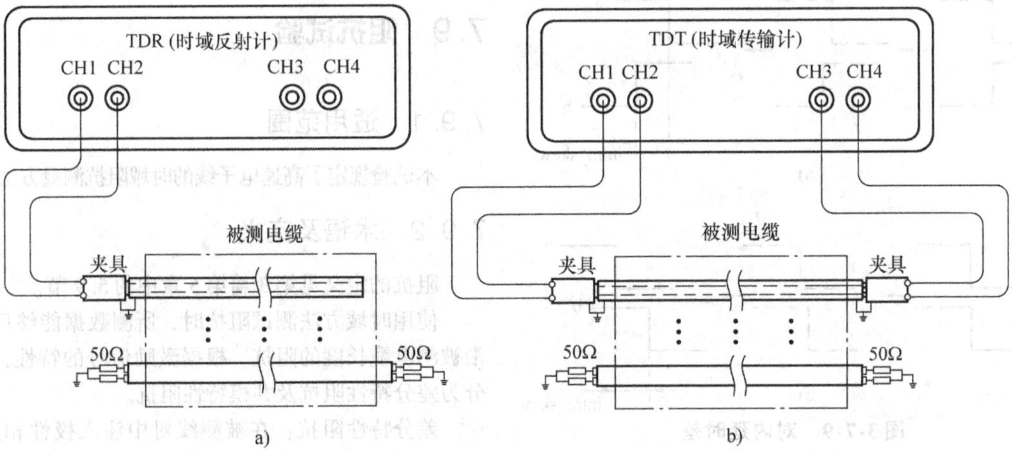

图 3-7-7 传播延时测试连接

a) 传播延时测试 TDR 方式接线示意图 b) 传播延时测试 TDT 方式接线示意图

$$T=(T_2-T_0)/2/l \quad (3\text{-}7\text{-}5)$$

当采用 TDT 模式时：

$$T=(T_2-T_1)/l \quad (3\text{-}7\text{-}6)$$

T_0 和 T_1 的定义见 7.1.3 节，l 试样长度，单位为 m。

5）按照同样的步骤测量其他线对的传播延时。

6）被测线对的屏蔽必须和测试夹具的地平面有良好的射频接触，传播延时曲线如图 3-7-8 所示。

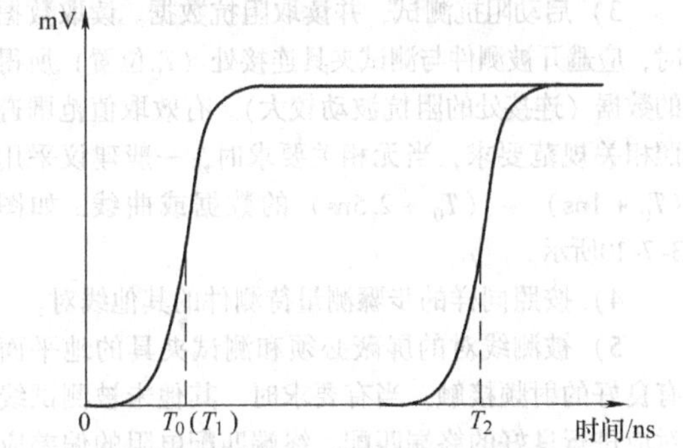

图 3-7-8 传播延时测试曲线示意图

7.7 对间延时差 inter_ skew 试验

7.7.1 适用范围

本试验规定了高速电子线对间延时差的测量方法。

7.7.2 术语及定义

对间延时差是指同一根高速电子线内的任意两线对间单位长度的传播延时的差值，单位为 ns/m。

7.7.3 测试步骤

1）按照 7.6.3 节所述，完成所有线对的传输延时测试，得到所有线对的传播延时数据 T_i。

2）根据下式进行计算，得到任意线对组合的对间延时差。

$$\text{inter\_skew}(i,j)=(T_i-T_j) \quad (i\neq j) \quad (3\text{-}7\text{-}7)$$

式中 inter_skew (i, j)——线对 i 和线对 j 之间的对间延时差，$i\neq j$，i，j 为 1，…，n，n 为线对数；

T_i (T_j)——线对 i（线对 j）的传播延时，单位 ns/m。

7.8 对内延时差 intra_skew 试验

7.8.1 适用范围

本试验规定了高速电子线对内延时差的测量方法。

7.8.2 术语及定义

规定上升沿时间的差分脉冲信号（或共模脉冲信号）在被测件的线对中传输时，该线对单位长度的两根单线之间信号传输的时间差值，即为对内差分延时差（或对内共模延时差），如图 3-7-9 所示，其测试连接如图 3-7-7 所示。

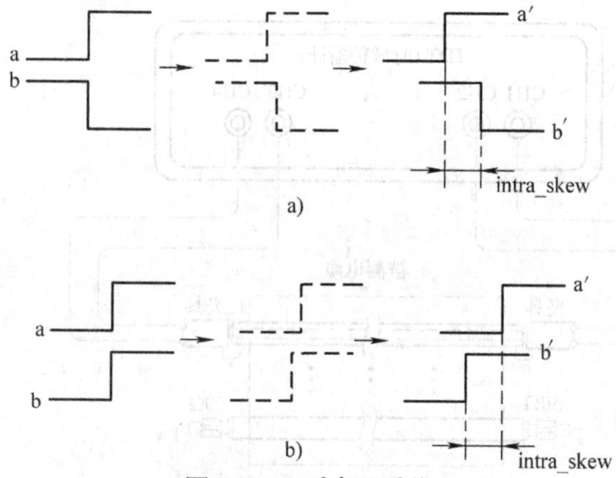

图 3-7-9 对内延时差

a）差分信号模式下对内延时差示意图

b）共模信号模式下对内延时差示意图

7.8.3 测试步骤

1）根据被测件的测试要求设定测试仪器输出信号脉冲的上升沿的值，并按照 7.1.3 节所述方法去除夹具误差；按照图 3-7-7a（TDR 模式）或 图 3-7-7b（TDT 模式）连接被测样品。

2）设置差模（或共模）测试方式，启动“Delay”参数测量，记录单线 a、单线 b 从发送端到接收端的传输延时 T_{a_diff}（或 T_{a_com}）、T_{b_diff}（或 T_{b_com}）。

3）根据下式计算该线对的对内延时差：

当采用 TDR 模式时，有

$$差分\ intra\_skew = (T_{a\_diff} - T_{b\_diff})/2/l \quad (3\text{-}7\text{-}8)$$

$$共模\ intra\_skew = (T_{a\_com} - T_{b\_com})/2/l \quad (3\text{-}7\text{-}9)$$

当采用 TDT 模式时，有

$$差分\ intra\_skew = (T_{a\_diff} - T_{b\_diff})/l \quad (3\text{-}7\text{-}10)$$

$$共模\ intra\_skew = (T_{a\_com} - T_{b\_com})/l \quad (3\text{-}7\text{-}11)$$

式中 l——试样长度（m）。

4）按照同样的步骤测量其他线对的对内延时差。

5）当有要求时，其他未被测试线对应进行良好的终端匹配，终端匹配电阻的偏差应不超过 ±1%。

7.8.4 技术要求

测试对内延时差时，要求被测线对的屏蔽层必须可靠接地，否则会得到错误的测试结果。

7.9 阻抗试验

7.9.1 适用范围

本试验规定了高速电子线的时域阻抗测量方法。

7.9.2 术语及定义

阻抗的定义见第 3 篇第 5 章中的 5.9 节。

使用时域方法测试阻抗时，所测数据能够反映沿被测电缆长度的阻抗。根据激励信号的特性，可分为差分特性阻抗及共模特性阻抗。

差分特性阻抗：在被测线对中注入极性相反、幅度相等的差分（对称）信号时，所测阻抗值。

共模特性阻抗：在被测线对中注入极性相同、幅度相等的共模信号时，所测阻抗值。

7.9.3 测试步骤

1）根据被测件的测试要求设定测试仪器输出信号脉冲的上升沿的值，并按照 7.1.3 节所述方法去除夹具误差；按照图 3-7-7a（TDR 模式）或图 3-7-7b（TDT 模式）连接被测样品。

2）根据需要将测试设备设置成差模信号输出或共模信号输出。

3）启动阻抗测试，并读取阻抗数据。读取数据时，应避开被测件与测试夹具连接处（T_0位置）所得的数据（连接处的阻抗波动较大）。有效取值范围遵照相关规范要求，当无相关要求时，一般建议采用（T_0 + 1ns）~（T_0 + 2.5ns）的数据或曲线，如图 3-7-10所示。

4）按照同样的步骤测量待测件的其他线对。

5）被测线对的屏蔽必须和测试夹具的地平面有良好的射频接触。当有要求时，其他未被测试线对应进行良好的终端匹配，终端匹配电阻的偏差应不超过 ±1%。

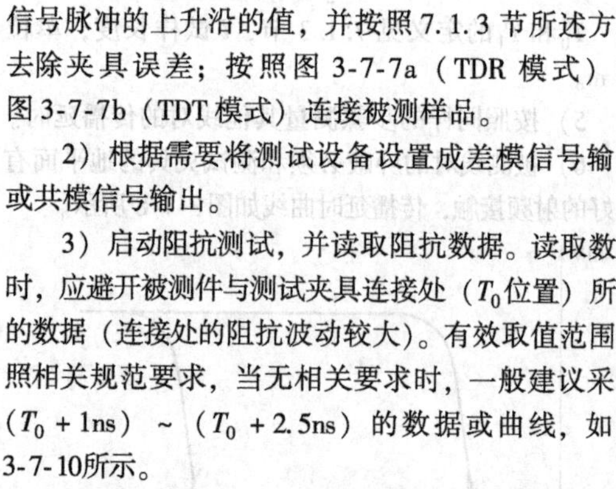

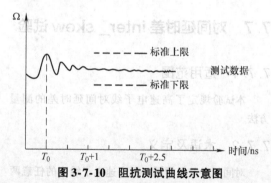

图 3-7-10 阻抗测试曲线示意图

第 8 章

通信电缆电磁兼容性能测试

本章主要描述屏蔽通信电缆电磁性能的测试方法，所述方法也适用于其他带屏蔽电缆的电磁性能评估。对于具有屏蔽层的电缆，应根据应用条件（如长度、频率等）选择合适的评估参数。与屏蔽通信电缆电磁性能相关的常见参数有转移阻抗、屏蔽衰减、耦合衰减、不平衡衰减、理想屏蔽系数等。对于电长度较长（试样电长度远大于信号波长）的试样，可以选择屏蔽衰减参数评估该类电缆的电磁性能；对于电长度较短（试样电长度远小于信号波长）的试样，可以选择转移阻抗参数评估该类电缆的电磁性能；在考虑应用频率覆盖低频和高频时，可同时选择屏蔽衰减参数和转移阻抗参数；耦合衰减和不平衡衰减既适用于屏蔽对称电缆，也适用于无屏蔽对称电缆。

转移阻抗的测试方法，有三同轴法、线注入法等；屏蔽衰减的测试方法有三同轴法、吸收钳方法、GTEM 小室法、混响室法等。本章着重介绍最常用的三同轴法和吸收钳法。

在三同轴法测试屏蔽电缆性能时应注意试样长度的选择：在测试转移阻抗参数时，试样的耦合长度将影响最高可测试频率，可通过减少试样耦合长度，提高最高可测试频率；在测试屏蔽衰减参数时，试样的耦合长度将影响最低可测试频率，可以通过增加耦合长度，降低最低可测试频率；对于物理尺寸较小的电缆组件、连接器等待测样品，可应用本章 8.7 节所述的管中管方法将待测样品的电长度延长，从而将测试频率范围向较低频段扩展。

8.1 转移阻抗测试方法（三同轴法）

8.1.1 适用范围

本方法规定了使用三同轴测试设备进行转移阻抗测试的方法，适用于测量短电长度金属通信电缆的屏蔽性能。

8.1.2 术语和定义

1. 转移阻抗

转移阻抗定义为当试样的耦合长度 L_c 远小于信号波长 λ 时，单位长度上外系统的感应电压与内系统注入的信号电流的比值（mΩ/m），如图 3-8-1 所示。

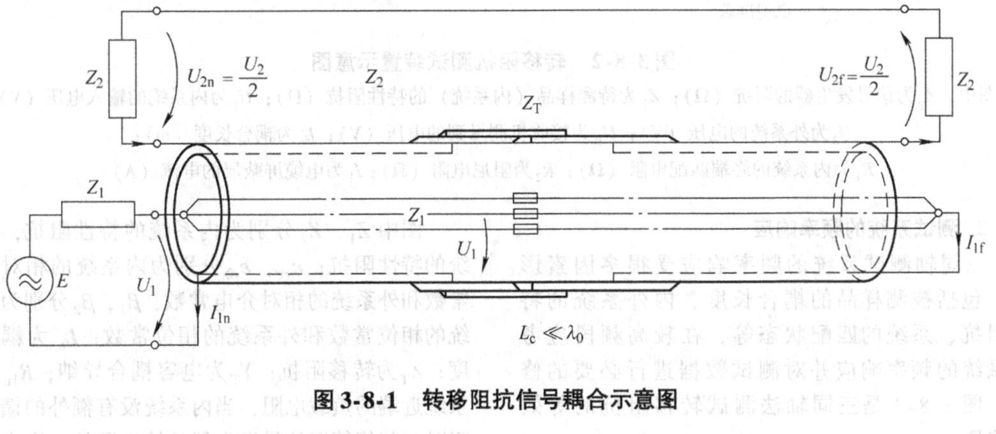

图 3-8-1 转移阻抗信号耦合示意图

$$Z_T = \frac{U_2}{I_1 L_c} \times 1000 \qquad (3\text{-}8\text{-}1)$$

式中 Z_T——转移阻抗（mΩ/m）；

Z_1，Z_2——内系统特性阻抗（Ω）和外系统特性阻抗（Ω）；

U_1，U_2——内系统电压（V）和外系统电压（V）（n：近端，f：远端）；

I_1——电缆屏蔽层电流（A）（n：近端，f：远端）；

L_c——试样的耦合长度（m）。

2. 耦合长度 L_c

耦合长度是指待测样品在测试装置中的有效长度（m）。

3. 短电长度

当满足式（3-8-2）时，认为耦合长度是短电长度。

$$\frac{\lambda_0}{L_c} > 10\sqrt{\varepsilon_{r1}} \text{或} f < \frac{\lambda_0}{10 L_c \sqrt{\varepsilon_{r1}}} \qquad (3\text{-}8\text{-}2)$$

式中 λ_0——自由空间的波长（m）；

f——频率（Hz）；

L_c——试样耦合长度（m）；

ε_{r1}——内系统的相对介电常数。

4. 内系统

由待测样品的导体和屏蔽层组成的系统，称作内系统，在有些规范中也称作一次系统，干扰系统、内电路、干扰电路等。

5. 外系统

由待测样品的屏蔽层和三同轴测试装置的内表面组成的系统，称作外系统，在有些规范中也称作二次系统、被干扰系统、外电路、被干扰电路等。

6. 截止频率 f_{cut}

三同轴法转移阻抗测试系统的频率响应中，线性偏离 3dB 的频率点（转移阻抗的最高可测试频率）。

8.1.3 测试设备与试样

1. 测试装置图

三同轴方法测试转移阻抗的测试装置示意图，如图 3-8-2 所示。

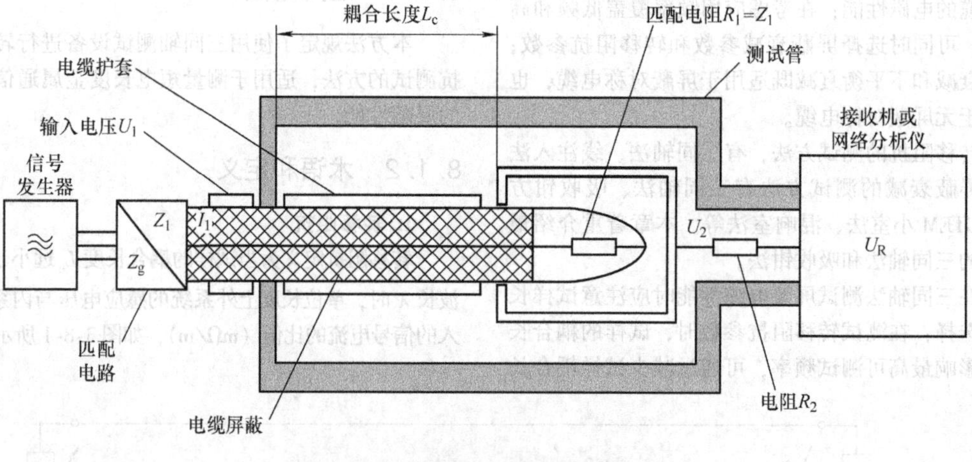

图 3-8-2 转移阻抗测试装置示意图

图中，Z_g为信号发生器的阻抗（Ω）；Z_1为待测样品（内系统）的特性阻抗（Ω）；U_1为内系统的输入电压（V）；U_2为外系统的电压（V）；U_R为接收机测量到的电压（V）；L_c为耦合长度（m）；R_1为内系统的终端匹配电阻（Ω）；R_2为阻尼电阻（Ω）；I_1为电缆屏蔽层的电流（A）

2. 测试系统的频率响应

三同轴测试系统的频率响应受很多因素影响，包括被测样品的耦合长度、内外系统的特性阻抗、系统的匹配状态等，在较高频段应考虑系统的频率响应并对测试数据进行必要的修正。图 3-8-3 是三同轴法测试转移阻抗的等效电路图。

图中 Z_1，Z_2分别为内系统的特性阻抗，外系统的特性阻抗；ε_{r1}，ε_{r2}分别为内系统的相对介电常数和外系统的相对介电常数；β_1，β_2分别为内系统的相位常数和外系统的相位常数；L_c 为耦合长度；Z_T为转移阻抗；Y_T为电容耦合导纳；R_{1n}为内系统近端的负载电阻，当内系统没有额外的馈电电阻时，其值等于信号发生器的输出阻抗；当内系统

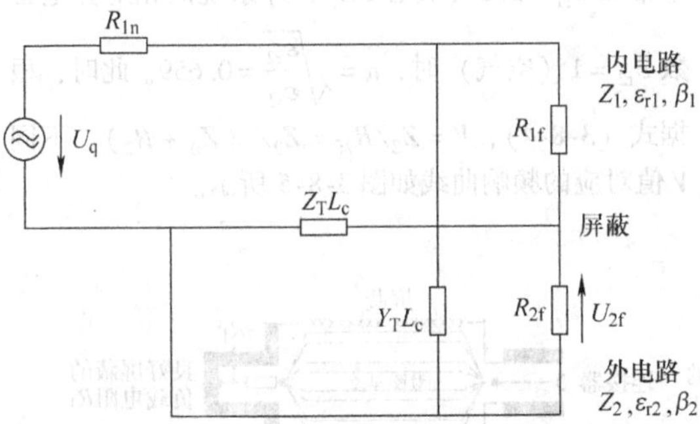

图 3-8-3　三同轴法测试转移阻抗等效电路图

有额外的馈电电阻时，其值为信号发生器的输入阻抗与馈电电阻的和；R_{1f}为内系统远端的负载电阻，取决于测试方法，其值等于待测电缆的特性阻抗或者等于 0；R_{2f}为外系统远端的负载电阻，当外系统没有额外的阻尼电阻时，其值等于信号接收机的输入阻抗；当外系统有额外的阻尼电阻（见图 3-8-2 中的 R_2）时，其值为接收机的输入阻抗与阻尼电阻的和；U_q 为信号发生器的电动势；U_{2f}为外系统远端的电压；

由于三同轴装置的外系统（测试管和待测电缆的屏蔽）在近端处于短路状态，可以忽略容性耦合（见图 3-8-3 中的 $Y_T L_c$）。在考虑三同轴测试系统的频率响应时，转移阻抗的表达式为

$$Z_t = \frac{U_2}{I_1 L_c} g^{-1} \times 1000 \tag{3-8-3}$$

式中　g^{-1}——测试结果修正因子。

$$g = \frac{1}{N} \frac{1}{1-n^2} \frac{j}{x} \{ r[\cos x - \cos nx] - jn\sin nx + j\sin x \} \tag{3-8-4}$$

式中　g——三同轴测试系统的频率响应因子。

$$N = \left\{ \cos x + \frac{j\sin x}{r+w}[1+rw] \right\} \{ \cos nx + jv\sin nx \} \tag{3-8-5}$$

$$x = \beta_1 L_c = (2\pi L_c)/\lambda_1 \tag{3-8-6}$$

$$n = \beta_2/\beta_1 = \lambda_1/\lambda_2 = \sqrt{\frac{\varepsilon_{r2}}{\varepsilon_{r1}}} \tag{3-8-7}$$

$$r = R_{1f}/Z_1 \tag{3-8-8}$$

$$v = Z_2/R_{2f} \tag{3-8-9}$$

$$w = R_{1n}/Z_1 \tag{3-8-10}$$

当频率较低时，$\lambda \gg L_c$，$g = 1$；随着频率的增加，g 将逐渐开始波动，当 g 的值大于$\sqrt{2}$或小于$1/\sqrt{2}$时（3dB 偏离点），此时所对应的频率是三同轴法转移阻抗测试系统的截止频率。

g 的值与测试系统的很多因素相关，其详细描述参见 8.1.4 节。

3. 测试设备

1）三同轴测试设备，通常是由具有良好导电性能的非磁性的金属管（例如黄铜、铜或铝）组成。

2）矢量网络分析仪，或者其他替代设备：如独立的信号源和独立的测量接收机。

3）阻抗匹配电路，也称阻抗适配器，当待测样品的特性阻抗和矢量网络分析仪（或者信号源和接收机）的特性阻抗不一致时，可使用阻抗适配器，使待测样品与矢量网络分析仪的阻抗匹配。阻抗适配器的回波应大于 10dB。

4）信号放大器或功率放大器，如果测试样品具有非常好的屏蔽性能，可以在接收机的输入端连接信号放大器或在信号发生器输出端连接功率放大器，以提高测试系统的动态范围。

4. 试样的准备

1）当待测样品是同轴电缆时，按照图 3-8-4a 所示方法制备。试样的一端应端接具有良好屏蔽的电阻 R_1，屏蔽应优于待测样品的屏蔽，R_1 的阻值等于类同轴电缆的特性阻抗标称值，或根据相关测试方法选取。

2）当待测样品是屏蔽对称电缆时，应将屏蔽对称电缆“转化”为准同轴电缆，如图 3-8-4b 所示。将待测样品的所有对绞/星绞线对的导体连接在一起，形成准同轴电缆的内导体，所有屏蔽层（包括单独屏蔽的对绞/星绞线对的屏蔽层）在电缆的两端连接在一起，形成准同轴电缆的外导体。这些屏蔽层连接起来应覆盖样品的整个圆周。准同轴系统的终端应端接具有良好屏蔽的电阻 R_1，屏蔽应优于待测样品的屏蔽，R_1 的阻值等于准同轴电缆的特性阻抗标称值，或根据相关测试方法选取。

3）其他类型的电缆：可以按照图 3-8-4b 中屏蔽对称电缆的处理方式，将其转化为准同轴电缆。

4）试样的长度：试样的总长度应不大于耦合长度的 1.5 倍。例如，当耦合长度是 30cm 时，试样总长度应不超过 45cm。

8.1.4　测试步骤和结果计算

根据不同的匹配方式，转移阻抗可以在以下三种不同的匹配状态下进行测试。

1. 方法 A – 内系统匹配，外系统带有阻尼电阻

(1) 方法 A 的测试原理图（见图 3-8-2）　内系统使用匹配电阻 R_1进行端接，R_1的值与待测电缆的特性阻抗 Z_1 相等。外系统在远端通过一个阻

尼电阻 R_2 连接到接收机。如果内系统的电阻 R_1 不等于信号发生器的阻抗，需要用到阻抗适配器。方法 A 的优点是截止频率高，但是阻尼电阻和阻抗适配器会减少系统的动态范围。

(2) 方法 A 的频率响应 当内系统的相对介电常数 $\varepsilon_{r1}=2.3$（实心 PE），外系统的相对介电常数 $\varepsilon_{r2}=1$（空气）时，$n=\sqrt{\dfrac{\varepsilon_{r2}}{\varepsilon_{r1}}}=0.659$。此时，根据式（3-8-4），$V=Z_2/R_{2f}=Z_2/(Z_0+R_2)$，不同 V 值对应的频响曲线如图 3-8-5 所示。

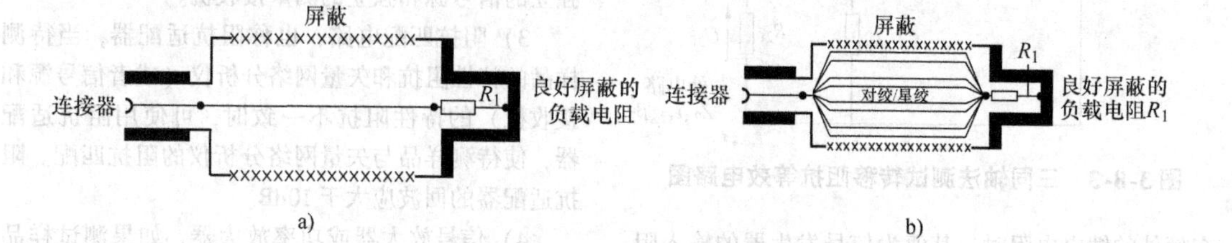

图 3-8-4 样品准备示意图

a) 同轴电缆样品准备示意图 b) 屏蔽对称电缆样品准备示意图

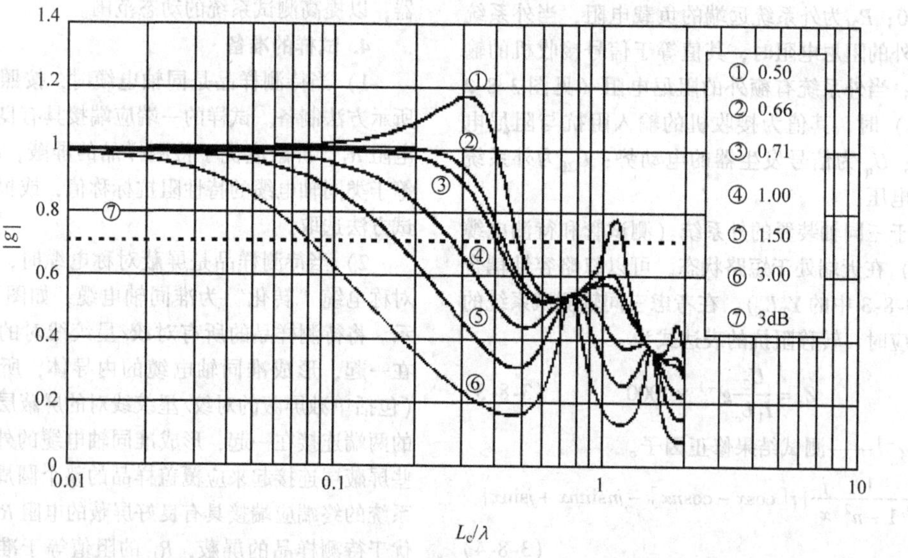

图 3-8-5 $n=0.659$ 时，方法 A 的 g 因子频响仿真曲线

当内系统的相对介电常数 $\varepsilon_{r1}=1.6$（发泡 PE），外系统的相对介电常数 $\varepsilon_{r2}=1$（空气）时，$n=\sqrt{\dfrac{\varepsilon_{r2}}{\varepsilon_{r1}}}=0.791$，$V=Z_2/R_{2f}=Z_2/(Z_0+R_2)$，不同 V 值对应的频率响应曲线如图 3-8-6 所示。

在使用方法 A 时，可以通过计算确定 R_2，尽量使 $V=1/\sqrt{2}=0.707$，这样在大多数情况下可以获得较为平坦的频率响应曲线和较高的截止频率 f_{cut}。

方法 A 的截止频率为

$$f_{cut}L_c \approx 80\text{MHz}\times m \tag{3-8-11}$$

阻尼电阻 R_2：为了利用临界阻尼获得测试装置最大的平坦带宽，阻尼电阻 R_2 应安装在外电路的远端。R_2 的值根据下式计算：

$$R_2 = A60\ln\left(\frac{D}{d}\right)-Z_0 \tag{3-8-12}$$

式中 $A=\sqrt{2}$ 或 $A=\sqrt{\dfrac{\varepsilon_{r1}}{\varepsilon_{r2}}}$；

R_2——阻尼电阻（Ω）；

Z_0——接收机特性阻抗，一般为 50Ω；

d——测试管的内径（mm）；

D——待测样品的屏蔽层的外径（mm）；

ε_{r1}，ε_{r2}——分别为内系统的相对介电常数和外系统的相对介电常数。

(3) 测试程序

1）对测试设备进行直通校准，校准应包括测试引线在内。如果使用阻抗变换器，则校准时阻抗变换器也应包括在内，或通过计算确定阻抗变换器的频率响应，并在后续的测试结果中予以消除。

2）将测试样品同心地放入三同轴装置后，内系统（待测电缆）连接发生器，外系统（测试管）连接到接收机。使用对数扫描的方式在整频段测量衰减，从而得到转移阻抗，校准和测量的设置应一致。

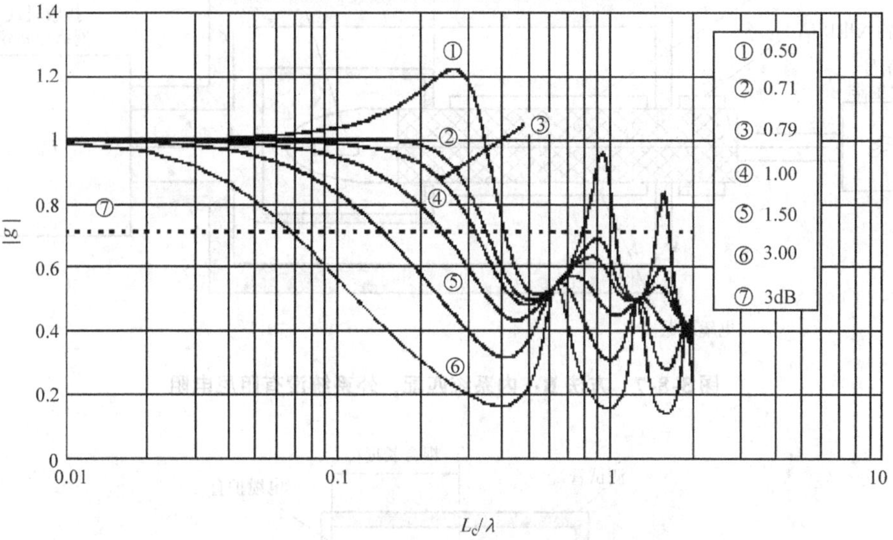

图 3-8-6　$n=0.791$ 时，方法 A 的 g 因子频响仿真曲线

（4）测试结果的计算

$$Z_T=\frac{R_1(Z_0+R_2)}{Z_0L_c}10^{-\left\{\frac{\alpha_{meas}-\alpha_{cal}-\left[\alpha_{pad}+10\lg\left(\frac{Z_0}{Z_1}\right)\right]}{20}\right\}}g^{-1}\times1000 \tag{3-8-13}$$

式中　Z_T——转移阻抗；

Z_0——系统阻抗，通常为 50Ω；

Z_1——内系统的特性阻抗；

α_{meas}——测量的衰减；

α_{cal}——校准的衰减；

α_{pad}——阻抗匹配电路的衰减；

L_c——耦合长度；

R_1——内系统的匹配电阻；

R_2——阻尼电阻。

2. 方法 B：内系统带有端接负载，外系统没有阻尼电阻

（1）方法 B 的测试原理图（见图 3-8-7）　方法 B 没有使用阻抗适配器和阻尼电阻 R_2，其他和方法 A 相同。这种方法具有更高的动态范围。内系统的匹配电阻 R_1 有两种选择，可以等于内系统的阻抗，也可以等于信号发生器的阻抗。

（2）方法 B 的典型频率响应　由于方法 B 中没有阻尼电阻 R_2，系统很难满足 $V=0.707$，频率响应可近似参考图 3-8-5 和图 3-8-6，其截止频率将降低。方法 B 的截止频率为

$$f_{cut}L_c\approx25\text{MHz}\times m \tag{3-8-14}$$

（3）测试程序　同方法 A。

（4）测试结果的计算

$$Z_T=\frac{R_1+Z_0}{2L_c}\times10^{-\left\{\frac{\alpha_{meas}-\alpha_{cal}}{20}\right\}}g^{-1}\times1000 \tag{3-8-15}$$

3. 试验方法 C：双短路法

（1）方法 C 的测试原理图（见图 3-8-8）　在方法 C 中，内系统的近端和外系统的远端都是短路状态，匹配电阻 R_1 和阻尼电阻 R_2 均被短路电路替代，同时也不需要阻抗适配器。发生器在近端向外系统直接注入信号，内系统（待测样品）在远端连接到接收机。本方法中电容耦合的影响被内系统和外系统的短路电路抑制掉。方法 C 具有极高的灵敏度，可以测试非常低的转移阻抗。（小于 1μΩ/m）。

（2）方法 C 的频率响应　使用方法 C 时，其频率响应曲线和方法 A、B 有较大的区别。

当内系统的相对介电常数 $\varepsilon_{r1}=1.6$（发泡 PE），外系统的相对介电常数 $\varepsilon_{r2}=1$（空气）时，$n=\sqrt{\frac{\varepsilon_{r2}}{\varepsilon_{r1}}}=0.791$，$V=Z_2/R_{2f}=Z_2/(Z_0+R_2)$，不同 V 值对应的频率响应曲线如图 3-8-9 所示。

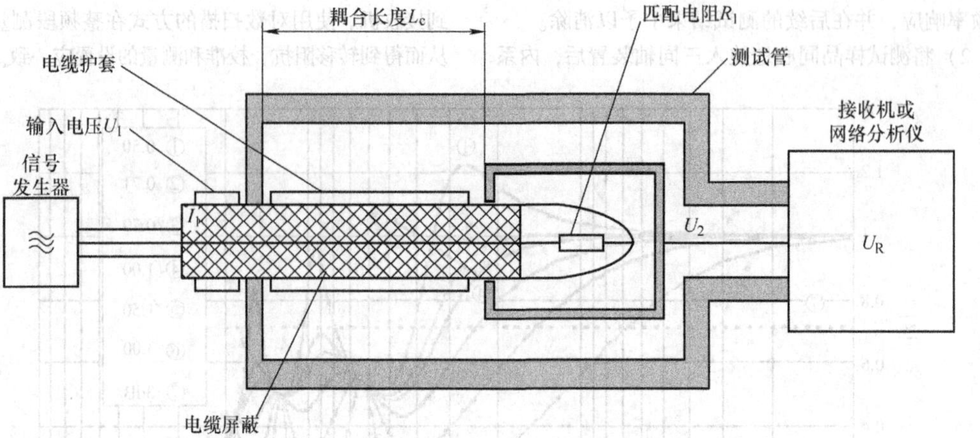

图 3-8-7 方法 B：内系统匹配，外系统没有阻尼电阻

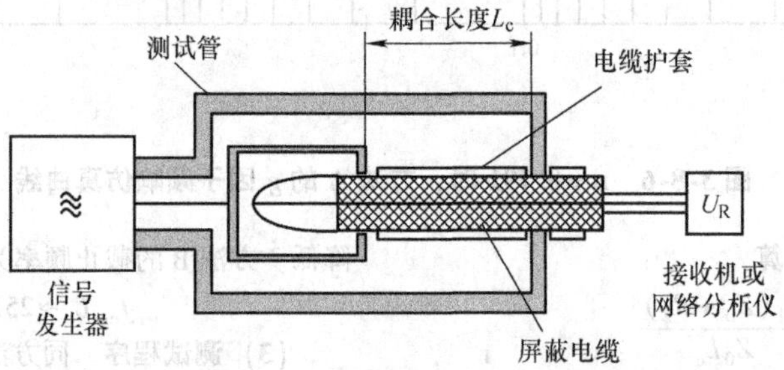

图 3-8-8 方法 C：双短路（内外系统均短路）

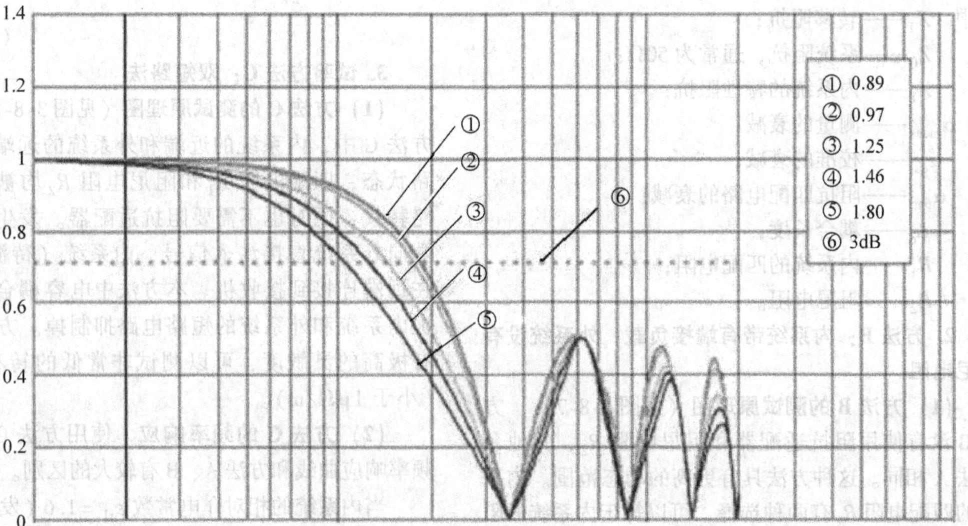

图 3-8-9 $\varepsilon_{r1}=1.6$，$\varepsilon_{r2}=1$，$n=0.791$ 时，方法 C 的 g 因子频响仿真曲线

当内系统的相对介电常数 $\varepsilon_{r1}=5$（PVC），外系统的相对介电常数 $\varepsilon_{r2}=1$（空气）时，$n=\sqrt{\dfrac{\varepsilon_{r2}}{\varepsilon_{r1}}}=0.447$，$V=Z_2/R_{2f}=Z_2/(Z_0+R_2)$，不同 V 值对应的频率响应曲线如图 3-8-10 所示。

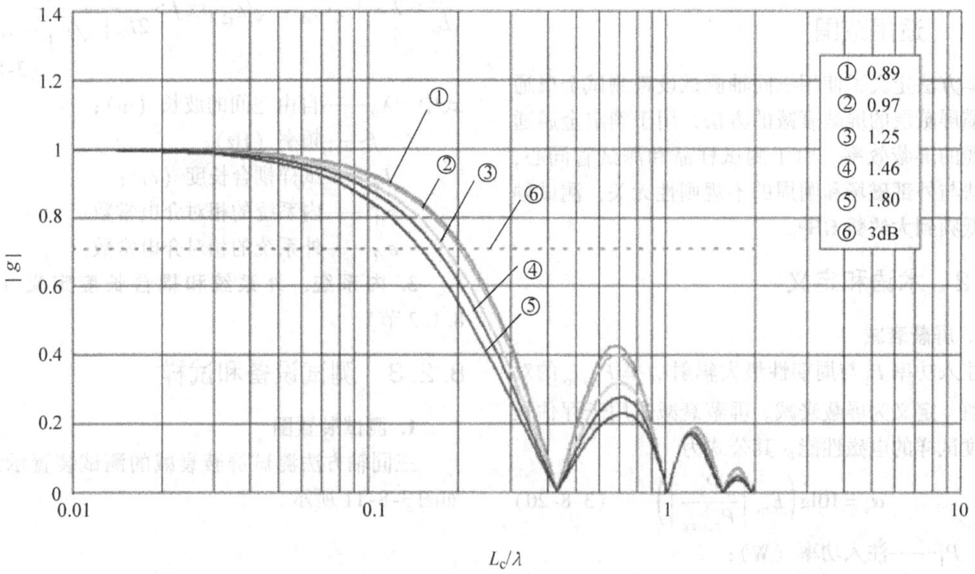

图 3-8-10　$\varepsilon_{r1}=5$，$\varepsilon_{r2}=1$，$n=0.447$ 时，方法 C 的 g 因子频响仿真曲线

方法 C 使用刚性测试装置的截止频率为

$$f_{cut}L_c \approx 30\text{MHz}\times m \tag{3-8-16}$$

方法 C 也可使用柔性测试装置，详细描述可参见 IEC 62153－4－3—2013。

(3) 测量程序　外系统（测试管）连接到发生器，内系统（测试电缆）连接到接收机。

(4) 测试结果的计算　测试配置不同，方法 C 测试转移阻抗的计算公式也不同，具体如下：

1）带 S 参数的矢量网络分析仪、独立的信号发生器和接收机或者带功分器的矢量网络分析仪通过馈电电阻（其阻值等于发生器的阻抗值）注入功率，转移阻抗的计算公式为

$$Z_T=\frac{Z_0}{L_c}10^{-\left\{\frac{\alpha_{meas}-\alpha_{cal}}{20}\right\}}g^{-1} \tag{3-8-17}$$

2）带 S 参数的矢量网络分析仪，没有额外的馈电电阻，计算公式为

$$Z_T=\frac{Z_0}{2L_c}10^{-\left\{\frac{\alpha_{meas}-\alpha_{cal}}{20}\right\}}g^{-1} \tag{3-8-18}$$

3）在发生器一端带有两个电阻功分器的（矢量）网络分析仪，没有额外的馈电电阻，计算公式见式（3-8-18）。

4）在发生器一端带有三个电阻功分器的（矢量）网络分析仪，没有额外的馈电电阻，计算公式为

$$Z_T=\frac{Z_0}{4L_c}10^{-\left\{\frac{\alpha_{meas}-\alpha_{cal}}{20}\right\}}g^{-1} \tag{3-8-19}$$

式中　Z_T——转移阻抗；

Z_0——系统阻抗，通常为 50Ω；

α_{meas}——测量的衰减；

α_{cal}——校准的衰减；

L_c——耦合长度。

8.1.5　技术要求

1）试验应在（23±3）℃的情况下进行。

2）测试系统的回波应大于 10dB。

3）校准的设置和测试的设置应相同，并且在整频段内使用对数扫描方式。

4）样品的总长度应不超过耦合长度的 50%。

5）所有的连接应保证射频接触电阻足够小，以免影响测试结果。

6）如果内系统的阻抗未知，可用矢量网络分析仪采用开短路方法进行测试；或者采用 TDR 测试设备测量内系统阻抗，此时上升沿时间设置最大不超过 200ps。

7）如果有需要，应使用频率响应因子对测试结果进行修正，以提高较高频段的测试精度。

8.2 屏蔽衰减测试方法（三同轴法）

8.2.1 适用范围

本方法定义了使用三同轴测试设备测试金属通信电缆屏蔽层的屏蔽衰减的方法，用于确定金属通信电缆的屏蔽效率。由于测试样品和测试管同心，本方法与外部磁场和圆周的不规则性无关，测试频率从低频到大约数 GHz。

8.2.2 术语和定义

1. 屏蔽衰减

注入功率 P_1 与周期性最大辐射功率 $P_{r,max}$ 的对数比值，定义为屏蔽衰减。屏蔽衰减适用于评估长电长度试样的电磁性能。其公式为

$$\alpha_s = 10\lg\left(E_{nv}\left|\frac{P_1}{P_{r,max}}\right|\right) \qquad (3\text{-}8\text{-}20)$$

式中 P_1——注入功率（W）；

$P_{r,max}$——周期性辐射功率的最大值（W）。

2. 长电长度

满足下列公式时，认为待测试样是长电长度。

$$\frac{\lambda_0}{L_c}\leqslant 2\times\left|\sqrt{\varepsilon_{r1}}-\sqrt{\varepsilon_{r2}}\right| \text{或} f>\frac{\lambda_0}{2L_c\left|\sqrt{\varepsilon_{r1}}-\sqrt{\varepsilon_{r2}}\right|} \qquad (3\text{-}8\text{-}21)$$

式中 λ_0——自由空间的波长（m）；

f——频率（Hz）；

L_c——试样耦合长度（m）；

ε_{r1}——内系统的相对介电常数；

ε_{r2}——外系统的相对介电常数。

3. 内系统、外系统和耦合长度定义（参见8.1.2节）

8.2.3 测试设备和试样

1. 测试装置图

三同轴方法测试屏蔽衰减的测试装置示意图，如图 3-8-11 所示。

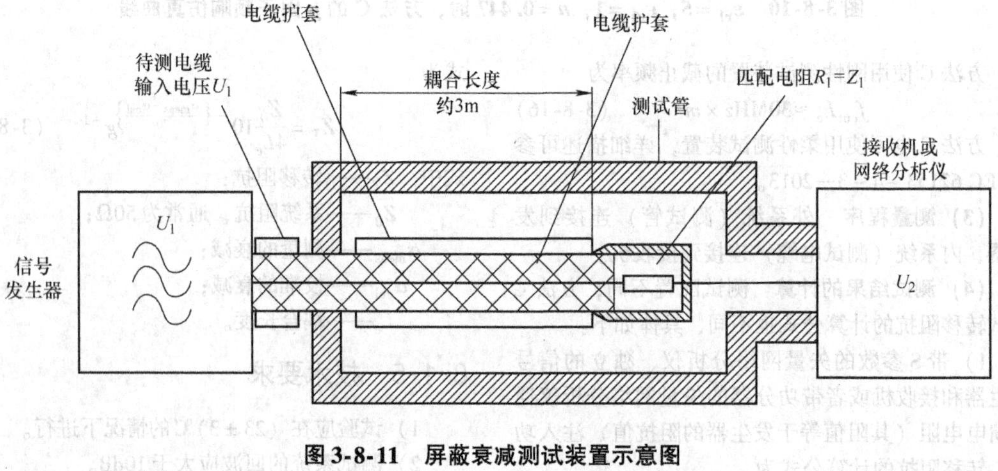

图 3-8-11 屏蔽衰减测试装置示意图

2. 测试系统的频率响应

三同轴测试系统的频率响应受很多因素影响，包括被测样品的耦合长度、内外系统的特性阻抗、系统的匹配状态等，在较高频段应考虑系统的频率响应并对测试数据进行必要的修正。图 3-8-12 是三同轴法测试屏蔽衰减的等效电路图。

屏蔽衰减测试中，信号的波长远小于试样的长度，波的传播不能够被忽略。发生器在内系统注入的信号耦合到外系统后，耦合信号的一部分将向外系统的远端传输，由于外系统在近端是短路状态，因此另一部分信号将向外系统的近端传输，信号到达近端短路点后又将发生全反射，反射信号向外系统的远端传输。因此，连接在外系统远端的接收机接收的是两个信号的矢量叠加和。由此可见，在屏蔽衰减的测试中，规定单一频率点的值是没有意义的，周期性的最大值对于评估屏蔽效能才是重要的。

3. 测试设备

1）三同轴测试设备，通常是由具有良好导电性能的非磁性的金属管（例如黄铜、纯铜或铝）组

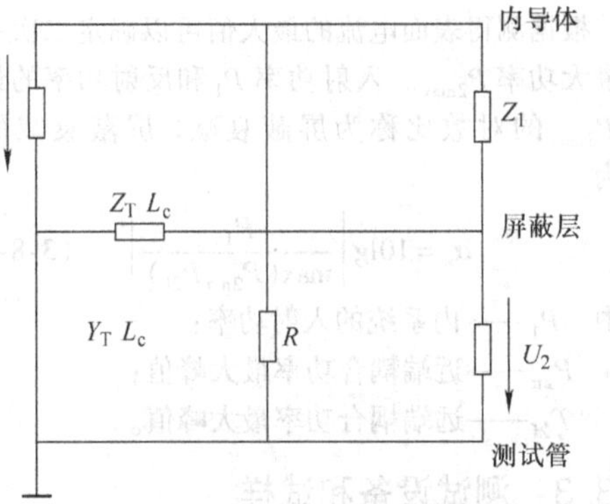

图 3-8-12　三同轴法测试屏蔽衰减的等效电路图

Z_T—转移阻抗　Z_1—内系统阻抗

Y_T—电容耦合导纳　R—外系统匹配负载

U_1—注入电压　U_2—感应电压

成。金属管应具有足够的长度，可以在测试范围内产生波的叠加，金属管内径和屏蔽层外径的比值应足够大，以确保它们形成的外系统特性阻抗大于接收机的输入阻抗。

2）矢量网络分析仪，参见 8.1.3 节中测试设备的要求。

3）在测量具有极好屏蔽性能的待测电缆时，可能会超出测试设备的测试能力，此时可为信号源配置功率放大器或为接收机配置低噪声放大器。

4. 试样的准备

(1) 同轴电缆的准备　参见 8.1.3 节，R_1 的值等于同轴电缆的特性阻抗标称值。

(2) 屏蔽对称/多导体电缆的准备　参见 8.1.3 节，R_1 的值等于准同轴电缆的特性阻抗标称值。

(3) 试样长度　试样应满足长电长度的条件，当耦合长度为 3m 时，可以测试大约 100MHz 及以上频率范围的屏蔽衰减（内系统为 PE 绝缘的情况下）。

8.2.4　测试步骤和结果计算

1. 测试步骤

1）对测试设备进行直通校准，校准应包括测试引线在内。如果使用阻抗变换器，则校准时阻抗变换器也应包括在内。

2）将测试样品同心地放入三同轴装置后，内系统（待测电缆）连接发生器，外系统（测试管）连接到接收机。在测试的整频段内进行线性或对数扫描，测量待测样品的外系统的输出端电压和内系统输入端的电压之比，记录电压比最高值的峰值，以确定包络曲线。校准和测量的设置应一致。

2. 测试结果

测试结果应采用归一化值 150Ω 进行计算，有

$$\alpha_s = 10\lg\left|\frac{P_1}{P_{r,\max}}\right| = 10\lg\left|\frac{P_1}{P_{2,\max}} \times \frac{2\times Z_s}{R}\right|$$
$$= E_{nv}\left\{-20\lg|S_{21}| + 10\lg|1-r^2| + 10\lg\left|\frac{300}{Z_1}\right|\right\} - \alpha_{att} \tag{3-8-22}$$

式中　α_s——屏蔽衰减（dB）；

α_{att}——当测试中使用并且没有通过校准程序消除时的衰减器或者阻抗匹配电路的衰减（dB）；

E_{nv}——实测值最小包络曲线的衰减值（dB）；

r——发生器阻抗和待测电缆归一化特性阻抗的反射因子，复数值，$r = S_{11} = \frac{z_1 - z_0}{z_1 + z_0}$；

S_{21}——散射参数（复数值）；

Z_1——待测电缆的归一化特性阻抗（Ω）；

Z_0——发生器的输出阻抗（Ω）；

Z_s——典型电缆装置下的外部环境的归一化特性阻抗，150Ω。

8.2.5　技术要求

1）外系统的相对介电常数一般取值为 1。

2）准同轴系统的阻抗 R_1 未知时，参照 8.1.5 节的 6）进行测量。

3）应小心处理待测样品的端接电阻 R_1、电缆屏蔽层及屏蔽罩之间的连接，使其接触电阻值可以忽略不计，不会影响测试结果。

4）待测样品的屏蔽是箔结构时，尽量不要破坏金属箔的结构以免引入测试误差。

5）阻抗适配器的使用会降低系统的动态范围，因此不建议使用。

6）待测样品应水平放置在三同轴装置内，并尽量与三同轴管在同一轴心上，减少失配以获得均匀的波的传播。

8.3　金属通信电缆的屏蔽衰减测试方法（吸收钳法）

8.3.1　适用范围

本方法定义了使用吸收钳测试设备测试金属通

信电缆屏蔽衰减的方法，用于确定金属通信电缆的屏蔽效率。本方法适用的测量频率为 30MHz ~ 1GHz，由于未规定吸收钳法的外部系统，因此测试结果会受外界环境的影响，不同试验地点的测试结果差距可能超过 ±6dB。

8.3.2 技术术语和定义

1. 内系统和外系统

匹配状态下的电缆试样为内系统。电缆的屏蔽层和周围环境形成的外回路称为外系统。

2. 吸收钳

电流转换器和吸收器的组合称为吸收钳。向待测电缆（内系统）注入功率 P_1，由于电缆和周围环境的电磁耦合，激励出表面波并沿屏蔽层表面向两个方向进行传播。电流转换器是用于测试屏蔽层表面波电流的装置；吸收器（通常为铁氧体管）用来抑制不期望的共模电流。

3. 屏蔽衰减

根据测得表面电流的最大值可以确定二次系统的最大功率 P_{2max}。入射功率 P_1 和反射功率的最大值 P_{2max} 的对数比称为屏蔽衰减。屏蔽衰减的公式为

$$\alpha_s = 10\lg\left|\frac{P_1}{\max(P_{2n}, P_{2f})}\right| \tag{3-8-23}$$

式中 P_1——内系统的入射功率；

P_{2n}——近端耦合功率最大峰值；

P_{2f}——远端耦合功率最大峰值。

8.3.3 测试设备和试样

1. 测试装置示意图

吸收钳法测试金属通信电缆（近端）屏蔽衰减的示意图，如图 3-8-13 所示。为了方便理解，示意图中采用独立的信号发生器和接收机。

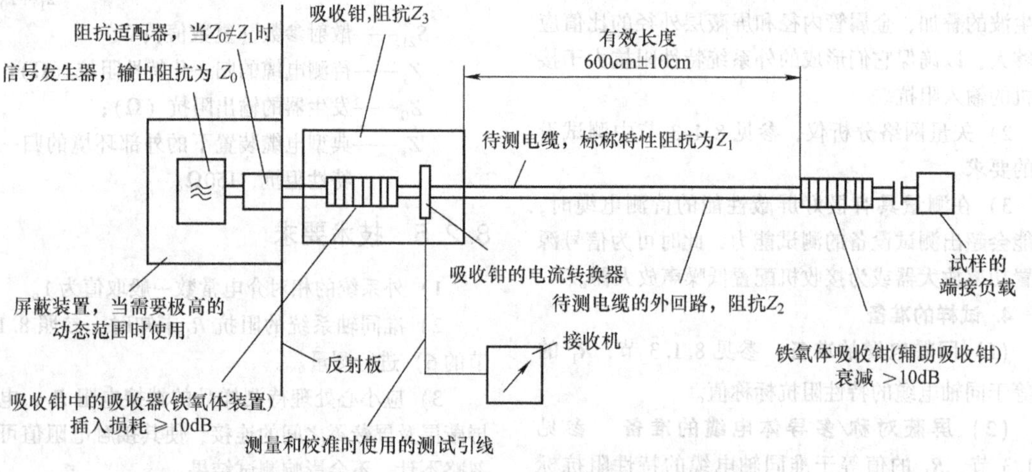

图 3-8-13 吸收钳法测试装置示意图（近端）

2. 测试设备

1）吸收钳：频率范围为 30 ~ 1000MHz，如果需要测试更高的频率，可以选用频率适用的替代吸收钳。

2）铁氧体吸收钳：通常为铁氧体管，也称辅助吸收钳，频率范围为 30 ~ 1000MHz，衰减应大于 10dB。

3）金属反射板：长度和宽度的最小尺寸为 800mm × 800mm，板上有一个孔用于穿过被测试样。

4）其他测试设备，见 8.1.3 节。

3. 试样的准备

（1）试样长度 待测样品的有效长度应为（600 ± 10）cm，总长度为有效长度加上吸收钳长度以及铁氧体吸收钳的长度。当吸收钳的孔径小于待测样品的直径时，应用较细的延长线将被测样品的两端延长。延长线的屏蔽衰减应比被测样品的屏蔽衰减好很多。条件允许时，应尽可能采用外导体为管状的延长线。使用延伸线时的装置如图 3-8-14 所示。

（2）试样的准备 参照 8.1.3 节中的“4. 试样的准备”。

4. 校准程序

通过测量吸收钳装置的复合损耗和反射损耗，得到吸收钳的衰减。通过测量铁氧体吸收钳（辅助吸收钳）的衰减，确认其符合测试要求。

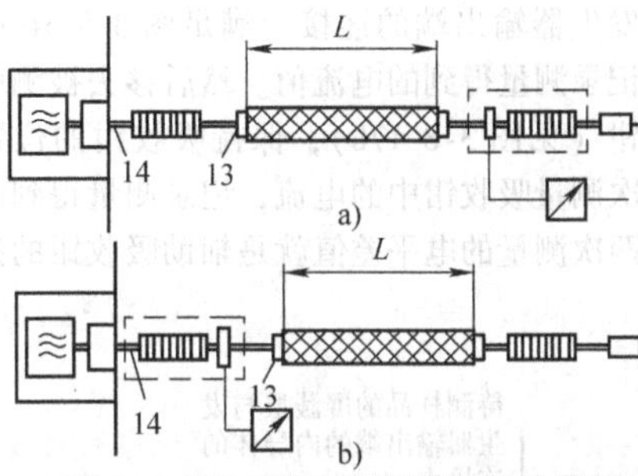

图 3-8-14　用延伸线测量时的装置

a）试样的远端表面波的测量　b）试样的近端表面波的测量
图中，13 表示无反射的电缆转接器　14 表示延伸线。

（1）吸收钳的衰减 α_m

1）吸收钳装置的复合损耗 α_{cal}：按照图 3-8-15 所示方式连接测试设备，在测试频段内测量吸收钳的输出功率 P_2（或电压 U_2），得到复合损耗，记为 α_{cal}。复合损耗 α_{cal} 包括由于信号源和吸收钳中的待测电缆之间的阻抗失配引起的反射损耗。测量前应首先校准矢量网络分析仪，校准时应包括测试引线在内。校准时的端接示意图如图 3-8-16 所示。

$$\alpha_{cal}=10\lg\left(\frac{P_1}{P_2}\right)=-20\lg\left(\frac{U_2}{U_1}\right)$$
$$=-20\lg|S_{21}| \qquad (3\text{-}8\text{-}24)$$

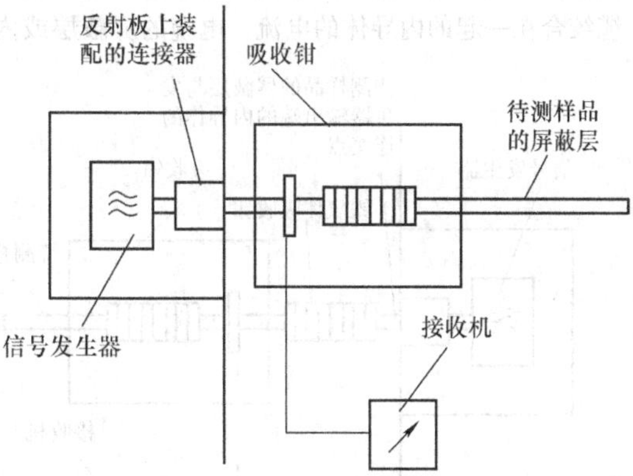

图 3-8-15　校准装置

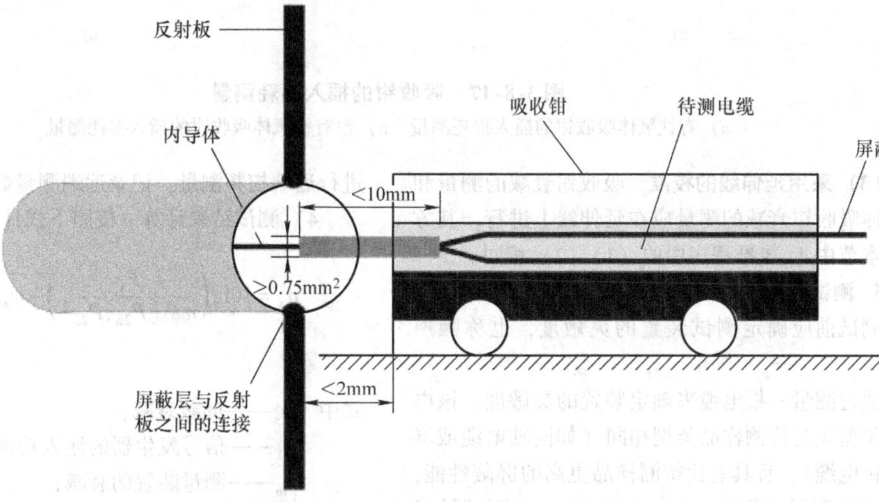

图 3-8-16　校准中的端接

2）吸收钳装置的反射损耗：进行反射损耗的测量时，将信号发生器的功率 P_1（电压为 U_1）直接馈入二次系统，测量吸收钳的反射功率 P_2（或电压 U_2），通过计算得到 α_{rfl}。反射损耗的校准点为被测样品和发生器输出端连接处的界面，例如反射板中连接器的输出端。

$$\alpha_{rfl}=10\lg\left(\frac{P_1}{P_1-P_2}\right)=-10\lg\left(\frac{u_1{}^2-u_2^2}{u_1^2}\right)$$
$$=-10\lg|1-(S_{11})^2| \qquad (3\text{-}8\text{-}25)$$

3）吸收钳的衰减 α_m（包括测试引线的衰减）按式（3-8-26）计算：

$$\alpha_m=\alpha_{cal}-\alpha_{rfl} \qquad (3\text{-}8\text{-}26)$$

式中　α_m——吸收钳衰减值；
α_{cal}——复合衰减值；
α_{rfl}——反射衰减值。

（2）铁氧体吸收钳（辅助吸收钳）**插入损耗的测量**　辅助吸收钳用于抑制其后面的待测样品传输的反射波，其本身的插入损耗应大于 10dB[⊖]。为

⊖　如果辅助吸收钳的插入损耗在低频段达不到 10dB 的要求（100MHz 以下），那么低频段的数据可以用达到要求的高频段数据来代替，代替的数据应是一根水平直线。

保证其插入损耗满足测试要求，应按照图 3-8-17 所示进行测量。被测的辅助吸收钳应尽可能靠近图 3-8-17 中的连接点，距离应远小于二次系统最高测量频率对应波长的 1/4。被测辅助吸收钳的后方，直接使用吸收钳测量屏蔽电缆的屏蔽层或非屏蔽电缆绞合在一起的内导体的电流，电缆的屏蔽层或内导体与发生器输出端的连接应满足图 3-8-16 中的要求，记录测量得到的电流值。然后移去被测的辅助吸收钳（见图 3-8-17b），保持吸收钳的位置不变，再次测量吸收钳中的电流，记录测量得到的电流值。两次测量的电平差值就是辅助吸收钳的插入损耗。

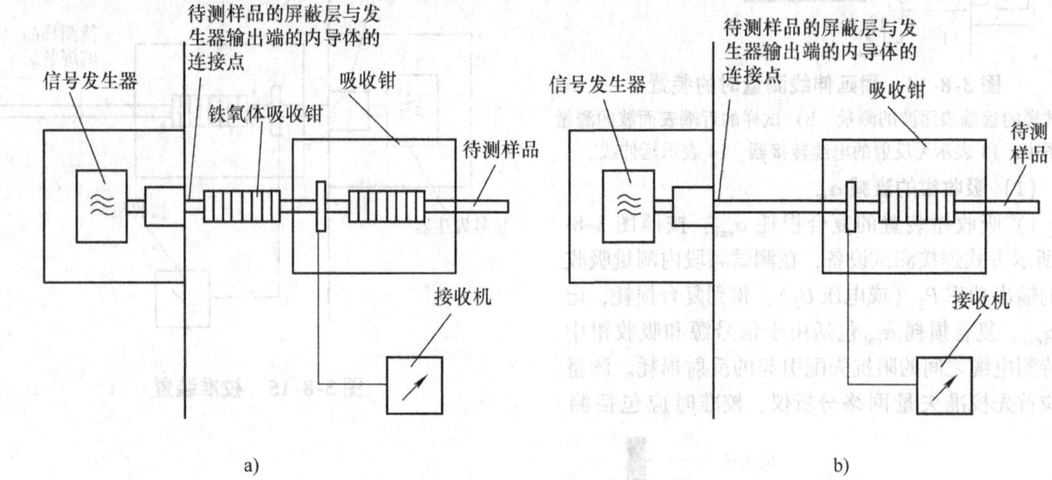

图 3-8-17　吸收钳的插入损耗测量

a）有铁氧体吸收钳的插入损耗测量　b）没有铁氧体吸收钳的插入损耗测量

（3）采用延伸线的校准　吸收钳衰减的测量和铁氧体吸收钳衰减的测量应在延伸线上进行，其方法与本节中 4. 校准程序中的（1）（2）相同。

5. 测试装置灵敏度的确定

测试前应确定测试装置的灵敏度，也称噪声本底。

通过测量一根电缆来确定装置的灵敏度。该电缆的类型应与待测样品类型相同（如同轴电缆或屏蔽对称电缆），且具有比待测样品更高的屏蔽性能，在测试的频段范围内（30～1000MHz），测试结果要优于 100dB。

8.3.4　测试步骤和结果计算

1）按照图 3-8-13 的接线方式，将待测样品穿过吸收钳和铁氧体吸收钳，连接到信号发生器的输出端。当待测试样和信号发生器的特性阻抗不一致时，应使用阻抗适配器。

2）吸收钳应尽量靠近反射板，并在整频段内进行近端扫频测量，记录近端测量数据。

3）将吸收钳和铁氧体吸收钳互换位置（见图 3-8-18），同时改变吸收钳的方向，使得其电流转换器始终朝向铁氧体吸收钳的方向，在整频段内进行远端扫频测量，记录远端测量数据。

4）测试结果计算。按照下式计算屏蔽衰减：

$$\alpha_s = 10\lg\left(\frac{P_1}{\max[P_{2n},P_{2f}]}\right) - \alpha_m + 20\lg k_m \tag{3-8-27}$$

式中　α_s——屏蔽衰减；

P_1——信号发生器的注入功率；

α_m——测量装置的衰减；

k_m——阻抗匹配电路的电压增益（如不使用阻抗匹配电路，则 $k_m=1$），k_m的计算参照相关规范的要求。

$10\lg\left(\frac{P_1}{\max[P_{2n},\ P_{2f}]}\right)$是矢量网络分析仪的直接读数，代表近端测量或者远端测量的最差值。P_{2n}，P_{2f}分别是在近端和远端测得的最大功率值。

5）测试结果。近端测量数据和远端测量数据的最差值，作为屏蔽衰减的测试结果。测试结果应符合相关规范的要求。

8.3.5　技术要求

1）测试设备的噪声本底比测试要求至少要优

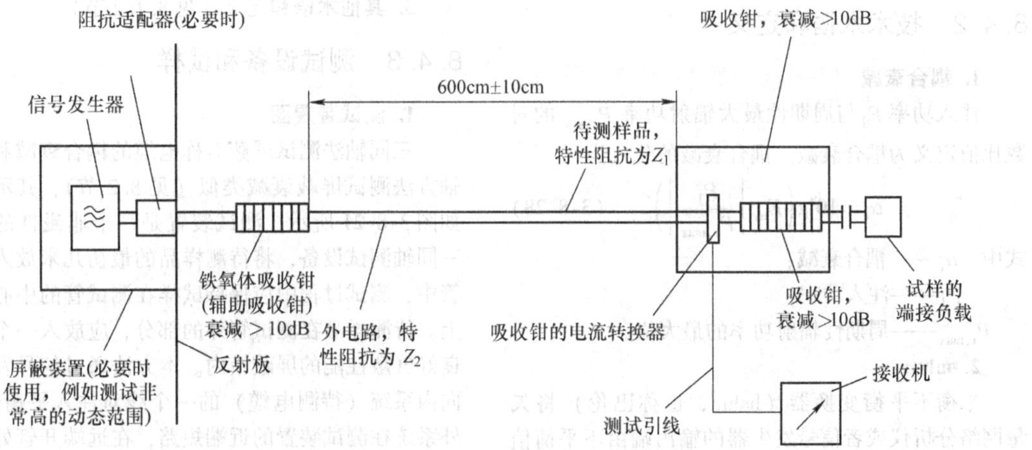

图 3-8-18　吸收钳法屏蔽衰减测量装置示意图（远端）图

于 6dB。

2）吸收钳和铁氧体吸收钳应放置在非金属的平面上。在垂直于电缆试样轴线的任何方向上，金属物体或人离电缆试样至少应大于 600mm，如图 3-8-19所示。

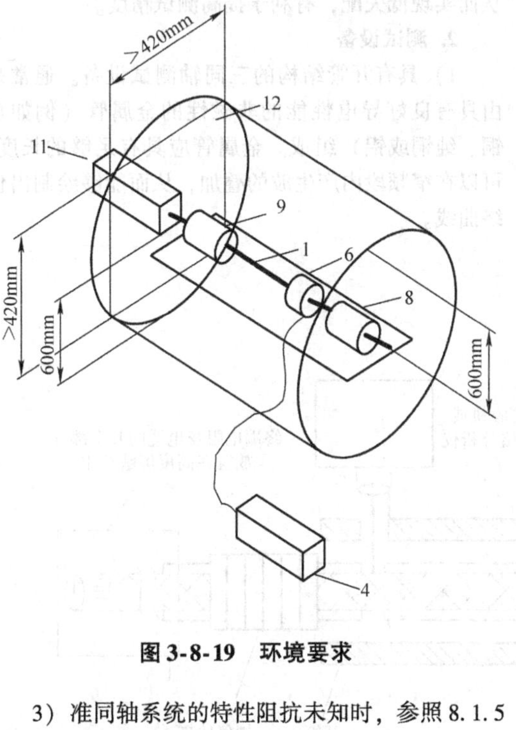

图 3-8-19　环境要求

3）准同轴系统的特性阻抗未知时，参照 8.1.5 节 6）进行测量。

4）当信号发生器的阻抗和待测电缆的阻抗不一致时，需要使用一个阻抗适配器。

5）测试中使用的测试引线应具有良好屏蔽（至少双层屏蔽及以上）。

6）在测量具有极好屏蔽性能的待测电缆时，可能会超出测试设备的测试能力，此时可以使用外部放大器来提升测试设备的动态范围。放大器应具有良好的屏蔽，并连接到反射板。测量放大器的增益用于修正测量结果。为避免过载，在测量过程中可在接收端使用衰减器。衰减器的衰减同样需要测量并用于修正测量结果。

7）使用线性扫描方式进行整频段的测试，扫频时吸收钳的位置保持不变。

8）施加在待测电缆上的最大拉力为 20N。

图 3-8-19 中，1 为待测电缆，特性阻抗为 Z_1；4 为接收机；6 为吸收钳的电流转换器；8 为吸收钳的吸收器（铁氧体环），插入损耗 > 10dB；9 为铁氧体吸收钳（辅助吸收钳），插入损耗 > 10dB；11 为屏蔽装置（必要时使用，例如测试极高动态范围时）；12 为反射板。

8.4　屏蔽对称电缆耦合衰减测试方法（三同轴法）

8.4.1　适用范围

本方法定义了使用三同轴测试设备测试屏蔽对称电缆耦合衰减的测试方法。由于测量管和测试样品同轴心，因此耦合衰减的测量和外部的电磁环境以及测试管的不规律性无关。本方法具有宽动态范围、宽频段，即使使用普通的装置，也能测试屏蔽极好的电缆，最高测试频率可达数 GHz。

8.4.2 技术术语和定义

1. 耦合衰减

注入功率 P_1 与周期性最大辐射功率 $P_{r,max}$ 的对数比值定义为耦合衰减。耦合衰减的公式为

$$\alpha_c = 10\lg\left(E_{nv}\left|\frac{P_1}{P_{r,max}}\right|\right) \tag{3-8-28}$$

式中 α_c——耦合衰减；

P_1——注入功率；

$P_{r,max}$——周期性辐射功率的最大值。

2. balun

平衡不平衡变换器（balun，也称巴伦）将矢量网络分析仪或者信号发生器的输出端由不平衡信号转换为对称电缆的平衡（对称）信号。

3. 外系统

由待测电缆的屏蔽层在测试管的部分与测试管组成，也称外电路、被干扰电路、二次电路等。

4. 差分－共模匹配负载

用于平衡线对近端和远端的端接，其中 R_1 的值应等于被测电缆标称特性阻抗的一半，两个并联的 R_1 电阻与一个串联的 R_2 电阻的和应等于待测电缆的共模阻抗值，如图 3-8-20 所示。

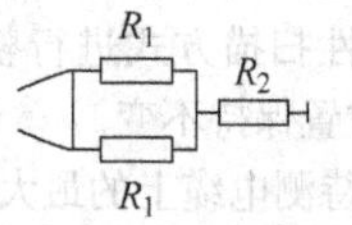

图 3-8-20 差分－共模匹配负载
R_1—差分匹配电阻 R_2—共模匹配电阻

5. 其他术语和定义（见 8.1.2 节）

8.4.3 测试设备和试样

1. 测试装置图

三同轴法测试屏蔽对称电缆的耦合衰减和三同轴方法测试屏蔽衰减类似（见 8.2 节），其示意图如图 3-8-21 所示。测试装置是一个非磁性的金属三同轴测试设备，将待测样品的最初几米放入测试管中，测试过程中应保持试样在测试管的中心轴线上。待测样品在测试管外的部分，应放入一个具有良好屏蔽性能的屏蔽箱内。本方法通过信号发生器向内系统（待测电缆）的一个线对注入平衡信号。外系统在测试装置的近端短路，在远端开管处连接接收机或者矢量网络分析仪的接收端。实际的开管连接示意图如图 3-8-22 所示。

用接收机或者矢量网络分析仪测量外系统在远端的电压峰值，当外系统的特性阻抗 Z_2 大于接收机的输入阻抗时，可以认为电压峰值与接收机的输入阻抗无关。耦合衰减的测量不要求接收机与外系统匹配，但是根据电缆的尺寸来选择合适的测试管，从而实现低失配，有利于提高测试精度。

2. 测试设备

1）具有开管结构的三同轴测试设备。通常是由具有良好导电性能的非磁性的金属管（例如黄铜、纯铜或铝）组成。金属管应具有足够的长度，可以在窄频段内产生波的叠加，从而能够绘制出包络曲线。

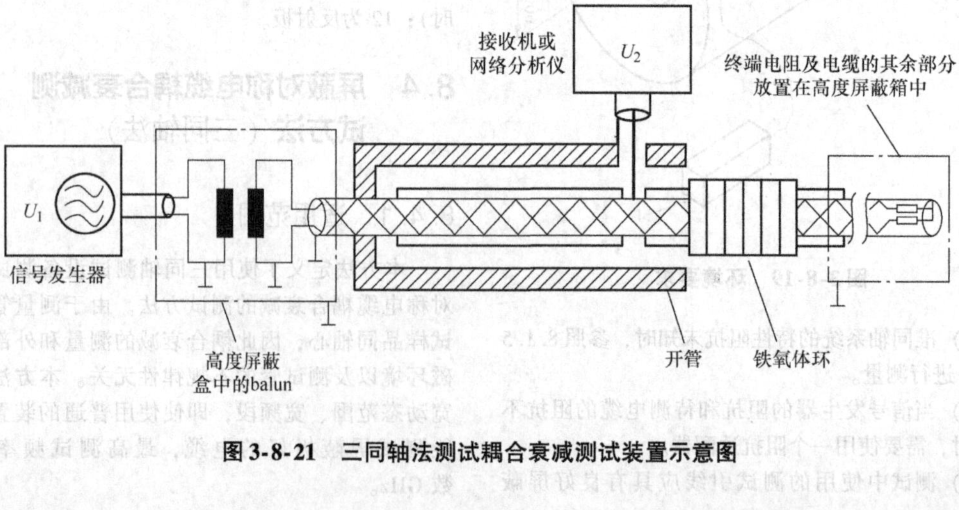

图 3-8-21 三同轴法测试耦合衰减测试装置示意图

图 3-8-22　三同轴装置中开管连接示意图

2）balun（平衡不平衡变换器），用于阻抗匹配，衰减应尽可能小，以提高耦合衰减测试的动态范围。balun 的要求见表 3-8-1。当矢量网络分析仪或者信号发生器可以输出平衡信号时，则不需要使用 balun。

3）铁氧体吸收钳（通常由铁氧体环组成，和辅助吸收钳的功能一致），在测试频段内的衰减 >10dB。

4）具有良好屏蔽性能的屏蔽盒，用于放置 balun。

5）具有良好屏蔽性能的屏蔽箱，用于放置待测样品在测试管外的部分，包括电缆末端的差分 - 共模匹配部分。

6）差分 - 共模匹配负载，应具有较好的屏蔽以免对测试数据造成误差。

7）其他测试设备，见 8.1.3 节。

3. 试样

（1）试样长度　测试样品的长度应至少为 100m。

（2）试样准备　被测线对的远端、其他线对的近端和远端应端接差分 - 共模匹配负载。共模端接电阻的一端应连接在一起并和屏蔽层相连接，如图 3-8-23 所示。

8.4.4　测试步骤和结果计算

1）对测试设备进行直通校准。在规定的频段进行校准，测量测试引线及使用的适配器的衰减 α_z，使用 balun 时应测量其衰减 α_{bal}。

2）按照图 3-8-23 所示连接测试设备，把待测电缆同心地放入测试管，通过 balun 或者发生器的平衡端口向待测电缆注入差分信号电压，开管通过测试引线连接到接收端，测量外系统的输出端信号电压，记录电压比的最大峰值或者衰减的最小值 $\alpha_{m,min}$，用于确定包络线。

3）测试结果的计算。balun 的衰减应从测试结果中去除，并按照 $Z_s = 150\Omega$ 进行测试结果的归一化处理。测试结果的表达见下式：

$$\begin{aligned}\alpha_c &= 10\lg\left|\frac{P_1}{P_{r,max}}\right| = 10\lg\left|\frac{P_1}{P_{2,max}}\times\frac{P_{2,max}}{P_{r,max}}\right| \\ &= 10\lg\left|\frac{P_1}{P_{2,max}}\times\frac{2\times Z_s}{R}\right| \\ &= 20\lg\left|\frac{U_1}{U_{2,max}}\right| + 10\lg\left|\frac{300}{Z_1}\right| \\ &= \alpha_{m,min} - \alpha_z - \alpha_{bal} + 10\lg\left|\frac{300}{Z_1}\right| \end{aligned} \tag{3-8-29}$$

式中　α_c——和 150Ω 阻抗相关的耦合衰减（dB）；

$\alpha_{m,min}$——测量得到的衰减（dB）；

α_z——使用适配器时所引入的衰减（dB），同时假设校准的时候没有去除；

α_{bal}——balun 的衰减（dB），当使用时；

Z_1——待测样品差分模式下的特性阻抗（Ω）。

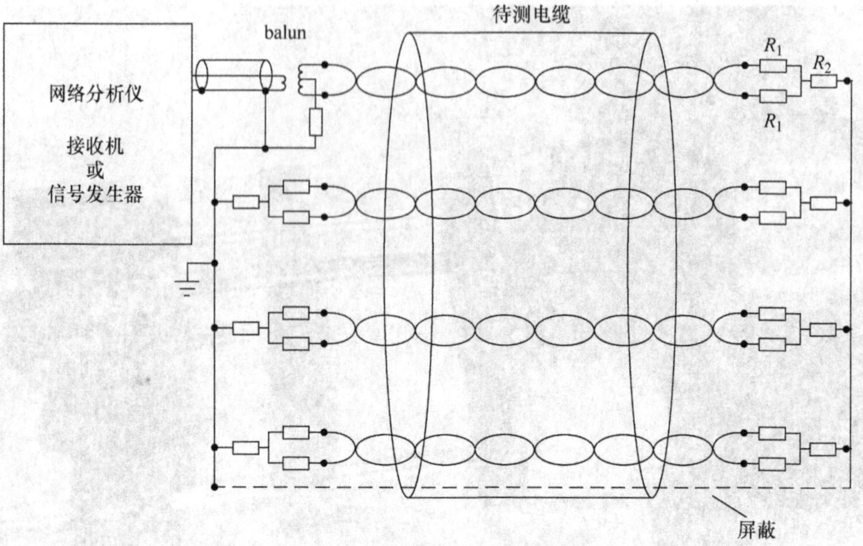

图 3-8-23　待测样品的负载端连接示意图

8.4.5　技术要求

1）待测电缆在测试管中应同心放置，即待测电缆的中心与测试管的中心应在同一水平直线上，以保证波的均匀传输。

2）待测电缆的每个线对均应该测试。

3）为了避免外部环境和测试设备之间的相互干扰，balun 和测试管外的待测样品，以及用于匹配的电阻，都应放在具有良好屏蔽性能的屏蔽箱里。

4）铁氧体吸收钳（铁氧体装置）应放置在离接收端最近的位置，这样可以吸收干扰、反向传播的波。

5）balun 的要求见表 3-8-1。

表 3-8-1　balun 性能要求（30MHz ~ 1GHz）

序号	参数	值
1	阻抗，一次端口①	50Ω 或 75Ω 不平衡端
2	阻抗，二次端口②	100Ω 或 150Ω 平衡端
3	插入损耗	≤10dB
4	回波损耗，双向	≥6dB
5	额定功率	与所用设备的功率相匹配
6	输出信号平衡	30 ~ 100MHz≥50dB 100 ~ 1000MHz≥30dB

① 一次端口的阻抗应等于分析仪输出端口的阻抗，不一定是 50Ω。

② balun 的平衡输出端口应与对称数字通信电缆的标称阻抗相同，120Ω 电缆系统的端接电阻应使用 100Ω 的电阻。

8.5　屏蔽对称电缆耦合衰减测试方法（吸收钳法）

8.5.1　适用范围

本方法定义了使用吸收钳设备测试对称电缆耦合衰减的方法。本方法适用的测量频率为 30MHz ~ 1GHz，由于未规定吸收钳法的外部系统，因此测试结果会受外界环境的影响，不同的试验地点的测试结果差距甚至可能超过 ±6dB。

8.5.2　技术术语和定义

1. 耦合衰减

注入功率 P_1 和反射功率 P_{2max} 的对数比，称作耦合衰减，单位为 dB。其公式为

$$\alpha_c = 10\lg\left(\frac{P_1}{\max[P_{2n}, P_{2f}]}\right) \quad (3\text{-}8\text{-}30)$$

式中　α_c——耦合衰减；

P_1——注入功率；

P_{2n}——近端最大耦合功率；

P_{2f}——远端最大耦合功率。

2. balun

定义参照 8.4.2 节，要求见表 3-8-1。

3. 其他术语及定义

参照节 8.3.2 节。

8.5.3　测试设备和试样

1. 测试装置示意图

吸收钳法测试对称通信电缆耦合衰减的示意图，如下图所示。

2. 测试设备

1）吸收钳、辅助吸收钳、金属反射板、矢量网络分析仪等设备的要求参见 8.3.3 节。

2）balun、屏蔽盒、屏蔽箱等设备的要求参见 8.4.3 节。

3）差分 - 共模匹配负载，参见 8.4.3 节。匹配负载应具有较好的屏蔽以免对测试数据造成误差。

3. 试样

1）试样长度：试样的总长度应至少为 100m，试样的有效长度应为（600 ± 10）cm。

2）试样准备：试样被测线对的远端和其他线对的近端和远端都应端接差分 - 共模负载。其中 R_1 的值应等于被测电缆标称特性阻抗的一半，两个并联的 R_1 电阻与一个串联的 R_2 电阻应等于被测电缆的共模阻抗值。所有匹配负载的中心抽头应连接在一起，对于屏蔽电缆，中心抽头应连接到电缆的屏蔽层。

4. 校准程序

校准程序可参照 8.3.3 节中的校准程序，唯一的不同是在计算吸收钳的衰减时，应考虑 balun 的衰减，因此吸收钳的计算公式（包括测试引线的衰减）应参照下式进行：

$$\alpha_m = \alpha_{cal} - \alpha_{rfl} - \alpha_{bal} \quad (3\text{-}8\text{-}31)$$

式中　α_m——吸收钳衰减；

α_{cal}——复合衰减；

α_{rfl}——反射衰减；

α_{bal}——balun 的衰减。

5. 测试装置灵敏度的确定

测试前应确定测试装置的灵敏度，也称噪声本底。

通过测量一根电缆来确定装置的灵敏度。该电缆的类型应与待测样品类型相同，且具有比待测样品更高的屏蔽性能，例如可以使用一根含一对或多对双绞线的铜管，并带有差模和共模终端。在测试的频段范围内（30 ~ 1000MHz），测试结果要优于 100dB。

8.5.4　测试步骤和结果计算

1. 测试步骤

图 3-8-24、图 3-8-26、图 3-8-27 均为耦合衰减测试中的近端连接的示意图，图 3-8-28 为耦合衰减测试中的远端连接的示意图。如图 3-8-25 所示，用测试引线连接信号发生器和 balun，balun 和测试引线应使用屏蔽罩进行屏蔽，待测样品的一个线对连接 balun 的平衡输出端，在连接过程中应注意不要破坏线对的转矩，退绞长度不宜超过 8mm。其余线对的近端和远端均连接匹配电阻并进行良好的屏蔽。待测样品的屏蔽层应固定在反射板或者屏蔽罩上（参见图 3-8-26）。待测样品另一端穿过吸收钳和铁氧体吸收钳。

待测电缆穿过反射板时是悬挂状态，可使用线缆支撑，距离任何金属或非金属的距离至少在 600mm。吸收钳放置在一个非金属的桌子上，电流转换器一端距离桌子边缘不超过 50mm。

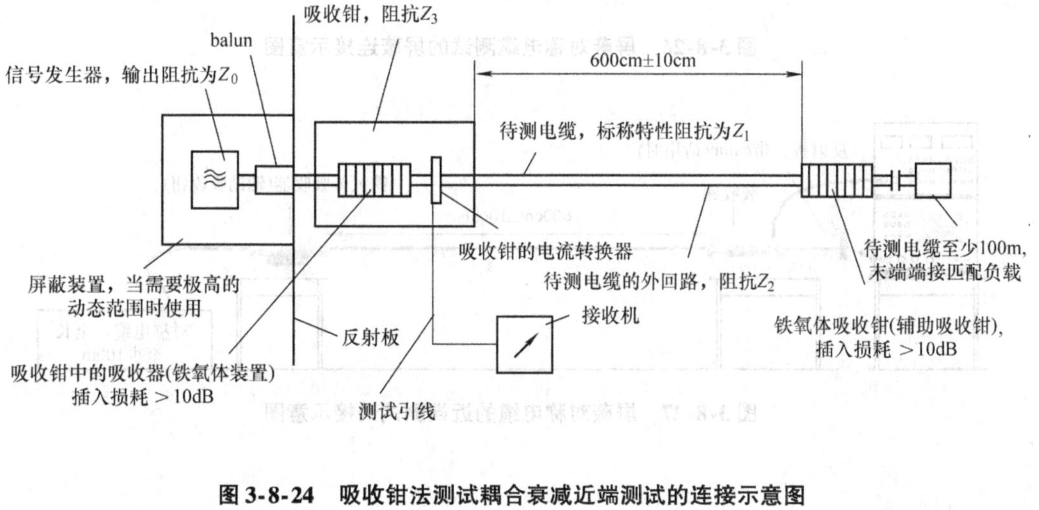

图 3-8-24　吸收钳法测试耦合衰减近端测试的连接示意图

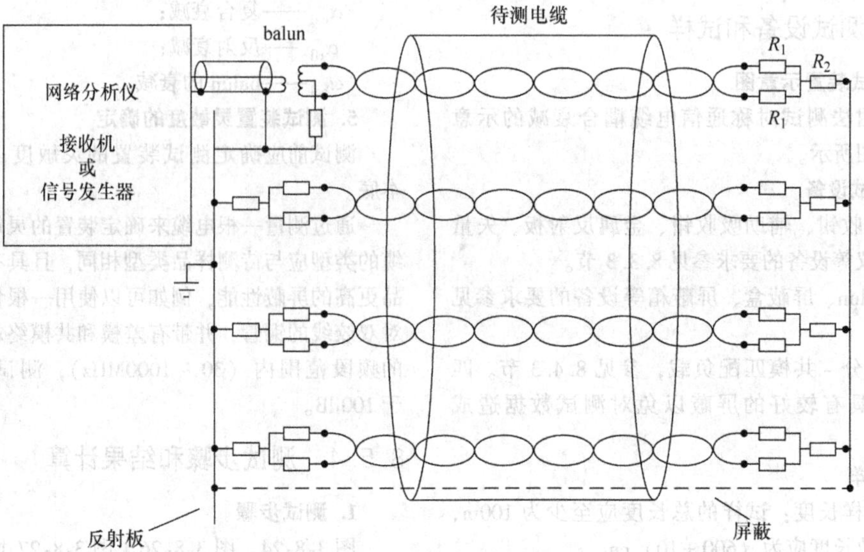

图 3-8-25 待测试样（屏蔽对称电缆）的匹配

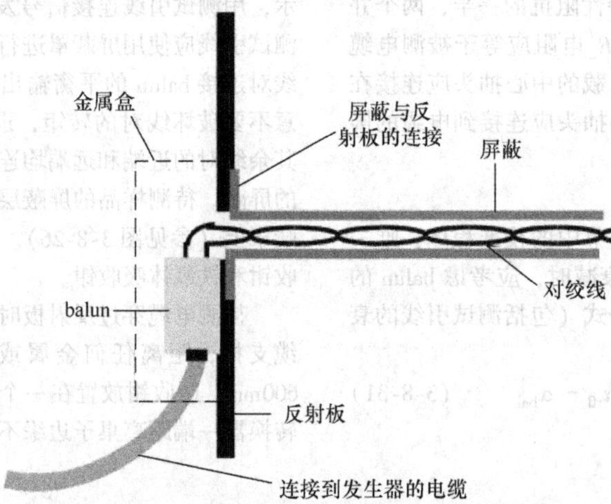

图 3-8-26 屏蔽对称电缆测试的屏蔽连接示意图

图 3-8-27 屏蔽对称电缆的近端测试连接示意图

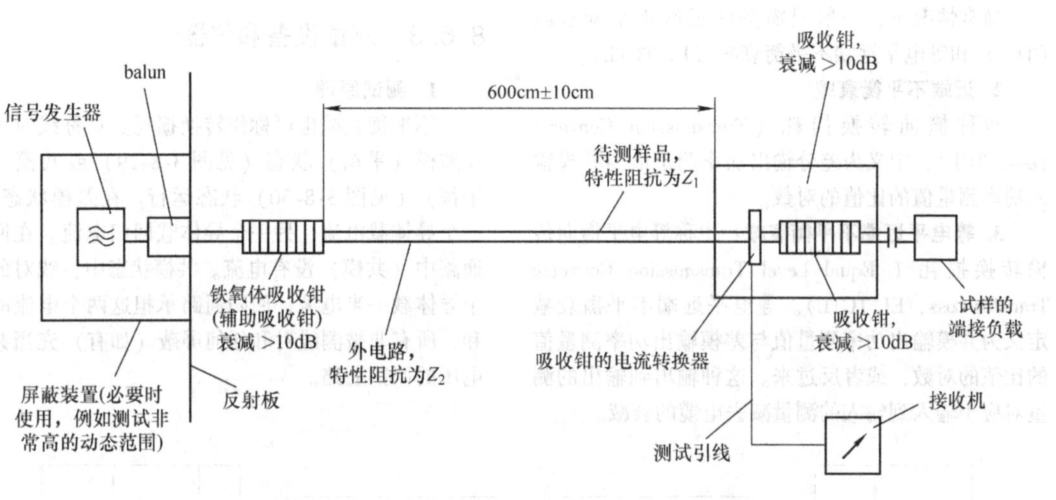

图 3-8-28　屏蔽对称电缆耦合衰减远端测试的连接示意图

其他测试程序参照 8.3.4 节。

2. 结果计算

按照下式计算耦合衰减：

$$\alpha_c = 10\lg\left(\frac{P_0}{\max[P_{2n}, P_{2f}]}\right) - \alpha_m \quad (3\text{-}8\text{-}32)$$

式中　P_0——信号发生器的注入功率；

α_m——测量设备的衰减；

$10\lg\left(\frac{P_1}{\max[P_{2n}, P_{2f}]}\right)$是矢量网络分析仪的直接读数，代表近端测量或者远端测量的最差值。P_{2n}，P_{2f}分别是在近端和远端测得的最大功率值。

3. 测试结果

耦合衰减的测试应在近端测试一次，在远端测试一次，选择其中的最差值作为测试结果。测试结果应符合相关规范的要求。

8.5.5　技术要求

耦合衰减测试的技术要求见 8.3.5 节的技术要求，除此以外，还需要满足以下要求：

1）balun 的衰减会限制耦合衰减测试时的动态范围，因此其衰减值应尽可能小。具体要求见表3-8-1。

2）应小心处理待测电缆的屏蔽层、测试引线、balun 与反射板的连接，使其为低阻抗状态，良好的连接会减少测试的不确定度。

3）对称电缆的每个线对都需要进行测量。

8.6　不平衡衰减测试方法

8.6.1　适用范围

本方法定义了采用平衡信号注入法测试对称电缆不平衡衰减性能的方法，适用于对称电缆。

8.6.2　技术术语和定义

1. 不平衡衰减

定义为对称电缆中任一线对的传输信号，共模功率与差模功率之比的对数值，公式为

$$\alpha_{\substack{u,n\\u,f}} = 20\lg\left|\frac{\sqrt{P_{\substack{com,n\\com,f}}}}{\sqrt{P_{diff}}}\right| = 20\lg\left|\frac{U_{\substack{com,n\\com,f}}}{U_{diff}}\right| + 10\lg\left|\frac{Z_{diff}}{Z_{com}}\right| \quad (3\text{-}8\text{-}33)$$

式中　α_u——不平衡衰减（dB）；

P_{diff}——匹配差模功率（W）；

P_{com}——匹配共模功率（W）；

U_{diff}——差模系统电压（V）；

U_{com}——共模系统电压（V）；

Z_{diff}——差模系统的特性阻抗（Ω）；

Z_{com}——共模系统的特性阻抗（Ω）；

n，f——分别表示近端和远端的标记。

按照上式中差模功率（电压）和共模功率（电压）所在端别（近端和远端），不平衡衰减可分为纵向转换损耗（LCL）、纵向转换转移损耗（LCTL）、横向转换损耗（TCL）、横向转换转移损耗（TCTL）、等电平纵向转换转移损耗（EL LCTL）和等电平横向转换转移损耗（EL TCTL）。

通常情况下，一般只需关注近端不平衡衰减（TCL）和等电平远端不平衡衰减（EL TCTL）。

2. 近端不平衡衰减

也称横向转换损耗（Transmission Converse Loss，TCL），定义为差分输出功率测量值与共模输入功率测量值的比值的对数。

3. 等电平远端不平衡衰减：也称等电平横向传输转换损耗（Equal Level Transmission Converse Transfer Loss，EL TCTL）。等电平远端不平衡衰减定义为共模输出功率测量值与差模输出功率测量值的比值的对数，或者反过来。这种输出到输出的测量对应于输入到输入的测量减去电缆的衰减。

8.6.3 测试设备和仪器

1. 测试原理

不平衡衰减也可称作转换损耗。对称线对可能在差模（平衡）状态（见图3-8-29）或共模（不平衡）（见图3-8-30）状态运行。在差模状态中，一个导体载电流，另一个导体载回归电流。在回归通路中（共模）没有电流。共模状态中，线对的每个导体载一半电流，回归通路承担这两个电流的总和，所有非被测线对和任何屏蔽（如有）充当共模电压的回归通路。

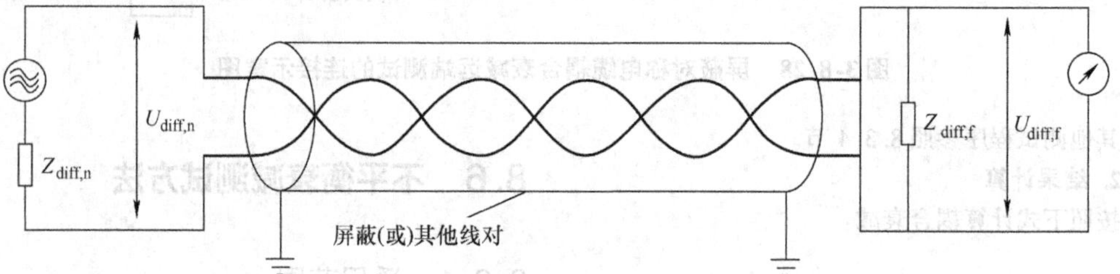

图 3-8-29 对称线对中的差模传输

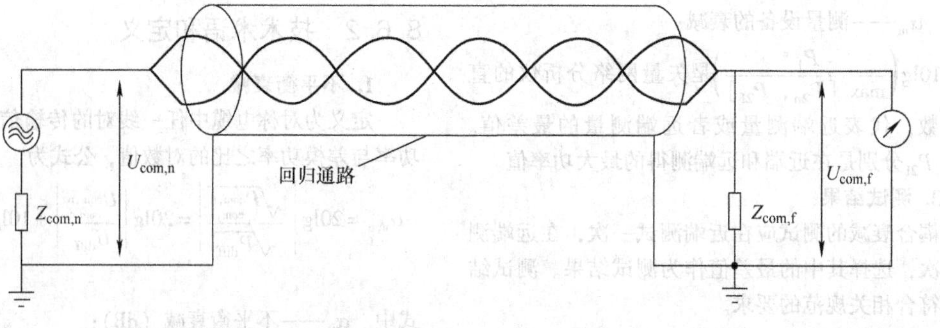

图 3-8-30 对称线对中的共模传输

在理想状况下，两种模式是相互独立的。实际上，两种模式互相影响。绝缘外径的不同、扭绞的不同、导体到屏蔽距离的不同是线对不平衡的一些原因。不对称是由横向不对称和纵向不对称引起的。横向不对称（TA）是由纵向分布的对地电容和电导不平衡引起的。纵向不对称（LA）是由线对两导体间的电感和电阻不平衡引起的。

表3-8-2说明了输入的共模和差模回路以及不同类型的不平衡衰减的接收信号。

近端不平衡衰减测量原理图，如图3-8-31所示。

表 3-8-2 测量系统构成

不平衡衰减		系统构成			
		近端		远端	
		共模系统	差模系统	共模系统	差模系统
近端	TCL	接收器	发生器	—	—
	LCL	发生器	接收器	—	—
远端	TCTL	—	发生器	接收器	—
	LCTL	发生器	—	—	接收器

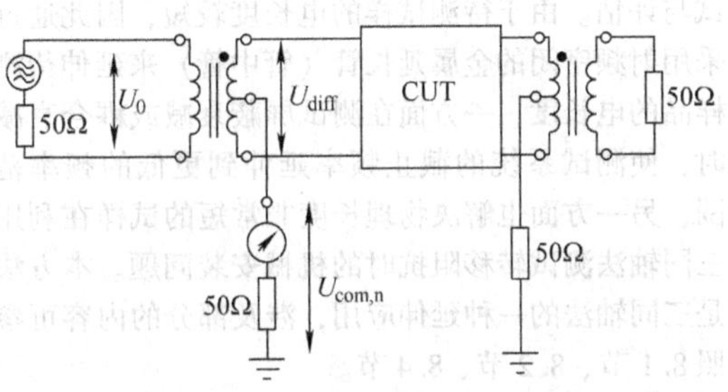

图 3-8-31　近端不平衡衰减测试示意图（TCL）

远端不平衡衰减测量原理图，如图 3-8-32 所示。

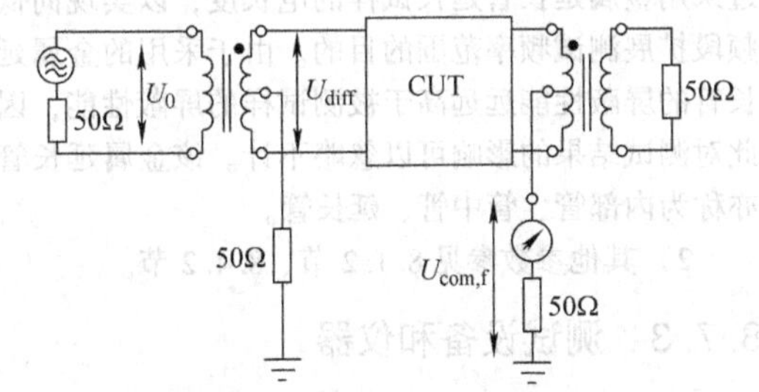

图 3-8-32　远端不平衡衰减测试示意图（TCTL）

2. 测试设备

1）矢量网络分析仪或者使用替代设备：信号发生器和信号接收机。

2）balun：用于将矢量网络分析仪输出的不平衡信号转换为平衡信号，同时具有共模输出端口，要求见表 3-8-2。

3）差分 – 共模匹配负载参见 8.4.3 节。

3. 试样

1）试样长度：试样长度应遵循标准要求。

2）试样准备：样品准备时应尽量避免破坏线对的绞距，线对的近端和远端应使用差分 – 共模匹配负载进行端接。当被测样品具有屏蔽结构时，所有的屏蔽层应接地。

8.6.4　测试步骤和结果计算

1. balun 的校准

1）按照待测样品的产品规范的要求，在规定的频段内进行网络分析仪的校准或者归一化处理，使测试引线的衰减归零。

2）测量两个 balun 的背对背的差模模式下的衰减并除以 2，记为 α_{diff}。

3）测量两个 balun 的背对背的共模模式下的衰减并除以 2，记为 α_{com}。

4）根据式（3-8-34）计算 balun 的衰减：

$$\alpha_{balun}=\alpha_{diff}+\alpha_{com} \tag{3-8-34}$$

2. TCL 的测试

1）信号发生器通过 balun，向待测电缆的一个线对注入平衡信号，线对的远端用差分 – 共模匹配负载端接，其余线对的近端和远端均用差分 – 共模匹配负载端接，如有屏蔽层，则屏蔽层应接地。在被测线对的近端，测量接收到的共模信号。

$$\alpha_{meas}=20\lg\left|\frac{U_{com,n}}{U_0}\right| \tag{3-8-35}$$

式中　α_{meas}——测量衰减（dB）；

$U_{com,n}$——近端接收的共模电压（V）；

U_0——信号发生器的输出电压（V）。

2）根据式（3-8-36）计算近端不平衡衰减 TCL：

$$\alpha_{u,n}=\alpha_{meas}+10\lg\left|\frac{Z_0}{Z_{com}}\right|-\alpha_{balun} \tag{3-8-36}$$

式中　$\alpha_{u,n}$——近端不平衡衰减；

Z_0——信号发生器的输出阻抗；

Z_{com}——待测电缆的共模阻抗。

3. EL TCTL 的测试

1）信号发生器通过 balun，向待测电缆的一个线对注入平衡信号，线对的远端用差分 – 共模匹配负载端接，其余线对的近端和远端均用差分 – 共模匹配负载，如有屏蔽层，则屏蔽层应接地。在被测线对的远端，测量接收到的共模信号。

$$\alpha_{meas}=20\lg\left|\frac{U_{com,f}}{U_0}\right| \tag{3-8-37}$$

式中　α_{meas}——测量衰减（dB）；

$U_{com,f}$——远端接收的共模电压（V）；

U_0——信号发生器的输出电压（V）。

2）测试被测线对的差分衰减：将被测线对的远端接入远端的巴伦的差分端口，测量其衰减，记入 α_{cable}。

3）根据式（3-8-38）计算 EL TCTL 的值：

$$EL\alpha_{u,f}=\alpha_{meas}+10\log\left|\frac{Z_0}{Z_{com}}\right|-\alpha_{balun}-\alpha_{cable} \tag{3-8-38}$$

式中　EL $\alpha_{u,f}$——等电平远端不平衡衰减（dB）；

Z_0——信号发生器的输出阻抗（Ω）；

Z_{com}——待测电缆的共模阻抗（Ω）。

8.6.5　技术要求

1）电缆所有的对绞组或四线组应在被测电缆（CUT）的两端测量。不平衡衰减应在指定频率范围内和校准步骤中采用的频率点进行测量。

2）对称电缆的标称阻抗为100Ω时，25线对及以下的非屏蔽对称电缆的共模阻抗值是75Ω，总屏蔽对称电缆和大线对数（大于25线对）非屏蔽对称电缆的共模阻抗值是50Ω，每线对单独屏蔽的对称电缆的共模阻抗是25Ω。这些值用于不平衡衰减测试中的修正。共模系统的阻抗 Z_{com} 可用时域反射仪（TDR）或网络分析仪进行更精确的测量。测量时，线对两导体的两端短接，测量这些导体和回归通道间的阻抗。

3）被测电缆的端头应仔细制备，保持原有的扭绞状态直到试验设备的接线端。

4）除被测线对以外的所有其他线对和屏蔽（如有）都应在电缆两端接地。

5）balun 的技术要求见表3-8-3。

表3-8-3 balun 技术要求

序号	参数	频率	值
1	阻抗，一次端口①	$1 \leqslant f \leqslant 500$	50Ω不平衡端
2	阻抗，二次端口②	$1 \leqslant f \leqslant 500$	100Ω平衡端
3	插入损耗	$1 \leqslant f \leqslant 500$	≤2.0dB
4	回波损耗，双向	$1 \leqslant f < 15$ $15 \leqslant f \leqslant 500$	≥12dB ≥20dB
5	回波损耗，共模	$1 \leqslant f < 15$ $15 \leqslant f < 400$ $400 \leqslant f \leqslant 500$	≥15dB ≥20dB ≥15dB
6	额定功率	$1 \leqslant f \leqslant 500$	与所用设备的功率相匹配
7	纵向平衡	$1 \leqslant f < 100$ $100 \leqslant f \leqslant 500$	≥60dB ≥50dB
8	输出信号平衡	$1 \leqslant f \leqslant 500$	≥50dB
9	共模抑制比	$1 \leqslant f \leqslant 500$	≥50dB

① 一次端口的阻抗等于分析仪输出端口的阻抗，不一定是50Ω。

② 120Ω系统用100Ω阻抗终端匹配。

8.7 电缆组件、连接器电磁兼容性能测试方法（管中管法）

8.7.1 适用范围

本测试方法适用于电缆组件、连接器、短段电缆试样的表面转移阻抗、屏蔽衰减及耦合衰减的测试与评估。由于待测试样的电长度较短，因此通过采用射频密闭的金属延长管（管中管）来延伸待测样品的电长度，一方面在测试屏蔽衰减或耦合衰减时，使测试系统的截止频率延伸到更低的频率范围；另一方面也解决物理长度非常短的试样在利用三同轴法测试转移阻抗时的机械安装问题。本方法是三同轴法的一种延伸应用，涉及部分的内容可参照8.1节、8.2节、8.4节。

8.7.2 技术术语和定义

1）管中管：在采用三同轴法测试装置中，通过采用金属延长管延长试样的电长度，以实现向低频段扩展测试频率范围的目的。由于采用的金属延长管的屏蔽性能远远高于被测试样的屏蔽性能，因此对测试结果的影响可以忽略不计。该金属延长管亦称为内部管、管中管、延长管。

2）其他参数参见8.1.2节、8.4.2节。

8.7.3 测试设备和仪器

1. 测试装置

管中管方法测试不同试样的测试装置示意图如图3-8-33～图3-8-35所示。

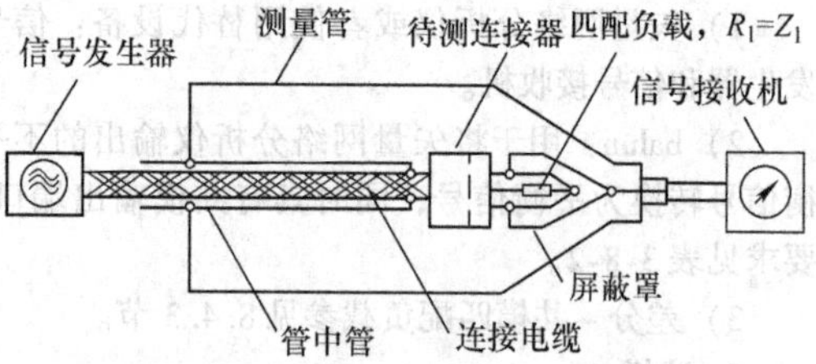

图3-8-33 测试连接器的转移阻抗和屏蔽衰减或耦合衰减的示意图

2. 测试设备

1）射频密闭的金属延长管，材质为非磁性且传导性能优良，管的厚度应不小于1mm，长度可变，外径应与三同轴装置形成50Ω的特性阻抗或形成等于网络分析仪或发生器和接收机的标称阻抗。

2）其他设备根据所测参数参照8.1.3节、8.2.3节和8.4.3节。

3. 试样制备

（1）待测样品为同轴连接器或同轴器件 待测的连接器需要配接一根与其阻值相同的电缆，配接电缆的性能参照厂商的相关技术规范。配接电缆的一端是待测的试样，另一端应端接一个与其阻值相等的精密负载，并将此配接部分放入具有极好屏蔽性能的屏蔽罩中。当按照双短路方法测试试样的转

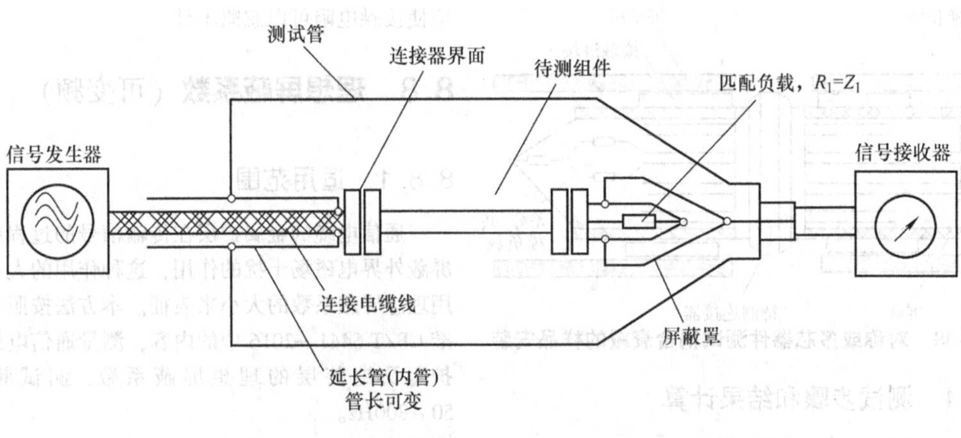

图 3-8-34　测试电缆组件的转移阻抗和屏蔽衰减的示意图

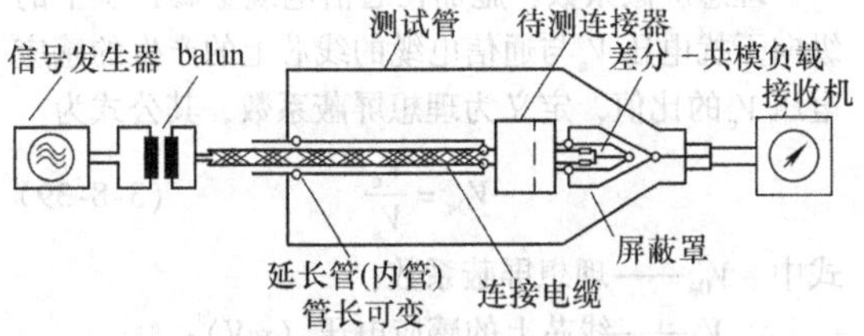

图 3-8-35　测试对称/多导体器件耦合衰减示意图

移阻抗时，则端接部分用短路电路来代替。

待测试样的另一端通过连接电缆，穿过金属延长管（即管中管），连接到信号发生器。连接电缆在靠近待测试样的一端，其屏蔽层和管中管应具有低阻连接，在信号发生器的一侧，屏蔽层不应和延长管相连。

（2）待测样品为对称/多芯器件　对称/多芯器件很难单独测量，因此通常将对称或多芯电缆作为配接电缆，与待测的试样一起使用，配接电缆应根据制造商的技术规范，各自装配到待测的器件部分。当测量试样的转移阻抗或屏蔽衰减时，对称或多芯电缆作为类同轴系统来处理（见图 3-8-36 和图 3-8-37）。因此，在对称或多芯电缆的两端，所有线对的所有导体应连接到一起，所有的屏蔽（包括那些单独的对绞或星绞的屏蔽）在两端也应连接在一起。这些屏蔽连接时应能够覆盖待测样品的整个圆周。配接电缆的一端应端接阻值与试样的特性阻抗相同的精密电阻，然后将此配接部分放入具有极好屏蔽性能的屏蔽罩中。如果是按照双短路方法测试试样的转移阻抗，则端接部分用短路电路来代替。

当测量试样的耦合衰减时，试样的准备及安装参照图 3-8-38 来处理。在配接电缆的一端，待测

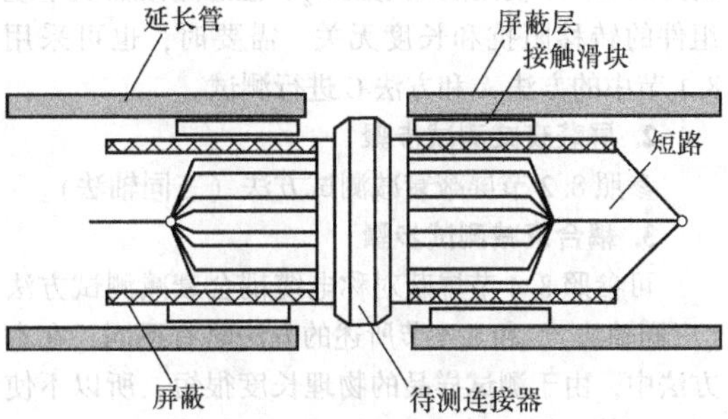

图 3-8-36　对称或多芯器件测试转移阻抗的样品安装

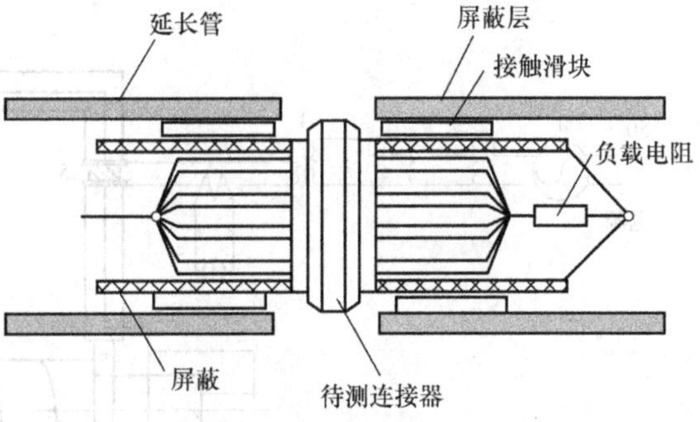

图 3-8-37　对称或多芯器件测试屏蔽衰减的样品安装

线对连接差分－共模匹配负载，然后将配接电缆的此部分放入具有极好屏蔽性能的屏蔽罩中。配接电缆的另一端，通过一个 balun 向待测线对注入平衡信号。其余未测试的线对，应处于开路状态。

（3）待测样品为电缆组件　组件不需要特别的准备，按照图 3-8-34 所示可以直接放入测试管中进行测试。

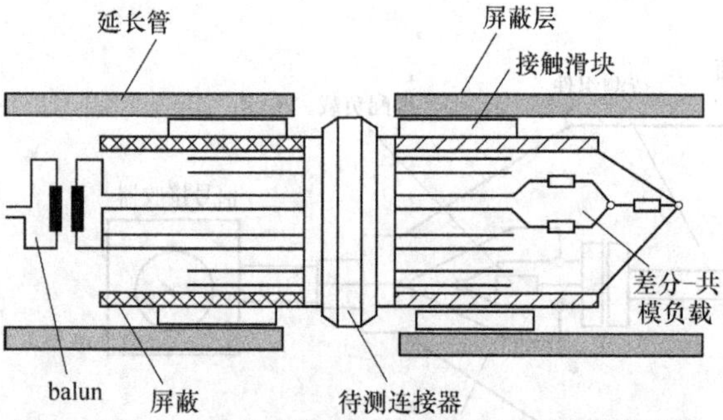

图 3-8-38 对称或多芯器件测试耦合衰减的样品安装

8.7.4 测试步骤和结果计算

1. 转移阻抗测试步骤与结果

参照 8.1 节转移阻抗测试方法（三同轴法）中的方法 B，不使用阻尼电阻 R_2，注意连接器及电缆组件的转移阻抗和长度无关。需要时，也可采用 8.1 节中的方法 A 和方法 C 进行测试。

2. 屏蔽衰减测试步骤

参照 8.2 节屏蔽衰减测试方法（三同轴法）。

3. 耦合衰减测试步骤

可参照 8.4 节屏蔽对称电缆耦合衰减测试方法（三同轴法）。和 8.4 节所述的方法略有不同，在本方法中，由于测试样品的物理长度很短，所以不使用“开管三同轴”。

8.7.5 技术要求

金属延长管与被测样品所配电缆之间的连接，应使接触电阻可以忽略不计。

8.8 理想屏蔽系数（可变频）

8.8.1 适用范围

通信电缆的金属护层在传输信号的过程中具有屏蔽外界电磁场干扰的作用，这种作用的大小可以用理想屏蔽系数的大小来表征。本方法按照国家标准 GB/T 5441—2016 中的内容，测量通信电缆金属护套及铠装层的理想屏蔽系数，测试频率为 50～800Hz。

8.8.2 技术术语和定义

理想屏蔽系数：施加在通信电缆金属护层上的纵向干扰电压 V_s 与通信电缆的线芯上的产生的感应电压 V_c 的比值，定义为理想屏蔽系数，其公式为

$$V_{0s} = \frac{V_c}{V_s} \tag{3-8-39}$$

式中 V_{0s}——理想屏蔽系数；

V_c——线芯上的感应电压（mV）；

V_s——电缆试样金属套上的纵向干扰电压（mV）。

8.8.3 测试设备和试样

1. 理想屏蔽系数测试系统（见图 3-8-39）

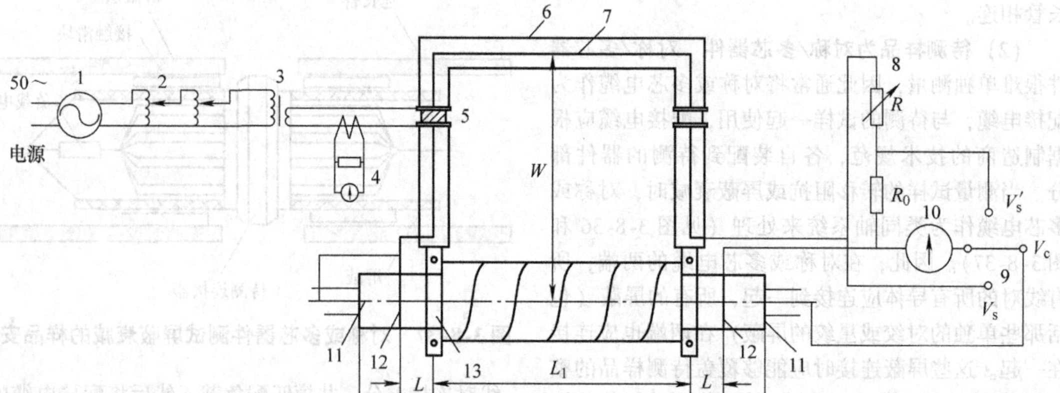

图 3-8-39 理想屏蔽系数测试系统原理图

1—交流稳压器 2—调压器（2 只） 3—大电流变压器（升流器） 4—试样金属套电流测量装置 5—绝缘块 6—大电流回路 7—试样金属套电压测量线 8—电阻分压器 9—切换开关 10—交流电压测试装置 11—试样电缆 12—电压环 13—电流环 W—试样与大电流框架的中心距，固定为 400mm；L_1 = 1000 mm ± 5mm；L_2 = 1200mm；L = 20mm

2. 测试设备

1）交流稳压器：电压为220V；容量为3～5kV·A；稳定度应不超过±1%。

2）调压器：电压为250V；容量为2～4kV·A。

3）升流器：最大输出电压应不小于4V；容量应不小于3kV·A；输出波形（包括调压器、升流器）要求所有瞬间值与同相位正弦波基波值的偏差应不超过正弦波基波峰值的10%。

4）电流测量装置：电流互感器为500A/5A，0.5级；标准无感电阻为0.1Ω，0.1级；毫伏表最小量程为1mV。

5）电阻分压器：测量电阻 $R_0=100\Omega$；可变电阻箱的可变范围应为：$[(0\sim10)\times(0.01+0.1+1+10+100+1000)]\Omega$。

6）交流电压测量装置：最小分辨率应不大于0.01mV。

7）电流环：电流环由镀银黄铜或纯铜制成，表面质量应确保接触良好。

8）大电流回路：大电流回路呈长方形框架，一边为试样金属套，另外三边可由外半径为 r、厚不小于3mm的圆铜管构成（也允许用实心铜）。由电流框架与试样构成的测量回路的电感应在（2±0.1）μH以内。对于一台可适用于非常大电流的测量装置，框架的另三边可以采用两条平行扁铜排的形式。两条铜排之间的距离大约等于其厚度。空心圆铜管外半径 r 的选择，可根据 $L=2\mu H$ 及试样金属套外径 D，按式（3-8-40）计算：

$$\ln r=\frac{16.34-\ln D-\dfrac{L\times10^7}{2}}{1.8} \quad (3\text{-}8\text{-}40)$$

式中 D——试样金属套外径（mm）；

r——框架圆铜管外半径（mm）；

L——测试回路的电感（H）。

9）电压测量线：电压测量线应采用导体直径小于0.5mm的绝缘线，如图3-8-39所示沿大电流框架表面平行放置。对于由两条平行扁铜排构成的大电流框架，可以放在铜排之间。

3. 试样

1）长度：从待测电缆中截取长度为1400mm±20mm作为试样。

2）试样的准备：根据 $L_1=1000\text{mm}\pm5\text{mm}$ 的要求以及电流环的宽度，去除试样两端的外套或外被层以及铠装层和衬层，裸露出金属套。从缆芯中选定连接感应电压测量线的导体，该导体应尽可能接近缆芯中心。被选定的导体的两端应去除绝缘层，在电流环的外侧（见图3-8-39）用细铜线缠绕数圈扎紧在金属套上，制成电压环，并与电压测量线和选定的电缆芯导体连接。电压环与电流环的中心距 L 为20mm。试样两端安装电流环处，应以适当方法确保铠装层与金属套间接触良好。电缆试样如果有多层金属套，应以适当方法将所有金属套连接在一起且接触良好。

8.8.4 测试步骤和结果计算

1）按图3-8-39所示进行测试系统的连接。

2）将50～800Hz变频电源接入测试系统，并接通所有测试仪表的电源，预热15min。

3）将切换开关先设定在 V_s 位置，然后转换到 V_c 位置，分别读出并记录试样金属套的电压 V_s 与芯线上的感应电压 V_c。

4）测试结果。按式（3-8-39）计算测试结果。

当金属套上流过大电流（几百安培）时，由于发热使护套的阻值增加。此时，由式（3-8-39）计算的理想屏蔽系数应按式（3-8-41）进行修正。

$$V_{02}=\frac{R_{01}V_{0s}}{\sqrt{R_{02}^2-V_{0s}^2(R_{02}^2-R_{01}^2)}}\approx\frac{R_{01}}{R_{02}}V_{0s} \quad (3\text{-}8\text{-}41)$$

式中 V_{02}——流过大电流 I_2 时经过修正后的理想屏蔽系数；

R_{01}——小电流 I_1 时金属套的直流电阻（$\approx V_{c1}/I_1$），单位为欧姆（Ω）；

R_{02}——大电流 I_2 时金属套的直流电阻（$\approx V_{c2}/I_2$）（Ω）；

V_{0s}——大电流 I_2 时，按式（3-8-41）计算所得的理想屏蔽系数；

V_{c1}——小电流 I_1 时线芯的感应电压（mV）；

V_{c2}——大电流 I_2 时线芯的感应电压（mV）。

8.8.5 技术要求

1）试样两端安装电流环处，应以适当方法确保铠装层与金属套间接触良好。电缆试样如果有多层金属套，应以适当方法将所有金属套连接在一起且接触良好。

2）电流框架的电流进线和测量电压的引出线应尽可能短，且电流的进线之间和测量电压的引出线之间应尽可能地靠近和绞合在一起，同时通大电流的导线应尽可能远离测量小电压的导线。

3）测试中当怀疑交流电压测量装置读数不准时，可以用电阻分压器测量屏蔽系数，以与交流电压测量装置测试结果进行对比。此时，开关应先放在 V_c 位置，然后转换到 V_s' 位置，调节标准可变电阻箱，使交流电压测量装置的 V_c 与 V'_s 读数相等，读取标准可变电阻箱 R 的读数，这时理想屏蔽系数值按式（3-8-42）计算。

$$V_{0s}=\frac{R_0}{R+R_0} \tag{3-8-42}$$

式中 R——标准可变电阻箱读数（Ω）；

R_0——100Ω 固定测量膜电阻（Ω）。

4）对铠装钢带电缆进行测试时，为防止残磁影响，每次测量前应预先对试样进行退磁，即逐步增加电缆金属套上的电流直至最大的测试电流值，然后在数秒内将电流再均匀地降至零。在测试时，电流的调节应从小到大单方向地增加。

5）由于金属护套的电阻很小（特别是铝护套），为了得到大的护套电压，需通过很大电流（数百安培）。因此应快速测试，以免金属发热电阻增加，产生测试误差。

6）当对测试结果产生争议时，应以铠装层与金属套焊接的试样为准。

第 9 章

通信电缆机械物理及环境性能试验方法

为了保证电缆的寿命和制造质量，以满足各种不同使用环境的要求，还必须根据不同的使用要求，进行有关项目的试验。除了保证电气性能外，更主要的是力学物理性能及特殊性能，电缆力学物理性能项目很多，同一试验项目的试验方法和指标也不尽相同，因此，必须根据有关产品规范的规定选取适用的试验方法或者予以创新。

本章主要介绍市内通信电缆、数字通信电缆、射频同轴电缆的力学物理性能试验方法。

9.1 市内通信电缆力学物理性能试验

按国家标准 GB/T 13849—2013 中的规定，聚烯烃绝缘聚烯烃护套市内通信电缆力学物理性能试验项目共 21 项，其性能指标见表 3-9-1。

表 3-9-1 力学物理性能应试验的项目

序号	性能项目及试验条件	单位	要求指标							
			实心聚乙烯			实心聚丙烯	泡沫或带皮泡沫聚乙烯			泡沫及泡沫皮聚丙烯
			低密度	中密度	高密度		低密度	中密度	高密度	
1	抗拉强度中值	MPa	≥10	≥12	≥16	≥20	≥6	≥7	≥10	≥12
2	断裂伸长率中值	%	≥300	≥300	≥300	≥300	≥200	≥200	≥200	≥200
3	热收缩率（有效长度 $L=200$mm） 试验处理温度试验处理时间	% ℃ h	≤5 100 ±2 1	≤5 100 ±2 1	≤5 115 ±2 1	≤5 115 ±2 1	≤5 100 ±2 1	≤5 100 ±2 1	≤5 115 ±2 1	≤5 115 ±2 1
4	空气箱热老化后耐卷绕 试验处理温度 试验处理时间	 ℃ h	不开裂 100 ±2 24 ×14	不开裂 100 ±2 24 ×14	不开裂 115 ±2 24 ×14	不开裂 115 ±2 24 ×14	不开裂 100 ±2 24 ×14	不开裂 100 ±2 24 ×14	考虑中	考虑中
5	低温卷绕失效数/试样数 试验处理温度 试验处理时间	个 ℃ h	≤0/10 −55 ±1 1	≤0/10 −55 ±1 1	≤0/10 −55 ±1 1	≤0/10 −40 ±1 1	≤0/10 −55 ±1 1	≤0/10 −55 ±1 1	≤0/10 −55 ±1 1	≤0/10 −40 ±1 1
6	抗压缩性 加力时间 施加压力	 min N	导体间不碰触 ≥1 67							
7	铜导线接头处的抗拉强度	—	不低于相邻无接头处抗拉强度的 90%							
8	铜导线的断裂伸长率	%	标称直径 0.4mm 及以下：不小于 10% 标称直径 0.4mm 以上：不小于 15%							
9	绝缘颜色及不迁移	—	绝缘颜色应符合 GB/T 6995.2—2008 中的规定，并不迁移							
10	成品电缆填充混合物滴流（65 ±1）℃，24h	℃	应无填充复合物从缆芯与护套的界面上流出							

（续）

序号	性能项目及试验条件	单位	要求指标							
			实心聚乙烯			实心聚丙烯	泡沫或带皮泡沫聚乙烯			泡沫及泡沫皮聚丙烯
			低密度	中密度	高密度		低密度	中密度	高密度	
11	涂塑铝带与聚乙烯护套间的剥离强度	N/mm	平均值≥0.8							
	非填充电缆铝带重叠处的剥离强度	N/mm	平均值≥0.8							
12	护套抗拉强度	MPa	中值≥10							
13	护填断裂伸长率	%	中值≥350							
14	护套热老化后的断裂伸长率	%	中值≥300；[(100±2)℃，10×24h]							
15	护套热收缩率	%	最大值≤5							
16	护套耐环境应力开裂性能	个	96小时失效数0/10							
17	填充电缆护套和铠装电缆外护套的火花试验	—	应能承受DC 9t kV，最高25 kV或AC 6t kV，最高15 kV（在挤塑流水线上进行，t为聚乙烯套的标称厚度，单位为mm；交流试验电压是有效值）							
18	填充电缆渗水试验（20±5)℃，1m高度，24h	—	应无水渗出							
19	非填充电缆护套密封性能试验	—	电缆内充入50~100kPa的干燥空气或氮气，气压稳定后3h（铠装电缆为6h）内，电缆内的气压不应降低							
20	电缆低温弯曲性能 [(-40±2)℃，4h]	—	电缆外径<40mm轴心直径=电缆外径的15倍 电缆外径≥40mm轴心直径=电缆外径的20倍 试验后，护套弯曲处应无目力可见的裂纹，铝带裂纹							
21	阻燃电缆的燃烧特性	—	1）阻燃特性：应通过单根垂直燃烧试验 2）低烟特性：燃烧烟雾不应使透光率小于50% 3）当用于进局或隧道时，还应符合：无卤特性：燃烧气体的pH值应≥4.3，电导率≤10μs/mm							

9.1.1 铜导线接头处的抗拉强度及断裂伸长率试验

1. 试验设备

1）拉力试验机的示值误差应不大于±1%，量程应能满足试验的要求，并能使被检量数落在量程满标值的15%~85%范围内。

2）游标卡尺：分度值为0.02mm。

2. 试样制备

1）从成品电缆上取下三根绝缘芯线，小心地取出铜线各做一个试样（在中间试验时则从有关工序的半成品上取）。试样长度为原始标距长度（L_0）加两端钳口夹持长度。

2）用上述三个试样相邻的铜导线各做一个接头，由一个无接头的试样和一个有接头的试样组成一组试样，共三组试样。

3）测定断裂伸长率时需将试样矫直。人工进行矫直时，允许将试样放在木垫上用木槌敲直。

4）在试样中部用游标卡尺标出200mm标距，标志方法应不致使试样产生早期断裂。标线应细而清晰，标距长度偏差为±0.5mm。然后测量并记录两标记线间的距离，精确到0.1mm。

3. 试验条件拉伸速度

软铜线≤300mm/min；硬铜线≤100mm/min。

4. 试验步骤

1）将试样夹于拉力试验机的上下钳口内，夹紧后试样的位置应保证试样的纵轴与拉伸的中心线相重合。

2）启动拉力机，加载须平稳，速度均匀，无冲击，直到试样破断为止，记录这一过程中试样所承受的最大拉力，取三位有效数字。取下试样，将断口小心对齐、挤紧，测量并记录破断时两标记线间的距离，精确到 0.5mm。

5. 试样截面积

按 GB/T 4909.2—2009 中的规定确定截面积。

6. 试验结果及计算

1）抗拉强度按下式计算，精确到 1MPa：

$$\sigma = \frac{F_m}{S}$$

式中　σ——抗拉强度（MPa）；

F_m——最大负荷（N）；

S——试样实测截面积（mm^2）。

2）断裂伸长率按下式计算，精确到 1%：

$$\varepsilon = \frac{L_1 - L_0}{L_0} \times 100\%$$

式中　ε——断裂伸长率（%）；

L_1——断裂时试样两标记线间的距离（mm）；

L_0——拉伸前试样两标记线间的距离（mm）。

3）铜导线接头抗拉强度性能以每组含接头铜导线抗拉强度与相邻段无接头铜导线抗拉强度之比表示，按下式计算：

$$K = \frac{F_{Amax}}{F_{Bmax}} \times 100\%$$

式中　K——含接头铜导线抗拉强度与相邻段无接头铜导线抗拉强度之比（%）；

F_{Amax}——同一组试样中含接头铜导线在拉伸过程中所承受的最大拉力（N）；

F_{Bmax}——同一组试样中无接头铜导线在拉伸过程中所承受的最大拉力（N）。

9.1.2　绝缘抗拉强度与断裂伸长率试验

1. 测试设备

1）拉力试验机，拉力试验机示值误差应不大于 ±1%，量程应能满足试验的要求，并能使被检参数落在量程满标值的 15% ~85% 范围内。

2）测量投影仪：放大倍数至少 10 倍，精度为 0.01mm。

3）读数显微镜：精度为 0.01mm。

4）千分尺：分度值为 0.01mm。

5）钢直尺：分度值为 0.5mm。

6）电热老化箱或烘箱：自然通风的电热老化箱或压力下通风的老化箱。空气进入箱内的方式应使空气均匀地流过试片表面，然后从烘箱顶部附近排出。在规定的老化温度下，箱内全部空气更换次数每小时为 8 ~20 次。箱内不得采用旋转式风扇或鼓风机。

老化箱内新鲜空气每小时换气次数的测量方法有两种：间接式功率损耗法和直接连续法，详细情况可参见 GB/T 2951.12—2008 中规定的方法。

2. 试样制备

在电缆制造长度的两端任取每色绝缘芯线各 5 根，长度适当。小心地拔出铜导线，切勿损伤和拉伸绝缘。在每个试样的中部用钢直尺标出 20mm 的标距。

对填充式电缆，在制备绝缘试样前，应先将足够长的一段成品电缆试样悬挂在电热老化箱或烘箱中进行预处理。预处理时间为 7 ×24h，预处理温度按表 3-9-2 规定。

表 3-9-2　预处理温度

填充复合物滴点 t/℃	老化箱温度/℃
$50 < t \leq 70$	60
$t > 70$	70

预处理后，电缆试样在环境温度下放置至少 16h，并避免阳光直接照射。然后除去护套，用适当方法清除复合物，再按上述方法制备绝缘试样。

3. 试验条件（见表 3-9-3）

表 3-9-3　试验条件

试验温度/℃	拉伸速度/（mm/min）	夹具之间距离/mm
23 ±5	25 ±5 常规试验时允许取 250 ±50	自紧式约为 50 非自紧式约为 85

4. 试验步骤

1）拉力试验前，试样均应在 23℃ ±5℃下至少保持 3h，且应避免阳光直接照射。

2）试验时，试样应对称并垂直地夹在拉力机的上下夹具上，按规定的试验条件进行拉伸试验。

3）记录试样最大负荷及两标记线间的距离。

4）抗拉强度和断裂伸长率应在同一试样上同时进行测定。

在夹头处拉断的任何试样的试验结果应作废，在这种情况下计算抗拉强度和断裂伸长率至少需要 4 个有效试验数据，否则试验应重做。

在标记线外断裂的试样可重做。

5. 试样截面积

1）试样截面积按下式计算：

$$S = \pi(D - \delta)\delta$$

式中　S——试样截面积（mm^2）；

D——绝缘外径的平均值（mm）；

δ——绝缘厚度平均值（mm）。

2）测量 D 时，精确到两位小数。用投影仪或读数显微镜在同一截面上相互垂直的两个方向上各测一次，取算术平均值作为外径的平均值。

3）测量 δ 时，精确到两位小数。用投影仪式读数显微镜在试样同一横截面上测量6个点，包括最薄点，取各点测量值的算术平均值作为绝缘厚度的平均值。

4）允许用千分尺测量铜导线直径和绝缘芯线外径来计算绝缘层的横截面积。但有争议时，应采用读数显微镜或投影仪。

6. 试验结果及计算

1）抗拉强度和断裂伸长率按下式计算：

$$\sigma = \frac{P}{S}$$

$$\varepsilon = \frac{L_1 - L_0}{L_0} \times 100\%$$

式中 σ——抗拉强度（MPa）；

P——试样最大负荷（N）；

ε——试样的断裂伸长率（%）；

L_0——试样拉伸前两标记线间的距离（mm）；

L_1——试样断裂时两标记线间的距离（mm）。

2）对每种颜色的绝缘，其抗拉强度和断裂伸长率的试验结果取各该项试验结果的中间值。

本节内叙述的试验方法同样适用于老化后的绝缘试样，需经受老化的一组试样与不经老化的一组试样应尽可能相同，它们的拉伸试验应接连进行。

9.1.3 绝缘低温卷绕试验

1. 试验设备

1）低温箱：有效工作区温度能达到 −55℃ ±1℃。

2）冷弯曲设备：表面抛光的金属圆棒。

2. 试样制备

在电缆制造长度的两端，各任取不同颜色绝缘芯线5根，共10根，作为一组，每根长约200mm。把试样弄直。对填充式电缆，应先仔细去除黏附在绝缘上的填充复合物，然后把试样弄直。

3. 试验条件（见表3-9-4）

表3-9-4 试验条件

绝缘类型	PE	PP
试验温度/℃	−55 ±1	−40 ±1
恒温时间/h	1	1
圆棒直径	等于芯线外径的3倍	等于芯线外径

4. 试验步骤

1）将试样和具有规定直径的圆棒置于试验条件所规定温度的低温箱中，并保持规定的时间。

2）届时取出（或在箱内），用均匀速度在1min内，将试样密绕在具有规定直径的圆棒上6整圈。

5. 试验结果

用目力检查每个试样的绝缘是否开裂。

9.1.4 绝缘热收缩试验

1. 试验设备

1）电热烘箱或老化箱：要求见9.1.2节。

2）游标卡尺：分度值0.02mm。

2. 试样制备

1）从距离成品电缆一端至少0.5m处，切取长约300mm的各色绝缘芯线各3根。

2）用游标卡尺在绝缘芯线的中部标出200mm ±5mm的标距，精确到0.5mm，记录实测两标记线间的距离。剥去距标记线2 ~ 5mm外的绝缘，保留铜线。如图3-9-1所示。

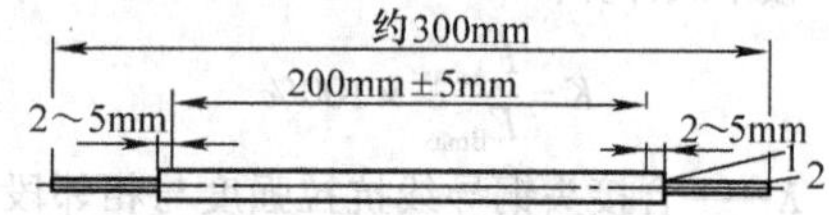

图3-9-1 试样及尺寸

1—绝缘 2—导电线芯

3. 试验条件（见表3-9-5）

表3-9-5 试验条件

绝缘类型	PP	HDPE	LDPE MDPE
试验温度/℃	115 ±2	115 ±2	100 ±2
恒温时间/h	1		

4. 试验步骤

1）试样制备好后，迅速将其放置于老化箱或烘箱的有效工作区内，试样借助于两端的导体水平悬挂于试样架上，或直接置于已经预热到试验温度的滑石粉浴槽中。试验温度和恒温时间按试验条件的规定。

2）届时取出带有试样的试样架或滑石粉浴槽，冷却至室温。冷却后用原量具测量试样的标距，精确到0.5mm。绝缘长度的全部变化应从试样制备好时算起。

5. 试验结果及计算

1）试验结果以每个试样的热收缩率表示。

2）热收缩率按下式计算：

$$\eta = \frac{L_0 - L_1}{L_0} \times 100\%$$

式中　η——试样的热收缩率（%）；

L_0——试样加热前两标记线间距离（mm）；

L_1——试样加热后两标记线间距离（mm）。

9.1.5　绝缘热老化后耐卷绕性能试验

1. 试验设备

1）自然通风的电热老化箱。

2）金属芯轴：表面抛光。

3）卷绕装置：最好是具有机械驱动芯轴的卷绕器。

4）砝码。

2. 试样制备

从成品电缆的任一端取各色绝缘芯线各 1 根，长约 2m，分成等长的 4 段。对填充式电缆，试样应分别取自填充前和填充后的电缆。从填充后的缆芯中取出的绝缘芯线应仔细去除粘附在绝缘上的填充复合物。把导线留在绝缘中，并将试样弄直。

3. 试验条件（见表 3-9-6）

表 3-9-6　试验条件

绝缘材料	PP HDPE	MDPE LDPE
老化温度/℃	115 ± 2	100 ± 2
老化时间	14 × 24h	
卷绕后再老化的温度和时间	70℃ ± 2℃	24h
金属芯轴直径	为试样外径的 1 ~ 1.5 倍	

4. 试验步骤

1）将试样垂直悬挂于老化箱的有效工作区内，试样相互间的距离应不小于 20mm，试样体积占据老化箱的容积应不超过 2%，老化温度和时间按试验条件的规定。

2）届时取出试样，在环境温度下存放至少 16h，并避免阳光直接照射。

3）将试样的一端固定在卷绕器上，另一端的绝缘剥去一段，露出铜导线，把一个砝码加在裸露的铜导线上，在导线截面施加大约 15MPa 的拉力（对发泡绝缘厚度不大于 0.2mm 时，应施加大约 7.5MPa 的拉力），把试样另一端以大约每 5s 一转的速度在具有规定直径的芯轴上卷绕 10 圈。

4）绕毕，将试样从芯轴上取下，保持螺旋形状，再垂直悬挂于恒温箱的有效工作区内，再次老化的温度和时间按试验条件的规定，试样间应保持一定的距离。

5）届时取出试样，冷却至室温。

5. 试验结果

用正常或矫正的目力检查每个试样的绝缘是否开裂。如有一个试样开裂，可以重做一遍。

9.1.6　绝缘颜色与绝缘颜色迁移试验

1. 绝缘颜色试验

进行绝缘颜色试验时，应用目力将每种颜色与产品标准中规定的标准颜色样板相比较。

绝缘线芯采用颜色识别标志，颜色应符合 GB/T 6995.2—2008 中的规定。有争议时按 GB/T 13849.1—2013 附录中的规定进行。

2. 颜色迁移试验

1）试验设备：自然通风的电热烘箱或老化箱。

2）颜色迁移试样制备：对各种型号电缆，将未接触过填充复合物的每种非白色绝缘芯线各取 3 根，每根分别与白色绝缘芯线相绞合，绞合试样的长度约为 150mm，每个试样上形成含有 20 个以上节距的均匀扭绞线对。

对填充式电缆，在填充工序前还应将每种非白色绝缘芯线各取 3 根，每根均浸入盛有填充复合物的玻璃容器中，浸入长度应不小于 100mm。

3）颜色迁移试验条件（见表 3-9-7）

表 3-9-7　试验条件

试验内容	试验温度/℃	恒温时间/h
芯线间颜色迁移	80 ± 2	24
芯线对填充复合物颜色迁移	70 ± 2	3 × 24

4）颜色迁移试验步骤：将制备好的试样，置于试验条件所规定的温度下，并保持规定的时间。届时取出，冷却至室温。

5）试验结果：用目力检查白色绝缘芯线或填充复合物上，是否粘有其他颜色。

9.1.7　绝缘抗压试验

1. 试验设备

1）两块 50mm × 50mm 或直径为 50mm 的圆形光滑硬金属板（边倒圆半径 $r = 1$mm）。

2）能提供 67N 力的恒定加力装置。

3）1.5V 的直流电源。

4）灯泡或蜂鸣器。

2. 试样制备

1）从泡沫和泡沫皮绝缘的成品电缆上任取 3 对线，每对线的长度不小于 300mm，将每一对线的两根绝缘芯线分开弄直，若为填充式电缆，则将填充物清洗干净。

2）用轻微的张力重新将两根绝缘芯线扭绞在

一起，使其在每100mm的长度上形成含有10个节距的均匀扭绞线对。

3）在扭绞后的线对的一端剥去适当长度的绝缘，另一端的导线不要相互碰上。

3. 试验条件

施加压力及持续时间：67N，≥1min。

4. 试验步骤

把试样中间50mm的部分放在两块平行光滑硬金属板之间，并在剥去绝缘一端的两导线间串入1.5V的直流电源和用于指示的灯泡或蜂鸣器，然后将砝码加于金属板上，加力的大小及持续时间按试验条件的规定。

5. 试验结果

利用灯泡或蜂鸣器，观察每对导线间是否有碰触。

9.1.8 铝带和铝带接头抗拉强度试验

1. 试验设备

1）拉力试验机。

2）游标卡尺：分度值0.02mm。

3）测厚仪：分辨率0.001mm。

2. 试样制备

1）取三段铝带试样，每段长度应使夹持时两夹持部分之间的自由长度不小于85mm，试样宽度为被测电缆所用铝带宽度。用游标卡尺在每段试样中部标出长50mm的标距。

2）用与上述三个试样相邻的铝带各做一个接头，尺寸如无接头的铝带。由一个无接头的试样和一个有接头的试样组成一组试样，共三组试样。

3. 试验条件拉伸速度

（50 ± 10）mm/min，进行仲裁试验时(10±2) mm/min。

4. 试验步骤

1）将试样夹于拉力试验机的上下钳口内，夹紧后试样的位置应保证试样的纵轴与拉伸的中心轴线相重合。

2）启动拉力试验机，加载须平稳，速度均匀，无冲击，直到试样破断为止，记录这一过程中试样所承受的最大拉力，取三位有效数字。取下试样，将断口小心对齐、挤紧，测量并记录破断两标记线间的距离，精确到0.1mm。

5. 试样截面积

1）试样厚度（不含涂塑层）应在试样标距的两端及中间处测量，精确到0.002mm。

2）试样宽度应在试样标距的两端及中间处测量，精确到0.05mm。

3）试样的原始截面积应取三处测定的截面积中的最小值。

6. 试验结果及计算

1）抗拉强度按下式计算，精确到1MPa：

$$\sigma = \frac{F_m}{S}$$

式中 σ——抗拉强度（MPa）；

F_m——最大负荷（N）；

S——试样实测截面积（mm^2）。

2）断裂伸长率按下式计算，精确到1%：

$$\varepsilon = \frac{L_1 - L_0}{L_0} \times 100\%$$

式中 ε——断裂伸长率（%）；

L_1——断裂时试样两标记线间的距离（mm）；

L_0——拉伸前试样两标记线间的距离（mm）。

3）铝带接头抗拉强度性能以每组含接头抗拉强度与相邻段无接头铝带抗拉强度之比表示，按下式计算：

$$K = \frac{F_{Amax}}{F_{Bmax}} \times 100\%$$

式中 K——含接头铝带抗拉强度与相邻段无接头铝带抗拉强度之比（%）；

F_{Amax}——同一组试样中含接头铝带在拉伸过程中所承受的最大拉力（N）；

F_{Bmax}——同一组试样中无接头铝带在拉伸过程中所承受的最大拉力（N）。

9.1.9 粘结型铝塑综合护套的剥离强度试验

该试验方法也适用于钢塑复合带与聚乙烯护套间的剥离强度试验。

1. 试验设备

1）拉力试验机。

2）游标卡尺：分度值0.02mm。

3）锋利的冲头。

2. 试样制备

用锋利的冲头或其他适当的方法从成品电缆护套上纵向截取条形粘结护套试样，取不含搭缝铝带及含搭缝铝带的条形试样各3个。试样长150mm，宽15mm。当电缆周长不足45mm时，试样宽度为电缆周长的$\frac{1}{3}$。对于含搭缝的试样，如搭缝不足15mm，则试样宽度等于搭缝宽度。

3. 试验条件

1）剥离角度：180°。

2）剥离速度：（100 ±5）mm/min。

4. 试验步骤

1）对不含搭缝试样，先将试样一端的铝带与护套分开 50mm 左右；对含搭缝的试样，则将试样一端的铝带与铝带分开 50mm 左右，一层张开，另一层仍留在护套上。

2）把分开的铝带夹于拉力机的上夹头，护套或留有一层铝带的护套夹于下夹头。

3）按试验条件的规定，对试样进行逐个剥离。

4）进入正常剥离后，记录剥离曲线或每隔 8s 记录一个剥离力，精确到 0.1N。记录次数不少于 7 次。仲裁试验以剥离曲线为准。

5. 试验结果及计算

1）每个试验，由剥离曲线求得平均剥离力或将每隔 8s 记录的剥离力取算术平均值，求得平均剥离力。

2）每个试样的剥离强度按下式计算

$$F=\frac{F_0}{B_0}$$

式中　F——试样的剥离强度（N/mm）；

F_0——试样的平均剥离力（N）；

B_0——试样的实测宽度（mm）。

3）试验结果取 3 个试样各自剥离强度的平均值。

9.1.10　护套抗拉强度与断裂伸长率试验

1. 试验设备

1）拉力试验机；

2）指针式测厚仪：精度 0.01mm。

3）千分尺：分度值 0.02mm。

4）钢直尺：分度值 0.5mm。

5）哑铃试片刀具：Ⅰ号（见图 3-9-2）与Ⅱ号（见图 3-9-3）各 1 个。

6）电热老化箱或烘箱。

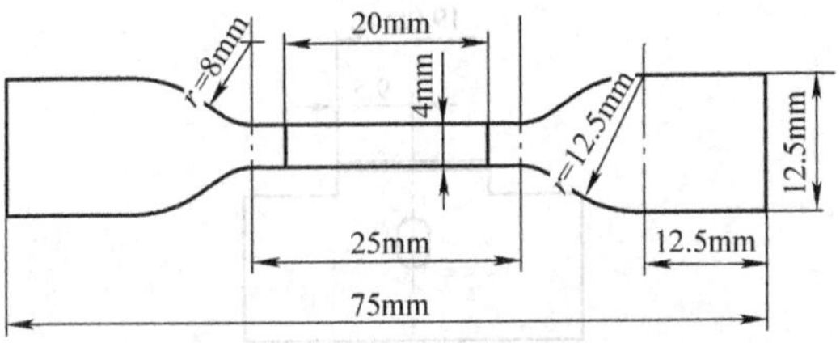

图 3-9-2　Ⅰ号哑铃试片

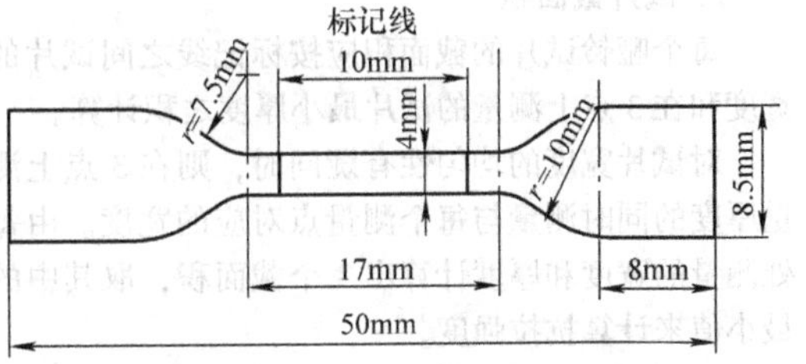

图 3-9-3　Ⅱ号哑铃试片

2. 试样制备

1）从成品电缆护套上切取足够长的样段，供制作 5 个试样之用。如果还要进行老化试验，则需制作另外 5 个同样的试样。

2）将护套内外可能的附着物全部除去，沿轴线剥开试样。削平护套内侧可能有的凸脊，使标志线之间具有平行表面。削平后的试样厚度应不小于 0.6mm，也不大于 2mm。若护套试样的原始厚度较大，但其两个表面都较平整时，试样厚度可不必减少至 2.0mm。

3）用Ⅰ号哑铃刀从加工好的试样上冲取哑铃状试片。最好能在试样上并排冲出两个。试片厚度等于试样厚度。如果哑铃试片太小不能冲取Ⅰ号哑铃状试片时，可冲取Ⅱ号哑铃状试片。

4）在哑铃试片狭带部分的中部标出两条平行的标记线，见图 3-9-2 和图 3-9-3。

3. 试验条件（见表 3-9-8）

表 3-9-8　试验条件

试验温度/℃	拉伸速度/（mm/min）	夹具间的距离/mm
23 ±5	25 ±5 常规试验时 允许取 250 ±50	Ⅰ号哑铃片约 50 Ⅱ号哑铃片约 34

4. 试验步骤

1）拉力试验前的试片应在 23℃ ±5℃下至少保存 3h，且应避免阳光的直接照射。

2）试验时，将试片对称并垂直地夹在拉力试验机上下夹具上，并按试验条件的规定进行试验。

3）记录试片最大负荷及两标记线间的距离。

4）抗拉强度和断裂伸长率应在同一试样上同时进行测定。

在夹头处拉断的任何试样的试验结果应作废，在这种情况下计算抗拉强度和断裂伸长率至少需要 4 个有效试验数据，否则试验应重做。

在标记线外断裂的试样可重做。

5. 试片截面积

每个哑铃试片的截面积应按标记线之间试片的宽度和在3点上测量的试片最小厚度之积计算。

对试片宽度的均匀性有疑问时，则在3点上测量厚度的同时测量与每个测量点对应的宽度。由每处测量的宽度和厚度计算出3个截面积，取其中的最小值来计算抗拉强度。

6. 试验结果及计算

1）抗拉强度及断裂伸长率按下式计算：

$$\sigma = \frac{P}{S}$$

$$\varepsilon = \frac{L_1 - L_0}{L_0} \times 100\%$$

式中 σ——试样抗拉强度（MPa）；
P——试样最大负荷（N）；
S——试样截面积（mm^2）；
ε——试样的断裂伸长率（%）；
L_0——试样拉伸前两标记线间的距离（mm）；
L_1——试样断裂时两标记线间的距离（mm）。

2）抗拉强度和断裂伸长率的试验结果取各项试验结果的中间值。

本节内叙述的试验方法同样适用于老化后的护套试样，需经受老化的一组试样与不需经受老化的一组试样应尽可能相同，它们的拉伸试验应在同一时间和环境下接连进行。

9.1.11 护套热老化试验

1. 试验设备

1）电热老化箱或烘箱。

2）其他试验设备见9.1.10节。

2. 试样制备

试样制备同9.1.10节。

3. 试验条件

老化温度 100℃ ±2℃，老化时间 10×24h。

4. 试验结果及计算

按9.1.10节中的规定。

9.1.12 护套耐环境应力开裂试验

1. 试验设备

1）热压机：制作模压试片的压板要大于模板。

2）两块硬质金属板：厚度6mm±0.5mm，面积约为200mm×230mm。每块板应从一边钻一个孔到离板中心5mm的范围内，在孔内放置温度传感器。

3）两块隔离片：面积约200mm×230mm，例如，厚度为0.1mm～0.2mm的铝箔。

4）压膜：制作试片尺寸为150mm×180mm，厚度参照图3-9-10中C的尺寸（见表3-9-9），内圆角半径为3mm。

5）电热空气箱：强迫空气循环并附有降温速率为（5±0.5）K/h的程序装置。

6）冲片机和冲模：冲模应清洁，锋利无损伤，能冲切（38.0±2.5）mm×（13.0±0.8）mm的试片。

7）指针式测厚仪：测量平面的直径为4～8mm，测量压力为5～80N/cm²。

8）装有刀片的刻痕装置如图3-9-4所示，刀片的形状尺寸如图3-9-5所示。

9）弯曲夹持装置如图3-9-6所示，用虎钳或其他合适的装置使其对称的闭合。

10）传递试片装置如图3-9-7所示，能将弯曲好的试片从弯曲夹持装置中一次传递到黄铜槽试片架内。

11）试片架如图3-9-8所示，用黄铜或不锈钢做成，可以容纳10个弯曲好的试片。

12）硬质玻璃试管。如图3-9-9所示，尺寸：长为200mm，直径为ϕ32mm，能容纳装有试片的试片架，采用包有铝箔的软木塞塞住试管口。

13）加热容器：有足够的尺寸和容积，内可放置装有试片架的玻璃试管，应采用合适的设备使温度保持在50℃±0.5℃。其热容量应足够大，以保证在放入试管后温度不会降到低于49℃。

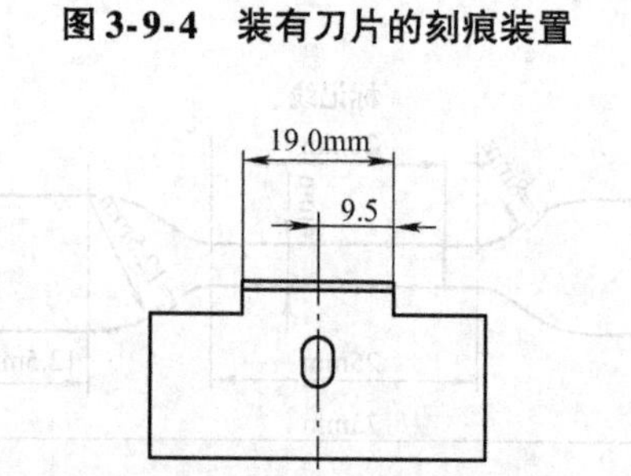

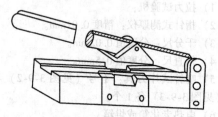

图3-9-4 装有刀片的刻痕装置

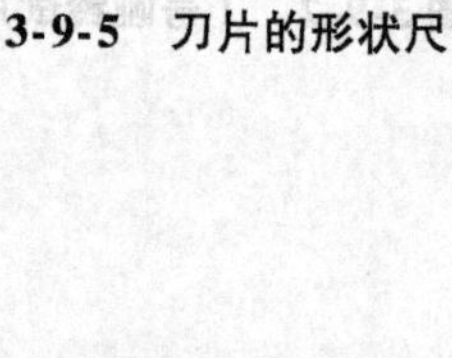

图3-9-5 刀片的形状尺寸

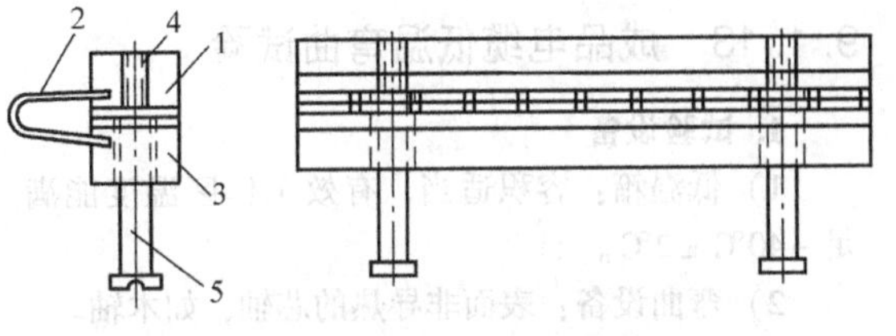

图 3-9-6　弯曲夹持装置

1—后夹头　2—装入的试样
3—前夹头　4—螺钉　5—导杆

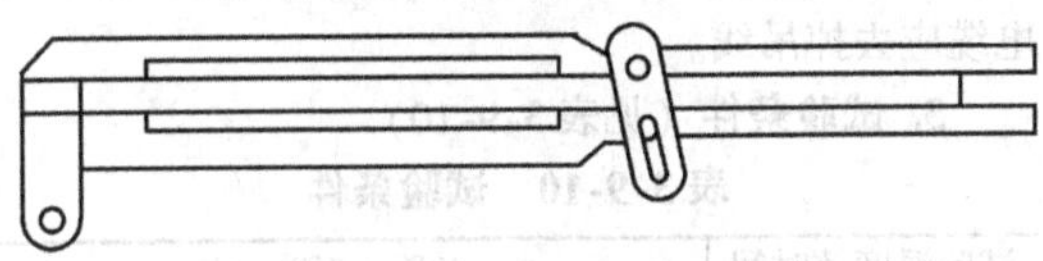

图 3-9-7　传递试片装置

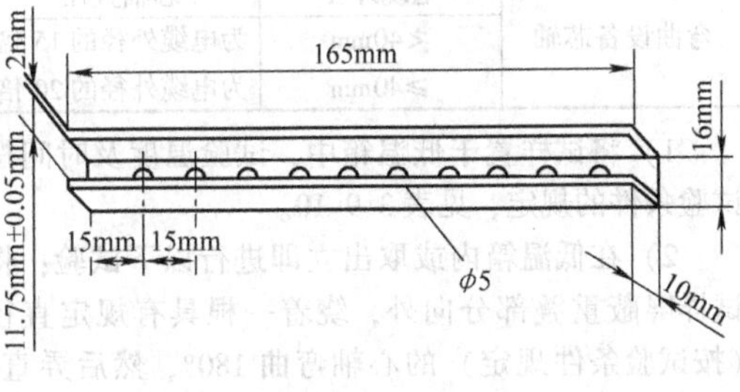

图 3-9-8　试片架

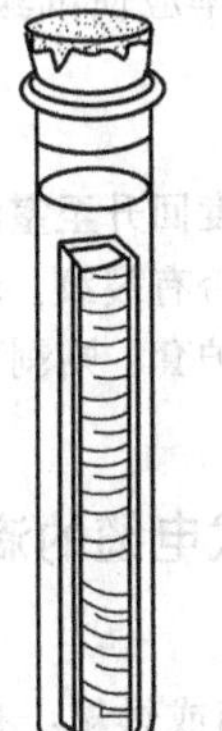

图 3-9-9　硬质玻璃试管

2. 试样制备

当成品电缆聚乙烯护套外径大于或等于 30mm 时，应在电缆护套上取样，用冲模和冲片机在护套上横向冲制 38mm × 13mm 的试片 10 个，试片厚度等于护套厚度。当护套外径小于 30mm 时，应把用作电缆护套材料的原始材料按以下步骤制备试片（如果电缆外径小于 30mm，但其所用护套料与外径大于 30mm 的电缆所用护套料完全相同时，可只在外径大于 30mm 的电缆上取样）：

1）将一块清洁的隔离片放在模板上，再放上蓬模。在压模内放人 90g ± 1g 的粒料，此料在压膜中形成一均匀薄层，然后放上另一块隔离片和另一块模板。将上述模压组件放入已预热到 170℃ 的热压机中，然后用不大于 1kN 的力使压机合拢。

2）当模板里的传感器指示的温度达到 165 ~ 170℃时，应用热压机将 50 ~ 200kN 的压力加到模压组件上，并保持 2min，在此期间内，热压机的温度应一直保持在 165 ~ 170℃ 范围内。

3）加压结束后取出模压组件。在不移动隔离片的情况下移去模板后，将模压的试片放入已预热到 145℃ ±2℃（对 LDPE 及 LLDPE），155℃ ±2℃（对 MDPE），165℃ ±2℃（对 HDPE）的电热空气箱中，箱内空气应能环绕试片自由流通，在此温度下保持 1h，然后以（5 ±2）℃/h 的速度冷却至 29℃ ±1℃，也允许把试样留在压机内冷却，实际冷却速率应用图表记录下来。

4）取出模压试片，用目力检查，除距边缘 10mm 以内的部分外，试片应光滑，不含任何气泡，突起和凹陷的痕迹。

5）用冲模和冲片机在试片中部（距边缘至少 25mm 处）冲制 10 个试片。用指针式测厚仪测量试片的厚度，试片的尺寸见图 3-9-10 及表 3-9-9。

6）用带刀片的刻痕装置在模压试片或电缆试片的外侧上刻痕，模压试片的刻痕深度如图 3-9-10 所示，刀片应锋利无损伤，即使在很好的条件下刀片刻痕的次数也不应超过 100 次。刻痕深度 D 沿长度方向必须均匀。当试片是从成品电缆上制备时，刻痕深度 D 按下式计算：

$$D = 0.15t + 0.05$$

式中　D——刻痕深度（mm）；

t——试片厚度（mm）。

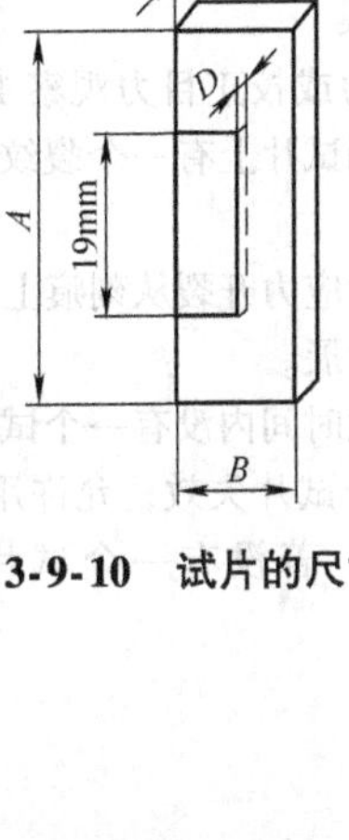

图 3-9-10　试片的尺寸

表 3-9-9 试片的尺寸

（单位：mm）

聚乙烯护套复合物的密度/（g/cm³）	A	B
≤0.940	38 ±2.5	13.0 ±0.8
>0.940	38 ±2.5	13.0 ±0.8
聚乙烯护套复合物的密度/（g/cm³）	C	D
≤0.940	3.00 ~ 3.30	0.50 ~ 0.60
>0.940	1.75 ~ 2.0	0.30 ~ 0.40

3. 试验条件

1）试剂：10%（体积比）的 Igepal CO－630 水溶液或其他具有相同化学组分的水溶液，如TX－10 水溶液。仲裁时采用 Igepal CO－630 水溶液（①试剂只能用一次；②碰到意外短的失效时间应当检查试剂的含水量。因为含水量略微超过规定最大值的1%，试剂的活性就会明显增加；③Igepal CO－630 或类似试剂的水溶液应当在 60 ~ 70℃时，用搅拌器搅拌制取，搅拌时间至少为 1h。试剂应当在制取后一周内使用）。

2）浸泡时间：96h。

3）试片恒温温度：50℃ ±0.5℃。

4. 试验步骤

1）将刻痕朝上的 10 个试片放入弯曲夹持装置中，然后用台虎钳或合适的装置以恒速合拢，保持 30 ~ 35s。

2）用传递试片装置将弯曲好的试片从弯曲夹持装置中提出并放入试片架内。如果有些试片凸起太高，可用手将其按下。

3）将试片插入玻璃试管中，然后注入试剂至浸没试片架，用软木塞塞住试管口。试片应在弯曲后 5 ~ 10min 内浸入试剂。

4）充以试剂的试管应立即放入恒温的加热容器中，并开始计算时间。恒温的温度及时间按试验条件的规定。

5. 试验结果

用正常目力或校正目力观察 10 个试片是否有开裂。当观察到试片上有一个裂纹时，该试片即判为失效试片。

通常，环境应力开裂从刻痕上开始并沿着与其成直角的方向发展。

在规定试验时间内没有一个试片失效，则试验合格。如有一个试片失效，允许用另外 10 个试片重做一次试验，若没有一个试片失效，则试验合格。

9.1.13 成品电缆低温弯曲试验

1. 试验设备

1）低温箱：容积适当，有效工作区温度能满足－40℃ ±2℃。

2）弯曲设备：表面非导热的芯轴，如木轴。

2. 试样制备

从成品电缆上截取适当长度的电缆一段。铠装电缆应在加铠前取样或切取后剥去铠装层，自承式电缆应去掉吊线。

3. 试验条件（见表 3-9-10）

表 3-9-10 试验条件

试验温度及时间	－40℃ ±2℃；4h	
弯曲设备芯轴	电缆外径	芯轴直径
	<40mm	为电缆外径的 15 倍
	≥40mm	为电缆外径的 20 倍

1）将试样置于低温箱中，试验温度及时间按试验条件的规定，见表 3-9-10。

2）在低温箱内或取出立即进行以下试验：将试样屏蔽重叠部分向外，绕着一根具有规定直径（按试验条件规定）的心轴弯曲 180°，然后弄直，再朝反方向弯曲 180°，完成第一个弯曲周期；然后将试样拉直，旋转 90°，进行第二个弯曲周期的弯曲试验。弯曲的速率应使试验在 1min 内完成两个周期。

4. 试验结果

在电缆试样温度回升至室温后，用目力检查试样弯曲面上护套是否有裂纹，剥去护套，屏蔽上是否有裂纹，如有内护套，则剥去屏蔽，检查内护套上是否有裂纹。

9.1.14 填充式电缆的滴流试验

1. 试验设备

1）电热老化箱或烘箱：有效工作区的温度偏差应不大于 ±2℃。

2）锋利的冲刀。

2. 试样制备

1）用锋利的冲刀（或其他工具），从填充电缆上截取三段长约 300mm 的试样，将试样一端的护套剥去约 120mm，然后再将屏蔽和内护套或包带层剥去约 70mm，暴露出缆芯。

2）轻微抖动缆芯，均匀散开芯线。

3. 试验条件

试验温度：65℃ ±1℃；

恒温时间：24h。

4. 试验步骤

将 3 个试样垂直悬挂在热老化箱的有效工作区，试样之间要保持一定距离，散开芯线的一端向下，试验温度及时间按试验条件的规定。

5. 试验结果

在试验期满后，用目力检查是否有填充复合物从缆芯或护套的界面流出或滴出。

9.1.15　填充式电缆的渗水试验

填充式电缆采用 L 形方法进行渗水试验。

1. 试验设备

1）L 形方法：如图 3-9-11 所示。能密封在电缆护套上，其垂直部分的长度应略大于 1m，其上刻有 1m 的高度标记，并能观察其中的水位。

2）含水溶性荧光染料的水溶液：荧光材料通常用荧光素钠盐。其浓度约为 0.2g/L。

3）紫外线灯：输出功率 9W。

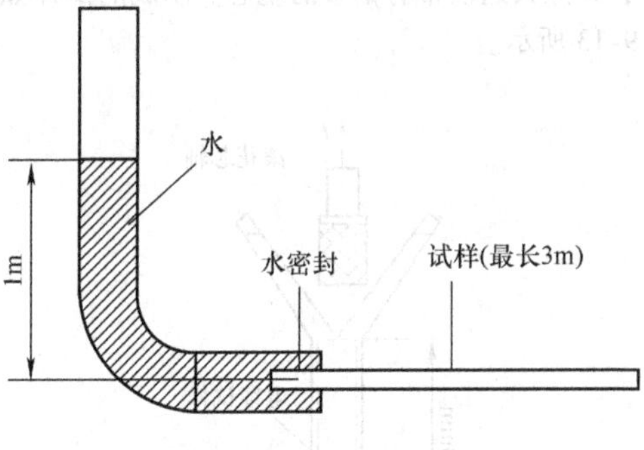

图 3-9-11　L 形方法

2. 试样制备

从成品电缆端部取一段 3m 长的电缆试样。

3. 试验条件

1）荧光染料水溶液应对试样中心形成 1m 高的水头。

2）试验温度：20℃ ± 5℃；气压：86 ~ 100kPa；试验时间：24h。必要时试样应在试验温度下预处理适当的时间，以达到均衡。

4. 试验步骤

1）将试样水平安置并插入 L 形水套的水平部分，使水套口与电缆护套之间密封，但不能太紧，否则水滴通过电缆中填充复合物的空隙时将受到阻碍。水套的垂直部分应竖直向上地安置固定，如图 3-9-11 所示。

2）按试验条件规定的水头高度、温度及时间进行试验。

5. 试验结果

试验完成，在试样 3m 长的远处一端用紫外灯检查是否有荧光染料。

9.1.16　非填充式电缆护套完整性试验

1. 试验设备

1）充气设备。

2）气压表：分辨率应不大于 1kPa。

2. 试样制备

试样为制造长度的成品电缆，两端用热缩套管密封，并至少一端有气门嘴，另一端有气压表。

3. 试验条件

1）充入电缆的气体应为干燥空气或氮气，每立方米的含水量应不大于 1.5g。

2）在电缆全长气压均衡后的干燥气体压力应为 50 ~ 100kPa。

4. 试验步骤

1）用充气设备充入干燥气体。

2）观察气压表读数，待电缆全长气压均衡后，记录气压读数。

3）在产品标准规定的时间以后，再测量一次气压，并记录读数。

5. 试验结果

经温度和大气压修正后的两次气压值应相等。

9.1.17　填充式电缆护套完整性试验

1. 试验设备

直流或工频火花试验机的输出电压幅度（或有效值）应能满足产品标准的要求。直流输出电压值的偏差应不超过标称值的 ±3%，输出电压脉动系数应不大于 5%。工频试验电压的波形应接近正弦波，两个半波应尽可能相同，且峰值与有效值之比为 $\sqrt{2}$ ±5%，电极长度应使电缆通过电极的时间足以检测出护套上的缺陷。

2. 试验步骤

在护套挤出生产线上，把经冷却干燥后的成品电缆护套经过火花试验机，电缆的屏蔽铝带应接地，所施加的试验电压按产品标准的规定，并由火花试验机的击穿指示器指示是否有击穿。当发生击穿时，应及时将击穿处做好标记，以便返修。

3. 试验结果

试验结果以有无击穿表示。

9.1.18 自承式电缆吊线扭曲试验与拉断力试验

1. 试验设备

1）拉力试验机：其刻度盘的最大试验力不应超过钢绞线最小破断拉力的5倍。示值误差应不大于±1%。

2）电缆复绕设备。

2. 试样制备

1）从电缆上截取一段吊线，剥去吊线护套，将钢绞线的两端用软铁丝等材料牢固捆扎，不少于5圈。

2）试样长度（拉力机夹头间的距离 L）应不小于300mm。

3）钢绞线试样两端拆散成帚头状。在任何情况下不得给裸露的钢丝进行矫直，但允许弯曲成钩形。

4）应清除钢丝表面油污，并添加少量助焊剂，但不得损伤钢丝表面。

5）经上述处理后的钢丝用铅锡合金或其他的合金浇铸成圆锥体，加工后的钢绞线试样如图3-9-12所示。

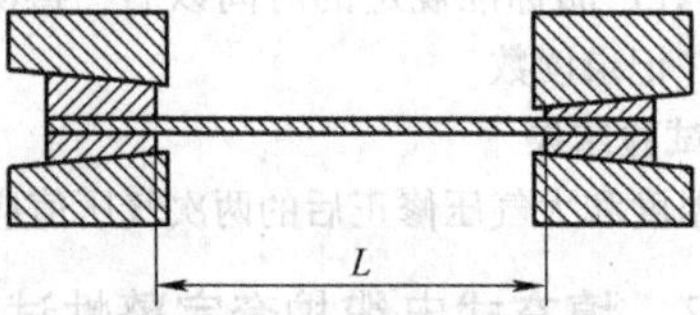

图3-9-12 钢绞线试样

6）在保证试验结果准确性的前提下，可用直接固定在夹头内或缠绕在卷筒上等其他的绳头夹持方法。进行仲裁试验时，应采用浇铸方法。

3. 试验条件

1）一般情况下，试验应在10～35℃的室温下进行。如有特殊要求，试验温度应为23℃±5℃。

2）当施加的试验力不大于钢绞线最小破坏拉力的80%时，试验力可快速施加，而后应慢速施加。其施加的应力速率约为10MPa/s。

4. 试验步骤

1）将钢绞线试样夹紧于试验机上，并使试样轴线与夹头轴线相重合。

2）试验时，按试验条件的规定并使指针平稳移动，记录整根钢绞线在拉伸试验时测得的最大拉断力，即为实测破断拉力，取3位有效数字。

3）将制造长度的自承式电缆在电缆复绕设备上从一个盘上绕到另一个盘上，盘的筒体直径不小于缆芯护套外径的15倍。

5. 试验结果及计算

1）以钢绞线实测破断拉力作为钢绞线的最小拉断力，单位为kN。

2）在电缆复绕期间，用目力观察吊线是否有扭曲现象。

9.1.19 非粘结型铝塑综合护套中护套与铝带间的附着力试验

1. 试验设备

1）拉力试验机：带有能将试样夹持紧固的夹头。

2）电热老化箱或烘箱

2. 试样制备

从成品电缆上截取足够长度的一段试样，在试样的一端轴向剥去一段聚乙烯护套，露出带有铝带的缆芯，在试样的另一端纵向剖开一段聚乙烯护套，并除去这段带有铝带的缆芯。制成的试样如图3-9-13所示。

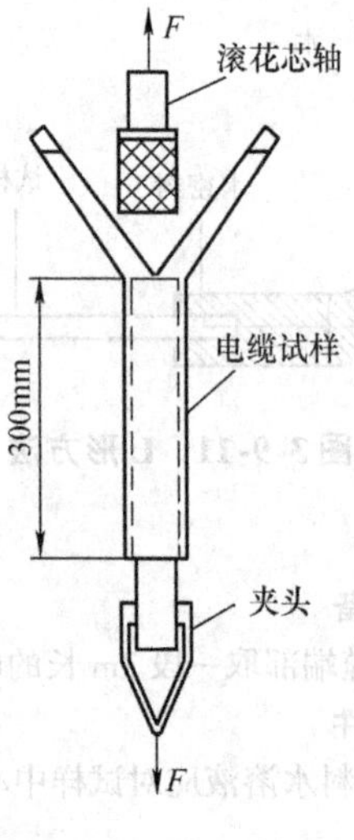

图3-9-13 制成的试样

3. 试验条件

夹具下离速度应不大于250mm/min。

4. 试验步骤

1）将制备好的试样置于恒温箱中并保持足够长的时间，直到铝带与聚乙烯护套间的接触面温度不低于60℃为止。

2）取出试样，马上进行试验。试样的夹持方式如图3-9-13所示。剖开的聚乙烯护套用适当方法固定在拉力机的滚花芯轴上。试验时铝带与聚乙烯护套间的接触面温度应不低于 60℃。

3）将夹持好的试样按规定的试验条件进行试验，记录护套与铝带间发生初始滑动时的力，精确到 0.1N。

5. 试验结果及计算

护套与铝带间的附着力按下式计算：

$$F = \frac{F_1}{\pi D}$$

式中 F——护套与铝带间的附着力（N/mm）；

F_1——护套与铝带间初始滑动时的力（N）；

D——铝带外径的缆芯直径（mm）。

9.1.20 钢带纵包铠装电缆的扭转试验

1. 试验设备

1）扭转设备：两端夹头应能将试样夹持紧固，不得发生滑移。旋转夹头的底座固定不动，固定夹头的底座可沿试样轴向转动。

2）恒温箱：温度范围应能满足试验的要求。

2. 试样制备

在制造长度的钢带纵包铠装电缆上，任取一段电缆，长度为 15320mm ±50mm。

3. 试验条件（见表 3-9-11）

表 3-9-11 试验条件

电缆外径/mm	<51	≥51
预处理温度/℃	18 ~27	
预处理时间/h	≥24	
扭转角度（°）	≥540	≥360

4. 试验步骤

1）将试样按试验条件的规定进行预处理。

2）取出，把试样弄直，并把试样两端夹紧在扭转设备的固定与旋转夹头中，然后把旋转夹头扭转试验条件所规定的角度。扭转方向应与钢带纵包重叠的方向相反。在扭转时，试样不应弯曲。

5. 试验结果

用目力检查试样中心部分的 914mm 长度上的护套是否开裂。

9.1.21 护套的炭黑含量试验

1. 试验设备

1）试验装置。试验装置如图 3-9-14 所示，其组成部分符合下列要求：

● 管状电炉：0 ~800℃，ϕ30mm ×（400mm ±50mm）。

● 瓷舟、长约 75mm。

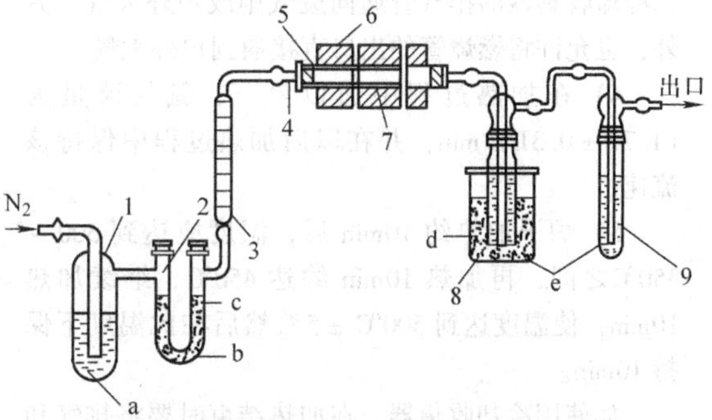

图 3-9-14 试验装置

1—气体吸收塔 2—U 形玻璃管 3—流量计
4—热电偶 5—硬质耐热玻璃管 6—管状电炉
7—瓷舟 8—第一冷却收集器
9—第二冷却收集器 a—焦性没食子酸溶液
b—干燥剂 c—玻璃纤维
d—干冰 e—三氯乙烯（试剂级以上）

● 硬质耐热玻璃管：内径约 30mm，长 400mm ±50mm。也可用二氧化硅或陶瓷管。

● 热电偶：测量范围 300 ~700℃。

● U 形玻璃管：ϕ20mm，带塞。

● 气体收集器：带塞玻璃瓶，内插 ϕ10mm 玻璃管。

2）分析天平：精度 0.1mg。

3）氮气：含氧量小于 0.01%。

4）焦性没食子酸溶液：取焦性没食子酸 5g 和氢氧化钾 50g，与蒸馏水 100mL 配制而成，用量为气体吸收塔容积 500mL 的$\frac{1}{3}$左右。

2. 试样制备

从电缆的一端切取一块足够重量护套试样。将试样切成小块，任何一边的大小应不超过 5mm。

3. 试验步骤

1）将瓷舟加热至赤红，取出在空气中放置 5min，移至干燥器中冷却至室温，称量至恒重为止，精确到 0.0001g。

2）将重量 1.0g ±0.1g 的聚乙烯试样放在瓷舟中，称量瓷舟和试样的总重，精确到 0.0001g。总重量减去瓷舟的重量，得聚乙烯的重量，精确到 0.0001g（重量 G_o）。

3）将装有试样的瓷舟放于硬质玻璃燃烧管的中部，然后将热电偶和一只供氮气的管子的塞子插进燃烧管的一端，热电偶的端部触及瓷舟，燃烧管的另一端（排气口）与两只串联的盛有三氯乙烯的冷却收集器连接。第一冷却收集器用干冰冷却，第二冷却收集器的排气管通向废气柜或户外大气。另外，也允许将燃烧管的出口直接通到户外大气。

4）在加热过程中通以氮气，氮气流量为(1.7L±0.3L)/min，并在以后加热过程中保持该流速。

5）炉子加热约10min后，温度应达到300～350℃之间，再加热10min约达450℃，继续加热10min，使温度达到500℃±5℃然后在此温度下保持10min。

如使用冷却收集器，在加热结束时要将排气和冷却收集器分开，把装有瓷舟的管子从炉中取出，冷却5min，氮气仍保持4）中规定的流速。

6）从燃烧管的氮气输入端取出瓷舟，在空气中放置5min，移置干燥器中冷却至室温，称重，精确到0.0001g（残留物的重量G_1）。

7）再将瓷舟放入燃烧管内，在500℃±20℃温度下，以适当流速将空气或氧气代替氮气，通到燃烧管内，应使残留炭黑燃烧，待试验装置完全冷却以后，取出瓷舟，再称重，测定残留物的重量，精确到0.0001g（残留物的重量G_2）。如果试样无矿物质填料时，本条可不做。

4. 试验结果及计算

1）测量结果按下式计算

$$A=\frac{G_1-G_2}{G_0}\times100\%$$

$$B=\frac{G_2}{G_0}\times100\%$$

$$C=\frac{G_1}{G_0}\times100\%$$

式中 A——炭黑含量（%）；

B——矿物质填料含量（%）；

C——填料总含量（%）。

2）试验结果取两个试验结果的算术平均值，取两位有效数字。

9.1.22 填充式电缆芯线与填充复合物的相容性试验

9.1.22.1 填充电缆绝缘线芯预处理后卷绕试验方法

1. 试验设备

1）光滑的金属芯轴和加重量的元件（砝码）；

2）卷绕装置，推荐采用具有机械驱动的试棒；

3）自然通风的电热烘箱。

2. 试样预处理

1）试样制备前应先处理，一根足够长度（大于2m）的成品电缆试样应放在空气中预处理（即悬挂在一台烘箱内），空气应连续维持在下列温度和时间上：

2）对于标称滴点在50～70℃（包括70℃）的填充混合物，为24h×7，60℃；

3）对于标称滴点在70以上的填充混合物，为24h×7，70℃。

4）在预处理后，应将电缆试样在环境度中至少冷却16h，但不得受到阳光直接照射，然后剥去护套，缆芯用适当的方法清除干净。

3. 试样制备

应在上述预处理后的电缆试样上，抽取规定数量的绝缘线芯，并去除线芯上的填充剂，保留导线在绝缘中，然后将试样伸直。

4. 试验步骤

1）试样卷绕。上述试样在环境温度中进行卷绕，为此目的，应在绝缘线芯的一端剥去绝缘，裸露导体，并在导体端头挂一重量，使导体截面上产生约15MPa×（1±20%）的拉力（对于壁厚小于或等于0.2mm的泡沫绝缘，拉力应减不到约7.5N/mm²)，用卷绕装置将试样另一端卷绕于金属试棒上10圈，卷绕速度约5s/圈，线圈的内径应为试样直径的1～1.5倍。

2）试样的热处理。将卷绕的试样从试棒上取下，垂直悬挂于自然空气的烘箱中央24h，温度为70℃±2℃，然后冷却至室温。

5. 试验结果

在冷却到室温后，当不用放大镜而用正常视力或矫正视力检查时，应不开裂，如果有一个试样不合格，试验可重做一次。

9.1.22.2 绝缘线增重试验方法

1. 试验设备

1）电热烘箱；

2）适当容积的玻璃瓶；

3）精度达到0.1mg的天平。

2. 试样制备

在填充工序前，从电缆内每咱颜色的绝缘线芯上取3根2m长的试样，每根试样再切成长度分别为600mm、800mm、600mm的3个试件。

3. 试验步骤

1）800mm长的试件应浸于有200g填充混合物的玻璃瓶中，并加热到下列温度：

① 对于滴点为50～70℃（包括70℃）的填充

混合物，为60℃±1℃；

② 对于滴点为70以上的填充混合物，为70℃±1℃。

2）800mm长试件的两个端头应在填充混合物之外，玻璃瓶应放置于烘箱内10天，使填充混合物连续保持上述规定温度。

3）从烘箱中取出试件，用吸收性纸仔细清除表面，再切除两个端头，仅留下中间500mm或更短的浸于填充混合物的部分。

4）两根600mm长的干试件，应切割到同样的长度。

5）从所有3根试件中抽去铜芯。

6）3个试件应在环境温度中称重，精确到0.5mg。

4. 试验结果及计算

绝缘线芯增重W应由下式求出：

$$W=\frac{M_2-M_1}{M_1}\times100\%$$

式中　M_1——两根干试件绝缘重量的平均值（mg）；

M_2——浸于填充混合物中试件绝缘的重量（mg）。

9.1.23　市内通信电缆结构尺寸试验方法

本试验方法适用检验铜芯聚烯烃绝缘铝塑综合护套市内通信电缆的结构，也适用于检验其他类似通信电缆的相关性能。

电缆的结构试验，包括电缆最大外径、护套厚度、吊带尺寸、线对绞合节距、纵包铝带重叠宽度、电缆长度标志误差的检查测量。

9.1.23.1　电缆最大外径、护套厚度、吊带尺寸测量

1. 试验设备

1）读数显微镜或放大倍数至少10倍的测量投影仪，精度0.01mm。有争议时，应采用读数显微镜。

2）千分尺：分度值0.01mm。

3）游标卡尺：分度值0.02mm。

2. 试样制备

1）从成品电缆两端各取一个长约100mm的试样进行测量。用游标卡尺测量电缆最大外径时，应在电缆两端直接测量。

2）护套内、外的所有元件应小心去除。

3）用适当工具从每个试样上沿着与电缆轴线相垂直的平面切取一个试片，必要时，切片应仔细修平。

3. 试验步骤

1）标试片置于读数显微镜或投影仪下，切割面与光轴垂直，然后读取护套（包括内护套、吊线护套）厚度与吊带高度和宽度。取两位小数，以毫米计。读取护套厚度时，应选最薄点。如果需要平均厚度，则选取圆周上均匀分布的6点（包括最薄点在内）。

2）允许用千分尺测量护套厚度。测量压力应为50~80kPa。有争议时，用读数显微镜测量。

3）允许用游标卡尺测量截面尺寸。有争议时，用读数显微镜测量。

4）测量电缆的最大外径时，用游标卡尺在电缆的两端测量并用目力选取最大值。测量时应尽量减小游标卡尺的接触压力。

4. 试验结果

1）护套厚度：护套最小厚度为两个试样测量值中的最小值。护套平均厚度为两个试样平均厚度中的最小值。

2）电缆最大外径：取测得的最大值。

3）吊带截面尺寸：以每个试样的测量值表示。

9.1.23.2　线对绞合节距测量

1. 试验设备

钢直尺：分度值0.5mm。

2. 试样制备

从成品电缆上截取大约3.1mm长的一段电缆，小心剥去护套与包带层，从中取出一个基本单位的绝缘线对。

3. 试验步骤

把试验的线对小心取出并拉直，线对两端不得旋转，数出其上的完整的节距个数，用钢直尺测量出所有完整节距的长度，精确到0.5mm。

4. 试验结果及计算

1）丝对绞合节距用平均值表示。

2）用所有完整节距的长度除以完整节距的个数，得到线对绞合节距的平均值。

9.1.23.3　纵包铝（钢）带重叠宽度测量

1. 试验设备

1）游标卡尺：分度值0.02mm。

2）钢锯或类似工具。

2. 试样制备

从成品电缆两端各垂直切取一段护套试样（包括非粘结型护套），将每段试样沿轴向剖成两片，保留含有搭缝的一片。

3. 试验步骤

用游标卡尺分别在含有搭缝的每个试样两端测

量铝带重叠宽度，精确到0.1mm。

4. 试验结果及计算

以每个试样每端的测量值表示。

9.1.23.4 电缆长度标志误差试验

1. 试验设备

1）电缆复绕设备。

2）钢卷尺：分度值1mm，长度至少30m。

2. 试样制备

试样为制造长度的成品电缆。

3. 试验步骤

将电缆以适当方式进行复绕，复绕时应尽量使电缆呈直线，若电缆悬空，应增加中间支撑点以减小垂度。测量时应沿电缆的中心轴线进行。复绕一段丈量一段，逐段记录丈量结果，精确到1mm。丈量从电缆一端的长度标志开始，到最靠近电缆另一端的长度标志为止。

4. 试验结果及计算

电缆长度标志误差按下式计算

$$\delta = \frac{L_1 - L_0}{L_0} \times 100\%$$

式中 δ——电缆长度标志误差（%）；

L_1——电缆标志长度（m）；

L_0——电缆丈量长度（m）。

9.2 数字通信电缆机械、物理及环境性能

数字通信电缆的国际标准为IEC 61156《Multicore and symmetrical pair/quad cables for digital communications》，其等效的国家标准为GB/T 18015《数字通信用对绞或星绞多芯对称电缆》。随着通信技术的不断发展，数字通信电缆的结构、材料、传输性能、机械物理性能以及环境性能也提出了更高的要求，有的数字通信电缆也逐渐应用于更加恶劣的环境之中。因此，数字通信电缆标准（IEC61156）也进行了多次的修订，确定了更合适的试验方法。

数字通信电缆的机械物理性能及环境性能测试主要采用的标准为IEC 60811《Common test methods for insulating and sheathing materials of electric cables and optical cables》，其等效的国家标准为GB/T 2951《电缆和光缆绝缘和护套材料通用试验方法》，主要测试项目有绝缘和护套的抗拉强度及伸长率、电缆的结构尺寸、绝缘和护套的老化、电缆的低温试验等。

由于数字通信电缆具有优良及特殊的性能，被广泛地应用于各个领域，因此应用环境对数字通信电缆提出了更高的要求，最新的IEC 61156-1充分体现在性能指标和试验方法上，如耦合衰减测试要求、不同环境温度下衰减测试要求、捆扎电缆之间的串音测试要求、弯曲性能试验要求等。另外，根据数字通信电缆使用环境的恶劣程度（IEC 62012-1—2002《在恶劣条件环境中数字通信用对绞或星绞多芯对称电缆 第1部分：总规范》）增加了盐雾、稳态湿热、辐射、耐溶剂、水平燃烧等试验要求。

9.2.1 反复弯曲试验

1. 试验目的

确定电缆承受多次反复弯曲的能力。

2. 试验设备

弯曲角度±90°的弯曲试验机，如图3-9-15所示试验样品绕心轴从最右边位置摆动到最左端再回到最右端的起始位置为1次弯曲。除非另有规定，弯曲速率为2s/次。

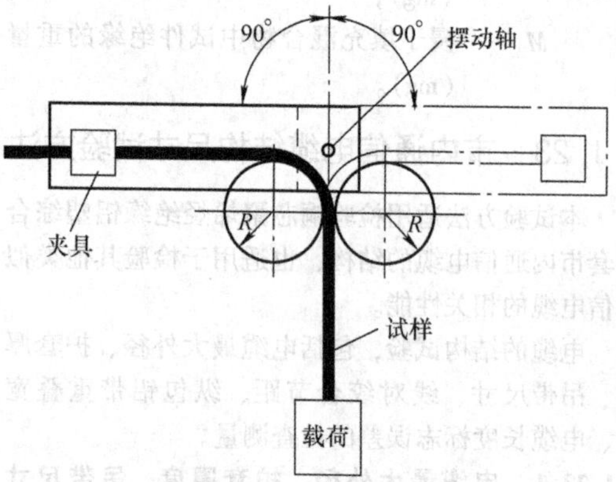

图3-9-15 弯曲试验机

3. 试验样品

试样长度应根据产品规范所规定的性能指标选择合适的长度。如只需要测定电缆的机械损伤时，电缆长度为1~5m。

4. 试验步骤

1）试样应在环境温度下预处理至少24h。

2）将样品按照图3-9-15所示安装于弯曲试验机。

3）根据相关规范选择载荷和心轴直径。

4）启动试验设备，进行弯曲试验，当弯曲次数达到规定次数后停止试验。

5. 要求

应满足相关规范的要求，典型的失效模式包括传输性能的损失、导体连续性或电缆结构的机械损伤。

9.2.2 张力下弯曲试验

1. 试验目的

确定电缆承受多次张力下反复弯曲的能力。

2. 试验设备

1）拉力试验装置，力值误差 ±3%。

2）必要时，选择合适的传输性能测试设备。

3）U 形弯曲：一个半径为 r 的轮子（r 由相关产品规范确定）如图 3-9-16 所示。

4）S 形弯曲：一个半径为 R 的两个滚轮（R 由相关产品规范确定），具体结构如图 3-9-17 所示。

5）施加于图 3-9-16、图 3-9-17 中 A 点和 B 点位置的载荷的合适的试验装置。

3. 试验样品

试验样品应取自成品电缆一端。样品长度应满足相关规范规定，以满足测试需求。

4. 试验步骤

试验应在环境温度下进行；如有相关规范要求，在电缆施加载荷之前应记录电缆的传输性能，在试验结束后载荷为零时，记录电缆的传输性能。

（1）U 形弯曲试验

1）将电缆绕半径为 r 的轮子 180°，如图 3-9-16 所示。

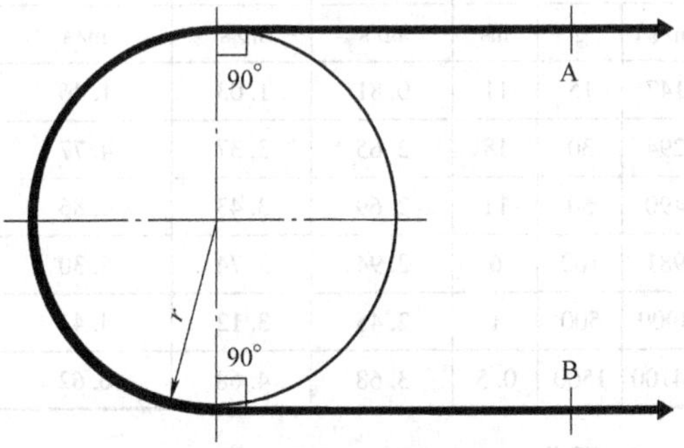

图 3-9-16 U 形弯曲

2）在电缆的两端施加要求的载荷。

3）拖动电缆从 A 点移动到 B 点，再从 B 点返回 A 点，作为 1 个周期。

4）试验周期按照相关规范的规定。

（2）S 形弯曲试验

1）将电缆绕半径为 R 的两个轮子，如图 3-9-17 所示。

2）在电缆的两端施加要求的载荷。

3）拖动电缆从 A 点移动到 B 点，再从 B 点返回 A 点，作为 1 个周期。

4）试验周期按照相关规范的规定。

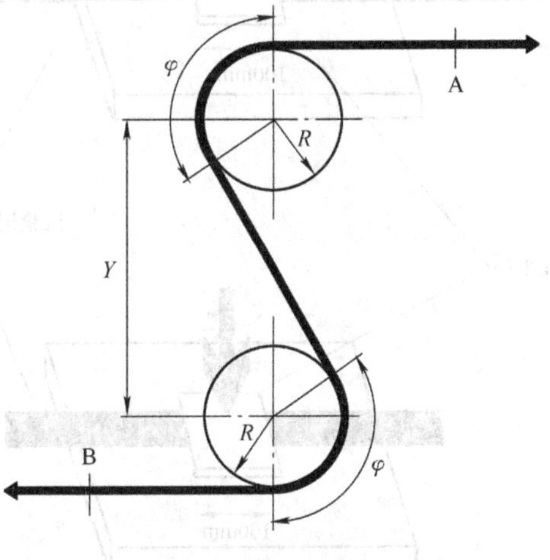

图 3-9-17 S 形弯曲

5. 要求

试验结束后，应测量导体之间、导体和屏蔽间（如果有的话）的绝缘电气强度。电压值及试验时间应满足相关产品规范的规定。

9.2.3 压扁试验

1. 试验目的

确定电缆组件承受施加到电缆任一部位的横向负荷（或力）的能力。

2. 试验步骤

试验应在 100m 长的电缆距近端 1m 处进行。

应无任何突然变化地逐渐施加相关的电缆规范中规定的负载（F），保持 2min，如图 3-9-18 所示。如果逐级增加负载，其每级增加比率应不大于 1.5。

3. 要求

在试验期间，传输特性应在详细规范中规定的限值之内。详细规范可另外规定要完成的其他试验。

9.2.4 振动

1. 试验步骤

本试验应按 GB/T 2423.10—2008 中的规定进行。

2. 严酷度

振动严酷度应由频率范围、振幅和以循环次数表示的持续时间 3 个参数共同确定。相关规范应从

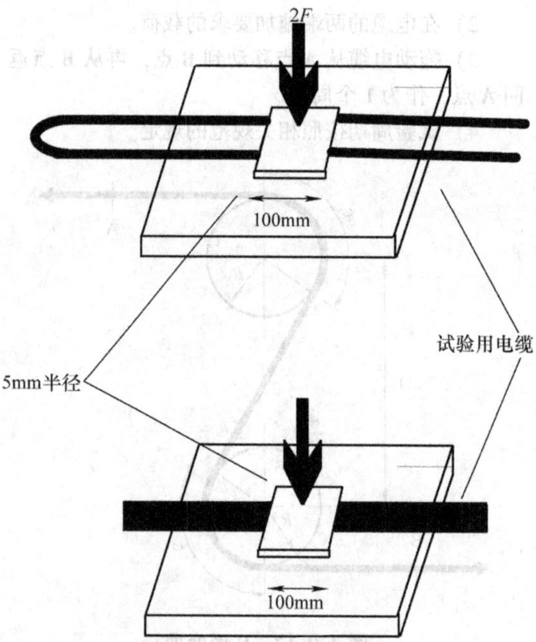

图 3-9-18 电缆压扁试验

下列推荐值中选取适当的参数。

振动频率范围：10 ~ 150Hz；10 ~ 500Hz；10 ~ 2000Hz。

振幅：频率低于 57 ~ 62Hz 时应规定振动位移幅值，频率高于 57 ~ 62Hz 时应规定加速度幅值（见表 3-9-12）。

表 3-9-12 振幅要求

位移幅值/mm	加速度/（m/s^2）	幅值 g
0.75	98	10
1.0	147	15
1.5	196	20

持续时间：在每个轴线的振动循环次数：2 次，5 次，10 次或 20 次。

3. 要求

除非在详细规范中另有规定，在恢复周期结束时，电缆应符合下列试验的要求：

1）绝缘电阻。

2）耐电压。

3）插入损耗。

4）目力检查。

绝缘电阻和耐电压试验应在试样恢复期终止后的 30min 内进行。

9.2.5 碰撞

1. 试验步骤

本试验应按 GB/T 2423.6—1995 中的试验 Eb 进行。

2. 严酷度

除非在分规范或相关的详细规范中另有要求，应选择以下推荐的严酷度：碰撞次数为 1000 ± 10。

3. 要求

除非在详细规范中另有规定，在恢复周期终止时，电缆应符合下列试验的要求：

1）绝缘电阻。

2）耐电压。

3）插入损耗。

4）目力检查。

绝缘电阻和耐电压试验应在试样恢复期终止后的 30min 内进行。

9.2.6 冲击

1. 试验步骤

试验应按照 GB/T 2423.5—1995 中的试验 Ea 进行。

2. 严酷度

除非在分规范或相关详细规范中另有要求，应选择表 3-9-13 给出的一种脉冲波形。冲击的严酷度应由峰值加速度和标称脉冲的持续时间结合确定。

表 3-9-13 冲击严酷度

峰值加速度		持续时间	相应的速度变化量		
			锯齿波的最终峰值	半正弦波	梯形波
m/s^2	g	ms	m/s	m/s	m/s
147	15	11	0.81	1.03	1.46
294	30	18	2.65	3.37	4.77
490	50	11	2.69	3.43	4.86
981	100	6	2.94	3.74	5.30
4900	500	1	2.45	3.12	4.42
14700	1500	0.5	3.68	4.68	6.62

3. 要求

除非在详细规范中另有规定，在恢复周期结束时，电缆应符合下列试验的要求：

1）绝缘电阻。

2）耐电压。

3）插入损耗。

4）目力检查。

绝缘电阻和耐电压试验应在试样恢复期终止后的 30min 内进行。

9.2.7　稳态湿热

1. 试验步骤

试验应按 GB/T 2423.3—2006 中的试验方法 Ca 进行。电缆应缠绕在一个最小静态弯曲半径的芯轴上。除非在详细规范中另有规定，总圈数应为 3 圈。

2. 严酷度

除非在分规范或详细规范中另有规定，应选择下列推荐的一种严酷度：持续时间为 4 天、10 天、21 天或 56 天。

3. 要求

除非在详细规范中另有规定，当试样恢复期终止时，电缆应满足下列试验的要求：

1）绝缘电阻。

2）耐电压。

3）插入损耗。

4）目力检查。

绝缘电阻和耐电压试验应在试样恢复期终止后的 30min 内进行。

9.2.8　耐溶剂和污染流体

1. 试验步骤

试验应按 GB/T 11313.1—2013 中 9.7 进行。

2. 要求

除非在详细规范中另有规定，当试样恢复周期结束时，电缆应符合下列试验的要求：

1）绝缘电阻。

2）目力检查。

3）插入损耗。

4）护套的抗拉强度和伸长率。

9.2.9　盐雾和二氧化硫试验

1. 试验步骤

本试验方法应从 GB/T 2423 系列标准中选取。严酷度应在详细规范中规定。

2. 严酷度

盐雾试验应按 GB/T 2423.17—2008 中的试验方法 Ka 进行。试验持续时间应为 96h 或 168h。

二氧化硫试验应按 IEC 60068 - 2 - 42 中的试验方法 Kc 进行。试验持续时间应为 4 天。

3. 要求

除非在详细规范中另有规定，当试样恢复周期结束时，电缆应满足下列试验的要求：

1）绝缘电阻。

2）如出现，导体和屏蔽腐蚀状态的目力检查。

3）插入损耗。

9.2.10　浸水试验

1. 试验目的

确定电缆耐材料耐横向水密及吸水性能。

2. 试验设备

恒温水槽、绝缘电阻测试设备。

3. 试验步骤

1）将成品电缆 100m 浸入盛有水的恒温水槽中，电缆的两端露出水面。

2）水的温度控制在 20℃ ±3℃，并恒温产品规范中所要求的时间。

3）当到达规定的时间时，按照 GB/T 3048 中规定的试验方法测量电缆的单线的绝缘电阻。

4. 要求

电缆的单线的绝缘电阻应满足相关产品规范规定的要求。

9.2.11　毛细作用试验

1. 试验目的

确定电缆的纵向吸液性能。

2. 试验设备

1）烧杯：容积为 500 ~ 1000mL。

2）带有可移动的“+”字支架的试验装置（见图 3-9-19）。

3）3 个载荷为 25g 的铅坠。

4）荧光染料溶液：0.1g/L 的浓度。

5）3 张滤纸大小为（25mm × 25mm）。

3. 试验步骤

取 3 段长度约为 450mm 的样品，将铅坠分别悬挂于样品的一端（见图 3-9-19）。

1）将样品的另一端悬挂于试验装置的横梁上，样品之间的间距至少 25mm（见图 3-9-19）。

2）在样品上距离铅坠 75mm 的位置，将滤纸采用合适的方法固定。

3）在烧杯中加入荧光染料溶液，其液面深度为 75mm。

4）将装有 3 个样品的横梁装置慢慢下调，使样品浸入烧杯的溶液中，且液面到滤纸的距离为 25mm（见图 3-9-19），记录时间。

5）样品浸液 6h 后，检查滤纸下缘是否存在潮湿现象。

4. 要求

滤纸下缘不应有明显的潮湿现象。

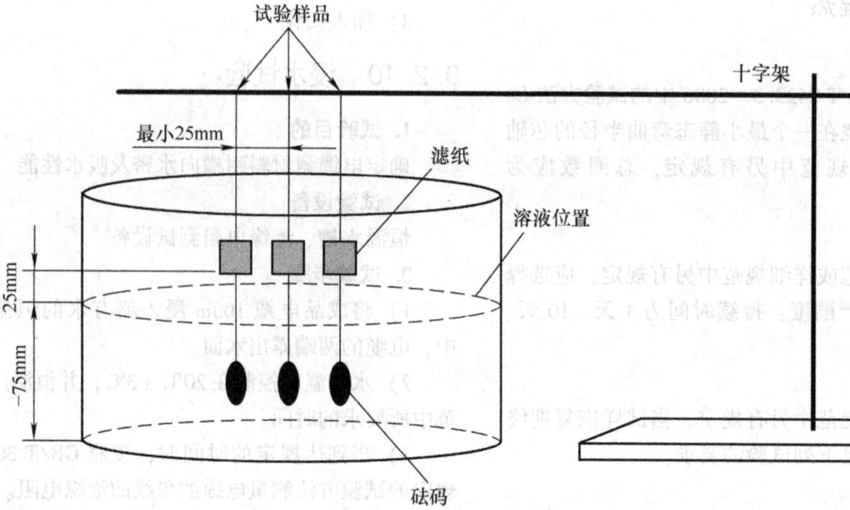

图 3-9-19 电缆的毛细作用试验

9.3 射频同轴电缆机械、物理及环境性能试验

射频同轴电缆主要采用 IEC 61196 标准，其等效的国家标准为 GB/T 17737。射频同轴电缆的主要的机械、物理及环境性能试验采用 GB/T 2951《电缆和光缆绝缘和护套材料通用试验方法》，如老化、抗拉强度及伸长率等。另外，根据射频同轴电缆的使用要求在 IEC 61196 中有自己的试验方法，如在温度变化时的电容稳定性、衰减稳定性、高温试验后的主要电气性能和机械性能、低温弯曲性能、高温下机械变形的能力，确保电缆的使用寿命。

9.3.1 射频同轴电缆电容稳定性试验

1. 适用范围及目的

本方法适用于确定射频同轴电缆在温度变化时的电容稳定性。试验应考虑以下方面：

1）由于绝缘的塑性流动和外导体的拉伸引起的不可逆变化。

2）由于热膨胀或收缩，以及绝缘电性能的周期性变化引起的可逆变化。

2. 试验设备

1）高温试验箱、低温试验箱：应符合 GB/T2423.22—2012《环境试验 第 2 部分：试验方法 试验 N：温度变化》中第 3 章的规定。

2）测量电容所用的仪器：准确度等于或优于千分之一的电容表或电容电桥，频率为 800 ~ 1000Hz。

3. 试样制备

除整体外导体电缆的被试电缆（CUT）长度应约为 3m（准确到≤1%）以外，被试电缆（CUT）的长度应约为 15m。

被试电缆两端应进行处理以避免杂散电容。

4. 试验步骤

1）在正常的试验大气条件下，测量试样的电容。

2）把试样卷成直径不小于电缆标称外径 30 倍的圈束放入试验箱内。

3）除非相关分规范或详细规范另有规定外，被试电缆应经受表 3-9-14 中适用的温度循环，共 3 次。测量被试电缆在初始时和每一步骤后实际试验温度时的电容。

表 3-9-14 温度循环

步骤	发泡 PE 介质温度/℃	PE 介质温度/℃	PTFE 介质温度/℃	时间/h
初始	20 ± 2	20 ± 2	20 ± 2	≥2
1	65 ± 2	75 ± 2	250 ± 5	≥2
2	20 ± 2	20 ± 2	20 ± 2	≥2
3	−40 ± 2	−40 ± 2	−55 ± 2	≥2
4	20 ± 2	20 ± 2	20 ± 2	≥2

5. 测量

在每个温度改变终了时都应测量试样的电容，试验期间和试验后测得的电容变化均应不超过有关标准的规定值。

9.3.2　射频同轴电缆衰减稳定性试验

1. 适应范围及目的

本试验方法适用于考查射频同轴电缆在温度变化时的衰减稳定性。试验应考虑以下方面：

1）由于绝缘的塑性流动和外导体的拉伸引起的不可逆变化。

2）腐蚀对外导体各部分之间接触电阻的影响。

2. 试验设备

1）高温试验箱和低温试验箱：应符合 GB/T 2423.22—2012《环境试验　第 2 部分：试验方法试验 N：温度变化》中第 3 章的规定。

2）卷绕用芯轴：除另有规定外，其直径为电缆标称外径的 10 倍。

3）测量衰减所用的仪器：矢量网络分析仪

3. 试样制备

试样长度适当，应能满足矢量网络分析的动态范围。

4. 试验步骤

1）在正常的试验大气条件下测量试样的衰减，测量频率和要求按有关标准规定。

2）把试样卷成直径不小于电缆标称外径 30 倍的卷束放入试验箱内。

3）放入箱内的试样，除非相关分规范或详细规范另有规定外，被试电缆应经受表 3-9-14 中适用的温度循环，共 3 次。

5. 最后测量

1）试样在经受第 3 次循环终了时应在正常的试验大气条件下测量衰减，所测得衰减值的增量（试验前后衰减值之差）应不超过有关标准的规定值。

2）除另有规定外，把上述 1）测量后的试样在 10 倍电缆标称外径的芯轴上反复卷绕 20 次后，测其衰减值，此时相对于循环前的衰减值的增量，应不超过有关标准的规定值。

9.3.3　射频同轴电缆高温试验

1. 适用范围及目的

本方法适用于考查射频同轴电缆经高温试验后的主要电气性能和机械性能。

2. 试验设备

1）高温箱：应符合 GB/T 2423.2—2008《电工电子产品环境试验　第 2 部分：试验方法　试验 B：高温》中第 4 章规定。

2）卷绕用芯轴：除另有规定外，其直径为电缆标称外径的 10 倍。

3）测量衰减所用的仪器：矢量网络分析仪。

3. 试样制备

1）试样长度：除另有规定外，试样长度见表3-9-15。

表 3-9-15　试样长度

电缆标称外径 D_s/mm	≤12.7	>12.7
试样长度	$150D_s$	$>120D_s$

当有关标准对高温试验后有衰减增量规定时，应有一附加试样，其长度应能满足矢量网络分析的动态范围。

2）试样应从成品电缆上截取，电缆护套外面如有铠装，则试验前应将铠装去掉。

4. 试验步骤

1）当在高温试验后有衰减增量的规定时，则应在高温试验前在 3000MHz 时测量衰减。

2）把试样卷成直径不小于电缆标称外径 30 倍的圈束放入高温试验箱内。

3）除另有规定外，按表 3-9-16 调节高温箱的温度。

表 3-9-16　高温箱温度

电缆名称	温度/℃
聚乙烯绝缘射频同轴电缆	100^{+0}_{-4}
聚四氟乙烯绝缘射频同轴电缆	200 ± 5

4）试验时间从箱温达到规定温度时算起，试样在规定温度下保持 168h。

5）试验时间终了时，从箱内取出试样，并在正常的试验大气条件下冷却。除非另有规定，冷却时间为 1h。

5. 试验后要求

1）电气性能：当有关标准有要求时，重测 3000MHz 时的衰减，其增量应小于有关标准的规定值。

2）机械性能：将整段试样绕于芯轴上，然后解绕，在 5min 内完成上述动作 10 次。试样的绝缘和护套应无机械损伤。

椭圆形电缆的卷绕直径应是短轴的 10 倍，卷绕时短轴应与芯轴轴线垂直。

9.3.4　射频同轴电缆冷弯性能试验

1. 适用范围及目的

本试验方法适用于考查射频同轴电缆在低温下的弯曲性能。

2. 试验设备

1）低温试验箱：应符合 GB/T 2423.1—2008《电工电子产品环境试验 第1部分：试验方法 试验A：低温》中第4章的规定。

2）卷绕用芯轴：应在相应的电缆规范中规定，如柔软和半柔软射频同轴电缆的芯轴直径为电缆标称直径的10倍。

3. 试样制备

1）实心聚乙烯绝缘射频同轴电缆的试样长度，除另有规定外按表3-9-17选取。其他型式电缆的试样长度按有关标准的规定。

2）试样应从成品电缆上截取，电缆护套外面如有铠装，则试验前应将铠装去掉。

表3-9-17 试样长度

电缆标称外径 D_s/mm	≤12.5	>12.5
试样长度	$150D_s$	$>120D_s$

4. 试验步骤

1）将试样平直地放入低温箱内，如果设备不允许平直放置时，也可把试样卷成直径不小于电缆标称外径30倍的圈束放置。试验弯曲用的芯轴，也应一起放入低温箱内。

2）除另有规定外，半柔软射频同轴电缆按表3-9-18调节低温箱的温度。

表3-9-18 低温箱温度

电缆名称	温度/℃
实心聚乙烯绝缘，聚氯乙烯护套射频同轴电缆	-40±2
实心聚四氟乙烯绝缘，氟46护套射频同轴电缆	-55±2
实心聚四氟乙烯绝缘，聚四氟乙烯护套射频同轴电缆	-55±2

3）试验时间从箱温达到规定温度时算起，试样在规定温度下保持20h。

4）试验时间终了时，在同温下将试样以大约每4s一圈的卷绕速度在芯轴上密绕，卷绕所用的芯轴直径及卷绕圈数，对实心绝缘射频同轴电缆除另有规定外按表3-9-19中的规定。椭圆形电缆的卷绕直径应是短轴的10倍，卷绕时短轴应与芯轴线垂直。

表3-9-19 卷绕芯轴直径及圈数

电缆标称外径 D_s/mm	卷绕的芯轴直径	卷绕圈数
≤12.5	$10D_s$	3
>12.5		2

5. 试验后要求

从试验箱中取出试样后，其绝缘和护套应无机械损伤。

9.3.5 射频同轴电缆流动性试验

1. 适用范围及目的

本试验方法适用于考查绝缘外径不小于1.5mm和不大于17.3mm的实心聚乙烯绝缘射频同轴电缆的绝缘层在高温下抗机械变形的能力。

2. 试验设备

1）高温试验箱：应符合 GB/T 2423.2—2008《电工电子产品环境试验 第2部分：试验方法 试验B：高温》中第4章的规定。

2）芯轴：其直径为电缆标称外径的10倍。

3）读数显微镜：精度为0.01mm。

4）游标卡尺：应符合 GB/T 21389—2008《游标、带表和数显卡尺》的规定。

3. 试样制备

试样长度为电缆标称外径的30倍（剥头部分不计在内）。

4. 试验步骤

1）对于同轴电缆，测量试样两端同一侧绝缘厚度，计算其算术平均值 Δ_1，并对试样该侧厚度的位置做出标志。对于对称电缆不必计测 Δ_1。

2）试样两端剥出适当长度的内导体，备挂负荷之用。

3）将芯轴水平地放在支架上，并一起放入高温试验箱内。

4）调节高温箱的温度使之达到100℃±2℃。

5）在同轴电缆内导体或对称电缆两个内导体拧在一起的每一端挂上有关标准规定的负荷。

6）将挂有负荷的试样对称弯曲并自由地挂在高温箱内的芯轴上，并使试样绝缘的被测侧压在芯轴上。

7）试验时间从箱温恢复到规定温度时算起，保持5h。

8）试验时间终了时，取下负荷，从箱内取出试样，使其保持自由状态，在正常的试验大气条件下测量1h。

9）将试样弯曲部分的护套和屏蔽剥去，用适当的工具在弯曲部位中点沿着与内导体轴线垂直的面切一试片。

5. 最后测量与计算

1）射频同轴电缆测量按4中9）的方法切取的试片被压侧的厚度 Δ_2。

2）射频同轴电缆流动性位移为试验前后两次测量的绝缘厚度之差与电缆绝缘标称外径之比的百分数。

位移量按下式计算

$$X = \frac{\Delta_1 - \Delta_2}{D_1} \times 100\%$$

式中　X——流动性位移（%）；

Δ_1——试验前试样被测侧绝缘厚度的算术平均值（mm）；

Δ_2——试验后试样被测侧绝缘厚度（mm）；

D_1——电缆绝缘标称外径（mm）。

位移量应不超过有关标准的规定值。

3）射频对称电缆，在按本节 4 中 9）切取的试片上测量两个内导体到屏蔽层的距离。测得的任一距离应不小于有关标准的规定值。

9.3.6　射频同轴电缆尺寸稳定性试验

1. 适用范围及目的

本试验方法适用于考查绝缘外径为 7.25mm 及以下的柔软和半柔软实心绝缘射频同轴电缆受热后绝缘对内导体沿电缆轴向的位移量，以便得到电缆和连接器配合使用适用性的指示。

2. 试验设备

1）高温试验箱：应符合 GB/T 2423.2—2008《电工电子产品环境试验　第 1 部分：试验方法　试验 B：高温》中第 4 章规定。

2）圆柱形开口容器：其直径约为电缆最大外径的 30 倍（见图 3-9-20）。

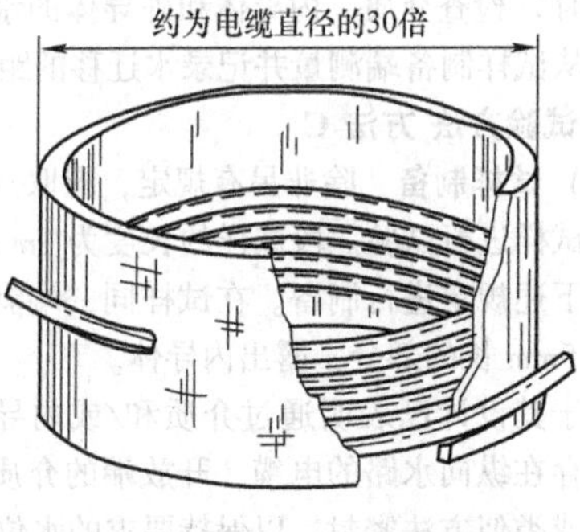

图 3-9-20　圆柱形开口容器图

3）读数显微镜：精度为 0.01mm。

4）游标卡尺：应符合 GB/T 21389—2008《游标、带表和数显卡尺》的规定。

3. 试样制作

1.5m 长的试样 3 个；试样两端应具有垂直于电缆轴线的光滑切面。

4. 试验步骤

1）将 3 根试样卷绕在圆柱形开口容器的内表面上（见图 3-9-20），在不用任何固定装置的条件下使试样保持其卷绕的位置。卷好后，检查电缆两端，其内导体和绝缘应处于同一平面上（根据实际情况，在开口容器中也可一次只放 1 根试样）。

2）调节高温箱的温度使之达到规定值。对实心聚乙烯绝缘射频同轴电缆，试验温度为 85℃ ±2℃。

3）将装有试样的开口容器放入高温箱内，试验时间从箱内温度恢复到规定温度时算起，保持 20h。

4）试验时间终了时，从箱内取出装有试样的开口容器并冷却到室温。

5. 最后测量及计算

1）在不解绕试样的情况下，测量试样两端绝缘对内导体的轴向位移。

2）6 个测量值的算术平均值即为内导体的轴向位移量。其值应符合有关标准的规定。

9.3.7　电缆的渗水试验

1. 适用范围及目的

本实验适用于同轴通信电缆，是确定通信布缆系统中电缆抵御水沿特定路径渗透能力的试验方法。渗水试验采用下述三种方法：

1）方法 A 是一种在内导体与介质之间以及通过介质材料的水迁移试验方法。

2）方法 B 是一种在内导体与介质之间、外导体与介质之间，及通过介质材料的水迁移试验方法。

3）方法 C 是一种沿整个电缆横截面的水迁移试验方法。

2. 试验设备

在图 3-9-21 中给出了一套适用的试验装置。

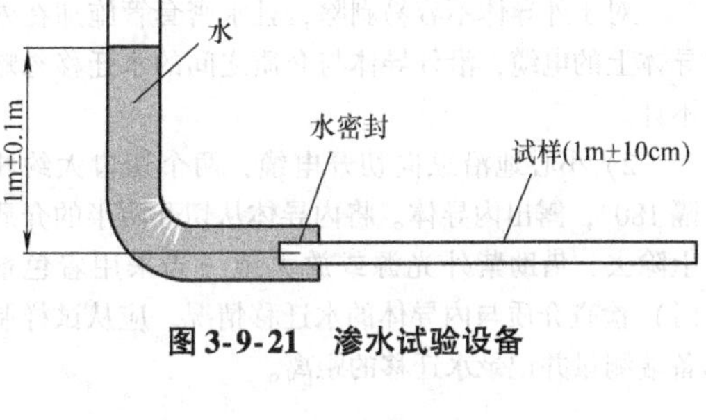

图 3-9-21　渗水试验设备

3. 试验方法方法 A

(1) 试样制备 除非另有规定，应取两段邻近的电缆试样进行试验。每段试样的长度应为 1m ± 0.1m，并按下述规定和图 3-9-22 所示进行制备。在试样一端剥除一段长约 75mm 长的护套和外导体，露出介质。在试样的同一端剥除一段长 5mm 的介质，露出内导体。

对于外导体不容易剥除的电缆，水密套管可以直接套在外导体上，沿介质到外导体出现的水迁移忽略不计。本试验不适合诸如 5－孔、螺旋和管状结构的电缆。

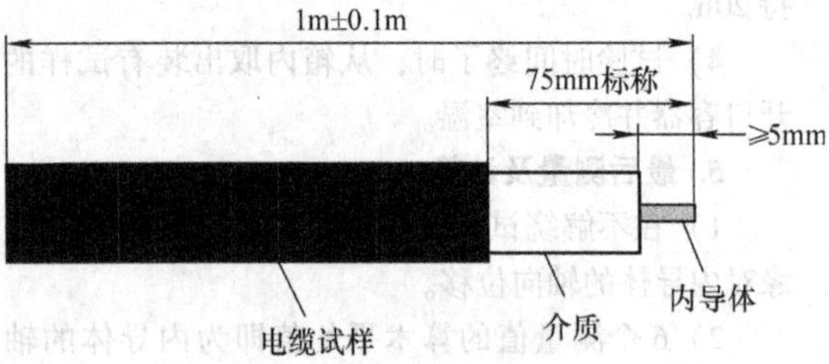

图 3-9-22 试样制备

(2) 试验步骤 将试样的制备端插入连接到渗水试验装置上的水密套管中（见图 3-9-21），使套管覆盖露出的介质。除非相另有规定，试样应水平支撑，并应在 (20 ± 5)℃ 温度下施加 1m 高的水柱，保持相关电缆规范规定的试验时间 (T)。

在整个试验时间 (T) 内应监控水位高度使之保持在 1m ± 0.1m。可以使用水溶性荧光染料或其他适合的着色剂帮助检查水迁移情况。选择荧光染料应小心，不得与电缆的任何构件发生反应。

(3) 试样检查 规定的试验时间 (T) 结束后，将试样从试验装置中取出。从试样制备端的介质开始截取相关电缆规范规定的一段长度 (L)，并应按下述规定检查这段试样：

1）借助紫外光源或放大镜（当采用着色剂时）在切开端检查介质的横截面，鉴别通过介质材料和/或在介质和内导体之间是否发生水迁移。

对于外导体不容易剥除，且水密套管施加在外导体上的电缆，沿外导体与介质之间的水迁移忽略不计。

2）小心地沿纵向切开电缆，两个切口大约相隔 180°，露出内导体。将内导体从切开两半的介质上除去，借助紫外光源或放大镜（当采用着色剂时）检查介质与内导体的水迁移情况。应从试样制备端测量并记录水迁移的距离。

4. 试验方法 方法 B

(1) 试样制备 除非另有规定，应取两段邻近的电缆试样进行试验。每段试样的长度为 1m ± 0.1m。

在试样一端剥除一段大约 75mm 长的护套，露出外导体。在试样同一端剥除一段不少于 5mm 长的外导体和介质，露出内导体。

(2) 试验步骤 将试样的制备端插入连接到渗水试验装置上的水密套管中（见图 3-9-21），使套管覆盖露出的外导体。除非相另有规定，试样应水平支撑，并应在 (20 ± 5)℃ 温度下，施加 1m 高的水柱，保持相关电缆规范规定的试验时间 (T)。

在整个试验时间 (T) 内应监控水位高度使之保持在 1m ± 0.1m。

可以使用水溶性荧光染料或其他适合的着色剂帮助检查水迁移情况。选择荧光染料应小心，不得与电缆的任何构件发生反应。

(3) 试样检查 规定的试验时间 (T) 结束后，将试样从试验装置中取出。从试样制备端截取相关电缆规范规定的一段长度 (L)，并应按下述规定检查这段试样：

1）借助紫外光源或放大镜（当采用着色剂时）在切开端检查介质的横截面，鉴别通过介质材料或在介质与内导体之间或介质与外导体之间是否发生水迁移。

2）小心地沿纵向切开电缆，两个切口大约分开 180°，露出内导体。将内导体和外导体从切开两半的介质上除去。借助紫外光源或放大镜（当采用着色剂时）检查介质、内导体和外导体的水迁移情况。应从试样制备端测量并记录水迁移的距离。

5. 试验方法 方法 C

(1) 试样制备 除非另有规定，应取两段邻近的电缆试样进行试验。段试样的长度为 1m ± 0.1m，并应按下述规定进行制备。在试样同一端剥除一段不少于 5mm 长的部分，露出内导体。

对于其设计已表明通过介质和/或内导体与介质之间存在纵向水路的电缆，开放端的介质必须用热缩帽或类似方法密封，以保持要求的水位。

对于铠装层未被设计为阻水结构的铠装电缆，在试样制备端插进水密试验装置之前可将铠装剥除。

(2) 试验步骤 将试样的制备端插入连接到渗水试验装置上的水密套管中，使套管覆盖露出的外导体。除非另有规定，试样应水平支撑，并应在 (20 ± 5)℃ 温度下，施加 1m 高的水柱，保持相关电缆规范规定的试验时间（T）。

在整个试验时间（T）内应监控水位高度使之保持在 1m ± 0.1m。可以使用水溶性荧光染料或其他适合的着色剂帮助检查水迁移情况。选择荧光染料应小心，不得与电缆的任何构件发生化学反应。

（3）试样检查

规定的试验时间（T）结束后，将试样从试验装置中取出。从试样制备端的介质开始截取相关电缆规范规定的一段长度（L），并应按下述规定检查这段试样：

1）借助紫外光源或放大镜（当采用着色剂时）在切开端检查电缆试样的横截面，鉴别通过电缆试样是否发生水迁移。

对于其设计已表明通过介质和/或内导体与介质之间存在纵向水路的电缆，在内导体与介质之间以及通过介质的水迁移忽略不计。

2）小心地沿纵向切开电缆，两个切口大约分开 180°，露出内导体。将内导体和外导体从切开两半的介质上除去。借助紫外光源或放大镜（当采用着色剂时）检查介质、内导体和外导体的水迁移情况。应从试样制备端测量并记录水迁移的距离。

9.3.8　椭圆度试验

1. 适用范围及目的

椭圆度是表征截面是否圆整。本方法适用于同轴通信电缆，以确定同轴电缆的绝缘、外导体和护套的椭圆度。

2. 试验设备

仪器分辨率为 0.01mm，可使用满足以下要求的仪器：

1）显微镜，可估读到小数点后第三位。

2）放大倍数至少为 10 倍的投影测量仪。

3）卡尺。

4）千分尺。

3. 试样制备

在成品电缆上截取三根试样，试样相隔至少 100mm。每根试样的横截面应切平并仔细地清理毛口。

4. 试验步骤

对每一横截面测量两次电缆外径，所测量的直径应相互垂直。每次测量时要选择合适的位置，两直径既保持相互垂直，又能给出它们最大差值。

5. 结果表示

椭圆度用下述公式计算：

$$O = \left[\frac{2(D_1 - D_2)}{D_1 + D_2}\right] \times 100\%$$

式中　D_1——较大直径实测值（mm）；

D_2——较小直径实测值（mm）；

O——椭圆度，以百分比来表示。

椭圆度大小取三根试样的三个椭圆度值的平均值。

9.3.9　偏心度试验

1. 适用范围及目的

偏心度是表征截面是否圆整。偏心度是通过测量电缆试样的介质（或外导体或屏蔽或护套）横截面的介质（或外导体或屏蔽或护套）径向厚度和外径确定的。

2. 试验设备

应使用一个具有 0.01mm 分辨率的测量显微镜，当测量厚度小于 0.5mm 时，它要估读到小数点后第三位。也可使用具有 10 倍放大功能的投影仪（或比较器）。但有争议时，应使用显微镜测量。

3. 试样制备

从成品电缆上截取长约 100mm 的三根电缆试样，间隔至少 1m。当测量介质偏心度时，电缆介质的外部构件应全部去除。当测量外导体或屏蔽的偏心度时，应去除外护套。试样两端应垂直切割平整并仔细地去除毛刺。

4. 试验步骤

应记录通过导体中心的介质（或外导体或屏蔽或护套）直径上的两个径向厚度，测量最大和最小径向厚度和该处的介质（或外导体或屏蔽或护套）的直径。

5. 结果表示

偏心度用下述公式计算：

$$偏心度 = \frac{T_{max} - T_{min}}{D} \times 100(\%)$$

式中　T_{max}——最大径向厚度（mm）；

T_{min}——最小径向厚度（mm）；

D——外径（mm）。

偏心度为三个试样偏心度的平均值。

9.3.10　耐热冲击试验

1. 适用范围及目的

确定绝缘或护套承受高温的能力。

2. 试验设备

高温箱：应符合 GB/T 2423.2—2008《电工电子产品环境试验　第 2 部分：试验方法　试验 B 高

温》中第4章规定。

3. 试样制备

从电缆成品上取样，对于外径小于12.5mm电缆，试样长度至少是成品电缆外径的150倍；对于外径大于等于12.5mm电缆，试样长度至少是成品电缆外径的120倍。试样应成圈，成圈外径应不小于电缆外径的30倍。

4. 试验步骤

将试样放入规定温度的高温试验箱内7d后取出，在室温下（20℃±5℃）下冷却1h，然后将整段试样缠绕在芯轴上，芯轴尺寸应为相应电缆规范中规定的最小弯曲半径，接着解绕试样，并在5分钟内重复10次。

剥开试样，用正常视力检查。

5. 结果要求

绝缘或护套应无机械损伤的痕迹。

9.3.11 铜包金属的扭转特性试验

1. 适用范围及目的

本试验检查导体经扭转至损坏以后的表面状况，以显示出其上是否存在固有缺陷。

2. 试样制备

夹具间的试样长度为试样直径的100倍。

3. 试验步骤

将一段导体以较小的拉力夹持于两个夹具之间，两夹具之间的距离等为试样直径的100倍。将一只夹具固定，另一只夹具以15次/min的速率进行扭转，所有扭转均应在同一方向上进行，直至试样损坏。

4. 结果要求

导体在断裂前应至少承受20次扭转；导体表面不应出现任何缝隙、大的凹陷或开裂，以表明其上不存在缺陷。铜层应不与母体金属脱离。

9.3.12 介质和护套的附着力

1. 适用范围及目的

本试验使用拉力机来确定绝缘对内、外导体以及护套对外导体的附着力。

2. 试验设备

拉力试验机、拉力试验夹钳。

3. 试样制备

从电缆成品上截取至少300mm长的两根试样，除非另有规定，每根电缆试样应按图3-9-23～图3-9-25来制备。

4. 试验步骤

将试样装入拉力机，试验夹具如图3-9-26所示。

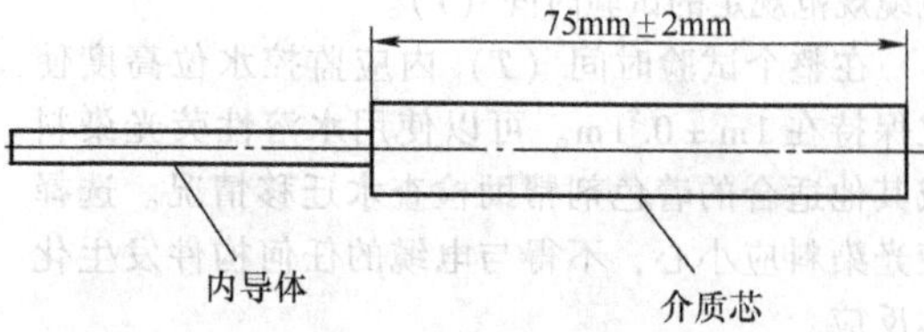

图3-9-23 柔软电缆剥头

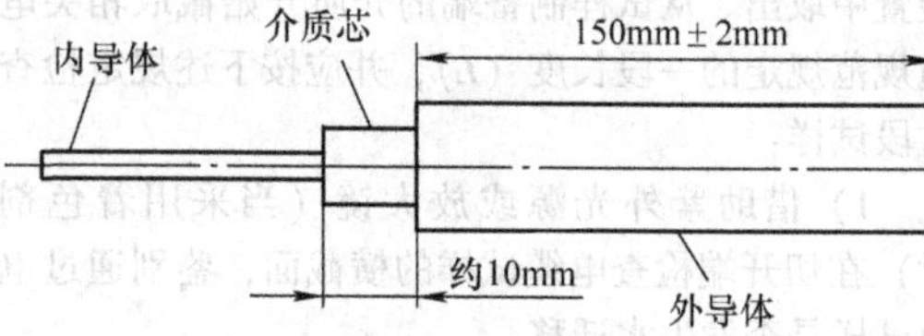

图3-9-24 半硬电缆剥头

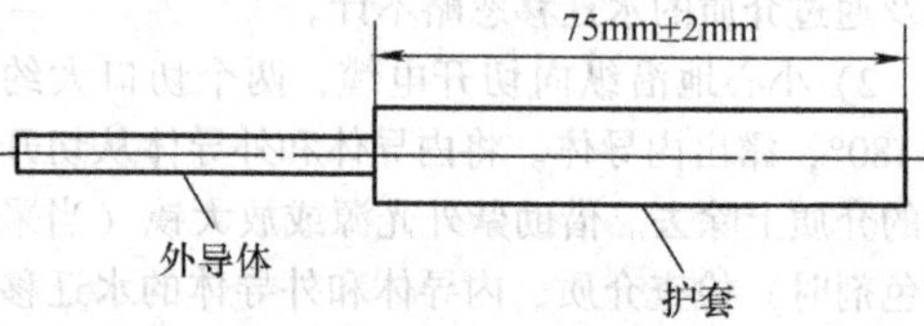

图3-9-25 护套剥头

试验板上小孔的直径应比内导体直径、介质外径或外导体直径大0.10mm±0.03mm，将内导体、介质芯或外导体穿过试验板上的小孔，用稳定增加的力以不大于100mm/min的速度拉拽，避免突然拉拽和猛拉。

5. 结果表示

绝缘附着力应定义为导体与绝缘之间的黏合破坏时的最大拉力读数。

护套附着力应定义为外导体和护套之间的黏合破坏时的最大拉力读数。

6. 要求

绝缘和/或护套附着力的值应符合相应电缆规范的规定。

9.3.13 电缆的弯曲试验

1. 适用范围及目的

本试验通过一段电缆成品经受反复弯曲试验的方法来确定电缆对使用和安装要求的适应性。该电缆段也应经受在芯轴上的弯曲，以确定其对包装的适应性。

2. 试样制备

从电缆成品的伸出端选择适当长度的电缆段。

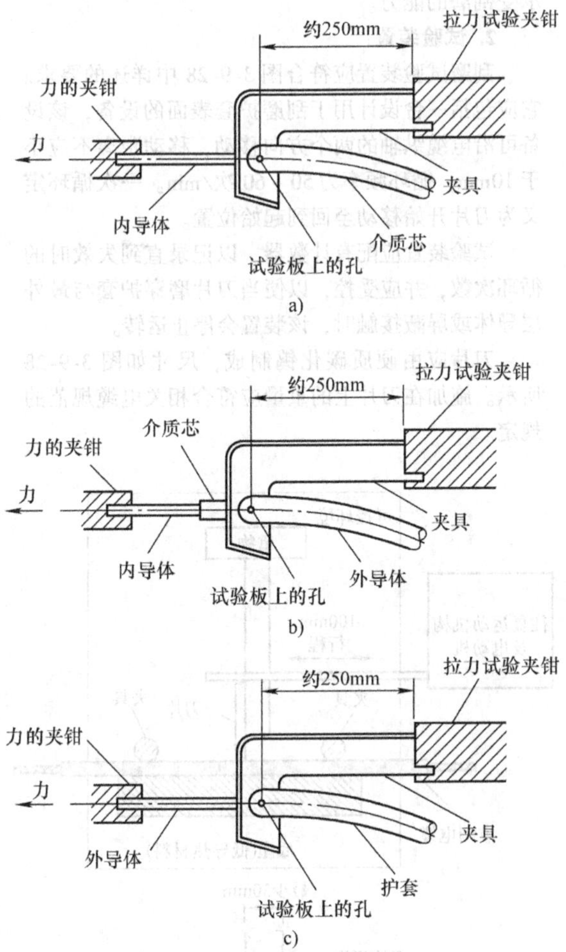

图 3-9-26　试样夹具

a）柔软电缆用试验夹具　b）半硬电缆用试验夹具
c）外导体和护套用试验夹具

3. 试验步骤

应按分规范或详细规范的规定，采用下列两个程序之一进行试验：

程序 1：

1）将试样绕试棒匀速缠绕成紧密的螺旋形。应施加足够的张力以保证试样紧贴试棒表面。然后，将试样解绕下来。

2）一次缠绕和一次解绕构成一次循环。

3）分规范或详细规范中应给出试棒直径、形成螺旋的圈数和循环次数。

程序 2：

将试样围绕试棒弯过 180°（U 形弯曲），并在弯曲过程中保持拉紧。一次 U 形弯曲接着一次反向 U 形弯曲，再返回到直线位置，构成一次循环。分规范或详细规范中应给出试棒直径和循环次数。

4. 要求

电缆的金属构件不应有裂缝或断裂。电缆应满足相应电缆规范规定的电气要求。

9.3.14　电缆抗压试验

1. 适用范围及目的

本试验确定电缆成品承受压力的能力。

2. 试验装置

试验装置能够使被试电缆在平的钢制基板和可移动钢板之间受压，施加在 100mm 长被试电缆上的力应均匀一致。可移动板边缘应倒圆，倒圆半径为 5mm。倒圆的边缘不含在 100mm 平板部分内。适合的试验装置如图 3-9-27 所示。

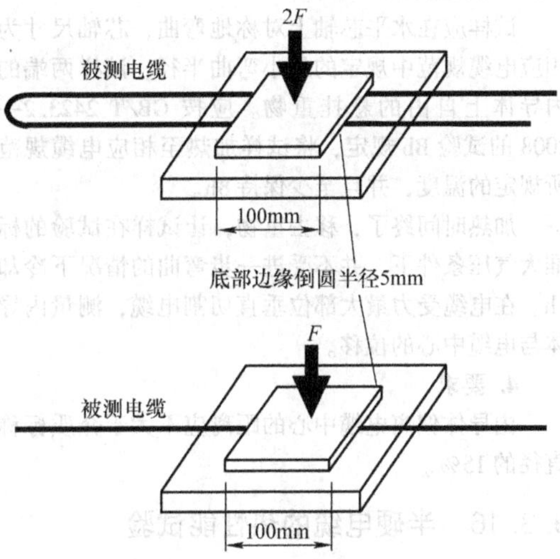

图 3-9-27　抗压试验装置

3. 试样

试样应有足够的长度以便进行规定的试验。除相关分规范或详细规范另有规定外，被试电缆试验温度应保持在 15 ~ 35℃之间。对于外径小于 5mm 的电缆，被试电缆可绕成一个环进行测试。在这种情况下，施加的力为规定值的两倍。环的半径应足够大，不影响电缆的传输特性。

4. 试验步骤

被试电缆应安装在试验装置的基板上，以防止横向滑动。用一个倒圆过的平行移动钢板在被试电缆上施加一个压力载荷。载荷应逐渐或步进施加至相关分规范或详细规范规定的值（F），不应有任何突然变化。最大载荷应持续 2min。去除载荷后，被试电缆可恢复 2min。如采用步进加载，步进载荷比不应超过1.5∶1。去除载荷后，由试验引起的阻抗不均匀性的大小应采用脉冲法或TDR法测试。

5. 要求

试验后，阻抗不均匀性大小应在详细规范规定的限定值内。

9.3.15 耐热流动性能试验

1. 适用范围及目的

在高温下介质承受由内导体施加的径向压力引起的机械变形的能力。

2. 试样制备

试样应从成品电缆上截取，其长度应至少是电缆外径30倍。将相应电缆规范中规定的重量加在电缆试样两端的内导体上。

3. 试验步骤

试样应在水平芯轴上对称地弯曲，芯轴尺寸为相应电缆规范中规定的最小弯曲半径，试样两端的内导体上自由的悬挂重物。应按GB/T 2423.2—2008的试验Bb规定，将试样加热至相应电缆规范所规定的温度，并且至少保持8h。

加热时间终了，移去重物，让试样在试验的标准大气压条件下，并不受进一步弯曲的情况下冷却1h。在电缆受力最大部位垂直切割电缆，测量内导体与电缆中心的位移。

4. 要求

内导体偏离电缆中心的距离应不大于介质标称直径的15%。

9.3.16 半硬电缆的热性能试验

1. 适用范围及目的

在高温下半硬电缆的结构承受介质膨胀的能力。

2. 试样制备

试样长度应为300～350mm。试样两端头应压扁封住，以防介质从管状外导体中伸出。

3. 试验步骤

试样应放置于高温箱内，在相应电缆规范规定的温度下放置1h，然后应将试样冷却到室温。用正常视力或不带放大的矫正视力进行检查。

4. 要求

外导体上应无目力可见的开裂和纵向裂缝，也无介质芯从试样两端伸出的现象。

9.3.17 电缆耐磨性试验

1. 适用范围及目的

本试验用磨损护套表面的办法来确定电缆护套承受刮磨的能力。

2. 试验装置

刮磨试验装置应符合图3-9-28中详述的要求。它应包括一台设计用于刮磨护套表面的设备，该设备可沿电缆纵轴的两个方向移动，移动距离不应小于10mm，循环频率为50～60次/min。一次循环定义为刀片开始移动至回到起始位置。

试验装置应配有计数器，以记录直到失效时的循环次数，并应受控，以便当刀片磨穿护套与最外层导体或屏蔽接触时，该装置会停止运转。

刀片应由硬质碳化钨制成，尺寸如图3-9-28所示。施加在刀片上的重量应符合相关电缆规范的规定。

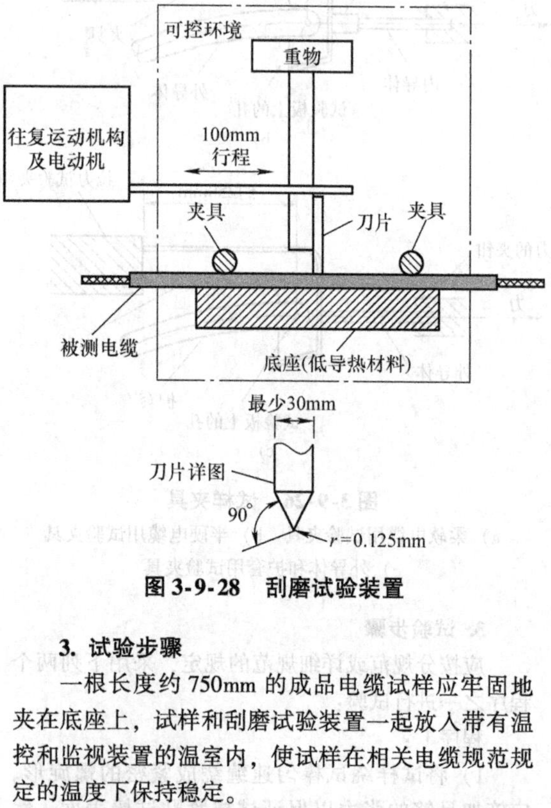

图3-9-28 刮磨试验装置

3. 试验步骤

一根长度约750mm的成品电缆试样应牢固地夹在底座上，试样和刮磨试验装置一起放入带有温控和监视装置的温室内，使试样在相关电缆规范规定的温度下保持稳定。

每根试样应进行4次试验，每进行一次试验，试样就朝前移动100mm，并朝一个方向转动90°。

4. 结果表示

耐磨定义为刀片磨穿护套，试验装置停止所需的完整循环次数。

5. 要求

四次试验的完整循环次数应符合相关分规范或详细规范的规定。

9.3.18　温度相位常数稳定性

1. 试验目的

确定射频同轴电缆在规定的频段内温度相位常数的稳定性。

相位常数是温度的函数，其变化可以是单向的也可以是多向的，相位常数稳定性用相位常数的总变化来表示，或者在相位－温度关系足够线性的温度范围内，用相位常数的温度系数来表示。

2. 相位常数的总相对变化

相位常数的总相对变化定义为

$$\delta\beta=\frac{\beta_2-\beta_1}{\beta_{\text{nom}}}=\frac{l_{\text{e},2}-l_{\text{e},1}}{l_{\text{mech}}}V_{\text{r,nom}}=(\tau_{\text{p},2}-\tau_{\text{p},1})cV_{\text{r,nom}}$$

式中　β_1——温度 t_1 时的相位常数（rad/m）；

β_2——温度 t_2 时的相位常数（rad/m），且 $t_2>t_1$；

β_{nom}——标称相位常数（rad/m）；

$\tau_{\text{p},1}$——温度 t_1 时的相位延迟（s/m）；

$\tau_{\text{p},2}$——温度 t_2 时的相位延迟（s/m），且 $t_2>t_1$；

c——真空中的传播速度（取 3×10^8 m/s）；

$l_{\text{e},1}$——温度 t_1 时的电长度（m）；

$l_{\text{e},2}$——温度 t_2 时的电长度（m），且 $t_2>t_1$；

l_{mech}——物理长度（m）；

$V_{\text{r,nom}}$——标称速比。

对于单向变化 t_1 和 t_2 是给定温度范围的极限温度。当变化的符号改变时，t_1 和 t_2 就成为 l_{e} 或 τ_{p} 出现极值时的温度。

3. 相位常数的温度系数

相位常数的温度系数定义为

$$CT=\frac{\delta\beta}{t_2-t_1}$$

式中　$\delta\beta$——相位常数的总相对变化值；

t_1，t_2——相移常数近似为线性的规定温度范围内的任意两个温度。

4. 试验样品

被测试样的长度取决于试验箱容积以及矢量网络分析仪的动态范围；应在试样的一端或两端安装接连接器，这取决于所选定的试验方法。

有关电缆规范应说明密封外导体电缆的两端是否应该密封或开放。

5. 试验步骤

1）试样应放入能容其自由膨胀的温度箱内。试样的最小弯曲半径推荐为有关电缆规范规定的最小弯曲半径的两倍。

2）为了消除相位常数的不可逆变化，必须将电缆试样进行若干温度循环的预先处理。在此情况下，循环的高温、低温、循环次数及持续时间应在有关电缆规范中作出规定。

3）电缆的电长度和相位延迟的应按照 IEC 61196－1－108 中的方法进行测试。测试频率或频率范围应按照相关规范的规定设定。

6. 要求

相位常数的最大相对变化和/或温度系数应符合有关电缆规范的规定。

9.3.19　弯曲相位稳定性试验

1. 试验目的

确定射频同轴电缆在规定的频段内温度相位常数的稳定性。

2. 试验设备

矢量网络分析仪一台，要求满足试验测试精度。满足相关规范规定的芯棒一根。

3. 样品制备

将被测电缆两端配接连接器制成电缆组件（以下简称样品），长度 L 应满足详细规范的要求如图3-9-29所示。

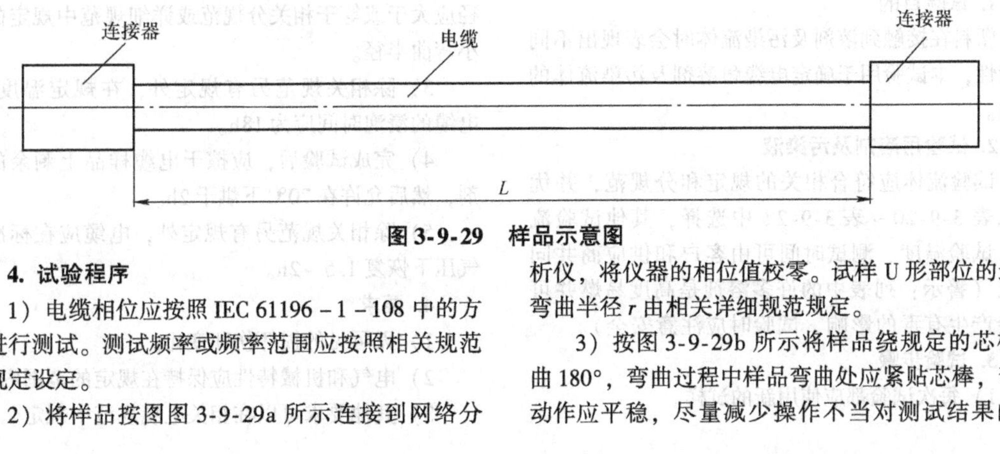

图 3-9-29　样品示意图

4. 试验程序

1）电缆相位应按照 IEC 61196－1－108 中的方法进行测试。测试频率或频率范围应按照相关规范的规定设定。

2）将样品按图图 3-9-29a 所示连接到网络分析仪，将仪器的相位值校零。试样 U 形部位的最小弯曲半径 r 由相关详细规范规定。

3）按图 3-9-29b 所示将样品绕规定的芯棒弯曲 180°，弯曲过程中样品弯曲处应紧贴芯棒，弯曲动作应平稳，尽量减少操作不当对测试结果的影响，记录相位随频率的变化曲线 1。

4）将样品的位置恢复至图图 3-9-29a 所示位置，然后按图 3-9-30c 所示将样品反方向绕芯棒弯曲 180°，记录相位随频率的变化曲线 2。

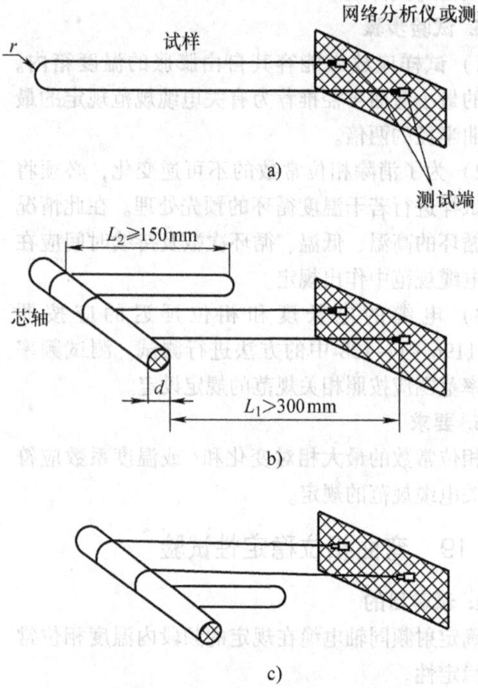

图 3-9-30 弯曲试验图

a）开始位置 b）第一次弯曲 c）第二次弯曲

5. 要求

在规定的频率点或范围内相位变化应满足相关详细规范的要求。

9.3.20 耐溶剂及污染液试验

1. 试验目的

塑料在接触到溶剂及污染流体时会表现出不同的特性，本试验用于确定电缆耐溶剂及污染流体的能力。

2. 试验用溶剂及污染液

试验流体应符合相关的规定和分规范，并优先从表 3-9-20～表 3-9-22 中选择；其他试验流体、试验温度、测试时间可由客户和供应商共同商定（警示：列表中的许多溶剂是高度易燃并可能会产生有毒的影响，试验时应注意安全）。

3. 试验步骤

1）每次试验都应使用新的试样。

表 3-9-20 燃料、润滑剂、液压油和防冻剂

序号	试验溶剂	试验温度
1	甲苯混合物（芳香）30% 和 isooctane（脂肪族异辛烷）70%（体积比）	40℃ ±2℃
2	宽馏分航空涡轮燃料，溶液 1 和 2 是会对电缆产生最坏影响的典型混合液	70℃ ±2℃
3	二癸二酸二辛酯（航空涡轮发动机润滑油）	150℃ ±2℃
4	矿物油，黏度约 15cst，38℃	70℃ ±2℃
5	蓖麻油 20%，2－乙氧基乙醇 80%（体积比）（一种常规的液压油）	20℃ ±2℃
6	磷酸盐酯液压油（合成液压油）	70℃ ±2℃
7	二甲基硅油（高温液压油）	150℃ ±2℃
8	锂皂/合成润滑油（低温润滑油）	20℃ ±2℃
9	一丙醇（防冻剂）	20℃ ±2℃
10	柴油机燃料	50℃ ±2℃

表 3-9-21 清洁剂和保湿剂

序号	测试溶剂	测试温度
1	四氯化碳	15～35℃
2	三氯乙烯，C 类	15～35℃
3	石油溶剂油	15～35℃
4	凡士林油	15～35℃

表 3-9-22 酸性和碱性溶剂

序号	测试溶剂	测试温度
1	盐酸（1mol/L）	70℃ ±2℃
2	烧碱（1mol/L）	70℃ ±2℃

2）应从成品电缆上取下试验所需足够长度的样品，并浸没于试验流体中，浸泡时的电缆弯曲半径应大于或等于相关分规范或详细规范中规定的最小弯曲半径。

3）除相关规范另有规定外，在规定温度下，电缆的浸泡时间应为 18h。

4）完成试验后，应擦干电缆样品上剩余的溶剂，然后允许在 70℃下烘干 2h。

5）除相关规范另有规定外，电缆应在标准大气压下恢复 1.5～2h。

4. 要求

1）无可见的损坏伤和变化。

2）电气和机械特性应保持在规定的范围内。

3）其他要求可以在相关电缆规范中规定。

9.3.21　电缆的高低温试验

1. 试验目的

确定电缆在使用、贮存或运输过程中经受可能发生的温度变化时传输性能稳定性的试验方法。

2. 试验设备

1）用于测定传输性能变化的适合的传输测量仪器。

2）高低温试验箱：试验箱应具有适合的尺寸，以便能容纳被试电缆，其温度应可控，并能保持在规定试验温度的 ±2℃ 范围之内。

3. 试验试样

根据分规范或详细规范的规定，被试电缆应有足够的长度。可将被试电缆卷绕成松圈或绕在芯轴上放入气候试验箱中。通常推荐如下：

1）卷绕直径应足够大，以保持被试电缆其适应不同的膨胀和收缩能力，卷绕直径应比电缆交货选择的直径大。

2）应避免由于条件引起限制使电缆膨胀（或收缩），避免在被试电缆上存有残留张力。

3）推荐使用松散卷绕，诸如大直径的圈、带有无张力柔软层的加衬芯轴等。

4. 试验步骤

（1）初始测量　在初始温度下，对被试电缆外观检查，并测量传输参数的初始值。

（2）循环过程

1）将环境温度下的被试电缆放入相同温度的试验箱中。

2）将试验箱内的温度以适当的冷却速率降低到适当的低温 T_A。

3）试验箱内温度达到 T_A 之后，在此低温条件下恒温适当时间 t_1。

4）将试验箱内温度以适当的加热速率升高到适当的高温 T_B。

5）试验箱内温度达到 T_B 之后，让被试电缆在此高温条件件恒温适当时间 t_1。

6）将试验箱内的温度以适当的冷却速率降到环境温度。

7）上述程序构成一次循环（见图 3-9-31）。

8）除非相关详细规范中另有规定，被试电缆应经受两次循环。

9）待被试电缆在环境温度下达到温度稳定后，从试验箱中取出。

10）如果相关详细规范给出的贮存温度范围和使用温度范围不同，允许使用符合图 3-9-32 所示的一个组合试验程序代替两个单独试验。

（3）恢复　被试电缆从试验箱中取出后，允许在标准大气条件下达到温度稳定。对于某一给定型号的试样，相关详细规范可以规定一个特定的恢复时间。

5. 要求

试验的合格判据应符合相关详细规范的规定，如相关规范中规定的下列内容：

1）循环过程中传输参数允许的变化和检验检查。

2）要测量的传输参数。

3）T_A、T_B 和 t_1 的值以及冷却或加热速率。

4）循环次数。

5）在每个温度极值下的湿度等级（如果有）。

6）恢复时间。

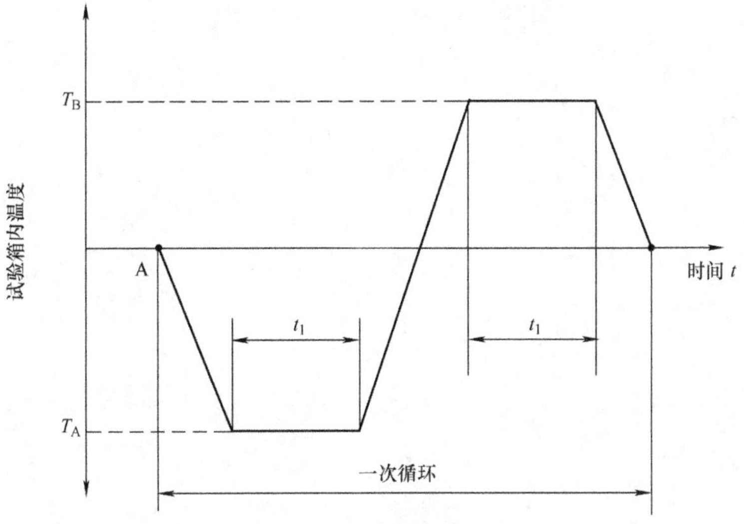

图 3-9-31　一次循环过程

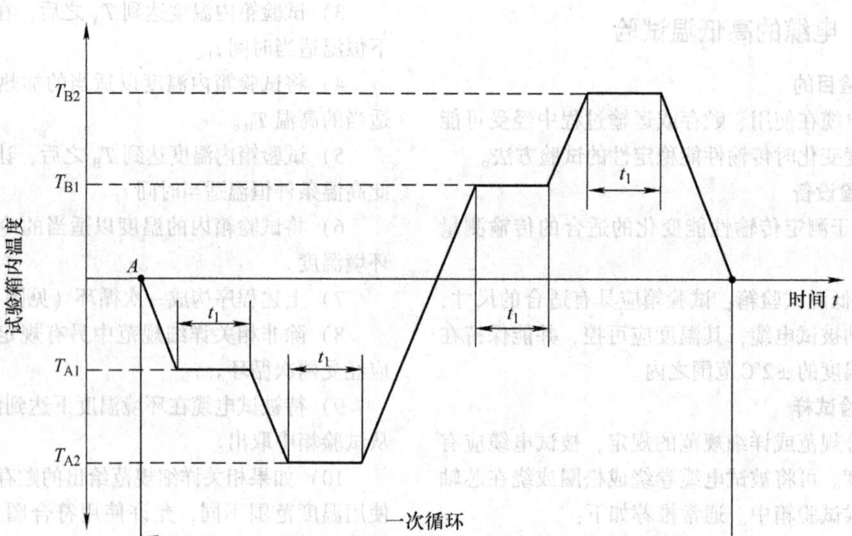

图 3-9-32　组合温度试验程序

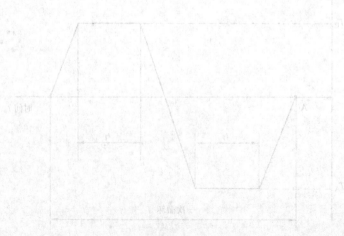

第 4 篇

光纤光缆

第1章 光纤通信简述

1.1 光纤通信发展简史

近代光通信开山鼻祖当属美国发明家贝尔(BELL，1847—1922年)。在1876年发明了电话之后，贝尔就设想利用光作为媒介来通电话。1881年，贝尔发表了《关于利用光线进行声音的产生与复制》的论文，他利用太阳光作光源，大气为传输媒质，用硒晶体作为光接收器件，成功地进行了光电话的实验，其通话距离最远达到了213m，开创了近代光通信的先河。与贝尔处在同一时代的爱尔兰物理学家廷德尔（Tyndall，1820—1893年）也是光通信发展史上不可或缺的人物。1870年，他在实验中观察到光线会随水流弯曲传播即“光弯曲”现象，这就是光全反射的试验基础。

1955年，英国卡帕尼博士发明了用极细的玻璃制作的光导纤维，每根光导纤维是用两种对光的折射率不同的玻璃制成。最初，这种光导纤维只应用在医学上，光损耗率非常大，为每千米几千分贝，因而应用范围受到限制。

1966年，英籍华裔科学家高锟博士在著名的《光频率的介质纤维表面波导》论文中提出：只要去除玻璃中的杂质，使其对光的吸收减到最小，就可以利用光导纤维进行远距离光信息传输，且用作光通信传输的光导纤维的损耗率必须小于20dB/km。这一观点的提出从理论上分析证明了用光纤作为传输媒介来实现光纤通信的可能性，并预言了制造通信用的超低损耗光纤的可能性。受高锟博士论文的启发，美国康宁公司科学家罗伯特·莫勒博士、唐纳德·凯克博士和皮特·舒尔茨博士坚信信息可以通过光来传输，他们花了4年时间对不同特性的玻璃材料进行实验，最终获得了成功，于1970年发明了第一根可用于通信的20dB/km的低损耗光纤，从此拉开了光纤通信的序幕。如今，光纤通信已经广泛的成功应用到信息通信、信息处理、医疗诊治、传能传像、遥测遥控等许多领域，大大改变了人们的生活方式和工作方式。高锟博士的预言终于成真，因此人们将高锟博士誉为“光纤之父”、“光纤通信之父”，高锟博士也于2009年获得诺贝尔物理学奖。

光纤的发明解决了实现光通信实用化的传输媒介问题，而激光器的发明又解决了实现光通信实用化的另一个关键问题，即高强度稳定光源问题。

激光的理论起源于物理学家爱因斯坦（Albert Einstein，1879—1955年）于1916年提出的一套全新的“受激辐射”技术理论。1950年法国中学教师阿尔弗雷德·卡斯特勒同让·布罗塞尔发明了“光泵激”技术，因此使他们在1966年获得了诺贝尔物理学奖。1960年，美国休斯航空公司研究员梅曼着手设计并建造了世界上第一台红宝石激光器，成功进行了人造激光的第一次试验，第一束人造激光就此诞生，这标志着人类科技史上一个新时代的来临。1970年，第一台能在室温下连续工作的双异质结 GaAs/AlGaAs 半导体激光器问世，为实用化的高强度稳定通信光源奠定了基础。

1974年，美国贝尔研究所发明了低损耗光纤制作法——CVD法（气相沉积法），使光纤损耗降低到1dB/km；1977年，贝尔研究所和日本电报电话公司几乎同时研制成功寿命达100万小时的半导体激光器，从而有了真正实用的激光器。1977年，世界上第一条光纤通信系统在美国芝加哥市投入商用，速率为45Mbit/s。1979年，我国分别在北京和上海建成了光纤通信试验系统，比世界上第一条光纤通信系统只晚两年多。

1970年，应该定义为光纤通信真正开启波澜壮阔伟大征程的历史元年！在这一年里，实用化的低损耗光纤和稳定化激光光源双双问世，使人们看到了光纤通信的曙光，揭开了光纤通信发展的新篇章，开启了光纤通信发展的新纪元。自此伊始，光纤通信在全球的发展可分成如下五个阶段：

第一阶段（1970—1980年），是全球光纤通信发展的启动阶段。其主要特征是光纤通信技术从试验室基础成果到社会商业应用的转化。这个时期中，出现了短波长（850nm）、低速率（34Mbit/s或45Mbit/s）多模光纤通信系统，无中继传输距离约为10km。

第二阶段（1980—1990年），是全球光纤通信发展的活跃阶段。其主要特征是光纤通信技术社会商业应用的多样化，是以技术导引社会应用，并以社会应用推进技术发展的活跃阶段，也是光纤通信技术得到大力推广应用和大发展的时期。在这个时期，光纤从多模发展到单模，工作波长从短波长（850nm）发展到长波长（1310nm和1550nm），实现了工作波长为1310nm、传输速率为140～565Mbit/s的单模光纤通信系统，无中继传输距离为50～100km。

第三阶段（1990—2000年），是全球光纤通信发展的高速阶段。主要特征是光纤通信社会商业应用的迅速普及，也是以超大容量超长距离为发展目标，全面深入开展新技术研究的时期。互联网带来了各种在以前不可能的新商业模式，极大推进了光纤通信网络建设。出现了1550nm色散位移单模光纤通信系统，采用外调制技术，传输速率可达2.5～10Gbit/s，无中继传输距离可达100～150km，实验室可以达到更高水平。在此期间，全球核心网、城域网开始大规模部署光纤通信系统。

第四阶段（2000—2010年），是全球光纤通信发展的调整阶段。在社会经济层面，互联网高科技企业市值大幅缩水成为互联网泡沫破裂的主要标志，导致市场应用端需求剧减，致使全球光纤通信发展遭遇重挫；在技术层面，光放大技术、波分复用技术、相干光通信技术逐渐成熟并进入实用，超长距离、超大容量、超高速率传输渐入佳境，为全球光纤通信的后续发展积蓄了充足的能量。应用层面的重挫与技术层面的进步同期并存，决定了光纤通信发展在这一周期必须进行盘桓调整的基调。2005年后，随着市场需求跌入低谷后的重新复苏，尤其是网络宽带化建设和移动互联网应用开始初露头角，光纤通信发展逐渐走出低迷，重新进入发展活跃期。

第五阶段（2010年以后），是全球光纤通信发展全面深入推进阶段。超高速宽带网络战略已成为世界众多国家的首选，主要特征集中在三个方面：①在系统传输速率方面，100Gbit/s已经进入商用，400Gbit/s系统已经进入试验，实验室最高系统速率已达1Tbit/s量级；②在传输媒介方面，常规光纤中的低损耗光纤乃至超低损耗光纤、（超）低损耗大有效面积光纤（陆用G.654）见诸应用，实验室中的超低损耗光纤产品的极限传输损耗甚至达到0.149dB/km，已经非常接近理论极限值；③在网络建设方面，FTTH进入全面部署，光进铜退持续推进，移动互联网建设渐入佳境，3G/4G建设如火如荼，5G概念演进，“宽带世界、宽带中国、智慧城市”的无线+有线的接入网宽带化如日中天。一场以全光网为建设终极目标的信息、通信和技术革命正在全球持续推进。一张无处不在的宽带网络，一个无所不能的信息社会，正在微笑着向我们走来！

信息化是现代社会的主要标志，信息高速公路是实现现代社会信息化的基础和前提。在较长时期内，光纤光缆仍然是构筑信息高速公路的不可替代的唯一媒介。光纤通信技术不仅仅改变了人们的工作方式和生活方式，更重要的是它大大推进了人类社会的物质文明建设和精神文明建设。

1.2 光纤光缆主要特点

光纤通信是以光波作为信息载体，以光纤作为传输媒介的一种通信方式。构成光纤通信的基本物质要素是光纤光缆、光源和光检测器。由于激光具有高方向性、高相干性、高单色性等显著优点，因此光纤通信中的光波主要是激光，所以又叫作激光-光纤通信。光纤光缆是由一根或多根光纤按一定规则与其他材料一起组合成缆状体的具备承载光学信号传输功能的一种线缆产品。光纤除了按制造工艺、材料组成以及光学特性进行分类外，在应用中，光纤常按用途进行分类，可分为传输介质光纤和功能器件光纤。传输介质光纤又分为通用与专用两种，而功能器件光纤则指用于完成光波的放大、整形、分频、倍频、调制以及光振荡等功能的光纤，并常以某种功能器件的形式出现。光纤通信之所以发展迅猛，主要缘于光纤通信具有以下特点：

1）通信容量大、传输损耗低、传输距离远。

2）抗电磁干扰、传输质量佳，电通信不能解决各种电磁干扰问题。

3）信号干扰小、无辐射、难于窃听、保密性能好。

4）光纤尺寸小、重量轻，便于铺设和运输。

5）材料来源丰富，环境保护好，有利于节约有色金属铜。

6）光缆适应性强，寿命长。

光纤是高度标准化的产品，不仅表现在其世界范围内的技术性能指标上的一致性，更是表现在其尺寸指标的严格规定及其一致性。全球范围内光纤的产品标准几乎是一致的，世界各国均遵循国际电工技术委员会（IEC）或国际电信联盟电信标准化组织（ITU-T）标准，我国也不例外。

光纤是全介质材料的组合体。常规石英光纤由裸光纤和被覆层组成。裸光纤的主要材料是纯石英（二氧化硅）。根据光纤类别的不同和结构设计的不同，纤芯区或包层区掺有极少量的锗、氟等无机材料；被覆层的材料是有机树脂，一般由内外两层构成，内层为低模量树脂，外层为高模量树脂。

由于光纤是全介质材料，衍生出另外两个特点：一个是质量轻；一个是抗电磁干扰。质量轻的好处不仅在于便于运输、敷设等等工程层面，更在于它能大大降低舰载、机载、车载等应用时的有效载荷，大幅提升舰船、飞机、机车的性能，尤其在航空、空天、舰船应用场合，光纤有传统金属传输媒介（铜、铝、银等）不可比拟的优势。抗电磁干扰表现在光纤既不受周边环境外来电磁场的干扰，自身也不产生电磁场干扰周边环境，这一特征不仅保证了信息传输的安全可靠，免除了传统电缆抗干扰屏蔽的繁琐和成本，更是符合当今社会倡导的绿色安全、环境友好的目标。

光纤的另一个显著特征是尺寸小。常规光纤的涂覆层外径标称值为 245μm，裸光纤的外径标称值仅为 125μm，而传统的长途传输用同轴电缆单管尺寸为：小同轴 1.2/4.4mm，中同轴 2.6/9.5mm。仅从物理尺寸上看就差别巨大，如果再从外径/带宽比来看，更是天壤之别！光纤外径小的好处除前面说的质量轻以外最主要的是占用空间小，这一点对日益拥挤的城市管道来说相当重要。

决定光纤成为世界光通信发展史上具有革命性价值媒介的最重要两个要素特征：一是光纤拥有巨大的传输带宽；另一个是光纤拥有极低的传输损耗，这两者相辅相成，相得益彰。

光纤的传输带宽究竟有多大？从理论上说，可以理解为无限大，但现实上是不可能实现的，一根光纤的潜在带宽可达 20THz。下面通过一个简单计算可以了解一根光纤的传输带宽潜能有多大。

以当前常用的无水峰单模光纤（G.652D）为例，可用波长从 1260～1675nm，共有 415nm 宽度。目前光纤通信系统提高最大传输容量的方法主要有两种：一种是提高传输速率，如 2.5Gbit/s、10Gbit/s、40Gbit/s、100Gbit/s、400Gbit/s；另一种是采用波分复用技术，所谓波分复用，是将光纤的各个传输波段，按照一定的间隔，如 1.6nm（200GHz）、0.8nm（100GHz）、0.4nm（50GHz）等，分隔成很多较小的频带，这就叫波分，然后把每个频带的中心频率作为载波，用它来承载各个不同码速的光通路。在一根光纤中同时传输多个波长的光通路，这就叫复用。如果以 0.8nm（100GHz）间隔来分割 415nm 的带宽，可以波分出 518 个小频带，以每个小频带传输码速为 40Gbit/s 计算，一根光纤中可以同时传输 518×40Gbit/s = 20720Gbit/s，如果宽带信息以 2Mbit/s 口来计算，20720Gbit/s 可以分出（20720×1000）/2 = 1036 万个 2Mbit/s 口，若用传输电话回路的多少来衡量最大传输容量的话，一个 2Mbit/s 口可以传输 30 个电话回路，1036 万个 2Mbit/s 口，可以传输 10360000×30 = 3.108 亿个电话回路。从这个例子中可以充分了解光纤的带宽能力，这是传统传输媒介无法比拟的，这也是光纤的最大优势特征之一。

光纤的传输损耗究竟有多少？从光纤诞生开始，降低传输损耗一直是人们关注并努力的目标。如果不考虑光缆制造及施工敷设过程中的附加损耗，光纤的损耗主要由吸收损耗、散射损耗两部分组成。本征损耗是指光纤材料固有的一种损耗，是无法避免的，它决定了光纤的损耗极限。石英光纤的本征损耗包括光纤的本征吸收和瑞利散射造成的损耗。本征吸收是石英材料本身固有的吸收，包括红外吸收和紫外吸收。红外吸收是由于分子振动引起的，它在 1500～1700nm 波长区对光纤通信有影响；紫外吸收是由于电子跃迁引起的，它在 700～1100nm 波长区对光纤通信有影响。瑞利散射是由于光纤折射率在微观上的随机起伏所引起的，这种材料折射率的不均匀性使光波产生散射。瑞利散射在 600～1600nm 波段对光纤通信产生影响。1970 年康宁公司拉制出 20dB/km 的光纤，经过各国科技人员 40 余年的不懈努力，2013 年世界范围内宣布的光纤最低损耗为 0.149dB/km，已经非常接近光纤损耗本征值。如此低的传输损耗是传统传输媒介无法比拟的，这是光纤的另一个优势特征。

光纤的巨大的传输带宽和极低的传输损耗两大优势特征使得光纤的应用如虎添翼，现代信息社会所需的大容量、长距离光纤通信系统应运而生。2009 年，巴黎和法兰克福之间部署了世界上第一条商用 100Gbit/s 光纤链路，2013 年，100Gbit/s 技术在全球市场迎来了爆发性增长，中国的电信运营商的 100Gbit/s 光纤通信系统建设规模不断刷新世界记录，因此，2013 年也被称为 100Gbit/s 技术的"中国商用元年"，业界也广泛认为 100Gbit/s 技术开启了"黄金十年"的商用期。低损耗光纤和新型光放大器的联合应用，使得跨距超过 1000km 的 100Gbit/s 传输成为现实，也将为 400Gbit/s、1Tbit/s 乃至更高容量光通信系统的商用打下坚实的基础。

综上所述，组成光纤的主要材料和光纤波导本身的结构特点决定了光纤的优势特征主要集中在外径小、质量轻、全介质、电磁兼容、低损耗、高带宽等方面。也正是由于光纤本身的这些特点，也给光纤在具体应用过程中带来了一些缺陷，如石英玻璃材料的脆性和不耐弯折、机械强度差，光纤外径纤细易受外力损伤，在潮湿环境下强度易下降，作为弱波导在宏弯和微弯状态下易产生附加损耗，分路、耦合不灵活，光纤光缆的弯曲半径不能过小，光纤的切断和接续需要专用工具、设备和技术，有供电困难问题等，这些也就是光纤本身特点带来的劣势特征。所以，要将光纤的优势特征充分为我所用，必须先解决其劣势特征带来的掣肘。可行的解决方法和途径体现在光纤光缆设计、制造、敷设应用的整个过程。

1.3 光纤通信的光波段

光是一种电磁波。通常将红外线、可见光和紫外线均划入光波范围。除可见光外，所有电磁波肉眼都是看不见的。表 4-1-1 示出了电磁波谱和在通信中的应用。

表 4-1-1 电磁波谱

名称		频率	波长	通信应用
	宇宙(射)线	3×10^{22}Hz	10fm	
		3×10^{21}Hz	100fm	
	γ 射线	3×10^{20}Hz	1pm	
		3×10^{19}Hz	10pm	
	X 射线	3×10^{18}Hz	100pm	
		3×10^{17}Hz	1nm	
	紫外辐射(UV)(紫外光)	3×10^{16}Hz	10nm	
		3×10^{15}Hz	100nm	
	可见光(0.4～0.7μm)	300THz	1μm	光纤通信
	红外辐射(1R)(近红外光)	30THz	10μm	
	(远红外光)	3THz	100μm	
微波：亚毫米波		300GHz	1mm	毫米波通信
毫米波	极高频(EHF)	30GHz	1cm	
厘米波	超高频(SHF)	3GHz	1dm	微波通信
分米波	特高频(UHF)	300MHz	1m	移动通信
超短波	甚高频(VHF)	30MHz	10m	电视
短波	高频(HF)	3MHz	100m	短波通信
中波	中频(MF)	300kHz	1km	广播
长波	低频(LF)	30kHz	10km	载波电话；无线电导航
通长波	甚低频(VLF)	3kHz	100km	
		300Hz	10^6m	音频电话；数据通信
极长波	极低频(ELF)	30Hz	10^7m	电报

光纤通信目前使用的波段是处于近红外光之内，波长范围为0.8～1.6μm。对应于0.85μm（850nm）、1.31μm（1310nm）、1.55μm（1550nm）、1.625μm（1625nm）的四个区域分别称为光纤通信的第一、第二、第三和第四“窗口”。以常用的无水峰单模光纤（G.652D）为例，可用波长为1260～1675nm，共有415nm宽度，一般把这415nm宽度划分成O、E、S、C、L、U六个波段，具体划分方法如下：初始波段（O波段）1260～1360nm，扩展波段（E波段）1360～1460nm，短波段（S波段）1460～1530nm，常规波段（C波段）1530～1565nm，长波段（L波段）1565～1625nm，超长波段（U波段）1625～1675nm。当前各国光纤通信大都运用在C与L波段，而且仅使用其中的一小部分，还有大部分频率未曾使用。由于通信容量与电磁波频率成正比例增加，光纤通信的频率为10^{14}～10^{15} Hz数量级，比常用的微波频率还要高10^4～10^5倍，因此光纤通信具有频带宽、容量大的特点。

1.4 光纤通信系统

1.4.1 基本构成

光纤通信系统的基本构成如图4-1-1所示。图中表示的是单方向传输信道，主要由三部分组成：①光发送端机TX；②光缆传输线路；③光接收端机RX。其中C为连接器。

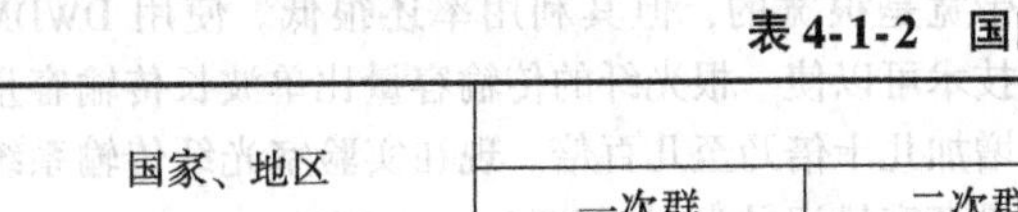

图4-1-1 光纤通信系统的基本构成

光发送端机是把从电发送端机来的电信号，经调制电路驱动光源，使电信号调制到光波上，把电信号电流变为光信号功率，即电－光转换。光源主要采用半导体激光器（LD）。

已调制的光信号通过光连接器从光发送端机送至光缆中的光纤，并传输到光接收端机。

光接收端机主要由光检测器、放大器和均衡器等组成。光检测器把光信号还原成电信号，即光－电转换。光检测器采用雪崩光敏二极管（APD）或光敏二极管（PIN－PD）。检波后得到的电信号经过适当处理再送到电接收端机。

光纤通信依据传输信号的形成分为模拟方式和数字方式。在模拟通信中，用电视信号或话音直接调制光强时，对光电器件的非线性要求高，而且信息是载在连续变化的信号上，由于噪声的叠加，特别是要使信号复原，接收端必须有大的光通量，就只能缩短传输距离。但在数字通信中，因为信息对应脉冲的有无，这不仅对光电器件非线性要求较低，并与模拟方式相比可大大增加中继距离。

为了传输高速率的窄脉冲序列，数字通信必须占有更宽的频带。而光纤的传输频带极宽，正适合高速率、大容量数字通信的要求，因此光纤通信系统主要用于数字传输。

1.4.2 数字通信系列

光纤数字通信中，多路复接采用时分复用形式，表4-1-2列出了国际上现用的数字通信系列。美国（加拿大）和日本是以1.544Mbit/s的24个话路PCM方式为基础的数字通信系列；欧洲是以2.048Mbit/s的30个话路PCM方式为基础的数字通信系列；我国使用的同于欧洲系列，即四个基群复接为二次群（8.448Mbit/s），四个二次群再复接为三次群（34.368Mbit/s）……，如此复接下去，得到高比特率的多路复接数字信号。以上三种系列在多路复接过程中大量采用正码速调整异步（准同步）复接方式。

表4-1-2 国际上数字通信制式

国家、地区	数字制式				
	一次群	二次群	三次群	四次群	五次群
欧洲	2.048Mbit/s (30CH)	8.448Mbit/s ×4（120CH）	34.368Mbit/s ×4（480CH）	139.264Mbit/s ×4（1920CH）	564.992Mbit/s ×4（7680CH）
美国（加拿大）	1.544Mbit/s (24CH)	6.312Mbit/s ×4（96CH）	44.736Mbit/s ×7（672CH）	274.176Mbit/s ×6（4032CH）	
日本	1.544Mbit/s (24CH)	6.312Mbit/s ×4（96CH）	32.064Mbit/s ×5（480CH）	97.728Mbit/s ×3（1440CH）	397.200Mbit/s ×4（5760CH）

具有相同速率等级且满足规定接口特性的光终端设备（光端机），可以与相应等级的各数字电终端设备（电端机）直接连通，从而构成不同速率等级的光缆数字通信系统。对于采用不同数字系列等级的各国之间的电话连接，可以在具有统一标准接口的64kbit/s低速率口上接通。

随着通信业务需求的多样化、宽带化和现代通信技术的发展，光缆通信正在向超大容量进展。这不仅使不同系列的互连兼容问题日益突出，而且使通信网的结构日趋复杂，既影响传输质量和通信可靠性，也不利于灵活、实时地接入或提取宽窄不同频带的各种信息和进行有效的网络管理。为此1988年国际电报电话咨询委员会（CCITT）确立了新的世界统一的同步数字系列（Synchronous Digital Hierarchy，SDH）和通信网中统一的网络节点接口（Network Node Interface，NNI）的规范标准，从而在高速率下形成世界统一的传输方式。

同步数字系列（SDH）的基本构成如图4-1-2所示。各次群在其内部按不同等级层次完成同步或异步的码速调整后进行复接，最后被同步到基本速率155.52Mbit/s上。在STM－1以上，都是同步复接，速率为155.52Mbit/s的N整数倍。现选用$N=(1)$，4，16，与其相对应的ST－4，STM－16的系统速率分别为622.08Mbit/s，2.488Gbit/s。

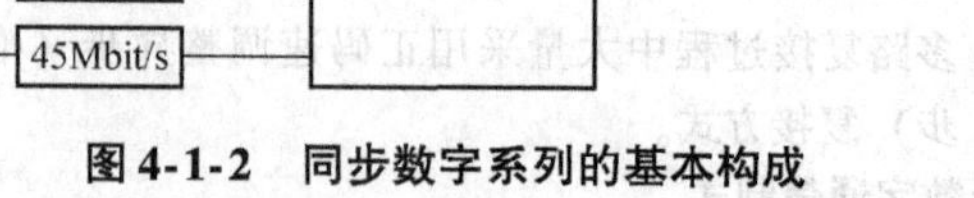

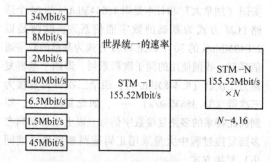

图4-1-2 同步数字系列的基本构成

同步数字系列统一了世界不同系列速率等级，大大便利于国际通信网的互连和国内不同厂家设备的互通兼容，也易于向更高速率发展。对于各低次群可以不经中间复接分支过程而直接上下电路，简化了设备及网络的结构，而且可以更加灵活方便地适应各种通信新业务，大幅度提高网络运营管理水平与经济效益。SDH主要用于光纤通信系统，同时也应用于其他大容量通信系统。

1.4.3 波分复用技术

光纤通信系统按照信号的复用方式来进行分类，可分为时分复用（Time Division Multiplexing，TDM）、波分复用（Wavelength Division Multiplexing，WDM）和空分复用（Space Division Multiplexing，SDM）。所谓时分、波分和空分复用，是指按时间、波长和空间来进行分割的光通信系统。

波分复用利用了一根光纤可以同时传输多个不同波长的光载波特点，把光纤可能应用的波长范围划分成若干个波段，每个波段作一个独立的通道传输一种预定波长的光信号。目前，同一光纤中相邻通道的波长间隔可以达到0.8nm或更小，这种技术被称为密集波分复用（Dense Wavelength Division Multiplexing，DWDM）。

图4-1-3给出了典型的DWDM构成及光谱示意图。发送端的光发射机发出波长不同而精度和稳定度满足一定要求的光信号，经过光波长复用器复用在一起送入掺铒光纤功率放大器（掺铒光纤放大器主要用来弥补合波器引起的功率损失和提高光信号的发送功率），再将放大后的多路光信号送入光纤传输，中间可以根据情况决定有无光线路放大器，到达接收端经光前置放大器（主要用于提高接收灵敏度，以便延长传输距离）放大以后，送入光波长分用器分解出原来的各路光信号。如果每通道（波长）承载10Gbit/s信号，且光纤中同时传输40个通道（波长），那么此光纤通信系统的容量就高达10Gbit/s×40 = 400Gbit/s。

打个比方，这里可以将一根光纤看作是一个“多车道”的公用道路，传统的TDM系统只不过利用了这条道路的一条车道，提高比特率相当于在该车道上加快行驶速度来增加单位时间内的运输量。而使用DWDM技术，类似利用公用道路上尚未使用的车道，以获取光纤中未开发的巨大传输能力。

DWDM技术具有如下特点：

(1) 超大容量 目前使用的普通光纤可传输的带宽是很宽的，但其利用率还很低。使用DWDM技术可以使一根光纤的传输容量比单波长传输容量增加几十倍乃至几百倍。现在实验室光纤传输系统最高容量记录为102.3Tbit/s ＋ 240km。

(2) 对数据的“透明”传输 由于DWDM系统按光波长的不同进行复用和解复用，而与信号的速率和电调制方式无关，即对数据是“透明”的。一个WDM系统的业务可以承载多种格式的“业务”信号，如ATM、IP或者将来有可能出现的信号。WDM系统完成的是透明传输，对于“业务”层信号来说，WDM系统中的各个光波长通道就像“虚拟”的光纤一样。

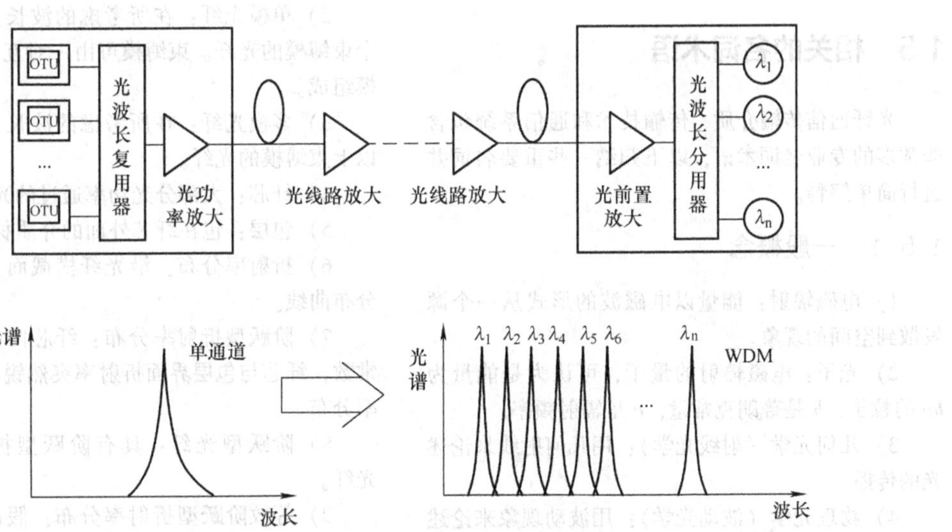

图 4-1-3　DWDM 系统构成及光谱示意图

(3) 系统升级时能最大限度地保护已有投资　在网络扩充和发展中，无须对光缆线路进行改造，只需更换光发射机和光接收机即可实现，是理想的扩容手段，也是引入宽带业务（例如，CATV、HDTV 和 B-ISDN 等）的方便手段，而且利用增加一个波长即可引入任意想要的新业务或新容量。

(4) 高度的组网灵活性、经济性和可靠性　利用 DWDM 技术构成的新型通信网络比用传统的电时分复用技术组成的网络结构要大大简化，而且网络层次分明，各种业务的调度只需调整相应光信号的波长即可实现。由于网络结构简化、层次分明以及业务调度方便，由此而带来的网络的灵活性、经济性和可靠性是显而易见的。

(5) 可兼容全光交换　可以预见，在未来可望实现的全光网络中，各种电信业务的上/下、交叉连接等都是在光上通过对光信号波长的改变和调整来实现的。因此，WDM 技术将是实现全光网的关键技术之一，而且 DWDM 系统能与未来的全光网兼容，将来可能会在已经建成的 WDM 系统的基础上实现透明的、具有高度生存性的全光网络。

1.4.4　光纤通信系统发展趋势

国家信息网络建设离不开光传输基础设施建设，光纤通信正在从多通道、高速率向超高速超大容量超长距离（3U）光通信演进。2009 年，Verizon 在巴黎和法兰克福之间部署了第一条商用的 100Gbit/s 光纤链路。随后，阿尔卡特朗讯所提出的 100Gbit/s 信号调制方式与相干接收技术被写入国际标准，大大加快了该技术的产业化进程。2013 年，100Gbit/s 技术在全球市场迎来了爆发性增长，100Gbit/s 的收入逼近整体市场的 15%。在中国市场，电信运营商的 100Gbit/s 光纤通信系统建设规模不断刷新世界纪录，因此，2013 年也被称为 100Gbit/s 技术的“中国商用元年”，业界也广泛认为 100Gbit/s 技术开启了“黄金十年”的商用期。

随着大数据、智慧城市、云技术、移动互联网以及物联网迅猛发展，流量需求正按着每十年 1000 倍的速度增长。目前，光纤骨干传输网络也加快向超 100Gbit/s 技术与 P（= 10^6 G）比特容量系统的方向发展，如基于双载波的 PM-16QAM 的 400Gbit/s 技术、多芯光纤的 SDM 系统等。与此同时，基于数字相干技术与光电集成器件的 100Gbit/s 城域网技术、以及采用 WDM 方式堆叠的下一代 PON 光纤接入技术在未来几年内会得到广泛应用。图 4-1-4 所示为光传输系统发展趋势。

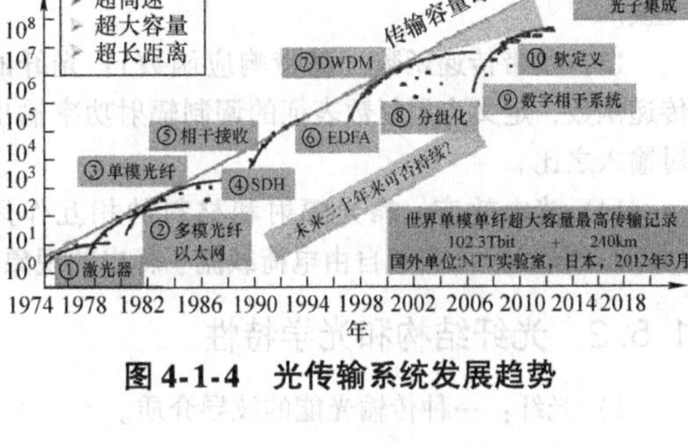

图 4-1-4　光传输系统发展趋势

1.5 相关的名词术语

光纤通信传输介质、传输技术和通信系统包含非常多的专业名词术语，以下归纳一些重要名词并进行简单解释。

1.5.1 一般概念

1）电磁辐射：能量以电磁波的形式从一个源发散到空间的现象。

2）光子：电磁辐射的量子，可认为是能量为 $h\nu$ 的粒子，h 是普朗克常量，ν 是辐射频率。

3）几何光学（射线光学）：用几何射线来论述光的传播。

4）物理光学（波动光学）：用波动现象来论述光的传播。

5）纤维光学：光学技术的一个分支，是关于使用透明材料如玻璃、熔融石英或塑料制造的纤维来传播光功率的光学技术。

6）磁光效应：在磁场作用下材料光学特性变化的效应。磁光材料通常用来使线偏振波的偏振产生旋转。

7）光波导：一种能引导光功率的传输线。

8）衰减：两点间电磁功率的减少。可以按两点上的功率值之比来定量表示功率减少。通常采用对数单位。

9）光纤衰减：光纤两点间光功率的减少。可以按两点上的功率值之比来定量表示。

10）光谱窗口（光波导的）：光波导中传输损耗小，能使光系统易于完成工作的波长区域。

11）带宽（光纤的）：数值上等于光纤基带传递函数的大小下降到某一规定值（通常是下降到零频率时幅值的一半）时的最低调制频率。

12）传递函数（频率响应）：表征频域信号通过设备时输出输入之比。它是两个复数量之比。这些复数量是时域信号的傅里叶变换或拉普拉斯变换。

13）基带传递函数（基带响应函数）：光纤的传递函数，定义为用复数表征的调制辐射功率输出对输入之比。

14）光电效应：靠光辐射和材料的相互作用（即光子吸收）而引起自由电荷载流子释出的现象。

1.5.2 光纤结构和光学特性

1）光纤：一种传输光能的波导介质。

2）单模光纤：在所考虑的波长上只能传导一个束缚模的光纤。束缚模可由一对互相垂直的偏振模组成。

3）多模光纤：在所考虑的波长上能传播两个以上束缚模的光纤。

4）纤芯：大部分光功率通过的光纤中心区。

5）包层：包在纤芯外面的介质材料。

6）折射率分布：沿光纤横截面直径的折射率分布曲线。

7）阶跃型折射率分布：纤芯内的折射率保持常数，纤芯与包层界面折射率突然锐减的一种折射率分布。

8）阶跃型光纤：具有阶跃型折射率分布的光纤。

9）等效阶跃型折射率分布：假设的阶跃型光纤的折射率分布，它具有如同给定的单模光纤一样的传播特性。等效阶跃型折射率分布的包层折射率是一个常数。

10）渐变型折射率分布（梯度型折射率分布）：纤芯内的折射率随半径变化而变化的一种折射率分布。

11）幂数规律折射率分布：纤芯的折射率按幂数规律减低的一种渐变型折射率分布。其折射率按式（4-1-1）给出

$$n(r) = n_1[1 - 2\Delta(r/a)^g]^{\frac{1}{2}}, r \leqslant a \tag{4-1-1}$$

式中 $n(r)$——在任何半径 r 处的折射率，为 r 的函数；

n_1——在轴上（即 $r=0$ 处）的折射率；

a——纤芯半径；

g——确定折射率分布曲线形状的参数；

Δ——包层折射率为常数的相对折射率差。

12）折射率分布参数（g）：在幂指数规律折射率分布中确定折射率分布曲线形状的参数。

13）抛物线型分布：幂指数规律折射率分布参数 $g=2$ 的情况。

14）渐变型光纤（梯度型光纤）：具有渐变型折射率分布的光纤。

15）折射率凹陷：折射率在纤芯中心出现降低的情况。它是由于某些制造技术的缺陷造成的。

16）凹陷包层：紧靠纤芯的其折射率值小于外包层折射率的包层区。

17）均匀包层：包层区，至少在其影响光波传播的部分，其折射率在规定的容差范围内是一

常数。

18）匹配包层：单一的均匀包层构成的包层。

19）相对折射率差（Δ）：纤芯折射率与包层折射率的相对差值，用Δ表示，其值由式（4-1-2）给出

$$\Delta = \frac{n_1^2 - n_2^2}{2n_1^2} \tag{4-1-2}$$

式中　n_1——纤芯的最大折射率；

n_2——最内层均匀包层的折射率。

20）弱导光纤：纤芯中最大折射率和均匀包层最小折射率之差很小（通常小于1%）的光纤。

21）芯区：光纤横截面里其折射率（折射率凹陷除外）大于最里面均匀包层折射率一个规定值的区域。这个规定值是纤芯最大折射率与最里面均匀包层折射率之差的一个给定百分数。芯区是指光纤的横截面里，由折射率为n_3的各点轨迹所围成的最小横截面积（不包括任何折射率凹陷）。n_3由式（4-1-3）给出

$$n_3 = n_2 + K(n_1 - n_2) \tag{4-1-3}$$

式中　n_1——纤芯的最大折射率；

n_2——最内层均匀包层的折射率；

K——常数（通常为0~0.05）。

22）基准面（光纤的）：供光纤连接时作基准用的光纤圆柱形外表面。典型地说基准面是包层或一次涂层的外表面。极少数情况可能是纤芯的表面。

23）纤芯中心：光纤芯区外围最佳拟合圆的中心。

24）包层中心：光纤包层外围最佳拟合圆的中心。

25）基准面中心：光纤基准面外围最佳拟合圆的中心。

26）光纤轴：沿光纤长度所有纤芯中心的轨迹。

27）纤芯直径：纤芯中心的圆的直径。

28）包层直径：包层中心的圆的直径。

29）平均纤芯直径：沿光纤的所有纤芯直径的平均值。

30）平均包层直径：沿光纤的所有包层直径的平均值。

31）纤芯直径容差：偏离标称纤芯直径的最大容许值。

32）包层直径容差：偏离标称包层直径的最大容许值。

33）纤芯容差区：对于一根光纤的横截面上的纤芯容差区，是外接于芯区的圆和一个与外接芯区圆同纤芯并把芯区围入的最大圆之间的区域。

34）包层容差区：对于一根光纤的横截面上的包层容差区，是外接于包层区的圆与一个与外接包层区圆同纤芯并把包层区围入的最大圆之间的区域。

35）纤芯不圆度：确定纤芯容差区的两个圆的直径之差除以纤芯直径。

36）包层不圆度：确定包层容差区的两个圆的直径之差除以包层直径。

37）纤芯/包层同心度误差：对于多模光纤，纤芯/包层同心度误差是纤芯中心与包层中心之间的距离除以纤芯直径；对于单模光纤，纤芯/包层同心度误差是纤芯中心与包层中心之间的距离。

38）全玻璃光纤：纤芯和包层都用多组分玻璃制成的光纤。

39）全石英光纤：纤芯和包层都用多组分石英制成的光纤。

40）全塑光纤：纤芯和包层都用多组分塑料制成的光纤。

41）塑包石英光纤（PCS光纤）：具有石英纤芯和塑料包层的光纤。

42）预制棒：可以用来拉制光纤的一种预制件。

43）管棒法：制造光纤的一种方法。这种方法是将一实心棒放在管子中作为预制件，从而使棒和管子一起被控制拉成光纤。

44）双坩埚法：制造光纤的一种方法。这种方法是使纤芯材料和包层材料分别在两个同心圆的坩埚中熔化，从双坩埚底部拉出光纤。

45）离子变换法：制造光纤的一种方法。这种方法是通过纤芯/包层界面离子交换来制造渐变型光纤。

46）化学气相沉积法（MCVD）：制造光纤预制棒的一种方法。这种方法是使气相原料与气体在高温下产生化学反应，其合成物沉积在管的内壁，然后熔缩成一根预制棒。

47）外气相沉积法（OVD法）：制造光纤预制棒的一种方法。这种方法是使气相合成物在靶棒的表面沉积生长，然后抽出靶棒，再经脱水和透明化而形成预制棒。

48）气相轴向沉积法（VAD法）：制造光纤预制棒的一种方法。这种方法是使气相合成物在引棒端面沿轴向沉积生长，再经脱水和透明化而形成预制棒。

49）等离子体化学气相沉积法（PCVD 法）：制造光纤预制棒的一种方法。这种方法是利用微波等离子体加热使基管中的气相原料与气体在较低温度下产生化学反应，其合成物沉积在管的内壁，然后熔缩成预制棒。

50）阻挡层：阻止羟基离子扩散进纤芯的沉积层。

51）光纤缓冲层：用来保护光纤以防物理损害的材料结构。

52）一次涂覆层：直接涂在包层上以保持包层表面完整的一层涂覆层。

53）二次涂覆层：加在一次涂覆层上以便在光纤成缆时加强保护作用的涂层。

1.5.3 传播特性

1）模（模式）：麦克斯韦方程组的一个解，表示某一给定空间区域的电磁场并属于由特定边界条件确定的独立解族。

2）平面波：所有波前为平行平面的波。

3）横电模（TE 模）：电场矢量垂直于传播方向而磁场矢量不垂直于传播方向的模。在光纤中，TE 模和 TM 模相当于子午光线。

4）横磁模（TM 模）：磁场矢量垂直于传播方向而电场矢量不垂直于传播方向的模。

5）混合模：在传播方向上既有电场矢量分量，也有磁场矢量分量的模。这种模相当于斜（非子午）光线。

6）束缚模：光纤中，其场从纤芯向外径向上都是单调地衰减，且没有辐射功率损失的模。

7）线性偏振（LP）模：弱导光纤具有线性偏振的一种模。这种模在传播方向的场分量比垂直于传播方向的场分量小。

8）包层模：由于低折射率介质包围最外包层，而被封闭在包层和纤芯中的模。

9）辐射模：光纤中，处处都从纤芯向外径向传递功率的模，这种模即使波长趋近于零，也依然存在。

10）群速度：理想上可以由幅度相等而频率稍有差异，但均趋向于一个共同限值的两个正弦波叠加来表示的信号在传播媒介中一点上的速度矢量。其数值等于频率对波长的倒数的导数。每个波导模都有它自己特有的群速度。

11）群折射率（N）：真空中的光速 c 除以模的群速度。对于波长为 λ 的平面波，群折射率与折射率 n 的关系由式（4-1-4）给出：

$$N = n - \lambda\left(\frac{\mathrm{d}n}{\mathrm{d}\lambda}\right) \tag{4-1-4}$$

每一个模都具有自己的群折射率。

12）散射：入射波投射到随机分布的微粒或粗糙表面之后，向许多方向传播的现象。

13）后向散射：与原传输方向相反的一束散射。

14）瑞利散射（雷利散射）：介质中由于材料密度的不均匀或线度小于波长的微粒而引起的光散射。瑞利散射功率与波长的四次方成反比。

15）传播系数（γ）：沿着给定频率的导波、平面波或在有限空间域中实际可视为平面波的传播方向的两点上，当两点间距离趋近于零时，其电磁场的特定分量之比的自然对数除以该距离的商的极限。传播系数通常是一个复数量，其量纲是距离的倒数。

16）衰减系数（α）：传播系数的实部。当传输线轴上两点间或导波上两点间距离趋近于零时的衰减的极限值。

17）相移系数（β）：传播系数的虚部。当传输线轴上两点间或导波上两点间距离趋近于零时，场量相位变化的极限值。

18）模时延差：由于光纤各束缚模的群速度不同而引起的模间的传播时延差。

19）平衡模分布（稳态条件）：多模光纤中不同束缚模间的相对功率分布达到与长度无关的状态。

20）平衡长度（平衡模分布长度）：在规定的激励条件下，多模光纤达到平衡模分布所必需的长度。当没有规定激励条件时，可按最坏情况选取可能最长的长度作为平衡长度。

21）非平衡模分布：在长度短于平衡长度的多模光纤内存在的模（式）分布。

22）模耦合：光纤中各模之间的功率交换。

23）耦合模：能量相互交换的模。

24）归一化频率（ν）：由式（4-1-5）得到的无量纲数，即

$$\nu = \frac{2\pi a}{\lambda}(n_1^2 - n_2^2)^{\frac{1}{2}} \tag{4-1-5}$$

式中 a——纤芯半径；

λ——真空中的波长；

n_1——纤芯中的最大折射率；

n_2——均匀包层的折射率。

25）模容量：在光纤中存在的束缚模的数目。对于归一化频率 $\nu > 5$ 时，突变型折射率光纤的模容量近似为 $\nu^2/2$；幂指数规律分布光纤模容量近似

为$\nu^2/2\times g/(g+2)$。其中g为折射率分布形状参数。对于归一化频率$\nu<2.405$时，阶跃型光纤仅存在一个模式，这就是单模光纤的场合。

26）模场直径：高斯分布的单模光纤，模场直径是光场幅度分布1/e处各点所围成圆的直径，也等于光功率分布$1/e^2$处各点所围成圆的直径。

27）截止波长（光纤的）：当光纤中的模式大体上被均匀激励的前提下，包括注入较高次模在内的总的光功率与仅有基模传输情况下向光功率之比随波长减小到0.1dB时所对应的较大波长就是截止波长。理论截止波长是单模光纤中仅有基模传输的最短波长。其测量值一般取决于测量条件，特别是样品长度和被测光纤所弯成单圈的半径。

28）截止波长（模的）：自由空间的波长，当大于此波长时给定的束缚模不能在波导中存在。

29）色散（色度色散）：传播参数与波长关系的描述。单模光纤中的色散可能由下列机理引起，即材料色散、波导色散、折射率分布色散。

30）材料色散：由于光纤材料折射率随波长变化引起的色散。

31）折射率分布色散：光纤中由于折射率分布随波长变化而引起的色散。折射率分布的变化有两个来源，即相对折射率差的变化和折射率分布参数的变化。

32）波导色散：由于光纤几何特性而使信号的相位和群速度随波长变化引起的色散。

33）脉冲展宽：由于脉冲的宽度增大而产生的脉冲失真。脉冲展宽是由于色散或其他机理造成的。脉冲展宽可以用冲激响应或半幅值脉宽来规定。

34）模畸变：多模光纤中由于具有不同特性的多个模的传输而产生的畸变（失真）。在给定发射条件下，模式畸变是由模时延差和模衰减差造成的。

35）模内畸变（色度畸变）：光纤中，一个给定的模内，由色散引起的畸变（失真）。

36）数值孔径（NA）：子午光线进入或离开光学元件或系统的最大圆锥顶角一半的正弦，乘以圆锥顶所在点介质的折射率。

37）最大理论数值孔径（$NA_{max \cdot th}$）：用纤芯折射率值和包层折射率值计算出来的数值孔径理论值，即：

$$NA_{max \cdot th}=(n_1^2-n_2^2)^{\frac{1}{2}}$$

式中　n_1——纤芯的最大折射率；

n_2——最内层均匀包层的折射率。

38）发射数值孔径：将功率耦合（发射）进入光纤内的光学系统的数值孔径。

39）辐射图（光纤的）：以光纤输出端的反射角或位置为自变量的相对功率分布图。

40）近场区：紧靠光源的区域，或者辐射图的孔径随着与光源的距离而变化的区域。

41）近场辐射图（近场图）：描述以光纤出射面平面中的位置为自变量的辐射图。

42）远场区：离光源较远的区域，或者辐射图的孔径随着与光源的距离不变化的区域。

43）远场辐射图（远场图）：描述以光纤出射面的远场区中的辐射角为自变量的辐射图。

44）平衡辐射图：达到平衡模分布的光纤输出辐射图。

45）有效模容量：近场图的直径（半幅值全宽）与远场图半幅值强度所对的辐射角的正弦的乘积的平方。有效模容量与表示多模光纤中的模数的相对功率分布的宽度成正比。

1.5.4　光缆

1）光缆：用单根光纤、多根光纤或光纤束制成的，满足光学特性、机械性能和环境性能指标要求的缆结构。可能包含有金属导体。

2）光缆组件：带有光纤连接器终端的光缆。

3）紧套光缆：由受到约束的、不能自由移动位置的二次涂覆的光纤构成的光缆。

4）松套光缆：在一槽子或一个管子里松散地装设只有一次涂覆的光纤构成的光缆。

5）带状光缆：缆中光纤编排成扁平带状的光缆。大的带状光缆可用两条或多条光纤带叠在一起，然后整个装上外护套制成。带状光缆可以是紧结构的，也可以是松结构的。

6）骨架型光缆：光纤放入圆柱体的沟槽里的松套光缆。大的骨架型光缆可用两根或多根圆柱单元一起绞合，然后整个装上外护套制成。

7）敛集率（光纤束的）：光纤束中总的有效纤芯横截面积与光纤束总横截面积之比。光纤束总横截面积通常是指护套里包括包层和填隙在内的面积。

1.5.5　连接器和耦合器等

1）光纤连接器：用于两光纤或两光纤束之间相互传递功率，并可重复连接与拆开的器件。

2）光纤接头：使两光纤之间耦合光功率的永久接头。

3）光纤连接组件：容许两条或多条光纤之间连接的组件。

4）多光纤连接组件：容许两条或多条光纤光缆之间连接的组件。

5）熔接接头：利用局部加热到足以熔融或熔化两段光纤的端头来完成接续，形成一根连续光纤的光纤接头。

6）机械接头：利用夹具或材料而不是热熔方法来完成接续的光纤接头。

7）尾纤（发射光纤）：永久附在元件上，便于元件与另一光纤连接的一段短光纤。只有当尾纤是与光源连在一起时，发射光纤与尾纤才是同义词。

8）锥形光纤：横截面尺寸沿着光纤长度逐渐变化的光纤。

9）光纤耦合器：在两个或多个端口之间传递光功率的器件。端口可以接到光纤、光源和检测器等。

10）定向耦合器：能从一个输入端口将光功率仅传递到一个或多个确定的输出端口的光纤耦合器。

11）星形耦合器：能将光功率从一个或几个输入端口分路给数量较多的输出端口；也可把光功率从几个输入端口合路给数量较少的输出端口的光纤耦合器。

12）T 形耦合器：连接三个端口的光纤耦合器。

13）Y 形耦合器：具有三个端口的定向耦合器。

14）分光器：将一束光分离成两束或多束的无源器件。

15）隔离器：一种二端器件，它对正向与反向传播具有不同的衰减，而且一个方向的衰减比其反方向的衰减大许多。隔离器常用来防止反射波沿传输路径返回。

16）滤模器：用来接受或抑制某个模或某些模的器件。

17）扰模器（混模器）：用来促使光纤中诸模之间的功率转换，有效地搅乱模式的器件。它常用来提供一种与光源特性无关的模式分布。

18）包层模剥除器（剥模器）：一种促使包层模转换成辐射模的器件。它通常用折射率等于或稍大于光纤包层折射率的材料构成。

19）耦合损耗：光从一个光学元件耦合到另一个光学元件时收到的光功率损耗。耦合损耗可以用绝对值来表示，也可用相当于耦合效率的比值（dB）来表示。

20）耦合效率：耦合的发送侧光功率与接收侧光功率之比，通常以百分比表示。

21）接头损耗：由光纤接头引起的插入损耗。

1.5.6 测量技术

1）基准测试法（光纤、光缆的）（RTM）：对某一种类光纤或光缆（及其相关联的元件）的某一给定特性是严格按照这个特性的定义来测量的，并给出精确、可重复和与实际使用相一致的结果的测量方法。

2）替代测试法（光纤、光缆的）（ATM）：对某一种类光纤或光缆（及其相关联的元件）的某一给定特性是以与这个特性的定义在某种意义上一致的方法来测量的，能给出可重复的并与基准测试法的测量结果和实际使用相符合的测量方法。

1.5.7 系统

1）光纤链路：由光发射单元、光纤、光接收单元、连接器元件，必要时还有光中继器组成的任何传输链路。

2）波分复用（WDM）：在一根光纤内提供按光波长区分开的两个或多个信道。波分复用是频分复用（FDM）的一种形式。为了避免混淆，使用专门的术语以与光纤线路在一个波长上可能采用光载基带信号组成的频分复用相区别。

3）光中继器：一种主要包括一个或几个放大器和辅助器件的设备。它的输入和输出都是光信号，插入传输介质中某一点上使用。

4）光再生中继器：一种用来接收数字信号并能按规定要求再生信号的光纤中继器。

5）受衰减限制的运行：光纤链路中系统性能的主要限制是接收光功率的大小。

6）受带宽限制的运行：光纤链路中系统性能的主要限制是系统带宽。

7）受失真限制的运行：光纤链路中系统性能的主要限制是任何种类的失真。

8）受量子噪声限制的运行：光纤链路中系统性能的主要限制是量子噪声。

第2章

光纤预制棒

光纤预制棒（简称光棒）是光纤的主要来源，即光纤的制造是通过拉制与光纤结构和性能类似的光棒得到的（如光学性能、剖面结构等），并在外层涂上一层弹性涂覆层（被覆层）。虽然目前国际上尚未将光棒进行标准分类，但其结构和性能与相应的光纤结构性能是一一对应的。光棒技术是光纤制造的核心技术，被光纤通信行业誉为“皇冠上的明珠”，也是光纤通信行业发展的关键性因素和最具代表性因素。

2.1 光纤预制棒结构组成

用于制备通信光纤的光纤预制棒由芯层（芯棒）和包层两部分组成，如图 4-2-1 所示。其中，芯层折射率高于包层折射率。

芯棒部分主要由 SiO_2 构成，掺杂了 GeO_2、C_2F_6、SiF_4、P_2O_5等改变玻璃的折射率以达到设计不同光纤的目的，光棒的性能主要由芯棒决定。包层部分主要由高纯 SiO_2构成。包层占据了光棒体积的90%，约占光棒成本的85%以上，因此光棒的价格主要由包层部分决定。由于对玻璃种杂质含量和折射率的不同要求，芯棒部分的沉积多以低速多层为主，包层则需要采用高速沉积以降低成本。

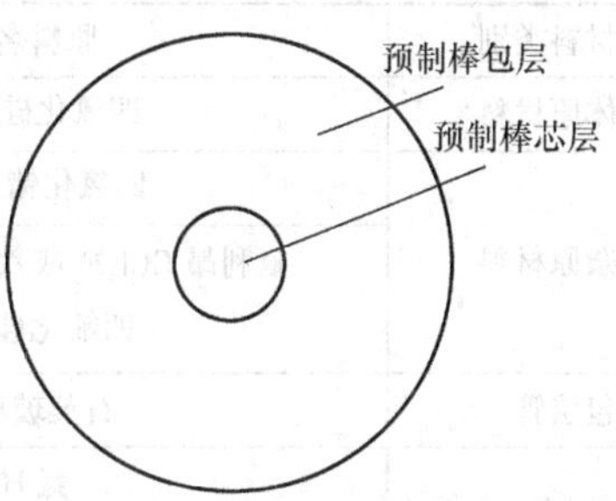

图 4-2-1　光纤预制棒横截面结构示意图

2.2 光纤预制棒制备用原材料及气体

2.2.1 光棒类型

表 4-2-1 列出了不同类型的光棒组成。

表 4-2-1　不同类型的光棒组成

光棒材料类型	材料功能	材料种类	作用	工艺
石英玻璃	结构材料	沉积管：高纯石英玻璃管	供改进的化学气相沉积、等离子气相沉积工艺使用	气相沉积
		液体卤化物基本材料：$SiCl_4$ 掺杂剂：$GeCl_4$等	供改进的化学气相沉积、等离子气相沉积工艺、外部气相沉积、轴向气相沉积工艺使用，以构成光纤波导结构	
		气体掺杂剂：C_2F_6，SiF_4等		
	功能材料	N_2，Cl_2，Ar，He 等	保护、脱水和固化	
	燃烧气体	H_2，O_2，CH_4等	反应能源	
塑料	结构材料	纤芯：F－PMMA 等	构成新型光纤波导结构	界面凝胶或挤压扩散或高速离心扩散
		包层：PMMA 等		

（续）

光棒材料类型	材料功能	材料种类	作用	工艺
光子晶体	结构材料	纤芯：石英玻璃或空气；塑料或空气	构成新型光纤波导结构	空心管成束或预制棒打孔（填充单体）拉丝
		包层：石英玻璃或塑料		
掺稀土元素	功能材料	纤芯：掺稀土元素石英玻璃	构成功能光纤	气相沉积+液体掺杂
		包层：石英玻璃		

2.2.2 光棒制备用原材料

由表4-2-1可知，目前用于制造光棒的组成材料有石英玻璃、塑料、光子晶体和掺稀土元素的石英玻璃等。为了防止出现混淆，除特殊说明外，以下均指石英玻璃材质的光纤预制棒。

表4-2-2列出了光棒制备流程中各阶段所用的原材料类别、名称及其作用。

表4-2-2 光棒制备的原材料及其作用

原材料类别	原料名称	主要作用
主体原材料	四氯化硅 $SiCl_4$	反应产物构成光棒的主体组成
掺杂原材料	四氯化锗 $GeCl_4$	掺入芯层，以 GeO_2 形式提高折射率
	氟利昂 CCl_3F_3 或六氟乙烷 C_2F_6 或四氟化硅 SiF_4	掺入包层，构成Si-F，降低折射率
包层管	石英玻璃管	用作反应管和套管
气体材料	氦 He	增强热传导
	氩 Ar	维持沉积正压、原料载体介质
	氮 N_2	用作反应系统的冲洗、干燥或阀门动力
	氯 Cl_2 或亚硫酰氯 $SOCl_3$	用作脱水、干燥剂
	氢 H_2	化学气相沉积用的加热能源
	氧 O_2	
	甲烷 CH_4	
辅助材料	石英玻璃部件	连接预制棒或沉积反应室或各类密封、安装等部件
	石墨部件	加热炉用部件

2.2.3 光棒制备用气体

光棒制备流程中常常需要一些高纯度的气体来参与反应，完成光棒制造。表4-2-3列出了光棒制备中最常用的高纯气体的性能。

表4-2-3 光棒制备中最常用的高纯气体性能

名称	化学式	分子量	气体密度 ρ/(g/L)	熔点/℃	沸点/℃	常温下状态
氧气	O_2	32	1.331	-218.4	-183.0	无色助燃气体
氢气	H_2	2.015	0.0899	-259.2	-252.77	无色可燃气体
氩气	Ar	39.938	1.784	-189.38	-185.7	无色惰性气体
氮气	N_2	28.013	1.25	-210	-195.8	无色不可燃气体
氦气	He	4.003	0.1786	-272.1	-268.9	无色稀有气体
氯气	Cl_2	71	3.21	-101	-34.05	黄绿色有毒气体

1. 氧气

氧气在光棒制造工艺中既是参加反应的气体，其与 $SiCl_4$，$GeCl_4$ 等气体反应生成 SiO_2，GeO_2 等；又是载气（载送 $SiCl_4$，$GeCl_4$ 等原料），所以纯度要求严格，氧气用量大。目前，工业用氧气的来源主要是采用林德法或克劳德法，使空气液化，先将空气中的水分和二氧化碳去除，再经过加压、降压、液化，然后将 N_2 及其稀有气体与氧分离，从而得到液态氧。另外，我们也可以采用电解水的方法制备氧气。电解水的方法制得的氧气纯度一般在99.5%左右。

2. 氢气

氢气主要用于燃烧，参与 $SiCl_4$、$GeCl_4$ 等气体的水解反应，用量较大。目前，氢气的工业制法主要有高温裂解法和电解水法。

3. 氦气

在气相沉积反应中通入氦气，可提高反应气体的热导率，加速热平衡，减少沉积微粒中产生气泡的可能性，因而氦气有助于提高沉积效率。在烧结中通入氦气，也是通过提高热导率，提高玻璃化和消除棒内气泡。例如，在 MCVD 工艺中没有通入 He 的沉积效率为0.2～0.7g/min，通入 He 的沉积效率为1.5g/min 以上。

相比 Ar 等气体而言，烧结炉中通入 He，可利用 He 分子小、气体渗透率大的特性，获得透明度好、无肉眼可见气泡的光棒。例如，采用 Perkins 数据，He 气和 Ar 气的渗透率分别是 8.32×10^{-7} $(mL\cdot cm^{-1}\cdot s^{-1}\cdot atm^{-1}\cdot K^{-1})$ 和 2.27×10^{-11} $(mL\cdot cm^{-1}\cdot s^{-1}\cdot atm^{-1}\cdot K^{-1})$。

4. 氮气

氮气在光棒制造中应用最广，几乎涉及每一步工艺，如工艺管道的吹扫、气动阀门开关、烧结炉石墨件保护等。工业上制氮是以空气为原料，将空气加压并降温使空气液化，利用液体氧氮的沸点的差别将氮气先分离出来，这样得到的 N_2 纯度达到99%。经过精馏、液化和分离、过滤等工艺，人们可以得到高纯氮。

5. 氩气

氩气主要用于气相沉积工艺中作为载气（载送 $SiCl_4$，$GeCl_4$ 等原料）。也用于气相沉积中的氢气/氧气混合燃烧的控制。氩气在空气中的含量比较丰富。高纯氩气的制备，可以从空气分馏塔抽出含氩的馏分经氩塔制成粗氩（纯度在95%以上），再经过化学反应和物理吸附的方法而获得高纯氩。

6. 氯气

氯气具有强烈的脱水作用。为了获得低损耗单模光纤，在 MCVD 和 PCVD 工艺的光棒熔缩或 VAD 和 OVD 工艺的烧结阶段，采用高纯干燥氯气作为干燥剂的方法，对降低光纤中的氢氧根含量十分有效。工业上大量制取氯气的方法是采用电解法，即电解氯化钠溶液。

在光棒制备工艺中，除了直接采用高纯气体外，还要采用气体纯化器来纯化气体使之达到特定要求。

2.3 光纤预制棒制造工艺

自从20世纪70年代末期开始规模生产光纤以来，对光纤预制棒制造技术的研究和完善就从来没有间断过，光棒直径已从最初的几毫米发展至目前的几百毫米（如150mm、180mm、200mm，甚至达到300mm以上）。

迄今为止，国际上各个光棒研究机构和制造厂家已经开发出的工艺方法有：气相沉积和非气相沉积两大类光棒制造技术。在这两大类技术中又可以分为十多种具体的通信用光棒生产工艺方法。图4-2-2概括了当今全世界流行的通信用光棒制造工艺方法。

光棒常用的制造工艺是气相沉积法（气相氧化法）。在气相沉积法中，高纯度金属卤化物的蒸气和氧气发生反应，形成氧化物微粒，这些氧化物微粒会沉积在玻璃或者石英体的表面上（或管状体的内壁），然后通过烧结形成透明的玻璃棒，形成目前所说的光棒。美国 AT&T（Lucent）公司发明了改进的化学气相沉积法（MCVD）工艺后，美国 Corning 公司随后开发出了适合光纤大规模生产的外部化学气相沉积法（OVD）工艺，其后 OVD 工艺又不断改进，目前已开发出第七代工艺，使得生产效率大大提高、生产成本大幅度降低；而日本 NTT 公司在 OVD 的基础上进行了改进，推出了轴向气相沉积法（VAD）工艺；法国 Alcatel 公司则利用高频等离子技术开发出了先进的等离子体气相沉积法（Advance Plasma Vapour Deposition，APVD）预制棒生产工艺；荷兰 Philips 公司 则开发了微波等离子体化学气相沉积法（Plasma Chemical Vapour Deposition，PCVD）工艺，见表4-2-4。

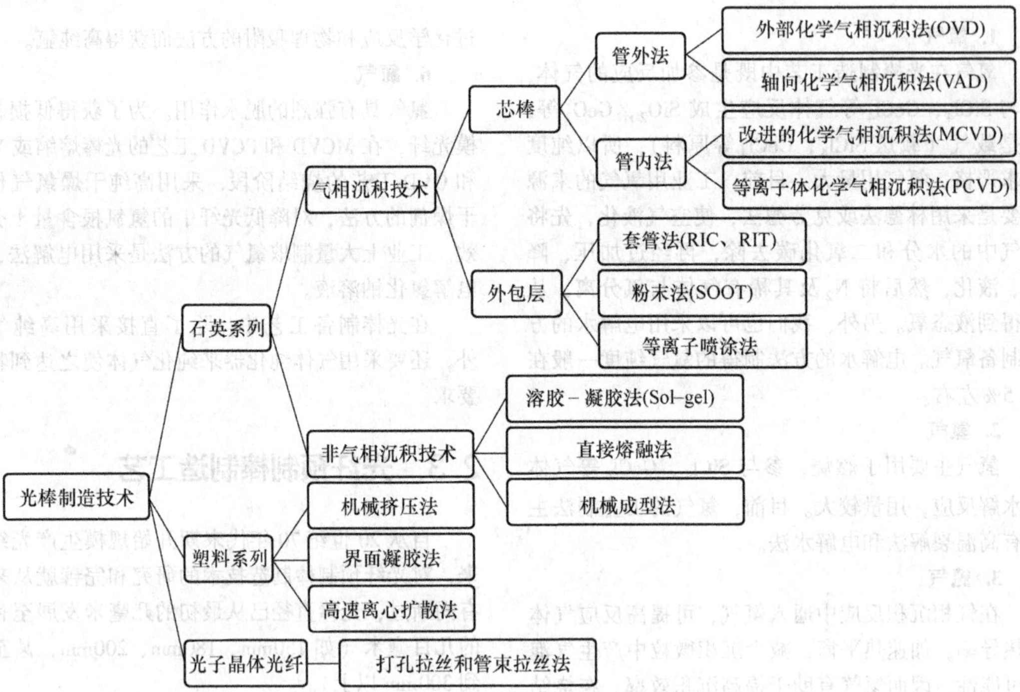

图 4-2-2 通信用光棒制造工艺方法

表 4-2-4 光纤预制棒典型四种制造工艺

工艺名称	英文名称及缩写	最先报道国家/公司	最早资料出处
改进的化学气相沉积法	Modified Chemical Vapour Deposition，MCVD	美国/AT&T 贝尔实验室	1974 年，第十届国际玻璃会议
外部化学气相沉积法	Outside chemical Vapour Deposition，OVD	美国/Corning	1973 年，USP3737292
轴向气相沉积法	Vapour phase Axial Deposition，VAD	日本/NTT	1977 年，USP4062665
等离子体化学气相沉积法	Plasma Chemical Vapour Deposition，PCVD	荷兰/Philips	1974 年，联邦德国专利 Ger. pat，2444100

早期光棒制造技术采用一步法，1980 年初开始用套管法制备，实现两步法的转变。目前，光棒的制造工艺基本都采用两步法，即先制造芯棒，然后在芯棒外采用不同的技术制造外包层。在芯棒的制造技术中，MCVD 和 PCVD 称为管内沉积工艺（即管内法），OVD 和 VAD 属于外沉积工艺（即管外法）。在外包层工艺中，外沉积技术包括 OVD、VAD（也称为 SooT 法或粉末法）和外喷涂技术，外喷涂技术主要指用等离子喷涂石英砂工艺。利用 4 种芯棒技术和 3 种外包技术可以产生 10 多种的混合光棒制造工艺路线。目前，各种技术路线都有生产厂家在采用，所生产的光纤都能够符合产品标准，在市场上也有一定的竞争力。随着市场对光纤产品需求的多样化，就要求生产厂家生产不同性能的、在经济上具有竞争力的光纤产品满足多样化的需求。

为了满足光纤、光缆生产厂家对光棒的需求，我国国内多家主流企业开始以合资、合作或购买专利技术等手段建立制作光棒的系统设备，填补了国内空白。2010 年以后我国光纤光缆主流企业在预制棒领域迎来了群体突破。在引进、消化、吸收、再创新的基础上，我国光棒制造取得了显著的发展，掌握并开发了具备行业领先水平的芯棒制造技术。同时，借助 RIC 套管技术快速具备光棒的规模化生产以及采用具有完全自主知识产权的全合成技术（VAD + OVD）进一步降低制造成本，推动了国内自产光棒的发展。国内光纤光缆主流企业如长飞、富通、中天、烽火、亨通和法尔胜等公司，均具备批量生产光纤预制棒能力。我国自产光棒基本能够满足市场需求，包括单模光纤预制棒、多模光纤预制棒、绝大部分特种光纤预制棒。表 4-2-5 列出了我国光棒主流生产企业的概况。

表 4-2-5 我国光纤预制棒生产企业概况

公司简称	技术来源	光棒制造工艺类型
武汉长飞	荷兰德拉克	PCVD + RIC
富通住电	自研、日本住友	VAD + OVD
中天科技	自研	VAD + OVD
烽火藤仓	日本藤仓	PCVD + RIT，VAD + OVD
亨通光电	自研、美国 OFS	VAD + RIC
信越法尔胜	日本信越	VAD + OVD

实际上，并不是任何一种光纤预制棒生产工艺均能最佳化生产所有的光纤品种，光棒制造厂家需要根据自身光纤产品种类和技术、资金等实际情况选择合适的生产技术和工艺路线。下面以现在市场上大量使用的 G. 652 和 G. 655 单模光纤为例进行比较。就生产 G. 652 光纤而言，芯棒的外沉积技术（OVD、VAD）优于内沉积技术（MCVD、PCVD），外沉积技术主要优势在于：不用价格很贵的合成石英管，沉积速率、沉积层数不会受到衬管直径的限制，特别有利于以高沉积速率制造大型光棒。此外，外沉积技术还能生产 G. 652（C/D）低水峰光纤。就生产 G. 655 光纤而言，芯棒的管内沉积技术（PCVD、MCVD 工艺）颇具优势，与 OVD、VAD 相比的最大优点是可精确控制径向折射率分布（RIP）。而这一优点，特别有利于制造最新一代的通信光纤，例如大有效面积光纤、局部色散平坦的大有效面积光纤、降低色散斜率的真波光纤等，这些光纤通常都是多包层的复杂 RIP 结构，以及新一代的多模光纤的生产，采用 PCVD 工艺更具竞争力。

长期以来，国外、国内多数预制棒生产厂家的光纤预制棒都是自产自用，很少对外销售，市场对光棒标准需求并不急迫，因此，光棒在国际上并无统一、成熟的产品和测试标准。1997 年，我国发布了电子行业标准 SJ/T 11116—1997《光纤预制棒总规范》，规定了光纤预制棒的分类、技术要求、试验方法和检验规则，但应用较少。自 2012 年开始，我国多家光纤光缆主流企业大规模投产光纤预制棒，国内光棒自产量大幅增加，预制棒作为商品的交易更加频繁。在国内，光纤预制棒制造主流工艺有 VAD、OVD、MCVD 和 PCVD，且预制棒的制造通常由芯层制造和包层制造两步法完成，如 VAD + VAD、VAD + OVD、PCVD + RIC（Rod In Cylinder，套管法），每种技术方案制造出的产品有各自的特点。因此，国内在光纤预制棒的生产、销售和使用上将变得丰富和复杂起来，就急需统一的标准对光纤预制棒的生产制造、销售、质量检测和使用等环节进行指导、规范和限定。2015 年 4 月，由中国通信标准化协会组织编写的我国通信行业标准 YD/T 2797. 1—2015《通信用光纤预制棒技术要求 第 1 部分：波长段扩展的非色散位移单模光纤预制棒》发布，规定了芯层和包层熔融成一体的通信用波长段扩展的非色散位移单模光纤预制棒的术语和定义、缩略语、分类和标记、要求以及包装、运输与贮存。2015 年年底，国家发布了 GB/T 32385—2015《光纤预制棒 第 1 部分：总规范》，本部分规定了光纤预制棒的分类、一般要求、检验方法、检验规则、包装、标志、运输和储存等。目前，中国通信标准化协会组织编制了《通信用光纤预制棒测量方法》通信行业标准。这一系列的光纤预制棒标准的制定与发布实施，是国内外在光纤预制棒技术领域的重大创新。

2.4 光纤预制棒芯棒工艺

2.4.1 改进的化学气相沉积法（MCVD）

MCVD 制造芯棒或光纤预制棒的步骤包括：基管清洗、基管装夹、高温火焰抛光（蚀刻）、包层沉积、芯层沉积、熔缩等。图 4-2-3 是 MCVD 工艺系统示意图。

MCVD 工艺需要用到基管，通常为合成石英。基管最终成为光纤包层的一部分。基管的外形尺寸、轴向波动、尺寸均匀性都会影响到最终产品的质量。同时基管中的气泡、杂质或其他一些缺陷也会影响最终产品的强度和损耗。基管使用之前需要清洗，包括去油和酸洗。这个步骤可以去除可能引起气泡和杂质的污染物。基管的装夹也至关重要。基管安装到精确校直的同步旋转卡盘上，通过旋转密封件连接到气体传输系统。所有的阶段都必须保持良好的密封，以防止室内空气的渗入。基管必须对直使其正常运转。然后进行扩口并连接到排废尾管上，使未沉积颗粒和废气可以排放到灰粒收集箱内。接着对基管进行高温火焰抛光。石英玻璃管的内表面有许多缺陷，如小的划痕和气泡等。一旦对管子局部进行强烈加热，就可以观察到由这些表面缺陷伸缩引起的散射中心。这些表面缺陷能增大光纤的散射损耗。在沉积以前，用氢氧焰喷灯对基管进行火焰抛光，其目的是消除基管表面的划痕杂质、表面不平整以及收缩气泡。

反应原料包括气体和液体，其中液体（$SiCl_4$、$GeCl_4$）由于沸点较低，由载气（O_2、Ar 或 He）进入原料罐带出。卤化物在室温下具有较高的蒸气压而被广泛采用，包括 $SiCl_4$、$GeCl_4$、BCl_3、$POCl_3$、SF_6、CF_4、C_2F_6 和 CCl_2F_2 等。同时这些卤化物的蒸气压比原料中任何一种过渡金属杂质（过渡金属杂质引起的吸收损耗见表 4-2-6）的蒸气压高几个数量级，因此，容易去除过渡金属杂质，进而消除由杂质引起的吸收损耗。然而氢化物基团与掺杂剂蒸气压相近，通常通过纯化去除，可采用光氯化技术将化学键结合的氢转化为 HCl 分离。

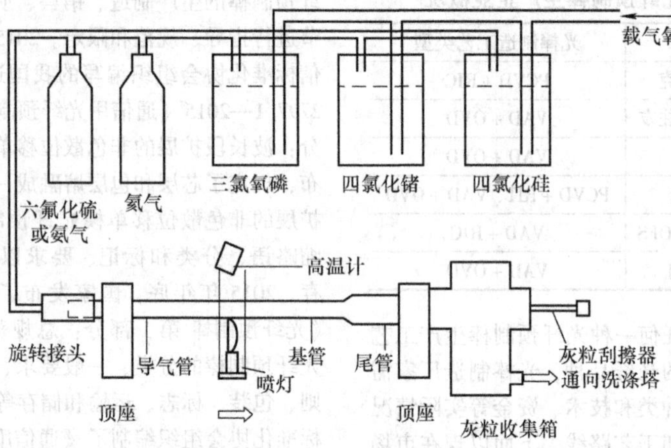

图 4-2-3 MCVD 工艺系统示意图

表 4-2-6 过渡金属杂质在光纤中引起的吸收损耗

杂质	吸收峰波长/nm	1dB/km 损耗 ppb 数
Cr^{3+}	625	1.6
Cr^{2+}	685	0.1
Cu^{2+}	850	1.1
Fe^{2+}	1100	0.68
Fe^{3+}	400	0.15
Ni^{2+}	650	0.1
Mn^{3+}	460	0.2
V^{4+}	725	2.7

沉积过程中，通入基管原料气体流量的精确控制由进入发泡罐的载气流量或者直接控制掺杂气体来实现。基管及流过管内的气体通过外部的氢氧焰喷灯加热，喷灯移动的方向和气体流动方向相同（有时可能相反）。基管的温度通过红外测温仪测量。温度的控制是基于计算机和质量流量控制器（MFC）对气体流量的调节。当反应气体进入高温区，达到反应所需要的温度就会发生氧化反应形成玻璃颗粒。

$$SiCl_4 + O_2 \leftrightarrow SiO_2 + 2Cl_2$$
$$GeCl_4 + O_2 \leftrightarrow GeO_2 + 2Cl_2$$

这些颗粒（SiO_2、GeO_2）随加热气体向出口端流动，达到基管的低温区时，由于径向上的温度梯度，从而引起颗粒向管壁热泳沉积。未沉积颗粒则随废气流到灰粒收集箱内。当喷灯到达基管的末端时，就会快速返回到基管的气体入口端。随着喷灯的移动，来自喷灯的热量将颗粒烧结成很薄的玻璃层。沉积温度应足够高从而使沉积颗粒玻璃化透，但应保持不使基管发生变形为限。喷灯周期性地来回移动，在基管内形成一层一层含特定组分的材料。每层材料的组分可以调整，以得到所需的折射率分布剖面。沉积的初期，需要沉积若干层阻挡层以防止基管中的杂质（如 OH^-）扩散到预制棒芯层。相对于基管，阻挡层的损耗更低。不论是单模还是多模光纤，一部分能量会在阻挡层中传输。因此，为了降低衰减，须采用低损耗的阻挡层。阻挡层沉积完后沉积芯层，最后加热到 2000 ~ 2300℃，将沉积后的基管熔缩成透明玻璃棒。

2.4.2　等离子体化学气相沉积法（PCVD）

PCVD 工艺是低温、低压、等离子体化学气相沉积工艺。洁净的石英管作为 PCVD 沉积的基管，被固定在 PCVD 沉积床上，其进气端与配气柜相连，出气端与带真空泵的尾气收集系统相通。配气柜中配有若干 MFC，该装置可精确控制四氯化硅（$SiCl_4$）、四氯化锗（$GeCl_4$）、氟利昂气体（C_2F_6）与氧气（O_2）等的流量，可使得这些气体能够充分精确地按预先设定的比例混合，并在特定的低压下注入基管内。往返移动的频率为 2.46GHz 的谐振腔包围着部分基管，通过波导将数千瓦的微波能量耦合至气体混合物。微波能在基管内产生出一个局部非等温、低压的等离子体。等离子体内气体相互作用，发生反应，如图 4-2-4 所示。此时的等离子体内电子运动产生等量于 60000℃ 的高温，远远高于其周围的保温炉的温度。$SiCl_4$ 与 O_2 发生反应后生成纯 SiO_2，$GeCl_4$ 与 O_2 发生类似反应后，产生可提高折射率的掺杂物质 GeO_2。同时，C_2F_6 中的主要成分氟反应生成物降低了折射率。通过这种方法可灵活地改变光纤折射率，且直接沉积在透明的管壁上，无任何粉尘产生。谐振腔的每次往返，都会在基管内均匀沉积上很薄的一层透明玻璃，经过数小时的不停往返运动，可形成多达数千层的沉积层，这样可得到极其精确的预制棒芯层的折射率剖面曲线。

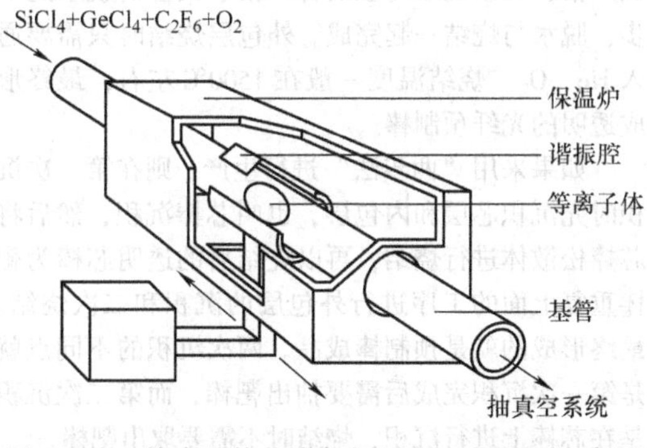

图 4-2-4　等离子体化学气相沉积工艺原理示意图

PCVD 沉积过程的工艺参数主要有：沉积速率、各组分的配比、微波功率、反应压力、保温炉的温度以及谐振腔的移动速度等。沉积速率和谐振腔的移动速度将决定每趟沉积层的厚度，各组分的配比决定了芯棒的折射率剖面，微波功率和反应压力则与等离子体的形成有关，而保温炉的温度则影响沉积的质量和折射率轴向分布的均匀性。

当 PCVD 沉积完成后，沉积管被移到熔缩床上，使用氢氧焰或石墨电阻炉为热源，将沉积管逐步熔缩成实心棒。熔缩的同时，管内需通一定量的高纯度的氧气以维持管内的压力和清除高温下内壁物质的挥发组分，保持管内的清洁。熔缩过程中不停地旋转管子，热源（温度大约 2000℃）沿管子往复来回运动多次，在表面张力和管壁内外压差的作用下，管子得以逐步熔缩成实心棒。

PCVD 工艺具有以下特点：

1）在封闭系统内进行沉积，杂质不易侵入，利于降低光纤的损耗。

2）等离子热源易于耦合进入反应区，故谐振腔可以快速移动，这样可使每次的沉积层厚度很薄，易于得到精确的折射率分布。

3）反应过程中，直接生成透明的玻璃态，不存在易受温度、气流影响的“松散体－烧结”过程，有利于保持生成物化学成分的稳定性。

4）沉积效率高，主要原材料 $SiCl_4$ 的利用率接近 100%。

5）易于掺杂，尤其是高浓度掺杂，适于制造各种光纤，尤其是具有复杂折射率剖面的光纤和非常精细的折射率剖面的光纤。如非常适合于制造 G.653、G.655、G.656 以及负色散光纤等新型通信光纤，大带宽的多模光纤和色散补偿光纤等特种光纤。

6）不同于用氢氧焰沉积的 MCVD 工艺，由于不采用氢氧焰，这样可以大大降低环境的高湿度和基管外层的氢对光纤水峰的影响，有利于制造具有低水峰的光纤。

7）单台设备的生产能力大，每套 PCVD 系统的光纤芯棒的生产能力已达百万千米光纤，故单位长度光纤产出的设备投资额较小。

8）必须用基管，增加了芯棒的制造成本。设备比 MCVD 复杂，需真空系统、微波系统、熔缩车床。单套系统设备的投资较大。由于沉积反应是直接生成玻璃，预制棒的质量受原材料的纯度影响高，故光纤对原材料的纯度要求高。

2.4.3　外部气相沉积法（OVD）

从制造工艺上看，OVD 工艺比 MCVD 工艺复杂。图 4-2-5 给出了典型的 OVD 芯棒系统组成图。OVD 工艺的沉积和烧结两个工艺步骤是分别在沉积设备和烧结炉内完成的，在沉积设备中完成预制棒的沉积工艺过程，而在烧结炉所进行的是疏松棒的脱水和烧结过程。

OVD 的主要化学反应原理就是氢氧焰（或者

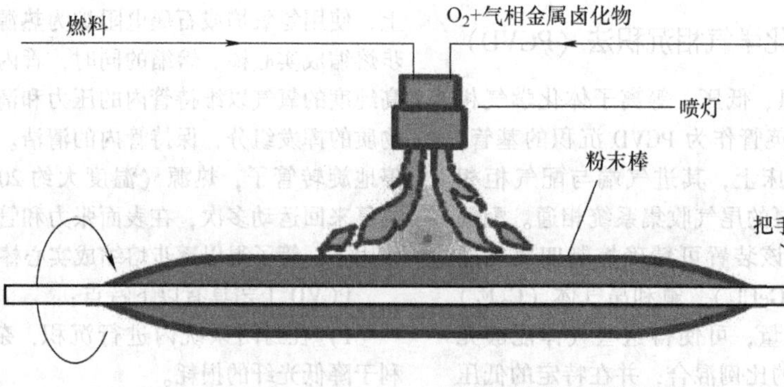

图 4-2-5 OVD 工艺系统组成示意图

甲烷焰）与卤化物发生反应，生成氧化物颗粒。一般来说，喷灯中心部分以氧化反应为主，其化学反应方程式如下：

$$SiCl_4(g)+O_2(g)\leftrightarrow SiO_2(s)+2Cl_2(g)$$

离喷灯中心较远的部分以水解反应为主，其反应方程式为

$$2H_2(g)+O_2(g)\leftrightarrow 2H_2O(g)$$

$$SiCl_4(g)+2H_2O(g)\leftrightarrow SiO_2(s)+4HCl(g)$$

同时，为了得到折射率差，在沉积过程中还需要在芯层或者包层中掺入其他物质，例如在芯层中掺入 GeO_2，其化学反应式如下：

$$2H_2(g)+O_2(g)\leftrightarrow 2H_2O(g)$$

$$GeCl_4(g)+2H_2O(g)\leftrightarrow GeO_2(s)+4HCl(g)$$

发生反应以后，在火焰中产生 SiO_2 和 GeO_2 颗粒，其粒径从几纳米到几百纳米不等，颗粒随着凝聚作用逐渐长大，然后颗粒随着气流和热泳作用被带到靶棒上进行沉积，靶棒的材料一般为氧化铝陶瓷或者高纯石墨。沉积的过程当中，靶棒同时旋转和来回往复运动，使得颗粒一层一层地沉积到棒的表面。沉积完成后的棒为松散体状态（soot)，接下来需将靶棒从松散体的芯部抽离，然后将棒放到烧结炉当中进行烧结，使之从松散状态逐渐致密化。芯棒松散体烧结分为脱水和玻璃化两道工序。松散体沉积的过程中由于水解反应会引入大量的 OH^- 和水分，而芯棒对 OH^- 的要求特别高，为了得到低 OH^- 含量的芯棒，必须要经过脱水的过程。脱水时的温度一般为 1100～1300℃，脱水过程还需要不断通入 Cl_2、O_2 和 He。Cl_2 作为脱水剂，其反应方程式为

$$2Cl_2+2H_2O\leftrightarrow O_2+4HCl$$

$$2Si-OH+2Cl_2\leftrightarrow 2Si-Cl+O_2+2HCl$$

脱水的主要原理实质上就是用 Cl^- 来取代孤立的 OH^- 的氯化反应过程。反应结果导致 Si－Cl 键的产生，由于该键的基频振动吸收峰位于 25μm 附近，远离目前光纤通信波长区域，所以对光纤传输过程中的吸收衰减并无重大影响；He 的主要作用是辅助脱水，由于 He 具有原子体积小、扩散系数高、性能稳定的特点，所以其很容易通过松散体的空隙渗入到内部并且不会对预制棒的性能产生影响。He 一方面带入 Cl_2、O_2，使之与松散体充分接触；另一方面，将脱水反应的废气以及水分带出来；O_2 的作用是为了抑制掺杂剂（例如 GeO_2）与 Cl_2 发生卤化反应挥发出去，造成 GeO_2 流失，最终导致折射率剖面的破坏。OVD 芯棒松散体沉积完成后，抽离靶棒会形成一个中心孔，因此脱水过程中，除了使气体包覆在松散体的外表面，还必须将气体通入中心孔，以保证芯层的充分脱水；而对于外包层的烧结，由于其 OH^- 含量要求没有芯棒那么严格，所以烧结时也没有严格意义上的脱水这一步，脱水与烧结一起完成。外包层烧结时只需要通入 He、O_2，烧结温度一般在 1500℃左右，最终形成透明的光纤预制棒。

如果采用“两步法”进行生产，则在第一次沉积时先沉积芯层和内包层，也叫芯棒沉积，然后将芯棒松散体进行烧结，再以烧结后的透明芯棒为靶棒重复上面的工序进行外包层的沉积和二次烧结，最终形成的就是预制棒成品。两次沉积的不同点就是第一次沉积完成后需要抽出靶棒，而第二次沉积是在芯棒上进行沉积，烧结时不需要取出靶棒。

该方法对预制棒的径向尺寸无限制，能制作大尺寸预制棒，控制折射率分布也较容易。

2.4.4 轴向气相沉积法（VAD）

图 4-2-6 所示为 VAD 工艺的系统组成示意图。VAD 工艺利用一根垂直放置并绕纵轴旋转的石英玻璃棒（靶棒）的下端面作为衬底，喷灯火焰朝向靶棒下端面进行沉积生成的方法。一般用高纯氧或纯氩载气将形成的玻璃卤化物（$SiCl_4$、$GeCl_4$）饱和

蒸气带至氢氧喷灯和喷嘴入口，在高温火焰中水解反应，生产玻璃氧化物粉尘 SiO_2-GeO_2 和 SiO_2，并沉积在边旋转边提升的靶棒底部内、外表面上，随着靶棒端部沉积层的逐步形成，旋转的靶棒应不断向上提升，使沉积面始终处于同一个位置。最终沉积生成具有一定机械强度和孔隙率圆柱形的多孔疏松棒。系统配备有激光器或者摄像机监测沉积端面的位置，位置信号送到轴向提升机构进行反馈控制，以使沉积端面与喷灯的位置保持不变。

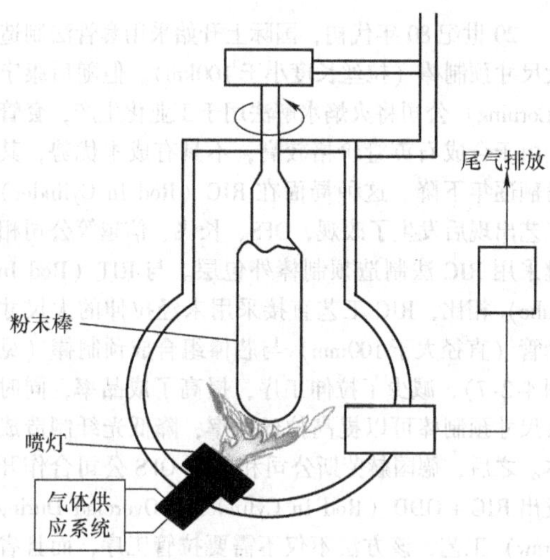

图 4-2-6　轴向气相沉积法工艺示意图

VAD 沉积过程中，供气系统中的卤化物原料，如 $SiCl_4$、$GeCl_4$ 等由氩气载流，从喷灯中喷出，经火焰水解反应（部分氧化反应）形成细玻璃粉末。这些细玻璃粉末沉积在沿轴向旋转的石英靶棒端部，从而生长成圆柱状的松散体。形成的松散体生长端部表面温度是用高温计测量的，以便获得预制棒芯层所需的折射率剖面。为了使松散体生长端部保持恒定，必须精确控制提升速度。此外，未沉积的玻璃粉末以及由火焰水解而产生的 H_2O 和 HCl 气体则排入废气处理系统，以便保持多孔松散体的外径均匀。$SiCl_4$、$GeCl_4$ 等原料在使用量较小的情况下使用发泡式，而在使用量较大时使用蒸发式。原料及其他气体的流量通过 MFC 精确控制以保证反应条件的一致性。原料供应系统还包括蒸发罐或发泡罐的称重系统，以及随后输送管道的加热和保温系统。通过 PID 控制器将管道温度控制在特定温度以避免原料气体的液化和反应温度的波动。

VAD 的化学反应原理与 OVD 相同。$SiCl_4$、$GeCl_4$ 等通过火焰水解反应生成 SiO_2、GeO_2 等。在温度为 800～900℃时即可发生水解反应，当温度超过 1000℃时发生完全反应。水解反应所需温度要比同样的卤化物发生氧化反应所需温度低 200～300℃。由火焰水解而形成氧化物的反应能在较低温度下发生的原因为：在水解反应中，SiO_2 产物并非是由 $SiCl_4$ 直接生成的，而是经历了一个 $Si(OH)_4$ 的中间形态，该化合物由 $SiCl_4$ 分子与 H_2O 分子反应而成。因此，SiO_2 产物形成反应的实际活化能降低了。此外，由于在实际的火焰水解中，氢氧焰中存在着氧原子、氢原子和 OH^-，这些粒子能促进氧化产物的生成反应并且形成中间产物如 $SiHCl_3$ 等。所以，形成氧化物的化学反应能在较低温度下且以较高的反应速度进行。而在氧化反应中，卤化物原料直接生成氧化物，因而需要较高的反应温度。

VAD 沉积的机理和 OVD 相同，所不同的是 VAD 喷灯火焰与沉积表面没有相对移动，沉积表面没有机会冷却，故温度梯度比 OVD 工艺小。目前，通过使喷灯的中心线相对松散体轴向倾斜成适当的角度，可获得与 OVD 工艺相当的沉积速度与效率。

沉积得到松散体通过脱水烧结技术，将松散体致密化，从而形成透明的玻璃棒。当将含有 OH^- 和水分子的玻璃微粒置于干燥气氛中加热时，物理吸附的水分子在 150℃时很容易被消除。随后，部分化学吸附的 Si－OH 键也能在 400℃左右脱水，而有些 Si－OH 键即使在温度高达 800℃时也难以脱水，却以孤立的 OH^- 形式残留于粒子表面。玻璃微粒中的 OH^- 依其浓度梯度向外扩散，已扩散的 OH^- 凝固成水分子。即使这样，在微粒表面仍然存在着孤立的 OH^-。因此，多孔松散体在干燥气氛中的烧结过程最终导致在透明预制棒中存在一定量的残余 OH^-。为了减少这种孤立 OH^- 的含量，必须用 Cl_2 进行脱水处理。脱水需要在松散体致密化之前，即微孔是开孔的状态，Cl_2 才能够进入，处理才有效，因此，温度不可过高，升温速度不可过快。

为了降低芯棒中的 OH^- 含量，除了使松散体充分脱水，还需要避免后续工艺如延伸、外包层沉积或套管过程中 OH^- 从外部扩散进入芯棒。因此，需要足够厚的内包层来阻止 OH^- 扩散进入芯棒的芯层。VAD 工艺采用芯层和包层同时沉积且保证一定包芯比（内包层直径与芯层直径的比值）的方法可制造低水峰甚至无水峰的光纤。

目前 VAD 工艺被广泛用于低水峰单模光纤预

制棒芯棒的制造，其优势体现在：

1）由于VAD工艺能通过脱水工艺非常容易地将OH^-从松散体中去除，因此即使原材料纯度不高也能实现非常低的OH^-含量。

2）与MCVD/PCVD工艺相比，VAD工艺消除了石英管尺寸的限制，适用于大尺寸光纤预制棒的制造。

3）VAD工艺中火焰水解产生的粉尘沉积到旋转的靶棒一端，预制棒松散体沿轴向生长，因此最后得到的预制棒没有中心孔。

4）VAD可以实现高速沉积，制造成本低。

2.5 光纤预制棒外包层工艺

光纤预制棒的外包层制造技术主要有火焰水解法、套管法、等离子喷涂法。目前预制棒大尺寸化已成为降低成本的有效方法，不仅可以减少多根预制棒的头尾损耗，而且增加连续生产时间，提高原材料利用率。因此预制棒外包层制造技术主要向大尺寸化、原材料国产化方向发展。

2.5.1 火焰水解法

火焰水解法包括OVD法和VAD法，其原理是$SiCl_4$在氢氧焰中发生水解反应（也有部分氧化反应）生成SiO_2粉尘通过热泳作用沉积到匀速旋转的芯棒上，经脱水烧结工艺后形成透明的光纤预制棒。OVD法被广泛采用作为外包层的制造方法。VAD法因更适合制造芯棒，目前仅有少数厂家采用进行预制棒的外包层沉积。

OVD法具有沉积速度快，生产效率高，成本低等优点，适合于制造大尺寸光纤预制棒。与套管法相比，由于不需要外购套管，所有原材料均可实现国产化，因而更容易控制成本，实现量产。国际上绝大多数预制棒制造商均采用OVD法制造外包层。据统计，采用OVD外包工艺制造的光纤占到世界光纤总产量的60%以上。

2.5.2 套管法

20世纪80年代初，国际上开始采用套管法制造大尺寸预制棒（拉丝长度小于100km）。但随后康宁（Corning）公司将火焰水解法用于工业化生产，套管法由于合成石英管价格较高，不具有成本优势，其份额逐年下降。这种局面在RIC（Rod In Cylinder）工艺出现后发生了改观，OFS、长飞、信越等公司相继采用RIC法制造预制棒外包层。与RIT（Rod In Tube）相比，RIC工艺直接采用未经拉伸的大尺寸套管（直径大于100mm）与芯棒组合成预制棒（见图4-2-7），减少了拉伸工序，提高了成品率，同时大尺寸预制棒可以提高拉丝效率，降低光纤制造成本。之后，德国赫劳斯公司和美国OFS公司合作开发出RIC + ODD（Rod In Cylinder + Overclad During Draw）工艺，该方法不仅不需要拉管工序，而且省去了套管与芯棒熔缩工序，进一步降低了生产成本，如图4-2-8所示。

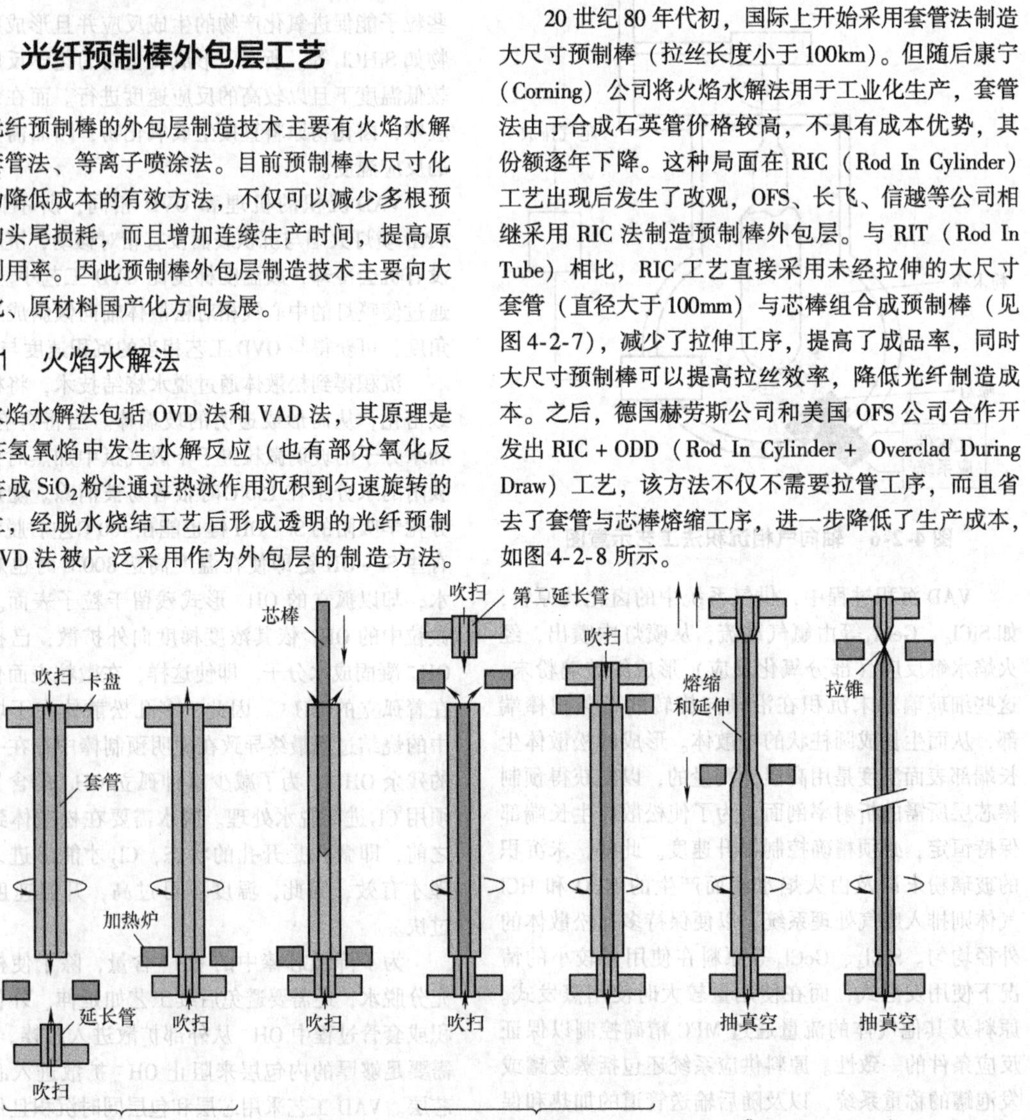

图4-2-7 RIC预制棒生产

a）套管与延长管组装 b）芯棒组装 c）第二延长管安装 d）熔缩和延伸 e）拉锥/切割

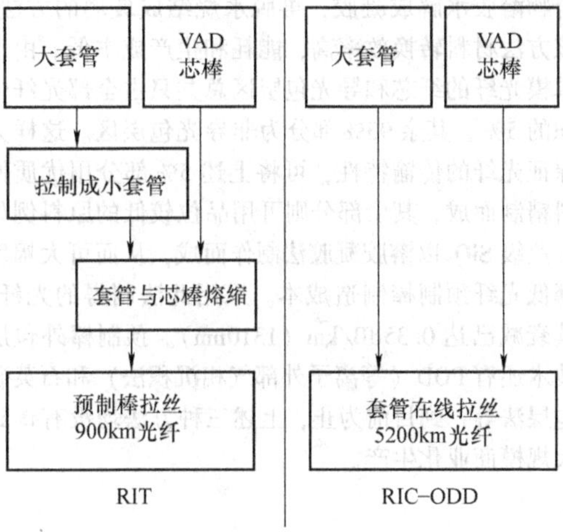

图 4-2-8　RIT 和在线 RIC 工艺比较

目前用于制造光纤预制棒的套管主要采用 OVD 法制造，如图 4-2-9 所示。即先在基管上沉积高纯原料反应生成 SiO_2 粉尘，然后将沉积好的多孔松散体在高温下脱水，烧结成透明的玻璃管。该玻璃管（含基管）经机械研磨和钻孔后形成高几何精度的套管成品。目前套管最大直径可达 180～200mm，与芯棒组合后单根预制棒拉丝长度达到 6000km 以上（见图 4-2-10）。受拉丝炉的制约，可将套管熔缩到芯棒上之后拉伸成实心的小尺寸预制棒，或者大尺寸套管拉伸成和各芯棒尺寸匹配的小尺寸套管进行在线或离线拉丝。

与火焰水解法相比，RIC 法具有初期投入成本小，生产周期短等优点。另外，火焰水解法外包制造低水峰光纤必须将包芯比控制 4.0 以上，而 RIC 法则可采用包芯比在 2.0～4.0 之间的芯棒，对于降低预制棒制造成本，增大预制棒直径具有潜在优势。

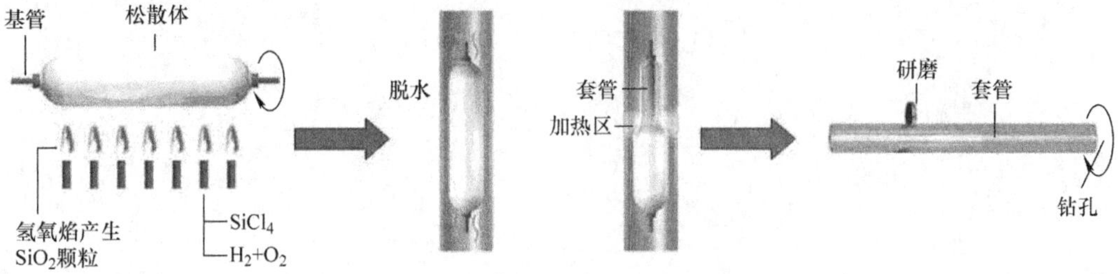

图 4-2-9　套管制造的工艺流程

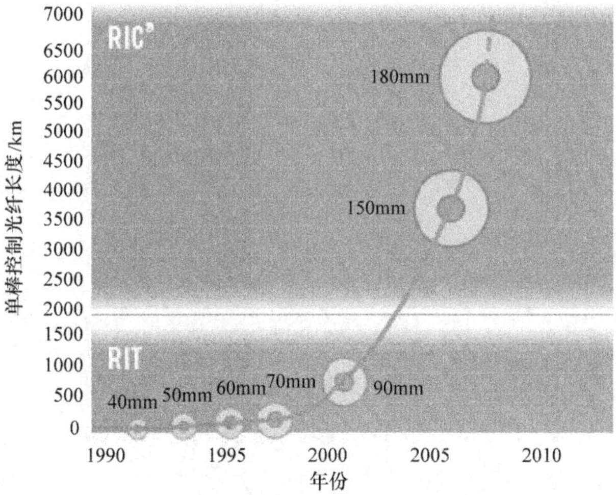

图 4-2-10　套管尺寸的演变

2.5.3 等离子喷涂法

APVD（等离子喷涂法）采用高频等离子火焰将石英粉末熔制于芯棒上得到大尺寸预制棒。等离子火焰里通氩气和过滤过的洁净空气，先在灯里的氩气产生一个电火花使之导电，然后将气流开关拨至空气，在高频线圈的感应作用下，空气在感应电场下被电离，产生10000℃的高温。将石英砂通入火焰后，石英砂被加热到熔融状态，然后便沉积到芯棒上。APVD具有原材料成本低，无须废气处理等优点，但该方法设备维护费用高，原料天然石英粉资源有限，受到一定的限制。目前仅德拉克公司采用该工艺制造预制棒外包层。

此外，预制棒外包层技术还有Sol-Gel（溶胶凝胶法）。溶胶凝胶法是将玻璃组成元素的有机化合物溶胶水解成凝胶，再脱水烧结成玻璃的方法。该方法材料转换效率高，能耗和生产成本低。由于单模光纤的纤芯和导光包层区总共只占全部光纤体积的5%，其余95%部分为非导光包层区。这样为保证光纤的传输特性，可将上述5%部分用优质原料精制而成，其余部分则可用品位较低的原料例如工业级SiO_2以溶胶凝胶法制作而成，从而可大幅度降低光纤预制棒制造成本。采用此法制得的光纤，其衰减已达0.35dB/km（1310nm）。预制棒外包层技术还有POD（等离子外部气相沉积法）和石英砂包层法等，到目前为止，上述三种方法均没有得到大规模商业化生产。

第3章

光　纤

光纤是由具有必要的折射率分布的光纤预制棒拉制而成。光纤是一种全介质波导材料，是光缆中最主要的元件，由纤芯层和包层构成，如图 4-3-1 所示。位于中心部分的纤芯层折射率 n_1 比周围包层的折射率 n_2 略高。光信号主要经纤芯传输，包层为光信号提供反射边界和光隔离，同时又起一定的机械保护作用。由纤芯和包层组成的光纤通常称为裸光纤，这种光纤不能直接使用，实际使用的光纤都在裸光纤的外面增加了涂覆层，用来缓冲外界的压力，增加光纤的抗拉、抗压强度，并改善光纤的温度特性和防潮性能。

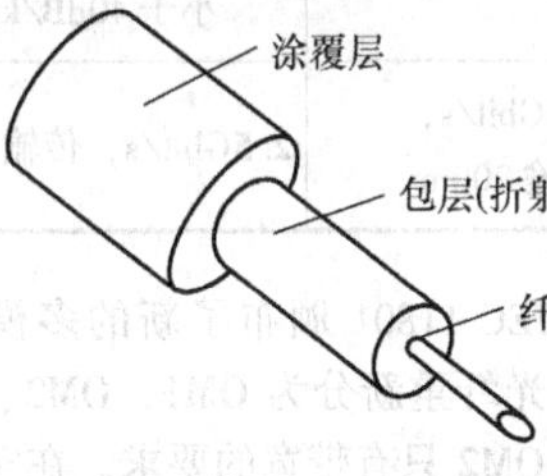

图 4-3-1　典型的光纤结构

3.1　光纤的分类

根据光纤主要材质，可分为石英玻璃光纤和塑料光纤。石英玻璃光纤主要是由二氧化硅（SiO_2）或硅酸盐材质制成。已经开发多种可用的石英玻璃光纤，如大芯径的中等损耗玻璃光纤到低损耗的玻璃光纤，前者可用于短距离传输，后者可用于长途传输。塑料光纤（POF）主要是由高透光聚合物制成的一类光纤。不同的材料具有不同的光衰减性能和温度应用范围。塑料光纤不但可用于接入网的最后 100～1000m，也可用在各种汽车、飞机等运载工具上，是短距离数据传输介质选择之一。但塑料光纤尚未得到广泛的应用，与玻璃光纤相比，塑料光纤的传输损耗仍是影响其使用的重要问题。

目前通信所用的光纤主要是石英玻璃光纤，本章节重点描述由高纯度石英（SiO_2）制成的作为信息传输波导所用的光纤。

根据对光纤端面入射角的不同，光纤纤芯内可能存在无数条光路，但光纤内只能传播称为模色散的光线群，即光纤模。光纤模就是满足边界条件的电磁场波动方程的解，即电磁场的稳态分布。因光纤的纤芯直径、折射率与使用波长等的不同，可传播的模的数量也不同，通常把只能传输一个模的光纤称为单模光纤，能传输多个模的光纤称为多模光纤，根据光线在光纤中传播形态的不同，多模光纤又分为突变型多模光纤与渐变性多模光纤。

3.1.1　A 类——多模光纤

多模光纤按折射率分布曲线形状参数 g 分类，见表 4-3-1。

表 4-3-1　多模光纤的分类

类别	材　料	型　式	范围
A1	玻璃芯/玻璃包层	渐变型折射率（GI）光纤	$1 \leqslant g < 3$
A2.1	玻璃芯/玻璃包层	准突变型折射率（QSI）光纤	$3 \leqslant g < 10$
A2.2	玻璃芯/玻璃包层	突变型折射率（SI）光纤	$10 < g < \infty$
A3	玻璃芯/塑料包层	突变型折射率（SI）光纤	$10 \leqslant g < \infty$
A4	塑料光纤		

归一化的折射率分布用式（4-3-1）表示，即

$$\delta(r) = 1 - \left(\frac{r}{a}\right)^g \qquad (4\text{-}3\text{-}1)$$

式中　$\delta(r) = \dfrac{n(r) - n_2}{n_1 - n_2}$

$n(r)$——在 r 处的折射率，$0 \leqslant r \leqslant a$；

n_1——在轴上，即 $r=0$ 处的折射率；

n_2——均匀包层的折射率；

a——纤芯半径。

A1 和 A2 类光纤均为石英系光纤，是由二氧化硅（SiO_2）和各种掺杂剂（Ge、P、F）所制成。它们特别是 A1 类光纤在信息系统中应用相当普遍。

如图 4-3-2a 所示，A2 类光纤纤芯的折射率为常数 n_1，在纤芯与包层的界面上发生突变，从 n_1 降到 n_2。在这种光纤中，射线是按全内反射的曲折路程向前传播，满足全内反射条件的不同射线各有不同的路程长度，而纤芯内折射率均匀，不同角度的射线具有同样的速率，因而到达接收端的时延不同，势必造成显著的脉冲展宽，从而限制了传输带宽，一般仅为数十兆赫·千米。

如图 4-3-2b 所示，A1 类光纤纤芯轴心处的折射率最大为 n_1，沿半径方向折射率逐渐减小，到了与包层的交界面，折射率与包层的折射率 n_2 相等。在这种光纤内，射线不是按全内反射而是按折射原理经近似正弦形的途径向前传播，幅度不同的正弦形途径长度不等，但传播的速率也不等，较长的轨迹有较快的速率，因而不同长度轨迹的射线到达接收端的时延却几乎相同，大大提高了光纤的传输带宽，一般可达数百兆赫·千米，甚至上千兆赫·千米。

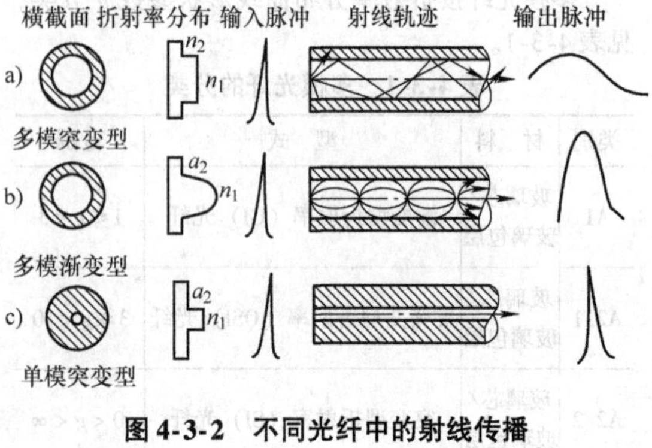

图 4-3-2 不同光纤中的射线传播

A3 类光纤通常是以石英玻璃为纤芯、硅酮树脂作包层的光纤。这种光纤制造简便，成本低，具有较大的芯径和较大的数值孔径，可用在计算机网络和医疗器械中。

A4 类 POF 光纤一般使用聚苯乙烯（PS）、聚甲基丙烯酸甲酯（PMMA）、聚碳酸酯（PC）作为芯层材料，PMMA、氟塑料等作为包层材料，分别称为 PF POF、PMMA POF 和 PC POF。与石英玻璃质光纤相比，成熟、简单的聚合物拉制工艺使得塑料光纤成本较低，且比较柔软、重量轻、不易折断，但其传输衰减大，抗拉强度低，容易老化，直径较大（约达 1mm）。与标准多模石英光纤纤芯直径相匹配的塑料光纤可以使用标准光纤连接器。表 4-3-2 给出了两种塑料光纤的特性。

表 4-3-2 PMMA 和 PF 塑料光纤样品特性

特性	PMMA POF	PF POF
纤芯直径	0.4mm	0.050~0.30mm
包层直径	1.0mm	0.25~0.60mm
数值孔径	0.25	0.20
衰减	650nm，150dB/km	650~1300nm，小于 40dB/km
带宽	2.5Gbit/s，传输 200m	2.5Gbit/s，传输 550m

2002 年，ISO/IEC 11801 颁布了新的多模光纤标准等级，将多模光纤重新分为 OM1、OM2、OM3 三类，对于 OM1、OM2 只有带宽的要求。在实际选型及应用中，已经形成了一定规律，即 OM1、OM2 代指传统的 62.5μm 及 50μm 多模光纤，OM3 是指万兆多模光纤。2009 年，又新增加了一种 OM4 万兆多模光纤。OM3、OM4 均为新一代的 50/125 光纤。按照 ITU－T、IEC、GB/T 以及 ISO/IEC 11801 中的标准等级，多模光纤国内外标准以及带宽对应见表 4-3-3。

表 4-3-3 GB/T、IEC 和 ITU－T 中多模光纤标准

GB/T 12357	IEC 60793	ITU－T G.65x	ISO 11801	满注入带宽/MHz·km		有效模式带宽/MHz·km
				850nm	1300nm	850nm
多模 62.5/125	A1b	—	OM1	200	500	220
多模 50/125	A1a	G.651.1	OM2	500	500	510
			OM3	1500	500	2000
			OM4	3500	500	4700

OM1 光纤：普通的62.5/125μm渐变折射率多模光纤，是指IEC 60793中的A1b光纤，由于其芯径和数值孔径较大，具有较强的聚光能力和抗弯曲特性，在20世纪90年代中期以前，局域网速率较低，对带宽要求不高，这种光纤获得了广泛的应用。

OM2 光纤：普通的50/125μm渐变折射率多模光纤，是指IEC 60793中的A1a光纤（ITU－T G.651.1光纤）。自20世纪末以来，局域网向1Gb/s速率以上发展，62.5/125μm光纤的带宽已经不能满足要求，由于50/125μm芯径和数值孔径较小，有效地降低了多模光纤的模式色散，使带宽得到了显著的增加，因此得到了广泛的应用。

OM3 光纤：传统的OM1、OM2多模光纤从标准上和设计上都是以LED光源方式为基础的，随着工作波长为850nm和低价格的垂直腔体表面发射激光器（VCSEL）的出现和广泛应用，850nm窗口的重要性增加了。50/125μm光纤在850nm窗口具有较高的带宽，使用低价格的VCSEL激光光源能支持较长距离的传输。由于两种发光器件的不同，必须对光纤本身进行改造，以适应光源的变化。

OM4 光纤：是一种激光优化型纤芯为50μm的多模光纤，目前OM4标准确定的指标实际是OM3多模光纤的升级版。OM4光纤的标准与OM3相比，只是在光纤带宽指标上有了提升，即OM4标准在850nm波长的有效模式带宽和满注入带宽相比OM3光纤有了提高。

随着FTTH的快速发展，多模光纤走进了室内，在室内或狭窄的环境下进行布线，光纤经受较高的弯曲应力，特别是在应用中，过长的光纤通常都缠绕在越来越小型化的存储盒中，承受到很大的弯曲应力，对光缆的衰减和机械抗弯曲性能提出了更高要求，为了解决这一问题，弯曲不敏感多模光纤应运而生，类似于弯曲不敏感单模光纤一样，成为多模光纤领域的一大研究热点，相应的国际标准也在制定之中。对于弯曲不敏感多模光纤的宏弯损耗，考虑到多模光纤通常并不进入家庭居室，主要用于企业和单位的局域网（LAN）或数据中心，并有良好的敷设和使用条件，因此其抗弯曲要求低于弯曲不敏感的单模光纤。

进入2010年，随着100G－NG，200G/400G以太网乃至1T以太网的提出，传统的多模光纤在芯数和距离上成为阻碍未来以太网络发展的瓶颈，而宽带多模光纤（WBMMF）的出现打破了传统多模光纤的技术瓶颈。它借鉴了单模光纤的波分复用（WDM）技术，延展了网络传输时的可用波长范围，能够在一芯多模光纤上支持4个波长，把需要的光纤芯数降低为之前的1/4。此外，宽带多模光纤在有效模式带宽（EMB）上有了更高的突破，在光纤有效模式带宽方面远超传统的OM4光纤，850nm波长上有效模式带宽提高到6000MHz·km，在880nm波长附近更是达到8000MHz·km。更高的带宽意味着为未来可能出现的更高速的以太网提供余量空间。宽带多模光纤的标准化工作得到了TIA、ISO、IEEE的共同关注和支持，ISO/IEC JCT1 SC25委员会WG3工作组在2015年听取了TIA代表的汇报，在2016年把制定宽带多模光纤标准纳入议程，目前已经在制定标准的过程中。

3.1.2 B类——单模光纤

单模光纤的芯径很细，仅数倍于所传输的光波波长，在光纤中只有一个主模 HE_{11} 通过，其他模均被截止。如图4-3-2c所示，经传输的脉冲展宽很小，光纤的频带很宽，一般可达数十吉赫·千米。而且由于制造技术的发展，其生产成本明显低于多模光纤，因此它的应用最为广泛，特别是用于长距离的信息传输。

IEC和ITU－T分别制定了统一的光纤标准。按照GB/T 9771.1—2008、IEC 60793、和ITU－T G.65X系列标准中关于光纤的建议，单模光纤的分类见表4-3-4。

表4-3-4 不同标准中单模光纤分类表

GB/T 9771.1—2008	IEC 60793	ITU－T G.65X	零色散波长标称值 /nm	工作波长标称值 /nm
非色散位移单模光纤	B1.1	G.652.A/G.652.B	1310	1310、1550
截止波长位移单模光纤	B1.2	G.654	1310	1550①
波长段扩展的非色散位移单模光纤	B1.3	G.652.C/G.652.D	1310	②
色散位移光纤	B2	G.653	1550	1550

（续）

GB/T 9771.1—2008	IEC 60793	ITU-T G.65X	零色散波长标称值/nm	工作波长标称值/nm
色散平坦型光纤	B3	—	—	—
非零色散位移单模光纤	B4	G.655	③	1550
宽带光传输非零色散位移单模光纤	B5	G.656		1550
接入网用弯曲损耗不敏感单模光纤	B6	G.657.A1/G.657.A2/G.657.B2/G.657.B3	1310	同B1.3

① B1.2 光纤在1310nm 区域不是单模。
② B1.3 光纤工作波长扩展到了1260～1625nm。
③ B4 光纤在1550nm 区域色散最小但不为零。

B1.1 类光纤又称“标准”或“常规”非色散位移单模光纤，于1983 年引入商用，在较长时期内曾经是世界上应用最广泛的光纤。它可在1310nm 和1550nm 两个波长窗口使用。由于该光纤在1550nm 处的波长色散较大［约18ps/（nm·km）］，这对于2.5Gbit/s 以上速率的传输会产生不利的影响，在大多数长距离线路和一些局间线路上需要进行色散补偿。随着光纤技术进步，目前，B1.1 类光纤应用极少，基本处于淘汰状态。

B1.3 类光纤称为全波光纤，又称低水峰光纤，是B1.1 类标准单模光纤的升级版光纤，通过降低水离子浓度消除E 波段1360～1460nm 的损耗峰制成的，即消除了1383nm 附近的OH 离子吸收衰减峰，大大扩展了光纤可使用的波长范围，目前已成为世界上应用最广泛的光纤。

近年来，随着100G 系统的建设，对光纤色散的要求降低，对损耗提出了更高的要求。随之而来发展起来的低损耗光纤，1550nm 的衰减达到0.185dB/km 或者更低。从2013 年开始，逐渐应用到干线网的建设中。与低损耗光纤提出的同时，1550nm 处衰减更低的光纤（即超低损耗光纤）也再次被提及和示范应用，其1550nm 的衰减达到0.16dB/km 以下，最低可达0.149dB/km，但是其1383nm 的损耗较高，不符合全波段的要求，且由于制造过程需要进行大量氟掺杂，工艺难度大，存在环境污染，虽然有一定工程应用，但目前还没有在通信网络中广泛应用。

B1.2 类光纤是在1550nm 窗口衰减非常低的非色散位移单模光纤。其低衰减经常是通过以下途径达到的：①在纤芯及内沉积包层中使用纯石英玻璃；②取高的截止波长以减小对弯曲损耗的敏感度。由于它具有1550nm 的高截止波长，该光纤的工作波段被限制在1500～1600nm，且难于制造，价格高而很少使用，它主要应用在长距离的无中继海缆通信系统中。

2012 年以来，随着100G、400G 大容量传输系统的逐渐成熟和工程应用，有厂家提出采用超低损耗B1.1 光纤，因其损耗低有利于长距离的传输；同时也有厂家认为，采用陆用大有效面积B1.2 类光纤是更好的选择，B1.2 的光纤由于其有效面积大，可以降低非线性效应，提高注入光功率，等效于衰减的降低。综合认为，光纤的大有效面积性能与低损耗性能的结合更有利于未来400G 系统甚至超400G 系统。对于单模光纤的有效面积 A_{eff}，与模场直径MFD 之间有以下近似关系：

$$A_{\mathrm{eff}}=k\pi(\mathrm{MFD}/2)^2=k\pi w^2$$

式中 k——修正系数。由于 k 很大程度上取决于光纤的折射率分布，各厂商的折射率分布不尽相同，所以很难统一描述其特性。根据各厂家已陆续发布的B1.2 大有效面积光纤的参数情况来看，常规在115～135μm² 的有效面积相比常规B1.3 光纤80μm² 左右的有效面积有较大幅度的提升。目前，B1.2 光纤在陆上的工程应用还较少，2015 年中国联通启动了两条试验线路采用了陆用B1.2 大有效面积光纤，2016 年完成了光缆线路验收，但光缆线路的长期使用性能还需要在实践中不断验证。

B2 类光纤是将零色散波长从1310nm 调整到1550nm，使最小色散区域与最小衰减区域吻合在一起。B2 类光纤首先是应用在几千千米长的以单一波长传输的海底光缆系统，尔后在陆上干线线路上也安装了相当数量的这类光纤。20 世纪90 年代初期，1550nm 窗口的掺铒石英光纤放大器（EDFA）开发成功，它与色散位移光纤配合使用，不需要光—电转换的再生中继器，可使全光传输距离延长至几百、几千千米。但是该光纤会严重干扰 EDFA 通道上的多波长传输，在密集波分复用（DWDM）系统中存在非线性效应问题，在非零色散位移光纤出现后，此类光纤已经鲜有铺设。

B4 类光纤是为使用光放大器的密集波分复用系统专门设计的一种新型光纤。与色散位移光纤不同，该光纤在 1550nm 窗口 EDFA 的整个波带内呈现小量色散。该色散阻止了各种信号波长之间的相位匹配，有效地消除了四波混合（FWM）现象，为实现大容量、密集波分复用系统的长距离传输创造了条件。

B6 类光纤描述了一种弯曲性能改善的光纤，与 B1.3 类光纤和光缆相比，B6 类光纤和光缆具有良好的抗弯曲性能。B6 类光纤标准中规范了两类不同的单模光纤，A 类光纤分为 A1、A2 子类，完全与 B1.3 类光纤兼容，并且可以用在网络的其他地方，B 类光纤分为 B2、B3 子类，不完全与 B1.3 类单模光纤兼容，但是它在小角度弯曲的情况下损耗比较小。2013 年以来，随着技术的逐渐发展，B6b 类光纤的兼容性也在不断地提升要求。两类光纤可根据需要使用在不同的环境中。

在上述光纤类别中，尺寸参数一般要求：包层直径为 125μm，涂层直径为 245μm ± 10μm，在一些特定的应用下，还可以有 400μm ± 40μm、700μm ± 100μm、900μm ± 100μm 的涂层直径，在最新版的国际标准中新增了 200μm ± 10μm 的要求。对于一些管道资源紧张的通信线路，200μm 涂层的光纤比 245μm 的光纤直径更小，可减小光缆直径，不仅增大光纤容量，还可节约管道资源。

3.1.3 光子晶体光纤

20 世纪 90 年代初，研究者们就设想和开发出了一种新的光纤结构。开始是把它称为多孔光纤，后来称为光子晶体光纤（PCF）或微结构光纤。这种新结构和传统光纤的区别在于 PCF 的包层或有时纤芯区包含空气孔。空气孔沿光纤整个长度分布。对于传统光纤，纤芯和包层的材料特性决定了光传输特性，而 PCF 的结构排列建立了一种内在的微结构，微结构为控制光纤的性能，例如色散、非线性以及双折射效应提供了额外的维度。

微结构中的孔的大小和孔与孔的间距（称为孔距）和填充材料的折射率决定了光子晶体光纤导光的特性，根据导光机理可以分为两大类：第一大类是折射率导引型光子晶体光纤（Index Guiding PCF, IG - PCF）或高折射率芯光子晶体光纤（High Index core PCF）；第二大类是带隙波导型光子晶体光纤（Bandgap Guiding PCF, TIR - PCF），也可以称为光子带隙光子晶体光纤（Photonic Bandgap PCF, PBG - PCF）。结合具体的结构实现形式和光学特性，第一大类全内反射光子晶体光纤可以分为四个子类：大模场光子晶体光纤（Large Mode Area PCF, LMA - PCF）、高数值孔径光子晶体光纤（High Numerical Aperture PCF, HNA - PCF）、高双折射光子晶体光纤（High Birefringent PCF, HiBi - PCF）和高非线性光子晶体光纤（Highly Nonlinear PCF, HNL - PCF）。第二大类光子带隙光子晶体光纤也可以分为两个子类：空心带隙光子晶体光纤（Air Guiding PCF, AG - PCF 或 Hollow Core PCF, HC - PCF），低折射芯区光子晶体光纤（Low Index Core PCF, LIC - PCF）。

此外，在光子晶体光纤的空气孔中（全部或部分）灌注一些材料，如聚合物、微流体、特定的气体、敏感材料、非线性材料等，可以使光子晶体光纤的性能更加丰富多彩，通过加热（或其他方法）可以控制、调节光子晶体光纤中的光限制能力，这是一种非常新颖、独特和有用的方法。这种光子晶体光纤中注入材料的光束控制技术可广泛应用于可调谐光无源器件、光纤传感器、光学非线性器件等领域。已经有利用该方法研制、开发可变光学衰减器，可变光学偏振器、微流体可调滤波器、微流体可调衰减器、光纤传感器等方面的报道。

光子晶体光纤不仅应用与常规光通信领域，而且还广泛地应用于光器件领域，如高功率光纤激光器、光纤放大器、超连续光谱光源、色散补偿器、光开关、光倍频器、滤波器、波长变换器、孤子发生器、模式转换器、光纤偏振器、医疗和生物传感器等。总之，光子晶体光纤及其相关技术具有巨大的应用潜力和开发价值。

3.1.4 特种光纤

通信光纤设计用于传输光信号，保真度的变化要尽可能小。反之，特种光纤可以用来与光相互作用，可以处理或控制光信号的一些特性。光处理包括信号放大、光功率耦合、色散补偿、波长变换以及物理参数的传感，例如温度、压力、应力、震动和液面高度。对于光控制应用，特种光纤应用包括对弯曲不敏感、保持偏振态、重新分配特定波长或者为光纤终端提供极高衰减。

石英基特种光纤可以是单模或者多模光纤，是在传统石英光纤上通过改变光纤内的掺杂元素或进行特殊的结构设计而制成的，主要包括保偏光纤、稀土掺杂光纤、光敏光纤、弯曲不敏感光纤（非B6光纤）、双包层光纤、微结构光纤、终端光纤等。近年来特种光纤发展非常迅速，已经广泛应用于光通信、光传感、材料加工和国防科技等领域。下面介绍部分特种光纤和它们的用途：

1. 保偏光纤（Polarization Maintaining Fiber，PMF）

也称高双折射光纤。在此类光纤中，人为地打破纤芯几何形状或折射率分布的圆对称性，使 x 方向和 y 方向的两个偏振基模之间具有相当大的传输常数差，导致两线偏振基模之间的交叉耦合系数变得相当小，于是PMF就能在长距离上保持原有的传输偏振态。一般地，保偏光纤分为线偏振保持光纤和（椭）圆偏振保持光纤。由于对线偏振光具有较强的偏振保持能力，并且与单模光纤有良好的相容性，线偏振保持光纤在光纤通信和光纤传感系统中得到了广泛应用，随着电子信息技术的进步，光纤偏振器、光纤偏振耦合器、波分复用器、调制器、水听器等相干检测器以及光纤陀螺对PMF的需求量越来越大。而（椭）圆偏振保持光纤的传输性能优于线偏振保持光纤，其稳定的偏振态，使通信系统能够获得更灵敏和高效的传感效应，其耦合连接极为方便等，因此，（椭）圆偏振保持光纤能广泛应用于包含光纤陀螺和光纤电流互感器的传感系统以及相干通信系统等。

2. 稀土掺杂光纤

稀土离子（镱 Yb^{3+}，铒 Er^{3+}，镨 Pr^{3+}，钕 Nd^{3+} 等）的能级结构使得其在适当的泵浦条件下可以对通信波段上的光信号提供增益，采用MCVD、OVD和VAD等光纤生产工艺均可将稀土离子掺入石英光纤中，制成稀土掺杂光纤。稀土掺杂光纤主要用于制作光纤激光器和光纤放大器。在诸如外调制、光纤陀螺传感、干涉型传感等偏振敏感的系统中，需要具有良好偏振特性的光源和光放大器。若能研制出稀土掺杂保偏光纤，同时使用偏振控制器，就容易实现保偏光纤激光器的稳定输出和保偏光放大。

3. 光敏光纤

当光敏光纤被暴露到紫外光时，它的折射率会发生改变。光敏性是由光纤中掺进锗或硼离子提供的。它的主要应用是生产光纤光栅，光纤光栅是一种折射率随着光纤长度周期变化的器件，光纤光栅的应用包括用于光放大器与泵浦激光器的光耦合、波长分/插模块、光滤波器和色散补偿模块。

4. 弯曲不敏感光纤

与普通的B6单模光纤相比，它会更加严格地将更多的光功率限制在光纤的纤芯。通过商用的纤芯范围提供在一些特定的波长最佳的性能，例如820nm、1310nm或者1550nm，此类标准光纤产品的包层直径为80μm或125μm。当光纤的长度相同绕成小圈放在封装里时，包层直径80μm的光纤的体积比包层直径在125μm的光纤体积更小，因此在一些特定环境下，80μm光纤成为必选。

5. 终端光纤

对于多个端口光器件，有些端口是不用的或为开放分支，这些端口的后向反射会引起不稳定性，需要抑制这些后向反射，这可以采用终端光纤来实现，其中的一个例子就是无芯光纤。

6. 耐高温系列光纤

根据应用温度的不同，耐高温光纤主要分为三类：超高温、高温、中温。

耐超高温指的是400℃以上，在此温度，光纤有机材料涂层会快速热氧老化，丧失保护光纤的作用，导致光纤失效。只有铜、金等金属涂覆光纤，才能正常使用。金属涂覆光纤将耐高温金属材料紧覆在裸光纤上，主要有化学镀、电镀法、熔融涂覆法与材料溅射薄膜法等制作方法。耐高温光纤，一般耐温300~400℃，一般采用热固化工艺，使用聚酰亚胺涂层。耐中温光纤，一般应用环境在85~150℃，采用紫外固化的聚丙烯酸树脂或者其他耐温材料。

7. 其他的还在研发阶段或应用试验阶段的新型光纤

如多芯光纤、少模光纤、光子轨道角动量光纤、空气光纤等。

1）多芯光纤并非是一个新概念，早期在医疗和激光领域中光纤束和光纤传像束等属于多芯光纤概念。通信领域的多芯光纤可以分为，相同周节布局：3芯、7芯、19芯等；不同周节布局：10芯、12芯等。相比多根单模光纤的传输，多芯光纤传输还需要解决一些现实问题。连接问题：近年来出现的多芯光纤自动熔接方案表明多芯光纤的自动化熔接是可行的，但是工程化还需要等待一段时间。器件兼容问题：多芯光纤系统存在EDFA和OADM等器件的兼容问题；最近出现了直接采用多芯掺铒光纤放大器的方案和基于多芯光纤的ROADM设备方案，这些研究将进一步推动多芯光纤的工程化应用。光网络的保护问题：在光传输网中，一般需要实现N：1的光纤自动倒换保护。采用多芯光纤结构，由于这些光纤是一通俱通，一断俱断，因此必须安排其他光纤作为自动倒换保护光纤，对系统建设带来不利因素。

2）少模光纤实质上是多模光纤，光纤中存在两种以上的模式传输，模式数量介于单模光纤和常规意义上的多模光纤之间。少模光纤实现传输的模式是可控的，多模光纤模式不可控。目前实验室主要完成了三种模式（LP01 模和 LP11a 模、LP11b 模）的少模光纤的传输实验，高于三个模式的少模光纤模式不稳定（由于光纤 LP11 模以外的模式受环境影响大，扭曲、弯折、受压和温度变化都可能影响模式的稳定性）。

3）光子轨道角动量光纤。轨道角动量是光子的量子态，具有轨道角动量的光束在光通信等领域中得到了广泛的应用，是目前国内外研究的热点方向之一，特别是轨道角动量可作为自由空间量子信息物理载体的重要选择，这将对量子通信领域带来重要的影响。研究表明，光束具有两种角动量：由于光束的偏振特性产生的角动量，偏振与光矢量的方向相关，称为自旋角动量（SAM）；由于光束具有螺旋形相位结构而产生的角动量，称为轨道角动量。具有轨道角动量的光束的应用前景越来越广泛，光子轨道角动量的产生、稳定控制和精确测量以及在光纤和空间传输研究是很有挑战和试验价值的工作。目前光子轨道角动量已经在自由空间传输中得到广泛的应用，是否能在光纤中稳定传输是值得尝试的探索工作。

4）空气光纤是一个由低密度空气组成的“外壁”，包裹着充满高密度空气的内芯。与普通光纤一样，外壁的折射率要低于内芯。这种结构的“空气”导波管能够长距离、无损耗地传送光信号。新型的光纤，其制备方法也是不同的，比如使用超强激光脉冲能够在空气中电离出很细的“光丝”，这些光丝会提高周围空气的温度，令空气扩散，并在其经过之后留下一条低密度的、外部空气折射率低于内部气体的空洞。光丝存在的时间很短，只有约1ps，而空洞则可以存活几毫秒，利用这几毫秒就可以传送光信号。

3.2 光纤中光波传输原理

光纤传播原理的理论分析是很复杂的。分析光波在光纤中的传输可应用两种理论：射线理论和波动理论。前者是一个近似的分析方法，但简单直观，对定性理解光的传播现象很有效，而且对光纤半径远大于光波长的多模光纤能提供很好的近似，但在应用上有它的局限性。后者是严密的解析方法。为了全面分析光纤中光的传播、信号失真、功率损耗，特别是分析单模光纤和得出全面的定量结果，就必须采用波动理论方法，即求解麦克斯韦方程并满足光波导的边界条件。

3.2.1 光学中的反射、折射原理

光波是波长极短的电磁波，因此可采用光波长$\lambda \to 0$时的几何光学进行分析。于是一条很细很细的光束，它的轴线就是光射线，简称射线，它代表光能量传输的方向。光在同一媒质中传播时是直线前进，在不同媒质传播时，在媒质交界面处要发生反射和折射。

如图4-3-3，媒质Ⅰ和Ⅱ的折射率分别是n_1和n_2，当光射线从媒质Ⅰ入射到界面上时，则一部分能量被反射，另一部分能量进入媒质Ⅱ发生折射，由于光波本质上是电磁波，这时可利用平面电磁波的电磁场方程式和无穷大平面交界面边界条件，求得光波的反射和折射定律（这里仅考虑传播方向的），即

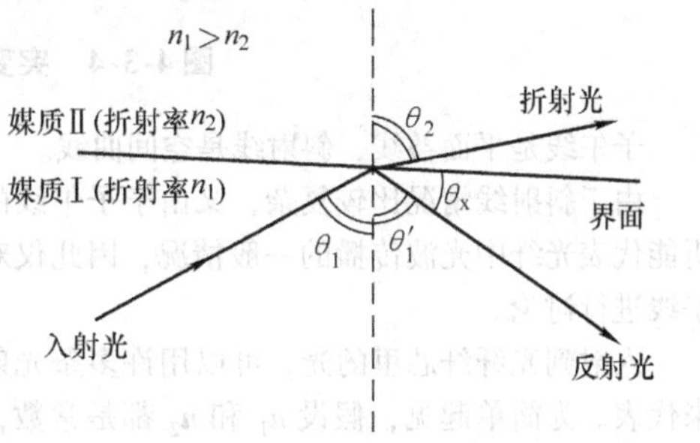

图4-3-3 光的折射与反射

$$\theta_1 = \theta'_1 \quad （反射定律）$$

$$\frac{\sin\theta_1}{\sin\theta_2} = \frac{n_2}{n_1} = \frac{v_1}{v_2} \quad （折射定律） \quad (4\text{-}3\text{-}2)$$

式中 θ_1、θ'_1——射线的入射角和反射角，两者相等；

θ_2——射线的折射角；

v_1、v_2和n_1、n_2——分别为媒质Ⅰ、媒质Ⅱ中的光速及其折射率，两者关系为 $n = \dfrac{c}{v}$；

c是光在真空中的传播速度（$c \approx 3 \times 10^8$m/s），媒质的折射率（n）越大，在其中的光速（v）就越低。

根据式（4-3-2），假设 $n_1 > n_2$，则 $\sin\theta_2 > \sin\theta_1$必有 $\theta_2 > \theta_1$。现在逐渐增大入射角 θ_1，当增大到一定程度时，θ_2就变为90°，光不能进入媒质Ⅱ，此时的入射角称为临界角 $\theta_c(\theta_1 = \theta_c)$，这时

$$\sin\theta_c = \frac{n_2}{n_1} \qquad (4\text{-}3\text{-}3)$$

有时为说明问题方便，入射角 θ_1用入射余角 θ_2来表示，于是临界角（余角）表示为

$$\theta_{cz} = 90° - \theta_c = \arccos\frac{n_2}{n_1} \qquad (4\text{-}3\text{-}4)$$

下面考虑折射与反射的两种情况：

1）在假设的 $n_1 > n_2$条件下，当 $\theta_1 \geqslant \theta_c$时，能量全部被反射，不发生折射，这种现象称为全反射。由此可见，当光波从光密（n 值大的）媒质入射到光疏（n 值小的）媒质时，光射线的入射角 $\theta_1 \geqslant \theta_c$时，将发生全反射。

2）假设 $n_1 < n_2$，由式（4-3-2）可知，$\sin\theta_2 < \sin\theta_1$（$\theta_2 < \theta_1$），这样，光波入射到分界面时，不论其入射角有多大，总有一部分能量要折射到媒质Ⅱ中，不可能产生全反射。

因此，为使光波限制在光纤纤芯中传输，必须使纤芯的折射率高于包层的折射率。

3.2.2 光纤导波形成的概念

这里仅以突变型多模光纤进行简单说明。

当光波入射到光纤后，光纤内一般出现两种形式的光射线。一种是处在同一平面内经过光纤的轴，在纤芯和包层交界面上全反射，使能量集中在纤芯内，这种射线称为子午线（见图4-3-4a），另一种射线不在一个平面内且不经过光纤的轴，在边界处也作全反射，同样是反射角等于入射角（见图4-3-4b），这类射线称为斜射线。

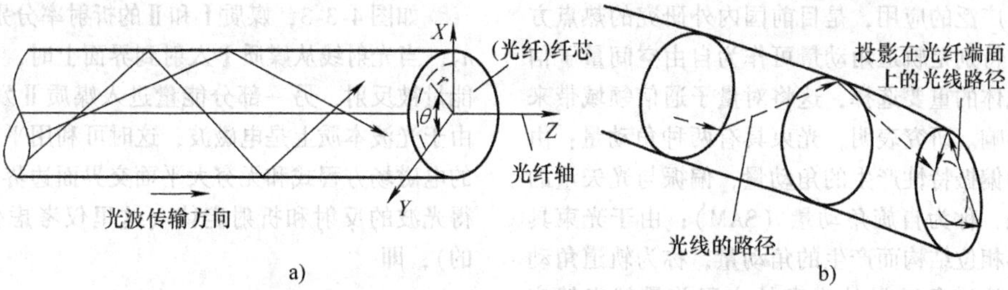

图4-3-4 突变型多模光纤中的两种射线

子午线是平面折线，斜射线是空间曲线。

由于斜射线情况比较复杂，又由于子午线的分析能代表光纤中光波传播的一般情况，因此仅对子午线进行讨论。

入射到光纤纤芯里的光，可以用许多条光射线来代表。为简单起见，假设 n_1 和 n_2 都是常数，且 $n_1 > n_2$。对于突变型多模光纤，这些射线分别以某一个合适的角度射到芯子与包层的交界面上，如上面已指出的，只要在光纤内光射线与光纤轴线（或与纤芯—包层交界面）所形成的角度 $\theta_z \leqslant \theta_{cz}$，就可以在交界面上得到全反射（在光纤又称全内反射）。在图4-3-5中，光线A是满足全反射条件的，因此光线A就被界面多次反复全反射限制在纤芯内，以“之字形”路径向前行进，形成传输波。光线B的入射角 $\theta_z > \theta_{cz}$，故辐射出纤芯外而很快衰减掉。

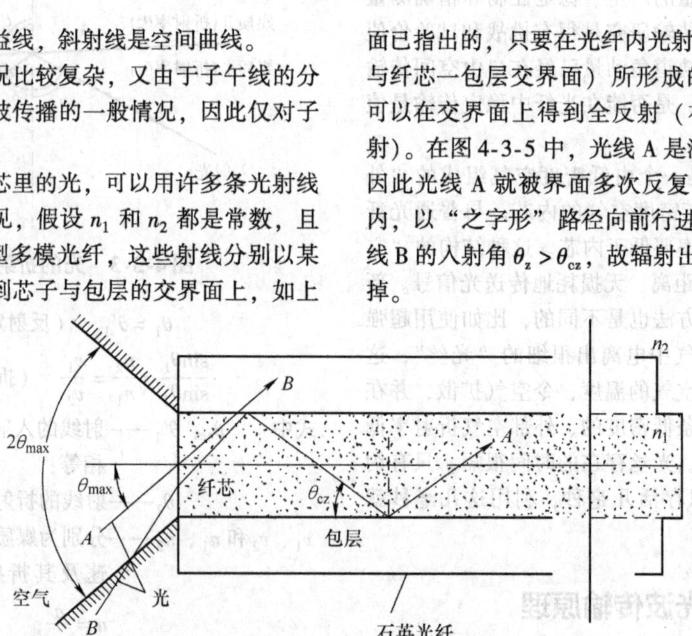

图4-3-5 光纤中光的传播和接受角

n_1—纤芯折射率 n_2—包层折射率

3.2.3 波动理论分析突变型光纤的传输模概念

为了严格求解光纤中的传输模式和更广泛描述光纤中光波的传播特性，需要采用波动理论（或称模式理论）的分析方法，即求解光纤圆柱形介质边界条件下的麦克斯韦方程组。其解答是利用光纤传输模式的基本场型的叠加来表示光纤中行进的电磁波。

假设光纤中传播角频率为 ε 的单色光，则麦克斯韦方程组可以简化为波动方程

$$\nabla^2 E + \left(\frac{n\varepsilon}{c}\right)^2 E = 0 \qquad (4\text{-}3\text{-}5a)$$

$$\nabla^2 H + \left(\frac{n\varepsilon}{c}\right)^2 H = 0 \qquad (4\text{-}3\text{-}5b)$$

在圆柱坐标系（r、θ、Z）中（见图4-3-6），光纤轴与坐标 Z 轴一致，电磁场沿 $+Z$ 方向传播，于是场强分量可写为

$$E_z(r,\theta,Z) = E_z(r)\mathrm{e}^{\mathrm{j}(m\theta-\beta z)} \qquad (4\text{-}3\text{-}6a)$$

$$H_z(r,\theta,Z) = H_z(r)\mathrm{e}^{\mathrm{j}(m\theta-\beta z)} \qquad (4\text{-}3\text{-}6b)$$

式中 β 为传输模的相位常数，由纤芯－包层交界面处的电磁场边界条件确定。对传输模来说，β 只能取有限多个可能的解。

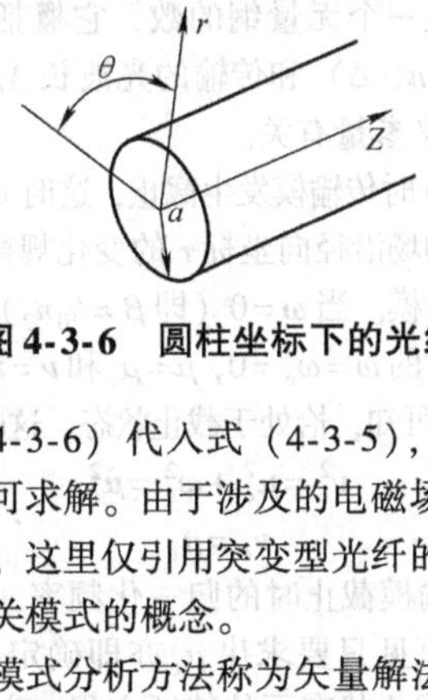

图4-3-6 圆柱坐标下的光纤

把式（4-3-6）代入式（4-3-5），根据光纤的边界条件即可求解。由于涉及的电磁场理论和数学分析较复杂，这里仅引用突变型光纤的某些分析结果来理解有关模式的概念。

严格的模式分析方法称为矢量解法。理论推导结果表明，纤芯内和包层内传输模式的电磁表示式是含有6个分量（即 E_r、E_θ、E_z 和 H_r、H_θ、H_z）的混合电磁场方程组。这里只列出轴向的电磁场分量 E_z 和 H_z，脚标1和2分别表示纤芯和包层的电磁场分量。

$$E_{z1} = A\frac{J_m\left(\frac{\mu r}{a}\right)}{J_m(\mu)}\mathrm{e}^{\mathrm{j}(m\theta-\beta z)} \quad r \leqslant a \qquad (4\text{-}3\text{-}7a)$$

$$E_{z2} = A\frac{K_m\left(\frac{\omega r}{a}\right)}{K_m(\omega)}\mathrm{e}^{\mathrm{j}(m\theta-\beta z)} \quad r \geqslant a$$

(4-3-7b)

$$H_{z1} = B\frac{J_m\left(\frac{\mu r}{a}\right)}{J_m(\mu)}\mathrm{e}^{\mathrm{j}(m\theta-\beta z)} \quad r \leqslant a \qquad (4\text{-}3\text{-}7c)$$

$$H_{z2} = B\frac{K_m\left(\frac{\omega r}{a}\right)}{K_m(\omega)}\mathrm{e}^{\mathrm{j}(m\theta-\beta z)} \quad r \geqslant a$$

(4-3-7d)

其他各场量表达式繁琐，从略。式中，a 为纤芯半径，J_m 为 m 阶贝塞尔函数，K_m 为 m 阶修正贝赛尔函数，A、B 为待定常数，由激励条件确定。μ 和 ω 分别为导波的径向归一化相位常数和衰减常数，将在后面讨论。

由式（4-3-7）可知，各场分量与方位角 θ、坐标 z 的关系为 $\mathrm{e}^{\mathrm{j}(m\theta-\beta z)}$，并且沿 $+Z$ 方向传播；由于光纤具有圆对称性，因此各场分量应为方位角 θ 的周期函数；各场分量沿径向坐标 r 的变化规律是：在纤芯内由 m 阶第一类贝塞尔函数 J_m（μr）（及其导数）给出，在包层内由 m 阶第二类变质的贝塞尔函数 K_m（$\omega\gamma$）（及其导数）的衰减形式给出。这意味着各场分量的能量没有向外辐射而是以某一固定不变的场型沿光纤轴向传播。图4-3-7示出了前三阶（$m=0$，1，2）的第一类贝塞尔函数 J_m 曲线。由此可见，J_m 类似正弦函数具有振荡特性，因 J_m 这一特点对给定的 m 阶次来说，存在着一系列使 J_m（μ）$=0$ 的根，其排列的序号记为 n，对应每一个 m 和 n 的组合都可以得到相应传输模式的独立的场分量方程，而且决定了该模式的场型特征。例如 $m=0$ 时，由图4-3-7可知 J_0（μ）$=0$ 的前三个根（$n=1$，2，3）分别为 $\mu_{01}=2.40480$，$\mu_{02}=5.52008$，$\mu_{03}=8.65373$，理论分析表明与此对应的波形为 TE_{01}，TE_{02}，TE_{03} 和 TM_{01}、TM_{02}，TM_{03} 模。实际上由式（4-3-7）不难看出，当取 $m=0$ 时，或 $E_z=0$（定名为 TE_{0n} 模），或 $H_z=0$（定名为 TM_{0n} 模）。

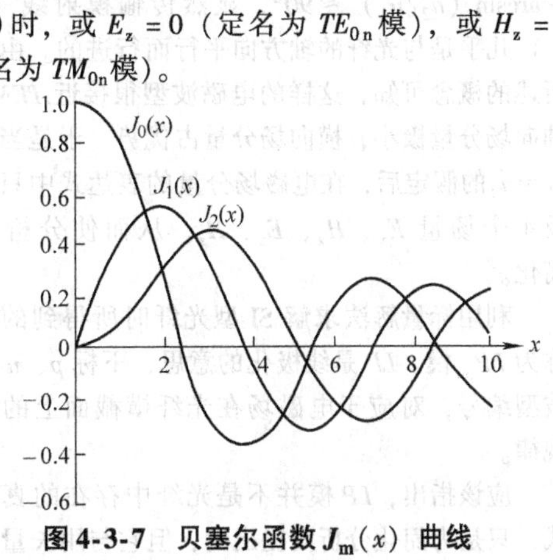

图4-3-7 贝塞尔函数 J_m（x）曲线

在矢量解法中，把光纤中传播的这些不同模式分为四大类，即 TE_{0n} 模、TM_{0n} 模、HE_{mn} 模和 EH_{mn} 模，也就是说当取 $m=0$ 时对应一套 TE 模和一套 TM 模，前者场分量为 E_θ、H_r 和 H_z，因它没有轴向的电场分量（$H_z=0$），故称为横电（TE）模；后者场分量为 E_z、E_r 和 H_θ，因它没有轴向的磁场分量（$H_z=0$），故称为横磁（TM）模。如果 E_z 和 H_z 都不等于零，则存在混合模，称为 HE 模或 EH 模，它们取决于 H_z 或 E_z 中哪一个分量比例大。由于混合模的存在，使得对光纤的分析比只存在有 TE 模和 TM 模的微波金属波导管中的分析要复杂得多。模式的下标 m、n 分别表示电磁场分量沿方位角（θ）方向和径向（r）变化状态的规律，显然，TE_{0n} 模，TE_{0n} 模的场分量与坐标 θ 无关。

虽然根据模式的场分量表达式可以画出相应的场型图，但过程繁琐，这里仅列出 HE_{11} 模和 TE_{01} 模的场型图，如图 4-3-8 所示。

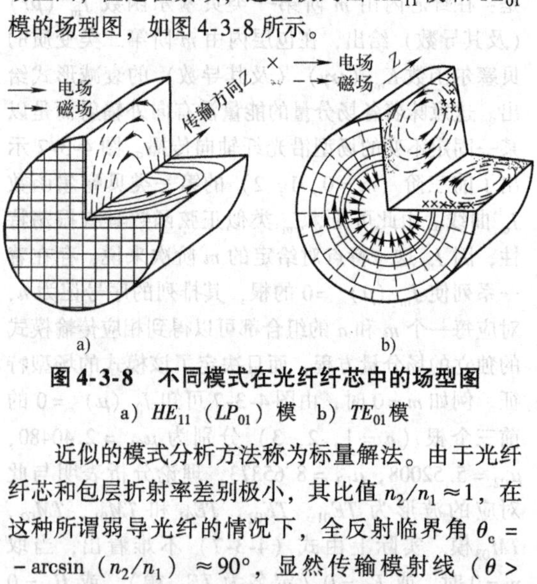

a)　　b)

图 4-3-8　不同模式在光纤纤芯中的场型图

a）HE_{11}（LP_{01}）模　b）TE_{01} 模

近似的模式分析方法称为标量解法。由于光纤纤芯和包层折射率差别极小，其比值 $n_2/n_1\approx1$，在这种所谓弱导光纤的情况下，全反射临界角 $\theta_c=-\arcsin(n_2/n_1)\approx90°$，显然传输模射线（$\theta>\theta_c$）几乎是与光纤的轴方向平行而行进的。由前面所述的概念可知，这样的电磁波型很接近 TEM 模，轴向场分量极小，横向场分量占优势。于是当利用 $n_1\approx n_2$ 的假定后，在电磁场分量的表达式中只需涉及 4 个场量 E_y、H_x、E_z、H_z，从而使分析得到简化。

利用标量解法求解 SI 型光纤时所得到的模式称为 LP_{pn} 模。LP 是线极化的意思，下标 p、n 也是波型编号，对应于电磁场在光纤横截面上的分布规律。

应该指出，LP 模并不是光纤中存在的真实模式，只是为简化分析而提出的，但它与用矢量解法强求得的精确模式之间存在一定的线性叠加关系。例如，LP_{01} 模对应于 HE_{11} 模；LP_{11} 模对应于 TE_{01}、TM_{01} 和 HE_{21} 三个矢量模的叠加，其他不一一列举。

下面考察光纤模式的截止条件。

所谓截止条件是指某一模式的波不再被约束于光纤纤芯内的条件，意味着该模式的光场能量向光纤外辐射，在光纤芯内，沿 Z 轴方向上的能量衰减很快，从而传输被截止。

在式（4-3-7）中曾出现两个参量

$$\mu=a\sqrt{k_0^2n_1^2-\beta^2}\tag{4-3-8a}$$

$$\omega=a\sqrt{\beta^2-k_0^2n_2^2}\tag{4-3-8b}$$

式中　β——与各传输模相对应的相位常数。由理论分析可知，对于传输模，μ 和 ω 均为正实数，即 $\omega^2>0$，$\mu^2>0$，于是

$$n_2k_0<\beta<n_1k_0$$

即传输模的相位常数 β 值介于纤芯材料和包层材料中平面波的相位常数之间。

由 μ 和 ω 可引出光纤的一个重要参量 ν，称为光纤的归一化频率（或简称 ν 参量），定义为

$$\nu=\sqrt{\mu^2+\omega^2}=k_0a\sqrt{n_1^2-n_2^2}$$

$$=\frac{2\pi an_1}{\lambda_0}\sqrt{2\Delta}\tag{4-3-9}$$

ν 参量是一个无量纲的数，它概括了光纤的结构参数（a，n，Δ）和传输的光波长 λ_0。光纤的很多特性都与 V 参量有关。

当 $\omega^2\leqslant0$ 时传输模发生截止，这时 ω 为虚数，意味着包层中的场沿径向坐标 r 的变化规律成为振荡函数而形成辐射模。当 $\omega=0$（即 $\beta=k_0n_2$）时为临界状态，若令此时的 $\omega=\omega_c=0$，$\mu=\mu_c$ 和 $\nu=\nu_c$，于是根据式（4-3-9）可知，恰处于截止状态，这时

$$\nu_c^2=\mu_c^2+\omega_c^2=\mu_c^2\tag{4-3-10}$$

因此　$$\nu_c=\mu_c\tag{4-3-11}$$

ν_c 为传输模截止时的归一化频率，称为归一化截止频率。可见只要求出 μ_c 亦即确定了 ν_c，而 μ_c 取决于模式截止状态下的特征方程，它是贝塞尔函数一系列的根（μ_{mn}）。例如，对于前述的 TE_{01}（或 TM_{01}）模来说，其 $\mu_c=\mu_{01}=2.4048$，因此相应的归一化截止频率 $\nu_c=2.4048$。对于每一个模式都有其相应的 ν_c 值，现仅列举几个低次模并按 ν_c 值的大小排列如下（括号内代表与精确模相对应的 LP_{mn} 模，可以证明两者具有相同的 ν_c 值）。

HE_{11} 模（LP_{01}）	$\nu_c=0$
TE_{01}，TM_{01}，HE_{21} 模（LP_{11}）	$\nu_c=2.4048$
EH_{11}，HE_{12}，HE_{31} 模（LP_{21}）	$\nu_c=3.8317$
⋮	⋮

根据传输模导行时 $\omega>0$、截止时 $\omega\leqslant0$ 不难看

出，若以实际光纤的归一化频率 ν 值与各模式的归一化截止频率 ν_c 值相比较，当 ν 大于某一模式的 ν_c 时，则此模式就在该光纤中传输，否则处于截止状态，即模式传输条件时 $\nu>\nu_c$，模式截止条件时 $\nu<\nu_c$，模式临界条件时 $\nu=\nu_c$。

怎样可以得到单模传输呢？突变型光纤传输模中，LP_{01} 模（对应的精确模 HE_{11} 模）是基模，这是因为它的归一化截止频率最低，即 $\nu_c=0$，这表明 LP_{01} 模没有截止状态。若适当设计光纤，使 LP_{01} 模以外的高次模都截止，便可得到单模传输。由于第二个较低的模式是 LP_{11} 模（它包括三种精确模 TE_{01}、TM_{01} 和 HE_{21}），其归一化截止频率 $\nu_c=2.4048$，因此要实现单一基模传输必须满足

$$0<\nu<2.4048$$

要保证光纤参数 $\nu<2.4048$ 是不太容易的，它要求很小的芯径 $2a$（数 μm）和很小的相对折射率差 Δ。但 a 太小在制造、耦合、连接上都比多模光纤困难，不过可采用长波长光频段，这对制造单模光纤是有利的。

因此，就光纤传输是单模还是多模而言，主要依据工作波长和光纤尺寸，而与光纤剖面的折射率分布形式没有必然的关系。

对于多模光纤，芯径尺寸大，可以证明传输时的模式总数量 M 近似为

$$M\approx\frac{\nu^2}{2}\cdot\frac{g}{2+g} \tag{4-3-12}$$

式中 g——光纤剖面折射率分布系数。

对于突变型多模光纤，设 $g=\infty$，有

$$M\approx\frac{\nu^2}{2} \tag{4-3-13}$$

对于渐变型多模光纤，设 $g=2$，有

$$M\approx\frac{\nu^2}{4} \tag{4-3-14}$$

多模光纤可传输的模式总数达数百至上千。例如，对于 SI 型光纤，若采用 $\nu=30$，则 $M\approx450$。对于单模传输，若采用 $\nu\approx2$（<2.4048），则要求芯径减小到 $2a\approx5\sim6\lambda$。

3.3 光纤的特性

光纤的特性主要包括传输特性、机械特性、几何特性和环境特性等。传输特性直接影响光纤通信的传输容量和中继距离，主要是衰减特性、色散（带宽）特性和偏振模色散特性。光纤的几何、机械、环境特性与其使用寿命密切相关。氢损不仅影响光纤传输特性，也影响光纤使用寿命。随着光纤放大器的采用，在大容量传输系统中，光纤非线性也显得至关重要。

3.3.1 光纤的衰减特性

光纤衰减是由吸收损耗、散射损耗、弯曲损耗和微弯损耗等引起的。

1. 吸收损耗

吸收损耗主要来源于制造光纤材料的本征吸收、材料中的杂质吸收和结构中的原子缺陷吸收。

本征吸收是由于紫外区的电子跃迁和从近红外到远红外区的晶格振动或多声子过程引起的吸收带。前者对于大于 0.6μm 的光波段影响不大，而后者可以通过合理选择掺杂材料等来减小其影响。

杂质吸收主要是铁、钴、镍、铜、锰、铬、钒、铂等过渡金属杂质和 OH 根产生的吸收。OH 根在 2.8μm 波长有吸收峰，二、三次谐波的吸收分别发生在 1.383μm 和 0.94μm。通过原材料的严格提纯和光纤制造工艺的不断改进，OH 根的吸收峰在 0.7～1.6μm 整个波段范围内可以减到很小，甚至基本消除。至于过渡金属杂质的含量，由于使用高纯度的原材料后可控制在 1×10^{-9}（10 亿分之一）以下，其影响甚微。

原子缺陷吸收是由于光纤制造过程中，玻璃受到某种热激励，或在某些情况下受到强辐射而感生的。不过这些可以通过优选制造工艺和合适的掺杂材料得以减小。

2. 散射损耗

散射损耗包括瑞利散射损耗和因结构不完善引起的散射损耗。

当光波照射到比光波长还要小的随机不均匀微粒时，光波将向四面八方散射，人们把这一物理现象以发现此现象的物理学家的名字命名，称为瑞利（Rayleigh）散射。

产生瑞利散射损耗的原因是在制造光纤过程中，因冷凝条件不均匀造成材料密度不均匀，以及掺杂时因材料组分中浓度涨落造成浓度的不均匀。以上两种不均匀微粒大小在与光波长可相比拟时，产生折射率分布的微观不均匀，从而引起瑞利散射损耗。瑞利散射是固有的，不能消除，但由于瑞利散射的损耗系数与光波长四次方成反比（λ^{-4}，λ：波长），即随光波长的增加，瑞利散射损耗迅速降低（见图 4-3-9 A、B、C、D）。例如在波长 1μm、1.3μm 和 1.6μm 处，瑞利散射损耗的最低极限分别为 0.8dB/km、0.3dB/km 和 0.1dB/km 左右。因此光工作波长宜选择在长波长段。不同掺杂对这种

损耗的影响也不同。

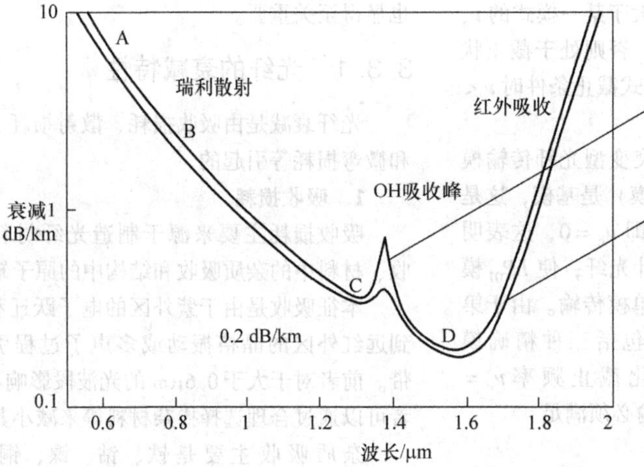

图4-3-9 光纤衰减光谱特性示例

因结构不完善引起的散射损耗是由于光纤结构的缺陷产生的。结构缺陷包括纤芯与包层交界面的不完整，存在微小的凹凸缺陷，芯径与包层直径的微小变化以及沿纵轴方向形状的改变等，它们将引起光的散射，产生光纤传输模式散射性的损失。不断提高光纤的制造工艺，采用现代化监测控制技术，可以使结构不完善引起的散射损耗越来越小，现已做到0.02～0.1dB/km，并有可能达到忽略不计的程度。

3. 弯曲损耗

这是因光纤弯曲产生的损耗（也称为宏弯损耗）。光纤弯曲的曲率半径小到一定程度时，纤芯内光射线不满足全内反射条件，使光功率由传输模式转为辐射模而造成损耗。弯曲的曲率半径越小，损耗越大。这对于光纤集束成缆以及对于光缆的敷设、施工、接续等都有实际意义，光纤光缆弯曲的曲率半径不得小于允许的曲率半径。

4. 微弯损耗

在成缆过程中，光纤的轴线发生随机的微小变化，称为微弯。产生微弯的因素很多，例如一次涂覆不均匀不光滑、二次套塑或成缆工艺条件不适当等因素，造成光纤轴面承受不均匀的应力，使光纤轴线发生微米级的随机变化。由微弯引起的损耗称为微弯损耗。这是另一种附加的辐射损耗。

图4-3-9是一种掺杂石英光纤的衰减光谱特性。除了几个大小不等的吸收峰外，同时也显示出几个衰减常数较低的区域。对应于0.85μm（850nm）、1.31μm（1310nm）、1.55μm（1550nm）、1.625μm（1625nm）的4个区域就是光纤通信常用的4个低衰减“窗口”。由于原材料提纯和光纤制造技术的不断进展，OH根的吸收峰在整个波段范围内已可基本消除，尤其是1.383μm（1383nm）区域的吸收峰小于1.31μm（1310nm），就发明了G.652C和G.652D（即B1.3）的低水峰光纤或无水峰光纤。

3.3.2 光纤的色散特性

所谓光纤色散是指由于光纤所传输信号中的不同模式或不同频率成分因传输速度的不同而引起传输信号发生畸变的一种物理现象。简言之，色散就是群速不同，输入信号到达终端有先有后（时延不同）。数字脉冲信号调制的光载波在光纤中传输一段距离后，将引起脉冲展宽和幅度降低，严重时形成码间干扰，增加误码率。传输距离越长脉冲展宽越严重，这就限制了通信容量及信号在光纤中的一次传输距离。

光纤中的色散可归结为三种：模式色散、材料色散、波导色散。光纤的色散特性限制了光纤的传输带宽。

描述色散的大小是用群时延差 $\Delta\tau$ 表示的。我们把光信号在光纤中传播一段距离所需的时间称作时延或群时延，由于速度不同的信号传播相同距离具有不同的群时延，从而产生群时延差。群时延差越大，色散越严重。色散单位是PS。色散系数单位是PS/km·nm，它是指由单位长度（1km）的光纤和在光源的单位谱线宽度（1nm）作用下所产生的群时延差。

1. 模式色散

在多模光纤中，存在很多模式，不同传输模式的传播速度不同，从而引起光脉冲展宽，这种色散叫模式色散，如图 4-3-10 所示。单模光纤只有一个传输模式，故不存在模式色散。

采用几何光学的近似方法，很容易导出 SI 型多模光纤模式色散的结果，并借此可理解群时延差的概念。现考虑在同一频率下，能得到全内反射的不同入射角入射时，最迟到达和最早到达的时间差，即最大时延差。如图 4-3-11 所示，与 Z 轴平行的射线（最低模）所走路程最短，设路程为 L，因传播速度 $v=\dfrac{c}{n}$，故传输时间 $t_1=L/v=L/(c/n)$；对于与轴线夹角为 θ_{cz} 的射线（最高次模）所走路程最长为 $L/\cos\theta_{cz}$，速度也为 c/n，故传输时间为 $t_2=\dfrac{L/\cos\theta_{cz}}{c/n}$，因此最大群时延差为（设 $L=1\text{km}$）

$$\Delta\tau_m=t_2-t_1=\frac{n}{c}\left(\frac{1}{\cos\theta_{cz}}-1\right)\approx\frac{n}{c}\Delta \tag{4-3-15}$$

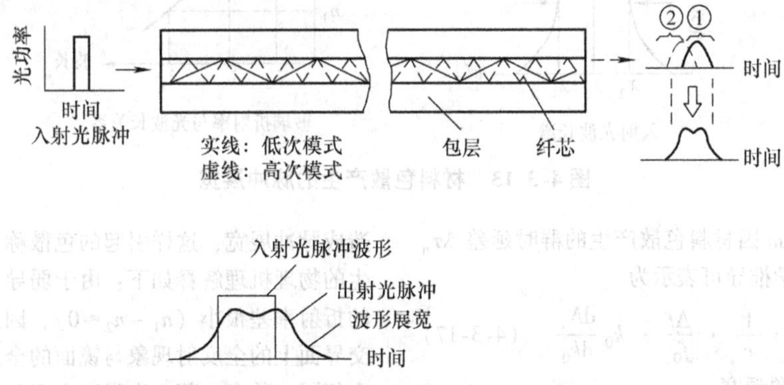

图 4-3-10 模式色散产生的脉冲展宽

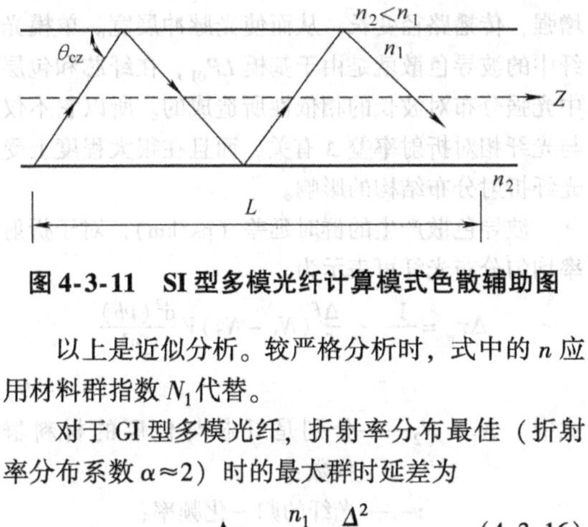

图 4-3-11 SI 型多模光纤计算模式色散辅助图

以上是近似分析。较严格分析时，式中的 n 应用材料群指数 N_1 代替。

对于 GI 型多模光纤，折射率分布最佳（折射率分布系数 $\alpha\approx2$）时的最大群时延差为

$$\Delta\tau_m=\frac{n_1}{c}\cdot\frac{\Delta^2}{2} \tag{4-3-16}$$

可见，GI 型光纤模式色散与 Δ^2 成正比，所以 GI 型光纤模式色散比 SI 型小得多，光纤带宽宽得多。例如 $\Delta=1\%$，$n_1=1.5$ 时，则 SI 型光纤 $\Delta\tau_m=50\text{ns/km}$，GI 型光纤 $\Delta\tau_m=0.25\text{ns/km}$。

由于群时延差与相对折射率差 Δ 密切相关，因此从增加带宽的观点出发，希望 Δ 较小。人们把 Δ 小的光纤称为弱导光纤，通信用光纤都是弱导光纤。

2. 材料色散

由图 4-3-12 可看出，光纤材料的折射指数随传输的光波长变化，光波长增加，材料折射指数变小，从而引起传输速度不同，使脉冲展宽，这种色散叫作材料色散，如图 4-3-13 所示。

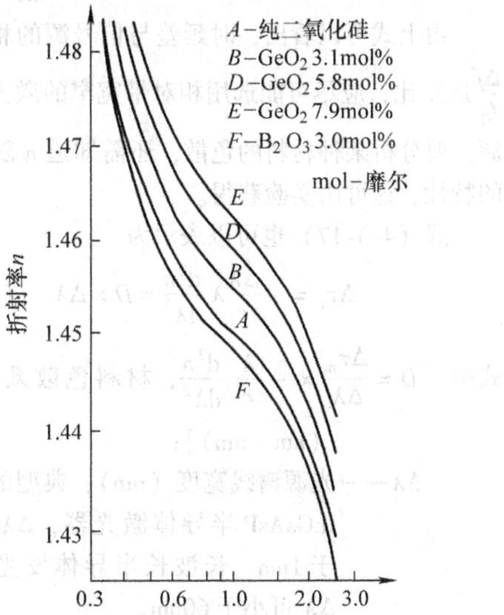

图 4-3-12 掺杂石英材料折射率与波长关系

半导体激光器严格说并不是工作于单一频率，而是在中心频率（又称中心波长 λ_0）附近的一个波谱。因此，光纤中的光载波不是单一的，波长间有微小差别，这种波长差别引起传播速度差，从而使传输脉冲展宽。

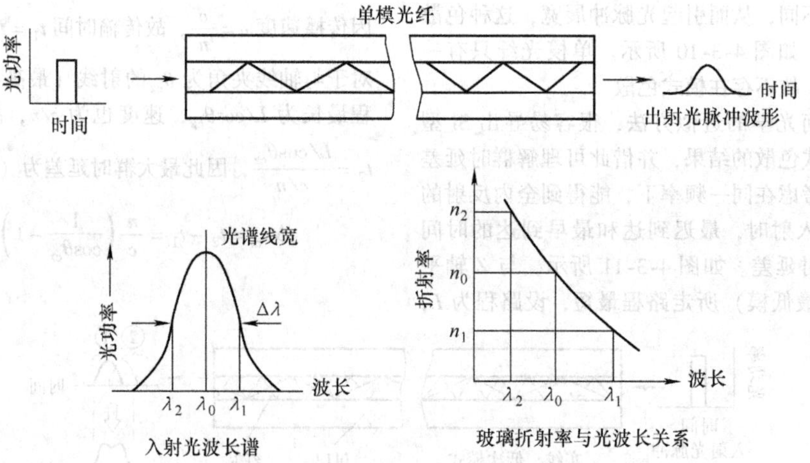

图 4-3-13 材料色散产生的脉冲展宽

光波传输 1km 因材料色散产生的群时延差 $\Delta\tau_n$ (ps/km)，经数学推导可表示为

$$\Delta\tau_n = \frac{1}{c} \cdot \frac{\Delta f}{f_0} \cdot k_0 \frac{dN_1}{dk_0} \qquad (4\text{-}3\text{-}17)$$

式中 Δf——光源频宽；

k_0——真空中平面波相位常数，$k_0 = \frac{2\pi}{\lambda_0}$；

N——材料群折射率，$N = n - \lambda \frac{dn}{d\lambda}$。

由上式可以看出，时延差与信号源的相对带宽 $\frac{\Delta f}{f_0}$ 成正比，应尽可能选用相对带宽窄的激光器做光源。要分析某种材料的色散，还需知道 n 随 λ 变化的特性，这可由实验获得。

式 (4-3-17) 也可以表示为

$$\Delta\tau_n = -\frac{\Delta\lambda}{c}\lambda \frac{d^2 n}{d\lambda^2} = D \times \Delta\lambda \qquad (4\text{-}3\text{-}18)$$

式中 $D = \frac{\Delta\tau_n}{\Delta\lambda} = -\frac{\lambda}{c}\frac{d^2 n}{d\lambda^2}$，材料色散系数 [ps/(km·nm)]；

$\Delta\lambda$——光源谱线宽度 (nm)，典型的长波长 InGaAsP 半导体激光器，$\Delta\lambda$ 可以小于 1nm，长波长半导体发光二极管 $\Delta\lambda$ 可小于 60nm。

还应指出，即使是单色光源，在进行脉冲调制时也会产生一定的频谱宽度。例如，当调制脉冲的重复频率为 1GHz 时，其调制带宽约为 2nm，相比之下，它比光源谱宽的影响小得多。

3. 波导色散

对光纤的某一传输模式，即使材料折射率不随频率变化，但由于相移常数 β 仍将随频率而变化，造成脉冲展宽，这样引起的色散称为波导色散。产生的物理机理解释如下：由于弱导光纤纤芯与包层的折射率差很小 ($n_1 - n_2 \approx 0$)，因此在纤芯与包层交界面上的全反射现象与镜面的全反射现象并不完全相同，总有一部分光强进入到包层中，其值大小及相位与光波长有关，波长增大，进入包层的光强增强，传播路径变长，从而使光脉冲展宽。单模光纤中的波导色散就是由于基模 LP_{01}，在纤芯和包层中光强分布对波长的相依性所造成的。所以它不仅与光纤相对折射率差 Δ 有关，而且在很大程度上受光纤折射分布结构的影响。

波导色散产生的群时延差 (ps/km)，对于折射率均匀分布光纤可表示为

$$\Delta\tau_w = \frac{1}{c} \cdot \frac{\Delta f}{f_0}(N_1 - N_2) V \frac{d^2(\nu b)}{d\nu^2} \qquad (4\text{-}3\text{-}19)$$

式中 N_1、N_2——分别是纤芯与包层的材料群指数；

ν——光纤的归一化频率；

b——归一化相位常数，它是 k_0 (或 λ) 的函数。

由上式就可计算光纤的波导色散。波导色散与材料色散都是因光源的谱宽而造成光纤内传输不是单一的光载波，因其波长不同速度不同，引起脉冲展宽。与模式色散一样，波导色散与材料色散也限制了光纤传输带宽。

一般说，$\Delta\tau_m\Delta\tau_m >> \Delta\tau_n > \Delta\tau_w$，因此对于多模光纤，带宽限制起主导作用的是模式色散，其次是材料色散和波导色散，其中波导色散是指多模的波导色散，两者的影响很小。

对于单模光纤，因只有一个传输模式，故不存在模式色散，带宽受限于材料色散和波导色散，两者为一个模内色散的两种形式，且与光源的谱线宽度成比例，所以单模传输时，单位长光纤的总色散为式（4-3-17）和式（4-3-19）之和，即

$$\Delta\tau_{总}=\frac{1}{c}\cdot\frac{\Delta f}{f}\cdot k_0\frac{dN_1}{dk_0}+\frac{1}{c}\cdot\frac{\Delta f}{f}(N_1-N_2)\ \nu\frac{d^2(\nu b)}{d\nu^2}=\Delta\tau_n+\Delta\tau_w \tag{4-3-20}$$

这两种色散合在一起称为波长色散（或称模内色散）。严格说来两者是不能分割的，但在各种近似下可以分别进行讨论。为减小总波长色散，要尽可能选用具有很窄谱线宽度的激光器作为光源。

图4-3-14表示单模光纤的材料色散、波导色散和总色散曲线。由图可知，0.85μm短波长带的材料色散比波导色散大得多，材料色散占主导。通过在SiO_2中掺杂一定的材料和选择某特定的光波长，可使式（4-3-20）中的$\frac{dN_1}{dk_0}=0$，这时无材料色散（$\Delta\tau_n=0$）。如果是纯SiO_2，材料的“零”色散波长大约在1.28μm附近，经过掺杂，$\Delta\tau_n$将比纯SiO_2时有所增加，并且使材料零色散波长略微加长，在此处只剩有波导色散，不过它是微乎其微的。随着波长的增加，材料色散与波导色散符号相反，彼此抵消，使得在1.31μm附近出现无色散传输的零色散波长。当然这是理想情况，实际上在某些波长范围内两者不可能完全抵消，但总可以使总色散很小。

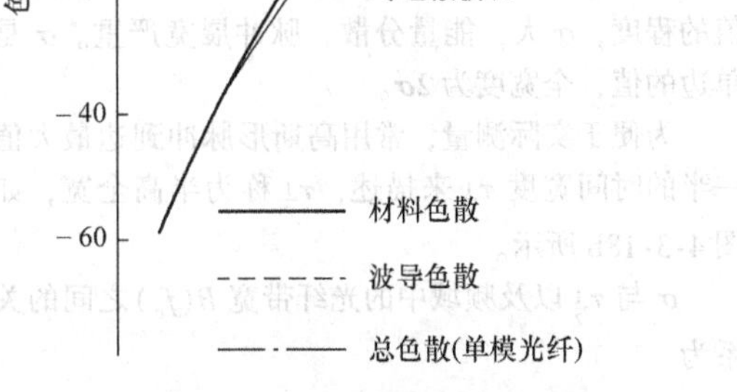

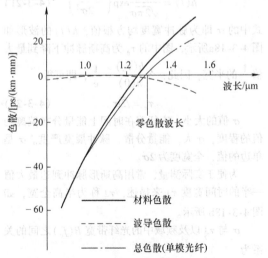

图4-3-14 单模光纤的色散

3.3.3 光纤的偏振模色散特性

在单模光纤中，所传播的基模实质上是由两个相互垂直的偏振模组成，当这两个偏振模有不同的群速度时，就要产生偏振模色散（PMD），如图4-3-15所示。

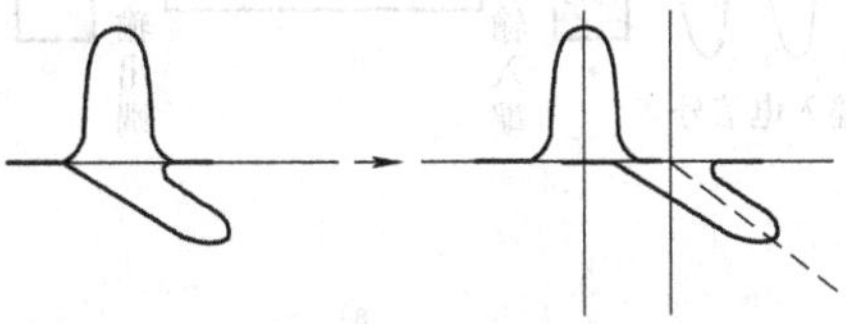

图4-3-15 两个正交偏振态的分离

偏振模色散的起因有内在的，例如纤芯的椭圆度和光纤预制棒制造时掺杂浓度的不均匀；也有外来的，例如光纤受到外界的侧向负载。

偏振模色散与其他色散一样，也要使脉冲展宽。对于B1.1类常规单模光纤在低衰减的1550nm窗口使用时，由于波长色散较大，偏振模色散的影响可以忽略不计。但若采用线宽很窄的激光器，以色散补偿技术降低色散，应用光纤放大器延长中继距离，则在高速率数字通信系统中偏振模色散的影响就显得突出了。

因为两个偏振模之间存在随机的模式耦合，通常用耦合长度对其进行描述。当光纤长度小于耦合长度时，两个偏振模之间没有发生模式耦合，脉冲展宽或偏振模色散与长度成正比。光纤越长，模式耦合越多，对足够长的光纤沿光纤将产生足够多的模式耦合，在快与慢的偏振模之间部分光相互交换降低了脉冲展宽，偏振模色散只与长度的平方根成正比。一般说来，通信系统的长度均在几十千米以上，用$ps/\sqrt{km}$作为偏振模色散系数的单位是合适的。

为了使偏振模色散引起的功率损失以高的概率保持在1dB以下，某些标准机构建议光通路的偏振模色散不要超过比特周期的1/10。这就意味着对于2.5Gb/s的系统，PMD的最大值为40ps，对于10Gb/s的系统，最大值为10ps。若线路长400km，则由10ps折算成的PMD系数的最大值为$10ps/\sqrt{400km}=0.5ps/\sqrt{km}$。目前许多厂家都以这一数值作为PMD的控制指标。

3.3.4 光纤的传输带宽

在图4-3-16中，电信号（声音、数据等）经调制器调制光源（即E/O变换器），使其输出光波

的强度随调制信号而变化，将此光信号耦合至光纤内传输。光脉冲在光纤内传输过程中，因光纤的色散特性造成脉冲展宽。时域中的脉冲展宽对应于频域中的基带频率－幅度衰减。就是说，因光纤的色散特性，使调制电信号（已变成光信号）的幅度衰减，调制频率越高，输出幅度越小。

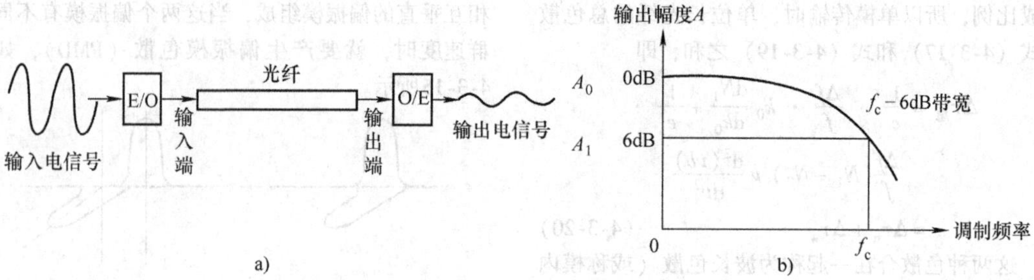

图 4-3-16　光纤传输带宽

通常把正弦调制电信号的频率与其对应的幅度衰减之间的关系，称为光纤的基带频率特性。它是以不同调制频率下电信号输出幅度与低频调制下的最大输出幅度的相对比值（取对数）来衡量量。

光纤带宽定义为，从输出电信号的最大幅度点到下降 6dB 时所对应的调制频率（图中的 f_c），称为光纤的 6dB（电）带宽，相对于光功率下降 3dB 的（光）带宽。

各种光纤基带频率衰减特性比较（举例）如图 4-3-17 所示。对 SI 型多模光纤，衰减－频率曲线从数十兆赫兹附近开始急剧上升；对 GI 型多模光纤，曲线在很宽的频率范围内都保持平直，频率达到数百兆赫兹以后衰减曲线才明显上升。GI 型光纤带宽比 SI 型带宽宽得多，是因为 GI 型光纤纤芯折射率分布呈近似抛物线形最佳折射率分布，使模式色散大为减小。对于单模光纤，由于不存在模式色散，故保持同一衰减值的频率可高达数十吉赫兹以上。

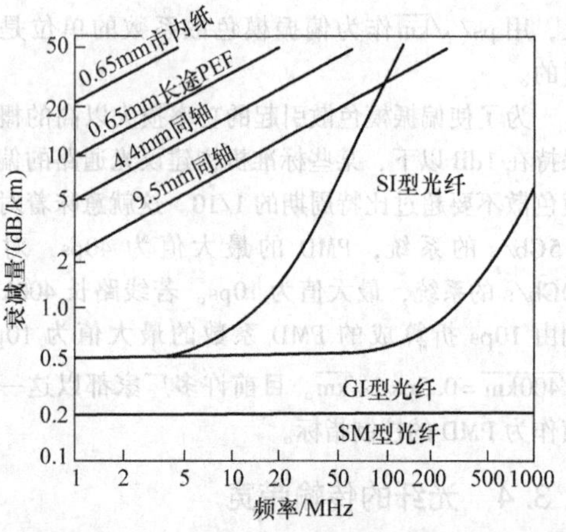

图 4-3-17　基带频率衰减特性举例

由图 4-3-17 也可看出，光纤的频带特性比同轴电缆的宽得多。

还应指出，通信中常用的金属传输线，高频区的损耗是把高频能量转变成焦耳热和介质损耗。但是，光纤传输线基带中高频部分衰减的增加并不伴随能量损耗的增加，这是光纤损耗与金属线损耗机理的重要区别。

为使时域中的脉冲展宽能涉及波形的振幅或功率，便于同传输速率（通信容量）联系起来，工程中通常采用高斯形脉冲宽度的均方根值 σ 和半高全宽 $\tau_{\frac{1}{2}}$ 来表示。

这里不讨论 σ 的严格定义，仅指出对于实际光纤，光脉冲经过一定长度的传输后，光纤输出的光功率具有接近于高斯形时间响应，其时间特性表示为

$$h(t)=\frac{1}{\sqrt{2\pi}\sigma}\exp\left(-\frac{t^2}{2\sigma^2}\right) \qquad (4\text{-}3\text{-}21)$$

式中的 σ 即为脉冲宽度均方根值，$h(t)$ 的波形如图 4-3-18a 所示，图中的 τ_e 为高斯脉冲下降到最大值 $\frac{1}{e}$ 的半宽，因此，令 $\frac{h(\tau_e)}{h(0)}=\frac{1}{e}$，即可得

$$\tau_e=\sqrt{2}\sigma \qquad (4\text{-}3\text{-}22)$$

σ 值的大小，表征着在时间上能量分布偏离均值的程度，σ 大，能量分散，脉冲展宽严重。σ 是单边的值，全宽度为 2σ。

为便于实际测量，常用高斯形脉冲到达最大值一半的时间宽度 $\tau_{\frac{1}{2}}$ 来描述，$\tau_{\frac{1}{2}}$ 称为半高全宽，如图 4-3-18b 所示。

σ 与 $\tau_{\frac{1}{2}}$ 以及频域中的光纤带宽 $B(f_c)$ 之间的关系为

$$\sigma=\frac{\tau_{\frac{1}{2}}}{2\sqrt{2\ln 2}}\approx 0.4247\tau_{\frac{1}{2}} \qquad (4\text{-}3\text{-}23)$$

$$B = f_c = \frac{2\ln 2}{\pi\tau_{\frac{1}{2}}} \approx \frac{440\text{MHz}}{\tau_{\frac{1}{2}}(\text{ns})} \qquad (4\text{-}3\text{-}24)$$

因此，上述所涉及的各参量中，只要知其一即可。

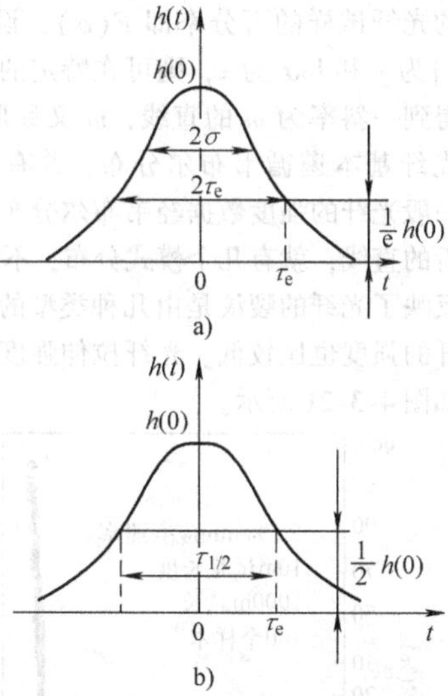

图4-3-18 光纤色散时域响应

3.3.5 光纤链路的衰减和带宽

1. 光纤链路的衰减特性

N 根光纤接续后的光纤链路的总衰减 A_T（dB）可表示为

$$A_T = \sum_{i=1}^{N} \alpha_i l_i + \sum_{k=1}^{N-1} \alpha_{sk} \qquad (4\text{-}3\text{-}25)$$

式中 α_i——第 i 段光纤的衰减系数，对于多模光纤应是稳态条件下的测量结果；

l_i——第 i 段光纤的长度；

α_{sk}——第 k 个光纤接头的衰减。

2. 光纤链路的带宽特性

单模光纤带宽非常宽（1km 带宽在 10GHz 以上），欲在频域中测定单模光纤长度与其基带频率特性的关系是非常困难的，因此对于实际单模光纤线路，不以频域带宽为标准。这里先就多模光纤的链路带宽问题进行讨论，然后再简要说明单模光纤的传输带宽。

多模光纤链路的总带宽，因受模式变换等许多因素的影响是很复杂的。实际中采用经验公式计算，即

$$B_T = B_0 L^{-\gamma} \qquad (4\text{-}3\text{-}26)$$

式中 L——光纤链路总长度（km）；

B_T——链路总带宽（MHz）；

B_0——1km 的光纤带宽（MHz · km）；

γ——带宽换算系数，取值在 0.5 ~ 1 之间，通常取 γ 为 0.7 ~ 0.8。

对于 GI 型多模光纤链路，相连接的各个光纤的参数并非完全一致，例如折射率衰减系数 α 实际并不一定都是最佳值 α_{opt}，有的略高于此值，有的略低于此值。因此，相连接的两根光纤可能出现：在某一光纤中群速度较低的高次模，在另一光纤中变为群速度较高的高次模，从整体效果看，光纤链路起了一定的光均衡补偿作用，其效果是减小了模间的时延差，即减小了模式色散，γ 取值小，意味着模式转换的色散互补作用效果好，但这种补偿作用是以增加光纤附加损耗为代价的（单模光纤无模式色散，若利用上式应取 $\gamma = 1$）。

下面以例说明式（4-3-26）在工程中的应用。例如三次群（34.368Mbit/s）的多模光纤系统，线路全长总带宽按 50MHz 考虑（ITU－T 建议值），假如光纤每千米带宽为 200MHz · km（为最低档次），则最大中继传输距离为（设 $\gamma = 0.75$）

$$L = \left(\frac{B_0}{B_T}\right)^{\frac{1}{\gamma}} = \left(\frac{200}{50}\right)^{\frac{1}{0.75}} \text{km} \approx 6.3\text{km}$$

由此可见，光纤带宽（或色散）是限制中继距离的重要原因之一。

对于工作在 1.31μm 波长的 B1.1 类常规单模光纤系统，假设传输距离为 100km，分别使用 4 种具有不同光谱线宽（$\Delta\lambda = 0$，0.1，1 和 10nm）的光源，则理论上单通道的最高传输速率（或带宽）如图 4-3-19 所示。图中表明，光源线宽越窄（$\Delta\lambda$ 小），线路允许传输的比特率（相当于光纤的带宽千米积）就越高。图中也清楚表明，如常规单模光

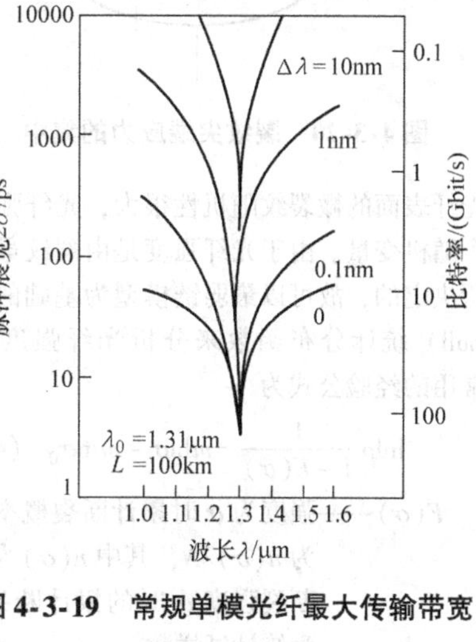

图4-3-19 常规单模光纤最大传输带宽

纤工作在 1.55μm（此处衰减最低，但色散系数约为 18ps/km · nm）时，传输速率将受到严格限制，除非或者使用具有更窄线宽的光源，或者使用色散移位单模光纤。

3.3.6 光纤的机械特性

由高纯二氧化硅构成的光纤理论上具有相当高的强度。按石英玻璃原子间的结合力推算，光纤的断裂强度可达 20GPa。但由于光纤表面裂纹的存在，如图 4-3-20 所示，在光纤受到拉力时，应力集中在裂纹的尖端，会使裂纹进一步扩大；当深度足够大时，光纤即会断裂。对于未加涂覆层的光纤，其断裂强度极低，不足 0.08GPa。加上涂覆层后，将光纤表面与环境中的水分、化学气氛隔离开，阻碍了光纤表面上已有的微裂纹的扩展，使光纤的断裂强度可达到 6GPa 左右。光纤微裂纹越深，光纤的断裂强度越低，光纤的断裂应力 σ_b（GPa）与相应的裂纹深度 c（μm）之间的关系可用下式近似表示

$$c=\frac{0.41}{\sigma_b{}^2} \qquad (4\text{-}3\text{-}27)$$

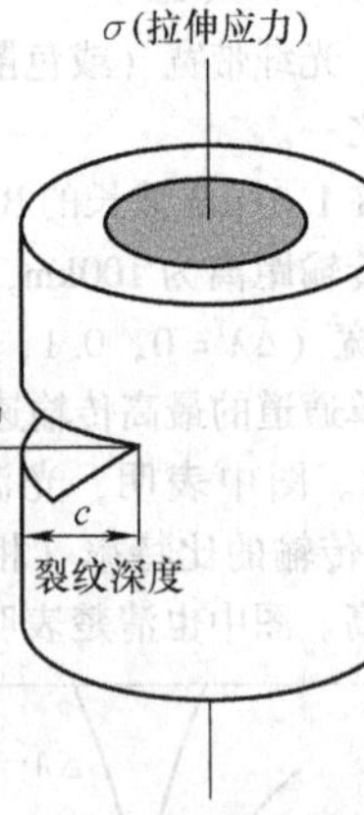

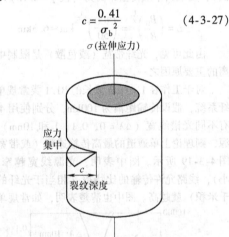

图 4-3-20 裂纹尖端应力的集中

光纤表面的微裂纹随机性很大，光纤强度同样是一个随机变量。由于光纤强度是由裂纹最深处的强度所决定的，故可以最弱链模型为基础的韦布尔（Weibull）统计分布函数来分析光纤强度是合适的。常用的经验公式为

$$\ln\ln\frac{1}{1-F(\sigma)}=m\ln\sigma-m\ln\sigma_0 \qquad (4\text{-}3\text{-}28)$$

式中 $F(\sigma)$——强度为 σ 时累计断裂概率，近似为 $n(\sigma)/N$，其中 $n(\sigma)$ 为在某一断裂强度 σ 时的累计断裂数，N 为统计试样数；

m——韦布尔分布的特征参数；

σ_0——韦布尔分布的特征参数。

当处理一系列测得的断裂强度数据时，按断裂强度 σ_b 增加顺序排列数据，统计低于一定应力 σ 的断裂的光纤试样的百分率即 $F(\sigma)$，设 $\ln\ln 1/[1-F(\sigma)]$ 为 y 和 $\ln\sigma$ 为 x，则可在特定的韦布尔坐标纸上得到一斜率为 m 的直线，m 又称形状参数。高强度光纤基本遵循韦布尔分布，并有较大的 m 值。但一般光纤的强度数据经韦布尔分布处理后形成有转折的直线，就有几个模式分布，不同的 m 值本质上反映了光纤的裂纹是由几种类型的缺陷引起的，光纤的强度也比较低。光纤拉伸强度韦布尔分布示例如图 4-3-21 所示。

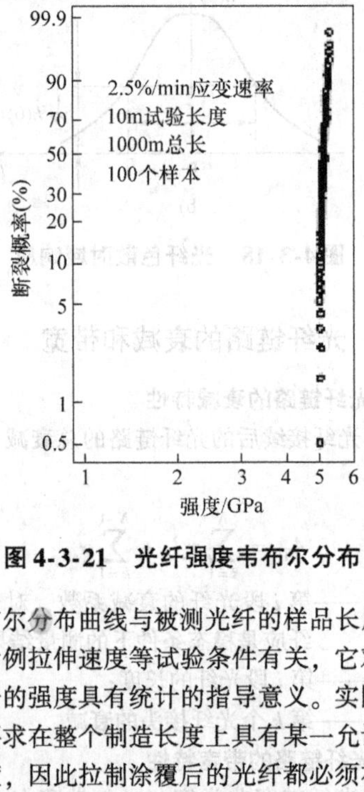

图 4-3-21 光纤强度韦布尔分布

韦布尔分布曲线与被测光纤的样品长度、韦布尔分布示例拉伸速度等试验条件有关，它对评价和改善光纤的强度具有统计的指导意义。实际使用的光纤是要求在整个制造长度上具有某一允许的最低抗拉强度，因此拉制涂覆后的光纤都必须在适当的应变下经受短时的全长强度筛选试验，以去除裂纹较深的低强度点。对于陆上光缆，一般规定筛选应变为 0.5%，相当于经受 0.345GPa 的应力；随着光纤制造技术的提高，现已有规定应变为 1.0%，相当于经受 0.69GPa 的应力。对于海底光缆，由于可靠性要求很高，规定的筛选应变高达 2%，相当于经受 1.38GPa 的应力。筛选持续的时间不能过长，否则微裂纹的尺寸就会增大，使筛选后的光纤实际强度有所下降，因此一般规定持续时间为 1s 左右，对海底光缆用光纤限定为 0.5s。实验表明，筛选试验后的光纤，由于排除了大的裂纹，其强度的韦布尔分布曲线的均匀性会有明显的改善。

光缆敷设后影响光纤寿命的主要需考虑两个因素：一是敷设后可能存在的光纤残余拉伸应力，二是在接头盒中和设备架上光纤引起的弯曲应力。

如果在光纤两端施加一定的应力，保持一定的时间后，光纤就会出现所谓静态疲劳而发生断裂。由于光纤经过筛选后就能确定其可能存在的最大裂纹尺寸，这样根据光纤敷设后的残余拉伸应力，即可计算光纤最短的断裂寿命 t_f（d）。式（4-3-29）是对石英玻璃光纤常用的计算公式。

$$\lg t_f = -0.931 - 0.21n - \lg(n-2) + (n-2)\lg\sigma_p - n\lg\sigma_a \tag{4-3-29}$$

式中 σ_p——筛选应力（GPa）；

σ_a——施加在光纤上的残余应力（GPa）；

n——抗疲劳参数，它取决于光纤涂覆材料、施加的应力和环境湿度及温度。对于一般的有机涂覆层光纤，n 为 20～22；对于密封涂层光纤，n 可达 200 以上。表 4-3-5 列出了一种常用光纤在不同环境下的 n 值。图 4-3-22 是对 0.345GPa 应力下筛选的光纤所计算的寿命曲线。在光缆设计时，一般考虑光纤长期的残余应力不超过筛选应力的 1/4，以保证光纤有足够长的寿命。

表 4-3-5 一种常用光纤在不同环境下的 n 值

温度/℃	相对湿度	n
23	45%	20
23	97%	14
42	浸在水中	7

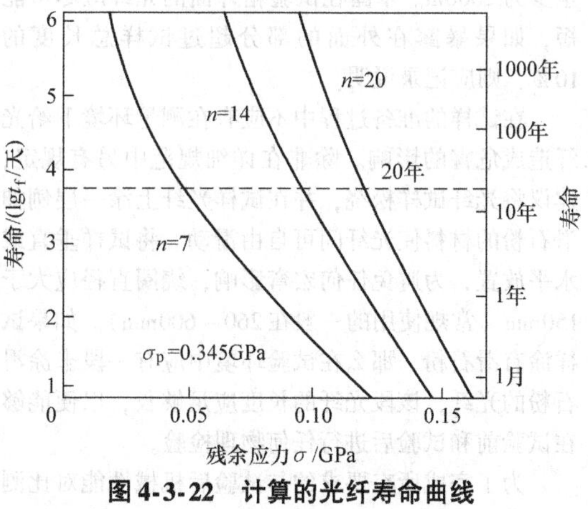

图 4-3-22 计算的光纤寿命曲线

光纤弯曲时，光纤的外侧受到拉伸应力，内侧受到压缩应力。压缩应力不会影响光纤的寿命，但拉伸应力特别是光纤外侧表面所受应力最大，对光纤寿命的影响是明显的。对于外直径为 125μm 的光纤，在弯曲时光纤表面的拉伸应力 σ（GPa）如下式所示：

$$\sigma = \frac{4.685}{R} \tag{4-3-30}$$

式中 R——光纤的弯曲半径（mm）。

图 4-3-23 表示了最大弯曲应力随光纤弯曲半径的变化。当光纤弯曲半径小于 12.5mm 时，产生的应力不仅增加迅速，而且会超过通常的 0.345GPa 的筛选应力。因此一般建议安装时光纤的弯曲半径不小于 37.5mm，以减小光纤的弯曲损耗和延长它的使用寿命。

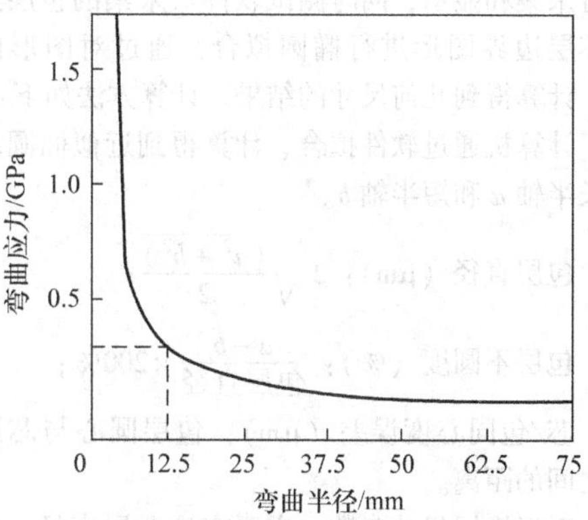

图 4-3-23 125μm 光纤外表面弯曲应力随弯曲半径的变化

3.3.7 光纤的几何特性

光纤的几何特性是表征光纤特性的基本参数，包含光纤几何尺寸、涂覆层几何尺寸、长度等。光纤的几何特性对光纤的传输性能和机械性能，特别在应用中光纤之间的连接具有重要的影响。

光纤几何尺寸有纤芯直径、包层直径、包层不圆度、芯/包同心度误差等。测试方法及适用光纤类型等见表 4-3-6。

表 4-3-6 光纤几何特性的试验方法

试验方法	适用光纤类型	适用的参数
方法 A：折射近场法	所有 A 类和 B 类光纤	包层直径、包层不圆度、纤芯直径、纤芯不圆度、芯/包同心度误差、理论数值孔径、折射率剖面
方法 B：横向干涉法	所有 A 类光纤	纤芯直径、纤芯不圆度、理论数值孔径

（续）

试验方法	适用光纤类型	适用的参数
方法C：近场光分布法	A1类、A2类、A3类和所有B类光纤	除理论数值孔径外的所有参数
方法D：机械直径法	所有光纤	包层直径、不圆度

方法C的近场光分布法是测量A类、B类光纤几何尺寸的基准方法（理论数值孔径除外）。测试时，测试仪表将被测光纤输出端面上的近场光分布进行采集和显示，同时测试软件对采集的包层边界和芯层边界图形进行椭圆拟合，通过对图形的分析、计算得到几何尺寸的结果。计算方法如下：

计算机通过软件拟合、计算得到近似椭圆端面的长半轴 a 和短半轴 b。

包层直径（μm）：$2\sqrt{\frac{(a^2+b^2)}{2}}$；

包层不圆度（%）：$\frac{a-b}{\text{包层直径}}\times 200\%$；

芯/包同心度误差（μm）：包层圆心与芯层圆心之间的距离。

对于涂层尺寸参数，主要有涂覆层直径、涂层不圆度、包/涂同心度误差等。测试方法及参数见表4-3-7。

表4-3-7　光纤涂覆层几何特性的试验方法

试验方法	适用光纤类型	适用的参数
方法A：侧视法	所有光纤	涂覆层直径、涂覆层不圆度、涂覆层/包层同心度误差
方法B：机械法	所有光纤	涂覆层直径、涂覆层不圆度

侧视光分布法是测量光纤涂覆层几何尺寸的基准方法。测试时激光器发出光，激光在通过油槽、匹配油、光纤涂覆层、光纤包层时发生偏转，偏转后的光被油槽内部的位置传感器记录下来，用于分析和计算包层、一次涂层、二次涂层的直径，同时测试时通过夹具带动光纤旋转，得到同心度误差和不圆度的数值。计算方法如下：

带有涂覆层的光纤，在测试时由旋转电机带动，按照固定的角度旋转，直至光纤旋转一周。每旋转一次，测试得到一组数据，最终测试软件将旋转一周得到的数据按照椭圆拟合，计算出长轴 A 和短轴 B。

涂覆层直径（μm）：$\frac{A+B}{2}$；

涂覆层不圆度（%）：$\frac{A-B}{\text{涂覆层直径}}\times 100\%$；

包/涂同心度误差（μm）：涂覆层圆心与包层圆心的距离。试样要求：试样应该是一短段光纤，由于测量过程与试样端面无关，因此对试样端面不需严格要求。

3.3.8　光纤的环境特性

光纤的环境特性包括温度循环、恒定湿热、干热、浸水、伽马辐照、氢老化等，伽马辐照试验由于需要在放射辐照源下开展试验，需采取严格控制和合适的防护措施，同时需由精心挑选的训练有素的人员进行这项试验，要求较高，一般光纤厂家不具备此项试验条件。

环境性能试验使用的测试装置基本相同，其中温度循环、恒定湿热、干热使用的设备为温控箱和光纤衰减测试仪表，浸水性能使用的设备为浸水装置和光纤衰减测试仪表，其余几种试验的测试方法为先测试常温常湿下的待试验光纤的衰减，然后测试光纤经过目标环境处理后的衰减，最终的环境性能为附加衰减值，即试验光纤在目标环境下的衰减与常温常湿下的衰减差值。

温度循环、恒定湿热、干热试验中试样的准备：为达到所要求的衰减测试重复性，光纤试样长度，对A1类光纤应至少为1000m，对B类光纤应至少为2000m。暴露在试验箱外面的光纤应尽可能短，如果暴露在外面的部分超过试样总长度的10%，则应记录说明。

在试样的准备过程中不应有在测量环境下给光纤造成危害的影响。除非在详细规范中另有规定，建议将光纤试样松绕，并在试样光纤上涂一层例如滑石粉的材料使光纤间可自由滑动。将试样垂直或水平放置，为避免任何宏弯影响，绕圈直径应大于150mm（常规使用的一般在260～600mm）。如果试样涂有滑石粉，那么在试验环境中应有一段未涂滑石粉的光纤，该段光纤的长度应足够长，以便能够在试验前和试验后进行任何物理检验。

为了完成所有要求的与试验后机械性能对比测量，进行对比测量样品长度在试验前应移去。用于机械性能对比测量的光纤上不应涂滑石粉。

3.3.9 光纤的氢损

20世纪80年代初期人们发现敷设两年多的光缆，其光纤损耗有了大幅度的增加，如图4-3-24所示。通过大量的实验及理论研究得知，这是由于氢气渗入光纤，与玻璃体发生作用，产生附加吸收损耗，俗称“氢损”的缘故。

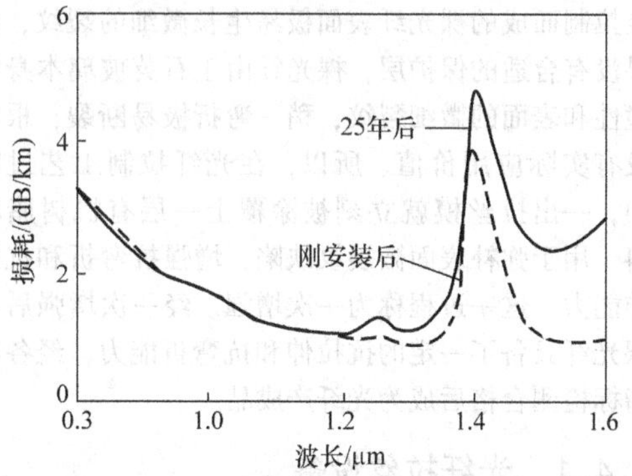

图4-3-24 安装后光缆中光纤损耗的变化

产生的氢损有两种：一种是可逆的，另一种是不可逆的。

如图4-3-25a所示，渗入光纤的游离氢在室温下被SiO_2网格所捕获，在局部电场作用下氢分子中形成了偶极矩，并由氢的振动在1.24μm波长处产生附加的吸收损耗。与普通分子间的连接键相比，网格的捕捉力相对较弱，若去除光纤的氢气环境，氢分子就会逃出SiO_2网格，损耗恢复前值。这所产生的就是一种可逆的氢损。

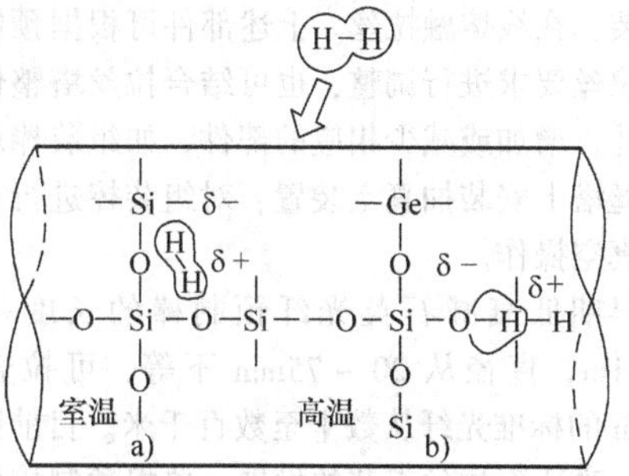

图4-3-25 氢气向光纤的渗入

如图4-3-25b所示，在200℃高温下，被捕捉的氢分子与光纤内网格的缺陷部分进行化学键合生成OH基，并由其振动使1.383μm波长处的吸收损耗峰值增加。因为键合力较强，即使去除光纤的氢气环境，其化学键依然存在，吸收损耗值不会改变。这所产生的就是另一种不可逆的氢损。

为了防止氢损的产生，在光纤光缆设计和制造时应考虑适当的措施，例如：

1）制作光纤预制棒时，选用合适的掺杂剂，不用或少用P_2O_5。

2）制作光纤预制棒时，以合成SiO_2包层代替天然SiO_2包层。

3）拉制光纤时选用析氢量小的一次涂覆层材料。

4）光纤拉制成型后采用氢的同位素氘进行后处理可有效地降低光纤的氢敏感性。

5）光缆所用的材料也应仔细选择，特别与光纤直接接触的填充油膏尤为重要。

3.3.10 光纤的非线性

采用光纤放大器后，光纤中的功率密度大大增加，引起信号与光纤相互作用而产生各种非线性效应。如不加以适当抑制，这些非线性效应可能对系统性能产生不利的影响。

光纤非线性分为受激散射和折射率起伏两大类。而受激散射又有受激布里渊散射和受激拉曼散射之分；折射率起伏分为自相位调制、交叉相位调制和四波混合三种情况。

1. 受激布里渊散射

受激布里渊散射（SBS）是光纤中光信号与声波之间的一种相互作用，部分前向传播光反指向后向传播光，引起噪声和衰减的增大。在所有非线性效应中，SBS产生的功率阈值是最低的，它取决于光源的线宽和光纤的具体特性，与通道数无关，其典型值是几毫瓦。

因为SBS功率阈值随光源线宽增加而增加，提高阈值的一种简单而实际的方法就是用一个小的低频正弦信号调制激光源。因此这一首先引起麻烦的非线性，也是最容易被消除的。

2. 受激拉曼散射

受激拉曼散射（SRS）是光与光纤分子振动之间的相互作用，它会引发差分信道损耗等不良后果。虽SRS的散射光是双向的，但后向传播功率能够用光隔离器加以消除。

SRS阈值取决于使用的光纤、传递的通道数、通道间隔、每个通道平均功率和中继长度。对于一个单通道系统，SRS阈值大约是1W——显著高于SBS的阈值。

由于功率阈值足够高，SRS不会妨碍现行光波网络的应用。但是除非克服SRS的尖端技术得以发展，SRS可能是对未来光波系统容量施加限制的主要因素。

3. 自相位调制

二氧化硅光纤的折射率在低光功率下为常数，但由掺铒光纤放大器（EDFA）所达到的高功率能够以光强变化所传递的信号调制光纤的折射率，从而引起非线性效应。

自相位调制（SPM）是指一个脉冲对它自身相位的影响。由于光脉冲的边缘代表了强度随时间的变化，而这种变化又引起光纤折射率随时间的变化。折射率的变化调制了传递波长的相位，这就扩展了传递的光脉冲的波长谱。严重起来，扩展的波长谱可能重叠到DWDM系统的邻近通道上。此外，当与波长色散相结合时，波长谱的扩展就会产生脉冲的瞬时展宽，使传递的信号失真。

SPM对系统性能的影响可通过使用低色散或零色散的光纤而减到最小。

4. 交叉相位调制

交叉相位调制（CPM）的精确起因与SPM相同。然而CPM涉及的是一个脉冲对其他通道中脉冲相位的影响，这样SPM在单通道和多通道系统中均会出现，而CPM仅仅在多通道系统中存在。

除特别例外，不同波长脉冲之间的碰撞通常会引起波长谱展宽。光纤波长色散在确定由这些碰撞产生的影响方面起着双重的作用。一方面由于脉冲以不同的群速度传播，色散减小了它们之间相互作用的强度；另一方面当脉冲相互作用时，波长色散又瞬时扩大了谱展宽功率。所以CPM的影响是比较复杂的。

5. 四波混合

四波混合（FWM）有时也称四光子混合，它是两个或三个波长混合产生一个或一个以上新的波长。FWM通过转换原始波长的信号功率产生新的波长而影响系统的传输。在通道频率间隔均等的DWDM系统中，混合产生的新波长可能直接落到其他信号通道上。而且一旦FWM的新波长出现，通过均衡技术是不能消除的。

当光纤色散为零时，相互作用的光波有相同的传播相位，FWM现象最严重，所产生的新波长常与原始的传输波长相同，从而明显降低了DWDM系统的质量。如果在波长复用的窗口，光纤有少量色散，就会破坏相互作用的光波之间的相位匹配，使FWM现象被有效抑制，容许在光纤上传播较大的光功率和较多的通道。前面所述的B4类非零色散位移单模光纤就是这种针对FWM现象而问世的新型光纤。

3.4 光纤的制造

制造光纤一般首先要制备具有必要的折射率分布的光纤预制棒，然后再通过加热将其拉制成符合尺寸要求的光纤。光纤的主要原材料是石英玻璃，经拉制而成的裸光纤表面极易生长微细的裂纹，如果没有合适的保护层，裸光纤由于石英玻璃本身的脆性和表面的微细裂纹，稍一弯折极易断裂，根本没有实际应用价值。所以，在光纤拉制工艺过程中，一出拉丝模就立刻被涂覆上一层有机树脂材料，用于弥补表面微裂纹缺陷，增强抗弯折和抗拉伸能力，这一过程称为一次增强。经一次增强后的裸光纤具备了一定的抗拉伸和抗弯折能力，经各项指标检测合格后成为光纤产成品。

3.4.1 光纤拉丝设备

从光纤预制棒拉制为光纤需要多道工艺工序，如光棒预处理、光棒拉丝、光纤筛选、光纤测试，每道工序均需要配置相应的设备。其中最关键的设备即为光纤拉丝设备——垂直拉丝塔。

垂直拉丝塔从上到下，配置了送棒系统、拉丝炉加热系统、丝径测量系统、强制冷却系统、涂覆系统、固化系统、牵引系统、收线系统、控制系统等部件，如图4-3-26所示。预制棒按照结构来分，可以分为实心棒和组装棒。实心棒的芯棒和外包层融缩在一起，组装棒分为芯棒和套管，在拉丝前进行组装，在线熔融拉丝。上述部件可根据预制棒的具体拉丝要求进行调整，也可结合拉丝塔整体的功能设计，增加或减少相应的部件，如组装棒就需要在拉丝塔上安装抽真空装置，对组装棒进行在线拉丝抽真空操作。

早期低衰减石英光纤预制棒的长度一般为0.5～1m，直径从20～75mm不等，可拉直径为125μm的标准光纤从数十至数百千米。目前随着大棒径、高速率拉丝工艺的发展，单根预制棒的可拉丝长度从数百千米、几千千米甚至上万千米，拉丝时间也越来越长，效率越来越高。拉丝塔经过30多年的发展，也在逐步改进，拉丝塔的高度从最初的几米、十几米到现在的四十多米高，拉丝速度也从几十米每分钟到现在的两千米每分钟以上，近年有报道最高拉丝速度已经达到2800m/min以上。拉丝炉的尺寸也随着预制棒的大尺寸发展趋势在逐渐增大，从原有直径为30mm、60mm、80mm的预制棒拉丝炉发展到120mm、150mm、180mm、200mm等，且增大的趋势还未停止。

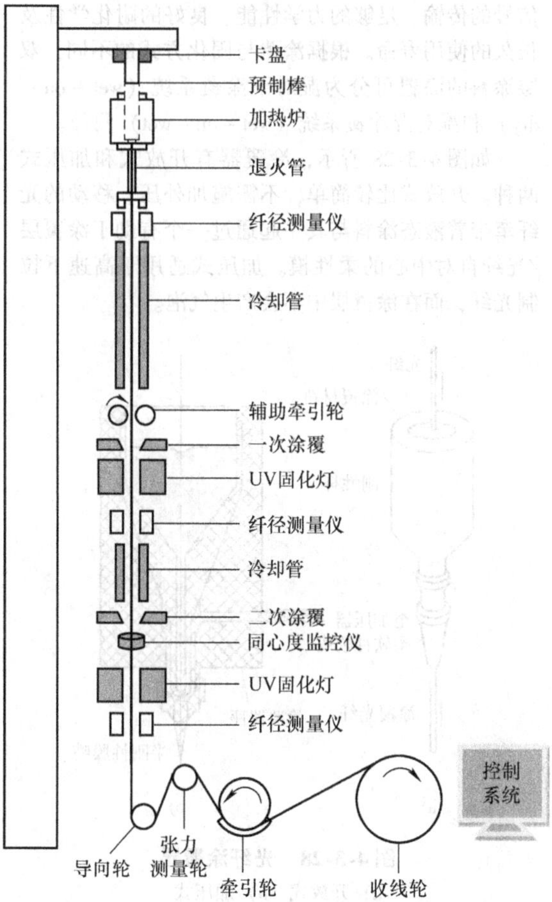

图4-3-26 典型的垂直拉丝塔部件配置图

随着光纤拉丝技术的普及，对于拉丝设备的研究也逐渐加深，拉丝塔的制造厂家也在逐渐增多，从原有的国外厂家，如日本KOBELCO、法国DELACHAUX、芬兰NEXTROM，现在已经有不少国内厂家实现了拉丝塔的自主设计与制造，如长飞、上海昱品、烽火等。

3.4.2 光纤拉制

光纤的拉制过程如图4-3-26所示，固定在与牵引同步的送棒机构上的预制棒经约2000℃的加热炉加热软化，拉出的光纤经外径检测反馈，以控制保证光纤外径的均匀性。为了保护光纤的原始表面和提高光纤的强度，拉出的光纤还必须在同一生产线上加上合适的涂覆层，固化后经牵引和收线系统绕制在光纤盘上。

预制棒的加热炉有由惰性气体保护的石墨炉和连续保温的氧化锆高频感应炉两种。石墨炉中包含的石墨元件由电阻加热。因为高温，石墨元件必须由惰性气体（例如氩气或氮气）保护，以延缓氧化，提高石墨元件的寿命。氧化锆感应炉颇有吸引力的特点是不需要保护惰性气体。感应线圈绕在由氧化锆制成的管子（或环）外围，射频振荡器产生的3MHz下约15kW的功率通过感应耦合到氧化锆衬管（或环）中，在这里再将这种能量转换成热量。

对于石墨电阻炉和氧化锆感应炉，由于石墨炉价格低廉，升温迅速；氧化锆升温需要几个小时，价格昂贵，且易受热辐射力的破坏而产生断裂，因此应用最广泛的是石墨加热炉（石墨电阻炉），石墨加热炉根据加热方式不同还可分为电阻加热炉和感应加热炉，如图4-3-27所示。

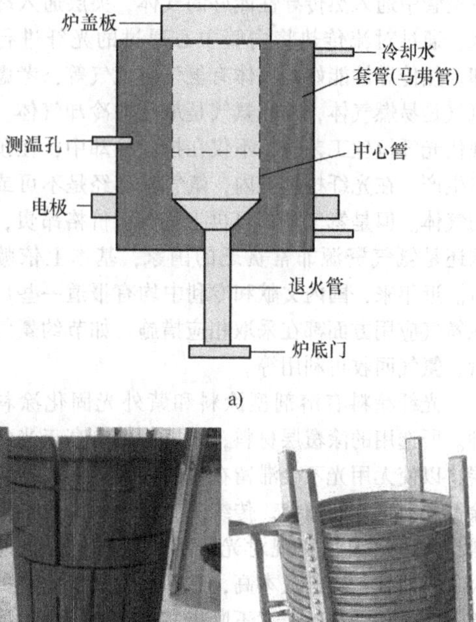

a)

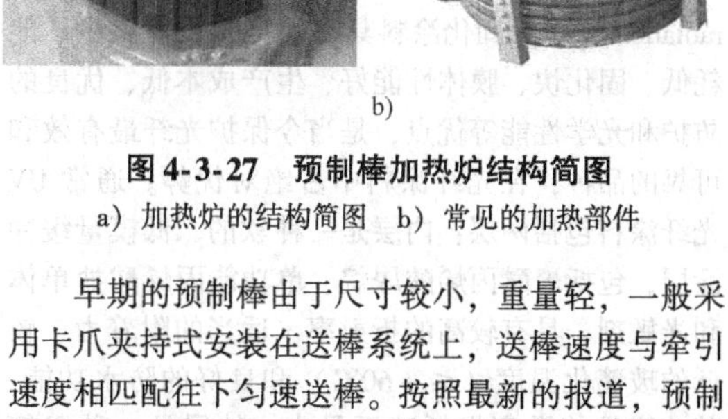

b)

图4-3-27 预制棒加热炉结构简图

a）加热炉的结构简图 b）常见的加热部件

早期的预制棒由于尺寸较小，重量轻，一般采用卡爪夹持式安装在送棒系统上，送棒速度与牵引速度相匹配往下匀速送棒。按照最新的报道，预制棒已经发展到直径为200mm，长度达到6m左右，重量较重，采用卡爪式已经无法承受预制棒的重量，需要采用悬挂式，通过自重对预制棒中心位置进行调整。与此同时，预制棒体积和重量的增加也对工厂的自动化、机械化操作提出了更高要求，在预制棒的搬运、装棒等操作基本上实现了自动化操作。

光纤从退火管出来的温度为1500～1900℃，进入涂覆器时需要降到50℃左右，在高速拉丝时，需要有极高的冷却速率，因而在现在拉丝速度越来越快的高速拉丝工艺中，高效率快速冷却的技术发展也是光纤拉丝技术的重要一环。由于拉丝塔高度有限，在高速拉丝过程中通过自然冷却的方式将光纤温度降至涂覆温度是不现实的，必须引入强制冷却系统。冷却系统基本上均采用金属材料，内部中空，夹层走水的结构。一些特性需要根据各厂家的基础条件进行选型，如冷却系统长度，外形尺寸、中空管尺寸、内部水道结构，进气孔位置等。内部中空管中通入热传导性能好的气体，夹层通入冷却水，通过对流传热将内管中心通过的光纤进行冷却。热传导性能好的气体有氢气、氦气等，考虑到氢气是易燃气体，因此氦气是最佳的冷却气体。在现代光纤拉丝工艺中，不仅在拉丝冷却中，在预制棒生产，在光纤拉丝炉内，氦气都已经是不可或缺的气体。但是氦气是不可再生资源，价格昂贵，我国还是氦气资源非常贫乏的国家，基本上依赖进口。近年来，国内文献和专利中均有报道一些厂家在氦气应用方面都在采取相应措施，如节约氦气用量、氦气回收再利用等。

光纤涂料有溶剂型涂料和紫外光固化涂料两种。所选用的涂覆层材料，其折射率略高于光纤包层，以使无用光不会滞留在包层中而进入高损耗的涂覆层，迅速衰减掉。传统的光纤涂料为溶剂型涂料，通过热固化实现对光纤的成膜保护，其能耗大、时间长、生产成本高，已不适应光纤生产的需要。随着光纤拉丝速度不断提高，对涂覆后的固化速度提出了苛刻的要求，由于紫外光（Ultraviolet radiation，UV）固化涂料具有无溶剂、污染少、能耗低、固化快、膜体性能好、生产成本低、优良的防护和光学性能等优点，是当今保护光纤最有效和可靠的品种，在光纤涂料中占绝对优势。通常UV光纤涂料包括两层：内层是一种软的、低模量缓冲涂层，包括聚醚丙烯酸尿烷、单功能丙烯酸盐单体和光敏剂，具有较高的折射率、适当的附着力、较低的玻璃化温度（≤－60℃）和良好的防水功能，其功能是使微弯损耗减至最小；外层是一种坚韧的、较高模量的涂层，包括聚醚丙烯酸尿烷、单功能单体、多功能丙烯酸盐单体和光敏剂，具有较高的玻璃化温度、较好的耐老化性，对光纤起着机械和环境保护作用。内柔外硬的光纤双涂层保证了光信号的传输、足够的力学性能、良好的耐化学性及长久的使用寿命。根据涂覆与固化方式的不同，双层涂料的涂覆可分为湿对干涂覆系统（wet－on－dry）和湿对湿涂覆系统（wet－on－wet）两种。

如图4-3-28所示，涂覆器有开放式和加压式两种。开放式比较简单，不需施加外压，移动的光纤牵带着液态涂料与其一起通过一个有助于涂覆层/光纤自对中心的柔性模。加压式适用于高速下拉制光纤，而在涂覆层中不会产生气泡。

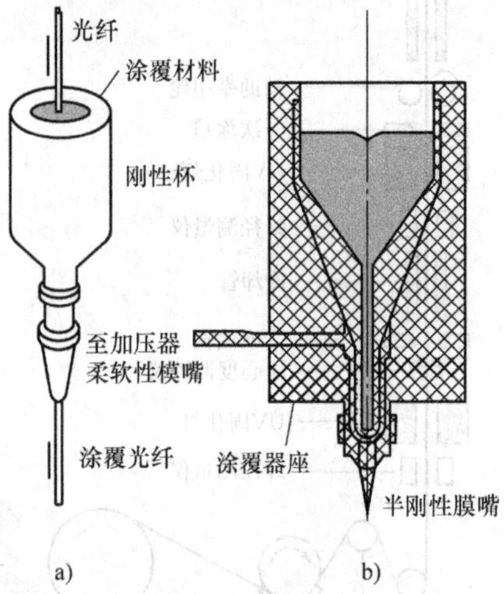

图4-3-28　光纤涂覆器

a）开放式　b）加压式

除了有机涂覆层光纤外，由无机材料或金属材料构成的密封涂覆层光纤经过多年的努力也已进入商用。一种碳涂覆光纤由于玻璃表面和聚合物涂覆层之间有一层沉积而成的非结晶碳膜，大大降低了氢诱生附加损耗并明显提高了光纤的抗疲劳特性。

经涂覆固化后，光纤可直接与机械表面接触。为确保光纤具有一个最低强度，满足套塑、成缆、敷设、运输和使用时机械性能要求，在成缆前，必须对一次涂覆光纤进行张力筛选。张力筛选方式有两种：在线筛选和非在线筛选。所谓在线张力筛选是指在光纤拉丝生产线上同步完成张力的筛选，这种筛选方式由于光纤涂层固化时间短，测得的光纤强度会受到一定影响。独立式非在线光纤张力筛选是在专用张力筛选设备上完成。一般情况下均采用独立式光纤张力筛选方式进行光纤张力筛选。独立式光纤张力筛选的设备有两种类型：制动轮筛选试验机和固定重量筛选试验机，常用的为制动轮筛选试验机。

制动轮筛选试验机的结构组成如图 4-3-29 所示。用恒定的低张力放纤，筛选试验后的卷绕也是用恒定的张力，放纤和收纤张力的量是可调的。施加到光纤上的筛选载荷是由制动轮和驱动轮之间产生的速度差造成的。制动轮和驱动轮上皮带用于防止光纤打滑。用高精度张力计来测量光纤上的载荷并控制制动轮与驱动轮之间的速度差从而达到所需要的筛选载荷。设备的载荷量和工作速度可以单独设置。

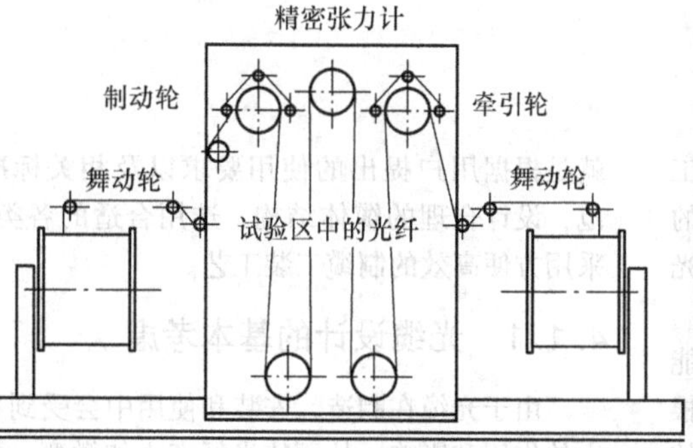

图 4-3-29 制动轮筛选试验机的结构

经过筛选的光纤还需要进行指标测试、后处理等工序。

测试分为两部分，过程测试和成品检验。过程测试是在光纤拉制过程中，对所拉制光纤的性能进行过程检验，取大盘光纤的外端对光纤性能进行检验。成品检验是在大盘光纤筛选结束后，对小盘光纤进行检验，检验数据作为出厂光纤的数据。光纤的测试指标较多，其中可以根据测试频率进行分类，对于不同指标各个厂家规定的检测频率也是不同的，大体上比如机械性能中的光纤筛选测试是全检的，每一段光纤都需要经过检测，其他的尺寸参数、环境性能、接续性能等基本上是采用抽检的方式，至于抽检的频率，则由各个厂家自行把握，还需要结合产品的稳定性，抽检频率需要确保产品的合格。

后处理实际上就是低水峰光纤的处理过程。光纤的氢损，是由于光纤内存在缺陷结构，主要的缺陷结构是 Si－O・ ・O－Si，被称为非桥氧空心缺陷，当大气环境中或者光缆材料析出的氢气扩散渗透入光纤内时，与缺陷结构发生反应，形成硅羟基。因光纤中的缺陷与氢发生反应，而在某些特定波长上出现附加衰减的现象，其中 1383nm 波长附近光纤衰减发生了较为显著的变化，未经后处理的光纤，置于氢气环境下，存在明显的氢敏感性。

有研究表明，用氘气处理光纤能有效地降低光纤的氢敏感性。先将光纤置于含氘的混合气中进行后处理（由不同的制棒工艺拉制出的光纤其混合气体比例范围可能不一致）。然后将光纤置于氢气环境中，再次进行氢老化试验，实验结果显示，经氘气处理过的光纤进行氢老化试验时，在 1383nm 处几乎没有任何附加损耗。

通过优化的生产工艺，几乎完全消除水峰吸收的普通标准单模光纤，它在 1383nm 附近处的衰减峰降到了足够低的程度，这种光纤可被利用的波长增加 100nm 左右，约占可用波长的 3%，这意味着更多的 CWDM/DWDM 信道或较宽的信道间隔，因此除了可以使用在 1310nm 和 1550nm 波长区域外，还扩展到了 1360～1530nm 波长区域。

第4章 光缆

光缆是当今信息社会各种信息网的主要传输工具。如果把“互联网”称作“信息高速公路”的话，那么，光缆网就是信息高速公路的基石——光缆网是互联网的物理路由。

光缆是为了满足光纤的光学、机械或环境性能的规范而制造的。它是利用置于包覆护套中的一根或多根光纤作为传输媒质并可以单独或成组使用的通信线缆组件；也是由一定数量的光纤按照一定方式组成缆芯，外包有护套，有的还包覆外护层，用以实现光信号传输的一种通信线路。光缆的基本结构一般是由缆芯、加强钢丝、填充物和护套等几部分组成。另外，根据需要还有防水层、缓冲层、绝缘金属导线等构件。光缆一般无较大的回收价值。为了全面展示光缆基本知识，以下根据光缆的设计、分类、型号规格、结构型式、技术要求进行叙述。

4.1 光缆设计

光纤尽管具备了一定的抵抗外力的能力，但要大长度用于各种敷设环境来承担光通信的重任还是太脆弱了。所以，根据不同敷设环境来设计光纤保护层和保护结构就成为光缆设计的重要内容，也是实现光缆产成品制备前的极其重要的一环。一般地，光缆设计主要涉及结构、材料和工艺三个主要内容，其中，材料的设计是重中之重。不同的环境应选择不同的材料与之相适应，如架空环境、地埋环境、水下环境、高温环境、极低温环境、耐化学腐蚀环境、防白蚁/防鼠环境等。

光缆设计的基本原则就是利用各种材料、结构和工艺手段为光纤提供保护，使光纤在各种应用环境下免受外力影响和损害，防止水分和潮气等入侵，提高产品的安全性和可靠性，以便满足加工制造过程及实际使用中现场环境、安装条件、传输性能、机械性能及操作性能等方面的要求。具体地，就是根据用户提出的使用要求以及相关标准和规范，设计合理的缆体结构、选用合适的各类材料、采用方便高效的制缆工装工艺。

4.1.1 光缆设计的基本考虑

由于光缆在制造、安装和使用中会受到各种外力的作用和影响，从而使光纤产生如微弯、弯曲和应变等，导致光纤传输和机械性能恶化，所以光缆设计的基本考虑在于对外界的一些影响采用各种保护技术来维持光纤的性能。

1）选用合适的光纤，并保持光纤的传输特性。应根据使用的要求，包括径向和纵向阻水的要求，设计合理的光缆结构、选择适当的光纤及其他光缆材料，并尽量避免由机械力和温度变化引起的微弯损耗以及由材料析氢引起的氢损。

2）考虑光缆结构空间的利用率，提高光纤密度，降低光缆成本。光纤带的应用大大提高了光缆结构空间的利用率。随着通信接入网的发展，带状光缆的应用将更为普遍。

光纤带分包覆式和粘边式两种结构。前者每根光纤的四周均被涂料包围，后者只有光纤的两侧有涂料粘结。包覆式光纤带的涂层较厚，其缓冲作用使其抗侧压性能优于粘边式光纤带，适用于要把光纤带密集地放入骨架槽中的骨架式光缆；包覆式光纤带一般需要两次涂覆，使工艺复杂及成本增加。而粘边式光纤带适用于几乎不受侧压力的松套结构光缆，粘边式光纤带较小的几何尺寸有利于减小光缆的外径。

3）考虑合适的方式进一步保护光纤以隔离外界应力。一次涂覆的光纤在成缆之前一般均需挤制二次被覆层（松套管），也可直接成缆，将一次涂覆光纤安放在骨架槽中。

二次被覆层是由挤出的聚对苯二甲酸丁二醇酯（PBT）、聚丙烯（PP）、尼龙、聚氯乙烯、聚乙烯或氟塑料等材料所构成。这些材料的弹性模量比玻璃低约两个数量级，但因为二次被覆层的截面比光纤本身的截面大得多，因而二次被覆层除了提高光纤抗侧压性能外，还可改善光纤的抗拉性能。若二次被覆层与一次涂覆层之间存在间隙或充填胶状物，光纤可在其中松动，则这种被覆结构称为松套结构；若二次被覆层与一次涂覆层之间并无间隙，则这种被覆结构称为紧套结构。松套结构内可含单根光纤，也可含多根光纤或光纤带。光纤一次涂覆层的外径一般为245μm。松套管外径可根据所含光纤或光纤带的数量、使用材料和特性要求而设计，通常选用1.5～10.0mm，容差应不劣于±0.10mm，厚度应随外径增大而增大，其标称值宜为0.3～1.2mm，容差应不劣于±0.05mm。为了保证光纤的性能，管内一般均充填触变型胶状物。紧套结构一般只含一根光纤，光纤一次涂覆层的外径一般为400μm，紧套外径为0.8～0.9mm。

在松套结构中，一次涂覆光纤超长于二次被覆管的部分叫光纤的余长，常用百分比表示，根据缆的结构和应用场合通常控制在0.05%～0.6%。因为适当的余长可使光缆中光纤免受过大机械应力和保持良好的衰减温度特性。为了精确控制光纤的余长，在二次被覆管挤制过程中应根据性能要求、一次涂覆层及二次被覆层的材料和结构等，合理选择挤出的工艺参数、冷却水温、光纤的放线张力和收线张力等。

4）在光缆中加入抗张元件（加强件），使其承受绝大部分张力。加强构件既可在光缆的中心位置，也允许在缆芯四周适当的位置放置。加强构件可以是金属的或非金属的，依光缆型式而定。这些加强构件应具有足够的截面积、杨氏模量和弹性应变范围，用以增强光缆拉伸性能。当受到张力负荷时，光缆中各元件承受的张力是按元件的弹性模量与截面积的乘积正比分配的，因此尽可能选用高弹性模量的材料来构成抗拉元件。通常限定光缆中加强件的应变应不超过0.2%，再根据所需承受的张力或光缆1km的自重来确定抗拉元件的截面积。

5）应考虑光缆的弯曲半径和柔软性要求。光纤伸长能力较差，光缆设计时最好把光纤安排在轴线附近，或者能提供一定的自由活动空间，使光缆弯曲时光纤能自动调整到受力最小的位置上。

为了保证光缆有一定的柔软性和提高光缆的抗拉伸性能，光缆多数是采用S向或Z向的螺旋绞或SZ绞的绞合结构，如图4-4-1所示。

应根据要求合理选择绞合节距，节距越小，光缆的柔软性和抗拉伸性能越好，但光缆材料消耗会

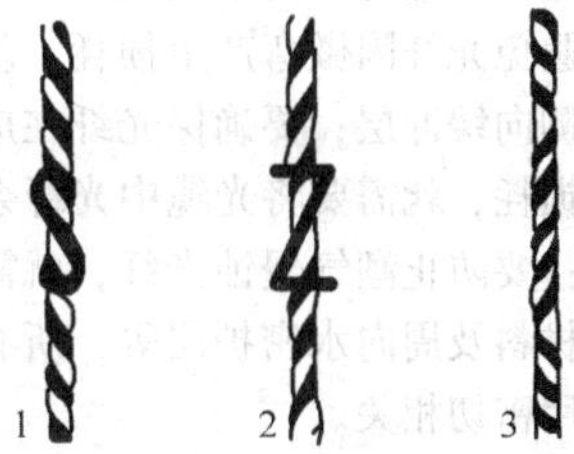

图4-4-1 S向、Z向、SZ向绞合

增加，光纤的弯曲半径也会变小，当小到一定程度时就会引起附加衰减。光纤在光缆中的弯曲半径ρ的计算公式见式（4-4-1），一般建议光纤在光缆中的弯曲半径ρ宜不小于65mm。

$$\rho = R\left\{1 + \left(\frac{p}{2\pi R}\right)^2\right\} \qquad (4\text{-}4\text{-}1)$$

式中 R——绞合半径（mm）；

p——绞合节距（mm）。

6）光缆的制造、维修和接续应方便可靠。

4.1.2 光缆设计输入条件

要设计一个光缆结构，必须具备一些基本的需求条件，这些条件包括但不限于：

1）光纤的类型，以及光纤的几何特性参数和光学、传输特性参数。

2）光纤的保护形式，如松套、紧套。

3）光纤的芯数及光纤单元数量。

4）光缆敷设方式，如管道、直埋、架空、室内等。

5）光缆结构型式，如金属或非金属，室外或室内，层绞式、中心管式、带状或单元式。

6）增强构件，如金属或非金属中心增强、金属或非金属分布式增强或护套增强。

7）护套种类，防潮的单层或双层聚乙烯护套、铠装或非铠装、金属或非金属增强护套、塑料护套或其他特殊护套。

8）缆芯填充方式。

9）交货长度。

4.1.3 光缆常用材料

光缆的功用就是可靠、有效、经济地保护好光纤，光缆所用的材料就必须满足这些条件。要解决裸光纤的脆性和不耐弯折，就需要在其外表面涂覆有机盐树脂；要避免光纤不受外拉力损伤，就需要在光缆中加入高强度抗拉元件；要保护光纤不受侧

向挤压，就需要在光缆结构中设置光纤抗侧压铠装防护层；要避免光纤因微弯产生损耗，就需要设计并设置光纤侧向缓冲层；要确保光纤在应用过程中不产生宏弯损耗，就需要将光缆中光纤余长控制在合理的范围；要防止潮气侵蚀光纤，就需要在光缆中设置阻水材料及周向水密护层等，所有这些均与光缆材料选用密切相关。

光缆选用的常用材料主要有以下几类：

1）金属加强或金属密封材料。主要有金属加强元件、金属铠装元件、金属密封元件等。金属加强元件主要选用高弹性模量钢丝或钢绞线；金属铠装元件主要选用钢塑复合带（纵包）或镀锡钢带（绕包）或钢丝（绞合铠装，用于海底光缆或水下敷设光缆）或铝包钢丝（用于光纤复合架空地线）；金属密封元件主要选用铝塑复合带（纵包黏接）或不锈钢带（纵包焊接）。

高强度钢丝是理想而又经济的金属加强元件材料，使用最为普遍。高强度钢丝宜是不锈钢丝，也可以是磷化钢丝，其表面应圆整光滑。单钢丝的弹性模量应不低于190GPa，钢绞线的有效弹性模量应不低于170GPa。

2）非金属加强材料。主要选用芳纶纤维或芳纶纤维带、芳纶纤维棒、玻璃纤维或玻璃纤维带、玻璃纤维棒、高强度聚乙烯纤维或高强度聚乙烯纤维带、高强度聚乙烯纤维棒等。在有强电干扰的场合或对光缆重量有限制的情况下则使用多股芳纶纱（Kevlar）或玻璃/芳纶纤维增强塑料棒（GFRP/KFRP）作为中心或四周加强抗拉元件，其弹性模量分别在120GPa和50GPa左右。

3）塑性材料。主要有光纤被覆层、光缆护层、光缆缓冲垫层等。光纤被覆层主要选用丙烯酸盐树脂（一次被覆）、聚酰胺或聚氯乙烯（二次被覆紧套层）、聚对苯二甲酸丁二酯（PBT）或改性聚丙烯（PP）（二次被覆松套管）。其中，PBT和PP的性能应符合GB/T 20186.1—2006和GB/T 20186.2—2008中的规定；室外光缆护层主要选用低密度聚乙烯（LDPE）或中密度聚乙烯（MDPE）（内护层）、高密度聚乙烯（HDPE）（外护层），室内光缆和软光缆护层主要选用低烟无卤阻燃聚乙烯（LSZH）或聚氯乙烯（PVC）和聚酯弹性体（TPU）；光缆缓冲垫层主要选用低密度聚乙烯（LDPE）或聚氯乙烯弹性体（PVC）。特殊用途场合（如极高温、极低温、化学腐蚀等）可选用氟塑料或硅橡胶材料等。

4）阻水材料。主要有阻水油膏、阻水带、阻水纱等。阻水油膏主要用于全截面阻水结构，有纤膏和缆膏之分；阻水带、阻水纱主要用于干式或半干式阻水结构。

4.1.4 光纤、光纤带及松套管识别

光纤、光纤带及松套管识别应满足GB/T 6995.2—2008《电线电缆识别标志方法 第2部分：标准颜色》中的规定。

1）松套管中的光纤，应采用全色谱来识别，其标志颜色应符合GB/T 6995.2—2008中的规定，并且不褪色、不迁移，原始的色码在整个光缆的设计寿命期内应可清晰辨认。前12芯的光纤标志颜色的优先顺序见表4-4-1。在不影响识别的情况下允许使用本色。

表4-4-1 全色谱的优先顺序

优先序号	1	2	3	4	5	6	7	8	9	10	11	12
颜色	蓝	橙	绿	棕	灰	白	红	黑	黄	紫	粉红	青绿

2）若同一松套管中的光纤数多于12芯时，应采用光纤色环或光纤扎纱束等色标方法加以区分。当采用光纤色环时，可采用不同的色环数量和色环距离来表示。

3）在光纤带结构中，较大直径的松套管内或骨架槽中可含多条光纤带而构成矩阵型式，每条光纤带又含4、6、8、10或12甚至16、24根光纤。光纤带及其所含光纤的识别通常有两种表示方式：

① 全色谱光纤带加印字识别方式。在这种方式中，光纤带中光纤采用全色谱方式识别，带阵中光纤带采用带上印数字或条纹标志识别序号。面向光缆A端看，转动光缆把光纤带调整到水平方位时：光纤从左到右的序号及色谱应符合表4-4-1规定；光纤带的印字应向上，其序号1在最上层，并顺序向下增加。

② 领示色谱光纤子带识别方式。在这种方式中，光纤带中光纤采用领示色谱子带循环方式识别，带阵中光纤带采用光纤带中的领示色识别。面向光缆A端看，转动光缆把光纤带调整到水平方位时：光纤从左到右的序号和光纤带从上到下的序号及其色谱见表4-4-2。

4）当多根含纤松套管绞合成缆时，对松套管应有识别标志色，可以是全色色标，也可是环状或条状色标。识别的方式可采用全色谱方式，也可用领示色谱方式。

当采用全色谱时，面向光缆A端看，在顺时针方向上松套管序号增大，松套管序号及其对应的颜

表 4-4-2 光纤带和光纤的序号及其领示色谱标志色

		光纤序号											
		1	2	3	4	5	6	7	8	9	10	11	12
光纤带序号	1	蓝	白	蓝	白	蓝	白	蓝	白	蓝	白	蓝	白
	2	橙	白	橙	白	橙	白	橙	白	橙	白	橙	白
	3	绿	白	绿	白	绿	白	绿	白	绿	白	绿	白
	4	棕	白	棕	白	棕	白	棕	白	棕	白	棕	白
	5	灰	白	灰	白	灰	白	灰	白	灰	白	灰	白
	6	白	蓝	白	红	白	蓝	白	红	白	蓝	白	红
	7	红	白	红	白	红	白	红	白	红	白	红	白
	8	黑	白	黑	白	黑	白	黑	白	黑	白	黑	白
	9	黄	白	黄	白	黄	白	黄	白	黄	白	黄	白
	10	紫	白	紫	白	紫	白	紫	白	紫	白	紫	白
	11	粉红	白	粉红	白	粉红	白	粉红	白	粉红	白	粉红	白
	12	青绿	白	青绿	白	青绿	白	青绿	白	青绿	白	青绿	白

色应符合表 4-4-1 规定。

当采用领示色谱时，领示色应为红色和绿色，其余元构件应为其他的相同颜色，宜为本色。面向光缆 A 端看，在顺时针方向上红和绿顺序排列且松套管序号增大（填充绳不计序号），松套管有红色时序号 1 为红色，套管无红色时，序号 1 为领示红色后的第一根套管。

4.1.5 光缆设计中重要参数计算

光缆设计的基本参数主要包括：光纤的结构尺寸性能，如光纤的几何尺寸参数、光纤的光学参数；光缆的结构尺寸性能，如光纤芯数、光纤单元数量、加强构件材料及尺寸、护套材料及尺寸、光缆直径、光缆重量、光纤余长、光缆抗拉强度、最大压扁力、动态弯曲半径、静态弯曲半径、应用温度范围等。对于一些如 OPGW、ADSS、海底光缆等特种光缆，还需要提供弹性模量、线膨胀系数等重要参数。下面主要针对光缆设计中的部分重要参数提出计算方法。

1. 光缆重量

光缆的重量为光缆中所有组成部分重量总和，即

$$W = \sum (\rho_n \times A_n) \qquad (4\text{-}4\text{-}2)$$

式中 ρ_n——各元件的密度；

A_n——各元件的面积。

2. 光缆机械强度

光缆机械强度是光缆施工敷设时要考虑的重要特性之一。光缆抗拉和耐侧压又是其中最主要的两项。特别是光缆的抗拉强度，一般是由加强构件提供。问题是如何选取加强构件的尺寸？

一般来说，光缆在短期拉力下（施工时），其光纤余长 ε 应在加强构件的弹性形变范围之内。经验告诉我们：对多数加强构件材料，$\varepsilon = 0.5\% \sim 0.7\%$ 时，其伸长应变仍在弹性形变范围之内。根据要求的短期拉力$F_{短}$和允许的应变 ε，基于胡克定律，可按式（4-4-3）求得加强构件的直径。

$$d = 2\sqrt{\frac{F_{短}}{\pi E\varepsilon}} \qquad (4\text{-}4\text{-}3)$$

式中 E——加强构件的杨氏模量。

对一些要求抗拉强度特别大的光缆，则要通过增加其他加强件（如加钢丝铠装或芳纶纱等）。

光缆的抗侧压力可通过增加松套管的壁厚、护套的厚度、以及铠装等办法来实现。适当增加光缆（不是松套管）中光纤余长，有利于提高光缆的抗拉和耐侧压的能力。

3. 光纤余长

（1）中心管式光缆 光缆和松套管在拉伸时同步伸长，为使松套管中的光纤有一定的延伸范围，解决办法就是使松套管中所容纳的光纤略长于松套管，即松套管中光纤有一定的余长。可按式（4-4-4）求得光纤余长，即

$$\varepsilon = \frac{L_f - L_t}{L_t} \times 100\% \qquad (4\text{-}4\text{-}4)$$

式中 L_t——松套管长度；

L_f——光纤长度。

（2）层绞式光缆 层绞式光缆，是由作为绞合元件的松套管绞合在中心加强件上构成。松套管螺旋绞合一周（360°）的中心加强构件长度称为一个绞合节距 h。绞合元件中心线在光缆轴平面上的展开线与光缆轴心线所成夹角的补角称为绞合角 α，如图 4-4-2 所示，光缆轴心线与绞合元件中心线间的距离为R_0，则由图 4-4-2 可求得绞合元件长度 L 和绞合角 α，以及绞合元件中心线弯曲半径r_h，如下：

$$L = h\left[1 + (2\pi R_0/h)^2\right]^{1/2} \qquad (4\text{-}4\text{-}5)$$

$$\alpha = \arctan(h/2\pi R_0) \qquad (4\text{-}4\text{-}6)$$

$$r = r_h = R_0\left[1 + (h/2\pi R_0)^2\right] \qquad (4\text{-}4\text{-}7)$$

由于绞合，使绞合元件中心线长度 L 比光缆轴心线长度 h 长。这个额外长度以百分比表示为

$$\varepsilon = \left[\frac{(L-h)}{h}\right] \times 100\% = \left\{\left[1 - \left(\frac{2\pi R_0}{h}\right)^2\right]^{\frac{1}{2}} - 1\right\} \times 100\%$$

$$= (1/\sin\alpha - 1) \times 100\% \qquad (4\text{-}4\text{-}8)$$

常称 ε 为光缆的绞合率。

请注意，光缆的绞合率 ε 并不等于光缆中有用

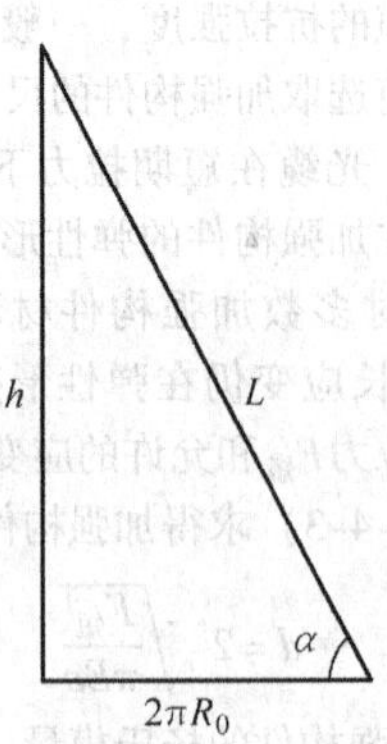

图 4-4-2 绞合节距、绞合角与绞合元件中心线长度关系

的光纤余长。光缆中光纤余长ε_f，表示当光缆被拉伸（或收缩）时，光纤从松套管中心位置向内侧（或外侧）移动所能发生的长度变化。由图 4-4-3 可求得拉伸余长（又称为内余长）为

$$\varepsilon_{内} = \left\{1 - \frac{\sqrt{[(d+2\delta+1.16\sqrt{n}d_f)\pi]^2 + h^2}}{\sqrt{[(D+d)\pi]^2 + h^2}}\right\} \times 100\% \tag{4-4-9}$$

收缩余长（又称为外余长）为

$$\varepsilon_{外} = \left\{\frac{\sqrt{[(2D+d-2\delta-1.16\sqrt{n}d_f)\pi]^2 + h^2}}{\sqrt{[(D+d)\pi]^2 + h^2}} - 1\right\} \times 100\% \tag{4-4-10}$$

以上两式中，d 为中心加强构件直径；D 为松套管外径；δ 为松套管壁厚；n 为松套管中光纤芯数；d_f为光纤外径；h 为绞合节距。在推导公式时，已假定光纤束在拉伸或收缩之前是位于松套管的中心，所以有$\varepsilon_{内} < \varepsilon_{外}$。

式 (4-4-5) ~ 式 (4-4-8) 中的R_0与式(4-4-9)、式 (4-4-10)中的D和d的关系为

$$R_0 = (D+d)/2 \tag{4-4-11}$$

这些公式对层绞式光缆的设计计算有一定参考价值。此外，上述讨论对往复绞合的 SZ 绞合光缆也是基本适用的（只要节距适当变短，但平均节距应相同），只是光纤弯曲半径纵向沿缆芯变化，在换向点处达到极大值，而在两换向点中间趋于最小值。

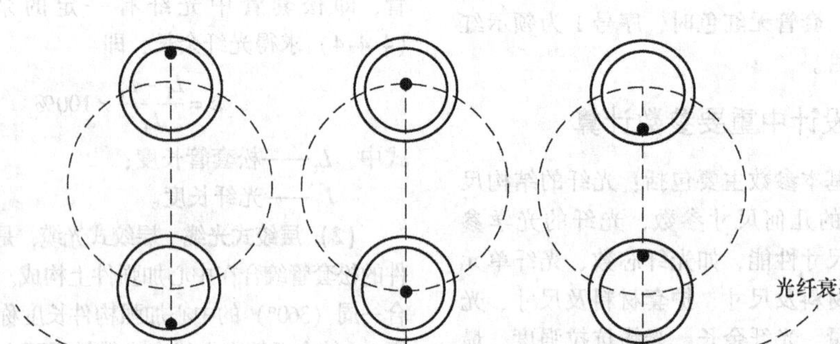

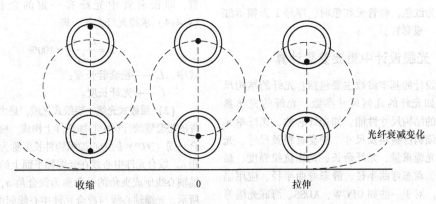

图 4-4-3 光缆拉伸和收缩时光纤在松套管中移动情况

4. RTS、MAT、EDS、UOS

对于全介质自承式光缆（ADSS)、光纤复合架空地线（OPGW)、光纤复合架空相线（OPPC)、海底光缆等特种光缆来说，光缆拉力指标由 RTS、MAT、EDS、UOS 等来表示，下面以 ADSS 光缆为例对这几个指标分别进行解释。

光缆额定抗拉强度（Rated Tensile Strength, RTS)：光缆厂商提供的最小破断强度的保证值(任何组件的断裂即为光缆断裂)。

光缆最大允许使用张力(Maximum Allowable Tension, MAT)：设计气象条件下理论计算总负载时光缆所受张力。

光缆的年平均运行张力（Everyday Stress, EDS)：无风无冰年平均气温下光缆所受张力；

光缆的极限运行张力（Ultimate Operation Strength, UOS)：在光缆的有效寿命期内，有可能发生超出设计负载时光缆所受的张力。

ADSS 光缆的承力元件是芳纶纱和 FRP。但在进行 ADSS 光缆力学设计中一般仅以芳纶纱承力元件进行计算，未计入FRP 及其他材料对抗拉力的贡献，见式 (4-4-12)。

ADSS 光缆的额定抗拉强度 =
单根芳纶纱的额定抗拉强度 ×
芳纶纱根数 × 绞合离散系数 (4-4-12)

根据 DL/T 788—2016《全介质自承式（ADSS）光缆》中的规定，ADSS 光缆允许承受的拉伸力见表 4-4-3。依表 4-4-3，ADSS 光缆的 MAT = 40% RTS；EDS = 25% RTS；UOS = 60% RTS。

表 4-4-3 ADSS 光缆允许承受的拉伸力及性能要求

检测项目	拉伸力	光纤应变（%）		光纤附加衰减/dB	
		中心管式	层绞式	中心管式	层绞式
光缆额定抗拉强度（RTS）	≥95% RTS	—	—	—	—
光缆的年平均运行张力（EDS）	25% RTS	无明显应变	无明显应变	无明显附加衰减	无明显附加衰减
光缆最大允许张力（MAT）	40% RTS	≤0.1	≤0.05	无明显附加衰减	无明显附加衰减
光缆的极限运行张力（UOS）	60% RTS	≤0.5	≤0.35	该拉力取消后，光纤无明显残余附加衰减	

5. 光缆杨氏模量计算方法

$$E_{\text{Modulus}} = \frac{E_1 \times A_1 + E_2 \times A_2 + \cdots + E_n \times A_n}{A_1 + A_2 + \cdots + A_n} = \frac{\sum (E_n \times A_n)}{\sum A_n} \quad (4\text{-}4\text{-}13)$$

式中 E_n——各元件的杨氏模量；
A_n——各元件的截面积。

6. 光缆线膨胀系数计算方法

$$\beta = \frac{\beta_1 \times E_1 \times A_1 + \beta_2 \times E_2 \times A_2 + \cdots + \beta_n \times E_n \times A_n}{E_1 \times A_1 + E_2 \times A_2 + \cdots + E_n \times A_n} = \frac{\sum (\beta_n \times E_n \times A_n)}{\sum (E_n \times A_n)} \quad (4\text{-}4\text{-}14)$$

式中 β_n——各元件的线膨胀系数；
E_n——各元件的杨氏模量；
A_n——各元件的截面积。

4.1.6 光缆设计实例

以 GYTY53－36B1 光缆设计为例，光缆结构为中心金属加强构件、松套层绞填充式、聚乙烯内护套、纵包皱纹钢带铠装、聚乙烯外护套，光缆包含 36 芯 G.652 单模光纤，可直埋敷设，工作温度范围为 －40 ~ ＋65℃。按 YD/T 901—2009 规定，应满足表 4-4-4 所规定敷设条件对光缆的机械特性要求。

表 4-4-4 直埋敷设对光缆的机械特性要求

拉伸强度/N		抗侧压强度/N	
工作时	敷设时	工作时	敷设时
1000	3000	1000	3000

1. 松套管数选择

由于该光缆要求 36 芯单模光纤，根据光纤最小弯曲半径的规定及一次光纤余长的设计，以及应用惯例，设计为每个松套管容纳 6 芯，故可用 6 根松套管。松套管设计直径为 ϕ2.2mm。

2. 中心加强构件选择

根据松套管数量确定中心加强件尺寸 ϕ2.3mm，材质为磷化钢丝。图 4-4-4 为 ϕ2.3mm 磷化钢丝拉伸应变曲线，拉力达 3000N 时，钢丝拉伸应变约为 0.4%。YD/T 901—2009 标准中规定，光缆受短期拉力时，光缆中光纤应变应不超过 0.15%，因此光缆中光纤余长 $\varepsilon^{f}_{内} > 0.4\% - 0.15\% = 0.25\%$。

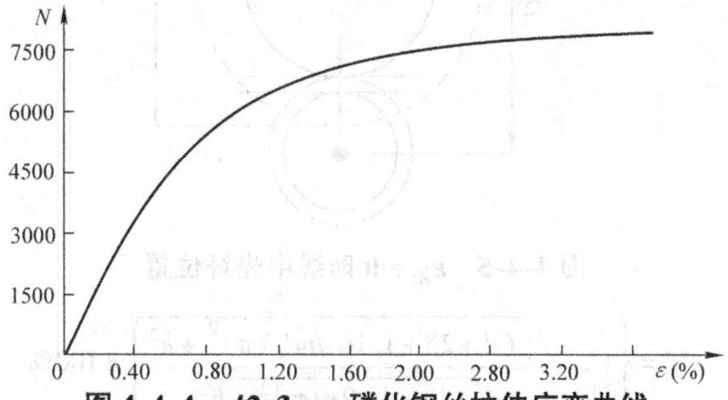

图 4-4-4 ϕ2.3mm 磷化钢丝拉伸应变曲线

3. 光缆中光纤余长设计

对于松套层绞式结构光缆，关于光纤余长应区分以下几种不同概念：

1）松套管中光纤余长。单位长度内光纤比松套管长出的部分，称为松套管中光纤余长，也称为一次余长。

2）光缆绞合余长。若松套管中光纤余长为零，当松套层绞式光缆在未受到拉伸和收缩时，缆中光纤位于松套管的中心位置；而当缆受到拉伸或收缩时，缆中光纤就从松套管中心位置移到松套管的内侧或外层极限位置。对应光纤所发生的螺旋长度相对变化，分别称为光缆绞合内余长 $\varepsilon_{内}$ 和光缆绞合外余长 $\varepsilon_{外}$，也称为二次余长。

3）光缆中光纤余长。当松套管中光纤余长$\varepsilon_{松}\neq 0$时，光缆中光纤余长ε_f分为内余长$\varepsilon^f_{内}$和外余长$\varepsilon^f_{外}$，并且有

$$\varepsilon^f_{内}=\varepsilon_{内}+\varepsilon_{松} \quad (4\text{-}4\text{-}15)$$

$$\varepsilon^f_{外}=\varepsilon_{外}-\varepsilon_{松} \quad (4\text{-}4\text{-}16)$$

上两式中$\varepsilon_{内}$、$\varepsilon_{外}$可按下式计算

$$\varepsilon_{内}=\left\{1-\frac{\sqrt{[(d+2\delta+1.16\sqrt{n}d_f)\pi]^2+h^2}}{\sqrt{[(D+d)\pi]^2+h^2}}\right\}\times 100\% \quad (4\text{-}4\text{-}17)$$

$$\varepsilon_{外}=\left\{\frac{\sqrt{[(2D+d-2\delta-1.16\sqrt{n}d_f)\pi]^2+h^2}}{\sqrt{[(D+d)\pi]^2+h^2}}-1\right\}\times 100\% \quad (4\text{-}4\text{-}18)$$

此时，光纤在光缆中松套管内的位置如图4-4-5所示。现由图4-4-5可推证式（4-4-15）和式（4-4-16），有

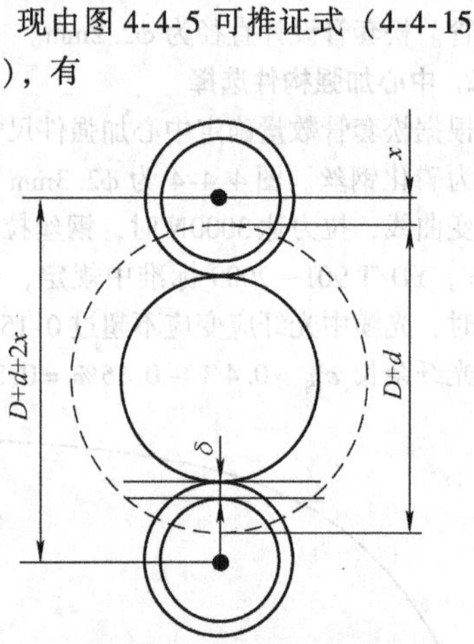

图4-4-5　$\varepsilon_{松}\neq 0$时缆中光纤位置

$$\varepsilon^f_{内}=\left\{1-\frac{\sqrt{[(d+2\delta+1.16\sqrt{n}d_f)\pi]^2+h^2}}{\sqrt{[(D+d+2x)\pi]^2+h^2}}\right\}\times 100\%$$

$$=\left\{1-\frac{\sqrt{[(d+2\delta+1.16d_f)\pi]^2+h^2}}{\sqrt{[(D+d+2x)\pi]^2+h^2}}+\frac{\sqrt{[(D+d+2x)\pi]^2+h^2}}{\sqrt{[(D+d+2x)\pi]^2+h^2}}-1\right\}\times 100\%$$

$$\cong\left\{1-\frac{\sqrt{[(d+2\delta+1.16\sqrt{n}d_f)\pi]^2+h^2}}{\sqrt{[(D+d)\pi]^2+h^2}}+\frac{\sqrt{(D+d+2x)^2+h^2}}{\sqrt{[(D+d)\pi]^2+h^2}}-1\right\}\times 100\%$$

$$=\varepsilon_{内}+\varepsilon_{松}$$

此即式（4-4-15）。在以上推证中，由于$(D+d)\gg 2x$，所以作了上述近似，并且其中

$$\varepsilon_{松}=\left\{\frac{\sqrt{[(D+d+2x)\pi]^2+h^2}}{\sqrt{[(D+d)\pi]^2+h^2}}-1\right\}\times 100\% \quad (4\text{-}4\text{-}19)$$

实际操作中$\varepsilon_{松}$是用剪断5～10m松套管来进行测量得到。用同样的方法可推证式（4-4-16）。

一般地，层绞式光缆的松套光纤余长$\varepsilon_{松}\approx$0.04%～0.08%。应注意考虑到松套光纤成缆绞合时，松套管可能会被拉伸而“吃掉”一些余长。“吃掉”多少与成缆设备对松套管的摩擦力有关。

4）对光缆温度特性考虑。对光缆高温特性，可增大缆中光纤余长来考虑，已在考虑光缆短期允许拉力时的光缆应变中隐含考虑了。对层绞式光缆的低温特性，则要求松套管中光纤余长不能过长。

光缆的等效线膨胀系数为

$$\alpha_e=\frac{\sum_{i=1}^{N}\alpha_i E_i S_i}{\sum_{i=1}^{n}E_i S_i} \quad (4\text{-}4\text{-}20)$$

式中　α_i、E_i、S_i——分别是第i种材料的线膨胀系数、杨氏模量和横截面积。

光缆的低温特性可用式（4-4-21）描述。

温度变化引起光缆应变为

$$\varepsilon_t=\alpha_e(t_0-t) \quad (4\text{-}4\text{-}21)$$

为保证光缆低温特性好，应使

$$\varepsilon^f_{外}=\varepsilon_{外}-\varepsilon_{松}\geqslant\varepsilon_t \quad (4\text{-}4\text{-}22)$$

显然$\varepsilon_{松}$不能过大。若$\varepsilon_{松}$过大，则只有想办法使$\varepsilon_{外}$也大才行（可减小绞合节距来实现，但绞合节距又不能无限减小，否则光缆中光纤的弯曲半径就会减小到不允许的程度），这一点很重要。

5）光缆护套和铠装层的设计。这部分内容厂家比较容易掌握，故从略。

计算举例：$d=2.2$mm，$D=\Phi 2.15$mm，$\delta=0.35$mm，$n=6$，$\varepsilon_{松}=0.1\%$（可实测），光缆等效线膨胀系数$\alpha_e=3\times10^{-5}$/℃，$t=-40\sim+65$℃，$t_0=25$℃。

设SZ绞的平均节距$h=70$mm，则计算得$\varepsilon_{内}=0.573\%$，$\varepsilon_{外}=0.675\%$。

当认为绞合设备不“吃掉”松套管中光纤余长，则有

$\varepsilon^f_{内}=\varepsilon_{内}+\varepsilon_{松}=0.673\%$，　$\varepsilon^f_{外}=\varepsilon_{外}-\varepsilon_{松}=0.575\%$。

高温时光缆应变为：$\alpha_e(t-t_0)=3\times10^{-5}\times(65-25)=0.12\%$。

低温时光缆应变为：$\alpha_e(t_0-t)=3\times10^{-5}\times(25+40)=0.195\%$。

由此可见：

$$\varepsilon^{f}_{内}=\varepsilon_{内}+\varepsilon_{松}=0.673\%>(0.45\%-\varepsilon_{短拉})$$
$$=(0.45\%-0.15\%)$$
$$=0.30\%\gg\alpha_{e}(t-t_{0})=0.12\%$$
$$\varepsilon^{f}_{外}=\varepsilon_{外}-\varepsilon_{松}$$
$$=0.575\%\gg\alpha_{e}(t_{0}-t)=0.195\%。$$

因此在上述绞合节距下，光缆对抗拉强度、高低温特性都能保证（在上述计算中，0.45%为光缆受短期拉力3000N时的伸长应变；$\varepsilon_{短拉}$为行标规定光缆受短期拉力时缆中光纤伸长应变）。

由式（4-4-19）可求出 $x=0.058$mm。

由式（4-4-1），这时光缆中光纤的弯曲半径为

$$\rho=\frac{d+D+2x}{2}\left\{1+\left[\frac{h}{\pi(d+D+2x)}\right]^{2}\right\}=57.8\text{mm}$$

由此可见，这时光缆中光纤的弯曲半径已经比较小了，故再想使绞合节距变小就应慎重。这也说明，对层绞式光缆，虽然当松套管中光纤余长过大时，可减小成缆绞合节距来增大光缆的抗拉特性和高低温特性，但毕竟不是一个最佳办法。最佳办法还是将松套管中光纤余长控制在0.04%～0.08%，并注意在成缆绞合时不要被绞合设备“吃掉”松套管中光纤余长。

4.2 光缆的分类

光缆技术发展非常迅速，光缆种类也较多，其分类原则和方式都不一而足，按照不同分类原则就产生了不同的产品标准，如GB/T标准、YD/T标准等。表4-4-5是几种典型的光缆分类方式。

表4-4-5 几种典型的光缆分类方式

分类方式	具体光缆类型	备注
按缆芯结构分	层绞式光缆、中心管式光缆、骨架式光缆、单元式光缆	常见的光缆分类方式
按使用场合分	室内光缆、室外光缆、沿电力线路架设的光缆、用于气吹安装的微型光缆和光纤单元、海底光缆等	GB/T 7424系列
按敷设条件分	直埋光缆、管道光缆、架空光缆、室内光缆、设备内光缆、软光缆、水下光缆、海底光缆、气吹微型光缆及光纤单元、路面微槽敷设光缆、排水管道敷设用光缆、架空电力特种光缆、光纤复合电力电缆、通信用光电综合缆等	种类最多最广泛
按应用的通信网类别分	核心网用室外光缆、接入网用室外光缆、综合布线用室内光缆	GB/T 13993系列
按缆芯的纵向阻水方式分	填充式光缆、非填充式光缆、半干式/全干式光缆	—

4.2.1 按缆芯结构分类

1）层绞式光缆。如图4-4-6a所示，它是在中心抗张元件周围绞合数根二次被覆光纤而构成。光缆一般均为单层绞合。它适合制作光纤数比较少的光缆，但由于松套结构一管多纤技术的成功，采用该结构制造的光缆可达48芯，甚至高到144芯。若以多纤带代替光纤束，并相应增加松套管的尺寸，则可高达上千芯。

2）骨架式光缆。如图4-4-6b所示，它是在抗拉元件外挤塑料骨架，然后将一次涂覆光纤嵌入骨架的开槽中，槽可呈螺旋形，也可为S－Z形。每槽可放一根光纤，也可放多根光纤或光纤带。槽内一般充填胶状物。与松套结构相类似，光纤嵌入时必须精确控制光纤（带）的放线张力和抗拉元件的放线张力，使入槽的光纤（带）有合适的余长。该结构带状光缆所含光纤可达上千芯。

3）中心管式光缆。如图4-4-6c所示，在一根高密度聚乙烯塑料管或聚对苯二甲酸丁二醇酯（PBT）管内填充胶状物，放入具有适当余长的不同色谱的光纤，最多可含8组（每组12芯光纤）共96芯光纤。若以18条12芯的光纤带叠合在一起，则缆中可含216芯光纤。塑料管外加阻水带和皱纹镀铬钢带铠装层，作为抗拉元件的两根直径为1.6mm的钢丝沿铠装层纵放在缆芯轴线对称的两侧，然后再挤上高密度聚乙烯护套。由于该缆的光纤处于缆的中心，光纤所受的弯曲应力较小，抗拉元件的轴对称安放，导致优先弯曲，减小了应力，提高了光缆的灵活性和稳定性。

4）单元式光缆。如图4-4-6d、e所示，它是先把若干根光纤以层绞式或骨架式制成光纤单元，然后再将若干个这种光纤单元经绞合而成。如图4-4-6d所示的光缆为层绞单元式，缆芯的单元由绞合在中心加强件周围的5根二次被覆管组成，每根管中含12芯光纤，每个单元共含60芯光纤，7个单元再经绞合，缆中共包括420芯光纤，光缆外径仅31mm。图4-4-6e所示的光缆为骨架单元式，每个聚乙烯骨架有5个槽，每槽堆叠5个8芯光纤带，形成200芯光纤单元，再将5个单元绞合成含1000芯的缆芯，光缆外径只有40mm。由于FTTH、IDC（数据中心）建设需求量急剧增加，光纤用户数量的不断增长，光缆正向密集型、大芯数方向发展，数百芯、上千芯的光缆需求较大，今后可望发展到4000芯与市内通信电缆的最大线对数相当。

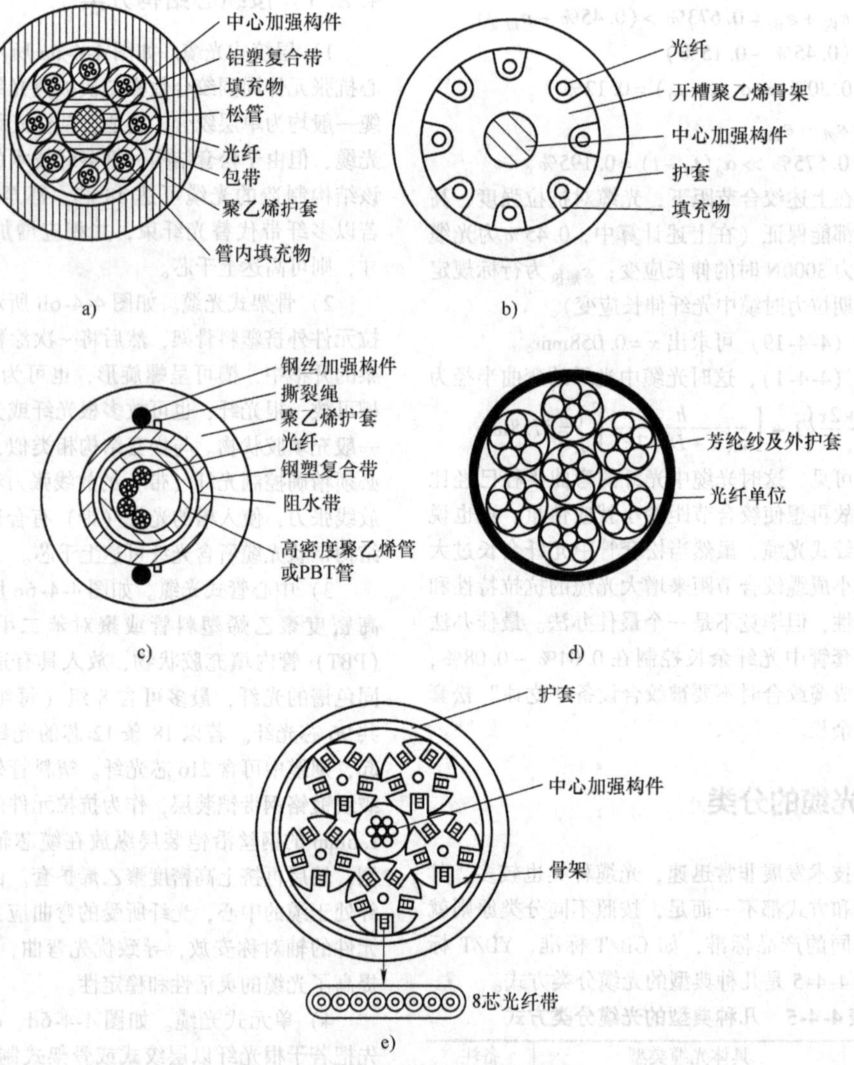

图 4-4-6 光缆的基本结构示意图

a）层绞式 b）骨架式 c）中心管式 d）层绞单元式 e）骨架单元式

4.2.2 按使用场合分类

GB/T 7424 标准按照光缆使用场合进行划分。

1）室内光缆，包括室内用单芯和双芯光缆、室内用多芯光缆、室内用带状光缆、室内用带有缓冲 A4 类多模光纤和光缆、终端光缆组件用单芯和双芯光缆等。

2）室外光缆，包括适用于陆上室外光缆（包括管道光缆、直埋光缆、架空光缆、过湖或过河的水下光缆）。

3）沿电力线路架设的光缆 包括光纤复合架空地线（OPGW）、光纤复合架空相线（OPPC）、全介质自承式光缆（ADSS）、金属自承式光缆（MASS）等。

4）用于气吹安装的微型光缆和光纤单元。

5）海底光缆。

4.2.3 按敷设条件分类

（1）直埋光缆 光缆直接埋在地下，必须有防水层和铠装层，主要应用在长途通信线路中。

（2）管道光缆 光缆敷设在管道或隧道内，采用铝带聚乙烯复合护层，主要应用在长途通信线路和城域网线路中。

（3）架空光缆 光缆采用挂钩或依靠自身强度

安装在架空通信线路上，它的安装敷设费用较少，施工速度也快，但由于易受外界环境的影响，其线路可靠性和使用寿命不如前两种光缆。它主要应用在省内干线或区域通信线路中。为了防止鸟枪的枪击，光缆往往附加轻型金属或非金属铠装层。

(4) 室内光缆 它主要应用在大楼内的局域网中或作为室外光缆线路的室内引入缆。要求光缆必须具有阻燃特性，外护套采用低烟无卤材料为佳。

(5) 设备内光缆 它主要用于设备内光路连接，一般是轻巧的单芯或双芯光缆，使用长度较短。

(6) 软光缆 它主要应用在经常移动设备或非固定场合，例如军用移动通信。要求光缆柔软，尺寸小，重量轻，具有良好的弯曲性能和足够的抗拉伸能力。

(7) 水下光缆 它应用于通信线路的过河区段，要求光缆具有良好的径向和纵向密封性能。为了提高光缆的抗拉伸能力和防止外界的机械损伤，在缆芯外需增加钢丝铠装层。

(8) 海底光缆 它主要应用于海底或江、河、湖泊等水下环境，作为陆上与岛屿、海上建筑物之间、洲际间的光纤通信连接。海底光缆应能承受其敷设水深的压力，具有纵向水密性，可以承受其敷设、运行及回收和打捞维修时出现的机械张力、压力等，能够抵抗渔船、钩锚、微生物、附着生物、鲨鱼和海流等的影响和侵袭，能够克服氢损、潮气等引起的光纤衰减波动，并保证在海底光缆系统设计寿命期限内具有较好的传输衰减稳定性。海底光缆可分为浅海光缆、深海光缆；也可分为无中继海底光缆、有中继海底光缆。

(9) 气吹微型光缆及光纤单元 通信用气吹微型光缆及光纤单元成套产品是气吹敷设技术在城域网、接入网和综合布线中的新应用，其主要优点有光纤组装密度高，节约管道资源，缩减建设成本和建设周期，分支灵活，便于升级等。其特点是一次性布放气吹管道，为后续光缆或光纤气吹施工带来极大方便，由此而节约大量施工成本，简化光缆结构，经济效益非常显著。随着光缆施工技术的大力发展，不论是在长途传输网，还是在城域接入网，气吹微型产品已得到越来越广泛的应用。

(10) 路面微槽敷设光缆 路面微槽光缆与气吹微型光缆具有相似的结构，也是一种缆径小、自重轻的光缆，而且成本低、易敷设，敷设方式灵活、简单、高效。适用于敷设在城市及社区内现有水泥或沥青道路路面开槽宽度小于20mm、槽道内最上层光缆距路面深度不小于80mm、槽道总深度不大于路面层厚度2/3的微型槽道中的光缆产品。本产品应用是对其他敷设方式无法满足线路安装需求时的补充。

路面微槽光缆敷设只需要在路面开一道狭窄的槽，在底部铺上一层细沙，将泡沫棒等材料的缓冲层铺在细沙上，再将光缆埋入槽内，然后在光缆上再铺一层缓冲层，最后根据路面情况填入水泥或沥青，恢复原有路面即可。在通过花园、草坪时，先在花园或草坪上开槽，再把套有PVC管的光缆铺在上面，然后回填恢复地表即可。路面微槽光缆十分简单地解决了FTTH穿越室内外水泥地面、花园草坪等地形时的施工和布放难题。

(11) 排水管道敷设用光缆 排水管道敷设用光缆，是借助城市地下的排水管道来布放光缆。在排水管的人孔壁上安置固定金属件，在雨水管道两端的光缆表面上安装不锈钢吊挂金具，然后将吊挂金具锁定在井壁上的固定金属件上的同时，使光缆张紧，弧垂减小，呈自承式悬挂。

光缆布放在排水管道的上壁，实质上是在管道两端的入孔处进行自承式吊挂，因此要求光缆结构简单、自重轻、缆径小、集装密度大，并且具有较大的抗拉强度和柔软特性。另外，光缆布放在排水道环境中，还要求防潮性和耐腐蚀性良好，并且具有一定的防鼠防蚁能力。

目前，我国开发并广泛使用的一种以不锈钢松套技术为基础的、采用层绞的钢丝作加强构件的雨水管微缆，光纤芯数可达48芯，外径小于9.6mm，缆重小于190kg/km。对排水管道光缆而言，具有不锈钢松套管的结构能取得优于一般塑料松套管光缆的适用性能。

(12) 沿电力线路架设的光缆 是指沿电力架空线路敷设的特种光缆，主要包括以下四类：

1）光纤复合架空地线（OPGW）。OPGW是集通信光缆和架空输电线路于一体的地线，其具有电力架空线路和光纤通信等多重功能。OPGW主要架设在高压架空输电线路的顶端，是输电线路防雷的第一道屏障，具有安全可靠、传输容量大，损耗小、抗电磁干扰、重量轻等优点。OPGW在我国大规模使用已超过十年，其设计、材料、工艺、设备和金具附件都较成熟。

2）光纤复合架空导线（OPPC）。OPPC是将光纤单元复合在架空相线中，具有电力架空相线和光通信能力等多重功能的电力特种光缆。在传统三相架空输电线路中，采用OPPC光缆替代三相中的一相，形成由两根导线和一根OPPC光缆组合而成的三相电力系统。利用OPPC光缆就能实现通电和通信等多重功能融合，不需要另外架设通信线路就可以解决这类电网的自动化、调度、通信、保护、传感等问题。

3）全介质自承式光缆（ADSS）。ADSS是一种自身包含必要的支撑元件并可直接悬挂于杆塔上的非金属电力特种光缆。电力部门可以利用原有线路杆塔资源架设ADSS光缆，因此具有投资小，施工周期短的优点。主要是在已建220kV、110kV、35kV、10kV等电压等级输电线路上广泛使用。

4）金属自承式架空光缆（MASS）。MASS是一种两点间无支撑直接悬挂于电力杆塔上的金属光缆。考虑MASS光缆同ADSS光缆一样与现有杆塔进行同杆架设，为减少对杆塔的额外负载，要求MASS光缆结构小、重量轻。因此MASS光缆结构都采用中心管式，即不锈钢光纤单元外面绞合一层镀锌钢丝或铝包钢丝。从结构上看，MASS与中心管单层绞线的OPGW相一致。如没有特殊要求，通常从成本考虑，金属绞线通常用镀锌钢线，因此结构简单，价格低廉。

(13) 光纤复合电力电缆 由于光纤是绝缘体，它可放置在三相缆芯的间隙中构成复合缆。既能传输电力，又能实现无感应和没有串话的光纤通信。例如它可应用于智能电网电力光纤到户工程、通信铁塔光纤通信及远供电系统、石油采集站和石油平台之间供电、遥控、报警、工业电视和电话通信等。

1）光纤复合低压电缆（OPLC）。OPLC是一种由绝缘线芯和光传输单元复合而成的具有输送电能和光通信能力的电缆，适用于额定电压0.6/1kV及以下的电力工程。

2）光纤复合中压电缆（OPMC）。OPMC是一种在额定电压为3.6/6～26/35kV电力电缆中复合光传输单元，同时具有输送电能和光信号能力的电缆。

(14) 通信用光电复合缆 如图4-4-7所示，缆中含一个8芯光纤单位，7个铜线四线组和9个对称线对。该缆主要应用在铁路通信系统中，光纤作为干线大容量通信，四线组和线对则作为铁路的区间通信和信号传输用。由于将光缆和电缆并成一缆，可降低线路的造价。

4.2.4 按应用的通信网类别分类

GB/T 13993—2014系列标准按照光缆应用的通信网类别进行划分如下：

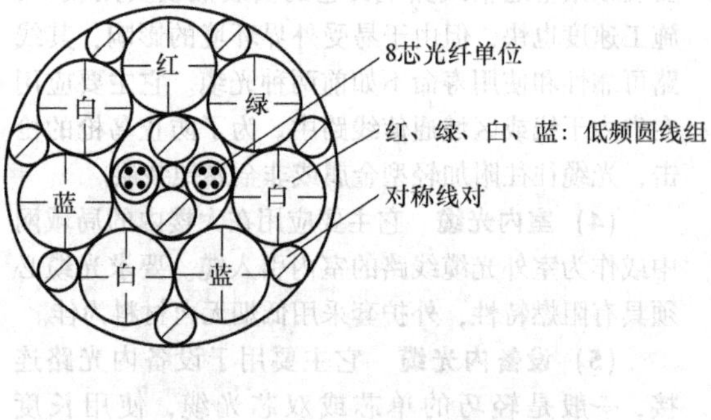

图4-4-7 光电复合缆缆芯结构

(1) 核心网用室外光缆 核心通信网中所使用的室外光缆也称为干线光缆。它主要是核心网用室外管道、直埋、水下和非自承式架空布放的光缆。由于通信容量大和传输距离长，缆中一般均含B1.3类或B1.1类（G.652系列）常规单模光纤。随着密集波分复用技术的发展，B4类（G.655系列）非零色散位移单模光纤也经常应用。

(2) 综合布线用室内光缆 综合布线用室内光缆一般敷设于建筑物或者通信设备内、通信设备互连，一般可分为单芯光缆、双芯光缆、单光纤带光缆和多芯光缆。多芯光缆由分立光纤或光纤带组成。常用的光纤为A1b和B1.3，光纤芯数为1～144芯。对于综合布线用室内光缆，一般要求具有阻燃性能。

(3) 接入网用室外光缆 接入网是指将众多用户接入公用通信网而构成的网络，它包括本地交换局与用户之间的所有机线设备。接入网中所使用的光缆即称为接入网光缆，一般也包括接入网用室外管道、直埋、水下和非自承式架空布放的光缆。如图4-4-8所示，其中的主干光缆一般长几千米，很少超过10km，配线光缆长数百米，而引入光缆通常仅数十米。

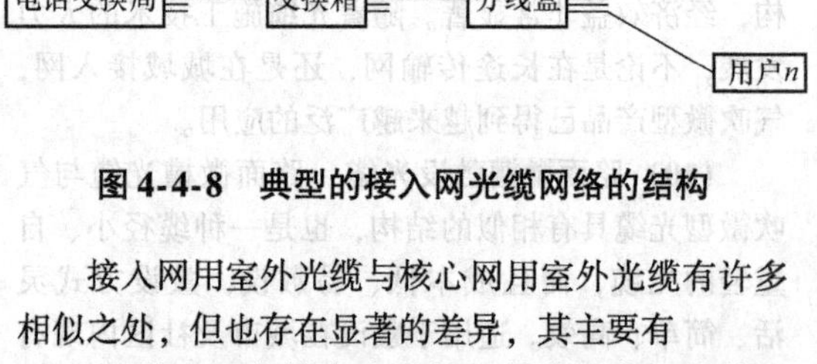

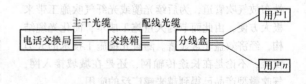

图4-4-8 典型的接入网光缆网络的结构

接入网用室外光缆与核心网用室外光缆有许多相似之处，但也存在显著的差异，其主要有

1）接入网光缆中光纤的芯数范围广，从单芯

到千余芯甚至数千芯。光缆品种也有多种类型。

2）适应各种现场条件的可操作性，诸如柔软、易接续、易分支、装拆方便等。

3）适应各种严酷的使用条件。

4）由于接入网光缆的长度一般限于几十千米，绝大部分可使用B1.3类或B1.1类常规单模光纤，而且对衰减值的要求略为宽松，通常敷设后光纤的衰减不大于0.5dB/km即可。在较短的距离上（例如室内）也可采用多模光纤。随着B6类（G.657系列）弯曲不敏感光纤发明以来，接入网光缆较多采用B6类系列光纤。

4.2.5 按缆芯的纵向阻水方式分类

(1) 填充式光缆 它是在缆芯部分甚至光缆全截面的间隙中均填充或涂覆油膏，光缆沿纵向是不渗水的。现今制造和使用的绝大多数都是这种光缆。

(2) 非填充式光缆 它是在缆芯或是除松套管以外的缆芯部分不填充或涂覆阻水油膏，缆芯的间隙纵向是贯通的。一旦某处护套破裂有水侵入，就会沿缆的纵向扩展，损害线路，甚至危及终端电子设备。如图4-4-7所示的通信用光电复合缆，为了防止潮气侵入和实施故障报警，一般均需进行气压维护。

(3) 半干式/全干式光缆 它是利用一种亲水性的不含油脂的遇水膨胀材料来代替油膏。现在应用最普遍的材料是粉末状的交联聚丙烯酸酯，它与其他材料组合，制成阻水带或阻水纱，包覆在缆芯上或填入缆芯的间隙中。由于这种超强吸水性聚合物内含羧基团，受潮时形成羧酸盐（-COO-），迫使聚丙烯酸盐的分子链从卷曲状态伸开，导致其体积迅速地膨胀，形成的膏状物堵住四周的空间，阻止水进一步侵入。如果光纤松套管中仍然填充阻水油膏，此时也可称为半干式光缆。如果松套管中的光纤（带）采用合适的涂料而具有滑溜的表面时或者填充阻水纱，松套管中也可不填充油膏，此时称为全干式光缆。

采用干式阻水结构能降低缆重，减少材料流失，提高护套黏结强度，改善产品的生产环境，并有利于光缆的接续和安装，避免由于使用油膏可能出现的氧化影响。此外还能增加缆芯中不同元件之间的摩擦力，当环境变化或受到外力时，减小了各元件之间的相对移动。随着绿色制造和环保化的发展，干式光缆的开发和使用有逐渐扩大的趋势。

4.3 光缆的生产

光缆制造工艺流程简图如图4-4-9所示。

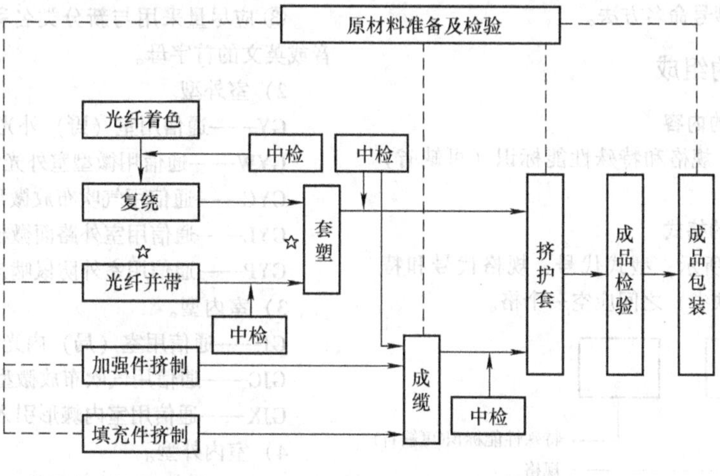

图4-4-9 光缆制造工艺流程简图

注：图中的加强件挤制和填充件挤制是根据光缆结构需要的两道工序。

由图4-4-9可见，光缆的制造工艺流程主要包括10道基本制造工序和6道检测工序。

第一道工序：原材料准备和入库检测（对原材料进行检测）。

第二道工序：光纤着色（对光纤按照色谱进行高速着色）。

第三道工序：对着色后的光纤进行检测。

第四道工序：光纤并带（关键工序；采用光纤并带机，保证光纤带的平整度）。

第五道工序：对光纤带进行检测。

第六道工序：套塑（关键工序；能同时生产光纤松套管和光纤带套管）。

第七道工序：对光纤松套管和光纤带套管进行检测。

第八道工序：成缆。

第九道工序：对成缆后的缆芯进行检测。

第十道工序：挤护套（护套生产线可生产所有型号的光缆）。

第十一道工序：成品检验（对成品光缆进行最终检测）。

第十二道工序：成品包装。

由图4-4-9可知，光缆主要生产设备有光纤着色机、光纤复绕机、光纤并带机、光纤/光纤带套塑机、成缆机、钢丝铠装机和护套生产线等。光缆主要检测仪表和试验设备有光纤分析仪、光纤几何尺寸分析仪、带纤尺寸测试仪、色散分析仪、偏振模分析仪、光时域反射测试仪、稳定化光源、光功率计、光缆机械性能试验系统、光缆环境性能试验系统、弯曲设备、冲击设备、绝缘电阻测试仪和耐压测试仪等设备。

4.4 光缆型号命名方法

YD/T 908—2011《光缆型号命名方法》标准规定了通信光缆的型号命名方法。

4.4.1 型号的组成

1. 型号组成的内容

型号由型式、规格和特殊性能标识（可缺省）三大部分组成。

2. 型号组成的格式

如图4-4-10所示，型式代号、规格代号和特殊性能标识（可缺省）之间应空一个格。

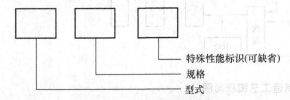

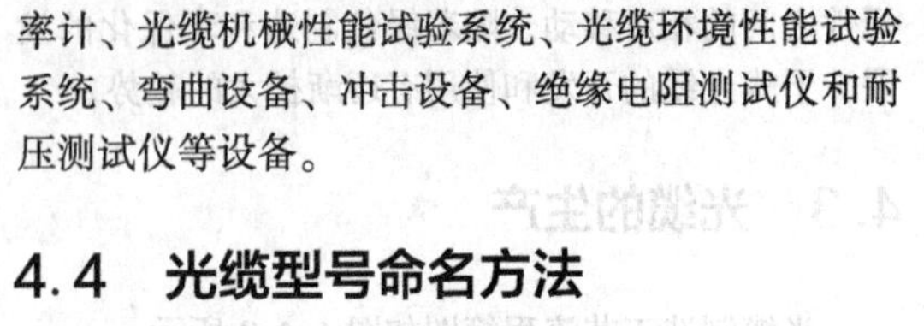

图4-4-10 型号组成的格式

4.4.2 型号的组成内容、代号及含义

1. 型式

（1）型式的组成和格式 型式由5个部分组成，各部分均用代号表示，如图4-4-11所示。其中结构特征指缆芯结构和光缆派生结构特征。

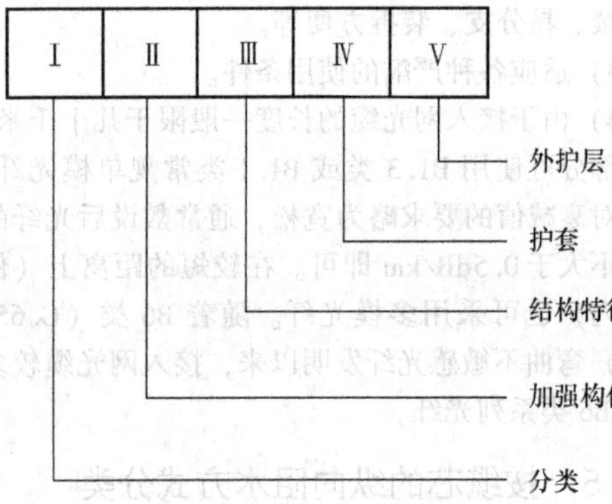

图4-4-11 光缆型式的构成

（2）分类的代号及含义

1）总则。光缆按适用场合分为室外、室内和室内外等几大类，每一大类下面还细分成小类。

当现有分类代号不能满足新型光缆命名需要时，应在相应代号后面增加新字符以方便表达。加入的新字符应符合下列规定：

① 应使用一个带下划线的英文字母；

② 使用的字符应与下面相应的同一大类内列出的字符不重复；

③ 应尽量采用与新分类名称相关的词汇的拼音或英文的首字母。

2）室外型。

GY——通信用室（野）外光缆；

GYW——通信用微型室外光缆；

GYC——通信用气吹布放微型室外光缆；

GYL——通信用室外路面微槽敷设光缆；

GYP——通信用室外防鼠啮排水管道光缆。

3）室内型。

GJ——通信用室（局）内光缆；

GJC——通信用气吹布放微型室内光缆；

GJX——通信用室内蝶形引入光缆。

4）室内外型。

GN——通信用室内外光缆；

GJYX——通信用室内外蝶形引入光缆。

5）其他类型。

GH——通信用海底光缆；

GM——通信用移动式光缆；

GS——通信用设备光缆；

GT——通信用特殊光缆。

对于其他行业用缆，可在“G”前加相应的代号，如煤矿用通信光缆的代号为MG。

(3) 加强构件的代号及含义 加强构件指护套以内或嵌入护套中用于增强光缆抗拉力的构件。

当遇到以下代号不能准确表达光缆的加强构件特征时，应增加新字符以方便表达。新字符应符合下列规定：

1）应使用一个带下划线的英文字母。

2）使用的字符应与下面列出的字符不重复。

3）应尽量采用与新构件特征相关的词汇的拼音或英文的首字母。

加强构件的代号及含义如下：

(无符号)——金属加强构件；

F——非金属加强构件。

(4) 缆芯和光缆的派生结构特征的代号及含义

1）总则。光缆结构特征应表示出缆芯的主要结构类型和光缆的派生结构。当光缆型式有几个结构特征需要表明时，可用组合代号表示，其组合代号按下列相应的各代号自上而下的顺序排列。

当遇到以下代号不能准确表达光缆的缆芯结构和派生结构特征时，应在相应位置加入新字符以方便表达。加入的新字符应符合下列规定：

① 应使用一个带下划线的英文字母或阿拉伯数字。

② 使用的字符应与下面列出的字符不重复。

③ 应尽量采用与新结构特征相关的词汇的拼音或英文的首字母。

2）缆芯光纤结构。

（无符号）——分立式光纤结构；

D——光纤带结构；

3）二次被覆结构。

（无符号）——光纤松套被覆结构或无被覆结构；

J——光纤紧套被覆结构；

S——光纤束结构。

光纤束结构是指经固化形成一体的相对位置固定的束状光纤结构。

4）松套管材料。

（无符号）——塑料松套管或无松套管；

M——金属松套管。

5）缆芯结构。

（无符号）——层绞结构；

G——骨架槽结构；

X——中心管结构。

6）阻水结构特征。

（无符号）——全干式或半干式；

T——填充式。

7）承载结构。

(无符号)——非自承式结构；

C——自承式结构。

8）吊线材料。

(无符号)——金属加强吊线或无吊线；

F——非金属加强吊线。

9）截面形状。

(无符号）——圆形；

8——“8”字形状；

B——扁平形状；

E——椭圆形状。

(5) 护套的代号及含义

1）总则。护套的代号表示出护套的材料和结构，当护套有几个特征需要表明时，可用组合代号表示，其组合代号按下列相应的各代号自上而下的顺序排列。

当遇到下列代号不能准确表达光缆的护套特征时，应增加新字符以方便表达。增加的新字符应符合下列规定：

① 应使用一个带下划线的英文字母。

② 使用的字符应与下面列出的字符不重复。

③ 应尽量采用新护套特征相关词汇的拼音或英文的首字母。

2）护套阻燃代号。

(无符号)——非阻燃材料护套；

Z——阻燃材料护套。

3）护套材料和结构代号。

Y——聚乙烯护套；

V——聚氯乙烯护套；

U——聚氨酯护套；

H——低烟无卤护套；

A——铝-聚乙烯粘接护套（简称A护套）；

S——钢-聚乙烯粘接护套（简称S护套）；

F——非金属纤维增强—聚乙烯粘接护套（简称F护套）；

W——夹带钢丝的钢—聚乙烯粘接护套（简称W护套）；

L——铝护套；

G——钢护套。

注：V、U和H护套具有阻燃特性，不必在前面加Z。

(6) 外护层的代号及含义

1）总则。当有外护层时，它可包括垫层、铠装层和外被层，其代号用两组数字表示（垫层不需表示），第一组表示铠装层，它可以是一位或两位数字；第二组表示外被层，它应是一位数字。

当遇到下列数字不能准确表达光缆的外护层特征时，应增加新数字以方便表达。增加的新数字应符合下列规定：

① 表示铠装层时应使用一个或两个带下划线的数字，表示外被层时应使用一个带下划线的数字。

② 使用的数字应与下面列出的数字不重复。

2）铠装层的代号及含义。铠装层的代号及含义见表4-4-6。

表4-4-6 铠装层的代号及含义

代 号	含 义
0或（无符号）①	无铠装层
1	铜管
2	绕包双钢带
3	单细圆钢丝②
33	双细圆钢丝②
4	单粗圆钢丝②
44	双粗圆钢丝②
5	皱纹钢带
6	非金属丝
7	非金属带

① 当光缆有外被层时，用代号“0”表示“无铠装层”；光缆无外被层时，用代号“（无符号）”表示“无铠装层”。

② 细圆钢丝的直径 <3.0mm；粗圆钢丝的直径 ≥3.0mm。

3）外被层的代号及含义。外被层的代号及含义见表4-4-7。

表4-4-7 外被层的代号及含义

代号	含义
（无符号）	无外被层
1	纤维外被
2	聚氯乙烯套
3	聚乙烯套
4	聚乙烯套加覆尼龙套
5	聚乙烯保护管
6	阻燃聚乙烯套
7	尼龙套加覆聚乙烯套

2. 规格

（1）规格组成的格式 光缆的规格由光纤、通信线和馈电线的有关规格组成。规格组成的格式如图4-4-12所示。光纤、通信线以及馈电线的规格之间用“+”号隔开。通信线和馈电线可以全部或部分缺省。

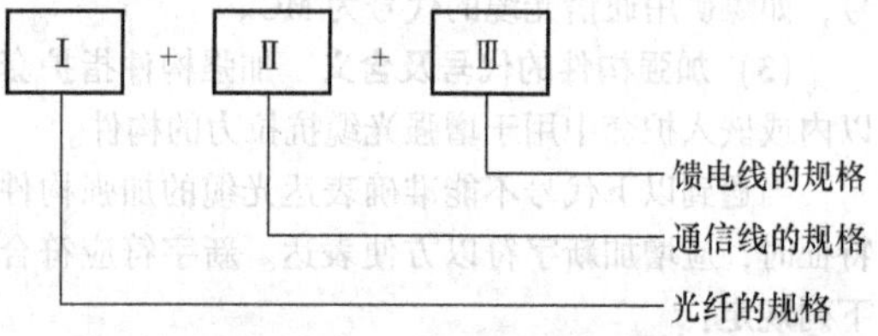

图4-4-12 光缆规格的组成

（2）光纤规格

1）光纤规格的构成。光纤的规格由光纤数和光纤类别组成。

如果同一根光缆中含有两种或两种以上规格的光纤时，中间应用“+”号连接。

2）光纤数的代号。光纤数的代号用光缆中同类别光纤的实际有效数目的数字表示。

3）光纤类别的代号。光纤类别应采用光纤产品的分类代号表示，即用大写字母A表示多模光纤，用大写字母B表示单模光纤，再以数字和小写字母表示不同种类型光纤。具体的光纤类别代号应符合GB/T 12357以及GB/T 9771中的规定。

（3）通信线的规格 通信线规格的构成应符合YD/T 322—2013中表3的规定。

示例：2×2×0.4，表示2对标称直径为0.4mm的通信线对。

（4）馈电线的规格 馈电线规格的构成应符合YD/T 1173—2010中表3的规定。

示例：2×1.5，表示2根标称截面积为1.5mm^{2}的馈电线。

3. 特殊性能标识

对于光缆的某些特殊性能可加相应标识。

4.4.3 示例

例1：非金属加强构件、松套层绞填充式、铝—聚乙烯粘接护套、皱纹钢带铠装、聚乙烯护套通信用室外光缆，包含12根B1.3类单模光纤、2对标称直径为0.4mm的通信线和4根标称截面积为1.5mm^{2}的馈电线，其型号应表示为：GYFTA53 12B1.3+2×2×0.4+4×1.5。

例2：非金属加强构件、光纤带骨架全干式、聚乙烯护套、非金属丝铠装、聚乙烯套通信用室外光缆，包含144根B1.3类单模光纤，其型号应表示为：GYFDGY63 144B1.3。

例3：金属加强构件、松套层绞填充式、铝—聚乙烯粘接护套通信用室外光缆，包12含根B1.3类单模光纤和6根B4类单模光纤，其型号应表示为：GYTA 12B1.3 +6B4。

4.5 光缆的主要结构型式和适用范围

正如4.2节所述，通信光缆的分类原则和方式非常多，不可能进行逐一描述。以下主要按照光缆应用的通信网类别、光缆敷设条件、光缆的缆芯结构等作为光缆结构型式划分及进行较为详细的描述，包括核心通信网和接入网用室外光缆、综合布线用室内光缆及其他特种敷设条件用光缆。

4.5.1 核心通信网和接入网用室外光缆

本部分光缆的适用标准主要是YD/T 901—2009《层绞式通信用室外光缆》、YD/T 769—2010《中心管式通信用室外光缆》、YD/T 981—2009《接入网用光纤带光缆》。

1. 层绞式光纤束光缆

层绞式光纤束光缆结构如图4-4-13所示，光缆由层绞结构的缆芯和护层两大部分组成，缆芯通常包括中心加强构件、松套光纤层绞（含可能有的填充绳）、可能有的扎纱、包带、内衬套及非金属辅助加强构件等，护层包括护套和可能有的外护层。缆中一般含有2～144根光纤（即最多包含12根松套管，每管最多12根光纤），根据用户要求光纤数量也可适当增减，当光纤芯数大于144芯时，缆芯可采用双层松套管绞合的结构。缆的主要结构型式及其名称如下：

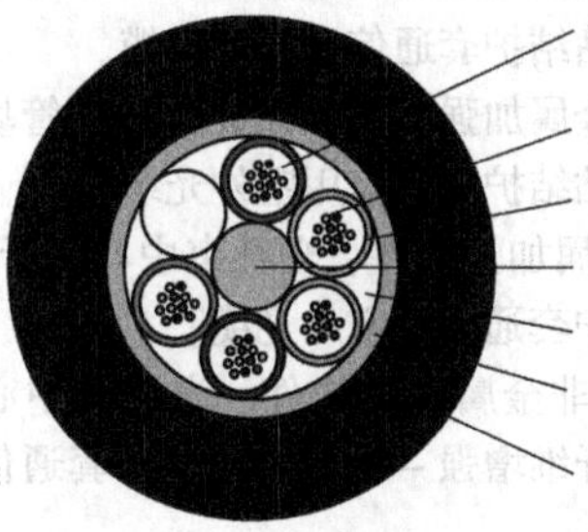

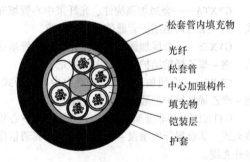

图4-4-13 层绞式光纤束光缆结构示意图

GYTA——金属加强构件、松套层绞填充式、铝－聚乙烯粘结护套通信用室外光缆。

GYTA53——金属加强构件、松套层绞填充式、铝－聚乙烯粘结护套、纵包皱纹钢带铠装、聚乙烯套通信用室外光缆。

GYTA33——金属加强构件、松套层绞填充式、铝－聚乙烯粘结护套、单细圆钢丝铠装、聚乙烯套通信用室外光缆。

GYTA333——金属加强构件、松套层绞填充式、铝－聚乙烯粘结护套、双细圆钢丝铠装、聚乙烯套通信用室外光缆。

GYTS——金属加强构件、松套层绞填充式、钢－聚乙烯粘结护套通信用室外光缆。

GYTS43——金属加强构件、松套层绞填充式、钢－聚乙烯粘结护套、单粗圆钢丝铠装、聚乙烯套通信用室外光缆。

GYTS33——金属加强构件、松套层绞填充式、钢－聚乙烯粘结护套、单细圆钢丝铠装、聚乙烯套通信用室外光缆。

GYTS333——金属加强构件、松套层绞填充式、钢－聚乙烯粘结护套、双细圆钢丝铠装、聚乙烯套通信用室外光缆。

GYTY53——金属加强构件、松套层绞填充式、聚乙烯护套、纵包皱纹钢带铠装、聚乙烯套通信用室外光缆。

GYFTY——非金属加强构件、松套层绞填充式、聚乙烯护套通信用室外光缆。

GYFTY63——非金属加强构件、松套层绞填充式、聚乙烯护套、非金属加强材料、聚乙烯套通信用室外光缆。

GYA——金属加强构件、松套层绞（半）干式、铝－聚乙烯粘结护套通信用室外光缆。

GYS——金属加强构件、松套层绞（半）干式、钢－聚乙烯粘结护套通信用室外光缆。

GYY53——金属加强构件、松套层绞（半）干式、聚乙烯护套、纵包皱纹钢带铠装、聚乙烯套通信用室外光缆。

2. 层绞式光纤带光缆

层绞式光纤带光缆结构如图4-4-14所示，与层绞式光纤束光缆结构类似，只不过松套管尺寸有所增加，以光纤带矩阵代替了光纤束。缆中一般含有48～864根光纤，根据用户要求光纤数量也可适当增减。缆的主要结构型式及其名称如下：

GYDTA——金属加强构件、光纤带松套层绞填充式、铝－聚乙烯粘结护套通信用室外光缆。

GYDA——金属加强构件、光纤带松套层绞（半）干式、铝－聚乙烯粘结护套通信用室外光缆。

GYDTA53——金属加强构件、光纤带松套层绞填充式、铝－聚乙烯粘结护套、纵包皱纹钢带铠装、聚乙烯套通信用室外光缆。

GYDTA33——金属加强构件、光纤带松套层绞填充式、铝－聚乙烯粘结护套、单细圆钢丝铠装、

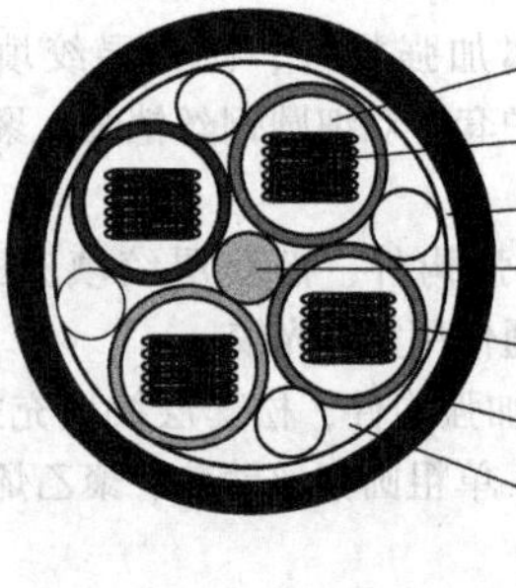

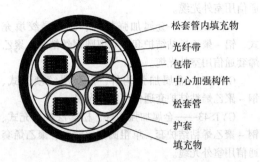

图 4-4-14　层绞式光纤带光缆结构示意图

聚乙烯套通信用室外光缆。

GYDTA333——金属加强构件、光纤带松套层绞填充式、铝－聚乙烯粘结护套、双细圆钢丝铠装、聚乙烯套通信用室外光缆。

GYDTS——金属加强构件、光纤带松套层绞填充式、钢－聚乙烯粘结护套通信用室外光缆。

GYDS——金属加强构件、光纤带松套层绞（半）干式、钢－聚乙烯粘结护套通信用室外光缆。

GYDTS43——金属加强构件、光纤带松套层绞填充式、钢－聚乙烯粘结护套、单粗圆钢丝铠装、聚乙烯套通信用室外光缆。

GYDTS33——金属加强构件、光纤带松套层绞填充式、钢－聚乙烯粘结护套、单细圆钢丝铠装、聚乙烯套通信用室外光缆。

GYDTS333——金属加强构件、光纤带松套层绞填充式、钢－聚乙烯粘结护套、双细圆钢丝铠装、聚乙烯套通信用室外光缆。

GYDTS43——金属加强构件、光纤带松套层绞填充式、钢－聚乙烯粘结护套、单粗圆钢丝铠装、聚乙烯套通信用室外光缆。

GYDTY53——金属加强构件、光纤带松套层绞填充式、聚乙烯护套、纵包皱纹钢带铠装、聚乙烯套通信用室外光缆。

GYDY53——金属加强构件、光纤带松套层绞（半）干式、聚乙烯护套、纵包皱纹钢带铠装、聚乙烯套通信用室外光缆。

GYFDTY——非金属加强构件、光纤带松套层绞填充式、聚乙烯护套通信用室外光缆。

GYFDY——非金属加强构件、光纤带松套层绞干式、聚乙烯护套通信用室外光缆。

GYFDTY63——非金属加强构件、光纤带松套层绞填充式、聚乙烯护套、非金属加强材料、聚乙烯套通信用室外光缆。

3. 中心管式光纤束光缆

中心管式光纤束光缆结构如图 4-4-15 所示，光缆由光纤、中心松套管、加强构件、阻水材料和护层构成，护层包括护套和可能有的外护层。缆中一般含有 2～12 根光纤，经扎纱分组最多可含 144 根光纤。缆的主要结构型式及其名称如下：

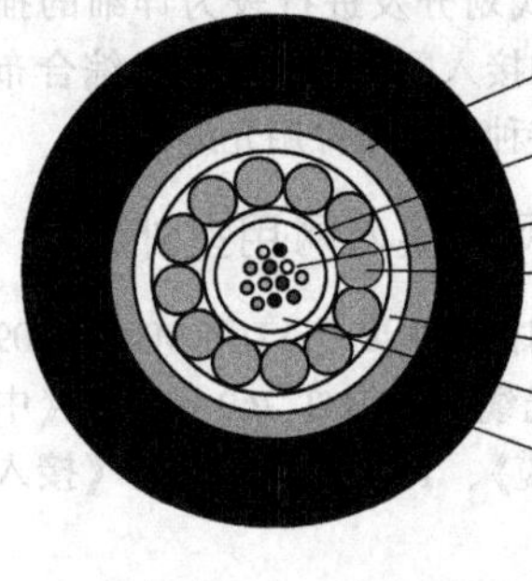

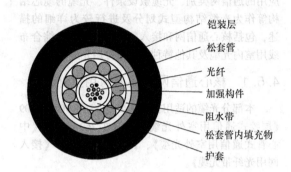

图 4-4-15　中心管式光纤束光缆结构示意图

GYXTY——金属加强构件、光纤束中心管填充式、聚乙烯护套通信用室外光缆。

GYXY——金属加强构件、光纤束中心管干式、聚乙烯护套通信用室外光缆。

GYFXTY——非金属加强构件、光纤束中心管填充式、聚乙烯护套通信用室外光缆。

GYXTW——金属加强构件、光纤束中心管填充式、夹带平行钢丝的钢－聚乙烯粘结护套通信用室外光缆。

GYXTA——金属加强构件、光纤束中心管填充式、铝－聚乙烯粘结护套通信用室外光缆。

GYXTS——金属加强构件、光纤束中心管填充式、钢－聚乙烯粘结护套通信用室外光缆。

GYXS——金属加强构件、光纤束中心管干式、钢－聚乙烯粘结护套通信用室外光缆。

GYFXTF——非金属加强构件、光纤束中心管填充式、非金属纤维增强－聚乙烯粘结护套通信用室外光缆。

GYFXF——非金属加强构件、光纤束中心管干式、非金属纤维增强－聚乙烯粘结护套通信用室外光缆。

GYXTW53——金属加强构件、光纤束中心管填充式、夹带平行钢丝的钢－聚乙烯粘结护套、纵包皱纹钢带铠装、聚乙烯套通信用室外光缆。

GYXTW33——金属加强构件、光纤束中心管填充式、夹带平行钢丝的钢－聚乙烯粘结护套、单细圆钢丝铠装、聚乙烯套通信用室外光缆。

GYFXTY63——非金属加强构件、光纤束中心管填充式、聚乙烯护套、非金属丝铠装、聚乙烯套通信用室外光缆。

GYFXTY73——非金属加强构件、光纤束中心管填充式、聚乙烯护套、非金属带铠装、聚乙烯套通信用室外光缆。

4. 中心管式光纤带光缆

中心管式光纤带光缆结构如图 4-4-16 所示，与中心管式光纤束光缆结构类似，松套管尺寸有所增加，以光纤带矩阵代替了光纤束，缆中一般可含有 12～576 根光纤。缆的主要结构型式及其名称如下：

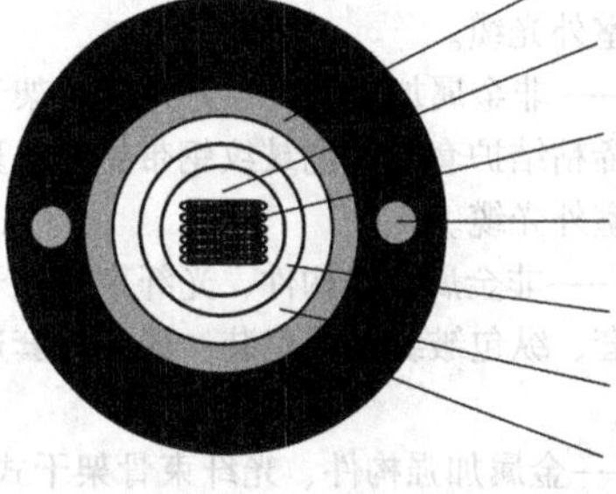

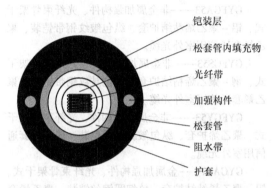

图 4-4-16 中心管式光纤带光缆结构示意图

GYDXTW——金属加强构件、光纤带中心管填充式、夹带平行钢丝的钢－聚乙烯粘结护套通信用室外光缆。

GYDXW——金属加强构件、光纤带中心管干式、夹带平行钢丝的钢－聚乙烯粘结护套通信用室外光缆。

GYDXTW53——金属加强构件、光纤带中心管填充式、夹带平行钢丝的钢－聚乙烯粘结护套、纵包皱纹钢带铠装、聚乙烯套通信用室外光缆。

GYDXTW33——金属加强构件、光纤带中心管填充式、夹带平行钢丝的钢－聚乙烯粘结护套、单细圆钢丝铠装、聚乙烯套通信用室外光缆。

GYDXTW333——金属加强构件、光纤带中心管填充式、夹带平行钢丝的钢－聚乙烯粘结护套、双细圆钢丝铠装、聚乙烯套通信用室外光缆。

GYDXTY——金属加强构件、光纤带中心管填充式、聚乙烯护套通信用室外光缆。

GYFDXTY——非金属加强构件、光纤带中心管填充式、聚乙烯护套通信用室外光缆。

GYFDXY——非金属加强构件、光纤带中心管干式、聚乙烯护套通信用室外光缆。

GYFDXTF——非金属加强构件、光纤带中心管填充式、非金属纤维增强－聚乙烯粘结护套通信用室外光缆。

GYFDXTY63——非金属加强构件、光纤带中心管填充式、聚乙烯护套、非金属丝铠装、聚乙烯套通信用室外光缆。

GYFDXTY73——非金属加强构件、光纤带中心管填充式、聚乙烯护套、非金属带铠装、聚乙烯套通信用室外光缆。

5. 骨架式光纤束光缆

骨架式光纤束光缆结构如图 4-4-17 所示，光缆由骨架结构的缆芯和护层两大部分组成，缆芯可分为单骨架缆芯（中心加强构件、已置入光纤的骨架、扎纱以及可能有的包带和非金属辅助加强构件）和多单元骨架缆芯（中心加强构件、以一定的节距在中心加强件周围紧密绞合的已置入光纤的骨架单元或填充单元、扎纱以及可能有的包带和非金属辅助加强构件），护层包括护套和可能有的外护层。缆中一般含有 2～144 根光纤，根据用户要求光纤数量也可适当增减。缆的主要结构型式及其名称如下：

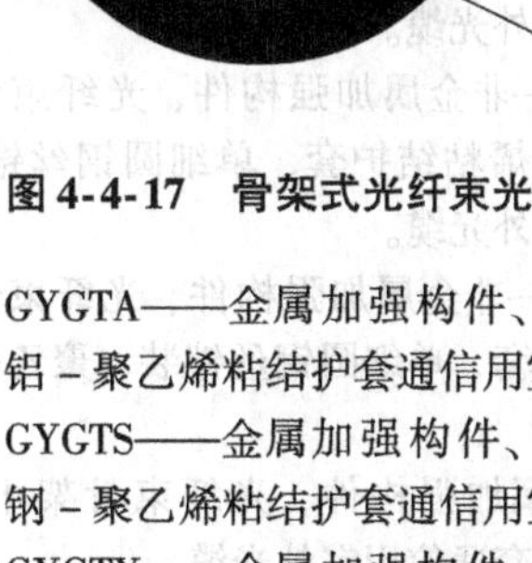

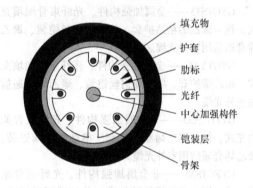

图 4-4-17 骨架式光纤束光缆结构示意图

GYGTA——金属加强构件、光纤束骨架填充式、铝－聚乙烯粘结护套通信用室外光缆。

GYGTS——金属加强构件、光纤束骨架填充式、钢－聚乙烯粘结护套通信用室外光缆。

GYGTY——金属加强构件、光纤束骨架填充式、聚乙烯护套通信用室外光缆。

GYFGTA——非金属加强构件、光纤束骨架填充式、铝－聚乙烯粘结护套通信用室外光缆。

GYFGTS——非金属加强构件、光纤束骨架填充式、钢－聚乙烯粘结护套通信用室外光缆。

GYFGTY——非金属加强构件、光纤束骨架填充式、聚乙烯护套通信用室外光缆。

GYGTA53——金属加强构件、光纤束骨架填充式、铝-聚乙烯粘结护套、纵包皱纹钢带铠装、聚乙烯套通信用室外光缆。

GYGTS53——金属加强构件、光纤束骨架填充式、钢-聚乙烯粘结护套、纵包皱纹钢带铠装、聚乙烯套通信用室外光缆。

GYGTY53——金属加强构件、光纤束骨架填充式、聚乙烯护套、纵包皱纹钢带铠装、聚乙烯套通信用室外光缆。

GYFGTA53——非金属加强构件、光纤束骨架填充式、铝-聚乙烯粘结护套、纵包皱纹钢带铠装、聚乙烯套通信用室外光缆。

GYFGTS53——非金属加强构件、光纤束骨架填充式、钢-聚乙烯粘结护套、纵包皱纹钢带铠装、聚乙烯套通信用室外光缆。

GYFGTY53——非金属加强构件、光纤束骨架填充式、聚乙烯护套、纵包皱纹钢带铠装、聚乙烯套通信用室外光缆。

GYGTA33——金属加强构件、光纤束骨架填充式、铝-聚乙烯粘结护套、单细圆钢丝铠装、聚乙烯套通信用室外光缆。

GYGTS33——金属加强构件、光纤束骨架填充式、钢-聚乙烯粘结护套、单细圆钢丝铠装、聚乙烯套通信用室外光缆。

GYGTY33——金属加强构件、光纤束骨架填充式、聚乙烯护套、单细圆钢丝铠装、聚乙烯套通信用室外光缆。

GYFGTA33——非金属加强构件、光纤束骨架填充式、铝-聚乙烯粘结护套、单细圆钢丝铠装、聚乙烯套通信用室外光缆。

GYFGTS33——非金属加强构件、光纤束骨架填充式、钢-聚乙烯粘结护套、单细圆钢丝铠装、聚乙烯套通信用室外光缆。

GYFGTY33——非金属加强构件、光纤束骨架填充式、聚乙烯护套、单细圆钢丝铠装、聚乙烯套通信用室外光缆。

GYGA——金属加强构件、光纤束骨架干式、铝-聚乙烯粘结护套通信用室外光缆。

GYGS——金属加强构件、光纤束骨架干式、钢-聚乙烯粘结护套通信用室外光缆。

GYGY——金属加强构件、光纤束骨架干式、聚乙烯护套通信用室外光缆。

GYFGA——非金属加强构件、光纤束骨架干式、铝-聚乙烯粘结护套通信用室外光缆。

GYFGS——非金属加强构件、光纤束骨架干式、钢-聚乙烯粘结护套通信用室外光缆。

GYFGY——非金属加强构件、光纤束骨架干式、聚乙烯护套通信用室外光缆。

GYGA53——金属加强构件、光纤束骨架干式、铝-聚乙烯粘结护套、纵包皱纹钢带铠装、聚乙烯套通信用室外光缆。

GYGS53——金属加强构件、光纤束骨架干式、钢-聚乙烯粘结护套、纵包皱纹钢带铠装、聚乙烯套通信用室外光缆。

GYGY53——金属加强构件、光纤束骨架干式、聚乙烯护套、纵包皱纹钢带铠装、聚乙烯套通信用室外光缆。

GYFGA53——非金属加强构件、光纤束骨架干式、铝-聚乙烯粘结护套、纵包皱纹钢带铠装、聚乙烯套通信用室外光缆。

GYFGS53——非金属加强构件、光纤束骨架干式、钢-聚乙烯粘结护套、纵包皱纹钢带铠装、聚乙烯套通信用室外光缆。

GYFGY53——非金属加强构件、光纤束骨架干式、聚乙烯护套、纵包皱纹钢带铠装、聚乙烯套通信用室外光缆。

GYGA33——金属加强构件、光纤束骨架干式、铝-聚乙烯粘结护套、单细圆钢丝铠装、聚乙烯套通信用室外光缆。

GYGS33——金属加强构件、光纤束骨架干式、钢-聚乙烯粘结护套、单细圆钢丝铠装、聚乙烯套通信用室外光缆。

GYGY33——金属加强构件、光纤束骨架干式、聚乙烯护套、单细圆钢丝铠装、聚乙烯套通信用室外光缆。

GYFGA33——非金属加强构件、光纤束骨架干式、铝-聚乙烯粘结护套、单细圆钢丝铠装、聚乙烯套通信用室外光缆。

GYFGS33——非金属加强构件、光纤束骨架干式、钢-聚乙烯粘结护套、单细圆钢丝铠装、聚乙烯套通信用室外光缆。

GYFGY33——非金属加强构件、光纤束骨架干式、聚乙烯护套、单细圆钢丝铠装、聚乙烯套通信用室外光缆。

6. 骨架式光纤带光缆

骨架式光纤带光缆结构如图 4-4-18 所示，与骨架式光纤束光缆结构类似，以光纤带矩阵代替了光纤束，缆中可含上千根或数千根光纤。缆的主要结构型式及其名称如下：

图 4-4-18 骨架式光纤带光缆结构示意图

GYDGTA——金属加强构件、光纤带骨架填充式、铝－聚乙烯粘结护套通信用室外光缆。

GYDGTS——金属加强构件、光纤带骨架填充式、钢－聚乙烯粘结护套通信用室外光缆。

GYDGTY——金属加强构件、光纤带骨架填充式、聚乙烯护套通信用室外光缆。

GYFDGTA——非金属加强构件、光纤带骨架填充式、铝－聚乙烯粘结护套通信用室外光缆。

GYFDGTS——非金属加强构件、光纤带骨架填充式、钢－聚乙烯粘结护套通信用室外光缆。

GYFDGTY——非金属加强构件、光纤带骨架填充式、聚乙烯护套通信用室外光缆。

GYDGTA53——金属加强构件、光纤带骨架填充式、铝－聚乙烯粘结护套、纵包皱纹钢带铠装、聚乙烯套通信用室外光缆。

GYDGTS53——金属加强构件、光纤带骨架填充式、钢－聚乙烯粘结护套、纵包皱纹钢带铠装、聚乙烯套通信用室外光缆。

GYDGTY53——金属加强构件、光纤带骨架填充式、聚乙烯护套、纵包皱纹钢带铠装、聚乙烯套通信用室外光缆。

GYFDGTA53——非金属加强构件、光纤带骨架填充式、铝－聚乙烯粘结护套、纵包皱纹钢带铠装、聚乙烯套通信用室外光缆。

GYFDGTS53——非金属加强构件、光纤带骨架填充式、钢－聚乙烯粘结护套、纵包皱纹钢带铠装、聚乙烯套通信用室外光缆。

GYFDGTY53——非金属加强构件、光纤带骨架填充式、聚乙烯护套、纵包皱纹钢带铠装、聚乙烯套通信用室外光缆。

GYDGTA33——金属加强构件、光纤带骨架填充式、铝－聚乙烯粘结护套、单细圆钢丝铠装、聚乙烯套通信用室外光缆。

GYDGTS33——金属加强构件、光纤带骨架填充式、钢－聚乙烯粘结护套、单细圆钢丝铠装、聚乙烯套通信用室外光缆。

GYDGTY33——金属加强构件、光纤带骨架填充式、聚乙烯护套、单细圆钢丝铠装、聚乙烯套通信用室外光缆。

GYFDGTA33——非金属加强构件、光纤带骨架填充式、铝－聚乙烯粘结护套、单细圆钢丝铠装、聚乙烯套通信用室外光缆。

GYFDGTS33——非金属加强构件、光纤带骨架填充式、钢－聚乙烯粘结护套、单细圆钢丝铠装、聚乙烯套通信用室外光缆。

GYFDGTY33——非金属加强构件、光纤带骨架填充式、聚乙烯护套、单细圆钢丝铠装、聚乙烯套通信用室外光缆。

GYDGA——金属加强构件、光纤带骨架干式、铝－聚乙烯粘结护套通信用室外光缆。

GYDGS——金属加强构件、光纤带骨架干式、钢－聚乙烯粘结护套通信用室外光缆。

GYDGY——金属加强构件、光纤带骨架干式、聚乙烯护套通信用室外光缆。

GYFDGA——非金属加强构件、光纤带骨架干式、铝－聚乙烯粘结护套通信用室外光缆。

GYFDGS——非金属加强构件、光纤带骨架干式、钢－聚乙烯粘结护套通信用室外光缆。

GYFDGY——非金属加强构件、光纤带骨架干式、聚乙烯护套通信用室外光缆。

GYDGA53——金属加强构件、光纤带骨架干式、铝－聚乙烯粘结护套、纵包皱纹钢带铠装、聚乙烯套通信用室外光缆。

GYDGS53——金属加强构件、光纤带骨架干式、钢－聚乙烯粘结护套、纵包皱纹钢带铠装、聚乙烯套通信用室外光缆。

GYDGY53——金属加强构件、光纤带骨架干式、聚乙烯护套、纵包皱纹钢带铠装、聚乙烯套通信用室外光缆。

GYFDGA53——非金属加强构件、光纤带骨架干式、铝－聚乙烯粘结护套、纵包皱纹钢带铠装、聚乙烯套通信用室外光缆。

GYFDGS53——非金属加强构件、光纤带骨架干式、钢－聚乙烯粘结护套、纵包皱纹钢带铠装、聚乙烯套通信用室外光缆。

GYFDGY53——非金属加强构件、光纤带骨架干式、聚乙烯护套、纵包皱纹钢带铠装、聚乙烯套通信用室外光缆。

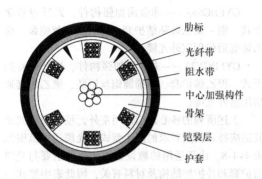

GYDGA33——金属加强构件、光纤带骨架干式、铝-聚乙烯粘结护套、单细圆钢丝铠装、聚乙烯套通信用室外光缆。

GYDGS33——金属加强构件、光纤带骨架干式、钢-聚乙烯粘结护套、单细圆钢丝铠装、聚乙烯套通信用室外光缆。

GYDGY33——金属加强构件、光纤带骨架干式、聚乙烯护套、单细圆钢丝铠装、聚乙烯套通信用室外光缆。

GYFDGA33——非金属加强构件、光纤带骨架干式、铝-聚乙烯粘结护套、单细圆钢丝铠装、聚乙烯套通信用室外光缆。

GYFDGS33——非金属加强构件、光纤带骨架干式、钢-聚乙烯粘结护套、单细圆钢丝铠装、聚乙烯套通信用室外光缆。

GYFDGY33——非金属加强构件、光纤带骨架干式、聚乙烯护套、单细圆钢丝铠装、聚乙烯套通信用室外光缆。

上述所列的核心通信网用室外光缆常用型式及其适应特殊使用要求的派生型式的光缆适用范围见表4-4-8。由于适用的敷设方法和条件主要与光缆的护套和外护层结构及材料有关，因此表中型式一栏除非金属加强构件光缆外，其他只列出护套和外护层的代号。

表4-4-8 室外光缆常用型式及其派生型式的适用范围

主要型式	派生型式		适用敷设方式和条件										
	阻燃	防蚁	进局	管道	槽道	隧道	电缆沟	架空	直埋	竖井	水下	深水下	强电磁危害
GY(D)TA			∨	△	∨		∨	△					
		GY(D)TA04		△				△					
	GY(D)TZA		△			△		△					
GY(D)A			∨	△	∨		∨	△					
		GY(D)A04		△				△					
	GY(D)ZA		△			△		△					
GY(D)TA53			∨						△				
		GY(D)TA54							△				
GY(D)TA33			∨						△	∨	△		
		GY(D)TA34							△				
	GY(D)TZA33									△			
GY(D)TA333											△		
GY (D) TS			∨	△	∨		∨	△					
		GY (D) TS04		△				△					
	GY (D) TZS		△			△		△					
GY (D) S			∨	△	∨		∨	△					
		GY (D) S04		△				△					
	GY (D) ZS		△			△		△					
GY (D) TS33									△	∨	△		
GY (D) TS333											△	∨	
GY (D) TS43											△	∨	

（续）

主要型式	派生型式		适用敷设方式和条件										
	阻燃	防蚁	进局	管道	槽道	隧道	电缆沟	架空	直埋	竖井	水下	深水下	强电磁危害
GY(D)TY53			V	V	V		V	△	△				
		GY(D)TY54		V				△	△				
	GY(D)TZY53		△			V		△					
GY(D)Y53			V	V	V		V	△	△				
		GY(D)Y54		V				△	△				
	GY(D)ZY53		△			V		△					
GYF(D)TY			V	△	V		V	△					△
		GYF(D)TY04		△				△					△
	GYF(D)TZY		△			△	V	△					△
GYF(D)Y			V	△	V		V	△					△
		GYF(D)Y04		△				△					△
	GYF(D)ZY		△			△		△					△
GYF(D)TY63			V	V	V		V	V	△	△			△
		GYF(D)TY64							△				△
	GYF(D)TZY63		△			V				△			△
GY(D)XY			V	△			V	△					
		GY(D)XY04		△				△					
GY(D)XTY			V	△			V	△					
		GY(D)XTY04		△				△					
GYF(D)XY			V	△			V	△					△
		GYF(D)XY04		△				△					△
GYF(D)XTY			V	△			V	△					△
		GYF(D)XTY04		△				△					△
GY(D)XTW			V	△			V	△	△				
	GY(D)XTZW		△			△		△					
		GY(D)XTW04		△				△	△				
GY(D)XW			V	△			V	△	△				
	GY(D)XZW		△			△		△					
		GY(D)XW04		△				△	△				
GY(D)XTW53			V		V		V		△				
		GY(D)XTW54							△				
GY(D)XTW33			V						△	V	△		
		GY(D)XTW34							△				
GY(D)XTW333											△		

（续）

主要型式	派生型式		适用敷设方式和条件										
	阻燃	防蚁	进局	管道	槽道	隧道	电缆沟	架空	直埋	竖井	水下	深水下	强电磁危害
			∨	△			∨	△	∨				
GYXS	GYXZS		△	∨		△	∨	∨					
		GYXS04		△				△	∨				
			∨	△			∨	△	∨				
GYXTS	GYXTZS		△	∨		△	∨	∨					
		GYXTS04		△				△	∨				
			∨	△			∨	△	∨				
GYXTA	GYXTZA		△	∨		△	∨	∨					
		GYXTA04		△				△					
			∨	∨			∨	∨	∨				△
GYFXTF	GYFXTZF		△	∨			∨	∨					△
		GYFXTF04	∨	∨					∨				△
			∨	∨			∨	∨	∨				△
GYFXF	GYFXZF		△	∨			∨	∨					△
		GYFXF04	∨	∨					∨				△
			∨	∨	∨		∨	∨	△	△			△
GYFDXTY63		GYFDXTY64							△				△
	GYFDXTZY63		△			∨				△			△
			∨	△	△		△	△					
GY(D)G(T)A		GY(D)G(T)A04			△		△						
	GY(D)G(T)ZA		△	△				△					
			∨	△	△		△	△					
GY(D)G(T)S		GY(D)G(T)S04			△		△						
	GY(D)G(T)ZS		△	△				△					
			∨	△	△		△	△	△				
GY(D)G(T)A53		GY(D)G(T)A54			△		△		△				
	GY(D)G(T)ZA53		∨			△		∨					
			∨	△	△		△	△	△				
GY(D)G(T)Y53		GY(D)G(T)Y54			△		△	△	△				
	GY(D)G(T)ZY53		△			△		△					
GY(D)G(T)A33									△		∨		
		GY(D)G(T)A34							△				
GY(D)G(T)A333											∨		

（续）

主要型式	派生型式		适用敷设方式和条件										
	阻燃	防蚁	进局	管道	槽道	隧道	电缆沟	架空	直埋	竖井	水下	深水下	强电磁危害
GYF(D)G(T)Y			∨	△	△		△	△					△
		GYF(D)G(T)Y04		△	△		△	△					△
	GYF(D)G(T)ZY		△			△		△					△
GYF(D)G(T)Y63			∨						△	△			△
		GYF(D)G(T)Y64							△				△
	GYF(D)G(T)ZY63		△							△			△

注：在“适用敷设方式和条件”栏中△表示适用，∨表示可用。

4.5.2 综合布线用室内光缆

综合布线用室内光缆的适用标准主要是GB/T 13993.3—2014《通信光缆系列 第3部分：综合布线用室内光缆》、YD/T 1258《室内光缆系列》、YD/T 1997.1—2014《通信用引入光缆 第1部分：蝶形光缆》、YD/T 1997.2—2014《通信用引入光缆 第2部分：圆形光缆》、YD/T 2488—2013《柔性钢管铠装光缆》、YD/T 815—2015《通信用光缆线路监测尾缆》等。

1. 单芯光缆

单芯光缆由光纤、紧套层（或缓冲层）、加强层、外护层组成。紧套层一般采用PVC聚氯乙烯护套、LSZH低烟无卤阻燃聚烯烃护套或者尼龙护套；加强层采用芳纶纱或者玻璃纤维纱等非金属加强件螺旋包覆在紧套层四周或者埋置在外护层中；外护层一般采用PVC聚氯乙烯护套、LSZH低烟无卤阻燃聚烯烃护套或者TPU聚氨酯护套。用作尾缆或者跳线时，单模光缆护套一般采用黄色，普通多模光缆采用橙色，万兆多模光缆采用浅绿色。单芯光缆结构如图4-4-19和图4-4-20所示，其典型结构尺寸见表4-4-9，其基本型式、产品名称和适用范围见表4-4-10。

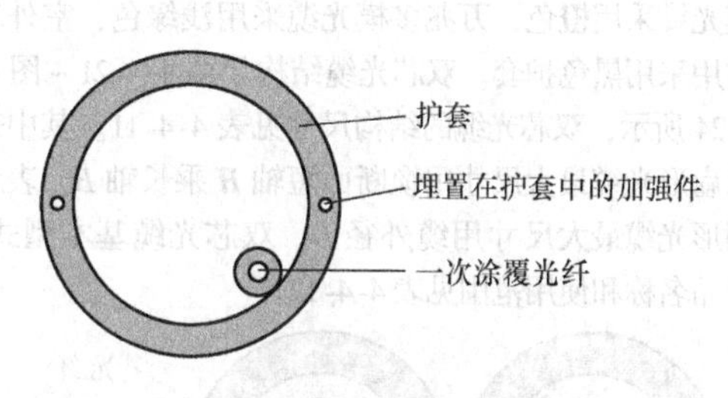

图4-4-19 单芯松套非被覆光缆结构示意图

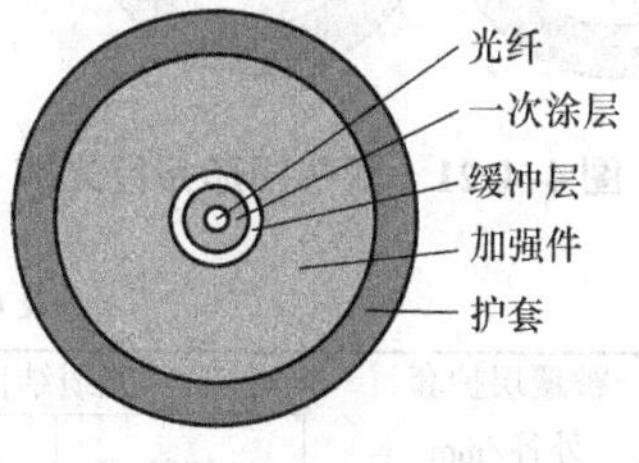

图4-4-20 单芯加强型光缆结构示意图

表4-4-9 单芯光缆结构尺寸

被覆层型式	被覆层护套外径/mm		护套最小厚度/mm	护套外径		允许拉伸力/N		允许压扁力/(N/100mm)	
	标称值	容差		标称值/mm	最大值/mm	长期	短期	长期	短期
紧套	0.8~0.9	±0.05	0.3	1.8	2.0	40	80	300	1000
			0.4	2.8	3.0	80	150	300	1000
			0.4	3.0	3.2	60	100	300	1000

表 4-4-10 单芯光缆的基本型式、产品名称和适用范围

型式	产品名称	适用范围
GJFJV	非金属加强件、紧套光纤、聚氯乙烯护套	仪器或通信设备的尾缆或活动连接器和跳线
GJFJH	非金属加强件、紧套光纤、阻燃聚烯烃护套	
GJFJU	非金属加强件、紧套光纤、聚氨酯护套	

2. 双芯光缆

双芯光缆由光纤、紧套层、加强层、外护层组成。紧套层一般采用 PVC 聚氯乙烯护套、LSZH 低烟无卤阻燃聚烯烃护套或者尼龙护套；加强层采用芳纶纱或者玻璃纤维纱等非金属加强件螺旋包覆在紧套层四周；外护层一般采用 PVC 聚氯乙烯护套、LSZH 低烟无卤阻燃聚烯烃护套或者 TPU 聚氨酯护套。用作尾缆或者跳线时，单模光缆护套一般采用黄色，普通多模光缆采用橙色，万兆多模光缆采用浅绿色，室外基站用采用黑色护套。双芯光缆结构如图 4-4-21 ~ 图 4-4-24 所示，双芯光缆的结构尺寸见表 4-4-11。其中表示扁形光缆最大尺寸用缆断面短轴 H 乘长轴 B，表示圆形光缆最大尺寸用缆外径 D。双芯光缆基本型式、产品名称和使用范围见表 4-4-12。

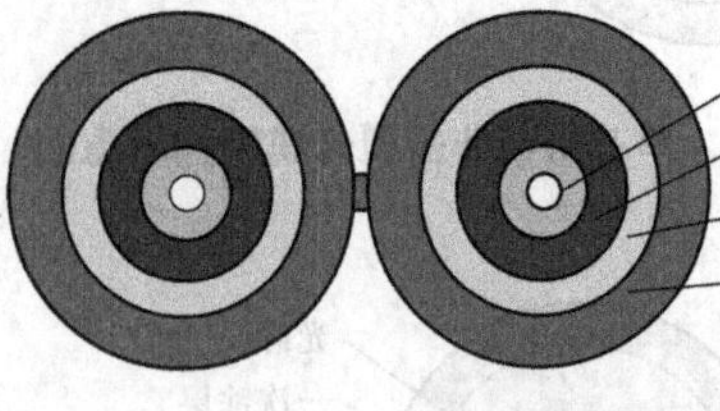

图 4-4-21 双芯圆形并行光缆

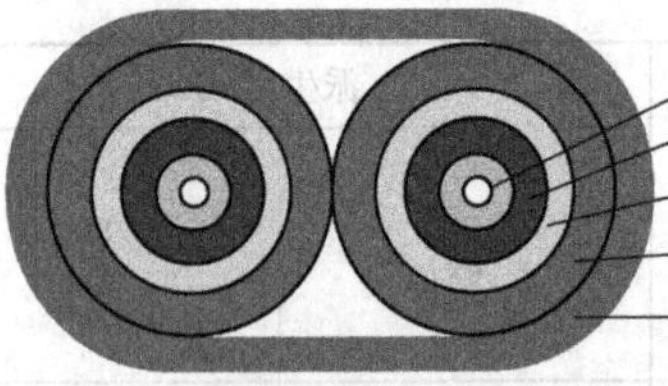

图 4-4-22 双芯扁形结构

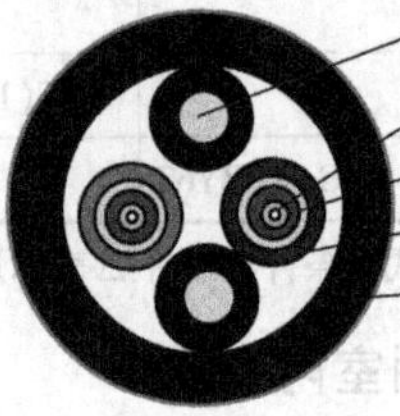

图 4-4-23 双芯圆形光缆 Ⅰ

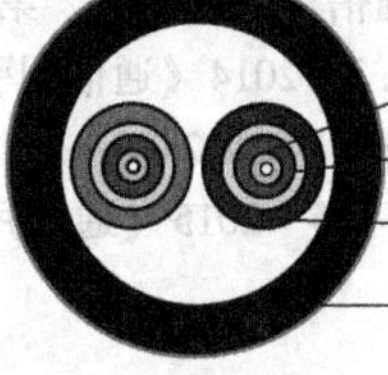

图 4-4-24 双芯圆形光缆 Ⅱ

3. 多芯束状光缆结构

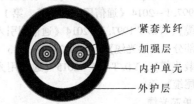

多芯束状光缆一般由多根光纤、紧套层、加强层（或中心加强层）、外护层组成。光纤有单模、多模、万兆多模等；紧套层一般采用 PVC 聚氯乙烯护套、LSZH 低烟无卤阻燃聚烯烃护套或者尼龙护套；加强层采用芳纶纱或者玻璃纤维纱等非金属加强件螺旋包覆在紧套层四周；中心加强件采用非金属 FRP；外护层一般采用 PVC 聚氯乙烯护套、LSZH 低烟无卤阻燃聚烯烃护套或者 TPU 聚氨酯护套。单模光缆护套一般采用黄色，普通多模光缆采用橙色，万兆多模光缆采用浅绿色。多芯束状光缆结构如图 4-4-25 和图 4-4-26 所示，结构尺寸见表 4-4-13 和表 4-4-14，基本型式、产品名称和使用范围见表 4-4-15。

表 4-4-11 双芯光缆结构尺寸

被覆层型式	被覆层护套外径/mm		光缆结构		内护套外径		外护套最小厚度/mm	光缆最大尺寸/mm	拉伸力/N	
	标称值	容差	特征	加强件	标称值/mm	容差/mm			长期	短期
紧套	0.8 ~ 0.9	±0.05	圆形并行	非金属	2.0	±0.2	0.3	2.2 × 4.4	80	150
			圆形并行	非金属	2.8	±0.2	0.4	3.0 × 6.0	100	200
			双芯扁形	非金属	2.0	±0.2	0.3	3.3 × 5.2	100	200
			双芯圆形 Ⅰ	非金属	2.0	±0.2	0.9	7.0	200	400
			双芯圆形 Ⅱ	非金属	2.0	±0.2	0.9	5.6	200	400

表 4-4-12 双芯光缆的基本型式、产品名称和适用范围

型式	产品名称	适用范围
GJFJV	非金属加强件、紧套光纤、聚氯乙烯护套 双芯圆形并行光缆	仪器或通信设备的尾缆或活动连接器和跳线
GJFJH	非金属加强件、紧套光纤、聚烯烃护套 双芯圆形并行光缆	
GJFJU	非金属加强件、紧套光纤、聚氨酯护套 双芯圆形并行光缆	
GJFJBV	非金属加强件、紧套光纤、聚氯乙烯护套 双芯扁形光缆	
GJFJBH	非金属加强件、紧套光纤、聚烯烃护套 双芯扁形光缆	
GYFJH	非金属加强件、紧套光纤、聚烯烃护套 双芯圆形光缆	基站布线用
GYFJU	非金属加强件、紧套光纤、聚氨酯护套 双芯圆形光缆	

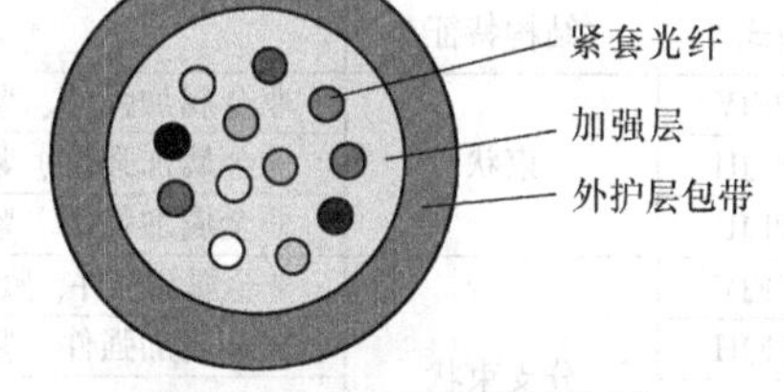

图 4-4-25 多芯束状光缆

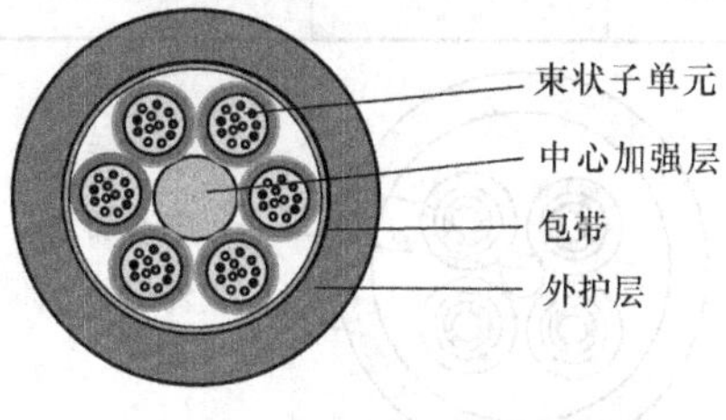

图 4-4-26 多芯分支束状光缆

表 4-4-13 多芯束状光缆结构尺寸

被覆层	被覆层护套外径/mm		光缆结构		光纤芯数	外护套最小厚度/mm	光缆外径/mm	拉伸力/N		压扁力/(N/100mm)	
	标称值	容差	特征	加强件				长期	短期	长期	短期
紧套	0.8~0.9	±0.05	束状	非金属	4	0.8	4.5	130	440	200	1000
					6	0.8	5.0	130	440	200	1000
					8	0.8	5.5	130	440	200	1000
					12	0.9	6.0	130	440	200	1000
					16	1.0	7.6	200	660	300	1000
					24	1.2	8.8	200	660	300	1000

表 4-4-14 多芯分支束状光缆结构尺寸

被覆层型式	被覆层护套外径/mm		光缆结构		光纤芯数	外护套最小厚度/mm	子单元根数/光纤芯数	光缆外径/mm	拉伸力/N		压扁力/(N/100mm)	
	标称值	容差	特征	加强件					长期	短期	长期	短期
紧套	0.8~0.9	±0.05	分支束状	非金属	24	1.0	6/4	15.0	400	1320	300	1000
					36	1.0	6/6	16.8	400	1320	300	1000
					48	1.2	6/8	18.3	400	1320	300	1000
					64	1.2	8/8	22	500	1500	500	1500
					72	1.2	6/12	19.5	500	1500	500	1500
					96	1.2	8/12	25	660	2000	500	1500

4. 多芯分支光缆

多芯分支光缆一般由多根 2.0mm（或 3.0mm）单芯光缆子单元、中心加强层、包带绕包层、外护层组成。2.0mm 单芯光缆子单元围绕在中心加强件的四周外用包带进行绕包，包带外再挤塑一层外护层；12 芯以下采用单层绕包，12 芯以上采用两层或者三层进行绕包；紧套层一般采用 PVC 聚氯乙烯护套、LSZH 低烟无卤阻燃聚烯烃护套；2.0mm 或者 3.0mm 单芯光缆子单元一般采用 PVC 聚氯乙烯护套、LSZH 低烟无卤阻燃聚烯烃护套；中心加强件采用非金属 FRP；外护套层一般采用 PVC 聚氯乙烯护套、LSZH 低烟无卤阻燃聚烯烃护套或者 TPU 聚氨酯护套。单模光缆护套一般采用黄色，普通多模光缆采用橙色，万兆多模光缆采用浅绿色。多芯分支光缆结构如图 4-4-27 和图 4-4-28 所示，光缆的结构尺寸见表 4-4-16，光缆基本型式、产品名称和使用范围见表 4-4-17。

表 4-4-15 多芯束状光缆的基本型式、产品名称和适用范围

型式	结构特征	产品名称	适用范围
GJPFJV	束状	非金属加强件、紧套光纤、聚氯乙烯护套 束状光缆	多芯光纤活动连接跳线、设备连接线、光配线架光连接、室内楼宇水平布线
GJPFJH		非金属加强件、紧套光纤、聚烯烃护套 束状光缆	
GJPFJU		非金属加强件、紧套光纤、聚氨酯护套 束状光缆	
GJPFJV	分支束状	非金属加强件、紧套光纤、聚氯乙烯护套 分支束状光缆	
GJPFJH		非金属加强件、紧套光纤、聚烯烃护套 分支束状光缆	
GJPFJU		非金属加强件、紧套光纤、聚烯烃护套 分支束状光缆	设备连接线、光配线架光连接，室内楼宇垂直布线

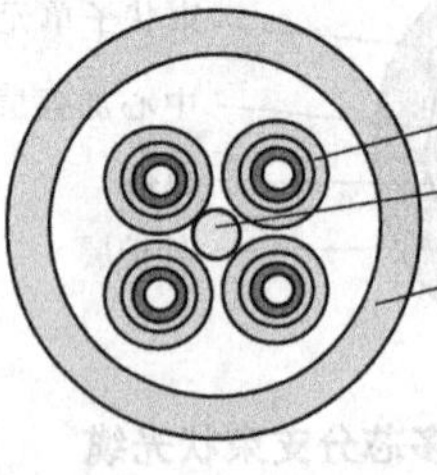

图 4-4-27 多芯分支光缆 Ⅰ

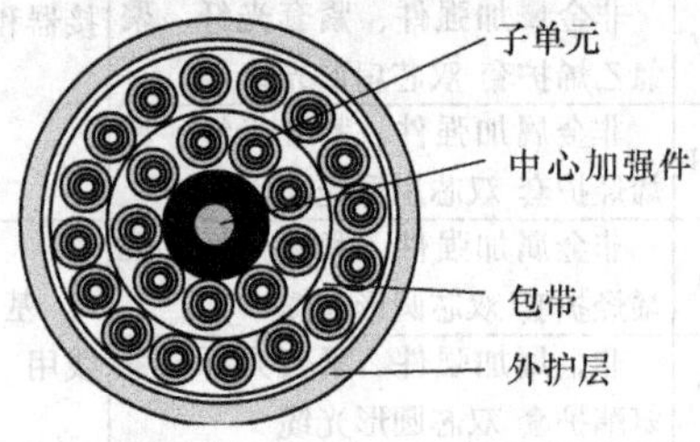

图 4-4-28 多芯分支光缆 Ⅱ

表 4-4-16 多芯分支光缆结构尺寸

被覆层型式	被覆层护套外径/mm		光缆结构		光纤芯数	单芯光缆子单元外径/mm	外护套最小厚度/mm	光缆外径/mm	拉伸力/N		压扁力/(N/100mm)	
	标称值	容差	特征	加强件					长期	短期	长期	短期
紧套	0.8~0.9	±0.05	分支	非金属	4	2.0	0.9	7.0	200	440	500	1000
					6	2.0	1.0	8.5	200	440	500	1000
					8	2.0	1.0	9.8	200	660	500	1000
					12	2.0	1.0	12.8	400	1320	1000	2000
					16	2.0	1.0	12	400	1320	1000	2000
					24	2.0	1.2	15	400	1320	1000	2000
					36	2.0	1.2	16.8	400	1320	1000	2000
					48	2.0	1.2	19.8	400	1320	1000	2000

表 4-4-17 多芯分支光缆的基本型式和适用范围

型式	结构特征	产品名称	适用范围
GYFJH	分支 Ⅰ	非金属加强件、紧套光纤、阻燃聚烯烃护套、分支光缆	基站布线用
GJBFJV	分支 Ⅱ	非金属加强件、非金属中心加强件、紧套光纤、聚氯乙烯护套、分支光缆	多芯光纤活动连接跳线、设备连接线、光配线架光连接、室内楼宇垂直布线
GJBFJH		非金属加强件、非金属中心加强件、紧套光纤、阻燃聚烯烃护套、分支光缆	
GJBFJU		非金属加强件、非金属中心加强件、紧套光纤、聚氨酯护套、分支光缆	

5. 多芯微束光缆

多芯微束光缆结构一般由多芯紧套光纤单元、非金属加强层（或有的中心加强件）、外护层组成。多芯紧套光纤单元由 2~12 根着色光纤外挤塑阻燃聚烯烃护套或 TPEE 护套，非金属加强层采用芳纶纱或者玻璃纤维纱等非金属加强件螺旋包覆在多芯紧套光纤单元层四周；中心加强件采用非金属 FRP；外护套层一般采用 LSZH 低烟无卤阻燃聚烯烃护套或者聚乙烯护套。光缆护套颜色一般采用白色或者黑色。多芯微束光缆结构如图 4-4-29 和图 4-4-30 所示，光缆的结构尺寸见表 4-4-18 和表 4-4-19，光缆基本型式、产品名称和使用范围见表 4-4-20。

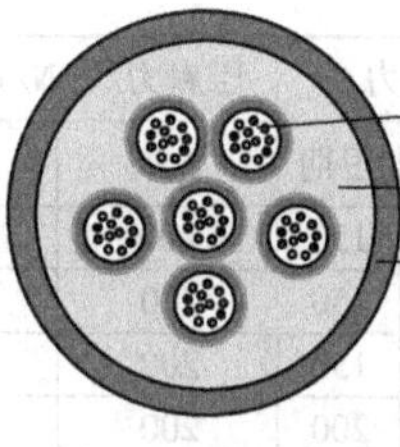

图4-4-29 多芯微束光缆结构Ⅰ

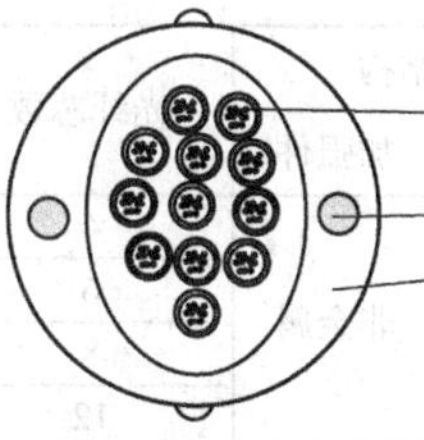

图4-4-30 多芯微束光缆结构Ⅱ

表4-4-18 多芯微束光缆结构Ⅰ尺寸（1）

被覆层型式	光缆结构		光纤芯数	微束管单元			外护套最小厚度/mm	光缆外径/mm	拉伸力/N		压扁力/(N/100mm)	
	特征	加强件		芯数	外径/mm	根数			长期	短期	长期	短期
微束管单元	微束束状结构	非金属	16	4	1.1	4	1.0	6.0	200	660	200	500
			24	4	1.1	6	1.0	6.5	200	660	200	500
			36	6	1.2	6	1.0	7.0	200	660	200	500
			48	8	1.3	6	1.0	7.8	200	660	200	500
			72	12	1.4	6	1.0	8.5	500	1000	200	500
			96	12	1.4	8	1.0	9.0	500	1000	200	500
			144	12	1.4	12	1.0	9.8	500	1000	200	500

表4-4-19 多芯微束光缆结构Ⅰ尺寸（2）

被覆层型式	光缆结构		光纤芯数	微束管单元			外护套最小厚度/mm	光缆外径/mm	拉伸力/N		压扁力/(N/100mm)	
	特征	加强件		芯数	外径/mm	根数			长期	短期	长期	短期
微束管单元	微束束状结构	非金属	36	6	1.2	6	2.2	8.5	400	800	1000	2000
			48	8	1.3	6	2.2	10.3	400	800	1000	2000
			72	12	1.4	6	2.2	12.8	400	800	1000	2000
			96	12	1.4	8	2.2	13.8	400	800	1000	2000

表4-4-20 多芯微束光缆的基本型式和适用范围

型式	产品名称	适用范围
GJPFJQH	多芯微束管单元、非金属加强件、阻燃聚烯烃护套	多芯光纤活动连接、设备连接线、光配线架光连接

6. 光纤带室内光缆

光纤带室内光缆一般由光纤带、非金属加强层、外护层组成。室内光缆光纤带芯数一般为4～12芯，非金属加强层采用芳纶纱加强包覆在光纤带四周，外护层采用聚氯乙烯或阻燃聚烯烃护套。护套颜色一般采用黑色或者白色，光纤带形状一般为扁平结构。光纤带室内光缆结构见图4-4-31所示，光缆的结构尺寸见表4-4-21，光缆基本型式、产品名称和使用范围见表4-4-22所示。

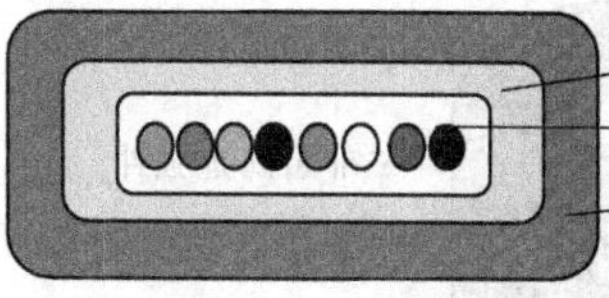

图4-4-31 光纤带室内光缆结构

表 4-4-21 光纤带室内光缆结构尺寸

被覆层型式	光缆结构		光纤芯数	外护套最小厚度/mm	光缆尺寸/mm	拉伸力/N		压扁力/（N/100mm）	
	特征	加强件				长期	短期	长期	短期
光纤带	带状	非金属	4	0.5	2.5×3.5	80	150	200	500
			6	0.5	2.5×4.0	80	150	200	500
			8	0.5	2.5×4.5	80	150	200	500
			12	0.5	2.5×5.0	100	200	200	500

表 4-4-22 光纤带室内光缆的基本型式、产品名称和适用范围

型式	产品名称	适用范围
GJDFH（V）	光纤带、非金属加强件、聚氯乙烯或阻燃聚烯烃护套	多芯光纤活动连接跳线、适用于 MT 或 MTP 连接器间高密度互连

7. 蝶形引入光缆

蝶形引入光缆是一种新型室内接入光缆，依据应用环境和敷设条件不同，合理设计光缆结构和各项技术参数，集合了室内软光缆和自承式光缆的特点，使用专用设备生产。蝶形引入光缆是 FTTX 网络最佳选择产品，在组建智能大楼、数字小区、校园网、局域网等网络中发挥其独特的作用。

蝶形引入光缆由光纤、加强件、增强件、外护层组成。光纤一般采用抗弯曲的 G.657A 光纤，金属加强件一般采用磷化钢丝或镀锌钢丝加强，非金属加强件一般采用玻璃纤维 FRP 或芳纶纤维 KFRP 加强，增强件一般采用磷化钢丝、镀锌钢丝、不锈钢丝或钢绞线，外护层一般采用阻燃聚烯烃或聚氯乙烯进行护套，护套颜色室内一般采用白色护套，室外采用黑色护套。蝶形引入光缆结构如图 4-4-32～图 4-4-35 所示，结构尺寸见表 4-4-23，光缆基本型式、产品名称和使用范围见表 4-4-24。

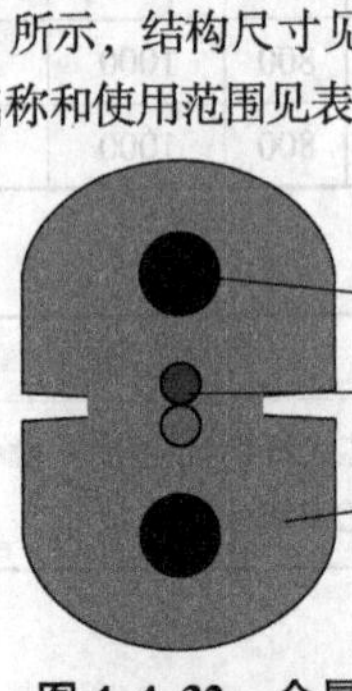

图 4-4-32 金属蝶形引入光缆（1）

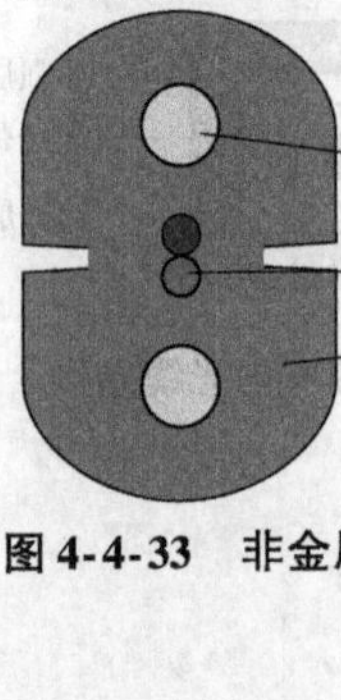

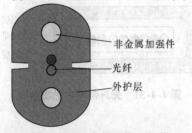

图 4-4-33 非金属蝶形引入光缆（1）

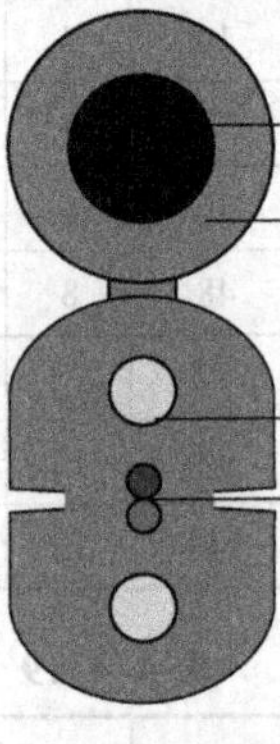

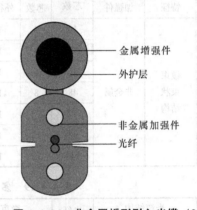

图 4-4-34 非金属蝶形引入光缆（2）

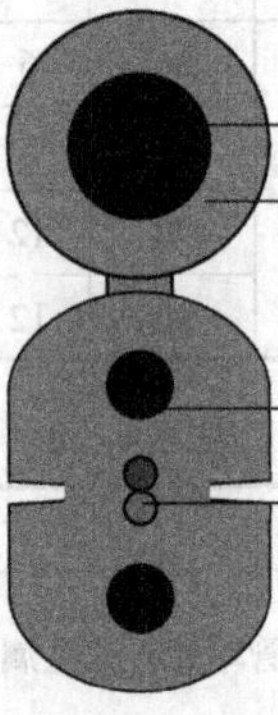

图 4-4-35 金属蝶形引入光缆（2）

8. 圆形引入光缆

圆形引入光缆典型结构包括圆形结构和圆形自承式结构，一般由紧套光纤、加强件、外护套，及可能有的悬吊构件及外护套组成。加强件采用芳纶纱均匀螺旋层绞在紧套光纤外并与外护套紧密结合，光缆结构紧凑。圆形引入光缆结构如图 4-4-36 和图 4-4-37 所示，光缆的结构尺寸见表 4-4-25，光缆基本型式、产品名称和使用范围见表 4-4-26。

表4-4-23 蝶形光缆结构尺寸

被覆层型式	光缆结构		光纤芯数	外护套最小厚度/mm	光缆尺寸/mm	拉伸力/N		压扁力/（N/100mm）	
	特征	加强件				长期	短期	长期	短期
着色光纤	室内蝶形	非金属	1～4	0.4	2.0×3.0	60	100	1000	2200
	室内蝶形	金属	1～4	0.4	2.0×3.0	100	200	1000	2200
	室外自承式	非金属	1～4	0.4	2.0×5.2	300	600	1000	2200
	室外自承式	金属	1～4	0.4	2.0×5.2	300	600	1000	2200

表4-4-24 蝶形光缆的基本型式、产品名称和适用范围

型式	产品名称	适用范围
GJXH（V）	着色光纤、金属加强、聚氯乙烯或阻燃聚烯烃护套	FTTH 室内、室外布线、预制成端
GJXFH（V）	着色光纤、非金属加强、聚氯乙烯或阻燃聚烯烃护套	
GJYXCH（V）	着色光纤、金属加强、金属增强、聚氯乙烯或阻燃聚烯烃护套	
GJYXFCH（V）	着色光纤、非金属加强、金属增强、聚氯乙烯或阻燃聚烯烃护套	

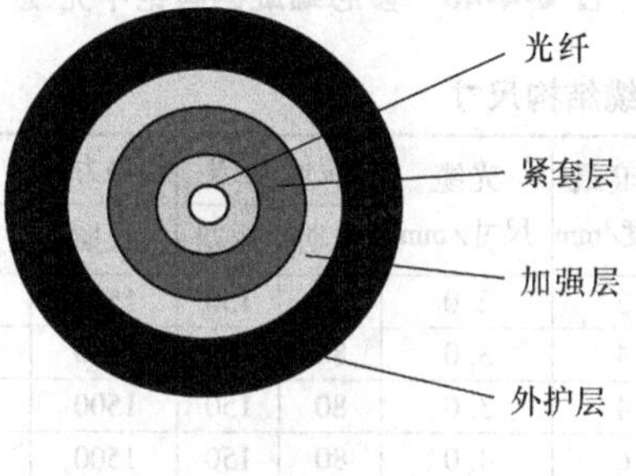

图4-4-36 单芯室内圆形引入光缆与单芯架空用室内外圆形引入光缆Ⅰ

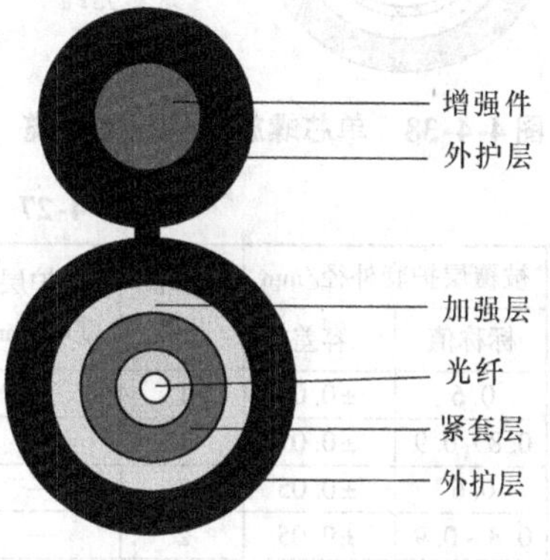

图4-4-37 单芯自承式室内外圆形引入光缆Ⅱ

表4-4-25 圆形引入光缆结构尺寸

被覆层型式	被覆层护套外径/mm		光缆结构		光纤芯数	外护套最小厚度/mm	光缆尺寸/mm	拉伸力/N		压扁力/(N/100mm)	
	标称值	容差	特征	加强件				长期	短期	长期	短期
紧套	0.8～0.9	±0.05	室内圆形	非金属	1	0.4	2.5	80	150	700	1500
			室内外圆形	非金属	1	0.4	3.0	250	500	1000	2200
			室外自承式	非金属	1	0.6	2.2×5.3	300	600	1000	2200

表4-4-26 圆形引入光缆的基本型式、产品名称和适用范围

型式	产品名称	适用范围
GJFJH	紧套光纤、非金属加强、阻燃聚烯烃护套	FTTH 室内、室外布线、预制成端
GJYFJH	紧套光纤、非金属加强、阻燃聚烯烃护套	
GJYFJCH	紧套光纤、非金属加强件、钢丝增强件、阻燃聚烯烃护套	

9. 螺旋钢丝铠甲光缆

螺旋钢丝铠甲光缆一般由紧套光纤（2芯以上为内护单元）、加强层、螺旋钢丝铠甲层、钢丝编织层、外护层组成。紧套光纤一般为聚氯乙烯或聚烯烃护套，2芯以上内护单元为束状结构，加强层一般采用芳纶纱，螺旋钢丝铠甲一般采用不锈钢丝，钢丝编织层采用不锈钢丝，外护套层一般采用PVC聚氯乙烯护套、LSZH低烟无卤阻燃聚烯烃护套或者TPU聚氨酯护套。护套颜色一般为蓝色或者黑色。螺旋钢丝铠甲光缆结构如图4-4-38～图4-4-40所示，光缆的结构尺寸见表4-4-27，光缆基本型式、产品名称和使用范围见表4-4-28。

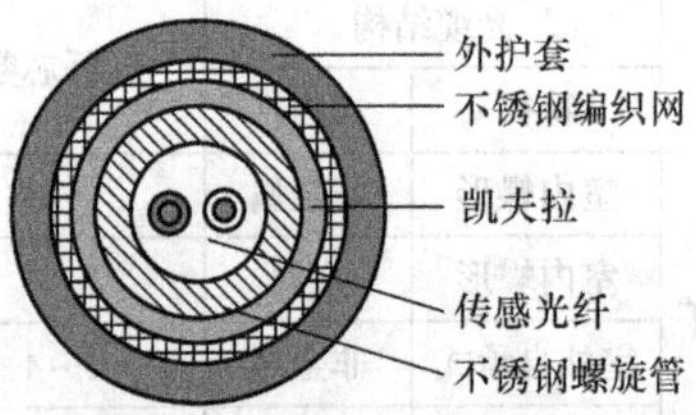

图4-4-39 双芯螺旋钢丝铠甲光缆

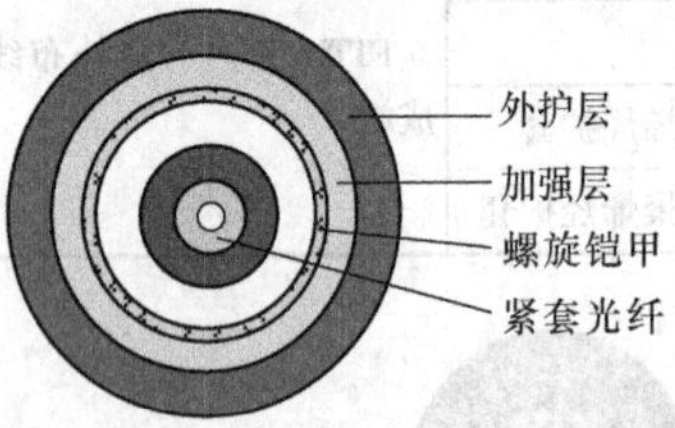

图4-4-38 单芯螺旋钢丝铠甲光缆

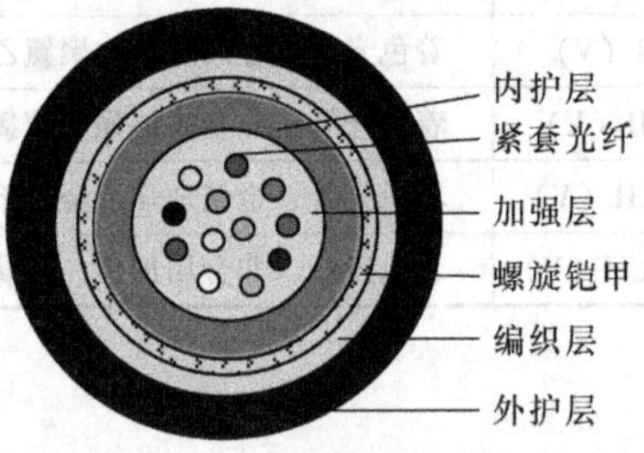

图4-4-40 多芯螺旋钢丝铠甲光缆

表4-4-27 螺旋钢丝铠甲光缆结构尺寸

被覆层型式	被覆层护套外径/mm		光纤芯数	内护层壁厚/mm	内护层尺寸/mm	外护套最小厚度/mm	光缆尺寸/mm	拉伸力/N		压扁力/(N/100mm)	
	标称值	容差						长期	短期	长期	短期
紧套	0.6	±0.05	1	—	—	0.3	2.0	80	150	1500	3000
	0.8～0.9	±0.05	1	—	—	0.4	3.0	80	150	1500	3000
	0.6	±0.05	2	—	—	0.4	3.0	80	150	1500	3000
	0.8～0.9	±0.05	2	—	—	0.6	4.0	80	150	1500	3000
	0.6	±0.05	4	0.5	3.6	1.0	7.0	200	400	1500	3000
			6	0.6	4.0	1.0	7.0	200	400	1500	3000
			8	0.6	4.0	1.0	7.0	200	400	1500	3000
			12	0.8	4.6	1.2	8.0	200	400	1500	3000

表4-4-28 螺旋钢丝铠甲光缆的基本型式、产品名称和适用范围

型式	结构特征	产品名称	适用范围
单双芯	螺旋铠甲	紧套光纤、螺旋不锈钢丝铠甲、非金属加强、不锈钢丝编织、聚氯乙烯或聚烯烃护套	用于室内、机房机柜布线、光仪器设备连接、煤矿探测、高温感测用
多芯	螺旋铠甲	紧套光纤、内护层、螺旋不锈钢丝铠甲、非金属加强、不锈钢丝编织、聚氯乙烯或聚烯烃护套	

10. 防水尾缆

防水尾缆应用于连接骨干光缆线路和光接收机。采用高品质的连接器散件，配以优质的防水光缆和耐腐蚀的优质防护件。主要用于野外光端机的接入，使用环境适应性强，一端带有光连接器，配有耐用防水接头。安装方便，可靠，能抵御野外各种恶劣的环境，寿命长，外套韧性好，抗拉，接地良。可按客户要求装配FC，SC，ST，LC，MU，SMA等连接器。防水尾缆结构一般由单芯光缆子单元、中心加强层、阻水包带层、铝带铠甲层、外护层组成；单芯光缆子单元一般为2.0或者3.0mm，中心加强层采用钢丝加强，阻水包带层采用阻水带阻水，铝带采用轧纹铝带铠甲，外护层一般采用聚氯乙烯护套，护套颜色为黑色。防水尾缆结构如图4-4-41和图4-4-42所示，光缆的结

构尺寸见表4-4-29，光缆基本型式、产品名称和使用范围见表4-4-30。

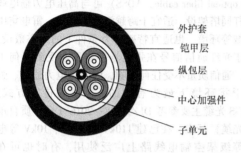

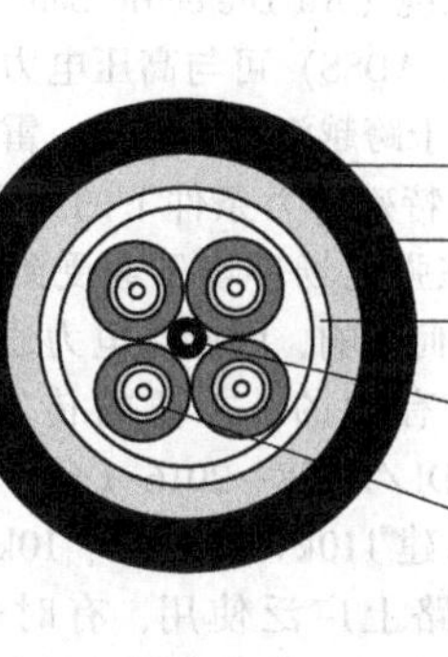

图4-4-41 防水尾缆（1）

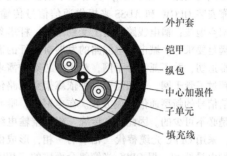

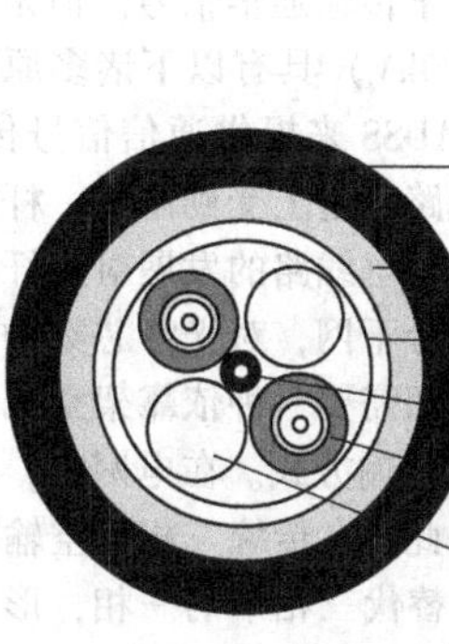

图4-4-42 防水尾缆（2）

表4-4-29 防水尾缆结构尺寸

被覆层型式	被覆层护套外径/mm		光缆结构			光纤芯数	单芯光缆子单元尺寸/mm	外护套最小厚度/mm	光缆外径/mm	拉伸力/N		压扁力/(N/100mm)	
	标称值	容差	特征	加强件	铠甲层					长期	短期	长期	短期
紧套	0.8～0.9	±0.05	分支型	金属	铝带铠甲	2	3.0	1.2	11.2	200	440	500	1000
						4	3.0	1.2	11.2	200	440	500	1000
						6	2.0	1.2	11.8	200	660	500	1000
						8	2.0	1.2	12.0	400	1320	1000	2000
						12	2.0	1.2	14.6	400	1320	1000	2000

表4-4-30 防水尾缆基本型式、产品名称和适用范围

型式	结构特征	产品名称	适用范围
GTJA	分支	紧套光纤、2.0或3.0mm子单元、金属中心加强件、阻水带、铝带铠甲、聚乙烯护套	主要用于野外光端机的接入，使用环境适应性强，一端带有光连接器，配有耐用防水接头

4.5.3 沿电力线路架设的光缆

本部分仅对沿电力线路架设的光缆做简单介绍，为了避免重复，OPGW、OPPC、MASS三类光缆详细的结构、设计、性能、技术要求等还可参见“第1篇 裸电线及导体制品之光纤复合架空线”。

1. 光纤复合架空地线（OPGW）

光纤复合架空地线（Optical fiber composite overhead Ground Wires，OPGW）是一种含有光纤的架空地线，由一个或多个光单元和一层或多层绞合单线组成，具有架空地线和光通信等多重功能。OPGW主要架设在高压、超高压和特高压架空输电线路的顶端，是输电线路防雷的第一道屏障，具有安全可靠、传输容量大，损耗小、抗电磁干扰、重量轻等优点。OPGW主要参考GB/T 7424.4—2003《光缆 第4部分：分规范 光纤复合架空地线》、DL/T 832—2016《光纤复合架空地线》、JB/T 8999—2014《光纤复合架空地线》等标准。OPGW在我国大规模使用已超过15年，其设计、材料、工艺、设备、配套金具附件和工程应用都较成熟。为满足特殊工程和特殊环境需要，设计开发了一批特种结构、特种材料、特种性能的OPGW光缆，如具有超低损耗、超低温、超长站距性能的“三超”OPGW、使用200μm光纤的小尺寸紧凑型OPGW、具有自融冰功能的可融冰OPGW等。

2. 光纤复合架空导线（OPPC）

光纤复合架空相线（Optical fiber composite Phase Conductor，OPPC）是一种含有光纤的架空裸导线，由一个或多个光单元和一层或多层绞合单线同心绞合组成，具有输电和光通信等多重功能。

在电力通信网的建设中，一般依靠在电力杆塔上架设 OPGW 或 ADSS 来传输通信信号。但是，由于城市配电线路（66/10kV）具有以下诸多原因不能依靠安装 OPGW 和 ADSS 来提供通信信号传输：没有架空地线；输电线路净空上受到限制；杆塔条件不满足要求等。城市配电线路的发展对光纤的需求非常迫切，并不亚于骨干网，对光纤芯数的需求甚至超过了骨干网，迫切需要一种依靠架空线路传输通信信号的新型通信传输方式。在电网中，唯有相线是必不可少的。因此，在传统三相架空输电线路中，采用 OPPC 光缆替代三相中的一相，形成由两根输电导线和一根 OPPC 光缆组合而成的三相电力系统。利用 OPPC 光缆就能实现输电和光通信双重功能融合，不需要另外架设通信线路就可以解决这类电网的自动化、调度、通信、保护等问题。OPPC 虽然与 OPGW 的结构有些相似之处，但从设计、安装和运行方面，两者有着本质的区别。在中国电力企业联合会的标准任务指导下，中国电力科学研究院联合国内制造厂家正在制订 OPPC 电力行业标准。

3. 金属自承式架空光缆（MASS）

金属自承式架空光缆（Metal Aerial Self Supporting optical fiber cable，MASS）是一种两点间无支撑直接悬挂于电力杆塔上的金属光缆。

考虑 MASS 光缆同 ADSS 光缆一样与现有杆塔进行同杆架设，为减少对杆塔的额外负载，要求 MASS 光缆结构小、重量轻。因此 MASS 光缆结构都采用中心管式，即不锈钢光纤单元外面绞合一层镀锌钢丝或铝包钢丝。从结构上看，MASS 与中心管单层绞线的 OPGW 相一致。如没有特殊要求，通常从成本考虑，金属绞线通常用镀锌钢线，因此结构简单，价格低廉。

4. 全介质自承式光缆（ADSS）

全介质自承式光缆（All Dielectric Self Supporting optical fiber cable，ADSS）可与高压电力输电线同杆同塔架设，适宜于跨越江河、山谷、雷电集中区域等环境，也适宜特殊拉力条件下的架空敷设。由于光纤通信信号在强电场环境不会受到任何干扰，通信质量不受任何影响，因此是电力通信、强电干扰环境下最为有效的、方便的传输方式。ADSS 光缆主要参考 DL/T 788—2016《全介质自承式光缆》标准，在已建 110kV 、35kV、10kV 等电压等级架空输电线路上广泛使用，有时也可在 220kV、500kV 线路上作为短期光通信连接线。

ADSS 光缆的特点如下：

1）组成光缆的材料都是非金属材料。

2）抗冲击、抗振动、耐反复弯曲、防热老化等性能好。

3）设计时对每盘缆都充分考虑了风速、覆冰、温差、蠕变等外界条件的影响。

4）一般不采用光纤带结构，缆中芯数宜为 4 ~ 144。

ADSS 光缆的产品结构应依据架空输电线路的跨距、弧垂、气象条件、空间电位和其他性能要求等进行严格的设计。

ADSS 结构为被覆内垫层的缆芯外或中心管外均匀缠绕芳纶纱，然后被覆黑色聚乙烯护套，其结构如图 4-4-43a、c 所示。对于高海拔盐湖地区特别恶劣的环境或档距大于 800m 的线路应用时，可选用加强型层绞式结构，被覆内垫层的缆芯外均匀缠绕芳纶纱，然后被覆黑色内护层，内护层外再均匀缠绕芳纶纱，最后被覆黑色聚乙烯护套，其结构如图 4-4-43b 所示。

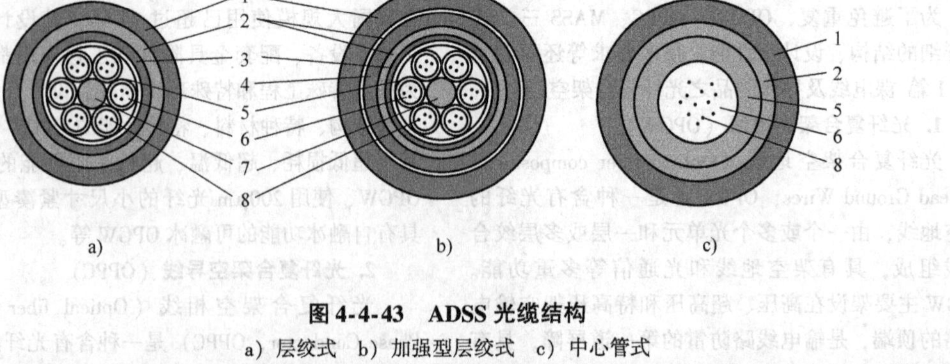

图 4-4-43 ADSS 光缆结构

a）层绞式 b）加强型层绞式 c）中心管式

1—外护套 2—芳纶纱 3—内垫层 4—内护层 5—松套管 6—填充复合物 7—中心加强件 8—光纤

在适用电压等级≤220kV、风速≤25 m/s 和无冰载条件下，ADSS 光缆的部分参数见表 4-4-31。

表 4-4-31 ADSS 光缆部分典型参数

参数名称	单位	最大档距/跨距	
		300m	500m
最大允许运行应力	kN	11	23
最大每日应力	kN	13	28
热膨胀系数	$\times 10^{-6}$/℃	-1.5	
光缆蠕变率	%	0.12	
运行温度	℃	-40 ~ +60	
储存温度	℃	-5 ~ +60	

ADSS 光缆的型号由型式和规格两大部分组成，型式由分类代号、结构特征代号和护套代号 3 部分组成，各代号及其含义见表 4-4-32。其中，结构特征指缆芯结构和光缆派生结构的特征；当光缆型式有几个结构特征需要注明时，可用组合代号表示，按表 4-4-32 自上而下的顺序排列。ADSS 光缆的规格代号由光缆中光纤数量、光纤的类别和最大允许使用张力（MAT）组成。

表 4-4-32 ADSS 光缆的型式中各代号及其含义

分类代号	含义	结构特征代号	含义	护套代号	含义
ADSS	全介质自承式光缆	D	光纤带结构	PE	普通聚乙烯护套
		无符号	松套层绞式结构	AT	耐电痕护套
		X	中心管式结构	ZY	阻燃聚乙烯护套

注：光缆敷设区的空间电位≤12kV 时用普通聚乙烯护套，>12kV 时用耐电痕护套。

4.5.4 海底光缆

海底光缆通常用于大陆与岛屿、岛屿与岛屿，以及跨洋的两地间通信，是海洋沿岸通信的重要技术手段之一。随着光通信技术和海底光缆技术的发展，海底光缆通信以其高速率、大容量、高可靠性、抗干扰、传输质量优异、保密性能好等优势，已经取代了海底通信电缆，成为海底通信系统的传输载体，在军用、岛屿互联以及国际通信领域中发挥着越来越重要的作用。

海底光缆适用标准主要是 GB/T 18480—2001《海底光缆规范》、GJB 4489—2002《海底光缆通用规范》、YD/T 2283—2011《深海光缆》。

海底光缆一般由缆芯、钢丝铠装层、外护层构成，而缆芯主要包括光纤、纤膏、不锈钢松套管、钢丝铠装层、阻水材料、金属密封管、护套层等。海底光缆典型结构如图 4-4-44 所示，海底光缆分类见表 4-4-33。

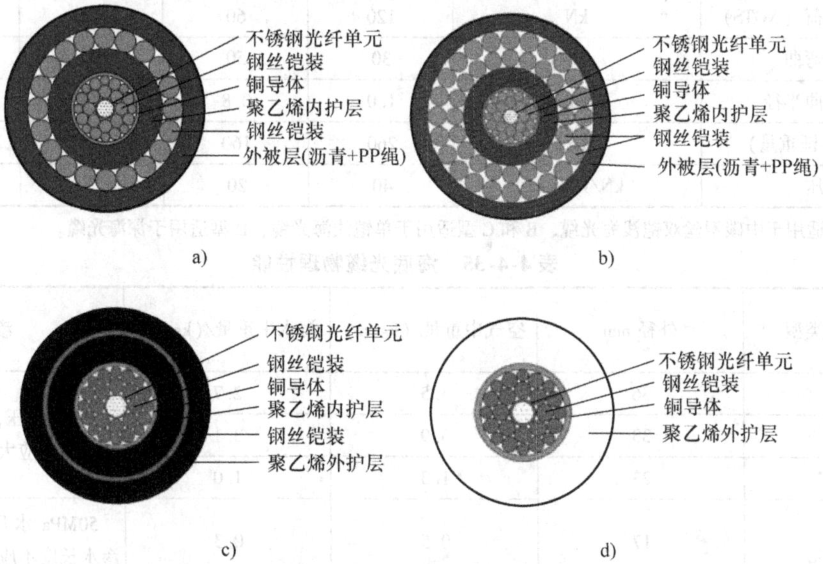

图 4-4-44 海底光缆结构

a）单层铠装（SA）浅海光缆 b）双层铠装（DA）浅海光缆
c）轻型带保护（LWP）深海光缆 d）轻型（LW）深海光缆

表 4-4-33 海底光缆分类表

序号	分类		适用范围
1	按其适用水深和海洋环境分	深海光缆	敷设于水深大于 1000m 海域的海底光缆
		浅海光缆	敷设于水深不大于 1000m 海域的海底光缆
2	按其不同的保护等级分	轻型	敷设于水深 3000 ~ 8000m 海域的海底光缆
		轻型保护型	敷设于水深 2000 ~ 3000m 海域具有防鲨鱼咬噬能力的海底光缆
		单层铠装	敷设于水深 1000 ~ 2000m 海域单层钢丝铠装的海底光缆
		双层铠装	敷设于水深不大于 1000m 海域双层钢丝铠装的海底光缆
		岩石铠装	敷设于水深不大于 500m，且海域多岩石段的双层或以上粗钢丝铠装的海底光缆
3	按缆芯结构特征分	中心管式	光纤置于不锈钢松套管中，不锈钢松套管处于缆的中心结构的海底光缆
		层绞式	光纤置于不锈钢松套管中，将多根不锈钢松套管绞合构成缆芯结构的海底光缆
4	按中继方式分	有中继海底光缆	可为水下中继器供电，结构中含有供电铜导体结构的海底光缆
		无中继海底光缆	传输性能满足无中继传输要求，结构中不含有供电铜导体结构的海底光缆

海底光缆机械性能见表 4-4-34，物理性能见表 4-4-35，电气性能见表 4-4-36。

表 4-4-34 海底光缆机械性能

项目	单位	海底光缆类型			
		A	B	C	D
断裂拉伸负荷（UTS）	kN	400	180	100	50
短暂拉伸负荷（NTTS）	kN	240	110	70	30
工作拉伸负荷（NOTS）	kN	120	60	40	20
反复弯曲	次	30	50	50	50
最小弯曲半径	m	1.0	0.8	0.8	0.5
冲击（落锤重量）	kg	260	160	130	65
抗压	kN/100mm	40	20	15	10

注：A 型适用于中碳钢丝双铠浅海光缆，B 和 C 型适用于单铠浅海光缆，D 型适用于深海光缆。

表 4-4-35 海底光缆物理性能

海底光缆类型	外径 mm	空气中重量/(kg/m)	海水中重量/(kg/m)	渗水
A	36	3.5	2.7	5MPa 水压，14d，单向渗水长度不应大于 200m
B	33	3.9	3.1	
C	23	1.3	1.0	
D	17	0.5	0.3	50MPa 水压，14d，单向渗水长度不应大于 1000m

注：外径和重量为参考值。

表 4-4-36 海底光缆电气性能

项目	单位	要求
导电体的直流电阻	Ω/km	≤1.5
导电体和不锈钢松套管对地的绝缘电阻	MΩ·km	≥10000
导电体和不锈钢松套管对地的直流电压	V	5000（3min 不击穿）

4.5.5 气吹微型光缆及光纤单元

目前在工程中应用的气吹微缆主要有微型光缆和小型化的气吹光纤单元，适用标准 YD/T 1460.4—2006《通信用气吹微型光缆及光纤单元 第4部分：微型光缆》、YD/T 1460.5—2006《通信用气吹微型光缆及光纤单元 第5部分：高性能光纤单元》。

1）用于气吹应用的微型光缆外径较普通光缆小很多，通常为 4～6.5mm，根据工程实际需要光纤芯数一般为 12～96 芯，光纤套管材料分为全介质和不锈钢管，分层绞式结构与中心管式结构，典型微缆结构如图 4-4-45 所示。

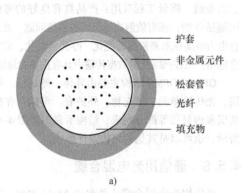

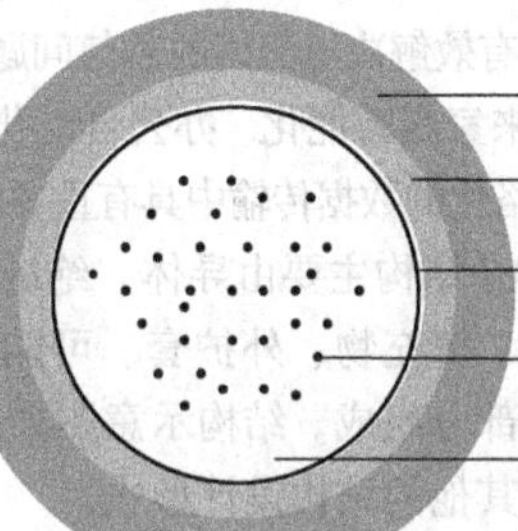

a)

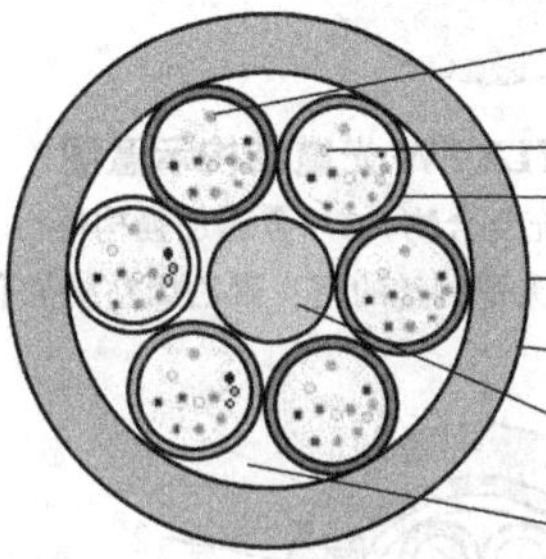

b)

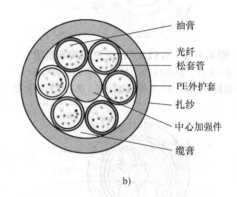

图 4-4-45 典型微缆典型结构图

a）全介质中心管式微缆 b）层绞式微缆

2）气吹光纤单元采用特殊材料作为护套的二次被覆紧包光纤束，将光纤外表涂覆具有缓冲功能的内涂层，再外加一层为光纤束外表面提供了极低的摩擦力的高分子聚合物护套，光纤外涂覆层和高分子聚合物护套对光纤具有保护和缓冲作用，具有重量轻、外径小的特点，其优越的抗弯性能使光纤单元具备良好的气吹性能。气吹光纤单元典型结构如图 4-4-46 所示。

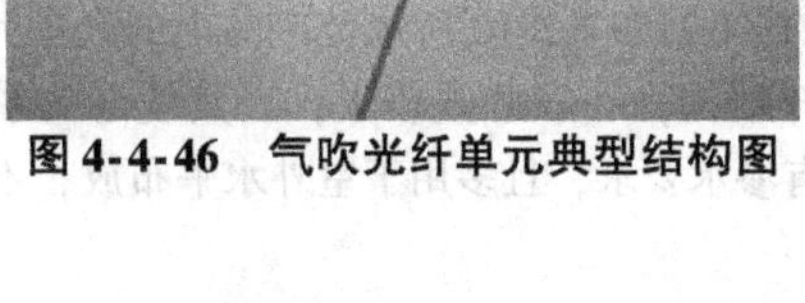

图 4-4-46 气吹光纤单元典型结构图

4.5.6 通信用路面微槽敷设光缆

通信用路面微槽敷设光缆适用标准 YD/T 1461—2013《通信用路面微槽敷设光缆》。

常用通信用路面微槽敷设光缆结构型式及其名称如下：

GYLMXTY——金属加强构件、中心金属管填充式、聚乙烯护套通信用室外路槽光缆。

GYLXTW——金属加强构件、中心塑料管填充式、夹带钢丝的钢－聚乙烯护套通信用室外路槽光缆。

GYLTS——金属加强构件、层绞式塑料松套填充式、钢－聚乙烯粘结护套通信用室外路槽光缆。

通信用路面微槽敷设光缆由塑料松套管或金属中心松套管、加强构件和护层构成，护层又包括护套和可能有的外护层。典型结构如图 4-4-47～图 4-4-49所示。通信用路面微槽敷设光缆结构应是全截面阻水结构，即水在缆芯和护层中都不应纵向渗流。

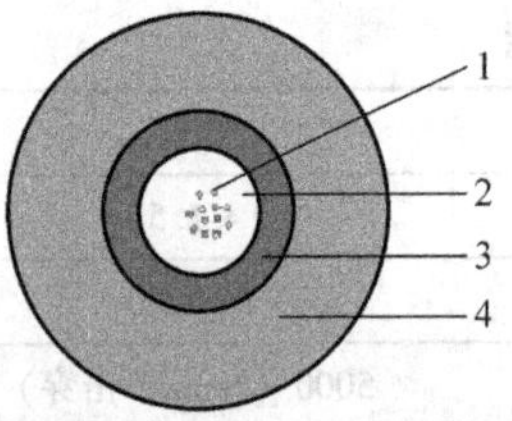

图 4-4-47 GYLMXTY 光缆结构示意图

1—光纤 2—填充复合物 3—金属管 4—聚乙烯护套

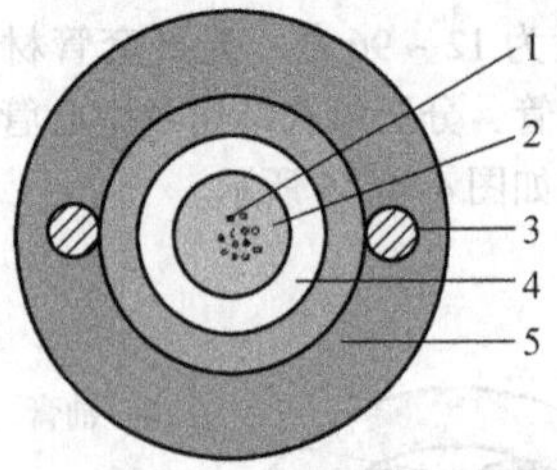

图 4-4-48 GYLXTW 光缆结构示意图

1—光纤 2—填充复合物 3—金属加强构件
4—塑料松套管 5—夹带钢丝的钢－聚乙烯粘结护套

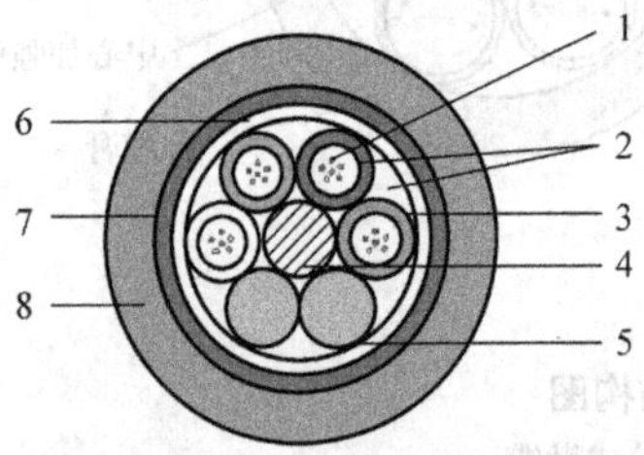

图 4-4-49 GYLTS 光缆结构示意图

1—光纤 2—填充复合物 3—塑料松套管
4—金属加强件 5—可能有的填充绳
6—可能有的阻水层 7—钢塑复合带 8—聚乙烯护套

4.5.7 光纤复合电力电缆

光纤复合电力电缆包括光纤复合低压电缆（OPLC）和光纤复合中压电缆（OPMC）。其中，OPLC 适用标准 GB/T 29839—2013《额定电压 1kV（Um＝1.2kV）及以下光纤复合低压电缆》，OPMC 适用标准 NB/T 42050—2015《额定电压 3.6/6～26/35kV 光纤复合中压电缆》。

光纤复合低压电缆（Optical fiber composite Low－voltage Cable，OPLC）是一种由绝缘线芯和光传输单元复合而成的具有输送电能和光通信能力的电缆，适用于额定电压 0.6/1kV 及以下的电力工程。

光纤复合中压电缆（Optical fiber composite Medium－voltage Cable，OPMC）是一种在额定电压 3.6/6～26/35kV 电力电缆中复合光传输单元，同时具有输送电能和光信号能力的电缆，适用于光纤接入的智能电网配电用光纤复合电缆。

光纤复合电力电缆集光纤、输电铜线、铜信号线于一体，可以解决宽带接入、设备用电、应急信号传输等问题；通过 PON 技术，可以实现数据、语音、视频业务的传送和电表数据的透明传输，实现基于物联网技术的电力远程抄表、通知及缴费。客户可以通过用户端拨打 IP 电话、上网、点播视频节目、观看高清电视，建立与电网互动的智能用电家庭。OPLC、OPMC 具有数据传输可靠性高、价格低、连接方便等特点。此外，其优点有外径小、重量轻、占用空间小；光缆和电力线于一体，避免二次布线，降低工程费用；产品具有良好的弯曲和耐侧压性能；能有效解决电力网的通信问题。光纤复合电力电缆在未来家庭智能化、办公自动化、数字化变电站、工控网络化的数据传输中具有重要的地位。

OPLC、OPMC 结构主要由导体、绝缘层、屏蔽层、光传输单元、填充物、外护套、可能存在的铠装层和内衬层等部分组成。结构示意图如图 4-4-50 所示，也可以是其他的结构设计形式。

4.5.8 通信用光电混合缆

通信用光电混合缆主要包含 YD/T 2159—2010《接入网用光电混合缆》、YD/T 2289.3—2013《无线射频拉远单元（RRU）用线缆 第 3 部分：光电混合缆》和 YD/T 3124—2016《宽带接入用光纤同轴对绞混合缆》三大类。

在基站信号传输系统中，从基带单元 BBU（Base Band Unit）到无线射频拉远单元 RRU（Remote Radio Unit）之间的线缆称为无线射频拉远单元（RRU）用线缆，其中以一根缆同时为 RRU 提供光信号传输及电力供应的称为无线射频拉远单元（RRU）用光电混合缆。无线射频拉远单元（RRU）用光电混合缆主要应用在位于同一个站点的本地拉远，长度通常为 100～300m。其典型应用场景包括本地基站的拉远、室内分布的拉远，以及其他类似场景等。采用光电混合缆连接 BBU 和 RRU，与光缆和电源线分开布放的方式相比，能减少敷设成本，节约杆塔路由资源，使基站的安装、维护、管理更方便快捷。

YD/T 2159—2010 所规范产品内的光单元为松套光纤结构，一般芯数较大；当其缆芯为填充式时，有渗水要求，且多用于室外水平布放，不适于

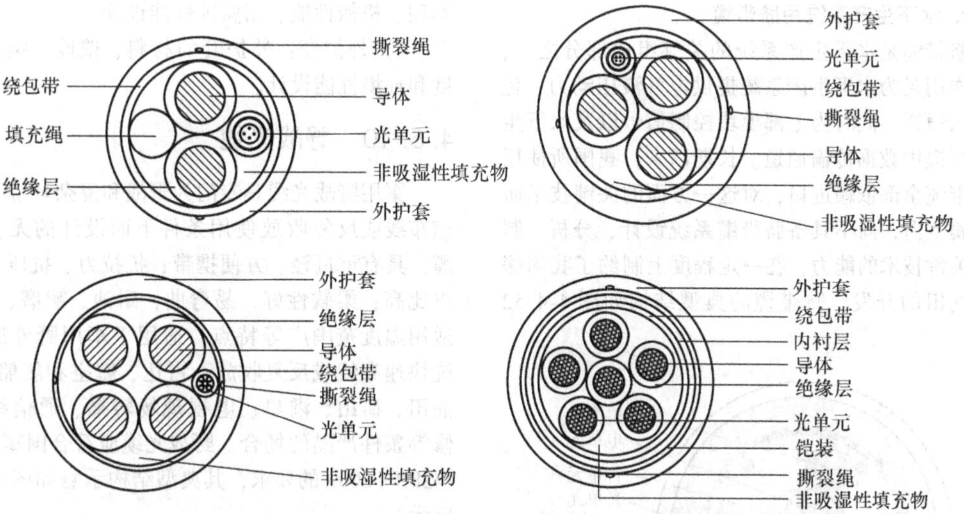

图 4-4-50 OPLC、OPMC 典型结构示意图

垂直布放；多用于室外远距离供电，供电距离可达15km甚至更远；多无阻燃要求，可直接用于工程；根据需要，其缆芯结构中可能还含有通信线对。而YD/T 2289.3—2013所规范的无线射频拉远单元（RRU）用光电混合缆内的光单元为紧套光纤结构，一般芯数较小；缆芯为全干式，无渗水要求，可用于垂直布放；用于近距离供电，多为室内外两用型，故大多使用低烟无卤阻燃护套；大多需要经过预成端，制成跳线后才可在工程中使用。

4.5.9 海洋工程和装备用脐带缆

"十二五"期间，"863计划"海洋技术领域立项"水下生产系统脐带缆关键技术研究"、"深海ROV、拖体等设备用铠装缆技术研发"、"深海光电复合缆及湿插拔接口技术研发"三项科技计划。海洋工程和装备用脐带缆具有动力传输、光纤通信、铜缆通信、遥控指令传递、视频影像传输、往复收放承载、油气液输送等综合功能，具有较高的强度/重量比、灵活的弯曲特性、优良的耐腐蚀、耐磨损和反复收放能力。我国研究基础比较薄弱，长期以来均依赖进口。通过国家"863计划"科研支持对该类动态线缆进行关键技术研究，基本完善了专业制造和检测装备，形成了产品的设计规范、制造工艺和检验标准以及配套装备，填补了国内海洋动态光电线缆的技术和产品空白，不仅为我国深海技术领域提供可靠的、系列化的产品，打破国外技术垄断，完全替代进口产品；同时突破了该类产品长期受制于国外和国内产业配套能力弱的瓶颈，破解了我国深海通用技术与产品长期依赖于国外的产业风险，为我国油气领域水下生产系统、深海ROV、拖体等设备用铠装缆的国产化和产业化奠定了坚实的技术基础。同时还将促进我国深海通用技术与产品研制的快速推进，推动我国数百亿级的海洋资源勘探、水下作业装备、大洋科考等民用及军用市场发展，为我国海洋工程、海洋仪器和海洋装备的发展提供自主技术支撑和配套。

1. 深海ROV、拖体等设备用铠装缆（见图4-4-51）

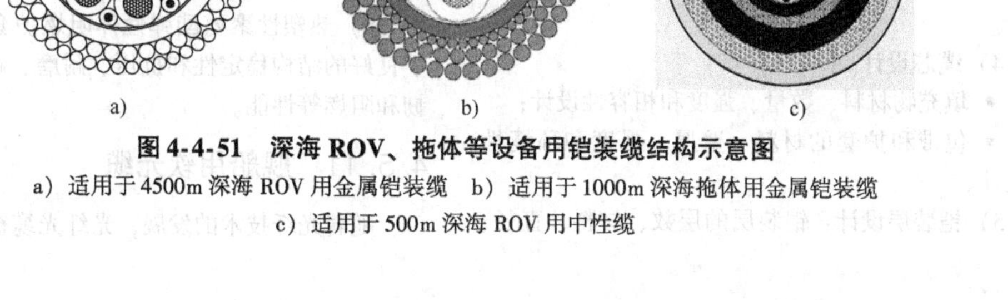

a) b) c)

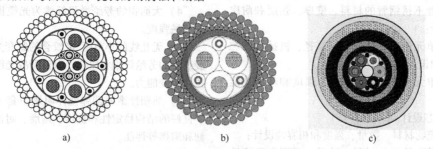

图 4-4-51 深海ROV、拖体等设备用铠装缆结构示意图

a）适用于4500m深海ROV用金属铠装缆 b）适用于1000m深海拖体用金属铠装缆

c）适用于500m深海ROV用中性缆

2. 水下生产系统用脐带缆

脐带缆是水下生产系统的关键组成部分之一，主要作用是为水下生产系统提供电气液压动力、化学注入通道，同时为上部模块控制信号以及水下生产系统提供数据传输通道。长期以来，我国所使用的脐带缆全部依赖进口，对这一方面的关键技术研究尚属空白，尚不具备脐带缆系统设计、分析、制造等关键技术的能力，在一定程度上制约了我国深海油气田的开发。脐带缆的典型结构如图 4-4-52 所示。

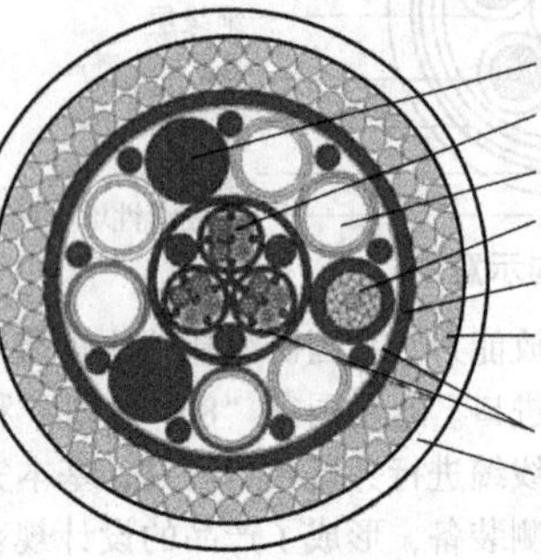

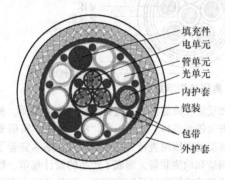

图 4-4-52 水下生产系统用脐带缆典型结构示意图

水下生产系统用脐带缆的设计主要考虑因素有：

1）电缆单元设计。

• 导体的材料、直径、结构、数量和电性能等；

• 绝缘的材料、厚度、电性能、强度和环境性能等；

• 包带和护套的材料、壁厚、强度和环境性能。

2）管单元设计。

• 管的材料、壁厚和机械强度；

• 管防腐、应力、允许应变、屈曲、疲劳。

3）光单元设计。

• 光纤类型选择；

• 油膏的类型选择和相容性设计；

• 无缝不锈钢管的材料、壁厚、强度和耐腐蚀性能设计；

• 光单元铠装层的材料、直径、机械性能和耐腐蚀性能设计；

• 光单元护套材料、壁厚、强度和环境性能设计。

4）缆芯设计。

• 填充物材料、数量、强度和相容性设计；

• 包带和护套的材料、壁厚、强度和环境性能设计。

5）铠装层设计：铠装层的层数、材料、直径、类型、机械性能、耐腐蚀性能设计。

6）外护套：外护套的材料、壁厚、结构、强度和环境性能设计。

4.5.10 野战光缆

军用野战光缆是专门为野战和复杂环境下需快速布线或反复收放使用条件下而设计的无金属光缆，具有重量轻、方便携带；抗拉力、抗压力、强重比高；柔软性好，易弯曲；耐油、耐磨、阻燃；适用温度范围广等特点。适用于军用野外通信系统快速布线或反复收放；雷达、航空和舰船布线；油田、矿山、港口、电视现场转播、通信线路抢修等条件严酷的场合。野战光缆应符合国军标 GJB 1428B—2009 的要求，其典型结构示意如图 4-4-53 所示。

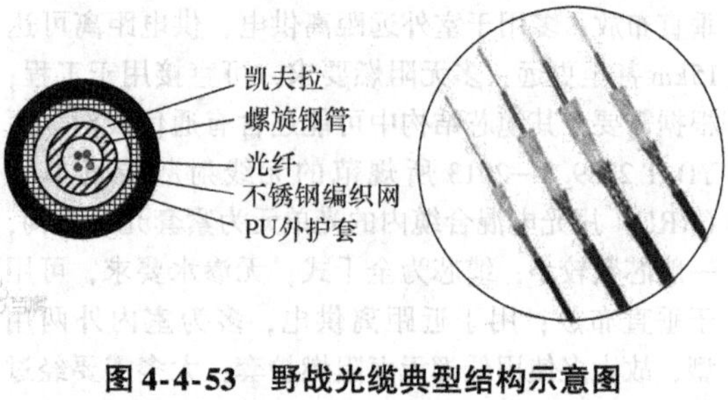

图 4-4-53 野战光缆典型结构示意图

军用野战光缆结构特点如下：

1）采用紧凑的全介质配线型结构，内为 ϕ0.9mm 紧套光纤，使光缆具有极高的强重比，便于快速布线或反复收放。

2）复合结构的高强度光纤二次被覆，提供了最好的温度性能和最小的附加衰减，确保光缆在恶劣条件下的可靠性和使用寿命。

3）特制高强度、柔韧型玻璃纤维增强塑料（FRP）中心增强元件，保证光缆的强度和弯曲性能。

4）大面积的芳纶增强纤维为光缆提供了极高的机械强度。

5）无扎线的小节距 SZ 绞合的紧套光纤和单螺旋绞合的芳纶纤维相组合，保证野战光缆有较大的拉伸应变能力。

6）热塑性聚氨酯弹性体阻燃护套为光缆提供了良好的结构稳定性和抗压、耐磨、耐油、低温柔韧和阻燃等性能。

4.5.11 舰船用软光缆

随着光纤技术的发展，光纤光缆被广泛应用于军事领域，例如应用于野战、舰船、航空、制导武器、反潜战、核试验等领域。在海军中，光缆系统应用于海岸设施、水面舰艇、潜艇、舰载飞机、水下武器、水下机器人、声呐系统等方面。

随着海军装备向现代化、大型化发展，海军舰船的通信、雷达、导航、传感器系统和武器指挥系统等电子设备为减少严重的电磁干扰，对光缆的需求越来越多。相比世界最先进的海军舰艇，我国舰船功能有一定差距，比如反应时间、传输带宽、抗干扰能力以及抗毁能力等。为了提高舰船的信息化水平，各国海军特别是美国海军大力发展舰船的综合平台管理系统、三网合一系统，甚至更高要求的C4ISR（C3 + Computer 计算机、Information 情报、Surveillance 监视、Reconnaissance 侦查）系统。如美国海军光缆标准 MIL - REF - 0085045F - 1999，就要求舰用光缆低烟、无卤、阻燃、低酸气。

舰船用软光缆是特种光缆的一种，也是结构最复杂、要求最高的光缆品种之一。由于舰船用光缆的特殊性，要求光缆具有低毒性、低卤或无卤阻燃、低发烟、低酸气、耐水火、耐油、适应极端的工作温度和储存温度，还具有重量轻、体积小、防鼠咬等严格的机械物理性能要求。

图4-4-54为一种轻型舰船用软光缆结构示意图。其结构包括光纤单元、加强层及外护套，所述光纤单元由至少一根光纤及包覆在光纤外部的尼龙内护套组合而成；所述光纤单元外部均匀包覆有加强层，并在加强层外包覆有聚合物外护套，所述外护套外部编织有由金属丝作为光缆铠装层。

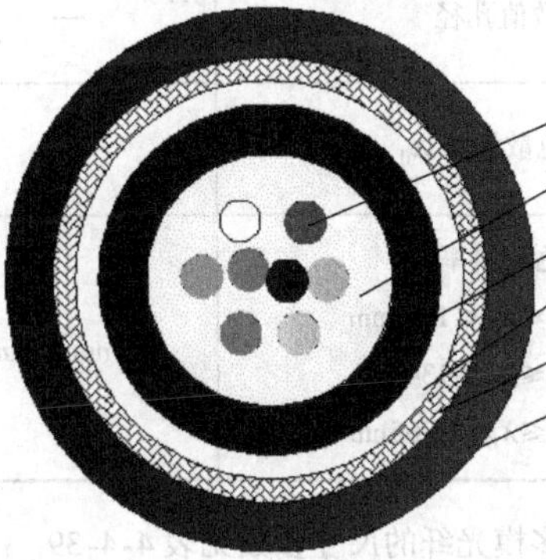

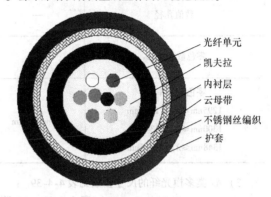

图4-4-54 一种轻型舰船用软光缆结构示意图

4.6 光纤光缆的技术要求

4.6.1 光纤的特性参数

1. 光纤的尺寸参数、光学参数和传输参数

(1) 多模光纤 GB/T 12357（所有部分）规定了通信用 A1 类、A2 类、A3 类、A4 类多模光纤的技术要求。

1) A1 类多模光纤的尺寸参数见表4-4-37。

表4-4-37 A1 类多模光纤的尺寸参数

光纤参数	单位	A1a	A1b	A1d
芯直径	μm	50.0 ±2.5	62.5 ±2.5	100 ±5
包层直径	μm	125 ±2	125 ±2	140 ±4
芯/包层同心度误差	μm	≤1.5	≤1.5	≤6
包层不圆度	%	≤2	≤2	≤2
芯不圆度	%	≤6	≤6	≤6
涂覆层直径（未着色）	μm	245 ±10	245 ±10	245 ±10
涂覆层直径（着色）	μm	250 ±15	250 ±15	250 ±15
包层/涂覆层同心度误差	μm	≤12.5	≤12.5	≤12.5

2) A1 类多模光纤的光学和传输参数见表4-4-38。

表4-4-38 A1 类多模光纤的光学和传输参数

项目		单位	A1a (50/125μm)	A1b (62.5/125μm)	A1d (100/140μm)
衰减系数	850nm	dB/km	2.4 ~3.5	2.8 ~3.5	3.5 ~7.0
	1300nm		0.55 ~1.5	0.6 ~1.5	1.5 ~4.5
模式带宽	850nm	MHz · km	200 ~800	160 ~800	10 ~200
	1300nm		200 ~1200	200 ~1000	100 ~300

（续）

项目	单位	A1a（50/125μm）	A1b（62.5/125μm）	A1d（100/140μm）
数值孔径	—	0.20 ± 0.02 或 0.23 ± 0.02	0.275 ± 0.015	0.26 ± 0.03 或 0.29 ± 0.03
零色散波长 λ_0	nm	$1295 \leqslant \lambda_0 \leqslant 1365$	$1295 \leqslant \lambda_0 \leqslant 1365$	$1295 \leqslant \lambda_0 \leqslant 1365$
零色散斜率 S_0 $1295nm \leqslant \lambda_0 \leqslant 1300nm$ $1300nm \leqslant \lambda_0 \leqslant 1348nm$ $1348nm \leqslant \lambda_0 \leqslant 1365nm$	$ps/nm^2 \cdot km$	 $\leqslant 0.105 + 0.001(\lambda_0 - 1295)$ $\leqslant 0.11$ $\leqslant 0.001(1458 - \lambda_0)$		

3）A2 类多模光纤的尺寸参数见表 4-4-39。

表 4-4-39　A2 类多模光纤的尺寸参数

光纤类型	单位	A2a	A2b	A2c
芯直径	μm	100 ± 4	200 ± 8	200 ± 8
包层直径	μm	140 ± 10	240 ± 10	280 ± 10
芯不圆度	%	≤4	≤4	≤4
涂覆层直径①	μm			
光纤长度②	km			

① 涂覆层直径取决于光缆的结构和应用场合，可以由供应方和用户商定。

② 光纤长度可以由供应方和用户商定。

4）A2 类多模光纤的光学和传输参数见表 4-4-40。

表 4-4-40　A2 类多模光纤的光学和传输参数

项目	单位	A2a	A2b	A2c
在 λ_r①nm 处的衰减系数	dB/km		≤10	
在 λ_r①nm 处的模式带宽	MHz · km		≥10	
理论数值孔径	—		0.23 ± 0.03 或 0.26 ± 0.03	

① 波长 λ_r 的大小由用户和厂家商定。

5）A3 类多模光纤的尺寸参数见表 4-4-41。

表 4-4-41　A3 类多模光纤的尺寸参数

光纤类型	单位	A3a	A3b	A3c	A3d
芯直径	μm	200 ± 8	200 ± 8	200 ± 8	200 ± 8
芯不圆度	%	≤6	≤6	≤6	≤6
芯/包层同心度误差	%	≤10	≤10	≤10	≤10
包层直径	μm	300 ± 30	380 ± 30	230 ± 10	230 ± 10
涂覆层直径	μm	900 ± 50	600 ± 50	500 ± 50	500 ± 50
光纤长度①	km				

① 光纤长度可以由供应方和用户商定。

6）A3 类多模光纤的光学和传输参数见表 4-4-42。

表 4-4-42 A3 类多模光纤的光学和传输参数

项目	单位	A3a	A3b	A3c	A3d
在 850nm 处的衰减系数	dB/km	≤10	≤10	≤10	—
在 850nm 处的模式带宽	MHz · km	≥5	≥5	≥5	—
100m 长光纤在 850nm 处的衰减	dB	—	—	—	≤1
100m 长光纤在 850nm 处的模式带宽	MHz	—	—	—	≥100
理论数值孔径	—	0.40 ±0.04	0.40 ±0.04	0.40 ±0.04	0.35 ±0.02

7）A4 类多模光纤的尺寸参数见表 4-4-43。

表 4-4-43 A4 类多模光纤的尺寸参数

光纤参数	单位	A4a	A4b	A4c	A4d
芯直径	μm	①			
包层直径	μm	1000 ±60	750 ±45	500 ±30	1000 ±60
包层不圆度	%	≤6	≤6	≤6	≤6
缓冲层直径	mm	2.2 ±0.1	2.2 ±0.1	1.5 ±0.1	2.2 ±0.1
光纤长度	km	②			

① A4 类光纤芯直径一般比包层直径小 15 ~35μm。

② 光纤的长度要求可以变化，由供应方和用户商定。

8）A4 类多模光纤的光学和传输参数见表 4-4-44。

表 4-4-44 A4 类多模光纤的光学和传输参数

项目	单位	A4a	A4b	A4c	A4d
100m 长的光纤在 650nm 衰减值	dB	≤40	≤40	≤40	≤40
100m 长的光纤在 650nm 模式带宽	MHz	≥10	≥10	≥10	≥100
理论数值孔径	—	0.50 ±0.15	0.50 ±0.15	0.50 ±0.15	0.30 ±0.05

注：如果衰减测试是按照方法 GB/T 15972 – C2 中描述的稳态模注入条件下做出的（采用扰模器），测得的衰减与长度无关。此时 100m 长度光纤其衰减值应不超过 30dB；对于 A4d 类光纤，其衰减值应不超过 20dB。

（2）单模光纤 GB/T 9771（所有部分）规定了通信用 B 类单模光纤的技术要求。

B 类单模光纤的尺寸参数见表 4-4-45。

表 4-4-45 B 类单模光纤的尺寸参数

光纤类型	模场直径 标称值 /μm	模场直径 容差 /μm	包层直径 标称值 /μm	包层直径 容差 /μm	包层不圆度（%）	芯/包同心度误差 /μm	涂覆层直径 标称值 /μm	涂覆层直径 容差 /μm	包层/涂覆层同心度误差/μm
B1.1	8.6 ~9.5	±0.6	125.0	±1	≤1.0	≤0.6	245	±10	≤12.5
B1.2	9.5 ~10.5	±0.7	125.0	±1	≤2.0	≤0.8	245	±10	≤12.5
B1.3	8.6 ~9.5	±0.6	125.0	±1	≤1.0	≤0.6	245	±10	≤12.5
B2	7.8 ~8.5	±0.8	125.0	±1	≤2.0	≤0.8	245	±10	≤12.5
B4	8.0 ~11.0	±0.6	125.0	±1	≤1.0	≤0.6	245	±10	≤12.5
B6a	8.6 ~9.5	±0.4	125.0	±0.7	≤1.0	≤0.5	245	±10	≤12.5
B6b	6.3 ~9.5	±0.4	125.0	±0.7	≤1.0	≤0.5	245	±10	≤12.5

注：B1.1、B1.3 和 B6 类光纤模场直径为 1310nm 下的值；B1.2、B2 和 B4 类光纤模场直径为 1550nm 下的值。

单模光纤的截止波长可分为2m涂覆光纤上测得的λ_c值和22m成缆光纤上测得的λ_{cc}值。光缆使用长度不小于22m时，应符合表4-4-46所规定的λ_{cc}值；使用长度小于2m时，应符合表4-4-46所规定的λ_c值，以防止使用时可能产生的模式噪声。λ_c和λ_{cc}测量值之间的关系与光纤、光缆的结构和测试条件有关，通常情况下$\lambda_{cc}<\lambda_c$。光缆截止波长λ_{cc}是作为产品规范要求所需要的首选参数。

表4-4-46 B类单模光纤的截止波长

光纤类别	B1.1	B1.2	B1.3	B2	B4	B6
λ_c/nm	—	1350~1360	—	—	—	—
λ_{cc}/nm	≤1260	≤1530	≤1260	≤1270	≤1450	≤1260

GB/T 15972对B类单模光纤的宏弯损耗做了规定：光纤以30mm半径松绕100圈，在1625nm测得的宏弯损耗应不超过0.1dB。100圈的数值相当于一个典型的中继段全部接头盒中光纤配置的近似圈数。30mm半径等效于在实际系统安装中为避免静态疲劳失效对光纤长期使用广泛可接收的最小弯曲半径。

B类单模光纤的衰减系数见表4-4-47。

表4-4-47 B类单模光纤的衰减系数

光纤类别	B1.1			B1.2	B1.3			B2		B4		B6a		
使用波长/nm	1310	1550	1625	1550	1310	1550	1625	1550	1625	1550	1625	1310	1550	1625
衰减系数最大值/(dB/km)	0.35	0.21	0.24	0.19	0.35	0.21	0.24	0.22	0.30	0.22	0.27	0.38	0.24	0.28
	0.38	0.24	0.28	0.22	0.38	0.24	0.28	—	—	0.25	0.30	—	—	—

注：对于B1.3类光纤，(1383±3) nm衰减系数最大值为按照IEC60793-2-50规定的氢老化试验后的衰减平均值，其应不大于1310nm处规定的衰减值。

B类单模光纤的色散特性见表4-4-48。

表4-4-48 B类单模光纤的色散特性

光纤类别	B1.1	B1.2	B1.3	B2	B4	B6a
零色散波长范围/nm	1300~1324	—	1300~1324	1500~1600	—	1300~1324
零色散斜率最大值/(ps/nm²·km)	0.092	0.070	0.092	0.085	—	0.092
1550nm色散系数最大值/(ps/nm·km)	18	20	18	3.5 (1525~1575nm)	1.0~10.0 (1530~1565nm)	—

用于传输速率为10Gbit/s及以上系统中，对成缆单模光纤的偏振模色散一般规定为不大于$0.2\mathrm{ps}/\sqrt{\mathrm{km}}$。

2. 光纤的机械性能

对于常用的B类单模光纤和A1a、A1b类多模光纤，规定光纤全长的筛选应变至少为1%，相当于0.69GPa的应力。对于海缆专用光纤，一般规定光纤筛选应变为2%，筛选强度不应小于200kpsi。光纤的疲劳参数n应不小于20；光纤的翘曲度，即光纤翘曲度，即因光纤翘曲形成的弯曲半径应不小于4m；光纤一次涂覆层的剥离力应不超出1.3~8.9N的范围。

3. 光纤的环境性能

A1a、A1b类多模光纤的环境性能见表4-4-49。

表4-4-49 A1a、A1b类多模光纤的环境性能

项目	技术指标
衰减温度特性	
在-60~+85℃范围内，在850nm和(或)1300nm波长，涂覆光纤相对于室温允许的附加衰减/(dB/km)	≤0.2

（续）

项 目	技术指标
干热特性	
光纤试样在温度为85℃ ±2℃下，放置30天后，在850nm和（或）1300nm波长允许的附加衰减/(dB/km)	≤0.2
浸水性能	
光纤试样在温度为23℃ ±2℃下，浸泡在水中30天后，在850nm和（或）1300nm波长允许的附加衰减/(dB/km)	≤0.2
湿热性能	
光纤试样在温度为85℃ ±2℃和相对湿度不低于85%条件下，放置30天后，在850nm和（或）1300nm波长允许的附加衰减/(dB/km)	≤0.2

B类单模光纤的环境性能见表4-4-50。

表4-4-50 B类单模光纤的环境性能

试验项目	试验条件	波长/nm	允许的衰减变化/(dB/km)
恒定湿热	温度为85℃ ±2℃，相对湿度不低于85%，放置30天	1550	≤0.05
干热	温度为85℃ ±2℃（35℃下相对湿度不高于50%），放置30天	1550	≤0.05
温度特性	温度范围为 -60 ~ +85℃，两个循环周期	1550	≤0.05
浸水	浸泡在温度为（23 ±5）℃水中30天	1550	≤0.05

4.6.2 光纤带的技术要求

YD/T 979—2009规定了光纤带技术要求和检验方法。

光纤带由UV固化涂覆光纤和UV固化粘结材料组成，通过粘结材料把光纤集中在一个组合的线性阵列中。粘结材料应紧密地与各光纤一次涂覆层粘结成一体，其性能应满足光纤带的要求。

根据UV固化粘结材料用量的多少，光纤带的典型结构分为边缘粘结型和整体包覆型，如图4-4-55所示。

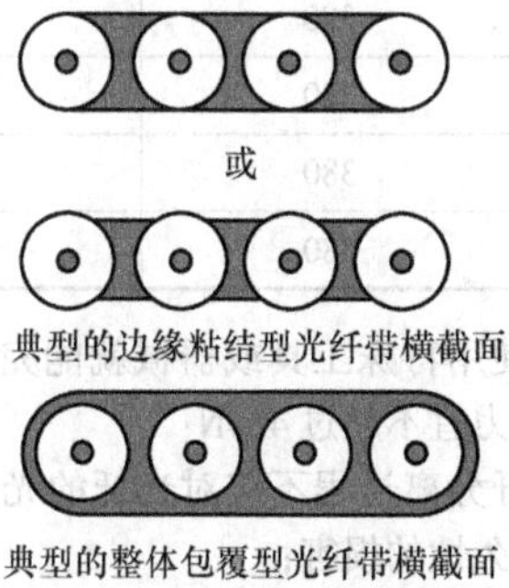

图4-4-55 光纤带典型结构

1. 光纤带的几何尺寸参数

(1) 几何尺寸参数的定义 图4-4-56示出了标有各个几何尺寸参数的光纤带横截面图。

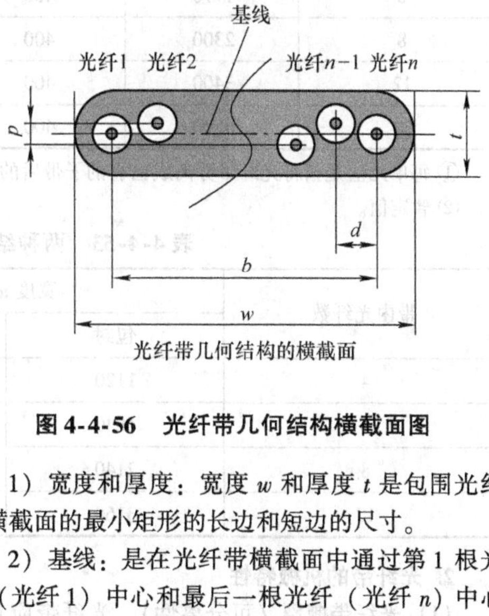

图4-4-56 光纤带几何结构横截面图

1）宽度和厚度：宽度 w 和厚度 t 是包围光纤带横截面的最小矩形的长边和短边的尺寸。

2）基线：是在光纤带横截面中通过第1根光纤（光纤1）中心和最后一根光纤（光纤 n）中心的直线。

3）光纤水平间距：是光纤带横截面上两光纤中心在基线上垂直投影之间的距离。

两种水平间距参数区别如下：

① 相邻光纤中心间距离，用 d 表示；

② 两侧光纤中心间距离，用 b 表示。

4）光纤带平整度：光纤带平整度 p 是光纤垂直位置最大正偏差与最大负偏差绝对值之和。

光纤的垂直位置偏差是指光纤中心到基线的垂直距离。当光纤中心在基线“之上”时，垂直偏差为正，当光纤中心在基线“之下”时，垂直偏差为负。

（2）几何尺寸参数的要求 表 4-4-51 和表 4-4-52分别列出了 IEC 和我国通信行业标准 YD/T 979—2009 对光纤带几何尺寸的规定。表 4-4-53 列出了两种结构光纤带产品的典型几何尺寸。

表 4-4-51 IEC 规定的光纤带最大尺寸参数

带中光纤数 n	带宽 w/mm	厚度 t/mm	相邻光纤水平间距 d/mm	两侧光纤水平间距 b/mm	平整度 p/mm
2	700	480	280	280	—
4	1220	480	280	835	50
6	1770	480	280	1385	50
8	2300	480	300	1920	50①
10	2850	480	300	2450	50①
12	3400	480	300	2950	50①

① 暂定值。

表 4-4-52 YD/T 979—2009 规定的光纤带最大尺寸参数

带中光纤数 n	宽度 w/mm	厚度 t/mm	相邻光纤水平间距 d/mm	两侧光纤水平间距 b/mm	平整度 p/mm
2	700	400	280	280	
4	1220	400	280	835	35
6	1770	400	280	1385	35
8	2300	400	300	1920	35
12	3400	400	300	2980	50
24	6800	400	300	每单元值①	75②

① 每单元值是指将光纤带分离成已有的子带后的测量值。

② 暂定值。

表 4-4-53 两种结构光纤带产品的典型几何尺寸

带内光纤数	宽度 w/mm		厚度 t/mm	
	包封	粘边	包封	粘边
4	1120	1020	380	300
6	1630	1530	380	300
8	2140	2040	380	300
12	3160	3060	380	300

2. 光纤带的机械特性

（1）光纤带撕裂（可分离性） 光纤带应具有可分离性。光纤带结构应允许光纤能从带中分离出来，分成若干根光纤的子单元或单根光纤，并且满足如下要求：

1）应对光纤带分离出的单根光纤的能力进行试验，试验方法应按 GB/T 7424.2—2008 方法 G5 的规定；

2）不使用特殊工具或器械就能完成分离。撕裂时所需的力宜不超过 4.4N；

3）光纤分离过程不应对光纤的光学及机械性能所造成永久性的损害；

4）对光纤着色层无损害，使得任意一段 2.5cm 长度的光纤上留有足够的色标，以便带中光纤能够相互区别。

（2）光纤带剥离性 单根光纤涂覆层及其光纤

带黏结的材料都应能容易的剥离，并满足下面要求：

1）黏结材料与涂覆层（或着色层）有较好的分离性；

2）涂覆层剥离时无断纤；

3）剥离后，光纤外表面应具有良好的清洁度；

（3）光纤带抗扭转能力 光纤带试样经受扭转试验后，用5倍放大镜观察时，不允许任一光纤从光纤带结构中分离出来。

（4）残余扭转度 经过残余扭转试验，所测残余扭转度应至少每0.4m扭转不大于360°。

3. 光纤带的环境性能

（1）衰减温度特性 在-40～+70℃内，光纤带中B1.1类、B1.3类、B4类和B5类光纤在1550nm波长处相对于23℃±5℃允许的附加衰减不大于0.05dB/km。

（2）热老化性能 光纤带试样在（85±2）℃温度下，放置30天后，光纤带中B1.1类、B1.3类、B4类和B5类光纤在1550nm波长处允许的附加衰减不大于0.05dB/km。

4.6.3 光缆的护层性能

1. 铝-聚乙烯粘结护套（A护套）

铝塑复合带搭接的重叠宽度应不小于5mm或缆芯直径小于8.0mm时不小于缆芯周长的20%。铝塑复合带应为双面复合粘结剂薄膜的铝带，其中铝带的标称厚度为0.15mm，塑料复合层的标称厚度为0.05mm。在光缆制造长度上允许有少量复合带接头，接头间的距离应不小于350m。

2. 钢-聚乙烯粘结护套（S护套）

钢塑复合带纵包后的皱纹应成环状，其搭接的重叠宽度应不小于5mm或纵包前直径小于8.0mm时不小于缆芯周长的20%。钢塑复合带应为双面钢塑复合带，其中钢带的标称厚度为0.15mm，塑料复合层的标称厚度为0.05mm。在光缆制造长度上允许有少量复合带接头，其钢带宜对接，接头间的距离应不小于350m。

3. 黏结护套的剥离强度

铝（或钢）带与聚乙烯套之间的剥离强度和搭接重叠处铝（或钢）带之间的剥离强度都应不小于1.4N/mm，但在铝（或钢）带下面采用填充或涂覆复合物阻水时，铝（或钢）带搭接处可不作数值要求。

4. 室外光缆塑料护套厚度和机械物理性能

聚乙烯护套光缆应在缆芯外挤包一层黑色聚乙烯护套，其厚度的标称值为2.0mm，最小值应不小于1.6mm，任何横断面上的平均值应不小于1.8mm，但有53型或63型外护层时，标称值为1.0mm，最小值应不小于0.8mm，平均值应不小于0.9mm。其机械物理性能应符合表4-4-54中的规定。

表4-4-54 塑料护套的机械物理性能

序号	项目	单位	指标			
			LLDPE	MDPE	HDPE	ZRPO
1	抗拉强度 热老化处理前（最小值）	MPa	10.0	12.0	16.0	10.0
	热老化前后变化率|TS|（最大值）	%	20	20	25	20
	热老化处理温度	℃	100±2			
	热老化处理时间	h	24×10			
2	断裂伸率 热老化处理前（最小值）	%	350			125
	热老化处理后（最小值）	%	300			100
	热老化前后变化率|EB|（最大值）	%	20			20
	热老化处理温度	℃	100±2			
	热老化处理时间	h	24×10			
3	热收缩率（最大值）	%	5			
	热处理温度	℃	100±2	115±2		85±2
	热处理时间	h	4			
4	耐环境应力开裂（50℃，96h）	—	—			

注：LLDPE、MDPE、HDPE和ZRPO分别为线性低密度、中密度、高密度聚乙烯和阻燃聚烯烃的简称。

5. 单芯和双芯光缆护套尺寸和机械物理性能

单芯和双芯光缆的护套尺寸应符合表4-4-55中的要求，护套的机械物理性能应符合4-4-56的要求。

表 4-4-55　单芯和双芯光缆的护套尺寸

护套最小厚度/mm	护套外径/mm
0.2	1.6 ±0.1
0.3	2.0 ±0.1
0.4	2.8 ±0.1
	3.0 ±0.1

注：也可根据用户要求生产其他尺寸的护套。

表 4-4-56　单芯和双芯光缆的护套机械物理性能

序号	项目	单位	指标 聚氯乙烯	 阻燃聚烯烃	 聚氨酯
1	抗拉强度　热老化处理前　（最小值）	MPa	12.5	10.0	待定
	热老化前后变化率 | TS | （最大值）	%	20		
	热老化处理温度	℃	100 ±2		
	热老化处理时间	h	24 ×10		
2	断裂伸率　热老化处理前　（最小值）	%	150	125	待定
	热老化处理后　（最小值）	%	125	100	
	热老化前后变化率 | EB | （最大值）	%	20		
	热老化处理温度	℃	100 ±2		
	热老化处理时间	h	24 ×10		
3	热收缩率（最大值）	%	5		
	热处理温度	℃	110 ±2	85 ±2	110 ±2
	热处理时间	h	2	4	2
4	热冲击	—	表面无裂纹	—	—
	热处理温度	℃	150 ±2	—	—
	热处理时间	h	1	—	—
5	耐环境应力开裂（50℃，96h）（失效数/试样数）	个	—	0/10	—

6. 外护层的其他性能

外护层的其他性能应符合 GB/T 2952—2008 的有关规定。

4.6.4　光缆的力学性能

光缆的力学性能包括光缆的拉伸、压扁、冲击、反复弯曲、扭转、卷绕以及松套管弯折等项目，不同光缆应按第 6 章规定的试验方法和试验条件通过规定项目的检验。

1. 室外光缆的拉伸、压扁性能

室外光缆允许承受的拉伸力和压扁力见表4-4-57。

表 4-4-57　室外光缆的允许承受的拉伸力和压扁力

敷设方式	允许拉伸力（最小值） F_{ST}/G	 F_{ST}/N	 F_{LT}/N	允许压扁力（最小值） F_{SC}/(N/100mm)	 F_{LC}/(N/100mm)	适用光缆型式示例
管道、非自承架空	1.0	1500	600	1000	300	GYTA、GYA、GYTS、GYS、GYTY53、GYFTY、GYFTY63
直埋（Ⅰ）	—	3000	1000	3000	1000	GYTA53、GYTY53、GYFTY63
直埋（Ⅱ）	—	4000	2000	3000	1000	GYTA53、GYTY53
水下（Ⅰ）、直埋（Ⅲ）	—	10000	4000	5000	3000	GYTA33、GYTS33

（续）

敷设方式	允许拉伸力（最小值）			允许压扁力（最小值）		适用光缆型式示例
	F_{ST}/G	F_{ST}/N	F_{LT}/N	$F_{SC}/(N/100mm)$	$F_{LC}/(N/100mm)$	
水下（Ⅱ）	—	20000	10000	5000	3000	GYTA33、GYTA333、GYTS33、GYTS333
水下（Ⅲ）	—	40000	20000	6000	4000	GYTA333、GYTS333、GYTS43

注：1. 敷设方式栏目下的（Ⅰ）、（Ⅱ）和（Ⅲ）用以区分允许力值的不同。

2. F_{ST}为短暂拉伸力；F_{LT}为长期拉伸力；G为1km光缆的重量；F_{SC}为短暂压扁力；F_{LC}为长期压扁力。

3. 同一结构型式可有不同的拉伸力要求，应在订货合同中规定。

4. 光缆派生型式的拉伸和压扁性能要求和其对应的主要型式的要求相同。

2. 单芯和双芯光缆的拉伸、压扁性能

单芯和双芯室内光缆允许承受的拉伸力和压扁力见表4-4-58。

表4-4-58 单芯和双芯室内光缆允许拉伸力和压扁力

受力时间	拉伸力/N			压扁力/(N/100mm)
	Ⅰ	Ⅱ	Ⅲ	
短暂受力	150	100	80	500
长期受力	80	60	40	100

注：1. 拉伸力中，Ⅰ适用于标称外径为2.8mm及以上的单芯光缆和由涂覆光纤组成的双芯光缆；Ⅱ适用于标称外径为2.0mm及小于2.8mm，大于1.6mm的单芯光缆和由涂覆光纤组成的双芯光缆；Ⅲ适用于标称外径为1.6mm及以下的单芯光缆和由涂覆光纤组成的双芯光缆。

2. 由两根单芯光缆组成的双芯光缆，其拉伸力为单芯光缆拉伸力的1.5倍。

3. ADSS光缆的拉伸性能

ADSS光缆的最大允许使用张力（MAT）通常按40%的光缆额定抗拉强度（RTS）考虑，拉伸力见表4-4-59。含内垫层的光缆允许的压扁力（最小值）为2200N/100cm，不含内垫层的光缆允许的压扁力（最小值）为1000N/100cm。ADSS光缆还需要经受风激振动、舞动、过滑轮和蠕变等试验。

表4-4-59 ADD光缆允许承受的拉伸力及性能要求

检 测 项 目	拉伸力	光纤应变（%）		光纤附加衰减/dB	
		中心管式	层绞式	中心管式	层绞式
光缆的年平均运行张力（EDS）	25% RTS	无明显应变	无明显应变	无明显附加衰减	无明显附加衰减
光缆最大允许张力（MAT）	40% RTS	≤0.1	≤0.05	无明显附加衰减	无明显附加衰减
光缆的极限运行张力（UOS）	60% RTS	≤0.5	≤0.35	该拉力取消后，光纤无明显残余附加衰减	
光缆额定抗拉强度	≥95% RTS	—	—	—	

4. 光缆允许的最小弯曲半径

光缆允许的最小弯曲半径用光缆直径（D）的倍数表示。对于室外光缆，最小弯曲半径应符合表4-4-60中的规定；对于单芯和双芯光缆允许的最小弯曲半径用扁形缆横截面短轴H和圆形缆外径D的倍数表示，对于B1.1类，B1.3类，B4类单模光纤，以及多模光纤，在动态弯曲情况下扁形缆为20H，圆形缆为20D，但不小于60mm，在静态弯曲情况下扁形缆为10H，圆形缆为10D，但不小于30mm。对于B6a类光纤，在动态弯曲情况下扁形缆为10H，圆形缆为10D，但不小于30mm，在静态弯曲情况下扁形缆为5H，圆形缆为5D，但不小于15mm。对于B6b类光纤，在动态弯曲情况下扁形缆为10H，圆形缆为10D，但不小于25mm，在静态弯曲情况下扁形缆为5H，圆形缆为5D，但不小于10mm。对于ADSS光缆，动态允许最小弯曲半径为25D，静态允许最小弯曲半径为15D。

表 4-4-60 室外光缆允许的最小弯曲半径

外护层型式	无外护层或04型	53型、54型、33型、34型、63型	333型、43型
静态弯曲	10D	12.5D	15D
动态弯曲	20D	25D	30D

4.6.5 光缆的环境性能

光缆的环境性能应包括衰减温度特性、滴流性能、护套完整性、渗水性、阻燃性、防蚁性能、低温下弯曲性能和低温下冲击性能等，不同的光缆应按第6章规定的试验方法和试验条件通过规定项目的检验。

1. 光缆适用温度范围及其衰减温度特性

室外光缆适用温度范围和缆中光纤允许的附加衰减见表4-4-61，单芯和双芯室内光缆的适用温度范围和缆中光纤允许的附加衰减见表4-4-62，ADSS光缆的适用温度范围和缆中光纤允许的附加衰减见表4-4-63。

表 4-4-61 室外光缆适用温度范围和缆中允许的附加衰减

分级代号	适用温度范围/℃		允许光纤附加衰减/(dB/km)		
	低限 T_A	高限 T_B	0级（特级）	1级	2级
A	-40	+60	无明显附加衰减	不大于0.05	不大于0.10
B	-30	+60			
C	-20	+60			

注：1. 光缆温度附加衰减为适用温度下相对于20℃下的光纤衰减差。
2. 允许光纤附加衰减的2级不适用于核心网用光缆。

表 4-4-62 单芯和双芯光缆适用温度范围和缆中允许的附加衰减

分级代号	适用温度范围/℃		单模光纤附加衰减 dB/km				多模光纤附加衰减/(dB/km)	
	低限 T_A	高限 T_B	B1.1类	B1.3类	B4类	B6类	A1a类	A1b类
A	0	50	0.1				0.1	
B	-5	50	0.2				0.1	
C	-20	60	0.5				0.3	

注：光缆温度附加衰减为适用温度下相对于20℃下的光纤衰减差。

表 4-4-63 ADSS光缆适用温度范围和缆中允许的附加衰减

适用温度范围/℃		单模光缆允许光纤附加衰减/(dB/km)	
低限 T_A	高限 T_B	1级	2级
-40	+65	≤0.05	≤0.10

注：光缆温度附加衰减为适用温度下相对于20℃下的光纤衰减差。

2. 滴流性能

使用复合物填充的光缆，在温度为70℃的环境下，光缆应无填充复合物和涂覆复合物等滴出。

3. 护套完整性

1）聚乙烯套应连续完整，在它下面有金属层时，应采用电气方法进行聚乙烯套的完整性试验。

2）用电火花试验检验其完整性时，在表4-4-64规定的试验电压下聚乙烯套应不击穿。

表 4-4-64 聚乙烯套电火花试验电压

电压类型	直流	交流
试验电压（最小值）/kV	9t，最高25	6t，最高15

注：1. t为聚乙烯套的标称厚度，单位为mm。
2. 交流试验电压系有效值。

3）用浸水试验检验其完整性时，光缆在浸水24h后聚乙烯外套的电性能应符合：

① 在直流电压500V下对水绝缘应不小于2000MΩ · km。

② 耐电压水平应不低于在直流电压15kV下2min不击穿。

4. 渗水性能

1m水头加在光缆的全部截面上时，光缆应能阻止水纵向渗流（钢丝铠装层可不检验）。

5. 阻燃光缆的燃烧性能

阻燃光缆的燃烧性能应符合：

1）阻燃性：应通过单根垂直燃烧试验来验证。

2）烟密度：燃烧烟雾不应使透光率小于50%。

当用于进局或隧道时，还应符合腐蚀性要求，即燃烧产生气体的pH值应不小于4.3，电导率应不大于10μS/mm。

6. 防蚁性能

在有白蚁的环境下，防蚁光缆应具有足够的耐啃噬性能，具体指标待定。

7. 低温下弯曲性能

光缆应具有在 -20℃低温下承受弯曲半径为15倍缆径的U形弯曲的能力，但水下光缆除外。

8. 低温下冲击性能

光缆应具有在 -20℃低温下耐冲击的能力，但水下光缆除外。

9. 低温下卷绕性能

对于单芯和双芯光缆，温度特性C级的光缆，应具有耐 -15℃低温下卷绕的能力。

10. ADSS光缆三项特殊性能

1）光缆热老化性能：光缆经受热老化试验（85℃ ±2℃，120h）后，光缆外护套应无目力可见开裂，各部分标记完好，光纤附加衰减应不大于0.2dB/km。

2）光缆抗紫外线性能：光缆应具有抗紫外线的性能，试验（1000h）结束后，光缆外护套应无目力可见裂纹，各部分标记完好。

3）耐电痕性能：B级光缆经过耐电痕性能试验（30kV，1000h）后，光缆表面任一点的痕迹或蚀点不得超过外护套厚度的50%。

第5章

光纤测试方法和试验程序

5.1 光纤尺寸参数测试

光纤的尺寸参数是光纤的最基本的标准化参数。

5.1.1 光纤几何尺寸

1. 术语和定义

(1) 基准面 基准面应在光纤产品规范中规定，它可以是纤芯或包层的表面。

(2) 芯/包同心度误差 A类光纤：芯区中心到包层中心的间距；B类光纤：近场剖面中心到包层中心的间距。

(3) A类多模光纤的芯直径 多模光纤芯直径从折射率剖面确定，定义为在折射率剖面上通过芯区中心与折射率剖面在 n_3 点相交的直径，n_3 的位置由式（4-5-1）确定，即

$$n_3 = n_2 + k(n_1 - n_2) \qquad (4\text{-}5\text{-}1)$$

式中 n_1——纤芯的最大折射率；

n_2——最内均匀包层的折射率；

k——称为“k 因子”的常数。

折射率剖面可通过折射近场法（RNF）或横向干涉法（TI）获得，也可以用近场光分布法（TNF）测量被全部照明的纤芯近场来获得。

为改善芯直径测量精度，建议在测量折射率剖面时采用曲线拟合技术。

对拟合的RNF或不拟合的TNF法，k 的典型取值为0.025，这与拟合的TNF法的 k 值为零等效。

对纤芯/包层交界区域折射率剖面是渐变的光纤，不拟合的TNF法的 k 值取为0.05等效于拟合的TNF法的 k 取值为零。

对于B类光纤，用近场图的中心作为芯区的中心，规定模场边界。

2. 试验方法及概述

未涂覆光纤的几何特性是光纤的基本特性，在进行光纤熔接、连接、成缆和测量等后续工序时需要预知未涂覆光纤的几何特性。表4-5-1给出了光纤几何参数的四种试验方法。

表4-5-1 光纤几何特性的试验方法

试验方法	适用光纤类型	适用的参数
方法A：折射近场法	所有A类和B类光纤	包层直径、包层不圆度纤芯直径、纤芯不圆度芯/包同心度误差、理论数值孔径折射率剖面
方法B：横向干涉法	所有A类光纤	纤芯直径、纤芯不圆度理论数值孔径
方法C：近场光分布法	A1类、A2类、A3类和所有B类光纤	除理论数值孔径外的所有参数
方法D：机械直径法	所有光纤	包层直径、不圆度

注：1. 不规定单模光纤的芯直径。

2. 纤芯直径、纤芯不圆度和理论数值孔径仅适用于A类光纤。

3. 在实际应用中，对于平滑的和充分圆的光纤，用方法D可给出同方法A、方法B和方法C相近的结果，并且也能得到光纤不圆度的测量结果。

上述四种试验方法中，方法C是测量A类光纤几何参数（纤芯直径除外）和B类光纤几何参数的基准试验方法（RTM），可用作仲裁试验；方法A是测量A类光纤纤芯直径的基准试验方法（RTM）。

需要注意的是，A类光纤的芯区是根据方法A测定的折射率剖面定义的，因此方法C不可以作为A类光纤纤芯直径的仲裁试验方法。

下面是上述四种试验方法共同的要求，而对每一种试验方法的特定要求在测试方法中详细叙述。

(1) 方法A：折射近场法

1）测量原理。折射近场法是多模光纤尺寸参数测定的基准试验方法和单模光纤尺寸参数测定的

第一替代试验方法。

折射近场测量是一种直接和精确的测量，它能直接测量光纤整个（纤芯和包层）横截面折射率变化的两维分布图，具有高分辨率，经定标可给出折射率绝对值。用合适的方法由折射率两维分布图可确定单模光纤和多模光纤的几何参数及多模光纤的最大理论数值孔径。

折射近场法测试原理如图 4-5-1 所示。

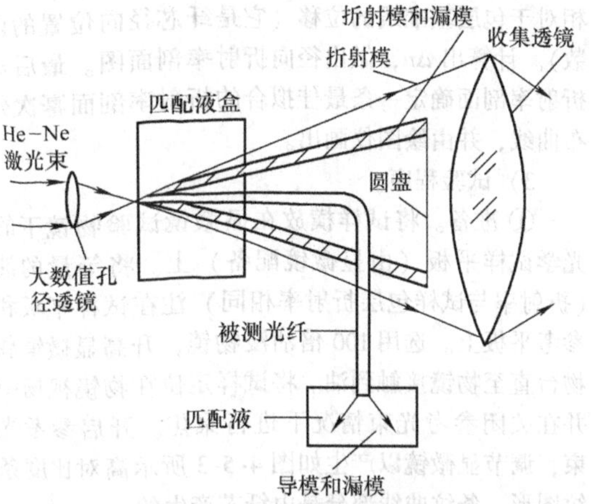

图 4-5-1　折射近场法测试原理示意图

折射近场法的优点是，可直接测出光纤的绝对折射率分布，既能测量单模光纤，又能测量多模光纤，测试精度高，空间分辨率小等。

2）试验装置。折射近场法试验装置如图 4-5-2 所示。有关试验装置的主要组成部分的功能分别简述如下：

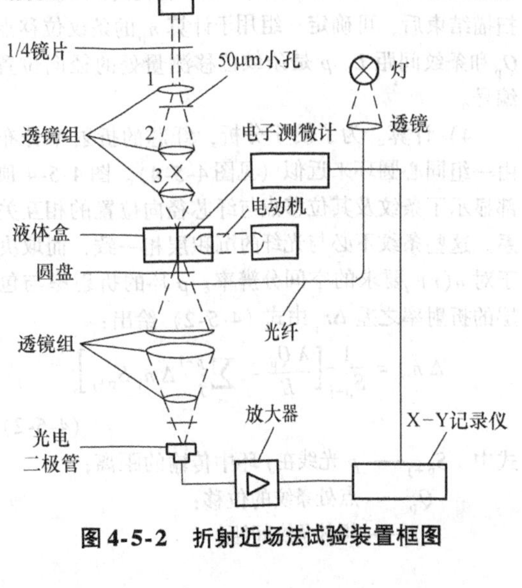

图 4-5-2　折射近场法试验装置框图

① 光源。应使用一个输出功率为毫瓦级的稳定激光器，输出模式为 TEM_{00} 模。一般可选用波长为 633nm 的氦氖（He-Ne）激光器，但外推到其他波长时必须用修正系数对其结果加以修正。

由于光在空气—玻璃界面的反射与角度和偏振状态密切相关，所以加入一个 1/4 波片将光束从线偏振变为圆偏振。一个置于透镜 1 焦点处的小孔作为空间滤波器。

② 注入光学系统。注入光学系统应对光纤的数值孔径满注入，并将光束聚焦到光纤平坦的输入端面上。光束光轴与光纤轴夹角应在 1°以内，装置的分辨率取决于聚焦光斑尺寸，为了使分辨率最高，聚焦光斑尺寸应尽可能小。对多模光纤，光斑尺寸宜小于 1.5μm；对单模光纤，光斑尺寸宜小于 1.0μm。试验装置应确保聚焦光斑应能沿整个光纤横截面扫描。

③ 液体盒。液体盒中折射率匹配液的折射率应稍高于光纤包层的折射率。盒的位置由计算机控制的电动机来驱动，并由电子测微计来检测。

④ 光探测器。只要能收集全部折射光，可采用任何方便的方法收集折射光，并传到探测器。通过计算确定圆盘尺寸及在中心轴上的位置。

3）试验程序。

① 试样准备。试样长度应小于 2m，浸入液体盒中那段光纤的被覆层应去除，试样两个端面应清洁、光滑与光纤轴垂直。

② 装置校准。从液体盒中取出光纤对装置进行校准。测量期间，光锥角随入射点处光纤折射率的不同而变化（也就是通过圆盘的功率变化）。如已从液体盒中取出光纤并且已知液体的折射率及液体盒的厚度，可通过沿光轴平移圆盘来模拟角度的变化。通过把圆盘移动到若干个预定位置，可得到相对折射率的剖面图。如果精确知道测量波长和温度下包层或匹配液折射率，就可确定绝对折射率 n_1（纤芯最大折射率）和 n_2（最内均匀包层的折射率）。也可借助一根已知其恒定折射率值的细棒或一根多层突变折射率值精确已知的多模光纤来对装置进行校准。

③ 折射率剖面测量。将被试光纤注入端浸在液体盒中。同时激光束对中并聚焦到光纤端面上。

收集通过圆盘的全部折射光并聚焦到探测器光敏二极管上。聚焦的激光光斑扫描整个光纤端面，直接获得光纤折射率的两维分布图。由这个折射率分布曲线，就可以计算出光纤的几何参数。

④ 几何特性。一旦完成了折射率剖面测量，

将芯－包折射率边界处各点分别与平均的芯折射率和包层折射率之间的平均值相重合就获得了芯轮廓。包层轮廓的确定方法与芯轮廓相同，所不同的是包层轮廓是在包层折射率匹配液边界获得的芯同心度误差。几何尺寸分析是利用芯和包轮廓数据来进行。

⑤ 试验结果。测量结果报告中应包括试验装置、所用的扫描法说明、光纤识别号、测得的折射率分布图。通过测得的折射率分布图形可确定出包层直径、芯/包同心度误差、包层不圆度、芯直径等。

(2) 方法 B：横向干涉法

1）测量原理。横向干涉法可通过测量光纤试样的折射率剖面来计算光纤玻璃区域的几何特性参数。

横向干涉法采用干涉显微镜，在垂直于光纤试样轴线方向上照明试样产生干涉条纹，通过视频检测和计算机处理获取折射率剖面。从折射率剖面确定光纤的几何参数。也可由测量结果确定 A1 类光纤的纤芯直径和最大理论数值孔径。

2）试验装置。横向干涉法测量装置如图 4-5-3 所示。

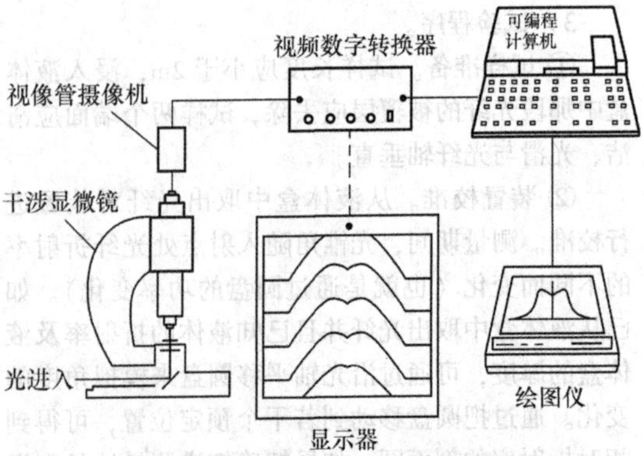

图 4-5-3 横向干涉法测量装置

① 透射光干涉显微镜。这种特定用途的干涉显微镜是两台显微镜和一台干涉仪的组合，它使试验物体的放大像与干涉条纹一起出现。一个平行光聚光镜和物镜系统产生试样的试验光路和参考光路，它采用窄带滤光器和白光光源得到准相干照明光。

② 视像管摄像机和显示器。摄像机产生一个能使条纹明暗度量化的电子图像，使得能采用解析方法精确定位条纹的中心坐标。它也可以在可见光谱之外的波长上进行测量。显示器应能使操作人员容易观察试样，并有助于对试样和条纹进行适当调节。

③ 视频数字转换器。此单元与摄像机和计算机控制器一起工作，使摄像机拍到的显微镜的输出场图数字化。计算机对摄像机摄像管上的位置进行寻址，数字转换器将该寻址位置处的灰度用一个 8 位二进制数字表示，并送回到计算机。由显示器上的圆点光标来指示被编码点的位置。

④ 可编程计算机和绘图仪。计算机（可编程计算机）采集作为位置数据函数的光强，确定条纹相对于包层基准线的位移（它是纤芯径向位置的函数）。计算出 Δn，做出径向折射率剖面图。最后对折射率剖面确定一条最佳拟合的折射率剖面幂次分布曲线，并由绘图仪画出。

3）试验程序。

① 准备。将试样横放在显微镜试验物镜下的光学试样平板（由显微镜配备）上。将等量的油（折射率与试样包层折射率相同）注在试样平板和参考平板上。选用 100 倍油浸物镜，升高显微镜载物台直至物镜接触到油。将试样定位在物镜视场中并在关闭参考光束情况下进行聚焦。开启参考光束，调节显微镜以产生如图 4-5-3 所示高对比度条纹图形，条纹曲线部分是由纤芯产生的。

② 光纤轴定位。调整光纤轴使之与条纹线垂直，调节条纹间距，使显示器上可看到约 4 条条纹。为便于分析，再调节显微镜操控装置，使条纹线平行于摄像机的水平扫描线。

③ 扫描。一旦将条纹适当定向，可编程计算机和数字转换器就自动扫描所选的条纹，将包层中条纹的位置作为零位移位置（$y=0$），可得出纤芯中条纹的位移量（y 轴）。垂直跨过包层中两条相邻条纹进行一次单独扫描，获得条纹间距 L。条纹扫描结束后，可确定一组用于计算 n_p 的条纹位移点 Q_p 和条纹间距 L。p 是条纹位移测量处的径向位置编号。

4）计算。为了便于分析，纤芯的折射率分布由一组同心圆环来近似（见图 4-5-4）。图 4-5-4 顶部显示了条纹及其位移点与纤芯径向位置的相互关系。这些条纹不必与光纤的沉积层相一致，而取决于对 $n(r)$ 要求的空间分辨率。p 环的折射率与包层的折射率之差 Δn_p 由式（4-5-2）给出：

$$\Delta n_p = \frac{1}{S_{p+j}}\left[\frac{\lambda Q_p}{L} - \sum_j^{p-1} \Delta n_j S_{p+j}\right] \tag{4-5-2}$$

式中 S_{p+j}——p 光线在 j 环中传输的距离；

Q_p——点处条纹的位移；

L——相邻条纹间距。

S_{p+j}由下式给出：

$$S_{p+j}=2[(R_{j-1}^2-R_p^2)^{\frac{1}{2}}-(R_j^2-R_p^2)^{\frac{1}{2}}] \quad (4\text{-}5\text{-}3)$$

式中 R_j——j环的半径。

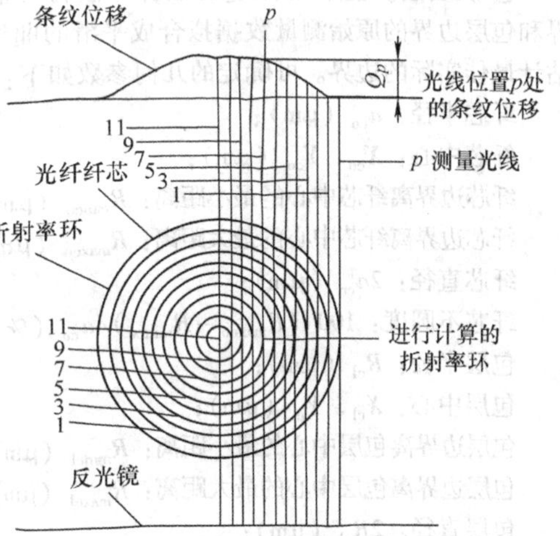

图4-5-4 折射率剖面——环图

用$x-y$绘图仪画出Δn_p的曲线，这就是光纤的折射率剖面。采用曲线拟合法可获得与式（4-5-4）所示折射率方程最符合的参数：

$$\Delta n(r)=\Delta n_0\left[1-\left(\frac{r}{a}\right)^g\right] \quad (4\text{-}5\text{-}4)$$

式中 Δn_0——$r=0$处的折射率差；

a——纤芯半径；

g——折射率剖面形状因子，近似为2。

拟合确定的Δn_0、g和a值最符合实际的折射率剖面。为避免由于中心折射率凹陷和纤芯/包层边界不规则引起的不能接受的扰动，拟合时应仅利用$0.15a\sim0.95a$之间的数值。

（3）方法C：近场光分布法

1）测量原理。本方法是多模光纤几何尺寸测定的替代试验方法（ATM）和单模光纤几何尺寸（除模场直径）测定的基准试验方法（RTM）。通过对被测光纤输出端面上的近场光分布进行分析，确定光纤的几何参数。

本方法可采用灰度法和近场扫描法。灰度法用一视频系统实现两维（$x-y$）近场扫描，而近场扫描法只进行一维近场扫描。

灰度法可测量的几何参数，见表4-5-2。

近场扫描法可确定A1类光纤的纤芯直径。由于纤芯不圆度的影响，近场扫描法与灰度法得出的纤芯直径可能有差别。纤芯不圆度可通过多轴扫描来确定。

表4-5-2 灰度法可测量的几何参数

参数	适用的光纤类型
纤芯直径	A1，A2，A3，A4
纤芯不圆度	A1，A2，A3
纤芯/包层同心度误差	A1，A2，A3，B
包层直径	A1，A2，A3，B
包层不圆度	A1，A2，A3，B

2）试验装置。

① 光源。应采用合适的光源照明纤芯和包层。在测量期间，光源强度应是可调和稳定的。

应指定用于照明纤芯和包层的光源的中心波长和谱线宽度。用于包层照明的光源，光源谱宽应不大于100nm，光源波长可以是620nm、850nm或指定的其他波长；光源的谱特性不应引起像的散焦。对于单模光纤应根据被测光纤的类型，选择标称波长为1310nm或1550nm的光源照明纤芯，谱特性应按排除多模工作来选取；也可采用其他波长的光源照明纤芯。对于多模光纤，照明纤芯的光源应是非相干的，可采用白光或其他波长的光源。

② 注入条件。光注入装置应能在空间上和角度上对光纤均匀满注入；在光纤输出端，应对包层均匀照明。

③ 光纤固定和定位装置。应采用诸如真空吸盘之类的稳定的固定装置来固定光纤的输入端和输出端。该固定装置应与定位装置在一起，以便使光纤输入端和输出端能在输入光束和照明包层的光束中能精确地对中。

④ 包层模剥除器。应采用包层模剥除器，移去包层中传输的光功率。当光纤预涂覆层的折射率高于包层的折射率或只测量包层的几何参数时，则不需要包层模剥除器。

⑤ 放大光学装置。应采用合适的放大光学装置放大试样输出近场图像，以便能对放大的图像进行扫描。透镜的数值孔径也就是光学分辨能力应与所要求的测量精度相适应，且不低于0.3。应对装置的放大倍数进行校准，装置的放大倍数应与所希望的空间分辨率相适应。采用灰度法时，应选择放大光学装置的放大倍数，以便摄像机的电荷耦合器件（CCD）阵列被包层图像接近充满。

⑥ 光检测器。采用灰度法时，应采用CCD摄像机来探测放大的输出近场图像并将其送到视频显示器。视频数字转换器将图像数字化，以便计算机分析。光检测系统应是足够线性的，在校准后测量的不确定性不超过所要求的指标。

采用近场扫描法时，应采用能对光纤近场图聚焦像进行扫描并提供场强和位置信息的装置，例如一个用步进电动机驱动的单个检测器（如一针孔）或者一个已知基元大小和间隔的视频阵列检测器，检测器在所接收的光强范围内应是线性的。

摄像机像元尺寸或视频阵列检测器基元（或针孔）尺寸相对于放大的近场图像应足够小，即

$$d \leqslant \frac{1.22M\lambda}{4N_A} \tag{4-5-5}$$

式中 d——摄像机像元尺寸或视频阵列检测器基元（或小孔）尺寸（μm）；

M——光学系统的近似放大倍数；

λ——最低的测量波长（μm）；

N_A——测量A类光纤纤芯直径时被测光纤的数值孔径，或测量包层直径时物镜的数值孔径。

⑦ 视频图像显示器（灰度法）。应采用视频图像显示器来显示图像。操作人员借助显示器屏上的图标（例如十字游标）将被测试样的图像置于中心。可采用计算机控制的对准和/或聚焦装置。

⑧ 数据采集和处理系统。采用灰度法时，可采用计算机进行数据采集和计算。打印机提供测量信息和测量结果的硬拷贝。

采用近场扫描法时，应提供一种装置来记录近场光强（与扫描位置的关系）。可以是 $x-y$ 记录仪、数字处理器或其他的合适装置。

3）试验程序。

① 试样。试样端面应清洁、光滑并垂直于光纤轴。测量包层时，端面倾斜角应小于1°。端面损伤应受控制，使对测量精度的影响最小。对于A1、A2、A3和A4类多模光纤，试样长度应为2m±0.2m；对B类单模光纤，试样长度不受限制。应注意避免光纤的小弯曲。

② 装置校准。对已知具有合适精度尺寸的试样进行扫描测定放大光学装置的放大率。

③ 测量。

方法一：灰度法。

使用光纤夹具将试样定位在输入端，使之达到规定的注入条件。对输出端近场图聚焦并定位在显示器的中心。应根据试验装置的要求，调节输入端纤芯照明强度和输出端包层照明强度。

应对数字化的输出端面图像的数据平均并记录。

方法二：近场扫描法。

使用光纤夹具将试样定位在输入端，使其达到规定的注入条件。调节试样输出端使得能扫描放大的图像。扫描近场图像，记录光纤输出端面上作为位置函数的近场强度。

4）计算。

① 灰度法。应采用合适的拟合方法将纤芯边界和包层边界的原始测量数据拟合成平滑的曲线来估计最佳实际的边界。可确定的几何参数如下：

纤芯半径：a_{co}（μm）；

纤芯中心：X_{co}，Y_{co}（μm）；

纤芯边界离纤芯中心的最小距离：R_{minco}（μm）；

纤芯边界离纤芯中心的最大距离：R_{maxco}（μm）；

纤芯直径：$2a_{co}$（μm）；

纤芯不圆度：$100(R_{maxco}-R_{minco})/a_{co}$（%）；

包层半径：R_{cl}（μm）；

包层中心：X_{cl}，Y_{cl}（μm）；

包层边界离包层中心的最小距离：R_{mincl}（μm）；

包层边界离包层中心的最大距离：R_{maxcl}（μm）；

包层直径：$2R_{cl}$（μm）；

包层不圆度：$100(R_{maxcl}-R_{mincl})/R_{cl}$（%）；

纤芯/包层同心度误差：$[(X_{cl}-X_{co})2+(Y_{cl}-Y_{co})2]1/2$(μm)。

对于B类单模光纤，假定模场同心度误差和用近场光分布法使用短波长光源（比1310nm短得多，例如白光）测得的纤芯/包层同心度误差是等效的。对边界的拟合除可采用椭圆拟合以外，还可采用傅里叶拟合和圆拟合。下面描述这三种拟合方式。

方式一：椭圆拟合。

使用最小平方和的方法将边界点的位置坐标 x，y 拟合成一个椭圆。可采用迭代过程进行有效过滤。然后将这些经过过滤处理的坐标点通过最小平方和方法拟合成一个圆，从圆拟合可确定光纤的几何参数。

方式二：傅里叶拟合。

在截断周期之外通过设置系数使变换式为零，相当于椭圆拟合的最大截断周期180°。典型的截断周期是90°（对于64个点，它相当于在零频参考上的第四傅里叶项）。

方式三：圆拟合。

通过对边界每点的坐标 x，y 进行拟合，拟合前，对每一坐标点进行有效的过滤处理。然后将这些经过过滤处理的坐标点通过最小平方和方法拟合成一个圆，来确定纤芯中心和纤芯直径（仅对多模光纤）、包层中心和包层直径、纤芯/包层同心度误差（对单模光纤，则是模场同心度误差）。经过过滤处理的纤芯（或包层）边界离纤芯中心（或包

层中心）的最大距离和最小距离可决定纤芯不圆度、包层不圆度。

在拟合成数学模型时，有效地过滤或剔除由于端面切割不好造成的离散数据将改进拟合的效果。曲线、试验装置、切割方法和过滤方法的选择对包层参数测量结果精度的影响是相互作用的。

② 近场扫描法。应将测得的输出近场图光强幅度归一化，并做出归一化光强与光纤输出端面上有效扫描位置的函数曲线。可采用下面两种方法计算纤芯直径：

注意：由于纤芯不圆度的影响，本方法确定的纤芯直径与灰度法确定的纤芯直径可能有偏差。

方法一：不采用曲线拟合。

如图 4-5-5 所示，直接从测得的光强曲线上用 k 因子确定纤芯直径。

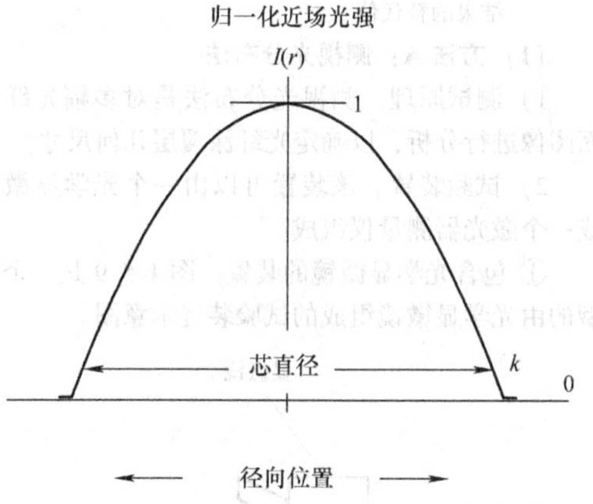

图 4-5-5　近场扫描法芯直径剖面——方法一

方法二：采用曲线拟合。

在归一化光强曲线图上，将 10% ~80% 之间的点用最小二乘方法拟合，有

$$I(r)/I(0)=1-(r/a)^{g} \qquad (4\text{-}5\text{-}6)$$

式中　a——纤芯半径；

g——形状因子。

拟合变量包括 a、$I(0)$ 和 g。应选择合适的曲线拟合算法，使结果基本不受拟合算法具体细节的影响。

在拟合曲线上，$I(r)=0$ 的两点之间的距离 2a 就是纤芯直径，如图 4-5-6 所示。

方法一与方法二芯包边界近场光强分布如图 4-5-7所示。

(4) 方法 D：机械法

1）测量原理。机械法的测量原理是通过两个平砧与受试光纤直径方向上的两个相对侧面的机械

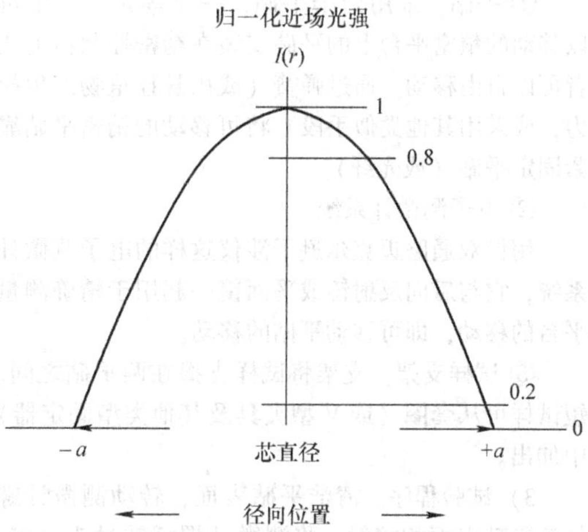

图 4-5-6　近场扫描法芯直径剖面——方法二

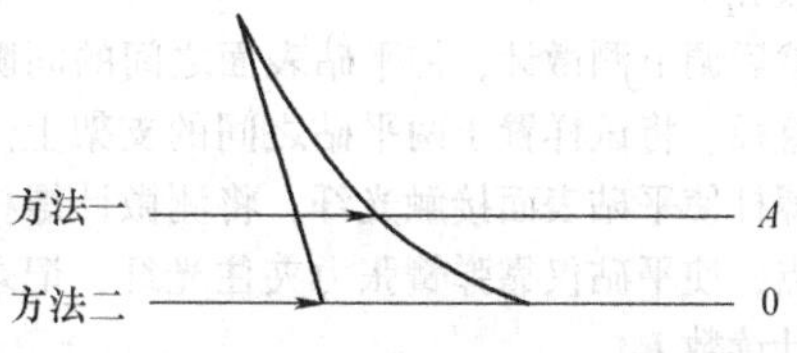

图 4-5-7　芯层 – 包层边界上的近场光强分布

接触来测量光纤试样的直径。

机械法适用于多模光纤和单模光纤包层直径的精度测量，用来向工厂提供作为校准光纤的样品。这种方法也用来测量光纤涂覆层直径和缓冲层直径。

2）试验装置。采用两个表面很平的平砧，平砧与光纤侧面相接触。两平砧的表面互相平行，平砧与光纤的接触力应足够小，以保证平砧对光纤不产生物理变形。如果平砧表面不平坦或者平砧对光纤产生变形，则应对测量结果进行修正。试验装置如图 4-5-8 所示。

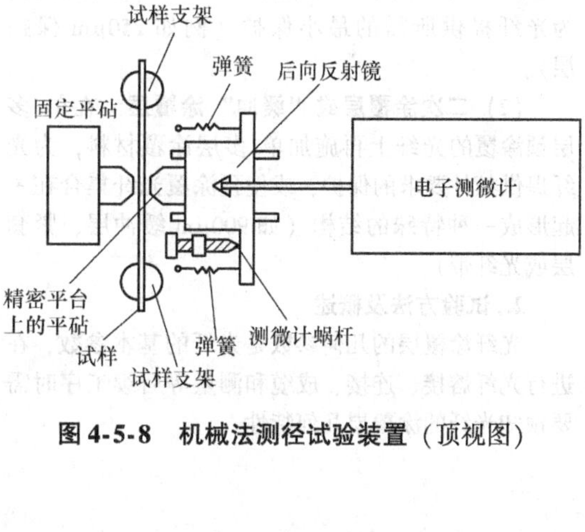

图 4-5-8　机械法测径试验装置（顶视图）

① 平砧。采用两个平砧，一个固定，一个可以移动的精密平台上的平砧安装在精密控制器上或者可以自由移动。通过弹簧（或由悬挂重物产生拉力，或采用其他类似手段）将可移动的精密平砧靠紧固定平砧（或光纤）。

② 电子测微计系统

用像双通路迈克尔逊干涉仪这样的电子测微计系统，它与后向反射镜或平面镜一起用于精确测量平台的移动，即可移动平砧的移动。

③ 试样支架。支架将试样支撑在两平砧之间。短试样可从套圈（或V型夹具及其他类型固定器）中伸出。

3）试验程序。清洁平砧表面，转动测微计螺杆使平砧表面相接触。将测微计螺杆转过头一点，使两个平砧仅靠弹簧张力贴在一起，记录电子测微计读数 L_1。

然后调节测微计，使平砧表面之间的间隙大于试样直径。将试样置于两平砧之间的支架上。缓缓转动螺杆使平砧表面接触光纤，将测微计螺杆转过头一点，使平砧仅靠弹簧张力夹住光纤，记录电子测微计读数 L_2。

试样直径就是 L_2-L_1。如果变形不能忽略，该值还应加上修正值。为保证测量的重复性，应重复测量几次。

为确定试样的不圆度，应转动试样进行一系列测量。测量时，应将平砧表面和试样表面的接触力调到足够小，使得试样或平砧产生的变形可以忽略。所要求的平砧与试样的材料，接触力大小应在用户和厂家之间达成协议。

5.1.2 光纤涂覆层几何尺寸

1. 术语与定义

(1) 预涂覆层 在光纤拉制时或拉制后应在光纤包层表面涂覆单/多层起保护作用的涂覆材料，为光纤提供所需的最小保护（例如 250μm 保护层）。

(2) 二次涂覆层或“缓冲”涂覆层 在单/多层预涂覆的光纤上再施加单/多层涂覆材料，为光纤提供额外要求的保护，或使预涂覆光纤集合在一起形成一种特殊的结构（如 900μm 缓冲层、紧套层或光纤带）。

2. 试验方法及概述

光纤涂覆层的几何参数是光纤的基本参数，在进行光纤熔接、连接、成缆和测量等后续工序时需要预知光纤的涂覆层几何特性。

以下介绍测量光纤涂覆层几何参数的几种试验方法，几种试验方法及其适用范围见表 4-5-3。

表 4-5-3 光纤涂覆层几何特性试验方法

试验方法	适用光纤类型	适用参数
方法 A：侧视光分布法	所有光纤	涂覆层直径、涂覆层不圆度、涂覆层/包层同心度误差
方法 B：近场光分布法	所有光纤	涂覆层直径、涂覆层不圆度、涂覆层/纤芯同心度误差
方法 C：机械法	所有光纤	涂覆层直径、涂覆层不圆度

注：为了计算涂覆层的某些几何参数，也宜采用方法 A 测出光纤的包层直径，由于该试验方法的测量精度相对较低，得到的包层直径值不能作为用 GB/T 15972.20—2008 中已有基准试验方法测量结果的替代值。

(1) 方法 A：侧视光分布法

1）测试原理。侧视光分布法是对多幅光纤侧面图像进行分析，以确定光纤涂覆层几何尺寸。

2）试验装置。该装置可以由一个光学显微镜或一个激光器测量仪组成。

① 包含光学显微镜的装置。图 4-5-9 是一个典型的由光学显微镜组成的试验装置示意图。

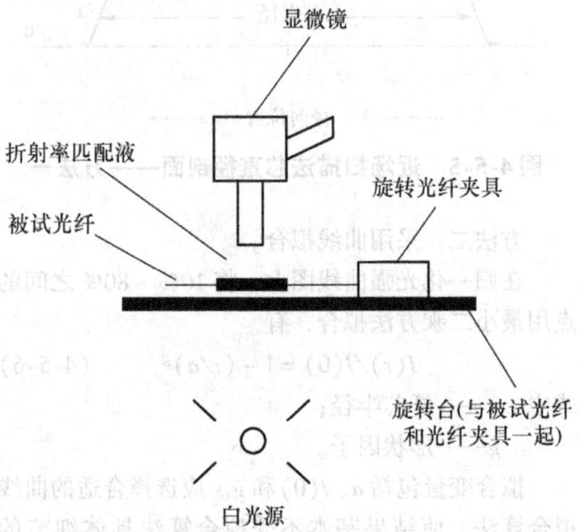

图 4-5-9 侧视光分布法试验装置（包含光学显微镜）

物镜：采用一个高质量显微物镜，用透射光照明。

光纤支持架：被试光纤应置于显微镜焦平面上，光纤轴与物镜光轴垂直。试样应放在用透明材料制作的盒子里，并浸入合适的折射率匹配液中。为定位试样，使它与标尺平行，盒子（如必要）应固定在旋转平台上。应用夹具固定整个盒子或盒中的光纤，使之能旋转至少180°，并能够在足够多的位置上固定，以便测量涂覆层尺寸参数。当光纤从一个位置旋转至另一个位置时，机械公差应非常小，使得需要的重复定位和重复聚焦次数最少。

图像观察仪：可以直接用十字准线目镜观察图像（观察法），或者采用电荷耦合器件摄像机将图像显示在显示器上（摄像机法）。采用观察法时，系统典型放大倍数是100~200；采用摄像机法时，图像直接送到电荷耦合器件摄像机，典型放大倍数为20。采用观察法时，光纤图像尺寸参数是通过十字准线目镜确定；采用摄像机法时，光纤图像尺寸参数是通过在显示器上用电子标尺对图像定位确定，或者是通过计算机对储存图像进行数据分析确定。

② 包含激光测量仪的装置。图4-5-10是一个典型的由激光测量仪组成的试验装置示意图。由一个合适工作波长（例如633nm）的激光光源、一个扫描器件和一个检测器组成。如必要，可采用透镜系统将光束对准试样。

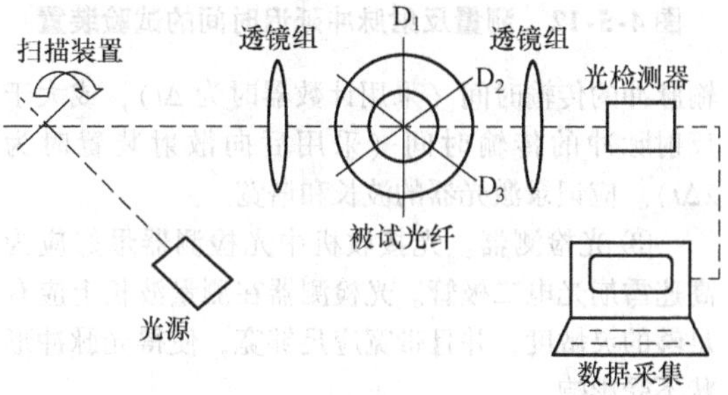

图4-5-10 侧视光分布法试验装置（包含激光器）

光纤支持架：应用合适的可旋转光纤夹具固定试样，光纤轴与装置光轴垂直。试样应能旋转至少180°，并能够在足够多的位置上固定，以便测量涂硬层的尺寸参数。

3）试验程序。

① 装置校准。应通过测量尺寸已知的标准物质（校准样品）对装置进行校准。由于侧视光分布法的测量精度的典型值为1μm，校准样品的尺寸精度应优于0.5μm。

② 图像分析。通过光纤图像的分析确定对应不同旋转角度的涂覆层尺寸。采用如图4-5-10所示装置，尺寸参数可通过测量激光光束透过光纤的偏转函数获得。

③ 数据分析。数据采集后，有两种数据分析的方法：平面分析和椭圆拟合分析。

a）平面分析。采用合适的光纤夹具旋转试样，测出最大直径和最小直径。为找出图像最大时和最小时的角度位置，需旋转试样，测量出在不同角度位置上的包层直径、涂覆层厚度和涂覆层直径，计算出涂覆层直径最大值（A）和最小值（B）。

b）椭圆拟合分析。为获得涂覆层外径的数据，对光纤的放大侧视图像进行分析。只要有足够可利用的数据点，就可将涂覆层数据按最小二乘法拟合成一个椭圆，确定椭圆的长轴（A）和短轴（B）。

④ 计算。

a）对于平面分析有

涂覆层直径（μm）：$\dfrac{A+B}{2}$

涂覆层不圆度（%）：$\dfrac{A-B}{\text{涂覆层直径}}\times 100\%$

厚度比（%）：$\dfrac{\delta_{\min}}{\delta_{\max}}\times 100\%$

式中 A 和 B——分别是最大和最小直径（μm）；

$\delta_{\min}$和$\delta_{\max}$——分别是最小和最大涂覆层厚度（μm）。

b）对于椭圆拟合分析有

涂覆层直径（μm）：$\dfrac{A+B}{2}$

涂覆层不圆度（%）：$\dfrac{A-B}{\text{涂覆层直径}}\times 100\%$

涂覆层/包层同心度误差（μm）：$[(X_{pc}-X_{cl})^2+(Y_{pc}-Y_{cl})^2]^{1/2}$

式中 A 和 B——分别是最大和最小直径（μm）；

X_{pc}和Y_{pc}——是涂覆层中心的坐标（μm）；

X_{cl}和Y_{cl}——是包层中心的坐标（μm）

（2）方法B：近场光分布法 详见5.1.1节光纤几何尺寸方法C。

（3）方法C：机械法 详见5.1.1节光纤几何尺寸方法D。

5.1.3 长度

1. 试验方法及概述

光纤长度是光纤最基本的参数之一，在计算光纤的传输特性，如衰减和带宽时需预知光纤长度。

下面给出了测量光纤长度的五种试验方法，五种试验方法及其适用范围见表4-5-4。

（1）方法A：时延测量法 在光纤群折射率已知时，时延测量法通过测量光脉冲或光脉冲串的传输时间来测定光纤的长度。除此之外，当光纤长度已知时，可用此方法来测定光纤的群折射率，因此，在实际应用中，可用此方法来校准长度已知的同类光纤。

表 4-5-4 光纤长度试验方法

试验方法	适用光纤类型	适用的参数
方法 A：时延测量法	A1 类和所有 B 类光纤	长度
方法 B：后向散射法	A1 类和所有 B 类光纤	长度
方法 C：光纤伸长量测量	A1 类和所有 B 类光纤	伸长量
方法 D：机械法	所有光纤	长度
方法 E：相移法	A1 类和所有 B 类光纤	长度

注：1. 方法 C 对光纤伸长量的测量是光纤光缆几种测量方法之一。

2. 方法 C 完全适用于 B 类单模光纤。对于 A1 类多模光纤，由于光纤中的非纵向应力等因素导致的干涉模效应会影响测量结果，将测量结果作为最终试验结果时应谨慎。本方法对于 A2、A3、A4 类光纤的应用正在考虑之中。

1）测量原理。用本方法可以测定未成缆光纤或光缆中的光纤的长度。如果试样是光缆中的光纤，可以确定已知长度的试样在测量条件（如张力、温度等）下的群折射率 N。

光脉冲通过长度为 L、平均群折射率为 N 的光纤的传输时延为

$$\Delta t=\frac{NL}{c} \tag{4-5-7}$$

式中 c——真空中的光速。

如果 N 已知，测量 Δt 可得出 L；反过来，当 L 已知，测量 Δt 可得出 N。

2）试验装置。

① 测量光脉冲传输时间有以下两种方法：

方法一：测量传输脉冲的延迟时间（Δt），对应的试验装置如图 4-5-11 所示。

方法二：测量反射脉冲的延迟时间（$2\Delta t$），对应的试验装置如图 4-5-12 所示。

在图 4-5-11 和图 4-5-12 所示的试验装置中，可采用后向散射装置，或采用含有分立的启动/停止门和有平均功能的计数器（例如至少 10^4 次计数）来代替取样示波器。

② 光源。

a）采用取样示波器进行测量。光脉冲发生器宜是大功率激光器，它由频率和宽度可调的电脉冲系列发生器激励。应记录波长和谱宽。

b）采用计数器或后向散射装置进行测量。光脉冲发生器宜是大功率激光器，它由宽度可调的电脉冲系列发生器激励。两脉冲之间的时间或大于传

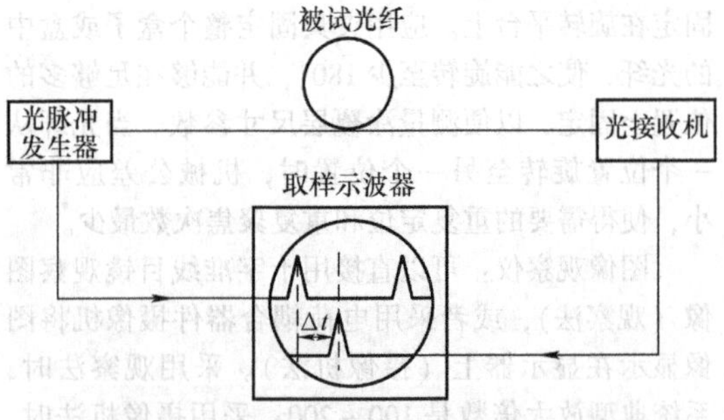

图 4-5-11 测量传输脉冲延迟时间的试验装置

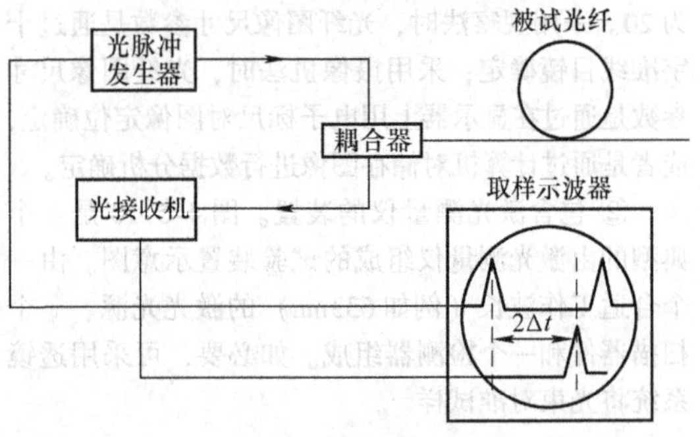

图 4-5-12 测量反射脉冲延迟时间的试验装置

输脉冲的传输时间（采用计数器时为 Δt），或大于反射脉冲的传输时间（采用后向散射装置时为 $2\Delta t$）。应记录激光器的波长和谱宽。

③ 光检测器。光接收机中光检测器最好应为高速雪崩光电二极管。光检测器在测量波长上应有足够的灵敏度，并且带宽应足够宽，使得光脉冲形状不受影响。

3）试验程序。

① 校准。应测量光源至注入点的延迟时间（即试验装置本身的延迟时间）。

② 平均群折射率值。对一根长度已知的光纤进行测量，测量出 Δt，计算出光纤平均群折射率值 N。

③ 长度测量。长度测量值可以是示波器屏上的时域读数，也可以是电子计数器显示器上平均传输时间的读数，电子计数器应用校准值进行修正。

在图 4-5-13 中，采用双通道示波器的方法可改善测量的准确度使它与光纤实际长度无关。

④ 计算。光纤长度通过以下两个等式获得：

传输脉冲法

$$L=\frac{\Delta tc}{N} \tag{4-5-8}$$

反射脉冲法

$$L=\frac{\Delta tc}{2N} \tag{4-5-9}$$

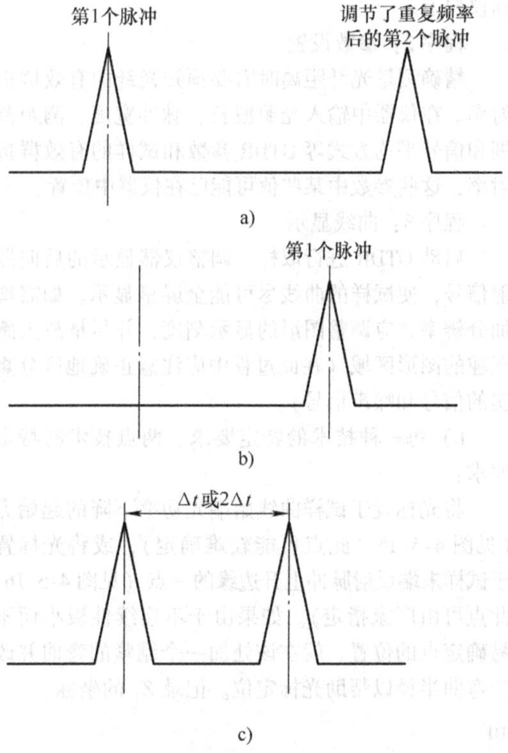

图4-5-13　光纤长度测量的基本原理

a）通道1：发射脉冲　b）通道2：传输脉冲
c）调节发射光重复速率后，使通道1中的第2个发射脉冲同通道2中传输脉冲一致时的发射脉冲

式中　L——光纤长度（m）；

Δt——传输脉冲延迟时间（ns）；

c——真空中的光速（m/ns）；

N——光纤平均群折射率。

（2）方法B：后向散射法　本方法是用光时域反射计在光纤的单端进行测量，利用光纤中传播的光在光纤的每一点向后回传的散射光来检测光纤的长度。它是光缆中光纤长度测量的基准试验方法（RTM）。

1）测量原理。后向散射法是通过发射光脉冲到光纤中，当光脉冲在光纤内传输时，会由于光纤本身的性质、连接器、弯曲或其他类似的事件而产生散射、反射。其中一部分的散射和反射光就会返回，返回的信号由探测器进行测量。从发射信号到返回信号所用的时间来确定光纤的长度。

2）试验装置。本方法是用光时域反射计（OTDR）测定未成缆光纤或光缆中的光纤的长度。本方法使用的光时域反射计试验装置至少由以下几个部分组成，如图4-5-14所示。

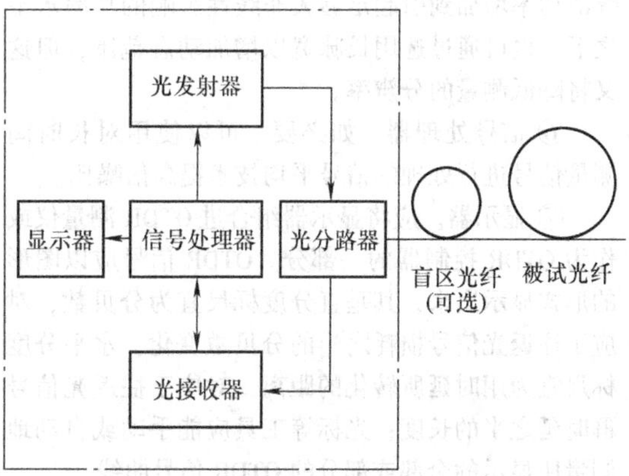

图4-5-14　光时域反射计试验装置框图

① 光发射器。通常包括一个或多个脉冲激光二极管，能提供一个或多个脉冲宽度和脉冲重复频率。除非在产品规范中另有规定，每一波长的谱宽应满足以下要求：中心波长应在规定值的15nm以内。如果光源中心波长和规定波长差值大于10nm，应在测量结果报告中指出。光源均方根谱宽（RMSW）应不大于10nm，或者光源半幅全宽（FWHM）应不大于25nm。如果谱衰减模型中采用OTDR的数据，水峰波长区域（1360～1430nm）的光源谱宽应不大于15nm（FWHM）或6nm（RMSW）。实际中心波长应在规定值的2nm之内。

② 注入条件。应提供某种方法将被试光纤或盲区光纤连接到仪器面板或光源尾纤上。

对于A类光纤，除非在产品规范中另有规定，衰减测量的注入条件应该与用截断法对于A类光纤要求的条件相同。

③ 光分路器。耦合器/光分路器将光源输出光耦合到光纤和把后向散射光耦合到检测器。

④ 光接收器。通常包括光敏二极管检测器，检测器的带宽、灵敏度、线性度及动态范围应与采用的脉宽和接收信号电平相适应。

⑤ 脉宽和脉冲重复频率。OTDR应能提供可供选择的脉宽和脉冲重复频率（有时用测量距离控制），以兼顾后向散射测量的分辨率和测量距离的需要。对于一个高幅度的反射峰，必须将脉冲重复频率或测距范围设置为能测量从OTDR到此反射峰两倍的距离，以防止出现“鬼影”反射峰，也可使用脉冲编码技术来防止出现这一现象。

在选择脉宽、脉冲重复频率和光源光功率时应注意，对于短距离测量，应选用短脉宽以提供足够高的分辨率，但这又将限制测量的动态范围，影响对长光纤的测量；对于长距离测量，可以将入射的峰值功率增加到引起足够大非线性影响的功率水平之下，也可通过选用长脉宽以增加动态范围，但这又将降低测量的分辨率。

⑥ 信号处理器。如必要，可以使用对长时间测量信号进行处理的信号平均技术提高信噪比。

⑦ 显示器。应将显示器组合进OTDR测量仪或作为OTDR控制器的一部分。OTDR信号应以图形的形式显示出来，其垂直分度标尺宜为分贝数，对应于往返光信号损耗之半的分贝数变化；水平分度标尺宜为用时延所转化的距离，对应于往返光信号群时延之半的长度；光标等工具应能手动或自动地测量所显示的全部或部分的OTDR信号曲线。

⑧ 数据接口（可选）。仪器可提供显示曲线的硬拷贝，并能与计算机连接。

⑨ 反射控制器（可选）。为将高菲涅尔反射引起的接收器瞬时饱和降至最低限度，以减少每一反射点后光纤盲区范围，应采用电子屏蔽或在耦合器/光分路器中采用适宜的方法。

为了减小OTDR连接处初始反射对结果的影响，通常在OTDR连接器和被试光纤之间采用一段盲区光纤。

⑩ 接头和连接器。为了对OTDR曲线的附加影响减至最小，OTDR所要求的任何接头或连接器应具有低插入损耗和低反射（高回波损耗）。

3）试验程序。

① 试样。试样为产品规范规定条件下的光纤盘上或光缆内的一根光纤。可在工厂（或现场）对单段光纤或连接起来的多段光纤进行测量。应小心避免卷绕引起光纤伸长，从而对长度测量带来影响。

② 三种技术。测量光纤长度有三种技术，分别用于以下三种情况：

技术1：两点技术，在试样前有其他长度未知光纤或光缆段；

技术2：单点0技术，在试样前没有其他光纤或光缆；

技术3：单点1技术，在试样前使用了一段长度已知并且折射率相近的光纤。

在测量光缆时需注意，由于光缆结构的原因，光纤在光缆中有一定余长，不要将光缆中光纤的长度同光缆本身的长度相混淆。

a）三种技术的共有程序。

程序1：光纤连接

将被试光纤连接到仪器上或盲区光纤（如采用）的一端，将盲区光纤（如采用）另一端连接到仪器上。

程序2：参数设置

精确测量光纤距离时需要预知光纤的有效群折射率。在仪器中输入光源波长、脉冲宽度、测距范围和信号平均方式等OTDR参数和试样的有效群折射率，这些参数中某些值可能已在仪器中预置。

程序3：曲线显示

启动OTDR进行取样，调整仪器显示的后向散射信号，使试样的曲线尽可能全屏幕显示。如需增加分辨率，应调整图形的显示刻度，并尽量放大感兴趣的图形区域（在此过程中应注意正确地区分真实的信号和噪声信号）。

b）每一种技术的特定要求。两点技术的特定要求：

将光标置于试样曲线始端光功率下降的起始点（见图4-5-15，此点可能较难确定），或将光标置于试样末端反射脉冲上升边缘的一点（见图4-5-16，此点可由厂家指定）。如果由于不连续性极小而不易确定点的位置，就在该处加一个绷紧的弯曲并改变弯曲半径以帮助光标定位。记录Z_1的坐标。

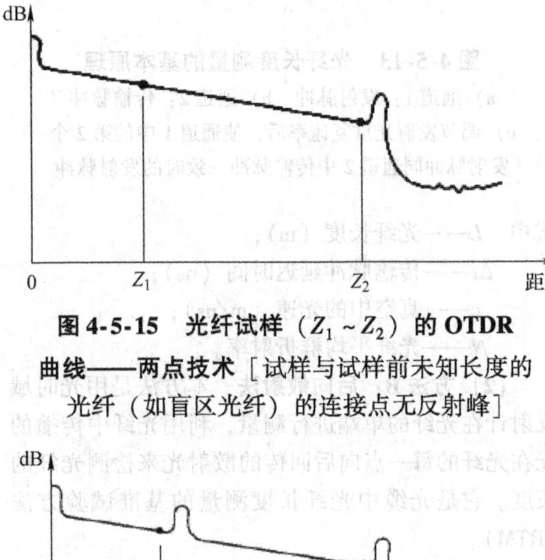

图4-5-15 光纤试样（Z_1 ~ Z_2）的OTDR曲线——两点技术［试样与试样前未知长度的光纤（如盲区光纤）的连接点无反射峰］

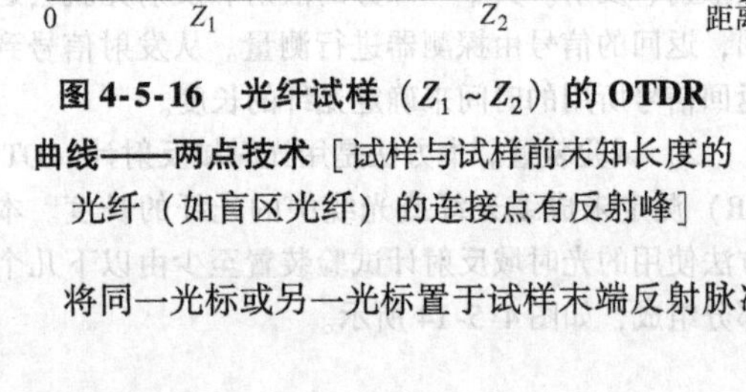

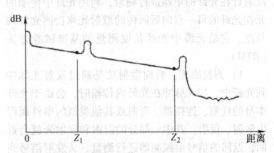

图4-5-16 光纤试样（Z_1 ~ Z_2）的OTDR曲线——两点技术［试样与试样前未知长度的光纤（如盲区光纤）的连接点有反射峰］

将同一光标或另一光标置于试样末端反射脉冲

上升边缘的一点。如果由于不连续性极小而不易确定点的位置，就在该处加一个绷紧的弯曲并改变弯曲半径以帮助光标定位，如可能，切割试样远端，使那里产生反射。如果尾端落入噪声基底之下，则长度测量可能产生相当于脉冲宽度的最大误差。记录 Z_2 的坐标。

为提高长度测量精度，确定 Z_1 和 Z_2 点位置的方法应一致。试样长度为 $Z_2 - Z_1$。

单点0技术的特定要求：如图4-5-17所示，当试样前没有光纤或光缆段（或盲区光纤）时可用此技术。

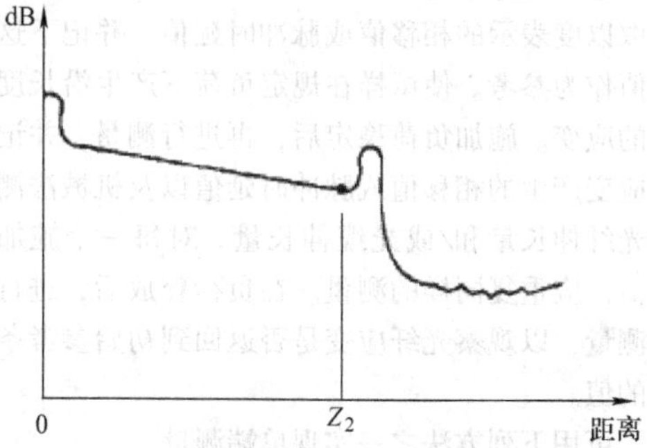

图4-5-17 光纤试样（$0 \sim Z_2$）的OTDR曲线——单点0技术（试样前无其他光纤段）

将光标置于试样曲线尾端光功率下降的起始点（此点可能较难确定），或将光标置于试样末端反射脉冲上升边缘的一点（此点可由厂家指定）。如果由于不连续性极小而使起始点位置不明显，就在该处加一个绷紧的弯曲并改变弯曲半径以帮助光标定位。如果尾端落入噪声基底之下，则长度测量可能产生相当于脉冲宽度的最大误差。记录 Z_2 的坐标。试样长度即为 Z_2。

单点1技术的特定要求：如图4-5-18所示，在试样前使用一段已知长度为 Z_D 的光纤（如盲区光纤）时可用此技术。Z_D 可用机械法，如用记数的接触型设备获得。

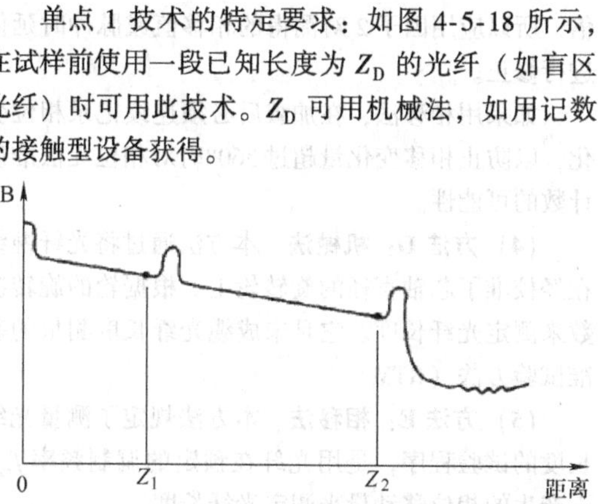

图4-5-18 光纤试样（$Z_2 \sim Z_D$）的OTDR曲线——单点1技术（试样前有长度为 Z_p 的光纤）

试样前的光纤（或盲区光纤）应与被测光纤试样的折射率相近。

试样长度为 $Z_2 - Z_D$。

③ 群折射率测定。

a）精确地测定校准光纤的物理长度，例如可用机械法，如记数的接触型设备获得光纤的精确长度。

b）将校准光纤连接到盲区光纤的一端，将盲区光纤另一端连接到仪器上。

c）在仪器中输入光源波长、脉冲宽度、测距范围和信号平均方式等OTDR参数，这些参数中某些值可能已在仪器中预置，任意设置一个光纤群折射率参数。

d）调节群折射率刻度值，直到仪器计算的 $Z_2 - Z_1$ 等于在a）中确定的光纤长度。

（3）方法C：光纤伸长量测量法 本方法规定了测量光纤伸长量的试验程序。其目的不在于测量光纤绝对应变，而是测量负荷条件变化时光纤应变的变化。它是未成缆光纤和光缆中光纤长度伸长量测量的基准试验方法（RTM）。

1）测量原理。光纤伸长量测定采用相移法或差分脉冲时延法。

光纤伸长应变 ε（即 $\Delta L/L$）由下式给出：

$$\varepsilon = V\frac{\Delta t}{L} \tag{4-5-10}$$

式中 Δt——差分脉冲时延

L——光纤长度

V——与光弹系数 k、真空中光速 c 和有效群折射率 N_{eff} 有关的常数。

$$V = \frac{kc}{N_{\mathrm{eff}}} \tag{4-5-11}$$

用 V 因子修正光纤在应力作用下折射率的变化。

用相移法时，差分脉冲时延 Δt 由下式得到：

$$\Delta t = \frac{\Delta\theta}{360f} \tag{4-5-12}$$

式中 $\Delta\theta$——相移量（°）；

f——调制频率（Hz）。

由于 V 因子依赖于光纤类型，测量装置需要校准。

2）试验装置。

① 一般要求。一个标距长度已知的试验附加装置应能给光纤或光缆施加和改变纵向应力。为防止加载时光纤（包括光缆中光纤）滑动，应适当固定试样端头。应提供一合适的测量伸长量的工作

台，用于相移法或差分脉冲时延法与机械法测得的光纤伸长量值的校准。

② 光学试验装置。相移法或差分脉冲时延法的试验装置在测量期间和测量时温度变化范围内应是稳定的。图 4-5-19 和图 4-5-20 分别是两种试验方法的典型试验装置图。

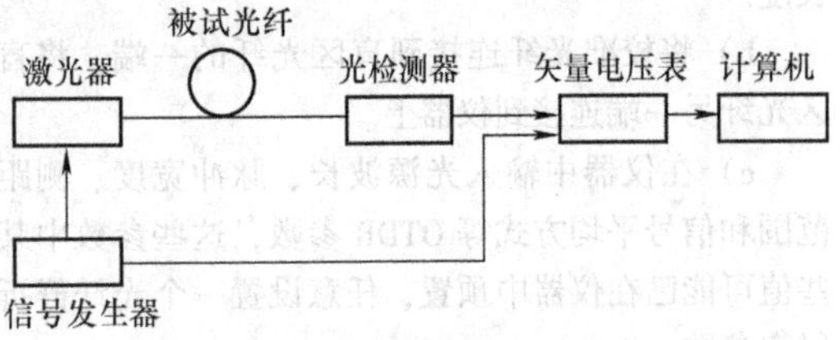

图 4-5-19　典型的相移法试验装置

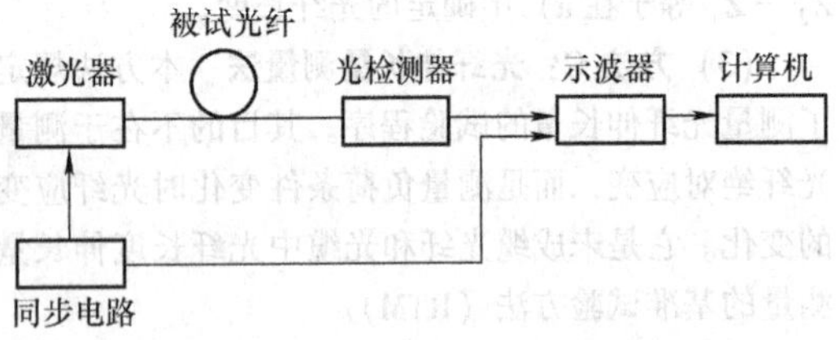

图 4-5-20　典型的差分脉冲时延法试验装置

a) 相移法。一个光源（激光器或经滤光的 LED）、调制器、注入光学装置、信号检测器和参考信号等可用于本方法。本方法与光纤波长色散的试验方法 GB/T 15972. 42—2008 中的方法 A 是类似的，区别只在于本方法只采用一个激光器（或只需要一个波长的光源），因为本方法中测量的相移只是光纤应变变化的函数。

b) 差分脉冲时延法。应采用适当的试验装置，该装置应能测量光纤中信号的传输时间，例如一台短脉冲/菲涅尔光时域反射计（OTDR）。

③ 仪器的分辨率。整个测量系统的应变测量分辨率应优于或等于 0.01%。该分辨率包括光学试验装置（调制频率、脉冲宽度等）和试验附加装置（试样长度、光纤/光缆端头固定器、负荷测量装置等）的分辨率。因为确定整个测量系统的精度和分辨率时，涉及所有上述的因素，所以应对试验装置的每一部分单独估算。

试验应在室内条件下（典型为实验室）进行。只要测量期间温度稳定在 ±2℃之内，试验也可在其他条件下进行。对于极端温度和气压变化（大于 40 个大气压）的情况，有必要进行修正，特别是 V 因子。

3）试验程序。

① 校准。将参考光纤连接到光学试验装置中。在已知足够线性的光纤伸长量范围内，逐渐增加光纤伸长量以确定 V 值。

连续测量并记录作为光纤伸长量（用机械法测量）函数的相移值或脉冲时延值，由此确定的关系考虑了由应变导致的群折射率变化。

建议在同类型光纤中随机挑选试样进行校准。

只要是同类型光纤，无须在每次测量光纤伸长量之前重复上述校准过程。

② 测量。在参考条件（典型为室内条件）下读取以度表示的相移值或脉冲时延值，并记下这些数值作为参考。使试样在规定负荷下产生沿长度方向的应变。施加负荷稳定后，再进行测量，并记录由应变产生的相移值或脉冲时延值以及机械法测量的光纤伸长量和/或光缆伸长量。对每一个施加的负荷，应重复同样的测量。在负荷释放后，进行最终测量，以观察光纤应变是否返回到初始参考条件下的值。

可用下列方法之一实现单端测量：

a) 将光缆远端的两根光纤连接在一起，可对光缆进行单端测量。由于测量结果是这两根光纤应变的平均效应，所以在解释测量结果时应谨慎。

b) 在被试光纤近端插入一个方向耦合器。方向耦合器的一端连接光源和检测器，另一端连接被试光纤。然后测量输入信号和远端的反射信号之间的相移值或脉冲时延值。为产生最大的反射信号，光纤远端端面应清洁并垂直于光纤轴，应注意使其他反射最小（例如光纤近端反射）。

在上面两种方法中，因为光程是光纤长度的两倍，所以应用因子 2 对测得的相移值或脉冲时延值进行修正。

如果用相移法，在加载后必须连续记录相位变化，以防止相移变化量超过 360°时对相位无法准确计数的可能性。

(4) 方法 D：机械法　本方法通过将光纤缠绕在经校准了芯轴直径的旋转轮上。根据轮的旋转次数来测定光纤长度。它是未成缆光纤长度测量的基准试验方法（RTM）。

(5) 方法 E：相移法　本方法规定了测量光纤长度的试验程序，是用光纤在预定的调制频率 f_{max} 下产生的相位移动量来测定光纤长度。

1）测量原理。本方法是测量当调制频率增大到一个预定值 f_{max} 时光纤中的相位变化，这一方法可用来测量最短为 1m、最长为几千米的 A1 类多模光纤和几百千米长的 B 类光纤的长度。

2）试验装置。本方法的测量装置如图 4-5-21 所示，调整该装置的配置后也可进行光纤色散测量。用相移法测量光纤色散的描述见 GB/T 15972.42—2008。

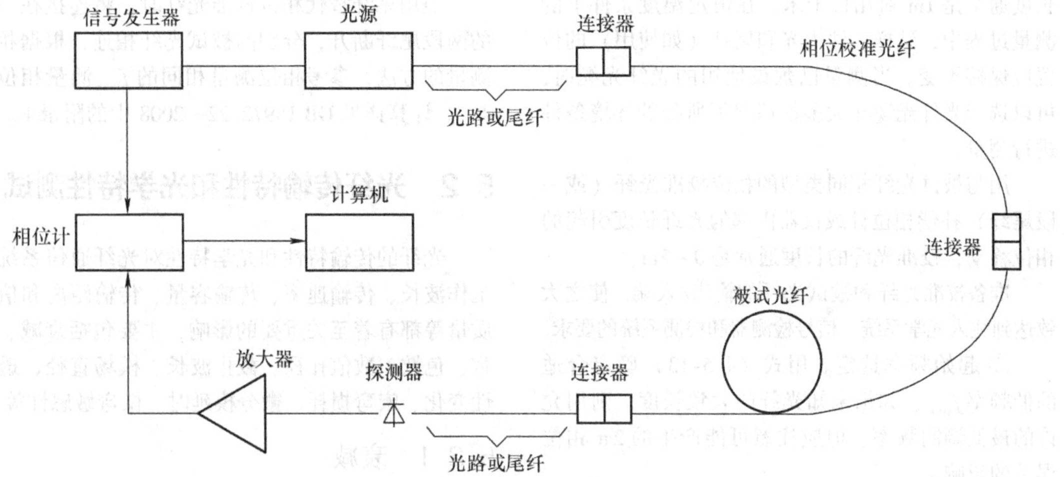

图 4-5-21　相移法光纤长度测量装置

① 光源。可用激光器或发光二极管作为光源，在偏置电流、调制频率和二极管受到的温度变化范围的整个测量期间内，光源中心波长和调制信号的相位应保持稳定。

光源的 FWHM 谱宽应不大于 30nm，如必要，可用单色仪或光滤波器使光谱变窄。

② 调制器。根据被测光纤长度和测量精度要求选择调制频率。当测量相移量大于一个完整的相位周期（2π）时，为避免对 2π 相移量的不确定性，应从低频率缓慢地增加调制频率，保证对 2π 相位移的准确计数。使用较高的频率可以得到更高的长度测量精度。

当给定的光纤长度为 L（单位为 m）时，最大的初始频率 f_{start}（单位为 Hz）为

$$f_{start} \leqslant \frac{c}{NL} \tag{4-5-13}$$

式中　c——真空中的光速；

N——群折射率。

例如，当光纤长度为 10km 时，典型的最大初始频率 f_{start} 为 20kHz。

同样，如果确定了初始频率，则可以测量的最大光纤长度可以从式（4-5-13）中计算。

在选用的上限频率处的相位噪声和调制频率本身的不确定度将决定测量分辨率。当可测量的最小相位变化为 $\Delta\phi$ 时，最小可分辨长度 ΔL（单位为毫米）为

$$\Delta L = \frac{\Delta\phi c}{100 f_{max} N 2\pi} \tag{4-5-14}$$

式中　c——真空中的光速；

N——群折射率；

$\Delta\phi$——最小相位变化；

f_{max}——最大调制频率（Hz）。

③ 注入光学系统。应将光源出射的光束聚焦在被试光纤的端面上，或直接用尾纤将被试光纤接入光源。对于 A1 类光纤，需限制光注入条件使得光纤中仅有低阶模传输，使模间色散的影响最小，可以通过一个限制数值孔径和光斑尺寸的光学系统将注入光聚焦在被试光纤的端面上，或直接用一根单模尾纤来实现这一光注入条件。

④ 信号检测器和信号检测电子系统。用一个在测量波长范围内对输出光灵敏的、测量期间稳定的、在强度调制范围内呈线性的光检测器进行信号检测，可以使用放大器增加检测灵敏度。用透镜系统或直接用尾纤连接检测器，将被试光纤中输出的光耦合进检测器中。对于 A1 类光纤，仅收集被试光纤中低阶模的传输光，可以通过一个限制数值孔径和光斑尺寸的光学系统，或直接用一根单模尾纤来实现这一光接收条件。

⑤ 基准信号。为测量信号源的相位，应给相位计提供与调制信号的主傅里叶分量频率相同的基准信号。基准信号相位应与调制信号同步，基准信号可通过直接将调制源同相位计进行电连接获得，也可采用在分光器耦合一个探测器或插入光源与被试光纤之间的光纤耦合器获得。

⑥ 计算设备。可用计算机进行设备控制、数

据采集和结果运算。

3）试验程序。

① 试样。试样可以是已成缆或未成缆的光纤，长度通常是1m到几百千米。在恒定温度条件下的测量过程中，试样、注入光和尾纤（如使用）的位置应保持不变。当测量已敷设使用的光纤光缆时，可以选择光纤光缆在大多数情况下所处的环境条件进行测量。

用与被试光纤相同类型的相位校准光纤（或一段尾纤）补偿相位计或仪器内部的光纤长度引起的相位移动，校准光纤的长度通常是0～2m。

准备校准光纤和被试光纤的输出/入端，使之大致达到注入光学系统、信号检测器和检测系统的要求。

② 起始频率选定。用式（4-5-13）确定合适的低频率f_{start}，如果未知光纤的大致长度，则用允许的最低调制频率，但应注意可能产生的2π相位误差的影响。

③ 最大频率选定。用式（4-5-14）确定合适的最大频率f_{max}以满足对长度分辨率的要求。

④ 相位测量。本节用于与长度测量有关的所有测量中，如对被试光纤和相位校准光纤的长度测量，也可用于确定光纤折射率的测量。

从f_{start}开始增加调制频率直至达到频率上限f_{max}，频率增加的速率应满足能清晰地确定相位移2π的倍数m的要求，测量光纤输出端在频率f_{max}下的相位角ϕ'。

按式（4-5-15）计算总的相位角ϕ，即

$$\phi = \phi' + m2\pi \tag{4-5-15}$$

⑤ 被试光纤长度测量。

a）参考相位校准。根据测量时是否使用尾纤分别选用合适的参考相位校准方法：

未使用尾纤时，将相位校准光纤的一端（输入端）接入光源，将另一端（输出端）耦合到检测系统，根据相位测量的方法测量相位移ϕ_{ref}。

在光注入端和接收端均使用尾纤时，将两根尾纤连接在一起代替单独使用的相位校准光纤，根据相位测量的方法测量相位移ϕ_{ref}。

有时进行参考测量后从检测系统上取下相位校准光纤和或尾纤可能会使被试光纤的测量更方便，但条件是需预知相位校准光纤和/或尾纤本身的相位移，并将其加到被试光纤相位移的测量结果中。

b）被试光纤相位测量。根据测量时是否使用尾纤分别选用合适的测量被试光纤相位的方法：

未使用尾纤时，将相位校准光纤的输出端从检测系统取下并将其耦合到被试光纤的一端（输入端），将被试光纤的另一端（输出端）耦合到探测系统，根据相位测量的方法，并用与参考相位测量相同的f_{max}测量相位移ϕ_{sig}。

当用尾纤替代相位校准光纤时，将连接在一起的两段尾纤断开，分别同被试光纤相连，根据相位测量的方法，参考相位测量相同的f_{max}测量相位移ϕ_{sig}。计算详见GB 15972.22—2008中的附录E。

5.2 光纤传输特性和光学特性测试

光纤的传输特性和光学特性对光纤通信系统的工作波长、传输速率、传输容量、传输距离和信息质量等都有着至关重要的影响，主要包括衰减、带宽、色散、数值孔径、截止波长、模场直径、透光性变化、宏弯损耗、微分模延时、微弯敏感性等。

5.2.1 衰减

1. 术语及定义

（1）衰减 衰减是光纤中光功率减少量的一种度量，它取决于光纤的工作波长类型和长度，并受测量条件的影响。一段样品光纤上，相距长度为L的两个横截面1和2之间在波长λ处的衰减$A(\lambda)$定义为

$$A(\lambda) = \left| 10\lg\frac{P_1(\lambda)}{P_2(\lambda)} \right| \tag{4-5-16}$$

式中 $P_1(\lambda)$——通过横截面1的光功率；

$P_2(\lambda)$——通过横截面2的光功率。

（2）衰减系数（单位长度上的衰减） 通常，对于均匀光纤来说，可用单位长度的衰减，即衰减系数反映光纤的衰减性能的好坏。衰减系数$\alpha(\lambda)$定义为

$$\alpha(\lambda) = A(\lambda)/L \tag{4-5-17}$$

式中 L——光纤长度（km）。

$\alpha(\lambda)$值与选择的光纤长度无关。

（3）谱衰减模型 由几个（3～5个）离散的波长测得的衰减值，建立一个衰减模型用以预测光纤衰减系数。

（4）点不连续性 在连续的后向散射曲线上出现向上或向下的暂时性或永久性的局部偏移。不连续点的状况或随着试验条件不同而变化（如脉宽、波长和OTDR曲线方向等）。不连续点显示的长度会比相应的脉宽长，但通常是大约等于脉宽。

2. 试验方法及概述

测量光纤衰减特性有截断法、插入损耗法、后向散射法、衰减模型四种试验方法。

（1）方法 A：截断法　截断法是测量光纤衰减特性的基准试验方法（RTM），该方法直接基于光纤衰减定义，在不改变注入条件的前提下测量出通过光纤两横截面的光功率$P_1(\lambda)$ 和$P_2(\lambda)$，从而直接计算出光纤衰减。$P_2(\lambda)$ 是光纤末端出射光功率，$P_1(\lambda)$ 是截断光纤后截留段末端出射的光功率。

1）测量原理。截断法是测量光纤衰减特性的基准试验方法。在不改变注入条件下，分别测出通过光纤两个点的光功率 $P_1(\lambda)$和 $P_2(\lambda)$，再按定义计算出光纤的衰减系数 $\alpha(\lambda)$。$P_2(\lambda)$是长光纤末端测得的输出光功率；$P_1(\lambda)$为截断 2m 光纤后，短光纤末端测得的输出光功率，即长光纤的输入光功率。

由上得知，截断法不可能获得整个光纤长度上的衰减变化情况，在变化条件下也很难测出光纤衰减变化，截断法的优点是测量精度高，其缺点是在某些情况下是破坏性的。

2）试验装置。衰减测定可在一个或多个波长上进行，或者在某一波长范围内测量衰减谱特性。适宜用来测量衰减或衰减谱的通用试验装置，分别如图 4-5-22 和图 4-5-23 所示。截断法测量衰减或衰减谱的试验装置主要有光源、调制、注入系统、滤模器、包层模剥除器和光检测器等。

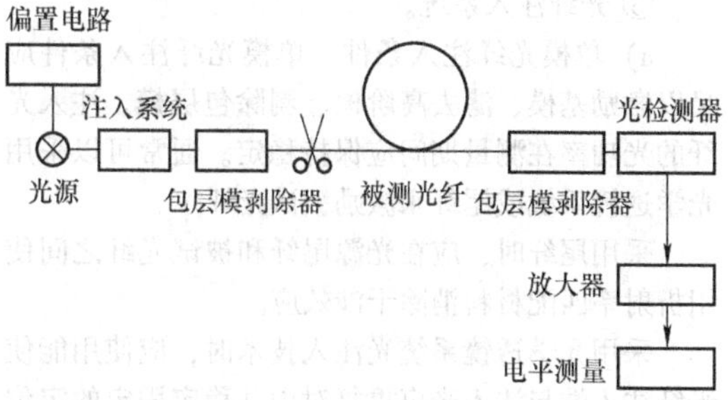

图 4-5-22　规定波长上测量衰减的试验装置

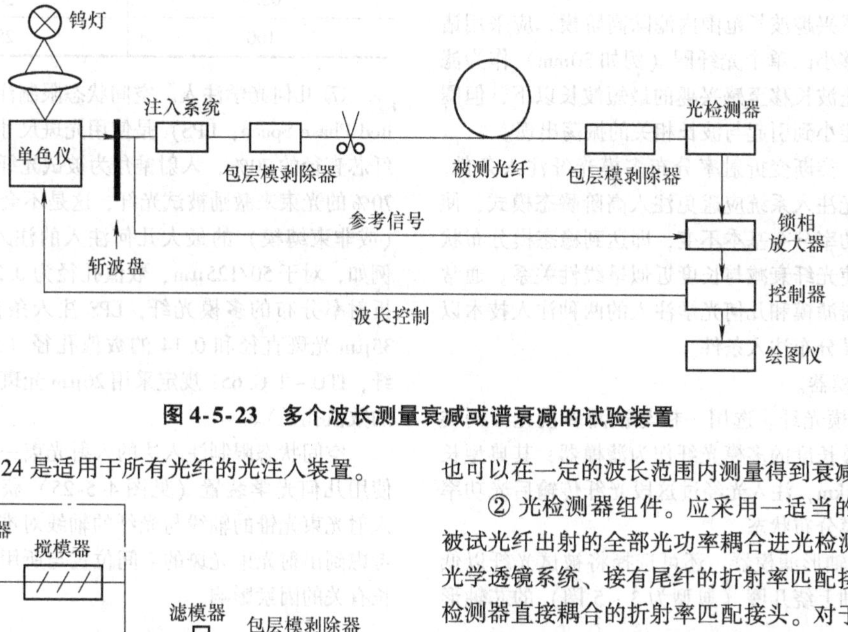

图 4-5-23　多个波长测量衰减或谱衰减的试验装置

图 4-5-24 是适用于所有光纤的光注入装置。

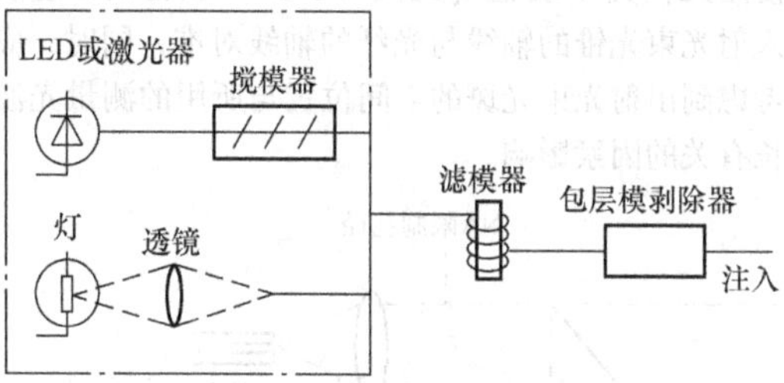

图 4-5-24　通用的光注入装置

① 光源。应采用稳定辐射的光源，如卤钨灯、激光器或发光二极管。依据测量类型选择合适的光源。在完成测量过程的长时间内，光源位置、光强和波长应保持稳定。用规定窄的光源谱线半幅全宽（FWHM）来保证对光纤衰减谱特性有足够的分辨率。光源波长可以在一个或多个波长上进行测量，也可以在一定的波长范围内测量得到衰减谱。

② 光检测器组件。应采用一适当的装置将从被试光纤出射的全部光功率耦合进光检测器，例如光学透镜系统、接有尾纤的折射率匹配接头或与光检测器直接耦合的折射率匹配接头。对于带尾纤的光检测器，尾纤须有足够大纤芯直径和数值孔径，以便接收从参考光纤和被试光纤出射的全部光。

在接收光强范围内和测量过程中，检测器应具有良好的线性和稳定性。典型组件包括接有前置放大器的光生伏打型光敏二极管。同步检测时应采用锁相放大器。

③ 信号处理。为了改善接收机信噪比，通常对光源进行调制。这时，应将光检测器连接到与光源调制频率同步的信号处理装置上。检测系统应有良好的线性或具有已知的特性。

④ 包层模剥除器。为保证入射光沿光纤短距

离（截留长度）传输后不存在包层模，需采用包层模剥除器。包层模剥除器通常使用折射率等于或稍大于光纤包层折射率的材料，可以是一种折射率匹配液，用于浸泡在靠近光纤端头处除去了被涂覆层后的裸光纤。在某些情况下，光纤被覆层可起包层模剥除器作用。

⑤ 光纤注入系统。

a）单模光纤注入条件。单模光纤注入条件应足以激励基模、滤去高阶模、剥除包层模。注入光纤的光功率在测量期间应保持稳定。通常可以采用光学透镜系统或尾纤来激励被试光纤。

采用尾纤时，应在光源尾纤和被试光纤之间使用折射率匹配材料消除干涉效应。

采用光学透镜系统光注入技术时，应使用能使光纤注入端与注入光束重复对中并稳定固定的定位装置。为减少光纤定位对注入功率的敏感性，可采用满注入方法。

为在感兴趣波长范围内滤除高阶模，应采用诸如半径足够小的单个光纤圈（例如 30mm）作为滤模器将截止波长移至感兴趣的最短波长以下，但圈的半径不能小到引起与波长相关的振荡出现。

b）A1 类渐变折射率分布多模光纤注入条件。多模光纤光注入系统应避免注入高阶瞬态模式，使沿光纤的功率分布基本不变，即达到稳态模分布状态，从而使光纤衰减与长度近似呈线性关系。通常采用滤模器滤模和几何光学注入的两种注入技术以获得稳态模分布注入条件。

⑥ 滤模器。

a）滤模光纤。选用一根与被测多模光纤同类型的有足够长度的多模光纤作为滤模器，其典型长度不短于 1km，注入光经过这段光纤传输后光功率达到稳态模分布状态。

b）芯轴形滤模器。还可选择将被试光纤以低张力在芯轴上绕几圈（典型为 3 ~ 5 圈）的芯轴形式滤模器，应选择合适的芯轴直径以保证在被试光纤中激励的瞬态模受到足够的衰减，从而达到稳态模分布。

通过对均匀满注入激励下的长光纤和对采用芯轴滤模器的短光纤的输出光远场分布进行测量比较，选择适当的芯轴直径，使两者的远场辐射数值孔径（按 GB/T 15972. 43—2008 中的方法测量）相近，通常，应使后者的数值孔径为前者的 94% ~ 100%。

芯轴直径可随光纤及涂覆层类型不同而不同，一般为 15 ~ 40mm，在 20mm 长度内绕 5 圈光纤。可选用不同的芯轴尺寸和芯轴排列方式。表 4-5-5 是芯轴直径不同的光纤通常选用的芯轴直径。

表 4-5-5 芯轴直径实例

光纤芯直径/μm	滤模器芯轴直径/mm
50	25
62. 5	20
100	25

⑦ 几何光学注入。空间状态限制注入法（Limited Phase Space，LPS）是使用光斑尺寸为被试光纤纤芯直径的 70%，入射锥角为被试光纤数值孔径的 70% 的光束来激励被试光纤，这是不会产生泄漏模（或非束缚模）的最大几何注入的注入功率分布。例如，对于 50/125μm、数值孔径为 0. 20 的渐变型折射率分布的多模光纤，LPS 注入条件为均匀的 35μm 光斑直径和 0. 14 的数值孔径（对于同样光纤，ITU－T G. 651 规定采用 26μm 光斑直径和 0. 11 的数值孔径）。

空间状态限制注入法的入射光束一般都是通过使用几何光学装置（见图 4-5-25）获得的，应使入射光束光锥的轴线与光纤的轴线对准，同时，应考虑到出射光束光斑的空间位置与所用的测量光波长有关的因素影响。

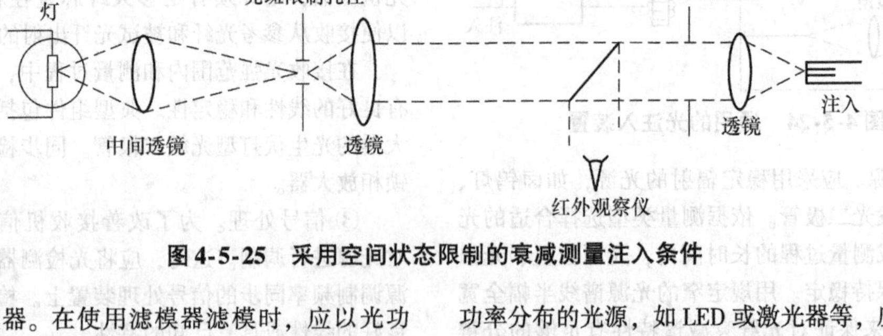

图 4-5-25 采用空间状态限制的衰减测量注入条件

⑧ 搅模器。在使用滤模器滤模时，应以光功率分布基本均匀的光源来激励，对于不能产生这种功率分布的光源，如 LED 或激光器等，应加用搅模器。搅模器是由适当的光纤组合而成（如依次由突

变—渐变—突变型折射率分布的光纤连接在一起）。

⑨ A2、A3 和 A4 类突变型折射率分布多模光纤的注入装置。在图 4-5-26 ~ 图 4-5-28 中给出了对短距离光纤通常使用的注入装置实例。突变型折射率分布光纤衰减测量的重复性极其重要，在此给出了对其注入装置要求的详细说明，这类装置均可使用商用的光学元件组装而成。应使光斑尺寸和注入光数值孔径满足表 4-5-6 中的要求。

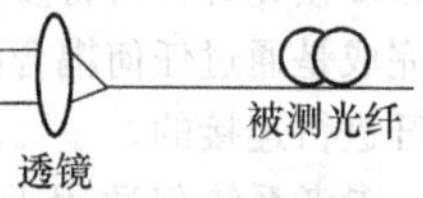

图 4-5-26　透镜系统

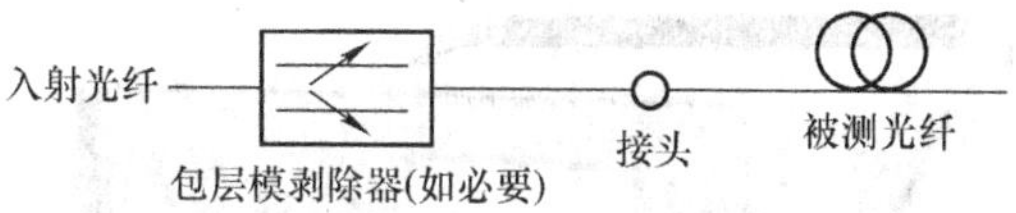

图 4-5-27　注入光纤

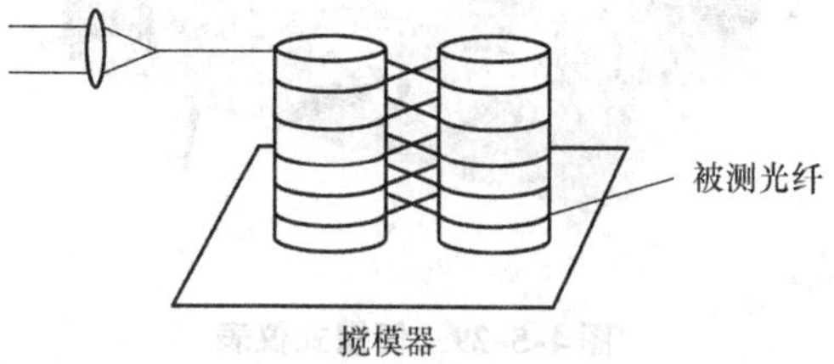

图 4-5-28　搅模器（对于 A4 光纤）

表 4-5-6　A2、A3 和 A4 多模光纤的注入条件

特性	光纤种类		
	A2. 2	A3	A4
光斑直径	= 纤芯尺寸	= 纤芯尺寸	= 满注入的纤芯直径 （或使用搅模器的平衡模注入）
数值孔径	= 光纤最大数值孔径见注 2	= 光纤最大数值孔径见注 3	= 光纤最大数值孔径见注 3

注：1. 对于 A2. 1 类光纤的要求在研究中。
2. 可以用 2m 长的与被试光纤同类型的一段光纤作为滤模器，对其进行满注入，并采取适当的包层模消除器，用其输出光束激励被试光纤。
3. 可以用 2. 中所述的光注入方式，但对某些 A3 类和 A4 类光纤不需要包层模剥除器和滤模器。

⑩ 校准要求。波长应校准至 ±10nm 范围内。

3）试验程序。将被试光纤放入试验装置中，记录输出光功率 $P_2(\lambda)$。

保持注入条件不变，将光纤截断至截留长度（例如离注入点 2m），记录截留的光纤的输出光功 $P_1(\lambda)$。

根据 $P_1(\lambda)$ 和 $P_2(\lambda)$ 的测量结果，按照下列式子，计算出光纤段的衰减和衰减系数。

$$A(\lambda) = \left| 10\lg\frac{P_1(\lambda)}{P_2(\lambda)} \right| \qquad (4\text{-}5\text{-}18)$$

$$\alpha(\lambda) = A(\lambda)/L \qquad (4\text{-}5\text{-}19)$$

（2）方法 B：插入损耗法　插入损耗法的测量精度不如截断法高，但是对被测光纤和固定在光纤端头上的终端连接器具有非破坏性的优点，因而这一方法适合现场测量，并且主要用于对链路光缆的测量。

插入损耗法不能分析整个光纤长度上的衰减特征，但是当预知 $P_1(\lambda)$ 时，可以测量出在变化的环境中（如温度或应力变化）光纤衰减连续变化的特征。

1）测量原理。插入损耗法是测量光纤衰减特性的第二替代法。其测量原理类似于截断法。只不过插入损耗法用带活接头的连接软线代替短光纤进行参考测量，计算在预先相互连接的注入系统和接收系统之间（参考条件）因插入被测光纤引起的功率损耗。因此，功率 P_1、P_2 的测量没有截断法那么直接，而且由于连接的损耗会给测量带来误差，所以插入损耗法不适用于工厂来测量光纤和光缆的制造长度的衰减。

插入损耗法的缺点是测量精度低于截断法。但是它具有非破坏性，即不需剪断被测光纤，被测光纤两端各带半个连接器和操作简单等优点。因此，用插入损耗法做成的便携式仪表，非常适用于现场用来测量带有连接器光缆中继段长度的总衰减，如图 4-5-29 所示。

2）试验装置。插入损耗法测试装置如图 4-5-30 和图 4-5-31 所示。衰减测量可在一个或多个波长上进行，而衰减谱的测量则是在一个波长范围内进行的。

① 光源。采用稳定辐射光源，如卤钨灯、激光器或发光二极管。如果用宽光谱光源，其后应接上一个波长选择器（这个波长选择器安置在探测器之

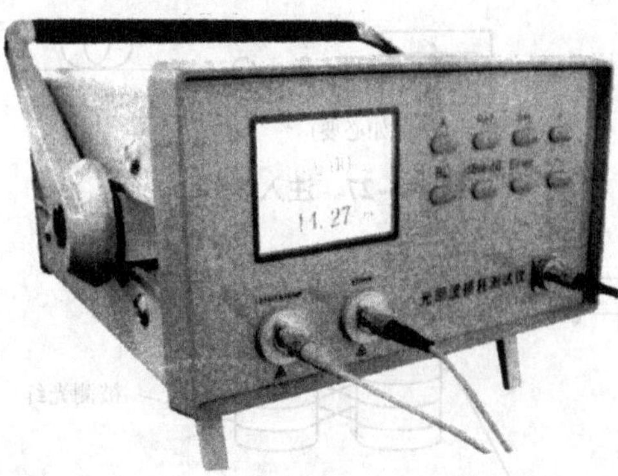

图 4-5-29 便携式仪表

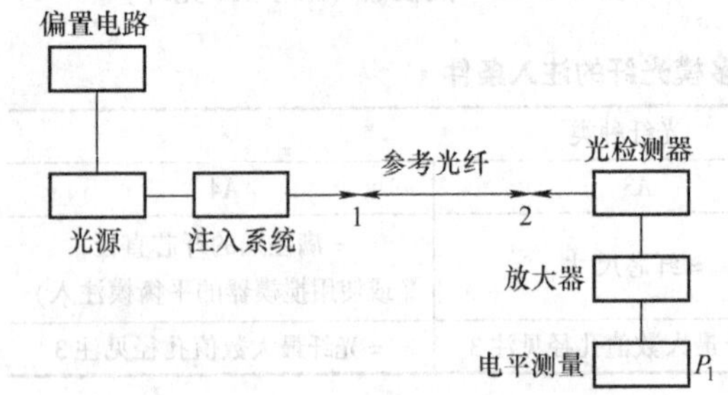

图 4-5-30 插入损耗法校准用装置

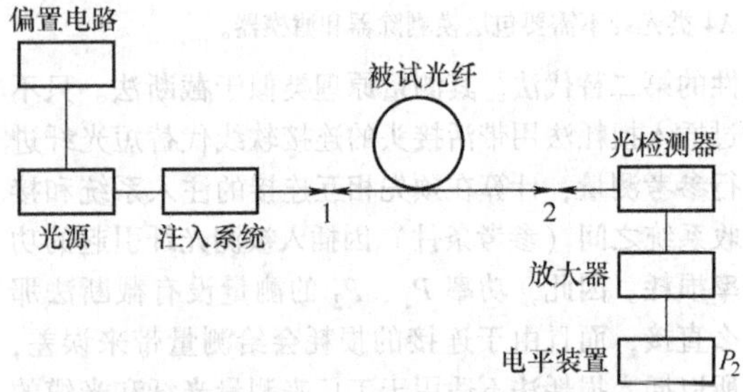

图 4-5-31 插入损耗法测量用装置

前）。在考虑选用波长选择器时，应该知道每种情况下光源的标称波长。光谱宽（FWHM）要窄，应与光纤衰减谱的任何分辨特征相适应。

② 调制器。为了改善接收机信噪比，通常对光源进行调制。这时，将光探测器连接到与光源调制频率同步的信号处理装置上。检测系统灵敏度应有良好的线性。

③ 注入系统。

方案 1：光源与被测光纤相同标准特性的一短段单模光纤相耦合，而且配置一个滤模器和一个包层模剥除器。此短段单模光纤借助一个非常精密的耦合装置与被测光纤耦合，以减小耦合损耗，确保测量结果有意义。如果测试光纤是用半个连接器来耦合，应用一个比较高质量的半个连接器来与注入光纤连接。

方案 2：通过一个合适的光学系统将光源耦合到被测光纤中。在光纤输入端面的注入光斑具有一个近场光强，在模场直径内有一个相当均匀的远场光强，那么被测光纤则有一个远场光强。光学系统使用几个透镜和一个光纤定位器。光先注入到一根阶跃折射率分布多模光纤，再将多模光纤与被测光纤连接。试验完成是通过任何耦合器或半个连接器与那些被测光纤进行连接的。

参考系统：参考系统仅适用于方案 2。这个系统是由一短段与被测光纤相同标准特性的光纤组成的。该光纤带有一个滤模器和一个包层模剥除器，它们都不应对基模引起任何损耗。

④ 滤模器。滤模器只允许基模在光纤中传输。例如，这可以通过对光纤进行适当的弯曲来实现。

⑤ 包层模剥除器。包层模剥除器用来促使包层模转换成辐射模。如果光纤本身不传输包层模，那么就不需要选用包层模剥除器。

⑥ 光探测器。光探测器的光谱响应要与光源的光谱特性相一致。光探测器要具有线性敏感特性。

方案 1：光探测器应与被测光纤具有相同特性的单模光纤相连接。该光纤应带有一个滤模器和一个包层模剥除器。

方案 2：被测光纤的端面应定位在光探测器的前面，应选用一个适合的光探测器来截断来自光纤的所有辐射。光探测器应是空间均匀的。光探测器与一阶跃折射率分布多模光纤相连接。该光纤再通过任何耦合装置或一个与被测光纤进行连接的半个连接器来与被测光纤进行耦合。

3）试验程序。如果光纤与连接器耦合，就需要弄清楚试验程序。一旦选定测量波长，按下述方法测量功率 P_1。

方案 1：首先将注入系统的光纤与接收系统的光纤相连接，其次记下测得的接收功率 P_1；然后将被测光纤连接到注入系统与接收系统之间，测出功率 P_2，那么被测光纤段的总衰减可按下式计算：

$$A = 10\lg\frac{P_1(\lambda)}{P_2(\lambda)} + C_r - C_1 - C_2 \quad (4\text{-}5\text{-}20)$$

式中 C_r、C_1 和 C_2——分别是在参考条件下，被测光纤输入端和输出端连接器的标称平均损耗（dB）。

方案 2：首先将参考系统连接在注入系统和接

收系统之间，其次记录测出的功率 P_1，然后按注入系统方案1测出功率 P_2，则被测光纤段的总衰减的计算式如下：

$$A = 10\lg\frac{P_1(\lambda)}{P_2(\lambda)} \quad (4\text{-}5\text{-}21)$$

(3) 方法C：后向散射法 后向散射法是光纤衰减的第一替代测量方法，该方法是一种单端测量方法，它测量从光纤中不同点后向散射至该光纤始端的后向散射光功率来测量光纤的衰减。

后向散射法对衰减的测量受到光纤中光传输速度和光纤后向散射特性的影响，其结果可能不是十分精确，本方法需要分别从被试光纤的两端进行测量，并取两次结果的平均值作为光纤衰减的最终测量结果。

后向散射法允许对光纤整个长度（或感兴趣的光纤段、或串联的光纤链）进行分析，甚至可以鉴别分立的点（如接头、点不连续）。本方法也可用于光纤长度的测量。

1）测量原理。后向散射法测量光纤衰减是基于光纤中双向后向散射光信号来提取光纤衰减或衰减系数、光纤长度、衰减均匀性、点不连续性、光学连续性、物理缺陷和接头损耗等信息。

单向后向散射测量适用于一些特殊情况，例如检验成缆光纤的散射斜率的变化。

因为后向散射法是一种非破坏性测试方法，所以这种方法被广泛应用在光纤光缆研究、生产、质量控制、工程施工、验收试验和安装维护时对光缆链路点不连续性作大致判断。

后向散射法的测量原理是将大功率的窄脉冲注入被测光纤，然后在同一端检测光纤后向返回的散射光功率。由于主要的散射作用是瑞利散射，瑞利散射光的特征是它的波长与入射光波的波长相同，它的光功率与该点的入射光功率成正比，所以测量沿光纤返回的后向瑞利散射光功率就可以获得光沿光纤传输的衰减及其他信息。图4-5-32所示为后向散射法测得的衰减曲线。因为信号是通过对数放大器处理的，衰减曲线相对后向散射功率是对数标度，即读得的是电平值。而且是经过往返两次衰减的值，所以曲线斜率为常数的AB段光纤的衰减为

$$A(\lambda)_{AB} = \frac{1}{2}(P_A - P_B) \quad (4\text{-}5\text{-}22)$$

$$\alpha(\lambda) = \frac{A}{L_{AB}} \quad (4\text{-}5\text{-}23)$$

至于衰减曲线坐标的长度标准是通过时标换算得到的，即根据光在光纤中传播速度和传输时间换算为长度（距离）。

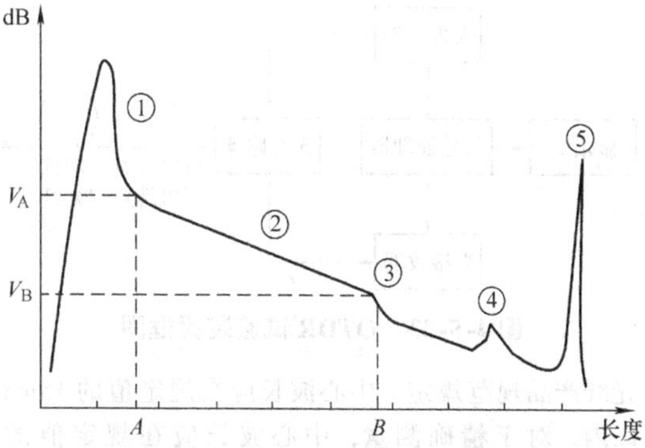

图4-5-32 后向散射法测得的衰减曲线

光在真空中的传播速度 $c_0 = 3\times10^8$m/s，光纤的折射率为 $n(\lambda)$，所以光在光纤中的传输速度 $c = c_0/n(\lambda)$。

设衰减曲线横坐标AB间的时间间隔为 Δt，注意这是经过往返传输的时间，故AB间的长度（距离）为

$$L = \frac{c_0}{n(\lambda)}\cdot\frac{\Delta t}{2} \quad (4\text{-}5\text{-}24)$$

例如，光纤在0.85μm波长的 $n(\lambda) = 1.482$，当 $\Delta t = 12\mu s$ 时，代入式（4-5-24）计算的长度或距离 $L = 1214.6$m。

由图4-5-32得知，单向后向散射衰减曲线仅反映的是衰减与长度的关系。利用后向散射法测得的单向后向散射衰减曲线，我们可以监测到许多现象，分别见图4-5-32中曲线的①~⑤段。

① 表示在光纤输入端由光分路器和耦合器产生的反射。

② 是散射斜率恒定区。

③ 由于局部缺陷、连接或耦合造成的不连续性。

④ 表示缺陷引起的反射。

⑤ 在光纤输出端的波动，例如衰减随温度的变化。

2）试验装置。通常，后向散射的光信号的信号电平小，且与噪声电平相当。为改善信噪比和动态测量范围，常常使用一大功率光源与检测到的信号进行信号处理的装置相连接。另外，通过调节脉冲宽度来妥善处理分辨率与动态范围之间的关系。

后向散射法试验所用的装置就是光时域反射计OTDR的组成，如图4-5-33所示。

① 光发射器。通常包括一个脉冲激光二极管，能提供一个或多个脉冲宽度和脉冲重复频率。多波长仪器通常具有多个光源，标称中心波长可分为850nm、1300nm、1310nm、1550nm、1625nm或按

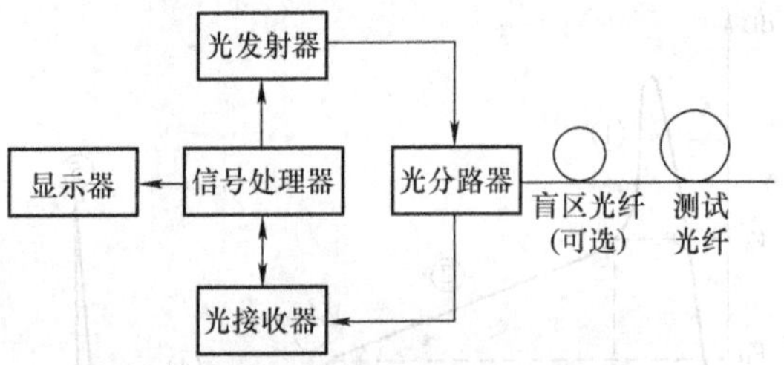

图 4-5-33　OTDR 试验装置框图

光纤产品规范规定。中心波长应在规定值的 15nm 以内。对于精确测量，中心波长应在规定值的 10nm 以内。如果光源中心波长和规定波长差值大于 10nm，应在测量结果报告中指出。光源均方根谱宽（RMS）应不大于 10nm，或者光源半幅全宽（FWHM）应不大于 25nm。

如果衰减谱模型中采用 OTDR 数据，实际中心波长应在规定值的 2nm 之内，水峰波长区域（1360～1430nm）的光源谱宽应不大于 10nm（FWHM）或 4nm（RMS）。采用诸如光谱分析仪等合适的测量仪器对光源中心波长和谱宽进行周期检测。

② 注入条件。以某种方法将被测光纤或盲区光纤连接到仪器面板或光源尾纤上。

③ 光分路器。耦合器/光分路器将光源输出光耦合到光纤和将后向散射光耦合到探测器，同时避免光源与探测器的直接耦合。耦合器/光分路器不应有偏振效应。

④ 光接收器。通常包括光敏二极管探测器，探测器的带宽、灵敏度、线性度及动态范围应与采用的脉宽和接收信号电平相适应。

⑤ 脉宽和脉冲重复频率。OTDR 应能提供可供选择的脉宽和脉冲重复频率（有时结合测距范围来选择），以兼顾分辨率和测量距离的需要。对于幅度很高的反射峰，应将脉冲重复频率或测距范围设置为能测量到此反射峰两倍以上的距离，以防止出现“鬼影”反射峰，也可使用脉冲编码技术来防止出现这一现象。

⑥ 信号处理。用一个对数响应的信号处理器处理信号，并采用信号平均技术提高信噪比。

⑦ 显示器。显示器可以是阴极射线管、液晶显示器或是这两者，也可以是计算机的部件。

显示器上垂直分度标尺为分贝数，对应于往返光信号损耗之半的分贝数变化；水平分度标尺为米或千米，对应于往返光信号群时延之半的长度。

仪器面板控制器可对显示器上的曲线进行定位，并能对长度或分贝的较小区域显示的部分曲线进行扩展。可控制一个或多个能对曲线上某些点定位的可移动光标，显示器上给出移动光标的坐标和一些适合于本仪器的辅助信息。

⑧ 反射控制器（可选）。为将高菲涅尔反射引起的接收器瞬时饱和降到最低限度，以减少每一反射点后光纤盲区范围，选用电子屏蔽或在耦合器/光分路器中采用适合的方法。

为了减少 OTDR 连接处初始反射对结果的影响，通常在 OTDR 连接器和被测光纤之间采用一段盲区光纤。

⑨ 接头和连接器。为了将 OTDR 曲线的附加影响减至最小，OTDR 所要求的任何接头或连接器应具有低插入损耗和低反射（高回波损耗）。

3）试验程序。

① 试样。被测试样为成盘光纤或光缆中的光纤。可在工厂或现场对一段或连接起来的多段光纤进行测量。

② 长度测定。如图 4-5-34 所示，将光标置于试样末端反射脉冲上升边缘的一点，确定 Z_2；将同一光标或另一光标置于试样始端反射脉冲上升边缘的一点确定 Z_0（如试样前无光纤或光缆段则 Z_0 为零，如试样前有已知长度为 Z_D 的光纤或光缆段，则 Z_0 为 Z_D）。如果由于不连续性极小而不易确定 Z_2 和 Z_0 的位置，就在该处加一个绷紧的弯曲并改变弯曲半径以帮助光标定位，对于 Z_2 的定位如有可能，切割试样远端，使那里产生反射。试样长度为 Z_2-Z_0。

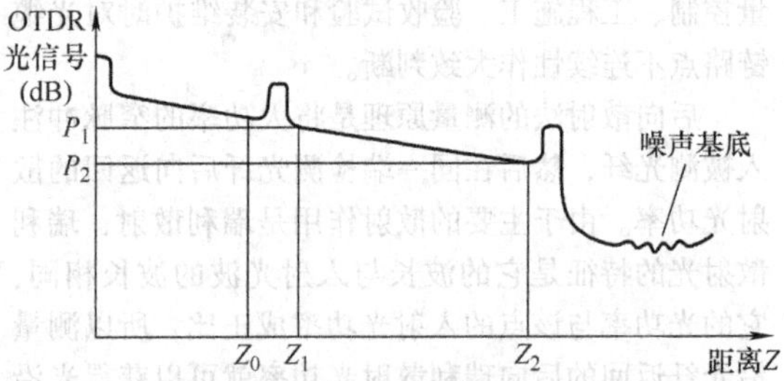

图 4-5-34　OTDR 衰减曲线

③ 衰减和衰减系数的测定。如图 4-5-34 所示，将光标置于试样始端反射脉冲上升边缘的一点，确定 Z_0（如试样前无光纤或光缆段，则 Z_0 为零）。

将光标置于试样曲线线性始端（紧挨近端）。确定 Z_1，P_1；将同一光标或另一光标置于试样末端反射脉冲上升边缘的一点，确定 Z_2，P_2。

如果因不连续性极小而不易确定 Z_0 和 Z_2 的位置，就在该处加一个绷紧的弯曲并改变弯曲半径以帮助光标定位；对于 Z_2 的定位，如可能，切割试样远端，使那里产生反射。

始于盲区之后光纤或光缆段的单向后向散射衰减有

$$A=(P_1-P_2) \quad (4\text{-}5\text{-}25)$$

始于盲区之后光纤或光缆段的单向后向散射衰减系数有

$$\alpha=(P_1-P_2)/(Z_2-Z_1) \quad (4\text{-}5\text{-}26)$$

光纤或光缆段总单向后向散射衰减为

$$A_{总}=\alpha(Z_2-Z_0) \quad (4\text{-}5\text{-}27)$$

通常，OTDR 能直接给出 A 值和 α 值。该数据可以用两点法给出，也可以用最小二乘法拟合曲线给出。LSA 法得出的结果可能与两点法得出的结果不同，但 LSA 法的重复性更好。

应进行双向测量，将双向测量获得的数值取平均得到精确衰减和衰减系数；如光纤两端均匀性好，亦可进行单向测量。

需要时可进行多波长测量，对非色散位移单模光纤和色散位移单模光纤可按照衰减谱模型给出的关系式计算衰减谱。

④ 点不连续的测定。如图 4-5-35 所示，点不连续是连续的 OTDR 信号在朝上或朝下方向的暂时或永久性的局部偏移，偏移特征能够随试验条件（例如 OTDR 信号脉宽、波长和方向）变化。

点不连续的持续时间约为脉冲宽度。为了确定不连续（而不是衰减不均匀性）的存在，应采用两种不同的脉宽观察有疑问的区域。如果损耗或增益的形状随脉宽而变，则该异常情况是点不连续，否则要按照测量光纤或光缆衰减的程序进行衰减不均匀性测量。

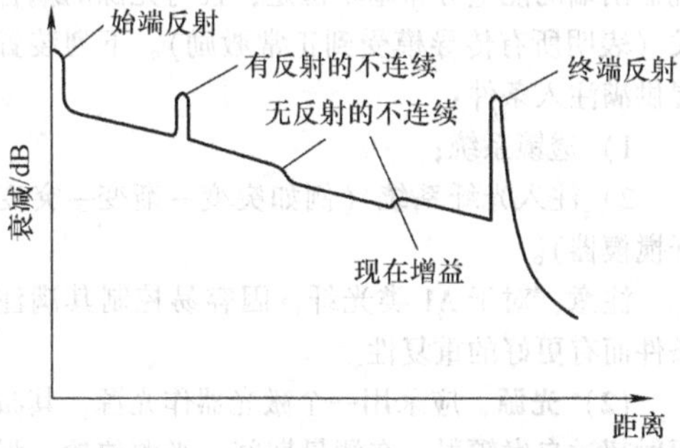

图 4-5-35　OTDR 曲线（点不连续的测量）

如图 4-5-36 所示，将光标置于不连续点处功率开始上升或下降的始端来确定点不连续的位置。一般仪器要求一对光标置于不连续点处的两侧，将两根最佳拟合直线（每一根分别由两点法或最小二乘法得到）外推到不连续点处的位置。两直线在不连续点处的垂直距离为点不连续的视在损耗或增益。

应进行双向测量，将双向测量取得的数值进行平均（这样可消除视在增益）得出点不连续损耗。

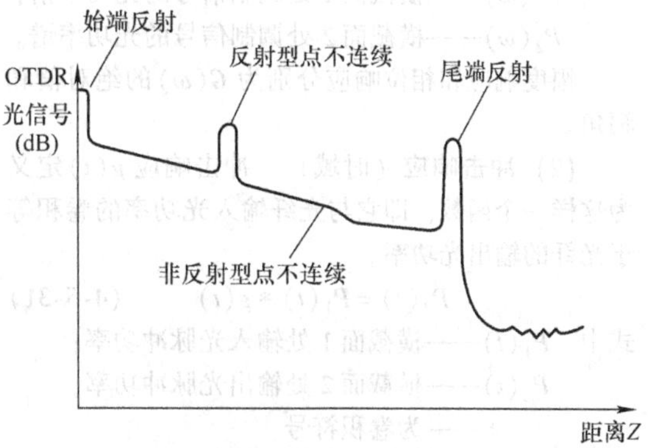

图 4-5-36　OTDR 曲线上分别存在一个反射型和非反射型的不连续点

（4）方法 D：衰减模型　谱衰减模型可以作为 B 类光纤衰减的替代测量方法。

光纤的谱衰减系数可通过特征矩阵 M 和矢量 $\boldsymbol{v}$ 计算出来。矢量 $\boldsymbol{v}$ 包含了在几个（3～5 个）预定波长（例如 1310nm、1330nm、1360nm、1380nm 和/或 1 550nm、1625nm）上测量的衰减系数。

第一种方法是由光纤或光缆制造商提供的该产品的特征矩阵，模型化谱衰减系数可以用矢量 $\boldsymbol{w}$ 表示，矢量 $\boldsymbol{w}$ 由下式计算：

$$\boldsymbol{w}=\boldsymbol{M}\times\boldsymbol{v} \quad (4\text{-}5\text{-}28)$$

第二种方法是，如果 M 是普通矩阵，光纤或光缆制造商应提供一个修正因子矢量 $\boldsymbol{e}$，上式变为

$$\boldsymbol{W}=w+e \quad (4\text{-}5\text{-}29)$$

普通矩阵是能用于不同的光纤设计或生产厂家（假定是一种光纤类型）的特征矩阵，它可由标准体和（或）借助于标准体决定。每个光纤制造商可以同用户、最终用户或生产厂家比较他们的产品，其差别由矢量 $\boldsymbol{e}$ 决定。

1）测量原理。该方法通过几个（3～5）波长上直接测得的衰减值来估算衰减谱系数。

2）试验装置。因本方法是通过预先测量的衰减值进行计算而得出衰减谱，不需要特定的装置。所选用的装置即是单个波长上衰减的测量装置。

5.2.2　带宽

1. 术语及定义

（1）频率响应（频域）　频率响应定义为下式表示的函数：

$$G(\omega)=\frac{P_2(\omega)}{P_1(\omega)} \qquad (4\text{-}5\text{-}30)$$

式中 $G(\omega)$——频率响应。

$P_1(\omega)$——横截面1处调制信号的光功率谱；

$P_2(\omega)$——横截面2处调制信号的光功率谱。

幅度响应和相位响应分别为 $G(\omega)$ 的绝对值和辐角。

(2) 冲击响应（时域） 冲击响应 $g(t)$ 定义为这样一个函数，即它与光纤输入光功率的卷积等于光纤的输出光功率。

$$P_2(t)=P_1(t)*g(t) \qquad (4\text{-}5\text{-}31)$$

式中 $P_1(t)$——横截面1处输入光脉冲功率；

$P_2(t)$——横截面2处输出光脉冲功率；

$*$——为卷积符号

在线性系统中，时域和频域的基带响应应通过下式互相联系：

$$G(\omega)=\int_{-\infty}^{\infty}g(t)\exp(-\mathrm{j}\omega t)\mathrm{d}t \qquad (4\text{-}5\text{-}32)$$

式中 $G(\omega)$——频率响应；

$g(t)$——冲击响应函数；

j——虚数（$\sqrt{-1}$）；

ω——圆频率（Hz）；

t——时间（s）。

(3) 基带响应（-3dB光带宽） 实际光纤的基带响应呈高斯型。在基带响应的幅频曲线上［根据式（4-5-32）制的曲线］，半幅值点对应的频率为光截止频率 f_c，该频率称为光纤的 -3dB光带宽（或 -6dB电带宽），即为实测的光纤带宽。

2. 试验方法及概述

多模光纤的总色散由模式色散和波长色散组成。多模光纤的总带宽由总色散决定，用下式表示：

$$B_T=(B_m^{-2}+B_{ch}^{-2})^{-1/2} \qquad (4\text{-}5\text{-}33)$$

式中 B_T——总带宽；

B_m——模式带宽；

B_{ch}——色散带宽。

假定光纤模式基带响应和光源光谱均是高斯型分布。

色散带宽 B_{ch} 与光纤段长度成反比，如果假定光源光谱是高斯型分布，则 B_{ch} 可表示为

$$B_{ch}=\frac{0.44\times10^6}{\Delta\lambda D(\lambda)L} \qquad (4\text{-}5\text{-}34)$$

式中 $\Delta\lambda$——光源的FWHM谱宽（nm）；

$D(\lambda)$——色散系数（ps/nm·km）；

L——光纤段长度（km）；

本技术旨在通过测量多模光纤的模式基带响应来确定带宽，选用 $\Delta\lambda$ 小的光源来减少波长色散的影响，使总带宽与模式带宽之间的差异小于10%。

光纤的基带响应在时域中可用冲击响应 $g(t)$ 来表示，在频域中是以频域响应 $G(\omega)$ 来描述。因此光纤的基带响应测量方法可分为时域法和频域法两种：

(1) 方法A：冲击响应法（时域法） 冲击响应法是比较光纤输入、输出光脉冲的宽度以测量光纤模式基带响应的一种方法。

(2) 方法B：频率响应法（频域法） 使用频率响应法可以直接测量出幅值—频率函数（即幅度响应），其测量方式有

1）采用输入光脉冲信号激励时，对输出信号进行频谱分析；

2）采用频率扫描信号或分离的正弦波信号输入，分析其输出信号。

3. 试验装置

除非其他说明，以下对测量装置的要求为带宽两种测量方法所共有。

(1) 注入条件 为了得到很好的重复性，应使注入系统的脉冲失真与被试光纤的脉冲失真相比小到可以忽略不计。否则，应记录注入系统的输出脉冲形状，然后在光纤基带响应中考虑进去。

应使用满注入，在这种情况下，注入光锥角大于光纤最大理论数值孔径，并且注入光斑直径与光纤纤芯直径相当。应确认被试光纤无微弯，注入系统输出端的能量分布基本恒定，且与光源的耦合无关（表明所有传导模受到正常激励）。下列装置能提供满注入条件：

1）透镜系统；

2）注入光纤系统（例如突变—渐变—突变光纤搅模器）。

注意：对于A1类光纤，因容易控制其满注入条件而有更好的重复性。

(2) 光源 应采用一个激光器作光源，其激光辐射超过自发辐射：在测量期间，光源位置、强度和波长应保持稳定。光源中心波长 λ 应在表4-5-7选定的标称值的 ±20nm 之内，其FWHM谱宽 $\Delta\lambda$ 不应超过表4-5-7中给出的相应值。为保证带宽的测量精确度达到10%，可要求使用较小的光源谱宽，光源谱宽取决于被测试样带宽和它的波长色散。

表 4-5-7　光源的中心波长标称值和谱宽单位

λ	$\Delta\lambda$
800 ~ 900nm	5nm
1200 ~ 1350nm	10nm

(3) 包层模剥除器　应采用包层模剥除器，以滤除包层模。当预涂覆层折射率等于或大于光纤包层折射率时，就不需要包层模剥除器。

(4) 光检测器　应优先采用高速光敏二极管作光检测器。光检测器带宽通常应大大超过被试光纤带宽。然而需要作一些修正，应说明检测器的基带响应和非线性度。检测器表面灵敏度应是均匀的。

(5) 试样及试样制备　样品长度：样品应是长度已知的光纤或光缆。

试样端面：试样的输入端面和输出端面应平整、光滑，端面与光纤轴应有很好的垂直度。

参考光纤：参考光纤应与被试光纤为同一类型，其长度应小于被测试样长度的 1%，或者不大于 10 m。

4. 冲击响应法

(1) 测量原理　比较光纤输入、输出光脉冲的宽度以测量光纤模式基带响应。

1) 根据记录结果 $P_1(t)$ 和 $P_2(t)$，按式 (4-5-31) 的定义计算出冲击响应 $g(t)$。

2) 根据式 (4-5-32) 将冲击响应 $g(t)$ 转换为频率响应 $G(\omega)$。

3) 绘制幅频特性曲线，并对曲线进行高斯函数拟合，以消除基带响应曲线不规则对带宽测量结果带来的影响。曲线上 -3dB（光功率）点为被试光纤的带宽。

(2) 试验装置　图 4-5-37 是用冲击响应法测量模式基带响应的典型试验装置。

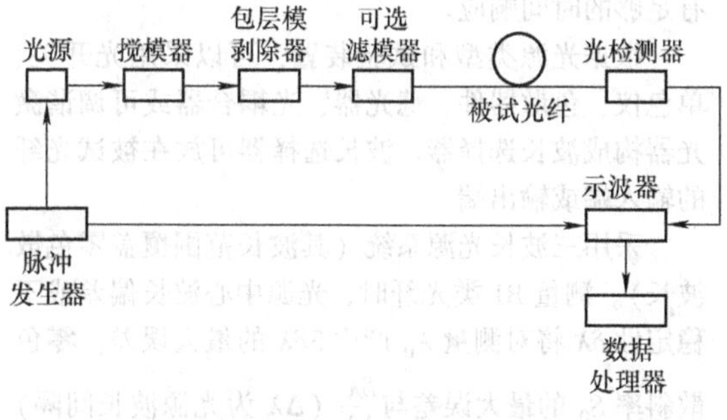

图 4-5-37　模式基带响应试验装置（冲击响应）

还应采用合适的辅助设备，例如，可调光脉冲序列发生器（脉冲宽度和脉冲频率可调）、取样示波器、XY 记录仪等。

(3) 试验程序

1) 试样端面对中。将光纤输入端与注入系统光轴对中，并将光纤输出端与检测器表面对准，使检测器能接收到被试光纤的全部出射光。

2) 数据采集和处理。启动试验装置，分别记录被试光纤的输出光脉冲 $P_2(t)$ 和参考光纤的输出光脉冲 $P_1(t)$。

3) 参考光纤。可用 GB/T 15972.40—2008 中的附录 A 截断法将被测光纤距注入端约 2m 处剪断后作为参考光纤，也可用预先记录并存储的参考光纤的数据。如果光源或接收器的光电部分有改变时应重复存储参考数据。

5. 频率响应法

(1) 测量原理　使用频率响应法可以直接测量出幅值 - 频率函数（即幅度响应），其测量方式有

1) 采用输入光脉冲信号激励时，对输出信号进行频谱分析。

2) 采用频率扫描信号或分离的正弦波信号输入，分析其输出信号。

3) 根据记录结果 $P_1(\omega)$ 和 $P_2(\omega)$，按式 (4-5-30) 的定义计算出频率响应 $G(\omega)$。

4) 绘制幅频特性曲线，并对曲线进行高斯函数拟合，以消除基带响应曲线不规则对带宽测量结果带来的影响。曲线上 -3dB（光功率）点为被试光纤的带宽。

(2) 试验装置　图 4-5-38 是用频率响应法测量模式基带响应的典型试验装置。

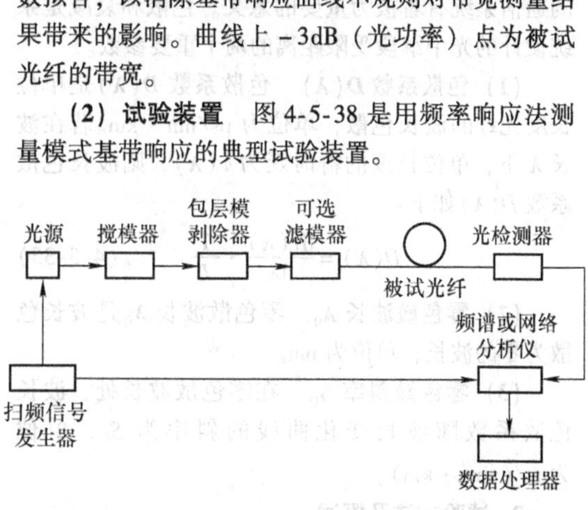

图 4-5-38　模式基带响应试验装置（频率响应）

还应采用合适的辅助设备，例如，频谱分析仪或网络分析仪、正弦波光源。

(3) 试验程序

1) 试样端面对中。将光纤输入端与注入光系统光轴对中，并将光纤输出端与检测器表面对准，使检测器能接收到被试光纤的全部出射光。

2）数据采集和处理。启动试验装置，分别记录被试光纤的输出光信号 $P_2(\omega)$ 和参考光纤的输出光信号 $P_1(\omega)$。

3）参考光纤。可用 GB/T 15972.40—2008 中附录 A 截断法将被测光纤距注入端约 2m 处剪断后作为参考光纤，也可用预先记录并存储的参考光纤的数据。如果光源或接收器的光电部分有改变时应重复存储参考数据。

5.2.3 波长色散

1. 术语及定义

在光纤数字通信系统中，由于信号的各频率成分或各模式成分的传输速度不同，信号在光纤中传输一段距离后，将互相散开，脉冲展宽。严重时，前后脉冲将互相重叠，形成码间干扰，增加误码率，影响光纤的带宽，限制光纤的传输容量和传输距离。

与光纤色散有关的系统性能损伤主要有码间干扰、模分配噪声和啁啾噪声。

多模光纤的色散主要包括模间色散、材料色散、波导色散等。单模光纤色散主要包括材料色散、波导色散和偏振模色散等。

单模光纤的色散决定着光纤所能传输的速率、距离、容量，对于超长距离、超大容量、超高速率的通信系统有着极为重要的意义。色散和衰减是系统设计的光中继段受限距离的两个重要参数。

（1）色散系数 $D(\lambda)$ 色散系数 $D(\lambda)$ 是单位长度光纤的波长色散，单位为 ps/nm · km。若在波长 λ 下，单位长度的群时延为 $\tau(\lambda)$，则波长色散系数 $D(\lambda)$ 如下：

$$D(\lambda)=\frac{d\tau(\lambda)}{d\lambda}\cdot\frac{1}{L} \qquad (4\text{-}5\text{-}35)$$

（2）零色散波长 λ_0 零色散波长 λ_0 是波长色散为零的波长，单位为 nm。

（3）零色散斜率 S_0 在零色散波长处，波长色散系数随波长变化曲线的斜率为 S_0，单位为ps/(nm² · km)。

2. 试验方法及概述

波长色散是由组成光源谱的不同波长，以不同群速度传输所引起的光纤中单位光源谱宽的光脉冲展宽，用 ps/nm 表示。它取决于光纤的特性和长度。波长色散的测量有以下四种方法：方法 A——相移法；方法 B——时域群时延谱法；方法 C——微分相移法；方法 D——干涉法。

在上述四种测量方法中，方法 A、方法 B 和方法 C 适用于 A1 类渐变型折射率分布的多模光纤和所有的 B 类单模光纤在指定波长范围的色散测量；方法 D 适用于 B 类单模光纤在 1000 ~ 1700nm 波长的色散测量。

上述方法适用于实验室、工厂和光缆工作现场的色散测量，测量波长范围可按要求改变。

这些方法适用于 1 km 以上长度的光纤或光缆的测量，在测量精度或重复性满足要求的情况下，也可测量长度较短的光纤。方法 D 更适合于短段光纤的测量（1 ~ 10m）。

3. 方法 A：相移法

（1）测量原理 相移法适用于在规定的波长范围内测定 B 类单模光纤以及 A1 类多模光纤的色散特性。

相移法是测量不同波长正弦调制信号的相位移变化，将其转换后得到光波在光纤中传播的相对时延，用指定的拟合公式由相对时延谱拟合导出光纤的波长色散特性。相移法是测量所有 B 类单模光纤色散的基准试验方法。相移法的测量原理是通过测量不同波长的光纤的光信号，通过光纤后产生相移计算得出不同波长间的相对群时延，再根据时延 $\tau(\lambda_i)$ 得到最佳拟合时延曲线 $\tau(\lambda)$，通过数学运算进一步得到光纤色散特性曲线 $D(\lambda)$。

（2）试验装置 相移法测量单模光纤色散特性的试验装置，如图 4-5-39、图 4-5-40 所示。试验装置主要包括光源波长选择器、光探测器、参考信道、时延检测器和信号处理器等。

1）光源。在测量期间内，光源的位置、光强和波长都应稳定。根据测量的波长范围，可以选用的光源是激光二极管（LD 阵列）、可调波长激光二极管（如外腔激光器）、发光二极管 LED 或宽带光源（如拉曼光纤 Nd：YAG 激光器）。

在任何情况下，调制信号都应确保群时延测量有足够的时间响应。

根据光源类型和试验装置，可以采用光开关、单色仪、色散器件、滤光器、光耦合器或可调谐激光器构成波长选择器。波长选择器可放在被试光纤的输入端或输出端。

采用三波长光源系统（其波长范围覆盖零色散波长）。测量 B1 类光纤时，光源中心波长偏差或不稳定性 $\delta\lambda$ 将对测量 λ_0 产生 $3\delta\lambda$ 的最大误差。零色散斜率 S_0 的最大误差与 $\frac{\delta\lambda}{\Delta\lambda}$（$\Delta\lambda$ 为光源波长间隔）成正比，当 $\frac{\delta\lambda}{\Delta\lambda}=\frac{1}{30}$ 时，S_0 的最大误差约为 0.012 ps/nm² · km。

采用平均波长接近被测试样预期零色散波长 λ_0 的光源和/或采用多于三个波长的光源可获得较小误差。

通常采用一个温度受控的、输出功率稳定的单纵模激光器就足够了。现场试验装置的参考链路可能需要一只附加激光器。

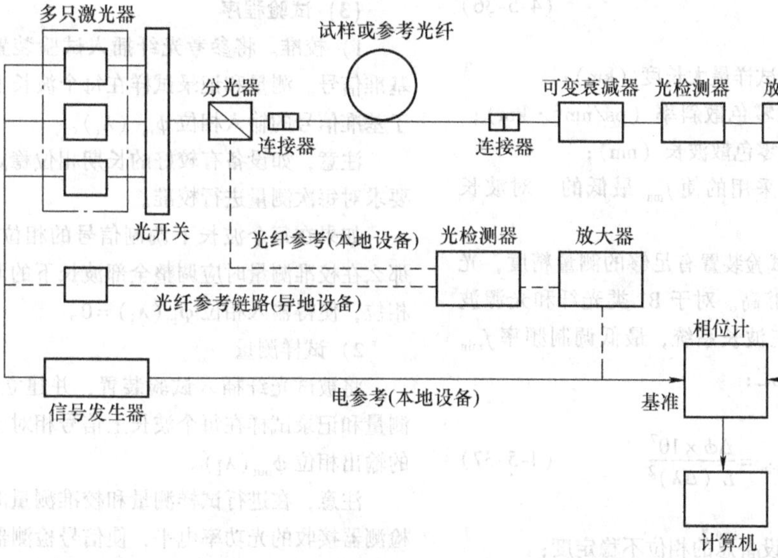

图 4-5-39　相移法试验装置（多只激光器）

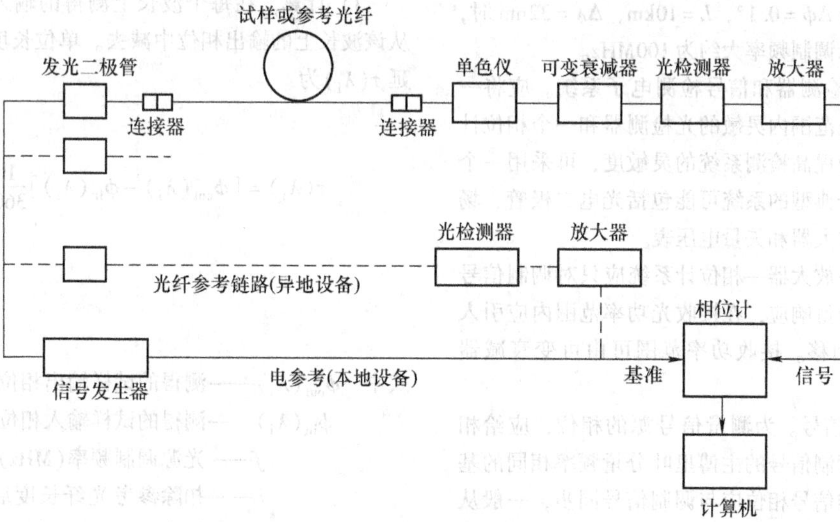

图 4-5-40　相移法试验装置（LED）

2）谱宽。光源的 FWHM 谱宽应小于或等于 10nm。

3）调制器。调制器应用正弦波（或梯形波或方波）对光源进行幅度调制，产生一个具有单一主傅里叶分量的波形，调制频率稳定度至少应为 10^{-8} 量级。

测量相移时，应防止 $n\times360°$（n 是整数）的不确定性。为此应采用诸如跟踪 360°相位变化的方法或选择足够低的调制频率将相对相移限制在 360°之内，对于 B1 类光纤，将相移限制在 360°之内的最高调制频率 f_{max}（MHz）应按下式确定：

$$f_{max}=\frac{8\times10^6}{S_0L}\left[\left(\lambda_i-\frac{\lambda_0^2}{\lambda_i}\right)^2-\left(\lambda_j-\frac{\lambda_0^2}{\lambda_j}\right)^2\right]^{-1} \tag{4-5-36}$$

式中 L——预期的试样最大长度（km）；

S_0——预期的零色散斜率（$ps/nm^2 \cdot km$）；

λ_0——预期的零色散波长（nm）；

λ_i，λ_j——测量中采用的使 f_{max} 最低的一对波长（nm）。

另外，为保证试验装置有足够的测量精度，光源调制频率必须足够高。对于B1类光纤和光源波长间隔为 $\Delta\lambda$ 以的三波长系统，最低调制频率 f_{min}（MHz）应按下式确定：

$$f_{min}=\frac{\Delta\phi\times10^7}{L\ (\Delta\lambda)^2} \tag{4-5-37}$$

式中 $\Delta\phi$——试验设备总的相位不稳定度；

L——对试样预期的最短长度（km）；

$\Delta\lambda$——光源波长间隔平均值（nm）。

例如，当 $\Delta\phi=0.1°$，$L=10$km，$\Delta\lambda=32$nm 时，要求光源最低调制频率大约为100MHz。

4）信号检测器和信号检测电子系统。应将一个在测量波长范围内灵敏的光检测器和一个相位计一起使用。为提高检测系统的灵敏度，可采用一个放大器。一个典型的系统可能包括光电二极管、场效应晶体管放大器和矢量电压表。

检测器—放大器—相位计系统应只对调制信号的主傅里叶分量响应，在接收光功率范围内应引入恒定的信号相移。接收功率范围可由可变衰减器控制。

5）基准信号。为测量信号源的相位，应给相位计提供与调制信号的主傅里叶分量频率相同的基准信号。基准信号相位应与调制信号同步，一般从调制信号中分离出来。

当信号源和检测器在同地场合时，例如在实验室或校准期间，信号发生器和相位计的参考端口之间可采用电连接。

当信号源和检测器在同地场合时，也可采用分光器（分光器插在试样之前）和检测器。

对于光缆现场试验（信号源和检测器异地），可采用一条光学链路。该光学链路一般包括与含被测试样的光学链路相类似的调制光源、光纤和检测器。

现场试验（信号源和检测器异地）用的基准信号也可用波分复用在被试光纤上传送。

（3）试验程序

1）校准。将参考光纤插入试验装置，并建立基准信号。测量和记录试样在每个波长上信号相对于基准信号的输入相位 ϕ_{in}（λ_i）。

注意，如设备有较好的长期相位稳定性，可不要求对每次测量进行校准。

如果在每个波长下调制信号的相位都可调节，那么在校准测量时应调整全部波长下的调制信号的相位，使得输入相位 $\phi_{in}(\lambda_i)=0$。

2）试样测量

将被试光纤插入试验装置，并建立基准信号。测量和记录试样在每个波长上信号相对于基准信号的输出相位 $\phi_{out}(\lambda_i)$。

注意，在进行试样测量和校准测量时，应调节检测器接收的光功率电平，使信号检测器和信号检测电子系统中与光功率大小有关的相移减少到最低限度。

3）计算。在每个波长上测得的输入相位都应从该波长上的输出相位中减去。单位长度光纤群时延 $\tau(\lambda_i)$ 为

$$\tau(\lambda_i)=[\phi_{out}(\lambda_i)-\phi_{in}(\lambda_i)]\frac{10^6}{360fL} \tag{4-5-38}$$

式中 $\phi_{out}(\lambda_i)$——测得的试样输出相位(°)；

$\phi_{in}(\lambda_i)$——测得的试样输入相位(°)；

f——光源调制频率(MHz)；

L——扣除参考光纤长度后被测试样长度(km)。

得到的时延数据，根据光纤类型的不同选用合适的拟合计算方法来计算光纤色散或产品规范中要求的其他参数。图4-5-41是典型的时延曲线 $\tau(\lambda_i)$ 和色散曲线 $D(\lambda_i)$。

为了准确计算零色散波长 λ_0 所用光源的波长应覆盖零色散波长，或者至少应在零色散波长两侧100nm左右内各有一个光源。

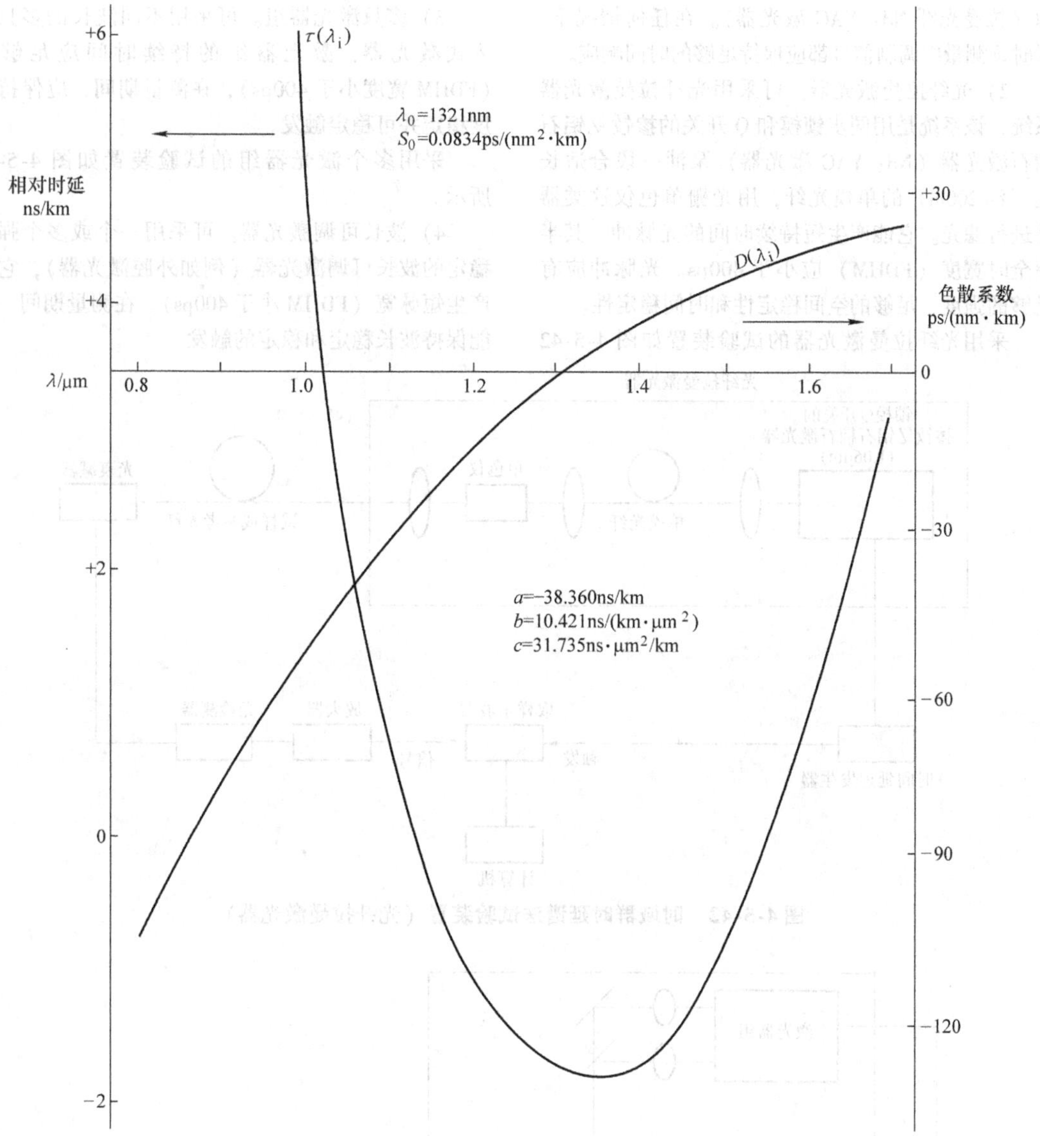

图 4-5-41　典型的时延和色散曲线

4. 方法 B：域群时延谱法

（1）测量原理　时域群时延谱法适用于在规定的波长范围内测定 B 类单模光纤以及 A1 类多模光纤的色散特性。

时域群时延谱法直接测量已知长度的光纤在不同波长脉冲信号下的群时延，用指定的拟合公式由相对时延谱拟合导出光纤的波长色散特性。时域群时延谱法可用光纤拉曼激光器或使用一组激光器作光源。

时域群时延谱法是测量 A1 类多模光纤色散的基准试验方法，时域群时延谱法的测量原理是，使不同波长的窄光脉冲分别通过已知长度的受试光纤时，测量不同波长下产生的相对群时延，再由群时延差计算出被测光纤的色散系数。群时延的测量采用时域法，即通过探测、记录、处理不同波长下脉冲的时延。

（2）试验装置

1）光源。在整个测量期间，光源的位置、光强和波长都应稳定。根据测量的工作波长范围，可供选用的光源有激光二极管、激光二极管阵列（LD –

阵列)、可调波长激光器（外腔激光器）和宽带光源（拉曼光纤 Nd：YAG 激光器)。在任何情况下，群时延测量中调制信号都应保持足够的时间响应。

2）光纤拉曼激光器。可采用光纤拉曼激光器系统，该系统是用同步锁模和 Q 开关的掺钕钇铝石榴石激光器（Nd：YAG 激光器）泵浦一段合适长度（约 200m）的单模光纤，用光栅单色仪这类器件进行滤光。它能产生短持续时间的光脉冲，其半幅全时宽度（FDHM）应小于 400ps。光脉冲应有足够的强度、足够的空间稳定性和时间稳定性。

采用光纤拉曼激光器的试验装置如图 4-5-42 所示。

3）多只激光器组。可采用不同波长的多只注入式激光器，激光器组的持续时间应足够短（FDHM 宽度小于 400ps)，在测量期间，应保持强度稳定并可稳定触发。

采用多个激光器组的试验装置如图 4-5-43 所示。

4）波长可调激光器。可采用一个或多个强度稳定的波长可调激光器（例如外腔激光器)，它能产生短脉宽（FDHM 小于 400ps)。在测量期间，应能保持波长稳定和稳定的触发。

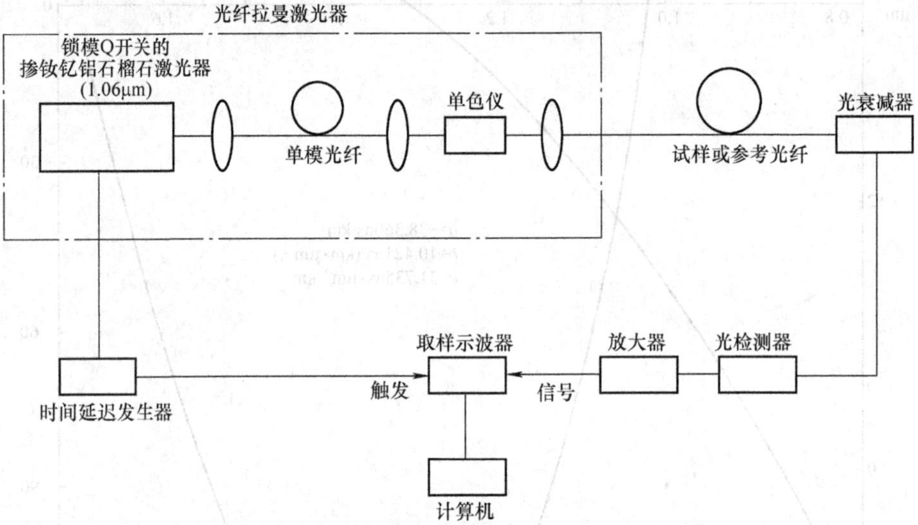

图 4-5-42　时域群时延谱法试验装置（光纤拉曼激光器）

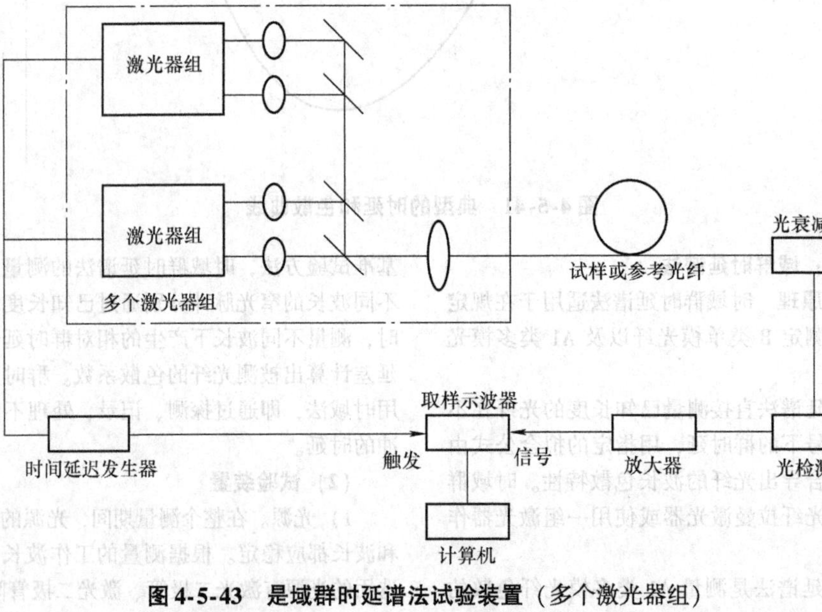

图 4-5-43　是域群时延谱法试验装置（多个激光器组）

5）谱宽。光源的FWHM谱宽应小于或等于10nm。

6）信号检测器。应采用一种在所使用波长范围内灵敏的高速光检测器（冲击响应的FDHM小于400ps），如锗雪崩光敏二极管。在接收光强范围内检测器的线性度应在10%以内。限制线性度的主要目的是不压缩脉冲峰，从而不影响脉冲峰时间位置的确定。可采用一个宽带放大器提高检测器灵敏度，以满足速率和线性的要求。光衰减器可用来保持恒定的信号幅度。

7）信号检测电子系统。应采用一种测量和/或显示装置，一般为高频取样示波器，它能够在经过校准的时间刻度上显示光脉冲的相对到达时间。

8）延迟器件。为补偿试样和参考试样之间的传输延迟差，应提供一种如数字延迟发生器这样的延迟器件。它既可触发光源，也可由光源来触发它，并能给检测电子系统（取样示波器）提供一个延迟的触发信号。延迟器件应在测量期间提供稳定的延迟时间，其抖动和漂移的均方根应小于50ps/km。

（3）试验程序

1）参考试样的测量。

① 将参考光纤接入试验装置，并将光源波长调到第一个测量波长。调节延迟发生器，以便在已知的、经过校准的示波器时间刻度上显示出输入脉冲。

② 脉冲位置由其波峰（或波形中心）位置确定。将第一个测量波长作为基准波长，记录该基准波长的脉冲相对于已校准的准标（例如显示标线）的时间位置。

③ 将光源调至下一个测量波长，不改变延迟发生器，记录该波长脉冲和基准波长脉冲之间的时间差$\tau_{in}(\lambda_i)$。在所要求的各波长λ_i上重复本程序。

需要注意的是，采用本方法延迟器件精度并不重要。如果不能用不同波长脉冲的大时延差进行测量，为了获得预期结果，就必须使用已知精度的延迟发生器或类似器件在每一个波长上记录示波器上延迟时间和脉冲位置。

2）试样测量。将试样放入试验装置，并将光源波长调到第一个测量波长，调节延迟发生器，以便在已知的、经过校准的示波器的时间刻度上显示出输入脉冲。

重复“试验程序”—“参考试验的测量”—②的步骤，记录该基准波长脉冲的时间位置。

将光源调到下一个测量波长，不改变延迟发生器，记录该波长脉冲和基准波长脉冲之间的时间差$\tau_{out}(\lambda_i)$。在所要求的各波长λ_i上重复本程序。如果不能用这种方法进行测量，则应按“程序”——“参考试验的测量中”注所说明的情况进行处理。从每个波长的输出脉冲时间差中减去在该波长上测得的输入脉冲时间差。

3）计算。单位长度的群时延，从每个波长的输入脉冲时间差中减去在该波长上测得的输入脉冲时间差。单位长度的群时延为

$$\tau(\lambda)=\frac{\tau_{out}(\lambda_i)-\tau_{in}(\lambda_i)}{L} \tag{4-5-39}$$

式中　$\tau_{out}(\lambda_i)$——输出脉冲时间差（ps）；

$\tau_{in}(\lambda_i)$——输入脉冲时间差（ps）；

L——减去参考光纤长度后的被测光纤长度（km）。

对于各类光纤，群时延曲线$\tau(\lambda)$的拟合和色散系数$D(\lambda)$的计算按相移法中规定的方法进行。

用得到的时延数据，利用上述计算中的拟合计算方法计算光纤色散或产品规范中要求的其他参数。图4-5-41为典型的时延曲线$\tau(\lambda_i)$和色散曲线$D(\lambda_i)$。

为了准确计算零色散波长λ_0，所用光源的波长应覆盖零色散波长，或者至少应在零色散波长两侧100nm左右内各有一个光源。

5. 方法C：微分相移法

（1）测量原理　微分相移法适用于在规定的波长范围内测定B类单模光纤以及A1类多模光纤的色散特性。

微分相移法是将光源经调制的光耦合进被试光纤，将光纤输出的第一个波长光的相位与输出的第二个波长光的相位进行比较，由微分相移、波长间隔和光纤长度确定这两个波长间隔内的平均波长色散系数。本方法假定这两个测量波长的平均波长的波长色散系数等于这两个测量波长间隔内的平均波长色散系数。通过对色散数据曲线拟合可获得诸如零色散波长λ_0和零色散斜率S_0两个参数。

微分相移法也可用于解决对色散试验结果所持异议。此方法是在相移法的基础上，进行的优化的，它降低了由于系统本身、环境等产生的误差。

（2）试验装置

1）光源。

① 多只激光器。每次测量要求有两个波长的激光器（见图4-5-44），测量期间，在偏置电流和调制频率下及激光器所处的环境温度内，每个光源

的中心波长和调制输出相位都应保持稳定。

可采用具有温控的输出功率稳定的单纵模或多纵模激光器。对于现场试验装置，可能需要一只附加激光器用于参考链路。

② 经滤光的发光二极管。应采用一只或多只LED（见图4-5-45）。一般应通过单色仪等装置对输出光谱进行滤光，以获得FWHM为1～5nm的谱线。

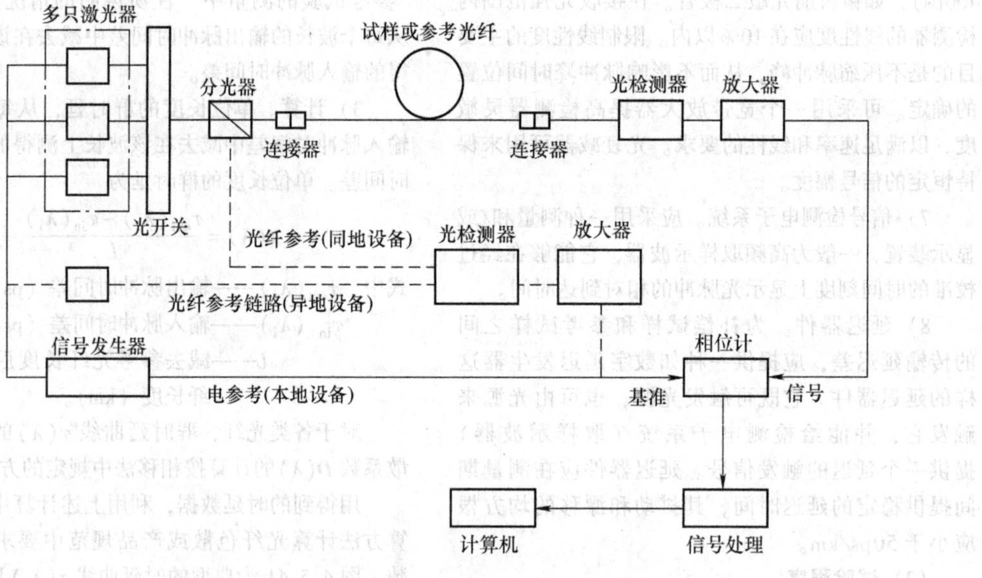

图4-5-44 微分相移试验装置（多只激光器）

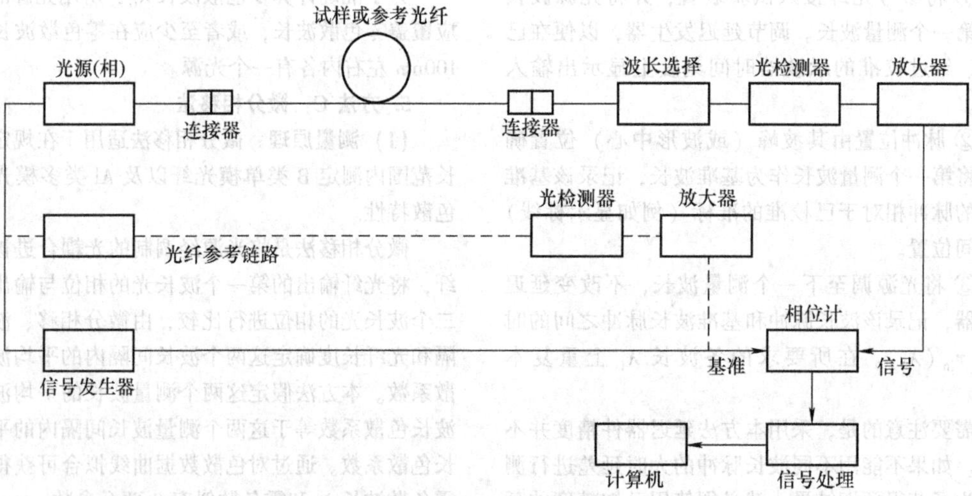

图4-5-45 微分相移试验装置（LED）

2）调制器。调制器应用正弦波（或梯形波，或方波）对光源进行幅度调制，产生一个具有单一主傅里叶分量的波形。调制频率稳定度一般要求0.01×10^{-6}。每个光源的相位调制可加以调节，以便对试验装置进行校准。

测量微分相位时，应防止$n\times360°$（n是整数）的不确定性。对较长试样和/或大的色散系数，这个问题可通过诸如降低调制频率的方法来解决。对于B1类光纤，将微分相移限制在360°之内的最高调制频率f_{max}（Hz）应按下式确定：

$$f_{max}=\frac{4\times10^{12}\lambda_i^3(\lambda_i^4-\lambda_0^4)^{-1}}{S_0L\Delta\lambda} \quad (4\text{-}5\text{-}40)$$

式中 L——试样长度(km);

S_0——预期的零色散斜率($ps/nm^2 \cdot km$);

λ_0——预期的零色散波长(nm);

λ_i——使的f_{max}最小的光源波长(nm);

$\Delta\lambda$——微分相位测量点间的波长间隔(nm)。

另外,为保证试验装置有足够的测量精度,光源调制频率必须足够高。微分相位测量点间的波长间隔 $\Delta\lambda$ 通常为2~20nm。

3)信号检测器和信号检测电子系统。应将一个在测量波长范围内灵敏的光检测器和一个相位计一起使用。为提高检测系统灵敏度可采用一个放大器。一个典型的系统可包括光电二极管、场效应晶体管放大器和相敏检测器。

检测器—放大器—相位计系统应只对调制信号的主傅里叶分量响应,在接收的光功率范围内应引入恒定的信号相移。

信号处理单元将记录一对测量波长上相位计的微分输出,并向计算机/数据采集系统提供表示这两个波长间的微分相位输出信号。在这两个波长上,波长选择和相对相位的测量应足够快,使得被试光纤的长度漂移对测量结果的影响可以忽略。信号处理单元的三个实例如下:

图4-5-44和图4-5-45给出了第一个实例,信号处理单元先记录一个测量波长上的相位,然后再记录另一个测量波长上的相位。由这两个波长的微分相位和试样长度确定平均波长的波长色散。图4-5-45中标有"信号处理"的单元可由计算机实现其功能。图4-5-46给出了第二个实例,相位计参考信号本身即是通过光纤的一对波长中的一个。图4-5-47给出了第三个实例,用几百赫兹的频率在两

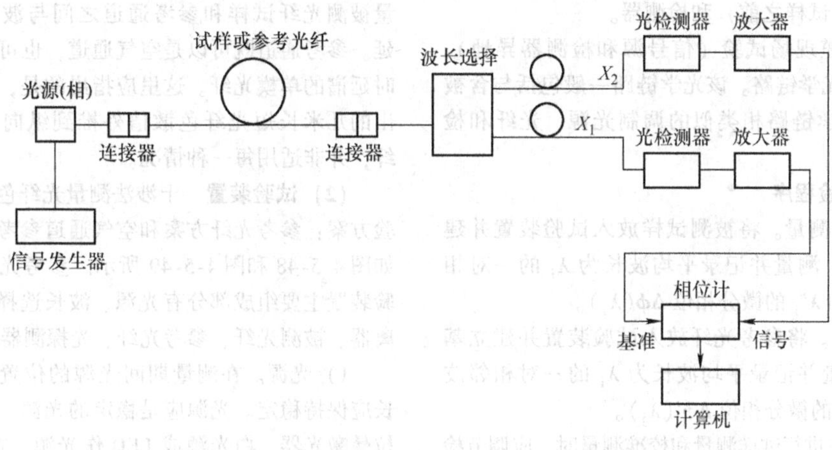

图4-5-46 微分相移法试验装置(用双波长测量微分相位)

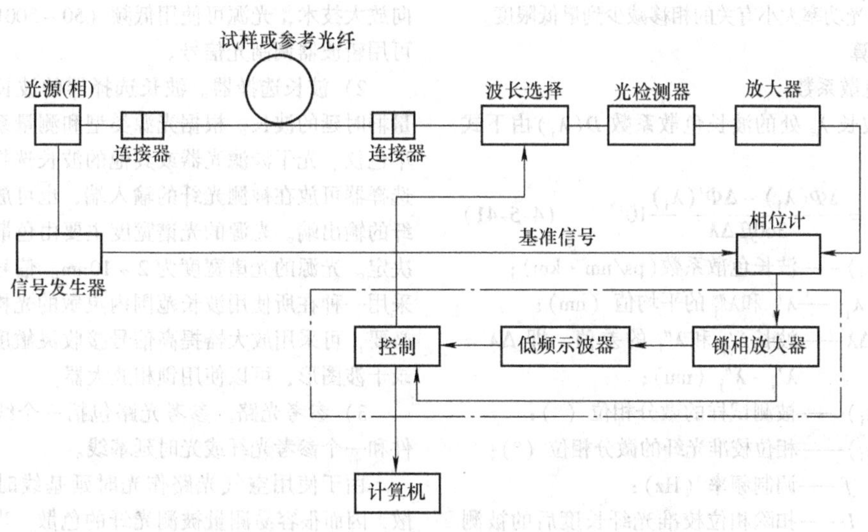

图4-5-47 微分相移法试验装置(用双调制测量微分相位)

波长之间交替切换光，采用相位计检测微分相位输出。相位计产生与波长调制同步的交流信号，其幅度与两个测量波长之间的微分相位成正比。然后该信号用锁相放大器解调，产生代表微分相位的直流信号。平均波长的波长色散由该微分相位和试样长度确定。为控制接收的光功率，可采用诸如光衰减器之类的器件。

4）基准信号。应给相位计提供与调制信号的主傅里叶分量频率相同的基准信号，以测量信号相对于基准信号的微分相位。基准信号必须与调制信号同步，一般是从调制信号中分出。基准信号的实例如图4-5-44所示。

信号源和检测器在同地时，例如在实验室或校准期间，信号发生器和相位计的参考端口只采用电连接。信号源和检测器在同地时，也可采用分光器（分光器插在试样之前）和检测器。

对于光缆现场试验（信号源和检测器异地），可采用一条光学链路。该光学链路一般包括与含被测试样的光学链路相类似的调制光源、光纤和检测器。

（3）试验程序

1）试样测量。将被测试样放入试验装置并建立基准信号。测量并记录平均波长为 λ_i 的一对相邻波长 λ'_i 和 λ''_i 的微分相位 $\Delta\phi(\lambda_i)$。

2）校准。将参考光纤放入试验装置并建立基准信号。测量并记录平均波长为 λ_i 的一对相邻波长 λ'_j 和 λ''_j 的微分相位 $\Delta\phi'(\lambda_j)$。

注意，在进行试样测量和校准测量时，应调节检测器接收的光功率电平，使信号检测器和信号检测电子系统中与光功率大小有关的相移减少到最低限度。

3）计算

波长色散系数

每一波长 λ_i 处的波长色散系数 $D(\lambda_j)$ 由下式给出，即

$$D(\lambda_j)=\frac{\Delta\Phi(\lambda_i)-\Delta\Phi'(\lambda_i)}{360fL\Delta\lambda}10^{12} \qquad (4\text{-}5\text{-}41)$$

式中 $D(\lambda_j)$——波长色散系数（ps/nm·km）；

λ_j——λ'_j 和 λ''_j 的平均值（nm）；

$\Delta\lambda$——波长 λ'_j 和 λ''_j 的差值，即 $\Delta\lambda=\lambda'_j-\lambda''_j$（nm）；

$\Delta\Phi(\lambda_i)$——被测试样的微分相位（°）；

$\Delta\Phi'(\lambda_i)$——相位校准光纤的微分相位（°）；

f——调制频率（Hz）；

、 L——扣除相位校准光纤长度后的被测试样长度（km）。

零色散波长 λ_0 和零色散斜率 S_0 按拟合公式对测得的波长色散系数数据进行计算，可求得零色散波长 λ_0 和零色散斜率 S_0（详见 GB 15972.42—2008）。

6. 方法D：干涉法

（1）测量原理 干涉法适用于在1000～1700nm波长范围内测定1～10m短段B类单模光纤的色散特性。

干涉法是单模光纤色散测量的第一替代试验方法。干涉法的特点是仅用一根几米长的短光纤就可以测量出光纤的色散。干涉法还可给出光纤色散纵向均匀性。而且它还可检测出整体或局部的因素，例如，温度变化、微弯损耗等对色散的影响。

干涉法测量原理：用Mach－Zehnder干涉法测量被测光纤试样和参考通道之间与波长有关的时延。参考通道既可以是空气通道，也可以是已知群时延谱的单模光纤。这里应指出的是，用干涉法测出的几米长短光纤色散值外推到纵向均匀的长光纤，并非适用每一种情况。

（2）试验装置 干涉法测量光纤色散有两个试验方案：参考光纤方案和空气通道参考方案，分别如图4-5-48和图4-5-49所示。参考光纤方案的试验装置主要组成部分有光源、波长选择器、光束分离器、被测光纤、参考光纤、光探测器等。

1）光源。在测量期间光源的位置、光强和波长应保持稳定。光源应是稳定的光源，可选用光纤拉曼激光器、白光源或LED作光源。在测量期间，光源位置、强度和波长应保持稳定。由于使用了锁向放大技术，光源可使用低频（50～500Hz）调制，可用斩波器调制光信号。

2）波长选择器。波长选择器的波长应选在测量群时延的波长。根据光源类型和测量系统来选用单色仪、光干涉滤光器或其他的波长选择器。波长选择器可放在被测光纤的输入端，也可放在被测光纤的输出端。光源的光谱宽度主要由色散测量精度决定。光源的光谱宽度为2～10nm。信号检测器应采用一种在所使用波长范围内灵敏的光检测器，如必要，可采用放大器提高信号接收灵敏度。为了记录干涉图形，可以使用锁相放大器。

3）参考光路。参考光路包括一个线性定位器件和一个参考光纤或光时延基线。

由于使用空气光路作光时延基线时不产生色散，因而很容易测量被测光纤的色散。当使用光纤作为参考时，可以用以空气光路作光时延基线的试验

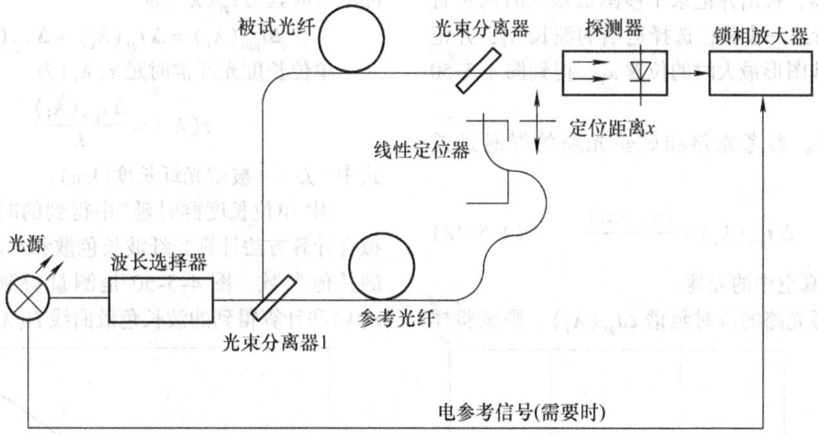

图 4-5-48　干涉法试验装置（光纤作为参考）

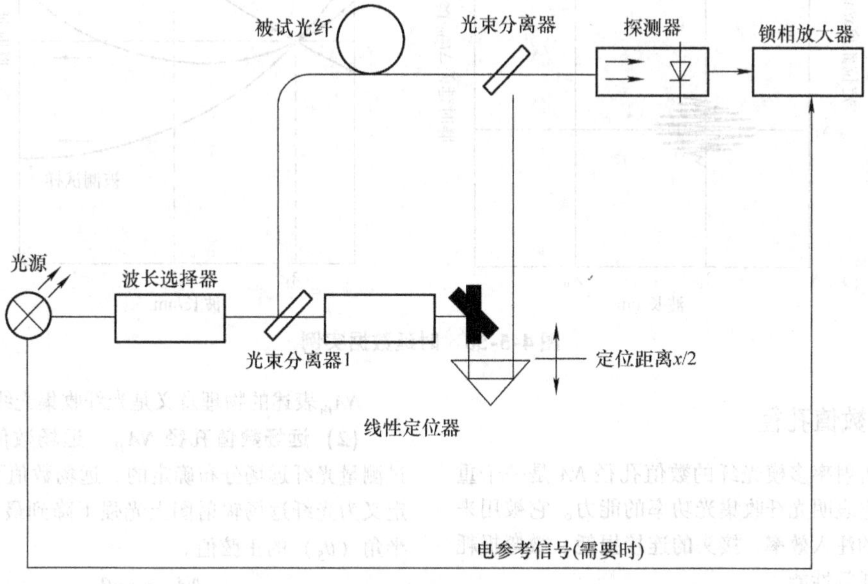

图 4-5-49　干涉法试验装置（空气作为参考）

方法校准参考光纤，也可用 GB/T 15972 的本部分中的其他方法如方法 A、方法 B 和方法 C 对参考光纤进行校准。

4）线性定位器。参考光路中应使用线性定位器平衡干涉仪的两个光路的物理光程。线性定位器应该有足够的精确度、均匀性和作线性运动时的稳定性，长度变化范围为 20～100mm，精度为 2μm。

5）参考光纤。使用长度与被试光纤长度相近的光纤作为参考，应该预知在测量的波长范围内参考光纤的群时延，这些值将被用于被试光纤群时延的计算。

不要去掉已校准过的参考光纤，去掉参考光纤会影响测量精度。

6）光时延基线。应该预知光时延基线在测量波长范围内的群时延值，这些值将被用于被试光纤群时延的计算。

7）数据处理。为分析干涉图形，应使用计算机和合适的应用软件。

（3）试验程序

1）试验步骤。将被测试样放入试验装置并选择适当的波长 λ_1，移动线性定位器，找出并记录干涉图形最大时的位置 x_1。选择下一个波长 λ_2，移动线性定位器，找出并记录干涉图形最大时的位置 x_2。重复进行这一步骤，选择适当的波长 λ_i，并记录相应的干涉图形最大时的位置 x_i，得到图 4-5-50 的时延数据。

2）计算。参考光路和试验光路的群时延差 $\Delta t_{gm}(\lambda_i)$ 为

$$\Delta t_{gm}(\lambda_i)=\frac{(x_1-x_i)}{c} \tag{4-5-42}$$

式中 c——真空中的光速。

已知参考光路的群时延谱 $\Delta t_{gr}(\lambda_i)$，则试验样品的群时延 $\Delta t_{gt}(\lambda_i)$ 为

$$\Delta t_{gm}(\lambda_i)=\Delta t_{gr}(\lambda_i)+\Delta t_{gt}(\lambda_i) \tag{4-5-43}$$

单位长度光纤群时延 $\tau(\lambda_i)$ 为

$$\tau(\lambda_i)=\frac{\Delta t_{gm}(\lambda_i)}{L} \tag{4-5-44}$$

式中 L——被试光纤长度(km)。

用“单位长度群时延”中得到的时延数据，利用拟合计算方法计算光纤波长色散和产品规范中要求的其他参数。图 4-5-50 是测量得到的时延曲线 $\tau(\lambda)$ 和计算得到的波长色散曲线 $D(\lambda)$。

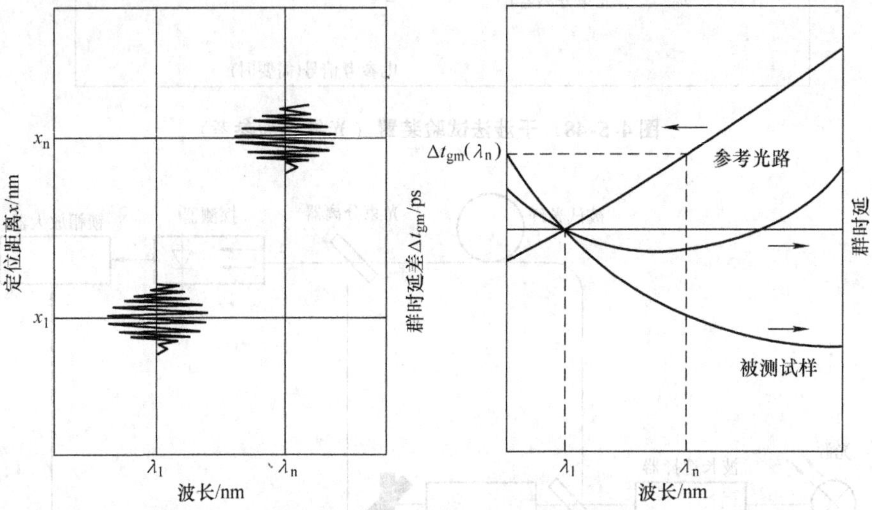

图 4-5-50 时延数据实例

5.2.4 数值孔径

渐变折射率多模光纤的数值孔径 NA 是一个重要参数，它表明光纤收集光功率的能力。它被用来预测光纤的注入效率、接头的连接损耗、微弯损耗和宏弯损耗等性能。

可通过测量短段光纤远场辐射图（远场光分布法）来确定光纤的数值孔径 NA，其值又称为远场数值孔径 NA 或有效数值孔径 NA_{ff}，也可通过测量光纤的折射率分布（见折射近场法）来确定，其值为最大理论数值孔径 NA_{th}。

1. 术语及定义

（1）最大理论数值孔径 NA_{th} 根据光纤折射率分布得出的最大理论数值孔径定义为

$$NA_{th}=\sqrt{n_1^2-n_2^2}\approx n_1\sqrt{2\Delta} \tag{4-5-45}$$

式中 n_1——光纤芯的最大折射率；

n_2——包层的折射率；

Δ——芯包相对折射率差，$\Delta=(n_1-n_2)/n_1\leqslant 1$；

NA_{th} 表述的物理意义是光纤收集光线的能力。

（2）远场数值孔径 NA_{ff} 远场数值孔径是通过测量光纤远场分布确定的。远场数值孔径 NA_{ff} 的定义为光纤远场辐射图上光强下降到最大值 5% 的半角（θ_5）的正弦值。

$$NA_{ff}=\sin\theta_5 \tag{4-5-46}$$

（3）NA_{ff} 和 NA_{th} 之间的关系 NA_{ff} 和 NA_{th} 之间的关系与测量波长有关。测量远场光强分布大多在 850nm 波长上进行，而测量折射率分布通常则在 540nm 或 633nm 波长上进行。对于这些波长，NA_{ff} 为 NA_{th} 的 k 倍，k 为修正系数，取值为 0.95 和 0.96，它们分别对应的测量波长为 540nm 和 633nm。

通常，我们应将 850nm 波长上测得的 NA_{ff} 作为光纤数值孔径。光纤的数值孔径可直接通过测量 850nm 波长上的远场光强分布获得，或间接由 NA_{th} 来获得。

2. 试验方法及概述

多模光纤的数值孔径的测量方法有测量短段光

纤远场辐射图（远场光强分布法）和测量光纤折射率分布（折射近场法）两种。远场光强分布法的测量原理、试验装置和试验程序等内容如下所述。

3. 试验装置

本试验程序是描述用远场光分布法测定光纤数值孔径的方法，该方法为测定多模光纤数值孔径的基准试验方法，用作仲裁试验。

（1）测量原理　远场光强分布法的测量原理是先测量出光纤远场角辐射光强分布，再利用远场分布法的 NA_{ff} 定义［即式（4-5-46）］计算出光纤的数值孔径。

多模光纤数值孔径的远场光强分布法的试验装置，如图 4-5-51 所示。

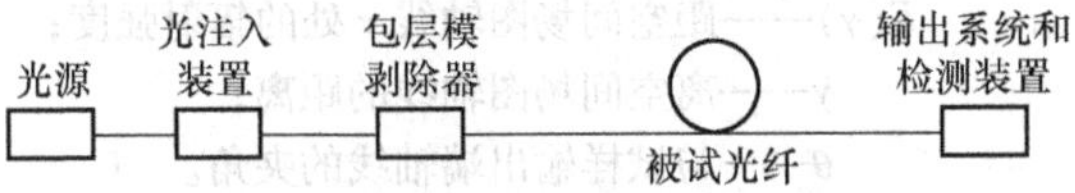

图 4-5-51　远场光强分布法试验装置

（2）试验设备

1）光源。光源为强度可调的非相干光源，并能在光纤试样端面上产生基本恒定的辐射（光强变化 < 10%）面。在整个测量过程中，光源的强度、波长和位置应保持稳定。光源中心波长为（850 ± 25）nm。

2）光注入装置。为稳定和重复定位而不使光纤明显变形，应配置一个光纤试样输入固定端装置。为使光纤试样输入面与注入光束对中，应配置一个合适的装置来达到对中目的。同时还应提供一种对光纤试样端面是否与注入光束对中的检验方法。

3）包层模剥除器。为消除包层中传输的光功率，应选用一个合适的包层模剥除器。通常光纤涂覆具有此功能。

4）输出系统和检测装置。可采用三种等效方法检测试样出射远场的角辐射强度分布。方法 1 和方法 2 是远场辐射图的角扫描；方法 3 是角辐射强度图空间变换的扫描（可采用小光敏面或大光敏面的扫描检测器）强度分布。

① 方法 1：角度扫描，如图 4-5-52 所示。

a）光纤输出端固定和对中。应采用试样输出端固定和对中的装置，使得试样输出端面与光检测器的旋转轴重合、试样输出端面中心与光检测器表面中心轴线重合。

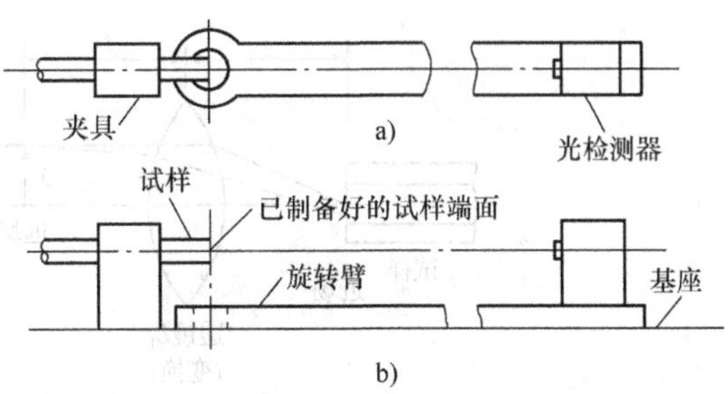

图 4-5-52　方法 1（角度扫描）

a）顶视图　b）侧视图

b）检测系统机械装置。应采用旋转光检测器的合适装置，使检测器基本上能沿检测到试样全部输出光辐射的圆弧扫描（例如一个经过校准的测角器）。机械装置旋转轴应与试样端面重合并垂直于试样轴线，机械装置旋转平面应包含试样轴线。应提供一种装置记录试样输出端轴线与检测器和试样端面之间的假想线形成的夹角。

② 方法 2：角度扫描，如图 4-5-53 所示。应采用一种固定试样的装置，使试样输出端面与试样转轴重合、试样输出端面中心与光检测器表面中心轴线重合。这种装置（即测角器或精密转动台）应充分转动，使固定的检测器能扫描旋转平面中试样的全部输出光辐射，即转角应大于试样输出辐射的最大角度。应提供一种装置以记录试样输出端轴线与检测器和试样端面之间的假想线形成的夹角。

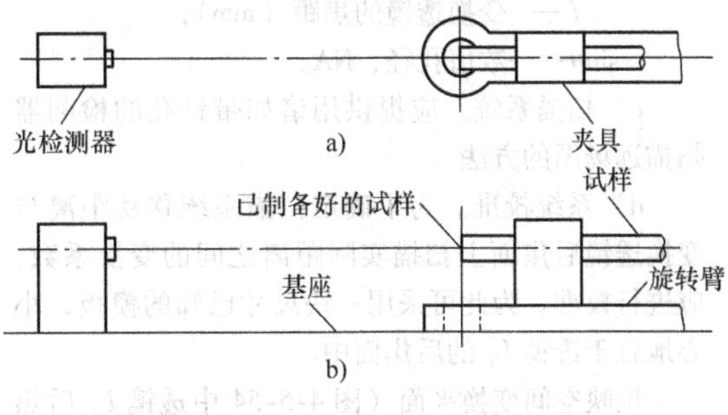

图 4-5-53　方法 2（角度扫面）

a）顶视图　b）侧视图

③ 方法 3：空间场图扫描，如图 4-5-54 所示。

a）光纤输出固定和对中。应提供试样输出端固定并对中的装置，该装置能进行稳定并可重复的定位。

b）远场变换和投影。应采用诸如显微镜物镜或经适当校准透镜的合适方法，获得光纤输出近场图形的傅里叶变换，形成试样远场的空间图。

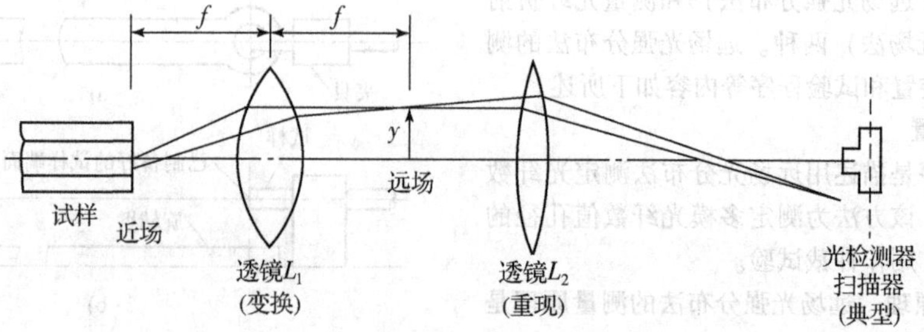

图 4-5-54 方法 3（空间场图扫描）

应用带针孔的检测器扫描该图形或该图形的像，并记录远场光强。针孔直径应小于或等于系统衍射极限的一半，即

$$d \leqslant \frac{1.22M\lambda f}{2D} \quad (4\text{-}5\text{-}47)$$

式中 d——针孔直径（μm）；

M——变换透镜后焦面到扫描平面的放大率；

λ——光纤出射光波长（nm）；

f——变换透镜的焦距（mm）；

D——纤芯直径（μm）。

透镜 L_1 的数值孔径应足够大，不得限制光纤试样的数值孔径。当远场图由透镜重现时，为避免图像周围变暗，重现透镜 L_2 的直径 D_{L2} 应足够大，即

$$D_{L2} > 2f\sin\theta/\cos\theta \quad (4\text{-}5\text{-}48)$$

式中 D_{L2}——重现透镜 L_2 的直径（mm）；

f——变换透镜的焦距（mm）；

$\sin\theta$——数值孔径，NA。

c）扫描系统。应提供用诸如带针孔的检测器扫描远场图的方法。

d）系统校准。为了确定扫描系统移动距离与变换透镜后焦面上扫描实际距离之间的变换系数，应进行校准。为此可采用一块尺寸已知的模板，小心地置于透镜 L_1 的后焦面中。

反映空间变换平面（图 4-5-54 中透镜 L_1 后焦面）上某点至中心轴线的距离，与该点和中心轴线夹角 θ 的关系如下式所示：

$$y = f\sin\theta \quad (4\text{-}5\text{-}49)$$

式中 y——空间变换平面上某点至中心轴线的距离（mm）；

f——变换透镜 L_1 的焦距（mm）；

θ——空间变换平面上某点与中心轴线的夹角（°）。

e）记录系统。应提供一种测量光强 $E(y)$ 的装置，它是扫描位置 y 的函数。应按下式修正检测到的光强：

$$I(\theta) = E(y)\cos\theta \quad (4\text{-}5\text{-}50)$$

式中 $I(\theta)$——光强角度分布；

$E(y)$——距空间场图轴线 y 处的辐射强度；

y——离空间场图轴线的距离；

θ——与试样输出端轴线的夹角。

5）光检测器。应采用在接收的光强范围内线性度优于5%的检测器。为了达到提高分辨率的目的，可采用一个针孔来限制检测器的有效尺寸。按试验装置要求的角分辨率，可根据下式确定检测器或针孔的尺寸。

$$D = \frac{\theta R}{0.06} \quad (4\text{-}5\text{-}51)$$

式中 D——检测器孔径直径（μm）；

θ——要求的角分辨率（°）；

R——试样输出端面到检测器或针孔的距离（mm）。

一般采用典型分辨率为 0.5°。R 还应符合远场要求，即

$$R \geqslant d^2/\lambda \quad (4\text{-}5\text{-}52)$$

式中 R——试样输出端面到检测器或针孔的距离（mm）；

d——试样出射区的直径（μm）；

λ——光源的中心波长（nm）。

（3）试验程序

1）试样。试样长度应为 2.0m ± 0.2m。试样端面应光滑、平整并垂直于光纤轴。由于测量精度受试样端面不垂直性的影响，建议端面角小于 2°。

2）试验步骤。将试样两端置于对中固定装置上。输入端应大致在恒定辐射光斑的聚焦像的中心。将光源调到要求的波长和谱宽。沿直径扫描远场辐射图并记录作为角位置函数的光强。

3）计算。

① 百分之五光强角（θ_5）。应记下远场光辐射图形上光强为最大值 5% 的点，该点对应的半角作

为 θ_5 记录下来。

② 数值孔径（NA_{ff}）。远场数值孔径 NA_{ff} 可利用式（4-5-46）计算出来。

5.2.5　截止波长

1. 术语及定义

当光纤中的模式大体上被均匀激励的前提下，包括注入较高次模在内的总的光功率与仅有基模传输情况下的光功率之比随波长减小到 0.1dB 时所对应的较大波长就是截止波长。理论截止波长是单模光纤中仅有基模传输的最短波长。理论截止波长可以用光纤的折射率剖面参数计算得到。在评定光纤的传输性能时，用测量在应用条件下的截止波长比理论值更为重要。截止波长的测量结果随光纤的长度和弯曲状态不同而不同。被测光纤处于已安装的光缆中，或处于短的、未成缆的状态，其截止波长将有很大差别。

由光纤传输理论可知，要保证光纤单模传输，就要使光纤的归一化频率 ν 足够小。当 ν 减小到某一值 ν_c 时，高次模 LP_{11} 正好截止，光纤只传导基模 LP_{01}，则称 ν_c 为 LP_{11} 模的归一化截止频率，即

$$\nu_c = \frac{2\pi}{\lambda_c} n_1 a\sqrt{2\Delta} \qquad (4\text{-}5\text{-}53)$$

式中　n_1——纤芯折射率；

n_2——包层折射率；

a——线芯半径；

Δ——相对折射率差，$\Delta = \frac{n_1 - n_2}{n_1}$。

由上式所确定的波长 λ_c 叫作 LP_{11} 模的截止波长，只有工作波长大于单模光纤的 λ_c 时，才能保证单模工作。

综上所述，单模光纤的单模工作截止状态仅取决于光纤的结构参数，称之为理论截止波长。由于未考虑光纤所处的实际状态，所以理论截止波长只具有理论分析研究价值。

通常，人们所指的截止波长是实际测得的截止波长。实际测量研究表明，光纤的截止波长与光纤的长度和光纤所处的状态，如弯曲和受到应力作用等有关。为了使实际测得的截止波长更具工程实用价值，国际电信联盟标准化部门在 ITU－T G.650 中将实际测量的截止波长分为三类：光缆截止波长 λ_{cc}、光纤截止波长 λ_c 和跳线光缆截止波长 λ_{cj}。其中，光缆的截止波长 λ_{cc} 是作为产品规范要求所需要测量的首选参数。

2. 试验方法及概述

从单模光纤的传输理论可知，截止波长是单模光纤所特有的重要参数之一，它是保证光纤实现单模传输的必要条件。

测定光缆截止波长 λ_{cc} 有以下两种试验方法：方法 A：用未成缆光纤测量；方法 B：用已成缆光纤测量。方法 A 是光缆截止波长的基准试验方法（RTM），用作仲裁试验。

光纤截止波长 λ_c 用短段未成缆的预涂覆光纤测量。跳线光缆截止波长 λ_{cj} 是将短段跳线光缆环绕一圈后测量。

以上试验方法均基于传输功率法，即测量被试光纤（或光缆）中传输的光功率随波长变化的光谱曲线，并同参考传输光功率的光谱曲线比较后得到该光纤（或光缆）的截止波长。

可通过弯曲参考技术和多模参考技术两种参考扫描技术得到参考传输光功率的光谱曲线。

弯曲参考技术是将被测单模光纤绕一个半径较小的圈，以带有这样一个小圈的单模光纤的传输光功率谱作为“参照”传输光功率谱；多模参考技术是以短段多模光纤的光功率谱作参照光功率谱。由于实际应用过程中，对于弯曲不敏感光纤截止波长的测量宜用多模参考技术。

本程序可确定光纤在处于已成缆状态或处于未成缆状态下的截止波长，每一种试验方法均有不同规定的测量条件，给出产品指标规范要求时应说明相应的测量条件。

在试样标准长度及试样标准弯曲状态的条件下，测得光纤的截止波长 λ_c 将比光缆截止波长 λ_{cc} 大。对于常规跨距的光缆链路，常见 λ_c 超出系统工作波长的现象，此时用 λ_{cc} 为系统传输性能的衡量指标更恰当；对于短应用段长的光缆，例如短长度的尾纤，其长度比测量 λ_{cc} 的试样标准长度还要短（并且弯曲半径也可能比试样标准弯曲半径更大），则光缆在大于 λ_{cc} 的波长区域可为多模传输，此时不宜用 λ_{cc} 作为系统传输性能的衡量指标。

当光缆长度比测量 λ_c 的试样标准长度短时，则光缆在大于 λ_c 的波长区域也可为多模传输。

跳线光缆截止波长 λ_{cj} 通常介于光缆截止波长 λ_{cc} 和光纤截止波长 λ_c 之间，此类光缆结构比常规光缆结构对于截止波长的影响更大。在测量过程中选用的弯曲半径也会影响测量结果，应规定试样的弯曲半径近似于光缆在实际应用条件下的弯曲半径。对于结构特殊、应用段长介于标准的试样长度至 20m 之间，或应用时弯曲半径大于试样标准弯曲半径的跳线光缆，对其截止波长的指标规定应视具体情况而定。

3. 试验装置

传输功率法测量光纤截止波长的试验装置，如图4-5-55所示。这个试验装置主要组成部分有：光源、包层模剥除器、光检测器等。

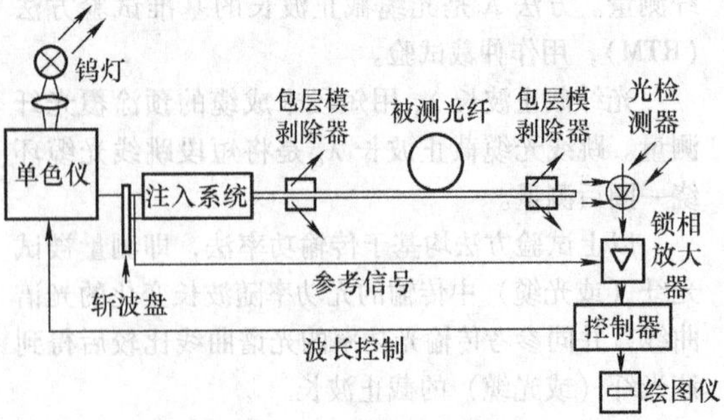

图4-5-55 传输功率法试验装置

(1) 光源 选用的光源 FWHM 谱宽不超过10nm。在完成整个测量过程中，光源的位置、光强和波长应稳定不变，并能够在足够宽的波长范围内工作。

(2) 调制 为改善接收器处的信噪比，通常采用调制光源方法。如果采取这个办法，光探测器应与光源调制频率同步信号处理系统连接探测。系统应是基本线性的。

(3) 注入条件与系统 应采用诸如透镜系统或多模光纤这样的注入光学系统，在整个测量波长范围内对试样进行满注入。这种注入方式对单模光纤输入端面的位置不太敏感并足以在试样中激励起基模和任何高阶模。如果采用对接，则应避免干涉效应。

当采用多模光纤作为参考试样时，对参考光纤的满注入可能在传输功率谱中产生不希望的纹波。对这种注入应加以限制以充分消除纹波效应。在GB/T 15972. 42—2008方法A中给出了一个多模光的光注入实例；限制注入的另一个实例是采用具有足够插入损耗（约4dB）的芯轴卷绕式滤模器。

(4) 试样固定和定位 在测量期间应稳定地固定试样输入端和输出端，可采用诸如真空吸盘、磁性吸盘或连接器这类装置，使光纤端面能在注入光学系统和检测光学系统中进行重复定位。当用方法B测量时，应提供稳定固定光缆端头的方法。

(5) 包层模剥除器 为防止包层模的传输和检测，应在试样输入端和输出端采用包层模剥除器，但应避免影响LP_{11}模的传输。当涂覆层折射率等于或大于光纤包层折射率时，就不需要包层模剥除器。

(6) 试样布置台 应用一种方法固定试样的输入端和输出端，使光纤试样在测量期间不受微弯影响，光纤端面应能在注入光学系统和检测光学系统中重复定位。试样的布置状态、试样长度及其试样布置台均是测量方法中的关键因素。

如果经验证明用替代试样布置方法与标准试样布置方法具有一致的试验结果，或两者试验结果的差别不超过10nm，或替代试样布置方法的测量结果略大于标准试样布置测量值，则可用替代试样布置方法布置试样。

1）光缆截止波长—方法A。试样两端部位各绕一个直径为80mm的环，试样中间部位绕成直径不小于280mm的环，如图4-5-56所示。

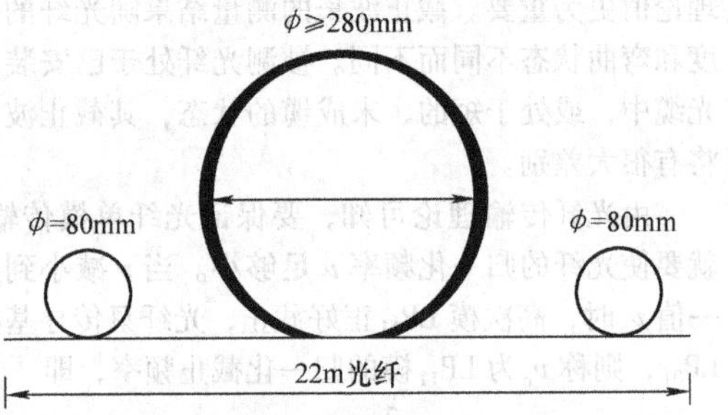

图4-5-56 测量光缆截止波长的试样布置——方法A

2）光缆截止波长—方法B。试样两端部位各绕一个直径为80mm的环，如图4-5-57所示。

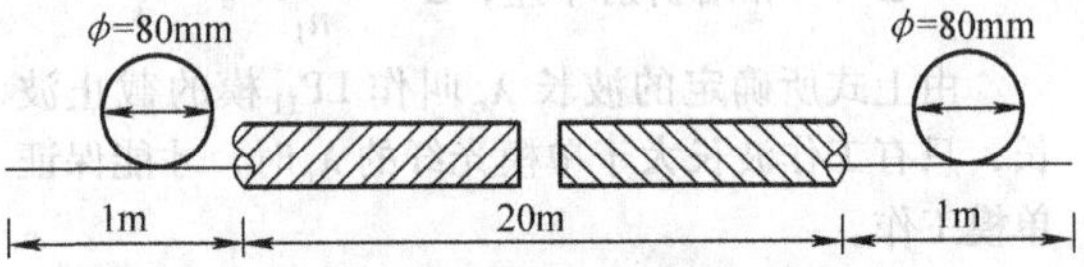

图4-5-57 测量光缆截止波长的试样布置——方法B

3）光纤截止波长。首选试样布置方法如图4-5-58所示，将光纤弯成半径为140mm整圆圈的松

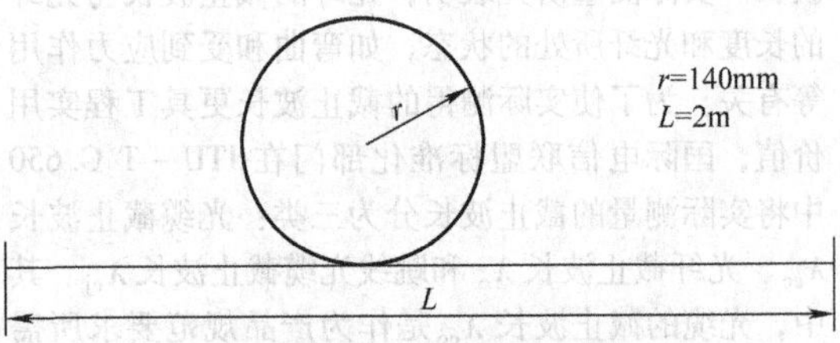

图4-5-58 测量光纤截止波长的试样布置——圆形芯轴法

弛环；替代试样布置方法如图 4-5-59 所示，将光纤绕成由切线相连的半径为 140mm、可前后移动的圆弧或半圆。

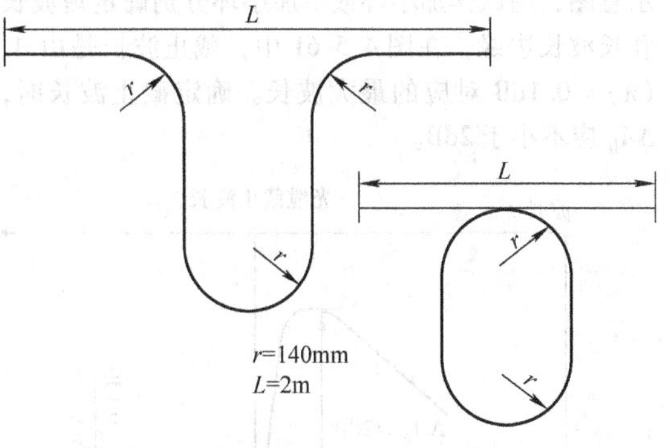

图 4-5-59　测量光纤截止波长的试样布置——分离半圆法

4）跳线光缆截止波长。应提供一种方法将 2m 长的跳线光缆绕成一个由切线相连的、半径为 x（例如 140mm）的两个圆弧（每个 180°）组成的松弛环，如图 4-5-60 所示。图中下部的半圆芯轴可以移动，以收集富余的光缆而不移动光学系统中的任何部分。光缆试样其他部分应不受外部应力和额外弯曲。

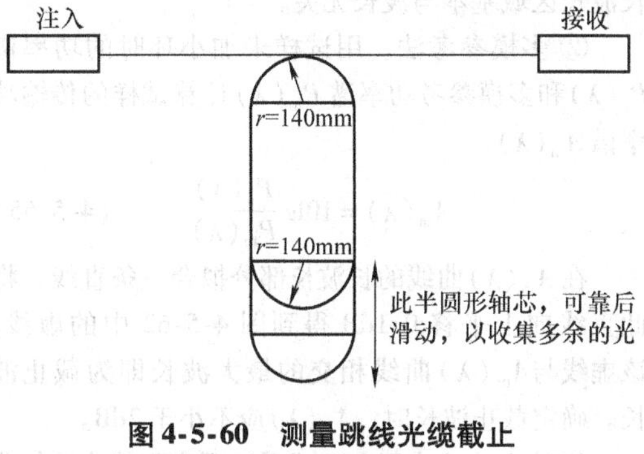

图 4-5-60　测量跳线光缆截止波长的试样布置

（7）光检测组件　应采用将试样出射的全部光功率耦合进检测器光敏区的检测光学系统。例如可采用光学透镜系统、与带多模光纤尾纤的检测器对接的方式或直接耦合的方式。

（8）检测器组件和信号检测电子系统　应采用在测量波长范围内灵敏、在接收光强范围内具有较好线性的光检测器。典型的系统在采用锁相放大器和斩波组件进行同步检测时，可包括锢稼砷光电二极管和电流输入前置放大器。通常用计算机分析数据和计算结果。

4. 试验程序

（1）试样　根据被测量参数选取试样：用方法 A 测量光缆截止波长 λ_{cc} 时，试样是总长为 22m 的未成缆光纤。用方法 B 测量光缆截止波长 λ_{cc} 时，试样是总长为 22m 的光缆，且试样两端应各露出 1m 长的光纤。

测量光纤截止波长 λ_c 时，试样是总长为 2m ± 0.2m 的光纤。

测量跳线光缆截止波长 λ_{cj} 时，试样是总长为 2m ± 0.2m 的跳线光缆。

试样的输入端面和输出端面应平整、光滑，与光纤轴有很好的垂直度。

（2）试验步骤

1）将试样接入测量系统。

① 试样连接。将试样的输入端和输出端分别对准光注入系统和检测系统，在测量期间应保证光注入条件和检测条件不发生改变。除非另有说明，在试样接入测量系统时若使用了包层模剥除器，则应小心避免任何比规定的弯曲半径小的额外弯曲发生。

② 试样布置台上样品放置。根据被测参数分别选用相对应的方法布置试样，具体操作如下：

用方法 A 测量光缆截止波长 λ_{cc} 时，应在试样两端各留出 1m 长光纤，其余 20m 光纤弯成半径不小于 140mm 的松弛环。为模拟接头盒的效果，在两端的 1m 光纤上分别打一个半径为 40mm 的环。由于 λ_{cc} 是按应用中可能出现的最大值规定的，用未成缆光纤测量将足以保证最终结果能满足规定要求，因为任何后续过程，如成缆、安装和应用过程都会进一步降低光缆的截止波长。

用方法 B 测量光缆截止波长 λ_{cc} 时，应在试样两端各露出 1m 长光纤，其余 20m 长的光缆部分放置时应无任何能影响测量值的小弯曲。为模拟接头盒的效果，在两端露出的 1m 光纤上分别打一个半径为 40mm 的环。

测量光纤截止波长 λ_c 时，应将光纤弯成半径为 140mm 整圆圈的松弛环，或将光纤绕成由切线相连的半径为 140mm 的两个圆弧（每个 180°）组成的松弛环，半圆弧形的芯轴可以移动，以收集富余的光纤而不移动光学系统中的任何部分，或对富余光纤段不会产生足够大的应力。允许富余光纤段有半径较大的而不足以影响测量结果的弯曲。

测量跳线光缆截止波长 λ_{cj} 时，将跳线光缆弯成半径为 X（有时规定 X 为 140mm）整圆圈的松弛环，或将跳线光缆绕成由切线相连的半径为 X 的两个圆弧（每个180°）组成的松弛环，半圆弧形的芯轴可以移动，以收集富余的光缆而不移动光学系统中的任何部分，或对富余光缆段不会产生足够大的应力。允许富余光缆段有半径较大的但不足以影响测量结果的弯曲。

2）测量试样光功率谱。在波长扫描范围内以不大于10nm的波长间隔记录被测试样的光功率 $P_s(\lambda)$，波长扫描范围应足够宽，并覆盖预期的光缆截止波长。

3）测量参考光功率谱。

① 弯曲参考法。保持被测试样光纤注入条件和输出条件不变，在试样的输入端和输出端之间打一个小环，小环的半径应小到足以使 LP_{11} 模产生衰减，但又不使 LP_{01} 模衰减，其典型值是30mm。以同扫描 $P_s(\lambda)$ 相同的波长点记录在此状态下的参考光功率谱 $P_s(\lambda)$。

② 多模参考法。用一段短的（<10m）多模光纤替代被测试样，以同扫描 $P_s(\lambda)$ 相同的波长点记录在此状态下的参考光功率谱 $P_s(\lambda)$。

测量多模参考功率谱时，为了减少泄漏模的影响，可将光注入条件限制为仅充满多模光纤芯径和数值孔径的70%，或者采用一合适的滤模器。

采用多模参考法时，可将参考功率谱 $P_s(\lambda)$ 预先存于计算机中，以便在测量时重复使用。

③ 截止波长确定。用被测试样的光功率谱同参考光功率谱比较，得到截止波长曲线图。根据曲线形状按照图4-5-61（用弯曲参考法）和图4-5-62（用多模参考法）中所示的方法确定截止波长最终试验结果。

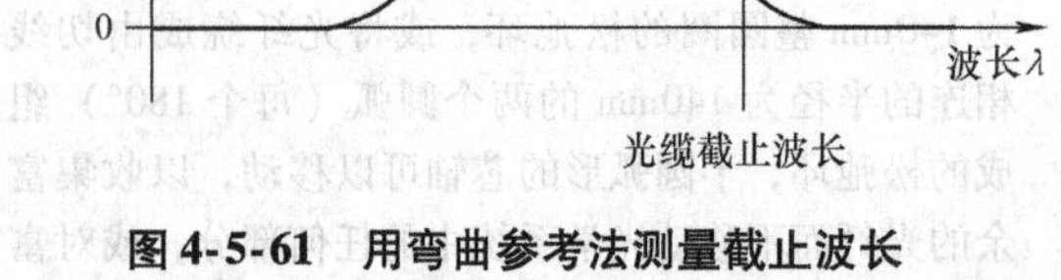

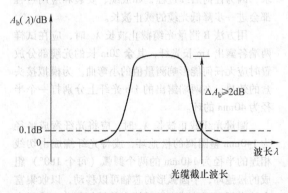

图4-5-61 用弯曲参考法测量截止波长

4）计算。

① 弯曲参考法。用试样未加小环时的功率谱 $P_s(\lambda)$ 和加有小环的参考功率谱 $P_b(\lambda)$ 计算试样的传输功率谱 $A_b(\lambda)$：

$$A_b(\lambda) = 10\lg \frac{P_s(\lambda)}{P_b(\lambda)} \qquad (4\text{-}5\text{-}54)$$

图4-5-61是本试验方法典型的截止波长曲线示意图，用试样加小环或不加小环分别确定短波长和长波长边缘，在图4-5-61中，截止波长是由 $A_b(\lambda)=0.1$dB 对应的最大波长。确定截止波长时，ΔA_b 应不小于2dB。

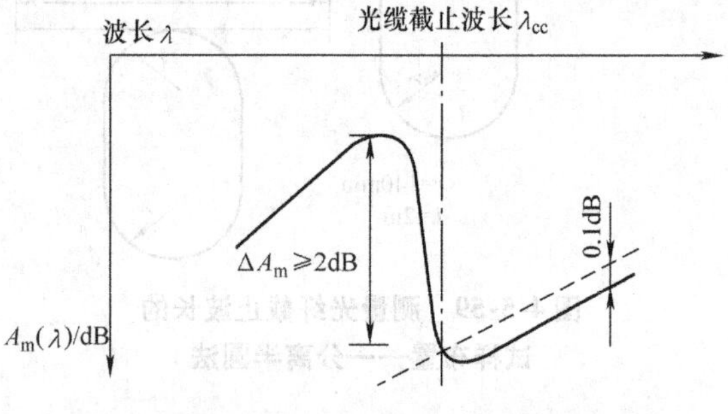

图4-5-62 用多模参考法测量截止波长

如果 ΔA_b 小于2dB或无法观察到截止波长曲线峰，则应加大波长扫描范围，扩大单模注入条件，或者减小小环半径；如果在长波长区域，ΔA_b 随波长增加，则应加大小环半径。反复进行这些调整并重复试验程序，直到 ΔA_b 不小于2dB，并且 ΔA_b 在长波长区域基本与波长无关。

② 多模参考法。用试样未加小环时的功率谱 $P_s(\lambda)$ 和多模参考功率谱 $P_m(\lambda)$ 计算试样的传输功率谱 $A_m(\lambda)$。

$$A_m(\lambda) = 10\lg \frac{P_s(\lambda)}{P_m(\lambda)} \qquad (4\text{-}5\text{-}55)$$

在 $A_m(\lambda)$ 曲线的长波长部分拟合一条直线，将此直线向上平移0.1dB得到图4-5-62中的虚线，该虚线与 $A_m(\lambda)$ 曲线相交的最大波长即为截止波长。确定截止波长时，$A_m(\lambda)$ 应不小于2dB。

如果 $A_m(\lambda)$ 小于2dB或无法观察到截止波长曲线峰，则应加大波长扫描范围，扩大单模注入条件。反复进行这些调整并重复测量程序，直到 $A_m(\lambda)$ 不小于2dB，并且 $A_m(\lambda)$ 曲线在长波长区域有足够的长度可以拟合成一条直线。

用多模参考法时，如果参考光纤的水峰高，则在测量截止波长较长的被测试样时，会得到错误的测量结果。

③ 改善测量精度的曲线拟合法（可选项）。

a）要求。当截止波长大波长区域未出现伪峰或起伏较大的噪声时，则不用曲线拟合就能得到精确的测量结果。

当需要用曲线拟合来改善测量精度时，可用如下六个步骤完成拟合计算过程：第一步和第二步定义LP_{01}区，即大波长区；第三步和第四步定义变化区，在该区内LP_{11}，模衰减开始增加；第五步用一理论模型描述变化区；第六步根据特征参数计算截止波长。

这一拟合计算方法均适用于用弯曲参考法或多模参考法测量λ_c和λ_{cc}。

在如下分析中用$\alpha(\lambda)$代表$A_b(\lambda)$和$A_m(\lambda)$。

b）第一步：定义大波长区。用弯曲参考法时，找出曲线上斜率最大的波长，此波长上差值$\alpha(\lambda)-\alpha(\lambda+10\text{nm})$最大，在大于该波长的区域内找出衰减最小的波长，此波长即是大波长区的最小波长。

用多模参考法，找出曲线上衰减最大的波长，在大于该波长的区域内，找出使$\alpha(\lambda)-8-8\lambda$（$\lambda$的单位为μm）为最小的那个波长，此波长即是大波长区的最小波长。大波长区的最大波长是大波长区的最小波长加上150nm。

c）第二步：大波长区衰减曲线拟合

对大波长区的衰减曲线$\alpha(\lambda)$进行线性拟合，得到拟合直线$\alpha'(\lambda)$：

$$\alpha'(\lambda)=A_u+B_u\lambda \tag{4-5-56}$$

确定A_u和B_u，以拟合直线$\alpha'(\lambda)$替代大波长区域的衰减曲线$\alpha(\lambda)$。用函数$\Delta\alpha(\lambda)$表示大波长区衰减曲线同拟合直线的偏差：

$$\Delta\alpha(\lambda)=\alpha(\lambda)-(A_u+B_u\lambda) \tag{4-5-57}$$

用弯曲参考法时，B_u为零，A_u定为大波长区衰减值的中值。此时衰减曲线同拟合直线的偏差$\Delta\alpha(\lambda)$为

$$\Delta\alpha(\lambda)=\alpha(\lambda)-A_u \tag{4-5-58}$$

用多模参考法时，大波长区内衰减曲线用特殊的方式拟合，拟合时应避开向上突起的小峰，通过使偏差绝对值的和最小来获得A_u和B_u。确定偏差的中值并加到A_u上。

在大波长区域，最小偏差$\Delta\alpha_{\min}$。由下式确定：

$$\Delta\alpha_{\min}=\min\left|\alpha(\lambda)-(A_u+B_u\lambda)\right| \tag{4-5-59}$$

d）第三步：找出变化区的最大波长。从大波长区的最大波长（由第一步确定）开始，曲线上衰减比由第二步确定的拟合直线高0.1dB的最大波长加上10nm就是变化区最大波长。

e）第四步：找出变化区的最小波长。有不同的方式确定变化区的最小波长，以下给出两个实例。

从变化区最大波长（由第三步确定）开始，变化区最小波长是$\alpha(\lambda)$达到最大时的波长，并且该最大值与在较大波长处$\Delta\alpha(\lambda)$的最小值之差为最大。

比变化区最大波长小，并且使$\Delta\alpha(\lambda)>2\text{dB}$的最大波长即为变化区的最小波长，表现为$\Delta\alpha(\lambda)$值最大，或$\alpha(\lambda)-\alpha(\lambda+10\text{nm})$为最大。

f）第五步：用理论模型描述变化区。该模型是变换的线性回归。

$$Y(\lambda)=10\lg\left\{-\frac{10}{c}\lg\left[\frac{10^{\frac{\Delta\alpha(\lambda)}{10}}-1}{\rho}\right]\right\} \tag{4-5-60}$$

式中　$Y(\lambda)$——变换的线线回归；

$$c=10\lg\left[\frac{\rho}{(10^{0.01}-1)}\right];$$

$\rho=2$（除非在其他的规范中规定）。

上面的等式可用下面的直线拟合：

$$A_t+B_t=-Y(\lambda) \tag{4-5-61}$$

为了限制向上突起的小峰的影响，可通过偏差抑制控制衰减曲线上负的回归偏差，使得拟合直线的反变换不产生小于$\Delta\alpha_{\min}$，（由第二步确定）的负衰减偏差。可采用简单的线性编程方法对数据进行拟合。

在大波长区域，令$E=\Delta\alpha_{\min}$，对于变化区，通过使偏差绝对值的和最小来获得式（4-5-61）中的A_t和B_t，并且偏差都不小于$\nu(\lambda)$，$\nu(\lambda)$由函数$\omega(\lambda)$和$z(\lambda)$给出。

$$\omega(\lambda)=10^{\frac{\Delta\alpha(\lambda)-E}{10}} \tag{4-5-62}$$

$$z(\lambda)=10\lg\left[-\frac{10}{c}\lg\left(\frac{\omega(\lambda)-1}{\rho}\right)\right] \tag{4-5-63}$$

式中　$\nu(\lambda)$、$\omega(\lambda)$和$z(\lambda)$——使计算简单化的中间函数，且有以下关系：

$$\nu(\lambda)=Y(\lambda)-z(\lambda) \tag{4-5-64}$$

g）第六步：计算截止波长。估算变化斜率和计算截止波长。

如果B_t大于一个小的负值（如在$-1\sim-0.1$之间），则变化区内的最大波长就减少10nm，再重复第5步，直到$B_t\leqslant-1$。截止波长λ_c通过下式计算：

$$\lambda_c=-\frac{A_t}{B_t} \tag{4-5-65}$$

计算光缆截止波长与计算光纤截止波长的方法同样，仅在第六步的式（4-5-65）中以λ_{cc}替代λ_c即可。

5.2.6 模场直径

1. 术语及定义

模场直径是单模光纤所特有的一个重要参数。它的标称值和容差大小与光纤的连接损耗和抗弯性有着密切的关系，而且可以从模场直径随波长的变化谱估算单模光纤的色散值、单模光纤连接损耗、弯曲损耗和单模光纤有效面积等。因此，在单模光纤生产，光缆施工接续和实际使用中，人们非常重视模场直径这一参数。与模场特性相关的几个定义如下：

(1) 模场 模场是光纤中的基模 LP_{01} 的单模电场在空间的强度分布。

(2) 模场直径 模场直径 $2W_0$ 表示光纤横截面基模的电磁场强度横向分布的度量，模场直径可由远场强度分布 $F(\theta)$ 来定义，θ 为远场角，则模场直径定义为

$$2W_0=\frac{\lambda}{\pi}\left[\frac{2\int_0^{\frac{\pi}{2}}F^2(\theta)\sin\theta\cos\theta\mathrm{d}\theta}{\int_0^{\frac{\pi}{2}}F^2(\theta)\sin^3\theta\cos\theta\mathrm{d}\theta}\right]^{\frac{1}{2}} \tag{4-5-66}$$

(3) 模场中心 模场中心是光纤内基模场空间强度分布的中心位置。模场中心位于 r_c，它是位置矢量 r 的标称强度加权积分：

$$r_c=\frac{\iint_{\text{Area}}rI(r)\mathrm{d}A}{\iint_{\text{Area}}I(r)\mathrm{d}A} \tag{4-5-67}$$

2. 试验方法及概述

模场直径是单模光纤基模模场强度空间的一种度量。用模场直径概念的理由是因为单模光纤中的场并不是完全集中在纤芯中，而有相当部分的能量在包层中传输，所以不宜用纤芯的几何尺寸作为单模光纤的特性参数，而是用模场直径作为描述单模光纤中光能集中的范围。

模场直径测量方法有：方法 A：远场扫描法；方法 B：可变孔径法；方法 C：近场扫描法；方法 D：双向后向散射法（用 OTDR）等。模场直径的定义及不同测量方法之间的数学等效关系，如图 4-5-63所示。

模场直径的等效转换式：

① 可变孔径法，由远场可变孔径法测得的互补孔径功率传输函数 $F(\theta)$ 确定模场直径（$2W_0$）的等效式为：

$$2W_0=\frac{\sqrt{2}\lambda}{\pi}\left[\int_0^{\infty}F(\theta)\sin2\theta\mathrm{d}\theta\right]^{-\frac{1}{2}} \tag{4-5-68}$$

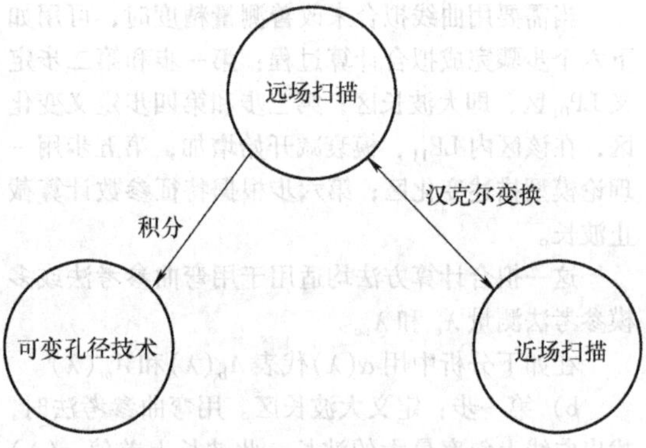

图 4-5-63 模场直径三种试验方法之间的数学变换关系

式中 λ——测量波长；

互补孔径功率传输函数 $F(\theta)$ 的定义为

$$F(\theta)=1-\frac{P(\theta)}{P_{\max}} \tag{4-5-69}$$

式中 $P_{\max}$——通过最大孔径的光功率；

θ——偏离光纤轴的远场测量角。

② 近场扫描法，由近场扫描法测得的近场光强度分布 $F(r)$ 确定模场直径（$2W_0$）的等效式为

$$2W_0=2\left[2\frac{\int_0^{\infty}rF^2(r)\mathrm{d}r}{\int_0^{\infty}r\left(\frac{\mathrm{d}F(r)}{\mathrm{d}r}\right)^2\mathrm{d}r}\right]^{\frac{1}{2}} \tag{4-5-70}$$

式中 r——径向坐标。

下面分别介绍远场扫描法、可变孔径法、近场扫描法的测量原理、试验装置、试验程序等。

3. 试验装置

(1) 光源 对于方法 A、方法 B 和方法 C，应采用合适的相干或非相干光源，例如半导体激光器或经充分滤光的白光源。在完成测量过程的时间内，光源位置、强度和波长应保持稳定。如需要，可采用单色仪和干涉滤光器选择波长。除非另有规定，光源谱线的半幅全宽 FWHM 应不大于 10nm。

(2) 注入光学系统 对于方法 A、方法 B 和方法 C，所用光注入装置必须足以激励起基模，例如可采用光学透镜系统或尾纤来激励被试光纤。为使耦合进被试光纤的功率对被试光纤输入端面的位置不太敏感，可在空间和角度上对被试光纤进行满注入。如果采用插入法对接，则应在尾纤和被试光纤之间使用折射率匹配材料以避免干涉效应。测量期间，耦合应保持稳定。

(3) 输入定位装置 应提供合适的方式对光纤输入端同光源的耦合位置进行精密调节，如二维 $Y-Z$

方向微调架，或机械耦合器件如连接器、真空吸盘、三棒接头等。测量期间，光纤的位置应保持稳定。

（4）包层模剥除器　应采用包层模剥除器，以滤除包层模。当涂覆层折射率等于或大于光纤包层折射率时，就不需要包层模剥除器。

（5）高次模滤模器　为确保样品在测量波长上单模工作，应采用滤模器滤除高阶模。通常对被试光纤绕一半径为 30mm 的单圈或加入其他类型的滤模器。

（6）输出定位装置　应提供一种稳定的、能使光纤输出端面精确对中的调节方法，使得在测量波长上，输出光束能以合适的方式聚焦在检测器的接收面上。耦合时可选用光学透镜或用机械连接器同检测器尾纤相连。

应提供诸如具有十字对准线的侧视显微镜或摄像机之类的装置，使光纤定位在离孔径距离固定的位置上。如果通过真空吸盘之类的装置使光纤的侧面受限制，那么只需要提供纵向调节就足够了。

（7）试样

1）试样长度。对于方法 A、方法 B 和方法 C，试样应是长度为（2 ±0.2）m 的单模光纤。

对于方法 D，试样长度应超过（或所在位置超过）OTDR 的测量盲区，光纤两端应易于操作，具体要求见 GB/ T 15972. 40—2008 方法 C 中的说明。

2）试样端面。试样的输入端面和输出端面应平整、光滑，输出端面与光纤轴应有很好的垂直度。

4. 方法 A：远场扫描法

（1）测量原理　由远场光强分布确定模场直径（$2W_0$）的柏特曼（Petermann）远场定义式为

$$2W_0 = \frac{\lambda}{\pi}\left[\frac{2\int_0^{\frac{\pi}{2}} P_F(\theta)\sin\theta\cos\theta \mathrm{d}\theta}{\int_0^{\frac{\pi}{2}} P_F(\theta)\sin^3\theta\cos\theta \mathrm{d}\theta}\right]^{\frac{1}{2}} \quad (4\text{-}5\text{-}71)$$

式中　$P_F(\theta)$——远场光强分布；

λ——测量波长（μm）；

θ——光纤远场测量角，单位为弧度。

注意：上式的积分限为 0 到$\frac{\pi}{2}$，应理解为该积分在自变量的限定内不被截断。但是随着自变量的增大，被积函数很快趋近于零，实际积分上限只要取某个 θ_{max} 即可。

用远场法测量单模光纤的模场直径分两个步骤，首先测量出光纤的远场光强分布，然后根据 Peter - mann Ⅱ 远场定义式，用采集到的远场数据通过数学程序进行积分运算，计算模场直径。

（2）试验装置

1）典型装置构成。远场扫描法测量单模光纤模场直径的试验装置，如图 4-5-64 所示。

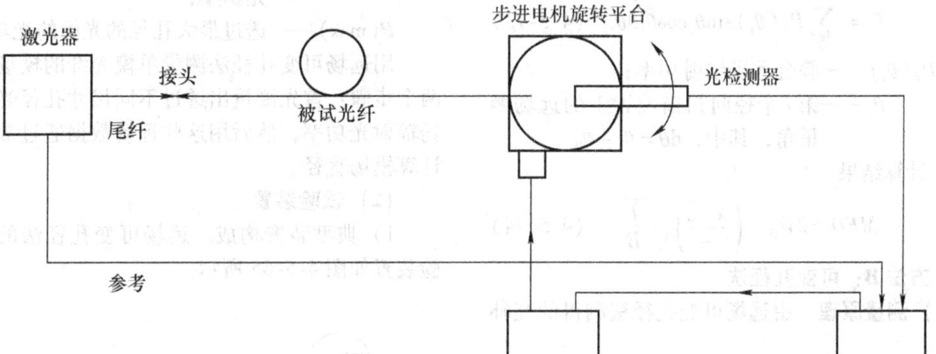

图 4-5-64　远场扫描法试验装置

2）扫描检测系统。应采用对光纤远场光强分布进行扫描的机械装置，它能以不大于 0.5°的步进量扫描远场光强分布。典型系统可包括一个 PIN 光敏二极管，由电流输入前置放大器进行放大，用锁相放大器作同步检测。探测器光敏面离光纤输出端的距离大于 $2W_0b/\lambda$（$2W_0$ 为估计的被测光纤模场直径，b 为探测器光敏面的直径，λ 为工作波长）或者它们之间距离至少有 10mm，以保证光检测器光敏面的远场张角不太大。

测量系统的最小动态范围应为 50dB。对 B1 类光纤相应的最大扫描半角应不小于 20°；对于 B2 类和 B4 类光纤，相应的最大扫描半角应不小于 25°。

如果对于 B1 类光纤，将上述值分别限制在 30dB、12.5°；对于 B2 类和 B4 类光纤将上述值分别限制在 40dB、20°时，确定模场直径时就可能导致误差大于 1% 的相对误差。

3）探测器。选用一合适的探测器。探测器应具有线性灵敏度特性。

4）放大器。使用一个放大器来放大信号电平。

5）获得数据。测得的信号大小应予以记录并进行合适的处理。

（3）试验程序

1）试验步骤。将准备好的光纤试样放入试验系统并进行对中，其输出端对准检测器组件并获得最大功率。

启动扫描装置，以不大于0.5°的步进量进行扫描，记录每一个远场角度 θ_i 处所对应的远场光功率 $P(\theta_i)$。i 为角度的位置序号。

按式（4-5-71）和下列中的方法，计算被测试样的模场直径。

2）计算。

① 叠合远场辐射功率数据的确定。在 $0 \leqslant \theta_i \leqslant \theta_{max}$ 的角度范围内，对两边相应角度数据取平均得到叠合远场辐射功率为

$$P_F(\theta_i) = \frac{P(\theta_i) + P(\theta_{-i})}{2} \quad (4\text{-}5\text{-}72)$$

式中 $P_F(\theta_i)$——叠合远场辐射功率；

$P(\theta_i)$——作为角度函数的远场辐射功率，第 i 个角度记为 θ_i。

② 计算定义式(4-5-71)中的积分项。用数值近似积分方法计算式(4-5-71)中的积分项，下式是用矩形法近似积分的计算式，采用其他积分方法时的计算精度不得低于该方法。

$$T = \sum_0^n P_F(\theta_i)\sin\theta_i\cos\theta_i \mathrm{d}\theta \quad (4\text{-}5\text{-}73)$$

式中 $P_F(\theta_i)$——叠合远场辐射功率；

θ_i——第 i 个径向扫描位置上的远场测量角，其中，$\mathrm{d}\theta = \theta_i - \theta_0$

③ 计算结果

$$MFD = 2W_0 = \left(\frac{\lambda\sqrt{2}}{\pi}\right)\sqrt{\frac{T}{B}} \quad (4\text{-}5\text{-}74)$$

5. 方法B：可变孔径法

（1）测量原理 由远场可变孔径法测得的互补孔径功率传输函数 $\alpha(x)$ 确定模场直径（$2W_0$）的等效式为

$$2W_0 = \left(\frac{\lambda}{\pi D}\right)\left[\int_0^\infty \alpha(x)\frac{x}{(x^2+D^2)^2}\mathrm{d}x\right]^{-\frac{1}{2}} \quad (4\text{-}5\text{-}75)$$

式中 λ——测量波长（μm）；

D——孔径光阑所在平面到光纤端面的距离（mm）；

x——孔径光阑的半径（mm）；

$\alpha(x)$——互补孔径功率传输函数，其计算式为

$$\alpha(x) = 1 - \frac{P(x)}{P(\max)} \quad (4\text{-}5\text{-}76)$$

式中 $P(x)$——透过孔径光阑的光功率；

$P(\max)$——透过最大孔径的光阑的光功率。

式（4-5-75）的另一个等效表达式为

$$2W_0 = \frac{\sqrt{2}\lambda}{\pi}\left[\int_0^\infty \alpha(\theta)\sin2\theta \mathrm{d}\theta\right]^{-\frac{1}{2}} \quad (4\text{-}5\text{-}77)$$

式中 θ——光纤远场测量角，其计算式为

$$\theta = \mathrm{atctan}\left(\frac{x}{D}\right) \quad (4\text{-}5\text{-}78)$$

$\alpha(\theta)$——互补孔径功率传输函数，其计算式为

$$\alpha(\theta) = 1 - \frac{P(\theta)}{P(\max)} \quad (4\text{-}5\text{-}79)$$

式中 $P(\theta)$——透过远场测量角为的孔径光阑的光功率；

$P(\max)$——透过最大孔径的光阑的光功率。

用远场可变孔径法测量单模光纤的模场直径分两个步骤：首先测量出透过不同尺寸孔径光阑的远场辐射光功率，然后用这些远场数据通过数学程序计算模场直径。

（2）试验装置

1）典型装置构成。远场可变孔径法的典型试验装置如图4-5-65所示。

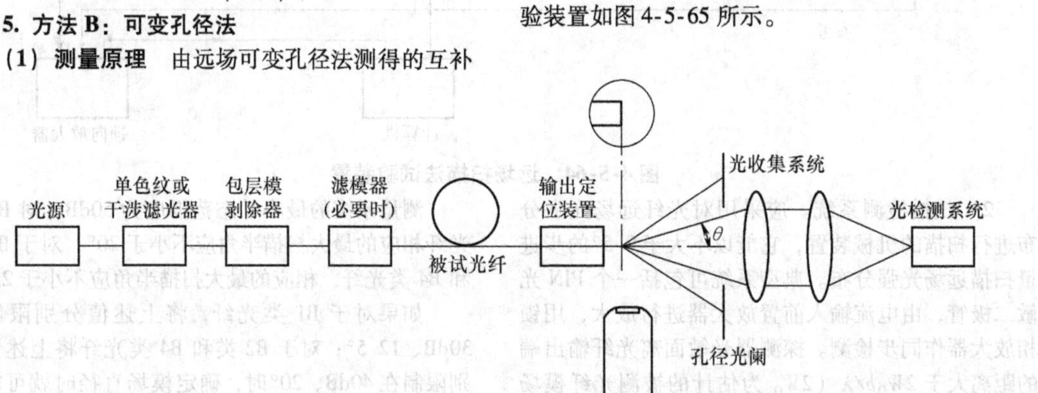

图4-5-65 远场可变孔径法的试验装置框图

2）远场可变孔径组件。由不同尺寸圆形孔径组成的装置（如孔径轮）离光纤输出端的距离至少为 $100W_0^2/\lambda$，这些孔径一般定位在离光纤输出端 20~50mm 处。应采用使孔径中心对准光纤输出辐射图中心的装置，以降低测量结果对光纤端面角度情况的敏感性。不同尺寸的孔径应足够多，使得附加任何孔径都不会对测量结果产生明显的影响。另外，最大孔径的尺寸应足够大，以防止光纤远场辐射图被截断。

光路对准十分重要。

孔的数量和尺寸对于测量精度十分重要，其最佳组合方式取决于被测光纤的结构类型，可以用方法 A 中的直接远场扫描法对所选用的组合方式进行验证。

① 测量 B1 类光纤的装置要求。远场可变孔径法对模场直径的测量精度与试验装置的最大数值孔径有关。对于标称模场直径在 8.7~10μm 范围内的 B1 类光纤，当试验装置的最大数值孔径为 0.25 时，典型误差为 1% 或更小。如果要求更小的误差或当试样模场直径小于 8.2μm 时，则可采用下列两种方法之一：

应采用最大数值孔径不小于 0.35 的试验装置；应确定一个映射函数，此映射函数将建立两种试验装置（数值孔径受限制的试验装置和数值孔径不小于 0.35 的试验装置）测量结果之间的关系。

② 测量 B2 类，B3 类，B4 类和 B6 类光纤的装置要求。对模场直径等于或大于 6μm 的光纤，试验装置的最大数值孔径应不小于 0.40。

3）输出光学系统。应采用透镜组、反光镜或其他合适的装置来会聚穿过孔径的全部传输光，并将其耦合至光检测器。

4）检测器组件和信号检测电子系统。应采用在测量波长范围内对输出光辐射灵敏的、在接收的光强范围内线性的光检测器。典型的系统可包括锗或铟稼砷光敏二极管和电流输入前置放大器，并用锁相放大器进行同步检测。通常需要用计算机进行数据分析。

（3）试验程序

1）试验步骤。将制备好的试样放入输入和输出对中装置上，并将光纤输出端调整到离孔径组件距离正确的固定位置上。将孔径组件设置到一个小孔径，使孔径与远场图对中，得到最大检测光功率。对每个孔径测量光功率 $P(\theta_i)$。

按模场直径的等效式（4-5-83）计算出被测试样的模场直径。

2）计算。

① 确定每一个孔的互补孔径功率传输函数，即

$$\alpha(\theta_i) = 1 - \frac{P(\theta_i)}{P(\theta_n)} \tag{4-5-80}$$

式中 $\alpha(\theta_i)$——每一个孔径光阑的互补孔径功率传输函数，$i=1\sim n$。

$P(\theta_i)$——作为角度函数的孔径光阑的透光功率，第 i 个孔的角度记为 θ_i。

② 积分项计算。用数值近似积分方法计算式（4-5-77）中的积分项，下式是计算该积分项的一种方法，采用其他积分方法时的计算精度不得低于该方法。

$$T = \sum_1^n \alpha(\theta_i)\sin(2\theta_i)(\theta_i - \theta_{i-1}) \tag{4-5-81}$$

式中 $\alpha(\theta_i)$——用式（4-5-80）计算的互补孔径功率传输函数。

注：$\theta_0 = 0$。

③ 计算结果：

$$MFD = 2W_0 = \left(\frac{\lambda}{\pi}\right)\sqrt{\frac{2}{T}} \tag{4-5-82}$$

6. 方法 C：近场扫描法

（1）测量原理 由近场光强分布确定模场直径（$2W_0$）的等效式为

$$2W_0 = 2 \times \left[2\frac{\int_0^\infty rf^2(r)\,\mathrm{d}r}{\int_0^\infty r\left(\frac{\mathrm{d}f(r)}{\mathrm{d}r}\right)^2\mathrm{d}r}\right]^{\frac{1}{2}} \tag{4-5-83}$$

式中 $f^2(r)$——近场光强分布。

上式中的积分上限为无穷大，可理解为该积分在自变量的限定内不被截断。但是随着自变量的增大，被积函数很快趋近于零，实际积分上限只要取某个 r_{max} 即可。在计算微商时可使用数据拟合技术。

用近场扫描法测量单模光纤的模场直径分两个步骤：首先测得光纤的径向近场光强分布，然后用这些近场数据通过数学程序计算模场直径。

（2）试验装置

1）典型装置构成。近场扫描法的典型试验装置如图 4-5-66 和图 4-5-67 所示。

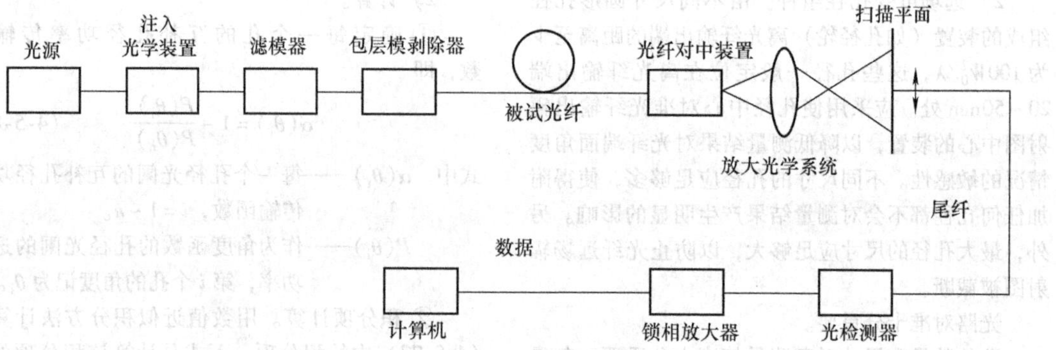

图 4-5-66 机械式扫描系统

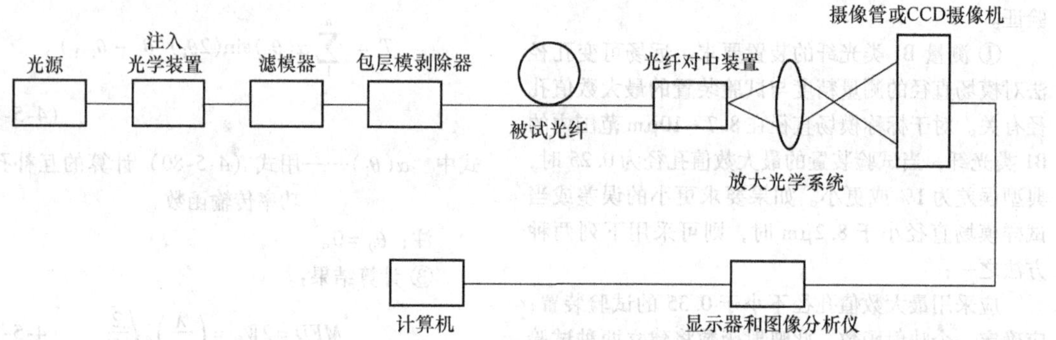

图 4-5-67 电子式扫描系统

2）放大光学系统。应采用合适的光学系统（例如显微镜物镜）放大试样的输出端，将输出端图像聚焦在扫描检测器的平面上。此光学系统不应限制成像的数值孔径（NA），光学系统数值孔径应大于光纤输出光辐射的最大数值孔径，对于 B2 类，B3 类，B4 类和 B6 类光纤，光学系统数值孔径应不小于 0.45，对 B1 类光纤不小于 0.35。

3）扫描检测器。为了测量近场图逐点的光强，应采用合适的扫描检测器。检测器在接收光强范围内应是线性的。应采用机械式或电子式的扫描系统，使测得的近场图有合适的分辨率。一般在近场图上沿约三倍标称模场直径的范围内取 100 个以上的取样点，以保证测量结果的精度。

可采用下列任何一种技术：用扫描尾纤对输出场图进行扫描的固定光检测器，或者带针孔的扫描光检测器；扫描视像管、CCD 或其他图像/光强识别器件。

应精确校准这些器件所在的位置。

4）检测电子系统。为了提高信号电平，应采用合适的电子系统。应根据所采用的扫描系统类型选择电子系统的带宽。当用机械或光学系统对光纤输出端进行扫描时，通常对光源进行调制。如果采用这种方法，光检测器应连接到与光源调制频率同步的放大器（如锁相放大器）上，当进行电子扫描时，应采用合适的图像分析系统和一种能对近场图进行自动扫描、数据采集和处理的系统。

（3）试验程序

1）试验步骤。将制备好的试样放入输入和输出对中装置，调整试样输出端至放大光学系统的距离，使近场图聚焦到扫描光检测器平面上（该平面上，像的对比度应达到最大）。

启动机械式或电子式的扫描系统，记录作为位置函数的近场光强分布 $f^2(r)$。

根据模场直径等效式（4-5-83），用光纤输出端面上的近场光强分布 $f^2(r)$ 计算出被测试样模场直径。应按式（4-5-84）中的要求考虑放大光学系统的放大率和实际坐标 r 的影响。

放大光学系统的放大率应和扫描系统一起定期进行测量。应使用合适的经过校准的光栅进行初始校准，然后对尺寸（有适当的精度）已知的光纤端面的像进行扫描，定期检验放大光学系统的放大率和实际坐标 r。

2）计算。

① 计算形中心。对于一个给定的覆盖了最大范围的近场图截面，按下式计算其形中心位置：

$$r_c = \frac{\sum r_i f^2(r_i)}{\sum f^2(r_i)} \quad (4\text{-}5\text{-}84)$$

式中　r_c——形中心位（μm）；

r_i——每一扫描点所在径向位置（μm）；

$f^2(r_i)$——每一扫描点上的近场功率。

② 叠合近场功率分布。用式（4-5-84）中计算的形中心位置重新确定每一扫描点的径向排列次序，在该形中心位置之后的扫描点的排列次序大于零，在该形中心位置之前的扫描点的排列次序小于零，给定的最大次序为 n，则叠合近场功率大小为

$$f_f^2(r_i) = \left[\frac{f^2(r_i) + f^2(r_{-i})}{2}\right] \quad (4\text{-}5\text{-}85)$$

式中　$f_f^2(r_i)$——叠合近场功率；

$f^2(r_i)$、$f^2(r_{-i})$——每一扫描点上的近场功率。

③ 积分项计算。用数值近似积分方法计算式（4-5-71）中的积分项，下式是计算该积分项的一种方法，采用其他积分方法时的计算精度不得低于该方法。

$$T = \sum_{1}^{n} r_i\, f_f^2(r_i)\,\mathrm{d}r \quad (4\text{-}5\text{-}86)$$

$$B = \sum_{0}^{n} r_i\left[\frac{\mathrm{d}f_f(r_i)}{\mathrm{d}r}\right]\mathrm{d}r \quad (4\text{-}5\text{-}87)$$

式中　当 $i>0$ 时，$\mathrm{d}f_f(r_i) = f_f(r_i) - f_f(r_{i-1})$；当 $i=0$ 时，$\mathrm{d}f_f(r_i)=0$；$\mathrm{d}r = (r_1 - r_0)$。

注意，计算微商时可将数据拟合成一条曲线。

④ 计算结果为

$$MFD = 2W_0 = 2\sqrt{\frac{2T}{B}} \quad (4\text{-}5\text{-}88)$$

7. 方法D：双向后向散射差法

（1）测量原理　用双向后向散射技术（使用光时域反射计）的测量结果计算光纤端面上模场直径的方法。本方法是将被测光纤同一段模场直径已知的参考尾纤连接在一起，用OTDR测量其连接损耗，比较出被测光纤的模场直径值。参考光纤与被测光纤的结构应相近，例如，两种光纤同为匹配包层型B1类光纤。当被测光纤与参考光纤的结构不同时，可以在测量结果上确定出一个经验校正函数。

用OTDR测量模场直径时仅限于在被测试样与参考样品的接头处进行，这是因为OTDR的测量是非线性的。OTDR的非线性度指标通常由仪器制造商提供。虽然典型的线性度大小对衰减系数的测量结果影响并不大，但却不足以精确地确定光纤全长的模场直径。本方法要求分别从光纤的两端进行双向测量。

这一方法通常被光纤制造商用来测量结构已知的光纤，模场直径的其他三种测量方法都可用来解决对本试验方法测量结果所持异议。应定期校准本试验方法的测量结果。

（2）试验装置

1）OTDR。测量仪器在GB/T 15972.40—2008的方法中描述，要得到精度最佳的测量结果，OTDR中心波长的偏差应在±2nm以内，若偏差达到2.5nm，则在1310nm和1550nm波长引起的测量结果误差约为0.025。

2）光开关选件。可使用光开关提高测量效率，图4-5-68是用光开关将OTDR双波长的激光引出进行双向向后散射测量的示意图，配合使用两个参考光线可使的光纤的双向测量更为方便。

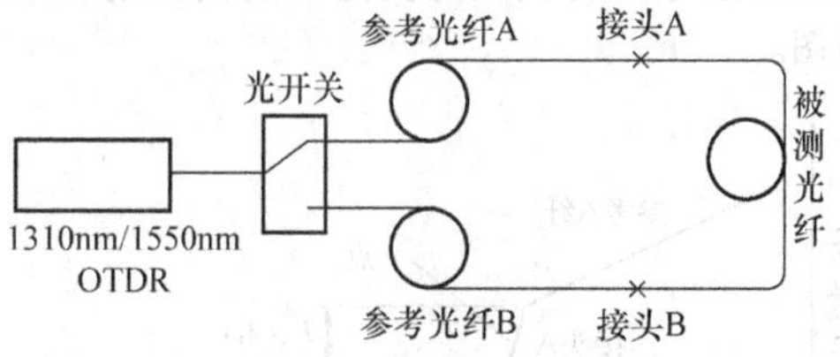

图4-5-68　选定的试验装置双向后向散射法

3）试验样品。试样应为盘绕在光纤盘上或在光缆中的B类光纤，光纤长度应能足以避开OTDR的测量盲区，光纤两端应留出一定长度以便于测量。对试样进一步的要求见GB/T 15972.40—2008。

4）参考样品。用两根已预先测定过单/双波长模场直径（用其他三种方法中的任一方法）的单模光纤作为参考光纤，分别用于被测光纤两个端别的测量。

通常参考光纤与被测光纤的结构应相近，光纤长度应能足以避开OTDR的测量盲区，如果参考光纤与被测光纤的结构设计不同，则应确定一个经验映射函数，在本方法的测量结果和原有测量方法的测量结果间建立联系。

5）光纤接头。在测量过程中，参考光纤与被测光纤的接头A（或B）应保持稳定，使测量结果不受连接损耗变化的影响。可选用熔接连接或活动连接的方式，当使用活动连接方式时，应使用折射率匹配油以减小光纤端面处反射峰的影响。

（3）试验程序

1）试验步骤：

① 测量方向和表示符号。可以通过测量接头 A 或接头 B 的后向散射损耗特性来测定试样的模场直径，在本程序中，使用了如下符号：

λ_j——某一测量波长；

$L_A(\lambda_j)$——从参考 A 纤注入光测量接头 A 在 λ_j 波长上的损耗；

$L_B(\lambda_j)$——从参考 B 纤注入光测量接头 A 在 λ_j 波长上的损耗；

$W_A(\lambda_j)$——参考 A 纤在波长 λ_j 上预先测得的模场直径；

$W_S(\lambda_j)$——用本试验方法测量的试样在波长 λ_j 上的模场直径；

g_j——与波长和光纤结构相关的修正因子；

f_j——与波长和光纤结构相关的修正因子。

图 4-5-69 和图 4-5-70 是分别从参考 A 纤注入光和从参考 B 纤注入光测量的后向散射曲线示意图。

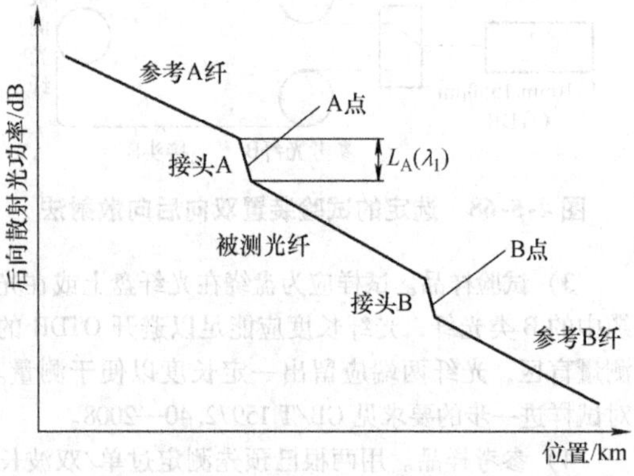

图 4-5-69　从参考 A 光纤注入光测量

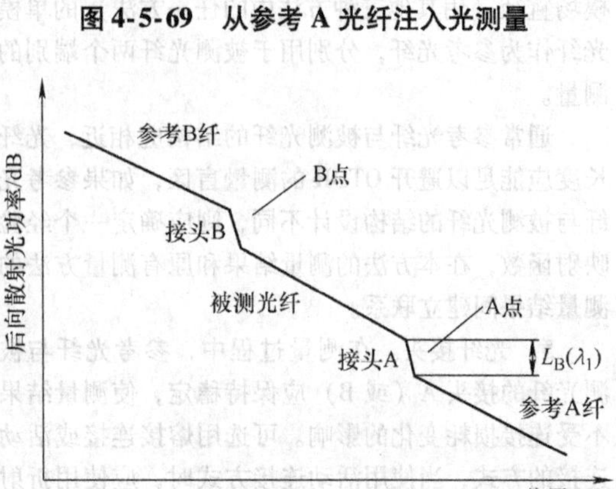

图 4-5-70　从参考 B 光纤注入光测量

② 用 GB/T 15972.40—2008 中方法 C，从参考 A 纤注入 λ_j 波长的光，测量接头 A 的损耗，结果记为 $L_A(\lambda_j)$。再从参考 B 纤注入 λ_j 波长的光，测量接头 A 的损耗，结果记为 $L_B(\lambda_j)$。

③ 用式（4-5-89）计算被试光纤的模场直径。

2）计算：

① 计算试样的模场直径。试样在波长 λ_j 处的模场直径按下式计算：

$$W_S(\lambda_j)=W_A(\lambda_j)10^{\frac{g_jL_A(\lambda_j)-L_B(\lambda_j)+f_j}{20}} \tag{4-5-89}$$

② 修正因子 g_j 和 f_j。用参数 g_j 和 f_j 修正测量结果。对于某一已知结构的光纤，需要进行验证试验，根据经验确定参数 g_j 和 f_j 的最佳值，当 g_j 和 f_j 未知并无法依经验确定时，可以分别设为 1 和 0。

③ 光纤类型、结构和波长的验证试验。

步骤 1：选用一组需要对光纤类型、结构和相应波长进行验证试验的光纤样品，在某一波长处的模场直径已经用原方法（其他三种方法任意之一）测量。该组样品覆盖了这种类型和结构的光纤中较宽的模场直径和截止波长的数值范围。

步骤 2：用上述的程序测量每一光纤的 L_A 和 L_B。

步骤 3：对每一光纤计算 $20\lg\left(\frac{W_S}{W_A}\right)$和（$L_A-L_B$），对所有光纤以（$L_A-L_B$）为横轴，$20\lg\left(\frac{W_S}{W_A}\right)$为纵轴作一条拟合直线，确定直线的斜率和截距 f。

步骤 4：选用同一类型、同一结构的第二组光纤，重复步骤 1 和 2。

步骤 5：用步骤 3 中得到的 g 和 f 计算每一光纤的模场直径 W_S，并与其原始数据比较，得到两种方法的模场直径差别 W_d。

步骤 6：确定两种测量方法的结果是否等同。其判别标准为：等同水平 B 不大于 0.1μm，B 的计算式为

$$B=|d|+2\frac{\sigma_d}{\sqrt{N}} \tag{4-5-90}$$

式中　B——等同水平（μm）；

d——一组光纤模场直径两种测量结果的平均差值，$d=W_d$（μm）；

σ_d——一组光纤模场直径两种测量结果标准偏差的差值（μm）；

N——一组光纤的样品数量。

步骤 7：当 B 超过 0.1μm 时，应调整测量程序，如改进光纤连接的方式或状态等。

步骤8：图4-5-71提供了一个典型的验证试验的图形和数据。

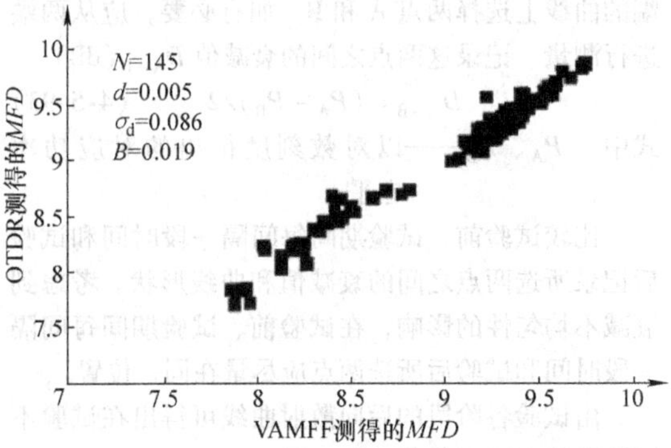

图4-5-71　验证范例——方法比较

5.2.7　透光率变化

1. 试验方法及概述

测量光纤和光缆在机械试验和环境试验期间产生的光透射率的变化，一般采用传输功率监测法和后向散射监测法。

2. 传输功率监测法

（1）测量原理　传输功率监测法是用于监测光纤和光缆在机械试验和环境试验期间产生的光透射率的变化。

（2）试验装置

1）一般要求。监测透光率变化的试验装置在产品规范要求的时间和温度变化范围内监测光透射率，监测时应有高的分辨率和高的稳定性。

图4-5-72是一种适合实验室和工厂条件下使用的，用于监测光纤和光缆在机械试验和环境试验期间产生的透光率变化的典型试验装置实例。该装置能提供透光率变化的测量，通过与参考试样的比较，从而校正光源本身变化对测试结果的影响。试验装置中所有的连接需保持稳定的状态。

图4-5-73是一种适合现场、实验室和工厂条件下使用的，需长期监测透光率变化的典型试验装置。该装置可用光反馈使光源稳定。如果光源的稳定度满足测试精度需要，则可用插入损耗法进行测试。

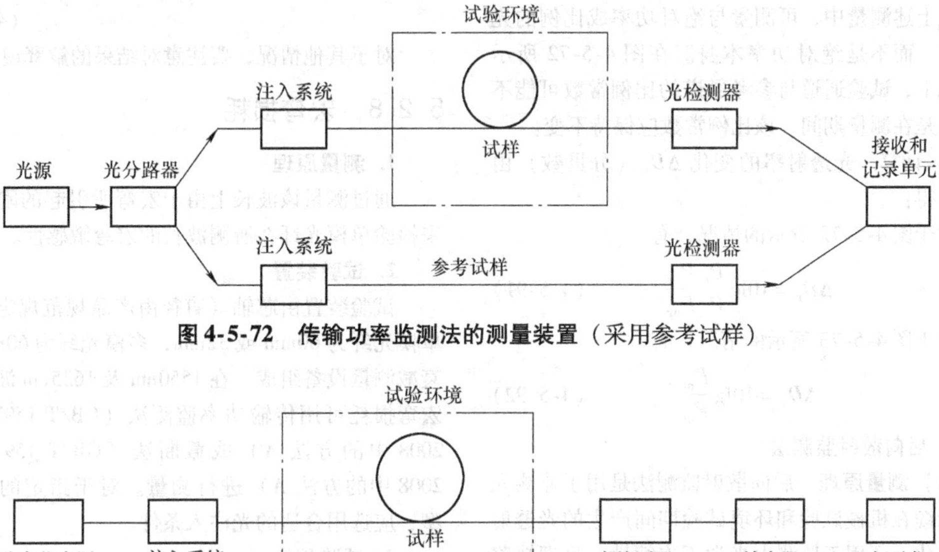

图4-5-72　传输功率监测法的测量装置（采用参考试样）

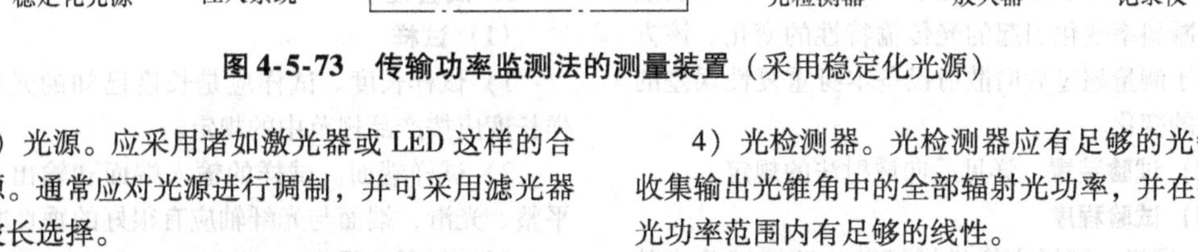

图4-5-73　传输功率监测法的测量装置（采用稳定化光源）

2）光源。应采用诸如激光器或LED这样的合适光源。通常应对光源进行调制，并可采用滤光器进行波长选择。

3）光分路器。光分路器在测量期间应保持恒定的分光比。其分光比和温度稳定性应按有关规范的规定。

4）光检测器。光检测器应有足够的光敏面以收集输出光锥角中的全部辐射光功率，并在接收的光功率范围内有足够的线性。

在测量波长上，光检测器在光敏区和入射角范围内应具有足够的均匀响应，使得输出光锥角在位置或角度上相对于检测器的移动不超出试验装置机械设计确定的限度之内，而且不明显影响测量结果。图 4-5-72 所示的试验装置采用多个检测器时，它们应是同一厂家、同一型号并且线性度相差不大的检测器。

（3）试验程序

1）试样。试样应按机械试验、环境试验或其他试验方法中的规定制备。最短长度试样的衰减变化应与试验装置的分辨率相适应。

2）参考试样。采用参考试样时，参考试样应是与试样类型相同的光纤或光缆，它可以是一短段光纤。如图 4-5-72 所示，参考试样应连接在光分路器和检测器之间。参考试样的状态在测量期间应是恒定的。

3）试验步骤。试验之前，应测出试样输出的初始光功率 P_{ot}。在图 4-5-72 所示的情况下，还应测出参考试样输出的初始光功率 P_{or}。

进行机械试验、环境试验或其他试验期间，应相继测量从试样输出的光功率，$P_{nt}(n=1,2,3\cdots)$。在图 4-5-72 所示的情况下，还应同时测量从参考试样输出的光功率 $P_{nr}(n=1,2,3\cdots)$。

在上述测量中，可测量与绝对功率成比例的光功率值，而不是绝对功率本身。在图 4-5-72 所示的情况下，试验通道与参考通道的比例常数可能不同，但是在测量期间，该比例常数应保持不变。

4）计算。光透射率的变化 ΔD_n（分贝数）由下式可得：

对于图 4-5-72 所示的情况，有

$$\Delta D_n = 10\lg\frac{P_{nt}P_{or}}{P_{ot}P_{nr}} \qquad (4\text{-}5\text{-}91)$$

对于图 4-5-73 所示的情况，有

$$\Delta D_n = 10\lg\frac{P_{nt}}{P_{ot}} \qquad (4\text{-}5\text{-}92)$$

3. 后向散射监测法

（1）测量原理 后向散射监测法是用于监测光纤和光缆在机械试验和环境试验期间产生的光透射率的变化，还用于监测由光学不连续性、物理缺陷以及衰减斜率变化引起的光传输特性的变化。该方法适用于测量超过后向散射设备本身重复性误差的透射率的变化。

（2）试验装置 详见后向散射法的规定。

（3）试验程序

1）试样。试样应按机械试验、环境试验或其他试验方法中的规定制备。试样的最短长度应使试样始端和末端的非线性不影响测量结果。

2）试验步骤。将被测光纤与耦合器件对中。后向散射功率用信号处理器分析，并以对数刻度进行记录。应在对应于被测光纤（或光缆）始端和末端的曲线上选择两点 A 和 B。如有必要，应从两端进行测量。记录这两点之间的衰减值 D_{A-B}(dB)。

$$D_{A-B} = (P_A - P_B)/2 \qquad (4\text{-}5\text{-}93)$$

式中 P_A、P_B——以对数刻度得出的对应功率电平。

比较试验前、试验期间每间隔一段时间和试验后记录所选两点之间的衰减值和曲线形状。考虑到衰减不均匀性的影响，在试验前、试验期间每间隔一段时间和试验后所选两点应尽量在同一位置。

由试验各阶段的后向散射曲线可得出在试验不同阶段的衰减变化值 ΔD_{A-B} 为

$$\Delta D_{A-B} = \Delta D_{A-B}(t+\Delta t) - D_{A-B}(t) \qquad (4\text{-}5\text{-}94)$$

式中 Δt——时间间隔。

3）计算。对于平滑的背向散射曲线，由试验各阶段的背向散射曲线可得出在试验不同阶段的衰减变化值，即

$$\Delta D_n = (P_{A0} - P_{B0}) - (P_{An} - P_{Bn}) \qquad (4\text{-}5\text{-}95)$$

对于其他情况，要注意对结果的解释说明。

5.2.8 宏弯损耗

1. 测量原理

通过测量该波长上由于宏弯所引起的附加衰减来检验单模光纤在所测波长的宏弯敏感性。

2. 试验装置

试验装置由芯轴（直径由产品规范规定，例如单模光纤为 60mm 或 32mm，多模光纤为 60mm）和衰减测量设备组成。在 1550nm 及 1625nm 波长上的宏弯损耗可用传输功率监测法（GB/T 15972.46—2008 中的方法 A）或截断法（GB/T 15972.40—2008 中的方法 A）进行测量。对于指定的光纤类型，应选用合适的光注入条件。

3. 试验程序

（1）试样

1）试样长度。试样应是长度已知的光纤，试样长度应按产品规范中的规定。

2）试样端面。试样的输入端面和输出端面应平整、光滑，端面与光纤轴应有很好的垂直度。

（2）试验步骤

1）将被试光纤松绕在芯轴上，避免光纤过度扭转。松绕圈数、芯轴直径和测量波长都应在产品规范中规定。

2）波长。根据产品规范中规定的波长进行测试。

当减小芯轴直径（如芯轴直径为 20 ~ 32mm）时，损失掉的光又会被反射到被试光纤中，这将导致视在的弯曲损耗—波长曲线出现波动。当芯轴直径较小时，建议对测试的弯曲损耗—波长曲线进行拟合，得到在规定波长处真实的弯曲损耗。

(3) 测量方法　本试验可用以下两种方法测量：

方法 A（传输功率监测法）测量光纤从直的状态到弯曲状态所引起的衰减增加。

方法 B（截断法）测量光纤在弯曲状态下的总衰减。为了确定宏弯衰减，应用光纤的固有衰减对测量值进行修正。

本试验可采用方法 A 和方法 B 中的任一种方法，或两种方法都采用或按产品规范中的规定。

芯轴之外的光纤和用于参考的光纤截留段不得有引起测量结果变化的任何弯曲。建议以不小于 280mm 的弯曲直径来收集剩余的光纤。

如将光纤从大直径芯轴（引入的宏弯损耗可忽略不计）绕到规定直径的芯轴上，宏弯损耗能直接用方法 A 来测量，不需用光纤固有衰减来修正。

(4) 计算　按所用试验方法（方法 A 或方法 B）规定的计算方法。

5.2.9　偏振模色散

1. 术语及定义

(1) 偏振模色散　偏振模色散（Polarization Mode Dispersion，PMD）是指单模光纤中的两个正交偏振模之间的差分群时延，它在数字系统中使脉冲展宽产生误码。

(2) 主偏振态　对于一在给定时间和光频上应用的单模光纤，总存在着两个称之为主偏振态的正交偏振态，如果当一准单色光仅激励一个主偏振态时，不会发生由于偏振模色散引起的脉冲展宽；当一准单色光均匀激励两个主偏振态时，将发生由于偏振模色散引起的最大脉冲展宽。光纤输出的主偏振态的两个正交偏振态，当光频稍微变化时，输出偏振并不改变，相应的输入正交偏振态是输入主振模态。

(3) 差分群时延　差分群时延是两个主偏振态之间群时延的时间差，一般以皮秒为单位。

(4) 偏振模色散差分群时延　在所有实际情况下，下面介绍偏振模色散差分群时延三种定义在所能达到的测量重复性之内是等效的。

(5) 二阶矩偏振模色散差分群时延　二阶矩偏振模色散差分群时延定义为，当一准单色光窄脉冲注入光纤经传输后，忽略波长色散的影响，在光纤输出端输出脉冲中光强分布 $I(t)$ 的均方差 σ 的 2 倍，即

$$P_s = 2\left(\langle t^2\rangle - \langle t\rangle^2\right)^{1/2} = 2\left\{\frac{\int I(t)t^2\mathrm{d}t}{\int I(t)\mathrm{d}t}\left[\frac{\int I(t)t\mathrm{d}t}{\int I(t)\mathrm{d}t}\right]^2\right\}^{1/2} \tag{4-5-96}$$

式中　t——光到达光纤输出端所需的时间（ps）。

(6) 平均偏振模色散差分群时延　平均偏振模色散差分群时延是在光频范围（$v_1 \sim v_2$）内偏振态差分群时延 $\delta\tau(v)$ 的平均值，即

$$P_m = \frac{\int_{v_1}^{v_2}\delta\tau(v)\mathrm{d}v}{v_2 - v_1} \tag{4-5-97}$$

式中　v——光频率；

v_1、v_2——分别为频率范围上下限。

(7) 均方根偏振模色散差分群时延　均方根偏振模色散差分群时延是在光频范围（$v_1 \sim v_2$）内主偏振态分群时延 $\delta\tau(v)$ 的均方根值，即

$$P_r = \left[\frac{\int_{v_1}^{v_2}\delta\tau(v)^2\mathrm{d}v}{v_2 - v_1}\right]^{1/2} \tag{4-5-98}$$

(8) 偏振模色散系数　偏振模色散系数用 PMD_c 表示。应区别两种情况：

弱偏振模耦合（短光纤）：

$$PMD_c = \frac{P_s}{L},\ \frac{P_m}{L} \tag{4-5-99}$$

强偏振模耦合（长光纤）：

$$PMD_c = \frac{P_s}{\sqrt{L}},\ \frac{P_m}{\sqrt{L}},\ \frac{P_r}{\sqrt{L}} \tag{4-5-100}$$

式中　L——光纤长度

2. 试验方法及概述

为了适应超高速率光纤数字通信系统发展的需要，人们对光纤偏振模色散的研究工作越来越深入。究其原因是光纤的偏振模色散对超高速光纤数字通信系统的传输性能有着不可忽视的影响，所以人们对光纤偏振模色散的研究涉及偏振模色散的产生机理、理论分析计算、测量方法标准、光缆链路偏振模色散设计等。

本节主要以 ITU－T G. 650 和 IEC 61941 中介绍的单模光纤偏振模色散的定义和测量方法为依据，对偏振模色散的基准试验方法，即斯托克斯参数测定法和替代试验方法（即偏振态法与干涉法）的测

量原理、试验装置和试验程序等，给予简述。

3. 斯托克斯参数测定法

(1) 测量原理 斯托克斯参数测定法是测量单模光纤 PMD 的基准试验方法。它的测试原理是，在一波长范围内，以一定的波长间隔测量出输出偏振态随波长的变化，该变化可采用琼斯矩阵本征分析或邦加球（Poincare Sphere）上输出偏振态矢量的旋转来表征，通过分析和计算从而得到 PMD 的结果。

斯托克斯参数测定法与偏振模耦合程度无关，适用于短的和长的光纤。在某些情况下，为获得满意的测量精度，要进行重复测量。这个方法仅限于波长大于或等于光纤有效单模工作波长的情况。

(2) 试验装置 斯托克斯参数测定法测量 PMD 的试验装置如图 4-5-74 所示。试验装置主要包括光源、偏振调节器、线偏振器组和输入光学器件等。

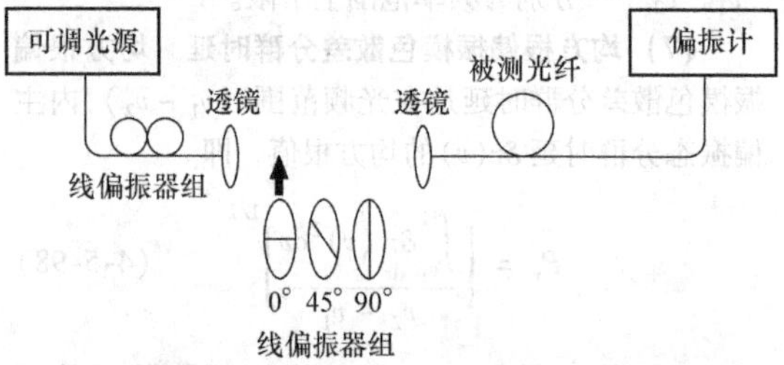

图 4-5-74 斯托克斯参数测定法试验装置

1）光源。光源是一只单纵模激光器或窄带光源，在测量波长范围内波长是可调的。光谱分布足够窄，使得从被测光纤出来的光在所有测量条件下都保持偏振状态。偏振度（Degree Of Polarization, DOP）不小于 90%，虽然偏振度低到 25% 时仍然可进行测量，但也会降低测量精度。对于一给定的差分群时延值 $\Delta\tau$，要求的最低偏振度 DOP（%）由下式给出：

$$DOP = 100\exp\left[-\frac{1}{4\ln 2}(\pi c\Delta\tau\Delta\lambda_{FWHM}/\lambda_0^2)^2\right] \tag{4-5-101}$$

式中 λ_0——高斯谱中心波长（假定光谱为高斯分布）；

c——真空中的光速；

$\Delta\tau$——给定的差分群时延值；

$\Delta\lambda_{FWHM}$——光谱半幅全宽度（FWHM）。

2）偏振调节器。一个偏振调节器置于可调光源之后，其作用是为线偏振器组提供近似圆偏振光，使得线偏振器的极化方向不会与输入光的偏振方向相交。

3）线偏振器组。采用三个线偏振器，将它们以相对角度约为 45°依次置于测量光路中，应知道实际的相对角度。

4）输入光学器件。可以采用单模尾纤或一个光学透镜系统来激励被测光纤。

5）尾纤。如果采用尾纤，应避免反射引起的干涉影响，要求使用折射率匹配液或成角度的切割面。尾纤应是单模光纤的尾纤。

6）光学透镜系统。如果采用光学透镜系统，应使用一些适当的方法（例如一真空吸盘）稳固地支撑光纤输入端。

7）包层模剥除器。用包层模剥除器剥除任何包层模中传输的光功率。当光纤预涂覆层材料的折射率等于或大于光纤包层折射率时，光纤预涂覆层就可起到包层模剥除器的作用。

8）输出光学器件。输出光学器件将被测光纤出射的全部功率耦合至偏振计中。例如可用一个光学透镜系统、一个与单模尾纤对接的接头或使用折射率匹配液将一个直接连到探测器的光纤与被测光纤耦合。

9）偏振计。采用一个偏振计测量三个线偏振器分别插入光路时所对应的三个输出偏振态。偏振计的波长范围应覆盖光源的波长范围。

(3) 试验程序

1）试样。试样应为已知长度的一段成缆或未成缆的单模光纤。在整个测量期间，被测试样和尾纤的位置及所处环境温度均应保持稳定。可以通过在邦加球上观测被测光纤输出偏振态监视试验器械环境的温度稳定性，在相应于一对相邻琼斯矩阵测量的时间内，输出偏振的变化相对于波长增加产生的变化应是很小的。

当需要减小附加模耦合时，未成缆光纤应当用适当的方法来固定（通常是卷绕在最小半径为 150mm 的光纤盘上），光纤所受张力基本为零（典型值应小于 0.15N）。

2）试验步骤。测量程序为调整光源输出光的偏振方向。将可调激光器波长定于待测波长范围的中心波长，将三个线偏振器依次插入光路中，测量出它们相应的输出光功率，通过偏振调节器调整光源的偏振方向，使得三个功率相互差别在约 3dB 范围之内。首先将光源通过偏振调节器耦合至线偏振器组。其次将线偏振器组的输出耦合至被测光纤的输入端。再将被测光纤的输出耦合至偏振计。选择进行测量的波长步长 $\Delta\lambda$，$\Delta\lambda$ 最大允许值应满足下式：

$$\Delta\tau_{max}\Delta\lambda \leqslant \frac{\lambda_0^2}{2c} \qquad (4\text{-}5\text{-}102)$$

式中　$\Delta\tau_{max}$——测量波长范围内预计的最大差分群时延数值；

λ_0——中心波长；

c——真空中的光速。

例如，在 1550nm 波长处最大差分群时延 $\Delta\tau_{max}$ 与波长 $\Delta\lambda$ 的乘积大小应保持不大于 4ps · nm；在 1300nm 波长处应保持不大于 2.8ps · nm。这个要求保证了从一个测量波长到下一个测量波长时，输出偏振态围绕邦加球偏振态轴旋转角度小于 180°。

在不能预计 $\Delta\tau_{max}$ 的情况下，可以在测量波长范围内实现一系列的试样测量，每次测量采用与光源谱宽和最小调谐步长相称的一对靠近的波长，将测得的最大差分群时延值乘以余量因子 3 作为 $\Delta\tau_{max}$ 代入上式，计算出用于实际测量的 $\Delta\lambda$ 值。如果此波长间隔太大，可再用较小波长间隔重复测量，直至差分群时延值与波长关系曲线形状和平均差分群时延值基本保持不变时，波长间隔就满意了。在测量波长范围内，选定的波长步长间隔，在选定的波长上，依次插入每一个线偏振器，用偏振计记录相应的斯托克斯参数，完成测量数据的收集。

3）结果计算。

① 琼斯矩阵本征分析法。

a）单次测量差分群时延的计算。由斯托克斯参数计算各波长响应的琼斯矩阵，对每一波长间隔，计算出较高光频上琼斯矩阵 $\boldsymbol{T}(\omega+\Delta\omega)$ 与较低光频上逆琼斯矩阵 $\boldsymbol{T}^{-1}(\omega)$ 的乘积。对一特定波长间隔，可从下式找到差分群时延值，即 $\Delta\tau$ 为

$$\Delta\tau = \left|\mathrm{Arg}\left(\frac{P_1}{P_2}\right)/\Delta\omega\right| \qquad (4\text{-}5\text{-}103)$$

式中　ω——光波角频率（rad/s）；

$\Delta\omega$——光波角频间隔（rad/s）；

P_1，P_2——$\boldsymbol{T}(\omega+\Delta\omega)\boldsymbol{T}^{-1}(\omega)$ 的复数本征值；

Arg——幅角函数，即 $\mathrm{Arg}(\eta e^{j\theta})=\theta$。

将计算得到的每一个差分群时延值作为相应波长间隔中心波长上的差分群时延值，然后对这些值在整个波长范围内取平均得到单次测量的差分群时延。图 4-5-75a 给出了单次测量得到的差分群时延与波长关系曲线、差分群时延值的直方图及麦克斯韦分布曲线。

b）多次测量平均差分群时延的计算。单次测量得到的 PMD 值 $<\Delta\tau>\lambda$ 仅仅是测量波长范围内各波长间隔差分群时延测量值的平均。如果为了增加样本数量，在不同条件下进行多次测量，就应使用系统平均值。图 4-5-75 示出了多次测量得到的差分群时延与波长关系曲线、差分群时延值的直方图及麦克斯韦分布曲线。

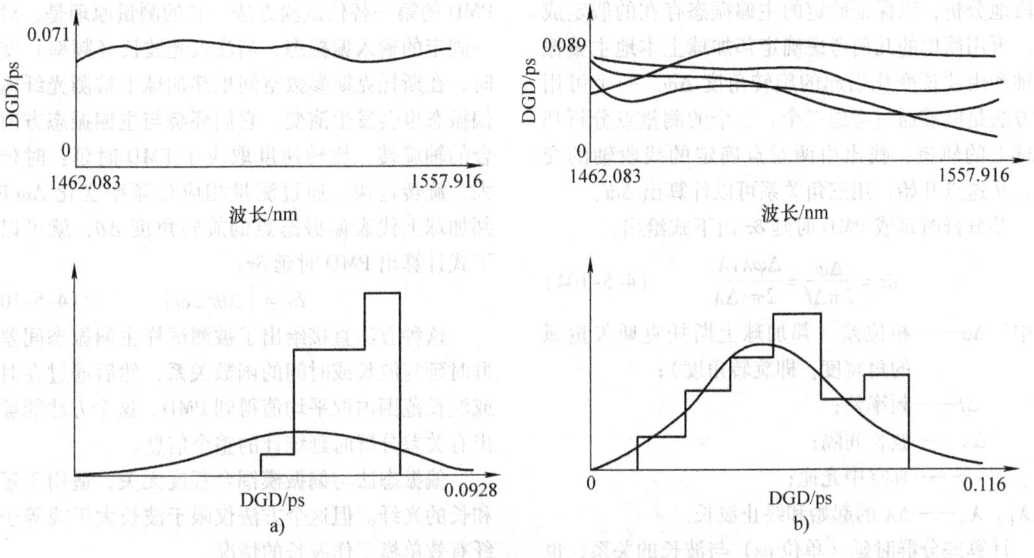

图 4-5-75　琼斯矩阵法计算的差分群时延结果

a）一盘光纤 24 个波长间隔的单次测量曲线　b）同一盘光纤在不同温度下 24 个波长间隔的 4 次测量曲线

c）偏振模色散系数计算。根据被测光纤呈现出的模耦合类型、偏振模色散系数，可以用式（4-5-99）或式（4-5-100）计算。弱偏振模耦合时，用式（4-5-99）计算；强偏振模耦合时，用式（4-5-100）计算。如果在整个测量波长范围内，$\Delta\tau$ 的标准偏差小于平均值的十分之一，受试光纤被认为呈现可忽略的偏振模，PMD 可用短光纤的 PMD 系数 $\Delta\tau/L$ 表示。

② 邦加球法。从测得的斯托克斯参数（S_0、S_1、S_2、S_3）重建在邦加球上描述偏振态随波长演变的轨迹 S_0、S_1、S_2 和 S_3 分别与总的光功率、$\theta=0°$的线性偏振态、$\theta=45°$的线性偏振态和右旋圆偏振态有关。图 4-5-76 给出个两个实测的例子，图中标记 o 和 x 代表由于 PMD 是波长 λ 函数而测得的偏振态弧段，P_{a-a}是主偏振态。

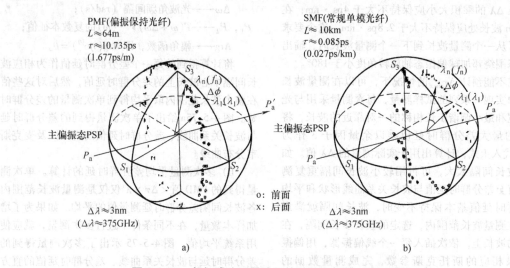

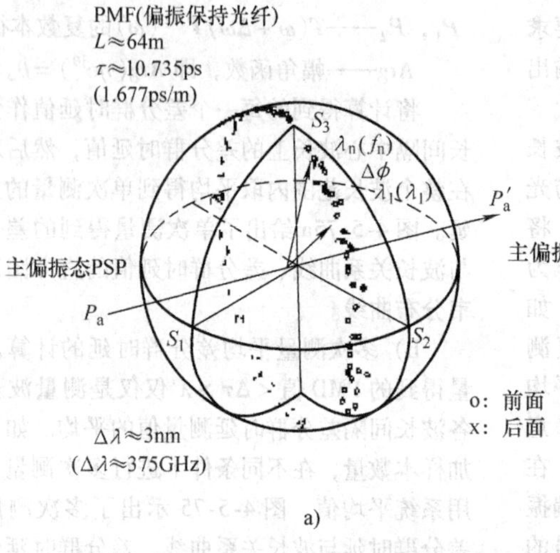

图 4-5-76 邦加球法测量分析的两种光纤的 PMD 实例

a）偏振保持光纤 PMF（弱模耦合） b）常规单模光纤 SMF（强模耦合）

考虑到波长间隔（它们可以包括两个波长步长以上），邦加球上描述偏振态随波长演变的轨迹应分段地分析，以保证确定的主偏振态存在的假定成立。再用简单的几何考虑确定邦加球上本地主偏振态轴和由波长变化引起的旋转角度 $\Delta\phi$。一个可用的方法是能够通过考虑三个、三个的测量点分析邦加球上的轨迹，找出由两对点确定的线段轴的交点，从这点开始，用三角关系可以计算出 $\Delta\phi$。

差分群时延或 PMD 时延 $\delta\tau$ 由下式给出：

$$\delta\tau=\frac{\Delta\varphi}{2\pi\Delta f}=\frac{\Delta\varphi\lambda_1\lambda_n}{2\pi c\Delta\lambda} \quad (4\text{-}5\text{-}104)$$

式中 $\Delta\varphi$——相位差（邦加球上斯托克斯矢量弧的角宽度，即旋转角度）；

Δf——频率差；

$\Delta\lambda$——波长间隔；

c——真空中光速；

λ_1、λ_n——$\Delta\lambda$ 的起始和终止波长。

计算差分群时延（单位 ps）与波长的关系，也可以根据测得的差分群时延值画出直方图来表示数据。

4. 偏振态法

（1）测量原理 偏振态法是测量单模光纤 PMD 的第一替代试验方法。它的测量原理是，对于一固定的输入偏振态，当注入光波长（频率）变化时，在斯托克斯参数空间里邦加球上被测光纤输出偏振态也会发生演变，它们环绕与主偏振态方向重合的轴旋转，旋转速度取决于 PMD 时延：时延越大，旋转越快。通过测量相应角频率变化 $\Delta\omega$ 时，邦加球上代表偏振态点的旋转角度 $\Delta\theta$，就可以按下式计算出 PMD 时延 $\delta\tau$：

$$\delta\tau=|\Delta\theta/\Delta\omega| \quad (4\text{-}5\text{-}105)$$

这种方法直接给出了被测试样主偏振态间差分群时延与波长或时间的函数关系，然后通过在时间或波长范围内取平均值得到 PMD。这个方法能够给出有关差分群时延统计的整个信息。

偏振态法与偏振模耦合程度无关，适用于短的和长的光纤。但这个方法仅限于波长大于或等于光纤有效单模工作波长的情况。

（2）试验装置 偏振态法测量 PMD 的试验装置，如图 4-5-77 所示。偏振态法试验装置主要组成有光源、偏振控制器、偏振计等。

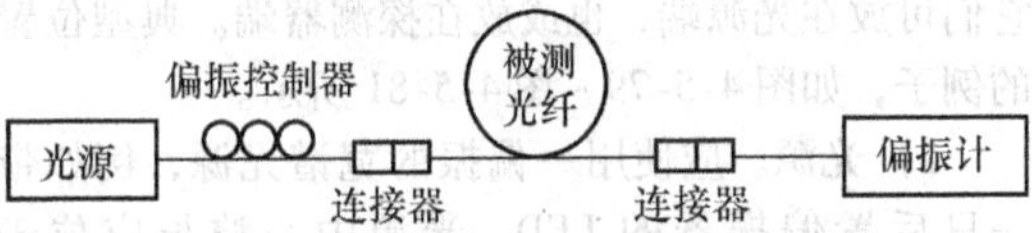

图 4-5-77　偏振态法的试验装置

1）光源。需要一只稳定的单纵模激光器，在测量范围内波长可调。单纵模激光器的谱线宽度必须足够窄，以保证在所有测量条件下不会因被测光纤偏振模色散导致信号消偏振。

2）偏振控制器。偏振控制器应置于光源和被测光纤之间。

3）偏振计。在被测光纤的输出端，应使用偏振计测量斯托克斯参数。斯托克斯参数是输出波长的函数。

（3）试验程序

1）试样。试样应为一段已知长度的成缆或未成缆的单模光纤。在整个测量期间，被测试样和尾纤的位置及所处环境温度均应保持稳定。应采用标准大气条件，对已安装的光纤和光缆，也可采用实际应用的条件。

当减小附加模耦合最为重要时，未成缆光纤应当用合适的方法来固定（通常是卷绕在最小半径为 150mm 的光纤盘上），光纤所受张力基本为零（典型值小于 0.15N）。

2）试验步骤。测量程序为通过偏振控制器将光源耦合至被测光纤输入端。如有必要，可调节偏振控制器来得到确定邦加球上输出偏振态旋转角度的最佳条件。将被测光纤输出端耦合至偏振计。选择进行测量的波长范围。选择测量斯托克斯参数的波长步长 $\Delta\lambda$（nm）。为避免从一个波长变换到下一个波长时，输出偏振态在球上环绕主偏振态轴旋转角度大于 180°，对 1550nm 波长区域，应当满足 $\Delta\tau_{max}\Delta\lambda < 4ps \cdot nm$ 的要求，对 1300nm 波长区域，应当满足 $\Delta\tau_{max}\Delta\lambda \leqslant 2.8ps \cdot nm$ 的要求。$\Delta\tau_{max}$ 是预计的被测光纤最大差分群时延值。在选定的各个波长上测量出斯托克斯参数值，并以适于下面分析的方式进行记录。

3）计算。用斯托克斯分析器（或旋转分析器）测出偏振波动后，可将它转换为偏振态与波长关系的曲线。根据测得的斯托克斯参数，用下式确定每一偏振态的偏振椭圆度 η：

$$\eta = \tan\left[0.5\arctan\left(\frac{S_3}{\sqrt{S_1^2 + S_2^2}}\right)\right] \tag{4-5-106}$$

式中　S_1、S_2 和 S_3——斯托克斯参数。

计算偏振态，偏振态用下式表示：

$$SOP = \frac{1-\eta^2}{1+\eta^2} \tag{4-5-107}$$

式中　η——偏振椭圆度。

绘出偏振态与波长关系曲线，确定偏振态曲线上峰值（或极值）间隔的数目，相临峰值间相位差为 π，差分群时延或 PMD 时延 $\delta\tau$ 由下式给出：

$$\delta\tau = \frac{N}{2}\cdot\frac{1}{\Delta f} = \frac{N}{2}\cdot\frac{\lambda_1\lambda_n}{c\Delta\lambda} \tag{4-5-108}$$

式中　N——偏振态曲线上峰的数目；

Δf——频范围；

$\Delta\lambda$——波长范围；

c——真空光速；

λ_1、λ_n——$\Delta\lambda$ 的上、下限波长。

由测得的差分群时延平均值即 $\delta\tau$，根据模耦合类型，分别由式（4-5-107）和式（4-5-108）来计算 PMD 系数。图 4-5-78 绘出了两个实测的例子

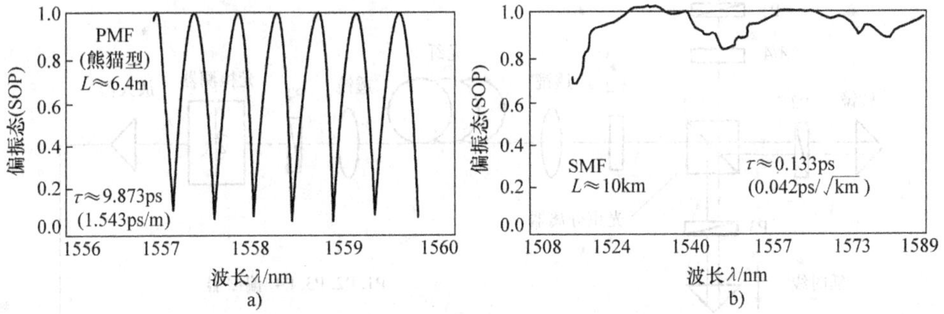

图 4-5-78　偏振态测量 PMD 的两个实例

a）偏振保持光纤 PMF（弱模耦合）　b）非色散位移单模光纤 SMF（强模耦合）

5. 干涉法

（1）测量原理 干涉法是测量单模光纤 PMD 的第二替代试验方法。当测量处于动态中的光缆时（例如 OPGW 光缆和 ADSS 光缆），干涉法可以作为基准试验方法。干涉法介绍的是一种测量单模光纤和光缆的平均偏振模色散的方法。干涉法的测量原理是，当光纤一端用宽带光源照明时，在输出端测量电磁场的自相关函数或互相关函数，从而确定 PMD。在自相关型干涉仪表中，干涉图具有一个相应于光源自相关的中心相干峰。测量值代表了在测量波长范围内的平均值。在 1310nm 或 1550nm 窗口，波长范围典型值为 60～80nm。

干涉法的主要优点是测量速度非常快，测量设备体积小，特别适合于现场使用。干涉法与偏振模耦合程度无关，适用于短的光纤和长的光纤。但这个方法仅限于波长大于或等于光纤有效单模工作波长的情况。

（2）试验装置 测量时可以使用 Michelson 干涉仪或 Mach－Zehnder 干涉仪，干涉仪的参考通道可以是空气通道，也可以是一段单模光纤；试验中它们可放在光源端，也或放在探测器端。典型位置的例子，如图 4-5-79～图 4-5-81 所示。

1）光源。应使用一偏振的宽谱光源，例如带一只后置偏振器的 LED。光源中心波长应位于 1310nm 或 1550nm 窗口内。光源光谱典型 FWHM 宽大约为 60nm，光谱形状应近似高斯分布，不存在可能影响自相关函数的波动。

2）偏振器。偏振器应对光源整个波长范围内的光偏振。

3）光束分离器。光束分离器用来将一束偏振光分成两束光，使两束光分别在干涉仪的两个臂中传播。它可以是一只光耦合器或一只直角光束分离器。

4）探测器。从被测光纤射出的光耦合至一只光探测器中，它应具有合适的信噪比。探测系统可包括具有斩波器/锁相放大器或相当可比技术的同步探测技术。

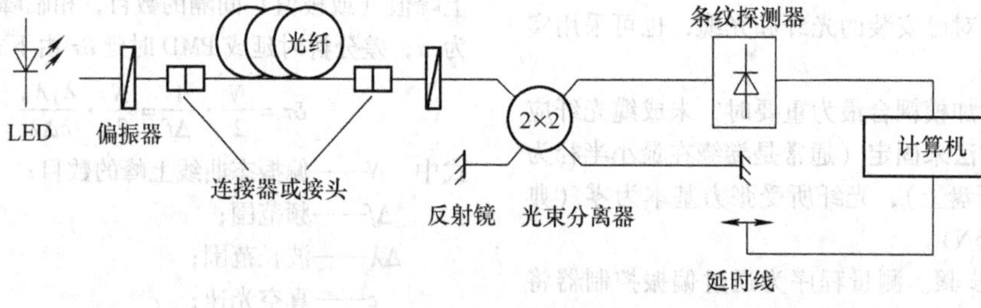

图 4-5-79 光纤参考通道的 Michelson 干涉仪法的试验装置

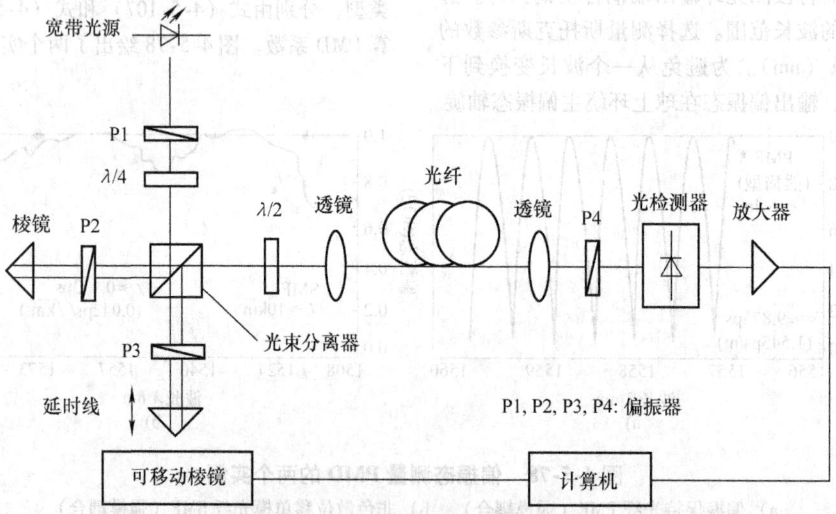

图 4-5-80 空气参考通道的 Michelson 干涉仪法的试验装置

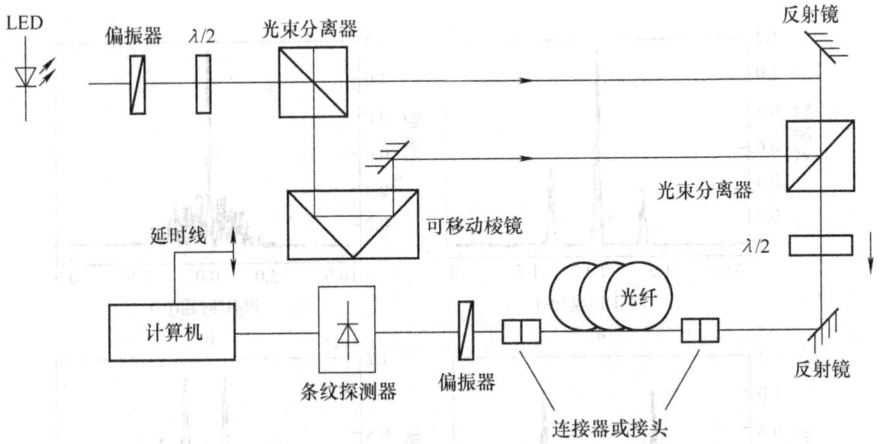

图 4-5-81 空气参考通道的 Mach – Zehnder 干涉仪试验装置

5）数据处理设备。应使用一台具有合适软件的计算机来分析干涉图样。

(3) 试验程序

1）试样。试样应为一段已知长度的成缆或未成缆的单模光纤。在整个测量期间，被测试样和尾纤的位置及所处环境温度均应保持稳定。对已安装的光纤光缆，可采用实际应用的条件。

当减小附加模耦合是重要时，未成缆光纤应当用适当的方法来固定（通常是卷绕在最小半径为150mm 的光纤盘上），光纤所受张力基本为零（典型值小于 0.15N）。

2）试验步骤。将光源通过偏振器耦合至光纤输入端，光纤输出端耦合至干涉仪输入端（见图 4-5-79）；或将光源通过透镜和偏振器耦合至光纤输入端，光纤输出端通过透镜和偏振器耦合至光探测器（见图 4-5-80、图 4-5-81）。可通过标准光纤连接器和接头或通过一个光纤对准系统来实现。若采用后一种方法，则应用折射率匹配液，以避免反射。

将光源输出功率调节到与探测器特性相适应的一个合适参考值。为得到足够的干涉条纹对比度，应使干涉仪两臂中的功率基本相同。

通过移动干涉仪两臂中反射镜，记录光强来得到第一个测量结果，对于一选定的偏振态，从得到的干涉条纹图，按下述的方法计算 PMD 时延。弱偏振模耦合和强偏振模耦合的干涉条纹图例子，如图 4-5-82 所示。

在偏振模耦合不够或 PMD 较低的情况下，为了得到在所有情况下的平均结果，宜对不同的偏振态进行测量或在测量时对偏振状态进行调制。

3）设备校准。可用已知 PMD 时延的高双折射光纤或已知 PMD 时延的标准光纤进行。

4）计算。

① 弱偏振模耦合。在弱偏振模耦合情况下，干涉条纹是分离的峰，两个伴峰相对于中心主峰的延迟都是对应于被测器件的差分群时延。对于这种情况，差分群时延等效于 PMD 群时延。

$$\Delta\tau = 2\Delta L/c \qquad (4\text{-}5\text{-}109)$$

式中 ΔL——光延迟线移动的距离；

c——真空中的光速。

② 强偏振模耦合。在强偏振模耦合情况下，根据干涉图中干涉图型的宽度来确定 PMD 群时延。这时干涉条纹很接近。PMD 时延 $\Delta\tau$ 从干涉图高斯拟合曲线参数 δ 得到

$$\Delta\tau = \sqrt{\frac{3}{4}}\delta \qquad (4\text{-}5\text{-}110)$$

式中 δ——高斯曲线标准偏差。

图 4-5-82 对弱偏振模耦合（上方）和强偏振模耦合（下方）光纤，分别用自相关型仪器（a、b）和互相关型仪器（c、d）测得的干涉条纹图。

5.2.10 微分模时延

1. 术语及定义

(1) 径向扫描位置内限 （Rinner）尾纤在被试光纤端面上径向扫描时，径向偏移位置的内极限。

(2) 径向扫描位置外限 （Router）尾纤在被试光纤端面上径向扫描时，径向偏移位置的外极限。

(3) 微分模时延 （DMD）对所有径向偏移位置，在位置内限外限之间（包括内限外限），光纤中激励的最快模式和最慢模式之间的光脉冲时延差。

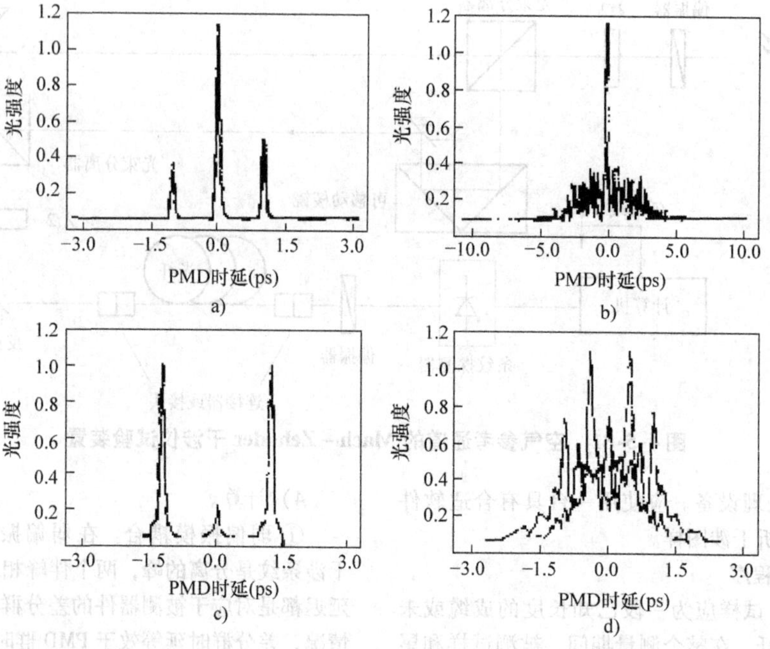

图 4-5-82　自相关型仪器（a、b）和互相关型仪器（c、d）测得的干涉条纹图

2. 试验方法及概述

渐变折射率多模光纤微分模时延是表征这种光纤模式结构的一个参数，该参数可用于评价使用激光器光源时多模光纤的带宽性能。

激光器光源通过一根单模扫描尾纤出射光来激励被试多模光纤。尾纤在被试光纤端面上扫描时，可确定在所规定的径向扫描位置光脉冲时延值，光纤中最快模式和最慢模式之间的光脉冲时延差也即可确定。由用户指定这一径向偏移位置的内外限，可以得到所期望的模式结构限制。

3. 试验装置

(1) 光源　使用一个将短脉宽、窄谱线的脉冲注入扫描尾纤中的光源。用于微分模时延测量的光脉冲宽度需足够窄，允许的最大脉宽（25%的幅值全宽）取决于被测试样 DMD 值的大小及试样长度。例如，一段长度为 500m 被测试样的单位长度 DMD 限值为 0.20ps/m，则待测量的 DMD 为 100ps，需使用的脉冲宽度最大为 110ps；对于同样单位长度 DMD 限值而长度为 10000m 试样，待测量的 DMD 为 2000ps，需使用的脉冲宽度最大为 2200ps。应用窄谱光源，或用光滤波器在光源端或检测器端压窄光谱，使得因谱线宽度产生的色散〔波长色散〕带来的脉冲展宽在规定范围内。

光源的中心波长应在标称波长的 ±10nm 内。

锁模蓝宝石激光器是一种能满足上述要求的光源。

(2) 稳定性　定位被测试样输入端和输出端的组件应有良好的稳定性和可重复性，使其满足注入系统的要求。

(3) 注入光学系统

1）扫描尾纤。光源和试样之间的扫描尾纤在测量波长应为单模传输，扫描尾纤在测量波长 a（单位为 μm）处的模场直径应为（$8.7\lambda-2.39$）μm ± 0.5μm。由该等式得到的模场直径，在 850nm 和 1310nm 分别为 5μm 和 9μm，这相应于商用单模光纤的指标。

2）输入端定位系统。可用一透镜组自由空间光学系统使扫描尾纤输出的光斑成像到被测试样的端面上，使用这种光注入方式时，应小心确保能充分地激励起像单模扫描尾纤上的输出光束直接同被测试样耦合时同样的模式。例如，自由空间光注入系统不应使光斑产生晕映效应，应该保证从扫描尾纤投射到被测试样上探测光斑尺寸大小以及波阵面的相干性。

扫描尾纤的输出光束应垂直于试样端面，其倾斜角应小于 1°；扫描尾纤输出光斑在试样端面上扫描时的位置精度应优于 ±0.5μm。扫描尾纤输出光斑的对中重复性应在 ±1μm 内。

采用试样直接同测量系统耦合时，扫描尾纤的光输出端同被测试样端面的间距应不大于 10μm。

3）高次模滤模器。应确保扫描尾纤为单模输出，可将该尾纤在直径为 25mm 的搅模器上绕 3 圈以滤除高次模。

4）包层模剥除器。应采取一定措施消除被测试样中的包层模，通常光纤涂覆层已具有这种功能，如果没有这种功能时，则应在被侧试样的两端使用包层模剥除器，如果用一轻物将光纤夹持在包层模剥除器中，应注意避免这些部位上光纤产生微弯。

（4）输出光学系统

1）光检测系统。使用与测量波长匹配的光检测系统，检测系统应将被测光纤所有的传导模耦合进入检测器光敏面上，以使检测灵敏度与模式基本无关。检测器连同信号前置放大器在接收光功率范围内应为线性响应（在 ±5% 范围内）。

如果用光衰减器控制检测器上的光强，衰减器应没有明显的模式相关性。另外，检测系统的瞬时响应不应有明显的模式相关性。

有关模式相关性的试验在测试程序中有详细说明。除此之外，只要在测量过程中稳定（即 $\Delta T_{\mathrm{PULSE}}$（$r$）应满足 ±5% 的要求），检测系统的瞬时响应可以是径向偏置量的函数。

应限制检测系统的瞬时扰动，扰动的最大正向尖峰或负尖峰幅度应小于被测参考光信号峰值幅度的 5%。

检测系统的时间抖动和噪声的综合影响应足够小，对于固定注入的测量系统，光时延连续测量时的波动应小于被测 DMD 值的 5%。对多个光脉冲进行波形平均可以减小时间抖动和噪声的影响。如果使用平均功能，则测量过程中所有波形都应使用同样的平均次数。在测量过程中，系统应始终保持在该稳定状态。

2）信号记录系统。应用合适的仪器记录并显示光信号波形，例如已校准了扫描时间的高速取样示波器。记录系统应能对检测到的多个脉冲进行平均处理。

3）延时设备。用一种延时设备，例如数字时延发生器，提供在适当的时间触发检测电路的功能。延时设备应能触发光源或被光源触发，延时设备可以内置或外置在记录系统上。

（5）数据处理设备　一般要求用计算机存储数据并进行结果运算。

4. 试验程序

（1）试样　试验样品应为梯度型折射率分布的 A1 类多模光纤。

1）试样端面。试样的光输入端和输出端的端面应平整。

2）试样长度。用合适的精确方法如 GB/T 15972.22—2008 中的方法测量光纤长度。

3）试样放置。测量光纤时应以一种适当的方式支撑试样，使微弯影响最小。

4）试样定位。被测试样的输入端应与光注入系统的光输出端对准，被测试样的输出端应与光检测系统对准。

（2）试验步骤

1）系统调节和系统响应测量。

① 输出光耦合。可用以下三种方法将扫描尾纤输出的光束耦合到光检测器中：

方法一：将扫描尾纤直接同检测器连接。

方法二：用一段短的（小于 10m）与被测光纤相同类型的光纤连接光注入系统和光检测系统。

方法三：用一个透镜系统直接将扫描尾纤输出光束耦合到检测器中。

② 光脉冲幅度调节。调节光脉冲的幅度使之与在测量过程中被测光纤所期望的最小峰值幅度匹配。通常当径向偏置量最大时，被测光纤的峰值幅度最小。

③ 光脉冲信号捕捉。调节光检测系统的时间刻度使之与从试样取数据时的时间刻度匹配，确保能捕捉到完整的光脉冲。

④ $\Delta T_{\mathrm{PULSE}}$ 测定。测量光脉冲波形，确定在峰值幅度的 25% 处的时间宽度，此值称为 $\Delta T_{\mathrm{PULSE}}$，将用于 DMD 的结果计算，可以在连续的时间间隔内用线性插入法计算 $\Delta T_{\mathrm{PULSE}}$ 以提高精度。

如果使用上述方法二或方法三的耦合方式，同使用方法一的耦合方式时 $\Delta T_{\mathrm{PULSE}}$ 结果的差异不能大于 5%。

为验证检测系统的模式相关性，可准备一小段与被测光纤同类型的光纤样品，测量每一个径向偏置处的 $\Delta T_{\mathrm{PULSE}}$ 值，这些结果应在被测 DMD 值的 5% 以内。

⑤ ΔT_{REF}的计算

用光源谱宽限值中的方法根据 ΔT_{PULSE}、光源谱宽和光纤色散计算 ΔT_{REF}。

2）检测系统调节。

① 光脉冲波形采集。光从扫描尾纤注入被测光纤中，调节检测系统的时间刻度和触发时延，得到探测光斑在每一个径向偏置处的完整的光脉冲波形，波形中包括了所有主峰和幅值大于或等于主峰幅值1%的拖尾峰。应以同样的时延和时间刻度采集完所有的数据。

② 纤芯定位。找出被测光纤纤芯的中心，一种方法是用探测光斑在被测光纤端面上扫描，当探测光斑在任意一个“x”轴上扫描时，可以找出纤芯在该“x”轴上的两个边缘，光斑在一系列“x”轴上扫描时，可以找出纤芯在一系列“x”轴上的边缘，将这些边缘定作总接收光功率达到最大值的15%时的预置位置，将光斑移向“x”轴中心，然后，将探测光斑在垂直的“y”轴方向扫描，找出纤芯边缘并将光斑移向“y”轴中心，必要的话，进行重复调节，直到符合要求为止。当探测光斑充分对中时，DMD 在“x”轴和“y”轴的正负方向上的值将是对称的。

3）试样测量。

① 光斑扫描步进。探测光斑以不大于 2μm 的步进从 R_{INNER}向 R_{OUTER}移动扫描，测量径向偏置 R 上的响应，在产品规范中将指定 R_{INNER}和 R_{OUTER}的范围。步进大小依据所指定的 R_{INNER}和 R_{OUTER}的不同而不同，要求小于 2μm。

② 信号测量和结果记录。在每一个径向偏置 R 处测量光脉冲的波形，波形上主峰的边界和拖尾峰的边界均在波形最大幅度的25%的基准面上，确定边界上的时间位置，在连续的时间间隔内用线性插入法确定主峰边界位置和拖尾峰边界位置以提高计算精度。记录每一个径向偏置位移上的主峰和拖尾峰边界上的时间。

(3) 计算

1）微分模时延。

① 确定 T_{FAST}。从记录结果中，找出 R_{INNER}和 R_{OUTER}之间所有的输出光脉冲中最短主峰边界时间，记为 T_{FAST}。

② 确定 T_{SLOW}。从记录结果中，找出 R_{INNER}和 R_{OUTER}之间所有的输出光脉冲中最长拖尾峰边界时间，记为 T_{SLOW}。

③ 计算 DMD。

方法一：

用 GB/T 15972.49—2008 附录 A 中 ΔT_{REF}值计算 DMD；DMD =（T_{SLOW} - T_{FAST}） - ΔT_{REF}。用该式得到 DMD 测量结果的最小有效值是 0.9（ΔT_{REF}），其原因在测量实例中进行了讨论，因而，当用以上等式计算的 DMD 小于 0.9（ΔT_{REF}）时，结果均报告为“（<0.9（ΔT_{REF}））”。

方法二：

可以用采集到的用于激励受试光纤的参考脉冲的卷积来替代计算 DMD。在去卷积的运算过程中产生的误差不应影响到正确地确定脉冲相遇时的脉冲形状，特别是在使用高频噪声滤除器的情况下。

④ 多个 DMD 值。可以用多个 DMD 值来描述光纤特性，每一个值对应不同范围的 R_{INNER} 和 R_{OUTER}。在此情况下，所有的 DMD 值均可以用记录的输出脉冲计算，输出脉冲的径向偏置位移要在规定所要求的 R_{INNER}和 R_{OUTER}范围内。

2）长度归一化。可以用 DMD 对长度的归一化值即单位长度的 DMD 来描述 DMD 特性，如果 DMD 对长度进行了归一化，则应给出长度相关因子。

5.2.11 微弯敏感性

1. 术语及定义

光纤是柔软且可弯曲的，如果弯曲的曲率半径太小，将使光的传播途径改变，使光从纤芯渗透到包层，甚至有可能穿过包层向外泄漏掉。因此当光纤弯曲时，例如常发生在成缆、现场敷设（管道转弯）、光缆接头等场合下引起弯曲损耗。

微弯是一些随机的曲率半径可以与光纤的横截面尺寸相比拟的畸变，常发生在套塑、成缆过程，光纤（或光缆）的周围温度发生变化等场合下。所以，微弯损耗是光纤随机畸变而产生的高次模与辐射之间的模耦合所引起的光功率损失。其微弯损耗大小由下式求出：

$$\alpha_m = N < h^2 > \frac{a^4}{b^6\Delta^3}\left(\frac{E}{E_f}\right)^{3/2} \tag{4-5-111}$$

式中 N——随机微弯的个数；

h——微弯凸起的高度；

< >——表示统计平均符号；

E——预涂覆层材料的杨氏模量；

E_f——光纤的杨氏模量；

a——纤芯半径；

b——光纤外半径；

Δ——光纤的相对折射差。

微弯敏感性则指的是光纤对微弯损耗的相对敏感性。

2. 试验方法及概述

单模光纤和多模光纤微弯损耗的敏感性的测量方法有可膨胀圆筒法、固定直径圆筒法和金属格网法三种。这三种测量方法的试验结果只能进行定性比较，它通常只用在光纤的一般评估。

3. 可膨胀圆筒法

（1）测量原理　可膨胀圆筒法的测量原理是由一个在施加的线性压力范围内测量单模光纤由于微弯效应产生的损耗增加，其损耗增加量是施加在光纤上一个线性压力的函数。所测得的结果反映出单模光纤微弯敏感性。

（2）试验装置　可膨胀圆筒法试验装置由一个可膨胀的圆筒组成，其直径能连续改变。为了避免宏弯效应，要求包括膨胀部分的任何局部最小弯曲直径小于 200mm。圆筒表面衬垫是具有一定粗糙度的特定材料［例如叠盖砂纸的薄膜 PSA（颗粒度 40μm 级）矿质 Al_2O_3］覆盖。在圆筒覆盖层表面上应至少能绕 400m 被测光纤。圆筒膨胀时，应采用单模光纤色散测量方法中的相移法试验装置来测量光纤伸长率。衰减测定应采用衰减测量方法中的截断法或后向散射法。

（3）试验程序　将被测光纤无张力地小心地在圆筒上绕一层，卷绕时应避免光纤任何交叉或重叠，并使光纤固定以防相对滑动。试验中应记录圆筒膨胀时衰减系数的变化和相位的变化。

光纤伸长率 ε 可由下式求得：

$$\varepsilon = \frac{\Delta\theta}{fL}V \qquad (4\text{-}5\text{-}112)$$

式中　$\Delta\theta$——相移（°）；

f——调制频率（Hz）；

L——试样长度（km）；

V——与光弹系数 k、真空中的光速 c 和有效群折射率 N_{ef} 有关的常数，即

$$V = \frac{kc}{360N_{ef}} \qquad (4\text{-}5\text{-}113)$$

对非色散位移单模光纤（常规单模光纤），V 的典型值为 726km/s/(°)。由此可计算线性压力为

$$P = T/R = EA\varepsilon/R \qquad (4\text{-}5\text{-}114)$$

式中　T——施加于光纤上的张力（N）；

R——静止条件下可膨胀圆筒半径（mm）；

E——光纤杨氏模量（N/mm）；

A——光纤（芯与包层构成的玻璃部分）横截面积（mm^2）。

画出衰减系数（dB/km）变化与线性压力 P（N/mm）或伸长率 ε（%）的函数关系曲线。由所获得的点通过内插得到一条经过坐标原点的直线，这条直线的斜率是被测光纤的微弯敏感性。微弯敏感性的单位为（dB/km/%）或(dB/km)/(N/mm)。

4. 固定直径圆筒法

（1）测量原理　固定直径圆筒法的测量原理是在给光纤施加固定线性压力时，由微弯效应致使被测光纤产生的附加损耗。

（2）试验装置　固定直径圆筒法试验装置由固定直径的圆筒组成。为了避免宏弯效应，要求固定圆筒最小直径为 200mm。圆筒表面衬垫是具有一定粗糙度的特定材料［例如叠盖砂纸的薄膜 PSA（颗粒度 40μm 级）矿质 Al_2O_3］覆盖。在圆筒覆盖层表面上至少能绕 400mm 被试光纤。衰减测量应采用衰减测量中截断法或后向散射法。

（3）试验程序　应用 3N（暂定值）的卷绕力将被试光纤单层绕在圆筒上，再测量总衰减系数。为了得到由微弯敏感性引起的衰减增加，应用被试光纤固有的衰减系数对测得的总衰减系数进行修正。在大卷绕力情况下，测得的总衰减主要是微弯损耗。

微弯敏感性可由下式求出：

$$微弯敏感性 = \frac{\alpha R}{T} = \frac{\alpha}{P}[(dB/km)/(N/mm)] \qquad (4\text{-}5\text{-}115)$$

式中　α——由微弯引起的衰减增加（dB/km）；

P——线性压力（N/mm）；

R——固定圆筒半径（mm）；

T——施加于光纤上的卷绕张力（N）。

可采用不同的卷绕张力按程序进行多次测量。

5. 金属网格法

（1）测量原理　金属网格法的测量原理是利用金属网格使光纤产生微弯，从而确定光纤微弯损耗的相对敏感性。

（2）试验装置　金属网格法试验装置的主要组成部分有光源、探测器、微弯引入装置等。

1）光源。光源的 FWHM 谱宽应不大于 10nm（或在光纤产品规范中规定）在整个测量期间，光源波长、强度和位置应保持稳定，并能在某一波长范围内工作。

2）探测器。应采用谱响应与光源相匹配的光敏二极管探测器，光探测器的系统响应应与所采用的调制技术相匹配，并且在测量波长范围内是线性的。为改善接收机信噪比，应对光源进行调制。

3）滤模器。为防止光纤中有高次模传输，应

采用滤模器，可在光纤上打一直径为60mm的单圈作为滤模器。

4）微弯引入设备。产生微弯损耗的典型设备，如图4-5-83所示。金属基座平台起稳定作用，其表面光滑。两个定位柱固定在基座平台上。

薄片硬化橡胶被固定在基座平台上，它相对于定位柱不能移动。橡胶片上面作了一个标记，该标记是一个直径为98.5mm的圆。将橡胶片的一部分切割掉以防止光纤交叉，这使被试光纤长度减少了大约8mm。橡胶片表面应平坦，上面不能刻任何形式的槽。

金属网格上有两个孔，以便能用基座平台上的定位柱对金属网格进行重复的精确定位。

标称质量为1kg的顶板上有两个孔，使得它能滑进基座平台上的定位柱。一组5块负荷（例如5块×1kg）提供附加负荷以引起附加微弯损耗。

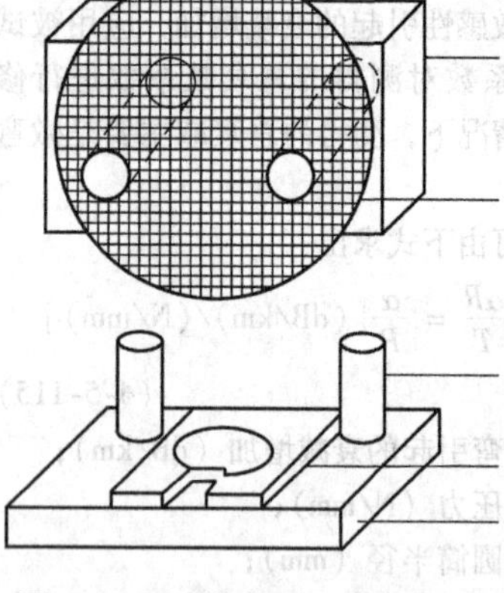

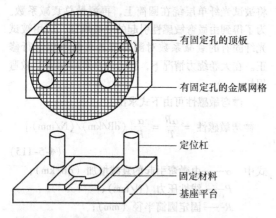

图4-5-83 微弯引入设备示意图（金属网格法）

5）试验条件。波长范围为1200~1600nm；光源谱宽为不大于10nm；波长步进量为10nm；1块负荷重量为1kg；金属网格特征为70根丝编成；采样数为5~10。

（3）试验程序

1）试验步骤。将光纤绕成一圈圈的圆环放置在橡胶片上。必要时用几片胶带（不超过三片）将光纤固定。将金属网安放在定位柱上，小心地把顶板放下，下推金属网格使之压在光纤上。在规定的波长范围内记录功率读数。

将规定的负荷块压在顶板上，并在规定波长范围内记录功率读数。依次将其他的负荷块加在顶板上面，并在规定波长范围内记录功率读数。

2）计算。计算出平均损耗增量，用(dB/m)/(kg/m)表示。该平均损耗增量是在规定波长范围内波长的函数。

5.3 光纤力学性能试验

光纤力学性能试验方法见表4-5-8所示。

表4-5-8 光纤的力学性能试验方法

试验方法	适用的性能
光纤筛选试验 短长度光纤的抗拉强度 大长度光纤的抗拉强度	机械强度
磨损	操作性能
目视检验 后向散射法	物理缺陷
可剥性	可剥性
轴向张力法的动态疲劳 两点弯曲法的动态疲劳 轴向张力法的静态疲劳 两点弯曲法的静态疲劳 均匀弯曲法的静态疲劳	应力腐蚀敏感性参数
侧视显微法 激光束散射法	翘曲性能

5.3.1 光纤筛选试验

包含保护涂覆层的光纤可能存在物理缺陷，例如含有杂质和气泡，这将影响光纤的光学性能和机械性能。本试验是对一根光纤的全长作筛选试验，以去除机械强度低于或等于筛选试验水平的点。

筛选试验的基准试验方法是纵向张力法，并根据设备不同分为下面两种试验型式：

方法一：制动轮型试验；

方法二：定重量型试验。

试验水平应在有关光纤产品标准中规定。放线和收线中光纤的张力变化应对试验设备的筛选试验区没有影响。光纤通过试验设备的速度和试验设备的几何形状应由产品标准规定的筛选时间决定。

1. 方法概述

1）本试验方法主要描述了把抗拉负荷加到一根完整的连续长度的光纤上，初始长度可能断成几根短段，每一短段都被认为通过了筛选试验。

2）用于储存和试验的标准大气环境条件：温度为23℃±5℃；相对湿度为45%±25%。

3）测量中可使用应力δ或应变ε，即

$$\sigma = E(1 + m\varepsilon)\varepsilon \qquad (4\text{-}5\text{-}116)$$

式中　E——零应力下的杨氏模量；

m——非线性参数（典型值在 3 ~6 之间）。

4）从施加的张力 T 计算光纤的应力为

$$\sigma = \frac{(1-F)T}{\pi a^2} \qquad (4\text{-}5\text{-}117)$$

式中　a——玻璃光纤的半径（μm）；

F——涂覆层承担的张力比率，由下式给定：

$$F = \frac{\sum_{j+1}^{n} E_j A_j}{E_g \pi a^2 + \sum_{j+1}^{n} E_j A_j} \qquad (4\text{-}5\text{-}118)$$

式中　n——涂覆层的数量；

E_j——第 j 层涂覆层的模量；

A_j——第 j 层涂覆层的标称横截面积；

E_g——玻璃光纤的杨氏模量。

涂覆层模量的典型值是由制造商提供。

2. 筛选试验参数

1）筛选应力 δ_p 是用于控制幸存段光纤的长度。筛选试验期间施加的应力 δ_a 如图 4-5-84 所示。t_1 和 t_2 分别是加载时间和卸载时间，t_d 是施加抗拉负荷的维持时间。t_d 应尽可能地短，但是也要有足够的时间来保证玻璃光纤经受筛选应力。

2）筛选期间施加的应力都应超过规定的筛选应力，卸载时间应控制在用户和制造商双方商定的某个最大值以下。

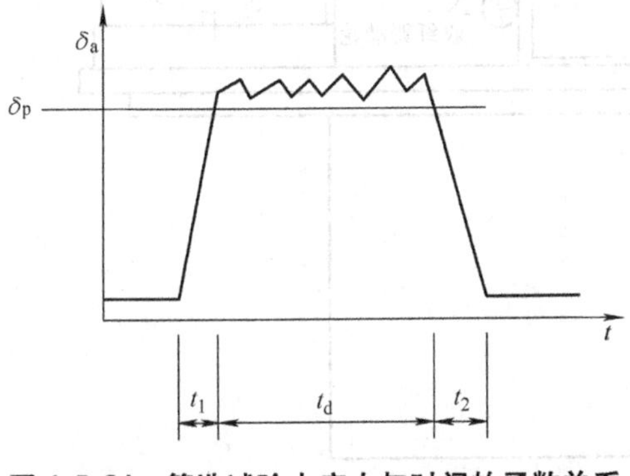

图 4-5-84　筛选试验中应力与时间的函数关系

3. 设备

筛选试验机可以采用不同的设计，但所有的设计都应满足一般工作技术要求，完成需要测量光纤筛选的基本功能。在设计中要仔细考虑防止涂覆层损坏。

(1) 放纤　为了不引起筛选负荷波动，应把放纤张力的负荷波动与筛选试验区隔离开，不允许施加的筛选应力波动到产品标准规定值以下。

(2) 筛选试验区　除附加的弯曲应力不能超过筛选应力的 10% 外，应把筛选应力均匀地施加到试验样品的截面上。保证这个区域的承载元件是刚性的（如钢或铝材）。试验期间，产生张力的机理不允许筛选应力波动到产品标准规定值以下。

(3) 收纤　为了不引起筛选负荷波动，应把收纤张力的负荷波动与筛选试验区隔离开，不允许施加的筛选应力波动到产品标准规定值以下。

(4) 加载和卸载　加载区和卸载区是在筛选试验区的两边。在放纤区，光纤张力从恒定的低张力逐渐上升到筛选试验区的满负荷。然后，在收纤区，光纤张力从筛选试验区逐渐下降到恒定的低张力。卸载区是光纤最后离开加载区导轮上两个正切点形成的弧（例如，在大约 12m/s 的速度下以 90°通过 150mm 直径的轮子进行卸载产生的卸载时间大约是 10ms）。控制卸载时间应不超过用户和制造商双方商定的某个最大值，要尽快完成张力负荷的逐渐上升和逐渐下降。

(5) 最小弯曲半径　试验样品通过的所有轮子半径应足够大，使得在轮子的弯曲应力下不降低样品的强度。

(6) 典型的设备设计　下面是制动轮型和固定重量型筛选试验机的典型设计例子。其他的设计也可以使用，只要提供的工作要求满足规定的技术要求即可。筛选试验机可以用在拉丝期间与拉丝同步进行（仅对涂覆的在线光纤），也可以在拉丝完成后作为单独的步骤使用（非在线）。

1）制动轮型。满足技术要求规定的制动轮型设备如图 4-5-85 所示。用恒定的低张力放纤，筛选试验后的卷绕也是用恒定的张力，放纤和收纤张力的量是可调的。施加给制动轮和牵引轮之间的光纤筛选负荷是通过轮子之间的速度差产生。两根皮带用来防止光纤在轮子上打滑。用高精度的张力计来测量光纤上的负荷，并控制速度差达到需要的筛选试验负荷。设备的负荷量和工作速度可以单独设置。

2）固定重量型。满足技术要求的固定重量型设备如图 4-5-86 所示。放纤机组从恒定低张力下的光纤盘上放出光纤。这个机组有各种导引滚轮和滑轮，还有一个电动传动机器。放纤舞动轮把样品刚好保持在足够的张力下直线运动，并精整到筛选试验区，具有最小的张力波动。放纤轮是筛选试验区的开始，这个轮子被牵引并与收纤轮同步。

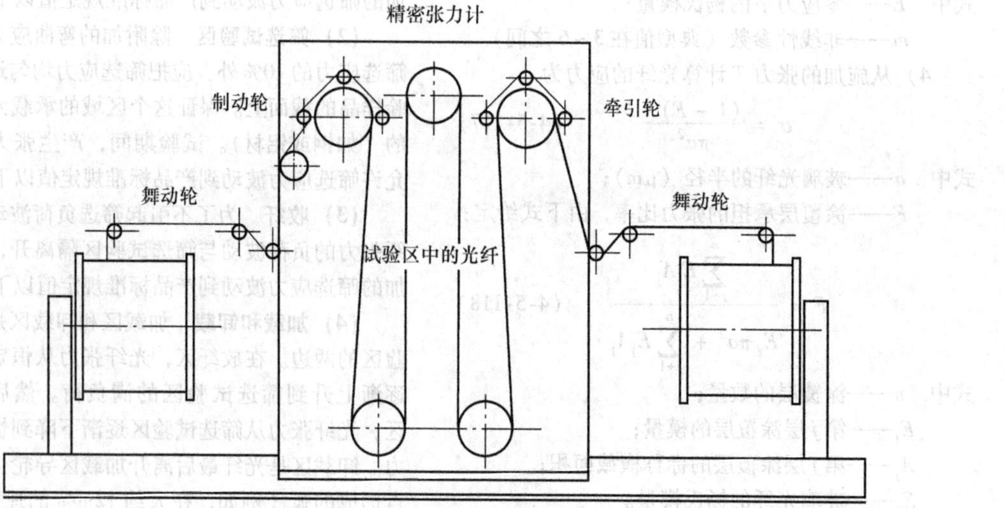

图 4-5-85 制动轮筛选试验机

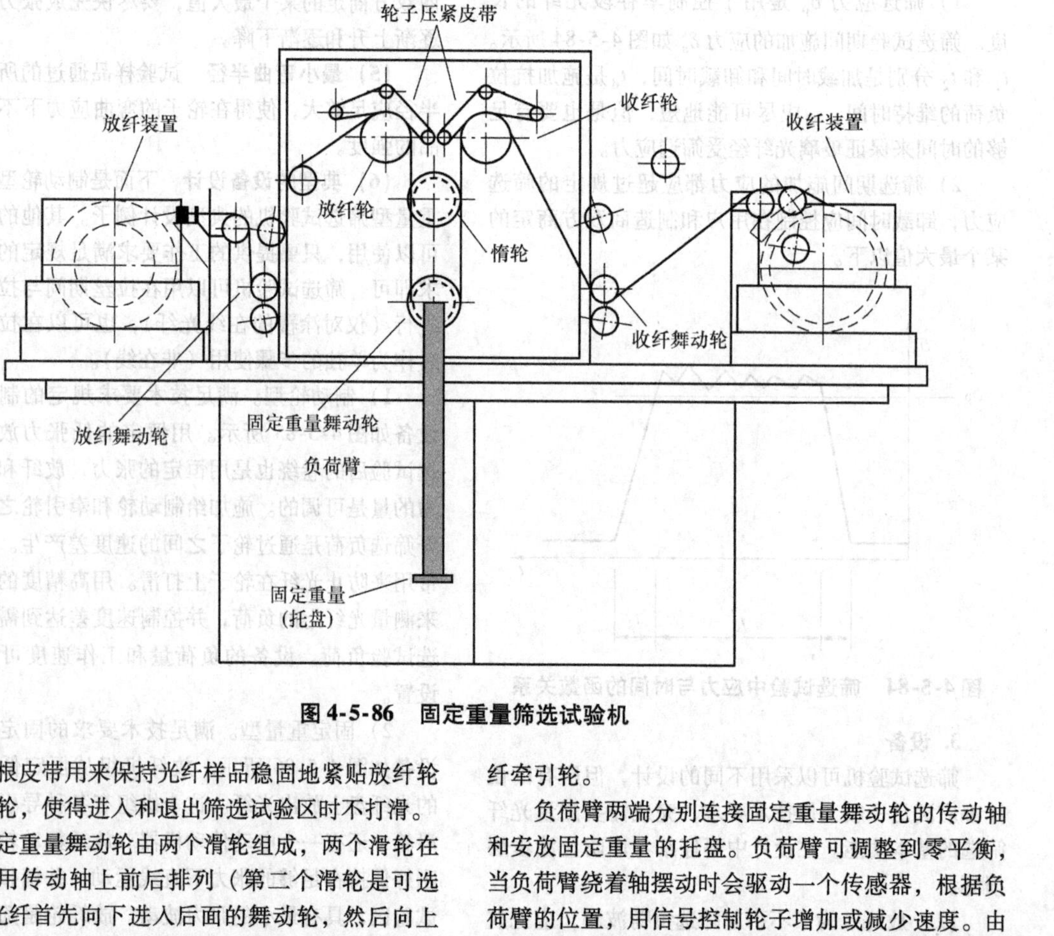

图 4-5-86 固定重量筛选试验机

两根皮带用来保持光纤样品稳固地紧贴放纤轮和收纤轮，使得进入和退出筛选试验区时不打滑。

固定重量舞动轮由两个滑轮组成，两个滑轮在一个共用传动轴上前后排列（第二个滑轮是可选的）。光纤首先向下进入后面的舞动轮，然后向上回到惰轮，再向下回到前面舞动轮，最后向上到收纤牵引轮。

负荷臂两端分别连接固定重量舞动轮的传动轴和安放固定重量的托盘。负荷臂可调整到零平衡，当负荷臂绕着轴摆动时会驱动一个传感器，根据负荷臂的位置，用信号控制轮子增加或减少速度。由于两个驱动轮由共用的基准信号控制，机器在任何工作速度下时，负荷臂都会寻找一个中间位置，故负荷臂运动是可忽略的。

在负荷臂底部有一块薄板（托盘），重量加到薄板（托盘）上会产生需要的实际筛选负荷。附加的惰轮可以用来增加试验光纤的长度。如果仅有一个固定重量舞动轮，则不需要惰轮。收纤轮是在筛选试验区的末端，驱动该轮，并与放纤轮同步，使得波动最小。

收纤舞动轮产生在收纤盘上期望的光纤卷绕张力（卷绕张力要比筛选张力低）。

收纤组件把光纤收在光纤盘上，最后运输或进一步处理。该组件有各种导引滚轴和滑轮来保证光纤在希望的张力水平下排线，这样光纤在盘上可以排列得非常平整，不会出现阶流式排线。

4. 样品制备

使用整段长度的光纤作为样品，在端头去掉一短段，典型长度是25~50m（端头允许长度）。

5. 程序

1）根据机器的操作规程，将光纤安装在机器上。

2）根据标准的要求设定机器上的张力负荷。

3）开机，使试验样品全长通过筛选试验机检验。

4）注意光纤有无断裂，当光纤断裂时，应很容易探测到。

6. 要求

1）整段光纤都要通过筛选试验机，在筛选试验技术要求下，没有断裂。

2）如果一根光纤断裂，断裂显示应该很容易地读出。如显示出完全分离，在断裂区涂覆层材料严重伸长，机器自动停机等。这个要求对具有承载了施加抗拉负荷的实体部分或有大的断裂伸长的涂覆层材料是特别重要的。

5.3.2　短长度光纤的抗拉强度试验

一根给定光纤抗拉强度值的分布主要取决于试样长度、拉伸速度和环境条件。本方法是在要求光纤强度统计数据的场合用于光纤检验。应采用质量控制统计分布，例如韦布尔（Weibull）分布的方式来报告试验结果。

1. 装置

应采用满足下列条件的拉力试验机：

1）夹紧装置能夹紧试样，不发生滑脱也不损伤试样，例如使用夹盘或其他合适的装置。

2）拉伸速度：为每分钟3%~5%试样长度。

3）拉伸方向：垂直或水平方向。

2. 试样

试样应从制造长度的光纤上截取。试样长度应保证试验部分的长度应达到1m。

如果需要，应对试样进行环境条件预处理。预处理可在温度为20℃的自来水槽或气候箱（例如控制温度为23℃，相对湿度为95%）内进行。试样预处理的时间应不少于24h。

试样是否需要进行环境条件预处理，应由有关光纤产品标准规定。

3. 程序

将试样安装在拉力机的夹紧装置上，试样在夹紧装置间的自由长度应达到1m。启动拉力试验机，将试样拉伸至断裂，记录试样的抗拉强度值。试验的拉伸速度应符合产品标准的规定。预处理的试样应在从预处理装置取出后5min内开始试验。

5.3.3　光纤涂覆层的可剥性试验

本试验是要定量地确定光纤沿纵向机械剥去保护涂覆层所需的力，主要用于检验制造厂生产的光纤或其后采用各种聚合物作外被覆层（紧包缓冲层）的光纤。试验可在产出的或在各种环境中暴露之后的光纤上进行。本试验适用于A1、A2、A3和B类光纤。

1. 装置

（1）拉伸装置　应使用一台合适的装置，例如立式拉力机，来提供受试光纤和剥离工具之间的相对运动。拉伸装置应能提供恒定的剥离速率，并应能提供两个方向的相对运动，以便复位。

剥离工具应在拉伸装置的夹头上夹紧，其刀刃应与光纤轴保持垂直，并要防止光纤弯曲，然后把受试光纤的另一端固紧。为防止光纤断裂，用于在夹持点固紧光纤的方法不应使光纤遭受过大的应力。

试验的示例如图4-5-87所示。试验装置如图4-5-88所示。

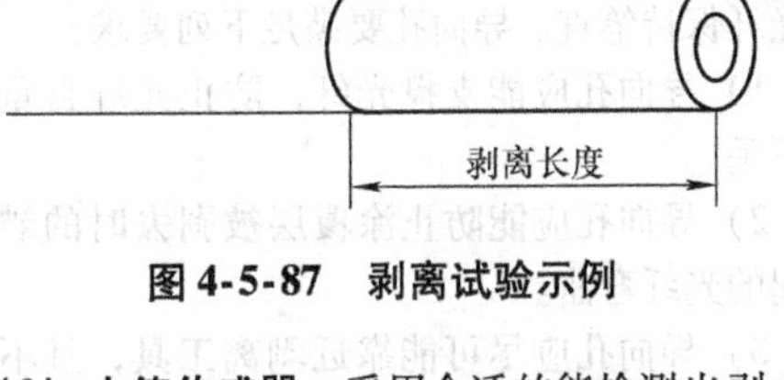

图4-5-87　剥离试验示例

（2）力值传感器　采用合适的能检测出剥去涂

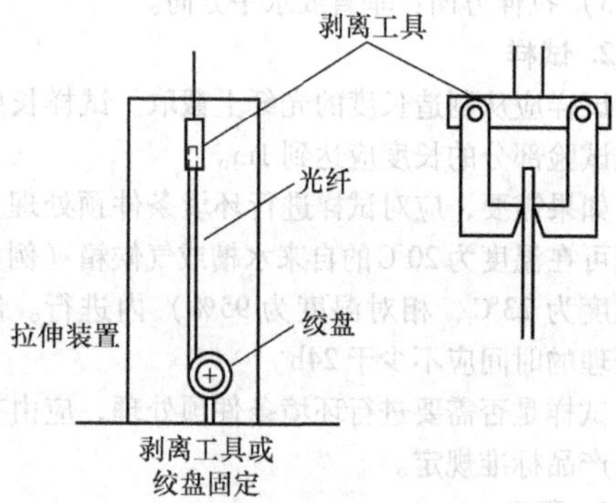

图 4-5-88 剥离试验装置示意图

覆层时施于光纤上的力的装置。

(3) 转换放大器 本装置接收并放大来自力值传感器的信号，显示受试光纤直到涂覆层剥掉时的剥离力。读数应是连续的，例如用一台带有长图记录纸的记录仪，以提供足够的资料来计算最大力和平均力，以及剥离期间力值波动的幅度和频率。

力值的测量精度应符合产品规范中的规定。

(4) 剥离工具 试验结果的准确性主要取决于剥离工具的设计，故剥离工具的设计应遵守下列准则：

1）为了不损伤包层表面，工具刀刃孔的直径或刀刃间的距离应大于被剥离光纤的标称包层直径。例如，对于目前通用的光纤来说，刀刃中的孔或之间的距离应比标称包层直径大 50μm。

2）剥离工具的刀刃应不引起光纤弯曲。在本试验中，刀刃相对处于同一平面的剥离工具为最佳。

3）剥离工具应安装在试验固定架上，并使用合适的夹具，使其紧紧夹持在光纤的周围。

4）剥离工具使用一段时间后或刀刃已磨损到足以影响试验结果时，应予以更换。

注意，剥离工具磨损会影响下列的任一项或全部：光纤断裂、玻璃表面的涂覆层残余量、从光纤上剥去涂覆层的方式以及剥去涂覆层所需的力。

(5) 光纤导向孔 应使用一种合适的导向孔（可以设计在剥离工具自身上），使要通过剥离工具的光纤保持笔直。导向孔要满足下列要求：

1）导向孔应能支撑光纤，防止光纤自重引起的下垂。

2）导向孔应能防止涂覆层被剥去时的皱缩而引起的光纤弯曲。

3）导向孔应尽可能靠近剥离工具，且不妨碍剥离操作。

4）导向孔应易于安装到试验装置上，且容易清洗；如果涂覆层皱曲，应能免受干扰。

2. 试样制备

(1) 代表性试样 试样应能代表总体光纤，以便做出正确的质量评估。由于试验的可变性，故至少取 10 段试样进行试验，然后取平均值得到该试样的试验结果。

(2) 试样长度 所剥光纤长度会影响剥离力。对于标称涂覆层直径为 250μm 的光纤，所剥光纤长度对剥离力影响很小。光纤的剥离长度应当在产品规范中规定（对于标称涂覆直径为 250μm 的光纤，可取的值为 20mm、30mm 和 50mm。对于较粗的涂覆层直径，可选取较短的剥离长度）。

试样的总长度由光纤固定端与剥离工具间的距离，以及通过剥离工具所规定的待剥光纤长度和在固定端把光纤绕到轮子上所需的长度来确定。试验结果部分地取决于光纤的剥离长度，与试样总长度无关。

3. 程序

(1) 设定剥离速率 从光纤上剥去涂覆层所需的力部分地取决于剥离速率。如果要比较不同试验的结果，应采用相同的剥离速率。拉伸试验机应能按产品规范中规定的速率在光纤和剥离工具之间提供相对运动（对于标称涂覆层直径为 250μm 的光纤，可取的值为 100mm/min 或者 500mm/min；较粗涂覆层直径的剥离速率可取 100mn/min）。

(2) 预处理 除非另有规定，试样应在 25℃ ±5℃ 的温度和 30% ~60% 的相对湿度下至少预处理 24h。

(3) 标定转换放大器 在每组试验前，应按设备仪器使用说明书标定转换器和力值传感器。

(4) 安装试样 在安装光纤之前，剥离工具两刀刃周围的区域应无残渣和/或累积物。

试验光纤的一端应固紧在试验夹具上，使其在加载时不打滑（例如光纤在 80mm 直径的轮子上绕三圈）。光纤的另一端穿过剥离工具，并插入到光纤导向孔中。

(5) 剥离涂覆层

1）启动拉伸试验机，在光纤和剥离工具之间提供一个恒定的相对运动。

2）观察、测量并记录剥去玻璃光纤涂覆层所需的力，要除去试验期间光纤断裂情况下的数据。

3）当涂覆层完全从光纤上剥去时，试验完成。

注意，光纤上留有的任何肉眼可见的涂覆层残留物，应能用实验室薄纸很容易地轻轻擦去。

5.3.4 应力腐蚀敏感性参数的确定试验

一段玻璃光纤的机械强度取决于该段光纤的最深裂纹的深度。

在环境温度和湿度条件下，一段光纤受到应力 σ 时，裂纹深度将按查尔斯（Charles）提出的关系式增加，即

$$\frac{da}{dt}=AK_1^n \tag{4-5-119}$$

根据格里菲斯（Griffith）理论，K_1 由 $K_1=Y\sigma a^{1/2}$ 给定。

式中 K_1——应力强度因子；
Y——形状因子（常数）；
σ——应力；
n——应力腐蚀敏感性参数（常数）；
a——裂纹深度；
A——比例常数，由试验确定。

当在时间 Δt 内，裂纹增长到某一数值，使 K_1 达到临界应力强度因子 K_{1C} 时，光纤将断裂。确定应力腐蚀敏感性参数 n 主要有五种试验方法：

方法一：轴向张力法测量光纤动态疲劳参数；

方法二：两点弯曲法测量光纤动态疲劳参数；

方法三：轴向张力法测量光纤静态疲劳参数；

方法四：两点弯曲法测量光纤静态疲劳参数；

方法五：均匀弯曲法测量光纤静态疲劳参数。

以上试验方法适用于 A1、A2 类多模光纤和 B 类单模光纤。所有试验都应在恒定的环境条件下进行。除非另有规定，试验期间温度的标称值应在 20～23℃之间，容差为 ±2℃；相对湿度的标称值应为 40%～60%，容差为 ±5%，其标称值的优选值为 50%。除非另有规定，所有试样在试验环境中至少预处理 12h。

用各种疲劳试验方法得到的应力腐蚀敏感性参数 n 值可能不同。测量时间和施加的应力值对试验结果均有影响，在选择试验方法时必须小心，如有必要应在用户和制造厂之间达成一致。

如果静态和动态疲劳试验在相同的有效测量时间内完成，则两种试验方法的结果相差不大。

1. 轴向张力法测量光纤动态疲劳参数 n_d

本方法用来确定光纤在规定的恒定应变速率下的动态疲劳参数，它适用于在最高应变速率下中值断裂应力大于 3100MPa 的光纤。该光纤在规定的应变速率下断裂应力值的对数与应变速率的对数呈线性关系。

（1）装置 试验装置的典型示例如图 4-5-89、图 4-5-90 和图 4-5-91 所示。除非另有规定，试样的受试长度至少为 500mm。

1）试样的夹持。选择一种用弹性材料套覆盖表面的合适绞盘夹持光纤，如图 4-5-89 所示。不受试验的一段光纤在绞盘上缠绕几圈，不得交叉，端头用弹性带或胶粘带固定。光纤伸长前两绞盘轴芯之间的距离定为受试长度。

确定绞盘和滑轮直径大小的原则是使绞盘上的光纤不应受到能引起光纤断裂的弯曲应力。对典型的 125/250μm 包层/涂覆层石英系光纤，弯曲应力应不超过 175MPa，其对应的最小绞盘直径为 50mm。绞盘表面应有足够的刚性，以保证充分加载时，光纤不会切割表面。

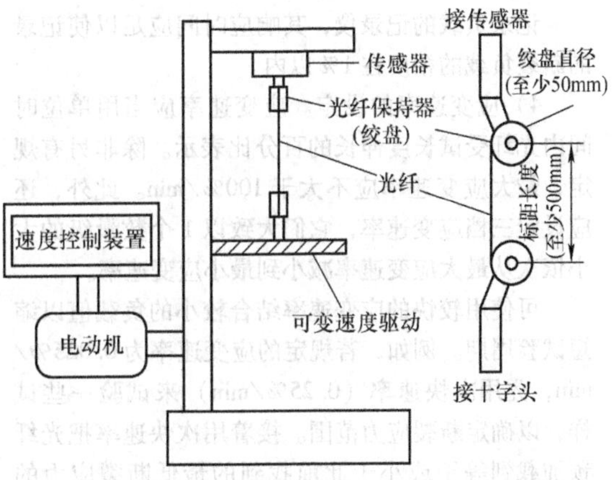

图 4-5-89 拉伸试验装置示意图

2）光纤应力的施加。施加应力使光纤伸长直至断裂的方法有以下两种：

方法一：在恒定的速率下移动一个或两个绞盘来增加夹持绞盘之间的间距，其初始间距等于光纤的受试长度（见图 4-5-89）。

方法二：旋转一个或两个绞盘来收紧受试光纤（见图 4-5-90 和图 4-5-91）。

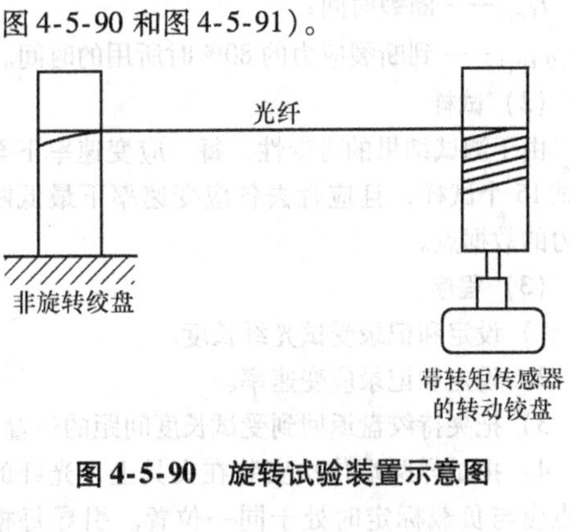

图 4-5-90 旋转试验装置示意图

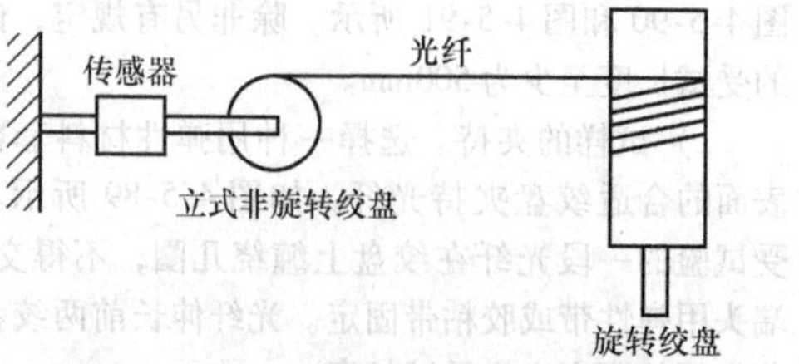

图 4-5-91　旋转试验装置示意图

3）断裂力的测量。应采用一个力值传感器测定受试光纤在拉伸过程中直至断裂时所受的应力。传感器力值显示的精度应在断裂负载或最大负载的 0.5% 以内，并应与光纤受到负荷时的同样方式进行标定。使用的标定重量至少有三档，即最大负载的 50%、最大负载、高于最大负载 50%。

记录负载的记录仪，其响应时间应足以使记录的断裂负载的精度在 1% 以内。

4）应变速率的设定。应变速率应当用单位时间内光纤受试长度伸长的百分比表示。除非另有规定，最大应变速率应不大于 100%/min。此外，还应设定三档应变速率，它们大致以 1 个数量级的大小依次从最大应变速率减小到最小应变速率。

可使用较快的应变速率结合较小的负载值以缩短试验周期。例如，若规定的应变速率为 0.025%/min，先用次快速率（0.25%/min）来试验一些试样，以确定断裂应力范围。接着用次快速率把光纤预加载到等于或小于此前找到的最低断裂应力的 80%，随后再按规定的应变速率进行试验直至光纤断裂。

5）应力速率的表征。在疲劳参数计算中，建议使用下式表征每一应变速率下的应力速率 $\dot{\sigma}_a$。

$$\dot{\sigma}_a = \frac{0.2\sigma_f}{t_{(\sigma_f)} - t_{(0.8\sigma_f)}} \qquad (4\text{-}5\text{-}120)$$

式中　σ_f——断裂应力；

$t_{(\sigma_f)}$——断裂时间；

$t_{(0.8\sigma_f)}$——到断裂应力的 80% 时所用的时间。

（2）试样

由于测试结果的可变性，每一应变速率下至少测试 15 个试样，且应舍去各应变速率下最低断裂应力的数据点。

（3）程序

1）设定和记录受试光纤长度。

2）设定和记录应变速率。

3）把夹持绞盘返回到受试长度间距的位置。

4）把试样两端依次安装在夹具上，光纤的切线点应与负载标定时处于同一位置。引导每根光纤，按要求在绞盘上缠绕几圈，不得自相交叉。

5）将负荷记录仪置于“0”。

6）起动电动机拉伸光纤，记录应力与时间的关系曲线，直至光纤断裂。

7）对试样组内的所有光纤重复程序 3）~6）。

（4）计算

1）断裂应力。当忽略涂层效应（小于 5%）时，对通用的包层直径为 125μm、涂层直径为 250μm（聚合物涂敷层）的光纤，可用下式计算断裂应力 σ_f，有

$$\sigma_f = T/A_g \qquad (4\text{-}5\text{-}121)$$

式中　T——具有涂敷层光纤试样的断裂张力；

A_g——玻璃光纤的标称横截面积。

2）韦布尔（Weibull）分布曲线的绘制。

步骤一：将断裂应力从最低值到最高值依次排列好，并按顺序给定另一个序号 K，即第一号为最低断裂应力，第二号为次低断裂应力等等。即使几个试样的断裂应力相同，也要对其给定不同的序号。

步骤二：计算每一断裂应力的累积失效概率 F_K

$$F_K = (K - 0.5)/N \quad K = 1,2,\cdots,N \qquad (4\text{-}5\text{-}122)$$

式中　N——样本大小。

步骤三：绘出 $\ln[-\ln(1-F_K)]$ 对 $\ln(\sigma_f)$ 的韦布尔曲线。

步骤四：在曲线上标出所需数据。对给定的受试长度和直径的试样，动态疲劳的韦布尔曲线与下述累积概率函数有关，即

$$F_K = 1 - \exp[-(\sigma_f/\sigma_0)^{m_d}] \qquad (4\text{-}5\text{-}123)$$

设 $K(P) = P \cdot N + 0.5$ 来定义一个与给定概率 P 有关的序号。若 $K(P)$ 为整数，令 $\sigma_{f(p)} = \sigma_{fk(p)}$ 为第 $K(P)$ 序号的断裂应力。若 $K(P)$ 不为整数，令 K_1 为低于 $K(P)$ 的整数，且 $K_2 = K_1 + 1$。然后，令 $\sigma_f(p) = (\sigma_{fk_1} \cdot \sigma_{fk_2})^{1/2}$。

韦布尔分布曲线斜率，称为形状参数，其值为

$$m_d = \frac{2.457298}{\ln[\sigma_f(0.85)] - \ln[\sigma_f(0.15)]} \qquad (4\text{-}5\text{-}124)$$

式中　σ_f（0.85）——累积失效概率为 0.85 时的断裂应力；

σ_f（0.15）——累积失效概率为 0.15 时的断裂应力。

韦布尔分布的应力特征参数为

$$\sigma_0 = \exp\left\{\frac{0.366512}{m_d} + \ln[\sigma_f(0.5)]\right\}$$

(4-5-125)

式中　$\sigma_f(0.5)$——累积失效概率为 0.5 时的断裂应力，称为中值断裂应力。

3）动态（张力）应力腐蚀敏感性参数 n_d 中值断裂应力 σ_f（0.5）通常会按下式随恒定应力速率 $\dot{\sigma}_a$ 变化

$$\lg\sigma_f(0.5) = \frac{\lg\dot{\sigma}_a}{1+n_d} + 截距 \quad (4\text{-}5\text{-}126)$$

式中，截距——单位应力速率下的断裂应力的对数。根据一组 $\lg\dot{\sigma}_a$ 和对应的 $\lg\sigma_f$（0.5）的数值进行最小二乘方配线，即可求得斜率 $\frac{1}{1+n_d}$ 和 n_d。

2. 两点弯曲法测量光纤动态疲劳参数 n_d

本方法用来确定光纤在一个恒定的压板速率下两点弯曲的动态疲劳参数。对于运行中的光纤应力起因于弯曲的情况，应优先采用本试验方法。

本方法通过改变压板速率来试验光纤的疲劳性能。本试验适用于其断裂应力的对数与压板速率的对数呈线性关系的那些光纤和压板速率。

（1）装置　一种可能的试验装置如图 4-5-92 和图 4-5-93 所示。

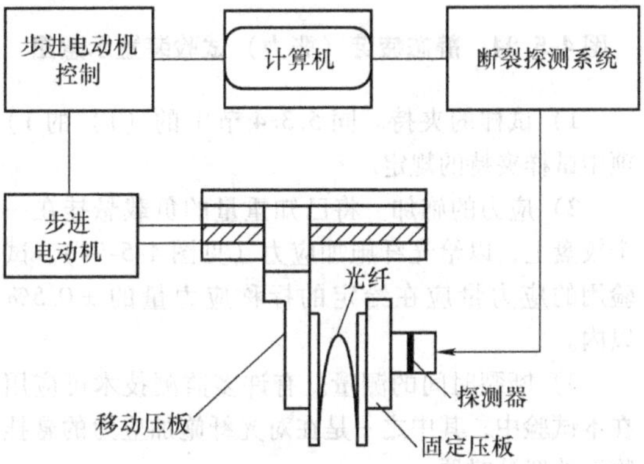

图 4-5-92　两点弯曲装置示意图

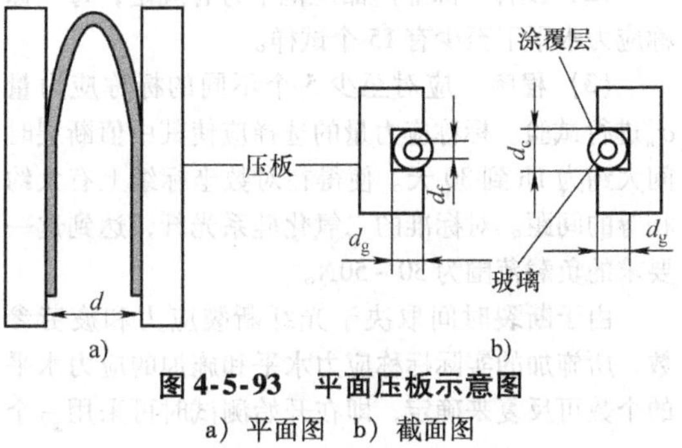

图 4-5-93　平面压板示意图

a）平面图　b）截面图

该装置是通过测量光纤断裂时压板的间距来确定光纤呈两点弯曲几何形状断裂时所需的应变/应力值。

1）步进电动机控制。此装置为平板直线运动提供准确、可靠、可重复的电气化控制。使用的最大步进长度应为 1μm。0.1μm 的步进长度能用于更高的精度。

2）步进电动机驱动移动压板。通过一根丝杆将步进电动机的旋转运动转换成移动压板的直线平移。

3）固定压板。本部件夹持着光纤与移动压板相对。

4）移动压板速度。光纤应置于两压板之间，用计算机检制步进电动机以规定的恒定速度驱使活动压板压向固定压板（V = 常数），直至光纤断裂。除非产品规范中另有规定，采用的移动速度为 1μm/s、10μm/s、100μm/s、1000μm/s 等 4 档，控制精度均为 ±10%。

5）光纤断裂监测系统。可采用下列方法中的一种来探测光纤断裂：

方法一：采用一种声发射探测器或传感器来探测光纤的断裂，断裂信号通过计算机停止压板移动，且在断裂时显示压板的间距。

方法二：将力值（压力）传感器安装在固定压板上，并连接到一合适的信号处理装置上，用以测量试验过程中施加于光纤的力。当光纤断裂时，力降为零，从而提供一种检测光纤断裂的方法。

方法三：探测光纤断裂的另一种技术是将光注入被试光纤，监测光输出信号，当光纤断裂时，光传输信号消失。

对以上所有方法，光纤断裂时，压板间距 d 的计算为：d = 压板初始间距 - 压板行程。

（2）试样　试样为一段长度为 30 ~ 120mm 的涂覆光纤。玻璃光纤的直径应准确到 ±1μm，涂覆层直径应准确到 ±5μm。除非产品规范中另有规定，各速度的样本大小至少为 15。

（3）程序

1）试验前应先对试验装置进行标定。设两块压板面完全接触时的距离为零，这时，步进电动机控制器的读数应调为零。当光纤断裂时，可采用块规来校验该距离，以核实步进电机控制器显示的压板间距值 d。零位置的可重复性应为 ±5μm（注：两压板的表面在接触之前应仔细清洁）。

2）除非产品规范中另有规定，光纤压板分开的初始间隙应调定在 12.00mm，其中包括槽深。

3）在一组光纤以规定的压板速度做试验之前，从同组光纤中先取一根同样的光纤进行断裂试验，以确定光纤断裂时的压板间距 d，再由间距 d，根据式（4-5-127）、式（4-5-128）和式（4-5-129）计算断裂应力。然后取等于断裂应力50%的应力值计算出的距离作为压板的初始间距，以此缩短试验时间。

可使用较快的压板速度结合较小的负载值以缩短试验时间。例如，若规定的压板速度为1μm/s，先用次快速度（10μm/s）试验一些试样，以确定断裂应力范围。接着用次快速度把光纤预加载到等于或小于此前找到的最低断裂应力的80%，随后再按规定的压板速度进行试验直至光纤断裂。

4）小心掐住试样的两端，将其弯曲后插入两压板之间，然后将其向上拉至图4-5-93所示位置。在操作光纤或对光纤加载时，不得用手指触摸弯曲的光纤（受试长度）。弯曲光纤的顶点应始终在夹具中的同一位置，这可减小压板不平行的影响。光纤的方向朝上或朝下均可。

5）起动电动机移动压板，样品断裂后，停掉电动机，记录光纤断裂时压板的间距。

6）在规定的加载速率下，对每根光纤试样重复步骤1）~5）；在其他规定的加载速率下对所有试样重复步骤1）~5）。

(4) 计算

1）断裂应力。每根光纤的断裂应力由下式计算：

$$\sigma_f = E_0 \cdot \varepsilon_f (1 + 0.5 \cdot \alpha' \cdot \varepsilon_f) \tag{4-5-127}$$

$$\varepsilon_f = 1.198 \frac{d_f}{d - d_c + 2d_g} \tag{4-5-128}$$

$$\alpha' = 0.75\alpha - 0.25 \tag{4-5-129}$$

式中 σ_f——断裂应力（GPa）；

E_0——杨氏模量（GPa）；

ε_f——光纤弯曲顶点的断裂应变；

α——非线性应力-应变特性的修正系数（α的典型值为6）；

d_f——玻璃光纤直径（μm）；

d——光纤断裂时压板间的距离（μm）；

d_c——包括任何涂覆层在内的光纤总直径（μm）；

$2d_g$——两个槽的总深度（μm）。

2）动态（两点弯曲）应力腐蚀敏感性参数 n_d。中值断裂应力 σ_f（0.5）通常将按下式随恒定压板速度 V 变化：

$$\lg\sigma_f(0.5) = \frac{1}{n_d - 1} \times \lg\frac{V}{r} + 截距 \tag{4-5-130}$$

式中 r——玻璃光纤的半径（μm）；

截距——为单位恒定压板速度下断裂应力的对数。

3. 轴向张力法测量光纤静态疲劳参数 n_s

本方法用来确定单根光纤段在张力下的静态疲劳参数，它通过改变施加的应力量来试验光纤的静态疲劳性能。

(1) 装置 试验装置如图4-5-94所示，两种装置均由应力施加和光纤断裂时间监测两部分构成。除非产品规范中另有规定，受试长度即两个绞盘之间的距离应为500mm。

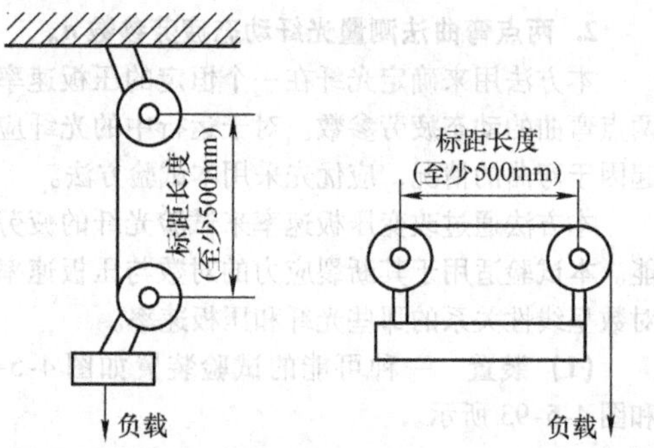

图4-5-94 静态疲劳（张力）试验装置示意图

1）试样的夹持。同5.3.4节1的（1）的1）项中试样夹持的规定。

2）应力的施加。将已知重量的负载悬挂在一个绞盘上，以给光纤施加应力（见图4-5-94）。试验用的应力量应在给定的标称应力量的±0.5%以内。

3）断裂时间的测量。有许多监测技术可应用在本试验中，其中之一是在对光纤施加应力的悬挂物下放置计时器。

(2) 试样 除非产品规范中另有规定，每一标称应力水平下至少有15个试样。

(3) 程序 应对至少5个不同的标称应力量 σ_a 进行试验。标称应力量的选择应使其中值断裂时间大约为1h到30天。使得在对数坐标纸上有大约相等的间距。对标准的二氧化硅系光纤，达到这一要求的负载范围为30~50N。

由于断裂时间取决于光纤断裂应力和疲劳参数，所施加的实际标称应力水平和施加的应力水平的个数可反复来确定，即在开始测试时可采用一个宽的应力水平范围。断裂太快或太慢的试验数据可以舍去。

试样作完预处理之后，安装在试验装置上。监测并记录每根光纤断裂的时间。对一试样组在一给定的标称应力量下进行试验时，只要中值样品已断裂，就可提前中止试验。即若多半样品已断裂，在所有余留样品断裂以前就可进行计算并确定中值断裂时间。应对每次测试计算和报告估算值标准偏差（SEE）。除非产品规范另有规定，估算值标准偏差应小于 1。

（4）计算

1）断裂应力。按 5.3.4 节 1（4）中 1）的断裂应力的规定。

2）静态（张力）应力腐蚀敏感性参数 n_s。本方法不需假设韦布尔分布曲线斜率为线性。由于未采用全部数据，将会产生比其它方法更大的估算值标准偏差。对每个标称应力量 σ_i 对应的中值断裂时间 t_i 被确定后，最小均方差和的方法把数据拟合到下面线性回归模式即可求得 n_s。

$$-n_s\ln(\sigma_i)+截距=\ln(t_i) \quad (4\text{-}5\text{-}131)$$

上式中截距值为：截距 = 中值[ln(t_i)] + n_s 中值[ln(σ_i)]。

4. 两点弯曲法测量光纤静态疲劳参数 n_s

本方法是以两点弯曲来测量光纤静态疲劳参数。对光纤在使用中因弯曲而产生应力的那些情况，应优选弯曲试验法。

（1）装置　一种试验装置如图 4-5-95 所示，刻有槽的平行板和调距垫由热稳定材料（如不锈钢）构成。可用精确内径的玻璃管或精密铰孔的金属板代替图中所示的平行板。这样，管壁起到与平行板同样的功能。光纤的断裂可采用声学传感器和合适的输出电压监视器检测。也可采用其他方法进行检测，例如将光注入光纤试样。传感装置应能测量断裂时间，其精度应等于或优于断裂时间的 1%。

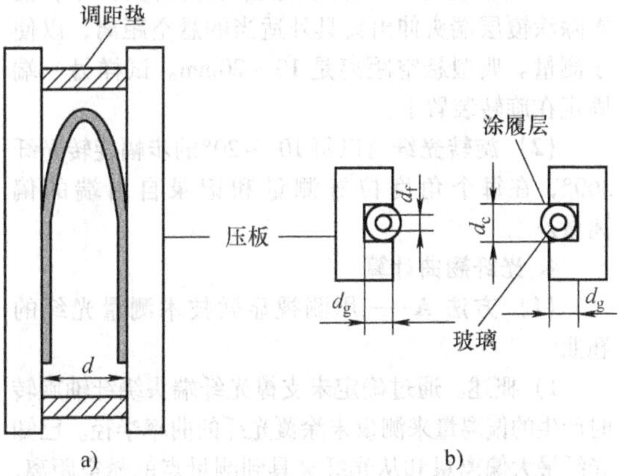

图 4-5-95　静态疲劳（两点弯曲）试验装置示意图
a）平面图　b）截面图

（2）试样　试样为一段长度为 30 ~ 120mm 的涂覆光纤。玻璃光纤直径应准确到 ±1μm，涂覆层直径应准确到 ±5μm。除非产品规范中另有规定，每个标称应力量下的样本大小至少为 15。

（3）程序　应对至少 5 个不同的标称应力量进行试验。标称应力的选择应使其中值断裂时间从 1h 到 30 天不等。

采用合适高度的调距垫装配两点弯曲夹具，以使在光纤弯曲的顶点产生所期望的最大应力。施加应力值对应的调距垫高度由式（4-5-127）、式（4-5-128）和式（4-5-129）计算而得。若采用精确内径的玻璃管或精密铰孔的金属板，式（4-5-127）中的 d_g 等于零。将预处理过的光纤装入夹具，使用检测器准确记录每次断裂的时间。

（4）计算

1）断裂应力按 5.3.4 节 2（4）的 1）项中断裂应力的规定。

2）静态（两点弯曲）应力腐蚀敏感性参数 n_s 按 5.3.4 节 3（4）的 2）项中静态应力腐蚀敏感性参数 n_s 的规定。

5. 均匀弯曲法测量光纤静态疲劳参数 n_s

本方法是用均匀弯曲来确定单根光纤段的静态疲劳参数。它采用不同的弯曲直径试验光纤的静态疲劳性能。

（1）装置　弯曲应力的试验装置由不同精确直径的圆棒组成，光纤缠绕在圆棒上便受到弯曲应力，如图 4-5-96 所示。

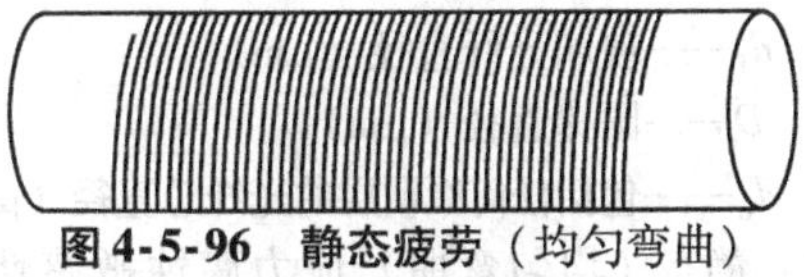

图 4-5-96　静态疲劳（均匀弯曲）试验装置示意图

1）样品的夹持。应采用橡胶环黏结剂、黏胶带的方法，把受试光纤的两端头固定在圆棒上。光纤应夹紧使得在断裂之前不会滑动，并尽量避免光纤在夹持处的断裂。记录在夹持处发生断裂的根数，其应不算作试样部分及不用在随后的计算中。

需要一台缠绕设备将受试光纤绕在圆棒上。光纤应以最小节距缠绕。应小心避免缠绕过程中给光纤引入不必要的张力。需要足够的卷绕力（如 0.25N）来保证光纤缠绕在圆棒上时接触到圆棒。

2）应力的施加。适当选择圆棒直径可改变光纤应力量。在每个给定的标称应力量下应试验几个样品。对于简单的中值计算法，一个给定应力量的圆棒直径的范围应在标称值的±0.5%以内。

3）断裂时间的测量。有许多监测光纤断裂时间的技术可在本试验方法中使用。一种方法是采用声发射探测器或转换器来探测光纤断裂，并在光纤断裂时给计算机发出信号。另一种方法是用光学技术探测圆棒在一个特殊支承套中的存在，当光纤断裂时，圆棒从支承套中推出。另外，还可采用探测通过光纤传输的光的技术。

（2）试样 除非产品规范中另有规定，每个标称应力量下的样本大小至少为15，每次试验的光纤长度为1m。玻璃光纤直径应准确到±1μm，涂层直径应准确到±5μm。

（3）程序 应至少试验5个不同的标称应力量。应按中值断裂时间从1h到30天的范围选择标称应力。

（4）计算

1）断裂应力。由下式计算每根光纤的断裂应力：

$$\sigma_f = E_0 \cdot \varepsilon_f (1 + 0.5 \cdot \alpha'' \cdot \varepsilon_f) \quad (4\text{-}5\text{-}132)$$

$$\varepsilon_f = \frac{d_f}{D + d_c} \quad (4\text{-}5\text{-}133)$$

$$\alpha'' = 0.75\alpha \quad (4\text{-}5\text{-}134)$$

式中 σ_f——断裂应力（GPa）；

E_0——杨氏模量（GPa）；

ε_f——断裂应变（%）；

α——非线性应力/应变特性修正系数（α的典型值为6）；

d_f——玻璃光纤直径（μm）；

D——圆棒直径（μm）；

d_c——包括任何涂覆层的光纤总直径（μm）。

2）静态（均匀弯曲）应力腐蚀敏感性参数n_s。按5.3.4节3（4）的2）项中静态应力腐蚀敏感性参数n_s的规定。

5.3.5 光纤翘曲试验

在使用无源对准熔融焊接机或有源对准批量熔融焊接机时，光纤翘曲度是减小连接损耗的一个重要参数。本方法通过确定当光纤绕纤轴的旋转时未支撑光纤端头所产生的偏离量来测量未涂覆光纤的曲率半径。通过已知光纤的最大偏离量和从光纤夹具到测量点的悬空距离，用一个简单的圆模型就能计算光纤的曲率半径。

本技术给出了两种收集数据和计算的方法。在方法A中，是将光纤放置时用测微器测量的最大和最小读数之差的一半确定为光纤偏离量δ_f；在方法B中，是将均匀旋转步幅下测得的一组偏离数据用正弦函数拟合，最佳拟合正弦波的峰到峰幅值的一半被确定为光纤偏离量δ_f。

1. 试验装置

将未涂覆光纤一端安放在光纤夹具中，并使该端自由伸出夹具外一个规定的悬空距离x，光纤另外一端插入可旋转固定的夹具中。旋转光纤并测量端头绕中心位置的偏离来获得最大偏离距离δ_f。

与两种方法有关的详细描述在后文给出。下面给出装置的共同技术要求。

（1）光纤夹具 使用一种合适的夹具，保持光纤在一个恒定的轴上并允许光纤旋转360°。夹具可以由一个V形槽例如真空卡盘或一光纤套筒组成。若使用套筒，为减小测量偏离的易变性，需保证内径与光纤外径的配合公差足够小。

（2）光纤旋转器 采用一旋转夹具夹住光纤一端，并能提供将试样旋转360°的精确方法。该装置可以手动操作，或靠步进电动机驱动。

（3）四端头测量装置 根据方法A和方法B提供一个端头测量装置。

（4）计算机（选件） 可以用一台计算机进行过程控制、数据采集和计算。

2. 样品制备

使用一段适合仪器设计长度的未成缆光纤。一段去除足够长度的涂覆层，使能安装在光纤夹具中并有一定的悬空。

3. 试验步骤

每一种方法的详细程序在方法A和方法B中给出。一般通用程序描述如下：

（1）安装光纤 将光纤安放在光纤夹具中，使剥除涂覆层端头伸出夹具外适当的悬空距离，以便于测量。典型悬空距离是10～20mm。试样另一端固定在旋转装置上。

（2）旋转光纤 以每10°～20°的步幅旋转光纤360°，在每个角度位置测量和记录自由端的偏离量。

4. 光纤翘曲计算

（1）方法A——用测视显微技术测量光纤的翘曲

1）概述。通过确定未支撑光纤端头绕纤轴旋转时产生的偏离量来测量未涂覆光纤的曲率半径。已知光纤最大偏离量和从光纤夹具到测量点的悬空距离，用一个简单的圆规模型就能计算光纤的曲率半径。

2）装置。典型的试验装置如图4-5-97～图

4-5-99所示。

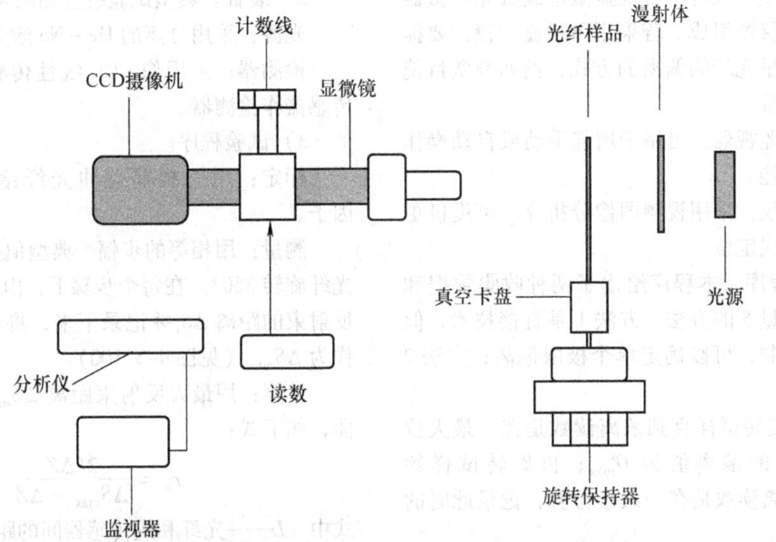

图 4-5-97　采用光学显微镜测量光纤翘曲装置的示意图

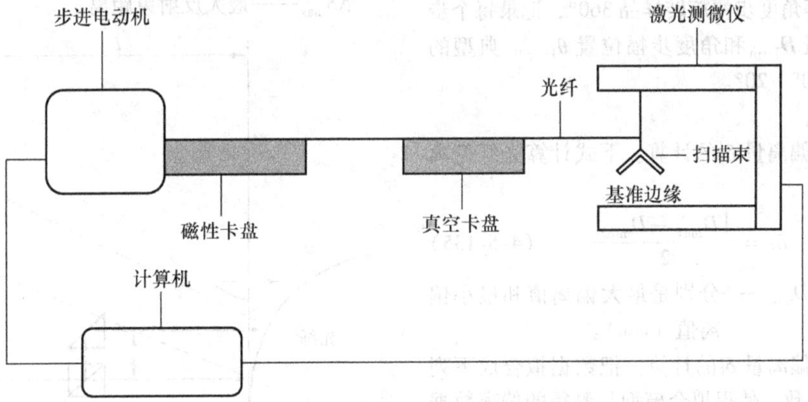

图 4-5-98　采用激光测微仪测量光纤翘曲装置的示意图

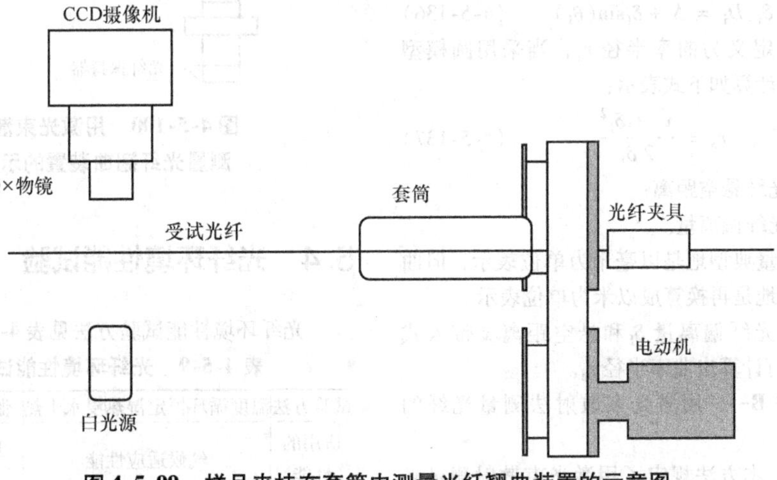

图 4-5-99　样品夹持在套筒中测量光纤翘曲装置的示意图

偏离测量装置：提供一种测量光纤旋转360°时偏离的装置。该装置可由可视显微镜或激光测微器类的光学测量仪器组成。若采用可视显微镜，要提供允许精确测量光纤的偏离的方式，例如测微目镜或图像分析系统。

摄像机和监视器：可用于增强手动或自动操作的可视系统功能。

视频分析仪：采用视频图像分析仪，可提供更精密的测量标线定位。

3）试验程序。本程序给出了两种收集数据和计算光纤偏离量δ_f的方法。方法1是直接技术，但精确度受到限制，可以确定单个极限偏离；方法2是拟合的方法。

方法1：旋转试样直到偏离读数是在一最大位置，记录此时的偏离值为D_{max}；再旋转试样约180°，直到偏离读数是在一最小位置，记录此时的偏离值为D_{min}。

方法2：记录试样在初始位置的偏离值D_0和角度值θ_0以均等角度步幅旋转样品360°，记录每个步幅下的偏离值$D_{1\cdots n}$和角度步幅位置$\theta_{1\cdots n}$。典型的角度步幅为10°～20°。

4）计算。

方法1：偏离量δ_f的计算。下式计算光纤偏离量δ_f：

$$\delta_f = \frac{|D_{max} - D_{min}|}{2} \qquad (4\text{-}5\text{-}135)$$

式中　D_{max}、D_{min}——分别是最大偏离值和最小偏离值（mm）。

方法2：偏离量δ_f的计算。把数据拟合成下列形式的正弦函数，使得拟合模型与测得的偏离数据之间的平方误差和最小，并确定最大光纤偏离量。

$$\delta_f : D_i = A + \delta_f \sin(\theta_i) \qquad (4\text{-}5\text{-}136)$$

光纤翘曲定义为曲率半径r_c，当采用圆模型时，光纤翘曲计算如下式表示：

$$r_c = \frac{x^2 + \delta_f^2}{2\delta_f} \qquad (4\text{-}5\text{-}137)$$

式中　x——光纤悬空距离；

δ_f——光纤偏离量。

虽然偏离量典型地是以毫米为单位表示，但曲率半径值典型地是再换算成以米为单位表示。

将测得的光纤偏离量δ_f和悬空距离x带入式(4-5-136)，可计算出曲率半径r_c。

（2）方法B——用激光束散射法测量光纤的翘曲

1）概述。本方法规定了用激光束散射测量光纤的曲率半径（翘曲）的试验程序。

2）装置。典型试验装置如图4-5-100所示。

光源：采用分离的He－Ne激光束作光源。

检测器：采用像CCD线性传感器一类的图像传感器作检测器。

3）试验程序。

标定：用一根非翘曲光纤给出系统的标定因子。

测量：用相等的步幅，典型值是10°～20°，把光纤旋转360°。在每个步骤下，由线性传感器读出反射束的距离ΔS_i并记录下来，将最大反射束距离作为ΔS_{max}（见图4-5-100）。

计算：用最大反射束距离ΔS_{max}来计算光纤翘曲，如下式：

$$r_c = \frac{2L\Delta Z}{\Delta S_{max} - \Delta Z} \qquad (4\text{-}5\text{-}138)$$

式中　L——光纤和线传感器间的距离；

ΔZ——入射束距离；

ΔS_{max}——最大反射束距离。

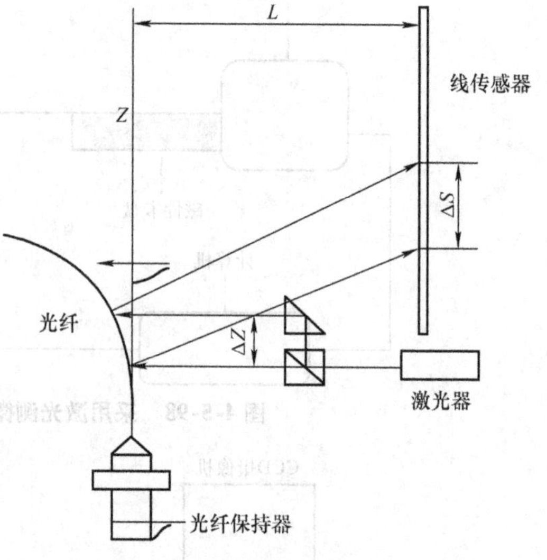

图4-5-100　用激光束散射法测量光纤翘曲装置的示意图

5.4　光纤环境性能试验

光纤环境性能试验方法见表4-5-9。

表4-5-9　光纤环境性能试验方法

试验方法	温度循环	恒定湿热	浸水	干热	伽马辐照	霉菌生长
适用的性能	气候适应性能				耐辐照性能	耐生物性能

5.4.1 温度循环

本方法用于对光纤进行温度循环的试验，以确定交付的光纤在贮存、运输和使用期间的衰减对可能发生的温度变化的稳定性。光纤衰减的温度依赖性试验条件应模拟最坏的情况。

1. 试样

试样为出厂长度或按产品规范规定的足够长度，并应为可达到所需测量准确度的适当长度。建议被试光纤最短长度为：A1类光纤1000m，B类光纤2000m。

为了得到具有重复性的试验结果，试验光纤应松弛地绕成圈或绕在线盘上并置于气候箱内。圈或盘的筒体直径必须足够大，使能达到精确和可重复的衰减测量。

由于试验后难于再将光纤适当地绕起来，这项试验通常是破坏性的。

2. 装置

1）应使用一套合适的衰减测量装置来测量衰减的变化。

2）应使用一个合适的气候箱，其大小应能容纳至少一个完整的试样，调温范围应与规定的温度循环范围相适应。在调定的温度下，气候箱内的温度变化应保持在±3℃以内。

3. 程序

1）试验前试样必须在正常试验大气环境条件下放置12h，并对试样作直观检查。然后将试样放入处于同样环境温度的气候箱中，并将试样两端引出箱外，与衰减测量装置连接。

2）如图4-5-101所示，首先应以适当的速率使箱内温度升至或降到参考温度 T_0（20℃），并保温一定的时间（t）；然后应以适当的速率将箱内温度降至规定的低温 T_A，并保温一定的时间（t）；接着应以适当的速率将箱内温度升达规定的高温 T_B，并保温一定的时间（t）；最后应以适当的速率将箱内温度降至参考温度 T_0。上述过程构成一个温度循环。除非另有规定，试样应经受两个循环试验。

3）在各温度试验点 T_0、T_A、T_B 经过保温时间后，应测量相应的光纤输出光功率值或衰减值。温度 T_A、T_B 和保温时间应在相关的光纤标准中规定。

4）最后一次循环后应使箱内温度降到环境温度，待试样温度与环境温度一致时，取出试样。

5）对试样进行外观、光学和机械性能检查。并计算出相对20℃的最大衰减变化。

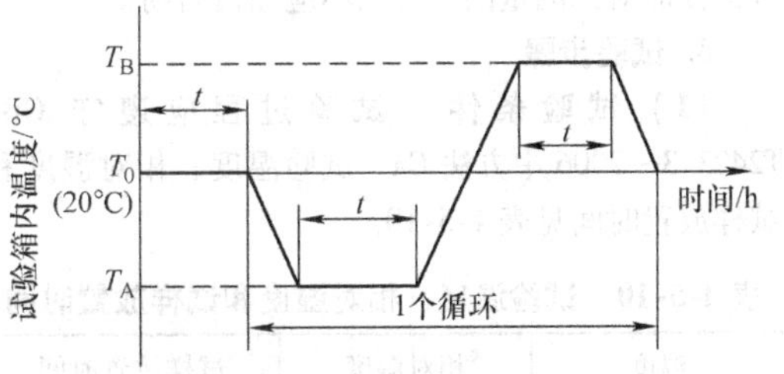

图4-5-101 光纤在气候箱中的温度循环

5.4.2 恒定湿热

恒定湿热试验适用于确定A1类多模光纤和B类单模光纤在实际应用、贮存和（或）运输过程中可能发生的高温高湿度环境条件下的使用能力。

1. 试验装置

（1）试验箱 根据GB/T2423.3—2006中试验Ca，试验装置包括一个环境试验箱。试验箱的大小应能容纳试验样品和便于条件调节时的测量，它也能够维持规定的温度和湿度值在规定的容差内，可用空气循环维持试验箱内的均匀条件，同时，试验箱和相关附件的安置方式应避免凝结水滴落到试样上。

（2）湿度调节器 采用软化水或去离子水调节所需要的湿度，应没有生锈或腐蚀污染对试验设备中式样产生影响。给湿度调节器加水应按照操作说明书进行控制。

（3）其他装置 需要完成试验和测量所必需的其他装置（如详细规范中规定的装置）。

2. 试样和试样设备

为达到所要求的衰减测量重复性，光纤试样长度的要求为对A1类光纤应至少为1000m，对B类光纤应至少为2000m。暴露在试验箱外光纤应尽可能短，如果暴露在外面的部分超过试样总长的10%，则应记录说明。

在试样的准备过程中不应有在测量环境下给光纤造成危害的影响。除非在详细规范中另有规定，建议将光纤试样松绕，并且在试样光纤上涂一层如滑石粉的材料使光纤间可自由滑动。将试样垂直或水平放置，为避免任何宏弯影响，绕圈直径应不大于150mm。如果试样涂有滑石粉，那么在试验环境中应有一段未涂滑石粉的光纤，该段光纤的长度应足够长，使得能够在试验前和试验后便于进行任何物理检验。

为了完成所要求的与试验后机械性能对比测量，进行对比测量样品长度在试验前应移去。用于机械性能对比测量的光纤上不应涂滑石粉。

3. 试验步骤

(1) 试验条件 试验过程应遵守 GB/T2423.3—2006 中方法 Ca，试验温度、相对湿度和试样放置时间见表 4-5-10。

表 4-5-10 试验温度、相对湿度和试样放置时间

温度	相对湿度	试样放置时间
+85℃	+85%	30d

(2) 测量

1) 传输特性测量。在试验开始前，试压过程中（当试样稳定在规定稳定和湿度条件下）和试验结束后都要对试样的衰减进行测量。测量方法和试验程序按照 GB/T 15972.40—2008 的规定，应记录衰减的变化量。

如果采用截断法（GB/T 15972.40—2008 方法 A），则应注意记录一系列测量中截断的长度；如果采用插入损耗法（GB/T 15972.40—2008 方法 B），则应证明整个过程中连接的稳定性；如果采用方法 C（GB/T 15972.40—2008 方法 C），则应注意确保结果的不漂移性；GB/T 15972.40—2008 方法 D 不可采用。

2) 机械性能测量。在试验前后都要对光纤涂覆层剥离力进行测量，用来评估涂覆成可剥特性的变化。测量方法和试验程序按照 GB/T 15972.32—2008 的规定进行。

(3) 预处理 如有要求，试样应按照详细规范进行预处理。

(4) 条件调节 在进行基础测量前应使试验箱和试样稳定在 GB/T 15972.10—2008 规定的标准大气条件下。

按照规定的严酷度调整试验箱的温度和湿度，使试样温度达到稳定，并在规定期间内维持该温度和湿度不变。

试验完成后，让试样继续保留在试验箱内，直到试验箱温度降到标准大气条件下。在最长 5min 时间内，平均降温速度应不超过 1℃/min。详细规范可要求在条件调节期间进行测量，如有此要求，详细规范应规定什么时间，进行哪些方面的测量，在做这些测量时不应将试样移出试验箱。

(5) 恢复 如果没有特殊要求，试样应在标准大气条件下恢复 12h 以上，但不得超过 48h。详细规范可要求在恢复阶段进行测量，如有此要求，详细规范应规定什么时间，进行哪些方面的测量。

4. 合格判定

试验前后衰减变化和剥离力变化的相关要求按有关产品规范的规定。

5.4.3 浸水试验

浸水试验适用于确定 A1 类多模光纤和 B 类单模光纤在实际应用、贮存和（或）运输过程中可能发生的高温高湿度环境条件下的适应性能。

1. 试验装置

(1) 水箱 应用蒸馏水、软化水或者去离子水将水箱填满，水的 pH 值在 5.0～8.0 之间。

(2) 其他装置 需要完成试验和测量所必需的其他附加装置（如详细规范中规定的装置）。

2. 试样和试样准备

为达到所要求的衰减测量重复性，光纤试样长度，对 A1 类光纤应至少为 1000m，对 B 类光纤应至少为 2000m。暴露在试验水箱外面的光纤应尽可能短，如果暴露在外面的部分超过试样总长度的 10%，则应记录说明。

在试样的准备过程中不应有在试验条件下给光纤造成危害的影响。除非在详细规范中另有规定，光纤试样宜松绕成圈，试样光纤两端露在水外。将试样垂直或水平放置，为避免任何宏弯影响，绕圈直径应大于 150mm。露在水外光纤的长度应足够长，以便能够在试验前和试验后进行任何物理检验。为了能完成所要求的与试验后机械性能测量对比，进行对比测量的样品长度在试验前应移去。

3. 试验步骤

(1) 试验条件 按照 GB/T 2423.38—2008 中方法 R 的试验程序，将试样放入装满水的水箱，但不施加水压，水的温度保持在 23℃ ±5℃，放置 30 天，监测衰减和涂层剥离力的变化。

(2) 测量

1) 传输特性测量。在试验开始前、试验过程中（当试样稳定在规定温度和相对湿度条件下）和试验结束后都要对试样的衰减在产品规范规定的波长上进行测量。测量方法和试验程序按照 GB/T 15972.40—2008 的规定，应记录衰减的变化量。

如果采用 GB/T 15972.40—2008 的方法 A，则应注意记录一系列测量中截断的长度；如果采用 GB/T 15972.40—2008 的方法 B，则应证明整个过程中链接的稳定性；如果采用 GB/T 15972.40—2008 的方法 C，则应注意确保结果的不漂移性；GB/T 15972.40—2008 的方法 D 不可采用。

2) 机械特性测量。在试验前后都要对光纤涂覆层剥离力进行测量，用来评估涂覆层剥离力特性的变化，测量方法和试验程序按照 GB/T 15972. 32—2008 的规定。

(3) 预处理　如有要求，试样应按照详细规范进行预处理。

(4) 恢复　如果没有特殊要求，试样应在 GB/T 15972. 10—2008 规定的标准大气条件下恢复 12h 以上，但不得超过 48h。详细规范可要求在恢复阶段进行测量，如有此要求，详细规范应规定什么时间，进行哪些方面的测量。

4. 合格判定

试验前后衰减变化和剥离力变化的相关要求按有关产品规范的规定。

5. 4. 4　干热试验

浸水试验适用于确定 A1 类多模光纤和 B 类单模光纤在实际应用、贮存和（或）运输过程中可能发生的高温高湿度环境条件下的适应性能。

1. 试验设备

(1) 试验箱　根据 GB/T 2423. 2—2008 试验 B，试验装置包括一个环境试验箱，试验箱的大小应能够容纳试验样品，不得使试样受到直接辐射热，并便于条件调节时的测量，它也能维持规定的温度在规定的容差内，可用空气循环维持试验箱内的均匀条件。

(2) 其他装置　需要完成试验和测量所必需的其他装置（或如详细规范中规定的装置）。

2. 试样和试样准备

为达到所要求的衰减测量重复性，光纤试样长度的要求为对 A1 类光纤应至少为 1000m，对 B 类光纤应至少为 2000m。暴露在试验箱外面的光纤应尽可能短，如果暴露在外面的部分超过试样总长度 10%，则应记录说明。

在试样的装备过程中不应有在测量环境下给光纤造成危害的影响。除非在详细规范中另有规定，建议将光纤试样松绕，并且在试样光纤上涂一层如滑石粉的材料使光纤间可自由滑动。将试样垂直或水平放置，为避免任何宏弯影响，绕圈直径应大于 150mm。如果试样涂有滑石粉，那么在试验环境中应有一段未涂滑石粉的光纤，该段光纤的长度应足够长，使得能够在试验前和试验后便于进行任何物理检验。

为了完成所要求的与试验后机械性能对比测量，进行对比测量样品长度在试验前应移去。用于机械性能对比测量的光纤上应不涂滑石粉。

3. 试验步骤

(1) 试验条件

试验过程应遵循 GB/T 2423. 2—2008 中试验 B，试验温度和试样放置时间为：+85℃，30 天。试验过程中对湿度不进行控制，但建议在开始时，35℃下的湿度应不高于 50% RH。

(2) 测量

1）传输特性测量。在试验就开始前，试验过程中（当样品稳定在规定温度和相对湿度条件下）和试验结束后都要对样品的衰减进行测量。测量方法和试验程序按照 GB/T 15972. 40—2008 的规定，应记录衰减的变化量。

如果采用 GB/T 15972. 40—2008 的方法 A，则应注意记录一系列测量中截断的长度；如果采用 GB/T 15972. 40—2008 的方法 B，则应证明整个过程中链接的稳定性；如果采用 GB/T 15972. 40—2008 的方法 C，则应注意确保结果的不漂移性；GB/T 15972. 40—2008 的方法 D 不可采用。

2）机械特性测量。在试验前后都要对光纤涂覆层剥离力进行测量，用来评估涂覆层可剥性的变化。测量方法和试验程序按照 GB/T 15972. 32—2008 的规定进行。

(3) 预处理　如有要求，则样品应按照详细规范进行预处理。

(4) 条件调节　在进行基准测量前应使试验箱和试样稳定在 GB/T 15972. 10—2008 规定的标准大气条件下。

按照规定的严酷度调整试验箱的温度和湿度。在最长 5min 时间内，平均升温速度应不超过 1℃/min。使样品温度达到稳定，并在规定期间内维持该温度和湿度不变。

试验完成后，让试样继续保留在试验箱内，直到试验箱温度降到标准大气条件。在最长 5min 时间内，平均降温速度应不超过 1℃/min。详细规范可要求在条件调节期间进行测量，如有此要求，详细规范应规定什么时间，进行哪些方面的测量，在做这些测量时不得将样品移出试验箱。

(5) 恢复　如果没有特殊要求，样品应在标准大气条件下恢复 12h 以上，但不得超过 48h。详细规范可要求在恢复阶段进行测量。如有此要求，详细规范应规定什么时间，进行哪些方面的测量。

4. 合格判定

试验前后衰减变化和剥离力变化的相关要求按有关产品规范的规定。

5.4.5 伽马辐照

本试验概述了测量暴露在γ辐照环境下光纤和光缆的稳态响应的试验方法。该方法能用于测定因暴露在γ辐照下成缆或未成缆的单模光纤或多模光纤中产生的辐照感应衰减值。本试验不适用光纤光缆中非光学材料元件的检验。如果要研究暴露在辐照下光缆材料的退化，则要用其他试验方法。

当暴露在γ辐照环境时，成缆或未成缆光纤的衰减通常都会增加。这主要是由于在玻璃缺陷部位俘获了辐照分解的电子和空穴所造成的（即形成了色心）。本试验程序集中在两种感兴趣的状态：适合于评估环境背景辐照效应的低剂量状态和适合于评估有害核环境效应的高剂量状态。采用类似于GB/T 15972.40—2008 中方法 A（截断法）可实现环境背景辐照效应的试验。通过监测量样暴露在伽马辐照前后及期间的功率可实现有害核环境效应试验。由光（光漂白）或热作用导致的色心减少产生了恢复效应（减小了辐照感应衰减）。恢复效应可在较宽时间范围内发生，它取决于辐照时间的长短。这使得辐照引起的衰减变化特征变得复杂化，因为衰减与许多变量有关，包括试验环境温度、试样结构、施加于试样的总剂量和剂量率以及测量它所使用的光平。

在实验室进行本试验时，应采取严格控制和合适的防护措施。应由精心挑选的训练有素的人员进行这项试验。如果操作不当或无合格条件，这项试验对于试验人员是非常危险的。

1. 试样

（1）试样选择 光纤试样应是按产品规范中规定的具有代表性的光纤样品。光缆试样应是按产品规范中描述的具有代表性的光缆样品，应至少包含一根规定的光纤。

（2）环境背景辐照试验样品 除非在产品规范中另有规定，否则试样长度应为3000m ± 30m。受反应器限制要用较短长度时，试样长度可以为1100m ± 20m。试验两端在试验箱外留出约5m长度，用于连接光源和检测器。应记录试样受辐照长度。

（3）有害核环境辐照试验样品 除非在产品规范中另有规定，否则试样长度应为250m ± 2.5m（当试验条件要求一个高的总剂量和剂量速率时，可能需要一个较短的试样长度）。试样两端在试验箱外留出约5m的长度，用于连接光源和检测器。应记录试样受辐照长度。

（4）试验线轴 试样应绕在按产品规范规定直径的线轴或线盘上，两端应留出足够长的未绕光纤，以便能接到光学测量设备上。

另一种放置方法是将光纤松绕成规定直径的线圈。

（5）环境光屏蔽 试样应与环境光隔离开，以防止光漂白作用。

2. 试验装置

（1）辐照源

1）环境背景辐照试验应采用一个60Co（钴60）或等效的电离源产生伽马辐射。该环境的特点是相对低剂量和低剂量率。

2）有害核环境辐照试验应采用一个60Co（钴60）或等效的电离源产生伽马辐射。该环境的特点是相对高剂量和高剂量率。

（2）光源 采用诸如卤钨灯、一组激光器或发光二极管（LED）等光源来产生850nm、1300nm（1310nm）、1550nm或按产品规范规定波长的光。在完成测量的足够长时间内，光源强度应保持稳定。从光源耦合到试样中的功率应小于－30dBm（1.0μW）或按照产品规范中规定。光源应用占空比为50%的脉冲信号进行调制。

如果采用耦合进光纤的功率大于1.0μW光源，可以产生光漂白作用。采用诸如卤钨灯、一组激光器或发光二极管（LED）等光源来产生850nm、1300nm。

（3）光滤波器/单色仪 除非另有规定，应用一组滤光器或一单色仪获得波长为850nm ± 20nm、1300（1310）nm ± 20nm和1550nm ± 20nm的光。滤光器3dB光带宽不大于25nm。

（4）辐射剂量计 应采用热致发光LiF或CaF晶体检测器（TLD）测定试样光纤接收到的辐射剂量。

（5）温度受控容器 除非另有规定，温度受控容器应能将规定温度保持在±2℃以内。

（6）试验线轴 试样应按照产品规范规定的直径绕在线轴或线盘上，两端应留出足够长的未绕光纤，以便能接到光学测试设备上。

一种替代放置方法是将光纤松绕成规定直径的线圈。

（7）包层模剥除器 必要时，应在试样输入端和输出端采用包层模剥除器以剥除包层模。如果光纤涂覆材料设计成可去除包层模（涂覆材料折射率略高于玻璃包层折射率），则不要求包层模剥除器。

（8）光纤固定和定位装置 应配置如真空吸盘

等能稳定支撑试样输入端的装置。支撑装置应安放在定位装置上，以便试样端可与输入光来进行重复定位。

(9) 光束分离器　光束分离器应将一小部分输入光作为参考光。参考光程将用于监视试验期间系统的波动。

(10) 输入端注入模拟器

1) A1 类多模光纤（折射率渐变型）应用一个稳态模模拟器衰减掉高阶传输模，在光纤输入端建立稳态模条件。

2) B 类单模光纤一个光学透镜系统或尾纤可用于激励试验光纤。耦合进试样中的光功率在试验期间应保持稳定。如果采用一个光学透镜系统，一种使光纤定位较不敏感的方法就是对光纤输入端进行空间和角度的满注入；如果采用尾纤，可能有必要采用折射率匹配材料来消除干涉效应。应采用高阶模滤模器来滤除高阶模。

3) A2.1 和 A2.2 类多模光纤（折射率准突变或突变型）应按产品规范规定建立注入条件。

(11) 光检测器　应采用在接收的光强范围内线性并稳定的光检测器。

3. 试验程序

(1) 辐照源校准　试样置入试验箱以前，应对辐照源剂量均匀性和强度进行校准。将 4 个热致发光晶体检测器（TLD）置于辐照区，使它们的中心放在试样所在的线轴或线盘的轴线上，以获得具有代表性的平均值。应采用等于或略大于实际试验的剂量校准系统。为保证实际试验剂量测量最大可能的准确度，TLD 只限于使用一次。

(2) 制备光纤端面　光纤端面应光滑、清洁并与光纤轴垂直。

(3) 预处理　试验前，应对试样在 25℃ ±5℃ 的温度箱内预处理 1h，或在产品规范规定的温度下预处理规定的时间。

(4) 条件调节　短长度试样的输入端应放在定位装置上，并对准光功率计以便获得最大的光功率。采用经过校准的功率计测量试样输入端的光功率。需要时，应调节光源功率使得输入端的功率小于 1.0μW 或按产品规范中规定。

在辐射源关闭的情况下，应对试样的输入端进行定位，以便在检测器上获得最大光功率。一旦调好之后，在伽马辐照试验期间不应改变输入端光注入条件。

将一曲线记录仪或合适的测量装置连接到检测系统进行连续功率测量，应调整测量设备，使检测信号不超过设备的极限。

由于辐照源特性的改变，剂量率水平仅是一个近似值。辐照光源间剂量率的变化量预计高达 ±50%。打开或关闭辐照源所需的时间应小于总暴露时间的 10%。

在试验期间保持温度的稳定是非常重要的。如果需要进行不同温度下的试验，则应在辐照前在不同温度下测量每一规定波长上的衰减。

4. 试验步骤

(1) 环境背景辐照试验　测量光纤试样暴露在 γ 辐照源前后衰减的步骤如下：

1) 将光纤或光缆试样（绕成圈或绕在线轴或线盘上）。

2) 将光纤输入端和输出端放在定位装置上，并分别与光源和检测器对准。

3) 按照 GB/T 15972.40—2008 中方法 A（截断法）测量试样在规定波长下的衰减。应记录暴露于 γ 辐射源之前光纤的衰减值 A_1。

4) 暴露在伽马辐照下的环境背景辐照效应，将由试样受到的标称剂量率为 0.02Gy/h、暴露的总剂量为 0.1Gy 确定。为模拟特殊规定的条件，在产品规范中，可以要求其他剂量和剂量率组合的环境背景辐照。

5) 在完成和辐照过程 2h 之内，应按 4) 进行试样的衰减测量，并记录暴露于 γ 辐射源之后试样的衰减值 A_2。

(2) 有害核环境试验　记录暴露在伽马辐照源前的输出功率。

暴露在伽马辐照下的有害核辐照效应，将由试样受到的标称剂量率为 1000Gy/h、暴露的总剂量为 1000Gy 确定。为模拟特殊规定的条件，在产品规范中，可以要求其他剂量和剂量率组合的有害核环境辐照。

在伽玛辐照循环周期内应记录试样的输出功率，根据辐照前试样衰减的测量值，能够确定辐照引起的光纤衰减变化。

在完成辐照过程后，也应记录试样的输出功率至少 15min，或按详细规范规定的时间。完成辐照过程后恢复时间内参考检测器功率也应记录。

5. 计算

1) 光衰减变化 ΔA（环境背景辐照试验）为

$$\Delta A = A_2 - A_1 \qquad (4\text{-}5\text{-}139)$$

式中　A_1——暴露于 γ 辐照之前试样的衰减（dB）；

A_2——暴露于 γ 辐照之后试验的衰减（dB）。

2) 每一波长下光透射率变化 A（有害核环境

试验）为

$$A_0 = -10\lg(P_0/P_s) \quad (4\text{-}5\text{-}140)$$

$$A_{15} = -10\lg(P_{15}/P_s) \quad (4\text{-}5\text{-}141)$$

式中 P_0——停止辐照1s内试样的功率输出（除非另有规定）（μW）；

P_{15}——停止辐照15min内试样的功率输出（除非另有规定）（μW）；

P_s——辐照开始前试样的功率输出（μW）；

A_0——紧接辐照之后试样的光透射率变化（光衰减）（dB）；

A_{15}——辐照后15min试样的光透射率变化（光衰减）（dB）。

3）考虑到系统的不稳定性，采用参考测量时，参考检测器的测量结果为

$$A_{REF} = -10\lg(P_{E'}/P_{s'}) \quad (4\text{-}5\text{-}142)$$

式中 $P_{E'}$——测量结束时由参考检测器测得的功率（μW）；

$P_{s'}$——辐照开始前由参考检测器测得的功率（μW）。

4）考虑系统不稳定，修正后的试验结果为

$$A_{0NOR} = A_0 - A_{REF} \quad (4\text{-}5\text{-}143)$$

$$A_{15NOR} = A_{15} - A_{REF} \quad (4\text{-}5\text{-}144)$$

5.5 典型的光纤测试设备

5.5.1 光纤尺寸参数测试系统

1. 光纤几何参数测试系统

现在国际、国内市场上测试光纤几何参数［包括光纤包层直径、纤芯直径（多模光纤）、光纤涂覆层直径、包层不圆度、纤芯不圆度（多模光纤）、涂覆层不圆度、芯/包同心度误差、包/涂同心度误差等］主要采用的是近场光分布法。相比于其他测试方法，近场光分布法具有更高的测试精度，随着机器视觉的器件（如CCD）分辨率的提高，其测试精度将得到进一步的提高。

2. 光纤长度的测试

商用光纤长度的测试主要采用OTDR。

5.5.2 光纤多参数测试系统

由于光纤衰减、截止波长、模场直径等参数都需要高稳定可调的单色光源、微弱信号采集技术、数字锁相技术、稳定的光学系统、光源波长校准技术、测试样品的自动对准技术等，故在国际、国内市场上出现了光纤多参数测试系统的检测设备，主要满足光纤生产厂家、检测机构、光缆厂家实现光纤衰减、截止波长、模场直径的精确测量。

5.5.3 光纤时域反射计

为了满足工程需要，实现便携及快速测试光纤衰减。同时满足在测试过程中不破坏光纤及光缆，市场上就需要拥有快速测试光纤衰减的测试设备OTDR。其主要优势是非破坏性的测试，测试速度快，可协助施工人员判断链路的断点及光纤缺陷，同时可测试长度。当然其局限性是，测试精度相对于截断法略逊一筹，其测试的准确性受光源波长的准确性及谱宽大小影响，同时无法取得全谱的衰减系数。市场的产品种类繁多，根据不同的测试要求可选用不同的测试设备。

5.5.4 光纤色散测试系统

色散是光纤的一个重要参数，在数字光纤通信系统中，色散使光脉冲发生展宽。当色散严重时，会导致光脉冲前后相互重叠，造成码间干扰，增加误码率。所以光纤的色散不仅影响光纤的传输容量，也限制了光纤通信系统的中继距离。在低速光网络时代（10Gbit/s以下速率），光纤损耗指标的重要性远远大于光纤色散指标。而进入高速光网络时代后（10Gbit/s以上速率），光纤损耗已大大降低，色散对光纤通信的影响就显得更为突出。故国际国内市场上就出现了光纤色散的测试系统。市场上的测试设备主要采用了微分相移法或相移法来实现光纤色散测试的。

5.5.5 光纤偏振模色散测试系统

当技术逐步解决损耗和色度色散的问题后，在通信系统传输速率越来越高，无中继的距离越来越长的情况下，PMD引起了脉冲的展宽，对高速系统容易产生误码，限制了光纤波长带宽的使用和光信号的传输距离。所以对系统的PMD测试将越来越重要。现国际上的产品主要是采用干涉法进行光纤PMD的测试，当然也有些系统采用波长扫描法进行PMD的测试。

第6章

光缆测试方法和试验程序

6.1 光纤带相关性能的测试

光纤带中单根光纤的各项性能试验按单根光纤的试验方法进行，本节介绍的是与光纤带相关的其他一些性能的试验方法。

6.1.1 光纤带几何尺寸参数测试

1. 目视测量法

本试验用于确定光纤带的几何尺寸，包括宽度、厚度和光纤的排列。

(1) 试样 除非产品规范中另有规定，否则应从被试样本光纤带上截取5段试样，试样在统计上应具有独立性，并能代表被检光纤带的总体特征。

(2) 装置 采用具有合适放大倍数的读数显微镜或投影仪。

(3) 程序 有以下两种试验程序可以采用。

程序1：垂直于光纤带轴切割试样，将切割的试样竖直放在用环氧树脂填满的模具中。如需要，待固化后，研磨和抛光端面。将试样放在测量装置中，使端面与光轴垂直，用显微镜或投影仪进行测量。

程序2：将光纤带试样置于带纤夹具中，用光纤带热护套剥离工具去除光纤涂覆和粘结材料20～25mm，用酒精棉球擦洗清洁光纤的剥离部分。调整试样在夹具中的位置，在离带剥离边缘250～500μm处切割光纤。截断和抛光光纤带试样的另一端，并用一准直光源照明该端。在显微镜下对准端面，测量光纤带试样的切割端。

试样制备应小心，不要改变光纤带的结构，可得到一个代表光纤包层和光纤带横截面的真正图像。

2. 孔规法

本试验用于检验光纤带的功能性能。为了保证光纤带功能性能，边缘粘结型光纤带尺寸可以用孔规法进行控制和最终检验，意图是要证实光纤带端部是否能插入并对准到商用剥离工具的导槽中。本方法能否适用于整体包装型光纤带尚在考虑之中。

(1) 试样 除非产品规范中另有规定，应从被试样本光纤带上截取5段有代表性的光纤带试样，每段长度不小于50mm。

(2) 装置 孔规尺寸如图4-6-1所示。

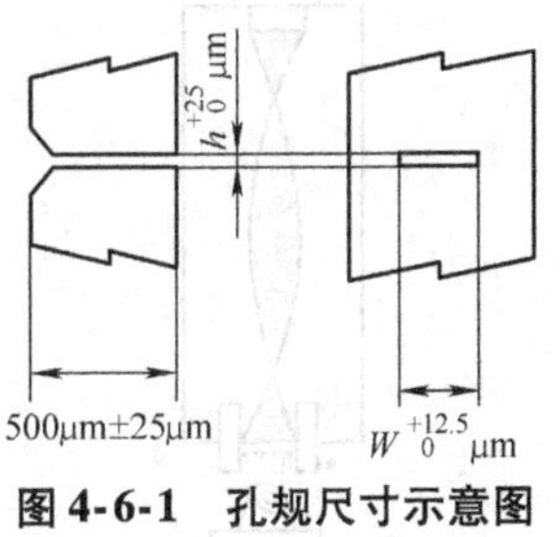

图4-6-1 孔规尺寸示意图

(3) 程序 将光纤带试样在中间部位夹持住，然后将端部10mm长光纤带插入孔规。观察光纤带是否无机械损伤且自由地插入进孔规。

3. 千分表法

本试验的目的是确定光纤带的宽度和厚度。

(1) 试样 试样的数目应符合相应的产品规范中规定。选择的试样应具有统计独立性，并能代表被检光纤带的总体特征。

(2) 装置 采用一个具有最大测量力为1.4N的千分表测量光纤带的厚度和宽度。典型的千分表如图4-6-2所示。

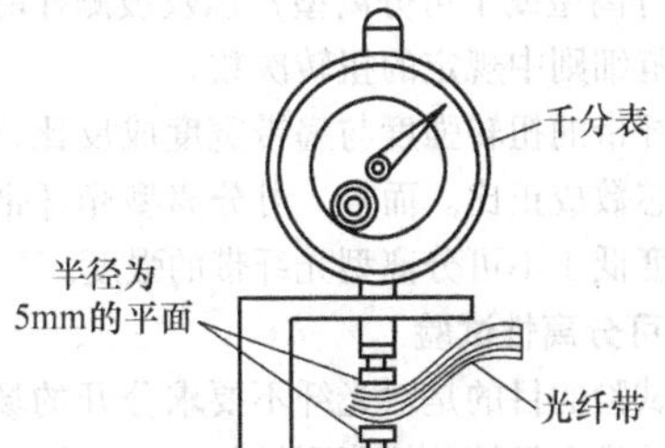

图4-6-2 千分表示意图

（3）程序　对光纤带试样两端部的厚度和宽度，应至少进行5次测量，记录测量结果并计算平均值。测量宽度时，应将光纤带弯成一环形，使得光纤带与千分表测量表面垂直。

6.1.2 光纤带力学性能试验

1. 扭转试验

本试验的目的是检验光纤带结构的机械和功能的完整性，确定光纤带经受扭转后不分层而又保持在需要时光纤的可分离性。

（1）试样　从不同批次的光纤带中选取5个有代表性的试样，每个试样的最小长度为340mm。

（2）装置　典型的试验装置如图4-6-3所示。试验装置由两个竖直放置的光纤带定位夹具和为每根光纤加1N张力的吊挂负荷的器具组成。最小受试长度为100mm。

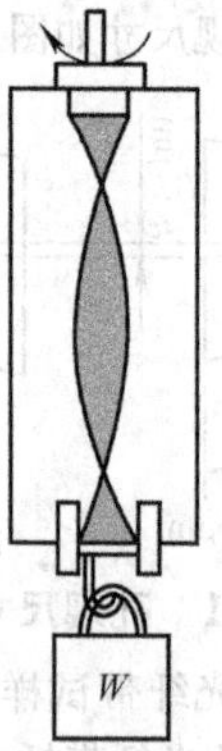

图4-6-3　扭转试验装置示意图

（3）程序　将制备好的试样牢固地固定在试验装置中，两夹具夹持的光纤带的距离约为300mm。试验时先将顶端夹具顺时针旋转180°，回到初始位置后再逆时针旋转180°，然后再回到初始位置，这就构成一个循环扭转试验。扭转试验应重复进行20个循环，扭转速度为每分钟20个循环。

记录每个被测样品中的光纤数目，样品带的种类（可分离型或不可分离型）以及被测样品是否可承受规范细则中规定的扭转次数。

光纤带的扭转强度与扁带宽度成反比，而带宽通常与芯数成正比。而且，可分离型光纤带的设计扭转强度低于不可分离型光纤带的强度。

2. 可分离性试验

本试验的目的是对光纤不要求分开的场合，保证光纤带具有足够的抗撕裂性能；对光纤要求分开的场合，确保单根光纤具有可从带中分离出的性能。

（1）试样

1）对于n芯光纤带，从被试的每一段约1m长的光纤带试样上截取最小长度为100mm的光纤带试样，共取$n/2$段试样。

2）共取x组，在产品规范中，x一般规定为3~5，用刀器将被试光纤带中光纤一根根与带中其他光纤分开至适当长度（一般为25~30mm），以便于试验时夹持，如图4-6-4所示。对于x较多的试样，要将带中光纤两根两根地与带中其他光纤分开，直至分出的光纤根数为被试光纤带芯数的一半$n/2$。

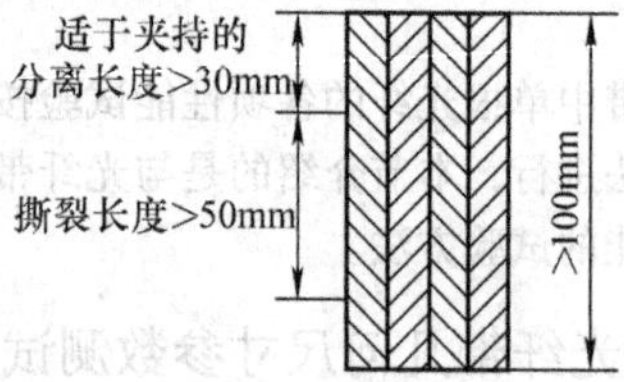

图4-6-4　试样制备示意图

（2）装置　试验装置应包括一个具有合适夹具的张力强度测量仪和一个放大倍数至少为100倍的显微镜（对可分离型光纤带）。

（3）程序

1）将每一个试样插到强度测量装置上，如图4-6-5所示。

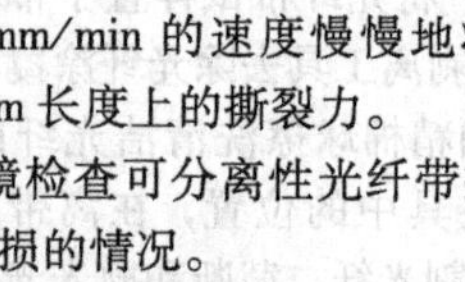

图4-6-5　分离试验示意图

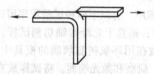

2）在离撕裂起始点约3mm处位置将分开的光纤夹住，以100mm/min的速度慢慢地将光纤撕开并连续记录50mm长度上的撕裂力。

3）用显微镜检查可分离性光纤带撕裂后一次涂覆层和着色受损的情况。

4）比较各光纤所需撕裂力的大小。

5）对每一根试样，重复程序1）~4）。

3. 残余扭转试验

本试验的目的是为保证光纤带对接续及其保护套管的使用不致产生不利的影响。

注意，由于光纤带结构本身的原因，在大多使用条件下光纤带将产生自然扭转。

（1）试样　从被试光纤带中选取5个有代表性

的试样，每个试样长度不应小于 50cm。

(2) 装置　典型的试验装置如图 4-6-6 所示。

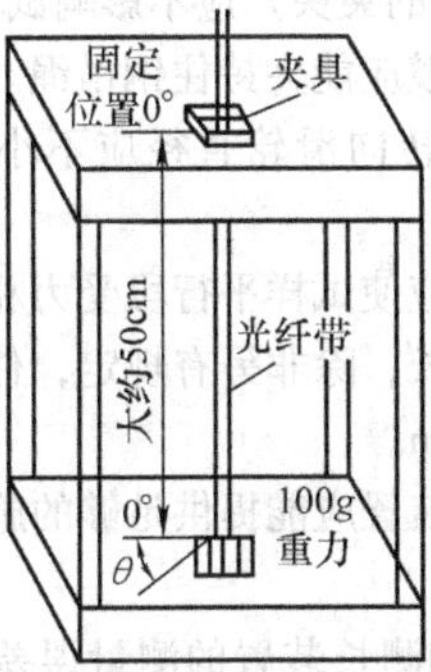

图 4-6-6　残余扭转试验装置

(3) 程序

1) 先将试样置于 85℃环境下老化 30 天。

2) 再用夹具固定长度为 50cm 的光纤带顶部，并在底端加 1N 的负荷，使带无扭转，记录此时光纤带的位置；然后，卸除负荷，光纤带发生扭转，测量扭转角度 θ；用 θ 角除以光纤带试样长度计算出残余扭转。

6.1.3　光纤带环境性能试验

1. 光纤带温度循环

光纤带温度循环试验按 GB/T 15972.52—2008 中相关方法的规定进行。

2. 光纤带热老化

光纤带热老化试验按 GB/T 15972.50—2008 中相关方法的规定进行。

光纤带试样在 85℃ ±2℃ 温度下，放置 30 天后，光纤带中 B1.1 类、B1.3 类、B4 类和 B5 类光纤在 1550nm 波长处允许的附加衰减不大于 0.05dB/km。

6.1.4　光纤带宏弯衰减试验

本试验的目的是确定光纤带应用在接头盒或路由导槽中的弯曲性能。一般用于型式试验。

1. 试样

对于型式试验，至少使用 5 个光纤带试样进行试验。光纤带试样为 12 芯时，选其中 10 根光纤进行测量；光纤带试样少于 12 芯时，应对带中全部光纤进行测量。

2. 装置

见 5.2.8 节中宏弯损耗的方法。

3. 程序

将光纤带试样以螺旋形式松绕 100 圈在直径为 (75 ±2) mm 的线轴上。弯曲衰减测量按 5.2.8 节中方法的规定进行。所用光源谱宽应不大于 10nm (FWHM)。

6.2　光缆力学性能试验

GB/T 7424.2—2008《光缆总规范 第 2 部分：光缆基本试验方法》规定了光缆力学性能试验方法，应按表 4-6-1 中选择的方法检验光缆的力学性能。

表 4-6-1　光缆力学性能试验方法

试验方法编号	试验方法	适用的性能
E1	拉伸	机械强度
E2	磨损	
E3	压扁	
E4	冲击	
E12	抗切穿	
E13	枪击	
E5	已成缆光纤的剥离力稳定性	易操作性
E6	反复弯曲	
E7	扭转	
E8	曲挠	
E10	弯折	
E11	弯曲	
E17	刚性	
E20	成圈性能	
G7	套管弯折	
G1	光缆元件的弯曲	接续特性
E19	风振	ADSS 光缆力学性能
	舞动	
E18	张力下的弯曲（过滑轮试验）	
	蠕变	

注：并非所有试验均适用所有光缆。

力学性能试验中光纤衰减变化的监测对 B 类单模光纤规定在 1550nm 波长上进行，对 A1 类多模光纤应在 1300nm 波长上进行。在试验期间，监测系统的稳定性引起的监测结果的不确定性应优于 0.03dB。试验中光纤衰减变化量的绝对值不超过 0.03dB 时，可判为无明显附加衰减。允许衰减有某数值的变化时，应理解为该数值已包括不确定性在内。

光纤拉伸应变宜采用相移法进行监测，其系统的精确度应优于 0.005%，试验中监测到的光纤应变不大于 0.005% 时，可判为无明显应变。光缆拉伸应变应采用机械方法或传感器方法进行监测，其系统的精确度应优于0.05%，试验中监测到的光缆应变不大于0.05%时，可判为无明显应变。

6.2.1 拉伸（E1）

本方法适用于测定光缆在规定的拉伸负荷范围内的拉伸性能，即测定光缆中光纤的衰减变化、应变及光缆应变与拉伸负荷之间的函数关系。本方法的意图是非破坏性的，即施加的拉伸负荷在最大允许的操作负荷以内。

本方法可采用两种试验装置，如图4-6-7a所示。采用图4-6-7a形式装置进行试验，试验结果除了反映光缆拉伸性能外，还包含光缆弯曲的影响。

1. 试样

（1）试样 从盘上或成圈光缆上取出一段受试光缆，其长度应足以取得要求的监测精度。在采用图4-6-7a所示的装置时，受试光缆长度近似为两卡盘入口切点间的光缆长度与一个卡盘周长之和，它不应小于50m；在采用图4-6-7b所示的装置时，受试光缆长度为两夹头间的距离，它不应小于25m。

进行监测的光纤两端应制备成平整清洁并垂直于光纤轴的端面。

（2）校准光纤

按GB/T 15972.22—2008中方法C的规定。

2. 装置

试验装置示例如图4-6-7所示。

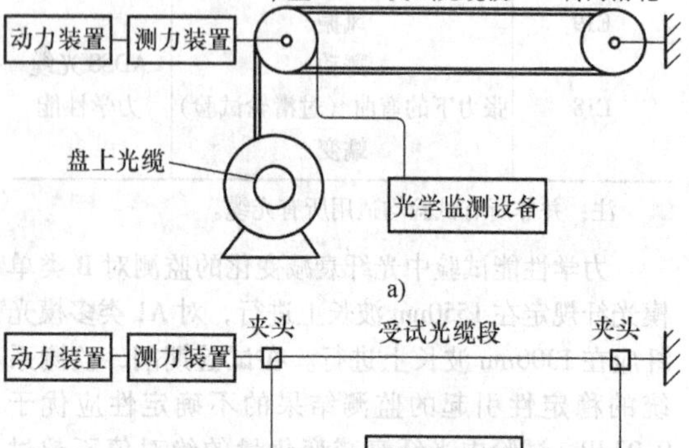

图4-6-7 拉伸试验装置示例

1）监测设备衰减变化测量装置应按按GB/T 15972.46—2008中方法A的规定；光纤应变测量装置应按GB/T 15972.22—2008中方法C的规定；对于多纤光缆，可使用带多路切换设备的监测装置。

2）机械装置夹持试样的方法（图4-6-7a的卡盘或图4-6-7b的夹头）应不影响试验结果。对于8字形自承式光缆应能夹持住钢吊绳。采用的试样夹持卡盘和试样转向滑轮直径应不小于试样外径的30倍。

滑轮装置应使试样平行段受力相同，两端轮轴初始距离宜较长，除非另有规定，仲裁试验时该距离应不小于25m。

拉伸动力装置应能提供足够的施荷范围和平稳的拉伸负荷。

3）测力和测长装置的测量误差应不大于最大测量范围的±3%。如有要求，应采用精度足够的应变测量装置。

3. 程序

1）试验环境条件和预处理条件 除非另有规定，试验环境条件应在标准大气压下，预处理时间24h。温度为15～35℃，相对湿度为25%～75%，气压为85～106kPa。

2）安装夹持试样。在拉伸设备两端固定夹持试样应使光缆中的元件不产生纵向滑动。对于中心管式光缆应特别注意防止光纤纵向滑动。采用的合适方法是在卡盘上至少绕3圈光缆。试样绕过滑轮和卡盘时不应扭转，由于夹持光缆所引起的光纤附加衰减应稳定不变。对于各种自承式架空光缆应采用合适的夹持装置夹持住承吊构件。

3）将试样中进行监测的光纤与监测装置相连接。当试样拉伸时，校准光纤的基准长度应不变。

4）拉伸负荷应连续增加至有关标准规定值，例如长期允许拉伸负荷和最大拉伸负荷（通常为短暂允许拉伸负荷），保持时间至少为1min。拉伸速率应为5～10mm/min。逐渐卸去拉伸负荷，上述过程构成一次循环。

5）在施加拉伸负荷过程中，以作为拉伸负荷的函数记录光纤衰减变化和（或）应变和（或）光缆应变。图4-6-8是光纤和光缆的伸长与负载的曲线实例。

6）除非另有规定，试验循环次数应为1次。

7）如有要求，在最终卸荷5min后，测量衰减变化和应变残余值。

4. 要求

试样的外观、衰减变化、光纤应变和（或）光缆应变，以及除去拉力后残余值，应符合相关规范的规定。

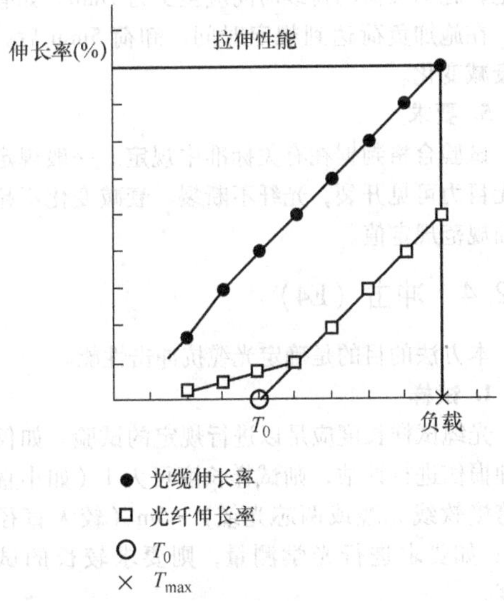

图 4-6-8　光纤和光缆的伸长与负载的函数关系实例

注：T_0 相应于光纤开始受应变的负载；

T_{max} 相应于规定的最大拉力负载。

6.2.2　磨损（E2）

光缆耐磨损性包括光缆护套耐磨损性和光缆标志耐磨损性。

1. 护套磨损（E2A）

本方法的目的是确定光缆护套的耐磨损性。

1）试验装置应设计为能在 10 ±1mm 长度上以每分钟 55 ±5 次循环的频率沿平行于光缆纵轴的两个方向上摩擦光缆表面。摩擦刃口在两个方向上各移动一次构成一个循环。摩擦刃口应为有关标准规定直径的钢针（一般 d = 1mm）。典型的试验装置示例如图 4-6-9 所示。

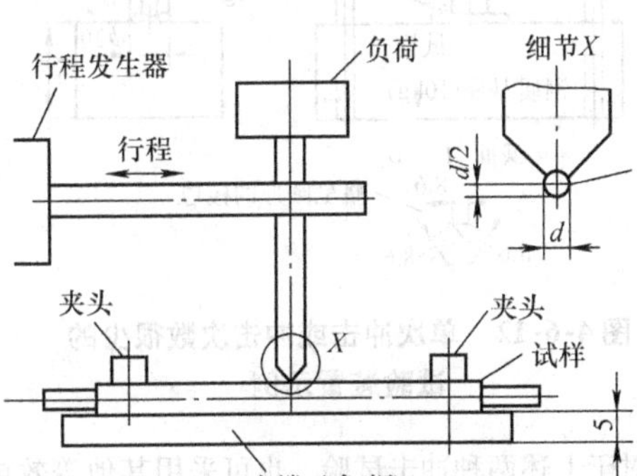

图 4-6-9　磨损试验装置示例

2）试验条件试验应在符合 GB/T 2421 规定的标准试验大气条件下进行。

3）程序采用光缆夹头将长度约为 750mm 的试样固定在支撑平面上。应以有关规范规定的负荷（一般为 65N）施加在摩擦刃口上而避免冲击试样。在同样的方向上对每个试样进行 4 次试验，每次试验试样向前移动 100mm，同时转动 90°。

4）要求在进行有关标准规定的循环次数后，光缆护套应无穿孔现象并保持光学连续性。

2. 标志磨损（E2B）

本方法的目的是确定光缆标志的耐磨损性。应根据标志类型按有关标准的规定采用下列方法之一进行试验：方法 1 适用于如压印、刻印和积淀型的刚性标志；方法 2 适用于非上述类型的标志。

（1）装置　对方法 1，试验装置应设计为在 40mm 长度上以每分钟 55 ±5 次循环的频率沿平行于光缆纵轴的两个方向上摩擦光缆标志。摩擦刃口在两个方向上各移动一次构成一个循环。摩擦刃口应为 1mm 直径或有关标准规定直径的钢针。典型的试验装置示例如图 4-6-9 所示。

对方法 2，采用以白色羊毛毡摩擦试样的装置。典型的试验装置示例如图 4-6-10 所示。

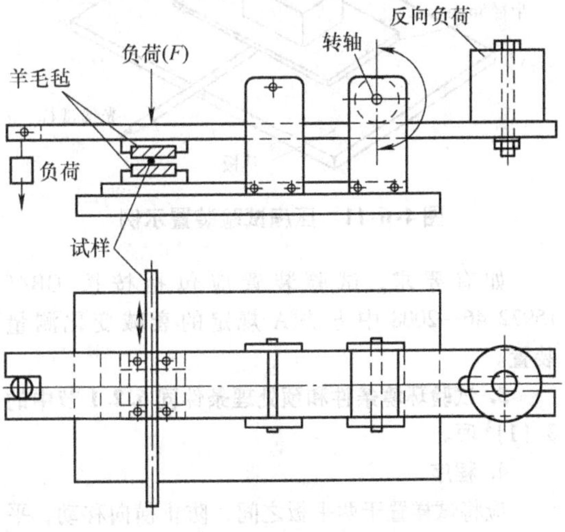

图 4-6-10　磨损试验装置示例

（2）试验条件　试验应在符合 GB/T 2421 规定的标准试验大气条件下进行。

（3）程序　对方法 1，采用光缆夹头将长度约为 750mm 的试样固定在支撑平台上，使标志直接处于摩擦刃口下。应以有关标准规定的负荷施加在摩擦刃口上而避免冲击试样。

对方法 2，含有标志的光缆试样置于两片羊毛毡之间，羊毛毡应用水浸透。应以有关标准规定的垂直负荷施加在标志上。试样在100mm的长度上来回移动。

(4) 要求 在进行有关标准规定的循环次数后，光缆标志应清晰可辨。

6.2.3 压扁（E3）

本方法的目的是确定光缆抗压性能。

1. 试样

光缆试样长度应足以进行规定的试验，试验时进行监测的光纤端面应制备平整、清洁并垂直于光纤轴。

2. 装置

试验装置应使光缆试样在平的钢质基板和可移动的钢质平板之间承受挤压。可移动的钢质平板可在试样的100mm长度段上均匀施加压力，与试样接触的两边缘应具有约5mm的曲率半径，两边缘不包括在平板的100mm平面部分中，典型的试验装置示例如图4-6-11所示。

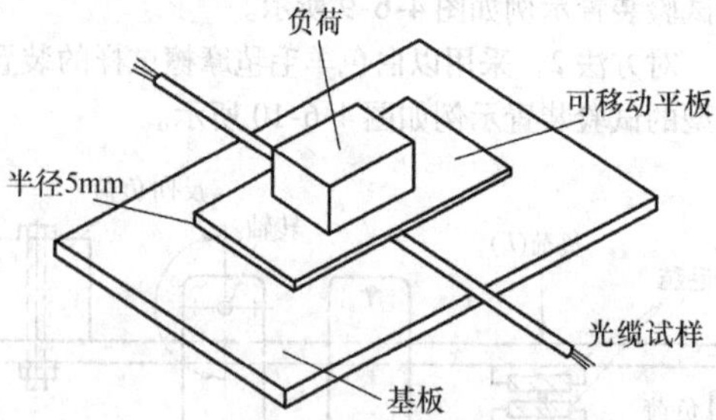

图4-6-11 压扁试验装置示例

如有要求，试验装置应包括按按GB/T 15972.46—2008中方法A规定的衰减变化测量装置。

3. 试验环境条件和预处理条件同6.2.1节中的3（1）项。

4. 程序

应将试样置于两平板之间，防止横向移动，平缓地在可移动的平板上施加负荷。如果以步进方式施加负荷，则增加比率应不大于1.5:1。

除非另有规定，应在试样的三个不同区段施加压力，间隔不小于500mm，并不转动试样。如有关标准要求模拟实际工作条件，则可通过垂直于试样插入1根或多根钢棒（除非另有规定，钢棒直径应为25mm）进行附加或替代的试验。

适用时，应在有关标准中规定最大压扁力（通常为允许的短暂压扁力）和长期压扁力。除非另有规定，施加负荷的持续时间应至少为1min。如有要求，在施加负荷达到规定时间，卸荷5min后，测量衰减变化。

5. 要求

试验合格判据在有关标准中规定。一般规定护套无目力可见开裂，光纤不断裂、衰减变化不超过详细规范规定值。

6.2.4 冲击（E4）

本方法的目的是确定光缆抗冲击性能。

1. 试样

光缆试样长度应足以进行规定的试验。如仅对物理损伤进行评估，则试样长度可为1（如小直径的跨接软线光缆或两芯光缆）~5m（较大直径光缆）；如要求进行光学测量，则要求较长的试样长度。

2. 装置

试验装置应能使冲击传递到固定在平的实体钢质基座上的光缆试样上，对于进行单次冲击或次数很少的冲击试验，典型的试验装置示例如图4-6-12所示。装置使重物垂直落到一块中间钢质构件，钢质构件将冲击传递到试样。对于进行重复冲击（例如5次以上），典型的试验装置如图4-6-13所示。装置通过落锤可进行循环冲击。

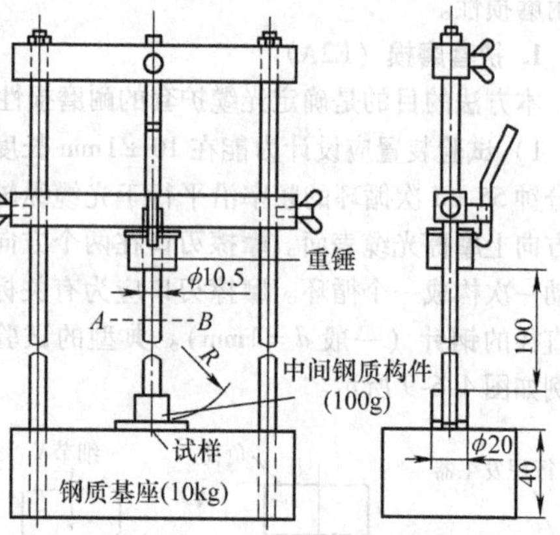

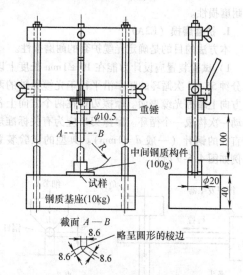

图4-6-12 单次冲击或冲击次数很少的试验装置示例

对于上述两种冲击试验，也可采用其他等效试验装置。

接触试样的撞击表面应是详细规范中规定的表

面半径 R 的圆弧形，或者像一个半球，或者是一个圆柱面。

如有要求，试验装置应按 GB/T 15972.46—2008 中方法 A 规定的衰减变化测量装置。

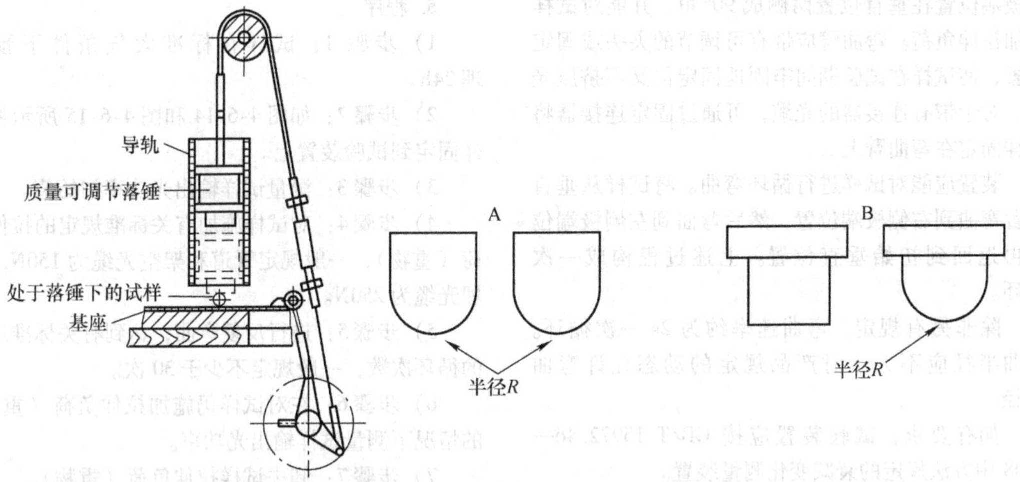

图 4-6-13　重复冲击试验装置示例

3. 试验环境条件和预处理条件同 6.2.1 节中的 3（1）项。

4. 程序

调节重物或落锤的质量和落高 h，以符合有关标准规定的冲击起始能量。对室外光缆，h 宜为 1m。落锤的质量一般规定对管道或架空光缆为 450g，直埋和水下光缆为 1kg。

按有关标准规定的冲击速率在试样规定的点位进行冲击，除非另有规定，冲击点应为 5 个，每个冲击点上冲击次数应按有关标准的规定。

5. 要求

试验合格判据应在有关标准中规定。一般规定护套无目力可见开裂，且光纤应无明显附加衰减。

6.2.5　已成缆光纤的剥离力稳定性（E5）

本试验的目的通过测量已成缆的光纤暴露到各种环境条件后可剥性的变化来确定已成缆光纤的剥离力的稳定性。

1. 试样

取光缆或光纤试样的长度应足以实行规定的试验。

2. 试样制备

抽取光纤的光缆，在抽出光纤之前应按照详细规范的规定进行预处理。

试样应取两段（最小 2m），一段用于试验，一段用于参考测量。应提供足够的光纤试样，用于测量和用于参考的试样各 10 个；光纤抽出后，应小心地去掉光纤上的填充物。

3. 试验设备

设备包括处理设备（当需要时）和光纤可剥性设备（见 5.3.2 节中的光纤涂覆层可剥性试验方法）。

4. 程序

光纤可剥性应在环境处理过的试样上，在按照详细规范规定的恢复时间和修整后进行。试验方法按照 5.3.2 节规定的光纤涂覆层可剥性试验方法进行试验。

采用相同的方法测量取自参考光缆段的光纤试样的可剥性，然后比较两种试验剥离力的变化。

5. 要求

剥离力的变化应满足详细规范中规定的要求。

6.2.6　反复弯曲（E6）

本方法的目的是确定光缆抗反复弯曲性能。

1. 试样

试样长度应足以进行规定的试验。如仅对物理损伤进行评估，则试样长度可为 1（如小直径的跨接软线光缆或两芯光缆）~5m（较大直径光缆）；如要求进行光学测量，则要求较长的试样长度。

2. 端接

试样两端应以连接器进行端接，或以某种典型方式将光纤、护套和任何加强件夹持在一起。如试样受试部分至试样端足够长，则这端不需进行上述制备。

3. 装置

试验装置应能使试样经180°角的左右弯曲，两个极端位置在垂直位置两侧成90°角，并能对试样施加拉伸负荷。弯曲臂应带有可调节的夹头或固定装置，使试样在试验期间牢固地固定但又不挤压光纤。对于带有连接器的光缆，可通过固定连接器将试样固定在弯曲臂上。

装置应能对试样进行循环弯曲。将试样从垂直位置弯曲到右侧极端位置，然后弯曲到左侧极端位置再返回到初始垂直位置。上述过程构成一次循环。

除非另有规定，弯曲速率约为2s一次循环。弯曲半径应不大于对产品规定的动态允许弯曲半径。

如有要求，试验装置应按GB/T 15972.46—2008中方法规定的衰减变化测量装置。

对于光缆试验，典型的试验装置示例如图4-6-14所示；对于光缆－连接器组件试验，典型的试验装置示例如图4-6-15所示。也可采用其他等效试验装置。

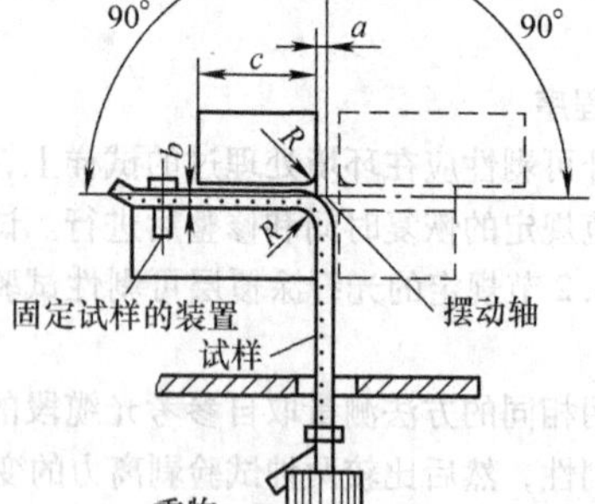

图4-6-14 光缆反复弯曲试验装置示例

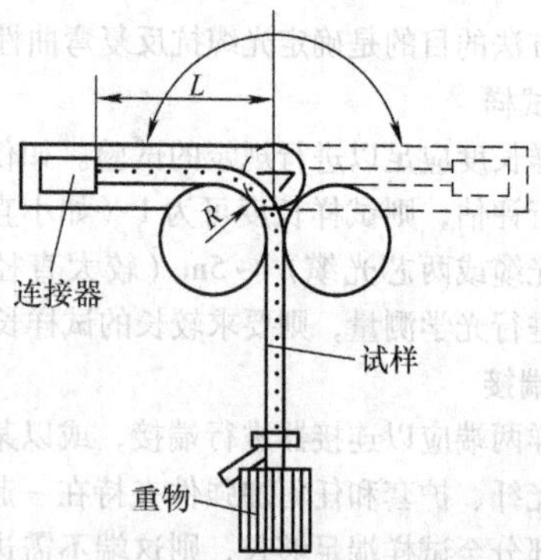

图4-6-15 光缆－连接器组件反复弯曲试验装置示例

4. 试验环境条件和预处理条件同6.2.1节中的3（1）项。

5. 程序

1）步骤1：试样在标准大气条件下预处理24h。

2）步骤2：如图4-6-14和图4-6-15所示将试样固定到试验装置上。

3）步骤3：测量试样输出光功率初始值。

4）步骤4：对试样施加有关标准规定的拉伸负荷（重物），一般规定管道和架空光缆为150N，直埋光缆为250N。

5）步骤5：进行反复弯曲，达到有关标准规定的循环次数，一般规定不少于30次。

6）步骤6：在对试样仍施加拉伸负荷（重物）的情况下测量试样输出光功率。

7）步骤7：卸去试样拉伸负荷（重物）。

8）步骤8：测量试样输出光功率。如有要求，从试验装置上取下试样进行外观检查。

按有关标准的规定，可对步骤1、3、6、7、8中任一步骤或全部步骤进行取舍。尺寸L、a、b、c、R应在有关标准中规定。一般规定c或L长度为1m。

6. 要求

试验合格判据应在有关标准中规定。一般规定光缆护套应无目力可见开裂，且光纤应无明显残余附加衰减。

6.2.7 扭转（E7）

本方法的目的是确定光缆抗扭转性能。

1. 试样

试样应以连接器或某种方式进行端接，如以某种典型方式将光纤、护套和任何加强件夹持在一起。试样长度应足以进行规定的试验。

2. 装置

应采用由一个固定夹头和一个转动夹头组成的装置进行试验。典型的试验装置示例如图4-6-16和图4-6-17所示。也可采用其他等效试验装置。

如有要求，试验装置应包括按GB/T 15972.46—2008中方法规定的衰减变化测量装置。

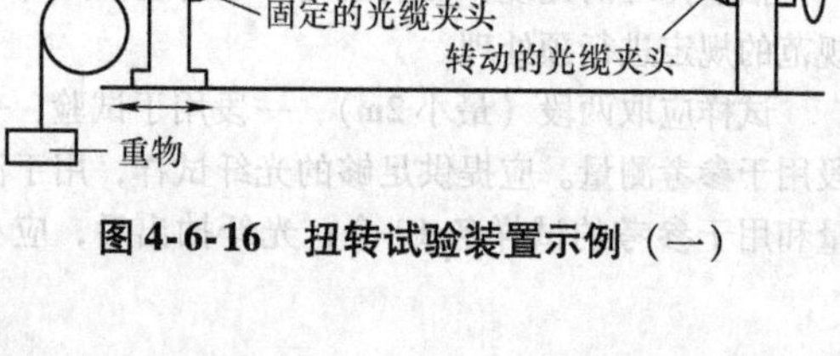

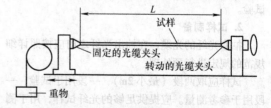

图4-6-16 扭转试验装置示例（一）

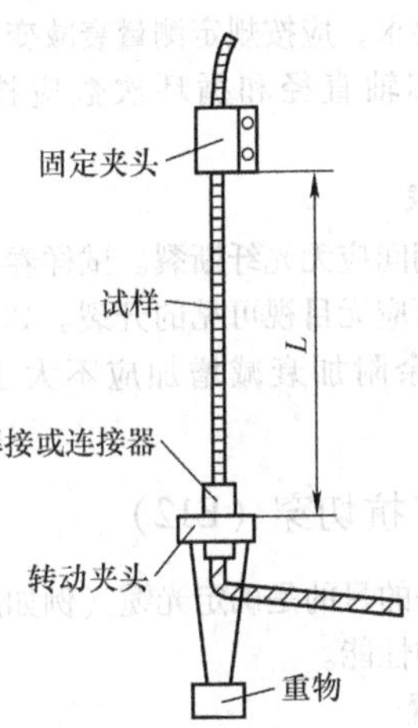

图 4-6-17　扭转试验装置示例（二）

3. 试验环境条件和预处理条件同 6.2.1 节中的 3（1）项。

4. 程序

应将试样一端的光缆足够紧地夹持在装置的固定夹头上，以防止试验时光缆护套滑动；将试样另一端的连接器或其他端接件固定在转动夹头上。转动夹头应以有关规范规定的圈数以顺时针方向转动；然后使试样返回到起始位置并以逆时针方向转动相同圈数，再回到起始位置。上述过程构成一次循环。

如有要求，应在最后一次循环的两极端位置和返回起始位置测量衰减变化。

试样长度、循环次数和作为扭转试验所施加拉伸负荷的重物质量应在有关标准中规定。一般规定试样受扭长度为 1m；循环次数为 10 次；施加的负荷对管道和架空光缆为 150N，直埋光缆为 250N；扭转角度对于铠装光缆为 ±360°，有铠装光缆为 ±180°（每分钟不少于 30 次）。

5. 要求

试验合格判据应在有关标准中规定。一般规定光缆护套应无目力可见开裂，且在光缆扭转到极限位置时光纤无明显附加衰减，光缆回复到起始位置时无明显残余附加衰减。

6.2.8　曲挠（E8）

本方法的目的是确定光缆抗反复曲挠性能。

1. 试样

试样两端应以连接器或某种方式进行端接，如以某种典型方式将光纤、护套和任何加强件夹持在一起。试样长度应足以进行规定的试验。

2. 装置

除非另有规定，试验装置按 GB/T 2951.21—2008 的规定，典型的试验装置示例如图 4-6-18 所示。

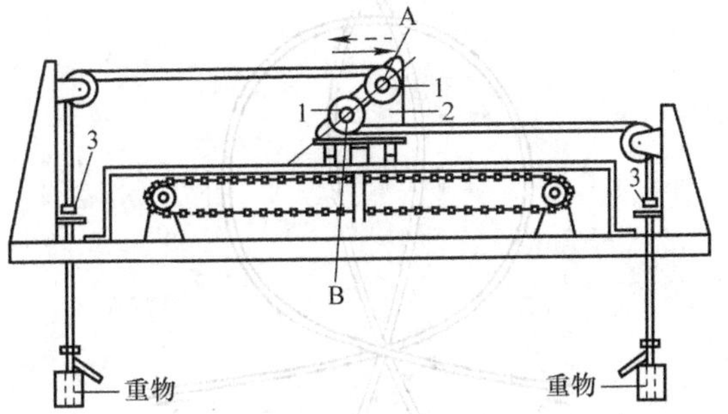

图 4-6-18　曲挠试验装置示例

1—滑轮　2—拖架　3—限位夹头

对圆形光缆，滑轮应具有半圆形凹槽；对扁形光线，滑轮应具有平的凹槽。应固定限位夹头达到始终由拖架移动离开的那个重物来对试样施加拉伸负荷。

也可采用其他等效试验装置。

如有要求，试验装置应包括按 GB/T 15972.46—2008 中方法规定的衰减变化测量装置。

3. 试验环境条件和预处理条件同 6.2.1 节中的 3（1）项。

4. 程序

如图 4-6-18 所示，试样应跨过滑轮拉紧，两端均采用重物施加拉伸负荷。重物质量和滑轮 A、B 的直径应按有关标准的规定。试样应以有关标准规定的循环次数进行曲挠。如有要求，按规定测量衰减变化。

5. 要求

试验合格判据应在有关标准中规定。

6.2.9　弯折（E10）

本方法的目的是验证光缆环圈直径缩小至规定值时是否会引起光缆护套弯折。光缆护套弯折可能引起光缆中光纤断裂。

1. 试样

试样长度应足以进行规定的试验。

2. 程序

以双手握住试样，形成一个环（1），如图 4-6-19所示。应在光缆两端（2）处缓慢向外侧拉伸，将环的直径缩小至有关规范规定的最小值。施加在环底部上的两个拉伸力应处在同一平面上。

试样温度应符合有关标准规定。

3. 要求

应不发生图4-6-19所示的弯折。

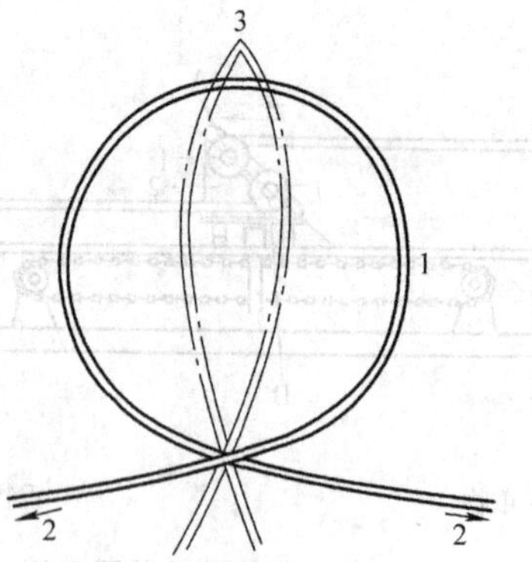

图4-6-19 弯折试验

6.2.10 弯曲（E11）

本方法的目的是确定小直径光缆经受围绕试验芯轴弯曲的能力。

1. 试样

试样两端应以连接器或某种方式进行端接，如以某种典型方式将光纤、护套和任何加强件夹持在一起。试样长度应足以进行规定的试验。

2. 装置

单个芯轴装置应使试样围绕试验芯轴切向密绕成螺旋状。

3. 试验条件

试验应在符合GB/T 2421规定的标准大气试验条件下进行。

4. 程序

根据光缆结构和直径，应按有关标准规定采用下列程序之一：

(1) 程序1 试样应以均匀速率围绕芯轴切向密绕成螺旋状。应施加足够的张力以保证试样紧贴芯轴表面，然后退绕试样。一次卷绕和一次退绕构成一次循环。

如有要求，应按规定测量衰减变化。

试验芯轴直径、螺旋卷绕圈数和循环次数应按有关标准的规定。对于一般光缆规定芯轴直径应不大于光缆静态允许弯曲半径的两倍，卷绕圈数为10圈，循环次数应不少于5次。

(2) 程序2 试样应绕芯轴弯曲180°（U形弯曲），并在弯曲时拉紧。一次U形弯曲接着一次反向U形弯曲构成一次循环。

如有要求，应按规定测量衰减变化。

试验芯轴直径和循环次数应按有关标准的规定。

5. 要求

试验期间应无光纤断裂。试样卷绕在芯轴上检查时，护套应无目视可见的开裂。如有要求，试验后试样残余附加衰减增加应不大于有关标准规定值。

6.2.11 抗切穿（E12）

本方法的目的是确定光缆（例如航空光缆）护套抗切穿的性能。

1. 装置

试验装置应能以规定速率对试样施加规定的切入力。典型的试验装置示例如图4-6-20所示。

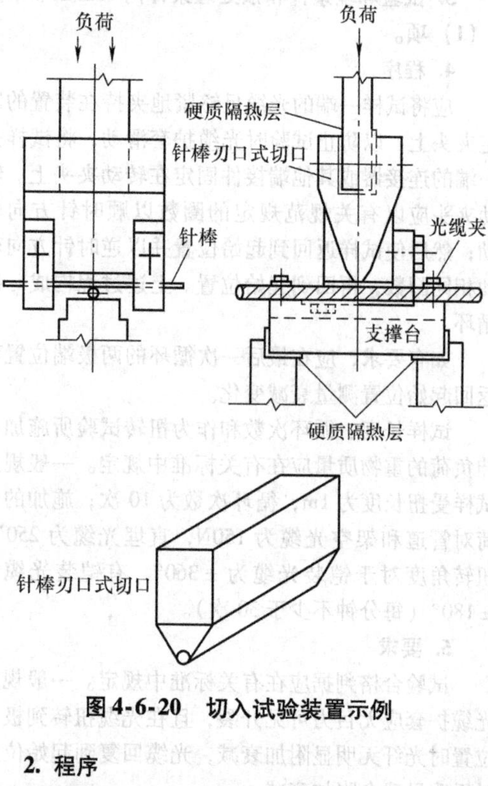

图4-6-20 切入试验装置示例

2. 程序

除非另有规定，应以50N/min ± 10N/min的速率对试样施加切入力直至有关标准规定值，并保持规定的时间。

试验后以5～10倍的放大镜目视检查试样护套损伤程序。

3. 试验条件

试验温度、针棒直径、施加的切入力和施加切入力保持时间应在有关标准中规定。

4. 要求

护套应无穿透现象并应保持光学连续性。

6.2.12　枪击（E13）

本方法的目的是确定架空光缆承受散弹猎枪枪击损坏的能力。

1. 概述

有两种试验方法：

方法 E13A，用散弹猎枪对安放在架子上的光缆试样射击。

方法 E13B，模拟来自散弹猎枪小弹丸的冲击，单个弹丸以等于在至多 40m 的给定射程上从桩弹猎枪射出弹丸的能量撞击到光缆试样内。

2. 方法 E13A

（1）试样　除非另有规定，光缆试样长度为 3m。

（2）装置　试验采用的猎枪的类型应按有关标准的规定；固定光缆试样的支架应不妨碍试样自由摆动和可能成椭圆方式散射的弹丸击中试样；枪弹一般为 4 号或 7 号，或者应按有关标准的规定，应体现对于架空安装特定的危害；枪弹类型应按有关标准的规定，通常采用铅弹或钢弹（铅弹易变形，比钢弹破坏性小）；弹壳类型应按有关标准的规定（弹壳中装载的火药对试验可能有影响）。

（3）程序　将光缆试样安装在支架上，在有关标准规定的距离内射击。典型距离为 20m。

（4）要求　试验后，光缆试样中的光纤应不断裂。

3. 方法 E13B

（1）试样　试样长度应足以实施规定的试验。当只评价物理损害时，一段短长度已足够。当要求监测光学性能变化时，则试样应是必需的较大长度。

（2）设备　适用的设备如图 4-6-21 所示。设备包括如下：

1）一个跌落重物。跌落重物的示意图如图 4-6-22所示，它由跌落重物主体和一个弹丸支撑销钉组成。当从相应高度跌落时，使用的重物应足以模拟从给定射程射击的弹丸的能量。

选择的弹丸支撑销钉要使它的直径“B”不大于散弹猎枪小弹丸的全直径，通常应小 0.2mm。为了降低小弹丸剪切和销钉损坏的危险，销钉表面宜做成用“A”示出的剖面，以提供平坦着陆。

对于小的光缆（通常小于10mm。）而言，可用一个替代的跌落重物和弹丸支撑销钉来改良试验精度（见图 4-6-23），以便防止在试验期间试样转动和（或）弹丸偏斜。

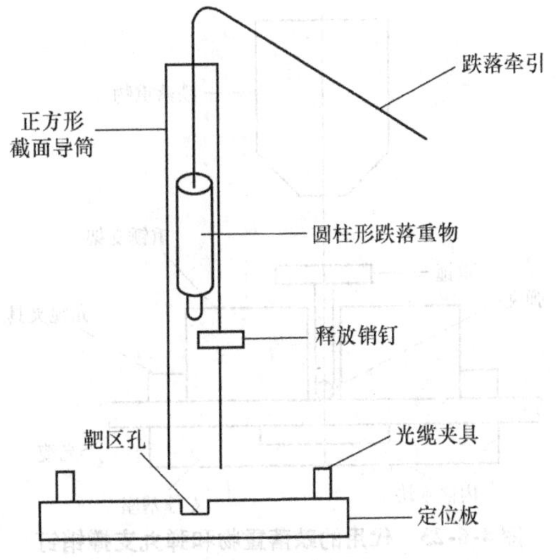

图 4-6-21　方法 E13B 的试验装置

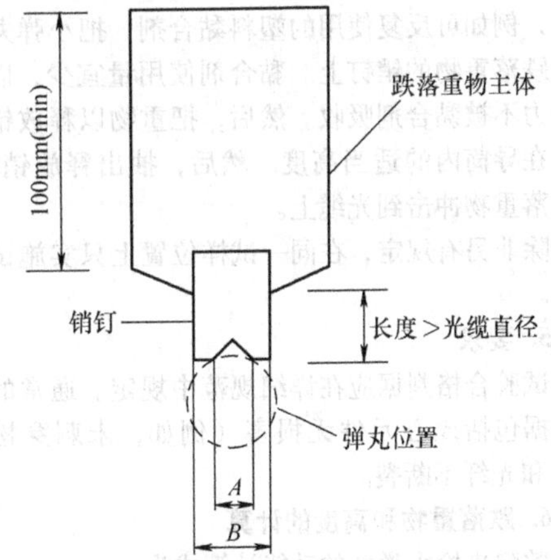

图 4-6-22　组装上弹丸支撑销钉的跌落重物

2）跌落重物的导筒把重物导向试样。它装有释放销钉，以保障跌落重物在要求的跌落高度。通常采用 25.4mm 的正方形截面，使导筒内表面和柱形跌落重物体的外表面之间的摩擦最小。

3）一个定位板。

4）枪弹，4 号或 7 号，或者按详细规范中的规定。

5）塑料黏合剂。

6）当需要时，测量光学性能的光学试验装置。

4. 程序

光缆试样应安放在定位板上，在靶区孔的正上方。安装在定位板上的夹具，可用于确保试样定

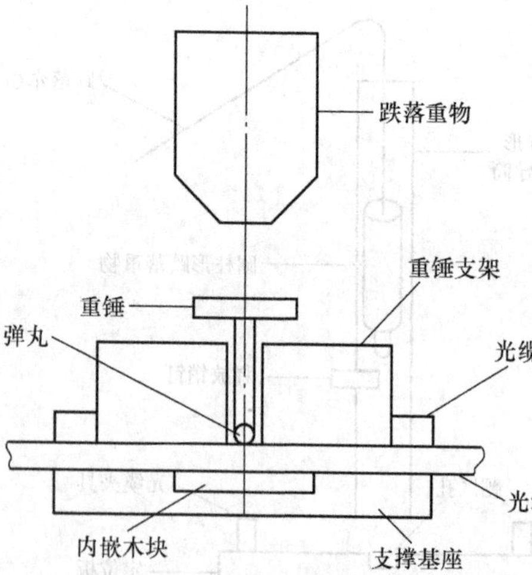

图 4-6-23 代用的跌落重物和弹丸支撑销钉

位。如果记录光纤衰减变化，则安放的试样应使小弹丸冲击在至少一根被测量的光纤附近。用合适的材料，例如可反复使用的塑料黏合剂，把小弹丸安放到跌落重物的销钉上。黏合剂使用量宜少，以使冲击力不被黏合剂吸收。然后，把重物以释放销钉固定在导筒内的适当高度。然后，抽出释放销钉，使跌落重物冲击到光缆上。

除非另有规定，在同一试样位置上只实施试验一次。

5. 要求

试验合格判据应在详细规范中规定。通常的合格判据包括缆心元件无损害（例如，未刺穿松套管）和光纤不断裂。

6. 跌落重物和高度的计算

散弹猎枪小弹丸的动能计算式为

$$E_k = \frac{1}{2}mv^2 \qquad (4\text{-}6\text{-}1)$$

式中 E_k——动能（J）；

m——小弹丸质量（kg）；

v——小弹丸速度（m/s）。

它等于跌落重物的势能，即

$$E_k = E_p = Mgh \qquad (4\text{-}6\text{-}2)$$

式中 E_p——势能（J）；

M——跌落重物的质量（kg）；

g——重力加速度（m/s^2）；

h——跌落的距离（m）。

于是，跌落重物的质量可用跌落高度来规定，即

$$M = \frac{E_k}{gh} \qquad (4\text{-}6\text{-}3)$$

式中 E_k——动能（J）；

g——跌落重物的加速度（m/s^2）；

h——跌落高度（m）。

利用代表性弹壳数据，可规定适当的试验。例如，一粒铅弹丸具有平均质量为 0.0833g，从 25m 射程射击，通常具有 234m/s 的冲击速度。因此，利用式（4-6-1）可得

$$E_k = 2.2815\text{J} \qquad (4\text{-}6\text{-}4)$$

假设通常的跌落高度为 1m，利用式（4-6-2）可得

$$M = 233g \qquad (4\text{-}6\text{-}5)$$

当使用同一重物更便利时，可针对不同射程计算出跌落高度。当需要定标时，可用护套材料制成的薄板来对比模拟方法和真正的野外试验，例如，高密度聚乙烯的 2mm 薄板在距离 40m 处射击。

6.2.13 刚性试验

本试验的目的是测定光缆的刚性。刚性是用于评价（例如在管道、线槽、导管或地板下）采用常规牵引技术安装时以及采用吹送技术时的光缆性能参数。刚性还用于保证跳线和室内光缆足够结实而又柔软，足以承受安装和正常使用。

1. 概述

依光缆型式而定，有三种可选的适用方法。各方法所测得的值可能不同。方法 E17A 和 E17B 适用于粗大的光缆。方法 E17B 也适用于较细小的光缆，包括轻恺装光缆和室内光缆。方法 E17C 适用于细小的光缆（例如加强型单芯光缆）。

2. 方法 E17A

（1）试样 试样长度应大于试验用支架间的距离，并确保光缆元构件的任何内部移动都不得影响试验结果。

（2）设备 三点弯曲试验装置示例如图4-6-24 所示。试样放在两个支架上，例如用可转动的棒支持试样，试样能自由移动。应提供措施把力施加到两支架间的中点，并测量随之产生的位移。

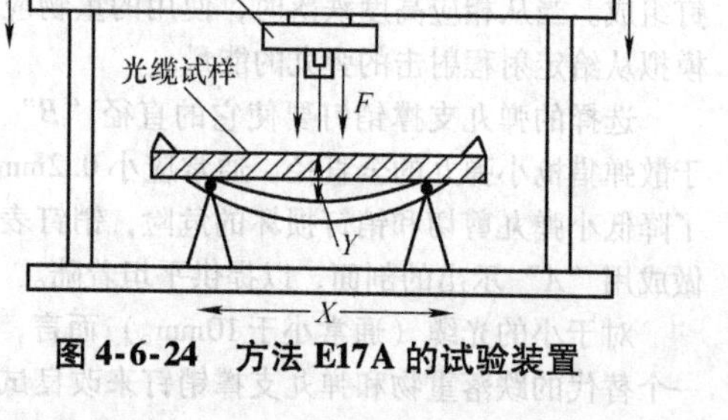

图 4-6-24 方法 E17A 的试验装置

(3) 程序 按详细规范中规定的间距放置两支架。

把试样放在支架上，可用固定在拉伸试验机上的叶片或用重物钩在试样上加力，测量产生的位移。当支架间距为 X（单位为 m）、力 F（单位为 N）引起的位移为 Y（单位为 m）时，则刚性 B 为（单位为 $N \cdot m^2$）

$$B = \frac{X^3}{48}\frac{F}{Y} \qquad (4\text{-}6\text{-}6)$$

由于某些光缆，例如铠装光缆，可能显示出由弹性到非弹性的性能变化，如图 4-6-25 所示，因此，力的增量应能适宜于识别所有变化点。规定的刚性是弹性刚性，其数值由下式给出：

$$B = \frac{X^3}{48}\tan\alpha \qquad (4\text{-}6\text{-}7)$$

(4) 要求 光缆刚性应满足详细规范中的规定。

3. 方法 E17B

(1) 试样 试样长度应足以实施规定的试验，

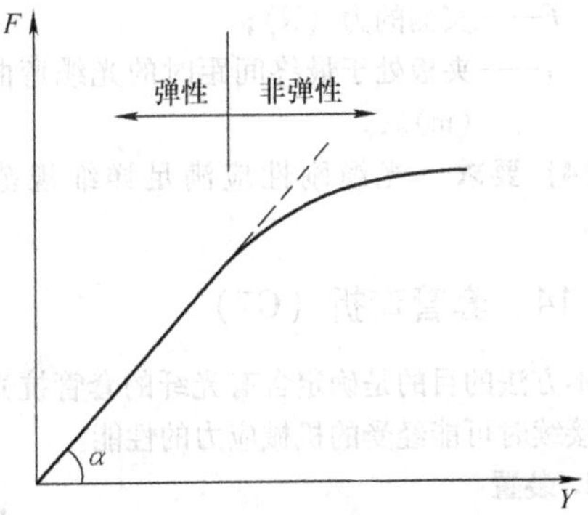

图 4-6-25 施加的力和位移的试验结果示例

并应确保光缆元构件的任何内部移动都不得影响试验结果。

(2) 设备 悬臂试验装置示例如图 4-6-26 所示，试样用夹具紧固，应把力施加在试样远离夹具的那一端，测量产生的位移。

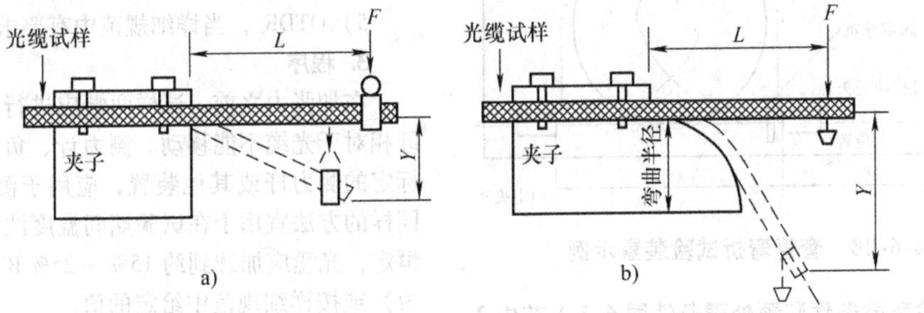

图 4-6-26 方法 E17B 的试验装置

在某些情况下，例如小跳线光缆，所用夹具应能控制试样的弯曲半径，如图 4-6-26b 所示。

(3) 程序 用夹具把试样固牢，可用拉伸试验机或用重物在距离夹具 L 处加力，测量产生的位移。当跨距长度为 L（单位为 m）、力 F（单位为 N）引起的位移为 Y（单位为 m）时，则刚性 B 为（单位为 $N \cdot m^2$）

$$B = \frac{L^3}{3}\frac{F}{Y} \text{或} B = \frac{L^3}{3}\tan\alpha \qquad (4\text{-}6\text{-}8)$$

式中 α——弯曲角度。

(4) 要求 光缆刚性应满足详细规范中的规定。

4. 试验方法 E17C

(1) 试样 试样长度应足以施行规定的试验

(2) 设备 试验装置示例如图 4-6-27 所示，它能测量受试试样弯曲成 U 形时施加的力。适用设备是一台配有负载传感器的拉伸试验机，它能在规定的夹板间距下持续规定的时间。

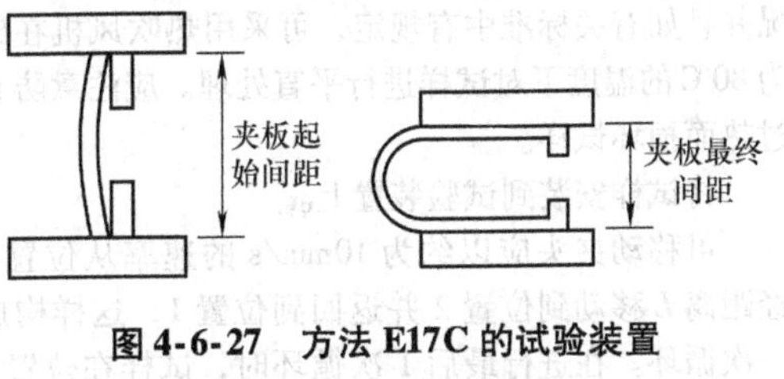

图 4-6-27 方法 E17C 的试验装置

(3) 程序 把试样安装在设备中呈直线状态。把夹板间距减小到由 $s \times d$ 得到的值，此处 d 为光缆直径，s 为详细规范中给定的间距系数。在详细规范中规定的持续时间之后，记录施加在试样上的力。

此时，刚性 B 为

$$B = F\pi r^2 \qquad (4\text{-}6\text{-}9)$$

式中 F——实测的力（N）；

r——夹板处于最终间距时的光缆弯曲半径（m）。

(4) 要求 光缆刚性应满足详细规范中的规定。

6.2.14 套管弯折（G7）

本方法的目的是确定含有光纤的套管抗光缆敷设和接续时可能经受的机械应力的性能。

1. 装置

典型的试验装置示例如图 4-6-28 所示。固定导轨保证试样位置确定；透明罩使试样保持在同一平面，并在试验时便于观察。试样环圈的最小直径由试样长度 L_1 和可移动夹头的移动距离 L 决定。

必要时，还需一台热吹风机。

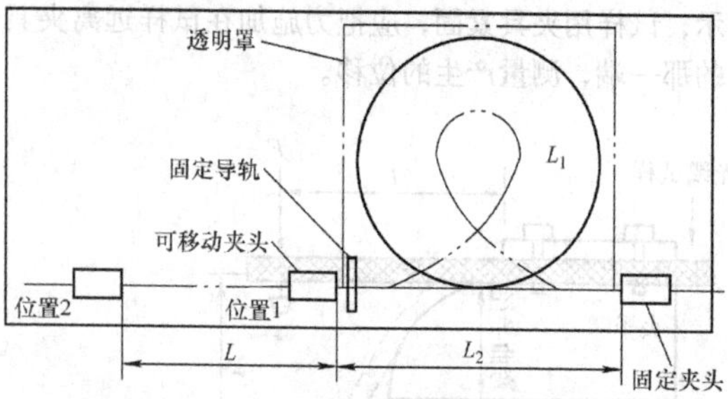

图 4-6-28 套管弯折试验装置示例

2. 试验环境条件和预处理条件同 6.2.1 节中 3 (1) 项。

3. 程序

从光缆上取一段长度至少为 L_1 + 50mm 的松套管光纤或松套管光纤束试样，按光缆敷设的实际情况并且如有关标准中有规定，可采用热吹风机在约为 80℃ 的温度下对试样进行平直处理。应注意防止过热而损坏试样。

将试样安装到试验装置上。

可移动夹头应以约为 10mm/s 的速率从位置 1 经距离 L 移动到位置 2 并返回到位置 1，这样构成一次循环。在进行最后 1 次循环时，试样在位置 2 应保持 60s。

L、L_1、L_2 和循环次数应模拟操作使用条件在用户方和厂方之间商定并在有关标准中规定。对于一般光缆，规定 L = 220mm，L_1 = 650mm，L_2 = 200mm。通常进行 5 次循环。

4. 要求

试验期间，试样应不发生弯折。

6.2.15 风振试验（E19）

本试验的目的是使架空光缆遭受类似于架空线路中层流风引起的振动所强加的动态应力。

1. 试样

试样的最小长度为 50m 或按详细规范中的规定。为了试验期间（按详细规范中的规定）在一根或几根光纤中监测传输光功率而制备光缆两端。光纤的最小监测长度应为 100m。必要时，各光纤允许在光缆端部作接头。

2. 试验装置

试验设备应包括如下：

1）试验装置（典型安排示见图 4-6-29）。

2）电子控制的振动器。

3）测力计，负载传感器，已定标的测力杆或测量光缆张力的其他装置。

4）标称波长为 1550nm 的光源和光功率计，用于测量光功率和测量 0 ~ 300Hz 频率范围内的光功率波动。

5）OTDR，当详细规范中有要求时。

3. 程序

在加张力之前，试样两端应进行终端，以使光纤相对于光缆不能移动。测力计、负载传感器、已标定的测力杆或其他装置，应用于测量光缆张力。同样的方法宜用于在试验期间温度波动时保持张力恒定，光缆应加载到约 15% ~25% RTS（额定拉断力）或按详细规范中给定的值。

系统终端之间的总档距最小应为 30m。最小活动档距宜约为 20m，一个适当的吊挂组件位于两堵塞端组件之间距离的三分之二处。可采用较长的活动档距和（或）后档距。档距应吊挂在一个高度上，使活动档距中光缆对水平的静态弧垂角为 1.5° ±0.5°。

应提供措施，在自由弧环处，而不在支撑弧环处，测量和监控弧环中点（波腹）的振幅。

利用电子控制的振动器，在垂直平面内激振光缆。振动器衔铁应牢固地扣住光缆，使它在竖直平面内垂直于光缆。振动器宜位于档距内，使吊挂组件和振动器之间至少成 6 个振动弧环。

试验应在给定风态的频率范围内的一个或几个谐振频率下实施。风振通常在 0.5 ~7m/s 的层流风下发生。

振动频率 f(Hz) 正比于风速 v(m/s)，反比于缆径 D(m)，即

$$f = kv/D \qquad (4\text{-}6\text{-}10)$$

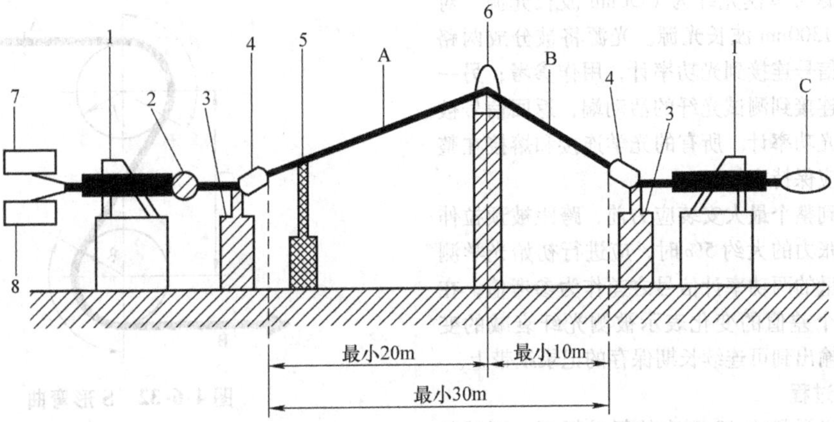

图 4-6-29　风振试验

1—端部支座　2—负载传感器　3—中间支座　4—堵塞端组件　5—适用的振动器　6—吊挂组件　7—测量入口　8—测量出口　A—活动档距　B—后档距　C—光纤接头

式中　k——斯德鲁哈尔常数（对于架空缆和导线为 0.2）。

振动的波长（λ）由（等于两个弧环长度）由下式给出：

$$\lambda = (1/f)\sqrt{T/m} \qquad (4\text{-}6\text{-}11)$$

式中　T——光缆张力（N）；

m——单位长度的质量（kg/m）。

4. 要求

任何对光缆或构件部分的短暂或长期的损害迹象，或有要求时，衰减变化大于详细规范中规定的值，都应是一次失效。

6.2.16　舞动试验

这一试验的目的是在典型的急速振荡情况下，评估 ADSS 光缆的疲劳性能和光纤的光学参数。

1. 试验装置

舞动试验通常采用的方案如图 4-6-30 所示。两静端之间的总跨距最小应为 35m，用终端支座加载并维持光缆的张力，被测段置于两终端支座之间。测试样品在拉伸之前，两端应终接以便光纤相对于光缆不产生移动。应采用拉力计、负荷传感器、刻度尺或其他仪器测量光缆拉伸。考虑到试验期间温度波动，应采取措施保持拉伸力的恒定，不过应将舞动本身所产生的拉伸力波动除外。光缆应被拉伸到至少为 50% 的最大安装张力或最大为 500kg 的张力（对某些结构的光缆，为了减少舞动，必须将张力降低到 250kg。对这些光缆，250kg 的试验张力是能够接受的）。

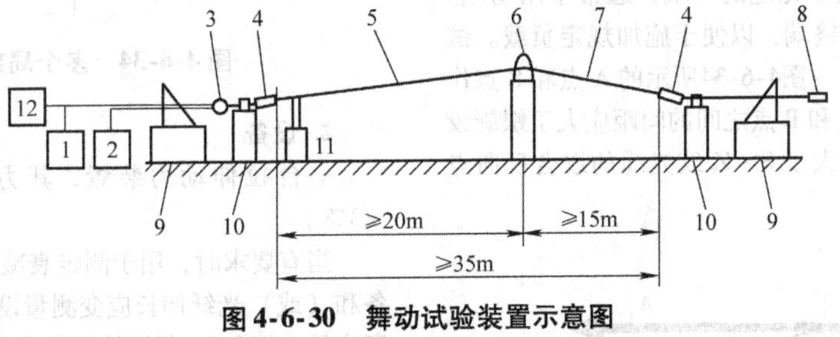

图 4-6-30　舞动试验装置示意图

1—功率计（入）　2—功率计（出）　3—传感器　4—静端组件　5—有效段　6—悬挂组件　7—后跨段　8—光纤接头　9—终端支座　10—中间支座　11—振荡器　12—光源

应把一个适合的悬挂组件大致放置在两静端之间的中部，将它支撑在一定高度使光缆对水平线的静态弧垂夹角不超过 1°。

本方法测量和监视的是波腹单环舞动振幅。

应用适当的振荡器在垂直平面激活光缆，振荡器振子应在垂直平面上牢固地固定在光缆上。

光纤的测试长度（即静端之间）最小应为 100m。为达到这一长度，可以将数根光纤熔接起来，在每根管内或光纤束内最少应测一根光纤。应做奇数个熔接点，便于光设备能放置在同一端。测量采用的光源对单模光纤为1550nm波长光源，对多模光纤为1300nm波长光源。光源将被分成两路信号：一路信号连接到光功率计，用作参考；另一路信号将被连接到测试光纤的活动端，返回信号被连接到另一光功率计。所有的光学连接和熔接在整个测试期间应保持完好。

在拉抻到整个最大安装应力前，跨距被预拉伸到最大安装张力的大约5%时，应进行初始光学测量。初始测量的两功率计信号之差作为参考值，在测试期间这个差值的变化表示被测光纤衰减的变化。信息可输出到可连续长期保存的记录纸带上。

2. 测试过程

光缆应经受最少10万次的舞动循环。测试频率应是单环共振频率。当在有效跨距中测量时，峰—峰波腹振幅/环长最小比率应保持在1/25。

机械和光学数据应大约每2000循环读取并记录一次。

光功率计应从测试前最少1h到测试后2h连续监视。

最终的光学测量应在试验结果2h后进行，应将光缆加载到最大的额定缆负荷。要求光纤在相应波长下的永久性或暂时性的衰减增加量应不大于1.0dB/km，光缆不应有任何影响机械性能的损伤。

6.2.17 张力下的弯曲（过滑轮试验）(E18)

本试验的目的是测定光缆承受在安装期间施加规定负载时围绕滚筒或弓形物弯曲的能力。

1. 试样

试样应取自成品光缆的一端，通常不用切断。试样的两端应适当终端，以便于施加规定负载。试样应在如图4-6-31~图4-6-34所示的A点和B点作上标记，标记A点和B点之间的间距应大于螺旋绞光缆的节距长度，大于S-Z绞光缆的绞合反向点之间的距离。

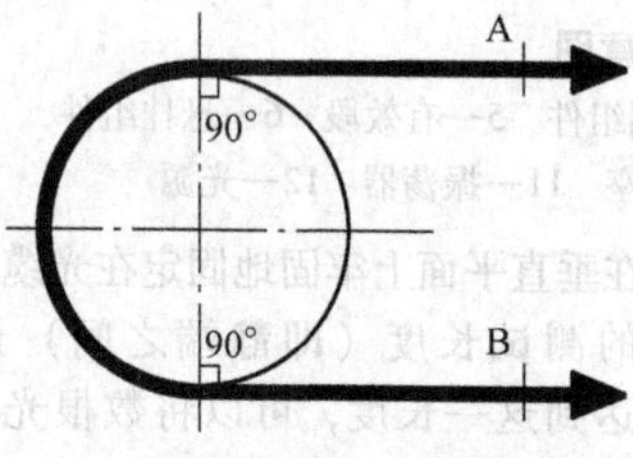

图4-6-31 U形弯曲

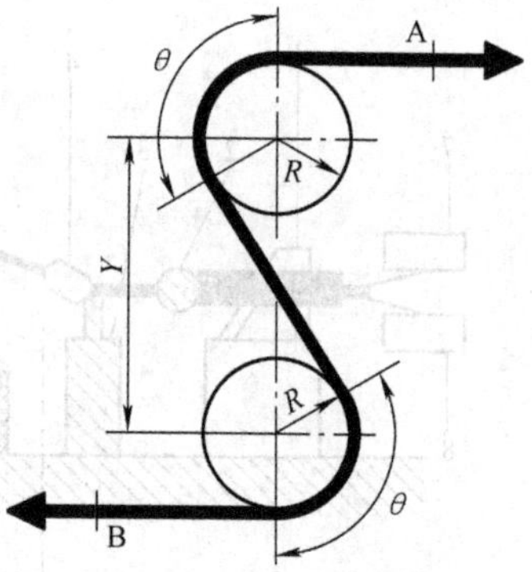

图4-6-32 S形弯曲

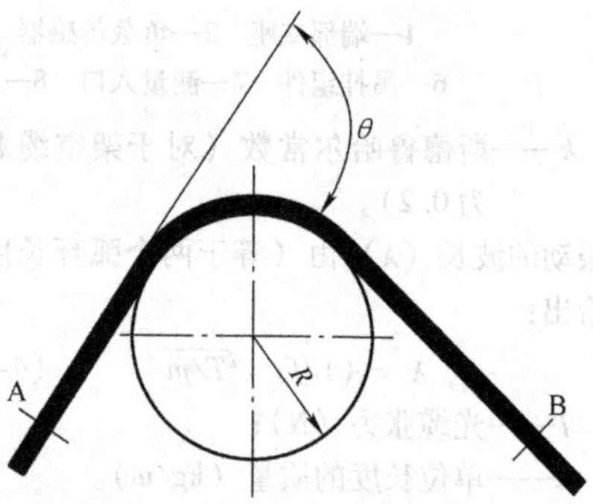

图4-6-33 单一局部弯曲

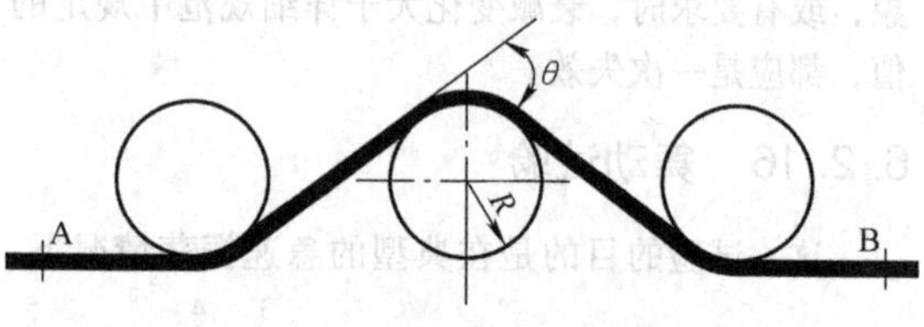

图4-6-34 多个局部弯曲

2. 设备

一台拉伸动力装置，其力值的最大误差为±3%。

当有要求时，用于测定衰减变化的衰减测量设备和（或）光纤伸长应变测量设备。光纤的试验长度应最少100m。所用的程序应在详细规范中规定，宜反映可能经历的最严峻的安装设想。

1）程序1：一个滚筒/滑轮，见图4-6-31，其半径r在详细规范中的规定。

2）程序2：两个滚筒/滑轮，见图4-6-32，其半径R、距离Y和弯曲角度θ在详细规范中的规定。

3）程序3：一个滑轮，见图4-6-33，其半径R和弯曲角度θ在详细规范中的规定。

4）程序4：三个滑轮，见图4-6-34，其半径R和弯曲角度θ在详细规范中的规定。

对于张力下一般的弯曲试验（方法E18A），程序1和2（用固定的设备）适用。

对于架空光缆（过滑轮试验）（方法E18B），程序1、2、3和4适用。

3. 程序

当详细规范中有要求时，在施加规定负载之前和在试验之后负载为零时，应监测记录传输光功率。按详细规范中的规定，应采用依安装方法而定的如下各程序之一。

（1）程序1

1）除非另有规定，光缆应围绕圆筒或详细规范中规定的装置最少180°（U形弯曲），如图4-6-31所示。

2）应把张力连续地增加到详细规范中规定的值。

3）应把光缆从A点拉动到B点（见图4-6-31），然后返回到A点，其速度和循环次数应符合详细规范中的规定。

（2）程序2

1）除非另有规定，光缆应围绕两个圆筒弯成S形（S形弯曲），如图4-6-32所示。

2）应把张力连续地增加到详细规范中规定的值。

3）按如下两方法之一：

方法一：把光缆从A点移动到B点（见图4-6-32），然后返回到A点，其速度和循环次数应符合详细规范中的规定。

方法二：把设备相对于光缆从A点移动到B点（见图4-6-32）然后返回到A点，其速度和循环次数应符合详细规范中的规定。

（3）程序3

1）光缆应围绕一个圆筒或详细规范中规定的装置，绕过详细规范中规定的角度，如图4-6-33所示。

2）应把张力连续地增加到详细规范中规定的值

3）应把光缆从A点移动到B点（见图4-6-33），然后返回到A点，其速度和循环次数按详细规范中的规定。

（4）程序4

1）光缆应以详细规范中规定的角度绕过详细规范中规定的那些圆筒，如图4-6-34所示。

2）应把张力连续地增加到详细规范中规定的值。

3）按如下两方法之一进行：

方法一：把光缆从A点移动到B点（见图4-6-34），然后返回到A点．其速度和循环次数应符合详细规范中的规定。

方法二：应把设备相对于光缆从A点移动到B点（见图4-6-34），然后返回到A点，其速度和循环次数按详细规范中的规定。

4. 要求

1）在无放大的情况下用目视检查，护套和（或）光缆元件应无明显损伤。

2）当有规定时，试验之后光纤的永久性残余附加衰减应不超过详细规范中规定的值。

3）其他详细要求，如光纤应变、护套伸长和光缆所含导电线的电气参数变化，宜在详细规范中规定。

6.2.18　成圈性能（E20）

本试验的目的是验证铠装的水下光缆在安装时成圈和解脱的能力。

1. 试样

从受试光缆取下足够长度的光缆，应能以规定直径构成规定圈数（例如，10圈）。

2. 设备

需要一个足以圈成规定圈数的平地，不需要其他设备。圈的直径应符合规定的最小成圈直径。

3. 程序

除非另有规定，试验应在相应于装载和敷设环境条件的一个规定温度下实施。

试样应取自光缆产品的端部在合适的地面上圈成扁平状。在试验期间．光缆始端应固牢。成圈宜从光缆制造、装载和敷设期间通常所设想的高度上进行。

成圈应以制造商规定的直径开始。成圈的方向宜按制造商所指明的方向。

4. 要求

光缆应形成光滑的圆形，在地面上所有围绕圆周的路径保持扁平其他要求可在详细规范中规定。

6.3　光缆环境性能试验

GB/T 7424.2—2008《光缆总规范 第2部分：光缆基本试验方法》中规定了光缆环境性能试验及测试方法。表4-6-2中的试验方法是光缆主要的环境性能。并非所有试验均适用所有光缆，采用的方法、合格判据和试样数量应符合有关标准的规定。

表 4-6-2 光缆环境性能试验方法

试验方法编号	试验方法	适用的性能
F1	温度循环	气候特性
GB/T 2423.16—2008	长霉	耐生物性
GB/T 18380	火焰	火焰条件下性能
F3	护套完整性	护套缺陷
F5	渗水	阻水性
GB/T 2951.14—2008	低温弯曲	低温柔软性
GB/T 2951.14—2008	低温冲击	低温下耐冲击性
F6	填充混合物滴流	填充混合物温度特性
F7	核辐照	耐核辐照
F8	气阻	采用充气保护的非填充式光缆
F9(在考虑中)	老化	
F10	耐静水压	水下光缆承受静水压能力
	热老化 冰冻 耐电痕	ADSS 光缆环境性能

6.3.1 温度循环（F1）

本方法对光缆进行温度循环试验以确定光缆经受温度变化的衰减稳定性。

温度变化可能产生的光缆衰减变化通常是由于光纤弯曲或拉伸引起的。光纤与光缆加强件和护套之间热膨胀系数的差异是造成光纤弯曲或拉伸的原因。温度循环试验的条件应模拟最恶劣的情况。

1. 试样

试样应为出厂长度或具有有关规范规定的能达到试验精度要求的足够长度。建议对 A1 类光纤，试样长度不小于 1000m；对 B 类光纤，试样长度不小于 2000m。

为了获得可重复的试验数据，光缆试样应绕成松散的线圈或绕在盘上。圈和盘的直径应不小于交货时的最小允许直径。光缆试样在盘上时，应依层排列整齐。以便在温度循环时，光缆试样的特性（衰减，长度等）变化应不受约束。

2. 装置

1）温度循环时用于测定光纤输出光功率及衰减变化的设备，应在光纤的工作波长下具有足够的测试精度。

2）用于温度循环试验的气候箱或气候室应能容纳至少一个完整的试样，其调温范围应与规定的温度循环范围相适应。在调定温度下，气候箱（室）在试样放置范围内的温度变化应在 ±3℃ 以内。

3. 程序

1）试验前试样必须在正常试验大气环境条件下放置 24h，并对试样进行直观检查。然后将试样放入处于同样环境温度的气候箱中，并将试样两端引出箱外，与衰减测量装置连接。

2）如图 4-6-35 所示，首先应以适当的速率使箱内温度升至或降到参考温度 T_0（20℃），并保温一定的时间（t）；然后应以适当的速率将箱内温度降至规定的低温 T_A，并保温一定的时间（t）；接着应以适当的速率将箱内温度升达规定的高温 T_B，并保温一定的时间（t）；最后应以适当的速率将箱内温度降至参考温度 T_0。上述过程构成一个温度循环。

3）当光缆的贮运温度超过其适用温度范围时，光缆试样应在试验箱中经受图 4-6-36 所示的温度循环。

4）除非另有规定，试样应经受两个循环试验。最后一次循环后应使箱内温度降到环境温度，待试样温度与环境温度一致时，取出试样。

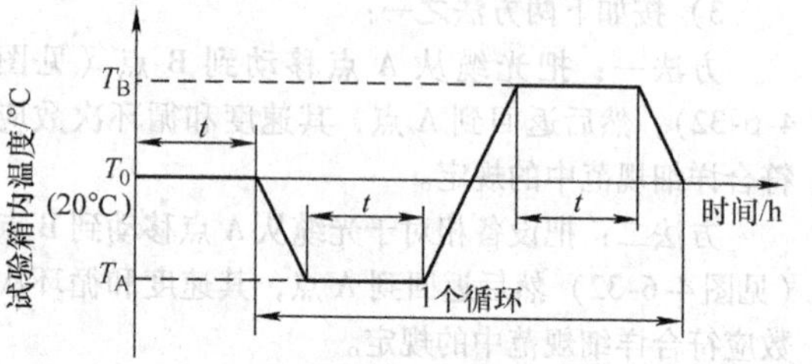

图 4-6-35 光缆在气候箱中的温度循环

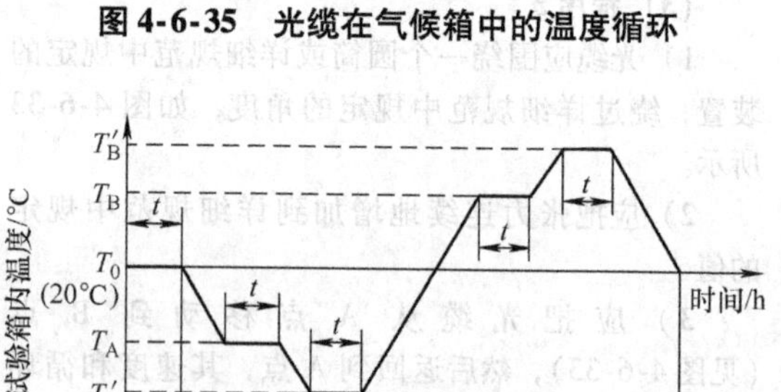

图 4-6-36 光缆在气候箱中的组合温度循环

5）在各温度试验点经过保温时间后，应测量相应的光纤输出光功率值或衰减值。

6）温度 T_A 和 T_B 应参照光缆的适用温度范围，T'_A 和 T'_B 应参照光缆的贮运温度范围在有关的光缆产品规范中规定。保温时间 t 应根据光缆的结构进行规定：对单层护套光缆保温时间应不少于 12h；对两层护套的光缆应不少于 24h。应注意在冷却或加热后，经保温应使缆芯的温度接近并力求等于试验箱的规定温度。

7）试验结束后，按产品规范对试样进行外观、光学和相关性能检查，并计算出相对 20℃ 的光纤衰减变化。

6.3.2　护套完整性（F3）

1. 充气试验

本试验方法适用于在规定的气压范围内对非填充式光缆护套进行气闭性试验，确定护套的完整性。

2. 试样

1）进行充气试验的试样应是制造长度的光缆。

2）试样两端均应作气闭性密封，一端装上气压指示计，另一端装上可气闭的充气气门嘴。

3. 装置

1）充气泵或其他气源。

2）气体干燥器。

3）气压指示计，最小刻度不大于 10kPa。

4. 程序

应在试验一端的护套内充入干燥空气或氮气。待光缆全长气压均衡后光缆内的压力应符合产品详细规范的规定。并在均衡气压下，保持表中规定的时间之后，检查护套是否漏气。

6.3.3　浸水试验

将光缆浸入水池中，两端向上露出水面约 1m，其余部分完全浸在水下。待浸泡 24h 后，按照产品详细规范中的试验条件测量护套的绝缘电阻和进行直流耐压试验。试验时负极接水，正极接光缆中相互连接在一起的金属体。

6.3.4　渗水试验（F5）

本方法的目的是检验全填充户外光缆防水渗漏性能。

应按有关标准规定采用下列两种方法（F5A 和 F5B）之一对试样进行试验。

1. 试样

（1）方法 F5A　应在离光缆试样段一端 3m 处去除一圈 25mm 宽的护套和绕包层，并在此暴露的缆芯上加水密套筒跨接护套间隙（见图 4-6-37）。

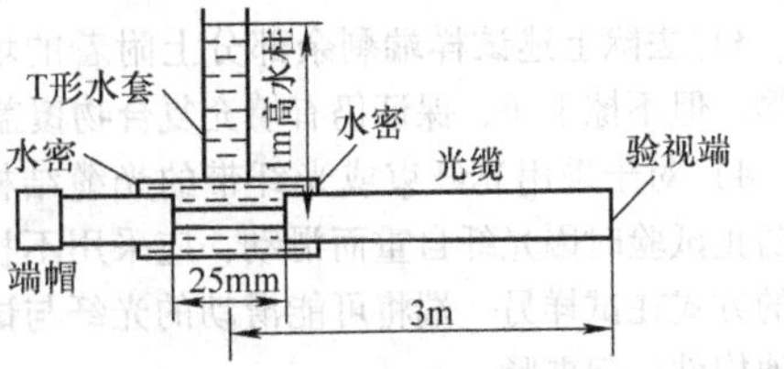

图 4-6-37　渗水试验（T 形水套）示意图

（2）方法 F5B　随机取一段比被试段长 1m 的光缆试样，被试段长度应不超过 3m。如有要求，试样先按方法 E11 中的程序进行弯曲试验，然后从试样的中间部分取下不超过 3m 的试验段（见图 4-6-38）。

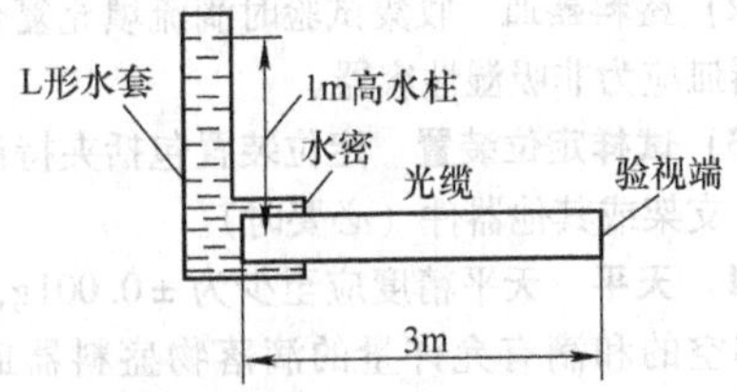

图 4-6-38　渗水试验（L 形水套）示意图

2. 程序

试样应被水平支撑，并在 20℃ ±5℃ 温度下施加 1m 高水柱，持续 24h。可采用水溶性荧光染料，以便检查水渗漏。采用的荧光染料应不与任何光缆材料起反应。如采用荧光染料，则应以紫外光进行水渗漏检查。

3. 要求

在试样末端应无渗漏水。如在缆芯及其绕包层外偶尔有几滴水渗漏，不能作为试验失效。

6.3.5　填充复合物滴流试验（F6）

本方法的目的是检验光缆内填充及涂覆的复合物在规定温度下是否滴流。

1. 试样

（1）试样数目和类型　除非另有规定，应从每光缆样本中取 5 个光缆试样。每个光缆试样应是规定的光缆类型中具有代表性的。

（2）试样长度　除非另有规定，每一个试样长度应为 300mm ±5mm。

（3）试样制备　应按下列规定制备试样：

1）从一端去掉 130. 0mm ±2. 5mm 的外护套。

2）除保留二次被覆光纤和填芯（如采用）并使其不受扰动外，从同一端去掉80.0mm ±2.5mm其他光缆构件。

3）去除上述试样端剩余部分上附着的填充复合物，但不擦干净，保证仍有填充复合物覆盖。

4）对于采用光纤束或光纤带的光缆结构，为了防止试验时因光纤自重而滑动，应采用不扰动光纤的方式在试样另一端将可能滑动的光纤与试样的其他构件一起夹紧。

5）有关标准规定时，可将光纤松套管的上端密封起来，模拟大长度光缆试样。

2. 装置

（1）温度试验箱 温度试验箱应具有足够的热容量以便在试验期间保持规定的温度，并具有足够的空间放置试样。如果温度试验箱为空气环流型的，则空气不应直接吹到试样上。

（2）盛料器皿 收集试验时滴流填充复合物的盛料器皿应为非吸湿性容器。

（3）试样定位装置 定位装置包括夹持试样的夹头、支架或其他器件（必要时）。

（4）天平 天平精度应至少为 ±0.001g，并且能称出空的和滴有允许量的滴落物盛料器皿间重量差。

3. 程序

1）将温度试验箱预热至规定的温度。

2）将制备好的试样放入试验箱内，制备好的一端朝下垂直悬挂。将预先经称重的清洁盛料器皿直接置于（但不能碰）悬挂的试样下。

3）有关标准规定时，可按下列步骤对试样进行预处理，否则继续步骤4)；

① 使箱内温度达到稳定，除非另在规定，每个试样预理1h。

② 预处理结束后，以另一个预先经称重的清洁盛料器皿替换原先的那个。

③ 对预处理期间使用的盛料器皿称重，记录预处理期间可能滴出的填充或涂覆复合物量，当测定的量大于规定的预处理值时，应构成为失效。除非另有规定，此值应小于光缆试样重量的0.5%或0.5g。

④ 除非详细规范中另有规定，继续试验23h，然后继续步骤5)。

4）使箱内温度达到稳定。除非另有规定，试验时间应为24h。

5）试验时间结束后从试验箱内取出盛料器皿并对其称重。

6）记录每一个试样可能滴流的填充或涂覆复合物量。除非另有规定，滴流量不大于0.005g，作为"无滴流"。

7）试验温度和是否进行预处理应在有关标准中规定。

4. 要求

除非另有规定，所有试样中应允许出现1个最大滴流量0.050g。如最初的5个试样中有1个滴流量大于0.050g，但小于0.100g，则应制备5个追加试样，按程序1）~6）进行试验。如追加的试样中滴流量无一大于0.050g，则作为试验合格。

6.3.6 核辐照（F7）

光缆曝露于核辐照中能引起光纤的衰减变化和光缆结构所用材料的物理特性变化。当暴露于核辐照时，成缆光纤和未成缆光纤的衰减通常会增加，这首先是由于在玻璃中的缺陷位置俘获放照电子和空穴的缘故。聚合物材料暴露于辐照中通常会引起性能劣化，例如拉断力、断裂伸长率和冲击性能随着材料变脆而劣化（虽然某些材料在相对低的辐照下由于交链而初期表现出改善）。在光缆工作环境包括暴露于核辐照中的特殊情况下，例如军用和核电站及核试验室用的光缆，可选用具有适当辐照响应的光纤和材料，也可考虑光缆结构中加入金属护套或复合屏蔽层。

试验程序：

1. 光纤

对于包括已成缆光纤在内的光纤的辐照响应，采用GB/T 15972.54—2008中的方法。

2. 材料

对于材料的辐照响应，采用IEC 60544中规定的方法。

6.3.7 气阻（F8）

本试验仅适用于采用充气保护的非填充光缆。其目的是测量这种光缆的充气气阻。

1. 试样

成品光缆的试样应具有足以施行规定试验的长度。

2. 设备

1）充气设备，用于给试样提供受控气压。

2）一只流量计。

3）一只气压表。

4）一只温度计。

3. 程序

测量环境温度和大气压。

成品光缆段应有一端连接到提供稳态干燥空气流的受控气压源，在20℃下气流的相对湿度为5%或更低。光缆的另一端应向大气敞开。

除非另有规定，施加在光缆两端间的气压差应为62kPa，其相对误差为±2%。采用定标到±10%的流量计记录稳态气流。

只测量那些在护套以内通过的气路。

以反方向的气流进行第二次测量，其测量结果应分别记录。

由下式计算气阻：

$$\text{气阻} = \frac{3720}{\Phi L} \quad (4\text{-}6\text{-}12)$$

式中 L——试样长度（m）；

Φ——流量（m^3/s）。

4. 要求

气阻应满足详细规范中的最大值规定。

6.3.8 耐静水压试验（F10）

本试验的目的是通过测量衰减或监测衰减变化来确定水下光缆承受静水压的能力。

1. 试样

试样的长度应足以在加压桶外面的两端进行终端。

2. 设备

合适的衰减测量设备，用于监测衰减变化。加压桶的大小应足以容纳详细规范要求的最小长度。

3. 程序

试验在室温下进行。除非另有规定，压力应保持24h。

光缆应安装在加压桶中。加压桶内的水压在试验期间应是光缆将安装的海底处水压的1.1倍在试验之前、之中和之后，应监测衰减变化。

注：要特别注意加压桶两端不密封会影响试验结果。

4. 要求

除非详细规范中另有规定，试验期间和之后应无附加衰减。

6.3.9 ADSS光缆热老化试验

ADSS光缆在完成温度循环试验后，将其置于85℃±2℃的环境中，120h后取出，检查光缆各部分结构的完整性并测试光纤衰减，其结果应产品规范中相应的要求。

6.3.10 ADSS光缆冰冻试验

将ADSS光缆浸入水中，降温。待水完全结冰后，观察光缆外观并测试光纤衰减，其结果应符合产品规范中相应的要求。

6.3.11 ADSS光缆耐电痕试验

本试验的目的是验证ADSS光缆护套在电场和机械应力的综合作用下抗腐蚀和电蚀的能力。

1. 试验方案

1）将试样两头密封以防潮侵入，然后将其水平悬挂在盐雾室的两个金属固定夹之间，金属夹为接地端，高压端电极加在试样的中段。

2）为避免盐雾试验期间产生飞弧，两端之间的距离应够长。通常按25mm/kV考虑的长度是合适的。

3）光缆上施加的张力为运行年中实际负载的90%。在试验期间每隔大约100h应对张力进行校验，若变化超过初始值的10，应调整到范围之内。

4）室内应配置适当数量的如IEC60第一部分图8所示的喷雾管产生导电雾。通常室内每2.5m^3配一根喷管，各喷管均匀分布在四周，以使室内盐雾密度均匀，并在光缆上应无直接喷射点。还应配置一个不大于80cm^2的小孔，使空气自然排出。

5）喷管内盐水用NaCl和蒸馏去离子水制备，NaCl的含量为10g/m^3±0.5kg/m^3。水滴直径在5~20μm范围内。通常要求管内有3.3bar的气压（1bar=10^5Pa）。

2. 试验过程

光缆拉紧后，应用湿布或纸巾将表面擦净，然后再经受盐雾试验。其试验条件如下：

1）盐水流量：0.4L/h·m^3±0.1L/h·m^3（盐雾室）。

2）温度：15~25℃。

3）试验电压和频率：按用户要求，通常为4kV，50Hz。

4）持续时间：1000h。

盐水不能再循环使用。为了检查，允许试验中断几次，每次不超过15min。中断典型地安排在100h间隔时，其中断时间不计入试验时间。

经试验后，光缆护套应符合产品规范节中相应的要求。

参 考 文 献

[1] 尹泽立男，须藤昭一．光导纤维［M］．曹文聪，胡先志，何书平，译．武汉：武汉工业大学出版社，1994.

[2] Jeff Hecht. 光纤光学［M］．贾东方，余震虹，王肇颖，等．译．北京：人民邮电出版社，2004.

[3] 王玉芬，刘连城．石英玻璃［M］．北京：化学工业出版社，2008.

[4] 廖延彪．光纤光学［M］．北京：清华大学出版社，2000.

[5] 王辉．光纤通信［M］．3 版．北京：电子工业出版社，2014.

[6] 胡先志．光纤与光缆技术［M］．北京：电子工业出版社，2007.

[7] 赵梓森．光纤通信工程（修订本）［M］．北京：人民邮电出版社，1994.

[8] 陈炳炎．光纤光缆的设计和制造［M］．2 版．杭州：浙江大学出版社，2011.

[9] 王加强．光纤通信工程［M］．北京：北京邮电大学出版社，2003.

[10] 末松安晴，伊贺健一．光纤通信［M］．金轸裕，译．北京：科学出版社，2005.

[11] Gerd Keiser. 光纤通信［M］．4 版．北京：电子工业出版社，2012.

[12] 胡先志，张世海，陆玉喜．光纤通信系统工程应用［M］．武汉：武汉理工大学出版社，2003.

[13] 唐仁杰．回顾光纤预制棒的发展［C］//全国十五届十三省光学学会学术大会论文集．2006.

[14] Agrawal，Govind. Fiber－optic communication systems［M］．New York：John Wiley & Sons. 2002.

[15] 刘晓静．光纤通信技术的现状及发展趋势刍议［J］．科技资讯，2011，6：10－10.

[16] 赵兴富．现代光纤通信技术的发展与趋势［J］．电力系统通信，2005，11：27－28.

[17] 韦乐平．光纤通信技术的发展与展望［J］．电信技术，2006，11：13－17．

[18] 仝丽玲．探析光纤通信技术的现状及发展趋势［J］．甘肃科技，2010，22：26－27.

[19] 朱晓亮．波导型微结构光纤与标准光纤的耦合机理研究［D］．哈尔滨：哈尔滨工程大学，2010.

[20] 张明慧．基于 MCVD 的光纤预制棒制备及其特性研究［D］．哈尔滨：哈尔滨工程大学，2012.

[21] 张穆．PCVD 工艺中的热迁移效应［J］．光通信研究，1998，6.

[22] 张涛．石英光纤预制棒表面处理生产线［J］．光纤与电缆及其应用技术，2010，4.

[23] 孙建军，等．MCVD＋OVD 光纤预制棒制造技术［C］//中国电子学会光电线缆学术年会．2002.

[24] 吴金东．制备光纤预制棒的 ACVD 工艺［J］．光通信研究，2003，3.

[25] 鄂友祥．光纤二次涂覆直径控制分析［D］．南京：东南大学，2006.

[26] 余少华．光纤通信技术现状和趋势研究［C］//2014 国际光纤通信论坛会议论文集．2014.

[27] 张海涛．光纤的涂覆异常控制［C］//中国通信学会 2011 年光缆电缆学术年会论文集．2011.

[28] 曹珊珊．光纤断裂因素分析及强度优化［C］//中国通信学会 2012 年光缆电缆学术年会论文集．2012.

[29] 法尔胜公司．光纤强度断裂机理及应用［J］．光通信，2006. 10：46－48.

[30] 张家斌．浅谈影响光纤拉丝衰减的因素［C］//中国通信学会 2011 年光缆电缆学术年会论文集．2011.

[31] 王晔．光纤翘曲特性以及测试方法的探讨［C］．中国通信学会 2011 年光缆电缆学术年会论文集．2011.

[32] 钱新伟．PCVD 单模光纤高速拉丝工艺与光纤性能研究［D］．武汉：华中科技大学，2009.

[33] 汪洪海．光纤的氢损［J］．现代有线传输，2002. 9（3）：9－11.

[34] 蒋锡华，康晓健．光纤的氢敏感性研究［C］//中国通信学会 2010 年光缆电缆学术年会论文集．2010：188－199.

[35] 谢康，黄代勇．氘气处理消除光纤氢敏感性［J］．光纤通信，2004，7：37－39.

[36] 薛济萍，朱兆章，王美才，等．宽带低水峰非色散位移单模光纤生产工艺：中国，ZL200410041056. 8［P］．2005－03－16.

[37] 雷道玉，陆大方，李诗愈，等．一种降低光纤氢损的处理方法以及该方法所使用设备：中国：ZL200410008654.5 [P]. 2005-01-12.

[38] 陈京京，谢康，钱宜刚．物联网时代光纤预制棒的发展机遇 [C] //中国通信学会2011年光缆电缆学术年会．2011.

[39] 王中伟．拉丝工艺对单模光纤的性能影响 [D]. 南京，东南大学，2006.

[40] 李德健．拉丝光纤用的石墨高温炉的寿命 [J]. 邮电研究，1980，2：35-39.

[41] 黄本华，洪留明，王正江．浅谈我国光纤预制棒产业的现状与发展 [J]. 光纤与电缆及其应用技术，2013，3.

[42] 姜正权，高欢，谢书鸿．光纤余长的概念及其实例解析 [J]. 电线电缆，2003，3.

[43] 谢书鸿，等．UHV 输电线路 OPGW 的设计选型研究 [J]. 电力建设，2007，07：5-8.

[44] 谢书鸿，等．OPPC 光缆：一种新兴电力通信解决方案 [J]. 电力设备，2008，12：47-51.

[45] IEC 60793 Optical Fibres [S].

[46] IEC 60794 Optical Fibre cables [S].

[47] GB/T 9771—2008 通信用单模光纤 [S].

[48] GB/T 15972—2008 光纤试验方法规范 [S].

[49] GB/T 7424.2—2008 光缆总规范 第2部分：光缆基本试验方法 [S].

[50] YD/T 901—2009 层绞式通信用室外光缆 [S].

[51] 蒋玲，凌毓涛．光纤通信技术及应用 [M]. 武汉：武中师范大学出版社，2006.